Gesamtverzeichnis des deutschsprachigen Schrifttums (GV) 1700 – 1910

Bearbeitet unter der Leitung von
Hilmar Schmuck und Willi Gorzny
Bibliographische und redaktionelle Beratung:
Hans Popst und Rainer Schöller

25

Co - Coro

K · G · Saur München · New York · London · Paris 1981

Redaktion:

Monika Eichler, Ursula Geier, Robert Mittelstaedt, Sabine Nebinger, Hildegard Roßberg, Hermann Schrott, Brigitte Semmler, Eva von Troschke, Helga Werner, Gabriele Winter

CIP-Kurztitelaufnahme der Deutschen Bibliothek

Gesamtverzeichnis des deutschsprachigen Schrifttums :
(GV). – München, New York, London, Paris : Saur.
Bd. 1 – 6 bearb. unter d. Leitung von Peter Geils
u. Willi Gorzny.
ISBN 3-598-30000-X

1700 – 1910 / bearb. unter d. Leitung von Hilmar Schmuck u. Willi Gorzny. Bibliograph. u. red. Beratung: Hans Popst u. Rainer Schöller

NE: Schmuck, Hilmar [Bearb.]

25. Co – Coro. – 1981.

Techn. Realisierung und Druck: Norbert Gärtner, Mainz-Kastel
Binden: Karl Schaumann, Darmstadt
Printed in the Federal Republic of Germany
ISBN 3-598-30000-X (Gesamtwerk)

Co mówi Galicya, o nowej mappie pod titulem: Europa w roku 1860. Leipzig 859. Michelsen's Buchhdlg. gr. 8. (14 S.) 3 ngr

Coalitio, Foederatarum rerum publicarum, vix unquam satis fida exemplis ex antiquitate illustr. Gottingae 1783. V: *Heyne*, *Chn Glob.* (MGT)

Coalition, die. Uebertragung des französischen Originals: La coalition. Berlin 860. Abelsdorff. 8. (32 S.) n. 5 ngr

Coalition la, et la France. gr. 8. Londres, 819.

Coalitionskrieg, der europäische. Lex.-8. (16 S.) Hannover 888. Helwing's Verl. n. — 60

Coalitionsrecht, das, vor Gericht! Stenogr. Protokoll d. Verhandlg. geg. d. Genossen R. Preußler u. A. Schäfer weg. Uebertretg. d. §§ 2 u. 3 d. Coalitionsgesetzes u. weg. Verleitg. n. § 9 d. Strafgesetzes v. d. k. k. Bezirksgericht Josefstadt, m. e. Vorwort üb. d. Entstehg. d. Anklage u. d. Bedeutg. d. Coalitionsrechtes f. d. Arbeiter. gr. 8. (63 S.) Wien 898. (1. Wiener Volksbuchh.) n. — 20

Coape, H. C., im Netze d. Jesuiten. E. Geschichte a. d. Zeit Ludwigs XIV. Deutsche Ausg. v. L. v. Fellitzsch. M. e. Vorw. v. W. Blendinger. 8. (VI, 303 S. m. 5 Abb.) Basel 896. A. Geering. n. 3. —; geb. n. 4. —

Coates, Klein Gertrud. Erzählung. 8. (63 S. m. 3 Farbdr.) Berlin 898. Schriftenvertriebsanstalt. Kart. — 50

Coates, Amos (York)
De Chlorosi. Inaug. Diss.
[lt. Dekanatsbuch handschriftl. eingereicht.]
Dr. med. Giessen 23.8.1842.

Coates, Geo., staatliche Einrichtungen u. Landessitten in Abessinien. (III, 80 S.) 8. Berlin 909. A. Glaue. 1. —

Coaz, Johann (Wilhelm)

Coaz, J[ohann]. Erste Ansiedelung phanerog. Pflanzen auf von Gletschern verlassenem Boden. Vorgetragen in der Sitzung [der Naturforschenden Gesellschaft in Bern] vom 23. Januar 1886. [A.] 8. [Bern 1887.]

Coaz. J[ohann]. Über das Auftreten des grauen Lärchenwicklers ‹Steganoptycha pinicolana Zell.› in der Schweiz und den angrenzenden Staaten. Bearb. und veröffentlicht im Auftrage des schweiz. Industrie- und Landwirtschaftsdepartements. (Beilagen: Eine Karte ... und eine kolorierte Tafel ....) 4. Bern 1894.

COAZ, Johann: Baumalbum der Schweiz. (Les arbres de la Suisse.) Bilder von Bäumen, die durch Größe und Schönheit hervorragen und ein besonderes geschichtliches Interesse bieten. - Bern 1896-1900. 5 Lfg. - Lfg. 1-3:1896-1898. - Lfg. 4 u. 5: 1899 u. 1900. Insges. 25 Taf. m. Text i. dtsch. u. franz.

COAZ, J.: Geschichtlich-statistischer Bericht an den hochlöblich grossen Rath über das Forstwesen Graubündens, mit besonderer Berücksichtigung des Zeitraums von 1851 bis 1868. - Chur 1869. 38 S.

Coaz. J. W. Bericht über die Vermessungsarbeiten am Rhonegletscher i. J. 1885. Bern 1886.

Coaz, J[ohann]. Beschreibung der Gemeinde Flims, topographisch-natur- und kultur-geschichtlich. Von Forstinspector J. C', in der naturforschenden Gesellschaft Graubündens vorgetragen. (Hiezu zwei Beilagen. SA.) 8. [Chur 1870.]

Coaz, J[ohann], und Schröter, C[arl]. Ein Besuch im Val Scarl ‹Seitental des Unterengadin› von Dr. J. C', eidg. Oberforstinspektor, und Professor Dr. C. Sch', mit einem Anhang von Dr. H[ans] C[onrad] Schellenberg. Mit 3 Textbildern, 14 Tafeln in Phototypie und einer Waldkarte. IV + 56 S. 4. Bern, Stämpfli & Cie., 1905. [fr. 5. —]

Coaz, J., la culture des osiers. Rapport à réunion de la société suisse des forestiers le 28 août 1878. Traduit de l'allemand par A. Davall. Publié à la demande du Département fédéral de l'agriculture et du commerce. gr. 8. (32 S.) Bern 879. Jent & Reinert. n. 1. —

(Coaz, J[ohann].) Eine Ersteigung des P. Stäz ‹Stäzerhorn› im Winter 1861. 8. [Chur 1862.]

(Coaz. J[ohann].) Eine Ersteigung des Weissmies. SA. 8. [Zürich 1900.]

Coaz, J[ohann]. Fischerei. Sonderabdruck [aus:] Handwörterbuch der Schweizerischen Volkswirtschaft, Socialpolitik und Verwaltung. Hrg. von Dr. jur. N[aum] Reichesberg.... Band 1. II S. + S. 983—995. 8. Bern, Verlag Encyklopädie, 1903.

Coaz, J[ohann]. Forstwesen: b) Forstverwaltung. Sonderabdruck [aus:] Handwörterbuch der Schweizerischen Volkswirtschaft, Socialpolitik und Verwaltung. Hrg. von Dr. jur. N[aum] Reichesberg.... Band 2. II S. + S. 18—35. 8. Bern, Verlag Encyklopädie, 1903.

COAZ, J. W.: Der Frostschaden des Winters 1879/80 und des Spätfrostes vom 19./20. Mai 1880 an den Holzgewächsen in der Schweiz. - Bern 1882. 176 S.

[Coaz, Johann.] Graubünden und das revidierte Bundesgesetz über die Forstpolizei. ‹Von einem alten Forstmann.› [Separatabdruck aus: Der freie Rätier. Jahrg. 85. Nr. 280—288. Dezember 1902.] 10 S. 8. [Chur, Manatschal Ebner & Cie.]

Coaz, J. W., die Hochwasser im Septbr. und Octbr. 1868 im bündnerischen Rheingebiet vom naturwissenschaftl. und hydrotechnisch-forstl. Standpunkt betrachtet. Mit 6 Landschaftsbildern, 10 Bach- und Flußprofilen und einer graph. Darstellung der Wassermassen der atmosphär. Niederschläge (auf 11 Stnt. in 8., qu. und gr. Fol.). gr. 8. (III, 75 S.) Leipzig 869, Engelmann. *

Coaz, J. W., die Hochwasser im September u. October im bündnerischen Rheingebiet vom naturwissenschaftlichen u. hydrotechnisch-forstlichen Standpunkt betrachtet. Mit 6 Landschaftsbildern, 10 Bach- u. Flußprofilen u. 1 graph. Darstellung der Wassermassen der atmosphärischen Niederschläge. Leipzig 869. Engelmann. (2 Bll., 75 S. u. 11 lith. Taff. in 8. u. Fol.) n. 1 Thlr 10 ngr

Coaz, J[ohann]. Der Illgraben gegenüber Leuk im Wallis. Vorgetragen in der Sitzung [der Naturforschenden Gesellschaft in Bern] vom 15. Januar 1881. [A.] 8. [Bern 1881.]

Coaz. J. W. Ueber Clima und Vegetationsverhältnisse von Locarno und Umgebung. 1878.

Coaz, J. (Eidg. Forstinspektor). Die Kultur der Weide. Vortrag in d. Versammlung d. schweiz. Forstvereins zu Aarau den 26. August 1878. In-8⁰, 29 S. Bern, Jent & Reinert. 1879

Coaz, J[ohann]. Die Lauinen der Schweizeralpen. Bearb. und veröffentlicht im Auftrage des eidgenössischen Handels- und Landwirthschafts-Departements. Mit einer Lauinenkarte des Gotthardgebietes, fünf [*d. i.* 8] Tabellen und vielen Abbildungen im Text und [auf 8 Tafeln] ausserhalb desselben. 8. Bern.
[1. Ausg.] 1881.
(2. wohlfeile Ausg.) 1881 (*Umschlag:* 1888).

Coaz, J. (eidgenössischer Oberforstinspector). Die Lauinen der Schweizeralpen. Bearbeitet und veröffentlicht im Auftrage des eidgenössischen Handels- und Landwirthschaftsdepartements. Mit einer Lauinenkarte des Gotthardgebietes, fünf Tabellen und vielen Abbildungen. In-8⁰. 147 S. Bern, Dalp'sche Buchhandlung. 1881

Coaz, J. Die Lauinen der Schweizeralpen. Bearbeitet und veröffentlicht im Auftrag des eidgenössischen Handels- und Landwirthschafts-Departements. Mit einer Lauinenkarte des Gotthardgebietes, 5 Tabellen und vielen Abbildgn. im Text und ausserhalb desselben. Gr. in-8⁰, 147 S. Zweite wohlfeile Ausg. Bern, Schmid, Francke & Cie. 1888 4 —

Coaz. Der Lauinenschaden im schweizerischen Hochgebirge im Winter u. Frühjahr 1887—88. Bearb. im Auftrage d. schweizer. Industrie- u. Landwirthschaftsdepartements. 4. (67 S. m. 1 Tab.) Bern 889, (Schmid, Francke u. Comp.). * 8 —

Coaz, J. Der Lauinenschaden im schweizer. Hochgebirge im Winter und Frühjahr 1887/88. Bearb. im Auftrag des schweizer. Industrie- und Landw. Depart. Mit 3 Taf. u. 67 S. Tabellen. In-4°. 29 S. Bern, Schmid, Francke & Co. 3 —
1890

Coaz, [Johann]. Dendrologische Leistungen in der Schweiz. Vortrag zu Konstanz 1905. Sonder-Abdruck aus Mitteilungen der Deutschen Dendrologischen Gesellschaft. Nr. 14. [Jahrg.] 1905. S. 51—52. gr.-8. [Bonn-Poppelsdorf; Druck: Hermann Beyer & Söhne, Langensalza.]

Coaz, J[ohann]. Mittheilung über Seebälle. Vorgetragen in der Sitzung [der Naturforschenden Gesellschaft in Bern] vom 20. Dezember 1884. [SA.] 8. [Bern 1885.]

Coaz, J[ohann]. Das Oberengadin. [Sonderabzug aus dem Engadin-Express, Vol. 9, 1904, No. 4—8.] [2 S.] fol. [Samaden, Engadin Press Co.]

(Coaz, J[ohann].) Das Bündner Oberland. Itinerarium für das Excursionsgebiet des S. A. C. 1874. 8. St. Gallen 1874.

[Coaz, Johann.] Die Revision des Bundesgesetzes betreffend die Forstpolizei. [Separatabdruck aus dem «Bund», Jahrg. 1902.] 6 S. 8. (Bern, Jent & Co., 1902.)

(Coaz, J[ohann].) Forstlicher Rückblick. (... Ludwig Rimathe, ... graubündner. Kreisförster [† 1907], ... gewidmet.... Jan. 1908.) [Sep.-Abdr. aus: Der freie Rätier. Jahrg. 41, 1908. Nr. 10 u. 11, Januar 12 u. 14.] 1 S. fol. [Chur, Manatschal Ebner & Cie.]

COAZ, J.: Der Schneeschaden vom 28./29. September 1885 in den Waldungen der Schweiz. Bearbeitet und veröffentlicht im Auftrag des schweizerischen Handels- und Landwirthschafts-Departements. - Bern 1887. 51 S.

Coaz, J[ohann]. Das Silvrettagebirge. [A.] 8. [Bern 1866.]

Coaz, J., Statistik u. Verbau der Lawinen in den Schweizeralpen. Im Auftrag des eidgenöss. Departements des Innern bearb. u. veröffentlicht. — Statistique des avalanches dans les Alpes suisses et des travaux de défense y relatifs. (III, 127 S. m. Abbildgn., 29 [1 farb.] Taf., 2 farb. Plänen u. 4 farb. Karten.) 31×24 cm. Bern 910. (A. Francke.)
Geb. in Halbleinw. 10. —

Coaz, J[ohann]. Statistik und Verbau der Lawinen in den Schweizeralpen. Im Auftrag des eidgenössischen Departements des Innern bearb. und veröffentlicht = Statistique des avalanches dans les alpes suisses et des travaux de défense y relatifs. Ouvrage élaboré et publié sur ordre du Département fédéral de l'Intérieur. [Mit Figuren, 31 Tafeln und 1 Karte.] IV + 127 S. 4. Bern, Stämpfli & Cie., 1910.

Coaz, J., Die Stürme vom 20. Februar, 25. Juni und 5. December 1879 und der durch dieselben in den Waldungen der Schweiz verursachte Schaden. Mit 3 Kärtchen. Bern 1880.

COAZ, J. W.: Der Wald. 1. Die Geschichte des Waldes und seine Stellung im Erdorganismus. 2. Der Einfluss des Waldes auf die Entwicklungsgeschichte. - Leipzig 1861. 80 S. 2 Vorträge

Coaz, J. W., der Wald. Zwei Vorträge gehalten zu Chur. Leipzig 861. Engelmann. gr. 8. (80 S.) 15 ngr

Coaz, [Johann]. Eine Waldanlage mit ausländischen Koniferen, bei Weinheim, Grossherzogtum Baden. [Mit 1 Tafel.] Separatabdruck aus der Schweiz. Zeitschrift für Forstwesen. 1904. [Jahrg. 55, N°. 11.] 7 S. 8. [Bern, Büchler & Co.]

Coaz, C[arl], und Jecklin, F[ritz]. Geschichtliches über das Kataster- und Vermessungswesen im Gebiete der Stadt Chur. [Sep.-Abdr. aus: Neue Bündner Zeitung.... Jahrg. 29, 1905.] 13 S. 8. Chur, Sprecher & Valer, 1905.

Cob

— Jo. Sebastian (Eisfeld/Franken), De jure socerorum. Vom Recht der Schwieger-Eltern. Exercit. acad. Präs. Friedrich Gottlieb Struve. Jena (Werther) 27. III. 1720. 116 S. (5.50) 5453

Cob, Joh. Michael (Römhild), De efficacia religionis in promovenda socialitate. Exercit. moralis. Präs. Joh. Anton Schmidt (Lutteringhausen/Bergensis). Lpz. (Göz) 26. IV. 1700. 18 Bl. (5.—) 5452

Cobb, James F.

Cobb, J. F., der Leuchtturm. Eine Erzählg., insbesondere f. die Jugend. Aus d. Engl. übers. v. Marie Dieffenbach. 2 Tle. 8. (VI, 184 u. 167 S.) Gotha 889. Gera, Griesbach. cart. 2. —

Cobb, James F. Der Leuchtturm. Eine Erzählg., insbesondere f. die Jugend. Aus dem Engl. übers. v. Marie Dieffenbach. 2 Tle. 8. (VI, 184; 167 S.) Gotha 889, F. A. Perthes. cart. 2 —

Cobb, N. A. [aus Easthampton, Massachusetts, U. S. A.]: Beiträge zur Anatomie und Ontogenie der Nematoden. . . . Jena, Gustav Fischer, 1888; 1 Bl. + 36 S. u. 3 Taf. 8°
Jena, Phil. Fak., Inaug.-Diss. v. 1888

Cobb, Sylvanus

Cobb, S., Bion, der Wanderer, s. Bibliothek, amerikanische.

Cobb, S., Maggie Burns. Eine Geschichte aus den amerikanischen Freiheitskämpfen. Aus dem Engl. von Louis Jacobi. 2 Bde. Leipzig 865. E. J. Günther. 8. (351 S.) n. 1 ℛ

Cobb jun., S., des Seesturmes Geheimniß, s.a. Lesekabinet, leipziger.

Cobb jun., Sylvanus, des Seesturmes Geheimniß. Roman. Aus dem Engl. von G. Cleeves. Wien 857. Hartleben. 8. (271 S.) 27 ngr

Cobb jun., Orion Lindell, s. Bibliothek, amerikanische.

Sylvanus Cobb jn. Des Königs Merkmal. Autor. Uebers. aus d. Engl. von G. Meister-Griffiths. Neu-Ruppin: G. Kühn [1905]. (240 S.) 8° [F.]
(Kühns Romanbibliothek.)

Cobb, Thomas

Cobb, Thom., gesühnte Schuld, s. Kürschner's Bücherschatz.

[F.] Gesühnte Schuld. Roman v. Thomas Cobb. Vf. v. 'On Trust' ... M. Ill. v. R. A. Jaumann. *Berlin, Eisenach, Leipzig: H. Hillger [1898].* (128 S.) 1 Bd 8.
= Bücherschatz, Kürschners. No 72.

Cobb, Thom., Skrupel, s.: Engelhorn's allgemeine Roman-Bibliothek. XIX. 19.

— eine dunkle Tat. s.: Lutz' Kriminal- u. Detektiv-Romane. 17. Bd.

Cobb, Thom., eine dunkle That, s.: Sammlung ausgew. Kriminal- u. Detektiv-Romane.

Cobbe, Frances Power, Licht an dunklen Stätten. Deutsch v. Agnes Gräfin Egloffstein. Hrsg. vom Filial-Verein gegen die wissenschaftl. Thierfolter zu Hannover. gr. 8. (29 S.) Hannover 883. Schmorl & v. Seefeld. — 25

Cobbe, F. P., re-echoes, s.: Collection of brit. authors.

Cobbet, W., s. Cobbett, William

Cobbett, William

Cobbett, Will., Gesch. d. protest. Reform in England u. Irland; in e. Reihe v. Briefen. Aus d. Engl. 4 Bdchen. 8. Offenb. 827—29. Hauch. 1 ⅌ 13 gr 2e Aufl. 2 Bde. 8. Aschaffenb. 832. Pergay. 1 ⅌ 12 gr

Cobbet, Will., Geschichte der protest. Reform in England u. Irland, in e. Reihe von Briefen an alle verständigen u. billigen Engländer. Aus d. Engl. übersetzt. 2e verb. u. verm. Ausg. 2 Bde. 8. Aschaffenburg 833. Pergay. $1\frac{1}{2}$ ⅌ — 3e verb. u. verm. Ausg. 2 Bde. 8. Ebd. 839. $1\frac{1}{2}$ ⅌

Cobbett, Will., Geschichte der protestantischen Reform in England und Irland, in einer Reihe von Briefen an alle verständigen und billigen Engländer. Aus dem Engl. übers. 4., verb. u. verm. Aufl. Mainz 862. Kirchheim. 8. (XX, 660 S.) 1 ⅌ 10 ngr

Cobbett, William, guter Rat f. junge Leute. Übers. v. Aug. Schuster. (IV, 130 S.) kl. 8. München 910. C. H. Beck. Geb. 1. 60

Cobbet, W., engl. Sprachlehre in e. neuen u. faßl. Darstell. der auf ihre richt. u. einfachsten Grundsätze zurückgeführten Regeln. Mit Uebungsstücken u. besond. Anh. f. Kaufleute. Für Deutsche bearb. u. verm. v. H. Pleßner. 2 Thle. gr. 8. Berl. 824. (Lpz., Brockhaus). 1 ⅌ 6 gr Hbg. Pr. 12 gr

Cobbett, Will. (I.): Engl. Sprachlehre in e. neuen u. faßl. Darstell. der auf ihre richt. u. einfachsten Grundsätze zurückgeführten Regeln. Für Schulen u. zum Selbstunterr. Mit vielen Uebungsstücken u. e. besond. Anhang für Kaufleute. Für Deutsche bearb. u. sehr verm. v. Heinr. Pleßner. (Wohlf. Ausg.) gr. 8. (23 B.) Leipzig 1831, (Brockhaus.)

Cobbet, (W.,) engl. Sprachlehre in e. neuen u. faßl. Darst. der auf ihre richt. u. einfachsten Grundsätze zurückgeführten Regeln. Mit Uebungsstücken u. besond. Anh. f. Kaufleute. Für Deutsche bearb. u. verm. verm. v. H. Pleßner. 2 Thle. gr. 8. Berlin 824, Büreau f. Litt.

— engl. Sprachlehre. Mit steter Hinweisung auf die deutsche Sprache, und mit Erläuterung der Vorbegriffe aus der allgem. Sprachlehre für Deutsche bearb., für Schulen, zum Privat- u. Selbstunterricht eingerichtet, mit mancherlei Uebungsstücken u. e. besond. Anhange für Kaufleute begleitet v. Jak. Hnr. Kaltschmidt. 2e umgearb. Aufl. gr. 12. Leipz. 839. Brockhaus. $\frac{3}{4}$ ⅌

— neue engl. Sprachlehre f. Anfänger. Bearb. v. G. Al. Ahner. 8. Jena 825. Schmid. 12 gr

Cobbet's, William, Vermächtniß für die Pfarrer u. Pfründner der Kirche von England. Ein Nachtrag zu seiner Geschichte der protest. Reform in England und Irland. Aus d. Engl. übersetzt. 8. Aschaffenburg 841, Pergay. $\frac{2}{3}$ ⅌

Cobden, Richard. Sein Leben u. sein Wirken. Von e. Freihändler u. Friedensfreunde. Bremen 869. Kühtmann & Co. gr. 8. (173 S.) n. 20 ngr

Cobden, Richard. Sein Leben u. Wirken. Von e. Freihändler u. Friedensfreunde. 2. Ausg. 8. (173 S.) Bremen 876. Kühtmann & Co. n. 2. —

Cobden, R., Ungarn. Land, Volk u. Freiheitskampf der Magyaren. Aus d. Engl. übertr. von —r. 8. (82 S.) Grimma 849, Verlags-Comptoir. $\frac{1}{3}$ ⅌

Cobden Club, der. gr. 8. (48 S.) Berlin 881. Bahr. n. 1. —

— le même. Traduit de l'allemand. gr. 8. (62 S.) Berlin 881. Boll. n. 1. 50

Cobden-Club, le. Traduit de l'allemand. Nouvelle éd. gr. 8. (62 S.) Berlin 884. Wilhelmi. n. 1. —

Cobelli, Barthold, leichtfaßliche Harmonielehre. Zum Selbstunterricht zusammengestellt. 1. und 2. Aufl. 16. (42 S.) Hamburg 888, Boysen.

Cobelli, Ruggero

— e M. **Vintschgau,** intorno all'azione dell' urina sulla soluzione di iodio e sulla colla d'amido, s. Vintschgau, M.

Cobelli, R., le ghiandole acinose del cardia. Osservazioni. [Aus den Sitzungsber. d. k. Akad. d. Wiss.] Wien 866. (Gerold's Sohn.) gr. 8. (6 S.) $1\frac{1}{2}$ ngr

— le ghiandole acinose della parte pilorica dello stomaco. [Aus den Sitzungsber. d. k. Akad. d. Wiss.] Ebend. 864. gr. 8. (13 S. u. 1 lith. Taf.) n. 4 ngr

Cobenzl, comte de, correspondances intimes, s.: Brunner, S.

Cobenzl, Graf Philipp, und seine Memoiren, s. Arneth, A. v.

Cobenzl, Albert

— Beitrag zur Trennung des Wolframs von Antimon, Arsen und Eisen, nebst Analyse eines sogenannten Pseudometeoriten. S. 83. II. 742 . . . . vgr.
Separatabdruck

Cobenzl Albert: Notiz über die Einwirkung von naszierendem Wasserstoff auf Ellagsäure. S. 82. II. 5.. . . . . vgr.
Separatabdruck

Cobenzl, Gius., Corso pratico di lingua tedesca ad uso degl' Italiani scritto secondo un metodo molto sicuro. Lex.-8. (V und 262 S.) Triest 863, (Münster'sche Buchh.) *

Cobenzl, Gius., grammatica ossia corso teoretico della lingua tedesca secondo le dottrine del J. C. A. Heyse e di altri rinomati grammatici tedeschi. Triest 865. (Münster.) gr. 8. (183 S.) n. 20 ngr

Cobenzl, palestra tedesca ossia grammatica teorico-pratica della lingua tedesca, fatta secondo un metodo quasi del tutto nuovo e che presto e sicuramente conduce a parlare il tedesco. Lavoro originale. 4 ed., interamente rifusa, del corso completo di lingua tedesca ad uso degl' Italiani dello stesso autore. gr. 8. (258 S.) Triest 891. F. H. Schimpff. n. 3. 20

Coblenzl, Gius., e Gius. Marina, Palestra tedesca. Corso completo di grammatica e lingua tedesca, condotto sulla 4. ed., interamente rifatta di questa medesima opera dae C. e M. Parte 1 e 2. gr. 8. (159 u. 162 S.) Triest 899. F. H. Schimpff. n.n. 5. —

Cobenzl-Roth, Prva njemačka vježbenica za opće pučke škole. Po Juliju Rothu prevco prof. J. Cobenzl. Wien. K. k. Schulbücher-Verlag. 1896. (Min.-Erl. vom 28. März 1896, Z. 6863.) Geb. —.30
— — Druga njemačka vježbenica. Geb —.35
— — Treća njemačka vježbenica. Geb. —.40

Cobenzl, Graf Ludw., Briefwechsel m. Joseph II., s.: Joseph II.

Cobenzl, Philipp: Briefwechsel, s. Kaumitz.

Cober, Gottlieb

Cober, Gottl., tägliche Betglocke, 12. Lpz. 745.

Cober, Gottl., Blumen u. Aepfel. Mit Kpf. 8. Nürnb. 783. Stein. 8 gr

Cober's, Glieb., Blumen und Aepfel aus dem Lustgarten der heiligen Schrift. Christlichen Lesern aller Stände zur Erbauung, dem Lehrstande im Besondern auch zur Förderung im Amte aufs Neue herausg. Eckartsberga 856. Verlag d. Eckartshauses. 8. (IV, 306 S.) 18 ngr

— Hertz-erqvickende Blumen und Gemüthslabende Aepffel, Aus dem Anmuthigen Lust-Garten der Heil. Schrifft ... Der in die Blume zu Saron verliebten Sulamithin In silbernen Schalen furgesetzt. Zwolff Monat (12 Teile in 1 Bde.) Leipzig, J. E. Kallenbach, 1713. 8°. 16 Bl. 494 S. 24 Bl. *Mit Frontispisporträt d. Kurfürstin Christiane Eberhardine v. Sachsen, Königin von Polen, und 13 schönen, emblemartigen Kupfern.* Schöner schwarzer Ldbd. d. Z. m. goldgepr. Ruckentitel u. Goldschnitt. 135.—

— — Dasselbe Werk. [Neue Ausgabe.] *Mit Frontispis und 12 Kupfertafeln.* Nürnberg, Joh. Chr. Göpner, 1748. 8vo. VII Bll., 412 SS., XVIII Bll. HPergtbd. d. Z. (etwas berieben). Nicht bei Praz. Sauberes Exemplar. 120.—

— sonn- und festtägliche Frühglocke, durch drey bewegliche Schläge des Menschen Seele und Gemüth ermunternd 8. Lpz. 734.

— Gesangbuch, der Braut Jesu liebliche Stimme. 12 Leipz. 723.

Cober, Glieb., der Kabinetsprediger. Auf's Neue an das Licht gebracht. 1. Hftchn. (zugleich als Traktat für Sonntagsheiligung.) 8. (14 S.) Berlin 851, (W. Schultze.) *

—— dass. — 2. Hftchn. (zugleich als Traktat für den christl. Hausstand.) 8. (S. 15—41.) Ebds. 851. *

—— dass. — 3. Hftchn. (zugleich als Traktat für betrübte und angefochtene Seelen.) 8. (S. 45—56.) Ebds. 851. *

Cober, Glieb., der Kabinetsprediger. Auf's Neue an das Licht gebracht. 3 Hftchn. 1. Hftchn. [zugleich als Traktat f. Sonntagsheiligung.] 2. Hftchn. [zugleich als Traktat f. den christl. Hausstand.] 3. Hftchn. [zugleich als Traktat f. betrübte u. anfechtene Seelen.] 8. (56 S.) Berlin 852, W. Schultze in Comm. (1: n. 1½ ngr 2: n. 3 ngr 3: n. 1½ ngr) n. 6 ngr

COBER, Gottl. (Pastor in Altenburg), Der aufrichtige Cabinet-Prediger, welcher hohen u. niedrigen Standes Persohnen ihre Laster, Fehler u. Anliegen, nebst dem heutigen verkehrten Weltlauff, in 100 Discours-Predigten entdecket. Mit Kpfrn. 2 Thle. Franckf. 1715—16. 8⁰. (3 Mk. Heinr. Kerler, Ulm, 1905.)

Cober, Gottlieb. Der aufrichtige Cabinet-Prediger, Welcher bey abgelegten Visiten Hohen und Niedrigen Standes-Persohnen Ihre Laster, Fehler und Anliegen, nebst dem heutigen verkehrten Welt-Lauffe, In Hundert Sententiösen und annehmlichen Discours-Predigten, Bescheidentlich entdecket ... Erster (= einziger) Theil. Frankfurt & Leipzig, Nath. Lumscher, 1719. 8°. *Kupferstichporträt des Verf. v. Krügner, gestochener Titel, Kupferstichporträt des Herzogs Friedrich von Sachsen-Gotha von Kilian*, 13 Bl. 427 S. 42 Bl. Leicht fleckiger Pgtbd. d. Z.

Das berühmteste Sammelwerk des Altenburger Predigers und Schriftstellers Cober (1682—1717), das bis 1783 mindestens 60 Auflagen erfuhr und, obwohl in Tausenden von Exemplaren verbreitet, heute schon ziemlich selten geworden ist. Es wurde gleich nach Erscheinen (1711) verboten und trug dem Verfasser Verhaftung ein, aus der er 1712 entfliehen konnte. Es sind „kräftige derbe Predigten.

— — Dasselbe. 2 Thle. Culmbach 1730. 8⁰. (In Nürnberg, Stadtbibl., ex bibl. Solger. III. p. 72.)
— — Dasselbe. Th. 1. (einz.?) Mit den Portraits des Verfassers und des Erbprinzen Friedrich von Sachsen-Gotha. Franckf. 1743. 8⁰. 500 S. (3 Mk. 50 Pfg. Rich. Härtel, Dresden, 1907.)

—— der aufrichtige Cabinet-Prediger, welcher bei abgelegten Visiten hohen und niedrigen Standes-Personen ihre Laster, Fehler und Anliegen nebst dem heutigen verkehrten Welt-Laufe in hundert sententiösen und annehmlichen Discours-Predigten bescheidentlich entdecket, dieselben wohlmeinend warnet, ernstlich vermahnet und kräftig tröstet. Nebst einer Anweisung, wie diese Predigten bei den sonn- und festtäglichen Evangelien und Episteln können gelesen und nützlich angewendet werden; ausgefertiget, verm. und verb. Aufs Neue hrsg. von M. H. Lange. 2 Thle. gr. 8. (XXVIII und 589 S.) Halle 854, Fricke. *

— aufrichtiger Cabinetsprediger, welcher bei abgelegten Visiten, hohen u. niedern Standespersonen ihre Laster, Fehler u. Anliegen bescheiden entdeckt. 8. Hof 783. Vierling. (Grau). 16 K

— der aufrichtige Cabinet-Prediger, welcher bei abgelegten Visiten hohen und niedrigen Standes-Personen ihr Laster, Fehler und Anliegen nebst dem heutigen verkehrten Welt-Laufe in hundert sententiösen und annehmlichen Discours-Predigten bescheidentlich entdecket, dieselben wohlmeinend warnet, ernstlich vermahnet und kräftig tröstet. Nebst einer Anweisung, wie diese Predigten bei den Sonn- und Festtäglichen Evangelien und Episteln können gelesen und nützlich angewendet werden; ausgefertiget, verm. u. verb. etc. Aufs Neue herausg von M. H. (Mart. Hugo) Lange. 2 Thle. Halle 854. Fricke. gr. 8. (XVIII, 291; X, 308 S.) n. 1 Thlr 10 ngr

— — Der mit dem göttl. Gesetz donnernde Catechismusprediger im Cabinet. Franckf. 1725. 8⁰. (3 Mk. H. Kerler, 1905.)

— mit dem göttlichen Gesetz donnernde Catechismusprediger im Cabinet. 8. Lpz. 734.

— Communionbuch, der bußfertige Zöllner. 8. Ebend 750

Cober, Gottl., funfzehn geistl. Lebensbetrachtungen üb. Pauli Worte, 2 Tim. 3, V. 1 = 10. üb. d. Sünde. 8. Frkf. 741. 0thlr.

— Moral- u. Sittenprediger im Cabinet über die Evangelien und Episteln. 8. Gotha. 722.

COBER, G. Der bewegliche Passions-Prediger im Cabinet, Welcher den Leidenden Christum, denen mitleidenden Christen täglich die gantze sieben Fasten-Wochen durch andächtig vorträget, nebst beygefügten Oster-Predigen, ... ingleichen andächtigen Paßions-Gesängen u. heiligen Trauer-Arien, Mit schonen Kupffern gezieret. Leipzig, J. C. Cörner, 1729. 8°. *Doppelblattgr. kolor. Frontispis u. 8 kolor. Kupfer*, 14, 464, 12, 142, 2 SS. Benutzter späterer HLnbd. 60.—

— beweglicher Passionsprediger im Cabinet. Mit Kpf. 8. Jena 768. Gollner. 12 K

Cober, Glieb., der Passions- u. Osterprediger. Mit e. Vorw. von Fr. Delitzsch. Frankfurt a. M. 865. (Winter.) 8. (XV, 372 S.) n. 15 ngr

— sonn- und festtägliche Vespergłocke. 8. Ebend. Junius. 738.

Cober, Jacob Christian (Hamburg, 14. 3. 1755)
Positiones juris selectae.
Giessae 28. Sept. 1789.
zur Erl. d. jur. Doctorwürde.

Cober, Jh. Gli., (✝ d. 11. März 1797.), s. *Chionis* epistolae.

Cober, Ludwig Friedrich (Altenburg), De urbano beneficio. Vom Bürger-Lehn. Diss. histor.-jur. Präs. Gottlieb Sturm. Jena (Müller) Juli 1726. 32 S. (4.80) **5454**
Widm. v. Präs.

Cobet, Carel Gabriel

Cobet, Carol. Gabr., adhortatio ad commilitones, qua lectiones de litteris graecis et de antiquitatibus romanis in Academia Lugduno-Batava a. 1856—1857 habendas die 23. m. Sept. 1856 auspicatus est. Lugduni Batav. 856. Brill. gr. 8. (19 S.) n. 6¾ ngr

Cobet, Car. Gabr., Allocutio ad commilitones qua lectiones de litteris Graecis et antiquitatibus Romanis in academia Lugduno-Batava a. 1852—1853 habendas die 21. m. Sept. 1852 auspicatus est. gr. 8. (18 S.) Lugduni Batavorum 852, Brill. 6 ngr

Cobet, C. G., De arte interpretandi grammatices et critices fundamentis innixa primar philologi officio. Gel 1847. 163 S. 1.5

Cobet, C. G., collectanea critica, quibus continentur observationes criticae in scriptores graecos. gr. 8. (XII, 620 S.) Leiden 878. Brill. n.n. 12. —

— commentationes philologicae tres in instituti regii Belgici classe III. lectae. Amstelodami 853. Müller. gr. 8. (61 S.) n. 15 ngl

— novae lectiones quibus continentur observationes criticae in scriptores graecos. (Repetitae ex Mnemosyne Biblioth. Philolog. Batava.) Lugduni Batav. 858. Brill. gr. 8. (XXIV, 890 S.) n. 5 ℳ

— variae lectiones quibus continentur observationes criticae in scriptores graecos. Lugduni-Batavorum 854. Brill. gr. 8. (XX, 428 S.) nn. 2 ℳ 10 ngl

Cobet, C. G., variae lectiones quibus continentur observationes criticae in scriptores graecos. Edit. II. auctior. gr. 8. (XXXV, 681 S.) Leiden 873, Brill. **

Cobet, C. G., de Philostrati libello περὶ γυμναστικῆς recens reperto. Leyden 859. Brill. gr. 8. (94 S.) nn. 21 ngl

Cobet, C. G., miscellanea critica, quibus continentur observationes criticae in scriptores graecos, praesertim Homerum et Demosthenem. gr. 8. (XX, 616 S.) Leiden 876. Brill. n.n. 12. —

—— et J. Bake, Mnemosyne, s. Mnemosyne.

— observationes criticae et palaeographicae ad Dionysii Halicarnassensis antiquitates romanas. gr. 8. (XV, 272 S.) Ebend. 877. n.n. 6. —

Cobet, C., Observat. crit. in Platonis Comici reliquias. Diss. 1840. 200 S.

Cobet, Car. Gabr., Observationes criticae in Platonis Comici reliquias. 8maj. Amstelodami 840, Jb. Müller. n. 1 ℳ 19 ngl

Cobet, Car. Gabr., oratio de arte interpretandi grammatices et critices fundamentis innixa primario philologi officio. gr. 8. (163 S.) Leyden 847, Hazenberg & Co. 1 ℳ

Cobet, Kar. Gabr., Prosopographia Xenophontea. Commentatio praemio ornata. 4maj. Leyden 836. Luchtmanns. (Leipzig, Weidmann.) $1^7/_{12}$ ℳ

— De emendanda ratione grammaticae graecae discernendo orationem artificialem ab oratione populi. Gel. 1850. 28 S —.75

Cobet, C. G., De sinceritate graeci sermonis post Aristotelem graviter depravata. Gel. 1850. 16 S. -.75

Cobet, C. G., Theophrasti charakteres e cod. Galat. Vatic. CX accuratissime expressi. Gel. 1859. 29 S. —.90

Cobet, Frd. (geb. Hilchenbach 1814): De chlorosi. Berolini (1840). (26 S.) 8°
Berlin, Med Diss. v. 11. Jan. 1840

Cobet, Johann Heinrich (Hilchenbach/Nassau), De atra bile. Diss. med. Marburg, 27. VII. 1793. 76 S. (4.80) 5455

Cobet, J. H., de atrabile. 8. Marb. 793. Krieger. 3 gl

Cobius, E. F., argum. Jes. Chr. contra Sadducaeos pro resurrectione mortuorum. Viteb. 1727. 4.

Coblentz, B., de libelli περὶ ὕψους auctore. Diss. inaug. gr. 8. (76 S.) Strassburg 888. Heitz. n. 1. 50

Coblentz, Virgil [aus Springfield (O. U. S. A.)]: Schwefel- und Selen-Abkömmlinge des Aethylamins und Propylamins. . . . Berlin, Buchdr. v. G. Schade, *1891;* 43 S., 1 Bl. 8°
Berlin, Phil. Fak., Inaug.-Diss. v. 27. Jun. 1891

Coblenz (Sachl. OW)

Coblenz, s. a. Koblenz.

Coblenz. — Regierungs Bezirk — Lithographirt mit Genehmigung des statistischen Bureaus in Berlin von F. Aug. Mottu in Cöln. 1: 250,000. 1 Bl.

Coblenz, d. Regierungsbezirk, nach seiner Lage, Begrenzung, Größen rc. 4. Cobl. 817. Pauli. 1 ℳ 6 gl

Die Residenzstadt Coblenz und ihre Umgebung. Hrsg. vom Ver. z. Wahrung städt. u. geschäftl. Interessen. *Coblenz-Lützel 1903: Gebr. Breuer.* (83 S.) 8°

Coblenz, Die Stadt, und ihre Verwaltung in den Jahren 1818-23 ... Koblenz 1824. H: *Mähler, Christian Wilhelm.* (EngG)

[S.] Coblenz und Umgebung. Hrsg. v. Ver. z. Wahrg städt. u. geschäftl. Interessen. *Coblenz: Buchdr. v. Kindt & Meinardus 1896.* (72 S., 1 Bl., 1 Taf., 1 Pl.) 1 Bd 8.

Coblenz u. Umgebung in Bild u. Wort. 80 Ansichten nach Orig.-Aufnahmen v. P. Kraft. Mit erläut. Text. qu. gr. 8. (80 S.) Berlin-Schöneberg (900). W. Sommer. Geb. in Leinw. 3. —

Coblenz [Schlagwort]

Coblenz, s. a.: Deutschland. Karte (Abt. Preussen).

— s. a.: Handkarten.

Coblenz, Reg.-Bez., s. a. Heimatskärtchen. 5.

— s. a. Kreiskarten.

— s. a.: Moselweinbaukarten.

— s. a. Weinbaukarten.

Coblenz-Frankfurt a. M., s.: Automobilkarten. Automobil-Tourenkarte.

Coblenz-Karlsruhe, s.: Radfahrerkarten. Freytag.

Coblenz-Luxemburg, s.: Automobilkarten. Automobil-Tourenkarte.

Coblenz-Metz, s.: Automobilkarten. Mittelbach.

Coblenz. Algermissen, Joh. Ludw., Verwaltungs-Karte der Reg.-Bezz. Koblenz u. Wiesbaden unter Berücksicht. der angrenzenden Gebiete, nach den neuesten Quellen bearb. 1 : 240,000. 70×63 cm. Farbdr. Trier 906. H. Stephanus. n. 2. —; auf Leinw. in Etui. n. 3. —; m. Stäben n. 3. 50

Coblenz, Stadt. Dietrich, A., Karte vom Stadtkreis Coblenz m. nächster Umgebung. 1 : 50,000. In erster Linie f. den Schulgebrauch entworfen. 27 × 23 cm. Farbdr. Coblenz 897. W. Groos. n.n. — 15

— — Plan des inn. Theiles der Stadt Coblenz, f. den Schulgebrauch entworfen. 27,5 × 24 cm. Farbdr. Ebd. 897. n.n. — 15

— — Wandkarte des Stadt- u. Landkreises Coblenz. Für d. Schulgebrauch gezeichnet. 1 : 25,000. 2 Blatt à 64 × 95 cm. Farbdr. Coblenz 898. Gebr. Friedrich. n. 7. —; auf Leinw. m. Stäben n. 10. —

Coblenz. Friedrich, Aug., Karte v. Coblenz u. Umgebung. Gezeichnet u. hrsg. im Auftrag des Vereins zur Hebg. des Fremdenverkehrs in Coblenz. 1 : 50000. 63×62 cm. Farbdr. Braubach a. Rh. 908. Selbstverlag. 1.—; auf Leinw. 1. 80

Coblenz, Reg.-Bez. Heinen u. Simon, Entfernungs-Karte d. Reg.-Bez. Coblenz, linksrhein. Thl. 1 : 100,000. Nach amtl. Material d. kgl. Katasterverwaltg. bearb. im J. 1897. 4 Blatt à 56,5 × 43 cm. Lith. u. kolor. Coblenz 898. W. Groos. n. 4. 50; auf Leinw. m. Stäben n.n. 7. 70

— — dasselbe, rechtsrhein. Thl. 1 : 100,000. Nach amtl. Material d. kgl. Katasterverwaltg. bearb. im J. 1897. 2 Blatt (23,5 × 66,5, resp. 47,5 × 66,5 cm). Lith. u. kolor. Ebd. 898. n. 2. 50; auf Leinw. m. Stäben n.n. 4.70

Coblenz — Höhenkarte der Umgegend von —. Bearb. von C. R. Wolff. Berlin 1854. 100,000. (Hor. Curven), 1 Bl.

— Karte der Umgegend v. Coblenz u. Bad Ems. (Umschlag: Spezial- u. Touristen-Karte. Gezeichnet von L. u. H. Ravenstein. 3. Aufl.) 1 : 170,000. 37,5×54 cm. Farbdr. Frankfurt a/M. (908). L. Ravenstein. Auf Leinw. 2. —

Coblenz, Reg.-Bez. Liebenow's, W., Spezial-Karte der Reg.-Bezz. Coblenz u. Wiesbaden m. angrenzenden Länderteilen f. Reise, Bureau u. Verkehr. 1 : 300,000. 57,5×51,5 cm. Farbdr. Frankfurt a/M. (902). L. Ravenstein. In Decke n. 2. —; auf Leinw. in Decke n. 3. —

— Liebenow's W., Specialkarte der Reg.-Bezz. Coblenz u. Wiesbaden, für Reise, Bureau u. Verkehr. 1 : 300,000. (Volksausg.) 57,5×51 cm. Farbdr. Frankfurt a/M. (904). L. Ravenstein. n. 1. 20

Coblenz — Panorama von — und seiner Umgegend. Aufgenommen von der Pfaffendorfer Höhe. Dessiné d'après nature par Ch. Bodmer. Publié par Ch. Baedecker à Coblence. o. M. 2 Bl.

Coblenz, Stadt. Perschmann, S., Wegekarte der Umgebung v. Koblenz. 1 : 125,000. 51,5×53,5 cm. Farbdr. Koblenz 902. W. Groos. — 75; auf Leinw. n. 1. 25

Coblenz, Stadt. Ravenstein, L. u. H., Specialkarte der Umgegend v. Coblenz u. Bad Ems. 1 : 170,000. Chromolith. qu. Fol. Frankfurt a./M. 888. Ravenstein. n. 1. 50; auf Leinw. n. 2. —

— Steus, Paul, Radioplan v. Coblenz u. Umgebung f. Fussgänger, Rad- u. Automobilfahrer zur praktischen u. schnellen Orientierung f. Ausflüge im Umkreis v. 45 Kilometer, gezeichnet u. hrsg. unter Zugrundelegg. amtl. Entfernungskarten. 72×59 cm. Autogr. Coblenz (909). W. Groos. p 1. 50

— Verkehrskarte von Coblenz m. seiner weiteren Umgebung. 26×33,5 cm. Farbdr. Coblenz (900). J. Schuth. — 20

Coblenz (Verf.)

Coblenz, Fel., Bibelkritik im Religionsunterricht. (16 S.) gr. 8. Frankfurt a/M. (906). (J. Kauffmann.) n. — 60 Sonderabdruck aus: „A. Brüll's populär-wissenschaftl. Monatsblättern".

Zur Einführung in den Religionsunterricht von Dr. F[elix] Coblenz. Leipzig: Quelle & Meyer 1908. 23 S. 8° lo8. 672

Herr Dr. Jacob als Kritiker. Eine sachl. Beleuchtung von Rabbiner Dr. [Felix] Coblenz-Bielefeld. (Leipzig [1908]: C. G. Naumann.) (32 S.) 8° [Umschlagt. F.] lo8. 17126

Herr Dr. Jacob als Kritiker. Eine sachl. Beleuchtung von Rabb. Dr. [Felix] Coblenz-Bielefeld. (Leipzig [1900]: C. G. Naumann.) 32 S. 8° [Umschlagt.] lo9. 17408 4

Coblenz, Felix, aus Bielefeld: Über das betende Ich in den Psalmen. Ein Beitrag zur Erklärung des Psalters. [Gekrönte Preisschrift der theol. Facultät d. Univ. Berlin]. Kirchhain N.-L. M. Schmersow Dr. 1896 [Frankf. a. M. J. Kauffmann 1897]. 2 Bl., IV, 1 Bl., 191 S., 1 Bl. 8°. Zürich, Phil. Diss. I. S. [v. 18. Dec. 1896].

Coblenz, Fr., Lehrbuch der jüdischen Religion. 2., neubearb. Aufl. (123 S.) 8. Leipzig 909. Quelle & Meyer. Geb. 1. 25

Predigt zur Einweihung der neuen Synagoge in Bielefeld 1905 von Rabbiner Dr. [Felix] Coblenz. Bielefeld: A. Helmich [1905]. (12 S.) 8° [Umschlagt. F.] lo7. 4813

Predigten geh. in der Synagoge zu Bielefeld von Dr. F[elix] Coblenz, Rabbiner, Bielefeld. *Berlin: S. Calvary & Co. 1904.* (114 S.) 8° [F.]

— Predigten, geh. in der Synagoge zu Bielefeld. Neue Folge. (VII, 142 S.) gr. 8. Frankfurt a/M. 907. J. Kauffmann. Geb. in Leinw. 8. —

Jüdische Religion. Ein Lehrbuch von Dr. F[elix] Coblenz. Leipzig: Quelle & Meyer 1908. 127 S. 8° lo9. 243

— Jüdische Religion. Ein Lehrbuch. (IV, 127 S.) 8. Leipzig 908. Quelle & Meyer. Geb. 1. 25

Coblenz, Felix. Die berufliche u. soziale Stellung d. jüdischen Lehrers. Vortrag. gr. 8. (48 S.) Siegen 889, Montanus. * — 80

Coblenz, Fr., s. Coblenz, Felix

Coblenz, Hugo, das papilläre Kystom. Inaugural-Dissertation. gr. 8. (42 S.) Halle 881. (Göttingen, Vandenhoeck & Ruprecht.) n. 1. 20

Coblenz, Casimirvs (geb. am 22 März 1842 in Deutz bei Köln): De inhalationibvs liqvorvm pvlverisatorvm ... Bonnae, form. F. Krveger [1864]. 30 S., 1 Bl. 8.
Bonn, Med. Fak., Diss. v. 20 Febr. 1864

Coblenz, Casimir. (geb. Deutz 15. 6. 1806): De scirrho et carcinomate uteri. Berolini (1830). (22 S.) 4°
Berlin, Med. Diss. v. 4. Okt. 1830

Die ersten 24 'Coblenzer Strophen', neue Dichtformen, 1907–08 erfunden u. benannt von Franz Hugo Adolf **Coblenzer**, geb. in Coblenz. Mit Anh.: Meine bürgerl. Wappenstiftung. 1. Aufl. 30 Ill. Bonn: Selbstverl. 1910. 48 S. 8° lo0. 13418

Coblenzer, Hermann, Tierarzt in Hildesheim: Die medikamentöse Behandlung der Samenstrangfistel des Pferdes mit Jod. (Aus der medizinischen Klinik der Tierärztlichen Hochschule in Hannover. Leiter: Prof. Malkmus.) Hildesheim 1909. 36 S. 8°. [26. II. 09.]
Bern, Vet.-med. Diss. 1908,09.

Cobliner, Jesaiah, aus Posen: Zur Kenntnis des Pyrogallols. *München 1903: V. Höfling.* (59 S.) 8°
München, Phil. Diss. v. 1903

Cobliner, Samuel, a. Posen: Aus der Kgl. Hebammenschule zu München (Direktor: Geh. Rat Prof. Dr. v. Winckel). (Haben die mikroskopischen Vorgänge bei der Abstossung der Nabelschnur) [forensisches Interesse?] (Nürnberg [1907]: G. P. J. Bieling-Dietz.) (30 S.) 8° ¶[Aus: Friedreichs Blätter f. gerichtl. Medicin u. Sanitätspolizei Jg. 58. 1907.]
München, Med. Fak., Ref. v. Winckel, Diss. v. 15. Febr. 1907
[Geb. 8. Sept. 80 Posen; Wohnort: Posen; Staatsangeh.: Preußen; Vorbildung: Friedrich-Wilhelms-Gymn. Posen Reife O. 01; Studium: Freiburg i. B. 1, Berlin 5, München 3 S.; Coll. 19. Febr. 07; Approb. 25. Jan. 07.]

Coblitz, Franz [aus Mannheim]: Ueber den Hexamethylen-β- und γ-ketocarbonsäureester und die m-Oxyhexamethylencarbonsäure ... München, Druck v. V. Höfling, 1895; 52 S. 8.
München, Phil. Fak., Inaug.-Diss. v. 1896

Coböken, Jos., die preuß. Beamtenvorlagen. (Oktbr. 1908.) Zusammengestellt u. bearb. (112 S.) gr. 8. Berlin (SW. 48, Friedrichstr. 240/41) 908. Verlag der „Deutschen Nachrichten". 1. 25

Die Reichsbeamtenvorlagen nebst Wohnungsgeldordnung (Nov. 1908). Zsgest. u. bearb. von Jos. **Coböken**. Berlin: Deutsche Nachr. 1908. (91 S.) 8° [F.] fol. 17486

Die nächsten Ziele der deutschen Beamtenbewegung. Ein Wort z. Lage d. Festbesoldeten. Von J[osef] M. **Coböken**. [Berlin: Deutsche Nachrichten 1900.] (23 S.) 8° [F.] fol. 1907

Cobres, Aloys, d. Reichstag d. Thiere. Ein humorist.-didaktisches Gedicht. gr. 12. Münch. 831. (Franz). 4 gr.

v. Cobres, Edler Jos. Paul, Büchersamml. zur Naturgeschichte, Deliciae Cobresianae. 2 Thle. gr. 8. Augsb. 781, 82. (Stettin in Ulm). 5 ₰

— — dieselbe. 2 Thle. Augsb. (Turneysen in Cassel u. Paris) 782.

— s. Magazin v. ökonom. Gegenständen.

Cobret, C. M., der homöopath. Haus- u. Reisearzt, od. unentbehrl. Hülfsbuch f. alle Diejenigen, welche sich durch Selbsthülfe der Homöopathie in schnellen Krankheitsfällen berathen wollen. 2. (Titel-) Aufl. 8. (155 S.) Ulm (835) 849, Fr. Ebner. 19 ngr.

Cobret, C. M., der homöopath. Haus- und Reisearzt, oder unentbehrl. Hülfsbuch für alle Diejenigen, welche sich durch Selbsthülfe der Homöopathie in schnellen Krankheitsfällen berathen wollen. 2. (Titel-)Aufl. 8. (155 S.) Ulm 849. [Adorf, Müller.]

Cobret, C. M., vollständ. homöopath. Selbsthülfe, oder Reise- u. Haus-Doctor für alle diejenigen, welche sich durch Hülfe der Homöopathie gesund machen wollen. 8. Ulm 835. Ebner. 5/8 ₰

Coburg (Sachl. OW)

Coburg, s. a. K o b u r g .

Coburg. Stadt u. Veste nebst Umgegend. Führer f. Fremde u. Einheimische. 6. verm. u. verb. Aufl. Neu bearb. u. hrsg. v. Carl Frdr. Wittmann. Mit 1 Stadtplan u. 1 Kärtchen der Umgegend. 8. (IV, 93 S.) Coburg (900). Otto Kirchhoff. n. — 60

Coburg, Das jetzlebende gelehrte, mit dazu gehörigen Schriften, . . . Itzepoli [Coburg] 1718. V: *Wezel, Johann Caspar.* (ML)

Coburg [S c h l a g w o r t]

Coburg, Stadt, s. a.: Deutschland. Karte. (Abt. Preussen.)

Coburg, s. a.: Geologische Karten (Preussen).

Coburg, Stadt, s. a. P r e u s s e n , Messtischblätter.

— s. a.: Radfahrerkarten Strassenprofilkarte.

– s. a. T h ü r i n g e n . Gräf bzw. Petters, H.

Coburg. A h r e n s, Plato, Panorama der Veste Coburg. Nach der Natur bearb. 49,5×48,5 cm. Lith. Coburg 899. E. Riemann. n.n. — 60

— K a r t e von Coburg u. Umgegend. Wohlf. Ausg. Unter Leitung v. H. Petters ausgeführt. Umklatsch auf Stein. 1 : 150,000. 43,5×49,5 cm. Farbdr. Ebd (896). n.n. — 50; auf Leinw. n.n. 1. -

Coburg. K a r t e von Coburg u. Umgegend m. Terrain. Unter Leitg. v. H. Petters ausgeführt. 1 : 150,000. 43,5 × 49,5 cm. Kpfrst. u. kolor. Coburg 896. E. Riemann jr. n.n. 2. —; auf Leinw. n.n. 2. 50

Coburg — Topographische Karte vom Herzogthum Sachsen- —. Bearb. von F. H o c k. 1844. 50,000. 1 Bl.

Coburg, Stadt. P e t t e r s, Hugo, Karte v. Coburg u. Umgegend m. Gebirgszeichnung u. Grenzkolorit. Rev. u. ergänzt bis 1905. 1 : 150,000. Kpfrst. u. kolor. 43,5×49 cm. Coburg, E. Riemann. n.n. 1. 60; auf Leinw. n.n. 2. —; wohlf. Ausg. Farbdr. n.n. — 60; auf Leinw. n.n. 1. —

Coburg, Herzogt. W a n d k a r t e des Herzogt. Coburg. Bearb. nach den neuen Messtischblättern der königl. preuss. Landes-Aufnahme. 1 : 35,000. 2 Bl. à 59,5×109,5 cm. Farbdr. Berlin (903). D. Reimer. (Alleinvertrieb: Koburg, J. F. Albrecht.) n. 10. —

Coburg (Verf.)

Coburg. Freimüthige B r i e f e des Feldmarschall Prinzen von . . . . . an Ihro Majestäten von Oesterreich und Preussen, in Betreff seiner geforderten Entlassung als Chef d'Armée. 8. 1795.

Coburg, Prinz v. Briefe an Ihro Majestäten von Österreich u. Preußen in Betreff seiner geforderten Entlassung als Chef d'Armée. o. O. 1795. 20 S.

Coburg, Hermann [pract. Arzt zu Greifswald]: 2 Fälle von Resection des Sternum . . . . Greifswald, Druck v. F. W. Kunike (1888); 20 S. 8°
Greifswald, Med. Fak., Inaug.-Diss. v. 28. Mai 1888

C o b u r g - S a a l f e l d. Josias (Friedrich) von, siehe J o s i a s.

Coca, Callistrat, Catechismul mic al Bisericii drepteredincioase a Resăritului compus pentru şcoale poporale. Wien 1904. K. k. Schulbücherverlag. Preis, halbsteif gebunden 50 h

Coca Callistrat, Catechismul Bisericii drepteredincioase a Resăritului, compus peutru clasele superioare ale şcoalelor poporale. Wien 1904. K. k. Schulbücherverlag. Preis, in Halbleinwand gebunden 1 K 30 h.

Coca Callistrat, Catechismul Mic întocmit pentru classa ântâia şi a doua a şcoalelor poporale. Wien 1906. K. k. Schulbücherverlag. Brosch.

Coca Callistrat-Andrievici Samuil, Istoria săntă a Testamentulu Vechiŭ şi a celui Nou compusă pentru şcoalele poporale. Wien 1906 K. k. Schulbücherverlag. Geb. K 1.–.

Italus [d. i. **Cocaleus**] ad Febronium de s t a t u ecclesiae, seu de hac materia epistolae eximiae R. P. Viatoris a Cocaleo. T. 1. 2. Francofurti ad M. 1773.

Cocceji, Heinrich von

– Diss. juris feudalis, de a d o h a , von der Heer-Steuer, Reise-Geld, Fahrtlösung. Lipsiae 1748.

E n g e l b r e c h t e n , J. F. ab (Praes.: H. Coccejo): „De assignationibus, vulgo von Anweisungen", Frankfurt ad. Viadr. 1703. — Vorh.: Com. Bibl. Hamburg.

— — De assignationibus vulgo. Von Anweisungen. Jena (Schill) 1744. 32 S. (4.80) 5467

— commentatio juridica de assignationibus, vulgo von Anweisungen. Editio nova. 8. Rotenb. 820. Typogr. Inst. 5 gr.

— Autonomia j u r i s gentium. 8. ibid. 720.

Coccejus, Heinr. (Präs.), s. B a r t h o l d i , Joachim Friedrich: De r e n u n c i a t i o n i b u s ...

Coccejus, Heinrich (Präs.), s. B r o c k , Johann Dietrich von: De S o c i o criminis.

Coccejus, Heinrich (Praes.), s. B u s c h , Johann von dem: De p r a e s c r i p t i o n e extraordinaria ...

Coccejus, Heinrich (Praes.), s. D a n c k e l m a n , Wilhelm Friedrich von: De justo praeliorum exitu.

DE COCCEJI, Henr.: Deductiones, consilia et responsa in causis illustrium, in quibus jura regum etc. circa regalia, domanialia, apanagia, feuda, felonias, simultaneas investituras, testamenta etc. dilucide proponuntur. *Lemgo*, Meyer. 725—28. III Vol. Fol. (9 Thl. 16 Gr.)

– Diss. jur. de d i f f e r e n t i i s juris civilis & Marchici. Francofurti 1712. [Resp.:] Joh. Bened. Schartow. Denuo rec. 1714.

— — (Präs.), Quatuor disputationes ex jure naturali et gentium. I. An traditio necessaria sit ad transferendum dominium. II. De jure generationis. III. De libertate status regis. IV. De rebus merae facultatis. Heidelberg. Neudruck: 1715. 24 S. (5.—) 5465
Respond.: Joh. Hermann Meyer (Erbach Schönberg, 25. XI. 1676). — Georg Hartzinck (Meurs, 2. XII. 1676). — Abraham Crumfuss (27. XII. 1676, Druck: Sam. Ammon). — Joh. Lorenz Zubrot (Gronsberg 1675). — Einzelarbeit 3.80.

C o c c e j i , Henricus de: „Exercitationum curiosarum, Palatinarum, Trajectinarum et Viadrinarum vol. 1, 2, in quibus praecipura juris gentium capita explicantur leges civilis, ex principiis naturae . . . . illustrantur", Lemgoviae 1722. 2 Bände. — Vorh.: Bibl. des Oberlandesgerichts Celle — An. 9.

de Cocceji, Hnr., (†) Grotius illustratus, s. commentarii ad Hug. Grotii de jure belli et pacis libros III., in quibus juris nat. et gent., item juris publici praecipua explicantur etc. Accedunt observationes S. de C. H. F. (Sam. de Cocceji, Henrici filii.) IV Tom. Fol. Bresl. 744—52. W. G. Korn. 15 ₰

– H y p o m n e m a t a juris feudalis. Ed. nova. Francofurti ad V. 1732.

— Hypomnemata juris feudalis. 8. ibid. 734.

— Hypomnemata juris ad seriem institutionum. 8. ib. 732.

Coccejus, Heinrich, Oratio de lege salica. Heidelberg o. J. 58 S. (6.—) 5457

— quindecim positiones jur. nat. et gentium revisae et in us. auditor. denuo editae a J.K.K. Oelrichs. 8. Sedini 754.

— — De summa potestate. Von der höchsten Gewalt. Tract. jur. publ. naturalis. Ed. nov. 1734. 20 S. (4.80) 5466

L. B. DE COCCEJI, H.: Prodromus justitiae gentium s. exercitatt. duae. Liber ad illustrat. tractatus *Grotiani* etc. necessarius. *Francof. ad Viadr.* 719. 4.

COCCEJUS, H.: Juris publ. prudentia compendio exhibita. Ed. IV. *Frcf. ad Viadr.* (695.) 713. 8.

— juris publici prudentia compendio exhibita. 8. Francof 735.

— — De servitutibus naturalibus. Von natürlichen Dienst-Gerechtigkeiten. Thes. ordin. ex jure naturae & gentium. Halle (Hendel) 1750. 8 Seiten. (2.50) 5468

— — De silentio. Vom Rechte des Stilleschweigens. Disp. jur. Halle (Hendel) 1750. 24 Seiten. (4.—) 5469

Cocceji, Samuel von

— Nähere Ausführung des in denen natürlichen und Reichs-Rechten gegründeten Eigenthums des Königl. Chur-Hauses Preussen u. Brandenburg auf die Schlesischen Hertzogthümer Jägerndorff, Liegnitz, Brieg, Wohlau, etc. und zugehörige Herrschafften. (Berlin) 1740. 4.

Cocceji, Sam. Freih. von, Beantwortung der sog. Actenmäss. Gegen-Information über das Rechts-begründete Eigenthum des Kön. Chur-H. Preussen u. Brandenburg auf die Schles. Hertzgth. Jägerndorff, Liegnitz, Brieg, Wohlau etc. (Berlin) 1741. fol.

— Kurtze Beantwortung der ferner zum Vorschein gekommenen Chur-Brandenburgischen So genannten Näheren Ausführung des in denen natürlichen u. Reichs-Rechten gegründeten Eigenthums des Königl. Chur-Haus. Preussen, und Brandenburg auf die Schlesische Hertzogthümer Jägerndorff, Liegnitz, Brieg, Wohlau, und zugehörige Herrschafften. Anno 1741. 4.

— Déduction ultérieure, dans la quelle on prouve par le droit naturel, et par les constitutions de l'empire, que les duchés de Jaegerndorf, Liegnitz, Brieg, Wohlau etc. et autres Seigneuries appartiennent en pure propriété à la maison royale de Prusse et électorale de Brandenbourg. (Berlin) 1740 (1741). 4. (54 Seiten.) (Uebersetzung der näheren Ausführung, von Sellentin.)

— elementa jurisprudentiae naturalis et romanae, ubi non tantum principia generalia juris naturae exponuntur, sed et jus romanum in ordinem redigitur. 8. Berol. 740.

C o c c e j i , Samuel L. B. de: „Introductio ad Henrici L. B. de Cocceji Grotium illustratum", Halae 1748. — Vorh.: Bibl. des Oberlandesgerichts Celle — Fol. Ra. 27.

C o c c e j u s , Sam. de, introductio ad H. de Cocc. G r o t i u m illustratum. fol. Halae, Waisenh. Buchhandl. 748.

C o c c e j i , S. (Praeses), Lübbecke, U. J. (Auctor): „De regali postarum jure", Frankfurt a. d. O. 1703. — Vorh.: Com. Bibliothek Hamburg.

– De regali postarum i u r e commentatio iur. Rec. Jenae 1744.

de Cocceji, Sam., († d. 22. Oct. 1755.) jus civile controversum. Prs. I. II. 4. Frankf. et Leipz. 713, 18. Ed. II. 729. Ed. III. . . . Ed. IV. II Tom. 4. Leipz. 766. Editio nov., praefationem de usu artis criticae in decidendis juris controversiis praemisit Karl Fr. Walch, totumque opus recens. ac perpet. notis illustr. J. E. B. Emminghaus. T. I. et II. 4 maj. Leipz. 791 et 99. Weidmann. 4 ₰ 20 ℊ

de Coccejus, S.. Jus civile controversum. 2 Bde. 2. A. Frkft. 1740. 4°.
— Dass. 4. A. Frkft. 1779. 4°.

– Tractatus juris gentium, de p r i n c i p i o juris naturalis unico, vero et adaequato, pars prior. Ubi fundamentum juris naturae . . . ponitur. Francofurti ad V. 1702.

— — Dasselbe. Tl. II. Frankfurt/O. (Jer. Schrey Erb. & J. Chph. Hartmann/Chph. Zeitler) 1702. 78 S. (5.—) 5474

— — Dasselbe. 1712. (5.—) 5473

— — Dasselbe. Frankfurt/O. (Joh. Gottfr. Conradi) o. J. (5.—) 5475

(Frhr. v. COCCEJUS, Sam.): Project d. Corp. jur. Fridericiani, d. i. Sr. K. Maj. in Preussen in d. Vernunft u. Landesverfass. gegründetes Landrecht, worin das Röm. Recht in e. natürl. Ordn. u. richt. Systema nach den 3 Objectis Juris gebracht, u. e. jus certum u. univers. in allen dero Provinzen statuiret wird. *Halle*, Waisenh. B. 750—51. 2 Thle. fol. (1 Thl. 2 Gr.) (auch französich.)

— Kurtze Remarquen über die von S. der Königin in Ungarn, und Böhmischen Majestät neuerl. publicirte sogenannte Kurtze Beantwortung der Chur-Brandenburgischen Näheren Ausführung des in denen natürlichen u. Reichs-Rechten gegründeten Eigenthums des Königl. Chur-Haus. Preussen, u. Brandenburg auf die Schlesische Hertzogthümer Jägerndorff, Liegnitz, Brieg, Wohlau, u. zugehörige Herrschafften. (Berlin) 1741. fol.

– Resolutiones dubiorum circa hypothesin nostram de principio juris naturae, nuper a viro consultissimo . . . (Jac. Frid. Ludovici) communicatorum. Francofurti ad V. 1705.

— novum systema justitiae naturalis et romanae. 8. Halle 750. Waisenh.-B. 12 gl.

Coccejus, Jac.

— neues und wohleingerichtetes Kochbuch. 8. Frankf. u. Lpz 740.

Coccejus, Johannes

Coccejus, Johannes, Lexicon & commentarius sermonis Hebraici et Chaldaici. Editio novissima ... Operâ atque studiô Johannis Henrici Maji. Francofurti et Lipsiae 1714. 2°.

Coccejus, Iac., Lexicon et commentarius sermonis hebraici et chaldaici opera et studio I. H. Mai, cum novis supplementis. fol. Halae, Waisenh. Buchhandl. 714.

de Cocceji. Jh., Lexicon et commentarius sermonis hebraici et chaldaici, post hunc et J. H. Majum longe, quam antehac, correct. et emend. ed. Jh. Cph. Fr. Schulz. 4. Lpz. 777. Ed. V., quae ipsa est novae recogn. II. et Tom. II. 8maj. Leipz. 793—95. Weygand. 12 rß 12 gl.

Coccejus, Ioh., summa doctrinae de foedere et Testam. Vet. 8. Lips. Weygand. 704.

Cochi, A., die pythagoräische Lebensweise, s. Gesundheit, Wohlstand u. Glück.

Cocchi, A., die pythagoräische Lebensweise, s.: Gut, das höchste.

Cochi, Ant., vom Ehestande, a. d. Ital., nebst Fragmenten, den Ehestand betreffend. 8. Berlin, Sander. 766.

COCCHI, Ant. (Med. D.), Vom Ehestande, aus dem Italien. nebst einem Fragmente, den Ehestand betreffend. Berlin, Arn. Wever, 1766. 8°. 9 Bog.
O. M. V. 1767 (I), S. 798; Cat. Meissner I.

Cocchi, Antonio Celestino: Epistolae physico-medicae ad Lancisium et Morgagnum ... Juxta ed. Romae ed. & diligenter corr. Parisiis (usw.), (Franckfurt u. Leipzig) 1732. 66 S. 8°

Coccius. — S. hernach Sabellicus.

Coccius, Ernst Adolf

Coccius, Adf., über die Anwendung des Augenspiegels nebst Angabe eines neuen Instrumentes. Mit 1 lith. Taf. (in 4.). Leipzig 853. Müller. gr. 8. (XIII, 210 S.) 1 rß 7½ ngl.

Coccius, Ernst Adph., üb. die in den Jahren 1868 u. 1869 in hiesiger Augenheilanstalt beobachteten Augenverletzungen u. üb. die Behandlung der Augenverletzungen. gr. 4. (43 S.) Leipzig 871. Edelmann. 1. 50

Coccius, Ernst Adph., über die Diagnose des Sehpurpurs im Leben. Programm. 4. (22 S.) Leipzig 877. Dürr'sche Buchhandlung. — 75

Coccius, Adf., über die Ernährungsweise der Hornhaut u. die Serum führenden Gefässe im menschl. Körper. Eine Monographie. Mit 1 (lith.) Taf. in buntem Druck (in qu. Fol.) gr. 8. (VIII u. 180 S.) Leipzig 852, Müller. 1½ rß

— über das Gewebe und die Entzündung des menschlichen Glaskörpers. Mit 1 lith. Taf. Ebend. 860. gr. 8. (45 S.) n. 10 ngr.

Coccius, Adph., über Glaucom, Entzündung und die Autopsie mit dem Augenspiegel. Ein Vortrag. Mit 1 lith. Taf. (in 4.) Leipzig 859. Müller. gr. 8. (IV, 58 S.) n. 10 ngr.

— u. Thdr. Wilhelmi, die Heilanstalt für arme Augenkranke zu Leipzig zur Zeit ihres fünfzigjährigen Bestehens. Eine Erinnerungsschrift. Leipzig 870. Vogel. gr. 8. (III, 197 S.) n. 1 rß

Coccius, Ernst Adf., de instrumentis quibus in operationibus ocularis palpebrae fixae tenentur. Dissertatio. Leipzig 869. (Dürr'sche Buchhdlg.) 4. (28 S.) 9 ngr.

— der Mechanismus der Accommodation des menschlichen Auges nach Beobachtungen im Leben dargestellt. Mit 1 lith. Taf. (in 4.) Leipzig 868. Teubner. gr. 8. (VI, 153 S.) n. 1 rß

— de morbis oculi humani, qui e variolis exorti in nosocomio ophthalmiatrico observati sunt. Dissertatio. gr. 4. (23 S.) Leipzig 871. (Dürr'sche Buchh.) — 75

Coccius, Ernst Adolph (Knauthain), De morbis typhum sequentibus. Diss. med. Lpz. (Erdmann Polz) 11. IV. 1848. 30, VIII S. mit Biogr. (M.: J. C. Oehler.) (4.50) 5476
Gew.: Carl N. Belot.

— über die Neubildung von Glashäuten im Auge. Mit 1 lith. Taf. Leipzig 858. Müller. 4. (22 S.) n. 10 ngr

— Ernst Albert (Knauthain), De interventionis principalis indole et origine. Diss. jur. Lpz. (Polz) 1855. 31 S. (4.—) 5477
Gew.: Ed. Friderici (Gaschwitz, Debitzdeuben). — Handschriftl. Widm. d. Verf.

Coccius, Walther: Schutz der Firma nach heutigem deutschen Handelsrecht. Borna - Leipzig 1903: R. Noske. (IX, 52 S.) 8°. Leipzig. Jur. Diss. v. 1903.

Coch, Agna, auf steiniger Erde. (169 S.) 8. Berlin 905. Gebr. Paetel. n. 2. —; geb. in Leinw. n. 3. —

Coch, David (Köslin/Pom.), De abstinentia juris naturae a fallacibus regulis putativi processus summarii. Diss. jur. Präs. Simon Pet. Gasser. Halle (J. Gruner) Okt. 1708. 32 S. (5.—) 5478
Gew.: Martin Holwig Coch.

— — Dasselbe. Halle (J. F. Grunert) 1740. 32 S. o. Widm. (4.—) 5479

Coch, Frdr., der evangelische Pfarrer. Ein Beitrag zur Pastoraltheologie, besonders den jüngeren Amtsbrüdern dargereicht. gr. 8. (XVI, 515 S.) Gütersloh 882. Bertelsmann. n. 8. —

Coch, Frider., de vita D. Caspari Peuceri Budissini. Marpurgi 856. Koch. gr. 8. (64 S.) 10 ngr

Ichnographia Fridericopoleos Slesvicensium Emporii ex delineatione G. J. E. Coch. Sumtibus Viduae C. Weigelii Norimbergae, o. J. Kupferst. 1 Bl. Fol., 34 40,5 (stark beschn.)

Coch, Georg Friedrich Gerhard von

v. Cöch, Geo. Fr. Gerh., s.a. **Philaletes, ..., ein Wort.**

Ein freimüthiges Wort über und gegen die 95 mystischen Irr-Sätze des Archidiakonus Claus Harms. Allen wahren Protestanten freundlichst gewidmet v. Philalethes [d. i.: Georg Friedrich Gerhard von Coch]. o. O. Im Nov. 1817. 8°.

⊙ Beantwortung des Antwortschreibens des Herrn Advocaten Konrad Johann [Heinrich] Huß in Beziehung auf dessen Bemerkungen über Petitionen des Bauernstandes v. Georg Johann Christian Coch. o. O. 1816. 8°

Gegenbemerkungen zu den Bemerkungen des Advocaten Conrad Johann Heinrich Huss über Petitionen mit besonderer Rücksicht auf den Bauernstand, veranlasst durch eine, für die Aemter Reinbeck, Trittau, Tremsbüttel und das Domanialgut Mönkenbrock, s. d. Reinbeck, den 6. März 1816 erlassene Polizeyverfügung, in einem Sendschreiben an denselben v. Georg Johann Christian Coch. Altona. 1816. 8°.

Literarische Notizen von den neuesten Schriften und Veranstaltungen des In- und Auslandes in dem Gebiete der Religion, Moral und Jugendbildung zsgest. u. verfasst v. Georg Johann Christian Coch.
Jan. bis Juni 1810. Bd. 1. H. 1—6. Rendsburg. (1810.)
Juli bis Dec. 1810. Bd. 2. H. 1—6. ebd. (1810.) 4° k.

Cochard, Ls., Adolphe et Eugénie. Scenes suisses. 8. Bremen 834. Schünemann. $1^{3}/_{4}$ ß

Cochem (Sachl. OW)

Cochem, der Kreis. Heimatkunde f. Schule u. Haus. Bearb. v. e. Lehrer des Kreises. Mit e. (farb.) Karte d. Kreises Cochem. gr. 8. (32 S.) Kreuznach 889. R. Schmithals' Verl. n. —45

Cochem [Schlagwort]

Cochem, s.: **Deutschland.** Karte (Abt. Preussen).

Cochem, s.: **Deutschland.** Uebersichtskarte.

– s. Preußen. Meßtischblätter.

Cochem (Verf.)

COCHEM der Jüngere, Pater Franz (ps.). — Worte der Lehre u. des Trostes den Spöttern zum Spotte, den Aufgeklärten zum Hohn u. den Gläubigen als Wahrheit gesprochen vom Pater *Franz Cochem, dem jüngern.* Unser Wissen u. Verstand, ist mit Finsternis umhüllet. Rom u. Constantinopel, o. J. (1802). 8°. Rar!

Cochem, Pater Frz., Worte d. Lehre u. des Trostes, den Spöttern zum Spotte, d. Aufgeklärten zum Hohn u. d. Gläubigen als Wahrheit gesprochen. 8. Leipz. 802. (Centr.-Compt.) 8 gl

Cochem, Martin von, s.a. Bucher, Anton von

von Cochem, Martin, köstl. Ablass-Büchlein. Augsburg u. Dillingen 1856. 16.

Cochem, Mart. v., köstliches Ablaß-Büchlein. Neu bearb. v. Schwester Maria Bernardina. 16. (VIII, 288 S.) Mainz 886. Kirchheim. 1. 20; geb n. 1. 50

Cochem, Mart. v., O. Cap. Auszug aus dem großen Leben Christi od. der ausführl. Beschreibg. des allerheiligsten Lebens u. bitteren Leidens unseres Herrn Jesu Christi u. seiner glorwürdigsten Mutter Maria, bearb. v. e. kathol. Geistlichen d. Diöcese Limburg. (Umschlag: Jesus! Maria! Joseph!) (In 24 Hftn.) 1. u. 2. Hft. hoch 4. (VIII, VIII u. S. 1—72 m. Abb. u. 2 Farbendr.) Dresden 899. Niedersedlitz, H. G. Münchmeyer. à n. —50

MARTIN VON COCHEM: Das große goldene Baumgartel, im mittleren Druck, oder sehr nützliches und trostreiches Gebetbuch, darin kräftige und andächtige Morgen- und Abend-,Meß-, Beicht- und Communion-Gebete, wie auch zum hochwürdigen Sakramente u.s.w. zum sonderlichen Gebrauch des andächtigen Weiber-Geschlechtes durch P. Martin von Cochem, Capuc. Ordens. Budapest 1887. Druck u. Verlag v. Coloman Rózsa u. Frau, vorm. A. Buczánszky. - 200 mm
- Dass. Pest o. J.: A. Bucsánszky. 16, 706 S. - gr. 8°

MARTIN VON COCHEM: Das mittlere goldene Baumgartel im mittleren Druck, oder sehr nützliches und trostreiches Gebetbuch, darin kräftige und andächtige Morgen-, Abend-, Meß-, Beicht- und Communion-Gebeter: wie auch zum hochw. Sakramente und der heil. Dreifaltigkeit; zu Christi und seinem bittern Leiden; zu der Mutter Gottes und den Heiligen; an allen hohen Festen und an besonderen Tägen; in Gemeinen und besonderen Nöthen ... und dann letztlich für die armen Seelen des Fegfeuers begriffen sind. Aus dem großen Baumgarten gezogen ... zum sonderlichen Gebrauche des andächtigen Weiber-Geschlechts durch P. Martin von Cochem. Pest o. J.: A. Bucsánszky. 16, VIII, 485, 5 S. 5 t. - 8°
- Dass. Preßburg o. J.: A. Bucsánszky. 20, 444 S. 5 t. - 8°

v. Cochem, Pater Mart., d. große Baumgarten, in grobem Druck mit Kpf. 8. Glogau 809. Chr. Günther. 18 gl Derselbe, gr. Druck. Sulzb. (R. A.) 827. v. Seidel. 15 gl Derselbe, in großem Druck. gr. 8. Mainz 761. (Streng in Frkf.) 6 gl

Cochem, Mart. v., der große Baumgarten. Neuerdings vom Moose gereinigt, ausgesägt, mit einigen neuen Anlagen verschönert u. dem christlichen Volke wieder geöffnet vom Verf. des „Wie wird's besser?" Ausg. Nr. 1. Mit 1 Stahlst. Paderborn 856. Schöningh. 8. (XXVIII, 804 S.) n. $17^{1}/_{2}$ ngr

— — Ausg. Nr. 2. Mit 1 Stahlst. Ebend. 858. 18. (XVII, 521 S.) n. 9 ngr

Cochem, Mart. v., großer Baumgarten, enthaltend verschiedene Morgen-, Abend-, Meß-, Vesper- 2c. Andachten, ferner Gebete zur allerh. Dreieinigkeit, zum hochh. Altarssakramente, zu Jesu Christo 2c. dann Andachtsübungen auf alle Festtage des Jahres, 12 Litaneien u. die 7 Buß-Psalmen. Auf's Neue durchgesehen u. verm. mit den kurzen Tageszeiten von der unbefleckten Empfängniß der Mutter Gottes u. der Todesangst-Bruderschaft. Paderborn 859. Junfermann. 8. (IV, 618 S. u. 1 Stahlst.) 15 ngr

Cochem, Mart. v., der große Baum-Garten, mit überaus kräftigen und anmuthigen Morgen-, Abend-, Meß- 2c. Gebeten, auch salbungsvollen Andachten zum hochwürdigsten Altars-Sakramente u. der allerheiligsten Dreifaltigkeit 2c. Für Personen jeden Standes bearb. 2c. Neueste Ausg. in großem Druck. Mit vielen Bildern (Holzschn.) geziert. Regensburg 861. (Sulzbach, v. Seidel.) 8. (XVI, 656 S.) 12 ngr

— der große Baumgarten. Neuerdings vom Moose gereinigt, ausgesägt, mit einigen neuen Anlagen verschönert u. dem christlichen Volke wieder geöffnet vom Verf. des „Wie wirds besser?" Ausg. Nr. 2. Mit 1 Stahlst. 2. Aufl. Paderborn 863. Schöningh. 12. (XVI, 512 S.) n. 9 ngr

— — bepflanzt mit den schönsten Morgen-, Abend-, Meß- 2c. Gebeten nebst vielen andern Andachtsübungen zu Gott, zu Maria 2c. Neu herg. u. verb. von Frdr. Willam. Mit (3 lith.) Bildern. Einsiedeln 868. Benziger. 16. (510 S.) $13^{1}/_{3}$ ngr

v. Cochem, Mart., der große Baumgarten. Neuerdings vom Moose gereinigt, ausgesägt, mit einigen neuen Anlagen verschönert u. dem christlichen Volke wieder geöffnet vom Verf. des „Wie wird's besser?" 4. verb. u. verm. Aufl. [Ausg. Nr. 1.] Mit 1 Stahlst. Paderborn 869. Schöningh. 8. (800 S.) n. 15 ngr

— d. kleine Baumgarten. 18. Mainz 766. 3 gl

— der kleine Baumgarten, enth. Morgen-, Abend-, Meß- 2c. Gebete. Paderborn 860. Junfermann. 16. (287 S.) n. 1 ngr

— der kleine Baumgarten, enthltd. Morgen-, Abend-, Meß- 2c. u. Communiongebete, Gebete zum hochwürdigsten Sakramente des Altars, der allerheil. Dreifaltigkeit, zu Jesu Christo 2c. Paderborn 865. Junfermann. gr. 16. (288 S.) n. 4 ngr

[F.] Kleiner Baumgarten, bepflanzt m. d. schönsten Morgen-, Abend-, Mess-, Vesper-, Beicht- u. Communiongebeten, nebst Andachts-Uebgn f. d. Festtage d. Herrn, d. sel. Jungfrau Maria u. der Heil. Gottes. [Vf.: Martin v. Cochem.] 50. Aufl. ... *Saarlouis: Hausen & C. [1891].* (338 S.) 1 Bd 8. [98. 4833]

Cochem, P. M. von, der mittlere Baumgarten, (im groben Druck) Morgen-, Abend- u. Meß-Gebete u. s. w. m. K. Neue verb. Aufl. 8. Sulzbach, Seidel. 812.

— d. mittlere Baumgarten, in grobem Druck, mit Kpf. 8. Sulzb. ... N. A. 826. v. Seidel. 9 K

v. Cochem, Martin, der mittlere Baumgarten, oder sehr nützliches u. trostreiches Gebetbuch, worin kräftige Morgen- u. Abend-, Meß-, Beicht- u. Kommuniongebete; nebst Gebeten zu dem hochwürdigsten Sacrament ꝛc. begriffen sind. Zum besondern Gebrauche des andächtigen weiblichen Geschlechtes eingerichtet. Neue durchgeseh. Ausg. Mit Titelkupfer. 8. Glogau 842, Günther'sche Buchh. n. 1/3 ꝛf — weiß Pap. n. 3/8 ꝛf — Dass. a. u. d. T.: Der mittlere goldene Himmelschlüssel ꝛc. Neue durchgeseh. Ausg. Mit Titelkpfr. 8. Ebend. 842. n. 1/3 ꝛf — weiß Pap. n. 3/8 ꝛf Joanna Maria Bonhomi, Klosterfrau und Aebtissin zu Bassano, die große Fürbitterin der armen Seelen im Fegfeuer. Eine Legende. 8. Passau 844, Pustet'sche B. 1/12 ꝛf

Cochem, Mart. v., geistlicher Blumengarten. Gebetbüchlein. Nach der Orig.-Ausg. aus dem Jahre 1706 hergestellt durch Benedict v. Calcar. 16. (XII, 190 S.) Mainz 880. Kirchheim. — 75; geb. n. 1. —

—— Johanna Maria Bonhomi, Klosterfrau u. Aebtissin zu Bassano, die große Fürbitterin der armen Seelen im Fegfeuer. Eine Legende. 8. (3 1/4 B.) Passau 844, Pustet'sche Buchh.

— Johanna Maria Bonhomi, Klosterfrau und Aebtissin zu Bassano, die große Fürbitterin der armen Seelen im Fegefeuer. Eine Legende. Neue (Titel-) Ausg. Passau (844.) 853. Pleuger. 8. (52 S.) 2 ngr.

— Büchlein von Gott, zur Belehrung und Erbauung des christlichen Volkes neu bearb. von M. A. Nickel. Paderborn 864. Schöningh. 8. (XXXVI, 700 S.) 24 ngr.

— das Büchlein von Gott zur Belehrung u. Erbauung des christlichen Volkes. Neu herdg. von M. A. Nickel. Paderborn 867. Kleine. 8. (XXXVI, 700 S. u. 8 Holzschn.) 24 ngr.

Cochem, Martin v., herziges Büchlein oder herzliche Anmuthungen, Gebete und Betrachtungen. Nach der Orig.-Ausg. aus dem J. 1699 hergestellt durch P. Benedict v. Calcar. 16. (XXIV, 248 S.) Mainz 879, Kirchheim. 90 Pf.; geb. *

Cochem, Mart. v., O. Cap., herziges Büchlein od. herzl. Anmuthgn. Gebete u. Betrachtgn. Nach d. Orig.-Ausg. aus d. J. 1699 hergestellt durch Benedict v. Calcar, O. Cap. 7. Aufl. gr. 16. (XXIV, 248 S.) Mainz 896. F. Kirchheim. n. — 90; geb. in Halbleinw. n. 1. 20

Cochem, Mart. v., O. Cap., herziges Büchlein od. herzliche Anmuthungen. Gebete u. Betrachtungen. Nach der Orig.-Ausg. aus dem J. 1699 hergestellt durch Benedict v. Calcar, O. Cap. 8. Aufl. (XXIV, 248 S.) gr. 16. Mainz 903. Kirchheim & Co. n. — 90; geb. in Halbleinw. n. 1. 20

Cochem, Mart. v., O. Cap., herziges Büchlein od. Herzliche Anmutgn., Gebete u. Betrachtgn. Nach der Orig.-Ausg. aus dem J. 1699 hergestellt durch Bened. v. Calcar, O. S. B. 9. Aufl. (XXIV, 248 S.) 16. Mainz 909. Kirchheim & Co. —90; geb. in Leinw. 1. 20; m. Goldschn. 1. 50

Cochem, Mart. v., s.: Deppe, Bernard, Predigten u. Unterweisungen.

—— die 4 letzten Dinge, s. a. Volksbibliothek, katholische.

Cochem, Mart. v., die vier letzten Dinge: Tod, Gericht, Hölle, Himmelreich. Hrsg. v. Friedr. Wilh. Bruckbräu. (6 Lfgn.) 23. Aufl. 8. (32 B.) Augsburg 838, v. Jenisch u. Stage'sche Buchh. Thlr.

—— von den vier letzten Dingen, nämlich: von dem Tode, dem Gerichte, der Hölle u. dem Himmelreiche. Ein Zusatz zu dem Leben Christi. Neu hrsg. v. mehreren Geistlichen. gr. 8. (20 1/2 B.) Landshut 842, Attenkofer. (Thomann'sche Buchh.)
Gratis für die Besitzer des Werkes: Das große Leben Christi.

—— von den vier letzten Dingen, dem Tode, dem Gerichte, der Hölle und dem Himmelreiche. Anhang zu dem Leben Christi. Neue umgearb. Aufl. Lex.-8. (280 S.) Landshut 859, Thomann'sche Buchh.

Cochem, Martinus v., die vier letzten Dinge. Tod, Gericht, Hölle, Himmelreich. Aufs Neue zu Nutz und Frommen hrsg. (In 6 Lfgn.) 1. Lfg. 8. (32 S.) Freiburg (861)62, Expedition der Eilfuhre. Thlr.

—— die vier letzten Dinge: „Tod, Gericht, Hölle, Himmelreich". Auf's Neue zu Nutz und Frommen hrsg. 8. (244 S.) Brixen 878, Theologische Verlags-Anstalt. *

—— die vier letzten Dinge, „Tod, Gericht, Hölle, Himmelreich". Aufs Neue zu Nutz und Frommen hrsg. 12. (IV, 279 S.) Brixen 888. Weger's Buchh. *

— die unschuldige Ehebrecherin, oder der redende Todtenkopf. Eine Legende a. d. Leben des heiligen Ulrich, Bischofs zu Augsburg. 8. Passau 844, Pustet'sche Buchh. 1/12 ꝛf

— die unschuldige Ehebrecherin, oder der redende Todenkopf. Eine Legende aus dem Leben des Heiligen Ulrich, Bischofs zu Augsburg. Neue (Titel-) Ausg. Passau (844.) 853. Pleuger. 8. (24 S.) 2 ngr.

v. Cochem, Martin, Erklärung des heiligen Meßopfers. 3 Liefg. gr. 12. Landshut 840, 41; Attenkofer. (Thomann.) (1.—3.: 7/8 ꝛf) — 2. verm. Aufl. Mit 1 Stahlstich. 12. Ebend. 846. 5/6 ꝛf

v. Cochem, Martin, Erklärung d. heil. Meßopfers. Ein Haus- u. Familienbuch. 2. verm. Aufl. Mit 1 Stahlst. 12. (589 S.) Landshut 847, Thomann. 5/6 ꝛf

— Erklärung des heil. Meßopfers. Ein Unterrichts- u. Betrachtungsbuch für die Gläubigen der Kirche Gottes. Geschöpft aus ganz ausgezeichneten Quellen. Neue ganz umgearb. Aufl. mit 1 Stahlst. 8. (546 S.) Regensburg 847, Manz. 2/3 ꝛf

— Erklärung des heiligen Meßopfers. Ein Haus- und Familienbuch. 3. verb. Aufl. mit einem Anhange von acht aus dem römischen Meßbuche übersetzten Meßgebeten. Mit 1 Stahlst. 853. (4 Bl., 615 S.) — 4. Aufl. 855. (VIII, 624 S.) — 5. Aufl. Landshut 858. Thomann. 8. (VIII, 624 S.) 16 ngr.

— Erklärung des heiligen Meßopfers. Ein Unterrichts- und Betrachtungsbuch für die Gläubigen der Kirche Gottes. Geschöpft aus ganz ausgezeichneten Quellen: Der heil. Schrift, den allgem. Concilien, den heil. Vätern, den Lehrern d. Kirche. Neue, ganz umgearb. Ausg. 6. verb., mit einem Anhange von Meßandachten verm. Aufl. Mit Titelkpfr. Regensburg 856. Manz. 8. (574 S.) 18 3/4 ngr.

— Erklärung des heiligen Meßopfers. Ein Unterrichts- u. Betrachtungsbuch für die Gläubigen der Kirche Gottes. Geschöpft aus ganz ausgezeichneten Quellen: Der heiligen Schrift, den allgemeinen Concilien, den heiligen Vätern, den Lehrern der Kirche. Neue, ganz umgearb. Ausg. 7., verb., mit einem Anh. von Meß Andachten verm. Aufl. Mit Titelkpfr. Regensburg 860. Manz. 8. (574 S.) 18 3/4 ngr.

— Erklärung des hochheiligen Meßopfers aus der heiligen Schrift, den allgemeinen Concilien, den heiligen Vätern und Lehrern der Kirche. Ein höchst nützliches u. trostreiches Unterrichts- u. Betrachtungsbuch für Jedermann. Neu bearb. von Mich. Sintzel. Nebst Morgen-, Abend- u. Meßgebeten. 2. Aufl. München 861. Weiß. 8. (VIII, 597 S. u. 1 Stahlst.) 18 ngr.

— Erklärung des heiligen Meßopfers. Nebst vier Meßandachten, Beicht- u. Communion-Gebeten aus andern Erbauungsbüchern desselben Verf. In neuer Bearbeitung von e. Pfarrer der Erzdiözese Köln. Mit 1 Titelbild in Stahlst. Köln 865. Bachem. 12. (XVI, 680 S.) 18 ngr.

— — Ein Unterrichts- u. Betrachtungsbuch für die Gläubigen der Kirche Gottes. Geschöpft aus ganz ausgezeichneten Quellen: Der heil. Schrift, den allgemeinen Concilien, den heil. Vätern, den Lehrern der Kirche. Neue ganz umgearb. Ausg. 7., verb. mit e. Anh. von Meß-Andachten verm. Aufl. [2. Abdr.] Mit Titelkpfr. Regensburg 866. Manz. 8. (574 S.) 18 ngr.

— Erklärung des hochheil. Meßopfers aus der heiligen Schrift, den allgemeinen Concilien, den heiligen Vätern u. Lehrern der Kirche. Ein höchst nützliches u. trostreiches Unterrichts- u. Betrachtungsbuch für Jedermann. Neu bearb. von Mich. Sintzel. Nebst Morgen-, Abend- u. Meßgebeten. 4. Aufl. München 867. Weiß. 8. (VIII, 579 S. u. 1 Stahlst.) 18 ngr.

v. Cochem, Mart., Erklärung des heiligen Meßopfers. Ein Haus- u. Gebetbuch. 8. Aufl., mit e. Anh. von acht aus dem röm. Meßbuche übersetzten Meßgebeten, nebst deren Erklärung. Mit 1 Stahlst. Landshut 869. Thomann. 8. (VIII, 564 S.) 15 ngr.

— — Nebst vier Meßandachten, Beicht- u. Communion-Gebeten aus andern Erbauungsbüchern desselben Verf. In neuer Bearbeitung von L. Grubenbecher. Mit 1 Titelbild in Stahlst. 2—4. Aufl. 866—68. — 5. Aufl. Wohlfeile Stereot.-Ausg. Köln 870. Bachem. 12. (XXIII, 715 S.) 18 ngr.; feine Ausg. 22½ ngr.

Cochem, Mart. v., Erklärung d. heiligen Meßopfers. Ein Unterrichts- u. Betrachtungsbuch f. die Gläubigen der Kirche Gottes. Geschöpft aus ganz ausgezeichneten Quellen der heil. Schrift, den allgemeinen Concilien, den heil. Vätern, den Lehrern der Kirche. Mit e. Anh. v. 4 Meßandachten, Beicht- u. Communion-Gebeten. Neu bearb. v. e. Priester der Erzdiöcese München-Freising. 8., sehr verm. u. verb. Aufl. Mit e. Titelbilde (in Stahlst.) 8. (XVI, 647 S.) Regensburg 872. Manz. 1. 65

— dasselbe. Nebst vier Meßandachten, Beicht u. Communion-Gebeten aus anderen Erbauungsbüchern desselben Verf. In neuer Bearbeitung v. L. Grubenbecher. Mit e. Titelbild in Stahlst. 6. Aufl. Wohlfeile Ster.-Ausg. 8. (XXIII, 715 S.) Köln 873. Bachem. 1. 80

—— Erklärung des heiligen Meßopfers. Nebst vier Meßandachten, Beicht- und Communion-Gebeten aus andern Erbauungsbüchern desselben Verf. In neuer Bearbeitung von L. Grubenbecher. 7. Aufl. Wohlf. Ster.-Ausg. in großer Schrift. 8. (XXIII, 715 S. mit 1 Titelbild in Stahlst.) Köln 877, Bachem.

Cochem, Mart. v., Erklärung des heil. Meßopfers. Ein Unterrichts- und Betrachtungsbuch für die Gläubigen der Kirche Gottes. Geschöpft aus ganz ausgezeichneten Quellen: der heil. Schrift, den allgemeinen Concilien, den heil. Vätern, den Lehrern der Kirche. Mit einem Anhang von vier Meßandachten, Beicht- und Communion-Gebeten. Neu bearb. von einem Priester der Erzdiöcese München-Freising. 9. und 10. sehr verm. und verb. Aufl. 8. (XVI, 647 S. mit 1 Titelbilde in Stahlst.) Regensburg 878,81, Manz.

— Erklärung des heiligen Meßopfers. Nebst 4 Meßandachten, Beicht- u. Communion-Gebeten aus andern Erbauungsbüchern desselben Verfassers. In neuer Bearbeitung von L. Grubenbecher. Mit 1 Titelbild in Stahlst. 8. Aufl. Wohlf. Ster.-Ausg. 8. (XXIII, 715 S.) Köln 882. Bachem. 2. —

— dasselbe. Nebst 4 Meßandachten, Beicht- u. Communion-Gebeten aus andern Erbauungsbüchern desselben Verf. In neuer Bearbeitg. v. L. Grubenbecher. 10. Aufl. Wohlf. Ster.-Ausg. Mit 1 Titelbild in Stahlst. 8. (XXIV, 715 S.) Köln 885. Bachem. 2. —

— dasselbe. Ein Unterrichts- u. Betrachtungsbuch f. die Gläubigen der Kirche Gottes. Geschöpft aus ganz ausgezeichneten Quellen: Der heil. Schrift, den allgemeinen Concilien, den heil. Vätern, den Lehrern der Kirche. Mit e. Anh. v. 4 Meßandachten, Beicht- u. Communion-Gebeten. Neu bearb. v. e. Priester der Erzdiözese München-Freising. 11. Aufl. Mit 1 Titelbilde. 8. (XVI, 647 S.) Regensburg 885. Verlags-Anstalt. 1. 65

— Erklärung d. hl. Meßopfers. Ein Haus- u. Gebetbuch. 11. Aufl., m. e. Anh. v. 8 aus dem röm. Meßbuche übers. Meßgebeten, nebst deren Erklärg. Mit 1 Stahlst. 8. (VIII, 564 S.) Landshut 886. Thomann. 1. 50

— dasselbe. Neu bearb. v. e. Priester der Erzdiöcese München-Freising. 12., verm. Aufl. Mit 1 Titelbilde (in Stahlst.). 8. (XVI, 647 S.) Regensburg 889. Verlagsanstalt. 1. 65

—— dass. — Nebst vier Meßandachten, Beicht- u. Communion-Gebeten aus andern Erbauungsbüchern desselben Verf. In neuer Bearbeitg. v. L. Grubenbecher. 18.—25. Aufl. Wohlf. Ster.-Ausg. 12. (XXIV, 715 S. m. 1 Stahlst.) Köln 890—92, Bachem. 2 —

— dasselbe. Billige Ausg. II. 1.—10. Aufl. 8. (XIII, 418 S. m. Titelbild.) Ebd. 894. Geb. in Leinw. 1. 60

— Erklärung des hl. Meßopfers, nebst e. Anh. v. Meß-, Beicht- u. Communion-Gebeten. In neuer Bearbeitg. v. P. Osborne. 12. (IV, 640 S. m. 1 Stahlst.) Dülmen 894. A. Laumann. 1. 50; geb. 2. —

— dasselbe. Nebst e. Anh. v. Meß-, Beicht- u. Kommunion-gebeten. Billige Volksausg. 8. (400 S. m. 1 Stahlst.) Osnabrück 894. H. Wehberg. n. 1. —; geb. n. 1. 50

Cochem, P. Mart. v. Erklärung des heil. Messopfers. Nebst einem Anhang enthaltend 4 Messandachten, 1 Beicht- u. 1 Komm.-Andacht. Mit Titelbild. In-8⁰. 416 S. Einsiedeln, Benziger & Co. 1895 Geb. Leinw. 1 90

— dasselbe. Ein Haus- u. Gebetbuch. 12. Aufl., m. e. Anh. v. 8 aus dem röm. Meßbuche übers. Meßgebeten, nebst deren Erklärg. 8. (VIII, 564 S. m. 1 Stahlst.) Landshut 895. J. Thomann. n. 1. 50

— dasselbe. Unterrichts- u. Betrachtungsbuch f. d. Gläubigen d. Kirche Gottes. Geschöpft aus ganz ausgezeichn. Quellen: D. hl. Schrift, d. allgem. Concilien, d. hl. Vätern, d. Lehrern d. Kirche. M. e. Anh. v. vier Meßandachten, Beicht- u. Communion-Gebeten. Neu bearb. v. e. Priester d. Erzdiöcese München-Freising. Neue, sehr verm. u. verb. Aufl. 12. (XVI, 647 S. m. 1 Titelbild.) Regensburg 896. Nationale Verlagsanstalt. 1. 50; geb. in Leinw. n. 2. —

— Erklärg. d. hl. Meßopfers. Nebst e. Anh., enth.: vier Meßandachten, e. Beicht- u. e. Kommunionandacht. Neu bearb. v. e. Priester d. Diöcese Basel. 3. Aufl. 12. (416 S. m. Titelbild.) Einsiedeln 897. Verlagsanstalt Benziger & Co. Geb. in Leinw. n. 1. 50

— dasselbe, nebst e. Anh. v. Morgen-, Abend- u. Meßgebeten. E. höchst nützl. u. trostreiches Unterrichts- u. Betrachtungsbuch f. Jedermann. Neu bearb. von Gratian v. Linden, O. Cap. 8. (483 u. 3 S. m. 1 Farbdr.) München 898. J. J. Lentner. Geb. in Leinw. n. 1. 50

— dasselbe, nebst weltlicher Leute Meßbuch. Neu hrsg. v. Johs. Rhotert. 2., verb. Aufl. d. bill. Volksausgabe. 12. (606 S.) Osnabrück 898. B. Wehberg. Geb. in Leinw. n. 1.50

— Erklärung des hl. Meßopfers. Nebst 4 Meßandachten, Beicht- u. Communion-Gebeten aus andern Erbauungsbüchern desselben Verf. In neuer Bearbeitg. v. L. Grubenbecher. Ausg. II. 41. bis 50. Aufl. (XII, 418 S.) kl. 8. Köln (902). J. P. Bachem. Geb. in Leinw. n. 1.50

— dasselbe, nebst weltlicher Leute Meßbuch. Neu hrsg. v. Johs. Rhotert. 3. verb. Aufl. der bill. Volksausg. (606 S.) kl. 8. Osnabrück 902. B. Wehberg. Geb. in Leinw. n. 1.—

— dasselbe, neu bearb. u. m. e. vollständ. Gebetbuche verbunden v. Heinr. Löcherbach. (VIII, 368 S. m. Titelbild.) kl. 8. Essen 905. Fredebeul & Koenen. Geb. in Leinw. n. 1.50; in Ldr. n. 3.—; m. Goldschn. n. 3.50

— dasselbe. Ein Unterrichts- u. Betrachtungsbuch f. die Gläubigen der Kirche Gottes. Mit e. Anh.: Vier Meßandachten, Beicht- u. Communion-Gebete. 16., verm. u. verb. Aufl. (XVI, 647 S. m. 1 Stahlst.) 8. Regensburg (906). Verlagsanstalt vorm. G. J. Manz. n. 1.50; geb. in Leinw. n. 2.40

— Exercitia annua, od. jährl. Vorbereitung zu einem seel. Ende, 12. Augsb. Wolf.

— exercitia annua, oder jährliche Uebungen zur Erneuerung des Geistes zunächst für Weltleute. Neu bearb. von Marc. Adam Nickel. Regensburg 867. Pustet. 8. (VIII, 439 S. u. 1 Stahlst.) 21 ngr

— Gebetbuch der heil. Gertrudis u. Mechtildis, sammt e. Unterrichte üb. das mündl. Gebet. Nach dem 7. Drucke der 1. Aufl. vom J. 1668 u. der Ausg. v. 1695 hrsg. von B. v. Calcar. Mit 1 Stahlst. 12. (VIII, 474 S.) Mainz 887. Kirchheim. n. 1.80; geb. n. 3.20

— Gebetbuch d. hl. Getrudis u. Mechtildis, sammt e. Unterrichte üb. d. mündl. Gebet. Nach d. 7. Drucke d. 1. Aufl. v. J. 1668 u. d. Ausg. v. 1695 hrsg. v. Bened. v. Calcar, O. Cap. 2., wohlf. [Titel-]Ausg. 12. (VIII, 474 S. m. 1 Stahlst.) Mainz (887) 897. F. Kirchheim. n. 1.20; geb. n. 2.—

— Gebetbuch der hl. Gertrudis u. Mechtildis, sammt e. Unterrichte üb. das mündl. Gebet. Nach dem 7. Drucke der 1. Aufl. vom J. 1668 u. der Ausg. v. 1695 hrsg. von Bened. v. Calcar, aus demselben Orden. 3. wohlf. Ausg. 12. (VIII, 574 S. m. 1 Stahlst.) Mainz 899. F. Kirchheim. n. 1.80; geb. in Leinw. n. 2.50

Cochem, Mart. v., O. Cap., Gebetbuch der hl. Gertrudis u. Mechtildis, samt e. Unterrichte üb. das mündliche Gebet. Nach dem 7. Drucke der 1. Aufl. vom J. 1668 u. der Ausg. v. 1695 hrsg. von Bened. v. Calcar, aus demselben Orden. 4. Aufl. (VIII, 574 S. m. 1 Stahlst.) Mainz: Kirchheim & Co. 1904. 8°

— Gebetbuch der hl. Gertrudis u. Mechtildis samt e. Unterrichte üb. das mündliche Gebet. Nach dem 7 Drucke der 1. Aufl. vom J. 1668 u. der Ausg. v. 1695 hrsg. von Benedict v. Calcar, O. Cap. 5. Aufl. (VIII, 574 S. m. Titelbild.) kl. 8. Ebd. 910. 1.80; geb. in Leinw. 2.50

— heil. Zeiten Gebetbuch, oder Andachten u. Gebetbuch für alle heil. Zeiten u. Tage d. ganzen Jahres, nebst Morgen-, Abend-, Meß-, Beicht- u. Communiongebeten. Mit Kpf. gr. 8. Augsb. ... N. A. 792. Wolff. 20 gr

— heiliger Zeiten Gebetbuch od. Andachten u. Gebete auf alle heil. Zeiten u. Tage d. ganzen Jahres nebst allen übrigen gewöhnl. Andachten. Neu hrsg. u. verb. v. P. Frdr. Willam. 16. (432 S.) Einsiedeln 870. Benziger. 1. —

— heilsame Gebete für Kranke u. Sterbende. [Aus: „Myrrhengarten".] 16. (8 S.) Dülmen 881. Laumann. n. — 3

—— die wunderliche Geduld der Bäuerin u. Gräfin Griseldis. Ein herrliches Exempel der Geduld u. Demuth, sonderlich für jene Weiber, welche ungerathene Männer haben. Aufgestellt v. Franz Petrarca. 8. (2¼ B.) Passau 842, Pustet'sche Buchh.

—— die heil. Genoveva, Pfalzgräfin am Rhein, geborne Herzogin von Brabant, od.: Sieben Jahre des äußersten Elendes in öder Wildniß. Eine Legende. 8. (4½ B.) Passau 844, Pustet'sche Buchh.

— die heilige Genoveva, Pfalzgräfin am Rhein, geb. Herzogin von Brabant, oder Sieben Jahre des äußersten Elendes in öder Wildniß. Eine Legende rc. Neue (Titel-) Ausg. Passau (844.) 853. Pleuger. 8. (72 S.) 2 ngr

— Gertrudenbuch, oder auserles. geistreiches u. andachtiges Gevetbuch rc. Mit Kpf. 8. Sulzb. ... 827. v. Seidel. 12 gr

v. Cochem, Pater Mart., Gertrudenbuch, od. auserlesenes, geistreiches u. andächtiges Gebetbuch, darinnen die auserlesensten, ändächtigsten, von Christo u. der Mutter Gottes selbst gemachten rc. Gebete begriffen sind. N. Aufl. Mit Kpfr. 8. Sulzbach 839. v. Seidel. 11 gr

— Herr, erbarme Dich unser! Sammlung der schönsten Gebete u. Andachten. Ausg. in ganz großer Schrift, zunächst f. das liebe Alter. (480 S. m. Titelbild.) 12. Kevelaer (903). J. Thum. Geb. in Halbldr. n. 1.50

— Herr, gieb ihnen die ewige Ruhe! Und das ewige Licht leuchte ihnen! Ein Gebet- u. Erbauungsbüchlein zum Troste der armen Seelen im Fegfeuer, brauchbar fürs ganze Jahr, namentlich f. den Monat November. Aus den Schriften d. frommen M. v. C. 16. (239 S.) Paderborn 883. Bonifacius-Druckerei. — 60

Cochem, Martin v., Hildegardis, die heilige, Gemahlin des Kaisers Karl d. Großen, zweimal unschuldig zum Tode verurtheilt, od.: Ursprung u. Erbauung der Kirchen u. Klöster Kempten u. Aachen. Eine Legende. 8. (2¾ B.) Passau 844, Pustet'sche Buchh. Thlr.

— Hildegardis, die Heilige, Gemahlin des Kaisers Karl des Großen, zweimal unschuldig zum Tode verurtheilt, oder: Ursprung und Erbauung der Kirchen und Klöster Kempten und Aachen. Eine Legende rc. (Neue Titel-Ausg.) Ebend. (844.) 853. 8. (40 S.) 2 ngr

— goldene Himmelsleiter. Belehrungen üb. das Gebet, m. e. Anh. v. Gebeten f. verschiedene Anliegen. Zusammengestellt nach mehreren Orig.-Ausg. v. e. Mitgliede des Kapuzinerordens. (VIII, 166 S.) gr. 16. Mainz (904). Druckerei Lehrlingshaus. n. — 75; geb. n. 1.—

— Himmelsschlüssel. Ein Gebet- u. Erbauungsbuch f. kathol. Christen aus den Schriften des C. (320 S. m. 1 Stahlst.) 16. Dülmen 903. A. Laumann. Geb. in Leinw. n. — 75

— Himmelsschlüssel. Ein Gebet- u. Erbauungsbuch f. kathol. Christen aus den Schriften des C. 2. Aufl. (320 S. m. Titelbild.) 11,5×7,5 cm. Dülmen 908. A. Laumann. Geb. in Leinw. — 75

— d. goldne Himmelsschlüssel, in großem Druck, mit Kpf. gr. 8. Augsb. 803. N. A. 816. Wolff. 16 gr Ders., in mittlerm Druck. Mit Kpf. 8. Ebd. 802. N. A. 813. 10 gr

— — dasselbe in kl. Druck, ohne K. 12. Ebend.

— — dasselbe in groß. Dr. m. K. gr. 8. Ebend. 803.

MARTIN VON COCHEM, Capuciner Ordens: Goldener Himmel-Schlüssel, oder Sehr kräftiges, nützliches und trostreiches Gebeth-Buch, zu Erholung der lieben Seelen des Fegfeuers . . . Zum besonderen Gebrauch des Andächtigen Weiber-Geschlechts. Pesth 1817: Trattnerische Buchdruckerey. 737 S. - 190 mm

- Dass. Pesth 1831: Trattner. (16) 688 S. 7 t. - 170 mm

— goldner Himmelsschlüssel, mit Kpf. 8. Sulzb. ... Umgearb. v. Rom. Baumgärtner 821. v. Seidel. 15 gr Ders., mittl. Druck. 8. Ebd. 823. 9 gr

— goldener Himmel-Schlüssel, od. sehr kräftiges, nützl. u. trostr. Gebetb., zur Erlös. d. lieben Seelen d. Fegfeuers ꝛc. Zum besond. Gebr. d. andächt. Weiber-Geschlechts. Mit vielen neuen, in keinen Gebetbüchern begriff. Gebeten verm. Umgearb. v. Rom. Baumgärtner. 8. ($42\frac{1}{2}$ B. u. 17 Kpfr.) Sulzbach 834, v. Seidel'sche Buchh. *

— goldener Himmel-Schlüssel. Durchaus verb. Aufl. gr. 8. Augsburg 844, Wolff'sche Buchh. 3/4 ℛ

— goldener Himmelsschlüssel, oder sehr kräftiges Gebetbuch zur Erlösung der lieben Seelen des Fegfeuers: allerhand Morgen-, Abend-, Meß-, Vesper-, Beicht- u. Kommuniongebete zum heiligen Sacrament, und andere Gebete mehr. Mit Kpfr. gr. 8. Sulzbach 846, v. Seidel. n. 5/12 ℛ

— goldener Himmel-Schlüssel. Oder sehr kräftiges, nützl. u. trostreiches Gebetbuch zu Erlösung der lieben Seelen d. Fegfeuers. Zum besond. Gebrauch d. andächt. Weiber-Geschlechts. Durchaus verb. Aufl. mit (17) Kpfrn. 8. (LII u. 656 S.) Augsburg 847, Wolff. (München, Finsterlin.) 24 ngr

— goldener Himmel-Schlüssel, od. sehr kräftiges, nützliches u. trostreiches Gebetbuch, zur Erlösung der lieben Seelen d. Fegfeuers. Darinnen zuvörderst: in drei Geschichten die Pein d. Fegfeuers ꝛc. erklärt wird; darnach aber in 16 Theilen allerhand kräftige Morgen- u. Abendgebete ꝛc. enthalten sind. Zum besondern Gebrauch d. andächtigen Weiber-Geschlechts. Umgearb. v. Romanus Baumgärtner. Mit 24 ganz neuen Abbildgn. (in Holzschn.) 8. (XVI u. 544 S.) Sulzbach 852, v. Seidel. n. 19 ngr

— goldener Himmelschlüssel oder vollständiges Gebetbuch besonders eingerichtet zum Troste und zur Erlösung der lieben Seelen im Reinigungsorte. Neu herausg. mit den nöthigen Verbesserungen und Anwendung auf alle Christen, und mit den schönsten Ablaß-Andachten versehen von Geo. Mennel. Stuttgart 856. Verlags-Magazin. gr. 16. (IV, 464 S.) n. 22 ngr

— goldener Himmel-Schlüssel, oder sehr kräftiges nützliches und trostreiches Gebetbuch, zur Erlösung der lieben Seelen des Fegfeuers. Zum besondern Gebrauch des andächtigen Weiber-Geschlechtes ꝛc. Umgearb. von Romanus Baumgärtner. Mit 24 ganz neuen Abbildgn. (Holzschn.) Sulzbach 861. v. Seidel. 8. (XVI, 544 S.) 12 ngr

— — Neueste Aufl. mit vielen Kpfrn. (Holzschn. im Text.) Mit einem Vorworte begleitet von Heinr. Nußwurm. Passau 862. Keppler. 8. (XLVIII, 656 S.) 18 ngr

— goldener Himmels-Schlüssel. Oder sehr kräftiges, nützliches u. trostreiches Gebetbuch zu Erlösung der lieben Seelen des Fegfeuers. Darinnen zuvörderst in zweien Kapiteln das Fegfeuer erkläret, im dritten Kapitel aber e. sehr nützl. Unterweisung gegeben wird, mit was für einer Meinung man beten, u. seine Werke verrichten soll. Darnach aber in sechzehn Theilen allerhand kräftige Morgen- u. Abend-, Meß- u. Vesper-, Beicht- u. Kommunion-Gebete ꝛc. Zum besondern Gebrauch des andächtigen Weiber-Geschlechts. Mit e. Vorwort begleitet von Heinr. Nußwurm. Neueste Aufl. mit vielen Kpfrn. Passau 870. Deiters. 8. (XLVIII, 656 S. m. Holzschn.) n. 25 ngr

—— goldenes Himmel-Schlüssel. Oder sehr kräft., nützl. und trostreiches Gebetbuch zu Erlösung der lieben Seelen des Fegfeuers. Darinnen zuvörderst in zweien Kap. das Fegfeuer erkläret, im dritten Kap. aber eine sehr nützl. Unterweisung gegeben wird, mit was für einer Meinung man beten, und seine Werke verrichten soll. Darnach aber in sechzehn Theilen allerhand kräft. Morgen- und Abend-, Meß- und Vesper-, Beicht- und Kommunion-Gebete ꝛc. Zum besondern Gebrauch des andächt. Weiber-Geschlechts. Mit einem Vorwort begleitet von Heinr. Nußwurm. Neueste Aufl. mit vielen Kpfrn. 8. (XLVIII, 656 S. mit eingedr. Holzschn. und 1 Holzschntaf.) Passau 871, Deiters. *

— goldener Himmel-Schlüssel, oder sehr kräftigendes u. nützliches Gebetbuch zum Troste der lieben Seelen des Fegfeuers. Worin in 16 Theilen verschiedene kräftigende Morgen- u. Abend-, Meß- u. Vesper-, Beicht- u. Communiongebete, wie auch zum hochwürdigsten Sakrament u. zur heiligen Dreifaltigkeit, zu Christi bitterem Leiden, zur lieben Frau u. vielen Heiligen, auf alle hohen Feste, in besonderen Nöthen, für verschiedene Stände, f. Kranke u. Sterbende u. dann zuletzt für die armen Seelen enthalten sind. Zum besondern Gebrauch für das andächtige Frauengeschlecht. Neu hrsg. von einem Ordenspriester. Neueste verb. Ausg. Mit einem Stahlst. u. vielen (eingedr. Holzschn.-)Abbildgn. 8. (XXXII, 585 S.) Regensburg 879. Manz. 2. 50

— dasselbe. Neues Gebetbuch zur Erlösung der lieben Seelen des Fegfeuers. Nach den Orig.-Ausg. aus den Jahren 1691 u. 1708 bearb. von Bened. v. Calcar. 16. (XVI, 672 S. m. 1 Stahlst.) Mainz 881. Kirchheim. n. 2. —; geb. in Callico m. Rothschn. n. 3. 40; m. Goldschn. n. 3. 60; in Halbfrz. m. Rothschn. n. 3. —; in Chagrin-Schafldr. m. Goldschn. n. 4. —

— goldener Himmel-Schlüssel. Neues Gebetbuch zur Erlösg. der lieben Seele des Fegfeuers. Nach den Orig.-Ausgaben aus den J. 1691 u. 1708 bearb. von Benedict v. Calcar. 3. Aufl. 12. (XVI, 672 S. m. 1 Stahlst.) Mainz 885. Kirchheim. n. 2. —; geb. n. 3. —; n. 3.40; n. 3. 60 u. n. 4. —

— goldener Himmelsschlüssel od. sehr kräftiges u. nützliches Gebetbuch zum Troste der lieben Seelen des Fegfeuers. Zum besond. Gebrauch für das andächtige Frauengeschlecht. Neu hrsg. von e. Ordenspriester. Mit Erlaubniß der Oberen. Neueste Aufl. 8. (XXXII, 585 S. m. 1 Stahlst. u. vielen Abbild.) Regensburg 887. Verlagsanstalt. 2. 50

— dasselbe. Neue, um 2 Meß-Andachten u. mehrere Litaneien verm. Ausg. gr. 8. (671 S. m. Textbildern, farb. Titel u. 1 Stahlst.) Saarlouis 891. F. Stein Nachf. 2. —

— goldener Himmel-Schlüssel, od. sehr kräft. u. nützl. Gebetbuch zum Troste der lieben Seelen d. Fegfeuers. Zum besond. Gebrauch f. das andächt. Frauengeschlecht. Neu hrsg. v. e. Ordenspriester. Neueste Aufl. 8. (XXXII, 585 S. m. Abbildgn. u. 1 Stahlst.) Regensburg 892. Nationale Verlags-Anstalt. 2. 50

— goldener Himmels-Schlüssel. Neues Gebetbuch z. Erlösg. d. lieben Seelen d. Fegefeuers. Nach d. Orig.-Ausgaben a. d. J. 1691 u. 1708 bearb. von Bened. v. Calcar, O. Cap. 6. Aufl. 12. (XVI, 672 S.) Ebd. 898. n. 2. —; geb. in Halbfrz. n. 3. —; in Leinw. n. 3. 40; m. Goldschn. n. 3. 60; in Ldr. n. 4. 20

— dasselbe, oder sehr kräft., nützl. u. trostreiches Gebetbuch zur Erlösg. der lieben Seelen des Fegfeuers. Darinnen zuvorderst in 8 Geschichten die Grausamkeit des Fegfeuers sammt e. leichten Weise, die armen Seelen zu erlösen, erklärt wird; darnach aber in 16 Thln. verschiedene kräft. Morgen- u. Abend-, Meß- u. Vesper-, Beicht- u. Communiongebete, wie auch Andachten zum hochwürdigsten Altarssakrament u. zur hl. Dreifaltigkeit, zu Christo u. seinem bittern Leiden, zur Mutter Gottes u. den Heiligen, f. alle hohen Feste u. besondern Tage, Gebete in gemeinen u. besondern Nöthen f. geistl. u. weltl. Jungfrauen, f. Eheweiber, f. kranke u. sterb. Personen u. letztlich f. die armen Seelen des Fegfeuers enthalten sind. Zum besondern Gebrauch d. andächt. Weibergeschlechtes. Neue um zwei Meß-Andachten u. mehrere Litaneien verm. Ausg. gr. 8. (671 S.) Saarlouis (901). F. Stein Nachf. 2.—; geb. in Halbleinw. n. 2.30

— goldener Himmels-Schlüssel. Neues Gebetbuch zur Erlösg. der lieben Seelen d. Fegfeuers. Nach d. Orig.-Ausg. aus den J. 1691 u. 1708 bearb. von Bened. v. Calcar, O. Cap. 7. Aufl. 12. (XVI, 672 S.) Mainz 902. F. Kirchheim. n. 2.—; geb. in Leinw. n. 3.40; m. Goldschn. n. 3.60; i. Ldr. n. 4.—; m. Goldschn. n. 4.20

— goldener Himmels-Schlüssel. Neues Gebetbuch zur Erlösg. der lieben Seelen des Fegfeuers. Nach den Orig.-Ausgaben aus den J. 1691 u. 1708 bearb. von Bened. v. Calcar, O. Cap. 8. Aufl. (XVI, 672 S. m. Titelbild.) kl. 8. Mainz 905. Kirchheim & Co. n. 2.—; geb. von n. 3.— bis n. 4.20

— dasselbe od. sehr kräftiges u. nützliches Gebetbuch zum Troste der lieben Seelen des Fegfeuers. Zum besond. Gebrauch f. das andächt. Frauengeschlecht. Neu hrsg. v. e. Ordenspriester. Neueste Aufl. (XXXII, 583 S. m. Abbildgn. u. 1 Stahlst.) 8. Regensburg (905). Verlagsanstalt vorm. G. J. Manz. n. 1.50; geb. in Leinw. n. 2.60

— der goldene Himmelschlüssel für fromme und heilsbegierige Seelen. Neu bearb. in einem Auszuge aus der beliebten vormals im fürstlichen Gotteshause Einsiedeln gedruckten größern Ausgabe. Mit (5 lith.) Bildern. Einsiedeln 861. Gebr. Benziger. 12. (368 S.) 10 ngr.

Cochem, P. M. v., goldener großer Himmelsschlüssel, umgearbeitet von Rom. Baumgartner, mit Kupf. Sulzbach, Seidel. 821.

v. Cochem, Pater Mart., großer goldner Himmelsschlüssel, ein sehr nützl. Gebetbuch. Mit Kpf. 8. Glogau 804. Chr. Fr. Günther. 18 gr Der mittlere. Ebd. 9 gr

— goldener Himmelsschlüssel, der große, m. K. 8. Glogau, Günther. 809.

MARTIN VON COCHEM: Großer goldener Himmel-Schlüssel oder sehr kräftiges, nützliches und trostreiches Gebet-Buch zur Erlösung der lieben Seelen des Fegfeuers. Pest ca. 1847: Edler v. Trattner'sche Buchdruckerey. 688 S. - 205 mm

Cochem, P. Martin von —. Großer goldener Himmels-Schlüssel, oder sehr kräftiges, nützliches und trostreiches Gebetbuch, zur Erlösung der lieben Seelen des Fegfeuers. Darinnen zuvorderst allerhand kräftige Morgens- und Abends-, Meß- und Vesper-, Beicht und Communion-Gebeter; (sic.) .... Zum besondern Gebrauche des andächtigen Weiber-Geschlechts, in diesem Druck mit vielen Bildern, und vielen neuen in keinen andern Gebetbüchern begriffenen Gebetern vermehrt durch — — 8. (8 Blätter, 696 S.) Pesth, Druck und Verlag von Trattner Károly. 1853.

MARTIN VON COCHEM: Großer goldener Himmel-Schlüssel oder sehr kräftiges nützliches und trostreiches Gebetbuch zur Erlöeung der lieben Seelen des Fegfeuers, darinnen zuforderst allerhand kräftige Morgens- und Abends- Meß- Vesper-, Beicht- und Kommuniongebeter; wie auch zum hochwürdigsten Sakrament, und der H. Dreifaltigkeit: zu Christo und seinem bitteren Leiden: zur Mutter Gottes und den Heiligen, an allen hohen Festen und besonderen Tagen in gemeinen und besonderen Nöthen, für geistliche und weltliche Jungfrauen: für schwangere und gebärende Weiber: kranke und sterbende Personen: und dann letztlich für die armen Seelen des Fegfeuers, enthalten seynd. Zum besonderen Gebrauch des andächtigen Weibergeschlechts. In diesem Druck mit vielen neuen in keinen Gebet-Büchern begriffenen Gebetern vermehret durch P. Martin von Cochem Cap. Ord. Pesth 1853. Druck und Verlag von Alois Bucsánszky. 712 S. - 200 mm
- Dass. Pesth o. J.: J. Th. Trattner. 44 Bögen - 8°
- Dass. Pesth 1855: Alois Bucsánszky. 712 S. - 200 mm
- Dass. Pesth 1860: Alois Bucsánszky. 712 S. - 200 mm
- Dass. Pesth o. J.: A. Bucsánszky. 16, 708 S. - gr. 8°. Auch unter dem Titel: Ganz großer goldener Himmel-Schlüssel erschienen. Kertbeny-Petrik
- Dass. Pesth 1873: A. Bucsánszky. 708 S. - 190 mm
- Dass. Budapest 1877: Koloman Rózsa u. Frau (vormals A. Bucsánszky). - 195 mm
- Dass. Budapest 1884: Koloman Rózsa u. Frau (vormals A. Bucsánszky). - 195 mm
- Dass. Budapest 1889: Koloman Rózsa u. Frau (vorm. A. Bucsánszky) 708 S. - 200 mm

— der kleine goldene Himmelsschlüssel im kurzen Begriffe. 18. Ebend.

Cochem, Martin v., kleiner goldener Himmelschlüssel, oder: höchst nützl. und trostreiches Gebetbuch für alle christkathol. Stände, besonders für das andächt. Frauengeschlecht. Auszug aus Obigem. Neu hrsg. von Mich. Sintzel. 8. (VIII und 392 S. mit 9 Stahlst.) Augsburg 847, Wolff'sche Buchh. (München, Finsterlin.)

Mit Titel in Golddruck

—— der mittlere goldene Himmelsschlüssel etc., s.a. oben dessen Baumgarten.

MARTIN VON COCHEM: Der mittlere goldene Himmelschlüssel, im mittleren Druck oder sehr nützliches und trostreiches Gebeth-Buch darinn kräftige und andächtige Morgens- und Abends Meß Beicht und Kommunion gebether wie auch zum Hochwürdigen Sakrament und . . . Aus dem großen Himmel-Schlüssel gezogen und neu verbessert in diese bequeme Form gebracht zum sonderlichen Gebrauch des andächtigen Weiber Geschlechts durch P. Martin von Cochem, Cap. Ord. Pesth o. J. Zu finden in der k. priv. Trattnerschen-Károlyi-schen Buchdruckerey. Großdruck. - 191 mm Gerlingen
- Dass. Zusammengestellt von P. Martin v. Cochem. Neu bearbeitet von P. Sigismund Bredl. Budapest o. J.: Johann Bapt. Steinbrener. 718 S. - 153 mm

— Der mittl. goldene Himmelsschlüssel, in mittl. Druck, aus dem großen gezogen. m. K. 8. Ebend. 802.

— — — D. mittl. Ebend. 809.

MARTIN VON COCHEM: Der mittlere goldene Himmel-Schlüssel im mittleren Druck. Oder sehr nützliches und trostreiches Gebeth-Buch, worin kräftige und andächtige Morgen- und Abend-, Meß-, Beicht- und Kommunion-Gebether . . . begriffen sind . . . Zum besonderen Gebrauche des andächtigen Weiber-Geschlechtes. Pesth 1820: Trattner. 368 S. - 8°
- Dass. Nachrduck. Pesth 1827: M. Trattner. 369 S. - 8°
- Dass. Pest 1841: Trattner. (20) 360 S. - 180 mm
- Dass. Ofen 1843: Druck. Gyurián u. Bagó. 24, 258 S. - 190 mm
- Dass. Preßburg o. J.: Bucsánszky. 451 S. - 8°
- Dass. Budapest 1903. - 8°
- Martin von Cochem: Der mittlere goldene Himmel-Schlüssel. J. 1854.

MARTIN VON COCHEM, Capuciner Ordens: Der mittlere goldene Himmel-Schlüssel, oder sehr nützliches und trostreiches Gebetbuch, darin kräftige und andächtige Morgen-, Abend-, Mess-, Beicht- und Communion-Gebete, wie auch zum Hochwürd. Sakrament und zur heil. Dreifaltigkeit, zu Christi und seinem bittern Leiden . . . begriffen sind. Aus dem Großen Himmel-Schlüssel gezogen und neu verbessert in diese bequeme Form gebracht zum sonderlichen Gebrauch des andächtigen Weiber-Geschlechts durch P. Martin von Cochem, Capuciner Ordens Priester. Ofen 1834. Gedr. mit Anna Landererschen Schriften. 552 S. - 190 mm
- Dass. Preszburg o. J. (1839): Im Verlag Aloys Bucsánszky. 379, 5 S. - 195 mm
- Dass. Preßburg o. J.: A. Bucsánszky. - 8°
- Dass. Neue Ausg. Pesth o. J.: A. Bucsánszky. 16, 451, 5 S. - 8°
- Dass. Pesth o. J.: A. Bucsánszky. 16, 444 S. - 8°
- Dass. Pesth 1854.
- Dass. Pesth 1858. - 8°
- Dass. Großdruck. Budapest 1889: Druck u. Verlag Coloman Rózsa u. Frau (vormals A. Bucsánszky) - 185 mm Gerlingen
- Dass. Budapest 1896: Druck u. Verlag Coloman Rózsa u. Frau. (16) 451 S. 1 t. - 180 mm

- Dass. Budapest 1907: Druck u. Verlag Coloman Rózsa u. Frau. - 180 mm

MARTIN VON COCHEM: Der mittlere goldene Himmel-Schlüssel in mittlern Druck, oder sehr nützliches und trostreiches Gebeth-Buch, darinn kräftige und andächtige Morgens-, Abends-, Meß-, Beicht- und Communion-Gebether wie auch zum Hochwürdigen Sakrament und der H. Dreifaltigkeit, zu Christo, und seinem bittern Leiden; zu der Mutter Gottes und den Heiligen; an allen hohen Festen und besonderen Tagen; in gemeinen und besondern Nöthen; für schwangere und gebährende Weiber, für kranke und sterbende Personen; und dann letztlich für die arme Seelen des Fegfeuers begriffen sind. Aus dem großen Himmel-Schlüssel gezogen und neu verbessert in diese bequeme Form gebracht zum sonderlichen Gebrauch des andächtigen Weiber-Geschlechts durch P. Martin von Cochem Capuciner-Ordens. Pesth 1854: Druck u. Verlag v. Trattner-Károlyi. 408 S. - 200 mm
- Dass. Pesth o. J.: Trattner-Károlyi. - 190 mm
- Dass. Pesth 1857: Alois Bucsánszky. 416 S.
- Dass. Pesth 1858: Bucsánszky. 416 S. - 200 mm
- Dass. Pesth 1862: Alois Bucsánszky.
- Dass. Budapest 1889: Bucsánszky. - 210 mm
- Dass. Budapest 1901: Kol. Rózsa
- Dass. Budapest 1903: Kol. Rózsa.
- Dass. Budapest 1907: Kol. Rózsa.

MARTIN VON COCHEM: Der mittlere goldene Himmel-Schlüssel. Pesth 1864: Alois Bucsánszky. 411 S. - 180 mm
- Dass. Pest 1869. Druck u. Verlag Alois Bucsánszky. 411, 4 S. - 170 mm
- Dass. Pest 1880: Col. Rózsa u. Frau (vormals Bucsánszky). 450 S. - 175 mm

— auserlesenes Historienbuch. 4 Thle. 1r Thl., enth. 20 bibl. Geschichten u. 120 denkw. Historien. 2r Thl. 100 wundersame Historien. 3r Thl. 60 Lebensbeschreibungen d. Heiligen Gottes. 4r Thl. 100 Historien oder Lebensbeschreibb. d. Heiligen. 4. Augsb. 766. Wolff. 6 ℛ

— seraphische Jagdlust, od. Portiunkula-Büchlein. 8. München, Fleischmann. 784.

— Ida Gräfin von Toggenburg, die wunderbare, selige Einsiedlerin, oder der Todessturz vom 400 Ellen hohen Felsen. Eine Legende. 8. Ebend. 844. 1/12 ℛ

Cochem, Mart. v., Ida, Gräfin von Toggenburg, die wunderbare, selige Einsiedlerin, oder der Todessturz von vierhundert Ellen hohen Felsen. Eine Legende. Neue (Titel-)Ausg. Passau (844.) 853. Pleuger. 8. (40 S.) 2 ngr.

— Joanna von Jesu Maria, eheliche Jungfrau, Wittfrau u. Klosterfrau. Ein Wunder der Gnaden, ein gottsel. Spiegel unvergleichl. weibl. Geduld. 8. Passau 842, Pustet'sche Buchh. 1/2 ℛ — Neue wohlf. Ausg. gr. 8. Ebend. 846. 6 ngr.

— Joanna von Jesu Maria, eheliche Jungfrau, Wittfrau u. Klosterfrau. Ein Wunder der Gnaden, ein gottseliger Spiegel unvergleichlicher weiblicher Geduld. Neue (Titel-) Ausg. Ebend. (846). 853. 8. (112 S.) 4 ngr.

Cochem, P. M. v., geistreicher christkatholischer Kern aller Gebete, umgearbeitet von N. Baumgartner, mit deutschen Lettern und Kupfern. 12. Sulzbach. Seidel. 821. 1/6 Rthl.

— s.: Kerngebete, kurze, f. Kranke.

— Kinderlehr-Büchlein, od. Auslegung deß Catholischen Cathechismi, in fünffzig Kinderlehren abgetheilet, u. in achthundert kurtze Frag, u. Antworten verfasset. Aus sonderbarem Befelch Ihro Churfürstl. Gnaden zu Maynz, durch Dero hohes Ertzstifft in Kirchen u. Schulen zugebrauchen. Maynz 1715. gr. 16. (109 S.) Mainz 886. Kirchheim. n. 1. 50

— Krankenbuch, den Gesunden sowohl als den Kranken sehr nützlich u. heilsam. Ein Handbüchlein f. Priester u. Volk. Neu hrsg. v. Aug. Maier. gr. 16. (XVI, 344 S. m. 1 Stahlst.) Freiburg i/Br. 876. Herder. 1. 60

— Krankenbuch. Ein Handbüchlein f. Priester u. Laien, zugleich e. Hausbüchlein f. die christl. Familie. Neu hrsg. v. A. Maier. 2., umgearb. Aufl. 12. (XVI, 350 S. m. 1 Bild.) Freiburg i/Br. 889. Herder. 1. 60; geb. n. 2. 20

— lasset uns beten! Vollständiges Gebetbuch aus den ältesten Schriften d. M. v. C. Zusammengestellt v. e. Mitgliede d. Kapuzinerordens. 16. (III, 628 S. m. 1 Stahlst.) Dülmen 890. Laumann. n. 1. —; geb. n. 1. 50

—— Leben, s. Bernardina, Schwester Maria.

— das große Leben Christi, oder ausführliche, andächtige u. bewegliche Beschreibung des Lebens u. Leidens unsers Herrn Jesu Christi und seiner glorwürdigsten lieben Mutter Maria sammt allen ihren Befreundeten. 1. Thl. (in 3 Liefg.) 2. Thl. (in 2 Liefg.) gr. 12. Landshut 841, Attenkofer. (Thomann.) à 1 7/8 ℛ

Das große Leben Jesu Christi, darin die ausführliche Beschreibung des allerheiligsten u. bittern Leidens unsers Herrn Jesu Christi und seiner lieben Mutter Maria, wie auch vieler ihrer Befreundeten und Heiligen des Neuen Testamentes. Neu herausgegeben von mehrern Geistlichen. Landshut, Attenkofer, jetzt Thomann, 1811—1812, gr. 8°. 2 Bde. 196 Bg., 6,60 Mk.

—— das große Leben Christi, od. ausführl., andächt. u. bewegl. Beschreib. d. Lebens u. Leidens uns. Herrn Jesu Christi u. seiner glorwürdigsten lieben Mutter Maria sammt allen ihren Befreundeten. 1. Thl. (3 Lfgn.) gr. 12. (36 7/8 B.) Landshut 841, Thomann'sche Buchh.

—— das große Leben Jesu Christi, darin die ausführl. Beschreibung des allerheil. u. bittern Leidens uns. Herrn Jesu Christi u. seiner lieben Mutter Maria, wie auch vieler ihrer Befreundten u. Heiligen des N. Test. Neu hrsg. von mehreren Geistlichen. 2. Thl. (2 Lfgn.) gr. 8. (92 B.) Landshut 843, Attenkofer. (Thomann'sche Buchh.)

1. Thl. Ebendas. 1841. 1 Thlr. 26 1/4 Ngr.

— das große Leben Christi, oder ausführliche Beschreibung des Lebens und Leidens unsers Herrn Jesu Christi und seiner glorwürdigsten Mutter Maria sammt allen ihren Befreundeten, nämlich: der heiligen Anna u. ihrer Mutter, des heiligen Josephs u. Joachims &c. Herausg. von mehreren Geistlichen. Neue umgearb. Aufl. 2 Thle. Landshut 859. Thomann. Lex.-8. (XII, 732 S.; IV, 686 S. u. 2 Lithogr.) 2 ℛ 6 ngr.

Cochem, Mart. v., das große Leben und Leiden unsers Herrn und Heilandes Jesu Christi und seiner glorwürdigen Mutter Maria. Nebst des Verf. größerm „Krankenbuch" als Anhang. Neue illustr. Volksausg. 10 Hefte. gr. 4. (871 S.) Freiburg im Br. 869,70, Herder'sche Verlagsh. à Heft 90 Pf.
geb. *
Velinpap. à Heft ℳ 1,20.
geb. *

— das große Leben u. Leiden unsers Herrn u. Heilandes Jesu Christi u. seiner glorwürdigen Mutter Maria. Nebst des Verf. größerm „Krankenbuch" als Anhang. Neue illustr. Volksausgabe. Freiburg i. Br. 870. Herder. 4. (VIII, 871 S.) 3 ℛ; Velinp. 4 ℛ; geb. n. 4 ℛ 6 ngr; Velinp. n. 5 ℛ 24 ngr

— das große Leben u. Leiden unsers Herrn u. Heilandes Jesu Christi u. seiner glorwürdigen Mutter Maria. Nebst dessen größern „Krankenbuch" als Anh. Neue Volksausg. illustr. nach Zeichngn. der besten Meister. 2., durchgeseh. Aufl. gr. 4. (871 S. m. in den Text gedr. Holzschn. u. Holzschntaf.) Ebend. 873. 9. —; feine Ausg. 12. —

Das große Leben u. Leiden unsers Herrn u. Heilandes Jesu Christi und seiner glorwürdigen Mutter Maria. Nebst dessen größerem „Krankenbuche" als Anhang. Neue illustrierte Originalausg. besorgt durch A. Maier. Freiburg, Herder. 1874, 4°, 872 S., 3. Aufl., 9 Mk.

1. Aufl. 1869—1870. Vgl. Litt. Handw. 1875, S. 450.

—— dass. — Nebst dessen größerem „Krankenbuch" als Anhang. Neue Volksausg. illustr. nach Zeichnungen der besten Meister. 2. durchgesehene Aufl. In 20 Heften. 1870—73, und 3. Aufl. gr. 4. (VIII, 871 S. mit in den Text gedr. Holzschn. und Holzschntaf.) Ebendas. 874. à Heft 45 Pf.
geb. *
Velinpap. à Heft 60 Pf.
geb. *

— großes Leben u. Leiden unſ. Herrn u. Heilandes Jeſu Chriſti u. ſ. glorwürd. Mutter Maria. Nebſt deſſen größerem „Krankenbuch" als Anh. u. e. Verzeichn. v. ſonn- u. feſttägl. Leſgn. Neue ill. Orig.-Ausg., beſorgt durch Aug. Maier. 4. Aufl. M. Farbentitelbild, viel. Bildern n. berühmten Meiſtern u. 1 großen Karte in Farbendr.: „Das hl. Land a. d. Vogelſchau". (In 10 Lfgn.) 1. u. 2. Lfg. gr. 4. (VIII u. S. 1—160.) Freiburg i/B. 898. Herder. à n. — 80

— großes Leben u. Leiden unſeres Herrn u. Heilandes Jeſu Chriſti u. ſeiner glorwürdig. Mutter Maria. Nebſt deſſen größerem „Krankenbuch" als Anh. u. e. Verzeichn. v. ſonn- u. feſttägl. Leſgn. Neue illuſtr. Orig.-Ausg., beſorgt durch Aug. Meier. 4. Aufl. Mit Farbentitelbild, vielen Bildern nach berühmten Meiſtern u. 1 gr. Karte in Farbendr.: „Das hl. Land aus der Vogelſchau". 3.—10. Lfg. gr. 4. (S. 161—732.) Freiburg i/B. 899. Herder. à — 80; (kplt.: Geb. in Halbldr. n.n. 10. —; i. Halbfrz. n.n. 12. —; i. Saffian m. Goldſchn. n.n. 16. —)

— das heil. u. wunderbare Leben u. Leiden Jeſu Chriſti. 12e verb. Aufl. 2 Thle. 8. Augsb. 839. v. Jeniſch u. Stage'ſche Buchh. 2 1/3 ℛ

Cochem, Martin, Das heilige ... Leben Jesu Christi ... 13. Aufl. Augsb. 1842. H: *Brukbräu, Friedr. Wilh.* (Th)

— das heilige u. wunderbare Leben und Leiden Jeſu Chriſti u. d. Jungfrau Maria. 13. verb. Aufl. 2 Thle. Mit 2 Stahlſt. 8. Augsburg 842, v. Jeniſch u. Stage'ſche Buchh. n. 2 1/3 ℛ

Cochem, Martin von, Das heilige und wunderbare Leben und Leiden Jeſu Chriſti u. der Jungfrau Maria. (Herausgegeben von Fr. W. Bruckbräu.) Augsburg, Jeniſch und Stage, 1842, 8°, 45 Bogen, 13. Aufl., 7 Mk.

Cochem, Mart. v., Leben und Leiden unſeres Herrn Jeſu Chriſti und ſeiner glorwürdigſten Mutter Maria. Neu bearb. von Chrph. Kleyboldt. Mit 1 Stahlſt. 860. — 2. verb. Aufl. Mainz 861. Kirchheim. gr. 8. (XV, 1024 S.) 1 ℛ 15 ngr.

— Leben u. Leiden unſeres Herrn Jeſu Chriſti u. ſeiner glorwürdigſten Mutter Maria. Neu bearb. von Chrph. Kleyboldt. Mit 1 Stahlſt. 3. verb. Aufl. Mainz 868. Kirchheim. gr. 8. (XV, 1024 S.) 1 ℛ 15 ngr.

Leben u. Leiden unſers Herrn Jeſu Chriſti u. ſeiner glorwürdigſten Mutter Maria. Neu bearbeitet von Chr. Kleyboldt. Mit 1 Stahlſtiche. Mainz, Kirchheim, 1875, gr. 8°, 65 Bg., 4. Aufl., 4,5 Mk. 1. Aufl. 1860.

Cochem, Mart. v., O. Cap. Leben u. Leiden unſeres Herrn Jeſu Chriſti u. ſeiner glorwürdigſten Mutter Maria. Neu bearb. v. Chrph. Kleyboldt. 5. Aufl. gr. 8. (XV, 1024 S. m. 1 Stahlſt.) Mainz 899. F. Kirchheim. n. 3. —; geb. n. 3. 50

— Leben u. Leiden unſeres Herrn Jeſu Chriſti u. ſeiner glorwürdigſten Mutter Maria. Neu bearb. v. Chriſtoph Kleyboldt. 6. Aufl. (XIV, 1024 S. m. 1 Stahlſt.) gr. 8. Mainz 903. Kirchheim & Co. n. 3. —; geb. n. 3. 50; in Halbldr. n. 4. —

— das Leben und Leiden unſers Herrn und Heilandes Jeſu Chriſti und ſeiner göttlichen jungfräulichen Mutter Maria. Neue, ſorgfältig durchgeſ. Ausg. 2 Bde. Münſter (855). Cazin. 8. (1 Bl., VI, 648; 1 Bl., 641 S. u. 2 Stahlſt.) n. 2 ℛ 7 1/2 ngr.

Leben und Leiden unſeres Herrn und Heilandes Jeſu Chriſti und ſeiner göttlichen jungfräulichen Mutter Maria. 3. Aufl. 860. — 4. Aufl. der neuen, durchgeſeh. Ausgabe, verm. um Zeichnung u. Beſchreibung der heiligen Orte zu Jeruſalem von A. Parvilliers. 2 Bde. Münſter 861. Cazin. gr. 8. (XVI, 616 S.; 594 S. u. 1 Stahlſt.) 2 ℛ 10 ngr.; 36 Holzſchntaf. dazu 15 ngr.

— Leben u. Leiden unſeres Herrn u. Heilandes Jeſu Chriſti u. ſeiner gebenedeiten jungfräulichen Mutter Maria. 7. Aufl., nach der 6. Aufl. A. Parvilliers neu bearb. v. e. Prieſter der Diöceſe Münſter. Volksausg., m. e. farb. Titelbilde u. 50 Holzſchn. gr. 8. (XVI, 488 S.) Münſter 893. Aſchendorff. n. 1. 75; geb. in Halbldr. n. 2. 30; in Halbfrz. n. 2. 65

— Leben u. Leiden unſ. Herrn u. Heilandes Jeſu Chriſti u. ſ. jungfräul. Mutter Maria. Neu hrsg. u. verm. v. Johs. Rhotert. 2 Bde. M. Bildern. 8. (VIII, 484 u. 456 S.) Osnabrück 898. B. Wehberg. In 1 Bd. geb. n. 3. —

— Leben und Leiden unſers lieben Herrn und Heilandes Jeſu Chriſti u. ſeiner göttlichen jungfräulichen Mutter Maria. Neu bearb. von Mich. Sintzel. (In 9 Liefg.) Mit Stahlſt. und vielen Holzſchn. gr. 4. Regensburg 844—(46.) Puſtet. (à 1/3 ℛ) 3 ℛ

—— Leben und Leiden unſers lieben Herrn und Heilandes Jeſu Chriſti und ſeiner göttlichen jungfräulichen Mutter Maria. Neu bearb. und hrsg. von Mich. Sintzel. 3., mit vielen neuen Bildern in Holzſt. verm. Aufl. 10 Hefte. gr. 4. (1582 Sp. mit eingedr. Holzſchn. und 1 Holzſchntaf.) Regensburg 862,63, Puſtet. à Heft 7 1/2 Ngr.

— reich illuſtrirtes Leben u. Leiden unſeres lieben Herrn u. Heilandes Jeſu Chriſti u. ſeiner göttlichen jungfräulichen Mutter Maria. Vermehrt durch e. Anh., enthltd. P. Cochem's Erklärung des heil. Meßopfers u. e. Hausmeßandacht. Neu bearb. u. herſg. von Mich. Sintzel. Mit 1 Titelſtahlſt. u. vielen ſchönen Bildern (Holzſchn. im Text). Regensburg 870. Puſtet. gr. 8. (1152 S.) 2 ℛ

—— reich illuſtrirtes Leben und Leiden unſeres lieben Herrn und Heilandes Jeſu Chriſti und ſeiner göttlichen jungfräulichen Mutter Maria. Vermehrt durch einen Anhang, enth.: P. Cochem's Erklärung des heiligen Meßopfers und eine Hausmeßandacht. Neu bearb. und hrsg. von Mich. Sintzel. Mit einem Titelſtahlſt. und vielen ſchönen Bildern (in eingedr. Holzſchn.). 12 Hefte. gr. 8. (1152 S.) Regensburg 871, Puſtet. à Lfg. 50 Pf.

— Leben und Leiden unſers lieben Herrn und Heilandes Jeſu Chriſti und ſeiner göttlichen jungfräulichen Mutter Maria. Neu bearbeitet von Michael Sintzel. Regensburg, Puſtet, 1881, reich illuſtrierte Quartausg., 1582 S., 12. Aufl., 7,50 Mk. 1. Ausg. 1844.

— Legende der Heiligen. 2 Thle. 4. Augsb. Wolf. 708.

Verbesserte Legend Der Heiligen, Das ist: Eine schöne, klare und anmüthige Beschreibung des Lebens, Leydens und Sterbens Von den Lieben Heiligen Gottes, auf alle und jede Täg des gantzen Jahrs; So durch P. Dionysium von Lützenburg, der Rheinischen Provintz Capuciner, Gesetzt und ausgetheilt: Nach dessen Gottseeligen Ableiben ... mit zierlicherem Stylo verbessert, auch mit hundert und dreyszig neuen schönen Legenden ... eingerichtet und ausgebreitet worden: Durch P. Martin von Cochem, der Rheinischen Provintz Capuciner Jubilarium und Seniorem ... Mindelheim und Augspurg, Verlegts Gregori Fuirer Buchbinder, und Mathäus Rieger Buchhandler von Seehausen. 1745.

— verbeſſerte Legende der Heiligen. 4. Cöln. 7½7.

— Legende d. Heiligen. 4. Augsb. 764. Rieger. 1 ℛ 12 Kr.

— großer Liliengarten. Neu hrsg. von einem Ordensprieſter. Neueſte, verb. Aufl. Mit 1 Stahlſt. u. vielen (eingedr. Holzſchn.-)Abbildgn. 8. (XXIV, 444 S.) Regensburg 882. Manz. 2. —

— s. D. v. Lützenburg, Legende d. Heiligen.

— der christliche Mann in seinem täglichen Verkehr m. Gott. Vollständiges Gebetbuch aus den Schriften des M. v. C. 16. (VIII, 264 S. m. farb. Titelbild.) Dülmen 893. A. Laumann. Geb. n. 1. 50

— medulla missae germanica. Das ist: Meß-Erklärung über Hönig süß. Darinnen eine ausführliche und nachdrückliche Erklärung der höchsten Fürtrefflichkeit und gröster Nutzbarkeit des allerhochwürdigsten Opfers der Heil. Meß, wie auch fünfzig Exempel von der Heil. Meß, und viele tröstliche Sprüche der heil. Vättern, von der Kraft und Würkung derselben begriffen seynd. Fürwahr ein guldenes, über die massen tröstliches, und bishero niemal in Druck gebrachtes Buch rc. Augsburg 853. Rieger. gr. 8. (448 S.) 12 ngr

— weltlicher Leute Meßbuch, darin sehr kräftige u. herzliche Meßgebete von 52 Messen rc., umgearb. v. R. Baumgärtner. 12. Sulzb. 823. v. Seidel. 6 K

— Meßbuch für weltliche Leute. Enthltd. 32 vollständige Meßandachten für jeden Tag in der Woche, für die Sonn- u. Feiertage u. bei besond. Veranlassungen. Nebst Morgen-, Abend-, Beicht- rc. Andachten. Neu bearb., verb. u. verm. hrsg. von H. Kömstedt. Mit 1 Titelbild in Stahlst. Wohlfeile Ausgabe. Köln 868. Bachem. 12. (XII, 510 S.) 18 ngr; Velinp. 22¼ ngr

— Meßbuch f. weltliche Leute. Enth. 32 vollständ. Meßandachten f. jeden Tag in der Woche, f. die Sonn- u. Feiertage u. bei besond. Veranlassgn., nebst Morgen-, Abend-, Beicht-, Communion- u. Nachmittags-Andachten. Neu bearb., verb. u. verm. hrsg. v. H. Kömstedt. Wohlfeile Ausg. Mitt 1 Titelbild (in Stahlst.) 4. Aufl. 8. (XII, 514 S.) Köln 874. Bachem. 1. 80

— Meßbuch. Enthaltend 32 vollständige Meßandachten für jeden Tag in der Woche, für die Sonn- u. Feiertage u. bei besondern Veranlassungen, nebst Morgen-, Abend-, Beicht-, Communion- u. Nachmittags-Andachten. Neu bearb., verb. u. verm. hrsg. von H. Kömstedt. Wohlf. Ausg. Mit einem Titelbild (in Stahlst.). 6. Aufl. gr. 16. (XII, 523 S.) Köln 879. Bachem. 2. —

— Meßbuch. Enth. 32 vollständ. Meßandachten f. jeden Tag in der Woche, f. die Sonn- u. Feiertage u. bei besondern Veranlassgn., nebst Morgen-, Abend-, Beicht-, Communion- u. Nachmittags-Andachten. Neu bearb., verb. u. verm. hrsg. v. H. Kömstedt. Wohlf. Ausg. 7. Aufl. 12. (XII, 523 S. m. 1 Stahlst.) Köln 884. Bachem. 2. —

— Meßbuch. Enth. 32 vollständ. Meßandachten f. jeden Tag in der Woche, f. die Sonn- u. Feiertage u. bei besond. Veranlassgn., nebst Morgen-, Abend-, Beicht-, Communion- u. Nachmittags-Andachten. Neu bearb., verb. u. verm. hrsg. v. H. Kömstedt. Wohlf. Ausg. 9. Aufl. 12. (VIII, 528 S. m. 1 Stahlst.) Köln 891. J. P. Bachem. 2. —

[F.] Des ehrwürdigen P. Martin von Cochem Messbuch, enth. zweiunddreissig vollst. Mess-Andachten f. jeden Tag d. Woche ... Neue verm. u. verb. Aufl. von P. [P.] Osborne [d. i. Adolf Plönnis] ... *Dülmen i. W.: A. Laumann 1897.* (VIII, 574 S., 1 Bl., 1 Taf.) 1 Bd 8. [98. 3857

—— Meßbüchlein in 32 Meß-Andachten für alle Feste und Gelegenheiten, nebst Morgen- und Abendgebeten, Beicht-, Communion- und Nachmittagsandachten. Vollständiges Gebetbuch nach des Verf. „Meßbuch für weltl. Leute" neu bearb. und hrsg. von H. Kömstedt. Min.-Ausg. (Nr. 3.) 3. Aufl. 32. (XII, 576 S. mit 1 Stahlst. und 1 chromolithogr. Titel. Köln 870, Bachem.

In Leder geb. mit Goldschn. *

—— Anhang dazu: Uebung der Anbetung Jesu im allerheiligsten Altarsacramente durch Gebete, Gesänge und Betrachtungen. Vom Verf. des „Wie wird's besser?" 16. (240 S.) Ebendas. 870. *

—— dass. — Ausg. Nr. 6. Taschen-Ausg. [Mittlere grobe Schrift.] 16. (XVI, 680 S. mit 1 Stahlst.) Ebendas. 872. *

—— Meßbüchlein in 32 Meß-Andachten für alle Feste und Gelegenheiten, nebst Morgen- und Abendgebeten, Beicht-, Communion- und Nachmittags-Andachten. Vollständiges Gebetbuch, nach Martin v. Cochem's „Meßbuch" neu bearb. und hrsg. von H. Kömstedt. Min.-Ausg. 5. Aufl. 32. (VIII, 575 S. mit Farbendr.-Titel und 1 Stahlst.) Ebendas. 876.

— Meßbüchlein in 30 Meß-Andachten f. alle Feste u. Gelegenheiten, nebst Morgen- u. Abendgebeten, Beicht-, Communion- u. Nachmittags-Andachten. Vollst. Gebetbuch, n. C.'s „Meßbuch f. weltl. Leute" neu bearb. u. hrsg. v. H. Kömstedt. Min.-Ausg. (Nr. 3.) 7. Aufl. 16. (XII, 425 S. m. 1 Stahlst.) Köln 895. J. P. Bachem. 1. 20

— das mittl. Meßbüchlein. 18. Ebend.

— neues Meßbüchlein. 12. Augsb., Wolff. 5 K

— Meß-Erklärung. Nebst e. Anh. v. Meßgebeten, nach der Orig.-Ausg. vom J. 1724 f. Klerus u. Volk neu hrsg. v. e. Kuratpriester. 8. (552 S.) Paderborn 886. Bonifacius-Druckerei. 1. 80

— Meß-Erklärung. Nebst e. Anh. v. Meßgebeten nach der Orig.-Ausg. v. J. 1724 f. Klerus u. Volk neu hrsg. v. e. Kurat-Priester. 3. Aufl. 12. (436 S. m. 1 Stahlst.) Paderborn 895. Bonifacius-Druckerei. Geb. in Leinw. 1. 50

— dasselbe in gedrängtem Auszuge, s.: Lechner, Joh. Geo., Himmelsfahrtsblumen.

Cochem, Mart. v., Myrrhengarten. Enthaltend die nothwendigsten Gebete eines katholischen Christen, insbesondere zur Verehrung des bittern Leidens Jesu Christi. Neu hrsg. von einem Priester des Kapuzinerordens. 16. (IV, 399 S. m. 1 Stahlst.) Dülmen 881. Laumann. n. 1. —; geb. n. 1. 50; 2. 50; 3. —; 4. — u. 4. 50

Cochem, Martin von. Grosser Myrrhengarten. Neubearbeitet von einem Priester des nämlichen Ordens. Dülmen 1880. H: *Söngen, Bonifacius.* (Rass)

— der Myrrhengarten. Ein vollständ. Gebet- u. Erbauungsbuch f. Verehrer d. bittern Leidens Jesu Christi. Nach der Orig.-Ausg. vom J. 1764 v. neuem hrsg. v. e. Kuratpriester. 16. (490 S. m. 1 Stahlst.) Paderborn 888. Bonifacius-Druckerei. 1. —

— Myrrhengarten. Enth. die nothwendigsten Gebete e. kathol. Christen, insbesondere zur Verehrg. des bitteren Leidens Jesu Christi. Neu hrsg. v. e. Priester desselben Ordens. 2. Aufl. 12. (IV, 496 S. m. 1 Stahlst.) Dülmen 894. A. Laumann. 1. 35; geb. n. 2. 25

— dasselbe. Ausg. in grobem Druck. 12. (IV, 660 S. m. 1 Stahlst.) Ebd. 894. 1. 35; geb. n. 2. 25

— dasselbe. (Ausg. in grobem Druck.) 2. Aufl. 12. (640 S. m. Abb. u. 1 Stahlst.) Ebd. 895. 1. 20

— der Myrrhengarten. Ein vollständ. Gebet- u. Erbauungsbuch f. Verehrer d. bitt. Leidens Jesu Christi. N. d. Orig.-Ausg. vom J. 1764 v. neuem hrsg. v. e. Kuratpriester. 2. Aufl. gr. 16. (456 S. m. 1 Stahlst.) Paderborn 898. Bonifacius-Druckerei. n. 1. —

— Myrrhengarten. Enth. die nothwendigsten Gebete e. kathol. Christen insbesond. zur Verehrg. des bitteren Leidens Jesu Christi. Neu hrsg. v. Petrus, O. Cap. 3. Aufl. 16. (XVI, 568 S. m. 1 Stahlst.) Dülmen 900. A. Laumann. Geb. in Leinw. n. 1. 50

— der große Myrrhen-Garten. m. K. gr. 8. Cöln, Enderes in Nürnb. 741.

— d. große Myrrhengarten des bittern Leidens, darin d. kräft. auf d. Leiden Christi gerichteten Morgen-, Abend-, Meß-, Vesper-, Beicht- u. Communiongebete ꝛc. begriffen sind ꝛc., v. R. Baumgärtner. 8. Sulzb. 811. N. A. 827. v. Seidel. 12 kr Dass., Ebd. 820. mittl. Druck. 9 kr

— dass. Im mittlern Druck. 8. Sulzbach 834. v. Seidel. n. ⅓ ℛ

— der grosse Myrrhengarten d. bittern Leidens. Mit Sorgfalt gejätet, m. schönen Passionsblumen aus andern Werken desselben Verf. u. m. wohlriechenden Pflanzen aus dem Garten der Kirche sehr verm., u. dem christl. Volke wieder geöffnet vom Verf. des „Wie wird's besser?" gr. 12. (XXXII u. 870 S. m. 1 Lith.) Paderborn 851, Schöningh. n. ½ ℛ; fein Pap. n. ⅔ ℛ — 2. durchges. u. sehr verm. Ausg. Mit 1 Stahlst. 8. (XXXII u. 928 S.) Ebd. 852. n. $^{7}/_{12}$ ℛ

— der große Myrrhengarten des bittern Leidens. Mit Sorgfalt gejätet, mit schönen Passionsblumen aus andern Werken desselben Verf. und mit wohlriechenden Pflanzen aus dem Garten der Kirche sehr vermehrt, und dem christl. Volke wieder geöffnet vom Verf. des „Wie wird's besser?" 3. durchges. u. mit zwei neuen Meßandachten verm. u. verb. Ausg. (Nr. 1. Grober Druck.) Mit 1 Stahlst. Paderborn 854. Schöningh. 8. (XXVIII, 932 S.) n. 17½ ngr

— — (Ausg. Nr. 2. Feiner Druck aus Garmondschrift.) Mit 1 Stahlst. 853. (XXXII, 702 S.) n. 15 ngr — 7. Ausg. 856. (XVI, 664 S.) — 10. durchges. Aufl. Ebend. 858. 8. (XVI, 664 S.) n. 16 ngr

— 2. durchges. u. sehr verm. Ausg. (Nr. 3. Taschenausg.) Mit 1 Stahlst. (7 Bl., XIV, 732 S.) — 3. durchges. ꝛc. Ausg. 855. (XVI, 728 S.) — 9. ꝛc. Ausg. Ebend. 857. 12. (XVI, 692 S.) n. 12 ngr

— der große Myrrhengarten des bittern Leidens. Mit Sorgfalt gejätet, mit schönen Passionsblumen aus andern Werken desselben Verf. und mit wohlriechenden Pflanzen aus dem Garten der Kirche sehr vermehrt u. dem christlichen Volke wieder geöffnet vom Verf. des „Wie wird's besser?" 11. Aufl. 859. 11. Aufl. (Ausg. Nr. 1. in grobem Druck.) Mit 1 Stahlst. Paderborn 862. Schöningh. 8. (XXII, 882 S.) n. 17½ ngr

— — (Ausg. Nr. 4.) Mit 1 Stahlst. 859. — 2. Aufl. Ebend. 861. 8. (XV, 640 S.) n. 20 ngr

— — (Ausg. Nr. 5.) Neue Ausg. mit Gebeten, Gesängen u. Betrachtungen für die 24 Stunden der ewigen Anbetung. Mit 1 Stahlst. Ebend. 861. 12. (XVI, 512 S.) n. 10 ngr

— — (Ausg. Nr. 3. in Taschenformat.) 12. Ausg. 861. 15. durchgeseh. Ausg. Mit 1 Stahlst. Ebend. 864. 12 (XV, 666 S.) n. 12 ngr

— — (Ausg. Nr. 2 in feinem Druck.) 11. durchgeseh. Aufl. 862. — 17. Aufl. Mit 1 Stahlst. Ebend. 864. 8. (XVI, 621 S.) n. 16 ngr

—— dass. — 18. Aufl. (Ausg. Nr. 1.) 8. (XXII und 873 S. mit 1 Stahlst.) Ebendas. 865. *

— der große Myrrhengarten des bittern Leidens. Mit Sorgfalt gejätet, mit schönen Passions-Blumen aus andern Werken desselben Verf. u. mit wohlriechenden Pflanzen aus dem Garten der Kirche sehr verm. u. dem christlichen Volke wieder geöffnet vom Verf. des: „Wie wird's besser?" Mit 1 Stahlst. Paderborn 866—70. Schöningh.
18. Aufl. [Ausg. Nr. I.] 8. (XXII, 872 S.) n. 17½ ngr
20. Aufl. [Taschenausg. Nr. III.] 16. (XV, 719 S.) n. 12 ngr
3. u. 4. Aufl. [Ausg. Nr. IV.] 8. (XV, 656 S.) n. 16 ngr

In zwölf neue Beetlein eingetheilt u. mit vielen Blumen u. Pflanzen, d. i. mit Gebeten u. Betrachtungen neu versehen u. bereichert, u. für das katholische Volk brauchbar zugerichtet von Dom. Mettenleiter. Neueste vielfach verb. u. verm. Ausgabe. Mit 1 Titelbilde (in Stahlst.). Regensburg 866. Manz. 12. (288 S.) 10 ngr

—— dass. — Ausg. Nr. 3. Taschen-Ausg. 20. und 23. durchgeseh. Aufl. gr. 16 (XV, 719 S. mit 1 Stahlst.) Ebendas. 869. *

—— dass. — Ausg. Nr. 4. [Sehr grobe Schrift.] 4. Aufl. 8. (XV, 656 S.) Ebendas. 869. *

—— der große Myrrhengarten des bittern Leidens. Mit Sorgfalt gejätet, mit schönen Passions-Blumen aus andern Werken desselben Verf. und mit wohlriech. Pflanzen aus dem Garten der Kirche sehr verm. und dem christl. Volke wieder geöffnet vom Verf. des „Wie wird's besser?" Ausg. Nr. 1. [Grobe Schrift.] 21. Aufl. 8. (XXII, 872 S. mit 1 Stahlst.) Paderborn 870, Schöningh. *

v. Cochem, Mart., der große Myrrhengarten des bittern Leidens. Im Auszuge bearb. vom Verf. des „Wie wird's besser?" Mit 1 Stahlst. [Ausg. Nr. V.] Paderborn 870. Schöningh. 16. (XII, 404 S.) n. 8 ngr

—— dass. — Im Auszuge bearb. vom Verf. des „Wie wird's besser?" Ausg. Nr. 5. 2. Aufl. 16. (XII, 404 S. mit 1 Stahlst.) Ebendas. 870. *

— der große Myrrhengarten d. bittern Leidens. Mit Sorgfalt gejätet, m. schönen Passionsblumen aus anderen Werken desselben Verf. u. m. wohlriechenden Pflanzen aus dem Garten der Kirche sehr verm. u. dem christl. Volke wieder geöffnet vom Verf. d. „wie wird's besser?" 22. durchgeseh. Aufl. Ausg. Nr. 2. Mit e. Stahlst. gr. 16. (XVI, 663 S.) Paderborn 872. Schöningh. n. 1. 20

— dasselbe. Ausg. Nr. 6. Grober Druck. 16. (XVI, 680 S. m. e. Stahlst.) Ebend. 872. n. 1. 40

— dasselbe. 23. durchgeseh. Aufl. Mit e. Stahlst. [Nr. 3. Taschen-Ausg.] gr. 16. (XVI, 700 S.) Ebend. 873. n. 1. 20

— der große Myrrhengarten des bittern Leidens. Mit Sorgfalt gejätet, mit schönen Passionsblumen aus andern Werken desselben Verfassers u. m. wohlriechenden Pflanzen aus dem Garten der Kirche sehr vermehrt u. dem christlichen Volke wieder geöffnet vom Verfasser des „Wie wird's besser?" 24. durchgeseh. Aufl. Ausg. Nr. 2. Mit 1 Stahlst. gr. 16. (XVI, 663 S.) Paderborn 877. F. Schöningh. n. 1. 60

—— dass. — 25. Aufl. Ausg. Nr. 1. (Grobe Schrift.) 8. (898 S.) Ebendas. 878.

— dasselbe. 26. Aufl. Ausg. Nr. 6. Grober Druck. gr. 16. (XVI, 680 S.) Ebend. 878. n. 1. 40

— — der große Myrrhengarten des bittern Leidens. Mit Sorgfalt gejätet, mit schönen Passionsblumen aus andern Werken desselben Verf. und mit wohlriechenden Pflanzen aus dem Garten der Kirche sehr vermehrt und dem christlichen Volke wieder geöffnet vom Verf. des „Wie wird's besser?" 28. Aufl. Ausg. Nr. 1 (grobe Schrift). 8. (XXIII, 876 S. mit 1 Stahlst.) Paderborn 881, F. Schöningh. *

—— dass. — 6. Aufl. Ausg. Nr. 4 (sehr grobe Schrift). 8. (XV, 656 S. mit 1 Stahlst.) Ebendas. 883. *

—— dass. — 27. Aufl. Ausg. Nr. 2 (feine Schrift). 8. (680 S. mit 1 Stahlst.) Ebendas. 884. *

— der große Myrrhengarten d. bittern Leidens. Mit Sorgfalt gejätet, m. schönen Passionsblumen aus andern Werken desselben Verf u. m. wohlriech. Pflanzen aus dem Garten der Kirche sehr vermehrt u. dem christl. Volke wieder geöffnet vom Verf. d. „Wie wird's besser?" 28. Aufl. Ausg. Nr. 1. Mit e. Stahlst. 8. (XXIII, 876 S.) Paderborn 884. F. Schöningh. n. 1. 80

—— 29. durchges. Aufl. Ausg. Nr. 2 (feine Schrift). 8. (XVI, 663 S. mit 1 Stahlst.) Ebendas. 884. *

— dasselbe. 29. durchgesch. Aufl. Ausg. Nr. 2. Mit 1 Stahlst. 8. (XVI, 663 S.) Ebend. 885. n. 1. 60

—— der große Myrrhengarten des bittern Leidens Christi. Dem christl. Volke wieder geöffnet vom Verf. des „Wie wird's besser?" 30. Aufl. Ausg. Nr. 6 (grober Druck). 16. (XVI, 680 S. mit 1 Stahlst.) Ebendas. 885. *

—— dass. — 31. durchges. Aufl. [Nr. 3. Taschen-Ausg.] 16. (XVI, 704 S. mit 1 Stahlst.) Ebendas. 886. *

— dasselbe. 7. Aufl. Ausg. Nr. 4 (sehr grobe Schrift). Mit 1 Stahlst. 8. (XV, 656 S.) Ebend. 886. n. 1. 80

— dasselbe. 30. Aufl. Ausg. Nr. 6. Grober Druck. 16. (XVI, 680 S. m. 1 Stahlst.) Ebend. 886. n. 1. 40

— der große Myrrhengarten d. bittern Leidens. Mit Sorgfalt gejätet, m. schönen Passionsblumen aus andern Werken desselben Verf. u. m. wohlriech. Pflanzen aus dem Garten der Kirche sehr vermehrt u. dem christl. Volke wieder geöffnet vom Verf. d. „Wie wird's besser?" 32. Aufl. Ausg. Nr. 1 [grobe Schrift]. Mit 1 Stahlst. 8. (XXIII, 876 S.) Paderborn 887. F. Schöningh. n. 1. 80

— dasselbe. 33. Aufl. Ausg. Nr. 3. Taschen-[Ster.-]Ausg. Mit 1 Stahlst. gr. 16. (XVI, 704 S.) Ebd. 889. n. 1. 50

— dasselbe. 34. Aufl. Ausg. Nr. 6. Grober Druck. gr. 16. (XVI, 680 S. m. 1 Stahlst.) Ebd. 890. n. 1. 40

— der große Myrrhengarten d. bittern Leidens. Mit Sorgfalt gejätet, m. schönen Passionsblumen aus andern Werken desselben Verf. u. m. wohlriech. Pflanzen aus dem Garten der Kirche sehr vermehrt u. dem christl. Volke wieder geöffnet vom Verf. d. „Wie wird's besser?" 35. Aufl. Ausg. Nr. 1. Mit 1 Stahlst. 8. (XXIII, 876 S.) Paderborn 891. F. Schöningh. n. 1. 80

— dasselbe. 36. Aufl. Nr. 3. Taschen-(Ster.-)Ausg. Mit 1 Stahlst. 16. (XVI, 704 S.) Ebd. 893. n. 1. 50

— dasselbe. 8. Aufl. Nr. 4. Mit 1 Stahlst. 8. (XV, 656 S.) Ebd. 893. n. 1. 80

— dasselbe. 37. Aufl. Ausg. Nr. 6. Grober Druck. gr. 16. (XVI, 680 S. m. 1 Stahlst.) Ebd. 894. n. 1. 40

— dasselbe. 38. Aufl. (Nr. 3. Taschen-[Ster.-]Ausg.) gr. 16. (XVI, 704 S. m. 1 Stahlst.) Ebd. 895. n. 1. 50

— dasselbe. 39. Aufl. Ausg. Nr. 6. Grober Druck. 12. (XVI, 696 S. m. 1 Stahlst.) Ebd. 897. n. 1. 40

— der große Myrrhengarten d. bitt. Leidens Christi. M. Sorgfalt gejätet, m. schönen Passionsblumen a. and. Werken dess. Verf. u. m. wohlriech. Pflanzen a. d. Garten d. Kirche sehr verm. u. d. christl. Volke wieder geöffn. v. Verf. des „Wie wird's besser?". 40. Aufl. Ausg. Nr. 1. 8. (XXIII, 888 S. m. 1 Stahlst.) Paderborn 897. F. Schöningh. n. 1. 80

— der große Myrrhengarten des bittern Leidens. Mit Sorgfalt gejätet, m. schönen Passionsblumen aus andern Werken desselben Verf. u. m. wohlriech. Pflanzen aus d. Garten der Kirche sehr verm. u. dem christl. Volke wieder geöffnet v. Verf. des „Wie wird's besser?" 42. Aufl. (Nr. 3. Taschen-[Ster.-]Ausg.) gr. 16. (XVI, 704 S. m. 1 Stahlst.) Paderborn (901). F. Schöningh. n. 1. 50

— dasselbe. Dem christl. Volke wieder geöffnet v. Verf. d. „Wie wird's besser?" 43. Aufl. Ausg. Nr. 6. Grober Druck. gr. 16. (XVI, 692 S. m. 1 Stahlst.) Ebd. (902). n. 1. 40

— dasselbe. Mit Sorgfalt gejätet, m. schönen Passionsblumen aus andern Werken desselben Verf. u. m. wohlriech. Pflanzen aus dem Garten der Kirche sehr vermehrt u. dem christl. Volke wieder geöffnet vom Verf. des „Wie wird's besser?" 44. Aufl. Ausg. Nr. 1 m. 1 Stahlst. (XXIII, 872 S.) 8. Paderborn (903). F. Schöningh. n. 1. 80

— der große Myrrhengarten des bitteren Leidens. Enth. die notwendigsten Gebete e. kathol. Christen. Neu hrsg. v. Petrus, O. Cap. 4. Aufl. (XVI, 656 S. m. Titelbild.) 16. Dülmen 904. A. Laumann. Geb. in Leinw. n. 2. —

— dasselbe. 45. Aufl. (Nr. 3. Taschen-[Ster.-]Ausg.) (XVI, 704 S. m. 1 Stahlst.) kl. 8. Ebd. (905). n. 1. 50

— dasselbe. 46. Aufl. Ausg. Nr. 6. Grober Druck. (XVI, 692 S. m. 1 Stahlst.) 16. Ebd. (906). n. 1. 40

Cochem, Mart. v., O. Cap., der große Myrrhengarten d. bittern Leidens. M. Sorgfalt gejätet, m. schön. Passionsblumen aus and. Werken desselben Verf. u. m. wohlriech. Pflanzen a. d. Garten d. Kirche sehr vermehrt u. d. christl. Volke wieder geöffnet vom Verf. des „Wie wird's besser?" 47. Aufl. (Nr. 3 Taschen-[Ster.-]Ausg.) (XVI, 704 S. m. 1 Stahlst.) kl. 8. Paderborn (907). F. Schöningh. 1. 50

— Der Myrrhengarten des bitteren Leidens Jesu Christi. Gebet- und Erbauungsbuch für fromme Verehrer des bitteren Leidens Jesu Christi. Neubearb. v. Hub. Madlener, O. Cap. (320 S.) 12×8 cm. Saarlouis 909. F. Stein Nachf. — 60; geb. in Leinw. — 75

— dasselbe. Ausg. II. — Mit großem Druck. (480 S. m. farb. Titel u. Titelbild.) 16. Ebd. 909. Geb. in Leinw. 1. —

— dasselbe. 48. Aufl. (XXIII, 872 S. m. Titelbild.) 8. Ebd. (910.) 1.80; geb. in Halbldr. 3.15; in Ldr. 3.60; in Chagr. m. Goldschn. 4.40

— der große Myrrhengarten des bitteren Leidens Jesu Christi. In zwölf neue Beetlein eingeteilt u. m. vielen Blumen u. Pflanzen, d. i. m. Gebeten u. Betrachtgn. — neu versehen u. bereichert, u. f. das kathol. Volk brauchbar zugerichtet. Neueste, inhaltlich verm. Aufl. (XI, 324 S. m. 1 Stahlst.) kl. 8. Regensburg 905. Verlagsanstalt vorm. G. J. Manz. n. 1. 20; geb. in Leinw. n. 1. 80

— großer Myrrhen-Garten d. bittern Leidens u. Sterbens unsers Herrn Jesus Christus. Enthaltend die kräftigsten, auf das Leiden Christi gerichteten Morgen-, Abend-, Meß-, Vesper-, Beicht- u. Communiongebete ꝛc. Neu hrsg. u. verm. v. Frdr. Willam. gr. 16. (398 S. m. eingedr. Holzschn. u. 2 Stahlst.) Einsiedeln 871. Benziger. 1. 10

— d. große u. neu gepflanzte Myrrhengarten ꝛc. 8. Köln 792. (Frankf., Streng). 4 ℛ Dass. unt. d. T.: himmlischer Wegweiser. Ebd. 4 ℛ

— großer, neuverbeff. Myrrhen=Garten d. bitteren Leidens, worin die kräftigsten auf das Leiden Christi gerichtet. Morgen=, Abend=, Meß=, Vesper=, Beicht= u. Communion=Gebete, wie auch vom hochwürdigsten Sakrament ꝛc. 6e verb. Aufl. gr. 8. Augsburg 840. v. Jenisch u. Stage'sche Buchh. 5/6 ℛ

— großer, neuverbesserter Myrrhen=Garten des bittern Leidens ꝛc. 7. verb. Aufl. mit 1 Kpfr. gr. 8. Augsburg 845, v. Jenisch u. Stage. 3/4 ℛ

— der neugepflanzte große Myrrhen=Garten: m. K. 8. Sulzbach, Seidel.

— — d. neugepflanzte Myrrengarten des bittern Leidens darin d. kräft. auf das Leiden Christi gerichteten Morgen=, Abend=, Meß=, Vesper=, Beicht= und Communiongebete ꝛc. begriffen sind ꝛc. v. P. R. Baumgärtner. 8. Ebendaselbst. 820. grober Druck.

— — Daßelbe, Ebend. mittlerer Druck.

— der neugepflanzte Myrrhen=Garten d. bittern Leidens, darin die kräftigsten auf das Leiden Jesu Christi gerichteten Morgen=, Abend=, Meß=, Vesper=, Beicht= u. Communion=Gebete ꝛc. Mit Titelkpfr. 8. Glogau 841. Günther'sche Buchh. n. 7 Sgr weiß Papier n. 1/3 ℛ

— das kleine Myrrhengärtlein, eingetheilt in zwölf Beetlein, worin andächtige u. kräftige Morgen=, Abend=, Meß= ꝛc. Gebete gepflanzt sind. Mainz 865. Kirchheim. 24. (VII, 237 S.) 4 1/2 ngr

— Myrrhengärtlein d. bitt. Leidens u. Sterbens Jesu Christi. Hrsg. u. m. e. Anh. v. Gebeten zu Ehren d. Leidens Christi versehen von Gratian v. Linden, O. Cap. 2. Aufl. 16. (168 S. m. 1 Farbdr.) Münster, Alphonsus=Buchh. Geb. in Leinw. n. — 50

— Myrrhengärtlein des bitteren Leidens u. Sterbens Jesu Christi, bearb. u. m. e. Anh. v. Gebeten zu Ehren d. Leidens Jesu Christi versehen von Gratian v. Linden, O. Cap. 3. verb. u. verm. Aufl. 16. (176 S. m. 1 Stahlst.) Münster (902). Alphonsus-Buchh. Geb. in Leinw. n. — 50

— der neugepflanzte große Myrthen=Garten, mit K. 8. Ebend. 811.

— die selige Oda, standhafte Feindin des Ehestandes, ein erhabenes Muster jungfräulicher Reinigkeit. Eine Legende. 8. (1 1/2 B.) Passau 844, Pustet'sche Buchh.

— die selige Oda, standhafte Feindin des Ehestandes, ein erhabenes Muster jungfräulicher Reinigkeit. Eine Legende. Neue (Titel=) Ausg. Passau (844.) 853. Pleuger. 8. (20 S.) 2 ngr

Cochem, Mart. v., der Palmgarten. Vollständiges Gebetbuch f. Katholiken aller Stände. Neu hrsg. v. e. Priester der Erzdiöcese Köln. 12. (VIII, 512 S. m. 1 Farbendr.) Steyl 893. Missionsdruckerei. n. 1. 20; geb. n. 2. — u. n. 2. 50

— Der Palmgarten. Gekürzte Ausg. in Grobdr. (496 S. m. 1 Farbdr.) 16. Steyl 907. Missionsdruckerei. Geb. in Leinw. 1. 30

— s. Petrarca, Frz., die wunderbarl. Geduld der Bäuerin Gräfin Griseldis.

— Portiunkulabüchlein, s. A. v. Bucher, Jagdlust.

— Seelenbrod. Vollst. Gebetbuch, entnommen aus d. Schriften d. C. 24. (VIII, 312 S. m. farb. Titel u. 1 Farbdr.) Dülmen 897. A. Laumann. Geb. in Ldr. n. 1. —

— Soldatenbüchlein, samt den geistl. Schild. 18. Ebend. 735.

— des Christen Sonntagsfeier. Taschengebetbüchlein, enth. die notwendigsten Gebete u. Andachten des kathol. Christen. Aus den Schriften des C. (96 S. m. 1 Stahlst.) 16. Dülmen 903. A. Laumann. Geb. — 75 u. 1. 25

— die vier letzten Dinge, s. a. Volksbibliothek, katholische.

— die vier letzten Dinge: „Tod, Gericht, Hölle, Himmelreich." Herausg. v. Fr. Wlh. Bruckbräu. (1e—6e Lfrg.) 23e Aufl. 8. Augsb. 836—38. v. Jenisch u. Stage'sche B. 1 1/2 ℛ

— von den vier letzten Dingen, nämlich: von dem Tode, dem Gerichte, der Hölle u. dem Himmelreiche. Ein Zusatz zu dem Leben Christi. Neu herausgeg. von mehreren Geistlichen. gr. 8. Landshut 842, Attenkofer. (Thomann.) 2/3 ℛ

— von den vier letzten Dingen, dem Tode, dem Gerichte, der Hölle und dem Himmelreiche. Anhang zu dem Leben Christi. Neue umgearb. Aufl. Landshut 859. Thomann. gr. 8. (230 S.) 18 ngr

— die vier letzten Dinge. Tod, Gericht, Hölle, Himmelreich. Aufs Neue zu Nutz u. Frommen herausg. 1. Liefg. Freiburg 862. Expedition der Eilfuhre. 8. (32 S.) 2 ngr

— die vier letzten Dinge: „Tod, Gericht, Hölle, Himmelreich". Auf's Neue zu Nutz u. Frommen hrsg. 8. (244 S.) Brixen 878. Theolog. Verlags-Anstalt. n. 1. —

Cochem, M. v., die vier letzten Dinge, „Tod, Gericht, Hölle, Himmelreich". Aufs Neue zu Nutz u. Frommen hrsg. 12. (IV, 279 S.) Brixen 888. Weger. n. 1. 20

— geistliche Uebungen oder jährliche Exercitien zur Erneuerung des Geistes, zum nützlichen u. nothwendigen Gebrauche der geistlichen, besonders aber der weltlichen Personen. Nach der Orig.-Ausg. aus dem Jahre 1705 bearb. durch Benedict v. Calcar. 16. (VIII, 464 S.) Mainz 880. Kirchheim. 1. 80

— nützliche u. nothwendige Vorbereitung zu einem seligen Ende für Gesunde und Kranke, u. für Alle, die wahrhaft ihr ewiges Heil lieben. gr. 12. Landshut 843, Thomann. 3/8 ℛ

— wirksame Vorbereitung zu e. guten Tode. Neu hrsg. von Gratian v. Linden, O. Cap. 8. (VII, 387 S. m. 1 Stahlst.) Regensburg 901. Verlagsanstalt vorm. G. J. Manz. n. 2. 40; geb. in Leinw. n. 3. 20

Cochems, Conrad Judas Thadaeus (Koblenz), **Fixio certa anni, quo conditus est episcopatus Bambergensis contra lapsus Sigeberti, cardin. Baronii, Gretseri, Hartzhemii, & Nelleri.** Diss. jur. Trier (Eschermann) 19. IX. 1783. 28 S. (4.80) 5482

Cochenhausen, Ernst v., die Reinigung d. Wassers, m. Berücksicht. seiner Verwendg. in der Textilindustrie, nebst Beiträgen zur techn. Wasseranalyse. 4. (35 S.) Chemnitz 886. (Bülz.) n. 1. 50

Cochenhausen, Ernst von [aus Cassel]: **Die Reinigung d. Wassers, mit Berücksichtigung seiner Verwendung i. d. Textilindustrie** . . . . Chemnitz, J. C. F. Pickenhahn u. S, 1886: 35 + 1 S. 4°.
Leipzig, Phil. Fak., Inaug.-Diss. v. 12. März 1886.

Cochenhausen, Theodor von

Die Erziehung des Soldaten. Prakt. Ratschläge f. d. Batterie-Chef von [Theodor] v. **Cochenhausen,** Oberst z. D. Berlin: R. Schröder 1905. (35 S.) 8° [F.] [1-6. 4596

Cochenhausen, v., d. Erziehung d. Soldaten
Liefert: Cöpenick, R. Schön.

Cochenhausen, v., Geschichte des Hessischen Feld-Artillerie-Regiments Nr. 11 u. seiner Stammtruppentheile. Mit einem (lith. u. color.) Uniformbilde. gr. 8. (VI, 282 S.) Berlin 882. Mittler & Sohn. n. 5. 50

Praktische Winke für das Fahren der Feldartillerie und das Exerzieren am bespannten Geschütz. Von [Theodor] v. **Cochenhausen,** Oberst z. D. Berlin: R. Schröder 1905. (31 S.) 8° [F.] [1-6 4597

Cochenhausen, v.: Praktische Winke. Liefert Cöpenick, R. Schön.

Cochet, la Normandie souterraine ou notices sur des cimetières romains et des cimetières francs explorés en Normandie. Ouvrage couronné par l'Institut en 1854. 2. édit. Paris 855. (Mainz, v. Zabern.) gr. 8. (XVI, 456 S. m. Holzschn. im Text, Bildniss in Holzschn. u. 18 lith. Taf. in gr. 8. u. gr. 4.) n. 2 ℛ 10 ngℓ.

Cocheus, Wenzel

LEBEN und Meinungen des Dorfschulmeisters Wenzel Cocheus, von ihm selbst beschrieben. Ein wichtiger Beytrag zu den Selbstbiographien großer Männer. Th. 1. (einz.). Mit 1 Kpf. u. 1 Vign. von C. Schule. Leipzig, Barth, 1800. 8°.

Cochin, Charles Nicolas

Cochin. Abhandlung über die Wirkung des Lichts in den Schatten, in Bezug auf die Malerei. Aus dem Französischen. [Berlin 1789.] Ü: *Brunn, Friedr. Leopold.* (Hitzig)

Cochin, C. H., Ikonographie, s.: Gravelot, H.

Cochin, M.

— Predigten, oder freundschaftl. Lehrvorträge über d. Episteln u. Evangelien d. ganzen Jahres, u. über d. Hauptfeste, welche d. Kirche feiert. Aus d. Französ. übers. 4 Thle. gr. 8. Leipz. 786. Schwickert. 2 ℛ 16 gℓ. Dass. 4 Theile. gr. 8. Wien 788—90. Trattner. 2 ℛ

— — dieselben 4 Thle. gr. 8. Wien, Lendler. 788—90.

Cochin, M., kurze Reden, oder vertraul. Unterricht üb. d. Evangelien. 2 Bde, aus d. Französ. v. J. v. Richtenburg. 8. Augsb. 788. Kranzfelder. 1 ℛ 16 gℓ.

Cochin, kurze Reden. 2 Bde. a. d. Franz. 8. Augsb. Veith. 788.

Cochin-China [Schlagwort]

Cochin-China — Charte von einem Theile der Küste von — welche den Haven von Turon und die nächst dabey gelegene Insel Dallao enthält; neu aufgenommen vom Lieutenant H. W. Parish und H. Barrow im Junius 1793. 1: 225,000. 1 Bl.

Cochius, der Uebergang üb. Ströme vermittelst Schiffbrücken, mit K. gr. 4. Berl. Realschulbuchh. 814.

Cochius, F. A., s. Beschreib., wie d. Uebergang über Ströme.

Cochius, H[ermann], Prof. Dr., Dir.: [Oberlehrer Gustav Klaembt, gest. am 24. Sept. 1898.] *Berlin 1899: C. H. Müller.* (S. 21—22.) 4°
Berlin, Margareten-S, P 1899**

Cochius, Hermannus: De luce electrica. Berolini (1861): Schade. 66 S. 8°
Halle-Wittenberg, Phil. Diss. v. 11. [vielmehr: 10.] Juli 1861
Geb. Oranienburg 1. 5. 1837. V.

Cochius, Hermann: Untersuchungen über die chemische Zusammensetzung der wichtigsten vulkanischen Gesteine von Madeira und Porto Santo. (Programm.) [Berlin 1861.] 15 S. 8°.

Cochius, Leonhard., Panegyricus Friderico II regi Borussorum — — — post bellum confectum — — — — dictus. Berolini 1746 fol.

— **Panegyricus** Friderico II., Regi Borussorum dictus. fol. Berol. Lange. 747.

Lh. **Cochius,** (Ch. **Garve's,** Cp. **Meiners** u. a.): Untersuchungen üb. d. Neigungen; e. Preisschr. *Berl.*, Haude u. Spener. 769. 4° 1 ℛ 8 gℓ

Cochius, Leonh., († d. 30. April 1779.) Untersuchungen über d. Neigungen. Eine Preisschrift. 4. Berl. 769. Haude u. Sp. 1 ℛ 8 gℓ

Cochläus, Johannes, der Gegner Luther's, s. Gess, F.

Cochläus, Joh., Briefe an die Fürstin Margarete v. Anhalt usw.: Emser, Hieron.

Colloquium (Joannis) **Cochlaei** cum Luthero Wormatiae olim habitum ⟨1521⟩. Hrsg. von Joseph Greving. Leipzig: Haupt 1910. 12 S. 8°
(Flugschriften aus d. ersten Jahren d. Reformation. Bd 4, H. 3.) 10. 7769 3

Cochlaeus, Joh., s. a. Vogelgesang, Joh.

Johann Vogelgesang ⟨[Johann] **Cochlaeus**⟩. Ein heimlich Gespräch von der Tragedia Johannis Hussen. 1538. Hrsg. von Hugo Holstein. *Halle a. S.: M. Niemeyer 1900.* (VIII, 36 S.) 8°
— Flugschriften aus d. Reformationszeit. 17.
— **Neudruck** deutscher Litteraturwerke d. 16. u. 17. Jhs. No 174. 01 1910

Cochlov, Carl Benjamin (Pitschen/Schles.), De fonticulorum usu medico. Diss. med. Präs. Friedr. Hoffmann. Halle (J. Chn. Hilliger) Aug. 1727. 28 S. (5.—) 5483

Cochlovius, ..., s. a. K. v. Burgfeld.

BURGFELD, Karl v.; oder wie kann man zu einer Frau gelangen? (von .... *Cochlovius*). 2 Theile. Halle (Ruff) 1788. 8°. (16 ggr.) Rar!
Anon.-Lex. I. p. 301 hat: „Halle 1787" (nach Meusel) u. „Hannover 1788" (nach Kayser).

Cochlovius, Klaus: Die Papstwahl und das Veto der katholischen Staaten. Greifswald 1910: Abel. 78 S. 8°
Greifswald, Jur. Diss. v. 13. Mai 1910, Ref. Hubrich
[Geb. 19. Okt. 85 Reesewitz; Wohnort: Berlin; Staatsangeh.: Preußen; Vorbildung: Gymn. Öls Reife O. 05; Studium: Breslau 3, Berlin 1, Greifswald 3 S.; Rig. 21. März 10.] [U 10. 1509

Cochrane, John Dundas

Cochrane, J. D., Fußreise durch Rußland u. d. Siberische Tartarei, von d. Grenze Chinas bis zum Eismeere u. Kamtschatka. Aus d. Engl. gr. 8. Jena 825. Bran. 1 ℛ

— Dass., s. neue Bibliothek d. Reisebeschreibb. 40r Bd.

— Reise in Columbia in d. Jahren 1823 u. 24. gr. 8. Jena 825. Bran. 1 ℛ

Cochut, Andr., die Arbeiter-Associationen. Geschichte u. Theorie der Versuche einer Reorganisation der Gewerbe, welche seit dem Febr. 1848 gemacht worden sind. Aus d. Deutsche übertragen v. A. Wagner. gr. 8. (132 S.) Tübingen 852. (Ulm, Gebr. Nübling.) 12 ngℓ

Cochut, Andr., Die Leiden der Landwirthschaft und ihre Abhülfe. In einer Darstellung der landwirthschaftl. Zustände Frankreichs. 8°. Stuttgart, Neff, 1849. 59 S.

Cook, Henr., s. **Annales** Acad. Lugduno-Batavae 1835.

Cockburn, Will., Tractat von Seekrankheiten, nebst einer Nachricht vom Aderlassen und Fiebern. 8. Rostock. 726.

de Coeckelberghe de Dutzele, Charles, Histoire de l'Empire d'Autriche depuis les temps les plus reculés jusqu'au regne de Ferdinand I., Empereur d'Autriche; en six époques. Avec portraits et gravures, tables généalogiques, chronologiques, et cartes géographiques. Tome I—V. Lex.-8. (Mit lith. Portr. u. Kart.) Vienne 844, 45, Gerold. à n. 2 ℛ

Coeckelberghe-Duetzele, Gerhard Robert Walter von

— Die Juden und die Judenstadt in Wien. Fragmente. Mit Titelbild. Wien 1846. 8⁰. (3 Kr. die Vorigen, 1912.)

— — Komus in Wien oder illustrierter komischer Kalender auf d. Schaltjahr 1848. Wien. 8⁰. (5 Kr. die Vorigen, 1912.)

— — Komus in Wien oder illustrirter komischer Kalender für Freunde des Scherzes, Spassmacher, kurz- und langweilige Räthe, lustige Brüder und Spottvögel auf das Jahr 1849. Zweiter Jahrgang. Mit Holzschnitten. Wien, A. Dorfmeister. Kl.-8⁰. (4 Kr., br., die Vorigen, 1912.)

REALIS (d. i. *Dutzele v. Cöckelberghe*), Curiositäten- und Memorabilien-Lexicon von Wien. Ein belehrendes und unterhaltendes Nachschlage- und Lesebuch in anekdotischer, artistischer, biographischer, geschichtlicher, legendarischer, pittoresker, romantischer u. topographischer Beziehung. Hrsg. v. A. Köhler. 2 Bde. Mit 2 lithogr. Titelbildern, in reicher ornamentaler u. figuraler Ausführung radirt. Wien 1846. Gr. 8⁰. 1: 528 u. VIII S. 2: VIII u. 436 S. (30 Kr., Mindestgebot, Hfrzbde., Franz Malota's Wiener Novbr.-Auct. 1909, no. 763; 40 Mk., schönes Expl. in 1 feinen braunen Hfrzbde., roth. Maroquin, Rich. Bertling, Dresden 1907; 72 Mk., schönes Expl., Gilhofer & Ranschburg. 1912:)

— — Ränke u. Schwänke der heimatlichen Vorzeit. Histor. Novellen, Chronikblätter etc. Mit Titelbild. Wien 1846. 8⁰. (4 Kr., die Vorigen, 1912.)

REALIS (d. i. *Gerhard Rob. W. von Coeckelberghe-Duetzele*), Ränke und Schwänke der heimatlichen Vorzeit. Orts- u. Familiensagen etc. Mit lithogr. Titelbild. Wien 1846. 8⁰. (3 Kr. 60 H. Franz Malota, Wien, 1909.)

REALIS (d. i. *Gerhard Rob. W. v. Coeckelberghe-Duetzele*), Schwertlilien. Erzählungen und Sagen; Spuk und Gespenstersaal. 1. (einz.?) Bd. Mit 1 Kpfr. Wien 1840. 8⁰. (1 Kr. 60 H., Hlwd., Gilhofer & Ranschburg, Wien, 1909.)

de Coeckelberghe-Dutzele, Chev. Louis, théorie complète de la prononciation de la langue Française, avec ses différentes modifications dans l'entretien familier, le discours d'apparat et les vers; fondée sur le bon usage manifeste, les autorités les plus imposantes, et sur des principes féconds et incontestables puisés dans la raison logique, l'histoire et le génie de la langue. 2 vols. Lex. 8. (X u. 478 S.) Vienne 851. 52. (Leo.) baar n. 3⅓ ℛ

v. Coeckelberghe-Dützele, Edw., das rationelle Whist oder das Whistspiel mit allen seinen Abarten vollständig aus einem Princip nach der philosoph. u. mathemat. Wahrscheinlichkeit entwickelt und erhärtet. 16. Wien 843. (Gerold u. Sohn.) n. 1 ℛ

Cockerell, Charles Robert

Cockerell, C. R. Kinnard, W. Donaldson, T. L. Jenkins, W. Railton, W. Alterthümer von Athen und andern Orten Griechenlands, Siciliens und Kleinasiens, gemessen und erläutert. (Die Alterthümer von Athen, beschrieben von J. Stuart und N. Revett. Dritter oder Ergänzungsband.) Aus dem Englischen übersetzt nach der Londoner Ausgabe vom Jahre 1830, und mit einigen Anmerkungen begleitet von **Karl Wagner.** 1 Bd. Text, 1 Bd. Tafeln. Darmstadt 1833. 8⁰ und Fol.

Der Bucheinband und die Pflege des Buches [Bookbinding and care of books]. Ein Handbuch f. Buchbinder u. Bibliothekare von **Douglas Cockerell** mit Zeichn. von Noel Rooke u. and. Ill. Aus d. Engl. übertr. von Felix Hübel. *Leipzig: H. Seemann Nachf. 1902.* (275 S.) 8⁰
— Handbücher d. Kunstgewerbes. Bd 1.

Cockerell, D., der Bucheinband. Jotzt: Leipzig, Klinkhardt & Biermann. Erm. Pr. n. 4.50; geb. n. 6.—.

Cockerill's, John, Portfolio, s.a. **Portfolio John Cockerill's.**

Cockerill's John, Portfolio. Zeichnung und Beschreibung von Maschinen, Werkzeugen und techn. Anlagen. Her. v. M M v Weber, fortges. von K R Bornemann uA. (191 T) in 2 Mappen quifol, Text in 2 Bdn 4⁰. Leipzig, Paris 1862-66

Cockinos, Imm., Specimen dissert. de lege XII tabularum, s. *Κοκκίνου, Εμμ.*

Cockinos, Immanuel (Chius, Griechenland), De lege XII tabularum. Heidelberg (J. C. B. Mohr) 1836. 24 S. (3.—) **5484**

Cocks, Charles

Cocks, Ch., Bordeaux u. seine Weine, nach ihren Lagen u. Klassen geordnet v. Édouard Féret. 1. deutsche Ausg., nach der gleichzeit. 6. französ. Ausg. übertr. v. Paul Wendt. Mit gegen 400 Ansichten hervorrag. Weinschlösser, gezeichnet v. Eug. Vergez. 8. (XVIII, 856 S. m. 11 farb. Karten.) Stettin 893. F. Nagel. n. 10.—; geb. n.n. 12.—

Cockton, Henry, George Julian od. Londoner vornehmes Gaunerleben. Roman u. doch Wahrheit. Mit 16 (lith.) Illustr. v. Geo. Cruikshank. 3 Thle. 8. (1: VIII u. 230 S. 2: IV u. 231 S. 3: 188 S.) Grimma 851, Verlags-Comptoir. 2 ℛ

Cocles, Horatius (d. i. K. Ch. Graf v. *Benzel-Sternau*), Anti-Israel. Eine Vorlesung in der geheimen Akademie zum grünen Esel, als Eintrittsrede gehalten von —. O. O. 1818. 8⁰. Ppb.
58 S. Seltene Schrift, voll des beissendsten Sarkasmus, m. d. Motto auf dem Tit.: „Blaset mit Posaunen zu Zion, heiliget eine Fasten, rufet der Gemeine zusammen." Joel II. 15.

Cocles, Horat., (Ernst Chr., Graf zu Benzelsternau), Anti-Israel. Eine Vorlesung in d. geheim. Acad. zum grünen Esel, als Eintrittsrede gehalten. 8. 818. Sauerländer in Aarau, 10 ℊℊ

Cocos; satyrisch-politischer Roman. O. O. 1778. V: *Traiteur, Carl Theodor von.* (MGT)

Cocquelines, C., collectio amplissima bullarum privileg. ac diplomat. Rom. pontificum. XXVIII. Tom. fol. maj. Rom. (Löffler in Mannh.) 739. 1ℓ

Johannis **Codagnelli** Annales Placentini recogn. Oswaldus Holder-Egger. *Hannoverae & Lipsiae: Hahn 1901.* (XIX, 140 S.) 8⁰
(Scriptores rer. German. ex Mon. Germ. hist. separatim editi.) [illegible]

Codagnellus, Iohs., annales Placentini, s. a. Scriptores rerum germanicarum.

Codarda, Joseph, und Rosaura Bianki, eine rührende Erzehlung aus geheimen Nachrichten von Venedig u. Cadix geschildert in empfindsamen Briefen. Frankfurt und Leipzig [Nürnberg] 1778. V: *Braun, Johann Adam.* (BGE I³, 628)

Codardo, J. u. Rosaura' Bianka, eine rührende Erzähl. aus geheim. Nachrichten v. Venedig.
Nürnb. Monath. 1778. 8⁰

Codazzi, A. Carte de l'Isthme de Panama et de Darien et de la province de Choco. 1:800000. Berlin 1857. 1 Bl. c. L. Sch.

Coddington, Edwin, aus Conover (Ohio): Die **Bestimmung** der Bahn eines kleinen Planeten aus vier Beobachtungen. *Berlin: Mayer & Müller 1902.* (65 S.) 4⁰
Berlin, Phil. Diss. v. 10. Mai 1902

Code de la chasse du grand-duché de Luxembourg, comprenant la loi du 7 juillet 1845 sur la police de la chasse; la conférence, sous chaque article, de la loi nouvelle, avec les édits, placards et règlements de l'ancien duché de Luxembourg, ainsi qu'avec les dispositions de lois française, belge et néerlandaise sur la chasse; le commentaire de la loi par ses motifs combinés avec l'opinion des auteurs etc. Par J.-Jos. Kencker. 2 Parties. gr. 8. (532 S.) Luxemburg 854 55(57), Bück.

Code civil, der, französisch u. deutsch [verbesserte Cramer'sche Uebersetzung], nebst den ihn abändernden u. ergänzenden preußischen u. Reichs-Gesetzen. gr. 16. (III, 624 S.) Leipzig 879. Baedeker. n. 3. —

— dasselbe, nebst den noch geltenden Artikeln der französischen Civilprozeßordnung. 2., verb. u. verm. Aufl. 16. (IV, 706 S.) Ebend. 883. n. 3. 50

Code civil, der, französisch u. durch [verbesserte Cramer'sche Uebersetzung], nebst den ihn abänd. u. ergänz. Reichs- u. preuß. Gesetzen u. den noch gelt. Artikeln d. code de procédure civile u. d. code de commerce hrsg. v. H. Loersch. 3., verm. Aufl. 12. (IV, 440 u. 285 S.) Leipzig 887. K. Baedeker. n. 4. —; geb. n. 5. —

Code civil, der, französisch u. deutsch [verbesserte Cramer'sche Uebersetzung], nebst den ihn abänd. u. ergänz. Reichs- u. preuß. Gesetzen u. den noch gelt. Artikeln d. code de procédure civile u. d. code de commerce hrsg. v. Hugo Loersch. 3. Aufl. Neuer Abdr., nebst e. die Gesetze üb. das Grundbuchwesen enth. Anh. 12. (IV, 735, 26 u. IV, 144 S.) Leipzig 893. K. Baedeker. n. 4. 50; geb. n. 5. 50

Code civil pour l'empire d'Allemagne, s.: Gesetzbuch, bürgerl., f. d. Deutsche Reich.

The Civil **Code** of Japan. Transl. by Dr. Ludwig Lönholm, Prof. Bremen: M. Nossler (1898). (VIII, 321 S.) 8° [F. u. Ant.] [illegible] 8

Code civil de la République française. Tom. I et II. Livrais. I. 8. Coblence, Pauli et Comp. 805.

Code civil suisse. Avant-projet du département fédéral de justice et police. *Berne 1900: Büchler & Cie.* (309 S.) 8° [illegible] 3

— **civil suisse.** Exposé des motifs de l'avant-projet du département fédéral de justice et police. Tome. I—III. gr. 8. Bern (A. Francke). n. 6. —

I. Introduction. Droit des personnes et de la famille. (Par Eug. Huber.) (IV, 282 S.) 901. n. 2. —
II. Des successions. (Par Eug. Huber.) (III, 138 S.) 901. n. 1. —
III. Droits réels. (Par Eug. Huber.) (IV, 351 S.) 902. n. 3. —

Code civil suisse. Texte établi par la commission de rédaction [soumis aux Chambres fédérales avec rapport du 20 novembre 1907]. 337 p. 8. [Berne, C.-J. Wyss,] 1907.

Code civil suisse du 10 décembre 1907. [Date de la publication: 21 déc' 1907; Délai d'opposition: 20 mars 1908.] II + 337 p. 8. ([Berne, C.-J. Wyss,] 1907.)

([Tirage à part du No 54, Vol. 6, de la Feuille fédérale suisse, 59e année, 1907; avec] Table des matières.)

Code civil suisse du 10. XII. 1907. (337 S.) 8. Bern (908). (A. Francke.) 2. 80

— **dasselbe.** (Neue offizielle Ausg.) (238 S.) 8. Ebd. (908.) 1. 40

— **dasselbe.** Avec table des matières et index alphabétique. (XXVI, 318 S. m. 1 Bildnis.) 8. Bern 908. K. J. Wyss. Geb. in Leinw. 2. 40

Code civil suisse du 10 décembre 1907. Avec table des matières et index alphabétique. (Éd. interfoliée.) XXV + 374 p. 8. Berne. K. J. Wyss. [1909]. [relié fr. 5. —]

Code civil suisse ... s. *auch* Civilgesetzbuch. Schweizerisches Z'....

— dasselbe, s.: Zivilgesetzbuch, schweizerisches.

Code **de la conversation manuel complet du language élégant et poli, cont. les lois, règles, applications et exemples de l'art de bien parler. 8. Ludwigsb. 830. (Nast, auch Schweizerbart in Stuttg.) 12 gr**

Code de la Conversation, ou Manuel complet du langage élégant et poli, cont. les Lois, Règles, Applications et Exempl. de l'art de bien parler. 2e Edit. 8. Stoutgart 836. Schweizerbart. $^3/_8$ ₰

Code Criminel de l'Empereur Charles V.... Zug 1743. H: *Tschudy, Leonh. Ludw. v. & Jos. Ant. v. Tschudy.* (AarK)

— **criminel de l'Empereur Carl V., vulgairement appellé Caroline. 8. Bienne. (Pott et Comp. à Laus.) 767.**

— **de douanes, voyez Grandpres-magnier.**

— fédéral des obligations [du 14 juin 1881]. gr. 8. (208 S.) Bern 881. Wyss. n. 2. —

Code fédéral des obligations. Quart-Ausgabe auf Schreibpapier mit breitem weissem Rand. In-4°, 208 S. Bern, K. J. Wyss. 1882 3 —

Code fédéral des obligations. Du 14 juin 1881. Exécutoire à partir du 1er janvier 1883. Éd. officielle. gr. 8. (208 S.) Bern 883. (Jenni.) n.n. 1. 25

— dasselbe. En vigueur à partir du 1. Janvier 1883. Table alphabétique. 16. (56 S.) Bern 883. Schmid, Francke & Co. n. — 80 (Code avec table alphabétique: n. 5. —)

Code fédéral des obligations. (Du 14 Juin 1881.) 2me éd. In-8°, 190 S. Berne, K. J. Wyss. 1 50 1893

Code fédéral des obligations. 3e éd. 8°. 172 p. Bern, K. J. Wyss Verlag. 1899 2 —

Code Frédéric; ou Corps de droit, pour les États de Sa Majesté le roi de Prusse; fondé sur la raison, et sur les constitutions du pays ... Trad. de l'Allem. par A. A. de C[ampagne]. Avec l'exposition abrégée du plan du roi, pour la réformation de la justice, par [Sam.] Formey. T. 1. 2, P. 1. 2. o. O. 1751–52.

Code Frédéric, ou Corps de Droit pour les États de sa Majesté le Roi de Prusse ... Traduit de l'Allemand ... [Halle] 1751—55. V: *Cocceji, Samuel & andere.* Ü: *Campagne, Alex. Aug. de.* (BrMm)

Code, general civil, for all the German hereditary provinces of the Austrian Monarchy. Translated by Jos. M. Chevalier de Winiwarter. 3 Parts. gr. 8. (V und 323 S.) Wien 865,66, Lechner's Universitäts-Buchh. *

— **général de commerce valable pour les royaumes de Bohême, de Gallicie et Lodomérie avec les duchés d'Auschwitz et Zator et le grand-duché de Cracovie etc. Introduit par la loi du 17. Décbr. 1862. Traduit par Jos. Max de Winiwarter. gr. 8. (VIII und 143 S.) Wien 865, Lechner's Universitäts-Buchh.** *

Code historique et diplomatique de la ville de Strasbourg. Tome I. 1. Partie. Chroniques d'Alsace. gr. in-4. (Mit Vign. u. 2 Titel in Farbendr.) Strasbourg 843. (Schmidt & Grucker; Treuttel & Würtz.) n. $3^1/_3$ ₰ — Prachtausgabe n. $14^2/_3$ ₰

Code historique et diplomatique de la ville de Strasbourg. Tome I. 2. partie: Fin des Chroniques d'Alsace. gr. 4. (369 S.) Strasbourg 848. (Treuttel & Würtz. – Schmidt & Grucker.) n. 3⅓ ℛ Prachtausg. n. 14⅔ ℛ (I. 1. u. 2. n. 6⅔ ℛ Prachtausg. n. 29⅓ ℛ)

— de l'humanité, ou Dictionnaire universel raisonné de Justice naturelle et civile contenant le droit naturel, la morale universelle, le droit des gens, politique etc., avec l'histoire littéraire relative à ces sciences. Ouvrage composé par une société des gens de lettres. Le tout revue et mis en ordre par M. de Félice. XIII Vols. gr. 4. Yverdon 778. (Basel, Neukirch). 30 ℛ (Leipz., W. Vogel). 30 ℛ (Gebhardt u. K. in Frankf.) 40 ℛ

— de l'Humanité ou la législation. s.a. **Police.**

— de l'Humanité, ou la législation universelle. XIII Vol. 4. Berné, Haller. 779.

Code hygiénique de la table ou influence des aliments sur la santé. Extrait de la 7. édition allemande de la macrobiotique du C.-G. Hufeland. Bern 859. (Blom.) 16. (23 S.) n. 4 ngr.

— judiciaire civil et criminel. 5 Vol. 12. Paris. 799.

Code de lois de la grande loge Astrée à l'or de St. Petersbourg. 5815. 4. Londres. (Leipsic, Kummer en Comm.) 817.

Code maçon ou Statuts & réglemens [!] tant généraux que particuliers pour l'usage et la conduite de la T.·. S.·. ⊠ M.·. l'ancienne T.·. J.·. & T.·. P.·. loge française Royale York de l'amitié à l'or. de Berlin. Affiliée à la S. G. ⊠ de Londres par lettres-patentes du 24. juin 1767. No. 330; ainsi que pour l'usage & la conduite des V. ▭ de sa constitution. Réd. d'après les statuts & réglemens [!] anciens de la V^ble^ confraternité des francs-libres-et-acceptés maçons, & les travaux des V^bles^ & S.·. G.·. ▭ de France & de Hollande, par [Claude Etienne] Le Bauld de Nans. Berlin 1789: Bourdeaux. XIV, 342 S. 8^0^
Kl. 173.

— matrimonial, ou recueil des lois sur les questions de mariage. 4. Paris, (Pott et Comp. Lausanne.) 770.

Code, médicine militaire. 5 P. gr. 12. Dresd. Gerlach. (Hilscher,) (Pott à Lausanne.) 772. Rthlr.

Code militaire pour les troupes de la ville et république de Fribourg en Suisse 1761 s. l. [Fribourg] 1761

— de la morale et de la politique, de la jeune noblesse de l'Autriche, ou epitome des pensées de Mr. le Comte d'Oxenstirn, arrangé par J. B. Hofstetter. 12. Vienne 844. (Tauer et fils.) ⅓ ℛ

Code Napoléon, s.a. Gesetzbuch, Napoleons.

— Napoléon, s.a. *Napoléon.*

Code Napoléon. Badisches Landrecht mit Anmerkungen. Hrsg. von Max Nuef. 2. mit einem Nachtrag verm. Ausg. gr. 8. Freiburg im Br. 872, Wagner'sche Buchh. *

— de la Nature, ou le véritable esprit de ses loix. 8. 755.

Code pénal, précédé de la loi sur l'administration de la justice, et l'organisation des tribunaux . . . 2. éd., entièrement conforme à l'éd. offic. Leipzig: Voss 1811.

Code pénal militaire. Loi fédérale du 27 août 1851. (Edition apurée de 1901). 81 p. 8. [Bern,] L[ack] A[eschlimann] & J[ost.] VI. 1901. [fr. –. 60]

Code pénal rural du 29e Juillet 1888, s. Feldpolizeistrafgesetz.

Code pénal suisse. Avant-Projet de Code pénal et motifs à l'appui de l'avant-projet, travaux préparatoires rédigés par mission du conseil fédéral suisse par *C. Stooss*. Traduits par mission du département fédéral de justice par *A. Gautier*. Gr. in-8^0^. VII, 176 p. Bâle et Genève, Georg & Co. 1894 **3 —**

— de police administrative par Bodmann, s.a. Bodmann Gesetzbuch.

— de Police administrative etc., oder Gesetzbuch d. administrativen Polizei, v. F. J. Bodmann. 3 Thle, mit Sachregister. gr. 8. Mainz 810—12. Kupferberg. 4 ℛ 12 ℊ

— politique de la France, ou collection des décrets de l'Assemblée nationale. XV Tom. 16. Paris. 791.

Code de procédure civile révisé du canton de Berne 1883. Berne 884.

Code de procédure civile du royaume de Westphalie. Cassel: Imprimerie royale 1808.
[Nebentit.:] Bürgerliche Proceß-Ordnung für das Königreich Westphalen.
Enth. die Art. 1–418 incl.; die Art 419 ff. sind im Westphälischen Gesetz-Bulletin für 1810, Bull. 15, S. 381 ff. erschienen.

Code de procédure criminelle et correctionnelle du royaume de Westphalie, précédé du discours de M. Leist, conseiller d'État, prononcé le 19 août 1808, à l'assemblée des états. Cassel: Imprimerie royale 1809.
[Nebentit.:] Codex des Verfahrens in peinlichen u. correctionellen Sachen für das Königreich Westphalen.

Code rural du canton de Fribourg. Livre premier. In-8^0^, 64 p. Fribourg, Impr. L. Fragnière.
1880

Code suisse des obligations
s. **Bundesgesetz** über d. Obligationenrecht.

Codemo, Giovanni. Prime Lezioni pratico-teoriche di Lingua tedesca del Direttore — —. III. Edizione ampliata. 8. (152 p.) Vienna. Stamperia di Leopoldo Grund. 1853. Legato 21 Car. M. C.

Codera, Franc., s.: Bibliotheca arabico-hispana.

Codes, les, annotés de Sirey, contenant toute la jurisprudence jusqu'à ce jour et la doctrine des auteurs, édit. entièrement refondue par P. Gilbert, avec le concours, pour la partie criminelle de M. Faustin Hélie et de M. Cuzon. I. Vol. Code civil. Lex. 8. (1069 S.) Paris 847. (Mannheim, Götz.) n. 7 ℛ

Codes, les cinq, mit gegenüberstehender deutscher Uebersetzung von einem prakt. Juristen. Herausgeg. von Th. Cramer. — A. u. d. T.: Die fünf französ. Gesetzbücher. — Mit gegenüberstehd. französ. Texte. 9. Aufl. der deutschen Abtheil. 6 Hfte. 16. Crefeld 812, Funcke'sche Buchh. 2 ℛ — 10. Aufl. der deutschen Abtheil. kl. 8. Ebend. 813. geb. 2⅜ ℛ

— les cinq. Edit. stéréotype. 8. Trier 844, Lintz. ⅚ ℛ

Codes, les cinq. Mit gegenüberstеh. deutscher Uebersetzung von einem prakt. Juristen. Hrsg. v. Joh. Cramer. 11. (Titel-) Aufl. der deutschen Abth. A. u. d. T.: Die fünf französ. Gesetzbücher. Mit gegenüberstеh. franz. Texte. gr. 16. (1089 S.) Aachen (843) 849, Schulz. 1 1/6 ℛ

— dies. Stereot.-Ausg. 12. (1094 S.) Düsseldorf 850, Schulz. 1 1/6 ℛ

Codes, les cinq. Die fünf französischen Gesetzbücher. Mit gegenüberstehendem französ. Text. Herausg. von Joh. Cramer. Neue Stereot.-Ausg. Koblenz (854). Bädeker. gr. 16. (229, 229; 112, 112; 67, 67; 62, 62; 77, 77 S.) 1 ℛ 5 ngr

Codes français, les cinq, nouvelle édition d'après celle de Rondonneau suivie des tarifs des frais et dépens en matières civile et criminelle, et des tables des matières de chaque code. gr. in-8. (46 B.) Trèves 844, Lintz.

Codes, les huit, savoir: Code civil, de procéd., de comm., d'inst. crim., penal., forestier, fluvial, rural. Précédés de la nouvelle Charte, et suivis d'un grand nombre de Lois, Decréts et Ordonances publ. jusqu'à ce jour, dont l'usage est le plus fréquent devant les Tribunaux et les Administrations; le tout collat. avec soin sur les édit. officielles; annoté des Lois qui ont modifié ou arrogé quelques parties de ces textes, de la conférence des articles entre eux, et de renvois aux dispositions législ. qui peuvent servir à leur intelligence; et terminé par une table génerale. Mit 1 Tab. gr. in 8. Dijon 833. (Berne et Chur, Dalp.) 3 1/6 ℛ

Codesch da lectura per las scolas primaras (rumantschas) de Surmeir (elaboro dagels Signours A[nton] Sonder, inspector, ed A[ndreia] Steier, scolast, an incombenza digl Cunsegl Pitschen). [Oberhalbsteiner Lesebuch.] [I.]—IV. Annada. *3 Bände.* 8.

[I. Annada] *a. d. T.:* Amprem Codesch da liger per las s' p' (r') de Surses. Fibla tenor la metoda combinanta igl liger ed igl scroiver. [Cun illustraziungs.] VIII + 56 p. Coira, Manatschal Ebner & Cie., 1899. [cart. fr. —. 25]
II. Annada. VI + 180 p. Coira, H. Fiebig, 1900. [cart. fr. —. 40]
III. e IV. Annada. VIII + 235 p. Davos, Stamparcia de Davos A.-G., 1903. [cart. fr. —. 65]

Codex Alexandrinus, s. Testamentum, novum, graece, edidit H. B. Cowper.

Codex, Altenberger, der. Textabdruck der Hermannstädter Handschrift, hrsg. v. Gust. Lindner. gr. 8. (XII, 300 S. m. 2 Photolith.) Klausenburg 885. (Stein.) n. 8. —

(Codex.) — Codicis Ambrosiani 222 scholia in Theocritum primum edid. Chr. Ziegler. Tübingen 867. Laupp. gr. 8. (VIII, 104 S.) n. 24 ngr

Codex Amiatinus. Novum Testamentum latine interprete Hieronymo. Ex celeberrimo codice Amiatino omnium et antiquissimo et praestantissimo nunc primum edidit Const. Tischendorf. Accedit tabula lapidi incisa. Editio paucis vel praemissis vel additis repetita, ipso libri textu non mutato. Lipsiae 854. Mendelssohn. 4. (XLVI, 421 S.) n. 4 ℛ

Codex Anhaltinus minor, od. d. vornehmsten Landtags-Deputations- u. Landrechnungstags-Abschiede, auch Theilungs-Seniorats- u. and. Recesse des Fürstenth. Anhalt v. J. 1564—1722; sammt d. Beylagen u. m. dienl. Summarien u. vollst. Registern versehen. *Zerbst*, Füchsel. 794. gr. 8.

Codex Anhaltinus minor oder die vornehmsten Landtags-, Deputations und Landrechnungs Tags Abschiede, auch Theilungs, Seniorats und andere Recesse des Fürstenthums Anhalt de anno 1547 bis 1727 sambt deren nöthigsten Beylagen. Bei müßigen Stunden in guter Ordnung zusammengetragen anno 1727. Leipzig 864. Dyk. gr. 8. (IV, 307 S.) n. 1 ℛ 20 ngr

Codex apocryphus Novi Testamenti, s. a. Thilo, Jo. Car.

— Codex apocryphus Novi Testamenti, coll., castigatus testimoniisque, censuris & animadversionibus illustr. à Johanne Alberto Fabricio. P. (1)-3. — Hamburgi: Schiller (3: Schiller & Kisner) 1703–19.
(1.)2. 1703.
3. Nunc primum ed. curante Jo[hanne] Alberto Fabricio. 1719
Mit lateinischer Übersetzung.

1–3 . . . . 1: Br 1230 [auch P. 3 – Br 1231].
12: B. gr. 136. 3. 9. 10.
1.2 . . . . 5. 7. 102.
1.3 . . . . . . 300: 1–2 W 39; 3 – BE 1 S 50. Bd 3.
3 . . . . 8.
5.7595

— Codex apocryphus Novi Testamenti, coll., castigatus testimoniisque, censuris & animadversionibus illustr. à Johanne Alberto Fabricio. Ed. 2., em. & 3. etiam tomo, separatim venali, auct. P. (1)-3. — Hamburgi: Schiller & Kisner (3: Herold) 1719–43.
(1.) 1719.
2. Acta, epistolae, apocalypses aliaque scripta Apostolis falso inscripta sive Codicis apocryphi Novi Testamenti tomus 2. o. J.
3. Nunc primum ed., curante Jo[hanne] Alberto Fabricio. Ed. 2., em. 1743.
Mit lateinischer Übersetzung.

1–3 . . . . 1: 1.2 – Bibl. Diez 49; 3 – Bibl. Diez 50.
12: B. gr. 142. 4. 5. 6. 7. 10. 11.
1.2 . . . . 2. 3. 8. 9.
1 . . . . 300: BE 1 S 50. Bd 1.
5.7596

— Codex apocryphus Novi Testamenti. E libris editis et manuscriptis, maxime Gallicanis, Germanicis et Italicis, coll., rec. notisque et prolegomenis illustr. opera et studio Joannis Caroli Thilo. T. 1. — Lipsiae: Vogel 1832. XVI, CLX, 896 S.
Mit lateinischer Übersetzung.
1: Br 1330. 12: B. polygl. 23. 300: BE 12 Q 62. 2. 3. 4. 5. 6. 7. 8. 9. 10. 11.
5.7598

— **argenteus** sive sacrorum evangeliorum versionis gothicae fragmenta, quae iterum recognita adnotationibusque instructa per lineas singulas ad fidem cod. additis fragmentis evangel. cod. Ambrosianorum et tab. lapide expressa edid. Andr. Uppström. Upsaliae 854. (Stockholm, Bonnier.) gr. 4. (VIII, 125 S.) n. 5 ℛ

Codex Augusteus oder neuvermehrtes Corpus Juris Saxonici, worinnen die in dem Churfürstentum Sachsen und darzu gehörigen Landen, auch denen Marggrafthümern Ober- und Nieder-Lausitz public. u. ergangene Constitutiones, Decisiones, Mandata u. Verordnungen enthalten ... ans Licht gegeben v. Joh. Christ. Lünig. - Leipzig 1724. 3 Tl. i. 2 Bd. - Fortges.: Codex Augusteus oder neu verm. Corpus Juris Saxonici, worinnen die ... Constitutiones, Decisiones, Mandata u. Verordnungen bis z. Jahre 1772 enthalten ... ebd. 1772. 2 Tl. i. 2 Bd. - 2. Forts. des Codicis Augustei oder anderweit. verm. Corpus Juris Saxonici, worinnen die ... Mandata, Generalien u. andere gesetzliche Vorschriften bis z. Jahre 1800 enthalten ... ebd. 1805-1806. 3 Tl. i. 3 Bd. - 3. Forts. des Codicis Augustei, worinnen die in dem Königreich Sachsen ergangenen gesetzlichen Verordnungen vom Jahre 1801 bis z. d. am 9. März 1818 angefangenen Gesetzsammlung enthalten sind. - Dresden 1824. 2 Tl. i. 2 Bd.

Codex Augusteus ... Leipz. 1806.
II: *Fleck, Ferdinand Gotthelf* & *Carl Christian Kohlschütter.* (wa) V: (1. Forts.) *Benningsen, Rud. Chn.* (Ky)

Codex Augusteus, oder neu vermehrtes u. in eine richtige Ordnung gebrachtes Corpus juris Saxonici, dem Publico zum Besten ans Licht gegeben v. J. C. Lünig. 3 Thle. Fol. Leipz. 724. (Brockhaus). 12 ℛ Dessen 1e Fortsetz. bis zum J. 1772. (von R. Chr. Benningsen). Fol. Ebd. 772. 9 ℛ Dessen 2e Fortsf., welche d. Mandate u. Verordnn. v. 1772 bis 1800 in sich faßt, (v. F. G. Fleck u. K. Chr. Kohlschütter). Fol. Ebd. 806. 15 ℛ

Register dazu, s. Register. — 3e Fortsf., worin die in d. Königr. Sachsen ergang. gesetzl. Verordnn. v. J. 1801 bis zu der am 9. März 1818 angegang. Gesetzsamml. enthalten sind. 2 Abtheill. gr. 4. Dresd. 824. (Walther). 9 ℛ 8 K Chronolog. Register hierzu. gr. 8. Ebd. 824. 12 K

—— Augusteus, chronolog. Register dazu, s.a. Merbeth, K. G.

— Augusteus de Accisa generali, vollständ. Auszg. d. Churfächs. General-Accis-Gesetze u. Rechte in alphabet. Ordnung, (v. Th. v. Wagner). gr. 8. Leipz. 794. (Brockhaus). 1 ₰ 16 gl

Codex Augusteus systematicus venatorio-forestalis . . . Leipzig 1792. H: *Lindenau, R. von.* (Engoec)

Codex Augusteus systematicus venatorio-forestalis, oder Jagd- u. Forstrecht nach Chursächs. Gesetzen u. systemat. Ordnung entworfen. *Leipzig.* 792. 8.

„Codex, Augusteus system. venatorio forest. Jagd- und Forstrecht nach kursächsischen Gesetzen in system. Ordnung entworfen", Leipzig 1797 (Göschen).

Codex aureus sive quatuor Evangelia ante Hieronymum latine translata. E codice membranaceo partim purpureo ac litteris aureis inter extremum quintum et inieus septimum saeculum, ut videtur, scripto qui in regia bibliotheca Holmiensi asservatur. Nunc primum examinavit atque ad verbum transcripsit et ed. Joas. Belsheim. Cum 5 tab. (lith. u. Golddr.). gr. 8. (LVI, 354 S.) Christianiae 878. Leipzig, Twietmeyer. n. 20. —

— Austriacus; Inhalt d. k. k. Gesetze, Ordnn., Mandate, von undenkl. Zeiten, in alphab. Ordn. 2 Thle. Fol. Wien 704. 8 ₰ Supplement, oder chronolog. Samml. aller v. 20. Oct. 1740. ultimo Dec. 1770 in publicis-polit. erlassenen Generalien, Patente rc. (v. M. F. v. Martschläger). Fol. Wien, Trattner. 13 ₰ 8 gl

Codex austriacus, ordine alphabetico . . . Pars I. II. Wien 1704—48. H: *Guarient, Ferd. Edler von.* H (Suppl. Pars 1): *Herrenleben, Sebast. Gottl.* (stur)

Codex Austriacus d. i. Eigentlicher Begriff aller unter der durchlauchsten Erzhauses zu Oesterreich fürnehmlich aber der Regierung Leopold I. bis Maria Theresia . . . Wien 1704—1777. H (Suppl.): *Martschlaeger, Mathias Ferd. von.* (Ky 1/465) (Auct. Kutschera 149) (Auct. Halm, Oct. 1903, Nr. 60) (biblport)

— des Nassauischen Bergrechts, zusammengestellt aus den Gesetzsammlungen des Herzogthums. Wiesbaden 858. Schellenberg. 16. (VI, 168 S. u. 2 Tab. in 4.) 12 ngr

— Bornensis 363 ed. Herm. Hagen, s.: Codices graeci et latini.

— der, Boernerianus, der Briefe des Apostels Paulus (Msc. Dresd. A 145 b), in Lichtdruck nachgebildet. Mit e. Vorwort v. Alex. Reichardt. Hrsg. v. der königl. öffentl. Bibliothek zu Dresden. (24 u. 198 S.) Lex. 8. Leipzig 909. K. W. Hiersemann. Geb. in Ldr. 100. —

— canonicorum S. Ypoliti, s.: Urkundenbuch des aufgehobenen Chorherrnstiftes Sanct Pölten.

— chronologico diplomaticus episcopatus Ratisbonensis. Collect. ac editus opera et studio Thom. Ried. II Voll. 4. Regensb. 816. Pustet. 3 ₰

Codicis Ciceroniani bibliothecae Laurentianae ab Hieronymo Lagomarsinio N. 32 designati in primo de oratore libro nova collatio, ed., adnotationes subiecit Sp. Vassis. gr. 8. (55 S.) Athen 884. (Beck.) n.n. 2. —

— civil. judiciar. 8maj. Insbr. 805. Wagner. 16 gl

Codex Claromontanus, sive epistolae Pauli omnes Graece et Latine. Ex cod. Parisiensi celeberrimo nomine Claromontani plerumque dicto sexti ut videtur post Christum saec. nunc primum ed. Const. Tischendorf. Imp. 4. (XL u. 599 S. m. 2 lith. Taf.) Lipsiae 852, Brockhaus. n. 24 ₰

Codex constitutionum Osnabrugensium . . . Th. I. II. Hannover 1783—84. H: *Lodtmann, Justus Friedrich August.* (Engj) (Ky)

Codex constitutionum Osnabrugensium, od. Samml. v. gemeinen Bescheiden, Rescripten u. and. erläuternden Verfügungen, welche das Hochstift Osnabrück betreffen, (von J. F. A. Lodtmann.) 2 Thle. *Hannover,* Ritscher. (Hahn.) 783. 84. 4. (6 Thlr.)

Codex Constitutionum Osnabrugensium. Th. II, Bd. 1. Osnabrück 1819. H: *Lehzen, Hnr. Ad.* (MGT)

— criminalis Hetruriae, trad. ab I. Voltiggi. 8. maj. Wien, Rötzel. (Gräff in Leipz.) 790.

— criminalis Hetruriae Petri Leopoldi trad. ab J. Voltiggi. 8maj. Wien 790. Rötzl. (Leipz., Wienbrack). 7 gl

— cumanicus bibliothecae ad templum divi Marci Venetiarum. Primum ex integro ed., prolegomenis, notis et compluribus glossariis instruxit Géza Kuun. gr. 8. (CXXXIV, 395 S.) Budapestini 880. (Leipzig, Brockhaus' Sort.) n. 10. —

Codex Cumanicus bibliothecae ad templum divi Marci Venetiarum. Primum ex integro edidit, prolegomenis, notis et compluribus glossariis instruxit Géza Kuun. gr. 8. (CXXXIV, 395 S.) Budapestini 880, Knoll und Comp.

— diplomat., s. L. Lüders.

— diplomaticus. Urkunden zur Geschichte Graubündens, s.a. Archiv für die Geschichte der Republik Graubünden.

diplomaticus. Sammlung von Urkunden zur Geschichte Cur Rätiens, s.a. Archiv für die Geschichte der Republik Graubünden.

Codex diplomaticus *s. auch* Jecklin, Constanz. Urkunden zur Verfassungsgeschichte Graubündens. Chur — Jecklin, Fritz [von]. Die Kanzlei-Akten. Chur 1899 — Muoth, [Giachen] C[aspar]. Zwei sogenannte Ämterbücher. Chur 1898.

— diplomaticus. Sammlung der Urkunden zur Geschichte Cur-Rätiens und der Republik Graubünden. Herausg. von Th. v. Mohr. 1. u. 2. Bd. Cur 848—54. Hitz. gr. 8. (XXIV, 505, X S.; XXVIII, 469 S.) 5 ₰ 10 ngr
Separat-Ausgabe aus „Archiv f. d. Geschichte d. Republik Graubünden."

Codex diplomaticus (ad historicam Raeticam). Sammlung der Urkunden zur Geschichte Cur-Rätiens und der Republik Graubünden. 4 Bände. 8. Cur 1848–1865.
Band 1–2. Hrg. von Th[eodor] v[on] Mohr. 1848 bis 1854.
Band 3. Hrg. von Conradin v[on] Moor. [1858–]1861.
Band 4. Hrg von C' v. Moor.... 1863–1865.
Band 1–3 Beilage zu: Archiv für die Geschichte der Republik Graubünden. [Band 1–2 u. 5]
Band 4 Beilage zu: Rätia. Jahrgang 1[–3].

—— diplomaticus Alvenslebianus. Urkunden-Sammlung zur Geschichte des Geschlechts v. Alvensleben und seiner Besitzungen. Im Auftrage der Familie veranstaltet und hrsg. von George Adb. v. Mülverstedt. 1. Bd. 3 Hefte und 2. Bd. 1. Heft. Lex.-8. Magdeburg, E. Baensch. [1. Bd. 1. Heft. (S. 1—192 mit 2 lithogr. Taf.) 877. ℳ 10.; 2. Heft. (S. 193—384 mit 3 lithogr. Taf.) 878. ℳ 10.; 3. Heft. (385—688 S. mit 5 lithogr. Taf.) 879. ℳ 16.— 2. Bd. 1. Heft. (S. 1—192 mit 1 lithogr. Taf.) 880. ℳ 13.]

Codex diplomaticus Alvenslebianus. Urkunden-Sammlung z. Geschichte d. Geschlechts v. Alvensleben u. s. Besitzgn. J. Auftr. d. Familie veranst. u. hrsg. v. George Adb. v. Mülverstedt. 4. Bd. 2. Hft. (Haupt-Nachtrag) m. 2 Taf. Abb., hrsg. v. J. Müller. Lex.-8. (III u. S. 193—389.) Magdeburg 896. (C. E. Klotz.)
n.n. 10.— (I—IV, 2: n.n. 110.—)

Codex diplomaticus exhibens Anecdota ab anno 881, ad 1300. Moguntiaca, ius Germanicum, et Sacri Romani Imperii historiam illustrantia. Ex latebris in lucem protraxit notasque addidit Valentinus Ferdinandus de Gudenus. Goettingae. 1743. 4°

— diplomaticus Anhaltinus. Auf Befehl Sr. Hoheit des Herzogs Leopold Friedrich von Anhalt hersg. von O. v. Heinemann. 1. Thl. 1. 2. Abth.: 936—1170. Mit 7 (lith.) Siegeltaff. Dessau 867, 69. Auc. gr. 4. (2 Bll., 380 S.) n. 5 ℛ 15 ngr.

Codex diplomaticus Anhaltinus. Auf Befehl Sr. Hoheit d. Herzogs Leopold Friedrich v. Anh. hrsg. v. Otto Heinemann. 1. Thl. 936—1212. 3. Abth. 1170. Nov. 18—1212. Febr. Mit 3 (lith.) Siegeltaf. in Tondr.) gr. 4. (S. 381—589.) Dessau 873. Barth.
n.n. 9. — (I. 1—3.: n.n. 25. 50)

— dasselbe. 2. Thl.: 1212—1300. Mit 15 (lith.) Siegeltaf. (in Tondr.) gr. 4. (XVIII, 622 S.) Ebend. 875.
n. 27. —

— diplomaticus Anhaltinus. Auf Befehl Sr. Hoh. des Herzogs Leopold Friedrich v. Anhalt hrsg. von Otto v. Heinemann. 3—5. Thl. gr. 4. Dessau 877 —81. Barth in Comm. n.n. 61. — (1—5.: n.n. 113. 50)
3. 1301—1350. Mit 8 Siegeltaf. (in Tondr.). (VIII, 647 S.) n.n. 25. —
4. 1351—1380. Mit 7 Siegeltaf. (in Tondr.). (427 S.) n.n. 21. —
5. 1380—1400. Mit 2 Stammtaf. (414 S.) n.n. 15. —

— diplomaticus Anhaltinus. Auf Befehl Sr. Hoh. d. Herzogs Leopold Friedrich v. Anhalt hrsg. von Otto v. Heinemann. 6. Thl.: Orts- u. Personenregister. gr. 4. (VIII, 265 S.) Dessau 883. (Baumann.)
n.n. 12. — (cplt.: n.n. 125. 50)

— diplomaticus Austriaco-Frisingensis, s.: Fontes rerum Austriacarum.

—— diplomaticus Brandenburgiensis, s.a. Riedel, Adolf Friedr.

Codex diplomaticus Brandenburgensis. Aus Originalien und Copial-Büchern gesam. und hrgg. v. Philipp Wilhelm Gercken. T. 1. Salzwedel. 1769. 4° k.

— diplomaticus Brandenburg. continuatus. Samml. ungedruckter Urkunden zur Brandenburg. Geschichte. Herausg. v. G. W. v. Raumer. 1r Thl. gr. 4. Berl. 831. Nicolai. 3 ℛ

Codex diplomaticus Brandenburgensis continuatus. — Samml. ungedruckter Urkunden zur Brandenburg. Geschichte. Herausg. v. Geo. Wlh. v. Raumer. 2r Thl. gr. 4. Berl. 833. Nicolai. 3 ℛ Beide Thle. 6 ℛ

Novus **Codex** diplomaticus Brandenburgensis oder Geschichte der Städte, Klöster und geistlichen Stiftungen, adlichen Familien, Burgen und Schlösser der Mark Brandenburg. bearb. und durch eine Sammlung neu aufgefundener Urkunden erläut. v. Adolph Friedrich Riedel. Bd. 1. (Lief. 1). Berlin. 1838. 4°.

— diplomaticus Cavensis nunc primum in lucem editus curantibus Michaele Morcaldi, Mauro Schiani, Sylvano de Stephano o. s. b. Accedit appendix, qua praecipua bibliothecae Ms. Membranacea describuntur Bernardum Cajetano de Aragonia o. s. b. Tom I—III. gr. 4. (CXLVII, 319 u. LXV, 425, u. XXVII, 369 S. m. 18 chromolith. Taf. in qu. 4. u. qu. gr. 4.) Neapel 1873—76. Mailand, Hoepli.
à n. 30. —

— diplomaticus Cavensis, nunc primum in lucem editus curantibus Michaele Morcaldi, Mauro Schiani, Sylvano de Stephano. Accedit appendix, qua praecipua bibliothecae ms. membranacea describuntur per Bernardum Caietano de Aragonia. Tom. IV et V. gr. 4. (XXV, 305; IV, 63; XXX, 275 u. X 92 S. mit 14 lith. u. chromolith. Fcsm.-Taf.) Mailand 878. 79. Hoepli. à n. 30. —

Codex diplomaticus Cavensis. Nunc primum in lucem editus curantibus Mich. Morcaldi, Mauro Schiani, Sylvano de Stephano. Accedit appendix, qua praecipua bibliothecae ms. membranacea describuntur per Bern. Caietano de Aragonia. 8 tomi. Imp.-4. Mailand, U. Hoepli. Einzeln à n. 30. —
(kplt.: n. 200. —)
I. (LXXIX, XXXVI, XXXII, 287, VI, 33 S. m. 1 Bilde u. 5 farb. Taf.) Neapoli 873.
II. (XV, L, 360 u. 65 S. m. 5 farb. Taf.) 875.
III. (XV, 118, XII, 251 S. m. 7 farb. Taf.) 876.
IV. (XXXV, 305, IV u. 63 S. m. 4 Taf.) 878.
V. (XXX, 275, X u. 92 S. m. 7 farb. Taf.) 879.
VI. (XXXIII, 305, XIV u. 45 S. m. 6 farb. Taf.) 884.
VII. (XXX, 319, XVII u. 33 S. m. 5 farb. Taf.) 888.
VIII. (XXI, 394 S. m. 5 farb. Taf.) 893.

— diplomaticus exhibens chartas historiam medii aevi illustrantes, quas e latebris in lucem protraxit notisque adjectis Prelo edid. Dr. J. P. Schunk. 8. Mainz 797. Müller. 1 ℛ 8 gr

Codex diplomaticus regni Croatiae, Dalmatiae et Slavoniae, s.a. Monumenta historica Slavorum meridionalium.

— diplomaticus regni Croatiae, Dalmatiae et Slavoniae. Ed. academia scientiarum et artium Slavorum meridionalium, auxilio regiminis Croat., Dalm. et Slav. Collegit et digessit T. Smičiklas. (Vorrede u. Anmerkgn. in kroat. Sprache.) Vol. II u. III. Lex.-8. Agram (G. Trpinac). n.n. 20. —
II. Diplomata saeculi XII. continens (1101—1200). (XXXI. 499 S.) 904. n.n. 10. —
III. Diplomata annorum 1201—1235 continens. (XII, 538 S.) 905. n.n. 10. —
Vol. I ist noch nicht erschienen.

— diplomaticus regni Croatiae, Dalmatiae et Slavoniae. Ed. academia scientiarum et artium Slavorum meridionalium, auxilio regiminis Croat., Dalm. et Slav. Collegit et digessit T. Smičiklas. (Vorrede u. Anmerkgn. in kroat. Sprache.) Vol. IV. Diplomata annorum 1236—1255 continens. (V, 647 S.) Lex. 8. Agram 906. (G. Trpinac.) nn 10. —
I ist noch nicht erschienen; II u. III. Ebd. 904. 05. 20. —

— diplomaticus dominii temporalis S. Sedis. Recueil de documents pour servir à l'histoire du gouvernement temporel des états du Saint-Siège, extraits des archives du Vatican par August. Theiner. Tome I. 756—1334. Tome II. III. 1335—1793. Rom 861, 62. (Leipzig, Gerhard.) Fol. (XX, 1910 S.) Jeder Bd. n. 18 ℛ

— diplomaticus domus senioris comitum Zichy de Zich et Vasonkeö. Liberalitate comitis Caroli Zichy, senioris gentis, publici juris fecit societas historica hungarica. Tomi I, II et IV. Opera Emer Nagy, Joh. Bapt. Nagy et Desideri Végholy. gr. 8. Budapest. (Tettey & Co.) à n. 10. — (I—IV.: n. 39. —)
I. (XV, 632 S.) 871. — II. (XV, 645 S.) 872. — IV. (VIII, 645 S.) 878.

— diplomaticus domus senioris comitum Zichy de Zich et Vasonkeö. Tom. III. Opera Emer. Nagy, Joh. Bapt. Nagy et Desid. Végholy. gr. 8. (XI, 651 S.) Budapest 874. (Tettey & Co.) n. 9. —

Codex diplomaticus et epistolaris regni Bohemiae. Sumptibus comitiorum regni Bohemiae ed. Gust. Friedrich. Tomi I fasc. I. (160 S.) 4. Prag 904. (F. Řivnáč.) n. 7. —

— diplomaticus et epistolaris regni Bohemiae. Iussu comitiorum regni Bohemiae ed. Gust. Friedrich. Tom. I. Inde ab a. DCCCV usque ad a. MCXCVII. Fasc. II. (S. 117—567.) 31×22,5 cm. Prag 907. (F. Řivnáč.) 20.— (I kplt. 27.—)

— diplomaticus regni Bohemiae, appendix, s.: Acta regum Bohemiae selecta phototypice expressa.

— diplomaticus et epistolaris Moraviae. Opus posthumum Ant. Boczek ed. Jos. Chytil. Tom. V. Ab annis 1294—1306. gr. 4. (VIII u. 300 S. u. Index 200 S.) Brunae 850, Winiker. n. 4 ß (cplt. n. 20 ß)

— diplomaticus et epistolaris Moraviae. Urkunden-Sammlung zur Geschichte Mährens im Auftrage des mährischen Landes-Ausschusses, herausg. von P. Ritter v. Chlumecky und redig. von Jos. Chytil. 6. Bd. Vom Jahr 1307—1333. 854 (LXVIII, 398 S. u. 32 Bl. Index.) nn. 3 ß 10 ngr. — 7. Bd. (1334—49.) 1. Abth. Brünn 858. gr. 4. (S. 1—440.) nn. 2 ß 20 ngr. nn. 6 ß
1—5. Bd. Ebend. 836—51. herabges. Pr. n. 10 ß

— diplomaticus et epistolaris Moraviae. Urkunden-Sammlung zur Geschichte Mährens, im Auftrage des mährischen Landes-Ausschusses herausg. von P. v. Chlumecky u. red. von Jos. Chytil. 7. Bd. [1334—1349.] 2. Abth. Brünn 860. Nitsch in Comm. gr. 4. (S. 441—700.) nn. 1 ß 15 ngr.

— diplomaticus et epistolaris Moraviae. Urkunden-Sammlung zur Geschichte Mährens, im Auftrage des mähr. Landes-Ausschusses hersg. von Vinc. Brandl. VII. Bd. [1334—1349.] 3. Abth. Brünn 864. Nitsch in Comm. gr. 4. (S. 701—1006.) n. 1 ß 20 ngr.

Codex diplomaticus et epistolaris Moraviae. Urkunden-Sammlung zur Geschichte Mährens, im Auftrage des mähr. Landes-Ausschusses hrsg. von Vinc. Brandl. 8—10. Bd. gr. 4. Brünn 874—78. (Winiker). n. 19. — (1—10.: n. 76. 50)
8. Vom J. 1350—1355. (XIX, 294 S.) n. 6. —
9. Vom J. 1356—1366. (XII, 412 S.) n. 8. —
10. Vom J. 1367—12. Novbr. 1375. (III, 296 S.) n. 5. —

— diplomaticus et epistolaris Moraviae. Urkunden-Sammlg. zur Geschichte Mährens, im Auftrage d. mähr. Landes-Ausschusses hrsg. v. Vinc. Brandl. 11. Bd. Vom 13. Novbr. 1375 bis 1390. gr. 4. (VI, 604 u. Index 32 S.) Brünn 885. (Winiker.) n.n. 10. — (1—11.: n.n. 86. 50)

Codex diplomaticus et epistolaris Moraviae. Urkunden-Sammlg. zur Geschichte Mährens, im Auftrage d. mähr. Landes-Ausschusses hrsg. von V. Brandl. 12. Bd. Vom J. 1391—1399. gr. 4. (X, 539 S.) Brünn 890. (Winiker.) n.n. 10. — (1—12.: n.n. 96. 50)

Codex diplomaticus et epistolaris Moraviae. Urkunden-Sammlg. z. Geschichte Mährens. I. Auftr. d. mähr. Landes-Ausschusses hrsg. v. Vinc. Brandl. 13. Bd. Vom J. 1400—1407. gr. 4. (VIII, 580 S.) Brünn 897. (C. Winiker.) n.n. 10. — (1—13: n.n. 123. —)

— diplomaticus et epistolaris Moraviae. Urkunden-Sammlg. zur Geschichte Mährens. Im Auftrage des mähr. Landes-Ausschusses hrsg. v. Berth. Bretholz. 14. u. 15. Bd. gr. 4. Brünn (C. Winiker). n.n. 11. —
14. Vom J. 1408—1411. (XIII, 194 S. m. 1 Taf.) 903. n.n. 5. —
15. Nachträge. 1207—1408. (XLIII, 440 S.) 903. n.n. 6. —

— diplomaticus Fuldensis. Hrsg. v. Ernst Frdr. Joh. Dronke. 4 Lfgn. gr. 4. (439 S.) Cassel (847—) 50, Fischer. (1—3. Lfg. à n. 2 ß — 4. Lfg. n. 1½ ß) n. 7½ ß

— diplomaticus historiae comitum Schauenburgensium. Gesammelt u. hrsg. v. F. A. v. Aspern. 2. Bd. A. u. d. T.: Urkundliches Material zur Geschichte u. Genealogie der Grafen v. Schauenburg. Gesammelt u. hrsg. v. F. A. v. Aspern. 2. Bd.: Vom J. 1204 bis zum J. 1300. Mit 28 Siegelzeichnungen. Lex. 8. (XXX u. 409 S. m. 2 Tab. in qu. Fol. u. 8 lith. Taf. in Lex. 8. u. qu. Fol.) Hamburg 850, Perthes-Besser & Mauke in Comm. n. 3 ß (Der 1. Bd. ist noch nicht erschienen.)

— diplomaticus Hungariae, s. *Fejér.*

Codex diplomaticus Lithuaniae. E codicibus manuscriptis, in Archivo secreto Regiomontano asservatis, ed. Ed. Raczynski. 4 maj. (51½ B.) Vratislaviae 845, Schletter, Vrlsh. *

— diplomaticus Lithuaniae. E codicibus manuscriptis, in Archivo secreto Regiomontano asservatis, edidit Ed. Raczynski. 4 maj. Vratislaviae 845, Schletter. n. 6¾ ß

CODEX DIPLOMATICUS LUBECENSIS. LÜBECKISCHES URKUNDENBUCH.
1ste Abtheilung.**) Urkundenbuch der Stadt Lübeck.
Theil 1—2. Hälfte 1—2. (Mit Tafeln.) Lübeck 1843—1858. Friedr. Asschenfeldt. 4°.
Theil 3—7. Lief. 1—10. ib. 1871—1884. Ferdinand Grautoff.
A. u. d. T.: URKUNDENBUCH, später: URKUNDEN-BUCH DER STADT LÜBECK. HERAUSGEGEBEN VON DEM VEREINE FÜR LÜBECKISCHE GESCHICHTE (UND ALTERTHUMSKUNDE).
Theil 1—2. Hälfte 1—2. (Mit Tafeln.) ib. 1843—1858. Friedr. Aschenfeldt.
Theil 3—7. Lief. 1—10. ib. 1871—1884. Ferdinand Grautoff.

CODEX DIPLOMATICUS LUBECENSIS. LÜBECKISCHES URKUNDENBUCH.
1ste Abtheilung. Urkundenbuch der Stadt Lübeck.
Theil 7. Lübeck. 1885. Ferdinand Grautoff. — A. u. d. T.: URKUNDENBUCH DER STADT LÜBECK. Herausgegeben von dem Vereine für Lübeckische Geschichte und Alterthumskunde. Theil 7. 1427—1440. ib. 1885. — 4°.

CODEX DIPLOMATICUS LUBECENSIS. LÜBECKISCHES URKUNDENBUCH.
1ste Abtheilung. Urkundenbuch der Stadt Lübeck.
Theil 8. 9. Lübeck 1889. 1893. Edmund Schmersahl. 4°. — 10. ib. 1898. Edmund Schmersahl Nachf. (Rich. Brunn.) — A. u. d. T.: Urkunden-Buch der Stadt Lübeck. Herausgegeben von dem Verein für Lübekkische Geschichte und Alterthumskunde. Theil 8. 1440—1450. ib. 1889. Edmund Schmersahl. — 9. 1451—1460. ib. 1893. — 10. 1461—1465. ib. 1898. Edmund Schmersahl Nachf. (Rich. Brunn.)

— diplomaticus Lubecensis. — Lübeckisches Urkundenbuch. 2. Abth. A. u. d. T.: Urkundenbuch des Bisthums Lübeck herausg. von Wilh. Leverkus. 1. Thl. Oldenburg 856. Stalling. gr. 4. (XXXII, 901 S. u. 4 lith. Taf. in gr. 4. u. Fol.) n. 10 ß
1. Abth. Lübeck 843. Asschenfeldt. n. 8 ß.

CODEX DIPLOMATICUS LUSATIAE SUPERIORIS. Sammlung der urkunden für das markgrafthum Oberlausitz. Herausgegeben von GUSTAV KÖHLER.
Bd. 1. Von den ältesten seiten bis zur begründung des bundes der Sechsstädte. 1346. (Mit Tafeln.) Goerlitz. 1851. Im selbstverlage der Oberl. gesellschaft d. wissenschaften. 8°.
Bd. 2. Heft I. ib. 1854. — A. u. d. T.: Neues Lausitzisches Magazin ... Bd. 31. Heft 1. ib. 1854. Im Selbstverlage der Gesellschaft und in Komm. der Buchhandlung von G. Heinze & Comp.

— diplomaticus Lusatiae superioris. Sammlung der Urkunden für die Geschichte des Markgrafenthums Ober-Lausitz. Im Auftr. der Oberlausitz. Gesellschaft d. Wissensch. herausg. von Gust. Köhler. 1. Bd. 2. Aufl. Görlitz 857. Koblitz in Comm. gr. 8. (XII, 385 S. und: Urkunden des Bisthums Meissen. S. 1—108.) nn. 2 ℛ

Vgl.: Magazin, neues Lausitzisches.

CODEX DIPLOMATICUS LUSATIAE SUPERIORIS II, enthaltend Urkunden des Oberlausitzer Hussitenkrieges und der gleichzeitigen die Sechslande angehenden Fehden.
Im Auftrage der Oberlausitzischen Gesellschaft der Wissenschaften gesammelt und herausgegeben von RICHARD JECHT.
I. Band, umfassend die Jahre 1419—1428. Görlitz 1896—1899. Im Selbstverlage der Oberlausitzischen Gesellschaft der Wissenschaften und in Commission der Buchhandlung von H. Tzschaschel. 8°.
II. Band, umfassend die Jahre 1429—1437 und einen Anhang. ib. 1900—1903. —
CODEX DIPLOMATICUS LUSATIAE SUPERIORIS III, enthaltend die ältesten Görlitzer Ratsrechnungen bis 1419.
Im Auftrage der Oberlausitzischen Gesellschaft der Wissenschaften herausgegeben von RICHARD JECHT. ib. 1905—1910.

— diplomaticus Lusatiae superioris II., enth. Urkunden d. Oberlausitzer Hussitenkrieges u. d. gleichzeit. d. Sechslande angeh. Fehden. 1. Hft. Von R. Jecht, s.: Festschrift z. 550. Gedenktage d. Oberlausitzer Sechsstädtebündnisses.

— dasselbe. I. Auftr. d. oberlausitz. Gesellsch. d. Wissenschaften ges. u. hrsg. v. Rich. Jecht. 2.—3. Hft., umfass. d. J. 1424—1428. gr. 8. (S. 179—510.) Görlitz 897—898. (H. Tzschaschel.) à n. 3. 60

— diplomaticus Lusatiae superioris II, enth. Urkunden des Oberlausitzer Hussitenkrieges u. der gleichzeit. die Sechslande angeh. Fehden. Im Auftrage d. oberlausitz. Gesellschaft der Wissenschaften gesammelt u. hrsg. von Rich. Jecht. I. Bd. 4. (Schluß-)Hft., umfassend d. J. 1428. gr. 8. (S. 511—645.) Görlitz 899. (H. Tzschaschel). n. 3. 60

— dasselbe. II. Bd. 1. u. 2. Hft. gr. 8. Ebd. n. 7. 20
1. Umfassend die J. 1429 u. 1430. (193 S.) 900. n. 3. 60
2. Umfassend die J. 1431 u. 1432. (S. 195—368.) 901. n. 3. 60

— diplomaticus Lusatiae superioris II, enth. Urkunden des Oberlausitzer Hussitenkrieges u. der gleichzeit. die Sechslande angeh. Fehden. Im Auftrage der oberlausitz. Gesellschaft der Wissenschaften gesammelt u. hrsg. v. Rich. Jecht. II. Bd. 3.—5. Hft. gr. 8. Görlitz (H. Tzschaschel). n. 8. 40
3. umfassend die J. 1432—1434. (S. 369—530.) 902. n. 3. 60
4. umfassend die J. 1434—1437 u. e. Anh. (S. 531—745.) 903. n. 3. 60
5. enth. das Register zu den 2 Bdn. v. E. A. Seeliger. (II u. S. 719—851.) 904. n. 1. 20

— dasselbe, superioris III, enth. die ältesten Görlitzer Ratsrechnungen bis 1419. Im Auftrage der oberlausitz. Gesellschaft der Wissenschaften gesammelt u. hrsg. v. Rich. Jecht. 1. u. 2. Hft. gr. 8. Ebd. à n. 3. 60
1. umfassend die J. 1375 (1337) bis 1391. (X, 184 S.) 905.
2. umfassend die J. 1391—1399. (S. 185—328.) 906.

— diplomaticus Lusatiae superioris III, enth. die ältesten Görlitzer Ratsrechnungen bis 1419. Im Auftrage der oberlausitz. Gesellschaft der Wissenschaften hrsg. v. Rich. Jecht. 3—6. Heft. gr. 8. Görlitz, (H. Tzschaschel). à 3. 60
3. Umfassend die J. 1390 bis 1406. (S. 329—504.) 907.
4. Umfassend die J. 1406 bis 1413. (S. 505—684.) 908.
5. Umfassend die J. 1413—1419. (S. 685—786.) 909.
6. Enth. das Register zu Heft 1—5. (S. 787—897.) 910.

— diplomaticus monasterii S. Michaelis, Bergensis dioecesis, vulgo Munkalif dicti, conscriptus a. Chr. 1427. Ex originali libro membr., qui in bibliotheca acad. Hafniensis asservatur [additamentorum No. 98 qu.] una cum registro praediorum ad idem monasterium pertinentium et ipso in eadem bibliotheca asservato [addit. No. 99 qu.] nunc primum in lucem editus a P. A. Munch. Accedunt 3 tabb. lith. arte expressae. 4. (VI u. 220 S.) Christianiae 847. (Lipsiae, T. O. Weigel.) n. 1 ℛ 18 ngr

Codex diplomaticus, Moenofrancofurtanus, s. a. Boehmer, Joh. Friedr.

Codex diplomaticus Moenofrancofurtanus. Urkundenbuch der Reichsstadt Frankfurt. Hrsg. v. Joh. Frdr. Boehmer. Neubearbeitung auf Veranlassg. u. aus den Mitteln der Administration des Johann Friedrich Boehmerschen Nachlasses. 1. Bd. 794—1314. Bearb. v. Frdr. Lau. 4. (XII, 561 S.) Frankfurt a/M. 901. J. Baer & Co. n. 30. —

— diplomaticus Moenofrancofurtanus. Urkundenbuch der Reichsstadt Frankfurt. Hrsg. v. Joh. Frdr. Boehmer. Neubearbeitung auf Veranlassg. u. aus den Mitteln der Administration des Johann Friedrich Boehmerschen Nachlasses. 2. Bd. 1314—1340. Bearb. v. Frdr. Lau. (VII, 646 S.) Lex.-8. Frankfurt a/M. 905. J. Baer & Co. n. 34. —
Bd. 1. Ebd. 901. n. 30. —.

— diplomaticus Nassoicus. Nassauisches Urkundenbuch. Hrsg. v. K. Menzel u. W. Sauer. 1. Bd. 1. u. 2. Abth. Lex.-8. Wiesbaden 885. 86. Niedner. n. 22. —
Die Urkunden d. ehemals kurmainzischen Gebiets, einschliesslich der Herrschaften Eppenstein, Königstein u. Falkenstein; der Niedergrafsch. Katzenelnbogen u. d. kurpfälzischen Amts Caub. Bearb. v. W. Sauer. 1. u. 2. Abth. Mit 2 (lith.) Siegeltaf. (XXXIV, 720 u. Berichtiggn. u. Reg. 58 S.)

— diplomaticus Nassoicus. Nassauisches Urkundenbuch. Hrsg. v. K. Menzel u. W. Sauer. 1. Bd. 3. Abth. Lex.-8. Wiesbaden 887. Niedner. n. 22. —
(I, 1—3.: n. 66. —)
Die Urkunden d. ehemals kurmainzischen Gebiets, einschliesslich der Herrschaften Eppenstein, Königstein u. Falkenstein; der Niedergrafsch. Katzenelnbogen u. d. kurpfälzischen Amts Caub. Bearb. v. W. Sauer. 3. Abth. (VII 400 u. Berichtiggn. u. Zusätze 21 S.)

— diplomaticus Neerlandicus. Verzameling van oorkonden, betrekkelijk de vaderlandsche geschiedenis. Uitgegeven door het historisch gezelschap gevestigd te Utrecht. 1. Deel. In 2 afdeelingen. gr. 4. (IV u. 199 S.) Utrecht 848, Kemink & Zoon. n. 2 ℛ 24 ngr

Codex diplomaticus Ord. E. S. Augustini Papiae. Ediderunt Rod. Mariocchi et Naz. Casacca, O. S. A. (In 4—5 Bdn.) Vol. I—III. (Ab anno 1288 ad annum 1566.) (LII, 247 S. m. Abbildgn., 1 Bildnis u. 5 Taf. XXXIII, 418 u. XLII, 380 S. m. Abbild. u. 1 Bildnis.) 33,5×24,5 cm. Papiae 905—07. (Rom, Loescher & Co.) nn 64. —

— diplomaticus ordinis Sanctae Mariae theutonicorum. — Urkundenbuch zur Geschichte des deutschen Ordens, insbes. d. Ballei Coblenz. Herausg. von Jh. Hnr. Hennes. gr. 8. Mainz 846, Kirchheim, Schott u. Thielmann. n. 2⅓ ℛ

— diplomaticus ordinis Sanctae Mariae Theutonicorum. — Urkundenbuch des deutschen Ordens insbesondere der Balleien Coblenz, Altenbiesen, Westphalen u. Lothringen. Herausg. von Joh. Heinr. Hennes. 2. Bd. Mainz 861. Kirchheim. gr. 8. (IV, 440 S.) n. 3 ℛ

— diplomaticus patrius. Tomus I. et II. Studio et opera Emer. Nagy, Joa. Nep. Paur, Car. Ráth et Desid. Véghely. Pest 865. Ráth. gr. 8. (IV, 448 S.; IV, 492 S.) Jeder Bd. n. 4 ℛ

— diplomaticus patrius hungaricus. Tom. III—VI. Studio et opera Joh. Nep. Paur, Car. Ráth, Arnoldi Ipolyi, Emor. Nagy et Desiderii Véghely. gr. 8. Budapest, Tettey & Co. à n. 12. — (I—VI.: n. 69. —)

III. (480 S.) Raab 866. — IV. (500 S.) Raab 867. — V. (VI, 447 S.) Raab 873. — VI. (VII, 491 S.) 876.

— diplomaticus Poloniae, quo continentur privilegia Regum Poloniae, Magnorum Ducum Lituaniae, Bullae Pontificum nec non jura a privatis data illustrandis domesticis rebus gestis inservitura adhuc nusquam typis exarata, ab antiquissimis inde temporibus usque ad a. 1506. editus studio et opera Leon. Rzyszczewski et Ant. Muczkowski. Notis adornatus usque ad Nr. CVII. ab A. S. Helcel. Tom. I. gr. 4. (476 S.) Varsaviae 847. (Berlin, Schneider & Co.) baar 6 ß — Tom. II. Pars prior. A. u. d. T.: Kodex dyplomatyczny Polski etc. gr. 4. (XXX u. 477 S. m. 5 Taf. Facsimile in gr. Fol. u. qu. 4.) Ebd. 848. baar 6 ß

— diplomaticus Poloniae, quo continentur privilegia regum Poloniae, magnorum ducum Lithuaniae, bullae pontificum nec non jura a privatis data, illustrandis domesticis rebus gestis inservitura adhuc nusquam typis exarata, ab antiquissimis inde temporibus usque ad a. 1506. Studio et opera Leonis Rzyszczewski et olim Ant. Muczkowski collectus. Tom. II. Pars posterior. — Tom. III. Edidit Julian. Bartoszewicz. A. u. d. T.: Kodex dyplomatyczny polski etc. Warschau 852, 58. (Leipzig, Gerhard.) gr. 4. (Tom. II.: LXXXI, S. 479—981 u. Indices 188 S.; Tom. III.: XXIX, 551 S.) II. 2.: n. 9 ß; III.: n. 7 ß 10 ngr.

CODEX DIPLOMATICUS MAIORIS POLONIAE documenta, et jam typis descripta et adhuc inedita complectens, annum 1400 attingentia. Editus cura Societatis literariae Poznaniensis.

Tomus I. Comprehendit numeros 1—616 annos 984—1287. Poznaniae. 1877. Sumptibus bibliothecae Kornicensis. 4°.

Tomus II. Comprehendit numeros 617—1292 annos 1288—1349. ib. 1878. —

Tomus III. Comprehendit numeros 1293—2058 annos 1350—1399. ib. 1879. —

Tomus IV. Comprehendit supplementum indicem sigilla tabulis impressa tabulam Maioris Poloniae. ib. 1881. —

A. u. d. T.:

KODEKS DYPLOMATYCZNY WIELKOPOLSKI obejmujący dokumenta tak już drukowane, jak dotąd nie ogłoszone, sięgające do roku 1400. Wydany staraniem Towarzystwa Przyjaciół Nauk Poznańskiego.

Tom I. Zawiera numera 1—616 lata 984—1287. Poznań. 1877. Nakładem biblioteki Kórnickiej.

Tom II. Zawiera numera 617—1292 lata 1288—1349. ib. 1878. —

Tom III. Zawiera numera 1293—2058 lata 1350—1399. ib. 1879. —

Tom IV. Zawiera suplement indeks tablice z pieczęciami mapę Wielkopolski. ib. 1881. —

— diplomaticus regni Poloniae et magni duc. Lituaniae etc. (edid. Matth. Dogiel). T. I. IV. V. Fol. Wilna 758—59. Kanter. 30 ß (NB. Mehr ist nicht erschienen.)

— diplomaticus Regni Poloniae et Magni Duc. Lithuaniae. Tom. I. IV. V. fol. Vilnae, Kantor. 758—62.

Codex diplomaticus Pomeraniae. Hrsg. von Carl Friedr. Wilh. Hasselbach, Joh. Gottfr. Ludw. Kosegarten und Friedr. v. Medem. 1. Bd. 3. und 4. Lfg. Imp.-4. (S. 345—728 mit 2 Stnt. in Imp.-4.) Greifswald 848—51, Koch's Brlgsh. à Lfg. * 2 Thlr. *

1. Bd. 1. und 2. Lfg. Ebendas. 1843. à Lfg. * 2 Thlr.

— diplomaticus Pomeraniae, od. Sammlung der die Geschichte Pommerns u. Rügens betreffenden Urkunden. Nach den Originalen, Transsumten u. alten Copieen mit Anmerkgn., Schriftproben u. Siegelzeichnungen, hrsg. v. Hasselbach, Kosegarten u. F. v. Medem. 1. Bd. 1. u. 2. Lfg. Roy.-4. (48 B. u. 8 Stnt.) Greifswald 843, Koch's Brlsh. à Lfg. *

— diplomaticus Prussicus, s. a. Voigt, Joh.

— diplomaticus Prussicus. — Urkunden-Samml. z. ältern Geschichte Preußens aus den Königl. Geheimen Archiv zu Königsberg, nebst Regesten herausg. v. Jh. Voigt. 1r Bd. gr. 4. Königsberg 836. Gebr. Bornträger. $1^2/_3$ ß

— diplomaticus Prussicus. Urkunden-Sammlung zur ältern Geschichte Preußens aus dem Königl. Geheimen Archiv zu Königsberg, nebst Regesten herausg. von Johs. Voigt. 4. Bd. Königsberg 853. Gebr. Bornträger. gr. 4. (1 Bl., XXIV, 190 S.) n. 2 ß

1—3. Bd. Ebend. 836—48. n. 5 ß 20 ngr.

— diplomaticus Prussicus. Urkunden-Sammlung zur älteren Geschichte Preußens aus dem Königl. Geheimen Archiv zu Königsberg, nebst Regesten herausg. von Johs. Voigt. 5. u. 6. Bd. Königsberg 857, 61. Koch in Comm. gr. 4. (LX, 384 S.) Jeder Bd. n. 2 ß

— diplomaticus Rheno-Mosellanus. Urkunden-Samml. zur Gesch. d. Rhein- u. Mosellande 2c. Von W. Günther. 5 Thle. Mit 154 Siegelabdrr. u. 1 Karte. gr. 8. Cobl. 822—26. Hölscher. 14 ß 12 ngr.

— diplomaticus Salemitanus. Urkundenbuch der Cisterzienserabtei Salem, hrsg. von Friedr. v. Weech. 1—3. Lfg. 1134—1259. Hierzu 6 (Lichtdr.-)Taf. mit Siegelabbildungen. gr. 8. (VI, 389 S.) Karlsruhe 881. 82. Braun. à n.n. 2. —

— diplomaticus Salemitanus. Urkundenbuch der Cisterzienser-Abtei Salem, hrsg. v. Frdr. v. Weech. 4—9. Lfg. 1259—1296. Hierzu 17 (Lichtdr.-)Taf. m. Siegelabbildgn. gr. 8. (1. Bd. III u. S. 381—548 u. 2. Bd. S. 1—684) Karlsruhe 883—86. Braun. n. 17. — (1—9.: n. 23. —)

Codex diplomaticus Salemitanus. Urkundenbuch d. Cisterzienser-Abtei Salem, hrsg. von Frdr. v. Weech. 10. u. 11. Lfg. gr. 8. Karlsruhe, Braun. n. 10. — (1—11.: n. 33. —)

10. Lfg. 1301—1310 (1399). Hierzu 4 (Lichtdr.-)Taf. m. Siegelabbildgn. (3. Bd. S. 1—160.) 887. n. 5. —
11. Lfg. 1310—1329 (1476). Hierzu 3 (Lichtdr.-)Taf. m. Siegelabbildgn. (3. Bd. S. 161—320.) 890. n. 5. —

— diplomaticus Salemitanus. Urkundenbuch der Cisterzienser-Abtei Salem. Hrsg. von Frdr. v. Weech. 12. Lfg. [3. Bd. 3. Lfg.] 1329—1498. Hierzu 3 (Lichtdr.-) Taf. m. Siegelabbildgn. gr. 8. (3. Bd. S. 321—466.) Karlsruhe 894. G. Braun. n. 5. — (1—12.: n. 38. —)

— diplomaticus Salemitanus. Urkundenbuch d. Cisterzienser-Abtei Salem. Hrsg. von Frdr. v. Weech. 13. (Schluss-)Lfg. [3. Bd. 4. Lfg.] Register. gr. 8. (IV u. S. 467—534.) Karlsruhe 895. G. Braun. n. 2. 40 (kplt.: n. 42. 40)

— diplomaticus Saxoniae regiae, s. a. Gersdorf, E. G.

— diplomaticus Saxoniae regiae. Im Auftrage der königl. sächs. Staatsregierung hrsg. v. Otto Posse u. Hub. Ermisch. 1. Hauptthl. 1. Bd. gr. 4. Leipzig 881. Giesecke & Devrient. n.n. 24. —

Urkunden der Markgrafen v. Meisen u. Landgrafen v. Thüringen. 948—1099. Hrsg. v. O. Posse. Mit 8 (lith. u. color.) Karten. (X, 398 S.)

— diplomaticus Saxoniae regiae. Im Auftrage der königl. sächs. Staatsregierung hrsg. von O. Posse u. H. Ermisch. 1. Hauptthell. 2. Bd. gr. 4. Leipzig 889. Giesecke & Devrient. n.n. 28. —

Urkunden der Markgrafen v. Meissen u. Landgrafen v. Thüringen. 1100—1195. Hrsg. v. O. Posse. Mit 2 Taf. (IX, 479 S.)

— diplomaticus Saxoniae regiae. Im Auftr. d. kgl. sächs. Staatsregierg. hrsg. v. Otto Posse u. Hub. Ermisch. 1. Hauptthl. 3. Bd. gr. 4. Leipzig 898. Giesecke & Devrient. n.n. 18. —

Urkunden d. Markgrafen v. Meissen u. Landgrafen v. Thüringen. 1196—1234. Hrsg. v. Otto Posse. (VII, 368 S.)

— diplomaticus Saxoniae regiae. Im Auftrage der königl. sächs. Staatsregierg. hrsg. v. Otto Posse u. Hub. Ermisch. 1. Hauptthl. Abth. B. 1. u. 2. Bd. gr. 4. Leipzig, Giesecke u. Devrient. n.n. 50. —
1. Urkunden der Markgrafen v. Meissen u. Landgrafen v. Thüringen. 1381—1395. Hrsg. v. Hub. Ermisch. (XXVI, 557 S.) 899. n.n. 25. —
2. Dasselbe. (2. Bd.) 1396—1406. Hrsg. v. Hub. Ermisch. (XV, 597 S.) 902. n.n. 25. —

— diplomaticus Saxoniae regiae. Im Auftrage der königl. sächs. Staatsregierg. hrsg. v. Otto Posse u. Hub. Ermisch. I. Hauptthl. Abth. B. 3. Bd. Lex. 8. Leipzig, Giesecke & Devrient. n.n 25. —
Urkunden der Markgrafen v. Meissen u. Landgrafen v. Thüringen. (3. Bd.) 1407—1418. Hrsg. v. Hub. Ermisch. (XVI, 564 S.) 909.

—— diplomaticus Saxoniae regiae. Im Auftrage der königl. sächs. Staatsregierung hrsg. von E. G. Gersdorf. 2. Haupttheil. 1.—3. Bd.: Urkundenbuch des Hochstifts Meissen. 3 Bde. gr. 4. Leipzig 864—67, Giesecke und Devrient. [1. Bd. (XLIV und 427 S. mit 2 Taf. in Holzschn.) ** 8 Thlr. 20 Ngr., 2. Bd. (XXX und 456 S. mit 1 Taf. in Holzschn.) ** 7 Thlr., 3. Bd. (XVII und 499 S. mit 1 Taf. in Holzschn.) ** 6 Thlr. 10 Ngr.] **
Der 1. Haupttheil erscheint später.

— diplomaticus Saxoniae regiae. Im Auftrage der königl. sächs. Staatsregierg. hrsg. von K. Fr. v. Posern-Klett u. Otto Posse. 2. Hauptth. 4. u. 5. Bd. gr. 4. Leipzig 873. 75. Giesecke & Devrient. n.n. 52. 50
4. Urkundenbuch der Stadt Meissen u. ihrer Klöster. Hrsg. v. E. G. Gersdorf. 4. Bd. Mit 2 (lith.) Tafeln. (455 S.) n. 24. —
5. Urkundenbuch der Städte Dresden u. Pirna. Hrsg. von K. Fr. v. Posern-Klett. Mit 1 (lith.) Taf. (X, 536 S.) n.n. 28. 50

— dasselbe. 2. Hauptthl. 6. u. 11. Bd. gr. 4. Ebend. 879. n.n. 62. — (I, 1. u. II, 1—6. 8. 9. 11.; n.n. 244. 50)
6. Urkundenbuch der Stadt Chemnitz u. ihrer Klöster. Hrsg. v. Hub. Ermisch. Mit 3 (phototyp.) Taf. (XXXV, 523 S.) n.n. 30. —
11. Urkundenbuch der Universität zu Leipzig von 1409 bis 1555. Hrsg. von Bruno Stübel. Mit einer (phototyp.) Taf. (XIII, 653 S.) n.n. 32. —

— diplomaticus Saxoniae regiae. Im Auftrage der königl. sächs. Staatsregierg. hrsg. v. Otto Posse u. Hub. Ermisch. 2. Hauptthl. 7. u. 12. Bd. gr. 4. Leipzig 883. Giesecke & Devrient. n.n. 52. — (I, 4 u. II, 1—9. 11. 12.: n. 296. 50)
7. Urkundenbuch der Städte Kamenz u. Löbau. Hrsg. v. Herm. Knothe. Mit 1 (Lichtdr.-)Taf. (XLI, 351 S.) n. 20. —
12. Urkundenbuch der Stadt Freiberg in Sachsen. Hrsg. v. Hub. Ermisch. 1. Bd. Mit 3 (Lichtdr.-)Taf. (XXXVII, 640 S.) n.n. 32. —

—— diplomaticus Saxoniae regiae. Im Auftrage der königl. sächsischen Staatsregierung hrsg. von E. G. Gersdorf und K. F. v. Posern-Klett. 2. Hauptthl. 4., 8. und 9. Bd. gr. 4. Leipzig, Giesecke und Devrient. **
Inhalt:
Bd. 4. Urkundenbuch der Stadt Meissen und ihrer Klöster. Hrsg. von E. G. Gersdorf. 4. Bd. (455 S. mit 2 lithogr. Taf.) 873. ** ℳ 24.
» 8. 9. Urkundenbuch der Stadt Leipzig. Hrsg. von K. Fr. v. Posern-Klott. 1. und 2. Bd. (XXXII, 449 S. mit 1 Taf. in Holzschn.; 451 S.) 868,70. à Bd. ** ℳ 20.
2. Hauptthl. 1.—3. Bd. Ebendas. 1864—67. ** ℳ 66. — Der 1. Hauptthl. erscheint später.

— dasselbe. 2. Haupttheil. 13. Bd. gr. 4. Ebd. 886. n.n. 32. — (I. Haupttheil 1. 2. Bd.; II. Haupttheil 1.—9. 11.—13. Bd.: n.n. 356. 50)
Urkundenbuch der Stadt Freiberg in Sachsen. Hrsg. von H. Ermisch. 2. Bd.: Bergbau, Bergrecht, Münze. Mit 1 Taf. (LXVIII, 529 S.)

— diplomaticus Saxoniae regiae. Im Auftrage der königl. sächs. Staatsregierg. hrsg. v. Otto Posse u. Hub. Ermisch. 2. Haupttheil. 14. Bd. gr. 4. Leipzig 891. Giesecke & Devrient. n.n. 40. —
Urkundenbuch der Stadt Freiberg in Sachsen. Hrsg. v. Hub. Ermisch. 3. Bd. (LXIV, 688 S. m. 2 Taf.) (kplt.: n.n. 104. —)

— dasselbe. 2. Hauptthl. 10. u. 15.—17. Bd. gr. 4. Ebd. n.n. 134. —
10. Urkundenbuch d. Stadt Leipzig. III. (Schluss-)Bd. Hrsg. v. Jos. Förstemann. (XII, 422 S.) 894. n.n. 20. —
15. Urkundenbuch d. Stadt Grimma u. d. Klosters Nimbschen. Hrsg. v. Ludw. Schmidt. (XXIV, 439 S. m. 2 Lichtdr.-Taf.) 895. n.n 24. —
16. Die Matrikel d. Universität Leipzig. Hrsg. v. Geo. Erler 1. Bd. D. Immatrikulationen v. 1409—1559. M. 8 Taf. in Farbendr. (XCVII, 752 S.) 896. n.n. 50. —; Einbd.-Decke n.n. 2. —
17. dasselbe. 2. Bd. D. Promotionen v. 1409—1559. M. 2 Taf. in Farbendr. (XCIV, 756 S.) 897. n.n. 40. —; Einbd.-Decke à n.n. 2. —

— dasselbe. II. Hauptthl. 18. Bd. gr. 4. Ebd. n.n. 50. —
Matrikel, die, der Universität Leipzig. Hrsg. v. Geo. Erler. 3. Bd. Register. (XIV, 1001 S.) 902. (kplt.: n.n. 140. —)

— diplomaticus Silesiae. Herausg. vom Vereine für Geschichte u. Alterthum Schlesiens. 1. Bd. A. u. d. T.: Urkunden des Klosters Czarnowanz. Namens des Vereins etc. herausg. von W. Wattenbach. Breslau 857. Max et Co. gr. 4. (XXII, 181 S.) n. 2 ß 20 ngr

diplomaticus Silesiae. Herausg. vom Vereine für Geschichte u. Alterthum Schlesiens. 2. Bd. A. u. d. T.: Urkunden der Kloster Rauden u. Himmelwitz, der Dominicaner u. der Dominicanerinnen in der Stadt Ratibor. Namens des Vereins für Geschichte u. Alterthum Schlesiens herausg. von W. Wattenbach. Breslau 859. Max & Co. gr. 4. (LXXV, 272 S.) n. 3 ß 20 ngr.

Codex diplomaticus Silesiae. Herausg. vom Vereine für Geschichte u. Alterthum Schlesiens. 3. Bd. A. u. d. T.: Henricus Pauper. Rechnungen der Stadt Breslau von 1299—1358, nebst zwei Rationarien von 1386 u. 1387, dem Liber imperatoris vom Jahre 1377 u. den ältesten Breslauer Statuten. Namens des Vereins für Geschichte u. Alterthum Schlesiens herausg. von Colmar Grünhagen. Ebend. 860. gr. 4. (XIX, 172 S.) n. 2 ß 10 ngr.

— — 4. Bd. A. u. d. T.: Urkunden schlesischer Dörfer, zur Geschichte der ländlichen Verhältnisse u. der Flureintheilung insbesondere. Namens des Vereins für Geschichte u. Alterthum Schlesiens herausg. von Aug. Meitzen. Ebend. 863. gr. 4. (512 S.) n. 4 ß 20 ngr.

— — 5. Bd. A. u. d. T.: Das Formelbuch des Domherrn Arnold v. Protzan. Namens des Vereins für Geschichte u. Alterthum Schlesiens herausg. von W. Wattenbach. Ebend. 862. gr. 4. (XX, 342 S.) n. 3 ß 10 ngr.

— diplomaticus Silesiae. Hersg. vom Vereine für Geschichte u. Alterthum Schlesiens. Breslau 865—70. Max & Co. gr. 4.
6. Bd.: Registrum St. Wenceslai. Urkunden vorzüglich zur Geschichte Oberschlesiens nach einem Copialbuch Herzog Johanns von Oppeln u. Ratibor in Auszügen mitgetheilt u. hersg. von W. Wattenbach u. C. Grünhagen. 865. (VIII, 246 S.) n. 2 ß 10 ngr.
7. Bd.: Regesten zur schlesischen Geschichte, hersg. von Grünhagen. 1. Thl. (in 4 Abthlgn.). Bis zum J. 1250. 866—69. (XV, 363 S.) n. 4 ß
8. Bd.: Schlesische Urkunden zur Geschichte des Gewerberechts insbesond. des Innungswesens aus der Zeit vor 1400. Hersg. von Geo. Korn. 867. (XLIX, 139 S.) n. 2 ß
9. Bd.: Urkunden der Stadt Brieg, urkundliche u. chronikalische Nachrichten über die Stadt Brieg, die dortigen Klöster, die Stadt- u. Stiftsgüter bis zum J. 1550. Hersg. von C. Grünhagen. 870. (XI, 328 S. u. 1 lith. Taf.) n. 3 ß 15 ngr.

— diplomaticus Silesiae. Hrsg. vom Vereine f. Geschichte u. Alterthum Schlesiens. 7. Bd. A. u. d. T.: Regesten zur schlesischen Geschichte. Namens des Vereins für Geschichte u. Alterthum Schlesiens hrsg. v. C. Grünhagen. 2. Thl. 1 u. 2. Abth. Vom J. 1251 bis 1280. gr. 4. (S. 1—295.) Breslau 871. Max & Co. n. 7. — (I—VII. II, 2. VIII. IX.: n. 94. 75.)

— diplomaticus Silesiae. Hrsg. vom Vereine f. Geschichte u. Alterthum Schlesiens. 7. Bd. 3. Thl. 1. Hälfte. A. u. d. T.: Regesten zur schles. Gesch. Hrsg. von C. Grünhagen. 3. Abth. Vom J. 1281—1290. gr. 4. (152 S.) Breslau 879. Max & Co. n. 5. —

— diplomaticus Silesiae. Hrsg. vom Vereine f. Geschichte u. Alterthum Schlesiens. 7. Bd. 3. Thl. 2. Hälfte. A. u. d. T.: Regesten zur schles. Geschichte. Hrsg. v. C. Grünhagen. 1291—1300. Nebst Register. gr. 4. (S. 153—347.) Breslau 886. Max & Co. n. 6. —

—— dass. — s.a. Grünhagen, C., Regesten zur schlesischen Geschichte.

— dasselbe. 10. Bd. Urkunden des Klosters Kamenz. Namens des Vereins hrsg. v. Paul Pfotenhauer. Mit einer Bildertafel in Lichtdr. gr. 4. (VIII, 375 S.) Ebend. 881. n. 10. —

— dasselbe. 11. Bd. gr. 4. Ebend. 882. n. 7. —
Breslauer Stadtbuch, enth. die Rathslinie v. 1287 ab u. Urkunden zur Verfassungsgeschichte der Stadt. Hrsg. von H. Markgraf u. O. Frenzel. (LXI, 256 S. mit chromolith. Fcsm. d. Wappens v. J. 1530.)

— diplomaticus Silesiae. Hrsg. vom Vereine f. Geschichte u. Alterthum Schlesiens. 12.—15. Bd. gr. 4. Breslau, Max & Co. n. 34. —
12. Schlesiens Münzgeschichte im Mittelalter. 1. Thl. Urkundenbuch u. Münztafeln. Namens d. Vereins f. Geschichte u. Alterthum Schlesiens hrsg. von F. Friedensburg. (VII, 112 S.) 887. n. 4. —
13. dasselbe. 2. Thl. Münzgeschichte u. Münzbeschreibung. Hrsg. v. F. Friedensburg. (X, 322 S., nebst 17 Lichtdr.-Taf. zum 12. Bd.) 888. n. 12. —
14. Liber fundationis episcopatus Vratislaviensis. Hrsg. von H. Markgraf u. J. W. Schulte. Mit 5 lith. Taf. (XCV, 211 S.) 889. n. 10. —
15. Acta Nicolai Gramis. Urkunden u. Aktenstücke betr. die Beziehgn. Schlesiens zum Baseler Konzile. Namens des Vereins f. Geschichte u. Alterthum Schlesiens hrsg. von W. Altmann. (XV, 280 S.) 890. n. 8.

— diplomaticus Silesiae. Hrsg. vom Vereine f. Geschichte u. Alterthum Schlesiens. 16. Bd. gr. 4. Breslau 892. J. Max & Co. n. 10. —
Regesten zur schlesischen Geschichte. 1301—1315. Namens d. Vereins f. Geschichte u. Alterthum Schlesiens hrsg. v. C. Grünhagen u. C. Wutke. (VI, 359 S.)

— diplomaticus Silesiae. Hrsg. v. Vereine für Geschichte u. Alterthum Schlesiens. 17. u. 18. Bd. gr. 4. Breslau, E. Wohlfarth. n. 17. —
17. Die schles. Oderschiffahrt i. vorpreuss. Zeit. Urkunden u. Aktenstücke. Hrsg. v. Konr. Wutke. (VI, 336 S.) 897. n. 7. —
18. Regesten z. schles. Geschichte. 1316—1326. Namens d. Vereins hrsg. v. C. Grünhagen u. K. Wutke. (391 S.) 898. n. 10. —

— diplomaticus Silesiae. Hrsg. vom Vereine f. Geschichte u. Alterthum Schlesiens. 19.—21. Bd. gr. 4. Breslau, E. Wohlfahrt. n. 29. —
19. Schlesiens neuere Münzgeschichte. Namens des Vereins hrsg. Von F. Friedensburg. (VIII, 261 S.) 899. n. 9. —
20. Schlesiens Bergbau u. Hüttenwesen. Urkunden (1136—1528.) Von Konr. Wutke. (VII, 302 S.) 900. n. 10. —
21. Schlesiens Bergbau u. Hüttenwesen. Urkunden u. Akten (1529—1740.) Von Konr. Wutke. (VII, 322 S.) 901. n. 10. —

— diplomaticus Silesiae. Hrsg. vom Vereine f. Geschichte u. Alterthum Schlesiens. 22. u. 23. Bd. gr. 4. Breslau, E. Wohlfarth. n.n. 13. —
22. Regesten z. schlesischen Geschichte. 1327—1333. Namens des Vereins f. Geschichte u. Alterthum Schlesiens hrsg. v. C. Grünhagen u. K. Wutke. (IV, 281 S.) 903. n n. 9. —
23. Schlesiens Münzgeschichte im Mittelalter. Ergänzungsbd. Namens des Vereins f. Geschichte u. Alterthum Schlesiens hrsg. Von F. Friedensburg. (VI, 70 S. m. 2 Taf.) 904. n. 4. —

— diplomaticus Silesiae. Hrsg. vom Verein f. Geschichte Schlesiens. 24. u. 25. Bd. 29×23,5 cm. Breslau, F. Hirt. 17. —
24. Inventare, die, der nichtstaatl. Archive Schlesiens. I. Die Kreise Grünberg u. Freystadt. Hrsg. v. Konr. Wutke. (VIII, 243 S.) 908. 8. —
25. Geschichte des Breslauer Schulwesens vor der Reformation. Von Gust. Bauch. (XII, 313 S.) 909. 9. —
Bd. 1—23. Jetzt Ebd.

— dasselbe, s. a. Grünhagen, C., Regesten zur schlesischen Geschichte.

— diplomaticus Tinecensis. I. gr. 4. (VII, 198 S.) Lemberg 872. (Milikowski.) n. 5. —

Codex diplomaticus et variarum traditionum monasterii Laurisheimensis, tomus I et II. Tegernsee 1766. H: *Klein, Magnus.* (EB)

— diplomat. et variarum tradit. antiquiss. Monasterii Laurishemensis ord. St. Bened. c. notis et animadv. etc. 4. Augsb. 792. 5 ℛ︎ß

—— diplomaticus universitatis studii generalis Cracoviensis, continet privilegia et documenta, quae res gestas academiae eiusque beneficia illustrant. Pars I—III. gr. 4. Krakau, Friedlein.

Inhalt:
Pars I. ab a. 1365 usque ad a. 1440. (VIII, 204, VII, 23 S.) 870. (**ℳ 12.) **ℳ 6.
» II. ab a. 1441 usque ad a. 1470. (VI, IX, 274, 31 S.) 873. (**ℳ 14.) **ℳ 6.
» III. ab a. 1471 usque ad a. 1506. (VII, 27, 252 S.) 880. **ℳ 6.

Codex diplomaticus Warmiensis od. Regesten u. Urkunden zur Geschichte Ermlands, hrsg. v. Vict. Röhrich u. Frz. Liedtke, s.: Monumenta historiae Warmiensis.

—— diplomaticus Warmiensis, s. Zeitschrift für Geschichte und Alterthumskunde Ermlands.

Codex diplomaticus, worinnen die Anmerkungen und Zusätzen . . . durch viele . . . Urkunden ihren Beweis und Erläuterung erhalten. Göttingen 1759. H: *Scheidt, Chn Ludwig.* (Löwe, Bibl. der Hann. u. Braunschw. Gesch. Hann. 1908. S. 139.)

— diplomat., worin d. Zusätze zu des Hrn. v. Mosers Einleit. in d. Braunschweig.-Lüneb. Staatsrecht ihren weitern Beweis u. Erläuterung erhalten. 8. Hannov. 759. (Leipz., Barth). 20 gl

— ecclesiasticus moguntinus novissim., od. Samml. d. Erzbischöflich. Maynz 2c. s. a. F. J. K. Scheppler.

— ecclesiast. Mogunt. noviss., oder Samml. d. Erzbischöfl. Mainzer in kirchl. u. geistl. Gegenständen 2c. Verordnungen u. Constitutionen. 1r Bd. 1e Abtheil. von Sebastian bis Lothar Franz. Herausg. von F. J. K. Scheppler. Fol. Aschaffenb. (Frankf.) 793. Guilhaumann. 4 ℛ︎ß

— der sächsischen Elementar-Volksschule. Zusammenstellung aller Gesetze u. Verordnungen, das sächs. Elementar-Volksschulwesen betreff. v. 1835—1851, übersichtlich geordnet u. m. einem vollständ. alphabet. Sachregister versehen von Rob. Florey. gr. 8. (X u. 174 S.) Leipzig 852, Klinkhardt. n. 18 ngl

— der sächsischen Elementar-Volksschule. Zusammenstellung aller Gesetze u. Verordnungen, das sächsische Elementarschulwesen betr. von 1835—1858, übersichtlich geordnet u. mit einem vollständigen alphabet. Sachregister versehen von Rob. Florey. 2., verm. u. umgearb. Aufl. Leipzig 859. Klinkhardt. gr. 8. (XIV, 197 S.) n. 15 ngr.

— — Supplement. Zusammenstellung aller Gesetze u. Verordnungen, das sächsische Elementar-Volksschulwesen betr. von 1851—1858, nebst Berichtigungen u. Nachträge zur 1. Aufl. des Codex vom Jahre 1852 gesammelt u. geordnet von Rob. Florey. Ebend. 859. gr. 8. (VIII, 40 S.) n. 5 ngr.

— Ephraemi Syri rescriptus sive fragmenta veteris testamenti e cod. graeco Paris. celeberr. quinti ut videtur post Christum seculi eruit atque ed. Const. Tischendorf. 4 maj. (25 B. u. 1 Stnt.) Lipsiae 845, B. Tauchnitz jun. *

— id. sive fragmenta nov. testam. e cod. graeco Paris. celeberr. quinti ut videtur post Christum seculi eruit atque ed. Const. Tischendorf. 4 maj. (51 ¼ B. u. 1 Facsim.) Lipsiae 843, B. Tauchnitz jun. *

— Ephraemi Syri Rescriptus sive fragmenta veteris et novi Testamenti e codice graeco Parisiensi celeberrimo quinti ut videtur post Christum seculi eruit atque edidit Const. Tischendorf. Mit Facsimiles. 4 maj. Lipsiae 846 et 42, Tauchnitz jun. n. 27 ℛ — Altes Test. n. 9 ℛ Neues Test. n. 18 ℛ

Codex epistolaris Johannis Regis Bohemiae. — Briefe des Königs Johann von Böhmen, seiner Verwandten u. anderer Zeitgenossen, nebst Auszügen aus Urkunden desselben Königs, als einer Ergänzung zu Fr. Böhmer's Regesten, herausgeg. von Thdr. Jacobi. schmal gr. 4. Berlin 841, T. Trautwein. 1½ ℛ

Codex epistolaris Primislai Ottocari II. 4. Vindobonae 1803.

— epistolaris Rudolfi I. Rom. Regis epist. CCXXX anecdotas continens a Frz. Jos. Bodmann, c. tab. aeri incisa. 8 maj. Leipz. 806. Weidmann. 1 ℛ 18 ℊ Schrbp. 2 ℛ

Codex Escurialensis. Ein Skizzenbuch aus d. Werkstatt Domenico Ghirlandaios. Unter Mitw. von Christian Hülsen u. Adolf Michaelis, (Prof., Straßburg), hrsg. von Hermann Egger. 137 Autotyp. in besond. Bd, 3 Lichtdr. u. 70 Autotyp. im Text. (Text. Taf.) Wien: A. Hölder 1906. 2 Bde 4°
= **Sonderschriften** d. österr. archäol. Institutes in Wien. Bd 4. [illegible]

— Fabrianus definitionum forensium. fol. Lips. 706.

— Fabrianus definit. forensium. 2 Vol. Fol. Colon. Allobrogum. 765.

— Festi Farnesianus XLII tabulis (phototypicis) expressus. Consilio et impensis academiae litterarum hungaricae edidit Aemilius Thewrewk de Ponor. qu. gr. Fol. (V S. Text.) Budapestini 893. (Berlin, S. Calvary & Co.) In Mappe. n.n. 42. —

Codex Fridericianus. Anhang, s. Anhang, Ausführlicher ... – Anhang zum Codice ...

— Friderico-Augustanus sive fragmenta Veteris Testamenti e codice graeco omnium qui in Europa supersunt facile antiquissimo in Oriente detexit, in patriam attulit, ad modum codicis edidit Const. Tischendorf. Fol. maj. Lipsiae 846, K. F. Köhler. geb. n. 32 ℛ

— Fuldensis. Novum testamentum latine interprete Hieronymo ex manuscripto Victoris Capuani edidit, prolegomenis introduxit, commentariis adornavit Ernest. Ranke. Accedunt 2 tabb. photolith. (in 4.) Marburg 868. Elwert. gr. 8. (XXXII, 572 S.) n. 3 ℛ

— der neuen Gesetze, der vorzüglichsten diplomatischen Actenstücke und gesetzlichen Verordnungen, welche während u. nach der Bewältigung des Umsturzes zur Reorganisirung der bürgerlichen und staatlichen Verhältnisse für das Kronland Ungarn bis jetzt erlassen worden sind. Mit einem Wort- und Sachregister. 6. Bd. Pesth 853. Heckenast in Comm. 8. (VIII, 236 S.) n. 16 ngr.
1—5. Bd. Ebend. 850—52. à n. 16 ngr.

Codex der neuen Gesetze der vorzüglichsten diplomatischen Aktenstücke und gesetzlichen Verordnungen, welche während und nach der Bewältigung des Umsturzes zur Reorganisirung der bürgerlichen und staatl. Verhältnisse für das Kronland Ungarn bis jetzt erlassen worden sind. 7. Band. 8. (VIII und 224 pag.) 1854. Pesth. Druck und Verlag von Landerer und Heckenast.

— Graecus XIII Epistolar. Pauli, c. vers. lat. veteri vulgo Antehieronymiana, olim Boernerianus, ed. a Ch. F. Matthaei, c. tab. 4. maj. Meissen, Erbstein. (Gödsche.) 791. Velinp.

— graecus, XIII epistolar. Pauli, c. vers. latin. vet. vulgo Antehieronymiana, olim Boernerian., ed. a Chr. Fr. Matthäi, c. tab. 4 maj. Meissen 791. Goedsche. 5 ℛ Velinp. 7 ℛ Ed. min. 4 maj. ibid. 818. 3 ℛ 16 ℊ

Codex, graecus quatuor evangeliorum e bibliotheca universitatis Pestiensis cum interpretatione hungarica editus a Sam. Márkfi. Fol. (XVII. 439 P.) Pest, 1860, Eggenberger. 6 fl.

— Hirsaugiensis, s.: Bibliothek d. litterar. Vereins in Stuttgart. 1.

Codex Juris Bavarici Criminalis de anno 1751. München [1751—91?]. H: *Kreittmayr, Wiguleus Xaverius Alois Baron von.* (BrMm)

— juris Bavarici criminalis de 1751. gr. 8. München, Franz. 807.

— — Anmerk. hierüber. gr. 8. Ebend. 774.

— — idem liber. fol. ibid.

— — Anmerk. hierüber. Fol. Ebend.

— juris Bavarici criminalis de 1751. 8 maj. Münch. 807. (Weber). 1 ℛ 16 ℊ

— juris bavarici judiciarii de anno 1753., s. a. Moritz, H. A.

Codex juris bavarici judiciarii. De anno MDCCLIII (1753), od. neu-verbess. Churbaier. Gerichtsordnung. Neue revid. u. mit einer Inhalts-Anz. verm. Aufl. Ulm, 1804, in d. Stettinischen Buchhdlg. 8°. XIV—274 S. Ppb.

— juris Bavarici judiciarii, oder neu verbesserte Bayerische Gerichtsordnung. gr. 8. Ulm, Stettin. (a. Lachmüller in Bamberg.) 804.

— — dasselbe. gr. 8. Bamberg, Göbhard. 806.

— — Anmerk. hierüber. gr. 8. Ebend. 806.

— — idem liber. fol. ibid.

— — Anmerk. hierüber. Fol. Ebend.

Codex juris bavarici judiciarii, od. baierische Gerichtsordnung. gr. 8. Münch. 810. Weber. 1 ℛ 4 ℊ (Landsh., Krüll). 1 ℛ Novellen dazu 811. Ebd. 1 ℛ 14 ℊ Anmerkk. dazu. gr. 8. Ebd. 813. 1 ℛ 14 ℊ

Codex juris Bavarici judiciarii oder bayer. Gerichtsordnung vom Jahre 1753. Nebst e. Anh.: Die Gesetze vom 22. Juli 1819 u. vom 17. Novbr. 1857 . . . betreffend. München 1841. 8°. Hlwdbd., gebr. m. Merkeln. 8 Bl., 107 S.

— Juris Bavarici Judiciarii, oder bayerische Gerichtsordnung vom Jahre MDCCLIII. Nebst einem Anhange: Die Gesetze vom 22. Juli 1819 u. vom 7. Nov. 1837 einige Verbesserungen der Gerichtsordnung betr. gr. 8. München 841. (Regensburg, Manz.) n. 1 Thlr 8¾ ngr — Anmerkungen, worin derselbe sowohl mit den gemeinen, als den ehemal. statutarischen Gerichtsordnungen u. Rechten genau verglichen ist. Neue Aufl. gr. 8. München 842. (Baireuth, Buchner; Regensburg, Manz.) 2 Thlr

— juris Bohemici, s. a. Jireček, Herm.

— juris bohemici. Tomi II. pars I. continens documenta juris publici saec. XIVmi (1306—1378). Auxiliis „Academiae bohemicae caes. Francisci Josephi" ed. Hermenegild. Jireček. gr. 8. (IV, 616 S.) Prag, F. Tempsky. — Leipzig, G. Freytag. n. 6. —

— juris Bohemici. Tomi II. pars 3, continens: Scripta ad rempublicam administrandam spectantia saec. XIVmi. Impensis Reg. societatis scientiarum Bohemicae ed. H. Jireček. gr. 8. (IV, 368 S.) Prag 889. Tempsky. — Leipzig, Freytag. n. 5. 60

— dasselbe. Tomi II, pars IV., continens monumenta juris municipalis saeculi XIVmi. Ed. Hermenegild. Jireček. gr. 8. (V, 388 S.) Ebd. 898. n. 6. —

— juris bohemici. Tomi IV. pars 1. Sect. I. Jura et constitutiones regni Bohemiae saeculi XVI. Edd. Jos. cum Hermenegildo Jireček. gr. 8. (IV, 703 S.) Prag 881. Tempsky. n. 16. —

— juris bohemici. Tom. IV, Pars 1, Sect. I: Jura et constitutiones regni Bohemiae saeculi XVI. Ediderunt Jos. cum Hermenegildo Jireček. gr. 8. (IV, 703 S.) Prag 882, Tempsky.

— dasselbe. Tomi IV. pars 3: Monumenta juris municipalis. Sectio I. Exhibens Mag. Briccii a Liczko jus municipale Pragense. Procurante sodalitate Pragensi „Právnická jednota" edd. Jos. cum Hermenegildo Jireček. gr. 8. (IV, 455 S.) Ebend. 880. n. 10. — (I. II. 2. III. 2. 3. et IV. I. 1. 3. I. II.: n. 62. 90)

— juris bohemici. Tomi IV. pars 5: Scripta jurisconsultorum saeculi XVI. Auspicii i. r. ministerii cultus ac publicae instructionis ed. Hermenegildus Jireček. gr. 8. (VIII, 276 S.) Prag 883. Tempsky. — Leipzig, Freytag. n. 5. 60 (I. II. 2, III. 2. 3., IV, 1. I. 3. I. II. 5: n. 68. 50)

— dasselbe. Tomi V. pars 2: Constitutiones regni Bohemiae a. 1627 reformatae. gr. 8. (VI, 596 S.) Ebd. 888. n. 20. — (Tom. I.; tom. II., pars 2. 3; tom. III, pars 2. 3; tom. IV., pars 1, sectio 1, pars 3, sectio 1. 2, pars 5; tom. V. pars 2: n. 94. 10)

Codex juris bohemici. Tomi V. Pars 3: Constitutiones margraviatus Moraviae anno 1628 reformatae. Propriis sumptibus ed. Hermenegild. Jireček. gr. 8. (IX, 483 S.) Prag 890. Wien, F. Tempsky. — Leipzig, G. Freytag. n. 6. —

Codex jur. eccl. Josephini; oder vollst. Samml. aller während d. Regier. Joseph's II. ergang. Verordnn. im geistl. Fache; mit vielen wicht. u. gemeinnütz. e. jeden Verordn. beygef. Anmerkk. *Frankf. u. Leipzig.*, (*Presb.*, Löwe.) 788—89. 2 Bde. 8. (1 Thl. 8 Gr.)

— juris forestalis, s. Jagd- u. Forstrecht.

— juris municipalis regni Bohemiae. Tom. I.: Privilegia civitatum Pragensium. Lex.-8. (CLXVI, 811 S.) Prag 886, (Řivnáč.) *

— juris municipalis regni Bohemiae. Ed. Jaromír Čelakovský. Tom. II. gr. 8. Prag 895. (F. Řivnáč.) n.n. 20. —

Privilegia regalium civitatum provincialium annorum 1225—1419. (XXXII, 1297 S.) n.n. 20. —

— juris municipalis Siciliae. Die mittelalterlichen Stadtrechte Siciliens nach Handschriften u. den ältesten Drucken hrsg. von Otto Hartwig. 1. Heft. Göttingen 857. Wigand. gr. 8. (VI, 76 S.) n. 15 ngr

Inhalt: Das Stadtrecht von Messina. Nach dem ältesten Text mit e. histor. Einleitung hersg. von O. Hartwig.

— juris municipalis Siciliae. Die mittelalterlichen Stadtrechte Siciliens nach Handschriften und den ältesten Drucken hrsg. von Otto Hartwig. 1. Heft: Das Stadtrecht von Messina. Nach dem ältesten Text mit einer histor. Einleitung hrsg. von Otto Hartwig. gr. 8. (IV und 76 S.) Göttingen 867, Wigand. *

— juris Islandorum antiquus, s.: Lögbók.

Codicis Justinianei illustrationes a triga eruditorum profectae, ob eximiam earum utilitatem denuo recusae, quibus premissa est praef. H. Ch. L. B. de Senkenberg etc. c. Eus. Beger. 4. (Ulm) 767. Stettin. 16 gr

Codicis Justinianei illustrationes a triga eruditorum profectae, ob eximiam earum utilitatem denuo recusae, quibus praemissa H. Ch. L. B. de Senckenberg de usu trium ultimorum libb. Cod., praecipue in Germania, cura Eus. Beger. *Frcf.* (*Ulm. Stettin.*) 767. 4. (16 Gr.)

— Justinianus, recognovit Paulus Krueger, s. a. Corpus iuris civilis.

— Justinianeus recognovit. Paulus Krüger. Fasc. I—IV. Liber 1—11. gr. 8. (960 S.) Berlin 873. 76. Weidmann. n. 32. —

— Justinianus, recogn. Paulus Krueger. Fasc. V. Libri XI—XII. Index. Lex.-8. (LXXX, S. 961—1102 u. 84 S. m. 2 Steintaf.) Berlin 877. Weidmann. n. 10 — (cplt.: n. 42. —)

— des im Königreiche Sachsen geltenden Kirchen- u. Schul-Rechts, mit Einschluß des Rechts der frommen Stiftungen u. der Ehe. Unter Genehmigung des Königl. hohen Minister. des Cultus mit Erläuterungen aus ungedruckt. Verordnungen versehen. Sammt vollständ. chronolog. u. alphabet. Registern. gr. 4. Leipzig 840. Tauchnitz jun. n. 6 Thlr

— des im Königreich Sachsen geltenden Kirchen- u. Schul-Rechts, mit Einschluß des Eherechts u. des Rechtes der frommen u. milden Stiftungen. Suppl.-Bd. zur 2. Aufl., enthaltend die einschlagende Gesetzgebung seit dem Jahre 1863, u. Nachträge zum Hauptwerke. Im Auftrage d. königl. Ministerium d. Cultus u. öffentl. Unterrichts bearb. von Paul v. Seydewitz. Mit chronolog. u. alphabet. Register. gr. 4. (VI, 710 S.) Leipzig 879. B. Tauchnitz. n. 26. —

— d. im Königr. Sachsen geltenden Kirchen- u. Schulrechts. 3., bis auf die neueste Zeit fortgeführte u. ergänzte Aufl. Im Auftrage d. königl. Ministeriums d. Kultus u. öffentl. Unterrichts u. d. evangelisch-luther. Landeskonsistoriums bearb. u. hrsg. v. Paul v. Seydewitz. Mit chronolog. u. alphabet. Registern. gr. 4. (VIII, 1173 S.) Leipzig 890. B. Tauchnitz. n. 44.

des im Königr. Sachsen geltenden Kirchen- und Schul-Rechts. Supplement, s. Supplement.

§ * **KOLOCZAER** Codex. — Codex, Koloczaer, altdeutscher Gedichte. Hrsg. v. Joh. Nep. Grafen Mailáth und Joh. Paul Köffinger. Pesth, 1817. Bey Konr. Adolph Hartleben. Gr. 8°.
XX, 1 Bl. Inh., 1 Nebentit. u. 464 SS. — Inh.: 1. Die goldene Schmiede. Von Konrad v. Würzburg. 2. Der Wiener Meerfahrt. 3. Der Frauen Turnier. 4. Der Kummer. 5. Frauenlist. 6. Des Hundes Noth. 7. Wie ein Mann mit einem Hahn einen Reiger fing. 8. Des Kotzen's Märe. 9. Der Schlegel. Von Rudiger dem Hunthover. 10. Die Heidinn. Von Meister Wunnenhoven. 11. Crescentia. 12. Frauen Treue. 13. Pfaff Amys. Von dem Stricker. 14. Reinhart, od. Reinecke Fuchs. Von Heinrich dem Glichsenere. 15. Der arme Heinrich. Von Hartmann von der Aue. — Nr. 5, 10 u. 12 freien Inhalts. (5 Mk. Baer, Kühl etc.) — Vergriffen, im Preise steigend!

— Koloczaer, altdeutscher Gedichte, herausg. v. Grafen Jh. N. v. Mailath u. Jh. P. Köffinger. gr. 8. Peſth 818. Hartleben, 2 ß 12 gr

— conſtitutioneller, der preuß. Monarchie, enthaltend: Geſetz üb. die Preſſe. Verordnung üb. einige Grundlagen der Verfaſſung. Verordnung betreff. das Verfahren bei polit. u. Preßvergehen ꝛc. Habeas-Corpus-Akte. Verfaſſungsurkunde. Patent wegen Einberufg. der Kammern. Wahlgeſetz f. die 1. u. 2. Kammer. Miniſterielles Wahlreglement. Miniſterielle Inſtruction wegen der Selbſtſtändigkeit. Das Jagdgeſetz. 8. (15 S.) Weſel 849, Bagel. 3 ngr

—— Laudianus, s. Monumenta sacra inedita.

Codex Laureshamensis..., s. Codex principis...

Codex legum ecclesiasticarum in rationem utrarumque evangelicarum confessionum in Polonia et Lithuania... Posonii 1791. H: *Scheidemantel, Heinr. Gottfr.* (EB)

— legum Suecicarum. 4. Holmiae. 731.

Codex liturgicus ecclesiae universae in epitomen redactus. Et. s. tit.: Codex liturgicus ecclesiae romano-catholicae in epitomen redactus. Curavit Herm. Adalb. Daniel. 8maj. Lipsiae (546) 847, T. O. Weigel. n. 1⅚ ß

— liturgicus ecclesiae universae in epitomen redactus. Cur. Herm. Adalb. Daniel. Fasc. 2. Lex. 8. (VIII S. u. S. 277—446.) Lipsiae 847, T. O. Weigel. n. 1 ß (1. u. 2. n. 2⅚ ß) — Tom. II. A. u. d. T.: Codex liturgicus ecclesiae Lutheranae. Lex. 8. (XII u. 570 S. m. 5 Tab. in qu. gr. 4.) Ebd. 848. n. 3⅚ ß — Tom. III. A. u. d. T.: Codex liturgicus ecclesiae reformatae atque Anglicanae. Lex. 8. (VIII u. 628 S.) Ebd. 851. n. 4 ß (I - III. n. 10⅔ ß)

Codex liturgicus ecclesiae universae in epitomen redactus. Curavit Arm. Adalb. Daniel. Tom. IV. A. u. d. T.: Codex liturgicus ecclesiae orientalis in epitomen redactus. Lipsiae 851. T. O. Weigel. gr. 8. (VIII, 727 S.) n. 5 ß 10 ngr

Codox liturgicus ecclesiae universae, in quo continentur libri rituales, missales, pontificales, officia, dyptycha etc. ecclesiarum, occidentis et orientis, nunc primum prodit. Joseph Aloysius Assemanus ad mss. codd. Vaticanos, aliosque castigavit, rec., latine vertit, praef., comment., et variantibus lectionibus ill. Ed. iterata, ad ed. principis exemplum, ab Huberto Welter (Reprod. en facs.) T. 1-13. *Parisiis & Lipsiae: H. Welter 1902.* 13 Bde 4°
1 De catechumenis 1749 — 2 De baptismo 1749
3 De confirmatione 1750 — 4 Missale Romanum vetus 1751
5 Missale [illegible] 1752 — 6 Sacramentarium Veronense 1751
7 Missale Mozarabicum 1751 — 8 Sacrae Latinorum ordinationes 1755
9 Syrorum Maronitarum ordinationes 1756
10 Syrorum [illegible] ordinationes 1758
11 Sacrae [illegible] 1762
12 De [illegible] ordinationibus 1763
13 Syrorum, Chaldaeorum, Nestorianorum, et Malabarum ordinationes 1766
[illegible]

Codex Maximilianeus Bavaricus civilis. Mcn. 1756. H: *Kreittmayr, Wigulcus Xaverius Alois Baron von.* (CO)

Codex Maximilianeus Bavaricus, Civilis. Oder neu Verbessert- und Ergänzt- churbairisches Landrecht. - München 1794. 4 Tl. i. 1 Bd. 824 S.

Codex, maximilianeus civilis, od. neuverbeß. bayeriſches Landrecht. gr. 8. München, Franz. 794.

— Maximilianeus civilis, oder unverbeſſ. Baier. Landrecht. gr. 8. Münch. 794. N. A. 821. Weber. 1 ß 4 gr Anmerkk. dazu. 5 Bde. Ebd. 3 ß 8 gr Daſſ., 5 Bde, nebſt Suppl. u. General-Inder. gr. 8. Ebd. 791. N. A. 821. (Landsh., Krüll). 13 ß 18 gr in Fol. mit Anmerkk. 21 ß 8 gr

Codex Maximilianeus Bavaricus Civilis. Oder: Baierisches Landrecht. Neue unveränd. Aufl. München 1821. 8°. Hlwdbd.
VI, 1 10, 101 S.

Codex Maximilianens civilis, od. Baier. Landrecht. Neue unveränd. Aufl. *Münch.*, **K. Hofbuchh. (751. 794.) 821. gr. 8. (1 Thl. 4 Gr.)**

—— Maximil. bavaricus civil. Anmerkgn. dazu etc. 5 Thle. Neue (unveränd.) Aufl. Regensburg 844, Manz. *

Codex medicamentarius Britanniae

Codex medicamentarius Britanniae sive formulae medicamentorum compositorum quae in officinis pharmaceuticis Angliae, Scotiae et Hiberniae prostant. Pars 1: Pharmac. Londoniensis. Pars 2: Pharmac. Edinburgensis. Pars 3: Pharmac. Dublinensis. Ed. altera., gbd.

Lipsiae et Soraviae: Fleischer 1821-24
(Codex med. Europaeus 1)

— medicamentarius Europaeus. Sect. I. Pharmacop. Londinens. 818. Ed. II. 821. Ed. III. 832. pars IIa Pharmacopoea Edinburgensis. 818. Ed. II. 822. pars III. Pharmacopoea Dublinensis. Edit. II. 824. 8maj. Leipz., Fr. Fleischer. (à 18 gr) 2 ß 6 gr Sectio II. Pharmacopoeam gallicam cont. Et. sub tit.: Codex medicament. sive Pharmacopoea gallica, editus a facultate medica Parisiensi. 819. 8maj. Leipz., Fr. Fleischer. 2 ß 18 gr Sectio III. in II part. pharmacopoeam Suecicam et Danicam continens. 8maj. ibid. 821. 2 ß 16 gr Sect. IV. Et. sub tit.: Pharmacopoea Batava; cum notis et additamentis medico-pharmaceuticis. Edid. J. Fr. Niemann. II Voll. Editio II. emend. et aucta. Cum VI tabb. aen. 8maj. ibid. 825. 7 ß Sect. V. Pharmacopoeam Rossicam, Fennicam et Polonicam continens. II Tom. 8maj. ibid. 821. 2 ß 16 gr Sect. VI. II Voll. Pharmacop. Hispan. et Lusitanicam cont. 8maj. ibid. 822. 2 ß 12 gr Sect. VII. Literarum pharmacopoearum exhibens cura A. N. Scherer. 8maj ibid. 822. 1 ß 8 gr 7 Sect. compl. 21 ß 4 ß

—— medicamentarius Europaeus. — Sectio I. Pharmacopoeiam Londin. Edinburg. et Dublinensem cont. Tom. I. — E. s. t.: Codex medicam. Britanniae, sive formulae medicamentor. compositor., quae in officinis pharmaceut. Angliae, Scotiae et Hiberniae prostant. Pars I. — Pharmacopoeia coll. regal. medicor. Londin. 1824. Edid. III. 8 maj. (9 B.) Lipsiae 832, Fr. Fleischer.

Codex medicamentarius Hamburgensis. Auctoritate Colleg. sanitatis editus. Mit 1 Steintaf. 8maj. Hamb. 835. Perthes, Besser et Mauke. 2½ ß

— medicamentarius Hamburgensis. Auctoritate Collegii sanitatis editus. Edit. II. 8maj. Hamburgi 845, Perthes-Besser et Mauke. n. 2½ ß

— Zuſätze zu den Vorſchriften des Codex medicament. Hamburg. 1837, 1839 u. 1841. 3 Liefg. gr. 8. Hamburg, Meißner. (à ⅙ ß) ½ ß

— medicamentarius Hamburgensis. Auctoritate collegii sanitatis editus. Editio III. gr. 8. (XXII u. 510 S. m. 1 lith. Taf. in Fol.) Hamburgi 852, Perthes-Besser & Mauke. n. 2½ ß

Codex medicamentarius pharmacopoea

Codex medicamentarius sive pharmacopoea Danica. 228 S., gbd.

Lipsiae: Fleischer 1821
(Codex med. Europaeus, 3,2)

Codex medicamentarius pharmacopoea

Codex medicamentarius sive pharmacopoea Gallica...editus a facultate medica Parisiensi anno 1818. 419 S., gbd.

Lipsiae: Fleischer 1819
(Codex med.Europaeus, 2)

Codex medicamentarius pharmacopoea

Codex medicamentarius seu pharmacopoea Hispanica. 244 S., gbd.

Lipsiae et Soraviae: Fleischer 1822
(Codex med. Europaeus, 6,1)

Codex medicamentarius pharmacopoea

Codex medicamentarius seu pharmacopoea Lusitanica. 207 S., gbd.

Lipsiae et Soraviae: Fleischer 1822
(Codex med. Europaeus, 6/2)

— **Medicamentarius seu Pharmacopoea Parisiensis, editio nova et aucta. 4. Par. et Lips. Fritsch. 759.**

Codex medicamentarius seu pharmacopoea Parisiensis ... ed. decano J. B. Boyer. Post 5 ... Parisiensem ed. ... Francof. a. M. 1760. (422) S.

Codex medicamentarius pharmacopoea

Codex medicamentarius sive pharmacopoea Svecica. 248 S., gbd.

Lipsiae: Fleischer 1821
(Codex med. Europaeus, 3,1)

Codex Mevianus hoc est decisiones summi tribunalis regii, quod est Wismariae ... Postmodum ad ordinem librorum et tit. Codicis Justinianei ... accommodatae ... Jam vero supplemento, nec non Otton. Phil. Zaunschlifferi commentario ut et Gust. Scharenhorsti disquisitionibus decisionum Mevianarum una cum novis indicibus adauctae a Chr. Leonh. Leuchtio. T. 1–3. Augustae Vindel., Dilingae (T. 1:) et Francofurti 1703.

***Codex* Nazareus, liber Adami appellatus, syriace transscriptus, loco vocalium, ubi vim literarum gutturalium praestiterint, his substitutus, latineque redditus a M. Norberg. Cum Lexico. V Voll. 4. Lond. Goth. 815—16. (Kopenh., Gyldendal. Mauritius in Greifsw.) 18 Thlr**

— nundinarius Germaniae literatae bisecularis. Meß-Jahrbücher d. deutschen Buchhandels v. dem Erscheinen d. ersten Meß-Kataloges im J. 1564 bis zu der Gründung d. ersten Buchhändler-Vereins im J. 1765. Mit einer Einleitung von Gust. Schwetschke. Nebst 3 (lith.) Taf. Facsimile's. gr. Fol. (XXXVI u. 244 S.) Halle 850, G. Schwetschke. 9 Thlr; Prachtausg. 15 Thlr

Codex nundinarius Germaniae literatae continuatus. Der Meß-Jahrbücher d. deutschen Buchhandels Fortsetzung, die Jahre 1766 bis einschließlich 1846 umfassend. Mit einem Vorwort v. Gust. Schwetschke. Fol. (III u. S. 245–140.) Halle 877. Schwetschke. n. 6. – ; cart. n. 7. 35 (cplt.: n. 34. 35)

— der Pharmakopöen. Samml. deutscher Bearbeitungen aller officiell eingeführten Pharmakopöen u. der wichtigsten Dispensatorien. 1. Section. Norddeutsche Pharmakopöen. 1. Bdchen. Pharmakopöe für Schleswig u. Holstein. 1831. Nebst den Nachträgen bis 1843. 8. Leipzig 844, 45, Voß. — 2. Bdchen. Hannöversche Pharmakopöe. 1. 18 ngr 2. 1/2 Thlr — 3. Bdchen. Hamburgische Pharmakopöe. 8. Ebend. 845. 24 ngr — 4. Bdchen. Sächsische Pharmakopöe. 8. Ebend. 846. 1/2 Thlr — 5. Bdchen. Preußische Pharmakopöe. 1846. Deutsche Bearbeit. 8. Ebend. 847. 1/2 Thlr

Codex der Pharmakopöen. 1. Sect. Norddeutsche Pharmakopöen. 6 Bdchn. Kurhessische Pharmakopöe. 1827. 8. (XX u. 201 S.) Leipzig 847, Voß. 21 ngr

— ders. 2. Section. Süddeutsche Pharmakopöen. 1. Bdchen. A. u. d. T.: Oesterreichische Pharmakopöe 1834. Nebst allen Abweichungen der österreich. Militärpharmakopöe von 1841. 8. Ebend. 845. 12 ngr

— ders. 2. Section. Süddeutsche Pharmakopöen. 2. Bdchn. Badische Pharmakopöe. 1841. Deutsche Bearbeitung. 8. (XIV u. 160 S.) Ebd. 847. 18 ngr — 3. Bdchn: Bayersche Pharmakopöe. 1822. 8. (XXX u. 174 S.) Ebd. 847. 21 ngr

— ders. 3. Sect. Nordosteuropäische Pharmakopöen. 1. Bdchn. A. u. d. T.: Dänische Pharmakopöe 1840. Nebst einem Anh., enthalt. die Militärpharmakopöe. 8. Ebend. 844. 18 ngr — 2. Bdchen. Schwedische Pharmakopöe. 8. Ebend. 846. 1/2 Thlr — 3. Bdchen. Russische Militärpharmakopöe. 1849. Deutsche Bearbeit. 8. Ebend. 846. 1/2 Thlr

— ders. 4. Section. Nordwest-europ. Pharmakopöen. 1. Bdchn. Londoner Pharmakopöe. 1836. 8. (XII u. 84 S.) Ebd. 847. 12 ngr — 2. Bdchn. Edinburger Pharmakopöe. 1841. 8. (VIII u. 104 S.) Ebd. 847. 12 ngr — 3. Bdchn. Dubliner Pharmakopöe. 1826. 8. (VIII u. 80 S.) Ebd. 847. 12 ngr — 4. Bdchn. Dubliner Parmakopöe. 1850. Deutsche Bearbeitung. 8. (VIII u. 83 S.) Ebd. 848. 12 ngr — 5. Bdchn. Londoner Pharmakopöe. 1851. Deutsche Bearbeitg. 8. (VIII u. 66 S.) Ebd. 851. 1/3 Thlr

— ders. 5. Sect. Westeuropäische Pharmakopöen. 1. Bdchen. A. u. d. T.: Französische Pharmakopöe 1839. 8. Ebend. 845. 24 ngr

— ders. 6. Sect. Südeuropäische Pharmakopöen. 1. Bdchen. Griechische Pharmakopöe. 1837. Deutsche Bearbeit. 8. Ebend. 845. 21 ngr

— ders. 7. Sect. Außereuropäische Pharmakopöen. 1. Bdchen. Pharmakopöe der Vereinigten Staaten von Nordamerika. 1842. 8. Ebend. 844. 12 ngr

— **Pomeraniae** diplomaticus, oder Sammlung der die Geschichte Pommerns u. Rügens betreffenden Urkunden. Nach den Originalen, Transsumten u. alten Copieen mit Anmerk., Schriftproben u. Siegelzeichnungen, herausgeg. von Karl Fr. Wilh. Hasselbach, Jh. Gottfr. Ldw. Kosegarten u. Fr. Baron v. Medem. 1. Bd. 1. 2. Liefg. Roy.-4. (Mit 5. lith. Taf.) Greifswald 843 u. 45, Koch. à n. 2 Thlr

— Pomeraniae diplomaticus. Hrsg. v. Karl Frdr. Wilh. Hasselbach, Joh. Gottfr. Ludw. Kosegarten u. Frdr. Baron v. Medem. 1. Bd. 3 u. 4. Lfg. Mit (2) Lith. Imp. 4. (S. 315—728.) Greifswald 848. 51, Kochs Verlag. à Lfg. n. 2 Thlr (1—4. n. 8 Thlr)

— Pomeraniae diplomaticus. Herausg. von K. F. W. Hasselbach und Joh. Gfr. Ludw. Kosegarten. 1. Bd. 5. Liefg. Mit (2) Lithogr. Greifswald 851. Koch. gr. 4. (S. 729—920.) n. 2 Thlr

Pomeraniae diplomaticus. Herausg. von Karl Frdr. Wilh. Hasselbach u. Joh. Gfried. Ludw. Kosegarten. [illegible] 6 (letzte) Liefg. Greifswald 862. Koch. Fol. [illegible] XLVIII u. S. 921—1042.) n. 2 Thlr

Codex principis olim Laureshamensis Abbatiae diplomaticus ... Manhem. 1768—70. H: *Lamey, Andreas.* (BrMm) (Ky) (MGT)

— **principis olim Laureshamensis diplomaticus ex aevo maxime Carolingico, diu multumque desideratus; edidit, recens. et praefat. est acad. elect. scient. et elegant. lit. Theodoro-Palatina (ed. Andr. Lamey). III Tom. 4. 4. Manh. 768—70. Löffler. 4 ß 16 ℊ Schrbp. 7 ß**

— Codex pseudepigraphus Veteris Testamenti, coll., castigatus, testimoniisque, censuris & animadversionibus illustr. à Johanne Alberto Fabricio. [Vol. 1.] — Hamburgi & Lipsiae: Liebezeit 1713. 1174 S.
Mit lateinischer Übersetzung.
1: Bl 8010-1. 300: BE 1 S 48. 7. 9. 102.
5.7581

— Codex pseudepigraphus Veteris Testamenti, coll., castigatus, testimoniisque, censuris et animadversionibus illustr. a Johan[ne] Alberto Fabricio. Ed. huic 2. acc. vol. alterum separatim excusum. Vol. [1.] 2. — Hamburgi: Felginer 1722–23.
1. 1722.
2. Acc. Josephi veteris christiani scriptoris Hypomnesticon, nunc primum in lucem ed., cum versione ac notis Jo[hannis] Alberti Fabricii. 1723.
Sondert.: Josephus Christianus: Josephi veteris christiani scriptoris Hypomnesticon [griech. u. lat.], sive liber sacer memorialis, nunc primum in lucem ed., cum versione et notis Jo[hannis] Alberti Fabricii. 1733.
Mit lateinischer Übersetzung.
Das Titelblatt des 1. Bandes des Exemplars von 1 ist stark beschnitten.
1.2 . . . . . . 1: 1 = Bibl. Diez 47; 2 = Bl 8010-2.
12: B. gr. 144. 2. 4. 5. 7. 8. 10. 11.
1 . . . . 3. 6.
2 . . . . 9.
5.7582

— pseudepigraphus vet. Test. ed. J. A. Fabricius. 2 Tomi. Hamb. 722. (Ist jetzt Verlag von Weigel in Leipzig.) 4 —

— Codicis pseudepigraphi Veteris Testamenti vol. ... Acc. Josephi veteris christiani scriptoris Hypomnesticon. In lucem ed. cum versione ac notis Jo[hannis] Alberti Fabricii. Ed. 2. Vol. 2. — Hamburgi: Felginer & Bohnius 1741.
Sondert.: Josephus Christianus: Josephi veteris christiani scriptoris Hypomnesticon [griech. u. lat.] sive liber sacer memorialis. In lucem ed., cum versione et notis Jo[hannis] Alberti Fabricii. Ed. 2.
Mit lateinischer Übersetzung.
1: Bibl. Diez 48. 3. 6. 7. 10.
5.7583

— **Sangallensis, antiquissimus quatuor Evangeliorum canonicorum, graeco-latinus interlinearis nunquam adhuc collatus. Ad similitudinem ipsius libri mss. accuratiss delineandum et lapidibus exprimendum curavit H. C. M. Rettig. 4maj. Zürich 836. Fr. Schulthess. 9 ß**

— sanitario-medicinalis Hungariae. Tom. II., quem congessit Franc. Xav. Linzbauer. Lex. 8. (XIV u. 822 S.) Budae 852. (Vindobonae, Braumüller.) n. 3²/₃ ß

Codex saxonicus, s.a. **Schaffrath, W. M.**

— Saxonicus, oder Handbuch der gesammten im Königr. Sachsen praktisch-gültigen sächsischen Gesetze von den ältesten Zeiten bis zum Schlusse des Jahres 1841 nach den einzelnen Theilen der Rechtswissenschaft systematisch u. chronologisch geordnet, mit Anmerk. u. Repertorien, von W. M. Schaffrath. 1. Bd. — A. u. d. T.: Codex juris Saxonici privati etc. gr. 8. Altenburg 841, Pierer. 2 ß

— **Saxonicus. Chronologische Sammlung der gesammten praktisch-gültigen Königl. Sächsischen Gesetze von d. ältesten Zeiten, vom Jahre 1255 an bis zum Schlusse des Jahres 1840; mit einem alphabetisch-systemat. Repertorium von W. M. Schaffrath. 1. Bd., enthalt. die Gesetze bis zum 8. März 1818. 2. Bd., enthalt. die Gesetze vom 9. März an bis zum Schlusse des Jahres 1840. Lex.-8. Leipzig 842, Ph. Reclam jun. (à n. 6²/₃ ß) n. 13¹/₃ ß — alphabet. Repertorium dazu. Lex.-8. Ebend. 843. n. ²/₃ ß**

— Saxonicus. Neue Folge, die Jahre 1841 bis 1845 umfassend. Eine Zusammenstellung der K. Sächs. Gesetze u. Verordnungen der neuesten Zeit in chronol. Ordnung, hrsg. u. m. alphabet.-systemat. Repertorium versehen v. Heinr. Herm. Klemm. Des ganzen Werkes 3. Bd. 1. Abthl. Die Gesetze u. Verordnungen d. J. 1841 u. 1842 enthaltend. br. 8. (200 S.) Grimma 847, Verlags-Comptoir. n. ²/₃ ß — 3. Bd. 2. Abthl. Die Gesetze u. Verordnungen des J. 1843 enthalt. 4. (S. 201—328.) Eb. 848. (Bd. 1 u. 2. herausg. v. Schaffrath. 1842. jetzt Ebd. 18 ß)

— **Sancti Simeonis, exhibens lectionar. ecclesiae graecae DCCC. circiter annorum vetustate insigne. Edid. Maria Steininger. 4maj. Trier 834. Lintz. 3 ß**

— Sancti Simeonis exhibens lectionarium ecclesiae graecae DCCC. circiter annorum vetustate insigne. Edid. R. Maria Steininger. Edit. nova. (Neue Titel-Ausg.) Augustae Trevir. (831.) 856. Lintz. gr. 4. (XXXIX, 1 Bl., 181 S. u. 2 lith. Schrifttaf.) 2 ß

— **Strahoviensis, s. Fontes rerum austriacarum. 1. Abthl.**

— Suprasliensis. (Photograph. Nachbild. d. Originals e. slav. Handschrift d. Laibacher Lycealbibliothek.) gr. 4. (236 S.) Laibach 896. O. Fischer. n.n. 250. —

— **syriaco-hexaplaris. Liber quartus regum e codice Parisiensi Jesaias duodecim Prophetae minores proverbia Jobus canticum Threni ecclesiastes e codice Mediolanensi ed., et commentariis illustr. Henr. Middeldorpf. Pars I. et II. 4maj. Berl. 835. Th. Enslin. 8 ß Velp. 12 ß**

Codex Teplensis, enthaltend „Die Schrift des newen Gezeuges". Älteste deutsche Handschrift, welche den im 15. Jahrh. gedruckten deutschen Bibeln zu Grunde gelegen. Augsburg. Litt. Institut v. M. Huttler. 1°. 18 Mk. (ermäß. Preis 7 Mk.).
1. Teil: Die 4 hl. Evangelien. 1881. IV u. 157 S., 6 Mk.
2. Teil: Die Briefe St. Pauli. 1882. VII u. 107 S., 6 Mk.
3. Teil: Die Briefe St. Jakob, St. Petri, St. Johannis, St. Judä, das Botenbuch und St. Johannis Offenbarung nebst 3 Anhängen. 1884. VIII u. 172 S., 6 Mk.
Teil 1 und 2 recens. von Hundhausen, Litt. Handw. 1882, S. 165—169. Teil 1 von Schanz, (Tübinger) Theol. Quartalschr. 1891, Heft 3. Vgl. auch Jostes, Die Tepler Bibel S. 189.

— Novi Testamenti deutero-canonicus sive Patres apostolici. Recens. Ed. de Muralto. Partic. I.: Barnabae et Clementis Romani epistolae. gr. 16. (106 S.) Turici 848, Meyer & Zeller. 16 ℊ

— **Theodosiani,** s.a. ***Theodosianus.***

— **Theodosianus. Ad LIV libror. mss. et priorum edit. fidem recogn. et annotat. crit. instruxit Gust. Haenel Lips., s. Corpus juris Romani Antejustiniani. Fasc. III.**

— Theodosianus ed. G. Haenel, s.a. Lex Romana.

— Theodosianus, cum perpetuis Commentariis Iacobi Gothofredi; praemittuntur Chronologia accuratior, Chronicon historicum et Prolegomena. Subiiciuntur Notitia Dignitatum, Prosopographia, Topographia, index rerum et Glossarium nominum. Opus posthumum diu in foro et schola desideratum, recognitum et ordinatum ad usum Codicis Iustinianei, opera et studio Antonii Marvillii. Editio nova in VI Tomos digesta, collata cum Codicibus MSS. antiquissimo Wirceburgensi, Gothano et Libris editis, iterum recognita, emendata, variorumque observationibus aucta, quibus adiecit suas Joan. Dan. Ritter. fol. Lips. Weidmann. 736—45. (I. II. III. IV. à 3 Rthlr. 8 gr. V. VI. p. 1. à 2 Rthlr. 16 gr. VI. p. 2. 3 Rthlr.)

Theodosiani codicis genuini fragmenta, ex membranis bibliothecae Ambros. Mediolanensis, nunc primum edid. Walth. Fr. Clossius. 8maj. *Tubingae*, Osiander. 824. (1 Thl. 6 Gr.)

Theodosiani codicis libri V. priores, recogn. additam. insignibus a Walth. Fr. Clossio et A. Peyron repertis aliisque auxit, notis subitaneis tum criticis nec non quadruplici appendice instrux. K. Fr. C. Wenck. 8maj. *Lipsiae*, Barth. 825. (1 Thl. 21 Gr.)

— ed. Beck. 2 Bde. Leipz. 839.

Codicis Theodosiana fragmenta Taurinensia ed. Paulus Krueger. [Aus: „Abhandlungen d. k. Akad. d. Wiss."] gr. 4. (104 S.) Berlin 880. Dümmler's Verl. in Comm. n. 5. —

— Theresianus, der, u. seine Umarbeitungen. Hrsg. u. m. Anmerkgn. versehen von Phpp. Harras Ritter v. Harrasowsky. 5 Bde. gr. 8. Wien, Gerold's Sohn. n. 33. —

1. (290 S.) 883. n. 7. 60. — 2. (534 S.) 884. n. 13. 50. — 3. (440 S.) 884. n. 11. 20. — 4. Die Umarbeitgn. 1. Bd. Entwurf Horten's. (557 S.) 886. n. 13. 50. — 5. Die Umarbeitgn. 2. Bd. Entwurf Martini's. (218 S.) 886. n. 7. 20.

— Thuringiae diplomaticus. Sammlung ungedruckter Urkunden zur Geschichte Thüringens. 1. Liefg. Namens des Vereins für thüring. Geschichte und Alterthumskunde herausg. von A. L. J. Michelsen. Jena 854. Frommann. gr. 4. (2 Bl., 96 S.) n. 20 ngl

— traditionum ecclesiae collegiatae Claustroneoburgensis, s.: Fontes rerum Austriacarum. II. Abth. 4. Bd.

— traditionum ecclesiae Ravennatensis. 4. Münch. 810. (G. Franz). 1 ₰ 2 gl

— traditionum Westfalicarum. I. gr. 8. Münster 872. Brunn. n. 6. —

Die Heberegister d. Klosters Freckenhorst nebst Stiftungsurkunde, Pfründeordng. u. Hofrecht. Hrsg. v. Ernst Friedlaender. Mit e. (lith. u. color.) Karte (in qu. gr. Fol.) (XV, 223 S.)

CODEX TRADITIONUM WESTFALICARUM. Herausgegeben vom Verein für Geschichte und Altertumskunde Westfalens.

II. Das Domkapitel zu Münster. Münster. 1886. Theissing'sche Buchhandlung. — A. u. d. T.: Die ältesten Verzeichnisse der Einkünfte des Münsterschen Domkapitels. Im Auftrage des Vereins für Geschichte und Altertumskunde Westfalens bearbeitet von FRANZ DARPE. ib. 1886. — 8°.*)

— traditionum Westfalicarum. Hrsg. vom Verein f. Geschichte u. Altertumskunde Westfalens. II. gr. 8. Münster 886. Theissing. n. 8. — (I. u. II.: n. 14. —) Die ältesten Verzeichnisse der Einkünfte d. Münsterschen Domkapitels. Bearb. v. Frz. Darpe. (XI, 307 S.)

— traditionum westfalicarum. Hrsg. v. Verein f. Geschichte u. Altertumskunde Westfalens. 3. Bd. gr. 8. Münster 888. Theissing. n. 8. — (1–3.: n. 22. —) [illegible] des Klosters Ueberwasser und des Stiftes [illegible] Bearb. v. F. Darpe. (VII, 3[illegible] S.)

— traditionum westfalicarum. Hrsg. vom Verein f. Geschichte u. Altertumskunde Westfalens. IV. gr. 8. Münster i/W. 892. Theissing. n. 10. — (I–IV.: n. 32. —)

Einkünfte- u. Lehns-Register der Fürstabtei Herford, sowie Heberollen d. Stifts auf dem Berge bei Herford. Im Auftrage d. Vereins f. Geschichte u. Altertumskunde Westfalens bearb. v. Frz. Darpe. (XII, 456 S.)

— traditionum westfalicarum. Hrsg. vom Verein f. Geschichte u. Altertumskunde Westfalens. V. gr. 8. Münster, Theissing. n. 10. —

Verzeichnisse der Güter, Einkünfte u. Einnahmen des Ägidii-Klosters, der Kapitel an St. Ludgeri u. Martini, sowie der St. Georgs-Kommende in Münster, ferner der Klöster Vinnenberg, Marienfeld u. Liesborn. Im Auftr. des Vereins f. Geschichte u. Altertumskunde Westfalens bearb. Von Frz. Darpe. (VIII, 460 S.) 900.

I–IV. Ebd. 872–892. n. 32. —.

Codex traditionum westfalicarum. Hrsg. v. d. histor. Kommission der Prov. Westfalen. VI. gr. 8. Münster, Theissing. 10. —

Güter- u. Einkünfte-Verzeichnisse der Klöster Marienborn u. Marienbrink in Coesfeld, des Klosters Varlar sowie der Stifter Asbeck u. Nottuln. Im Auftrage der histor. Kommission der Prov. Westfalen bearb. Von Frz. Darpe. (VIII, 391 S.) 907.

I–V. Ebd. 872–900. 42.–

— Vaticanus. Novum Testamentum graece ex antiquissimo codice Vaticano edid. Angelus Maius. Ad fidem editionis Romanae accuratius impressum. Leipzig 859. Brockhaus. gr. 8. (2 Bl., 502 S.) n. 4 ₰

(—) Codicis Vaticani N. 5766, in quo insunt juris antejustiniani fragmenta, quae dicuntur Vaticana, exemplum addita transcriptione notisque criticis edid. Th. Mommsen. (Ex Comment. Reg. Acad. Scientiarum Berol. 1859.) Berlin 860. Dümmler's Verlhdlg. in Comm. gr. 4. (144 S.) n. 1 ₰ 12 ngr

— Vercellensis. Die angelsächs. Handschrift zu Vercelli in getreuer Abbildg. Hrsg. v. Rich. Wülker. 4. (VIII S. u. 86 S. in Lichtdr.) Leipzig 894. Veit & Co. Geb. n. 32. —

— Veronensis. Quattuor evangelia ante Hieronymum latine translata, eruta e codice, scripto ut videtur saeculo quarto vel quinto, in bibliotheca episcopali Veronensi asservato et ex Josephi Blanchini editione principe denuo ed. J. Belsheim. (VI, 142 S.) Lex.-8. Prag 904. (F. Řivnáč) n. 1. 80

Codex Vindobonensis membranaceus purpureus literis argenteis aureisque scriptus. Antiquissimae evangeliorum Lucae et Marci translationis latinae Fragmenta. Ed. J. Belsheim. Cum tabula (chromophotogr.) gr. 8. (VII, 71 S.) Leipzig 885. T. O. Weigel. n. 3. —

Codex Waldeccensis (Dr Paul). Unbekannte Fragmente einer griech.-lat. Bibelhandschrift hrsg. von D. Victor Schultze, Prof., Greifswald. *München: C. H. Beck 1904.* (23 S.) 4°(8°) [illegible]

— Wangianus. Hrsg. von R. Kink, s. Fontes rerum Austriacarum.

— der europ. Wechselrechte, oder Samml. der heutzutage in Europa geltenden Wechselgesetze v. J. K. Meißner. In 2 Bdn. od. 10 Lfrgn. Lex.-8. Nürnb. 835—37. Schrag. cart. 12½ ₰

Codex des Civilrechts. Russ. Civilgesetzbuch, [Svod zakonov graždanskich.] Aus d. Russ. übers. u. mit Einl. vers. von [H.] Klibanski, Rechtsanw. in Berlin. *Berlin: F. Gottheiner 1902.* (XX, 3[illegible] S.) 8° [illegible]

Codi, lo. Eine Summa Codicis in provenzal. Sprache aus der Mitte des XII. Jahrh. Hrsg. v. Herm. Fitting u. Herm. Suchier. 1. Tl. Lo Codi in der latein. Übersetzg. des Ricardus Pisanus. Hrsg. v. Herm. Fitting. (X, 64 u. 385 S. m. 3 Lichtdr.-Taf.) gr. 8. Halle 906. M. Niemeyer. n. 20 —

Codice civile generale austriaco [illegible] seconda [illegible] ed. [illegible] Fanno 1845. gr. 16. (VIII, 25[illegible] S.) [illegible] n. [illegible]

Codice civile [illegible] Zivilgesetzbuch, schweizer.

Codice di commercio generale pubblicato colla legge del 17. Dicembre 1862 ed Ordinanza del 9. Marzo 1863 colle disposizioni per l'instituzione e la tenuta del registro di commercio. Mit zur Seite stehender deutscher Uebersetzung. (Amtliche Handausgabe.) gr. 8. (162 S.) Wien 863, Hof- und Staatsdruckerei. *

Codice, de' delitti e delle gravi trasgressioni politiche. 8. Insbruck, Wagner. 8o3.

Codice penale dei crimini, dei delitti e delle contravvenzioni e regolamento sulla stampa del 27 maggio 1852. (Edizione ufficiale in forma di Manuale.) (Strafgesetz über Verbrechen, Vergehen und Uebertretungen und die Preßordnung vom 27sten Mai 1852. Amtliche Handausgabe.) 8 (224 S.) Wien. Aus der k. k. Hof- und Staatsdruckerei. 1853.

Codices Arabicos, Persicos, Turcicos, bibliothecae Caesareo-Regio-Palatinae Vindobonensis recens. J. de Hammer. Fol. Wien 812. 16 ₰ Heubner 820. 2 ₰

Codices gotici Ambrosiani sive epistolarum Pauli Esrae Nehemiae versionis goticae fragmenta quae iterum recognovit per lineas singulas descripsit adnotationibus instruxit Andr. Uppström. Stockholm 868. Samson & Wallin. gr. 4. (2 Bll., 124 S.) n. 5 ₰

Codices graeci et latini photographice depicti duce Guil. Nic. Du Rieu. Tom I—III. Fol. Leiden, A. W. Sijthoff. Geb. in Halbjuchten n. 560. —
I. Vetus Testamentum graece. Codicis Sarraviani-Colbertini quae supersunt in bibliothecis Leidensi, Parisiensi, Petropolitana, phototypice edita. Praefatus est Henr. Omont. (XII S. u. 306 S. in Lichtdr.) 897. Geb. n. 160. —
II. Codex Bernensis 363 Augustini de dialectica et de rhetorica libros, Bedae historiae ecclesiasticae librum I, Horatii carmina, Ovidii Metamorphoseon fragmenta, Servii et aliorum opera grammatica, cet. continens. Praefatus est Herm. Hagen. (V, LXXI u. 394 S. in Phototyp.) 897. n.n. 200. —
III. Plato. Codex Oxoniensis Clarkianus 39 phototypice editus. Praefatus est Thom. Gulielm. Allen. Pars I. (XI u. 402 S. in Phototyp.) 898. n.n. 200. —

Codices graeci et latini photographice depicti duce Scatone de Vries. Tom. IV—VII. gr. Fol. Leiden, A. W. Sijthoff. Geb. in Halbldr. n.n. 1035. —
IV. Plato. Codex Oxoniensis Clarkianus 39 phototypice editus. Praefatus est Thom. Gulielm. Allen. Pars II. (441 S. in Phototyp.) 899. n.n. 200. —
V. Plautus. Codex Heidelbergensis 1613 Palatinus C phototypice editus. Praefatus est Carol. Zangemeister. (XVIII S. u. 444 S. in Phototyp.) 900. n.n. 225. —
VI. Homeri Ilias cum scholiis. Codex Venetus A, Marcianus 454 phototypice editus. Praefatus est Domin. Comparetti. (XIV S. u. 641 S. in Phototyp.) 901. n.n. 310. —
VII. Tacitus. Codex laurentianus Mediceus 68 I et II phototypice editus. Praefatus est Henr. Rostagno. (XX S. u. 276 S. in Phototyp. u. XX S. u. 206 S. in Phototyp.) 902. n.n. 300. —; einzelne Bde. n.n. 160. —
I—III. Ebd. 897. 898. n.n. 560. —.

Codices graeci et latini photographice depicti duce Scatone de Vries. Tom VIII—X. Fol. Leiden, A. W. Sijthoff. Geb. in Halbldr. n.n. 1035. —
VIII. Terentius. Codex Ambrosianus H. 75 inf. phototypice ed. Praefatus est Ericus Bethe. Accedunt 91 imagines ex aliis Terenti codicibus et libris impressis nunc primum collectae et editae. (71 S. u. LIX, 240 S. in Phototyp.) 903. n.n. 200. —
IX. Aristophanis comoediae undecim cum scholiis. Codex Ravennas 137, 4, A, phototypice ed. Praefatus est J. van Leeuwen, J f. (XXXVIII S. u. 192 Bl. in Phototyp.) 904. n.n. 225. —
X. Dioscurides. Codex Aniciae Iulianae picturis illustratus, nunc Vindobonensis Med. Gr. I phototypice editus. Moderante Biblioth. Ios. de Karabacek, praefati sunt Anton. de Premerstein, Carol. Wessely, Ios. Mantuani. Accedit tabula lithographica. 2 partes. (784 Sp. m. Abb. u. 952 S. in Phototyp.) 55.5×40 cm. 906. n.n. 610. —

Codices graeci et latini photographice depicti duce Scatone de Vries. Tom. XI—XIV. Leiden, A.W. Sijthoff. Geb. in Halbldr. nn 795. —
XI. Livius. Codex Vindobonensis Lat. 15 phototypice ed. Praefatus est Carol. Wessely. (XCV S. u. 386 S. in Phototyp.) 42×31 cm. 907. Geb. in Halbldr. nn 225. —
XII. Lucretius. Codex Vossianus Oblongus phototypice editus. Praefatus est Aemilius Chatelain. (XII S. u. 384 S. in Phototyp.) 50,5×37 cm. 908. Geb. in Halbldr. nn 225.
XIII. Isidori etymologiae. Codex Toletanus (nunc Matritensis) 15,8, phototypice editus. Praefatus est Rudolphus Beer. (XXX S. u. 328 S. in Phototyp.) 47×36,5 cm. 909. Geb. in Halbldr. nn 225. —
XIV. Tibulli carmina. Sapphus epistula Ovidiana. Codex Guelferbytanus 82. 6 Aug., phototypice ed. Praefatus est Frider. Leo. (42 Bl. u. S. m. XI S. Text.) 47,5×33,5 cm. 910. Geb. in Halbldr. nn 120. —

— dasselbe. Supplementum I et II. Ebd. n.n. 88. —
I. Hieronymi chronicorum codicis Floriacensis fragmenta Leidensia, Parisina, Vaticana phototypice edita. Praefatus est Ludov. Traube. gr. Fol. (XXII u. 44 S. in Phototyp.) 902 n.n. 22. —
II. Miniatures du psautier de S. Louis, manuscrit lat. 76 a de la bibliotèque de l'université de Leyde. Ed. phototypique. (Avec préface par H. Omont.) gr. 4. (XI u. 25 S. in Phototyp.) 902. n.n. 16. —

Codices graeci et latini photographice depicti duce Scatone de Vries. Supplementum III. Fol. Leiden, A. W. Sijthoff. n.n. 33. —
Aesop, der illustrierte lateinische, in der Handschrift des Ademar. Codex Vossianus lat. oct. 15, fol. 195—205. Einleitung u. Beschreibg. v. Geo. Thiele. Mit 5 Abbildgn. im Text. (V, 68 S. u. 22 S. in Phototyp.) 4. 905.
Tom. I—VII u. Suppl. I u. II. Ebd. 897—902. n. 1633. —

— dasselbe. Supplementum IV.—VIII. Ebd. nn 224. —
IV. Taciti dialogus de oratoribus et Germania. — Suetonii de viris illustribus fragmentum. Codex Leidensis Perizonianus phototypice editus. Praefatus est Georg. Wissowa. (XXXII S. u. 119 S. in Phototyp.) 907. nn 42. —
V. Alpertus Mettensis, de diversitate temporum u. De Theodorico I, Episcopo Mettensi. Codex Hannoveranus 712 A in phototyp. Reproduction. Einleitung v. C. Pijnacker Hordijk. (XXIV S. u. 11 S. in Phototyp.) 908. nn 12. —
VI. Miniatures de l'octateuque grec de Smyrne. Manuscrit de l'ecole évangélique de Smyrne. Ed. phototypique. Préface de D.-C. Hesseling. (95 S. m. Abb. m. XVI S. Text.) 909. nn 54. —
VII. Engelmann, Rich., antike Bilder aus römischen Handschriften in phototypischer Reproduktion. Einleitg. u. Beschreibg. v. E. (29 Taf. m. XXXI S. illustr. Text.) 44×34,5 cm. 909. nn 24. —
VIII. Miniaturen der lateinischen Galenos-Handschrift der kgl. öffentl. Bibliothek in Dresden Db 92–93 in phototypischer Reproduktion. Einleitung u. Beschreibg. v. E. C. van Leersum u. W. Martin. (21 z. Tl. farb. Taf. m. XXXII S. Text.) 53,5×43,5 cm. 910. nn 92.
Tom. I—X u. Suppl. I—III. Ebd. 897—906. 2701.

Codicis Gregoriani et Codicis Hermogeniani Fragmenta ad XXXVI libror. mss. et priorum edit. fidem recogn. et annotat. crit. instruxit Gust. Haenel Lipsiensis, s. Corpus juris Romani Antejustiniani.

Codices Gregorianus Hermogenianus Theodosianus. Edidit Gustavus Haenel. 4 maj. Bonnae 842, Marcus. n. $9^1/_3$ ₰

— id. lib. Supplementum. Et. s. tit.: Novellae Constitutiones imperatorum Theodosii II., Valentiniani III., Maximi, Maioriani, Severi, Anthemii. XVIII Constitutiones, quas Jacobus Sirmondus divulgavit. Ad libror. manu scriptorum et edit. fidem recogn. et annotat. crit. instr. Gust. Haenel. 4 maj. ibid. 844. n. 3 ₰ — Vergl. Corpus Juris Romani Antejustiniani.

italici manu exarati qui in bibliotheca Taurinensis Athenaei ante diem XXVI Januarii M.CM.IV asservabantur. Recensuit, illustravit Bernard. Peyron. Praemittuntur C. Frati italice praefatio et elenchus operum B. Peyroni typis impressorum. (XXXII, 690 S.) Lex.-8 Turin 904. C. Clausen. n.n. 14. 40

Codices Manuscripti etc. vid. Denis.

Codices orientales biblioth. reg. Havniensis jussu et auspiciis regis Daniae Christiani VIII enumerati et descripti. Prs. I. Et. s. tit.: Codices Indici descripti a N. L. Westergaard. Subjungitur index codicum Indicorum et Iranicorum biblioth. universitatis Havniensis. 4. Havn. 846. (Gyldendal.) n. 2 ß

Codices Orientales bibliothecae regiae Hafniensis jussu et auspiciis regiis enumerati et descripti. Pars III. A. u. d. T.: Codices Persici, Turcici, Hindustanici variique alii biblioth. reg. Hafniensis jussu etc. enumerati et descripti ab A. F. Mehren. Hafniae 857. (Leipzig, Lorck.) gr. 4. (1 Bl., V, 92 S.) nn. 1 ß 24 ngr
Pars. I. II. Ebend. nn. 5 ß

Codices, Die, Palatini des Sallustius und Beiträge zur Geschichte des Textes. Berlin 1898. V: *Wirz*, *Hans*. (Zuwachsverz. d. Bibl. in Zürich 1898 ff.)

Codices manu scripti Bibliothecae Regiae Monacensis esthnici, hungarici. Monachii 1858.

Codices, Sechs Trientiner, s.a. Publicationen der Gesellschaft zur Herausgabe der Denkmäler der Tonkunst in Österr. VII. I.

Sechs Trienter Codices. Geistl. u. weltl. Compositionen d. XV. Jhs. Bearb. von Guido Adler u. Oswald Koller. Auswahl 1. *Wien: Artaria & Co. 1900.* 4°
— Publikationen d. Gesellschaft z. Herausgabe d. Denkmäler d. Tonkunst in Österreich. Jg. 7, 1.

— e **Vaticanis** selecti phototypici expressi iussu Leonis PP. XIII consilio et opera curatorum bibliothecae Vaticanae. Vol. I et II. gr. Fol. Romae. (Mailand, U. Hoepli.) n.n. 154.
I. Fragmenta et picturae Vergiliana codicis Vaticani 3225. (II, 10 Bl. m. Abb. u. 37 S. Text in gr. 4.) 899. In Holzkiste. n. n. 54.
II. Picturae, ornamenta, complura scripturae specimina codicis Vaticani 3867, qui codex Vergilii romanus audit. (23 S. m. 35 [2 farb.] Taf.) 902. In Mappe n. 100. —

— e **Vaticanis** selecti phototypice expressi, iussu Pii PP. X consilio et opera curatorum bybliothecae Vaticanae. Vol. III u. Vol. IV. pars I tom. 1 et 2 et pars II. gr. 4. Mailand, U. Hoepli.
Geb. in Halbfrz. n.n. 601. —
III. Miniature, le, del pontificale Ottoboniano (Cod. Vat. Ot. 501), riprodotte in fototipia per cura della biblioteca vaticana. (20 S. m. 15 Taf.) Fol. Romae. 903. In Mappe n. 25. —
IV. 1. I. Bibliorum ss. graecorum codex Vaticanus 1209 (Cod. B), denuo phototypice expressus iussu et cura praesidum bybliothecae Vaticanae. Pars I. Testamentum vetus. Tom. I. (IV u. S. 1—394.) 905. n. n. 184. —
1. II. Dasselbe. Tom. II. (S. 395—944.) 906. n.n. 256. —
2. Dasselbe. Pars II. Testamentum Novum. (VII u. S. 1225—1536.) 904. n. n. 136. —
Vol I u. II. Ebd. 899—902. n. 154. —.

— e **Vaticanis** selecti, phototypice expressi, iussu Pii PP. X consilio et opera curat. biblioth. Vaticanae. Vol. IX et XI. Lipsia. Leipzig, O. Harrassowitz.
Geb. in Halbfrz. 360. — (I—IV, IX u. XI: nn 1115.)
IX. Dionis Cocceiani, Cassii, historiarum romanarum lib. LXXIX. LXXX quae supersunt. Codex Vaticanus graecus 1288. Praefatus est Franchi de' Cavalieri. (30 Taf. u. 15 S. Text.) 53×37 cm. 908. Geb. in Halbfrz. 40 —
XI. Sangallo, Giuliano da, il libro codice vaticano Barberiniano latino 4424. Con introduzione e note di Christiano Huelsen. Testo. Con 108 illustr. intercalate e 17 tavole d'aggiunta. (LIX, 103 S.) 43×32,5 cm. Nebst Tavole riprodotte in fototipia. (138 S.) 61×45 cm. 910. Geb. in Halbfrz. 170
Vol. V—VIII sind Verlag v. U. Hoepli in Mailand

Codicis, s. Codex

Codina, G., farbige Flach-Ornamente hervorragender Meister Spaniens. Wandmalereien, Stoffmuster, Majolikamalereien 2c. gr. Fol. (28 Farbentaf. m. 3 Blatt Text in deutscher u. 25 Blatt in span. Sprache.) Berlin 891. Hessling & Spielmeyer. In Mappe n. 64.

Codini, Georgii, excerpta de Antiquitatibus Constantinopolitanis ex recognitione Imm. Bekkeri. 8 maj. Bonnae 843, Weber. n. $1^1/_3$ ß (Ist ein Band des Corpus Scriptorum hist. Byzantinae.) Schreibpap. n. $1^5/_6$ ß

Codini Curopalatae de officialibus Palatii Cpolitani et de officiis magnae ecclesiae liber. Ex recognitione Imm. Bekkeri. 8maj Bonnae 839. Weber. n. 2 ß Schreibp. n. $2^2/_3$ ß Velp. n. $3^1/_6$ ß (Ist ein neuer Bd. von script. hist. Byzantinae.)

Codoardo, Joseph, und Rosaura Bianki, eine rührende Erzählung aus geheimen Nachrichten von Venedig, 8. Nürnberg, 778. Monath. 5 sgl.

Codorus Gazette: Mai 1838 →
Weekly. Merged with Der Republikaner. Edited & published by Conrad Myers & Co. Jefferson, PA

Codrica, ..., observations sur le Grec moderne. gr. 8. Lpz., Breitkopf u. H. 8 gl

Codron

Maurerische Gesetztafel. [Nach d. Franz. des Br. Odron [recte: Codron] bearb. und vorgetragen am Stiftungsfest der Loge zur Verschwisterung der Menschheit in Glauchau den 16. Nov. 1856. von Justus Heinr. Leopold] [Freiburg i. Br.] o. J.: [Poppen.] 7 S. 8° [Kopftit.]
Abgedr. in: FZ. 11 (1857) S. 159—160; Z. 4 (1874) S. 17; Stolz, A.: Akazien-Zweig f. Frmr. 1863 S. 9—11.
cf. Stolz, A.: Akazien-Zweig f. Frmr. 1863 S. 11—14; Z. 4 (1874) S. 17—20 (Th. E.), 80 bis 81 (B.).
In Versen. 25.

Maurerische Gesetztafel. Nach d. Franz. des Br. Odron [recte: Codron]. o. O. u. J. 1 Bl. quer 2° [Kopftit.]
[Dasselbe.] [Anderer Druck] o. O. u. J. 1 Bl. quer 2°
Abgedr. in: FZ. 7 (1853) S. 126—127.
S. 193. 358 a.

Codrus. — S. Urceus.

Cody, F. W., s.: Buffalo-Bill.

Cody, W. F., s.: Buffalo-Bill.

Coë, Thom., Abhandl. von d. Gallensteinen, nebst James Macturgs Versuchen mit d. menschl. Galle u. dessen Bemerkk. über d. gallige Absonderung; aus d. Engl., mit 1 Kpf. gr. 8. Lpz. 783. Weidmann. 1 ß 10 gl

Coën, Raff., Anleitung zur schnellen u. praktisch-gründlichen Erlernung der spanischen Sprache. Nach F. Ahn's Methode bearb. Wien 865. Lechner. gr. 8. (2 Bll., 88 S.) 15 ngr

Coën, Raffaello, ein Apparat zur Kräftigung u. Regelung der Respiration und dessen Anwendung bei Stotternden. Mit 2 (eingedr.) Holzschn. gr. 8. (8 S.) Wien 877. (Perles.) n. — 60

Coën, Raf., Beobachtgn. u. Erfahrgn. a. d. Gebiete d. Sprachheilkunde. Anlässl. s. 25jähr. Jubiläums als Sprácharzt hrsg. gr. 8. (66 S.) Stuttgart 897. F. Enke. n. 2. —

Neueste Erfahrungen über Sprachstörungen. Von Dr. R. Coën in Wien. *Berlin, Wien: Urban & Schwarzenberg 1901.* (S. 202–228.) 8°
— **Klinik**, Wiener. 1901, II. 7. [... 7814

Coën, R., die Hörstummheit u. ihre Behandlung, s.: Klinik, Wiener.

— die ansteckenden Krankheiten: Typhus, Cholera, Pocken, Scharlach, Diphtheritis, Masern u. die orientalische Pest. Ihr Wesen, ihre Ursachen, Verhütung u. Bekämpfung nach den neuesten Forschungen der heutigen Medicin f. weitere Kreise bearb. gr. 8. (127 S.) Wien 877. Hartleben. 2. —

Coën, Raff., zur Pathologie, Aetiologie u. Therapie d. Stotterübels. [Aus d. österr. Zeitschr. f. prakt. Medicin.) 8. (12 S.) Wien 871. (Czermak.) n. — 40

— dasselbe nebst Anh.: zur Pathologie der Sprachkrankheiten. 2., verb. u. verm. Aufl. gr. 8. (16 S.) Ebend. 872. n. 1. 20

Coën, Raf., Pathologie u. Therapie der Sprachanomalien f. Aerzte u. Studirende. Mit 3 Holzschn. gr. 8. (V, 246 S.) Wien 886. Urban & Schwarzenberg. n. 6. —; geb. n. 7. 50

— die asiatische Post. Ihre Entstehung, Verhütung u. die Mittel zur Bekämpfung derselben. Nach den neuesten medicin. Erfahrungen f. weitere Kreise bearb. 1. u. 2. Aufl. 8. (48 S.) Ebend. 879. — 60

— zur Schulgesundheitspflege, s.: Cohn, H.

Coën, Raf. Zur Schulgesundheitspflege, s. Sammlung pädagog. Vorträge.

Coën, Rafael, das Stottern, Stammeln, Lispeln und alle übrigen Sprechfehler, sowie die Entstehung, Verhütung und Heilung dieser Uebel, auf Grundlage vieljähr. Erfahrung nach den neuesten wissenschaftl. Forschungen gemeinverständl. dargelegt. 2. verb. und bedeutend verm. Aufl. 8. (IV, 156 S. mit 16 [eingedr. Holzschn.-Abbild.]) Wien 883, Hartleben's Verlag.

— dasselbe. s. a. Sammlung gemeinnütz. populär-wissenschaftl. Vorträge.

— das Stotterübel. Mit Berücksicht. der streng individualisir. Behandlg. nach den neuesten praktisch-wissenschaftl. Errungenschaften dargestellt. gr. 8. (152 S.) Stuttgart 889. Enke. n. 4. 60

— specielle Therapie d. Stammelns u. d. verwandten Sprachstörungen. gr. 8. (112 S.) Ebd. 889. n. 3. 60

Coën, Rafael, Uebungsbuch f. Stotternde auf Grundlage e. rationellen Athem-, Stimm- u. Sprachgymnastik. Systematisch dargelegt. gr. 8. (XII, 147 S.) Wien 891. A. Hölder. n. 2. 20

Coëtlosquet, C. du, Theodor Wibaux, Zuave u. Jesuit. Autoris. Übersetzg. v. Prinzessin Franciska zu Löwenstein. 8. (384 S.) Wien 891. Drescher & Co. n. 7. —; geb. n. 8. 40

Coffetti, G. (Mitverf.): Zur Kenntnis der Elektrolyse von Kupfersulfatlösung, s. Foerster, F.

COFFE- und Thee-Welt, Die verschlemmerte. (so!), welche eine Menge artiger Begebenheiten enthält, so sich seit kurtzen zu Amsterdam, Rotterdam, in dem Haage, Uitrecht (sic!) . . . zugetragen, mit allen denjenigen Debauchen und Ausschweifungen, so unter dem Pretext dieser kahlen Geträncke ausgeübt werden. Sammt einem Anhang des Jährlichen Schadens, der durch solchen Coffe- und Thee-Gebrauch . . . . verursacht wird. Aus d. Holländ. ins Hoch-Teutsche übersetzet. Franckfurt u. Leipzig (Schwabach, b. Joh. Jac. Enderes) 1737. 8°. (In Dresden: Lit. Germ. rec. C. 925.)
Roman voller Anstössigkeiten. Tit., 5 Bll. Vorr. u. 291 SS. Sehr rar!

Coffier de Moret, kindl. Opfermut, s.: Kan, Herm. Ludw. v

Coffin, A. J., botanischer Führer zur Gesundheit und die natürliche Behandlung der Krankheiten. Aus dem engl. Original, 30. Aufl., übersetzt. Wolfach 856. (Nürnberg, Korn.) 8. (376 S. u. Bildniß in Stahlst.) n. 1 ₰ 15 ngr

— — Autorisirte (Titel-) Ausg. nach der 30. engl. Aufl. Mannheim 858. Bensheimer. 8. (1 Bl., 376 S. u. Bildniß in Stahlst.) n. 1 ₰ 15 ngr

Coffin, A. J., praktischer Führer zur Gesundheit oder die natürliche Behandlung der Krankheiten. Autorisirte Ausg. nach der 30. engl. Aufl. Leipzig 861. Wengler in Comm. 8. (376 S. u. Portr. in Stahlst.) n. 1 ₰ 10 ngr

Coffin, Vict. Edw., d. Organisation d. höh. Unterrichts im Kanad. Bund. [Aus: „Baumeister's Handb. d. Erziehungs- u. Unterrichtslehre f. höh. Schulen".] gr. 8. (20 S.) München 897. C. H. Beck. n. — 60

Coffinières, A. S. G. Die Stockbörse und der Handel in Staatspapieren. Aus d. Franz. . . . Berlin 1824. Ü: *Schlegel & Bätke.* (CBH)

Coffinière, A. S. G.: „Die Stockbörse und der Handel mit Staatspapieren. Für Juristen, Staats- und Geschäftsmänner, besonders Kaufleute und Mäkler. Aus dem Französischen des Herrn Coffinière, Advocaten zu Paris, mit einem Nachtrage herausgegeben von Ritter Theodor Anton Heinrich Schmalz", Berlin 1824 (Schlesingersche Buchhandlung). — Vorh.: Preuß. Staatsbibl. Berlin — Fg. 8137 — Com. Bibl. Hamburg, Büch. der Industrie- und Handelskammer Leipzig.

Coffinières, Antoine Sim. Gabr.

Napoleon von ihm selbst geschildert (verfasst von *Antoine Sim. Gabr. Coffinières*). (Aus d. Französ.) London (Speyer, Kolb) 1818.
Anon. Lex., l. c. (nach Weller).

Coffinières de Nordeck. Capitulation de Metz. Réponse à ses détracteurs. 2. Aufl. Leipzig 1871. 8°.

Pariser Coeffuren
s.a. **Recueil des coeffures depuis 1589 jusqu'en 1778.**

Pariser Coeffuren. Berlin, bey Pauli 1779.
Titelkupfer. Tit., 1 Bl., 48 Taf. in Kupferst. m. 48 Bl. Text. 8°.
Deutsche Ausg. des vorigen.

Cog, G. Andr.: „Oeconomische probate Künste", Leipzig 1723.

Cog G. A.: Besondere oeconomische probate Künste, die der gantzen Welt u. jeden in seiner Haushaltung nöthig, auch dabey beständig, nützlich, commode u. sicher sind . . . Leipz. [1723]. 64 S.

Cogabled volapükelas. (Witzblatt d. Volapük-Clubs in München.) Red.: Heinr. Schnepper. 1. Jahrg. 1886. 12 Nrn. (1½ B. m. Illustr.) gr. 4. München, (Lindauer). n.n. 2. 50

Cogabled volapükelas. (Witzblatt d. Volapük-Clubs in München.) Red.: H. Schnepper. 1.—4. Jahrg. 1887—1890. à 12 Nrn. (B. m. Illustr.) gr. 4. München, (Lindauer). à Jahrg. n. 2. 60

Einige Abschnitte aus dem ungedruckten Bischofsgedächtniss v. Friedrich **Cogelius.** Mitgeteilt v. Christian Pansch Eutin. 1878. 4°

Das uthinische Kirchengedächtniss aus dem handschriftlichen Nachlass des Friedrich **Cogelius**, weil. Conrectors in Eutin. Den Gemeinden dargeboten v. [Heinrich] Aye. Eutin. 1885. 8°

Coggeshall, George Whiteley [Des Moines, Iowa]: Über die Konstanz der Kalomel-Elektrode . . . (Aus: Zeitschr. f. physik. Chem.. Bd XVII Heft 1.) Leipzig, W. Engelmann, 1895; 27 S. 8.
Leipzig, Phil. Fak., Inaug.-Diss. v. [20. Apr.] 1895

Coggiola, Giulio, das Breviarium Grimani in der St. Markus-Bibliothek in Venedig, s.a. **Breviarium, das, Grimani.**

Giulio **Coggiola**. Das Breviarium Grimani in der St. Markus-Bibliothek in Venedig. Seine Geschichte u. s. Kunst. (In 3 T.) Leiden: Sijthoff; Leipzig: Hiersemann 1908(-11). 205, 57* S. gr. 2°
(Das Breviarium Grimani. Einl.) M 33,10

Coggiola, Giul., s.: **Concilium Basiliense.**

Coghlan, Francis, Hand-Book for Central Europe or guide for tourists through Belgium, Holland, the Rhine, Germany, Switzerland and France including a full description of Paris etc. Illustrated by a new and original map of Europe. 8. London, Paris et Leipsic 844, Brockhaus et Avenarius. In Leinwandband n. 3½ ℳ

Coghlan, Francis, Hand-book for Central-Europe; or guide for tourists through Belgium, Holland, the Rhine, Germany, Switzerland and France etc. 3. edit., rev. and corr. 8. (492 S. u. 1 Karte in Fol.) London 847. Brussels, Kiessling & Co. 3 ℳ

Cogho, das Erstlings-Geweih d. Edelhirsches. [Mit 12 Orig.-Illustr. (in eingedr. Holzschn.)] [Aus: „Illustr. Jagdzeitg."] gr. 4. (14 S.) Leipzig 875. Schmidt & Günther. n. — 60

— über die Lebenszähigkeit d. Fichten-Borkenkäfers. [B. typhographus.] gr. 8. (30 S.) Frankenstein 874. Philipp. n. — 60

Cogho, üb. die Veränderung der Rosenstöcke beim Geweihwechsel der Edelhirsche. gr. 8. (45 S. m. eingedr. Autotypien.) Blasewitz b/Dresden 886. (Wolff.) n. 1. —

Cogho, O., Geschichten aus e. Walddorfe. gr. 8. (128 S. m. Illustr.) Leipzig 892. Exped. d. Illustr. Jagdzeitung. n. 1. 50

Cogho, Rob., Volkssagen aus dem Riesen- u. Isergebirge. Mit Illustr. v. Elisab. Cogho, e. Portr. des Verf. u. Abbildgn. v. Walen-Zeichen. (91 S.) 8. Warmbrunn (903). M. Leipelt. Kart. n. 1. 80

Cogitant, der. Flugblätter für Freunde naturalistischer Weltanschauung. Hersg. u. redig. von Ed. Loewenthal. Jahrg. 1865. Octbr. Decbr. 3 Nrn. n. 10 ngr. — Jahrg. 1866. 12 Nrn. (à 1 Bgn.) Berlin. (Th. Grieben.) gr. 8. n. 1 ℳ 10 ngr.

Cogitant, der. Blätter f. Wissenschaft, Religion u. sociale Reform. Organ der Cogitanten-Allianz. Hrsg. u. Red.: Ed. Loewenthal. (Neue Folge.) 1. Jahrg. Dezbr. 1890—Novbr. 1891. 12 Nrn. (½ Bog.) gr. 8. Berlin, Muskalla. n. 3. —
Frühere Publikation s. in Bd. XVIII.: Rundschau, deutsche. Jahrg. 1867.

Cogitata quaedam pro ecclesia. 8. Münch. 807. Lentner. 4 gr.

Cogitata quaedam pro Ecclesia. Monachii 1809. V: *Salvadori, J. B.* (Barbier)

Cogitationes christianae in singulos dies mensis distributae et ex gallica in linguam latinam translatae. Nov. et auct. edit. cur. Mich. Sintzel. Cum appendice. Mit 1 Stahlstich. 16. Landshut 843, Thomann. ¼ ℳ

Cogitationes ad locum Coloss. I. 15 ... Helmst. 1748. V: *Pertsch, Johann Georg.* (Fiker) (ML)

Cogitationes, piae, de precibus christianae fidei. Veritatibus in singulos dies mensis distributae. 8. Wien 776. Gerold. 4 gr.

Cogitationes poeticae de nato in Bethlehem Deo Homine ... Graecii 1718. V: *Pfeiffersberg, Carl.* (Jes)

Cogitationes poeticae versu elegiaco. Graecii 1713. V: *Schroniz, Benedict.* (Jes)

Cogitationes rationales de usu methodi scientificae in theologia ... Amstelod. [Berol.] 1743. V: *Gebhardi, August.* (Adel) (Wr)

Cogitationes, H. d. B. E. M., de titulo Magni ... S. l. & a. V: *Bünau, Heinrich Graf und Herr von.* (ML)

Coglievina, Domenico, Centigrad-Photometer. Neues opt. Instrument zur directen Bestimmung der Intensität jeder belieb. Lichtquelle m. der Angabe in Graden. Mit 3 (lith.) Taf. gr. 8. (X, 48 S.) Braunschweig 880. Vieweg & Sohn. n. 2. 40

Coglievina, D., das Gas als Brennstoff im Dienste der Hauswirtschaft. gr. 8. (VII, 52 S. m. 30 Abbildgn.) München 892. R. Oldenbourg. n. 1. —; in Leinw. kart. n. 1. 20

Coglievina, D., theoretisch-praktisches Handbuch der Gas-Installation. Mit 70 Abbildgn. 8. (VIII, 336 S.) Wien 889. Hartleben. n. 4. 50; geb. n. 5. 30

— Das Leuchtgas als Wärmequelle im Haushalte. Wien 1885

— praktischer Rathgeber f. Gas-Consumenten. Populäre Darstellg. der Bedinggn. f. die rationelle Benutzg. v. Leuchtgas als Licht- u. Wärmequelle im bürgerl. Wohnhause. 12. (VII, 128 S. m. 35 Abbildgn.) Halle a/S. 891. W. Knapp. n. 2. —

Cognate, Le, In Contesa. Dramma Giocose Per Musica ... Die Schwägerinnen im Streit, ein lustiges Singspiel, welches in dem landwirthschaftlichen Schauspielhause zu Grätz in der Herbstzeit aufgeführet wird im Jahre 1781. (Italienisch und deutsch.) Grätz o. J. V: *Rossi, Carlo Lanfranchi.* (Biblport)

Cognazo, Jacob, s. Cogniazo, Jacob

Cognetti, Biagio Cav., Vergangenheit und Gegenwart im Königreiche beider Sicilien. In's Deutsche übertragen und mit einer Vorrede versehen von Teophil Landmesser. gr. 16. (XIV und 65 S.) Danzig 862, (Kafemann.) *

Cognetti, Goffredo, a basso porto, s.: **Spinelli,** Niccola.

Cognetti de Martiis, Luigi, eine neue Opisthodrilus-Art aus Brasilien, s.: **Ergebnisse** der zoolog. Expedition der kais. Akad. der Wissensch. nach Brasilien.

Cognetti de Martiis, L., Eine neue Opisthodrilusart aus Brasilien. III. Besonders abgedruckt a. d. LXXVI. Bd. d. Denkschriften d. math.-naturw. Klasse. 4°. (ill. 2 S.) † K —.60
Wien: Hölder 1906.

Cogniaczo, Jacob, s. Cogniazo, Jacob

Cogniard frères, Bruno le fileur, s. Répertoire du Théâtre françois.

Cogniard, frères, la Courte-Paille, s. Répertoire du Théâtre franç. 2. Serie. No. 42.

Cogniard frères, s. Repertoire du Théâtre français No. 186.

Cogniaux, Alfr., Orchidaceae, s.: Martius, Carl Frdr. Philipp v., flora brasiliensis.

v. Cogniazo, s.a. Kuniacro.

Cogniazo, Jacob

(Cogniazo, Jacob de, k. k. Rittm.) Freimüthiger Beitrag zur Geschichte des österreichischen Militärdienstes, veranlasst durch die Schrift J. W. v. Bourscheid's: „Betrachtungen über den ersten Feldzug (1778) des vierten preussischen Krieges".
4. Frankfurt und Leipzig 1780.

(Cogniazo, v.) Geständnisse eines österr. Veteranen in politisch-militärischer Hinsicht auf die Verhältnisse zwischen Österreich und Preußen während der Regierung Friedrichs II. Bd 1—4. Breslau 1788—91. 8°.
Dass. T. 1—3. Leipzig 1794.

(Cognazo, Jacob de, k. k. Rittmeister.) Geständnisse eines Oestreichischen Veterans in polit.-militär. Hinsicht auf die interessantesten Verhältnisse zwischen Oesterreich und Preussen während der Regierung des Grossen Königs der Preussen Friedrichs des Zweyten, mit historischen Anmerkungen gewidmet den kgl. preuss. Veteranen von dem Verfasser des freymüthigen Beytrags zur Geschichte des österreichischen Militär-Dienstes. (4 Bde.)
8. Breslau 1788—1791.

Cohaus, Heinrich *Josef* [app. Arzt aus Vreden in Westf.]: Aus d. kgl. patholog. Institute zu Kiel. Über gleichzeitiges Vorkommen von Difterie und Tuberkulose ... Kiel, Druck v. Schmidt & Klaunig, 1896; 23 S. 8.
Kiel, Med. Fak., Inaug.-Diss. v. [24. Okt.] 1896

Cohausen, A. v., Industrie der Stein-, Ton- u. Glaswaaren, s.: Bericht, amtlicher, üb. die Wiener Weltausstellung 1873.

Cohausen, August von

Cohausen, A. v., die Altertümer im Rheinland. Ein Wegweiser durch das Alte zum Neuen f. Geistliche, Lehrer, Forst- u. Landwirte. 8. (80 S. m. 170 Abbildgn. auf 19 Taf.) Wiesbaden 890. Bechtold & Co. n. 1. 50

Cohausen, A. v., die Altertümer des Vaterlandes. Ein Führer durch das Alte zum Neuen f. Geistliche, Lehrer, Forst- u. Landwirte. 2. Aufl. (der Altertümer im Rheinland). (80 S. m. 180 Abbildgn. auf 19 Taf.) 8. Wiesbaden (892). R. Bechtold & Co. n. 1. —

Cohausen, Aug. v., die Befestigungsweisen d. Vorzeit u. d. Mittelalters. Auf s. Wunsch hrsg. v. Max Jähns. M. e. Bildn. d. Verf. i. Kupferlichtdr. u. m. e. Atlas v. 57 Taf. Abb. Lex.-8. (XLVI, 340 u. 6 S.) Wiesbaden 898. C. W. Kreidel. n. 25. —

Cohausen, A. v. Beiträge zur Geschichte der Befestigung Frankfurts im Mittelalter. Frankfurt a. M. 1868. 8°. (Aus: Archiv für Frankfurts Geschichte.)

v. Cohausen, A. Beiträge zur Geschichte der Befestigung Frankfurts im Mittelalter. 8. Frankfurt 1869.

(Cohausen, A. v.) Die Bergfriede, besonders rheinischer Burgen. (Coblenz 1860.) 8°.
(Aus: Jahrbücher d. Vereins v. Altertumsfreunden im Rheinlande.)

Cohausen, A. v. Caesar am Rhein. Forschungen und Bemerkungen zu der Geschichte Caesars von Louis Napoleon. Bonn 1867. 4°. (Aus: Jahrb. des Vereins v. Altertumsfreunden im Rheinld.)

—— Führer durch d. Alterthums-Museum in Wiesbaden, vgl. Hoffmann, Wanderungen.

Cohausen, A. v., antiquarisch-technischer Führer durch das Alterthums-Museum zu Wiesbaden. Durch das Alte zum Neuen. 8. (212 S. m. 10 Taf.) Wiesbaden 888. Bechtold & Co. 1. 50

Cohausen, A. v. Das Rheingauer Gebück. o. O. (1894.) 8°.

Cohausen, (A.) v. Zur Geschichte des Bastions. (Berlin 1895.) 8°. (Aus: Archiv f. Artillerie- u. Ingenieur-Offiziere.)

Cohausen, A. v. Galliens Grenzen und deren Vertheidigung durch Cäsar. o. O. 1862. 4°. (Lithogr.)

(Cohausen, v.) Der römische Grenzwall. Von Cohausen und Mommsen. (Wiesbaden 1892.) 8°.

A. von COHAUSEN. Der römische Grenzwall in Deutschland. Militärische und technische Beschreibung desselben. Mit 52 Folio-Tafeln Abbildungen. Lief. 1—2. Wiesbaden. 1884. C. W. Kreidel's Verlag. 8°.*)

Als Gabe für die Mitglieder des Vereins für Nassauische Altertumskunde und Geschichtsforschung. — Der römische Grenzwall in Deutschland. Militärische und technische Beschreibung desselben von A. von COHAUSEN. Mit 52 Folio-Tafeln Abbildungen. Lief. 3. Wiesbaden. 1884. C. W. Kreidel's Verlag. 8°.
Atlas. ib. 1884. —

Cohausen, A. v, Ingenieur Oberst z. D. und Conservator. Der römische Grenzwall in Deutschland. Militärische und technische Beschreibung desselben. Mit 52 Folio Tafeln Abbild. (1 Bd. Text, 1 Bd. Taf.) Beigebunden: Nachtrag. Mit 2 Taf. Abbild. (Sonderabdruck aus dem XIX. Bd. der: „Annalen des Vereins für nassauische Alterthumskunde und Geschichtsforschung".)
gr. 8. Wiesbaden 1884—1886.

—— der römische Grenzwall in Deutschland. Militärische und techn. Beschreibung desselben. Nachtrag. Lex.-8. (30 S. mit 2 Taf. Abbild.) Wiesbaden 886, Kreidel. *
Aus: Annalen des Vereins für Nassauische Altertumskunde und Geschichtsforschung, besonders abgedruckt.
Hauptwerk. Ebendas. 1884. *ℳ 24.—.

(Cohausen, v.) Der römische Grenzwall in Deutschland. (Breslau 1892.) 8°. (Aus: Schles. Zeitg.)

Cohausen, A. v., der Palast Carl des Grossen in Ingelheim, s. Abbildungen von mainzer Alterthümern. V. Hft.

Cohausen, Aug. v., Cäsar's Rheinbrücken philologisch, militärisch und technisch untersucht. gr. 8. (56 S. mit 22 in den Text gedr. Holzschn.) Leipzig 867, Teubner. *

Cohausen, A. v. Ringwälle und ähnliche Anlagen im Taunus und anderwärts. Braunschweig 1861. 8°.

Cohausen, A. v., und L. Jacobi, das Römercastell Saalburg. Auszug aus dem unter der Presse befindl. grössern Werke derselben Verf. 4. (30 S. mit 1 lithogr. Münztaf. und 2 lithogr. Plänen.) Homburg v. d. H. 878, Fraunholz'sche Buchh. *

—— und L. Jacobi, das Römercastell Saalburg. 2. und 3. Aufl. 4. (61 S. mit 2 Karten.) Homburg 884,86, Fraunholz'sche Buchh. **

— u. L. Jacobi, das Römercastell Saalburg. 4. Aufl. 8. (71 S. m. 2 Taf.) Homburg v. d. H. 893. Fr. Fraunholz. n. 1. —

— u. L. Jacobi, das Römerkastell Saalburg. 5. Aufl., nach den Ergebnissen der letzten Ausgrabgn. ergänzt v. H. Jacobi. 8. (73 S. m. 3 Taf.) Homburg v. d. H. 900. Staudt & Supp. n. 1. —

— römischer Schmelzschmuck. Ein Beitrag zur Kenntniss der antiken kunstgewerbl. Technik. Mit 2 Taf. in Farbendruck. [Aus: Annalen d. Vereins f. Nassauische Alterthumskunde."] gr. 8. (32 S.) Wiesbaden 873. Roth in Comm. n. 2. —

—— und Ernst Wörner, römische Steinbrüche auf dem Felsberg an der Bergstraße in historischer und technischer Beziehung. gr. 8. (IV, 66 S. mit 6 lithogr. Taf. Abbild. in gr. 8., qu. gr. 4. und qu. Fol.) Darmstadt 876, Brill. [* ℳ 3.]

—— der alte Thurm zu Mettlach. Eine Polygonalkirche nach dem Vorbilde des Aachener Münster aus dem Ende des 10. Jahrh. gr. 4. (Mit 5 Kpfrtaf. und 16 Holzschn.) Berlin 871, Ernst und Korn. *

Cohausen, J., ossilegium historico-physicum. Fcft. ad V. 1714. 4.

Cohausen, Johann Heinrich

— novus Solis Colossus. 4. Francf. Andreae. 745.

Cohausen, Ioh. Hch., Dissertationes curiosae de glossopetris, lapidibus cordiformibus, cornu bisontis petrefacto etc. 8. Francf. Andreae. 746.

— satyrische Gedank. v. d. pica nasi. 8. Leipz. 720.

* **COHAUSEN**, Joh. Heinr. (geb. 1673 zu Hildesheim, † als Arzneigelehrter zu Münster 1750). — Der wieder lebende Hermippus, oder Curioese Physicalisch-Medicinische Abhandlung von der seltenen Art sein Leben durch das Anhauchen Junger-Mägdchen bis auf 115. Jahr zu verlängern, aus einem Römischen Denckmahl genommen, nun aber mit medicinischen Gründen befestiget, u. durch Beweise u. Exempel wie auch mit einer wunderbaren Erfindung aus der Philosophischen Scheidekunst erläutert u. bestätiget, von *Joh. Heinr. Cohausen*, M. D., ietzo aus d. Latein. übersetzt. Mit Titelkpfr. Brühl sc. Lips. Gedruckt in der alten Knaben Buchdruckerey (Sorau, Hebold), 1753. 8⁰. 230 S. (In Berlin: Bibl. Diez. 8⁰. 7487.) (5 Mk. G. Priewe, 1895.)

Zuerst gedr. titulo: Hermippus redivivus, d. i. Triumpf des Weisen über das Alter und Grab, Anweisung, das Leben .... zu verlängern. London (Frankfurt, Fleischer) 1748. 8⁰. (Weller, fing. Dr.)

Orig.: Hermippus redivivus, sive exercitatio physico-medica curiosa de methodo rara ad 115. annos prorogandae senectutis per anhelitum puellarum. Francof. ad Moen. 1742. 8⁰. (In Berlin u. München.) Cfr. Hayn, Bibl. gynaecol. Lpz. 1886. Gr. 8⁰. S. 24.

— — Dasselbe. O. O. u. J. 8⁰.

Bibl. Mehnert. II. Lpz. 1838. p. 78.

— — Dasselbe. (Neuer Abdr.) Stuttgart, Scheible, 1847. 8⁰.

In: Der Schatzgräber in den literar. u. bildl. Seltenheiten etc. Hrsg. von J. Scheible. Mit Abbildgn. Bd. 2. (1 Mk. 60 Pfg. Scheible 27. no. 2211.)

Cohausen, J. H., Lebensverlängerung durch den Hauch junger Mädchen, siehe: Scheible, der Schatzgräber. 2. Thl.

Cohausen, Jh. Hnr., († d. 13. Juli 1750.) Neo-Thea, oder medicin. Theetafel, auf welcher fürtreffl. aus einheim. u. ausländ. Kräutern u. Gewächsen bestehenden Kräuterthee aufgetragen werden, mit Valent. Kräutermanns Vorrede. 8. Lemgo 750. Meyer. 12 ℊ

Cohausen, Josef Heinrich: Europae Arcana medica id est: Collectanea physico-medico-practica ex ephemeridum Germaniae naturae curiosorum vastis voluminibus studiose in compendium redacta. ... Studio et labore Henrici Josephi Cohausen (Josef Heinrich Cohausen). Vol. (1.) 2. Francofurti & Lipsiae 1757–60: Knoch-Eslinger. 8⁰ (Vol. 1:) 1757. Vol. 2: (Cohausen:) Europae Arcana medica. Studio Salentini Ernesti Eugenii Cohausen. 1760.

— et Salent. Er. Eug., Europae arcana medica. II Voll. 8. Frankf. 757 u. 60. Esslinger. (Schäfer). 1 ꝛß 1 ℊ

Cohausen, Jos. Hnr., († d. 21. März 1779.) commercium literarium curiosum s. Dissertationes epistolicae Pyladis et Orestis. Ed. Val. Er. Eug. Cohausen. III Tom. Frkf. 746—54. Andreä. 1 ꝛß

— Diss. phys. med. de jejuno quadragesimali. 8. Frankf. a. M. 752. Andreä. 3 ℊ

Cohausen, Karl August von, s. Cohausen, August von

Cohausen, Salentinus Ernst Eugen

— kurze Beschreib. u. Unters. zweyer im Erzstift Trier gelegenen Gesundheitsbrunnen. 8. Ebend. 748.

Cohausen, Sal. E. Eug., Clericus medicaster. 8. ibid. 748.

— Dissert. et Comment. physico-medica in Summi Pontif. Bened. XIV. Epistolam encyclicam de Iejunio quadragesimali. 8. Frcf. Andreae. 751. Rthlr.

— Exerc. enc. sive Theses de Podagra, nec non antitheses de vituperiis et execrabilitate Podagrae. 8. Frcf. Andreae. 749.

— Periculum Crenographiae Bertlich. Birresb. Trevir. 8. ibid. 748.

Cohausz, Otto [aus Borken (Westfalen)]: Neuere Methoden der Rhinoplastik. ... Würzburg, Paul Scheiner's Buchdr., 1889; 37 S. 8⁰

Würzburg, Med. Fak., Inaug.-Diss. v. 1889

COHAUSZ, Rudolf (Borken): Ueber Tabakvergiftung.- München: Wolf 1885. 42 S.
30.5.1885 - Urk (Titel: De intoxicatione tabaco effecta.); Chr 1884/85,21
Diss. Ingolst.-Landsh.-Mchn.

Cohelet, s. Kohelet.

Cohen, H., Nekrolog auf denselben, s.: Fröhner, W.

Cohen, Fiametta, oder der Ursprung des St. Elms-Feuers, s. A. Barginet, Isarda.

Cohen, die Medicinalreform in der Versammlung deutscher Naturforscher und Aerzte. 8. (48 S.) Hannover 869, (Helwing'sche Hofbuchh.)

Cohen, Dr., das Tempelweihefest. Ein religiöser Vortrag, gehalten bei der stattgehabten Einweihung eines neuerbauten Gotteshauses in Anclam. gr. 8. Anclam 841. (Dietze.) n. $6^{1}/_{4}$ ngℊ

Cohen, A. D., de mosaiske Troesbekjenderes Stilling i Danmark forhen og nu, historisk fremstillet i et Tidsløb af nästen 200 Aar. tilligemed alle Lovsteder og offentlige Foranstaltninger dem angaaende, som ere udkomne fra 1651 til 1836. 8. Odense 837. (Altona, Aue.) n. $2^{2}/_{3}$ ꝛß

Cohen, Adolf [approb. Arzt aus München]: Ueber einen Fall von Amyloiddegeneration mehrerer Organe. (Aus d. patholog. Institut zu München.) ... München, Buchdr. v. B. Heller, 1887; 20 S. 8⁰.

München, Med. Fak., Inaug.-Diss. v. 1887.

Cohen, Adolf, über einen Fall von Amyloiddegeneration mehrerer Organe. (Aus d. patholog. Institut zu München.) Diss. München 1887, A. Buchholz. 8⁰. 20 S.

Cohen, Alb., der Makler für Grundbesitz und Hypotheken-Sachen, seine sociale Stellung, Rechte und Pflichten. Eine Denkschrift zur Förderung und zum Schutz des Eigenthums. gr. 8. (14 S.) Hannover 879, (Kniep's Sortiment.) *

COHEN, Alfred (München): Die Lehre des römischen Rechtes von der Schenkung von Todeswegen. Ein civilistischer Versuch.- München: Stahl 1878. VI S.,1 Bl.,174 S.
5.12.1878 - Urk (Titel: De mortis causa donatione.); Chr 1878/79,11
Diss. Ingolst.-Landsh.-Mchn.

Cohen, Alfred, Referendar: Das sog. Selbstkontrahieren des Vertreters nach gemeinem Recht und Bürgerlichem Gesetzbuch. *Kirchhain N.-L. 1901: M. Schmersow.* (60 S.) 8⁰
Rostock, Jur. Diss. v. [25. Mai] 1901

Cohen, Alfred [Referendar]: Die Vorbereitung von strafbaren Handlungen nach den Strafgesetzen des Deutschen Reichs ... Köln, Druck v. S. Salm, 1894; 79 S., 1 Bl. 8.
Erlangen, Jur. Fak., Inaug.-Diss. v. [25. Juli] 1894

Cohen, Arth., die geistige Arbeit u. ihre Vergeltung, s.a. Schriften des sozialwissenschaftlichen Vereins der Universität München.

Die geistige Arbeit und ihre Vergeltung. Zur Theorie u. Politik d. geistigen Arbeit. Von Dr. Arthur **Cohen**, Privatd. Erw. Abdr. e. Vortrags. München: Rieger 1910. 19 S. 8°
(Schriften d. Sozialwissenschaftl. Vereins d. Univ. München H. 7.) 1to. 16088

Cohen, Arth., die volkswirtschaftliche Bedeutung d. Abzahlungsgeschäftes. gr. 8. (VII, 187 S.) Leipzig 891. Duncker & Humblot. n. 3. 80

Cohen, Arthur: Der Ratenkauf mit Eigentumsvorbehalt in volkswirtschaftlicher Beziehung. . . . Leipzig, Duncker & Humblot, 1891; 22 S. 8°
München, Staatswirtsch. Fak., Inaug.-Diss. v. 1891

Cohen, Arthur, Die Verschuldung des bäuerlichen Grundbesitzes in Bayern von der Entstehung der Hypothek bis zum Beginn der Aufklärungsperiode (1598—1745). Mit einer Einleitung über die Entwickelung der Freiheit der Verfügung über Grund und Boden unter Lebenden im Mittelalter. Forschungen zur Geschichte des Agrarkredits. gr. 8°. Leipzig, Duncker u. Humblot, 1906.

Cohen, Ascher Joel

Cohenus, Ascher Joel: •P. 1, caput 1: De Misnae historia; caput 2: De Thalmudi historia. 30 Bl. 8° (4°) •P. 2: Nonnulla de interna Thalmudi indole. 29 Bl. 8° (4°)
Halle-Wittenberg, Phil Diss. v. 18. Nov. 1831
Geb. [Breslau 1802]

Cohen, Ascher Joel, der Lebensbaum. Eine Predigt gehalt. am Bußsabbath 5610 zu Cassel. gr. 8. (16 S.) Berlin 849, Gelshaar. n. n. 1/12 Rthlr.

Cohen, W. S., kurzgefaßte theoret.-prakt. deutsche Sprachlehre, zunächst für d. Schüler d. hiesigen Vereinschule. 8. Münst. 832. Regensberg. 8 gr.

Cohen, Elias [aus Jerusalem]: Ueber Aetiologie und Pathogenese des Morbus Basedowii ... Berlin, Buchdr. v. G. Schade, *1892;* 31 S. 8.
Berlin, Med. Fak., Inaug.-Diss. v. 4. Aug. 1892

Cohen, Emil

Cohen, E.: Abriss d. Geologie ..., s. Johnstrup, F.

Cohen, E. (II.), erläuternde Bemerkungen zu der Routenkarte einer Reise von Lydenburg nach den Goldfeldern und von Lydenburg nach der Delagoa Bai im östl. Süd-Afrika. gr. 8. (116 S. mit 1 lithogr. Karte in qu. gr. Fol.) Hamburg 876, Friederichsen und Comp. *
Aus: L. Friederichsen's zweiter Jahresbericht der geographischen Gesellschaft in Hamburg, besonders abgedruckt.

Cohen, E. (I.), geognostische Beschreibung der Umgegend von Heidelberg, s. Benecke, E. W.

——— Ueber die südafrikanischen Diamantfelder. (Sep.-Abdr. a. d. 5. Jahresbericht d. Ver. f. Erdkunde zu Metz. 1882.) Metz 1883. 8. Mit 3 Tafeln (Tafel 1 fehlt).

Cohen, E.: Geologie der Insel Bornholm, s. Johnstrup, F.

— **u. W. Deecke,** üb. Geschiebe aus Neu-Vorpommern u. Rügen. [Aus: „Mittheilgn. a. d. naturwiss. Ver. f. Neu-Vorpommern u. Rügen".] gr. 8. (84 S.) Berlin 892. R. Gaertner. n. 2. 40

— **u. W. Deecke,** üb. Geschiebe aus Neu-Vorpommern u. Rügen. 1. Fortsetzg. [Aus: „Mittheilgn. a. d. naturwiss. Ver. f. Neuvorpommern u. Rügen".] gr. 8. (968.) Berlin 896. R. Gaertner. n. 2. 80 (I. u. II.: n. 5. 20)

Cohen, E., die zur Dyas gehörigen Gesteine d. südlichen Odenwaldes. Nebst 2 lith. u. color. Karten (in Fol.) gr. 8. (134 S.) Heidelberg 871. C. Winter's Univ.-Buchh. n. 4. —

Cohen (E.), Die zur Dyas gehörenden Gesteine des südlichen Odenwaldes. Heidelberg 1872. 8.

——— Ueber pleochroitische Höfe im Biotit. (Sep.-Abdr. a. d. Neuen Jahrbuch für Mineralogie etc., 1888.) 8.

Contacterscheinungen a. d. Liparit-Lakkolithen der Gegend von Pjatigorsk im nördlichen Kaukasus. (Sep.-Abdr. a. d. Mittheil. d. naturw. Ver. für Neu-Vorpommern u. Rügen, 31. Jahrgang. 1899.) 8. (Ohne Ort.)

Cohen, E. und Deecke, W.

— — Liste der häufigeren Rügen'schen Diluvialgeschiebe. (Sep.-Abdr. a. d. „Führer f. d. Rügen-Excursion" 1899.) Mit 1 Karte. Greifswald. 8.

——— Melilithaugitgestein und calcitführender Aplit aus Süd-Afrika. (Sep.-Abdr. aus Tschermak's Mineral. u. petrogr. Mitt., Band 14, 1895.) Wien. 8.

——— Ueber ein angebliches Meteoreisen von Rügen. (Sep.-Abdr. a. d. Mitth. d. naturw. Ver. f. Neu-Vorpommern u. Rügen. 26. Jahrg., 1894.) 8.

——— Ueber ein angebliches Meteoreisen von Walker Co., Alabama, Ver. St. (Sep.-Abdr. Mitth. d. naturw. Ver. f. Neu-Vorpommern u. Rügen. 29. Jahrg., 1897.) 8.

Die beiden Meteoreisen von Los Muchachos, Tucson, Arizona. 8. (Ohne Ort und Jahr.)

Ueber das Meteoreisen von Cincinnati. Vereinigte Staaten. (Sitzungs-Berichte d. Kgl. Preuss. Akad. d. Wissensch. zu Berlin.) 1898. 8.

Cohen, Emil, über Meteoreisen v. De Sotoville, s.: Brezina, Aristides.

— **das Meteoreisen v. Forsyth Co., Georgia, Vereinigte Staaten.** [Aus: „Sitzungsber. d. Akad. d. Wiss. z. Berlin".] gr. 8. (11 S. m. 2 Fig.) Ebd. 897. n. — 50

——— Die Meteoreisen von Kokstad, Bethanien und Muchachos. (Sep.-Abdr. a. d. Mittheil. d. naturw. Ver. f. Neu-Vorpommern u. Rügen, 32. Jahrgang, 1900.) Greifswald 1900. 8. Mit 3 Taf.

Über das Meteoreisen von Morradal bei Grjotli zwischen Skiaker u. Stryn, Norwegen. Von Prof. Dr. E[mil] **Cohen** (Greifswald). *Christiania: In Komm. b. J. Dybwad; A. W. Brøggers Bogtr. 1898.* (12 S., 3 Taf.) 4. (8.)
— Skrifter udg. af Videnskabsselskabet i Christiania. 1898. 1. Mathem.-naturv. Kl. No 7. 1to. 694

— **Üb. d. Meteoreisen v. Morradal bei Grjotli zwischen Skiaker u. Stryn, Norwegen.** [Aus: „Videnskabsselskabets skrifter".] gr. 8 (12 S. m. 3 Taf.) Christiania 898. (J. Dybwad.) n. 2. 20

— — Ueber ein neues Meteoreisen von Ballinoo am Murchisonfluss, Australien. (Sitz.-Ber. d. Kgl. Preuss. Akad. d. Wissensch. zu Berlin.) 1898. 8.

Cohen, E., ein neues Meteoreisen v. Beaconsfield, Colonie Victoria, Australien. [Aus: „Sitzungsber. d. k. preuss. Akad. d. Wiss."] gr. 8. (16 S.) Berlin 897. (G. Reimer.) n. — 50

——— Ueber ein neues Meteoreisen von S. Cristobal, Antofagosta, Chile. (Sitz.-Ber. d. Kgl. Preuss. Akademie d. Wissensch. zu Berlin.) 1898. 8.

Cohen, E., Üb. e. neues Meteoreisen v. Locust Grove, Henry Co., Nord-Carolina, Vereinigte Staaten. [Aus: „Sitzungsber. d. Akad. d. Wiss. zu Berlin".] gr. 8. (6 S.) Berlin 897. (G. Reimer.) n. — 50

—— **u. E. Weinschenk.** Meteoreisen-Studien. Lex.-8. (S. 131—165.) Wien 891, Hölder. * 2 —
Aus: Annalen d. naturhistor. Hofmuseums, besonders abgedruckt.
Die Fortsetzung ist von E. Cohen allein herausgegeben (s. o.).

— u. E. Weinschenk, Meteoreisen-Studien. I—III. [Aus: „Annalen d. naturhistor. Hofmuseums".] Lex.-8. Wien, A. Hölder. n. 4. 60
I. (35 S.) 891. n. 2. —. — II. (20 S.) 892. n. 1. 20. - III. (22 S.) 891. n. 1. 40.

— Meteoreisen-Studien IV—VII. [Aus: „Annalen d. k. k. naturhistor. Hofmuseums".) Lex.-8. Wien, A. Hölder. n. 4. 20 (I—VII.: n. 8. 80)
IV. (13 S.) 895. n. 1. —. — V. (22 S.) 897. n. 1. —. — VI. (8 S.) 897. n. 1. 40. — VII. (14 S.) 898. n. — 80.

Cohen, E., Meteoreisen-Studien. VIII—XI. Lex.-8. Wien, A. Hölder. n. 5. 80
VIII. (42 S.) 899. n. 2. —. — IX. (14 S.) 899. n. — 80. X. (S. 73—94.) 900. n. 1. —. — XI. (S. 351—391.) 900. n. 2. —. Sonderabdruck aus: „Annalen d. k. k. naturhistor. Hofmuseums".

Cohen, E., Die Meteoriten von Laborel und Guarena. (Separat-Abdruck aus den Annalen des k. k. naturhistorischen Hof-Museums. XI. Band. 1. Heft.) Lex.-8. (8 S.) In Comm. Wien: Hölder 1896.

—— ueber den Meteoriten von Zsadány, Temesvar Comitat, Banat. 8. (10 S.) Heidelberg 878, C. Winter's Universitäts-Buchh. **
Aus: Verhandlungen des naturhistorisch-medicinischen Vereins zu Heidelberg, besonders abgedruckt.

——— Ueber den Meteoritenfall bei Madrid. (Sep.-Abdr. a. d. Mittheil. des naturw. Ver. f. Neu-Vorpommern u. Rügen, 28. Jahrg., 1896.) 8.

Cohen, E., Meteoritenkunde. 1. Hft. Untersuchungsmethoden u. Charakteristik der Gemengtheile. gr. 8. (XIII, 339 S. m. 39 Fig.) Stuttgart 894. E. Schweizerbart. n. 10. —

— Meteoritenkunde. 2. u. 3. Heft. gr. 8. Stuttgart, E. Schweizerbart. n. 24. —
2. Strukturformen; Versuche künstl. Nachbildg. v. Meteoriten; Rinde u. schwarze Adern; Relief der Oberfläche; Gestalt, Zahl u. Grösse der Meteorite. Nachträge zu Heft 1. (VII, 302 S.) 903. n. 10. —
3. Classification u. Nomenclatur; körnige bis dichte Eisen; Hexaëdrite; Oktaëdrite m. feinsten u. feinen Lamellen. (XVI, 419 S.) 905. n. 14. —

——— Ueber eine nördlich von Pretoria (Transvaal-Republik) im Granit gelegene Salzpfanne. (Sep.-Abdr. a. Tschermak's Mineral. u. petrogr. Mitt., Band 15, 1895.) Wien. 8.

— Sammlung v. Mikrophotographien zur Veranschaulichung der mikroskopischen Structur v. Mineralien u. Gesteinen, aufgenommen v. J. Grimm in Offenburg. 1—7. Lfg. gr. 4. (à 8 Taf. m. 1 Bl. Text.) Stuttgart 881. 82. Schweizerbart. In Mappe. à n.n. 16. —

Cohen, E., Sammlung v. Mikrophotographien zur Veranschaulichung der mikroskopischen Structur v. Mineralien u. Gesteinen, aufgenommen v. J. Grimm in Offenburg. 8—10. (Schluss-) Lfg. gr. 4. (4 z. Thl. color. Taf. m. 39 Bl. Text.) Stuttgart 883. Schweizerbart. In Mappe. à n.n. 16. —

—— dass. — 2. Aufl. gr. 4. (80 Taf. mit 320 Mikrophotogr. und 38 S. Text.) Ebendas. 884. **

— Sammlung v. Mikrophotographien zur Veranschaulichung der mikroskopischen Structur v. Mineralien u. Gesteinen, ausgewählt v. C., aufgenommen v. J. Grimm. 3. Aufl. 4 Lfgn. Imp.-4. (80 Lichtdr.-Taf. m. 30 S. Text.) Stuttgart 899. 900. E. Schweizerbart. In Mappe à Lfg. n. 24. —

——— und Deecke (W.), Sind die Störungen in der Lagerung der Kreide an der Ostküste von Jasmund (Rügen) durch Faltungen zu erklären? (Sep.-Abdr. Mitth. d. naturw. Ver. f. Neu-Vorpommern u. Rügen. 21. Jahrgang, 1882.) Mit 1 Taf. 8. (Ohne Ort.)

Cohen (E.), Geognostisch-petrographische Skizzen aus Süd-Afrika. (Sep.-Abdr. a. d. N. Jahrb. f. Min. etc.) 1874. 8. Mit 1 Tafel.

— die Struktur u. Zusammensetzung der Meteoreisen, s.: Brezina, Aristides.

Ueber den Wulfing'schen Tauschwerth der Meteoriten im Vergleich mit den Handelspreisen. — Ueber das Meteoreisen von Quesa, Prov. Valencia, Spanien. (Mitth. d. naturw. Ver. f. Neu-Vorpommern u. Rugen, 1899. XXXI.) Greifswald. 8.

——— Turmelinhornfels aus der Umgebung der Capstadt. (Sep.-Abdr. aus Tschermaks Mineral. und petrog. Mittheilungen Band XVII. 1898.) Wien. 8.

——— Verzeichniss der Meteoriten in der Greifswalder Sammlung am 1. Juli 1895. (Sep.-Abdr. a. d. Mitt. d. naturw. Ver. f. Neu-Vorpommern u. Rügen, 27. Jahrg., 1895.) 8.

Cohen (E.). Ueber das Vorkommen von Eisencarbid (Cohenit) im terrestrischen Nickeleisen von Niakornak bei Jacobshavn in Nord-Grönland (Saertryk af „Meddelelser om Grönland", XV). 1897. 8.

— das obere Weilerthal u. das zunächst angrenzende Gebirge, s.a. Abhandlungen zur geolog. Specialkarte v. Elsass-Lothringen.

——— Das obere Weilerthal und das zunächst angrenzende Gebirge. (Abhandl. d. Geolog. Specialkarte von Elsass-Lothringen, Band 3. H. 3.) Strassburg 1889. gr. 8. Mit 1 geol. Karte.

— Zusammenfassung der bei der Untersuchung der körnigen bis dichten Meteoreisen erhaltenen Resultate. gr. 8. (14 S.) Berlin 900. (G. Reimer.) n. — 50.
Sonderabdruck aus: „Sitzungsber. d. preuss. Akad. d. Wiss."

Cohen, E., Zusammenstellung petrograph. Untersuchungsmethoden nebst Angabe der Literatur. [Aus „Mittheilgn. aus dem naturwissenschaftl. Verein für Neuvorpommern u. Rügen in Greifswald".] gr. 8 (36 S.) Berlin 890. Gaertner. n. 1. 20

— Zusammenstellung petrograph. Untersuchungsmethoden, nebst Angabe d. Literatur. 3., verm. u. verb. Aufl. gr. 8. (54 S.) Stuttgart 896. E. Schweizerbart. n. 2. —

Cohen, Ernst, physikalische Chemie f. Anfänger, s.: Deventer, Ch. M. van.

Cohen, Ernst [aus Hannover]: Über die Einwirkung von Brom auf Crotonsäure und Isocrotonsäure. . . . Leipzig-Reudnitz, Druck v. M. Hoffmann, 1891; 23 S., 1 Bl. 8°
Leipzig, Phil. Fak., Inaug.-Diss. v. '90. Jan | 1891

Experimentaluntersuchung über die Dissociation gelöster Körper in Alkohol-Wassergemischen v. Ernst Cohen. M. 7 Abb. *Rotterdam: Commr. v. W. J. v. Hengel 1897.* (4 Bl., 60 S., 1 Bl., 1 Taf.) 4.
= Verhandelingen, Nieuwe, v. h. Bataafsch Genootschap d. Proefondervindel. Wijsbegeerte te Rotterdam. Reeks 2. Deel 4. St. 2.

COHEN, E.
Experimentaluntersuchung über die Dissociation gelöster Körper in Alkohol-Wassergemischen. Rotterdam, 1898. 4to. Ill.

— Jacobus Henricus van't Hoff. Mit e. Portr. v. J. H. van't Hoff in Heliograv. u. e. Bibliographie. gr. 8. (V, 56 S.) Leipzig 899. W. Engelmann. n. 1. 60

Das Lachgas. Eine chem.-kulturhist. Studie von Dr. Ernst Cohen. Mit 31 Autotyp. u. 1 Karikatur. Leipzig: W. Engelmann 1907. (99 S.) 8°

Cohen, Ernst, Referendar in München-Gladbach: Der Namensschutz durch § 12 des Bürgerlichen Gesetzbuches. Borna-Leipzig 1907: R. Noske. (x, 51 S.) 8° [J.]
Leipzig, Jur. Fak., Diss. v. 12. Jan. 1907
[Geb. 31. Okt. 80 M.-Gladbach; Wohnort: M.-Gladbach; Staatsangeh.: Preußen; Vorbildung: Gymn. M.-Gladbach Reife O. 01; Studium: München 3, Berlin 1, Bonn 3 S.; Rig. 4. Apr. 05.]

Studien zur chemischen Dynamik nach J. H. van 't Hoff's Études de dynamique chimique bearb. v. Dr. Ernst **Cohen**, Assist. am Chem. Universitätslab. zu Amsterdam. M. e. Vorwort v. Prof. Dr. J[akobus] H. van't Hoff u. 49 Fig. im Text. *Amsterdam: F. Muller; Leipzig: W. Engelmann 1896.* (4 Bl., VI, 282 S., 5 Bl.) 1 Bd 8. [96. 2..]

— Studien z. chem. Dynamik, n. J. H. van't Hoff's Études de dynamique chimique bearb. M. e. Vorwort v. J. H. van't Hoff u. 49 Fig. im Text. gr. 8. (VII, VI, 282 u. 8 S.) Amsterdam 898. F. Muller & Co. — Leipzig, W. Engelmann. n. 6. —

Cohen, Ernst, u. O. van Romburgh, Vorlesungen üb. anorganische Chemie f. Studierende der Medizin. Mit 68 Fig. nach Orig.-Photogrammen. (VIII, 431 S.) gr. 8. Leipzig 906. W. Engelmann. n. 15. —; geb. in Leinw. n. 16. —

Vorträge für Ärzte über physikalische Chemie von Dr. Ernst **Cohen**. Mit 49 Fig. *Leipzig: W. Engelmann 1901.* (VIII, 249 S.) 8° [01. 16011]

Vorträge für Ärzte über physikalische Chemie von Dr. Ernst **Cohen**. 2., verm. u. verb. Aufl. Mit 53 Fig. Leipzig: W. Engelmann 1907. (VIII, 264 S.) 8°

Cohen, Friedrich, Assistenzarzt am städt. Krankenhaus 'Am Urban' in Berlin: **Beiträge** zur Histologie und Histogenese der Myome des Uterus und Magens. *(Berlin: G. Reimer) 1898.* (34 S.) 8° ¶ (Aus: Virchow's Archiv f. pathol. Anatomie u. Physiologie, Bd 158.)
Rostock, Med. Diss. v. [20. Dez.] 1899

Cohen, Fritz: Über Lame'sche Funktionen ..., s. Cohn, Fritz

Cohen, G.: „Für Handelsfreiheit", Hamburg 1849. — Vorh.: Com. Bibl. Hamburg.

Cohen, Gfr., Grundzüge der parlamentar. Verfassung Englands. gr. 8. (95 S.) Leipzig 847, Hinrichssche Buchh.
Aus: Neue Jahrbücher der Geschichte und Politik, besonders abgedruckt.

Cohen, Gfried., die Verfassung und Geschäftsordnung des englischen Parlaments mit Hinweis auf die Geschäftsordnungen deutscher Kammern. Hamburg 861. Perthes-Besser & Mauke. gr. 8. (X, 150 S.) n. 24 ngr.

Cohen, Gustav [aus Hamburg]: Die Aetiologie des Lungenbrandes. Strassburg, Buchdruckerei H. L. Kayser, 1876. 8. 53 S.

Cohen, Gustav, aus Bonn: Thomson's Castle of Indolence eine Nachahmung von Spenser's Faerie Queene. *Bonn 1899: C. Georgi.* (VI, 69 S.) 8°
Würzburg, Phil. Diss. v. 1899

Cohen, G., ein Erwachen im dunklen Jenseits. Ein hypnot. Traum. 8. (77 S.) Hannover (901). M. & H. Schaper. n. 1. —

Dr. Gustave **Cohen**. Geschichte der Inszenierung im geistlichen Schauspiele des Mittelalters in Frankreich [Histoire de la mise en scène dans le théâtre religieux franç. du moyen âge]. Verm. u. verb. Ausg. Ins Deutsche übertr. von Dr. Constantin Bauer. Leipzig: W. Klinkhardt 1907. (XIV, 256 S.) 8° [07. 10191]

Die Philosophie der Hölle von Dr. G. **Cohen**. *Hannover: M. & H. Schaper 1900.* (70 S.) 8° [F.] [00. 1664 5]

Cohen, Gust. Über die Strafgewalt d. Staates. Ein mahn. Wort an alle diejenigen, welche ein thät. Interesse an der Entwickelg. d. öffentl. Lebens nehmen, insbesondere Parlamentarier, Volkswirtschaftler und Juristen. gr. 8. (31 S.) Hannov. 892, Cohen. * — 40

Cohen's, H. M., gesammelte Abhandlungen zur Geburtshülfe und wissenschaftlichen Medicin. Nach seinem Tode gesammelt und hrsg. von N. H. Cohen. gr. 8. (VIII, 515 S. mit Portr. in Lichtdr. und 2 Stnt.) Nördlingen 876, Beck'sche Buchh. *

—— das Gesetz der Befruchtung und Vererbung begründet auf die physiologische Bedeutung der Ovula und Spermatozoën für Aerzte und naturwissenschaftlich gebildete Thierzüchter. [Aus dem Nachlass des Verf.] gr. 8. (V, 47 S.) Ebendas. 875. *

Cohen, H. M., die Myodynamik des Herzens und der Blut-Gefässe. Vorläufiger Bericht. gr. 8. (51 S.) Berlin 859, A. Hirschwald. *

Cohen, Hans Manfred, aus Hamburg, Referendar am Amtsgericht zu Hamburg: Die Rechtsfähigkeit ausländischer juristischer Personen im Inlande nach dem heutigen Stande der Gesetzgebung *Erlangen 1904: Junge & Sohn.* (VIII, 67 S.) 8°
Erlangen, Jur. Diss. v. 12. Dez. 1903

Cohen, Hermann

Cohen, Hermannus: Philosophorum de antinomia necessitatis et contingentiae doctrinae. Part. 1. Halae (1863): Ploetz. 34 S. 8°
Halle-Wittenberg, Phil. Diss. v. 27. Okt. 1863
Geb. Koswig (Anhalt) 24. 7. 1842. V.
Im Buchhandel Halle (Berlin: Calvary) 1866. 36 S. 8°
Verf. erlebte die Diplomerneuerung 1913 als Geheimer Regierungsrat, em. ordentlicher Professor der Philosophie in Marburg, in Berlin

Cohen, Herm., s.: Arbeiten, philosophische.

— Die Bedeutung des Judentums f. den religiösen Fortschritt der Menschheit. Vortrag. 1.—7. Aufl. (Je 17 S.) gr. 8. Berlin-Schöneberg 910. Protestant. Schriftenvertrieb. — 60
Sonderabdruck aus „Protokoll d. 5. Weltkongr. f. freies Christent. u. relig. Fortschr."

Cohen, Herm., die systematischen Begriffe in Kants vorkritischen Schriften nach ihrem Verhältniss zum kritischen Idealismus. gr. 8. (58 S.) Berlin 874. Dümmler's Verl. n. 1. 20

Cohen, H., Kant's Begründung der Aesthetik. gr. 8 (XII, 433 S.) Berlin 889. Dümmler's Verl. n. 9. —

Cohen, Herm., Kants Begründung der Ethik. gr. 8. (VIII, 328 S.) Berlin 877, Dümmler's Verlagsh. *

— Kants Begründung der Ethik nebst ihren Anwendungen auf Recht, Religion u. Geschichte. 2. verb. u. erweit. Aufl. (XX, 557 S.) gr. 8. Berlin 910. B. Cassirer. 15. —; geb. n 16. 50

Cohen, Herm., ein Bekenntniß in der Judenfrage. gr. 8. (25 S.) Berlin 880. Dümmler's Verl. n. — 50

— Charakteristik der Ethik Maimunis, s.: Schriften, hrsg. v. der Gesellschaft zur Förderung der Wissenschaft des Judentums.

Cohen, Hermann [Kammerger.-Ref. a. D. aus Berlin]: L. 44 § 1 D. de aedilicio edicto XXI, 1. E. Beitr. z. Gesch. d. Societätsrechts ... Berlin, Mayer & Müller, 1892; 2 Bl., 25 S., 1 Bl. 8.
Göttingen, Jur. Fak., Inaug.-Diss. v. [6. Okt.] 1892

—— v. Kant's Einfluß auf die deutsche Kultur. Rede, bei der Marburger Universitäts-Feier des Geburtstages Sr. Maj. des Kaisers und Königs am 17. März 1883 gehalten. gr. 8. (38 S.) Ebendas. 883. *

Ethik des reinen Willens von Hermann **Cohen**, Prof., Marburg. *Berlin: B. Cassirer 1904.* (XVII, 641 S.) 8°
— Cohen: System d. Philosophie. T. 2. [04. 14461]

Ethik des reinen Willens von Hermann **Cohen**, Prof., Marburg. 2. rev. Aufl. Berlin: B. Cassirer 1907. (XXIII, 679 S.) 8°
— Cohen: System d. Philosophie. T. 2. [07. 13014]

Cohen, Herm., über die hitzige Gehirnwassersucht der Kinder. Pathologische Studien. gr. 8. Hannover 841, Helwing'sche Hof-Buchh. 1½ ₰

Cohen, H., Die platonische Ideenlehre psychologisch entwickelt. S.-A. 1866. 62 S.

-- Platons Ideenlehre und die Mathematik. 1878. 81 S. 4°.

—— Platons Ideenlehre und die Mathematik. gr. 4. (31 S.) Marburg 879, Elwert'sche Verlagsh. *

— Kommentar zu Immanuel Kants Kritik der reinen Vernunft, s.: Bibliothek, philosophische.

Cohén, Hermann, aus Peru (Süd-Amerika): Ueber stickstoffhaltige Kondensationsprodukte und über polymere Modifikationen des Anethols. *München 1898: Kastner & Lossen.* (40 S.) 8°
München, Phil. Diss. v. 1898

Cohen, Herm., s.a. Lange, Frdr. Alb., Geschichte des Materialismus.

Cohen, Herm., Einleitg. m. krit. Nachtrag zu Fr. Alb. Lange's Geschichte d. Materialismus in 5. Aufl. gr. 8. (S. XV—LXXVI.) Leipzig (895). J. Baedeker. n. 1. —

— Logik der reinen Erkenntnis, Index, s.a. Görland, Alb.

Logik der reinen Erkenntniss' von Hermann Cohen, Prof., Marburg. [Nebst] Index. Berlin: B. Cassirer 1902–06. 2 Bde 8°
Logik. 1902. Index von Albert Görland. 1906.
— Cohen: System d. Philosophie. T. 1. [06. 8061

Cohen, Hermann, aus Scherfede (Westf.): Über die Milzschwellung bei croupöser Pneumonie. *Würzburg 1903: F. Staudenraus.* (43 S.) 8°
Würzburg. Med. Diss. v. 1903

— die Nächstenliebe im Talmud. Ein Gutachten, dem königl. Landgerichte zu Marburg erstattet. 1.—3. Aufl. gr. 8. (35 S.) Marburg 888. Elwert's Verl. n. 1. —

Cohen, Hermann, Referendar a. Lüdenscheid: Über die rechtliche Natur des Verlöbnisses nach dem Bürgerlichen Gesetzbuch. Borna-Leipzig 1905: R. Noske. (VIII, 90 S.) 8°
Leipzig, Jur. Fak., Diss. v. 14. März 1905
[Geb. 9. Sept. 81 Lüdenscheid; Wohnort: Lüdenscheid; Staatsangeh.: Preußen; Vorbildung: Gymn. Hagen i. W. Reife O. 99; Studium: Würzburg 2, Berlin 3, Bonn 2 S.; Rig. 22. Juli 02.]

Salomon Neumann. Rede bei d. Gedächtnisfeier d. Lehranstalt f. d. Wissenschaft d. Judentums 1908 geh. von Hermann Cohen. Berlin: Mosse 1908. 15 S. 8° [11. 3694 4

Cohen, Herm., die dichterische Phantasie u. der Mechanismus des Bewußtseins. [Aus der Zeitschr. für Völkerpsychologie u. Sprachwissenschaft.] Berlin 869. Dümmler's Verlhdlg. gr. 8. (IV, 108 S.) n. 20 ngr.

— das Princip der Infinitesimal-Methode u. seine Geschichte. Ein Kapitel zur Grundlegg. der Erkenntnisskritik. gr. 8. (V, 162 S.) Ebend. 883. Elwert.

Rede bei der Gedenkfeier der Universität Marburg zur hundertsten Wiederkehr des Todestages von Immanuel Kant geh. 1904 von Hermann Cohen. *Marburg: N. G. Elwert 1904.* (31 S.) 8°
— Reden, Marburger akademische. No 10. [04. 3661

Religion und Sittlichkeit. Eine Betrachtung z. Grundlegung d. Religionsphilos. von Hermann Cohen, Prof., Marburg. Berlin: M. Poppelauer 1907. (79 S.) 8° [F.] [07. 4073

The Significance of Judaism for the progres [!] of religion. Address delivered by Dr. Hermann Cohen, Prof. Berlin-Schöneberg: Protest. Schriftenvertrieb 1910. 18 S. 8°
Aus: Report of the 5th Universal Congress for Free Christianity and Religious Freedom. Berlin 1910. [11. 3188

— System der Philosophie. (In 4 Thln.) I. Thl. Logik des reinen Erkennens. gr. 8. (XVII, 250 S.) Berlin 902. B. Cassirer. n. 14. —; geb. n. 15. 50

— System der Philosophie. 2. Tl. Ethik des reinen Willens. (XVII, 641 S.) Lex.-8. Berlin 904. B. Cassirer. n. 16. —; geb. n. 17. 50
1. Tl. Ebd. 902. n. 14. —; geb. n. 15. 50.

— System der Philosophie. 2. Tl. Ethik des reinen Willens. 2. rev. Aufl. (XXIII, 679 S.) gr. 8. Berlin 907. B. Cassirer. 16. —; geb. 17. 50

—— Kants Theorie der Erfahrung. gr. 8. (VIII, 271 S.) Berlin 871, Dümmler's Verlag. *

Cohen, Herm., Kants Theorie der Erfahrung. 2. neubearb. Aufl. gr. 8. (XXIV, 616 S.) Berlin 885, Dümmler's Verlag. *

Cohen, Hirsch Marcus (Hamburg), De frictionum usu apud veteres. Diss. med. Bln. (J. F. Starck) 13. I. 1820. 38 S. mit Biogr. (4.50) 5501
Gew.: M. H. Cohen.

Cohen, Hugo, approb. Arzt aus Castrop b. Dortmund (Westf.): Ein Fall von Pneumotomie. *Freiburg i. B. 1903: H. Epstein.* (48 S.) 8°
Freiburg i. B., Med. Diss. v. 1903

Cohen, J., Oberaufsichtsrecht u. Schutzrecht des Staates über die israelitischen Gemeinden. Nach den Akten zweier Rechtsfälle dargestellt. gr. 8. (VI, 93 S.) Hamburg 879. J. F. Richter. n. 1. 50

— Jesaias (Hamburg), De erysipelate neonatorum, adjecta morbi historia. Diss. med. Bln. (Nietack) 31. VIII. 1836. 32 S. mit Liter. u. Biogr. (M.: Z. Bruck.) (4.50) 5502
Oppon.: S. Loewensohn, L. Hollstein, S. H. Gans. — Gew.: M. H. Cohen (Vater), H. M. u. S. M. Cohen (Brüder).

Cohen, Joan. Eduard. (geb. London Nov. 1796): De necessitate morborum aliquorum ad valetudinem relativam servandam. Berolini (1820). (38 S.) 8°
Berlin, Med. Diss. v. 29. Apr. 1820

Cohen, Joseph: Ueber Aneurysmen peripherer Gefässe. *Göttingen 1898: Dieterich.* (33 S.) 8°
Göttingen, Med. Diss. v. [11. Mai] 1898

Cohen, Israel, Israel in Italien. Eindrücke u. Erlebnisse. 12 Skizzen. Autoris. Übersetzg. Aus dem Engl. v. Noëmi Baneth. (III, 111 S.) 8. Berlin 909. L. Lamm. 2. —; geb. in Leinw. 3. —

Geschichte des Akademischen Vereins für jüdische Geschichte und Literatur. Zum 25. Stiftungsfeste hrsg. von Dr. Julius Cohen. Berlin 1908: D. Feilchenfeld. (40 S.) 8° [08. 4981

COHEN, Julius J. (Hannover): Ueber den praktischen Werth des Phénix à air chaud und einiger anderer Vorrichtungen zur künstlichen Hervorrufung des Schweisses im Bett.- Leipzig: Hirschfeld 1892. 16 S.
27.2.1891 - Chr 1890/91,191 Jv 1894/95,199 (Prom.-Datum 1894)
Diss. Ingolst.-Landsh.-Mchn.

Cohen, Carl, Cantuale exhibens cantum trium vesperarum votivarum et completorii, adjectis litaniis, hymnis et orationibus in expositione XL et XIII horarum et in adoratione perpetua cantari solitis. Jussu et auctoritate reverendissimi et illustrissimi domini Philippi, archiepiscopi Coloniensis, edidit. Ed. IV. gr. 8. (123 S.) Regensburg 902. F. Pustet. — 80; geb. in Leinw. n. 1. 20

Cohen, Carl, mehrstimmige Gesänge f. höhere Lehranstalten, Seminarien u. Kirchenchöre. Komponiert u. bearb. Op. 12a. Ausg. A f. gemischten Chor. (Zugleich Beilage zu „Psallite Domino“. Kathol. Gesang- u. Gebetbuch f. höh. Lehranstalten v. Cohen u. Stolzmann.) 8. (42 S.) Düsseldorf 899. L. Schwann. n. — 60

Cohen, Carl, mehrstimmige **Gesänge** f. höh. Lehranstalten, Seminarien u. Kirchenchöre. Komponiert u. bearb. Op. 12a. Ausg. A f. gemischten Chor. (Zugleich Beilage zu „Psallite Domino". Katholisches Gesang- u. Gebetbuch f höh. Lehranstalten v. Cohen u. Stelzmann.) 3. Aufl. (42 S.) 8. Düsseldorf 907. L. Schwann. — 60

— dasselbe. Op. 12b. Ausg. B. f. Männerchor. 1. u. 2. Aufl. 8. (à 42 S.) Ebd. 899. 900. n. — 60

Cohen, Carolus, manuale chori sive modi cantandi in missa et officio divino. Jussu et auctoritate reverendissimi et illustrissimi domini Philippi, archiepiscopi coloniensis ed. C. C. gr. 8. (40 S.) Regensburg 891. F. Pustet. n. — 40; geb. in Leinw. n. — 70

— **manuale** chori sive modi cantandi in missa et officio divino. Jussu et auctoritate reverendissimi et illustrissimi domini Philippi, archiepiscopi Coloniensis, ed. C. Ed. II. gr. 8. (39 S.) Regensburg 901. F. Pustet. — 40; geb. in Leinw. n. — 70

Orgelbüch zum Gesang- und Gebetbuch für die Erzdiözese Köln von Carl **Cohen,** Domkapellm. Köln: J. P. Bachem [1905]. (240S.) quer-8° [05. 9737

[Ant. u. J.] Psallite Domino. Kathol. Gesang- u. Gebetbuch f. höh. Lehranst. hrsg. v. Carl **Cohen,** Domkapellm., u. Ant. Stelzmann, Rel.- u. Oberl. *Düsseldorf: L. Schwann 1896.* (VIII, 401 S.) 1 Bd 8. [96. 7071

Cohen, Carl, u. Ant. Stelzmann, Psallite Domino. Kathol. Gesang- u. Gebetbuch f. höh. Lehranst. 2. Aufl. gr. 16. (VIII, 401 S.) Düsseldorf 897. L. Schwann. n. 1. 75; geb. n.n. 2. —; in Leinw. n.n. 2. 30

[J. u. Ant.] Psallite domino. Kathol. Gesang- u. Gebetbuch f. höhere Lehranstalten hrsg. v. Carl **Cohen,** Domkapellmeister, u. Ant. Stelzmann, Religions- u. Oberl. 3. verb. u. verm. Aufl. *Düsseldorf: L. Schwann 1898.* (VIII, 435 S.) 1 Bd 8. [98. 10643 Bo

Psallite domino. Kathol. Gesang- u. Gebetbuch f. höhere Lehranstalten hrsg. v. Carl **Cohen,** Domkapellmeister, u. Ant. Stelzman, Religions- u. Oberl. 4. verb. u. verm. Aufl. *Düsseldorf: L. Schwann 1900.* (VIII, 442 S.) 8° [J. u. Ant.] [01. 7563

— **u. Stelzmann,** Psallite Domino. Kathol. Gesang- u. Gebetbuch f. höhere Lehranstalten. 5. Aufl. gr. 16. (VIII, 447 S.) Düsseldorf 902. L. Schwann. n. 1. 75; geb. in Leinw. n.n. 2. 30

— **u. Ant. Stelzmann,** Psallite domino. Kathol. Gesang- u. Gebetbuch f. höh. Lehranstalten. 8. Aufl. (XVI, 544 S.) kl. 8. Ebd. 910. Geb. in Leinw. nn 2. 30

Cohen, Curt: Aus der Kgl. Universitäts-Augenklinik zu Breslau. Ueber den Einfluß des Lebensalters auf die Adaptation. Stuttgart 1906: Hoffmann. (22 S.) 8°
Breslau, Med. Fak., Ref. Uhthoff, Diss. v. 14. März 1906
[Geb. 25. Okt. 79 Breslau; Wohnort: Breslau; Staatsangeh.: Preußen; Vorbildung: Gymn. Jauer Reife M. 00; Studium: Heidelberg 1. Breslau 8 S.; Coll. 17. Nov. 05; Approb. 10. März 06.]

Cohen, L.

— drei juristische **Aufsätze.** gr. 8. (31 S.) Ebd. 893. Hofmann. n. — 60

Cohen, L., chronologische Beiträge zur jüdischen Geschichte, Bibliographie u. Biographie. 8. (68 S.) Breslau 892. (Frankfurt a/M., A. J. Hofmann.) n. — 60

Cohen, L., Maphteach likboa Ittim. Schlüssel zur sofortigen Umwandlung jedes bürgerl. Datums in das entsprechende jüdische u. umgekehrt ohne irgend welche Berechnung, so wie zur Bestimmung des Wochentages jedes Datums für die Jahre 1750—1950. Unentbehrliches Handbuch bei Datenberechnungen f. Rabbiner, Lehrer, Cultus- u. Gemeindebeamte, Juristen, Geschäftsleute jeder Art u. zuverlässiger Führer für Jedermann. Enth.: Fest-Verzeichnisse, 200 Reduktionstabellen, Tabellen zur Bestimmung der Wochentage u. Erinnerungstafel. gr. 8. (VIII, 212 S.) Rees a/Rh. Frankfurt a/M. 879. Kauffmann. n. 3. —

Cohen, L., Maphteach likboa Ittim. Schlüssel zur sofort. Umwandlg. jedes bürgerl. Datums in das entsprech. jüd. u. umgekehrt ohne irgendwelche Berechng., sowie zur Bestimmg. des Wochentages e. jeden Datums f. die J. 1950—2000. Unentbehrliches Handbuch bei Datenberechngn. f. Rabbiner, Lehrer, Cultus- u. Gemeindebeamte, Juristen, Geschäftsleute jeder Art u. zuverläss. Führer f. Jedermann. gr. 8. (66 S.) Frankfurt a. M. 900. J. Kauffmann. n. 1. 50

— dasselbe f. die J. 1850—2000. Unentbehrl. Handbuch bei Datenberechngn. f. Rabbiner, Lehrer, Cultus- u. Gemeindebeamte, Juristen, Geschäftsleute jeder Art u. zuverläss. Führer f. Jedermann. gr. 8. (IV, 152 S.) Ebd. 901. n. 3. —

Cohen, L., ein neuer Maphtäach, s.: **Simon, Max.**

Cohen, L. Ph., Tabellen zur Bestimmung der Dimensionen gusseiserner Träger. Für Construirende überhaupt. Lex.-8. (VI und 125 S. mit eingedr. Holzschn.) Leipzig 861, Arnoldische Buchh.

Cohen, L. Ph., Tabellen zur Bestimmung der Dimensionen gusseiserner Träger. 3. Ster.-Aufl. Lex.-8. (IV und 125 S. mit eingedr. Holzschn.) Leipzig 863, Arnoldische Buchh.

Cohen, Ludwig, Referendar: Erörterungen des § 774, 1 B.G.B. unter Berücksichtigung seiner geschichtlichen Grundlagen. *Greifswald 1904: F. W. Kunike.* (42 S.) 8°
Greifswald, Jur. Diss. v. [11. Jan.] 1904

Cohen, M. K., theoret. u. prakt. Abhandl. v. Stein u. dessen Mitteln; aus d. Latein. mit e. Vorrede, Anmerkk. u. Anhange, worin von e. doppelten männl. Gliede e. Menschen gehandelt wird, v. J. Cph. Niemann. 8. Halle 774. Hendel. 5 gl.

Cohen, Maleachi, Jad Maleachi. Introductio methodologica in Talmud ejusque commentatores. Denuo ed., textum emendavit, praefationem, notas et additamenta adjecit Ephraim Herz. 4. (X und 320 S.) Berolini 852. 53, Adolf et soc. **

— **Marcus Hirsch** (Strasburg/Uckermark), De pleuritide. Diss. med. Frankfurt/O. (Apitz) 4. X. 1793. 20 S. (4.50) 5503
Gew.: Joh. Christ. Wilh. v. Steck.

COHEN, MARC. M., Rede über die einsame Feier wichtiger Tage im Leben, bei meinem Abgange von der Meldorfer Schule, Ostern 1830 öffentl. gehalten. Itzehoe. 1831. P.

Cohen, Max [app. Arzt aus Köln]: Ein Fall von primärem Fibrosarkom der Pleura ... Würzburg, Druck d. Bonitas-Bauer'schen k. b. Hofbuchdr., 1895; 27 S. 8.
Würzburg, Med. Fak., Inaug.-Diss. v. 1895

[J.] Die Ehescheidung auf Grund gegenseitiger Einwilligung und ihre Nichtberücksichtigung im Entwurfe eines bürgerl. Gesetzb. f. d. Deutsche Reich v. Dr. **Max Hermann Cohen.** *Hamburg: C. Boysen 1896.* (46 S.) 1 Bd 8. [96. 2347

Cohen, Meyer Kalman: De C a l c u l o et lithontripticis. Goettingae (1765:) Hager. 39 S. 8°.
Göttingen, Med. Diss. v. 14. Nov. 1765.

— **Moritz (Hannover), De actionum cumulatione secundum jus commune, nec non novissimam inferiorum regni Hannoverani judiciorum ordinationem. Diss. jur. Götting. (Friedr. Ernst Huth) 5. V. 1830. 35 S. (4.50)** 5504
Gew.: Leop. Rautenberg.

Cohen, Mor., über die Lage d. Juden nach gemeinem deutschen Rechte u. d. Mittel, dies. zu verbess., mit besond. Berücksichtigung d. Königr. Hannover Ein Versuch. gr. 8. (7½ B.) Hannover 832, Hahn.

Cohen, Nathan Armin. (geb. Hamburg 19. 2. 1833): De convulsionibus gravidarum, parturientium et puerperarum. Berolini (1853). (49 S.) 8°
Berlin, Med. Diss. v. 8. Aug. 1853

Cohen, Otto [Arzt aus Bonn]: Über die Gestalt der Orbita bei Kurzsichtigkeit .... Wiesbaden, L. Schellenberg'sche Hof-Buchdr., 1888; 25 S. u. 1 Taf. 8°
Strassburg, Med. Fak., Inaug.-Diss. v. 1888

Cohen, Otto, Gerichtsref. aus Burgsteinfurt i. Westf.: **Über die Notwendigkeit der Auflassung bei der Einbringung von Grundstücken in offene Handelsgesellschaften und bei der Umwandlung von Gemeinschaftsformen in offene Handelsgesellschaften.** *Halle a. S. 1903: C. A. Kaemmerer & Co.* (62 S.) 8°
Jena, Jur. Diss. v. (25. Sept.) 1902

Cohen, Paul, aus Hoya ⟨Prov. Hann.⟩: **Ueber einige komplexe Salze des dreiwertigen Eisens.** *Berlin (1903): E. Ebering.* (59 S.) 8°
Berlin, Phil. Diss. v. 25. Juli 1903

Cohen, Richard [aus Osterholz '(Prov. Hannover)']: Über verschleppte Querlagen ... Berlin, Buchdr. v. G. Schade, *1895*; 29 S., 1 Bl. 8.
Berlin, Med. Fak., Inaug.-Diss. v. 11. Okt. 1895

Cohen, Robert [Rechtsanw. in Güstrow]: Die Verträge zu Gunsten Dritter in der heutigen gemeinrechtlichen Rechtslehre und Rechtsprechung unter Berücksichtigung des Reichsrechts. . . . Rostock, Univ.-Buchdr. v. Adler's Erben, 1891; 66 S. 8°
Rostock, Jur. Fak., Inaug.-Diss. v. [11. Mai] 1891

Cohen, Rob., die Verträge zu Gunsten Dritter in der heutigen gemeinrechtlichen Rechtslehre u. Rechtsprechung unter Berücksicht. d. Reichsrechts. Diss. gr. 8. (66 S.) Rostock 891. (Güstrow, Opitz & Co.) n. 1. —

Cohen, Rudolf: Experimentelle Bestimmung des Verhältnisses der beiden specifischen Wärmen des Wasserdampfs ... Strassburg, Univ.-Buchdr. v. J. H. Ed. Heitz (Heitz & Mündel), 1887; 27 + 1 S. 8°.
Strassburg, Math.-Naturw. Fak., Inaug.-Diss. v. 1887.

Cohen, S., erster Bericht üb. den in Mecklenburg-Schwerin constituirten thierärztlichen Verein. 8. (16 S.) Schwerin 846, Kürschner. (jetzt: Hildebrand.) — 2. Aufl. 8. Ebd. 846. 1/12 Rthlr.

Cohen, S., Bericht über die am 25. Aug. 1846 in Schwerin abgehaltene 2. Versammlung des Vereins Mecklenburger Thierärzte. 8. Schwerin 846, Kürschner. 1/6 Rthlr.

Cohen, S., Bericht über die am 25. August 1846 in Schwerin abgehaltene 2. Versammlung des Vereins Mecklenburger Thierärzte. 8. (19 S.) Schwerin 47. Hildebrand. M. —.50

— — Bericht über die 3. Versammlung des Vereins Mecklenburger Tierärzte und über das Vereinsjahr 1846/47. 8. (23 S.) Ebd. 48. Hildebrand. M. —.50

— — Bericht über die 5. Versammlung des Vereins Mecklenburger Tierärzte und über das Vereinsjahr 1848/49. 8. (16 S.) Ebd. 49. Hildebrand. M. —.25
Vgl.: Kif, 29.

Cohen, S., der Kampf gegen die Schafpocken. Unter Benutzung der durch das Großherzogliche Ministerium für Medicinal-Angelegenheiten von den Thierärzten Mecklenburg-Schwerins eingeforderten Berichte über die jüngste Schafpocken-Epizootie. Rostock 863. Stiller. gr. 8. (VI, 26 S.) n. 5 *ngr.*

— — Veterinär-polizeiliche Memorabilien und verschiedene Gutachten aus der tierärztlichen Praxis. gr. 8. (VIII. und 179 S.) Wismar 61. Hinstorff. M. 3.—

— — Dasselbe 1. Forts. gr. 8. (IV. u. 120 S.) Rostock 63. Stiller. M. 2.—

Cohen, Sal. Marc., Handbuch der gesammten Arithmetik, oder die ganze bürgerl. u. kaufmännische Rechenkunst, mit allen dazu nöthigen Rechnungsarten, Regeln, Beispielen, Auflösungen u. Erklärungen für Lehrer u. Schüler aufs zweckmäßigste bearbeitet. 1s bis 4s Heft. gr. 8. Crefeld, Hannesmann. 805—7. (1s 16 gr. 2s 1 Rthlr. 3s 1 Rthlr. 6 gr. 4s 1 Rthlr. 14 gr.)

Cohen, Sal. Mart., Handbuch d. gesammten Arithmetik, oder d. ganze bürgerl. u. kaufmänn. Rechnenkunst, mit allen dazu nöthigen Rechnungsarten, Regeln, Beispielen, Auflösungen u. Erklärungen, für Lehrer u. Schüler aufs Zweckmäßigste bearbeitet. 4 Hefte. gr. 8. Crefeld u. Cleve 805—7. Hannesmann. 4 Rthlr. 12 gr. N. A. 4 Hefte. Frankf. a. M. 816. Hermann. Hbg. Pr. 3 Rthlr.

— neues Handbuch f. Banquiers u. Kaufleute in allen europäischen Handelsstädten. gr. 8. Leipz. Bruder. 805.

— neues Handbuch für Kaufleute u. Banquieurs in allen europ. Handelsstädten. gr. 8. Leipz. 805. (Mittler). 1 Rthlr.

Cohen, Sal. Mart.: Morgenländische P f l a n z e n ..., s. C o h e n , Salomon Jakob

Cohen, Sally, Referendar in Dortmund: **Das Recht der Handelsmäkler. Nach heutigem Recht.** *Dortmund 1904: E. Opitz.* (32 S.) 8°
Leipzig, Jur. Diss. v. 1904

Cohen, Salomon. Synthese des 3, 4, 2' Trioxy-Flavonols. Diss. Phil. Bern. [Mit 1 Tabelle.] XII + 55 S. 8. Amsterdam, J. H. de Bussy, [1905].

Cohen, Salomon Jakob

Cohen, Sal. Jak., histor.-krit. Darstell. d. jüdischen Gottesdienstes u. dessen Modificationen, von d. ältesten Zeiten bis auf unsere Tage. gr. 8. Leipz. 819. Rein. 1 Rthlr. 12 gr.

Cohen, Salomon Jacob: H e r m a n n

— — und A g a t h e (von *Salomon Jacob Cohen*). Leipzig 1830. Selten!
Anon.-Lex. II. p. 279 (nach Schröder).

Cohen, Sal. Jac., Leben, Lebens-Dauer u. Ziel, e. moral.-exeget. Vortrag (üb. 2 B. M. 23, 26, u. d. 90. Psalm). Festschrift. gr. 8. (1 B.) Hamburg 841, (Berendsohn.)

Cohen, S. J., morgenländische P f l a n z e n auf nördlichen Boden, eine Samml. neuer hebräischer Poesien, nebst deutscher Uebers. gr. 8. Frankf. Varrentrapp u. W. 807.

— morgenländ. Pflanzen auf nördl. Boden, e. Samml. neuer hebräischer Poesien, nebst deutscher Uebersetzung. gr. 8. Frankf. 807. Wenner. 16 gr.

Cohen, Sal. Jak., allgemeinnützl. u. vollständ. Rechenbuch für Lehrer u. Lernende. 8. Münster 820. Coppenrath. 1 Rthlr.

Cohen, *Samuel* [aus Scherfede '(Westf.)']: Einige Versuche über die Ausnützung verschieden sauren Brodes durch den menschlichen Organismus ... Würzburg, Etlinger's Buchdr., 1892; 28 S. 8.
Würzburg, Med. Fak., Inaug.-Diss. v. 1892

— Semmi (Hamburg), De inflammatione tunicae aortae intimae ejusque sequelis. Dissert. med. Bln. (Nietack) 17. VII. 1832. 56 S. mit Biogr. (M.: Z. Bruck.) (4.50) 5505
Oppon.: W. Hellberg, M. Eulenburg, A. Pietzker. — Gew.: M. H. (Vater) u. H. M. (Bruder) Cohen.

Cohen, Walter, aus Bonn: Studien zu Quinten Metsys. *München 1904: A. Bruckmann.* (75 S.) 8°
Straßburg, Phil. Diss. v. 1905

Cohen, Walt., Studien zu Quinten Metsys. Ein Beitrag zur Geschichte der Malerei in den Niederlanden. (IV, 91 S. m. Abbildgn.) Lex.-8. Bonn 904. F. Cohen n. 3. —

Cohen, Willi, prakt. Arzt a. Bodenfelde (Hannover): Über einen Fall von Lipoma calcificatum. Berlin 1905: C. Siebert. (19 S.) 8°
Würzburg, Med. Fak., Ref. v. Rindfleisch, Diss. v. 15. Apr. 1904
[Geb. 8. März 80 Bodenfelde; Wohnort: Würzburg; Staatsangeh.: Preußen; Vorbildung: Wilhelmsgymn. Cassel Reife M. 99; Studium: München 1, Gottingen 3, Berlin 3, Würzburg 2 S.; Coll. 20. Juli 04; Approb. 7. Juni 04.]

Cohen van Baren, J.E.: Zur gerichtsärztlichen Lehre von verheimlichter Schwangerschaft, Geburt und dem Tode neugeborner Kinder, erläutert durch Hundert den Akten entnommene medicinisch-gerichtliche Fälle, bearbeitet und zum Gebrauch für gerichtliche Aerzte, Wundärzte, Criminalisten und Richter eingerichtet. 446 S., gbd., 1 Tab.

Berlin: Oehmigke (Bülow) 1845

Cohen-Kysper, Versuch e. mechanischen Analyse der Veränderungen vitaler Systeme. (V, 89 S.) 8. Leipzig 910. G. Thieme. 1. 60

Cohen-Rees, Führer durch die deutsch-israelit., unterhaltende [schönwissenschaftliche], geschichtlich-belehrende, populär-religiöse u. Jugendschriftsliteratur vom Beginn des 18. Jahrh. bis heute, s.: Jacobsohn, B.

Cohn, der kleine, auf Reisen. Eine lust. Reise um die Erde. Von ***. Mit zahlr. Illustr. v. Ludw. Stutz. 8. (190 S.) Dresden-Niederedlitz (902). H. G. Münchmeyer. n. 1. —

Cohn, der kleine, auf Reisen. Eine lust. Reise um die Erde. Von ***. Mit zahlreichen Illustr. v. Ludw. Stutz. II—V. 8. Dresden-Niedersedlitz, H. G. Münchmeyer. à n. 1. —
II. Der kleine Cohn im Lande der Dollars. (198 S.) (903.)
III. Der kleine Cohn am großen Ocean. (195 S.) (903.)
IV. Der kleine Cohn in der Südsee. (180 S.) (903.)
V. Der kleine Cohn im Reich der Mitte. (187 S.) (903.)

— dasselbe, 6. Bd., s.: Laverrenz, Vict.

Cohn, Dr. Auszug aus einem Schreiben des Herrn Prof. Dr. Cohn in Breslau über einen merkwürdigen Schnee- und Staubfall S. 19. II. 1886 . . . . vgr
Separatabdruck

Cohn: Neues Handbuch f. Banquiers u. Kaufl., s. Cohen, Sal. Mart.

Cohn, M'boh Ha-thefilloh. Uebungsbuch z. Einführg. in d. Uebersetzen d. Gebetbuches. 1. u. 2. Tl. (In hebr. Sprache.) (139 S.) 8. Breslau 907. J. B. Brandeis. Geb. 1. 20

Cohn: Der internationale Congreß für das sogenannte industrielle Eigenthum zu Paris. Stuttgart 1879

Cohn. Der Normalarbeitstag in der Schweiz. Separat-Abdruck aus den preussischen Jahrbüchern, 25. Bd., Heft. 2. 1885.

Cohn: Nonnull. de peptorum natura physica observatt. Rgmnt. 1863. Schul-/Univ.-Schrift.

Cohn, s.: Oeynhausen u. s. Indicationen.

Cohn, A., und J. Opel, der 30jährige Krieg, s. Opel, J.

Cohn, A: Ill. Preisliste über konsistente Maschinenfette usw. Berlin 1906

Cohn, Aaron: *Quae fuerit puerorum institutio et quae leges in docendo sint adhibitae apud Hebraeos tempore Talmudicorum. 158 S. 4°
Halle-Wittenberg, Phil Diss. v. 25. März 1863
Geb. Altona (Holst.) 30. 12. 1840. V.

[Hebr.] Sefer Bêer Abrâhâm ... ḥibbêr ... Abrâhâm hak-Kohen ... [J.] Sammlung hebräischer Dichtgn z. Th. mit metr. deutscher Uebs. v. Abraham **Cohn.** *Posen: Comm.-Verl. v. A. Spiro 1896.* (87 S.) 1 Bd 8.

Cohn, Abraham Jakob

Cohn, Abr. Jac., des Gotteshauses hohe Bedeutung, Predigt, gehalt. zur Einweih. d. neuerbauten Synagoge zu Derenburg. 8. (1½ B.) Nordhausen 838, (Förstemann.) *

Cohn, Abr., u. Abr. Dinkelspiel, Erzählungen d. heil. Schrift f. Israeliten. Zum Schul- u. Privat-Gebr. bearb. Nebst e. Vorr. v. G. Salomon. 8. (20 B.) Iserlohn 834, Langewiesche.

Cohn, Abrah. Jak., und Abrah. Dinkelspiel, Erzählungen der heiligen Schrift für Israeliten. Zum Schul- und Privatgebrauch bearb. Nebst einer Vorrede von G. Salomon. 2., verm. und verb. Aufl. 8. (XV und 240 S.) Barmen 853, Langewiesche. *

Cohn, Abr. Jak., und Abr. Dinkelspiel, Erzählungen der heiligen Schrift für Israeliten. Zum Schul- und Privatgebrauch bearb. 3., verm. und verb. Aufl. 8. (XVI und 248 S.) Barmen 864, Langewiesche's Verlag. *

Cohn, Abr. Jak., u. Abr. Dinkelspiel, Erzählungen der heiligen Schrift für Israeliten. Zum Schul- u. Privatgebrauch bearb. 4., verm., wissenschaftlich bearb. u. mit einer kurzgefaßten Geschichte des Judenthums vers. Aufl. v. Eman. Schreiber. gr. 8. (XII, 229 S.) Leipzig 880. Langewiesche. n. 2. —

Cohn, Abr. Jac., mit welchen Gesinnungen sollen wir den Grundstein legen zu unserm Gotteshause? und des Gotteshauses Würde u. Segen. Zwei Predigten, gehalten bei der Grundsteinlegung u. Einweihung der neuen Synagoge zu Nordhausen. gr. 8. Nordhausen 845, Büchting. ⅙ ℔

Cohn, Adolphus (*geb. Oppeln 19. 6. 1801*): De abortu. Vratislaviae (1849). (38 S.) 8°
Breslau, Med. Diss. v. 1. Mai 1849

COHN, Adolf (Ratibor): Zur Aetiologie der Missbildungen der weiblichen Geschlechtsorgane.- München: Wolf 1884. 27 S.
16.2.1884 - Urk (Titel: De causis difformationis feminalium.); Chr 1883/84,13
Diss. Ingolst.-Landsh.-Mchn.

Cohn, Adolf, approb. Arzt aus Bromberg: Über Gastralgieen und gastrische Krisen durch präperitoneale Lipome. *München 1902: V. Hofling.* (24 S.) 8°
München, Med. Diss. v. 1902

Cohn, Adf., Kaiser Heinrich II., s. Erzählungen aus dem deutschen Mittelalter.

Cohn, Adolph (geb. Leslau in Schles. 5. 10. 1835): De metrorrhagiis Berolini (1859). (31 S.) 8°
Berlin, Med. Diss. v. 15. März 1859

Cohn, Alb., s.a. Erlebnisse, meine, im Felde 1870—71.

Meine Erlebnisse im Felde 1870—71. Von einem alten Landwehrarzt (Dr. Albert **Cohn**). Berlin. Schildberger [1907]. 127 S. 8°

Cohn, Albertus (geb. am 28 Nov. 1832 in Glogau): De scabie crustosa seu Norwegica Boeckii ... Bonnae, form. I. F. Carthausii (1856). 30 S., 1 Bl. 8.
Bonn, Med. Fak., Diss. v. 23 Mai 1856

Cohn, Alb., Shakespeare in Germany in the 16. and 17. centuries: an account of English actors in Germany and the Netherlands and of the plays performed by them during the same period. gr. 4. (CXXXVIII S. und 422 Sp. mit 2 photolithogr. Facsimiletaf. in gr. 4. und qu. Fol.) Berlin 865, Asher und Comp.. * 8 Thlr. 20 Ngr.; geb. *

Cohn, Alexander

Kohn, A., die Auslieferungsverträge des Deutschen Reiches u. der deutschen Bundesstaaten, s.a. Guttentag's Sammlung deutscher Reichsgesetze.

Die Auslieferungsverträge des Deutschen Reiches und der deutschen Bundesstaaten. Textausg. mit Anm. u. Sachreg. von Dr. jur. A[lexander] **Cohn**, Landrichter, (Allenstein). Berlin: J. Guttentag 1908. (XV, 548 S.) 8° [F.]
= **Sammlung**, Guttentagsche, Deutscher Reichsgesetze. No 86. (08. 1304)

Cohn, A., Handelsgesetzbuch, s.: Litthauer, F.

Cohn, Alexander, Oberlandesgerichts-Ref.: Das **Prüfungsrecht der Behörden bei Gesetzen und Verordnungen, mit besonderer Berücksichtigung des Preussischen und des Reichsstaatsrechts.** *Königsberg i. Pr. 1899: M. Hiller.* (87 S.) 8°
Königsberg, Jur. Diss. v. 15. Dez. 1899

Die Autographen-Sammlung Alexander Meyer **Cohn's**. Mit e. Vorw. von Prof. Dr. Erich Schmidt. Th. 1. 2. [Mit Preis-Verzeichnis.] Berlin: J. A. Stargardt 1905–06. 2 Bde 4°(8°) (06. 10347)

Cohn, Alfons Fed., s.: Burgsdorff, Wilh. v., Briefe an Brinkman usw.

Der neue Paris. Komödie in 3 Akten von Alfons Fedor **Cohn**. Berlin: Reiss (1910). 92 S. 8°
(Moderne Bühne. Eine Sammlung dramat. Werke.) (10. 15997)

Cohn, Alfred, Referendar in Hamburg: **Der privatrechtliche Anspruch wegen Verletzung der Ehre nach gemeinem Recht und bürgerlichem Gesetzbuch.** *Rostock 1901: C. Hinstorff.* (80 S.) 8° [F.]
Rostock, Jur. Diss. v. [20. Sept.] 1901

Cohn, Alfred [aus Liegnitz]: Beitrag zur Wirkung des Aconitins .... Berlin, Buchdr. v. Gustav Schade (Otto Francke) (1888); 30 S. + 1 Bl. 8°
Berlin, Med. Fak., Inaug.-Diss. v. 19. Mai 1888

Cohn, Alfred: Giebt es eine Hyperchlorhydrie im Säuglingsalter? ⟨Aus der Königl. Universitäts-Kinder-Klinik zu Breslau.⟩ *Breslau 1898: Bresl. Gen.-Buchdr.* (43 S.) 8°
Breslau, Med. Diss. v. 17. Juni 1898

Cohn, Arminius Ludovicus *(geb. Breslau 4. 6. 1838)*: De acido hypochlorico. Vratislaviae (1860). (50 S.) 8°
Breslau, Phil. Diss. v. 20. Okt. 1860

Cohn, Armin. Ludov. (geb. Breslau 4. 6. 1838): Quomodo omnium temporum medici obstetricii infantis situs ad partum exhibuerunt, modo historico-critico exponitur. Pars prima. Berolini (1863). (32 S.) 8
* Forts. bis 1890 nicht erschienen
Berlin, Med. Diss. v. 18. März 1863

Cohn, Arnold, Gerichtsref.: **Das Schenkungsversprechen im Konkurse des Schenkers.** *Freiburg i. B. 1899: H. Epstein.* (49 S.) 8°
Freiburg i. B., Rechts- u. staatswiss. Diss. v. 1899

Cohn, Artur, Referendar aus Rostock: Die **Abtretung** persönlicher **Ansprüche** zahlungshalber und zur Sicherheit. Eine vergleichende Studie. *Rostock 1904: Adlers Erben.* (76 S.) 8°
Rostock, Jur. Diss. v. [20. Juli] 1904

Cohn, Arthur, a. Berlin: Ueber die Einwirkung sauerstoff- und schwefelhaltiger organischer Verbindungen auf die Chloride vierwertiger Elemente. (Berlin 1905: A. W. Schade.) (50 S.) 8°
Berlin, Phil. Fak., Ref. Landolt, Fischer, Diss. v. 7. Jan. 1905
[Geb. 28. Jan. 83 Berlin; Heimatsort: Berlin; Staatsangeh.: Preußen; Vorbildung: Friedrich-Werdersche Ober-Realschule Berlin Reife M. 04; Studium: Berlin 9, Rostock 1 S.; Rig. 19. Dez. 04.]

Cohn, Arthur, Arzt a. Stendal: Ein bemerkenswerter Fall von Lymphosarkomatosis im Kindesalter. Borna-Leipzig 1906: R. Noske. (32 S.) 8°
Würzburg, Med. Fak., Ref. Schönborn, Diss. v. 12. März 1906
[Geb. 7. Nov. 79 Stendal; Wohnort: Stuttgart; Staatsangeh.: Preußen; Vorbildung: Gymn. Stendal Reife O. 99; Studium: Berlin 4, Würzburg 6 S.; Coll. 31. Jan. 06; Approb. 7. Juni 04.]

Cohn, A., Quibus ex fontibus S. Aurelii Victoris et libri de Caesaribus et epitomes XI capita priora fluxerint. Diss. 1884. 71 S. —.90

Cohn, Arth., quibus ex fontibus S. Aurelii Victoris et libri de caesaribus et epitomes XI capita priora fluxerint. Quaestio historica. Accedunt variae lectiones codicis Bodleiani adhuc ignoti. gr. 8. (106 S.) Berlin 884, Adf. Cohn. *

Cohn, Arthur [prakt. Zahnarzt aus Berlin]: Zersetzungen der Stärke durch Reinkulturen von Bacillus fluorescens liquefaciens, Sarcina flava, Bacterium coli commune und Rosa-Hefe (Saccharomyces glutinis). Berlin 1899. 57 S. 8°.
Freiburg i. Schw. Math.-naturw. Diss. 1899/1900.

Cohn, B., Klinik der embolischen Gefässkrankheiten mit besonderer Rücksicht auf die ärztliche Praxis. gr. 8. (XVI und 696 S. mit 4 Stnt. in Buntdr.) Berlin 860, A. Hirschwald. Thlr. *

Cohn, B., Tabellen, enth. die Zeitangaben f. den Beginn der Nacht u. des Tages f. die Breitengrade + 66° bis — 38°. Zum Gebrauch f. den jüd. Ritus. Berechnet u. zusammengestellt. qu. gr. 8. (99 S.) Strassburg 899. J. Singer. n. 1.50

Cohn, B., Tafeln der Additions- u. Subtraktions-Logarithmen auf sechs Dezimalen. (IV, 63 S.) gr. 8. Leipzig 909. W. Engelmann. 4. —

Cohn, Bernh. (geb. Janowitz in Posen 15. 10. 1841): Historische Beiträge zur Fieberlehre. Berlin 1867. (40 S.) 8°
Berlin, Med. Diss. v. 2. Aug. 1867

Cohn, Bernhardus: De embolia ejusque sequelis. Experimenta nonnulla. Vratislaviae (1856). (66 S.) 8°
Breslau, Med. Fak., Hab.-Schr. v. 27. Juni 1856

Cohn, Bernhardus *(geb. Falkenberg in Schles. 31. 3. 1827)*: De cellularum sanguinearum structura atque functione. Vratislaviae (1850). (66 S.) 8°
Breslau, Med. Diss. v. 20. Aug. 1850

Cohn, Bernh., vor d. Sturm. Ernste Mahnworte a. d. dtsch. Juden. gr. 8. (58 S.) Berlin 896. [F. Wesemann.] H. Schildberger. n. — 75

— jüdisch-politische Zeitfragen. gr. 8. (II, 79 S.) Berlin 899. (L. Simion.) n. 1. 20

COHN, Berthold
Definitive **Bahnbestimmung** des Kometen 1888I. Von Dr. Berthold Cohn. Aus den Sitzungsberichten der kaiserl. Akademie der Wissenschaften in Wien. Mathem.-naturw. Classe. Bd. CVIII. Abth. II.a Februar 1899. Wien. 1899. In Comm. Gerold's Sohn. Gr.-8°. 36 S. fl. —.30

Cohn, Berthold [aus Rawitsch]: Ueber die Gauss'sche Methode aus den Beobachtungen dreier gleichen Sternhöhen die Höhe, Zeit und Polhöhe zu finden und praktische Hilfsmittel zu ihrer Anwendung ... Strassburg i. E., J. Singer, Buchh., 1897; 1 Bl., 70 S., 4 Taf. 4.
Strassburg, Math.-naturw. Fak., Inaug.-Diss. v. 1897

Cohn, Bruno, approb. Arzt aus Tuchel ⟨Westpr.⟩: **Über Inoculationscarcinome.** *Freiburg i. B.: Speyer & Kaerner 1903.* (24 S.) 8°
Freiburg i. B., Med. Diss. v. 1902

Cohn, Dav. (geb. Podgorz in Westpr. 9. 2. 1838): De convulsionibus hystericis. Berolini (1861). (34 S.) 8°
Berlin, Med. Diss. v. 25. Juli 1861

Cohn, E: Beschreibung und Abbildung der neuesten und bewährtesten Maschinen und Apparate für die Wäsche. Berlin (1879)

Cohn, E: Beschreibung und Abbildung der neuesten und bewährtesten hauswirthschaftlichen Maschinen und Apparate. Berlin (1903?)

Cohn, E: Vollständige Küchen-Einrichtungen in verschiedenartiger Zusammenstellung. Berlin (1881)

Cohn, E: Musterblätter bewährter hauswirtschaftlicher Gegenstände für den Sommer. Berlin 1903. Fol.

Cohn, E: Vorsetzer, Schirme und Ständer für Kamine und Oefen usw. Berlin (1882)

Cohn, E: Weihnachts-Katalog. Jg. 33 u. 40. Berlin 1895 u. 1902. Fol.

Cohn, E: Wirthschaftsgeräthe für Haus und Küche. Berlin (1886) u. (1896)

Cohn, Eduard. (geb. Wangerin 1813): De dipsomaniae periodicae singulari casu. Berolini (1838). (27 S.) 8°
Berlin, Med. Diss. v. 15. Nov. 1838

Cohn, Eduard. (geb. Glogau 1821): De sanguine ejusque partibus observationes microscopico-chemicae. Commentationis a facultate medica universitatis Frid. Guilelmae aureo praemio ornatae pars prima. Berolini (1842). (28 S.) 8°
Berlin, Med. Diss. v. 19. Juli 1842

Cohn, Elias, zwei Erwiderungs-Vorträge, gehalten in den Versammlungen der christlich-socialen Arbeiterpartei am 19. Septbr. u. 10. Oktbr. 1879, gegen den Hof- u. Domprediger A. Stöcker über das Thema: Unsere Forderungen an das moderne Judenthum. 8. (20 S.) Berlin 879. (H. R. Mecklenburg.) —25

Cohn, Eman. (geb. Stützkow bei Angermünde 13. 1. 1843): De uraemia. Berolini (1866). (32 S.) 8°
Berlin, Med. Diss. v. 10. März 1866

Cohn, Emanuel *(geb. Grottkau in Schles. 22. 5. 1860)*: Die Voraussetzungen der hereditatis petitio, die Verpflichtungen des Verklagten und dessen Gegenansprüche. Breslau (1883). (54 S.) 8° *[Im Buchhandel 1883 bei Köhler in Breslau]*
Breslau, Jur. Diss. v. 10. März 1883

Cohn, Emil, zur Elektrodynamik bewegter Systeme. (10 S.) Lex.-8. Berlin 904. (G. Reimer.) n. —50

— dasselbe. II. (13 S.) Lex.-8. Ebd. 904. n. —50

Cohn, Emil [app. Arzt aus Berlin]: Über einen Fall von congenitalem Defect des Musc. pectoralis major und minor. Aus d. Poliklinik f. Nervenkrankheiten d. Hrn Prof. Mendel ... Berlin, Druck v. Th. F. Schemmel, 1895; 21 S., 1 Bl. 8.
Leipzig, Med. Fak., Inaug.-Diss. v. 7 Juni 1895

Cohn, Emil, das elektromagnetische Feld. Vorlesungen üb. die Maxwell'sche Theorie. gr. 8. (XXIII, 577 S. m. 54 Abbildgn. u. 1 Tab.) Leipzig 900. S. Hirzel. n. 14.—; geb. n. 15. 60

Mein Kampf ums Recht. Eine Streitschrift gegen Vorstand u. Repräsentanz d. Jüd. Gemeinde zu Berlin von Rabbiner Dr. Emil **Cohn.** (Nebst s. Broschüre: 'Die Geschichte meiner Suspension'. (Eine kurze sachl. Information von E. Cohn.)) Berlin: ['Jüdische Rundschau'] 1907. (16, 11 S.) 8° [F. u. Ant.] [08. 7649

Mein Kampf ums Recht. Eine Streitschrift gegen Vorstand u. Repräsentanz d. jüd. Gemeinde zu Berlin von Rabbiner Dr. Emil **Cohn.** (Nebst s. Broschüre 'Die Geschichte meiner Suspension' als Anh.) Berlin 1907: (Rosenthal & Co.). (10, 11 S.) 8° [08. 4922

Cohn, Emil, Amtsgerichtsrat David Markus. Tendenzsatire in 1 Akt. (16 S.) gr. 8. Berlin (C. 22, Auguststr. 49a) 903. Verlag jüd. Rundschau. n. —40

— Metalloptik u. Maxwell'sche Theorie. (5 S.) gr. 8. Ebd. 903. Reimer. n. —50
S Sonderabdrucke a.: „Sitzung.-ber. d. preuss. Akad. d. Wiss."

Cohn, Emil, Elektrische Ströme. 10 Vorträge üb. d. physikal. Grundlagen d. Starkstrom-Technik. gr. 8. (IV, 182 S. m. 70 Abb.) Leipzig 897. S. Hirzel. n. 3. 60

Cohn, Emil, suchet mich, so lebet ihr! Moderne Schrifterklärgn. u. Andachten. (112 S.) kl. 8. Charlottenburg 907. Virgilius-Verlag. 1. 50

Cohn, Emil [aus Neustrelitz]: Ueber das thermo-electrische Verhalten gedehnter Drähte. Neustrelitz, Druck von G. F. Spalding & Sohn. 1878. 8. 40 S. u. 3 Taf.

— der Wucher (ribâ) in Qor'ân, Chadîth u. Tiqh, s.a. **Beiträge, Berliner, juristische. 2. Heft.**

Der Wucher (ribâ) in Qor'ân, Chadîth und Fiqh. Ein Beitrag z. Entstehungsgeschichte d. muhammedan. Rechtes von Emil **Cohn.** Mit e. Nachwort von J(osef) Kohler. *Berlin: R. v. Decker 1903.* (IV, 34 S.) 8° [F. u. Ant.]
[Erschien auch als Inaug.-Diss. Heidelberg 1903.]
—Beiträge, Berliner Juristische, z. Zivilrecht, Handelsrecht, Strafrecht. H. 2. [04. 1887 B

Cohn, Emil: Der Wucher (Ribâ) in Qor'ân, Chadîth und Fiqh. Ein Beitrag zur Entstehungsgeschichte d. muhammedan. Rechtes. *Berlin 1903: G. Schenck Nachf.* (IV, 31 S.) 8° [F. u. Ant.]
Heidelberg, Phil. Diss. v. 1903

Cohn, Erich, approb. Arzt aus Breslau: Aus d. mediz. Klinik d. Hrn Geh.-Rat Kast zu Breslau. Die Erfahrungen mit Tuberkulin R. bei der Behandlung der Tuberkulose an der Kgl. mediz. Klinik zu Breslau. *Freiburg i. B.: Speyer & Kaerner 1898.* (35 S.) 8°
Freiburg i. B., Med. Diss. v. 1898

Cohn, Erich, Referendar: Die Haftung für Rat, Empfehlung, und Auskunft nach deutschem bürgerlichem Recht. Borna-Leipzig 1909: Noske. IX, 53 S. 8°
Jena, Jur. Diss. v. 15. Febr. 1909, Ref. Thon
[Geb. 26. Jan. 87 Insterburg; Wohnort: Weblau O.-Pr.; Staatsangeh.: Preußen; Vorbildung: Gymn. Insterburg Reife O. 05; Studium: Königsberg 1, Berlin 1, München 1, Königsberg 3 S.; Rig. 5. Jan 09.] [U 09. 2081

Cohn, Erich, Referendar: Die Verpflichtung des Schenkers zur Gewährleistung wegen eines Mangels im Rechte nach Gemeinem Rechte und B.G.B. *Berlin 1903: W. Pilz.* (IV, 70 S.) 8°
Marburg, Jur. Diss. v. [16. Mai] 1903

Cohn, Erich, die Verpflichtung des Schenkers zur Gewährleistung wegen e. Mangels im Rechte nach gemeinem Rechte u. B. G. B. (76 S.) gr. 8. Berlin 903. Struppe & Winckler. n. 2.—

Cohn, Ernst, approb. Arzt: Die civilrechtliche Bedeutung der Morphiumsucht. *Breslau 1899: Th. Schatzky.* (26 S.) 8°
Leipzig, Med. Diss. v. 15. Febr. 1899
(Nur in beschränkter Zahl für den Austausch)

Cohn, Ernst: Über den Codex Bruchsal 1 der Karlsruher Hof- und Landesbibliothek und eine ihm verwandte Handschrift. Karlsruhe 1907: J. Lang. (36 S.) 8°
Heidelberg, Phil. Fak., Ref. Thode, Diss. v. 3. April 1907
[Geb. 25. Dez. 82 Tilsit; Wohnort: Karlsruhe; Staatsangeh.: Preußen; Vorbildung: Gymn. Bromberg Reife O. 02; Studium: Berlin 8 S.; Rig. 2. März 07.]

Cohn, Ernst, der schwere Erfolg als gesetzlicher Grund erhöhter Strafbarkeit, s.a. Abhandlungen, strafrechtliche.

Cohn, Ernst, Kammergerichtsrefer.: Der schwere Erfolg als gesetzlicher Grund erhöhter Strafbarkeit. Breslau: Schletter 1910. XII, 104 S. 8° ¶(Ersch. auch als: Strafrechtl. Abhandlungen. H. 112.)
Heidelberg, Jur. Diss. v. 9. März 1910, Ref. v. Lilienthal
[Geb. 10. Dez. 85 Berlin; Wohnort: Berlin; Staatsangeh.: Preußen; Vorbildung: Luisen-Gymn. Berlin Reife O. 04; Studium: Berlin 6 S.; Rig. 19. Nov. 09.] [U 10. 1848

Cohn, Ernst, a. Tuchel (Westpreußen): Zur Frage der Dementia Paranoides. Emmendingen: Druck- u. Verlags-Ges. vorm. Dölter 1907. (28 S.) 8°
Freiburg i. B., Med. Fak., Ref. Hoche, Diss. v. 1907
[Geb. 9. Nov. 82 Tuchel; Wohnort: Tuchel; Staatsangeh.: Preußen; Vorbildung: Gymn. Konitz Reife O. 02; Studium: München 1, Berlin 4, Königsberg 1, Freiburg i. B. 1, Berlin 1, Freiburg i. B. 2 S.; Coll. 31. Mai 07.]

Cohn, Ernst, prakt. Arzt: Über den antiseptischen Wert des Argentum colloïdale Credé und seine Wirkung bei Infektion. *Königsberg i. Pr. 1902: M. Hiller.* (57 S.) 8°
Königsberg, Med. Diss. v. 15. Juli 1902

Cohn, Eugen (Alexand.) (geb. Berlin 23. 6. 1856): Diabetes und Psychose. Berlin (1881). (32 S.) 8°
Berlin, Med. Diss. v. 30. Aug 1881

Cohn, Eugen [app. Arzt aus Namslau]: Ueber den Gallertkrebs des Rectum ... Namslau, Druck d. O. Opitz'schen Buchdr., 1891; 31 S. 8.
Würzburg, Med. Fak., Inaug.-Diss. v. 1891

Cohn, F., die hohe Aufgabe e. Synagogen-Gemeinde-Vorstehers. Predigt am Sonntag תצוה 5654 (den 17. Febr. 1894) zur Feier des 25jähr. Amts-Jubiläums des Vorsitzenden im Vorstande der Synagogen-Gemeinde Hrn. Banquier Robert Goldschmidt in der Synagoge zu Bonn. gr. 8. (13 S.) Frankfurt a/M. 894. J. Kauffmann. n. — 50

Cohn F.: Ueber die Krankheit d. Runkelrüben. U. St. o. A. (16) S.). (Udsnit).

Cohn F.: Ueber lebendige Organismen im Trinkwasser. U. St. o. A. (9) S. [Udsnit]. P.

Cohn, F., drei Predigten, geh. am Vorabende u. an beiden Tagen d. Neujahrsfestes 5648 [1887] in der Synagoge zu Bonn. gr. 8. (28 S.) Frankfurt a/M. 888. Kauffmann. n. — 80

Cohn, F., die Sprache eines Denkmals. Predigt zur Jahresfeier des Frankfurter Friedensschlusses Sonnabend den 10. Mai 1873 in der Synagoge zu Oels gehalten. gr. 8. (11 S.) Oels 873, (Grüneberger und Comp.)

Cohn, F., die Sprache eines Denkmals. gr. 8. Oels 873. Breslau, Preuß und Jünger.

Cohn, F., Gottes Stimme über den Wassern. Predigt, am Sabbath Chanuka 5643 [9. Decbr. 1882] in der Synagoge zu Bonn gehalten. gr. 8. (18 S.) Bonn 882, Strauß' Verlag.

Cohn F.: Untersuchungen üb. Insectenschaden auf den schlesischen Getreidefeldern im Sommer 1869. [Bresl. 1869]. 23 S. P.

Cohn, Falk, Bedeutung und Zweck des Versöhnungstages. Predigt gehalten am Vorabende des Versöhnungsfestes 5622 [den 13. Septbr. 1861] in der Synagoge zu Cöthen. Leipzig 861. C. L. Fritzsche. 8. (18 S.) 3 ngr

Cohn, Falk, Bedeutung und Zweck des Versöhnungstages. Predigt gehalten am Vorabende des Versöhnungsfestes 5622 (den 13. Septbr. 1861) in der Synagoge zu Cöthen. gr. 8. (18 S.) Leipzig 862, C. L. Fritzsche. [C. F. Schmidt.]

—— Glaube, Liebe und Vertrauen, ein Dreigestirn himmlischen Trostes in der Nacht des Leidens. Predigt gehalten bei der Gedächtnißfeier für Ihre Königl. Hoh. die hochsel. Frau Großherzogin Anna von Mecklenburg-Schwerin am 30. April 1865, Abends 8 Uhr, in der Synagoge zu Waren. gr. 8. (16 S.) Schwerin 865, (Schmale.) *

—— die Rückkehr. Predigt gehalten an dem Abend des Versöhnungsfestes 5623 (den 4. Octbr. 1862) in der Synagoge zu Cöthen. gr. 8. (16 S.) Leipzig 862, C. L. Fritzsche. [C. F. Schmidt.]

Cohn, Felix O. [aus Neu-Strelitz]: Über die Einwirkung des künstlichen Magensaftes auf Essigsäure- und Milchsäure-Gährung. . . . Strassburg. Verl. v. Karl J. Trübner, 1889; 1 Bl. + 81 S. 8°
Strassburg, Med. Fak., Inaug.-Diss. v. 1889

Cohn, Ferdinand

Cohn (F.). Algen des Karlsbader Sprudels. Bresl. 1863. 8.

Cohn, Ferd., über Bacterien, s. Sammlung gemeinverständl. wissenschaftl. Vorträge.

Cohn, Ferd., s.a. **Beiträge zur Biologie der Pflanzen.**

—— Beiträge zur Biologie der Pflanzen. 1. und 2. Heft. gr. 8. Breslau, Kern's Verlag. [1. Heft. Mit 6 (lithogr.) zum Theil (4) farb. Taf. (V, 132 S.) 870. M. 7.; 2. Heft. Mit 3 (lithogr.) zum Theil (1) farb. Taf. (III, 224 S.) 872. M. 9.]

Cohn, Ferdinand: Bericht über die Beobachtungen der Vegetations-Entwicklung.... in: Göppert, H. R.: Bericht über die Thätigkeit der naturwissenschaftlichen Sektion im Jahre 1857.

Cohn, Ferd., ein interessanter Blitzschlag beschrieben. Mit 2 (lith.) Taf. (in Fol.). (Aus d. Acta Acad. Leop.-Carol.) Bonn 857. Weber. gr. 4. (14 S.) n. 1 ℛ 20 ngr

Cohn, Ferd., Desmidiaceae Bongoenses. gr. 4. (14 S. mit 1 lithogr. Taf.) Halle 879, Niemeyer. *
Aus: Festschrift der naturforschenden Gesellschaft zu Halle, besonders abgedruckt.

Cohn, Ferdinand, Dr., Ueber die Einwirkung des Blitzes auf Bäume.

Cohn, Ferd., Empusa muscae und die Krankheit der Stubenfliegen. Ein Beitrag zur Lehre von den durch parasit. Pilze charakterisirten Epidemicen. (Für die kaiserl. Leopold.-Carol. Akad. der Naturforscher.) gr. 4. (68 S. mit 3 Stnt.) Bonn 855, Weber.

Cohn, F., Empusa muscae und die Krankheiten der Stubenfliegen. (Nova Acta Acad. Leop.-Carol. XXV.) Leipzig 55. Engelmann. M. 4.-

—— die Entwicklung der Naturwissenschaft in den letzten 25 Jahren. Ein Vortrag. 1. und 2. Aufl. gr. 8. (36 S.) Breslau 872, Kern's Verlag.

Cohn, Ferd., die Entwicklungsgeschichte des Pilobolus crystallinus. Mit 2 lith. (u. color.) Taf. [Für die kais. Leopold.-Carol. Akad. der Naturforscher.] gr. 4. (41 S.) Breslau u. Bonn 851, Weber. n. 5/6 ℛ (siehe auch: Actorum, novorum, academiae caes. Leopoldino-Carol. vol. XXIII. pars 1.)

Cohn, Ferdinand: Die Entwickelungsgeschichte der Gattung Volvox. (Breslau 1875.) (33 S., 1 Taf.) 4° *[Im Auszug in: Beiträge z. Biologie d. Pflanzen hrsg. v. F. Cohn. Bd 1, H. 3. 1875.]*
Breslau, Glückwunsch d. phil. Fak. z. 50-jähr. Dr.-Jubil. v. [Heinr. Rob.] Göppert am 11. Jan. 1875

— die Geschichte der Gärten. Vortrag gehalten im wissenschaftlichen Verein in Berlin den 2. Febr. 1856. Berlin 856. Jonas' Verlhdlg. 32. (64 S.) n. 8 ngr

— Goethe als Botaniker. [Aus: „C., die Pflanze". 2., verm. Aufl.] gr. 8. (79 S. m. Abbildgn.) Breslau 895. J. U. Kern's Verl. n. 2. 50

— der Haushalt der Pflanze, s. Belehrungen, unterhaltende.

— s.: Kryptogamen-Flora von Schlesien.

—— Lebensfragen. Rede, gehalten am 22. Septbr. 1886 in der 2. allgemeinen Sitzung der 59. Versammlung deutscher Naturforscher und Aerzte zu Berlin. 8. (20 S.) Berlin 887, Hirschwald. *

— z. Lehre v. Wachsthum d. Pflanzenzelle. Mit 1 Steintaf. gr. 4. Breslau u. Bonn. 1850. Weber. — 15

Zur Lehre vom Wachsthum der Pflanzenzelle. Mit 1 (color.) Steindrtaf. [Für die kais. Leopold.-Carol. Akad. der Naturforscher.] gr. 4. (32 S.) Ebd. 850. n. 1/3 ℛ (siehe auch: Actorum, novor. acad. caes. Leopoldino-Carolinae. vol. XXII. pars 2.)

Cohn, Ferd., Licht und Leben, s. Sammlung gemeinverständl. wissenschaftl. Vorträge.

— u. A. **Engler**, das botanische Museum der Universität Breslau. Reden, geh. zur Einweihung desselben am 29. April 1888. 8. (48 S.) Breslau 888. Kern's Verl. n. 1. —

— Zur Naturgeschichte des Protococcus pluvialis Kützing, [Haematococcus pluvialis Flotow, Chlamidococcus versatilis A. Braun, Chlamidococcus pluvialis Flotow u. A. Braun.] Mit 2 (color.) Steindrtaf. [Für die kais. Leopold.-Carol. Akademie der Naturforscher.] gr. 4. (160 S.) Ebd. 850. n. 2 2/3 ℛ (siehe auch: Actorum, novor., acad. caes. Leopold.-Carol. vol. XXII. pars 2.)

Cohn, Ferd., die Pflanze. Vorträge aus dem Gebiete der Botanik. Lex.-8. (VIII, 512 S. mit eingedr. Holzschn.) Breslau 882, Kern's Verlag.
geb.

[S.] Die Pflanze. Vorträge a. d. Gebiete d. Botanik. Von Dr. Ferdinand **Cohn**, Prof. ... zu Breslau. 2. verm. Aufl. Bd 1. 2. (In 13 Lfgn.) *Breslau: J. U. Kern [1895]–97.* 2 Bde (8.)
1. 1895 [96] (XII, 481 S.) 2. 1896 [97] (XI, 5[illegible] S.) [illegible]

— und Max. Wichura, über Stephanosphaera pluvialis. Mit 2 Steindrucktaf. (in Farbendr.) (Aus d. Acta Acad. Leop.-Carol.) Ebend. 857. gr. 4. (32 S.) n. 1 ℳ

—— und Max Wichura, über Stephanosphaera pluvialis. gr. 4. (32 S. mit 2 Stndrt. in Farbendr.) Breslau und Bonn 858, Weber. *

Cohn, Ferd. Julius (geb. Breslau 24. 1. 1828): Symbola ad seminis physiologiam. Berolini (1847). (76 S.) 8°
Berlin, Phil. Diss. v. 13. Nov. 1847

Cohn, Ferd., Untersuchungen über die Entwickelungsgeschichte der mikroskopischen Algen und Pilze. (Für die kaiserl. Leopold.-Carol. Akad. der Naturforscher.) gr. 4. (158 S. mit 6 zum Theil ill. Stnt.) Bonn 854, Weber. Thlr. *

Cohn, Ferdinand Julius, s. Cohn, Ferdinand

Cohn, Franz, früh. Medizinalprakt. an d. Abteilung: Aus d. städt. Allerheiligenhospital zu Breslau, Med. Abteilung B. (Prof. Dr. Ercklentz.) Beitrag zur Kasuistik der spontanen Oesophagusruptur. Mit 1 Abb. im Texte. Breslau 1907 (Frommann in Jena.) (19 S.) 8° ¶(Aus: Mitteilungen aus d. Grenzgebieten d. Medizin u. Chirurgie Bd 18 H. 2, 1907.)
Breslau, Med. Fak., Ref. v. Strümpell, Diss. v. 2. Dez. 1907
[Geb. 21. Nov. 81 Breslau; Wohnort: Breslau; Staatsangeh.: Preußen; Vorbildung: Elisabeth-Gymn. Breslau Reife M. 00; Studium: Breslau 1, Heidelberg 1, Breslau 1, Heidelberg 1, Breslau 4, Heidelberg 2 S.; Rig. 27. Juni 07; Approb. 29. Aug. 07.]

Cohn, Franz, Dr., I. Assistenzarzt d. Univ.-Frauenklinik: (Aus d. Univ.-Frauenklinik zu Kiel. Dir.: Pfannenstiel.) Ueber das Corpus luteum und den atretischen Follikel des Menschen und deren cystische Derivate. Mit 2 Taf. Berlin 1909: Schumacher. 78 S. 8° ¶(Aus: Archiv f. Gynäkol. Bd 87, H. 2.)
Kiel, Med. Hab.-Schr. v. 28. Nov. 1908 [U 09. 2346
(Nicht für den Austausch)

Cohn, Franz, aus Breslau: Aus d. entwicklungsgeschichtl. Abt. d. anat. Instituts d. Universität Breslau. Zur Histologie und Histogenese des Corpus luteum und des interstitiellen Ovarialgewebes. *Breslau 1903: Th. Schatzky.* (35 S.) 8°
Breslau, Med. Diss. v. 18. Apr. 1903

Cohn, Franciscus: Orchidomeningitis ossificans. Halis Saxonum (1863): Schmidt. 35 S., 1 Taf. 8°
Halle-Wittenberg, Med. Diss. v. 15. Aug. 1863
Geb. Danzig 18. 8. 1842. V.

Cohn, Franz, aus Charlottenburg: Untersuchungen über die Durchgängigkeit des Cervikalkanals bei Erstgeschwängerten am Ende der Schwangerschaft. *Erlangen 1898: A. Vollrath.* (48 S.) 8°
Erlangen, Med. Diss. v. 4. März 1898

Ableitung der Declinationen und Eigenbewegungen der Sterne für den internationalen Breitendienst von Dr. Fritz Cohn, Privatd. in Königsberg. *Berlin: G. Reimer 1900.* (65 S.) 4°
= Centralbureau d. internat. Erdmessung. Veröffentlichungen. N. F. No 2. [00. 10761

Bearbeitung von Bessel's Beobachtungen am Dollond'schen Mittagsfernrohre in d. Jahren 1813–1819 von Dr. Fritz Cohn. *Königsberg i. Pr. 1899: R. Leupold.* (156 S.) 2°
— Beobachtungen, Astronomische, auf d. Kgl. Univ.-Sternwarte zu Königsberg. Abth. 39. [illegible]

Cohn, Fritz, über Lamésche Funktionen mit klomplexen Parametern. Diss. Königsberg i. Pr. 1888. Graefe & Unzer. 8°. 49 S.

Cohn, Fritz: Über Lamésche Funktionen mit komplexen Parametern .... Königsberg, Hartungsche Buchdr. (1888); 2 Bl. + 49 S. + 1 Bl. 8°
Königsberg, Phil. Fak., Inaug. Diss. v. 31. Jul. 1888

Cohen, Fritz, über Lame'sche Funktionen mit komplexen Parametern. Inaugural-Dissertation. 8. (49 S.) Königsberg i. Pr. 888, (Koch's Antiq.) [illegible]

Cohn, Fritz, s.: Jahrbuch, Berliner astronomisches.

... Lectiones cursorias, quas ... Fritz Cohn Phil. Dr. Die Methoden zur Bestimmung der Sonnenparallaxe ad docendi facultatem rite impetrandam d. XIX. m. Ian. ... habebit, indicit Guilelmus Fleischmann Phil. Dr. P. P. O. Ord. Philos. h. t. Decanus. Regimonti Bor., ex offic. Hartungiana, 1893; 1 Bl. 4.

Cohn, Fritz, Referendar: Das Nachindossament des protestierten Wechsels. (Art. 16 Absatz II der Wechselordnung.) Borna-Leipzig 1909: Noske. XII, 66 S. 8°
Leipzig, Jur. Diss. v. 14. Juni 1909
[Geb. 28. Juni 85 Chemnitz; Wohnort: Chemnitz; Staatsangeh.: Sachsen; Vorbildung: Gymn. Chemnitz Reife O. 04; Studium: München 2, Berlin 1, Leipzig 5 S.; Rig. 21. Jan. 09.] [U 09. 2476

Rektaszensions-Beobachtungen von [illegible] Sternen mit dem selbstregistrierenden Mikrometer des Repsoldschen Meridiankreises in d. Jahren 1901 bis 1907 angestellt von Fritz Cohn, Observator. Königsberg i. Pr.: Gräfe & Unzer 1909. 355 S. 4°
(Astronomische Beobachtungen auf d. Kgl. Univ.-Sternwarte zu Königsberg. Abt. 42.) [09. 13417

Cohn, Fritz, Kammergerichts-Ref.: Die Schuldenhaftung des nicht rechtsfähigen Vereins unter Berücksichtigung seines rechtlichen Charakters nach gemeinem Recht und Bürgerlichem Gesetzbuch. *Berlin: Trowitzsch & Sohn 1900.* (51 S.) 8°
Jena, Jur. Diss. v. (6. Juli) 1900

Der gegenwärtige Standpunkt in der Pathologie und Therapie des Ulcus serpens corneae. Von Dr. Fritz Cohn, Assist. Arzt, Aachen. Halle: C. Marhold 1907. (31 S.) 8°
= Sammlung zwangloser Abhandlungen aus d. Geb. d. Augenheilkunde. Bd 7, H. 4. [07. 1376 S

Cohn, Fritz, die klimatischen Verhältnisse v. Königsberg, nach 45jähr. meteorolog Beobachtgn. dargestellt. [Aus: „Astronom. Beobachtgn. auf der k. Universitäts-Sternwarte in Königsberg".] Fol. (52 S. m. 3 Taf.) Königsberg 894. (W. Koch.) n.n. 3. —

Die Klimatischen Verhältnisse von Königsberg nach fünfundvierzigjährigen meteorol. Beobachtungen dargest. von Dr. Fritz Cohn, Privatd., Königsberg. Mit 3 Fig. Taf. *Königsberg i. Pr. 1894: R. Leupold.* (52 S.) 2°
= Beobachtungen, Astronomische, auf d. Kgl. Univ.-Sternwarte zu Königsberg. Abth. 38, 4. [illegible]

— s.: Veröffentlichungen des königl. astronomischen Rechen-Institutes zu Berlin.

Cohn, Fritz, Referendar: Das Wesen der Genehmigung bei der Stellvertretung ohne Vertretungsmacht und ihre Wirkung. Ein Beitr. z. Lehre von d. Genehmigung im BGB. (§§ 177, 184 BGB.) Berlin: Brückmann 1909. VIII, 44 S. 8°
Greifswald, Jur. Diss. v. 28. Jan. 1909, Ref. Pescatore
[Geb. 11. Febr. 87 Berlin; Wohnort: Berlin; Staatsangeh.: Preußen; Vorbildung: Friedrichs-Werdersches Gymn. Berlin Reife O. 05; Studium: Freiburg i. B. 1, Berlin 2, München 1, Berlin 2 S.; Rig. 27. Nov. 08.] [U 09. 1446

Cohn, Geo., Beiträge zur Lehre vom einheitlichen Wechselrecht. gr. 8. (144 S.) Heidelberg 880. C. Winter. n. 4. 80
[illegible] Doctorjubiläum [illegible] Prof. J. C. Bluntschli. III.)

Cohn, Georg, a. Posen: Beiträge zur Resection des Sehnerven bei sympathischer Augenentzündung. Greifswald 1905: F. W. Kunicke. (32 S.) 8°
Greifswald, Med. Fak., Ref. Schirmer, Diss. v. 9. Nov. 1905
[Geb. 21. Nov. 81 Posen; Wohnort: Posen; Staatsangeh.: Preußen; Vorbildung: Friedr.-Wilh.-Gymn. Posen Reife O. 99; Studium: Berlin 9 S.; Coll. 12. Juli 05; Approb. 2. April 04.]

Cohn, Georg [aus Berlin]: Benzaldiphenylmaléid und seine Derivate ... Berlin, A. W. Schade's Buchdr., 1892; 62 S., 2 Bl. 8.
Berlin, Phil. Fak., Inaug.-Diss. v. 2. Juni 1892

—— s. Festgabe zum 50jährigen Doctorjubiläum des Hrn. Geh.-Rath Prof. Dr. J. C. Bluntschli.

[Cohn, Georg.] Festspiel am Empfangsabend des Juristentages in Zürich (27. September 1908) : Schweizerischer Juristen-Verein [Jahresversammlung. Von Prof. Dr. G' C' in Zürich]. 13 S. 8. Zürich, Berichthaus.

Cohn, Geo., Gemeinderschaft u. Hausgenossenschaft. Vortrag, geh. i. d. internat. Vereinigg. f. vergleich. Rechtswissenschaft u. Volkswirthschaftslehre z. Berlin a. 16. X. 1897. [Aus: „Ztschr. f. vergleich. Rechtswissenschaft".] gr. 8. (V, 128 S.) Stuttgart 898. F. Enke. n. 4. —

Cohn, Geo., die Gesetze Hammurabis. Rektoratsrede, geh. am Stiftungsfeste der Hochschule Zürich, den 29. IV. 1903. (44 S.) gr. 8. Zürich 903. Art. Institut Orell Füssli. n. 1. 50

Georg **Cohn**: Das eheliche Güterrecht. Zürich: Schulthess & Co. 1906. (50 S.) 8°
— Vorträge über d. Entwurf e. schweiz. Zivilgesetzbuches geh. ... im Winter 1905/6. H. 2, [1.]
— **Beiträge**, Zürcher, z. Rechtswissenschaft. 12, [1.] [-6. 10644

Cohn, Georg, Referendar: Haftung aus unerlaubter Handlung. Berlin: Brückmann 1910. 68 S. 8°
Jena, Jur. Diss. v. 30. Juni 1910, Ref. Danz
[Geb. 3. Jan. 86 Berlin; Wohnort: Berlin; Staatsangeh.: Preußen; Vorbildung: Friedrichs-Gymn. Berlin Reife M. 04; Studium: Berlin 6 S.; Rig. 3. Mai 10.] [U 10. 2232

Cohn, Georg, Referendar a. Berlin: Die Haftung und die Klagen aus dem Kollektivkommodat (dem von mehreren mit einem Dritten gemeinschaftlich geschlossenen Leihvertrag) nach römischem Recht, nachgewiesen durch Interpretation l 5 § 15, l 6 und l 7 D. commodati vel contra (13,6) und Beurteilung dieses Vertrages nach heutigem Recht. Berlin 1908: M. Schneller. (71 S.) 8°
Heidelberg, Jur. Fak., Ref. Heinsheimer, Diss. v. 1908
[Geb. 2. Mai 82 Berlin; Wohnort: Berlin; Staatsangeh.: Preußen; Vorbildung: Königstädt. Gymn. Berlin Reife M. 01; Studium: Berlin 6 S.; Rig. 22. Jan. 08.]

Cohn, Geo., s.: Handels- u. Seerecht usw., das. v. Deutschland.

Cohn, Georg. Der Kampf um den Wechselprotest. Vortrag, gehalten in der juristischen Gesellschaft zu Wien am 15. März 1905 von Dr. G' C', ord. Professor ... [in] Zürich. 44 S. 8. Berlin, J. Guttentag, 1905. [M. 1. —]

Cohn, Georg. Kinematographenrecht. Vortrag gehalten in der Juristischen Gesellschaft zu Berlin am 12. Juni 1909. 48 S. gr.-8. Berlin, R. v. Decker, (1909). [M. 1. 60]

Die Pyrazolfarbstoffe. Von Dr. Georg **Cohn**, Berlin. Stuttgart: Enke 1910. VI, 170 S. 8° [10. 15130

Cohn, Geo., das neue deutsche bürgerliche Recht in Sprüchen. I u. II. 8. Berlin, O. Liebmann. Kart. n. 5. —
I. Allgem. Tl. (VIII, 95 S.) 896. n. 2. —
II. Recht d. Schuldverhältnisse. (IV, 191 S.) 897. n. 3. —

Cohn, Geo., das neue deutsche bürgerliche Recht in Sprüchen. I, III u. IV. 8. Berlin, O. Liebmann. Kart. n. 11. —
I. Allgemeiner Tl. 2., verm. Aufl. (X, 86 S.) 899. n. 2. —
III. Sachenrecht — Familienrecht. (IV, 403 S.) 899. n. 6. —
IV. Erbrecht. (199 S.) 900. n. 3. —
II Ebd. 897. n. 3. —.

Cohn, Georg. Neue Rechtsgüter. Das Recht am eigenen Namen; Das Recht am eigenen Bilde. Rektoratsrede, gehalten am Stiftungsfeste der Hochschule Zürich den 29. April 1902. 64 S. 8. Berlin, Otto Liebmann, 1902. [M. 1. 50]

Cohn, Georg, Assessor: Zur Rechtsnatur des Zwangsvergleichs. Königsberg i. P. 1910. 59 S. 8°
Rostock, Jur. Diss. v. 15. Mai 1910, Ref. Wachenfeld
[Geb. 21. Febr. 81 Königsberg i. P.; Wohnort: Königsberg; Staatsangeh.: Preußen; Vorbildung: Wilhelms-Gymn. Königsberg Reife O. 99; Studium: Freiburg i. B. 1, Königsberg 1, München 1, Königsberg 3 S.; Rig. 25. Febr. 10.] [U 10. 3831

Cohn, Geo., die Riechstoffe, s.a. **Handbuch der chemischen Technologie.** 65. Lfg.

Die Riechstoffe. Von Dr. Georg **Cohn** in Görlitz. *Braunschweig: F. Vieweg & Sohn 1904.* (VIII, 219 S.) 8° [5.]
— **Handbuch** d. chemischen **Technologie**. Bd 6. Gruppe 2. Abt. 2. [-4. 6802

Cohn, Georg, Referendar in Breslau: Die Strafe des Huldeverlustes im deutschen Recht. Borna-Leipzig 1907: R. Noske. (53 S.) 8°
Göttingen, Jur. Fak., Ref. Beyerle, Diss. v. 4. Nov. 1907
[Geb. 20. Nov. 84 Breslau; Wohnort: Breslau; Staatsangeh.: Preußen; Vorbildung: König-Wilhelms-Gymn. Breslau O. 03; Studium: Berlin 1, Breslau 5 S.; Rig. 13. Juli 06.]

Cohn, Geo. Die Suffixwandlungen im Vulgärlatein u. im vorlitterarischen Französisch nach ihren Spuren im Neufranzösischen. gr. 8. (VII, 322 S.) Halle a. S. 891, Niemeyer. * 8 —

Cohn, Geo., Tabellar. Übersicht d. Pyrazolderivate. Lex.-8. (VIII, 443 S.) Braunschweig 897. F. Vieweg & Sohn. n. 12. —

Cohn, Georg, aus Wirsitz: **Vergleichend-anatomische Untersuchungen von Blatt und Achse einiger Genisteen-Gattungen** aus der Subtribus der Crotalarieen Bentham-Hooker. *Cassel 1901: Gebr. Gotthelft.* (41 S.) 8° ¶ (Aus: Botan. Centralblatt, 1901, Beih. Bd 10, H. 8.)
Erlangen, Phil. Diss. v. 18. Febr. 1901

Cohn, Geo., die Verbrechen im öffentlichen Dienst nach altdeutschem Recht. 1. Abthl.: Die Justizverweigerung im altdeutschen Recht. Habilitationsschrift. gr. 8. (162 S.) Karlsruhe 876, Braun'sche Hofbuchh. *

Cohn, Georg, pract. Arzt aus Kolmar i. P.: **Verschluß des** Ductus thoracicus, seine Ursachen und Folgen. *Greifswald 1903: F. W. Kunike.* (38 S.) 8°
Greifswald, Med. Diss. v. 31. Jan. 1903

Cohn, Geo., drei rechtswissenschaftliche Vorträge in gemeinverständlicher Darstellung. [I. Deutsches Recht im Munde des Volkes. II. Warum hat und braucht der Handel ein besonderes Recht? III. Die Anfänge eines Weltverkehrsrechts.] gr. 8. (IV, 148 S.) Heidelberg 888, C. Winter's Universitäts-Buchh. *

Cohn, Georg, Kammergerichtsrefer.: Das Wahlrecht des Konkursverwalters und der Schadensersatzanspruch des Vertragsgegners in § 17 der Reichskonkursordnung. Danzig 1909: Sauer. 48 S. 8°
Jena, Jur. Diss. v. 7. Juli 1909, Ref. Löning
[Geb. 20. Okt. 83 Frankfurt a. O.; Wohnort: Berlin; Staatsangeh.: Preußen; Vorbildung: Friedrichs-Werdersches Gymn. Berlin Reife M. 01; Studium: Berlin 1, Göttingen 1, Berlin 1, Genf 7 S.; Rig. 15. Dez. 08.] [U 09. 2082

Cohn, Georg [aus Berlin]: Die aus dem Neufranzösischen erkennbaren, im Vulgärlatein und im vorlitterarischen Französisch eingetretenen Wandlungen auf dem Gebiete der lateinischen Nominalsuffixe. . . . Halle a. S., Druck d. Buchdr. d. Waisenhauses, 1890; 2 Bl. + 41 + 1 S. + 1 Bl. 8°
Berlin, Phil. Fak., Inaug.-Diss. v. 26. Apr. 1890

— s.: **Zeitschrift f. vergleich. Rechtswissenschaft.**

Cohn, Gotthilf, approb. Arzt aus Berlin: Über das **Mangan** in physiologischer Hinsicht nebst Versuchen über den Einfluss von Mangan und Eisen auf die Pepsinverdauung. (Medizinisch-chemisches Laboratorium d. Herrn Privatdoz. Dr. Herter-Berlin.) *Berlin 1902: G. Schade.* (41 S.) 8°
Leipzig, Med. Diss. v. (10. Juli) 1902

Cohn, Gust., volkswirthschaftliche Aufsätze. gr. 8. (VII, 723 S.) Stuttgart 882. Cotta. n. 15. —

Cohn, Gust., über die Bedeutung der Nationalökonomie u. ihre Stellung im Kreise der Wissenschaften. Antrittsvorlesung gehalten in der Universität zu Heidelberg. Berlin 869. Adolf & Co. (Cohn.) gr. 8. (16 S.) n. 5 ngr.

Cohn, Gust., Beiträge z. deutschen Börsenreform. gr. 8. (VII, 159 S.) Leipzig 895. Duncker & Humblot. n. 3. 20

Cohn, Gust., die Börse u. die Speculation, s.: Sammlung gemeinverständl. wissenschaftl. Vorträge.

— die Bundesgesetzgebung der Schweiz unter der neuen Verfassung, s.a. Jahrbücher für Nationalökonomie u. Statistik.

Cohn, G. Die Bundesgesetzgebung d. Schweiz unter der neuen Verfassung. In-8°. Jena, G. Fischer. 1879. 3 20

Über Fakultäten, deren Vereinigung und Trennung. Antwort auf d. Festrede von Felix Klein 'Über d. Aufgaben u. d. Zukunft d. Philosoph. Fakultät'. Von Gustav Cohn. Leipzig: Duncker & Humblot 1905. (31 S.) 8° [F.]
Aus: Jahrbuch f. Gesetzgebung ... Jg. 29. Jus. 1660 7

—— die Finanzlage der Schweiz. gr. 8. (78 S.) Zürich 877, Orell, Füssli und Comp. *

Cohn, Gust. Finanzwissenschaft. gr. 8°. Stuttgart, Enke, 1889. (System der Nationalökonomie, Bd. 2.)

— Die deutsche Frauenbewegung. Eine Betrachtung über deren Entwickelung und Ziele. (S.-A. aus Deutscher Rundschau.) 8°. Berlin, Gebr. Paetel, 1896.

— d. deutsche Frauenbewegung. E. Betrachtg. üb. der. Entwickelg. u. Ziele. 8. (VII, 227 S.) Berlin 897. Gebr. Paetel. n. 4. —; geb. in Leinw. n. 5. 60

— zur Geschichte u. Politik des Verkehrswesens. gr. 8. (VII, 524 S.) Stuttgart 900. F. Enke. n. 14. —

— Georg Hanssen. Gedächtnisrede, i. d. öffentl. Sitzg. d. kgl. Gesellschaft d. Wissenschaften z. Göttingen geh. am 27. April 1895. gr 8. (24 S.) Leipzig 895. Duncker & Humblot. n. — 80

Rede zur Feier des Geburtstages S. M. des Kaisers und Königs am 27. Jan. 1892 im Namen der Georg-Augusts-Universität geh. v. Gustav Cohn. [Über d. Haushalt d. Deutschen Reiches.] Göttingen, Druck d. Dieterichschen Univ-Buchdr., *1892;* 18 S. 4.

Cohn, Gust., Rede, zur Feier d. Geburtstages Sr. Maj. d. Kaisers u. Königs am 27. Jan. 1892 im Namen der Georg-Augusts-Universität geh. hoch 4. (18 S.) Göttingen 892. (Leipzig, Duncker & Humblot.) n. 1. —

Cohn, Gust., Cameralwissenschaft in 2 Jahrhunderten. Rede, geh. in der öffentl. Sitzg. der königl. Gesellschaft der Wissenschaften zu Göttingen am 10. XI. 1900. gr. 8. (S. 78—92.) Göttingen (901). (Leipzig, Duncker & Humblot.) n. 1. —
Sonderabdruck aus: „Nachrichten v. der königl. Gesellsch. d. Wissensch. zu Göttingen".

Cohn, Gustav *(geb. Grätz in Pos. 4. 6. 1858)*: Ueber die Malariaerkrankungen im Kindesalter. Grätz (1884). (48 S.) 8°
[Im Buchhandel 1884 bei Köhler in Breslau.]
Breslau, Med. Diss. v. 14. [vielmehr 19.] März 1884

Zur Politik des Deutschen Finanz-, Verkehrs- und Verwaltungswesens. Reden u. Aufsätze von Gustav Cohn, Prof., Göttingen. Stuttgart: F. Enke 1905. (VI, 482 S.) 8° [F.] Jos. 1661

– R e d e , zur Feier d. Geburtstages Sr. Maj. d. Kaisers..., s. C o h n : Haushalt, Über den, d. Deutschen Reiches.

Cohn, G. Die Steuerreform im Kanton Zürich und der Bundeshaushalt der Schweiz. Separatabdruck aus dem „Finanzarchiv", herausgeg. von Prof. G. Schanz. In-8°. 1. Jahrg., 1. Heft, 89 S. Stuttgart, Cotta, 1884.

— Streitfragen der Eisenbahnpolitik, s.: Zeit- u. Streit-Fragen, deutsche.

Cohn, Gust.: Nationalökonomische S t u d i e n. Stuttgart 1886.
(Inhalt:)
1. Politik und Staatswissenschaft.
2. Ueber das staatswissenschaftliche Studium der preuß. Verwaltungsbeamten.
3. Ideen und Thatsachen im Genossenschaftswesen.
4. Ueber das Grundrecht der Gewerbefreiheit.
5. Die gesetzliche Regelung der Arbeitszeit im Deutschen Reich.
6. Die Steuerreform im Kanton Zürich und der Bundeshaushalt der Schweiz.
7. Erörterungen über die finanzielle Behandlung der Verkehrsanstalten.
8. Ein Wort zur Börsensteuer.
9. Kritiken.

Cohn, Gust., nationalökonomische Studien. gr. 8. (V, 796 S.) Stuttgart 886. Enke. n. 16. —

—— System der Nationalökonomie. Ein Lesebuch für Studirende. 1. Bd.: Grundlegung. gr. 8. (X, 649 S.) Stuttgart 885, Enke. *
Vgl.: Platter, J., Gustav Cohn's „ethische" Nationalökonomie.

Cohn, G., System der Nationalökonomie. Ein Lesebuch f. Studirende. 2. Bd. Finanzwissenschaft. gr. 8. (X, 804 S.) Stuttgart 889. Enke. n. 16. — (1 u. 2: n. 28. —)

— System d. Nationalökonomie. E. Lesebuch f. Studirende. III. Bd. Nationalökonomie d. Handels u. des Verkehrswesens. gr. 8. (VIII, 1030 S.) Stuttgart 898. F. Enke. n. 24. — (I—III.: n. 52. —)

Cohn, Gust., Dr., Statistische Untersuchung über die Wirksamkeit der Speculation im Berliner Roggenhandel während der Jahre 1850-67. Berlin 1868. (S. 5776)

— Untersuchungen üb. die engl. Eisenbahnpolitik. 1. u. 2. Bd. gr. 8. Leipzig 875. Duncker & Humblot. n. 20. —
1. Die Entwickelung der Eisenbahngesetzgebung in England. (XVIII, 370 S.) n. 7. 20
2. Zur Beurtheilung der engl. Eisenbahnpolitik. (XII, 646 S.) n. 12. 80

—— Untersuchungen über die englische Eisenbahnpolitik. Neue Folge (Schluss). A. u. d. T.: Die engl. Eisenbahnpolitik der letzten 10 Jahre [1873—1883]. Mit einem Register über das ganze Werk. gr. 8. (VIII, 196 S.) Leipzig 883, Duncker und Humblot.
1. und 2. Bd. Ebendas. 1874,75. 20.

—— über parlamentarische Untersuchungen in England. gr. 8. (39 S.) Jena 875, Mauke's Verlag. *
Aus: Jahrbücher für National-Oekonomie und Statistik, besonders abgedruckt.

—— das Verfahren bei Enquêten über sociale Verhältnisse, s. Schriften des Vereins für Socialpolitik.

— Vertheuerung d. Lebensunterhaltes in der Gegenwart, s.: Zeit- u. Streitfragen, deutsche.

— über akademische Vorbildung zum höheren Eisenbahn-Verwaltungsdienste. gr. 8. (32 S.) Zürich 876. Orell, Füssli & Co. n. — 80

Ueber die staatswissenschaftliche Vorbildung zum höheren Verwaltungsdienst in Preussen. Von Gustav Cohn, Prof., Göttingen. *Berlin: J. Springer 1900.* (51 S.) 8° Jos. 1655

— was ist Socialismus? s.: Zeit- u. Streitfragen, deutsche.

Cohn, H., und A. Fürst, Sinai. Praktische Lese- und Schreibe-Fibel für israelit. Schulen. Hebräischer Theil. — Deutscher Theil. Schneidemühl 852. Eichstätt. 8. (40, 96 S.) n. 6 ngr

Cohn, Hans, Referendar: Zur Lehre vom strafrechtlichen Versuche, insbesondere im Falle des § 242 RStGB. Borna-Leipzig 1909: Noske. X, 38 S. 8°
Breslau, Jur. Diss. v. 19. Nov. 1909, Ref. Gretener, Fischer
[Geb. 3. Jan. 85 Breslau; Wohnort: Breslau; Staatsangeh.: Preußen; Vorbildung: König-Wilhelms-Gymn. Breslau Reife O. 05; Studium: Freiburg i. B. 1, Breslau 1, München 1, Breslau 3 S.; Rig. 14. Juli 08.] [U 10. 476

Cohn, Harry [pr. Arzt aus Nienburg a. d. Saale (Anhalt)]: Ueber die Ursachen des bei Kropfoperationen oder in unmittelbarer Folge derselben eintretenden Todes. . . . Berlin, Buchdr. v. Gustav Schade (Otto Francke) (1890); 30 S. + 1 Bl. 8°
Berlin, Med. Fak., Inaug.-Diss. v. 25. Jul. 1890

Cohn, Heinrich [app. Arzt aus Langendorf i. Schles.]: Ein Fall von primärem Nierensarcom ... München, Buchdr. v. M. Ernst, *1893;* 21 S. 8.
München, Med. Fak., Inaug.-Diss. v. 1893

Cohn, Heinr., die subjektive Natur des Werthes. gr. 8. (38 S.) Berlin 899. J. Guttentag. n. 1. —

Wie Treitschke citirt und Geschichte schreibt. Von Heinrich Cohn, (gen. Heinrich Meyer Cohn) Berlin 1902: Mosse. 13 S. 8°
Aus: Allgem. Zeitung d. Judenthums.

Cohn, Heinrich Meyer
s. Cohn, Heinrich. A 12. 6161

Cohn, Henry, a. Neu-Ruppin: Myom und Gravidität. Egeln 1906: F. Heyl. (33 S.) 8°
Freiburg i. B., Med. Fak., Ref. Krönig, Diss. v. 20. April 1906
[Geb. 5. Okt. 78 Neu-Ruppin; Wohnort: Freiburg i. B.; Staatsangeh.: Preußen; Vorbildung: Gymn. Wittstock a. D. Reife O. 01; Studium: Berlin 5, Freiburg i. B. 4 S.; Coll. 19. Jan. 06.]

Vom Altpapier zum Wertpapier. (Herbert Cohn, Altpapier-Sortieranstalt. Rohproduktengroßhandlung. Berlin.) — (Berlin o. J.: Sternfeld.) 8 Bl. 4° [Kopft.]

Cohn, Hermann, a. Borek: Antipater von Tarsos. Ein Beitrag zur Geschichte der Stoa. Berlin 1905: C. Fromholz. (89 S.) 8°
Gießen, Phil. Fak., Ref. Bethe, Diss. v. 26. Okt. 1905
[Geb. 26. Dez. 77 Borek; Wohnort: Berlin; Staatsangeh.: Preußen; Vorbildung: Mariengymn. Posen Reife O. 98; Studium: Berlin 8, Freiburg i. B. 1 S.; Rig. 15. Febr. 04.]

Cohn, Herm., die Arbeiten des Hrn. Holmgren über Farbenblindheit u. seine Kampfesweise. Antwort. Mit einer lith. Taf. gr. 8. (32 S.) Breslau 879. Morgenstern in Comm. n. — 60

Cohn, Herm., s.: Archiv f. Augenheilkunde.

—— die Augen der Frauen. Vortrag gehalten am 24. Novbr. 1878 auf Veranlassung des Weihnachts-Unterstützungs-Comitee's. 8. (44 S. mit 1 lithogr. Taf.) Ebendas. 879. *

Cohn, H.: Die Augen der Schüler des kön. Friedrichs-Gymnasiums u. ihre Veränderungen im Laufe von 1 1/2 J. 25 S. Med. & ph.–Breslau Fr.G., Progr. 1872.

Cohn, Herm., der Barbier v. Schuschan. Parodistisches Purimspiel m. Gesang in 5 Akten. Mit e. Noten-Anh. gr. 8. (69 u. 24 S.) Frankfurt a/M. 894. J. Kauffmann. n. 2. —

Cohn, Hermann (geb. am 10 Juni 1863 in Attendorn Westf.): Beitrag zur Erklärung des Coma diabeticum ... Bonn, Univ.-Buchdr. v. C. Georgi 1885. 21 S. 8.
Bonn, Med. Fak., Diss. v. 10 Aug. 1885

Cohn, Herm., über künstliche Beleuchtung. Vortrag, gehalten auf der 10. Versammlung des „Deutschen Vereins für öffentl. Gesundheitspflege" zu Berlin am 18. Mai 1883. gr. 8. (24 S.) Braunschweig 883, Vieweg und Sohn.
Aus: Deutsche Vierteljahrsschrift für öffentliche Gesundheitspflege, besonders abgedruckt.

Cohn, Herm. Ludw., üb. den Beleuchtungswerth der Lampenglocken. Untersuchungen. Mit 1 lith. Curventaf. u. 3 Holzschn. gr. 8. (VIII, 74 S.) Wiesbaden 885. Bergmann. n. 2. 70

Cohn, *Hermann* [pr. Arzt aus Bahn (Pomm.)]: Über Cacao als Nahrungsmittel ... Strassburg, K. J. Trübner, 1894; 2 Bl., 30 S., 1 Bl. 8.
Strassburg, Med. Fak., Inaug.-Diss. v. 1894

— Diagnosen- u. Operations-Register. Formular in gr. Fol. (4 lith. S.) Ebend. 877. n. — 20

Cohn, Herm. Über den Einfluss hygienischer Massregeln auf die Schulmyopie. Bemerkungen zu der von Prof. v. Hippel unter ob. Titel veröffentlichten Schrift. gr. 8. (50 S.) Hamb. 890, Voss. * 1 —
Aus: Zeitschrift für Schulgesundheitspflege, besonders abgedruckt.

Gedächtnisrede für den am 3. April 1904 verstorbenen Rektor em. Friedrich Adam geh. bei der v. Stenographen-Ver. von 1852, Stolze-Schrey veranst. Trauerfeier 1904 von Prof. Dr. Hermann Cohn, Breslau. *Breslau 1904: A. Stenzel.* (11 S.) 8° [04. 16371] 2

— die Hygiene d. Auges in den Schulen. Mit 53 (eingedr.) Holzschn. gr. 8. (VII, 190 S.) Wien 883. Urban & Schwarzenberg. n. 4. —

Dreissig Jahre augenärztlicher und akademischer Lehrthätigkeit. Rückblicke v. Hermann Cohn, ... Prof. ... zu Breslau. *Breslau: Comm.-V. v. E. Wohlfarth: (E. Trewendt's Buchdr.) 1897.* (2 Bl., 67 S.) 1 Bd 8. [97. 3013]

—— Lehrbuch der Hygiene d. Auges. 2 Hälften. gr. 8. Wien, Urban u. Schwarzenberg. [1. Hälfte. (S. 1—240 m. Holzschn.) 891. * 5 —; 2. Hälfte. (XXXII, S. 241—855 m. Holzschn. u. 1 Taf. in Farbendr.) 892. * 10 —]. * 15 —; geb. * 17 —

— Mittheilungen aus der Augenklinik d. H. C. in Breslau. 1. Hft. gr. 8. Wiesbaden 887. Bergmann. n. 1. —
Statistik über 40000 Augenkranke mit 70174 Augenkrankheiten. (30 S.)

Cohn, Hermann, approb. Arzt: Über die primären Myome und Myosarcome des Magens. (Mit 1 Taf.) *Greifswald 1903: F. W. Kunike.* (44 S.) 8°
Greifswald, Med. Diss. v. 7. März 1903

—— über die Nothwendigkeit der Einführung von Schulärzten. gr. 8. (54 S.) Leipzig 886, Veit und Comp. *
Aus: Zeitschrift für Hygiene, besonders abgedruckt.

Ueber die Notwendigkeit von Schul-Augenärzten in Breslau. Ein offener Brief an d. Hochlöbl. Magistrat d. Stadt Breslau. Von Prof. Dr. Hermann Cohn. *Dresden: Steinkopf & Springer 1904.* (14 S.) 8°
Aus: Wochenschrift f. Therapie u. Hyg. d. Auges. J. 7, No 17. 18 [04. 4071] 2

Cohn, Hermann [aus Crone a/Brahe]: Die Pharyngitis chronica. ...
Berlin, gedr. bei L. Schumacher, 1889; 39 S. 8°
Würzburg, Med. Fak., Inaug.-Diss. v. 1889

— die Schularztdebatte auf dem internationalen hygienischen Kongresse zu Wien. Bericht. [Gratis-Beigabe zur „Zeitschr. f. Schulgesundheitspflege".] gr. 8. (52 S.) Hamburg 888. Voss. n. 1. —

Cohn, Hermann: Über Schulaugenärzte. Erwiderung. 4°
Aus: Breslauer Gemeindeblatt. Jg. 3. 1904, No 8. [04. 4071] 2

—— Die Schule der Zukunft. Vortrag. gr. 8. (27 S.) Hamb. 890, Verlagsanstalt u. Druckerei, A.-G. * — 50
Aus: Die neue deutsche Schule, besonders abgedruckt.

— W. Siegert u. R. Cohn, zur Schulgesundheitspflege, s.a. Sammlung pädagogischer Vorträge.

Cohn, Siegert u. Cohn, Zur Schulgesundheitspflege. (33 S.) Bielefeld 1890. Velhagen u. Klasing.

Cohn, Herm., die Schulhäuser u. Schultische auf der Wiener Weltausstellung. Eine augenärztl. Kritik. Mit e. (lith.) Taf. Abbildgn. (in Fol.) gr. 8. (62 S.) Breslau 873. Morgenstern. 1. 20

— die Schulhygiene auf der Pariser Weltausstellung 1878. Mit 2 (lith.) Taf. Abbildungen. gr. 8. (48 S.) Ebend. 879. n. 1. 50

—— Schussverletzungen des Auges. Imp.-Fol. (IV, 33 S. mit eingedr. Holzschn. und 1 Taf. in Farbendr.) Erlangen [Stuttgart] 872, Enke. *
Aus: Fischer's kriegschirurg. Erfahrungen, besonders abgedruckt.

— die Sehleistungen v. 50000 Breslauer Schulkindern. Nebst Anleitg. zu ähnl. Untersuchgn. f. Aerzte u. Lehrer. gr. 8. (148 S.) Breslau 899. Schles. Buchdruckerei etc. n. 3. —; geb. n. 4. —

— transparente Seh-Proben. gr. 8. (4 S. in deutscher, französ., engl. u. italien. Sprache m. 1 Taf.) Wien 894. F. Deuticke. Kart. n. 2. —

—— Studien über angeborene Farbenblindheit. gr. 8. (III, 288 S. mit 5 eingedr. Fig. in Holzschn. und 1 lithogr. Taf.) Ebendas. 879. *

— Tafel zur Prüfung der Sehschärfe der Schulkinder. Nach Snellen's Prinzip entworfen. 4. Breslau 886. Priebatsch. n. — 40

— Tafel zur Prüfung der Sehschärfe der Schulkinder. Nach Snellen's Prinzip entworfen. 2. Aufl. 4. Breslau 887. Priebatsch. n. — 40

—— Tafel zur Prüfung der Sehschärfe der Schulkinder, Soldaten, Seeleute u. Bahnbeamten. Nach Snellen's Prinzip entworfen. 3. verb. Aufl. 4. Mit 1 Blatt Text. gr. 4. Bresl. 891, Priebatsch. * — 50

— Tafel zur Prüfung der Sehschärfe der Schulkinder, Soldaten, Seeleute u. Bahnbeamten. Nach Snellen's Prinzip entworfen. 4., verb. Aufl. 4. Mit 1 Blatt Text. gr. 4. Breslau 893. Priebatsch. n. — 50

— Tafel zur Prüfg. d. Sehleistung u. Sehschärfe d. Schulkinder, Soldaten, Seeleute u. Bahnbeamten. Für Schulärzte, Militärärzte, Schiffsärzte, Bahnärzte u. Lehrer entworfen. 6., verb. Aufl. m. bewegl. Scheibe M. Text. klein 4. (7 S.) Breslau 898. Priebatsch. n. 1. —

— Täfelchen zur Prüfung feinen Farbensinns. Mit Benutzg. des Meyer'schen Florcontrastes. Für Bahn-, Schiffs-, Schul-, Militär-Aerzte u. Lehrer. gr. 16. (8 S. Text.) Berlin 900. O. Coblentz. n. 1. 20

— Täfelchen zur Prüfung feinen Farbensinns. Mit Benutzg. des Meyerschen Florkontrastes. Für Bahn-, Schiffs-, Schul-, Militär-Aerzte u. Lehrer. (8 S. Text.) 16. Ebd. 904. n. 1. 20

— Täfelchen z. Prüfg. d. Sehleistung u. Sehschärfe. Für Schulärzte, Militärärzte, Schiffsärzte, Bahnärzte u. Lehrer. 7., f. Massenuntersuchgn. vereinf. Aufl. Mit Text. klein 4. (7 S.) Ebd. 898. n. — 25

Cohn, H., Täfelchen zur Prüfung der Sehleistung. Breslau 1900. 16°.

—— Tageslicht-Messungen in Schulen. Vorläufige Mittheilung. gr. 8. (12 S.) Berlin 884. (Wiesbaden, Bergmann.)
Aus: Deutsche medicinische Wochenschrift, besonders abgedruckt.

Cohn, Herm., Untersuchungen der Augen von 10060 Schulkindern, nebst Vorschlägen zur Verbesserung der den Augen nachtheil. Schuleinrichtungen. Eine ätiolog. Studie. gr. 8. (X und 171 S. mit 1 lithogr. Fig.-Taf. und 2 Druckbeilagen in gr. 8., qu. 8. und Fol.) Leipzig 867, Fr. Fleischer. *

— üb. Verbreitg. u. Verhütg. d. Augeneiterung der Neugeborenen in Deutschland, Oesterreich-Ungarn, Holland u. in d. Schweiz. Sammelforschung, i. Auftr. d. med. Abteilg. der schles. Gesellschaft veranst. u. bearb. gr. 8. (III, 111 S.) Berlin 896. O. Coblentz. n. 3. —

Prof. Richard Förster's Verdienste um die Hygiene im allgemeinen und um die Augenhygiene im besonderen. Eine Gedächtnisrede, geh. 1902 von Prof. Dr. Hermann Cohn in Breslau. *Dresden: Steinkopff & Springer 1902.* (23 S.) 8° [illegible] 2

Virchows Verdienste um die Schulhygiene. Ein Vortrag, geh. zu Breslau 1902. Von Prof. Dr. med. et phil. Hermann Cohn. *(Hamburg & Leipzig: L. Voss 1902.)* (S. 665–679.) 8° [Umschlagt.]
Aus: Zeitschrift f. Schulgesundheitspflege. Jg. 15. [illegible] 2

—— Vorarbeiten für eine Geographie der Augenkrankheiten. Nebst einem an alle Augenärzte gericht. Fragebogen. gr. 8. (102 S.) Jena 874, Dufft. *

Cohn, Herm., was haben die Augenärzte f. die Schulhygiene geleistet u. was müssen sie noch leisten? (Vortrag, geh. in der ersten Plenarversammlg. des ersten internationalen Congresses f. Schulhygiene am 5. IV. 1904 in Nürnberg. (35 S.) gr. 8. Berlin 904. O. Coblentz. n. 1. —
Sonderabdruck aus: „Allg. med. Central-Ztg."

— was kann die Schule gegen die Masturbation der Kinder thun? Referat, dem 8. internationalen hygien. Kongress zu Budapest erstattet. gr. 8. (40 S.) Berlin 894. R. Schoetz. n. 1. —

— was verdankt die Menschheit Albrecht v. Gräfe? Vortrag, geh. am 27. Feb. 1871 im Musiksaale der königl. Universität. gr. 8. (16 S.) Breslau 871. Morgenstern. n. — 50

Cohn, Herm., wie soll der gewissenhafte Schularzt die Tagesbeleuchtung in den Klassenzimmern prüfen? (Nach e. in der hygien. Section der schles. Gesellschaft am 4. III. 1901 geh. Vortrage.) gr. 8. (34 S. m. Fig.) Berlin 900. O. Coblentz. n. 1. —
Sonderabdruck aus: „Allgem. med. Central-Zeitg."

Wie soll der gewissenhafte Schularzt die Tagesbeleuchtung in den Klassenzimmern prüfen? (Nach e. in d. hygien. Sect. d. Schles. Ges. 1901 gehalt. Vortrage.) Von Hermann Cohn, Dr., Univ.-Prof. in Breslau. *Berlin: O. Coblentz 1901.* (34 S.) 8°
Aus: Allgem. med. Central-Zeitung 1901, No 39. 43 [illegible]

Cohn, Hermann, und Rübencamp, Robert. Wie sollen Bücher und Zeitungen gedruckt werden? Für Hygieniker, Ärzte, Erzieher, Redakteure, Schriftsteller, Verleger, Schriftgiesser und Buchdrucker vom augenärztlichen und technischen Standpunkt besprochen. Mit Abbildungen im Text und zehn Druckprobentafeln. VIII + 113 S. 8. Braunschweig, Friedrich Vieweg & Sohn, 1903. [M. 2. —]

Cohn, Hermann: Ueber Xerosis Conjunctivae. Breslau (1868). (VI, 43 S., 1 Taf.) 8°
Breslau, Med. Fak., Hab.-Schr. v. 24. Juli 1868

Cohn, Hermann Ludwig, s. Cohn, Hermann

Cohn, Hugo [aus Berlin]: Die Stellung der byzantinischen Statthalter in Ober- und Mittelitalien. (540–751.) . . . Berlin, Druck v. Emil Zeidler (1889); 2 Bl. + 123 + 1 S. + 1 Bl. 8°
Berlin, Phil. Fak., Inaug.-Diss. v. 5. Aug. 1889

Cohn, Hugo: Tiernamen als Schimpfwörter. Berlin: Weidmann 1910. 27 S. 4°
Berlin, 13. st. R OP 1910 (169) [S 10. 60

Cohn, J. (Bearb.), s. Abbazia als Kurort.

Cohn, J., Buch Hiob von Gaon Saadia. Altona 1882. 8.

Cohn, J., Seder Kodaschim, s.: Mischnaiot.

Cohn, J., über die Wichtigkeit der Cemente in Beziehung auf gesunde Wohnungen, dauerhafte Wasser- und Prachtbauten, Kunststein, Anlegung von Silo's, so wie auf Fabrik-Industrie. Nebst Vorschlägen zur Gründung fester Steinufer als Bedämmung gegen Stromgefahr, so wie zur Nachforschung auf inländ. Puzzolane oder Trass. Vorgetragen in der techn. Sektion der Schles. Gesellsch. für vaterländische Kultur am 4. u. 18. Decbr. 1854. Breslau 855. (Korn.) gr. 8. (1 Bl., 66 S.) nn. 12 ngl.

Cohn, Jacob [aus Konitz in Westpreussen]: Über Dermoidcysten an der grossen Fontanelle. . . . Erlangen, Druck v. Aug. Vollrath's k. b. Hofbuchdr., 1890; 26 S. 8°
Erlangen, Med. Fak., Inaug.-Diss. v. 20. Jul. 1889

Cohn, Jacobus (geb. Riga 1822): De variorum ventriculi morborum diagnosi. Berolini (1848). (31 S.) 8°
Berlin, Med. Diss. v. 31. März 1848

Cohn, Jac. (geb. Guttentag 24. 2. 1844): Ueber Epilepsie durch Neurome. Berlin (1868). (32 S.) 8°
Berlin, Med. Diss. v. 12. Aug. 1868

Geschichte der Synagogen-Gemeinde Kattowitz O.-S. Verf. von Rabbiner Dr. Jacob Cohn. Festgabe anlässl. d. Einweihung d. neuen Synagoge am 12. Sept. 1900. *Kattowitz 1900: J. Herlitz.* (46 S.) 8° [F.] [illegible]

Cohn, Jacob, Volontärassist. an d. Kgl. Univ.-Poliklinik f. Ohren-, Nasen- u. Kehlkopfkrankheiten: Aus d. Abth. f. Ohren-, Nasen- u. Halskranke im Allerheiligen-Hospital zu Breslau. Über otogene Meningitis. *Wiesbaden: J. F. Bergmann 1900.* (34 S.) 8° ¶ (Aus: Zeitschrift f. Ohrenheilkunde, Bd 38, H. 1—2.)
Breslau, Med. Diss. v. 9. Nov. 1900

Cohn, Iacobus: • Saadiae filii Iosephi fajumensis praefatio in librum psalmorum ex Monacensi codice transscripta, latine translata et annotationibus et criticis et exegiticis instructa. 103 bzw. 69, 35 S. 4°
Halle-Wittenberg, Phil. Diss. v. 14. März 1867
Geb. [Altona 9. 7. 1843]

Cohn, Jac. (geb. Neustadt bei Pinne 20. 3. 1831): De scarlatina. Berolini (1857). (30 S.) 8°
Berlin, Med. Diss. v. 18. Apr. 1857

Cohn, Jacob [aus Ostrowo, Arzt]: Ein Versuch über den Einfluss mässiger Körperbewegung auf die Verdauung. . . . Leipzig, Druck v. J. B. Hirschfeld, 1888; 14 S. 8°
Jena, Med. Fak., Inaug.-Diss. v. [15. Mai] 1887

Cohn, James, aus Hamburg: Der Einfluß der Teilung des herrschenden oder des dienenden Grundstücks auf die Grunddienstbarkeit nach gemeinem Recht und nach bürgerlichem Gesetzbuch. *Erlangen 1903: F. Junge.* (32 S.) 8° [J.]
Erlangen, Jur. Diss. v. 15. Okt. 1902

Cohn, Jonas, allgemeine Ästhetik. gr. 8. (X, 293 S.) Leipzig 901. W. Engelmann. n. 6.—; geb. in Leinw. n. 7.—

Cohn, Jonas: Beiträge zur Lehre von den Wertungen. *o. O. [1897].* (219—262 S.) 8° ¶(Aus: Zeitschrift für Philosophie und philosophische Kritik, Bd 110.) [Umschlagt.]
Freiburg i. B., Phil. Hab.-Schr. v. 1897

Cohn, Jonas *Ludwig* [aus Görlitz]: Beiträge zur Physiologie des Collenchyms ... Berlin, Gebr. Borntraeger, *1892;* 4 Bl., 28 S. 8.
Berlin, Phil. Fak., Inaug.-Diss. v. 11. Juli 1892

Cohn, Jonas, führende Denker, s.a. Aus Natur u. Geisteswelt.

Führende Denker. Geschichtl. Einleitung in d. Philosophie von Jonas Cohn, Prof., Freiburg i. B. Leipzig: B. G. Teubner 1907. (117 S.) 8° [J.]
— Natur, Aus, u. Geisteswelt. Bdch. 176. [07. 17304

Cohn, Jonas, Geschichte d. Unendlichkeitsproblems i. abendländ. Denken bis Kant. gr. 8. (IX, 261 S.) Leipzig 896. W. Engelmann. n. 5.—

Voraussetzungen und Ziele des Erkennens. Untersuchungen über d. Grundfragen d. Logik von Jonas Cohn, Prof., Freiburg i. B. Leipzig: W. Engelmann 1908. (VIII, 520 S.) 8° [08. 14217

Cohn, Joseph *(geb. Zempelburg in Westpr. 7. 12. 1850)*: Al-Mu'afac B. Ismâ'il Mausilensis Kitâb Anis al-Munkati'in. Part. I. Vratislaviae (1875). (XII, 44, 30 S.) 8° *[Forts. bis 1904 nicht erschienen.]*
Breslau, Phil. Diss. v. 9. Sept. 1875

Cohn, Joseph. (geb. Samter 1816): De impotentia virili atque de sanatione ejus ope cauterisationis constituenda. Berolini (1844). (40 S.) 8°
Berlin, Med. Diss. v. 3. Jan. 1844

Cohn, Jos., hebräische Lautir- und Lesefibel zum Schulgebrauch wie zum Selbstunterrichte bearb. gr. 12. (24 S.) Hannover 858. (Braunschweig, Grüneberg.) *

Cohn, Joseph. (geb. Konitz in Westpr. 27. 10. 1844): De cerebri neoplasmatis. Berolini (1866). (32 S.) 8°
Berlin, Med. Diss. v. 24. Juli 1866

Cohn, Jos., Kurt Michaelis u. E. Schreiber, das Verwaltungsrecht Preussens. Methode Rustin. Selbstunterrichtsbriefe in Verbindg. m. eingeh. Fernunterricht. Hrsg. v. Rustinschen Lehrinstitut f. briefl. Unterricht. Red. v. C. Ilzig. 1—7. Lfg. (204 S.) Lex. 8. Potsdam (909). Bonneß & Hachfeld. Subskr.-Pr. à —.90; Einzelpr. à 1.25

Cohn, Js. Jojade, Boas und Ruth, biblisch historisches Drama in 3 Aufzügen, im Hebräischen metrisch abgefaßt u. ins Deutsche übersetzt. (Hebr. u. deutsch.) 8. (Breslau 839. Cohn.) 3/4 ₰

Cohn, Isidor, üb. dopp. Atrio-Ventrikularostien. Diss. 4. (21 S. m. 1 Taf.) Königsberg 896. (W. Koch.) n. 1. 20

Cohn, Isidor [pr. Arzt]: Über doppelte Atrio-Ventrikularostien. M. e. lithogr. Taf. ... Königsberg i. Pr., Druck v. R. Schenk, 1896; 21 S., 1 Bl., 1 Taf. 4.
Königsberg, Med. Fak., Inaug.-Diss. v. 15. Juli 1896

Cohn, Israel (geb. Hammerstein in Westpr. 28. 12. 1835): Thesen. Berlin (1870). (2 Bl.) 8°
Berlin, Med. Thes. v. 20 Aug. 1870

Cohn, Julius: Des Samuel al-Magrebi Abhandlung über die Pflichten der Priester und Richter bei den Karäern. Nach e. Berliner Handschrift hrsg., übers. u. m. Anmerkungen versehen. Berlin 1908: H. Itzkowski. (72, 23 S.) 8°
Heidelberg, Phil. Fak., Ref. Bezold, Diss. v. 10. März 1908
[Geb. 5. Dez. 78 Graudenz; Wohnort: Berlin; Staatsangeh.: Preußen; Vorbildung: Gymn. Gnesen Reife O. 00; Studium: Berlin 12, Heidelberg 1 S.; Rig. 14. Juli 06.]

Cohn, Julius *(geb. Kosten in Pos. 19. 9. 1846)*: Die Synthese in der organischen Chemie. Kosten (1871). (74 S.) 8°
[Im Buchhandel 1871 bei Maruschke & Berendt in Breslau.]
Breslau, Phil. Diss. v. 22. Mai 1871

Cohn, Julius [Referendar aus Stettin]: Der Trödelvertrag nach gemeinem Recht . . . . Stettin, Druck v. F. Hessenland, 1880; 72 S. + 1 Bl. 8°
Berlin, Jur. Fak., Inaug.-Diss. v. 6. März 1880

Cohn, Julius [prakt. Arzt aus Samotschin (Prov. Posen)]: Der Übergang von Arzneimitteln von der Mutter zur Frucht . . . . Berlin, Buchdr. v. Gustav Schade (Otto Francke) (1887); 30 S. + 1 Bl. 8°
Berlin, Med. Fak., Inaug.-Diss. v. 12. Okt. 1887

Cohn, Julius Guil., s. Cohn, Wilhelm

Cohn, Carl, zur literar. Geschichte d. Einhorns. Progr. 4. (30 S.) Berlin 896. R. Gaertner. n. 1.—

Cohn, Carl: Zur literarischen Geschichte des Einhorns. II. Tl. (Forts. d. P-Beil. 1896.) Berlin, R. Gaertner, 1897; 29 S. 4.
Berlin, Elfte R, OP 1897 (126)

Cohn, Carl [prakt. Arzt]: Ueber die Verknöcherung der Arterien . . . . Königsberg, Hartungsche Buchdr. (1888); 20 S. 8°.
Königsberg, Med. Fak., Inaug.-Diss. v. 27. Febr. 1888

Cohn, Carl [pr. Arzt zu Osterwald bei Neustadt a/Rbg.]: Ueber die therapeutische Verwendung des Glycerins. . . . Würzburg, Anton Boegler'sche Buchdr., 1888; 24 S. 8°
Würzburg, Med. Fak., Inaug.-Diss. v. 1888

Cohn, Carl August: Studien über die Dissoziation des Calciumcarbonates. Freiburg i. B.: Speyer & Kaerner 1910. 36 S. 8°
Freiburg i. B., Phil. Diss. v. 20. Juni 1910, Ref. Gattermann
[Geb. 6. Juni 87 Hamburg; Wohnort: Hamburg; Staatsangeh.: Hamburg; Vorbildung: Oberrealsch. Hamburg-Uhlenhorst Reife M. 06; Studium: Freiburg i. B. 7 S.; Rig. 28. Jan. 10.] [U 10. 1036

Cohn, Clara, s.: Viebig, Clara.

Cohn, Konrad

Cohn, C., über den Einfluss der Caries auf die chemische Zusammensetzung d. Zahnbeins. Inaug.-Diss. gr. 8. (31 S.) Berlin 889. (Born, Huber & Co.) n. — 60

—— Über den Einfluss der Caries auf die chemische Zusammensetzung d. Zahnbeins. Diss. gr. 8. (31 S.) Berl. 889. (Bern, Körber.) * — 60

Cohn, Conr. Cursus d. Zahnheilkunde. Ein Hülfsbuch f. Studierende u. Zahnärzte. I. Tl. gr. 8. (VIII, 284 S.) Berl. 892, Fischer's medicin. Buchh. * 6 50

Cohn, Conr., Cursus der Zahnheilkunde. Ein Hülfsbuch f. Studierende u. Zahnärzte. 2 Thle. gr. 8. Berlin, Fischer's med. Buchh. n. 12. 50; in 1 Bd. geb. n.n. 13. 50
1. (VIII, 284 S.) 893. n. 6. 50
2. (IX—XIV u. S. 285—652 m. 80 Abbildgn.) 894. n. 6. —

Cohn, Conr., Cursus der Zahnheilkunde. Ein Hülfsbuch f. Studierende u. Zahnärzte. 2. verb. u. verm. Aufl. gr. 8. (XIV, 649 S. m. 97 Abbildgn.) Berlin 900. Fischer's medic. Buchh. n. 13. 50; geb. n. 14. 75

Cohn, Konr., Kursus der Zahnheilkunde. Ein Hilfsbuch f. Studierende u. Zahnärzte. 3. vollständig umgearb. u. verm. Aufl. (XV, 713 S. m. 106 Abbildgn.) gr. 8. Berlin 905. Fischer's medizin. Buchh. n. 14. 50; geb. n. 15. 75

Cohn, Konr., Kursus der Zahnheilkunde. Ein Hilfsbuch f. Studierende u. Zahnärzte. 4. Aufl. (XVI, 792 S.) gr. 8. Berlin 908. Fischer's medicin. Buchh. 16.—; geb. 17. 25

Cohn, Konrad (Hrsg.), s. Schulzahnpflege.

Cohn, Curt [aus Stettin]: Über die Gehirnmetastasen des Carcinoms ... Freiburg i. B., Buchdr. H. Epstein, 1897; 36 S. 8.
Freiburg i. B., Med. Fak., Inaug.-Diss. v. 1897

Cohn, L. M., Der Glüh- und Härteofen mit elektrisch geheiztem Schmelzbad. [Vortrag, gehalten im Elektrotechnischen Verein in Wien am 10. April 1907.] Hrsg. von der Allgemeinen Elektrizitäts-Gesellschaft in Berlin. [Berlin, 1907.] 20 S. mit 12 Abb.

Cohn, Lassar, s.a. Lassar-Cohn.

Cohn, Lassar, über einige phtalylhaltige Derivate des Hydroxylamins und die Ueberführung der Phtalsäure in Salicylsäure. Inaugural-Dissertation. 8. (42 S.) Königsberg 880, (Beyer's Buchh.)

Cohn, Leo, Referendar b. Königl. Amtsgericht Königsberg i. Pr.: Vertragsmäßige Beschränkungen in der freien Wahl des Wohn- und Aufenthaltsortes und ihre Beurteilung nach dem BGB. Borna-Leipzig 1907: R. Noske. (VIII, 45 S.) 8°
Jena, Jur. Fak., Ref. Danz, Diss. v. 21. Mai 1907
[Geb. 29. Juni 82 Memel; Wohnort: Königsberg i. Pr.; Staatsangeh.: Preußen; Vorbildung: Luisen-Gymn. Memel Reife O. 00; Studium: Heidelberg 1, Königsberg 1, München 2, Königsberg 2 S.; Rig. 30. Apr. 07.]

Cohn, Leo, Arzt aus Angerburg ⟨Ostpr.⟩: Ueber die quantitative Bestimmung des Aetherdampfes. *Würzburg 1900: Becker.* (25 S.) 8°
Würzburg, Med. Diss. v. 1900

Cohn, Leo, a. Nakel ⟨Netze⟩: Zur Frage der Umwandlung der menschlichen Tuberkelbazillen im Organismus des Frosches. Freiburg i. Br.: Speyer & Kaerner 1906. (28 S.) 8°
Freiburg i. B., Med. Fak., Ref. Schottelius, Diss. v. 1900
[Geb. 8. Nov. 82 Nakel; Wohnort: Freiburg i. B.; Staatsangeh.: Preußen; Vorbildung: Gymn. Nakel Reife O. 01; Studium: Heidelberg 1, Berlin 6, Freiburg i. B. 2 S.; Coll. 19. Jan. 06.]

[J.] **Cohn,** Leo [Gerichtsref.]: Die Stellvertretung beim Strafantrage ... Konitz, Druck v. W. Dupont, 1893; 1 Bl., 39 S. 8.
Breslau, Jur. Fak., Inaug.-Diss. v. 1893

Cohn, Leo, die Stellvertretung beim Strafantrage. Diss. gr. 8. (39 S.) Konitz 893. (Breslau, L. Köhler.) n. 1. —

Cohn, Leop., de Aristophane Byzantio et Suetonio Tranquillo Eustathi auctoribus. [Aus: „Jahrbb. für class. Philol. 12. Suppl-Bd."] gr. 8. (92 S.) Leipzig 881. Teubner. n. 2. —

Cohn, Leopold, aus Duderstadt i. Hann.: Über den strikturierenden tuberkulösen Coecaltumor. *Duderstadt 1902: F. Wagner.* (34 S.) 8°
Freiburg i. B., Med. Diss. v. 1902

Cohn, Leop., Einteilung u. Chronologie der Schriften Philos. gr. 8. (52 S.) Leipzig 899. Dieterich. n.n. 1.30
Sonderabdruck aus: „Philologus", 7. Suppl.-Bd.

Cohn, L., De H. P. etymologiarum scriptore antiquissimo. S.-A. 1884. 8 S.

Cohn, Leop. De Heraclide Milesio Grammatico, s.a. Studien, Berliner, 1. Bd. 2. Hälfte.

De Heraclide Milesio grammatico scripsit, fragmenta collegit, disposuit, illustravit Leopoldus **Cohn.** (Berlin: S. Calvary & Co. 1884.) (S. 601–717.) 8°
— Studien, Berliner, f. classische Philologie u. Archaeologie. Bd 1, [7.] [04. 7700

— über griechische Lexikographie, s.: Handbuch der klass. Altertums-Wissenschaft. II. 1.

Cohn, L., zu den Paroemiographen, s.a. Abhandlungen, Breslauer philologische.

Cohn, L., Zu den Paroemiographen. Mitteilungen aus Handschriften. Gel. 1887. 84 S.

— s.: Philonis Alexandrini libellus de opificio mundi.

Cohn, L., ein Philo-Palimpsest (Vat. gr. 316). (17 S.) Lex.-8. Berlin 905. (G. Reimer.) n. 1. —
Sonderabdruck aus: „Sitzungsber. d. preuss. Akad. d. Wiss."

Cohn, Leopoldus *(geb. Zempelburg in Westpr. 14. 1. 1856)*: Quaestiones Eustathianae. Part. 1. Vratislaviae (1878). (35 S.) 8° *[Vollst. in: Jahrbücher f. class. Philol. Suppl. Bd 12. 1881 unt. d. T.: „De Aristophane Byzantio et Suetonio Tranquillo Eustathii auctoribus" u. auch als Sonderabdr. 1882 bei Teubner in Leipzig.]*
Breslau, Phil. Diss. v. 14. Dez. 1878

— quaestiones Eustathianae. Particula I. Dissertatio inauguralis philologica. gr. 8. (35 S.) Breslau 878. (Koebner.) n. 1. —

Cohn, L., The latest researches on Philo of Alexandria. S.-A. 1892. 29 S.

Cohn, Leop., s.: Schriften der jüdisch-hellenistischen Literatur.

Cohn, L., Wilhelm Studemund. Ein Lebensabriss. [Aus: „Biograph. Jahrb. d. Altertumskde."] gr. 8. (24 S.) Berlin 891. Calvary & Co. n. 1. 20

— zur handschriftlichen Ueberlieferung, Kritik u. Quellenkunde der Paroemiographen, s.: Crusius, O.

— Untersuchungen üb. die Quellen der Plato-Scholien. [Aus: „Jahrb. f. class. Philol. 13. Suppl.-Bd."] gr. 8. (94 S.) Leipzig 884. Teubner. n. 2. 40

Cohn, L., Verzeichn. der griech. Handschriften d. kgl. Bibliothek z. Berlin, s.: Studemund, W.

— An apocryphal work ascribed to Philo of Alexandria. S.-A. 1893. 55 S.

Cohn, Louis, a. Mülheim a. Ruhr: Encephalitis haemorrhagica acuta. Straßburg i. E. 1908: C. Müh & Cie. (26 S., 1 Taf.) 8°
Straßburg, Med. Fak., Ref. Wollenberg, Diss. v. 29. Juli 1908
[Geb. 17. Juli 80 Mülheim a. Ruhr; Wohnort: Mülheim a. Ruhr; Staatsangeh.: Preußen; Vorbildung: Gymn. Mülheim Reife O. 98; Studium: Freiburg i. B. 1, Heidelberg 1, Tübingen 4, Berlin 1, Straßburg 3 S.; Coll. 4. Juni 08; Approb. Juli 07.]

Kritik der Entwürfe des Reichsgesetzes betreffend die Sicherung der Bauforderungen und des Preussischen Ausführungsgesetzes nebst e. Anh. betr. d. Stellg d. Baugläubiger nach d. künftigen Bürgerl. Gesetzb. Von L[ouis] Cohn, Rechtsanw. am Kgl. Kammerger. *Berlin: Siemenroth & Troschel 1898.* (2 Bl., 31 S.) 1 Bd 8.
= Veröffentlichungen d. Berliner Anwalt-Vereins. H. 8. [98. 4625

Die Wohnungsfrage und die Sozialdemokratie. Ein Kapitel sozialdemokrat. Gemeindepolitik von Louis **Cohn** ⟨München⟩. München 1900: Ernst. 76 S. 8° [11. 7407

Zur Anatomie und Systematik der Vogelcestoden. Von Dr. Ludwig Cohn. ⟨Aus d. Zool. Mus. in Königsberg i. Pr.⟩ Mit 8 Taf. *Halle; Leipzig: W. Engelmann in Comm. 1901.* (S. 266–436.) 4°
— Acta, Nova, Academiae Caes. Leopoldino-Carolinae. T. 79, No 3. [01. 10597

Cohn, Ludwig, appr. Arzt: Beitrag zur Aetiologie und Klinik der Gasphlegmone des Menschen. Leipzig 1908: Georgi. 38 S. 8°
Leipzig, Med. Diss. v. 12. Dez. 1908, Ref. Trendelenburg
[Geb. 22. Jan. 81 Braunschweig; Wohnort: Leipzig-Gohlis; Staatsangeh.: Braunschweig; Vorbildung: Gymn. Katharineum Braunschweig Reife O. 00; Studium: Leipzig 10 S.; Coll. 17. Dez. 08; Approb. 10. April 05.] [U 09. 2767

Cohn, Ludw., d. willkürl. Bestimmg. d. Geschlechts. gr. 8. (39 S.) Würzburg 898. A. Stuber's Verl. — 75

— dasselbe. D. bisher. Forschgn. einschliessl. d. Schenkschen Theorie krit. beleuchtet. 2., verm. Aufl. gr. 8. (43 S.) Ebd. 898. — 75

Cohn, Ludw., Unsere Blinden, s.: Fortschritt, sozialer. Nr. 27.

Cohn, Ludwig: Über die Einwirkung oxalsaurer Salze auf anorganische Sesquioxyde. Zur Kenntnis der Thonerdeoxalate. Berlin o. J. [1896]. 39 S. 8°.
Basel. Phil. Diss. 1896/97.

Cohn, Ludwig. Über den direkten Ersatz von Ammoniak in Metallammoniaken durch Säurereste. Diss. Phil. [II.] Univ. Zürich. 60 S. 8. Borna-Leipzig, Robert Noske, 1906.

Cohn, L., die Grundsätze über den Thatbestand der Verbrechen u. der heutige Gattungsbegriff des Versuches. gr. 8. (III. 90 S.) Breslau 889. Koebner. n. 2. —

Cohn, Ludwig, (Dr. med.), aus Ratibor: Über Russel'sche Kugeln in Papillomen. (Aus d. Ambulatorium f. Hals- u. Nasenkranke d. Herrn Privatdoc. Dr. Seifert-Würzburg.) *Ratibor 1896 [vielm. 1901/02]: F. Schmeer & Söhne.* (17 S.) 8°
Würzburg, Med. Diss. v. 1896

Cohn, Ludw., zur Lehre vom versuchten u. unvollendeten Verbrechen. 1. Bd.: Begriff u. Umfang. gr. 8. (VIII, 699 S.) Breslau 880. Koebner. n. 12.—

Cohn, Ludwig: Ueber die Myxosporidien von Esox lucius und Perca fluviatilis ... [Aus: Zool. Jahrb., Abth. f. Anat. u. Ontogen. d. Thiere, Bd 9 Heft 2.] Königsberg, Hartungsche Buchdr., 1895; 48 S., 1 Bl., 2 Taf. 8.
Königsberg, Phil. Fak., Inaug.-Diss. v. 9. Jan. 1896

Cohn, Ludwig (Hamburg), Observationes ad titulum pro herede. Diss. jur. Götting. (Fr. Ernst Huth) 1835. 42 S. (4.50) 5506

Cohn, Ludwig, aus Marklissa i. Schl.: Gewerkschaftliche Organisations- und Lohnkampfpolitik der deutschen Metallarbeiter. *Berlin (1903): E. Ebering.* (28 S.) 8° ¶ [Erschien vollst. 1904 als: Rechts- u. Staatswiss. Studien, H. 22.]
Berlin, Phil. Diss. v. 21. Nov. 1903

Gewerkschaftliche Organisations- und Lohnkampfpolitik der deutschen Metallarbeiter. Von Ludwig **Cohn.** *Berlin: E. Ebering 1904.* (87 S.) 8° = Studien, Rechts- u. Staatswissenschaftliche. H. 22. [04. 1743 6

Cohn, Ludw., der Versicherungs-Vertrag nach allgemeinen Rechtsprincipien. gr. 8. (77 S.) Breslau 873, Koebner. *

Cohn, Ludwig *[geb. Rawitsch in Pos. 5. 11. 1843]*: Der Versicherungs-Vertrag nach Allgemeinen Rechtsprinzipien. Breslau: W. Koebner 1878. (77 S.) 8° *[Öffentliche Disputation fand mit ministerieller Genehmigung nicht statt.]*
Breslau, Jur. Diss. v. [14. Jan. 1879]

Cohn, Lud. (geb. Liegnitz 20. 4. 1854): Ueber Zwillings-Geburten. Berlin (1876). (32 S.) 8°
Berlin, Med. Diss. v. 31. März 1876

Cohn, Ludov. Adf., de rebus inter Henricum VI. imperatorem et Henricum Leonem actis. Pars I. Vratislaviae 856. Gosohorsky. gr. 8. (1 Bl., 64 S.) n. 15 ngr.

— **Ludwig Adolf** (Breslau), De rebus inter Henricum VI. imperatorem et Henricum Leonem actis. Pars prior. Diss. histor. Breslau (Heinr. Lindner) Febr. 1856. 67 S. mit Biogr. (M.: Fr. Meyer.) (4.80) 5507
Oppon.: Joseph Plebanski, Casimir Schulz, Alfons Kempner. — Gew.: Richard Roepell.

Die pegauer Annalen aus dem 12. und 13. Jahrhundert. Mit Benutzung handschriftlicher Hülfsmittel kritisch untersucht von Ludwig Adolf **Cohn.** Altenburg. 1858. 8°.

Cohn, L. A., Stammtafeln zur Geschichte der deutschen Staaten Braunschweig 1871. fol.

Cohn, Ludwig Adolf: Stammtafeln zur Geschichte d. deutschen Staates u. der Niederlande, s. Voigtel, Traugott Gotthelf: Stammtafeln zur Geschichte der europäischen Staaten.

Cohn, M., Rechte u. Pflichten aus dem Invaliditäts- u. Altersversicherungs-Gesetz, s.: Aehnelt, H.

C(ohn), M. Von der Elbe bis zur Tauber. Feldzug der preuß. Main-Armee 1866. Bielefeld 1867. 8°

Cohn, M. J., גלוי עין. — Zur Analyse der hebräischen Wörter, auf Grund, der primitiven Lautverbindgn. u. Bedeutgn. insbes. d. ע — Lautes, nebst e. exeget. Anh. gr. 8. (VI, 58 S.) Frankfurt a. M. 871. Kauffmann in Comm. n. 2. —

Cohn, Margarete: Franz Krüger. Leben und Werke. Breslau 1909: Schatzky. 121 S. 8°
Breslau, Phil. Diss. v. 14. Okt. 1909, Ref. Muther †
[Geb. 3. April 84 Breslau; Wohnort: Breslau; Staatsangeh.: Preußen; Vorbildung: Gymn. Oppeln Reife M. 04; Studium: Breslau 9 S.; Rig. 27. Febr. 09.] [U 10. 599

Cohn, Marx, Referendar in Berlin: Begriff und Wirkungen der Fälligkeit nach gemeinem und bürgerlichem Recht. *Berlin 1903: H. Schiftan.* (80 S.) 8°
Rostock, Jur. Diss. v. [17. Sept.] 1903

Cohn, Frau Martha, s.: Marco, L.

Cohn, Martin [Früherer Name]
s.a. Mels, August [Späterer Name]

Cohn, M., Alcyonacea v. Madagaskar u. Ostafrika, s.: Reise in Ostafrika.

Cohn, Martin: Alcyonacea von Ost-Madagaskar nach der Sammlung von Prof. Dr. Voeltzkow. Breslau 1907: Breslauer Genossenschafts-Buchdruckerei. (32 S.) 8° ¶ (Wird vollst. v. d. Senckenbergschen naturf. Gesellschaft in Frankfurt a. M. veröffentlicht werden.)
Breslau, Phil. Fak., Ref. Kükenthal, Diss. v. 13. Juli 1907
[Geb. 28. Nov. 85 Hohensalza (Inowrazlaw); Wohnort: Hohensalza; Staatsangeh.: Preußen; Vorbildung: Gymn. Hohensalza Reife O. 04; Studium: Breslau 6 S.; Rig. 19. Juni 07.]

Cohn, Martin: Zur Differentialdiagnose der gummösen Neubildungen. *München 1897: Kastner & Lossen.* (50 S.) 8°
München, Med. Diss. v. 1897

Cohn, Martin: Die rechtliche Natur des Erfinderrechts nach dem Reichspatentgesetz. *(Berlin [1897]: „Gutenberg".)* (53 S.) 8° [J.]
Erlangen, Jur. Diss. v. 1897

Cohn, M[artin], Referendar: Das fiduziarische Rechtsgeschäft. Berlin 1905: H. Schiftan. (50 S.) 8° [J.]
Marburg, Jur. Fak., Ref. Leonhard, Diss. v. 21. Dez. 1905
[Geb. 12. Juni 77 Briesen; Wohnort: Berlin; Staatsangeh.: Preußen; Vorbildung: Gymn. Briesen Reife M. 98; Studium: Berlin 6 S.; Rig. 5. Aug. 03.]

Cohn, Martin (geb. Magdeburg 3. 7. 1858): Die Wirkungen des Resorcin und seine Anwendung in der Kinderpraxis. Stuttgart (1882). (27 S.) 8°
*. Aus: Archiv für Kinderheilkunde Bd 3. 1882.
Berlin, Med. Diss. v. 29. Apr. 1882

Cohn, **Max,** s.a. St'Conrat, Max.

Cohn, Max, die sogenannte actio de eo quod certo loco. Eine Untersuchung aus dem römischen Recht. gr. 8. (VIII, 207 S.) Berlin 877. Weidmann. n. 4.—

Cohn, Max (Bearb.), s. Asser, T.M.C.: Das internationale Privatrecht.

Cohn, Max, Referendar in Berlin: Zum Begriff der Schenkung nach dem Bürgerl. Gesetzbuche. Reichenbach i. V. o. J.: Haun & Sohn. (VII, 80 S.) 8°
Rostock, Jur. Fak., Ref. Bernhöft, Diss. v. 20. Nov. 1907
[Geb. 28. Juli 81 Breslau; Wohnort: Berlin; Staatsangeh.: Preußen; Vorbildung: Friedrichs-Gymn. Berlin Reife O. 00; Studium: Freiburg i. B. 1, Berlin 5 S.; Rig. 8. Juli 07.]

Cohn, Max, pract. Arzt in Berlin: Die Behandlung des septisch-paralytischen und des einfach-paralytischen Ileus durch Enterostomie. Berlin 1906: D. Feilchenfeld. (26 S.) 8°
Freiburg i. B., Med. Fak., Ref. Krönig, Diss. v. 1906
[Geb. 14. Sept. 79 Kreuz a. O.; Wohnort: Freiburg i. B.; Staatsangeh.: Preußen; Vorbildung: Friedrichs-Gymn. Berlin Reife M. 00; Studium: Berlin 7, Freiburg i. B. 2 S.; Coll. 28. Juli 05; Approb. 28. Juli 05.]

Cohn, Max, Referendar aus Bonn: Die Behandlung des Notstandes in den §§ 228 und 904 des Bürgerlichen Gesetzbuches. *Bonn 1901: C. Georgi.* (80 S.) 8°
Bonn, Jur. Diss. v. 19. Jan. 1901

—— Beiträge zur Bearbeitung des römischen Rechts. 1. Heft. gr. 8. (62 S.) Ebendas. 878. *

Cohn, Max, Beiträge zur Bearbeitung des römischen Rechts. 1. Bd. 2. (Schluss-)Heft. gr. 8. (IX, 404 S.) Berlin 880, Weidmann'sche Buchh. *

Cohn, Max [aus Lautenburg]: Casuistische Beiträge zur Kenntnis der Dystrophia muscularis progressiva ... Berlin, Druck v. M. Liebmann, 1893; 30 S. 8.
Erlangen, Med. Fak., Inaug.-Diss. v. [24.] Febr. 1893

Cohn, Max, Volontärarzt an d. pathol.-anat. Anst. d. städt. Krankenh. Moabit-Berlin, aus Breslau: Über die **Dauerresultate** der antefixirenden Operationen. Alexander-Adams,[!] Ventrifixur, Vaginifixur. Aus d. Kgl. Univ.-Frauenklinik zu Breslau, Geh.-Rath Küstner. *Stuttgart 1900: Union.* (36 S.) 8°
Breslau, Med. Diss. v. [20. Sept.] 1900

Cohn, Max, über das Denken. Zusammenhang des Geistes u. Körpers. Eine Studie. (IV, 140 S.) gr. 8. Berlin 910. L. Simion Nf. 2.80; geb. 3.50

Cohn, Max [pr. Arzt aus Rothenburg a./O.]: Pulsirender Exophthalmos nach Schussverletzung ... Jena, Druck v. B. Engau, 1896; 37 S. 8.
Jena, Med. Fak., Inaug.-Diss. v. [26. Sept.] 1896

Cohn, Max, geprüfter Rechtskandidat a. Hamburg: Die Kulpakompensation einst und jetzt. Eine kritische Studie. Heidelberg 1906: J. Hörning. (63 S.) 8°
Heidelberg, Jur. Fak., Ref. Endemann, Diss. v. 23. Juli 1906
[Geb. 20. Okt. 84 Hamburg; Wohnort: Budapest; Staatsangeh.: Hamburg; Vorbildung: Wilh.-Gymn. Hamburg Reife 03; Studium: Heidelberg 1, Leipzig 1, Berlin 1, Straßburg 2 S.; Rig. 25. Mai 06.]

Cohn, Max, approb. Arzt aus Grabow ⟨Posen⟩: Aus d. Universitäts-Augenklinik ⟨Prof. Axenfeld⟩ Freiburg i. B. 1. Ueber centrale Linsenmyopie infolge Sklerose des Linsenkerns. 2. Ueber Rückbildung von cataracta traumatica. *Freiburg i. B.: Speyer & Kaerner 1902.* (32 S.) 8°
Freiburg i. B., Med. Diss. v. 1902

Cohn, Max, appr. Arzt: Aus d. Kgl. Hygien. Inst. zu Posen, pathol.-anat. Abt. Über die primären Myosarkome des Magens, unter Beifügung eines selbst beobachteten Falles. Greifswald (1909): Adler. 47 S. 8°
Greifswald, Med. Diss. v. 3. Nov. 1909, Ref. Busse in Posen, Grawitz
[Geb. 7. Okt. 82 Wierzchucin; Wohnort: Mewe; Staatsangeh.: Preußen; Vorbildung: Gymn. Marienwerder Reife O. 02; Studium: Berlin 8, Königsberg 2 S.; Coll. 6. März 09; Approb. 1. Nov. 08.] [U 10. 1567

Cohn, Maxim., de natura societatum juris Romani, quae vocantur publicae. Dissertatio inauguralis. 8. (VIII, 73 S.) Berlin 870, (Puttkammer und Mühlbrecht.) *

Cohn, Max [aus Berlin]: Über Ozaena. . . . Berlin, Buchdr. v. Emil Streisand, 1889; 44 + IV S. 8°
Würzburg, Med. Fak., Inaug.-Diss. v. 1889

Cohn, Max [aus Magdeburg]: Klinisch-experimentelle Untersuchungen über die diuretische Wirkung des Calomel .... Berlin, Buchdr. v. Gustav Schade (Otto Francke) (1887); 30 S. + 1 Bl. 8°.
Berlin, Med. Fak., Inaug.-Diss. v. 19. März 1887.

Cohn, Max, klinisch-experimentelle Untersuchungen über die diuretische Wirkung des Calomel. Diss. Berlin 1887, Mayer & Müller. 8°. 30 S.

Cohn, Max, zum römischen Vereinsrecht. Abhandlungen aus der Rechtsgeschichte. gr. 8. (231 S.) Berlin 873. Weidmann. n. 5. —

Cohn, Max [app. Arzt aus Treptow a Toll.]: Das Verhalten des Fiebers beim Empyem ... München. Druck d. Akad. Buchdr. v. F. Straub, 1892; 27 S., 4 Taf. 8.
München, Med. Fak., Inaug.-Diss. v. 1893

Cohn, Max, Bacc. jur. a. Warschau, z. Zt. in Berlin: Das innere Verhältnis zwischen der Gesellschaft mit beschränkter Haftung und ihren Gesellschaftern. Berlin 1906: G. Bernstein. (97 S.) 8°
Leipzig, Jur. Fak., Diss. v. 5. Nov. 1906
[Geb. 7. Juli 78 Warschau; Wohnort: Berlin; Staatsangeh.: Preußen; Vorbildung: Köllnisches Gymn. Berlin Reife M. 97; Studium: Berlin 6, Leipzig 4 S.; Rig. 3. Aug. 04.]

24

Cohn, Max, das innere Verhältnis zwischen der Gesellschaft m. beschränkter Haftung u. ihren Gesellschaftern. (97 S.) 8. Berlin 906. L. Oehmigke's Verl. n. 2. —

Cohn, Max [aus Berlin]: Einige Versuche über pathologische Gasbildung im Organismus ... Berlin, Buchdr. v. J. Rosenthal, *1893;* 32 S., 1 Bl. 8.
Berlin, Med. Fak., Inaug.-Diss. v. 11. Apr. 1893

Cohn, Max, Referendar: Wie scheiden sich Mittäterschaft und Beihilfe? *Breslau 1904: Th. Schatzky.* (44 S.) 8°
Heidelberg, Jur. Diss. v. 1904

Cohn, Max [pr. Arzt aus Berlin]: Über die Wirkung des Calomel bei gleichzeitiger Anwendung einiger substituierten Jodpräparate. ... Berlin, Buchdr. v. Gustav Schade (Otto Francke) (1888); 30 S. + 1 Bl. 8°
Berlin, Med. Fak., Inaug.-Diss. v. 17. Aug. 1888

Cohn, Michael [aus Krotoschin (Posen)]: Beitrag zur pathologischen Anatomie der gummösen Neubildungen. ... Würzburg, Druck d. Ferdinand Röhrl'schen Buchdr., 1889; 40 S. 8°
Würzburg, Med. Fak., Inaug.-Diss. v. 1889

Cohn, Moritz [Wirkl. Name], s.a. Conimor [Pseud.]

Cohn, Moritz [aus Hamburg]: Zur Anatomie der Epheliden, Lentigines und Naevi pigmentosi ... (Aus: Monatsh. f. prakt. Dermatol. XII. Bd. 1891.) Hamburg, L. Voss, 1891; 30 S., 1 Bl., 1 Taf. 8°
Würzburg, Med. Fak., Inaug.-Diss. v. 1891

Cohn, Moritz, über die Beziehung der Purpura zu einigen Infektionskrankheiten. Diss. Berlin 1886, Mayer & Müller. 8°. 31 S.

Cohn, Moritz [prakt. Arzt in Berlin]: Ueber die Beziehung der Purpura zu einigen Infektionskrankheiten .... Berlin, Gedr. bei L. Schumacher (1886); 31 S. 8°.
Berlin, Med. Fak., Inaug.-Diss. v. 10. März 1886.

Cohn, Moritz [aus Breslau]: Zur Frage der Melanose der Haut ... Würzburg, Becker's Univ.-Buchdr., 1893; 36 S. 8.
Würzburg, Med. Fak., Inaug.-Diss. v. 1893

Cohn, Moritz, appr. Arzt: Aus den anatomischen Anstalten Berlin und Breslau ⟨Geh. Med.-Rath Prof. Dr. Waldeyer u. Geh. Med.-Rath Prof. Dr. Hasse⟩. Der Verlauf der appendiculären Lymphgefäße. Berlin 1906: W. Greve. (24 S.) 8°
Leipzig, Med. Fak., Ref. Rabl, Diss. v. 8. Mai 1906
[Geb. 16 April 82 Reichenbach, Schl.; Wohnort: Berlin; Staatsangeh.: Preußen; Vorbildung: Gymn. Neustadt O.-S. Reife O. 01; Studium: Breslau 7, Berlin 2 S.; Coll. 8. Mai 06; Approb. 23. Febr. 06.]

Cohn, Naphtali, aus Altona: Die Vorschriften betreffend die Zarâath nach dem Kitâb al-kâfi. Ein Beitrag zur Pentateuchexegese u. Dogmatik d. Samaritaner. *Kirchhain N.-L. 1898: M. Schmersow.* (54, XVIII S.) 8°
Erlangen, Phil. Diss. v. 8. Febr. 1898

Cohn, Naphtali, die Zarâath-Gesetze der Bibel nach dem Kitâb al-kâfi des Jûsuf Ibn Salâmah. Ein Beitrag zur Pentateuchexegese u. Dogmatik der Samaritaner. Nach Hdschrn. der deutschen morgenländ. Gesellschaft zu Halle u. des Brit. Mus. zu London hrsg. u. m. e. Einleitg. u. Anmerkgn. versehen. gr. 8. (54 u. XVIII S.) Frankfurt a/M. 899. J. Kauffmann. n. 2. —

Cohn, Nathan [app. Arzt aus Trebnitz]: Ueber Herzfehlerzellen und ihre pathognostische Bedeutung ... Trebnitz (Schlesien), Buchdr. Maretzke & Märtin, 1890; 30 S. 8°
Würzburg, Med. Fak., Inaug.-Diss. v. 1890

Cohn, O., s. †Justinus, O.

Cohn, Osk., die Quasi-Pupillarsubstitution. Eine Abhandl. aus dem röm. Recht. gr. 8. (XI, 78 S.) Berlin 892. Mayer & Müller. n. 2. —

*Cohn, Oswald: Über Shakespeare's Kaufmann von Venedig. S. 249—302. 8.
In: Festschrift z. Jahrhundertfeier der Realschule der israelit. Gemeinde (Philanthropin) 1804—1904. Teil II. *Frankfurt a. M.* 1904. Progr.

Cohn, Oswald (geb. Liegnitz 24. 11. 1857): Die Sprache in der mittelenglischen Predigtsammlung der Hs. Lambeth 487. Berlin (1880). (86 S.) 8°
Berlin, Phil. Diss. v. 16. Sept. 1880

Cohn, Otto, Referendar a. Bremen: Das Zubehör nach dem Rechte des Bürgerlichen Gesetzbuches für das Deutsche Reich. Rostock 1906: Adlers Erben. (X, 106 S.) 8°
Rostock, Jur. Fak., Ref. Matthiaß, Diss. v. 31. März 1906
[Geb. 14. Sept. 78 Bremen; Wohnort: Bremen; Staatsangeh.: Bremen; Vorbildung: Gymn. Bremen Reife M. 97; Studium: Freiburg i. B. 2, Berlin 1, Königsberg 1, Göttingen 2 S.; Rig. 10. Febr. 06.]

Cohn, Otto Hans, Referendar a. Berlin: Die dingliche Wirkung des Orderlagerscheins. Ein Beitrag zur Lehre vom Lagergeschäft. H. G. B. §§ 416—424. (Berlin 1907) [D. Dreyfuss.] (56 S.) 8°
Heidelberg, Jur. Fak., Ref. Schroeder, Diss. v. 1907
[Geb. 27. Jan. 86 Berlin; Wohnort: Beeskow b. Berlin; Staatsangeh.: Preußen; Vorbildung: Friedrich-Wilhelms-Gymn. Berlin Reife O. 04; Studium: Berlin 6 S.; Rig. 30. Okt. 07.]

Cohn, Paul [app. Arzt aus Breslau]: Aus d. Kgl. chirurg. Klinik zu Breslau. Beitrag zur prognostischen und therapeutischen Beurteilung der Perityphlitis m. bes. Berücks. d. Frage d. Recidive ... Breslau, Druck d. Bresl. Gen.-Buchdr., 1896; 47 S. 8.
Breslau, Med. Fak., Inaug.-Diss. v. 19. Dez. 1896

– und Blau, A.: Über substituierte Benzaldehyde (o-Chlor-m-nitrobenzaldehyd und Dimethyl-o-amidobenzaldehyd). S. 113. II b. 26. Separatabdruck.

Das Bildungswesen in den Vereinigten Staaten von Nordamerika. Reisestudien von Dr. Paul **Cohn**, Dozent in Wien. Wien: A. Hölder 1906. (47 S.) 8° [06. 7360]

– Über Chinolin-Oxychinoline. S. 105. II b. 659. Separatabdruck.

– Über die Chlorierung von o-Nitroluol (mit 1 Textfigur). S. 110. IIb. 391. Separatabdruck.

– und Fischer, Armin: Über Chlor-m-Phenylendiamin. S. 109. IIb. 153. Separatabdruck.

– und Springer, Ludwig: Über einige Derivate des p- und o-Amidobenzaldehyds. S. 111. IIb. 1109. Separatabdruck.

Cohn, Paul: Über einige Derivate des Phenylindoxazens. 1. Mitteilung. S. 103. IIb. 527. Separatabdruck.

– Über neue Diphenylaminderivate. S. 110. IIb. 298. Separatabdruck.

– Über die Einwirkung von Menthol auf Acetessigester. Vorläufige Mitteilung. S. 109. IIb. 69. Separatabdruck.

Cohn, Paul, Frau Elisabeth Förster-Nietzsche. (27 S.) 8. Berlin 908. Verlag Dr. Wedekind & Co. 1. —

Gemütserregungen und Krankheiten. Eine Studie über Wesen u. Sitz d. Gemütserregungen, ihre Beziehung zu Erkrankungen, u. über Wege z. Verhütung. Von Dr. med. **Paul Cohn**, Charlottenburg. *Berlin: Vogel & Kreienbrink 1903.* (148 S.) 8° [04. 4801]

Cohn, P., Gemütserregungen u. Krankheiten. Jetzt: Berlin (M. Boas).

Cohn, Paul [cand. med. aus Berlin]: Ueber Hodenatrophie München, Buchdr. v. M. Ernst, 1897; 26, III S. 8.
München, Med. Fak., Inaug.-Diss. v. 1897

Cohn, Paul, Weltausstellung St Louis 1904. Die Chemische Industrie. (Unter Rücksichtnahme auf d. Unterrichtswesen.) Bericht. Hrsg. m. Genehmig. d. k. k. Handelsminist. Wien 1904. 4°.

Cohn, Paul. Weltausstellung St. Louis 1904. Die chemische Industrie ⟨unter Rücksichtnahme auf das Unterrichtswesen⟩. Bericht erstattet über Einladung des k. k. Handels-Ministeriums. Hrg. mit Genehmigung des k. k. H'-M'. 112 S. 4. Wien, Alfred Hölder, 1905. [M. 4.20]

– Zur Kenntnis des o-Phenobenzylamins und des Cyclophenylenbenzylidenoxyds (mit 1 Textfigur). S. 104. IIb. 365. Separatabdruck.

– Über Morphin-Chinolinäther. S. 107. IIb. 127. Separatabdruck.

Cohn, Paul: Ueber Nachwirkungsänderungen des Widerstandes hartgezogener Drähte ... Leipzig, Johann Ambrosius Barth, 1890; 1 Bl.+29+1 S.+1 Bl. u. 1 Taf. 8°.
Königsberg, Phil. Fak., Inaug.-Diss. v. 28. Jul. 1890.

– Über o-Benzoylphenol. S. 105. IIb. 53. Separatabdruck.

Cohn, Paul, approb. Arzt aus Breslau: ⟨Aus d. Dr. Senckenbergschen path.-anat. Institut in Frankfurt a. M. Direktor: Geh. Rat Prof. Dr. Weigert.⟩ Über verhornendes Pflasterepithel der Lunge. *Leipzig 1903: F. Gröber.* (40 S.) 8°
Leipzig, Med. Diss. v. (29. Apr.) 1903

— Wiener Porträts. Sammlung photograph. Amateur-Aufnahmen. (36 Bl. m. 1 Bl. Text.) 31,5×22,5 cm. Berlin (908). Verlag f. Fachliteratur. In Mappe 15. —

Cohn, Paul: Über Tetraalkyldiamidoazonaphtalin (mit 1 Textfigur). S. 104. IIb. 639. Separatabdruck

– und Fleißner, F.: Über die Trennung des Palladiums von Platin. S. 105. IIb. 336. Separatabdruck

Die Verwendung von Chemikalien als Heilmittel. Nach Vorlesungen von Dr. Paul **Cohn**, Doz. in Wien. Stuttgart: Union 1906. (XXX, 96 S.) 8°
Erw. aus: Sammlung chem. u. chemisch-techn. Vorträge. Bd 10. [06. 11470]

Ferdinand **Cohn**. Blätter d. Erinnerung. Zsgest. von s. Gattin **Pauline Cohn**. Mit Beiträgen von Prof. F[elix] Rosen. *Breslau: J. U. Kern 1901.* (VIII, 258 S.) 8° [F.] [01. 3799 2]

Cohn, Pauline, Ferdinand Cohn. Blätter der Erinnerg. Zusammengestellt v. seiner Gattin. Mit Beiträgen v. F. Rosen. 2. Aufl. gr. 8. (X, 266 S. m. 1 Bildnis.) Breslau 901. J. U. Kern. Geb. in Leinw. n. 6 —
1. Aufl. (VIII, 266 S. m. 1 Bildnis u. 3 Taf.) Ebd. 901. n. 6. —

Cohn, R., s.: Untersuchungen, chem. u. medicin.

Cohn, R(aphael), prakt. Arzt: Ueber 200 Fälle von Bindehautverwertung. *Königsberg i. Pr. 1900: H. Jaeger.* (55 S.) 8°
Königsberg, Med. Diss. v. 6. Aug. 1900

Cohn, Raph, erstes Lesebuch. 2. Tl. der deutschen Schreib-Lese-Fibel. Ausg. B. 8. (80 S.) Berlin 886. Stuhr. cart. n. — 60

Cohn, Raph., erstes Lesebuch. 2. Tl. der deutschen Schreib-Lese-Fibel. Ausg. B. 3. verb. u. verm. Aufl. 8. (84 S.) Berlin 900. W. Latte. Geb. n.n. — 65

Cohn, Raph., deutsche Schreib-Lese-Fibel nach der analytisch-synthetischen Lesemethode. 1. Fibelstoff. 2. Lesestücke. Ausg. A. [1. Tl.] 8. (IV, 72 S. mit Illustr.) Berlin 885, Gerstmann's Verlag. cart. *

Cohn, Raph., deutsche Schreiblese-Fibel nach der analytisch-synthetischen Lesemethode. 1. Fibelstoff. 2. Lesestücke. Ausg. A. (1. Tl.) 8. (IV, 78 S. m. Abbildgn.) Berlin 890. C. R. Dreber. Kart. n. — 60

Cohn, Raph. Deutsche Schreib-Lese-Fibel nach d. analytisch-synthetischen Lesemethode. 1. Fibelstoff. 2. Lesestücke. Ausg. A. Teil 1. 8. (IV, 73 S. m. Abbildgn.) Berl. 890, Gerstmann. cart. — 60
—— dass. — Ausg. C. 2. verm. u. verb. Aufl. 8. (VI, 148 S. m. Abbildgn.) Ebd. 890. cart. * 1 —

— deutsche Schreib-Lese-Fibel nach der analytisch-synthetischen Lesemethode. 1. Fibelstoff. 2. Lesestücke. Ausg. A (Tl. I). 2., verb. Aufl. 8. (VI, 76 S. m. Abbildgn.) Ebd. 900. Geb. n. — 60

COHN, RICHARD. Beitrag zur Alkalimetrie. Berlin, 1853.

Cohn, Richard [app. Arzt aus Breslau]: Ein Beitrag zur Statistik des hohen Steinschnitts ... München, Buchdr. v. M. Ernst, 1891; 35 S. 8.
München, Med. Fak., Inaug.-Diss. v. [17. Juli] 1891

Cohn, Richard, Referendar in Oederan: Die Kautionshypothek des Bürgerlichen Gesetzbuches. *Borna-Leipzig 1902: R. Noske.* (X, 65 S.) 8°
Leipzig, Jur. Diss. v. 1902

Cohn, Robert, aus Breslau: Die Dauererfolge der Ovariotomie bei den malignen Tumoren und papillären Kystomen des Ovarium. ⟨Nach einem Material von 56 in Prof. Landau's Privat-Frauenklinik zu Berlin operierten Fällen.⟩ *Berlin 1900: A. W. Schade.* (48 S.) 8°
Breslau, Med. Diss. v. [14. Dez.] 1900

Cohn, Robert, aus Berlin: Über Metalldoppelrhodanide. *Berlin (1901): G. Schade.* (84 S.) 8°
Berlin, Phil. Diss. v. 26. Jan. 1901

Cohn, Robert David [aus San Francisco]: Ueber einen Fall von Teratoma corneae congenitum mit vorderen und hinteren Synechien und Cataract ... M. e. Taf. München, Buchdr. v. M. Ernst, 1896; 37 S., 1 Taf. 8.
Heidelberg, Med. Fak. Inaug.-Diss. v. [24. Juli] 1896

Cohn, Rose, s. R a u n a u , Rose (Pseud.)

Cohn, Rudolf, über die Bedeutung des negativen Thoraxdruckes. Diss. Königsberg i. Pr. 1886, Graefe & Unzer. 8°. 22 S.

Cohn, Rudolf [prakt. Arzt]: Ueber die Bedeutung des negativen Thoraxdruckes .... Königsberg, Hartungsche Buchdr. (1886); 22 S. 8°.
Königsberg, Med. Fak., Inaug.-Diss. v. 27. Febr. 1886.

Cohn, S., Hydrotherapie des Scharlach und acuter Hautkrankheiten im Allgemeinen mit einigen Andeutungen für die Behandlung anderer acuter Krankheiten mit besonderer Rücksicht auf Physiologie. Berlin 862. Bosselmann. (Wiegandt & Hempel.) 8. (48 S.) n. 10 ngr.

Cohn, S.: Die V e r t h e i l u n g des kaufmännischen Unterrichts in den oberen Klassen der Realschulen. Offenbach a.M. 1867. Schul-/Univ.-Schrift.

Cohn, S. D., die Kaltwasserheilkunde. gr. 8. Leipzig 843, O. Wigand. 1/2 ß

Cohn, Sally [pr. Arzt]: Über das Verhalten des Chinons im tierischen Organismus ... Königsberg i. Pr., Hartungsche Buchdr., *1893;* 35 S. 8.
Königsberg, Med. Fak., Inaug.-Diss. v. 18. März 1893

Cohn, Sally, üb. das Verhalten d. Chinons im tierischen Organismus. Diss. gr. 8. (33 S.) Königsberg i/Pr. 893. (W. Koch.) n. —80

Cohn, Salom.

—— de targumo Jobi disquisitio. Addita est appendix in qua continentur nonnullae variae lectiones e codice ms. a. 1238 sumptae. 8. (51 S.) Schwerin 867, (Schmale.) *

— der dem Menschen anvertraute Gottesschatz. Trauer- u. Trostesworte an dem Tage nach der feierlichen Beisetzung Ihrer königl. Hoh. der Frau Großherzogin Anna Maria Wilhelmine Elisabeth Mathilde am 23. April 1865, gesprochen in der großen Synagoge zu Schwerin. Schwerin 865. (Hildebrand.) gr. 8. (14 S.) n. 3 ngr.

Cohn, Salom., Ihr seid Kinder des Ewigen, Eueres Gottes. Rede zur Säcularfeier der hiesigen frommen Bruderschaft gehalten in der Synagoge zu Schwerin. Schwerin 860. Hildebrand in Comm. gr. 8. (19 S.) n. 5 ngr.

Cohn, Salomon. Die Mischehe zwischen Juden und Christen. Breslau 1850.

—— Trauerworte am Tage der feierlichen Beisetzung Ihrer Hoh. der Großherzogin Auguste Mathilde Wilhelmine am 10. März 1862, gesprochen in der großen Synagoge zu Schwerin. gr. 8. (12 S.) Schwerin 862, (Hildebrand.) *

Cohn, Salo. Uterus u. Auge. Eine Darstellg. der Funktionen u. Krankheiten d. weibl. Geschlechtsapparates in ihrem pathogenen Einfluss auf das Sehorgan. Mit e. Vorwort v. Ernst Pflüger. gr. 8. (XXIII, 218 S.) Wiesb. 890. Bergmann. * 6 —

—— Weihpredigt am Tage der Eröffnung der restaurirten Synagoge zu Schwerin den $\frac{\text{27. Elul 5626}}{\text{7. Septbr. 1866}}$ gehalten. gr. 8. (23 S.) Schwerin 866, Hildebrand. *

Cohn, Salomon, Israels Zug aus der Knechtschaft in die Freiheit. E. Sabbath-Beschallach-Predigt. 8. (16 S.) Oppeln 849, Weilshäuser. 1/12 ß

Cohn, Samuel (geb. Alt-Berun in Schles. 25. 11. 1824): De carcinomate ventriculi fasciculato medullari. Berolini (1856). (29 S.) 8°
Berlin, Med. Diss. v. 3. Nov. 1856

Cohn, Samuel, aus Berlin: Die Finanzen des deutschen Reichs seit seiner Begründung. *Halle a. S. 1899.* (35 S.) 8°
¶ (Erscheint demnächst vollst.)
Halle, Phil. Diss. v. 1899

Cohn, S. Die Finanzen des Deutschen Reiches seit seiner Begründung. In den Grundzügen dargestellt. gr. 8°. Berlin, J. Guttentag, 1899.

Cohn, S., die Finanzen des Deutschen Reiches seit seiner Begründung. In den Grundzügen dargestellt. gr. 8. (VI, 209 S.) Berlin 900. J. Guttentag. n. 5.—

Cohn, S[amuel] *(geb. Neumarkt in Schles. 18. 3. 1852)*: Ueber die freien Gelenkkörper. Breslau 1875. (32 S.) 8°
Breslau, Med. Diss. v. 24. Mai 1875

Cohn, Sarah, israelitisches Kochbuch. Zubereitung aller Arten Speisen nach den Ritualgesetzen. Orig.-Berichte der israelit. Küche. 8. (259 S. mit Illustr.) Regensburg 888, Verlagsbureau. geb. *

Cohn, Sarah, geb. Uhlfelder, israelitisches Kochbuch. Zubereitung aller Arten Speisen nach den Ritualgesetzen. Orig.-Berichte der israelitischen Küche. Mit Illustr. 8. (259 S.) Regensburg 889. Verlagsbureau. geb. n. 2. —

Cohn, Selmar, Beitrag zur Statistik d. runden Magengeschwürs. Diss. gr. 8. (27 S.) Kiel 891. (Gnevkow & v. Gellhorn.) n. 1. 20

Cohn, Selmar [app. Arzt aus Bialla in Ostpr.]: Aus d. patholog. Institute zu Kiel. Beitrag zur Statistik des runden Magengeschwürs ... Kiel, Druck v. L. Handorff, 1891; 27 S. 8°
Kiel, Med. Fak., Inaug.-Diss. v. [2. Mai] 1891

Cohn, Sigfr. (geb. Marienwerder 9. 11. 1822): De gastritide chronica. Berolini (1847). (30 S.) 8°
Berlin, Med. Diss. v. 19. Apr. 1847

Cohn, Siegfried, appr. Arzt a. Paderborn: Zur Statistik und Kasuistik der septischen Erkrankungen mit besonderer Berücksichtigung des pathologisch-anatomischen Befundes. München 1905: C. Wolf & Sohn. (44 S.) 8°
München, Med. Fak., Ref. v. Bauer, Diss. v. 19. Mai 1905
[Geb. 8. Aug. 81 Paderborn; Wohnort: Paderborn; Staatsangeh.: Preußen; Vorbildung: Gymn. Paderborn Reife O. 00; Studium: Würzburg 1, Berlin 2, München 7 S.; Coll. 7. Apr. 05; Approb. 7. Apr. 05.]

Cohn, Sigismund, appr. Arzt: Ein Beitrag zum Kapitel der traumatischen Nephritis. *Konitz 1904: Petras.* (35 S.) 8°
München, Med. Diss. v. 1904

[Cohn, Sigismundus]: • De generatione quadam curvarum et superficierum secundi gradus. 12 Bl. 4° (2°)
Halle-Wittenberg, Phil. Diss. v. 3. Juni 1854
Geb. [Hirschberg (Schlesien) 29. 3. 1831]

Cohn, Sigismundus *(geb. Glogau 11.12.1818)*: De medicina talmudica. Vratislaviae (1846). (28 S.) 8°
Breslau, Med. Diss. v. 12. Jan. 1846

Cohn, Sigismund F(riedrich): Justine Siegemundin im Lichte moderner Geburtshilfe. — Berlin (1899): Driesner. 28 S. 8°
Berlin, Med. Diss. v. 14. März 1899.

Cohn, Th., s.: Untersuchungen, chem. u. medicin.

Mit Genehmigung der med. Fak. der Albertus-Universität wird Dienstag den 27. Juni 1905 ... Herr Dr. med. Theodor **Cohn,** Arzt, ... seine öffentliche Antrittsvorlesung über „Begriff und Wesen der Uraemie" halten. Zu diesem Akte ladet ein der Dekan der med. Fak. H[ermann] Kuhnt. Königsberg i. Pr. (1905): O. Kümmel. (1 Bl.) 4°

Cohn, Theodor [pr. Arzt]: 81 Fälle von Myomektomie aus der gynäkologischen Klinik zu Königsberg in der Zeit von 1887 bis April 1891. . . . Königsberg, Druck v. A. Hausbrand's Nachf., 1891; 2 Bl., 44 S., 2 Bl., 2 Taf. 8°
Königsberg, Med. Fak., Inaug.-Diss. v. 23. (statt 24.) Jul. 1891

Cohn, Thdr., 81 Fälle v. Myomektomie aus der gynäkologischen Klinik zu Königsberg in der Zeit v. 1887 bis 1891. Diss. gr. 8. (45 S. m. 1 Doppeltaf.) Königsberg i/Pr. 891. (W. Koch.) n. 1. —

Cohn, Thdr., das Handels- u. Genossenschafts-Register. Systematische Darstellung d. Verfahrens in Handels-, Zeichen-, Muster- u. Genossenschafts-Registersachen in Theorie u. Praxis m. Mustern. gr. 8. (XVI, 384 S.) Berlin 892. C. Heymanns Verl. n. 7. 50

Cohn, Thdr., das Handels- u. Genossenschafts-Register, sowie das Verfahren in Vereins-, Muster- u. Güterrechts-Registersachen. Mit Mustern. Systematisch dargestellt. 2., völlig umgearb. u. verm. Aufl. gr. 8. (XX, 528 S.) Berlin 901. C. Heymann's Verl. n. 9. —; geb. n. 10. —

Cohn, Thdr., das Handels- u. Genossenschafts-Register sowie das Verfahren in Vereins-, Muster- u. Güterrechts-Registersachen m. Mustern, systematisch dargestellt. 3., völlig umgearb. u. verm. Aufl. (XXIV, 860 S.) gr. 8. Berlin 910. C. Heymann. 16. —; geb. 18. —

Cohn, Theodor [aus Victoria West '(Süd-Afr.)']: Über Intercellularlücken und Kittsubstanz ... (Aus: Anat. Hefte, Abth. 1 Heft xv.) Wiesbaden, J. F. Bergmann, 1894; 1 Bl., 39 S., 1 Bl., 1 Doppeltaf. 8.
Würzburg, Med. Fak., Inaug.-Diss. v. 1894

Über epitheliale Schlussleisten an embryonalen und ausgebildeten Geweben. Von Dr. Theodor **Cohn**, n. Assist. ... zu Würzburg. M. 1 Taf. *Würzburg: Stahel 1897.* (30 S., 1 Taf.) 8.
— Verhandlungen d. physikal.-medic. Gesellschaft zu Würzburg. N. F. Bd 31. No 4. [97. 4339

Cohn, Theod. (geb. Danzig 19. 1. 1812): Doctrinae homoeopathicae specimen. Berolini (1834). (31 S.) 8°
Berlin, Med. Diss. v. 24. Juni 1834

Cohn, Tobias

Cohn, Tob., die Aufklärungs-Periode. Vortrag in den v. der litterar. Gesellschaft zu Potsdam veranstalteten öffentl. Versammlgn. geh. gr. 8. (40 S.) Potsdam 873. Gropius. n. — 75

Cohn, Tob., Israels Gemeinschaftsleben m. den vorchristlichen Völkern, s.: Aus geistigen Werkstätten.

CARL GRISSON, Gedächtnisrede, gehalten in ausserordentlicher öffentlicher Versammlung der „Litterarischen Gesellschaft" am 24. September 1875 im Palast Barberini von Rabbiner Dr. TOBIAS COHN, stellvertretendem Schriftführer der „Litteraria". Voran: Einleitende Worte von WILHELM RIEHL, Schriftführer der „Litteraria". ib. 1879. — 8°.

Cohn, Tobias [Volontärarzt an d. Kgl. Univ.-Poliklinik f. Nervenkranke]: Histologisches und Physiologisches über die grossen Gallenwege und die Leber. '(Aus d. physiolog. Institut d. Univ. Breslau.)' ... Breslau, Druck v. L. Freund, 1892; 1 Bl., 30 S., 1 Bl., 1 Taf. 8.
Breslau, Med. Fak., Inaug.-Diss. v. 31. März 1892

Cohn, Tob., Histologisches u. Physiologisches üb. die grossen Gallenwege u. die Leber. Diss. gr. 8. (30 S. m. 1 Taf.) Breslau 892. (L. Köhler.) n. 1. —

— die Humanisten-Periode. Vortrag in den von der litterar. Gesellschaft zu Potsdam veranstalteten öffentl. Versammlungen gehalten. gr. 8. (29 S.) Potsdam 871, Gropius'sche Buchh.

Cohn, Tob., die Moses-Gruppe von Rauch. Eine jüdisch-wissenschaftl. Kunststudie. gr. 8. (31 S. mit dem Bilde der Moses-Gruppe in Holzschn.) Leipzig 867, Leiner.

— Predigt bei der 100jährigen Jubelfeier der von Sr. Majestät dem Könige Friedrich II. gegründeten Synagoge zu Potsdam, am 23. Decbr. 1867 gehalten. gr. 8. (16 S.) Potsdam 868, Gropius'sche Buchh.

Cohn, Tob., Spinoza am 2. Säculartage seines Todes. Vortrag in der „Litterarischen Gesellschaft" zu Potsdam am Stiftungsfeste, den 23. Febr. 1877, geh. 8. (34 S.) Potsdam 877. Gropius. n. — 60

— der Talmud. Ein Vortrag, gehalten in der „Literar. Gesellschaft zu Potsdam." gr. 8. (20 S.) Wien 866, Herzfeld und Bauer. *
Aus: Illustr. Monatshefte für die gesammten Interessen des Judenthums, besonders abgedruckt.

Cohn, Toby, die palpablen Gebilde des normalen menschlichen Körpers u. deren methodische Palpation. Nach eigenen Untersuchgn. an der Leiche u. am Lebenden. I. Tl.: Obere Extremität. (VIII, 216 S. m. 21 Abbildgn.) Lex.-8. Berlin 905. S. Karger. n. 5. 60

Cohn, Toby, die palpablen Gebilde des normalen menschlichen Körpers u. deren methodische Palpation. Nach eigenen Untersuchgn. an der Leiche u. am Lebenden. II. Tl.: Untere Extremität. Mit 39 Abbildgn., davon 16 im Text, die übr. auf 9 Taf. (IV, 376 S.) Lex. 8. Berlin 908. S. Karger. 6. 40

Cohn, Toby, Leitfaden der Electrodiagnostik u. Electrotherapie. F. Prakt. u. Studierende. M. e. Vorwort v. E. Mendel. gr. 8. (X, 139 S m. 30 Abb. u. 6 Taf.) Berlin 899. S. Karger. n. 3. 50; geb. n. 4. 50

Cohn, Toby, Leitfaden der Elektrodiagnostik u. Elektrotherapie f. Praktiker u. Studierende. 2. verm. u. verb. Aufl. gr. 8. (XII, 166 S. m. 39 Abbildgn. u. 6 Taf.) Berlin 902. S. Karger. n. 4. —

— Leitfaden der Elektrodiagnostik u. Elektrotherapie f. Praktiker u. Studierende 3. durchgeseh. u. verm. Aufl. (X, 172 S. m. 53 Abbildgn. u. 6 Taf.) Lex.-8. Ebd. 906. n. 4. 40; geb. n. 5. 40

— Muskelatrophien, s.: Nervenkrankheiten, die wichtigsten, in Einzeldarstellungen. 10.

Die Verwerthung elektrischer Ströme in der allgemeinen Praxis. Von Dr. Toby **Cohn**, Nervenarzt in Berlin. *Berlin: Fischer 1900.* (24 S.) 8°
— Klinik, Berliner. H. 140. [00. 1671

Cohn, Victor, approb. Arzt in Berlin: Ein Fall von Hernia diaphragmatica congenita beim Kinde als Beitrag zur klinischen Diagnose. *Leipzig 1902: B. Georgi.* (25 S.) 8°
Leipzig, Med. Diss. v. (5. Jan.) 1902

Cohn, Victor [aus Attendorn i. Westf.]: Aus d. med. Klinik zu Bonn. Zwei Fälle von multipler Sclerose des centralen Nervensystems. . . . Bonn, Buch- u. Steindr. Joseph Bach Wwe., 1890; 25 + 1 S. + 1 Bl. 8°
Bonn, Med. Fak., Inaug.-Diss. v. [5. Jul.] 1890

Cohn, Walter, Die Besonderheiten der im § 1187 B.G.B. bezeichneten Sicherungshypothek. Heidelberg 1904: D. Straus. (44 S.) 8°
Heidelberg, Jur. Fak. Ref. Endemann, Diss. v. 3. Sept. 1904
[Geb. 23. Juni 82 Magdeburg; Wohnort: Dresden; Staatsangeh.: Preußen; Vorbildung: Gymn. zum hl. Kreuz Dresden Reife O 01; Studium: Freiburg i. B. 1, Breslau 2, München 2, Breslau 1 S.; Rig. 11. Juli 04.]

Cohn, Walt., üb. Sarcome d. Nasenscheidewand. Diss. gr. 8. (22 S.) Königsberg 896. (W. Koch.) n. — 80

Cohn, Walter [pr. Arzt]: Ueber Sarcome der Nasenscheidewand ... Königsberg i. Pr., Druck v. M. Liedtke, 1890; 2 Bl., 23 S., 2 Bl. 8.
Königsberg, Med. Fak., Inaug.-Diss. v. 30. Apr. 1890

Cohn, Walther, Referendar: Das strafrechtliche Verhältnis der Konsulargerichtsbezirke zum Inland. Königsberg i. Pr. 1908: O. Kümmel. (65 S.) 8°
Königsberg, Jur. Fak., Ref. Kohlrausch, Diss. v. 26. Mai 1908
[Geb. 19. Okt. 84 Lyck; Wohnort: Königsberg i. Pr.; Staatsangeh.: Preußen; Vorbildung: Gymn. Tilsit Reife M. 02; Studium: Königsberg, München, Berlin, zus. 6 S.; Rig. 24. Febr. 08.]

Cohn, [illegible]

Cohn, Wilhelm

Cohn, Wilh., die käuflichen Düngemittel, ihre Darstellung u. Verwendung. Eine technisch-landwirthschaftl. Studie. gr. 8. (VII, 57 S.) Braunschweig 883. Vieweg & Sohn. n. 1. 20

Cohn, Wilh., über das Knochenmehl und seine Anwendung als Düngemittel in chemischer u. landwirthschaftlicher Beziehung. Aus den neuesten Erfahrungen zusammengestellt. Berlin 858. R. Kühn. gr. 8. (1 Bl., 38 S.) 6 ngl.

Cohn, Wilhelm, pract. Arzt: Pathogenese und Therapie otitischer endocranieller Erkrankungen. *Breslau 1899: Bresl. Genossenschafts-Buchdr.* (36 S.) 8°
Breslau, Med. Diss. v. 12. Juli 1899

Cohn, William, Stilanalysen als Einführung in die japanische Malerei. (170 S. m. 18 Lichtdr.-Taf.) gr. 8. Berlin 908. Oesterheld & Co. 6,50; geb. 8.—

Cohn, William, aus Berlin: Der Versuch einer Aufhebung des „Ich" bei einigen neueren Philosophen. Berlin (1904): Paß & Garleb. (44 S.) 8°
Erlangen, Phil. Fak., Ref. Falckenberg, Diss. v. 3. Nov. 1905
[Geb. 22. Juni 80 Berlin; Staatsangeh.: Preußen; Vorbildung: Friedrich-Werder Gymn. Berlin Reife M. 00; Studium: Berlin 7, Paris, Erlangen 2 S.; Rig. 3. Nov. 04.]

Cohn, Willy, die Geschichte der normannisch-sicilischen Flotte unter der Regierung Rogers I. u. Rogers II. (1060—1154), s.a. Untersuchungen, historische.

Die Geschichte der normannisch-sicilischen Flotte unter der Regierung Rogers I. und Rogers II. ⟨1060–1154⟩ von Dr. Willy **Cohn**. Breslau: Marcus 1910. VI, 104 S. 8°
[Ein T. erschien als Inaug.-Diss. Breslau 1910.]
(Historische Untersuchungen hrsg. von Cichorius. H. 1.) [10. 10666

Cohn, Willy: Aus der Königl. Chirurg. Universitätsklinik zu Königsberg i. Pr. Ueber die isolierte Ruptur der Symphysis ossium pubis. Tübingen 1905: H. Laupp jr. (16 S.) 8° ¶(Aus: Beiträge z. klin. Chirurgie. Bd 45, H. 3.)
Königsberg, Med. Fak., Ref. Garrè, Diss. v. 8. März 1905
[Geb. 12. Okt. 79 Briesen, W.-Pr.; Wohnort: Königsberg i. Pr.; Staatsangeh.: Preußen; Vorbildung: Gymn. Culm a. W. Reife O. 99; Studium: Berlin 4, München 1, Berlin 2, Königsberg 2 S.; Coll. 6. März 05.]

Cohn, Willy, appr. Arzt a. Breslau: ⟨Aus der kgl. Universitäts-Frauenklinik in Breslau⟩ ⟨Direktor: Geh. Rat Prof. Dr. Küstner⟩. Überblick über die Leistungen auf dem Gebiete der Händedesinfektion. Berlin: S. Karger 1907. (38 S.) 8°
Breslau, Med. Fak., Ref. Küstner, Diss. v. 10. Juli 1907
[Geb. 6. März 81 Breslau; Wohnort: Breslau; Staatsangeh.: Preußen; Vorbildung: Ev. Realsch., Friedrichs-Gymn. Breslau Reife O. 01; Studium: Breslau 8, Heidelberg 1 S.; Coll. 28. Febr. 07; Approb. 6. März 06.]

Cohn, Willy: Das Zugehen der Willenserklärung. Berlin: Salomonski 1910. 81 S. 8°
Straßburg, Rechts- u. staatswiss. Diss. v. 26. Febr. 1910, Ref. Kisch
[Geb. 18. Aug. 86 Straßburg; Wohnort: Straßburg; Staatsangeh.: Elsaß-Lothringen; Vorbildung: Oberrealsch. Straßburg Reife Juli 06; Studium: Straßburg 9 S.; Rig. 26. Febr. 10.] [U 10. 4013

Cohn, Wolff [illegible] Posen 1825: De [illegible] Berolini (1850). (27 S.) 8°
Berlin, Med. Diss. v. 16. Juli 1850

Cohn-Philippson, Joh.: Das Menuet, s. Fastnachts-Bühne.

Cohn-Philippson, Joh., e. hypnotische Sitzung, s.: Fastnachts-Bühne.

Cohn-Philippson, Joh., Studentinnen-Ulk, s.: Fastnachts-Bühne.

Cohn-Wiener, Ernst, die Entwicklungsgeschichte der Stile in der bildenden Kunst, s.a. Aus Natur u. Geisteswelt.

Die Entwicklungsgeschichte der Stile in der bildenden Kunst. Von Dr. phil. Ernst **Cohn** Wiener, Dozent. Bd 1. Leipzig: Teubner 1910. 8°
(Aus Natur u. Geisteswelt. Bdch. 317.) [10. [illegible]

Coehn, Alfr., Magnetismus u. Elektrizität, s.: Kaufmann, Walt.

Coehn, A., elektrochem. Studien am Acetylen, s.: Billitzer, Jean.

Coehn, Alfred: Elektrolytische Untersuchungen. . . . München, K. Hof- & Univ.-Buchdr. Dr. C. Wolf & Sohn, 1888. (39 S.) 8°
Erlangen, Phil. Fak., Inaug.-Diss. v. 1888

Cohnen, Otto, s.: Verhandlung der 8. Strafkammer d. kgl. Landgerichts I Berlin geg. Leckert, v. Lützow u. Genossen.

Cohnfeld, A.

— Der Adel wird abgeschafft! Stiebel, Du mußt sterben! Eine Dodt-Erleichterungs-Predigt. Druck von denselben. 1 Bl. Fol.
Flugblatt. Berlin, 1848/49.

— Berlin, verprobjantire Dir! dein jroßer Held hat Hunger. En Zuruf, Ufruf un Anruf. Gedruckt bei J. Sittenfeld. 1 Bl. Fol.
Flugblatt. Berlin, 1848/49.

— Herr und Madame Bullrich in dem Augenblick, wo Letztere ihrem Gatten Ludewig die Gardinen-Predigt hält. „Bürjerwehrken, siehste wie De bist?" Mit Bild. 1 Bl. Fol.
Flugblatt. Berlin, 1848/49.

— Bürjerwehr, Du bist bejlückt! Dein Jesetz is ausjeflickt! Hat nen neuen Schwanz un Kragen! Will nich Ener Bravo sagen? Ene Rede, jehalten von den Bürjerwehr-Esel. Druck ebenda. 1 Bl. Fol.
Flugblatt. Berlin, 1848/49.

— Deutschland freue dir! Lude hat jehuldigt! Zweite Gardinen-Predigt, ihrem Gatten Ludewig zum Mittagessen gehalten von Madame Bullrichen. Druck von Marquardt u. Steinthal. 1 Bl. Fol.
Flugblatt. Berlin, 1848/49.

— Allerliebster Herr Jenral Druf! Man nich widder Kardädtschen! Petition von die bekannten lieben Berliner. Druck ebenda. 1 Bl. Fol.
Flugblatt. Berlin, 1848/49.

— Die Freiheit is int Wasser jefallen! Jck hab ihr hören plumpen! ꝛc. Altes Volkslied mit neue Variationen. Druck ebenda. 1 Bl. Fol.
Flugblatt. Berlin, 1848/49.

Cohnfeld, A. Fuj Charlottenburg! Dir muß man bei die Beene ufhängen! Ein Urtheils-Spruch. Druck ebenda. 1 Bl. Fol.
Flugblatt. Berlin, 1848/49.

— O Fürschten-Glorie von dunnemals! Wo bist du liebe Sonne jeblieben? En neuer Psalm Davids, jesungen von eenen Fürschten. Gedruckt bei J. Sittenfeld. 1 Bl. Fol.
Flugblatt. Berlin, 1848/49.

— Held, Du jroßer Volkstribun! Du willst auskratzen? Oller Junge, laaß Dir halten! Ene Epistel an die Korinthen. Druck ebenda. 1 Bl. Fol.
Flugblatt. Berlin, 1848/49.

— Hurrah vor die Freiheit! Aber Brod muß och sind, sagt Herr Schlippenbach mit'n Jrafentitel. Ene Voruntersuchung nach's schriftliche un mündliche Verfahren. Druck ebenda. 1 Bl. Fol.
Flugblatt. Berlin, 1848/49.

— Hurrjeh! Potsdam is ufjestanden! J. ju'n Morjen Potsdam! Ene Frühstücks-Betrachtung. Druck ebenda. 1 Bl. Fol.
Flugblatt. Berlin, 1848/49

— Der Jeist des dritten Aujust, des war en juter Jeist! En kleener Denkzettel. Druck ebenda. 1 Bl. Fol.
Flugblatt. Berlin, 1848/49.

— Ihr sollt Euch nich butzkoppen! Ruhig im Saal! Der Herr will danzen. Ene Strafpredigt vor die Demokraten. Druck ebenda. 1 Bl. Fol
Flugblatt. Berlin, 1848/49.

— Ach Jotteken, och Jotteken, jutster Herr Minister! Laaßen Sie uns doch man unse bisken Freiheit! Ein alljemeiner Stoßseufzer. Druck ebenda. 1 Bl. Fol.
Flugblatt. Berlin, 1848/49.

— Juchhe! Lude is kreuzfidel! Lude danzt Polka! Dritte Gardinen-Predigt ihrem Gatten Ludewig bei der Rückkehr vom Bezirks-Ball gehalten von Madame Bullrichen. Druck ebenda. 1 Bl. Fol.
Flugblatt. Berlin, 1848/49.

— Die drei pollitischen Jrazien Karbe, Held u. Linden-Müller, die müssen Ministers werren. Det sag ick. Gedruckt bei J. Sittenfeld. 1 Bl. Fol.
Flugblatt, Berlin, 1848/49.

— Köln is jemeiert! Breslau is jemacht! Ludeken, wie wird Dich! Fünfte Gardinen-Predigt, ihrem Gatten Ludewig in der Dämmerstunde gehalten von Madame Bullrichen. Druck ebenda. 1 Bl. Fol.
Flugblatt. Berlin, 1848/49.

— Konstabler! Halloh, wer kooit! kooit! Allerneuste Walddeibel, die der Majestrat brunnen lassen will! Ein Jespräch mit seinen juten Freund Fritze. Druck ebenda. 1 Bl. Fol.
Flugblatt. Berlin, 1848/49.

— Constablers Leiden und Freuden, geschildert in einem Briefe an seine Jelübte. Druck ebenda. 1 Bl. Fol.
Flugblatt. Berlin, 1848/49.

— Lude! Lude! Du verbedderst Dir! Vierte Gardinen-Predigt, ihrem Gatten Ludewig beim Zwirnabwickeln gehalten von Madame Bullrichen. Druck von Marquardt u. Steinthal. 1 Bl. Fol.
Flugblatt. Berlin, 1848/49

— Michelken in de Provinzen, wirste denn jar nich klug? Ein sehre offenes Sendschreiben an die Provinzen. Druck ebenda. 1 Bl. Fol.
Flugblatt. Berlin, 1848/49.

— Das Ministerium Auerswald is jepurzelt! En Jubelruf von umsjefähr 16 Millionen Menschen, ins Plattdeutsche übersetzt. Druck ebenda. 1 Bl. Fol.
Flugblatt. Berlin, 1848/49.

— O Ministerium Pfuel! Wenn Du nich jut vor die Zöppkens bist, Denn wees ick nich, wat besser is! Ene Doof- oder Leichenrede. Druck ebenda. 1 Bl. Fol.
Flugblatt. Berlin, 1848/49.

— Das Ministerjum Pfuleichen is nich gepurzelt! Es hat man blos jewackelt. Aber wir stehen feste! Ene Rede mit'n Antrag. Gedruckt bei J. Sittenfeld. 1 Bl. Fol.
Flugblatt. Berlin, 1848/49.

— Na olle Kluckhenne in Frankfurt, wat brütste widder aus? Ene Kobbelnets-Ordre. Gedruckt bei J. Sittenfeld. 1 Bl. Fol.
Flugblatt. Berlin, 1848/49.

— Nu jrade een Hurrah für den Prinzen von Preußen. Brentano! Lümmel! Stoß Dir nich! Ein Wink mit'n Laternenpfahl. Druck ebenda. 1 Bl. Fol.
Flugblatt. Berlin, 1848/49.

— Die Ordens werden abgeschafft! Piepvöjelken fliege! En Vogelsänger-Lied. Gedruckt bei J. Sittenfeld. 1 Bl. Fol.
Flugblatt. Berlin, 1848/49.

— Die pollitischen Bandjuden mit de kurze Elle, die muß der Deibel holen! Ene Jahrmarchtsrede. Druck ebenda. 1 Bl. Fol.
Flugblatt. Berlin, 1848/49.

— Reaktion verzieh Dir! Du bist schief jewickelt! En juter Rath. Druck ebenda. 1 Bl. Fol.
Flugblatt. Berlin, 1848/49.

— Der Reichsverweser is also och Reichs-Feldmarschall? Rann wird's Dag! Ju'n Nacht Preußen! Ene pollitische Fastenpredigt. Druck ebenda. 1 Bl. Fol.
Flugblatt. Berlin, 1848/49.

— Reichsverweserken, wrangle nich! Sonst wirste jewurzelt! Ene Warnungsstimme. Druck ebenda. 1 Bl. Fol.
Flugblatt. Berlin, 1848/49.

Cohnfeld, A., die Rückkehr des Landwehrmann's, s. Bloch's, E., Dilettanten Bühne.

Cohnfeld, A., die Rückkehr des Landwehrmanns, s. Bloch's, E., Theater-Correspondenz.

— Die Potsdamschen Schemmelbeen-Helden, jenannt Jardekohrs. Sie reiten hier sehr schön Parade, Doch is et um die Esel's Schade! En kleener Anhang zu den Armeebefehl. Druck ebenda. 1 Bl. Fol.
Flugblatt. Berlin, 1848/49.

— Die janze Schutzmänner-Pastete uf eenmal!! Ein offener Brief an den Obersten von die Schutzmänner, Herrn Kaiser. Druck ebenda. 1 Bl. Fol.
Flugblatt. Berlin, 1848/49.

— Soldaten, Demokraten, Juchheirassasa! Ene Jarnison-Predigt vor die janze preußische Armee. Druck ebenda. 1 Bl. Fol.
Flugblatt. Berlin, 1848/49.

— Still' jestand'n! Reaktionäre Offiziers, zum Flötenjehn rückwärts richt't Euch! Marrsch! Ene heilsame Exerzier-Uebung. Druck ebenda. 1 Bl. Fol.
Flugblatt. Berlin, 1848/49.

Cohnfeld, A. Die Theekessels in Frankfurt sind an den janzen Skandal schuld! So is et, sagt Frobecker. Eine Parlaments-Rede von Aujust Buddelmeyer, Dages-schriftsteller mit'n jroßen Bart. Druck von Marquardt u. Steinthal. 1 Bl. Fol.
Flugblatt. Berlin, 1848/49.

— Der jroße Trijumph, welchen das neue Bürjerwehrjesetz am 5. Oktober 1848 in Berlin jefeiert hat. Ene rührende Geschichte. Druck ebenda. 1 Bl. Fol.
Flugblatt. Berlin, 1848/49.

Cohnfeld, A. Die Versöhnung am Grabe! Achtung! Präsentirt's Jewehr vor die brave Bürjerwehr! Sechste Gardinen-Predigt, ihrem Gatten Ludewig bei der Rückkehr vom Begräbniß der Arbeiter am 20. Oktober gehalten von Madame Bullrichen. Gedruckt bei L. Kolbe 1 Bl. Fol.
Flugblatt. Berlin. 1848/49.

— Vor eenen Sechser Loorbeer-Blätter vor den jlorreichen ersten deutschen Reichs-Krieg! Eene feuerliche Sieges-Predigt. Druck ebenda. 1 Bl. Fol.
Flugblatt. Berlin, 1848/49.

— Das blutige Vorspiel in Berlin am 16. Oktober 1848. Ene ernste Warnungsstimme. Druck ebenda. 1 Bl. Fol.
Flugblatt. Berlin, 1848/49.

— Ene kleene Weihnachtsjabe vor dat hochpreußische Jeheime Ober-Tribunal. Gedruckt bei J. Sittenfeld. 1 Bl. Fol.
Flugblatt. Berlin, 1848/49.

— Wer will huldigen? Ick nich! Wer noch? Ick bin en Preuße! Kennst Du meine Fäuste? Ein Jlaubens-Bekenntniß. Druck ebenda. 1 Bl. Fol.
Flugblatt. Berlin, 1848/49.

— Windischgrätz hat Wien jeholt! Ollmütz wird der Deibel holen! Ene Propheten-Stimme. Gedruckt bei J. Sittenfeld. 1 Bl. Fol. (2 Bilder.)
Flugblatt. Berlin, 1848/49.

Cohnfeld, A., die Wunder-Erscheinungen des Vitalismus, s. Tische, die wandernden magnetisirten.

— Zweemal ausjerissi'ner Kaiser Nanke Fasse Dir! Du armet Kaiser Nankeken, ick wünsch Dir juten Rutsch! Wenn Du Dir nich bald fassen duhst, jeht Dir Dein Krönken futsch! Ene Habsburgische Jrabesrede. Druck ebenda. 1 Bl. Fol.
Flugblatt. Berlin, 1848/49.

(Cohnfeld, Adalbert.) Lowiesken Braune dat Wunderbalg oder Jonathan, ick kenne dir! En unfrankirter Brief an seine Muhme Suse von Aujust Buddelmeyer, belagerten Dages-Schriftsteller mit'n jroßen Bart. (Mit einem Holzschnitt auf dem Titel.) Berlin, Lassar (Febr. 1849). 8 S.

— s. Erinnerungsblätter für gebild. Leser.

Cohnfeld, Adalbert. Ausführliche Geschichte des preußischen Staats mit besonderer Berücksichtigung der Geschichte des deutschen Reiches. Th. 1, 2. Berlin. Lewent 1839—1840. 2 Bde. 476, 476 S. 8.

— Hallelujah! Die Kaiser-Deputation is da! Sechster unfrankirter Brief an seine Muhme Suse von Aujust Buddelmeyer. (Mit einem Holzschnitt auf dem Titelblatt.) Berlin, Lassar (April 1849). 8 S. 8.

Cohnfeld, Adalb., die Hospitaliten. Novelle. 8. (16¼ B.) Berlin 838, Curths.

— Die heiligen drei Könige! oder et bleibt dabei, Jroßmutter is die älteste! Ene politische Bußtags-Predigt von Aujust Buddelmeyer. (Mit einem Holzschnitt auf dem Titelblatt.) Berlin, Lassar (Mai 1849). 8 S. 8.

—— ausführl. Lebens- u. Regierungs-Geschichte Friedrich Wilhelms III. Königs v. Preußen. 1. Bd. (Jugendgeschichte. 1. Hft. Mit Bildn.) gr. 8. (3 B.) Berlin 840, Lewent's Vrlsbuchh.

Cohnfeld, Adalb., ausführl. Lebens- u. Regierungsgeschichte Friedrich Wilhelms III., Königs von Preußen. 38 Hefte. Mit Kupf. gr. 8. Berlin 840—42, Lewent. (à 1/6 ₰) 6⅓ ₰

(Cohnfeld, Adalbert.) Moses Isaac Hersch hat wüllen wählen obber ich hob nich gewählt! Offener Brief von Moses Isaac Hersch, dem demokratischen Treubündler mit Gott für König und Zollverband an seinen Freund Schmul Loew, was da ist Erfinder der höheren Beleuchtungs-Methode in Posemuckel. Mitgetheilt von E. K. (Mit einigen Holzschnitten.) Berlin, L. Weyl u. Comp. 1849. 8 S. 8.

(Cohnfeld, Adalbert.) Oster Eier, jelegt von Aujust Buddelmeyer. (Mit einem Holzschnitt auf dem Titelblatt.) Berlin, L. Lassar (1849). 8.

— Phantasmagorien. (Novellen.) gr. 12. Berlin u. Züllichau 837. Eyssenhardt. 1¼ ₰

— Preßfreiheit muß sind' aber immer mit'n Jalјen, sagt Ritter Thadden. Vierter unfrankirter Brief an seine Muhme Suse von Aujust Buddelmeyer. (Mit einem Holzschnitt auf dem Titelblatt.) Berlin, Lassar (April 1849). 8 S. 8.

Preußen muß oben sind! Preußen wird Kaiser! Dritter unfrankirter Brief an seine Muhme Suse von Aujust Buddelmeyer. (Mit einem Holzschnitt auf dem Titelblatt.) Berlin, Lassar (März 1849). 8 S. 8.

(Cohnfeld, Adalb.) Rechte un linke Türkischköppe in de Kammern. Friede sei mit Euch oder der Knüppel mang Euch! Zweeter unfrankirter Brief an seine Muhme Suse von Aujust Buddelmeyer, belagerter Dagesschriftsteller mit'n jroßen Bart. (Mit einem Holzschnitt auf dem Titelblatt.) Berlin, L. Lassar (März 1849). 8 S. 8.

— Römer Briefe an die Urwähler. I—IV von Aujust Buddelmeier. (Mit Holzschnitten.) Berlin, Kommissions-Verlag von L. Lassar (1849). 7, 8, 8, 7 S. 8. (I. Urwählers paßt uf! der Schwindel jeht los! — II. Die drei Centrums-Katzen, nach der Natur jezeichnet, nebst eene Katzenjammer der Urwähler in de Klemme. — III. Die fünf Jeschlechter der Jutmüths-Zoppe, nebst ein Wörtken an die Wahlmänner an die Belagerungs-Wähler in der Urwahl. — IV. Kornblumenbrief an die Wahlmänner Wahlmänner wählt jut! En Hundsfott, wer'n Schaafskopp is!)

(Cohnfeld, Adalbert.) Neue Verfassung! Halt! Dir muß ick mir koofen! Ein Lebenszeichen von August Buddelmeier, Dages-Schriftsteller mitn jroßen Bart. (Mit 2 Holzschnitten auf dem Titelblatt.) Berlin, W. Rosahl (Dezbr. 1848). 7 S. 8.

Cohnfeld, Adalbert Salomo (Pyritz/Pom.), De delirio tremente. Diss. med. Bln. (Nietack) 6. X. 1832. 32 S. mit Biogr. (M.: Liber.) (4.50) 5510
Oppon.: M. Auerbach, M. Mosse, W. Schueler. Gew.: Eduard Wolff, Fr. Helmke.

Cohnfeld, August (wirkl. Name), s. a. Buddelmeyer, August (Pseud.)

Cohnfeld, s. Buddelmeyer-Zeitung.

BULLRICHEN (Madame), 1—6. Gardinen-Predigt, ihrem Gatten Ludwig beim Schlafengehen gehalten. Herausgegeben von Aug. Buddelmeyer (d. i. Aug. Cohnfeld). 6 Flugblätter im Berliner Dialect, mit Karrikaturen. Folio. (2 Mk. J. E. Mueller, Halle, 1905.)

Buddelmeyer, August (d. i. *August Cohnfeld*), Herr Bullrig willt aber nich haben, daß seine Frau Mitgliedin wer'n soll von'n demokratischen Frauenklub. Strafpredigt, gehalten von Herrn Bullrigen an seine Gattin Eulalia. (Berlin 1848.) (1 Mk. 25 Pfg. G. Priewe.)

(Cohnfeld, August.) Der deutsche Kaiser, wie er sind muß. Eine politische Ansicht von Aujust Buddelmeyer, Dages-Schriftsteller mit'n jroßen Bart. (Mit einem Holzschnitt auf dem Titelblatt.) Berlin, Selbstverlag des Verfassers (1849). 8 S. 8.

(Cohnfeld, August.) Kopp weg! Deutschland fällt in Klump! Fünfter unfrankirter Brief an seine Muhme Suse, von Aujust Buddelmeyer. (Mit einem Holzschnitt auf dem Titelblatt.) Berlin, L. Lassar (1849). 8 S. 8.

— Oesterreich du wirst patzig? J, dich soll jo jleich en † 1 000 000 000 uf'n Kopp fahren! Ene Note aus Fis-moll an den Kaiser von China von Aujust Buddelmeyer. (Mit einem Holzschnitt auf dem Titelblatt.) Berlin, L. Lassar (1849). 8 S. 8.

Cohnfeld, E., Berliner Helden, s. Stadtklatsch, Berliner.

Cohnfeld, E., Knickebein in der sächsischen Schweiz. s. Reise-Abenteuer, humoristische, des Hrn. Knickebein.

—— Knickebein und Stiebel auf der Leipziger Messe, s. Reise-Abenteuer, humoristische.

Cohnfeld, E., 24 Stunden im Schuld-Arrest, s. Stadtklatsch, Berliner.

Cohnfeld, S. G: Jnstruction zur Aufstellung und Jngangsetzung des patentirten automatischen Dampfkessel-Speiseapparats. Dresden (1891?)

Cohnfeldt, Rich., die Lehre vom Interesse nach römischem Recht. Mit Rücksicht auf neuere Gesetzgebung. gr. 8. (VIII und 284 S.) Leipzig 865, B. Tauchnitz.

—— die sogenannten irregulären Servituten nach römischem Recht. Eine civilist. Abhandlung. Gekrönte Preisschrift. gr. 8. (VI und 99 S.) Leipzig 862, B. Tauchnitz.

Cohnheim, Jul., Gedächtnißrede auf ihn, s.: Ponfick, E.

Cohnheim, Berthold, Referendar in Hamburg: Die Rechtsnormen des § 151 B.G.B. im Verhältnis zu den entsprechenden des gemeinen Rechts. Borna-Leipzig 1905: R. Noske. (x, 60 S.) 8°
Leipzig, Jur. Fak., Diss. v. 20. Juli 1905
Geb. 22. Juli 81 Essen; Wohnort: Hamburg; Staatsangeh.: Hamburg; Vorbildung: Gelehrtensch. d. Johanneum Hamburg Reife O. 00; Studium: Freiburg i. B. 2, München 1, Berlin 1, Kiel 2 S.; Rig. 27. Juli 04.]

L'Union de la paix, oder Verein zur Erreichung eines ewigen Friedens. Vorschlag des Brs F. Santallier. Hâvre, März 1867. Uebers. Mai 1867 von Berth. Cohnheim. [Hamburg 1867: Nobiling.] 16 S. 8° [Umschlagtit.]
Tl. 1767.

Cohnheim, Julius

Cohnheim, Jul., gesammelte Abhandlungen. Hrsg. von E. Wagner. Mit einem Lebensbilde Cohnheim's von W. Kühne. gr. 8. (LI, 707 S. mit 8 lithogr. Taf. und 1 lithogr. Portr.) Berlin 885, Hirschwald. *

Cohnheim, Jul., über die **Aufgaben** der pathologischen Anatomie. Vortrag, gehalten beim Antritt des Lehramts an der Universität Leipzig am 11. Mai 1878. gr. 8. (24 S.) Leipzig 878. F. C. W. Vogel. n. 1.—

Cohnheim, Julius (geb. Demmin in Pomm. 20. 7. 1839): De pyogenesi in tunicis serosis. Berolini (1861). (40 S.) 8° ¶ Deutsche Bearbeitung in Archiv f. patholog. Anatomie u. Physiol. Bd 22. 1861 und in d. Verf. Gesammelte Abhandlungen hrsg. v. E. Wagner 1885.
Berlin, Med. Diss. v. 1. Juli 1861

— — Die Tuberkulose vom Standpunkt der Infektionslehre. 8°. (44 S.) Leipzig 79. Edelmann. M. 1.20

Cohnheim, Jul., die Tuberkulose vom Standpunkte der Infectionslehre. gr. 8. (44 S.) Leipzig 880, Edelmann.
—— dass. — 2. mehrfach veränd. Aufl. gr. 8. (48 S.) Ebendas. 881.

—— neue Untersuchungen über die Entzündung. gr. 8. (85 S.) Berlin 873, Hirschwald. *

Cohnheim, Jul., Untersuchungen über die embolischen Processe. gr. 8. (VIII, 113 S. mit 1 Taf. in Farbendr.) Berlin 872, Hirschwald. *

Cohnheim, Jul., Vorlesungen über allgemeine Pathologie. Ein Handbuch für Aerzte und Studirende. 1. Bd. gr. 8. (XVI, 691 S.) Berlin 877, Hirschwald. *

—— Vorlesungen über allgemeine Pathologie. Ein Handbuch für Aerzte und Studirende. 2. (Schluss-)Bd. gr. 8. (XII, 582 S.) Berlin 880, Hirschwald. *
1. Bd. Ebendas. 1877. *M 17.
—— dass. — 2. neu bearb. Aufl. 2 Bde. gr. 8. Ebendas. 882. [1. Bd. (XVI, 796 S.) *M 18.; 2. Bd. (XII, 597 S.) *M 15.] *

Cohnheim, Otto, Chemie der Eiweisskörper. gr. 8. (X, 315 S.) Braunschweig 900. F. Vieweg & Sohn. Geb. in Leinw. n. 7.—
Sonderabdruck aus: „Roscoe-Schorlemmer, ausführl. Lehrbuch d. Chemie, hrsg. v. J. W. Brühl".

Cohnheim, Otto, Chemie der Eiweisskörper. 2. vollständig neu bearb. Aufl. (XII, 315 S.) gr. 8. Braunschweig 904. F. Vieweg & Sohn. n. 8. 50; geb. in Leinw. n. 9. 50

— u. Dimitri **Pletnew,** über den Gaswechsel der glatten Muskeln, s.a. Sitzungsberichte der Heidelberger Akademie der Wissenschaften. Mathem.-naturw. Kl. 1910, XXII.

Über den Gaswechsel der glatten Muskeln von Otto **Cohnheim** u. Dimitri Pletnew [Pletnev]. Heidelberg: Winter 1910. 18 S. 8°
(Sitzungsberichte d. Heidelberger Akad. d. Wiss. Math.-naturw. Kl. Jg 1910. Abh. 22.) [10. 15635

— ausführliches Lehrbuch der Chemie, s.: Roscoe.

Cohnheim, O.: Physiologie des Alpinismus. Wiesbaden 1903. 25 S. Sonderdr. aus: Ergebnisse d. Physiologie. 1902.

— Physiologie des Alpinismus. (S. 612—638.) gr. 8. Wiesbaden 903. J. F. Bergmann. n. — 60
Sonderabdruck aus: „Ergebnisse d. Physiologie".

— Zur Physiologie u. Pathologie der Magenverdauung, s.: Best, Frz.

Cohnheim, Otto, die Physiologie der Verdauung u. Ernährung. 23 Vorlesgn. f. Studierende u. Ärzte. (VII, 484 S.) Lex. 8. Wien 908. Urban & Schwarzenberg. 15.—; geb. in Halbfrz. n 17.50

Cohnheim, Otto, Dr., Assist. am physiol. Institut: Aus d. physiolog. Institut zu Heidelberg. Ueber die Resorption im Dünndarm und der Bauchhöhle. *München 1898: R. Oldenbourg.* (42 S.) 8°
Heidelberg, Med. Hab.-Schr. v. [22. Dez.] 1898

Cohnheim, Otto [app. Arzt aus Breslau]: Ueber das Salzsäure-Bindungsvermögen der Albumosen und Peptone. '(Aus d. physiolog. Institut zu Heidelberg.)' ... München, Druck v. R. Oldenbourg, 1896; 1 Bl., 35 S. 8.
Heidelberg, Med. Fak., Inaug.-Diss. v. [26. Juni] 1896

Cohnheim, Paul, die Diagnose des Magenkarzinoms vor Fühlbarkeit e. Tumors, m. Bemerkungen üb. die Therapie. (8 S. m. 1 Abbildg.) gr. 8. Berlin 903. J. Goldschmidt. n. 1. —

— über Enteritis membranacea u. Ewald's „Myxoneurosis intestinalis". (12 S.) 8. Ebd. 905. n. 1. —
2 Sonderabdrucke aus: „Deut. medizin. Presse".

Die Krankheiten des Verdauungskanals (Oesophagus, Magen, Darm). Ein Leitfaden f. prakt. Aerzte von Dr. Paul **Cohnheim** in Berlin. Mit 17 Abb. Berlin: S. Karger 1905. (VIII, 247 S.) 4°(8°) [05. 9117

Die Krankheiten des Verdauungskanals (Oesophagus, Magen, Darm). Ein Leitfaden f. prakt. Aerzte von Dr. Paul **Cohnheim.** Mit 17 Abb. 2. verm. u. neubearb. Aufl. Berlin: S. Karger 1908. (VIII, 252 S.) 8° [08. 55

Cohnheim, Paul, über den sogen. „Magenkrampf". Eine klin. Besprechg. gr. 8. (14 S.) Berlin 902. J. Goldschmidt. n. 1. —
Sonderabdruck aus: „Deutsche med. Presse".

Cohnheim, Paul [aus Labes]: Stenose des Conus arteriosus dexter durch Syphilom der Kammerscheidewand; Compensation durch intratrabeculäre Canalisation der Muscularis. . . . Würzburg, Buchdr. J. Seelmeyr, 1891; 33 S. 8°
Würzburg, Med. Fak., Inaug.-Diss. v. 1891

Cohnheim, Paul, Wesen u. Behandlung der Dyspepsia intestinalis flatulenta. (8 S.) gr. 8. Berlin 907. J. Goldschmidt. 1. —
Sonderabdruck aus „Deut. medizin. Presse".

Cohnheim, Guil. (Adolph.) (geb. Liegnitz 17. 8. 1820): De noxa saturni. Berolini (1843). (32 S.) 8°
Berlin, Med. Diss. v. 8. Dez. 1843

Cohnitz, Eugen: Begriff und Wesen des „Geschäftsantheils" und des „Geschäftsguthabens" in der eingetragenen Genossenschaft nach dem Reichsgesetz vom 1. Mai 1889. *Greifswald 1897: J. Abel.* (58 S.) 8° [J.]
Greifswald, Jur. Diss. v. 1897

Cohnitz, Geo, das Modell, s.: Bloch's, Ed, Theater-Korrespondenz.

Cohnreich, Arthur, Referendar: Die Ansprüche des mittelbar Verletzten aus unerlaubter Handlung. Borna-Leipzig 1908: Noske. VIII, 43 S. 8°
Erlangen, Jur. Diss. v. 11. Jan. 1909, Ref. Binder
[Geb. 25. Jan. 85 Treptow a. R.; Wohnort: Berlin; Staatsangeh.: Preußen; Vorbildung: Friedrichs-Gymn. Berlin Reife O. 03; Studium: Berlin 5, Freiburg i. B. 1 S.; Rig. 25. Juni 08.] [U 09. 670

Cohnreich, Max, Medizinalpraktikant: Kompression des Ureters durch kreuzende Nierengefäße als Ursache von Hydronephrosen. Heilung durch e. neue Operationsmethode: „Die Verlagerung des Harnleiters." Leipzig 1908: J. Klinkhardt. (22 S.) 8°
Leipzig, Med. Fak., Ref. Trendelenburg, Diss. v. 8. Dez. 1907
[Geb. 15. Dez. 82 Treptow; Wohnort: Berlin; Staatsangeh.: Preußen; Vorbildung: Friedrichs-Gymn. Berlin Reife M. 01; Studium: Berlin 3, Freiburg i. B. 1, Berlin 6 S.; Coll. 23. Dez. 07; Approb. 7. Juli 08.]

Cohnsberg, Hermannus *(geb. Breslau 27. 11. 1824)*: Analecta ad pestilentiae historiam. Vratislaviae (1847). (34 S.) 8°
Breslau, Med. Diss. v. 27. Nov. 1847

Cohnstädt, Ernst [aus Breslau]: Ueber die osteoplastische Fussresection nach Mikulicz .... Greifswald, Druck v. F. W. Kunike (1887); 39 S. 8°.
Greifswald, Med. Fak., Inaug.-Diss. v. 25. Febr. 1887.

Cohnstaedt, L. Ergebnisse der Bank-Enquete. Sonderabdruck aus der »Frankfurter Zeitung«. Frankfurt a. M. (1908).

Cohnstaedt, Ludw., die neue Geschäfts- u. Börsensteuer in der Praxis. Erläuterungen. Sep.-Abdr. aus der „Frankfurter Zeitg.", vervollständigt u. theilweise umgearb. unter Benützg. der inzwischen durch den Bundesrath erlassenen Instruktionen etc., nebst dem Wortlaut d. ganzen Gesetzes, der Ausführungs-Vorschriften u. der Instruktionen d. Bundesraths. 8. (171 S.) Frankfurt a/M. 885. (Rommel.) n. 1. 50

Cohnstaedt, Ludw., Goldwährung u. Bimetallismus. Eine Skizze. 2. Aufl. gr. 8. (29 S.) Berlin 893. „Volks-Zeitung", A.-G. n. — 50

Verein z. Schutz d. deutschen Goldwährung. Goldzuwachs und Waarenpreise. (Verf.: Ludwig **Cohnstaedt.**) (Frankfurt: Societäts-Dr. 1895.) (23 S.) 8° [Kopft.]
Aus: Frankfurter Zeitung. 1895, 4.—11. Oct. [16. 8473

Cohnstaedt, Ludw., zur Silberfrage. Eine Studie. gr. 8. (III, 76 S.) Frankfurt a/M. 876. Jäger. n. 1. 20

Cohnstaedt, Ludw., die Vorschläge der Börsen-Enquete-Kommission. Besprochen v. L. C. gr. 8. (64 S.) Berlin 894. „Volks-Zeitung", A.-G. n. 1. —

Die Vorschläge der Börsen-Enquete-Kommission. Besprochen von Ludwig **Cohnstaedt.** (2. Aufl.) *Berlin: Volks-Zeitung 1894.* (64 S.) 8° [00. 8033

Cohnstaedt, Wilhelm: Die Agrarfrage in der deutschen Sozialdemokratie von Karl Marx bis zum Breslauer Parteitag. *München: E. Reinhardt 1903.* (248 S.) 8°
München, Staatswirtsch. Diss. v. 1903

Cohnstein, J., Beiträge zur Therapie der chronischen Metritis. gr. 8. (IV, 100 S.) Berlin 868, Hirschwald. *

Cohnstein, J., die gynäkologische Diagnostik, s. Sammlung klinischer Vorträge.

Cohnstein, J., Grundriss der Geburtshülfe f. Aerzte u. Studirende. 2. neu bearb. Aufl. Mit 35 Holzschn. gr. 8. (XII, 331 S.) Berlin 885. Hirschwald. n. 8. —

—— Grundriss der Gynäkologie. gr. 8. (XII, 305 S.) Stuttgart 876, Enke. *

—— Lehrbuch der Geburtshilfe für Studirende und Aerzte. gr. 8. (VIII, 279 S. mit 20 in den Text gedr. Holzschn.) Berlin 871, Hirschwald. *

— über chirurg. Operationen bei Schwangeren, s.: Sammlung klinischer Vorträge.

Cohnstein, Isid. (geb. Gnesen 1. 8. 1840): De haematocele uterina nonnulla. Berolini (1863). (31 S.) 8°
Berlin, Med. Diss. v. 10. Aug. 1863

Cohnstein, W., üb. die diuretische Wirkung d. Edelmetalle. [Aus: „Allg. med. Central-Zeitg."] gr. 8. (5 S.) Berlin 893. O. Coblentz. n. 1. —

Cohnstein, Wilhelm [aus Berlin]: Ueber den Einfluss des Theobromins, Coffeïns und einiger zu dieser Gruppe gehörigen Substanzen auf den arteriellen Blutdruck ... Berlin, Buchdr. v. G. Schade, *1892;* 46 S., 1 Bl. 8.
Berlin, Med. Fak., Inaug.-Diss. v. 9. Jan. 1892

Cohnstein, Wilhelm: Fragen zur Repetition der Geburtshülfe, vorzüglich aber solche, die beim mündlichen und schriftlichen Examen über Geburtshülfe vorzukommen pflegen. 11 S. Glogau u. Lissa: 1831

s.: Cohnstein, W.: Handbuch der Geburtshülfe mit Berücksichtigung der in den Prüfungen über Geburtshülfe vorkommenden Gegenstände... Anhang.

Cohnstein, Wilh., Handbuch d. Geburtshülfe, mit besond. Berücksicht. der in d. Prüfungen üb. Geburtshülfe vorkomm. Gegenstände. Ein Hülfs- u. Repetitionsbuch f. Aerzte überhaupt, insbesond. aber f. angeh. Praktiker, Studierende d. Medicin ꝛc. Nach Boer, Busch, Carus, Froriep, Jörg, Osiander, Siebold ꝛc. bearb. u. mit e. Anh., enthalt.: „die beim mündl. u. schriftl. Examen üb. Geburtshülfe vorkomm. Fragen" versehen. M. 1 hysterograph. Tabelle (in 4.) u. 3 lith. Taf. 8. (31 B.) Glogau 831, [Flemming.]

Cohnstein, Wilhelm: Handbuch der Geburtshülfe mit besonderer Berücksichtigung der in den Prüfungen über Geburtshülfe vorkommenden Gegenstände. Ein Hülfs- und Repetitionsbuch für Aerzte überhaupt, insbesondere aber für angehende Praktiker, Studierende der Medicin und vorzüglich für solche, die sich zum geburtshülflichen Examen vorbereiten wollen. Nach Boer, Busch, Carus, Froriep, Jörg, Osiander, Siebold etc. bearbeitet und mit einem Anhange ...versehen. 466 S., 14 S., gbd., 3 Taf., 1 Tab.

Glogau u.Lissa: Günter 1831

JB 4.007

Cohnstein, Wlh., kosmeth. Taschenbuch für die elegante Welt. Enthalt.: eine gründl. Anweisung, wie man die Schönheit und Haut des Gesichts, der Hände, des Busens, Halses, der Lippen ꝛc. der Haare, Augen, Zähne ꝛc. bis ins späteste Alter zu erhalten, erhöhen u. den Mangel derselb. ersetzen kann. 8. Glogau 833. Cr. Günter. 1 1/6 ₰ N. wohlf. Ausg. Ebd. 840. 2/3 ₰

—— kosmet. Taschenbuch f. d. elegante Welt. Enthalt.: eine gründl. Anweis., wie man d. Schönheit d. Haut, d. Haare, Augen, Zähne ꝛc. bis ins spät. Alter erhalten, erhöhen u. d. Mangel ders. ersetzen kann. Nebst Vorschriften zur Anfert. verschied. Parfümerien u. a., zur Eleganz dienender Mittel. 8. (15¾ B.) Lissa 833, E. Günter.

—— Trost- u. Beruhigungsgründe f. die durch d. Herannahen d. Cholera aufgeschreckten Gemüther, nebst Angabe aller geg. diese Krankheit bisher empfohl. Schutzmittel. 8. (3 B.) Glogau 831, [Flemming.]

Cohnstein, Wilhelm u. Hugo Michaelis: Ueber die Veränderung der Chylusfette im Blute. Bonn 1897. Aus: Archiv für die ges. Physiologie. Bd. 65.

Cohnstein, Guilielmus Bercanus *(geb. Rawitsch in Pos. 1799)*: Emeticorum parva in dosi adhibitorum virtutes. Vratislaviae (1825). (34 S.) 8°

Breslau, Med. Diss. v. 12. Dez. 1825

Coehoorn, Menno van

Coehorn, Minno Baron de, Genéràl de l'Artillerie, Lieutenant-Général de l'Infanterie, Directeur Général des fortifications des Provinces-Unies etc. Nouvelle fortification, tant pour un terrain bas et humide, que sec et élevé, representée en 3 manières sur le contenu interieur de l'exagone à la Françoise, où l'on fait voir quelle est la Force des Fossez secs modernes, et de ceux qui sont pleins d'eau. Avec une méthode moderne de fortifier les Places Maritimes, aussi-bien que celles qui sont situées sur le bord des Riviéres, et comment elles doivent être bâties. Comme aussi l'Attaque de chaque méthode, comparée tant en sa force particulière, qu'en sa dépense, à la Pratique de Fortifier les Places à la Françoise. Augmenté de ce qu'il y a de plus Curieux à savoir dans l'art de la Guerre, tout par Mer que par Terre. (Mit 15 Taf.) (261 S.) 8. Wesel 1706.

– Neuer Vestungs-Bau. Mit Taf. Düsseldorf 1708. 203 S.
– Dass. 1709.

Coehorn, Mino Bar. van, neuer Vestungsbau, welcher auf dreyerl. Manier zu fortificiren vorstellet. m. K. 4. Wesel. 709.

Cohres, J. P., Bücher-Sammlung zur Naturgesch. 2 Thle. Augsburg. (Levrault, Strasburg.) 782.

Cohrs, Ferdinand (Hrsg.), s. Katechismusversuche, Die evangelischen, vor Luthers Enchiridion.

Cohrs, Ferd., die evangelischen Katechismusversuche vor Luthers Enchiridion, s.: Monumenta Germaniae paedagogica. XXXIX.

Cohrs, Ferd., Philipp Melanchthon, Deutschlands Lehrer, s.a. Schriften d. Vereins f. Reformationsgeschichte.

[F.] Philipp Melanchthon, Deutschlands Lehrer. E. Beitr. z. Feier d. 16. Febr. 1897 v. Ferdinand **Cohrs**, Past. prim. zu Eschershausen. *Halle: Ver. f. Reformationsgesch.; (Commr. v. M. Niemeyer) 1897.* (VI S., 1 Bl., 76 S.) 1 Bd 8.
= Schriften d. Vereins f. Reformationsgeschichte. No 55. [97. 6019 k.]

Cohrs, Ferd., s.: Zeitschrift der Gesellschaft f. niedersächsische Kirchengeschichte.

Cojen der Berliner Gewerbe-Ausstellung im Jahre 1879. 22 (phototyp.) Taf. Fol. Berlin 880. Wasmuth. In Leinw.-Mappe. n. 70. —

Coiffeur: Der Coiffeur (Zh—Be)
① Zeitschrift zur Vertretung aller im Coiffeurgewerbe beschäftigten Personen in der Schweiz. Organ des C(Z)entralverbandes der Coiffeurgehülfen in der Schweiz (15. 10. 1897—1. 10. 1904). Zeitschrift zur Vertretung aller im Coiffeurgewerbe beschäftigten Personen in der Schweiz. Organ des Schweiz. Coiffeurgehilfenverbandes (15. 10. 1904 — 20. 6. 1908, 1. 7. 1909 — 15. 6. 1910). Organ des Schweizerischen Coiffeurgehilfen-Verbandes (1. 7. 1908 — 15. 6. 1909) ② Coiffeurgehilfenzeitung (1. 7. 1908 — 15. 6. 1910) ④ Friseur-Gehilfenzeitung (in Deutschland erscheinend) ⑤ 15. 10. 1897—15. 6. 1910 ⑥ 4° (15. 10. 1897, 1. 7. 1908—15. 6. 1910), 2° (1. 11. 1897—20. 6. 1908) ⑦ monatlich 2× ⑧ Zürich: J. Koulen (15. 10. 1897—1. 12. 1897, 15. 8. 1903—20. 3. 1905), C. Conzett (15. 12. 1897—15. 1. 1898), Wwe. Conzett (1. 2. 1898—um 1900), Conzett & Wirz (um 1902—1. 8. 1903), Conzett & Co. (5. ? 4. 1905—20. 8. 1906); Bern: Unionsdruckerei (5. 10. 1906—15. 6. 1910) ⑩ Schweizerischer Coiffeurgehilfen-Verband ⑪ F. Bößler, Zürich (15. 10. 1897—1. 8. 1899), K. Weiß (10. 8. 1899—1. 9. 1899), A. Hitt (10. 8. 1899—um 1900), Hans Rauchmayer, Kloten, später St. Gallen (um 1902—5. 6. 1903, 1. 10. 1908—15. 6. 1910). Redaktionskommission (1. 7. 1903—30. 3. 1905), J. M. Koller, Zürich, (5. ? 4. 1905 —20. 6. 1908), Max Bedacht, Bern (1. 7. 1908—15. 9. 1908) ⑫ Gewerkschaftsblatt, Grütliverein, später sozialdemokratisch ⑭ Be: L (1903—1910); Zh: SA (1897—1899, 1902—1910).

Coiffeurgehilfenzeitung
Ergänzen: v. Der Coiffeur (Zh—Be)

Coiffeur-Zeitung. Offizielles Organ des schweiz. Coiffeur- u. Chirurgen-Verbandes. — Journal des coiffeurs. Red.: A. Boesch-Bommer. 3.—6. Jahrg. 1891—1894. à 52 Nrn. (Bog.) Fol. Biel. (Bern, Michel & Büchler.) à Jahrg. 9. 40

Coiffeur-Zeitung. Offiz. Organ d. schweiz. Coiffeur- u. Chirurgen-Verbandes. — Journal des coiffeurs. Red.: A. Boesch-Bommer. 7.—10. Jahrg. 1895—1898. à 52 Nrn. (Bog.) Fol. Biel (Alb. Schüler). à Jahrg. n. 9. 40

Coiffeur-Zeitung. Offizielles Organ des schweizer. Coiffeur-Verbandes. — Journal des coiffeurs. Red.: A. Boesch-Bommer. 11. Jahrg. 1899. 52 Nrn. Fol. (à ca. 4 S.) Biel, (Schüler & Co.). n.n.n. 8.—
Nicht durch den Buchhandel zu beziehen.

Coiffure

Coiffüre, die. Zeitschrift für Kopf-Putz u. Frisur. Redig. von Friederike Lesser, geb. Dufresne. Jahrg. 1868—1870. à 24 Nrn. (à ½ Bgn. mit Holzschn. im Text u. color. Modelpfrn.) Berlin, Cronach. gr. 4. Jeder Jahrg. n. 3 ₰ 10 ngr.

Coiffüre, die, Zeitschrift f. Kopfputz u. Frisur. Red. v. Friederike Lesser, geb. Dufresne. 4—6. Jahrg. 1871. 24. Nrn. (½ B. m. eingedr. Holzschn. color. Modelpfrn.) gr. 4. Berlin, Cronbach. à Jahrg. n. 10. —

— dasselbe. 7—9. Jahrg. 1874—1876 à 24 Nrn. (½ B. m. eingedr. Holzschn. u. color. Modelpfrn.) gr. 4. Ebend. à Jahrg. n. 12. —

Coiffure, die. Zeitschrift für Kopfputz u. Frisur. Red.: Therese Mauser. 10—14. Jahrg. 1877—1881. à 24 Nrn. (B. m. color. Modekpfrn.) Fol. Berlin, Cronbach. à Jahrg. n. 12. —

—— dass. — Spezialzeitschrift für die Gesammtinteressen des Damenputzfaches. Redact.: Therese Mauser. 15.—17. Jahrg. 1882—1884. à Jahrg. 24 Nrn. (Bog. mit eingedr. Modenkpfrn.) Fol. Ebendas. à Jahrg. *

Coiffure, die. Illustrirte Spezialzeitschrift für die Gesammtinteressen des Damenputzfaches. Redact.: Therese Mauser. 18.—21. Jahrg. 1885—1888. à Jahrg. 24 Nrn. (Bog. mit color. Modenkpfrn.) Fol. Berlin, Cronbach. à Jahrg. *

Coiffure, die. Illustrirte Spezialzeitschrift f. die Gesammtinteressen d. Damenputzfaches. Red.: Therese Mauser. 20.—23. Jahrg. 1887—1890. à 24 Nrn. (B. m. color. Modekpfrn.) Fol. Berlin, Cronbach. à Jahrg. n. 12. —

Coiffure, die. Illustrirte Spezialzeitschrift f. die Gesammtinteressen d. Damenputzfaches. Red.: Therese Mauser. 24.—27. Jahrg. 1891—1894. à 24 Nrn. (Bog. m. kolor. Modekpfrn.) Fol. Berlin, S. Cronbach. à Jahrg. n. 12.

Coiffure, die. Spezialzeitschrift f. die Gesammtinteressen d. Damenputzfaches. Red.: Ther. Mauser. 28.—32. Jahrg. 1895—1899. à 24 Nrn. (à ca. 1 Bog. m. Abb. u. kolor. Modekupf.) Fol. Berlin, S. Cronbach. à Jahrg. n. 12. —
Kann auch vierteljährlich bezogen werden.

Coiffure, die. Spezialzeitschrift f. die Gesammtinteressen d. Damenputzfaches. Red.: Therese Mauser. 33. u. 34. Jahrg. 1900 u. 1901. à 24 Nrn. Fol. (à ca. 4 S. m. Abb. u. kolor. Modekpfrn.) Berlin, S. Cronbach. à Jahrg. n. 12. —
Fortsetzung s.: Damenputz, der.

—— illustrirte. Zeitschrift für Kopfputz und Lingerie. 1. Jahrg. Octbr.—Decbr. 1878. 6 Nrn. (Bog. mit eingedr. Holzschn. nebst lithogr. und color. Modebildern.) Fol. Berlin, Verlags-Expedition. *

—— dass. — 2. Jahrg. 1879. 24 Nrn. (Bog. mit eingedr. Holzschn. nebst lithogr. und color. Modebildern.) Fol. Ebendas. *

— illustrirte. Zeitschrift für Kopfputz u. Lingerie. 1. Jahrg. Octbr.—Dezbr. 1878. 6 Nrn. (B. m. eingedr. Holzschn. u. lith. u. color. Modenbildern.) Fol. Berlin, Bazar Actiengesellschaft. 3. —

dasselbe. 2. u. 3. Jahrg. 1879 u. 1880. à 24 Nrn. (B. m. eingedr. Holzschn. u. lith. u. color. Modenbildern.) Fol. Ebend. à Jahrg. 12. —

— dasselbe. Separatausgabe des „Bazar" für Putzgeschäfte. Hrsg. von der Red. d. „Bazar". 4. u. 5. Jahrg. 1881 u. 1882. à 24 Nrn. (B. mit kolor. Modenkupfern u. Holzschnitt.) Fol. Ebend. à Jahrg. 12. —

— illustrirte. Separatausg. d. „Bazar" f. Putzgeschäfte. Hrsg. v. der Red. d. „Bazar". 6—9. Jahrg. 1883—1886. à 24 Nrn. (B. m. eingedr. Holzschn. u. kolor. Modekpfrn.) Fol. Berlin, Bazar-Actiengesellschaft. à Jahrg. 3. —

— illustrirte. Modenjournal f. Putzgeschäfte. Neben-Ausg. der Damenzeitung „Der Bazar". 10.—13. Jahrg. 1887—1890. à 24 Nrn. (B. m. eingedr. Holzschn. u. color. Modekpfrn.) Fol. Berlin, Bazar-Actiengesellschaft. à Jahrg. n. 12. —

— illustrirte. Modenjournal f. Putzgeschäfte. Neben-Ausg. der Damenzeitg. „Der Bazar". 14. Jahrg. 1891. 24 Nrn. (Bog. m. eingedr. Holzschn. u. kolor. Modekpfrn.) Fol. Berlin, Bazar-Actiengesellschaft. 12 —

— dasselbe. 15. Jahrg. 1. Quartal. Jan.—März 1892. 6 Nrn. (Bog. m. eingedr. Holzschn. u. kolor. Modekpfrn.) Fol. Ebd. 3. —

— dasselbe. 2.—4. Quartal. Apr.-Dezbr. 1892. 18 Nrn. (Bog. m. eingedr. Holzschn. u. kolor. Modekpfrn.) Fol. Berlin, S. Cronbach. 9. —
Wurde verschmolzen mit „Die Coiffure".

Coiffüre, s. Coiffure.

Coignet, F., 1. Bank- und Handelsreform. Nach Fourier'schen Grundsätzen. Uebers. von K. Bürkli. 1. u. 2. Aufl. 1855.
— 2. Der Socialismus in seiner Anwendung auf Credit und Handel. Nach Fourierschen Grundsätzen bearbeitet. Aus dem Französ. 8°. Zürich, Druck v. Mahler u. Weber. 1851.

Coignet, Frz., Reform d. Credits u. Handels. Aufruf an alle Gewerbsleute u. Landwirthe. Für Deutschland bearb. v. Jos. Leop. Stiger. 8. (XVI u. 252 S.) Leipzig 850, Matthes in Comm. n. 1 ⁄ß

Coignet, Jean-Roch

Coignet, von Marengo bis Waterloo, bearb. v. Geo. Rummler, s.a. Memoirenbibliothek.

Von Marengo bis Waterloo Memoiren d. Capit. [Jean-Roch] Coignet. [Les Cahiers du Capitaine Coignet.] Bearb. von Georg Rummler. Mit e. einl. Studie über d. napoleonische Veteranentum von Paul Holzhausen. Stuttgart: Lutz [1910] XIV, 248 S. 8°
(Memoirenbibliothek Ser. 3. Bd 12.) A 12. 6115

Coignet. Von Marengo bis Waterloo. Memoiren. Bearbeitet von G. Rummler. Mit einer einleitenden Studie über das napoleon. Veteranentum von P. Holzhausen. 2. Aufl. Stuttgart 1910. 295 S.

[F.] Am Sambesi. E. afrikan. Reise. Aus d. Französ. (d. Missionars Coillard übs.) v. Ch. Correvon, Pfarrer in Frankfurt a. M. *Frankfurt a. M.: J. Schergens (1897).* (188 S., 2 Bl.) 1 Bd 8. 97. 7143

Coillie, van, s.a. Erkrankungen der inneren Organe, hervorgebracht durch den Alkoholismus.

Erkrankungen der inneren Organe hervorgebracht durch den Alkoholismus. Hrsg. vom Belgischen Mässigkeitsverein. Nach Angaben d. Dr. van Coillie. *Rellinghausen a. d. R.: 'Volksfreund' [1899].* (1 Bl., 1 Taf.) gr. 2° [Kopft.]

Coin du feu, Le. Journal illustré des familles. (Wochenblatt.) gr. 4. Wien, *Friedr. Otto Sintenis. Vierteljährig 2 fl.; einzelne Nummer à 18 kr. 1884.

Coing, Jh. Frz.

Coing, J. F., Argumenta pro Dei existentia et natura animae immateriali, tum quae ratio cum quae SS. libri suppeditant, exponuntur et priora ab Humii objectionibus et Tulminii impiis eflatis liberantur. Marburg. 782. 4.

— compendium theologiae moralis. 8 maj. Frankf. 784. Gebhardt u. K.; a. Hermann. 20 gr

— compendium theologiae moralis. 8. maj. Francf. Carbo. (Gebhardt et K. auch Hermann.) 784

— institutiones logicae. 8. Marburg. (Gebhardt et K. auch Hermann in Francf.) 767.

— institutiones philosophicae de Deo, anima humana et mundo. 8. Marb. 765. (Frankf., Hermann). 6 gr

Coing, Jh. Frz., († d. 19. Juli 1792.) Lehre von d. Gottheit Christi. 8. Marb. 779. Bayerhöfer. 12 gr

— s. Wahrheiten d. natürl. Religion.

Coins the, of Germany and Switzerland, s. Monnaies.

Cointereaux, François de

— s. J. W. B. Hezel, Beiträge.

(Cointereaux): Praktischer Lehrbegriff d. Baukunst auf dem Lande. V. einer Künstlergesellschaft. Abth. (1)-4 (1 Vol.). Wien 1792-94. (403) S. 24 Tvl.

— Die Pisé-Baukunst in ihrem ganzen Umfang ... Aus d. franz. Orig. bearb. u. m. Zusätzen vers. v. C. L. Seebass. Th. (1)-2 (1 Vol.). Leipz. [180*?]. (319) S. 24 Tvl.
(Sml. Günther, Seidelin).

— Pisé-Baukunst in ihrem ganzen Umfange, mit Zusätzen v. Chr. L. Seebaß. 2 Bde, mit 24 Kpf. 8. Leipz. (803.) Baumgärtner. 2 ℛ 12 gr 2e Aufl., s. D. B. Günther.

Cointereaux, F. v.: Die Pisé-Baukunst in ihrem ganzen Umfange. Deutsch von Seebaß. Leipzig. 1806. 8.

Cointeraux, Franz. Schule der ländlichen Baukunst oder Anweisung, feste Häuser von mehreren Stockwerken blos mit Erde oder andern gemeinen und wohlfeilen Materialien zu bauen. In einem getreuen und vollständigen Auszug aus dem Französischen übersetzt. Mit einer Zugabe von dieser Bauart in Deutschland. Mit 8 Kupfern. Nürnberg und Altdorf 1793. 8°.

Cointereaux, Frz., Schule d. Landbaukunst, oder Unterr., durch welchen jeder d. Kunst erlernen kann, Häuser von etlichen Geschossen aus bloßem Erd- od. andern sehr gemeinen u. höchst wohlfeilen Baustoff selbst dauerhaft zu erbauen. Aus d. Französ. (v. J. A. Genßler). Mit Kpf. gr. 8. Hildburgh. 793. Er. Fleischer; a. Taubert in Leipz. 1 ℛ 12 gr Dass. in e. getreuen u. vollständ. Auszuge; aus d. Französ. übersetzt, mit e. Zugabe dieser Bauart in Deutschl. Mit 8 Kpf. 8. Nürnb. 793. Monath. 12 gr

Cointereaux, Frz., Schule d. Landbaukunst, od. Unterr. durch welchen jeder die Kunst erlernen kann, Häuser von etlichen Geschossen aus bloßem Erd- oder andern sehr gemeinen u. höchst wohlfeilen Baustoff, selbst dauerhaft zu erbauen, a. d. Franz. m. K. gr. 8. Hildburghausen, Hanisch. 793.

Cointot, H., L'année terrible, s.: Collection Teubner.

DESTO schlimmer für Ihn, oder Salamander ein Liebhaber. (Ein 2. Tit. lautet: Salamander ein Liebhaber, od. Begebenheiten der unglücklichen Julie, eine wahre Geschichte.) (Zahmer Roman.) Aus d. Französ. (des *Cointreau*) übers. (von Joh. Daniel Kluge). 2 Thle. Stettin 1781, bey Joh. Sigism. Kaffke. 8°. 221 fortl. gez. SS.
Orig. (in München: P. o. gall. 414t): L'amant Salamandre. Londres 1756. 8°. — Anon.-Lex. I. p. 399 (nach Meusel).

Cointreau, Histoire abrégé du Cabinet des Médailles et Antiques de la Bibliothèque nationale. 8. Leips. Wolf.

SALAMANDER, ein Liebhaber, oder desto schlimmer für ihn. (Aus d. Französ. des *Cointreau*.) 2 Thle. Berlin, Nikolai, o. J. (c. 1760?). 8°.
Kayser, Roman-Verz. p. 107, ohne Jahrzahl.
Orig. (in Stuttgart): L'Amant Salamandre, ou les Aventures de l'infortunée Julie, histoire véritable (par *Cointreau*). 2 pts. Londres et Paris, chez Duchesne. 1756. 8°. — Même ouvrage titulo: Tant-pis pour luy ou l'amant salamandre. 2 pts. S. l. 1761. 8°. (42 xr. Th. Ackermann, 1875; jetzt höher!)

Coire. Guide des voyageurs et Carte des environs de la ville *s.* Chur. Kleiner Reiseführer mit Karte der Umgebung. Chur.

Coit, Stanton. Die ethische Bewegung in der Religion. Vom Verf. durchgesehene Uebersetzg. von Geo. v. Gizycki. gr. 8. (III, 227 S.) Lpz. 890, Reisland. * 3 —

Coit, Stanton, Nachbarschaftsgilden. Ein Werkzeug socialer Reform. Autoris. Übersetzg. aus dem Engl. 8. (VI, 133 S.) Berlin 893. R. Oppenheim. n. 2. —

Coit, Stanton [aus Columbus, Ohio, U. S. A.]: Die innere Sanktion als der Endzweck des moralischen Handelns .... Berlin, Buchdr. v. Gustav Schade (Otto Francke); 44 + 2 S. 8°.
Berlin. Phil. Fak., Inaug.-Diss. v. 12. Dez. 1885.

Coit, Stanton, die innere Sanktion als der Endzweck des moralischen Handelns. Diss. Berlin 1885, Mayer & Müller. 8°. 44 S.

Coith, Christian Aug., Scheibenberg, Sachsen. Dissertatio inauguralis medica de lumbricis intestino perforato per abdomen egressis. Basel; med. Diss, 1734.

Coith, Friedr. Wilhelm (Schneeberg), De exceptionibus, rei judicatae executionem impedientibus. Diss. jur. Erfurt (J. Chph. Hering) 29. V. 1753. 20 S. (4.80) 5512

— Gottlob Friedrich (Schneeberg), De divisione nominum in judicio familiae erciscundae interdum necessaria. Präs. Chph. Ludw. Crell. Wittbg. (Scheffler) Dez. 1743. 46 S. (5.—) 5513

Cotorilo, P., die Herzogewina, s. Zustände, türkische.

Чокрлянъ, Іоаннъ, Православіе или коя црква правіе учи источна, или западна? *(Tschokrian, Joh., Rechtglaubenslehre, oder welche Kirche ist die richtige, die orientalische oder die occidentalische?) gr. 8. (XII und 358 S.) Wien 860, Mechitharisten-Congregations-Buchh. *

Coel, G. B., de variolis. 8. maj. Freyb. Wagner. 782.

Colabella, C., Monte Carlo. Harmlose Plaudereien. 8. (III. 203 S.) Leipzig (901). A. Werner. n. 2. —

Das Reductionsgesetz der Blüthen, das Dédoublement und die Obdiplostemonie. Ein Beitr. z. Morphol. d. Blüthen. Von Dr. Lad. J. Čolakovský. Mit Taf. 1-v. *Prag: Kgl. böhm. Ges. d. Wiss. 1894.* (2 Bl., 140 S., 5 Taf.) 8°
— Věstník K. České Společnosti Náuk. Třída math.-přírodovědecká. 1894. [No] 3.

Colame, ..., Tabelle zur Erleichterung beim Multipliciren. .. Münster ... Wundermann. 1/2 ℛ

Colani, J., s. Colani, Timothée

Colani, Timothée

Colani, T., Predigten in Straßburg gehalten. Aus dem Französ. übers. von Aug. Vict. Richard. Autoris. deutsche Ausg. Dresden 858. Kuntze. gr. 8. (3 Bl., 300 S.) n. 1 ℛ 10 ngr

— das allgemeine Priesterthum und die protestantische Erziehung. Zwei Vorträge in Straßburg gehalten. Aus dem Französ. nach der 3. Aufl. übers. von Aug. Vict. Richard. Autoris. deutsche Ausg. Ebend. 858. gr. 8. (1 Bl., 47 S.) 7 1/2 ngr

—— das allgemeine Priesterthum und die protestantische Erziehung. Zwei Vorträge in Straßburg gehalten. Aus dem Französ. nach der 3. Aufl. übers. von Aug. Vict. Richard. Autorisirte deutsche Ausg. gr. 8. (47 S.) Dresden 859, Kuntze.

Colans, F. D., Tiberius. Trauerspiel in 5 Akten. 8. (148 S.) Rostock 873, Kuhn. [Werther's Verlag.] *

Colany, Timothée, essai sur l'idée de l'absolu. gr. 8. (44 S.) Strasbourg 847, Treuttel & Würtz. n. 1/3 ℛ

Colardeau, de: Oeuvres choisies. 1 vol. in-18. (Didot). Leipzig: Fr. Fleischer.

Colasanti, G., Jac. Moleschott, der Begründer der „Untersuchgn. z. Naturlehre d. Menschen u. d. Thiere". [Aus: „Untersuchgn. z. Naturlehre d. Menschen u. d. Thiere".] gr. 8. (20 S. m. Bildn.) Giessen 894. E. Roth. n. 1. —

Colasanti, G., s.: Untersuchungen zur Naturlehre des Menschen u. der Thiere.

— üb. d. antidiabet. Werth des Syzygium Jambolanum. 12. (55 S.) Leipzig 896. Wien, F. Deuticke. n. 1. —

— üb. den antidiabetischen Werth des Syzygium Jambolanum. [Aus: „Therapeut. Wochenschr.“] 12. (55 S. m. 3 Tab.) Leipzig 896. F. Foerster. n. 1. —

Colautti, Arturo: Fedora, s. Giordano, Umberto (Komp.)

COLAUZZI, Dominicus: Generalia de poenis peccato originali in posteros Adae trasmisso debitis principia. — (1851) 50 S. 4° (Handschr.) Diss. 94 Wien

Einige Worte des Br. [Georg] Colb am letzten Abend des Jahres 1891 vor den Schwestern u. Brüdern in der festlichen Versammlung der Loge Libanon zu den 3 Cedern im Or. Erlangen. Erlangen [1891]: Junge. 8 S. 8° [Umschlagtit.]
Üb. Pflichten u. Aufgaben der Schwestern. 138.

Colban, Marie, „Ich lebe!“ Roman. 8. (359 S.) Stuttgart 878, Hallberger. *

Colban, Marie, „Ich lebe!“ Roman. 2. (Titel-)Aufl. 8. (359 S.) Stuttgart 881, [Hallberger.] Deutsche Verlagsanstalt. *

—— eine alte Jungfer. Roman. 1. und 2. (Titel-)Aufl. 8. (241 S.) Stuttgart 880,82, Deutsche Verlagsanstalt. *

Colban, Marie, Novellen. Mit Bewilligg. der Verf. aus dem Norweg. übers. v. Adf. Strodtmann. 2 Bde. [Im hohen Norden. — Die Perle. — Drei Tage — Der große Bär.] 8. (398 u. 288 S.) Stuttgart 876. Cotta n. 9. —

Colban, Marie, Perlen, s. a. Kürschner's, Jos., Bücherschatz.

Perlen. Roman von Marie Colban. Autor. Uebers. aus d. Norweg. Mit Ill. von W. Roegge. *Berlin, Eisenach, Leipzig: H. Hillger [1901].* (127 S.) 8° [F.]
= Bücherschatz, Kürschners. No 252. [08. 14404

Colbatch, s. Colbatsch

Colbatsch, John

Colbatsch, Jo., Abh. v. d. Mistel u. dessen Kraft wider die Epilepsie. A. d. Engl. Altenb. 8°.

1748

Colbatsch, John, Abhdl. v. d. Mistel, u. dessen Kraft wider die Epilepsie. Altenb. 8°. A. D. B., XXXIV, 466.
1776

Colbatch, J., Abh. v. d. Mistel u. dess. Nutz. in d. Arzneiwissensch. a. d. Engl. m. Zus. u. Anmerk. e. deutschen Arztes. 8. Altenb. (Academ. Buchh. in Jena.) 776.

Colbatch, J., Abhandl. von d. Mistel u. dessen Nutzen in d. Arzneiwissenschaft; aus d. Engl., mit Zusätzen u. Anmerkk. e. deutschen Arztes. 8. Altenb. 776. (Hennings in Neisse). 5 gr.

Colbau, Marie: Novellen, s. Colban, Marie

Colbe, Emil v., Gedichte. 16. (III und 75 S.) Berlin 860, Haude und Spener'sche Buchh. *

Colberg [Sachliches OW]
Colberg i. J. 1807 belagert und verteidigt. Nach authentischen Berichten von einem Augenzeugen. Berlin 1808. 134 S.

Colberg im J. 1807, belagert u. vertheidigt. 8. Berl. 808. Maurersche B. 13 gr.

Colberg [Schlagwort]

Colberg, s. a. Kolberg.

Colberg, s. a. Woerl's Reisehandbücher.

Colberg. Rumland, F., Plan v. Colberg m. nächster Umgebung. Neue Aufl. Lithogr. qu. gr. Fol. Colberg 888. Post'sche Buchhandlg. n. — 75

Colberg [Verfasser]

Beitrag zur Lehre vom Besitzbegriffe nach dem Bürgerlichen Gesetzbuche für das Deutsche Reich. Von Dr. Albrecht Colberg. Bonn: Georgi 1908. 201 S. 8°
(Colberg: Zwei Monographieen aus d. Sachenrechte d. BGB. 1.) [09. 3044 B

Colberg, Albrecht, a. Frankfurt a. M.: Über die geschichtliche Entwicklung der Eigentümerhypothek und ihre Bedeutung nach dem Bürgerlichen Gesetzbuche. Erlangen 1905: Junge & Sohn. (77 S.) 8° [F.]
Erlangen, Jur. Fak., Ref. Sehling, Diss. v. 12. Jan. 1906
[Geb. 9. Febr. 77 Frankfurt a. M.; Staatsangeh.: Preußen; Vorbildung: Gymn. Hamm Reife M. 95; Studium: Marburg 2, Halle 4, Erlangen 2 S.; Rig. 3. Nov. 05.]

Colberg, Albr., zwei Monographieen aus dem Sachenrechte des bürgerlichen Gesetzbuches f. das Deutsche Reich. Besitz u. Eigentümerhypothek. 1. Bd. Beitrag zur Lehre vom Besitzbegriffe nach dem bürgerl. Gesetzbuche f. d. Deutsche Reich. (201 S.) 8. Bonn 908. C. Georgi. 4. —

Colberg, A[ugust]: Observationes de penitiore pulmonum structura et physiologica et pathologica. Halis 1863: Gebauer-Schwetschke. 30 S. 8°
Halle-Wittenberg, Med. Hab.-Schr. v. 16. Apr. 1863

Colberg, August (Oderberg), De ratione quae interest inter emphysema atque pulmonum tuberculosin. Diss. med. Halle (O. Hendel) 15. III. 1856. 29 S. mit Biogr. (M.: H. Volkmann.) (4.50) 5516
Oppon.: M. Koeppe, C. Ramstedt. — Gew.: E. Blasius.

Colberg (C. L. v.), Die Drehungen der Erdkruste in geologischen Zeiträumen. 2. Aufl. München 1895. 8.

Colberg, E. G. C., s. Colberg, Ehregott Daniel

Colberg, Ehregott Daniel. Das Platonisch-Hermetische Christenthum begreiffend Die Historische Erzehlung vom Ursprung und vielerley Secten der heutigen Fanatischen Theologie, Unterm Namen der Paracelsisten, Weigelianer, Rosencreutzer, Quäcker, Böhmisten, Wiedertäuffer, Bourignisten, Labadisten, und Quietisten ... 2 Bände in 1. Leipzig, J. L. Gleditsch & M. G. Weidmann, 1710. 8°. *Titelkupfer (allegor. Frauenfiguren: oben die orthodoxe Theologie, unten die ihre Gesichter mit Masken bedeckenden Sekten),* 15 Bl. (inkl. Titel in Rot und Schwarz), 438 S.; 16 Bl. 771 S. 26 Bl. Fleck. Pgtbd. d. Z. m. Rsch.

Colberg, Ernst, Regierungsrefer.: Das Recht des Namens nach § 12 BGB. und die in Preußen bestehenden Vorschriften über Namensänderung. Borna-Leipzig 1910: Noske. VIII, 55 S. 8°
Leipzig, Jur. Diss. v. 13. Juni 1910
[Geb. 17. Jan. 83 Halle a. S.; Wohnort: Königsberg i. P.; Staatsangeh.: Preußen; Vorbildung: Lat. Hauptsch. d. Francke'schen Stiftungen Halle Reife O. 01; Studium: Göttingen 1, Leipzig 4, Halle 4 S.; Rig. 18. Okt. 05.]
[U 10. 2680

Colberg, Friedrich, Referendar in Altona ⟨Elbe⟩: Erwerb und Verlust des Unterstützungswohnsitzes in der frühern und heutigen Gesetzgebung. Borna-Leipzig 1908: R. Noske. (VIII, 66 S.) 8° [F.]
Leipzig, Jur. Fak., Diss. v. 13. Jan. 1908
[Geb. 18. April 81 Lübben (Nieder-Lausitz); Wohnort: Altona; Staatsangeh.: Preußen; Vorbildung: Gymn. Clausthal a. H. Reife M. 00; Studium: München 1, Berlin 1, Leipzig 1, Göttingen 3 S.; Rig. 13. Okt. 05.]

Colberg, Herm., über die Bedeutung des öffentlichen Glaubens des Hypothekenbuchs nach A. L. R. u. des Grundbuchs nach dem Gesetz vom 5. Mai 1872 über den Eigenthumserwerb etc. in Beziehung auf den Erwerb von Hypotheken u. Grundschulden durch Cession. Juristische Abhandlung. gr. 8. (IV, 175 S.) Halle 877. Pfeffer. n. 3. —

Colberg, Hermann: Ueber das Ehehinderniss der Entführung. Leipzig 1869: Hirschfeld. VIII, 142 S. 8°
Halle-Wittenberg, Jur. Diss. v. 27. März 1869
Geb. Halle a. d. S. 21. 3. 1845. V.
Im Buchhandel in Halle bei Pfeffer 1869.

Colberg, Herm., über das Ehehinderniß der Entführung. Juristische Abhandlung. gr. 8. (VIII, 142 S.) Halle 869. Pfeffer.

– Ueber d. Ehehinderniss d. Entführung. Diss. Leipzig 1869.

Colberg, J. Chrfr., († d. 29. Sept. 1822.) über den Werth d. öffentl. Gottesdienstes. gr. 8. Stralf. 783.

Colberg, Joh. Friedr.

— Abh. üb. d. Ausmittelungsgründe, Größe u. Anlage d. Unterthanengebäude, auf die Verfassung in der Mittelmark der Kurmark Brandenburg gerichtet, mit Rissen und Anschlägen. gr. 8. Berlin, Himburg. 792. Rthlr.

— Abhandl. über d. Ausmittelungsgründe, Größe u. Anlage d. Unterthanengebäude, auf d. Verfassung in d. Mittelmark, d. Kurmark Brandenburg gerichtet, mit 4 Kpft. gr. 8. Berl. 792. (Reimer). Recht. 18 gr.

• **Colberg, J. F.,** Abhandlung üb. die Ausmittelungsgründe, Größe u. Anlage d. Gebäude, ist jetzt Verlag v. Petersen in Altenb.

Colberg, J. F.: Abhandlung über die Ausmittelungsgründe der Unterthanengebäude auf die Verfassung der Unterthanen in der Mittel- und der Kurmark Brandenburg gerichtet.
Jetzt Liebeskind in Leipzig u. Reimer in Berl. 1792. 8°

Colberg, Jh. Fr., Beschreib. e. neuen Art Feuerleiter-Schauer, nebst Kostenanschlag u. Kpf. 8. Berl. 803. Autor. 6 gr.

Colberg, Jul., Anweis., den Inhalt ebener Flächen ohne Rechnung genau zu finden, u. d. Theilung d. Figuren zu erleichtern, vermittelst e. neu erfundenen Instruments, des Planimeters. Aus d. Poln., mit Vorrede v. J. P. Grüson. Mit 4 Kpft. gr. 8. Berl. 825. L. Oehmigke. 12 gr.

Colberg, Carolus Fridericus Franciscus: Juris reformandi principum in Germania historia. P. 1. Halis Saxonum (1851): Schmidt. 60 S. 8°
Halle-Wittenberg, Jur. Diss. v. 28. Juli 1851
Geb. [Oderberg (Uckermark; Kr. Angermünde) 6. 5. 1828]

Colberg, Carolus: Paroemia „Kauf bricht Miethe" quem locum obtineat in jure communi nec non Borussico. Halis (1858): Schmidt. 50 S. 8°
Halle-Wittenberg, Jur. Hab.-Schr. v. 9. Aug. 1858

Colberg, Paul, die Anfangsgründe der Harmonielehre, in Regeln m. Aufgaben leicht faßlich dargestellt. Mit e. deutsch-engl. Wörterverzeichnis, die gebräuchlichsten musiktechn. Ausdrücke enth. 12. (IV, 53 S. m. 2 Tab.) Dresden 894. G. Hertz. Geb. in Leinw. n. 1. 50

Colberg, Paul, als fahrender Musikant in Californien. Erlebnisse u. Abenteuer eines Deutschen, nacherzählt v. E. (V, 216 S.) 8. Dresden 907. E. Haendcke. 2. —

Colbert (Hrsg.), s. Mode, Wiener.

Colbert, Charles Joachim, s.a. Colbert, K. J.

Colbert, Charles Joachim.
Allgemeiner Unterricht in Gestalt eines Katechismus'; aus dem Franz.... Wien 1784.
Ü: *Heyde, Johann Daniel.* (ML)

de Colbert, Jos. Baptist., geheime Kunst zu punctiren. Aus d. Franz. durch F. R. D. Straßb. 702. 12.

Colbert, K. J., s.a. Colbert, Charles Joachim

Colbert, K. J., allgem. Unterweisung in Form eines Katechismus, zum Gebr. für Pfarrer u. Katecheten, übers. v. Jh. Thom. Bey. 3 Thle in 4 Bden. 8. Wien... 3e A. 783—86. Trattner. 2 rthl. 4 gr. (Coppenrath in Münster). 2 rthl 18 gr.

Colbert, K. J., allgemeine Unterweisung in Form eines Catechismus, z. Gebr. f. Pfarrer u. Katecheten, übers. v. Bey. 3 Thle in 4 Bdn. 8. Wien, Tendler. 785—86.

Colberts geheime Punctir-Kunst; Abu-Hali-Benomers irdische Stern-Kunst. Jena s. a. Kröcker. 8.

Colbiörnsen, Chr., Betrachtt., veranlaßt durch die von e. Gutsbesitzer v. Jütland an den Kronprinzen eingereichte Klagschrift, über d. vermeintl. Kränkung ihres Eigenthums durch d. Verordn. wegen Befreiung d. Bauernstandes 2c. Aus d. Dän. 8. Kopenh. 791. (Bonnier). 6 gr.

Colbiörnsen, Ch., Betrachtungen, veranlaßt durch die von einem Gutsbesitzer von Jütland, an den Kronprinzen eingereichte Klagschrift, über die vermeintliche Kränkung ihres Eigenthums durch die Verordnung wegen Befreiung des Bauerstandes 2c. a. d. Dän. 8. Copenhag. Proft. 791.

Colbitzow [Schlagwort]

Colbitzow, s.: Geologische Karten. Preussen 67.

COLBIUS, GEORG, Abscheulicher Missbrauch der Beicht und Communion. Nun wiederum zum Druck befordert und I. Maj. Lovisa allerunterth. übergeben von DAN. SASS. Altona. 1711.

Colbrie, A. Fischer-, s. Fischer-Colbrie.

Colbrunn, Eduard: Der Weinbau in Amerika, nebst praktischer Anweisung für Weinbauer. Cleveland, O.: Selbstverl. 1855. --[Zit. nach NUC]

Colbus, [Jakob]: Beiträge zum Unterricht in der Heimatskunde. St. Wendel 1907: E. Müller. (S. 3—12.) 4°
St. Wendel, k. Kronprinz Friedrich-Wilhelms-PG OP 1907 (589)

Coloue, K., Grundlegende Fragen der Arbeiterversicherung. 8°. Triest, Verlag der Arbeiter-Unfallversich.-Anst., 1905.

Cold, Conrad [aus Rendsburg]: Küsten-Veränderungen im Archipel.... Marburg, *Druck v. Knorr & Hirth in München*, 1880; 1 Bl. + 67 + 1 S. u. 1 Kart. 8°.
Marburg, Phil. Fak., Inaug.-Diss. v. [11. Dez.] 1886.

Cold, Conr., Küsten-Veränderungen im Archipel. 2. Aufl. gr. 8. (69 S. mit 8 Karten.) München 886, (Th. Ackermann's Verlag.) *

Cold, [Konrad], Direktor Dr.: Der französische Unterricht an der Anstalt. Pasewalk 1905: H. Gnädig. (S. 3—10.) 4°
Pasewalk, st. PG m. Realabt. OP 1905 (168)

1748. * Erklärung der ersten wirkenden Ursache in der Materie und der Ursache der Schwere (von *Cadwallader Colden*) aus dem Engl. übers. und mit Anmerkungen begleitet von *Abr. Gotth. Kästner*. Hamburg. 8.

Coldewey, Ehrenreich Gerh. (Friesland), De feudis imperii, prima: eorum origines, atque indolem, sub primis Francorum regibus illustr. Diss. jur. publ. ac feudalis. Präs. Jacob Gabriel Wolf. Halle (Hendel) März 1724. 70 S. (5.50) 5518
Gew.: Enno Ludw. Brenneisen. — Widm. v.: A. S. Baron v. Loeben (dtsch.), C. D. v. Nazmer, G. N. v. Burgsdorff (dtsch.), G. L. v. Lamy du Pont (dtsch.), Joh. Christ. Weinland, Anton Heinr. Walbaum, Rud. Aug. Einfeld, Gg. Albert Bacmeister, M. J. Bacmeister (dtsch.), Präs.

COLDING, JANUS CHR., Exstirpatio testiculi in homine fungo medullari testis carcinomate epididymis, hydroceli tunicæ vaginalis laborante instituta et historia morbi nec non criticis annotationibus nonnullis de castratione illustrata. Diss. inaug. Kiliæ. 1835. 4. P.

Colditz [Schlagwort]

Colditz, s.: Geologische Karten, Spezialkarte. (Sachs.)

Colditz, s.: Sachsen. Karte. Messtischblätter.

Colditz [Verfasser]

Colditz, v., Geschichte d. Feld-Artillerie-Regiments v. Scharnhorst [1. Hannoverschen] Nr. 10. Auf dienstl. Veranlassg. bearb. Mit 6 Beilagen in Lichtdr. gr. 8. (V, 274 S. m. 1 Tab.) Berlin 891. E. S. Mittler & Sohn. n. 6. —

Colditz: Die Kirchenzucht und das christliche Leben in der apostolischen und altkatholischen Kirche. 17 S. –Putbus, Progr. 1861.

Colditz, die Kriegspredigt d. Apostels Paulus an die Deutschen. Predigt üb. Eph. 6, 10—17. gr. 8. (10 S.) Chemnitz 892. E. Winter. n. — 20

Colditz, A., Reformation und Gegenreformation in Steyr, s. Bruderliebe, evangelische.

Colditz, A. M., s. Magazin, allgem., Blätter zur Belehrung.

Colditz, A. M., s. Volksblatt, Preußisches. — Wochenblatt, landwirthschaftliches.

Colditz, Benjamin (Danzig), Diss. de matrimonio conscientiae, gallis mariage de conscience. Präs. Sam. Friedr. Willenberg. Danzig (Joh. Zach. Stoll) 3. VIII. 1719. 46 S. (5.—) 5519
Widm. v.: Paul Pater.

Colditz, Friedrich Ed.

Colditz, Frdr. Ed., die Entstehung des manichäischen Religionssystems hist.-kritisch untersucht. 8. Lpz. 837. K. Tauchnitz. 5/12 ℛ

Colditz, Frdr. Ed., Rede bei d. am 22. Febr. 1846, als am Begräbnißtage Dr. Martin Luthers, in der Kirche zu Erbisdorf veranstalteten Todtenfeier. gr. 8. (8 S.) Leipzig 847. (Freiberg, Reimmann.) n. 1/12 ℛ

— Worte üb. die Landtagswahl gesprochen im Volksvereine zu Brand am 2. Decbr. 1848. gr. 8. (7 S.) Freiberg 849, Reimmann. 1½ ngℛ

Colditz, Gerhard, Referendar: Die Haftung des Kommanditisten. Borna-Leipzig 1908: Noske. IX, 58 S. 8°
Leipzig, Jur. Diss. v. 2. Dez. 1908
[Geb. 19. Febr. 81 Treuen i. V.; Wohnort: Radeberg; Staatsangeh.: Sachsen; Vorbildung: Nikolai-Gymn. Leipzig Reife M. 02; Studium: Leipzig 7 S.; Rig. 11. Juli 07.] [U 09. 2477

Colditz, H., u. O. Fichtner, Liederbuch nebst methodischen Übungen f. die ersten beiden Schuljahre. gr. 8. (32 S.) Leipzig 900. Dürr'sche Buchh. n.n. — 25

Colditz, Hans Friedrich Karl von: Das Seebad auf Föhr in der Westsee. Von [Hans Friedrich Karl] von Colditz. Husum 1819: Meyler. 25 S. 8°.

v. Colditz, Hans F. K., d. Seebad auf Föhr in d. Westsee. gr. 8. Husum 820. (Altona, Aue). 6 gℛ

– dass. Husum (Altona, Busch) 1820.

(Colditz, Hugo:) Hundert Jahre Geschichte der Arnoldischen Buchhandlung zu Dresden von 1790—1890. Als Hs. gedr. Dresden 1890: (Baensch). 88 S. 4°

Colditz, Hugo, aus der Geschichte Schönburgs. (80 S.) 8. Lichtenstein-Callnberg (905). (M. Doerffeldt.) n.n. 1. 25

Colditz, Hugo, s.: Hausbesitzer-Kalender f. das Deutsche Reich.

Colditz, Hugo, Lichtenstein, Callnberg u. Umgegend. Führer u. Heimatskunde. Hrsg. v. Rich. Kannopka. 8. (28 S. m. 4 Taf. u. 1 Karte.) Lichtenstein-Callnberg 899. R. Giegling. — 50

Colditz, Johann Friedrich Carl von: Versuch eines Abrisses der Verfassung der Stadt Crempe. Kiel. 1817. 8°

Colditz, Ludolf: Der Kontokurrentvertrag des Handelsgesetzbuches vom 10. Mai 1897. Leipzig 1907: A. Edelmann (VII, 38 S.) 8°
Leipzig, Jur. Fak., Diss. v. 21. Jan. 1907
[Geb. 27. Febr. 83 Leipzig; Wohnort: Leipzig; Staatsangeh.: Sachsen; Vorbildung: Thomassch. Leipzig Reife O. 02; Studium: Lausanne 1, Leipzig 5 S.; Rig. 15. Juni 06.]

Colditzer Wald [Schlagwort]

Colditzer Wald, s.: Forstkarten.

Cole, Alan S., irische Spitzen. 30 Lichtdr.-Taf. m. e. kurzen histor. Einleitg. Fol. (VII S.) Stuttgart (902). Plauen, Ch. Stoll. In Mappe n. 24. —

Cole, Alfr. M., das Kap u. die Kaffern od. Mittheilungen üb. meinen fünfjähr. Aufenthalt in Süd-Afrika. Aus dem Engl. übertr. v. J. A. Haßkarl. Mit dem (lithochrom.) Portr. d. Kaffernhäuptlings Macomo. 8. (XVI u. 280 S.) Leipzig 852, Arnold. n. 1⅔ ℛ

Cole, Thomas. Betrachtungen über Uppigkeit, Unglauben und Schwärmerei; aus dem Englischen. Berlin 1767. Ü: *Lüdke, Friedr. Germanus.* (KY) (ML)

Cole, Thom., Betrachtt. über Ueppigkeit, Unglauben u. Schwärmerei; aus d. Engl. (v. F. G. Lüdke). 8. Berl. 767. Mylius. 10 gℛ

— s. Gladstone, Handbuch.

Colebrook's Algebra of the Hindoos, with Arithmetic and Mensuration, from the Sanscrit of Brahmegupta and Brascara. London 1817. 4°

Colebrooke's, H. Th., Abhandlung über die heiligen Schriften der Indier. Aus d. Engl. v. Ludw. Poley. Nebst Fragmenten d. ältesten relig. Dichtungen d. Indier. gr. 8. (VI u. 176 S.) Leipzig 847. Teubner. 1 ℛ 9 ngℛ

Colebrooke, H. T., Miscellaneous Essays. In two volumes. gr. 8. London 837. (Leipzig, W. Vogel.) 8⅓ ℛ

Colebrooke, H. T., Essays on the religion and philosophy of the Hindus. A new edition. gr. 8. (III und 325 S.) Leipzig 858, Brockhaus' Sortiment und Antiquarium. *

Coleccion de autores españoles. Tom. 1—9. 8. Leipzig 860. 61, Brockhaus' Sortiment und Antiquarium. à Tom. * 1 Thlr. *

Inhalt:

Tom. 1. Caballero, Fernan, Clemencia. Novela de costumbres. (290 S.)
» 2. —— la Gavieta. Novela de costumbres. (379 S.)
» 3., 4. Cervantes Saavedra, Miguel de, el ingenioso hidalgo Don Quijote de la Mancha. 2 Tomos. (XXVI und 774 S.)
» 5. Caballero, Fernan, la familia de Alvareda. Novela original de costumbres populares. — Lagrimas. Novela de costumbres contemporáneas. (VII und 367 S.)
» 6. Trueba, Antonio de, el libro de los cantares. (XVI und 348 S.)
» 7. Composiciones jocosas en prosa de los Srs. Hartzenbusch, Ayguals de Izco, Ribot etc. y otros escritores contemporáneos o sea coleccion de lo mas selecto que se publicó en la Risa publicada por A. Herrmann. (VII und 336 S.)
» 8. Cuentos y poesias populares Andaluces coleccionados por Fernan Caballero. (XVI und 396 S.)
» 9. Trueba, Antonio de, y La Quintana, el Cid Campeador. Novela historica original. (VI und 344 S.)

Coleccion de autores españoles. Tom. 10—23. 8. Leipzig 862—67, Brockhaus' Sortiment und Antiquarium. à Tom. * geb. à Tom. *

Inhalt:

Tom. 10. Trueba, Antonio de, las hijas del Cid. Parafrasis de las crónicas de aquel famoso caballero. (VI und 362 S.)
» 11. 12. Mármol, José. Amalia. 2 Tomos. (V und 620 S.)
» 13. Caballero, Fernan, Relaciones. (III und 293 S.)
» 14. 15. Hartzenbusch, Juan Eugenio, Obras escogidas. Edicion alemana dirigida por el autor. Con el retrato del autor. 2 Tomos. (XIV und 734 S.)
» 16. Caballero, Fernan, Élia, ó la España treinta años ha. (260 S.)
» 17. —— Cuadros de Costumbres. (III und 300 S.)
» 18. Trueba, Antonio de, cuentos campesinos. (IV und 285 S.)
» 19. —— cuentos populares. (XIII und 314 S.)
» 20. Caballero, Fernan, cuatro Novelas. (III und 335 S.)
» 21. Marco, Maria del Pilar Sinués de, Amor y Llanto. Coleccion de leyendas historicas originales. (VI und 288 S.)
» 22. Poesias de la América méridional. Coleccionadas por Anita J. de Wittstein. Con noticias biograficas de los autores. (X und 339 S.)
» 23. Caballero, Fernan, la Farisea, las dos Gracias y otras novelas escogidas. (III und 314 S.)

Tom. 1—9. Ebendas. 1860,61. à * 1 Thlr.

Coleccion de autores españoles. Tomos 24—33. 8. Leipzig, Brockhaus. à Tom. (*ℳ 8.) * geb. à Tom. (*ℳ 4.) *

Inhalt:

Tom. 24. Teatro moderno español. El tanto por ciento. Comedia por Don Adelardo Lopez de Ayala. — ¡Flor de un Dia! Drama por Don Francisco Camprodon. — La Cruz del Matrimonio. Comedia por Don Luis de Eguilaz. (III, 245 S.) 868.
» 25. Cervantes Saavedra, Miguel de. Novelas ejemplares. (XI, 387 S.) 869.
» 26. Trueba, Antonio de. Cuentos de color de rosa. (XIII, 284 S.) 869.
» 27. Tres flores del Teatro antiguo español. Publicadas con apuntes biográficos y críticos pór Carolina Michaelis. Las Mocedades del Cid. Comedia de Don Guillen de Castro. — La Tragedia mas lastimosa de amor. Dar la vida por su dama ó el Conde de Sex. Comedia por Don Antonio Coello. — El Desden con el Desden. Comedia por Don Agustin Moreto. (III, 347 S.) 869.
» 28. 29. Le Sage. Historia de Gil Blas de Santillana. Traducida al castellano por el Padre Isla. 2 tomos. (XII, 313; IX, 304 S.) 870.
» 30. Romancero del Cid. Nueva edic. añadida y reformada sobre las antiguas que contiene doscientos y cinco romances recopilados, ordenados y publicados por Carolina Michaelis. (X, 368 S.) 871.
» 31. Galdos, Benito Perez. La fontana de oro. Novela histórica. (VIII, 370 S.) 872.
» 32. Caballero, Fernan. Un Verano en Bornos. — Cosa cumplida... solo en la otra vida. — Lady Virginia. Tres novelas originales. (VIII, 286 S.) 873.
» 33. Trueba, Antonio de. Narraciones populares. (XV, 233 S.) 875.

Coleccion de autores españoles. Tomos 34—40. 8. Leipzig, Brockhaus. à Bd. *ℳ 3,50.; geb. à Bd. *

Inhalt:

Bd. 34. Antológia española. Coleccion de poesias liricas ordenada por Carolina Michaëlis. 1a Parte. Poetas de los siglos XV—XVIII. (VII, 394 S.) 875.
» 35—37. Calderon de la Barca, Don Pedro, Teatro escogido. 3 tomos. (VII, 311; 340; 345 S.) 876,77.
» 38. 39. Mansilla, Lucio V., una excursion á los Indios Ranqueles. Obra premiada en el congreso internacional geográfico de Paris [1875]. Unica edic. autorizada. 2 tomos. (XII, 292; IX, 280 S.) 877.
» 40. Cuentos, oraciones, adivinas y refranes populares é infantiles, recogidos por Fernan Caballero. (VIII, 268 S.) 878.

Tomos 1—33. Ebendas. 1867—75. à *ℳ 3,50.; geb. *ℳ 4,50.

Coleccion de autores españoles. Tomo 41: Floresta de sátiras, fábulas, fábulas literarias, letrillas, sonetos burlescos, villancicos, décimas, epígramas y otras rimas festivas, elegida de las obras de célebres poetas españoles por Ed. Brinckmeier. 8. (XII, 250 S.) Leipzig 882, Brockhaus. * geb. **

—— dass. — Tomos 1.—4., 9., 16., 17., 21., 23., 25., 31., 32. Nueva edic. 8. Ebendas. à Bd. * geb. à Bd. **

Inhalt:

Tomo 1. Caballero, Fernan, Clemencia. Novela de costumbres. (290 S.) 883.
» 2. —— La Gaviota. Novela de costumbres. (279 S.) 881.
» 3. 4. Cervantes Saavedra, Miguel de, El ingenioso hidalgo Don Quijote de la Mancha. 2 tomos. (XVII, 374; IX, 400 S.) 883.
» 9. Trueba y la Quintana, Antonio de, El Cid Campeador. Novela histórica original. (VI, 344 S.) 882.
» 16. Caballero, Fernan, Élia, ó la España treinta años ha. Comprende ademas este tomo: El ultimo consuelo. La noche de navidad. Callar en vida y perdonar en muerte. (260 S.) 881.
» 17. —— Cuadros de costumbres. (300 S.) 882.
» 21. Sinues de Marco, María del Pilar, Amor y Llanto. Coleccion de leyendas historicas originales. (VI, 288 S.) 883.
» 23. Caballero, Fernan, La Farisea, las dos Gracias y otras novelas escogidas. (314 S.) 881.
» 25. Cervantes Saavedra, Miguel de, Novelas ejemplares. (X, 387 S.) 883.
» 31. Galdos, Benito Perez, La fontana de oro. Novela histórica. (VIII, 370 S.) 883.
» 32. Caballero, Fernan, Un Verano en Bornos. Cosa cumplida ... solo en la otra vida. Lady Virginia. Tres novelas originales. (VIII, 286 S.) 882.

Coleccion de autores españoles. Tomos 24, 42—48, 8. Leipzig, Brockhaus. à n. 3. 50; geb. à n.n. 4. 50
24. Teatro moderno español.... [El tanto por de Ayala. Flor de un dia! por Camprodon. La cruz del matrimonio, por de Eguilaz.] (Nueva ed.) (V, 245 S.) 885.
42. 43. El P. Isla, historia del famoso predicator Fray Gerundio de Campazas, alias Zotes. 1. ed. entera, hecha sobre la ed. principe de 1758 y el manuscrito autógrafo del autor por D. Eduardo Lindforss. 2 tomos. (XXIV, 255 u. VI, 249 S.) 885.
44—46. Obras escogidas de D. Ramon de Campoamor. Tomo I—III (XV, 344, XIX, 266 u. VII, 328 S.) 885. 86.
47. 48. Ocho comedias desconocidas de Don Guillem de Castro, de Licenciado Damian Salustio del Poyo, de Luis Velez de Guevara etc., tomadas de un libro antiguo de comedias, y tadas á luz por Adf. Schaeffer. 2 tomos. (XVII, 338 u. V, 293 S.) 886.

Colefax, Arthur [Late Postmaster of Merton College Oxford]: Contributions to our knowledge of phenuvinic acid and phenylketopentene. . . . Strassburg, printed by J. H. Ed. Heitz (Heitz & Mündel) (1890); 27 + 1 S. 8°
Strassburg, Math.-Naturw. Fak., Inaug.-Diss. v. 1890

Colell, Waldemar

Colell, W., Arbeit u. Vergnügen. 50 Lieder f. das deutsche Volk. 16. (VI, 132 S.) Hamburg 889. (Fritzsche.) n.n. — 50

Colell, Waldemar, Eheleben deutscher Frauen. Gedichte, Lieder u. Romanzen. 8. (63 S.) Leipzig 894. C. G. Naumann. n. 1. —

— das Ewig-Weibliche. (Herz- u. scherzhafte lyr. u. satir. Sonette.) 8. (54 S.) Ebd. 894. n. 1. —

Colell, Wald., das Ewig-Weibliche. 2. Thl. Herz- u. scherzhafte, lyr. u. satir. Sonette. 8. (52 S.) Leipzig 894. C. G. Naumann. n. 1. —

— Himmel u. Erde. Lenz-Gedichte. 8. (74 S.) Ebd. 894. n. 1. 50

— dem Lichte zu! Gedichte. 1. u. 2. Bd. 12. (VII, 152 u. IX, 156 S.) Hamburg 887. 889. Verlagsanstalt u. Druckerei, A.-G. à Bd. n. 2. —; geb. à n. 3. —

— Liebesleben deutscher Mädchen. Gedichte, Lieder u. Romanzen. 8. (52 S.) Ebd. 894. n. 1. —

— mein Vaterland. Gedichte, Lieder u. Balladen. 8. (IV, 95 S.) Ebd. 894. n. 2. —

Werdet Männerl Von Waldemar Colell. Leipzig: C. G. Naumann 1893. (60 S.) 8° [Umschlagt.] [97. 8677

Coleman's Kursbuch. Eisenbahn-Fahrpläne v. Schlesw.-Holstein, Lauenburg u. Mecklenburg u. deren Anschlüsse, sowie Dampfschiff-, Post- u. Omnibus-Verbindgn. 11. Ausg. Sommerhalbj. 1901. gr. 16. (122 S. m. 1 Karte.) Lübeck, Ch. Coleman. — 25

Coleman's Kursbuch. Eisenbahn-Fahrpläne v. Schlesw.-Holstein, Lauenburg, Mecklenburg u. deren Anschlüsse, sowie Dampfschiff-, Post- u. Omnibus-Verbindungen. 23. Ausg. Winterhalbj. 1906/07. (208 S. m. 1 Karte.) 16. Lübeck, Ch. Coleman. n. — 30

— dasselbe. Kleine Ausg. Lübecks Eisenbahn- u. Dampfschiffs-Verbindgn. Winterhalbj. 1906/07. (16 S.) 16. Ebd. — 10

Coleman's Kursbuch. Eisenbahn-Fahrpläne v. Schlesw.-Holstein, Lauenburg, Mecklenburg u. deren Anschlüsse, sowie Dampfschiff-, Post- u. Omnibus-Verbindgn. 30 Ausg. Sommerhalbj. 1910. (175 S. m. 1 Karte.) 16. Lübeck, Ch. Coleman. — 40

Coleman's Kursbuch. Kleine Ausg. Lübecks Eisenbahn- u. Dampfschiffs-Verbindgn. Winterhalbj. 1910/11. (32 S.) kl. 8. Lübeck. Ch. Coleman. — 10

Coleman, Alfr., Lehrbuch der zahnärztlichen Chirurgie u. Pathologie. Autoris. Übersetzg. gr. 8. (VIII, 320 S.) Berlin 883. (Bohne.) geb. n. 6. —

Coleman, Arthur P. *(geb. [Cobourg] in Canada 1852)*: The Melaphyres of Lower Silesia. Breslau 1882. (55 S.) 8° *[Im Buchhandel 1882 bei Köhler in Breslau.]*
Breslau, Phil. Diss. v. 4. Aug. 1882

Coleman, Edward, s.a. Colemann, Edward

Coleman, Edward: Abhandlung über das durch Ertrinken, Erdrosseln und Ersticken gehemmte Athemholen nebst Vorschlägen zu einer neuen Behandlungsart dieser Krankheit (A Dissertation on suspended respiration ... Dt.) Mit... einer Untersuchung und Bestimmung derjenigen Krankheiten, in welchen die Lebenskraft dem Anscheine nach zerstört ist. (An Essay on vital suspension... Third edition. Dt.) 218 S., gbd., Abb.

Leipzig: Weygand 1793
JB 5.226

— Grundsätze d. Hufbeschlags. Aus d. Engl. durchaus umgearb. v. L. Bojanus. Darmst. u. Gies. 1805. (10) 90 S. 6 Tvl.

Coleman, Edw., Grundsätze des Hufbeschlages der Pferde. Aus dem Englischen von L. Bojanus. Mit 6 Kpf. Giessen 05. Heyer. M. 2.—

Coleman, Fr. [prakt. Arzt in Fulda]: Eine Pneumonie-Epidemie .... Würzburg, Druck d. Thein'schen Druckerei (Stürtz), 1886; 16 S. 8°.
Würzburg, Med. Fak., Inaug.-Diss. v. 1886.

Coleman, Fr., eine Pneumonie-Epidemie. Diss. Würzburg 1886, Stahelsche Univ.-Buchh. 8°. 15 S.

Coleman, George, amerikanische Vögel. 4 Studien. 4 Chromolith. gr. 4. Leipzig 886. (Baldamus.) n. 4. —

Coleman, J., englische Vieh-Rassen: Rinder, Schafe und Schweine. Unter Mitwirkung der bedeutendsten engl. Züchter hrsg. Ins Deutsche übertr. und mit Anmerkungen versehen von Geo. Zöppritz jun. 10 Lfgn. gr. 4. (III, 231 S. mit 27 Vollbildern in Holzschn. nach Zeichnungen v. Harrison Weir und 3 Taf.) Stuttgart 887, J. Hoffmann. à Lfg. *M 1.20. *

Coleman, Leslie C., a. Ontario, Canada: Arbeiten aus d. landwirtschaftl.-bakteriolog. Institut d. Univ. Göttingen. Untersuchungen über Nitrifikation. Jena: G. Fischer 1908. (49 S.) 8°
Göttingen, Phil. Fak., Ref. Koch, Diss. v. 25. Febr. 1908
[Geb. 16. Juni 78 Ontario; Wohnort: Ontario; Staatsangeh.: England; Vorbildung: Toronto Univ. B. A.; Studium: Toronto 2, Göttingen 4 S.; Rig. 11. Dez. 07.]

Coleman, W. S., daheim auf dem Lande. 4 Studienblätter in Farbendr. gr. Fol. Leipzig 889. Baldamus, Sep.-Cto. n. 10. —; einzelne Blätter à n. 3. 50

Coleman, W. S., aus dem Elfen-Reiche. Studien. 1. und 2. Lfg. Fol. (à Lfg. 4 Chromolithogr.) Leipzig 887, Baldamus' Sep.-Cto. à Lfg. *
Einzelne Bl. à

—— Lebens-Frühling. 4 (chromolithogr.) Studien. Fol. Ebendas. 887. *M 10.—.; einzelne Bl. à

Coleman, W. S., four studies from sunny climes. gr. Fol. (4 farb. Taf.) Leipzig-R. 896. Wezel & Naumann. n. 10. —

Coleman, W. W. Erinngn an Milw, die Stadt der Zusammenkünfte dter Vereine ... im Jahre 1877; den Teilnähmern am Dt-anischen Lehrertag ... 1.-3. Aug. sowie den Gönnern des Lehrer-Seminars. Milw, 1877.

Coleman, Walt. M., on mental biology. 1. paper. The cause of sleep. (19 S. m. Fig.) gr. 8. Berlin 909 Mayer & Müller. 1. —

Coleman, Walt. Moore. Über die Muskelbewegung. Aus d. Engl. übers. v. Osc. Pischel. gr. 8. (31 S.) Berl. 890, Weber. * 1 —

Colemann, Edward, s.a. Coleman, Edward

Colemann, Edw., Abhandl. über das durch Ertrinken, Erdrosseln u. Ersticken gehemmte Athemholen, nebst Vorschlägen zu e. neuen Behandlungsart dieser Krankheit; mit 1 Kpf. u. e. Untersuchung u. Bestimmung derjen. Krankheiten, in welchen d. Lebenskraft d. Anscheine nach zerstört ist; aus d. Engl. 8. Leipz. 785. Weygand. 14 gr

Colemann, Edward, Abhandl. üb. das durch Ertrinken, Erdrosseln u. Ersticken gehemmte Athemholen, nebst Vorschlägen zu einer neuen Behandlungsart dieser Krankh. m. e Kupf. u. einer Untersuchung u. Bestimmung derjenig. Krankh in welchen die Lebenskraft dem Anscheine nach zerstört ist, a d. Engl. 8. Leipz. Weygand. 792.

Colemann, E. Abhandlg üb. das durch Ertrinken, Erdrosseln u. Ersticken gehemmten Atemholen. Leipzig 1793.

Colemann, Edw., Grundsätze d. Hufbeschlags; aus d. Engl. durchaus umgearbeitet v. L. Bojanus, mit 6 Kpf. gr. 8. Giessen 805. Heyer. 16 gr

Colemann, W. W., Geschichte der Gründung und Entwicklung des Turnvereins „Milwaukee", VIII u. 78 S., 8°.

Colendal, Henr., Osnabrugi abominatio blasphemi mendacii contra Gerbardum Meuschen, qui in edito libello sacrosanctum missae sacrificium appellarat abominationem abominationum. Osnabrück 1710.

Colendal, Henr., Amica confabulatio catholicum inter et Lutheranum de existentia sacerdotii inter Lutheranos. Köln 1710, 8°.

—— Osnabrugensis rusticus edoctus a catholico ecclesiaste methodum, qua facillime demonstrat inanitatem sacerdotii Lutheranorum. Köln 1710, 8°. — Osnabrück 1711, 8°.

Colenfeld, A. v., die eigene Kraft. Der wahre Weg zum Reichthum und zur Größe des Einzelnen und der Nation. Nach dem Engl. mit Parallelen. 6 Lfgn. gr. 8. (380 S.) Leipzig 866—68, M. Schäfer. à Lfg. 6 Ngr.

v. Colenfeld, A., die eigene Kraft. Der wahre Weg zum Reichthum u. zur Größe des Einzelnen u. der Nation. Nach d. Englischen mit Parallelen. 868. 1 Thlr 6 Ngr. — 2. Aufl. Leipzig 869. M. Schäfer. gr. 8. (380 S.) n. 1 Thlr 10 Ngr.

Colenso [Schlagwort]

Colenso, s.: Kriegsschauplatzkarten.

Colenso [Verfasser]

Colenso, J. W., Elemente der Algebra nebst mehreren 100 Aufgaben zum Gebrauch in Real-, Fortbildungs- und gewerbl. Schulen. Nach der 15. Aufl. des engl. Orig. für deutsche Unterrichtszwecke bearb. von Geo. Wolpert. 1. Ausg. 1863. * 20 Ngr. und 2. (Titel-)Ausg. 8. (142 S.) Stuttgart 865, Koch.

Coleopterorum catalogus, auspiciis et auxilio W. Junk ed. a. S. Schenkling. Pars 1—24. Lex. 8. Berlin, W. Junk. Subskr.-Pr. 111.—; Einzelpr. 166. 50

Ahlwarth, K., Gyrinidae. (42 S.) 910. (Pars 21.) Subskr.-Pr. nn 2.70; Einzelpr. 4. —
Bernhauer, M., et K. Schubert, Staphylinidae I. (88 S.) 910. (Pars 19) Subskr.-Pr. nn 5.40; Einzelpr. 8. 10
Bickhardt, H., Histeridae. (137 S.) 910. (Pars 24.) Subskr.-Pr. nn 8.60; Einzelpr. 12. 85
Borchmann, F., Alleculidae. (80 S.) 909. (Pars 3.) Subskr.-Pr. nn 5.—; Einzelpr. 7. 50
— Nilionidae, Othniidae, Aegialitidae, Petriidae, Lagriidae. (32 S.) 909. (Pars 2.) Subskr.-Pr. nn 2.—; Einzelpr. 3. —
Csiki, E., Endomychidae. (68 S.) 910. (Pars 12.) Subskr.-Pr. nn 4.25; Einzelpr. 6. 35
— Platypsyllidae, Orthoperidae, Phaenocephalidae, Discolomidae, Sphaeriidae. (35 S.) 910. (Pars 18.) Subskr.-Pr. nn 2.15; Einzelpr. 3. 30
— Scaphidiidae. (21 S.) 910. (Pars 13.) Subskr.-Pr. nn 1.30; Einzelpr. 2. —
Gebien, H., Tenebrionidae I. (166 S.) 910. (Pars 15.) Subskr.-Pr. nn 10.40; Einzelpr. 15. 60
— dasselbe II. (S. 167—354.) 910. (Pars 22.) Subskr.-Pr. nn 11.80; Einzelpr. 17. 70
Gestro, R., Cupedidae, Paussidae. (31 S.) 910. (Pars 5.) Subskr.-Pr. nn 2.—; Einzelpr. 3. —
— Rhysodidae. (11 S.) 910. (Pars 1.) Subskr.-Pr. nn — 65; Einzelpr. 1. —
Hagedorn, M., Ipidae. (134 S.) 910. (Pars 4.) Subskr.-Pr. nn 8.50; Einzelpr. 12. 75
Léveillé, A., Temnochilidae. (40 S.) 910. (Pars 11.) Subskr.-Pr. nn 2.50; Einzelpr. 3. 75
Olivier, E., Lampyridae. (68 S.) 910. (Pars 9.) Subskr.-Pr. nn 4.25; Einzelpr. 6. 35
— Rhagophthalmidae, Drilidae. (10 S.) 910. (Pars 10.) Subskr.-Pr. nn — 65; Einzelpr. 1. —
Pape, P., Brachyceridae. (36 S.) 910. (Pars 16.) Subskr.-Pr. nn 2.25; Einzelpr. 3. 40
Pic, M., Hylophilidae. (25 S.) 910. (Pars 14.) Subskr.-Pr. nn 1.60; Einzelpr. 2. 40
Roon, G. van, Lucanidae. (70 S.) 910. (Pars 8.) Subskr.-Pr. nn 4.35; Einzelpr. 6. 50
Schenkling, S., Cleridae. (174 S.) 910. (Pars 23.) Subskr.-Pr. nn 10.90; Einzelpr. 16. 35
Schmidt, A., Aphodiinae. (111 S.) 910. (Pars 20.) Subskr.-Pr. nn 7.—; Einzelpr. 10. 50
Schönfeldt, H. v., Brenthidae. (57 S.) 910. (Pars 7.) Subskr.-Pr. nn 3.50; Einzelpr. 5. 25
Wagner, H., Curculionidae: Apioninae. (81 S.) 910. Subskr.-Pr. nn 5.—; Einzelpr. 7. 50
Zaitzer, Ph., Dryopidae, Cyathoceridae, Georyssidae, Heteroceridae. (68 S.) 910. (Pars 17.) Subskr.-Pr. nn 4.25; Einzelpr. 6. 35

Coler, s.a. Colerus

v. Coler. Ansprache des Generalstabsarztes der Armee v. Coler an die Festversammlung beim Stiftungsfest vom 2. August 1889. Berlin 1889.

Coler, niedere Arithmetik m. Anwendungen u. Beispielen, s.: Hülsen, B.

Coler, v., die militärärztlichen Bildungsanstalten zu Berlin, ihr Ursprung u. ihre Entwickelung. Ansprache, an die Festversammlg. bei der Stiftungsfeier der Anstalten am 2. Aug. 1889 geh. gr. 8. (20 S.) Berlin 889. Hirschwald. n. — 60

— die transportable Lazareth-Baracke, s.: Langenbeck, v.

Coler, v. u. Schjerning. Üb. d. Wirkung u. d. kriegschirurg. Bedeutg d. neuen Handfeuerwaffen. (Vortr. a. d. 11. internat. med. Kongreß i. Rom 1894.) Berlin 1894. (4-fach.) 4 Bde.

Coler, Alwin v

Coler, Dr. v. Ansprache an die Festversammlung bei der Stiftungsfeier der militärärztlichen Bildungsanstalten zu Berlin am 2. August 1889. Berlin 1889. 20 S.
— — am 1. August 1890. 15 S.

Coler, [Alwin] v.: Ansprache an die Festversammlung bei der Stiftungsfeier der militärärztlichen Bildungsanstalten zu Berlin am 1. Aug. 1890. Berlin 1890. 15 S.

Bibliothek (Alwin) v. Coler. Samml. von Werken aus d. Bereiche d. medicin. Wissenschaften mit bes. Berücks. d. militärmed. Gebiete. Hrsg. von O(tto) Schjerning. Bd 1. *Berlin: A. Hirschwald 1901.* 8° [01. 3319

Coler, Alwin. Gust. Edmund. (geb. Gröningen bei Halberstadt 15. 3. 1831): De plumbi noxia efficacitate in corpus humanum. Berolini (1856). (29 S.) 8°
Berlin, Med. Diss. v. 9. Juli 1856

Coler, Friedrich, appr. Arzt a. Düsseldorf, Assistenzarzt b. 5. Rhein. Inf.-Reg. Nr. 65, kommandiert z. Heilstätte f. Nervenkranke Haus Schönow in Zehlendorf b. Berlin: Die Behandlung des Diabetesbrandes. Berlin (1908): G. Schade. (33 S.) 8°
Berlin, Med. Fak., Ref. Bier, Diss. v. 4. Aug. 1908
[Geb. 29. April 82 Düsseldorf; Wohnort: Zehlendorf b. Berlin; Staatsangeh.: Preußen; Vorbildung: Gymn. Düsseldorf Reife O. 01; Studium: Berlin 10 S.; Coll. 31. Juli 08; Approb. 19. Febr. 07.]

Coler, J. C., De vita summisque in rem litterariam meritis Bohuslavi Hassensteinii, lib. bar. Lobcovici. Vitenbergae 1719. 4. — 1721.

— Jo. Christoph (Altengottern), De oratione morata. Präs. Jo. Wilhelm Berger. Wittbg. (Schroeder) 3. XII. 1713. 12 Bl. (4.50) 5525

— — De Pyrrhonismo in historia ecclesiastica brev. diss. simulque viro Johann Wilhelm Jan . . gratul. Wittbg. (Ww. Gerdes) 1719. 7 Bl. (4.—) 5526

— — Viro Gottlieb Wernsdorf theologo Vitembergensi primario novam ampl. honoris accessionem ephoriam circuli electoralis Saxonici generalem gratul. atque de ipsius in rem sacram et literariam meritis disserit, simulque spec. vitarum, quas molitur, professorum Vitembergensium edit. Wittenbg. (Gerdes) 1719. 52 S. mit Namen. (5.—) 5527

Coler, Johann

— — Schediasma historicum de Jesuitissis s. Jesuiter-Nonnen. Lpz., Okt. 1699. Respond. Johann Tobias Gleich (Gera) nunc acced. bulla papali auctius hinc inde & correctius communicatur 1701. Lpz. (Schede) 1719. 63 S. (6.—) 5524
Widm. v.: Thomas Ittig, Gottl. Friedr. Seligmann, Jo. Coler.

COLER, J., De Jesuitissis s. Jesuiter-Nonnen. Lipsiae 1701. 4°. 80 S. (2 Mk. 50 Pfg. A. Bielefeld, Carlsruhe, 1876:)
Darin der Spruch: „Ungarn, Jüden, Jesuiter, bringen d. Kayser um s. Güter." — Selten!

Coler, Johann Christoph, De multiplici humaniorum literarum abusu, in gymnasio Wilh.-Ernestino 3. III. 1724. Jena (Chph. Dav. Werther) 1725. 42 S. (5.—) 5529
Gew.: Friedr. Gotthilf Marschall gen. Greiff (Osmanstaedt . .) — u. a.: Georgii Spalatini ad Eobanum Hessum epistola ex autographo.

Cöler, Augustus Henricus, De phialis vitreis, ab illabente minimo silice dissilientibus. Regiomonti 1751.

Coeler, Mart. Clem.: Commentatio historico-politica, de regionibus suburbicariis, banderesiis, baronibus, et paramonariis, vulgo: Von Gränzhaltern, des R. Reichs Panneren, Freyherren und Vitzdomern. Ed. 2. Hermannipoli 1745.

Coleridge, Lord, über Vivisection. Mit Erlaubniß des Verfassers u. im Auftrage des hannoverschen Vereins gegen Vivisection ins Deutsche übertragen. 8. (16 S.) Hannover 882. Schmorl & v. Seefeld. n. — 10

Coleridge, C. R., an English squire, s.: Collection of British authors.

Coleridge, H. J., Leben des heil. Antonius von Padua. Autoris. Uebersetzung. gr. 16. (XII, 236 S. mit 1 Stahlst.) Mainz 877, Kirchheim.

Coleridge, H. J., die Menschwerdung des Sohnes Gottes oder Erwägungen über die Geheimnisse der neun Monate vor der Geburt unseres Herrn und Heilandes Jesu Christi. Mit Genehmigung des Verf. übers. von einem Priester der Gesellschaft Jesu. 8. (XXVII, 340 S.) Regensburg 888, Verlags-Anstalt. *

Coleridge, Mary Elizabeth

Coleridge, M. E., The king with two faces, s.a. Collection of British authors.

The King with two faces. By M[ary] E[lizabeth] **Coleridge**. Copyright ed. In 2 vol. Vol. 1. 2. Leipzig: Tauchnitz 1898. 8°
(Collection of British authors. Tauchnitz Ed. Vol. 3272/3.) [illegible]

Coleridge, Samuel Taylor, confessions of an inquiring spirit, to which is added miscellaneous essays from „The Friend". 16. (192 S.) Leipzig 888, Gressner und Schramm. *

Coleridge, Sam. Taylor, u. Mstrs. Landon-Maclean, einige Dichtungen v., übers. im Versmaaße der Orign. v. Kranz. 8. (16½ B.) Danzig 839, Gerhard.

Coleridge, Sam. Taylor, u. Mstrs. Landon Maclean, einige Dichtungen von, übersetzt im Versmaaße der Originale von Krans. 8. Danzig 840. Gerhard. 1 Rthlr.

Coleridge, Sam. Taylor, the ancient mariner u. Christabel, hrsg. v. Alb. Eichler, s.a. Beiträge, Wiener, zur englischen Philologie. 26. Bd.

Samuel Taylor **Coleridge**. The ancient mariner und Christabel. Mit literarhist. Einl. u. Kommentar hrsg. von Albert Eichler. Wien & Leipzig: W. Braumüller 1907. (XI, 133 S.) 8°
= **Beiträge**, Wiener, z. engl. Philologie. Bd 26. 07. 14849

Coleridge, Sam., Taylor, the ancient mariner, and other poems. 16. Nürnberg 841, Fr. Campe. 1/3 Rthlr.

— der alte Matrose. (Gedicht.) Aus dem Engl. von Albert Hoefer. 32. Berlin 844, Schultze. geb. n. 1/3 Rthlr.

Coleridge, S. T., Poems, s. Collection of british authors.

Coleridge, Sam. Taylor, the rime of the ancient mariner, hrsg. v. Heinr. Saure, s.: Authors, modern English. X.

Coleridge, S. T., the rime of the ancient mariner and other poems, s.: Schulausgaben englischer u. französischer Schriftsteller.

Colerus, s.a. Coler

Colerus, J.Chr. (Hrsg.), s. Apparatus literarius sententarium.

Colerus, Ioh. Chr.

— Abhandl. der wahren Frömmigkeit. 8. Weim. Hoffmann. 736.

— Anmerkungen üb. allerhand Materien. 4 Stück. 8. Leipzig. 734.

Colerus, Ioh. Chr., Anthologia, s. Epistolae ad illustrationem historiae ecclesiasticae VI Fasciculi. 8. Lips. 725.

— Erquickstunden der Frommen, oder Passions-Betrachtungen. 8. Ebend. 733.

— Leben Benedict von Spinoza. 8. Frankf. 733.

— Wahrheit d. Auferstehung Christi, wider Spinozam, nebst dessen Leben. 8. Lemgo, Meyer. 734.

— heilige Wahrheiten der Lehre Jesu Christi. 2 Theile. 8. Ebend. 731. 32.

Colerus, Johann

Coleri, Joh., Calendarium perpetuum. Das ist hundertjähriger Witterungs-Kalender. Eintausend Witterungsregeln. Neu durchgesehen u. verb. 8. (12 B. u. lith. Portr. d. Verf.) Villingen 840, Förderer. —

--- Ders.: Neu-verbesserter Colerus, oder neues Land- und Hauß-Wirthschafts-Buch, worinnen alles, was ein Haußwirth und Landmann in seiner Haußhaltung, bey dem Ackerbau, bey der Vieh- und Bienen-Zucht, bey Fischereyen, in Gärten und Weinbergen, und was dem anhängig, zu wissen von nöthen hat, umständlich und gründlich enthalten ist. Nebst einem bewährten Artzney-Buche. Leipzig: Fritsch 1711. 592 S. -- 12°
[S. 565-622 über Weinbau.]

Derselbe: „Oeconomia oder Hausbuch", Wittenberg 1593—1607, 6 Abtheilungen. Nach Angaben der Münchener Bibliothek erfolgten insgesamt 13 Auflagen. Die besten Ausgaben der allmählich in eins verschmolzenen beiden Werke des Colerus besorgte sein Sohn, München 1672 und Frankfurt 1680, 1692. Der letzte bereits sehr überlebte Colerus erschien als neuverbesserter Leipzig 1711. Nach einer Mitteilung der Bibliothek Breslau ' sind folgende Ausgaben erschienen:
1. Coleri Jo. Berol. Calendarium. Witenb. 1592;
2. Id. lib. Deutsch, Wittenberg 1593, 1595;
3. Coleri Jo. Opus oeconomicum, Bd. I—VI, Wittenberg 1593 bis 1607;
4. Coleri, Jo. Opus oeconomicum, Bd. IV, VI, Wittenberg 1597 bis 1607;
5. Coleri, Jo. Opus oeconomicum, Bd. IV, VI, Wittenberg 1615;
6. Coleri, Jo. Opus oeconomicum, Wittenberg 1623,
7. Coleri, Jo. Opus oeconomicum, Wittenberg 1632;
8. Coleri, Jo. Opus oeconomicum, Mogunt. 1645;
9. Coleri, Jo. Opus oeconomicum, Mogunt. 1656;
10. Coleri, Jo. Opus oeconomicum, Mogunt. 1665;
11. Coleri, Jo. Opus oeconomicum, Mogunt. 1672;
12. Coleri, Jo. Opus oeconomicum, Francof. 1680;
13. Coleri, Jo. Opus oeconomicum, Francof. 1692;
14. „Neu verbesserter Colerus", Leipzig 1711.
3. Aufl. vorh.: UB und Stadtbibliothek Köln.

Colerus, Johann Christoph

Jo. Christoph. Coleri Historia Gothofredi Arnoldi qua de vita scriptis actisque illus non copiose magis quam vere atque idonea fide exponitur. Praemissa est Dissertatio Critica de Corruptoribus Historiae Ecclesiasticae. Cum Praefatione Gottlieb Wernsdorfi ... Vitembergae apud Chr. Theoph. Ludovicum 1718.

Anonymi Christiani vindicata veritas. Hoc est: epistola ad amicum, qua quaedam ex Joan. Christophori Coleri historia Godofredi Arnoldi expenduntur, et calumniae, quibus iste Arnoldum aliosque theologos bene meritos maculare voluit, brev. absterguntur. Ed. II. Frankfurt 1719. 40 S. (4.80) 5528

Colerus, Johannes. Das Leben des Benedict von Spinoza . . . Frankfurt u. Leipz. 1733. Ü: *Faccius, Johann.* (ML)

Colerus, J., la vie de B. de Spinoza, s.: Briefwechsel, der, des Spinoza.

Colerus, Mth.: Practica universalis de processibus executivis in causis civilibus et pecuniariis ad forum juris communis et Saxonici tum ad Cam. Imp. judicium accommodatis. *Jen.*, 595. — *Colon.* 686. — 724. fol.

Colerus, Matthias, Tractatus de Processibus executivis in causis civilibus. fol. Cöln. 718.

Colerus v. Geldern, Rich., s.: Geldern, Rich.

Coelerus, M. Joh. Wolffg. („Archidiac. in Mönchberg"), Gründlicher Verneinungs-Bericht der Frage, ob das Christliche Frauenzimmer ohne Sünde Fontangen tragen könne. Leipzig 1700. 4°. 5 Bogen.
Bibl. Ludov. Vitemb. 1703. — Sehr rar!

Cowper-Coles, Sherard

Cowper-Coles, Sherard, Elektrolytisches Verfahren zur Herstellg. parabolischer Spiegel, s.a. Monographien über angewandte Elektrochemie. 14. Bd.

Elektrolytisches Verfahren zur Herstellung parabolischer Spiegel. Von Sherard Cowper-Coles, London. Ins Deutsche übertr. von Dr. Emil Abel, Chemiker. Mit 13 Fig. u. 2 Tab. *Halle a. S.: W. Knapp 1904.* (17 S.) 8°
= Monographien über angewandte Elektrochemie. Bd 14.

— Elektrolytische Verzinkung, s.a. Monographien üb. angewandte Elektrochemie. 18. Bd.

Elektrolytische Verzinkung von Sherard Cowper-Coles, London. Ins Deutsche übertr. von Dr. Emil Abel, Chemiker. Mit 36 Fig. u. 9 Tab. Halle a. S.: W. Knapp 1905. (37 S.) 8°
= Monographien über angewandte Elektrochemie. Bd 18.

Colesberg [Schlagwort]

Colesberg, s.: Kriegsschauplatzkarten.

Coles County Herald: 1878? –1879?
Weekly, published in English and German. Edited & published by John Hachnle.
Mattooh, Il

Colescu, Leonida: Geschichte des Rumänischen Steuerwesens in der Epoche der Fanarioten (1711—1821). Eine Darstellung des Steuersystems in den Fürstentümern Walachei und Moldau unter Berücksichtigung der sozial-politischen und wirtschaftlichen Verhältnisse der Länder. *München 1897: F. Straub.* (80 S.) 8°
München, Phil. Diss. v. 1897

Coleson's, Miß, Geschichte ihrer Gefangenschaft unter den Sioux-Indianern. Ein interessanter und merkwürd. Bericht der schreckl. Leiden und sonderbaren Flucht der Miß Ann Coleson, eines Opfers der kürzl. indian. Gewaltthaten in Minnesotta. gr. 8. (48 S. mit eingedr. Holzschn.) Philadelphia 865. (Schäfer und Koradi.) *

Cölestin. Drei geistl. Gespräche für forschende Christen. gr. 12. Leipzig 834. W. Vogel. 5/12 Thlr

Cölestin, d. Mönch u. d. Mensch, (v. H. Wilhelmi). 8. Leipz. 821. Köchly. 18 Gr

Cölestin, Pascal. Liebesintriguen eines jungen Edelmannes. 3 Bde. Leipzig 853. Hoffmann. 8. (172; 157; 125 S.) n. 2 Thlr

Cölestin, der Priester und Mensch. Noch ein Bild aus dem innern Leben . . . Leipzig 1821. V: *Wilhelmi, Heinrich.* (EE) (GGr) (Ky) (MGT) »und der Mensch« (BrMm)

Cölestin, der Priester und der Mensch. 8. Leipzig 821. Friedr. Fleischer. 3/4 Thlr

Coelestin, s.a. Coelestinus

Coelestin, O. Cap.: Itinerarium, d. i. christl. Reisesegen. Übers. a. d. Lat. d. Breviers, m. e. Vorwort u. Anh. vers. 24. (29 u. 2 S.) München 897. J. J. Lentner. n. — 30

Cölestin, O. Cap., Predigt zur Sühnefeier zu Ehren des hl. Bischofs u. Kirchenlehrers Alphons Maria Liguori, geh. in der hohen Domkirche zu Unserer Lieben Frau in München am 28. VII. 1901 (Sonntag vor dem Feste St. Alphons). 1.—3. Taus. gr. 8. (à 20 S.) München 901. J. J. Lentner. n. — 20

— Te Deum laudamus. Großer Gott, wir loben dich! Predigt, geh. an der Wende der Jahrhundertzahl am Sylvesterabend 1899 in der Stadtpfarrkirche St. Ludwig in München. gr. 8. (23 S.) Ebd. 900. n. — 30

Cölestina. Eine Festgabe f. Frauen u. Jungfrauen. (1—3. Jahrg.) 16. (17¾, 20¼ u. 21 B. u. à J. 5 Kpfr.) Aschaffenburg 836, 38, 39. Pergap. à * 1 Thlr. 8 Gr.
Beim 1. Jahrg. heißt es: Ein Weihgeschenk, st. Festgabe.

Cölestina. Ein Weihgeschenk f. Frauen u. Jungfrauen für 1837. Mit 4 Kpfr. u. 1 Steindr. 16. Aschaffenburg 836. Pergap. 1 1/3 Thlr 2r u. 3r Jahrg. unt. d. Titel: Cölestina. Eine Festgabe für Frauen u. Jungfrauen. Mit Kpfr. 8. Ebd. 838. u. 39. à 1 1/3 Thlr

Cölestina. Weihgeschenk f. Frauen u. Jungfrauen f. . . . . .
1837. M. 4 Kpf.
1838. M. 5 Kpf.
1839. M. 5 Kpf.
Aschaffenburg.

Cölestine; oder die Festung am Wolgastrom. Schausp. in 3 Aufz.
Wien: Wallishäußer 1806. 8°

Cölestine, od. so gehts in d. Welt. Eine wahre Begebenheit von Chr. Meyer, mit 1 K. 8. Leipzig, Hinrichs. 811.
Belinp.

Cölestinens Morgen- u. Abendandachten. Ein Andachtsbuch für Gebildete aller Confessionen von Caroline W... F... 12. Stuttg. 827. Sonnewald. 12 Gr

Cölestinens Strumpfbänder, eine Reihe geheimer u. galanter Anekdoten. Lpz.: Joachim 1805. 8°

Cölestino, das Anschauen Gottes. s.a. Thilo, L.

Cölestino, das Anschauen Gottes. Breslau 1817. V: *Thilo, Johann Ludwig Christoph.* (Ky) (MGT)

Cölestino, das Anschauen Gottes, (v. L. Thilo). 8. Köln. (Bresl. 817. Max u. C.) 8 Gr

Coelestinus

Coelestini epistolae selectae, s.: Patrum, sanctorum, opuscula.

Coelestinus [Pseud.], s. a. Augustiny, Johann Rhode Friedrich

Coelestinus, Christomele, das ist: christl. Gedichte, enthalt. d. Hauptlehren uns. theuersten Glaubens. Eine Confirmandengabe. 16. (4 B.) Altona 837. [Dessau,] Aue.

Christomele, das ist christliche Gedichte, enthaltend die Hauptlehren unseres theuresten Glaubens. Eine Confirmandengabe von Coelestinus [ɔ: Joh. Rhode Friedr. Augustiny]. Altona. 1837. [Navnet paa 2. Aufl. Hamburg. 1857].

Sechs Fastenpredigten über die Ewigkeit nebst e. Charfreitags-Predigt von P. Coelestinus, Priester d. rhein.-westf. Kapuzinerprov. Münster i. W.: Alphonsus-Buchh. 1908. (175 S.) 8° [F.]

Coelestinus, L., idea exacta de bono principe cujus officium requirit curam gerere de bono rei publicae seu totius regni, divisa in V Partes. 8. Frib. (Wohler in Ulm.) 740.

Cölestion, Karl Hylander's, oder über das Wesen und den Werth der natürlichen Religion . . . Wolfenb. 1803. H: *Albrecht, Joh. Glob.* (MGT)

Colet, Louise

—— un drame dans la rue de Rivoli. 16. (196 S.) Leipzig 857, A. Dürr.

Colet, Madame Louise, Mirabeau's Jugend. Aus d. Französ. übers. v. Emilie Wille. kl. 8. Leipzig 842, Kollmann. 1⅓ ♂

Colet, Louise, le Comte de Landevès. Suivi de la Marquise de Gange. Édit. autorisée. Leipzig 858, A. Dürr. 32. (203 S.) 15 ngr

Colet, Louise, Lui. Roman contemporain. 3 Vols. (Bibliothèque choisie. Vol. 342—344.) 16. (458 S.) Naumburg 860, Pätz. Thlr.

Colet, Louise, les petites passions dans les grands paysages. (Bibliothèque choisie. Vol. 528.) 16. (160 S.) Naumburg 863, Pätz.

Colete et Lucas. Comédie en 1 acte mêlée d'ariettes & de l'Imprimerie de l'auteur chez l'auteur 1771. V: *Ligne, Charles Jos. Prince de.* (Des Fürsten von Ligne Erinnerungen und Briefe. A. d. Franz. übers. u. hgbn von Viktor von Klarwill. Wien 1920. S. 398) (biblPort)

Coletta, P., Geschichte des Königreichs Neapel, s. Bibliothek, neueste histor., d. Auslandes.

COLETTE, die schöne Pächtersfrau oder Liebesabenteuer auf dem Lande. Roman v. M. P. Paris, 1904. Kl. 8°. 150 S. Privatdruck. Ppbd. [Ist eine Übersetzung des französischen Romans von E. D.: Odor di femina. Früher erschienen unter dem Titel: Evasduft.]

Coley, James Milman: Lehrbuch der Kinder-Krankheiten für praktische Aerzte und Studirende. (A practical Treatise on the diseases of children. Dt.) 470 S., gbd.

Stuttgart: Müller 1847

JB 4.127

Coliany, Jahrbuch deutscher Bühnenspiele, s. Jahrbuch.

Cölibat, s.a. Zölibat.

§ COELIBAT, Der (!), oder der Wehestand der unbeweibten Priester, aus den hinterlassenen Papieren eines katholischen Geistlichen gezogen . . . von einem Freunde der . . . christlichen Kirche. Zürich, J. R. Wild, 1835. 8°. 63 S (In München: J. can. p. 225 q.)

Cölibat, Der. Mit dem Motto: *Δοχῶ δὲ κἀγὼ πνεῦμα Θεοῦ ἔχειν.* Regensburg 1841. V: *Volk, Wilh. Gust. Werner.* (Russell IX, 442) (KD)

Cölibat, der, 2 Abtheil. gr. 8. Regensburg 841, Manz. 2 ♂

BADEN. — Coelibat und dessen Aufhebung in Baden. Meine Gedanken gegen das römische Coelibat-Gesetz, v. G. E. Sp. Reutlingen 1820. 8°. 46 S
Stoll & Bader, Freiburg i/Br., Cat. 67 (1891).

— der, in seiner Entstehung, seinen Gründen u. seinen Folgen. Eine Zeitfrage für das bevorstehende Concil von e. kathol. Geistlichen. München 869. — Würzburg, Stuber. gr. 8. (15 S.) n. 4 ngr

§ COELIBAT, Der (!), in seiner Entstehung, seinen Gründen u. Folgen. Eine Zeitfrage für das bevorstehende Concil, von einem katholischen Geistlichen. München, Franz, 1870. 8°. 15 S. (In München: J. can. p. 1198/30.)
Zuerst gedr. ebd. 1849. (50 Pfg. A. Bielefeld, 1891.)

— über das, d. Geistlichen in kathol. Staaten. (Von A. Schelle.) gr. 8. Salzb. 784. Mayr. 10 ℊ

Cölibat, Der, der Geistlichkeit von seiner politischen Seite betrachtet. Osnabr. u. Leipz. 1783. V: *Möser, Justus.* (ML)

Cölibat, der, mit seiner Grundlage und Aufbau oder das dreistöckige Gebäude der römisch-kathol. Kirche. Frankfurt a. M. 854. Brönner. 8. (68 S.) 5 ngr

CÖLIBAT und Haushälterin. Culturhistor.-humorist.-satyrischer Beitrag zur Sittengeschichte des katholischen Clerus. Mit Illustrationen. Chemnitz 1875. 8°. (1 Mk. C. Winter, Dresden, 1895.)

Cölibat, Der, ist noch nicht aufgehoben; ein Trauerspiel oder tragisches Strafgericht in 3 Aufzügen. Parthenopel [Ulm] 1791. V: *Widmann, Meinrad.* (Ky) (ML)

Cölibat, Der, ist aufgehoben. Ein Lustspiel in 5 Aufzügen. Speier 1790. V: *Widmann, Meinrad.* (BGE² I/652) (biblPort)

Cölibat, das, des heil. Oran. Legende von d. Insel Jona; aus d. Französ. v. A. Kuhn. A. u. d. T.: Schottische Legenden von Kuhn. 1e Legende. 8. Berl., Schlesinger. 20 ℊ

Cölibat, der, der kathol. Priester, s.: Volksaufklärung.

—— das, seine Ursachen und seine Wirkungen. Eine Anleitung für das ökumen. Concil sich nützlich und zeitgemäß zu beschäftigen. Nebst einer Einleitung über die Berechtigung des Concils im Allgemeinen und seine Stellung zur heutigen Bildung. 8. (40 S.) Berlin 869, Lowitsch.

Cölibat, der, im Widerspruch mit Vernunft, Natur u. Religion. Oder: Die Emanzipation d. kathol. Klerus. Ein dringendes Bedürfniß f. d. kathol. Kirche. Rechtfertigung d. Freiburger Denkschr. f. d. Aufheb. d. Cölibats geg. d. Beleucht. derselben v. P. i. a. Lex.-8. (4 B.) Heidelberg 828, A. Oßwald. Thlr.

— der, im Widerspruch mit Vernunft, Natur u. Religion; oder d. Emancipation d. kathol. Klerus. Rechtfertigung d. Freiburger Denkschrift für d. Aufhebung d. Cölibats gegen d. Beleuchtung derselben v. P. i. a. Lex.-8. Heidelb. 829. Oßwald. 9 ℊ

Cölibate, von beständigem, e. vollständ. histor.-moral. Abhandl. eines alten Theologen, mit seinen u. neuern Anmerkk. den Zeitumständen gemäß durchflochten, nebst e. Addresse an Dalberg, (v. H. Scheiffele). 8. Rom u. Paris 805. (Heigl in Straub.) 12 ℊ

§ CÖLIBATGEBOTH (!). Das kirchliche, in seinen Verhältnissen zur Religion, Sittlichkeit u. Politik. Aus d. Französ. mit Anmerkgn. von einem Teutschen (Georg Ludw. Carl Kopp). O. O. (Frankf.) 1811. 8°. (⅓ Rthl. (In München: J. can. p. 226 c.) (1 Mk. 50 Pfg. Franz Teubner, Düsseldorf, 1898.)
Anon. Lex. I. p. 332 (nach Schmalhofer)

Cölibatgebot, d. kirchliche, in seinen Verhältnissen zur Religion, Sittlichkeit u. Politik, v. M. Nach d. Französ., mit erläut. Anmerkk. von e. Deutschen. 8. Frankf. 811. Andreä. 16 ℊ

Cölibatgebot, Das kirchliche, in seinen Verhältnissen zur Religion ... Frankf. 1812. V: *Kopp, Gg Ludw. Carl.* (schmal)

CÖLIBATGESCHICHTEN. Naumburg a. S., Lippert & Co. Verboten v. L.-G. Prag, 16. VIII. 1901. § 302.

Das CÖLIBATGESETZ in der lateinisch-katholischen Kirche in Bezug auf Schrift, Natur, Vernunft und Moral. Pressburg 1848: Carl Friedrich Wigand. 45 S. - 200 mm

Cölibatgesetz, über das, d. röm. kathol. Klerus. 1e Abtheil. A. u. d. T.: Unpartheiische Betracht. über d. Gesetze d. geistl. Cölibats u. über d. feierl. Keuschheitsgelübde, besonders d. Räthen u. Gesetzgebern d. kathol. Staaten vorgestellt, von d. Prof. C. A. P. Aus d. Italien. übertragen u. mit Einleitt., Anmerkk. u. Zusätzen herausg. v. F. W. Carové. gr. 8. Frankf. a. M. 832. Brönner. 2 ₰ 6 gℓ 2e Abtheil. A. u. d. T.: Vollst. Samml. d. Cölibatgesetze f. d. röm. kathol. Weltgeistlichen, von d. ält. bis auf d. neuesten Zeiten, mit Einleit. u. Anmerkk. v. F. W. Carové. gr. 8. Ebd. 823. 3 ₰ 3 gℓ

Cölibatsapostel, d. neue, (Portalis) in Frankreich. 8. Ulm 802. Wohler. 4 gℓ

§ **ÜBER** den Cölibats-Zwang (erzwungene Ehelosigkeit bei der römisch-katholischen Geistlichkeit), von einem Katholiken. Karlsruhe, Macklot'sche Buchhdlg., 1874. 8°. 19 S. (In München: J. can. p. 226 e.) (50 Pfg. A. Bielefeld, 1891.)

Colibrados, Don Ranudi di oder Armuth und Hoffart. Lustsp. von Holberg. Copenhagen: Proft 1755. 8°

Colibrados, Don Ranudo di. Lustsp. in 4 Akten von Kotzebue. Lpz.: Kummer 1803. 8°

Colifichets oder Sylbenräthsel, s. Saint-Hilaire.

Coligni, Admiral von Frankreich. Trauersp. in 5 Aufz. v. C. Marschner. gr. 8. Leipzig, Baumgärtner. 820.

Colignon, P., Panegyricus Sillerianae familiae. Remis (1707.) 8.

Coligny. Trauerspiel, in: Jahrbuch deutscher Bühnenspiele für 1855.

Coligny, der Admiral. 5. Aufl. [Ster.-Ausg.] 16. (48 S.) Barmen 871. (Wiemann.) n.n. 5. —

Coligny, Gaspard v. Sein Leben, s. Marcks, Erich.

Colin (Mitarb.), s. Abhandlungen, 5, über Wasser als Ursache v. Dysentrie od. Malaria . . .

Colin, voir: *Tripet.*

Colin, Alfons, appr. Arzt a. München: Solitärtuberkel des Thalamus opticus. Beitrag zur Diagnostik der Erkrankungen des Sehhügels. München 1904: A. Bruckmann. (23 S.) 8°
München, Med. Fak., Ref. v. Bollinger, Diss. v. 28. Nov. 1904
[Geb. 13. Aug. 79 Bamberg; Wohnort: München; Staatsangeh.: Bayern; Vorbildung: Theresiengymn. München Reife Juli 99; Studium: München 2, Würzburg 2, München 5 S.; Coll. 11. Nov. 04; Approb. 7. Juni 04.]

Colin, F. Examen des œuvres dramatiques de Voltaire. Esquisse littéraire. Wien, R. I. Bez., 1887. 25 S. Progr.

Colin, J., siehe: *Schweizer-Kalender.*

Colin, M. C. (Lehrer der franz. Sprache) „Historische Uebersicht über die Entwicklung der französischen Sprache". pg. 1—9. 4°. Ed. Kaussler. Landau, Progr. 1853/54

Colin, Ph., Parzifal, s. Wisse, C.

Cölina, oder das Kind des Geheimnisses. Ein Seitenstück zu Victor. Nach dem Franz. Leipzig und Sorau 1800. V: *Ducray-Duminil, François Guillaume.* Ü: *Oertel, Friedrich.* (GGr) (Ky)

– dass. Lpz.: Beygang 1800.

Colinet, E., u. E. **Loran,** recueil de restes de notre art national du XIme au XVIIIme siècle. 12 Livrs. gr. Fol. (1—5. Livr. 29 Steintaf.) Berlin u. Lüttich 873. Claesen. n. 22. –

Colinez, (L. H.,) Responsio ad quaestionem juridicam: „An in republica bene ordinata poena mortis admittenda sit, et quae crimina, si admittatur, ea punienda?" etc. Quae praemio ornata est. gr. 4. Leodii 825, (Bonn, Marcus.)

Colinez, L. H., responsio ad quaestionem juridicam: „An in republica bene ordinata poena mortis admittenda sit, et quae crimina, si admittatur, ea punienda?" etc. Quae praemio ornata est. 4maj. Leodii 826. (Bonn, Marcus). 1 ₰ 3 gℓ

Colini, Cosmas, († d. 22. März 1806.) Betrachtt. über d. vulkanischen Berge, nebst e. Tabelle über d. Gebirge u. 1 Kpft. Aus d. Französ. übers. u. mit Anmerkk. versehen v. A. T. v. Gersdorf. 4. Dresd. 783. Walther. 12 gℓ

— considérations sur les montagnes volcaniques, avec fig. gr. 4. Manh. 782. Schwan u. G. 12 gℓ

— coup d'oeil sur la chaine graduelle des êtres naturels. gr. 4. Münch. 787. (G. Franz). 3 gℓ

— description d'un cerf du Cap de Bonne espérance, avec la figure de cet animal. gr. 4. Münch. 765. (G. Franz). 2 gℓ

— description de quelques encrinites du Cabinet d'Histoire naturelle de S. A. S. Mgr. l'Electeur Palatin, av. IV tabb. gr. 4. Münch. 771. (G. Franz). 8 gℓ

— description de deux jumelles adhérentes l'une à l'autre, avec fig. gr. 4. Münch. 782. (G. Franz). 5 gℓ

— description de plusieurs mines de mercure du Palatinat, du duché de deux ponts, et de quelques autres endroits du voisinage, avec des observations sur ces mines, et une nouvelle méthode de les distribuer. gr. 4. Münch. 765. (G. Franz). 5 gℓ

— description physique et économique de la ville de Manheim. gr. 4. Münch. 765. (G. Franz). 5 gℓ

— description succincte du Cabinet d'Histoire naturelle de S. A. E. Palatine. 8. Manh. 767.

— discours sur l'histoire d'Allemagne. 8. Frankf. a. M. 761.

— discours à l'occasion de la mort de Charles Théodore. 4. Manh. 799.

— dissertation historique et critique sur le prétendu cartel, ou lettre envoyée par Charles Louis, Electeur Palatin, au Vicomte de Turenne. 8. Münch. 767. (G. Franz). 6 gℓ

— Eloge de Charles Théodore, Elect. Palatin. 4maj. Manh. 786. Löffler. 3 gℓ

— sur l'incertitude de l'Histoire naturelle dans l'étude des mines métalliques. Remarques et decouvertes sur ces mines. gr. 4. Münch. 767. (G. Franz). 5 gℓ

Colini, Cosmas, sur les inondations du Necker près de Manheim, avec preuves et éclaircissemens, av. charte. gr. 4. Manh. 787. (Franz). 5 gℓ

— Journal d'un voyage qui contient quelques observations minéralogiques, particulièrement sur les Agates et le Basalte, av. fig. 8. Manh. 776. Schwan u. G. 1 ℔ 20 ℊ

— mémoire sur les inondations du Necker près de Manheim 1789, avec une charte. gr. 4. Manh., (G. Franz in Münch.) 4 ℊ

— Pensées sur la transmutation des substances du règne minéral. gr. 4. Münch. 782. (G. Franz). 7 ℊ

— précis de l'histoire du Palatinat du Rhin. 8. Manh. 763. Löffler. 18 ℊ (Münch., Franz). 6 ℊ

— relation d'un effet causé par le grand froid de l'année 1789 sur un cristal de rocher qui contenait une goutte d'eau. gr. 4. Münch. 787. (G. Franz). 2 ℊ

— remarques sur la Pierre élastique du Brésil et notices sur les marbres flexibles de Monseigneur le Prince Borghese. 4. Manh. 805. Schwan u. G. 5 ℊ

— solution du problème du Cavalier au jeu des echecs. 8. Manh. 773. Löffler. 4 ℊ

— Tagebuch e. Reise, welche verschied. mineralog. Beobachtt., besonders über d. Agathe u. Basalte, enthält; aus d. Französ. übers. u. mit Anmerkk. begleitet v. J. S. Schröter, mit 15 Kpf. 8. Manh. 777. Schwan u. G. 2 ℔

— sur le Tarentisme. gr. 4. Münch. 782. (G. Franz). 4 ℊ

— über d. Ueberschwemmung d. Neckars bei Manheim. Mit Kpf. gr. 8. Manh. 790. Acad. B. (Löffler). 3 ℊ

— sur quelques Zoolithes du Cabinet d'Histoire naturelle de S. A. E. Palatin et de Bavière à Manheim, av. IV tabb. gr. 4. Münch. 782. (G. Franz). 10 ℊ

Colini, G. S.: Polit. Distichen. (2 1/2 B.) Leipzig: Klinkhardt 1831. 8°

Colini, G. S., politische Distichen. 8. Leipz. 831. Sühring. 6 ℊ

Colii, G., tractatus de secretione animali. 8. maj. Lips, Vogel.

Coelius, Michael, s. Abschied, Vom christlichen, aus diesem tödlichen Leben . . .

Coelius, Mich., Bericht von Luther's Absterben, s. John, G. A.

Colizza, Giovanna, lingua 'Afar nel Nord-Est dell' Africa. Grammatica, testi e vocabolario. gr. 8. (XII, 153 S.) Wien 887, Hölder. *

Coll, Henry F., moderne herrschaftliche Landhäuser. 10 Taf. m. Grundrissen u. kurzem Text. (VII S. m. Fig.) gr. Fol. Ebd. (905). n. 6. —

Coll, Johann Jacob von (Ehrenbreitstein), De edicto prohibitivo de non alienando bona saecularia immobilia in manus mortuas. Diss. hist.-polit.-jur. Trier (J. C. Eschermann) 6. VI. 1760. 60 S. tlws. dtsch. (5.—) 5530

Colla. (Vorlagen zum Ausschneiden.) (10 farb. Taf.) 20×27 cm. Stuttgart (909). G. Weise. 1. —; Schneideheft dazu — 25; Klebeheft dazu — 15

Voraussetzungen und Grundsätze der modernen Trinkerbehandlung. Von Ernst Colla. Nach e. Vortrage. *Halle a. S.: C. Marhold 1901.* (35 S.) 8° [as. 36..] 3

Colla, J. E., die Behandlung d. Alkoholiker. [Aus: „Aerztl. Monatsschr."] gr. 8. (11 S. m. 5 Fig.) Leipzig 898. H. Hartung & Sohn. n. — 50

Colla, Julius Ernst

Colla, Dr. J. E. Die Alkoholfrage und ihre Bedeutung für den Arzt. Basel 1900. Fr. —.10.

Colla, Jul. Ernst, die Alkoholfrage u. ihre Bedeutung f. den Arzt. Vortrag, geh. im wissenschaftl. Verein der Aerzte zu Stettin. 1.—2. Tausi. 8. (20 S.) Basel (901). Schriftstelle des Alkoholgegnerbundes (durch F. Reinhardt). n. — 08

Colla, J E . Die Alkoholfrage und ihre Bedeutung für den Arzt. Nach einem Vortrage, gehalten im wissenschaftlichen Verein der Aerzte in Stettin von Dr. J. E. Colla, Finkenwalde. Neue Bearbeitung. 3.—4. Tausend. IV + 24 S. 8. Basel, Schriftstelle des Alkoholgegnerbundes (Fr. Reinhardt, [1902]). fr. —. 10

Alkoholgegnerbund. (Internationaler Verein zur Bekämpfung des Alkoholgenusses.) [Flugschriften.] Nr. 28.

Die Trinkerversorgung unter dem Bürgerlichen Gesetzbuche. Von Dr. med. Julius Ernst Colla, Leiter d. Sanator. Buchheide b. Finkenwalde (Pomm.)' M. e. Preise gekr. u. hrsg. v. Dtsch. Ver. gegen d. Missbrauch geistiger Getränke. *Hildesheim: Mässigkeitsverl. d. Dtsch. Ver. gg. d. Missbr. geist. Getränke 1899.* (2 Bl., 97 S.) 1 Bd 8. [as. 189.]

— Voraussetzungen u. Grundsätze der modernen Trinkerbehandlung. Nach e. im Berliner Vereine abstinenter Aerzte geh. Vortrage. 8. (35 S) Halle 901. C. Marhold. n. — 50

Collaborationen. Proverbe et un acte par un Russe. 8. (40 S.) Wien: Frick 1892.

Colladen, J. P., Briefe e. Dame über d. Kuhpocken; aus d. Französ. frei übers. u. mit Anmerkk. versehen v. F. G. Wegeler. 8. Köln 801.

Collado, Eman. (Morsee/Schweiz), Systematis physici. Disp. quadragesima secunda quae est de gravium motu accelerato. Präs. J. P. v. Crosa. Bern 1719. 26 S. (4.20) 5531
Gew.: Joh. Pet. Daples, Joh. Nicol. Papa, Joh. Paul v. Beausobre, Theob. Warner, Eman. Forel, Dav. Mayor.

Colladon, De mania et melancholia. Gött. 4°. 1797

Colladon, D., die maschinellen Arbeiten zur Durchbohrung d. Gotthardtunnels. Mit 3 lith. Taf. (in gr. 8. u. qu. Fol.) gr. 8. (34 S.) Zürich 876. Orell. Füssli & Co. n. 2.

Colladon, D. Contributions à l'étude de la grêle et des trombes aspirantes. In-8°, 52 p. avec 3 pl. Genève et Bâle, H. Georg. 1879. 2 —

Colladon, D. Notes sur les inconvénients et les difficultés du tunnel étudié sous le Mont-Blanc et ses lignes d'accès projetées. Avantages incontestables d'un chemin de fer international par le Simplon. In-8°, VII et 68 p. Avec une planche. Genève et Bâle, H. Georg. 1880. 1 20

Colladon, D. Seconde notice sur la question Simplon ou Mont-Blanc. Réponse à une lettre publiée par M. le sénateur Chardon. In-8°, 19 p. Genève et Bâle, H. Georg. 1880 — 50

Colladon, Dan., Mémoire sur les effets de la foudre sur les arbres et les plantes ligneuses et l'emploi des arbres comme paratonnerres. gr. 4. (84 S. mit 3 Stnt.) Basel 872, Georg.
Aus: Mémoires de la physique et d'histoire naturelle de Genève, besonders abgedruckt.

Colladon, Daniel (Prof.). L'entreprise du tunnel et la compagnie du Gothard. Notes et réflexions soumises au haut Conseil fédéral et aux chambres fédérales suisses. In-8°, 10 p. Genève et Bâle, H. Georg. 1879. — 50

— Die Tunnel-Unternehmung und die Gotthardbahn-Gesellschaft. In-8°. Genf und Basel, H. Georg. 1879. — 50

Colladon, H., l'oreille et la surdité. Hygiène de l'oreille, [pathologie et traitement], surdi-mutité, médecine légale, hérédité. Avec 4 pl. lith. gr. 8. (158 S.) Genève 875. Basel, Georg. n. 3. 50

Colladon, Jean-Antoine s. Notice sur la matière qui a coloré en rouge le lac de Morat... 1825.

Colladon, Jean-Daniel s. Colladon, Daniel.

Collaine, [Louis Victor]: Glücklicher Versuch, den Rotz und Wurm der Pferde zu heilen. E. Bericht. Aus d. Franz. übers. u. mit e. Vorr. begleitet von Friedrich Carl Gustav Gericke. Braunschweig 1812. 48 S.

Collaine, ..., glückl. Versuch, den Rotz u. d. Wurm d. Pferde zu heilen. Aus d. Franzöſ., mit e. Vorrede begleitet v. Fr. K. G. Gerike. 8. Helmſt. 812. (Fleckeiſen). 6 gr

Collan, Walt., über Spermatocystitis gonorrhoica, s. a. Monatshefte f. prakt. Dermatologie. 1898. II. Erg.-Hft.

Über Spermatocystis Gonorrhoica v. Dr. Walter Collan, Assist. d. dermatolog. Klinik in Helsingfors. M. 1 chromolithogr. u. 1 Lichtdr.-Taf. *Hamburg & Leipzig: L. Voss 1898.* (2 Bl., 73 S., 2 Taf.) 1 Bd 8. [96. 1906

Colland, Dr., ſ. E. Sue, Martin der Findling.

Colland, Fri(e)drich: Abhandlung über die widernatürlichen Geburten, nebst angehängten Lehrsätzen aus der Arzneywissenschaft...
110 S., gbd.

Wien: typ. Salzer 1784

Colland, Friedrich: Abhandlung über die widernatürlichen Geburten, nebst angehängten Lehrsätzen aus der Arzneywissenschaft. Diss. 112 S., gbd.

Wien: mit Salzerschen Schriften 1784

JB 3.811

COLLAND Friedrich. Abhandlung über d. Geburtshilfe. Wien 1787.

• **Colland, F.**, Fundamenta artis obstetriciae.
Wien: Verl. v. Sammer

— fundamenta artis obstetriciae. 8. Wien 804. (Schaumburg). 18 gr

Colland, Friederich: Kurzer Inbegriff von dem Ursprunge der Wissenschaften, Schulen, Akademien, und Universitäten in ganz Europa, besonders aber der Akademien und hohen Schule zu Wien, in welchem alle von ihrem Ursprunge an bis auf den heutigen Tag vorgefallenen wichtigen Begebenheiten in chronologischer Ordnung, wie auch die alte sowohl, als dermalige neue Verfassung derselben vorgetragen wird. 542 S., gbd., 1 Taf. (fehlt!)

Wien: v. Trattnern 1796

JB 5.503

• — Inbegriff vom Ursprunge d. Wiſſenſchaften, Schulen, Akademien ꝛc. in Europa, jetzt Verlag v. Sammer in Wien.

— Nachricht von d. medicin.-chirurg., ſowohl theoret. als prakt. Lehranſtalt an d. uralten Univerſität zu Krakau, nebſt e. Beobachtungen u. Verſuchungen über d. Weichſelzopf ꝛc. 8. Wien 806.

Colland, Fr., († d. 15. April 1815.) Unterricht in d. Geburtshülfe f. Hebammen u. Geburtshelfer. 8. Wien 787. Sammer.

Colland, Friedrich: Unterricht in der Geburtshilfe, worinnen alles sowohl für Hebammen, als Geburtshelfer zu wissen Erfoderliche enthalten ist. 584 S., gbd.

Wien: v. Trattnern 1787

JB 3.812

Colland, Friederich: Kurzer Unterricht in der Geburtshilfe für Stadt- und Landhebammen. 342 S., gbd.

Wien: v. Trättnern 1797

JB 3.935

• — kurz. Unterricht in d. Geburtshülfe f. Stadt- u. Land-Hebammen.
Wien, Verl. v. Sammer.

Colland, F., Unterricht f. Stadt- und Land-Hebammen. gr. 8. Wien, Kupfer u. W. 797.

— Unterr. für Stadt- u. Land-Hebammen. gr. 8. Wien 797. (Wimmer). 20 gr

Colland, Friederich: Untersuchung der gewöhnlichsten Ursachen so vieler frühzeitig-todtgebohrner und der großen Sterblichkeit neugebohrner Kinder. Zur Richtschnur für Mütter jeder Klasse herausgegeben. 142 S., gbd.

Wien: typ. Schuender 1800

JB 4.077

Colland, Karl Fr., († d. 9. März 1792.) einige Beitr. zur fränkiſchen Geſchichte. 8. Oehring. 780. Löffler in Mannh. 4 gr

Colland, C. F., Einige Beiträge zu dem fränkischen Geschlechte der Herren und Grafen von Rothenburg. Oehringen 1780. 4.

— neue Beyträge zur fränkiſchen Geſchichte. 8. Mannheim, Löffler. 781.

— einige kurze Bemerkk. über d. Verſuche d. Hofr. Zapf, welche derſelbe zur Erläuterung d. Hohenloheſchen ältern u. neuern Geſchichte öffentl. bekannt gemacht hat. 8. Nürnb. 779. Schneider u. W. 2 gr

— Erläuterungen u. Erklärr. d. Hauptwappens d. ruſſ. Reichs. 4. Oehring. 774.

— Nachrr. von d. alt-fränkiſchen Geſchichte der v. Nordenberg. 4. Ellwangen 777.

Colland, C. F., Histor. und durch Wappen erläuterte Nachrichten von dem altfränkischen Geschlecht der Herren von Nordenberg. Mit Wappentfl. Ellwangen 1774. 4. — Neue Aufl. 1777. 4.

Colland, K.: Untersuch. üb. ein. streit. Materien d. Kur-Mainz. Staatsrechts, insond. d. St. Erfurt. betr. *Erfurt*, Homeyer. 770. 8. (4 Gr.)

— Unterſuch. über d. kurmainziſche Staatsrecht, Erfurt betreffend. 8. Erfurt 770. Homeyer. 4 gr

— Verſuch e. vollſtänd. Erklär. u. Auslegung d. Wappen d. Stadt Halle in Schwaben ꝛc., n. Zugabe. 4. Halle in Schwab. 774, 75.

Charles **Collard**, Avocat. Ecole des sciences polit. et soc. de l'Univ. de Louvain. L'éducation protectrice de l'enfance en Prusse. La loi du 2 Juillet 1900 et son application. Préf. du Dr [Karl] Krohne. Louvain: Ch. Peeters; Leipzig: A. Lorentz 1908. (XVIII, 351 S.) 8° 08. 8494

Charles **Collard**, Avocat. L'Éducation protectrice de l'enfance en Prusse. La loi du 2 juillet 1900 et son application. Préf. du Dr [Karl] Krohne. Louvain: Peeters; Leipzig: Lorentz 1908. XVIII, 351 S. 8° (École des sciences polit. et soc. de l'Univ. de Louvain. [33.]) 09. 2317

Collard, Eugen: Die Staatsangehörigkeit der Ehefrau nach deutschem Staatsrecht ... Erlangen, k. b. Hofbuchdr. v. A. Vollrath, 1895; 44 S. 8.
Erlangen, Jur. Fak., Inaug.-Diss. v. 1895

Collard, F., L'enseignement du Latin. S.-A. 1889. 30 S.

Collard, F., Le rajeunissement du Grec. S.-A. 1902. 41 S.

Collard, Fr., u. H. **Schiller,** die Organisation d. höh. Unterrichts in Belgien u. Luxemburg. [Aus: „Baumeister's Handb. d. Erziehungs- u. Unterrichtslehre f. höh. Schulen".] gr. 8. (29 S.) München 897. C. H. Beck. n. — 80

Collard, Roger, Abhandl. über d. Croup; aus d. Französ. v. R. Meyer, u. mit Anmerkk. v. J. Abr. Alberts. gr. 8. Hannov. 814. Hahn. 1 ₰

Collaert, A., Decorationsmotive, } s.: Meister,
— Gold- u. Edelsteinschmuck, } alte.

Collaert, A., Panneaux, s.: Meister, alte.

Collas, John v., s. Tesdorpf, W.

Collas, Constantin, der Staatsbankrott u. seine Abwicklung, s.a. Studien, Münchener volkswirtschaftliche. 68.

Collas, Constantin: Der Staatsbankrott und seine Abwicklung. Stuttgart 1904: Union. (VIII, 64 S.) 8° ¶ (Erschien als: Münchener volkswirtsch. Studien, Stück 68.)
München, Staatswirtsch. Fak., Ref. Lotz, Diss. v. 28. Nov. 1904
[Geb. 5./17. Jan. 81 Patras; Wohnort: Patras; Staatsangeh.: Griechenland; Vorbildung: Gymn. Patras Reife 97; Studium: Athen 4 (philos.), Bern (jur.), München 8 S. (jur. u. staatsw.); Rig. 4. Nov. 04.]

Der Staatsbankrott und seine Abwicklung von Dr. Constantin Collas. *Stuttgart & Berlin: J. G. Cotta Nachf. 1904.* (X, 64 S.) 8°
— Studien, Münchener volkswirtschaftliche. St. 68. 04. 16577 3

Collatio in alimoniam humanitatis facta ... Friberg. 1820. H: *Kelle, Carl Gottfried.* (KY) (MGT)

Collatio codicis juris Alemannici tam provincialis quam feudalis ejusque antiquissimi de ao. 1434. cum MSto. Argentoratensi 1505. impresso, ad cujus exemplar illam adornavit Joh. Meichsner editionem, quae prodiit *Frcf. ad M.* 566. cur. J. Aug. de Bercer. *Lips.* 726. 4.

Collatio iuris communis et Noric. in materia de tutela et cura. Altorfi 1754. V: *Spies, Wolfgang Albrecht.* (ML)

Collatio Scriptorum societatis Jesu universae. Viennae 1855. H: *Stöger, Johann Nepomuk.* (EB)

Collatio textus graeci editionis polyglottae cum novo testamento Sinaitico. Appendix editionis novi testamenti polyglottae. gr. 8. (VI und 96 S.) Bielefeld 864, Velhagen und Klasing. *

Collatio, L. F. V. Legum et consuetudinum austriacarum ... cum romano jure, ad ordinem digestorum. Joannis Ortw. Westenbergii principiis juris maxime accommodata. Ed. 2. Viennae 1772. V: *Voss, Lothar Friedrich.* (WBL)

Collaturen, die, u. die Rechte des Volkes. Mit Rücksicht auf die St. Gallischen Verhältnisse. gr. 8. (36 S.) St. Gallen 848, Scheitlin & Zollikofer. 1/6 ₰

Collatz, Oscar [aus Berlin]: Zur Würdigung des Gabritschewsky'schen Pneumatoskops. ... Berlin, Th. Haberlandt, 1891; 29 S. 8°
Jena, Med. Fak., Inaug.-Diss. v. [6. Mai] 1891

Collatz, Osc., zur Würdigung d. Gabritschewsky'schen Pneumatoskops. Diss. gr. 8. (32 S.) Berlin 891. (Rudolstadt, H. Dabis.) -- 60

Collatz, Otto, die wahre Konzentration im Gymnasialunterricht. Zugleich e. Beitrag zur Überbürdungsfrage. (27 S.) 8. Berlin 910. Wiegandt & Grieben. — 50

Collatz, Otto, zur Theorie der Reproduction. Eine psychologisch-psychophysiolog. Untersuchung. Inaugural-Dissertation. gr. 8. (58 S.) Breslau 886, (Köhler.) *

Collatz, Wilh., ungerechtfertigte Vermögensverschiebung. Ein Beitrag zum Recht des bürgerl. Gesetzbuches. gr. 8. (40 S.) Berlin 899. Struppe & Winckler. n. 1.20

Collaud, A. Étude du ligament alvéolo-dentaire chez l'homme et chez certains animaux. Avec 3 planches (14 fig.). Gr. in-8°. 36 p. Genève, Bâle, Lyon, H. Georg. 1890. 2 50
*** Extr. du „Journal international d'anatomie et de physiologie. Tome VII, 1890 Fasc 1 et 2."

Collaud, B[éat]. Statistique sur les inoculations préventives du charbon symptomatique dans le canton de Fribourg. Communication présentée... [à l']Assemblée annuelle des statisticiens officiels et de la Société suisse de statistique, tenu à Fribourg en 1901. — Statistik über die Schutzimpfungen gegen den Rauschbrand im Kanton Freiburg. Mitteilung von B. Collaud,... Freiburg [an die] Jahresversammlung der amtlichen Statistiker und der schweiz. statistischen Gesellschaft, abgehalten in Freiburg 1901. II + 18 p. 4. Berne, Staempfli & Cie, 1901.

Collaud. Léon, Tierarzt von St. Aubin (Fribourg), Assistent am vet.-pathologischen Institut der Universität Zürich: Aus dem pathologischen Institut der veterinär-medizinischen Fakultät der Universität Zürich. Beiträge zur pathologischen Histologie der Niere bei Rhodesian Redwater der Rinder in Südafrika (Piroplasmosis). [Mit 2 Tafeln.] Zürich 1906. 36 S. 8°. [8. IX. 06.]
Zürich Vet.-med. Diss. 1906/1907.

Collaud, Léon. Beiträge zur pathologischen Histologie der Niere bei Rhodesian Redwater der Rinder in Südafrika (Piroplasmosis). Diss. Vet.-Med. Univ. Zürich. [Mit 1 Tafel.] *Kopftitel:* Aus dem pathologischen Institut der veterinär-medizinischen Fakultät der Universität Zürich. 36 S. 8. Zürich, Orell Füssli, 1906.

COLLE. — Die galante Betrügerey, ein (durchaus liederliches) Lustspiel in Einem Akt. Nach Colle. Leipzig, im Verlage der Dykischen Buchhlg. 1779. Kl. 8°.)
46 S. (incl. Tit. m. kl. Vign.).

Colle, Théâtre. 1 Vol. in 18. (Didot). (Leipz., Fr. Fleischer). pap. ord. broché 9 Gr. pap. fin. 12 Gr. pap. vel. Rthlr. 1 format in 12. pap. vel. Rthlr. 1 5 Gr.

Cölle, Friedrich [aus Ahlden]: Beiträge zur Lehre vom primären Oesophaguscarcinom .... Göttingen, Druck d. Univ.-Buchdr. v. E. A. Huth, 1887; 39 + 1 S. 8°.
Göttingen, Med. Fak., Inaug.-Diss. v. 2. Febr. 1887.

Cölle, Friedr., Beiträge zur Lehre vom primären Oesophagus-carcinom. Inaugural-Dissertation. gr. 8. (60 S.) Göttingen 887, (Vandenhoeck und Ruprecht.) *

Cölle, Hans, approb. Arzt aus Ahlden a. d. Aller: Aus d. pathol. Institute zu Kiel. Ein Fall von Aneurysmabildung bei einem jugendlichen Individuum auf tuberkulöser Basis. *Kiel 1902: H. Fiencke.* (23 S.) 8°
Kiel, Med. Diss. v. [27. Febr.] 1902

Cölle, Rud., der kleine Katechismus D. Martin Luthers im Text, f. Schule, Kirche u. Haus neu hrsg. (86 S. m. 1 Bildn.) kl. 8. Hannover (905). A. Sponholtz. Geb. n. — 30

Cölle, Rud., Katechismussynopse oder übersichtl. Zusammenstellg. der fünf Hauptstücke nach Luthers kleinem Katechismus, m. dem Text des großen Katechismus u. m. einschläg. Stellen aus der augsburg. Konfession unter Annäherg. an die heut. Ausdrucksweise. Zum Gebrauch f. Geistliche u. Lehrer hrsg. (64 S.) Lex. 8. Hannover 909. Hahn. 2. 50

Cölle, Rud., die genuine Lehre v. der Kirche nach den Symbolen der evangelisch-lutherischen Confession. gr. 8. (VII, 55 S.) Leipzig 894. A. Deichert Nachf. n. 1. —

— Der religiöse Memorierstoff f. die Schule, abgesehen v. Martin Luthers kleinem Katechismus, ausgewählt u. zusammengestellt. (16 S.) 8. Ebd. 909. — 15

Die guten Werke oder d. VI. Artikel d. Augsburgischen Confession. E. theol. Untersuchg v. Rudolf Cölle, ... Studiendir. am Predigersem. auf d. Erichsburg. *Göttingen: Vandenhoeck & Ruprecht 1896.* (51 S.) 1 Bd 8.
[illegible]

Collecção de autores portuguezes. Tomo I.: Cantos. Collecção de poesias de A. Gonçalves Dias. 3. Edicção. Com o retrato do autor. 8. (XX und 424 S. mit 1 Stahlst.) Leipzig 860, Brockhaus' Sortiment und Antiquarium. *

Collecção de autores portuguezes. Tom. 1—4. 8. Leipzig 865,66, Brockhaus' Sortiment und Antiquarium. à Tom. * geb. à Tom. *

Inhalt:

Tom. 1. 2. Dias, A. Gonçalves, Cantos. Collecção de poesias. 2 Tomos. 4. edicção. Com o retrato do autor. (XXV und 453 S.) geb. in 1 Bd. mit Goldschn. * 2 Thlr. 15 Ngr.
» 3. 4. Herculano, A., O Monasticon. Em duas partes. Eurico o Presbytero e O Monge de Cistér. (XIV und 677 S.)

Collecção de autores portuguezes. Tomos 5 e 6. 8. Leipzig, Brockhaus. à Bd. (*ℳ 3.) * geb. à Bd. (*ℳ 4.) *

Inhalt:

Tomo 5. Os Lusiadas de Luiz de Camoẽs. Nova edição segundo a do Visconde de Juromenha conforme á segunda publicada em vida do poeta; com as estancias desprezadas e omittidas na primeira impressão do poema e com lições varias et notas. (XVI, 266 S.) 873.
» 6. Diniz, Julio. As pupillas do Snr. Reitor. Chronica da aldeia. (VII, 255 S.) 875.

Collecção de autores portuguezes. Tomos 7 e 8: Romanceiro portuguez. Coordinado, annotado e acompanhado d'uma introducção e d'um glossario por Vict. Eugenio Hardung. 2 tomos. 8. (XXVI, 279; VIII, 308 S.) Leipzig 877, Brockhaus. à Bd. *ℳ 3,50.; geb. à Bd. *
Tomos 1—6. Ebendas. 1860—1875. à Bd. *ℳ 3,50.; geb. *ℳ 4,50.

Colleccion

— de piezas selectas de varias obras Españolas, en prosa y poesia. A. u. d. T.: spanische Anthologie etc. 8. Leipz. 796. (W. Nauck). 12 ℊ

Colleccion de piezas selectas de varias obras Españolas, en prosa y Poesia. (h. a. d. Tit. spanische Anthologie.) 8. Leipzig, Sommer. 796.

Colleccion de vocablos y frases dificiles que occuren en la Fabula del ingenioso hidalgo Don Quixote de la Mancha. Nueva edicion. 16. Leipz. 816. (W. Nauck). 1 ₰ 12 ℊ

Colleccion de vocablos y frases dificiles que occuren en la Fabula del ingenioso hidalgo Don Quixote de la Mancha. Nueva edicion. 16. Leipzig, Sommer. 816.

Collecta Dissertationum ac Tractatuum jus Lubecense illustrantium. Lips. 1793. H: *Langemark, Arnold Lucas.* (Ky) (MGT)

Collectanea ex archivo collegii hist. Crac., s. a. Scriptores rerum polonicarum.

Collectanea ex archivo collegii historici. Tom. VI. Editionum collegii historici academiae lit. Crac. N. 47. gr. 8. (IV, 463 S.) Krakau 891, (Buchh. d. poln. Verlags-Gesellschaft). * 6 —

— ex archivo collegii historici. Tom. VII. Editionum collegii historici academiae lit. Crac. N. 54. gr. 8. (478 S.) Krakau 894. (Buchh. d. poln. Verlags-Gesellschaft.) n. 6. —

— ex archivo collegii historici. Tom. VIII. Editionum collegii historici academiae lit. Crac. Nr. 57. gr. 8. (485 S.) Krakau 898. (Buchh. der poln. Verlags-Gesellschaft). n. 6. —

Collectanea Austriaca ad botanicam, chemiam et historiam naturalem spectantia . . . Vindobonae 1786—96. H: *Jacquin, Nic. Joseph.* (Call)

Collectanea chirurgica anni 1721. Hannoverae 1722. H: *Wreden, J. E.* (JStBbH)

Collectanea chirurgica anni 1721. Hann. 1722. 8°. et anni 1722. Hildesh. 1723. 8°. Editor est Jo. Ern. *Wrede. Haller,* Bibl. chir. II, 76.
1722

* Collectania chymica Leidensia, oder auserlesene mehr als 700 chymische Processe welche von Herrn Maëthio, Margravio und le Mortio ehedessen dreyen berühmten Professoribus der Chymie zu Leyden, denen damahls aus allen Theilen Europæ gegenwärtigen Auditoribus so wohl publice, als privatim nicht nur gewiesen, sondern auch mündlich dictirt worden vor diesem von Christoph Ludwig Morley in Ordnung zusammengetragen und ans Licht gebracht, nachmahls durch Theodorum Muykens mit vielen neuen, schönen und accuraten Experimenten vermehret, in richtigere Ordnung gestellet, allent halben verbessert, und von überflüssigen Processen gesaubert; nun aber auf Ersuchen guter Freunde ins Teutsche übersetzt und mit doppelten Registern versehen. Ein Werck, so allen Medicis, Chymicis, Physicis, Apothekern, und jeden seine Gesundheit liebenden höchst nöthig und nützlich. Editio secunda. Verlegts Henrich Christoph Cröker, Buchhändler, Anno 1700. pp. [vii]-785-[xliii], 16mo. Illustrated title-page.
Another edition, Jena, 1726.

Collectanea chymico-metallurgica curiosa; oder Zusammen getragene chymisch und metallurgische Processe von Gold-Kiesen, Kobalt und Talck-Ertzen. Nebst e. Anh. von vitris metallicis und Schmeltz-Flüssen . . . Mit sonderbarem Fleiß aus vielen Schrifften u. theils eigener Experientz zusammen getragen, und . . . zum Druck befördert von einem Freunde der Chymie und Metallurgie am fruchtbaren Hartze. Leipzig: Kloß 1715. 352 S. 8°.

Collectanea s. congregationis de propaganda fide seu decreta, instructiones, rescripta pro apostolicis minionibus. 2 vols. Ann. 1622—1906. Nn. 1—2317. (VIII, 732 u. IV, 574 S.) 31,5×21,5 cm. Romae 907. Rom (Place Capranica 102), F. Ferrari. 16. —

Collectanea, Curiosa, Theologica et Historica. Oder: Eine nützliche Sammlung Satyrischer Straff-Schrifften, von vortrefflichen Männern, ehemals eintzeln herausgegeben, nun aber ... abermals von neuem aufegelegt und zusammen gedruckt. Leipzig und Frankfurth 1735. V: *Harnack, Daniel.* (BGE I^{8}, 712)

Collectanea etc. in quibus continentur: Epicteti Enchyridion etc. quae inscribitur Nicocles. 8. maj. Presb. Belmay.

Collectanea exquisita minorum rariorumque scriptorum omnigenam scientiam medicam, inprimis verò anatomicam, de variis partibus internis corporis humani, spectantium sub auspiciis celeberrimorum virorum ... nunc verò collectorum opera & studio Francisci Josephi de Oberkamp. Francofurti a. M.: Eslingerus 1768. 646 S. 8°.

Collectanea

— Friburgensia. Commentationes academicae universitatis Friburgensis Helvetiorum. Fasc. I. gr. 4. Freiburg (Schweiz) 894. Universitätsbuchh. (B. Veith.) n. 6. —

Die Correspondenz v. Alfonso u. Girolamo Casati, spanischen Gesandten in der schweizerischen Eidgenossenschaft, m. Erzherzog Leopold V. v. Oesterreich 1620—1623. Ein Beitrag zur schweizer. u. allgemeinen Geschichte im Zeitalter des 30jähr. Krieges. Mit Einleitg. u. Anmerkgn. hrsg. v. Heinr. Reinhardt. (XI, LXXXVII, 214 S.)

Collectanea Friburgensia. Commentationes academicæ universitatis Friburgensis Helvetiorum. Fasc. I. Die Correspondenz von Alfonso u. Girolamo Casati, spanischen Gesandten in der schweizer. Eidgenossenschaft, mit Erzherzog Leopold V. von Oesterreich, 1620—1623. Ein Beitrag zur schweizerischen u. allgemeinen Geschichte im Zeitalter des 30 jährigen Krieges. Mit Einleitung und Anmerkungen von *H. Reinhardt.* Gr. in-4°. XI, LXXXVII, 214 S. Fribourg, Librairie de l'université. 7 50

— II. Der Strophenbau in den Gedichten Ephraem's des Syrers. Mit einem Anhange über den Zusammenhang zwischen syrischer und byzantinischer Hymnenform. Von *H. Grimme.* In-4°. VIII, 96 S. Ibidem. 1894 5 —

Collectanea Friburgensia. Commentationes academicae universitatis Friburgensis Helvetiorum. Fasc. III—VII. gr. 4. Freiburg (Schweiz), Universitätsbuchh. n. 41. — (I.—VII.: n. 51. —)

III. Les Gloses de Cassel le plus ancien texte réto-roman par Paul Marchot. (67 S.) 895. n. 3.
Fasc. II ist nur unt. d. Einzeltitel: Grimme, Hub., D. Strophenbau i. d. Gedichten Ephraems d. Syrers erschienen.

IV. Meister Eckart u. s. Jünger. Ungedruckte Texte z. Geschichte der deutschen Mystik, hrsg. v. Frz. Jostes. (XXVIII, 160 S.) 895. n. 6. —

V. Grundzüge d. hebräischen Akzent- u. Vokallehre. Mit e. Anh.: Ueber d. Form d. Namens Jahwae v. Hub. Grimme. (XII, 148 S.) 896. n. 8.

VI. Les Pensées de Pascal, disposées suivant l'ordre du cahier autographe. Texte critique établi d'après le manuscrit original et les deux copies de la bibliothèque nationale avec les variantes des principales éditions, précédé d'une introduction, d'un tableau chronologique et de notes bibliographiques par G. Michaut. (XCI, 469 u. 4 S. m. 2 Lichtdr.-Bildn.) 896. n. 16.

VII. Freiburgs Bruch m. Oesterreich, s. Uebergang an Savoyen u. Anschl. an die Eidgenossenschaft. Nach d. Quellen dargest. v. Alb. Büchi. Mit XXVI urkundl. Beilagen u. 1 (farb.) Karte d. Herrschaft Freiburg. (XXII, 268 S.) 897. n. 8.

Collectanea Friburgensia. Commentationes academicae universitatis Friburgensis Helvetiorum. Fasc. VIII et IX. 4. Freiburg (Schweiz). (Univ.-Buchh.) n. 20. —

VIII. Siger de Brabant et l'Averroïsme latin au XIIIme siècle. Étude critique et documents inédits. Par Pierre Mandonnet, O. P. (CCCXX, 127 S) 899. n. 12. —

IX. Die Verfasser der sogenannten Fredegar-Chronik. Von Gust. Schnürer. (V, 264 S.) 900. n. 8. —
Fasc. I—VII. Ebd. 894—897. n. 51. —.

Collectanea Friburgensia. Publications de l'Université de Fribourg ⟨Suisse⟩. Nouvelle série, Fasc. 1 ⟨10e de la collection⟩. XXIV + 322 p. 8. Fribourg ⟨Suisse⟩, B. Veith; Paris, Hachette & Cie., 1901. (fr. 10. —)
s. a. Giraud, Victor.

— dasselbe. Veröffentlichungen der Universität Freiburg (Schweiz). Neue Folge, fasc. I.—IV. (X.—XIII. der ganzen Reihe). gr. 8. Ebd. n. 23. 20

I. Essai sur Taine. Son oeuvre et son influence. Par Vict. Giraud. Avec une reproduction du portr. de Bonnat, des extraits de 60 articles de Taine non recueillis dans les oeuvres, des appendices bibliographiques, etc. (XXIV, 322. S) 901. n. 8. —

II. Der Totemismus u. die Religion Israels. Ein Beitrag zur Religionswissenschaft u. zur Erklärg. des Alten Testamentes. Von Vinc. Zapletal, O. P. (XIII, 176 S.) 901. n. 6. 40

III. Psalmenprobleme. Untersuchungen üb. Metrik, Strophik u. Paseq des Psalmenbuches. Von Hub. Grimme. (VIII, 205 S.) 902. n. 7. 20

IV. Luftelektrische Untersuchungen. Von Alb. Gockel. (55 S. m. 1 Taf.) 902. n. 1. 60

Collectanea Friburgensia. Veröffentlichungen der Universität Freiburg (Schweiz). Neue Folge, fasc. V—VII (XIV—XVI. der ganzen Reihe). Lex.-8. Freiburg (Schweiz), (Universitätsbuchh.) n. 30. 80

V. Sainte-Beuve avant les „Lundis". Essai sur la formation de son esprit et de sa méthode critique. Par G. Michaut. (VII, 735 S.) 903. n. 12. 80

VI. Einführung in die gregorianischen Melodien. Ein Handbuch der Choralwissenschaft. Von Pet. Wagner. 2. Tl. Namenkunde. Palaeographie des Gregorian. Gesanges. Nach den Quellen dargestellt u. an zahlr. Fcsms. aus den mittelalterl. Handschriften veranschaulicht (XVI, 356 S.) 905. n. 10 —; geb. n. 11. —
Tl. 1 u. d. T.: Wagner, P., Einführung etc. Ebd. 901. Geb. n. 6 —.

VII. Das Buch Kohelet. Kritisch u. metrisch untersucht, übersetzt u. erklärt. Von Vincenz Zapletal. O. P. (XIII, 213 S.) 905. n. 8. —

s. Zapletal, Vincenz.

Collectanea Friburgensia. Veröffentlichgn. der Universität Freiburg (Schweiz). Neue Folge, Fasc. VIII—X (XVII—XIX der ganzen Reihe). Lex. 8. Freiburg (Schweiz), Universitäts-Buchh. 14. 40

Bertoni, Giulio, Attila, poema franco-italiano di Nicola da Casola. (LIX, 127 S. m. 1 Taf.) 907. (IX.) 4. —
Daniëls, M.-Fr., Essai de géométrie sphérique en coordonnées projectives. (XIII, 280 S.) 907. (VIII.) 6. 40
Necrologium das, des Cluniacenser-Priorates Münchenweiler (Villars-les-Moines). Hrsg. v. Gust. Schnürer. Mit 2 Fksms. (Taf.) (VII, 159 S.) 909. (X.) 4. —

Collectanea Friburgensia. Publications de l'Université de Fribourg (Suisse). Nouvelle série, fasc. 8 (17me de la collection.) Essai de géométrie sphérique en coordonnées projectives par M.-Fr. Daniëls. Fribourg (Suisse) 1907. XIV + 280 S. 8°.
Freiburg i. Schw. Univ. Schr. 1906/1907

Collectanea Friburgensia. Publications de l'Université de Fribourg (Suisse). Nouvelle série, fasc. 9 (18me de la collection.) Attila poema franco-italiano di Nicola da Casola per Giulio Bertoni. Fribourg (Suisse) 1907. LIX + 127 S. und eine Tafel. 8°.
Freiburg i. Schweiz. Univ.-Schr. 1907/08.

Collectanea Friburgensia. Veröffentlichungen der Universität Freiburg ⟨Schweiz⟩. Neue Folge, Fasc. 10 ⟨19 der ganzen Reihe⟩. 8. Freiburg ⟨Schweiz⟩, Komm. der Universitäts-Buchh. ⟨O. Gschwend⟩, 1909. [fr. 5. —]
s. a. Schnürer, Gustav.

Collectanea Friburgensia. Veröffentlichungen der Universität Freiburg (Schweiz). Neue Folge, Fasc. 10 (19 der ganzen Reihe.) Das Necrologium des Cluniacenser-Priorates Münchenwiler. (Villars-les-Moines) herausgegeben von Gustav Schnürer. Freiburg (Schweiz) 1909. XLIV + 158 S. und zwei Faksimiles. 8°.
Freiburg i. Schw. Univ.-Schr. 1908/09.

Collectanea genealogico-historica, ex archivo inclytorum Austriae Inferioris Statuum . . . Viennae 1705. V: *Wurmbrand-Stuppach, Joh. Wilh. Graf.* (Myl) (WBL)

Collectanea mathematica, in memoriam Dominici Chelini nunc primum edita cura et studio L. Cremona et E. Beltrami. Accessit imago (photolithogr.) ejusdem Chelini et testamentum Nic. Tartaleae. gr. 8. (VII, XXXII, 424 S. mit 1 Facs.) Mailand 881, Hoepli.

Collectanea Mecklenburgica de Anno 1717. 718. IV fasciculi. 4. Flensb. 718. Rthlr.

Collectanea. Collectaneorum Naturae, Artis et Antiquitatis, Specimen Primum antiquitatis . . . Moguntiae [1717]. V: *Hiegell, J. Crafto.* (AarF)

Collectanea ad omnium rem botanicam spectantia ed. J. J. Römer. Cum tab. aen. 4. Zürich 807. Gessner. 3 ₰ 10 gl

— societatis medicae Hafniensis. II Voll., cum fig. 8maj. Kopenh. 774—76. Rothe u. Pelt. 2 ₰ 8 gl

Collectanea vitae, mortis et operum Divi Joannis a Capistrano. Budae 1803. V: *Jakosics, Joseph.* (SzMJ)

Collectaneen aus der neueren Literatur, betr. Projectirung u. Bau schmiedeeiserner Brücken u. dabei vorkommende Fragen u. Gegenstände, Fundirungen, besonders m. Hülfe des Schmiedeisens u. Gußeisens, u. Tunnelbau. (Vorträge üb. Ingenieur-Wissenschaften an der polytechn. Schule zu Hannover.) (24 Sp.) 4. Hannover (863). Leipzig, H. A. L. Degener. n.n. — 50

Collectaneen von Melanchthon's Verhältnissen, in welchen er mit Ulmern stand. Ulm 1797. V: *Veesenmeyer, Georg.* (BrMm)

MONATLICHES COLLECTANEEN-BLATT für die Geschichte der Stadt Neuburg a/D. und deren Umgegend von Freunden der Geschichte Neuburgs.
Jahrg. 1. 1835. (Bd. I. Heft I.) Neuburg a/D. Verlegt von der Griessmayer'schen Buchhandlung. 8°.

MONATLICHES COLLECTANEEN-BLATT für die Geschichte der Stadt Neuburg a/D. und deren Umgegend von Mitgliedern des historischen Filial-Vereins zu Neuburg.
Jahrg. 2. 1836. (Bd. I. Heft II.) ib. — Dazu gehörig mit bes. Titelblatt: Eine Scene aus dem Bauernkriege. s. l. 1836.
Jahrg. 3. 1837. (Bd. I. Heft III.) Mit Register und 3 Tabellen lithographischer Abbildungen. ib. —
Jahrg. 4—6. 1838—1840, oder Bd. II. Heft I—III. ib. —

Monatl. Collectaneenblatt für d. Gesch. d. Stadt Neuburg a./D. u. deren Umgegend. Jahrg 1838, 1848—89. Neuburg. 8.

Collectania, s. Collectanea.

Collectarius perpetuarum Formarum Johannis de Geylnhusen. Herausgegeben von Hans Kaiser. Innsbruck. 1900. Wagner. Gr.-8°. IX, 279 S. K 7.—

Collecten, die, bei d. Gottesdienste in alphab. Ordnung, z. Handgebrauche f. Lehrer u. Schüler. 8. Chemnitz 838. Billig. n. 1 gl

Collecten, die, bei dem evangel. Gottesdienste im Königr. Sachsen, in alphabet. Ordnung. Ein Anhang zu jedem in Sachsen eingeführten Gesangbuche. kl. 8. Grimma 842, Gebhardt. n. 1¼ ngl

Collecten, die, bei dem evangelischen Gottesdienste im Königr. Sachsen, in alphabet. Ordnung. Ein Anhang zu jedem in Sachsen eingeführten Gesangbuche. Neue verb. Aufl. 8. (16 S.) Grimma 878, Hering.

Collecten für Prediger, sonderlich auf dem Lande. Quedlinb. 1778—83. H: *Trinius, Joh. Anton.* (ML) »1798« (Ky)

Collecten für Prediger, sonderlich auf d. Lande, oder Samml. verschiedener nützl. exegetisch-histor., besonders aber homilet. Bemerkk. u. Abhandll. 5 Bde. gr. 8. Quedlinb. 798. Ernst. 2 ₰ 12 gl

Collectenblatt. Kollektenblatt des Verbandes deutschschweizerischer Frauenvereine zur Hebung der Sittlichkeit. je 8 S. 8. ([Basel,] Basler Druck- und Verlags-Anstalt.)
Nr. 1: Bin ich eine gute Mutter? [April 1902.] — Nr. 2: Wo ist dein Bruder Abel? [Juli 1902.] — Nr. 3: Mädchenhandel. [November 1902.]
Nr. 4: Unser Verein. [März 1903.] — Nr. 5: Eine tapfere Frau. [September 1903.]

Collectenblatt. Kollektenblatt des Verbandes deutschschweizerischer Frauenvereine zur Hebung der Sittlichkeit. 8. ([Basel,] Basler Druck- und Verlags-Anstalt.)
Nr. 6: Eine wichtige Forderung. (März 1904.) 8 S.
Nr. 7: Mutterpflicht und Wahrheit. 8 S. [1904.]
Nr. 8: Unsere Eingaben ([zum] Entwurf des schweizer. Civilgesetzes). 8 S. [1905.]
Nr. 9: Erziehung. 8 S. [1905.]
Nr. 10: Unsere Anstalten. 15 S. [1906.]

Collectenverein. Dem Kollekten-(*Nr. 23:* Collecten-)Verein zur Hebung der Sittlichkeit (*Nr. 26:* = Association du Sou). [Flugblätter.] 8.
Nummer 23. Januar 1901. 11 S. (Genf, Taponnier & Soldini, Jan. 1901.) — Nummer 24. Januar 1902. 7 S. [Genf.] — Nummer 25. August 1902. 6 S. [Genf.] — Nummer 26. 6 S. [Genf 1903.] — Nummer 27. September 1903. 4 S. [Genf.] — Nummer 28. April 1904. 12 S. (Genève, P. Richter, Avril 1904.)

Collectio

— auctorum classicorum latinorum. VIII Tom. 8. Wien 803—11. (Armbruster). 5 ₰ 4 gl (vergl. 1) *Horatii* Opera. 2) *Ovidii* N. Opera. 3) *Catullus* Tib., Propert. 4) Val. *Martialis* epigrammata. 5) *Persii* Fl. et D. J. *Juvenalis* satyrae).

— Auctorum classicorum Latinorum. Tom. I. vide Horatius. II. III. IV. vide Ovidi. Opera 5 Tmi. V. Catullus VI. VII. Martial. 2 Vol. VIII. Persius Flaccus. IX. Lucani. X. Taciti Opera. 8. Wien, Degen. 803. 4.

— vet. Auctorum vide Plautus comoediae.

Collectio benedictionum, instructionum et precum sanctae apostolicae sedis auctoritate approbatarum aut indultarum quae tamen in rituali romano non sunt receptae. Ed. Ratisbonensis prima a reverendissimo domino episcopo Ratisbonensi adprobata. gr. 8. (IV, 156 S.) Regensburg 872, Pustet.

Collectio brevium atque instruct. Papae Pii VI. . . . Augsb. 1796. H: *Hulot, H. C.* (Winer)

— brevium atque instruct. Pii VI. quae ad praesentes eccles. Gallican. calamitates pertinent. II Ptes. 8. Augsb. 796. Doll. 19 gl id. lib., continuatio etc. 8. ibid. 801. 1 ₰ 6 gl

Collectio bullarum, Brevium aliorumque diplomatum sacro sanctae Basilicae Vaticanae (edid. L. Allati). III Tomi. Fol. Ibid. 1747—50, Ludw. Stabel in Würzburg. 6 Thlr. — 10 fl. 48 kr.

Collectionis Conciliorum Germaniae T. I—X et T. XI. sive Index quinduplex conciliorum, diplomatum, histor., canonum et titulor. l. l. v. Decretalium, ex XII Tom. Concilior. German. coll. et in ordin. digestus ab A. Ant. Jos. Hesselmann. Fol. Köln. — 790.

Collectio conciliorum recentiorum ecclesiae universae curantibus Joa. Bapt. Martin et P. Ludov. Petit. Tom. I. 1720—1735 (sive amplissimae collectionis conciliorum a Mansi et continuatoribus editae, tom. XXXVII). (XXVI, 1058 S.) Fol. Paris 905. H. Welter.
Kart. n. 68. —

Collectio conciliorum recentiorum ecclesiae universae curantibus Joanne Baptista Martin, Prof., et Ludovico Petit e congr. August. ab Assumpt. T. 1. Parisiis, Leipzig: H. Welter 1905. 2°
— Collectio, Amplissima, conciliorum a Mansi et continuatoribus edita. T. 37. (07. 4933 2

Collectio Confessionum in eccles. reform. publicatar. Ed. H. A. Niemeyer. 8maj. (50 B.) Lipsiae 840, Klinkhardt.

—— id. — Appendix, qua cont. Puritanor. lib. symbol. Ed. H. A. Niemeyer. 8maj. (7½ B.) Lipsiae 840, Klinkhardt.

Collectio Davidis i. e. Catalogus celeberrimae illius bibliothecae hebraeae, quam ... collegit R. Davides Oppenheimerus ... Hamb. 1826. H: *Embden, Eliezar Salomon von & Jsaac Meetz.* (schr)

— notabil. Decisionum supremi tribunalis appellat. Hasso-Cassellani, a B. W. Pfeiffer. Tom. XIII—XVII. cura et revisione Bernh. Chr. Tuysing. A. u. d. T.: Neue Samml. 2c. 1r—5r Bd. 4. Cassel 818—21. (Hahn in Hannov.) 6 ₰ 16 ℊℊ

Collectionis notabil. Decisionum supremi tribunalis appellat. Hasso-Casselani. a B. W. Pfeiffer. Tom. XVII. cura et revisione Bernh. Christ. Tuysing. A. u. d. T.: Neue Samml. 2c. 5r Band. 4. Cassel 823. (Hahn in Hannover.

— Dass. Werk in Fol. Tom. III. Prs 1—9. Ebd. 7 ₰ 12 ℊℊ

Collectio declarationum sanctissimi domini Pii papae VII. ad gubernium imperii Gallicani 1808. S. l. 1815. H: *Jordánszky, Elek.* (SZMJ)

Collectio dissertationum elegantiorum de matrimonii vinculo in casu adulterii ... Dusseldorpii 1807. H: *Binterim, Anton Joseph.* (BrMm)

— Dissertationum historiam Imperii Romano-Germ. illustrantium, cur. Schroetter. Tom. I. 4. Viennae, Iahn. 776.

Collectio dissertationum historico-antiquario-iuridicarum in academiis Germanicis habitarum. Brem. 1785. H: *Oelrichs, Gerhard.* (ML)

— Dissertationum historicarum-antiquarum juridicarum. 4. Bremen, Förster. 785.

Collectio dissertt. jurid. in Academia Gotting. habit. *Gött.* Brose. T. I. et II. 790—95. 4. (2 Thl. 20 Gr).

— Dissertat. juridicarum in Academia Goettingensi habitarum. II Tom. in VI Ptes. 4. Götting. 790—97. Brose. (Lauffer in Leipz.) 3 ₰ 8 ℊℊ

— Dissert. jurid. Marburg. Fasc. I. 4. Marb. 794. Krieger. 8 ℊℊ

Collectio dissertatt. jurid. Marburg. Fasc. I. (vielleicht noch mehrere.) *Marb.*, off. nova librar. 794. 4. (8 Gr.)

— Dissertat. medicarum in acad. Goettingens. habitarum. T. I et II. in VI Fasc. 4. Götting., Brose. (Lauffer in Leipz.) 3 ₰ 8 ℊℊ

— Dissertat. medicarum, minus cognitarum habitae in Acad. C. R. Leopoldina Oeniponti. 8maj. Insbr. 793. Wagner. 1 ₰ 16 ℊℊ

— Dissertat. medicarum Marburgensium. Vol. I—VIII. 8. Marb. 791. Krieger. 5 ₰ 8 ℊℊ

— Dissertat. medicarum in alma universitate Lovaniensi multorum annorum curriculo publice defensarum typis mandata. IV Tom. 8maj. Lovanii 795 et 96. (Dieterich in Götting.) 4 ₰ 12 ℊℊ

Collectio dissertationum, programmatum aliarumque commentationum ad jurisprudentiam spectantium a saeculo XVI ad nostra usque tempora in academiis Germaniae, Galliae, Hollandiae editarum. gr. 8. (78 S.) Berlin 888, R. L. Prager. *

Collectio plus quam 4000 dissertationum, programmatum aliarumque commentationum ad jurisprudentiam spectantium a sec. XVI ad nostra usque tempora in Academiis Germaniae, Galliae, Hollandiae editarum quae nunc venales prostant apud R. L. Prager bibliopolam. C. 2 suppl. 8. (122 pag.) Berl. 888, R. L. Prager. * 1 —

— — ac tractatuum jus Lubecense illustr. 4. Lips. Gräff. 793.

— Dissertat. ac tractatum jus Lubecense illustr. 4. Leipz. 793. (Wienbrack). 1 ₰ 8 ℊℊ

Collectio dissertatt. ac tractatuum jus Lubec. illustr. *Leipz.*, Gräff. 795. 8. (1 Thl. 8 Gr.)

Collectio dissertationum ac tractatuum jus Slesvicense et Holsaticum illustrantium cura et cum notis Ludwig Albrecht Gottfried Schraderi. Fasc. 1—2. Kiliae Holsatorum. 1799—1800. 4° k.

Collectio epistolarum graecarum etc., s. a. Socrasis et. Socraticorum.

— epistolarum graecarum. Graece et latine. Recens., not. prior. interpr. suisque illustr. Jh. Konr. Orellius. T. I. epist. Socraticorum et Pythagoraeorum. 8maj. Lpz. 815. Weidmann. 2 ₰ 6 ℊℊ Schrbp. 3 ₰ Velinp. 3 ₰ 12 ℊℊ

— inclytae facultatis juridicae Erfordiensis responsorum et sententiarum selectiorum ed. C. F. I. Schorch. II Ptes. fol. Erfurt, Weber. (Academ. Buchhandlung in Jena.) 769—71.

Collectio Fieweger. Katalog satyr. Medaillen u. Münzen aus dem Nachlass des am 8. X. 1883 verstorbenen Professor C. Fieweger, deren öffentl. Versteigerung erbtheilungshalber am 22. u. 23. IV. 1885 Adler-Strasse 5, II stattfindet. gr. 8. (IV, 132 S.) Berlin 885. (P. Lehmann). 1.50

— graeca ex Apollodori Bibliotheca, Luciani dialogis mortuorum et Demosthenis oratione de pace. 8. Berl. 754. Franke. 6 ℊℊ

— graeca ex Apollodori Bibliotheca, Luciani dialogis mortuorum, et Demosthenis oratione de pace. 12. Halae, Weisenh. Buchh. 762.

Collectio librorum juris anteiustiniani in usum scholarum edd. Paulus Kruegor, Thdr. Mommsen, Guilelmus Studemund. Tom. 1 et 2. gr. 8. Berlin 877. 78. Weidmann. 5. 10
1. Gai institutiones, ad codicis Veronensis apographum Studemundianum in usum scholarum edd. Paulus Krueger, Guil. Studemund. Inest epistula critica Theodori Mommseni. (XXII, 192 S.) n. 2. 70
2. Ulpiani liber singularis regularum. Pauli libri quinque sententiarum. Fragmenta minora saeculorum p. Chr. n. secundi et tertii ed. Paulus Krueger. (VI, 168 S.) n. 2. 40

Collectio librorum juris antejustiniana. In usum scholarum. Edd. Paulus Krueger, Theod. Mommsen, Guilelm Studomund. Tom. I. 8. Berlin 884. Weidmann. 3. —
Gai institutiones. Ad codicis Veronensis apographum Studemendianum notis curis auctum. Iterum edd. Paulus Krueger et Guilelm. Studemund. Insunt supplementa ad codicis Veronensis apographum a Studemundo composita. Ed. 2. (XXXIX, 206 S.)

— librorum iuris anteiustiniani in usum scholarum edd. P. Kruogor, Th. Mommsen, G. Studemund. Tom. III. gr. 8. Berlin 890. Weidmann. n. 4. 60 (I—III.: n. 10. —)
Fragmenta Vaticana mosaicarum et romanarum legum collatio, recognovit Th. Mommsen. — Consultatio veteris cuiusdam iurisconsulti, codices Gregorianus et Hermogenianus, alia minora, ed. P. Krueger. (VI, 323 S.)

Collectio librorum iuris anteiustiniani in usum scholarum edd. Paul Kruegor, Thdr. Mommsen, Guilelm. Studemund. Tom. I. gr. 8. Berlin 891. Weidmann. n. 3. —
Gai institutiones, ad codicis Veronensis apographum Studemundianum novis curis auctum tertium edd. Paul Krueger et Guilelm. Studemund. Insunt supplementa ad codicis Veronensis apographum a Studemundo composita. (XVI, 206 S.)

Collectio librorum iuris anteiustiniani in usum scholarum edd. Paul. Kruoger, Thdr. Mommsen, Guilelm. Studomund. Tom. I. gr. 8. Berlin, Weidmann. n. 3. 40
Gai institutiones, ad codicis Veronensis apographum Studemundianum novis curis auctum in usum scholarum edd. Paul Kruoger et Guilelm. Studemund. Ed. IV. Insunt supplementa ad codicis Veronensis apographum a Studemundo composita. Accedunt fragmenta interpretationis Gai institutionum Augustodunensia ad recensionem Aemilii Chatelain edita a Paulo Kruegero. (LXVII. 206 S.) 899.

— librorum iuris anteiustiniani in usum scholarum edd. Paul Kruogor, Thdr. Mommsen, Guilolm. Studemund. Tom. I. 8. Berlin, Weidmann. n. 3. —
Gai institutiones ad codicis Veronensis apographum Studemundianum novis curis auctum in usum scholarum edd. Paul Krueger et Guilelm Studemund. Ed. V. Insunt supplementa ad codicis Veronensis apographum a Studemundo composita. Accedunt fragmenta interpretationis Gai institutionum Augustodunensia ad recensionem Aemilii Chatelain edita a Paulo Kruegero. (LXIX, 206 S.) 905.

Collectio librorum juris graeco-romani ineditorum. Ecloga Leonis et Constantini, epanagoge Basilii Leonis et Alexandri. Edidit Carol. Ed. Zachariae a Lingenthal. 8maj. (IV und 235 S.) Lipsiae 852, Barth.

Collectio librorum rariorum nova, s. Collectio, Nova librorum rariorum.

—Synodorum, nova et absoluta, tam provincial. quam dioeces. archiepiscopatus Mechliniensis. Acced. illuc spectantia rei ecclesiasticae monumenta, pleraque inedita: omnia diligenter recogn. ac in sectiones quinque distributa. Summo labore primum collegit et illustr. J. Fr. van der Velde, nunc vero jubente ac promovente celsiss. ac reverendiss. Principe Fr. A. de Méan, archiepisc. Mechlin. recollegit, supplevit et illustr. P. Fr. X. de Ram. Pars I. II. Mit 1 Bildn. 4maj. Mechl. 828, 29. (Mainz, Müller). à 6 rß 12 rß

Collectio nova actorum publicorum Imp. R. G., od. Samml. derer im heil. röm. Reich zum Vorschein gekommenen Deductionen u. anderer in d. Jus publ. I. R. G. einschlagenden Schriften. 8 Thle. 8. Nürnb. u. Ansb. 750—53. 4 rß 8 gl

Collectio nova actorum publicorum J. R. G. od. Sammlung derer im Jahr 1750 in Deutschland zum Vorschein gekommenen Deductionen u. andern in das Jus publicum J. R. G. einschlagender Schriften, wie solche bisher unter den Titel des *wöchentlichen Welt- u. Staats-Spiegel* zum Vorschein gekommen. 1—2. Th. *Nürnberg*. 752. 2 Voll. 8.

— nova et amplissima sacrorum conciliorum, cum notis P. Labboi, G. Gossartii et N. Coletii, edita ab I. D. Mausi. XXIX Tomi. fol. maj. Venetiis, Zatta. (Lipsiae, Gleditsch.) 3c

Collectio nova, dissert. select. in jus ecclesiasticum, s. Gratz, P. Al.

— nova Dissertationum theologicarum inprimis exeget. et histor. notabilior. excerpt. Edita I. G. F. Helmorshausen. VII Fasc. 8. Weimar, Hoffmann. 759—61.

—nova Dissertationum theologicarum, inprimis exeget. et histor. notabilior. excerpt. Ed. ab J. G. F. Helmershausen. VII Fasc. 8. Weim. 759—61. Hoffmann. 14 gl

Collectio, Nova librorum rariorum.

Halis Magd. 1709—16. V: *Groschupf, Hieron. Aug.* & *Gfr. Tilgner.* (Hauptkat. d. Univ.-Bibl. Tübing. K. S. 51.) (Barbier)

— Librorum rariorum nova, V fasc. 8. Halae, Renger. 709.

— nova responsorum, s. a. C. F. I. Schorch.

• — nova responsorum Erfordiensium ed. C. F. J. Schorch. II. Pies. fol. Erfurt. Weber. 769—71.

—nova responsorum et sententiarum selectior. facultatis juridicae Erford. ed. C. F. J. Schorch. (A. u. d. T.: Neue Samml. auserles. Gutachten u. Urthelssprüche d. Erfurt. Juristenfakultät.) 4. Erfurt 708. (Hennings). 1 rß

— nova Classicorum. Tom. I. s. a. Cornelius N. alth.

Collectio nova classicor. Romae antiq. scriptorum. Tom. I. Cornelius Nepos. Cum notis ed. Ith. Bern. 779. 8. 20 gr. Mehr ist nicht erschienen.

—nova classicorum Romae antiquae scriptor. T. I. quo continent. Cornelii Nepotis vitae imperatorum; cum not. lectiss. Jh. Ith. 8. Bern et Lausanne 779. Pott. 20 gl in 12. 6 gl

— nova rariorum Scriptorum tam editorum quam ineditorum variorum. III Fasciculi, cum Ind. 8. Halae, Renger. 716.

— nova scriptorum rerum Polonicarum et Prussicarum XV Tractatus complectens. Cum fig. 4. Danzig 753. Knoch. 4 rß 16 gl

Collectio, Nova variorum scriptorum,

Tam editorum quam inditorum rariorum etiam et recens elaboratorum. Halae Magdeb. 1716–17. H: *Hein, Johann Philipp.* (EB)

—(nova) Synodorum Mechliniensium, epistolarum pastoralium ac variorum decretorum archiepisc. Mechliniensium. 8. Mechl. 783. (Mainz, Müller). 1 rß 8 gl

—omnium observationum, quae occasione transitus Veneris per solem 1769 per Imperium Rossicum institutae fuerunt. 4. St. Petersb. 770. Acad. B. 3 rß 18 gl

— omnium Observationum, quae occasione transitus veneris per solem 1769 per Imperium Rossicum institutae fuerunt. 4. Petersb. (Hartknoch in Leips.) 770.

Collectio operum medicorum

Collectio operum medicorum antiquiorum. Denuo edidit J(ohann) B(aptist) Friedreich.

Nordlingae: Beck
Vol.1-2: Alpini, Prospero: De praesagienda vita et morte aegrotantium. 1828
Vol.3-4: Alpini, Prospero: De medicina Aegyptiorum. 1829

JB 1.087

— operum medicor. antiquior. Denuo edid. J. B. Friedreich. Vol. I et II. — E. s. t.: Prosper Alpinus de praesagienda vita et morte aegrotantium. II Vol. 8. (65½ B.) Nordlingae 828, Beck.

— id. — Vol. III et IV. — E. s. t.: Prosper Alpinus de medicina Aegyptiorum. II Vol. 8. (41½ B. u. 4 Holzschn.) Ibid. 829.

Collectio praestantiorum operum ius canonicum illustrantium. Mogunt. et Francof. 1787—88. V: *Thomassin, Ldw., Jac. Benigne Bossuet & Louis Ellies Dupin.* (Winer)

Collectio praestantiorum operum (auct. L. Thomassin, Jac. Bgn. Bossuet, L. Ellies Dupin) jus canon. illustr. *Mainz,* Crass, u. *Frkf. a. M.,* Andreä. 787—88. 14 T. 4.

Collectio opusculorum historiam Marchicam illustrantium, das ist, Sammlung von allerhand theils gedr., theils ungedr., u. zur Erl. der Märck. Civil- Kirchen-Gelehrten- u. Natur-Geschichte gehörigen Nachrichten u. Schrifften. Stück 1–24. Berlin 1727–53.

— opusculorum historico-philolog.-theologicor. Brem. 768-70. 8 Tom. 2 Part. 4. 2 rthl. 16 gr.

— opusculorum historico-theologicorum. VIII Tom. in II Ptes div. 4. Brem. 768—70. Cramer. 2 ℔ 16 ℊ

Collectio opusculorum selectorum ad medicinam forensem spectantium. Curante Ioan[ne] Christ[iano] Traugott Schlegel. Vol. 1–6. Lipsiae: Schneider 1785–1791. 8°
Vol. 1: 1785.
Vol. 2: 1787.
Vol. 3: 1788.
Vol. 4: 1789.
Vol. 5: 1790.
Vol. 6: 1791.

Collectio orationum funebrium in memoriam virorum eruditorum. Lips. 737. 8. 12 gr.

Collectio poëtarum elegiacorum, stylo et sapore Catulliano. Ed. C. Michaeler. Vindob. 784-89. 4 Vol. 8. 4 rthlr.

— Poetarum elegiacorum stilo et sapore Catulliano Scribentium cum gemina de eodem diatribe etc. suas accessiones ineditas addidit K. Michaeler. 2 Ptes. 8. Vien. Camesina. 784.

— poëtarum elegiacorum stylo et sapore Catulliano scribentium cum gemina de eodem diatribe etc. suas accessiones ineditas addidit K. Michaeler. II Ptes. 8. Wien 784. Volke. 2 ℔ 16 ℊ

— Poetarum elegiacorum stilo et sapore Ovidiano scribentium, collegit, castigavit, praefatus est, et suas in auctarium accessiones addidit C. Michaeler. 2 Ptes. 8. Vien. Camesina. 789. Rthlr.

— poëtarum elegiacor. stylo et sapore Ovidiano scribent. collegit, castigavit, praefatus est, et suas in auctarium accessiones addidit K. Michaeler. II Ptes. 8. Wien 789. Volke. 1 ℔ 8 ℊ

— — — stylo et sapore Ovidiano. Ed. C. Michaeler. Vindob. 790. 2 Vol. 8. 1 rthlr. 8 gr.

— precum et benedictionum in ecclesiis archidioecesis Friburgensis magis usitatarum iussu et auctoritate excellentissimi et reverendissimi domini Joannis Christiani archiepiscopi Friburgensis edita. gr. 8. (40 S.) Freiburg i/B. 894. Herder. n.n. — 60; geb. n.n. 1. 15; m. Instructio matrimonialis in 1 Bd. geb. n.n. 1. 30

— processuum synodalium et constitutionum ecclesiasticarum dioeceseos Spirensis, ab anno 1397 usque ad annum 1720. Fol. Manh. 760. Schwan u. G. (Berl., List). 6 ℔ 16 ℊ

Collectio Processuum synodalium et constitutionum ecclesiasticarum dioeceseos Spirensis, ab anno 1397 usque ad annum 1720. fol. Mannheim, Schwan et G. (auch Sommer in Leipz.) 786.

Collectio repraesentationum et prothocollorum J. J. statuum et ordinum regni Hungariae ... Pestini, Budae ac Cassoviae 1790. H: *Strohmajer, Anton Ignaz von.* (BrMm)

— repraesentationum et protocoll. J. J. statuum et ordinum regni Hungar. II Tom. 8. Pesth 790. Strohmeyer. 2 ℔

Rerum in augusto judicio camerali decisarum Collectio nova, cont. sententias potiores judicii cameralis ab a. 1588. usque ad a. 1688. Quarum nulla neque in Blumii Chiliade neque in Dekherri periodo duodecennali reperitur. Francofurti ad M. 1715.

Collectio, Rerum in augusto Judicio Camerali decisarum, nova. Francofurti 1715. H: *Ludolf, Georg Melchior von.* (Bibliotheca Rinckiana. Lipsiae 1747.) (Pütter, Litt. d. Teutsch. Staatsr. Gött. 1773 —91. IV, 33.)

Collectio rituum a Sancta Sede Apostolica in usum Archidioecesis Coloniensis approbatorum. *Coloniae: J. & W. Boisserée 1900.* (137 S.) 8° [... ...]

— rituum a sancta sede apostolica in usum archidioecesis Coloniensis approbatorum. 12. (VIII, 188, 46 u. 15 S. m. Titelbild.) Köln 902. J. & W. Boisserée. Geb. in Halbldr. n.n. 3. —; in Ldr. n.n. 3.50; m. Goldschn. n.n. 4. —

— rituum archidioeceseos Viennensis ex venia sanctae sedis retinendorum in administratione sacramentorum, in benedictionibus et exorcismis, in processionibus aliisque ecclesiasticis functionibus jussu et auctoritate ordinarii edita. 3 partes in 2 voll. 4. (IV, 285; IV, 168 u. IV, 126 S.) Wien 889. „St. Norbertus". Geb. in Ldr. n. 24. —

— rituum in usum cleri archidioecesis Friburgensis ex venia et approbatione apostolicae sedis ad instar appendicis ritualis romani, iussu et auctoritate excellentissimi et reverendissimi domini domini Joannis Christiani, sacrae sedis Friburgensis archiepiscopi et metropolitae edita. gr. 8. (XVI, 432 u. 92 S.) Ebd. 894. n.n. 5. —; geb. in Halbfrz. n.n. 7. —; in schwarz Saffianldr. n.n. 9. —; m. Goldschn. n.n. 9. 50; in rot Saffianldr. m. Goldschn. n.n. 10. 50

— rituum in usum cleri dioecesis Argentinensis, ex venia et approbatione sanctae apostolicae sedis ad instar appendicis ritualis romani reverendissimi Domini Domini Adolphi Fritzen, episcopi Argentinensis, auctoritate edita. gr. 8. (VIII, 208 u. 82 S.) Strassburg 898. (F. Le Roux & Co.) Geb. in Ldr. n.n. 6. —

Collectio diversorum rituum ad commoditatem reverendissimorum episcoporum ex pontificati romano extracta. (In Rot- u. Schwarzdr.) (IV, 274 S. m. Abb.) kl. 8. Regensburg 908. F. Pustet. 2.20; geb. in Halbleinw. 3.20; in Ldr. m. Goldschn. 4. —

— rituum ad instar appendicis ritualis romani a sancta sede apostolica approbata pro dioecesi Osnaburgensi necnon vicariatu apostolico Germaniae septentrionalis et praefectura apostolica Holsatiae-Slesvigis in administrationibus sacramentorum, in benedictionibus, processionibus aliisque ecclesiasticis functionibus adhibenda. Jussu et auctoritate illustrissimi ac reverendissimi domini domini Huberti, episcopi Osnabrugensis necnon provicarii apostolici Germaniae septentrionalis et administratoris praefecturae apostolicae Holsatiae-Slesvigis edita. (In Rot- u. Schwarzdr) (VII, 183 S.) gr. 8. Osnabrugi 906. (Lingen, R. van Acken.) n.n. 3. —; geb. in Hldrldr. m. Goldschn. n.n. 4. 25

Collectio rituum ex venia Sanctae Sedis in dioecesi Monasteriensi retinendorum in administratione sacramentorum, in processionibus aliisque ecclesiasticis functionibus. Iussu et auct. Hermanni episc. Monast. iterum ed. *Monasterii Guestf.: Regensberg 1894.* (152 S.) 8° [illegible] 6

— rituum ex venia sanctae sedis in dioecesi Monasteriensi retinendorum in administratione sacramentorum, in processionibus aliisque ecclesiasticis functionibus. Jussu et auctoritate illustrissimi ac reverendissimi domini domini Hermanni episcopi Monasteriensis tertio edita. (152 S. m. farb. Titelbild.) gr. 8. Münster 905. Regensberg. n.n. 2. —

— einiger Schriften von der geistlichen Gerichtsbarkeit der katholischen Landesherren in Deutschland, über die in ihren Landen befindlichen evangelischen Unterthanen. 4. Hannover, Helwing. 728.

— scriptorum latinorum de aneurysmatibus ed. atque praef. est Th. Lauth, c. XV icon. 4 maj. Strassb. 785. König. 5 Rthlr 12 gGr

Collectio scriptorum de processu canonico partim e codicibus nunc primum editorum partim e libris rarioribus editis recensorum. Edidit Carol. Ferd. Reatz. Giessen 860. Ricker. gr. 8.

Vol. I.: Aegidii de Fuscarariis, Garsiae Hyspani quaestiones de jure canonico. (VII, 92 S.) n. 20 ngr

Collectio scriptorum rerum historico-monastico-ecclesiasticorum variorum religiosorum ordinis. Ulmae 1755-68. H(Tom. 5. 6): *Seitz, Stephan.* (ML)

— scriptorum rerum historico-monastico ecclesiasticarum variorum religiosorum ordinum ed. Mch. Kuhn. VI T. Fol. Ulm 755—68. Stettin. 14 Rthlr 4 gGr

Collectio scriptorum Societatis Jesu. Regensburg 1855. H: *Stöger, Johann Nepomuk.* (Russell IX, 442)

Collectio scriptorum Societatis Jesu. Tom. I. A. u. d. T.: Scriptores provinciae austriacae Societatis Jesu. Viennae 855. (Regensburg, Manz.) Lex.-8. (2 Bl., 408 S.) n. 2 Rthlr 4 ngr

Collectio scriptorum Societatis Jesu. Fasc. I. Scriptores Provinciae Austriacae. Wien. 1855. Mechitharisten-Buchdruckerei. (S. 1—192. 4.) geh.

Collectio scriptorum Societatis Jesu. Wien. 1855. Mechitharisten-Buchdruckerei. (S. 193—408. 4.) Schluß des I. Bandes.) (Dieser erste Band auch unter dem Separat-Titel: Scriptores Provinciae Austriacae Societatis Jesu. etc. ut supra.)

— selecta SS. Ecclesiae Patrum, complectens exquisitissima Opera tum dogmatica et moralia, tum apologetica et oratoria; accurant. A. B. Caillau et M. N. S. Guillon. T. I—XXXII. 8 maj. Paris 829—32. (Fr. Fleischer in Leipz.) (à 2 Rthlr 8 gGr) 74 Rthlr 16 gGr

— selecta SS. ecclesiae Patrum, compl. exquisitissima. Opera tum dogmatica et moralia, tum apologetica et oratoria; accurant. A. B. Caillau et M. N. S. Guillon. Tom. I—L. LI—LIII. LVIII—LXII. LXX—XCIV. XCVII—XCVIII. CVIII—CXXX. CXXXII—CXL. 8 maj. Paris 833—38. (Leipzig, Fr. Fleischer.) à Bd. 2 1/3 Rthlr

Collectio selecta SS. Ecclesiae Patrum, complectens exquisitissima opera tum dogmatica et moralia, tum apologetica et oratoria; accurant. A. B. Caillau, nonnullisque cleri Gallicani Presbyteris opus regi dicatum. Tom. LII. S. Gregorius. Tom. IV. 8 maj. Parisiis 840. (Lipsiae, Fr. Fleischer.) n. 2 1/3 Rthlr

— ead. Tom. CXXXI, CXLI—CXLVIII. 8 maj. ibid. 837—840. à n. 2 1/3 Rthlr

— ead. Indices a Tomo I ad Tomum XXV, opera P. M. B. Saintyves. Tom. I. 8 maj. ibid. 840. n. 2 1/3 Rthlr

Collectio quorundam statutorum provincialium et urbium Germaniae ... Wetzl. 1734. H: *Ludolf, Gg Melch. von.* (Schz)

Collectio Synodorum Episcopatus Gandavensis, s. Synodicon.

Collection, s. a.: Kollektion.

— or a choice of moral tales and essays drawn from the works of the most eminent english writers. Vol. I. 8. Frcf Varrentrapp. 786.

— or a Choice of moral tales and essays drawn from the works of the most eminent english writers. Vol. I. 8. Frankf. 788. Varrentrapp. 22 gGr a new Edit. 8. Mainz 815. Kupferberg. 1 Rthlr

— or a Choice of english mercantile Lettres for the improvement of young people bred to the countinghouse; eine Samml. von Kaufmannsbriefen in ächt engl. Sprache, zum Gebrauch angehender Kaufleute. 8. Hamb. 799. Gundermann. 12 gGr

Collection or a Choice of the best english Authors for the use and instruction of Youth, accentuated by John Ebers, contain. Rural Walks. II Vols. 8. Leipz. 803. Hinrichs. 18 gGr Schrbp. 1 Rthlr

Collection des actes de l'assemblée des Israélites de France, et du royaume d'Italie par Tama. gr. 8. Paris u. Strassb. 807. Treuttel et W. 2 Rthlr 6 gGr

Collection des auteurs célèbres. A l'usage des classes supérieures. Vol. I—VI. kl. 8. Karlsruhe, F. Gutsch. Kart. à n. — 80

I. Extraits du Génie du christianisme et des Martyrs. Par Chateaubriand. Avec une introduction, une table des mots qui ne se trouvent pas dans les dictionnaires, et une critique sur les idées littéraires de Chateaubriand, par E. Faguet. Par Fr. Lotsch. (78 S.) (905.)

II. Le Cid. Tragédie en 5 actes et en vers. Par Corneille. Avec une introduction et l'Examen de Corneille. Publié par Fr. Lotsch. (91 S.) (905.)

III. De l'Allemagne. Par Madame de Staël. Extraits. Avec une introduction. Par H. Gruber. (93 S.) (905.)

IV. Jean Valjean. Par Vict. Hugo. Extraits des Misérables. Avec une introduction. Publié par Émile de Sauzé. (90 S.) (905.)

V. Colomba. Par Mérimée. Avec une introduction, quelques notes et une table des mots qui ne se trouvent pas dans les dictionnaires. Par R. Nuck. (138 S.) (906.)

VI. L'Avare. Comédie en 5 actes. Par Molière. Avec une introduction. Publié par Gerh. Budde. (117 S.) (906.)

Collection des auteurs célèbres. A l'usage des classes supérieurs. Vol. VII et VIII. kl. 8. Karlsruhe, F. Gutsch. Kart. à — 80
Contes choisis d'auteurs modernes. Avec notes biographiques par O. Glöde. (97 S.) (907.) (vol. VII.)
Courier, Paul-Louis, Lettres écrites de France et d'Italie, publiées avec des notes explicatives par Fél. Rosenberg. (116 S.) (907). (vol. VIII.)

— d'Auteurs classiques français Vol. conten. les Oeuvres de Boileau Despréaux. T. I et II. 12. Berl. 787 et 809. Maurers B. 1 ₰ Supplément au I Vol. ou remarques sur les oeuvres de Boileau Despréaux, redigées par Renaudot et de Valincour. 12. les mêmes 788. 12 gl Vol. II—IV. cont. les oeuvres de J. Racine. T. I—IV. 12. le mêmes 787—96. 3 ₰ Vol. V—X. cont. les oeuvres de Molière. T. I—XII. avec la Vie de l'Auteur par de Voltaire. 12. le mêmes 788—91. 6 ₰ Vol. XI—XIII. cont. les chefs d'oeuvre de P. Corneille. T. I—VI. 12. le mêmes 792 et 93. 3 ₰

Collection des Auteurs classiques françois III. cont. les Oeuvres de Jean Racine. T. III et IV. Nouv. Edit. 12. Berlin, Maurerische Buchh. 816. I

— des Auteurs classiques latins par Lemaire. voyez Bibliotheca latine.

Collection des auteurs classiques de la littérat. française, cont. les oeuvres compl. de Voltaire, etc. Livr. 1—76. (Oeuvres de Voltaire. Tom. I—XIII. 1—6.) 12. (811½ B. u. V's. Bildn.) Stouttgart 828—30, Schweizerbart. à Livr. 8 Gr., hrbg. Pr. zusamm.
Annales de l'Empire depuis Charlemagne 8 Gr.
Essai sur les Moeurs et l'Esprit des nations. 4 Vol. 1 Thlr. 12 Gr.
Histoire de Charles XII. Roi de Suède. 4 Gr.
—— de l'Empire de Russie sous Pierre-le-Grand. 8 Gr.
—— du Parlement de Paris. 4 Gr.
Mélanges historiques. 2 Vol. 10 Gr.
Mémoires pour servir à la vie de Voltaire, écrits par lui-même. 8 Gr.
Siécle de Louis XIV. et de Louis XV. 8 Vol. 20 Gr.
Vie de Voltaire par Condorcet. 3 Gr.

Collection d'auteurs français. Sammlung französ. Schriftsteller für den Schul- und Privatgebrauch hrsg. und mit Anmerkungen versehen von G. van Muyden und Ludw. Rudolph. 1. und 2. Serie. à 10 Lfgn. und 3. Serie. 1.—7. Lfg. 8. Berlin 862—66. [Altenburg, Pierer.] à Lfg. * 5 Ngr. *

Inhalt:
Serie 1. Lfg. 1. Ferry, Gabriel, le pêcheur de perles. Nouvelles mexicaines. 1. et 2. édit. (106 S.)
» 2. Molière, J. B. Poquelin de, le misanthrope. Comédie en 5 actes. 1. et 2. édit. (104 S.)
» 3. Boileau, Satires. (73 S.)
» 4. Töpffer, Nouvelles Genevoises. 1. et 2. édit. (92 S.)
» 5. 6. Ponsard, L'honneur et l'argent. (142 S.)
Serie 1. Lfg. 7. Lafontaine, choix de fables. (72 S.)
» 8. Maistre, Xav. de, nouvelles. (76 S.)
» 9. 10. Sandeau, Jul., Mademoiselle de La Seiglière. (159 S.)
Serie 2. » 1. Corneille, le Cid. Tragédie en 5 actes. (92 S.)
» 2. Racine, Athalie. Tragédie en 5 actes. (88 S.)
» 3. 4. Delavigne, Casimir, Louis XI. Tragédie en 5 actes. (162 S.)
» 5. Gérard, Jul., le mangeur d'hommes. Aventure de chasse du Major Leveson. (80 S.)
» 6. 7. Biard, François, voyage au Brésil. L'Amazone. (146 S.)
» 8. 9. Scribe, E., le verre d'eau ou les effets et les causes. Comédie en 5 actes et en prose. (160 S.)
» 10. Ségur, Paul Phil. de, Napoléon à Moscou. Épisode de l'histoire de Napoléon et de la grande armée. (88 S.)
Serie 3. » 1. 2. Molière, J. B. Poquelin de, L'avare. Comédie en 5 actes. (148 S.)
» 3. Girardin, Emile de, la joie fait peur. Comédie en 1 acte. (78 S.)
» 4. Florian, choix de fables. (84 S.)
» 5. Paganel, Camille, la jeunesse de Frédéric le Grand. (80 S.)
» 6. 7. Voltaire, histoire de Charles XII. (262 S.)

Collection d'auteurs français. Sammlung französischer Schriftsteller für den Schul- u. Privatgebrauch herausg. u. mit Anmerkungen versehen von G. van Muyden u. Ludw. Rudolph. Berlin 1862 – 64. Janke. 8°

I. Serie. 1. Liefg.: Le pêcheur de perles par Gabriel Ferry. (46 S.)
2. Liefg.: Le misanthrope par Molière. (104 S.)
3. Liefg.: Satires de Boileau. (73 S.)
4. Liefg.: Nouvelles Genevoises de Töpffer. (86 S.)
5. 6. Liefg.: L'honneur et l'argent par Ponsard. (142 S.)
7. Liefg.: Choix de fables de Lafontaine. (72 S.)
8. Liefg.: Nouvelles de Xav. de Maistre. (76 S.)
9. 10. Liefg.: Mademoiselle de La Seiglière par Jul. Sandeau. (159 S.)
II. Serie. 1. Liefg.: Le Cid. Tragédie en 5 actes par Corneille. (92 S.)
2. Liefg.: Athalie. Tragédie en 5 actes par Racine. (88 S.)
3. 4. Liefg.: Louis XI. Tragédie en 5 actes par Casimir Delavigne. (162 S.)
5. Liefg.: Le mangeur d'hommes. Aventure de chasse du Major Leveson racontée par Jul. Gérard. (80 S.)
6. 7. Liefg.: Voyage au Brésil par François Biard. L'Amazone. (146 S.)
8. 9. Liefg.: Le verre d'eau ou les effets et les causes. Comédie en 5 actes et en proso par E. Scribe. (160 S.)
10. Liefg.: Napoléon à Moscou. Episode de l'histoire de Napoléon et de la grande armée par Paul Phil. de Ségur. (88 S.)
III. Serie. 1. 2. Liefg.: L'avare. Comédie en 5 actes par J.-B. Poquelin de Molière. (148 S.)
3. Liefg.: La joie fait peur. Comédie en 1 acte. Par Mme. Emile de Girardin. (78 S.)

Collection d'auteurs français. Sammlung französ. Schriftsteller für den Schul- u. Privatgebrauch herdg. u. mit Anmerkungen versehen von G. van Muyden u. Ludw. Rudolph. Altenburg 865—70. Pierer. 8. Jede Liefg. 5 ngr.
1. Ser. 1. Liefg.: Ferry, Gabr., nouvelles mexicaines. 2. édit. 865. — 3. édit. revue et augmentée. 869. (95 S.)
1. Ser. 2. Liefg.: Molière, le misanthrope. Comédie en 5 actes. 2. et 3. édit. (104 S.)
1. Ser. 4. Liefg.: Töpffer, nouvelles genevoises. 2. et 3. édit. (86 S.)
1. Ser. 8. Liefg.: de Maistre, X., nouvelles. 2. édit. (73 S.)
3. Ser. 4. Liefg.: Florian, choix de fables. 1. et 2. édit. (76 S.)
3. Ser. 5. Liefg.: Paganel, Cam., la jeunesse de Frédéric le Grand. (80 S.)
3. Ser. 6. 7. Liefg.: Voltaire, histoire de Charles XII. (262 S.)
3. Ser. 8. Liefg.: Feuillet, Oct., le village. Comédie en 1 acte. (62 S.)
3. Ser. 9. 10. Liefg.: de Lamartine, A., Christophe Colomb. (123 S.)

Collection d'auteurs français. — Sammlung französ. Schriftsteller f. den Schul- u. Privatgebrauch hrsg. u. m. Anmerkgn. versehen v. G. van Muyden u. Ludw. Rudolph. 1. Serie 4. 7. u. 8. Lfg., 2. Serie 1. 6. 7. u. 10. Lfg., 3. Serie 1. 2. u. 5. Lfg. u. 4. Serie 1—7. Lfg. 8. Altenburg. 872—75. Pierer. à Lfg. n. — 50
I. 4. Töpffer, nouvelles Genevoises. 5. éd. (84 S.)
7. Choix de fables de Lafontaine. 2. éd. (73 S.)
8. Nouvelles de Xavier de Maistre. Le lépreux de la cité d'Aoste. Les prisonniers du Caucase. 3. éd. (68 S.)
II. 1. Le Cid. Tragédie en 5 actes par Corneille. 2. éd. (91 S.)
6. 7. Voyage au Brésil par Franç. Biard. L'amazone. 2. éd. (146 S.)
10. Napoléon à Moscou. Épisode de l'histoire de Napoléon et de la grande armée par Paul-Phppe. de Ségur. 2. éd. (88 S.)
III. 1. u. 2. L'Avare. Comédie en 5 actes par J. B. Poquelin de Molière. 2. éd. (144 S.)
5. La jeunesse de Frédéric le Grand par Camille Paganel. 2. éd. (80 S.)
IV. 1. Choix de poésies lyriques de divers auteurs. (80 S.)
2. Contes de ma mère l'oie par Charl. Perrault. (95 S.)
3. Esther. Tragédie tirée de l'écriture sainte par Racine. (74 S.)
4. Zaire. Tragédie en cinq actes par Voltaire. (92 S.)
5. 6. De L'Allemagne par Mme. de Staël. (157 S.)
7. Les forceurs de blocus par Jules Verne. (92 S.)

– dass. Serie 1. Lfg. 4 Töpffer, Nouvelles genevoises. 4e édit. (84 S.) 1872.

Collection d'auteurs français. Sammlung französ. Schriftsteller für den Schulgebrauch hrsg. und mit Anmerkungen versehen von G. van Muyden und Ludw. Rudolph. 1. Serie. 4. und 8.—10. Lfg.; 2. Serie. 10. Lfg.; 3. Serie. 8. Lfg.; 4. Serie. 7.—10. Lfg. 8. Altenburg, Pierer. à Lfg. *

Inhalt:

Serie 1. Lfg. 4. Töpffer, Nouvelles genevoises. 5e édit. (84 S.) 1876; 6e édit. (80 S.) 876.
» 1. » 8. Maistre, Xavier de, Nouvelles. Le lépreux de la cité d'Aoste. Les prisonniers du Caucase. 3e édit. (68 S.) 875.
» 1. » 9. 10. Sandeau, Jules, Mademoiselle de la Seiglière. Comédie en 4 actes. 2e édit. (160 S.) 877.
» 2. » 10. Ségur, Paul Phil. de, Napoléon à Moscou. Épisode de l'histoire de Napoléon et de la grande armée. 3e édit. (88 S.) 877.
» 3. » 8. Feuillet, Octave, le village. Comédie en 1 acte. 2e édit. (62 S.) 878.
» 4. » 7. Verne, Jules, les forceurs de blocus. (92 S.) 876.
» 4. » 8. Legouvé, Ernest, et Eugène Labiche, la cigale chez les fourmis. Comédie en 1 acte. (S. 1—52.) — Gozlan, Léon, la pluie et le beau temps. Comédie en 1 acte. (S. 53—94.) 877.
» 4. » 9. Guizot, F. P. G., Henri IV., roi protestant. Épisode tiré de l'histoire de France racontée à mes petits-enfants. (77 S.) 878.
» 4. » 10. Souvestre, Emile, l'éclusier de l'ouest. Nouvelle bretonne. (68 S.) 878.

Collection d'autours français. Sammlung französischer Schriftsteller für den Schul- u. Privatgebrauch bearb. u. mit Anmerkungen versehen von G. van Muyden u. Ludw. Rudolph. 1. Serie. 4., 9. u. 10. Lfg., 2. Serie 10. Lfg., 3. Serie 3. u. 8. Lfg., 4. Serie 8—10. Lfg. u. 5. Serie 1—4. Lfg. 8. Altenburg 877—82. Pierer. à n. — 50

I. 4. Nouvelles genevoises de Töpffer. 7. éd. (80 S.)
9. u. 10. Mademoiselle de la Soiglière. Comédie en 4 actes par Jules Sandeau. 2. éd. (160 S.)
II. 10. Napoléon à Moscou. Épisode de l'histoire de Napoléon et de la grande armée par Paul Phil. de Ségur. 3. éd. (88 S.)
III. 3. La joie fait peur. Comédie en 1 acte par Mme. Emile de Girardin. 2. éd. (78 S.)
8. Le village. Comédie en 1 acte par Octave Feuillet. 2. éd. (62 S.)
IV. 8. La cigale chez les fourmis. Comédie en 1 acte par Ernest Legouvé et Eugène Labiche. (52 S.) La pluie et le beau temps. Comédie en 1 acte par Léon Gozlan. (S. 53—94.)
9. Henri IV, roi protestant. Episode tiré de l'histoire de France racontée à mes petits-enfants par F. P. G. Guizot. (77 S.)
10. L'éclusier de l'ouest. Nouvelle bretonne par Emile Souvestre. (68 S.)
V. 1. La jeune Sibérienne. Nouvelle par Xav. de Maistre. (83 S.)
2. Aventures au Mexique par Gabr. Ferry. [Bermudes-el-Matasiete. Le Saltéador.] (88 S.)
3. Emile Souvestre, le gardien du vieux phare. Nouvelle bretonne. (71 S.)
4. Guillaume le conquérant. Épisode de l'histoire de la conquête de l'Angleterre par les Normands par Augustin Thierry. (80 S)

Collection d'auteurs français. Sammlung französ. Schriftsteller, für den Schul- und Privatgebrauch hrsg. und mit Anmerkungen versehen von G. van Muyden und Ludw. Rudolph. 1. Serie. 4., 7. und 8. Lfg.; 8. Serie. 3. Lfg.; 4. Serie. 2. Lfg.; 5. Serie. 1.—4. Lfg. 8. Altenburg, Pierer. à Lfg. *

Inhalt:

Serie 1. Lfg. 4. Töpffer, Nouvelles genevoises. 7e édit. (80 S.) 882.
» 1. » 7. Lafontaine, J. de, Choix de fables. 3e édit. (72 S.) 879.
» 1. » 8. Maistre, Xavier de, Nouvelles. 4e édit. (72 S.) 880.
» 3. » 3. Girardin, Mme. Emile de, la joie fait peur. Comédie en 1 acte. 2e édit. (78 S.) 882.
» 4. » 2. Perrault, Charles, Contes de ma mère l'oie. 2e édit. (88 S.) 881.
» 5. » 1. Maistre, Xavier de, la jeune Sibérienne. Nouvelle. (83 S.) 880.
» 5. » 2. Ferry, Gabr., Aventures au Mexique. [Bermudes-el-Matasiete. Le Salteador.] (88 S.) 880.
» 5. » 3. Souvestre, Emile, le gardien du vieux phare. Nouvelle bretonne. (71 S.) 882.
» 5. » 4. Thierry, Augustin, Guillaume le Conquérant. Episode de l'histoire de la conquête de l'Angleterre par les Normands. (80 S.) 882.

Collection d'autours français. Sammlg. französ. Schriftsteller f. d. Schul- u. Privatgebrauch, hrsg. u. m. Anmerkgn. versehen von G. v. Muyden u. L. Rudolph. 2. Serie, 3. u. 4. Lfg. u. 4. Serie, 2. Lfg. 8. Altenburg 887. Pierer. n. 1. 50

II. 3. 4. Louis XI. Tragédie en 5 actes par C. Delavigne. 2. éd. (160 S.) n. 1. —
IV. 2. Contes de ma mère l'Oie par Ch. Perrault. 2. éd. (88 S.) n. — 50

— **d'auteurs français.** Sammlung französ. Schriftsteller, f. den Schul- u. Privatgebrauch hrsg. u. m. Anmerkgn. versehen v. G. van Muyden u. Ludw. Rudolph. 1. Serie, 3. Lfg. 12. Altenburg 893. H. A. Pierer. n. — 50

Satires de Nic. Boileau. 2., verb. Aufl. (72 S.)

Collection d'auteurs français. Sammlung französischer Schriftsteller, f. den Schul- u. Privatgebrauch hrsg. u. m. Anmerkgn. versehen v. G. van Muyden u. Ludw. Rudolph. 4. Serie. 2., 5. u. 6. Lfg. 12. Altenburg 893. H. A. Pierer. à n. — 50

2. Contes de ma mère l'Oie par Charles Perrault. 3., verb. Aufl. (88 S.)
5. 6. De l'Allemagne par Mad. de Staël. 2., verb. Aufl. (172 S.)

— dasselbe. 5. Serie. 5.—10. Lfg. 12. Ebd. 892. à n. — 50

5. La Belle-Nivernaise par Alphonse Daudet. (77 S.)
6. Contes pour les vieux et les jeunes par André Theuriet. (79 S.)
7. Parmi les hérons et les alligators par Henri Gaullieur. (71 S.)
8. Petit bleu par Gyp. (78 S.)
9. La Bise. Comédie en 1 acte par Ed. Romberg. — A la baguette. Comédie en 1 acte par Jacques Normand. (58 S.)
10. Histoires extraordinaires. (Le canot de l'amiral. Le Kraken. Le boeuf.) Par Eugène Mouton (Mérinos). (80 S.)

— **d'autours français.** Sammlg. französ. Schriftsteller f. d. Schul- u. Privatgebr., bearb. u. m. Anmerkgn. vers. v. G. van Muyden u. Ludw. Rudolph. Fortges. unt. Mitwirkg. von A. Hamann. II. Serie. 10. Lfg. 8. Altenburg 896. H. A. Pierer. n. — 50

Napoléon à Moscou. Épisode de l'histoire de Napoléon et de la grande armée par Paul-Philippe de Ségur. 4. éd. (89 S.)

—— des meilleurs auteurs français du XIX. Siècle. Tome I—XIV. (17 Vols.) gr. in-16. Cologne, [Baedeker.] à * 15 Ngr. *

Tome 1—4. Les mystères de Paris. Par Eug. Sue. IV Tom. (Tome IV. 3 Vol.) ($162\frac{3}{4}$ B.) 843, 44 * 3 Thlr.
» 5. Les prétendus. Par Frédér. Soulié. ($19\frac{3}{4}$ B.) 843.
» 6. Mery: Heva. — Anglais et Chinois. — Boudha-Var. — Un amour au sérail. ($25\frac{1}{4}$ B.) 843.
» 7—9. Consuelo. Par George Sand. III Tom. [1. u. 2. (à 25 B.) 3. (27 B.)] 843. * 1 Thlr. 15 Ngr.
» 10., 11. Napoléon et Marie-Louise. Souvenirs historiques de M. le baron Meneval. II. Tom. ($51\frac{1}{4}$ B.) 843. * 1 Thlr.
» 12—14. Mathilde. Mémoires d'une jeune femme. Par Eug. Sue. III Tom. ($95\frac{1}{4}$ B.) 844. * 1 Thlr. 15 Ngr.

— des meilleurs **Auteurs Français du XIX. Siècle.** Tome I—IV. Les mystères de Paris. Par Eugène Sue. Tome I—IV. gr. in-16. Cologne 843, 44, Welter. I. et II. à n. $\frac{1}{2}$ ß III. et IV. à n. $1\frac{1}{2}$ ß

— la même. Tome V. Les prétendus. Par Frédér. Soulié. gr. in-16. Le même 843. n. $\frac{1}{2}$ ß

— la même. Tome VI. Méry: Heva. — Anglais et Chinois. — Boudha-Var. — Un amour au sérail. gr. in-16. Le même 843. n. $\frac{1}{2}$ ß

— la même. Tom. VII—IX. Consuelo. Par George Sand. Tom. I—III. gr. in-16. Le même 843. n. $1\frac{1}{2}$ ß

— la même. Tom. X et XI. Napoléon et Marie-Louise. Souvenirs historiques de M. le baron Meneval. Tom. I et II. gr. in-16. Le même 843. à n. $\frac{1}{2}$ ß

— la même. Tom. XII—XIV. Mathilde. Mémoires d'une jeune femme. Par Eug. Sue. 3 Vol. gr. in-16. Le même 844. à n. $\frac{1}{2}$ ß

— la même. Tom. XV. Louis XIV et son siècle par Alex. Dumas. 2 Vols. 8. Le même 845. n. 1 ß

— des meilleurs auteurs modernes français, anglais, italiens et espagnols. The british Portfolio. Tom. I., II. Marston, the memoirs of a statesman. Vol. 1. 2. 8. Le même 844, 45. à n. $\frac{1}{2}$ ℛ

— la même. XXIII. A. s. l. T.: Louis XIV. et son siècle par Al. Dumas. Vol. III. 8. Le même 845. $\frac{1}{2}$ ℛ

— the same. XXIV—XXVI. The British Portfolio. Tom. III—V. Inhalt: XXIV. u. XXVI. Marston or the memoires of a statesman. Vol. III. u. IV. XXV. Rasselas a tale by Dr. Johnson: and Dinarbas; a tale: Being a continuation of Rasselas. 8. the same 846. à $\frac{1}{2}$ ℛ

— dass. Vol. XXVII. A. s. l. T.: Louis XIV et son siècle par Al. Dumas. Vol. IV. 8. Le même 846. $\frac{1}{2}$ ℛ

—— des meilleurs auteurs modernes français, italiens, anglais et espagnols. Tome 1—27. gr. in-16. Grimma, Verlags-Comptoir. à Tome * 15 Ngr. *

Tome. 1—3. Mathilde. Mémoires d'une jeune femme. Par Eugène Sue. 3 Vol. ($76^1/_4$ B.) 844. * 1 Thlr. 15 Ngr.
- 4—6. Les mystères du grand monde. 3 Vol. (...B.) * 1 Thlr. 15 Ngr
- 7., 8. Huit jours au chateau. Extrait des mémoires d'un jeune homme. Par Fréd. Soulié. 2 Vol. ($15^1/_2$ u. $16^1/_4$ B.) 844. * 1 Thlr.
- 9—12. La Russie en 1839, par le marquis de Custine. 4 Vol. (77 B.) 844. * 2 Thlr.
13. Russie, Allemagne et France, révélations sur la politique russe, d'après les notes d'un vieux diplomate, par Marc Fournier. (8 B.) 844.
- 14. Musset, A. de, le secret de Javotte. Le meurtre de Pontoise. (... B.) 844.
- 15. Au jour le jour. Par Fréd. Soulié. 2 Vol. ($21^3/_4$ B.) 844.
- 16. Jeanne par George Sand. (... B.) 844.
- 17., 18. Louis XIV et son siècle par Al. Dumas. Vol. 1. u. 2. (38 B.) 845. * 1 Thlr.
- 19., 20. Marston, or, the memoirs of a statesman. Vol. 1. u. 2. ($17^1/_4$ u. $17^1/_4$ B.) 844. * 1 Thlr.
21., 22. Niccolò de Lapi, ovvero i Paleschi e i Piagnoni di M. d'Azeglio. 2 Vol. ($46^3/_4$ B.) 844, 45. * 1 Thlr.
- 23. Louis XIV et son siècle par Al. Dumas. Vol. 3. ($21^1/_4$ B.) 845.
- 24. Marston, or the memoires of a Statesman. Vol. 3. (... B.) 845.
- 25. Rasselas a tale by Johnson: and Dinarbas, a tale: Being a continuation of Rasselas. (... B.) 845.
26. Marston or the memoires of a Statesman. Vol. 4. (... B.) 846.
- 27. Louis XIV et son siècle par Al. Dumas. Vol. 4. (18 B.) 846.

Wurden theilweise unter verschied. Titeln ausgegeben: Echo des feuilletons de Paris. The british Portfolio u. Portafoglio italiano.

— des meilleurs auteurs modernes français italiens et espagnols. Tom. I—III. Mathilde. Mémoires d'une jeune femme. Par. Eug. Sue. 6 Vol. gr. in 16. Grimma 844, Verlags-Comptoir. n. $1\frac{1}{2}$ ℛ

— la même. Tome IV. et V. Les mystères du grand monde. I. II. gr. in-16. Le même 844. à n. $\frac{1}{3}$ ℛ

— la même. Tome VI. et VII. Huit jours au chateau. Extrait des mémoires d'un jeune homme. Par Frédéric Soulié. Tome I. II. gr. in-16. Le même 844. (à) n. $\frac{1}{2}$ ℛ

— la même. Tome VIII—XI. La Russie en 1839, par le Marquis de Custine. 8 Vol. gr. in-16. Le même 844. n. 2 ℛ

— la même. Tome XII. Russie, Allemagne et France, révélations sur la politique russe, d'après les notes d'un vieux diplomate, par Marc Fournier. gr. in-16. Le même 844. n. $\frac{1}{3}$ ℛ

— la même. Tome XIII. Au jour le jour. Par Fréd. Soulié. 2 Volumes. 8. Le même 844. n. $\frac{1}{2}$ ℛ

— la même. Tome XIV. Les mystères du grand monde. Vol. III. 8. Le même 844. n. $\frac{1}{2}$ ℛ

Collection of british Authors, the corrections of the press by Joh. Gtfr. Flügel. Vol. 1—121. 16. Leipzig, B. Tauchnitz jun. à Vol. * 15 Ngr. Thlr. *

Vol. 1. Pelham or, the adventures of a gentleman. By Edw. Lytt. Bulwer. (32 B. u. B's. Portr.) 842.
2., 3. The posthumous papers of the Pickwick Club, cont. a faithful record of the perambulations, perils, travels, adventures, and sporting transactions of the corresponding members. By Boz (Charl. Dickens). 2 Vols. ($28^1/_2$ u. 27 B. m. D's. Portr.) 842. * 1 Thlr.
- 4. Eugene Aram, a tale. By Edw. Lytt. Bulwer. ($26^1/_2$ B.) 842.
5. The Spy, a tale of the neutralground. By J. F. Cooper. ($25^1/_4$ B. u. C's. Portr.) 842.
6. Jacob Faithful. By Capt. Marryat. (25 B. u. M's. Portr.) 842.
7. Paul Clifford. By Edw. Lytt. Bulwer. ($30^1/_4$ B.) 842.
8—12. The works of Lord Byron, complete in 5 Vol. ($135^1/_4$ B. u. 5 Portr.) 842. * 2 Thlr. 15 Ngr.
Vol. 1. Don Juan.
- 2. Childe Harold's Pilgrimage; the Giaour; the Corsair; Lara; the Siege of Corinth; Parisina; the Prisoner of Chillon, Mazeppa; Beppo.
3. The Bride of Abydos; the Island; Hours of Idleness; English Bards and Scotch Reviewers; the Age of Bronze; Hints from Horace; the Curse of Minerva; the Waltz; the Lament of Tasso; Ode on Venice; the Prophecy of Dante; Ode to Napoleon Buonaparte; Monody on the Deat of the Right Hon. R. B. Sheridan; the Dream; the Vision of Judgment; the Morgante Maggiore of Pulci; Francesca of Rimini; the Blues.
4. Hebrew Melodies; Domestic Pieces; Occasional Pieces; Manfred; Cain; the Deformed Transformed; Heaven and Earth.
5. Marino Faliero, Doge of Venice; the two Foscari; Sardanapalus; Werner, or the Inheritance; a Fragment (Vampire); Parliamentary Speeches.
13. Zanoni. By Edw. Lytt. Bulwer. (26 B.) 842.
14. The last days of Pompeji. By Edw. Lytt. Bulwer. ($28^1/_4$ B.) 842.
15. The two Admirals. A Tale of the sea. By J. F. Cooper. ($29^1/_4$ B.) 842.
16. The Disowned. By Edw. Lytt. Bulwer. (31 B.) 842.
17. Morley Ernstein, or the tenants of the heart. By G. P. R. James. ($32^1/_4$ B. u. J's. Portr.) 842.
18. Ernest Maltravers. By Edw. Lytt. Bulwer. (25 B.) 842.
19. Alice, or the Mysteries. A sequel to „Ernest Maltravers". By Edw. Lytt. Bulwer. (27 B.) 842.
20. Eva, a true story of light and darkness, the Ill-Omened Marriage, other tales and poems; and the Pilgrims of the Rhine. By Edw. Lytt. Bulwer. ($23^1/_4$ B.) 842.
21. Devereux. By Edw. Lytt. Bulwer. ($29^1/_4$ B.) 842.
22. The select Works of Oliver Goldsmith. In one Volume. ($25^1/_2$ B. u. G's Portr.) 842.
23. Godolphin and Falkland. By Edw. Lytt. Bulwer. ($26^1/_2$ B.) 842.
24. Percival Keene. By Capt. Marryat. ($23^1/_4$ B.) 842.
25. Rienzi, the last of the Roman Tribunes. By Edw. Lytt. Bulwer. ($31^1/_4$ B.) 843.
26—30. The poetical Works of Thom. Moore, collected by himself. 5 Vols. Compris. the London ed. of 1841 in ten volumes. (122 B. u. M's. Portr.) 843. * 2 Thlr. 15 Ngr.
Vol. 1. Odes of Anacreon; Odes; Epigrams from the Anthologia; Juvenile Poems; Poems relating to America.
- 2. Corruption and Intolerance; the Sceptic; Twopenny Post-Bag; Satirical and humorous Poems; Irish Melodies; National Airs; Sacred Songs.
3. Evenings in Greece; Legendary Ballads; Set of Glees, Ballads, Songs, Miscellaneous, Poems etc.; Songs from the Greek Anthology; Unpublished songs etc.; Lalla Rookh.
- 4. Lalla Rookh. (Continued); Political and Satirical Poems; the Fudge Family in Paris; Fables for the Holy Alliance; Rhymes on the Road; Miscellaneous Poems; the Loves of the Angels; Miscellaneous Poems; Satirical and Humorous Poems.
- 5. Satirical and Humorous Poems; the Fudges in England; Songs from M. P.; Miscellaneous Poems; the Epicurean; Alciphron.
31. Peter Simple by Capt. Marryat. ($30^1/_4$ B.) 842.
32. American Notes for general circulation. By Charl. Dickens. (21 B.) 842.
33. The sketch book of Geoffrey Crayon. (Washington Irving.) ($21^1/_4$ B. u. J's. Portr.) 843.
34. The Jack O'Lantern (le feu follet), or, the Privateer, by J. F. Cooper. ($13^7/_8$ B.) 843.
35. Night and morning by Edw. Lytt. Bulwer. ($32^1/_4$ B.) 843.
36. Oliver Twist; or, the parish boy's progress, by Boz (Charl. Dickens). (28 B.) 843.
37. Forest days a romance of old times. By G. P. R. James. ($27^7/_8$ B.) 843.
38., 39. The last of the barons. By Edw. Lytt. Bulwer. 2 Vols. (45 B.) 843. * 1 Thlr.
Vol. 40—46. The plays and poems of William Shakespeare, printed from the text of J. Payne Collier. With the life of the poet. 7 Vols. ($215^1/_4$ B.) 843, 44. * 3 Thlr. 15 Ngr.
Vol. 1. Measure for Measure; the Comedy of Errors; Much ado About Nothing; Love's Labour's Lost; Midsummer-Night's Dream; Merchant of Venice; As you Like it.
- 2. Taming of the shrew; All's well that ends well; Twelfth-night: or, what you will, the winters tale; King John; the life and death of King Richard II.
3. First part of King Henry IV.; second part of King Henry IV.; King Henry V.; first part of King Henry VI.; second part of King Henry VI.
1. Third part of King Henry VI.; Life and death King Richard III.; King Henry VIII.; Troilus and Cressida; Titus Andronicus.
5. Coriolanus; Romeo and Juliet; Timon of Athens; Julius Caesar; Macbeth.
6. Hamlet, Prince of Denmark; King Lear; Othello, the Moor of Venice; Antony and Cleopatra; Cymbeline.
7. Pericles, Prince of Tyre; the Tempest; the two Gentlemen of Verona; Merry Wives of Windsor; Poems; a Glossary; the Life of the Poet.
47., 48. The life and adventures of Nicholas Nickleby by Boz (Charl. Dickens). 2 Vols. ($56^1/_2$ B.) 843. * 1 Thlr.
49. Japhet in search of a father. By Capt. Marryat. ($24^1/_4$ B.) 843.
50. Sketches by Boz (Charl. Dickens). (32 B.) 843.
51. The false heir by G. P. R. James. Edition sanctioned by the author. ($28^3/_4$ B.) 843.
52. Meredith. By the Countess of Blessington. Edit. sanction. by the author. ($22^1/_4$ B.) 843.
53. Narrative of the travels and adventures of Monsieur Violet. in California, Sonora, and Western-Texas. Written by Capt. Marryat. Edit. sanction. by the author. ($23^3/_8$ B. u. 1 Kartc.) 843.

54., 55. Athens its rise and fall with views of the literature, philosophy, and social life of the Athenian people. By Edw. Lytt. Bulwer, 2 Vols. Edit. sanction. by the author. (40 1/4 B.) 843. * 1 Thlr.
56. Arabella Stuart by G. P. R. James. Sanction. by the author for continental circulation. (26 1/4 B.) 844.
57., 58. The life and adventures of Martin Chuzzlewit his relatives, friends and ennemies. Edited by Boz (Charl. Dickens). 2 Vols. Edit. sanction. by the author. (28 1/4 u. 28 1/4 B.) 844. * 1 Thlr.
59. The poems and ballads of Schiller. Transl. by Sir Edw. Lytt. Bulwer. With a brief sketch of the author's life. Edit. sanction. for continental circulation. (24 1/4 B.) 844.
60., 61. The history of Tom Jones, a foundling. By Henry Fielding. With the life of the author. 2 Vols. (56 3/4 B.) 844. * 1 Thlr.
62. Windsor Castle, an historical romance. By W. Harrison Ainsworth. Sanction. by the author for continental circulation. (21 B.) 844.
63. Gulliver's travels in to several remote nations of the world. By Jonathan Swift. With a sketch of his life. (22 B.) 844.
64. Saint James's or the court of Queen Anne. By W. Harrison Ainsworth. Sanction. by the author for continental circulation. (22 1/4 B.) 844.
65. Rose d'Albret or troublous times. By G. P. R. James. Sanction. by the author for continental circulation. (27 1/4 B.) 844.
66. Arrah Neil, or times of old. By G. P. R. James. Sanction. by the author for continental circulation. (2. B.) 844.
67. Coningsby; or the new generation. By B. Disraeli. Printed from the third Lond. edit. with the sanction of the author for continental circulation. (28 B.) 844.
68. The Settlers in Canada. Written for young people. By Capt. Marryat. Sanction. by the author for continental circulation. (20 1/2 B. u. 2 Holzschn.) 844.
69., 70. Strathern. A Novel. By the Countess of Blessington. Sanction. by the author for continental circulation. 2 Vols. (24 1/4 u. 23 1/4 B.) 844. * 1 Thlr.
71., 72. Passages from the Diary of a late Physician. By Sam. Warren. Sanction. by the author for continental circulation. 2 Vols. (36 B.) 845. * 1 Thlr.
73. Agincourt. A romance. By G. P. R. James. Sanction. by the author for continental circulation. (28 1/4 B.) 844.
74. The life and surprising adventures of Robinson Crusoe, of York, mariner. By Daniel de Foe. (31 1/4 B.) 844.
75. Waverley; or 't is sixty years since. By Sir Walter Scott. Edit. sanction. for continental circulation. (30 1/2 B. u. S's. Portr.) 844.
76. The Antiquary. By Sir Walter Scott. Edit. sanction. for continental circulation. (28 B.) 844.
77. Ivanhoe; a romance. By Sir Walter Scott. Edit. sanction. for continental circulation. (32 1/4 B.) 844.
78. Kenilworth by Sir Walter Scott. (32 B.) 845.
79. The Smuggler a Tale by G. P. R. James. Edit. sanction. for continental circulation. (29 B. 845.
Vol. 80—82. Ten Thousand a-Year. By Sam. Warren. Author of „The diary of a late physician". This new edition, carefully revised, is the only one sanction. by the Author for continental circulation. 3 Vols. (82 1/4 B.) 845. * 1 Thlr. 15 Ngr.
83. Sybil; or, the two Nations. By B. Disraeli. Sanction. by the Author for continental circulation. (28 B.) 845.
84. The Mission. Or, Scenes in Africa. Written for young people. By Capt. Marryat. Sanction. by the Author for continental circulation. (18 1/2 B. u. 1 Kärtchen.) 845.
85., 86. The Step-Mother. A Romance. By G. P. R. James. Sanction. by the Author for continental circulation. 2 Vols. (22 1/2 B.) 845. * 1 Thlr.
87. Quentin Durward. By Sir Walter Scott. Edit. sanction. for continental circulation. (32 1/4 B.) 845.
88. The adventures of Roderich Random. By Th. Smollett. With the life of the author. (30 1/4 B.) 845.
89. The O'Donoghue, a Tale of Ireland fifty years ago. By Charl. Lever. Sanction. by the Author for continental circulation. (30 1/4 B.) 845.
90. The poetical works of Robert Burns. With the life of the Author. (24 1/2 B.) 846.
91. A Christmas Carol in prose; the Chimes; the Cricket on the Hearth. By Boz (Charl. Dickens). Edit. sanction. for the continental circulction. (18 B.) 846.
Hieraus einzeln:
A Christmas Carol. * 6 Ngr.
The Chimes. * 6 Ngr.
The Cricket on the Hearth. * 8 Ngr.
92. The Expedition of Humphry Clinker. By Th. Smollet. Edit. sanction. for the continental circulation. (24 1/4 B.) 846.
93. Contarini Fleming. A Romance by B. Disraeli. Edit. sanction. for the continental circulation. (21 1/4 B. u. D's. Portr.) 846.
94—96. Master Humphrey's Clock by Charl. Dickens. 3 Vols. Edit. sanction. for the continental circulation. (85 1/4 B.) 846. * 1 Thlr. 15 Ngr.
97. Old Mortality by W. Scott. Edit. sanction. for the continental circulation. (29 1/4 B.) 846.
98. Ellen Middleton. A Tale by Lady G. Fullerton. Edit. sanction. for the continental circulation. (21 1/2 B.) 846.
99. Guy Mannering, or the Astrologer by W. Scott. Edit. sanction. for the continental circulation. (29 1/2 B.) 846.
100. Rob. Roy by W. Scott. Edit. sanction. for the continental circulation. (31 1/2 B.) 846.
101. Alroy. A. Romance by B. Disraeli. Sanction. by the Author for continental circulation. (18 B.) 846.
102. The Pirate. By W. Scott. Edit. sanction. for continental circulation. (32 1/4 B.) 846.
103. Pictures from Italy. By Charl. Dickens (Boz). Edit. sanction. by the Author. (17 B.) 846.
104. Memoirs of a Femme de Chambre. By the Countes of Blessington. Edit. sanction. by the Author for continental circulation. (28 B.) 846.
105. Eothen, a narrative from the East. Sanction. by the Author for continental circulation. (20 B.) 846.
106. The Privateer's-Man by Capt. Marryat. (19 B.) 846.
107. Beauchamp; or, the Error. By G. P. R. James. Sanction. by the Author for continental circulation. (29 B.) 846.
108. Heidelberg. By G. P. R. James. Sanction. by the Author for continental circulation. (28 1/4 B.) 846.
109. The Fortunes of Nigel. By W. Scott. Edit. sanction. for continental circulation. (33 1/4 B.) 846.
110. Jack Sheppard. A Romance. By W. Harrison Ainsworth. Copyright edit. for continental circulation. (29 B. u. A's Portr.) 846.
111., 112. Lucretia: or, the Children of Night. By Sir Edw. Lytt. Bulwer. Copyright edit. for continental circulation. 2 Vols. (38 1/4 B.) 847. * 1 Thlr.
113. The Gipsy: a tale. By G. P. R. James. Copyright edit. for continental circulation. (32 1/2 B.) 847.
114. A Whim, and its Consequences. Copyright edit. for continental circulation. (27 B.) 847.
115. The Castle of Ehrenstein; its Lords spiritual and temporal; its inhabitants earthly and unearthly. By G. P. R. James. Copyright edit. for continental circulation. (25 1/4 B.) 847.
116. The Poems of Ossian, transl. by James Macpherson, with Dissertations on the aera and Poems of Ossian; and Blair's critical dissertation. (24 1/4 B.) 847.
117., 118. Tancred: or, the new Crusade. By B. Disraeli. Copyright edit. for continental circulation. 2 Vls. (38 1/4 B.) 847. * 1 Thlr.
119—121. Dealings with the firm of Dombey and Son wholesale, retail, and for exportation. By Charl. Dickens. Copyright edit. for continental circulation. 3 Vols. (62 1/4 B.) 847. * 1 Thlr. 15 Ngr.

Collection of British Authors. Vol. 1—137. Tauchnitz-Edition. (the corrections of the press by Consul Dr. Flügel.) 16. Leipzig 841—47, Bernh. Tauchnitz jun. (à n. ½ ℛ) n. 68½ ℛ

Enthält:

Ainsworth, W. H., Windsor Castle. 1 Vol. (Collection etc. Vol. 62.)
— Saint James. 1 Vol. (Coll. Vol. 64.)
— Jack Sheppard. With Portr. 1 Vol. (Coll. Vol. 110.)
Blessington, Lady, Meredith. 1 Vol. (Coll. Vol. 53.)
— Strathern. 2 Vols. (Coll. Vol. 69. 70.)
— Memoirs of a femme de Chambre. 1 Vol. (Coll. Vol. 104.)
— Marmaduke Herbert. 2 Vols. (Coll. Vol. 123. 124.)
Boz (Charles Dickens), The Posthumous Papers of the Pickwick Club, containing a faithful record of the perambulations, perils, travels, adventures, and sporting transactions of the corresponding members by etc. With Portr. 2 Vols. (Coll. Vol. 2. 3.)
— American Notes. 1 Vol. (Coll. Vol. 32.)
— Oliver Twist. 1 Vol. (Coll. Vol. 36.)
— Nicholas Nickleby. 2 Vols. (Coll. Vol. 47. 48.)
— Sketches. 1 Vol. (Coll. Vol. 50.)
— Martin Chuzzlewit. 2 Vols. (Coll. Vol. 57. 58.)
— A Christmas Carol. — The Chimes. — The Cricket. In 1 Vol. (Coll. Vol. 91.)
— dies. auch einzeln: A Christmas Carol. n. 6 *ngl* — The Chimes. n. 6 *ngl* — The Cricket. n. 8 *ngl*
— Master Humphrey's Clock. (Barnaby Rudge-Shop.) 3 Vols. (Coll. Vol. 94—96.)
— Pictures from Italy. 1 Vol. (Coll. Vol. 103.)
— the battle of Life. gr. 16. n. 8 *ngl*
— Dombey and Son. 3 Vols. (Coll. Vol. 119—121.)
Bulwer, E. L., Pelham, or the Adventures of a Gentleman. With Portr. 1 Vol. (Coll. Vol. 1.)
— Eugene Aram. 1 Vol. (Coll. Vol. 4.)
— Paul Clifford. 1 Vol. (Coll. Vol. 7.)
— Zanoni. 1 Vol. (Coll. Vol. 13.)
— The last days of Pompeii. 1 Vol. (Coll. Vol. 14.)
— The Disowned. 1 Vol. (Coll. Vol. 16.)
— Ernest Maltravers. 1 Vol. (Coll. Vol. 18.)
— Alice or the Mysteries. A sequel to Ernest Maltravers. (Coll. Vol. 19.)
— Eva a true story of light and darkness, the Ill-Omemed marriage, other tales et poems; and the pilgrims of the Rhine. 1 Vol. (Coll. Vol. 20.)
— Devereux. 1 Vol. (Coll. Vol. 21.)
— Godolphin and Falkland. 1 Vol. (Coll. Vol. 23.)
— Rienzi, the last of the Roman Tribunes. 1 Vol. (Coll. Vol. 25.)
— Night and Morning. 1 Vol. (Coll. Vol. 35.)
— The last of the Barons. 2 Vols. (Coll. Vol. 38. 39.)
— Athens its Rise and Fall with views of the Literature, Philosophy, and social life of the Athenian People. 2 Vols. (Coll. Vol. 54. 55.)
— The Poems and Ballads of Schiller translated by etc. (Coll. Vol. 59.)
— Lucretia, or, the children of Night. 2 Vols. (Coll. Vol. 111. 112.)
— a Word to the Public. n. 4 *ngl*
— Confessions of a Water-Patient. n. 4 *ngl*
Burns, Rob., The poetical Works. With Portr. 1 Vol. (Coll. Vol. 90.)

Byron, Lord, The Works compl. in 5 Vols. With 5 Portr. (Coll. Vol. 8—12.)
Cooper, J. F., The spy. A tale. With Portr. 1 Vol. (Coll. Vol. 5.)
— The two Admirals. 1 Vol. (Coll. Vol. 15.)
— The Jack O'Lantern. 1 Vol. (Coll. Vol. 34.)
Disraeli, B., Coningsby; or the New Generation. 1 Vol. (Coll. Vol. 67.)
— Sybil; or, the two Nations. 1 Vol. (Coll. Vol. 83.)
— Contarini Fleming. A Romance. With Portr. 1 Vol. (Coll. Vol. 93.)
— Alroy. 1 Vol. (Coll. Vol. 101.)
— Tancred. 2 Vols. (Coll. Vol. 117. 118.)
Eothen. 1 Vol. (Col. Vol. 105.)
Fielding, H., The History of Tom Jones, a Foundling. With Portr. 2 Vols. (Coll. Vol. 60. 61.)
Collection of British Authors. Tauchnitz-Edition etc.
De Foe, Dan., The lif and surprising Adventures of Robinson Crusoe, of York, Mariner. 1 Vol. (Coll. Vol. 74.)
Fullerton, Lady, Ellen Middleton. A Tale. 1 Vol. (Coll. Vol. 98.)
— Grantley Manor. 2 Vols. (Coll. Vol. 131. 132.)
Goldsmith, Oliver, The select Works. (The Vicar of Wakefield; Poems; Dramas. With Portr. 1 Vol. (Coll. Vol. 22.)
Gore, Mss., Castles of the Air. 1 Vols. (Coll. Vol. 130.)
James, G. P. R., Morley Ernstein or the Tenants of the Hearth. With Portr. 1 Vol. (Coll. Vol. 17.)
— Forest Days. 1 Vol. (Coll. Vol. 37.)
— The False Heir. 1 Vol. (Coll. Vol. 51.)
— Arabella Stuart. 1 Vol. (Coll. Vol. 56.)
— Rose d'Albret or Troublous Times. 1 Vol. (Coll. Vol. 65.)
— Arrah Neil or Times of Old. 1 Vol. (Coll. Vol. 66.)
— Agincourt. 1 Vol. (Coll. Vol. 73.)
— The Smuggler: A Tale. 1 Vol. (Coll. Vol. 79.)
— The Step-Mother. A Romance. 2 Vols. (Coll Vol. 85. 86.)
— Beauchamp. 1 Vol. (Coll. Vol. 107.)
— Heidelberg. 1 Vol. (Coll. Vol. 108.)
— The Gipsy. 1 Vol. (Coll. Vol. 113.)
— Ehrenstein. 1 Vol. (Coll. Vol. 115.)
— Darnley. 1 Vol. (Coll. Vol. 122.)
— Russel. 2 Vols. (Coll. Vol. 128. 129.)
— The Convict. 2 Vols. (Coll. Vol. 134. 135.)
Irving, W., The Sketch Book. With Portr. 1 Vol. (Coll. Vol. 33.)
Lever, Charles, The O'Donoghue a Tale of Ireland fifty Years ago. 1 Vol. (Coll. Vol. 89.)
— The Knight of Gwynne. 3 Vols. (Coll. Vol. 125—127.)
— Arthur O'Leary. 2 Vols. (Coll. Vol. 136. 137.)
Lewes, Ranthorpe. 1 Vol. (Coll. Vol. 133.)
Marryat, Capt., Jacob Faitful. With Portr. 1 Vol. (Coll. Vol. 6.)
— Percival Keene. 1 Vol. (Coll. Vol. 24.)
— Peter Simple. 1 Vol. (Coll. Vol. 31.)
— Japhet in search of a Father. 1 Vol. (Coll. Vol. 49.)
— Narrative of the Travels and Adventures of Monsieur Violet, in California, Sonora, and Western Texas. (Mit 1 Karte.) 1 Vol. (Coll. Vol. 53.)
— The Settlers in Canada. Written for young People. (Mit 2 Abbild.) 1 Vol. (Coll. Vol. 68.)
— The Mission; or, Scenes in Africa. Written for young People. 1 Vol. (Coll. Vol. 84.)
— The Privaters Man. 1 Vol. (Coll. Vol. 106.)
Moore, Thom., The poetical Works, collected by himself. With Portr. 5 Vols. (Coll. Vol. 126—130.)
Ossian. 1 Vol. (Coll. Vol. 116.)
Scott, Walt., Waverley; or 't sixty Years Since. With Portr. 1 Vol. (Coll. Vol. 75.)
— The Antiquary. 1 Vol. (Coll. Vol. 76.)
— Ivanhoe. 1 Vol. (Coll. Vol. 77.)
— Kenilworth. 1 Vol. (Coll. Vol. 78.)
— Quentin Durward. 1 Vol. (Coll. Vol. 87.)
— Old Mortality. 1 Vol. (Coll. Vol. 97.)
— Guy Mannering; or, the Astrologer. 1 Vol. (Coll. Vol. 99.)
— Rob Roy. 1 Vol. (Coll. Vol. 100.)
— The Pirate. 1 Vol. (Coll. Vol. 102.)
— The Fortunes of Nigel. 1 Vol. (Coll. Vol. 109.)
Shakespeare's, W., Works. With Portr. 7 Vols. (Coll. Vol. 40—46.)
Smollet, T., The Adventures of Roderik Random. 1 Vol. (Coll. Vol. 88.)
Swift, Jonath., Gulliver's Travels into several remote Nations of the World. 1 Vol. (Coll. Vol. 63.)
Warren, S., Passages from the Diary of a Late Physician. 2 Vols. (Coll. Vol. 71. 72.)
— Ten Thousand a-Year. 3 Vols. (Coll. Vol. 80—82.)
A Whim and its consequences. 1 Vol. (Coll. Vol. 114.)

—— of british Authors. (A. u. d. T.) Confessions and Observations of a Water-Patient. By Sir Edw. Lytt. Bulwer. 16. (3 B.) Leipzig 845, B. Tauchnitz jun. Thlr. *

—— the same. (A. u d. T.) The Chimes: a goblin story of some bells that rang an old year out and a new year in. By Charles Dickens. Edit. sanction. by the author. 16. (5¼ B.) The same. 845.

Collection of british Authors. (A. u. d. T.) The battle of life. A love Story. By Charles Dickens. Copyright edit. for continental circulation. 16. (7½ B.) Leipzig 847, B. Tauchnitz jun. Thlr. *

—— the same. (A. u. d. T.) A Word to the Public. By the Author of „Lucretia", „Rienzi", etc. (Bulwer.) Copyright edit. for continental circulation. 16. (4 B.) The same. 847. *

Collection of the British authors. Copyright edition. Vol. 138—265. gr. 12. Leipzig 847—53, B. Tauchnitz. à n. ½ ß
Vol. 138. 139. The confessions of Harry Lorrequer. By Charles Lever. New edition correct. by the author. 2 vols. (661 S.) 848. n. 1 ß
— Vol. 140. The children of the new forest. By Marryat (336 S.) 848. n. ½ ß
— Vol. 141. Now and Then. By Sam. Warren. (312 S.) 848. n. ½ ß.
— Vol. 142—144. Charles O'Malley, the Irish Dragoon. Edited by Charles Lever. 3 vols. (I. VI u. 409 S. II. . . . S. III. . . . S.) 848. n. 1½ ß
— Vol. 145. 146. Jane Eyre: an autobiography. Edited by Currer Bell. 2 vols. (X u. 682 S.) 848. n. 1 ß
— Vol. 147. 148. Sir Theodore Broughton; or, laurel water. By G. P. R. James. 2 vols. (I: XIV u. 306 S. II: 286 S.) 848. n. 1 ß
— Vol. 149. Diary and notes of Horace Templeton, Esq. late secretary of legation at — (355 S.) 848. ½ ß
— Vol. 150. 151. Harold, the last of the Saxon kings. By Sir Edward Bulwer Lytton, Bart. 2 vols. (718 S.) 848. 1 ß

Collection of the British authors. Copyright edition. Vol. 152. The select poetical works of Alex. Pope. With the life and portrait of the author. (VI u. 305 S.) Leipzig 848, B. Tauchnitz. n. ½ ß
— Vol. 153. The life and opinions of Tristram Shandy, gentleman. By Laurence Sterne. (502 S.) 848. n. ½ ß
— Vol. 154—156. Tom Burke of „Ours." By Charles Lever. 3 vols. (I: X u. 381 S. II: . . . S. III: . . . S.) 848. n. 1½ ß
— Vol. 157—159. Vanity fair. A novel without a hero. By William Makepeace Thackeray. 3 vols. (XXIV u. 948 S.) 848. n. 1½ ß
— Vol. 160. 161. King Arthur. By Sir Edw. Bulwer Lytton. 2 vols. (XII u. 612 S.) 848. n. 1 ß
— Vol. 162. 163. The Lancashire witches. A romance of Pendle Forest. By William Harrison Ainsworth. 2 vols. (773 S.) 848. n. 1 ß
— Vol. 164. The new Timon. A poetical romance, and the lady of Lyons, or love and pride; a play. By Sir Edw. Bulwer Lytton. (316 S.) 849. n. ½ ß
— Vol. 165. 166. Jack Hinton, the guardsman. By Charles Lever. 2 vols. (I: VIII u. 312 S. II: VI u. 344 S.) 848. n. 1 ß
— Vol. 167—169. The history of Pendennis. His fortunes and misfortunes, his friends and his greatest enemy. By W. M. Thackeray. 3 vols. (I: VI u. 312 S. II: VI u. 346 S. III: XII u. 444 S.) 849. 50. n. 1½ ß
— Vol. 170. Valerie, an autobiography by Marryat. (379 S.) 849. n. ½ ß

— Vol. 171. The history of Samuel Titmarsh and the great Hoggarty diamond: the book snobs. By W. M. Thackeray. (VIII u. 324 S.) 849. n. ½ ℛ

— Vol. 172—174. The history of England from the accession of James the second. By Thomas Babington Macaulay. Vol. 1—3. (XX u. 851 S.) XII u. 466 S.) 849. 50. n. 1½ ℛ

— Vol. 175—177. The personal history, adventures, and observation of David Copperfield the younger of Blunderstone Rookery. [Which he never meant to be published on any account.] By Charles Dickens. 3 vols. (I: VI u. 322 S. II: VI u. 386 S. III: X u. 430 S.) 850. n. 1½ ℛ

— Vol. 178. 179. The Caxtons; a family picture. By Sir Edw. Bulwer Lytton, Bart. 2 vols. (VIII u. 634 S.) 850. n. 1 ℛ

— Vol. 180. 181. Shirley. A tale by Currer Bell. 2 vols. (XII u. 817 S.) 850. n. 1 ℛ

— Vol. 182. Mary Barton. A tale of Manchester life (by Mrs. Gaskyll.) (VIII u. 423 S.) 850. n. ½ ℛ

— Vol. 183. 184. Country quarters. By the Countess of Blessington. With the portrait of the author. 2 vols. (638 S.) 850. n. 1 ℛ

— Vol. 185—189. Critical and historical essays, contributed to the Edinburgh Review. By Thom. Babington Macaulay. 5 vols. 850. n. 2½ ℛ

— Vol. 190. Evelina; or the history of a young lady's indroduction to the world. By Miss Burney. (XII u. 444 S.) 850. n. ½ ℛ

— Vol. 191. The life of Mahomet by Washington Irving. (X u. 302 S.) 850. n. ½ ℛ

Vol. 192. Lives of the successors of Mahomet by Washington Irving. (XIV u. 404 S.) 850. n. ½ ℛ

— Vol. 193. Oliver Goldsmith: A biography. By Washington Irving. (XIV u. 356 S.) 850. n. ½ ℛ

— Vol. 194. The poetical works of John Milton. Paradise lost and Paradise regained. (VI u. 358 S.) 850. n. ½ ℛ

— Vol. 195. 196. Nathalie; a tale by Julia Kavanagh. 2 vols. (X u. 763 S.) 850. n. 1 ℛ

— Vol. 197. The Kickleburys abroad; a legend of the Rhine; Rebecca and Rowena; the second funeral of Napoleon. By William Makepeace Thackeray. (VI u. 328 S.) 850. n. ½ ℛ

— Vol. 198. Lays of ancient Rome With „Ivry" and „the Armada." By Thom. Babington Macaulay. (IV u. 240 S. m. 1 Holzschn.) 851. n. ½ ℛ

— Vol. 199. 206. 208. 211—213. 216. 217. 220—222. 227. 231. 236. 238. 248. 251. 265. Household words. Conducted by Charles Dickens. Vol. 1—18. 851—53. n. 9 ℛ

— Vol. 200. 215. 223 u. 247. My novel; or, varieties in English life. By Pisistratus Caxton. (Sir Edw. Bulwer Lytton.) 4 vols. (1: IV u. 422 S. 2: IV u. 380 S. 3: IV u. 339 S. 4: VI u. 501 S.) 851—53. n. 2 ℛ

Collection of the British authors. Copyright edition. Vol. 201. 202. Wuthering Heights and Agnes Grey. By Ellis and Acton Bell. A new edition revised, with a biographical notice of the authors, a selection from their literary remains, and a preface, by Currer Bell. 2 vols. (I: XX u. 316 S. II: IV u. 312 S.) Leipzig 851, B. Tauchnitz. n. 1 ℛ

— Vol. 203—205. The French revolution: A history. By Thom. Carlyle. 3 vols. (XVIII u. 1184 S.) 851. n. 1½ ℛ

— Vol. 206; siehe: 199.

— Vol. 207. Yeast. A problem. By the author of Alton Locke. (X u. 337 S.) 851. n. ½ ℛ

— Vol. 208. siehe: 199.

— Vol. 209. 210. Stuart of Dunleath. A story of the present time. By Caroline (Elizabeth Sarah) Norton. 2 vols. (XVI u. 588 S.) 851. n. 1 ℛ

— Vol. 211—213, siehe: 199.

— Vol. 214. The lily and the bee, an apologue of the crystal palace. By Sam. Warren. (XIV u. 246 S.) 851. n. ½ ℛ

— Vol. 215, siehe: 200.

— Vol. 216. 217, siehe: 199.

— Vol. 218. 219. Ravenscliffe. By the author of Emilia Wyndham (Mrs. March.) 2 vols. 852. n. 1 ℛ

— Vol. 220—222. siehe: 199.

— Vol. 223, siehe: 200.

— Vol. 224. 225. The history of St. Giles and St. James. By Douglas Jerrold. 2 vols. 852. n. 1 ℛ

— Vol. 226. The scarlet letter, a romance. By Nathaniel Hawthorne. (VIII u. 311 S.) 852. n. ½ ℛ

— Vol. 227, siehe: 199.

— Vol. 228. 229. Men of character. By Douglas Jerrold. 2 vols. 852. n. 1 ℛ

— Vol. 230. 237. 238. 260. Bleak house by Charles Dickens. 4 vols. (1: VI u. 321 S. 2: VI u. 324 S. 3: . . . S. 4: . . . S.) 852. 53. n. 2 ℛ

— Vol. 231, siehe: 199.

— Vol. 232—235. The Daltons or three roads in life. By Charles Lever. 4 vols. 852. n. 2 ℛ

— Vol. 236, siehe: 199.

— Vol. 239. 240. The crescent and the cross; or, romance and realities in eastern travel. By Eliot Warburton. 2 vols. (XVIII u. 616 S.) 852. n. 1 ℛ

Vol. 241. 242. Emilie Wyndham. By the author of Ravenscliffe (Mrs. March). Revised copyright edition. 2 vols. (XVI u. 680 S.) 852. n. 1 ℛ

— Vol. 243. 244. Uncle Tom's cabin by Harriet Beecher Stowe. With a new preface expressly written for this edition, authorized for the continent of Europe. 2 vols. (XVIII u. 669 S.) 852. n. 1 ℛ

— Vol. 245. 246. The history of Henry Esmond, Esq., colonel in the service of Her Maj. Q. Anne written by himself (by William Makepeace Thackeray). 2 vols. (XXIV u. 665 S.) 852. n. 1 ℛ

— Vol 247, siehe: 200.

— Vol. 248, siehe: 199.

— Vol. 249. 250. Castle Avon. By the author of „Emilia Wyndham." „Ravenscliffe" etc. (Mrs. March.) 2 vols. (636 S.) 853. n. 1 ℛ

— Vol. 251, siehe: 199.

— Vol. 252. 253. Darien, or the merchant prince. A historical romance. By Eliot Warburton. 2 vols. (646 S.) 853. n. 1 ℛ

— Vol. 254. 255. Ruth. A novel. By the author of „Mary Barton". 2 vols. (662 S.) 853. n. 1 ℛ

— Vol. 256. 257. Villette. By Currer Bell. 2 vols. (XII u. 724 S.) 853. n. 1 ℛ

— Vol. 258. 259. Lady Bird. A tale. By Lady Georgina Fullerton. 2 vols. (629 S.) 853. n. 1 ℛ

— Vol. 260. s.: 230.

— Vol. 261. 262. The dean's daughter; or the days we live in. By Mrs. Gore. 2 vols. (644 S.) 853. n. 1 ℛ

— Vol. 263. 264. Daisy Burns; a tale. By Julia Kavanagh. 2 vols. (690 S.) 853. n. 1 ℛ

— Vol. 265. s.: 199.

Collection of British authors. Copyright edition. Vol. 266—471. Leipzig 853—58. B. Tauchnitz. 16. Jeder Bd. n. 15 ngr

266. 267. A key to Uncle Tom's cabin; presenting the original facts and documents upon which the story is founded. Together with corroborative statements verifying the truth of the work. By Harriet Beecher Stowe, author of „Uncle Tom's cabin." 2 vols. (VIII, 380; VI, 406 S.)

268. 278. 281. 291. 297. 301. 303. 305. 309. 313. 327. 331. 334. 336. 343. 346. 357. 359. Household words. Conducted by Charles Dickens. Vol. XIX—XXXVI. (VI, 382; VI, 362; VI, 374; VI, 377; VI, 408; VI, 394; VI, 425; VI, 378; VI, 410; VI, 377; VI, 340; VI, 378; VI, 410; VI, 410; VI, 408; VI, 378; VI, 378; LXXIV, 304 S.)

269—275. History of England from the peace of Utrecht to the peace of Versailles. 1713—1783. By Lord Mahon. In 7 Vols. (XII, 426; XII, 408; XII, 447; XIV, 413; XIV, 392; XII, 404; XIV, 436 S.)

277. The English Humourists of the eighteenth century. A series of lectures, delivered in England, Scotland, and the United States of America. By W. M. Thackeray. (3 Bl., 309 S.)

279. The poetical works of James Thomson. With the portrait of the author. (in Stahlst.) (VI, 402 S.)

280. Saint Leger, or the threads of life by Rich. B. Kimball. (VI, 408 S.)

282. 283. Cyrilla. A tale. By the Baroness Tautphoeus. 2 vols. (2 Bl., 396; 2 Bl., 387 S.)

284. 285. Speeches of the right honorable T. B. Macaulay. Corrected by himself. 2 vols. (XV, 320; 3 Bl., 314 S.)
286. 287. The star-chamber; an historical romance by W. Harrison Ainsworth. 2 vols. (VI, 318; VI, 301 S.)
288. 289. The Initials. A novel. By the Baroness Tautphoeus. 2 vols. (2 Bl., 346; 2 Bl., 347 S.)
290. 306. 315. 332. The Newcomes. Memoirs of a most respectable family. By W. M. Thackeray. 4 vols. (3 Bl., 305; 3 Bl., 328; 3 Bl., 329; VI, 364 S.)
292. 293. Progress and prejudice. By Mrs. Gore. 2 vols. (2 Bl., 311; 2 Bl., 310 S.)
294. The Log of the Water Lily (Thames gig). During two cruises in the summers of 1851—1852, on the Rhine, Neckar, Main, Moselle, Danube and other streams of Germany by Rob. Blachford Mansfield. (XII, 258 S.)
295. 296. Aubrey. By the author of „Emilia Windham." (Mrs. Marsh.) 2 vols. (2 Bl., 332; 2 Bl., 332 S.)
298—300. The Dodd family abroad. By Charles Lever. 3 vols. (XVI, 335; VI, 324; VI, 332 S.)
302. The Flitch of Bacon: or, the custom of Dunmow. A tale of English home. By William Harrison Ainsworth. (XII, 339 S.)
304. The Lamplighter. (2 Bl., 460 S.)
307. Hard times. For these times. By Charles Dickens. (VIII, 376 S.)
308. The wide, wide world. By Elizabeth Wetherell. (2 Bl., 524 S.)
310. Romance of student life abroad. By Rich. B. Kimball (X, 273 S.)
314. Ida May; a story of things actual and possible by Mary Langdon. (VI, 362 S.)
316. 317. Mammon; or, the hardships of an heiress. By Mrs. Gore. 2 vols. (2 Bl., 339; 2 Bl., 331 S.)
318. 319. The heir of Redclyffe by the author of „Heartsease". 2 vols. (2 Bl., 340; 2 Bl., 340 S.)
320. 321. Grace Lee. A tale. By Julia Kavanagh. 2 vols. (2 Bl., 332; 2 Bl., 348 S.)
322. 323. Heartsease or the brother's wife by the author of „the heir of Redclyffe". 2 vols. (2 Bl., 342; 2 Bl., 352 S.)
324. Chronicles of Wolfert's Roost and other papers. By Washington Irving. (VI, 386 S.)
325. 326. The heiress of Haughton; or, the mother's secret. By the author of „Emilia Wyndham" etc. 2 vols. (2 Bl., 316; 2 Bl., 316 S.)
328. 329. Westward ho! Or, the voyages and aventures of Sir Amyas Leigh, Knight, of Burrough, in the Courty of Devon, in the reign of her most glorious Majesty Queen Elizabeth. Rendered into modern English by Charles Kingsley. 2 vols. (4 Bl., 370; 3 Bl., 365 S.)
330. The pilgrim's progress from this world to that which is to come. By John Bunyan. (XVIII, 364 S.)
333. North and South. By the author of „Mary Barton". (2 Bl., 428 S.)
335. Lizzie Leigh; and other tales. By the author of „Mary Barton," „Ruth" etc. (3 Bl., 410 S.)
337—341. The history of England from the accession of James II. By Th. Babington Macaulay. Vol. IV—VIII. (VIII, 332; VIII, 344; VIII, 299; VIII, 347; VIII, 335 S. u. Bildniss in Stahlst.)
342. 349. 368. 406. Life of George Washington. By Washington Irving. In 4 vols. (XIV, 426; XII, 452; XVI, 454; X, 454 S.)
344. Rachel Gray. A tale founded on fact. By Julia Kavanagh. (VI, 306 S.)
345. 353. 354. 369. 379. 408. Miscellanies: prose and verse by W. M. Thackeray. Vol. III—VIII. (VII, 320; VII, 327; VII, 382; IV, 408; 311; VII, 299 S.)
347. 348. The poetical works of H. W. Longfellow. 2 vols. With the portr. of the author. (in Stahlst.) (VIII, 399; VI, 322 S.)
350. 360. 380. 390. Little Dorrit by Charles Dickens. In 4 vols. With (16) illustr. by H. K. Browne. (3 Bl., 321; 3 Bl., 314; 3 Bl., 314; XIII, 290 S.)
351. 352. The hills of the Shatemuc by Elizabeth Wetherell. 2 vols. (2 Bl., 362; 2 Bl., 348 S.)
355. 356. The daisy chain; or, aspirations. A family chronicle. By the author of „the heir of Redclyffe". 2 vols. (VI, 421; 414 S.)
361—363. The Martins of Cro' Martin by Charles Lever. 3 vols. (XI, 316; 3 Bl., 328; VI, 328 S.)
364. Paul Ferrol. A tale. By the author of „IX poems by V." (2 Bl., 316 S.)
365. 366. Evelyn Marston. By the author of „Emilie Wyndham" etc. 2 vols. (2 Bl., 331; 2 Bl., 316 S.)
367. After dark. By Wilkie Collins. (VI, 377 S.)
370. 371. Hide and seek. By W. Wilkie Collins. 2 vols. (VIII, 327; 2 Bl., 316 S.)
372. 373. Dred; a tale of the great dismal swamp. By Harriet Beecher Stowe. 2 vols. (XV, 359; VI, 394 S.)
374. 375. „It is never too late to mend." A matter of fact romance. By Charles Reade. 2 vols. (3 Bl., 378; 2 Bl., 372 S.)
376. 377. 383. 386. 409. 416. 427. 437. 461. Novels and tales reprinted from Household Words conducted by Charles Dickens. Vol. I—IX. (3 Bl., 346; 3 Bl., 370; 3 Bl. 312, 3 Bl., 354; 3 Bl., 358; 3 Bl., 321; 3 Bl., 330; 3 Bl., 332; 3 Bl., 332 S.)
378. The spendthrift. A tale. By W. Harrison Ainsworth. (VIII, 355 S.)
381. 382. Two years ago. By Charles Kingsley. 2 vols. (3 Bl., 362; 3 Bl., 388 S.)
384. 385. The life of Charlotte Brontë, author of „Jane Eyre" etc. by E. C. Gaskell. 2 vols. (VIII, 314; VIII, 298 S.)
387. 388. A life's lessons. By Mrs. Gore. 2 vols. (3 Bl., 309; 2 Bl., 304 S.)
389. Still waters. (3 Bl., 332 S.)
391. 392. Dynevor terrace; or, the clue of life. By the author of „The heir of Redclyffe". 2 vols. (VI, 338; VI, 344 S.)
393. 394. The fortunes of Glencore. By Charles Lever. 2 vols. (2 Bl., 330; 2 Bl., 323 S.)
395. 396. The rose of Ashurst. By the author of „Emilie Wyndham" etc. (Mrs. Marsh.) 2 vols. (2 Bl., 314; 2 Bl., 298 S.)
397. 398. John Halifax, gentleman. 2 vols. (2 Bl., 344; 2 Bl., 318 S.)
399. 400. Amy Herbert. By Elizabeth Sewell. 2 vols. (2 Bl., 316; 2 Bl., 315 S.)
401. Dorothy. A tale. By the author of „Still Waters". (2 Bl., 314 S.)
402. 403. The two aristocracies. A novel. By Mrs. Gore. 2 vols. (2 Bl., 316; 2 Bl., 308 S.)
404. The professor. A tale. By Currer Bell. (VIII, 360 S.)
405. Biographical essays. By Th. Babington Macaulay. Frederic the Great. — Bunyan. — Goldsmith. — Johnson. — Barère. (4 Bl., 296 S.)
407. 417. 440. 453. What will he do with it? By Pisistratus Caxton. (Edw. Bulwer Lytton.) 4 vols. (2 Bl., 284; 2 Bl., 271; 2 Bl., 355; 2 Bl., 418 S.)
410. Mabel Vaughan. By Maria S. Cummins. Edited, by arrangement with the author by Mrs. Gaskell. (VIII, 439 S.)
411. De Cressy. A tale. By the author of „Still waters." (2 Bl., 306 S.)
412. Autobiography of Lutfullah, a Mohamedan gentleman; and his transactions with his fellow-creatures; interspersed with remarks on the habits, customs, and character of the people with whom he had to deal. Edit. by Edward B. Eastwick. (XIV, 342 S.)
413. 414. Hypatia: or, new foes with an old face. By Charles Kingsley. 2 vols. (XXVI, 284; VI, 329 S.)
415. Alton Locke tailor and poet. An autobiography. By Charles Kingsley. (X, 369 S.)
418. 419. The lives of the English Poets by Sam. Johnson. 2 vols. (VI, 402; VI, 414 S.)
420. 422. Adèle. A tale. By Julia Kavanagh. 3 vols. (3 Bl., 338; 2 Bl., 352; 2 Bl., 344 S.)
423. 424. The head of the family. A novel. By the author of „John Halifax." 2 vols. (3 Bl., 334; 2 Bl., 326 S.)
425. 441. The Virginians. A tale of the last century. By W. M. Thackeray. In 4 vols. Vol. I. and II. (VI, 318; VI, 318 S.)
426. The black dwarf. A legend of Montrose. By Walt. Scott. (2 Bl., 372 S.)
428. 429. Quits; a novel by the Baroness Tautphoeus. 2 vols. (VI, 334; 3 Bl., 342 S.)
430. Tom Brown's school days. By an old boy. (4 Bl., 320 S.)

431. 432. Heckington. A novel by Mrs. Gore. 2 vols. (2 Bl., 308; 2 Bl., 299 S.)
433. Year after year. A tale. By the author of Paul Ferrol. (VI, 330 S.)
434. A biographical sketch of Sir Henry Havelock, K. C. B. By the rev. William Brock. (XII, 282 S. u. 1 Plan in Holzschnitt in 4.)
435. 436. Ursula. A tale of country life. By Elizabeth Sewell. 2 vols. (2 Bl., 331; 2 Bl., 332 S.)
438. 439. Mervyn Clitheroe. By W. Harrison Ainsworth. 2 vols. (X, 308; VI, 281 S.)
442. The bride of Lammermoor. By Walter Scott. (2 Bl., 368 S.)
443. Uncle Ralph. A tale. By the author of „Still waters". (2 Bl., 316 S.)
444—448. History of Friedrich II. of Prussia, called Frederick the Great. By Thom. Carlyle. Vol. 1—5. (VIII, 342; VIII, 332; VIII, 306; VI, 314; VI, 323 S.)
449. 450. Doctor Thorne. A novel. By Anthony Trollope. 2 vols. (VI, 370; VI, 374 S.)
451. 452. The heart of Mid-Lothian. By Walt. Scott. 2 vols. (2 Bl., 322; 2 Bl., 332 S.)
454—456. Roland Cashel. By Charles Lever. 3 vols. (3 Bl., 338; 2 Bl., 319; 2 Bl., 331 S.)
457. 458. Venetia. By B. Disraeli. 2 vols. (2 Bl., 329; 2 Bl., 316 S.)
459. 460. A summer and winter in the two Sicilies. By Julia Kavanagh. 2 vols. (VIII, 316; 2 Bl., 278 S.)
462. 463. Scenes of clerical life. By George Eliot. 2 vols. (3 Bl., 345; 2 Bl., 284 S.)
464. 465. Home influence; a tale for mothers and daughters. By Grace Aguilar. 2 vols. (XII, 326; 3 Bl., 317 S.)
466. 467. Vivian Grey. By B. Disraeli. 2 vols. (2 Bl., 339; 2 Bl., 359 S.)
471. Maiden sisters. A tale. By the author of „Still waters", „Dorothy" etc. (2 Bl., 304 S.)

Nach den Verfassern und Titeln geordnete Uebersicht der einzelnen Werke.

— of British Authors. Copyright edition. Vol. 468—470. 472—747. Leipzig 859–64. B. Tauchnitz. 16. Jeder Bd. n. 15 *ngr.*

468. 469. The Bertrams. A novel. By Anthony Trollope. 2 vols. (XII, 756 S.)
470. 477. The Virginians. A tale of the last century. By W. M. Thackeray. Vol. III. IV. (VI, 324; VII, 310 S.)
472—474. Davenport Dunn, or the man of the day. By Charles Lever. 3 vols. (XVIII, 1068 S.)
475. 481. Novels and tales reprinted from household words conducted by Charles Dickens. Vol. X. XI. (V, 302; V, 362 S.)

476. Henrietta Temple. A love story. By B. Disraeli. (319 S.)
478. The monastery. By Walter Scott. (423 S.)
479. 480. A tale of two cities by Charles Dickens. 2 vols. (VI, 314; VI, 373 S.)
482. 483. Adam Bede. By George Eliot. 2 vols. (XII, 723 S)
484. Life of George Washington. By Washington Irving. Vol. V. (XII, 424 S.)
485. 486. A life for a life. By the author of „John Halifax." 2 vols. (VIII, 644 S.)
487. 488. The mother's recompense; a sequel to home influence. By Grace Aguilar. 2 vols. (VI, 738 S.)
489. „Love me little, love me long." By Charles Reade. (420 S.)
490. The warden. By Anthony Trollope. (V, 285 S.)
491. 492. Barchester towers. By Anthony Trollope. 2 vols. (XII, 680 S.)
493. A plot in private life and other tales. By Wilkie Collins. (VII, 294 S.)
494. The minister's wooing. By H. Beecher Stowe. (V, 362 S.)
495. Rita. An autobiography. (350 S.)
496. 497. Seven years, and other tales. By Julia Kavanagh. 2 vols. (639 S.)
498. 499. Say and seal. By the author of „Wide wide world," (Elizabeth Wetherell) and the author of „Dollars and cents" (Amy Lothrop.) 2 vols. (VI, 1026 S.)
500. Five centuries of the english language and literature With a preface by the editor. (XII, 429 S.)
501 504. The poetical works of Alfred Tennyson. Vol. 1—4. (XIV, 1082 S.)
505. Guy Livingstone; or, „Thorough." (307 S.)
506. A womans thoughts about women. By the author of „John Halifax, Gentleman etc." (VII, 268 S.)
507. William Pitt, Atterbury by Macaulay. (210 S.)
508. Sword and gown. By the author of „Guy Livingstone." (283 S.)
509. 510. The mill on the floss by George Eliot. 2 vols. (XII, 721 S.)
511. The abbot. By Walter Scott. (451 S.)
512. The poems of Samuel Taylor Coleridge. Edited by Derwent and Sara Coleridge. With a biographical memoir by Ferd. Freiligrath. (XLVI, 344 S.)
513. 514. The confessions of Con Gregan: the irish Gil Blas. By Charles Lever. 2 vols. (XII, 600 S.)
515. 516. Transformation: or, the romance of Monte Beni. By Nathaniel Hawthorne. 2 vols. (XVIII, 572 S.)
517. El Fureidis. By Maria S. Cummins. (VIII, 323 S.)
518. 519. The physiology of common life. By Geo. Henry Lewes. With numerous woodcuts. 2 vols. (XX, 666 S.)
520. 521. Castle Richmond. A novel. By Anthony Trollope. 2 vols. (X, 704 S.)
522. Ovingdean Grange. A tale of the South Downs. By Will. Harrison Ainsworth. (VIII, 328 S.)
523. Kate Coventry. An autobiography. Edited by G. J. Whyte Melville. (299 S.)
524. The West Indies and the Spanish main. By Anthony Trollope. (V, 320 S.)
525. 526. The woman in white. By Wilkie Collins. 2 vols. (X, 693 S.)
527. 528. Holmby house. A tale of old Northamptonshire. By G. J. Whyte Melville. 2 vols. (XII, 626 S.)
529. 530. Peveril of the peak. By Walter Scott. 2 vols. (731 S.)
531. 532. The dramatic works of Edward Bulwer Lytton. 2 vols. (559 S.)
533. 534. One of them. By Charles Lever. 2 vols. (XII, 721 S.)
535. Agatha's husband. A novel. By the author of „John Halifax, Gentleman". (V, 368 S.)
536. Hunted down. A story. The uncommercial traveller, a series of occasional papers by Charles Dickens. (V, 290 S.)
537. 538. Lavinia. By the author of „Doctor Antonio." 2 vols. (XII. 673 S.)
539. 540. Hopes and fears; or scenes from the life of a spinster. By the author of „The heir of Redclyffe." 2 vols. (709 S.)
541. Lois the witch and other tales. By E. C. Gaskell. (VII, 338 S.)
542. 543. The history of England from the accession of James the Second. By Macaulay. Vol. IX. X. Edited by his sister, Lady Trevelyan. (XIII, 560 S.)
544. A sentimental journey through France and Italy by Laurence Sterne, to which are added the letters and a life of the author. With a portr. (in Stahlst.) (VIII, 347 S.)
545. 546. The poetical works of Walter Scott. 2 vols. (VI, 900 S.)
547. 548. Great expectationes. By Charles Dickens. 2 vols. (646 S.)
549. Personal history of Lord Bacon. From unpublished papers. By Will. Hepworth Dixon. (XIV, 422 S.)
550. Silas Marner the weaver of Raveloe by George Eliot. (V, 297 S.)
551. 552. Framley parsonage. By Anthony Trollope 2 vols. (X, 725 S.)
553. Doctor Antonio. (VI, 377 S.)
554. 555. Maurice Tiernay, the soldier of fortune. By Charles Lever. 2 vols. (VI, 711 S.)
556 558. Sermons preached at Trinity Chapel, Brighton, by Fred. W. Robertson. 3 vols. (XXX, 914 S.)
559. The constable of the Tower. An historical romance. By Will. Harrison Ainsworth. (VIII, 372 S.)
560 563. Oliver Cromwell's letters and speeches: with elucidations. By Thom. Carlyle. 4 vols. (XLIV, 1587 S.)
561. „Who breaks - pays." (VI, 330 S.)
565. 566. No church. 2 vols. (613 S.)
567. Why Paul Ferroll killed his wife. By the author of „Paul Ferroll." (282 S.)
568. Romantic tales. By the author of „John Halifax, Gentleman." (V, 360 S.)
569. 570. A strange story by Edw. Bulwer Lytton. 2 vols. (X, 690 S.)
571. Lorenzo Benoni or passages in the life of an Italian. By the author of „Doctor Antonio." (VIII, 324 S.)
572. 573. Sir Jasper Carew, his life and experiences. By Charles Lever. 2 vols. (X, 728 S.)
574 576. East Lynne. By Henry Wood. 3 vols. (995 S.)
577. The two cosmos. A tale of fifty years ago in six books. (371 S.)
578. 579. The young step-mother; or, a chronicle of mistakes. By the author of „The heir of Redclyffe." 2 vols. (616 S.)
580. The four Georges. Sketches of manners, morals, court and town life. Lovel the widower. By W. M. Thackeray. (III, 326 S.)
581. Martha Brown, the heiress. By the author of „Still waters." (281 S.)
582. French women of letters. Biographical sketches. By Julia Kavanagh. (VIII, 344 S.)
583. Digby Grand. An autobiography. By G. J. Whyte Melville. (VI, 358 S.)
584. Domestic stories. By the author of „John Halifax, Gentleman." (III, 338 S.)
585. 586. The last of the Mortimers. A story in 2 voices. By the author of „Margaret Maitland". 2 vols. (631 S.)
587 589. The silver cord. A story. By Shirley Brooks. 3 vols. (X, 941 S.)
590. 591. Good for nothing, or all down hill. By G. J. Whyte Melville. 2 vols. (XII, 595 S.)
592. Wild oats. By Lascelles Wraxall. (VII, 378 S.)
593. 594. The last of the cavaliers. 2 vols. (719 S.)
595 598. Clarissa; or the history of a young lady, comprehending the most important concerns of private life; and particularly shewing the distresses that may attend the misconduct both of parents and children, in relation of marriage. By S. Richardson. 4 vols. (1890 S.)
599. 600. The Channings. By Mrs. Henry Wood. 2 vols. (738 S.)

601. 602. History of Friedrich II. of Prussia, called Frederick the Great. By Thomas Carlyle. Vol. VI. VII. (XVI, 793 S.)

603. Horae subsecivae. Rab and his friends and other papers. By John Brown. (IX, 340 S.)

604. 605. Carr of Carrlyon. A novel by Hamilton Aïdé. 2 vols. (636 S.)

606—608. North America. By Anthony Trollope. 3 vols. (XVIII, 981 S.)

609. Christmas Stories. The haunted house. A message from the sea. — Tom Tiddler's ground. By Charles Dickens, Wilkie Collins, G. A. Sala etc. (371 S.)

610—612. Orley Farm. By Anthony Trollope. 3 vols. (XVII, 1068 S.)

613. Essays and reviews. (V, 374 S.)

614. 615. The Lord Major of London, or City life in the last century. By Will. Harrison Ainsworth. 2 vols. (XX, 624 S.)

616. 617. Mademoiselle Mori. A tale of modern Rome. 2 vols. (665 S.)

618. 619. Ravenshoe. By Henry Kingsley. 2 vols. (XVI, 694 S.)

620. Basil. By Wilkie Collins. (X, 353 S.)

621. Barren honour. A tale. By the author of „Gui Livingstone." (VI, 391 S.)

622. English women of letters. Biographical sketches. By Julia Kavanagh. (VII, 330 S.)

623. Lost and won. By Georgiana M. Craik. (274 S.)

624. 625. Owen: — a waif. By the author of „No church." 2 vols. (V, 628 S.)

626. Passages in the life of Mrs. Margaret Maitland of Sunnyside. Written by herself. (332 S.)

627. 628. The Queens Maries. A romance of Holyrood. By J. Whyte Melville. 2 vols. (XII, 613 S.)

629. 630. The adventures of Philip on his way through the world; shewing who robbed him, who helped him, and who passed him by. By W. M. Thackeray. 2 vols. (VIII, 670 S.)

631—633. No name. By Wilkie Collins. 3 vols. (VIII, 1020 S.)

634. Mistress and maid. By the author of „John Halifax, Gentleman." (VI, 326 S.)

635. 636. Lady Audley's secret. By M. E. Braddon. 2 vols. (XII, 636 S.)

637—639. Lady Morgan's memoirs. Autobiography, diaries and correspondence. 3 vols. (XXIII, 982 S.)

640. 641. Mrs. Halliburton's troubles. By Mrs. Henry Wood. 2 vols. (XII, 820 S.)

642. Undercurrents. A romance of business. By Rich. B. Kimball. (VIII, 319 S.)

643. The old Lieutenant and his son. By Norman Macleod. (VIII, 320 S.)

644. 645. Sylvia's lovers. By Mrs. Gaskell 2 vols. (XII, 662 S.)

646. 647. Aurora Floyd. By M. E. Braddon. 2 vols. (XII, 656 S.)

648—651. The invasion of the Crimea: its origin, and an account of its progress down to the death of Lord Raglan. By Alex. Will. Kinglake. With all the plans, maps and emendations of the 3. London edition. Vol. I—IV. (LXVI, 1133 S. u. 14 lith. u. color. Pläne.)

652. 653. Barrington. By Charles Lever. 2 vols. (XII, 640 S.)

654—656. Verner's pride. By Mrs. Henry Wood. 3 vols. (XVIII, 959 S.)

657. A dark night's work. By Mrs. Gaskell. (III, 282 S.)

658. 659. A glimpse of the world. By the author of „Amy Herbert." 2 vols. (597 S.)

660. Sunbeam stories. A selection of the tales by the author of „a trap to catch a sunbeam." (III, 325 S.)

661. 662. Lost and saved. By Mrs. Norton. 2 vols. (XIV, 621 S.)

663. 664. At odds; a novel. By the Baroness Tautphoeus. 2 vols. (XII, 599 S.)

665. 666. Cardinal Pole: or, the days of Philip and Mary. An historical romance. By Will. Harrison Ainsworth. 2 vols. (XVIII, 620 S.)

667. The Ogilvies. A novel. By the author of „John Halifax, Gentleman." (V, 369 S.)

668. 669. Eleanor's victory. By M. E. Braddon. 2 vol. (XIV, 668 S.)

670. 671. Vincenzo; or sunken rocks. By John Ruffini. 2 vols. (XI, 681 S.)

672. Border and Bastille. By the author of „Guy Livingstone." (XI, 266 S.)

673. 674. Queen Mab. By Julia Kavanagh. 2 vols. (714 S.)

675. Skirmishing. By the author of „Who breaks pays." (VIII, 283 S.)

676. Austin Elliot. By Henry Kingsley. (III, 317 S.)

677. The story of Elizabeth. (264 S.)

678. 679. Antonina; or the fall of Rome. A romance of the 5. century. By Wilkie Collins. 2 vols. (X, 651 S.)

680. 681. Rachel Ray. A novel by Anthony Trollope. 2 vols. (X, 556 S.)

682. 683. Romola. By Geo. Eliot. 2 vols. (XII, 638 S.)

684—686. The shadow of Ashlydyat. By Mrs. Henry Wood. 3 vols. (XVIII, 1017 S.)

687. The poetical works of Henry W. Longfellow. Authorized edit. Vol. III. (VIII, 246 S.)

688. 689. John Marchmont's legacy. By M. E. Braddon. 2 vols. (XII, 688 S.)

690. 691. The old Helmet. By the author of „Wide, wide world." 2 vols. (III, 616 S.)

692. 693. Caxtoniana: a series of essays on life, literature, and manners. By E. Bulwer Lytton. 2 vols. (XI, 651 S.)

694. 695. A day's ride: a life's romance. By Charles Lever. 2 vols. (611 S.)

696. 697. The Gladiators. A tale of Rome and Judaea. By G. J. Whyte Melville. 2 vols. (XII, 664 S.)

698. 699. Wait for the end. A story. By Mark Lemon. 2 vols. (XII, 619 S.)

700. 701. History of Friedrich II. of Prussia, called Frederick the Great. By Thom. Carlyle. Vol. VIII. IX. (XVI, 660 S.)

702—704. Tara, a Mahratta tale by Capt. Meadows Taylor. 3 vols. (XII, 949 S.)

705. 706. The trial: more links to the daisy chain. By the author of „The heir of Redclyffe." 2 vols. (612 S.)

707. 708. The select poetical works of Will. Wordsworth. 2 vols. (XXVIII, 811 S.)

709. 710. The cloister and the hearth. A tale of the middle ages. By Charles Reade. 2 vols. (819 S.)

711. 712. Recommended to Mercy. 2 vols. (604 S.)

713. 714. Trevlyn Hold; or Squire Trevlyn's heir. By Mrs. Henry Wood. 2 vols. (XII, 645 S.)

715. 716. Barbara's history. By Amelia B. Edwards. 2 vols. (719 S.)

717—719. The small house at Allington. By Anthony Trollope. 3 vols. (XII, 917 S.)

720. Haunted hearts. By Maria S. Cummins. (VI, 378 S.)

721. Maurice Dering; or the Quadrilateral. A novel. By the author of „Guy Livingstone." (VI, 322 S.)

722. 723. Henry Dunbar the story of an outcast by M. E. Braddon. 2 vols. (XVI, 623 S.)

724. 725. John Law the projector. By Will. Harrison Ainsworth. 2 vols. (XVI, 619 S.)

726. 727. Too strange not to be true. A tale. By Lady Georgiana Fullerton. 2 vols. (VI, 626 S.)

728. 729. Zoe's „Brand." By the author of „Recommended to Mercy." 2 vols. (VI, 630 S.)

730. Our mutual friend. By Charles Dickens. With 20 Illustr. Vol. I. (IV, 321 S. u. 5 Holzschntaf.)

731—733. Hard cash. A matter-of-fact romance. By Charles Reade. 3 vols. (XII, 966 S.)

734. Sacred allegories. By W. Adams. (III, 282 S. u. 1 Holzschntaf.)

735. Sense and sensibility. By Jane Austen. (310 S.)

736. 737. The recollections of Geoffry Hamlyn. By Henry Kingsley. 2 vols. (XII, 739 S.)

738. 739. Frank Fairlegh; or, scenes from the life of a private pupil. 2 vols. (XVIII, 720 S.)

740. 741. Beatrice. By Julia Kavanagh. 2 vols. (726 S.)

742. The poetical works of Alfr. Tennyson. Vol. V. Enoch Arden etc. (III, 212 S.)

743. 744. Lord Oakburn's daughters. By Mrs. Henry Wood. 2 vols. (XII, 830 S.)

745. 746. Denis Donne. A novel. By Annie Thomas. 2 vols. (III, 628 S.)

747. Lord Erlistoun; Alwyn's first wife; the water cure; the last house in the C-street. By the author of „John Halifax, Gentleman." (323 S.)

Nach den Verfassern und Titeln geordnete Uebersicht der einzelnen Werke:

Wood, the Channings. (599. 600.)
— East Lynne. (571—576.)
— Mrs. Halliburton's troubles. (640. 641.)
— Lord Oakburn's daughters. (713. 714.)
— the shadow of Ashlydyat. (684—686.)
— Trevlyn Hold. (713. 714.)
— Verner's pride. (654—656.)
Wordsworth, select poetical works. (707. 708.)
Wraxall, wild oats. (592.)
Zoë's „Brand". (728. 729.)

Collection of British Authors. Copyright edit. Leipzig 865—70. B. Tauchnitz. 16. Jeder Bd. n. 15 ngr.
8—12. The works of Lord Byron. 5 vols. 2. edit. (2383 S. u. 5 Stahlst.)
40—46. The works of Will. Shakespeare. 2. edit. from the text of Alex. Dyce's. 2. edit. 7 vols. (IX, 509; 489; 454; 477; 426; 536; 522 S. u. Portr. in Stahlst.)
748. 49. The Doctor's wife by M. E. Braddon. 2 vols. (614 S.)
750. 51. The brookes of Bridlemere. By G. J. Whyte Melville. 2 vols. (625 S.)
752—54. Can you forgive her? By Anthony Trollope. 3 vols. (1088 S.)
755. 56. Oswald Cray by Mrs. Henry Wood. 2 vols. (731 S.)
757. Christian's mistake. By the author of „John Halifax, Gentleman." (306 S.)
758. 59. Loved at last. A story. By Mark Lemon. 2 vols. (XII, 604 S.)
760. 780. 800. Our mutual friend. By Charles Dickens. With 20 Illustr. Vol. II—IV. (931 S. u. 15 Holzschn.)
761. 62. Luttrell of Arran by Charles Lever. 2 vols. (786 S.)
763. The select poetical works of Felicia Hemans. (342 S.)
764—67. History of Friedrich II. of Prussia, called Frederick the Great. By Thom. Carlyle. Vol. X—XIII. (1419 S.)
768. 69. The clever woman of the family. By the Author of „the heir of Redclyffe." 2 vols. (654 S.)
770. 71. George Geith of fen court. A novel. By F. G. Trafford. 2 vols. (640 S.)
772. 73. On guard. A novel. By Annie Thomas. 2 vols. (627 S.)
774. 75. Once and again. A novel. By the Author of „Who breaks, pays." 2 vols. (603 S.)
776. 77. The Hillyars and the Burtons: a story of two families. By Henry Kingsley. 2 vols. (674 S.)
778. 79. Only a clod by M. E. Braddon. 2 vols. (597 S.)
781. 82. Uncle Silas; a tale of Bartram-Haugh. By J. S. Le Fanu. 2 vols. (625 S.)
783. 84. Mildred Arkell. A novel. By Mrs. Henry Wood. 2 vols. (700 S.)
785. 86. Miss Carew. By Amelia B. Edwards. 2 vols. (548 S.)
787. 88. The Spanish Match; or, Charles Stuart at Madrid. By Will. Harrison Ainsworth. 2 vols. (622 S.)
789. Hand and glove. By Amelia B. Edwards. (385 S.)
790. 91. Love's conflict. By Florence Marryat. 2 vols. (713 S.)
792. Was he successful? A novel. By Rich. B. Kimball. (385 S.)
793. 94. Constance Sherwood. An autobiography of the sixteenth century. By Lady Georgiana Fullerton. 2 vols. (660 S.)
795. 96. Half a million of money. A novel. By Amelie B. Edwards. 2 vols. (678 S.)
797. 98. The Holy Land. By Will. Hepworth Dixon. 2 vols. (XXXII, 547 S.)
799. Denise. By the Author of „Mademoiselle Mori."
801. 2. Alec Forbes of Howglen. By Geo. Mac Donald. 2 vols. (674 S.)
803. 4. Guy Deverell. By J. S. Le Fanu. 2 vols. (608 S.)
805. 6. Agnes by Mrs. Oliphant. 2 vols. (XVIII, 700 S.)
807. Bread upon the waters; a family in love; a low marriage; the double house. By the Author of „John Halifax, Gentleman." (250 S.)
808. A noble life. By the Author of „John Halifax, Gentleman." (286 S.)
809. 10. Maxwell Drewitt. A novel. By F. G. Trafford. 2 vols. (620 S.)
811. Madame Fontenoy. By the Author of „Mademoiselle Mori." (266 S.)
812. 13. The Belton Estate. By Anthony Trollope. 2 vols. (598 S.)
814. The lost tales of Miletus. By E. Bulwer Lytton. (XV, 264 S.)
815. Faith Unwin's ordeal. By Georgiana M. Craik. (321 S.)
816. 17. Sir Jasper's tenant. By M. E. Braddon. 2 vols. (606 S.)
818. 19. St. Martin's eve. A novel. By Mrs. Henry Wood 2 vols (715 S.)
820. 21. Olive. A novel. By the Author of „John Halifax, Gentleman." 2 vols. (605 S.)
822. Leighton Court. A country house story by Henry Kingsley. (322 S.)
823. 24. Falkner Lyle, or the story of two wives. By Mark Lemon. 2 vols. (634 S.)
825. 26. Sans Merci; or, krestels and falcons. By the Author of „Guy Livingstone." 2 vols. (605 S.)
827. 28. Common sense. A novel. By Mrs. C. J. Newby. 2 vols. (612 S.)
829. 30. Hereward the wake, „Last of the English." By Charles Kingsley. 2 vols. (613 S.)
831. 32. Walter Goring. A story. By Annie Thomas. 2 vols. (621 S.)
833. Sermons preached at Trinity Chapel Brighton, by the late Fred. W. Robertson. Vol. IV. (XII, 334 S.)
834. 35. The dove in the eagle's nest. By the Author of „The heir of Redclyffe." 2 vols. (XX, 511 S.)
836. 37. Cerise. A tale of the last century. By G. J. Whyte Melville. 2 vols. (659 S.)
838—40. Armadale. By Wilkie Collins. 3 vols. (1037 S.)
841. 42. The Constable de Bourbon. By Will. Harrison Ainsworth. 2 vols. (619 S.)
843. 44. The Lady's mile by M. E. Braddon. 2 vols. (658 S.)
845. 46. Elster's folly. A novel. By Mrs. Henry Wood. 2 vols. (629 S.)
847—49. Reliques of ancient English Poetry: consisting of old heroic ballads, songs and other pieces of our earlier Poets together with some few of later date. By Thom. Percy. 3 vols. (CXXVIII, 984 S.)
850. The principal speeches and addresses of his Royal Highness the Prince Consort. (VIII, 246 S. u. Portr. in Stahlst.)
851—53. Wives and daughters. An every-day story. By Mrs. Gaskell. 3 vols. (971 S.)
854. 55. Land at last. A novel by Edm. Yates. 2 vols. (640 S.)
856. 57. The Interpreter. A tale of the war. By G. J. Whyte Melville. 2 vols. (617 S.)
858. 59. Sybil's second love. By Julia Kavanagh. 2 vols. (638 S.)
860. 61. The gain of a loss. A novel. By the Author of „The last of the Cavaliers." 2 vols. (666 S.)
862. 63. Broken to harness by Edm. Yates. 2 vols. (628 S.)
864. 65. The race for wealth. A novel by F. G. Trafford [Mrs. J. H. Riddell]. 2 vols. (662 S.)
866. 67. Tony Buttler by Charles Lever. 2 vols. (721 S.)
868. 69. For ever and ever. A Drama of life. By Flor. Marryat. 2 vols. (755 S.)
870. Two marriages. By the Author of „John Halifax, Gentleman." (282 S.)
871. 72. Madonna Mary. By Mrs. Oliphant. 2 vols. (652 S.)
873. 74. Archie Lovell. A novel. By Mrs. Edwards. 2 vols. (632 S.)

875. Cranford. By Mrs. Gaskell. (295 S.)
876. Studies from life. By the Author of „John Halifax, Gentleman." (286 S.)
877. 78. The forlon hope. A novel. By Edm. Yates. 2 vols. (619 S.)
879. 80. Lady Adelaide's oath. By Mrs. Henry Wood. 2 vols. (660 S.)
881. 82. Annals of a quiet neighbourhood. By Geo. Mac Donald. 2 vols. (605 S.)
883. Mansfield Park. A novel by Jane Austen. (442 S.)
884. 85. Played out. A novel. By Annie Thomas. 2 vols. (632 S.)
886. 87. Sir Brook Fossbrooke. By Charles Lever. 2 Vols. (784 S.)
888. Somebody's luggage; Mrs. Lirriper's lodgings; Mrs. Lirriper's legacy. By Ch. Dickens. (428 S.)
889, 90. Leyton Hall; and other tales. By Mark Lemon. 2 vols. (611 S.)
891. Cousin Phillis and other tales. By Mrs. Gaskell. (304 S.)
892. 93. Black sheep. A novel. By Edm. Yates. 2 vols. (655 S.)
894. Doctor Marigold's prescriptions; Magby Junction. By Ch. Dickens. (354 S.)
895. 96. The journal of a home life. By Elizab. M. Sewell 2 vols. (895 S.)
897. 98. Felix Holt, the Radical by George Eliot. 2 vols. (660 S.)
899. 900. Old Court. A novel. By Will. Harr. Ainsworth. 2 vols. (602 S.)
901—3. The Divine Comedy of Dante Alighieri. Transl. by Henry Wadsworth Longfellow. 3 vols. (1278 S.)
904. Nina Balatka. The story of a maiden of Prague. (312 S.)
905. 6. Idalia. A romance. By Ouida. 2 Vols. (779 S.)
907. Denis Duval by W. M. Thackeray. (255 S.)
908. A quiet nook in the Jura. By John Ruffini. (308 S.)
909. 10. Called to account. A novel. By Annie Thomas. 2 vols. (622 S.)
911. Cometh up as a flower. An autobiography. (380 S.)
912. 13. Far above Rubies. A novel by F. G. Trafford. [Mrs. J. H. Riddel.] 2 vols. (648 S.)
914. The Danvers Papers; the Prince and the Page. By the Author of „The heir of Redclyffe." (Miss Yonge.) (320 S.)
915. Leslie Tyrrell. By Georgiana M. Craik. (288 S.)
916. Orville College. A story. By Mrs. Henry Wood. (352 S.)
917. 18. Rupert Godwin by M. E. Braddon. 2 vols. (617 S.)
919—21. The last Chronicle of Barset. By Anthony Trollope. 3 vols. (1197 S.)
922. 23. Old Sir Douglas. By Mrs. Norton. 2 vols. (613 S.)
924. 25. The confessions of Gerald Estcourt by Florence Marryat. 2 vols. (634 S.)
926. 27. The Claverings by Anthony Trollope. 2 vols. (708 S.)
928. 29. New America by Will. Hepworth Dixon. 2 vols. (591 S.)
930. A life's secret by Mrs. Henry Wood. (358 S.)
931. 32. A stormy life. A novel by Lady Georgiana Fullerton. 2 vols. (632 S.)
933. 34. Chronicles of the Schönberg-Cotta-Family. 2 vols. (629 S.)
935. 36. Not wisely, but to well. A novel by the Author of „Cometh up as a flower." 2 vols. (576 S.)
937. 38. The waterdale neighbours. 2 vols. (611 S.)
939. 40. The Draytons and the Davenants: a story of the civil wars. By the Author of „Chronicles of the Schönberg-Cotta-Family." 2 vols. (604 S.)
941. 42. Dora. By Julia Kavanagh. 2 vols. (697 S.)
943. Winifred's Wooing and other tales by Georgiana M. Craik. (288 S.)
944. 45. Golden fetters. By Mark Lemon. 2 vols. (622 S.)
946. 47. Myddleton Pomeret. A novel. By Will. H. Ainsworth. 2 vols. (624 S.)
948. 49. Historical characters: Talleyrand, Cabbott, Mackintosh, Canning by Henry Lytton Bulwer. 2 vols. (693 S.)
950. 51. After life. [Sequel to „the journal of a home life."] By Elizabeth M. Sewell. 2 vols. (606 S.)
952—55. Miscellaneous prose works. By Edward Bulwer, Lord Lytton. 4 vols. (1063 S.)
956. 57. The white rose by G. J. Whyte Melville. 2 vols. (622 S.)
958—60. Sooner or later by Shirley Brooks. 3 vols. (1198 S.)
961. No Thoroughfare by Ch. Dickens and W. Collins. To which is added the late Miss Hollingford. (315 S.)
962. 63. Basil Godfrey's caprice by Holme Lee. 2 vols. (632 S.)
964. Lyra Anglicana. Hymns and Sacred Songs collected by Rob. H. Baynes. (XVI, 227 S.)
965. 66. The Red Court Farm. A novel by Mrs. Henry Wood. 2 vols. (625 S.)
967. The pretty widow. A novel by Charles H. Ross. (350 S.)
968. All for Greed. (VIII, 320 S.)
969. Poems of the Author of „John Halifax, Gentleman." (XII, 315 S.)
970. 71. The Marstons. A novel. By Hamilton Aïdé. 2 vols. (650 S.)
972. 73. The Moonstone. A romance. By Wilkie Collins. 2 vols. (696 S.)
974—77. The invasion of the Crimea: its origin and an account of its progress down to the death of Lord Raglan. By Alex. Will. Kinglake. With all the plans, maps and emendations of the London edition. Vol. V—VIII. (XX, 279 S.; XVIII, 269 S. u. 8 lith. Pläne; XVIII, 260 S. u. 2 Lithogr.; XII, 248 S. mit Holzschn. u. 2 Lithogr.)
978. Can wrong be right? A tale by Mrs. J. C. Hall. (335 S.)
979. Mildred. By Georgiana M. Craik. (300 S.)
980. 81. Dead-Sea Fruit. A novel by M. E. Braddon. 2 vols. (642 S.)
982. The New-England Tragedies by H. W. Longfellow. Authorized edit. Endicott. Giles Corey of the Salem Farms. (259 S.)
983. 84. The woman's Kingdom. A love story. By the Author of „John Halifax, Gentleman." 2 vols. (606 S.)
985. 86. Spiritual wives. By Will. Hepworth Dixon. 2 vols. (545 S.)
987. 88. The Bramleighs of Bishop's Folly. By Ch. Lever. 2 vols. (728 S.)
989. 90. The South-Sea-Bubble. A tale of the year 1720 by Will. H. Ainsworth. 2 vols. (587 S.)
991. 92. Two French marriages. By Mrs. C. Jenkin. 2 vols. (595 S.)
993. 94. On both sides of the Sea. By the Author of „Chronicles of the Schönberg-Cotta-Family." 2 vols. (614 S.)
995. 96. The rock ahead. A novel by Edm. Yates. 2 vols. (602 S.)
997. The dramatic works of Sheridan. (440 S.)
998. 99. Anne Hereford. A novel by Mrs. Henry Wood. 2 vols. (629 S.)
1000. The New Testament: the authorized Engl. version; with introduction and various readings from the three most celebrated manuscripts of the original greek-text by Const. Tischendorf. (XVI, 415 S. u. 1 lith. Taf.)
1001. 2. The chaplet of pearls, by the Author of „the heir of Redclyffe." 2 vols. (672 S.)
1003. Mr. Midshipman Easy. By Capt. Marryat. (404 S.)
1004. 5. Nelly Brooke. A homely story. By Florence Marryat [Mrs. Ross Church]. 2 vols. (691 S.)
1006. A rent in a cloud. By Charles Lever. (311 S.)

1007. 79. Her Majesty's Tower by W. H. Dixon. 2 vols. (627 S.)
1008. The King's Own. By Capt. Marryat. (390 S.)
1009. Buried alone. A story by a new writer. (310 S.)
1010. The Paragreens on a visit to Paris. By John Ruffini. (261 S.)
1011. 12. Roundabout Papers by W. M. Thackeray. 2 vols. (562 S.)
1013. Winifred Bertram by the Author of the Schönberg-Cotta-Family. (398 S.)
1014. 15. Breaking a butterfly by the Author of „Guy Livingstone". 2 vols. (653 S.)
1016—18. Phineas Finn, the Irish Member. By Anthony Trollope. 3 vols. (959 S.)
1019. 20. Oldtown folks by H. Beecher-Stowe. 2 vols. (710 S.)
1021. Callista. A sketch of the third century by John Henry Newman. (334 S.)
1022. 23. One year; or, a story of three homes by Frances Mary Peard. 2 vols. (603 S.)
1024. That boy of Norcott's. By Charles Lever. (304 S.)
1025. On the edge of the storm. By the Author of „Mademoiselle Mori". (344 S.)
1026. The life of Friedrich Schiller: comprehending an examination of his works by Thom. Carlyle. (344 S.)
1027. Within an ace. By Mrs. C. Jenkin. (296 S.)
1028—30. He knew he was right by Anthony Trollope. 3 vols. (1191 S.)
1031. 32. The Ministers wife. By Mrs. Oliphant. 2 vols. (768 S.)
1033. Found dead. (326 S.)
1034. 35. Run to earth by M. E. Braddon. 2 vols. (703 S.)
1036. 37. Wrecked in Port. A novel by Edm. Yates. 2 vols. (614 S.)
1038. The essays of Elia and Eliana by Charles Lamb. (371 S.)
1039. Diary of Mrs. Kitty Trevylyan. A story of the times of Whitefeld and the Wesleys. By the Author of „Chronicles of the Schönberg-Cotta-Family". (392 S.)
1040. The two Guardians; or, home in this world. By the Author of „the heir of Redclyffe". (368 S.)
1041. Doubtful plays of Will. Shakespeare. (VII, 352 S.)
1042. 43. A London Romance by Charles H. Ross. 2 vols. (605 S.)
1044. 45. Steven Lawrence, Yeoman. By Mrs. Edwards 2 vols. (717 S.)
1046. 47. Love the avenger. By the Author of „All for Greed". 2 vols. (622 S.)
1048. 49. The seven sons of Mammon; a story. By Geo. Aug. Sala. 2 vols. (628 S.)
1050 51. Roland Yorke by Mrs. Henry Wood. 2 vols. (698 S.)
1052. 53. The poems of Owen Meredith. [Rob. Lytton.] 2 vols. (650 S.)
1054. 55. Véronique. A romance. By Florence Marryat. [Mrs. Ross Church.] 2 vols. (609 S.)
1056. 57. The Odes and Epodes of Horace, a metrical translation into English with introduction and commentaries by Lord Lytton. With Latin text. 2 vols. (XLII, 269; VI, 293 S.)
1058. 59. Hilary St. Ives. A novel by W. H. Ainsworth. 2 vols. (557 S.)
1060. 61. The unkind word and other stories. By the Author of „John Halifax". 2 vols. (614 S.)
1062. M. or N. „Similia similibus curantur". By G. J. White-Melville. (370 S.)
1063. 64. Debenham's vow. By Amelia B. Edwards. 2 vols. (637 S.)
1065. The poetical works of Alfred Tennyson. Vol. VI. The holy Grail and other poems. (223 S.)
1066. 1067. The Garstangs of Garstang grange. By T. Adolphus Trollope. 2 vols. (634 S.)
1068. 69. The adventures of Peregrine Pickle by T. Smollett. 2 vols. (677 S.)
1070. Catherine. A story by W. M. Thackeray. (294 S.)
1071. 72. Only herself. A novel. By Annie Thomas. [Mrs. Pender Cudlip.] 2 vols. (620 S.)
1073. 74. Red as a rose is she. A novel. By the Author of „Cometh up as a flower". 2 vols. (622 S.)
1075. 1076. For richer, for poorer. By Holme Lee. 2 vols. (632 S.)
1077. 78. A brave lady. By the Author of „John Halifax, Gentleman". 2 vols. (620 S.)
1080. 81. Estelle Russell. 2 vols. (695 S.)
1082. 83. Mrs. Gerald's niece. By Lady Georgiana Fullerton. 2 vols. (696 S.)
1084. 85. George Canterbury's will. A novel by Mrs. Henry Wood. 2 vols. (678 S.)
1086. Chronicles of Carlingford. The Rector and the Doctor's family by Mrs. Oliphant. (304 S.)
1087. 88. The caged lion by Charlotte M. Yonge. 2 vols. (548 S.)
1089. 90. History of England comprising the reign of Queen Anne until the peace of Utrecht by Earl Stanhope. 1701—1713. 2 vols. (XVI, 326; XII, 310 S.)
1091. 92. Chronicles of Carlingford. Salem Chapel. By Mrs. Oliphant. 2 vols. (630 S.)
1093. Gwendolin's harwest. A novel. By the author of „Found dead". (327 S.)
1094. 95. Lothair. By B. Disraeli. 2 vols. (615 S.)
1096. 97. The Vicar of Bullhampton. By Anthony Trollope. 2 vols. (726 S.)
1098. 99. Silvia. By Julia Kavanagh. 2 vols. (340 S.)
1100. The mystery of Edwin Drood. By Ch. Dickens. Vol. I. (248 S. u. 1 Holzschn.) [Vgl. 1116.]
1101. 2. A book about Doctors. By J. Cordy Jeaffreson. 2 vols. (572 S.)
1103—5. Man and wife. By Wilkie Collins. 3 vols. (932 S.)
1106. 7. Tricotrin. The story of a waif an stray. By „Ouida", Author of „Idalia" etc. 2 vols. (710 S.)
1108. Talbot Harland. A tale of the days of Charles the Second. By W. H. Ainsworth. (312 S.)
1109. To-day in New York. A novel. By Rich. B. Kimball. (334 S.)
1110. 11. Chronicles of Carlingford. The perpetual Curate. By Mrs. Oliphant. 2 vols. (661 S.)
1112. Pride and prejudice. A novel. By Jane Austen. (358 S.)
1113. St. Patrick's eve; Paul Gosslett's confessions. By Charles Lever. (291 S.)
1114. 15. Chronicles of Carlingford. Miss Marjoribanks. By Mrs. Oliphant. 2 vols. (688 S.)
1116. The mystery of Edwin Drood by Ch. Dickens. Vol. II., containing the rest of the story as far as it was completed by the Author previous to his death, a portrait of Mr. Dickens (in Stahlst.) taken in the last period of his life and a memoir of him by G. A. Sala. (258 S. u. 1 Holzschn.)
1117. 18. Petronel. A novel. By Florence Marryat. [Mrs. Ross Church.] 2 vols. (624 S.)
1119. 20. Puck: his vicissitudes, adventures, observations, conclusions, friendships and philosophies. Related by himself and edited by Ouida. 2 vols. (610 S.)

Nach den Verfassern und Titeln geordnete Uebersicht der einzelnen Werke.

Ainsworth, the Constable de Bourbon. (811. 42.)
— Hilary St. Ives. (1058. 59.)
— Myddleton Pomfret. (916. 47.)
— Old Court. (899. 900.)
— the South-Sea Bubble. (989. 90.)
— the Spanish Match. (787. 88.)
— Talbot Harland. (1108. 9.)

Aidé, the Marstons. (970. 71.)
All for Greed. (968.)
Austen, Mansfield Park. (883.)
— pride and prejudice. (1112.)
Balatka, Nina. (904.)
Baynes, Lyra Anglicana. (964.)
Bertram, Winifred. (1013.)
Braddon, Dead-Sea Fruit. (980. 81.)
— the Doctor's wife. (718. 49.)
— Rupert Godwin. (917. 18.)
— Sir Jasper's tenant. (816. 17.)
— only a clod. (778. 79.)
— the Lady's mile. (843. 44.)
— run to earth. (1034. 35.)
Bread upon the waters. (807.)
Breaking a butterfly. (1014. 15.)
Brooks, sooner or later. (958—60.)
Bulwer, E., the odes and epodes of Horace. (1056. 57.)
— miscellaneous prose works. (952—54.)
— the lost tales of Miletus. (814.)
Bulwer, H., historical characters. (918. 49.)
Buried Alone. (1009.)
Byron, works. (8—12.)
Carlyle, Frederick the Great. Vol. X—XIII. (761—67.)
— the life of Schiller. (1026.)
Christian's mistake. (757.)
Chronicles of the Schönberg-Cotta-Family. (933. 34.)
Church, Mrs., s. Marryat, Flor.
Collins, Armadale. (838—40.)
— man and wife. (1103—5.)
— the moonstone. (972. 73.)
Cometh up as a flower. (911.)
Craik, faith Unwin's ordeal. (815.)
— Leslie Tyrrell. (915.)
— Mildred. (979.)
— Winifred's wooing and other tales. (943.)
Denise. (799.)
Diary of Miss Kitty Trevylyan. (1039.)
Dickens, our mutual friend. Vol. II—IV. (760. 780. 800.)
— Somebody's luggage. (888.)
— Doctor Marigold's prescriptions. (894.)
— no thoroughfare. (961.)
— the mystery of Edw. Drood. (1100. 16.)
Disraeli, Lothair. (1094. 95.)
Dixon, the Holy Land. (797. 98.)
— New America. (928. 29.)
— Her Majesty's Tower. (1007. 79.)
— spiritual wives (985. 86.)
The Draytons and the Davenants. (939. 40.)
Edwards, Miss, Debenham's vow. (1063. 1064.)
— Miss Carew. (785. 86.)
— half a million of money. (795. 96.)
— hand and glove. (789.)
Edwards, Mrs., Archie Lovell. (873. 74.)
— Steven Lawrence. (1044. 45.)
Eliot, Felix Holt. (897. 98.)
Fontenoy, Madame. (811.)
Found dead. (1033.)
Fullerton, Constance Sherwood. (793. 94.)
— Mrs. Gerald's niece. (1082. 83.)
— a stormy life. (931. 32.)
Gaskell, Cousin Phillis and other tales. (891.)
— Cranford. (875.)
— wives and daughters. (851—53.)
Gwendoline's harvest. (1093.)
Hall, can wrong be right? (978.)
Jeaffreson, a book about Doctors. (1101. 2.)
Jenkin, two French marriages. (991. 92.)
— once and again. (774. 75.)
— within an ace. (1027.)
Kavanagh, Dora. (941. 42.)
— Silvia. (1098. 99.)
— Sybil's second love. (858. 59.)
Kimball, to-day in New-York. (1109.)
— was he successful? (792.)
Kinglake, the invasion of the Crimea. Vol. V—VIII. (974—77.)
Kingsley, Ch., hereward the wake. (829. 30.)
Kingsley, Henry, the Hillyars and the Burtons. (776. 77.)
— Leighton Court. (882.)
Lady, a brave. (1077. 78.)
Lee, Basil Godfrey's caprice. (962. 63.)
— for richer, for poorer. (1075. 76.)
Le Fanu, Guy Deverell. (803. 4.)
— Uncle Silas. (781. 82.)
Lemon, golden fetters. (944. 45.)
— Falkner Lyle. (823. 24.)
— Leyton Hall and other tales. (889. 90.)
— loved and lost. (758. 59.)
Lever, that boy of Norcott's. (1021.)
— the Bramleighs of Bishop's folly. (987. 88.)
— Tony Butler. (866. 67.)
— Sir Brook Fossbrooke. (886. 87.)
— a rent in a cloud. (1006.)
— St. Patrick's eve. (1113.)
Life, a noble. (808.)
Longfellow, the Divine Comedy of Dante. (901—3.)
— the New-England Tragedies. (982.)
Love the avenger. (1046. 47.)
Mac Donald, Alec Forbes of Howglen. (801. 2.)
— Annals of a quiet neighbourhood. (881. 82.)
Marriages, two. (870.)
Marryat, Capt., Mr. Midshipman Easy. (1003.)
— the Kings own. (1008.)
Marryat, Florence, the confessions of Gerald Estcourt. (924. 25.)
— for ever and ever. (868. 69.)
— love's conflict. (790. 91.)
— Nelly Brooke. (1004. 5.)
— Petronel. (1117. 18.)
— Veronique. (1054. 55.)
Melville, the brookes of Bridlemere. (750. 51.)
— Cerise. (836. 37.)
— the interpreter. (856. 57.)
— M. or N. (1062.)
— the white rose. (956. 57.)
Meredith, poems. (1052. 53.)
Neighbours, the waterdale. (937. 38.)
Newby, common sense. (827. 28.)
Newman, Callista. (1021.)
Norton, old Sir Douglas. (922. 23.)
Not wisely, but too well. (935. 36.)
Oliphant, Agnes. (805. 6.)
— the perpetual Curate. (1110. 11.)
— Chronicles of Carlingford. (1114. 15.)
— Madonna Mary. (871. 72.)
— the Minister's wife. (1031. 32.)
— the Rector and the Doctor's family. (1086.)
— Salem Chapel. (1091. 92.)
On both sides of the Sea. (993. 94.)
On the edge of the storm. (1025.)
Ouida, Idalia. (905. 6.)
— Puck. (1119. 20.)
— Tricotrin. (1106. 7.)
Peard, one year. (1022. 23.)
Percy, reliquies of ancient English Poetry. (847—49.)
Poems of Author of „John Halifax.“ (969.)
Prince Consort, speeches and addresses. (850.)
Red as a rose is she. (1073. 74.)
Robertson, sermons. Vol. IV. (833.)
Ross, a London Romance. (1042. 43.)
— the pretty widow. (967.)
Ruffini, the paragreens. (1010.)
— a quiet nook. (908.)
Russell, Estelle. (1080. 81.)
Sala, the seven sons of Mammon. (1048. 49.)
Sans Merci. (825. 26.)
Sewell, after life. (950. 51.)
Sewell, the journal of a home life. (895. 96.)
Shakespeare, works. (40—46.)
Sheridan, dramatic works. (997.)
Stanhope, the reign of Queen Anne. (1089. 90.)
Stowe, oldtown folks. (1019. 20.)
Studies from life. (876.)
Tennyson, poetical works. Vol. VI. (1065.)
Testament, the new. (1000.)
Thackeray, Catherine. (1070.)
— Denis Duval. (907.)
— roundabout papers. (1011. 12.)

Thomas, called to account. (909. 10.)
— Denis Donne. (745. 46.)
— Walter Goring. (831. 32.)
— on guard. (772. 73.)
— only herself. (1071. 72.)
— played out. (884. 85.)
Trafford, George Geith of Fen Court. (770. 71.)
— Maxwell Drewitt. (809. 10.)
— far above Rubies. (912. 13.)
— the race for wealth. (864. 65.)
Trollope, Anth., the Belton Estate. (812. 13.)
— can you forgive her? (752—54.)
— the last chronicle of Barset. (919—21.)
— the Claverings. (926. 27.)
— Phineas Finn. (1016—18.)
— he knew he was right. (1028—30.)
— the Vicar of Bullhampton. (1096. 97.)
Wood, Mildred Arkell. (783. 84.)
— George Canterbury's wife. (1084. 85.)
— Oswald Cray. (755. 56.)
— Elster's folly. (815. 16.)
— Anne Hereford. (998. 99.)
— lady Adelaide's oath. (879. 80.)
— a life's secret. (930.)
— Lord Oakburn's daughters. (743. 44.)
— St. Martins eve. (818. 19.)
— Orville College. (916.)
— the Red Court Farm. (965. 66.)
— Roland Yorke. (1050. 51.)
Word, the unkind. (1060. 61.)
Yates, broken to harness. (862. 63.)
— Black Sheep. (892. 93.)
— the forlorn hope. (877. 78.)
— land at last. (854. 55.)
— the rock ahead. (995. 96.)
— wrecked in port. (1036. 37.)
Yonge, the Danvers Papers. (911.)
— the Dove in the eagle's nest. (834. 35.)
— the chaplet of pearls. (1001. 2.)
— the two Guardians. (1010.)
— the caged lion. (1087. 88.)
— the clever woman. (768. 69.)

— of british authors. Copyright edition. Vol. 1121—1626. gr. 16. Leipzig 871—76. B. Tauchnitz. à n. 1. 60.

1121. 1122. A siren. By T. Adph. Trollope. 2 Vols. (318 u. 304 S.)
1123. 1124. Put yourself in his place. By Charles Reade. 2 Vols. (392 u. 367 S.)
1125. 1126. Bessy Rane. A novel. By Mrs. Henry Wood. 2 Vols. (334 u. 336 S.)
1127. Sir Harry Hotspur of Humblethwaite. By Anthony Trollope. (310 S.)
1128. 1129. The life of Henry John Tempel, viscount Palmerston: with selections from bis diaries and correspondence. By Henry Lytton Bulwer. 2 Vols. (344 u. 348 S.)
1130. The victory of the vanguished. A tale of the first century. By the author of „Chronicles of the Schönberg-Cotta family.“ (384 S.)
1131. 1132. Esther Hill's secret. By Georgina M. Craik. 2 Vols. (à 302 S.)
1133. Woodstock by Walter Scott. (430 S.)
1134. Contraband, or, a losing hazard. By G. J. Whyte-Melville. (367 S.)
1135. 1136. Fenton's quest. A novel. By M. E. Braddon. 2 vols. (304 u. 318 S.)
1137. 1138. Like father, like son. A novel. By the author of „Found dead“ 2 Vols. (319 u. 318 S.)
1139. 1140. Passage from the english note-books of Nathaniel Hawthorne. 2 Vols. (408 u. 390 S.)
1141. 1142. Her Majesy's tower. By William Hepworth Dixon. Vol. III a. IV. (304 u. 295 S.)
1143. 1144. Dr. Wainwright's patient. A novel by Edm. Yates. 2 Vols. (304 u. 312 S.)
1145. 1146. Anteros. A novel by the author of „Guy Livingstone.“ 2 Vols. (311 u. 296 S.)
1147. Véra. (303 S.)
1148. 1149. My little lady. 2 Vols. (303 u. 302 S.)
1150. 1151. Ralph the heir by Anthony Trollope. 2 vols. (367 u. 368 S.)
1152. Tower hill by Will. Harrison Ainsworth. (304 S.)
1153. The fair maid of Perth. By W. Scott. (406 S.)
1154. In that state of life. By Hamilton Aïdé. (279 S.)
1155. 1156. Chandos. A novel. By Ouida. 2 vols. (398 u. 352 S.)
1157. The village on the cliff. By the author of „the story of Elizabeth.“ (343 S.)
1158. Anne of Geierstein by Walter Scott. (419 S.)
1159. 1160. My experiences of the war between France a. Germany. By Archibald Forbes. 2 vols. (383 u. 400 S.)
1161. 1162. Her lord a. master by Florence Marryat. 2 vols. (304 u. 302 S.)
1163. 1164. The beautiful Miss Barrington. By Holme Lee. 2 vols. (à 212 S.)
1165. 1166. At last: a christmas in the West Indies. By Charles Kingsley. 2 vols. (319 u. 318 S.)
1167. 1168. A peerless wife by Mrs. Henry S. Mackarness. 2 vols. (312 u. 303 S.)
1169. 1170. Strathmore. A romance by Ouida. 2 vols. (344 u. 343 S.)
1171. 1172. Not wooed, but won. A novel. By the author of „Found dead.“ 2 vols. (296 u. 294 S.)
1173. 1174. Sarchedon. A legend of the great queen. By G. J. Whyte Melville. 2 vols. (à 312 S.)
1175. Shut up in Paris. By Nathan Sheppard. (302 S.)
1176. Northanger abbey, a. persuasion. By Jane Austen. (446 S.)
1177. 1178. Under two flags. A novel. By Ouida. In 2 vols. (414 u. 399 S.)
1179. Her title of honour by Holme Lee. (286 S.)
1180. The hôtel du Petit St. Jean. A gascon story. By the author of „Véra.“ (312 S.)
1181. 1182. Dene Hollow. A novel. By Msr. Henry Wood. In 2 vols. (336 u. 351 S.)
1183. 1184. The member for Paris: a tale of the second empire. By Trois-Etoiles. 2 vols. (à 320 S.)
1185. 1186. The Lovels of Arden. A novel by M. E. Braddon. In 2 vols. (340 u. 326 S.)
1187. 1188. Hannah. By the author of „John Halifax, gentlemann.“ 2 vols. (295 u. 312 S.)
1189. 1190. David Elginbrod. By Geo. Mac Donald. 2 vols. (326 u. 311 S.)
1191. 1192. A daughter of Heth. A novel. By William Black. 2 vols. (à 320 S.)
1193. 1194. Nobody's fortune. A novel. By Edm. Yates. 2 vols. (318 u. 320 S.)
1195. 1196. Folle-Farine. By Ouida. 2 vols. (327 u. 318 S.)
1197. 1198. The poetical works of Rob. Browning. 2 vols. (292 u. 320 S. m. d. Verf. Portr. in Stahlst.)
1199. The Sylvestres. By M. Betham Edwards. (360 S.)
1200. 1201. Poor miss Finch. A novel. By Wilkie Collins. 2 vols. (320 u. 294 S.)
1202. Cecils Tryst. A novel. By the Author of „Found dead.“ (399 S.)
1203. 1204. The Life of Charles Dickens. By John Forster. 2 vols. (272 u. 283 S. m. e. Stahlst.)
1205. 1206. A woman in spite of herself. By J. Cordy Jeaffreson. 2 vols. (311 u. 294 S.)
1207. A selection from the poems of Percy Bysshe Shelley. Ed. with a memoir by Mathilde Blind. (XL, 304 S.)
1208. The divine tragedy by Henri Wadsworth Longfellow. (288 S.)
1209. Misunderstood by Florence Montgomery. (280 S.)
1210. 1211. Lord Kilgobbin. A tale of Ireland in our own time. By Charles Lever. 2 vols. (372 u. 364 S.)

1212. Dorothy Fox by Mrs. Parr. (360 S.)
1213. 1214. A terrible temptation. A story of the day. By Charles Reade. 2 vols. (319 u. 311 S.)
1215. Hero Trevelyan. A tale by Georgiana M. Craik. (312 S.)
1216. A selection from the poetry of Elizabeth Barret Browning. Wit the (lith.) Portrait of the author. (318 S.)
1217. The foggy night at Offord, Martin Ware's temptation, the night-walk over the mill stream. By Mrs. Henry Wood. (312 S.)
1218. Morals a. mysteries. By Hamilton Aïdé. (319 S.)
1219. 1220. Ought we to visit her? By Mrs. Edwardes. 2 vols. (à 304 S.)
1221. The rose-garden. By Francis Mary Peard. (295 S.)
1222. The growth of the english constitution from the earliest times. By Edw. A. Freeman. (287 S.)
1223. 1224. Diary of an idle woman in Italy. By Frances Elliot. 2 vols. (319 u. 302 S.)
1225. The golden lion of Grandpere. By Anthony Trollope. (312 S.)
1226. Fair France by the author of „John Halifax, gentleman." (296 S.)
1227. 1228. Ombra. By Mrs. Oliphant. 2 vols. (320 u. 310 S.)
1229. 1230. Castaway. A novel by Edm. Yates. 2 vols. (312 u. 311 S.)
1231. The prey of the gods. A novel. By Florence Marryat. [Mrs. Ross Church.] (419 S.)
1232. The cottage by the cathedral, a. other parables. By the author of „Chronicles of the Schönberg-Cotta family." (270 S.)
1233. Miss or Mrs.? By Wilkie Collins. (240 S.)
1234. 1235. Thrown together. A story by Florence Montgomery. 2 vols. (296 u. 287 S.)
1236. A leaf in the storm a. other stories. By Ouida. With a preface written by the author for this ed. (299 S.)
1237. 1238. Ginx's baby, his birth a. other misfortunes; Lord Bantam by Edw. Jenkins. 2 vols. (296 u. 280 S.)
1239. Echoes of a famous year. By Holme Lee. (294 S.)
1240. Peg Woffington. A novel. By Charles Reade. (288 S.)
1241. 1242. Patty. By Katharine S. Macquoid. 2 vols. (à 304 S.)
1243. Carline a. other stories. By John Ruffini (288 S.)
1244. Unawares. A story of an old french town By Frances Mary Peard. (287 S.)
1245. 1246. Without kith or kin. By Georgiana M. Craik. 2 vols. (286 u. 296 S.)
1247. Cecil Castlemaine's gage a. other novelettes By Ouida. (296 S.)
1248. Aurora Leigh. By Elizabeth Barrett Browning. (355 S.)
1249. 1250. The vicar's daughter. An autobiographical story by Geo. Macdonald. 2 vols. (303 u. 312 S.)
1251. 1252. A waiting race. A novel. By Edmund Yates. 2 vols. (320 u. 303 S.)
1253. 1254. In silk attire. A novel. By William Black. 2 vols. (303 u. 288 S.)
1255. 1256. Not easily jealous. A novel. 2 vols. (296 u. 303 S.)
1257. The woman i loved, a. the woman who loved me; a Tuscan wedding. By Isa Blagden. (279 S.)
1258. Madame la Marquise a. other novelettes. By Ouida. (310 S.)
1259. 1260. A golden sorrow. By Mrs. Cashel Hoey. 2 vols. (à 312 S.)
1261. 1262. The irish sketch-book by W. M. Thackeray. 2 vols. (280 u. 296 S.)
1263. 1264. Prose and poetry by Bret Harte. 2 vols. (310 u. 320 S.)
1265. Valentin. A french boy's story of Sedan by Henry Kingsley. (304 S.)
1266. 1267. A womans vengeance by the author of „Found dead". 2 vols. (318 u. 310 S.)
1268. 1269. Bessie by Julia Kavanagh. 2 vols. (à 312 S.)
1270. 1271. Within the maze. A novel by Mrs. Henry Wood. 2 vols. (342 u. 327 S.)
1272. 1273. Free Russia by Will. Hepworth Dixon. 2 vols. (286 u. 278 S.)
1274. 1275. Expiated. By the author of „Behind the veil". 2 vols. (à 304 S.)
1276. Life and lettres of captain Marryat by Florence Marryat. [Mrs. Ross Church.] (327 S.)
1277. The poetical works of Alfr. Tennyson. vol. VII. Gareth and Lynette; the last Tournament. (192 S.)
1278. 1279. Boscobel; or, the royal oak. A tale of the year 1651. By William Ainsworth. 2 vols. (318 u. 311 S.)
1280. 1281. The strange adventures of a phaeton by William Black. 2 vols. (320 u. 303 S.)
1282. 1283. Miriam's marriage. By Katharine Macquoid. 2 vols. (à 304 S.)
1284. 1285. Memoir of count de Montalembert, peer of France, deputy for the department of Doubs. A chapter of recent french history. By Mrs. Oliphant. 2 vols. (317 u. 304 S.)
1286. Christie Johnstone by Charles Reade. (319 S.)
1287. Soldiering a. scribbling. A series of sketches By Archibald Forbes. (286 S.)
1288. 1289. The life of Charles Dickens by John Forster. vol. 3. a. 4. (286 u. 279 S. m. e. Steintaf.
1290. Tales for Christmas eve by Rhoda Broughton. (223 S.)
1291. 1292. In the days of my youth. By Amelia B. Edwards. 2 vols. (303 u. 295 S.)
1293—1295. Off the Skelligs by Jean Ingelow 3 vols. (328, 319, 319 S.)
1296. Select historical essays. By Edward A Freeman. (334 S.)
1297. 1298. A mingled yarn. A novel. By Mrs Henry S. Mackarness. 2 vols. (319 u. 310 S.
1299. 1300. The yellow flag. A novel. By Edmund Yates. 2 vols. (303 u. 304 S.)
1301. Joan Merryweather a. other tales by Katherine Saunders. (302 S.)
1302. 1303. Friends in council. A series of readings a. discourse thereon. By Sir Arthur Helps. 2 vols. (263 u. 247 S.)
1304. Oakshott Castle being the memoir of an eccentric nobleman. Written by Granby Dixon, and ed. by Henry Kingsley. (VI, 351 S.)
1305—1307. Australia and New Zealand by Anthony Trollope. 3 vols. (341, 327 u. 336 S.)
1308—1311. Kenelm Chillingly his adventures a. opinions by Edward Bulwer, Lord Lytton. 4 vols. (288, 288, 288 u. 279 S.)
1312. Murphy's Master, by the author of „Found Dead". (286 S.)
1313. Katherine's trial by Holme Lee. (311 S.)
1314. 1315. Old Kensington. By Miss Thackeray. 2 vols. (à 312 S.)
1316. 1317. Pascarèl. Only a story by Ouida. 2 vols. (327 u. 328 S.)
1318. The coming race by Edw. Bulwer, Lord Lytton. (296 S.)
1319. A vagabond heroine by Mrs. Edwardes. (294 S.)
1320—1322. History of the two queens. I. Catherine of Aragon. II. Anne Boleyn. By Will. Hepworth Dixon. 3 vols. (272, 255 u. 280 S.)

1323. 1324. May. By Mrs. Oliphant. 2 vols. (310 u. 304 S.)
1325. 1326. The new Magdalen. A novel by Wilkie Collins. 2 vols. (à 272 S.)
1327—1330. 1350. The pillars of the house, or, under wode, under rode. By Charlotte M. Yonge. Vol. 1—5. (358, 344, 352, 340, 304 S.)
1331 Gideons' rock by Katherine Saunders. (288 S.)
1332. The life a. times of Oliver Goldsmith by John Forster. Vol. 1. (XII, 336 S.)
1333. 1334. Pictures across the channel by Katharine S. Macquoid. 2 vols. (311 u. 315 S.)
1335. 1336. The Paris sketch-book by W. M. Thackeray. 2 vols. (286 u. 272 S. m. 1 Stahlst.)
1337. The true history of Joshua Davidson (254 S.)
1338. In the heart of a bill by the author of „Found Dead". (288 S.)
1339. 1340. Strangers a. pilgrims by M. E. Braddon. 2 vols. (318 u. 303 S.)
1341. 1342. Penrudocke by Hamilton Aïdé. 2 vols. (312 u. 303 S.)
1343. 1344. Poems by Jean Ingelow. 2 vols. (271 u. 288 S.)
1345. Untrodden peaks a. unfrequented valleys by Amelia B. Edwards. (302 S.)
1346. 1347. Innocent. A tale of modern life. By Mrs. Oliphant. 2 vols. (344 u. 358 S.)
1348. 1349. Held in bondage or Granville de Vigne. A tale of the day. By Ouida. 2 vols. (à 327 S.)
1351. 1352. Old court life in France by Frances Elliot. 2 vols. (326 u. 318 S.)
1353. 1354. Against the stream. The story of an heroic age in England by the author of the „Schönberg-Cotta Family". 2 vols. (287 u. 272 S.)
1355. 1356. The earl's promise. A novel by F. G. Trafford [Mrs Riddell]. 2 vols. (310 u. 296 S.)
1357. 1358. The good old times by W. A. Ainsworth. 2 vols. (304 u. 307 S.)
1359. The Parisians by Edward Bulwer, Lord Lytton. In 4 vols. Vol. 1. (272 S.)
1360. Flower-de-luce a. three books of song by Henri Wadsworth Longfellow. (255 S.)
1361. 1362. The Master of Greylands by Mrs. H. Wood. 2 vols. (358 u. 342 S.)
1363. 1364. Lady Anna by Anthony Trollope. 2 vols. (302 u. 286 S.)
1365. Monsieur Maurice by Amelia B. Edwards. (287 S.)
1366. 1367. Nancy. A novel by Rhoda Broughton. 2 vols. (312 u. 302 S.)
1368. 1376 u. 1377. The Parisians by Edward Bulwer, Lord Lytton. Vol. 2—4. (271, 271 u. 300 S.)
1369—1371. Lucius Davoren or Publicans a. sinners A novel by M. E. Braddon. 3 vols. (296, 302 u. 311 S.)
1372. 1373. Mad. Dumaresq. A novel by Florence Marryat. 2 vols. (296 u. 295 S.)
1374. The liefe a. times of Oliver Goldsmith by John Forster. Vol. 2. (XVI, 408 S.)
1375. Thwarted, or duck's eggs in a hen's nest. A Story by Florence Montgomery. (263 S.)
1378. 1379. The Prescotts of Pamphillon by Mrs. Parr. 2 vols. (310 u. 286 S.)
1380. Poems by Dante Gabriel Rossetti. With a memoir of the author by Frz. Hüffer. (XXVI, 282 S.)
1381. 1382. A princess of Thule by William Black. 2 vols. (336 u. 320 S.)
1383. Harry Heathcote of Gangoil: A tale of Australian rush life by Anthony Trollope. (232 S.)
1384. Westward by rail: A journey to San Francisco a. back a. a visit to the Mormons. By W. F. Rae. With a (lith.) map. (326 S.)
1385. 1386. Ivan de Biron, or the russian court in the middle of last century by Sir Arthur Helps. 2 vols. (310 u. 286 S.)
1387. Two little wooden shoes. A sketch by Ouida. (310 S.)
1388. 1389. A Simpleton. A store of the day by Charles Reade. 2 vols. (328 u. 295 S.)
1390. Lady Hester or Ursala's narrative. The mouth of the Leamy by Charlotte M. Yonge. (296 S.)
1391 u. 1392. The life of Charles Dickens by John Forster. Vol. 5. u. 6. (326 u. 302 S. m. Stahlst.)
1393—1395. History of two queens. I. Catharine of Aragon. II. Anne Boleyn. By W. H. Dixon. Vol. 4—6. (272, 270 u. 278 S.)
1396. Too soon. A study of a girls heart by Katherine S. Macquoid. (351 S.)
1397. Jupiter's daughter by Mrs. Charles Jenkin. (311 S.)
1398. 1399. Oldbury by Annie Keary. 2 vols. (à 304 S.)
1400 - 1402. Personal narrative of a pilgrimage to Mecca a. Medina by Richard F. Burton. 3 vols. (XX, 274, VI, 294 u. 270 S.)
1403. A night on the borders of the black forest by Amelia B. Edwards. (302 S.)
1404. Station life in New Zealand by Lady Barker. (277 S.)
1405. 1406. The vicissitudes of Bessie Fairfax by Holme Lee. 2 vols. (304 u. 302 S.)
1407. 1408. At her mercy. A novel by the author of „Found dead." 2 vols. (310 u. 295 S.)
1409. 1410. Merry England: or nobles a. serfs by Will. Harrison Ainsworth. 2 vols. (304 u. 296 S.)
1411. 1412. Johnny Ludlow. 2 vols. (367 u. 344 S.)
1413—1415. Taken at the flood by M. E. Braddon. 3 vols. (311, 311 u. 296 S.)
1416. Thorpe Regis by Frances Mary Peard. (343 S.)
1417. 1418. No intentions. A novel by Florence Marryat. [Mrs. Ross Church.] 2 vols. (302 u. 294 S.)
1419. 1420. For love and live by Mrs. Oliphant. 2 vols. (310 u. 312 S.)
1421. 1422. Fables in song by Rob. Lord Lytton. 2 vols. (248 u. 264 S.)
1423. 1424. The impending sword. A novel by Edm. Yates. 2 vols. (304 u. 303 S.)
1425. My mother a. I. A girls love-story by the author of „John Halifax, Gentleman." (287 S.)
1426. South Sea Bubles, by the Earl a. the Doctor. (320 S.)
1427. 1428. Reginald Hetherege by Henry Kingsley. 2 vols. (296 u. 288 S.)
1429. 1430. Out of court by Mrs. Cashel Hoey. 2 vols. (318 u. 311 S.)
1431. 1432. Old ford Duquesne by Charles Mc. Knight. 2 vols. (294 u. 303 S.)
1433. 1434. Uncle John. A novel by Whyte Melville. 2 vols. (312 u. 278 S.)
1435. Only a butterfly a. other stories by Georgiana M. Craik. (288 S.)
1436. Martin's vineyard by Agnes Harrison (302 S.)
1437. Kilmeny by William Black. (360 S.)
1438. Station amusements in New-Zealand by Lady Barker. (288 S.)
1439. 1440. Israel Mort, Overman. A story of the mine by John Saunders. 2 vols. (312 u. 218 S.)
1441. A rose in June by Mrs. Oliphant. (288 S.)
1442. 1443. The experience of life; or. aunt Sarah by the author of „Amy Herbert". 2 vols. (310 u. 294 S.)
1444. 1445. Young Brown by Trois-Etoiles. 2 vols. (311 u. 288 S.)

1446. 1447. A cruise upon wheels. The chronicle of some autumn wanderings among the deserted post-roads of France by Charles A. Collins. 2 vols. (294 u. 288 S.)
1448. 1449. A manual of english literature a. of the english language from the Norman conquest; with numerous specimens by George L. Craik. 2 vols. (352 u. 310 S.)
1450. Idyls of the foothills. In prose a. verse By Bret Harte. (279 S.)
1451. 1452. Lost for love. A novel by M. E. Braddon. 2 vols. (312 u. 304 S.)
1453. 1454. Thornicrofts model by Averil Beaumont. 2 vols. (320 u. 312 S.)
1455. The frozen deep; a. other stories. Readings a. writings in America, by Wilkie Collins. (296 S.)
1456. The life of Henry John Temple Visc. Palmerston, with selections from his correspondence, by the late Sir Henry Lytton Bulwer. Vol. 3. (Schluss.) ed. by Evelyn Ashley. (366 S.)
1457. 1458. The best of husbands, by James Payn. 2 vols. (319 u. 304 S.)
1459. 1460. Hagarene by the author of „Guy Livingstone". 2 vols. (302 u. 295 S.)
1461. 1462. The high mills by Katherine Saunders. 2 vols. (à 296 S.)
1463. The little lame prince a. his travelling cloak. A parable for young a. old by the author of „John Halifax, Gentleman". With 24 Illustr (1 Holzschntaf. u. eingedr. Holzschn.) by J. Mc L. Ralston. (208 S.)
1464. 1465. Mortomley's estate. A novel by Mrs. Riddell. 2 vols. (311 u. 304 S.)
1466. Vanessa by the author of „Still waters", „Dorothy" etc. (310 S.)
1467. 1468. Patricia Kemball. A novel by E. Lynn Linton. 2 vols. (318 u. 310 S.)
1469. Katerfelto. A story of Exmoor. By G. J. Whyte Melville. (319 S.)
1470. 1471. My story. By Katherine S. Macquoid. 2 vols. (312 u. 303 S.)
1472. 1473. The goldsmith's wife. A tale by William Harrison Ainsworth. 2 vols. (270 u. 278 S.)
1474. The maid of Killeena a. other stories. By. William Black. (254 S.)
1475. 1476. The law a. the lady. A novel by. Wilkie Collins. 2 vols. (298 u. 332 S.)
1477. 1478. The Italians. By Frances Elliot. 2 vols. (302 u. 303 S.)
1479. Two, by Tricks. A novel by Edm. Yates. (303 S.)
1480. 1481. A strange world. A novel by M. E. Braddon. 2 vols. (à 312 S.)
1482—1484. John Dorrien. By Julia Kavanagh. 3 vols. (312, 310 u. 287 S.)
1485. Bluebeard's keys a. other stories by Miss Thackeray. (287 S.)
1486. 1487. The story of Valentine and his brother by Mrs. Oliphant. 2 vols. (328 u. 319 S.)
1488. Five old friends. By Miss Thakeray. (328 S.)
1489. 1490. Malcolm by George Mac Donald. 2 vols. (335 u. 318 S.)
1491. 1492. Silvia's choice; Theresa. By Georgiana M. Craik. 2 vols. (294 u. 303 S.)
1493. 1494. The way we live now. By Anthony Trollope. Vol. 1. a. 2. (295 u. 294 S.)
1495. The wandering heir: a matter of fact romance. By Charles Reade. (302 S.)
1496. The Gosau Smithy a. other stories by Mrs. Parr. (302 S.)
1497. 1498. Three feathers. A novel by Wiliam Black. 2 vols. (311 u. 296 S.)
1499. 1500. Alice Lorraine. A tale of the South Downs. By Rich. Doddridge Blackmore. 2 vols. (331 u. 328 S.)
1501—1503. Signa. A story by Ouida. 3 vols. (296, 295 u. 303 S. m. Portr. der Verf. in Stahlst.)
1504. 1505. Walter's word. A novel by James Payn. 2 vols. (311 u. 303 S.)
1506. 1507. The way we live now. By Anthony Trollope. Vol. 3 a. 4. (à 295 S.)
1508. 1509. The ordeal of Richard Feverel. A history of father a. son by Geo. Meredith. 2 vols. (311 u. 320 S.)
1510. A nine days' wonder. A Novellette by Hamilton Aïdé. (264 S.)
1511. 1512. Felicia. By M. Betham Edwards. 2 vols. (303 u. 304 S.)
1513. Sermons out of church. By the author of „John Halifax, gentleman." (270 S.)
1514—1516. The boudoir cabal. By Trois-Etoiles. 3 vols. (304, 343 u. 280 S.)
1517. Miss Angel. By Miss Thackeray. (296 S.)
1518. 1519. Told in the twilight. By Mrs. Henry Wood. 2 vols. (288 u. 304 S.)
1520. 1521. Preston fight or the insurection of 1715. A tale by Will. Harrison Ainsworth. 2 vols. (296 u. 287 S.)
1522. 1523. The invasion of the Crimea: its origin, a. an account of its progress down to the death of Lord Raglan. By Alex. Will. Kinglake. Vol. 9 a. 10. Battle of Inkermann. Vol. 1 a. 2. (XXIV, 278 u. XVI, 272 S. m. lith. u. chromolith. Plänen u. Karten in gr. 16. u. qu. gr. 8.)
1524. Rome a. the newest fashions in religion. 3 tracts. The vatican-degrees. — Vaticanism. — Speeches of the pope. By W. E. Gladstone. (287 S.)
1525. 1526. Fighting the air. A novel by Florence Marryat. 2 vols. (310 u. 302 S.)
1527. 1528. Hostages to fortune. A novel by M. E. Braddon. 2 vols. (304 u. 295 S.)
1529. 1530: Leah: a woman of fashion. By Mrs. Edwardes. 2 vols. (310 u 303 S.)
1531. 1532. A narrow escape. By Annie Thomas. [Mrs. Pender Cudlip.] 2 vols. (304 u. 286 S.)
1533. On actors a. the art of acting. By George Henry Lewes. (279 S.)
1534. 1535. Victor Lescar. By Miss Grant. 2 vols. (336 u. 311 S.)
1536. 1537. Fated to be free. By Jean Ingelow. 2 vols. (302 u. 280 S.)
1538. 1539. Whiteladies. By Mrs. Oliphant. 2 vols. (228 u. 318 S.)
1540. 1541. Sweet a. twenty. By Mortimer Collins. 2 vols. (311 u. 280 S.)
1542. Sister Louise or the story of a woman's repentance. By G. J. Whyte Mellville. (296 S.)
1543. Wild Mike a. his victim. By Florence Montgomery. (160 S.)
1544. 1545. A silent witness. A novel by Edm. Yates. 2 vols. (310 u. 278 S.)
1546. The masque of Pandora a. other poems by Henry Wadsworth Longfellow. (280 S.)
1547. 1548. Castle Daly: The story of an irish home thirty years ago. By Annie Reary. 2 vols. (336 u. 318 S.)
1549. 1550. White conquest. By William Hepworth Dixon. 2 vols. (312 u. 295 S.)
1551. 1552. St. George a. St. Michael. By George Mac Donald. 2 vols. (311 u. 294 S.)
1553. 1554. My young Alcides. A faded photograph by Charlotte M. Yonge. 2 vols. (304 u. 264 S.)
1555. 1556. Halves. A novel by James Payn. 2 vols. (295 u. 279 S.)
1557. A star a. a heart, to which is added an utter impossibility. By Florence Marryat. (304 S.)
1558. Pausanias the Spartan. An unfinished historical romance by the late Lord Lytton [Edward Bulwer] ed. by his Son. (280 S.)
1559. 1560. Diane. By Katharine S. Macquoid. (311 u. 288 S.)
1561. The curate in charge. By Mrs. Oliphant. (311 S.)

1562. The poison of asps a. other stories. By Florence Marryat. (310 S.)
1563. 1564. Mr. Smith. A part of his life. By L. B. Walford. 2 vols. (304 u. 287 S.)
1565. 1566. Beauchamp's career by George Meredith. 2 vols. (335 u. 336 S.)
1567. 1568. Ersilia. By the author of „My little lady". 2 vols. (302 u. 287 S.)
1569. A winter story. By Frances Mary Peard. (287 S.)
1570. Queen Mary. A drama by Alfr. Tennyson. (256 S.)
1571—1574. The life a. letters of Lord Macaulay. By his nephew George Otto Trevelyan. 4 vols. With portrait [steel-engraving]. (VIII, 296; VI, 266; VII, 286 u. VI, 281 S.)
1575. Ben Milner's wooing. By Holme Lee. (254 S.)
1576. 1577. The prime minister. By Anthony Trollope. [In 4 vols.] Vol. 1 a. 2. (302 u. 304 S.)
1578. 1579. Little women: or Meg, Jo, Beth a. Amy. By Louisa M. Alcott. 2 vols. (303 u. 334 S.)
1580. 1581. Dear lady Disdain. By Justin Mc. Carthy. 2 vols. (312 u. 304 S.)
1582. Lady Silverdale's sweetheart, a. other stories by Will. Black. (288 S.)
1583. In a winter city. A sketch by Ouida. (302 S.)
1584. 1585. Gabriel Conroy. By Bret Harte. 2 vols. (288 u. 286 S.)
1586. Adam Granger. A tale by Mrs. Henry Wood. (255 S.)
1587. A lucky disappointment a. other stories. By Florence Marryat. (295 S.)
1588. 1589. Dead men's shoes. A novel by M. E. Braddon. 2 vols. (328 u. 320 S.)
1590. The two destinies. A romance by Wilkie Collins. (328 S.)
1591. 1592. The atonement of Leam Dundas by E. Lynn Linton. 2 vols. (320 u. 303 S.)
1593. 1594. The hand of Ethelberta by Thomas Hardy. 2 vols. (304 u. 288 S.)
1595. 1596. St. Simon's niece. A novel. By Frank Lee Benedict. 2 vols. (328 u. 303 S.)
1597. 1598. Chetwynd Calverley. A tale. By Will. Harrison Ainsworth. 2 vols. (311 u. 288 S.)
1599. 1600. Scarscliff Rocks. By E. S. Maine. 2 vols. (312 u. 288 S.)
1601. 1602. The prime minister. By Anthony Trollope. Vol. 3 a. 4. (à 303 S.)
1603. 1604. The Bertram Family. By the author of „Chronicles of the Schönberg-Cotta Family". 2 vols. (287 u. 278 S.)
1605. 1606. Phoebe, junior. A last chronicle of Carlingford. By Mrs. Oliphant. 2 vols. (312 u. 287 S.)
1607. 1608. The Grange Garden. A Romance by Henry Kingsley. 2 vols. (294 u. 287 S.)
1609. 1610. The three brides. By Charlotte M. Yonge. 2 vols. (319 u. 304 S.)
1611. Out of the world a. other tales by Miss Thackeray. (320 S.)
1612. 1613. French pictures in english chalk by E. C. Grenville Murray. 2 vols. (294 u. 287 S.)
1614. 1615. „My own child". A novel by Florence Marryat. 2 vols. (295 u. 278 S.)
1616. Conquering a. to conquer. A story of Rome in the days of St. Jerome by the author of „Chronicles of the Schönberg-Cotta Family". (224 S.)
1617—1620. Daniel Deronda. By George Eliot. In 4 vols. (296, 295, 312 u. 288 S.)
1621. Oliver of the mill. A tale. By Maria Louisa Charlesworth. (320 S.)
1622. The adventures of Tom Sawyer. By Mark Twain. (303 S.)
1623. 1624. The shipowner's daughter. A novel by John Saunders. 2 vols. (304 u. 294 S.)
1625. 1626. Fallen fortunes. A novel by James Payn. 2 vols. (320 u. 310 S.)

Nach den Verfassern u. Titeln geordnete Uebersicht der einzelnen Werke.

Collins, W., the frozen deep a. other stories. Readings a. writings in America. (1455.)
— the two destinies. (1590.)
— poor Miss Finch. (1200. 1201.)
— the law a. the lady. (1475. 1476.)
— the new Magdalen. (1325. 1326.)
— Miss or Mrs? (1233.)
Conquering a. to conquer. (1616.)
Cottage, the, by the cathedral. a. oth. parables. (1232.)
Craik, G. L., a manual of the english literature from the Norman conquest. (1448. 1449.)
Craik, G. M., only a butterfly a. oth. stories. (1435.)
— Silvia's choice. Theresa. (1491. 1492.)
— Hero Trevelyan. (1215.)
— without kith or kin. (1245. 1246.)
Dixon, G., Oakshot castle being the memoir of an excentric nobleman. (1304.)
Dixon, W. H., history of the two queens. I. Catherine of Aragon. II. Anne Boleyn. (1320—1322. 1393—1395.)
— free Russia. (1272. 1273.)
— her Majesty's tower. (1141. 1142.)
Edwardes, Mrs., a vagabond heroine. (1319.)
— Leah: a woman of fashion. (1529. 1530.)
— ought we to visit her? (1219. 1220.)
Edwards, A. B., in the days of my youth. (1291. 1292.)
— Monsieur Maurice. (1365.)
— a night on the borders of the black forest. (1403.)
— untrodden peaks a. unfrequented valleys. (1345.)
Edwards, M. B., Felicia. (1511. 1512.)
— the Sylvestres. (1199.)
Eliot, G., Daniel Deronda. (1617—1620.)
Elliot, F., diary of an idle woman in Italy. (1223. 1224.)
— the Italians. (1177. 1178.)
— old court in France (1351. 1352.)
Ersilia. (1567. 1568.)
Experience, the, of life; or, aunt Sarah by the auth. of „Amy Herbert". (1442. 1443.)
Expiated. By the auth. of „Behind the veil". (1274. 1275.)
Fair France, by the auth. of „John Halifax, gentleman". (1226.)
Forbes, A., my experiences of the war between France a. Germany. (1159. 1160.)
— soldiering a scribbling. A seccies of sketsches. (1287.)
Forster, J., the life of Charles Dickens. (1203. 1204. 1288. 1289. 1391. 1392.)
— the life a. times of Oliver Goldsmith. (1332. 1374.)
Freemann, E. A., select historical essays. (1296.)
— the growth of the english constitution from the earliest times. (1222.)
Gladstone, W. E., Rome a. the newest fashions in religion. The vatican degrees. Vaticanism. Speeches of the pope. (1521.)
Grant, Miss, Victor Lescar. (1534. 1535.)
Hagarene by the auth. of „Guy Livingstone". (1459. 1460.)
Hannah. By the auth. of „John Halifax, gentleman". (1187. 1188.)
Hardy, Th., the hand of Ethelberta. (1593. 1594.)
Harrison, A., Martin's vineyard. (1436.)
Melville, G. J. W., sister Louise. (1542).
— Sarchedon. A legend of the great queen. (1173. 1174.)
— uncle John. (1433. 1434.)
Member, the, for Paris: a tale of the second empire. By Trois-Etoiles. (1183. 1184.)
Meredith, G., Beauchamp's career. (1565. 1566.)
— the ordeal of Richard Feverel. A history of father a. son. (1508. 1509.)
Montgomery, F., wild Mike a. his victim. (1513.)
— thrown together. (1234. 1235.)
— thwarted, or duck's eggs in a hen's nest. (1375.)
Murphy's master, by the auth. of „Found dead". (1312.)
Murray, E. C. G., french pictures in english chalk. (1612. 1613.)
My little Lady. (1147. 1148.)
— mother a. J. A girls love-story by the auth. of „John Halifax, gentleman". (1425.)
Not easily jealous. (1255. 1256.)
— wooed, but won. A novel by the auth. of „Found dead". (1171. 1172.)
Oliphant, Mrs., the curate in charge. (1561.)
— Innocent. A tale of mod. life. (1346. 1347.)
— for love a life. (1419. 1420.)
— May. (1323. 1324.)
— memoir of count de Montalembert, peer of France, deputy for the departement of Doubs. (1284. 1285.)
— Ombra. (1227. 1228.)
— Phoebe, junior. (1605. 1606.)
— a rose in June. (1441.)
— the story of Valentine a. his brother. (1486. 1487.)
— Whiteladies. (1538. 1539.)
Ouida, Cecil Castlemaine's gage a. oth. novelettes. (1247.
— Chandos. (1155. 1156.)
— Folle-Farine. (1195. 1196.)
— held in bondage or Granville de Vigne. A tale of the day. (1348. 1349.)
— a leaf in the storm a. other stories. (1236.)
— Madame la Marquise a. other novelettes. (1258.)
— Pascarel. On by a story. (1316. 1317.)
— two little wooden shoes. (1387.)
— Signa. (1501—1503.)
— Strathmore. (1169. 1170.)
— under two flags. (1177. 1178.)
— in a winter city. (1583.)
Parr, Mrs., Dorothy Fox. (1212.)
— the Gosau a Smithy a. other stories. (1496.)
— the Prescotts of Pamphillon. (1378. 1379.)
Payn, J., the best of husbands. (1457. 1458.)
— fallen fortunes. (1625. 1626.)
— Halves. (1555. 1556.)
— Walther's word. (1504. 1505.)
Peard, F. M., Thorpe Regis. (1416.)
— the rose-garden. (1221.)
— unawares. A story of an old french town. (1244.)
— a winter story. (1569.)
Prince, the little lame, a. his travelling cloak. A parable for young a. old, by the auth. of „John Halifax, gentleman". (1463.)
Ray, W. F., westward by rail: A Journey to San Francisco a. back a. a visit to the Mormons. (1384.)
Reade, C., the wandering heir: a matter of fact romance. (1495.)
— Christie Johnstone. (1286.)
— a simpleton. A story of the day. (1388. 1389.)
— a terrible temptation. A story of the day. (1213. 1214.)
— Peg Woffington. (1240.)
— put yourself in his place. (1123. 1124.)
Riddel, Mrs., Mortomley's estate. (1464. 1465.)
Rossetti, D. G., poems. (1380.)
Ruffini, J., Carline a. oth. stories. (1213.)
Saunders, K., Gideon's rock. (1331.)
— Joan Merryweather a. oth. tales. (1301.)
— the high mills. (1461. 1462.)
— Israel Mort, Overman. (1439. 1440.)
— the shipowner's daughter. (1623. 1624.)
Scott, W., Anne of Geierstin. (1158.)
— the fair maid of Perth. (1153.)
— Woodstock. (1183.)
Sermons out of church. By the author of „John Halifax, gentleman". (1513.)
Shelley, P. B., a selection from the poems. (1207.)
Sheppard, N., shut up in Paris. (1175.)
South-Sea bubbles, by the Earl a. the Doctor. (1426.)
Tennyson, A., poetical works. Vol. VII. Gareth a. Lynette, the last Tournament. (1277.)
— Queen Mary. (1570.)
Thackeray, Miss, Miss Angel. (1517.)
— Bluebeard's keys a. oth. stories. (1485.)
— five old friends. (1488.)
— old Kensington. (1314. 1315.)
Thackeray, W. H., the irish sketch-book. (1261. 1262.)
— the Parish sketch-boock. (1535. 1536.)
— out of the world. (1611.)
Thomas, A., (Mrs. Pender Cudlip), a narrow escape. (1531. 1532.)

Trafford, F. G., [Mrs. Riddell], the earls promise. (1355. 1356.)
Trevelyan, G. O., the life a. letters of Lord Macaulay. (1571—1574.)
Trollope, A., Lady Anna. (1363. 1364.)
— Australia a. New-Zealand. (1305—1307.)
— Harry Heathcote of Gangoil. A tale of austrian rush life. (1383.)
— Sir Harry Hotspur of Humblethwaite. (1127.)
— the golden lion of Grandpere. (1225.)
— the prime minister. (1576. 1577. 1601. 1602.)
— Ralph the heir. (1150. 1151.)
— the way we live now. (1493. 1494. 1506. 1507.)
Trollope, T. A., a siren. (1121. 1122.)
Twain, M., the adventures of Tom Sawyer. (1622.)
Vanessa by the auth. of „Still waters", „Dorothy" etc. (1466.)
Victory, the, of the vanquished. A tale of the first century. By the auth. of „Chronicles of the Schönberg-Cotta family". (1130.)
Village, the, on the cliff. By the auth. of „the story of Elizabeth". (1157.)
Walford, L. B., Mrs. Smith. (1563. 1564.)
Whyte-Melville, G. J., Contraband; or, a losing hazard. (1134.)
Woman's, a, vengeance by the auth. of „Found dead". (1266. 1267.)
Wood, H., Dene Hollow. (1161. 1162.)
— Adam Grainger. (1586.)
— the master of Greylands. (1361. 1362.)
— the foggy night at Offord, Martin Ware's temptation, the night walk over the mill stream. (1217.)
— Bessy Rane. (1125. 1126.)
— told in the twilight. (1518. 1519.)
— within the maze. (1270. 1271.)
Yates, E., Castaway. (1229. 1230.)
— the yellow flag. (1299. 1300.)
— Nobody's fortune. (1193. 1194.)
— a waiting race. (1251. 1252.)
— Two, by tricks. (1474.)
— Dr. Wainwrights patient. (1143. 1144.)
— a silent witness. (1514. 1545.)
Yonge, C. M., My young Alcides. (1553. 1554.)
— the three brides. (1609. 1610.)
— Lady Hester or Ursula's narrative. The mouth of Leamy. (1390.)
— the pillars of the house, or, under wodo, under rodo (1327—1330. 1350.)
Young Brown by Trois-Etoiles. (1441. 1415.)

Collection of british authors. Copyright ed. Vol. 1627 — 2105. gr. 16. Leipzig 877 — 82. B. Tauchnitz. à n. 1. 60

1627. 1628. Joan: a tale. By Rhoda Broughton. 2 vols. (292 u. 275 S.)
1629. 1630. Edina. A novel by Mrs. Henry Wood. 2 vols. (319 u. 295 S.)
1631. Bulgarian horrors and Russia in Turkistan, with other tracts by W. E. Gladstone. (272 S.)
1632. 1633. Selections from the writings of Lord Macaulay, ed. with occasional notes by George Otto Trevelyan. 2 vols. (211 u. 296 S.)
1634. The laurel bush. An old-fashioned love story, to which is added the two tinkers. By the author of „John-Halifax, gentleman". (288 S.)
1635. 1636. Joshua Haggard's daughter. A novel by M. E. Braddon. 2 vols. (310 u. 304 S.)
1637. 1638. Madcap Violet. By Will. Black. (319 u. 294 S.)
1639. Rosine. By J. G. White Melville. (303 S.)
1640. 1641. The atelier du Lys or an art student in the reign of terror. By the author of „Mademoiselle Mori". 2 vols. (304 u. 278 S.)
1642. Two men of Sandy Bar. A drama by Bret Harte. (230 S.)
1643. 1644. Two Lilies. By Julia Kavanagh. 2 vols. (328 u. 304 S.)
1645. Emma. A novel by Jane Austen. (456 S.)
1646. The hellenic factor in the eastern problem, with other tracts. By W. E. Gladstone. (304 S.)
1647. 1648. The sunmaid. A romance. By Miss Grant. 2 vols. (304 u. 302 S.)
1649. 1650. The leaguer of Lathom. A tale of the civil war in Lancashire. By Will. Harrison Ainsworth. 2 vols. (à 304 S.)
1651. 1652. Her father's name. A novel. By Florence Marryat. 2 vols. (302 u. 304 S.)
1653. A madrigal and other stories by Frances Mary Peard. (304 S.)
1654. Anne Warwick. By Georgiana M. Craik. (334 S.)
1655. Fulham Lawn and other stories. By Miss Thackeray. (295 S.)
1656. Weavers and weft. A Novel. By M. E. Braddon. (296 S.)
1657. 1658. Marian; or, a young maid's fortunes. By Mrs. S. C. Hall. 2 vols. (312 u. 279 S.)
1659. In great waters, and other tales. By M. E. Braddon. (328 S.)
1660. 1661. Ariadne: the story of a dream. By Ouida. 2 vols. (318 u. 296 S.)
1662. 1663. Across Africa by Commander Verney Lovett Cameron. 2 vols. (311 u. 300 S.)
1664—1666. The american senator. By Anthony Trollope. 3 vols. (278, 272 u. 279 S.)
1667. Thankful Blossom and other tales. By Bret Harte. (234 S.)
1668. 1669. Mrs. Arthur. By Mrs. Oliphant. 2 vols. (302 u. 294 S.)
1670. A year's housekeeping in South Africa. By Lady Barker. (302 S.)
1671. 1672. Jennie of „the prince's". A novel. 2 vols. (296 u. 328 S.)
1673. 1674. What he cost her. By James Payn. 2 vols. ([illegible] u. 295 S.)
1675. 1676. A harvest of wild oats. A novel. By Flor. Marryat. 2 vols. (302 u. 294 S.)
1677. One Summer. By Blanche Willis Howard. (278 S.)
1678. 1679. Colonel Dacre. By Emily Jolly. 2 vols. (320 u. 288 S.)
1680. The imitation of Christ: four books. By Thomas a Kempis. Translated from the latin by W. Benham, B. D. (288 S.)
1681. 1682. The Marquis of Lossie. By George Mac Donald. 2 vols. (à 304 S.)
1683. 1684. The fall of Somerset. By Will. Harrison Ainsworth. 2 vols. (294 u. 275 S.)
1685. Tyrol and the Tyrolese: The people and the land in their social, sporting, and mountaineering aspects. By W. A. Baillie Grohman. (278 S.)
1686. 1687. Carità by Mrs. Oliphant. 2 vols. (312 u. 310 S.)
1688. Virginia. A roman sketch. (254 S. m. 1 Stahlst.)
1689. Helen's babies and other people's children, a sequel to Helen's babies. By John Habberton. (336 S.)
1690. A blue-stocking. By Mrs. Edwardes. (278 S.)
1691. From an island. A story and some essays. By Miss Thackeray. (280 S.)
1692. Harold. A drama by Alfr. Tennyson. (222 S.)
1693. Re-echoes. By Frances Power Cobbe. (286 S.)
1694. 1695. The world well lost by E. Lynn Linton. 2 vols. (311 u. 287 S.)
1696. 1697. A fight with fortune. By Mortimer Collins. 2 vols. (294 u. 287 S.)
1698. The story of a mine. By Bret Harte. (254 S.)
1699. 1700. Diana, Lady Lyle. By Will. Hepworth Dixon. 2 vols. (302 u. 310 S.)
1701. A poetry of songs and sonnets, odes and idylls. First series, from the beginning of the 14. century to the end of the 18. century. Selected and arranged with notes from the works of the older english poets by Amelia B. Edwards. (XIV, 298 S.)
1702. 1703. Pauline. By L. B. Walford. 2 vols. (à 279 S.)
1704. 1705. Green pastures and Piccadilly. By Will. Black. 2 vols. (296 u. 288 S.)
1706. My lady's money and Percy and the prophet. By Wilkie Collins. (294 S.)

1707. 1708. „Cherry ripe!“ A romance. By **Helen Mathers.** 2 vols. (296 u. 294 S.)

1709—1711. The war correspondence of the „Daily News“ 1877. With a connecting narrative, forming a continuous history of the war between Russia and Turkey to the fall of Kars. Including the letters of Mr. A. Forbes, Mr. J. A. Macgahan and many other special correspondents in Europe and Asia. 3 vols. (335, 336 u. 302 S.)

1712. A little stepson, by **Florence Marryat.** (271 S.)

1713. 1714. The American. By **Henry James, Jr.** 2 vols. (à 288 S.)

1715. 1716. Two tales of married life. Hard to bear. By **Georgiana M. Craik.** — A true man. By **M. C. Stirling.** 2 vols. (256 u. 294 S.)

1717. Lapsed, but not lost. A story of roman Carthage by the author of „Chronicles of the Schönberg-Cotta family“. (286 S.)

1718. 1719. Young Musgrave. By **Mrs. Oliphant.** 2 vols. (286 u. 279 S.)

1720. 1721. Won! By the author of „Jennie, of ‚the prince's‘“. 2 vols. (303 u. 295 S.)

1722. 1723. Far from the madding crowd by **Thom. Hardy.** 2 vols. (288 u. 280 S.)

1724. 1725. By love and law. The story of an honourable woman. By **Lizzie Alldridge.** 2 vols. (296 u. 288 S.)

1726. Marmorne. The story is told by Adolphus Segrave, the youngest of three brothers. (294 S.)

1727—1729. An open Verdict. A novel by **M. E. Braddon.** 3 vols. (280, 271 u. 279 S.)

1730. 1731. A thousand miles up the Nile. By **Amelia Edwards.** 2 vols. (303 u. 262 S.)

1732. The lifted veil and brother Jacob. By **George Eliot.** (240 S.)

1733. 1734. Miss Misanthrope. By **Justin McCarthy.** 2 vols. (303 u. 280 S.)

1735. 1736. South Africa. By **Anthony Trollope.** 2 vols. (à 319 S.)

1737. 1738. Straightforward. By **Holme Lee.** 2 vols. (230 u. [illegible] S.)

1739—1741. Is he Popenjoy? A novel. By **Anthony Trollope.** 3 vols. (294, 279 u. 278 S.)

1742. The Russians of to-day. By **E. C. Grenville-Murray.** (304 S.)

1743. 1744. A Legacy. Being the life and remains of John Martin, schoolmaster and poet. Written and ed. by the author of „John Halifax, Gentleman“. 2 vols. (270 u. 272 S.)

1745. 1746. Seaforth. By **Florence Montgomery.** 2 vols. ([illegible] u. 271 S.)

1747. 1748. Beatrice Tyldesley. By **Will. Harrison Ainsworth.** 2 vols. (296 u. 272 S.)

1749. 1750. Friendship by **Ouida.** 2 vols. (332 u. 306 S.)

1751. A poetry book of songs and sonnets, odes and idylls. 2. Series. From the end of the 18. century to the present time. Selected and arranged with notes from the works of the modern english and american poets by **Amelia B. Edwards.** (334 S.)

1752. Jet: her face or her fortune? By **Mrs. Edwardes.** (283 S.)

1753. Sebastian. By **Katherine Saunders.** (294 S.)

1754. 1755. Forget-me-not. By **Julia Kavanagh.** 2 vols. (302 u. 312 S.)

1756. 1757. By Proxy by **James Payn.** 2 vols. (312 u. 295 S.)

1758—1760. Russia by **D. Mackenzie Wallace,** M. A. 3 vols. (312, 304 u. 286 S.)

1761. 1762. Brother Gabriel by **M. Botham-Edwards.** 2 vols. (311 u. 280 S.)

1763. 1764. Written in fire. A novel by **Florence Marryat.** 2 vols. (278 u. 255 S.)

1765. 1766. Roy's wife by **G. J. Whyte-Melville.** 2 vols. (288 u. 271 S.)

1767. 1768. Viva by **Mrs. Forrester.** 2 vols. (278 u. [illegible] S.)

1769. The notary's daughter. A tale from the french of Madame Leonie d'Aulnoy by **Lady Georgiana Fullerton.** (296 S.)

1770. 1771. French pictures in english chalk. [Second series.] By **E. C. Grenville-Murray.** 2 vols. (287 u. 312 S.)

1772. 1773. Womankind by **Charlotte M. Yonge.** 2 vols. (296 u. 256 S.)

1774. 1775. The primrose path by **Mrs. Oliphant.** 2 vols. (à 320 S.)

1776. 1777. Mine is Thine. A novel by **Laurence W. M. Lockhart.** 2 vols. (352 u. 328 S.)

1778. 1779. My heart 's in the Highlands. By **Miss Grant.** 2 vols. (295 u. 279 S.)

1780. 1781. A lost battle. 2 vols. (288 u. 287 S.)

1782. 1783. The first violin. A novel. By **Jessie Fothergill.** 2 vols. (296 u. 286 S.)

1784. Drift from two shores. By **Bret Harte.** (285 S.)

1785. The haunted hotel. A mystery of modern Venice by **Wilkie Collins.** (288 S.)

1786. 1787. Pomeroy Abbey. A romance. By **Mrs. Henry Wood.** 2 vols. (311 u. 304 S.)

1788. 1789. Molly Bawn. By the author of „Phyllis“. 2 vols. (287 u. 280 S.)

1790. 1791. Macleod of Dare. A novel. By **Will. Black.** 2 vols. (304 u. 280 S.)

1792. The Europeans. A sketch. By **Henry James, Jr.** (288 S.)

1793. Strange tales. By **E. C. Grenville-Murray.** (272 S.)

1794. 1795. Less black than we 're painted. By **James Payn.** 2 vols. (à 295 S.)

1796. 1797. The return of the native. By **Thomas Hardy.** 2 vols. (320 u. 311 S.)

1798. 1799. Her world against a lie. A romance. By **Florence Marryat.** 2 vols. (à 296 S.)

1800. An heiress of red dog and other sketches. By **Bret Harte.** (288 S.)

1801. „Land o' the Leal“. By **Helen Mathers.** (223 S.)

1802. The lilies of the valley or „I want it by such a day“ by **Lady Georgiana Fullerton.** And The house of Penarvan, from the french of M. **Jules Sandeau** by **Lady Georgiana Fullerton.** (287 S.)

1803. 1804. Black but comely or, the adventures of Jane Lee. By **G. J. Whyte-Melville.** 2 vols. (296 u. 295 S.)

1805. An eye for an eye. By **Anthony Trollope.** (295 S.)

1806. 1807. A voyage in the „Sunbeam“, our home on the ocean for eleven months. By **Mrs. Brassey.** 2 vols. (à 286 S.)

1808. Little men: Life at Plumfield with Jo's boys. By **Louisa M. Alcott.** (351 S.)

1809—1811. Vixen. A novel by **M. Braddon.** 3 vols. (301, 287 u. 278 S.)

1812. 1813. The innocents abroad or, the new pilgrim's progress by **Mark Twain.** 2 vols. (320 u. 335 S.)

1814. Riding recollections. By **G. J. Whyte-Melville.** ([illegible] S.)

1815. 1816. Blue roses or Helen Malinofska's marriage. By the author of „Véra“. 2 vols. (à 304 S.)

1817. 1818. The world she awoke in. A narrative by **Lizzie Alldridge.** 2 vols. (304 u. 288 S.)

1819. Daisy Miller: a study. An international episode. Four meetings. By **Henry James, Jr.** (288 S.)

1820. 1821. The artful vicar. The story of what a clergyman tried to do for others and did for himself. By **E. C. Grenville-Murray.** 2 vols. (287 u. 288 S.)

1822. Cartouche by Frances Mary Peard. (295 S.)
1823—1825. Within the precincts. By Mrs. Oliphant. 3 vols. (296, 295 u. 271 S.)
1826. 1827. Under one roof. An episode in a family history by James Payn. 2 vols. (296 u. 288 S.)
1828. Impressions of Theophrastus Such by George Eliot. (279 S.)
1829. 1830. Rhona. By Mrs. Forrester. 2 vols. (296 u. 280 S.)
1831. 1832. Great Grenfell Gardens. A novel. By B. H. Buxton. 2 vols. (288 u. 287 S.)
1833. 1834. The fallen leaves by Wilkie Collins. 1. series. 2 vols. (280 u. 276 S.)
1835. A foregone conclusion. By W. D. Howells. (280 S.)
1836. 1837. A broken blossom. A novel. By Florence Marryat. 2 vols. (295 u. 280 S.)
1838. Marjorie Daw and other tales. By Thomas Bailey Aldrich. (296 S.)
1839—1841. John Caldigate. By Anthony Trollope. 3 vols. (288, 296 u. 304 S.)
1842. 1843. Roderick Hudson. By Henry James. Jr. 2 vols. (312 u. 288 S.)
1844. 1845. Beau Nash: or, Bath in the eighteenth century. By Will. Harrison Ainsworth. 2 vols. (288 u. 272 S.)
1846. Stepping heavenward. By Mrs. E. Prentiss. (319 S.)
1847. 1848. My Lady Green Sleeves. By Helen Mathers. 2 vols. (304 u. 288 S.)
1849. 1850. 1855. 1856. Life and times of Stein, or Germany and Prussia in the Napoleonic age. By J. R. Seeley, M. A. 4 vols. With portr. (steel-engraving). (XXII, 306; X, 309; XII, 352 u. VIII, 287 S.)
1851. 1852. Cousins. By L. B. Walford. 2 vols. (304 u. 303 S.)
1853. The countess de Bonneval: her life and letters. By Lady Georgiana Fullerton. (303 S.)
1854. The Lady of the Aroostook. By W. D. Howells. (296 S.)
1857. The Twins of Table Mountain; a ghost of the Sierras; views from a german spion; Peter Schroeder; Cadet Grey. By Bret Harte. (224 S.)
1858. Cousin Henry. A novel. By Anthony Trollope. (280 S.)
1859—1861. The cloven foot. A novel by M. E. Braddon, 3 vols. (311, 303 u. 296 S.)
1862. Vivian the beauty. A novel. By Annie Edwardes. (287 S.)
1863. 1864. 1931—1933. A history of our own times from the accession of queen Victoria to the general election of 1880, by Justin Mc Carthy, M. P. 5 vols. (327, 307, 288, 303 u. 302 S.)
1865. 1866. Young Mrs. Jardine. By the author of „John Halifax, Gentleman“. 2 vols. (302 u. 287 S.)
1867. High spirits being certain stories written in them by James Payn. (303 S.)
1868—1870. The letters of Charles Dickens. Edited by his sister-in-law and his eldest daughter. 3 vols. (X, 319; 363 u. 316 S.)
1871. 1872. Under which lord? By E. Lynn Linton. 2 vols. (332 u. 331 S.)
1873. Da capo and other tales by Miss Thackeray. (287 S.)
1874. 1875. The root of all evil. By Florence Marryat [Mrs. Francis Lean]. 2 vols. (à 296 S.)
1876. 1877. Sir Gibbie. By George Mac Donald, L. L. D. 2 vols. (320 u. 304 S.)
1878—1880. Moths. A novel by Ouida. 3 vols. (279, 295 u. 287 S.)
1881. The madonna of the future. Longstaff's marriage. Madame de Mauves. By Henry James, Jr. (236 S.)
1882. 1883. Sunshine and storm in the East, or cruises to Cyprus and Constantinople. By Mrs. Brassey. 2 vols. (302 u. 272 S.)
1884. 1885. The greatest heiress in England. By Mrs. Oliphant. 2 vols. (311 u. 304 S.)
1886. 1887. Dorcas. By Georgiana M. Craik. 2 vols. (287 u. 286 S.)
1888. Eugene Pickering. The diary of a man of fifty. Benvolio. By Henry James, Jr. (270 S.)
1889. 1890. Magnum Bonum or mother Carey's brood by Charlotte M. Yonge. 2 vols. (399 u. 367 S.)
1891. High spirits, being certain stories written in them. [Second series.] By James Payn. (288 S.)
1892. 1893. The story of Barbara; her splendid misery, and her gilded cage. A novel by M. E. Braddon. 2 vols. (288 u. 272 S.)
1894. Jeff Briggs's love story and other tales. By Bret Harte. (286 S.)
1895. 1896. Jezebel's daughter. By Wilkie Collins. 2 vols. (288 u. 271 S.)
1897. 1898. The parson O'Dumford. A tale. By George Manville Fenn. 2 vols. (286 u. 272 S.)
1899. 1900. A tramp abroad by Mark Twain. 2 vols. (288 u. 287 S.)
1901. Confidence. By Henry James, Jr. (287 S.)
1902. Rose Leblanc. By Lady Georgiana Fullerton. (294 S.)
1903. 1904. Mrs. Denys of Cote. By Holme Lee. 2 vols. (286 u. 296 S.)
1905—1907. Mary Anerley. A Yorkshire tale. By R. D. Blackmore. 3 vols. (286, 288 u. 280 S.)
1908. 1909. Second thoughts. By Rhoda Broughton. 2 vols. (288 u. 270 S.)
1910. Pipistrello, and other stories. By Ouida. (287 S.)
1911. Sister Dora. A biography. By Margaret Lonsdale. (386 S.)
1912. 1913. Nell — on and off the stage. By B. H. Buxton. 2 vols. (271 u. 270 S.)
1914. Tales from „Blackwood“. (319 S.)
1915. 1916. The fair-haired Alda. A novel by Florence Marryat [Mrs. Francis Lean]. 2 vols. (296 u. 279 S.)
1917—1919. The Duke's children. A novel. By Anthony Trollope. 3 vols. (288, 283 u. 278 S.)
1920. 1921. Artiste by Miss Grant. 2 vols. (286 u. 287 S.)
1922. 1923. Within sound of the sea. By the author of „Véra“. 2 vols. (286 u. 287 S.)
1924. 1925. Poet and Peer. By Hamilton Aïdé. 2 vols. (288 u. 280 S.)
1926. 1927. Lord Brackenbury. A novel by Amelia B. Edwards. 2 vols. (328 u. 320 S.)
1928. Tales from „Blackwood“. [2. series.] (312 S.)
1929. „Roughing it“. By Mark Twain. (295 S.)
1930. Seven stories by Lady Georgiana Fullerton. (287 S.)
1934. With a silken thread, and other stories by E. Lynn Linton. (352 S.)
1935. The Mudfog papers, etc. By Charles Dickens. Now first collected. (239 S.)
1936. Forestalled; or, the life-quest. By M. Betham-Edwards. (288 S.)
1937. 1938. Just as I am. A novel by M. E. Braddon. 2 vols. (318 u. 304 S.)
1939. The Stillwater tragedy. By T. B. Aldrich. (287 S.)
1940. 1941. Endymion by the author of „Lothair“. 2 vols. (314 u. 316 S.)
1942. Love and life, an old story in eighteenth century costume by Charlotte M. Yonge. (352 S.)
1943. 1944. Roy and Viola. By Mrs. Forrester. 2 vols. (288 u. 286 S.)
1945. From generation to generation. By Lady Augusta Noel. (376 S.)
1946. The poetical works of Alfr. Tennyson. Vol. 8. Ballads and other poems. (223 S.)
1947. Lost in the port and other tales. By Johnny Ludlow [Mrs. Henry Wood]. (286 S.)
1948. The innocents at home. By Mark Twain. (286 S.)
1949. 1950. White wings: a yachting romance. By Will. Black. 2 vols. (288 u. 280 S.)
1951. 1952. The trumpet-major. A tale by Thomas Hardy. 2 vols. (287 u. 272 S.)

1953. 1954. Sarah de Berenger. By Jean Ingelow. 2 vols. (304 u. 288 S.)
1955. Kehalah, a story of the salt marshes. (384 S.)
1956. The tragic comedians. A study in a well-known story. By George Meredith. (280 S.)
1957. 1958. A village commune by Ouida. 2 vols. (255 u. 256 S.)
1959. Mother Molly. By Frances Mary Peard. (256 S.)
1960. 1961. A confidential agent. By James Payn. 2 vols. (304 u. 279 S.)
1962. Flitters, Tatters and the counsellor; the game hen; Baubie Clark. By May Laffan. (254 S.)
1963. 1964. He that will not when he may. By Mrs. Oliphant. 2 vols. (303 u. 288 S.)
1965. 1966. From the wings. A novel. By B. H. Buxton. 2 vols. (287 u. 272 S.)
1967. Dr. Wortle's school. A novel. By Anthony Trollope. (286 S.)
1968—1970. Asphodel. A novel by M. E. Braddon. 3 vols. (287, 287 u. 272 S.)
1971. 1972. Probation. A novel. By Jessie Fothergill. 2 vols. (286 u. 288 S.)
1973. 1974. Sunrise: a story of these times. By Will. Black. 2 vols. (336 u. 320 S.)
1975. Mrs. Mainwaring's journal. By Emma Marshal. (287 S.)
1976. Holidays in Tyrol. Klobenstein, Paneveggio and Obladis. By Walther White. (318 S.)
1977. 1978. Washington Square. The pension Beaurepas. A bundle of letters by Henry James, Jr. 2 vols. (à 287 S.)
1979. 1980. The black robe by Wilkie Collins. 2 vols. (288 u. 278 S.)
1981. 1982. With Cupid's eyes. A novel. By Florence Marryat [Mrs. Francis Lean]. 2 vols. (295 u. 288 S.)
1983. 1984. Mary Marston by George Mac Donald, LL. D. 2 vols. (296 u. 287 S.)
1985. Todhunters' at Loanin' Head and other stories by E. Lynn Linton. (352 S.)
1986. A tale of sin and other tales. By Johnny Ludlow [Mrs. Henry Wood]. (287 S.)
1987. 1988. A sailor's sweetheart. An account of the wreck of the sailing ship, „Waldershare", from the narrative of Mr. William Lee, second mate. By W. Clark Russell. 2 vols. (320 u. 295 S.)
1989. Among the hills by E. Frances Poynter. (319 S.)
1990. 1991. The clerk of Portwick. A tale. By George Manville Fenn. 2 vols. (287 u. 272 S.)
1992. 1993. From exile, by James Payn. 2 vols. (296 u. 288 S.)
1994. Madame de Sévigné, from a stage box; Miss Williamson's divagations. By Miss Thackeray [Mrs. Richmond Ritchie]. (287 S.)
1995. 1996. „My love!" By E. Lynn Linton. 2 vols. (335 u. 312 S.)
1977. 1998. My sister, the actress. A novel. By Florence Marryat [Mrs. Francis Lean]. 2 vols. (286 u. 287 S.)
1999. Anne and other tales. By Johnny Ludlow [Mrs. Henry Wood]. (280 S.)
2000. Of english literature in the reign of Victoria. With a glance at the past. By Henry Morley. With a frontispiece. (40 S. Fcsms.) (XII, 416 S.)
2001—2003. Ayala's angel by Anthony Trollope. 3 vols. (287, 286 u. 287 S.)
2004. 2005. Donna Quixote by Justin Mc Carthy, M. P. 2 vols. (à 302 S.)
2006. The life of Luisa de Carvajal. By Lady Georgiana Fullerton. (336 S.)
2007. 2008. Two women. By Georgiana M. Craik. 2 vols. (303 u. 272 S.)
2009. 2010. Charles Kingsley: his letters and memories of his life. Edited by his wife. 2 vols. Abridged continental ed. (287 u. 278 S.)
2011. Made or marred and „one of three". By Jessie Fothergill. (335 S.)
2012. 2013. Harry Joscelyn. By Mrs. Oliphant. 2 vols. (328 u. 335 S.)
2014. 2015. Troublesome daughters by L. B. Walford. 2 vols. (320 u. 288 S.)
2016. 2017. Stanley Brereton. By Will. Harrison Ainsworth. 2 vols. (à 288 S.)
2018. The beautiful wretch. By Will. Black. (287 S.)
2019. 2020. Mrs. Geoffrey by the author of „Molly Bawn". 2 vols. (287 u. 280 S.)
2021. 2022. A will and a way and the handkerchief at the window. By Lady Georgiana Fullerton. 2 vols. (280 u. 286 S.)
2023. 2024. Beside the river. A story of the Ardennes by Katharine S. Macquoid. 2 vols. (286 u. 279 S.)
2025. 2026. Kith and Kin. A novel. By Jessie Fothergill. 2 vols. (à 288 S.)
2027. 2028. The prince and the pauper by Mark Twain. 2 vols. (XIII, 232 u. 226 S.)
2029. 2030. Court Netherleigh. A novel. By Mrs. Henry Wood. 2 vols. (à 318 S.)
2031. Aunt Serena by Blanche Willis Howard. (319 S.)
2032. The letters of Charles Dickens. Ed. by his sister-in-law and his eldest daughter. Vol. IV. 1836 to 1870. (279 S.)
2033. 2034. A grape from a thorn by James Payn. 2 vols. (304 u. 294 S.)
2035. His little mother and other tales and sketches. By the author of „John Halifax, Gentleman". (288 S.)
2036. 2037. Christowell. A Dartmoor tale. By R. D. Blackmore. 2 vols. (310 u. 303 S.)
2038. The diary of an idle woman in Sicily. By Frances Elliot. (319 S.)
2039. 2040. My lord and my lady, by Mrs. Forrester. 2 vols. (286 u. 287 S.)
2041. As he comes up the stair; Jock o' Hazelgreen; „who maketh the deaf to hear". By Helen Mathers. (272 S.)
2042—2044. The portrait of a lady by Henry James jr. 3 vols. (288, 288 u. 271 S.)
2045. Pictures of old Rome. By Frances Elliot. (286 S.)
2046. 2047. Faith and unfaith. By the author of „Molly Bawn". 2 vols. (287 u. 270 S.)
2048. Mr. Pisistratus Brown, M. P., in the Highlands. The four Macnicols. — The pupil of Aurelius. By Will. Black. (280 S.)
2049—2051. In Maremma. A story by Ouida. 3 vols. (296, 288 u. 287 S.)
2052. Benvenuta or Rainbow colours by Emma Marshall. (206 S.)
2053. 2054. A Laodicean; or, the castle of the de Stancys. A story of to-day. By Thom. Hardy. 2 vols. (à 287 S.)
2055. The fixed period. A novel by Anthony Trollope. (280 S.)
2056. 2057. Don John. A story by Jean Ingelow. 2 vols. (296 u. 279 S.)
2058. Some private views, being essays from „The Nineteenth Century" review with some occasional articles from „The Times" by James Payn. (278 S.)
2059—2061. So very human. A tale of the present day. By Alfred Bate Richards. 3 vols. (334, 392 u. 392 S.)
2062. 2063. Phyllida. A life drama. By Florence Marryat [Mrs. Francis Lean]. 2 vols. (à 288 S.)
2064. Six months in the ranks; or the gentleman private. By E. C. Grenville-Murray. (360 S.)
2065. 2066. John Inglesant. A romance by J. Henry Shorthouse. 2 vols. (319 u. 350 S.)
2067. 2068. Memories of old friends, being extracts from the journals and letters of Caroline Fox of Penjerrick, Cornwall, from 1835 to 1871, ed. by Horace N. Pym. To wich are added 14 original letters from J. S. Mill never before published. 2 vols. (287 u. 288 S.)

2069. Bimbi. Stories by Ouida. (302 S.)

2070. 2071. Mount Royal. A novel by M. E. Braddon. 2 vols. (311 u. 303 S.)

2072. 2073. For cash only. A novel by James Payn. 2 vols. (287 u. 279 S.)

2074. 2075. Unknown to history. A story of the captivity of Mary of Scotland by Charlotte M. Yonge. 2 vols. (à 304 S.)

2076. Plain speaking. By the author of „John Halifax, Gentleman". (288 S.)

2077. The stolen white elephant etc. by Mark Twain [Sam. L. Clemens]. (288 S.)

2078. Lady Alice; or, two sides of a picture. By Emma Marshall. (279 S.)

2079. 2080. A woman-hater. By Charles Reade, D. C. L. 2 vols. (303 u. 287 S.)

2081. 2082. In trust. The story of a lady and her lover. By M. O. W. Oliphant. 2 vols. (286 u. 278 S.)

2083. 2084. A ballroom repentance. By Annie Edwardes. 2 vols. (à 287 S.)

2085. 2086. Schloss and Town. By Frances Mary Peard. 2 vols. (288 u. 286 S.)

2087. Flip and other stories by Bret Harte. (254 S.)

2088. 2089. Marion Fay. A novel by Anthony Trollope. 2 vols. (359 u. 335 S.)

2090. Democracy. An american novel. (288 S.)

2091. The gifts of the child Christ, and other tales. By George MacDonald. (304 S.)

2092. 2093. How they loved him. A novel. By Florence Marryat [Mrs. Francis Lean]. 2 vols. (286 u. 272 S.)

2094. 2095. Eliane. A novel. By Mrs. Augustus Craven. Translated by Lady Georgiana Fullerton. 2 vols. (287 u. 271 S.)

2096. 2097. Prince Hugo. A bright episode. By Miss Grant. 2 vols. (288 u. 287 S.)

2098. Ballads and sonnets. By Dante Gabriele Rossetti. With a memoir of the author by Francis Hueffer. (287 S.)

2099. A poor Squire. By Holme Lee. (304 S.)

2100. 2101. A faithful lover. By Katharina S. Macquoid. 2 vols. (288 u. 278 S.)

2102. 2103. A modern instance. A novel. By Will. D. Howells. 2 vols. (288 u. 287 S.)

2104. 2105. Robin. By Mrs. Parr. 2 vols. (288 u. 286 S.)

Nach den Verfassern u. Titeln geordnete Uebersicht der einzelnen Werke:

Fox of Penjerrik, C., memories of old friends. Vol. 2067. 2068.
Fullerton, Lady G., the countess of Bonneval. Vol. 1853.
— the house of Penarvan. Vol. 1802.
— the life of Luisa de Carvajal. Vol. 2006.
— the lilies of the valley. Vol. 1802.
— the notary's daughter. Vol. 1769.
— Rose Leblanc. Vol. 1902.
— seven stories. Vol. 1930.
— a will and a way and the handkerchief at the window. Vol. 2021. 2022.
Geoffrey, Mrs. By the author of „Molly Bawn". Vol. 2019. 2020.
Gladstone, W. E., Bulgarian horrors and Russia in Turkestan. Vol. 1631.
— the hellenic factor in the eastern problem. Vol. 1646.
Grant, Miss, Artiste. Vol. 1920. 1921.
— my heart 's in the Highlands. Vol. 1778. 1779.
— Prince Hugo. Vol. 2096. 2097.
— the sunmaid. Vol. 1647. 1648.
Grenville-Murray, E. C., french pictures in english chalk. Vol. 1770. 1771.
— the Russians of to-day. Vol. 1742.
— strange tales. Vol. 1793.
— the artful vicar. Vol. 1820. 1821.
Grohman, W. A. B., Tyrol and the Tyrolese. Vol. 1685.
Habberton, J., Helen's babies and other people's children. Vol. 1689.
Hall, Mrs. S. C., Marian: or, a young maid's fortunes. Vol. 1657. 1658.
Hardy, Th., far from the madding crowd. Vol. 1722. 1723
— a Laodicean. Vol. 2053. 2054.
Hardy, Th., the return of the native. Vol. 1796. 1797.
— the trumpet-major. Vol. 1951. 1952.
Harrison, W., the leaguer of Lathom. Vol. 1649. 1650.
Howells, W. D., a modern instance. Vol. 2102. 2103.
— the lady of Aroostook. Vol. 1854.
— aunt Serena. Vol. 2031.
— one summer. Vol. 1677.
— a foregone conclusion. Vol. 1835.
James jr., H., the American. Vol. 1713. 1714.
— confidence. Vol. 1901.
— the Europeans. Vol. 1792.
— Roderik Hudson. Vol. 1842. 1843.
— the madonna of the future. Longstaff's marriage. Madame de Mauves. Vol. 1881.
— Daisy Miller. Vol. 1819.
— Eugene Pickering. Vol. 1888.
— the portrait of a lady. Vol. 2042—2044.
— Washington Square. The pension Beaurepas. Vol. 1977. 1978.
Jardine, Joung Mrs. By the author of „John Hallifax, gentleman". Vol. 1865. 1866.
Jennie of „the princes". Vol. 1671. 1672.
Ingelow, J., Sarah de Berenger. Vol. 1953. 1954.
— Don John. Vol. 2056. 2057.
Jolly, E., Colonel Dacre. Vol. 1678. 1679.
Kavanagh, J., forget-me-not. Vol. 1754. 1755.
— two lilies. Vol. 1643. 1644.
Kingsley, Ch., his letters and memories of his life. Vol. 2009. 2010.
Laffan, M., Flitters, Tatters and the counsellor. Vol. 1962.
Lapsed, but not lost. A story of roman Carthage by the author of „Chronicles of the Schönberg-Cotta family". Vol. 1717.
Laurel bush, the. By the author of „John Hallifax, gentleman". Vol. 1634.
Lee, H., Mrs. Denys of Cote. Vol. 1903. 1904.
— a poor Squire. Vol. 2099.
— straightforward. Vol. 1737. 1738.
Legacy, the. By the author of „John Halifax, gentleman". Vol. 1743. 1744.
Linton, E. L., „my love!" Vol. 1995. 1996.
— Todhunters, at Loanin' Head. Vol. 1985.
— under which Lord? Vol. 1871. 1872.
— with a silken thread. Vol. 1934.
— the world well lost. Vol. 1694. 1695.
Lockhart, L. W. M., Mine is Thine. Vol. 1776. 1777.
Lonsdale, M., sister Dora. Vol. 1911.
Ludlow, J., Anne. Vol. 1999.
— lost in the port. Vol. 1947.
— a tale of sin. Vol. 1986.
Macaulay, Lord, selection, from the writings. Vol. 1632. 1633.
Mc Carthy, J., a history of our own times. Vol. 1863. 1864. 1931—1933.
— Miss Misanthrope. Vol. 1733. 1734.
— Donna Quixote. Vol. 2004. 2005.
Mac Donald, G., Sir Gibbie. Vol. 1876. 1877.
— the gifts of the child christ. Vol. 2091.
— the Marquis of Lossie. Vol. 1681. 1682.
— Mary Marston. Vol. 1983. 1984.
Macquoid, K. S., beside the river. Vol. 2023. 2024.
— a faithful lover. Vol. 2100. 2101.
Marmorne. Vol. 1726.
Marryat, F. (Mrs. F. Lean), the fair-haired Alda. Vol. 1915. 1916.
— a broken blossom. Vol. 1836. 1837.
— with Cupid's eyes. Vol. 1981. 1982.
— her fathers name. Vol. 1651. 1652.
— a harvest of wild oats. Vol. 1675. 1676.
— how they loved him. Vol. 2092. 2093.
— Phyllida. Vol. 2062. 2063.
— the root of all evil. Vol. 1874. 1875.
— my sister the actress. Vol. 1997. 1998.
— a little stepson. Vol. 1712.
— her world against a lie. Vol. 1798. 1799.
— written in fire. Vol. 1763. 1764.
Marshall, E., Lady Alice. Vol. 2078.
— Benvenuta. Vol. 2052.
Mathers, H., as he comes up the stair; Jock o' Hazelgreen; who maketh the deaf to hear. Vol. 2041.
— „cherry ripe". Vol. 1707. 1708.
— „Land o' the Leal." Vol. 1801.
— my Lady Green Sleeves. Vol. 1847. 1848.
Mehalah, a story of the salt marshes. Vol. 1955.
Meredith, G., the tragic comedians. Vol. 1956.
Montgomery, F., sea forth. Vol. 1745. 1746.
Morley, H., of english literature in the reign of Victoria. Vol. 2000.
Mother, his little, and other tales, by the author of „John Halifax, gentleman". Vol. 2035.
Murray, E. C. G., six months in the ranks; or the gentleman private. Vol. 2064.
Noel, Lady A., from generation to generation. Vol. 1945.
Oliphant, Mrs., Mrs. Arthur. Vol. 1668. 1669.
— Carità. Vol. 1686. 1687.
— he that will not when he may. Vol. 1963. 1964.
— the greatest heiress in England. Vol. 1884. 1885.
— Harry Joscelyn. Vol. 2012. 2013.
— young Musgrave. Vol. 1718. 1719.
— within the precincts. Vol. 1823—1825.
— the primrose path. Vol. 1774. 1775.
Oliphant, M. O. W., in trust. Vol. 2081. 2082.
Ouida, Ariadne. Vol. 1660. 1661.
— Bimbi. Vol. 2069.
— Friendship. Vol. 1749. 1750.
— in Maremma. Vol. 2049—2051.
— moths. Vol. 1878—1880.
— Pipistrello. Vol. 1910.
— a village commune. Vol. 1957. 1958.
Parr, Mrs., Robin. Vol. 2104. 2105.
Payn, J., for cash only. Vol. 2072. 2073.
— a confidential agent. Vol. 1960. 1961.
— from exile. Vol. 1992. 1993.
— a grape from a thorn. Vol. 2033. 2034.
— less black then we 're painted. Vol. 1794. 1795.
— by Proxy. Vol. 1756. 1757.
— high spirits. Vol. 1867. 1891.
— under one roof. Vol. 1826. 1827.
— some private views. Vol. 2058.
— what he cost her. Vol. 1673. 1671.
Peard, F. M., Cartouche. Vol. 1822.
— a madrigal and other stories. Vol. 1653.
— mother Molly. Vol. 1959.
— Schloss and Town. Vol. 2085. 2086.
Plain speaking. By the author of „John Halifax, Gentleman". Vol. 2076.
Poynter, E. F., among the hills. Vol. 19[illegible]9.
Prentiss, Mrs. E., stepping heavenward. Vol. 1846.

Reade, Ch., a woman-hater. Vol. 2079. 2080.
Richards, A. B., so very human. Vol. 2059--2061.
Roses, blue, or Helen Malinofska's marriage. By the author of „Vera". Vol. 1815. 1816.
Rossetti, D. G., ballads and sonnets. Vol. 2098.
Russell, W. C., a sailor's sweetheart. Vol. 1987. 1988.
Sandeau, J., the house of Penarvan. Vol. 1802.
Saunders, K., Sebastian. Vol. 1753.
Seeley, J. R., life and times of Stein. Vol. 1849. 1850. 1855. 1856.
Shorthouse, H., John Inglesant. Vol. 2065. 2066.
Stirling, M. C., a true man. Vol. 1715. 1716.
Tales from „Blackwood". Vol. 1914. 1928.
Tennyson, A., poetical works. Vol. 1946.
— Harold. Vol. 1692.
Thackeray, Miss, Da capo. Vol. 1873.
— from an island. Vol. 1691.
— Fulham Lawn. Vol. 1655.
— Madame de Sevigné. Vol. 1994.
Thomas a Kempis, the imitation of Christ. Vol. 1680.
Trollope, A., Ayalas angel. Vol. 2001—2003.
— John Caldigate. Vol. 1839—1841.
— the Duke's children. Vol. 1917—1919.
— an eye for an eye. Vol. 1805.
— Marion Fay. Vol. 2088. 2089.
— cousin Henry. Vol. 1858.
— the fixed period. Vol. 2055.
Trollope, A., is he Popenjoy? Vol. 1739—1741.
— the american senator. Vol. 1664—1666.
— South Africa. Vol. 1735. 1736.
— Dr. Wortle's School. Vol. 1967.
Twain, M. (S. L. Clemens), the stolen white elephant. Vol. 2077.
— the innocents abroad. Vol. 1812. 1813.
— the innocents at home. Vol. 1948.
— the prince and the pauper. Vol. 2027. 2028.
— „roughing it". Vol. 1929.
— a tramp abroad. Vol. 1899. 1900.
Virginia. Vol. 1688.
Walford, L. B., Cousins. Vol. 1851. 1852.
— troublesome daughters. Vol. 2014. 2015.
— Pauline. Vol. 1702. 1703.
Wallace, D. M., Russia. Vol. 1758—1760.
War correspondence, the, of the „Daily News" 1877. Vol. 1709—1711.
White, W., holidays in Tyrol, Kleinstein, Paneveggio and Obladis. Vol. 1976.
Whyte-Melville, G. J., black but comely. Vol. 1803. 1804.
— riding recollections. Vol. 1814.
— Rosine. Vol. 1639.
— Roy's wife. Vol. 1765. 1766.
Within sound of the sea. By the author of „Vera". Vol. 1922. 1923.
Won! By the author of „Jennie, of ‚the prince's'". Vol. 1720. 1721.
Wood, Mrs. H., Edina. Vol. 1629. 1630.
— court Netherleigh. Vol. 2029. 2030.
— Pomeroy Abbey. Vol. 1786. 1787.
Yonge, Ch. M., love and life. Vol. 1942.
— Magnum Bonum or mother Carey's brood. Vol. 1889. 1890.
— unknown to history. Vol. 2074. 2075.
— womankind. Vol. 1772. 1773.

Collection of British authors. Copyright edition. Vol. 2106—2430. 12. Leipzig 882—86. B. Tauchnitz. à n. 1. 60

2106. The curate's home. By Agnes Giberne. (360 S.)
2107. Kept in the dark. A novel. By Anthony Trollope. (288 S.)
2108. The revolt of man. By Walter Besant. (272 S.)
2109. Readiana. Comments of current events. By Charles Reade, D. C. L. A selection from the London edition. (254 S.)
2110. Exchange no robbery and other novelettes. By Miss Betham-Edwards. (287 S.)
2111. The Bowsham puzzle. By John Habberton. (286 S.)
2112. 2113. The „Lady Maud": schooner yacht. A narrative of her loss on one of the Bahama cays from the account of a guest on board. By W. Clark Russell. 2 vols. (312 u. 287 S.)
2114. The autocrat of the breakfasttable. By Oliver Wendell Holmes. New and revised ed. With illustrative notes. (343 S.)
2115. 2116. I have lived and loved. By Mrs. Forrester. 2 vols. (287 u. 271 S.)
2117. The undiscovered country. By Will. D. Howells. (366 S.)
2118. 2119. Two on a tower. A romance. By Thomas Hardy. 2 vols. (256 u. 255 S.)
2120. The princess and Curdie. By George Mac Donald. (271 S.)
2121. 2122. The golden butterfly. A novel. By Walter Besant and James Rice. 2 vols. (328 u. 318 S.)
2123. Mrs. Isaacs. A tale of modern India. By F. Marion Crawford. (287 S.)
2124. 2125. Reminiscences of court and diplomatic life. By Georgia Baroness Bloomfield. 2 vols. With the portr. (steel-engraving) of Her Majesty the Queen. (à 271 S.)
2126. Sketches in Italy. By John Addington Symonds. Selected from „sketches in Italy and Greece" and „sketches and studies in Italy" (312 S.)
2127. 2128. Kit: a memory. By James Payn. 2 vols. (286 u. 288 S.)
2129. People I have met. By E. C. Grenville: Murray. (279 S.)
2130. 2131. Portia; or, „by passions rocked". A novel. By the author of „Molly Bawn". 2 vols. (278 u. 272 S.)
2132. Venetian life. By Will. D. Howells. (391 S. m. Stahlst.-Portr.)
2133. 2134. The golden calf. A novel. By M. E. Braddon. 2 vols. (312 u. 287 S.)
2135. 2136. Facing the footlights. A novel. By Florence Marryat [Mrs. Francis Lean]. 2 vols. With the portrait (steel engraving) of the author. (280 u. 271 S.)
2137. 2138. Heart and science. A story of the present time. By Wilkie Collins. 2 vols. (295 u. 288 S.)
2139. Frau Frohmann and other stories. By Anthony Trollope. (296 S.)
2140. Dayspring: a story of the time of William Tyndale, reformer, scholar, and martyr. By Emma Marshall. (336 S.)
2141. 2142. Stray pearls. Memoirs of Margaret de Ribaumont, viscountess of Bellaise. By Charlotte M. Yonge. 2 vols. With the portrait of the author (steel-engraving). (286 u. 287 S.)
2143. 2144. Life on the Mississippi. By Mark Twain [Sam. L. Clemens]. 2 vols. (295 u. 270 S.)
2145—2147. Wanda. By Ouida. 3 vols. (288, 287 u. 286 S.)
2148. 2149. Sam's sweetheart. By Helen Mathers [Mrs. Henry Reeves]. 2 vols. (287 u. 288 S.)
2150—2152. The real Lord Byron. New views of the poet's life. Specially revised for the Tauchnitz series. By John Cordy Jeaffreson. 3 vols. (270, 279 u. 286 S.)
2153. Italian journeys. By Will. D. Howells. (358 S.)
2154. Alice Dugdale and other stories. By Anthony Trollope. (287 S.)
2155. 2156. Shandon Bells. A novel. By Will. Black. 2 vols. (272 u. 288 S. m. Stahlst.-Portr. d. Verf.)
2157. Loys, Lord Berresford and other tales. By the author of „Molly Bawn". (296 S.)

2158. Geraldine Hawthorne. A sketch. By the author of „Miss Molly". (287 S.)
2159. Laurentia: A tale of Japan. By Lady Georgiana Fullerton. (279 S.)
2160. 2161. In the olden time. By the author of „Mademoiselle Mori". 2 vols. (286 u. 288 S.)
2162. Sketches. By Mark Twain [Sam. L. Clemens]. With the portr. (steel-engraving) of the author. (351 S.)
2163. Flower and weed. A novel. By M. E. Braddon. (256 S.)
2164. Foreign parts. By Henry James. (318 S.)
2165. A moment of madness and other stories. By Florence Marryat [Mrs. Francis Lean]. (278 S.)
2166. Doctor Claudius. A true story by F. Marion Crawford. (360 S.)
2167. An old-fashioned girl. By Louisa M. Alcott. (360 S.)
2168. 2169. Contradictions by Frances Mary Peard. 2 vols. (280 u. 272 S.)
2170—2172. It was a lover and his lass. By M. O. W. Oliphant. 3 vols. (287, 288 u. 288 S.)
2173. La mère Bauche and other stories. By Anthony Trollope. (278 S.)
2174. Her first appearance and other tales. By the author of „Molly Bawn". (288 S.)
2175. One tramp; Mrs. Mayburn's twins. By John Habberton. (279 S.)
2176. A chance acquaintance. By Will. D. Howells. (286 S.)
2177. 2178. Trehorne's temptation. By Alaric Carr. Revised for the Tauchnitz series. 2 vols. (359 u. 334 S.)
2179. The ghost of Charlotte Cray and other stories. By Florence Marryat [Mrs. Francis Lean]. (272 S.)
2180. Life's aftermath. A story of a quiet people. By Emma Marshall. (367 S.)
2181. French poets and novellists. By Henry James. (344 S.)
2182. Disarmed. By Miss Betham-Edwards. (311 S.)
2183. 2184. Through one administration. By Frances Hodgson Burnett. 2 vols. (384 u. 328 S.)
2185. The mistletoe bough and other stories. By Anthony Trollope. (286 S.)
2186. Their wedding journey. By Will. D. Howells. (280 S.)
2187. Regimental legends. By J. S. Winter. (360 S.)
2188. 2189. Juno. By Mrs. Forrester. 2 vols. (288 u. 272 S.)
2190—2192. Phantom Fortune. A novel. By M. E. Braddon. 3 vols. (286, 271 u. 270 S.)
2193. 2194. Belinda. By Rhoda Broughton. 2 vols. (286 u. 270 S.)
2195. 2196. Phyllis. A novel. By the author of „Molly Bawn". 2 vols. (279 u. 296 S.)
2197. A book of Sibyls. Mrs. Barbauld. — Miss Edgeworth. — Mrs. Opie. — Miss Austen. By Miss Thackeray [Mrs. Richmond Ritchie]. (287 S.)
2198. Frescoes and other stories by Ouida. (286 S.)
2199. 2200. Altiora Peto By Laurence Oliphant. 2 vols. (288 u. 271 S.)
2201. An autobiography. By Anthony Trollope. (334 S.)
2202. A fearful responsibility and Tonelli's marriage. By Will. D. Howells. (239 S.)
2203. The professor at the breakfast-table; with the story of Iris. By Oliver Wendell Holmes. (336 S.)
2204. 2205. A short history of our own times from the accession of Queen Victoria to the general election of 1880 by Justin Mc Carthy, M. P. 2 vols. (319 u. 311 S.)
2206. The blue veil. Moral tales. By Florence Montgomery. (287 S.)
2207. 2208. A sea queen. By W. Clark Russell. 2 vols. (312 u. 296 S.)
2209. The girl of the period and other social essays. By E. Lynn Linnton. (286 S.)
2210. To leeward. By F. Marion Crawford. (334 S.)
2211. Poems and essays by Edgar Allan Poe. Ed. with a new memoir by John H. Ingram. (328 S.)
2212. Tales by Edgar Allan Poe. Ed. by Joh. H. Ingram. (VII, 328 S.)
2213. 2214. John Herring. A west of England romance. By the author of „Mehalah". 2 vols. (à 336 S.)
2215. 2216. Peeress and player. A novel. By Florence Marryat [Mrs. Francis Lean]. 2 vols. (272 u. 288 S.)
2217. New italian sketches. By John Addington Symonds. (326 S.)
2218. 2219. Rossmoyne. By the author of „Molly Bawn". 2 vols. (304 u. 288 S.)
2220. The expansion of England. Two courses of lectures. By J. R. Seeley, M. A. (320 S.)
2221. Under the red flag. By M. E. Braddon. (279 S.)
2222—2224. The ladies Lindores. By Mrs. Oliphant. 3 vols. (304, 304 u. 288 S.)
2225. 2226. Guenn. A wave on the Breton coast. By Blanche Willis Howard. 2 vols. (à 288 S.)
2227. Leaves from the journal of our life in the highlands from 1848 to 1861. To which are prefixed and added extracts from the same journal giving an account of earlier visits to Scotland, and tours in England and Ireland, and yachting excursions. Ed. by Arthur Helps. (279 S.)
2228. More leaves from the journal of a life in the highlands, from 1862 to 1882. (By the queen and empress Victoria.) (303 S.)
2229. Essays and leaves from a note-book. By George Eliot. (304 S.)
2230. 2231. A woman's reason. A novel. By Will. D. Howells. 2 vols. (288 u. 262 S.)
2232. 2233. The canon's ward. By James Payn. 2 vols. With a portrait of the author (in Stahlst.). (à 288 S.)
2234. The siege of London; the point of view; a passionate pilgrim. By Henry James. (294 S.)
2235. The poet at the breakfast-table. His talks with his fellow-boarders and the reader. By Oliver Wendell Holmes. (368 S.)
2236. 2237. Ready-Money Mortiboy. A matter-of-fact story. By Walter Besant and James Rice. 2 vols. (327 u. 328 S.)
2238. An old man's love. By Anthony Trollope. (278 S.)
2239. 2240. A noble wife. By John Saunders. 2 vols. (à 286 S.)
2241. 2242. Jone. By E. Lynn Linton. 2 vols. (à 279 S.)
2243. Called back. By Hugh Conway. (286 S.)
2244. Dr. Breen's practice. A novel. By Will. D. Howells. (271 S.)
2245—2247. Hester. A story of contemporary life. By Mrs. Oliphant. 3 vols. (287, 279 u. 288 S.)
2248. The bread-winners. A social study. (303 S.)
2249. Zéro: a story of Monte Carlo. By Mrs. Campbell Praed. (296 S.)
2250. 2251. Bethesda. By Barbara Elbon. 2 vols. (287 u. 295 S.)
2252. 2253. The Giant's robe. By F. Anstey. 2 vols. (287 u. 286 S.)
2254. A roman singer. By F. Marion Crawford. (328 S.)
2255. Treasure Island. By Rob. Louis Stevenson. (287 S.)
2256—2258. Princess Napraxine. By Ouida. 3 vols. (288, 262 u. 287 S.)

2259. 2260. Dorothy Forster. By Walter Besant. 2 vols. (295 u. 302 S.)
2261. 2262. Diary of an idle woman in Spain. By Frances Elliot. 2 vols. (279 u. 271 S.)
2263. 2264. The remarkable history of Sir Thomas Upmore, Bart., M. P., formerly known as „Tommy upmore". By R. D. Blackmore. 2 vols. (280 u. 287 S.)
2265. Omnia vanitas: a tale of society. By Mrs. Forrester. (278 S.)
2266. 2267. Under the lilies and roses. A novel. By Florence Marryat [Mrs. Francis Lean]. 2 vols. (294 u. 278 S.)
2268. On the frontier. By Bret Harte. (264 S.)
2269. 2270. Eyre's acquittal. By Helen Mathers [Mrs. Henry Reeves]. 2 vols. (303 u. 279 S.)
2271. Introduced to society. By Hamilton Aïdé. (288 S.)
2272. Singleheart and Doubleface. A matter-of-fact romance. By Charl. Reade, D. C. L. (283 S.)
2273—2275. The Wizard's son. A novel. By Mrs. Oliphant. 3 vols. (286, 287 u. 278 S.)
2276. Portraits of places. By Henry James. (303 S.)
2277. Dr. Jacob. By Miss Betham-Edwards. (372 S.)
2278. 2279. The poetical works of Robert Browning. Vol. III and IV. (326 u. 287 S.)
2280. 2281. Bound together. Tales. By Hugh Conway [F. J. Fargus]. 2 vols. (288 u. 287 S.)
2282. 2283. A pair of blue eyes. A novel. By Thom. Hardy. 2 vols. (272 u. 286 S.)
2284. 2285. The amourer's prentices. By Charlotte M. Yonge. 2 vols. (300 u. 319 S.)
2286. 2287. An english squire. A novel. By C. R. Coleridge. 2 vols. (280 u. 288 S.)
2288. Miss Tommy. A mediaeval romance. By the author of „John Halifax, Gentleman". (271 S.)
2289—2291. Ishmael. A novel. By M. E. Braddon. 3 vols. (279, 286 u. 264 S.)
2292. Some literary recollections. By James Payn. (272 S.)
2293. The red cardinal. A romance. By Frances Elliot. (272 S.)
2294. Kismet. A Nile novel. By George Fleming. (374 S.)
2295. Three sisters; or sketches of a highly original family. By Elsa d'Esterre-Keeling. (295 S.)
2296. 2297. Judith Shakespeare. A romance. By Will. Black. 2 vols. (288 u. 280 S.)
2298. 2299. „I say no". By Wilkie Collins. 2 vols. (295 u. 287 S.)
2300. Pearla. By Miss Betham-Edwards. (328 S.)
2301. 2302. Doris. By the author of „Molly Bawn". 2 vols. (287 u. 272 S.)
2303. 2304. Peril. A novel. By Jessie Fothergill. 2 vols. (288 u. 287 S.)
2305. An american politician. A novel. By F. Marion Crawford. (311 S.)
2306. Dark days. By Hugh Conway [F. J. Fargus]. (279 S.)
2307. 2308. The adventures of Huckleberry Finn. [Tom Sawyer's comrade.] By Mark Twain [Samuel L. Clemens]. 2 vols. (270 u. 255 S)
2309—2311. Memoirs of an ex-minister. An autobiography. By the right hon. the Earl of Malmesbury, G. C. B. 3 vols. (312, 328 u. 327 S.)
2312. The talk of the town. By James Payn. (320 S.)
2313. 2314. Edmund Yates: His recollections and experiences. 2 vols. (312 u. 350 S.)
2315. 2316. The heart of Jane Warner. A novel. By Florence Marryat. 2 vols. (à 279 S.)
2317. Becket, the cup; the falcon. By Alfr. Lord Tennyson. (286 S.)
2318—2321. George Eliot's life as related in her letters and journals. Arranged and ed. by her husband J. W. Cross. 4 vols. (295, 302, 295 u. 319 S.)
2322. Found out. A story. By Helen Mathers [Mrs. Henry Reeves]. (279 S.)
2323. Near neighbours. By Frances Mary Peard. (320 S.)
2324. The mystery of Jessy Page and other tales. By Johnny Ludlow [Mrs. Henry Wood]. (279 S.)
2325. Letters to Guy and a distant shore — Rodrigues. By Lady Barker [Lady Broome]. (272 S.)
2326. Affinities. A romance of to-day. By Mrs. Campbell Praed. (279 S.)
2327. Although he was a Lord, and other tales. By Mrs. Forrester. (288 S.)
2328. A history of the four Georges. By Justin Mc Carthy, M. P. Vol. 1. (358 S.)
2329—2331. Wyllard's weird. A novel. By M. E. Braddon. 3 vols. (295, 279 u. 287 S.)
2332. Society in London. By a foreign resident. (272 S.)
2333. A maiden all forlorn and other stories. By the author of „Molly Bawn". (288 S.)
2334. A little tour in France. By Henry James. (279 S.)
2335. Zoroaster. By F. Marion Crawford. (288 S.)
2336. 2337. The maritime Alps and their seaboard. By the author of „Vèra" etc. 2 vols. (à 279 S.)
2338. Helen Whitney's wedding and other tales. By Johnny Ludlow [Mrs. Henry Wood]. (272 S.)
2339. The wise women of Inverness. A tale and other miscellanies. By Wyll. Black. (279 S.)
2340. By shore and sedge. By Bret Harte. (272 S.)
2341. Madame de Presnel. By E. Frances Poynter. (303 S.)
2342. In the east country with Sir Thomas Browne, Kt., physician and philosopher of the city of Norwich. By Emma Marshall. (319 S.)
2343. 2344. Cara Roma. By Miss Grant. 2 vols. (287 u. 303 S.)
2345. Corisande, and other tales. By Mrs. Forrester. (279 S.)
2346. 2347. Ramona. A story. By Helen Jackson [H. H.]. 2 vols. (279 u. 271 S.)
2348. 2349. Alice, Grand Duchess of Hesse, Princess of Great Britain and Ireland. Letters to Her Majesty the Queen. With a memoir by H. R. H. Princess Christian. 2 vols. With portrait (steel-engraving). (271 u. 270 S.)
2350. 2351. In the trades, the tropics, and the roaring forties. By Lady Brassey. 2 vols. (311 u. 272 S.)
2352. 2353. The two sides of the shield. By Charlotte M. Yonge. 2 vols. (286 u. 287 S)
2354. A passive crime, and other stories. By the author of „Molly Bawn". (288 S.)
2355. 2356. The journals of Major-Gen. C. G. Gordon, C. B., at Kartoum. Printed from the original mss. Introduction and notes by A. Egmont Hake. 2 vols. With 18 illustrations after sketches by General Gordon. (311 u. 288 S.)
2357. 2358. A family affair. A novel. By Hugh Conway [F. J. Fargus]. 2 vols. (271 u. 270 S.)
2359. 2360. Colonel Enderby's wife. A novel. By Lucas Malet. 2 vols. (296 u. 287 S.)
2361. The story of Dorothy Grape, and other tales. By Johnny Ludlow [Mrs. Henry Wood]. (279 S.)
2362—2364. A second life. A novel. By Mrs. Alexander. 3 vols. (262, 264 u. 287 S.)
2365. Maruja. By Bret Harte. (255 S.)
2366. 2367. Andromeda. By George Fleming. 2 vols. (286 u. 254 S.)
2368. Murder or manslaughter. A novel. By Helen Mathers [Mrs. Henry Reeves]. (264 S.)
2369. 2370. A Girton gill. By Mrs. Annie Edwardes. 2 vols. (296 u. 295 S.)

2371. 2372. The luck of the Darrells. A novel by James Payn. 2 vols. (278 u. 279 S.)
2373—2375. Othmar. By Ouida. 3 vols. (272, 270 u. 286 S.)
2376. 2377. The heir presumptive. A love story. By Florence Marryat. 2 vols. (287 u. 254 S.)
2378. A selection from the poems of William Morris. Ed. with a memoir by Francis Hueffer. (319 S.)
2379. 2380. White heather. A novel. By William Black. 2 vols. (328 u. 312 S.)
2381. 2382. Rainbow Gold. A novel. By David Christie Murray. 2 vols. (304 u. 294 S.)
2383. Jackanapes; the story of a short life; Daddy Darwin's dovecot. By Juliana Horatia Ewing. (270 S.)
2384. 2385. Green pleasure and grey grief. By the author of „Molly Bawn". 2 vols. (288 u. 272 S.)
2386. King Solomon's mines. By H. Rider Haggard. (288 S.)
2387. Dr. Jekyll and Mr. Hyde, and an inland voyage. By Rob. Louis Stevenson. (287 S.)
2388. No. XIII; or, the story of the lost Vestal. By Emma Marshall. (278 S.)
2389. 2390. Nuttie's father. By Charlotte M. Yonge. 2 vols. (296 u. 264 S.)
2391. A laughing philosopher, being the revelations of an infant in armes, an absurdity together with two comic plays. By Elsa d'Estorre-Keeling. (270 S.)
2392. 2393. Mrs. Dymond. By Miss Thackeray [Mrs. Richmond Ritchie]. 2 vols. (295 u. 288 S)
2394. 2395. A tale of a lonely parish. By F. Marion Crawford. 2 vols. (286 u. 271 S.)
2396. 2397. The head station. A novel of Australian life. By Mrs. Campbell-Praed. 2 vols. (288 u. 287 S.)
2398. 2399. The rise of Silas Lapham. By William D. Howells. 2 vols. (287 u. 278 S.)
2400. 2401. Demos. A story of English socialism. 2 vols. (336 u. 335 S.)
2402. 2403. The master passion. A novel. By Florence Marryat. 2 vols. (278 u. 271 S.)
2404. Alicia Tennant. By Frances Mary Peard. (343 S.)
2405. 2406. Living or dead. A novel. By Hugh Conway [F. J. Fargus]. 2 vols. (280 u. 271 S.)
2407. King Arthury not a love story. By the author of „John Halifax, Gentleman". (278 S.)
2408. 2409. A mental struggle. A novel. By the author of „Molly Bawn". 2 vols. (288 u. 278 S.)
2410. Transformed, or, three weeks in a life-time. By Florence Montgomery. (279 S.)
2411. 2412. The heir of the ages. By James Payn. 2 vols. (à 286 S.)
2413. 2414. A country gentleman and his family. By Mrs. Oliphant. 2 vols. (303 u. 287 S.)
2415. A fallen idol. By F. Anstey. (320 S.)
2416. 2417. Court Royal. A story of cross currents. By the a. of „Mehalah". 2 vols. (320 u. 311 S.)
2418. Her weeks amusement; Ugly Barrington. By the author of „Molly Bawn". (270 S.)
2419. 2420. Masollam: a problem of the period. A novel by Laurence Oliphant. 2 vols. (à 286 S.)
2421. 2422. The evil genius. A domestic story. By Wilkie Collins. 2 vols. (286 u. 272 S.)
2423. A playwright's daughter and Bertie Griffiths. By Mrs. Annie Edwardes. (272 S.)
2424. My friend Jim. By W. E. Norris. (263 S.)
2425. As in a looking glass. A novel. By F. C. Philips. (334 S.)
2426. A house party. A story. By Ouida. (272 S.)
2427. 2428. Doctor Cupid. A novel. By Rhoda Broughton. 2 vols. (288 u. 286 S.)
2429. 2430. One thing needful. By M. E. Braddon. 2 vols. (à 280 S.)

Alphabetische Uebersicht der Verfasser.

Collection of British authors. Copyright ed. Vol. 2431—2686. 12. Leipzig 887—890. B. Tauchnitz. à n. 1. 60

Inhaltsübersicht in alphabet. Ordnung:

Alcott, L. M., Jo's boys, and how they turned out. A sequel to „Little Men". (336 S.) (Vol. 2431.)
Alexander, Mrs., a life interest. 2 vols. (328 u. 320 S.) (Vol. 2519. 2520.)
— Mona's choice. A novel. (280 u. 270 S.) (Vol. 2493. 2494.)
— a crooked path. 2 vols. (320 u. 304 S.) (Vol. 2606. 2607.)
— by woman's wit. A novel. (295 S.) (Vol. 2432.)
Anstey, F., the Pariah. 3 vols. (287, 287 u. 288 S.) (Vol. 2626—2628.)
Arnold, M., essays in criticism. 2 vols. (272 u. 254 S.) (Vol. 2486. 2487.)
Bayle's, Miss, romance. A story of to-day. 2 vols. (à 272 S.) (Vol. 2474. 2475.)
Besant, W., the bell of St. Paul's. 2 vols. (286 u. 280 S.) (Vol. 2621. 2622.)
— children of Gibeon. 2 vols. (330 u. 320 S.) (Vol. 2433. 2434.)
— for faith and freedom. 2 vols. (296 u. 287 S.) (Vol. 2666. 2667.)
— the inner house. (286 S.) (Vol. 2553.)
— Herr Paulus, his rise, his greatness, and his fall. 2 vols. (à 287 S.) (Vol. 2541. 2542.)
— Katharine Regina. (279 S.) (Vol. 2503.)
— the world went very well then. 2 vols. (303 u. 288 S.) (Vol. 2464. 2465.)
Betham-Edwards, M., next of kin wanted. A novel. (343 S.) (Vol. 2168.)
— for one and the world. A novel. (296 S.) (Vol. 2620.)

— the parting of the ways. A novel. (400 S.) (Vol. 2540.)
Black, W., in Far Lochaber. A novel. 2 vols. (272 u. 280 S.) (Vol. 2569. 2570.)
— the new prince Fortunatus. 2 vols. (320 u. 303 S.) (Vol. 2635. 2636.)
— the strange adventures of a house boat. 2 vols. (304 u. 287 S.) (Vol. 2538. 2539.)
— Sabina Zembra. A novel. 2 vols. (334 u. 319 S.) (Vol. 2466. 2467.)
The Black-box murder. By the man, who discovered the murderer. (288 S.) (Vol. 2645.)
Bolderwood, R., Robbery under arms. A story of life and adventure in the bush and in the goldfields of Australia. 2 vols. (367 u. 368 S.) (Vol. 2571. 2572.)
Braddon, M. E., cut by the county. (288 S.) (Vol. 2436.)
— the day will come. A novel. 2 vols. (328 u. 294 S.) (Vol. 2615. 2616.)
— like and unlike. A novel. 2 vols. (312 u. 311 S.) (Vol. 2188. 2189.)
— the fatal three. A novel. 2 vols. (294 u. 288 S.) (Vol. 2527. 2528.)
Branksmere, Lady. By the author of „Molly Bawn". 2 vols. (278 u. 271 S.) (Vol. 2457. 2458.)
Bret Harte, Cressy. (272 S.) (Vol. 2576.)
— the crusade of the „Excelsior". A novel. (287 S.) (Vol. 2506.)
— the heritage of Dedlow Marsh and other tales. (272 S.) (Vol. 2631.)
— Captain Jim's friend and the Argonauts of north liberty. (256 S.) (Vol. 2566.)
— a millionaire of Rough-and-Ready; a Phyllis of the Sierras a drift from Redwood Camp. (278 S.) (Vol. 2510.)
— Snow-Bound at Eagle's and Devil's Ford. (272 S.) (Vol. 2448.)
— a waif of the plains. (280 S.) (Vol. 2641.)
Burnett, Franc. H., little Lord Fauntleroy. (279 S.) (Vol. 2479.)
— Sara Crewe; or, what happened at Miss Minchin's: and Editha's burglar. (183 S.) (Vol. 2525.)
Caine, H., the bondman. A new saga. 2 vols. (296 u. 271 S.) (Vol. 2647. 2648.)
Circe, a modern. By the author of „Molly Bawn". 2 vols (286 u. 279 S.) (Vol. 2497. 2498.)
Collins, W., the legacy of Cain. 2 vols. (303 u. 296 S.) (Vol 2554. 2555.)
— blind love. With a preface by Walter Besant. 2 vols (287 u. 286 S.) (Vol. 2629. 2630.)
— the guilty river and the ghost's touch. (278 S.) (Vol. 2439.)
Corelli, Marie, Ardath. The story of a dead self. 3 vols (283, 272 u. 270 S.) (Vol. 2600—2602.)
— a romance of two worlds. A novel. 2 vols. With introduction and appendix. (279 u. 270 S.) (Vol. 2549. 2550.)
— Thelma. A Norwegian princess. A novel. 2 vols. (352 u 360 S.) (Vol. 2491. 2492.)
— Vendetta! or the story of one forgotten. A novel. 2 vols (286 u. 287 S.) (Vol. 2476. 2477.)
County, the. A novel. (327 S.) (Vol. 2613.)
Crawford, F. Marion, a cigarette-makers romance. (271 S. (Vol. 2680.)
— Greifenstein. 2 vols. (288 u. 279 S.) (Vol. 2581. 2582.)
— Sant' Ilario. 2 vols. (312 u. 303 S.) (Vol. 2603. 2604.)
— with the immortals. (288 S.) (Vol. 2583.)
— Marzio's crucifix. (279 S.) (Vol. 2490.)
— Paul Patoff. 2 vols. (à 303 S.) (Vol. 2499. 2500.)
— Saracinesca. 2 vols. (288 u. 286 S.) (Vol. 2453. 2454.)
Deland, M., John Ward, preacher. (416 S.) (Vol. 2577.)
Edwardes, Anne, Pearl Powder. A novel. (320 S.) (Vol. 2671.)
Erroll, H., an ugly duckling. (351 S.) (Vol. 2484.)
d'Esterro-Keeling, Elsa, the professor's wooing. Being the courtships of Monsieur La Mie. (303 S.) (Vol. 2171.)
— in thoughtland and in dreamland. (270 S.) (Vol. 2653.)
Forrester, Mrs., once again. 2 vols. (287 u. 279 S.) (Vol. 2437. 2438.)
Fothergill, Jessie, Borderland: a country-town chronicle. 2 vols. (à 280 S.) (Vol. 2443. 2444.)
Froude, J. A., Oceana or England and her colonies. (350 S.) (Vol. 2435.)
Gerard, Dorothea, Lady Baby. A novel. 2 vols. (304 u. 294 S.) (Vol. 2672. 2673.)
Girl, a troublesome, and other stories by the author of „Molly Bawn". (269 S.) (Vol. 2605.)
Goodman, Edw. J., too curious. A novel. (342 S.) (Vol. 2515.)
Gray, M., the reproach of Annesley. A novel. 2 vols. (288 u. 271 S.) (Vol. 2590. 2591.)
— the silence of Dean Maitland. A novel. 2 vols. (288 u. 287 S.) (Vol. 2455. 2456.)
Gunter, A. Cl., Mr. Barnes of New York. A novel. (328 S.) (Vol. 2516.)
Haggard, H. Rider, Allan's wife and other tales. (296 S.) (Vol. 2634.)
— Beatrice. A novel. 2 vols. (278 u. 270 S.) (Vol. 2656. 2657.)
— Cleopatra, being an account of the fall and vengeance of Harmachis, the royal Egyptian, as set forth by his own hand. 2 vols. (280 u. 270 S.) (Vol. 2592. 2593.)
— Jess. 2 vols. (288 u. 271 S.) (Vol. 2451. 2452.)
— Mr. Meeson's will. (287 S.) (Vol. 2556.)
— Maiwa's revenge; or, the war of the little hand. (263 S.) (Vol. 2530.)
— Colonel Quaritch, V. C. A tale of country life. 2 vols. (296 u. 288 S.) (Vol. 2564. 2565.)
— Allan Quatermain, being an account of his further adventures and discoveries in company with Sir Henry Curtis, Bart., Commander John Good, R. N., and one Umslopogaas. 2 vols. (262 u. 246 S.) (Vol. 2472. 2473.)
— She. A history of adventure. 2 vols. (271 u. 246 S.) (Vol. 2145. 2146.)
— the witch's head. A novel. 2 vols. (à 270 S.) (Vol. 2482. 2483.)
Hamerton, Ph. G., French and English. A comparison. 2 vols. (286 u. 270 S.) (Vol. 2618. 2619.)
Hobart Pasha, Admiral, sketches from my life. (287 S.) (Vol. 2440.)
Hornung, E. W., a bride from the bush. (270 S.) (Vol. 2686.)
How to be happy though married, being a handbook to marriage by a graduate in the university of matrimony. (288 S.) (Vol. 2462.)
Howard, Blanche Willis, the open door. 2 vols. (270 u. 287 S.) (Vol. 2595. 2596.)
— Tony, the maid, a novelette, and other stories. (279 S.) (Vol. 2547.)
In durance vile and other stories. By the author of „Molly Bawn". (286 S.) (Vol. 2597.)
Kinglake, A. W., the invasion of the Crimea: its origin, and an account of its progress down to the death of Lord Raglan. With all the plans, maps and emendations of the London edition. Vol. XI—XIV (the end). (XVI, 334; XVIII, 338; XX, 279 u. XVI, 253 S.) (Vol. 2557. 2558. 2562. 2563.)
Kipling, R., plain tales from the hills. (312 S.) (Vol. 2649.)
Lawless, Emily, Hurrish. A study. (326 S.) (Vol. 2543.)
Life's, a, remorse. A novel by the Author of „Molly Bawn". 2 vols. (285 u. 280 S.) (Vol. 2632. 2633.)
Lubbock, J., the pleasures of life. (295 S.) (Vol. 2588.)
Lyall, Edna, Donovan: A modern Englishman. A novel. 2 vols. (344 u. 343 S.) (Vol. 2651. 2652.)
— in the golden days. 2 vols. (295 u. 294 S.) (Vol. 2669. 2670.)
— we two. A novel. 2 vols. (296 u. 302 S.) (Vol. 2611. 2612.)
Maartens, M., the sin of Joost Avelingh. A Dutch story. (350 S.) (Vol. 2650.)
Mc Carthy, J., a history of the four Georges. Vol. II. (351 S.) (Vol. 2637.)
Marryat, Flor., Blindfold. A novel. 2 vols. (287 u. 271 S.) (Vol. 2663. 2664.)
— a daughter of the Tropics. A novel. 2 vols. (286 u. 279 S.) (Vol. 2507. 2508.)
— driven to bay. A novel. 2 vols. (279 u. 271 S.) (Vol. 2469. 2470.)
— Mount Eden: A romance. 2 vols. (288 u. 287 S.) (Vol. 2624. 2625.)
— on circumstantial evidence. 2 vols. (287 u. 270 S.) (Vol. 2586. 2587.)
— Gentleman and courtier. A romance. 2 vols. (295 u. 280 S.) (Vol. 2534. 2535.)
— spiders of society. A novel. 2 vols. (279 u. 280 S.) (Vol. 2441. 2442.)
Marshall, Emma: Alma or the story of a little music mistress. (268 S.) (Vol. 2594.)
— on the banks of the Ouse or life in Olnev a hundred years ago. A story. (296 S.) (Vol. 2509.)
— in the city of flowers or, Adelaide's awakening. (344 S.) (Vol. 2567.)
— the end crowns all. A life-story. (286 S.) (Vol. 2679.)
— in four reigns. The recollections of Althea [Allingham 1785—1842]. (318 S.) (Vol. 2449.)
— under Salisbury spire in the days of George Herbert. The recollections of Magdalene Wydville. (319 S.) (Vol. 2640.)
Marvel. By the author of „Molly Bawn". 2 vols. (286 u. 271 S.) (Vol. 2517. 2518.)
Mathers (Mrs. Henry Reeves), Helen, Blind justice and „Who, being dead, yet speaketh". (288 S.) (Vol. 2623.)
Maurice, Colonel, the balance of military power in Europe, an examination of the war resources of Great Britain and the continental states. (287 S.) (Vol. 2513.)
Mistley, young. (320 S.) (Vol. 2610.)
Montgomery, Flor., the fisherman's daughter, to which is added a very simple story. (269 S.) (Vol. 2559.)
Ninette. An idyll of Provence by the author of „Vèra", „Blue Roses" etc. (287 S.) (Vol. 2537.)
Noel, Augusta, Hithersea mere. 2 vols. (296 u. 262 S.) (Vol. 2511. 2512.)
Norris, W. E., a bachelor's blunder. 2 vols. (310 u. 295 S.) (Vol. 2459. 2460.)
— Mrs. Fenton. A sketch. (270 S.) (Vol. 2677.)
— Major and Minor. 2 vols. (303 u. 296 S.) (Vol. 2495. 2496.)
— the rogue. 2 vols. (312, 303 S.) (Vol. 2560. 2561.)
— Miss Shafto. 2 vols. (288 u. 280 S.) (Vol. 2608. 2609.)
Oliphant, Mrs., the duke's daughter. (279 S.) (Vol. 2658.)
— the fugitives. (270 S.) (Vol. 2676.)
— Neighbours on the green. (286 S.) (Vol. 2585.)
Ouida, Guilderoy. 2 vols. (295 u. 303 S.) (Vol. 2583. 2584.)
— Ruffino and other stories. (272 S.) (Vol. 2678.)
— Syrlin. 3 vols. (295, 286, 271 S.) (Vol. 2642—2644.)
Outcasts, the, being certain strange passages in the life of a clergyman. (319 S.) (Vol. 2573.)
Parr, Mrs., Loyalty George. 2 vols. (295 u. 286 S.) (Vol. 2523. 2524.)
Payn, J., Glow-worm tales. 1. and 2. series. (288, 287 S.) (Vol. 2463. 2478.)
— holyday tasks being essays written in vacation time. (272 S.) (Vol. 2450.)
— the burnt million. 2 vols. (288 u. 280 S.) (Vol. 2659. 2660.)
— the mystery of Mirbridge. 2 vols. (295 u. 287 S.) (Vol. 2531. 2532.)
— a prince of the blood. A novel. 2 vols. (280 u. 279 S.) (Vol. 2504. 2505.)

— the word and the will. A novel. 2 vols. (272 u. 279 S.) (Vol. 2681. 2682.)
Peard, Fr. Mary, Madame's grand-daughter. A novel. (271 S.) (Vol. 2486.)
Philips, F. C., Young Mr. Ainslie's courtship. (271 S.) (Vol. 2617).
— The Dean and his daugther. (344 S.) (Vol. 2461.)
— Jack and three Jills. A novel. (279 S.) (Vol. 2552.)
— a lucky young woman. A novel. (327 S.) (Vol. 2514.)
— little Mrs. Murray. (286 S.) (Vol. 2568.)
— the strange adventures of Lucy Smith. (286 S.) (Vol. 2481.)
— and Fendall, Margaret Byng. Novel. (295 S.) (Vol. 2683.)
— — a daughter's sacrifice. A novel. (279 S.) (Vol. 2646.)
— and C. J. Wills, the fatal Phryne. (286 S.) (Vol. 2589.)
— — the Scudamores. A novel. (288 S.) (Vol. 2668.)
The Rajah's heir. A novel. 2 vols. (278 u. 270 S.) (Vol. 2654. 2655.)
Stevenson, R. L., the black arrow; a tale of the two roses. (302 S.) (Vol. 2518.)
— Kidnapped, being memoirs of the adventures of David Balfour in the year 1751. (288 S.) (Vol. 2526.)
— the master of Ballantrae. A winter's tale. (303 S.) (Vol. 2614.)
Tasma, uncle Piper of Piper's Hill. An Australian novel. 2 vols. (à 279 S.) (Vol. 2579. 2580.)
Tennyson, A. L., Locksley Hall sixty years after; the promise of May: Tiresias and other poems. (287 S.) (Vol. 2447.)
Thoth. A romance. (207 S.) (Vol. 2536.)
Twain, Mark, selections from American humour. (287 S.) (Vol. 2529.)
— a Yankee at the court of king Arthur. 2 vols. (285 u. 270 S.) (Vol. 2638. 2639.)
Under-Currents by the author of „Molly Bawn". 2 vols. (286 u. 280 S.) (Vol. 2574. 2575.)
Valworth's, Lady, diamonds. By the author of „Molly Bawn". (280 S.) (Vol. 2480.)
Vereker, the honble. Mrs. A novel. By the author of „Molly Bawn". (288 S.) (Vol. 2551.)
Wallace, L., Ben-Hur. A tale of the Christ. 2 vols. (351 u. 312 S.) (Vol. 2501. 2502.)
Ward, Mrs. H., Robert Elsmere. 3 vols. (334, 327 u. 336 S.) (Vol. 2544—2546.)
Westbury, H., Acte. A novel. 2 vols. (280 u. 272 S.) (Vol. 2674. 2675.)
Weymann, S. J., the house of the wolf. A romance. (271 S.) (Vol. 2665.)
Whiteing, R., the island or an adventure of a person of quality. (270 S.) (Vol. 2521.)
Wills, C. J., Phryne, s.: Philips and Wills.
Wood, H. F., the passenger from Scotland yard. (398 S.) (Vol. 2522.)
Woods, Marg. L., a village tragedy. (262 S.) (Vol. 2578.)
Yonge, Ch. M., Beechcroft at Rockstone. 2 vols. (296 u. 270 S.) (Vol. 2598. 2599.)
— a reputed changeling or three seventh year two centuries ago. 2 vols. (296 u. 288 S.) (Vol. 2661. 2662.)

— of British authors. Copyright ed. Vol. 2687—3028. 12. Leipzig, B. Tauchnitz. à n. 1. 60

Inhaltsübersicht in alphabetischer Ordnung:

Alexander, Mrs., choice of evils. A novel. 2 vols. (288 u. 279 S.) 894. (Vol. 3013. 3014.)
— blind fate. A novel. 2 vols. (272 u. 256 S.) 891. (Vol. 2696. 2697.)
— fount wanting. A novel. 2 vols. (278 u. 271 S.) 893. (Vol. 2940. 2941.)
— for his sake. 2 vols. (279 u. 286 S.) 892. (Vol. 2853. 2854.)
— the snare of the fowler. 2 vols. (270 u. 271 S.) 893. (Vol. 2881. 2882.)
— a ward in chancery. A novel. (328 S.) 894. (Vol. 2977.)
— a woman's heart. A novel. 2 vols. (287 u. 288 S.) 891. (Vol. 2764. 2765.)
Anstey, F., the talking horse and other tales. (287 S.) 892. (Vol. 2808.)
— voces populi. [Reprinted from „Punch".] 1. and 2. series. (327 S.) 892. (Vol. 2855.)
Arnold, Edwin, light of Asia or the great renunciation [Mahâbhinishkramana]. Being the life and teaching of Gautama, prince of India and founder of Buddhism [as told in verse by an Indian Buddhist]. (246 S. m. Portr.) 891. (Vol. 2739.)
Arnold, Matthew, essays in criticism. II. series. (264 S.) 892. (Vol. 2859.)
Barrett, Frank, out of the jaws of death. 2 vols. (271 u. 270 S.) 892. (Vol. 2869. 2870.)
— the smuggler's secret. A romance. (270 S.) 891. (Vol. 2735.)
Bellamy, Edw., looking backward 2000—1887. (286 S.) 890. (Vol. 2690.)
Benson, E. F., Dodo. A detail of the day. (303 S.) 894. (Vol. 2961.)
— the Rubicon. (286 S.) 894. (Vol. 2992.)
Besant, Walt., Armorel of Lyonesse. A novel. 2 vols. (294 u. 287 S.) 891. (Vol. 2702. 2703.)
— Verbena Camellia Stephanotis etc. (270 S.) 892. (Vol. 2844.)
— and James Rice, by Celia's arbour. A tale of Portsmouth town. 2 vols. (302 u. 304 S.) 893. (Vol. 2887. 2888.)
Betham-Edwards, M., two aunts and a nephew. (286 S.) 892. (Vol. 2848.)
— the curb of honour. (286 S.) 893. (Vol. 2942.)
— a dream of millions and other tales. (280 S.) 892. (Vol. 2861.)
— France of to-day. A survey comparative and retrospective. (287 S.) 892. (Vol. 2821.)
— dasselbe. (II. Series.) (287 S.) 894. (Vol. 2969.)
— the romance of a French parsonage or the double sacrifice. (287 S.) 891. (Vol. 2790.)
Bierce, Ambrose, in the midst of life. Tales of soldiers and civilians. (279 S.) 892. (Vol. 2814.)
Bisland, Elizabeth, a widower indeed, s.: Broughton, Rhoda.
Black, Will., the handsome humes. 2 vols. (294 u. 285 S.) 894. (Vol. 2959. 2960.)
— the magic ink and other tales. (285 S.) 892. (Vol. 2838.)
— Donald Ross of Heimra. 2 vols. (294 u. 286 S.) 891. (Vol. 2746. 2747.)
— stand fast, Craig-Royston! A novel. 2 vols. (320 u. 304 S.) 891. (Vol. 2710. 2711.)
— Wolfenberg. 2 vols. (à 272 S.) 893. (Vol. 2890. 2891.)
Boldorwood, Rolf, nevermore. 2 vols. (303 u. 271 S.) 892. (Vol. 2842. 2843.)
Braddon, M. E., Gerard or the world, the flesh, and the devil. A novel. 2 vols. (à 288 S.) 891. (Vol. 2782. 2783.)
— thou art the man. A novel. 2 vols. (280 u. 271 S.) 894. (Vol. 2997. 2998.)
— all along the river. A novel. 2 vols. (288 u. 272 S.) 893. (Vol. 2925. 2926.)
— the Venetians. A novel. 2 vols. (311 u. 302 S.) 892. (Vol. 2836. 2837.)
Bret Harte, s.: Harte.
Brothers, the Spanish. A tale of 16. century. 2 vols. (287 u. 279 S.) 891. (Vol. 2766. 2767.)
Broughton, Rhoda, Alas! A novel. 2 vols. (à 287 S.) 890. (Vol. 2688. 2689.)
— a beginner. (279 S.) 894. (Vol. 2991.)
— Mrs. Bligh. A novel. (270 S.) 892. (Vol. 2873.)
— and Elizabeth Bisland, a widower indeed. (254 S.) 891. (Vol. 2789.)
Burnett, Frances Hodgson, the pretty sister of José, a Spanish love story. (173 S.) 891. (Vol. 2763.)
Carey, Rosa Nouchette, not like other girls. A novel. 2 vols. (311 u. 304 S.) 891. (Vol. 2744. 2745.)
— Sir Godfrey's grand-daughters. A novel. 2 vols. (319 u. 328 S.) 892. (Vol. 2867. 2868.)
— „But men must work". (245 S.) 892. (Vol. 2824.)
Castle, Egerton, „La Bella" and others. Being certain stories recollected. (312 S.) 892. (Vol. 2817.)
— consequences. A novel. 2 vols. (304 u. 287 S.) 891. (Vol. 2705. 2706.)
Cholmondeley, Mary, Diana Tempest. 2 vols. (279 u. 272 S.) 893. (Vol. 2946. 2947.)
Clifford, Mrs. W. K., aunt Anne. 2 vols. (à 264 S.) 892. (Vol. 2857. 2858.)
— Mrs. Keith's crime. A record. (326 S.) 893. (Vol. 2913.)
— love-letters of a wordly woman. (278 S.) 892. (Vol. 2803.)
— a wild proxy. (272 S.) 893. (Vol. 2930.)
— the last touches and other stories. (278 S.) 893. (Vol. 2880.)
Corelli, Mary, the hired baby. With other stories and social sketches. (264 S.) 891. (Vol. 2722.)
— Barabbas. A dream of the world's tragedy. 2 vols. (à 271 S.) 893. (Vol. 2950. 2951.)
— Wormwood. A drama of Paris. 2 vols. (287 u. 280 S.) 891. (Vol. 2692. 2693.)
Crawford, F. Marion, the children of the king. A tale of southern Italy. (272 S.) 893. (Vol. 2895.)
— Marion Darche. A story without comment. (286 S.) 893. (Vol. 2952.)
— the three fates. 2 vols. (280 u. 279 S.) 892. (Vol. 2822. 2823.)
— Pietro Ghisleri. 2 vols. (286 u. 269 S.) 893. (Vol. 2928. 2929.)
— Khaled. A tale of Arabia. (280 S.) 891. (Vol. 2723.)
— Katharine Lauderdale. 2 vols. (287 u. 285 S.) 894. (Vol. 2989. 2990.)
— Don Orsino. 2 vols. (280 u. 279 S.) 892. (Vol. 2874. 2875.)
— the witch of Prague. 2 vols. (303 u. 287 S.) 891. (Vol. 2756. 2757.)
Crockett, S. R., the raiders. Being some passage in the life of John Faa, Lord and Earl of Little Egypt. With a glossary of Scottish words and phrases. (270 u. 279 S.) 894. (Vol. 3005. 3006.)
Cushing, Paul, the blacksmith of Voe. A novel. 2 vols. (287 u. 280 S.) 891. (Vol. 2732. 2733.)
Dark. A tale of the down country. (303 S.) 893. (Vol. 2885.)
Davis, Rich. Harding, van Bibber and others. (285 S.) 892. (Vol. 2845.)
— Gallegher and other stories. (287 S.) 891. (Vol. 2768.)
Dougall, L., beggars all. A novel. 2 vols. (228 u. 272 S.) 891. (Vol. 2785. 2786.)
Dowie, Ménie Muriel, a girl in the Karpathians. (288 S.) 891. (Vol. 2774.)
Doyle, J. Conan, the adventures of Sherlock Holmes. 2 vols. (272 u. 280 S.) 893. (Vol. 2896. 2897.)
— the captain of the Pole-Star and other tales. (304 S.) 891. (Vol. 2762.)
— Micah Clarke. His statement as made to his three grandchildren Joseph, Gervas & Reuben during the hard winter of 1734. 2 vols. (303 u. 287 S.) 891. (Vol. 2740. 2741.)
— the white company. 2 vols. (279 u. 272 S.) 891. (Vol. 2787. 2788.)
— the firm of Girdlestone. A romance of the unromantic. 2 vols. (272 u. 270 S.) 893. (Vol. 2943. 2944.)
— the memoirs of Sherlock Holmes. 2 vols. (280 u. 253 S.) 894. (Vol. 2972. 2973.)
— the refugees. A tale of two continents. 2 vols. (278 u. 275 S.) 893. (Vol. 2919. 2920.)
— the great shadow and Beyond the city. (258 S.) 893. (Vol. 2886.)
— the sign of four. (278 S.) 891. (Vol. 2698.)
— a study in scarlet. (278 S.) 892. (Vol. 2812.)

Drummond, Henry, the greatest thing in the world; pax vobiscum; the changed life. Three adresses. (199 S.) 891. (Vol. 2769.)

Dufferin, Earl of, Governor-General of India, letters from high latitudes; being some account of voyage, in 1856, in the schooner yacht „Foam", to Iceland, Jan Mayen, and Spitzbergen. (302 S.) 891. (Vol. 2743.)

Edwardes, Mrs., the adventures. (264 S.) 894. (Vol. 3015.)

Eggleston, Edward, the faith doctor. 2 vols. (287 u. 263 S.) 892. (Vol. 2797. 2798.)

Elliot, Frances, diary of an idle woman in Constantinople. (350 S.) 893. (Vol. 2921.)

— old court life in Spain. 2 vols. (à 304 S.) 894. (Vol. 2975. 2976.)

— the story of Sophia. A novel. (392 S.) 891. (Vol. 2772.)

Esler, E. Rentoul, the way they loved at Grimpat. Village idylls. (278 S.) 894. (Vol. 3004.)

d'Esterre-Keeling, Elsa, Appassionata. A musician's story. (279 S.) 894. (Vol. 3007.)

— Orchardscroft. The story of an artist. (253 S.) 892. (Vol. 2863.)

Euthanasia or turf, tent and tomb. (270 S.) 893. (Vol. 2905.)

Ewing, Juliana Horatiana, the Brownies and other tales. (288 S.) 893. (Vol. 2955.)

— a flat iron for a farthing; or, some passages in the life of an only son. (271 S.) 891. (Vol. 2759.)

Farrar, F. W., darkness and dawn or scenes in the days of Nero. An historic tale. 3 vols. (287, 280 u. 278 S.) 891. (Vol. 2777—2779.)

Fate, the, of Fenella. A novel by 24 authors. (294 S.) 892. (Vol. 2829.)

Forrest, R. E., eight days. 2 vols. (295 u. 286 S.) 891. (Vol. 2724. 2725.)

Forrester, Mrs., dearest. 2 vols. (278 u. 271 S.) 893. (Vol. 2914. 2915.)

— the light of other days. (286 S.) 894. (Vol. 3012.)

— of the world, wordly. (303 S.) 892. (Vol. 2841.)

Freeman, Edward A., sketches from French travel. (311 S.) 891. (Vol. 2780.)

Froude, James Anthony, the Spanish story of the Armada and other essays. (302 S.) 892. (Vol. 2840.)

Gerard, Dorothea, Orthodox. (255 S.) 891. (Vol. 2770.)

— Recha. (270 S.) 891. (Vol. 2727.)

Gerard, E., secret mission. (294 S.) 893. (Vol. 2902.)

Gissing, Geo., New Grub Street. A novel. 2 vols. (à 334 S.) 891. (Vol. 2729. 2730.)

Gordon, Julien, a diplomat's diary. (264 S.) 891. (Vol. 2712.)

Grand, Sarah, our manifold nature. (278 S.) 894. (Vol. 2983.)

Grimwood, Ethel St. Clair, my three years in Manipur and escape from the recent mutiny. (273 S. m. Bildnis.) 891. (Vol. 2796.)

Haggard, H. Rider, Dawn. 2 vols. (323 u. 320 S.) 892. (Vol. 2825. 2826.)

— Montezuma's daughter. 2 vols. (à 271 S.) 893. (Vol. 2953. 2954.)

— the people of the mist. 2 vols. (294 u. 288 S.) 894. (Vol. 3022. 3023.)

— and Andrew Lang, the world's desire. 2 vols. (280 u. 255 S.) 891. (Vol. 2694. 2695.)

Hardy, Thomas, a group of noble dames. (286 S.) 891. (Vol. 2750.)

— life's little ironies. A set of tales with some colloquial sketches entitled a few crusted characters. (295 S.) 894. (Vol. 2985.)

— Tess of the D'Urbervilles. A pure woman. 2 vols. (295 u. 280 S.) 892. (Vol. 2800. 2801.)

Harraden, Beatrice, in varying moods. Short stories. (272 S.) 894. (Vol. 2994.)

— ships that pass in the night. (263 S.) 894. (Vol. 2968.)

Harte, Bret, the bell-ringer of Angel's etc. (272 S.) 894. (Vol. 3025.)

— a first family of Tasajara. (230 S.) 891. (Vol. 2792.)

— Sally Dows etc. (269 S.) 893. (Vol. 2918.)

— a protégée of Jack Hamlin's etc. (202 S.) 894. (Vol. 2974.)

— a Sappho of Green Springs and other tales. (247 S.) 891. (Vol. 2716.)

— colonel Starbottle's client and some other people. (278 S.) 892. (Vol. 2811.)

— Susy. (272 S.) 893. (Vol. 2802.)

— a ward of the golden gate. (264 S.) 890. (Vol. 2687.)

Holmes, Oliver Wendell, over the teacups. (312 S.) 891. (Vol. 2793.)

Hope, Anthony, a change of air. (271 S.) 893. (Vol. 2933.)

— half a hero. A novel. (271 S.) 894. (Vol. 3024.)

— Mr. Witt's widow. A frivolous tale. (285 S.) 892. (Vol. 2881.)

Hornung, Ernest Wilh., the Boss of Taroomba. (270 S.) 894. (Vol. 3011.)

— Tiny Luttrell. (278 S.) 893. (Vol. 2927.)

— under two skies. A collection of stories. (280 S.) 892. (Vol. 2832.)

Howard, Blanche Willis, and William Sharp, a fellowe and his wife. (271 S.) 892. (Vol. 2813.)

Hungerford, Mrs., a born coquette. 2 vols. (279 u. 272 S.) 891. (Vol. 2699. 2700.)

— Nora Creina. A novel. 2 vols. (à 270 S.) 893. (Vol. 2916. 2917.)

— the duchess. A story. (287 S.) 891. (Vol. 2721.)

— a conquering heroine and „When in doubt". (269 S.) 893. (Vol. 2903.)

— the Hoyden. A novel. 2 vols. (287 u. 279 S.) 894. (Vol. 2956. 2957.)

— an unsatisfactory lover. (261 S.) 894. (Vol. 3010.)

— the red house mystery. A novel. (279 S.) 894. (Vol. 2979.)

— a mad prank and other stories. (264 S.) 893. (Vol. 2936.)

— Lady Verner's flight. (286 S.) 893. (Vol. 2879.)

I saw three ships and other winter's tales. By Q. (269 S.) 892. (Vol. 2819.)

James, Charles T. C., holy wedlock. A story of things as they are. (258 S.) 892. (Vol. 2833.)

Jerome, Jerome K., diary of a pilgrimage [and six essays]. (280 S.) 892. (Vol. 2830.)

— novel notes. (279 S.) 894. (Vol. 2967.)

— the idle thoughts of an idle fellow. A book for an idle holiday. From the 132. London ed. (251 S.) 891. (Vol. 2776.)

Inglis, Lady, the siege of Lucknow. A diary. (255 S.) 892. (Vol. 2846.)

Jota, a yellow aster. (288 S.) 891. (Vol. 2988.)

— children of circumstance. 2 vols. (288 u. 269 S.) 894 (Vol. 3019. 3020.)

Lang, Andrew, the world's desire, s.: Haggard, H. Rider.

Loftus, Lord Augustus, diplomatic reminiscences. 1837—1862. 2 vols. (376 u. 378 S. m. Stahlst.-Bildnis.) 892. (Vol. 2864. 2865.)

Lubbock, John, the beauties of nature and the world we live in. (293 S. m. Abbildgn.) 893. (Vol. 2893.)

Lyall, Edna, Knight-Errant. 2 vols. (311 u. 296 S.) 891. (Vol. 2707. 2708.)

— won by waiting. 2 vols. (278 u. 279 S.) 891. (Vol. 2751. 2752.)

Maartens, Maarten, the greater glory. A story of high life. 2 vols. (258 u. 287 S.) 894. (Vol. 2965. 2966.)

— God's fool. A Koopstad story. 2 vols. (272 u. 270 S.) 892. (Vol. 2876. 2877.)

— an old maid's love. A Dutch tale, told in English. 2 vols. (278 u. 270 S.) 891. (Vol. 2713. 2714.)

Mackay, Eric, love letters of a violinist and other poems. (287 S.) 891. (Vol. 2758.)

Man's, dead, rock: a romance. By Q. (310 S.) 893. (Vol. 2894.)

Mann, Mary E., a winter's tale. (287 S.) 891. (Vol. 2717.)

Marryat, Florence, a bankrupt heart. 2 vols. (272 u. 264 S.) 894. (Vol. 2995. 2996.)

— a scarlet sin. (263 S.) 891. (Vol. 2736.)

— the spirit world. (302 S.) 894. (Vol. 3018.)

Marshall, Emma, Bristol bells. A story of the days of Chatterton. (263 S.) 892. (Vol. 2817.)

— eventide light; or, passages in the life of dame Margaret Hoby, only child and sole heiress of Sir Arth. Dakyns, Kt., of Hackness, near to Scarborough. (271 S.) 891. (Vol. 2760.)

— a lily among thorns. (295 S.) 893. (Vol. 2948.)

— Penshurst Castle in the time of Sir Philip Sidney. (304 S.) 891. (Vol. 2971.)

— in the service of Rachel Lady Russell. A story. (318 S.) 893. (Vol. 2898.)

— Winchester meads in the time of Thom. Ken, sometime bishop of Bath and Wells. (312 S.) 891. (Vol. 2734.)

— Winifrede's journal of her life at Exeter and Norwich in the days of Bishop Hall. (311 S.) 892. (Vol. 2804.)

Mathers, Helen, (Mrs. Henry Reeves), what the glass told and a study of a woman. (271 S.) 893. (Vol. 2945.)

Maurier, George du, Trilby. 2 vols. (296 u. 280 S.) 894. (Vol. 3026. 3027.)

Merriman, Henry Seton, from one generation to another. (286 S.) 893. (Vol. 2889.)

— prisoners and captives. 2 vols. (à 279 S.) 891. (Vol. 2748. 2749.)

— with edged tools. 2 vols. (286 u. 279 S.) 894. (Vol. 3008. 3009.)

Moore, Frank Frankfort, „I forbid the banns". The story of a comedy which was played seriously. 2 vols. (287 u. 272 S.) 893. (Vol. 2908. 2909.)

— a gray eye or so. 2 vols. (286 u. 271 S.) 894. (Vol. 3000. 3001.)

Norris, W. E., misadventure. 2 vols. (287 u. 286 S.) 891. (Vol. 2737. 2738.)

— Saint Ann's. (295 S.) 894. (Vol. 2978.)

Noughts and crosses. Stories, studies and sketches, by Q. (272 S.) 891. (Vol. 2728.)

Oliphant, Mrs., the heir presumptive and the heir apparent. 2 vols. (à 278 S.) 892. (Vol. 2871. 2872.)

— Kirsteen. The story of a Scotch family 70 years ago. 2 vols. (286 u. 287 S.) 891. (Vol. 2719. 2720.)

— the little pilgrim in the unseen. (285 S.) 891. (Vol. 2769.)

— the sorceress. A novel. 2 vols. (287 u. 288 S.) 893. (Vol. 2922. 2923.)

Oliphant, Margaret Oliphant W., memoir of the life of Laurence Oliphant and of Alice Oliphant, his wife. 2 vols. (295 u. 272 S.) 891. (Vol. 2753. 2754.)

Ouida, the silver Christ and other stories. (256 S.) 894. (Vol. 2999.)

— two offenders. (279 S.) 894. (Vol. 2958.)

— Santa Barbara etc. (288 S.) 891. (Vol. 2781.)

Payn, James, gleams of memory, with some reflections, and The Eavesdropper, an unparalleled experience. (277 S.) 894. (Vol. 3028.)

— a trying patient etc. (271 S.) 893. (Vol. 2938.)

— sunny stories and some shady ones. (278 S.) 891. (Vol. 2726.)

— a stumble on the threshold. 2 vols. (271 u. 255 S.) 893. (Vol. 2883. 2884.)

— a modern Dick Whittington. 2 vols. (278 u. 277 S.) 892. (Vol. 2827. 2828.)

Philips, F. C., black and white. (271 S.) 893. (Vol. 2904.)

— extenuating circumstances. A novel, and a French marriage. A novel. (287 S.) 891. (Vol. 2731.)

— Constance. 2 vols. (280 u. 253 S.) 892. (Vol. 2819. 2820.)

— of course. (272 S.) 893. (Vol. 2949.)

— a doctor in difficulties. (263 S.) 892. (Vol. 2878.)

— my little husband. (254 S.) 894. (Vol. 3021.)

— „One never knows". 2 vols. (à 269 S.) 893. (Vol. 2931. 2932.)

— that wicked Mad'moiselle etc. (269 S.) 892. (Vol. 2852.)

— Miss Ormerod's protégé. (261 S.) 894. (Vol. 2970.)

— social vicissitudes. (286 S.) 891. (Vol. 2701.)

— more social vicissitudes. (248 S.) 891. (Vol. 2742.)

— and C. J. Wills, a maiden fair to see. (272 S.) 891. (Vol. 2718.)
— — Sybil Ross's marriage: the romance of an inexperienced girl. (278 S.) 891. (Vol. 2761.)
Pryce, Rich., the quiet Mrs. Fleming. (271 S.) 892. (Vol. 2799.)
— Miss Maxwell's affections. A novel. (303 S.) 891. Vol. 2773.)
— time and the woman. A novel. (288 S.) 893. (Vol. 2901.)
Rae, W. Fraser, the business of travel. A fifty years' record of progress. New and revised ed. with an introductory chapter. (286 S.) 892. (Vol. 2802.)
Rice, J., by Celia's arbour, s.: Besant, Walter.
Ross, Mart., Naboth's vineyard, s.: Somerville, E. Oe.
Roy Tellet, a draught of Lethe. The romance of an artist. (400 S.) 891. (Vol. 2716.)
— pastor and prelate. A story of clerical life. 2 vols. (294 u. 279 S.) 892. (Vol. 2850. 2851.)
Savage, Rich. Henry, the anarchist. A story of to-day. 2 vols. (272 u. 278 S.) 894. (Vol. 2986. 2987.)
— Delilah of Harlem. A story of the New York city of to-day. 2 vols. (269 u. 285 S.) 893. (Vol. 2934. 2935.)
— the little lady of Lagunitas. A Franco-Californian romance. 2 vols. (270 u. 263 S. m. Stahlst.-Bildnis.) 892. (Vol. 2834. 2835.)
— prince Schamyl's wooing. A story of the Caucasus — Russo-Turkish war. (317 S.) 892. (Vol. 2862.)
— the masked Venus. A story of many lands. 2 vols. (252 u. 277 S.) 893. (Vol. 2911. 2912.)
— my official wife. A novel. (278 S.) 891. (Vol. 2771.)
Seely, J. R., Goethe. Reviewed after 60 years. (253 S.) 894. (Vol. 2964.)
Sharp, Will., a fellowe and his wife, s.: Howard, Blanche Willis.
Ships, I saw three, and other winter's tales. By Q. (269 S.) 892. (Vol. 2849.)
Shorthouse, J. H., Blanche, Lady Falaise. A tale. (270 S.) 891. (Vol. 2784.)
Somerville, E. Oe., and Mart. Ross, Naboth's vineyard. A novel. (286 S.) 891. (Vol. 2775.)
Stevenson, Robert Louis, Catriona. A sequel to „Kidnapped", being memoirs of the further adventures of David Balfour at home and abroad. In which are set fort his misfortunes anent the Appin murder; his troubles with Lord Advocate Grant; captivity on the Bass Rock; journey into Holland and France; and singular relations with James More Drummond or Mac Gregor, a son of the notorious Rob. Roy, and his daughter Catriona Written by himself, and now set forth. (334 S.) 893. (Vol. 2937.)
— a footnote to history. Eight years of trouble in Samoa. (254 S. m. 1 Karte.) 892. (Vol. 2856.)
Wurde zurückgezogen, dafür eingeschaltet:
— Island night's entertainments consisting of The beach of Falesá — The bottle imp — The isle of voices. (253 S.) 893. (Vol. 2856.)
— the merry men and other tales and fables. (302 S.) 891 (Vol. 2755.)
— across the plains with other memories and essays. (286 S.) 892. (Vol. 2818.)
Stockton, Frank R., the house of Martha. (327 S.) 892. (Vol. 2816.)
Story, the, of a penitent soul. Being the private papers of Mr. Stephen Dart, late minister at Lynnbridge in the county of Lincoln. (288 S.) 892. (Vol. 2860.)
Tellett, s.: Roy Tellet.
Tim. (279 S.) 891. (Vol. 2791.)
Twain, Mark, (Samuel L. Clemens), the American claimant. (271 S.) 892. (Vol. 2863.)
— the £ 1,000,000 bank-note and other new stories. (280 S.) 893. (Vol. 2907.)
— Tom Sawyer abroad. (262 S.) 894. (Vol. 2984.)
Ward, Mrs. Humphry, Miss Bretherton. (287 S.) 892. (Vol. 2839.)
— the history of David Grieve. 3 vols. (326, 327 u. 334 S.) 892. (Vol. 2805—2807.)
— Marcella. 3 vols. (304, 301 u. 311 S.) 894. (Vol. 2980—2982.)
Weyman, Stanley J., a gentleman of France, being the memoirs of Gaston de Bonne, Sieur de Marsac. 2 vols. (278 u. 271 S.) 894. (Vol. 2962. 2963.)
— the man in black. (262 S.) 894. (Vol. 2993.)
— under the red robe. (280 S.) 894. (Vol. 3003.)
— my Lady Rotha. A romance. 2 vols. (286 u. 288 S.) 894. (Vol. 3016. 3017.)
— the story of Francis Cludde. 2 vols. (287 u. 253 S.) 891. (Vol. 2794. 2795.)
Whitby, Beatrice, the awakening of Mary Fenwick. A novel. 2 vols. (294 u. 284 S.) 892. (Vol. 2809. 2810.)
— in the suntime of her youth. 2 vols. (296 u. 279 S.) 893. (Vol. 2899. 2900.)
Whitman, Sidney, imperial Germany. A critical study of fact and character. Copyright ed., revised and extended. (304 S.) 890. (Vol. 2691.)
— the realm of the Habsburgs. (278 S.) 893. (Vol. 2910.)
Wiggin, Kate Douglas, a cathedral courtship and Penelope's English experiences. (238 S.) 893. (Vol. 2939.)
— Timothy's quest. (264 S.) 893. (Vol. 2906.)
Wilkins, Mary E., Pembroke. A novel. (296 S.) 894. (Vol. 3002.)
Wills, C. J., a maiden fair, } s.: Philips, F. C.
— Sybil Ross's marriage, }
Yonge, Charlotte M., Grisly Grisell or the laidly Lady of Whitburn. A tale of the wars of the roses. (279 S.) 893. (Vol. 2924.)
— two penniless princesses. (286 S.) 891. (Vol. 2704.)
— that stick. (257 S.) 892. (Vol. 2815.)

Collection of British authors. Copyright ed. Vols. 3029—3326. 12. Leipzig, B. Tauchnitz. à n. 1. 60

Inhaltsübersicht in alphabet. Ordnung:

Alexander, A golden Autumn. A novel. (343 S.) 897. (Vol. 3190.)
— Mrs. Chrichton's Creditor. A novel. (287 S.) 897. (Vol. 3224.)
Alexander, Barbara Lady's maid and peeress. (350 S.) 897. (Vol. 3249.)
— A fight with fate. 2 vols. (285 u. 270 S.) 896. (Vols. 3135/36.)
— A winning hazard. (288 S.) 896. (Vol. 3149.)
Allen, Grant, The woman who did. (269 S.) 895. (Vol. 3055.)
Barrett, Frank, Sentimental Tommy. The story of his boyhood. 2 vols. (286 u. 272 S.) 897. (Vols. 3198/99.)
— Margaret Ogilvy, by her Son. (256 S.) 897. (Vol. 3244.)
Besant, Walter, Beyond the dreams of avarice. 2 vols. (294 u. 272 S.) 895. (Vols. 3070/71.)
— The master Craftsman. 2 vols. (278 u. 279 S.) 896. (Vols. 3147/48.)
— A fountain sealed. (311 S.) 897. (Vol. 3227.)
Black, William, Highland cousins. A novel 2 vols. (à 302 S.) 895. (Vols. 3051/52.)
— Briseis. 2 vols. (280 u. 253 S.) 896. (Vols. 3132/33.)
— Wild Eelin. Her escapades, adventures and bitter sorrows. 2 vols. (311 u. 304 S.) 898. (Vols. 3310/11.)
Blackmore, Rich. Doddridge, Perlycross. A tale of western hills. 2 vols. (328 u. 311 S.) 895. (Vols. 3033/34.)
Braddon, M. E., The christmas hirelings. (285 S.) 895. (Vol. 3032.)
— Sons of fire. A novel. 2 vols. (279 u. 270 S.) 895. (Vols. 3089/90.)
— London pride or when the world was younger. 2 vols. (287 u. 294 S.) 897. (Vols. 3179/80.)
— In high places. 2 vols. (285 u. 271 S.) 898. (Vols. 3313/14.)
— Rough justice. 2 vols. (277 u. 280 S.) 898. (Vols. 3266/67.)
Broughton, Rhoda, Scylla or Charybdis? (288 S.) 895. (Vol. 3082.)
— Dear Faustina. (278 S.) 897. (Vol. 3223.)
Burnett, Frances Hodgson, A Lady of Quality. Being a most curious, hitherto unknown history, as related by Mr. Isaac Bickerstaff, but not presented to the world of fashion trough the pages of the Tatler, and now for the first time written down. 2 vols. (285 u. 288 S.) 896. (Vols. 3140/41.)
— His Grace of Osmonde, being the portion of the history of that nobleman's life omitted in the rehis lady's story presented to the world of fashion under the title of a lady of quality. 2 vols. (280 u. 279 S.) 898. (Vols. 3269/70.)
Caine, Hall, The Manxman. 2 vols. (352 u. 350 S.) 897. (Vols. 3231/32.)
— The Christian. A story. 2 vols. (344 u. 349 S.) 898. (Vols. 3263/64.)
Carey, Rosa Nouchette, The old, old story. A novel. (344 u. 336 S.) 895. (Vols. 3041/42.)
Clark, Alfred, The finding of Lot's wife. (287 S.) 896. (Vol. 3152.)
Clifford, W. K., A flash of summer. The story of a simple woman's life. (288 S.) 896. (Vol. 3168.)
Coleridge, M. E., The king with two faces. 2 vols. (287 u. 280 S.) 898. (Vols. 3272/73.)
Conrad, Joseph, An outcast of the islands. (288 u. 269 S.) 896. (Vols. 3158/59.)
— Tales of unrest. (279 S.) 898. (Vol. 3300.)
Corelli, Marie, The sorrows of Satan or the strange experience of one Geoffrey Tempest, Millionaire. A romance. 2 vols. (304 u. 288 S.) 896. (Vols. 3111/12.)
— The mighty atom. (279 S.) 896. (Vol. 3145.)
— The murder of Delicia. (272 S.) 896. (Vol. 3178.)
— Ziska. The problem of wicked soul. (280 S.) 897. (Vol. 3230.)
Crawford, F. Marion, Casa Braccio. (286 u. 280 S.) 896. (Vols. 3099/100.)
— Corleone. A tale of Sicily. 2 vols. (287 u. 288 S.) 897. (Vols. 3250/51.)
— Adam Johnstone's son. (295 S.) 896. (Vol. 3134.)
— The Ralstons. 2 vols. (288 u. 287 S.) 895. (Vols. 3047/48.)
— a rose of yester day. (254 S.) 897. (Vol. 3220.)
— Taquisara. 2 vols. (287 u. 295 S.) 896. (Vols. 3173/74.)
Crockett, S. R., Cleg Kelly, Arab of the city. 2 vols. (278 u. 279 S.) 896. (Vols. 3129/30.)
— The Grey Man. (286 u. 280 S.) 896. (Vols. 3176/77.)
Dixon, Ella Hepworth the story of a modern woman. (271 S.) 895. (Vols. 3036.)
Doyle, A. Conan, Round the red lamp, being facts and fancies of medical life. (286 S.) 895. (Vol. 3010.)
— The Stark Munro letters. Being a series of 16 letters written by J. Stark Munro, M. B., to his friend and former fellow-student, Herbert Swanborough, of Lowell, Massachusetts, during the years 1881—84, ed. and arranged by D. (278 S.) 895. (Vol. 3094.)
— The exploits of Brigadier Gerard. (280 S.) 896. (Vol. 3122.)
— Rodney Stone. 2 vols. (272 u. 286 S.) 897. (Vols. 3182/83.)
— Uncle Bernac. A memory of the empire. (279 S.) 897. (Vol. 3222.)
— The tragedy of the Korosko. (269 S.) 898. (Vol. 3262.)
— The Dream-Charlotte. A story of echoes. (278 S.) 896. (Vol. 3142.)
Edwards, M. Betham-, A romance of Dijon. (287 S.) 895. (Vol. 3044.)

— A storm-rent sky. Scenes of lowe and revolution. (287 S.) 896. (Vol. 3280.)
— Reminiscences. (247 S.) 898. (Vol. 3290.)
Elliot, Frances Minto, Roman Gossip. (309 S.) 896. (Vol. 3107.)
Forbes, Archibald, Memories and studies of war and peace. 2 vols. (271 u. 263 S.) 895. (Vols. 3095/96.)
Forrester, Too late repented. (248 S.) 895. (Vol. 3073.)
Frederic, Harold, Illumination or the damnation of Theron Ware. 2 vols. (280 u. 263 S.) 896. (Vols. 3155/56.)
— March hares. (275 S.) 896. (Vol. 3164.)
Gerard, Dorothea (Madame Longard de Longgarde), The wrong man. (287 S.) 896. (Vol. 3175.)
— A spotless reputation. (359 S.) 897. (Vol. 3237.)
— A forgotten sin. (288 S.) 898. (Vol. 3286.)
Gerard, E. (Madame de Laszowska), A foreigner. An Anglo-German study. 2 vols. (318 u. 310 S.) 897. (Vols. 3206/7.)
Haggard, H. Rider, Joan Haste. 2 vols. (288 u. 279 S.) 895. (Vols 3086/87.)
— Heart of the world. 2 vols. (269 u. 264 S.) 896. (Vols. 3143/44.)
— The wizard. (264 S.) 897. (Vol. 3191.)
Hardy, Thomas, Jude the obscure. (295 u. 273 S.) 896. (Vols. 3105/6.)
Harraden, Beatrice, Hilda Strafford and The remittance man. Two Californian stories. (246 S.) 897. (Vol. 3199.)
Harte, Bret, The ancestors of Peter Atherly and other tales. (279 S.) 897. (Vol. 3233.)
— Clarence. (255 S.) 895. (Vol. 3085.)
— In a hollow of the hills and The devotion of Enriquez. (279 S.) 896. (Vol. 3110.)
— The partners or the big strike on Heavy Tree Hill. (285 S.) 898. (Vol. 3287.)
— Tales of trail and Town. (278 S.) 898. (Vol. 3299.)
Hobbes, John Oliver, The gods, some mortals and Lord Wickenham. (287 S.) 895. (Vol. 3069.)
Holdsworth, Annie E., The years that the locust hath eaten. (280 S.) 897. (Vol. 3213.)
— The gods arrive. (287 S.) 897. (Vol. 3281.)
Hope, Anthony, The indiscretion of the duchess. Being a story concerning two ladies, a nobleman, and a necklace. (277 S.) 895. (Vol. 3036.)
— The god in the car. (288 S.) 895. (Vol. 3053.)
— The chronicles of Count Antonio. (270 S.) 896. (Vol. 3104.)
— Comedies of courtship. (278 S.) 896. (Vol. 3131.)
— The heart of Princess Osra. (270 S.) 896. (Vol. 3173.)
— Phroso. A romance. 2 vols. (294 u. 272 S.) 897. (Vols. 3200/1.)
— Simon Dale. 2 vols. (285 u. 270 S.) 898. (Vols. 3275/76.)
— Rupert of Hentzau. Being the sequel to story by same writer entitled The prisonner of Zenda. (311 S.) 898. (Vol. 3303.)
Hornung, Ernest William, My Lord Duke. (279 S.) 898. (Vol. 3277.)
— Young blood. (311 S.) 898. (Vol. 3306.)
Hungerford, The coming of Chloe. (286 S.) 897. (Vol. 3239.)
— A lonely girl. (271 S.) 897. (Vol. 3188.)
— The three Graces. A novel. (287 S) 895. (Vol. 3065.)
— Lovice. (295 S.) 897. (Vol. 3210.)
— Peter's wife. A novel. 2 vols. (286 u. 280 S.) 898. (Vols. 3029/30.)
— a point of conscience. 2 vols. (285 u. 280 S.) 896. (Vols. 3117/18.)
— The professor's experiment. 2 vols. (269 u. 256 S.) 896. (Vols. 3102/3.)
— A tug of war. A novel. (287 S.) 895. (Vol. 3079.)
Jacobs, W. W., Many cargoes. (280 S.) 898. (Vol. 3256.)
— The skipper's wooing and The brown man's servant. (287 S.) 898. (Vol. 3271.)
Jerome, Jerome K., Sketches in Lavender blue and green. (279 S.) 897. (Vol. 3216.)
— The second thoughts of an idle fellow. (278 S.) 898. (Vol. 3320.)
Keeling, Elsa d'Esterre-, Old maids and Young. 2 vols. (277 u. 272 S) 896. (Vol. 3126/27.)
Kipling, Rudyard, „Capitains courageous". A story of the grand banks. (264 S.) 897. (Vol. 3249.)
— The day's work. (360 S.) 897. (Vol. 3319.)
— The second Jungle book. (280 S.) 897. (Vol 3181.)
— The seven seas. (256 S.) 897. (Vol. 3189.)
Lubbock, John, The scenery of Switzerland and the causes to which it is due. 2 vols. (279 u. 280 S. m. Abb. u. Kärtchen im Text.) 897. (Vols. 3211/12.)
— The use of life. (279 S.) 895. (Vol. 3031.)
Lyal, Edna, Hope the hermit. A novel. 2 vols. (285 u. 280 S.) 898. (Vols. 3322/23.)
— Wayfaring men. A novel. 2 vols. (287 u. 294 S.) 898. (Vols 3254/55.)
Maartens, Maarten, My Lady Nobody. A novel. 2 vols. (à 279 S.) 895. (Vols. 3066/67.)
— Her memory. (271 S.) 898. (Vol. 3321.)
McCarthy, Justin M. P., A history of our own times Vols. VI and VII (supplemental). From 1880 to the diamond jubilee. (285 u. 263 S.) 897. (Vols. 3217/18.)
Maclaren, Jan, Beside the Bonnie Brier Bush. (286 S.) 895. (Vol. 3050.)
— The days of Auld Langsyne. (294 S.) 895. (Vol. 3097.)
Mann, Mary E., The cedar star. (319 S.) 898. (Vol. 3289.)
Mark Twain (Samuel L. Clemens), Personal recollections of Joan of Arc by the Sieur Louis de Conte (her page and secretary) freely translated out the ancient French into modern English from the original unpublished manuscript in the national archives of France by Jean François Alden. 2 vols. (279 u. 271 S.) 896. (Vols. 3138/39.)
— Tom Sawyer, detective, as told by Huck Finn, and other tales. (255 S.) 897. (Vol. 3184.)
— More tramps abroad. 2 vols. (à 319 S.) 897. (Vols. 3252/53.)
— Pudd'nhead Wilson. A tale. (271 S.) 895. (Vol. 3039.)
Marryat, Florence, The blood of the vampire. (318 S.) 897. (Vol. 3245.)
— The dream that stayed. 2 vols. (286 u. 256 S.) 897. (Vols. 3185/86.)
— A heart at rake. 2 vols. (271 u. 272 S.) 895. (Vols 3083/84)
Marryat, Florence, A passing madness. (279 S.) 897. (Vol. 3219.)
— A soul on fire. (287 S.) 898. (Vol. 3283.)
— The beautiful soul. (279 S.) 895. (Vol. 3063.)
— The strange transfiguration of Hannah Stubbs. (288 S.) 896. (Vol. 3125.)
Marshall, Emma, In the choir of Westminster Abbey. A story of Henry Purcell's days. (278 S.) 898. (Vol. 3285)
— An escape from the Tower. A story of the Jacobite rising of 1715. (271 S.) 896. (Vol 3165.)
— A haunt of ancient peace. Memories of Nicholas Ferrar's house at Little Gidding and of his friends Donne and George Herbert. A story. (287 S.) 897. (Vol. 3202)
— Kensington Palace in the days of Queen Mary II. A story (286 S.) 895. (Vol. 3057.)
— The master of musicians. A story of Handel's days. (272 S.) 896. (Vol. 3119.)
— Castle Meadow. A story of Norwich a 100 years ago. (295 S.) 897. (Vol. 3238.)
— The young queen of hearts. A story of the princess Elizabeth and her brother Henry, prince of Wales. (280 S.) 898. (Vol. 3309.)
— The white king's daughter. A story of the Princess Elizabeth. (270 S) 895. (Vol. 3091)
Mathers, Helen, Bam Wildfire. A character sketch. 2 vols. (à 287 S.) 898. (Vols. 3316/17.)
Maurier, George du, The Martian. A novel. 2 vols. (302 u. 280 S.) 897. (Vols. 3234/35.)
Meredith, George, The amazing marriage. 2 vols. (302 u. 280 S.) 897. (Vols. 3195/96.)
— Lord Ormont and his Aminta. A novel. 2 vols. (278 u. 270 S.) 895. (Vols. 3077/78.)
Merrick, Leonard, The actor-manager. (291 S.) 898. (Vol. 3296.)
— Cynthia, a daughter of the Philistines. (277 S.) 897. (Vol. 3194.)
— The man, who was good. A novel (268 S.) 895. (Vol. 3064.)
— One man's view. (276 S.) 897. (Vol. 3226.)
— This stage of fools. (280 S.) 896. (Vol. 3151.)
Merriman, Henry Seton, Flotsam. The study of a life. (287 S.) 896. (Vol. 3160.)
— In Kedar's tents. (295 S.) 897. (Vol. 3248.)
— Roden's Corner. (325 S.) 898. (Vol. 3318.)
— The sowers. 2 vols. (279 u 271 S.) 896. (Vols. 3123/24.)
— and S G. Tallentyre, The money-spinner, and other character notes. (264 S.) 897. (Vol. 3208.)
Montgomery, Florence, Colonel Norton. A novel. 2 vols. (288 u. 279 S.) 895. (Vols. 3060/61.)
Moore, Frank Frankfort, They call it love. 2 vols. (288 u. 280 S.) 895. (Vols. 3074/75)
— One fair daughter. Her story. 2 vols. (à 287 S.) 895. (Vols. 3037/38.)
— The jessamy bride. (303 S.) 897. (Vol. 3242.)
— The millionaires. (286 S.) 898. (Vol. 3291.)
Moore, George, Celibates. (336 S.) 895. (Vol. 3068.)
— Evelyn Innes. 2 vols. (318 u. 301 S.) 898. (Vols. 3294/95.)
Morrison, Arthur, A child of Jago. (279 S.) 897. (Vol 3209.)
— Tales of mean streets. (279 S.) 895. (Vol. 3059.)
Norris, W. E., Clarissa furiosa. 2 vols. (301 u. 296 S.) 897. (Vols. 3192/93.)
— The dancer in yellow. (296 S.) 896. (Vol. 3116.)
— The fight for the crown. (303 S.) 898. (Vol. 3284.)
— Marietta's marriage. 2 vols. (à 286 S.) 897. (Vols. 3246/47.)
— A victim of good luck. A novel. (287 S.) 895. (Vol. 3019.)
— The widower. (311 S.) 898. (Vol. 3315)
Oliphant, Sir Robert's fortune. 2 vols. (287 u. 288 S.) 896. (Vols. 3120/21.)
— Old Mr. Tredgold. 2 vols. (285 u. 280 S.) 897. (Vols. 3240/41.)
— The ways of life. Two stories. (269 S.) 897. (Vol. 3221.)
Paston, George, A fair deceiver. (270 S.) 898. (Vol. 3268.)
— A study in prejudices. (272 S.) 895. (Vol. 3058.)
Payn, James, Another's burden and two essays. (285 S.) 898. (Vol 3259.)

— The disappearance of George Driffell and other tales. (288 S.) 896. (Vol. 3150.)
— In Market Overt. (302 S.) 895. (Vol. 3080.)
Pemberton, Max, The impregnable city. A romance. (287 S.) 895. (Vol. 3062.)
— A woman of Kronstadt. (287 S.) 898. (Vol. 3288.)
Philips, F. C., Poor little Bella. (280 S.) 897. (Vol. 3225.)
— Mrs. Bouverie. (280 S.) 895. (Vol. 3043.)
— A full confession and other stories. (288 S.) 896. (Vol. 3137.)
— A devil in Nun's veiling and other stories. (287 S.) 895. (Vol. 3088.)
— The luckiest of three and other stories. (272 S.) 896. (Vol. 3168.)
— A question of colour and other stories. (270 S.) 895. (Vol. 3056.)
Phillpotts, Eden, Lying prophets. A novel. 2 vols. (287 u. 271 S.) 897. (Vols. 3228/29.)
„Q", Ia and other tales. (269 S.) 896. (Vol. 3157.)
Quida, An Altruist and four essays. (286 S.) 897. (Vol. 3236.)
— The Massarenes. A novel. 2 vols. (352 u. 351 S.) 897. (Vols. 3203/4.)
— Le Selve, and Tonia. (261 S.) 897. (Vol. 3187.)
— Toxin and other papers. (294 S.) 896. (Vol. 3101.)
Ritchie, Anne Thackeray, s.: **Thackeray**.
(**Russell**, George W.), Collections and Recollections, by One, who has kept a dyary. (294 u. 286 S.) 898. (Vols. 3301/2.)
Savage, Richard Henry, In the old Chateau. A story of Russian Poland. (375 S.) 895. (Vol. 3073.)
— A modern corsair. A study of the Levant. 2 vols. (280 u. 253 S.) 897. (Vols. 3214/15.)
— A daughter of Judas. A tale of New-York City fin-de-siècle life. (336 S.) 895. (Vol. 3045.)
— Miss Devereux of the Mariquita. A story of Bonanza days in Nevada. 2 vols. (311 u. 286 S.) 896. (Vols. 3108/9.)
— In the swim. A story of currents and under-currents in gayest New York. 2 vols. (294 u. 278 S.) 898. (Vols. 3304/5.)
— Checked through, missink, trunk no. 17580. A story of New York city life. 2 vols. (265 u. 264 S.) 896. (Vols. 3161/62.)
Schreiner, Olive, Trooper Peter Halket of Mashonaland. (237 S.) 897. (Vol. 3205.)
Slatin Pascha, Rudolf C., fire and sword in the Sudan. A personal narrative of fighting and serving the Dervishes 1879—1895. Translated by F. R. **Wingate**. 3 vols. (296, 270 u. 256 S. m. 2 farb. Karten.) 896. (Vols. 3169—71.)
Stevenson, Robert Louis, St. Ives, being the adventures of a French prisoner in England. 2 vols. (278 u. 277 S.) 898. (Vols. 3257/58.)
— Weir of Hermiston, an unfinished romance. (271 S.) 896. (Vol. 3146.)
Thackeray, Anne Ritchie, Chapters from some memoirs. (255 S.) 895. (Vol. 3046.)
Venus and Cupid, or a trip from mount Olympus to London related by the personal conductor of the party. By the author of „The fight at dame Europas school." (271 S.) 896. (Vol. 3153.)
Ward, Humphry, Helbeck of Bannisdale. 2 vols. (303 u. 270 S.) 898. (Vols. 3297/98.)
— The story of Bessie Costrell. (222 S.) 895. (Vol. 3076.)
— Sir George Tressady. 2 vols. (320 u. 303 S.) 896. (Vols. 3166/67.)
Wells, H. G., The stolen bacillus and other incidents. (286 S.) 896. (Vol. 3128.)
— The invisible man. A grotesque romance. (278 S.) 898. (Vol. 3282.)
— The time machine and the island of Doctor Moreau. (288 S.) 898. (Vol. 3324.)
— The war of the worlds. (288 S.) 898. (Vol. 3274.)
Weyman, Stanley J., The red cockade. 2 vols. (250 u. 288 S.) 896. (Vols. 3114/15.)
— The Castle Inn. 2 vols. (279 u. 271 S.) 898. (Vols. 3325/26.)
— From the memoirs of a minister of France. (279 S.) 895. (Vol. 3098.)
— Shrewsbury. A romance. 2 vols. (302 u. 288 S.) 898. (Vols. 3278/79.)
Whitman, Sidney, Teuton studies. (278 S.) 896. (Vol. 3113.)
Wilkins, Mary E., Jerome, a poor man. 2 vols. (279 u. 285 S.) 898. (Vols. 3260/61.)
— Madelon. A novel. (295 S.) 896. (Vol. 3154.)
— Silence and other stories. (296 S.) 898. (Vol. 3312.)
Woods, Margaret L., The vagabonds. (280 S.) 895. (Vol. 3081.)
Yeats, S. Levett-, The Chevalier d'Auriac. (287 S.) 898. (Vol. 3265.)
— The honour of Savelli. A romance. (235 S.) 895. (Vol. 3054.)
Yonge, Charlotte M., The long vacation. 2 vols. (286 u. 264 S.) 895. (Vols. 3092/93.)
Zangwill, J., Dreamers of Ghetto. 2 vols. (326 u. 270 S.) 898. (Vols. 3292/93.)
„Z. Z.", The World and a Man. 2 vols. (287 u. 278 S.) 898. (Vols. 3307/8.)

— of British authors. Copyright edition. Vol. 3327—3622. 12. Leipzig, B. Tauchnitz. à n. 1. 60

Inhaltsübersicht in alphabetischer Ordnung:

Alexander, Mrs., Brown, V. C. (358 S.) 899. (Vol. 3381.)
— The cost of her pride. 2 vols. (285 u. 262 S.) 899. (Vol. 3366. 3367.)
— The yellow fiend. (318 S.) 902. (Vol. 3562.)
— Through fire to fortune. (288 S.) 900. (Vol. 3414.)
— A missing hero. (328 S.) 901. (Vol. 3480.)
— Stronger than love. 2 vols. (à 271 S.) 902. (Vol. 3607. 3608.)
Anstey, F., The brass bottle. (279 S.) 901. (Vol. 3471.)
Aristocrats, the. Being the impressions of the Lady Helen Pole during her sojourn in the great north woods as spontaneously recorded in her letters to her friend in North Britain, the Countess of Edge and Ross. (287 S.) 901. (Vol. 3514.)
Atherton, Gertrude, American wives and English husbands. A novel. (319 S.) 899. (Vol. 3378.)
— The Californians. (304 S.) 899. (Vol. 3387.)
— The doomswoman. An historical romance of old California. (262 S.) 901. (Vol. 3492.)
— Senator North. 2 vols. (à 280 S.) 900. (Vol. 3455. 3456.)
— Patience Sparhawk and her times. 2 vols. (287 u. 288 S.) 900. (Vol. 3438. 3439.)
Bagot, Rich., Casting of nets. 2 vols. (à 279 S.) 901. (Vol. 3509. 3510.)
— The just and the unjust. 2 vols. (295 u. 271 S.) 902. (Vol. 3597.)
— A Roman mystery. 2 vols. (254 u. 269 S.) 900. (Vol. 3410. 3411.)
Barrie, J. M., Tommy and Grizel. 2 vols. (à 279 S.) 900. (Vol. 3482. 3483.)
Benefactress, the. By the author of „Elizabeth and her German garden". (277 u. 255 S.) 902. (Vol. 3553. 3554.)
Bennett, Arnold, The grand Babylon hotel. A fantasia on modern themes. (279 S.) 902. (Vol. 3599.)
Benson, E. F., Scarlet and Hyssop. (280 S.) 902. (Vol. 3585.)
Besant, Walt., The fourth generation. (319 S.) 900. (Vol. 3447.)
— The Lady of Lynn. 2 vols. (294 u. 272 S.) 901. (Vol. 3512. 3513.)
— The orange girl. 2 vols. (287 u. 304 S.) 899. (Vol. 3388. 3389.)
Betham-Edwards, M., Anglo-French reminiscences 1875—1899. (271 S.) 900. (Vol. 3408.)
— East of Paris. Sketches in the Gâtinais, Bourbonnais and Champagne. (270 S.) 902. (Vol. 3606.)
— The lord of the harvest. (287 S.) 899. (Vol. 3393.)
— Mock Beggars' hall. A story. (270 S.) 902. (Vol. 3575.)
— A Suffolk courtship. (288 S.) 900. (Vol. 3463.)
Birchenough, Mabel C. (Mrs. Henry Birchenough), Potsherds. (286 S.) 899. (Vol. 3334.)
Bismarck. The man and the statesman. Being the reflections and reminiscences of Otto Prince v. Bismarck. Written and dictated by himself after his retirement from office. Translated from the German under the supervision of A. J. Butler. With 2 portr. 3 vols. (288, 285 u. 294 S.) 899. (Vol. 3327—3329.)
Braddon, M. E., The infidel. A story of the great revival. 2 vols. (295 u. 271 S.) 900. (Vol. 3460. 3461.)
— His darling sin. (278 S.) 899. (Vol. 3397.)
Broughton, Rhoda, Foes in law. (318 S.) 901. (Vol. 3475.)
— The game and the candle. (287 S.) 899. (Vol. 3361.)
Bullen, Frank T., The cruise of the „Cachalot" round the world after sperm whales. 2 vols. (287 u. 286 S.) (Vol. 3385. 3386.)
Caffyn, Mrs. Mannington („Iota"), Anne Mauleverer. 2 vols. (279 u. 286 S.) 899. (Vol. 3373. 3374.)
Caine, Hall, The eternal city. 3 vols. (302, 311 u. 302 S.) 902. (Vol. 3559—3561.)
Carey, Rosa Nouchette, Herb of grace. 2 vols. (294 u. 279 S.) 901. (Vol. 3529. 3530.)
— The highway of fate. 2 vols. (272 u. 271 S.) 902. (Vol. 3619. 3620.)
McCarthy, Justin, and Justin Huntly **McCarthy**, A history of the four Georges and of William IV. (In 5 vols.) Vol. 3—5. (303, 287 u. 278 S.) 901. (Vol. 3495—3497.)
Cholmondeley, Mary, Red pottage. 2 vols. (286 u. 271 S.) 900. (Vol. 3403. 3404.)
Clifford, Mrs. W. K., A woman alone. Three stories. (272 S.) 901. (Vol. 3525.)
— Woodside farm. (303 S.) 900. (Vol. 3584.)
Corelli, Marie, Boy. A sketch. 2 vols. (278 u. 256 S.) 900. (Vol. 3441. 3442.)
— The Master-Christian. 2 vols. (391 u. 367 S.) 900. (Vol. 3450. 3451.)
— „Temporal power". A study in supremacy. 2 vols. (368 u. 328 S.) 902. (Vol. 3601. 3602.)
Cotes, Mrs. Everard, Those delightful Americans. (270 S.) 902. (Vol. 3590.)
Crawford, F. Marion, Marietta, a maid of Venice. 2 vols. (295 u. 285 S.) 902. (Vol. 3545. 3546.)
— In the palace of the king. A love story of old Madrid. 2 vols. (271 u. 263 S.) 901. (Vol. 3469. 3470.)
— Via crucis. A romance of the second crusade. 2 vols. (277 u. 217 S.) 900. (Vol. 3400. 3401.)
Crockett, S. R., The dark o'the moon. Being certain further histories of the folk called „Raiders". 2 vols. (250 u. 271 S.) 902. (Vol. 3573. 3574.)

— Love idylls. (272 S.) 901. (Vol. 3533.)
Doyle, A. Conan, The great Boer war. 2 vols. (295 u. 270 S.) 900. (Vol. 3464. 3465.)
— A duet. With an occasional chorus. (287 S.) 899. (Vol. 3354.)
— The green flag and other stories of war and sport. (304 S.) 900. (Vol. 3425.)
— The hound of the Baskervilles. Another adventure of Sherlock Holmes. (270 S.) 902. (Vol. 3571.)
— The war in South Afrika, its cause and conduct. (271 S.) 902. (Vol. 3565.)
Elizabeth and her German garden. (247 S.) 900. (Vol. 3429.)
Englishwoman's, an, loveletters. (277 S.) 901. (Vol. 3476.)
D'Esterre-Keeling, Elsa, The Queen's serf. Being the adventures of Ambrose Gwinett in England and Spanish America. (286 S.) 899. (Vol. 3384.)
Fowler, Ellen Thorneycroft, The Farringdons. 2 vols. (272 u. 256 S.) 900. (Vol. 3433. 3434.)
— Fuel of fire. (327 S.) 902. (Vol. 3616.)
— A double thread. 2 vols. (271 u. 270 S.) 899. (Vol. 3376. 3377.)
Francis, M. E., The duenna of a genius. (295 S.) 899. (Vol. 3368.)
Gerard, Dorothea (Madame Longard de Longgarde), The blood-tax. A study in militarism. (308 S.) 902. (Vol. 3576.)
— The supreme crime. (288 S.) 901. (Vol. 3498.)
— Holy matrimony. (302 S.) 902. (Vol. 3604.)
— One year. (279 S.) 900. (Vol. 3402.)
Gerard, E. (Emily de Laszowska), The extermination of love. A fragmentary study in erotics. 2 vols. (263 u. 254 S.) 901. (Vol. 3515. 3516.)
Glyn, Elinor, The visits of Elizabeth. (270 S.) 901. (Vol. 3504.)
Godfrey, Hal (C. OConor-Eccles), The rejuvenation of Miss Semaphore. A farcical novel. (286 S.) 899. (Vol. 3352.)
Grand, Sarah, Babs, the impossible. 2 vols. (280 u. 279 S.) 901. (Vol. 3505. 3506.)
Haggard, H. Rider, Black heart and white heart and Elissa. (277 S.) 900. (Vol. 3440.)
— Lysbeth. A tale of the Dutch. 2 vols. (294 u. 288 S.) 901. (Vol. 3502. 3503.)
— Swallow. A tale of the great trek. (286 u. 287 S.) 899. (Vol. 3355. 3356.)
— Doctor Therne. (256 S.) 899. (Vol. 3336.)
— A winter pilgrimage. Being an account of travels through Palestine, Italy, and the Island of Cyprus, accomplished in the year 1900. 2 vols. (270 u. 271 S.) 902. (Vol. 3556. 3557.)
Harraden, Beatrice, The fowler. 2 vols. (272 u. 270 S.) 899. (Vol. 3358. 3359.)
Harte, Bret, Mr. Jack Hamlin's mediation and other stories. (264 S.) 899. (Vol. 3398.)
— Under the redwoods. (286 S.) 901. (Vol. 3501.)
— From Sand-Hill to Pine. (286 S.) 900. (Vol. 3432.)
— Stories in light and shadow. (285 S.) 899. (Vol. 3331.)
— On the old trail. (278 S.) 902. (Vol. 3578.)
Hewlett, Maurice, New Canterbury tales. (285 S.) 901. (Vol. 3537.)
— The life and death of Richard Yea-and-Nay. (272 u. 269 S.) 901. (Vol. 3472. 3473.)
— The forest lovers. A romance. (335 S.) 899. (Vol. 3353.)
— Little novels of Italy. (304 S.) 899. (Vol. 3396.)
Hichens, Rob. Felix, Three years in a life. 2 vols. (312 u. 311 S.) 902. (Vol. 3621. 3622.)
— Flames. A London phantasy. 2 vols. (336 u. 318 S.) 899. (Vol. 3370. 3371.)
— The slave. A romance. 2 vols. (317 u. 302 S.) 900. (Vol. 3419. 3420.)
Hobbes, John Oliver, The serious wooing. A heart's history. (269 S.) 901. (Vol. 3517.)
Holdsworth, Annie E. (Mrs. Lee-Hamilton), Great Lowlands. (287 S.) 902. (Vol. 3555.)
— The valley of the great shadow. (272 S.) 900. (Vol. 3424.)
Hope, Anthony, The intrusions of peggy. 2 vols. (286 u. 296 S.) 902. (Vol. 3613. 3614.)
— The king's mirror. 2 vols. (279 u. 264 S.) 899. (Vol. 3394. 3395.)
— Quisanté. (335 S.) 900. (Vol. 3462.)
— Tristram of Blent. An episode in the story of an ancient house. 2 vols. (271 u. 270 S.) 901. (Vol. 3523. 3524.)
Hopkins, Tighe, The dungeons of old Paris. Being the story and romance of the most celebrated prisons of the monarchy and the revolution. (271 S.) 902. (Vol. 3551.)
— An idler in old France. (295 S.) 899. (Vol. 3375.)
— The man in the iron mask. (262 S.) 901. (Vol. 3491.)
— The silent gate. A voyage into prison. (271 S.) 902. (Vol. 3586.)
Hornung, Ernest William, The amateur cracksman. (280 S.) 899. (Vol. 3369.)
— The belle of Toorak. (271 S.) 900. (Vol. 3443.)
— The rogue's march. A romance. (309 S.) 900. (Vol. 3412.)
— The black mask. (272 S.) 902. (Vol. 3552.)
— Peccavi. (359 S.) 901. (Vol. 3484.)
— Some persons unknown. (277 S.) 899. (Vol. 3343.)
— The shadow of the rope. (296 S.) 902. (Vol. 3587.)
Howells, William D., A pair of patient lovers. (280 S.) 901. (Vol. 3531.)
Hunt, Violet, The human interest. A study in incompatibilities. (287 S.) 900. (Vol. 3409.)
Jacobs, W. W., Light freights. (285 S.) 901. (Vol. 3544.)
— A master of craft. (288 S.) 901. (Vol. 3474.)
— Sea urchins. (286 S.) 899. (Vol. 3330.)
— At Sunwich port. (287 S.) 902. (Vol. 3581.)
Jerome, Jerome K., Paul Kelver. A novel. 2 vols. (à 286 S.) 902. (Vol. 3610. 3611.)
— Three men on the bummel. (278 S.) 900. (Vol. 3428.)
Kinross, Alb., An opera and Lady Grasmere. (279 S.) 900. (Vol. 3445.)
Kipling, Rudyard, The city of dreadfull night, and other sketches. (270 S.) 900. (Vol. 3444.)
— A fleet in being. Notes of two trips with the Channel Squadron. (206 S.) 899. (Vol. 3351.)
— Just so stories. For little children. Illustrated by the author. (255 S.) 902. (Vol. 3615.)
— Kim. (366 S.) 901. (Vol. 3527.)
— From sea to sea. 2 vols. (320 u. 318 S.) 900. (Vol. 3430. 3431.)
— Stalky & Co. (288 S.) 899. (Vol. 3391.)
Letters, the, of her mother to Elizabeth. (255 S.) 901. (Vol. 3528.)
Levett-Yeats, S., The traitor's way. A story. (287 S.) 902. (Vol. 3549.)
Lyall, Edna, Doreen, the story of a singer. 2 vols. (304 u. 293 S.) 899. (Vol. 3345. 3346.)
— The hinderers. A story of the present time. (262 S.) 902. (Vol. 3589.)
— In spite of all. A novel. 2 vols. (294 u. 286 S.) 902. (Vol. 3563. 3564.)
Maartens, Maarten, Some women I have known. (280 S.) 901. (Vol. 3541.)
Macleod, Fiona, Wind and wave. Selected tales. (278 S.) 902. (Vol. 3609.)
Malet, ambassador Right Honourable Sir Edward, Shifting scenes, or memories of many men in many lands. (278 S.) 902. (Vol. 3568.)
Malet, Lucas, The history of Sir Richard Calmady. A romance. 3 vols. (327, 334 u. 311 S.) 901. (Vol. 3538—3540.)
Marryat, Florence, Iris the avenger. (295 S.) 899. (Vol. 3347.)
Marshall, Emma, Under the dome of St. Paul's. A story of Sir Christopher Wren's days. (288 S.) 899. (Vol. 3348.)
— The Parson's daughter, her early recollections and how Mr. Romney painted her. A story. (287 S.) 899. (Vol. 3399.)
Mathers, Helen, Becky. 2 vols. (263 u. 264 S.) 900. (Vol. 3422. 3423.)
— Cinders. A novel. (312 S.) 901. (Vol. 3508.)
— „Honey". (280 S.) 902. (Vol. 3600.)
Merrick, Leonard, When love flies out o'the window. (281 S.) 902. (Vol. 3572.)
— The worldlings. (288 S.) 900. (Vol. 3457.)
Merriman, Henry Seton, The velvet glove. (286 S.) 902. (Vol. 3550.)
— The isle of unrest. (287 S.) 900. (Vol. 3458.)
— The vultures. (327 S.) 902. (Vol. 3603.)
Milne, James, The epistles of Atkins. Being some of the lights, on human nature in the ordeal of war, which illumine the letters of the common soldier, written from South Africa to his people at home; and so an answer to the question, „How does it feel to be in battle?" (279 S.) 902. (Vol. 3592.)
Montgomery, Florence, Prejudged. (264 S.) 900. (Vol. 3459.)
Moore, F. Frankfort, A damsel or two. (304 S.) 902. (Vol. 3593.)
— Nell Gwyn — Comedian. A novel. (272 S.) 900. (Vol. 3449.)
Moore, George, Sister Teresa. Specially rewritten for the Tauchnitz edition. 2 vols. (271 u. 255 S.) 901. (Vol. 3535. 3536.)
Morrison, Arth., The hole in the wall. (271 S.) 902. (Vol. 3605.)
— To London town. (279 S.) 899. (Vol. 3390.)
— Cunning Murrel. (288 S.) 900. (Vol. 3466.)
Muirhead, James Fullarton, The land of contrasts. A Briton's view of his American kin. (287 S.) 900. (Vol. 3416.)
Norris, Frank, The Octopus. (The epic of the wheat.) A story of California. 2 vols. (335 u. 343 S.) 901. (Vol. 3542. 3543.)
Norris, W. E., The credit of the county. (320 S.) 902. (Vol. 3617.)
— His own father. (287 S.) 901. (Vol. 3507.)
— The flower of the flock. (320 S.) 900. (Vol. 3448.)
— Giles Ingilby. (312 S.) 899. (Vol. 3382.)
Ouida, La strega and other stories. (262 S.) 899. (Vol. 3335.)
— Street dust and other stories. (264 S.) 901. (Vol. 3487.)
— Critical studies. (296 S.) 900. (Vol. 3500.)
— The waters of Edera. (278 S.) 900. (Vol. 3407.)
Parker, Gilbert, The battle of the strong. A romance of two kingdoms. 2 vols. (278 u. 265 S.) 899. (Nr. 3379. 3380.)
Payn, James, The backwater of life or essays of a literary veteran. With an introduction by Leslie Stephan. (294 S.) 900. (Vol. 3405.)
Peard, Frances Mary, Donna Teresa. (272 S.) 900. (Vol. 3418.)
— Number one and number two. (287 S.) 901. (Vol. 3490.)
Pemberton, Max, The phantom army, being the story of a man and a mystery. (334 S.) 899. (Vol. 3344.)
— The footsteps of a throne. Being the story of an idler, and of his work; and of what he did in Moscow in the house of the exile. (272 S.) 901. (Vol. 3477.)
— The garden of swords. (279 S.) 899. (Vol. 3360.)
— The giant's gate. A story of a great adventure. 2 vols. (274 u. 263 S.) 902. (Vol. 3566. 3567.)
— I crown thee king. A romance. (263 S.) 902. (Vol. 3588.)
— Pro patriâ. (287 S.) 901. (Vol. 3499.)
Philips, F. C., Eliza Clarke, Governess, and other stories. (278 S.) 901. (Vol. 3494.)
— Marriage, and other sketches. (239 S.) 901. (Vol. 3532.)
— Schoolgirls of to-day and other sketches. (246 S.) 902. (Vol. 3594.)

Phillpotts, Eden, The human boy. (279 S.) 899. (Vol. 3392.)
— The good red earth. (271 S.) 901. (Vol. 3511.)
— Sons of the morning. (279 u. 269 S.) 901. (Vol. 3485. 3486.)
Poschinger, Heinr. v., Conversations with Prince Bismarck, Collected by v. P. English ed., edited, with an introduction by Sidney Whitman. (302 S.) 900. (Vol. 3452.)
Raimond, C. E. (Elizab. Robins), The open question. A tale of two temperaments. 2 vols. (326 u. 312 S.) 899. (Vol. 3332. 3333.)
Reminiscences of the King of Roumania. Edited from the original with an introduction by Sidney Whitman. (320 S.) 899. (Vol. 3383.)
Rhys, Grace, Mary Dominic. (296 S.) 899. (Vol. 3364.)
— The wooing of Sheila. (280 S.) 901. (Vol. 3531.)
Savage, Rich. Henry, In the house of his friends. A novel. 2 vols. (279 u. 247 S.) 901. (Vol. 3519. 3520.)
— The white lady of Khaminavatka. A story of the Ukraine. 2 vols. (285 u. 287 S.) 899. (Vol. 3362. 3363.)
— The mystery of a shipyard. A novel. 2 vols. (262 u. 278 S.) 902. (Vol. 3579. 3580.)
Ship, the, of stars by Q. (A. T. Quiller-Couch). (280 S.) 900. (Vol. 3406.)
Steevens, G. W., From Capetown to Ladysmith. An unfinished record of the South African war. Ed by Vernon Blackborn. (247 S.) 900. (Vol. 3417.)
Stevenson, Rob. Louis, In the South Seas. Being an account of experiences and observations in the Marquesas, Paumotus and Gilbert Islands, in the course of two cruises, on the yacht „Casco" (1888) and the schoner „Equator" (1889). 2 vols. (278 u. 255 S.) 901. (Vol. 3478. 3479.)
Summer, the solitary. By the author of „Elisabeth and her German garden". (264 S.) 900. (Vol. 3437.)
Swinburne, Algernon Charles, Atalanta in Calydon and Lyrical poems. Selected, with an introduction by William Sharp. (304 S.) 901. (Vol. 3522.)
Tennyson, Alfred Lord. A memoir. By his son. 4 vols. (296, 295, 288 u. 303 S. m. Bildnis.) 899. (Vol. 3339—3342.)
Trevelyan, Sir George Otto, Bart., The American revolution. Part I. 1766—1776. With a map. 2 vols. (295 u. 311 S.) 899. (Vol. 3349. 3350.)
Trowbridge, W. R. H., A girl of the multitude. (286 S.) 900. (Vol. 3595.)
Twain, Mark, A double-barrelled detective story etc. (247 S.) 902. (Vol. 3591.)
— The man that corrupted Hadleyburg, and other stories and sketches. 2 vols. (270 u. 287 S.) 900. (Vol. 3453. 3454.)
Vizetelly, Ernest Alfr., With Zola in England. A story. (279 S.) 899. (Vol. 3372.)
Walford, L. B., Leddy Marget. (286 S.) 900. (Vol. 3415.)
Ward, Mrs. Humphry, Eleanor. 2 vols. (280 u. 287 S.) 900. (Vol. 3467. 3468.)
Watts-Dunton, Thdr., Aylwin. 2 vols. (310 u. 295 S.) 899. (Vol. 3337. 3338.)
Wells, H. G., Anticipations of the reaction of mechanical and scientific progress upon human life and thought. (286 S.) 902. (Vol. 3558.)
— Love and Mr. Lewisham. (288 S.) 900. (Vol. 3446.)
— The first men in the moon. (287 S.) 902. (Vol. 3577.)
— The Plattner story and others. (294 S.) 900. (Vol. 3436.)
— The sea lady. A tissue of moonshine. (271 S.) 902. (Vol. 3618.)
— When the sleper wakes. (302 S.) 899. (Vol. 3365.)
— Tales of space and time. (278 S.) 900. (Vol. 3413.)
— The wheels of chance. A holiday adventure. (280 S.) 901. (Vol. 3526.)
Weyman, Stanley J., Count Hannibal. A romance of the court of France. 2 vols. (278 u. 271 S.) 902. (Vol. 3547. 3548.)
— In kings' byways. Short stories. (302 S.) 902. (Vol. 3612.)
— Sophia. 2 vols. (295 u. 286 S.) 900. (Vol. 3426. 3427.)
White, Percy, Mr. Bailey-Martin. (303 S.) 900. (Vol. 3421.)
— The new christians. (279 S.) 900. (Vol. 3596.)
— The west end. A novel. 2 vols. (272 u. 254 S.) 902. (Vol. 3569. 3570.)
Whiteing, Rich., No. 5 John Street. (287 S.) 899. (Vol. 3357.)
— The life of Paris. (279 S.) 901. (Vol. 3481.)
Whitman, Sidney, Life of the Emperor Frederick. Based upon the German of Margaretha v. Poschinger. With an introduction. With a portr. 2 vols. (304 u. 264 S.) 901. (Vol. 3488. 3489.)
Wiggin, Kate Douglas, Penelope's Irish experiences. (280 S.) 901. (Vol. 3521.)
Wilkins, Mary E., The love of Parson Lord and other stories. (287 S.) 900. (Vol. 3435.)
Woodroffe, Dan., Tangled trinities. (285 S.) 901. (Vol. 3518.)
Woods, Margaret L., Sons of the sword. A romance of the Peninsular war. 2 vols. (286 u. 287 S.) 902. (Vol. 3582. 3583.)
Yonge, Charlotte M., Modern broods, or, developments unlooked for. (303 S.) 901. (Vol. 3493.)

Collection of British authors. Tauchnitz edition. Copyright edition. Vol. 3623—3936. kl. 8. Leipzig, B. Tauchnitz. à vol. n. 1. 60

Adventures, the, of Elizabeth in Rugen. By the author of Elizabeth and her German garden. With 1 map. (279 S.) 906. (Vol. 3881.)
Alexander, Mrs., Kitty Costello. (311 S.) 904. (Vol. 3719.)
Anstey, F., A bayard from Bengal. Being some account of the magnificent and spanking career of Chunder Bindabun Bhosh, Esq., B. A., Cambridge, by Hurry Bungsho Jabberjee, B. A., Calcutta university, author of „Jottings and tittles", etc., etc., to which is appended the parables and proverbs of Piljosh, freely translated from the original by another hand, with introduction, notes and appendix by the above Hurry Bungsho Jabberjee, B. A. The whole ed. and revised by A. With 11 illustr. by Bernard Partridge. (316 S.) 903. (Vol. 3627.)
— Salted Almonds. (311 S.) 906. (Vol. 3897.)
Atherton, Gertrude, The bell in the fog, and other stories. (295 S.) 905. (Vol. 3791.)
— The conqueror. Being the true and romantic story of Alexander Hamilton. 2 vols. (334 u. 335 S.) 903. (Vol. 3677. 3678.)
— A daughter of the vine. (286 S.) 904. (Vol. 3709.)
— The splendid idle forties. Stories of old California. (320 S.) 903. (Vol. 3650.)
— His fortunate grace etc. (279 S.) 904. (Vol. 3710.)
— Rezánov. A novel. (285 S.) 906. (Vol. 3933.)
— The valiant runaways. (278 S.) 904. (Vol. 3753.)
— The travelling thirds (in Spain). (271 S.) 905. (Vol. 3850.)
Avebury, the right Hon. Lord (Sir John Lubbock), Essays and addresses 1900—1903. (286 S.) 904. (Vol. 3723.)
Bagot, Rich., Donna Diana. 2 vols. (285 u. 271 S.) 903. (Vol. 3637. 3638.)
— Love's proxy. (295 S.) 904. (Vol. 3747.)
— The passport. 2 vols. (287 u. 288 S.) 905. (Vol. 3839. 3840.)
Barrie, J. M., The little white bird. (287 S.) 903. (Vol. 3642.)
Bennett, Arnold, The gates of wrath. A melodrama. (278 S.) 903. (Vol. 3664.)
— Sacred and profane love. A novel in three episodes. (288 S.) 906. (Vol. 3359.)
— A great man. A frolic. (294 S.) 904. (Vol. 3746.)
Benson, E. F., An act in a backwater. (279 S.) 905. (Vol. 3802.)
— The angel of pain. 2 vols. (295 u. 278 S.) 906. (Vol. 3878. 3879.)
— The book of months. (272 S.) 903. (Vol. 3675.)
— The Challoners. (328 S.) 904. (Vol. 3752.)
— The relentless city. (318 S.) 903. (Vol. 3703.)
— The image in the sand. 2 vols. (à 296 S.) 905. (Vol. 3832. 3833.)
— Mammon & Co. 2 vols. (286 u. 254 S.) 904. (Vol. 3731. 3732.)
— Paul. 2 vols. (287 u. 271 S) 906. (Vol. 3925. 3926.)
Betham-Edwards, M., Barham Brocklebank, M. D. (280 S.) 903. (Vol. 3685.)
— A humble lover. (271 S.) 903. (Vol. 3645.)
— Martha Rose, teacher. (287 S.) 906. (Vol. 3896.)
Braddon, M. E., The conflict. 2 vols. (294 u. 254 S.) 903. (Vol. 3661. 3662.)
— The rose of life. 2 vols. (279 u. 263 S.) 905. (Vol. 3826. 3827.)
Broome, Lady (Lady Barker), Colonial memories. (270 S.) 905. (Vol. 3838.)
Broughton, Rhoda, Lavinia. (288 S.) 903. (Vol. 3626.)
Caine, Hall, The prodigal son. 2 vols. (286 u. 287 S.) 905. (Vol. 3789. 3790.)
Carey, Rosa Nouchette, At the moorings. 2 vols. (Je 287 S.) 904. (Vol. 3739. 3740.)
— A passage perilous. 2 vols. (279 u. 262 S.) 903. (Vol. 3690. 3691.)
Castle, Agnes, and Egerton **Castle**, Incomparable bellairs. (273 S.) 904. (Vol. 3733.)
— — „If youth but knew!" (311 S.) 906. (Vol. 3885.)
— — French Nan. (271 S.) 905. (Vol. 3852.)
— — Rose of the world. (335 S.) 905. (Vol. 3812.)
— — The star dreamer. 2 vols. (263 u. 278 S.) 903. (Vol. 3666. 3667.)
Cholmondeley, Mary, Moth and Rust, together with Geoffrey's wife, and the Pitfall. (280 S.) 903. (Vol. 3633.)
— Prisoners (fast bound in misery and iron). 2 vols. (270 u. 270 S.) 906. (Vol. 3922. 3923.)
Corelli, Marie, God's good man. A simple love story. 2 vols. (300 u. 358 S.) 904. (Vol. 3760. 3761.)
— Free opinions. Freely expressed on certain phases of modern social life and conduct. (334 S.) 905. (Vol. 3814.)
— The treasure of heaven. A romance of riches. With the portr. of the author. 2 vols. (304 u. 295 S.) 906. (Vol. 3905. 3906.)
Cotes, Mrs. Everard (Sara Jeannette Duncan), Set in authority. (303 S.) 906. (Vol. 3915.)
Crawford, F. Marion, Cecilia. A story of modern Rome. 2 vols. (277 u. 279 S) 903. (Vol. 3623. 3624.)
— The heart of Rome. A tale of the „Lost water". 2 vols. (280 u. 254 S.) 903. (Vol. 3695. 3696.)
— Soprano. A portrait. 2 vols. (293 u. 295 S.) 905. (Vol. 3854. 3855.)
— Whosoever shall offend. . . 2 vols. (286 u. 271 S.) 904. (Vol. 3779. 3780.)
Croker, B. M., The old cantonment with other stories of India and elsewhere. (287 S.) 905. (Vol. 3829.)
Croker, B. M., The youngest Miss Mowbray. (287 S.) 906 (Vol. 3930.)
— Peggy of the Bartons. 2 vols. (272 u. 269 S.) 904. (Vol 3738. 3739.)
— The happy valley. (286 S.) 905. (Vol. 3792.)
— A nine days' wonder. (312 S.) 906. (Vol. 3907.)
Davis, Rich. Harding, Ranson's folly. (271 S.) (903.) (Vol. 3665.)
Dixon, Ella Hepworth, One doubtful hour, and other sidelights on the feminine temperament. (272 S.) 904. (Vol. 3755.)
Dixon, jr., Thom., The leopard's spots. A romance of the white man's burden — 1865—1900. 2 vols (287 u. 288 S.) 903. (Vol. 3634. 3635.)
Doyle, A. Conan, Adventures of Gerard. (279 S.) 903. (Vol. 3700.)
— Sir Nigel. 2 vols. (287 u. 270 S.) 906. (Vol. 3935. 3936.)
— The return of Sherlock Holmes. 2 vols. (250 u. 287 S.) 905. (Vol. 3796. 3797.)

Eccles, Charlotte O'Conor, The matrimonial lottery. (287 S.) 906. (Vol. 3934.)
Fowler, Ellen Thorneycroft (Mrs. Alfr. Laurence Felkin). In subjection. 2 vols. (271 u. 279 S.) 906. (Vol. 3902. 3903.)
— Place and power. 2 vols. (271 u. 278 S.) 903. (Vol. 3686. 3687.)
— and Alfr. Laurence Felkin, Kate of Kate Hall. 2 vols. (262 u. 278 S.) 905. (Vol. 3787. 3788.)
Gerard, Dorothea (Madame Longard de Longgarde), The bridge of life. A novel without a purpose. (312 S.) 904. (Vol. 3768.)
— The compromise. 2 vols. (287 u. 286 S.) 906 (Vol. 3899. 3900.)
— The three essentials. (302 S.) 905. (Vol. 3809).
— The improbable idyl. (319 S.) 905. (Vol. 3836.)
— Made of money. (287 S.) 904. (Vol. 3728.)
— The eternal woman. (336 S.) 903. (Vol. 3647.)
Glyn, Elinor, Beyond the rocks. A love story. (296 S.) 906. (Vol. 3892.)
— The reflections of Ambrosine. (271 S.) 903. (Vol. 3636.)
— The vicissitudes of Evangeline. (279 S.) 905. (Vol. 3805.)
Haggard, H. Rider, Ayesha. The return of „She". 2 vols. (288 u. 287 S.) 905. (Vol. 3848. 3849.)
— The brethren. 2 vols. (Je 279 S.) 904. (Vol. 3775. 3776.)
— Pearl-Maiden. A tale of the fall of Jerusalem. 2 vols (287 u. 286 S.) 903. (Vol. 3648. 3649.)
— Stella Fregelius. A tale of three destinies. 2 vols. (302 u. 270 S.) 904. (Vol. 3720. 3721.)
— The way of the spirit. 2 vols. (279 u. 256 S.) 906. (Vol. 3883. 3884.)
Harland, Henry, The cardinal's snuff-box. (272 S.) 903. (Vol. 3671.)
— The Lady Paramount. (272 S.) 903. (Vol. 3688.)
— My friend Prospero. (272 S.) 904. (Vol. 3725.)
Harraden, Beatrice, Katharine Frensham. A novel. 2 vols. (279 u. 246 S.) 903. (Vol. 3701. 3702.)
— The scholar's daughter. (264 S.) 906. (Vol. 3875.)
Harte, Bret., Trent's trust and other stories. (287 S.) 903. (Vol. 3660.)
Hewlett, Maurice, Fond adventures. Tales of the youth of the world. (303 S.) 905. (Vol. 3813.)
— The fool errant. Being the memoirs of Francis-Antony Strelley, Esq., citizen of Lucca. 2 vols. (286 u. 287 S.) 906. (Vol. 3864. 3865.)
— The queen's quair; or, the six years' tragedy. 2 vols. (318 u. 286 S.) 904. (Vol. 3750. 3751.)
Hichens, Rob., The call of the blood. 2 vols. (287 u. 287 S.) 906. (Vol. 3919. 3920.)
— The garden of Allah. 2 vols. (359 u. 327 S.) 904. (Vol. 3781. 3782.)
— The black Spaniel, and other stories. (319 S.) 905. (Vol. 3851.)
— The woman with the fan. 2 vols. (286 u. 264 S.) 904. (Vol. 3734. 3735.)
Hobbes, John Oliver, The dream and the business. 2 vols. (271 u. 279 S.) 906. (Vol. 3913. 3914.)
Holdsworth, Annie E. (Mrs. Lee-Hamilton), A garden of spinsters. (287 S.) 904. (Vol. 3758.)
Hope, Anthony, Double harness. 2 vols. (286 u. 279 S.) 904. (Vol. 3766. 3767.)
— Sophy of Kravonia. 2 vols. (271 u. 263 S.) 906. (Vol. 3928. 3929.)
— A servant of the public. 2 vols. (271 u. 279 S.) 905. (Vol. 3812. 3843.)
Hornung, E. W., Denis Dent. (287 S.) 904. (Vol. 3708.)
— No hero. (271 S.) 903. (Vol. 3659.)
— Irralie's bushranger and The unbidden guest. (303 S.) 904. (Vol. 3744.)
— Stingaree. (287 S.) 905. (Vol. 3818.)
— A thief in the night. (295 S.) 905. (Vol. 3847.)
Howells, W. D., Miss Bellard's inspiration. A novel. (263 S.) 905. (Vol. 3830.)
Jacobs, W. W., Captains All. (271 S.) 905. (Vol. 3856.)
— Odd craft. (270 S.) 904. (Vol. 3707.)
— Dialstone Lane. (319 S.) 905. (Vol. 3786.)
— The lady of the barge. (285 S.) 903. (Vol. 3628.)
Jerome, Jerome K., Idle ideas in 1905. (272 S.) 905. (Vol. 3825.)
— Tea-table talk and The observations of Henry. (262 S.) 903. (Vol. 3697.)
— Tommy and Co. (287 S.) 904. (Vol. 3762.)
Kipling, Rudyard, The five nations. (246 S.) 903. (Vol. 3689.)
— Puck of Pook's hill. (288 S.) 906 (Vol. 3924.)
— Traffics and discoveries. (352 S.) 904. (Vol. 3765.)
Lee, Vernon, Genius loci and The enchanted woods. (302 S.) 906. (Vol. 3888.)
Lee, Vernon, Pope Jacynth, to which are added Ariadne in Mantua, and other romantic inventions. (278 S.) 906. (Vol. 3868.)
Levett-Yeats, S., Orrain. (319 S.) 905. (Vol. 3794.)
— The Lord Protector. (279 S.) 903. (Vol. 3625.)
Lorimer, George Horace, Old Gorgon Graham. More letters from a self-made merchant to his son. (279 S.) 905. (Vol. 3798.)
— Letters from a self-made merchant to his son. Being the letters written by John Graham, head of the house of Graham & Company, pork-packers in Chicago, familiary known on change as „Old gorgon Graham", to his son, Pierrepont, facetiously known to his intimates as „Piggy". (260 S.) 903. (Vol. 3631.)

Maartens, Maarten, Dorothea. A story of the pure in heart. 2 vols. (382 u. 360 S.) 904. (Vol. 3741. 3742.)
— The healers. 2 vols. (257 u. 279 S.) 906. (Vol. 3873. 3874.)
— My poor relations. Stories of Dutch peasant life. 2 vols. (278 u. 263 S.) 904. (Vol. 3705. 3706.)
— The woman's victory and other stories. 2 vols. (279 u. 263 S.) 906. (Vol. 3911. 3912.)
Maclaren, Ian, His Majesty baby and some common people. (270 S.) 903. (Vol. 3679.)
Macleod, Fiona, The sunset of old tales. (288 S.) 905. (Vol. 3835.)
Mason, A. E. W., The courtship of Morrice Buckler. A romance. Being a record of the growth of an English gentleman during the years 1685—1687, under strange and difficult circumstances, written some while afterwards in his own hand, and now ed. 2 vols. (291 u. 264 S.) 904. (Vol. 3714. 3715.)
— The four feathers. 2 vols. (287 u. 286 S.) 903. (Vol. 3630. 3631.)
— Miranda of the balcony. A story. (295 S.) 903. (Vol. 3678.)
— The truants. 2 vols. (279 u. 280 S.) 904. (Vol. 3777. 3778.)
— The watchers. (296 S.) 905. (Vol. 3828.)
Mathers, Helen., The ferryman. (287 S.) 905. (Vol. 3831.)
— Griff of Griffithscourt. (328 S.) 903. (Vol. 3633.)
— Tally ho! 2 vols. (236 u. 271 S.) 906. (Vol. 3908. 3909.)
— The new lady Teazle, and other stories and essays. (280 S.) 904. (Vol. 3748.)
Maxwell, W. B., The guarded flame. 2 vols. (279 u. 279 S.) 906. (Vol. 3916. 3917.)
— The ragged messenger. 2 vols. (286 u. 262 S.) 904. (Vol. 3756. 3757.)
Mayor, the, of Troy. Written by „Q" (A. T. Quiller-Couch). (288 S.) 906. (Vol. 3901.)
Merrick, Leonard, The quaint companions. (278 S.) 904. (Vol. 3711.)
— Conrad in quest of his youth. An extravagance of temperament. (288 S.) 903. (Vol. 3668.)
— Whispers about women. (286 S.) 906. (Vol. 3898.)
Merriman, Henry Seton, Barlasch of the guard. (288 S.) 903. (Vol. 3682.)
— The last hope. 2 vols. (286 u. 287 S.) 904. (Vol. 3763. 3764.)
— Tomaso's fortune, and other stories. (295 S.) 904. (Vol. 3736.)
Montgomery, Florence, An unshared secret and other stories. (288 S.) 903. (Vol. 3704.)
Moore, Frank Frankfort, The white causeway. (312 S.) 905. (Vol. 3815.)
— The artful Miss Dill. (287 S.) 906. (Vol. 3887.)
— Castle Omeragh. 2 vols. (264 u. 255 S.) 903. (Vol. 3669. 3670.)
— Shipmates in sunshine. Their romance on the Caribbean cruise. 2 vols. (262 u. 270 S.) 904. (Vol. 3717. 3718.)
— The original woman. (327 S.) 904. (Vol. 3749.)
Moore, George, Confessions of a young man. 1886. Ed. and annotated by George Moore, 1904. (272 S.) 905. (Vol. 3812.)
— The untilled field. (302 S.) 903. (Vol. 3656.)
— The lake. Revised for the Tauchnitz ed. (303 S.) 906. (Vol. 3863.)
— Memoirs of my dead life. (278 S.) 906. (Vol. 3921.)
Morrison, Arth., Divers vanities. (295 S.) 905. (Vol. 3844.)
— The green Eye of Goona. Stories of a case of Tokay (287 S.) 905. (Vol. 3791.)
Norris, Frank, The pit. The epic of the wheat. A story of Chicago. 2 vols. (264 u. 296 S.) 903. (Vol. 3654. 3655.)
Norris, W. E., Barham of Beltana. (280 S.) 905. (Vol. 3810.)
— Lord Leonard the luckless. (335 S.) 903. (Vol. 3639.)
— Nature's comedian. (319 S.) 904. (Vol. 3743.)
— Nigel's vocation. (304 S.) 904. (Vol. 3771.)
Osbourne, Lloyd, Baby Bullet, the motor of destiny. (291 S.) 905. (Vol. 3853.)
— Wild justice. (296 S.) 906. (Vol. 3904.)
Parker, Gilbert, Donovan Pasha and some people of Egypt. (320 S.) 903. (Vol. 3629.)
— The seats of the mighty. Being the memoirs of Captain Robert Moray, some time an officer in the Virgina regiment, and afterwards of Amherst's regiment. 2 vols. (272 u. 270 S.) 903. (Vol. 3640. 3641.)
Peard, Frances Mary, The ring from Jaipur. (327 S.) 905. (Vol. 3793.)
Pemberton, Max, Beatrice of Venice. A romance of the last days of the Venetian Republic and of Napoleon's campaign in Italy. 2 vols. (266 u. 271 S.) 905. (Vol. 3784. 3785.)
— The house under the sea. (295 S.) 903. (Vol. 3632.)
— Mid the thick arrows. 2 vols. (238 u. 295 S.) 905. (Vol. 3816. 3817.)
— Red morn. ([illegible] S.) 904. (Vol. 3737.)
— My sword for [illegible]. Being the story of a great friendship: And of [illegible] in the wars waged for liberty both in Fr[illegible] and A[illegible], by one who took no mean part therein. (279 S.) 903. (Vol. 3677.)
Pemberton, Max, The gold wolf. (303 S.) 903. (Vol. 3674.)
— Doctor Xavier. (280 S.) 904. (Vol. 3713.)
Phillips, F. C., An unfortunate blend. (269 S.) 904. (Vol. 3751.)
— If only, etc. (269 S.) 904. (Vol. 3710.)
Phillpotts, Eden, The Farm of the Dagger. (295 S.) 905. (Vol. 3811.)
— The golden fetich. (319 S.) 906. (Vol. 3869.)
— The striking hours. (280 S.) 903. (Vol. 3653.)
Priscilla's, The princess, fortnight. By the author of „Elizabeth and her German garden". (303 S.) 906. (Vol. 3880.)
Quiller-Couch, A. T., The adventures of Harry Revel. (280 S.) 903. (Vol. 3641.)
— Fort Amity. (280 S.) 904. (Vol. 3759.)

Rita, Prince Charming. A fantastic episode in court dress. (280 S.) 906. (Vol. 3872.)
— The Jesters. (335 S.) 904. (Vol. 3722.)
— The masqueraders. 2 vols. (287 u. 271 S.) 905. (Vol. 3799. 3800.)
— Queer Lady Judas. 2 vols. (287 u. 264 S.) 905. (Vol. 3819. 3820.)
— Souls. A comedy of intentions. (303 S.) 903. (Vol. 3663.)
Robins, Elizabeth (C. E. Raimond), A dark lantern. A story with a prologue. 2 vols. (294 u. 271 S.) 905. (Vol. 3823. 3824.)
— The magnetic north. 2 vols. (288 u. 287 S.) 904. (Vol. 3729. 3730.)
Roosevelt, Theodore, Outdoor pastimes of an American hunter. With a portr. of the author. (335 S.) 906. (Vol. 3918.)
Ruskin, John, Unto this last and Munera pulveris. (332 S.) 906. (Vol. 3910.)
— Sesame and lilies. 3 lectures. (271 S.) 906. (Vol. 3861.)
— The stones of Venice. Introductory chapters and local indices for the use of travellers while staying in Venice and Verona. 2 vols. With illustrations. (353 u. 302 S.) 906. (Vol. 3870. 3871.)
Russell, George W. E., A Londoner's logbook 1901—1902. (287 S.) 903. (Vol. 3646.)
Savage, Rich. Henry, A Monte Cristo in khaki. The story of a self-made nobleman. (294 S.) 904. (Vol. 3724.)
Shakespeare's christmas and other stories by „Q“ (A. T. Quiller-Couch). (279 S.) 906. (Vol. 3860.)
Somerville, E. Œ., and Mart. Ross, All on the Irish shore. Irish sketches. (295 S.) 903. (Vol. 3672.)
Steel, Flora Annie, In the guardianship of God. (269 S.) 903. (Vol. 3676.)
— The hosts of the Lord. 2 vols. (271 u. 256 S.) 903. (Vol. 3651. 3652.)
Stevenson, Rob. Louis, Tales and fantasies. (272 S.) 905. (Vol. 3837.)
Swinburne, Algernon Charles, Love's cross-currents. A year's letters. (279 S.) 905. (Vol. 3834.)
Trowbridge, W. R. H, That little Marquis of Brandenburg or the boyhood of the Great Frederick. (344 S.) 905. (Vol. 3795.)
— A dazzling reprobate. (287 S.) 906. (Vol. 3882.)
Vachell, Horace Annesley, Brothers. The true history of a fight against odds. 2 vols. (287 u. 270 S.) 906. (Vol. 3837. 3863.)
— The face of clay. An interpretation. (319 S.) 906. (Vol. 3895.)
Ward, Mrs. Humphry, Fenwick's career. 2 vols. (279 u. 271 S.) 906. (Vol. 3893. 3894.)
— The marriage of William Ashe. 2 vols. (319 u. 287 S.) 905. (Vol. 3803. 3804.)
— Lady Rose's daughter. 2 vols. (295 u. 270 S.) 903. (Vol. 3643. 3644.)
Wells, H. G., In the days of the comet. (319 S.) 906. (Vol. 3927.)
— The food of the gods, and how it came to earth. (296 S.) 904. (Vol. 3774.)
— Kipps. The story of a simple soul. 2 vols. (278 u. 271 S.) 905. (Vol. 3857. 3858.)
— Mankind in the Making. 2 vols. (303 u. 255 S.) 903. (Vol. 3698. 3699.)
— Twelve stories and a dream. (272 S.) 904. (Vol. 3712.)
— A modern utopia. (335 S.) 905. (Vol. 3821.)
Weyman, Stanley J., The abbess of Vlaye. 2 vols. (302 u. 303 S.) 904. (Vol. 3772. 3773.)
— Chippinge. 2 vols. (279 u. 279 S.) 906. (Vol. 3931. 3932.)
— The long night. 2 vols. (301 u. 279 S.) 903. (Vol. 3692. 3693.)
— Starvecrow farm. 2 vols. (280 u. 271 S.) 905. (Vol. 3845. 3846.)
Wharton, Edith, The house of mirth. 2 vols. (272 u. 271 S.) 906. (Vol. 3889. 3890.)
White, Percy, The countess and The king's diary. A record of two infatuations. (287 S.) 903. (Vol. 3680.)
— A millionaire's daughter. (287 S.) 904. (Vol. 3745.)
— Park Lane. 2 vols. (271 u. 254 S.) 903. (Vol. 3657. 3658.)
— The patient man. (327 S.) 905. (Vol. 3841.)
— A passionate pilgrim. (295 S.) 904. (Vol. 3783.)
— Mr. John Strood. (311 S.) 906. (Vol. 3886.)
— The system. 2 vols. (Je 271 S.) 905. (Vol. 3806. 3807.)
— The triumph of Mrs. St. George. 2 vols. (250 u. 271 S.) 904. (Vol. 3726. 3727.)
Whiteing, Rich., Ring in the new. (304 S.) 906. (Vol. 3891.)
— The yellow van. (319 S.) 903. (Vol. 3694.)
Wiggin, Kate Douglas, Rebecca of Sunnybrook Farm. (279 S.) 904. (Vol. 3740.)
— Rose o' the river. (255 S.) 906. (Vol. 3562.)
— Mary Findlater, Jane Findlater, Allan McAulay, The affair at the inn. (278 S.) 905. (Vol. 3808.)
Woodroffe, Dan., The beauty-shop. (296 S.) 906. (Vol. 3876.)

— of British authors. Tauchnitz edition. Copyright ed. Vol. 3937—4231. kl. 8. Leipzig, B. Tauchnitz. à vol. 1.60; geb. in Leinw. 2.20; in Geschenkbd. 3. —
Albanesi, Madame, Drusilla's point of view. A story of love. (288 S.) 908. (vol. 4054.)
Atherton, Gertrude, Ancestors. A novel. 2 vols. (336 u. 328 S.) 908. (vol. 4019. 4020.)
— The gorgeous isle. (251 S.) 909. (vol. 4093.)
— Tower of Ivory. A novel. 2 vols. (287 u. 287 S.) 910. (vol. 4183. 4184.)
Avebury, the right hon. Lord P. C. (Sir J. Lubbock), on peace and happiness. (311 S.) 909. (vol. 4143.)
Bagot, Rich., Anthony Cuthbert. 2 vols. (255 u. 269 S.) 908. (vol. 4070. 4071.)
— The lakes of Northern Italy. (280 S.) 908. (vol. 4024.)
— Temptation. 2 vols. (278 u. 279 S.) 907. (vol. 3960. 3961.)
Bennett, Arnold, Buried alive. A tale of these days. (272 S.) 908. (vol. 4055.)
— The ghost. A fantasia on modern themes. (270 S.) 907. (vol. 3976.)
— The glimpse. An adventure of the soul. (295 S.) 909. (vol. 4150.)
— Helen with the high hand. An idyllic diversion. (288 S.) 910. (vol. 4181.)
— The grim smile of the five towns. (287 S.) 907. (vol. 3989.)
— Whom God hath joined. (327 S.) 907. (vol. 3939.)
— The old wives' tale. A novel. 2 vols. (320 u. 343 S.) 909. (vol. 4102. 4103.)
Benson, E. F., the blotting book. (287 S.) 909. (vol. 4101.)
— The climber. 2 vols. (287 u. 294 S.) 909. (vol. 4088. 4089.)
— Daisy's aunt. (263 S.) 910. (vol. 4189.)
— The house of defence. 2 vols. (295 u. 264 S.) 907. (vol. 3970. 3971.)
— The Osbornes. (312 S.) 910. (vol. 4221.)
— A reaping. (302 S.) 909. (vol. 4152.)
— Sheaves. 2 vols. (270 u. 279 S.) 908. (vol. 4025. 4026.)
Benson, Rob. Hugh., the necromancers. (310 S.) 910. (vol. 4168.)
— None other gods. (358 S.) 910. (vol. 4229.)
— A winnowing. (272 S.) 910. (vol. 4193.)
Braddon, M. E., dead love has chains. (295 S.) 907. (vol 3968.)
— During her Majesty's pleasure. (271 S.) 908. (vol. 4047.)
Broughton, Rhoda, the devil and the deep sea. (287 S.) 910. (vol. 4220.)
— Mamma. (294 S.) 909. (vol. 4094.)
Burnett, Frances Hodgson, the shuttle. 2 vols. (367 u. 358 S.) 908. (vol. 4035. 4036.)
Caine, Hall, the white prophet. 2 vols. (367 u. 367 S.) 909. (vol. 4155. 4156.)
Carnegie, Andrew, Problems of to-day. Wealth—labour—socialism. (262 S.) 908. (vol. 4087.)
Castle, Agnes, and Egerton Castle, Flower o'the orange, and other stories. (303 S.) 906. (vol. 4028.)
— My merry Rockhurst. Some episodes in the life of Viscount Rockhurst, a friend of the King at one time constable of his Majesty's tower. (286 S.) 908. (vol. 4014.)
— Wroth. 2 vols. (279 u. 270 S.) 909. (vol. 4119. 4120.)
Chesterton, G. K., the man who was thursday. A nightmare. (296 S.) 908. (vol. 4034.)
— What's wrong with the world. (280 S.) 910. (vol. 4202.)
Cholmondeley, Mary, the lowest rung together with The hand on the latch, St. Luke's summer and The understudy. (254 S.) 908. (vol. 4086.)
Churchill, Winston, Mr. Crewe's career. 2 vols. (310 u. 287 S.) 908. (vol. 4058. 4059.)
Clifford, Mrs. W. K., the getting well of Dorothy. (279 S.) 907. (vol. 3967.)
— Mere stories. (254 S.) 909. (vol. 4146.)
— The modern way. (8 examples.) (279 S.) 907. (vol. 3945.)
Conrad, Jos., the secret agent. A simple tale. (312 S.) 907. (vol. 3995.)
— A set of six. (295 S.) 908. (vol. 4064.)
Corelli, Marie, Holy orders. The tragedy of a quiet life. 2 vols. (310 u. 312 S.) 908. (vol. 4067. 4068.)
Cotes, Mrs. Everard (Sara Jeannette Duncan), Cousin Cinderalla. (295 S.) 908. (vol. 4069.)
Crawford, F. Marion, Arethusa. 2 vols. (311 u. 261 S.) 907. (vol. 3997. 3998.)
— The Divas's ruby. A sequel to „Soprano“ and „The Primadonna“. 2 vols. (279 u. 302 S.) 908. (vol. 4078. 4079.)
— The undesirable governess. (247 S.) 910. (vol. 4190.)
— A lady of Rome. 2 vols. (295 u. 287 S.) 907. (vol. 3937. 3938.)
— The Primadonna. A sequel to „Soprano“. 2 vols. (271 u. 271 S.) 908. (vol. 4032. 4033.)
— The white sister. (302 S.) 909. (vol. 4132.)
— Stradella. (300 S.) 909. (vol. 4148.)
Croker, B. M., Babes in the wood. A romance of the jungles. (328 S.) 910. (vol. 4219.)
— The cat's-paw. (344 S.) 908. (vol. 4066.)
— The company's servant. A romance of Southern India. 2 vols. (263 u. 264 S.) 908. (vol. 4029. 4030.)
— Fame. (288 S.) 910. (vol. 4188.)
— Katherine the Arrogant. (295 S.) 909. (vol. 4100.)
Danby, Frank, an incompleat Etionan. 2 vols. (280 u. 279 S.) 909. (vol. 4109. 4110.)
— The heart of a child, being passages from the early life of Sally Snape, Lady Kidderminster. 2 vols. (271 u. 263 S.) 908. (4044. 4045.)
— Let the roof fall in. (271 u. 270 S.) 910. (vol. 4227. 4228.)
Doyle, A. Conan, the mystery of Cloomber. (286 S.) 909. (vol. 4138.)
— Round the fire stories. (350 S.) 908. (vol. 4077.)
— Through the magic door. (270 S.) 907. (vol. 4008.)
Emerson, Ralph Waldo, representative men. 7 lectures on the uses of great men, Plato, Swedenborg, Montaigne, Shakespeare, Napoleon and Goethe. (287 S.) 907. (vol. 3962.)
Fowler, Ellen Thoneycroft (Mrs. Alfr. Felkin), Miss Followfield's fortune. (344 S.) 910. (vol. 4163.)
Galsworthy, John, the country house. (302 S.) 909. (vol. 4127.)
— Fraternity. (352 S.) 909. (vol. 4131.)

— A man of Devon. (295 S.) 910. (vol. 4171.)
— The man of property. 2 vols. (295 u. 303 S.) 909. (vol. 4091. 4092.)
— A motley. (271 S.) 910. (vol. 4203.)
— Villa Rubein. (264 S.) 910. (vol. 4169.)
Gerard, Dorothea (Madame-Longard de Longgarde), Itinerant daughters. (290 S.) 907. (vol. 3969.)
— Pomp and circumstance. (311 S.) 909. (vol. 4111.)
— Restitution. (295 S.) 908. (vol. 4051.)
— The grass widow. (303 S.) 910. (vol. 4192.)
Glyn, Elinor, Elizabeth visits America. (286 S.) 909. (vol. 4124.)
— His hour. (290 S.) 910. (vol. 4230.)
— Three weeks. (272 S.) 907. (vol. 3978.)
Grand, Sarah, emotional moments. (280 S.) 908. (vol. 4037.)
Haggard, H. Rider, Benita. An African romance. (287 S.) 907. (vol. 3950.)
— Fair Margaret. 2 vols. (271 u. 279 S.) 907. (vol. 4004. 4005.)
— The Lady of Blossholme. (319 S.) 909. (vol. 4158.)
— Morning star. (303 S.) 910. (vol. 4186.)
— Queen Sheba's ring. (336 S.) 910. (vol. 4222.)
Harland, Henry, the royal end. A romance. (304 S.) 909. (vol. 4104.)
Harraden, Beatrice, interplay. 2 vols. (270 u. 270 S.) 908. (vol. 4084. 4085.)
Hearn, Lafcadio, Gleanings in Buddha-Fields. Studies of hand and soul in the far East. (288 S.) 910. (vol. 4204.)
— Glimpses of unfamiliar Japan. (319 S.) 907. (vol. 3994.)
— Glimpses of unfamiliar Japan. (2. series.) (320 S.) 910. (vol. 4164.)
— Kokoro. Hints and echoes of Japanese inner life. (280 S.) 907. (vol. 3957.)
— Kwaidan. Stories and studies of strange things. (255 S.) 907. (vol. 3987.)
— Out of the East. Reveries and studies in new Japan. (286 S.) 910. (vol. 4205.)
— The romance of the milky way and other studies and stories. (262 S.) 910. (vol. 4216.)
Hewlett, Maurice, halfway house. A comedy of degrees. 2 vols. (270 u. 287 S.) 909. (vol. 4106. 4107.)
— Open country. A comedy with a sting. (294 S.) 910. (vol. 4225.)
— The stooping lady. (304 S.) 908. (vol. 4018.)
— The Spanish jade. (255 S.) 908. (vol. 4060.)
Hichens, Rob., Barbary Sheep. (262 S.) 909. (vol. 4121.)
— Bella Donna. A novel. 2 vols. (328 u. 320 S.) 910. (vol. 4161. 4162.)
— The Spell of Egypt. (262 S.) 910. (vol. 4223.)
— A spirit in prison. 2 vols. (344 u. 351 S.) 908. (vol. 4073. 4074.)
Hope, Anthony, the geat Miss Driver. 2 vols. (279 u. 287 S.) 908. (vol. 4081. 4082.)
— Tales of two people. 2 vols. (287 u. 271 S.) 907. (vol. 4001. 4002.)
Hopkins, Tighe, the women Napoleon loved. (286 S.) 910. (vol. 4182.)
Hornung, E. W., dead men tell no tales. (203 S.) 909. (vol. 4115.)
— Mr. Justice Raffles. (288 S.) 909. (vol. 4145.)
Hunt, Violet, white rose of weary leaf. 2 vols. (287 u. 279 S.) 908. (vol. 4038. 4039.)
Hunt, Violet, the wife of Altamont. (310 S.) 910. (vol. 4201.)
Hutten, Baroness v., the Halo. (311 S.) 907. (vol. 4008.)
— Kingsmead. (295 S.) 909. (vol. 4116.)
— The lordship of love. A novel. 2 vols. (262 u. 256 S.) 910. (vol. 4165. 4166.)
Jacobs, W. W., short cruises. (288 S.) 907. (vol. 3974.)
— Sailors' knots. (279 S.) 909. (vol. 4151.)
— Salthaven. (286 S.) 908. (vol. 4080.)
James, Henry, the finer grain. (278 S.) 910. (vol. 4224.)
James, Winifred, Bachelor Betty. (288 S.) 908. (vol. 4002.)
Jerome, Jerome K., the angel and the author — and others. (270 S.) 908. (vol. 4061.)
— The passing of the third floor back and other stories. (246 S.) 907. (vol. 3973.)
— They and I. (295 S.) 909. (vol. 4147.)
Kipling, Rudyard, actions and reactions. (291 S.) 909. (vol. 4144.)
— Rewards and fairies. (302 S.) 910. (vol. 4218.)
Lee, Vernon, hortus vitae and Limbo. (295 S.) 907. (vol. 3981.)
— The spirit of Rome and Laurus Nobilis. (310 S.) 910. (vol. 4175.)
Lorimer, George Horace, Jack Spurlock, Prodigal. (295 S.) 908. (vol. 4063.)
Lowndes, Mrs. Belloc, studies in wives. (278 S.) 910. (vol. 4217.)
— The uttermost farthing. (272 S.) 910. (vol. 4174.)
Maartens, Maarten, brothers all. More stories of Dutch peasant life. (294 S.) 909. (vol. 4108.)
— Harmen Pols: Peasant. (319 S.) 910. (vol. 4211.)
— The price of Lis Doris. 2 vols. (270 u. 286 S.) 910. (vol. 4172. 4173.)
— The new religion. A modern novel. 2 vols. (à 286 S.) 907. (vol. 3990. 3991.)
Malet, Lucas (Mrs. Mary St. Leger Harrison), the far horizon. 2 vols. (302 u. 303 S.) 907. (vol. 3943. 3944.)
— The score. (287 S.) 909. (vol. 4136.)
Man, a, of no importance. By „Rita". (295 S.) 907. (vol. 3992.)
Mason, A. E. W., at the villa Rose. (279 S.) 910. (vol. 4210.)
— The broken road. (336 S.) 907. (vol. 4007.)
— Running water. (303 S.) 907. (vol. 3958.)
Mathers, Helen, gay lawless. (287 S.) 908. (vol. 4072.)
— Love the thief. (302 S.) 909. (vol. 4142.)
— Pigskin and petticoat. 2 vols. (279 u. 270 S.) 907. (vol. 4010. 4011.)
Mc Carthy, Justin, a short history of our own times. Vol. III (supplemental). From 1880 to the accession of King Edward VII. (271 S.) 907. (vol. 3996.)
Meredith, George, the egoist. A comedy in narrative. 2 vols. (334 u. 335 S.) 910. (vol. 4194. 4195.)
Merrick, Leonard, the house of lynch. (290 S.) 908. (vol. 4017.)
— The man who understood women, and other stories. (288 S.) 908. (vol. 4083.)
Merry-Garden and other stories by „Q" (A. T. Quiller-Couch). (279 S.) 907. (vol. 3966.)
Moore, Frank Frankfort, an amateur adventuress. (278 S.) 908. (vol. 4053.)
— The food of love. (319 S.) 909. (vol. 4153.)
— The Laird of Craig Athol. (286 S.) 910. (vol. 4198.)
— The mariage lease. The story of a social experiment. (319 S.) 907. (vol. 3985.)
— Priscilla and Charybdis. A story of alternatives. 2 vols. (298 u. 303 S.) 909. (vol. 4134. 4135.)
Morrison, Arth., green ginger. (311 S.) 909. (vol. 4105.)
Norris, W. E., not guilty. (287 S.) 910. (vol. 4208.)
— Harry and Ursula. A story with two sides to it. (288 S.) 907. (vol. 3948.)
— Pauline. (294 S.) 908. (vol. 4052.)
— The perjurer. (302 S.) 909. (vol. 4128.)
— The square peg. (318 S.) 907. (vol. 4009.)
Oldmeadow, Ernest, Susan. (272 S.) 907. (vol. 3963.)
Omar Khayyám, the astronomer-poet of Persia, Rubáiyát. Rendered into English verse by Edward Fitzgerald. The 4 editions with the original prefaces and notes. (246 S.) 910. (vol. 4231.)
Osbourne, Lloyd, Harm's way. (286 S.) 910. (vol. 4167.)
— The motormaniacs. (255 S.) 907. (vol. 3949.)
Ouida, Helianthus. A novel. 2 vols. (272 u. 264 S.) 909. (vol. 4098. 4099.)
Pain, Barry, the exiles of Faloo. (271 S.) 910. (vol. 4187.)
Parker, Gilbert, the weavers. A tale of England and Egypt of 50 years ago. 2 vols. (302 u. 287 S.) 908. (vol. 4041. 4042.)
Pasture, Mrs. Henry de la, Catherine's child. (311 S.) 909. (vol. 4114.)
— The grey knight. An autumn love-story. (312 S.) 908. (vol. 4046.)
— The Lonely Lady of Grosvenor Square. (311 S.) 907. (vol. 3975.)
Peard, Frances Mary, the flying months. (319 S.) 909. (vol. 4139.)
Pemberton, Max, the adventures of Captain Jack. (271 S.) 909. (vol. 4154.)
— The show girl. (287 S.) 910. (vol. 4199.)
— The Lady Evelyn. A story of to-day. (295 S.) 907. (vol. 3940.)
— The lodestar. A novel. (287 S.) 907. (vol. 3984.)
Pemberton, Max, love the harvester. A story of the shires. (280 S.) 908. (vol. 4065.)
— The diamond ship. (287 S.) 907. (vol. 3954.)
— Wheels of anarchy. The story of assassin: As recited from the papers and the personal narrative of his secretary, Mr. Bruce Ingersoll. (287 S.) 908. (vol. 4031.)
— White walls. A romance. (271 S.) 910. (vol. 4170.)
Perrin, Alice, the charm. (304 S.) 910. (vol. 4215.)
— Idolatry. (326 S.) 909. (vol. 4117.)
Phillips, F. C., a barrister's courtship. (280 S.) 907. (vol. 3941.)
— and Percy **Fendall**, disciples of Plato. (298 S.) 909. (vol. 4130.)
— — a honeymoon — and after. (268 S.) 910. (vol. 4191.)
Phillpotts, Eden, the human boy again. (279 S.) 908. (vol. 4040.)
— The whirlwind. 2 vols. (272 u. 270 S.) 907. (vol. 3955. 3956.)
— and Arnold **Bennett**, the sinews of war. A romance of London and the sea. (319 S.) 907. (vol. 3953.)
— — The statue. (302 S.) 908. (vol. 4050.)
Quincey, Thom. de, confessions of an English opium-eater. (319 S.) 910. (vol. 4212.)
Ridge, W. Pett, name of garland. (311 S.) 907. (vol. 3993.)
Rita, Calvary. A tragedy of sects. 2 vols. (272 u. 264 S.) 910. (vol. 4178. 4179.)
— The pointing finger. (278 S.) 907. (vol. 3952.)
— The house called Hurrish. (358 S.) 909. (vol. 4140.)
— The millionaire girl, and other stories. (288 S.) 908. (vol. 4043.)
— That is to say —. (271 S.) 910. (vol. 4206.)
Robins, Elizab., the convert. 2 vols. (262 u. 270 S.) 908. (vol. 4015. 4016.)
— The Florentine Frame. (303 S.) 909. (vol. 4160.)
Ruskin, John, the seven lamps of architecture. With illustr. drawn by the author. (334 S.) 907. (vol. 3951.)
— Mornings in Florence, being simple studies of christian art for English travellers. (271 S.) 907. (vol. 3986.)
— St. Mark's rest. The history of Venice, written for the help of the few travellers, who still care for her monuments. (280 S.) 910. (vol. 4214.)

Schmidt, Fräulein, u. Mr. Anstruther. Being the letters of an independent woman. By the author of „Elizabeth and her German garden". (302 S.) 907. (vol. 3972.)
Stanton, Thdr., M. A., a manual of american literature. Ed. in collaboration with membres of the faculty of the Cornell university. With a list of American authors and their works in the Tauchnitz edition. (555 S.) 909. (vol. 4000.)
Swinburne, Algernon Charles, Chastelard and Mary Stuart. Two tragedies. (319 S.) 908. (vol. 4027.)
Thurston, E. Temple, Mirage. (298 S.) 910. (vol. 4213.)
— The greatest wish in the world. (318 S.) 910. (vol. 4197.)
Twain, Mark, Christian science. With notes containing corrections to date. (287 S.) 907. (vol. 3979.)
— The $ 30,000 bequest and other stories. (304 S.) 907. (vol. 3969.)
— Extract from captain Stormfield's visit to heaven and Is Shakespeare dead? (256 S.) 910. (vol. 4209.)
Vachell, Horace Annesley, the hill. A romance of friendship. (303 S.) 907. (vol. 3988.)
— The paladin. As beheld by a woman of temperament. (350 S.) 909. (vol. 4149.)
Her son. A chronicle of love. (311 S.) 907. (vol. 3965.)
— An impending sword. An adventure by sea. (248 S.) 909. (vol. 4126.)
— The waters of Jordan. (302 S.) 909. (vol. 4090.)
Ward, Mrs. Humphry, Canadian born. (288 S.) 910. (vol. 4185.)
— Daphne, or, „Marriage à la mode". (296 S.) 909. (vol. 4125.)
— Diana Mallory. 2 vols. (303 u. 279 S.) 908. (vol. 4075. 4076.)
Wells, H. G., first and last things. A confession of faith and rule of life. (279 S.) 909. (vol. 4129.)
— The future in America. A search after realities. (279 S.) 907. (vol. 3942.)
— New worlds for old. (303 S.) 908. (vol. 4048.)
— Tono-Bungay. 2 vols. (278 u. 258 S.) 909. (vol. 4122. 4123.)
— The war in the air, and particulary how Mr. Bert Smallways fared while it lasted. (343 S.) 909. (vol. 4097.)
Weyman, Stanley J., laid up in lavender. (335 S.) 907. (vol. 3999.)
Wharton, Edith, the fruit of the tree. 2 vols. (279 u. 288 S.) 908. (vol. 4022. 4023.)
White, Percy, the eight guests. 2 vols. (295 u. 280 S.) 907. (vol. 3946. 3947.)
— The lost halo. (318 S.) 910. (vol. 4207.)
— The house of intrigue. (334 S.) 909. (vol. 4137.)
— Love and the poor suitor. (312 S.) 908. (vol. 4057.)
— Love and the wise men. (303 S.) 909. (vol. 4159.)
— An averted marriage, and other stories. (295 S.) 910. (vol. 4180.)
— Mr. Strudge. (343 S.) 908. (vol. 4021.)
Whitoing, Rich., all moonshine. (280 S.) 907. (vol. 4006.)
— Little people. (264 S.) 909. (vol. 4118.)
Wiggin, Kate Douglas, new chronicles of Rebecca. (279 S.) 907. (vol. 3964.)
— The old Peabody Pew and Susanna and Sue. (256 S.) 910. (vol. 4178.)
Wilde, Osc., de profundis and The ballad of Reading Gaol. (196 S.) 908. (vol. 4056.)
Wilde, Osc., a house of pomegranates. (252 S.) 909. (vol. 4095.)
— An ideal husband. A play. (270 S.) 909. (vol. 4113.)
— The importance of being earnest. A trivial comedy for serious people. (246 S.) 910. (vol. 4196.)
— Lady Windermere's fan. A play about a good woman. (238 S.) 909. (vol. 4112.)
— Lord Arthur Savile's crime, and other prose pieces. (276 S.) 909. (vol. 4096.)
— The picture of Dorian Gray. (287 S.) 908. (vol. 4049.)
— The happy prince and other tales. (144 S.) 909. (vol. 4141.)
— Salome. A tragedy in 1 act. (124 S.) 909. (vol. 4133.)
A woman of no importance. A play. (246 S.) 909. (vol. 4157.)
Williamson, C. N., and A. M. **Williamson**, the lightning conductor. The strange adventures of a motorcar. (303 S.) 907. (vol. 3980.)
— — lady Betty across the water. (312 S.) 910. (vol. 4177.)
— — Lord Loveland discovers America. (366 S.) 910. (vol. 4226.)
— — The motor maid. (312 S.) 910. (vol. 4200.)
Woods, Margaret L., the invader. (248 S.) 907. (vol. 3977.)
Zangwill, Israel, Ghetto comedies. 2 vols. (303 u. 272 S.) 907. (vol. 3982. 3983.)
— Ghetto tragedies. 2 vols. (à 286 S.) 908. (vol. 4012. 4013.)

Collection of British and American authors. Ed. by F. H. Ahn. Vol. 13. 8. Berlin 881. Friedberg & Mode. n. 1. 50
A selection from the works of Lord Macaulay. With a memoir of the author, and explanatory notes. For the use of schools and private tuition. (VII, 178 S.)

—— of British and American Authors. Ed. by F. H. Ahn. Vol. 13: A selection from the works of Lord Macaulay. With a memoir of the author, and explanatory notes. For the use of schools and private tuition. 8. (VII, 178 S.) Berlin 882, Friedberg und Mode. *

—— of British and American Standard Authors. With biographical sketches, introductions and explanatory notes edited by F. H. Ahn. Vol. 1—4. 8. Trier 870, Groppe. [Leipzig, E. Fleischer.] *

Inhalt:

Vol. 1. **Scott**, Sir Walter, The Lady of the lake. A poem in six cantos. With a memoir of the author, an introduction, explanatory notes and a map of Loch Katrine and the adjacent scenery. (V, 195 S. mit 1 lithogr. und color. Karte in qu. gr. 4.) *ℳ 1,35.
» 2. **Longfellow**, Henry Wadsworth, Evangeline. A tale of Acadie. With a memoir of the author, an introduction and explanatory notes. (V, 96 S.) * 70 Pf.
» 3. **Shakespeare**, Will., The Tragedy of King Richard II. With a memoir of the author, an introduction, explanatory notes, and appendixes comprising a prosody of Shakespeare and extracts from Holinshed's Chronicle. By F. H. Ahn. (VII, 168 S.) *ℳ 1,20.
» 4. **Sheridan**, Rich. Brinsley, The Rivals. A comedy in five acts. With a memoir of the author and explanatory notes. By F. H. Ahn. (IV, 139 S.) (* 95 Pf.) *ℳ 1.

Collection of British and American Standard Authors. With biographical sketches, introductions, and explanatory notes. For the use of schools and private tuition edited by F. H. Ahn. Vol. 5—12. 8. Leipzig, E. Fleischer. *

Inhalt:

Vol. 5. A Selection from the Poetical Works of Longfellow, Poe, and Bryant. With a memoir of the authors and explanatory notes. For the use of schools and private tuition. (VII, 250 S.) 872. *ℳ 1,80.
» 6. A Selection from the Works of Alfr. Tennyson, poet laureate. With a memoir of the author and explanatory notes. (VII, 220 S.) 872. *ℳ 1,60.
» 7. A Selection from the Sketch-Book of Washington Irving. With a memoir of the author and explanatory notes. (VII, 208 S.) 872. *ℳ 1,60.
» 8. A Selection from the Works of Rob. Browning. With a memoir of the author and explanatory notes. (VIII, 193 S.) 873. *ℳ 1,35.
» 9. **Dickens**, Charles, The Chimes, a goblin story of some bells that rang an old year out and a new year in. With a memoir of the author and explanatory notes. (IV, 160 S.) 873. *ℳ 1,20.
» 10. **Milton**. Comus, Lycidas, L'Allegro and il Penseroso. With a memoir of the author and explanatory notes. (87 S.) 873. * 80 Pf.
» 11. A Selection from Lamb's Essays of Elia. (138 S.) 874. *ℳ 1,20.
12. A Selection from the „English Humorists", „Miscellanies" and „Roundabout Papers" of William Makepeace Thackeray. With a memoir of the author and explanatory notes. (160 S.) 874. *ℳ 1,35.

—— of British and American Standard Authors. With biographical sketches, introductions and explanatory notes. Edited by F. H. Ahn. Vol. II: Evangeline. A tale of Acadie by Henry Wadsworth Longfellow. 2d edit. revised and corrected. 8. (XVII, 78 S.) [Leipzig 878, E. Fleischer.] Berlin, Friedberg und Mode. *
Vol. 1. und 3.—12. Ebendas. 1870—74. *ℳ 14,45.

—— of British authors fitted for instruction in learning the english language by J. Leutbecher. (Nr. 1.) Jacotot's method. The adventures of Telemachus. From the french of Salignac de la Mothe Fénélon. Translation by Francis Fitzgerald. Book I—IV. gr. 8. (50 S.) Erlangen 849, Blaesing.
Führt den Umschlagstitel: Sammlung britischer Autoren für die englisch lernende Jugend. 1. Heft.

Collection of the most eminent modern English authors. No. 1—3. A. u. d. T.: Master Humphrey's clock, by Boz. Vol. 1. Schmal 12. Berlin 840. Liebmann et Co. à 1/8 ß

Collection of the most eminent modern English authors. No. 1—9. A. u. d. T.: Master Humphrey's clock, by Boz. I. 4. and II. 1—4. and the path-finder by Cooper No. 1. schmal 12. Berlin 841. Nordhausen, Büchting. à 1/8 ß

— of famous authors. For the use of schools. Vol. I—VI. 8. Karlsruhe, F. Gutsch. Kart. à n. — 80
I. Paradise and the Peri. By Thom. **Moore**. Selections from Irish melodies, National airs, and Sacred songs. With the notes of the poet and a sketch of his life. Ed. by Karl Grosch. (70 S.) (905.)
II. The prisoner of Chillon. By Lord **Byron**. Selections from Childe Harold, Hebrew melodies, and Don Juan With the notes of the poet and a sketch of his life. Ed. by W. A. Badham, M. A. (75 S.) (905.)
III. **Irving**, Washington. A selection from the Sketch book of Geoffrey Crayon, Gent. With an introduction, some notes, and a list of words which are not to be found

in the dictionaries. Ed. by R. Nuck. (108 S.) (905.)
IV. The merchant of Venice. — King Lear. By Lamb. From Tales with Shakespearian scenes inserted. Ed. by F. Lotsch. (83 S.) (905.)
V. Silas Marner, the weaver of Raveloe. By George Eliot. With a sketch of the author's life. Ed. by Friederike Hildebrandt. (97 S.) (906.)
VI. David Copperfield's youth. By Charles Dickens. Abridged ed. for schools. With an introduction by H. Gruber. (116 S.) (906.)

— of famous authors. For the use of schools. Vol. VII. 8. Karlsruhe, F. Gutsch. Kart. — 80
Glöde, O., Collection of modern English tales. Ed. with sketches of the lives of the authors. (109 S.) (908).

—— of foreign authors. Vol. 1—6. Memoirs of Jacques Casanova de Seingalt, written by himself. Translated from the original French edition by A. Tolliab. gr. 16. (XXV und 1239 S.) Braunschweig 863, Neuhoff und Comp. à Vol. * 15 Ngr. *

—— of German authors. Authorized edit. Vol. 1—8. Leipzig 867, B. Tauchnitz. à Vol. * 15 Ngr. *
Inhalt:
Vol. 1—3. Auerbach, Berth., on the heights. Translated by F. E. Bunnet. 3 Vols. (1073 S.)
» 4. Reuter, Fritz, in the year 13: A tale of Mecklenburg life. Translated from the Platt-deutsch by Charles Lee Lewes. (V und 299 S.)
» 5. Goethe, Faust. From the German by John Anstler. (XIV und 295 S.)
» 6. Fouqué, de la Motte, Undine and other tales. Translated by F. E. Bunnet. (III und 361 S.)
» 7. Heyse, Paul, l'Arrabiata and other tales. From the German by Marie Wilson. (274 S.)
» 8. Zschokke, Heinr., the princess of Brunswick-Wolfenbüttel and other tales. From the German by M. A. Faber. (323 S.)

—— of German Authors. Authorized edit. Vol. 9—27. gr. 16. Leipzig, B. Tauchnitz. à Vol. (*ℳ 1,50.) *
Inhalt:
Vol. 9. Lessing, G. E., Nathan the wise and Emilia Galotti. Translated by W. Taylor and Charles Lee Lewes. (298 S.)
» 10. Hackländer, F. W., Behind the Counter [Handel und Wandel]. From the German by Mary Howitt. (367 S.)
» 11. Hauff, W., Three Tales. From the German by M. A. Faber. [The Beggar Girl of the Pont des Arts. The Emperor's Picture. The Cold Heart.] (326 S.)
» 12. Nathusius, Maria, Joachim v. Kamern; Diary of a poor young Lady. From the German by Miss Thompson. (III, 333 S.)
» 13. Poems from the German of Ferd. Freiligrath. Edited by his daughter. 1st edit. (XVIII, 241 S.) 1869, and 2d edit., enlarged. (XVIII, 260 S.) 871.
» 14. Gabriel, a story of the Jews in Prague. From the German by Arth. Milman. 870. (267 S.)
» 15. Heyse, Paul, The Dead Lake and other tales. From the German by Mary Wilson. 870. (312 S.)
» 16. Gutzkow, Karl, Through night to light. From the German by M. A. Faber. 870. (V, 312 S.)

Collection of German Authors etc.
Vol. 17. 18. Ebers, Geo., An Egyptian Princess. From the German by Eleanor Grove. Authorized edition. 2 vols. (XX, 330; 375 S.) 871.
» 19. 20. Richter, Jean Paul Friedr., Flower, Fruit and Thorn Pieces: or the married life, death, and wedding of the Advocate of the poor, Firmian Stanislaus Siebenkäs. Translated from the German by Edw. Henry Noel. 2 vols. (343; 303 S.) 871.
» 21. 22. Scheffel, Jos. Vict., Ekkehard. A tale of the tenth century. Translated from the German by Sofie Delffs. 2 vols. (299; 301 S.) 872.
» 23. 24. Marlitt, E., The Princess of the Moor. [Das Haideprinzesschen.] 2 vols. (331; 307 S.) 872.
» 25. 26. Goethe, Wilhem Meister's Apprenticeship. From the German by Eleanor Grove. 2 vols. (322; 390 S.) 873.
» 27. Heyse, Paul, Barbarossa and other tales. (302 S.) 874.

—— of German Authors. Vol. 28—38. gr. 16. Leipzig 875—79, Tauchnitz. à Vol. *
Inhalt:
Vol. 28. Görlach, Wilh., Prince Bismarck. A biographical sketch. From the German by Miss M. E. v. Glehn. With portr. (Holzschntaf.). (233 S.)
» 29. Hillern, Wilhelmine v., The Vulture Maiden. [Die Geier-Wally.] From the German by C. Bell and E. F. Poynter. (VII, 279 S.)
» 30. 31. Ebers, Geo., Uarda. A romance of ancient Egypt. From the German by Clara Bell. 2 vols. (333; 320 S.)
» 32. 33. —— Homo sum. A novel. From the German by Clara Bell. 2 vols. (270; 248 S.)
» 34—36. Reuter, Fritz, An old Story of my Farming Days [Ut mine Stromtid]. From the German by M. W. Macdowall. 3 vols. (274; 274; 314 S.)
» 37. 38. Hillern, Wilhelmine v., The Hour will come. A tale of an Alpine cloister. From the German by Clara Bell. 2 vols. (278; 254 S.)

— of german authors. Vol. 30—43. gr. 16. Leipzig 880—82. B. Tauchnitz. à n. 1. 60
30. 31. Uarda. A romance of ancient Egypt. By Geo. Ebers. From the german by Clara Bell 2 vols. (333 u. 320 S.)
32. 33. Homo sum. A novel. By Geo. Ebers. From the German by Clara Bell. 2 vols. (270 u. 248 S.)
34—36. An old story of my farming days [Ut mine Stromtid] by Fritz Reuter. From the german by M. W. Macdowall. 3 vols. (274, 274 u. 314 S.)
37. 38. The hour will come. A tale of an alpine cloister by Wilhelmine v. Hillern. From the german by Clara Bell. 2 vols. (278 u. 254 S.)
39. 40. The sisters. A romance. By Geo. Ebers. From the german by Clara Bell. 2 vols. (311 u. 295 S.)
41. Brigitta. A tale by Berth. Auerbach. From the german by Clara Bell. (286 S.)
42. 43. Spinoza. A novel. By Berth. Auerbach. From the german by E. Nicolson. Authorized ed. 2 vols. (282 u. 272 S.)

— of German authors. Copyright ed. Vol. 44—47. 12. Leipzig, B. Tauchnitz. à n. 1. 60
44. 45. Klytia. A story of Heidelberg Castle. By George Taylor. From the german by Sutton Frașor Corkran. 2 vols. (266 u. 261 S.) 883.
46. 47. Stella. By Fanny Lewald. From the german by Beatrice Marshall. 2 vols. (296 u. u. 280 S.) 884.

—— of German Authors. Vol. 39—47. 12. Leipzig, B. Tauchnitz. à Vol. *
Inhalt:
Vol. 39. 40. Ebers, Geo., The Sisters. A romance. From the German by Clara Bell. 2 vols. (311; 295 S.) 883.
» 41. Auerbach, Berth., Brigitta. A tale. From the German by Clara Bell. (286 S.) 880.
» 42. 43. —— Spinoza. A novel. From the German by E. Nicholson. 2 vols. (282; 272 S.) 882.
» 44. 45. Taylor, George, Klytia. A story of Heidelberg Castle. From the German by Sutton Fraser Corkran. 2 vols. (266; 261 S.) 883.
» 46. 47. Lewald, Fanny, Stella. From the German by Beatrice Marshall. 2 vols. (296; 280 S.) 884.

— of German authors. Copyright ed. Vol. 48 and 49. 12. Leipzig 890. B. Tauchnitz. à n. 1. 60
Joshua. A story of biblical life. By G. Ebers. From the German by Clara and Margaret Bell. 2 vols. (270 u. 263 S.)

— of German authors. Copyright ed. Vol. 50 and 51. 12. Leipzig 892. B. Tauchnitz. à n. 1. 60
Per aspera. [A thorny path.] By Geo. Ebers. From the German by Clara Bell. 2 vols. (256 u. 348 S.)

Collection, A, of German ballads ... Berlin 1799. H: *Beresford, Benjam.* (R-N)

Collection Barracco, la. Publiée par Frédéric Bruckmann, d'après la classification et avec le texte de Giovanni Barracco et Wolfg. Helbig. 12 livrs. Fol. (120 Lichtdr.-Taf., m. 64 Textseiten.) München 892—894. Verlagsanstalt f. Kunst u. Wissenschaft. à Lfg. n.n. 20. —
(2 Mappen u. 1 Einbanddecke dazu n.n. 16. —)

— de nouveaux bâtimens pour la décoration des grands jardins et des campagnes. Composée de 44 planches. gr. Fol. Leipz. 802. Voss. 15 ℔

— Bourgeois frères. Katalog der Gemälde. Gemälde v. Meistern des XIV. bis XVIII. Jahrh., Gemälde, Zeichngn. etc. neuzeitl. Meister. Versteigerung zu Köln wegen Auflösung des Geschäfts infolge Ablebens des letzten Inhabers der Firma Herrn Caspar Bourgeois zu Köln bei J. M. Heberle (H. Lempertz Söhne) im grossen Saale des Civil-Casinos (Augustinerplatz 7) Donnerstag den 27., Freitag den 28. u. Samstag den 29. X. 1904. (XI, 93 S.) 4. Köln 904. (J. M. Heberle.) n. 2. —; m. 41 Phototyp. n. 8. —; Prachtausg. auf Büttenpap. m. 45 Heliograv. n. 20. —; französ. Ausg. zu gleichen Preisen.

— dasselbe. Katalog der Kunstsachen u. Antiquitäten des VI. bis XIX. Jahrh. Versteigerung zu Köln Mittwoch den 19. X. bis Donnerstag den 27. X. 1904. (XIII, 297 S. m. Abbildgn.) 4. Ebd. n. 3. —; m. 67 Phototyp. n. 12. —; Prachtausg. m 67 Heliograv. n. 30. —; französ. Ausg. zu gleichen Preisen.

Collection „Brillant". 1.—16. u. 18. Bd. 8. Leipzig. C. F. Tiefenbach, Sep.-Cto. à n. 1.—; geb. à n. 2.—

1. Der Schreiber. Eine Geschichte aus Mecklenburg. Von Ludw. Stave. (109 S. m. Abbildgn.) 899.
2. Monsieur Perant od. Verraten. Von Guy de Maupassant. Deutsch v. Ludw. Wechsler. 3. Aufl. (94 S.) 899.
3. Wanda. Eine Novelle. Von O. Eug. Thossan. 3. Aufl. (117 S.) 899.
4. Yvette. Von Guy de Maupassant. Deutsch von Hub. Frhrn. v. Schorlemer. Illustr. v. Hugo L. Braune. (153 S.) 899.
5. Der Kirchhof Montmartre. — Auf dem Wasser. — Das Haus Tellier. Von Guy de Maupassant. Deutsch v. Hub. Frhrn. v. Schorlemer. Illustriert v. Hugo L. Braune. (94 S.) 899.
6. Das Ziehkind u. Anderes. Von Guy de Maupassant. Deutsch von Hub. Frhrn. v. Schorlemer. Illustriert v. v. Hugo L. Braune. (S. 157—260.) 899.
7. Gedanken des Oberst Laporte u. Anderes. Von Guy de Maupassant. Deutsch von Hub. Frhrn. v. Schorlemer. Illustriert v. Hugo L. Braune. (S. 97—247.) 899.
8. Der Stellvertreter. Erzählung. Von Dubut de Laforest. Deutsch v. Ludw. Wechsler. (110 S.) 899.
9. Achter-Drusch u. Buchlmusik. Bilder aus den Alpen. Von Arth. Achleitner. (Neue [Titel-]Ausg. aus: „Grenzerleut". (S. 177—243.) [896.] 899.
10. Nothwehr. Von Ludw. Stave. (114 S.) (899.)
11. Im Bühnen-Zwielicht. Roman. Von C. Crome-Schwiening. (109 S.) (900.)

12. 13. Der schöne Freund Georg. Von Guy de Maupassant. Deutsch von Hub. Frhr. v. Schorlemer. 1. Tl. Illustriert v. verschied. Künstlern. Orig.-Umschlag-Zeichng. v. Paul W. Ehrhardt. (Neue [Titel-]Ausg.) (294 S.) [898.] (900).

14. 15. Dasselbe. 2. Tl. Illustriert v. verschied. Künstlern. Orig.-Umschlagzeichng. v. Paul W. Ehrhardt. (Neue [Titel-]Ausg.) (280 S.) [898.] (901.)

16. Verrathene Liebe! La pauvrette. Siegfried's Tod. Zwei Novellen. Von Ludw. Stave. Orig.-Umschlagzeichng. v. Alfr. Pokatzki. (138 S.) (900.)

18. Die Redoute. Eine Pikanterie u. anderes. Von Edm. O. Ehrenfreund. Orig.-Umschlagzeichng. v. R. Scholz. (117 S.) (901.)

Bd. 17 ist noch nicht erschienen.

Collection du château de Kybourg. Provenant de feu M. le Lt.-Col. Pfau. Vente le 12 et 13 sept. 1887 au Casino de ville de Bâle sous la direction de M. Elie Wolf. 1888.

Collection Chic. 1. u. 2. Bd. 12. Ziegenhals 894. C. Thamm. à n. 2. —

1. Das Erbteil der Jungfer Cachelin. Erzählung v. Guy de Maupassant. Deutsch v. Walter Eichner. (180 S.)
2. Jean Gourdon. Erzählung v. Emile Zola. Deutsch v. Louis Herrmann. (189 S.)

Collection Chic. 3. Bd. 12. Ziegenhals 895. C. Thamm. n. 1. —

Die schöne Nivernaiserin. Erzählgn. v. Alphonse Daudet. Deutsch v. Graf K. Wildung. (163 S.)

— a choise, of moral tales, and essays drawn up from the Works of the most eminent english Writers. III Vol. a new Edition. 8. Mainz, Kupferberg. 815.

— de Chroniques Belges inédites, publiée par Orare du Gouvernement, redigée par la Commission Royal d'histoire. Vol. I. Chronic en vers de Jean van Heelu, ou relation de la bataille de Woeringen, publiée par J. F. Willems. A. u. d. T.: Rymkronyk van J. van Heelu etc. Avec 1 lithographie et table généalogique. gr. in 4. Bruxelles 836. (Bonn, Marcus.) n. 6 ℛ (Vgl. Heelu.)

— Vol. II. Aussi s. le titre: Chronique rimée de Phil. Moukes (Evêque de Tournay ou XIIIe siècle, publ pour la première fois avec des préliminaires, un commentaire et des appendices), par le Baron de Reiffenberg. Tom. I. gr. in 4. Mit 4 Steindr. u. Titelvign. Bruxelles 836. (Ebd.) n. 7 ℛ

— Vol. III. Aussi s. le titres: Recueil de chroniques de Flandre, publ. sous la direction de la commission Royale d'histoire, par J.-J. de Smet. Tom. I. Corpus Chronicorum Flandriae, sub auspiciis Leopoldi I., Serenissimi Belgarum Regis, ed. J.-J. de Smet. Tom. I. 4 maj. (Mit 1 Tab. u. Titelvign.) Bruxelles 837. (Ebd.) n. $6^2/_3$ ℛ

— Vol. IV. Aussi s. le titre: Chronique rimée de Phil. Mouskes, publ. par le Baron de Reiffenberg. Tome II. gr. in 4. (Mit 2 Steindr. u. Titelvign.) Bruxelles 838. (Ebd.) n. 8 ℛ (I. u. II.: n. 15 ℛ)

— Vol. V. Aussi s. le titres: Les Gestes des Ducs de Brabant, par Jean de Klerk, d'Anvers, publ. par J. F. Willems. Tom. I. De Brabantsche Yeesten, of rymkronik van Braband, door Jan de Klerk, van Antwerpen, uitgeg. door J. F. Willems. gr. in-4. (Mit 20 Steindr. u. 3 Vign.) Bruxelles 839. (Ebd.) n. $8^1/_2$ ℛ

— de Chroniques Belges inédites, publiée par ordre du Gouvernement et par les soins de la Commission Royale d'Histoire. (Vol. VI.) — A. s. l. T.: Recueil des Chroniques de Flandre, publié par J.-J. de Smet. Tome II. — Corpus Chronicorum Flandriae, sub auspiciis Leopoldi Primi, Serenissimi Belgarum Regis, edidit J.-J. de Smet. Tom. II. 4 maj. (Mit 5 Kpfr. u. 2 Titelvign.) Bruxelles 841. (Bonn, Marcus.) n. 8 ℛ

— la même. (Tome VII.) A. s. l. t.: Les gestes des Ducs de Brabant, en vers flamands du XV. siècle, publiés par J. F. Willems. Tome II. — De Brabantsche Yeesten, of Rymkronyk van Braband. 2e Decl. gr. in-4. (Mit 1 Lith. u. 1 Facsimile.) Le même 843. n. $5^1/_2$ ℛ

— la même. (Tome VIII.) A. s. l. t.: Johannis de Los Chronicon rerum gestarum ab anno MCCCCLV ad ann. MDXIV. Accedunt Henr. de Merica et Theod. Pauli historiae de cladibus Leodiensium ann. MCCCCLXV—VII, cum collectione documentorum ad res Ludovici Borbonii et Johannis Hornaei temporibus gestas. — Documents relatifs aux troubles du pays de Liége, sous les princes-évêques Louis de Bourbon et Jean de Horne, 1455—1505, publiés par P. F. X. de Ram. gr. in-4. (Mit 4 Steindrucktafeln.) Le même 844. n. $6^2/_3$ ℛ

Collection de Chroniques Belges inédites, publ. par ordre du Gouvernement et par les soins de la Commission Royale d'Histoire. (Tome IX.) Monuments pour servir à l'histoire des Provinces de Namur, de Hainaut et de Luxembourg, recueillis et publiés pour la première fois par le Baron de Reiffenberg. Tome I. gr. in-4. (Mit 23 lithogr. Taf.) Bruxelles 844. (Muquardt.) n. 7 ℛ. — (Bonn, Marcus.) n. $7^1/_3$ ℛ

— la même. X. A. s. l. t.: Monuments pour servir a l'histoire des Provinces de Namur, de Hainaut et de Luxembourg, recueillis et publiées pour la première fois par le Baron de Reiffenberg. Tom. IV. Inhalt: Le Chevalier au Cygne et Godefroid de Bouillon, poëme historique. Tom. I. gr. 4. (Mit 1 Lith.) Bruxelles 846. (Muquardt.) n. $5^1/_3$ ℛ

— la même. Chronique rimée de Philippe Mouskes ou Mouskés par le Bar. d. Reiffenberg. Supplément. gr. 4. Le même 845. n. 27 ngl

— la même. (Tom. XI.) Inhalt: Relation des troubles de Gand sous Charles-Quint, par un anonyme: suivi de 330 Documents inédits sur cet événement par M. Gachard. gr. 4. (Mit 1 Lithogr.) Le même. n. 6 ℛ

Collection de chroniques Belges inédites, publiée par ordre du Gouvernement. (Tome XII.) A. u. d. T.: Monuments pour servir à l'histoire des provinces de Namur, de Hainaut et de Luxembourg, recueillis et publiés pour la première fois par le Baron de Reiffenberg. Tome VII. gr. 4. (CXXVI u. 688 S. m. 3 lith. Taf.) Bruxelles 847. (Muquardt.) n. 6 ngl

— dies. (Tome XIII.) A. u. d. T.: Monuments pour servir à l'histoire des provinces de Namur, de Hainaut et de Luxembourg, recueillis et publiés pour la première fois par le Baron de Reiffenberg. Tome V.: Le chevalier au cygne et Godefroid de Bouillon. Tome II. gr. 4. (CLXXXII u. 592 S.) Ebd. 818. n. 6 ℛ

— dies. (Tome XIV.) A. u. d. T.: Monuments pour servir à l'histoire des provinces de Namur, de Hainaut et de Luxembourg, recueillis et publiés pour la première fois par le Bar. de Reiffenberg. Tome VIII.: Annales et Chroniques. gr. 4. (LIV u. 844 S.) Ebd. 818. n. 6 ℛ

— of English Class-Books. — Schulausgabe englischer Schriftsteller zum Gebrauch für die oberen Classen höherer Lehranstalten. Mit Einleitungen, Inhaltsangaben und Anmerkungen hrsg. von C. Bandow. 1.—3. Heft. gr. 8. Berlin 868, Moeser. à Heft * 50 Pf. *

Inhalt:

Heft 1. Hosler, C., The Advance of the Prussian Army on Brünn [July 1868]. From „The seven week's war in 1866." (51 S.)
» 2. Four Tales from the Household-Words conducted by Charles Dickens. (55 S.)
» 3. Baker, Sir Samuel W., The Discovery of the Sources of the Nile. (61 S.)

Collection de comédies etc. pour traduire dans les langues russe, française et allemande, s. a. (Sobranie) Собраніе etc.

— de comédies et romans choisis pour traduire dans les langues russe, française et allemande. Nr. 1—6. gr. 8. Berlin 859, Mittler und Sohn. à Nr. 9 Ngr. Thlr.

Inhalt:

Nr. 1. Toepffer, R., le presbytère. Conte genévois. Arrangé pour la traduction du Français en Russe par Aug. Boltz. (64 S.)
» 2. Sollogub, der Beamte. Lustspiel. Zum Uebersetzen aus dem Russ. in's Deutsche bearb. von Heinr. Ritter. (61 S.)
» 3. Mosen, Jul., die blaue Blume. Novelle. Zum Uebersetzen aus dem Deutschen ins Russische bearb. von Aug. Boltz. (63 S.)
» 4. Lermontoff, M., Bela. Novelle. Zum Uebersetzen aus dem Russ. ins Deutsche bearb. von Heinr. Ritter. (72 S.)
» 5. — der Fatalist. Novelle. Nebst einer Auswahl deutscher Gedichte. Zum Uebersetzen aus dem Deutschen ins Russische bearb. von Aug. Boltz. (62 S.)
» 6. Lespès, L., les esprits de l'atre. Conte. Arrangé pour la traduction du Russe en Français par Henri Ritter. (64 S.)

— complète du Moniteur universel de Paris, — depuis le 5. Mai 1789, jour de l'Ouverture des Etats généraux. gr. 8. Milan. (Jäger in Frankf.) (Vol. I. à XLVII. de la Ire Période. I. à XLVII. de la IIde Période. I. à IX. de la IIIme Période. (à 1 Rthlr.) 1

— complète du Moniteur universel de Paris, (Réimpression de Milan). Période I, 1—47. Période II, 1—37. Période III, 1—9. gr. 8. Berl. 802—5. (Reimer). 128 Rthlr 18 Gr

— complète du Moniteur universel de Paris etc., ist jetzt Berl. v. d. Realschulbuchh. in Berl

— de contes et abrégés historiques pour l'éducation des enfants. Vol. I. Livr. I—III. 8. Münch. 831, 32. v. Cotta. (a. J. Lindauer). à 6 Gr 18 Gr

— de Contes et abrégés historiques p. l'éducat. des enfans. (Par Mme. la Comtesse O'Hegerty.) Vol. I. Livr. 1 à 3. gr. in-12. (21¼ B.) Munic 832, [Jaquet.] à 6 Gr.

— de contes et nouvelles, zusammengest. v. A. Mühlan, s.: Gerhard's französische Schulausgaben.

— de contes populaires traduits de l'Allemand par A. Wacquez. Etrenne et cadeau de fête offerts aux enfants. 1. Livr. 12. Munich 844, Franz. 6¼ ngr

Collection de 54 costumes originaux de la Suisse. – *A Bâle*, publié par *J. C. Schabelitz*, *s. d.* In-8° carré, en feuilles, dans un carton-boîte.

Collection de 54 petites lithographies coloriées, relevées de gouache et montées sur papier gris.

— de Costumes nationaux d'Allemagne. 20 Feuill. Frankf. 840. Jügel, en noir 4 Rthlr color. 12⅓ Rthlr en petit form. 18 pl. 1½ Rthlr color. 4 Rthlr

— de six Costumes nationaux Alsaciens et Badois. Fol. Strassb. 834. Schmidt et Grucker. 2 Rthlr

— des costumes Suisses, dessinés par G. Rohr, gravés par Scheuermann, 27 feuilles color. Bern, Jenni. 16 Rthlr 12 Gr

Collection de costumes suisses des XXII cantons, peints par *J. Reinhard*, de Lucerne, *et publiés* par *Birmann et Huber*. – *A Basle*, 1819. In-4°.

Texte et 44 pl. gravées au trait par ? , finement coloriées et gouachées; montées sur bristol gris avec légendes imprimées.

Une édition postérieure (1822 ?) comporte 46 pl. V. *Collection nouvelle de Costumes, Petite Suite de Costumes...* et *Reinhard (J.)*.

1 Costume d'Oberhasli dans le canton de Berne. — 2. Costume des Environs de Lucerne. — 3. Costume des Baillages libres. — 4. Costume du canton de Schwitz. — 5. Costume des Environs de Stantz au canton d'Unterwald. — 6. Costume des Environs de Niederwenigen au Canton de Zürich. — 7. Costume du canton d'Uri. — 8. Costume des Environs de St-Gall. — 9. Costume de la Thurgovie. — 10. Costume du canton de Soleure. — 11. Costume du canton de Schaffhouse. — 12. Costume du canton d'Appenzell, Rode intérieure — 13. Costume du canton du Vallais. — 14. Costume des Environs de Berne. — 15. Costume du canton de Basle. — 16. Costume du canton de Glarus. — 17. Costume du canton de Fribourg, partie française. — 18. Costume du canton des Grisons. — 19. Costume de Gersau. — 20. Costume du canton de Zoug. — 21. Costume du Toggenbourg. — 22. Costume d'Entlibuch au canton de Lucerne. — 23. Costume du canton d'Appenzell, Rhode extérieure. — 24. Costume des Environs de Vevey au canton du Léman. — 25. Costume des sommelières de Berne. — 26. Costume d'Engelberg au canton d'Unterwald. — 27. Costume du canton d'Uri. — 28. Costume du canton d'Argovie. — 29. Costume des Environs de Baden. — 30. Costume des Environs de Lungern au canton d'Unterwald. — 31. Costume du Bourg de Schwitz. — 32. Costume des Environs de Soleure. — 33. Costume des Environs de Morat au canton de Fribourg. — 34. Costume du Guggisberg au canton de Berne. — 35. Costume du canton du Tessin. — 36. Costume des Environs de Knonau au canton de Zurich. — 37. Costume du Frickthal. — 38. Costume de Zoug dans l'habit du dimanche. — 39. Costume des Environs de Neuchâtel. — 40. Costume des Témoins de Confirmation dans l'Entlibuch. — 41. Costume des Environs du lac de Zürich. — 42. Costume des Anabaptistes suisses. — 43. Habit de cérémonie des fiancés du canton de Schaffhouse. — 44. Habit de cérémonie des fiancés du canton de Fribourg, partie allemande. — 45. Costume du canton de Genève. — 46. Costume du canton de Berne (variante).

Les planches 45 et 46 sont celles de l'édition publiée à Bâle par P. Birmann à une date que nous ignorons.

D'après *E. Rahir* (Bibliothèque de l'amateur, p. 313), une autre série de costumes du même artiste a été publiée, en 1822, en 30 pl.

Collection des costumes suisses. — *Zürich, in der Trachslerschen Buch- u. Kunsthandung, s. d.* (vers 1820). In-18, cart.

Titre gravé en français et en allemand et 24 petites planches gravées à la *manière de lavis* et coloriées; elles sont à deux personnages, homme et femme.

Collection de costumes suisses. – *Basle, Hasler et Cie, s. d.* (vers 1830). Petit in-4°.

Recueil de 30 pl. lithographiées en couleurs sur fond teinté.

— curieuse et interessante de la littérature etrangère. 8. Bresl. 791. W. G. Korn. 1 Rthlr

— de dentelles du musée de Cluny à Paris. (20 Lichtdruck-Taf. mit 2 Bl. Text.) gr. Fol. Plauen (903). Ch. Stoll. In Mappe n. 18. —

— de dessins de carrosses de parade ou de ville etc. 4 cah. avec pl. in obl. Leips. Ind. Compt.

— of english and danish dialogues. 12. Kopenh. 815. Bonnier. 8 Gr

— des discours, procès-verbaux et décisions du grand Sanhedrin etc. p. Tama. V Livr. gr. 8. Par. et Strasbourg, Treuttel et W. 807.

Collection de documents inédits sur l'histoire de France. Première série. Historie politique. — Mandements et actes divers de Charles V. [1364—1380.] Recueillis dans les collections de la bibliothèque nationale publiés ou analysés par Leop. Delisle. gr. 4. (XII, 1036 S.) Paris 876. Didot & Co. n. 12. 80

— Ernst Prinz zu Windisch-Grätz. V. Bd. nebst Anh. u. VI. Bd., 1. Abth. gr. 8. Wien (Gerold & Co.).

V. Griechische Münzen. Beschrieben von Jos. Scholz. (IV, 196 S. m. 1 Taf.) 899. — Anh.: Die Prägungen der Barbaren. Beschrieben u. bearb. v. Ed. Fiala. (S. 197—214 m. 3 Taf.) Prag 900. n. 10. —
VI. 1. Münzen der röm. Republik. II. Münzen der röm. Kaiser. 1. Abth. von Augustus bis Philippus Arabs. Beschrieben v. Otto Voetter. (V, 135 S. m. 1 Lichtdr.-Taf.) 899. n. 10. — (I, II u. VI, 1.: n. 46. —)
Früher u. d. T.: Fiala, Ed., Collection Ernst Prinz zu Windisch-Grätz.

— Ernst (Prinz) Fürst zu Windisch-Grätz. III. Bd., VI. Bd. 2. Abth., VI. Bd. 2. Abth. Nachtr. u. 3. Abth. u. VII. Bd. 1. Tl. gr. 8. Wien, Gerold & Co. n. 46. —

III. Münzen u. Medaillen v. Deutschland u. v. der Schweiz. Beschrieben u. bearb. v. Eduard Fiala. (IV u. S. 821—1372.) 903. n. 24. —
VI, 2. Münzen der römischen Kaiser. 2. Abth. Von Trajanus Decius bis Romulus Augustus. Beschrieben von Otto Voetter. (183 S. m. 3 Taf.) 903. n. 10. —
— Dasselbe. 2. Aufl. (Nachtrag.) Beschrieben von Otto Voetter. — 3. Abth. Münzen des byzantinischen Kaiserreiches. Beschrieben v. Thdr. Rohde. (111 S. m. 3 Taf. u. 32 S. m. 1 Taf.) 904. n. 6. —
VII, 1. Orientalische Münzen. Beschrieben von Eduard v. Zambaur. (80 S.) 906. n. 6. —

Collection Ernst Prinz zu Windisch-Grätz. Nachtrag z. VI. Bd. Die bis Ende 1906 neu erworbenen röm. Münzen. (7 S.) gr. 8. Wien 907. Gerold & Co. 2. 50
(I—III; VI 1—3 m. Nachtrag u. VII, 1: 104.50)

— de dix estampes à la Pharsale, de Lucain, paintes par Wächter et gravées p. Leupold, Kohl, Rahl, Schram et Frey. gr. 4. Wien 811. Degen. (Leipz., Barth). 10 ℔

— of elegant extracts from some of the best english Authors, with notes an explanations, selected by J. C. Carey. 8. Frankf. 802. Guilhaumann. 1 ℔ 8 gr

— **Feller.** Neuestes russisch-deutsches Taschenwörterbuch, enth. alle zur tägl. Unterhaltg., zu Hause u. auf Reisen erforderl. Wörter, sowie zum Schulgebrauche v. A. Mieskowski. 32. (VIII, 678 S.) Leipzig 892. B. G. Teubner. In Leinw. kart. 1. 50

— **Feller.** Deutsch-russisch. Taschenwörterbuch, enth. alle zur Unterhaltg. auf Reisen, in der Schule wie auch zum geschäftl. Verkehr u. s. w. erforderl. Wörter. Nach den neuesten Quellen v. A. Garbell. Vol. II. Deutsch-russisch. (662 S.) 11×7,5 cm. Leipzig (907). B. G. Teubner. In Leinw. kart. 2. —

Collection Figaro. 1.—43. Bd. 8. Berlin 889. 890. Fried & Co. à — 60; geb. à 1. —

1. Das Mädchen mit den drei Unterröcken. Von Paul de Kock. Aus dem Franz. v. L. Stöckmann. (144 S.)
2. Der Hahnrei. Von Paul de Kock. Aus dem Franz. v. L. Stöckmann. (146 S.)
3. Die Dame mit den drei Korsetts. Von Paul de Kock. Aus dem Franz. v. L. Stöckmann. (157 S.)
4. Schwindende u. kommende Liebe. Von Paul de Kock. Aus dem Franz. v. L. Stöckmann. (152 S.)
5. Friquette. Von Paul de Kock. Aus dem Franz. v. L. Stöckmann. (159 S.)
6. Der Liebe Losungswort. Von Paul de Kock. Aus dem Franz. v. F. Ramhorst. (136 S.)
7. Der Esel des Herrn Martin. Von Paul de Kock. Aus dem Franz. v. O. Mohnicke. (142 S.)
8. Georgette. Von Paul de Kock. Aus dem Franz. von L. v. Leiferde. (146 S.)
9. Gustav der Taugenichts. Von Paul de Kock. Aus d. Franz. von L. v. Leiferde. (144 S.)
10. Das Kind meiner Frau. Von Paul de Kock. Aus d. Franz. von L. v. Leiferde. (136 S.)
11. Die Frauen, das Spiel u. der Wein. Von Paul de Kock. Aus dem Franz. v. L. Stöckmann. (126 S.)
12. Die Frau, der Ehemann u. der Liebhaber. Von Paul de Kock. Aus dem Franz. von L. v. Leiferde. (131 S.)
13. Die Jungfrau v. Belleville. Von Paul de Kock. Aus dem Franz. v. F. Ramhorst. (142 S.)
14. Das hübsche Mädchen der Vorstadt. Von Paul de Kock. Aus dem Franz. v. E. Borck. (162 S.)
15. Madelaine. Von Paul de Kock. Aus dem Französ. v. O. Mohnicke. (172 S.)
16. Bruder Jakob. Von Paul de Kock. Deutsch bearb. von L. v. Leiferde. (134 S.)
17. Klein Lieschen. Von Paul de Kock. Aus dem Franz. von P. Lindner. (157 S.)
18. Ein reizender junger Mann. Von Paul de Kock. Aus dem Franz. v. L. Stöckmann. (134 S.)
19. Mein Nachbar Raimund. Von Paul de Kock. Aus d. Franz. von L. v. Leiferde. (118 S.)
20. Der Portier der Rue du Bac. Von Paul de Kock. Aus dem Franz. v. A. Hingst. (142 S.)
21. Der Fall Clémenceau. Denkschrift d. Angeklagten. Roman v. Alex. Dumas Sohn. Aus dem Franz. v. L. Stöckmann. (120 S.)
22. Die Kameliendame. Von Alex. Dumas Sohn. Übers. v. L. Stöckmann. (160 S.)
23—27. Der Graf v. Monte Christo. Von Alex. Dumas. Übers. von L. Stöckmann. (799 S.) In 1 Bd. geb. n. 4. —.
28. 29. Der Chevalier de Maison-Rouge. Von Alex. Dumas. Aus dem Franz. v. F. Ramhorst. 2 Bde. (144 u. 151 S.)
30. Fernande. Von Alex. Dumas. Aus dem Franz. von L. v. Leiferde. (159 S.)
31. Die Frau mit dem Sammethalsband. Von Alex. Dumas. Aus dem Franz. v. F. Ramhorst. (148 S.)
32. Ein Liebesabenteuer. Von Alex. Dumas. Aus dem Franz. v. H. Lewandowska. (147 S.)
33. Cäcilie. Von Alex. Dumas. Aus dem Franz. v. F. Ramhorst. (143 S.)
34. 35. Die drei Musketiere. Von Alex. Dumas. (303 S.)
36. Prinzessin Flora. Von Alex. Dumas. Aus dem Franz. von H. Lewandowska. (141 S.)
37. George. Von Alex. Dumas. Aus dem Franz. v. F. Ramhorst. (160 S.)
38. Die Kreutzer-Sonate. Erzählung von Graf Leo Tolstoi. Übers. v. H. Roskoschny. (144 S.)
39. Die Tochter des Regenten. Von Alex. Dumas. Aus dem Franz. v. O. Tornau. (160 S.)
40. Der Höllenschlund. Von Alex. Dumas. Aus dem Franz. v. F. Ramhorst. (160 S.)
41. 1001 Phantom. Von Alex. Dumas. Aus dem Franz. v. F. Ramhorst. (143 S.)
42. Eine Nacht in Florenz. Von Alex. Dumas. Aus d. Franz. v. O. Tornau. (120 S.)
43. Die Heiraten des alten Olifus. Von Alex. Dumas. Aus dem Franz. von L. v. Leiferde. (160 S.)

Collection Figaro. 44.—108. Bd. 8. Berlin, J. Gnadenfeld & Co. à — 60; geb. à 1. —

Inhaltsübersicht in alphabetischer Ordnung:

Belot, Adolphe, zwei Frauen. Aus dem Franz. v. L. Stöckmann. (130 S.) 892. (97. Bd.)

Daudet, Alphonse, Briefe aus meiner Mühle. Übers. v. H. Brandt. (151 S.) 892. (87. Bd.)
— der kleine Dingsda. Roman. Deutsch v. Rich. Brauer. (141 S.) 892. (86. Bd.)
— Fromont jun. u. Risler sen. Familien-Roman aus dem Pariser Leben. Deutsch v. E. Rosé. 2 Thle. in 1 Bd. (151 u. 136 S.) 892. (93. 94. Bd.)
— Jack. Roman. Deutsch v. H. Brandt. (157 S.) 892. (85. Bd.)
— die Könige in der Verbannung. Übers. v. H. Brandt. (155 S.) 892. (92. Bd.)
— Künstlerehen. Deutsch v. K. Brauer. (123 S.) 892. (89. Bd.)
— Montagsgeschichten. Übers. v. W. Platschek. (160 S.) 892. (91. Bd.)
— der Nabob. Pariser Sittenbild. Deutsch v. E. Rosé. (192 S.) 892. (88. Bd.)
— Tartarin aus Tarascon. Deutsch v. H. Brandt. (127 S.) 892. (90. Bd.)

Le Prince, F., die Totenhand. Fortsetzung d. Romans „Der Graf v. Monte Christo" v. Alex. Dumas. Übers. v. L. Stöckmann. (320 S.) 890. (44. 45. Bd.)

Ponson du Terrail, Erlebnisse in e. Spielhölle. Aus dem Franz. v. L. Stöckmann. (151 S.) 892. (100. Bd.)

Prévost, Abbé, Manon Lescaut. Aus dem Franz. v. K. Görke. (136 S.) 892. (96. Bd.)

Rude, Maxime, der Roman e. Hofdame. Aus dem Franz. von L. v. Leiferde. (152 S.) 892. (98. Bd.)

Sand, George, Consuelo. Roman. Aus dem Franz. v. W. Platschek. (747 S.) 893. (104.—108. Bd.) Geb. in 1 Bd. 4. —
— Leone Leoni. Aus dem Franz. v. W. Platschek. (138 S.) 892. (99. Bd.)
— letzte Liebe. Roman. Aus dem Franz. v. W. Platschek. (152 S.) 893. (102. Bd.)
— Spiridion. Roman. Aus d. Franz. v. W. Platschek. (168 S.) 893. (101. Bd.)
— der Marquis v. Villemer. Aus dem Franz. v. W. Platschek. (144 S.) 892. (95. Bd.)
— des Nächsten Weib. (Valvèdre.) Roman. Aus dem Franz. v. L. Stöckmann. (156 S.) 893. (103. Bd.)

Sue, Eug., Denkwürdigkeiten e. Ehemannes. (Konvenienzheirath, Geldheirath, Liebesheirath.) Roman. Aus dem Franz. v. H. Passarge. (320 S.) 892. (72. 73. Bd.)
— Therese Dunoyer. Roman. Aus dem Franz. v. P. Wilhelm. (144 S.) 892. (79. Bd.)
— der Fluch der Leidenschaft. [Latréaumont.] Roman. Aus d. Franz. v. P. Wilhelm. (132 S.) 892. (74. Bd.)
— die Geheimnisse von Paris. Roman. Aus dem Franz. v. L. Stöckmann. (800 S.) 892. (80.—84. Bd.) In 1 Bd. geb. 4. —
— der ewige Jude. Aus dem Franz. v. L. Stöckmann. (816 S.) 891. (65.—69. Bd.) In 1 Leinw.-Bd. geb. n. 4. —
— die Kinder der Liebe. Roman. Aus dem Franz. v. A. Hingst. (175 S.) 892. (70. Bd.)
— der Kommandeur v. Malta. Roman. Aus dem Franz v. H. Passarge. (176 S.) 892. (76. Bd.)
— Miß Mary od. die Gouvernante. Aus dem Franz. v. M. Platschek. (150 S.) 892. (71. Bd.)
— Paula Monti, od. Hotel Lambert. Roman. Aus dem Franz. v. K. Goerke. (140 S.) 892. (75. Bd.)
— Mademoiselle de Plouernel. Erzählung aus der Zeit Ludwig XIV. Aus dem Franz. v. K. Goerke. (147 S.) 892. (78. Bd.)
— der Teufelshügel. [Le Morne au Diable.] Aus dem Franz. v. P. Wilhelm. (159 S.) 892. (77. Bd.)

Tolstoi, Leo, Albert. Luzern. Die Dekabristen. Erzählungen. Übers. aus d. Russ. v. Herm. Roskoschny. (160 S.) 891. (53. Bd.)
— unsere Armen u. Elenden. Geld. Übers. aus dem Russ. v. Herm. Roskoschny. (144 S.) 891. (59. Bd.)
— zwei Husaren. Erzählungen e. Markörs. Erzählungen. Übers. aus dem Russ. v. Herm. Roskoschny. (144 S.) 891. (52. Bd.)
— Anna Karenina. Roman. Übers. aus dem Russ. v. Herm. Roskoschny. 5 Bde. (à 160 S.) 891. (54.—58. Bd.) In 1 Leinw.-Bd. geb. n. 4. —
— die Kosaken. Eine Erzählg. aus dem Kaukasus. Übers. aus dem Russ. v. Herm. Roskoschny. (167 S.) 891. (49. Bd.)
— Krieg u. Frieden. Roman. Uebers. aus dem Russ. v. Herm. Roskoschny. 5 Bde. (160, 160, 160, 160 u. 176 S.) 891. (60.—64. Bd.) In 1 Leinw.-Bd. geb. n. 4. —
— der Morgen d. Gutsherrn. Familienglück. [Der Roman der Ehe.] Erzählungen. Übers. aus dem Russ. v. Herm. Roskoschny. (160 S.) 891. (50. Bd.)
— Polikuschka. Erzählung. Übers. aus dem Russ. v. Herm. Roskoschny. (144 S.) 891. (51. Bd.)
— Sewastopol. Übers. aus dem Russ. v. Herm. Roskoschny. Ungekürzte Übersetzg. (156 S.) 891. (47. Bd.)

— Soldatengeschichten aus dem Kaukasus. Erzählungen. Übers. aus dem Russ. v. Herm. Roskoschny. (160 S.) 891. (48. Bd.)

— der Tod. Drei Todesarten. — Der Tod d. Iwan Iljitsch. — Der Leinwandmesser. Übers. aus dem Russ. u. m. e. Einleitg. versehen v. Herm. Roskoschny. (172 S. m. Bild.) 891. (46. Bd.)

— Fischer. 1.—10. Bd. 8. Berlin, S. Fischer, Verl. n. 16.—

1. Die vier Teufel, e. excentr. Novelle. Von Herm. Bang. Autor. Uebersetzung v. Ernst Brausewetter. (91 S.) 897. n. 1. —
2. Ashantee von Peter Altenberg. (VII, 204 S.) 897. n. 2. —
3. Raoul u. Irene. Von Maria Janitschek. (112 S.) 897. n. 1. —
4. Aus d. Tagebuch e. Verliebten. Liebeslieder u. Anderes. Von Peter Nansen. Autor. Übersetzg. v. Mathilde Mann. (152 S.) 897. n. 2. —
5. Sein Bruder. Novelle von G. v. Beaulieu. (96 S.) 898. n. 1. —
6. Der kleine Herr Friedemann. Novellen von Thom. Mann. (199 S.) 898. n. 2. —
7. Vom gastfreien Pastor Von Otto Erich Hartleben. 3. u. 4. Taus. (142 S. m. Titelbild.) 898. n. 2. —
8. Allerhöchst Plaisir. Ein Barock-Intérieur. Von Birger Mörner. Autor. Übersetzg. a. d. Schwed. v. Francis Maro. (99 S.) 898. n. 1. —
9. Das Briefcouvert. Studie eines Graphologen. Von Karl Gjellerup. (XIII, 135 S. m. Abb.) 898. n. 2. —
10. Das Wunderbare. Novelle v. Ernst v. Wolzogen. (197 S.) 899. n. 2. —

— Geister- u. Gespenster-Romane. 1.—10. Bd. 8. Berlin, A. Weichert. à n. 1. —

Anders, R. H., zwischen Zwölf u. Eins. Eine unheiml. Geschichte. (94 S.) (904.) (Bd. 8.)
Breyer, Alb., das versunkene Eisenkreuz. Warnende Kundgebungen aus der Geisterwelt. Wirklich Erlebtem nacherzählt. (96 S.) (904.) (Bd. 9.)
Carlos-Duchow, H., der Ahnherr v. Krakenburg. Eine mysteriöse Geschichte. (96 S.) (904.) (Bd. 3.)
— der Zug ins Jenseits. Eine mysteriöse Erzählung. (93 S.) (904.) (Bd. 10.)
Helfenstein, Loth., der Spuk der Daliborka od.: Im Hungerturm auf dem Hradschin. Ein merkwürd. Erlebnis. (93 S.) (904.) (Bd. 6.)
— die stöhnende Wand. Eine Geister-Erzählung. (96 S.) (904.) (Bd. 2.)
René, Gaston, die St. Andreasnacht. Eine unerklärl., seltsame Geschichte aus der Geisterwelt. (93 S.) (904.) (Bd. 7.)
— das Gespenst im Kaiserschlosse. Historischer Geisterroman aus der Zeit Maria Theresias. (96 S.) (904.) (Bd. 1.)
— das geheimnisvolle Schloßzimmer. Eine seltsame Geschichte. (96 S.) (904.) (Bd. 5.)
Wiener-Braunsberg, Jos., die wandernde Hand. Ein Nachtstück. Nach den hinterlassenen Tagebuchblättern Iwan Petrowskis. (96 S.) (904.) (Bd. 4.)

— générale et complète de Lettres, Proclamations, Discours, Messages etc. de Napoléon etc. Rédigée d'après le Moniteur etc. p. Chr. A. Fischer. II Vols. gr. 8. (Lpz.) 807, 12. Wienbrack. 4 ℛ 4 gr (A. u. d. T.: Neues französ. diplomat. Lesebuch.)

Collection générale et complète de lettres, proclamations, discours, messages etc. de Napoléon le Grand, Emper. d. Fr. etc. redigée d'après le Moniteur etc. classée suivant l'ordre du temps, accompagnée de notes historiques. *Leipz.* I. Bd. 808. 2. Bd. 813. gr. 8.

Collection der d. Markgrafth. Ober-Lausitz betreff. Gesetze u. Anordnungen, a. d. Originalien zusammen getragen u. in Ordn. gebracht. *Budissin*, Scholz. 1r u. 2r Th. 770—71. 3r Th. 786. 4r Th. 799. 4.

— de Gravures d'après les meilleurs peintres modernes. Gravées sur acier sous la direction de Mr. C. Frommel et par Ed. Schuler, et les artistes les plus habiles, 1re Partie. Ecole française. (18 Blätter mit Erklärung.) Fol. Carlsr. 833. Kunst-Verlag. 4 ℛ

Collection des habitations rurales dans les XXII cantons de la Suisse. Dessinées d'après nature par Frey, Fussli, Meyer, Schmid et Weibel et précédées de remarques. – *A Zürich, Keller et Füssli, s. d.* In-8° obl.

Suite de 24 jolies pl. (115×80), gravées à l'aquatinte et coloriées, de chalets et maisons de paysans. Il y a 2 pl. (120×80) de scènes de genre (Cabane et Chalet).

— Hartleben. Eine Auswahl der hervorragendsten Romane aller Nationen. 1. Jahrg. 26 Bde. 12. Wien, A. Hartleben. Geb. in Leinw. Einzelpr. à — 75; Subskr.-Pr. f. d. Jahrg. 19. —

1—4. Der Vormund. Roman v. Emilie Carlén. Aus dem Schwed. 4 Bde. (192, 192, 176 u. 174 S.) 892.
5. 6. So sei es! Roman v. Alex. Dumas. 2 Bde. (192 u. 158 S.) 892.
7. 8. Miß Mary, die Erzieherin. Roman v. Eug. Sue. 2 Bde. (160 u. 173 S.) 892.
9. Die weiße Rose. (Halil Patrona.) Historischer Roman aus der Zeit d. Janitscharenaufstandes 1730. Von Mor. Jokai. (180 S.) 892.
10. Die kleine Fadette. (Die Grille.) Von George Sand. (160 S.) 892.
11. 12. Verloren u. gefunden. Roman v. Thdr. Mügge. 2 Bde. (153 u. 157 S.) 892.
13. 14. Die Geschichte Heinrich Esmond's. Geschrieben v. ihm selbst. Hrsg. v. William Makepeace Thackeray. 2 Bde. (à 191 S.) 892.
15. Frühlingsfluthen. Roman von Iwan Turgénjew. (157 S.) 892.
16. Liebe u. Verrath. Von Aug. Maquet. (173 S.) 893.
17—19. Der Roman aus dem Leben e. Frau. Von Alex. Dumas (Sohn). 3 Bde. (192, 158 u. 174 S.) 893.
20. Der schwarze Vetter. Von Paul Féval. (157 S.) 893.
21. 22. Valcreuse. Von Jules Sandeau. 2 Bde. (174 u. 176 S.) 893.
23. 24. Der Wolfsmensch od. die Bestie des Gévaudan. Von Elie Berthet. 2 Bde. (191 u. 192 S.) 893.
25. 26. Der Verschwender. Von W. H. Ainsworth. 2 Bde. (192 u. 191 S.) 893.

— dasselbe. 2. Jahrg. 26 Bde. 12. Ebd. Geb. in Leinw. Einzelpr. à — 75; Subskr.-Pr. f. den Jahrg. 19. —

1—3. Am Hofe August des Starken. (Die Gräfin Cosel.) Historischer Roman v. J. J. Kraszewski. Autoris. Ausg. 3 Bde. (189, 190, 192 S.) 893.
4. Der erste Liebhaber. Roman v. Gerolamo Rovetta. (175 S.) 893.
5. 6. Theresine. Von Alb. Delpit. 2 Bde. (158 u. 156 S.) 893.
7. Streit u. Sieg. Novellen v. P. K. Rosegger. (192 S.) 893.
8. Diana de Lys. Von Alex. Dumas Sohn. (159 S.) 893.
9—11. Wallenstein's erste Liebe. Von K. Herloßsohn. 3 Bde. (188, 175 u. 191 S.) 893.
12. Späte Einsicht. Von Max Besozzi. (192 S.) 893.
13. 14. Kinder der Liebe. Von Eug. Sue. 2 Bde. (189 u. 192 S.) 893.
15. Blaues Blut. Von Al. Degré. (191 S.) 894.
16. 17. Die Bekenntnisse e. jungen Mädchens. Von George Sand. 2 Bde. (à 192 S.) 894.
18—20. Jane Eyre od. die Waise aus Lowood. Von Currer-Bell. 3 Bde. (192, 192 u. 174 S.) 894.
21. 22. Madame Bovary. Von Gust. Flaubert. 2 Bde. (192 u. 191 S.) 894.
23. Eine böse Nacht. Von Mrs. Gaskell. (157 S.) 894.
24—26. Der Chevalier v. Maison rouge. Von Alex. Dumas. 3 Bde. (à 176 S.) 894.

— dasselbe. 3. Jahrg. 1.—15. Bd. 12. Ebd. 894. Geb. in Leinw. Einzelpr. à — 75; Subskr.-Pr. f. d. Jahrg. v. 26 Bdn. 19. —

1—3. Die neue Magdalena. Von Wilkie Collins. 3 Bde. (à 159 S.)
4. 5. Die Stimme des Blutes. Von Fortuné de Boisgobey. 2 Bde. (176 u. 160 S.)
6. Goldschmiedkinder. Von Jul. v. der Traun. (176 S.)
7. 8. Die Scalpjäger. Von Capt. Mayne Reid. 2 Bde. (192 u. 176 S.)
9. Irrende Seelen. Novellen v. Anna Vogel vom Spielberg. (176 S.)
10. 11. Wiener Blut. Kleine Culturbilder aus dem Volksleben der alten Kaiserstadt an der Donau. Von Frdr. Schlögl. 2 Bde. (VI, 356 S. m. Bildnis.)
12—14. Die Geschichte e. Frau. Von Louis Enault. 3 Bde. (160, 160 u. 176 S.)
15. Der Held unserer Zeit. Von Michail Lermontow. (191 S.)

Collection Hartleben. E. Ausw. d. hervorrag. Romane aller Nationen. 3. Jahrg. 16.—26. (Schluß-)Bd. 12. Wien 895. A. Hartleben. Geb. in Leinw. Einzelpr. à — 75

16. D. Roman e. armen jungen Mannes. Von Octave Feuillet. (173 S.)
17. 18. Wiener Luft. Kleine Culturbilder a. d. Volksleben d. alten Kaiserstadt a. d. Donau. Von Frdr. Schlögl. 2 Bde. (VI, 359 S.)
19—21. Ein Londoner Geheimniß. Von Hamlyn Smyth. 3 Bde. (159, 159 u. 160 S.)
22—24. Die Nacht d. Rächer. Von Marquis v. Foudras. 3 Bde. (176, 173 u. 176 S.)
25. 26. Wienerisches. Kleine Culturbilder a. d. Volksleben d. alten Kaiserstadt a. d. Donau. Von Frdr. Schlögl. 2 Bde. (VI, 378 S. m. 1 Bildnis.)

— dasselbe. 4. Jahrg. 26 Bde. 12. Ebd.
Geb. in Leinw. Einzelpr. à — 75; f. d. Jahrg. u. 19. —
1—4. Schuldig, od. nicht? Von Jules Mary. 4 Bde. (175, 175, 176 u. 176 S.) 895.
5. 6. Der Brahmane. Von N. N. Karasin. 2 Bde. (159 u. 158 S.) 895.
7. 8. D. schöne Frau. V. Alb. Delpit. 2 Bde (160 u. 173 S.) 895.
9. Carinus u. and. Novellen. Von Mor. Jokai. (192 S.) 895.
10—12. Sphinx Von J. J. Kraszewski. 3 Bde. (174, 176 u. 160 S.) 895.
13. 14. Der Marquis v. Villemer. Von George Sand. 2 Bde. (à 159 S.) 895.
15. Span. Novellen. Von Fernan Caballero. (193 S.) 895.
16. Wir u. uns. Nachbarn. Chronik einer entleg. Straße. Von Harriet Beecher-Stowe. 3 Bde. (160, 159 u. 176 S.) 895.96.
19. Gabriel Lambert, d. Galeerensklave. Von Alex. Dumas. (160 S.) 896.
20. Der König Lear der Steppe. Der Fatalist. Von Iwan Turgénjew. (159 S.) 896.
21. 22. D. Scharfschützen. Von Capit. Mayne Reid. 2 Bde. (160 u. 158 S.) 896.
23. 24. E. großer Komödiant. Von Marquis v. Foudras. 2 Bde. (193 u. 174 S.) 896.
25. 26. D. Sultan e. Pariser Stadtviertels. Von Max. Perrin. 2 Bde. (159 u. 157 S.) 896.

— dasselbe. 5. Jahrg. 26 Bde. 12. Ebd.
Geb in Leinw. Einzelpr. à — 75; F. d. Jahrg. 19. —
1. 2. Im Banne d. Schuld. Von Fortuné du Boisgobey. 2. Bde. (176 u. 160 S.) 896.
3. D. Drama i. Grenzfort. Von N. N. Karasin. (160 S.) 896.
4—6. Infelice. Von Auguste Evans Wilson. 3 Bde. (160, 159 u. 153 S.) 896
7. Frau Lear. Sein Kind. Hangen u. Bangen. Von Anna Vogel vom Spielberg. (175 S.) 896.
8. Katherine Levallier. Von Alb. Delpit. (157 S.) 896.
9. Gräfin Ruth. Von Helene v. Beniczky-Bajza. (173 S.) 896.
10. Meeresblume. Von Jeanne Mairet. (189 S.) 896.
11. 12. Schicksalswege. Von Graf E. A. Ssalias. 2 Bde. (159 u. 174 S.) 896.
13—15. Die schöne Aurora. (Gräfin v. Königsmarck.) Von Gräfin Dash. 3 Bde. (à 192 S.) 896.
16. Der Ring des Amasis. Von Lord Lytton. (160 S.) 896.
17—19. Am Hofe von Neapel. Von A. v. L. 3 Bde. (159, 160 u. 159 S.) 896.
20. 21. Hyperion. E. abenteuerl. Geschichte v. H. W. Longfellow. 2 Bde. (160 u. 159 S.) 896.
22—24. Isabella von Bayern. Von Alex. Dumas. 3 Bde. (160, 176 u. 174 S.) 896.
25. Der gelüftete Schleier. — Bruder Jakob. Von George Eliot. (159 S.) 897.
26. Die Marquise v. Alfi. Von Eug. Sue. (190 S.) 897.

— dasselbe. 6. Jahrg. 26 Bde. 8. Ebd.
Geb. in Leinw. Einzelpr. — 75; F. d. Jahrg. 19. —
1—3. Opfer der Liebe. Roman in 3 Bdn. Von E. Werthen. (158, 158 u. 148 S.) 897.
4. 5. Die Bürde der Schönheit. Roman in 2 Bdn. Von Helene v. Beniczky-Bajza. (à 176 S.) 897.
6. Marca. Von Jeanne Mairet. (192 S.) 898.
7. 8. Die Aloeblüthe. Roman in 2 Bdn. Von Lina Wasserburger. (157 u. 158 S.) 898.
9. 10. Claudia. Roman in 2 Bdn. Von René de Pont-Jest. (à 176 S.) 898.
11. 12. Quo vadis? Roman in 2 Bdn. Von Heinr. Sienkiewicz. (160 u. 176 S.) 898.
13. Fahr' wohl, mein Lieb! Von Mathilde Serao. (190 S.) 898.
14—16. Die Fürstin. Roman in 3 Bdn. Von P. Boborykin. (à 160 S.) 898.
17. Der alte Herr. Criminalnovelle. Von Auguste Groner. (159 S.) 898.
18. 19. Bruderliebe. Roman in 2 Bdn. Von M. A. Fleming. (176 u. 159 S.) 898.
20. Nach d. Schiffbruche. Südamerikan. Roman. Von W. Kreuth. (160 S.) 898.
21. Die Wittwe Sorbier. Roman von Alb. Delpit. (174 S.) 898.
22. Was ich geschaut. Novellen von Irma v. Troll-Borostyani. (160 S.) 898.
23. Das Verhängniß. Roman von J. v. Brun-Barnow. (159 S.) 898.
24—26. Der König v. Paris. Roman in 3 Bdn. von Georg Ohnet. (156, 159 u. 160 S.) 898.

— dasselbe. 7. Jahrg. 1.—9. Bd. 8. Ebd.
Geb. in Leinw. à — 75. —; F. d. Jahrg. 19. —
1—3. Sabina Zembra. Roman in 3 Bdn. von William Black. (à 160 S.) 898.
4. 5. Isabella Flanelli. Roman in 2 Bdn. von Orlanda Guidi. (160 u. 163 S.) 898.
6. Das Blumenkind u. and. Novellen von Marco Brociner. (159 S.) 898.
7. 8. Hassende Liebe. Roman in 2 Bdn. von Daniel Lesueur. (160 u. 158 S.) 898.
9. Comtesse Tini. Roman von Coloman Frhr. v. Jósika. (157 S.) 898.

— Hartleben. Eine Auswahl der hervorrag. Romane aller Nationen. 7. Jahrg. 10.—26. Bd. 8. Wien 899. A. Hartleben. Geb. in Leinw. à — 75
10. 11. Der Günstling. Roman in 2 Bdn. Von B. v. der Lancken. (à 160 S.)
12. 13. Ein schwaches Weib. Roman in 2 Bdn. Von Mrs. Lovett Cameron. (à 160 S.)
14. Das Begräbniß des Schauspielers u. andere Novellen. Von Eug. Guglia. (159 S.)
15. Carmela. Roman. V. Prinzessin Olga Cantacuzène. (192 S.)
16. 17. Das Vermächtniß. Roman in 2 Bdn. Von Alex. Casetti. (160 u. 157 S.)
18. Firma Löwe, Kurt & Co. Eine Erzählg. unserer Zeit. Von Rust Roest. (176 S.)
19. 20. Im Verdacht. Roman in 2 Bdn. Von M. E. Braddon. (159 u. 160 S.)
21. 22. Alle Beide. Roman in 2 Bdn. Von Alb. Delpit. (à 160 S.)
23. 24. Die rothe Locke. Roman in 2 Bdn. Von Ernst v. Waldow. (160 u. 159 S.)
25. 26. Auf der Höhe. Roman in 2 Bdn. Von Jeanne Mairet. (160 u. 158 S.)

— dasselbe. 8. Jahrg. 26 Bde. 8. Ebd. 899. 900.
Geb. in Leinw. à — 75; f. den Jahrg. v. 26 Bdn. 19. —
1—3. Eine vornehme Ehe. Roman in 3 Bdn. Von René de Pont-Jest. (159, 159 u. 153 S.)
4. Der Australier. Roman. Von Elise Orzeszko. (192 S.)
5. 6. Die gefangene Prinzessin. Roman in 2 Bdn. Von R. Henry Savage. (160 u. 157 S.)
7. Ohne Herz. Strand-Idyll. Von Paula Baronin Bülow-Wendhausen. (155 S.)
8. 9. Das Idol. Roman in 2 Bdn. Von Girolamo Rovetta. (174 u. 187 S.)
10. Anna Huszar. Roman. Von Elek Benedek. (159 S.)
11. 12. Vom Sturm getragen. Roman in 2 Bdn. Von F. A. Fleming. (160 u. 157 S.)
13. 14. Die Studentin. Roman in 2 Bdn. Von Jeanne Mairet. (159 u. 176 S.)
15—17. Eine schöne Frau. Roman in 3 Bdn. Von Louis Létang. (160, 160 u. 176 S.)
18. 19. Ein neues Geschlecht. Roman in 2 Bdn. Von B. v. der Lancken. (160 u. 159 S.)
20. Mario. Roman. Von Giuglio Memini. (178 S.)
21. 22. Michelette. Roman in 2 Bdn. Von Marie Lescot. (à 160 S.)
23. 24. Irmengarde. Roman in 2 Bdn. Von A. v. der Paura. (159 u. 158 S.)
25. 26. Beaulieu. Roman in 2 Bdn. Von Pierre Sales. (159 u. 160 S.)

— d'Héroïdes et pièces fugitives, de Dorat, Colardeau etc. XII Tom. 12. Francf. 772.

Collection Georg Hirth. 2 Abthlgn. Ausg. A. Auf Kunstdr.-Pap. gr. 4. München 898. G. Hirth. n.n. 80. —
1. Deutsch-Tanagra. Porzellan-Figuren des 18. Jahrh., ges. v. Geo. Hirth. (XII, LXXXVIII, 160 S. m. 80 Textill. u. 131 Taf. in Licht- u. Buchdr.) n.n. 50. —
2. Kunstgewerbe. — Oelgemälde. — Graph. Künste etc. (IV, 158 S. m. 9 Textill. u. 71 Taf. in Licht- u. Buchdr.) n.n. 30. —

— dasselbe. Ausg. B. (Ohne Taf. u. Einleitg.) 2 Abthlgn. gr. 4. Ebd. 898. à n. 2. —
1. (XII, 160 S. m. 80 Textill.)
2. (IV, 158 S. m. 90 Textill.)

— of the classic english historians. Vol. I—III. A. u. d. T.: the life of Lorenzo de Medici, called the Magnificent, by W. Roscoe. III Vols. gr. 8. Heidelb. 825. Engelmann. 4 Thlr 16 gGr Velinp. 6 Thlr 6 gGr Vol. IV. A. u. d. T.: historical and critical illustrations of the life of Lorenzo de Medici, with an Appendix of original and 'othes documents, by W. Roscoe. With 5 cuts. gr. 8. Ebd. 826. 1 Thlr 18 gGr Velinp. 2 Thlr 12 gGr Vol. V—VIII. the life and Pontificate of Leo the Tenth etc. IV Vols. gr. 8. Ebd. 827. 7 Thlr Velinp. 8 Thlr

— of english historians. Vol. I et II. (W. Coxe, Memoirs of the Kings of Spain of the house of Bourbon from the access. of Philip the Fifth to the death of Charles. Vol. 1, 2.) gr. 8. Darmst. 819. Leske. 3 Thlr 8 gGr A. u. d. T.: Bibliothek engl. Geschichtschreiber.

— d'historiens arméniens. Th. Ardzrouni, Xe siècle, histoire des Ardzrouni; Arakel, de Tauriz, XVIIe siècle, livre d'histoires; Johannes de Dzar, XVIIe siècle, histoire de l'Aghovanie; traduits par M. Brosset. Tome I. Lex.-8. (XXXII, 618 S.) St.-Pétersbourg 874. Leipzig, Voss. *
Vgl.: Historiens, deux, arméniens.

— d'historiens arméniens. Traduits par M. Brosset. Tome II. Lex.-8. (IV, 696 S.) St.-Pétersbourg 876. Leipzig, Voss' Sort. n. 8. 80 (I. u. II.: n. 17. —)

— des jeux propres à jouer dans les jardins avec pl. in fol. Leipz. Ind. Compt.

—— Kikeriki, s.a. Makart-Bouquet.

Collection Kikeriki, s.a. Neufeld's Kikeriki-Kollection.

— Kikeriki. I. Serie. 1.–6. Bd. 12. Berlin 890. Neufeld & Henius. à 1. —
1. Der Herr Gemahl der Frau v. Solange. Der Schiffsarzt. Von Emil Souvestre. Ins Deutsche übertr. v. F. Wohlfahrt. (135 S.)
2. Die Frau von vierzig Jahren. Von Charles de Bernard. Ins Deutsche übertr. v. F. Wohlfahrt. (148 S.)
3. Der verliebte Löwe. Von Frédéric Soulié. Ins Deutsche übertr. v. M. Roese. (115 S.)
4. Ein Evastöchterlein. Geschichte aus dem Privatleben. Von H. de Balzac. Ins Deutsche übertr. von F. Wohlfahrt. (152 S.)
5. Das Taubenhaus. Mutter u. Tochter. Ein Gewissensfall. Erzählungen von Adolphe Belot. Ins Deutsche übertr. v. F. Wohlfahrt. (134 S.)
6. Zwei Maitressen. Emmeline. Von Alfr. de Musset. Ins Deutsche übertr. v. F. Wohlfahrt. (174 S.)

— Lafrance. 1. Bd. 8. Groß-Lichterfelde-West [v. Piper]. Berlin, J. Gnadenfeld & Co. n. 1. 50
Im Weibergefängnis. Roman. Von Adph. Belot. Autoris. Ausg. (128 S.) (899.)

— A. Lescure. Gestickte Kragen. Mitte d. XIX. Jahrh. (40 photolith. Taf.) 42×32 cm. Plauen (910). C. F. Schulz & Co. In Leinw.-Mappe 36. —

— dasselbe. Gestickte Tücher aus der Mitte des XIX. Jahrh. (40 Taf.) 42×31 cm. Ebd. (909). In Mappe 36. —

Collection, of english - original Letters for use and entertainment. Ein Lesebuch f. Anfänger im Englischen ꝛc. Mit grammat. Anmerk. u. einem Wort- u. Phrasen-Verzeichniß. 8. Nürnb. Schneider u. Weigel. 811. Rthlr.

– choisie de Lettres de commerce espagnoles, s. Fischer. Chr. Aug.

— de lois, actes, ordonances etc. à la Confédération du Rhin. IV Vol. 8. Paris, Schoell. 808.

Collection des lois et réglements en Suisse concern. la protection des animaux. v.: Sammlung der in der Schweiz bestehenden Gesetze etc. 1875.

— Manassewitsch, s.a. Kollektion Manassewitsch.

—— Manassewitsch. Russische Klassiker mit durchweg accentuirtem Text zum Gebrauche in Schulen, sowie zum Selbststudium. 1. Serie (20 Hefte). 8. [Leipzig 881—83, Voß' Sortiment.] Berlin, Deubner. à Heft * 50 Pf. *
Inhalt:
Gogol, N. W., der Reviser. Lustspiel. (132 S.) * M 2.
Lermontow, M., der Dämon. (51 S.) * M 1.
—— der Held unserer Zeit. Roman. (222 S.) * M 3,50.
Puschkin, A. S., die Kapitainstochter. Roman. (160 S.) * M 2,50.
Turgenjew, J. S., Assja. Novelle. (72 S.) * M 1.

—— dass. — 2. Serie. 1.—9. Heft. 8. Berlin 883,84, Deubner. à Heft * 50 Pf. *
Inhalt:
Lermontow, M., ausgewählte Gedichte. (S. 1—32.) * 50 Pf.
Puschkin, A. S., Eugen Onjägin. (244 S.) * M 4.

— Manassewitsch. Russische Klassiker mit durchweg accentuirtem Text zum Gebrauche in Schulen, sowie zum Selbststudium. Nr. 1—17. 8. Ebend. 881. 82. à n. — 50
Die Kapitainstochter. Roman von A. S. Puschkin. (160 S.)
Der Held unserer Zeit. Roman v. M. Lermontow. (222 S.)
Assja. Novelle v. J. S. Turgenjew. (S. 1—72.)
Der Dämon. Von M. Lermontow. (51 S.)
Der Revisor. Lustspiel v. N. W. Gogol. (S. 1—96.)

— Manassewitsch. Russische Klassiker m. durchweg accentuierten Text zum Gebrauche in Schulen sowie zum Selbststudium. Nr. 18—34. 8. Berlin 883—86. Deubner. à n. — 50
18—20. Der Revisor. Lustspiel v. N. W. Gogol. (S. 83—132.)
21—28. Eugen Onjägin. Von A. S. Puschkin. (244 S.)
29. 30. Ausgewählte Gedichte v. M. Lermontow. (64 S.)
31. Memoiren e. Wahnsinnigen v. N. W. Gogol. (S. 1—32.)
32—34. Klara Militsch. Novelle v. J. S. Turgenjew. (S. 33—91.)

—— Manassewitsch. Russ. Klassiker mit durchweg accentuiertem Text zum Gebrauche in Schulen, sowie zum Selbststudium. Nr. 30—34, 39 und 40. 8. Berlin, Deubner. à Nr. *
Inhalt:
Nr. 30. Lermontow, M., ausgewählte Gedichte. (S. 33—64.) 886.
" 31. Gogol, N. W., Memoiren eines Wahnsinnigen. (S. 1—32.) 886.
" 32—34. Turgenjew, J. S., Klara Militsch. Novelle. (S. 33—91.) 886.
" 39. 40. Nekrasow, N. A., Gedichte. (52 S.) 887.
Nr. 1—29. [1. Serie. 20 Hefte; 2. Serie. 1.—9. Heft.] Ebendas. 1881—84. à * 50 Pf.

—— Manassewitsch. Russische Klassiker m. durchweg accentuiertem Text zum Gebrauche in Schulen, sowie zum Selbststudium. Nr. 35—38: Eine Unglückliche. Novelle v. J. S. Turgenjeff. 8. (132 S.) Berl. 886. — Lpz., Gerhard. à Nr. * — 50: * 2 —

— of the Master-Pieces of the most celebrated ancient and modern engl. Authors publ. of Charl. Well. Erste Serie: the life of Napoleon Buonaparte. 55 Voll. Zweite Serie: the Works of Lord Byron. Vol. I—IV. 16. Stuttg. 827—30. (Brodhag). à Bdchen 4 gGr.

— or the Master-Pieces of the most celebrated ancien, and modem engl. Authors. Publ. of Charl. Well. Voll. 1—6. the Life of Napoleon Buonaparte. Vol. 1—6. 12. Stuttg. 827. Franck.

—— of the Master-Pieces of the most celebrated ancient and mod. English authors. Publ. under the direct. of Ch. Well. I. and II. Serie. 16. Stuttgart 828, 29, [Brodhag.]
Serie I. The life of Napoleon Buonaparte by Walter Scott. 35 Vol. à 4 Gr.
" II. The Works of Lord Byron. Vol. 1—4. à 4 Gr.
Vgl. die einzelnen Schriften.

— Meinhold. Nr. 1 u. 2. 8. (Mit Illustr.) Dresden 886. Meinhold & Söhne. à n. 1. —
1. Unterwegs! Drei Erzählgn. v. E. Rudorff. [Auf der Brautfahrt. Im Waggon 2. Classe. — Incognito. Im Waggon 3. Classe. — Ehen werden im Himmel geschlossen.] (88 S.)
2. Am Ziel. Drei Erzählgn. v. E. Rudorff. [Zur guten Stunde. In der alten Postkutsche. — Und er soll dein Herr sein. Auf dem Eise. — Wie Benjamin Redlich e. Frau suchte u. fand. Auf der Landstraße.] (94 S.)

— Meinhold. Nr. 3—7. 8. Dresden 887—890. Meinhold & Söhne. à n. 1. —
3. Cäsars Koffer. Die Farben der Natur. Humoresken von A. v. Winterfeld. Illustriert v. E. Limmer. (95 S.)
4. Südwest-Afrikanische Reisebriefe des zur Ruhe gesetzten Lohgerbermeisters u. Vorsitzenden d. Bezirks-Vereins f. Kolonialwaaren-Politik, Vaterlands-Vergrößerung u. Erweckung des deutschen National-Gefühls in den Aequatorial-Gegenden August Kulicke aus Berlin, an seine Vereinsgenossen. Aus d. Südwest Afrikanischen Ursprache in das Nordost-Berlinische zurückübers. v. Rich. Schmidt-Cabanis. Nebst 2 Kreuzband-Sendungen Südwest-Afrikanischer Zeitungs-Probenummern (73 S.)
5. Aus der Gesellschaft. Novelle v. F. Schifkorn. (99 S.)
6. Die 1002. Nacht. Eine wahre Geschichte. Das Sternzimmer Humoreske. Die Szettermald vom Gottesberg. Novelle. Von M. Jókai. Einzig berechtigte Uebertragg. v. Lud. Wechsler (121 S.)
7. Genrebilder und Eisenbahngeschichten von Jos. Siklóssy (159 S.)

— miscellaneous, and translations from the best english and german authors. 8. Bremen. 793.

Collection Freund's „Moderne". I. 8. München, A. Freund. 1.—

„Künstlerehe". Ein Coulissen-Roman. Von Rob. Misch. (128 S.) (899.)

— **Moos.** 1. Serie. 1—3., 4., 5., 10. u. 11. Bd. 12. Erfurt 897. E. Moos. Geb. in Leinw. à n. 2.—

1. Im Traum u. and. Geschichten v. Neera. Autor. Uebersetzg. a. d. Ital. v. Helene Katz. (III, 218 S. m. Bildn. u. Fksm.)
2. Trümmer u. and. Erzählgn. v. Cecilia Bååth-Holmberg. Autor. Uebersetzg. a. d. Schwed. v. G. Simon. (VII, 244 S. m. Bildn. u. Fksm.)
3. Frauenehre u. and. Novellen v. Emilia Pardo-Bazán. Autor. Uebersetzg. a. d. Span. v. Helene Katz. (III, 197 S.)
4. Der Schwur auf d. Oelberg. Roman von Schack v. Igar (Elfriede Jaksch). (250 S. m. Bildn.)
5. Wie Frauen handeln. Von Camillo C. Branco. — D. Weib d. Verurteilten. D. barmherz. Schwester. Von J. Ventura. Uebersetzg. a. dem Portugies. v. Helene Katz. (V, 240 S.)
10. Onkel Clemens. Orig.-Roman von J. v. Troll-Borostyani. (169 S. m. Bildn.)
11. Verirrte Vögel. Skizzen von Per Hallström. Autor. Uebersetzg. a. dem Schwed. v. Francis Maro. (V, 240 S. m. Bildn.)

Bd. 6 9 erscheinen später.

— de **Moralistes** anciens. III Vol. 12. Génève. (Mainz, Kupferberg,) 782.

— des **Moralistes** anciens, traduits en François, savoir: l'Empereur Marc-Aurèle-Antonin, Epictète, Isocrate, Théognis, Phocylide, Pythagore, Menandre et les Sages de de la Grèce, Mahomet, Cicéron, Sénèque, Confucius, avec celle de divers Auteurs Chinois, Socrate, Platon etc. 10 Vol. 8. Dresden, Walther. 786—87.

(Diese Werke werden auch einzeln verkauft, nämlich: Réflexions de l'Empereur Marc-Aurèle-Antonin. 786. 12 gr. — Manuel d'Epictete, p. Mr. Dacier. 8. 780. 12 gr. — Pensées morales d'Isocrate, de Phocylide, de Théognis. 8. 786. 12 gr. — Morale de Mahomet; par Savary. 8. 786. 4 gr. — Pensées morales de Cicéron. 8. 786. 6 gr. — Morale de Sénèque. 8. 786. 12 gr. — Pensées morales de Confucius et de divers auteurs Chinois; par Mr. Levesque. 8. 807. 12 gr. — Les Entretiens mémorables de Socrate; par Mr. Levesque. 8. 786. 16 gr. — La République de Platon. 2 Vol. 8. 787. (1 Rthlr. 12 gr.)

— de **moralistes** français (Montaigne, Charron, Pascal, Larochefoucault, Labruyère, Vauvenargues, Duclos) publiée avec des commentaires et de nouvelles notices par Amaury-Duval. Vol. 1 et 2 in 8. Paris. 820. 4

— **rätselhafte Naturen.** 3. u. 5.—8. Bd. 8. Coethen, [R. Schumann]. Wien, F. C. Mickl. n. 12.—

3. Verbrecher am Kinde. Von Frz. Unger. 3. gänzlich umgearb. Aufl. (Umschlag: 3. veränd. Aufl. der „persönl. Erinnergn. eines Opfers der modernen Flagellomanie".) (94 S.) München 904. n. 2.50
   Aus dem Handel gezogen; Ersatz dafür bildet: Flagelantismus, der, einst u. jetzt. Jetzt Ebd. 901.
5. Im Zeichen der Grausamkeit. Skizzen zur Geschichte d. Leibes- u. Lebensstrafen im alten Wien m. besond. Berücksicht. der verschiedenen Hinrichtungsarten u. der Zauberei, nach Schlager, Realis u. P. M. Fuhrmann hrsg. von Frz. Unger. (85 S.) (905.) n. 2.50
6. Johann v. Leyden u. das Wiedertäufer-Königreich in Münster. Von Frz. Unger. (86 S.) 903. n. 2.—
7. Die schwarze Magie, ihre Meister u. ihre Opfer. Von Frz. Unger. (80 S.) (904.) n. 2.50
8. Die Geissler. (Fürsten u. Bettler, Männer u. Frauen, Greise u. Kinder im Banne der Bussdisziplin.) Von E. Fischer. Bearbeit. v. Frz. Unger. (103 S.) 906. n. 2.50
   Bd. 1. 2 u. 4 u. d. T.: Naturen, rätselhafte, Bd. 1 u. 2, sowie Happel, E. G., Peitschen, Martern u. Morden. Jetzt Ebd. 902.

Collection, a new, of commercial letters for use and entertainment. Ein Lesebuch f. diejenigen, welche die englische Sprache in Hinsicht auf kaufmännische Geschäfte erlernen wollen, mit grammat. Anmerkungen, u. ein. erklärenden Wort- u. Phrasen-Verzeichniß. 8. Nürnberg, Schneider u. Weigel. 811.

Collection, A new, of english original and commercial letters ... Nürnberg 1789. II: *Balbach, Joh.* (Ky) (MGT)

— a new, of english original and commercial lettres, (by Joh. Balbach); ein Lesebuch f. Diejen., welche d. engl. Sprache in Hinsicht auf kaufmänn. Geschäfte erlernen wollen. 2 Bde. 8. Nürnb. 790 u. 91. Schneider u, W. (à 12 gr) 1 Rthlr

— a new, of english original et commercial letters. II Bde. 8. Nürnb. Weigel. 790. 91.

— a new, of historical, poetical, political and moral pieces for the year 1777—80. 8. Hamb. 781. Herold. 4 Rthlr

— a new, of poetical pieces original and translated, oder neue englische poet. Chrestomathie für Diejen., welche theils Muster d. höhern Poesie verlangen, theils diese Sprache vollkommen zu erlernen wünschen; zusammengetragen u. mit erläuternden Anmerkk. u. e. Wortregister versehen v. F. G. Barth. gr. 8. Erfurt 778. 2e A. 786. Keyser. 1 Rthlr

— nouv. de **costumes** Suisses Cah. I.—IV. 8. Zürich, Orell. 803—6.

— nouvelle, des costumes Suisses des XXII Cantons, d'après les dessins de Lory, König et Steinlein. LXVI fig. enlum., avec le texte franc. et allem. 12. Zürich 803—6. Orell. 8 Rthlr

Collection. — *Nouvelle Collection* de costumes suisses d'après les dessins de *König, Lori* et *Usteri.* – *Zürich, Orell-Fussli et Comp.*, 1803-1805. In-18.

Publié en 6 fascicules, avec texte français et allemand et contenant chacun 10 pl. de costumes, soit 60 pl. gravées et coloriées.

Collection nouvelle de costumes suisses peints par *J. Reinhard.* – (*Zürich, Orell-Füssli.*) [1808.] In-4°.

46 pl. de costumes gravées à l'aquatinte par (*F. Hegi* — Brunet V. 10 — ?) coloriées et gouachées.

D'après un ancien catalogue de la maison Orell-Füssli que nous avons consulté, il y avait de cette collection deux éditions : l'une, l'*édition ordinaire*, dont chaque planche se vendait 6 fr. ; l'autre (l'édition sur meilleur papier, sans doute) qui se vendait 9 fr. la planche. Le prix de l'ouvrage complet, en édition ordinaire, était de 270 fr. ; celui de l'édition de luxe était de 460 fr. V. n° 135 *Costumes Suisses.*

Collection nouvelle de costumes suisses des XXII cantons d'après les dessins de *Lory, König*, etc., 60 pl. In-12, avec texte explicatif français et allemand. – *Zürich, Orell-Fussli, s. d.* (vers 1812).

Nouvelle Collection de costumes suisses des XXII cantons d'après Kœnig, Lory et d'autres. Neue Sammlung von Schweizertrachen aus den XXII Cantonen nach Kœnig, Lory und Anderen. – *Züric*, chez *Orell-Fussli et Comp. s. d.* (vers 1818).

60 pl. de costumes par *Koenig, Lory*, etc., gravées et coloriées, avec texte (223 pp.) français et allemand.

Collection. — *Nouvelle Collection* de vues suisses publiées par *Hasler et Cie.* – *A Basle* vers 1830. Petit in-8°.

56 vues gravées par *Hirschenstein* d'après *Winterlin.*

— of celebrated **Operas.** Nr. 1. Der Freischütz. A romantic opera in three acts by Friedr. Kind. The music by Carl Maria v. Weber. German and English words. 8. (79 S.) Dresden 874, Patzig.

Collection des opuscules lyonnais. In-8°. 10 livraisons. Lyon et Bâle, H. Georg. 1885. 21.—

Collection des ordres du jour de l'armée d'Allemagne. Campagne de 1809. (Donation Liechtenstein.) Fol. Schönbrunn 1809.

— des meilleurs **ouvrages** franç. modernes. No. 1—4. 12. Berlin 841, Liebmann et Cie. à 3 Gr.

A. s. l. t.:
No. 1—3. Napoléon. Par Alex. Dumas. No. 1—3. (13 B.)
" 4. Pierre-Paul Rubens. Par S. Henry Berthoud. No. 1. (4 B.)

Collection des meilleurs ouvrages français modernes. No. 3—10. A. s. l. t.: Napoléon. Par A. Dumas. (No. 3.) — Pierre-Paul Rubens, par S. Henry Berthoud. No. 1—5. schmal 12. Le même. Nordh. 841, Büchting. à 1/8 Rthlr

— **pédagogique** à l'usage des séminaires de jeunes filles. 8. Berlin, Weidmann.

Fénelon, traité de l'éducation des filles, avec introduction et notes p. Henri Bornecque et Georges Lefèvre. (V, 139 S.) 909. Geb. 1.60
Maintenon, Madame de, extraits relatifs à l'éducation, choisis et annotés par Henri Bornecque et Georges Lefèvre. (VI, 152 S.) 907. Geb. 1.60
Rousseau, Jean-Jaques, Sophie ou la femme. Extraits choisis et annotés par Henri Bornecque et Georges Lefèvre. (V, 179 S.) 909. Geb. 1.80

— de **Perroquets**, pour faire suite à la publication de Levaillant, ouvrage cont. les espèces laissées inédites par cet auteur ou récemment découvertes, destiné à compléter une monographie figurée de la famille des Psittacidés; le texte renfermant la classification, la synonymie et la description de chaque espèce; par le Dr. Bourjot Saint-Hilaire, et les figures lithogr. et color. avec soin, par M. Werner. Io—XXIXe Livr. $^1/_2$ Imp.-Fol. (à 4 Bl. Text u. 4 Taf.) Paris et Strassb. 835—39. Levrault. (à Lfrg. $4^5/_6$ ℛ) $140^1/_6$ ℛ Ausg. in Roy.-4. (à Lfrg. $3^{11}/_{12}$ ℛ) $113^7/_{12}$ ℛ

— de **Pièces** fugitives. 8. Gött. Dieterich. 775.

— a, of pieces in prose and poetry. Design. to facilitate the study of the engl. lang. Sel. arrang. and compiled from the best authors by J. P. Carry. 2 Partes. 16. Dresden 826. Arnold.

Collection of select **Pieces** of Poetry, containing the Lay of the Bell and some minor poems of Fred. Schiller; Leonora of G. A. Bürger; together with some characteristic poems of the most eminent german bards transl. in the metre of the Originals by George Ph. Maurer. gr. 4. Darmstadt 840. Lange. cart. n. $3^1/_3$ ℛ

— dasselbe in gr. 12. Ebd. 840. n. $^2/_3$ ℛ

— de **Pièces** de théâtre. 8. Berne, Typogr.

Collection de pièces de Théâtre, joués avec succès depuis quelques années. III Tom. gr. 8. (Brunsv. Pluchart. 806—12. (Pr. 2 Rthlr. 12 gr. 3 Rthlr.)

Collection de 96 planches gravées à l'eau forte, pour le Tableau de Paris de Mr. Mercier, par Dünker. 8. Bern 787. Typogr. Soc. 4 ℛ

Collection de plans de lazarets ... s. **Instructions** pour la construction et l'aménagement de laz' ... — **Normalien** für den Bau und die Einrichtung von Absonderungshäusern....

— choisie de Plantes et Arbustes, ouvrage dédié aux amateurs et propre à éclairer leur goût dans ce genre; avec des représentations peintes. gr. 4. Zürich 797. Orell. 10 ℛ

— of english plays, selected for the use of those, who like to cultivate that language by F. Schneider. III Vols. (Vol. I. the good Son; the deaf Lover; the school of Scandal. 812. 16 ℊ Vol. II. the Mistakes of a night, John Bull. 21 ℊ Vol. III. the jalous Wife, the provoked Husband. 16 ℊ) 12. Kopenh. 811—15. Bonnier. (Leipz., Wienbrack). 2 ℛ 5 ℊ

Collection of new plays by Several Hands. IV Vols. 8. Altenb. 774—76. (Hennings in Neisse). 4 ℛ

— of new **Plays** by Several Hands. 4 Vol. Altenburg, Richter. (Academ. Buchh. in Jena.) 774—776.

— of original english plays selected and publ. to the use of schools. 12. Leipz. 808. (W. Nauck). 16 ℊ

— of original english **Plays** selected and publ. to the use of schools. 12. Leipz. Sommer. 808.

— of English **Poems**, from the best modern authorities. gr. 12. Tübingen 840. Osiander. $^1/_2$ ℛ

— of longer **English** poems, hrsg. v. Max Benecke, s.: **Authors**, English. 62. Lfg.

Collection de poésies, à la portée de l'enfance et de l'adolescence, publiée par Charles Munde et Bertha Munde, née de Hornemann. 1 et 2. Partie. 8. Leipzig 847, Arnoldische Buchh. à Partie 12 Ngr.

Partie 1. Pour les garçons. (X und 92 S. mit 4 S. Musikbeil.)
 - 2. Pour les demoiselles. (VI und 122 S. mit 4 S. Musikbeil.)

— de meilleurs poëtes français et étrangers, et autres bons auteurs, avec fig. et musique. 12. Leipz., (W. Nauck). 45 ℛ

— de meilleurs **Poëtes** françois et étrangers, et autres bons auteurs av. fig. et musiq. 12. Leipz. Sommer.

— out of some of the most approved Engl. Poets, viz Pope, Milton, Dryden, Waller etc. translat. by the Author of the conversat. A. u. d. T.: Samml. aus den berühmt. engl. Dichtern, ins Deutsche übers. (v. G. F. Niemeyer). 2 Thle. 8. Hannov. 794. Hahn. 1 ℛ 8 ℊ

— portative d'oeuvres choisies de la litt. française ancienne et moderne. Publ. par l'abbé Mozin, et Ch. Courtin. I. Série Livr. 1—25. 16. Stuttgart 826—27, Franck. à 3 gr.

— **portative** d'oeuvres choisies de la littérat. Française, ancienne et moderne. Publ. par l'Abbé Mozin et Ch. Courtin. I. et II. Serie. 16. ... Stouttgart, [Scheible.] à Livr.

I. Serie. Livr. 25—106. 827—31.

Livr. 25—82. •**Mignet**, hist. de la révolution franç., depuis 1789 jusqu'en 1814. 2 Vol.
 - 83., 84. •**Béranger**, chansons.
 - 85—46. **Campan**, Mme., mémoires sur la vie privée de Marie-Antoinette. 3 Vol.
 - 47., 48. •**D....** (**Duras**) Mme., Ourika, et Edouard.
 - 49—62. **Delavigne**, Cas., Théâtre.
 - 63., 64. •—— Messéniennes, et Notes.
 - 65—82. •**Daru**, P., hist. de la république de Venise. 7 Vol.
 - 83—92. •**Lamartine**, A. de, harmonies poétiques. — •**Chateaubriand**, F. A. de, Atala, René, et le dernier des Abencérages.
 - 93—106. •**Lacretelle**, Ch., hist. de France depuis la restauration. 3 Vol.

Livr. 1—24. Ebends. 1826, 27. à 3 Gr.

II. Serie. 100 Livrs. 827—30.

Jouy l'hermite de la Chaussée-d'Antin. 3 Vol.
Mémoires d'une Contemporaine (St. Elme,) ou souvenirs d'une femme sur les principaux personnages de la République etc. 3 Vol.
Napoleon, Louis, Réponse à W. Scott.
Rengger et Longchamp, essai hist. sur la révolution du Paraguay etc.
Ségur, Comte de, mémoires ou souvenirs et anecdotes. 3 Vol.
•**Barthélemy** et Méry, Napoléon en Egypte.
•**Bourrienne**, mémoires sur Napoleon etc. 11 Vol.
•**Jouy**, de, l'hermite en province. 3 Vol.
•**Staël**, Mme. de, de l'Allemagne. 3 Vol.

Von diesen 2 Serien, die zusammen 206 Lfgn. umfassten, sind gegenwärtig (1835) nur noch 151 Lfgn. im Buchhandel für den hrbgn. Pr. von 10 Thlr. 15 Gr. zu haben. Die darin enthaltenen Werke wurden mit • bezeichnet. — Einzeln zu erhöhten Preisen. Vgl. die besondern Schriften.

Hieran schliesst sich:

Collection portative d'oeuvres choisies de la litt. Franc. ancienne et moderne etc. III. Serie. Livr. 1—83. 16. ... Stouttgart 827—30, [Brodhag.] à Thlr.

Livr. 1—13. 16—20. **Constant**, B., mémoires sur la vie privée de Napoleon, sa famille et sa cour. (Der 13. Lfg. ist angehangen: **Méry** et Barthélemy, le fils de l'homme, ou souvenirs de Vienne.)
 - 14., 15. **Hugo**, Vict., les Orientales.
 - 21—34. **La Contemporaine** en Egypte.
 - 35—44. 49—66. 69—83. Le **Diables** boiteux à Paris, ou le livre des Cent-et-un.
 - 45., 46. **Hugo**, Vict., les feuilles d'automne.
 - 47., 48. **Delavigne**, Cas., Louis XI., tragédie.
 - 67., 68. **Béranger**, P. J. de, chansons nouv. et dernières.

Vgl. auch die einzelnen Schriften.

— portative d'oeuvres choisies de la litt. franç. ancienne et moderne. Publ. par l'abbé Mozin, et Ch. Courtin. I Série, Livr. 1—85. II Série, Livr. 1—100. 16. Stuttg. 826—30. Hoffmann. à 5 ℊ I Série, Livr. 86—106. III Série, Livr. 1—61. 16. Ebd. 830—32. Expédition. (Brodhag). à 5 ℊ

— **portative** d'oeuvres choisies de la littérature française. Publ. par l'Abbé Mozin et par Ch. Courtin. IIIe Série. Livr. 62—93. 16. Stuttg, 832—37. Redaction (Brodhag.) 1—93. $11^5/_8$ ℛ (Livr. 1—13. Memoires de Constant, sur la vie privée de Napoleon, sa famille et sa cour. IV. Vol. 830. 31. $1^5/_8$ ℛ — L. 14. 15. Les Orientales par Vict. Hugo suivi des Odes et Ballades etc. 831. $^1/_4$ ℛ — L. 16—20. Memoires de Constant. V. Vol. et Waterloo. Au Général Bourmont, par Méry et Barthélemy. 831. $^5/_8$ ℛ — L. 21—33. La Contemporaine en Egypte pour faire suite aux souvenirs d'une femme sur les principaux personnages de la Republique etc. T. I—IV. 831. $^1/_2$ ℛ — L. 33. 34., enth. noch: le dernier jour d'un condamné, par Vict. Hugo. 8 ℛ — L. 35—44 Le diable boiteux à Paris, ou le livre des Cent-et-un. T. I—IV. 831. $^1/_2$ ℛ — L. 45. 46. Les feuilles d'Automne par Vict. Hugo. 831. $^1/_4$ ℛ — L. 47. 48. Louis XI. tragédie en cinq actes, par Cas. Delavigne. 832. $^1/_4$ ℛ — L. 49—66. Le diable boiteux. T. IV—VIII. 832. 33. $2^1/_4$ ℛ — L. 69—87. Le diable boiteux. Vol. IX—XIII. 833—35. $2^1/_4$ ℛ — L. 88. 89. Précis de guerres de César par Napoleon, écrit par M. Marchand à l'île de St. Helene etc. 2 Vol. 837. $^1/_4$ ℛ — L. 90. 91. Anne Boleyn, par Paul de Mousset. 2 Vol. 837. $^1/_4$ ℛ) N. Ausg. in 151 Lfrgg. 16. Ebd. 834. Schweitzerbarts Buchh. $10^5/_8$ ℛ

— portative d'oeuvres choisies de la littérat. franç. Publ. par Mozin et Charl. Courtin. III. Série. Livr. 84—93. 16. Stuttgart 835—37. [Scheible, Rieger et Sattler.] à *
Livr. 84—87. Le diable boiteux etc.
- 88., 89. Précis des guerres de César, par Napoléon, écrit par Marchand à l'île de St. Hélène sous la dictée de l'empereur, et suivi de plusieurs fragments inédits p. Napoléon.
- 90—93. Anna Boleyn, par Paul de Musset. 2 Vols.
Livr. 1—83. Ebendas. 1830—34. à * 3 Gr. — 93 Livrs. zusamm. gen. hrbgs. Pr. * 5 Thlr. 12 Gr.
Série I. et II. (fehlen im Buchh.), vgl. 8. Bd. 1 Abthl. S. 149.

— des Portraits de Ministres et Députés au Congrès de Rastadt, avec notices biographiques. VI Livrais. 4. Basel 799—803. (Levrault in Strassb.) 15 ℳ avant la lettre. 30 ℳ

Collection de reproduction en fac-similé et de réimpressions d'ouvrages rares du 19. siècle. No 1. Leipzig, Paris: Welter 1897. 8° [II. 4136 II]

— Sabouroff, la. Monuments de l'art grec. Publiés par Adph. Furtwaengler. [2 vols.] (En 15 livrs.) 1—14. livr. Fol. (à 10 Taf. in Heliograv., Lith. u. Chromolith u. 6 Bl. Text.) Berlin 883—86. Asher & Co. In Mappe. à n.n. 25. —

Collection Sabouroff, la. Monuments de l'art grec. Publiés par Adolphe Furtwaengler. 15. livr. (Fin.) Fol. (10 Taf. in Heliogr., Lith. u. Chromolith. m. 10 Bl. u. 112 S. Text.) Berlin 887. Asher & Co. In Mappe. n.n. 25. —; cplt.: n.n. 375. —
Ging an Karl W. Hiersemann in Leipzig über. Preis ermässigt von n. 375. — auf n. 240. —, s.: Sammlung Sabouroff.

Collection derer den Statum des Marggrafthums Ober-Lausitz, in Justiz-Policey-Lehns-Cammer-Accis . . . u. andern die Landes-Verfassung betr. Sachen. Budißin.
T. 1. 1770.
" 2. 1771.
" 3. (u. d. Tit.:) Continuation zur Collection. 1786.
" 4 – 6. (u. d. Tit.:) Collection der das Markgrafthum Oberlausitz betr. Gesetze u. Verordnungen. 1799 – 1824.
Sachregister. 1827.

— Prinz Otto Sayn-Wittgenstein, Egern-Rottach. Kunst u. Kunstgewerbe des XVII. u. XVIII. Jahrh. Ölgemälde alter Meister. Auktion in München in der Galerie Helbing, Wagmüllerstrasse 15, am Montag, den 28. X. 1907 vormittags 10 Uhr u. nachmittags 3 Uhr unter Leitg. v. Hugo Helbing in München. (IV, 64 S. m. Abbildgn. u. 6 Lichtdr.-Taf.) 34,5×28 cm. München 907. H. Helbing. 2. —; Luxusausg. m. 30 Lichtdr.-Taf. 10. —

Collection einiger Schrifften von der geistlichen Gerichtsbarkeit . . . Hannover 1728. H: *Meiern, Joh. Gottfried.* (Kat. d. ständ. Bibl. Stuttg. 1907. S. 94.) (Pütter, Litt. d. Teutsch. Staatsr. Gött. 1773—91. III, 723.)

Collection einiger Schrifften von der geistlichen Gerichtbarkeit derer catholischen Landes-Herren in Teutschland über die in ihren Landen befindliche evangelische Unterthanen. Leipzig 1728. V: *Meiern, Johann Gottfried von.* (KGBerlin I, 1349)

Collection einiger Schrifften von der geistlichen Gerichtsbarkeit derer Catholischen Landes-Herren in Teutschland . . . Leipzig 1728. Ü: *Gerhard, J.* (BrMm)

— Seitz & Schauer. I. Serie. Nr. 1—4. 12. München 898. Seitz & Schauer. à n. — 50; f. die Serie v. 10 Nrn. n. 4. —
1. Am Rande d. Abgrunds. Das dürre Blatt. Novellen von A. de Nora. (76 S.)
2. 3. Ein Justizmord u. and. Studenten-Geschichten. (IV, 158 S.)
4. D. Räthsel. — D. Diebin. Novellen v. A. de Nora. (63 S.)

— Seitz & Schauer. I. Serie. Nr. 5—10. 12. München 899. Seitz & Schauer. à n. — 50; f. die Serie v. 10 Nrn. n. 4. —
5—8. Falscher Stolz. Roman. Von Emma Heim. 2 Thle. (409 S.)
9. Die Nachtwandlerin. — Die Trud. Novellen. Von A. de Nora. (71 S.)
10. Das Grafenschloss. Novelle. Von Emma Heim. (114 S.)

— a select, of the newest and best prosaic and poetical engl. Works, s. R. *Bloomfield.*

Collection 'Sofort'. Bd 1. *Berlin: O. Georgi [1898].* 8.

— „Sofort." 1. Bd. gr. 8. Berlin 898. Verlag d. litterar. Agentur, O. Georgi. n. — 50
Sofort chinesisch sprechen ohne Lehrer. Anleitg., chinesisch in kürzester Zeit ohne Lehrer sprechen zu können. Von Herm. Seuffert. (24 S.)

Collection Spemann. Deutsche Hand- u. Hausbibliothek. 1—34. Bd. 8. Stuttgart 881. 82. Spemann. geb. à n. 1. —
1. Phosphorus Hollunder. Zu Füßen d. Monarchen von Louise v. François. (VIII, 240 S.)
2. Der Oberhof v. Karl Immermann. Mit einer Einleitung v. Levin Schücking. (328 S.)
3. Moralische Novellen v. Miguel de Cervantes-Saavedra. Uebersetzt von A. v. Keller u. Fr. Notter. Mit einer Einleitung von O. v. Leixner. (222 S.)
4. Die Hallig oder die Schiffbrüchigen auf dem Eiland in der Nordsee v. J. C. Biernatzky. Mit einer Einleitung v. Heinr. Düntzer. (224 S.)
5. Auf Waldwegen v. Aug. Becker. Mit einer Einleitung v. Jos. Kürschner. (232 S.)
6. Russische Novellen v. Nikolas Gogol. Mit einer Einleitung v. Friedr. Bodenstedt. (VIII, 232 S.)
7. Die Erbin wider Willen v. Sophie Junghans. Mit einer Einleitung v. Jos. Kürschner. (224 S.)
8. Der hinkende Teufel v. A. R. Le Sage. Mit einer Einleitung v. Ferd. Lotheißen. (230 S.)
9. Die Kronenwächter v. Ludw. Achim v. Arnim. Mit einer Einleitung v. Johs. Scherr. (288 S.)
10. 11. Reise um die Pariser Welt v. Theophil Zolling. 2 Bde. (236 u. 232 S.)
12. Homers Odyssee v. Joh. Heinr. Voß. Mit einer Einleitung v. Jak. Mähly. (238 S.)
13. Etwas auf dem Gewissen, v. Levin Schücking. Mit einer Einleitung v. Jos. Kürschner. (207 S.)
14. Der Brautmarsch u. andere Erzählungen v. Björnstjerne Björnson. Uebersetzt u. eingeleitet v. Ed. Lobedanz. (220 S.)
15. Hochlandsgeschichten v. Aug. Silberstein. Mit einer Einleitung von Jos. Kürschner. (211 S.)
16. 17. Der Bravo, eine venetian. Geschichte v. Fenimore Cooper. 2 Bde. Uebers. v. Helene Lobedan. (231 u. 216 S.)
18. Thomas Plater's Leben. Hrsg. v. Heinrich Düntzer. (192 S.)
19. Die Alhambra oder das neue Skizzenbuch von Washington Irving. Mit einer Einleitung v. L. Bröscholdt. (240 S.)
20. Briefwechsel zwischen Schiller u. Goethe in den J. 1794 bis 1805. 1. Bd. [1794 bis 1797]. Eingel. u. rev. v. R. Boxberger. (375 S.)
21. Feldrain u. Waldweg v. Ludw. Anzengruber. Mit einer Einleitung v. Jos. Kürschner. (240 S.)
22. Lichtenstein. Romantische Sage v. Wilh. Hauff. Mit einer Einleitung v. Jul. Klaiber. (312 S.)
23. [illegible]. Aus d. Ital. der Grazia Pierantoni-Mancini übers. v. Helene Lobedan. Einzige autorisirte deutsche Ausg. Mit einer Einleitung von Fanny Lewald. (216 S.)

24. Das Wasser als Hausfreund in gesunden u. kranken Tagen. Ein Familienbuch v. W. Wurm. Mit 3 (eingedr.) Holzschn. (200 S.)
25. Herr Lorenz Stark, ein Charaktergemälde v. J. J. Engel. Mit einer Einleitung v. Jos. Kürschner. (208 S.)
26. Briefwechsel zwischen Schiller u. Goethe in den Jahren 1794 bis 1805. 2. Bd. [1798 bis 1805]. Eingeleitet u. rev. v. R. Boxberger. (411 S.)
27. Die Miesenbacher. Ein Kulturbild aus dem bayr. Hochgebirge v. Max Schmidt. Mit einer Einleitung v. Jos. Kürschner. (224 S.)
28. Der Improvisator. Roman in 2 Thln. von H. C. Andersen. Nach dem dän. Original neu übers. u. eingeleitet v. Edm. Lobedanz. (291 S.)
29. Seltsame Geschichten v. Edgar Allan Poe. Uebers. u. eingeleitet v. Alfr. Mürenberg. (200 S.)
30. Manuel Venegas. Von Pedro A. de Alarcon. Uebers. u. eingeleitet v. F. Eyssenhardt. (203 S.)
31. Vehmgerichte u. Hexenprozesse in Deutschland. Nach den Quellen dargestellt v. Osk. Wächter. (221 S.)
32. 33. Eugen Aram. Roman v. Ed. Lytton Bulwer. Uebers. v. Frdr. Notter. Mit einer Einleitung von Ludwig Proescholdt. 2 Bde. (240 u. 248 S.)
34. Die Frithjofs-Sage von Esaias Tegnér. Nach dem schwed. Orig. in den Versmaßen desselben neu übers. v. Edm. Lobedanz. (229 S.)

— Spemann. Deutsche Hand- u. Haus-Bibliothek. 85—100 u. 275. Bd. 8. Stuttgart, Spemann. geb. à n. 1. —
35. Der Leuchtturm am Michigan u. andere Erzählungen v. Balduin Möllhausen. Mit e. Einleitg. von Th. Fontane. (212 S.) 883.
36. Demokritos od. hinterlassene Papiere e. lachenden Philosophen. Von Karl Jul. Weber. Ausgewählt u. eingeleitet v. Paul Moritz. (224 S) 883.
37. Frauenherzen v. Max Ring. Mit e. Einleitg. v. Jos. Kürschner. (199 S.) 883.
38. Umwege zum Glück. Roman v. Ludw. Ziemßen. Mit e. Einleitg. v. Hans Ziegler. (211 S.) 883.
39. Lüneburger Geschichten. Von A. v. d. Elbe. Mit e. Einleitg. v. Herm. Allmers. (204 S.) 883.
40. Deutschlands Lehrjahre. Kulturgeschichtliche Bilder v. J. E. Wessely. 1. Bd. [I. Familienleben. II. Buntes aus der Außenwelt.] (230 S.) 883.
41. Maigela. Kulturhistor. Novelle aus Mittel-Franken v. C. Schultes. Mit e. Einleitg. v. Jos. Kürschner. (219 S.) 883.
42. Altväterische Leute u. andere Erzählungen v. Nik. W. Gogol. Deutsch v. Jul. Meixner. (218 S.) 883.
43. Altes Gold in deutschen Sprüchwörtern. Gesammelt v. Osk. Wächter. (216 S.) 883.
44. Merkwürdige Lebensgeschichte d. Friedrich Freiherrn v. d. Trenck. Von ihm als e. Lehrbuch f. Menschen geschrieben, die wirklich unglücklich sind, od. noch gute Vorbilder f. alle Fälle zur Nachfolge bedürfen. Mit e. Einleitg. v. Otto Henne am Rhyn. (296 S. m. Portr.). 883.
45. Der heimliche Gast. Erzählung v. Rob. Byr. Mit e. Einleitg. v. Jos. Kürschner. (215 S.) 883.
46. Deutschlands Lehrjahre. Kulturgeschichtliche Bilder v. J. E. Wessely. 2. Bd. III. Weltliche Berufsarten. (255 S.) 883.
47. Der Pechvogel u. andere Erzählungen v. Phpp. Galen. (231 S.) 883.
48. San Sebastian. Von Rich. Voß. Mit e. Einleitg. v. Jos. Kürschner. (215 S.) 883.
49. Judith, die Kluswirtin. Von Luise v. François. (213 S.) 883.
50. Väter u. Söhne v. Iwan Turgenjew. Uebers. von Claire v. Glümer. Mit e. Einleitg. v. Rob. Boxberger. (254 S.) 883.
51. Drei Küsse von Gerh. v. Amyntor. Mit e. Einleitg. v. Hans Ziegler. (238 S.) 883.
52. Heinr. Stillings Jugend. Jünglingsjahre — Wanderschaft. Mit e. Einleitg. v. Rob. Boxberger. (239 S.) 883.
53. Hella Jasmund u. andere Erzählungen. Von Sophie Junghans. (207 S.) 883.
54. Briefe der Elisabeth Charlotte v. Orléans 1673—1715. Ausgewählt, m. Einleitg. u. Anmerkgn. versehen v. Ludw. Geiger. (240 S.) 884.
55. Agnes v. Lilien. Von Karoline v. Wolzogen. Mit e. Einleitg. v. Rob. Boxberger. (256 S.) 884.
56. Wohlgefülltes Schatzkästlein deutschen Scherzes u. Humors. Zu Nutz u. Frommen lachlust. Leser aus den Schachten deutscher Litteratur ans Licht befördert. Mit e. Einleitg. v. Rob. Falck. (232 S.) 884.
57. Glasmacherleut'. Kulturbild aus dem bayr. Walde v. Max Schmidt. (212 S.) 884.
58. Mein Großoheim u. andre Erzählungen v. J. Ludwig. Mit e. Einleitg. von H. v. Bequignolles. (211 S.) 884.
59. Im Walde v. Carquinez. Eine Romanze in Prosa nach dem amerikan. Original v. Bret Harte. Mit e. Einleitg. v. Eug. Zabel. (200 S.) 884.
60. Briefe von Wilh. v. Humboldt an e. Freundin. Mit e. Einleitg. v. Ludwig Geiger. 1. Bd. (208 S.) 884.
61. Vor hundert Jahren. Elise v. der Reckes Reisen durch Deutschland 1784—86 nach dem Tagebuche ihrer Begleiterin Sophie Becker. Hrsg. u. eingeleitet v. G. Karo u. M. Geyer. (248 S.) 884.
62. Aquarelle von E. v. Schwartzkoppen. Mit e. Einleitg. von Alex. Baron v. Roberts. (208 S.) 884.
63. Kalabrische Novellen v. Nicola Misasi. Uebers. u. eingeleitet v. Wold. Kaden. Autoris. Ausg. (197 S.) 884.
64. Rauch. Roman v. Iwan Turgenjew. Uebers. u. eingeleitet v. C. B. (198 S.) 884.
65. Der Dampf. Eine Darstellg. d. Zeitalters der Dampfmaschine v. A. Schroot. (200 S.) 884.
66. Unter der harten Hand. Kulturhistorisches Zeitgemälde v. E. Diethoff. Mit e. Einleitg. v. Hans Ziegler. (211 S.) 884.
67. Friedrich der Große. Ein Lebensbild in seinen Briefen v. E. Schröder. (204 S.) 884.
68. L. Tieck's Werke. 1. Bd. Das Fest zu Kenelworth. Dichterleben. Mit e. Einleitg. v. L. H. Fischer. (250 S.) 884.
69. Geschichten v. C. H. Andersen. Ausgewählt u. aus dem Dän. übers. v. Jos. Cal. Poestion. (205 S.) 884.
70. Das Nibelungenlied. Uebersetzung der Handschrift A [Hohenems-München], nebst Vorwort u. historisch-ästhet. Einleitg. v. Werner Hahn. (283 S.) 884.
71. Briefe von Wilh. v. Humboldt an e. Freundin. 2. Bd. (203 S.) 885.
72. Eine alltägliche Geschichte. Roman v. Iwan Gontscharow. Aus dem Russ. übers. von Helene v. Exe. Mit e. Einleitg. v. Wilh. Henckel. (280 S.) 885.
73. Erzählungen aus der Schweiz v. Jak. Frey. Mit e. Einleit. v. Ad. Frey. (225 S.) 885.
74. Zwei Eleven Worths. Novelle v. Ernst Pasqué. Mit e. Einleitg. v. Jos. Kürschner. (200 S.) 885.
75. Das alte Bild. Erzählg. v. Aug. Becker. (190 S.) 885.
76. Ein Märtyrer der Liebe. Die Baronin Amalti. Von Ernest Daudet. Mit e. Einleitg. v. Steph. Born. (196 S.) 885.
77. Faust's Leben v. G. R. Widmann in Pfitzers Bearbeitg. Hrsg. v. Heinr. Düntzer. (236 S.) 885.
78. Novellen aus dem Musikanten-Leben v. H. Ehrlich. Mit e. Einleitg. v. Hans Ziegler. (231 S.) 885.
79. 80. Joachim Nettelbeck, Bürger zu Colberg. Eine Lebensbeschreibg., von ihm selbst aufgezeichnet. Mit e. Einleitg. v. K. Koberstein. 1. u. 2. Bd (207 u. 211 S.) 885.

81. Fürst Bismarck als Redner. Vollständige Sammlg. der parlamentar. Reden Bismarcks seit dem J. 1847. Sachlich u. chronologisch geordnet, m. Einleitgn. u. Erläutergn. versehen v. Wilh. Böhm. 1. Bd. Der Abgeordnete v. Bismarck-Schönhausen 1847—1862. (214 S.) 885.

82. Genfer Novellen v. Rud. Töpffer. Uebers. u. m. e. Einleitg. versehen v. Heinr. Zschokke. (195 S.) 885.

83. Fürst Bismarck als Redner. Vollständige Sammlg. der parlamentar. Reden Bismarcks seit dem J. 1847 Sachlich u. chronologisch geordnet, m. Einleitgn. u. Erläutergn. versehen v. Wilh. Böhm. 2. Bd. Der Ministerpräsident v. Bismarck-Schönhausen 1862—1866. (263 S.) 885.

84. Erniedrigte u. Beleidigte. Roman v. Thdr. Dostojewski. Aus dem Russ. übers. u. m. e. Einleitg. versehen v. Konst. Jürgens. (226 S.) 885.

85. 86. Der abenteuerliche Simplicius Simplicissimus von Hans Jac. Christoffel v. Grimmelshausen. Ins Neuhochdeutsche übertr. u. m. e. Einleitg. versehen. (467 S.) 885.

87. Der kleine Adam. Sascha u. Saschka. Von L. v. Sacher-Masoch. (177 S.) 885.

88. Atalanta van der Hege. Roman v. Gabr. Strand. (194 S.) 885.

89. Sylvester Bonnard u. seine Verbrechen. Roman in Tagebuchform v. Anatole France. Uebers. u. eingeleitet v. E. Alsberg. (183 S.) 885.

90. 91. Uli der Knecht v. Jerem. Gotthelf [Alb. Bitzius]. (404 S.) 885.

92. Fürst Bismarck als Redner. Vollständige Sammlg. der parlamentar. Reden Bismarcks seit dem J. 1847. Sachlich u. chronologisch geordnet, m. Einleitgn. u. Erläutergn. versehen v. Wilh. Böhm. 3. Bd. Die Begründg. d. Norddeutschen Bundes 1866—1867. (239 S.) 886.

93. Zenz u. andere Erzählungen v. H. Villinger. (194 S.) 886.

94. Das Jubiläum u. andre Erzählungen von Luise v. François. (212 S.) 886.

95. Ausgewählte Erzählungen von Frz. v. Gaudy. Mit e. Einleitg. von Constance v. Gaudy. (191 S.) 886.

96. Skizzen aus dem Soldatenleben v. Edmondo de Amicis. Uebers. u. eingeleitet v. Agnes Burchard. (227 S.) 886.

97. Neuland. Roman v. Iwan Turgenjew. Uebers. v. E. B. (210 S.) 886.

98. Der Rabe. Erzählung v. M. Goldschmidt. Uebers. u. eingeleitet v. Ziegeler-Glücksburg. (216 S.) 886.

99. Der Dichter u. die Welt v. J. J. Kraszewski. Uebers. u. eingeleitet v. W. Constant. (212 S.) 886.

100. Gedichte Walthers v. der Vogelweide. Uebers. u. erläutert v. Bruno Obermann. (212 S.) 886.

275. Gerichtet. Novelle v. Konr. Telmann. Mit e. Einleitg. v. Johs. Proelß. (216 S.) 886.

Collection Spemann. Deutsche Hand- u. Haus-Bibliothek. 101—128. Bd. 8. Stuttgart, Spemann. geb. à n. 1. —

101. Cornelius Tacitus' Werke. 1. Germania, Agricola, die Redner. Mit e. Einleitg. u. nach der Uebersetzg. v. Wilh. Bötticher. (224 S.) 883.

102 Dasselbe. 2. Bd. Historien. (238 S.) 883.

103. Plato's Werke. 1. Bd. Verteidigungsrede d. Sokrates — Krito — Phädo. Uebers., m. Einleitg. u. Anmerkgn. versehen v. G. Heß. (220 S.) 883.

104. Homer's Werke. 2. Bd. Ilias. Uebers. v. Joh. Heinr. Voß. Mit Einleitg. v. Jak. Mähly. (348 S.) 883.

105. Sueton's Werke. Cäsarenbilder. 1. Bd. Cäsar — Augustus — Tiberius. Mit Einleitg. u. Anmerkgn. v. Jos. Sarrazin. 1. Bd. (179 S.) 883.

106. Dasselbe 2. Bd. Gajus Caligula — Claudius — Nero — Galba — Otho — Vitellius — Vespasian — Titus — Domitian. Mit Einleitg. u. Anmerkgn. v. Jos. Sarrazin. 2. Bd. (191 S.) 883.

107. Cajus Jul. Cäsar's Werke. 1. Bd. Denkwürdigkeiten üb. den Bürgerkrieg. Uebers., m. Einleitg. u. Kommentar v. Rob. Zwirnmann. (184 S.) 883.

108. Dasselbe. 2. Bd. Denkwürdigkeiten üb. den gallischen Krieg. Uebers. u. eingeleitet v. Thdr. Gelbe. (250 S.) 883.

109. Aeschylos' Werke. 1. Bd. Agamemnon. — Die Choephoren. Die Eumeniden. Uebers., m. Einleitg. u. Anmerkgn. v. Jak. Mähly. (180 S.) 883.

110. Dasselbe. 2. Bd. Die Sieben vor Theben. — Die Perser. — Die schutzsuchenden Mädchen. — Prometheus. (196 S.) 883.

111. 114. Publius Ovidius' Werke. 1. u. 2. Bd. Die Verwandlungen. In Auswahl übers. v. Joh. Heinr. Voß. Neubearb. u. m. Einleitg. u. Anmerkgn. versehen v. F. Leo. 2 Bde. (179 u. 194 S.) 883.

112. Cornelius Nepos' Lebensbeschreibungen. Uebers., m. Einleitg. u. Anmerkgn. v. R. Zwirnmann. (231 S.) 883.

113. Sophokles' Werke. 1. Bd. König Oedipus, Oedipus in Kolonos. Uebers. u. eingeleitet v. Vikt. Pfannschmidt. (210 S.) 883.

115. 117. Marcus Tullius Cicero. 1. u. 2. Bd. Ausgewählte Reden. Uebers., m. Einleitg. u. Kommentar v. Paul Hellwig. 1. u. 2. Bd. (220 u. 200 S.) 883.

116. Sophokles' Werke. 2. Bd. Antigone — Aias — Elektra. Uebers. u. eingeleitet v. Vikt. Pfannschmidt. (251 S.) 883.

118. Daphnis u. Chloe. Von Longos. Uebers. v. Frz. Passow. (186 S.) 883.

119. Marcus Tullius Cicero. 3. Bd. Fünf Bücher vom höchsten Gut u. Uebel. Uebers., m. Einleitg. u. Kommentar v. Paul Hellwig. (199 S.) 884.

120. Cornelius Tacitus' Werke. 3. Bd. Annalen. Mit e. Einleitg. u. nach der Uebersetzg. v. Wilh. Bötticher. 1. Bd. (229 S.) 884.

121. Vergil's Werke. 1. Bd. Eklogen u. Georgika. Mit Einleitg. u. Anmerkgn. v. Hans Dütschke. (167 S.) 884.

122. Dasselbe. 2. Bd. Aeneis. Mit Einleitg. u. Anmerkgn. v. Hans Dütschke. (226 S.) 884.

123. Cornelius Tacitus' Werke. 4. Bd. Annalen. Mit e. Einleitg. u. nach der Uebersetzg. v. Wilh. Bötticher. 2. Bd. (192 S.) 884.

124. Herodot's Geschichten. Uebers. v. K. Abicht. 1. Bd. 1. u. 2. Buch, nebst Einleitg. u. sachl. Erläuterg. (182 S.) 885.

125. Aristophanes' Werke. 1. Bd. Die Wolken. Die Frösche. Uebers., m. Einleitg. u. Anmerkgn. v. Jak. Mähly. (212 S.) 885.

126. Plato's Werke. 2. Bd. Der Staat. Uebers., m. Einleitg. u. Anmerkgn. versehen v. G. Heß. 1. Bd. (197 S.) 885.

127. Dasselbe. 3. Bd. Der Staat. Uebers., m. Einleitg. u. Anmerkgn. versehen v. G. Heß. 2. Bd. (256 S.) 886.

128. Euripides' Werke. 1. Bd. Alkestis. Der rasende Herakles. Uebers., eingeleitet u. m. Anmerkgn. versehen v. Jak. Mähly. (173 S.) 886.

Collection Spemann. Deutsche Hand- u. Haus-Bibliothek. 151—175. Bd. 8. Stuttgart, Spemann. geb. à n. 1. —

151. Das verlorene Paradies v. John Milton. Uebers. v. Frdr. Wilh. Zachariä. Mit e. Einleitg. v. Ludw. Proescholdt. (260 S.) 883.

152. Rob. Burns' Werke. 1. Bd. Lieder u. Balladen. Mit e. Einleitg. u. in neuer Uebertragg. v. Otto Baisch. (216 S.) 883.

153—55. Tom Jones od. die Geschichte e. Findelkindes v. Henry Fielding. Uebers. v. J. J. Ch. Bode. Mit e. Einleitg. v. J. Schmidt. 3 Bde. (308 301 u. 311 S.) 883.

156. Thomas Carlyle's Werke. 1. Bd. Goethe — Schiller — Graf Cagliostro — Das Diamantenhalsband. Uebers. v. A. Kretzschmar. Mit e. Einleitg. v. Johs. Scherr. (255 S.) 883.

157—159. Charles Dickens' Werke. 1—3. Bd. David Copperfield d. Jüngeren Lebensgeschichte u. Erfahrungen [die unter keiner Bedingung veröffentlicht werden sollten]. Uebers. v. Helene Lobedan. Mit e. Einleitg. v. L. Pröscholdt. 3 Bde. (247, 288 u. 304 S.) 883.

160—162. Will. M. Thackeray's Werke. 1—3. Bd. Eitelkeitsmarkt. Ein Roman ohne e. Helden. Uebers. v. H. Lobedan. Mit e. Einleitg. v. Johs. Proelß. 1—3. Bd. (224, 220 u. 200 S.) 883.

163. Der Landprediger v. Wakefield. Eine Erzählg., angeblich v. ihm selbst verfaßt. Von Oliver Goldsmith. Mit e. Einleitg. v. Imman. Schmidt. (191 S.) 883.

164. 165. Ossian's Gedichte. In neuer Uebertragg. v. Ed. Brinckmeier. 1. u. 2. Bd. (180 u. 184 S.) 883.

166. Walter Scott's Werke. 1. Bd. Waverley. Uebers. u. eingeleitet v. Ludw. Proescholdt. 1. Bd. (223 S.) 883.

167. Dasselbe. 2. Bd. Waverley. Uebers. u. eingeleitet v. Ludw. Proescholdt. 2. Bd. (214 S.) 884.

168. Jonathan Swift's Werke. 1. Bd. Ein Märchen v. der Tonne. Mit e. Einleitg. v. Rob. Boxberger. (215 S.) 884.

169—171. T. G. Smollet's Werke. 3 Bde. Peregrin Pickle's Abenteuer, Fahrten u. Schwänke. Nach der Uebersetzg. v. G. N. Bärmann. Mit e. Einleitg. v. Ludw. Proescholdt. 3 Bde (199, 212 u. 215 S.) 884.

172. Byron's Werke. 1. Bd. Manfred, Kain, Himmel u. Erde, Sardanapal. Uebers., m. Einleitg. u. Anmerkgn. versehen v. Adb. Schroeter. (307 S.) 885.

173. 174. Dasselbe. 2. u. 3. Bd. Don Juan. Uebers., m. Einleitg. u. Anmerkgn. versehen v. Adb. Schroeter. 2 Tle. (178 u. 196 S.) 885. 86.

175. Dasselbe. 4. Bd. Der Gefangene v. Chillon. Der Giaur. Die Braut v. Abydos. Der Korsar. Lara. Die Belagerg. v. Korinth. Parisina. Uebers., m. Einleitg. u. Anmerkgn. versehen v. Adb. Schroeter. (212 S.) 886.

— dasselbe. 201—220. Bd. 8. Ebend. geb. à n. 1. —

201—203. J. J. Rousseau's Werke. 1—3. Bd. Bekenntnisse. Uebers. v. J. G. Heusinger. Mit e. Einleitg. v. Steph. Born. 1—3. Bd. (258, 256 u. 240 S.) 883.

204. Paul u. Virginie v. B. de Saint-Pierre. Mit e. Einleitg. u. in neuer Uebers. v. Karl Saar. (207 S.) 883.

205. Mein Onkel Benjamin. Von Claude Tillier. Uebers. u. eingeleitet v. Karl Saar. (236 S.) 883.

206. Ausgewählte Briefe der Marquise de Sevigné. Uebers. u. eingeleitet v. Ferd. Lotheißen. (260 S.) 883.

207. 208. Vict. Hugo's Werke. 1. u. 2 Bd. Notre Dame v. Paris. Mit e. Einleitg. v. Johs. Ziegler. 2 Bde. (199 u. 212 S) 883.

209. George Sand's Werke. 1. Bd. Indiana. Uebers. v. H. Meister. Mit e. Einleitg. v. Steph. Born. (250 S.) 883.

210. Picciola. Von X. B. Saintine. Uebers. u. eingeleitet v. Otfried Mylius. (224 S.) 883.

211. 212. J. J. Rousseau's Werke. 4. u. 5. Bd. Die neue Heloise. 2 Bde. (312 u. 321 S.) 883.

213. Columba — Carmen. Novellen v. Prosper Mérimée. Uebers. u. eingeleitet v. Otfr. Mylius. (215 S.) 883.

214. La Bruyère's Werke. 1. Bd. Die Charaktere od. die Sitten im Zeitalter Ludwigs XIV. Uebers., m. Einleitg. u. Anmerkgn. versehen v. Rich. Hamel. 1. Bd. (195 S.) 883.

215. Honoré de Balzac's Werke. 1. Bd. Der Oberst Chabert. Das Haus zur Ball spiel. Katze. Uebers. v. Fabian Philipp. Mit e. Einleitg. v. Ferd. Lotheißen. (194 S.) 884.

216. La Bruyère's Werke. 2. Bd. Die Charaktere od. die Sitten im Zeitalter Ludwigs XIV. Uebers., m. Einleitg. u. Anmerkgn. versehen v. Rich. Hamel. 2. Bd. (202 S.) 884.

217. Memoiren d. Herzogs v. Saint-Simon. Uebers. u. m. erklär. Noten versehen. Mit e. Einleitg. v. Ferd. Lotheißen. 1. Bd. (215 S.) 884.

218. J. Racine's Werke. 1. Bd. Andromache — Britannicus — Mithridat. Uebers. u. eingeleitet v. E. Schröder. (215 S.) 884.

219. Chateaubriand's Werke. 1. Bd. Atala. René. Der Letzte der Abencerragen. Uebers. u. m. e. Einleitg. versehen v. Steph. Born. (204 S.) 884.

220. Memoiren d. Herzogs v. Saint-Simon. Uebers. u. m. erklär. Noten versehen. 2. Bd. (221 S.) 885.

Collection Spemann. Deutsche Hand- u. Haus-Bibliothek. 251—262. Bd. 8. Stuttgart, Spemann. geb. à n. 1. —

251. Francesco Petrarca's Gedichte. 1. Sonette u. Canzonen auf das Leben der Donna Laura. Nach der Uebersetzg. v. Karl Förster. Mit e. Einleitg. v. Ludw. Geiger. (228 S.) 883.

252. Dasselbe. 2. Bd. Sonette u. Canzonen auf den Tod der Donna Laura u. a. (228 S.) 883.

253. u. 254. Alessandro Manzoni's Werke. 1. u. 2. Bd. Die Verlobten. Eine Mailänder Geschichte aus dem 17. Jahrh. Uebers. u. eingeleitet v. Wold. Kaden. 2 Bde. (295 u. 233 S.) 883.

255. Die Lusiaden v. Luis de Camoens. Uebers. v. J. J. C. Donner. Mit e. Einleitg. von Otto v. Leixner. (252 S.) 883.

256. Torquato Tasso's Werke. 1. Bd. Das befreite Jerusalem. Uebers. v. J. D. Gries. Mit e Einleitg. v. Siegfr. Samosch. (338 S.) 883.

257. Eine Blütenlese aus spanischen Dichtern aller Zeiten. In deutschen Uebertraggn. Hrsg. v. Jul. Hart. Mit e. Einleitg. „Geist u. Entwicklg der span. Poesie" u. zahlreichen biograph. Notizen. (212 S.) 883.

258. Vom Fenster aus. Roman v. Grazia Pierantoni Mancini. Uebers. v. H. Lobedan. (211 S.) 883.

259—262. Der sinnreiche Junker Don Quijote v. der Mancha. Von Miguel de Cervantes Saavedra. Uebers., eingeleitet u. m. Erläutergn. versehen v. Ludw. Braunfels. 1—4. Bd. [Der 1. u. 2. Tl.] (239, 298, 276 u. 251 S.) 883.

— Spemann. Deutsche Hand- u. Hausbibliothek. 129.—132., 176., 276.—286., 292., 301.—319. Bd. 8. Stuttgart 887—890. Union. à Bd. n. 1. —

129. Euripides' Werke. 2. Bd. Jon. Bacchantinnen. Uebers., eingeleitet u. m. Anmerkgn. versehen v. Jak. Mähly. (192 S.)

130. Plutarch's Werke. 1. Maximen v. Königen u. Feldherren. — Maximen römischer Feldherren. — Lakonische Maximen. — Von den Tugenden der Frauen. Auf Grund der Kaltwasser'schen Verdeutschg. übers. u. m. Einleitg. u. Anmerkgn. versehen v. J. Mähly. (211 S.)

131. — dasselbe. 2. Ueber den Genius d. Sokrates. Politische Schriften. Auf Grund der Kaltwasser'schen Verdeutschg. übers. u. m. Einleitg. u. Anmerkgn. versehen v. J. Mähly. (172 S.)

132. Catull, Properz, u. Tibull. Uebers. v. Thdr. Bulling. (236 S.)

176. Byron's Werke. 5. Mazeppa. — Beppo. — Harold's Pilgerfahrt. — Die Insel. Uebers., m. Einleitgn. u. Anmerkgn. versehen v. A. Schroeter. (206 S.)

276. 277. Fürst Bismarck als Redner. Vollständige Sammlg. der parlamentar. Reden Bismarck's seit dem J. 1847. Sachlich u. chronologisch geordnet, m. Einleitgn. u. Erläutergn. versehen v. Wilh. Böhm. 4. Bd. Der Bundeskanzler Graf Bismarck 1867—1870. (386 S.)

278. Buch der Lieder v. Heinr. Heine. (191 S.)

279. Fürst Bismarck als Redner. 5. Bd. Der Reichskanzler Fürst Bismarck 1870—1871. (252 S.)

280. — dasselbe. 6. Bd. Der Kulturkampf 1871—1873. (232 S.)

281. — dasselbe. 7. Bd. Weitere Entwickelgn. in Reich, Staat u. Kirche. 1873—1875. (251 S.)

282. Graf Moltke als Redner. Vollständige Sammlg. der parlamentar. Reden Moltke's. Chronologisch geordnet, m. Einleitgn. u. Erläutergn. v. Gust. Karpeles. (171 S.)

283. Fürst Bismarck als Redner. 8. Bd. Weitere Entwickelgn. in Reich, Staat u. Kirche. 1875—1877. (240 S.)

284. — dasselbe. 9. Bd. Verwaltungsreorganisation, Orientfrage, Socialistengesetz. 1877. 1878. (242 S.)

285. — dasselbe. 10. Bd. Die neue Zollgesetzgebung. 1879. (233 S.)

286. — dasselbe. 11. Bd. Die Reichstagssessionen von 1880—1881. (213 S.)

292. Wunderbare Reisen zu Wasser u. zu Lande, Feldzüge u. lustige Abenteuer d. Freyherrn v. Münchhausen, wie er dieselben bei der Flasche im Cirkel seiner Freunde zu erzählen pflegt. Mit e. Einleitg. v. Ed. Grisebach. (LXII, 127 S.)
301. 302. Der Dekan v. Belminster v. M. Gray. 2 Tle. Einzige autoris. Uebersetzg. v. L. Koch. (224 u. 232 S.)
303. Fräulein v. Tremor. Roman v. S. de Peyrebrune. Einzige autoris. deutsche Uebersetzg. (222 S.).
304. 305. Klytie. Roman aus dem modernen Leben v. J. Hatton. Einzige autoris. Uebersetzg. von K. v. Mills. 2 Bde. (223 u. 204 S.)
306—308. Die gute alte Zeit. Von W. Besant. Uebers. v. H. Wener. 3 Bde. (216, 210 u. 208 S.)
309. Das Geheimnis d. Hulks. Roman v. B. Möllhausen. (214 S.)
310. Verfehlte Spekulationen od. die Leiden e. Anstandsdame. Von Ouida. (220 S.)
311—313. Malombra. Von A. Fogazzaro. Nach der 1. Aufl. d. Orig.-Textes frei aus dem Ital. übers. v. A. Courth. 1.—3. Bd. (200. 241 u. 210 S.)
314. 315. Pater Rodin. Episode aus dem „Ewigen Juden" v. Eugène Sue. Für die Gegenwart bearb. v. M. Deutschländer. 1. u. 2. Bd. (218 u. 236 S.)
316. 317. Frau Marianne. Roman v. Ernst Ahlgren [Frau Victoria Benedictson]. Deutsch v. Th. Lorck. 2 Tle. (à 224 S.)
318. Gabriel Kenyon. Roman v. Christie Murray. Aus dem Engl. übertr. v. Ludw. Wechsler. (258 S.)
319. Am Glück vorbei. Von ***. Aus dem Franz. übers. v. L. J. Devrient. (236 S.)

—— Spemann. Deutsche Hand- u. Hausbibliothek. 176., 282.—290., 292.—295. u. 311.—319. Bd. 8. Stuttg., Union. geb. à Bd. * 1 —

176. Byron's Werke. 5. Mazeppa. — Beppo. — Harolds Pilgerfahrt. — Die Insel. Uebers., Einleitgn. u. Anmerkgn. v. Adb. Schroeter. (206 S.) 890.
282. Graf Moltke als Redner. Vollständige Sammlg. der parlamentar. Reden Moltkes. Chronolog. geordnet, m. Erläutergn. v. Gust. Karpeles. (171 S.) 889.
283. Fürst Bismarck als Redner. Vollständige Sammlg. der parlamentar. Reden Bismarcks seit dem J. 1847. Sachlich u. chronologisch geordnet, m. Einleitgn. u. Erläutergn. versehen v. Wilh. Böhm. 8. Bd.: Weitere Entwickelgn. in Reich, Staat u. Kirche. 1875—1877. (240 S.) 889.
284. —— dass. — 9. Bd.: Verwaltungsreorganisation, Orientfrage, Socialistengesetz. 1877—1878. (242 S.) 889.
285. —— dass. — 10. Bd.: Die neue Zollgesetzgebung. 1879. (233 S.) 889.
286. —— dass. — 11. Bd.: Die Reichstagssessionen von 1880—1881. (213 S.) 890.
287. —— dass. — geordnet rc. von W. Böhm u. A. Dove. 12. Bd.: Kämpfe u. Bekenntnisse 1881 u. 1882. (249 S.) 891.
288. —— dass. — 13. Bd.: Bis an die Schwelle der Kolonialpolitik. (326 S.) 891.
289. 290. —— dass. — geordnet rc. von A. Dove. 14. Bd.: Die Reichstagssession v. 1884/85. (476 S.) 891.
293. 294. —— dass. — 15. Bd.: Polenfrage, Kirchenfrage, Septennat. (384 S.) 891.
295. —— dass. — 16. Bd.: Die letzten Zeiten im Amt 1887—1889. (282 S.) 891.
292. Wunderbare Reisen zu Wasser u. zu Lande, Feldzüge u. lustige Abenteuer d. Freyherren v. Münchhausen rc. Mit Einleitg. v. Ed. Grisebach. (LXII, 127 S.) 890.

311—313. Fogazzaro, A. Malombra. Nach der 1. Aufl. des Orig.-Textes frei aus dem Italien. übers. v. A. Courth. 3. Bde. (200; 241; 210 S.) 889.
314. 315. Sue, Eug. Vater Rodin. Episode aus dem „Ewigen Juden". Für d. Gegenw. bearb. v. Mart. Deutschländer. 1. u. 2. Bd. (218; 236 S.) 889.
316. 317. Ahlgren, Ernst [Frau Victoria Benedictson]. Frau Marianne. Roman. 2 Tle. (à Tl. 224 S.) 890.
318. Murray, Christie. Gabriel Kenyon. Roman. A. d. Engl. (258 S.) 890.
319. Am Glück vorbei. Von ***. Aus dem Französ. (236 S.) 890.

— Spemann. Deutsche Hand- u. Hausbibliothek. 287.—290., 293.—295. Bd. 8. Stuttgart 891. Union. Geb. à n. 1. —

287. Fürst Bismarck als Redner. Vollständige Sammlg. der parlamentar. Reden Bismarcks seit dem J. 1847. Sachlich u. chronologisch geordnet, m. Einleitgn. u. Erläutergn. versehen v. W. Böhm u. A. Dove. 12. Bd Kämpfe u. Bekenntnisse 1881 u. 1882. (249 S.)
288. — dasselbe. 13. Bd. Bis an die Schwelle der Kolonialpolitik. (326 S.)
289. 290. — dasselbe. 14. Bd. Die Reichstagssession v. 1884/85. (476 S.)
293. 294. — dasselbe. 15. Bd. Polenfrage, Kirchenfrage, Septennat. (384 S.)
295. — dasselbe. 16. Bd. Die letzten Zeiten im Amt 1887—1889. (282 S.)

Collection des tableaux en gouache et des dessins de Salomon Gessner. – *Zürich*, 1811. Gr. in-f°. Dédié à l'Impératrice de Russie.

26 pl. de paysages arcadiens avec figures gravées par W. *Kolbe*.

Collection de tableaux historiques, à l'usage des écoles publiée par Fréd. Guill. Fulds. Duisburg 856. Ewich. 8.

Tome I. Histoire de Jeanne d'Arc, tirée de l'histoire des ducs de Bourgogne par de Barante. Édit. arrangée à l'usage des écoles. (4 Bl., 176 S.) n. 12 ngl

Tome II. Histoire de Guillaume-le-Conquérant, tirée de l'histoire de la conquête de l'Angleterre par les Normands par Augustin Thierry. Édit. arrangée à l'usage des écoles. (2 Bl., 239 S.) n. 12 ngl

— of tales, a, extracted from the Arabian nights entertainments. Vol. I. gr. 18. Karlsr. 828. Braun. 14 gl

Collection of tales and sketches, hrsg. von Ernst Groth, s.: Authors, English. 60 Lfg.

— dasselbe, hrsg. v. Gust. Opitz, s.: Authors, English. 107. Lfg.

— Teubner. Publiée à l'usage de l'enseignement secondaire par F. Doerr, H. P. Junker, M. Walter. 8. Leipzig, B. G. Teubner. n. 1. —

1. L'Avare. Comédie. Par Molière. Publiée et annotée en collaboration avec H. P. Junker par Henri Bornecque. Texte et notes. (IV, 89 u. 52 S. m. Bildnis.) 904. n. 1 —; Texte geb., notes geh. 1. 20.

— Teubner. Publiée à l'usage de l'enseignement secondaire par F. Doerr, H. P. Junker, M. Walter. (v. vol. 5 an) publiée par F. Doerr, L. Petry. 8. Leipzig, B. G. Teubner. 6. 30

Cointot, H., l'année terrible. Morceaux choisis et annotés en collaboration avec A. Sturmfels. Texte et notes. Avec 4 gravures et 1 carte. (IV, 118 u. IV, 52 S.) 910. (vol. 7) 1.30; geb. u. geh. 1. 60

Curot, G., le midi de la France I. Le midi et le sud-ouest. Morceaux choisies et annotés en collaboration avec L. Petry. Texte et notes. Avec 8 gravures et 1 carte. (VI, 72 u. II, 36 S.) 910. (vol. 5) 1.—; geb. u. geh. 1. 30

— dasselbe. II. La Provence et la Corse. Texte et notes Avec 8 gravures et 1 carte. (VI, 75 u. II, 38 S.) 910. (vol. 6) 1.—; geb. u. geh. 1. 30

Flaubert, Gust., un coeur simple. Publié et annoté en collaboration avec Mme. Meyer-Harder par J. Anglade. Texte et notes. Avec 3 gravures et 1 carte (IV, 41 u. II, 28 S.) 910. (vol. 4) — 80

Michelet, Jeanne d'Arc. Publiée et annotée en collaboration avec K. Kühn par S. Charléty. Texte et notes. Avec une gravure, un plan d'Orléans et une carte de la France du Nord. (IV, 96 u. II, 44 S.) 907. (vol. 2) 1.20; geb. u. geh. 1. 40

Molière, les femmes savantes. Comédie. Publiée et annotée en collaboration avec H. P. Junker par Henri Bornecque. Texte et notes. (IV, 78 u. II, 72 S. m. Bildnis.) 910. (vol. 3) 1.—; geb. u. geh. 1. 30

— Tiefenbach. 1.—9. 11.—13. 15. 16. u. 19.—30. Bd. 8. Leipzig, C. F. Tiefenbach, Sep.-Cto. à n. 2. —; geb. à n. 3. —

Inhaltsübersicht in alphabetischer Ordnung:

Achleitner, Arth., das treue Leut'. Bilder aus den Alpen. [Aus: „Grenzerleut'".] (175 S.) (900.) (Bd. 21.)

Bliss, Paul, Mann u. Weib. Novellen. Umschlagzeichnung v. Alfr. Pokatzky. (Neue [Titel-]Ausg.) (II, 179 S.) [896.] (899.) (Bd. 8.)

— Des Übels Wurzel. Roman. Orig.-Umschlagzeichng. v. Paul W. Ehrhardt. (269 S.) (900.) (Bd. 9.)

Cotta, Joh., eine elektrische Ehe u. Anderes. (160 S.) (897.) (Bd. 12.)

— Ehefolter. Roman. 5. Aufl. (209 S.) (901.) (Bd. 1.)

— Verweibt. Ein Cyklus mod. Novellen. 3. Aufl. (191 S.) (897.) (Bd. 2.)

Daudet, Ernest, die Liebe des Dictators. Deutsch v. Ludw. Wechsler. Orig.-Umschlagzeichnung v. Paul W. Ehrhardt. (212 S.) (900.) (Bd. 5.)

Delhondre, Lucien, Huluwali, das Fest d. Finsternis u. Anderes. (234 S.) (898.) (Bd. 16.)

Ehrenfreund, Edm. O., im Arm der Liebe. Modische Geschichten. (VI, 181 S.) (901.) (Bd. 30.)

Falke, Gust., hab ich nur deine Liebe. Roman. Orig.-Umschlagzeichng. v. Paul W. Ehrhardt. (Neue [Titel-]Ausg. v. Landen u. Stranden. III.) (228 S.) [895.] (901.) (Bd. 28.)

— Hamburger Kinder. Roman. Orig.-Umschlag-Zeichnung v. Paul W. Ehrhardt. (Neue [Titel-] Ausg. v. Landen u. Stranden. I.) (174 S.) (895.) (901) (Bd. 26.)

— Neben der Arbeit. Roman. Orig.-Umschlag-Zeichng. v. Paul W. Ehrhardt. (Neue [Titel-]Ausg. v. Landen u. Stranden. II.) (S. 177–400.) [895.] (901.) (Bd. 27.)

Hanstein, Adb. v., die Aktien des Glücks. Humoristisch-satir. Zeitroman. (Neue [Titel-]Ausg.) (372 S.) [895.] (899.) (Bd. 25.)

Herold, Karl, Majestät Weib. (238 S.) 899. (Bd. 23.)

Laforest, Dubut de, im Flugfeuer der Liebe. Deutsch v. Ludw. Wechsler. 3. Aufl. Orig.-Umschlagzeichng. v. Alfr. Pokatzki. (205 S.) (902.) (Bd. 13.)

Lippmann, Jak., entschleierter Bühnenzauber. Ein Komödiantenroman. Orig.-Umschlagzeichnung v. Arno Grimm. (196 S.) (902.) (Bd. 3.)

Maupassant, Guy de, erkaufte Liebe u. andere Novellen. Einzig autoris. Uebersetzg. v. Ludw. Wechsler. (180 S.) (896.) (Bd. 4.)

Mysing, Osk. (Otto Mora), die Bildungsmüden. Roman. 4. u. 5. Taus. (291 S.) (901.) (Bd. 22.)

Paulsen, John, ein Zukunftsweib? Roman. Einzig autoris. Übersetzg. v. E. Brausewetter. (283 S.) (900.) (Bd. 7.)

Poll, A., Frivolität u. Anderes. Moderne Geschichten. Orig.-Umschlag-Zeichng. v. Paul W. Ehrhardt. (268 S.) (901.) (Bd. 29.)

Prigge-Brook, M., entehrt!? 2 Novellen. Orig.-Umschlagzeichng. v. Paul W. Ehrhardt. (222 S.) (902.) (Bd. 15.)

Stave, Ludw., der Cantonsrath. Roman. (174 S.) (900.) (Bd. 11.)

— Verschneite Gluth. 2. [Titel-]Aufl. Roman. Orig.-Umschlagzeichng. v. Paul W. Ehrhardt. (214 S.) [898.] (900.) (Bd. 20.)

— Die Unverlobten. 3 Novellen. Orig.-Umschlagzeichng. v. Alfr. Pokatzki. (212 S.) (900.) (Bd. 19.)

Thossan, O. Eug., ledige Bräute. Roman. (193 S.) (899.) (Bd. 24.)

— Möblierte Herren. — Wanda. 2 Novellen. (278 S.) 899. (Bd. 6.)
Bd. 10. 14. 17. 18. s.: Bücherlexikon Bd. 30 unter: Mysing, O., Passion d. Liebe. — Quer durch d. Liebe; Stave, L., Unbesiegbar u. Wolff, Ludw., Auferstehung.

— of treaties moral, political and literary on different subjects from the best engl. Authors, for the use of those who learn english, by J. Brown. 8. Götting. 805. Dieterich. 1 ℛ

— à vendre de monumens typographiques et autres ouvrages rares, inprimés aux XVe et XVIe siècles. gr. in-8. Offenbach 840. Heinemann. n. 1 1/3 ℛ

— Verne. Autoris. Ausg. 50 Bde. Mit je 1 Titelbild in Holzschn. 8. Wien 887. Hartleben. à Bd. — 75; geb. à n. 1. —; 50 Bde. fein geb. n. 62. 50

1. Von der Erde zum Mond. Directe Fahrt in 97 Stunden 20 Minuten. Autoris. Ausg. 8. Aufl. (273 S.)
2. Reise um den Mond. 8. Aufl. (293 S.)
3. Reise um die Erde in 80 Tagen. 8. Aufl. (332 S.)
4. Reise nach dem Mittelpunkt der Erde. 8. Aufl. (281 S.)
5. Fünf Wochen im Ballon. 4. Aufl. (372 S.)
6. 7. Zwanzigtausend Meilen unter'm Meer. 2 Bde. 8. Aufl. (255 u. 288 S.)
8. Abenteuer v. drei Russen u. drei Engländern in Süd-Afrika. 4. Aufl. (281 S.)
9. 10. Abenteuer d. Kapitän Hatteras. 2 Bde. 5. Aufl. (295 u. 296 S.)
11.—13. Die Kinder d. Kapitän Grant. Reise um die Erde. 3 Bde. 4. Aufl. (290, 315 u. 266 S.)
14.—16. Die geheimnißvolle Insel. 3 Bde. 4. Aufl. (289, 294 u. 270 S.)
17. 18. Das Land der Pelze. 2 Bde. 4. Aufl. (281 u. 276 S.)
19. Eine schwimmende Stadt. Die Blockade-Brecher. 4. Aufl. (296 S.)
20. Eine Idee d. Doktor Ox. Meister Zacharius. Ein Drama in den Lüften. Eine Ueberwinterung im Eise. Eine Mont-Blanc Besteigung. 4. Aufl. (330 S.)
21. Der Chancellor. Tagebuch d. Passagier J. R. Kazallon. 4. Aufl. (314 S.)
22. 23. Der Courier d. Czaar. [Michael Strogoff.] 2 Bde. 3. Aufl. (244 u. 265 S.)
24. Schwarz-Indien. 4. Aufl. (237 S.)
25. 26. Reise durch die Sonnenwelt. 2 Bde. 4. Aufl. (272 u. 261 S.)
27. 28. Ein Kapitän v. 15 Jahren. 2 Bde. 3. Aufl. (248 u. 267 S.)
29. 30. Die Entdeckung der Erde. 2 Bde. 4. Aufl. (321 u. 340 S.)
31. Die 500 Millionen der Begum. 3. Aufl. (253 S.)
32. Die Leiden e. Chinesen in China. 3. Aufl. (257 S.)
33. 34. Die großen Seefahrer d. 18. Jahrh. 2 Bde. 3. Aufl. (315 u. 327 S.)
35. 36. Das Dampfhaus. 2 Bde. 3. Aufl. (253 u. 243 S.)
37. 38. Der Triumph d. 19. Jahrh. 2 Bde. 3. Aufl. (276 u. 330 S.)
39. 40. Die Jangada. 800 Meilen auf dem Amazonenstrom. 2 Bde. 2. Aufl. (231 u. 248 S.)
41. Die Schule der Robinsons. 2. Aufl. (250 S.)
42. Der grüne Strahl. 2. Aufl. (258 S.)
43. 44. Keraban der Starrkopf. 2 Bde. 2. Aufl. (238 u. 243 S.)
45. Der Südstern od.: Das Land der Diamanten. 2. Aufl. (321 S.)
46. Der Archipel in Flammen. 2. Aufl. (266 S.)
47.—49. Mathias Sandorf. 3 Bde. 2. Aufl. (216, 258 u. 217 S.)
50. Robur der Sieger. 2. Aufl. (270 S.)

— Verne. Autoris. Ausg. 41.—60. Bd. Mit je 1 Titelbild. 8. Wien 890,91, Hartleben. à Bd. — 75; geb. à Bd. * 1 — Geschenk-Ausg. 60 Bde. fein geb. * 75 —

41. Die Schule der Robinsons. 2. Aufl. (250 S.) — 42. Der grüne Strahl. 2. Aufl. (258 S.) — 43. 44. Keraban der Starrkopf. 2 Bde. 2. Aufl. (238; 243 S.) — 45. Der Südstern oder: Das Land der Diamanten. 2. Aufl. (321 S.) — 46. Der Archipel in Flammen. 2. Aufl. (266 S.) — 47.—49. Matthias Sandorf. 3 Bde. 2. Aufl. (246; 258; 217 S.) — 50. Robur der Sieger. 2. Aufl. (270 S.) — 51. Ein Lotterie-Loos. 2. Aufl. (223 S.) — 52. 53. Nord gegen Süd. 2 Bde. 2. Aufl. (247; 244 S.) — 54. 55. Zwei Jahre Ferien. 2 Bde. 2. Aufl. (à Bd. 260 S.) — 56. Kein Durcheinander. (227 S.) — 57. 58. Die Familie ohne Namen. 2 Bde. (255; 211 S.) — 59. 60. Mistreß Branican. 2 Bde. (203; 192 S.)

— Verne. Autoris. Ausg. 51.—66. Bd. Mit je 1 Titelbild. 8. Wien, A. Hartleben. à — 75; geb. à n. 1. —

51. Ein Lotterie-Loos. 2. Aufl. (223 S.) 891.
52. 53. Nord gegen Süd. 2 Bde. 2. Aufl. (247 u. 244 S.) 891.
54. 55. Zwei Jahre Ferien. 2 Bde. 2. Aufl. (à 260 S.) 891.
56. Kein Durcheinander. (227 S.) 891.
57. 58. Die Familie ohne Namen. 2 Bde. (255 u. 211 S.) 891.
59. 60. Mistreß Branican. Von Jul. Verne. Autoris. Ausg. 2 Bde. (203 u. 192 S.) 891.
61. Das Karpathenschloß. Von Jules Verne. (232 S.) 891.
62. Claudius Bombarnac. Notizbuch e. Reporters. Von Jules Verne. (326 S.) 892.
63. 64. Der Findling. 2 Bde. Von Jules Verne. (243 u. 254 S.) 891.
65. 66. Meister Antifer's wunderbare Abenteuer. Von Jules Verne. 2 Bde. (239 u. 236 S.) 8?1.

Collection Verne. Autor. Ausg. 67.—74. Bd. 12. (Mit je 1 Titelbild.) Wien, A. Hartleben. à — 75; geb. in Leinw. à n. 1. —

67. 68. Die Propeller-Insel. Von Jul. Verne. (248 u. 238 S.) 895.
69. Vor der Flagge d. Vaterlands. Von Jul. Verne. (VII, 255 S.) 896.
70. Clovis Dardentor. Von Jul. Verne. (281 S.) 896.
71. 72. Die Eissphinx. Von Jul. Verne. 2 Bde. (278 u. 256 S.) 897.
73. 74. Der stolze Orinoco. Von Jul. Verne. (260 u. 231 S.) 898.

— dass., s. a. Kollektion.

— de tous les voyages faits autour du monde, par les différentes nations de l'Europe, rédigés par Mr. Berenger, avec fig. IX Tom. gr. 8. Bern, Haller. 12 ℛ

Collection de vues remarquables des Alpes du canton de Berne, dessinée et gravée par différents artistes, en 27 ff. – *Berne, C. D. Werner.* In-4°. (Avec titre allemand.)

27 pl. gravées. C'est la 2e édition de l'ouvrage précédent.

Collection de vues remarquables des Alpes de la Suisse. — Premier cahier (et suiv. ?). – *Berne, J. Ant. Ochs*, 1789 (et suiv. ?).

Ce recueil comprend 27 planches dont les 10 premières sont identiques à celles de *Alpes Helveticae*. 6 pl. de cette collection (nos 16, 17, 20, 22, 23, 24) ont été gravées à l'eau-forte par *Junker*.

— Wesemann. Nr. 1—5 u. 12. 8. Berlin 896. F. Wesemann. à — 30

1. Es schmerzt nicht. Kriminal-Roman v. J. D. H. Temme. 1.—10. Taus. (156 S.)
2. Zu spät. Roman v. R. J. Anders. (128 S.)
3. Humoresken a. d. Fremdenlegion v. Erich v. Norbeck. (126 S.)
4. Schüler-Liebe u. and. Humor. v. Frz. Frhrn. v. Gaudy. (128 S.)
5. E. ärztl. Faust. Roman v. Sandor Bródy. Autor. Uebersetzg. v. Osk. v. Krücken. (160 S.)
12. D. Töchter d. Herrn v. Zokoli. Roman v. Greg. Csiky. (127 S.)

Nr. 6—11 erscheinen später.

— Wild-West. 1.—20. Bd. 8. Berlin. Erfurt, F. Bartholomäus. à — 60

1. Wild-West. Erlebn. i. Lande d. Indianer v. Ludw. Anders. 3. Aufl. (128 S.) 894.
2. Von Indianern verfolgt. Aus d. Leben a. d. Prairie. Von L. A. Western. (128 S.) 894.
3. Die Prairiejäger. Erzählg. a. d. Zeit d. Kämpfe zw. Nordamerika u. Mexiko. Von Ludw. Anders. (127 S.) 894.
4. D. Hofmaler d. Indianerhäuptlings. Erzählg. a. d. Westen Amerikas. Von Ludw. Anders. (128 S.) 894.
5. Lederstrumpfs Tod. Von Emil Richter. 2. Aufl. (119 S.) 894.
6. Wildrose. E. Erzählg. a. d. Indianeraufstand im J. 1862. Von Kristofer Janson. Autor. Uebersetzg. v. Ernst Brausewetter. (121 S.) 894.
7. D. Prairiefuchs. E. Erzählg. a. d. Amerikan. Von Ludw. Anders. (127 S.) 894.
8. Verfolgte Spur. Nach hinterlass. Papieren erz. Von Carl Cassau. (128 S.) 895.
9. Bis i. d. Wildnis. Erzählg. Von E. v. Barfus. (128 S.) 895.
10. D. Geheimnis d. Trappers. Erzählg. Von Otto Brüchig. (128 S.) 895.
11. Samohaha u. d. Siouxkrieg. Erzählg. a. d. wilden Westen u. alten Familienpapieren. Von Carl Cassau. (128 S.) 895.
12. Die Rose v. Texas. Orig.-Erzählg. aus d. Heimat d. roten Mannes. Nach Quellen frei erz. Von L. W. Graepp. (123 S.) 896.
13. D. weiße Indianerbraut. Erzählg. a. d. amerikan. Wald- u. Prairieleben. Von Otto Brüchig. (126 S.) 896.
14. Watawa, d. Tochter d. Crow-Häuptlings. Erzählg. Von E. v. Barfus. (123 S.) 896.
15. D. Fluch d. Goldes. Nach den Mitteilgn. zweier deutschen Goldsucher erz. Von Otto Brüchig. (117 S.) 897.
16. Barbaren d. Wildnis. Erzählg. a. d. schwersten Tagen der indian. Rasse. Von Otto Brüchig. (120 S.) 897.
17. D. Ansiedler. Erlebnisse i. Indianergebiet. Erzählg. Von E. Graef. (127 S.) 897.
18. Auf d. Kriegspfad. Erzählg. a. d. Indianeraufstand. Von E. Graef. (123 S.) 898.
19. D. Tochter d. Indianer-Agenten. Erzählg. a. dem wilden Westen. Von Carl Cassau. (127 S.) 898.
20. Gefahrvolle Bahnen. Erlebnisse e. jungen Hamburgers im Norden Amerikas. Von F. Graef. (102 S.) 898.

Yerkes Collection, the, of oriental carpets. Text by K Mumford. (27 T m Text) fol Leipzig 1910

Collectiones Salomonides, oder vollständ. Samml. aller Gebräuche, Observanzen u. Gebetformeln d. heut. poln. u. deutschen Israeliten u. Israelitinnen, f. d. ganze Jahr. Hrsg. v. S. E. Blogg. 4. (30 B.) Hannover 830, (Hahn.)

Collectionis, s. Collectio.

Collections, Miscellaneous, from the best English and German authors. Brem. 1793. H: *Braubach, Daniel.* (GGr) (Ky) (MGT)

— and **Recollections** (by Geo. W. E. Russell), s.: Collection of British authors.

Collections scientifiques de l'institut des langues orientales du ministère des affaires étrangères. Publiées par ordre et aux frais du département asiatique. I et II. 8. St. Petersburg 877. (Leipzig, Brockhaus, Sort.) n.n. 12. —

I. Les manuscrits arabes de l'institut des langues orientales. Décrits par le baron Victor Rosen. Avec 3 planches. (IX, 268 S.) n.n. 8. —

II. Inventaire des monnaies des Khalifes orientaux et plusieurs autres dynasties. Classes I—IV. Publié par Dorn. (XVI, 64 S.) n.n. 4. —

Collections scientifiques de l'institut des langues orientales du ministère des affaires étrangères. Publiées par l'ordre et aux frais du département asiatique. I—VII. gr. 8 u. Lex.-8. St. Petersburg, (Eggers & Co.). n. 41. 40

I. Les manuscrits arabes, décrits par Baron Vict. Rosen. (VII, IX, 268 S.) 877. n. 5. 60

II. Inventaire des monnaies des Khalifes orientaux et de plusieurs autres dynasties. 1. fasc. Classes I—IX. Publié sous la direction de M. Dorn. (XVI, 64 S.) 877. n. 2. 80

III. Les manuscrits persans, décrits par Vict. Rosen. (V, IV, 369 S. m. 3 Taf.) 886. n. 7. —

IV. Inventaire des monnaies des Khalifes orientaux et de plusieurs autres dynasties. 2. fasc. Classes X—XXV, publié [jusqu'à la page 196] sous la direction de Dorn. (XV u. S. 65—232 m. 10 Taf.) 881. n. 7. —

V. Catalogue des monnaies Arsacides, Subarsacides, Sassanides, Dabweihides, ainsi que des pièces frappées par les Ispehbeds arabes du Tabaristan et les gouverneurs de la Perse et du Maverannahr au nom des Khalifes par Alexis de Markoff. (XVII, XX, 136 S. m. 1 Vignette u. 2 phototyp. Taf.) 889. n. 7. —

VI. Les manuscrits arabes [non compris dans le Nr. 1] karchounis, grecs, coptes, éthiopiens, arméniens, géorgiens et bàbys, décrits par D. Günzburg, V. Rosen, B. Dorn, K. Patkanof, J. Tchoubinof. 2 fascc. (XXIII, 271 S.) 891. n. 9. —

VII. Registre général des monnaies orientales suivi de la description de quelques pièces rares ou inédites du médaillier de l'Institut. Par Alexis de Markoff. (48 S. m. 1 photohyalotyp. Taf.) 891. n. 3. —

Collections scientifiques de l'Institut des langues orientales du ministère des affaires étrangères. Publiées par ordre et aux frais du département asiatique. VIII. gr. 8. St. Petersburg 897. (Eggers & Co.) n. 6. — (I.—VIII.: n. 47. 40)

Manuscrits turcs de l'institut des langues orientales. Par W. D. Smirnow. Avec 5 planches. (X, 216 S.)

Collectiv-Ausstellung der Augsburger Baumwoll-Industrie. Weltausstellg. Wien 1873.

Forstwirthschaftliche Collectiv-Ausstellung aus dem Grossherzogthum Hessen, veranstaltet durch die Grossherzoglich Hessische Ober-Forst- und Domänen-Direction in Darmstadt. - Darmstadt 1873. 20 S.

Collectiv-Ausstellung der Augsburger Industriellen. Augsburg (1889?)

Collectiv-Ausstellung der k. k. galizischen Landwirthschaftsgesellschaft. Weltausstell. Wien 1873.

Collectiv-Ausstellung, die österreichische landwirthschaftliche, im Palais des Ackerbaues am Champ de Mars während der Weltausstellung in Paris 1900. Im Vereine m. den Special-Comités f. Zucker-, Malz- u. Liqueur-Industrie hrsg. vom Executiv-Comité f. die österreich. landwirthschaftl. Ausstellg. in Paris 1900. Mit e. Orientierungsplan. (In deutsch. u. franz. Sprache.) 12. (VII, 117 S.) Wien 900. (Gerold & Co.) n. 1. —

Collectiv-Ausstellung von Schul- und Unterrichts-Gegenständen der Weltausstellung 1873 in Wien. Veranstaltet vom k. k. Ministerium für Cultus und Unterricht. Special-Katalog. gr. 8. (91 S. mit 1 lithogr. Plane in 4.) Wien 873, (Beck'sche Universitäts-Buchh.)

Collectiv-Ausstellung v. Schul- u. Unterrichts-Gegenständen der Weltausstellung 1873 in Wien. Veranstaltet vom k. k. Ministerium f. Cultus u. Unterricht. Special-Katalog. gr. 8. (91 S. m. e lith. Plane in 4.) Wien 873. Hölder. n.n. 1. —

Der Landw. Verein in Bayern, **Collektivausstellung** d. L. Vereins in Bayern auf der Molkereiausstellung in Berlin 1879. Berlin 1879.

Collectiv-Ausstellung des Vereins für die Rübenzucker-Industrie im Zollverein. Weltausstell. Paris 1867.

Collectiv-Circular der auf der Wiener Weltausstellung 1873 preisgekrönten Industriellen aus Oesterreich-Ungarn. Handbuch für die Geschäftswelt. gr. 8. (VII, 168 S.) Wien 874, Haasenstein und Vogler. *

Collectivnote, die, v. Oesterreich, Frankreich u. Preussen in d. Angelegenheiten der Schweiz. Beantwortet durch die Note der hohen Tagsatzung vom 15. Febr. 1848 u. beleuchtet durch d. Votum des ersten Gesandten d. Standes Thurgau, Präsident Dr. Kern, in der Sitzg. der hohen Tagsatzung vom 15. Febr. 1848. 8. (32 S.) Zürich 848, Orell, Füssli & Co. 4½ ngr

Colleczium da chanzuns da Messa. Innsbruck 1904. V: ***Pitsch, Florin.*** (Margr)

Cölleda [Schlagwort]

Cölleda, s.: Preussen, Messtischblätter.

[Royal **College** of Physicians. Beschlüsse im Streit mit James Gregory, 1753–1821, u. Stellungnahmen Gregorys. 1805–1808.]Sammelband. 4°. [Darin 8 Nrn.]

College Courant : 1884–?

Issued monthly during academic year, in English and German. Organ of Central Wesleyan College.

Warrenton, MO

Collegen, meine Herren! Moment-Aufnahmen v. e. jungen Schriftstellerin. 8. (63 S.) Berlin 894. G. Pohlmann. 1. —

The College Record : Vol. 1–12, no. 10, Apr. 1902 - Oct. 1913.

Collegiate monthly, published in English and German. Sub title: A Monthly Journal devoted to the Interests of the Central Mennonite College. Organ der Mennoniten-Brüder in Christo von Nord-Amerika. Continued as The Witmarsum. Quarto, each issue 8 pages. Edited by D. F. Jantzen, Apr. - Sept. 1902; by the Faculty of Central Mennonite College. Published by Board of Trustees of Central Mennonite College.

Bluffton, OH

Collegia et Monastica, Styriae, praecipua... Graecii 1740. V: *Rechtenberg, Wolfgang.* (SO) (Jes)

Collegiatrechte, über die, der katholischen Kirche, ein Fragment zur neuesten Kirchenrechtsgelehrsamkeit. 8. Wien. (Mayr in Salzb.) 783.

Collegiatrechte, über die, in d. kathol. Kirche. (Von J. Th. Zauner.) 8. Wien (Salzb.) 783.

Collegienhefte des Studirenden der Clausthaler Forstschule Wilhelm Hampe. Handschrift. 18 Bde. Clausthal, aus den Lehrjahren 1821–1823.

Collegii Salmanticensis F. F. Carmelitarum discale cursus theologicus et moralis. XV Tmi. Fol. Lips. Crusius. (Vogel.) 779.

Collegii **Salmanticensis F. F. Carmelitarum discalc. cursus theologicus et moralis. XV Tom. Fol. Leipz. 779. (W. Vogel). 50 ngr**

Rector et senatvs vniversitatis Fridericiae Gvilelmiae Rhenanae **collegis Wircebvrgensibvs** S. ... Bonnae prid. Kal. Sext. a. 1882. Bonnae, typ. C. Georgi (1882). 1 Bl. 2.

Glückwunsch zum 300j. Jubiläum d. Universität

Collegium, Das deutsche, in Rom von einem Katholiken. Leipzig 1843. V: *Bode, Hch.* (Steinhuber, Coll. germ. II, 521)

Collegium, das deutsche, in Rom. Entstehung, geschichtl. Verlauf, Wirksamkeit, gegenwärt. Zustand u. Bedeutsamkeit desselben; unter Beifügung betreffender Urkunden und Belege, dargestellt von einem Katholiken. gr.8. Leipzig 843, Hahn'sche Verlagsbuchh. 5/6 ℛ

Collegium, Das, der Fürsten- und Landesschule Grimma von 1849 bis 1900... Grimma 1900. V: *Poeschel, Johs.* (Berl)

Collegium das helvetische, in Mailand. 1886.
*** Beilage Nr. 168, 1886 der Allg. Augsburger Zeitung.

Collegium Beatae Mariae Virginis in universitate Lipsiensi. 1. Der Zusammenhang des Collegii Beatae Mariae Virginis . . . Leipzig 1859. V: *Marbach, Oswald, Heinrich Wuttke & Heinrich Brandes.* (Erman & Horn, Bibliogr. d. dtsch. Universitäten. 2. Leipz. u. Berl. 1904.)

Collegium beatae Mariae virginis in universitate Lipsiensi. 1. Der Zusammenhang des Collegii beatae Mariae virginis mit den Anfängen der Universität Leipzig. gr. 8. (51 S.) Leipzig 860, (Dürr'sche Buchh.)

'Collegium musicum'. Auswahl älterer Kammermusikwerke, f. d. prakt. Gebr. bearb. u. hrsg. von Prof. Dr. Hugo Riemann. No 1. Leipzig: Breitkopf & Härtel [1903]. 4°
(Breitkopf & Härtel's Kammermusik-Bibliothek. 1801.) (07. 9724

PRESSBURGER COLLEGIUM S. J.: Gespräch eines Catholischen. Posony 1745.

Das Collegium Immaculatae Virginis zu Kalksburg von 1856—1906. Festschrift zur Jubelfeier seines 50jährigen Bestandes. Fol. (68 S. mit Tafeln) K 10.—
Wien: Kirsch 1906.

Collektiv-Ausstellung, s. Collectiv-Ausstellung.

Cöllen [Schlagwort]

Cöllen — Neu und richtiger Grundt-Riss des H. R. R. freyer Stadt — im Jahr 1752 verfertiget etc. von J. V. Reinhardt Artillerie Hauptmann. 1 : 5100. 1 Bl.

Cöllen [Verfasser]

Cöllen, Franz A., Reise-Album vom 15. bis zum 22. Lebensjahre. 2., verb. und verm. Aufl. gr. 16. (XII und 211 S. mit 4 Kpfrn.) Bonn 850. (Berlin, A. Duncker.)

Cöllen, Joh. B., poetische Erstlinge e. Buchbinders. (Mit Titelvign.) 8. Bonn 838. (Köln, Renard u. Dübyen.) n. 1/3 ℛ

Cöllen, Joh. B., poet. Erstlinge eines Buchbinders. 8. (3 1/3 B. u. Titvign.) Bonn 838. (Cöln, Welter.)

— Gedichte eines Buchbinders, in den Feierstunden geschrieben. 8. Bonn 840. (Köln, Renard.) n. 1/3 ℛ

—— Gedichte eines Buchbinders, in den Feierstunden geschrieben. 8. (4 1/3 B.) Bonn 840. (Cöln, Welter.)

Modernes Drama und Weltanschauung. Von Dr. Ludwig Coellen. *Düsseldorf: Schaub 1903.* (61 S.) 8° (03. 9380

Coellen, Ludw., der Gegensatz in den aussertropischen Klimaten d. continentalen West- u. Ostküsten auf der Nordhemisphäre, s. a. Abhandlungen der k. k. geograph. Gesellschaft in Wien. III. 8.

Coellen, Ludwig, aus Köln: Der Gegensatz in den aussertropischen Klimaten der continentalen West- und Ostküsten auf der Nordhemisphäre. *Wien: R. Lechner 1901.* (52 S.) 4° (8°) ¶ (Aus: Abhandlungen d. K. K. Geogr. Ges. in Wien, Bd 3, 1901, No 3.)
Bonn, Phil. Diss. v. [20.] Juli 1901

COELLEN, Ludwig
Der Gegensatz in den aussertropischen Klimaten der continentalen West- und Ostküsten auf der Nordhemisphäre von Ludwig Coellen. Mit 4 Textfiguren. Abhandlungen der k. k. geographischen Gesellschaft in Wien. III. Bd. 1901, Nr. 3. Wien. 1901. R. Lechner (Wilh. Müller). Lex.-8°. 52 S. K 3.—

— Neuromantik. (II, 126 S.) 8. Jena 906. E. Diederichs. n. 2. 50

[F.] St. Alderich. Von Marie Coellen. *Heiligenstadt '(Eichsfeld)': F. W. Cordier [1897].* (10 S., 1 Taf.) 1 Bd 8. (98. 2606

[F.] Lose Blätter aus dem Leben des heiligen Franziskus von Assisi v. Marie Coellen. *Heiligenstadt '(Eichsfeld)': F. W. Cordier [1896].* (2 Bl., 90 S.) 1 Bd 8. (97. 9724

Coellen, Marie, schlichte Erzählungen für die Jugend. gr. 8. (132 S.) Aachen 899. J. Schweitzer. Geb. in Leinw. n. 2. 50

— Schutzengel-Büchlein f. brave Kinder. 8. (51 S.) Ebd. 899. Geb. in Leinw. n. 1. 20

Coellen, Peter von, appr. Arzt: Aus d. Univ.-Frauenklinik in Bonn. Schwere Herzstörungen bei Schwangerschaft, Geburt und Wochenbett. Fälle aus der Bonner Frauenklinik vom 1. 4. 99 bis 1. 4. 09. Bonn 1909: Eisele. 43 S. 8°
Bonn, Med. Diss. v. 8. Mai 1909, Ref. Fritsch
[Geb. 7. Aug. 83 Cöln-Nippes; Wohnort: Bonn; Staatsangeh.: Preußen; Vorbildung: Kgl. Gymn. Bonn Reife O. 02; Studium: Bonn 5, Berlin 1, Bonn 4 S.; Coll. 7. Mai 09; Approb. 21. Mai 08.] [U 09. 329

Cöllen, Pet. v., der Turnunterricht in der Volksschule. Die Uebungen des amtlichen Leitfadens in Uebungszetteln zu einem vollständigen Uebungsplane bearbeitet. Aachen 863. Hensen. 12. (2 Bl., 98 S.) 7 1/2 ngr.

Cöllen, Pet. v., der Turnunterricht in der Volksschule. Die Uebungen des amtl. Leitfadens in Uebungszetteln zu einem vollständ. Uebungsplane bearb. 12. (III und 98 S.) Aachen 863, Jacobi und Comp.

Collenbach, Fr., Anleit. für d. Geschwornen rc. 12. Düsseld. 812. Levrault in Straßb. 10 ℋ

— s. A. Gour, Handb. f. d. Notar.

— Handbuch f. Huissiers, worin in alphab. Ordnung alle Verrichtungen dieser Justizbeamten, sammt den dazu gehörigen Formularen enthalten sind. 12. Düsseld. 812. Gonbon. 1 ℛ 8 ℋ

— s. Persil: Hypothekenwesen.

Collenberg, Theodor *(geb. Altendorf in Westf. [11. 1. 1844]):* Zur Entwickelung der Dermoidkystome. Breslau 1869. (29 S.) 8°
Breslau, Med. Diss. v. 12. Aug. 1869

Collenberg, Waldemar, Referendar: Das Güterrechtsregister. Liegnitz 1905: C. Seyffarth. (VIII, 128 S.) 8° [F.]
Breslau, Jur. Fak., Ref. Beyerle, Diss. v. 22. Febr. 1905
[Geb. 2. Mai 80 Warmbrunn; Heimatsort: Warmbrunn; Staatsangeh.: Preußen; Vorbildung: Gymn. Hirschberg Reife O. 98; Studium: Freiburg i. B. 1, Leipzig 2, Berlin 1, Breslau 2 S.; Rig. 30. Jan. 03.

Collenbusch, Menken und Hasenkamp. Offene Antwort auf den Brief in Nr. 19 der Reformirten Kirchenzeitung, hrsg. von Calaminus in Elberfeld. Von einem Freunde der Wahrheit. gr. 8. (32 S.) Rheydt 882, Langewiesche.

Collenbusch, Doctor. Auszüge aus seinem Tagebuch. 16. (89 S.) Stuttgart 877, J. F. Steinkopf.

Collenbusch, Doctor. Auszüge aus seinem Tagebuch. 2. Aufl. 12. (92 S.) Stuttgart 883, J. F. Steinkopf.
geb.

Collenbusch, Dan., Abhandll.; s. Abhandll. holländ. Aerzte.

Collenbusch, Daniel Hrsg.u.Comm.):

s.: Abhandlungen, Merkwürdige, holländischer Aerzte... Leipzig: 1794

JB 2.324

— s. Feierstunden, meine.

Collenbusch, Daniel: Mildheimische Gesundheitslehre in Vorlesungen über das Noth- und Hülfsbüchlein. Hrsg. von Daniel Collenbusch. Th. 1–3. Gotha: Becker 1799–1801. 1 Bd. 8°.
Th. 1: 1799.
Th. 2: 1800.
Th. 3: 1801.

— Mildheimische Gesundheitslehre, in Vorlesungen über R. Z. Beckers Noth- u. Hülfsbüchlein. 3 Thle, mit 2 Kpf. 8. Gotha 799—802. Becker. 1 ℛ 12 ℊ

— Hufelands Kunst das menschliche Leben zu verlängern, f. d. Bürger u. Landmann umgearbeitet. 1r Thl. s. C. W. Hufeland.

Collenbusch, Daniel (Übers.):

s.: Man, Maximiliaan Jacob de: Abhandlung über das bösartige Faulfieber... (Verhandeling over de kwaadaartige rotkoorts... Dt.) Leipzig: 1794 (Merkwürdige Abhandlungen holländischer Aerzte... Bd 1, St.1)

JB 2.324/1,1

— d. Rathgeber f. alle Stände, in Angelegenheiten, welche d. Gesundheit, den Vermögens- u. Erwerbsstand u. d. Lebensgenuß betreffen. 1r u. 2r Jahrg. f. 1800 u. 1801. 8. Gotha, Becker. (à 1 ℛ) 2 ℛ Dessen 3r u. 4r Jahrg. f. 1802 u. 3. 8. Altenb. (Fr. Weber in Ronneb.) (à 2 ℛ) 4 ℛ

— — desselben 3r u. 4r Jahrg. f. 1802 u. 803. 8. Altenburg. (Verlagshandlung. in Schneeberg. (d. Jahrgang 2 Rthlr.)

— von d. Ruhrkrankheiten. Zur Belehrung f. Gesunde u. Kranke. 8. Ronneb., Fr. Weber. 1¼ ℊ

— der aufrichtige Volksarzt, 1r Thl., welcher e. Krankheitscatechismus enthält. 8. Eisenberg. (Gabler in Jena.) 796.

— d. aufrichtige Volksarzt. 2 Thle. 8. Eisenb. 796, 97. (Hildebrandt in A.) 12 ℊ Hbg. Pr. 9 ℊ (1r Thl. auch bei Cnobloch in Leipz.) 6 ℊ

— der aufrichtige Volksarzt. 2 Thle. 8. Rudolstadt, Klüger. 797.

Collenbusch, Dan., Karl Weber u. seine Töchter. 3 Thle. 8. Schneeberg. 802. Verlagshandl. 2 ℛ 18 ℊ

— Wochenblatt des aufrichtigen Volksarztes, Jahrg. 1796 u. 97. 8. Eisenb. (Cnobloch in Leipz.) à Jahrg. von 12 Heften. 2 ℛ 4 ℛ Dass., Jahrg. 1798. 12 Hefte. 8. Jena (Hennings in Neisse). 2 ℛ

— Wochenblatt des aufrichtigen Volksarztes, Jahrg. 1796 u. 97. 8. Eisenberg. (Gabler in Jena.) (der Jahrg. von 12 Heften. 2 Rthlr.) (einzeln à Heft 6 gr.)

— — dasselbe für 1798. 12 Hefte. 8. Jena, Academ. Buchh. 798.

Collenbusch, Jh. Jak.

— s. Al. Pope, de arte critica.

Collenbusch, Jh. Jak., († ...) Versuch in poet. Uebersetzungen, meistentheils aus französ. Schriftstellern. 8. Dortmund 765. 2e A. 4. Cleve 771. Bärstecher. 4 ℊ

— s. Watt: Vernunftlehre.

Collenbusch, S., Erklärung bibl. Wahrheiten. 2 Bde à 4 Hefte. (Erlang., Heyder). 1 ℛ 8 ℊ Neue Samml. 1s Heft. 8. Ebd. 820. 4 ℊ

— dass. Erlangen: Bibelanstalt 1820.

Collenbusch, Samuel, weil. Arzt in Barmen. Goldene Aepfel in silbernen Schalen oder Erklärung biblischer Wahrheiten. Gesammelt aus d. Nachlasse Dr. Collenbusch's u. seiner Freunde. 1. Heft. Barmen 854. Sartorius in Comm. 8. (80 S.) n. 5 ngr

Collenbusch, Sam., Aufsätze, Briefe u. Tagebuchblätter. Aus dem Nachlaß e. Gottesgelehrten. Hrsg. v. Herm. Cremer. 8. (339 S.) Stuttgart 902. J. F. Steinkopf. n. 3. —; geb. in Leinw. n. 4. —

Collery et Migeot, mois de Marie, s. Migeot.

Colles, Abr., prakt. Beobachtungen über d. venerische Krankheit u. über den Gebrauch des Quecksilbers. Aus d. Engl. übersetzt u. mit kritischen Anmerkungen begleitet von Friedr. Alexander Simon jun. gr. 8. Hamb. 839. Hoffmann u. Campe. 1⅔ ℛ

Collet, Dr. ..., s. Gobillon, Leben u. Geist der Louise Marillac.

Collet, Theotimus, oder über die Pflichten eines Jünglings, der seine Studien zu heiligen wünscht. Aus dem Italien. gr. 16. (VIII und 207 S.) Tübingen 850, Laupp'sche Buchh.

Collet, Camilla, s. Collett.

Collet, Franz

Collet, Fr., et weet getrout. s. a. Theater. neues.

Ed weed getrout. Lustspiel in 1 Aufz. Von Fr[anz] Collet. *(Aachen: I. Schweitzer 1902.)* (15 S.) 8° [F.]
= Theater, Neues. H. 18. : [04. 7316

Collet, Fr., die Feindin ihres Glücks, s. a. Aus Vergangenheit u. Gegenwart. 55. Bdchn.

Die Feindin ihres Glücks. Roman von Fr[anz] Collet. Kevelaer: Butzon & Bercker [1905]. (112 S.) 8° [F.]
= Vergangenheit, Aus, u. Gegenwart. Bdch. 55. [06. 13388 8

Collet, Fr., d. Frau als Industrie-Arbeiterin. Ein Beitrag zur Lösung der Arbeiterfrage. gr. 8. (42 S.) Berlin 900. Grunewald, Verlag der Arbeiter-Versorgg. A. Troschel. n. — 60

Gutenberg. Fest-Cantate f. Soli, Chor, Orchester u. Declamation. Dichtung von Franz Collet. Musik von Adolf Stierlin. Text d. Gesänge. *(Münster [1900]: Regensberg.)* (8 S.) quer-8° [F.] [00. 6871 6

Collet, Frz., Innungen od. Fachvereine? Vorschläge zur Rettg. d. deutschen Handwerkerstandes. gr. 16. (16 S.) Münster i/W. 892. A. Russell's Verl. n.n. — 25

— die Kneippkur od. Studentendeutsch. Schwank in 2 Aufzügen. 8. (24 S.) Ebd. 893. n. — 70

Collet, Fr., Kunst bringt Gunst, s.: Dilettantenbühne, katholische.

— das Porträt. Schwank in 1 Aufzuge. Für Vereine u. andere gesell. Kreise hrsg. 12. (32 S.) Ebd. 892. n. — 50

— deutsches u. römisches Recht in ihrem Einfluß auf die Volkswirtschaft. Ein Beitrag zum Verständnis der sozialen Frage. gr. 8. (28 S.) Leipzig 894. R. Werther. n. — 60

— Franciscus Seraphicus. Religiöses Drama m. Gesang in 3 Akten, 5 Bildern u. 1 Vorspiel. 12. (IV, 67 S.) Münster i/W. 892. A. Russel's Verl. n. — 80

Collet, Fr, vermag eggen Hues! Plattdütsche Spällchere än Leddchere. I.—III. Thl. in 2 Hftn. gr. 16. (28 u. 24 S.) Aachen 892. J. Schweitzer. à Hft. n. — 30

— vermag eggen Hues! Spällchere än Leddchere e Öcher Platt. 2. Oblage. 12. (64 S.) Aachen 902. J. Schweitzer. — 75

Collet, Léon-William

Collet, Léon-W., Étude géologique de la chaine Tour Saillère-Pic de Tanneverge, s. a. Beiträge zur geologischen Karte d. Schweiz.

Etude géologique de la chaine Tour Saillère – Pic de Tanneverge. Avec 1 carte géol. au 1:50,000 et 3 pl. Par Léon-W. Collet. Berne: A. Francke en comm. 1904. (IV, 31, X S.) 4°
= Matériaux pour la carte géologique de la Suisse. N.S. Livr. 19. [05. 6978 2

Collet, Léon-W(illiam). Étude géologique de la Chaîne Tour Saillère-Pic de Tanneverge. 4. Berne, Impr. Stæmpfli & Cie., 1904.

Ed. A: Avec [3 figures,] une carte géologique au 1 : 50,000 et 3 planches. Par L'-W(illiam) C". IV+33 p. Berne, comm. A. Francke. (fr. 5. —.) — Matériaux pour la Carte géologique de la Suisse.... Nouvelle Série: 19e Livr.; 49e Livr. de la collection entière.

Ed. B: Avec [3 figures,] une carte au 1 : 50,000 coloriée géologiquement et plusieurs profils, croquis et photographies [sur 8 planches]. Thèse Sci. Genève ... par L'-W(illiam) C". Tirage à part des «Matériaux p' la C' géol. de la S'», livr. 19, nouv. série.... VIII + 32 p. — *Exemplaire pour l'échange: avec 2 planches, sans la carte (= pl. I) et la pl. III.*

de Collet, P. G., nouveau Modèles de lettres avec des Remarques essentielles sur divers genres de correspondance. A l'usage de la jeunesse des deux sexes composes. gr.in-12. Güns 837. Reichard. 3/4 ℳ

Collet, Pet., tractatus dogmatico-scholiasticus de Deo ejusque attributis. III Voll. 8maj. Brüssel 769. (Rommerskirchen in Köln). 4 ℳ

Collet, Pet., Theologia moralis et scholastica VII Tomi. 1: Paris. (in Commiss. bey Tourneysen in Basel.)

Collet, Pet. Frz., warum bin ich Antisemit? Allen Denkenden zur Beherzigg. empfohlen. gr. 8. (23 S.) Leipzig 894. O. Gottwald. n. — 40

Collet-Descotils. H. W., Ueber die Ursache der Verschiedenheit der Farbe, welche gewisse Platinsalze zeigen. (Aus: Journal des Mines. Vendemiaire, XII, No. 85, übersetzt von A. F. Gehlen.) (Aus: Neues Allgem. Journ. der Chemie, 2. Bd., 1. H.)

COLLET Y GURGUI, Joachim (Mataró/Spanien): Die Ovarialschwangerschaft vom pathologisch-anatomischen Standpunkte bearb. Mit 4 Abb.- Stuttgart: Cotta 1880. 3 Bl.,150 S.,Taf. 10.10.1880 - Urk (Titel: De graviditate ovariali.); Chr 1880/81,14
Diss.Ingolst.-Landsh.-Mchn.

Collett, Camilla: Die Amtmanns-Töchter. Eine Erzählung. [Amtmandens Døtre; 1855.] Übertr. v. Marie v. Kloest. Bd. 1. 2. — Leipzig: Gerhard 1864. 8°

Collett, Emil: Ueber Anilidoaldehyde. 1903. 52 S. 8°
Berlin, Dr.-Ing.-Diss. v. 9. 1. 1903

Colletta, Pietro, Geschichte des Königreichs Neapel von 1734 bis 1825. Aus dem Italienischen von A. Leber. 1. Thl. 8. Grimma 845, Verlags-Compt. 1½ ℳ

— Geschichte des Königr. Neapel, s.a. Bibliothek, Europäische, 164—171. Bd.

— — Geschichte des Königreichs Neapol. Aus dem Italienischen übertragen von Prof. A. Leber. Zweite, mit einer bevorwortenden Kritik von Friedrich Cristoph Schlosser, vermehrte und verbess. Aufl. (3 Bde.) 8. Grimma 1848.

Colletta, P., Storia di Napoli, dal 1734 sino al 1825. 2 volumi. 8. Parigi 843. (Leipzig, Brockhaus.) n. 3⅓ ℳ

Collette, J. M.: Aanteekeningen..., s. Thiel, A. H. van

Collette, J. M., Le télégraphe imprimeur Hughes. Manuel principalement à l'usage des employés du télégraphe. gr. 8. (IV, 82 S. mit 6 Stnt.) Haag 871, Nijhoff. *

Colley, Friedrich Carl [aus Carwe in der Mark]: Über abnorm niedrige Körpertemperaturen .... Greifswald, Druck v. Julius Abel, 1888; 31 S. 8°
Greifswald, Med. Fak., Inaug.-Diss. v. 27. Jul. 1888

Collezione de migliori autori Italiani. — Niccolò de' Lapi etc. s.a. Collection des meilleurs auteurs modernes. Tome 21 u. 22.

Collezione de migliori autori Italiani. I. II. Niccolò de'Lapi ovvero i Palleschi e i Piagnoni di Massimo d'Azeglio. Vol. I. et II. 8. Grimma 845, Verlags-Compt. à n. ½ ℳ

Collezione di decisioni dell' J. R. suprema lorte di Giustizia nonchè dei dicasteri ministeriali, tribunale dell' impero e tribunale amministrativo in Vienna riferibili al codice civile universale Austriaco. Compilata per cura di Antonio Gelcich. Volume II. 8. (1147 S.) Innsbruck: Wagner 1890. 4.-

Collezione delle leggi e regolamenti communali, distrettuali e provinciali colle relative ordinanze supplementari, nonchè di quelle sulle strade e sulle acque como sono oggidi in vigore nella contea principesca del Tirolo. gr. 16. (IV, 362 S.) Innsbruck 872. Wagner. n. 3. —

Collezione delle Opere Classiche Italiane dall' origine della lingua sino al secolo XVIII. pubblicate per cura di Letterati 250 Vol. corredati dei ritratti degli Autori o con tavole in rame 8. gr. Milano, Fusi, Stella et Comp. (Vienna, Volke). 316

Sie enthalten folgende:

(Alamanni, la Coltivazione 1 Vol. — Alberti, L. B. 1 Vol. Anguillara, Metamorfosi d'Ovidio 3 Vol. — Ariosto, 5 Vol. — Baldinucci etc. 14 Vol. — Bartolomeo do S. Concordio, 1 Vol. — Bembo, Opere 12 Vol. — Bentivoglio Opere 5 Vol. — Berni 5 Vol. — Bibliografia degli Autori compon. la grande Collezione de' Classici italiani 1 Vol. — Boccaccio 4 Vol. — Borghini, Raf., il Riposo 3 Vol. — Borghini, Vic., Discorso 4 Vol. — Bracciolini, 1 Vol. — Buommattei, 2 Vol. — Caro Annibale 8 Vol. — Castiglioni 2 Vol. — Cavalcanti. 1 Vol. — Casa (della) Opere 4 Vol. — Cellini, Benv. 3 Vol. — Chiabrera 3 Vol. — Cinonio, o sia Marc-Antonio Mambelli, Osservazioni 4 Vol. — Costanzo, Angl. 3 Vol. — Crescenzi 3 Vol. — Dante, 3 Vol. — Dati, 1 Vol. — Davanzati, 1 Vol. — Davila, 6 Vol. — Erizzo, 1 Vol. — Fiorentino Ser Giovanni 2 Vol. — Fortiguerri, Nicolo, 3 Vol. — Galileo, 13 Vol. — Gelli, 3 Vol. — Guarini, 1 Vol. — Guicciardini, 10 Vol. — Lippi, 1 Vol. — Macchiavelli, 10 Vol. — Maffei, 3 Vol. — Magalotti, 2 Vol. — Menzini, 1 Vol. — Molza, Fr. M. 1 Vol. — Pandolfini, 1 Vol. — Passavante, 2 Vol. — Petrarca, 2 Vol. — Poliziano, 1 Vol. — Pulci, 3 Vol. — Raccolta de' migliori Lirici, 1 Vol. — — de' Satirici 1 Vol. — — di Novelle 3 Vol. — — di Pastorali 1 Vol. — — di Didascalici cioè, etc, 1 Vol. — Redi, 9 Vol. — Sacchetti, 3 Vol. — Salviati, 5 Vol. — Sanazzaro, 1 Vol. — Segni, storie fiorentine 3 Vol. — Tasso, 4 Vol. — Tassoni, 1 Vol. — Teatro scelto d'ogni secolo 10 Vol. — Valvasone, E., 1 Vol. — Varchi. 7 Vol. — Vasari, 16 Vol. — Vettori, 1 Vol. — Villani, Giovanni, 8 Vol. — Vinci (da) Trattato della Pittura etc. 1 Vol.)

Collezione, delle Opere Classiche Italiane del Secolo XVIII. adorne delle vite, de' ritratti degli Autori e d'opportune illustraz. d'uomini di lettere, con tavole in rame, ed impresse nella Tipografia de' Classici Italiani in Milano. Milano, Fusi, Stella et Cp. (Vienna, Volke). (excl. Vol. XI-XV). 57 —

(Alfieri, Vitt., Opere scelte 4 Vol. 818. Rthlr. 12. — Denina, Revoluzioni d'Italia. Vol. 1-3. Rthlr. 7 12 Gr. — Gravina, Gio, Vincenzo, Opere scelte. 1 Vol. 819. Rthlr. 2 8 Gr. — Metastasio, Opere scelte. Vol. 2. 3 Drammi. 820. Rthlr. 5. — Muratori, Ludovico Ant., Annali d'Italia dal Principio dell era volgare sino all' Anno 1749 Vol. 1-15. 818-20. Vol. 1-10. Rthlr. 22 16 Gr. — Vol. XI-XV. Rthlr. Gr. Varano, Alf., Opera 818. Rthlr. 2 4 Gr. — Zanotti, Franc. Maria, Opere scelte. 2 Vol. 818. Rthlr. 5 8 Gr.)

Collezione di opere giuridiche. Vol. I. gr. 8. Zara 904. Internationale Buchh. n. 7. 20
Neuhold, Edoardo, Compendio di diritto tavolare austriaco. Versione italiana autorizzata dall'autore, con un' appendice e brevi note concernenti alcune norme speciali vigenti per la Dalmazia. (X. 356 S.)

Collezione di opere italiane. Per uso di scuola e di lettura privata. Vol. III. 8. Leipzig, Rossberg'sche Verlagsb. Geb. in Leinw. n. 1. 80
Storia dell' arti belle. Di Paolo Tedeschi. Con permesso dell' editore abbreviata per cura di Mor. Ramshorn. (IV, 147 S.) 901.
Vol. I u. II erschienen u. d. T.: Teatro italiano.

— degli Scrittori Classici Italiani antichi e moderni di Economia Politica, pubblicati ed illustrati dal Bar. P. Custodi. 50 Vol. in 8. gr. Milano (Vienna, Volke.) 813-17. Rthlr. 63 8
(Sie enthalten folgende Autoren: Algarotti. — Bandini. — Beccaria. — Bellini. — Briganti. — Broggia. — Cantalupo. — Caraccioli. — Carli. — Corniani. — D'Arco. — Davanzati. — Delfico. — Filangieri. — Galiani. — Genovesi. — Mengotti. — Montanari. — Neri. — Ortec. — Pagnini. — Palmieri. — Paoletti. — Ricci. — Scaruffi. — Scrofani. — Serra. — Solera. — Turbolo. — Vasco. — Verri. — Zanon.)

Collie, J. Norman. Ueber die Einwirkung des Ammoniaks auf Acetessigester. Würzburg, 1883.

Collier's, Dav., Einleitung zum richtigen Verstande und nützlichen Lesung der heil. Schrift. Aus dem Engl. übers. von F. E. Rambach. 8. (525 S.) Neu-Berlin 845. (Philadelphia, Schäfer.) *

Collier, Dav., Einleitung zum richtigen Verstande u. nützl. Lesung d. heil. Schrift. Aus d. Engl. v. F. E. Rambach. gr. 8. Rostock 763. (Stiller). 1 ℳ

Collier, Dav., Einleitung zum richtigen Verstande u. nützlicher Lesung d. H. Schrift, a. d. Engl. gr. 8. Rostock, Koppe. (Stiller.) 764.

Collier, George E.

— guido to tho environs of Dresden. Saxon Switzerland. Bohemian Switzerland. 12. (65 S. m. 2 farb. Karton.) Ebd. 896. Kart. n. 1. —

Collier's new practical guide to Dresden, containing a special catalogue of the picture gallery and a new map of the city. 9. ed. Entirely rev., enlarged and brought up to date by an American gentleman. 12. (VIII, 65 S.) Dresden 900. C. Tittmann. n. 1. 50

Collier's new practical guide to Dresden, containing a special catalogue of the picture gallery and a new map of the city. 10. ed. Entirely rev., enlarged and brought up to date by an American. (VIII, 73 u. 8 S.) kl. 8. Dresden 903. C. Tittmann. n. 1. 50

Collier, George F., short and practical guide to Dresden containing a special catalogue of the picture-gallery and a map of the city. 12. (28 S.) Dresden 886. Tittmann. n. — 80

Collier, George F., short and practical guide to Dresden containing a special catalogue of the picture-gallery and a (chromolithogr.) map of the city. 1st and 2d edit. 12. (28 S.) Dresden 887.88. Tittmann. *

Collier, G. E., short and practical guido to Dresden, containing a special catalogue of the picture gallery and a map of the city. 3. ed. Entirely revised. 12. (31 S.) Dresden 888. Tittmann. 1. —

Collier, George E., short and practical guide to Dresden, containing a special catalogue of the picture gallery. 6. ed., entirely revised. 12. (36 S. m. farb. Stadtplan.) Dresden 892. C. Tittmann. n. 1. —

Collier's short and practical guide to Dresden containing a special catalogue of tho picture gallery and a map of tho city. 8. od. Entirely revised and enlargod. By an American gentleman. 12. (VI, 77 S.) Drosdon 895. C. Tittmann. n. 1. 50

—— short and practical guide to Dresden, the environs of Dresden, and Saxon Switzerland with maps for tourists. 3d enlarged edit. 12. (31, VI, 24 S.) Ebendas. 888.

— short and practical guido to Drosden, tho environs of Drosden and Saxon Switzerland. Containing a special catalogue of tho picture gallery and maps for tourists. 5., resp. 4. ed. gr. 16. (36, VI u. 24 S.) Ebd. 890. 1. 50

— dasselbe u. Environs of Dresden and Saxon Switzerland. 6. ed., entirely revised. 12. (36 u. 36 S. m. farb. Stadtplan u. 2 farb. Karten.) Ebd. 892. n. 1. 50

—— short and practical guide to Dresden and Saxon Switzerland, with a plan of the city and a map for tourists; time-tables of railways and steamers. 1st and 2d edit. 12. (54 S.) Ebendas. 886,87. *

— short and practical guide to the environs of Dresden and Saxon Switzerland with maps for tourists. 3., enlarged ed. 12. (VI, 24 S.) Ebd. 888. 1. —

— short and practical guide to Saxon Switzerland, with a special map and time-tables for railways and steamboats. 12. (26 S.) Ebend. 886. n. — 90

— short and practical guide to Saxon Switzerland, with a special map and time-tables for railways and steamboats. 2. edit. 12. (26 S.) Ebd. 887. n. — 90

Collier, George F., s. Collier, George E.

Collier, Hedw., „Sonnenblicke". Gedichte. 8. (IV, 159 S.) Burg 901. H. Collier. Geb. in Leinw. n. 3. —

Collier, Wlh., Staats- u. Kirchengeschichte Irlands von der Zeit der Einführung des Christenthums bis auf die Gegenwart. gr. 8. Berlin 845, Thome. $1^1/_4$ ß

Collifischets oder auserlesene Sylbenräthsel. Altona 1799. V: *Harries, Heinrich.* (I.S)

Collignon, Maxime, Geschichte der griechischen Plastik. Ins Deutsche übertr. u. m. Anmerkgn. begleitet v. Ed. Thraemer. 1. Bd. Anfänge — frübarchaische Kunst — reifer Archaismus — die grossen Meister d. V. Jahrh. Mit 12 Taf. in Chromolith. od. Heliogr. u. 278 Abbildgn. im Text. (In 5 Lfgn.) 1. Lfg. gr. Lex.-8. (120 S.) Strassburg 895. K. J. Trübner Verl. n. 4. —

Collignon, Maxime, Geschichte der griech. Plastik. Ins Deutsche übertr. u. m. Anmerkgn. begleitet von Ed. Thraemer. 1. Bd. Anfänge — frübarchaische Kunst — reifer Archaismus — d. grossen Meister d. V. Jahrh. Mit 12 Taf. in Chromolith. od. Heliogr. u. 281 Abb. im Text. gr. Lex.-8. (XV, 592 S.) Strassburg 897. K. J. Trübner, Verl. n. 20. —; geb. in Halbfrz. n. 25. —
Erschien auch in 5 Lfgn. à n. 4. —.

— dasselbe. 2. (Schluss-)Bd. Der Einfluss d. grossen Meister d. 5. Jahrh. — D. 4. Jahrh. — D. hellenist. Zeit. — D. griech. Kunst unt. röm. Herrschaft. Ins Deutsche übertr. v. Fritz Baumgarten. Mit 12 Taf. in Chromolith. od. Heliogr. u. 377 Abb. i. Text. Lex.-8. (X, 763 S.) Ebd. 898. n. 24. —; geb. in Halbfrz. n. 30. —

— Handbuch der griechischen Archäologie, s. a. Bibliothek, illustrierte, der Kunst- u. Kulturgeschichte.

Handbuch der griechischen Archäologie von Max **Collignon.** Deutsche Ausg. v. J[os.] Friesenhahn, Gymn.-Oberl. Preisgekr. v. d. „Association pour l'encouragement d. Études grecques". *Leipzig: P. Friesenhahn [1893].* (312 S.) 1 Bd 8.
(Illustr. Bibliothek d. Kunst- u. Kulturgeschichte. [Th. 1.]) [98. 1765 Lo

Det Rosenbergska biblioteket och dess Ex libris. En bibliotekshistorisk studie af Isak **Collijn.** Stockholm: Föreningen f. Bokhandtverk 1907. (37 S.) 4° [07. 13900

Collijn, Isak, neue Bruchstücke der Nibelungen Handschrift L. (Skrifter utgifna af k. humanistiku vetenskapssamfundet i Uppsala. XIII. 3.) (18 S. m. 6 Taf.) gr. 8. Uppsala (910). Leipzig, O. Harrassowitz. nn 2. —

Collijn, Isak, drei neu aufgefundene niederdeutsche Einblattkalender des 15. Jahrh. Ein Beitrag zur Geschichte des Lübecker Buchdrucks. (Skrifter utgifna af k. humanistiska vetenskaps-samfundet i Uppsala.) (82 S. m. 2 Abbildgn. u. 8 Taf.) gr. 8. Uppsala (904). Leipzig, O. Harrassowitz. n.n. 1. —

— Lübecker Frühdrucke in der Stadtbibliothek zu Lübeck, s. a. Zeitschrift des Vereins f. Lübeckische Geschichte u. Altertumskunde.

Isak **Collijn.** Lübecker Frühdrucke in der Stadtbibliothek zu Lübeck. Tafeln. Lübeck: Lübcke & Nöhring 1908. 4° [F.]
— **Zeitschrift** d. Vereins f. Lübeckische Geschichte u. Altertumskunde. Bd 9, H. 2, Beil. [08. 11131

Katalog der Inkunabeln der Kgl. Universitäts-Bibliothek zu Uppsala. Von Dr. Isak **Collijn.** Uppsala: Almqvist & Wiksell in Komm.; Leipzig: R. Haupt in Komm. (1907). (XXXVIII, 507 S.) 8°
— Collijn: Kataloge d. Inkunabeln d. schwed. öffentl. Bibliotheken. 2.
— **Arbeten** utg. med understöd af Vilhelm Ekmans Universitetsfond, Uppsala. 5. [07. 6402

[Kataloge der Inkunabeln der schwedischen öffentlichen Bibliotheken von Isak **Collijn.** 1.] Upsala: Almqvist & Wiksell i komm. (1904). 8°
— [**Arbeten** utg. med understöd af Vilhelm Ekmans Universitetsfond, Uppsala. 4.] [07. 6400

— Kataloge der Inkunabeln der schwedischen öffentlichen Bibliotheken. II u. III. Lex. 8. Uppsala. (Leipzig, R. Haupt.) nn 17. 50
II. Katalog der Inkunabeln der kgl. Universitäts-Bibliothek zu Uppsala. Hrsg. m. Unterstützg. des Vilh. Ekmanschen Universitätsfonds. (XXXVIII, 507 S.) 907. nn 15. —
III. Katalog der Inkunabeln der Stifts- u. Gymnasial-Bibliothek zu Linköping. (51 S.) (910.) nn 2. 50
I erschien 1904 in schwedischer Sprache in Upsala.

— I. Die in der Universitätsbibliothek zu Uppsala aufbewahrten Bücher aus dem Besitze des Leipziger Professors u. Ermländer Domherrn Thomas Werner. II. Eine gedruckte Promotionsanzeige der jurist. Fakultät zu Leipzig aus d. J. 1509, s.: Universitati Lipsiensi usw. gratulantur universitatis Upsaliensis rector et senatus.

(Collin. Rudolf C.) Njbl. 1797 *s.* [Wirz, Ludwig].

Collin [Humanisten-Name] = Ambühl.

Collin, le guide du propriétaire d'abeilles. 4. éd. 8. (V, 219 S. m. 2 Steintaf.) Paris 874. Berger-Levrault & Co. n. 2. 50

Collin, A.

— Eingeweidewürmer u. Räderthiere, s.: Deutsch-Ost-Afrika.

— über d. Palolowurm, s.: Krämer, Augustin, üb. d. Bau d. Korallenriffe.

Collin, Ant., s.: Bericht über die wissenschaftlichen Leistungen in der Naturgeschichte der niederen Thiere.

Collin, Anton [aus Insterburg]: Oriodrilus lacuum Hoffm. Ein Beitrag zur Kenntniss der Oligochaeten. (Aus d. Zoolog. Institut zu Berlin.) ... Berlin, Buchdr. v. Gustav Schade (Otto Francke) (1888); 41 + 1 S. + 1 Bl. 8°
Berlin, Phil. Fak., Inaug.-Diss. v. 28. Jan. 1888

— Verzeichnis der v. Professor R. Semon bei Amboina u. Thursday Island gesammelten Polychäten, s.: Denkschriften der medicinisch-naturwissenschaftlichen Gesellschaft zu Jena. VIII, 6.

Collin, Bernh., die sociale Bedeutung der Consum-Vereine, s. Bedeutung, die sociale, &c.

Collin, Bernhard: Die soziale Bedeutung der Konsumvereine. Basel: Baur 1867.

Collin, Bernh., Kapital und Arbeit, die sociale Frage vom Standpunkte der Religion und Moral. 8. (28 S.) Basel 868. (Amberger.) *

Chr. Collin. Björnstjerne Björnson. In 2 Bden. Einzige berecht. Übers. aus d. Norweg. von Cläre Greverus Mjöen. Bd 1. 1832–1856. Mit 22 Ill. [Mehr nicht erschienen.] München: A. Langen 1903. (194 S.) 8° [F.] [07. 17090]

— Björnsons „Über unsere Kraft" u. die griechische Tragödie. Einzige berecht. Übersetzg. von Cläre Mjöen. 8. (63 S.) Ebd. 903. n. — 75

Collin, D., Geschichte d. brittischen Volkspflanzung in Neuholland od. Neu-Südwallis, vom 13. May 1788 bis zum September 1796. a. d. Engl. v. M. C. Sprengel. 8. Halle, Renger. 799.

Collin, (E.) Grundlinien des typischen Kalkuls. gr. 4. St. Petersburg 823 (Halle Hemmerde u. Sch.)

Collin, E., Grundlinien des typischen Kalkuls. gr. 4. St. Petersb. 823. (Halle, Schwetschke u. S.) 12 gr.

⊙ Ueber Reichsmünze und Courant. Zur Beleuchtung der Münzverhältnisse der dänischen Monarchie und zur Würdigung der angestrebten Münzordnung v. E[dvard] Collin. ⟨Nach dem dänischen Manuscripte.⟩ Kopenhagen. 1855. 8°

Collin, Elias

E. Collin die Beschneidung der Israeliten und ihre Nachbehandlung, in operativer und ritualer Rücksicht. Nebst 1 Steindrucktafel. Leipzig 1841. 8.

Collin, Elias, die Beschneidung der Israeliten u. ihre Nachbehandlung. In operativer u. ritualer Rücksicht bearbeitet. Nebst 1 Steindrucktaf. 8. Leipzig 842, Schreck. n. 1/3 Rthlr.

Collin, Ernst, s.: Reforma, la, demando.

Collin, Fr. Eberh.

Collin, F. E. Das gewaltige Eindringen ins Reich Gottes; Oder Der wichtige Kampff des geistlichen Israels, Welchen Ein ieder wahrer Christ ... kämpffen muß ... In vier Gesprächen beschrieben, Und nebst einer Vorrede IO. GEORGII PRITII in Druck gegeben, von Friedrich Eberhard Collin. Frankfurt a. M., W. C. Multz, 1722. Kl. 8°. 24 Bl. (inkl. d. *allegorischen Titelkupfer)*, 456 S. Leicht benutzter Ldbd. d. Z. mit Rv. u. rotem Rsch.
Wohl die einzige Ausgabe.

Collin, Fr. Eberh., gewaltiges Eindringen ins Reich Gottes, oder Kampf des geistlichen Israels. 8. Frankfurt, Varrentrapp. 734. Rthlr.

— der große Ernst des thätigen Christenthums. 8. Halle, Waisenhausbuchh. 729.

— Gedächtniß- u. Ehrensäule des allerheiligsten Namens Jesu. 16. Halle, Waisenhausbuchh. 742.

— christliche Gedanken von der Kinderzucht, nebst Anmerkungen. 8. Ebend. 732.

— Gemeinschaft der Schmach Christi, als ein Weg zur ewigen Herrlichkeit. 8. Frankfurt, Varrentrapp. 731.

— die eigentliche Gestalt eines wahren Christen. 12. Frkft. Hermann. 740.

Collin, Fr. Eberh., Kampf und Sieg der ersten Blutzeugen Jesu, durch Glauben und Geduld. m. K. 8. Berlin. 738.

— wundervoller Schauplatz der heiligen Märtyrer. 8. Hof, 737.

Collin, G., Amtsvorträge bei gelegentlichen Vorfällen. 2 Bde. 8. Riga, Hartmann. 803.

— — derselben 3r 4r (a. u. d. Tit.: Erinnerungen an große u. wichtige Wahrheiten bei frohen und traurigen Vorfällen. 1r 2r.) 8. Königsberg, Nicolovius. 807. (à 1 Rthlr. 8 gr.)

— religiöse Ansichten bürgerlicher, häusl. u. kirchlicher Vorfälle. 2 Bde.
Auch unter d. Titel:
Amts-Vorträge bei gelegentlichen Vorfällen. 5r u. 6r Bd. 8. Ebend. 814.

Collin, G., Gedichte, nach dessen Tode herausgeg. v. K. L. Grave. 8. Riga, Deubner u. Treuy. (in Comm.) 814.

— Predigten. 2 Thle. 8. Riga, Meinshausen. (in Comm.) 812.

Collin, H. Ed. v., dramat. Werke. (enth. Regulus, e. Trauerspiel; Coriolan, Trauersp. Polixena, Trauersp.) in 5 Abthl. gr. 8. Wien, Gerold. 804. (einz. d. Stck. 12 gr.)

Collin, Heinrich von, s.a. Collin, Heinrich Josef

COLLIN, HEINRICH EDLER VON: Die Eroberung des heiligen Grabes. Ein großes Cantate. Erster Theil, in Musik gesetzt von Johann Spech. Pesth 1816. o. Dr. 13 S. - kl. 8°

Collin, Heinr., das Planmaterial d. Fussartillerie, nebst Anleitg. z. Anfertigg. M. 10 Musterblättern. F. d. Gebrauch b. d. Fussartillerie hrsg. gr. 16. (51 S.) Berlin 895. E. S. Mittler & Sohn. Kart. n. — 75

Collin, Heinrich Joseph: Nosocomii civici Pazmanniani Annus medicus tertius. Vindobonae: 1765

s.a. Collin, Heinrich Joseph: Observationum circa morbos acutos et chronicos...pars prima.

Collin, H. Ios., Annus medicus tertius. 8. maj. Vien. Trattner. 764.

— Annus med. tertius, Contin. s. Observ. medicae, P. II. usque VI. 8. maj. Vien. Trattner. (Graeffer.) 773–80

– s. Balboa.

— u. Mathäus, die Befreiung von Jerusalem, Oratorium. gr. 8. Wien, Wallishauser. 6 gl

COLLIN, HEINRICH EDLER VON: Die Befreyung von Jerusalem, Ein Oratorium. Erster Theil in Musik gesetzt von Joseph Spech. Pesth 1810. Bey der Trattner'schen Buchdruckerey. 13 S. - kl. 8°

– s. Coriolan.

— epistola ad Baldingerum, qua demonstratur, pustulas miliares male a quibusdam medicis fact. et sympt. dici. 8maj. Wien 764. Trattner. 4 gl

v. Collin, Hnr. Jos., († d. 28. Juli 1811.) Gedichte. Mit d. Portrait d. Verf. gr. 8. Wien 812. Strauß. (Schaumburg u. C.) 2 rß

— Heilkräfte des Wolverley in Fiebern u. and. faulen Krankheiten. Mit e. Vorrede v. J. J. Kausch. gr. 8. Bresl. 777. W. G. Korn. 1 rß 8 gl

— s. Hoftheater-Almanach.

— Künstler-Entzückung, eine Ode. gr. Fol. Wien 807. Degen. Velinp. 3 rß 8 gl

— Landwehrlieder. Wien 809.

Collin, Heinrich Josef: Lettre de [Heinrich Josef] Collin à Mr. de Haen, au sujet des maladies avec eruption. Vienne: Trattner 1763. 62 S. 8°.

– dass. s.a. Collin, Matthäus

– s. Mäon.

— Diss. med. de miliaribus rectaque his medendi ratione. 8maj. Wien 763. Trattner. 4 gl

Collin, Heinr. Jos. v., s. National-Litteratur, deutsche.

Collin, Heinrich Josef: (Observationum circa morbos acutos et chronicos pars . . .) Nosocomii civici Pazmanniani Annus medicus tertius sive Observationum circa morbos acutos et chronicos ab Henrico Iosepho Collin p. 1–5. Vindobonae 1764: de Trattner (2 ff: Viennae: Graeffer 1772–75). 4 Bde. 8°.

P. 1: 1764.
P. 2: 1772.
P. 3: Collin: Camphorae Vires . . . 1773.
P. 4: Collin: Florum arnicae, Vires et quaedam de musti hordei usu. 1773.
P. 5: Collin: Arnicae in febribus et aliis morbis putridis Vires. 1775.

Collin, Heinrich Joseph: Observationum circa morbos acutos et chronicos factarum partes 1 – 3, 5 – 6, gbd.

P.1: Vindobonae: typ.de Trattnern 1765
P.2–3: Viennae: Graeffer 1772 – 1773
P.5–6: Viennae: Graeffer 1775 – 1780

JB 2.131

– s. Polyxena.

– s. Bianka della Porta.

– s.a. Regulus.

Collin, H. J. v., Regulus, s.a. Graeser's Schulausgaben classischer Werke.

— dasselbe, s.a. Meyer's Volksbücher.

Collin, Regulus, s.a. Universalbibliothek.

Collin, Regulus. E. Tragödie. F. d. Bühne in 3 Aufzügen bearb. v. Alb. Rolf. 8. (63 S.) Hamburg 897. G. A. Rudolph. n. 1. 50

– s. Schlegel, A. W. v.: Vergleichungen.

Collin, Heinrich Joseph (Übers.):

s.: Störck, Anton (Freiherr von): Traité, où il est démontré, qu'on peut non seulement donner la cigue intérieurement... (Libellus, quo demonstratur cicutam... Franz.) Vienne en Autriche: 1761

JB 1.546

v. Collin, (Heinr. J.) Trauerspiele. Vom Verf. selbst veranst. Ausgabe. Mit 1 Kpf. 3 Bde. gr. 8. Berl. 822, Herbig. 3 Rthl 16 gr., kl. 8.

Collin, Heinr. Jos. v., Trauerspiele. 3 Bde. M. 1 Kpfr. 8. (57 B.) Berlin 828, Herbig.
Inh.: Regulus, Balboa, Polyxena, Coriolan, Bianca della Porta, Mäon. — Sind bereits 1802—9 einzeln erschienen.

Collin, Heinrich Joseph: Arnicae in febribus et aliis morbis putridis vires. Viennae: 1775

s.: Collin, Heinrich Joseph: Observationum circa morbos acutos et chronicos...pars quinta.

JB 2.131/5

Collin, Heinrich Joseph: Camphorae vires. Viennae: 1773

s.: Collin, Heinrich Joseph: Observationum circa morbos acutos et chronicos...pars tertia.

JB 2.131/3

Collin H. J.: Florum arnicae vires et qvaedam de musti hordei usu sive observationum circa morbos acutos et chronicos factarum Pars 4-5. (2 Vol). Viennae 1773-75. 1 Tvl.
(Pars 5 har Tit.: Arnicae in febribus et aliis morbis putridis vires sive obs. (etc.)).

Collin, Heinrich Joseph: Lactucae sylvestris contra hydropem vires. Viennae: 1780

s.: Collin, Heinrich Joseph: Observationum circa morbos acutos et chronicos...pars VI.

JB 2.131/6

Collin, H. J. von. Wahrnehmungen von den heilsamen Kräften der Blätter der bittern Kreuzblumenwurzel... a. d. Lat. übers. Wien 1780. Ü: *Ferro, Pascal Joseph von.* (EngM) (Ky)

Collin, Heinrich Joseph: Wahrnehmungen von den heilsamen Kräften der bittern Kreuzblumenwurzel (Radix polygalae amarae) in der Eiterung der Lungen; und von den Wirkungen des Kampfers. Aus dem Lateinischen übers., und mit neuen Erfahrungen vermehrt von Pascal Joseph Ferro. 265 S., gbd.

Wien: Gräffer 1780

JB 6.536

— sämmtl. Werke. 6 Bde. m. K. gr. 8. Wien, Ebend. (auch Ant. Doll.) 812—14. Velinp.
(Ir enth. Regulus. Coriolan. Polyxena. IIr Balboa. Blanca della Porta. Mäon Macbeth. IIIr Die Horatier u. Curiatier. Julie von Billenau. Kinderpflicht u. Liebe. IVr Epische u. lyrische Gedichte. Vr Prosaische Aufsätze. VIr Zerstreute Blätter. Phädra. Ueber Collin u. seine Werke. Anhang.)

— sämmtl. Werke. 6 Bde. Herausg. v. Matth. v. Collin. Mit Kpf. gr. 8. Wien 812—14. (Schaumburg u. C.) 15 rß Velinp. 20 rß

Collin, J. v., s. Collin, Heinrich Josef von

Collin, Josef

Collin, J., Goethes Faust in s. ältesten Gestalt. Untersuchgn. gr. 8. (X, 275 S.) Frankfurt a/M. 896. Literar. Anst. n. 5.—

Goethes Faust in seiner ältesten Gestalt. Untersuchungen v. J[osef] Collin. *Frankfurt a. M.: Rütten & Loening 1896.* (X, 275 S.) 1 Bd 8.

Collin, Henrik Ibsen. Gedächtnisrede, geh. bei der Trauerfeier des Gießener Theatervereins am 14. XI. 1906. (24 S.) 8. Gießen 906. A. Töpelmann. n. —50

Henrik Ibsen. Sein Werk, seine Weltanschauung, sein Leben. Von J[oseph] Collin. Heidelberg: Winter 1910. XII, 610 S. 8°

Collin, Josef (Hrsg.), s. Ibsen, Henrik : Gedichte.

Collin, *Josef*: Untersuchungen über Goethes Faust in seiner ältesten Gestalt. I. Der erste Monolog und die Erdgeistscene ... [n.: Hab.-Schr. v. Giessen 1893.] Giessen, Keller'sche Druckerei, 1892; 88 S. 8.
Giessen, Phil. Fak., Inaug.-Diss. v. 1892

Collin, *Josef* [Dr.]: Untersuchungen über Goethes Faust in seiner ältesten Gestalt. II. Die satirischen Scenen. '(1. Die Wagnerscene. — 2. Die Schülerscene. 3. Die Scene in Auerbachs Keller.)' ... [I.: Inaug.-Diss. v. Giessen 1892]. Giessen, W. Keller'sche Druckerei, 1893; 82 S. 8.
Giessen, Phil. Fak., Hab.-Schr. v. 1893

Collin, J., Untersuchungen üb. Goethes Faust in seiner ältesten Gestalt. II. Die satir. Scenen. (1. Die Wagnerscene. 2. Die Schülerscene. 3. Die Scene in Auerbachs Keller.) Habilitationsschrift. gr. 8. (82 S.) Giessen 893 (Leipzig, G. Fock.) n. 1.50
Der 1. Tl. erschien als Dissertation u. kam nicht in den Handel.

— s.: **Zeitschrift** f. vergleichende Litteraturgeschichte.

Collin, Carl August, von Basel: Ueber Nitrirung unter verschiedenen Bedingungen. — Ueber das Nitroorthotoluidin Schmelzpunkt 107° und einige seiner Abkömmlinge. — Ueber die Reactionen der aromatischen Diamine und Amidophenole. [Basel] E. Birkhäuser Dr. 1887. 46 S., 1 Bl. 8°.
Zürich. Phil. Diss. [v. 22. April 1887].

v. **Collin**, (M., Edler,) Esser; Trauerspiel in 3 Aufzügen. Nach dem ältern Stücke dieses Namens neu bearb. — Fortuna's Abfahrt v. Cypern. Ein dramat. Bruchstück. — Beide in dessen nachgelassenen Gedichten enthaltend.

Collin, Matth. v., dramatische Dichtungen. 2 Bde. (Ir enthält: Der Tod Friedrichs des Streitbaren. Der Eid. IIr Annius, u. die Legionen, Vorspiel zu Marius. Calthon u. Colmal.) m. K. 8. Pesth, Hartleben. (Leipz. Gerh. Fleischer.) 813.

— Matth. v., dram. Dichtungen. 3r, 4r Bd., enth.: Belas Krieg mit dem Vater. — Die feindl. Söhne. — Butes. — Der Streit am Grabe, — Die Kuninger, Trauersp. Mit Kupf. 12. Pesth, Hartleben. 816 und 17. 2 16

— nachgelassene Gedichte. Ausgewählt u. mit biograph. Vorworte begleitet v. Jos. Hammer. 2 Bde. Mit Portrait. 12. Wien 827. Gerold. 1 rß 16 gr

— nachgelassene Gedichte. Ausgewählt u. mit biograph. Vorworte begleitet v. Jos. v. Hammer. 2 Bde. 8. Wien 827, Tendler u. v. M.

Collin, Matthäus: Die Heilkunde oder Therapie überhaupt, nach Boerhaavens Grundregeln. 121 S., gbd.

Wien: Baumeister 1787

Collin, Matthäus: Pathologische Lehrsätze oder die Lehre von der Natur und von den Unterschieden, Ursachen, Zufällen, und Kennzeichen der Krankheiten nach Boerhaavens Grundregeln, mit beygefügter Lehre von der Erhaltung der Gesundheit etc. 150 S., gbd.

Wien: Baumeister 1786

Collin, (Matthäus): Lettre à Mr.(Anton) de Haen au sujet des maladies avec éruption. 62 S., gbd.

Vienne: Trattner 1763

JB 6.662

– dass. s.a. Collin, Heinrich Josef

Collin, Matthäus: Pathologia therapiaque, quas in usum suarum praelectionum, praesertim ex aphorismos magni (Hermanni) Boerhaavii, tum ex operibus Gerardi van Swieten, (Laurentii) Heisteri etc.concinnavit. 225 S., gbd.

Vindobonae: Wappler 1793

JB 6.568

Collin, M., pathologia therapiaque. 8. maj. Vien. Wappler (Beck.) 798.

— sämmtl. Werke. 6 Bde, mit Kpf. Wien, (Schaumburg u. C.) 6 rß Schrbp. 9 rß

Collin, P., kräftige Beweggründe, den Kirchen- u. Gotteshäusern die gebührende Ehrerbietigkeit zu erweisen. 8. Augsb. 796. Wagner. 4 gr

v. **Collin**, (Rosalie,) Don Carlzales. Lustsp. in 4 Aufzügen, nach einer Nouvelle des Cervantes. gr. 8. Brün 823, Traßler. Rthlr.

Collin, Rudolf [aus Danzig]: Ueber einen Fall von syphilitischer Spinalparalyse ... Berlin, C. Vogts Buchdr., *1896*; 38 S., 1 Bl. 8.
Berlin, Med. Fak., Inaug.-Diss. v. 25. Febr. 1896

Collin, zur Kenntnis u. Diagnose der angeborenen Farbensinnstörungen, s.a. Veröffentlichungen aus dem Gebiete des Militär-Sanitätswesens. 32. Hft.

Zur Kenntnis und Diagnose der angeborenen Farbensinnstörungen. Von Dr. [Rudolf] Collin, Stabsarzt. Berlin: A. Hirschwald 1906. (55 S.) 8° — Veröffentlichungen aus d. Geb. d. Militär-Sanitätswesens. H. 32.

Collin, Rudolf. R' Collins Schilderung seines Lebens. Verdeutscht von [Anton] Salomon Vögelin. [A.] 8. [Zürich 1859.]

Collin, Victor

Collin, V., d. Untersuchung d. Brust zur Erkenntniß d. Brustkrankheiten. Aus d. Französ. übersetzt u. mit Zusätzen, vorzügl. nach Lännec's Beobachtt. vermehrt v. F. A. Bourel. Mit Vorr. v. F. Nasse. gr. 8. Köln 828. J. G. Schmitz. 20 gr

Collin, V(ictor): Die Untersuchung der Brust mit dem Stethoskop zur Erkenntnis der Brustkrankheiten. (Des diverses Méthodes d'exploration de la poitrine et de leur application au dignostic des maladies. Dt.) Übers. und mit Zusätzen...vermehrt von F(ranz) J(akob) Bourel. 146 S., gbd.

Reutlingen: Ensslin 1832

JB 2.503

Collin, W., s. Collins, William

Collin de Plancy, Clotilde-Marie
Lebewohl. [Bearbeitung.].
s. Kruse, L.: Lebewohl. 1826.

Collin de Plancy, Clotilde-Marie
Die Wüste in Paris. [Bearbeitung.].
s. Kruse, L.: Die Wüste in Paris. 1826.

Collin de Plancy, J., Legenden üb. die zehn Gebote Gottes. Nach dem Franz. v. einem Katholiken. 1. Lfg. 8. (IV u. 152 S.) Wien 849, Mechitharisten-Congreg.-Buchh. 8 ngl.

Collin v. Plancy, (J.), Legenden über die sieben Todsünden, s. Legenden.

Collin de Plancy, J., Satanalien oder Legenden vom Teufel und seinen Dämonen in angeblichem Verkehr mit mehr oder minder berühmten oder bekannten Personen verschiedener Zeiten und Länder, als: Dr. Faust, Robert der Teufel, Virgil, Hippokrates, Ninon de Lenclos rc. Nach dem Französ. bearb. von H. Gauß. Mit 1 (lith.) Titelkpfr. Weimar 856. Voigt. 8. (VI, 224 S.) 20 ngl.

Collin de Plancy, Jacques

Jacquemin der Freimaurer oder Die geheimen Gesellschaften in Frankreich, ihre Tendenzen, politischen und socialen Zwecke, historischen Ueberlieferungen, Rituale, Gebräuche, Erkennungszeichen, Ausartungen, Missbräuche und verbrecherischen Umtriebe, nebst Darstellung der Organisation der französischen Arbeiterverbindungen und Gesellschaften von Jean de Septchênes [d. i. Jacques Collin de Plancy]. Grimma: Verl.-Comptoir 1848. 342 S. 8°
[Dasselbe.] 2. Aufl. Grimma u. Leipzig: Verl.-Comptoir 1852. 342 S. 8°
cf. f. 1. Aufl.: L. 11 (1848) S. 143—145.
f. 2. Aufl.: Frmr-Kalender 1855—1856 S. 91 (K. Bretschneider).
TB. 310. 1. Aufl. in 23. 193; 2. Aufl. in 232.

Collin-Schönfeld, Ernst, Lieder e. Knaben. Eine Reihe erster Jugendgedichte. (49 S.) gr. 8. Stuttgart (903). A. Juncker. n. 2.—; geb. n. 3.—

Colliner, Hnr., († d. 23. Juni 1795.), s. Barruel, Geschichte d. Klerisey.

Colling, Ant.

Colling, A., Kanits. [Weltsprachliche Lieder.] 1. Serie. [Aus: „Volapükatid".] gr. 8. (4 S.) Ludwigshafen 887. (Baumgartner.) n. —10

Colling, Ant., Leben, Wirken u. Heilmethode d. Prälaten Seb. Kneipp. N. authent. Quellen. 12. (24 S. m. 2 Bildn.) Passau 897. Paradiesdruckerei & Verlagsanstalt Passau. n. —25

Colling, A., Volapük, sein Wesen u. seine Bedeutung für Jedermann, besonders in Bezug auf Handel u. Gewerbe, Kunst u. Wissenschaft, sowie auf den ganzen Völkerverkehr. Vortrag, geh. am 24. IV. 1899 im Volapükaklub zu Passau anläßlich der Feier des 20jähr. Jubiläums der Weltsprache. gr. 8. (8 S.) Passau 899. Paradiesdruckerei u. Verlagsanstalt. —20

Colling, Ant., Volapükatid, theoret. und prakt. Weltsprache-Unterricht, in 2 Kursen, samt 82 Abhandlungen und Bestimmungen des Erfinders der Weltsprache aus den 7 ersten Jahrgängen des „Weltsprache-Blattes" nebst kaufmänn. Korrespondenz, Konversation, Liedern und einem kurzen Wörterbuche. Verf. und unter teilweiser Revision, nebst bester Empfehlung seitens des Erfinders der Weltsprache hrsg. gr. 8. (VI, 130 S.) Ludwigshafen 887, (Baumgartner.) *

—— dass. — Schlüssel. Uebersetzung der Uebungsaufgaben des zweikurs. Weltsprache-Unterrichtes. gr. 8. (46 S.) (Ebendas.) 887. *

Colling, Ant., wie soll d. Kulturmensch leben? I. Tl. D. Zehngebote d. Wasserkur. Begründung d. Kneippsystems als d. naturgemäß. u. vernünftigsten Gesundheitslehre u. Heilmethode. Theoret. u. prakt. dargest. 12. (IV, 79 S.) Passau 895. Paradiesdruckerei u. Verlagsanstalt Passau. n. —40

Colling, J. P., Lieder d. Harfenknaben. 12. (199 S.) Luxemburg 886. Brück. n. 2. —

Colling, Jakob F., a. Neunkirchen (Reg.-Bez. Trier): Das Bewegungsgewebe der Angiospermen-Staubbeutel. (Berlin 1905: G. Schade.) (57 S.) 8°
Berlin, Phil. Fak., Ref. Schwendener, Diss. 9. Dez. 1905
[Geb. 30. Mai 82 Neunkirchen; Wohnort: Neunkirchen; Staatsangeh.: Preußen; Vorbildung: Oberrealsch. Saarbrücken Reife O. 01; Studium: München 2, Jena 1, Graz 1, Berlin 2 S.; Rig. 2. Nov. 05.]

Collings, Jesse, zur Landreform in England. Autoris. deutsche Ausg. v. Karl Gengnagel. (79 S.) gr. 8. Berlin 910. (Illustr. landwirtschaftl. Zeitung). 1.—; geb. 1. 50

Zur Land-Reform in England [Land Reform]. Von Jesse Collings. Autor. deutsche Ausg. von Dr. Karl Gengnagel. Berlin: Deutsche Tageszeitung 1910. 79 S. 8° [10. 13048

Collingwood und Wollamo Kochbuch, s.a. Kochbuch.

Collingwood u. Wollams, Londoner Kochbuch, oder allgem. Koch-, Stadt- u. Landwirthschafter. Aus d. Engl. v. A. F. Thölden. 2 Thle. Mit 14 Kpf. gr. 8. Leipz. 794. Baumgärtner. 2 rl. 8 gl.

Collini. Beobachtungen über die vulkanischen Berge. Aus dem Franz. übers. Dresden. 1783. 4.

Collini, Côme Alexandre.
Betrachtungen über die vulkanischen Berge; ... aus dem Franz. ... Dresden 1783. Ü: *Gersdorf, Ad. Traugott von.* (MGT)

— Betrachtungen über d. Vulkanischen Berge, nebst einer Tabelle üb. d. Gebirge u. e. Kupfertafel; a. d. Frz. übers. u. m. Anmerk. vers. von A. T. v. Gersdorf. 4. Dresd. Walther. 783.

Collini, Considérations sur les montagnes volcaniques. Mannheim 1781.

— Considérations sur les montagnes Volcaniques, av. fig. gr. 4. Mannh. Schwan et G. 782.

Collini, C. A., Eloge de Charles Théodor, elect. Palatin, gr. 4. Mannh. Löffler. 766.

— l'histoire du Palatinat du Rhin etc. 8. ibid.

Collini, C. Journal d'un Voyage qui contient differentes observations minéralogiques, particulièrement sur les Agates et le Basalte. Avec un détail sur la manière de travailler les Agates. Mannheim. 1776. 8.

— Journal d'un voyage qui contient quelques observations minéralogiques, particulièrement sur les Agates et le Basalte etc. av. fig. 8. ibid. 776.

Collini, Come Alexandre: C. Collini. Journal d'un voyage. Deutsch: Tagebuch einer Reise, welches mineralogische Beobachtungen bes. über die Agate und den Basalt enthält .... Aus d. Franz. übers. u. m. Anm. begleitet von J[ohann] S[amuel] Schröter. Mannheim: Schwan 1777. 582 S. 8⁰.

— Remarques sur la Pierre élastique du Brésil et Notices sur les marbres flexibles, de Monseigneur le Prince Borghese, Beau-Frère de Napoléon, Emp. des Franç. 4. Mannheim, Schwan et G. 805.

— Solution du problème du Cavalier au Jeu des Echecs. 8. Mannh. Löffler. 773.

Tagebuch einer Reise, welches verschiedene mineralogische Beobachtungen, besonders über die Agate und den Basalt enthält. Aus d. Franz. übers. und mit Anm. begleitet von J. S. Schröter. Mannheim. 1777. 8.

— über die Ueberschwemmung d. Neckers b. Mannheim. gr. 8. Mannh. Akadem. 790.

Collins, Ch. A., a cruise upon wheels, s.: Collection of brit. authors.

Collins, David

Collins, D., Gesch. d. britischen Volkspflanzung in Neu-Holland oder Neu-Südwales, v. 13. Mai 1788 bis zum Sept. 1796. Aus d. Engl. v. M. C. Sprengel. 8. Halle 799. Renger. 21 gr.

(**Collins**, David): Tagebuch der brittischen Volkspflanzung in Neuholland oder Neusüdwales vom 13ten May 1788 bis zum Sept. 1796. (Nach D. Collins, Account of the English colony in New South Wales. London 1798.) Halle 1799. 314 S. — Sprengel's Auswahl von Nachrichten zur Aufklärung der Völker- und Länderkunde. Bd. 12. 8⁰.

Collins, Digby, über das Vollblutpferd. [The Horse trainers and Sportsman's guide.] Hrsg. v. Otto Mayr. gr. 8. (120 S.) Wien 877. F. Bock in Comm. n.n. 12.—

Collins, Edw. Percy, eine Akademie echt deutschen Lebens. Die Geschichte e. Gründg. (128 S.) 8. Stuttgart (909). A. Bonz & Co. 1.50

Collins, Edward, new German Grammar, in which the study of German is made easy. 8. (XI, 412 S. mit 1 lithogr. Schrifttaf.) Stuttgart 884, Neff. *M 3,60.; geb. *

Collins, Edward, B. A., englische Handelssprachlehre von den Anfangsgründen bis zur gründlichen Kenntnis der Handelskorrespondenz. Für Handelsschulen u. zum Selbststudium. (XII, 234 S.) 8. Stuttgart 906. A. Bonz & Co. n. 2.50; geb. n. 3.—

—— Lehrbuch der englischen Sprache für den Schul- und Privatunterricht. Eine neue und prakt. Methode, um in anregender Gesprächs- und Briefform unter beständiger Erläuterung der Sprachlehre auf streng wissenschaftl. Grundsätzen in leichtester, schnellster und gründlichster Weise englisch zu lernen, mit durchgehender Bezeichnung der Aussprache und prakt. Tabellen für die Syntax. gr. 8. (VIII, 257 S.) Ebendas. 881. * geb. **

—— dass. — Eine neue und prakt. Methode in anregender Gesprächs- und Briefform unter beständ. Erläuterung der Sprachlehre. 2. umgearb. und verm. Aufl. 8. (XX, 383 S.) Ebendas. 884. *M 3.; geb. *

Collins, Edward, Lehrbuch der englischen Sprache f. den Schul- u. Privatunterricht. Eine neue u. prakt. Methode in anreg. Gesprächs- u. Briefform unter beständ. Erläuterg. der Sprachlehre. 3., gänzlich umgearb. Aufl. 8. (XX, 406 S.) Stuttgart 892. P. Neff. n. 3.—; geb. n.n. 3.40

Collins, Edward, B. A., Lehrbuch d. englischen Sprache f. d. Schul- u. Privatunterr. Neue u. prakt. Methode i. anreg. Gesprächs- u. Briefform unt. beständ. Erläuterg. d. Sprachlehre. 4., umgearb. Aufl. 8. (XXI, 414 S.) Stuttgart 896. P. Neff Verlag. n. 3.—; Einbd. in Leinw. n.n.n. — 40

Collins, Edward, B. A., Lehrbuch der englischen Sprache f. den Schul- u. Privatunterricht. Eine neue u. prakt. Methode in anreg. Gesprächs- u. Briefform unter beständ. Erläuterg. der Sprachlehre. 5. umgearb. Aufl. 8. (XX, 350 S.) Stuttgart 903. A. Bonz & Co. n. 3.—; geb. in Leinw. n. 3.40

— Lehrbuch der englischen Sprache für den Schul- u. Privatunterricht. Eine neue u. prakt. Methode in anreg. Gesprächs- u. Briefform unter beständ. Erläuterg. der Sprachlehre. 6. umgearb. Aufl. (XX, 350 S.) 8. Ebd. 905. n. 3.—; geb. in Leinw. n. 3.40

Collins, Edward, B. A., Lehrbuch der englischen Sprache f. den Schul- u. Privatunterricht. Eine neue u. prakt. Methode in anreg. Gesprächs- u. Briefform unter beständ. Erläuterg. der Sprachlehre. 7. Aufl. (XX, 350 S.) 8. Ebd. 908. 3.—; geb. in Leinw. 3.40

Collins, E., großes englisches Uebungsbuch, enth. alles f. Vorgeschrittene Wissenswerthe zur Vollendg. d. Studiums in Sprachlehre, Composition, Correspondenz, Synonymen u. Literatur, nebst zahlreichen erheiternden Anekdoten u. Wortspielen. 8. (VIII, 319 S.) Wien 887. Hölder. n. 2.50

— umfassendes englisches Uebungsbuch, enth. alles für Vorgeschrittene Wissenswerte zur Vollendung des Studiums in Sprachlehre, Komposition, Korrespondenz, Synonymen u. Literatur, nebst zahlr. heiter. Anekdoten u. Wortspielen. 2. Aufl. 8. (XII, 324 S.) Ebd. 903. n. 2.75

— Umfassendes englisches Übungsbuch, enth. alles f. Vorgeschrittene Wissenswerte zur Vollendung des Studiums in Sprachlehre, Komposition, Korrespondenz, Synonymen u. Literatur, nebst zahlreichen heiteren Anekdoten u. Wortspielen. 3. Aufl. (XII, 324 S.) 8. Ebd. 909. 2.75; geb. 3.20

Collins, Emily, praktisches deutsch-englisches Taschenwörterbuch. 12. (VII, 140 S.) Elberfeld 893. S. Lucas. n. 1.—; kart. n. 1.20

Epitome der Synthetischen Philosophie Herbert Spencer's. Von F. Howard **Collins**. Mit e. Vorr. von Herbert Spencer. Nach d. 5. Ausg. übers. von J[ulius] Victor Carus. *Leipzig: C. G. Naumann 1900.* (XVI, 715 S.) 8° [illegible] 5

Collins, G. S. Dryden's dramatic theory and praxis. Diss. Leipzig 1892. 69 S.

Collins, Geo. Edw., († d. 15. Jan. 1814.) Amtsvorträge bei gelegentl. Vorfällen. 1r, 2r Bd. 8. Riga 803. Hartmann. 1 Rthlr 16 gr 3r u. 4r Bd. A. u. d. T.: Erinnerungen an große u. wichtige Wahrheiten bei frohen u. traurigen Vorfällen. 2 Bde. 8. Königsb. 807. (Leipz., Kummer). 2 Rthlr 16 gr 5r u. 6r Bd. A. u. d. T.: religiöse Ansichten bürgerl., häusl. u. kirchl. Vorfälle. 2 Bde. 8. Riga 812. (Meinshausen). 2 Rthlr 12 gr

— Erweckungen z. Ergebung, Pflicht u. Hoffnung in Zeiten d. Bedrängniß. 8. Riga 812.

Collins, Geo. Edw., Gedichte, nach des Verf. Tode herausg. v. K. L. Grave. 8. Riga 814. (Deubner). 1 Rthlr 8 gr

— Predigten. 2 Bde. 8. Riga 811 u. 12. (Meinshausen). 3 Rthlr

— Predigten bei Gelegenheit fr. 25jähr. Amtsfeier. 8. Riga 813.

— s. Samml. alter u. neuer geistl. Lieder.

Grohmann, Karl Ferd. Daniel: [Ehrenkranz.] Am Sarge seines unaussprechlich geliebten Grohmanns den 3ten März 1794 George Collins. Allen Freunden des Entschlafenen gewidmet von J[ul.] C[onr.] D[aniel] Müller. Riga 1794: [J. K. D. Müller]. 16 S. 8°
Gedächtnisrede u. 3 Gedichte.

Über die verschiedenen Vorstellungen der Maurer von dem Zweck ihrer Arbeit. Rede am Johannistage 1793 in der □ zur kl[einen] Welt [in Riga] vorgelesen von George Collins. Riga, den 3ten July, 1793. [Riga 1793]: Müller. 32 S. 8° [Umschlagtit.]
cf. Z. 9 (1879) S. 65 (G. Brabbée).
Sehr selten.

Collins, George Stuart: Dryden's dramatic theory and praxis ... Leipzig-Reudnitz, print. by O. Schmidt, 1892; 69 S., 1 Bl. 8.
Leipzig, Phil. Fak., Inaug.-Diss. v. [15. Okt.] 1892

Vom wahren Flor einer Freimaurerloge. Eine Rede bey der Feier des Stiftungstages der □ zur kleinen Welt alhier [in Riga] den 20sten März 1793 vorgelesen von Georgs Collins. Riga [1793]: Keil. 26 S. 8°
Selten. Führt aus, dass eine Loge nur blühe, wenn sie ehrwürdig, gerecht u. vollkommen ist.

Collins, Karl, u. Anna Marquardsen, unsere gefiederten Freunde. Illustriert (z. Tl. farbig) v. C., m. Text v. M. (40 S.) 26×32 cm. Nürnberg (908). Th. Stroefer. Kart. 3.—; auf Mappe (10 farb. S. m. 2 S. Text auf dem Umschlag.) 3.—

Collins, M., die schmerzlose Entbindung. Verhaltungs-Maßregeln zur Vermeidung der Schmerzen und Gefahren der Niederkunft. Mit einem Anhang: Ueber die Pflege der Kinder. Von Clement Lozier. 8. (106 S.) Oppeln 874. (Berlin, Grieben.) *

Collins, M., die schmerzlose Entbindung. Verhaltungs-Maßregeln zur Vermeidg. der Schmerzen u. Gefahren der Niederkunft. Mit e. Anh.: Ueber die Pflege der Kinder. Von Clementine Lozier. Einzig autoris. deutsche Ausg. 2., verm. Aufl. 8. (VIII, 112 S.) Leipzig 891. Th. Grieben. n. 1. 20; geb. n. 1. 70

Collins, M., d. schmerzlose Entbindung. Verhaltgs.-Maßregeln z. Vermeidg. d. Schmerzen u. Gefahren d. Niederkunft. 5., umgearb. u. verb. Aufl. M. e. Anh.: Üb. d. Vorbeugg. d. Empfängnis. Hrsg. v. Klara Muche. 8. (III, 128 S.) Leipzig 898. Th. Grieben n. 1. 20

Collins, M., die schmerzlose Entbindung. Verhaltungsmaßregeln zur Vermeidung der Schmerzen u. Gefahren der Niederkunft. Mit e. Anh.: Über die Vorbeugg. der Empfängnis. 6. umgearb. u. verb. Aufl. Hrsg. v. Klara Muche. (III, 123 S.) 8. Leipzig (904). Th. Grieben. n. 1. 20

Collins, M., die schmerzlose Entbindung. Verhaltungs-Maßregeln zur Vermeidg. der Schmerzen u. Gefahren der Niederkunft. Mit e. Anh.: Über die Vorbeugg. der Empfängnis. 7. umgearb. u. verb. Aufl. Hrsg. v. Klara Muche. (III, 116 S.) 8. Leipzig (910). Th. Grieben. 1.20; geb. n 1. 60

Collins, Mabel, Grüne Blätter. Übers. a. d. Engl. 12. (29 S.) Ebd 898. n. —60; geb. n. 1.—

— u. — —, Flita. (The blossom and the fruit.) Wahre Geschichte e. schwarzen Magierin. Aus dem Engl. übers. v. Mitgliedern der Theosophical Society. Autoris. Uebersetzg. (VIII, 350 S.) 8. Jugenheim 904. Suevia-Verlag. 4.—; geb. in Leinw. 4. 50

Collins, Mabel, die Krone der Liebe. (Love's chaplet.) Vom Verf. v. „Licht auf den Weg". Autoris. deutsche Ausg. (66 S.) kl. 8. Lorch 909. Renatus-Verlag. —80; geb. n 1. 50

Collins, M., Licht auf den Weg. Eine Schrift zum Frommen derer, welche, unbekannt m. d. Morgenlandes Weisheit, unter deren Einfluß zu treten begehren. Uebers. aus dem Engl. 2., veränd. Aufl., m. Anmerkgn. u. Erläutergn. 12. (96 S.) Leipzig 888. Th. Grieben. n. 1. 20; geb. n.n. 2.—

— Licht a. d. Weg. E. Schrift z. Frommen derer, welche, unbekannt m. d. Morgenlandes Weisheit, unt. deren Einfluß zu treten begehren. Übers. aus dem Engl. 3., veränd. Aufl., m. Anmerkgn. u. Erläutergn. 12. (96 S.) Ebd. 898. n. 1. 20; geb. n. 2. 20

Collins, Mabel, Licht auf den Weg. Eine Schrift zum Frommen derer, welche, unbekannt m. des Morgenlandes Weisheit, unter deren Einfluß zu treten begehren. Übers. aus dem Engl. 4. veränd. Aufl., m. Anmerkgn. u. Erläutergn. (96 S.) kl. 8. Ebd. 904. n. 1. 20; geb. n. 2. 20

— Licht auf den Weg. Eine Schrift zum Frommen derer, welche, unbekannt m. des Morgenlandes Weisheit, unter deren Einfluß zu treten wünschen. Übers. aus dem Engl. 5. veränd. Aufl., m. Anmerkgn. u. Erläutergn. (96 S.) kl. 8. Leipzig 908. Th. Grieben. 1.20; geb. n 2. 20

— das Lied v. der weißen Lotos. Uebers. aus dem Engl. 8. (181 S.) Ebd. 889. n. 1. 80; geb. n.n. 2. 80

Collins, Mabel, die Lotuskönigin. Autoris. Uebersetzg. Hrsg. v. E. A. Kornwart. (III, 173 S.) 8. Leipzig (904). Theosoph. Centralbuchh. n. 2. 50

— Lust u. Schmerz. E. Abhandlg. üb. d. prakt. Okkultismus f. d. Leser d. „Licht auf d. Weg". Aus d. Engl. übers. v. F. Hartmann. [Aus: „Lotusblüthen".] 8. (22 S.) Leipzig 897. W. Friedrich. n. —50

Collins, Mabel, ein Ruf aus der Ferne. (A cry from a far.) Den Schülern v. „Licht auf d. Weg" v. Verf. v. „Licht auf den Weg". Autoris. deutsche Ausg. (56 S.) kl. 8. Lorch 909. Renatus-Verlag. —80; geb. n 1. 50

Durch das Goldene Thor [Through the gates of gold]. Ein Gedankenbruchstück von Mabel Collins. Deutsch von E. Schwabe. *Berlin: P. Raatz [1902].* (112 S.) 8°

— Durch das goldene Tor. Ein Gedankenbruchstück. Aus dem Engl. 2. Aufl. (109 S.) 8. Berlin (910). P. Raatz. 1.50; geb. 2. 50

Collins, Mark: The Geographical Data of the Raghuvaṃśa and Daśakumāracarita, considered more especially in their bearing upon the date of these works. Leipzig 1907: G. Kreysing. (61 S.) 8°
Leipzig, Phil. Fak., Ref. Windisch-Brugmann, Diss. v. 8. Jan. 1908
[Geb. 28. Dez. 66 Brighton (England); Wohnort: Benares (Indien); Staatsangeh.: England; Vorbildung: London Univ. B. A. Nov. 01; Studium: Benares 4, Leipzig 5 S.]

Collins, Mortimer, a Fight with Fortune, — Sweet and twenty, } s. Collection of British Authors.

Collins, R., die Aetna-Jäger. Eine Erzählung aus der neuesten Geschichte Siciliens. Aus dem Engl. von Th. Smidt. 2 Bde. 16. (700 S.) Berlin 864, Mecklenburg.

— die Sirene von Neapel. Ein Roman aus der Zeit Masaniello's. Aus dem Engl. von Th. Smidt. 4 Bde. 16. (1440 S.) Berlin 864, Mecklenburg.

Collins, S. H., sichere Anleitung f. Auswanderer u. Reisende nach d. Verein. Staaten v. Nord-Amerika. Mit e. umfass. geograph.-polit. Beschreib. dies. Länder; nach d. neuesten Standpunkte bearb. u., mit besond. Bezieh. auf Deutschland, durch fortlauf. Anmerkn. erläut. Nebst e. Anh. v. Briefen aus Amerika an Freunde in Europa u. 1 ill. Landcharte v. Nordamerika (in Fol.) 8. (19¼ B.) Heilbronn 834, Claß.

Collins, S. H., sichere Anleitung für Auswanderer nach den vereinigten Staaten von Nord-Amerika. Mit einer umfassend. geograph.-polit. Beschreibung dieser Länder; nach d. neuesten Standpunkte bearb. und, mit besond. Beziehung auf Deutschland, durch fortlauf. Anmerkk. erläut. Nebst e. Anhange von Briefen aus Amerika. 8. Heilbronn 834. Claß. ¾ Thlr.

Collins, T. H., s.: Bildergalerie f. das kleine Volk.

Collins, T. H., Jung und Alt, — aus der Kindheit Tagen, — die kleine Welt, } s. Bilder-Gallerie für das kleine Volk.

Collins, W. J., bist du geimpft worden, s. Gesundheit, Wohlstand u. Glück.

Collins, W. J., Blattern u. Impfung, s.: Gut, das höchste.

Collins, Wilkie

Collins, Wilkie, die Amerikanerin, s.: Lutz' Kriminal- u. Detektiv-Romane.

Collins, Wilkie, Antonina, s.a. Collection of British authors.

Collins, W. Wilkie, Antonina od. der Untergang Rom's. Ein Roman aus d. 5. Jahrh. Aus d. Engl. 3 Bde. 8. (240. 272 u. 288 S.) Leipzig 850, Kollmann. (à 1 Thlr) 3 Thlr

Collins, W., Armadale, s.a. Collection of British Authors.

— Armadale. Roman. Aus d. Engl. von Marie Scott. 6 Bde. Autoris. Ausg. Leipzig 866, 67. E. J. Günther. 8. (1329 S.) n. 4 Thlr

Collins, Wilkie, Armadale. Roman. Aus dem Engl. von Marie Scott. Autoris. Ausg. 2. Aufl. 6 Bde. 8. (224; 196; 240; 253; 204; 235 S.) [Leipzig 878, E. J. Günther.] Berlin, Nicolai'sche Buchh. *

Collins, Wilkie, Armadale, Roman. Aus dem Engl. v. Marie Scott. Autoris. Ausg. 2. Aufl. 6 Bde. 8. (224, 196, 240, 253, 204 u. 235 S.) Leipzig 878. Berlin, Borstell & Reimarus. n. 12. —

– Basil, s. Collection of British authors.

Collins, Wilkie, die Blinde. [Poor Miss Finch.] Roman. Aus dem Engl. von Emil Lehmann. Autoris. Ausg. 4 Bde. 8. (246; 219; 219; 226 S.) Leipzig 874, E. J. Günther. *

— In der Dämmerstunde. Aus dem Engl. Autoris. Ausg. 3 Bde. 8. (239; 196; 148 S.) Berlin 874, Janke.

Collins, W., after dark, } s. Collection of British authors.

— the frozen deep, s.: Collection of brit. authors.

— the two destinies, s.: Collection of brit. authors.

Collins, Wilkie, Detektiv-Geschichten, s.a. Bibliothek der Gesamtlitteratur.

Detektiv-Geschichten von Wilkie Collins ... übers. von Peter Butzer. Mit e. Vorbemerkung. *Halle a. S.: O. Hendel (1901).* (345 S.) 8° [F.]
(Bibliothek d. Gesamtlitteratur d. In- u. Auslandes No 1444-48.) (os. 10330

Collins, William Wilkie
s. Dickens, Charles: Nicht aus noch ein. 1868.

— eine Ehestandstragödie. Deutsch von Claire v. Glümer. 16. (128 S.) Dresden 867, Wallerstein. *

Collins, Wilkie, Erzählungen eines reisenden Malers. Aus dem Englischen mit Genehmigung des Verfassers übertragen von L. Du Bois. Lemgo 859. Meyer. 8. (338 S.) n. 1 Thlr

– a fight with fortune, s. Collection of British authors.

— poor Miss Finch, s.: Collection of brit. authors.

— die Frau in Weiß, s.a. Romane, klassische, d. Weltliter.

— dasselbe, s.a. Romane, die besten, der Weltliteratur in neuen Ausgaben.

— die Frau in Weiß. Aus dem Englischen von Marie Scott. Autorisirte Ausgabe. 4 Bde. 861. (1080 S.) 2. Aufl. Leipzig 862. Günther 8. (V, 1014 S.) n. 3 Thlr

Collins, William Wilkie
Die Frau in Weiß. Roman. Bd 3.4.
Teschen: Prochaska (um 1870). 8°
(Bibliothek August Scherl. Bd 34.)

— die Frau in Weiß. Roman. Aus dem Engl. von Marie Scott. Autoris. Ausg. 3. Aufl. 4 Bde. 8. (254; 282; 232; 250 S.) Leipzig 873, E. J. Günther. (*M 9.) *

Collins, Wilkie, die Frau in Weiß. Aus dem Engl. v. Marie Scott. Autoris. Ausg. 4 Bde. 12. (140, 224, 224 u. 133 S. m. Illustr.) Teschen 891. K. Prochaska. In 2 Leinw.-Bde. geb. n. 2. —

(F) Collins, W. Die Frau in Weiss. I. Bd. [Klassische Romane der Weltliteratur. 13. Bd.] 8°. (174 S.) geb. K 1.—
Teschen: Prochaska 1902.

(P) Collins, W., Die Frau in Weiss. Bd. 2. [Klassische Romane der Weltliteratur. 14. Bd.] 8°. (194 S.) Ebd geb. K 1.—

(F) Collins, W., Die Frau in Weiss. 3. Bd. [Klassische Romane der Weltliteratur. 15. Bd.] 8°. (188 S.) geb. K 1.
Ebd.

(F) Collins, W., Die Frau in Weiss. Bd. 4. [Klassische Romane der Weltliteratur. 16. Bd.] 8°. (171 S.) geb. K 1.—
Ebd. 1903.

Die Frau in Weiss [The Woman in white]. Roman von Wilkie Collins. Teschen: Prochaska [1909]. 720 S. 8°
(Bibliothek August Scherl. Bd 65–67). [10. 13631

— die weiße Frau, s.a. Ausland, das belletristische.

-- Die weiße Frau, s.a. Lutz' Kriminal- u. Detektiv-Romane.

— die weiße Frau. Roman. Nach dem Engl. frei bearb. von Rob. Springer. 8. (446 S.) Berlin 874, Janke.

— Fräulein oder Frau? Eine Erzählung. Aus dem Engl. von Emil Lehmann. Autoris. Ausg. 8. (III, 192 S.) Leipzig 872, E. J. Günther.

Collins, William Wilkie
Ein Geheimniss. Roman. Aus dem Engl. von August Kretzschmar. Autor. Ausg. 2. Aufl. Bd 1-3.
Leipzig: Günther 1875. 8°
Bd 3. 2. Ex. Ott 2083[a]

Collins, William Wilkie
Das Geheimnis der Abtei. Roman. Berlin 1868.
In: Roman-Magazin des Auslandes. Nr 1-3.

— ein tiefes Geheimniß. Roman. Aus dem Engl. von A. Kretzschmar. Autoris. Ausg. 3 Bde. 8. (641 S.) Leipzig 862, Günther. *

—— ein tiefes Geheimniß. Roman. Aus dem Engl. von A. Kretzschmar. Autoris. Ausg. 2. Aufl. 3 Bde. 8. (223; 199; 219 S.) [Leipzig 875, C. J. Günther.] Berlin, Nicolai'sche Buchh. *

Collins, Wilkie, John Jago's Geist. Erzählung. Deutsche, vom Verf. autoris. Ausg. gr. 16. (195 S.) Berlin 875, Janke.

John Jagos Geist. Eine Kriminalgeschichte von Wilkie Collins. (5. bis 6. Taus.) Berlin: Janke 1908. 89 S. 8°
(Kollektion Otto Janke.)

— John Jagos Geist. Eine Kriminalgeschichte. (5—6. Taus.) (89 S.) 8. Berlin (909). O. Janke. — 50

—— der böse Genius. Roman. Aus dem Engl. Autoris. Ausg. 3 Bde. 8. (227; 239; 268 S.) Berlin 887, Janke. *

Collins, Wilkie, the evil genius, s.: Collection of British authors.

—— Gesetz und Frau. Roman in 3 Bdn. Aus dem Engl. übers. von A. v. Winterfeld. Einzig autoris. Ausg. 8. (238; 238; 276 S.) Berlin 875, [Wedekind und Schwieger.] Commissions- und Export-Buchh. *

– heart and science, s. Collection of British authors.

— die Heirath im Omnibus, s. Bibliothek, europäische.

— Herz u. Wissen. Erzählung aus der Gegenwart. Aus dem Engl. Autoris. Ausg. 3 Bde. 8. (240, 271 u. 251 S.) Berlin 886. Janke. n. 10. —

—— Herzkönigin. Roman. Aus dem Engl. übersetzt. 3 Bde. 8. (227; 243; 289 S.) Berlin 873, Janke.

—— s. Herzog, Adf. Merrick.

– hide and seek, s. Collection of British authors.

— das geheimnißvolle Hotel. Roman. Aus dem Engl. 8. (279 S.) Ebd. 888. n. 5. —

— das geheimnisvolle Hotel. Roman. Aus dem Engl. 2. Aufl. 8. (279 S.) Berlin 892. O. Janke. n. 2. —

Collins, Wilkie, das geheimnisvolle Hotel. Roman. A. d. Engl. 2. Aufl. 8. (279 S.) Berlin 898. O. Janke. n. 1. —

– the haunted hotel, s. Collection of British authors.

— „I say no", s: Collection of British authors.

— ich sage Nein. Roman in 3 Bdn. u. 6 Büchern. 8. (184, 211 u. 236 S.) Berlin 886. Literar. Central-Bureau, M. Warschauer. n. 10. —

– Jezebel's daughter, s. Collection of British authors.

— welkes Laub. Roman. Autorisirte Uebersetzung. 3 Bde. 8. (258, 268 u. 288 S.) Berlin 880. Janke. n. 10. —

— the law a. the lady, s.: Collection of brit. authors.

– the fallen leaves, s. Collection of British authors.

– the legacy of Cain, s.: Collection of British authors.

— blinde Liebe. Roman. 2 Bde. 8. (320 u. 316 S.) Stuttgart 890. Deutsche Verlags-Anstalt. n. 6. —

— blinde Liebe. Roman. 2 Tle. in 1 Bd. (Neue Titel-Ausg.) 8. (320 u. 316 S. m. Abb.) Stuttgart (890) 895. Deutsche Verlags-Anstalt. n. 1. 50; geb. n. 1. 75

— blind love, s. in Bd. XXV: Collection of British authors.

– the new Magdalen, s. Collection of British authors.

— die neue Magdalena, s.: Collection Hartleben.

— die neue Magdalena, s.: Lese-Cabinet, neues belletristisches.

— man and wife, s. Collection of British Authors.

— Mann u. Weib. Roman. Aus dem Engl. v. Emil Lehmann. 6 Bde. 8. (235, 246, 232, 248, 194 u. 188 S.) Leipzig 872. E. J. Günther. n. 12. —

– miss or mrs.?, s. Collection of British authors.

Collins, Wilkie, der Mondstein, s.a.Lutz' Kriminal- u. Detektiv-Romane. 26. Bd.

— der Mondstein, s.a.Sammlung ausgewählter Kriminal- u. Detektiv-Romane.

Collins, William Wilkie
Der Mondstein. Roman. Berlin 1868.
In: Roman-Magazin des Auslandes. Nr 7-12.

— der Mondstein. Roman. Aus d. Engl. von E. Lehmann. Autorisirte deutsche Ausg. 3 Bde. Berlin 869. Janke. 8. (852 S.) 4 ℛ 15 ngr.

Der Mondstein [The Moonstone]. Roman von Wilkie Collins. Stuttgart: Lutz [1909]. 420 S. 8°
(Bibliothek August Scherl. Bd 56–58.) (10. 13617

– my lady's money and Percy and the prophet, s. Collection of British authors.

— the moonstone, s. Collection of British Authors.

– no name, s. Collection of British authors.

— ohne Namen, s.: Universal-Bibliothek.

— namenlos, s.a.Romane, die besten, d. Weltliteratur.

— — s.a.Ausland, das belletristische.

—— Namenlos. Aus dem Engl. von C. W. Whistling. Einzige vom Verf. für Deutschland autoris. Ausg. 11 Hefte. 8. (1. Bd. 411 S., 2. Bd. XVI und 592 S.) Leipzig 862,63, Payne. à Heft * 5 Ngr. *

Collins, William Wilkie
Namenlos. Roman. Aus d.Engl. von C.W.Whistling. Bd.1.
Leipzig, Dresden: Payne [um 1864]. 138 S. 8°

—— und Ch. Dickens, Nicht aus, noch ein. s. Romane, moderne, des Auslandes.

— Nicht bewiesen, s.: Lutz' Kriminal- u. Detektiv-Romane.

— no thorough fare, s. Collection of British Authors.

— Novellen. Aus dem Engl. von A. v. Winterfeld. Autoris. Ausg. 8. (377 S.) Berlin 874. Wedekind & Schwieger. n. 5. —

– a plot in private life, s. Collection of British authors.

— the guilty river and the ghost's touch, s.: Collection of British authors.

— the black robe, s.: Collection of british authors.

— der schwarze Rock. Roman. Aus dem Englischen von J. v. Böttícher. Einzig autorisirte Ausgabe. 2 Bde. 8. (VI, 416 S.) Berlin 882. Engelmann. n. 7. 50

— zwei Schicksalswege. Roman. Aus dem Englischen. Autorisirte Ausgabe. 2 Bde. 8. (268 u. 291 S.) Berlin 878. Janke. 9. —

— Verbergen und Suchen. Roman. Aus dem Englischen. 3 Bde. Sondershausen 864. Neuse. 8. (562 S.) 2 ℛ 20 ngr

—— Verbergen und Suchen. Roman. Aus dem Engl. 3 Bde. 8. (562 S.) Sondershausen [Thonberg vor Leipzig] 864, Neuse.

—— ein biographisch-kritischer Versuch, s. Wolzogen, Ernst v.

Collins, William Wilkie

Ausgewählte Werke. Aus d.Engl.(von G.Fink).
Bd. 2 - 4. 5.
Stuttgart: Franckh 1862 - 1863. 8°

2-4. Namenlos. Roman. 1862.
5. " " " . 1863.

– the woman in white, s. Collection of British authors.

Collins, William

Collins (W.). — Orientalische Eclogen. Aus dem Englischen von J. J. Bodmer. – *Zürich*, 1770.
Vignette de titre par *S. Gessner*.

Collins, Wlh., oriental. Eclogen, nebst andern Gedichten; aus d. Engl. (v. F. Nüscheler). 8. Zürich 770. Orell. 4 K

Collins, William Wilkie, s. Collins, Wilkie

***Collins*-Banfield, T., s. *Beauties* of the poets.**

Collins-Günther. Flugmaschinenbuch für unsere Jugend. illustr. geb.

Collinus, Z., die Zwingherren am Pilatus oder die Luzerner Schuldirektoren. 8. (40 S.) Zürich 877. Verlags-Magazin. — 60

Collörnsten, C.: „Betrachtungen, veranlasst durch die von einigen Grundbesitzern in Jütland an den Kronprinzen eingereichte Klagschrift über die vermeinte Kränkung ihres Eigenthumsrechts durch die Verordnung wegen Befreyung des Bauernstandes von der Haftung an Grund und Boden . . .", Kopenhagen 1792 (Höke).

Collioud, C. u. Savoie, C. Ordre de bataille des Armeekorps. Plakatformat. Bern, Nydegger & Baumgart. 1895. 1 25

Collischonn, F: Elektrisch betriebener Gichtaufzug. Düsseldorf 1905

Collischonn, F: Gleichstrom-Schwungradmaschinen. **Frankfurt a. M. 1901**

Collischonn, F: 2000 PS-Walzwerksanlage. Frankfurt a. M. 1908

Collischonn, F: Eine neue Schmelzsicherung für Hochspannungsstromkreise. Frankfurt-Main 1904

Collischonn, F., Die Ventilatoranlage auf Grube „Nothberg" des Eschweiler Bergwerksvereins. Essen-Ruhr, 1904. 8 S. mit 9 Abb.

Collischonn, F: Die Ventilatoranlage auf Grube »Nothberg« des Eschweiler Bergwerksvereins. Frankfurt-Main 1904

Collischonn, Friedrich [aus Frankfurt a. M.]: Ueber die Halogenadditionsprodukte der Propylchinolinhalogeniire und ein daraus gewonnenes Monobromchinolin . . . . Freiburg i. B., Univ.-Buchdr. v. H. M. Poppen & Sohn, 1886; 69 S. 8°.
Freiburg i. B., Phil. Fak., Inaug.-Diss. v. 1886.

Collischonn, Friedrich, über die Halogenadditionsprodukte der Propylchinolinhalogeniire und ein daraus gewonnenes Monobromchinolin. Diss. **Freiburg i. B. 1886, Fr. Wagnersche Univ.-Buchh. 8°.** 69 S.

Collischonn, G. A. O., Jacques Grévins Tragödie „Caesar" in ihrem Verhältniss zu Muret, Voltaire u. Shakespere, s.a. **Ausgaben u. Abhandlungen** aus dem Gebiete der romanischen Philologie.

Collischonn, G. A. O. [aus Frankfurt a. M.]: Jacques Grévin's Tragödie „Caesar" in ihrem Verhältniss zu Muret, Voltaire und Shakespere . . . . (Aus: Ausg. u. Abh. aus d. Geb. d. roman. Philol.) Marburg, Univ.-Buchdr. (R. Friedrich), 1885; 48 S. 8°.
Marburg, Phil. Fak., Inaug.-Diss. v. 15. Okt. 1885.

Collischonn, G[eorg] A[dolf] O[tto]: Einbildungskraft und Wille im Dienste der Formung des Menschen. Frankfurt a. M. 1910: Adelmann. S. 1—26. 4°
Frankfurt a. M., Adlerflycht-S, R m. VS OP 1910 (564) [S 10. 61

Collischonn, G. A[dolf] O.: Kulturbestrebungen und Schule in Chile. *Frankfurt a. M. 1898: C. Adelmann.* (3—40 S.) 4°
Frankfurt a. M., Adlerflycht-S ⟨R m. VS⟩, OP 1898 (435)

Collischonn, G. A(dolf) O., Dr.: Der erzieherische Wert der Kunst. *Frankfurt a. M. 1901: C. Adelmann.* (S. 1—48.) 4°
Frankfurt a. M., Adlerflycht-S ⟨R m. VS⟩, OP 1901 (448)

Collischonn, G. A. O., der erzieherische Wert der Kunst. (IV. 103 S.) 8. Heidelberg 906. C. Winter. Verl. n. 2. —

Collischonn, Hans [pract. Arzt]: Aus d. patholog. Institute zu Kiel. Beitrag zur Casuistik der Form- und Lagerungs-Störungen des Magens . . . . Kiel, Druck v. A. F. Jensen, 1888; 18 S. + 1 Bl. u. 8 Taf. 8°
Kiel, Med. Fak., Inaug.-Diss. v. 6. März 1888

Collischonn, Hans, Beitrag zur Casuistik der Form- und Lagerungsstörungen des Magens. Inaugural-Dissertation. gr. 8. (19 S. mit 8 autogr. Taf.) Kiel 888, (Lipsius und Tischer.) *

Collischonn, Paul [Dr.]: Frankfurt a./M. im Schmalkaldischen Kriege. . . . Strassburg, Verl. v. Karl J. Trübner, 1890; 3 Bl. + 106 S. 8°
Strassburg, Phil. Fak., Inaug.-Diss. v. 1890

Collischonn, Philipp

Collischonn, Predigt am Jahresfest d. Frankfurter Bibelgesellschaft Sonntag Sexagesimä, d. 17. Febr. 1895, i. d. St. Paulskirche geh. gr. 8. (8 S.) Frankfurt a/M. 895. K. Brechert. n. — 25

Collischonn, Philipp, Predigten üb. die Person Christi. Titelbild von W. Steinhausen. (VIII, 246 S.) gr. 8. Ebd. 905. n. 3.—; geb. n. 4.—

— zwei Predigten über Marcus 12, 28—34 u. Matthäus 7, 13 u. 14, geh. am 19. u. 26. IX. 1897. (15 S.) gr. 8. Frankfurt a/M. 897. K. Brechert. n.n. — 25

Collisionsfall, der, „Sophie" — „Hohenstaufen". Die Entscheidungen des Seeamts zu Bremerhaven vom 9. Decbr. 1884, des kaiserl. Oberseeamts zu Berlin vom 21. April 1885, des hanseat. Oberlandesgerichts zu Hamburg vom 3. Febr. 1888, nebst den dazu gehörigen Skizzen. gr. 8. (103 S.) Bremen 888. Schünemann. *

Collitz, Hermann: Die Flexion der Nomina mit dreifacher Stammabstufung im Altindischen und im Griechischen. T. 1: Die Casus des Singulars im Altindischen. (Göttingen 1885: Huth). 33 S. 8°
Halle-Wittenberg, Phil. Hab.-Schr. v. 21. Mai 1885
Ersch. vollst. in: Beiträge zur Kunde der indogermanischen Sprachen. Bd 10. Göttingen 1886. S. 1—73.

Collitz, Herm., die Gedichte der Balbilla, s.: Sammlung der griech. Dialekt-Inschriften.

Collitz, H., s.: Sammlung der griechischen Dialekt-Inschriften.

Collitz, Herm., die neueste sprachforschung und die erklärung des indogermanischen ablautes. gr. 8. (40 S.) Göttingen 886, Vandenhoeck und Ruprecht's Verlag. *
Aus: Beiträge zur kunde der indogermanischen sprachen, besonders abgedruckt.
Vgl.: Osthoff, H.

— die Verwantschaftsverhältnisse der griechischen Dialekte m. besond. Rücksicht auf die thessalische Mundart. gr. 8. (16 S.) Ebend. 885. n. — 60

— Waldeckisches Wörterbuch, s.: Bauer, Karl

Collmann: Zur analyt. Behandl. d. Kegelschnitte. 16 S. u. Fgt. – Bielefeld, Progr. 1865.

Collmann. **Beitrag zur französischen Stilistik. — Die Wendungen von *faire* und *empêcher* mit Infinitif. Marburg, G., 1859. 20 S. 4. Progr.**

Collmann Bestimmung der Coeffizienten der reducirten Gleichung bei der Auflösung reciproker Gleichungen. 11 S.
Bielefeld, Progr. 1846

Collmann, …, s. C. Wiegand, Schulgeographie.

Collmann, A: Bericht über die Erfolge aller die Collmann-Steuerungs-Patente ausbauenden Maschinen-Fabriken. **Wien (1902)**

Collmann, A., die Collmann-Steuerungen. Patent in allen Ländern. gr. 8. (20 S. m. 6 photolith. Taf.) Wien 878. v. Waldheim in Comm. n. 1. 50

Collmann, A., mein Disciplinarproceß od. Büreaukratie u. Kirchenordnung. Ein Beitrag zur Kenntniß der Gegenwart. hoch 4. (46 S.) Cleve 873. Knipping. — 75

Collmann, A: Die Entwicklung der Collmann-Steuerungen und die Ventilerhebungs-Bewegungen derselben. Wien (1902)

Collmann, A., die Herrlichkeit des eingeborenen Sohnes. Weihnachts-Predigt, geh. vor der reformirten Gemeinde in Hamburg. gr. 8 (12 S.) Hamburg 899. Herold. n. — 40

Collmann, A., Warum konnten wir ihn nicht austreiben? Predigt, gehalten vor der Kreissynode Cleve. Elberfeld 861. Bädeker. 8. (21 S.) 3 ngr.

Collmann, Adf. Rückblick auf die Geschichte der Landespferdezucht im Fürstent. Lippe. gr. 8. (VII, 132 S.) Detmold 890, Hinrichs. 2 50

COLLMANN, ALEXANDER. Ueber eine neue Darstellungsmethode der Methyldithionsäure und die Constitution derselben. Tübingen, 1866.

Collmann, Benno, prakt. Arzt: Fünf Fälle von Balantidium coli im Darm des Menschen. *Königsberg i. Pr. 1900: Ostpr. Zeitungs- u. Verl.-Dr.* (29 S.) 8°
Königsberg, Med. Diss v. 26. März 1900

Collmann, C. Th., die judicielle Rechtswissenschaft im Grundriß, nebst einer Kritik des v. Savigny'schen Systems. 8. (XIV u. 190 S.) Berlin 851, C. Heymann in Comm. n. 24 ngr

Collmann, C. Chr., s. Collmann, C. Th.

Collmann, C. F., die Elemente der Mathematik. Für Gymnasien und Realschulen bearb. 1. Abth. Mit 10 Steindrucktaf. Bielefeld 853. Velhagen u. Klasing. Lex.-8. (2 Bl., 101 S.) n. 15 ngr

Collmann, C. L.

— f. Abende, die, in Boston.

Collmann, C.L. (Hrsg.), s.a. Abrégé de la Description et de l'Histoire de L'Egypte.

Collmann, **C. L.**, abrégé de la description et de l'histoire de l'Egypte. Mit Erklär. d. schwersten Wörter u. Redensarten u. sonstigen Erläuter. Mit 1 Kärtchen. 8. Cassel 828. Bohné. 16 gl.

Collmann, C. L., popul. Anleitung zur Gestirnkenntniß, vermittelst e. einfachen lithogr. Sternkarte der nördl. Himmelssphäre. gr. 8. Cassel 834. (Bohné.) $\frac{5}{6}$ ℛ

Collmann, C. L., über die sittlich religiöse Bildung des Kindes v. 1. bis zum 6. Lebensjahre u. d. stufenweisen Gang des Religionsunterrichts in Bürgerschulen. Nebst e. Worte E. M. Arndt's über Pestalozzi u. e. bisher noch ungedruckten Neujahrsrede Heinr. Pestalozzi's (gehalt. am 1. Jan. 1816.) gr. 8. Kassel 846, Bohné. n. $\frac{1}{4}$ ℛ

Collmann, C. L., mathemat. Geographie in Fragen u. Aufgaben nebst Erläuterungen, insbesondere üb. den Unterschied d. geograph. Länge u. d. Zeit, mit Beziehung auf die sogenannte lith. „Zeitrose" (oder vergleichenden Zeitmesser) für den Schul- u. Selbstunterricht. Nebst 1 lith. Taf. (in Fol.) gr. 8. (VIII u. 72 S. u. 1 Tab. in 4.) Kassel 847, Luckhardt. n. $\frac{1}{2}$ ℛ

— Leben u. Schriften Pestalozzi's, s. Mittheilungen, aus dem Leben u. Schriften Pestalozzi's.

— f. Lobgesänge auf Gott.

— Ein Wort zur Erinnerung an den hundertsten Geburtstag Heinrich Pestalozzi's und an dessen erstes Säcularfest, nebst einigen Aufsätzen über die Pestalozzi-Stiftung und zwei Actenstücken v. J. Falk über die Erziehung verwahrloster Kinder. 2. veränd. u. verm. Aufl. gr. 8. Kassel 846. (Bohné.) n. 12 ngl

COLLMANN, C. Th.: Grundlinien einer Theorie des Beweises im Civilprocess, nach gemeinem, in Deutschland geltendem Rechte, mit Hinsicht auf das preuss. allgem. Landrecht u. d. allgem. Gerichtsordnung, sowie die im Grosshth. Niederrhein besteh. Gesetzgeb. nebst e. Einl. üb. d. Princip u. d. Organis. d. Rechtsw. *Braunschweig*, Vieweg. 822. gr. 8. (20 Gr.)

– dass. s. a. Collmann, K. Chr.

Collmann, C. Th., Grundlinien der Wissenschaft d. bestehenden Rechts, nebst einer Kritik der philosophischen u. histor. Schule. gr. 8. Berlin 836. Reimer. $\frac{2}{3}$ ℛ

COLLMANN, C. Th.: Die Lehre v. Strafrecht als Theil der Judicialien, nebst Kritik der bisher. Strafrechtsdoctrinen. *Leipz.*, Fr. Fleischer. 824. gr. 8. (2 Thl. 16 Gr.)

– dass. s. a. Collmann, Karl Chrst.

Collmann, E., Bayard der Ritter ohne Furcht und Tadel. 8. (VIII und 296 S.) Frankfurt a. M. 852, Brönner. *

— Französ. Grammatik f. Gymnasien u. Studirende. Nach Frdr. Dietz bearb. (2. u. letzte Abth.: Syntax.) gr. 8. (VIII S. u. S. 163–434.) Marburg 849, Elwert. $\frac{1}{2}$ ℛ (cplt. 1 ℛ) (1. Abth. s.: Diez, Fr. 1. Abthl. Ebendas. 1846.

Collmann, E., französische Grammatik für Gymnasien und Studirende. Nach Friedr. Diez bearb. 2., verb. Aufl. gr. 8. (VI und 407 S.) Marburg 865, Elwert'sche Universitäts-Buchh.

—— französisches Lesebuch. Zunächst für die obern Classen der Gymnasien. gr. 8. (VIII und 539 S.) Marburg 852, Elwert'sche Universitäts-Buchh.

Collmann, E., französisches Lesebuch für Gymnasien u. andere Lehranstalten. 2. gänzlich umgearb. Aufl. 1. Cursus. Marburg 858. Elwert. gr. 8. (VIII, 368 S.) 1 ℛ

Collmann, E., französisches Lesebuch f. Gymnasien u. andere Lehranstalten. 2. Cursus. gr. 8. (VIII, 402 S.) Marburg 872. Elwert's Verl. (à) 3. —

Collmann, E., franz. Lesebuch, zunächst für die obern Klassen der Gymnasien. gr. 8. Leipzig 838. Köhler. n. 1 ℛ

— Uebungsbuch zum Uebersetzen aus dem Deutschen ins Franz., für die obern Klassen der Gymnasien u. zum Privatgebrauch. Mit grammat. u. stilistischen Anmerkk. gr. 8. Marburg 840. Elwert. 1 ℛ

—— Uebungsbuch zum Uebersetzen aus dem Deutschen ins Französische für Schulen und zum Privatgebrauch. Mit grammat. und stilist. Anmerkungen. 2. Aufl. in 2 Cursen. Mit einem Anhang der gangbarsten Synonyma, Redensarten und Sprichwörter. gr. 8. (XVI und 541 S.) Marburg 853, Elwert'sche Universitäts-Buchh. [1. Cursus 25 Ngr.; 2. Cursus 20 Ngr.]

—— 2. Cursus. Mit einem Anhange der gangbarsten Synonyma, Redensarten und Sprichwörter. Ebend. 853. 8. (VIII, 219 S.) 20 ngl

—— Vorschule der französischen Sprache. Ein Lehr-, Lese- und Uebungsbuch für Anfänger. gr. 8. (V und 185 S.) Marburg 851, Elwert'sche Universitäts-Buchh.

—— Vorschule der französischen Sprache. Ein Lehr-, Lese- und Uebungsbuch für Anfänger. 2., verb. Aufl. gr. 8. (VII und 178 S.) Marburg 864, Elwert'sche Universitäts-Buchh.

Collmann, Eckh.: Über die griechische-, insbesondere die Prosa-Lektüre in Prima. 30 S. – Marburg i/H., Progr. 1870.

Collmann, (Aemil. Armin.) Rud. (geb. Cleve 23. 1. 1828): De ophthalmia epidemica contagiosa exercituum Europaeorum. Berolini (1851). (31 S.) 8°
Berlin, Med. Diss. v. 15. Aug. 1851

Collmann, Frdr., Schönschreibhefte, s.: Schmidt, Ferd.

Collmann, Friedrich, aus Posen: Neue Untersuchungen in der Pulegon-Reihe. *Hildesheim 1901: A. Lax.* (78 S.) 8°
Göttingen, Phil. Diss. v. [23. Dez.] 1901

Collmann, Frdr., neue Untersuchungen in der Pulegon-Reihe. Diss. gr. 8. (78 S.) Göttingen 901. (Vandenhoeck & Ruprecht.) n. 2.—

Collmann, Johann Lorenz (Sontra/Hessen), De usufructu materno in Hassia atque diversis ejusdem caussis speciatim de parentali potestate quatenus in hoc argumento ejus ratio habenda secundum mores aevi antiqui medii et recentioris. Diss. jur. Präs. Emil Lud. Hombergk zu Vach. Marburg (Müller) 7. IX. 1776. 142 S. (6.—) 5536
Widm. v. Präs.

Collmann, Iul. Aug.: De Romanorum iudicio recuperatorio. Pars prior. Berolini (1834). (45 S.) 8° ¶ Vollständig erschienen: Berlin: G. Reimer 1835.
Berlin, Jur. Diss. v. 17. Dez. 1834

Collmann, Jul. Aug., de Romanorum judicio recuperator. commentat. 8maj. (5½ B.) Berolini 835, Reimer.

Collmann, Jul. Aug., Quellen, Materialien u. Commentar d. gemein deutschen Preßrechts. gr. 8. (46 B.) Berlin 844, Besser, Berl. *

Collmann, K.: Das apostolische Glaubensbekenntnis..., s. Collmann, K. F.

Collmann, K., s.: Jahres-Bericht d. Vereins f. Greizer Geschichte.

Collmann, K. Chr., Grundlinien einer Theorie des Beweises im Civilproceß nach gemeinem in Deutschland geltenden Rechte, mit Hinsicht auf d. preuß. allgem. Landrecht 2c. 8. Braunschw. 822. Vieweg. 20 gr

– dass. s. a. Collmann, C. Th.

– s. a. Zeitschrift f. e. künft. Rechtswissenschaft.

Collmann und Molitor. Zeitschrift zu einer künftig aufzustellenden Rechtswiss. nach Prinzipien des transzendent. Realismus. gr. 8. Frankf. Körner. 802.

Collmann, K. F., Apostel od. nicht? Ein Vortrag üb. den sog. Irvingianismus, geh. im Vereinshaus zu Greiz. gr. 8. (24 S.) Leipzig 892. Verlag der Akadem. Buchh. (W. Faber). n. — 50

— das Ende Ludwig des XVI., s.: Aus der Vergangenheit f. die Gegenwart.

— reußische Geschichte. 1. Tl.: Das Vogtland im Mittelalter. gr. 8. (VIII, 134 S.) Greiz 892. E. Schlemm. n. 2. —

— das apostolische Glaubensbekenntnis u. seine Bestreiter. 8. (23 S.) Leipzig 893. Verlag der Akadem. Buchh. (W. Faber). n. — 30

Collmann, K. F., Leitfaden der Bibelkunde für Lehrerbildungsanstalten. 2. Aufl. 8. (86 S.) Greiz 899. E. Schlemm Nachf. Geb. n. 1. 50

Collmann, Karl Chrst.: „Die Lehre vom Strafrechte, als Theil der Judicialie, nebst einer Kritik der bisherigen Strafrechtstheorien", Leipzig 1824.

— d. Lehre vom Strafrecht als Theil d. Judicialia, nebst Kritik d. bisher. Strafrechtsdoctrinen. gr. 8. Leipz. 824. (Fr. Fleischer; a. Bachem in Köln). 2 ℛ 16 gr

– dass. s. a. Collmann, C. Th.

Collmann, Carl Lorenz, Geschichte der alten Bergstadt Sontra in Niederhessen, urkundlich verfaßt und hrsg. gr. 8. (VIII und 144 S. mit 3 Lithogr.) Cassel 863, (Freyschmidt.) *

—— Ant. Corvinus Leben, s. Leben, das, der Altväter der luther. Kirche.

Collmann, Leopold: Abhandlung über die Schiefstehung der Gebährmutter während der Geburt, und die verschiedenen Gattungen und Ursachen der Blutflüsse des weiblichen Geschlechtes. 34 S., gbd.

Wien: v.Mösle 1818

JB 3.963

Collmann, O. The French Cid and his Spanisch prototype. Meseritz. G., 1868. 32 S. 4. Progr.

Collmann, Oswald, s. Festschrift zur Begrüssung der sechsten Versammlung Deutscher Bibliothekare in Posen . . .

Collmann, Osw., s.: Owen, Rob., e. neue Auffassung v. der Gesellschaft.

Collmann, Guilielm., de Diodori Siculi fontibus. Commentationis criticae capita IV. gr. 8. (V, 79 S.) Leipzig 869, (Teubner.) *

De Baccharum fabulae Euripideae locis nonnullis. v. [Wilhelm] Collmann. Glückstadt. 1865. 4°. Gymn.-Progr.

Collmann. De Baccharum fabulae Euripideae locis nonnullis. Pr. 1875. 28 S. 4°. 2.—

Collmar und Klaire. Eine vaterländische Geschichte. Leipz. 1791 — 93. V: *Goldstein, Augusta Freiin von geb. von Wallenrodt, genannt Fölsch.* (GGr) V: *Müller, Ernst.* (MGT)

v. Collmar, M. W., die heil. Clara u. Coletta, s.: Leben der Heiligen, 14. Lfg.

Cölln, s. a. Cöln.

Cölln am Rhein eine uhralte, sehr grosse Hochberühmte freye Reichs- und florisante Handels-Stadt. Verfertigt und herausgegeben von Matt. Seutter etc. in Augsburg. Ohne M. 1 Bl.

Cölln, Dr. v., Pfarrer der deutsch-evangelischen Gemeinde zu Belgrad in Serbien. Serbien und die Serben von Rev. W. Denton, M. A. Nach anderen Quellen und eigenen Erfahrungen frei bearb. von.... Mit 1 Titelbilde und 1 Karte. kl. 8. Berlin 1865.

Cölln, A. v., Lehrbuch der Religionswissenschaft für die obern Classen gelehrter Schulen. Lemgo 853, 54. Meyer. gr. 8.
1. Thl. 1. Abth.: Lehrbuch der vorchristlichen Religionsgeschichte. (IX, 224 S.) n. 22½ ngr
1. Thl. 2. Abth.: Lehrbuch der Geschichte d. Urchristenthums. (VII, 192 S.) n. 22½ ngr

—— Predigt bei dem ersten Kirchgange des durchl. Fürstenpaares. Gehalten am 25. April 1852 zu Detmold. gr. 8. (16 S.) Detmold 852, Meyer'sche Hofbuchh.

Cölln, D. v., Lieder-Concordanz, s. Bollert, G.

Cölln, Daniel von, s. a. Cölln, Daniel Georg Konrad von

Cölln, Dan., van de Joëlis proph. aetate. Marb. 1811. 8.

Cölln, D. v., Bilder aus Ostafrika. 16. (28 S.) Leipzig 890. Wallmann. n. — 30

Cölln, Daniel v., Bilder aus Ostafrika. 12. (128 S. m. Titelbild u. Karte.) Berlin 891. Buchhandlg. der deutschen Lehrer-Zeitg. (F. Zillessen). n. 1. 25; geb. n. 1. 50

Cölln, Dan. v., der Kanzler Dr. Gregorius v. Brück, e. evangelischer Staatsmann nach dem Herzen Gottes. Eine Jubelschrift zur Feier seines 400jähr. Geburtstages u. e. Beitrag zur Lutherfeier. Mit e. Titelbilde (in Lichtdr.): Die Übergabe der Augsburger Konfession. gr. 8. (56 S.) Brück 883. (Leipzig, Buchh. d. Vereinshauses) n. – 80

Coelln, Daniel a: Confessionum Melanthonis et Zwinglii Augustanarum capita graviora inter se conferuntur. Vratisaviae 1830. (25 S.) 4°
Breslau, Progr. d. ev.-theol. Fak. z. Feier d. 300-jähr. Jubil. d. Augsburg. Konfession am 25. Juni 1830

Coelln, Daniel von, Doctrinae evangelicae purioris publica fidei ratione in comitiis Augustae Vindelicorum a. 1530 habitis assertae, vindicatae sacra saecularia tertia. — Confessionum Melanthonis et Zwinglii Augustanarum capita graviora inter se conferuntur. Breslau, 25. VI. 1830 25 S. (4.50) 5491
David Schulz, Joh. Theophil Worbs.

Cölln, Dan. v., der Dienst der Gemeinde am Bau des Reiches Gottes. Bericht über die Arbeiten der innern Mission zu Breslau in den letzten Jahren. 8. (82 S. mit eingedr. Holzschn.) Breslau 868, Mälzer. [Gera, Reisewitz' Verlag.] *

— Gesangbuchssegen d. i. Versregister zu dem evangel. Gesangbuche zunächst f. die Prov. Brandenburg, nebst Beigaben. 8. (IV, 52 S.) Potsdam 892. (R. Hachfeld.) n. — 65

—— Heimathsfreude. Ein Liederbüchlein zunächst für deutsche Wanderer. 32. (124 S.) Breslau 869, v. Cölln's Selbstverlag. cart.

Cölln, D. v., Heimathsfreude. I. Hundert Lieder im Kirchenton. II. Hundert Lieder im Volkston. 2. sehr verm. Aufl. 16. (192 S.) Leipzig 872. Bredt. In Comm. n. — 30; Velinp. cart. n. — 75; geb. n. 1. —; geb. m. Goldschn. n. 1. 25

Cölln, D. v., der Heimathsfreude in Volkston mit Noten 1. Abth. Freue Dich! Freue Dich Christenheit. 16. (48 S.) Berlin 877. Leipzig, Buchhandlung des Vereinshauses in Comm. n. — 20

—— Heimatsfreude. Eine Sammlung der bekanntesten evangel. Kirchenlieder, nebst Anhang. 16. (112 S.) Leipzig 883, Buchh. des Vereinshauses. †

—— dass. — Eine Sammlung der bekanntesten deutschen Vaterlandslieder mit Noten. 16. (84 S.) Brück b. Potsdam 883. (Leipzig, Buchh. des Vereinshauses.) †

—— dass. — Eine Sammlung der bekanntesten deutschen Volkslieder mit Noten. 16. (128 S.) (Ebendas.) 883. †
Beide Sammlungen in 1 Bd. (210 S.) †

—— dass. — II. Eine Sammlung der bekanntesten deutschen Volks- und Vaterlandslieder, nebst Anhang. 5. Aufl. 16. (88 S.) Leipzig 884, Buchh. des Vereinshauses. †

—— Heimatsfreude. II. Eine Sammlg. der bekanntesten deutschen Volks- u. Vaterlandslieder, nebst Anh. 7. Aufl. 16. (95 S.) Lpz. 890, Wallmann. — 20

—— dass. — 150 der bekanntesten deutschen Volks- u. Vaterlandslieder in zweistimm. Satz, nebst Anh. 2. verm. u. verb. Aufl. 16. (208 S.) Ebd. 891. geb. 1 —

—— die evangelische Kirche in Kroatien und Slavonien, besonders in Agram. Eine Denkschrift, im Auftrage des Presbyteriums der evangel. Gemeinde zu Agram den bisher. und künft. Wohlthätern derselben zum 19. Febr. 1883 dargereicht. Mit 1 (Holzschn.-)Bilde der neuen Kirche. gr. 8. (43 S.) Brandenburg 883. (Leipzig, Buchh. des Vereinshauses.)

Coelln, Dan. v., der Liebeseifer der apostolischen Gemeinde, ein Spiegelbild für den Gustav-Adolf-Verein. Predigt über Apostelgeschichte 2, 44—48 gehalten vor der Kirche zu Ratibor am 2. Juli 1862. gr. 8. (12 S.) Oels 862. (Berlin, Beck.)

Coelln, Daniel a: Recolitur memoria professorum theologiae Marburgensium Philippo Magnanimo regnante. Vratislaviae 1827. (42 S.) 4° *(Dat. e. 1 Jul. 1827.)*
Breslau, Glückwunsch d. Univ. z. 300-jähr. Jubil. d. Univ. Marburg 1827

Die Rechte und Pflichten des Gemeindekirchenrats und der Gemeindevertretung. Zur Erinnerung an d. feierliche Einführung der Kirchenältesten u. Gemeindevertreter nach amtl. Quellen zsgest. von Daniel v. Cölln, s. Z. Oberpfarrer zu Brück (Mark). 3. Aufl. *Beelitz (Mark): R. Klemchen 1898.* (15 S.) 8° [X.]

Cölln, Dan. v., d. Rechte u. Pflichten d. Gemeindekirchenrats u. d. Gemeindevertretg. Z. Erinnerg. an d. feierl. Einführg. d. Kirchenältesten u. Gemeindevertreter n. amtl. Quellen zusammengest. III. Aufl. 12. (16 S.) Beelitz 898. (Berlin, G. Nauck.) n. — 20

—— Amalie Sieveking und die freiwillige Armenpflege. Ein Vortrag. 16. (64 S.) Breslau 868, Mälzer. [Gera, Reisewitz' Verlag.] *

Coelln, Daniel a: Spicilegium observationum exegetico-criticarum ad Zephaniae vaticinia. Vratislaviae 1818. (IV, 63 S.) 4° *[Im Buchhandel 1818 bei Max & Ko. in Breslau.]*
Breslau, Ev.-theol. Fak., Antr.-Progr. als ord. Prof. v. [31. Okt.] 1818

—— sechszehn alte und neue Vaterlandslieder mit bekannten Melodien in zweistimmigen Satz. Zugleich als Anhang zu der „Heimathsfreude". 32. (24 S.) Breslau 870. (Leipzig, Bredt.)

—— Weihnachtsfreude. Eine Sammlung unserer schönsten Weihnachtslieder. 2. Aufl. 16. (31 S.) Breslau 867. Hamburg, Agentur des Rauhen Hauses. 1⅓ Ngr.; geb. in engl. Einb. 5 Ngr.; in engl. Einb. mit Goldschn.

Cölln, Dan. v., Weihnachtsfreude. Eine Sammlung unserer schönsten vierstimm. Weihnachtslieder und -Chöre in liturg. Ordnung für einen Kindergottesdienst in der Kirche am Heiligen Abend und für Christbescherungen. 3. Aufl. 12. (42 S.) Leipzig 885, (Buchh. des Vereinshauses.) *

Cölln, Dan. Geo. Karl von, s. Cölln, Daniel Georg Konrad von

Cölln, Daniel Georg Konrad von

— und Dav. Schulz, zwei Antwortschreiben an Hrn. D. Friedrich Schleiermacher. gr. 8. (5 B.) Leipzig 831, Barth.

— histor. Beiträge zur Erläuterung u. Berichtigung d. Begriffe Pietismus, Mysticismus u. Fanatismus. 8. Halberst. 830. Brüggemann. 8 gr

— histor. Beiträge zur Erläuterung u. Berichtigung der Begriffe Pietismus, Mysticismus u. Fanatismus. 8. Halberstadt 830. (Leipzig, Weinedel.) ⅓ Thlr

v. Cölln, Dan. Geo Konrad, also nicht Karl († d. 17. Febr. 1833), Dispositionen zu dem Leitfaden für d. Religions-Unterricht in den Schulen. 8. Lemgo 835. Meyer. n. ⅙ Thlr

v. Cölln, (G. K.,) Ideen über den innern Zusammenhang der Glaubenseinigung u. Glaubensreinigung in den evangel. Kirchen, ein Versuch zu ihrer innerlichen Vereinigung mitzuwirken. gr. 8. Leipzig 824, Barth.

— Ideen über den innern Zusammenhang d. Glaubensvereinigung u. Glaubensreinigung in den evangel. Kirchen. 8. Leipz. 824. Barth. 6 gr

— u. Dav. Schulz, über theolog. Lehrfreiheit auf den evangel. Universitäten u. deren Beschränkung durch symbol. Bücher. Eine offene Erklärung u. vorläufige Verwahrung. gr. 8. Bresl. 830. Gosohorsky. 6 gr

— s. W. Münscher, Lehrbuch der christl. Dogmengeschichte.

Cölln, Dn. Geo. Karl v. u. Dav. Schulz:

— — zwei Sendschreiben an Hrn. D. Friedr. Schleiermacher. gr. 8. (5¼ B.) Leipzig 831, Barth.

— biblische Theologie, mit e. Nachricht über des Verf. Leben u. Wirken. Herausg. von Dav. Schulz. 2 Bde. gr. 8. Leipzig 836. Barth. 4½ Thlr

Cölln, Ed. v., König Harald Blauzahn. Eine Mär des zehnten Jahrh. 8. (261 S.) [Berlin 888, Verlag des literarischen Deutschlands.] Danzig, Hinstorff's Verlag. *
geb. *

— die Brüder. Ein nord. Roman. Culturbild aus dem 13. Jahrh. 2 Bde. 8. (324 u. 287 S.) Danzig 890. Hinstorff. n. 9. —; geb. n. 10. 50

Cölln, Ed. v., König Konrad der Junge. Epische Dichtung in 12 Gesängen. 8. (VII, 237 S.) Leipzig 881, Haessel. †
geb. †

— Dr. Martinus Luther. Von der Clausur zur Ehe. 1505—1525. Ein Reformationsepos. 8. (189 S.) Ebd. 890. n. 2. 40; geb. n. 3. —

— Odovakar, e. Charakterbild aus der Völkerwanderg. 2. Aufl. gr. 8. (299 S.) Ebd. 890. n. 5.—; geb. n. 6.—

Coelln, Ernst v., Fehlerbuch f. Buchdrucker u. verwandte Berufe. Eine Sammlg. v. üb. 500 häufig vorkomm. Fehlern. (48 S.) 8. Graz 909. Leykam. — 60

— Führer durch Graz, s.: Kienreich.

Cölln, Ernestus de: * De locis nonnullis ad theoriam superficierum secundi ordinis pertinentibus! 7 Bl. 4° (2°)
Halle-Wittenberg, Phil. Diss. v. 26. Sept. 1856
Geb. [Mühlhausen (Thür.) 12. 12. 1830]

Coelln, E. v.: de locis nonnullis ad theoriam superficierum secundi ordinis pertinentibus. Ottweiler. 1864.
Schul-/Univ.-Schrift

Cölln, Fr. v.

– s. Aufsätze, drei, über d. Münzwesen, u. setze hinzu: (v. Fr. v. Cölln).

— Rückblicke auf d. Literatur d. Jahre 1816 u. 17. in polit., staatswirthschaftl., statist., geogr. u. histor. Hinsicht. (Aus d. freimüth. Blättern abgedruckt). 3 Bde. gr. 8. Berl. 818, 19. Maurers Buchh. 3 Rthlr.

Cölln, Friedrich von

– s.a. Archiv d. preuß. Provinzialverordnung.

Cöln, F. v. Historisches Archiv der preussischen Provincial-Verfassungen. 8. Berlin 1820.

Cölln, Friedr. von, Beytrag z. Gesch. d. Krieg. in Preussen, Schlesien u. Pohlen in d. J. 1806—7. 5 Thle. sind dessen vertraute Briefe über Preußen ꝛc. ar bis 6r Th.

Cölln, Friedrich von (Hrsg.), s. Blätter, Freimüthige, für Deutsche . . .

– s. Blätter, freimüth. literar.

Cöln, Friedrich v. Neue freimüthige literarische Blätter. 8. Berlin 1820.

— vertraute Briefe üb. Oesterreich, in Bezug auf die neuesten Kriegsereignisse im J. 1809. 2 Thle. s. Briefe.

— vertraute Briefe üb. die neuern Verhältnisse am Preuß. Hofe seit Friedr. II. Tode. 6 Thle. s. Briefe.

Cölln, Friedr. von, Fackeln. : Ein Journal, siehe Fackeln.

— d. Feldzug d. Franzosen u. alliirten nord. Völker im J. 1806 u. 7. Mit 8 ill. u. 2 schwarz. Plänen. 1r Thl. gr. 4. Leipz. 809. (Wienbrack). 6 Rthlr. gr. 8. mit d. Plan 5 Rthlr. ohne Pl. 3 Rthlr.

— neue Feuerbrände. 18 Hefte, oder Marginalien zu den vertrauten Briefen üb. Preußen, s.a. Feuerbrände.

Cölln, v.: Feuerbrände

§ * — —, Neue. Hrsg. von dem Verf. der vertrauten Briefe über die innern Verhältnisse am Preuss. Hofe seit dem Tode Friedrichs II. Ein Journal in zwanglosen Heften (von *Geo. Friedr. Wilibald Ferd. v. Cölln,* Kgl. preuss. Kriegs-, Domänen- u. Steuer-Rath a. D.) 18 Hefte (od. 6 Bde.). Mit TKpfrn. (histor. Scenen, Carricaturen) u. rothen illustr. Umschl.-Titeln. Amsterdam u. Cölln, Peter Hammer (Leipzig, Gräff) 1807—8. (Die Tit. von Heft 16—18 lauten: Neue Feuerbrände zum Brennen u. Leuchten. . . . . O. O. 1808. Mit K. K. Französ. Censur.) 8°.

— Gedanken über d. Aufhebung d. Erbunterthänigkeit in Schlesien; Beilage zu den neuen Feuerbränden. gr. 8. o. O. 808. (Leipz., Wienbrack). 6 gr. (A. u. d. T.: Beilage zu den neuen Feuerbränden.)

— Gedanken üb. die Aufhebung der Erbunterthänigkeit in Schlesien, Beylage zu den neuen Feuerbränden. gr. 8. Leipz. Gräff. 808.

– dass., s.a. Cölln, K. v.

– prakt. Handbuch für Staats- u. Regierungsbeamte, s.a. Cölln, v.: Staatsweisheit.

Cölln, Fr. (Georg Fr. Willib.) von: „Practisches Handbuch für Staats- und Regierungsbeamte", Berlin 1816 (Hayn) (= 2. Auflage des vorher.).

Cölln, Fr. v. Keine Accise mehr?! gr. 8°. Berlin 1816. (Auch im 13. Hefte der Freimüthigen Blätter, 1816.)

v. Cölln, Fr. (Geo. Fr. Wilib.), († d. 31. Mai 1820.) keine Accise mehr. gr. 8. Berl. 816. Maurersche B. 10 gr.

– s.a. Lettres de confidentielles.

— Lettres confidentielles sur les relations intérieures de la Cour de Prusse depuis la mort de Frédéric II. T. I. II. III. v. Lettres.

— Materialien für d. preuß. staatswirthschaftl. Gesetzgebung. 1s, 2s Heft. 8. Leipz. 811. Rein. 1 Rthlr. 3s Heft. gr. 8. Berl. 812. Hayn. 1 Rthlr. 12 gr.

— Materialien f. die preuß. staatswirthschaftl. Gesetzgebung. 1s u. 2s. 8. Leipzig, W. Rein u. Comp. 812. (à 12 gr.)

Cölln, Friedr., der befreite Prometheus. Dramat. Dichtung. gr. 8. (V, 58 S.) Leipzig 888, Friedrich. *

— aktenmäßige Rechtfertigung. gr. 8. Leipz. W. Rein u. Comp. 812.

— — Rechtfertigung, Aktenmässige, des Kriegsraths von Cölln. (Von ihm selbst.) Leipzig 1811. 8°. (3 Mk. E. Frensdorff, 1904.) Selten!

— Schlesien wie es ist. 5 Bde. s. Schlesien.

— d. neue Staatsweisheit, oder Auszug aus Adm. Smiths Untersuchung über den Nationalreichthum. gr. 8. Berl. 812. Hayn. 2 Rthlr. 2e Ausg. unt. d. T.: prakt. Handbuch f. Staats- u. Regierungsbeamte ꝛc. gr. 8. Ebd. 816. 1 Rthlr. 12 gr.

— Tisons d'Hercule, 12 Cahiers. (Uebers. der neuen Feuerbrände.) voyez Tison.

— Vienne et Berlin, voyez Vienne.

– dass., s.a. Cölln: Wien und Berlin.

— preuß. Volksstimmen, ausgesprochen in 4 Aufsätzen (d. freimüthigen Blätter). gr. 8. Berl. 818. Maurers B. 18 gr.

– s. Wanderungen d. Schlesien u. Sachsen.

— Wien und Berlin s.a. Wien.

WIEN und Berlin. — Vertheidigung des großen Cölln wider seine Todfeinde. Bei Gelegenheit des Meisterwerkes Wien und Berlin. Amsterdam u. Cölln 1808. 8°. Rar!
Bibl. Kürschner-Eisenach no. 239.

WIEN und Berlin in Parallele. Nebst Bemerkungen auf der Reise von Berlin nach Wien durch Schlesien über die Felder des Krieges. Ein Seitenstück zu der Schrift: Vertraute Briefe über die innern Verhältnisse am preußischen Hofe seit dem Tode Friedrichs II. von *F. v. C—n* (d. i. *Geo. Friedr. Wilibald Ferd. v. Cölln,* geb. 1766 zu Orlinghausen in Lippe, † 1820 in Berlin). Amsterdam und Cölln 1808, bei Peter Hammer. (Leipzig, Gräff.) 8°. Illustr. Cartonbd. (vorn Ansicht aus Wien, hinten Brandenb. Thor in Berlin.) (20 Mk. E. Frensdorff, 1904.)

— — Dasselbe französisch: Vienne et Berlin mis en parallele. Observations faites dans un voyage de Berlin à Vienne par la Silésie. Trad. de l' allemand. Enrichie de 2 gravures en taille-douce p. Penzel, de deux grav. en bois p. Gubitz et de 3 estampes enluminées par Geisler. Amsterdam et Cologne 1808. 8°. Couverture orig. avec des vues de Berlin et de Vienne. (15 Mk. Karl W. Hiersemann, Lpz., 1896:)
„Diese französische Ausgabe des berühmten Buches gehört zu den grössten Seltenheiten und ist meines Wissens seit vielen Jahren nicht mehr vorgekommen."

Cölln, Friedrich Wilhelm von

v. Cölln, F. Wlh., allgem. Eintheilung, Bodenfläche, Bevölkerung u. alphabet. Register d. preuß. Staates rc. 1r Bd. Mit 1 Karte. gr. 8. Cobl. 820. Hergt. 1 ℛ

— histor.-geograph. Handbuch d. Fürstenthums Lippe; mit e. Adreßbuche. 8. Leipz. 829. (Lemgo, Meyer). 1 ℛ

— s. v. Loclen, d. Sphinx.

— alphabet. Ortschaftsregister d. preuß. Staats nach den zuverläss. Materialien bearb. 1r Bd., nebst 1 Dislocationskarte d. königl. Gensd'armerie. gr. 8. Cobl. u. Hademar 821. Hergt. 1 ℛ 15 ℊ

— alphabetisches Ortschaftsregister des preuß. Staates nach den zuverlässig. Materiallen bearb. 1r Bd. nebst e. Dislocationskarte d. Königl. Gensdarmerie. gr. 8. Coblenz u. Hademar 821, neue Gelehrten-Buchhdl.

Cölln, Frdr. Wilh. von, Taschenbuch zum Nutzen und Vergnügen für Rheinreisende. Mit 7 Rheinansichten, 1 Abbild. ..., u. 1 Karte d. Bodensees in Steindr. Coblenz 1821. 12.

v. Cölln, F. Wlh., Taschenbuch f. Rheinreisende, mit 6 Steindr. u. 1 Abbild. d. röm. Grabmals des Hipsäus zu Coblenz u. 1 Karte d. Bodensees rc. gr. 16. Cobl. u. Hademar 821. Hergt. 1 ℛ 6 ℊ

v. Cölln, (F. W.,) Taschenb. f. Rheinreisende, mit 6 Steindr. u. 1 Abbilda. d. römischen Grabmals des Hipsäus zu Coblenz u. 1 Karte d. Bodensees rc. 16. Coblenz u. Hademar 821, neue Gelehrtenbuchhdl. Rthlr.

v. Cölln, (F. W.,) chronolog. Uebersicht der Kriegsereignisse in Spanien u. Portugall vom Einfall der Franzosen im Jahre 1808 bis zur Befreiung des Königs von Spanien im Jahre 1823. 8. Coblenz 824, Gelehrten-Buchh.

— chronolog. Uebersicht d. Kriegsereignisse in Spanien u. Portugal vom Einfall d. Franzosen im J. 1808 bis zur Befreiung des Königs v. Spanien im J. 1823. 8. Cobl. 824. Hergt. 1 ℛ

Cölln, G. K. v., s. Cölln, Daniel Georg Konrad von

Die von Cölln. Genealog.-biogr. Umschau durch frühere Jahrhunderte bis z. Gegenwart. Hrsg. von Georg v. **Cölln** in Hannover. ⟨Als Ms. f. d. Familienglieder gedr.⟩ (Hannover 1906: F. Culemann.) (142 S.) 4° [F. u. Ant.]
[Umschlagt.:] Familien-Chronik derer von Cölln. [07. 9301]

Cölln, Geo. Friedr. Wilibald Ferd. v., s. Cölln, Friedrich von

Cölln (Gebr.), K. u. D. R. v., Gedanken über die Aufhebung der Erbunterthänigkeit in Schlesien. 8°. s. l. (Berlin) 1808.
(Confiscirte Beilage zu den von den Verfassern herausgegebenen „Neuen Feuerbränden").

– dass., s. a. Cölln, Friedrich von

v. Cölln, Ldw. Fr. Aug., († d. 18. Febr. 1804.) Beitrr. zur Beförderung d. Volksbildung. 2 Hefte. 8. Lemgo 800. Meyer. 16 ℊ Dessen 3s u. 4s Hft. A. u. d. T.: Vorschäge u. Versuche zur Beförd. d. Menschenwohls u. d. Volkskultur. 1s u. 2s Heft. 8. Frankf. 802—4. Hermann. 12 ℊ

– s. Briefe über d. wichtigsten Angelegenheiten d. Menschen.

– s. Briefe üb. d. Lavaterianismus.

– s. H. Farmer, Versuch.

— Gedanken über d. Göttliche im Menschen u. seine Folgen. 1s H. 8. Quedlinb. 797. Ernst. 10 ℊ

— christl. Hausbuch, oder Predigten auf alle Sonn- u. Festtage, zur Erbauung, Erweckung, Warnung u. Trost f. d. Landmann, nebst e. Anhang v. Gebeten. 4. Lemgo 792. Meyer. 2 ℛ

– s. Kirche, d. gedrückte.

— christliches Lehrbuch z. Gebrauch f. die Jugend in Bürger- und Landschulen. 12. Lemgo, Meyer. 802.

— christl. Lesebuch für d. Jugend auf d. Lande. 12. Detmold 787. Bädeker in Duisb. 3 ℊ

— einige Predigten bei verschied. Gelegenheiten. 8. Lemgo 800. Meyer. 4 ℊ

— christl. Unterricht nach d. Geschichte u. Lehre d. Bibel, für Kinder auf d. Lande. 8. Detmold 789. 2e Aufl. 794. Bädeker in Essen. 8 ℊ

— christl. Unterricht nach der Geschichte u. Lehre der Bibel f. Kinder auf dem Lande. 8. Detmold. (Bädecker in Duisburg.) 794.

Cölln, Ludwig Friedrich August von. Sammlung ausgewählter Predigten; nebst einer Characteristik des Verf. Bielefeld 1806. H (u. V. der Charakt.): *Pauline Christine Wilhelmine Fürstin von Lippe-Detmold geb. Prinzessin von Anhalt-Bernburg.* (winer) (schl)

Cölln, Ludwig Friedrich August von. Sammlung einiger schon gedruckten. und noch ungedruckten Schriften. Bielefeld 1804. H: *Pauline Christine Wilhelmine Fürstin von Lippe-Detmold geb. Prinzessin von Anhalt-Bernburg.* (schl)

Cölln, Marie v., Morgengrüße! Zusammengestellt von v. C. (36 S.) kl. 8. Oldenburg (904). F. Schmidt's Sort. n. — 80

Cölln, W., s. Cölln, Friedrich Wilhelm von

COLLO-CAMPBELL. Ehescheidungs-Prozeß, öffentlich verhandelt im Justizpalast zu London, Dezember 1886. Verlag der Deutschen Buchhandlung, o. J. (1886). Kl. 8°.

C. **Collodi.** Hippeltitsch's Abenteuer. Geschichte e. Holzbuben. Ill. von E. Chiostri. In autor. deutscher Bearb. von P. A. Eugen Andrae. Kattowitz & Leipzig: C. Siwinna 1905. (262 S.) 8° [F.] [06. 6137]

Collomb, Vergißmeinnicht. Ein Blumensträußchen von der Mission zur beständ. Geisteserneuerung. Ein vollständ. kathol. Betrachtungs- und Erbauungsbuch. Bearb. von Ign. Alfons Stelzig. 12. (456 S. mit 1 Titelstahlst.) Regensburg 859, Manz.

Collomb, Barthélemy: [Werke. Deutsch] B[arthélemy] Collomb's Medicinisch chirurgische Werke. Aus d. Franz. übers. u. m. Anm. versehen von Wilhelm Harcke [Harke]. Th. 1.2. Braunschweig: Schröder 1800. 8°.

Collomb, Joach., O. Praed., s.: Raymundiana.

Collombet, F. Z., Geschichte des Kirchenvaters Hieronymus. Sein Leben, seine Zeit, seine Schriften und seine Lehre. Nach dem Französ. von Professor Lauchert und Gymnasiallehrer Knoll. 1. Liefg. gr. 8. Rottweil 846, Setzer. pr. 1.—3. Liefg. 1 5/6 ℛ

Collombet, F. Z., Geschichte des Kirchenvaters Hieronymus. Sein Leben, seine Zeit, seine Schriften u. seine Lehre. Nach d. Franz. v. Fr. Lauchert u. A. Knoll. 2. Lfg. gr. 8. (I. Abth. S. 161—250 u. II. Abth. S. 1—32.) Rottweil 847, Setzer. 1—3. Lfg. 1 5/6 ℛ

Collonge, Benito, Método-Berlitz para la enseñanza de idiomas modernos, parte española, s.: Berlitz, M. D.

Colloquia collegialia in VI. Episteln an alle Mediciner von St. Paulus Posthumus. 8. (VIII und 165 S.) Wittenberg 860, Herrosé.

Colloquia doctoris Ingolstadiensis de rebus ad Ecclesiae doctrinam et disciplinam pertinentibus. Dusseldorpii 1789. V: *Doyar, Pierre de.* (Barbier)

Colloquium

-- stenographisch aufgezeichnetes, der Vertreter der Synode von Jowa u. der von Missouri, Ohio u. a. St. gehalten vom 13—19. Novbr. in Milwaukee, Wisc., verabfaßt u. veröffentlicht von J. P. Beyer. 2. unveränd. Aufl. Chicago 868. (Philadelphia, Schäfer & Koradi.) gr. 8. (VIII, 176 S.) n. 1 ℛ

Colloquium, das Buffaloer, abgehalten vom 20. Novbr. bis 5. Decbr. 1866, das ist, die schließlichen Erklärungen der die Synode von Buffalo u. die von Missouri, Ohio u. a. Staaten vertretenden Colloquenten über die bisher zwischen beiden Synoden streitigen u. besprochenen Lehren. St. Louis, Mo. 866. — Leipzig, J. Naumann. gr. 8. (32 S.) n. 7½ *ngr.*

Colloquium Cochlaei cum Luthero Wormatiae olim habitum (1521). Hrsg. v. Jos. Greving, s.: Flugschriften aus den ersten Jahren der Reformation. IV, 3.

Colloquium Magistri cum Discipulo sup. systemate praedestinationis divinae. 8. Ofen, Univ. Buchh. 750.

Colloquium magistri cum discipulo super systemate praedestinationis divinae altero thomistico altero scholae societatis Jesu. Tyrnaviae 1750. V: *Chladni, Franc. Xav.* (Pk)

Colloquium Magistri cum Discipulo, super systemate Praedestinationis divinae... Budae 1751. H: *Daniel, Franz.* (So) »Tyrnaviae 1750. V: *Szdellar, Johann Franz*« (Jes)

— öffentliches, abgehalten vom 13. bis zum 19. Novbr. 1867 in der ev.-luth. Dreieinigkeitskirche zu Milwaukee, Wisc., zwischen den Vertretern der ev.-lutherischen Synode von Missouri, Ohio u. anderen Staaten u. der ev.-luther. Synode von Jowa. Milwaukee, Wisc. 868. (Dresden, Naumann.) gr. 8. (32 S.) n. 7½ *ngr.*

— inter Sacerdotem catholicum et Laicum de impia Philosophia nostri saeculi. 8. Augsb. Wolf.

Colloquium scholicum Harleianum ex recensione Geo. Goetz. gr. 4. (16 S.) Jena 892. (G. Neuenhahn.) n. — 60

Colloquium Sphyngis cum Oedipo... Tyrnaviae 1779. V: *Vilaghi, Steph.* (Jes)

Colloquium Theologi cum neophyto-catholico, in quo nonnulli errores contra veram fidem commissi et per D. Joannem Schreiber... deteguntur... Tyrnaviae 1721. H: *Szerdahelyi, Gabr.* (Pk) (Jes)

Colloredo-Mansfeld, Hieronymus Graf

Colloredo-Mannsfeld, Graf Hier., eine vollkommene Darstell. seines Lebens u. seiner Thaten, mit besond. Berücksichtigung der am 17. Sept. 1825 Statt gefundenen feierl. Ausstellung des ihm auf den Schlachtfelde von Kulm errichteten Monuments. 8. Prag 826. Enders. 8 ℊ Dass., mit dessen Portrait in Fol. 20 ℊ Dass., mit Portrait u. dem Monument. 1 ℛ 8 ℊ ill. 3 ℛ 16 ℊ

Colloredo-Mansfeld, Hieronymus Graf, k. k. österreichischer Feldzeugmeister . . . Eine vollkommene Darstellung seines Lebens und seiner Thaten, mit besonderer Berücksichtigung der am 17. Sept. 1825 stattgefundenen feyerlichen Aufstellung des ihm auf dem Schlachtfelde von Kulm errichteten Monuments. Prag 1827. V: *Schiessler. Sebast. Willibald.* (GGr IX, 150

Collorimeter, der, oder über d. Bestimmung d. Hitzungsfähigkeit d. Brennmaterialien. Mit Kpf. gr. 4. Leipz. 802. Joachim. 6 ℊ

Colloseus, Heinrich, aus Bad-Soden a. T.: Ueber die Einwirkung von Aldehyden und Ketonen auf Thiosemicarbacide und Thioharnstoffe. *Erlangen 1899: F. Junge.* (39 S.) 8° Erlangen, Phil. Diss. v. 8. März 1899

Collot, A. G., a new and improved standard French and English and English and French Dictionary. Revised edit. gr. 8. (1324 S.) Philadelphia 869, Schäfer und Koradi. geb.

Collot d'Escury van Heinenoord, Carmina. 8. Hag. Com. 817. (Leipz., Weigel). 1 ℛ 12 ℊ

Collot de Herbois, Jean Marie, s.a. Almanach des guten Vaters Gerhard.

Collot d'Herbois, J. M., Almanach d. guten Vaters Gerhard. 8. Leipz. 792. (W. Nauck). 6 ℊ

Collrepp, Ernst Bogislav von: De sententia contra fiscum ferenda. Disp. iur. Praes. Sam. Stryk.

— — Dasselbe. Ausschn. (1714.) 14 Bl. (3.50) 5540

Colluthus

Colluthi Lycopolitani carmen de raptu Helenae. Ed. Eug. Abel. gr. 8. (140 S.) Berlin 880. Calvary & Co. n. 4. —

Colluthi carmina, s.: Tryphiodorus.

Coluthi

— et Tryphiodori. Acced. coll. cod. ital. ed. G. H. Schäfer. 8. Leipz. 823. Weigel. 6 ℊ Hbg. Pr. 2 ℊ

— et Tryphiodori. Acced. Collationis codicum Ital. ed. G. H. Schaefer. 8. Leipz. 826, Weigel.

Coluthus. Entführung der Helena, aus dem Griechischen. Halberst. 1771. Ü: *Grillo, Friedr.* (DegG) (Hoff)

Κολουτου ελνης αρπαγη. L'enlèvement d'Hélène, poème de Coluthus, trad. en franç. etc. p. Julien. gr. 8. (Lips., Weigel.)

— die geraubte Helena, (aus d. Griech.) v. J. J. Bodmer. 4. Zürich 753. Orell. 4 ℊ

Coluthi Helenae raptus

— — Gr. et lat. cum A. M. Salvinii vers. Italica, et notis ed. Bandini. Florent. et Lips. 765. 8. 1 rthlr 12 gr.

Coluthus, Raptus Helenae, graece et latine c. interpret. ital. Salvini et notis Bandini, 8. Lipsiae, Weidmann. 766.

Coluthi, Raptus Helenae. Ex codice Mutinensi supplevit et emendavit J. Bekker. 8maj. Berlin. Reimer. 816 — 6

Coluthi, raptus Helenae graece. Ex recens. J. Bekker. 8maj. Berl. 816. Reimer. 6 ℊ

— id. lib., ed. stereot., s. *Quinti* Smyrnaei.

Coluthus. Raptus Helenae et Tryphiodori Expugnatio Trojae . . . Lipsiae 1823. H: *Schäfer, Gtfr. Hnr.* (Hoft)

Coluthi raptus Helenae. Recens. ad fidem cod. Mss. ac variantes lect., et notas adjec. J. D. a Lennep. Accod. ejusdem Animadvers. libri III. tum in Coluthum, tum in nonnullos alios auctores. Edit. novam auct. cur. God. H. Schaefer. 8 maj. Lips. 825, Hartmann. 1 Rthlr. 12 gr. Schreibp.

—raptus Helenae. Recens. ad fidem cod. Mss. ac variantes lect., et not. adj. J. D. a Lennep. Accd. ejusdem animadvers. libri III. tum in Coluthum, tum in nonnullos alios auctores. Edit. nov. auct. cur. God. H. Schäfer. 8maj. Lpz. 825. (Lehnhold). 1 ₰ 12 gl. Schrbp. 2 ₰ 8 gl.

— Raub der Helena. a. d. Griech. v. Grillo. 12. Leipzig, Sommer.

—Raub d. Helena; aus d. Griech. v. Fr. Grillo. 12. Berl. 771. (W. Nauck in Leipz.) 2 gl.

Coluthus, Raub d. Helena, übers. v. F. F. H. Passow. gr. 8. ... Güstrow 829. (Berlin, Logier.)

—Helenens Raub, übers. v. F. F. H. Passow. gr. 8. Güstrow 829. (Logier in Berl.) 4 gl.

Collyn, J.: Neue Erdbeschreibung..., s. Fenning, D.

Colma. Monodrama v. Presser.
Breslau: Korn d. ält. 1786. 8°

Colmache, M., Aus d. Leben d. Fürsten v. Talleyrand, s.a. Bibliothek, Europäische, 360—362. Bd.

Aus dem Leben des Fürsten von Talleyrand. Nach den hinterlassenen Papieren des Herrn M. Colmache hrgg. v. M. Colmache. Grimma und Leipzig. 1851. 8°. (Aus: Europäische Bibliothek der neuen belletristischen Literatur Deutschlands, Frankreichs etc. 4. Serie. Bd. 60--62.)

Colman, G., Ways and means, s.: Sammlung Engl. Schauspiele, 6. Bdchn.

Colman, Esq., George, Blue Devils. A Farce, s. Theatre, the British, No. 11.

Colman, George. Der Negociant, ein Lustspiel aus dem Engl. Wien 1776. Ü: *Kepner*, *Friedrich*. (MGT)

Colman, George. Der Ton der grossen Welt. Lustspiel, aus dem Englischen. Altenburg 1788. Ü: *Henold*, *C. H. von*. (Ky)

Colman, Harold G. [aus Peterborough (England)]: Ueber einige Derivate des Pr-In-Methylindols. . . . Wurzburg, Becker's Univ.-Buchdr., 1888; 26 [sic! statt 27] S. 8°
Würzburg, Phil. Fak., Inaug.-Diss. v. 1888

Colman, Henry, England's Landwirthschaft. Nach eigenen Beobachtungen dargestellt. Aus dem Engl. Herausgeg. von der Redaktion d. pract. Wochenblattes für Landwirthschaft rc. 1. Hft. gr. 8. Neubrandenburg 845, Brünslow. n: 5/12 ₰

Colman, James [aus New-York]: ... Ueber die Anisenyltetrazotsäure ... Königsberg in Pr., Buchdr. v. R. Leupold, 1896; 39 S., 1 Bl. 8.
Königsberg, Phil. Fak., Inaug.-Diss. v. 20. Juli 1896

Colmann und Garrick; oder die heimliche Heirath.
Lustsp. Frankf. u. Leipz: Schwickert 1769. 8°

Colmant, Ioannes Georgius (geb. am 16 Mai 1834 in Bonn): De fasciae gypseae virtutibus ... Bonnae, ex typogr. C. Krueger (1858). 27 S., 2 Bl. 8.
Bonn, Med. Fak., Diss. v. 18 Aug. 1858

Colmant, Karl, cand. med. aus Bendorf a. Rh.: Ein Fall von allgemeiner Sepsis mit ausgebreiteten Metastasen in der Lunge ausgehend von einem recidivirenden Uteruscarcinom. *München 1898: Kastner & Lossen.* (25 S.) 8°
München, Med. Diss. v. 1898

Colmar, s. a. Kolmar.

Colmar [Sachliches OW]

Colmar, Elise von. Ein Drama.
Dresd.: Walther 1783. 8°

Colmar u. die Hoch-Vogesen. Führer durch d. Stadt Colmar u. ihre weiteren Umgebgn. Mit 21 Abbildgn., 1 Karte, 1 Stadtplan, e. Höhen-Uebersichtskarte der Vogesen u. e. Eisenbahn-Uebersichtskarte. Hrsg. v. Verkehrs-Verein f. Colmar u. die Hoch-Vogesen. 2. verb. Aufl. 8. (72 S.) Colmar 900. M. Wettig. n.n. 1.—
1. Aufl. (67 S.) Ebd. 899. n.n. 1.—.

Colmar und die Hochvogesen. Hrsg. v. Verkehrsverein f. Colmar u. d. Hochvogesen. (Colmar: Verkehrsverein 1905.) 13 S. quer-8° [illegible]

Colmar u. die Hochvogesen. Führer durch die Stadt Colmar u. ihre weiteren Umgebungen. Mit vielen Ansichten, 1 Karte u. dem Stadtplan v. Colmar. 3. verb. Aufl. (96 S. 8. Colmar 908. M. Wettig. 1.—

— u. die Vogesen (aus der Vogelschau). (1 farb. Bl.) 28×43 cm. Ebd. (909). —50

Colmar [Schlagwort]

— s. a.: Altkirch. — Deutschland. Kürschner-Peip.

— s. a.: Europa. Liebenow.

— s. a.: Forstkarten.

— s. a.: Preussen. Messtischblätter.

Colmar. Baron, Paul, Spezial-Karte des Kreises Kolmar. 1 : 100,000. 52×53 cm. Farbdr. Lissa (903). O. Eulitz. n. —50

— — u. E. Marotzke, Wandkarte des Kreises Kolmar, entworfen nach den neuesten Hilfsquellen. 1 : 40,000. 124×122,5 cm. Farbdr. Ebd. (905). n. 12.—; auf Leinw. m. Stäben n. 15.—

Colmar. Karte von Colmar u. Umgegend. 1 : 200,000. [Aus: „Touristen-Atlas f. Süddeutschland".] 18×24 cm. Farbendr. Bruchsal 895. O. Katz. n. —30; auf Leinw. n. —40

Colmar i/E. Plan, neuer, v. Colmar i/E. 1 : 10,000. 58×57,5 cm. Mit Strassenverzeichnis (an der Seite). Colmar (909). M. Wettig. —70

Colmar. Riegert, Alphons, Verkehrs- u. Wegekarte v. Colmar u. seiner weiteren Umgebung. 1 : 100,000. 73,5×59 cm. Farbdr. Colmar (900). M. Wettig. n. 1.50

Colmar i/P. Spezialkarte des Kreises Kolmar. Rev. v. den zuständ. Behörden. 3. Aufl. 1 : 100,000. 52,5×52,5 cm. Farbdr. Lissa (910). O. Eulitz. —50; auf Leinw. in Etui 1.—

Colmar [Verfasser]

Colmar, die Welt in einer Nuß, oder bünd. Beschreib. der Welt. gr. 8. Nürnb. Schmid u. Weigel.

Colmar, ..., die Welt in einer Nuß, oder bündige Beschreib. d. Welt. gr. 8. Nürnb., Schneider u. W. 1 ₰ 4 gl.

Colmar, J. De lacrymis seu guttis vitreis. Altdorf 1708. 4.

Colmar, Johann Albert

—merkwürd. Epochen d. Lorenzer Haupt-Pfarrkirche zu Nürnberg rc. 8. Nürnb. 780.

—zur Erläuterung des Kupferstichs: Nürnberg empfängt von Venedig im J. 1506 vormundschaftl. Gesetze. 4. Nürnb. 804.

— Johann Albert (Nürnberg), De jure civitatis Norimbergensis. Diss. jur. Altdorf (J. A. Hessel) 23. VII. 1781. 47 S. (4.50) 5542

Colmar, Jh. Alb., commentatio de jure civitatis Norimbergensis. 4. Nürnb. 781. Grattenauer. 4 gl.

— von dem Pflichttheil d. Eltern, vorzügl. nach Nürnb. Rechten. 8. Nürnb. 785. Schneider u. W. 2 gl.

— s. K. S. Zeidler, Vitae.

Colmar, Joh. Ludw., s. Colmar, Joseph Ludwig

Colmar, Joseph Ludwig

— s. Ignatii Sancti, Sententia.

Colmar, Jos. Ldw., Predigten. Herausg. von Freunden u. Verehrern des Verewigten. Vom ersten Sonntag des Advents bis Septuagesima. Mit der Biographie u. dem Bildnisse des Verf. gr. 8. Mainz 836. Kirchheim, Schott u. Thielmann. 1 1/2 ß — 2r u. 3r Bd. Fastenpredigten. 1e u. 2e Abthl. gr. 8. Ebd. 837, 38. à 1 1/3 ß — 4r Bd. Vom Passionssonntage bis zum Feste der allerheil. Dreifaltigkeit. gr. 8. Ebd. 839. 1 1/3 ß — 5r Bd. Predigten auf die Sonntage nach Pfingsten bis zum Jahresschlusse. Advents- u. Fastenpredigten 2e Sammlung. gr. 8. Ebd. 839. 1 1/3 ß (1.—5.: 6 2/3 ß)

Colmar, Jos. Ldw., Predigten. Herausgeg. von Freunden und Verehrern des Verewigten. 1. Bd. Vom ersten Sonntage des Advents bis Septuagesima. 2., revid. Aufl. Mit der Biographie und dem Bildnisse des Verfassers. gr. 8. Mainz 842, Kirchheim, Schott u. Thielmann. 1 1/2 ß

— dies. 2. u. 3. Bd. Fastenpredigten. 1. 2. Abthl. 2. revid. Aufl. gr. 8. Ebend. 843. à 1 1/3 ß

— dies. 4. Bd. Vom Passionssonntage bis zum Feste der allerheil. Dreifaltigkeit. 2. revid. Aufl. gr. 8. Ebend. 843. 1 1/3 ß

Colmar, Jos. Ldw., Predigten. Herausgeg. von Freunden und Verehrern des Verewigten. 5. Bd. Predigten auf die Sonntage nach Pfingsten bis zum Jahresschlusse. Advents- und Fastenpredigten. 2. Sammlung. 2. revid. Aufl. gr. 8. Mainz 842, Kirchheim, Schott u. Thielmann. à 1 1/3 ß

— dies. 6. Bd. Predigten auf die Feste der allerseligsten Jungfrau u. der Heiligen. Schulreden. Beiträge zur Pädagogik. gr. 8. Ebend. 842. 1 1/3 ß

Colmar, Jos. Ludw., Predigten. Hrsg. von Freunden u. Verehrern des Verewigten. 1. Bd. Vom 1. Sonnt. des Advents bis Septuagesima. 2. revid. Aufl. Mit der Biographie u. d. Bildnisse des Verf. 1. Lfg. gr. 8. (VI u. 256 S.) Mainz 847, Kirchheim u. Schott. 22 ngr — 7. u. letzter Bd. Predigten über besond. christl. Heilswahrheiten. — Gelegenheitsreden. gr. 8. (VI u. 461 S.) Ebd. 817. 1 1/3 ß (7 Bde.: 9 1/3 ß)

Colmar, Jos. Ludw., gesammelte Predigten. 7 Bde. Neue durchgängig verb. u. durch Register verm. Ausg. gr. 8. Regensburg 879. 80. Coppenrath. Subscr.-Pr. à 2. 70

1. Predigten auf die Sonn- u. Festtage des Jahres. I. Weihnachtscyclus. Vom ersten Sonntage des Advents bis Septuagesima. (VII, 298 S.)
2. 3. Fastenpredigten. 2 Abthlgn. (307 u. 321 S.)
4. Predigten auf die Sonn- u. Festtage des Jahres. II. Cyclus. Vom Passionssonntage bis zum Feste der allerheiligsten Dreifaltigkeit. (332 S.)
5. Predigten auf die Sonntage nach Pfingsten bis zum Jahresschlusse. Advents- u. Fastenpredigten. 2. Sammlg. (258 S.)
6. Predigten auf die Feste der allerseligsten Jungfrau u. der Heiligen. — Schulreden. (313 S.)
7. Predigten über besondere christliche Heilswahrheiten. — Gelegenheitsreden. (356 S.)

Colmar, Jos. Ludw., gesammelte Predigten Registerband vom Hrsg. der neuen Ausgabe der Predigten. gr. 8. (38 S.) Regensburg 881. Coppenrath. 1. —

Colmar, Joh. Ludw., gesammelte Predigten. Neue, wohlf. Ausg. 29 Lfgn. od. 7 Bde. m. Register. gr. 8. (VII, 298; 307, 321, 332, 258, 313, 356 u. 38 S.) Regensburg 884. Coppenrath. à Lfg. — 40; cplt. 11. 60

Bischof Jos. Ludwig Colmar von Mainz. Predigten über das Lesen der heiligen Schrift und das Lesen schlechter Bücher. Mit e. Einl. neu hrsg. von Dr. Joseph Selbst, Domkapitular zu Mainz. *Paderborn: F. Schöningh 1902.* (127 S.) 8° [F.]

Colmar, Carl (Nürnberg), De usu jurisjurandi judicialis jure Norico restricto. Diss. jur. Altdorf (J. G. Meyer) 29. V. 1753. 32 S. (4.80) 5541
Widm. v.: P. M. Volcamer, G. C. Toeplitz, Andr. Georg Volcamer v. Kirchensittenbach, T. Huth, Wolfg. Jaeger, Joh. Albert Carl v. Imhoff, Hieron. Kaiser (dtsch.).

Colmar, L. Jh., († d. 15. Dec. 1818.) Lehr- u. Gebetbuch, zum Gebrauch f. kathol. Christen. 8. Mainz 815. 2e A. 818.

— Predigt bei Gelegenheit d. feierl. Glockenweihe d. 29. Sept. 1809. Mit e. geschichtl.-literar. Nachricht über d. Gebrauch d. Glocken u. d. Ritus d. Kirche etc. 8. Mainz 809.

— sententiae S. Ignatii pro quolibet die mensis distributae. 12. Mainz 809.

— statuta Dioecesis Moguntinae cum litera pastorali ad Clerum. Mainz 811.

Colmnitz [Schlagwort]

Colmnitz, s.: Sachsen. Karte. Messtischblätter.

Cöln, s. a. Cölln.

Cöln, s. a. Köln.

Cöln in seinen alten u. neueren Architecturen. Orig.-Aufnahmen nach der Natur v. G. Koppmann & Comp., Photographen, Hamburg. Hrsg. v. Aug. Hartel. (In 10 Lfgn.) 1. Lfg. Fol. (10 Lichtdr.-Taf.) Leipzig 886. Dorn & Merfeld. In Mappe. n. 10. —

Cöln u. seine Bauten. Festschrift zur VIII. Wanderversammlung des Verbandes Deutscher Architekten- u. Ingenieur-Vereine in Köln, vom 12. – 16. August 1888. Hrsg. vom Architekten- u. Ingenieur-Verein für Niederrhein u. Westfalen. Köln, Selbstverlag d. Vereins, 1888.

Cöln und Bonn mit ihren Umgebungen.... Köln 1828. V: *Jacob, Carl Georg.* (NN) (EngG)

Cöln, der Dom zu, s. Schicksal, das. — Schmitz, Fr.

Cöln, Das edele, oder Beyträge zu einer Abhandlung von Rittermässigen Cöllneren. Diesem ist beygefügt eine Verzeichnus deren Herzogen, Grafen und auswärtigen Rittern, welche in Cöllen Bürgere gewesen und Bürger-lehn empfangen haben. O. O. 1769. V: *Clasen, Matthias.* (StBKöln II, 3)

Cöln, Das edle. O. O. 1769. V: *Clasen.* (CO)

Cöln am Rhein, Heiliges, in seiner uhralten Heiligkeit ... O. O. 1708. V: *Schmitz, Franz.* (so) (Jes)

Cöln a. R., Heiliges, in seiner uhralten Heyligkeit durch dreyfache Vorstellung gegen alle jetziger Zeit schwebende Anfechtungen gestärckt und befestigt. Von den einhelligen Meinungen der H. H. Vättern sowohl, als anderen gelehrten Männern ... Cölln 1708. V: *Lidberg, H.* (StB Köln I, 211 f.)

Cöln im Mittelalter. [Berlin 1882.] V: *Lamprecht, Karl.* (StB Köln I, 209)

Cöln am Rheine. Bruchstück aus einem Reisetagebuche. [Stuttgart 1814.] V: *Justi, Carl Wilhelm.* (stri)

Cöln a/Rh. Die schönsten Bauwerke, Denkmäler, Ansichten usw. (Städte-Bilder.) (28 Bromsilber-Photogr.) qu. 8. Berlin-Steglitz 904. Neue photograph. Gesellschaft. In Leinw.-Mappe 14. – ; einzelne Blatt — 50

Cöln u. seine Umgebungen in Stahlstichen nach Zeichnungen von L. Lange. Lex.-8. (12 Blätt.) Cöln 844, Du Mont-Schauberg. n. 1½ ₰ — in gr. 4. n. 2½ ₰

Cöln, F. v., s. Cölln, Friedrich von

Cöln, Franz, aus Linz a. Rh.: Die anonyme Schrift 'Abhandlung über den Glauben der Syrer'. T. 1. *Berlin (1903): E. Ebering.* (75 S.) 8° ¶ (Erscheint vollst. in: Oriens Christianus, Rom.)
Berlin, Phil. Diss. v. 25. Juli 1903

Cöln, Frz., s.: Oriens christianus.

Cöln, Friedrich v., s. Cölln, Friedrich von

Cölner-Urkunde. Text, Uebersetzung u. Beleuchtung von Eb. Bobrik. Mit e. Facsimile der Unterschriften. 12. Zürich 840. Orell. ⅔ ₰

Colnet d'Huart, de, Détermination de la relation qui existe entre la chaleur rayonnante, la chaleur de conductibilité et la chaleur latente. gr. 8. (64 S. mit 1 Stnt.) Luxemburg 863, Bück. *

— Leçons sur la théorie mathématique du mouvement de translation et du mouvement de rotation des atomes. 1. Partie. 1. Fasc. gr. 8. (96 S.) Luxemburg 866, Bück.

Colnet-d'Huart, de, mémoire sur la théorie mathématique de la chaleur et de la lumière. gr. 4. (48 S. m. e. Steintaf.) Luxemburg 861. Brück. 1. 80

Colnet-d'Huart, de, Mémoire sur la théorie mathématique de la chaleur et de la lumière. gr. 4. (48 S. mit 1 Stnt.) Luxemburg 871, Brück.

— nouvelle théorie mathématique de la chaleur et de l'électricité. 1. Partie: Détermination de la relation qui existe entre la chaleur rayonnante, la chaleur de conductibilité et l'électricité. gr. 8. (VIII und 142 mit 1 Stnt. in gr. 4.) Luxemburg 864, Bück.

— dass. — 2. Partie: Théorie mathémat. de la diathermansie, de la lumière et de la chaleur rayonnante naturelles et polarisées. Théorie mathémat. de l'électricité statique en ayant égard aux découvertes des propriétés électriques des corps isolants faites par Faraday. gr. 8. (VII und 148 S. mit 3 Stnt. in gr. 4. und qu. Fol.) Ebendas. 865.

Colnet-d'Huart, de, nouvelle théorie servant à calculer le mouvement de la lumière dans les cristaux bi-réfringents symétriques et dans les cristaux hémiédriques non superposables. gr. 8. (48 S. mit 1 Stnt.) Luxemburg 886, Bück. *
Aus: Publications de l'Institut royal grand-ducal de Luxembourg, besonders abgedruckt.

Colo-Bonnet, [Arnold]. Lettre d'amour. Valse Lente Pour Piano. [Titre illustré.] II + 4 p. 4. Lausanne (Suisse), Fœtisch Frères; Leipzig ..., J. Rieter-Biedermann, [1904]. fr. 1. 70

Colochau [Schlagwort]

Colochau, s.: Preussen. Messtischblätter.

Cologne et Bonn avec leurs environs; ouvrage utile aux voyageurs, auquel est joint un plan de Cologne. (Grundriss v. Köln, in Fol. ill.) Trad. de l'Allemand par N. B. Sautelet. 16. Köln 830. Bachem. 1 ₰ 8 gr

Cologne cathedral. A descriptive and historical guide With numerous illustr. (46 S.) 8. Köln (906). Hoursch u. Bechstedt. n. 1. —

Colohri, Mendel Aur.: De Passione hypochondriaca, s. a. Cartheuser, Joh. Friedr. (Praes.)

Colohri, Mendel, De passione hypochondriaca. Frcf. ad V. 4°. 1702

Colom, Pet. Marie, die geistlichen Exercitien. Ein Handbuch für Priester vor, während und nach den geistlichen Uebungen, sowohl den gemeinschaftlichen, als den privaten. Nach dem Französ. Schaffhausen 853. Hurter. 8. (XVI, 357 S.) 27 ngr

Colom du Clos, Is. v.

– s. Avantures de J. Pignata.

– s. J. K. Chapuset: Samml. deutsch. Fabeln.

– s. la Génie.

v. *Colom du Clos*, Is., († d. 26. Jan. 1795.) modèles de lettres sur toutes sortes de sujets, pour enseigner à appliquer les règles du stile. II Vols. Mit 1 Portrait. 8. Götting. 759, 61. Ed. III. 782 u. 83. Vandenhöck u. R. 1 ₰ 12 gr

v. Colom du Clos, Js., Nachr. von d. evangel. Kirche in Göttingen, nebst e. Rede. 8. Götting. 752.

— principe de la langue française; oder Auszug d. nöthigsten Fundamente d. französ. Sprache. 8. Nordh. 737. N. A. 8. Götting. 749, 57, 65, 76 u. 87. Vandenhöck u. R. 14 gr

— Principes de la langue franç., wahre Grundsätze der franz. Sprache. 8. Ebend. 787.

— reflexions et remarques sur la manière d'écrire des lettres, sur les règles du stile etc. 8. Götting. 749. N. A. 750, 54, 63. N. A. unt. d. T.: reflexions sur le stile et en particulier sur celui des lettres etc. 8. Ebd. 778. Vandenhöck u. R. 12 gr

Colom du Clos, Is. de, Réflexions sur le Style et en particulier sur celui des lettres, tirées de l'expérience et des meilleurs auteurs. 8. Gött. Vandenhoek et R. 778. Rthlr. .

– s. Sneedorf: essai.

— Uebungen in der französ. Sprache. 8. Götting. Kübler. 790.

(Colom du Clos, Isaac von,) Deutsch und französisches Titularbuch. 5. Aufl. Nordhausen 1752. 8. . . . . (D.)
—. — Neue Aufl. Ebda 1763. 8. . . . . (D.)

— deutsches u. französ. Titularbuch, mit e. Vorberichte vom Briefschreiben ꝛc. 6e A. 8. Nordh. 758. 7e A. 760. 8e A. 763. 9e A. 767. 10e A. Ebd. 780. (Vergl. Titularbuch.)

— Uebungen zur Anwend. d. Grundsätze, d. Wortfügung u. der Schreibart d. franzöſ. Sprache ꝛc. 8. Götting. 761. N. A. 776, 83 u. 90. (Vandenhöck u. R.) 8 gr

Coloma, Luis, Arm u. Reich. Autoriſ. Ueberſetzg. aus dem Span. v. Ernſt Berg. 8. (349 S.) Berlin (901). Vita. Geb. in Leinw. 4. —

Arm und Reich. Von P. Luis Coloma. Autor. Uebers. aus d. Spanischen von Ernst Berg. *Berlin: Vita [1902].* (349 S.) 8° [F.] [illegible]

Coloma, Luis, arm u. reich. Autoriſ. Überſetzg. aus dem Span. v. Ernſt Berg. 3. Aufl. (III, 377 S.) kl. 8. Regensburg (908). J. Habbel. Geb. in Leinw. 4. —

— Boy. Roman. (Ins Deutſche überſ. v. K. Hofmann.) (346 S.) 8. Freiburg i/B. (910). Herder. 3.—; geb. in Leinw. 4. —

Coloma, Luis, S. J., Buch d. Kinder. Autor. Überſetzg. a. d. Span. v. Ernſt Berg. 8. (117 S.) Berlin 897. „Vita", Deutſches Verlagshaus. n. 1. —; geb. n. 2. —

Buch der Kinder v. P. Luis Coloma. Autoris. Übs. aus d. Span. v. Ernst Berg. 2. Aufl. *Berlin: Vita [1897].* (116 S., 1 Bl.) 1 Bd 8. [illegible]

— Buch der Kinder. Autoriſ. Überſetzg. aus dem Span. v. Ernſt Bäng. 4. Aufl. Mit Buchſchmuck v. Sophie Groſch. (156 S.) kl. 8. Regensburg (910). J. Habbel. 1.60; geb. in Leinw. 2. —

Coloma, Luis, Gottes Hand. Einzig berecht. Überſetzg. aus dem Span. v. Elſe Otten. (IV, 335 S. m. Bildnis.) 8. Berlin (903). Vita. Geb. in Leinw. n. 4. —

Coloma, L., Gottes Hand. Jetzt: Regensburg, J. Habbel.

Gottes Hand. Von P. Luis Coloma. Einzig berecht. Übers. aus d. Span. von Else Otten. 2. Aufl. Berlin: Vita [1905]. (335 S.) 8° [F.] [illegible]

Der arme Johannes. Von P. Luis Coloma. Autor. Übers. von Ernst Berg. *Berlin: Vita [1899].* (78 S.) 8° [F.] [illegible]

Coloma, P. Luis, S. J., Des Lebens traurige Komödie. Sittenbilder aus dem ſpaniſchen Leben. Autoriſirte Ueberſetzung von Hedwig Wolf. I. Bd. Inh.: Don Juſto. Staub und Aſche. Eine Fürbitte. Ranoque. Das Kiſſen des Jeſus-Kindes. Verläſtert. 8. (XI, 159 S.) —.90
Wien: Drescher 1891.

Coloma, P. Luis, des Lebens traurige Komödie. Sittenbilder aus dem ſpan. Leben. Autoriſ. Überſetzg. v. Hedwig Wolf. 1. u. 2. Bd. 8. Wien, Verlag „Auſtria". à n. 1. 80

1. Don Juſto. — Staub u. Aſche. — Eine Fürbitte. — Ranoque. — Das Kiſſen d. Jeſukindes. — Verläſtert. (XI, 159 S.) 892.
2. Juan Miſeria. (170 S.) 893.

Hinter den Kulissen. Novelle von Don Luis Coloma S. J. Genehm. Uebertr. von J. Caspari. Mit d. Bilde u. e. Biogr. d. Verf. Köln: J. P. Bachem [1905]. (128 S.) 8° [F.] [illegible]

[F.] Lappalien v. Luis Coloma. Autoris. Übs. a. d. Span. v. Ernst Berg. *Berlin: Romanwelt (1896).* (XVI, 655 S.) 1 Bd 8. [illegible]

— Lappalien. Autor. Überſetzg. a. d. Span. v. Ernſt Berg. 5. Aufl. 8. (654 S.) Ebd. 897. n. 3. 50; geb. n. 4. 50

— Lappalien. Autoriſ. Ueberſetzg. aus dem Span. von Ernſt Berg. 13. [Titel-]Aufl. 8. (654 S.) Ebd. [897.] (900). n. 3. 50; geb. n. 4. 50; Luxusausg. in Pergament m. Bildnis n. 10. —

— Lappalien. Autoriſ. Überſetzg. aus dem Span. v. Ernſt Berg. 18. Aufl. (Volksausg.) (654 S.) 8. Ebd. (907). Geb. in Leinw. 3. —
Auch „Der arme Johannes" u. „Die gekrönte Märtyrerin" (Berlin-Ch., Vita) ſind in obig. Verlag übergegangen.

Die gekrönte Märtyrerin [La reina mártir] von P. Luis Coloma, einzig berecht. Uebers. aus d. Spanischen von Else Otten u. bearb. von Oberl. Dr. [Ernst] Klobba. Bd 1. 2. *Berlin: Vita [1902.]* 2 Bde 8° [F.] [illegible]

— die Späßin. Wegen e. Laus, ſ.: Roman- u. Novellen-Schatz. I. Jahrg. 9. Bd.

— Verrechnet. Novelle a. d. ſpan. Leben. Genehm. Überſetzg. v. J. Caspari. 8. (VI, 122 S.) Köln (896). J. P. Bachem. 1. 50; geb. n. 2. 50

[F.] Verrechnet. Novelle aus d. span. Leben v. Don Luis Coloma S. J. Genehmigte Uebs. v. J. Caspari. *Köln a. Rh.: J. P. Bachem [1897].* (3 Bl., 122 S.) 1 Bd 8. [illegible]

— Verrechnet. Novelle aus dem ſpan. Leben. Genehmigte Ueberſetzg. v. J. Caspari. 2. Aufl. 8. (128 S.) Köln (899). J. P. Bachem. 1. 50; geb. n. 2. 50

Colomb, Gen.-Lieut. E. v., Beiträge zur Geschichte der preussischen Kavallerie seit 1808. gr. 8. (VIII, 185 S.) Berlin 880, Th. Hofmann. *

v. Colomb, E., Betrachtungen über die Führung der Cavallerie. 866. (43 S.) n. 8 ngr. — 2. mit e. Nachtrag verſeh. Ausg. Berlin 869. Mittler & S. gr. 8. (54 S.) 9 ngr

Colomb, Gen.-Lieutn. E. v., Blücher in Briefen aus den Feldzügen 1813—1815. gr. 8. (185 S. mit 1 Holzſchntaf., 1 unveränderl. Lichtdr. und 2 Facſ. in Fol.) Stuttgart 876, Cotta'ſche Buchh. *

—— Entwurf zu allgemeinen Regeln für die Aufstellung und den Gebrauch grösserer Cavallerie-Abtheilungen. 8. (26 S.) Neisse 872, Hinze.

Colomb, E. v.: Zum Gefecht der Kavallerie. Berlin, 1883. 8°

— Campagne-Reiterei u. Remonte-Dreſſur. Berlin 870. Schleſier. gr. 8. (92 S.) 15 ngr

—— aus dem Tagebuche des Generalmajors E. v. Colomb, Kommandeur der mobilen Kavallerie-Brigade. Feldzug 1870—71. gr. 8. (III, 233 S. mit 2 lithogr. Karten in qu. Fol.) Berlin 876, Mittler und Sohn. *

— aus dem Tagebuche während d. Feldzugs 1870—71. Mit 2 (lith.) Karten (in qu. Fol.). gr. 8. (III, 233 S.) Berlin 876. Mittler & Sohn. n. 4. 60

Colomb, F. A. P. v.

(v. Colomb.) Aus dem Tagebuche des Rittmeiſters v. Colomb. Streifzüge 1813 und 1814. Mit 1 (lith.) Croqui (in 4.) u. 2 Fac sim. (Lithogr. im Text). Berlin 854. Mittler u. Sohn. gr. 8. (IV, 238 S.) 1 ℛ 7½ ngr

Colomb, Joſephine, Chloris et Jeanneton, freie Bearbeitg., ſ.: Helm, Clementine, Doris u. Dora.

Colomb, Mme. Joſ., les étapes de Madeleine, deutſche Bearbeitg., ſ.: Auguſti, Brigitte. Liebe um Liebe.

— la fille des Bohémiens, deutſche Bearbeitg., ſ.: Auguſti, Brigitte. Miriam, das Zigeunerkind.

Colomb, Joséphine, la fille de Carilès, bearb. v. Rönnberg, s.: Bibliothèque française 88. Bd.

— daſſelbe. Deutſche Bearbeitg., ſ.: Helm, Clementine, Vater Carlets Pflegekind.

Colomb, Mme J., La fille de Carilès, hrsg. v. M. Mühry, s.: Schulbibliothek, französische u. englische. C. 4.

— deux mères. Für den Schulgebrauch hrsg. von Adf. Sütterlin. I. Tl.: Einleitg. u. Text. II. Tl.: Anmerkgn. u. Wörterverzeichnis. 8. (VI, 188 S.) Leipzig 899. G. Freytag. Geb. in Leinw. u. geh. n. 1. 50

COLOMB, Joséphine

(F) Joséphine Colomb. Deux mères. Für den Schulgebrauch herausgegeben von Dr. Adolf Sütterlin. I. Theil: Einleitung und Text. II. Theil: Anmerkungen und Wörterverzeichnis. (Freytags Sammlung französischer und englischer Schriftsteller.) Wien und Prag. 1899. Tempsky. 8°. VI, 188 S. Geb. fl. —.90

— Deux mères. Für den Schulgebrauch hrsg. v. Adf. Sütterlin. 1. Aufl., 2. Abdr. in neuer Rechtschreibg. (IV, 132 S.) 8. Leipzig 906. G. Freytag. — Wien, F. Tempsky. Geb. 1. 50; Wörterbuch. (54 S.) Kart. — 60

– La bonne Mitche, s. Schulbibliothek, französ. u. englische.

— Sturm u. Meeresstille. — Ein himmelblauer Traum, s.: Universal-Bibliothek.

— Le petit prince Ulrich, s.: Schulbibliothek, französische u. englische. C. 8.

— Kamerads Wanderungen, s.: Jugendschriften, Münchener. 16.

Colomb, Marie v., die Berechtigung der Wasserheilmethode vom wissenschaftlichen Standpunkte aus. gr. 8. (56 S.) Berlin 852, Th. Enslin. *

— Vinzenz Prießnitz u. dessen Wasserheilmethode zu Gräfenberg. Als Programm zur Eröffnung der Wasserheilanstalt zu Görbersdorf unterhalb Fürstenstein im schles. Gebirge. 8. (79 S.) Breslau 850, Schuhmann (jetzt: Heinauer). n. 1/3 ₰

Colomb, Marie v., das Wasserheilmittel in dreiundsechszig Wasserheilformeln gegen alle Nerven- und Säfte-Krankheiten der Menschen. Berlin 860. Nicolai'sche Sorthdlg. (Posen, Jagielski.) 8. (64 S.) n. 10 ngr.

Colomb, P., s.: Krieg, der große v. 189—.

Colomb-Pradel, E., inwieweit vermag die chemische Bodenanalyse zur Bestimmung des Düngebedürfnisses des Bodens beitragen?, s. Risler, E.

Colombara, *Christoph* Carl *Georg Johann Baptist* [aus Bensheim]: Aus d. chirurg. Klinik d. Univ. Bonn. Ueber den angeborenen muskulären Schiefhals. . . . Bonn, Buchdr. J. Bach Wwe., 1891; 50 S., 1 Bl. 8°

Bonn, Med. Fak., Inaug.-Diss. v. [28.] Febr. 1891

Colombat, M., über d. Stottern u. andere Sprachgebrechen, nebst den neuen Verfahrungsarten zu ihrer Beseitigung. Aus d. Französ. übers. v. A. E. F. Schulze. gr. 8. Ilmenau 831. Voigt. 12 gr

Colombat von Isère, Ritter Dr. ..., Behandlung d. Frauenkrankheiten. Mit Anmerkungen u. Erläuterungen deutsch bearbeitet u. bevorwortet von Siegm. Frankenberg. gr. 8. Leipzig 841, Fest'sche Verlagsbuchh. 2 1/2 ₰

—— Orthophonie, od. Physiologie u. Therapie d. Stotterns u. and. Sprachgebrechen. N. d. 2. Orig.-Ausg. u. deren Ergänzungsschr. bearb. v. H. E. Flies. gr. 8. (5 1/2 B. u. 1 Stnt.) Quedlinburg 840, Basse.

Colombat de L'Isère, Orthophonie, oder Physiologie u. Therapie des Stotterns u. anderer Sprachgebrechen. Nach der 2. Orig.-Ausg. bearb. von H. E. Flies. gr. 8. Quedlinburg 841. Basse. 2/3 ₰

Colombel, H.: Thucydidis de rei publicae constituendae et administrandae ratione quae fuerit sententia. 34 S. – Hadamar, Progr. 1871.

Colombel, H., die Verbindung Deutschlands mit Italien in der deutschen Kaiserzeit, s. a. Broschüren, zeitgemäße.

Colombel, H. Die Verbindung Deutschlands mit Italien in der deutschen Kaiserzeit. Ein historischer Rückblick. 8. Frankfurt a/M. 1867.

Broschüren-Verein. Jahrgang 3 No. 7.

Colombel, M. V., Nozioni elementari ed utili ossia piccola enciclopedia di pratiche cognizioni, opera destinata alla gioventù d'ambo i sessi. 8. (59 S.) Triest 863, Coen. *

de Colombey, une couronne dans l'exil, ou la Reine de France, — Veuve et garçon, Comédie-Vaudeville, } s. Répertoire du Théâtre français No. 223. et. 224.

Colombey, Emile, les causes gaies, avec préface et postface. gr. 12. (357 S.) Leipzig 859, A. Dürr. *

—— l'esprit au théâtre. gr. 12. (342 S.) Leipzig 860, A. Dürr. *

—— histoire anecdotique du duel dans tous les temps et dans tous les pays. 12. (342 S.) Leipzig 861, A. Dürr. *

Ein Bekenntnis. Von Marchesa Colombi [d. i. Maria Torriani]. Frei aus d. Ital. übers. von A. Courth. Osterwieck/H.: A. W. Zickfeldt 1906. (32 S.) 8° [Umschlagt. Text stenogr.]
— Bücherschatz, Stenographischer. Ser. C. Bd 9. [07. 3188 S

Colombi, Marchesa, Blüten der Hoffnung, s.: Bibliothek der fremden Zungen.

Colombi, Marchese, ein Geständniß, s. a. Ahn's Unterhaltungs-Bücherei.

Colombi, Marchesa (Maria Torelli-Torriani), e. Geständnis. Erzählg. a. d. Ital. 8. (53 S.) Köln 889. A. Ahn. n. — 50

—— ein Ideal, s. Engelhorn's allgemeine Romanbibliothek.

— ital. Kleinstädter u. andere Erzählgn., s.: Reclam's Unterhaltungs-Bibliothek.

—— italienische Kleinstädter und andere Erzählungen, s. Universal-Bibliothek Nr. 2254. 2255.

– ohne Liebe, s. Engelhorn's allgemeine Romanbibliothek.

— Novellen, s.: Maupassant, Guy de, verbannt.

— im Reisfeld. s.: Engelhorn's allgemeine Romanbibliothek.

Colombi, Marchese, s. Colombi, Marchesa

Colombier [Sachliches OW]

Colombier. [Waffenplatz. Lithographischer Überdruck aus den Blättern VI, VII, XI, XII der Topographischen Karte Dufour.] Masstab 1 : 100000. [Hrg. durch die] Schweizerische Landestopographie, Bern. Ueberdruck 1903. 366/497 mm. 1 Bl. quer-fol. [fr. 1. —, aufgezogen 1. 70]

Colombier. [Place d'armes. Transport lithographique d'une partie des feuilles 85, 132, 133, 279, 308, 309, 281, 310, 311 de l'Atlas topographique Siegfried.] Echelle de 1 : 25000. [Publié par le] Service topographique fédéral, Berne. Report sur pierre 1904. 589/729 mm. 1 feuille fol.-obl.

Ed. A: non collée, fr. 2. —
Ed. B: collée sur toile, 8; *titre (avec croquis):* Atlas topographique de la Suisse. Report sur pierre. Place d'armes de Colombier. 1 : 25.000. [Berne,] Bureau topographique fédéral, *Aufdruck:* 1904. collée sur toile fr. 8. —

Colombier. [Place d'armes. Transport lithographique d'une partie des feuilles VI, VII, XI, XII de la carte Dufour.] Echelle de 1:100000. [Publié par le] Service topographique fédéral, Berne. Report sur pierre 1906. 536/767 mm. 1 feuille fol.-obl.

Ed. A: non collée. [fr. 2. —]

Ed. B: collée sur toile, 8; *titre (avec croquis):* Carte topographique de la Suisse. Report sur pierre. Colombier. 1:100,000. Berne, Service topographique fédéral, *Aufdruck:* 1906. collée sur toile fr. 3.—

Colombier [Schlagwort]

Colombier, s.: Schweiz. Atlas.

Colombier [Verfasser]

Colombier, Jean: Abhandlung von der Milch, als Nahrungs- und Arzneymittel nach allen ihren Verhältnissen. Aus dem Französischen. Th.1, 344 S., gbd.

Leipzig: Weygand 1785

JB 2.871

Colombier, (Jean): Vorschrifften für die Gesundheit der Kriegsleute. (Préceptes sur la santé des gens de guerre, ou hygiène militaire. Dt.) 294 S., gbd.

Bern: Typographische Gesellschaft 1776

JB 3.528

BERNHARDT, Sarah (die bekannte jüdische französ. Schauspielerin). — Colombier, Marie (née à Ausanzes, départ. Creuse, 18**), Die Memoiren der Sarah Barnum [d. i. Bernhardt]. Aus d. Französ. Budapest, Gustav Crimm, 1884. 8°. (3 Mk. = 1 fl. 50 xr.) (3 Mk. 50 Pfg. L. M. Glogau Sohn, Hamburg, 1888.)

Orig.: Les mémoires de Sarah Barnum. Avec une préface par Paul Bonnetain. Paris, chez tous les libraires, s. d. (vers 188*). 8°. XV, XII, 332 pp., 1 f. „table". Edition complète et sans suppression. (Avec converture orig. illustrée: 3 fr. 50 cts.) Ouvrage condamné en Belgique et en France.

Colombier, P. A. Militärisches Hand- u. Taschenbuch zur Ausbildung vaterländischer Krieger. Erlangen 1832. 80 S.

Colombière, la (ein zur Franzosenzeit, angeblich im Thal befindl. *Gasthaus*, welches als galanter Schlupfwinkel diente). 2 zusammengeklebte Bogen (4 Bll.) Fol., *handschriftl.*, ca. 180* von einem lustigen Vogel (vielleicht einem Offizier) aufgesetzt, enthaltend: 1) „Tableau des dames, filles, femmes, qui ont fréquenté la Colombière". (Französ.) 2) „Verzeichniss derjenigen Individuen, die mit den nach und nach *in Garnison gelegenen Franzosen* in engeren und weiteren Verbindungen gestanden". (Deutsch.)

Den wahren Personen-Namen (die sich heute noch zum Theil in München vorfinden) sind die Besuchs-Daten („le 27. Septbre. (180*?) jour de la fondation de la „Colombière") nebst den originellen Beinamen der Gäste, sowie satyr.-pikante Bemerkungen beigefügt. — Für die Sittengeschichte München's interessantes u. werthvolles Unicum! (In Couvert.)

Colombière, de la, die göttliche Vorsehung od. wie liebevoll Gott die Menschen behandelt u. wie glücklich diejenigen sind, die sich seiner Leitung überlassen. Nach den Schriften des C. Hrsg. v. den Vätern vom Allerhlst. Sakrament in Bozen. 4. Aufl. 16. (173 S. m. Titelbild.) Buchh 901. Verlag des Emmanuel. Geb. n. — 50

Colombière, de la, die göttliche Vorsehung od. wie liebevoll Gott die Menschen behandelt u. wie glücklich diejenigen sind, die sich seiner Leitung überlassen. Nach den Schriften des C. Hrsg. v. den Vätern vom Allerhlst. Sakrament in Bozen. 5. Aufl. (173 S. m. Titelbild.) 16. Buchh 906. Verlag des Emmanuel. Geb. n. — 50

Colombière's, Claudius de la, Betrachtungen über das Leiden unseres Herrn Jesus Christus, gehalten zu London. Aus dem Französ. 8. (111 S.) Paderborn 887, Bonifacius-Druckerei.

—— Betrachtungen über das Leiden Christi. Nach de la C. von einem Mitgliede des Kapuziner-Ordens. 16. (III, 164 S.) Mainz 888, Kirchheim.

Colombiere, P. Cl. de la, christl. Gedanken üb. die wichtigsten Hauptstücke d. kathol. Sittenlehre. 8. Regensburg, Montag u. Weiß. 740.

Colombière, Claudius de la, S. J., christl. Lebensweisheit. Religiöse Erwäggn. besonders f. höhere Stände u. gebildete Kreise. Frei übers. u. bearb. v. Frz. Ser. Hattler, S. J. (VIII, 464 S.) kl. 8. Innsbruck 906. F. Rauch. 2. 80

de la Colombiere, Claud., Predigt über d. Wunder d. Einführung u. Ausbreitung d. christl. Religion, gehalten 1674 zu London, bei Gelegenheit d. Abschwörung eines Calvinisten von Stande. Neu übersetzt. 8. Würzb. 826. Etlinger. 3 ℳ

Colombière, Claudius de la, geistliches Tagebuch. Uebersetzt und mit kurzer Lebensgeschichte eingeleitet von Frz. Hattler. Mit 1 (Holzschn.-)Bilde des Ehrwürdigen. 12. (IV, 207 S.) Freiburg i. Br. 882, Herder'sche Verlagsh. *

Colombiers, Johann, s. Colombier, Jean

§ COLOMBINI (ps.). — Die Lybische TALESTRIS, In einer anmuhtigen Staats- und Helden-Geschichte Der galanten Welt zu wohl-erlaubter Gemüths-Vergnügung communiciret von COLOMBINI. COPENHAGEN, In Verlegung Hieronymus Christian Paulli, Anno 1715. 8°.

Titelkpf., 7 Bll. Vorst. (incl. Titel in Roth- u. Schwarzdruck) u. 416 S., über welchen steht: Der Lybischen Talestris Erstes (u. einziges) Buch. Ziemlich freie Liebesgeschichten mit vielen Gedichten u. einem poet. Schauspiel „Aurora und Selamor", in 3 Akten mit 6 Personen, S. 366—406.

Colombo, Christophoro, oder Columbus oder Colon. [Halle 1802.] V: *Voss, Christian Daniel.* (MGT)

Colombo, Christoforo

Der deutsche Kolumbus-Brief (von etlichen insslen die do in kurtzen zyten funden synd durch den künig von hispania ... Verf.: Cristoforo Colombo). In Facs-Dr. hrsg. mit e. Einl. von Konrad Häbler. *Strassburg: J. H. E. Heitz 1900.* (24 S., 8 Bl.) 8°

= Drucke u. Holzschnitte d. XV. u. XVI. Jahrh. 6.

Columbus, Chrph., Logbuch, als Geheimschrift v. mir selbst, f. meinen Sohn Diego, vom 3. Aug. 1492 angeführt u. m. Schildereien u. Karten versehen worden. Aufgefischt v. C. M. Seyppel. hoch 4. (89 S.) Düsseldorf 890. F. Bagel. geb. m. Muscheln, Seegras, Sand etc. n. 6. —

(Columbus, Christof): Die Reisen des Christof Columbus 1492—1504. Nach seinen eigenen Briefen und Berichten veröffentlicht 1536 von Bischof Las Casas, seinem Freunde, und Fernando Columbus, seinem Sohne. Aufgefunden 1791 und veröffentlicht 1826 von Don M. F. von Navarette. In das Deutsche übertragen von Fr. Pr. Leipzig 1890. 220 S. 8°.

Colombo, Franc., il giovane marino iniziato al comando di un piroscafo. (In ca. 12 Fasc.) Fasc. 1—8. gr. 8. (S. 1—96 mit eingedr. Holzschn.) Triest 866, Dase. à Fasc. * 10 Ngr. *

Colombo, Capit. Francesco. Il Giovane Marino iniziato al Comando di un Piroscafo. (Unterricht für den jungen Seemann zum Commando eines Dampfschiffes.) gr. 8. Heft 1—3. (S. 1—96.) Triest, Schubart & Dase. 1866. à 30 kr.

Netto baar 1 fl. 12 kr.

Colombo's, Mich., mikroskopische Beobachtungen über verschiedene Arten von Polypen des süßen Wassers und über die Räderthiere, in einem Briefe an Joh. Nardi, aus dem Ital. Mit K. 8. Lpz. Müller (Joachim.) 793.

Colombona, Die. Ein Gedicht in fynf Gesängen. Zyrich 1753. V: *Bodmer, Johann Jacob.* (GGr) (ML) (Mn) (Vetter)

Colomer, B., die Bibel u. die wissenschaftlichen Theorien, s.: Wissenschaft u. Religion. 17. Hft.

Colomesius, Paulus

— Italia et Hispania orientalis, i. e. vitae Autorum, qui linguas orientales excoluerunt, cura I. C. Wolfii. 4. ibid. 730.

Colomesii, Paul., Opera. Amst. 700. 4. 1 rthl. 16 gr. Curante J. A. Fabricio. Hamb. 709. 4. 1 rthl.

Colomesius, P. Opera. s. Gall. orientalis, edit. I. A. Fabricius. 4. Hamb. Bohn. 710.

— Opera theologica, critica et historica, cura I. A. Fabricii. 4. ibid. 709.

Colomesii, P., Opuscula critica et philologica. Paris. 668. 12. 2 rthlr. Ultraj. 669. 12. Amst. 700. 12. 1 rthlr. 16 gr. Cura J. A. Fabricii. Hamb. 709. 8. 1 rthlr.

Colon, C. W., Predigten zur Beförderung reiner Moral. gr. 8. Hamb. Gundermann. 810.

Colonia. Eine Zeitschrift. Köln 1818—19. H: *Spitz*, *Wilhelm*. (GGr) H: *Schubert*, *Martin Ludwig Ferdinand*. (MGT)

Colonia Agrippinensis. Festschrift d. XLIII. Versammlg deutscher Philologen u. Schulmänner in Köln am 25. Sept. 1895 gew. v. Ver. v. Alterthumsfreunden im Rheinlande. *Bonn: Univ.-Buchdr. v. C. Georgi 1895.* (2 Bl., 171 S., 17 Taf.) 1 Bd 4.(8.)
= Jahrbücher, Bonner. H. 98. (96. 64)

Colonial . . . s. a.: Kolonial . . .

Colonialgebiete, die deutschen. Nr. 1—6. gr. 8. Leipzig 885, [Schloemp.] Freund. à Nr. *
compl. in 1 Bde. *ℳ 5.—.; geb. *

Inhalt:

Nr. 1. Wegner, E. Walt., aus Deutsch-Afrika! Tagebuch-Briefe eines jungen Deutschen aus Angra Pequena [1882—1884], Angestellter in Lüderitzland. (64 S. mit eingedr. Karten und 4 Illustr.)
- 2. Herrmann, J. B., Deutschland in der Südsee. Kaiser-Wilhelmsland und Neubritannien. Mit Benutzung der neuesten Quellen. 1. und 2. Aufl. (II, 58 S. mit 1 Karte und 3 Illustr.)
- 3. Büttner, C. G., Ackerbau und Viehzucht in Süd-West-Afrika. [Damara- und Gr. Namaqualand.] (60 S. mit 1 eingedr. Karte und Illustr.)
- 4. Hager, Carl, Kamerun, Land, Volk und Handel, geschildert nach den neuesten Quellen. (IV, 60 S. mit 1 Karte und 4 Illustr.)
- 5. Lindner, M., das deutsch-ostafrikanische Gebiet. Mit Benutzung der neuesten Quellen. (64 S. mit 1 Karte und 5 Illustr.)
- 6. Das Capland . . .

Colonial-Reform, Deutsche. Verfaßt von einem Ausland-Deutschen. [2. Aufl.] Zürich 1905. V: *Walz*, *Fritz*. (Berl)

Kolonialwaaren s.: Kolonialwaren.

Colonialwaaren- u. Delikatessen-Zeitung. Organ der Nahrungs- u. Genußmittel-, Wein-, Spirituosen- u. Drogen-Branche, der Gemüse-, Obst-, Südfrüchte-, Conserven-, Parfümerien-, Seifen- u. Tabak-Industrie. Red.: Leo Korach. 10. u. 11. Jahrg. 1905 u. 1906. à 52 Nrn. (à ca. 8 S.) Fol. Berlin, Zeitungs-Verlag der Einkäufer. à Jhrg. n. 5. 20

Colonidus, D., Priessnitz u. Gräfenberg. Aus den Aufzeichngn. e. alten Mannes mitgetheilt. 8. (59 S. m. 1 Holzschn.-Portr.) Freiwaldau 886. Blažek. n. 1. 30

Colonie, s. a. Kolonie.

Colonie, Die. Lustsp. von Saintfoix. Hanau: Schulz 1766. 8°

Colonie, Die. Singsp. in 2 Akt. a. d. Franz. Frankf.: Andreä 1777. 8°

Colonie od. Auswanderung. — Variation üb. d. Thema: Bleibe im Lande u. nähre dich redlich! Ein Wort an das Vaterland u. die Auswanderer v. einem Lehrer. gr. 8. (2³/₄ B.) Danzig 846, Gerhardsche Buchh.

— die deutsche, in Tamaulipas, Mexico. Kurz und treu geschildert zur Anweisung für Auswanderer gr. 12. Baltimore 841, Bremen. (Heyse.) n. 1/3 ₰

Colonie, die französische. Zeitschrift f. Vergangenheit u. Gegenwart der französisch-reformirten Gemeinden Deutschlands. Red.: R. Béringuier. Jahrg. 1887—1894. à 12 Nrn. (à ca. 1½ Bog.) hoch 4. Berlin, E. S. Mittler & Sohn. à Jahrg. n.n n. 3. —
Wird nur direkt an die Mitglieder der französischen Colonie abgegeben u. kann ein Rabatt dem Buchhandel nicht gewährt werden.

— dasselbe. Alphabet. Verzeichnis der in den ersten 7 Jahrgängen enthalt. Personennamen. Bearb. v. Gust. v. Jordan. hoch 4. (40 S.) Ebd. 894. n. 1. 25

Colonie, die französische. Begründet v. R. Béringuier. Red.: Lorenz. Jahrg. 1903—1906. à 12 Nrn. (1903—1905: IV, 90 S. m. 3 Abbildgn.; IV, 144 S. m. 13 Abbildgn. u. IV, 136 S.) Lex.-8. Berlin, E. S. Mittler & Sohn. à Jhrg. n. 3. —

Colonie. Die Französische C° von Bern. Bern 1845 s. [Gouzy, Jean-Emmanuel].

— die große belgisch-deutsche, im Bezirke St. Thomas des Gebietes Verapaz im Staate Guatimala. (Mittelamerica.) Zur Belehrung für deutsche Auswanderer ins Deutsche übersetzt. 12. Grimma 843, Verlags-Comptoir. n. 1/6 ₰

Colonie, l'heureuse, ou célébration du Jubilé des Colonies françaises dans les Etats du Roi. Recueil de sermons prononcés dans le cinq Paroisses de Berlin, avec une Préface historique. gr. 8. Berl. 786. Lagarde. (Köchly). 16 gr

Colonie und Industrie: 1889 ? Joinville

Colonie, Die neue, der Venus, oder die Eroberungen der Cyprischen Göttin. Frankf. u. Leipzig 1767. V: *Marchadier*, *Abbé*. (BGE)

Colonie, Die, auf St. Helena. Ein Roman in 2 Theilen von C. Hildebrand.
Quedlinburg: Basse 1817. 8°

—— die, St. Maria in Pennsylvanien, Nord-Amerika. Nebst Reisenotizen u. 1 Karte. 8. (1 B.) Regensburg 846. (Manz.) *

Colonie, Die, der Tagesdebatte und coloniale Vereinigungen. Berlin 1884. V: *Bastian*, *Adolph*. (Kat. d. stat. Bureaus. Dresden 1890.)

Colonie, die, der Tagesdebatte u. coloniale Vereinigungen. Einige Fragestellgn. gr. 8. (59 S.) Berlin 884. Dümmler's Verl. n. 1. 20

Die Colonie Victoria in Australien: ihr Fortschritt, ihre Hülfsquellen und ihr physikalischer Charakter. Mit Zugrundelegung amtlicher Quellen dargestellt in Abhandlungen von Wilhelm H. Archer, Ferdinand Müller, R. Brough Smyth, Georg Neumayer, Friedrich M'Coy, Alfred R. C. Selwyn, W. Birkmyre. Im Auftrage der Königlichen Commission für die Internationale Ausstellung in London im Jahre 1862 ins Deutsche übertragen von Benjamin Loewy. Melbourne 1861. 226 S. 8°.

Colonie-Kalender, Sta. Catharinaer, für das J. 1864. gr. 8. (40 S.) Joinville. (Hamburg, Kittler.) *

Die Colonieliste von 1699. Rôle général des François refugiez dans les etats de sa sérénité electorale de Brandenburg, comme ils se sont trouves au 31 décembre 1699. Im Auftrage der Geselligen Vereinigung der Mitglieder der Französischen Colonie zu Berlin, „der Mittwochsgesellschaft", herausgegeben von Dr. RICHARD BERINGUIER. Berlin 1888. Ernst Siegfried Mittler und Sohn, Königliche Hofbuchhandlung. 8°.

Colonien, s. a. Kolonien.

Colonien, die Belgischen, in Guatemala und in Brasilien. Versuch einer Darstellung des Thatsächlichen, mit einem Hinblick auf die Hoffnungen, welche sich daran knüpfen. gr. 8. Cöln 844. (Kohnen.) n. 5/6 ℛ

Colonien, Europäische, in Afrika und Deutschlands Interessen sonst und jetzt. Berlin 1884. V: *Bastian, Adolph.* (Kat. d. stat. Bureaus. Dresden 1890.)

Colonien, europäische, in Afrika u. Deutschlands Interessen sonst u. jetzt. Lex.-8. (62 S.) Berlin 884. Dümmler's Verl. n. 1. —

— die neuen, d. deutschen Reiches u. die Niederwerfung der aufständischen Negerstämme im Kamerungebiete. gr. 8. (63 S. m. 4 Steintaf., wovon 1 color.) Neusalza 885. Oeser. — 50

Colonisation, schweizer., in den Vereinigten Staaten von Nordamerika. Was die Burglington u. Missouri-Eisenbahngesellschaft in Nebraska dem Schweizervolke anbietet. In-16°, 57 S. St. Louis, Druck von Gast & Cie. 1880.

Colonisationsplan für Ungarn, Siebenbürgen, Slavonien, Galizien und Bukowina. Wien 1852. V: *Rade, Jac. L.* (KU) (Pk)

Colonisations-Plan für Ungarn, Siebenbürgen, Slavonien, Galizien und Bukowina. Imp.-4. (31 S.) Wien 852, Gerold's Sohn.

Colonist, der. Organ zum Schutze, Beistand und Belehrung schweizer. Auswanderer. 1. Jahrg. Juli—Decbr. 1851. 26 Nrn. (½ Bog.) gr. 4. Bern, [Blom.]

Colonist, der. Organ zum Schutze, Beistand u. Belehrung schweizer. Auswanderer. 1. Jahrg. Juli—Decbr. 1851. 26 Nrn. gr. 4. (½ B.) Bern. (Jenni Vater.) 1¹/₁ ℛ

Der Colonist: Jahrgang 1, no. 1, August 2, 1852 — July 30, 1853. Semi-weekly. Sub title: Wochenblatt für Handel, Gewerbe und Landbau. Later Kolonist. Porto Alegre

Colonist, der, in Australien. Eine aus d. neuesten u. zuverläss. Berichten entnomm. Schilderung d. gegenwärt. Zustandes d. Niederlassungen in jenem Welttheil, der Lebensweise, äußeren Verhältnisse, Erwerbszweige d. dort. Colonisten, d. Einzelheiten mit Bezieh. auf d. Ueberfahrt u. überhaupt alles dess., was für d. Bewohner jener Colonien irgend Interesse hat. A. d. Engl. 8. (16¼ B.) Berlin 839, Dümmler.

Colonist, Der russische, oder Chr. G. Züges Leben in Russland . . . Zeitz 1802—3. V: *Züge, Chr. G.* H: *Heinse, Gottlob Heinrich.* (BrMm) (EngG) (Ky) (MGT)

Der russische Colonist oder Christian Gottlob Züges Leben in Rußland [Wolgakolonien]. Nebst einer Schilderung der Sitten und Gebräuche der Russen, vornehmlich in den asiatischen Provinzen. Bd 1. 2. — Zeitz und Naumburg: Webel 1802—1803. VI, 214 und 260 S.

— der, in Süd-Afrika, oder Schilderung des gegenwärtigen Zustandes der Colonie am Vorgebirge der guten Hoffnung; der dortigen Verhältnisse im öffentl. u. Privatleben; der neuesten Fortschritte der Civilisation unter den Hottentotten, Kaffern u. a. Völkerschaften Süd-Afrika's ꝛc. Nach der unlängst erschien. 2. Ausg. von Thom. Pringle's „Narrative of a Residence in South Africa" u. den neuesten Berichten deutscher Ansiedler in der Capcolonie bearb. v. Fr. H. Ungewitter. gr. 12. Meissen 836. Goedsche. 1¼ ℛ

Colonist, der, auf Vermont. (A. u. d. T.: C. A. Böttiger, mein Leben ꝛc.) s. Augustini, C., Oswald, od. d. Häuschen im Schwarzwalde.

Colonisten, d. ersten, d. Seeward-Inseln, s. A. v. Maugnenac.

— die, auf Vermont. 2 Thle. 8. Gießen 806. (Leipzig, Fr. Fleischer.) 2⅓ ℛ

Colonisten, d. auf Vermont in Nordamerika, (b. a. d. beyd. Tit.: 1) Böttiger, C. A.: Mein Leben im romant. Gewand. 2) Oswald od. d. Häuschen im Schwarzwald.) Gießen: Tasché. 1806. 8°

Colonius, D., Priessnitz und Gräfenberg. Aus den Aufzeichnungen eines alten Mannes mitgetheilt. 8. (59 S. mit 1 Holzschn.-Portr.) Freiwaldau 886, Blažek. *

Colonius, J. P. vollständiges Rechenbuch. 8. Frankfurt, Brönner. 797.

Colonius, J. P., auf d. neueste Art wohleingerichtetes vollkomm. Rechnenbuch. 8. Frankf. 797. Brönnner. 1 ℛ 8 𝔤𝔤

1748. * Systema arithmeticum speciosum, das ist: ein auf die neueste Art wohleingerichtetes vollkommnes Rechenbuch von *Joh. Philipp Colonius.* Franckfurt am Mayn. gr. 8. 2 Alph. 6 Bog.

1770. — Franckft. Brönner. 8. (1 Rthlr.)

Colonius, Carl, Orientirungs-Schematismus der Stadt Trautenau. Nebst einem Anhange: Vollständiges Verzeichniß sämmtlicher k. k. und autonomen Behörden, Aemter, Schulanstalten ꝛc. sowie auch aller Handels- und Gewerbetreibenden der Stadt Trautenau. 8. (65 S.) * —.50

Trautenau: Kreimel 1889.

Colonna, Egidio

Colonna, Ägidius Romanus de, Johs. Gerson's, Dionys des Kartäuser's u. Jak. Sadolet's pädagogische Schriften, s. a. Bibliothek der katholischen Pädagogik. XV.

Ägidius Romanus' de Colonna [Egidio Colonna], Johannes Gersons, Dionys des Kartäusers [Dionysius de Leewis] und Jakob Sadolets [Giacomo Sadoleto] Pädagogische Schriften. Übers. u. mit biogr. Einl. u. erl. Anm. versehen von Kustos Michael Kaufmann, Sem.Dir. F[ranz] X[aver] Kunz, Rektor Heinr. Al[ois] Keiser u. Kanonikus Karl Alois Kopp. *Freiburg i. Br.: Herder 1904.* (XIII, 441 S.) 8° [ℜ.]
— Bibliothok d. kath. Pädagogik. 15. [64-4356]

Colonna, Victoria, Sonette mit deutscher Uebersetzung von Bertha Arndts. 2 Thle. Schaffhausen 858. Hurter. 16. (X, 354: 2 Bl., 429 S.) n. 2 ℛ 24 𝔤𝔤

Colonna-Walewski, Graf, Beiträge zur Geschichte der polnischen Münzstätten 1588—1624. gr. 8. (75 S. mit 19 photolithogr. Taf.) Berlin 885, [Weidmann'sche Buchh.] Selbstverlag des Verfassers. *
Aus: Zeitschrift für Numismatik, besonders abgedruckt.

Colonnen-System, das. Die einfachste u. sicherste Art der doppelten Buchführg. f. die Landwirthschaft, geeignet zur genauen Feststellg. d. Jahresertrages im Hinblick auf das Selbsteinschätzungsverfahren. gr. 8. (VI, 51 S. m. 2 Tab.) Bremen 891. Heinsius Nachf. n. 1. —

Colons, les, du rivage, s. Bibliothèque, petite, française.

Colonus, so sind sie! Roman aus dem kathol. Klerus. (252 S.) 8. Wien 909. M. Braunschweig. 3. —

Colonus, G., s.: Stiefelputzer, die, od. der Wahlkampf.

Colophonius, vide Antimachus.

Colorado Courier : 1873? – 1874? Denver, CO
Semi-weekly. Edited by August Gueck, & published by August Gueck & Co.

Colorado Courier : 1882 – 1885?
Independent weekly, published as weekly edition of COLORADO STAATS-ZEITUNG, 1884–85. Sub-title: Wöchentliches Unterhaltungsblatt. Circulation: 1884, 1300. Edited & published by Carl Wallser & Hugo Preyer, 1882–83; by Hugo Preyer, 1884–85.
Denver, CO

Colorado Freie Presse : 1887?–1890?
Democratic weekly. Continued under same title at Denver. Circulation: 1889, 1100. Edited & published by Charles R. Haggenjos & Hildebrand, 1887–89; by Charles R. Haggenjos, 1890.
Pueblo, CA

Colorado Freie Presse : 1887? – 1891?
Democratic weekly. Continued from COLORADO FREIE PRESSE (Pueblo, Colo.). Edited & published by Charles R. & A. H. Haggenjos; by Klotz.
Denver, CO

Colorado Herold : 1884? – June 11, 1918.
Weekly, 1884–99; daily, evening except Saturday, 1900–June 1918. Independent. Absorbed FIGARO. Title varies: DENVER HEROLD; FIGARO HEROLD, 1900–02. For weekly edition, see COLORADO HEROLD; for Sunday edition see SONNTAGSBLATT DES COLORADO HEROLD. Circulation: 1890, 2000; 1910, 4000, 1915, 8100. Edited by Friedrich von Holdt, 1897–98; by Hermann Brukk, 1903–04; by Adolph Schill, 1905–06; by Adolph Schill & Albert Hansler, 1907–10; by A. S. & F. Ruehsamen, 1911–14; by Charles Henning [Hemming?] & F. Ruehsamen, 1915–16; by Konrad Nies, 1916? –Sept. 1917; by E. C. Steinmann, 1917–18; edited & published by William Wittelborg, 1884–96; by E. Hauger, 1899; by S. A. Harburg, 1900–02; published by von Holdt & Endter, 1897–98; by Harburg & Co., 1903–06; by German Printing & Publishing Co., 1907–18.
Denver, CO

Colorado Herold : 1902 – 1923?
Weekly edition of COLORADO HEROLD, 1902–17; Independent weekly, 1918–23. Published edition for Greeley, Colo. Circulation: 1908, 11,700; 1915, 14,500. Edited by S. A. Harburg, 1918–19; by Victor Neuhaus, 1920–22; by H. H. Fast, 1923, published by Colorado Herald Publishing Co., 1918–23. For Sunday edition, see COLORADO HEROLD.
Denver, CO

Das Colorado Journal : May 4, 1872—1902?
Weekly, 1872–80; daily, evening except Sunday, 1881–99; weekly, 1900–02. Democratic, 1881–85; Republican, 1886–97; Independent 1898–1902. Title varies: TAGLICHES COLORADO JOURNAL. For weekly edition, see DAS COLORADO JOURNAL, WÖCHENTLICHES COLORADO JOURNAL, and DIE NEUE WELT; for Sunday edition, see FIGARO. Circulation: 1875, 1300; 1885, 750; 1895, 2561. Edited by William Whist, 1872–73; by H. Brukk, 1874; by W. Wittelborg, 1875–82; by Dr. F. H. Makk, 1883; by W. Wittelburg, 1884; by Dr. W. Wyl [or, Wymetal], 1885; by George B. Roesch, 1886; by Kratzer & Reinhold, 1887–92. by Rudolph J. Walter, 1895–97; by Carl Moritz, 1898, 1900–02; by Rudolph J. Walter, 1899; published by William Wittelborg, 1872–84; by Colorado Journal Publishing Co., 1885; by George B. Roesch, 1886, by Kratzer & Reinhold 1887–94; by Rudolph J. Walter, 1895–97; by Carl Moritz & John A. Stimson, 1898; by Rudolph J. Walter, 1899; by German Publishing Co., 1900–02.
Denver, CO

Das Colorado Journal : 1881? – 1899? Denver, CO
Weekly edition of DAS COLORADO JOURNAL. Circulation: 1885, 2200; 1895, 5240.

COLORADOKAFER, Reblaus, Wanderheuschrecke u. Rinderpest, oder die neuen apokalyptischen Reiter. (Offenb. Joh. 6, 2—8.) Ein Polkwitzer Stückl in ebensoviel Heruntermachungen wie Aufziehungen u. mit dem Neuesten in Couplets u. Anzüglichkeiten verübt vom dramat. Ausschusse (hier folgt das Turner- u. Feuerwehrzeichen), im Jahre des Unheils 1877 in Verlegenheit des Turn- u. Feuerwehr-Vereins zu Liegnitz. 5te Aufl. Liegnitz, Th. Kaulfuß'sche Buchh. (R. Nehring), 1877. 8°. (Mk. 2—.) (1 Mk. Fischhaber.)
Zahm. 2 Aufz. in Prosa u. Versen. — Polkwitz ist das Gegentheil von Kalau.

Coloradokäfer, Reblaus, Wanderheuschrecke und Rinderpest oder die neuen apokalyptischen Reiter. [Offenb. Joh. 6, 2—8.] Ein Polkwitzer Stückl in ebensoviel Heruntermachungen wie Aufziehungen und mit dem Neuesten in Couplets und Anzüglichkeiten, verübt vom dramat. Ausschusse im Jahre des Unheils 1877, in Verlegenheit des Turn- und Feuerwehr-Vereins zu Liegnitz. 1.—5. Aufl. 8. (64 S.) Liegnitz 877, (Kaulfuß'sche Buchh.) *
—— dass. — oder Feuer aus Liebe. Ein Polkwitzer Stückl in ebensoviel Heruntermachungen wie Aufziehungen und mit dem Neuesten in Couplets und Anzüglichkeiten, verübt im Jahre des Unheils 1877, vom dramat. Ausschusse des Turn- und Feuerwehr-Vereins zu Liegnitz. 6. Aufl. 8. (64 S.) (Ebendas.) 878.

Colorado Post : 1879?–1881? Denver, CO
Democratic semi-weekly. For Sunday edition, see DIE SONNTAGS-POST.

Colorado Staats-Zeitung : 1884? – 1885?
Independent daily. For weekly edition, see COLORADO COURIER. Edited & published by Hugo Preyer.
Denver, CO

Colorier-Buch f. brave Kinder. Mit Versen v. Therese Schefer. (Ausgestanzt.) 4. (20 S. m. z. Tl. farb. Bildern.) München 891. Nürnberg, Th. Stroefer. n. — 75

Colorier-Vorlagen. Nr. I—III. 8. (à 12 zum Tl. color. Taf.) Reutlingen 889. Ensslin & Laiblin. à — 30

Colorir-Album. 2 Hefte. qu. 16. (à Heft 16 color. Stnt.) Leipzig [Wesel] 873, Düms. à Heft 45 Pf.

Colorirbuch. Bilder-Allerlei als Vorlegeblätter für den Unterricht im Zeichnen und zum Nachmalen. Orig.-Zeichnungen von Aug. Beck, C. E. Böttcher, P. Meyerheim, Osk. Pletsch, C. Reinhardt, Gust. Süss. Nr. 1—4. qu. gr. 4. (à Nr. ca. 14 Blatt.) München 869, J. A. Finsterlin. geb. à Nr. (*M. 1.) *M. 1,20. *

Colorir-Buch, mein. 4. (16 Stnt., wovon 8 ill.) Neu-Ruppin 866, Oehmigke's Verlag. cart.

Colorir- u. Bilderbuch, neues, f. d. Jugend m. Darstellungen der Zeitereignisse seit Febr. 1848. 10 color. u. 10 schwarze (lith.) Bilderbogen zum Nachcoloriren. Fol. Nürnberg 849, Lotzbeck in Comm. 1/2 ß

Colorirbüchlein. 2 Hefte. qu. 8. (à Heft 8 Stnt., wovon je 4 color.) Leipzig [Wesel] 873, Düms. à Heft * 15 Pf. *

Colorir-Mappe. 12 (lith.) Blätter zum Coloriren, nebst 6 color. Originalen. Heft 1. 2. Hannover (855). C. Hornemann. qu. 4. Jedes Heft n. 10 ngl

Colorir-Schule, die neue. La nouvelle école de peinture. — Kleine Kleurschool. 8. (8 zum Theil color. Steintaf.) Stuttgart 874. Eger & Distler. — 25

Colorir-Schule, die neue. — La nouvelle école de peinture. — Kleine Kleurschool. 8. (8 zum Theil color. Stnt.) Stuttgart 874, Risch. cart.

Colorir-Uebungen.
Wien: Perles 1870. 8°

Colorir-Uebungen. 5 Hfte. qu. 4. (à 8 Holzschntaf., wovon je 4 color.) Stuttgart 872. G. Weise. à — 40

— Exercices in colouring. — Exercices pour colorier. — Oefeningen voor kleur. 4 Hfte. qu. Fol. (à 12 zum Thl. color. Holzschntaf.) Ebend. 875. à — 85

Colorirübungen. 4 Hfte. 8. (à 8 z. Tl. farb. Bl.) Eßlingen (900). J. F. Schreiber. à n. — 15

— neue. Ll. 4. (8 z. Tl. farb. Bl.) Ebd. (900). n. — 30

Colorir-Uebungshefte. 1.—10. Heft. qu. 4. (à Heft 8 Stnt., wovon je 4 chromolithogr.) Eßlingen 870—74, Schreiber. à Heft 40 Pf.

Inhalt:
Heft 1—3. 8—10. Genrebilder.
" 4. Das Haus von außen und innen.
" 5. 6. Soldatenbilder.
" 7. Hausthiere und Vögel.

Colorir-Uebungshefte. Nr. 1—10. qu. 4. (à 8 zum Theil color. Steintaf.) Eßlingen 877—82. Schreiber. à — 40

Colorir-Uebungshefte. 10 Hefte. qu. 4. (à Heft 8 zum Theil color. Stnt.) Eßlingen 880—82, Schreiber. à Heft 40 Pf.

Colorirvorlagen für fleißige Kinder, mit 8 schwarzen und 8 ill. (lithogr.) Bildern. 4. Fürth 859, Löwensohn. *

Colorist, der. Genossenschaftliches Fachblatt f. Zimmer- u. Decorationsmaler, Anstreicher, Vergolder, Schriftenmaler, Wagenlackirer u. alle verwandten decorativen Gewerbe. Hrsg. u. red. v. Joh. Weysz. Red.: Carl Schöwel. 2.—5. Jahrg. 1887/88, 1888/89, 1889/90, 1890/91. à 24 Nrn. (à $^1/_2$—2 B. m. Illustr. u. Taf.) Ausg. m. monatl. 2 Beilagen v. Entwürfen etc. gr. 4. Wien, Administration. à Jahrg. 8. —; halbjährlich 4. 50; Ausg. mit einmal. Beigabe von Entwürfen im Monat 7. —; halbjährlich 4. —

—— dass. — Illustrirtes Fachblatt für Zimmer-, Decorationsmaler, Anstreicher etc. und alle verwandten decorativen Gewerbe. Hrsg. und redig. von Joh. Weysz. Redact.: Carl Schöwel. 3. Jahrg. 1888/89. 24 Nrn. (à Nr. $^1/_2$—2 Bog. mit Illustr. und Taf.) Ausg. mit monatl. 2 Beilagen von Entwürfen etc. gr. 4. Wien, Administration. Halbjährlich
Ausg. mit monatl. einmal. Beigabe von Entwürfen
Der 1. Jahrg. begann im Septbr. 1886. Halbjährlich

Colorist, der. Illustrirtes Fachblatt für Zimmer-, Decorationsmaler, Anstreicher etc. u. alle verwandten decorativen Gewerbe. Hrsg. u. redig. v. Joh. Weysz. Redact.: Carl Schöwel. 4. u. 5. Jahrg. 1889/90, 1890/91. à Jahrg. 24 Nrn. (à Nr. $^1/_2$—2 Bog. m. Illustr. u. Taf.) gr. 4. Wien, Administration. à Jahrg. 8 —

Colorist, d. kleine, d. Jugend gewidmete Blätter zum Copieren u. Illuminiren. 8. Stuttg. 827. Schulz. 2 ₰ 4 gr

—— der kleine. Blätter zum Coloriren nebst ill. Vorlagen. qu. 8. (22 schw. und 11 ill. Stahlst.) Leipzig 849, (Dörffling und Franke.)

Colorist, der kleine, oder Bilder zum Ausmalen für fleissige Kinder. qu. 8. (24 lith. Bl.) Leipzig 850, G. Pönicke. *

Colorist, der kleine. Nr. 1. und 2. qu. 8. (à Nr. 12 Stnt., wovon 6 in Buntdr.) Moers 862, Spaarmann. à Nr. 2⅓ Ngr.

Colorist, der kleine. 4 Hefte. 8. (à Heft 16 Holzschntaf., wovon je 8 in Buntdr.) Stuttgart 873, G. Weise. à Heft 20 Pf.

— dasselbe. — Le petit peintre. — Der kleine Schilder. — The little artist. 4. (8 zum Theil color. Steintaf.) Stuttgart 874. Eger & Distler. — 37

—— der kleine. — Le petit peintre. — De kleine Schilder. — The little Artist. 4. (8 zum Theil color. Stnt.) Stuttgart 874, Risch. cart.

— der kleine. 4 Sorten. 12. (à 4 schwarze u. 4 farb. Taf.) Leipzig 889. Fr. Pfau. à — 10

Coloseri, Samuel von (Siebenbürgen), De expensis litis actori a reo subministrandis. Dissert. jur. Präs. Jac. Friedrich Ludwig. Halle (St. Orban) Jan. 1712. 40 S., tlws. dtsch. (5.—) 5544
Gew.: Samuel v. Coloseri (Vater).

— — Dasselbe. Von den Process-Unkosten, die der schuldige Teil dem Kläger auszuliefern hat. Halle (J. Ch. Grunert) 1739. (4.80) 5545

— — Dasselbe. 1759. (4.80) 5546

Colosseum, Mnemosynon Josepho II. virtute et exemplis imperante, in honorem Camerae Imperialis Iudicii Wezlariae usque nunc florentis, ex fastis antiquae lectionis in tabulas chronologicas redactum, renouatum. Wetzlar 1767. V: *König von Königsthal. Gustav Georg.* (will)

Colozza, G. A., Psychologie u. Pädagogik des Kinderspiels, s.a. **Bibliothek**, internat., f. Pädagogik. II.

Psychologie und Pädagogik des Kinderspiels. Von G. A. **Colozza**, Prof. in Neapel. Mit e. Einl. von N[icola] Fornelli, Prof., Neapel. Mit Erlaubnis d. Verf. aus d. Ital. übers., sowie durch Zusätze u. Anm. erg. von Chr[istian] Ufer. *Altenburg: O. Bonde 1900.* (VIII, 272 S.) 8°
— Bibliothek, Internat., f. Pädagogik u. deren Hilfswiss. Bd 2. [illegible]

Colportage s.: Kolportage.

Der Colportage-Buchhandel und die Gewerbe-Novelle vom 1. Juli 1883. E. Denkschr. hrsg. vom Allgem. Verein der Colportage-Buchhändler im deutschen Reich. Berlin 1886.

Colportage-Kalender, deutscher, f. 1905. Im Auftrage des Central-Vereins bearb. v. Frdr. Müller. (180 S.) kl. 8. Berlin, Central-Verein deutscher Colportage-Buchhändler. Geb. n.n.n. — 60

Colportage-Zeitung, deutsche. Central-Organ u. Anzeiger f. den Colportage- u. Eisenbahn-Buchhandel. Redact.: Ernst Schultze. 1.—4. Jahrg. Oktbr. 1889—Septbr. 1893. à Jahrg. 26 Nrn. (Bog.) gr. 4. Berl., Geschäftsstelle d. D. Colp.-Zeit. à Jahrg. ** 4 —
Bildet die Fortsetzung der unter obigem Titel zusammen vereinigten Blätter „Börsenzeitung f. d. Colportage Buchhandel" u. „Centralblatt f. d. Colportage Buchhandel".

Colporteur, der neue. Zeitschrift f. das Colportagewesen. Hrsg.: F. Lämmel. Jahrg. 1871. ca. 36 Nrn. (à 1—2 B.) gr. 4. Hamburg, Lämmel's Selbstverl. n.n. 1. 20

Colporteur, der, wie er ist und — trinkt. Eine Darstellung des Treibens und Lebens der Colporteurs aller Art. gr. 16. (70 S.) Berlin 860, Thiele. *

Colquhoun, Archibald R., quer durch Chryse. Forschungsreise durch die südchines. Grenzländer u. Birma von Canton nach Mandalay. Aus dem Engl. von H. v. Wobeser. Mit üb. 300 Abbildgn. in Holzschn. u. 2 Karten. 2 Bde. gr. 8. (XXIV, 412 u. XIII, 406 S.) Leipzig 884. Brockhaus. n. 24. —; geb. n. 27. 50

Colquhoun, J. C., historische Enthüllungen über die geheimen Wissenschaften aller Zeiten und aller Völker, oder vollständige Geschichte der Magie, Zauberei, des thierischen Magnetismus, des Glaubens an Hexerei, an Dämonen und Teufel, sowie des Aberglaubens überhaupt. Ein Schlüssel zum Verständniß und zur Lösung vieler Räthsel und Geheimnisse in der Culturgeschichte des Alterthums und der neueren Zeiten. Für jeden Gebildeten, mit Benutzung der vorzüglichsten älteren wie neueren Hülfsquellen, nach dem Engl. bearb. von Hugo Hartmann. Weimar 853. Voigt. 8. (XX, 638 S.) 2 ₰

Colquhoun, P. Ueber den Wohlstand, die Macht und Hülfsquellen des brittischen Reiches in jedem Theile der Welt; aus d. Engl. von J. G. Fick. 2 Thle. gr. 4°. Nürnberg, Campe, 1815.

Colquhoun, Patr.

Colquhoun, Esq. P. Ueber London's Fluss- und Hafenpolizei, besonders in Bezug auf Verbesserungen u. Verhütungsmittel der Verbrechen, nebst Nachrichten vom Handel des Londoner Hafens; übersetzt von Dr. Volkmann. 8. *Leipzig, Baumgärtner.* 1800

— über Londons Fluß- u. Hafen-Polizey, a. d. Engl. gr. 8. Ebend. 802.

COLQUHOUN, Patr., Ueber London's Polizey, besonders in Bezug auf .... Verhütungsmittel der Verbrechen, nebst einem Anhang ähnlichen Inhalts im Auszug aus Briefen. Aus d. Englischen nach der 5. Ausgabe mit einigen Erläuterungen von J. W. Volkmann. 2 Thle. Mit Karte. Leipzig, Baumgärtner, 1800. 8°. Ueber 500 S. (2 Mk. 50 Pfg. Heberle, Cöln, c. 1895.)
I: Stadt-Policey. II: Hafen-Policey. — Ersch. II. 1. 1823. Sp. 534. no. 1640.
Orig.: A treatise on the police of the metropolis; cont. a detail of the various crimes and misdemeanors by which public and private property and security are, at present, injured and endangred. VI. edit. London 1800. Gr. 8°. 655 pp. (2 Mk. 50 Pfg. Heberle, c. 1895.)

Colquhoun, P., Polizei v. London, besonders in Bezug auf Verbesserung u. Verhütungsmittel d. Verbrechen; aus d. Engl. v. J. W. Volckmann. 2 Bde. 8. Leipz. 800, 802. Baumgärtner. 3 ℛ 14 gr Anh. unt. d. T.: Auszug d. Schrift: Einfache Thatsachen, in 5 Briefen an e. Freund über den jetzigen Zustand von London. gr. 8. Ebd. 4 gr (2r Bd. A. u. d. T.: über Londons Fluß- u. Hafen-Polizei; aus d. Engl. gr. 8. Leipz. 802. Baumgärtner. 1 ℛ 8 gr)

Colquhoun, Patrick, Entwurf zur Bildung einer deutschen Kriegsflotte nebst Kostenanschlag derselben. gr. 8. (VI und 57 S.) Leipzig 849, Fr. Fleischer. *

Coels, Franz von

Coels, Frhr. v., die Lehre von der sogenannten Conversion eines unwirksamen Testaments und ein wirksames Codizill nach gemeinem Rechte. gr. 8. (98 S.) Aachen 879, Benrath und Vogelgesang. *

von Coels, Franz Freih. (geb. am 27 Jan. 1858 in Aachen): Die Lehre von der sogenannten Conversion eines unwirksamen Testaments in ein wirksames Codizill nach gemeinem Rechte ... Bonn, Univ.-Buchdr. v. C. Georgi 1879. 98 S., 1 Bl. 8. ¶ Erschien zugleich selbständig bei Benrath & Vogelgesang in Aachen.
Bonn, Jur. Fak., Diss. v. 23 Juli 1879

Coelsch, Hans, a. Crefeld: Deutsche Lehrlingspolitik im Handwerk. Tübingen 1909: Laupp. XX, 295 S. 8° ¶ (Ersch. auch als Buch b. Guttentag, Berlin.)
Tübingen, Staatswiss. Diss. v. 18. Dez. 1909, Ref. Wilbrandt
(Nur in beschränkter Anzahl für den Austausch)
[Geb. 14. April 84 Cöln; Wohnort: Cöln; Staatsangeh.: Preußen; Vorbildung: Realsch. Cöln Reife 01; Studium: Cöln Handelshochsch. 4, Tübingen 5 S.; Rig. 3. Aug. 09.] [U 10. 4306

Coelsch, Hans, deutsche Lehrlingspolitik im Handwerk. (XX, 295 S.) gr. 8. Berlin 910. J. Guttentag. 6. —

Colsen, C. W., Predigten zur Beförderung d. Moral. gr. 8. Hamb. 810. Gundermann. 20 gr

Colshorn, Dieckmann u. Wendte, drei Vorträge, wichtig f. alle Creditgenossenschaften, geh. auf d. Versammlg. d. „Freien Vereinigg. d. deutschen Creditgenossenschaften" am 12. u. 13. Aug. 1893 in Hannover. Ausg. d. freien Vereinigg. d. deutschen Creditgenossenschaften. gr. 8. (35 S.) Hannover 894. Göhmann. n. — 60

Colshorn, Carl und Thdr., Märchen und Sagen. Mit Titelbild nach Originalzeichnung von L. Richter. Hannover 854. Rümpler. 8. (X, 258 S.) 1 ℛ

Colshorn, Thdr., deutsche Balladen u. Bilder. Aus den Quellen. gr. 8. (358 S.) Hannover 879. Halle, H. Gesenius' Verl. geb. 6. —

Colshorn, Thdr., deutsche Balladen und Bilder. Aus den Quellen. gr. 8. (358 S.) Hannover 879, Rümpler. geb.

Colshorn, Thdr., deutsche Balladen und Bilder. Aus den Quellen. 2. Aufl. Lex.-8. (358 S.) Halle 887, Gesenius. geb. *

Colshorn, Thdr., der Deklamator. Hundert deutsche Gedichte zum Deklamiren nebst biographischen u. bibliographischen Notizen. Aus den Quellen. Für die reifere Jugend zusammengestellt. Hannover 860. C. Rümpler. 8. (XII, 352 S.) n. 20 ngr

Colshorn, Thdr., der Deklamator. 100 deutsche Gedichte zum Deklamiren nebst biograph. u. bibliograph. Notizen. Aus den Quellen. Für die reifere Jugend zusammengestellt. 2. Aufl. Hannover 867. Rümpler. 8. (XIV, 352 S.) n. 20 ngr

Colshorn, Theod., des Mägdleins Dichterwald. Stufenmäßig geordnete Auswahl deutscher Gedichte für Mädchen zum Lesen und Deklamiren in höheren Klassen von Bildungsanstalten wie zur häusl. Lektüre. Mit einem Vorworte von Carl Gödeke. gr. 8. (VI und 510 S.) Hannover 851(52,) Rümpler. *–

Colshorn, Thdr., des Mägdleins Dichterwald. Stufenmäßig geordnete Auswahl deutscher Gedichte für Mädchen zum Lesen und Deklamiren in höheren Klassen von Bildungsanstalten wie zur häuslichen Lektüre. Mit einem Vorworte von Carl Gödeke. 2., verm. Aufl. 1854. und 3. Aufl. gr. 8. (VIII und 636 S.) Hannover 856, Rümpler. *

— des Mägdleins Dichterwald. Stufenmäßig geordnete Auswahl deutscher Gedichte für Mädchen. Aus den Quellen. 4. Aufl., verb. u. verm. Ebend. 862. 8. (VIII, 577 S. u. 1 Lithogr. in Farbendr.) 1 ℛ

—— des Mägdleins Dichterwald. Stufenmäßig geordnete Auswahl deutscher Gedichte für Mädchen. Aus den Quellen. 4. Aufl. 1862. und 5., verb. und verm. Aufl. gr. 8. (VIII und 559 S.) Hannover 867, Rümpler. 1 Thlr.; geb.

Colshorn, Thdr., des Mägdleins Dichterwald. Stufenmäßig geordnete Auswahl deutscher Gedichte für Mädchen. Aus den Quellen. 6. Aufl. 1871. ℳ 3,38., und 7. verb. und verm. Aufl. gr. 8. (559 S.) Hannover 875, Rümpler. ℳ 4; geb.

—— des Mägdleins Dichterwald. Stufenmäßig geordnete Auswahl deutscher Gedichte für Mädchen. Aus den Quellen. 8. Aufl. gr. 8. (VI, 563 S.) Ebendas. 878. *ℳ 4.; geb. *

Colshorn, Thdr., d. Mägdleins Dichterwald. Stufenmäßig geordnete Auswahl deutscher Gedichte f. Mädchen. Aus den Quellen. 9. Aufl. gr. 8. (VI, 568 S.) Halle 886. Gesenius. n. 4. —; geb. n. 5. —

Colshorn, Thdr., d. Mägdleins Dichterwald. Stufenmäß. geordn. Auswahl deutscher Gedichte f. Mädchen z. Gebr. in Schule u. Haus. Aus d. Quellen. 10., verb. Aufl. gr. 8. (VIII, 504 S.) Halle 897. H. Gesenius.

—— die deutschen Freiheitskriege. 8. (IV und 268 S.) Hannover 863, Rümpler. 10 Ngr.; cart.

—— die deutschen Freiheitskriege. Für die Jugend und das Volk geschildert. 2. (Titel-)Aufl. 8. (IV, 268 S.) Leipzig (863)888, Fock. *ℳ 1.20.; geb. *

Lessing's Gespräche zwischen Ernst und Falk und Brüderlicher Umgang unter Maurern. Mit einem Tafelgrusse an die Brr. der Loge „Friedrich zum weissen Pferde" im Or. von Hannover bei deren Stiftungsfeste am 29. Jan. 1860. Derselben Loge „Friedrich zum weissen Pferde" in aufrichtiger brüderlicher Zuneigung gewidmet vom Verf. [d. i. Theod. Colshorn]. Hannover, den 29. Jan. 1860. [Hannover 1860: Schlüter.] 24 S. 8° [Umschlagtit.]

—— die deutschen Kaiser in Geschichte und Sage. gr. 8. (VIII und 458 S.) Leipzig 863, Hörnecke.

— u. Louis Münkel, Kinderfreund. Deutsches Lesebuch für Volksschulen. gr. 12. (XVI u. 328 S.) Stade 851. (Hamburg, Th. Niemeyer.) n. 1/1 ₰

Colshorn, Thdr., und Louis Münkel, Kinderfreund. Deutsches Lesebuch für Volksschulen. 2. Aufl. Stade 855. (Hannover, Hahn.) 12. (VIII, 328 S.) 7 1/2 ngr

—— und Münkel, Kinderfreund. Deutsches Lesebuch für Volksschulen. 4. Aufl. gr. 12. (VII und 328 S.) Stade 863, Steudel. *

— u. Münkel, Kinderfreund. Deutsches Lesebuch für Volksschulen. 6. Aufl. Stade 870. Steudel jun. 8. (XVI, 328 S.) n. 6 ngr.

Die Königliche Kunst. Maurerische Reden und Gedichte von Theod. Colshorn. H. 1. Hannover 1864: [König & Ebhardt]. 80 S. 8⁰ [Umschlagtit.]
Nicht mehr erschienen.

—— und Carl Goedeke, deutsches Lesebuch. Aus den Quellen. 3 Thle. gr. 8. (IV und 328 S., IV und 316 S., 319 S.) Hannover 859—61, C. Rümpler. à Thl. * 12 Ngr. *

—— und Goedeke's deutsches Lesebuch. Aus den Quellen. 1. und 2. Thl. 2. Aufl. Besorgt von Thdr. Colshorn. gr. 8. (VIII und 643 S.) Hannover 865,67, Rümpler. à Thl. * 12 Ngr. *
3. Thl. Ebendas. 1861. * 12 Ngr.

—— und Goedeke's deutsches Lesebuch. Aus den Quellen. 3 Thle. Besorgt von Thdr. Colshorn. gr. 8. Hannover 871, Rümpler. [1. Thl. 4. Aufl. (IV, 327 S.) 872.; 2. Thl. 3. Aufl. (IV, 316 S.) 871; 3. Thl. 2. Aufl. (III, 333 S.) 871.] à Thl. (*ℳ 1,20.) *ℳ 1,50. *

— u. Goedeke's deutsches Lesebuch. Aus den Quellen. 1—3. Thl. gr. 8. Ebend. 872. n. 3. 90
1. Thl. 4. Aufl. (IV, 327 S.) n. 1. 20. — 2. Thl. 4. Aufl. (IV, 328 S.) n. 1. 50. — 3. Thl. 2. Aufl. (III, 333 S.) n. 1 20.

—— und Goedeke's deutsches Lesebuch. Aus den Quellen. 2. Thl. 4. Aufl. Besorgt von Thdr. Colshorn. gr. 8. (IV, 328 S.) Ebendas. 875. *
1. und 3. Thl. Ebendas. 1871,72. à *ℳ 1,50.

Colshorn, Thdr.: Märchen und Sagen, s. Colshorn, Karl.

—— zum 22. März. Bilder aus dem Leben des deutschen Kaisers in Rede, Gesang und Deklamation. gr. 8. (26 S.) Hannover 887, Cruse. *

—— Musterstücke, Aufgaben und Stoff zu schriftl. Arbeiten. 1—4. Stufe. gr. 8. Hannover, Hahn'sche Hofbuchh. [Stufe 1. 2. (XXXII und 224 S.) 850., 3. (VI und 138 S.) 849., 4. (VI und 122 S.) 851. à Stufe 10 Ngr.]

— deutsche Mythologie fürs deutsche Volk. Vorhalle zum wissenschaftlichen Studium derselben. Hannover 853. Rümpler. 16. (XXVIII, 360 S.) 1 ₰ 10 ngr

— deutsche Mythologie fürs deutsche Volk. Vorhalle zum wissenschaftl. Studium derselben. 2. Aufl. gr. 8. (XXVI, 412 S.) Hannover 877. Braunschweig, Wißmann. 6. —

— deutsche Mythologie fürs deutsche Volk. Vorhalle zum wissenschaftl. Studium derselben. 2. Aufl. Neue (Titel-) Ausg. 8. (XXVI, 412 S.) Halle 889. Gesenius.
n. 4. —; geb. n. 5. —; m. Goldschn. n. 5. 50

— Wechselbilder. Ein doppeltes Bilderbuch mit 18 (lith. u. in Farben gedr.) Taf., durch welche 42 verschiedene Genrebilder zusammengestellt werden können. Mit Text. Hannover 856. Gebr. Jänecke. 8. (2 Bl., 34 S. u. lith. Titel.) n. 1 ₰ 15 ngr

—— des deutschen Knaben Wunderhorn. Stufenmäßig geordnete Auswahl deutscher Gedichte für Knaben und Jünglinge. Aus den Quellen. gr. 8. (VI und 522 S.) Hannover 860, C. Rümpler. 1 Thlr.; geb.

—— des Knaben Wunderhorn. Stufenmäßig geordnete Auswahl deutscher Gedichte für Knaben und Jünglinge. Aus den Quellen. 2. gänzlich umgearb. Aufl. gr. 8. (VI, 518 S.) Ebendas. 876. *ℳ 4.; geb. *

— des Knaben Wunderhorn. Stufenmäßig geordnete Auswahl deutscher Gedichte für Knaben u. Jünglinge. Aus den Quellen. 2. Aufl. Neuer Abdr. gr. 8. (VI, 518 S.) Hannover 880. Halle, H. Gesenius' Verl. n. 4.—; geb. n. 5.—

Colshorn, Thdr., des Knaben Wunderhorn. Stufenmäßig geordnete Auswahl deutscher Gedichte für Knaben und Jünglinge. Aus den Quellen. 2. Aufl. Neuer Abdr. gr. 8. (VI, 518 S.) [Hannover 880, Rümpler.] Halle a. S., Gesenius. *ℳ 4.; geb. *

Colsman, zweiter Bericht über die Augenheilanstalt zu Barmen, früher zu Langenberg. Mit allgemein verständlichen Bemerkungen über die wichtigsten Augenkrankheiten, ihre Verhütung und Behandlung. Barmen 869. Langewiesche in Comm. 8. (43 S.) n. 7½ ngr.

Colsman, A., über die Entfernung eines zusammenhängenden, möglichst grossen Stückes aus der vordern Linsenkapsel bei der mit Iridectomie combinirten Staaroperation. gr. 8. (10 S. mit 3 eingedr. Holzschn.) Wiesbaden 879, (Bergmann.) *

Colsman, A., die wichtigsten Krankheiten der Bindehaut und Hornhaut des Kindesalters und ihre Behandlung. Mit statist. Notizen über die Augenheilanstalt zu Barmen in den J. 1871—1880. gr. 8. (III, 24 S.) Barmen 881, (Wiemann.)

—— die überhandnehmende Kurzsichtigkeit unter der deutschen Jugend, deren Bedeutung, Ursachen, Verhütung. gr. 8. (54 S.) Barmen 877, (Wiemann.) *

— Sehproben-Tafeln zur Ermittelung der Kurzsichtigkeit bei der Schuljugend Deutschlands für Lehrer u. Eltern. Nebst Gebrauchsanweisung. gr. 8. (7 S. m. 2 Taf.) Ebend. 878. n. — 40

Colsman, Aemil. Augustus (geb. Langenberg in Westf. 29. 3. 1836): De parasitis corporis humani. Berolini (1859). (32 S.) 8°
Berlin, Med. Diss. v. 15. Juli 1859

Colsman, Walther, Referendar aus Langenberg (Rheinl.): **Prekarium und prekaristische Verhältnisse im Bürgerlichen Gesetzbuch.** *Trier 1901: J. Lintz.* (51 S.) 8°
Bonn, Jur. Diss. v. (9. März) 1901

Colsmann, A., s. Colsman, A.

Colsmann, J. H., Heiligkeit, d. Zierde des Reiches Messiä, e. Jubelpredigt d. Kopenhagener reform. Kirche, mit Vign. Fol. Kopenh. 780. Schubothe. 12 ß

Colson, J.: Kubik-Tabellen zur Bestimmung d. Kubikinhaltes v. Brettern.

Colte: üb. einige Fälle in welchen im Franz. die Unterdrückung d. Artikels stehend od. fakultativ ist. Zerbst. 1863.
Schul-/Univ.-Schrift

Coltelli, Ant., der General im Felde, oder Abhandl. d. großen Taktik. Aus d. Werken D. Guibert's u. and. berühmter Schriftsteller ꝛc. Mit 15 Pl. 8. Venedig 823. (Wien, Wallishauser). 2 ₰ 16 ß Hbg. Pr. 1 ₰ Dass., italienisch. Ebd. 823. 2 ₰ 16 ß Hbg. Pr. 1 ₰

Coltelli, Ant. Der General im Felde, oder Abhandlung der grossen Taktik. Aus dem Werke des Guibert u. anderer; auf die gegenwärtigen Theorien u. Praxis angewandt. 8. M. 15 Pl. Venedig 1823. — Wien 1825.

Coltelli, H. v.: Über Scoliose. Graz 1886. 12 S. Sonderdr. aus: Mitt. d. Ver. d. Ärzte in Steiermark.

(COLTELLINI, MARCO), Armida, eine tragische Oper in 3 Acten. (Overs. af CARL FRIEDR. CRAMER). Kiel. U. A.

Coltraro, D. A. M., S. J., neuntägige Andacht zu Ehren des hl. Kirchenlehrers u. Ordensstifters Augustinus. Aus dem Ital. übers. von P. Keller, O. S. A. 12. (203 S.) Würzburg 901. A. Göbel's Verl. n. — 80

Coltzau, Carl, Gedichte. 8. (V, 176 S.) Dresden 902. E. Pierson. n. 2. —; geb. n. 3. —

Coelum novum Alma Sodalitas B. V. M. 1733. S. l. V: *Grim, Leopold.* (Jes)

Coelum Orbis teut. in Franc. Steph. Hierosol. Regem. c. fig. fol. Mogunt.

— Philosophorum, deutsch. 8. Dresden. 739.

Columba, Christoph, seid stark in dem Herrn u. in der Macht seiner Stärke. Ein Wort an d. deutsche Volk u. d. deutschen Fürsten. gr. 8. (3⅝ B.) Göttingen 846, Vandenhoeck u. Ruprecht.

Columba, G. M., La prima spedizione ateniese in Sicilia (427—24 a. C.) S.-A. 1887. 32 S. 1.—

Columban und Gall, Die heiligen Glaubensboten, und ihre Stellung in der Urgeschichte St. Gallens . . . St. Gallen 1865. V: *Greith, Carl Joh.* (Ky)

Columban, ausgewählte Schriften, s.: Bibliothek der katholischen Pädagogik.

Columbia [Sachliches OW]

Columbia : Oct. 17, 1863 - 1873.

Republican weekly. Continued from WASHINGTONER INTELLIGENZ-BLATT. United with TÄGLICHER WASHINGTONER ANZEIGER, to form WASHINGTONER JOURNAL. Error in numbering: Volume 1 - 4, no. 14, Oct. 17, 1863 - Jan. 12, 1867; Volume 1 - ?, Jan. 18, 1867 - 1873. Sub-title: Unterhaltungsblatt für die Stadt Washington und Umgegend, Oct. - Dec. 1863; Wöchentliches Unterhaltungsblatt, Jan. 1864 - 1873? Quarto, Oct.- Dec. 1863; then enlarged to small folio. Circulation: 1872, 1200. Edited & published by Max Cohnheim, Oct. 17, 1863 - Jan. 12, 1867; by Werner Koch, Jan. 18, 1867-1873?
Washington, DC

Columbia : 1872--? **Winona, MN**

Sonntagsblatt der Columbia : 1873? - 1875?

Sunday edition of CLEVELAND COLUMBIA. Circulation: 1875, 4000.
Cleveland, OH

Columbia : Jan. 1873 - 1942?

Roman Catholic weekly. Sub-title: Das deutsche katholische Wochenblatt von Milwaukee. Title varies slightly: MILWAUKEE COLUMBIA. Dated also at Winona, Minn., 1923 - Feb. 1930. Place of publication varies: Cleveland, 1873?; Milwaukee, 1874 - Feb. 26, 1930; Winona, Feb. 1930 - 1942. For daily edition, see MILWAUKEE COLUMBIA. Circulation: 1877, 4000 (est.); 1900, 6900; 1910, 7567, 1935, 4238.

Edited by George Schleyer; by John Gmeiner; by Bruno Ritter; by Cajetan Krauthoun; by J. M. A. Schultheiss, 1884 - 92?; by Joseph C. Hoffmann; by Henry Hermann, 1932? - 1936; by H. F. Fritsch, 1937 - 42.

Published by German Catholic Printing Society, 1873 - 91?; by Columbia Publishing Co., 1892 - 1922, by Westlicher Herold Publishing Co., Winona, 1923 - Feb. 1930; by National Weeklies Inc., Winona, Feb. 1930 - 1942.
Milwaukee, WI

Columbia. Zeitschrift für Taubenliebhaber, Züchter u. Händler. Organ deutscher Brieftauben-Gesellschaften. Red. v. Gust. Prütz. 1. Jahrg. 1877/78. 26 Nrn. (¾ B.) gr. 8. Stettin, Brandner. n. 5. —

— dasselbe. Jahrg. 1879. 24 Nrn. (B.) gr. 8. Ebend. n. 5. —

Columbia. Zeitschrift für Taubenliebhaber, Züchter und Händler. Organ deutscher Brieftaubenliebhaber-Gesellschaften. Redig. von Gust. Prütz. Jahrg. 1880. 24 Nrn. (Bog.) gr. 8. Stettin, Brandner. *
Nicht weiter erschienen.

Die Columbia : 1896? — 1911?

Democratic weekly. Circulation: 1900, 1050; 1902, *1125*; 1910, 1250. Edited & published by Frank M. Roth, 1896—1902, by Columbia Publishing Co., 1903 - 11.
Norwalk, OH

Columbia.

Monthly. Published in English and German, in the interests of the Columbian Exposition, 1904. Dated also at Chicago, Ill. Edition also published in Berlin, 1901 - 04. Sub-title: Monatsschrift zur Förderung des Deutsch-Amerikanischen Exporthandels. Cover-title: COLUMBIA: GERMAN-AMERICAN JOURNAL OF COMMERCE. GERMAN AMERICAN ANNALS, Nov. 1903: The COLUMBIA will transfer its central office to St. Louis during the Exposition and with the co-operation of the "Reichskommissar" will establish a Bureau of Information and Exchange for the German exhibitors ... It is the plan to make this Bureau permanent with branches in New York, Chicago and San Francisco. Edited & published by Joseph Brucker.
St. Louis, MO

Columbia. (German-American journal of commerce.) Monatsschrift zur Förderg. des deutsch-amerikan. Exporthandels u. zur Pflege freundschaftl. Beziehungen zwischen Deutschland u. den Vereinigten Staaten v. Amerika. Officielles Organ der Weltausstellg. in St. Louis. Red.: Jos. Brucker. 1. u. 2. Jahrg. Aug. 1901 —Juli 1903. à 12 Nrn. gr. 4. (à ca. 44 S. m. Abb.) Berlin (Boll & Pickardt). à Jahrg. n. 6. —

Columbia. (German-American journal of commerce.) Monatsschrift zur Förderg. des deutsch-amerikan. Exporthandels u. zur Pflege freundschaftl. Beziehgn. zwischen Deutschland u. den Vereinigten Staaten v. Amerika. Offizielles Organ der Weltausstellg in St. Louis. Red.: Jos. Brucker. 3. Jahrg. Aug. 1903—Juli 1904. 12 Nrn. (à ca 40 S. m. Abbildgn.) gr. 4. Berlin, (W. 8, Leipz. Str. 102), Verlag d. Columbia. n. 6. —

— dasselbe. 4. Jahrg. Aug.—Dezbr. 1904. 6 Nrn. (à ca. 40 S. m. Abbildgn.) gr. 4. Ebd. n. 3. —

Columbia. German American journal of commerce. **Monatsschrift z.** Förderung d. deutsch-amerikan. Exporthandels u. z. Pflege freundschaftl. Beziehungen zw. Deutschland u. d. Ver. Staaten v. Nordamerika. (1, 7ff.: Offiz. Organ d. Weltausstellung in St. Louis.) Jg. 1–4. Berlin: Boll & Pickardt in Komm.; 1, 7 ff.: **Verl. Columbia** 1901–04.) 4° [Umschlagt.] [illegible]

Columbia [Schlagwort]

Columbia, s. a. Hand- u. Reisekarten. 64. — Seekarten.

Columbia — Geographisch-statistische und historische Charte der Republik — Weimar im Verlage des geographischen Instituts 1823. 1 : 12,000,000. 1 Bl.

Columbiade, die, oder der in d. neue Welt überbrachte Glaube; aus d. Französ. 8. Glogau 762. C. F. Günther. 20 K

Columbia Informations- und Nachschlage-Kalender : Jahrgang 1, 1908 -?

Sub-title: Allgemeines Jahrbuch für Deutsche in Amerika. Published by Erie Printing Co.
Erie, PA

Columbiana County Zeitung : 1887? - 1898?

Independent weekly. Circulation: 1890, 760; 1898, 900. Edited by Joseph Betz, & published by Zeitung Printing Co., 1887 - 98.
East Liverpool, OH

Columbia Staats-Zeitung : 1886? **Portland, OR**

Sunday edition of PORTLAND STAATS-ZEITUNG.

Columbia Volksblatt : 1890? - 1899?

Independent weekly. Circulation: 1895, 800. Edited & published by A. C. Kruger.
Columbia, PA

Columbretes. Prag 1895. V: *Ludwig Salvator Erzherz. v. Österreich.* (Bezl)

Columbus [Sachliches OW]

Columbus. Amerikanische Miscellen. Herausg. v. C. N. Röding. Jahrg. 1825—32. gr. 8. Hamb., (Herold, auch Hoffmann u. Campe). 1r — 4r J. à 4 ₰ 16 ℊ 5r — 8r J. 6 ₰ 42 ₰ 16 ℊ

Columbus צפנת פענח הוא ספר קאלומבוס
Die Beschreibung wie Columbus Amerika entdeckt hat. Deutscher Text mit hebräischen Lettern. In 3 Abtheilungen. *Lemberg* 1857. Verleger *H. Zucker*. 216 S. 8°.

Columbus. Weltausstellungs-Zeitung. Jahrgang 1. 4° Chicago 1892

Columbus. Qui a imprimé la première lettre de Christophe Colomb? [Aus: „Centralbl. f. Bibliothekswesen“] gr. 8. (20 S.) Leipzig 892. O. Harrassowitz. n. 2. —

Columbus, Christoph, der Entdecker der neuen Welt Amerika. Frei nach Ph. Körber dem Volk erzählt v. G. u. B. Dom. 8. (62 S.) Urfahr-Linz 878. Kraußlich. — 20

Christoph Columbus, der Entdecker der neuen Welt. Ein Volksbuch zur Belehrung und Unterhaltung. Bearb. v. Fr. Förster. Mit Stahlstichen, Landkarten und Facsimile. Bd. 1 – 3. Leipzig 1842. 8°

Columbus, Christoph, Entdeckung von Amerika rc. s. a. Reisen und Entdeckungen der Spanier in Amerika, 1ster Theil.

Columbus, Cph., Entdeckung v. Amerika. Ein nützl. Lesebuch f. d. Jugend. Vom Verf. Cooks Reise um d. Welt. Mit Kpf. 8. Altona 804. Bechtold. 16 ℊ ill. 20 ℊ

— Entdeckung von Amerika. Ein nützl. u. unterhalt. Lesebuch f. d. Jugend. Vom Verf. d. Reisebeschreibb. von Cook, Dodwell, Forster rc. 2e Aufl. mit 2 ill. Kpf. 8. Leipz. 826. Lauffer. 16 ℊ

Columbus, Christoph

—— s. Qui a imprimé la première lettre de Ch. C. — Rein, Johs. Geograph. u. naturwissenschaftl. Abhandlgn.

– s. Schmelzer, A. – Wetzel.

Columbus, der Entdecker von Amerika, s. a. Wochenbände.

— der Entdecker v. Amerika. qu. gr. 4. (14 S. m. z. Tl. farb. Bildern.) Fürth 894. (Leipzig, W. Opetz.) 1. —

Columbus Entdeckungsreise nach Amerika, ein nützliches Lesebuch für die Jugend nach Campe. Neu verb. Aufl. brochirt mit illuminirten Kupfern. Magdeburg, von Schütz. 1818.

Columbus [Verfasser]

Columbus, s. Klingemann's Theater.

Columbus, Dr.: Die Sonnenfinsternis am 28 Juli 1851. 8. 7. 1/2 . . . . Sgr.
Separatabdruck

COLUMBUS, Alb., Die gefährliche Schiffahrt und die hierauf erfolgte glückliche Anlandung Aeneae wird als ein Bild des vor der Reformation Luthers höchst verderbten .... Zustandes der Kirche auf einer Schaubühne vorgestellet werden. Königsberg 1717. 4°. (1/2 Rthl. Heinr. Lesser, Breslau, c. 1875; jetzt theurer!)
8 Bll. Am Schluß Namensverz. d. 53 Mitspielenden.

Columbus, Christoph, s. Colombo, Christoforo.

Columbus, D.

Jahresbericht des k. k. akadem. Gymnasiums zu Linz am Schlusse des Schuljahres 1856. Druck von F. J. Eurichs Witwe. (32 S. 4.)
Inhalt: Die Honigbiene und deren Pflege in Oesterreich. Von Med. Dr. D. Columbus. — Schulnachrichten.

Columbus, Dr. Dominik —. Oberösterreich's Ausstellungs-Gegenstände auf der allgemeinen deutschen Industrie-Ausstellung in München. Besprochen von — —. 8. (32 S.) Linz. Aus der Buchdruckerei von Fr. Eurich's Wwe. 1854.

Columbus, Domin. Bricher.: Diss. histor.-jur. qua perpetuum usucapionis effectum, dominium juris quiritarii jure vulgo constitui evincitur . . . adversus censuram Franc. Car. Conradi in sua historia usucapionum. Vindobonae 1738.

Columbus, Dominicus Bricherius, Joanis f. (patrici Finariensis), De justitia et jure seu scrutinium Ulpiani jcti, non vapulantis in definitionibus justitiae et jurisprudentiae. Diss. jur. Lpz. (J. Chn. Langenheim) 1739. 60 S. (5.—) 5547
Gew.: J. Basil. Castelulnio, comiti a Cervellone.

Columbus Courier: 1903?—1910?
Weekly, 1903—04; tri-weekly, 1905—07; daily, evening except Sunday, 1908—10. Democratic. For Sunday edition, see SONNTAGSBLATT DES COLUMBUS COURIER. Circulation: 1905, 6800; 1910, 12,500. Edited by Robert P. Soergel, 1903—07; by Justus Mayer, 1908—10; published by Courier Publishing Co., 1903—10.
Columbus, OH

Columbus Echo: 1905?—1909?
Independent weekly. Circulation: 1908, 500. Edited & published by H. Kramer, 1905—07; by Columbus Printing Co., 1908—09.
Columbus, WI

Columbus Express: Jahrgang 1—13, no. 3597, Oct. 1, 1891—Dec. 20, 1918.
Daily, evening except Sunday. Independent, 1891—93; Republican, 1894—1903. Merged with DER WESTBOTE, to form EXPRESS UND WESTBOTE, 1891—Aug. 1, 1903 as COLUMBUS EXPRESS. For Sunday edition see DER OHIO SONNTAGSGAST. Title varies: TAEGLICHE COLUMBUS EXPRESS, Oct. 11, 1891—Aug. 1903. Jahrgang 1, no. 1, Oct. 1, 1891 issued as "Probenummer." For weekly edition, see WÖCHENTLICHE COLUMBUS EXPRESS. For Sunday edition, see DER OHIO SONNTAGSGAST. Circulation: 1900, 2500; 1905, *12,250*; 1910, 10,000; 1915, 13,000. Edited by Leonhard Hirsch, Oct. 1, 1891—Aug. 1903, & published by The German-American Printing Co.
Columbus, OH

Wöchentliche Columbus Express: Jan.? 1894—July 28, 1917.
Weekly edition of COLUMBUS EXPRESS, 1894—Aug. 1903; then of EXPRESS UND WESTBOTE. Circulation: 1900, 8500 (est.).
Columbus, OH

Highland [Ill] Columbus Feier. 1892. Gedenkblätter z 400 jhr Jubelfeier der Entdeckung Amerikas durch Christoph Columbus, in Highland, Ill. am 12. 20. und 21. Okt 1892. Highland, 1892.

Columbus-Panorama. 8 Bilder aus der amerikan. Geschichte. Aufstellbilderbuch. Fol. (8 Taf. in Farbendr.) Eßlingen 892. J. F. Schreiber. Kart. n. 3. 60

Columbus Volksblatt: 1878?—1893?
Democratic weekly. Circulation: 1880, 500. Title varies: VOLKSBLATT. Edited & published by R. C. Lange.
Columbus, NE

COLUMELLA, Lucius Junius Moderatus: Abhandlung von Bäumen oder Anhang zu seinen zwölf Büchern von der Landwirthschaft. Übersetzt und mit Anmerkungen begleitet v. I. Riem. - Dresden 1791. 80 S.

— Abhandl. von Bäumen; aus d. Latein., mit Anmerkk. von Jh. Riem. 8. Dresd. 791. Gerlach. 5 ℊ

Becker, Bienenzucht u. Bienenkenntnis der Griechen u. Römer im Altertum, nach Columella bearb. Mit e. Vorwort v. Dzierzon. 12. (IV, 42 S.) Nördlingen 891. C. H. Beck. n. — 80

COLUMELLA, Lucius Junius Moderatus: Zwölf Bücher von der Landwirthschaft. Ins Deutsche übersetzt und mit nöthigen Anmerkungen versehen von Michael Conrad Curtius. - Hamburg, Bremen 1769. 2 Bd. 582 u. 374 S.

— 12 Bücher v. d. Landwirthschaft, m. Anmerk. übers. v. Curtius. 8. Brem. Cramer. (Rabenhorst in Lpz.) 769.

Columellae, L. Iuni Modorati, opera quae exstant, recensuit Vilh. Lundström. Fasc. I. Liber de arboribus qui vocatur. gr. 8. (XII, 43 S.) Upsaliae 897. Leipzig, O. Harrassowitz. n.n. 1. 75

Columellae, L. Iuni Moderati, opera quae exstant recensuit Vilelm. Lundström. Fasc. VI. gr. 8. Upsaliae 902. Leipzig, O. Harrassowitz. n.n. 1. 50
Rei rusticae liber decimus (carmen de cultu hortorum). (VI, 23 S.)
Fasc. I. Ebd. 897. n. 1. 75. — II—V sind noch nicht erschienen.

Columella, L. Iuni Moderati, opera quae exstant recensuit Vilelm. Lundström. Fasc. VII. Rei rusticae liber undecimum continens. (VI, 70 S.) gr. 8. Upsaliae 906. Leipzig, O. Harrassowitz. nn 2. 50
Vol. II—V sind noch nicht erschienen.

C o l u m e l l a, Lucius Junius Moderatus: „De re rustica" Libri XII. Mitte des ersten Jahrhunderts nach Christus. Zuerst gedruckt zu Rom 1482. Im Jahre 1514 in der Sammlung der Scriptorum rei rusticae des Aldus zu Venedig mitherausgegeben. Französische Uebersetzung unter dem Titel: „Les douze Livres de Columella des choses rustiques" trad. de Cotereau, revue par Maitre Jean Pierre de Beauvoisis, Paris 1555, in die deutsche Sprache übersetzt von Theodor Majus, Magdeburg 1612. Neuere deutsche Ausgabe, mit Anmerkungen versehen und herausgegeben von Mich. Konrad Curtius, Bremen 1769. — Ausgabe 1769 vorhanden: Preußische Staatsbibliothek Berlin, UB Marburg, Göttingen, Königsberg.

— de re rustica, c. Gesner, s.a. Scriptores rei Rusticae. Vol. II. Ed. Biponti.

— — idem liber c. Gesner, s.a. Scriptores Rei rusticae. Vol. I. II. Ed. Mannhemii.

— — c. I. G. Schneider, vide Scriptores Rei rusticae. Editio Lipsiae, Fritsch.

Columellae, Luc. Jun. Moderati, de re rustica II Voll. 8. Manh. 781. Löffler. 20 ℊ Postp. 1 ℛ 4 ℊ (A. u. d. T.: Scriptores rei rusticae.)

— de re rustica libri XII, c. Jh. Gesnero, cui et suas adspers. not. J. H. Ress. Tom. I. 8maj. Flensb. 793. (Hammerich in Alt) 1 ℛ

— — — c. I. M. Gesner, T. I. cui et suas adspers. not. I. H. Ress. gr. 8. Flensburg. (Christiani in Schleswig.) 795. 1

Columen orbis christiani Joannes Hunniades victoriis . . . celebratus . . . Tyrnaviae 1724. V: *Arvai, Georg.* (Jes)

Columna Trajana ab A. Morellio delineata cura A. F. Gori. Fol. Amsterd. 752. 1 ℛ 8 ℊ

Columnae militantis ecclesiae. Norimb. 1725. V: *Pfeiffersberg, Carl.* (EB)

Columnae militantis ecclesiae sive sancti et illustres viri, eremitae primi, anachoretae, ordinum regularium institutores propagatores reformatores . . . dilaudati. Norimbergae 1725. V: *Pfeiffersberg, Carl.* (zürKL)

Columnae militantis ecclesiae, sive sancti et illustres viri, eremitae primi, anachoretae, ordinum regularium institutores, propagatores, reformatores, aeneis figuris excusi, elogiis dilaudati. Fol. Nürnb. ... Ed. II. 768. (Schmidmer). 3 ℛ 8 ℊ

Coluthus, s. C o l l u t h u s

Colvin, Fred H., das Konisch-Drehen u. -Bohren, s.: Grimshaw, Rob.

Colvin, Mary N(oyes), aus Owasco, N.-Y., U. S. A.: Lautliche Untersuchung der Werke Robert's von Blois nach der Handschrift 24301 der Pariser Nationalbibliothek. Zür. J. Schabelitz Dr. 1888. 2 Bl., 67 S. 8°.
Zürich, Phil. Diss. [v. 18. Febr. 1888].

Colvin, S., On representations of centaurs in greek vase printing. S.-A. 1880. 61 S. u. 5 Figg. 2.—

Colvin, Stephen Sheldon: Schopenhauer's doctrine of the thing-in-itself and his attempt to relate it to the world of phenomena. *Providence, R. I. 1897: The Franklin Press.* (74 S.) 8°
Strassburg, Phil. Diss. v. 1897

Colze, Leo

— **die Heilsarmee u. ihre soziale Arbeit, s.a. Fortschritt, sozialer. Nr. 33.**

Colze, Leo, Die Heilsarmee und ihre sociale Arbeit. 8°. Leipzig, F. Dietrich, 1905. (Socialer Fortschritt, Heft 33.)

— Jugend. Lieder u. Gedichte aus starken Jahren 1899—1903. (52 S.) 8. Leipzig 904. Modernes Verlagsbureau. n. 1. 50

Colze, Leo, sein Corpsbruder. 3 Erzählgn. (112 S.) 8. Leipzig 904. Erfurt, F. Kirchner. n. 1. —

Colze, Leo (Hrsg.), s. O s k a r W i l d e K a l e n d e r.

Leo **Colze**[-R o s e n b e r g]. Aus dem Tagebuch eines Schwachen. Berlin & Leipzig: H. Seemann Nachf. [1907]. (51 S.) 8° [08. 14890

Colze, Leo, Berliner Warenhäuser, s.a. Großstadt-Dokumente.

Berliner Warenhäuser von Leo **Colze**[-R o s e n b e r g]. 2. Aufl. Berlin & Leipzig: H. Seemann Nachf. [1908]. (80 S.) 8° [F.]
= **Großstadt-Dokumente.** Bd 47. [08. 14977

Colze, Leo, Berliner Warenhäuser. 3. Aufl. Berlin u. Leipzig [1908]. 8°.
(Grossstadt-Dokumente, hrsg. von Hans *Ostwald*. Bd 47.)

Comala ein dramatisches Gedicht . . . vorgestellt von der Ackermannischen Gesellschaft den 12. Aug. 1769. [Braunschweig 1769.] V: *Eschenburg, Johann Joachim.* (GGr)

Coman, George: Die Kleine W a l a c h e i unter österreichischer Herrschaft 1718–39.
Phil. Diss., Prag 1882–1888.

Comandi's, Glaubens- u. Liebeswerk in Italien. 12. (46 S. m. Abbildgn. u. Bildnis.) Biel 899. (Neukirchen, Missionsbuchh. Stursberg & Co.) n. — 40

Coemans (E.), & J. J. Kickx. Monographie des Sphenophyllum d'Europe . . . Brux. 1864. 8°.

[C o m a r i e u, de.] Réponse au Mémoire [sur les privilèges des Suisses en France] donné par le Louable Corps Helvétique. 4. *s. l. n. d.* [1779/81].

Comba, E., Henri Arnaud, sa vie et ses lettres. Avec gravures et fac-simile. gr. 8. (80 S.) La Tour 889. (Leipzig, Buchhandlg. d. Vereinshauses.) n.n. 1.—

Comba, Emilio

Comba, E., e. Besuch im evang. italien. Graubünden. Nach d. Ital. 8. (206 S.) Hamburg 897. Agentur d. Rauhen Hauses. n. 2. —

Comba, Emilio, storia della Riforma in Italia, narrata col sussidio di nuovi documenti. Vol. I. Introduzione. gr. 8. (XV, 588 S.) Firenze 881. (Leipzig, Hinrichs' Verl.) n. 6. —

Comba, E[milio]. Wer sind die Waldenser? (* *Umschlag:* Die Waldenser und ihr Werk.) Mit einem Kärtchen der Evangelisations-Stationen der Waldenser, und einem Verzeichnis der Namen der Orte und der Pastoren. 8. Stuttgart 1885.

Comba, P., dans les Alpes maritimes. Etudes à l'aquarelle sur nature. 2 Serien. qu. schmal Fol. (à 6 Farbdr.) Berlin 899. W. Schultz-Engelhard. à Serie 9. —

Combabus; e. Erzählung (v. Chph. M. Wieland). 8. Leipz. 770. Weidmannn. 2 gl.

Combach, **Franz Ludwig** (Kassel), De sacrilegio politico. Diss. jur. Präs. Heinr. Ernst Kestner. Rinteln (H. A. Enax) Nov. 1711. 30 S. (5.—) 5549

Combalot, Kanzelvorträge üb. die Herrlichkeiten Maria's. Gehalten in Paris während des Monats Mariä. Aus d. Franz. gr. 8. (414 S.) Regensburg 849, Manz. 1⅓ ₰

Combanus, **David** (Verbigenensis), Systhematis physici, disp. trigesima secunda. Präs. J. P. v. Crosa. Lausanne, Juni 1716. Bern (off. typ. ill. reip. Bern.) 22 S. (4.—) 5550
Gew.: Ludw. Friedr. d'Arbonnier, Gg. Frz. d'Arbonnier, Joh. Stephan v. Tallenta, Gamaliell Combanus, Dav. u. Sim. Combanus.

— **Joseph** (Verbigenensis), Systhematis physici, disp. trigesima septima, quae est quarta de cosmographia. Präs. J. P. v. Crosa. Lausanne 1717. Bern (off. typ. ill. reip. Bern.) 18 S. (4.—) 5551
Gew.: Emanuel Steiguer.

Combat près de Goerlitz dans la Haute Lusace, le 7. septembre 1757. 8.

Combat du Johannsberg près de Friedberg dans la Wetteravie de l'armée Française aux ordres des princes Condé et Soubise et du maréchal d'Etrées contre les Alliés commandés par le prince héréditaire de Brunsvic le 30. Août 1762. 8. 6 S.

Combat de Lutternberg près de Cassel, entre un corps de troupes alliées aux ordres du lieutenant-général d'Oberg, et l'armée Française commandée par le Prince de Soubise le 10. Octobre 1758. 8. 12 S.

Combat de Reichenbach en Silésie entre les Prussiens aux ordres du duc de Bevern, et les impériaux commandés par les généraux comte de Lascy et Beck le 16 Août 1762. 8. 13 S.

Combat près de Sandershausen dans le landgraviat de Hesse, entre l'avantgarde de l'Armée Française sous le duc de Broglie et un corps des alliés commandé par le prince d'Isenbourg le 23 Juillet 1758. 8. 6 S.

Combat spirituel. Brunsv. Pluchart. 815.

Combats et victoire ou confessions d'un officier français. gr. 8. Strassburg 846, Kraeuter. 9 ngl

Combe, de, s.a. Decombe.

deCombe, ..., Beschreibung d. Pfirsichbäume. Aus d. Französ. 8. Frankf. 767. (Schäfer). 4 gl

— vergl. *Lacombe.*

— von d. Pflanzung u. Erziehung d. Pfirsichbäume. Aus d. Französ. 8. Nürnb. 789. Schneider u. W. 4 gl

Combe, A., die intestinale Autointoxikation u. ihre Behandlung. Vom Verf. autoris. deutsche Ausg. v. C. Wegele. (VII, 290 S. m. 16 Abbildgn.) Lex. 8. Stuttgart 909. F. Enke. 9. —

Combe, A. de la, et Seebass, nouvelle Grammaire françoise etc. voyez Seebass.

Combe, Adolphe

Combe, A., die Nervosität des Kindes. 4 Vorträge. Autoris. Uebersetzg. v. Herm. Faltin. 1. u. 2. Aufl. (à 194 S.) gr. 8. Berlin (903. 904.) H. Seemann Nachf. n. 2. 50

Combe, A[dolphe]. Die Nervosität des Kindes. Vier Vorträge von Dr. A. C', Professor ... [in] Lausanne. Autorisierte Übersetzung von Dr. med. Hermann Faltin. 3. [Titel-]Aufl. 194 S. 8. Berlin und Leipzig, Hermann Seemann Nachfolger, [1904]. [M. 2. 50]
1. Aufl. 1903: N 2033

Combe, Andr., die Gesetze d. Verdauung u. d. darauf zu gründende Lebensweise, um Unterleibsstörungen aller Art zu verhüten u. zu beseitigen, allgem. faßl. dargest. A. d. Engl. ins Deutsche übertr. v. Carl Rauber. Mit erläut. Abbildn. (auf 2 Bl.) gr. 8. (17¼ B.) Leipzig 836, [Hartung.]

Combe, Andr., die Gesetze der Verdauung u. die darauf zu gründende Lebensweise, um Unterleibsstörungen aller Art zu verhüten u. zu beseitigen, allgem. faßl. dargest. Aus d. Engl. ins Deutsche übertragen von Carl Rauber. Mit erläut. Abbildd. gr. 8. Leipzig 836. Wunder's Verlagsmagazin. 1½ ₰

—— Gesundheitslehre, od. d. Kunst schwächl. Körper zu kräftigen u. gesunde bis ins späteste Alter zu erhalten rc. M. 6 Holzschn. 8. (26¼ B.) Leipzig 839, B. Tauchnitz jun.
Ist eine neue Ausg. d. nachsteh. Werkes.

— die Grundsätze der Physiologie, angewandt auf die Erhaltung der Gesundheit u. die Verbesserung körperl. u. geist. Erziehung. Zum Gebrauch für Eltern, Erzieher, Schulmänner, Aerzte, so wie Alle, denen ihre eigene sowohl, als Anderer Gesundheit am Herzen liegt. Nach der 5. Edinb. Ausg. ins Deutsche übertr. von F. Reichmeister. Mit 6 in den Text eingedruckten feinen Holzschn. 3 Lfrgg. 8. Leipzig 837. Tauchnitz jun. 2 ₰ — N. Ausg. u. d. T.: Gesundheitslehre, oder die Kunst, schwächl. Körper zu kräftigen u. gesunde bis ins späteste Alter zu erhalten rc. 8. Ebd. 839. 2 ₰

—— für Deutschlands Mütter. Einige Worte üb. d. geist. Behandl. d. ersten Kindheit. Zum Besten d. bremer Kinderbewahranstalten in's Deutsche übers. v. Ed. Hirschfeld. gr. 8. (3¼ B.) Bremen 841, Heyse. •

Histoire du culte de Sin en Babylonie et en Assyrie par Et. Combe. Paris: Geuthner; Leipzig: Harrassowitz 1908. XVIII, 158 S. 8°

Combe, Ge: Von Anwendung der Hirnlehre auf Strafgesetzgebung u. Gefängnißzucht. o. O. [um 1842].
(Ausschn. a.: Jahrbücher d. Gefängnißkunde. 3.)

Combe, Geo., Abhandlung über das Wesen des Menschen und sein Verhältniß zur Außenwelt, als Beitrag: die menschlichen Lebensverhältnisse besser und glücklicher zu machen. Aus dem Engl. von Ed. Hirschfeld. Zum Familien- und Schulgebrauch, so wie für Lehrer und reifere Schüler ausgezogen u. bearbeitet von G. Hüllé. gr. 8. Heidelberg 846. (Groos.) n. 6 ngl

Combe, Geo., Gedanken über die Todesstrafe. Aus dem Engl. gr. 8. (22 S.) Oppeln 865, Clar.

Combe, George: System der Phrenologie. (System of phrenology. Dt.) Übers.von S.Ed(uard) Hirschfeld. 498 S., gbd., 9 Taf.

Braunschweig: typ.Vieweg 1833

JB 4.408

— das Wesen des Menschen u. sein Verhältniß zu der Außenwelt. Aus d. Engl. von S. Ed. Hirschfeld. Mit Holzschnitten. gr.8. Bremen 838. Heyse. n. 1 2/3 ℛ︀

Combe, Geo., die Wissenschaft in ihrer Beziehung zur Religion. Deutsche Originalausg. Unter Mitwirkung des Verf. nach der 4. Aufl. des engl. Originals bearb. von J. v. B. Leipzig 857. E. H. Mayer. gr. 8. (XXXIX, 367 S.) n. 2 ℛ︀ 20 ngr

Combe, Geo., die Wissenschaft in ihrer Beziehung zur Religion. 2. deutsche Orig.-Ausg. Unter Mitwirkung des Verf. nach der 4. Aufl. des englischen Originals bearb. von J. v. B. Leipzig 861. E. H. Mayer. gr. 8. (XXXIX, 367 S. m. Holzschn. im Text.) n. 1 ℛ︀ 10 ngr.

Combe, T. (Mlle. Adèle Huguenin Humbert), chez nous, s.: Bibliothèque française.

Combe, T., Electric-Electrac, s.: Universal-Bibliothek.

Combe, T., s.a. Frauenbund zur Förderung des Guten.

Combe, T. Frauenbund zur Förderung des Guten. Deutsche autorisierte Uebersetzung. Nr. 3—14. 8. Bern, Agentur des Blauen Kreuzes; Barmen, Elim, Buchh. des Blauen Kreuzes. *je* fr. —. 10, M. —. 10

Nr. 3—7. *je* IV + 16 S. [1901]: Nr. 3. Das letzte Wort; — Nr. 4. Die Frau eines Blaukreuzlers; — Nr. 5 Frau Konrad, auch Gattin eines Blaukreuzlers; — Nr. 6. Man muss es eben sagen; — Nr. 7. Gerade wie in Afrika.

Nr. 8: Habt ihr Schulden? Die eine Seite der Frage. IV + 24 S. [1901.] — Nr. 9: Wohlthätiges Schweigen. IV + 20 S. [1901.]

Nr. 10—14. *je* IV + 16 S. [1902]: Nr. 10. Bringet herbei, was fehlt! — Nr. 11. Gehorsame Eltern; — Nr. 12. Gehorsams-Pillen; — Nr. 13. Zu deinem Besten! — Nr. 14. Wie die Frau will!

Combe, T. Frauenbund zur Förderung des Guten. Deutsche autorisierte Uebersetzung. Nr. 15—22. 8. Bern, Schweiz. Agentur des Blauen Kreuzes (*Nr. 15—19:* Barmen, Elim), [1906]. *je* fr. —. 10, M. —. 10

Nr. 15: Der kleine Pascha. IV + 16 S. — Nr. 16: Ein geplagtes Völkchen. IV + 16 S. — Nr. 17: Die verkehrte Welt. IV + 16 S. — Nr. 18: Fliegen im Netz der Lüge. [Illustriert.] IV + 16 S. — Nr. 19: Vergiftete Tage. IV + 12 S. — Nr. 20: Ein Flecken auf dem Schilde. IV + 16 S. — Nr. 21: Um jeden Preis. IV + 15 S. — Nr. 22: Wer ist die Unglücklichere? IV + 15 S.

Combe, T. Frauenbund zur Förderung des Guten. Deutsche autorisierte Uebersetzung. Nr. 23—26. 8. Bern, Schweiz. Agentur des Blauen Kreuzes, [1910]. *je* fr. —. 10

Nr. 23: Die vier Postkarten. II + 18 S. — Nr. 24: Das geht mich nichts an. IV + 16 S. — Nr. 25: Ein sonderbarer Streik. II + 18 S. — Nr. 26: Täglich eine Million. IV + 16 S.

Combe, T., les bonnes gens du Creset, s.: Textausgaben französ. u. engl. Schriftsteller f. d. Schulgebr.

Combe, T. Man übertreibt? (Hrg. vom Schweizerischen Anti-Absinthkomitee.) 16 S. 8. (Bern, Agentur des Blauen Kreuzes, [1908].) (Von 100 Ex. an à fr. —.03, *etc.*)

—— der arme Marcel, s. Universal-Bibliothek Nr. 2428. 2429.

— pauvre Marcel, hrsg. von Meta v. Metzsch, s.a. Gerhard's französ. Schulausgaben.

— pauvre Marcel. Ouvrage couronné. Im Auszug f. den Unterricht hrsg. u. m. Anmerkgn. versehen von Meta v. Metzsch. 12. (VIII, 157 S.) Leipzig 894. R. Gerhard. Kart. n. 1.40; Anh.: Sachliche u. grammat. Anmerkgn. Wörterbuch (42 S.) n. —25

— dasselbe. F. d. Schulgebrauch, hrsg. v. Frz. Wüllenweber. I. Tl.: Einleitg. u. Text. II. Tl.: Anmerkgn. u. Wörterverzeichn. 8. (VIII, 210 S.) Leipzig 898. G. Freytag. Geb. in Leinw. u geh. n. 1. 60

Combe, T., Pauvre Marcel. Für den Schulgebrauch herausgegeben von Prof. Franz Wüllenweber. I. Theil: Einleitung und Text. II. Theil: Anmerkungen und Wörter-Verzeichniss. 8. (VIII, 114 S.) In einen Band gebunden Prag: Tempsky 1898. 1.—

Combe, T. Pauvre Marcel. Ouvrage couronné. [Par] T. C'. Für den Unterricht hrg., sowie mit Anmerkungen und Wörterbuch versehen von M[eta] von Metzsch. Allein berechtigte Schulausgabe. 4., von Direktor Dr. E(rnst) Wasserzieher bearbeitete Aufl. 8. Leipzig. Raimund Gerhard, 1903.

Teil 1: Einleitung und Text. IV + 143 S. [M. 1.10,] geb. M. 1.20. — Teil 2: Anmerkungen und Wörterbuch in neuer Orthographie. 48 S. M. —.40

Gerhards französische Schulausgaben, No. 4.

—— gute Nachbarn. Autoris. Uebersetzung von E. Bagge. 8. (180 S.) Hamburg 887, Agentur des Rauhen Hauses. *ℳ geb. *

—— dass. — s.a. Für den Feierabend.

Combe, T. Gute Nachbarn. Erzählung von T. C'. Autorisierte Übersetzung. von E[lise] Bagge. 2. Aufl. 160 S. 8. Hamburg, Agentur des Rauhen Hauses, 1905. (Geschenkausgabe auf Büttenpapier geb. M. 2. —, Volksausgabe 1. —)

Geschenkausgabe.

Combe, T. Die Nachbarskinder. Erzählungen für Mädchen von 12—15 Jahren von T. Combe. Deutsch von E[lilla] Bagge. Teil 1.... — *A. u. d. T.:* Das Kleeblatt von T. Combe. Autorisierte Übersetzung aus dem Französischen von E. Bagge. 116 S. 8. Leipzig, Georg Wigand, [1901]. [geb. M. 2.50]

— 3 Novellen aus dem Jura, s.: Volksbücher, deutsche.

—— Drei Novellen aus dem Jura, s. Vom Jahrmarkt des Lebens. 25./26. Bd.

— le secret d'Hercule — la Vara, s.: Textausgaben französ. u. engl. Schriftsteller f. d. Schulgebrauch.

– Ein Tisch u. e. Lampe, s. Broschüren d. Frauenvereins z. Begründung d. Guten.

—— Monsieur Bélo. — Herkules' Geheimnis. — Doktor Job. Drei Novellen aus dem Jura. Autoris. Übersetzung aus dem Französ. von E. Bagge. 8. (200 S.) Wolfenbüttel 887, Zwißler. *ℳ 2.—.; geb. *

— die Schwestern Verdan, s.a. Bibliothek der fremden Zungen.

— die Schwestern Verdan. — Goldflocken v. Ant. Békefi. 8. (142 S.) Stuttgart 893. Deutsche Verlags-Anstalt. n. 1. —; geb. n. 1. 50

— was e. Geranium ausrichtete, s.: Broschüren d. Frauenvereins zur Förderg. d. Guten.

Combe, T., Luc Aufrancs Weg zum Glücke. Erzählung aus dem Jura. Autoris. Übersetzung aus dem Französ. von E. Bagge. gr. 8. (248 S.) Hamburg 886, Agentur des Rauhen Hauses. *ℳ 2.50.; geb. *

— D. letzte Wort, s.: Broschüren d. Frauenvereins z. Begründg. d. Guten.

Combe, la, de Presel, Dictionnaire de Portraits historiques, Anect. et Traits remarquabl. des hommes illustr. III Vol. 12. Paris. (Walther, Dres.) 768.

— Geschichte der Staatsveränderungen des russischen Reichs, mit Verbesserungen, Zusätzen und Anmerkungen von Joh. Fr. Joachim. 3 Thle. mit 3 Kupf. gr. 8. Halle, Curt. 761—64.

— Histoire des Révolutions de l'Empire de Russie. III Tom. 8. Leipz. Gleditsch. 761.

— Leben der Königinn von Schweden, Christine. aus dem Franz. 8. Lpz. Weidmann. 762.

Combefis, Franc., Bibliotheca patrum concionatoria, hoc est, anni totius evangelia, festa dominica, sanctiss. deiparae illustriorumque sanctorum solennia, homiliis atque sermonibus adornata ss. patrum scriptorumque ecclesiasticorum, qui tredecim prioribus saeculis floruerant. Editio perquam diligenter castigata, novis monumentis amplificata etc. Accurantibus una presbyteris Jos. Alexio Gonel et Ludov. Pere. Tomus I. Lex.-8. (XXX und 679 S.) Paris 859, Didot frères, fils et Comp. *

Comberousse, Alexis de

– une bonne fortune, s. Répertoire du Théâtre français. Nr 148 et 188.

— L'ami Grandet, s. Répertoire du Théâtre français No. 148. et 188.

Comberousse, Freund Grandet, s.: Ancelot.

— der Jugendfreund, s. Angelot.

de Comberousse, Alexis, Salvoisy, Comédie-Vaudeville, s. Théâtre français moderne Série III. 5—7. s. auch: Répertoire du Théâtre français No. 136.

—— Vouloir, c'est Pouvoir, Coméd., s. Répertoire du Théâtre franç. No. 177.

Combes und Viollet: Die rauchverzehrenden und brennstoffsparenden Feuerungen. Deutsch von C. Hartmann. 3. Aufl. Weimar 1862

Combes, de, Géographie universelle etc. 4 Vol. gr. 8. Bern, Haller. 790.

de Combes, Géographie universelle. IV Vols. gr. 8. Bern 790. Typogr. Soc. 5 Rthl le même. IV Vols. gr. 8. Paris u. Strassb. 790. König. 7 Rthl

Combes und Viollet, die rauchverzehrenden Oefen, s. a. Schauplatz, neuer, der Künste rc. 226. Bd.

Combes u. Viollet, die rauchverzehrenden Oefen. Beschreibung der bis jetzt bekannten Apparate und Mittel zur Verhinderung der Bildung und zur Beförderung der Verbrennung des Rauches. Zugleich auch zur nothwendigen Ergänzung von Peclet's „Feuerungskunde," zu dessen „Neuesten Erfindungen von Feuerungsanlagen," so wie zu Grouvelle's „Dampfmaschinenkunde" u. ähnlicher Werke. Mit vielen Zusätzen deutsch bearbeitet von Dr. C. Hartmann. 3. umgearb. und verm. Auflage. Weimar, Voigt. 1862. 2/3 Rth.

Combes, Ch. Handbuch der Bergbaukunst oder Lehre von der Aufsuchung und Gewinnung nutzbarer Fossilien. Deutsch von C. Hartmann. Bd. I, II. Mit Atlas. Weimar, 1844—1846.
dgl. 2. Auflage. Bd. I und II. Nebst Atlas. Ebend., 1852.

Combes, Ch., Handbuch der Bergbaukunst, oder die Lehre von der Aufsuchung und Gewinnung der nutzbaren Mineralien. Deutsch bearb. von Carl Hartmann. 2 Bde. in 10 Lfg. gr. 4. (Mit 75 Steindrucktaf.) Weimar 844—46, Voigt. (1.—9. à $1\frac{1}{2}$ Rthl 10. $2\frac{1}{2}$ Rthl) 16 Rthl

Combes, J. (Hrsg.), s. Molière: L'avare.

REISE, Die, des Doktor Syntax um das Malerische aufzusuchen. Ein Gedicht in sechsundzwanzig Gesängen, frei aus d. Englischen (des *Wm. Combes*) ins Deutsche übertragen. Nebst 38 color. Steinstichen von Rademacher nach Rowlandson. Berlin 1822. In der Maurerschen Buchhandlg. Gr. 8°. XVIII, 336 S. Orig.-Kart. (28 Kr., etwas fleckig in Hldrbd., Josef Grünfeld, Wien, 1908; tadellose Expll. bedeutend höher notirt.)
Wegen der prächtigen Rowlandson'schen Bilder stets gesucht! Es sind geniale Karikaturen auf das gesamte englische öffentliche u. private Leben am Ende des 18. Jahrhunderts.
Orig.: The Tour of Doctor Syntax in search of the Picturesque. A Poem. Ninth edition, with new plates. London, Ackermann, 1819. Gr. 8°. 276 pp. With 31 coloured pl. Orig.-cloth.

Combi, C. Noch ein Wort über die Vervollständigungs- und Correcturlinien des österr. südlichen Staatsbahnnetzes. 4°. Triest 1894.

Combi, Cäsar, über die Correctur u. Ergänzung des südlichen Staatsbahn-Netzes. Erwägungen üb. die am 22. II. 1900 dem Abgeordnetenhause des hohen Reichsrathes eingereichte Regierungs-Vorlage, respective üb. den Gesetz-Entwurf, betr. die Herstellg. e. zweiten Eisenbahn-Verbindg. m. Triest. gr. 8. (8 S.) Wien 900. Manz. n. —30

Combi, Cäsar, zur Tauernbahn-Frage. gr. 8. (16 S. m. 3 Tab.) Klagenfurt 885. v. Kleinmayr. 1. 50

Combinations-Spiel, mathematisches, oder Unterhaltung im Zusammensetzen mathemat. Figuren. Eine den Scharfsinn weckende u. angenehm unterh. Beschäftigung für Jung u. Alt. kl. 8. (Mit Text, 8 lith. Taf. u. 1 Kästchen Holzfig.) Demmin 846. (Gesellius u. C.) n. 12 ngl

Combis, Fr. Jos. de, Compendium totius theologicae veritatis, VII libris digestum accurateque cum veteribus et approbatis exemplaribus collatum. Accedunt utiles annotationes cum Divi Bonaventurae terminorum Theologalium declaratione. Lugduni 1569. Denuo edidit Ephrem. 8. (VIII, 463 S.) Freiburg i. Br. 880, Herder'sche Verlagsh. *

Comble, de, s.: Decomble.

Comble, C. du, Auszüge der wichtigsten Verordnungen, Entscheidungen u. Erläuterungen zu den Kranken- u. Unfall-Versicherungs-Gesetzen. Systematisch zusammengestellt. 12. (159 S.) Köln 889. Kölner Verlags-Anstalt u. Druckerei, A.-G. n. 1. —

de Combles, s. Decombles.

Combles, de, Der wohlbestellte Küchengarten; frei und mit beständiger Rücksicht auf Deutschlands Klima, deutsche Erfahrung, Kultur und Literatur, nach dem Französischen bearb. Ilmenau 1824. 8.

de Combles, der wohlbestellte Küchengarten rc. Frei u. mit beständiger Rücksicht auf Deutschlands Klima, deutsche Erfahrungen, Kultur u. Literatur, nach dem Französ. 2. Ausg. 8. Weimar 841, Voigt. 1 Rthl

Combrinck: Berechnung der Konoiden. 15 S. u. Fgt.– Warendorf, Progr. 1857.

Combrune, Michael

Combrüne, M., Theorie u. Praxis d. Bierbrauens; aus d. Engl. v. Chr. H. Reichel. gr. 8. Leipz. 796. Rabenhorst. 20 gl

Comedia von der schönen J o in Knittelversen. Leipzig: Sommer 1804. 8°

Comedias, las, de D. Pedro Calderon de la Barca. s. Calderon

Comedias, las dos famosas, los Bandos de Verona de Francisco de Rojas (año de 1679) y los Castelvines y Monteses de Lope de Vega (año incierto) segun las mejores edic. viejas españolas en un Tomo colegidas y reim presas por el Conde de Hohenthal-Stettein y Deuben. gr.-8. Leipsique y Paris 839 Brockhaus y Avenarius. n. 1 ℳ

Comedies nouvelles. Berlin 1753. V: *Bielfeld, Jac. Frdr. Freih. von.* (Ky) (ADB)

Comédies, petites, à l'usage de la jeunesse par Mme. N. J. M. Schwerin 856. Oertzen u. Schloepke. 24. (3 Bl., 78 S.) 7½ ngr.

Comédies, petites, à l'usage de la jeunesse par Mme. N. I. M. 2e édit. gr. 16. (83 S.) Schwerin 869, Oertzen und Comp.

Comedy, the, of Mucedorus, revised and edited with introduction and notes by Karl Warnke and Ludw. Proescholdt. gr. 8. (79 S.) Halle 878, Niemeyer. *

Comel, v.: Komel.

Comel Edler v. Sočebran, Andr.

Comel Edler v. Sočebran, Andr., Auszug aus der Terrainlehre, slovenisch und deutsch, zum Gebrauch für die k. k. Soldaten slovenischer Nationalität, in Fragen und Antworten. 12. (46 S. mit 2 Taf.) Klagenfurt 888, (Raunecker.) **

Comel Edler v. Sočebrau, A., Auszug aus der Terrainlehre, slovenisch u. deutsch, zum Gebrauch für die k. k. Soldaten sloven. Nationalität, in Fragen u. Antworten. [Mit 2 Taf.] 12. (46 S.) Klagenfurt 889. (Raunecker.) n.n. — 40

Comel Edler v. Sočebran, Andr., Dienst-Reglement, deutsch-slovenisch, für das k. k. Heer. 1.—3. Thl. 12. Klagenfurt 888, (Raunecker.) **

Inhalt:
Thl. 1. 2. Aufl. des Reglements vom J. 1873. (288 S.) ** ℳ 1.60.
» 2. 2. Aufl. des Reglements vom J. 1874. [Felddienst.] (262 S.) ** ℳ 1.60.
» 3. Infanterie und Jägertruppe. (72 S.) **40 Pf.

— Dienst-Reglement, deutsch-slovenisch, für das k. k. Heer. 1.—3. Thl. 12. Ebd. 889. n.n. 3. 60
1. 2. Aufl. d. Reglements vom J. 1873. (288 S.) n.n. 1. 60
2. 2. Aufl. d. Reglements vom J. 1874. [Felddienst.] (262 S.) n.n. 1. 60
3. Infanterie u. Jägertruppe. (72 S.) n.n. — 40

— Garnisons- u. Wachdienst, slovenisch-deutsch, zur Belehrung der k. k. Soldaten. In Fragen u. Antworten. 12. (100 S.) Ebd. 879. n.n. — 40

Comel, Andr., kurzgefaßte praktische Grammatik der slovenischen Sprache für Deutsche. Mit besonderer Berücksichtigung der Militär-Terminologie in den angewendeten Beispielen. Zum speciellen Gebrauche in den Militärschulen und für jene Militärs, welche in ihrem Berufe die sloven. Sprache erlernen wollen. 8. (IV, 192 S.) Klagenfurt 876. Heyn. n. 3. 20

Comel, Andr., kurzgefaßte praktische Grammatik der slovenischen Sprache für Deutsche. Mit besond. Berücksicht. der Militär-Terminologie in den angewendeten Beispielen. Zum speciellen Gebrauche in den Militärschulen und für jene Militärs, welche in ihrem Berufe die sloven. Sprache erlernen wollen. 8. (IV, 192 S.) Klagenfurt 876. (Wien, Seidel und Sohn.) *

Comel, Edler v. Sočebran, Andr. Kurzgefaßte praktische Grammatik der slovenischen Sprache f. Deutsche. Mit besond. Berücksicht. der Militär-Terminologie in den angewendeten Beispielen. Nebst sloven.-deutschem u. deutsch-sloven. Wörterverzeichnis. 2. verb. u. verm. Aufl. gr. 8. (25 S.) Klagenfurt 887, (Raunecker). * 2 60

— das Werndl-Gewehr. Kurze u. leichtfassl. Belehrg. im Waffenwesen, in Fragen u. Antworten, f. die Infanterie und die Jäger-Truppe d. k. k. Heeres. Slovenisch-deutsch. 12. (58 S.) Ebd. 889. n.n. — 40

Comenia. Vide: Stimmen (Neue) aus Frankreich.

Comenius. —

Comenius, J. A., s.a. Kvacsala, Joh.

Comenius, Bischof Amos, und die Logen. Leipzig 1891. V: *Keller, Ludwig.* (wolfstieg I, 740)

Comenius und die Freimaurer. Zeugnisse für die geschichtlichen Zusammenhänge aus der maurerischen Literatur. Berlin [1904]. V: *Keller, Ludwig.* (wolfstieg I, 740)

—— Leben, s. Leben.

Comenius, J. A., nach seinem Leben und seinen Schriften, s. Beeger, Jul., und Frz. Zoubek.

Comenius, J. A., als Theolog, s. Criegern, Herm. Ferd. v.

Joh. Amos Comenius und die Königliche Kunst. [Berlin 1900: Denter & Nicolas.] 2 Bl. 4° [Kopftit.]
Aus: Allgem. Handbuch d. Frmrei. 3. Aufl. 1900 S. 157—159.

Comenius, Johann Amos

— s.a. Komenský, J. A.

Comenius, Joh. Amos, zwei Abhandlungen. I. Über die Vertreibung der Trägheit aus den Schulen. II. Aus dem Schul-Labyrinthen Ausgang ins Freie. Übers. v. C. Th. Lion. gr. 8. (55 S.) Hannover-Linden 894. Manz & Lange. n. — 80

Analecta Comeniana [Johannes Amos Comenius]. Collegit Ioannes Kvačala. Iurievi 1909: Mattiesen; [Berlin: Weidmann 1910]. VIII, 178 S. 8° [11. 178

Comenius, Joh. Amos, Aussprüche zu Gunsten d. Handfertigkeits-Unterrichtes, s.a. Comenius-Studien.

Comenius, Aussprüche zu Gunsten des Handfertigkeits-Unterrichts. (Comenius-Studien 3) Znaim 1892

— Auswahl, hrsg. v. H. Luthmer, s.a. Velhagen & Klasing's Sammlung pädagogischer Schriftsteller. 4.

[Johann Amos] Comenius. Eine Auswahl aus seinen pädagogischen Schriften f. d. Gebr. an Seminarien hrsg. von Prof. Dr. H[ans] Luthmer. Mit e. Einschaltbild u. 4 Abb. *Bielefeld & Leipzig: Velhagen & Klasing 1903.* (XIV, 153 S.) 8° [F.]
— Sammlung. Velhagen & Klasings, pädag. Schriftsteller. Lfg 4. [illegible]

Comenius, Johann Amos. Hrsg. v. Eug. Pappenheim, s.a. Greßler's Klassiker der Pädagogik. 15. Bd.

Comenius, Joh. Amos, bearb. v. Eug. Pappenheim, s.a. Greßler's Klassiker der Pädagogik. 18. Bd.

[J. u. Ant.] Johann Amos Comenius. Bearb. u. zu dessen 300stem Geburtstage '(28. März 1892)' hrsg. v. Dr. Eugen Pappenheim. Tl I. II. *Langensalza: F. G. L. Gressler 1892—98.* 2 Bde 8.
I. Lebensabriss, ferner d. „Grosse Lehrkunst", aus d. Latein. übs. 1892. (VIII, 316 S.)
II. Lehrkunst '(Didactica)', z. Didaktik, Sittenregeln, Gesetze, konzentr. Lehrgang, Informatorium d. Mutter Schul, Volksschule, Orbis pictus. 1898. (3 Bl., 361 S.)
— Klassiker, Die, d. Pädagogik. Bd 15. 18. [98. 1766

Johann Amos Comenius. Hrsg. von Eugen Pappenheim. 3. Aufl. T. 1. *Langensalza: F. G. L. Gressler 1902.* 8° [F.]
— Klassiker, Gressler's, d. Pädagogik. Bd 15.

Comenius, J. Amos., gallico-germanicus, oder d. Welt in Bildern. Französ. u. deutsch. Für Anfänger in d. französ. Sprache bearb. von C. J. v. Hubert. 2e verb. Aufl., mit 82 Holzstichen. gr. 8. Wien 817. Al. Doll. 16 gr

Comenius, der kleine, oder die Welt u. der Mensch in Bildern. Beschreibung der wichtigsten Erscheinungen der Natur u. des Menschenlebens. Mit 18 Kpfrtaf. qu. gr. 8. Breslau 835. W. G. Korn. 2¼ rß ill. 3 rß

— breves descriptiones universarum hujus mundi rerum, tenerae juventuti, quae latinam linguam discere incipit, ad praecipuas rerum denominationes memoriae per repetitas explicationes imprimendas propositae. 8. Augsb. 781. M. Rieger. 4 gr

— magna didactica. Ex editione Amstelodamensi anni 1657 omnes libros didacticos complectente nunc primum separatim edidit Frdr. Carol. Hultgren. gr. 8. (225 S.) Leipzig 894. Siegismund & Volkening. n. 5.—; geb. n. 6.—

Johann Amos Comenius' Didactica magna oder Große Unterrichtslehre. Für d. Schulgebr. u. d. Privatstudium bearb. u. mit e. Einl. u. erl. Anm. vers. von Wilhelm Altemöller. Mit e. Bildn. d. Comenius. Paderborn: F. Schöningh 1905. (LXXX, 189 S.) 8° [F. u. Ant.]
— Sammlung d. bedeutendsten pädag. Schriften. Bd 30. (04. 939

— Didactica magna. Uebers. u. hrsg. v. Walth. Vorbrodt. (182 S.) gr. 8. Leipzig 906. Dürr'sche Buchh. n. 2.—; geb. n. 2. 60

Johann Amos Comenius' Didactica magna oder Grosse Unterrichtslehre. Für d. Schulgebr. u. d. Privatstudium bearb. u. mit e. Einl. u. erl. Anm. versehen von Wilhelm Altemöller. 2. verb. Aufl. Paderborn: Schöningh 1907. VIII, 260 S. 8°
(Sammlung d. bedeutendsten pädagogischen Schriften. Bd 30.) (09. 7137 6

Johann Amos Comenius' Didactica magna. Im Anschluß an d. latein. Originalausg. bearb., erl. u. pädag. gewürdigt von Schulrat Franz Rzesnitzek. Breslau: Hirt 1909. 188 S. 8°
(Schriften hervorragender Pädagogen. H. 18.) (09. 3994 2

Johann Amos Comenius' Didactica magna oder Große Unterrichtslehre. Für d. Schulgebr. u. d. Privatstud. bearb. u. mit e. Einl. u. erl. Anm. versehen von Wilhelm Altemöller. 3., durchges. Aufl. Mit e. Bildn. von Comenius. Paderborn: Schöningh 1909. XII, 266 S. 8°
(Sammlung d. bedeutendsten pädag. Schriften. Bd 30.) (09. 9376

Comenius, Amos: Didactica magna. Übers. u. hrsg. v. W. Vorbrodt, 2. Aufl. (182 S.) Leipzig 1910. Dürr'sche Buchh. 8°

Johann Amos Comenius' Didactica magna oder Große Unterrichtslehre. Für d. Schulgebr. u. d. Privatstud. bearb. u. m. e. Einl. u. erl. Anm. vers. von Wilhelm Altemöller, Seminardir. Mit 1 Bildn. 4., durchges. Aufl. Paderborn: Schöningh 1910. VIII, 266 S. 8°
(Sammlung d. bedeutendsten pädag. Schriften. Bd 30.) (11. 10345

— dasselbe od. Große Unterrichtslehre, bearb. v. Wilh. Altemöller, s. a. Sammlung der bedeutendsten pädagogischen Schriften aus alter u. neuer Zeit. 30. Bd.

— Glücksschmied od. d. Kunst sich selbst zu raten. — J. A. Comnenii faber fortunae sive ars consulendi sibi ipsi. N. d. Amsterdamer Drucke v. J. 1661 m. e. einleit. Berichte hrsg. v. Jos. Reber. gr. 8. (67 S.) Aschaffenburg 895. (Gießen, E. Roth.) n. 1. 20

Comenius, Jo. Amos, Historia fratrum Bohemorum. 4. Halae, Waisenhaus, 702.

Comenii, J. A., Janua linguae graecae. Ed. Teucher. Lips. 789. 8. 14 gr.

— Janua linguarum aurea reserata. in linguam Graecam a Theodoro Simonio Holsato conversa, recens. atque indicem vocabulor. graeco-latin. adj. L. H. Teucher. 8. Leipz. 789. Schwickert. 12 gr

— Janua linguarum aurea reserata, l'eccellente Porta delle lingue aperta, ovvero descrizzioni delle più cose corporali a morali, publicata da L. H. Teucher. 8. Lpz. 789. Schwickert. 12 gr

— Janua reserata aurea: Neu eröffnete goldne Sprachpforte, oder Pflanzschule d. latein.-deutschen u. böhm. Sprache, in 100 Kapiteln u. 1000 Sprüchen, mit d. Verfass. Leben, herausg. v. K. J. Tham. 6e Aufl. 8. Prag 807. Widtmann. 20 gr

— Informatorium. Der Mutter Schul, hrsg. v. C. Th. Lion, s. a. Bibliothek pädagog. Klassiker.

⟨Joh. Amos Comenius'⟩ Informatorium. Der Mutter Schul ... Gedr. zur Polnischen Lissa. Anno 1633. Neu hrsg. von Prof. Dr. C. Th[eod.] Lion. *Langensalza: H. Beyer & Söhne 1898.* (VI, 64 S.) 8° [F. u. Ant.]
— Bibliothek Pädagogischer Klassiker. Bd 33. (99. 10175

Comenius, J. Amos, Informatorium der Mutterschule. Bearb. v. Jul. Beeger u. Frz. Zoubek. [Einzelausg.] gr. 8. (66 S.) Leipzig 886. Siegismund & Volkening. cart. 1. 70

Des J(ohann) A(mos) Comenius Informatorium der Mutterschule. Für d. Schulgebr. hrsg. mit Einl. u. Anm. vers. von Dr. L[udwig] Voß, Dir. zu Trier. Breslau: Hirt 1910. 56 S. 8°
(Schriften hervorragender Pädagogen. H. 19.) (10. 14978

Der Katechismus des Johann Amos Comenius. Ein Sendschreiben an d. evangel. Glaubensgenossen besonders in Böhmen u. Mähren. *Leipzig: C. Braun 1900.* (XI, 44 S.) 8° [F.]
[Sondert.:] Die uralte christliche kath. Religion in kurze Fragen u. Antworten verfasset. Amsterdam 1661. (00. 11318

— Katechismus. Ein Sendschreiben an die evangelischen Glaubensgenossen besond. in Böhmen u. Mähren. gr. 8. (XI, 44 S. m. Abbildgn. u. Bildnis.) Leipzig 900. Buchh. des ev. Bundes v. C. Braun. n. 1.—

— Kirchenhistorie der böhm. Brüder. 8. Schwabach, Enderes. 739.

— s.: Klassiker, die, der Pädagogik.

Comenius, Joh. Amos, Correspondenz. Hrsg. v. A. Patera. (Mit böhm. Titel.) gr. 8. (XV, 300 S. m. 1 Fksm.) Prag 892. (Bursík & Kohout.) n. 3. 60

— das Labyrinth der Welt u. d. Herzens Paradies, d. i.: Klare Beschreibg., wie in dieser Welt u. allen ihren Sachen nichts sei als Verwirrg., Schwindel, Unruhe, Kummer, Täuschg. u. Betrug, Elend u. Angst u. zuletzt Ekel über allem u. Verzweiflg., u. wie nur allein, wer zu Hause in seinem Herzen wohnet u. sich m. Gott in Christi darin verschließet, zum wahren u. vollen Frieden seines Herzens u. zur Freude komme. Zum Andenken an seinen 200jähr. Sterbetag am 15. Octbr. 1871, aus böhm. in deutsche Sprache übertr. v. Johs. Nowotny. gr. 8. (137 S.) Spremberg 872. (Erbe.) 1. 50

Das Labyrinth der Welt und das Paradies des Herzens [Labyrint světa a ráj srdce] von Johann Amos Comenius. Mit e. Handzeichn. (Aus d. Tschech. übertr., mit Anm. u. e. literarhist. Einl. versehen u. ... hrsg. von Zdenko Baudnik.) Jena: E. Diederichs 1908. (XI, 338 S.) 8° (08. 3639

— Lebensregeln, s.: Reber, Jos.

— Lehrbuch für den Sprachunterricht überhaupt, durch Beschreib. vieler körperl. u. moral. Gegenstände in einer span. Uebersetzung u. mit e. Wortregister, worin fast d. meisten Wörter d. span. Sprache deutsch erklärt sind, v. L. H. Teucher. (A. u. d. T.: la excelente Puerta de las lenguas abierta.) 8. Leipz. 794. Schwickert. 1 rß

— Mutterschule hrsg. v. A. Richter, s. a. Neudrucke pädagogischer Schriften. VIII.

— dasselbe od. Über die fürsorgl. Erziehg. der Jugend in den 6 ersten Lebensjahren, s. a. Sammlung der bedeutendsten pädagog. Schriften.

Comenius, (Johann) Amos, die Mutterschule. Auf's Neue hrsg. von Herm. Schröter. 8. (VI und 107 S.) Weißenfels 864, (Prange.) *

Comenius, Joh. Amos, die Mutterschule. Auf's neue hrsg. von Herm. Schröter. 2. verm. und verb. Aufl. 8. (VII, 104 S.) Halle 874, Pfeffer.

Comenius, Mutterschule. Hrsg. v. A. Richter. (86 S.) Leipzig 1891. R. Richter.

J[ohann] A[mos] Comenius Mutterschule [Informatorium]. Mit e. Einl. hrsg. von Albert Richter. 2. Aufl. *Leipzig: F. Brandstetter 1901.* (86 S.) 8°
— Neudrucke pädagogischer Schriften. 8. [04. 33] 2

Johann Amos Comenius' Mutterschule oder Über d. fürsorgliche Erziehung d. Jugend in d. sechs ersten Lebensjahren [Informatorium maternum]. Aus d. Lat. übers. u. m. e. Einl. u. erkl. Anm. vers. von Schulrat W[ilhelm] Altemöller. Paderborn: Schöningh 1910. 120 S. 8°
(Sammlung d. bedeutendsten pädag. Schriften. Bd 35.) [10. 13133

— das einige Nothwendige. 18. Eisenach 755. (Bärecke). 5 gr

— das einige Nothwendige. 18. Eisenach, Wittek. 755.

Das einzig Notwendige. Unum necessarium von Johann Amos Comenius. Ein Laien-Brevier. (Aus d. Lat. übertr. von Johannes Seeger. Auf Veranlassung d. Comenius-Gesellsch. mit biogr. Einl. hrsg. von Ludwig Keller.) Mit 1 Bildnis. *Jena & Leipzig: E. Diederichs 1904.* (207 S.) 8° [F. u. Ant.] [04. 13807

Comenii, Joh. Amos, opera. Tom. I. gr. 8. Giessen 896. E. Roth. n. 12. —; geb. in Halbfrz. n. 14. —
Physicae ad lumen divinum reformatae synopsis. Disquisitiones de caloris et frigoris natura. Cartesius cum sua philosophia a mechanicis eversus. Cum versione germanica edita et notis ill. a Jos. Reber. — Entwurf d. n. d. göttlichen Lichte umgestalt. Naturkunde u. dessen beide physikal. Abhandlgn.: „Untersuchgn. üb. d. Natur d. Wärme u. d. Kälte" u. „Descartes m. s. Naturphilosophie v. d. Mechanikern gestürzt". Hrsg., übers. u. erläut. v. J. R. (LXXXIV, 558 S.)

— oratio de cultura ingeniorum. 8. Pesth 791. Eggenberger. 4 gr

— Orbis pictus, hrsg. v. Thdr. Tupetz, s. Schulausgaben pädagog. Classiker.

Comenius, J. Amos., orbis pictus in Hungaricum, German. et Slavicum translat. Pressb., Weber. 9 gr

— Orbis pictus trilinguis, h. e. omnium fundamentalium in mundo rerum et in vita actionum pictura et nomenclatura latina, germ. et hungar, II Partes. 8. Norimb. Endter. 755.

COMENIUS Johann Amos. Joann-Amos Comenii Orbis pictus. Die Welt in Bildern, in 82 Abschnitte zum Gebrauche der kleinsten studirenden Jugend in den kaiserl. königl. Staaten zusammengezogen ... Trattner, Wien 1792. 1 vol. 167 S.

COMENIUS, J. A. *Joann. Amos Comenii Orbis Pictus.* Die Welt in Bildern, in zwey und achtzig Abschnitte zum Gebrauche der kleinsten studirenden Jugend in den kaiserl. königl. Staaten zusammengezogen ... Wien, J. T. v. Trattnern, 1792. 167 S. m. 82 interess. Holzschnitten. Kl.-8°. Pappbd. d. Z. 85.—
★ Erstdruck dieses Auszugs aus der Nürnberger Ausgabe von 1756, mit deren Holzschnitten. — Seltenes Schulbuch. — Kleine Titelecke ergänzt, Einband etwas benutzt.

— orbis pictus graeco-latinus, usui studiosae juventutis accomm. 8maj. Wien 801. (Liebeskind in Leipz.) 14 gr

— orbis pictus, in polnischer, französ., latein. u. deutscher Sprache, neue verb. Aufl., mit 150 feinen Holzschn. gr. 8. Bresl. 805. R. A. 818. W. G. Korn. 1 rthl 16 gr ill. 2 rthl 8 gr

— orbis pictus graeco-latinus, quem ad usum juventutis graecarum literarum studiosae accommodatum curavit M. Span. 8. Wien 820. Geistinger. (Gerold). 8 gr Ilbg. Pr. 4 gr

Comenii, J. A., orbis pictus, graeco-latinus, quem ad usum juventutis graecarum litterarum studiosae accommodatum curavit M. Span. 8. Vindob., Geistinger. (Lips., W. Vogel). 820. — 8

Comenius, Joh. Amos, Orbis Pictus, auf Veranlass. d. ursprüngl. Verlagshandl. v. mehr. Jugendfreunden neu bearb. u. hrsg. v. Adelb. Müller. 2 Abthln. — A. u. d. Titln.: Des Orbis Pictus 1. Abthl., od. unterhalt. u. belehr. Bilderbuch f. Kinder d. zartern Alters. M. 18 Kpfrt., worauf mehr als 400 abgebild. Gegenstände aus d. Natur- u. Kunstwelt u. deren Erklärung in deutscher, latein., franz. u. ital. Sprache. — Des Orbis Pictus 2. Abthl., od. unterhalt. u. belehr. Leseb. f. d. erwachseneren Knaben u. Mädchen. Eine erklär. Beigabe zu den mit d. 1. Abthl. gelief. Kpfrt. qu. gr. 8. (33 B.) Nürnberg 835, Endter'sche Buchh. 2 Thlr., m. ill. Kpfrn.

Comenius, Joan. Amos, Orbis pictus. Die Welt in Bildern. Renovatus et emendatus. Cum imagine auctoris et 134 tabulis pictis. 8. (323 S. in latein., böhm., deutscher und französ. Sprache.) Königgrätz 883, Pospíšil. cart. *

COMENIUS. — *Neuer Orbis Pictus* für die Jugend oder Schauplatz der Natur, der Kunst und des Menschenlebens in 322 lithographierten Abbildungen mit genauer Erklärung in deutscher, lateinischer und französischer Sprache nach der früheren Anlage des Comenius bearbeitet ... von J. E. GAILER. Zweite durchg. Auflage. Reutlingen, J. C. Mäcken jr., 1833. (Daneben französ. Titel:) Nouveau Orbis Pictus a l'Usage de la Jeunesse ... etc. 2 Bl. VI, 586 S. 2 Bl., 1 lithogr. grüner Vortitel, 2 ganzseit. u. 160 zweiteilige lithogr. Taf. Lex.-8°. Reichillustr. lithogr. grauer Or.-Kartonbd. 65.—
Merget p. 6. Der Orbis pictus, das Lehrbuch vieler Generationen, das alle Gegenstände des tägl. Lebens umfaßt, will der Jugend durch das Bild eine Anschauung der ganzen Welt im Buch geben. Die Gailersche Bearbeitung dürfte die umfangreichste u. am meisten geschätzte neuere dieses berühmten Buches sein. — Der Einband etwas abgenutzt, Rücken beschäd., sonst trotz gelegentlichen leichten Fleckchen gutes Ex.

COMENIUS *Neuer Orbis Pictus* etc. Dieselbe Ausgabe v. GAILER. 5., mit Beigabe einer italienischen Übersetzung vermehrte Auflage. Reutlingen, Joh. Conr. Mäcken, jun., 1842. Mit Frontispiz, Schlußbild und 320 Abb. auf 160 Tafeln. 788 SS. 8°. Abgenützter Pbd. d. Z. — Wenige Bilder koloriert, einige Gebrauchsspuren. 55.—

Comenius, J. A.: Orbis sensualium pictus. Pars 2. Noribergae 1730.
— — 1754. 2 Bde

— Orbis sensualium picti. Pars I. 8. Lemgo, Meyer. 746.

— Orbis sensualium Picti, oder d. sichtbaren Welt 1r Thl. darinnen eine Abbildung u. Benennung aller vornehmsten Weltdinge u. menschlichen Handlungen zu finden, Lateinisch u. Deutsch, mit vielen Figuren. 8. Nürnb. Endter. 746. Schreibp.

— — desselb. 2r Thl. Schreibp.

Comenius, Joh. Amos. Orbis sensualium picti pars prima. Hoc est: omnium principalium in mundo rerum, & in vita actionum, pictura & nomenclatura ... Der sichtbaren Welt Erster Theil. Das ist: Aller vornehmsten Welt-Dinge, und menschlichen Handlungen, Abbildung und Benahmung ... Aufs neue aufgelegt, ... verbessert; auch mit ganz neuen, schönen und deutlicheren Figuren versehen. Nürnberg, J. A. Endter, 1756. 8°. 11 Bl. 315 S. 54 Bl. *Mit 151 Holzschnitten.* Etwas fleckiger Pgtbd. d. Z.
Rammensee 327 (zitiert nur 10 Anfangs- und nur 51 Schlußblätter). Lateinisch-deutsche Ausgabe des berühmten Buches.

— orbis sensualium pict. quadrilinguis, nomenclatura Germanica, Latina, Italica et Gallica accurante C. Contelle. 8. Nürnb. 777. Endter. 12 gr

Johann Amos Comenius. Orbis sensualium pictus. Hrsg. von Johannes Kühnel. [Facs.Dr. d. 1. Ausg. von 1658.] Leipzig: Klinkhardt 1910. 287 S. 8° [10. 336

— dasselbe. (In Fksm.-Druck.) (VII, 194 S. m. Abbildgn.) 8. 8. Ebd. 910. Geb. 6. —

— das wiedergefundene Paradies; aus d. Böhm. 8. Hamb. 774. Buchenröder. 4 gr

— Passions-, Oster- und Himmelfahrts-Predigten, nach der böhm. Ausg. von 1757 in's Deutsche übertragen. gr. 8. (V, 432 S. mit dem photolithogr. Bilde des Verf.) Herborn 882, Buchh. des Nassauischen Colportagevereins. *
geb. *
Bild allein *

— Passions-, Oster- u. Himmelfahrts-Predigten, nach der böhm. Ausg. v. 1757 in's Deutsche übertr. 2. wohlf. (Titel-)Aufl. gr. 8. (V, 432 S. m. Bildnis.) Herborn 894. Buchh. d. Nass. Colportagevereins. n. 2. —; geb. n. 2.75

— philosoph.-satyr. Reisen durch alle Stände d. menschl. Handlungen. 8. Potsd. 787. Horvath. 12 ℛ

Comenius, J. A., Schola Ludus, s.: Bibliothek pädagogischer Klassiker.

Comenius, Joh. Amos, ausgewählte Schriften, s. Bibliothek, pädagogische.

— Pädagogische Schriften, hrsg. v. C. Th. Lion, s.a. Bibliothek pädagogischer Klassiker 33. Bd.

—— pädagogische Schriften. Übers., mit Anmerkungen und des Comenius Biographie versehen von C. Th. Lion. 2. verb. Aufl. gr. 8. (V, LXXXVII, 289 S.) Langensalza 883, Beyer und Söhne. *

Joh. Amos Comenius' Pädagogische Schriften. Übersetzt. Bd 1. 5., verb. Aufl. Langensalza: H. Beyer & Söhne 1904. 8° [F.]
— Bibliothek Pädagogischer Klassiker. 10. [07. 12616

— Sicherheit in diesem Leben. 8. Leipzig.

— Sittenvorschriften f. die Schule zu Saros-Patak, m. e. einleit. Berichte üb. des Comenius Thätigkeit in Ungarn v. J. 1650—1654 hrsg. v. Jos. Reber. gr. 8. (41 S.) Aschaffenburg 893. (Krebs.) n. — 60

—— große Unterrichtslehre, s.a. Bibliothek, pädagogische. — Klassiker, pädagogische.

Comenius JA, grosse Unterrichtslehre mit einer Einleitung: J Comenius, sein Leben u Wirken. Einleit. Übers. u Kommentar v. GA Lindner. (Pädag. Klassiker I) Wien 1877

—— große Unterrichtslehre. Aus dem Latein. übers. und mit Einleitungen und Anmerkungen versehen von Jul. Beeger und Frz. Zoubek. 4. verb. und verm. Aufl. gr. 8. (CLXXVI, 280 S.) Leipzig 882, Siegismund und Volkening. *
geb. *

— große Unterrichtslehre. Aus dem Lat. übers. u. m. Einleitgn. u. Anmerkgn. versehen v. Jul. Beeger u. Frz. Zoubek. 4. Aufl. gr. 8. (CLXXVI, 280 S.) Leipzig 883. M. Hesse. n. 3. 50; geb. n. 4. 50

— große Unterrichtslehre m. e. Einleitg.: J. Comenius, sein Leben u. Wirken. Einleitung, Übersetzg. u. Commentar v. Gust. Adf. Lindner. 3. (Titel-)Aufl. gr. 8. (VI, LXXXIX, 311 S. m. 1 Bildnis.) Wien 892. A. Pichler's Wwe. & Sohn. 3. —
Die frühere Aufl. erschien u. d. T.: Klassiker, pädagogische, 1. Bd.

Joh. Amos Comenius' Grosse Unterrichtslehre. Übers., mit Anm. u. e. Lebensbeschreibung d. Comenius, von Prof. Dr. C. Th[eodor] Lion. 4. verb. Aufl. *Langensalza: H. Beyer & Söhne 1898.* (XCVII, 300 S.) 8° [F.]
— Bibliothek Pädagogischer Klassiker. Bd 10. [9.. 10124

Joh. Amos Comenius' Grosse Unterrichtslehre [Didactica magna]. Übers., mit Anm. u. e. Lebensbeschreibung d. Comenius, von Prof. Dr. C[arl] Th[eodor] Lion. 5. verb. Aufl. Langensalza: H. Beyer & Söhne 1904. (CII, 300 S.) 8° [F.]
— Bibliothek Pädagogischer Klassiker. Bd 10. [06. 6138 3

(F) Comenius, J. A., Große Unterrichtslehre mit einer Einleitung: J. Comenius, sein Leben und Wirken. 4. Aufl. [Pädagogische Klassiker, Bd. 1.] Gr.-8°. (LXXXIX, 311 S.) geb. K 2.— 1907.

—— dass. — s.a. Bibliothek pädagogischer Klassiker.
Vgl.: Bassermann, Heinr. — Bergius, Eug. — Fritze, Geo. — Für die Feste u. Freunde d. Gustav-Adolf-Vereins. — Grundig, F. — Herberholz, Hugo. — Hummel, Friedr. — Kayser, W. — Klassiker, die, der Pädagogik. — Komenius, Joh. Amos. — Komensky, Jan. Amos. — Kvacsala, Joh. — Lindner, Gust. Adf. — Loesche, Geo. — Magazin, pädagogisches. — Pappenheim, Eug. — Pelzer, W. — Raumer, Karl v. — Risch, Paul. — Schumann, G. — Ziemann, Herm. — Witte, J.

— unum necessarium, cum additam. A. Fritschii et praefat. J. I. Lehmanni. 12. Iena, Cröcker. 715.

— Vermahnung zur ersten Liebe. 8. Breslau, Korn. 745.

[—] VERSUCH eines Elementarbuches für Kinder durch Abbildung der merkwürdigsten Dinge und derselben deutschen, lateinischen, französischen und italiänischen Benennungen. Nürnberg, Gabriel Nic. Raspe, 1770. Kl. 8°. Mit Kupferfrontispiz u. Kupfervignette a. d. Titel 2 Bl. 288 S. 38 Bl. (Register). *Mit ca. 6000 kleinen Holzschnitten.* Alter Leinenband mit modernerem Buntpapierüberzug. 520.—

— vestibulum januae latinitat., quo primus ad latinam linguam aditus tirunculis paratur, cum versione interlineari germanica. 8. Leipz. 781. (List in Berl.) 6 ℛ

— vestibulum januae latinitat. quo primus ad latinam linguam aditus tirunculis paratur cum versione interlineari germanica. 8. Lps. Sommer. 781.

Comenii, J. A., januae linguae latinae vestibulum de novo editum in usum scholarum. 8. (29 S.) Klausenburg, Stein. 1867. geb. 20 kr.

— sogenannter Vorhof d. Thüre zu den Sprachen, oder kurzer Eingang zu d. Sprachenkenntniß, ehemals aus d. Latein. d. Verfass. ins Griech. übersetzt, u. nunmehr zum Gebr. d. Anfänger von Neuem herausg. v. L. H. Teucher. 8. Leipz. 794. Schwickert. 9 ℛ

— sogenannter Vorhof d. Thüre zu den Sprachen, od. kurzer Eingang zu d. Sprachkenntniß; zum Gebrauch d. Anfänger. 8. Wien 820. Geistinger. (Gerold). 8 ℛ Hbg. Pr. 4 ℛ

— Vorpforte d. Schulunterweisung von dem Grund d. Dinge u. Wissenschaften, griech., latein. u. deutsch, mit Kpf. 8. Nürnb., Endter. 8 ℛ

— verdeutschtes Wörterbuch, darin d. latein. Stammwörter sammt ihren Ableitungen anzutreffen. 8. Berl. 754. 14 ℛ

Die Zerstörung Lissas im April 1656 (Excidium Lesnae), mit geschichtl. Treue erzählt von (J[ohann] Amos) Comenius. Aus d. Latein. übers. von W. Bickerich, Pastor. Lissa i. P.: F. Ebbecke 1904. (23 S.) 8° [F.]
Aus: Jahrbüchlein d. ev.-ref. Johanniskirche. [.. 30377

Comenius-Blätter für Volkserziehung. Mitteilungen d. Comenius-Gesellschaft. Jg. 3. *Berlin & Münster: Comenius-Ges. 1895.* 8°
Anf. s. u. d. T.: Mitteilungen d. Comenius-Gesellschaft. [.. 8066

Comenius-Blätter f. Volkserziehung. Mitteilgn. d. Comenius-Gesellschaft. Hrsg.: Keller. 3.—6. Jahrg. 1895—1898. à 10 Nrn. (à ca. 20 S.) gr. 8. Berlin (R. Gaertner). à Jahrg. n. 4. —; einz. Nrn. n. — 50

Comenius-Blätter für Volkserziehung. Hrsg.: Ludw. Keller. 7.—10. Jahrg. 1899—1902. à 10 Nrn. gr. 8. (IV, 168; IV, 166; IV, 166 u. IV, 170 S.) Berlin, [R. Gaertner.] Weidmann. à Jahrg. n. 4. —

Comenius-Blätter f. Volkserziehung. Schriftleitung: Ludw. Keller. 11.—14. Jahrg. 1903—1906. à 5 Doppelhefte. (IV, 156; IV, 156; IV, 160 u. IV, 156 S.) gr. 8. Berlin, Weidmann. à Jhrg. n. 4. —

Comenius-Blätter f. Volkserziehung. Schriftleitung: Ludw. Keller. 15. u. 16. Jahrg. 1907 u. 1908. à 5 Hefte. (156 u. 256 S.) gr. 8. Jena, E. Diederichs. à Jhrg. 4. —
Fortsetzg. s.: Monatshefte d. Comenius-Stiftung. 0.

Comenius-Blaetter für Volkserziehung.
(Fortges. u. d. Tit.:)
Monatshefte der Comenius-Gesellschaft für Volkserziehung. Hrsg. von Ludwig *Keller.* N. F. Bd 1 ff. (D. ganzen Reihe 17. ff. Bd.) Jena 1909 ff. 8°

Comenius-Feier. Gemeins. Festfeier der drei altpreuss. Grosslogen in Berlin zum 300jähr. Gedächtnis von Amos Comenius im Ordenshause der Gr. Landesloge der Frmr. v. D. am 28. März 1892.
[Nach Kat. d. GrLL.]

Comenius-Feier in Zürich. 13. März 1892. [SA.] 8. Zürich [1892].
(Johann Amos Comenius und [Johann Heinrich] Pestalozzi. Festrede, gehalten von O[tto] Hunziker. — [Nebst dem] Prolog, gesprochen von J[acob] C[hristoph] Heer [an der] Comeniusfeier....)

Comenius-Kalender f. d. J. 1898. Pädagog.-litterar. Taschenkalender f. Schulinspektoren, Direktoren, Rektoren, Lehrer u. Seminaristen. 2. Jahrg. gr. 16. (292 S.) Leipzig, Dürr'sche Buchh. Geb. in Leinw. n. 1. —

Comenius-Kalender, Fortsetzg., s.: Jahreskatalog der pädagog. Centralbibliothek zu Leipzig.

Comenius-Stiftung, s. Korrespondenzblatt.

Comenius-Studien. H. 1–6. *Znaim: Fournier & Haberler 1892–93.* 6 Bde 8° [Umschlagt.]
1 — Castens, A[dolf]: Was muss uns veranlassen, im Jahre 1892 d. Andenken d. A. Comenius festlich zu begehen? 1892.
2 — Vrbka, Anton: Leben u. Schicksale d. J. A. Comenius. 1892.
3 — Bötticher, Wilh.: Die Erziehung d. Kindes in s. ersten 6 Jahren, nach Pestalozzi u. nach Comenius. Aussprüche d. Comenius zu Gunsten d. Handfertigkeits-Unterr. 1892.
4 — Castens, A.: Über 'Eins ist noth' ... von Comenius. 1892.
5 — Šmaha, Josef: Comenius als Kartograph s. Vaterlandes, mit e. Neudruck d. Karte d. Comenius deutsch hrsg. von Karl Bornemann. 1892.
6 — Gindely, Anton: Über d. J. A. Comenius Leben u. Wirksamkeit. 2. neubearb. Aufl. 1892(1893). [o. 369: 11

Comersee [Schlagwort]

Comersee, s. a. Schweiz. Karte.

Comersee. **Becker, F.,** der Comersee m. seinen Umgebungen u. Zufahrten. (Reliefkarte.) 1:150 000. 39,5×31 cm. Farbdr. Winterthur (904). (Bern, Geograph. Kartenverlag.) n. 1. 20

Comersee — Malerische Reise auf der neuen Kunststrasse aus dem Etschthal im Tyrol über das Stilfser-Joch etc. laengs dem — nach Mayland S. Pläne von Oberösterreich. Ohne M.

Comes pastoralis. Ad usum sacerdotum in functionibus sacris passim obviis, et praesertim in cura infirmorum ac morientium. Accedit appendix piarum precum in usum privatum sacerdotum. gr. 16. (VII, 288 S.) Paderborn 878, Junfermann'sche Buchh.

Comes pius in officiis votivis et communibus meditando psallere volentium usui destinatus a quodam presbytero Strigoniensi. 12. (VI, 176 S.) Gran 892. (G. Buzárovits.) n. — 90; geb. in Leinw. n. 1. 40

Comes, Christian [aus Mayen]: Beiträge zu der Behandlung von Kindern mit Tuberculin.... Bonn, Buchdr. J. Bach Wwe., 1891; 83 S., 1 Bl. 8°
Bonn, Med. Fak., Inaug.-Diss. v. [30.] Mai 1891

Comes, Horaz. Die Laven d. Vesuv, ihr Fruchtboden u. dessen Vegetation, s. a. Sammlung gemeinverständlicher wissenschaftl. Vorträge.

Comes H, die Laven des Vesuvs, ihr Fruchtboden und die Vegetation. Übers. von Mohrhoff. (Sammlung wissenschaftl. Vorträge N F 80) Hamburg 1889

Comes, Casp., Katechismus f. die Prüfungen zum Bahnmeister der Staatseisenbahnen, s.: Tesch, Johs.

Comes, Nicolaus (Peterlingen), Systhematis physici disp. sexta. Präs. J. P. v. Crosa. Lausanne 1709. Bern (typ. ill. reip. Bern.) 36 S. (4.80) 5552
Gew.: Frz. Naigli, Dav. Gachet, Frz. v. Hennezel, Joh. Pet. d'Apples, Dav. v. Traytorens, Frz. Gg. Darbonnier, Frz. Claud. Baudius, Nic. Chasseur, Jos. v. Hennezel, Dan. Dav. Comes, Sam. v. Thienis, Aug. v. Tribus. — Widm. v.: Sam. v. Thienis, Alexand. Rolaz (Rotulensis).

Darstellung der Pflanzen in den Malereien von Pompeji [Illustrazione delle piante rappresentate nei dipinti pompeiani] von Dr. Orazio **Comes,** Prof. Autor., v. Verf. rev. Uebers. [von Prof. Moritz Fünfstück]. Stuttgart: E. Nägele 1895. (VIII, 68 S.) 8° [o. 458 10

Comet, der europäische, mit Schweif und Schwanz. 8. Berlin. 788.

Comet, C. J. B., neue einfache Heilmethode der rheumatischen, gichtischen u. nervösen Schmerzen, und der, von e. fehlerhaften lymphat. Circulation herrühr. Krankheiten. Nebst Behandlung der nervösen Affectionen der Eingeweide, welche mit den chron. Phlegmasieen u. den organ. Krankheiten oft verwechselt werden. Nach der 4ten Original-Aufl. aus d. Franz. übersetzt. 8. Quedlinb. 839. Basse. 5/12 ℛ 2e Aufl. 8. Ebd. 840. 5/12 ℛ

Cometen-Bibliothek. Görlitz 1746. V: *Rothe, George.* (OL)

Cometenbibliothek, gesammelte. 8. Görlitz. 746.

Cometh up as a flower, s. Collection of British authors.

Cometstern, Der neue, mit seinem Schweif oder Joh. Ronge ... 4. Aufl. Freiburg i. Br. 1845. V: *Stolz, Alban.* (Tübz 7, 27)

(Comeyras, P[ierre-] J[acques-] B[onhomme de].) Rechenschaft an den Minister der auswärtigen Angelegenheiten, von dem Residenten der <fränkischen> Republik bei den Graubündnern; über das, was sich in Absicht der vom Obergeneral übernommenen Vermittlung zwischen den Graubündnern und dem Veltlin, Klefen und Worms zugetragen hat. Aus dem Französischen übersezt. 4. *o. O.* 1797.

Comfort, der häusliche, s. Cabinetsbibliothek.

Comfort, der häusliche, s. Hausbibliothek, kleine.

Comfort, Lucy Randall, die Erbin v. Redcliff, s.: Berlepsch, Lina Freifrau v., Romanbibliothek. 28. Bd.

— das Geheimnis v. Glenhampton, s.: Berlepsch, Lina Freifrau v., Romanbibliothek. 50. Bd.

Comfort, M. D. Richard

— Dissertatio inaug. medico-pharmacologica de Guajaco. 4maj. (Ibid. 835.) n. 1/3 ℛ

Comfort, M. D. Richard, über Hahnemann's Heilmethode. gr. 12. Wien 839. Heubner. n. 1 1/3 ℛ

Comfort, Rich., die Regierungsformen aller Staaten. Zur leichteren Beurtheilung unserer Verfassungs-Urkunde. gr. 8. (25 S.) Wien 848, Sallmayer und Comp.

Comicorum Atticorum fragmenta. Ed. Thdr. Kock. Vol. 1. Antiquae comoediae fragmenta. (XXII, 804 S.) Leipzig 880. Teubner. n. 18. —

Comicorum atticorum fragmenta. Ed. Thdr. Kock. Vol. II. Novae comoediae fragmenta. Pars 1. gr. 8. (582 S.) Leipzig 884. Teubner. n. 14. — (I. et II.: n. 32. —)

Comicorum atticorum fragmenta. Ed. Thdr. Kock. Vol. III. Novae comoediae fragmenta. Pars 2. Comicorum incertae aetatis fragmenta. Fragmenta incertorum poetarum. Indices. Supplementa. gr. 8. (XIX, 756 S.) Leipzig 888. Teubner. n. 16. — (cplt.: n. 48. —)

Comicorum graecorum etc. s. Fragmenta.

Comicorum graecorum fragmenta ed. Geo. Kaibel, s.: Poetarum graecorum fragmenta. VI.

Comicorum latinorum reliquiae, rec. O. Ribbeck, s. Scenicae Romanorum poesis fragmenta.

Comicorum latinorum praeter Plautum et Terentium reliquiae, ed. Ribbeck, s. Fragmenta.

Comicorum Romanorum praeter Plautum et Syri quae feruntur sententias fragmenta recogn. Otto Ribbeck, s.: Fragmenta scaenicae Romanorum poesis.

Comic Theatre, the modern english, with notes in German, for the study of engl. conversat. in its present state. I. and II. Series. Cont. à 12 Comed. — A. u. d. T.: Die neuesten engl. Lustspiele u. Possen. 1. u. 2. Folge. Mit deutsch. Anmerkn. Zum Studium d. deutsch. Umgangssprache d. Engländer. Jede 12 Comödien enthalt. 16. Leipzig 838, 41, [Hartung.] à 1⅓ Thlr.

I. Serie. 12 Vol. à 3 Gr.

Vol. 1. Sudden thoughts. — Th. E. Wilks.
- 2. A quiet day. — J. Oxenford.
- 3. My fellow clerk. — J. Oxenford.
- 4. The bengal tigre. — Ch. Dance.
- 5. The spitalfields weaver. — Th. Haynes Bayly.
- 6. A day well spent. — J. Oxenford.
- 7. The ringdoves. — Ch. Mathews.
- 8. The dancing barber. — Ch. Selby.
- 9. Why did you die. — Ch. Mathews.
- 10. Advice gratis. — Ch. Dance.
- 11. Shocking events. — J. Baldw. Buckstone.
- 12. The culprit. — Th. Haynes Bayly.

II. Serie. 12 Vol. à 3 Gr.

Vol. 1. A quarter to Nine.
- 2. No followers. — J. Oxenford.
- 3. My young wife and my old umbrella. — Fred. Webster.
- 4. Barnaby Rudge, a domest. drama in 3 acts taken from Ch. Dickens newest novel. — Ch. Selby.
- 5. Nickolas Nickleby, a farce in 2 acts. — E. Stirling.
- 6. The fortunes of Smike (a sequel to N. Nickleby), drama in 2 acts. — E. Stirling.
- 7. Oliver Twist, a serio-comic burletta in 3 acts. — G. Almar.
- 8. Snakes in the grass, a farce in 2 acts. — J. B. Buckstone.
- 9. The printer's devil, a farce in 1 act. — J. R. Planché.
- 10. But however, a farce in 1 act. — H. Mayhew and Baylis.
- 11. The place-hunter, a farce in 1 act. — Fred. Webster.
- 12. How to pay the rent, a farce in 1 act. — Tyrone Power.

Comic theatre, the modern english. With notes in german, for the study of english conversation in its present state. 12 Vol. 16. Leipzig 838, 39. J. Wunder. (à ⅛ ß) 1½ ß

Comien, Fridericus Guilelmus: Theses loco dissertationis de cholera mox edendae.
Halle-Wittenberg, Med. Thesen v. 30. Sept. 1831
Geb. [Hamburg 28. 9. 1809]
Ein Exemplar nicht nachweisbar. Die Diss. ist nicht ersch.

Comiker u. Couplets-Sänger, der. 12. (16 S.) Neu-Weißensee (902). E. Bartels. — 10

Comin' thro' the rye, s.: Asher's collection of english authors.

Comines s. Commines.

Comines, Phil. Histori, Ursprung und Ursach des Burgundischen Kriegs und Beschreibung des Neapolitanischen Kriegs. Ins Teutsche übers. von Casp. Hedion. 4. Strasburg 1551. — Historien von den Thaten Ludovici XI., Königs in Frankreich. Deutsch von Mich. Klosemann. 8. Frankfurt 1643. — Deutsch von Nic. Driesch. 8. Trier 1853.

Cominge, Der Graf von; ein Trauerspiel aus dem Franz. . . . Amberg 1776. Ü: *Bermiller, Wolfgang.* (KY) (MGT)

Comini, Ludwig von

Comini, L. v., offenes Schreiben an die Weingutsbesitzer, s. a. Schreiben.

Comini, Ludwig von: Offenes Schreiben an die Weingutsbesitzer. Innsbruck: Wagner 1860. 28 S. -- 17.100* -- [Über die Traubenfäule und ihre Bekämpfung.]

Comini, Ludwig von, *Ausschussmitgl. des landwirthsch. Vereines in Bozen.* Die Traubenfäule und ihre Folgen, mit besonderer Berücksichtigung ihres epidemischen Charakters in der Gegend v. Bozen nebst einer Zusammenstellung aller gegen dieselbe angewendeten Mittel. *Innsbruck, Bozen u. Meran* 1858. Comm.-Verl. v. *C. Pfaundler.* 53 S. 8°.

Comisso, Emilio, s.: Arbeiten aus dem Gebiete der klinischen Chirurgie.

Comitato, il, di protezione degli operai italiani in Germania. (Sezione del Caritas-Verband per la Germania cattolica) con sede centrale a Friburgo-Baden. Relazione dell' anno 1909—1910. (28 S.) Lex. 8. Friburgo-Baden 910. (Freiburg i/B. Caritas-Verlag.) — 75

Comitats-Karten von Ungarn. 1 : 288 000. 38 Bl. L.

Comité des Troppauer Frauen-Wohlthätigkeits-Vereines im J. 1856. (12 S. 4.) (Ohne Druckort und Drucker.)

Comité international de Bâle pour les secours aux prisonniers de guerre
⑤ 1870—1871 ⑥ 8° ⑦ irrégulièrement ⑧ Bâle: G. A. Bonfantini ⑩ Comité international de Bâle pour les secours aux prisonniers de guerre: Dr. H. Christ-Socin, A. Le Grand, R. Merian-Burckhardt, O. Schlumberger-Le Grand, F. Suter-Christ ⑭ Bs: U (no. 3, février 1871).

Comite: Internationales Comite in Genf zur Unterstützung verwundeter Krieger. Bericht der Agentur Basel
v. Berichte der Basler Agentur des Internationalen Comite in Genf zur Unterstützung verwundeter Krieger.

Internationales Comité für Kriegsgefangene in Genf 1870—1871. Berichte der Section Basel. 8. M. 1 Krt., 1 Tf. Basel 1871.

Comité national-italien: Manifeste et circulaires. Aux Italiens. (Londres, septembre 1850.) 8. (Berne.)

Comité des Unions Chrétiennes des Jeunes Gens
v. Correspondance mensuelle du Comité des Unions Chrétiennes des Jeunes Gens.

Comitébericht des deutschen Ansiedlungsvereins in Valdivia, herausgegeben durch J F Cast. Stuttgart 1851

Comité-Bericht an den deutschen Fortschritts-Verein in Brünn über das für die Armee einzuführende Lieferungs-System. (Donation Liechtenstein.) 8. Brünn 1869.

Comite-Bericht d Vereins z Schutze dter Einwanderer in Texas. Wiesbaden. 1850.

Comité-Bericht, der, üb. die indische Währungs-Reform in deutscher Uebertragung. Eingeleitet v. Alfr. Ostersetzer. gr. 8. (VIII, 96 S.) Wien 893. Volkswirtschaftl. Verlag, Alex. Dorn. n. 2. —

Comité-Vortrag über den Friedhof zu Innsbruck. Innsbruck. 1855. Druck der Wagner'schen Buchdruckerei. (16 S. 4.)

Comitial - Gesandtschaft, Hochfürstlich Sachsen - Weimar und Eisenachischer, pro Memoria ad Corpus Evangelicorum. O. O. 1771 V: *Schnauss, Christian Friedrich.* (ML)

Comitial - Gesandtschafts-Memoriale, Hochfürstlich Speyerisches, ad Comitia . . . O. O. 1767. V: *Huppmann.* (Holz)

Comitial - Nebenstunden. Regensburg 1790. V: *Ganz, Johann Friedrich Ferdinand.* (KY) (ML)

Commandir-Büchlein, enth. Française [Contredanse international] u. Quadrille-Lanciers. Hrsg. von der Akademie der deutschen Tanzlehrkunst, Berlin. 16. (15 S.) Berlin 888. (Plahn.) n. — 30

Commando, Aviso und Signale aus dem Abrichtungs-Reglement für die k. k. Fußtruppen. 16. (IV und 50 S.) Wien 862, Seidel und Sohn. *

Commando zum Contre-Tanz u. zur Quadrille à la Cour. 128. (14 S.) Potsdam 874. Rentel. — 15

Commando zum Contre-Tanz u. zur Quadrille à la Cour. 7. Aufl. 128. (14 S.) Breslau 891. R. Felder's Verl. — 10

— dasselbe. 8. Aufl. 128. (14 S.) Potsdam 891. J. Rentel's Verl. — 15

Commando zum Contre-Tanz u. z. Quadrille à la Cour. 9. Aufl. 64. (16 S.) Potsdam 895. Berlin, J. Rentel. — 15

Commando zum Contre-Tanz u. z. Quadrille à la Cour. 9. Aufl. (16 S.) Berlin (897). J. Rentel. — 15

Commando, die, für das Compagnie-, Divisions- und Bataillons-Exercieren, mit einer Einleitung über die bei der „Bildung der Commando" in Berücksichtigung kommenden Grundsätze. 16. (38 S.) Wien, Seidel & Sohn. 1861. 20 kr.

Commando, das, des Kronprinzen v. Württemberg in d. Feldzügen v. 1814 u. 1815 geg. Frankreich, n. amtl. Quellen hrsg. v. den Officieren d. kgl. württemberg. General-Quartiermeister-Stabs. Neue Ausg., besorgt zur Feier d. Jubelfestes d. 25jähr. Regierung Königs Wilhelm v. Württemberg. M. 12 ill. Karten (gr. Fol.) gr. 8. (13 B.) Stuttgart 841, Metzler'sche Buchh. *

Commando-Buch zum Exerzir-Reglement für die Infanterie. Cassel 1802. 8°.

Commando-Tabelle zum Betriebe des Turnens und des Bajonettfechtens der Infanterie. Aufgestellt nach den neuesten Vorschriften zum prakt. Gebrauch und zum Anhalt für die Unteroffiziere. 24. (24 S.) Glogau 877, (Flemming.) cart. *

Commando-Tabelle aus dem Exercier-Reglement für die Cavallerie der königl. preussischen Armee. 8. Berlin 1855.

Commando-Worte zum Abrichtungs-Reglement der k. k. Artillerie. 12. (54 S.) Brünn, Buschak & Irrgang. 1860. 20 kr.

— aus dem Abrichtungs- und Exercir-Reglement der k. k. Infanterie in Exercir-Zetteln dargestellt. Für ein Glied bis zu einem Bataillon. Von Oberlieut. G.-R. A. 16. (95 S.) Prag 847, Haase Söhne, Verlags-Expedition.

Commando-Worte aus dem Abrichtungs-Reglement für die k. k. Jäger. 1851. 16. (32 S.) Wien. (Leipzig, Hübner.) baar n 4 ngr

— aus dem Abrichtungs-Reglement f. die k. k. Kavallerie. 1851. 16 (48 S.) Ebd. baar n. 4 ngr

Commandoworte aus dem Abrichtungs-Reglement für die k. k. Kavallerie. Mit vollem Inhalte jener Paragraphe und Absätze, welche in Folge Allerhöchster Bestimmung an die Stelle der betr. Paragraphe und Absätze im Abrichtungs-Reglement zu setzen sind, oder diese zu ergänzen haben. Wien 861. Dirnböck. 16. (68 S.) 8 ngr.

— aus dem Abrichtungs-Reglement f. die k. k. Linien-Infanterie vom J. 1851. Von G. A. M. 2. verb. Aufl. 16. (28 S.) Linz, Fink. (Leipzig, Hübner.) n. n. 1/12 ℛ

— aus dem Abrichtungs-Reglement f. die k. k. Linien- u. Grenz-Infanterie. 1851. 16. (87 S.) Ebd. baar 6 ngr

Commando-Worte, Aviso und Signale aus dem Abrichtungs-Reglement für die Kais. Königl. Kavallerie ... Wien 1869. V: *Gavenda, Ant. Freih. v.* (EB)

Commandoworte für die Barren-Uebungen der 3. und 2. Classe mit Einschluss derselben für das Auf- und Abgehen vom Barren zu den Anfangsübungen. Für Unteroffiziers-Adspiranten und Unterofficiere genau nach dem Reglement, VII. Thl. praktisch bearb. von einem königl. bayr. Officier. 32. (16 S.) Neuburg a. D. 870, Griessmayer. *

Commandoworte aus dem Exercir-Reglement, s. Auszug und Commandoworte.

— zum Exercier-Reglement für die k. k. Artillerie. 16. (36 S.) Brünn, Buschak & Irrgang. 1861. 20 kr.

— aus dem Exercir-Reglement für die k. k. Jäger. 1851. 16. (47 S.) Wien. (Leipzig, Hübner.) *

— aus dem Exercier-Reglement für die k. k. Cavallerie. 12. (46 S.) Wien 864, Leo. *

— die Exercir-Reglements für die k. k. Artillerie nebst Auszügen dieser Vorschrift als Gedächtnißunterstützung. Wien 867. Dirnböck. 32. (71 S.) 10 ngr.

Commando- u. Lieder-Worte freiwilliger Feuerwehren. 16. (46 S.) Freiwaldau (899). A. Blažek. n. — 20

— für die Recküubungen der 3. und 2. Classe, unter Angabe der nöthigsten Hilfsmittel zu der Ausführung. Für Unteroffiziers-Adspiranten und Unteroffiziere, genau nach dem Reglement, Thl. VII., praktisch bearb. von einem königl. bayrischen Offizier. 32. (38 S.) Augsburg 870, Kollmann'sche Buchh. [Regensburg, Manz.] *

Commando-Worte für Schiffe u. Boote. 16. (32 S.) Berlin 877. Mittler & Sohn. cart. n. — 75

— und Signale aus dem Abrichtungs-Reglement für die k. k. Cavallerie. 12. (95 S.) Wien 864, Leo. *

— die, aus den Vorschriften für Bajonetfechten und Turnen der königl. bayerischen Infanterie und den Uebungen mit Festungs- und Belagerungs-Geschützen. Mit kurzen Bemerkungen. 32. (III, 52 S.) Ingolstadt 869, Krüll'sche Universitäts-Buchh. *

— die, aus den Vorschriften für den Unterricht der königl. bayerischen Infanterie. Mit kurzen Bemerkungen. 32. (III, 72 S.) Ingolstadt 869, Krüll'sche Universitäts-Buchh. *

Commans, H., s.: Bilderbibel, Düsseldorfer.

Seraphischer Ehrenkranz. Heilige u. Selige aus d. drei Orden d. hl. Franziskus von Assisi. 12 Phototyp. nach Zeichn. d. Historienmalers [Heinrich] Commans nebst d. Lebensbeschreibungen d. Heiligen nach P. D. Tuzer u. e. Vorw. von P. Philibert Seeböck, O. F. M. *M.Gladbach: B. Kühlen 1898.* (16 S.) 4° (w. 16.-) 5

Gloria Franciscana. Zehn Blätter mit Darstellungen von Heiligen aus d. drei Orden d. hl. Franziskus von Assisi. Phototyp. nach Orig.-Federzeichn. d. Historienmalers H[einr.] Commans, nebst e. Vorw. von P. Philibert Seeböck u. den Lebensbeschreib. d. Heiligen von Antonius P. Plattner. *M.-Gladbach: B. Kühlen (1899?).* (7 Bl., 10 Taf.) 2° (w. n76) 5

Commassations-Gesetze, die, vom 7. Juni 1883, betreffend: Die Zusammenlegung landwirthschaftlicher Grundstücke. Die Vereinigung des Waldlandes von Enclaven und Arrondirung der Waldgrenzen. Die Theilung gemeinschaftlicher Grundstücke und Regulirung der bezüglichen Rechte. Mit einem Anhang, enthaltend: Regulirung und Ablösung der Forstservituten nach dem Patente vom 5. Juli 1853. Ergänzt durch die einschläg. Bestimmungen des allgemeinen bürgerl. Gesetzbuches. Mit einem alphabet. Sachregister. 8. (57 S.) Prag 883, Mercy. *

Commassations-Gesetze, die österr., vom 7. Juni 1883, betr.: Die Zusammenlegung landwirthschaftl. Grundstücke. Prag 883.

Comme ça vient, et comme ça passé, Comédie en 1 Acte melee de Vaudevilles, par M. M. Francis et Coster. gr. 8. Rudolst. Hofbuchh. 821.

Commedia, la divina. Hermann v. Löhners metr. Übertragg. der ersten 25 Gesänge. Mit e. Nachwort. (Hermann v. Löhner. Eine biograph. Skizze v. Carl Siegel.) (152 S.) 8. Wien 903. C. Gerold's Sohn. n. 3. 60; geb. in Leinw. n. 4. 80

Commedie du Carlo Goldoni. IX Vol. Venezia e Dresda 1756. 8°

* Commedie di M. Strasoldo. II. Tomi. 8. Triest. Geistinger. 793.

Commelin, Joh., s.: Engel, P. V. — Le Gendre.

Commemoração do 50° anniversario da fundação de Blumenau. 1850—2 de setembro—1900. Zum 50jähr. Jubiläum d. Kolonie Blumenau. Blumenau (1900): Baumgarten. 51 S. 4° [11. 6634

Commemorationes communes sive suffragia sanctorum. 8. (2 S.) Kempten 872, Kösel'sche Buchh.

Commemorationes de praecipuis patronis vel titulis ecclesiae. 16. (7, 7, 10 u. 16 S.) Klagenfurt 894. (A. Raunecker.) n.n. — 24

Commemoratorium de casis Dei, s. Descriptiones terrae sanctae.

Commencements des postes en Suisse. Die ersten Posteinrichtungen in der Schweiz . . . [Bern 1883.] V: *Hoch, Carl.* (Cat. d. Stadtbibl. Zürich. Zürich 1864—97.)

Commenda, H., s.: Aus dá Hoamát.

Commenda, H. (Bearb.), s. Heimat-Atlas, Linzer, für Volksschulen.

— Materialien zur landeskundlichen Bibliographie Oberösterreichs. Unter Mitwirkg. mehrerer Fachschriftsteller gesammelt u. zusammengestellt. gr. 8. (X, 790 S.) Linz 891. (F. J. Ebenhöch.) n.n. 8. —

Commenda, H. (Hrsg.), s. Schosser, Anton: Aus dá Hoamát.

Commenda, H.: Schulhandkarte . . ., s. Fees, Theodor.

Commenda, H. (Hrsg.), s. Zötl, Hans: Jugendausgabe . . .

Commenda, Hans, Materialien zur Geognosie Oberösterreichs. Ein Beitrag f. die Landeskunde in Einzeldarstellgn. (Landeskunde in Einzeldarstellgn., 2. Hft.) gr. 8. (IV, 272 S. m. 1 Taf. u. 2 Tab.) Linz 900. (V. Fink). n. 4. —
Sonderabdruck aus: „56. Jahresbericht des Museum Francisco-Carolinum".

Commenda Hans: Materialien zu einer Geschichte der Linzer Realschule. 77. Linz R. 02.
Progr.

Commenda, Hans Übersicht der Mineralien Oberösterreichs. I. Theil. 8 (S. 3—22). II. Theil. 8 (S. 3—24).
Progr. Staats-G. *Linz* 1886. 1887.

Commenda, Hans, Übersicht der Mineralien Oberösterreichs. 2. verm. u. verb. Ausg. (72 S.) 8. Linz 904. (V. Fink.) n. 1. 20
Sonderabdruck aus: „33. Jahresber. d. Vereins f. Naturkde. in Oberösterreich".

Comment l'esprit rude de la langue grecque est-il représenté en latin? 8. (36 S.) Genf 875, [Menz.] Mueller. * ·

— les Français font la guerre. Recueil de faits pour servir à l'histoire des moeurs et de la civilisation au 19. siècle. Par *** gr. 8. (86 S.) Berlin 871. C. Duncker. — 75

Comment parle-t-on à Athènes. Écho du grec moderne parlé par A. N. Jannaris. Avec un dictionnaire spécial par Ch. Th. Pylarinos. 8. (170 S.) Leipzig 893. R. Giegler. Kart. n. 3. —

Commentaire, le. Revue actuelle et instructive. Französische Zeitg. f. deutsche Leser. Red.: Mor. Schwarz. 4.—6. Jahrg. 1904—1906. à 52 Nrn. (à ca. 8 S. m. Abbildgn.) Lex.-8. Düsseldorf. (Leipzig, R. Friese.) à Jhrg. n. 4. 80

Commentaire, le. Revue actuelle et instructive. Französische Zeitg. f. deutsche Leser. Red.: Mor. Schwarz. 7.—9. Jahrg. 1907—1909. à 52 Nrn. (à ca. 8 S.) Lex. 8. Düsseldorf. (Leipzig, R. Friese.) à Jahrg. 6. —
Erscheint nicht mehr.

Commentaire, de Moïse Cremieu, sur les prières concernant le grand jeûne, composées par les plus célèbres Israelites, entre autres, les rabins Jehuda-Halevi, Abraham-Aben-Ezra, Moïse-Aben-Ezra. 8. Aix 836. ...

Commentaire et discussion du système planétaire de l'astronome J. Perny Villeneuve. Par un ancien officier de l'étatmajor. gr. 4. (IV und 47 S.) Wien 861. (Gerold's Sohn.) *

Commentaire historique sur les oeuvres de l'auteur de la Henriade . . . Basle 1776. V: *Wagnière, Jean Louis.* (BrMm)

Commentaire historique sur les oeuvres de l'auteur de la Henriade. 8. Basel, Flick. 776.

Commentaire au poëme de Mr. Slontschewsky sur les provinces baltiques. 8. (45 S.) Leipzig 887, Veit und Comp. *

Commentaires de César d'une traduction nouvelle, avec fig. II. Vol. 12. Amsterdam et Lpz. 755.

— de César, traduction nouv. suivie d'un Examen de l'analyse critique que Mr. Davon a faite de ses guerres, p. Mr. de Vaudrecourt. II Vol. gr. 8. Paris et Strasb. Treuttel. 792.

Commentaires sur les Commentaires du Comte de Turpin sur Montecuculi . . . Breslau 1778—79. V: *Warnery, Carl Em. von.* (Ky)

Commentaires sur les commentaires du Comte de Turpin sur Montecuculi. III Vols. av. pl. 8. Bresl. 778 u. 79. W. G. Korn, 2 ℔ 16 gr

Commentar, s. a.: Kommentar.

— über den Brief d. Apostels Paulus an d. Römer. Aus d. Engl. 2 Bde. gr. 8. Tübing. 825. Osiander. 2 ℔ 8 gr

Commentar, ein, zur Chronik aus dem 10. Jahrh. Zum erstenmal hrsg. v. Raph. Kirchheim, nach den Hdschr. A. der Universitäts-Bibliothek in Rostock Nr. 32, B. der königl. Bibliothek in Turin Nr. 124 u. C. der königl. Bibliothek in München. Nr. 5. [Als Mskr. gedr.] gr. 8. (VIII, 60 S.) Frankfurt a/M. 874. (Berlin, Adf. Cohn.) n. 4. —

— üb. Hezels Elementarwerk der franz. Sprache. gr. 8. Marburg, Krieger. 801.

Commentar über die Frage: Ist das Kirchengeräth ein Theil des Privateigenthums der Klöster und Kirchen? Landshut 1802. V: *Aschenbrenner, Beda.* (Ky)

Commentar zur allgemeinen Gerichts-Deposital- und Hypotheken-Ordnung nebst Bemerkungen zur Theorie von Protestationen. Breslau und Leipzig 1803. V: *Merckel, Johann Christoph.* (KGBerlin, 1635)

— üb. d. Gesetzbuch Napoleons, s. Napoleon.

— zu d. Gesetzen über d. guthsherrl. u. bäuerl. Verhältnisse etc. s. Sommer, (J. F. J.)

Commentar zu den Gesetzen über die gutsherrlichen und bäuerlichen Verhältnisse in denjenigen Theilen der Preussischen Monarchie zwischen der Elbe und dem Rhein, welche vormals zum Königreich Westfalen, zum Grossherzogthum Berg, und zum französischen Reiche gehöret haben, desgleichen im Herzogthum Westfalen. Hamm und Münster 1823. V: *Sommer, Johann Friedrich Joseph.* (KGBerlin I, 1993)

Commentar über die Haider- und Salzburger-Thesen über die Handwerkerfrage, Arbeiterfrage und Agrarfrage. 8°. Frankfurt 1884.

— über d. von J. Lohse bearb. Hülfsmittel f. d. geograph. u. mathemat. Unterricht. 8. Hamb. 831. Hoffmann u. Campe. 6 gr

Commentar über die Collision der teutschen Staatsbürgerpflicht mit den landesherrlichen teutschen Reichsständen ... Frankfurt a. M. 1800. V: *Scheppler, Frz Jos. Carl.* (EngJ) (HS) (MGT) »1801« (Ky)

— über d. Collision d. deutschen Staatsbürgerpflicht mit d. landesherrl. Gewalt deutscher Reichsstände u. Landesherren, (v. F. J. K. Scheppler). gr. 8. Frankf. 801. Guilhaumann. 1 ₰

Commentar, Kritischer, über die Oesterr. Prov. Pharmakopie ... Presburg 1785. V: *Hussty Edl. v. Rassinya, Zach. Glieb.* (call)

— kurzgefasster wissenschaftl., der hl. Schriften des Alten Testamentes. Auf Veranlassg. der Leo-Gesellschaft unter besond. Mitwirkg. v. M. Flunk, S. J., W. A. Neumann, F. J. Selbst, P. Vetter u. H. Zschokke hrsg. v. Bernh. Schaefer. I. Abth. 4. Bd. I. Hälfte, u. III. Abth. 3. Bd. 1. u. 2. Hälfte. gr. 8. Wien, Mayer & Co. n 18. —
I. 4. I. Die Bücher Esras, Nehemias u. Esther. Übersetzt u. erklärt. Von Mich. Seisenberger. (VII, 210 S.) 901. n. 5. —
III. 3. I. Das Buch Ezechiel, erklärt. Von Pet. Schmalzl. Mit 5 Abbildgn. (XI, 473 S.) 901. n. 10. —
3. II. Das Buch Daniel, erklärt. Von Paul Riessler. (XVII, 133 S.) 902. n. 3. —

— kurzgefasster wissenschaftlicher, zu den hl. Schriften des Alten Testamentes. Auf Veranlassg. der Leo-Gesellschaft unter besond. Mitwirkg. v. M. Flunk, J. S. W. A. Neumann, F. J. Selbst, P. Vetter u. H. Zschokke hrsg. v. Bernh. Schäfer I. Abth. 3. Bd. 1. Hälfte u. III. Abth. 2. Bd. gr. 8. Wien, Mayer & Co. n. 18. 40
I, 3, I. Die Bücher Samuels od. erstes u. zweites Buch der Könige. Übers. u. erklärt von Nivard Schlögl, O. Cist. (XXI, 202 u. 159 S.) 904. n. 8. 40
III, 2. Das Buch Jeremias, des Propheten Klagelieder u. das Buch Baruch, erklärt von Leo Ad. Schneedorfer, O. Cist. (XXIV, 482 S.) 903. n. 10. —

— zum allgem. Landrechte für d. Preuß. Staaten, oder Erläuterung des allgem. Landrechts u. Vergleichung desselben mit dem gemeinen, besonders röm. Rechte. Nebst e. den schlesischen Provinzialgesetzen gewidmeten Anhang, (v. Ludwig.) 2 Thlr. gr. 8. Bresl. 804—6. (Heymann in Glogau). 4 ₰ 4 gr

— zum allgemeinen Landrecht für die Preußischen Staaten, oder Erläuterung des allgemeinen Landrechts und Vergleichung desselben mit dem gemeinen, besonders römis. Rechte. Nebst einem, den schlesischen Provinzialgesetzen gewidmeten Anhang. 2 Thle. gr. 8. Breslau, Hamberger. (Siegert in Liegnitz.) 804—6. (1r Thl. 1ste und 2te Abthl. 2 Rthlr. II. 1ste Abthl. 1 Rthlr. 12 gr. II. 2te Abthl. 16 gr.)

Commentar über Joh. Beckmanns Lehrbuch d. Landwirthschaft; e. Handb. für Jedermann. 8. Regensb. 799. Montag u. W. 2 ₰

Commentar und vollständige Materialien zur Konkurs-Ordnung vom 8. Mai 1855 und zu dem Gesetze ... vom 9. Mai 1855. Berlin 1855. 2. Ausg. 1858. V: *Goltdammer, Theodor.* (KGBerlin I, 1615)

Commentar. Zum Möllingerhandel ein C. Bern 1869 s. Democrit der Jüngste.

Commentar, Nöthiger, zu dem III. Theil der Schrift des Herrn J. M. Tiling ... Riga 1793. V: *Urban, Fr. Casimir.* (R-N)

Commentar, ein österreichischer, zu der russischen Darstellung des ungarischen Revolutionskrieges. Zugleich ein Supplement zu dem Werke: „Der Feldzug in Ungarn u. Siebenbürgen." 1849. gr. Lex. 8. (IV u. 43 S.) Pesth 851, Geibel. n. 1/3 ₰

Commentar, Ein österreichischer, zu der russischen Darstellung des ungarischen Revolutionskrieges. Pesth 1851. V: *Ramming von Riedkirchen, Wilh. Freih.* (EB)

Commentar zur österreichischen Pharmacopöe. Ein Handbuch für Apotheker, Sanitätsbeamte und Aerzte mit Rücksicht auf die wichtigsten Pharmacopöen des Auslandes bearbeitet von Dr. F. C. Schneider und Dr. Aug. Vogl. 2. Auflage. I. Band. I. Abtheilung. II. Band. I. Abt. III. Band. Wien: Manz Verl.-Conto. 1869. 8°

Commentar über die natürliche Politik ... Germanien [Heidelberg] 1795. V: *Leth, Erhard von.* (Ky) (ML) (Wr)

— über d. natürl. Politik, oder über d. Werk: la politique naturelle, ou discours sur les vrais principes du Gouvernement, (v. E. v. Leth). 2 Thle. gr. 8. Heilbr. 795. Claß. 2 ₰ 22 gr

Commentar, Praktischer, über die Pandekten nach dem Lehrbuch des Herrn GRR. Hellfeld. Leipzig 1796—1804. V. *Liekefett, Samuel Gottfried.* (EngJ) (Ky) (MGT) (OL) (Schz)

— praktischer, über die Pandekten nach dem Hellfeld. 15 Bde. gr. 8. Lpz. Böhme. 796—804. (I—XIV. à 2 Rthlr., 20 gr., XV. 3 Rthlr.)

— prakt., über die Pandekten nach dem Hellfeld. Lehrbuche, (v. S. G. Liekefett). 15 Bde. gr. 8. Leipz. 796—804. (Knobloch). 28 ℔ 16 gr.

— über das Projekt einer Kirchenvereinigung, (v. W. G. Ploucquet). 4. Tübing. 786.

— über die Psalmen von Augusti u. de Wette, s. a. W. M. L. de Wette.

Commentar üb. die Psalmen von Augusti u. de Wette. gr. 8. Heidelb. Mohr u. Z. 811.

Commentar über das königlich preussische Religionsedikt vom 9. Juli 1788. Amsterdam [Halle] 1788. V: *Pott, Degenhard.* (Ky) (MGT) (Wr)

— über d. königl. Preuß. Religionsedikt v. 9. Juli 1788, (v. Deg. Pott.) gr. 8. Amsterd. (Leipz.) 788.

⊙ **Commentar** zu den Patriotischen Rügen eines Holsteiners über das Post- und Poststraßen-Wesen in Holstein. Schleswig. 1830. 8°.

Commentar zu den Schloßbergbauten in Graz. Von J. Kleinoschek). 8. (24 S.) Graz 892. Sackstr. 1, J. Kleinoschek. n.n. — 20

Commentar zu d. Schloßbergbauten in Graz. 8. (24 S.) Graz 892, Leykam. ** — 20

Commentar, Sonnenklarer, des sonnenklarsten Buchstaben des Gesetzes. Pesth 1788. [Berlin 1787.] V: *Huber, Franz Xaver.* (Mitth. Dr. Ign. Schwarz-Wien).

— sonnenklarer, des sonnenklarsten Buchstaben des Gesetzes. 8. Pesth 788. Strohmeyer. 6 gr.

Commentar zu d. Sprüchen d. Väter (Pirke Aboth), aus Machsor Vitry, m. Beiträgen v. A. Berliner. (In hebr. Sprache.) gr. 8. (VI, 114 S.) Frankfurt a/M. 897. J. Kauffmann. n. 4. —

— über einige Stellen in Campens Fragmenten, verbunden mit e. ausführl. Beurtheilung d. Schrift d. Abts Velthusen: über d. nächste Bestimmung d. Landpredigerstandes. 8. Braunschw. 786. Schulbuchh. 8 gr.

— zu einigen Stellen in der v. Bülowschen Schrift, über d. Verhältnisse d. Kirchenwesens in Deutschland ꝛc., von P. S. zu G. 8. Berl. 819. Mittler. 8 gr.

Commentar über die wichtigsten Stellen des Alten Testamentes. Leipz. 1803—5. V: *Roeper, F. L.* (EB)

— über die wichtigsten Stellen des alten Testam. Vom Verfasser des exegetischen Handb. des Neuen Testaments. 1s u. 2s Stck. gr. 8. Lpz. Crusius (Vogel). 803—4. (1s 22 gr., 2s 1 Rthlr. 12 gr.)

Commentar zu einem Theil der Denkwürdigkeiten des Marschalls Marmont von einem Zeitgenossen. Freiburg 1857. V: *Wessenberg, Johann Philipp Freih. von.* (Kat. d. Bibl. d. dtsch. Reichstages. Berl. 1882.) (Pr)

Commentar, theor. u. pract. über d. Pandekten, nach Hellfeld, mit Rücks. auf d. Abweichungen d. preuss. Gesetze, von dem Verf. d. Handb. f. d. bürgerl. Recht. I, 1. *Baireuth*, (Grau) 794. 8. (1 Thl.)

— theoretisch-praktischer, über die Pandecten nach d. Lehrbuch des Hellfeld mit Rücksicht auf die Abweichungen der Königl. Preußischen und Chursächsischen Gesetze, von dem Verfasser des Handbuchs des bürgerl. Rechts. 1sten Bds 1ste Abthl. gr. 8. Bayreuth, Lübeck. 794. Rthlr.

Commentar zu der Verordnung betreffend Massnahmen gegenüber Betriebs-Abbrüchen und Stillegungen nebst der Ausführungsanweisung. Berlin 1900. V: *Flatow, Georg.* (Berlzu 1922, II, 1418)

Commentaria in Aristotelem Graeca. Edita consilio et auctor. Academiae litterarum Regiae Borussicae. Vol. 1—23. Berolini: G. Reimer 1882—1907. 8°

1. Alexandri Aphrodisiensis in Aristotelis Metaphysica commentaria. Ed. Michael Hayduck. 1891.
2, P. 1. Alexandri (Aphrodisiensis) in Aristotelis Analyticorum priorum librum I commentarium. Ed. Maximilianus Wallies. 1883.
P. 2. Alexandri Aphrodisiensis in Aristotelis Topicorum libros octo commentaria. Ed. Maximilianus Wallies. 1891.
P. 3. Alexandri (Aphrodisiensis) quod fertur in Aristotelis Sophisticos elenchos commentarium. Ed. Maximilianus Wallies. 1898.
3, P. 1. Alexandri (Aphrodisiensis) in librum De sensu commentarium. Ed. Paulus Wendland. 1901.
P. 2. Alexandri (Aphrodisiensis) in Aristotelis Meteorologicorum libros commentaria. Ed. Michael Hayduck. 1899.
4, P. 1. Porphyrii [Malchi] Isagoge et in Aristotelis Categorias commentarium. Ed. Adolfus Busse. 1887.
P. 2. Dexippi [philosophi] in Aristotelis Categorias commentarium. Ed. Adolfus Busse. 1887.
P. 3. Ammonius [Hermiae] in Porphyrii Isagogen sive V voces. Ed. Adolfus Busse. 1891.
P. 4. Ammonius [Hermiae]. In Aristotelis Categorias commentarius. Ed. Adolfus Busse. 1895.
P. 5. Ammonius [Hermiae]. In Aristotelis De interpretatione commentarius. Ed. Adolfus Busse. 1897.
P. 6. Ammonius [Hermiae]. In Aristotelis Analyticorum priorum librum I commentarium. Ed. Maximilianus Wallies. 1899.
5, P. 1. Themistii Analyticorum posteriorum paraphrasis. Ed. Maximilianus Wallies. 1900.
P. 2. Themistii in Aristotelis Physica paraphrasis. Ed. Henricus Schenkl. 1900.
P. 3. Themistii in libros Aristotelis De anima paraphrasis. Ed. Ricardus Heinze. 1899.
4. Themistii in libros Aristotelis De caelo paraphrasis hebraice et latine. Ed. Samuel Landauer. 1902.
5. Themistii in Aristotelis Metaphysicorum librum Λ paraphrasis hebraice et latine. Ed. Samuel Landauer. 1903.
6. Themistii ⟨Sophoniae⟩ in Parva naturalia commentarium. Ed. Paulus Wendland. 1903.
6, P. 1. Syriani in Metaphysica commentaria. Ed. Guilelmus Kroll. 1902.
P. 2. Asclepii in Aristotelis Metaphysicorum libros A—Z commentaria. Ed. Michael Hayduck. 1888.
7. Simplicii in Aristotelis De caelo commentaria. Ed. J[ohan] L[udvig] Heiberg. 1894.
8. Simplicii in Aristotelis Categorias commentarium. Ed. Carolus Kalbfleisch. 1907.
9. 10. Simplicii in Aristotelis Physicorum libros ... commentaria. [P. 1. 2.] Ed. Hermannus Diels. 1882—95.
11. Simplicii in libros Aristotelis De anima commentaria. Ed. Michael Hayduck. 1882.
12, P. 1. Olympiodori [philosophi] Prolegomena et in Categorias commentarium. Ed. Adolfus Busse. 1902.
P. 2. Olympiodori in Aristotelis Meteora commentaria. Ed. Guilelmus Stüve. 1900.
13. P. 1. (Ioannis) Philoponi ⟨olim Ammonii⟩ in Aristotelis Categorias commentarium. Ed. Adolfus Busse. 1898.
P. 2. Ioannis Philoponi in Aristotelis Analytica priora commentaria. Ed. Maximilianus Wallies. 1905.
P. 3. Ioannis Philoponi in Aristotelis Analytica posteriora commentaria cum anonymo in librum II. Ed. Maximilianus Wallies. 1909.

14, P. 1. **Ioannis Philoponi** in Aristotelis Meteorologicorum librum primum commentarium. Ed. Michael Hayduck. 1901.
P. 2. **Ioannis Philoponi** in Aristotelis libros De generatione et corruptione commentaria. Ed. Hieronymus Vitelli. 1897.
P. 3. **Ioannis Philoponi** (Michaelis Ephesii) in libros De generatione animalium commentaria. Ed. Michael Hayduck. 1903.
15. **Ioannis Philoponi** in Aristotelis De anima libros commentaria. Ed. Michael Hayduck. 1897.

16. 17. **Ioannis Philoponi** in Aristotelis Physicorum libros ... commentaria. Ed. Hieronymus Vitelli. [P. 1. 2.] 1887–88.
18, P. 1. **Eliae** in Porphyrii Isagogen et Aristotelis Categorias commentaria. Ed. Adolfus Busse. 1900.
P. 2. **Davidis** [Armeni] Prolegomena et in Porphyrii Isagogen commentarium. Ed. Adolfus Busse. 1904.
P. 3. **Stephani** [Alexandrini] in librum Aristotelis De interpretatione commentarium. Ed. Michael Hayduck. 1885.
19, P. 1. **Aspasii** in Ethica Nicomachea quae supersunt commentaria. Ed. Gustavus Heylbut. 1889.
P. 2. **Heliodori** [Prusensis] in Ethica Nicomachea paraphrasis. Ed. Gustavus Heylbut. 1889.
20. **Eustratii** [episcopi Nicaeni] et **Michaelis** [Ephesii] et anonyma in Ethica Nicomachea commentaria. Ed. Gustavus Heylbut. 1892.
21, P. 1. **Eustratii** [episcopi Nicaeni] in Analyticorum posteriorum librum secundum commentarium. Ed. Michael Hayduck. 1907.
P. 2. **Anonymi** et **Stephani** [Alexandrini] in Artem rhetoricam commentaria. Ed. Hugo Rabe. 1896.

22, P. 1. **Michaelis** Ephesii in Parva naturalia commentaria. Ed. Paulus Wendland. 1903.
P. 2. **Michaelis** Ephesii in libros De partibus animalium, de animalium motione, de animalium incessu commentaria. Ed. Michael Hayduck. 1904.
P. 3. **Michaelis** Ephesii in librum quintum Ethicorum Nicomacheorum commentarium. Ed. Michael Hayduck. 1901.
23, P. 1. **Sophoniae** in libros Aristotelis De anima paraphrasis. Ed. Michael Hayduck. 1883.
P. 2. Anonymi in Aristotelis Categorias **paraphrasis**. Ed. Michael Hayduck. 1883.
P. 3. **Themistii** quae fertur in Aristotelis analyticorum priorum librum I paraphrasis. Ed. Maximilianus Wallies. 1884.
P. 4. Anonymi in Aristotelis Sophisticos elenchos **paraphrasis**. Ed. Michael Hayduck. 1884. (10. 8033

Commentaria in Aristotelem graeca, edita consilio et auctoritate academiae litterarum regiae borussicae. Vol. IX et IX. gr. 8. Berlin 882. G. Reimer. n. 39. —
IX. **Simplicii** in Aristotelis Physicorum libros quattuor priores commentaria, ed. Herm. Diels. (XXXI, 800 S.) n. 27. —
XI. **Simplicii** in libros Aristotelis de anima commentaria, ed. Mich. Hayduck. (XIV, 361 S.) n. 12. —

Commentaria in Aristotelem graeca, edita consilio et auctoritate academiae litterarum regiae borussicae. Vol. II. pars 1, vol. XVIII, pars 3, vol. XXIII, partes 1—4. gr. 8. Berlin, G. Reimer. n. 36. —
II. 1. **Alexandri** in Aristotelem Analyticorum priorum librum I commentarium, ed. Max. Wallies. (XXII, 426 S.) 881. n. 14. —
XVIII. 3. **Stephani** in librum Aristotelis de interpretatione commentarium, ed. Mich. Hayduck. (VIII, 92 S.) 885. n. 4. —
XXIII. 1. **Sophoniae** in libros Aristotelis de anima paraphrasis. Ed. Mich. Hayduck. (VIII, 175 S.) 2. Anonymi in Aristotelis categorias paraphrasis. Ed. Mich. Hayduck. (IV, 86 S.) 883. n. 9. —
3. **Themistii** quae fertur in Aristotelis Analyticorum priorum librum I paraphrasis, ed. Max. Wallies. (X, 164 S.) 4. Anonymi in Aristotelis sophisticos elenchos paraphrasis, ed. Mich. Hayduck. (VI, 24 S.) 884. n. 9. —
(Vol. XXIII cplt.: n. 18. —)

Commentaria in Aristotelem graeca edita consilio et auctoritate academiae litterarum regiae borussicae. Vol. IV partes 1. 2., vol. VI pars 2, vol. XVI, XVII, XIX partes 1. 2. Lex.-8. Berlin, G. Reimer. n. 90. 80
IV. 1. **Porphyrii** isagoge et in Aristotelis categorias commentarium, ed. Adf. Busse. (LVI, 181 S.) 887. n. 9. —
2. **Dexippi** in Aristotelis categorias commentaria, ed. Adf. Busse. (IX, 106 S.) 888. n. 4. 80
2. **Asclepii** in metaphysica commentaria, edidit Mich. Hayduck. (VII, 505 S.) 888. n. 19. —
XVI. Ioannis **Philoponi** in Aristotelis physicorum libros III priores commentaria, ed. Hieron. Vitelli. (XX, 495 S.) 887. n. 20. —
XVII. Johannis **Philoponi** in Aristotelis physicorum libros V posteriores commentaria, ed. Hieron. Vitelli. (S. 495—997.) 888. n. 19. —
XIX. 1. **Aspasii** in Ethica Nicomachea quae supersunt commentaria. 2. **Heliodori** in Ethica Nicomachea paraphrasis. Ed. Gust. Heylbut. (XII, 245 u. VIII, 246 S.) 889. n. 19. —

Commentaria in Aristotelem graeca. Edita consilio et auctoritate academiae litterarum regiae borussicae.
Vol. I, vol. II, pars 2, vol. IV, pars 3, vol. VII, vol. XX. Lex.-8. Berlin, G. Reimer. n. 125. —
I. **Alexandri** Aphrodisiensis in Aristotelis metaphysica commentaria, ed. Michael Hayduck. (XIII, 919 S.) 891. n. 35. —
II, 2. **Alexandri** Aphrodisiensis in Aristotelis topicorum libros octo commentaria, ed. Max. Wallies. (L, 712 S.) 891. n. 28. —
IV, 3. **Ammonius**, in Porphyrii isagogen sive V voces. Ed. Adf. Busse. (XLVI, 183 S.) 891. n. 7. —
(IV, 1—3.: n. 20. 80)
VII. **Simplicii** in Aristotelis de caelo commentaria. Ed. J. L. Heiberg. (XVI, 780 S.) 894. n. 30. —
XX. **Eustratii et Michaelis** et anonyma in ethica nicomachea commentaria. Ed. Gust. Heylbut (XIII, 633 S.) 892. n. 25. —

Commentaria in Aristotelem graeca. Edita consilio et auctoritate academiae litterarum regiae borussicae. Vol. II, pars. 3; Vol. IV, pars. 4. u. 5; Vol. XIII, pars. 1; Vol. XIV, pars. 2; Vol. XV u. Vol. XXI, pars 2. Lex.-8. Berlin, G. Reimer. n. 97. 50
II, 3. **Alexandri** quod fertur in Aristotelis Sophisticos elenchos commentarium. Ed. Max. Wallies. (XXXII, 238 S.) 898. n. 10. — (1—3: n. 52. —)
IV, 4. **Ammonius**, in Aristotelis categorias commentarius, ed. Adf. Busse. (XXII, 144 S.) 895. n. 6. —
(IV, 1—4: n. 26. 80)
IV, 5. dasselbe. In Aristotelis de interpretatione commentarius. Ed. Adf. Busse. (LVI, 318 S.) 897. n. 14. —
XIII, 1. **Philoponi** (olim Ammonii) in Aristotelis categorias commentarium. Ed. Adf. Busse. (XVI, 233 S.) 898. n. 9. 50
XIV, 2. **Ioannis Philoponi** in Aristotelis libros de generatione et corruptione commentaria. Ed. Hieron. Vitelli. (X, 356 S.) 897. n. 14. —
XV. **Ioannis Philoponi** in Aristotelis de anima libros commentaria. Ed. Mich. Hayduck. (XIX, 670 S.) 897. n. 27.—
XXI, 2. **Anonymi** et **Stephani** in artem rhetoricam commentaria. Ed. Hugo Rabe. (XVIII, 441 S.) 896. n. 17. —

Commentaria in Aristotelem graeca. Edita consilio et auctoritate academiae litterarum regiae borussicae. Vol. III, pars 1 u. 2, Vol. IV, pars 6, Vol. V, pars 1—4, Vol. VI, pars 1, Vol. XII, pars 2. Vol. XIV, pars 1, Vol. XVIII, pars 1 u. Vol. XXII, pars 3. Lex.-8. Berlin, G. Reimer. n. 108. 80
III. 1. **Alexandri** in librum de sensu commentarium, ed. Paul Wendland. (XIX, 207 S.) 901. n. 8. 70
2. **Alexandri** in Aristotelis meteorologicorum libros commentaria. Ed. Mich. Hayduck. (XIII, 256 S. m. Fig.) 899. n. 10. 20
IV. 6. **Ammonii** in Aristotelis analyticorum priorum librum I commentarium. Ed. Max Wallies. (XIV, 100 S.) 899. n. 4. 40
V. 1. **Themistii** analyticorum posteriorum paraphrasis. Ed. Max Wallies. (XVI, 88 S.) 900. n. 4. —
2. **Themistii** in Aristotelis physica paraphrasis. Ed. Henr. Schenkl. (XLI, 272 S.) 900. n. 12. —
3. **Themistii** in libros Aristotelis de anima paraphrasis. Ed. Ricardus Heinze. (XI, 174 S.) 899. n. 7. 20
4. **Themistii** in libros Aristotelis de caelo paraphrasis hebraice et latine. Ed. Sam. Landauer. (XV, 247 u. 176 S.) 902. n. 16. 60
VI. 1. **Syriani** in metaphysica commentaria. Ed. Guilelm. Kroll. (XIII, 221 S.) 902. n. 9. —
XII. 2. **Olympiodori** in Aristotelis meteora commentaria. Ed. Guilelm. Stüve. (XIV, 382 S.) 900. n. 15. —
XIV. 1. **Philoponi**, Ioa., in Aristotelis meteorologicorum librum primum commentarium. Ed. Mich. Hayduck. (IX, 155 S.) 901. n. 6. 40
XVIII. 1. **Eliae** in Porphyrii isagogen et Aristotelis categorias commentaria. Ed. Adf. Busse. (XXXIII, 290 S.) 900. n. 12.—
XXII. 3. **Michaelis Ephesii** in librum quintum ethicorum Nicomacheorum commentarium. Ed. Mich. Hayduck. (VIII, 86 S.) 901. n. 3. 30

Commentaria in Aristotelem graeca. Edita consilio et auctoritate academiae litterarum regiae borussicae. Vol. V pars 5 et 6; vol. XII pars 1; vol. XIII pars 2; vol. XIV pars 3; vol. XVIII pars 2 et vol. XXII pars 1 et 2. Lex.-8. Berlin, G. Reimer. n. 69. —
(Preis des bisher Erschienenen n. 591. 10)
V, 5. **Themistii** in Aristotelis metaphysicorum librum Λ paraphrasis hebraice et latine. Edidit Sam. Landauer. (IX, 40 u. 35 S.) 903. n. 3. 40
6. **Themistii** (Sophoniae) in parva naturalia commentarium. Ed. Paul. Wendland. (XIV, 45 S.) 903. n. 2. 40
XII, 1. **Olympiodori** prolegomena et in categorias commentarium. Ed. Adf. Busse. (XII, 163 S.) 902. n. 7. —
XIII, 2. **Philoponi**, Jos., in Aristotelis analytica priora commentaria. Ed. Max. Wallies (XXXVII, 494 S.) 905. n 20. —
XIV, 3. **Philoponi, Ioannis** (Michaelis Ephesii) in libros de generatione animalium commentaria. Ed. Mich. Hayduck. (VIII, 280 S.) 903. n. 11. —
XVIII, 2. **Davidis** prolegomena et in Porphyrii isagogen commentarium. Ed. Adolfus Busse. (XXIV, 236 S.) 904. n. 10. —
XXII, 1. **Michaelis Ephesii** in parva naturalia commentaria. Ed. Paul. Wendland. (XII, 175 S.) 903. n. 7. 20
2. **Michaelis Ephesii** in libros de partibus animalium, de animalium motione, de animalium incessu commentaria. Ed. Mich. Hayduck. (XIV, 193 S.) 904. n. 8. —

Commentaria in Aristotelem graeca. Edita consilio et auctoritate academiae litterarum regiae borussicae. Vol. VIII, vol. XIII pars 3 et vol. XXI pars 1. Lex. 8. Berlin, G. Reimer. 59. 50
(Soweit erschienen: 650.60)
VIII. **Simplicii** in Aristotelis categorias commentarium. Ed. Carol. Kalbfleisch. (XXIV, 575 S.) 907. 22. 50
XIII, 3. **Philoponi**, Ioa., in Aristotelis analytica posteriora commentaria cum anonymo in librum II. Ed. Max. Wallies. (XXX, 620 S.) 909. 25. —
XXI, 1. **Eustratii** in analyticorum posteriorum librum secundum commentarium. Ed. Michael Hayduck. (XVIII, 298 S.) 907. 12. —

Commentaria doctorum hominum in Plutarchi vitas parallelas. Ex variis libris collegit et commodum in ordinem digesta accurate edid. atque indices necessarios adjecit Car. Henr. Frotscher. Vol. I. In Demosthenis et Ciceronis vitas commentaria. 8. Lipsiae 843, T. O. Weigel. ¾ rß

— **ad instructionem** Clementis XI pro expositione ss. sacramenti in forma XL horarum et suffragia atque adnotationes super decretis sacr. rituum congregationes, s.: **Decreta** authentica congregationes sacrorum rituum. IV.

Commentaria de rebus in scientia naturali et medicina gestis. Vol.1 - 8, 10 - 23, 25 - 36; Primae decadis supplementum 1 - 4, Index; Secundae decadis supplementum 1 - 4, Index; Tertiae decadis supplementum 1 - 3, Index; gbd.

Lipsiae: Gleditsch 1752 - 1794

JB 6.003

Commentaria üb. Gebers Werke, wodurch materia proxima lapidis univers. erwiesen wird. gr. 8. Wien, Kaulfuß, 798.

— — dassel. Gräff in Leipzig.

Commentaria über Gebers Werke, wodurch materia proxima lapidis universalis erwiesen wird. gr. 8. Wien 792. (Wienbrack in Leipz.) 20 gr

Commentarien zu Esther, Ruth und den Klageliedern von R. Menachem b. Chelbo, R. Tobia b. Elieser, R. Josef Kara, R. Samuel b. Meïr u. einem Ungenannten. Zum ersten Male herausg. von Adph. Jellinek. Leipzig 855. Gerhard in Comm. 8. (X, 1 Bl., 51 S.) n. 10 ngr

Commentarien zur neuesten Geschichte des Preussischen Staates. Braunschweig 1807. V: *Cramer, Friedrich Matthias Gottfried.* (Ky) (MGT)

— medicin., von e. Gesellschaft d. Aerzte zu Edinburgh. Aus d. Engl. (v. A. F. A. Diel). 10 Bde, nebst Hauptregister über d. 1ste Decade. 8. Altenb. 774—89. (Hennings in Neisse). 11 rß 8 gr 2te Decade, 10 Bde. (1r—8r übers. v. A. F. A. Diel) oder des ganzen Werks 11r—20r Bd. 8. Ebd. 791—98, nebst Hauptregister. 7 rß 16 gr Derselbe, 3te Decade 1r Thl., oder d. ganzen Werks 21r Bd. 8. Ebd. 799. 16 gr

[Medical and philosophical Commentaries. Deutsch:] Medicinische Commentarien von einer Gesellschaft der Aerzte zu Edinburgh. Aus d. Engl. ([Übers.:] Georg Heinrich Königsdörfer [Königsdörffer].) Th. 1–5. Altenburg: Richter 1774–81. 8°
Th. 1, St. 1 – 4 : 1774–75.
Th. 2, St. 1 – 4 : 1775.
Th. 3, St. 1 – 4 : 1776–77.
Th. 4, St. 1 – 4 : 1778.
Th. 5, St. 1 – 4 : 1781.

Medicinische Commentarien von einer Gesellschaft der Aerzte zu Edinburgh. (Medical and philosophical commentaries by a Society of Physicians in Edinburgh. Dt.) Übers. von August Friedrich Adrian Diel, herausg. von George Heinrich Königsdörfer. 1. Decade: Bd 1, 10, 2. Decade: Bd 2 - 3, gbd.

Altenburg: Richter 1774 - 1792

Commentarien, medicinische, v. e. Gesellschaft d. Aerzte zu Edinburg. 10 Bde. nebst Hauptregister üb. d. 1ste Decade. 8. Altenb. (Academ. Bchdl. in Jena.) 778—90. (I bis IV. à 1 Rthlr., V. VI. à 1 Rthlr. 6 gr., VII. 18 gr., VIII. 1 Rthlr. 4 gr., IX. 1 Rthlr. 12 gr., X. nebst Hauptregister 1 Rthlr. 6 gr.)

— — derselb. 2te Decade. 10 Bde. od. d. ganz. Werks 11r bis 20r Bd. 8. Ebend. 791—98. (11r 1 Rthlr., 12r 16 gr., 13r 18 gr., 14r 16 gr., 15r 1 Rthlr., 16r 18 gr., 17r 14 gr., 18r, 19r u. 20r à 18 gr.)

— — ders. 3te Decade 1r Thl. od. d. ganzen Werks 21r Bd. 8. Ebend. 799.

Commentarii acad. scientiarum Petropolitanae ab ao. 1726—46. XIV Tom., c. tabb. aen. 4. St. Petersb. Acad. B. 42 rß — novi ejusd. acad. ab ao. 1747—76. XX Tom., c. tabb. aen. 4. ibid. 60 rß

Commentarii Academiae Scientiarum Petropolitanae ab Ao. 1726—1746. XIV Tomi. c. tabb. aen. 4. Petersburg, Academie. (Hartknoch in Lpz.) (à 4 Rthlr.)

— — — novi ejusdem Academiae, ab Ao. 1747—1776. XX Tomi (quorum XIV duo Volumina continet) c. tabb. aen. 4. ibid. (à 4 Rthlr.)

Commentarii de adfinitate priscae Indorum linguae . . . cum Persarum . . . sermone, s. Commentatio . . .

Commentariorum Altonanorum de rebus in orbe terrarum recenter gestis libellus VII. d. 13. Mai 1751. U. St. (S. 49—56).

Commentariorum in Aratum reliquiae. Coll. recens., prolegomenis indicibusque instruxit Ernest. Maas. Insunt tabulae duae et tres imagines textui impressae. gr. 8. (LXXI, 749 S.) Berlin 898. Weidmann n. 30. —

Commentarii de bellis C. Julii Caesaris. Recensuit et illustr. Car. Ern. Chrn. Schneider. Pars II. Fasc. 1.: C. Julii Caesaris commentariorum de bello gallico lib. V. continens. 8maj. (185 S.) Halis 849, libr. orphanotrophei. Thlr.
Pars I. Ibid. 1840. 1 Thlr. 20 Ngr.

Commentarii de bellis C. Julii Caesaris. Recensuit et illustr. Car. Ern. Chr. Schneider. Pars II. Fasc. 2 et 3.: C. Julii Caesaris commentariorum de bello gallico lib. VI et VII continens. 8maj. (VIII und S. 185—654.) Halis 852—55, libr. orphanotrophei.
Pars I. et Pars II.Fasc. I. Ibid. 1840—49. * 2 Thlr. 15 Ngr.

— de bello Sarmatico. (Edid. Liber Baro de Serra.) Drosd. 812. 8. 10 gr.

Commentarii in Diogenem Laertium. Editionem curavit H. G. Huebnerus . . . Lipsiae 1830—33. V: *Casaubonus, Isaac* & *Aeg. Menagius.* (Cat. d. Stadtbibl. Zürich. Zürich 1864—97.)

— in sanctum J. C. Evangelium sec. Matthaeum, etiam collatum cum Evangelio Marci, Lucae et Joannis in iis, quae habent communia, nec non in sanct. J. C. Evangel. sec. Marcum, Lucam et Joannem etc. per J. Pires. 12maj. Mechl. 823. (Mainz, Müller). 1 ℛ 8 𝔤𝔤

— in Boerhave institutiones medicas studio L. G. H. VII Tom. 8. Lugd. 747.

— de Bononiensi scientiarum et artium instituto atque academia. VIII Tomi, c. fig. 4. maj. Bonon. Gleditsch. 748—70.

Commentarii, Itineris a Leone de Rosmital . . . per Germaniam Angliam, Franciam . . . confecti, coaevi duo. Stuttg. 1844. H: *Schmeller, Joh. Andr.* (AarF)

Commentarii. Commentariorum Kiloniensium de rebus memorabilibus libellus. Kilonii 1768. V: *Christiani, Wilh. Ernst.* (Collin, Anonymer. Kiobenh. 1869.) (ML)

Commentarii de libris minoribus. Bremen und Amsterdam 1766—70. H: *Meusel, Johann Georg.* (BB) (Ky)

— de libris minoribus. (v. J. G. Meusel u. A.) Vol. I. P. 1—4. Vol. II. P. 1 et 2. 4. Brem. 766—70. Förster. 2 ℛ — novi de libris minoribus. Vol. I. P. 1. 8. Gotha 773. Ettinger. 8 𝔤𝔤

— de Libris minoribus. Vol. I. I—IV. Part. Vol. II. Pars I. II. 4. Bremae, Förster. (Müller) 776—70.

Commentarii Lipsienses litterarii. Lipsiae 1753. V: *Platner, Friedrich.* (Barbier)

— Lipsienses literarii. T. I. Sect. 6. 8. Leipz. 754. 1 ℛ id. lib. T. II. Sect. 1—3. 8. ibid. 754. 12 𝔤𝔤

Commentarii notarum tironianarum cum prolegomenis adnotationibus criticis et exegeticis notarumque indice alphabetico ed. Wilh. Schmitz. Fol. (117 S. m. 132 Taf.) Leipzig 893. B. G. Teubner. Text kart., in Mappe. n. 40. —

Commentarii novi Hamburgenses. Hamb. 750. 8. Ist eine Lateinische Zeitung.

— novi de Libris minoribus. Vol. I. Pars I. 8. Gothae, Ettinger. 773.

Commentarii, Novi, Societatis Regiae Scientiarum. 1769—71. Gottingae et Gothae 1771—78. H: *Heyne, Christian Gottlob.* (BrMm)

Commentarii novi societatis

Novi commentarii societatis Regiae scientiarum Gottingensis. Annus 1769-1800. Tom. 1-15 gbd., Abb.

Gottingae, Gothae: 1771-1804
Titeländerung: Vol. 2-15: Commentationes societatis Regiae scientiarum Gottingensis. 1780-1804

— novi, Societatis Reg. scientiarum Goettingensis. VIII Tom. ad ann. 1769—777. c. fig. 4. maj. Goetting. Dieterich. 771—78. (à 5 Rthlr. 12 gr.)

— Fortsetzung hiervon, s. Commentationes.

— in Pharmacopaeam Austriacam militarem novam, in usum Medicorum Castrensium austriacorum, ex Germanica in linguam latinam versi. gr. 8. Vien. Camesina. 800. 20 [illegible]

— in Pharmacopoeam austriacam militarem novam, in us. medicorum castrensium Austriacorum, ex Germanica in linguam latinam versi. 8maj. Wien 800. (Heubner). (Leipz., Centr.-Compt.) 20 𝔤𝔤

— de rebus pertinentibus ad Aug. Mar. S. R. E. Card. Quirinum. II Ptes. 8maj. Zürich 750. Orell. 1 ℛ

— de rebus in scientia naturali et medicina gestis. XXXVII Tom. Supplem. 1—4, et indice 1—3. 8maj. Leipz. 752—802. (Brockhaus). 57 ℛ 8 𝔤𝔤

— de Rebus in scientia naturali et medicina gestis. XXXVII Tom. gr. 8. Lps. Gleditsch. 752—802.

Commentarii de rebus in scientia naturali et medicina gestis. (Hrsg.: Christianus Gottlieb Ludwig.) Vol. 1 – 36 (Nebst) Suppl. zu Decas 1 – 3 u. Ind. triplex zu Decas 1 – 3. Lipsiae: Gleditsch 1752 – 1794.

Vol. 18 – 23. (Hrsg.: Johann Daniel Reichel.) 1772 – 79.
Vol. 24 – 27. (Hrsg.: Nathanael Godofredus Leske.) 1781 – 85.
Vol. 28 – 31, p. 1. (Hrsg.: Johannes Georgius Fridericus Franzius (Franz).) 1786 – 1789.
Vol. 31, p. 2 – 36. (Hrsg.: Carolus Gottlob Kühn.) 1789 – 94.

Vol. 1, p. 1 - 4: 1752.
Vol. 2, p. 1 - 4: 1753.
Vol. 3, p. 1 - 4: 1754.
Vol. 4, p. 1 - 4: 1755.
Vol. 5, p. 1 - 4: 1756.
Vol. 6, p. 1 - 4: 1757 - 58.
Vol. 7, p. 1 - 4: 1758 - 59.
Vol. 8, p. 1 - 4: 1759 - 60.
Vol. 9, p. 1 - 4: 1760 - 61.
Vol. 10, p. 1 - 4: 1761 - 62.
Vol. 11, p. 1 - 4: 1763 - 64.
Vol. 12, p. 1 - 4: 1764 - 65.
Vol. 13, p. 1 - 4: 1766.
Vol. 14, p. 1 - 4: 1767 - 68.
Vol. 15, p. 1 - 4: 1768 - 70.
Vol. 16, p. 1 - 4: 1770 - 71.
Vol. 17, p. 1 - 4: 1771 - 72.
Vol. 18, p. 1 - 4: 1772 - 73.
Vol. 19, p. 1 - 4: 1773 - 74.
Vol. 20, p. 1 - 4: 1774 - 75.
Vol. 21, p. 1 - 4: 1775 - 76.
Vol. 22, p. 1 - 4: 1776 - 79.
Vol. 23, p. 1 - 4: 1779 - 80.
Vol. 24, p. 1 - 4: 1781 - 82.
Vol. 25, p. 1 - 4: 1782 - 83.
Vol. 26, p. 1 - 4: 1784 - 85.
Vol. 27, p. 1 - 4: 1785 - 86.
Vol. 28, p. 1 - 4: 1786.
Vol. 29, p. 1 - 4: 1787.
Vol. 30, p. 1 - 4: 1788.

Vol. 31, p. 1 – 4: 1789.
Vol. 32, p. 1 – 4: 1790.
Vol. 33, p. 1 – 4: 1791 – 92.
Vol. 34, p. 1 – 4: 1792.
Vol. 35, p. 1 – 4: 1793.
Vol. 36, p. 1 – 4: 1794.

Suppl. 1 – 4 zu Decas 1: 1763 – 68.
Suppl. 1 – 4 zu Decas 2: 1772 – 75.
Suppl. 1 – 4 zu Decas 3: 1777 – 85.

Ind. triplex zu Decas 1: 1770.
Ind. triplex zu Decas 2: 1779.
Ind. triplex zu Decas 3: 1793.

Commentarii societatis philologicae Lipsiensis. Leipzig und Hof 1801-5. H: *Beck, Christian Daniel.* (Ky)

COMMENTARII SOCIETATIS PHILOLOGICAE LIPSIENSIS. Edi curavit CHRISTIANUS DANIEL BECKIUS.
Vol. I—IV. Partic. I. Lipsiae et Plaviae 1801—1804. In comm. Grau et Maurer, später: In Comm. Grau. 8°.

— societatis philologicae Lipsiensis (ed. Chr. D. Beck). Prs. I—III. à 2 Fasciculi. P. IV. Fasc. 1. 8maj. Leipz. et Hof 801—5. Grau. 3 ₰ 12 ℊ Vol. I—IV. 8maj. Berl. 801—5. Maurers B. 4 ₰

— societat. reg. Gottingensis. IV Tom., annor. 1751—54. 4maj. Götting., Vandenhöck u. R. 10 ₰ 16 ℊ Schrbp. 13 ₰ novi Comm. soc. reg. scient. Gotting. Ed. c. praef. C. G. Heyne. VIII Tom. ad an. 1769—77, c. fig. 4maj. Götting. 771—78. Dieterich. 28 ₰ (Vergl. *Commentationes.*)

— Societatis Reg. Goettingensis. IV Tomi, annor. 1751 — 754. 4. maj. Goetting. Vandenhök.

— societatis regiae Göttingensis. Cum figuris. Götting. 752-55. 4 Tom. 4. 10rthl. 6 gr. Vergl. Hollmann u. Michaelis.

Commentarii Societatis Regiae Scientiarum. Göttingae 1751 — 54. H: *Michaelis, Johann David.* (BrMm)

Commentarii in Virgilium Serviani, cur. Lion, vide Servii.

Commentario, sopra il Codice civile universale austriaco del S. F. de Zeiller. Tradotta dalla Tedesca dal S. F. de Calderoni. IV Voll. in 6 T. 8maj. Wien 815. Geistinger. (Landsh., Krüll). 12 ₰

Commentariolus historico-literarius et ecclesiasticus de Vitis Patrum ... Norimb. 1813. V: *Waldau, Georg Ernst.* (Ky) (MGT)

Commentarius asceticus Saeculorum a congregatione majore latina B. V. Mariae ... actorum ... Monachii 1779—82. V: *Seccard, Louis.* (Jes)

Commentarius brevis rerum gestarum Ludovici A. Comitis a Khevenhüller Campi Mareschalli ... Viennae 1744. V: *Klein, Carl.* (Jes)

Commentarius de Cancellariis et Procancellariis Bipontinis ... Francofurti & Lipsiae 1768. V: *Croll, Georg Chn.* (ZP)

Commentarius oder Denkbuch und Erklärung, was der Reichstag sey? ... Frankfurt und Leipzig 1780. V: *Rieger, Christian von.* (MGT) »Mannheim« (Ky)

— oder Denkbuch u. Erklärung, was d. Reichstag sei, (v. Chr. v. Rieger). 4. Manh. 780. Löffler. 20 ℊ

— od. Denkbuch und Erklärung, was der Reichstag sey. 4. Mannheim, Löffler. 787.

Commentarius diplomatico-criticus super duplex Privilegium Austriacum Friderici I. et II. Imperatorum... Monachii 1831. H: *Freyberg, Max von.* (BrMm) V: *Moritz, Joseph.* (Sch) (Lindner)

Commentarius De Vera Et Germana Eruditione ... Tyrnaviae 1701. V: *Wagner, Franz.* (Jes)

Commentarius, Freymüthiger, über den freymüthigen Beytrag zur Geschichte des Oesterreichischen Militärdienstes. Frankfurt und Leipzig 1780. V: *Tekete (Fekete?).* (HHBD IX, 186)

Commentarius, freimüthiger, über den Beitrag zur Gesch. d. österr. Militairdienstes. 8. Frankf. 780. Zeh in Nürnb. 6 ℊ

Commentarius in Selectas M. T. Ciceronis orationes ... Editio tertia. Ingolstadii et Aug. Vind. 1749. V: *Wahl, Chph.* (Jes)

Commentarius in prooemium breviarii et missalis de computo ecclesiastico ... Ed. II. Altrebati-Parisiis-Oeniponte 1864. V: *Nilles, Nikolaus.* (Margr)

Commentarius in prooemium breviarii et missalis de computo ecclesiastico usui clericorum accomodatus auctore presbytero. Editio II. auctior et emendatior. gr. 8. (VIII und 207 S.) Atrebati 864. Innsbruck, F. Rauch. *

Commentarius, Rerum gestarum Ludovici Andreae Comitis a Khevenhüller brevis. Viennae 1745. V: *Carner, Anton.* (Karajan) V: *Pamer, Anton* oder *Carl Klein* [?] (Jes)

Commentarius und Text der Deliberationspunkte über das kaiserliche Commissionsdecret vom 26. April 1791 ... Worms [Strassburg] 1791. V: *Cotta, Christoph Friedrich von.* (MGT) (Wr)

Commentatio de academia literaria Atheniensium seculo secundo post Christum constituta. Marburgi (1858.) 4°

Commentatio de adfinitate priscae Indorum linguae quam sanscritam dicunt, cum Persarum Graecorum Romanorum atque Germanorum sermone. Vind. 1827. V: *Wenrich, Johann Georg.* (Gi)

Commentatio de adfinitate priscae indorum linguae, quam sanscritam dicunt, cum Persarum, Graecor. Roman. atque Germanor. sermone. Pars I. 4 maj. Wien 827, Heubner.

Commentatio altera de rebus . . ., s. Commentatio de rebus . . .

Commentatio, Bipertita, in tabulam hieroglyphicam et geograph. domus Austriacae et Lothar. aeri incisam . . . S. l. 1744. V: *Spannagel, Gfr. Phil.* (weber)

Commentatio bipertita in tabulam hieroglyphicam et geographicam domus Austriacae et Lothringicae aere incisam. 4. Viennae. 744. Rthlr.

Commentatio, Brevis, de missione Jac. Andreae Possiacina et Parisina. Tubingae 1799. V: *Lebret, Johann Friedrich.* (Heyd)

Commentatio brevis de unione protestantium in genere praesertim in Hungaria. S. l. 1791. V: *Járossy, Michael.* (pk)

Commentatio prima de causis rerum bacchicarum et orphicarum . . . Heidelb. 1807. V: *Creuzer, Gg Frdr.* (Barbier)

Commentatio altera de rebus bacchicis orphicisque . . . Heidelb. 1808. V: *Creuzer, Gg Frdr.* (Barbier)

Commentatio de cessione nominum minori pretio facta . . . Francof. 1779. V: *Springer, Johann Christoph Erich von.* (MGT) (stri) »de concessione« (ML)

Commentatio de Cod. M. S. Bibliothecae acad. Altorf. Constantini Africani de febribus. Altorf. 1764. V: *Nagel, Johann Andreas Michael.* (ML) (will)

M. N. commentatio de codice ms. bibliothecae academicae Altorfinae Constantini Africani de febribus. Altorf. (1764.) 4. (Cfr. G. E. Waldau thesaur. bio- et bibliograph. Chemnitz 1792. 8. p. 215 sq.)

Commentatio de Cod. M. S. membr. Horatii Bibliothecae acad. Altorf. cum specimine varietatis lectionum (Partic. I-IV.) Altorf. 1766—67. V: *Nagel, Johann Andreas Michael.* (ML) (will)

Commentatio de musicae morumque cognatione. Altorfi 1765. V: *Schwarz, Georg Christoph.* (ML)

Commentatio de corporibus dissimularibus. Kilonii s. a. [17??]. V: *Kosius, Frdr.* (Collin, Anonymer. Kiobenh. 1869.)

Commentatio de Deo, mundo et homine atque fato . . . Francof. et Lips. 1726. H: *Müller, Jacob Friedr.* (ML) (Myl)

Commentatio de dissensione veterum Graecorum et Latinorum in finienda periodo brevissima. Alt. 1764. V: *Nagel, Johann Andreas Michael.* (ML) (will)

Commentatio de stili pro varia regiminis forma diversitate. Altorf. 1774. V: *Schwarz, Georg Christoph.* (ML)

Commentatio de prima Manilii Astronomicorum editione a J. Regiomontano Norimbergae publicata . . . Altorfii [1764]. V: *Schwarz, Georg Christoph.* (BrMm) (ML)

Commentatio de primis linguae Ebraeae elementis, a Petro Nigro primum in lucem editis. Altorfii 1764. V: *Schwarz, Georg Christoph.* (ML)

Commentatio de eo an Enocho et Eliiae solis contigerit vivo corpore in caelum sumi cum epistola ad viros Carl Friedr. Bahrdt u. Joh. August Tittmann. Lpz. (Loeper) 19. II. 1761. 8 Bl. (3.40)

Commentatio de eo, quod iustum est circa secessionem in partes. S. l. 1767. V: *Keyserling, Hermann Carl Graf von.* (ML) (R-N)

Commentatio De Evangelicis Iniqvitate archidvcvm Avstriae Oppressis. [Francofurti ad M. 1756.] V: *Kahle, Ludwig Marten.* (Preuss. Staatsschriften. III. Berlin 1892. S. 249.)

Commentatio de factis libelli Carpzoviani, cui inscribitur: Peinlicher Inquisitions- und Achtsprocess . . . Lipsiae 1859. V: *Günther, Carl Frdr.* (cb)

Commentatio de fatis linguarum orientalium, Arabicae nimirum, Persicae, et Turcicae. Viennae 1780. V: *Jenisch, Bernhard Freih. v.* (BrMm) (ErschDL) (Ky) (MGT) (MS)

— de fatis linguarum orientalium, Arabicae nimirum, Persicae et Turcicae, (a B. v. Jenisch). Fol. Wien 780. Camesina. (Heubner). 3 ℛß

Commentatio de C. Sallustii Crispi historiarum lib. III. Fragmentis, ex Biblioth. Christinae, Suecor. Reg., in Vatican. transl., atque carminis lat. de bello Actiaco sive Alexandrino fragmenta, ex volumine Herculanensi evulgata. Iterum ed. Io. Theoph. Kreyssig. 8maj. (16½ B.) Misenae 835, Klinkicht et fil. Thlr.

Commentatio ad Plinii nat. hist. XIV 4 de foenore vinario. S. l. [1859]. V: *Keller, Frdr. Ludw. v.* (Cat. d. Stadtbibl. Zürich. Zürich 1864—97.)

Commentatio historica de vetere reginas Hungariae coronandi more . . . S. l. 1792. V: *Pray, Georg.* (pk)

Commentatio historica, qua quantum linguarum orientalium studia Austriae debeant, exponitur. Wien 1822—23. V: *Wenrich, Johann Georg.* (Gi)

Commentatio historica, qua, quantum linguarum orientalium studia Austriae debeant, exponitur. Pars I et II. 4maj. Wien 822—23. Heubner. (à 8 ℊ) 16 ℊ

— historico-critica de rhapsodiis. 4maj. Wien 824. Heubner. 8 ℊ

Commentatio Historico-litteraria, de Luthero . . . Wittebergae 1723. V: *Wimmer, Johann Abraham.* (Myl)

Commentatio historico-litteraria de Ulmensium in arithmeticam meritis exponens. [Ulmae 1794.] V: *Veesenmeyer, Georg.* (Heyd)

Commentatio de imaginibus Judaicis quibus auctor epistolae ad Ebraeos in describenda Messiae provincia usus est. Jenae 1791—92. V: *Griesbach, Joh. Jac.* (Cat. d. Stadtbibl. Zürich. Zürich 1864—97.)

Commentatio inaug. anatomica de nervis brachii defendit J. J. Klint. Gottingae 1785. V: *Wrisberg, Heinrich August.* (MGT)

Commentatio de instituto Societatis Philo-Teutonico-Poeticae. Lipsiae 1722. V: *Clodius, Christian.* (ML) (Adel)

Commentatio de Joanne Scoto Erigena. 8maj. (8½ Bog.) Bonnae 847, Marcus.

Commentatio de jure Hassorum privato antiquo et hodierno . . . Giss. 1742. V: *Senckenberg, Heinrich Christian.* (ML)

Commentatio de iure suffragiorum . . . Francof. et Lips. [1736]. V: *Herwart, Johann Elias Leopold von.* (ML)

Commentatio iuris Germanico-Saxonici de addictione ad manus, seu, von der Gebung an die Hand und Halfter. 8. Jena. 737.

Commentatio de casta Latinitate rite ac decenter terminanda. Altorfi 1765. V: *Schwarz, Georg Christoph.* (ML)

Commentatio litteraria & critica de non negligendis veterum Codicum fragmentis et fragmento Livii manuscripto. Ulm. 1805. V: *Veesenmeyer, Georg.* (MGT)

Commentatio de loco Kohel. 11,9—12,7. Leipzig 1818. V: *Winzer, Jul. Friedr.* (Winer)

Commentatio, Luculenta, in antiqua monumenta in agro Tigurino nuper eruta. [Frankf. 1727.] V: *Breitinger, Johann Jacob.* (ML)

M. N. commentatio . . ., s. Commentatio de codice . . .

Commentatio . . . de matrimoniis prohibitis, permissis, prohibendis, permittendis, et speciatim de connubio cum vidua patrui. Halae Magdeb. 1751.

Commentatio numismatica de antiquo numo Syracusano. Ulmae 1803. V: *Veesenmeyer, Georg.* (MGT)

— de Nummis biblicis. Fasc. I. et II. 4maj. Wien 839. Heubner. 1 ℘

Commentatio de rarioribus thesauri Schulziani nummis. Halae 1751. V: *Agnether, Michael Gottlieb.* (Trausch)

Commentatio . . . de origine Ecclesiae Cathedralis Regiomonti. Regiomonti 1832. V: *Lobeck, Christian August.* (BrMm)

Commentatio de pharmaco catholico. Dt., s. Einleitung, Gründliche, zur allgemeinen großen Medizin.

Commentatio prima de causis . . ., s. Commentatio de causis . . .

Commentatio prima de medicis equestri dignitate ornatis . . . Berol. [Norimb.] 1768. V: *Moehsen, Joh. Carl Wilh.* (Choulant)

Commentatio de principio Minimi. Bützoviae 1769. V: *Tetens, Joh. Nic.* (Kordes, Schlesw.-holst. u. eutin. Schriftst. Schleswig 1797.)

Commentatio. Commentationis, quae defensam exhibet a variis . . . erroribus . . . Cimbriae nostrae ecclesiam, pars prima [— tertia]. Kiliae [1772—74]. V: *Christiani, Wilh. Ernst.* (Bruun, Bibl. Danica. III, 742.)

Commentatio de Rabano Mauro, primo Germaniae praeceptore. Heidelb. 1811. V: *Schwarz, Frdr. Hnr. Chn.* (Hauptkat. d. Univ.-Bibl. Tübingen. G. S. 354.)

Commentatio de crucis signaculo, precum Christianarum comite destinato. Lips. 1759. V: *Fulda, Joh. Jul. Chn.* (ML)

Commentatio succincta in Codicem iuris statutarii Norici, oder die im Jahre Christi 1564 verneuerte . . . Nürnbergische Reformation . . . Nürnberg 1737. V: *Wolkern, Lazarus Carl von.* (ML)

Commentatio succincta de norma regiminis quae sub imperio serenissimorum Poloniae regum Prussiae, ex praescripto jurium, ut vocant, fundamentalium, competit. Gedani 1722. V: *Lengnich, Gottfried.* (KGBerlin I, 1875)

Commentatio de superficiebus geometricis. Kilonii 1749. V: *Kosius, Frdr.* (Collin, Anonymer. Kiobenh. 1869.)

Commentatio theologico-prophetica de magno Ecclesiae Christiano incremento. S. l. 1756. V: *Faccius, Joh.* (ML)

Commentatio de primis Vindobonae typographis . . . Vindobonae 1764. V: *Schier, F. Xystus.* (BrMm) (Pk) (Mayer)

Commentatio de recto usu concinnitatis. Erlangae 1768. V: *Nagel, Johann Andr. Michael.* (ML) »Altorfii« (will)

Commentatio utrum poena conventionalis pro surrogato obligationis principalis habenda sit? Ratisb. 1774. V: *Quistorp, Johann Christian.* (ML)

Commentatio de vita et scriptis Gilberti Cognati Nozereni. Altorfii 1775-77. V: *Schwarz, Georg Christoph.* (ML) »Part. I. 1776« (will)

Commentationem Solemnem cathedrae scholasticae cum ecclesiastica, viro pl. venerando . . . Paulo Schramko, post ex antlatos summa cum laude et fructu, biennis in Kun Taploczensi. V: *Szemian, Michael.* (Pk 4/85) (BiblPort)

Commentationes Aenipontanae, quas edunt E[rnst] Kalinka et A[nton] Zingerle. 1. Ad Aenipontem: Wagner 1906. 8° (07. 5748

Commentationes Aenipontanae quas edunt E. Kalinka et A. Zingerle. I—V. gr. 8. Ad Aenipontem. Innsbruck, Wagner. 7. 60

Ausserer, A., de clausulis Minucianis et de Ciceronianis que quidem inveniantur in libello de senectute. (II, 96 S.) 908. (vol. I.) 1. 70
Lackner, R., de casuum, temporum, modorum usu in Ephemeride Dictyis-Septimii. (IV, 55 S.) 908. (vol. II.) 1. —
Pfeifauf, A., der Artikel vor Personen- u. Götternamen bei Thukydides u. Herodot. (IV, 68 S.) 908. (vol. III.) 1. 20
Siegel, L., Imperfekt audibam u. Futur audibo. — Vonach, A., die Berichte des Photios üb. die 5 älteren attischen Redner analysiert. (76 S.) 910. (vol. V.) 1. 70
Zingerle, Ant., Übersicht üb. philologische Handschriften aus tirolischen Bibliotheken. — Müller, Guido, zur Würdigg. Polyäns. — Lechner, J., de codice Aenipontano 679 quo continetur Ovidii remedia amoris. (104 S.) 909. (vol. IV.) 2. —

Commentationes in honorem Francisci Buecheleri Hermanni Useneri editae a societate philologa Bonnensi. gr. 8. (113 S. mit 1 Stnt. in qu. Fol.) Bonn 873, Marcus. *
(Enthält Abhandlungen von F. Schultess, C. Reinhardt, G. Kaibel, F. Leo, H. Diels, M. v. Rohden, O. Brugman, F. v. Duhn.)

Commentationes chemicae acad. electoralis Mogunt. scient., quae Erfurti est etc. 4maj. Erf. 780. Keyser. 7 gl

Commentationes classis historicae et philologicae – mathematicae – physicae, s. Commentationes societatis regiae scientiarum Gottingensis.

Commentationes Fleckeisenianae. gr. 8. (VI, 300 S. mit Portr. in Lichtdr.) Lpz. 890, Teubner. * 6 —

— historicae acad. elector. Mogunt. scient., quae Erfurti est, ad annos 1778 et 79. 4. Erf. 780. (Keyser). 8 gl

Commentationes historicae super Romae progressibus et rebus gestis Caesarum. Olomucii [ca. 1750]. V: *Freysauff, Franz.* (EB)

Commentationes latinae tertiae classis instituti regii Belgici. Vol. I. 4maj. Amsterd. 820. Müller. 3 ℔ 12 gl

— mathematicae acad. elector. Mogunt. scientiarum, quae Erfurti est, ad annos 1778 et 79. 4. Erf. 780. (Keyser). 4 gl

— mathematicae acad. scientar. util., quae Erfurti est, s. a. Abhandll., mathemat., d. Acad. nützl. Wissensch. zu Erfurt.

— mathematicae Academiae scientiar. util. quae Erfurti est. Tom. I. cum Fig. auch unter dem Titel: Abhandlungen, mathematische, der Akad. nützlicher Wissenschaften zu Erfurt. 1r Bd. gr. 8. Erfurt, Beyer u. M. 799.

— medicae acad. elector. Mogunt. scient., quae Erfurti est, ad annos 1778 et 79. 4. Erf. 780. (Keyser). 3 gl

Commentationes medicae de irritabilitatis notione, natura et morbis . . . Halle 1793. V: *Reil, Joh. Chn.* (Ky)

Commentationes novae societatis regiae scientiarum Gottingensis, s. Commentationes societatis...

— oeconomicae acad. elect. Mogunt. scient., quae Erf. est, ad ann. 1778 et 79. 4. Erf. 780. (Keyser). 7 gl

Commentationes

—— philologae. Scripserunt seminarii philologi regii Lipsiensis qui nunc sunt et qui nuper fuerunt sodales. gr. 8. (268 S.) Leipzig 874, Giesecke und Devrient. **

— philologae Jenenses, edd. seminarii philologorum Jenensis professores. Vol. I. gr. 8. (IV, 238 S.) Leipzig 881. Teubner. n. 5. —

Commentationes philologae Jenenses, edd. seminarii philologorum Jenensis professores. Vol. II et III. gr. 8. (III, 327 u. 333 S.) Leipzig 883. 84. Teubner, à n. 6. — (I—III.: n. 17. —)

— philologae Jenenses, ediderunt seminarii philologorum Jenensis professores. Vol. IV. gr. 8. (IV, 406 S.) Leipzig 890. Teubner. n. 8. — (cplt.: n. 25. —)

Commentationes philologae Ienenses, edd. seminarii philologorum Ienensis professores. Vol. V. gr. 8. (III, 242 S.) Leipzig 894. B. G. Teubner. n. 6. —
(kplt.: n. 31. —)

Commentationes philologae Ienenses, ediderunt seminarii philologorum Ienensis professores. Vol. VI, pars I. gr. 8. Leipzig 896. B. G. Teubner. n. 5. 20
(I—VI, 1.: n. 36. 20)
Quaestiones Rutilianae scripsit Thilo Krieg. — II. De aliquot Plutarchi scriptorum moralium compositione atque indole scripsit Geo. Siefert. (III, 133 S.)

Commentationes philologae Ienenses, ediderunt seminarii philologorum Ienensis professores. Vol. VI pars II. gr. 8. (III, 229 S.) Leipzig 899. B. G. Teubner. n. 6.—

Commentationes philologae Ienenses, ediderunt seminarii philologorum Ienensis professores. Vol. VII fasc. I et II. gr. 8. Leipzig, B. G. Teubner. n. 17.— 1. (II, 197 S.) 903. n. 9.—. — 2. (III, 201 S.) 906. n. 8.—

— **philologae** Ienenses, ediderunt seminarii philologorum Ienensis professores. Vol. VIII fasc. I et II. (III, 191 u. III, 183 S.) gr. 8. Leipzig 907. 09. B. G. Teubner. à 8.—

Commentationes philologae, in honorem Theodori Mommseni scripserunt amici. Adjecta est tabula (phototyp.). gr. 4. (828 S.) Berlin 877. Weidmann. n. 40.—

— **philologae**, in honorem Johannis Paulson scripserunt cultores et amici. (215 S. m. 1 Taf.) Lex.-8. Gothenburg 905. Wettergren & Kerber. n.n. 4. 50

Commentationes philologae in honorem Augusti Reifferscheidii scripserunt discipuli pientissimi. gr. 8. (VII, 92 S.) Breslau 884, Koebner. *

Commentationes philologae in honorem sodalitii philologorum Gryphiswaldensis secundum lustrum a. d. IV. kal. Aug. a. 1887 condentis scripserunt veteres sodales. gr. 8. (67 S.) Berlin 887, Weidmann'sche Buchh. *

Commentationes philologae quibus Ottoni Ribbeckio praeceptori inlustri sexagensimum aetatis magisterii Lipsiensis decimum annum exactum congratulantur discipuli Lipsienses. gr. 8. (IV, 557 S.) Leipzig 888, Teubner. *

Inhalt:

Crusius, Otto, Stesichoros und die epodische Composition in der griechischen Lyrik. — Zielinski, Thadd., die Schlacht bei Cirta und die Chronologie von 203/202. — Opitz, R., Quaestiones criticae in Senecae et Quintiliani declamationes. — Graf, Ernst, Plutarchisches (Entstehungsweise der Symposiaca. Keine Excerpte. Chronologische Reihenfolge. Ἐταῖρος. Amatorius). — Immisch, Otto, Xenophon über Theognis und das Problem des Adels. — Schmidt, Ioa. Osw., De Ulixis in fabulis satyricis persona. — Schneider, Max., Marcelli Sidetae medici fragmenta. — Wagner, R., De Apollodori bibliothecae interpolationibus. — Schulze, E. R., De figurae etymologicae apud oratores Atticos usu. — Matthias, Theod., Emendationes ad L. Annaei Senecae opera. — Hanssen, Frid., Quaestiuncula Pseudoanacreontica. — Krumbholz, P., Quaestiunculae Ctesianae. — Freericks, Herm., eine Neuerung des Sophokles. — Buresch, Karl, die Quellen zu den vorhandenen Berichten von der catilinarischen Verschwörung. — Hildebrandt, Rich., ein Beitrag zur Deutung der Gorgonen. — Bapp, Karl, Beiträge zur Quellenkritik des Athenaeus. — Zarncke, Ed., der Einfluss der griechischen Litteratur auf die Entwicklung der römischen Prosa. — Ilberg, Ioannes, De Galeni vocum Hippocraticarum glossario. — Sternbach, Leo, Gnomica. — Schwedler, Georgius, De rebus Mantinensium. — Scheidemantel, Ed., De quarta octava nona primi libri Tibulliani elegiis. — Holland, R., De Alpheo et Arethusa. — Cichorius, Conr., über Varros libri de scaenicis originibus. — Heinze, Ricardus, Animadversiones in Varronis rerum rusticarum libros. — Weber, Rob., De Philemone Atheniensi glossographo. — Poland, Franc., De Graecorum sollemnibus ex regum diadochorum et epigonorum nominibus appellatis. — Nowack, Frid., De Isocratis περὶ τοῦ ζεύγους oratione (XVI.) et Lysiae κατ' Ἀλκιβιάδου priore (XIV.) quaestiones epicriticae. — Ruge, Gualtherus, Quaestiones Artemidoreae. — Miscellanea.

— **philologicae**. Conventui philologorum Monachii congregatorum obtulerunt sodales seminarii philologici Monacensis. gr. 8. (III, 209 S.) München 891. Chr. Kaiser. n. 4.—

—**physicae acad. elector. Mogunt. scient., quae Erfurti est, ad ann. 1778 et 79, c. fig. 4. Erf. 780. (Keyser). 3 𝒢**

Commentationes societatis regiae scientiarum Gottingensis. Gott. 1779–1808. H: *Heyne*, *Chn Glob.* (BrMm) (EBHN) (Ky)

Commentationes societatis Göttingensis. Götting. 779–809. 16 Vol. 4. 45 rthl. Jeder Band gewöhnlich 3 rthl. 12 gr. nur Vol. 16. 6 rthlr.

— **societatis regiae scientiarum Gottingensis**, per annos 1779—1808, (ed. C. G. Heyne). XVI Voll., c. fig. 4maj. Götting. 779—808. Dieterich. (Vol. I—XV. à 3 ℛ 12 𝒢 Vol. XVI. 6 ℛ) 58 ℛ 12 𝒢 (novae) comm. societ. reg. scient. Gotting. recent. Vol. I—VII. c. fig. 4maj. ibid. 811—32. (Vol. I—IV. à 6 ℛ Vol. V. 7 ℛ Vol. VI. 8 ℛ Vol. VII. 6 ℛ 18 𝒢) 45 ℛ 18 𝒢 (vergl. *Commentarii*).

— **Societatis** Regiae scientiarum Goettingensis, per annum 1779 — 1808. cum figuris XVI Vol. gr. 4. Goetting. Dieterich. (à 3 Rthlr. 12 gr., XVI. 6 Rthlr.)

Von diesem Werke werden vom 1ten bis 14ten Bande die Abtheilungen eines jeden Bandes auch einzeln verkauft:

Commentationes Societatis Regiae scient. Götting. e[illegible]

Classis Antiquior. T. I. Rthlr.
— — — T. II.
— — — T. IV.
— — — T. V.
— — — T. VIII.

— Classis historica et philologica. T. I.
— — — T. II.
— — — T. III.
— — — T. IV.
— — — T. V.
— — — T. VI.
— — — T. VII.
— — — T. VIII.
— — — T. IX.
— — — T. X.
— — — T. XI.
— — — T. XII.
— — — T. XIII.
— — — T. XIV.

— Classis Mathematica. T. I.
— — — T. II.
— — — T. III.
— — — T. IV.
— — — T. V.
— — — T. VI.
— — — T. VII.
— — — T. VIII.
— — — T. IX.
— — — T. X.
— — — T. XI.
— — — T. XII.
— — — T. XIII.
— — — T. XIV.

— Classis Physica. T. I.
— — — T. II.
— — — T. III.
— — — T. IV.
— — — T. V.
— — — T. VI.
— — — T. VII.
— — — T. VIII.
— — — T. IX.
— — — T. X.
— — — T. XI.
— — — T. XII.
— — — T. XIII.
— — — T. XIV.

— Elogia.

– Heyne: Elog.

— — — I. Chr. Gatterei. T. XIV.

— Heyne — I. Fr. Gmelin. T. XVI.

— Heyne — Io. Dav. Michaelis. T. X.

— — — Io. And. Murray. T. X.

— Heyne, Elog. Walchii. T. V.

— Kästner — G. Chr. Lichtenb. T. XIV.

— Kästner — A. L. F. Meisterii. T. IX.

Commentationes societatis regiae

Commentationes societatis Regiae scientiarum Gottingensis. Vol. 2-15. Gottingae, Gothae: 1780-1804

s.a. Commentarii, Novi, societatis regiae scientiarum Gottingensis.

JB 6.218

— — — recentiores. Cum figuris. Götting. 807-20. 4 Vol. 4. 24 rthl. Jeder Band 6 rthl.

Commentationes (novae) Societatis Regiae scientiarum Götting. recentiores. Vol. I. c. Fig. 4maj. Gött. Dieterich. 811.

— — Vol. II. c. Fig. 4maj. ibid. 813.

— Societatis Regiae Scientiarum Göttingensis, recentiores. Vol. III. IV ad MDCCCIV — XVIII. cum fig. 4maj. Göttingen, Dieterich. 817-20 à 6 Rthlr. 12 —

Commentationes (novae) Societ. Regiae scientiae Göttingensis recentiores Vol. V. ad A. 1819—22. Cum Fig. 4maj. Göttingae 823, Dieterich.

Commentationes (novae) sociot. Reg. scientiar. Gottingensis recentiores. Vol. VI. Ad a. 1823—27. Cum 24 fig. 4 maj. (72 B.) Gottingae 828, Dieterich.

—— id. — Vol. VII. Ad a. 1828—32. 4 maj. (58½ B., 6 Kpfr.- u. 4 Stnt. in Fol.) Ibid. 832.
Vol. I—V. 1811—23. Ebendas. 31 Thlr. — Früher erschienen: Commentarii soc. reg. Gotting. IV Vol. 4maj. Gotting., Vandenhoeck et Ruprecht. 1751—54. 10 Thlr. 16 Gr., Schrbp. 13 Thlr. — Hieran schliessen sich: Novi Comment. etc. VIII Ti. ad a. 1769—77. 4maj. Gotting., Dieterich. 1771—78. 28 Thlr. — Ferner: Commentationes soc. reg. ad a. 1779—1808. (Ed. C. G. Heyne.) XVI Vol. 4 maj. Ebendas. 58 Thlr. 12 Gr. — Fortsetzung hiervon sind obige (novae) Comment. — Vgl. Ebert, Lex. 1. Bd. S. 388. No. 5053.

Commentationes societatis reg. scientiar. Gottingensis recentiores Vol. VIII. Ad an. 1832—37. C. figuris. 4maj. (80½ B., 4 artist. Beil. u. Ttlvign.) Gottingae 841, libr. Dieterich. *

Hieraus auch einzeln:
Classis historicae et philologicae. Tom. VIII. (49 B., 1 Stat. u. 1 kpfrt.) * 5 Thlr.
Classis mathematicae. Tom. VIII. (12⅝ B.) * 1 Thlr. 8 Gr.
Classis physicae. Tom. VIII. (21⅛ B.) * 2 Thlr. 8 Gr.
Vol. I—VII. Ebendas. 1811—32. * 45 Thlr. 18 Gr. — Vgl. 8. Bd. 1. Abthl. S. 150.

—— in honorem Guilelmi Studemund, quinque abhinc lustra summos in philosophia honores adepti, conscripserunt discipuli Gryphisvaldenses, Herbopolitani, Argentinenses, Vratislavienses. A. D. VI id. Febr. gr. 8. (IX, 379 S.) Strassburg 889, Heitz. * 10 —
Prehn, Alw. De adiectivorum verbalium in-bundus ex auctium usque ad alterum p. chr. saeculum usu. — Geil, Georg. Die Lehre von den μέρη τῆς ψυχῆς bei Platon und ihre Stellung zu dem platonischen System. — Blase, Heinr. Zur Syntax der Bedingungssätze im Lateinischen. — Cramer, Ad. Der Infinitiv bei Manilius. — Voltz, Ludw. Die Tractate περὶ παθῶν τοῦ ἡρωϊκοῦ μέτρου. — Habel, Paul. Zur Geschichte des in Rom von den Kaisern Elagabalus und Aurelianus eingeführten Sonnencultus. — Hansen, Friedr. Philosophemata zur lateinischen Syntax. — Schoemann, Geo. De Etymologici Magni fontibus particula III de Diogeniano. — Hoffmann, O. Adalb. Repliken des Apollo von Belvedere aus d. Kaiserzeit. (Mit Taf.). — Stern, Wilh. Theopompos, eine Hauptquelle des Diodor, Bd. I—XX. Eine sprachliche Untersuchung. — Schmidt, Erich. Helene und Euphorion. — Grupe, Ed. Zur Frage nach den Verfassern der Institutionen Justinian's. — Zarncke, Ed. Aus Murbach's Klosterbibliothek, anno 1464. — Consbruch, Max. Zu den Tractaten περὶ κωμῳδίας. — Back, Friedr. Eine bedenkliche Stelle in Platon's Phaidros. — Kuhn, Friedr. Quo ordine et quibus temporibus Eustathius commentarios suos conscripserit. — Goldstaub, Max. Ueber das Souveränitätsrecht der Privilegienertheilung, speciell der Begnadigung in der athenischen und römischen Republik. — Egenolf, Petr. Anonymi grammaticae epitoma. — Haeilingk, Guil. M. Tullium Ciceronem libros de inventione inscripsisse rhetoricos.

Commentationes theologicae, ed. Fuldner et Rosenmüller. Lips. 1725. 8.

— theologicae. Ediderunt D. E. Fr. C. Rosenmüller, Dr. G. H. L. Fuldner et Dr. J. V. D. Maurer. Tom. I. Pars I. u. II. 8maj. Lips. 824 u. 26, Reclam. à 1 Rthlr. 8 gr.

— theologicae. Ediderunt E. Fr. C. Rosenmüller, G. H. L. Fuldner et J. V. D. Maurer. Tom. I. Prs. I. et II. et Tom. II. P. I. 8maj. Leipz. 824—27. Reclam. (T. I. 2 ₰ 16 ℊ T. II. P. I. 1 ₰ 18 ℊ) 4 ₰ 10 ℊ

Commentationes theologicae. Ed. Er. Fr. Car. Rosenmüller. Tom. II. p 2. 8maj. Leipzig 832. (833.) Reclam 2 ₰ (T. I. et II. p. 1. 2. 6⁵⁄₁₂ ₰)

— theologicae collectae et editae a J. Cph. Velthusen, C. G. Kuinoel et G. Al. Ruperti. VI Tom. 8maj. Leipz. 794—99. Barth. 9 ₰ VI Tom. cpl. (Helmst., Fleckeisen). 9 ₰

Commentationum **theologiae, sex voluminibus conjunct. cum doctissimis viris Kuinoel et Ruperti editarum spicilegium, ad usus synodales continuatum a J. C. Velthusen. Fasc. I—III. 8. Stade 802—3. Autor. 1 ₰ 8 ℊ**

Commentationes Woelfflinianae. gr. 8. (410 S. m. Portr. u. 2 Taf. in Lichtdr.) Lpz. 891, Teubner. * 8 —

Commentatiuncula de varia religionis in terris Cimbricis Fortuna. Kiliae [1774]. V: *Christiani, Wilh. Ernst.* (Bruun, Bibl. Danica. III, 741.)

Commentatiuncula continens noua quaedam principia philosophiae. Francofurti et Lipsiae 1748. V: *Schaubert, Johann Wilhelm.* (will) »1747« (ML)

Commentum seu lectura cuiusdum theologorum minimi super unam seraphicam intimationem doctoris Joannis Romani Vuonneck rectoris Basileensis, hrsg. v. Hanns Zwicker. s.a. Flugschriften aus den ersten Jahren der Reformation. I, 7.

Commentum seu lectura cuiusdam theologorum minimi super unam seraphicam intimationem doctoris Joannis Romani Vuonneck Electoris Basiliensis. O. O. [Straßburg?] V: *Wartenbuch, Bernhard.* (Flugschriften aus den ersten Jahrh. der Reformation hsg. von Otto Clemen. I. 1907. S. 255 ff.)

Commentum seu lectura cuiusdam theologorum minimi super unam seraphicam intimationem doctoris Joannis Romani Vuonneck, rectoris Basileensis. Hrsg. von Hanns Zwicker. Halle a. S.: R. Haupt 1906. (60 S.) 8°
— Flugschriften aus d. ersten Jahren d. Reformation. Bd 1, H. 7. [illegible]

Commentum seu lectura cuiusdam theologorum minimi super unam seraphicam intimationem doctoris Joannis Roman. Vuonneck rectoris Basilensis. Herausg. von Hanns Zwicker. [Leipzig 1906.] V: *Wartenbuch, Bernhard.* (Berl 1914)

Commentz, Fritz Heinr., der kl. Katechismus Luthers. Ein Lehrbuch d. christl. Religion, fern u. frei v. jedem kirchl. Partikularismus. I. Tl.: Histor. u. sozialpolit. Beleuchtg. II. Tl.: Erklärg. d. 5 Hauptstücke aus u. durch sich selber. (Wort- u. Sacherklärg. f. d. Schulgebrauch.) 6 Lfgn. gr. 8. (483 u. 217 S.) Flensburg 897. A. Westphalen. à n. 1. 20

Commentz, (Joan. Car. Guil.) Gust. (geb. Berlin 24. 4. 1824): De cephalaematomate recens natorum. Berolini (1847). (32 S.) 8°
Berlin, Med. Diss. v. 3. Apr. 1847

Commentz, Johann Wilhelm: De variis abscessus aperiendi Methodis. Berolini (1820): Starck. 40 S. 8°.
Berlin, Med. Diss. v. 11. Okt. 1820.

Comment, Max, gewerbliche Buchführung, s.a. Ullsteins Sammlung praktischer Hausbücher 22. Bd.

Gewerbliche Buchführung. Von Max Commentz, Lehrer d. Handelswiss. *Berlin: Ullstein & Co. [1903].* (125 S.) 8° [F.]
— Sammlung, Ullstein's, prakt. Hausbücher. Bd 22. [03. 10488

Commentz, Max, wer baute das deutsche Kaiserreich?, s.: Kinderglocken.

Commentz, Max, wer erräts? 60 neue Rätsel, s.: Kinderglocken.

Commer's, Ernst, Briefe an Hermann Schell von 1885—1899, veröffentlicht v. Carl Hennemann. (16 S.) 8. Würzburg 907. Göbel & Scherer. —50

Commer, Ernestus. De Christo Eucharistico. 16. (42 S.) Paderborn 892, F. Schöningh. geb. in Leinw. * — 80
Aus: Jahrb. für Philosophie u. spekulative Theologie, besonders abgedruckt.

— Heinrich Schrörs' „Gedanken üb. zeitgemässe Erziehung u. Bildung der Geistlichen" im Lichte der kirchlichen Lehre u. Gesetzgebung. (IV, 169 S.) 8. Graz 911. U. Moser. 1.80

Commer, Ernst, s.: Jahrbuch f. Philosophie u. speculative Theologie.

Commer, Ernst, Die Katholicität nach dem hl. Augustinus. Eine augustinische Studie. Breslau, Aderholz, 1873, gr. 8°, 87 S., 1,50 Mk.
Recens. Theol. Litteraturbl. 1873, S. 364—9 (Langen).

— die Kirche in ihrem Wesen u. Leben dargestellt. I. Vom Wesen der Kirche. (VII, 250 S.) gr. 8. Wien 904. Mayer & Co. n. 3.—

Logik. Als Lehrbuch dargest. v. Dr. Ernst Commer, o. ö. Prof. an d. K. Univ. Breslau. *Paderborn: F. Schöningh 1897.* (XIII, 345 S.) 1 Bd 8. [97. 8238

Commer, Ern. (Ludov. Theod.) (geb. Berlin 18. 2. 1847): Exponitur natura ac vis dominii ex iure metallico adquisiti. Cui commentationi in certamine litterario ... d. III. m. Aug. a. 1868 pretium addictum est. Berolini (1869). (90 S.) 8°
Berlin, Jur. Diss. v. 23. Jan. 1869

Commer, Ernest., exponitur natura ac vis dominii ex jure metallico adquisiti. Dissertatio inauguralis. gr. 8. (90 S.) Berlin 869, (Kortkampf.) *

— dass. — Cui commentationi in certamine literario ab illustri jureconsultorum ordine d. III. m. Aug. a. MDCCCLXVIII. Pretium addictum est. Dissertatio inauguralis. 8. (92 S.) Berlin 869, (Puttkammer und Mühlbrecht.) *

— Die jüngste Phase des Schellstreites. Eine Antwort auf die Verteidigg. Schells durch Hrn. Prof. Dr. Kiefl u. Hrn. Dr. Hennemann. (VIII, 405 S.) 8. Ebd. 909. 4.—

— die immerwährende Philosophie, s.a. Studien, apologetische.

Commer, Ernst, Die immerwährende Philosophie. Eine Skizze. Wien, Mayer u. Co., 1899, gr. 8°, 128 S., 2,20 Mk. (Bd. 1, Heft 2 aus: Apolog. Studien, herausgeg. v. d. Leo-Gesellsch.).
„Verf. stellt der unstät experimentierenden modernen Philos. die philosophia perennis der Kirche gegenüber, welche die Spekulation d. Altertums, in der wieder Nachklänge der Uroffenbarung mitschwingen, in sich hineinleitete u. sich in d. Patristik, der Scholastik u. der echten Renaissancephilosophie ausgestaltete, die Formen wechselnd, den Ideenschatz, das depositum custodiendum, treu hütend." O. Willmann, Kath. 1898, II, S. 485. Seb. Huber, Litt. Handw. 1899, S. 97—100.

— Relectio de matris dei munere in ecclesia gerendo. Habita in c. r. universitate literarum Rudolphina ad decimum definitam b. v. Mariae conceptionem immaculatam lustrum concelebrandum (163 S.) 8. Wien 906. H. Kirsch. n. 3.60

— Hermann Schell u. der fortschrittliche Katholizismus. Ein Wort zur Orientierg. f. gläub. Katholiken. 2., neubearb. Aufl. Mit e. Prologe v. M. Glossner u. e. Dokumentensammlg. (LXXIV, 460 S.) 8. Wien 908. H. Kirsch. 8.—; geb. n 10.—
1. Aufl. (VI, 246 S.) 907. 3.—.

Commer, Ernst, System der Philosophie. 1. und 2. Abthl. gr. 8. [Münster, Nasse'sche Verlagsh.] Paderborn und Münster, Schöningh. [1. Abthl. (VI, 186 S.) 883. *M 2,80.; 2. Abthl. (IV, 258 S.) 884. *M 3,60.] *

Commer, Ernst, System der Philosophie. 4 Abthlgn. gr. 8. (VI, 186; IV, 258; IV, 207 u. IV, 221 S.) Münster 883—86. F. Schöningh. n. 12.80

Commer, Ernst, System der Philosophie. Paderborn, F. Schöningh, 1883 ff., Lex.-8°, 4 Abteilungen, 12 Mk.
Abteil. 2: Naturphilosophie u. Psychologie. 1884, 258 S., 3,60 Mk.
Recens. v. Clem. Bäumker, Litt. Handw. 1885, S. 559—62.

Commer, Ernst, Philosophische Theologie u. Logik. Paderborn, Schöningh, 1885, Lex.-8°, 208 S., 3,20 Mk. (Abteilung 3 aus: „System der Philosophie".)

Commer, Ernst, Die philosophische Wissenschaft. Ein apologetischer Versuch. Berlin, Germania, 1882, 8°, 127 S., 2,50 Mk.
Eine Verteidigung der in neuerer Zeit vielfach angefeindeten Philos., worin der Verf. mit vielem Geschick die gegen dieselbe erhobenen Einwendungen zu entkräften u. die Notwendigkeit ihres Studiums zu begründen sucht. (Innsbr.) Ztschr. f. kath. Theol. 1882, S. 748—4.

Commer, Ferdinandus (geb. am 7 Dez. 1837 in Kessenich bei Bonn): De prologorum Euripideorum caussa ac ratione ... Bonnae, typ. expr. P. Neusser 1864. 1 Bl., 55 S., 1 Bl. 8. ¶ In Komm. bei Habicht in Bonn.
Bonn, Phil. Fak., Diss. v. 5 März 1864

Commer, Ferd., de prologorum Euripideorum caussa ac ratione. Dissertatio philologica. gr. 8. (58 S.) Bonn 864, (Habicht.) *

Pädagogische Gedankensplitter für höhere und niedere Schulen. Fingerzeige f. Lehrer u. Eltern von Prof. Dr. [Ferd.] Commer. 2. verm. u. verb. Aufl. *Trier: F. Lintz 1902.* (108 S.) 8° [F.] [03. 10449 b

— Merksätze aus langjähriger Schulpraxis. Fingerzeige f. Lehrer u. Eltern. 8. (84 S.) Bonn 900. O. Paul. n. 1.—

Commer, Frz., Orgelbegleitung zu dem katholischen Gesangbuch f. das Bist. Ermland. Neu bearb. v. Paul Buhl. (VIII, 152 S.) 23×29,5 cm. Braunsberg 909. (Benders Buchh.) Geb. in Halbfrz. nn 20.—

Commer, Clara, Bilder in Versen. Dichtungen. 2., verm. Aufl. (VIII, 218 S.) 8. Wien 908. H. Kirsch. 8.—; geb. n 4.80

Commer, Clara, Bilderbuch in Versen. 12. (IV, 144 S.) Paderborn 894. F. Schöningh. n. 1.60; geb. m. Goldschn. n. 2.60

Commer, Clara. Die 9 Chöre der Engel, s. Theater f. die kathol. weibl. Jugend.

— Columbus. Ein episches Gedicht. 16. (94 S.) Münster i/W. 892. Aschendorff. n. 1.50; geb. n. 2.50

Commer, Clara, englische Dichtungen. Deutsch v. C. C. 8. (IV, 137 S.) Münster 887. F. Schöningh. n. 1.40; geb. m. Goldschn. n. 2.60

Commer, C.: Die 7 Engelfürsten, s. Theater f. die katholische weibl. Jugend.

— Fabiola, s.a. Theater f. die weibliche Jugend. 1. Bdchen.

— Fabiola. Ein dramat. Gedicht in 11 Bildern. Frei nach Wiseman's Fabiola bearb. 12. (48 S.) Ebendas. 887. *

Fabiola. Ein dramatisches Gedicht in 11 Bildern. Frei nach Wisemans Fabiola bearb. von Clara Commer. 3. Aufl. *Paderborn: F. Schöningh [1902].* (43 S.) 8° [F.]
= Theater f. d. weibliche Jugend. 1. [illegible]

—— Heilige Frauen d. alten Bundes als Vorbilder der Muttergottes, s. Theater f. d. kathol. weibliche Jugend.

— Die beste Gabe. Ein Weihnachtsspiel f. kleinere Kinder. Mit Liedern aus Weihnachten in Lied u. Bild v. Aug. Meer, Ernst Prestler u. Bernh. Kothe. (Breslau, Wiskott 1888.) (7 S.) 8. München (910). B. Hösling. — 40

— Gratulation f. e. Priester. 1—4. Taus. (6 S.) 8. Ebd. (910). — 40

— Die 5 klugen Jungfrauen an der Krippe. Ein Weihnachtsspiel in 6 Auftritten m. Gesang. 1 -4. Taus. (14 S.) 8. München (910). B. Hösling. — 50

— Maria Magdalena. Ein lyrisch-dramat. Passionsspiel in 4 Aufzügen. (40 S.) 8. Ebd. (910). 1. 25

— Pankratius. Ein dramat. Gedicht in 12 Bildern. Frei nach Wiseman's Fabiola bearb. 12. (45 S.) Paderborn 887. F. Schöningh. n. — 60

— Pilgertraum. Ein lyrisch-dramat. Spiel m. Bildern, Gesang u. Harmoniumbegleitg. 2. Aufl. (12 S.) 8. Ebd. (910). — 50

— dasselbe, s.a. Volksbühnenwerke 2. Heft.

— d. Reigen d. Jahres. E. Krippenspiel. 12. (22 S.) Wien 897. „St. Norbertus". n. — 30

– Zwei geistliche Spiele, s. Theater f. die weibliche Jugend. 3. Bdchn.

— die Weihnachtsfeier der Natur, s.: Theater f. die kathol. weibl. Jugend.

Commeragen. 1. Thl. gr. 12. (10 B.) Grimma 835, Verlags-Comptoir.

Commerbuch, das (1. u. 2. Aufl.). „Hermann Schell u. der fortschrittl. Katholizismus — e. Wort zur Orientierg. f. gläub. Katholiken" kritisch beleuchtet v. Aurelius. Mit 2 erstmals veröffentlichten Schellbriefen. (81 S.) 8. Offenbach 908. (J. Scherz.) 1. 20

Commerce ..., s.a. Commerz ...

Commerce épistolaire entre un jeune Prince, et son Gouverneur. Briefwechsel ... Lpz. 1772. H: *Giadda, Gg.* (BrMm)

Commerce épistolaire entre un jeune prince et son gouverneur. gr. 8. Leips. Breitköpf. 772.

Le commerce de france. Herausg. von F. Haastert. [Freytags Sammlung französischer und englischer Schriftsteller.] 8°. (146 S.) geb. K 1.—, hierzu ein Wörterbuch K —.50
Wien: Tempsky 1906.

Commerce de France avec la Suisse, s. Statistik, schweizerische.

Commerce de lettres ou l'art épistolaire pour les enfans. 8. Leipz., Leo. 18 Ngr.

Commerce de lettres entre deux amis de sentiments différens au sujet de la diète d'élection ... et des Proclamations de Stanislaus Lesczynski et de l'Electeur de Saxe. [Leipzig?] 1734. V: *Manteuffel, Ernst Chph Graf von.* (Droysen, Gesch. der Preuß. Politik. IV Theil, IV. Abthlg. Leipzig 1870. S. 9.)

Commerce de lettres ... au sujet de la diète d'election ... de Stanislas Lescinsky et de l'electeur de Saxe. O.O. 1738. H: *Formey, Joh. Heinr. Sam.* (ML) (MGT)

Commerce-Lieder. Mit Beiträgen hrsg. von Herrm. Ewald Nebst ein. Anh. von Gesellschaftsspielen. Von F. E. Hübner. 8 (8 B.) Berlin 842. (Hasselberg'sche Vrlsh.; Guben, Völtz.)

„Commerce- und See-Tractat, geschlossen zwischen .... Ludovico XV. Könige von Franckreich und Navarre ..... und den Erb. Hansee-Städten im Jahre 1716. Allermaßen derselbe Originaliter in der Frantzösischen Sprache lautet und daraus in die Teutsche übergesetzt ist", Lübeck 1744. — Vorh.: Büch. der Industrie- und Handelskammer Leipzig.

Commerce u. See-Tractat zwischen Ludwig XV. u. d. Erbhanseestädten. 4. Bremen 769. (Barth in Leipz.) 4 Ngr.

Commerce u. See-Tractat zwischen Ludwig XV. u. den Erbhanseestädten. 4. Bremen, Cramer. 769.

— — dasselbe. 4. Leipz. Barth.

Commerce- und See-Tractat, zwischen ... Ludewig dem Fünfzehnten, Könige von Frankreich und Navarre etc. etc. und der Kaiserlichen freyen Reichs-Stadt Hamburg. Geschlossen, im Jahre 1769. Aus dem französischen Original ins Deutsche übersetzet. Hamburg. (1769.) (Französisch und deutsch.) 4° k.

Commercialschema, s.a. Commerzialschema.

Commercialschema, Wienerisches, oder Verzeichniss aller Hofstellen, Ämter ... Wien 1780. V: *Löper, Christian.* (Ky)

N. N. de commercio cum mulieribus subintroductis in primitiva ecclesia sacerdotibus interdicto. Dresd. 1743. 4.

Commercium

Commercii epistolici Leibnitziani ad omne genus eruditionis. Tom. I. et II. recensuit Io. Dan. Gruber. 8. Hannov. Hahn. 745. 46.

Commercii epistolici Leibnitziani typis nondum vulgati selecta specimina, ed. notulisque passim illustr. Jo. Geo. Hnr. Feder. 8maj. Hannov. 805. Hahn. 1 Rthl. 12 Ngr. Holländ. P. 2 Rthl. (A. u. d. T.: Lettres choisies de la correspondance de Leibnitz, publ. pour la première fois.)

Commercium litterarium, ad astronomiae incrementum ... Norimb. 1733-35. V: *Adelbulner, Michael.* (BB) (ML) (Myl)

Commercium litterarium ad rei medicae et scientiae naturalis incrementum institutum ... Norimbergae 1731—45. H: *Trew, C. J.* (call)

Commercium litterarium ad rei medicae et scientiae naturalis incrementum institutum quo quicquid novissime observatum agitatum scriptum vel peractum est succincte dilucideque exponitur. Annus 1731 – 45. Norimbergae: Adelbulner (1732 – 46.) 15 Bde 8°
Annus 1731, Semestre 1. 2: (1732.)
Annus 1732: (1733.)
Annus 1733: (1734.)
Annus 1734: (1735.)
Annus 1735: (1736.)
Annus 1736: (1737.)
Annus 1737: (1738.)
Annus 1738: (1739.)
Annus 1739: (1740.)
Annus 1740: (1741.)
Annus 1741: (1742.)
Annus 1742: (1743.)
Annus 1743: (1744.)
Annus 1744: (1745.)
Annus 1745: (1746.)

(Annus 1740 - 45 ohne Titelbl.)

Deutsche Ausg. u. d. T.: Auswahl der medicinischen Aufsätze u. Beobachtungen aus den Nürnberg. gelehrten Unterhandlungen. Halle 1787 f.

— litterarium ad rei medicae et scientiae naturalis incrementum, institutum, ab ann. 1731—745. XV Vol. cum fig. 4. Norimbg. Stein.

Commercium litterarum inter G. G. Leibnitzium et I. Bernoullium in varias philosophiae partes. II Tomi. c. fig. 4. maj. Lausanne, Pott et C. 744.

— litterarium virorum clarissimorum e museo Noltenii. II. P. 8. Brunsw. 757. 58.

Commerell, Jh. Paul, († 1774.) exeget.-prakt. Erklärung des ersten Buch Mose, mit Erläuterung d. Wortverstandes ꝛc. in 60 Wochenpredigten. gr. 8. Karlsr. 763. Mit n. Titel 766. Macklott. 20 gr.

Commerell, J. P., Kanzelreden üb. d. erste Buch Mosis. gr. 8. Carlsruhe, Macklot. 765.

Commerell, Otto [aus Tübingen '(Württemb.)']: Beitrag zur Kenntnis des Thiocumazons und über seine Umwandlung in Thiochinazoline sowie über Synthesen von Cumothiazonderivaten ... Erlangen, Druck d. Univ.-Buchdr. v. E. Th. Jacob. 1895; 23 S. 8.
Erlangen, Phil. Fak., Inaug.-Diss. v. 30. Juli 1895.

Commers s.: Kommers.

Kleines See-Taschenbuch. Von Dr. W. Commers. Potsdam: Stein 1910. 104 S. 8° [illegible]

Commersbuch, s. a. Commerschbuch.

Commersbuch. Germania [Tübingen?] 1815. H: *Schwab, Gustav Benj.* (Rich. Härtel-Dresden. Antiqu.-Anz. Nr. 59, sub 400.)

Commersbuch, allgemeines deutsches. Mit größtentheils mehrstimmig gesetzten Melodien. Sehr verbesserte und im Einverständnisse mit den Wünschen der deutschen Studirenden herausgegebene neue Aufl. des seit 1848 in Leipzig erschienenen Commersbuches „Deutsche Lieder mit ihren Melodien." (Hrsg. von Friedr. Erk und Friedr. Silcher.) gr. 16. (IV und 444 S. mit chromolithogr. Titel.) Lahr 858, Schauenburg und Comp. — geb. *

—— dass. — 5., unveränd. Aufl. gr. 16. (XI und 478 S. mit chromolithogr. Titel.) Ebendas. 859.

Commersbuch, allgemeines Deutsches. Mit größtentheils mehrstimmig gesetzten Melodien. Sehr verb. ꝛc. Aufl. des seit 1813 in Leipzig erschienenen Commersbuches „Deutsche Lieder mit ihren Melodien." (Herausg. von F. Silcher und F. Erk.) Lahr 1859. Schauenburg & Co. 16. (2 Bl., 141 S. u. lith. Titel in Farbendr.) 22½ ngr.

— — unter musikalischer Redaction von Fr. Silcher und Fr. Erk. 5. unveränd. Aufl. Ebend. 860. gr. 16. (XI, 478 S. u. lith. Titel in Farbendr.) 22½ ngr.

Commersbuch, allgemeines deutsches. Unter musikal. Redact. von Fr. Silcher und Fr. Erk. Hrsg. von Herm. und Mor. Schauenburg. 11. Aufl. gr. 16. (VIII und 578 S. mit chromolithogr. Titel.) Lahr 867, Schauenburg. *- in engl. Einb. * 1 Thlr.; in Leder geb. * in Leder geb. mit Goldschn. *

Commersbuch, allgemeines deutsches. Unter musikal. Redact. von Fr. Silcher und Fr. Erk hrsg. von Herm. und Mor. Schauenburg. 12.—14. Aufl. gr. 16. (VIII, 584 S.) Lahr 869, Schauenburg. * M. 2,25.; geb. * geb. in Leder * M. 4.; mit Goldschn. *

Commersbuch, allgemeines deutsches. Unter musikal. Redact. von Fr. Silcher und Fr. Erck. 15.—18. Aufl. 16. (628 S. mit chromolithogr. Titelbl.) Lahr 872—75, Schauenburg. * geb. *

Commersbuch, allgemeines deutsches. Unter musikal. Redaktion v. Fr. Silcher u. Fr. Erk. 18. Aufl. gr. 16. (628 S.) Straßburg 875. Schauenburg. n. 2. 25; geb. n. 3. —

—— allgemeines deutsches. Unter musikalischer Redact. von Fr. Silcher und Fr. Erck. 22. und 23. Aufl., verm. durch die Lachner'schen Melodien zu V. v. Scheffel's Liedern. gr. 16. (VIII, 628 S.) Lahr 878,79, Schauenburg. * geb. in Leinw. * M. 3.; in Leder *

Commersbuch, allgemeines deutsches. Unter musikal. Redaktion von Fr. Silcher u. Fr. Erck. 24. Aufl., verm. durch die Lachner'schen Melodien zu V. v. Scheffel's Liedern. 12. (VIII, 628 S. mit chromolith. Titel u. 1 Fcsm. v. E. M. Arndt.) Lahr 880. Schauenburg. n. 2. 25; geb. in Leinw. n. 3. —; m. Nägeln n. 3. 50; in Ldr. n. 4. —

— dasselbe. 25. Aufl. Jubiläums-Ausg., verm. durch viele neue Lieder, worunter solche v. J. V. v. Scheffel mit Original-Melodien v. Frz. Abt u. Frz. Kücken, sowie Orig.-Compositionen v. Vinz. Lachner ꝛc. 12. (IV, 696 S. m. chromolith. Titel u. 1 Fcsm. E. M. Arndt's.) Ebend. 882. 2. 50; geb. von n. 3. — bis n. 4. —

Commersbuch, allgemeines deutsches, f. Sportsleute. 12. (320 S. m. Titelbild.) Mainz 891. (Leipzig, L. Weber [Sport-Verl.].) Geb. m. Biernägeln. n. 3. —
Jetzt vom Radfahrerverein in Mainz zu beziehen.

Commersbuch, allgem. Heidelberger, 2. Aufl., f. Sammlung, auserles., d. besten Deutschen Gesellschaftslieder.

— u. Liederbuch, allgem., mit Melodien ꝛc., s. A. Methfessel.

Commers- und Liederbuch, Allgemeines. Rudolstadt 1818. 1820. 1823. Hamburg u. Itzehoe 1831. H: *Methfessel, Albert.* (GGr VIII, 136) (Vgl. GGr IX, 507—508.) (Hoffmann v. Fallersleben, Volkstüml. Lieder, hrsg. v. Prahl. 4. Aufl. 1900. Nr. 659.)

--- allgemeines, f. deutsche Polytechniker. Hrsg. vom Verein „Hütte". gr. 16. (VI, XIII, 309 S.) Berlin 877. Polytechn. Buchh. n. 1. 75; geb. n. 2. 50

—— allgemeines, für Gabelsberger Stenographen. Hrsg. vom Gabelsberger Stenographen-Verein zu Göttingen. gr. 16. (XII und 308 lithogr. S.) Göttingen 863, (Deuerlich'sche Buchh.) **-

— Berlinisches. 8. Berl. 817. Th. Enslin. 8 gr.

Commersbuch, Breslauer. Mit Musikbeilagen. Breslau 1819. H: *Holtei, Carl von.* (Erman & Horn, Bibliogr. d. dtsch. Universitäten. 1. Leipz. u. Berl. 1904.) (Kat. d. Druckschr. üb. Breslau. S. 291.)

— Breslauisches. 8. Bresl. 819. Holäufer. 18 gl.

— Breslauisches. 8. Bresl. Holäufer. 820. — 18

Commersbuch, Das deutsche. Eine kritische Studie, dargeboten der academischen Jugend und der Philisterwelt ... Erlangen u. Leipzig 1890. V: *Patzschke, F.* (Erman & Horn, Bibliogr. d. dtsch. Universitäten. 1. Leipz. u. Berl. 1904.)

Commersbuch, das deutsche. Eine krit. Studie, dargeboten der academ. Jugend u. der Philisterwelt v. e. alten, aber jung gebliebenen Philister. 12. (59 S.) Leipzig 890. Deichert Nachf. n. — 90

Commersbuch, Deutsches. Freiburg i. Br. 1876. V: *Körfgen, Lützenkirchen & Thelen.* (Erman & Horn, Bibliogr. d. dtsch. Universitäten. 1. Leipz. u. Berl. 1904.)

— deutsches. gr. 16. (XII, 376 S. und 8 S. Anhang für die katholischen Studentenvereine.) Freiburg i. Br. 876, Herder'sche Verlagsh. * *M* 2,80.; geb. *

— dasselbe. 2. Aufl. Mit e. (chromolith.) Titelbild. gr. 16. (XI, 424 S.) Ebend. 878. n. 3. 40; geb. n. 4. 40

Commersbuch, deutsches. 3. Aufl. 12. (XI, 425 S. mit 1 Titelbild.) Freiburg i. Br. 880, Herder'sche Verlagsh. * geb. *

— dass. — 4. Aufl. 12. (IX, 431 S. mit 1 farb. Titelbild.) Ebendas. 884. * geb. mit Biernägeln *

Commersbuch, deutsches. 5. Aufl. Mit e. (farb.) Titelbild. 12. (IX, 431 S.) Freiburg i/Br. 886. Herder. n. 2. —; geb. m. Biernägeln n. 3. —

Commers- und Liederbuch, deutsches. Enthaltend: Gesellschaftslieder, Trinklieder, Studentenlieder, Liebeslieder, Soldatenlieder, Scherz- und Schelmenlieder. Herausgeg. von Gustav Hermes. 8. Berlin 844, Moeser u. Kühn. 1/4 Thlr.

— der Tübinger Hochschule. Tübingen 860. Heckenhauer. 16. (450 S.) n. 24 ngr.

— der Tübinger Hochschule. 2., mit einem Anh. verm. Aufl. 8. (528 S.) Tübingen 867, Heckenhauer. geb. *

— der Tübinger Hochschule. 3. Aufl. 1871. * *M* 2,60., und 4. Aufl. 12. (576 S.) Tübingen 871, Heckenhauer. geb. in Schweinsleder *

— dasselbe. 4. Aufl. 12. (576 S.) Ebend. 874. geb. in Schweinsleder. n. 3. —

— der Tübinger Hochschule. 5. Aufl. 8. (576 S.) Tübingen 878. Heckenhauer. geb. in Schweinsldr. n. 3. —

— der Tübinger Hochschule. 7., verm. Aufl. 8. (582 S.) Tübingen 886. Heckenhauer. geb. in Schweinsldr. n. 3. —

— der Tübinger Hochschule. 8., verm. Aufl. 12. (596 S.) Tübingen 894. J. J. Heckenhauer. Geb. in Schweinsldr. n. 3. —

— Kieler. 8. Kiel 821. (Hesse). 16 gl.

— Kieler. 8. Kiel 822. (Hesse.)

Kieler Commers- und Liederbuch. Kiel. 1821. 8°.

Commersbuch, Kleines. Ein Liederbuch fahrender Schüler. Leipzig [1889]. H: *Tetzner, F.* (Erman & Horn, Bibliogr. d. dtsch. Universitäten. 1. Leipz. u. Berl. 1904.)

— kleines Freiburger. 12. (VIII, 92 S.) Freiburg i/Br. 882. Herder. n. — 60; geb. n. 1. —

Commersbuch, Leipziger. 3. Auflage. Leipzig 1817. H: *Hinkel, K.* (KY) (MGT)

– dass. Leipzig: Tauchnitz 1817.

— der 47. Naturforscher-Versammlung vom 18. bis 24. Septbr. 1874. 2. unveränd. Abdruck. 16. (78 S.) Breslau 874. Morgenstern. n. — 60

Commersbuch, neues allgem., oder gesellschaftl. Liederbuch. Mit Kupf. und Musik. 8. Halle, Kümmel. 816. 1 6
— Anhang z. obigem Commersbuch. Auch unter dem Titel: Auswahl deutscher Lieder zur Belebung eines frommen Sinnes. 8. Ebend. 818. — 12

Commers- und Liederbuch, Neues allgemeines Leipziger. Helmstedt 1822. V: *Fiedler, Carl Ferdinand.* (KY)

— u. Liederbuch, (neues deutsches allgemeines), m. 1 K. 8. Tübing. Osiander. 815.

Commers- und Liederbuch, Neues deutsches allgemeines. Germania 1815. 2. Aufl. 1816. 3. Aufl. 1820. H: *Schwab, Gust. Benjamin.* (Erman & Horn, Bibliogr. d. dtsch. Universitäten. 1. Leipz. u. Berl. 1904.) (Tübz 18, 34) (GGr VIII, 136) (Bartels, Handb. z. Gesch. d. dtsch. Lit. S. 402.)

– dass. 3. Aufl. auch u. d. T.: Tübinger Commersbuch. Tübingen: Osiander 1820. 8°

— neues Leipziger, s. Karl Fd. Fiedler.

Commers- und Lieder-Buch, Neues. Heidelberg 1824. H: *Haug, Joh. Chn Frdr.* (Erman & Horn, Bibliogr. d. dtsch. Universitäten. 1. Leipz. u. Berl. 1904.)

Commers- u. Liederbuch, neues. 8. Heidelb. 824. Winter. 1 fl.

Commersbuch, neues vollständ. deutsches, mit 1 K. 8. Heidelb. Engelmann. 815. Rthlr.

Commers-Buch der Seminaristen zu Tondern. Tondern. [1892.] 8°

Commers-Buch für den deutschen Studenten. 16. (XI und 467 S. mit Melodien.) Magdeburg [und Leipzig,] 855, Gebr. Baensch. *

Commers-Buch für den deutschen Studenten. 855. (VIII, 467 S.) — (2. Aufl.) Leipzig 858. Gebr. Baensch. (Gräbner.) 16. (XXIII, 512 S.) 25 ngr.

— für den deutschen Studenten. 4—11. revid. u. verm. Stereot.-Aufl. Leipzig 859—64. Teubner. 16. (XXIII, 544 S. u. 1 Stahlst.) 25 ngr; geb. n. 1 ℛ

— für den deutschen Studenten. 12—16., revid. u. verm. Stereot.-Aufl. Leipzig 866—70. Teubner. 16. (XXIII, 544 S. u. 1 Stahlst.) 25 ngr; geb. 1 ℛ 2½ ngr

— für den deutschen Studenten. 14.—19., revid. und verm. Ster.-Aufl. gr. 16. (XX, 552 S. mit 1 Stahlst.) Leipzig 868—75, Teubner. ℳ 2,50.; geb.

— für den deutschen Studenten. 20. revid. und verm. Ster.-Aufl. (XX, 552 S.) 1876; 21. Ster.-Aufl. gr. 16. (XX, 552 S. mit 1 Stahlst.) Leipzig 878, Teubner. geb. in Halbleinw. ℳ 2,70.; in Leinw.

— für den deutschen Studenten. 22. Ster.-Aufl. gr. 16. (XX, 552 S. m. 1 Stahlst.) Leipzig 880. Teubner. n. 2. 50; geb. n. 3. 25

— für den deutschen Studenten. 22.—26. Ster.-Aufl. 12. (XX, 552 S. mit 1 Titelbild.) Leipzig 883—87, Teubner. geb. in Halbleinw. ℳ 2.70.; in Leinw. geb. in Leinw. mit Biernägeln

Commers-Buch für den deutschen Studenten. 27. Ster. Aufl. Leipzig: Teubner 1892. XX, 552 S. 8° [10. 1100]

Commersbuch der Wiener Studenten. Hrsg. von Max Breitenstein. 12. (XIV, 568 S.) Wien 880, Hölder. * geb. in Leinw. *ℳ 4.; in Ldr. *

— der Wiener Studenten. Hrsg. v. Max Breitenstein. 2. verm. Aufl. 12. (XV, 574 S.) Wien 885. Hölder. n. 3. 20; geb. n.n. 4. —

— der Wiener Studenten. Hrsg. v. M. Breitenstein. 3., verm. Aufl. 12. (XVI, 587 S.) Wien 890. Hölder. n. 3. 20; geb. n.n. 4. —

— für Studirende deutscher technischer Hochschulen. Hrsg. vom Verein „Hütte". 6. Aufl. gr. 16. (XXIX, 392 S.) Berlin 884. Polytechn. Buchh. n. 1. 75; geb. n. 2. 50
1. – 4. Aufl. ersch. im Selbstverlage des Vereins „Hütte"; 5. Aufl. u. d. T.: Commersbuch, Allgemeines, für deutsche Polytechniker.

— dasselbe. Ergänzungsbd. zur 6. Aufl. 12. (VII, 68 S.) Ebd. 889. geb. n. — 50

— f. Studirende deutscher technischer Hochschulen. Hrsg. vom Verein „Hütte". 7. Aufl. 12. (XXIX, 464 S.) Berlin 889. Polytechn. Buchhandlg. n. 2. —; geb. m. Biernägeln n. 3. —

— f. Studirende deutscher technischer Hochschulen. Hrsg. vom akadem. Verein „Hütte". 8. Aufl. 12. (XXVIII, 470 S.) Berlin 894. Polytechn. Buchh. A. Seydel. Geb. in Leinw. m. Biernägeln. n. 3. —

— technisches, enthaltend eine Auswahl der besten techn., sowie Kneip-, Volks- und Vaterlands-Lieder. Im Anhang: Bier- und Knobel-Comment. Zusammengestellt und hrsg. von dem Reichs-Zukunft- und Innungs-Meister Breitbeil, ständ. Mitglied der scharfen Ecke auf den Verbandstagen, Inhaber des Kneipordens 1. Classe und Lieut. a. D. des Krähwinkeler Landsturmes. gr. 16. (XV, 239 S.) Holzminden 883, Müller'sche Buchh. geb. *

Commersch, der, in Lauchstädt, e. prosaisches Gedicht in 7 Gesängen. 8. Halle, Hendel. 4 gr

Commerschbuch, s. a. Commersbuch.

— od. Weinlieder f. fröhliche Menschen 8. Halle, Dreyßig.

Commerschbuch, allgemeines, 8. Frkft. (Mohr u. Z. in Heidelbg.) 810.

Commerschbuch, allgemeines. 8. Frankf. u. Heidelb. 810. (Winter). 20 gr

— für Burschenzirkel ꝛc. 8. (Leipz., Centr.-Compt.) 16 gr

— Leipziger, (v. C. Hinkel), 3e Aufl. Leipz. 817. Tauchnitz. 16 gr

— neues. 8. Halle 797. (Osterloh). 3 gr

— neues. 8. Götting. 818. (Vandenhöck u. R.) 20 gr

— neues. 8. (Göttingen, Vandenhöck.) 820. — 20

— neues allgem., oder gesellschaftl. Liederbuch. Mit Kpf. u. Musik. 8. Halle 816. Kümmel. 1 ℛ 6 gr 2e Aufl., herausg. v. J. F. Neue.... Anhang. A. u. d. T.: Auswahl deutscher Lieder zur Belebung eines frommen Sinnes. 8. Ebd. 818. 12 gr

— neues, allgem. deutsches. 3e Aufl. 8. Tübing. 820. Osiander. 20 gr Dass., auch unt. d. T.: Tübinger Commerschbuch. Mit 1 Kpf. 8. Ebd. 20 gr Mit 1 Kpf. u. 2 Ansichten. 1 ℛ 4 gr

— neues vollständ. deutsches, mit 1 Kpf. 8. Heidelb. 815. Engelmann. 18 gr

§ **COMMERSCHLIEDER**, Die neuesten und besten. Halle 1801. 8°. Selten!

Commerschlieder, d. neuesten u. besten, mit 7 Noten-Melodien. (A. u. d. T.: Auswahl froher Gesänge bei feierl. Ereignissen.) 8. Halle 810. Hendel. 6 gr (Vergl. Auswahl.)

Commerslieder, s. a. Liederhalle, kleine deutsche.

Commers-Lieder. Mit Beiträgen herausgeg. von Herrm. Ewald. Nebst einem Anhange von Gesellschaftsspielen. Von F. C. Hübner. 8. Berlin 842. (Hasselberg.) (Guben, Bölitz.) 6 ngr

— gesammelt von einem bemoosten Haupte. 1. Heft. Mit 6 feinen Holzschn. 16. Leipzig (846), 847, Joachim's Sep.-Conto. n. 1/4 ℛ

Commers-Lieder. Hrsg. vom Lehrerhaus-Verein in Wien. 1. Hft. 12. (31 S.) Wien 889. (A. Siegl & Co.) n. — 40

[F.] Commers-Lieder der Leipziger Finkenschaft. *Leipzig: Dr. v. Metzger & Wittig [o. J.]* (31 S.) 1 Bd 8. [99. ... 11]

Commerslieder zur Gedenkfeier der Schlacht bei Hemmingstedt am Sonnabend, den 17. Februar 1900. Meldorf. (1900) 8°.

COMMERS-Lieder des volkswirtschaftlichen Vereins. Wien, Verlag des volkswirtschaftl. Vereins, Druck v. Kreisel & Gröger, 1895. 8°.

— 40 der beliebtesten. Hrsg. vom Verband der kathol. Studenten-Vereine Deutschlands. 8. (20 S.) Köln 894. J. P. Bachem. n.n. — 15

— dasselbe, besonders zum Gebrauch bei Ferien-Commersen u. Philister-Zirkeln. 2. Aufl. 8. (20 S.) Ebd. 892. n.n. — 20 Vergriffen.

COMMERS-Zeitung der Abiturienten der Prager Handels-Akademie. Selbstverlag. Druck v. F. Libisch in Prag, 1890. 8°.

Commerz ..., s.a. Commerce ...

Commerz- und Disconto-**Bank**, Berlin. Hamburg. Frankfurt a. M. *(Leipzig-Reudnitz 1903: O. Lienekampf.)* (33 S.) 8° [03. 5491]

Commerz-Hafen, der St.-Petersburger. Sammlung von Zoll-, Hafen- u. Handels-Gesetz-Bestimmgn. u. Anordngn. Gebilligt vom Zoll-Departement, vom Haupt-Marine-Stab, v. der Hafen-Commission d. Ministeriums der Wege-Communicationen u. vom St.-Petersburger Stadt-Oberhaupt. Handbuch f. Kaufleute u. Schiffscapitaine. Mit 2 Plänen. 2., verb. u. durch Gesetzbestimmungen bis zum 1. Jan. 1888 ergänzte Ausg. gr. 8. (VIII, 182 S.) St.-Petersburg 888. (Schmitzdorff.) n.n. 6. —
Englische Ausg. zu gleichem Preise.

Commerzial-Gewerbe, s. **Mittheilungen aus dem Gebiete der Statistik.**

Commerzial-Nachweisungen des Zollvereins für die Jahre 1841—72. Berlin. 4. u. Fol.

Commerzialschema, s.a. Commercialschema.

Commerzialschema, Wienerisches, oder Verzeichniß aller Hofstellen, Aemter ꝛc., (v. Chr. Löper). 8. Wien 780. N.A. 792. Gerold. 12 Kr.

Commerzial-Waaren-Stempel-Tarif, Vollständiger alphabetisch geordneter —. Mit einem Anhange wichtiger Verordnungen und Notizen in Zollsachen. Zum Gebrauche für in- und ausländische Handelsagenten, Kommissionäre ꝛc. ꝛc. 8. (X, 56 S.) Wien. Druck und Verlag von J. P. Sollinger's Witwe. 1854.

Commerzpedell, der patriotische, od. Genuin Sabuello's Amtsbegebenheiten. 2 Thle. gr. 8. Bamberg, Göbhard. 778.

Commerzpedell, d. patriot., oder Genuin Sabuello's Amtsbegebenheiten. 2 Thle. gr. 8. Bamb. 778. (Weschè in Frkf.) 12 Kr.

Commerz- u. Seetraktat, geschlossen zwischen Ludwig XV., König von Frankreich und den Erb-Hansestädten im J. 1716. 4. Leipzig 769. Barth. 1/6 Thlr.

Commessmann, Carl: Der Ausbau des Städtischen Progymnasiums zu Rheinbach zur Vollanstalt. Rheinbach 1910: Raabe. S. 1—8. 4°
Rheinbach, st. G i. E. P 1010 (634) [S 10. 62

Commichau, Albert [app. Arzt aus Bialystok '(Russl.)']: Beitrag zur Casuistik der acuten infectiösen Osteomyelitis der Wirbelsaeule ... Würzburg, Druck v. F. Fromme, 1895; 39 S. 8.
Würzburg, Med. Fak., Inaug.-Diss. v. 1895

Commilito, s.a. Kolleg besuchen u. schwänzen.

[F.] Kolleg besuchen und schwänzen. E. Wort zu den Auslassgn d. ... Rektors der Berliner Univ., Herrn ... Prof. Weinhold bei ... seiner Antrittsrede v. **Commilito.** *Frankfurt a. M.: Gebr. Knauer 1894.* (16 S.) 1 Bd 8. (94 sie- 11

v. Comminge, d. Graf; Begebenheiten, ohne d. Schauspiel. 8. Glogau 769. Chr. Fr. Günther. 8 Kr.

— Dass. mit d. Schauspiel. 8. Glogau 767. Chr. Fr. Günther. 18 Kr.

Reitwinke für beschäftigte Leute. (Chit-chat about the pigskin.) (L'équitation des gens pressés.) Vom Grafen [A.] v. **Comminges,** Kapitän im 15. Jäger-Reg. Mit 60 Handzeichnungen von E. Thélem. Autor. Übers. von Dr. Paul Goldbeck-Demmin. *Neudamm: J. Neumann [1902].* (x, 84 S.) 8° [F.] [04-044-

Commis voyageur. Reise-Bibliothek. 1. u. 2. Hft. 16. Teschen 876. 77. Schröder. à n. 1. —
1. Nafia u. Comp. Eine Familiengeschichte v. Emile Mario Vacano. (85 S.)
2. Vitae damnatae. Eine abnorme Geschichte v. Emerich Graf Stadion. (47 S.)

Commis Voyageur, des, letzter Frack, oder Plusike's Leiden im Gasthof zur rothen Laterne. 8. (16 S.) Köln 859, Nelte, Böltje und Comp. *

Commis voyageur, e., vor fünfzig Jahren. Humoresken v. P. F. 2. (Titel-)Ausg. 12. (96 S.) Würzburg 882. Kreßner. n. — 60

Commission, s. a. Kommission

Commission zur Ausarbeitung eines Gutachtens über Einführung gleichen Masses und Gewichtes in den deutschen Bundesstaaten. Referat v. Hülse. fol Dresden

Commission centrale pour la navigation du Rhin. Rapport général pour 1856. Mayence 857. Kupferberg. gr. 4. (2 Bl., 129 S.) n. 2 Thlr.

— und Export. Special-Offertenblatt für das Commissions- und Export-Geschäft. Redact.: S. Fischer. 1. und 2. Jahrg. Novbr. 1883 — Octbr. 1885. à Jahrg. 52 Nrn. (à Nr. 1—1 1/2 Bog.) Fol. Berlin, Steinitz und Fischer. à Jahrg.

— u. Export. Special-Offertenblatt f. das Commissions- u. Export-Geschäft. Red.: **S. Fischer.** 1—3. Jahrg. Novbr. 1883—Octbr. 1886. 52 Nrn. (à 1—1 1/2 B.) Fol. Berlin, S. Fischer. n. 3. —

Commission und Export. Special-Offertenblatt für das Commissions- und Export-Geschäft. Redact.: S. Fischer. 4. Jahrg. 1886. 52 Nrn. (à Nr. 1—1 1/2 Bog.) Fol. Berlin, S. Fischer. *

Commission u. Export. Special-Offertenblatt f. das Commissions- u. Export-Geschäft. Red.: **J. Stettenheim.** 5. Jahrg. 1887. 52 Nrn. (à 1—1 1/2 B.) Fol. Berlin, S. Fischer. n. 3. —
Fortsetzung s.: Börsenblatt. Organ f. Handel etc.

Commission, die historische, bei der königl. bayerischen Akademie der Wissenschaften 1858—1883. Eine Denkschrift. (Von Heinr. v. Sybel u. Wilh. v. Giesebrecht.) gr. 8. (107 S.) München 883. Rieger. n. 3. —

Commission, d. preußische, zur Reform des protestantischen Cultus. gr. 8. Halle 816. Kümmel. 6 Kr.

Commissionalbericht, s.a. Kommissionalbericht.

Commissionalbericht an die hohe Regierung über die Kommunisten in der Schweiz . . . Zürich 1843. V: *Bluntschli, Joh. Casp.* (Cat. d. Stadtbibl. Zürich. Zürich 1864—97) & *Joh. Jac. Hottinger.* (stams) »Commissionsbericht«. (ADB 41, 625)

Commissionalbericht an den Gr. Rath St. Gallen über die schweiz. Zoll- und Handels-Verhältnisse. St. Gallen 1846.

Commissionalbericht an den Gr. Rath Schaffhausen, die Betheiligung des Kts. Schaffhausen an der Gotthardtbahn betreffend. ca. 1866.

Commissionsarbeiten, (des Vereins von Gas- und Wassertachmännern Deutschlands) betreffend die Versuche über die Leistungsfähigkeit der Coke-Generatoren unter verschiedenen Zugverhältnissen. 4°.

Commissions-Arbeiten betreffend die Versuche über die Leistungsfähigkeit der Cokegeneratoren unter verschiedenen Zugverhältnissen. München 1878
Bericht 1. Versuche mit Coke aus Saarkohlen. Von H. Bunte.
Bericht 2. Versuche mit Coke aus böhmischen Schwarzkohlen. Von H. Bunte

Commissionsarbeiten betreffend die Versuche über die Leistungsfähigkeit der Cokegeneratoren unter verschiedenen Zugverhältnissen. Bremen 1879.

Commissionsbedenken,
Das, über die Successionsverhältnisse des Herzogthums Schleswig ... Altona 1847. V: *Voss, Detlef.* (schles)

Commissionsbedenken, das, über die Successionsverhältnisse d. Herzogth. Schleswig, d. Kieler Kritik desselben u. K. Samwer's staatsrechtl. Untersuchung: Die Vorgänge d. J. 1721. gr. 8. (112 S.) Altona 847, Hammerich. 1/2 Thlr.

Commissionsbericht üb. d. Antrag d. 2n Kamm. auf Aufheb. d. Censur u. Herstell. vollkomm. Pressfreiheit. Erstatt. in d. 1n Kammer d. bad. Ständeversamml. v. Frhrn. v. Wessenberg. *Carlsruhe,* Müller. 831. 8. (3 Gr.)

Commissionsbericht über den Entwurf eines Gewerbegesetzes, erstattet von Knies. 4°. s. l. 1862.

Commissionsbericht über Erbauung einer Eisenbahn Mannheim - Schweizer Grenze. ca. 1833.

Commissions-Bericht über die Erklärungen der sehr ehrw. eklektischen Bundeslogen, die von der Hochw. Gr. Mutterloge des Eklektischen Freimaurerbundes in ihrem Circular vom 25. März 1844 zur Abstimmung an die Bundeslogen vorgeschlagene „Erläuterung des Prinzips der eklektischen Freimaurerei“ s. No 33836 betreffend. [Frankfurt a. M. 1845.] 2 Bl. 2° [Kopftit.]

Zweiter Commissions-Bericht, mehrere zur allg. Deutschen Wechselordnung in Anregung gekommene Fragen betr. 1861. fol.

Commissionsbericht über den G e s e t z e n t w u r f , Eigenthumsabtretung zum Behuf der Eisenbahn. Erstattet von Beck. Carlsruhe. 1838. 8.

Commissionsbericht über den G e s e t z e n t w u r f wegen Erbauung einer Eisenbahn von Mannheim bis zur Schweizer-Grenze, erstattet von D. Rau.

Commissionsbericht über das Gewerbe-Gesetz vom 9. Febr. 1849, abgestattet an eine von dem „Handelsverein Teutonia“ veranlasste Versammlung des Berliner Handelsvorstandes. gr. 4°. Berlin, Schneider u. Co., 1849.

C o m m i s s i o n s b e r i c h t beider Häuser (Herrenhaus u. Haus d. Abgeordneten) üb. d. Verwaltg. des Staatsschuldenwesens von 1820 – 1860. Berlin. 4.

Commissions-Bericht über die Leipziger Industr.-Ausstellung vom Jahre 1850 mit Rücksicht auf die bayer. Industrie, erstattet von Dr. K. Schafhäutl. München 1850.

Commissions-Bericht über die Schwarzwälder I n d u s t r i e - A u s s t e l l u n g im Spätjahr 1858, nebst Beiträgen zur Geschichte der Industrie auf dem badischen Schwarzwalde. Erstattet etc. von R. Dietz, H. Lang u. J. Frick. Karlsruhe 1858. 8°

Commissions-Bericht über die Sicherung der Stadt gegen die Sturmfluthen . . . Hamburg 1834. V: *Müller, Heinrich Julius*. (schr)

Commissionsbericht üb. die Sicherung d. Stadt gegen Sturmfluthen von der See her, der hiesigen Gesellschaft zur Beförd. d. Künste u. nützl. Gewerbe vorgelegt in der Deliberations-Versammlung den 12. Dec. 1833. Mit 1 Steintaf. gr. 8. Hamb. 834. Perthes, Besser u. Mauke. 1/3 rℓ

Commissions-Bericht an die Unterzeichner der Petition vom 8. Juni 1842. gr. 8. Hamburg 843, Perthes-Besser und Mauke. geb. n. 1 rℓ

„Commissionsbericht, betreffend die Vernehmung der Sachverständigen über den Entwurf einer Wechselordnung“, Berlin 1846. — Vorh.: Bibl. des Reichsbankdirektoriums Berlin.

C o m m i s s i o n s b e r i c h t e über den Anschluß d. Großhrzgths. Baden an d. großen deutschen Zollverein. Erstattet v. d. Abgeord. Hoffmann, Regenauer u. Rau, nebst d. Zollstrafgesetzen u. d. darüber erstatt. Berichten v. d. Abgeord. Bader u. Frhr. v. Göler d. J. gr. 4. (52½ B.) Karlsruhe (835,) Groos.

Abgedruckt aus den: Verhandlungen d. bad. Ständeversamml.

Commissionsberichte, Die, und weiteren Verhandlungen über die Einführung des Allgemeinen deutschen Handelsgesetzbuches in Hamburg . . . Hamburg 1866. H: *Hirsch, P.* (schz)

C o m m i s s i o n s b e r i c h t e, die, und weiteren Verhandlungen über die Einführung des allgemeinen deutschen Handelsgesetzbuches in Hamburg mit dem Einführungsgesetze. Für den prakt. Gebrauch zusammengestellt. Lex.-8. (XL und 152 S.) Hamburg 866, O. Meißner. *

Fernerweites Kayserlich. . . . Commissions-Decret, an eine . . . allgemeine Reichs-Versammlung zu Regenspurg de dato 26. Febr. 1757 den . . . Chur-Brandenburgischen Einfall . . . betreffend. (In fine: Regenspurg den 26. Febr. 1757. Alexander Fürst von Thurn und Taxis). 4. (16 S.)

Fernerweites Kayserlich . . . . Commissions-Decret an eine . . . . Reichs-Versammlung zu Regenspurg de dato 8. Julii 1757 den Chur-Brandenburg. Einfall . . . besonders aber die der Königin von Pohlen . . . angemuthete Abziehung aus . . . Dresden . . . betreffend. 4. (4 Bl.)

Kayserlich . . . . Commissions-Dekret an Eine . . . Reichs-Versammlung zu Regenspurg, de dato 9. Julii 1757 den . . . Chur-Brandenburgischen Einfall . . . betreffend. Nebst Beylage. 4. (4 Bl.)

Kayserlich-Allergnädigstes Commissions-Decret, An eine Hochlöblich allgemeine Reichs-Versammlung zu Regensburg, de dato 5. Februarii, 1759. Die Zusammentrettung einiger Commitial-Gesandten a. c. vom 29. Nov. a. p. betreffend. Anno 1759. 4. (8 S.)

Kayserl. Allergnädigstes Commissions-Decret an Eine Hochlöblich allgemeine Reichs-Versammlung zu Regenspurg . . . Das dem Herr Pfalz-Grafen Friedrich . . . übertragene Commando über die Kayserliche u. Reichs-Armee betreffend. Dictatum Ratisbonae d. 21. Febr. 1758. per Moguntinum. 4. (4 Bl.)

Kayserliches Commissions-Decret. betr. die Abschickung allerseittiger Reichs-Contingentien nach dem Obern-Rhein; Regenspurg 9. Martii 1711. o. O. 1711. 3 S.

„Commissions-Decret, Kayserliches fernerweites, de dato et praesentato den 29. Septembris 1736. Sambt Beylagen sub. Num. 1. 2. 3. et 4. an die Hochlöbl. Allgemeine Reichs-Versammlung zu Regenspurg. Das verfallene Müntz-Wesen betreffend. [Dictatum Regenspurg den 1. Oct. 1736.] Regensburg, gedruckt bey Hieronymo Lentzen“. — Vorh.: StB Nürnberg.

(K a y s e r l i c h e s **Commissions-Decret** in materia religionis.) [Nebst] Beyl. [Dat.:] Regenspurg, April 1720.

K a y s e r l i c h e s **Commissions-Decret**, die Religions-Beschwerden nach dem Baadischen Frieden betr. Vom 30. Junii 1722. o. O. u. J.

Commissions-Dekret, s. C o m m i s s i o n s - D e c r e t .

Commissions-Entwurf einer D e i c h o r d n u n g für das Herzogthum Oldenburg. Oldenburg 853. Stalling. gr. 8. (VII, 143 S.) n. 10 ngr

Vgl.: B e g r ü n d u n g des Commissions-Entwurfes etc.

— eines G e s e t z e s , betreffend den bürgerlichen Proceß für das Großherzogthum Oldenburg. Ebend. 856. gr. 8. (1 Bl., 222 S.) 15 ngr

Commissions-Entwurf eines Gewerbegesetzes für das Herzogthum Oldenburg. Amtlicher Abdr. Oldenburg 860. Stalling. gr. 8. (132 S.) n. 8 ngr

— der S t r a f p r o c e ß - O r d n u n g für das Herzogthum Oldenburg. Ebend. 856. gr. 8. (1 Bl., 219 S.) n. 10 ngr

— eines **Verkoppelungs-Gesetzes** für das Herzogthum Oldenburg. Ebend. 856. gr. 8. (3 Bl., 64 S.) 7 1/2 Ngr

Commissions-Entwurf einer Wasser-Ordnung für das Herzogth. Oldenburg. gr. 8. (153 S.) Oldenburg 863, Stalling's Verlag.

Commissions-Entwürfe zur Einführung u. Ausbildung von Presbyterial- u. Synodaleinrichtungen in der evangel. Kirche des Königr. Hannover, nebst dem begleitenden Berichte der Commission u. zwei begründenden Denkschriften. [Abgedr. aus d. Monatsschrift f. Theologie u. Kirche. 3. Bd. 9 u. 10. Hft.] gr. 8. (120 S.) Göttingen 849, Dieterich. n. 2/3 Rf

Commissions-Gutachten bezüglich des ministeriellen Rescripts vom 15. April 1845. [Am Ende:] Halle, den 17. Mai 1848. [Halle] (1848: Hendel). 7 S. 8° [Kopft.]
Betr. zeitgemässe Veränderung der akademischen Gerichtsbarkeit und Bestellung der Regierungsbevollmächtigten zu Kuratoren.

Commissions-Protokoll über die im Monate Oktober 1861 zu Pola ausgeführten Schiessversuche gegen Panzerplatten; nebst Gutachten des Maschinen-Ingenieurs Otto Dingler über die bei der Fabrikation von Panzerplatten zu befolgenden Grundsätze, abgeleitet aus den Resultaten dieser Schiessversuche. (Lithogr.) (Mit 3 Taf.) Fol. Pola 1861.

Commissions-Protokolle des nied. österr. Gewerb-Vereines über das k. k. ausschl. priv. Peterswalder Zinkweiß. 8. (24 S.) Wien. K. Gerold und Sohn. 1853.

„Commissions-Ratifications-Decret, Kayserliches, an den Hochlöblichen Reichs-Convent zu Regenspurg, Das verfallene Müntz-Wesen betreffend. Dictatum Ratisbonae d. 15. April 1737 per Moguntinum". — Vorh.: StB Nürnberg.

Kayserlich ... **Commissions-Ratifications-Decret**, an eine .... Reichs-Versammlung zu Regenspurg, de dato 29. Jan. 1757 den gewaltsamen Chur-Brandenburgischen Einfall in die Chur-Sächsische ... Lande betreffend. (Unterzeichnet: Alexander Fürst von Thurn und Taxis.) 4. (4 Bl.)

Commissions-Urtheil, das, in Untersuchungssachen wegen des im Jahre 1848 auf Fehmarn wider den damaligen Capitainlieutenant, jetzigen Commandeur-Capitain der Königl. Marine, Baron von Dirckinck-Holmfeld verübten Attentats. Flensburg 853. (Leipzig, Brauns.) 8. (1 Bl., 57 S.) n. 6 Ngr

⊙ **Commissions-Vorschläge** betr. die allgemeinen Bestimmungen eines Statuts für das Communalwesen der Stadt Kiel. Kiel. (1833.) 4°

Commissis (De) et de mercibus contrabando, vulgo Contrebande Wahren. Denuo typis excusa. (De L. E. J. de Folckers.) 4°. Quedlinb. 1705.

Committee-Bericht über den Antrag, betreffend die Einreichung einer allerunterthänigsten Adresse (wegen der Stellung des Herzogthums Schleswig zum Königreich Dänemark) an Se. Majestät den König (Friedrich VII. und der von 25 Abgeordneten der 9ten ordentlichen Schleswigschen Ständeversammlung unterzeichnete Adressentwurf.) Erstattet Flensburg, den 3ten Februar 1860. (Schleswig, 1860.) Bei: Zeitung für die Verhandlungen der ... Provinzialständeversammlung für das Herzogthum Schleswig. 9. Flensburg. (1860.) Fol., in 4° gebunden.

Committee-Bericht und Vorschläge zu einer bestimmten Geschäftsordnung für das Altonaische Unterstützungs-Institut. o. O. (1837.) 4°, geb. in Fol. Kopft.

Commoda, A., Lasker, Liebknecht, Beyschlag. Drei Zwiegespräche. gr. 8. (III, 187 S.) Stuttgart 902. Süddeutsche Verlagsbuchh. n. 1.—

Commodiani carmina, s. a. Corpus scriptorum ecclesiasticorum latinorum.

Commodiani Carmina, recognovit Ernestus Ludwig. 2 particulae. 8. Leipzig, Teubner.
Inhalt:
Part. 1. Instructiones complectens. (LXXVII, 86 S.) 878. M 1,80.
" 2. Carmen apologeticum complectens. (XLIII, 43 S.) 877. 90 Pf.

Commonitorium ad civilis et publici juris consultos catholicos de rebus ecclesiasticis tractantes: una cum reflexionibus in nonnullas dissertationes juridico-ecclesiasticas. Pedeponti et Monachii 1755. V: *Gufl, Veremund.* (ZÜRKL)

Communalabgaben-Gesetz, das neue preußische, nebst dem Gesetz wegen Aufhebung direkter Staatssteuern (Ueberweisungs-Gesetz) u. dem Gesetz, betr. die Beihülfe zu Volksschulbauten. 16. (95 S.) Langensalza 893. Wendt & Klauwell. —35

Communal-Anzeiger. Central-Organ f. Deutschland. Hrsg. v. Paul Muskalla. 1. Jahrg. April 1872 — März 1873. 52 Nrn. (½ B.) gr. 4. Berlin, Buchh. f. Erziehg. u. Schulwesen. n. 3. —; Halbjährlich n. 1. 80; Vierteljährlich n. 1. —

Altona's **Communal-Behörden** und Beamte im Jahre 1879 [Altona. (1879.)] 8°

Communalblatt. Jahrg. 1865. 52 Nrn. (Bog.) 4. Dresden. (Leipzig, H. Fritzsche.) Vierteljährlich *

Communalblatt 1888 ff., s. Gemeindeblatt der Haupt- und Residenzstadt Berlin.

Communal-Blatt der Haupt- und Residenz Stadt Berlin. Organ für die gesammte Gemeinde-Verwaltung und städtische Interessen. Red. u. herausg. im Auftrage des Magistrats. Red.: A. T. Woeniger. 1. Jahrg. Juli — Decbr. 1860. 26 Nrn. (à 1—1½ Bgn.) 4. Berlin, (Th. Grieben.) n. 1 Rf

— dasselbe. 2—5. Jahrg. 1861—64. à 52 Nrn. (à 1—1½ Bgn.) Ebend. gr. 4. Jeder Jahrg. n. 2 Rf

Communalblätter, Dresdner 1830, 30 Numm. kl. Fol. Dresd., Arnold. 20 Gr

Communalgarden-Gesetze f. das Königr. Sachsen mit erläuternden Bemerkungen v. Ed. Hermsdorf. 2. Aufl. gr. 8. (IV u. 75 S.) Leipzig 848, Ph. Reclam jun. in Comm. baar 5/12 Rf

Communalgarden-Lieder. Parodien v. e. Communalgardisten. 8. ... Dresden 830, [Grimmer.]

Communalgarden-Lieder. Parodien von e. Communalgardisten. 8. Dresd. 830. Hilscher. 1 Gr

Communalgarden-Wachtspiel, das, nebst 20 eleganten Figuren (aus Zinn, in e. Schachtel) u. einem color. Spielplan mit e. Erinnerungstafel an d. J. 1830. gr. 4. Dresd. 831. Meser. 1 Rf

Communalgardist, der Sächs., eine Wochenschr. f. Ordnung, Recht u. bürgerl. Freiheit, unt. Mitwirk. e. Vereins v. Bürgerfreunden, hrsg. v. F. Philippi. 1830. Oct. — Dec. 24 Patrouillen. (Nrn. ½ B.) M. 1 Stnt. Dresden, [Grimmer.]
Fortsetzung, vgl. Stadtverordnete.

Communalgardist, d. sächsische, e. Wochenschrift für Ordnung, Recht u. bürgerl. Freiheit, unter Mitwirkung eines Vereins von Bürgerfreunden, herausg. v. F. Filippi. 1830 Oct. — Dec. 24 Patrouillen. Mit 1 Steindr. Von d. 14ten Patrouille an unter d. T.: d. Stadtverordnete u. Communalgardist. Dresd., Hilscher. 12 Gr 26, 36 Vierteljahr 1830 Dec. — 1831 Juni. 52 Patr. u. Juli — Dec. 1831. 52 Patr. Mit d. Beilage: Rapportzettel. 4. Ebd. 1 Rf

Communalgesetz, Belgisches, vom 30. März 1836. Mit Berücksicht. der Veränderungen u. Zusätze durch die Gesetze vom 30. Juni 1842, 1. 5. u. 31. März, 13. April u. 20. Mai 1848. gr. 16. (44 S.) Berlin 848, Schroeder. 3 ngr.

Communalkalender, Wiener, und Städtisches Jahrbuch, s. a. Kommunalkalender.

Communal-Kalender, Wiener, und Städtisches Jahrbuch. 1873—1875. [Neue Folge. 1.—3. Jahrg.] 8. (VIII, 271; XIV, 343; XXVIII, 303 S.) Wien, Manz. geb. à Jahrg. *

— dasselbe. 1876 u. 1877. 14. u. 15. Jahrg. (Neue Folge. 4. u. 5. Jahrg.) 8. (à ca. XXVIII, 372 S.) Ebend. geb. à Jahrg. n. 4. —

Communal-Kalender, Wiener, und städtisches Jahrbuch 1881 und 1882. 9. und 10. Jahrg. [Neue Folge]. 19. und 20. Jahrg. [begonnen 1863]. 8. (XXVIII, 354; XXVIII, 394 S.) Wien, Manz'sche Hofverlagsh. Jahrg. 1881 cart. * Jahrg. 1882 cart. *

—— dass. — 1883—1885. 11.—13. Jahrg. [Neue Folge]. 21.—23. Jahrg. [begonnen 1863]. 8. (382; 396; IV, 400 S.) Wien, Gerold's Sohn. à Jahrg. cart. *

Communal-Kalender, Wiener, und städtisches Jahrbuch. 1886—1888. 14.—16. Jahrg. [Neue Folge.] 24.—26. Jahrg. [begonnen 1863]. 8. (IV, 387; IV, 366; IV, 362 S.) Wien, Gerold's Sohn. cart. à Jahrg. *

Communal-Kalender, Wiener, und städtisches Jahrbuch 1889—1892. 27.—30. Jahrg. [begonnen 1863]. Neue Folge, 17.—20. Jahrg. 8. (IV, 330; III, 407; III, 413; 395, XI S.) Wien, Gerold's Sohn. à Jahrg. cart. * 4 —

Communal-Kalender, Wiener, und städtisches Jahrbuch. 1893. 31. Jahrg. [Neue Folge] 21. Jahrg. [begonnen 1863]. 8. (IV, 469 S.) Cart. Wien: Gerold 2.—

Communal-Kalender, Wiener, u. städtisches Jahrbuch 1894. 32. Jahrg. 8. (488 S.) Wien, (M. Perles). Kart. n. 3. 20

Communal-Kalender, Wiener, und städtisches Jahrbuch für 1895. XXXIII. Jahrgang. 8. (475 S.) Geb. Wien: Perles 1895. 1.60

Communal-Kalender, Wiener, und städtisches Jahrbuch für 1896. XXXIV. Jahrgang. 8. (520 S.) Geb. Wien: Perles 1896. 1.60

Communal-Kalender, Wiener, und städtisches Jahrbuch für 1897. XXXV. Jahrgang. 8. (510 S.) Geb Wien: Perles 1897. 1.60

Communal-Kalender, Wiener, u. städt. Jahrbuch 1898. 36. Jahrg. 8. (VI, 524 S.) Wien (M. Perles). Kart. n. 3. —

Wiener Communal-Kalender und Städtisches Jahrbuch 1899. XXXVII. Jahrgang. Wien. In Comm. Perles. 8°. 552 S. Cart. fl. 1.60

Communal-Kalender, Wiener, u. städtisches Jahrbuch 1900. 38. Jahrg. 8. (IV, 608 S.) Wien, M. Perles. Kart. 3. 20.

Communal-Kalender, Wiener, u. städtisches Jahrbuch 1902. 40. Jahrg. 8. (VI, 670 S.) Wien (M. Perles). Kart. n. 3. 20

Communal-Landtags-Verfassung im Königl. Preuss. Markgraftum Oberlausitz. (M. Anmerk. u. Erl.) Görlitz 1904. 8° (4°.)

Provisorische Communalordnung für die Landschaft Fehmarn, beschlossen und vollzogen in der landschaftlichen Versammlung vom 8. September 1848, bestätigt von der Statthalterschaft der Herzogthümer Schleswig-Holstein mit Vorbehalt der nach Erlassung einer allgemeinen Landgemeindeordung nothwendig werdenden Veränderungen am 18. August 1849. (Oldenburg 1849.) Fol.

Communal-Schule, die, u. die holländischen Bischöfe. gr. 8. (13 S.) München 873. Stahl. — 30

Communalschulen, die, in Chicago [Illinois, Vereinigte Staaten von Nord-Amerika]. Ein Beitrag zu den Besprechungen des Schulwesens der Stadt Mannheim. 8. (32 S.) Mannheim 869, Schneider.

Communalsteuerfrage, die, s. a. Schriften des Vereins für Socialpolitik.

Communalsteuerfrage. 10 Gutacht. d. Ver. f. Socialpolitik. Leipz. 877.

Communalsteuerreform (Zur) contra Gneist. 8°. Neuwied 1881.

Communalverband, über den, d. Stadt Nürnberg mit ihren Umgebungen. 8. Nürnb. 818. Riegel u. W. 2 K

Deutsche Communal-Zeitung. Organ für das Gemeindeverwaltungswesen im Deutschen Reiche. Redigirt v. O. Tschoppe u. Paul Ellerholz. Jg. 1—3. Berlin. 1881—83. (Unvollständig!) Fol. m.

Commune (Für und wider die). Disputation zwischen den HH. Bebel und Sparig in der „Tonhalle" zu Leipzig, Freitag den 10. März 1876. Leipzig: Genoss.-Buchdr. s. a. 8°

Commune (Die Pariser). (Sociale Fragen und Antworten. Heft 8.) Bremen, Nordd. Volksschrift.-Verl. A. G., s. a. 8°

Commune (Die Pariser) vor der Deputirtenkammer in Versailles. Uebers. von Franz Rohleder. Braunschweig: Bracke 1876. 8°

Commune sanctorum conforme editioni Vaticanae a ss. d. n. Pio PP. X evulgatae. Ed. Schwann G. (III, 88 S.) gr. 8. Düsseldorf (906). L. Schwann. Geb. in Leinw. n. — 80

Commune sanctorum conforme editioni vaticanae a ss. d. n. Pio PP. X evulgatae. Ed. Schwann G. (III, 88 S.) gr. 8. Düsseldorf 907. L. Schwann. Geb. in Leinw. — 80

Commune Sanctorum juxta ed. Vaticanam a SS. PP. Pio x evulgatam. Ratisbonae: F. Pustet 1907. ([78] S.) 8° [07. 8801

— sanctorum quod juxta editionem Vaticanam hodiernae musicae signis tradidit Fr. X. Mathias. (III, 96 S.) 8. Regensburg 907. F. Pustet. — 50; in Leinw. kart. — 65

Curiöse Communication Deßjenigen Merckwürdigen Abschiedes, Welchen Seine Königliche Majestät von Schweden Carolus der XII. Von Seiner Sultanischen Majestät dem Türckischen Käyser Zu Constantinopel, ... den 12. Jul. diese 1710. Jahres genommen, Worauf Der völlige Schwedische March vor sich gangen. O. O. [Frankfurt? 1710]. 4°. 4 Bl.

Communication, Leonhard Christoph Sturms, eines an ihn abgelassenen Schreibens. Flensburg 1718. V: *Neumeister*, *Erdmann*. (schr)

Communications et documents relatifs à la fondation de l'institut de droit international. [De la „Revue de droit international."] gr. 8. (50 S.) Berlin 874, Puttkammer und Mühlbrecht. *

Communications officielles de l'Union Nationale des Etudiants de Suisse v. Nachrichtenblatt des Verbandes der Schweizerischen Studentenschaft (etc.).

Communications du secrétariat typographique international
⑤ 6. 1. 1902—1914, 1920—janvier/février 1944, juin 1947—mars 1949 ⑥ in-8° (6. 1. 1902—novembre 1929), in-4° (janvier 1930—mars 1949) ⑦ 8—9× par an (1902—1903, 1908), 5—6× par an (1904—1905, 1907, 1909), trimestriel (1905, 1922—1926), mensuel (1927—1940), 1× par an (1941, 1943, 1948), 3× par an (1942, 1947) ⑧ Berne: (6. 1. 1902—3. 3. 1909. 1920—mars 1949); Stuttgart: (21. 5. 1909—1914 ?); Berne: H. Schaub «Graphia» ⑩ Secrétariat typographique international ⑪ Pierre Stautner (6. 1. 1902—1920), Fritz Verdan (1921—octobre 1925), Hans Grundbacher (décembre 1925 — janvier/mars 1944); commission de secrétariat (juin 1947—mars 1949) ⑫ organe de syndicat ⑬ Im neuen Gewand. «Mitteilungen des Internationalen Buchdruckerverbands» no. 1, janvier 1930, p. 1—2 ⑭ Be: I, (1903—1909) ⑮ Edition allemande: Mitteilungen des Internationalen Buchdrucker-Sekretariat(e)s.

Communications du Séminaire des Sciences Commerciales de l'Université de Zurich.... No. 6 s. Mitteilungen aus dem handelswissenschaftlichen Seminar der Universität Zürich....

Communications-Kalender für das Jahr 1871. Wien: Strahalm (Selbstverlag.) 1870. 8°

Communicazioni dalle biblioteche di Roma e da altre biblioteche, per lo studio delle lingue e delle letterature romanze, a cura di Ernesto Monaci. Vol. I. gr. 4. Halle 876. Lippert'sche Buchh. n. 45. —
Il canzoniere portoghese della biblioteca vaticana, messo a stampa da Ernesto Monaci. Con una prefazione con (2) fcsm. (lit.) e con altre illustrazioni. (XXX, 456 S.)

Communicazioni dalle biblioteche di Roma e da altre biblioteche, per lo studio delle lingue e delle letterature romanze, a cura di Ernesto Monaci. Vol. I.: Il canzoniere portoghese, della biblioteca vaticana, messo a stampa da Ernesto Monaci. Con una prefazione, con (2) facsimili (litogr.) e con altre illustrazioni. gr. 4. (XXX, 456 S.) Halle 876, Niemeyer. *

Communicazioni dalle biblioteche di Roma e da altre biblioteche per lo studio delle lingue e delle letterature romanze, a cura di Ernesto Monaci. Vol. II. Il canzoniere portoghese Colocci-Brancuti, pubblicato nelle parti che completano il codice vaticano 4803, da Enrico Molteni. Con un facsimile in eliotipia. gr. 4. (X, 187 S.) Halle 880, Niemeyer. *
Vol. I. Ebendas. 1875. *ℳ 45.

Communion, d. erste, e. Oster-Geschenk f. Kinder kathol. Religion. 8. Ulm 820. Ebner. 2 gr

Communion, die erste, ein Ostergeschenk für Kinder katholischer Religion. Nebst e. Zugabe von geistl. Liedern. 3e verb. Aufl. 8. Ulm 837. Ebner's Buchh. 1/12 ℔

Communion, Die erste. Eine Erzählung von der Verfassserin der »Geraldine«. Aus d. Engl. 2. Aufl. Regensburg 1879. V: *Agnew. E. C.* (Russell IX, 581)

— erste feierliche, d. Kinder. 12. Freiburg 840. Wagner. n. 1 gr

— die erste heilige, der Jugend am weißen Sonntage eines jeden Jahres. 8. Trier 838. Lintz. 1 gr

— d. Kinder, d. erste, e. christl. Weihfest. (Aus J. A. Fischers Palmblätter abgedr.) gr. 8. Augsb. 830. Wolff. 2 gr Schrbp. 3 gr

Communion, die erste, der Kinder im Bisthume Ermland. 8. (1 B.) Danzig 824, Wedel. (Leipzig, Rein.)

Communion, die heilige. Erbauliche Betrachtungen zur Vorbereitung auf d. Genuß d. heil. Abendmahls f. evangel. Christen. Ein Confirmationsgeschenk. 8. (IV u. 39 S.) Hamburg 851, Perthes-Besser & Mauke. n. 8 ngr

Communion-Andacht, zugleich als Andenken an die 1. heil. Communion. Morgen- u. Nachmittag-Andacht in Gebeten u. Gesängen zur Feier der 1. u. jeder h. Communion. Zur gemeinschaftl., wie zur Privat-Andacht, auch f. Erwachsene. 12. (60 S. m. 2 Holzschn.) Düsseldorf 886. Schwann. n. — 25

Communion-Andacht, zugleich als Andenken an die erste heil. Communion. Morgen- und Nachmittag-Andacht in Gebeten und Gesängen zur Feier der ersten und jeder heil. Communion. Zur gemeinschaftl., wie zur Privat-Andacht, auch für Erwachsene. 2. Aufl. 12. (60 S. mit 2 Holzschn.) Düsseldorf 886, Schwann. *

Communionandachten in kurzen Betrachtungen und Gebeten auf das Kirchenjahr, nebst Besuchungen d. allerh. Altarssacramentes und den gewöhnlichen Andachtsübungen von dem Verfasser des Monats des allerh. Herzens. Nach der 5. Aufl. in's Deutsche übers. Mit 1 Stahlst. Mainz 858. Kupferberg. 16. (XII, 516 S.) 27 ngr

Communionandachten, in Gebeten, Betrachtt. u. Liedern. 12. Nürnb. 770. Bauer. 8 gr

Communionandachten aus den Zollikoferischen Schriften. Leipz. 1794. H: *Gerlach, Joh. Chph Friedr.* (MGT)

Communion-Andenken, heiliges. Ein vollständiges Andachtsbüchlein mit vielen schönen Gebeten und Belehrungen der lieben Jugend welche fromm sein und es bleiben will gewidmet von einem Seelsorgspriester der Diözese Augsburg. 2. Aufl. Augsburg 860. Schmid. 32. (IV, 287 S. u. 1 Stahlst.) 6 ngr

Communionbuch. Bresl. 1798. V: *Menzel, E. G.* (GGr)

Communionbuch. Grimma 865. Heun. 8. (22 S.) 2½ ngr; Velinp. 3 ngr

Communionbuch in Betrachtt., Gebeten u. Liedern. gr. 8. Tübing. 791. Schramm. 6 gr

Communionbuch für evangelische Christen. Öttingen im Ries 1786. V: *Schäblen, Georg Jacob.* (MGT) »Pappenheim 1788« (KY)

— für evangel. Christen, (v. G. J. Schäblen). 8. Pappenheim 788. Typographie. 4 gr

— frommen Christen, die sich des heil. Abendmahls bedienen wollen, zur stillen Unterhaltung gewidmet u. angepriesen. 8. Basel 790. Neukirch. 6 gr

— frommer Christen, die sich des heil. Abendmahls bedienen wollen, zur stillen Unterhaltung gewidmet u. angepriesen. 8. Basel, Flick. 790.

— für Christen allerlei Confession. 5e Aufl. 8. Halle 835. Waisenhausbuchh. 1/3 ℔

— für Christen aller Confessionen. 8. Halle 817. 4e Aufl. 827. Waisenh.-B. 8 gr

Communionbuch für Christen aller Confessionen. 4. Aufl. Halle 1828. V: *Uhle, Joh. Gottlieb.* (winer)

Communionbuch f. Christen aller Confessionen. 4. u. 5. Aufl. (à 18 B.) 8. Halle 828, 35, Buchhandl. d. Waisenhauses. à

Communionbuch f. Christen allerlei Confessionen. 8. Halle, Waisenhausbuchh. 814.

Communionbuch für Christen allerlei Confessionen. 4e Aufl. 8. Halle 827, Waisenhausbuchhdl.

Communionbuch für Christen allerlei Confessionen. 6. Aufl. 8. Halle 841, Buchh. d. Waisenhauses. 1/3 ℔

— christl., oder Beicht- u. Abendmahls-Gebete. 8. Leipz. 796. Linke. 8 gr

Communion- od. Andachtsbuch, zum Gebr. bei d. Feier d. heil. Abendmahls. gr. 8. Wien 801. Rehm. 9 gr

— kleines, für evangel. Christen. 8. Berl. 788. W. Vieweg. 3 gr Holländ. P. 5 gr

— eines christl. Soldaten im Felde, (v. J. F. Duvrier). 8. Leipz. 779. Jacobäer. (Aue in Altona). 2 gr

Communionbuch, vollständiges, auf die heil. Zeiten u. Feste. Nebst Morgen- u. Abend-, Beicht- u. Meßgebeten, sowie eine kirchliche Abendandacht zur Verehrung des allerheil. Altarssacramentes. Vom Verf. d. Hosianna, Gloria u. des Te Deum. 2. Aufl. 12. (37⅝ B. u. 1 Stahlst.) Cöln 846, Renard. (?) — Mit Titel in Buntdr. Velinp.

Communionbuch für Wahrheit und Frieden des Herzens Suchende . . . Karlsruhe 1837. V: *Stern, Wilh.* (Ky) (Zu)

Communionbuch für Wahrheit u. Frieden d. Herzenssuchende; nebst einem vorangehenden Heilsweg. Mit Titelkpfr. gr. 8. Karlsruhe 837. Müllers Buchh. 3/4 ₰ Velinp. 1 ₰

Communionbüchlein. 8. Berlin 834. Eichler. 1/8 ₰

Communion-Büchlein für fromme Christen. Eine Sammlung von Gebeten und Betrachtungen . . . Münster i. W. [1895]. V: *Nottbeck, Aug.* (Berl)

Communion-Büchlein f. fromme Christen. E. Sammlg. v. Gebeten u. Betrachtgn. f. d. Empfang d. hl. Sakramente d. Buße u. d. Altars, nebst Morgen-, Abend- u. Nachmittags-Andachten f. d. Communiontage. Von e. Priester d. Diöcese Münster. Ausg. in feinem Druck. 16. (160 S. m. farb. Titelbild.) Münster 895. Alphonsus-Buchh. Geb. in Leinw. n. — 50; in Chagrin n. — 95; m. Goldschn. n. 1. —

— dasselbe. Ausg. in größ. Druck. 16. (304 S. m. 1 Farbendr.) Ebd. 895 Geb. in Leinw. n. — 90; in Schafleder n. 1. —; m. Goldschn. n. 1. 10; in Chagrinldr. n. 1. 40; m. Goldschn. n. 1. 60

Communion-Büchlein, evangelisches, der häuslichen Andacht gewidmet und für heilsbegierige Seelen, besonders auch für Neukonfirmirte herausg. von einem Verein christl. Männer. Reutlingen 856. Kurtz. 32. (3 Bl., 314 S. u. 1 Stahlst.) n. 12 ngl

Communionbüchlein, zu e. Geschenk f. junge Tischgenossen unsers Herrn Jesu Christi. 8te Aufl. 8. Basel 826, Schneider.

Communion-Büchlein, Neues kurtzgefasstes, welches bey der Beicht und Hochwürdigen Abendmahl zu gebrauchen . . . Leipzig 1723. V: *Wintzer, Gg Chph.* [?] (BrMm)

Communionbüchlein für alle Gott liebenden Seelen. Enth. Gebete am Vorabende und für die Communion-Tage, als: Morgen-, Abend- und Meßgebete, verschiedene Communion-Andachten nebst Nachmittags-Andachten. Min.-Ausg. 21.—24. Aufl. (222 S. mit 1 Stahlst.) 1875—78; 25. Aufl. 16. (224 S.) Dülmen 879, Laumann'sche Buchh. * 50 Pf.; geb. *

Communionbüchlein für alle Gottliebenden Seelen. Enthaltend Gebete am Vorabende und für die Communion-Tage: als Morgen-, Abend- und Meßgebete, verschiedene Communion-Andachten, nebst Nachmittags-Andachten. Min.-Ausg. 26. Aufl. 16. (222 S. mit 1 Stahlst.) Dülmen 881, Laumann'sche Verlagsh. * 50 Pf.; geb. *

Communionbüchlein f. alle Gottliebenden Seelen. Enth. Gebete am Vorabende u. f. d. Communion-Tage, als: Morgen-, Abend- u. Meßgebete, verschiedene Communion-Andachten, nebst Nachmittags-Andachten. Min.-Ausg. 26. Aufl. 16. (222 S. m. 1 Stahlst.) Dülmen 882. Laumann. n. —. 50; geb. n. — 75

Communionbüchlein für alle Gott liebenden Seelen. Enth. die Gebete am Vorabende und für die Communion-Tage, als Morgen-, Abend- und Meßgebete, verschiedene Communion-Andachten, nebst Nachmittags-Andachten. Min.-Ausg. 28. und 29. Aufl. 16. (198 S. mit 1 Holzschn.) Dülmen 885,87, Laumann'sche Verlagsh. * 50 Pf.; geb. *

Communionbüchlein f. alle Gott liebenden Seelen. Enth. Gebete am Vorabende u. f. die Communion-Tage, als Morgen-, Abend- u. Meßgebete, verschiedene Communion-Andachten, nebst Nachmittags-Andachten. Min.-Ausg. 30. Aufl. 16. (198 S. m. 1 Holzschn.-Bild.) Dülmen 889. Laumann. n. — 50; geb. n. — 75

— für alle Gott liebenden Seelen. Enth.: Gebete am Vorabende u. f. die Communiontage. 33. Aufl. 16. (198 S.) Dülmen 890, Laumann. * — 50; geb. * 1 50

Communionbüchlein f. alle Gott liebenden Seelen. Enth.: Gebete am Vorabende u. f. die Communiontage als Morgen-, Abend- u. Meßgebete, verschiedene Communion-Andachten, nebst Nachmittags-Andachten. 36. Aufl. 16. (222 S. m. 1 Bild.) Dülmen 894. A. Laumann. n. — 50; geb. n. — 75

— f. alle Gott liebenden Seelen. Enth.: Gebete a. Vorabende u. f. d. Communiontage als Morgen-, Abend- u. Meßgebete, verschiedene Communion-Andachten, nebst Nachmittags-Andachten. 38. Aufl. 16. (270 S. m. 1 Bild.) Dülmen 897. A. Laumann. Geb. n. — 75

Communion-Büchlein f. alle Gott liebenden Seelen. Enth.: Gebete am Vorabende u. f. die Communiontage als Morgen-, Abend- u. Meßgebete, verschied. Communion-Andachten nebst Nachmittags-Andachten. 40. Aufl. 16. (271 S. m. 1 Stahlst.) Dülmen 899. A. Laumann. Geb. in Leinw. n. — 75

— f. gottliebende Seelen u. f. solche, welche öfter communiziren. Enth. verschiedene Communionandachten aus den Schriften der Väter u. erleuchteten Geistes-Gelehrten. Nebst e. Anh. allgemeiner Andachtsübungen. 32. (183 S. m. 1 Stahlst.) München 889. Pfeiffer. geb. n.n. — 50

Communionbüchlein für junge Tischgenossen unsers Herrn. 11. Aufl. Basel 1839. V: *Eglinger.* (Winer)

Communion-Gebete zunächst zum Vor- und Nachbeten für Lehrer und Kinder. 4. Aufl. Brixen 1880. V: *Galura, Bernhard.* (Mitth. d. Buchh. A. Weger in Brixen.)

Communion-Gebete zunächst zum Vor- u. Nachbeten für Lehrer u. Kinder von e. Katecheten der Diöcese Brixen. 4. verb. Aufl. 12. (36 S.) Brixen 880. Theolog. Verlags-Anstalt. n. — 16

Communion-Gebete, zunächst zum Vor- u. Nachbeten f. Lehrer u. Kinder v. e. Katecheten der Diöcese Brixen. 5. Aufl. 16. (34 S.) Brixen 890. Weger. geb. in Kalbleder-Imitation. n. — 28

Communion-Gebethe, zunächst zum Vor- u. Nachbethen für Lehrer u. Kinder genau nach dem k. k. österreich. Katechismus bearb. von einem Katecheten der Diöcese Brixen. 18. (24 S.) Brixen 847. (Innsbruck, Wagner.) 1 1/2 ngl

Communions-Gesänge zur Privat-Andacht bei d. Feier des heil. Abendmahls. A. u. d. T.: d. gesegnete Feier des heil. Abendmahls nach einer zusammenhängenden Ordnung in Gesängen. Nach d. Verf. Tode herausg. v. G. Ph. E. Kaiser. 8. Erlang. 825. Palm. 14 Kr

Kgl. Chur- und Fürstliche Braunschweigisch-Lüneburgische Communion-Kohlen-Ordnung, worinnen enthalten, was jährlich an Kohlen . . . Holz . . . erfordert wird. Auf das Jahr 1717. - Clausthal 1721. 77 S.

Communionlieder, drei, bei Vorstellung junger Communikanten vor d. Gemeinde. 8. St. Gallen 788. Huber u. C. 1 Kr

Communionscheine, 30 schön lithographirte, für den Gebrauch der kathol. Kirche. Mit bibl. Denksprüchen. 4. Neisse 839. Hennings. 5/12 Sgr

Communionscheine, 30 schön lithogr., für den Gebrauch der kathol. Kirche. Mit biblischen Denksprüchen von einem kathol. Geistlichen. 3. Aufl. Neiße 853. Hennings. 4. 12½ Ngr

Communionscheine, 30 lithographirte, für den Gebrauch der kathol. Kirche mit bibl. Denkschriften. Von einem kathol. Geistlichen. 4. Aufl. qu. 4. Neisse 861, Hennings. *

Communion-Scheine, 25, für kathol. Christen. 8. Siegen 842, Friedrich u. Scholz. n. 1/3 Sgr

— 100, für kathol. Christen. qu. 8. Marienburg 843, Dormann. n. 2/3 Sgr

Communismus u. Socialismus. Vier Schriften v. Oelkors, Bluntschli, Vinet, Romang. Lpzg. 1834—47. 8.

Communismus und Socialismus. Ein Vortrag, gehalten bei Gelegenheit der 3. Wanderversammlung des patriotisch-polit. Vereins des Kreises Kempen im J. 1874. gr. 8. (27 S.) Altenburg 877, Bonde. *

Der Communist: 1845?–1846?

Weekly. Edited & published by Heinrich Koch.
St. Louis, MO

Communist (Der). Organ der ikarischen Gemeinschaft in Nauvoo. 1852 – 1856. (Deutsch und französisch.)

Der Communist: 1853–?

Weekly. Edited & published by E. Cabet. Organ of the Communisten-Verein, with Samuel Stamm as President and Georg Rehkopf as secretary.
New Orleans, LA

Communist (Der.) Zeitschrift für Socialpolitik, Volkswirtschaft und Litteratur. Nr. 1. Mitte März 1882. Budapest.

Communist (Der.) Journ. London, 2. April 1892 sq. 19 Nrn.

Communist. Zeitschrift. Pest, März – April 1892. 2 Nrn.

Communisten, Die, in der Schweiz nach den bei Weitling vorgefundenen Papieren ... Zürich 1843. V (Berichterstatter): *Bluntschli, Joh. Casp.* (CBH)

Communisten-Verschwörung, die große europäische, ihre Organisation u. geheimen Fäden in Frankreich u. Deutschland. Aus dem Franz. 8. (43 S.) Grimma 849, Verlags-Comptoir. 1/6 Sgr

Communistenverschwörungen. Enthüllungen aus der höheren Region der politischen Spionage in Berichten eines ungarischen Judas Ischariot. (Honved-Major Czarta). Nebst sonstigen Aufdeckungen in Bezug auf das Treiben der geheimen Polizei. Hrsg. v. A. Vandermeulen. 8°. Berlin 1862.

Communitas et Jurisdictio Lugani contra Episcopum Comensem Fr. Augustinum Mariam Neuroni ... S. l. 1748. V: *Schuhmacher.* (HOLZ)

Commun- u. Privatwäldern, von, nebst e. Anh. von d. Waldhütung, (v. Frz. D. Fr. Müllenkamp). Mit Kpf. gr. 8. Frankf. 789. Varrentrapp. 16 Ggr

Commutationem, Solennem cathedrae scholasticae cum ecclesiastica, viro plurimum venerando Paulo Schramko, post ex antlantos, summa cum laude et fructu biennis in Kun Taplozcensi ... Jenensis, h. t. civis philo Mu Sus ungarus. [Jenae 1773.] V: *Szemian, Michael.* (PK III/331) (SZÉCHENYI III/85) (BIBLPORT)

Comnena, Anna, Alexiadis lib. XV. Graeca ad codd. fid. nunc prim. rec., novam interpretationem lat. subjecit, Car. Ducangii commentarios suasque annotationes add. Lud. Schopenus. Vol. I. 8maj. (32 B.) Bonnae 839, Weber. * 2⅔ Thlr., Schrbp. * 3 Thlr., Vlnp. *

Comnick, *Ernst:* Zur Behandlung der lateinischen Syntax auf dem Gymnasium. Bunzlau, C. A. Voigt's Buchdr., 1891; 1 Bl., 20 S. 4°
Bunzlau, k. Waisen- u. Schul-A, OP 1891 (177)

Comnick, Herrmann *(geb. Langenbielau in Schles. 21. 2. 1854)*: Ueber einige seltenere Vorkommnisse bei Unterleibshernien. Breslau 1877. (43 S.) 8°
Breslau, Med. Diss. v. 27. Okt. 1877

Comnick, Jos. Gust., die Bibel das allerwichtigste u. unentbehrlichste Mittel zur rechten Erziehung und wahren Bildung der Menschheit. gr. 8. Graudenz 835. (Berl. Enslin's B. n. 1 Sgr

Comnick, Jos. Gust., die Bibel d. allerwichtigste u. unentbehrl. Mittel zur rechten Erziehung u. wahr. Bildung d. Menschheit. gr. 8. (13 B.) Graudenz 835. [Berlin, Müller's Verlag.] *

Como [Schlagwort]

Como, s.: Europa. Generalkarte.

Como u. der Comer-See, s.: Woerl's Reisehandbücher.

Como [Verfasser]

[F.] **Como,** *Franz Anton:* Zunft und Gewerbe der Schneider im alten Strassburg. (1. Tl.) Einleitung. Strassburg, Buchdr. v. Müller, Herrmann & C., 1893; 3—52 S. 4.
Strassburg, bischöfl. G an St. Stephan, P 1893 (519)

Comoedia divina, s. a. Litteratur-Pasquille, deutsche. II.

* **COMOEDIA** divina mit drei Vorreden von Peter Hammer (Josef Görres), Jean Paul und dem Herausgeber (Alois Wilh. Schreiber). Inspicere tanquam in speculum et ex aliis sumere exemplum sibi. 1808. 149 SS. 8°. (In Berlin: Yy 8466.) (Im Orig.-Umschlag unbeschn. 155 Mk. Emil Hirsch, München, 1907.)

Comoedia divina. Mit drei Vorreden von Peter Hammer, Jean Paul und dem Hsg. O. O. 1808. V: *Schreiber, Alois Wilhelm, Joh. Heinrich Voss & Martens* (?). (Deutsche Litteratur-Pasquille hsg. von Franz Blei. Leipzig 1907. II. Stück. S. 102—103.)

Comoedia divina mit 3 Vorreden von P. Hammer, Jean Paul und dem Herausgeber. Frankf. a. M. 1808. H: *Schreiber, Alois Wilhelm* [?] (KY) oder *Gotthardt in Basel* [?] (MGT) (NN) »Heidelberg« (KN) (Pfaff, Arnims Trösteinsamkeit. Freiburg 1890 S. LXII).

Comoedia divina, mit drei Vorreden von Pet. Hammer, J. Paul u. d. Herausgeber. 8. o. O. (Heidelb.) 808. (Mohr). 16 Ggr

Comoedia h u m a n a ; oder Blepsidemus Hochzeit u. Kindtaufen. Schausp.
Bayreuth. Lübeck 1810. 8°

Comoedia humana oder Blepsidemus Hochzeit und Kindtaufe. Ein Lustspiel in 2 Aufz. Bayreuth 1811. V: *Kanne, Johann Arnold.* (GGr)

Comödia von d. schönen Jo, wie solche von dem heidnischen Gotte Jupiter geliebt, in eine Kuh verwandelt u. vom Merkur wunderbarlich errettet worden. In zierl. Knittelversen ans Licht gestellt von Daniel Brummeisen, poëta laureato. 8. Leipz. 804. (W. Nauck). 16 gr

Comoediae elegiacae. Ed., commentario critico instruxit, prolegomena scripsit Ernestus M u e l l e n b a c h. Fasc. 1. V i t a l i s Aulularia. 8. (93 S.) Bonn 885. Weber. n. 2. —

Comoediae Horatianae tres. Ed. Rich. J a h n k e. 8. (109 S.) Leipzig 891. B. G. Teubner. 1. 20

Comödiant, D. a l t e ; oder d. Legate. Lustsp. in 1 Akt, nach Picard v. Theod. Hell.
Leipz.: Weigel 1806. 8°

Comödiant, D. a r t i g e ; od. die großmüthige Freundin. Lustsp.
Cöln: Imhof 1783. 8°

Comoediant, Der, vor der Hölle. Frankfurt 1771?. V: *Löwen, Johann Friedrich.* (Bresl 31, S. 125)

Comödianten, Die. Ein theatral. Sittengemälde. 2. A. Deutschl. 1783. V: *Wezel, Joh. Carl.* (JL) (Karajan)

– dass. Leipzig: Dyk 1783. 8°

Comödianten in Q u i r l e q u i t s c h . Lustsp. v. Brandes.
Leipzig: Dyk 1791. 8°

Comödianten, Die w a n d e r n d e n . Eine komische Oper in 2 Aufz. nach Picard, von G. F. Treitschke.
Wien: Wallishäußer 1803. 8°

Comödianten-Lieder. Gesammelt und hrsg. von Herm. Janssen. Mit Anh.: Prologe und Epiloge. 4 Lfgn. gr. 8. (VIII und 244 S. und Anh. 128 S. mit 2 Holzschntaf.) Leipzig 864, Wengler's Nachf. à Lfg. * 10 Ngr. *

Comoediantin, Die, vom Stande oder Geschichte der Marquvisinn ... von ihr selbst verfasst. Aus dem Französ. Leipzig 1756. V: *Chiari, Pietro.* Ü: *Schatz, Johann Jacob* (?). (BGE I[a] 660)

Comödiantin, die v. Stande; Geschichte e. Standesperson; aus d. Französ. 8. Leipz. 756. Dyck. 6 gr

Comödie, s. a. C o m ö d i e n .

Comödie. Dresden u. Warschau 1761. V: *Romanus, Carl Franz.* (EB)

Comödie, Die. Lustsp.
Wien: Kurzböck 1784. 8°

Comoedie, die alte, vom Arzt und Tod oder: Schuster bleib bei deinem Leisten! Ein scherz- und ernsthaftes Spott- und Lustspiel in drei Aufzügen verfaßt von P e t e r Sch— — Den Bühnen gegenüber als Mscr. Göttingen 857. Wigand. 8. (2 Bl., 164 S.) 15 ngr

Comödie, die doppelte, oder Hindernisse, Lustsp. in 4 Aufzügen von J. v. Soden. gr. 8. Aarau, Sauerländer. 819.

Die Frankfurter Comödie. Eine politische Kannegießerei. Druck von Brandes u. Schultze. 1 Bl. Fol.
Flugblatt. Berlin, 1848/49.

Comödie, Die, in der Komödie. [Wien ca. 1790.] V: *Richter, Joseph.* (WBL)

Comödie, Die, in der Komödie oder der Lohn kindlicher Liebe. Ein Lustspiel von einem Aufzuge. Vom Verfasser der Redoute. Ein Gelegenheits-Stückchen, als beide Demoisell. Jauz zum ersten male auf dem k. k. Nationaltheater auftraten. Wien bei J. B. Wallishauser 1790. 31 S. 8°. V:

Comödie, Eine kurtze, von der Geburt des Herren Christi. Von den Prinzen und Prinzessinnen des Churfürstlichen Hofes im Jahre 1589 in Berlin aufgeführt ... Berlin [1839]. V: *Pfund, Georg.* [?] (Mn) (BrMm) H: *Friedländer, Gottlieb.* (Bz) (Ky)

— eine kurze, von der Geburt d. Herrn Christi. Von d. Prinzen u. Prinzessinnen des kurfürstl. Hofes im Jahre 1589 in Berlin aufgeführt. Nach der Handschrift, nebst geschichtl. Einleitung herausg. (v. Gtlieb. Friedländer. breit 8. (Mit buntgedruckter Einfassung.) Berl. 840. Trautwein. n. 2/3 rf — dass. Pracht-Ausgabe in Quart-Form. mit breiterer Einfassung u. verziert. (Anderer) Umschlag in Silberdruck. Ebd. 840. cart. n. 1⅓ rf

Comödie, Die, aus d. S t e g r e i f .
Von J. F. Jünger. Leipzig: Göschen. 8°

Comödie, Die, aus dem S t e g r e i f e . Lustsp. Münster:
Perrenon 1769. 8°

Comödie, Die, in dem Tempel der Tugend. Ein Vorspiel mit einem Divertissement bey der Eröffnung des neuerbauten Comedien-Theaters zu Hamburg. Hamburg 1765. V: *Löwen, Joh. Friedr.* (Litzmann, Schröder. Hamburg 1890 I, 318)

Comödie, Die, ohne Titel. Lustsp. von Guttenberg.
Wien: Pichler. 1807. 8°

Comödie, Die verfolgte und beschützte. Ein Vorspiel ... Den 23. Oct. 1754 zum ersten Mal ... vorgestellet. Hamburg [1754]. V: *Löwen, Joh. Friedr.* [?] (EB)

Comödien, s. a. C o m ö d i e .

Comödien. Dresden 1767. V: *Romanus, Carl Franz.* (Ky) (ML) (Adel)

Comödien, Alte, auf neuen Brettern. O. O. 1858. V: *Meyer-Merian, Theodor.* (ADB)

Comödien, kleine, zur Feier häusl. Feste. 12. (5½ B.) Breslau 833, Hentze.

Comödien, eine kurtze, von d. Geburt d. Herren Christi. Von d. Prinzen u. Prinzessinnen d. Churfürstl. Hofes im J. 1589 in Berlin aufgeführt. Nach d. Handschrift, nebst geschichtl. Einleit. hrsg. (v. Gttl. Friedlaender). 8. (4 1/8 B. mit buntgedr. Einfass. u. verziert. buntgedr. Ttl.) Berlin 840, [Trautwein u. Comp.] *

—— dass. Pracht-Ausg. 4. mit breiterer Einfass. ꝛc. Ebds. 840. *

— u. Lustspiele der Madem. Diedl. 3 Thle. 8. Copenhagen, Pelt. 769.

Comödien für teutsche Schauspieler. Breslau 1771. V: *Schlenker*. (Ky) (MGT)

– dass. Breslau: W. Korn 1771. 8°

Comödien, 4 neue deutsche, als: der Zweykampf, die Comödianten usw.
Bremen: Cramer 1768. 8°

Comödien, Z w e y . Von Grahn. D. Wiedersehen u. die Ueberraschung. Bremen: Müller 1802. 8°

Comödiendichter, Der. Schauspiel. Donauwörth 1790. V: *Mayr, Beda.* (ML) (Zeitschr. f. Büch. 1923, S. 82)

Comödienfeind, Der; Lustspiel in Einem Aufzug. Offenbach 1765. V: *André, Johann.* (Ky)

Comödienprobe, Die, oder der Impressar in tausend Aengsten. Wien 1783. V: *Schink, Johann Friedrich.* (GGr)

– dass. Wien: Kurzböck 1783. 8°

Comola, s. a. C o m a l a .

Comola [falsch für **Comala**]; ein dramatisches Gedicht. Braunschweig 1769. V: *Eschenburg, Johann Joachim.* (Ky) (GGr)

Compagnie, Belgische, zur Colonisation des Districts Santo Thomas, Staat Guatemala. Mit 2 Karten. gr. 8. Dresden 842. (Bromme.) n. 1/3 ℛ

Belgische Compagnie zur Colonisation des Districts Santo Thomas, Staat Guatemala. -- Dresden: Walther in Comm. 1842. III, 58 S., 2 Kt.

Anonym: „Rheinisch-Westindische Compagnie, gestiftet zu Elberfeld, im März 1821, ihre Entstehung — Form — Zweck — und Folgen. Von einem Actionär". (Elberfeld) 1821. — Vorh.: Com. Bibl. Hamburg.

Compagnie, die, sucht e. Schneider, s.: Theater-Album, militär.

Compagnie, Die zweite, der 5. Jäger-Abtheilung bei den kriegerischen Ereignissen im Grossherzogthum Posen im Frühjahr 1848. Berlin 1855. V: *Boenigk, v.* (Pr)

* **COMPAGNIE**-B e l u s t i g e r , Gantz Neuer Curiös- und Kurtzweiliger, oder Z e i t - u n d W e i l - V e r t r e i b e r , Welcher in sechs absonderliche Spiele abgetheilet ist, Als: 1) vor verheyrathete Manns-Personen; 2) vor verheyrathete Weibs-Personen; 3) vor Junggesellen guten Stands; 4) vor Jungfrauen guten Stands; 5) vor Handwercks-Pursch u. Knechte; 6) vor die Dienst-Mägde .... in lauter V e r s e .... eingerichtet, ... hrsg. von einem Liebhaber der Poësie. Mit Titelkpf. Gedruckt in Linckstadt bey Wolffgang Schachtel (fing.), ANNO 1717. 8°. (In Berlin: Yk 2551.)
Höchst seltene Gedichtsammlung, stellenw. frei und derb. 6 Bll. Vorst. (incl. TKpf.) u. 238 S.

C o m p a g n i e c o l o n n e , die, gegenüber Halbbataillonen und neuen Gefechtsformen. Ein Wort gegen takt. Luxus von einem Anhänger der alten Taktik. gr. 8. (III, 27 S.) Darmstadt 870, Zernin. *
Aus: Allgemeine Militär-Zeitung, besonders abgedruckt.

C o m p a g n i e - D i e n s t - R e g l e m e n t zum Gebrauche der k. k. Militär-Bildungsanstalten. 8. Wien 1855.

C o m p a g n i e -, D i v i s i o n s - und B a t a i l l o n s - E x o r c i r e n , Das, nach der „Instruction" und den „Berichtigungen des Exercir-Reglements" der k. k. Infant. und Jäger in Form eines „Auszuges" bearbeitet. Wien: Seidel 1861.

Compagniefeldscherer, Der, der Landsturmball, Miranda, das Kreuzkloster, der Gottesacker, die zuverlässigsten und billigsten Mittel gegen Gicht, Rheumatismus, Krätze, Taubheit ... zusammengetragen von XYZ. 2. Aufl. Quedl. 1828. V: *Stahmann, Joh. Frdr. Hnr.* (StAt)

Compagnie-Notizen. (Innerer Dienst, Notizbuch u. Schiessübersicht m. Taschenkalender f. 1892,93.) 16. (106, 101 S.) Wesel 892, Kühler. geb. in Ldr. ** 2 50

Compagnie-Notizen. (Innerer Dienst, Notizbuch u. Schießübersicht m. Taschenkalender f. 1894/95.) 16. (115 u. 101 S.) Wesel 894. C. Kühler. Geb. in Segeltuch. n.n. 2. 50

Compagnie-Notizen. (Innerer Dienst. — Notizen. — Schießübersicht.) 16. (132 S., Notizblätter u. 111 S.) Wesel 899. C. Kühler. Geb. in Segeltuch n. 2. 50

— f. Fußartillerie. Dienst-Notizbuch f. Compagnie-Chefs d. Fußartillerie. 16. (XXXII, 148 S.) Ebd. 898. Geb. in Segeltuch n. 2.—

— dasselbe f. Jäger. Ausg. 1903. 16. (138 S., Notizbl. u. 127 S.) Ebd. Geb. in Segeltuch n. 2. 50

Compagnie-Notizen (f. Infanterie). Ausg. 1903. Innerer Dienst. — Notizen. — Schießübersicht. 16. (133 S. m. Notizblätter u. 111 S.) Wesel, C. Kühler. Geb. in Segeltuch n. 2. 50

Compagnon, le, du Chrétien évangélique. 2. édit. revue et très augmentée. 32. (32 Blätter.) Strasbourg 844, Vve Levrault. 1/6 ℛ

le Compagnon, portatif, ou amusemens de société. 16. Lpz. Nouv. Ed. 803. Voss. 12 gr

Compaing, M. Ch.

— vollständ. theoret.-prakt. Anweisung zum Zuschnitt aller Arten von Beinkleidern. Mit 54 erläut. Abbildd. gr. 4. Weimar 840. Voigt. 1/2 ℛ

Compaing, M. Ch., der Schneider. Nach dem Franz. übersetzt u. mit Anmerkk. begleitet v. J. J. Wild. 1r Jahrg. 1834. 1s Semester od. Numm. 1—12. Nebst lithogr. Mode- u. Schnittzeichnungen. Lex.-8. Zürich 834. Orell. 2 1/12 ℛ

Companion, the Christians, being a choice manual of devout prayers for Catholicks. 18. Wien 795. Edit. II. 831. Sammer. 12 gr Velinp. 16 gr

Companion, the christian's, being a choice-manuel of devout Prayers for Catholicks. The Whole being compiled and digested, both for Families and particular Persons, in most of the Concerns of Life. The II. edit. 12. (17½ B. u. Ttlkpfr.) Vienna 831, Sammer. 12 Gr., Vlnp.

Companion, the merry, or little Fest Book. 8. Leipz. J. G. H. Richter. 811.

— the merry, or new Jest-Book, containing a great variety of original Anecdotes, and of other selected articles, as well as a copious collection of epigrams etc. 2d Ed. corr. and rev. 8. Leipz. 818. Kollmann. 14 ℊ︎ℊ︎

Comparatio deportationis in novam Cimbriam australem cum deportatione Romanorum in Insulam. Gottingae 1791. V: *Heyne, Christian Gottlob.* (MGT)

Comparatio scholarum cum hortis. Baruthi 1784. V: *Lang, Lorens Joh. Jacob.* (Fiker)

Comparetti, D., Il discorso d'Iperide pei morti nella guerra lamiaca. 1868. 76 S. m. 7 Taf. 4°. 1.50

Comparetti, D., Sulla epistola Ovidiana di Saffo a Faone. S.-A. 1876. 58 S. 4°.

Comparetti, D., Frammenti dell' etica di Epicuro, tratti da un papiro Ercolanese. S.-A. 1884. 22 S. u. 2 Taf. Lex.

Comparetti, Domin., s.: Homeri Ilias cum scholiis.

Comparetti, Domenico. Der Kalewala od. die traditionelle Poesie der Finnen. Historisch-krit. Studie üb. den Ursprung der grossen nationalen Epopöen. Deutsche, v. Verf. autoris. u. durchges. Ausg. gr. 8. (XII, 327 S.) Halle a. S. 892, Niemeyer. * 8 —

Comparetti, Domenico, Virgil im Mittelalter. Aus dem Ital. übers. v. Hans Dütschke. gr. 8. (XIV, 318 S.) Leipzig 875. Teubner. n. 6. —

Compart, F., die Sagenüberlieferungen in den Tristan-Epen Eilharts v. Oberge u. Gottfrieds v. Straßburg. Eine vergleich. Literaturbetrachtg. gr. 8. (44 S.) Güstrow 876. Opitz & Co. n. — 80

Compart, Friedr., Geschichte des Klosters Doberan bis zum Jahre 1300. gr. 8. (164 S.) Rostock 873, Kuhn. [Werther's Verlag.] *

Compartimento territoriale del Tirolo italiano con elenchi degli istituti di beneficenza, delle associazioni, dei consorzi stradali etc. nello stesso esistenti con indicazione dei preposti comunali, reverendi curati e medici condotti e con un prospetto del personale delle ii. rr. preture desunto da fonti ufficiali. Lex.-8. (114 S.) Trient 868, Seiser. cart. *

Compas de route, pour les amis de la vérité, dans un temps de confusion des idées, offert par des amis de la vérité. 3 tomes. Mohrungen 857. Rautenberg in Comm. gr. 8. (XXIV, 559; IV, LXVII, 323 S.) Jeder Bd. 15 ℊ︎ℊ︎

Compas de route, pour les amis de la vérité, dans un temps de confusion des idées. offert par des amis de la vérité. 3 Tomes. gr. 8. (ICIII und 882 S.) Mohrungen 857,58, (Rautenberg.) à Tome 15 Ngr. Thlr.

Compass, s. a.: Kompass.

Compaß, der. Archiv für das gesammte Gebiet der Volkswirthschaft mit besond. Berücksicht. Deutschlands und deutscher Interessen. Redig. von Henrik Glogan. 1. Bd. Jahrg. 1858. 8 Hefte. gr. Lex.-8. (1. Heft 80 S.) Frankfurt a. M., Schömann. (Sauerländer's Sortimentsbuchh.) *

—— dass. — 2. und 3. Bd. Jahrg. 1859. 24 Hefte. (à 2—3 Bog.) gr. Lex.-8. Frankfurt a. M., Verwaltung des Compaß. *

Compaß, der. Archiv für das gesammte Gebiet der Volkswirthschaft mit besonderer Berücksichtigung Deutschlands und deutscher Interessen. Red.: Henrik Glogau. 2. u. 3. Bd. Jahrg. 1859. 24 Hefte (à 2—3 Bgn.). Frankfurt a. M. Expedition. Lex.-8. n. 6 ₰

Compaß. Kalender und Jahrbuch für Handel, Gewerbe und Industrie in Oesterreich. 1868. Unter Mitwirkung von W. Kletzinsky, Al. Peez, Carl v. Scherzer rc. hrsg. von Gust. Leonhardt. gr. 8. (VIII und 256 S.) Wien 867, Fromme. cart. *

Compass. Kalender und Jahrbuch für Handel, Industrie und Verkehr, Capital- und Grundbesitz 1869/1870. Unter Mitwirkung von . . . redigirt und herausgegeben von Gustav Leonhardt. II./III. Jahrgang. Mit 1 Karte des Suez-Cannals.
Wien: Beck'sche U.-B. (A. Hölder.) cart. 1868. 1869. 8°

Compass. Jahrbuch für Volkswirtschaft und Finanzwesen 1871. Herausgegeben von Gustav Leonhardt. IV. Jahrgang. (VIII, 462, 102 u. 36 S.) Wien, Beck'sche U.–B. (Hölder). cart. 1870. 8°

Compass. Jahrbuch f. Volkswirthschaft u. Finanzwesen 1871 u. 1872. Hrsg. v. Gust. Leonhardt. 4. u. 5. Jahrg. gr. 8. (VIII, 564 u. 618 S.) Wien 871. 72. Hölder. à n. 4. —

— dasselbe. 6. Jahrg. gr. 8. (XXI, 794 S.) Ebend. 873. n. 6. —

— dasselbe. 7. Jahrg. 2 Thle. gr. 8. (L, 560 u. XXXVIII, 384 S.) Ebend. 874. n. 10. —

— Finanzielles Jahrbuch f. Oesterreich-Ungarn. 1875 u. 1876. Hrsg. v. Gust. Leonhardt. 8. Jahrg. 2 Thle. 8. (à Thl. ca. XVI, 584 S.) Ebend. 875. 76. à n. 10. —

Compass. Finanzielles Jahrbuch für Oesterreich-Ungarn. 1876—1879. Hrsg. von Gust. Leonhardt. 9.—12. Jahrg. 8. (XVIII, 688; XVIII, 507; XXXVI, 1166; LXXXIV, 952 S.) Wien, (Hölder.) geb. à Jahrg. *

—— dass. — für 1880. Gegründet von Gust. Leonhardt. Herausg. von S. Heller. 13. Jahrg. 8. (XXXI, 928 S.) (Ebendas.) geb. *

Compass. Finanzielles Jahrbuch für Oesterreich-Ungarn. Gegründet von Gust. Leonhardt. 1881—1885. Hrsg. von S. Heller. 14.—18. Jahrg. 8. (XXXV, 936; XXXV, 900; XXXI, 944; XXXIII, 1034; XXXIV, 1070 S.) Wien, Hölder. geb. à Jahrg. *

Compass. Finanzielles Jahrbuch f. Oesterreich-Ungarn. Gegründet v. Gust. Leonhardt. 1886. Hrsg. v. S. Heller. 19. Jahrg. 8. (XXXV, 994 S.) Wien, Hölder. geb. n. 10. —

Compass. Finanzielles Jahrbuch f. Oesterreich-Ungarn. Gegründet v. Gust. Leonhardt. 1887—1890. Hrsg. v. S. Heller. 20.—23. Jahrg. 8. (XXXI, 1024 S.; XXXI, 1042 S.; XVIII, 1052 S.) Wien, Hölder. geb. à Jahrg. n. 10. —

Compass. Finanzielles Jahrbuch f. Oesterreich-Ungarn. Gegründet v. Gust. Leonhardt. 1891. Hrsg. v. S. Heller. 24. Jahrg. 8. (XVIII, 980 S.) Wien, A. Hölder. Geb. n. 10. —

— dasselbe. 1892—1894. 25.—27. Jahrg. 8. (XXX, 827 u. 436 S.; XXX, 1147; XXX, 1192 S.) Ebd. Geb. à Jahrg. n. 15. —

Compass. Finanz. Jahrbuch für Oesterreich-Ungarn. Ggr. v. Gust. Leonhardt. 1895—1896. Hrsg. v. S. Heller. 28. u. 29. Jahrg. 8. (XXX, 1294 u. XXX, 1290 S.) Wien, A. Hölder. Geb. in Leinw. à n. 15.—

— dasselbe. 1897—1898. 30. u. 31. Jahrg. 8. (XXXI, 1310 u. XXXII, 1336 S.) Ebd. Geb. in Leinw. à n. 17.—

— dasselbe. 1899. 32. Jahrg. 8. (1.—3. Lfg. à ca. 300 S.) Ebd. (p. cplt.) n. 20.—; nach Erscheinen geb. n. 17.—

Compass. Finanzielles Jahrbuch f. Oesterreich-Ungarn. Gegründet v. Gust. Leonhardt. 1900. Hrsg. v. S. Heller. 33. Jahrg. 8. (XXXII, 1386 S. m. 1 Tab.) Wien, A. Hölder. Geb. in Leinw. n. 17.—

— dasselbe. 1901 u. 1901/2. Hrsg. v. S. Heller. 34. u. 35. Jahrg. 8. (XXXI, 1451 S. m. 1 Tab. u. XXXIV, 1694 S. m. 1 Tab.) Ebd. Geb. in Leinw. à n. 18.—

— dasselbe. Vereinigt m. dem Jahrbuche v. G. J. Wischniowsky. 1903. Hrsg. v. S. Heller. 36. Jahrg. 8. (XLIII, 2169 S.) Ebd. 902. Geb. i. Leinw. n. 18.—

— Finanzielles Jahrbuch für Oesterreich-Ungarn. Gegründet v. Gust. Leonhardt. 1904—1907. gr. 8. Wien, A. Hölder. Geb. in Leinw. n. 99.—
1904. Hrsg. v. S. Heller. 37. Jahrg. 2 Bde. (XX, 1131 u. XXXI, 1194 S.) 903. n. 19.—
1905. Hrsg. v. S. Heller. 38. Jahrg. 3 Bde.
1. u. 2. (XIX, 1138 u. XLV, 1344 S.) 904. n. 19.—
3. Protokollierte Industrie-Firmen Oesterreichs. (CXXXVI u. S. 833—1534.) 905. n. 7.—
1906. Hrsg. v. Rud. Hanel. 39. Jahrg. 3 Bde.
1. u. 2. (CXXIII, 1182 u. XLIV, 1342 S.) 905. n. 21.—
3. Die Industrie-Firmen Oesterreichs. (CLXXVIII, 1373 u. 7 S.) 905. n. 12.—
1907. Hrsg. v. Rud. Hanel. 40. Jahrg. 1. u. 2. Bd. (CXXXVIII, 1215 u. XLVIII, 1376 S.) 906. n. 21.—

Compass. Finanzielles Jahrbuch für Österreich-Ungarn. 1908. 41. Jahrg. I./II. Bd. Gr.-8°. (CXLVII, 1276. LIV, 1428 S.) Wien: Hölder 1907. geb. K 24.—

Compass. Finanzielles Jahrbuch für Oesterreich-Ungarn. Wien. Herausgegeben von:
G. Leonhardt: 8. Jahrg. 1875. — 10. Jahrg. 1877 bis 12. Jahrg. 1879.
S. Heller: 13. Jahrg. 1880 ff. bis 38. Jahrg. 1905. (1904 2 Bände, 1905 3 Bände.)
R. Hanel: 39. Jahrg. 1906. — 40. Jahrg. 1907. — 43. Jahrg. 1910. (4 Bände.) — 45. Jahrg. 1912.

Compaß, Berliner. Wegweiser für Alle, welche Berlin u. das Leben u. Treiben seiner Bewohner gründlich kennen lernen wollen. Mit besond. Berücksichtigung aller Lokale, „wo was los ist!" 2—6. verb. u. verm. Aufl. Berlin 865—68. Conrad. 16. (VIII, 124 S. u. 1 lith. Plan in Fol.) n. 7½ ngr.

— f. die gesamte Geschäftswelt. Ein Archiv wertvoller Adressen zur Anbahng. neuer Geschäftsverbindgn. unter besond. Berücksicht. v. Firmen-Neu-Begründgn. 1. Jahrg. Febr. 1894—Jan. 1895. 24 Nrn. (à ca. 2 Bog.) gr. 4. Leipzig, W. Fiedler. n. 27.—

— **Hamburger.** Neuester Fremdenführer in Hamburg sowie vollständiges Vergnügungs- u. Einkaufs-Adreßbuch. 1—3. Jahrg. Hamburg 866—68. Schardius. 16. (112 S. u. 1 lith. Plan in Fol.) Jeder Jahrg. 6 ngr.

— **der kleine.** 1904—1906. Finanzielles Jahrbuch f. Österreich-Ungarn. Hrsg. v. Rud. Hanel. (XV, 1111; XVI, 1174 u. XVI, 1118 S.) 8. Ebd. 903—905. Geb. in Leinw. à n. 9.—

COMPASS für Liebende. (Bibliothek für Lebemänner.) Budapest, Markus.
Verboten v. L.-G. Wien, 20. IX. 1897. § 516.

COMPASS Berliner Lokale, „wo was los ist." Mit 1 Karte. Berlin 1866. 16°. 132 S. (1 Mk. 50 Pfg. J. Taussig, Prag, c. 1906.)

— auf dem Meere des Lebens, s. a. Stelter, K.

—— **auf dem Meer des Lebens.** Weisheitsblüthen, die das Herz in der Dichtung Reich gepflückt. Hrsg. von Carl Stelter. 16. (XXIX und 380 S.) Elberfeld 860, Bädeker'sche Buchh. geb. *

—— **auf dem Meer des Lebens.** Weisheitsblüthen die das Herz in der Dichtung Reich gepflückt. Hrsgbr.: Karl Stelter. 2., verm. Aufl. 8. (IV und 380 S.) Elberfeld 864, Bädeker'sche Buchh. geb. mit Goldschn. *

Mihók'scher „Ungarischer Compass". 1898/99. 26. Jahrgang. Financielles und commercielles Jahrbuch. Herausgegeben von A. Nagy de Galantha. Budapest 1898.
Theil 1. Banken und Sparkassen in Oesterreich-Ungarn.
" 2. Genossenschaften, Asscuranzen, Industrie- und Verkehrs-Unternehmungen, Staat und Städte.

Compaß, der sichere, u. wie er die Richtung anzeigt. 8. (352 S.) Cleveland, O. 879. (Philadelphia, Schäfer & Koradi.) geb. n. 4.—

—— **ungarischer.** Financielles und volkswirthschaftl. Jahrbuch. 1873—1876. 1.—4. Jahrg. Unter gefäll. Mitwirkung der betr. P. T. Instituts-Leitungen hrsg. von Alex. Mihók. gr. 8. (XXII, 319; XL, 317; XLVIII, 329 S.) Budapest, (Tettey und Comp.) Jahrg. 1873—1875 à *
Jahrg. 1876 *

—— **dass.** — Financielles, volkswirthschaftl. und Eisenbahn-Jahrbuch der ungar. Actiengesellschaften und Genossenschaften. 1877 und 1878. 5. und 6. Jahrg. mit sämmtl. 1876-er und 1877-er Bilanzen etc. Hrsg. von Alex. Mihók. gr. 8. (LXIV, 397 S.) (Ebendas.) à Jahrg. *

—— **dass.** — 1879. Financielles Jahrbuch. 7. Jahrg. Redig. von Alex. Mihók. gr. 8. (XLVIII, 352 S.) Budapest (Kilian's Universitäts-Buchh.) geb. *

—— **ungarischer.** 1880—1885. Financielles Jahrbuch. 8.—13. Jahrg. gr. 8. (382; 392; 397; 495; 562; 567 S.) Budapest, (Kilian's Universitäts-Buchh.) à Jahrg. *

—— **ungarischer.** 1886—1888. Financielles Jahrbuch. 14.—16. Jahrg. gr. 8. (620; 614; 620 S.) Budapest, (Kilian's Universitäts-Buchh.) à Jahrg. *

— **ungarischer.** 1887—1889. Financielles Jahrbuch. 15.—17. Jahrg. gr. 8. (à ca. 620 S.) Budapest, (Kilian's Univ.-Buchh.). à Jahrg. n. 10.—

Compaß für das kathol. Volk. 1—4. Bd. à 10 Hfte. u. 5. Bd. 1—5. Hft. 8. Würzburg 872—76. Woerl. 9. 10
I. 1. Die Presse. Von Conr. Häring. (46 S.) — 30
2. Wem gehört Rom, wem gehört der Kirchenstaat? Erzählung f. das Volk v. J. Groß. (24 S.) — 20
3. Die liberalen Blutegel. Von Conr. Häring. (31 S.) — 20
4. Was ist e. Altkatholik? Erzählung f. das Volk in 4 Abkapitelgn. v. G. M. Sch. (45 S.) — 30
5. Petroleum u. Olivenöl. Von J. M. Hägele. 1. Petroleum. (35 S.) — 20
6. Sind die Katholiken die Feinde d. deutschen Reichs? Von M. Lehmann. (38 S.) — 20
7. Wie e. Fürst od. Staatsmann sein u. nicht sein soll. (20 S.) — 10
8. Der Ernst der Lage in Deutschland. Von J. H. Laakmann. (32 S.) — 20
9. Himmel u. Hölle. Der große Wettkampf. Von Mich. Frhr. v. Kamphausen. (48 S.) — 30
10. Der liberale Schulmeister auf dem Lehrertag in München. Ein offenes u. freies Wort an das christl. Volk. Von M. Lehmann. (32 S.) - 20
II. 1. Katholiken rrrraus v. Conr. Häring. (42 S.) — 20
2. Hinaus m. den Klöstern, Mönchen u. Nonnen aus dem neuen, deutschen Reich v. F. A. Muth. (30 S.) — 20
3. Warum lieb' ich meine Kirche v. Conr. Häring. (40 S.) — 20

4. Petroleum u. Olivenöl v. J. M. Hägele. 2. Olivenöl. (48 S.) — 20
5. Die Neujahrsnacht v. Conr. Häring. (32 S.) — 20
6. Die Welt will betrogen sein. od. gründet Preßvereine v. Heinr. Roby. (23 S.) - 20
7. Bedenkliches f. die deutschen Katholiken v. Alb. Stolz. (8 S.) pro 6 Expl. — 20
8. Neuheidnisches, von Otto v. Schaching. (28 S.) — 10
9. Was verdankt die Welt dem vielgeschmähten Papstthume? Beantwortet durch Stimmen großer u. gelehrter Geschichtskenner v. Schuler. (22 S.) — 20
10. Etwas üb. die Ehe u. ihre Abarten v. F. A. Muth. (32 S.) — 20

III. 1. Merkwürdige Prophezeihungen zusammengestellt v. Conr. Häring. (39 S.) — 20
2. Modernes Heidenthum v. H. Roby. (31 S.) — 20
3. Beelzebub's Jagd v. Conr. Häring. (31 S.) — 20
4. Vier Nationalkirchen v. J. Guerber. (32 S.) — 20
5. Bajonett u. Gewissen, od. der passive Widerstand v. M. Schuler. (40 S.) — 20
6. Der moderne Lindwurm. 1. Thl. Blutbedeckte Blätter aus der Weltgeschichte, dem bekannten Trifolium Liberale, Freimaurer u. Socialdemocraten gewidmet von Otto v. Schaching. (23 S.) — 20
7. Die armen Schulschwestern aus Bayern v. Chr. Stangl. [Wegscheider.] (32 S.) — 20
8. Der moderne Lindwurm. 2. Thl. Giftige Saat, blutige Erndte, dem bekannten Trifolium Liberale, Freimaurer u. Socialdemokraten gewidmet v. O. v. Schaching. (28 S.) — 20
9. Liberales Jägerlatein v. J. Pieper. (48 S.) — 20
10. Der Sonntag v. Conr. Häring. (24 S.) — 20

IV. 1. Bauer wach' auf! Von Alb. Bauernfreund. (20 S.) — 20
2. Bittersalz f. liberale Mägen. Von Alban Bauernfreund. (32 S.) — 20
3. Der katholische Priester. Von Conr. Häring. (27 S.) — 20
4. Aufklärung u. Wahnsinn. Von P. Münz. (24 S.) — 20
5. Der moderne „Culturkampf", was er ist u. was er nützt. Von Schuler. (18 S.) — 20
6. Professor Virchow's Rede üb. Louise Lateau, die Stigmatisirte v. Bois d'Haine. Erläutert v. Schuler. (153 S.) — 20
7. Die triumphirende u. leidende Kirche v. Roh. (14 S.) — 20
8. Das angebliche Breve d. Papstes Clemens XIII. an den österr. Feldmarschall Daun. Von L. Wassermann. (20 S.) — 20
9. Wallfahrten u. Processionen. Von M. Lehmann. (39 S.) — 20
10. Der Finger Gottes in der Geschichte. Von Alban Bauernfreund. (24 S.) — 20

V. 1. Herüber od. hinüber. Von Alban Bauernfreund. (31 S.) — 20
2. Joseph v. Görres. Ein Lebensbild v. L. Korth. (23 S.) — 20
3. Das ABC e. armen Seele. (18 S.) — 20
4. Schleichendes Gift. Von Eleutherius Schwarzmann. (27 S.) — 20
5. Darf e. Katholik die liberale Presse unterstützen? Offene Briefe an e. Freund v. Glieb. Job. (31 S.) — 20

- für das katholische Volk. 46—70. Hft. [5. Bd. 6—10. Hft. 6. u. 7. Bd. à 10 Hefte.] 8. Würzburg 876—81. Woerl. à Hft. — 20

46. Die Kirche hat nichts zu befehlen. Von G. M. Schuler. (35 S.)
47. Alles schon dagewesen! Ein Geschichtsbild aus dem vorigen Jahrhundert von Schuler. (30 S.)
48. Auf zur Wahl in den deutschen Reichstag! Von Alban Bauernfreund. (22 S.)
49. 50. Glaube u. Unglaube im Kampfe. Von J. Felix. (34 S.)
51. Majestät u. Schönheit der katholischen Kirche in der Gegenwart. Von C. Sickinger. (25 S.)
52—53. Das Hinsiechen des deutschen Protestantismus durch politische u. kirchlich-liberale Einflüsse. Dargelegt von einem oldenburg. Protestanten. (61 S.)
54. Ein Blick in die Werkstätte der Geheimbünde. Von einem Verbannten. (47 S.)
55. Die Verfolgung der katholischen Kirche, ein deutliches Kennzeichen, daß sie die wahre Kirche ist. Von Schuler. (26 S.)
56. Die katholische Kirche u. der Arbeiterstand. Von Conr. Sickinger. (26 S.)
57. Der selige Nicolaus v. der Flüe, der kathol. Bürger. Ein vaterländisches Lebensbild v. Fr. Xav. Wetzel. (18 S.)
58. Warum geben unsere Bischöfe nicht nach? Von C. Mamertus. (24 S.)
59. Die Freiheit des Unterrichts u. die confessionslose Staatsschule. Von M. Lehmann. (30 S.)
60. Die Verwilderung der Jugend. Von C. Sickinger. (25 S.)
61. Das Centrum des deutschen Reichstags u. der Zolltarif. (16 S.)
62. 63. Die großen Parteien in Deutschland. Von Johs. Hoffmann. (32 S.)
64. Der Aberglaube ein Gradmesser des Unglaubens. Von J. Gombert. (18 S.)
65. Der Schulherodes oder der Liberalismus in der Schule. Von Notker Hauser. (19 S.)
66. Die katholische Kirche in Preußen unter Friedrich dem „Großen". Von M. Lehmann. (15 S.)
67. Die „liberale" Partei u. die Judenfrage. Von einem bayerischen Beamten. (16 S.)
68. Das Concil v. Trient. (16 S.)
69. 70. Die katholische Bewegung in Irland. (31 S.)

Compass (Der) der Weisen, von einem Mitverwandten der innern Verfassung der ächten und rechten Freymäurerey beschrieben; herausgegeben mit Anmerkungen einer Zueignungschrift und Vorrede, in welcher die Geschichte dieses erlauchten Ordens, vom Anfang seiner Stiftung an, deutlich und treulich vorgetragen, und die Irrthümer einiger ausgearteter französischer Freymäurer-Logen entdeckt werden, von Ketmia Vere. Berlin und Leipzig, bey Christian Ulrich Ringmacher, 1779. pp. 386, 12mo. Plates.

Compass, Der, der Weisen von einem Mitverwandten der innern Verfassung der ächten und rechten Freymaurerei beschrieben ... Berlin u. Leipzig 1779. 2. verb. Ausg. Berlin 1782. V: *Proek, Baron von.* H (1. Aufl.): *Jaeger.* (2. Aufl.): *Birkholz, Adam Michael.* (wolfstieg II, 958)

Compaß d. Weisen, von e. Mitverwandten d. innern Verfassung d. Freimaurer beschrieben, mit Vorrede, in welcher d. Gesch. des erlauchten Ordens vorgetragen u. die Irrthümer ausgearteter Logen entdeckt werden, v. Katmia vern. Mit Kpf. 8. Berl. 782. Maurers B. 20 ℊ

Compass, Carl August (Bautzen), Sponsalia clandestina delictum maxime ex statuto Budissensi. Diss. jur. Präs. Fried. Gottlieb Zoller. Leipzig (Langenheim) 12. XI. 1772. 22 S., tlws. dtsch. (4.80) 5553

— Carl Gottlob (Bautzen), De testamentis solennibus invalidis ex statutorum urbium Lusatiae superioris consensu. Diss. jur. Lpz. (Langenheim) 18. XI. 1762. 32 S., tlws. dtsch. (4.80) 5554
Gew.: Gg. Ernst v. Gersdorff (Reichenbach ..)

Compassione, La, a Giesu patiente, ed à Maria dolorosa ... Vienna 1701. V: *Schedel v. Frideburg, Johann Franz.* (EB)

Compass-Kalender und Jahrbuch für Handel, Industrie und Verkehr, Capital und Grundbesitz. 1869. Unter Mitwirkung von A. Peez, L. Stein, Karl v. Thaler etc. redig. und hrsg. von Gust. Leonhardt. 2. Jahrg. Mit 1 Karte des Suez-Canals (in eingedr Holzschn.). gr. 8. (X, 579 S.) Wien, Hölder. cart. *

Compayré, Gabr., die Entwicklung d. Kindesseele, s. a. Bibliothek, internationale, f. Pädagogik. I.

Die Entwicklung der Kindesseele [Evolution intellectuelle et morale de l'enfant]. Von Gabriel Compayré. Rektor, Lyon. Von d. franz. Akad. gekr. ... nach d. 2. Aufl. d. Orig. übers. u. mit erg. Anm. vers. von Chr[istian] Ufer. *Altenburg: O. Bonde 1900.* (460 S.) 8°
— Bibliothek, Internat. f. Pädagogik u. deren Hilfswiss. Bd 1.

Moralische Erziehung. Von Gabriel Compayré. Einzig berecht. Übers. von Helene Goldbaum. Leipzig: Nemnich 1910. VII, 153 S. 8°
(Pädagogische Monographien. Bd 8.)

Compayré, Gabriel, Yvan Gall, le pupille de la marine, hrsg. v. E. Wirtz, s.: Schulbibliothek, französische u. engl.

v. **Compazes**, Gerundio, (Modest. Hahn,) Lotterie für d. Herren Prediger. Jankershausen 777.

Compendi di dug i Contegnos pa 'l Soldat comun, s. Auszug aller Dienstverhandlungen 2c.

Compendi della historia ecclesiastica. Mustèr 1872 s. (Desax, Maurus).

Compendi della historia dil veder e niev Testament. Translatau en Romonsch dal R. P. Placi Tenner. Emprema ediziun. Illustrada cun 144 maletgs (in eingedr. Holzschn. und 1 Holzschntaf.). 8. (VIII, 296 S.) Einsiedeln 869, Gebr. Benziger.

Compendiaria graecae Grammatices institutio in usum Seminarii Patavini. Multo quam antea emendatior et auctior. 8maj. Patavii. (Viennae, Volke). 819. — 1—

Compendien s.a. Kompendien.

Compendien, landwirthschaftliche. 5. Bd.: Das Unkraut u. die Mittel zu seiner Vertilgung. Von C. J. Eisbein. gr. 8. (VIII, 128 S. m. 31 Abbildgn.) Berl. 891, Grundmann. geb. in Leinw. * 2 50
Folgende, als Einzelschriften erschienene Werke bilden die übrigen Theile der Sammlung:
1. Freitag, Werner, u. A. Die Kuhmilch. 880. geb. * 3 —.
2. Eisbein, C. J. Die Drillkultur. 880. geb. * 4 50.
3. Hupertz, Th. Die Geflügel- und Kaninchenzucht. 881. geb. * 3 60.
4. Lindemuth, H. Die Baumschule und der Obstbau. 882. geb. * 1 60.
6. Herrmann, R. Der landwirthschaftliche Gartenbau. 883. geb. * 3 60.
7. Schubert, F. C. Landwirthschaftliche Vermessungskunde. 883. geb. * 3 60.
8. Dittmar, G. Der landwirthschaftliche Pachtvertrag. 884. geb. 3 60.
9. Eisbein, C. J. Keine Futternoth mehr. 884. geb. * 2 —.
10. Werner, Hugo. Der rationelle Getreidebau. 885. geb. * 2 80.
11. Dafert, F. W. Kleines Handbuch der Bodenkunde. 885. geb. * 2 80.
12. Lengerke, Alexander. Anleitung zur Anlage, Pflege und Benutzung lebendiger Hecken. 860. geb. 1 50.

Compendien, landwirthschaftliche. 5. Bd. gr. 8. Berlin 891. Neudamm, J. Neumann. Geb. in Leinw. n. 2. 50
Das Unkraut u. die Mittel zu seiner Vertilgung. Eine Besprechg. der verbreitetsten u. dem Landwirth schädlichsten, auf Feldern u. Wiesen wildwachs. Pflanzen, sowie der zu ihrer Beseitigg. bewährtesten Maßregeln. Von C. J. Eisbein. (VIII, 128 S. m. 31 Abbildgn.)

W. Spemanns Compendien. (1.) Stuttgart: Spemann [1908]. 8°

Compendio. Breve C° delle Ragioni, che li Grigioni hanno sopra il Contado di Chiavenna, et sopra l'incorporatogli Laghetto = Kurtzer Begriff Der Gerechtsamen / so die Pündtner über die Graffschafft Cleffen und derselben einverleibten Laghetto haben. 4. Chur 1727.

Compendio del Catechismo maggiore colle dimande e risposte. 8. (80 p.) Vienna Stamperia di L. Grund. 1854. Ungebunden 7 kr. Gebunden in Leinwandrücken 8 kr. C. M.

Compendio della dottrina cristiana in domande e risposte per facilitar l'istruzione della prima gioventù. 12. (112 S.) Vienna 852, Libr. dei P. P. Mechitaristi. 6 ngr

Compendio de la Historia Biblica para el uso de las escuelas católicas. Obra escrita por *L. C. Businger*, Rector. Cuidadosamente revisada por el Licenciado Dn. Isidro de la Fuente y Almazan. 320 S. mit 128 Illustrationen und 2 Karten. Einsiedeln, Benziger. 1883. 1 25

Compendio delle orazioni israelitiche secondo il rito tedesco. (In hebr. Sprache.) 8. (282 S.) Triest 865, Coen. cart. *

Compendio di buone preghiere ricavate da varie operette d'eccellenti Autori con un aggiunta di religiose meditazioni sopra diversi soggetti. 12. Grätz 804. Ferstl. 8 gr.

Compendio della storia del Reggimento Cacciatori Tirolesi Imperatore Francesco Giuseppe. Libro di lettura patria pei figli della provincia del Tirolo e Vorarlberg. Dedicato ai membri del Reggimento Cacciatori Imperatore, in occasione del XL. anniversario di reggenza dell' Augusto Sovrano di S. Maestà I. R. Apostolica l'Imperatore Francesco Giuseppe I. 2. ed. estratta dalla „Storia del reggimento etc.“ del Tenente Colonello Lod. Potschka, compilata dal Capitano Carlo Kandelsdorfer. Traduzione italiana per cura di Raffaello Cavaliere de Concini. gr. 8. (X, 176 S.) Innsbruck 889, Wagner. * 1 60

Compendio da Vida de Saõ Joaõ Nepomuceno ... Vienna 1708. V: *Fonseca, François da.* (so)

Compendium antiphonarii et breviarii romani concinnatum ex editionibus typicis cura et auctoritate sacrorum rituum congregationis publicatis. Ed. ster. 8. (XIV, 568; 192 u. 56 S.) Regensburg 887. Pustet. n. 3. 80; geb. in Leinw. n. 4. 80; in Halb-Chagrin n. 5. 20

Compendium Antiphonarii et Breviarii romani concinnatum ex editionibus typicis cura et auctoritate sacrorum rituum congregationis publicatis. Ed. II. ster. 8. (XVI, 576, 194, 64 u. 4 S.) Regensburg 898. F. Pustet. n. 3. 80; geb. in Halbchagrin n. 5. 20

Compendium Antiphonarii et Breviarii romani concinnatum ex editionibus typicis cura et auctoritate sacrorum rituum congregationis publicatis. Ed. ster. (Ausg. 1901.) 8. (XVI, 576, 194, 64 u. 4 S.) Regensburg, F. Pustet. 3. 80; geb. in Halbchagrin n. 5. 20

Compendium antiquitatum romanarum. 8. Leipz. 760. Hilscher. 8 gr.

Compendium oder kurzer Begriff der Grundsätze der französischen Sprache zu Wien 1723. V: *Max, Johann Maria.* (Reichard, Versuch e. Hist. d. dtschn Sprachkunst. Hamb. 1747. S. 399.)

Compendium. Compendivm Oder Kurtzer Begriff Deß Maßnerischen Processes / Welcher Von dem Fisco Lobl. gmeiner dreyen Pündten vorgenommen im Julio / und zu dem End gebracht / auch vom Lobl. unpartheyischen Special-Landtgericht besagter dreyen Pündten / etc. darüber die End-Urthel erlassen In Ilantz den 6. ‹17.› Augusti 1711. 4. Auff Befehl des ... Special-Land-Gerichts Erstlich gedruckt zu Chur ... 1711.
Mit Titelvignette: Wappen des Gotteshausbundes.

Compendium oder kurzer Begrif des Processes, So wider den Simeon Raguth Tscharner ab Scheid / gewesten Landammann zu Ortenstein / vor dem löbl. Gericht Fürstenau / und successive vor ganz löbl. Hochgericht dieser zwey Ehrsamen Gemeinden vorgegangen und theils aus dem gefertigten Brief und Siegel, theils aber von dem Gerichtsweibel laut Befehl gelieferten extract des Protocols fideliter extradiert intus zu erfinden ist. fol. *o. O.* Anno 1766.

Compendium, J. M. S., des katholischen Eherechtes, s. Compendium, J. M. Stepischneggs...

Compendium Geographiae antiquae Mappis Danvillianis XI. maioribus accommodatum. Norimbergae 1785. V: *Hummel, Bernhard Friedrich.* (will)

— Geographiae antiquae Mappis Danvillianis accommodatum et ex optimis Scriptoribus elaboratum. Vol. I. Tom. I. et II. Europam, Italiam et Graeciam continentes. (ins Lateinische übersetzt v. Hummel) gr. 8. Nürnbg. Schneider u. W. 785.

Compendium, Geographicum Europae. Graecii 1712. V: *Perbegg, Joseph.* (les)

Compendium Geographicum S. R. Imperii ex adscriptis Autoribus collectum. Graecii 1708. V: *Gall, Joseph.* (Jes)

Compendium graduali s et antiphonarii romani, continens officia Dominicarum et festorum totius anni. Moguntiae 855. Kirchheim. 8. (VI, 728 S.) n. 1 ₰ 22½ ℳ

Compendium gradualis et missalis romani concinnatum ex editionibus typicis cura et auctoritate sacrorum rituum congregationis publicatis. Ed. ster. 8. (XII, 424 u. 260 S.) Regensburg 886. Pustet. n. 3. —; Einbd. n.n. 1. 60

Compendium gradualis et missalis romani concinnatum ex editionibus typicis cura et auctoritate sacrorum rituum congregationis publicatis. Ed. ster. 8. (XII, 428; 156, 48 u. 56 S.) Regensburg 893. F. Pustet. n. 3. —

Compendium gradualis et missalis romani concinnatum ex editionibus typicis cura et auctoritate sacrorum rituum congregationis publicatis. Ed. IV ster. (XII, 428, 158, 48, 54 u. 4 S.) 8. Regensburg 904. F. Pustet. n. 3. —; geb. in Halbchagrin n. 4. 40

Compendium grammaticae Hebraicae. Innsbruck 1829. V: *Probst, J.* (Gla)

— grammaticae latinae, oder kurzer Auszug aus d. größern latein. Grammatica marchica, z. Erlernung d. latein. Sprache rc. 8. Frankf. u. Leipz. 784. (Joachim). 4 gr.

— grammaticae latinae, oder kurze latein. Sprachlehre nach paradigmatischen Formeln, wie auch einig. latein. Gespräche, latein. u. deutschen Wörtern, mit Anmerkk. u. e. deutschen Orthographie, verbessert v. Adelung, Morus u. Gräffe. 8. Leipz. 803. Schwickert. 6 gr.

Compendium grammaticae Latinae quaestionibus et responsionibus Germanicis in unum classium inferiorum gymnasii, quod, Francofurti ad Moenum est, olim adornatum, nunc auctum et emendatum. Francofurti ad M. 1719. H: *Schudt, Johann Jacob.* (StBFrankf I, 172)

— grammaticae marchicae. 8. Marb., Krieger. 6 gr.

Compendium grammaticae Marchicae, oder Auszug aus der gröſsern Grammatik. Frankf. und Leipz. 801. 8. 5 gr.

Compendium historiae antiquae, inprimis graecor. et romanor. tironibus conscriptum. 12maj. (3¼ B.) Posonii 836, Hochachorner.

Compendium historiae ciuilis ... seculi XVII. Vratislaviae 1709. V: *Cranz, Gottlob.* (Myl)

Compendium historiae ecclesiasticae. Concinnavit Dr. Fr. Zeibert. gr. 8. (703 S.) Brünn, Benedictiner-Buchdruckerei. 5 fl. 1885.

Compendium Historiae ecclesiasticae a Christo nato ad nostra usque tempora ... Lipsiae et Lauban. 1733. V: *Cranz, Gottlob.* (Myl)

— Historiae Ecclesiasticae in usum Gothani Gymnasii. 8. Gothae, 754.

— — idem liber, decreto sereniss. princip. Ernest. Saxon. Iul. etc. Ducis etc. in usum gymnasii Goth. ex sacris litteris ex optimis qui extant auctoribus libris duobus compositum. 8. Bresl. W. G. Korn. 722.

Compendium historiae litterariae novissimae oder Erlangische gelehrte Anmerkungen und Nachrichten auf das Jahr 1746—48 ... [Erfurt 1746—48.] H: *Klett, Joh. Friedr.* (ML)

Compendium, J. M. S., des katholischen Eherechtes, s. Compendium, J. M. Stepischneggs...

— institutionum rhetoricarum, magna ex parte ex Cicerone et Quintiliano excerptum, c. append. de quatuor lat. linguae aetatum scriptoribus. 8. (7½ B.) Viennae 841, Mechitaristen-Congreg.-Buchh.

Compendium juris criminalis Romano-Germanico-forensis. Halae 1789. V: *Paalzow, Chn Ldw.* (EngJ) (MGT) (Ky)

— juris criminalis Romani-Germanici forensis (a Chr. L. Paalzow). 8maj. Halle 789. Gebauer. 2 ₰ 12 gr.

Compendium juris matrimonialis ex principiis juris ecclesiastici ad normam ordinationis matrimonialis Wurttembergicae in gratiam studiosorum adornatum. Stuttg. 1750. V: *Hochstetter, Joh. Hnr.* (Kat. d. ständ. Bibl. Stuttg. 1907. S. 156.)

— kleines, d. Pädagogik, (v. G. Käppel). 8. Leipz. 798. (Knobloch). 4 gr.

Compendium der schönen Künste. 1. Thl.: Literatur der Deutschen. 16. (IV, 96 S.) Düsseldorf 869, Budich.

— logicae sive Philosophia rationalis. 8. Stuttg. 751.

Compendium manuale novissimi Ritualis Romano-Salisburgensis, in commodiorem Cleri usum editum jussu et auctoritate Celsissimi, Excellentissimi ac Reverendissimi Domini Domini Maximiliani Josephi, Principis Archiepiscopi et Metropolitae Salisburgensis etc. etc. Salisburgi, 1856 Ex typographia Duyleana. (210 S. 8.)

Compendium manuale novissimi Ritualis Romano-Salisburgensis in commodiorem usum animarum Curatorum denuo editum cum permissu Superiorum per Andream Gassner. Editio II. Salisburgi. 1900. Oberer. 16°. 186 S. Geb. K 1.60

— medicinae universae, e Scriptis probatiss. auctorum auctum et illustratum a Theod. Zwingero. 8. Basileae. 738.

Compendium sämmtl. Medicamente. Hrsg. v. B. Kohlmann u. A. Loésecke. Gebd.

Compendium operis in Apocalypsin, ex quo habetur huius prophetiae intelligentia. Augsburg, 1797.

— perfectionis sacerdotalis seu vita sacerdotalis sanctificata per orationem et fidelem munerum sacerdotalium expletionem. Collegit ex promptuariis ecclesiae ac disposuit sacerdos III. ord. S. Dom. 12. (VIII, 192 S. m. eingedr. Holzschn.) Regensburg 885. Verlags-Anstalt. 1. 80

— perfectionis sacerdotalis seu vita sacerdotalis sanctificata per orationem et fidelem munerum sacerdotalium expletionem. Collegit ex promptuariis ecclesiae ac disposuit sacerdos III. ord. S. Dom. 12. (VIII, 192 S. m. Abb.) Regensburg 895. Nationale Verlagsanstalt. n. 1. —

— der praktischen Pferdekenntniß zum Unterricht für die Regiments-Schule des Königl. 3. Artillerie-Regiments. Als Mscr. gedr. Magdeburg 854. Baensch. (Leipzig, Gräbner.) gr. 8. (84 S. u. 2 lith. Taf. in 4. u. Fol.) n. 15 ℳ

Compendium proprii Rottenburgensis sive officia proprii sanctorum dioecesis Rottenburgensis composita ad normam atque in completionem breviarii typici Ratisbonensis. 8. (35; 40; 16; 39 S.) Rottenburg a. N. 889, Bader. * 1 —

— Rei Romanarum Numariae variis Observationibus illust. 8. Dresden, Richter. 753.

Compendium repetitorium theologiae dogmaticae tum generalis cum specialis. Ex probatissimis auctoribus collectum et in systema redactum a Doctore Constantino Joan. Vidmar. Editio altera. 16. (VIII, 648 S.) In Leinwand gebunden 3.—

Compendium rhetoricae ecclesiasticae. Tiguri 1701. V: *Lavater, Joh. Rud.* (Cat. d. Stadtbibl. Zürich. Zürich 1864—97.)

— der heiligen Riten nach dem kleinen Ritual des Papstes Benedict XIII. für einige der vorzüglicheren heil. Functionen wie sie in den kleineren Pfarrkirchen vorzunehmen sind. Frankfurt a. M. 867. Verlag für Kunst u. Wissenschaft. 8. (43 S.) n. 5 ngr.

— ritualis cum appendice pro assistentia moribundorum curatorum usui et commodo. 8. Graetz, Ferstl. 803.

Compendium Ritualis, seu brevis methodus administrandi Sacramenta aliaque munera pastoralia rite peragendi. Ad commodiorem usum clericorum. Cum facultate Superiorum. 12. Sulzbach 827, v. Seidel.

— ritualis, seu brevis methodus administrandi Sacramenta, aliaque munera pastoralia rite peragendi. Ad commod. usum clericorum. Cum facultate superiorum. 12. Sulzb. 828. v. Seidel. 12 gr.

Compendium Ritualis Labacensis, latine, carniolice et germanice cum assistentia moribundorum. Labaci 1772. V: *Taufferer, Innocenz von.* (WBI.) V: *Pogatschnig, Lor.* (Jes)

— Ritualis Ratisbonensis. Ad commodiorem usum clericorum Dioecesis Ratibonensis editum a Thom. Ried. Edit. IV. 12maj. Regensb. 833. (Landsh., Manz) 1/3 Thlr.

***Compendium** ritualis Rom. — Salisburgensis. Clagenfurti, Schotter, 1785.

***Compendium** Ritualis romano-salisburgensis. Clagenfurti, Leon, 1830. 172 S.

— ritualis Seccoviensis, cum appendice pro assistentia moribundorum, curatorum usui et commodo. Ed. III. 18. Grätz 806. Ferstl. 2 gr.

Compendium veteris ritualis Constantiensis ad usum dioeceseos Basileensis accommodatum. 8. (IV und 182 S. mit 1 Stahlst.) Lucernae 850, fratres Raeber. —

— veteris ritualis Constantiensis ad usum dioeceseos Basileensis accommodatum. gr. 16. (199 S. mit 1 Stahlst.) Luzern 869, Gebr. Räber. In Leder geb. *

Compendium veteris ritualis Constantiensis, jussu et adprobatione reverendissimi domini Caroli Josephi, episcopi Rottenburgensis, ad usum dioeceseos Rottenburgensis accommodatum. Cum 2 appendicibus. 12. (300 S.) Rottenburg 881. Bader. n. 2. 40

Compendium veteris ritualis Constantiensis, jussu et adprobatione reverendissimi Domini Guilielmi, episcopi Rottenburgensis, ad usum dioeceseos Rottenburgensis accommodatum. (Ausg. 1897.) 12. (332 S.) Rottenburg 897. W. Bader. n. 2. 40

Compendium oder gedrängte Sammlung aller in den deutschen Provinzen der österreichischen Monarchie geltenden Vorschriften ... 2. Aufl. Wien 1836. V: *Pfleger Ritter von Wertenau, Severin.* (EB)

Compendium der österreichischen Sanitäts-Gesetze und Verordnungen. Unter specieller Anführung der steiermärkischen Provinzialvorschriften zusammengestellt von Dr. Adolf Kutschera Ritter von Aichbergen. Graz. 1899. In Comm. Leuschner & Lubensky. Gr.-8°. IV, 292 S. Geb. fl. 4.—

— statistisch-topographisches, der neuen polit. u. gerichtl. Eintheilung des Königr. Böhmen, in alphabetisch-tabellar. Form. Hrsg. v. C. Hennig u. F. Tempsky. 6 Hfte. Mit 2 Tab. (in Imp. 4. u. Imp. Fol.) Lex. 8. (XII u. 404 S.) Prag 850, Calve. (1—3. Hft. à n. 1/2 Thlr fein Pap. à n. 7/12 Thlr — 4—6. Hft. zus. n. 1 Thlr fein Pap. n. 1 1/6 Thlr) n. 2 1/2 Thlr fein Pap. n. 2 11/12 Thlr

Compendium stenographiae latinae secundum systema Gabelsbergeri auctore Dr. J. Plaseller, autographo Prof. T. Huberto Riedl O. S. F. Annexis 70 tabulis stenographicis. 8. (79 S.) Innsbruck, Wagner'sche U.-B. 1 fl. 30 kr.
1868.

Compendium. — J. M. Stepischneggs Compendium ...

J. M. S. Compendium des katholischen Eherechtes. Von J. M. S. Klgft., St. Hermagoras-Druck., 1882. 158 S. (Verf.: J. M. Stepischnegg.)

— tabellar., aller Curse d. Staatspapiere, Wechselbriefe u. Münzen v. J. 1811—1822. Wien, v. Mösle. 2 Thlr Schrbp. 2 Thlr 12 gr.

— des Hierosolymitanischen u. Babylonischen Thalmud. Ein Beitrag z. Gesch. d. Israeliten u. e. Probeschr. zu d. erscheinenden deutsch. Uebers. d. ganz. Thalmud. Uebers. u. erläut. v. M. Pinner. Mit e. Vorr. v. Joh. Joach. Bellermann. 1. Bd 4. (22 1/4 B.) Berlin 832, (Lewent.)

Compendium der chemischen Technologie der landwirthschaftlichen Hilfs- und Nebengewerbe, als Leitfaden bei den Vorträgen an der k. k. höheren landwirthschaftlichen Lehranstalt zu Ungarisch-Altenburg. Ungarisch-Altenburg 860. (Wien, Gerold.) gr. 8. (IV, 427 S. u. 1 Tab. in 4.) n. 2 Thlr 10 ngr.

Compendium der elektromagnetischen Telegraphen für Eisenbahntelegraphisten. Leichtfaßliche Zusammenstellung der wesentlichen Lehrsätze über Elektricität und Magnetismus. Zusammengestellt und bearbeitet von Michael Rabitsch mit 17 Tafeln und 78 hiezu gehörigen Figuren, nebst einem Anhange in üblichen Prüfungsfragen und den dazu gehörigen Antworten als Vorbereitung zu der Telegraphenprüfung. 2. Aufl. 8. (X, 138 S. und Register) Wien: Spielhagen & Schurich 1889. 1.80

Compendium theologiae fundamentalis ope scriptorum P. Alberti a Bulsano ... aliorumque probatorum auctorum concinnavit et in usum praeprimis scholae adaptavit P. Norbertus a Tux. Brixen, Verlag des kath.-polit. Preßvereins, 1890—91, gr. 8°, 2 Bde, VIII, 332 u. 414 S., 3,50 u. 4,40 Mk.

Compendium theologiae moralis pro utilitate confess. et examinandorum editum. Ed. III. Vratisl. 1825. V: *Sobiech, S.* (Th)

— theologiae moralis. In us. confessarior. et examinandor. editum. Edit. IV. 8maj. (18 1/2 B.) Vratislaviae 839, W. G. Korn.

— theologiae moralis. In usum confessariorum et examinandorum editum. (Von Sim. Sobiech.) Edit. VI. Vratislaviae 855. Korn. gr. 8. (VIII, 288 S.) 1 Thlr 10 ngr.

Compendium zum Unterricht der mit Führung der Bataillons-Patronenwagen und Jäger-Munitions Karren beauftragten Avancirten der Infanterie und der Jäger. Mit 21 Holzschn. (im Text.) Berlin 863. Vossische Buchhdlg. 16. (VII, 151 S.) cart. n. 7½ ngr

Compendium zum Unterricht der mit Führung der Bataillons-Patronenwagen beauftragten Infanterie-Unteroffiziere u. Gefreiten. 8. (3 B.) Berlin 845. (Mittler, Berl.)

Compendium zum Unterricht der mit Führung der Bataillons-Patronenwagen beauftragten Infanterie-Unterofficiere und Gefreiten. (Als Manuscript gedruckt.) 16. Berlin 1868.

Compères Mathieu, ou Bigarrures de l'esprit humain. III Tom. 8. Frankf. Hermann.

Comperl, Ludw., die gewerbliche Baukunde, s. Unterricht, der, an Baugewerkschulen.

Compernass, Johann (Hrsg.), s. Acta S. Carterii Cappadocis.

Compernass, Joh[ann]. Gregorios Lobrede auf die 318 Väter des Konzils zu Nikaia und Konstantin den Grossen. Hrg. und erläutert von Joh. C. Habilitationsschr. Phil. [I.] Univ. Zürich. 62 S. 8. Bonn, Carl Georgi, 1909.

Compernass, Ioannes [Rhenanvs]: De sermone Graeco volgari Pisidiae Phrygiaeqve meridionalis. '(De verborvm strvctvra)' ... Bonnae, typ. C. Georgi vniv. typogr., 1895; 56 S., 1 Bl. 8.
Bonn, Phil. Fak., Inaug.-Diss. v. [10.] Mai 1895

Compes, Jos.

Compes, J., die Subhastations-Ordnung der Königl. Preuß. Rheinprovinzen dargestellt, unter Benutzung der Acten des Justizministeriums. gr. 8. Düsseldorf 837. Schreiner. ²/₃ ₰

Competenz, die, des deutschen Bundes in der holstein-lauenburgischen und schleswig'schen Frage. gr. 8. (32 S.) Frankfurt a. M. 864, Sauerländer's Verlag.

Competenz, Die, des Norddeutschen Bundes aus Artikel 78 der Bundesverfassung ... Berlin 1870. V: *Prosch, Carl Frdr. Wilh.* (Kat. d. Bibl. d. dtsch. Reichstages. Berl. 1882.) (Kat. d. ständ. Bibl. Stuttg. 1907. S. 229.)

Competenz, die, des norddeutschen Bundes aus Artikel 78 der Bundesverfassung. Von e. Mitgliede des constituirenden Reichstags. Berlin 870. J. Springer. gr. 8. (2 Bll., 124 S.) n. 16 ngr

Competenz — Competenz? Erörterungen zu Art. 78 der Verfassung des Norddeutschen Bundes. Leipzig 1869. V: *Böhlau, Hugo Heinrich Albert.* (KGBerlin I, 1237)

Competenz — Competenz? Erörterungen zu Artikel 78 der Verfassung des norddeutschen Bundes. gr. 8. (III, 79 S.) Leipzig 869, Veit und Comp. (*M. 1,80.) *

Competenz, Die, des Reichsgerichts. [Bonn 1849.] V: *Bluhme.* (schles)

Competenzfrage, Die. Dessau 1848. V: *Raster, Hermann.* (HHBD Anhaltina I, 77)

Competenz-Sphären die, der Reichs- und Landesgesetzgebung auf dem Gebiete der Landescultur und der Gesetzentwurf betr. den Schutz und die Ausübung der Fischerei. gr. 8. (69 S.) Wien 876, Faesy und Frick. *
Aus: Oesterreichische Zeitschrift für Verwaltung, besonders abgedruckt.

Compilationes, quinque, antiquae nec non collectio canonum Lipsiensis, ad librorum manu scriptorum fidem recognovit et adnotatione critica instruxit Aemilius Friedberg. gr. 8. (XXXVI, 224 S.) Leipzig 882. B. Tauchnitz. n. 12. —

Complaint, the, or Night Thoughts on life, death and immortality. 8. Hamb. Bohn. 779.

Complementirbuch, s. a. Complimentirbuch.

Neu A la modisch Nach itziger gebräuchlichen Arth eingerichtetes Complementir- Frisier- Trenchier- und Kunst-Buch ... Hamburg / gedruckt bey Thomas von Wierings Seel. Erben ... in diesem Jahr [um 1725?].
48 + 15 + 48 + 16 + 48 S. m. 1 Holzschn.; 43 Taf. in Kupferst. 8°.

Complementirbuch, englisches, od. die Etikette d. guten Gesellschaft in England. Für Reisende, welche England besuchen, u. f. Familien, welche mit reisenden Engländern zu verkehren haben. Nach d. neuesten Aufl. der Hints on Etiquette v. Theod. v. d. Linde. 2. Aufl. 16. (7¼ B.) Stuttgart 842, Neff.

—— das kleine, od. Anweisung, wie man die nöthige Bildung erlangt, sich in jeder Gesellschaft mit Anstand benehmen u. sich beliebt machen kann. Nebst e. Anh.: die Titulaturen d. verschied. Stände betreff. 12. (3½ B.) Halle 843. [Schmidt's Vrlsh.]

—— neues, (für Anstand u. feine Sitte). Eine Anweisung in Gesellschaften (bei Tafel, bei Geburts- u. Hochzeitstagen u. beim Tanz) höflich u. angemessen zu reden u. sich anständig zu betragen 2c. Hrsg. v. Fr. Meyer. 15. Aufl. 8. (8½ B.) Quedlinburg 843, Ernst'sche Buchh.

Completirung, die, unserer Dragonerschwadronen u. Guidencompagnien durch das System der Drittmannspferde zum Vortheile der Armee u. der Landwirthschaft v. F. S. Auf Beschluß d. Centralschweizer. Cavallerie-Vereins veröffentlicht. gr. 8. (22 S.) Bern 891. K. J. Wyß. n. — 30

Completorium,
s. Die Komplet.

Complimentarius, Der geschickte. Nürnberg 1750. V: *Lochner, Johann Hieronymus.* (ML) (will)

Complimente und Wind. Lustsp. von Bretzner. Leipzig: Jacobäer 1792. 8°

Complimentirbuch, s. a. Cabinetsbibliothek.

Complimentirbuch, s. a. Complementirbuch.

Complimentir-Buch, s. a. Hausbibliothek, kleine.

Complimentirbuch s. a. Komplimentirbuch.

Complimentir-Buch, s. a. Meyer, Fr.

Complimentirbuch, Englisches, oder die Etikette der guten Gesellschaft in England. Für Reisende, welche England besuchen, und für Familien, welche mit reisenden Engländern zu verkehren haben. Nach der neuesten Auflage der Hints on Etiquette von Thdr. von der Linde. 2. Aufl. 16. Stuttgart 842, Neff. ½ ₰

Complimentir, Frisir-, Trenchir- und Kunstbuch. 12 Hamburg. 717.

— das kleine, oder Anweisung, wie man die nöthige Bildung erlangt, sich in jeder Gesellschaft mit Anstand benehmen und sich beliebt machen kann. Nebst e. Anhange: die Titulaturen der verschied. Stände betreffend. 12. Halle 843, Lippert u. Schmidt. ⅙ ₰

Complimentirbuch, neues, s. a. Komplimentirbuch.

Complimentirbuch, neues, s. a. Miniatur-Bibliothek des Nützlichen und Angenehmen.

Complimentirbuch, neues, oder Anweisung, in Gesellschaften u. in gewöhnl. Verhältnissen des Lebens höflich u. angemessen zu reden 2c. 8. Quedlinb.... 6e Aufl. 830. Ernst. 10 gr

Complimentirbuch, neues, e. Anweis. in Gesellschaften, ꝛc. höflich u. angemessen zu reden u. sich anständ. zu betragen. Nebst Blumensprache u. Stammbuchs-Aufsätze. Hrsg. v. Fr. Meyer. 11. Aufl. (10 B.) 839., 12. u. 13. A. (à 10½ B.) 840., 14. u. 15. A. 8. (à 8½ B.) Quedlinburg 841, 43, Ernst'sche Buchh. à

Complimentirbuch, neues, oder Anleitung, sich in jedem Kreise anständig u. gefällig zu bewegen. Ein Anstands- u. Bildungsbuch f. junge Herren u. Damen. Im Anh.: Albumverse ꝛc. Hrsg. v. einem Galanthomme. 8. (64 S.) Hamburg 877. Kramer. n. — 50

—— neues, für Anstand und Sitte. Ein Wegweiser für junge Leute, sich in Gesellschaften und im Umgange beliebt zu machen, nebst Liebesbriefsteller und einer Auswahl der beliebtesten Pfänderspiele. 16. (72 S.) Mügeln 865. (Leipzig, Senf.)

Complimentirbuch, neues, f. Anstand u. Sitte. Ein Wegweiser f. junge Leute, sich in Gesellschaften u. im Umgange beliebt zu machen, nebst: Liebesbriefsteller u. e. Auswahl der beliebtesten Pfänderspiele. 16. (72 S.) Mügeln 871. (Leipzig, G. Senf.) — 50

— neues, für Anstand u. Sitte. Ein Wegweiser f. junge Leute, sich in Gesellschaften u. im Umgange beliebt zu machen, nebst Liebesbriefsteller u. e. Auswahl der beliebtesten Pfänderspiele. gr. 16. (72 S.) Mügeln 878. (Leipzig, G. Senf.) — 60

— neuestes, od. Anweisg. zum guten Ton u. feiner Sitte nebst Glückwünschen, Beileidsbezeigggn., Anreden, Bitten u. s. w. 32. (62 S.) Leipzig 873. Matthes. n. — 50

Complimentirbuch, neuestes, f. Bildung, Anstand u. feine Sitten od. der gute Ton in allen Lebenslagen, m. e. Anh., enth. Scherze, Räthsel u. Pfänderspiele, kleine Theater-Aufführgn. ꝛc. ꝛc. 8. (80 S.) Hainichen 893. G. E. Hoffmann. — 25

Complimentir- und Sittenbuch mit Beyspielen und Formularen .. Nürnberg 1793. V: *Voit, Johann Peter*. (Ky)

— Dass., mit Beispielen u. Formularen, als Glücks- u. Trauerbriefe ꝛc., v. J. P. V. (Voit). 8. Nürnb. 793. Schneider u. W. 6 gr

— u. Sittenbuch für Bürger. 8. Wien 777. Kurzböck. 6 gr

Complimentir- u. Sittenbuch für Personen bürgerl. Standes, nebst Trenchirbuch. 8. Nürnb. 762. Grosz. 6 gr

Complimentirbüchlein für Bürger und Landleute . . . Nürnberg 1793. V: *Voit, Johann Peter*. (MGT)

Comploj, Heinr., Biedermeier-Motive. (12 z. Tl. farb. Taf.) 40×29 cm. Wien (907). J. Heim. 10. –

Ein Complot gegen die Internationale Arbeiter-Association. Im Auftr. d. Haager Congresses verf. Bericht über das Treiben Bakunin's u. der Allianz d. socialistischen Demokratie. Deutsche Ausg. von L'Alliance de la démocratie socialiste ... Uebers. von S[amuel] Kokosky. — Braunschweig: Bracke 1874. VI,119 S.
1: Fc 10976. 12: Pol. g. 195ph. 9.
3.4742

Complot, Das, der herrschenden Poeten- und Kunstrichter. Zürich 1741. V: *Bodmer, Johann Jacob*. (GGr) (MI.) (Waniek, Gottsched. Leipzig 1894 S. 438.) »*Effinger, Heinr.* (= *Joh. Jac. Bodmer*)« (Deutsche Litt.-Denkm. 12.)

Complotte (Revolutionäre). Darlegung der Hauptresultate aus den wegen der revolutionären Complotte der neueren Zeit in Deutschland geführten Untersuchungen. Auf den Zeitabschnitt mit Ende Juli 1838. 4°. Frankfurt 1838.

Comploher, Alb., O. Cap. Sonn- u. Festtags-Predigten üb. die falschen Grundsätze, Modelaster u. Scheintugenden der Zeit. Vor e. Jahrh. vorgetragen. In zeitgemäßer Bearbeitg. neu hrsg. v. Norb. Stock, O. Cap. gr. 8. (XXIV, 827 S.) Brixen 902. A. Weger. n. 7. —

Comployer, P. A., sämmtl. Gebet-, Buß-, Dank-, Siegs- u. Ermunterungsreden. 8. Augsb. 802. Veith. 20 gr

Composiciones jocosas en prosa, s. Coleccion de autores españoles.

Composition, üb. d. in P. Wouwermannischen Gemälde gr. 8. Leipz. Böhme. 789.

Composition, über die, in P. Wouwermanns Gemälden, (v. Chr. Kämmerer). gr. 8. Leipz. 789. (Cnobloch). 6 gr

Composition, Die, des allgemeinen Weltraumes und seine negative Entwicklung. Königsberg i. Pr. 1909. V: *Braak, J.* (Berl 1910, S. 128)

Compositionen, figurale, f. d. malerische Ausschmückung v. Decken, Wänden, Zwickeln, Lünetten u. kunstgewerblichen Objecten aller Art. Lichtdr. nach Gemälden u. Zeichngn. Wiener Künstler v. J. Löwy. 1.—4. Lfg. Fol. (à 12 Taf.) Wien 893. 894. A. Schroll & Co. à n. 12. —

Compositionen, figurale, f. d. maler. Ausschmückg. v. Decken, Wänden, Zwickeln, Lünetten u. kunstgewerbl. Objecten aller Art. Lichtdr. nach Gemälden u. Zeichnungen Wiener Künstler. 5. (Schluss-) Lfg. gr. Fol. (12 Taf.) Wien 894. A. Schroll & Co. n. 12. — (kplt. n. 60. —)

— dasselbe. Lichtdr. nach Gemälden u. Zeichnungen Wiener Künstler v. J. Löwy. 2. Serie. 5 Lfgn. gr. Fol. (à 12 Taf.) Ebd. 895—898. à n. 12. —

Compositionen, figurale. Malerische Ausschmückg. v. Decken, Wänden, Zwickeln, Lünetten u. kunstgewerbl. Objekten aller Art. Lichtdrucke nach Gemälden u. Zeichngn. v. J. Löwy. III. Serie. (In 5 Lfgn.) 1.—4. Lfg. (à 12 Taf.) Fol. Wien (903—906). A. Schroll & Co. à n. 12. —

Compositionen, figurale. Malerische Ausschmückg. v. Decken, Wänden, Zwickeln, Lünetten u. kunstgewerbl. Objekten aller Art. Lichtdrucke nach Gemälden u. Zeichngn. v. J. Löwy. III. Serie. 5. (Schluss-)Lfg. (12 Taf.) 40,5×32,5 cm. Wien (907). A. Schroll & Co. 12. — (Vollständig: In Mappe 60. –)

Compositionen für d. Jugend. 5 Hefte à 6 lith. Blätt. gr. Fol. Wien 826. Trentsensky. à 6 gr 1 rß 6 gr

Compositionen, landschaftliche, Berliner Künstler. 1—4. Heft. Breslau 859—62. Trewendt. Fol. Jede Liefg. von 8 lith. Taf. 1 rf 15 ngr; einzelne Bl. à n. 10 ngr

— moderne, für Spitzen. gr. Fol. (24 Lichtdr.-Taf.) Ebd. 897. In Mappe n. 28. —

Compositionen, moderne, für Spitzen. (24 T) fol Plauen (1898)

— neue, f. Flächenverzierung. I.—III. Serie. gr. Fol. Plauen, Ch. Stoll. In Mappe à n. 30. —
I. Von Marcel Tuquet. 18 (Lichtdr.-)Taf. 895.
II. Von Marcel Tuquet. 18 (Lichtdr.-)Taf. 897.
III. 20 (Lichtdr.-)Taf. Motive f. Stickereien u. Spitzen. 897.

— dasselbe. 3. Serie v. Marcel Tuquet. (D. ganzen Sammlg. Serie IV.) gr. Fol. (18 Taf.) Ebd. 898. In Mappe n. 30. —

Compositionen, 60 (nach Girodet), zu Virgil's Aeneide. Gestochen unter Leitung v. Ed. Schuler, mit begleitendem, erzählendem Texte v. K. L. Schmidt. 1e—3e Lfrg. (36 Taf.) gr. 8. Karlsruhe 840. Kunst-Verlag. n. 1 ₰

Compositionen, 60, nach Girodet zu Virgil's Aeneide. Gestochen unter Leitung von Ed. Schuler, mit begleit., erzähl. Texte von K. L. Schmidt. 4. u. 5. Liefg. gr. 8. (24 Taf.) Carlsruhe 840, Kunst-Verl. à n. 1/3 ₰ — 1.—5. n. 1 2/3 ₰

Compositions-Buch, der latein. Syntax, nach Zumpt's Grammatik bearb. v. G. Herzog, J. Chr. Keim, J. M. Roller u. H. Wolbold. gr. 8. Stuttgart 833. Steinkopf. 3/4 ₰

Compositionslehre, industrielle musikalische, für Jedermann, insbesondere f. Töchter höherer Stände, sparsame Kunstmäcene u. erfindungsarme Musikdirektoren, leichtfaßlich dargestellt v. Theophilus Plümpfer, durchgefallenem Conservatoristen. Nebst einem Knobelcomment zur Erfindung neuer Melodien, e. Tristancotillon u. e. Anleitung, Sphärenmusik zu hören. 8. (22 S. m. 1 Musikbeilage.) Berlin 878. Guttentag. n. 1. —

Compositions-Spiel, musikalisches. Unterhaltung am Pianoforte. 14 Blätter, mit deren Hülfe man ohne theoret. Vorkenntnisse — mehr als eine Million Lieder für eine Singstimme mit Begleitung und die verschiedensten Musikstücke für Pianoforte componiren kann. 16. (14 lithogr. Bl.) Darmstadt 858, Jonghaus'sche Hofbuchh. *

Comprador, el, s.: Export, deutscher.

Comprix, Johann, prakt. Arzt aus Queuleu b. Metz: Ein Fall von Transplantation eines frischen, gestielten Hautlappens bei narbiger Contractur des Kniegelenkes. *Berlin (1902): G. Schade.* (27 S.) 8°
Berlin, Med. Diss. v. 11. März 1902

Zum Compromiß in der Militair-Frage. Ideen über die Armee-Organisation. Berlin 1862. 8°

Comptabilité professionnelle et calculs y relatifs pour l'enseignement dans les écoles des Arts et Métiers, les éc' spéciales, les cours professionnels, etc. (Par J[acob] Scheidegger, Aug[ust] Spiess, V[ictor] Haldimann [et] Albert Baumgartner.) Méthode publiée par l'Union suisse des Arts et Métiers. (Ed. française de la «Gewerbliche Buchhaltung».) 3 degrés. 8. Frauenfeld, Huber & Co., (1910). [cart. à fr. 1. 50]
1er degré. II + IV + 34 p. — 2me d'. II + IV + 40 p. — 3e d'. II + IV + 40 p.

Caisse d'épargne du district de Courtelary [à Courtelary]. 71e *et* 72e *et* 73e compte 1900 *et* 1901 *et* 1902. à 1 p. 4. 1901 *et* 1902 *et* 1903.

Compte du Comité de secours pour les militaires de la Garde suisse, blessés dans les journées de juillet 1830 à Paris, sur la répartition de la collecte faite en leur faveur. [Avec 1 vignette.] 4. Berne 1831.

Confédération suisse. Compte d'État pour l'année 1900. 77 p. 4. ([Berne, C.-J. Wyss,] 1901.)

Confédération suisse. Compte d'État pour l'année 1901. 77 p. 4. ([Berne, C.-J. Wyss,] 1902.)

Confédération suisse. Compte d'État pour l'année 1902. 81 p. 4. ([Berne, C.-J. Wyss,] 1903.)

Canton de Berne. Compte général de l'administration des finances de l'État pour l'exercice 1900. (Comparé avec le budget et avec le compte de l'exercice précédent.) 129 p. 4. Berne, Suter & Lierow, 1901.

Compte général de la première souscription maçonnique pour les pauvres et projet d'une souscription nouvelle à Dresde le 31 de juillet 1772. [Dresden 1772.] 48 S. 8° [Kupfertit.]
Kl. 390.

Compter: Licht- und Schattenseiten der Erziehung in der Fabrikstadt Apolda. 20 p. 1867. 4°
Schul-/Univ.-Schrift

Compter (G.), Ein Beitrag zur Paläontologie des oberen Muschelkalks. (Zeitschr. f. Naturwissensch. Band 62.) (Ohne Druckort und -Jahr.) 8.

—— Zur fossilen Flora der Lettenkohlen Thüringens. (Zeitschrift f. Naturwissenschaft. Band 56. 1883.) (Ohne Druckort.) 8.

Compter (G.), Einige Mittheilungen über *Asterias cilicia Qu.* (Sonder-Abdr. a. d. Jena'ischen Zeitschr. f. Naturwiss. XIX. Band, N. F. XII.) 8.

Compter, Gust., e. Beitrag zur Keuperflora. Mit 2 (lith.) Doppeltaf. (in qu. Fol.) [Aus: „Nova Acta der ksl. Leop.-Carol. deutschen Akad. der Naturforscher".] Imp.-4. (12 S.) Dresden 874. Jena, F. Frommann in Comm. n. 2. —

Compter (G.), Ein Beitrag zur fossilen Keuperflora. (Nova Acta d. Kgl. Leop.-Carol. Deutsch. Akademie d. Naturforscher. Band 37.) Dresden 1874. 4.

[F.] **Compter,** *Gustav* [Dir. Dr.]: Ans Elternhaus. Apolda, Druck v. R. Birkner, *1896;* 21—24 S. 4.
Apolda, grossh. W. & L. Zimmermann's R, OP 1896**

Compter, G., Erinnerungsblätter z. 50jährigen Bestehen der Großh. W. u. L. Zimmermanns Realschule m. Realgymnasialabteilung zu Apolda am 1. 5. 1909, Apolda 1909, 68 S., 8°.

Compter, *Gustav Karl Adolf* Festrede bei der Feier des Einzugs in den Neubau, am 4. Juli 1886, vornehmlich an die ehemaligen Schüler gerichtet. (Umschlagtitel: Festrede beim Einzug in den Neubau.) 4 (S. 19—22). W. u. L. Zimmermann's Rsch. *Apolda* 1887.
Nicht im Tauschverkehr.

Compter, G[ustav], Dir. Prof. Dr.: Über unsere Grundsätze der Erziehung und des Unterrichts. *Apolda (1899): R. Birkner.* (S. 3—19.) 4° [F.]
Apolda, grossh. W. & L. Zimmermanns R, OP 1899**

Compter, *Gustav Karl Adolf* Nervensiechtum und Erziehung. 4 (18 S.). **Progr.** W. u. L. Zimmermann's Rsch. *Apolda* 1887.
Nicht im Tauschverkehr.

Compter, G., Unsere Turnfahrten und Schulreisen, Apolda 1873, 8°.

Compter, G.: Wachstum, Körperverhältnisse und Turnen. Apolda 1884. 21 S. Apolda, Realschule P 1884.

Compter, Gustav Karl Adolf, s. Compter, Gustav

Compter, Hans, aus Apolda, Referendar am Grh. Landgericht in Weimar: Das Gesetz im formellen und materiellen Sinne. *Erlangen 1903: Junge & Sohn.* (VIII, 62 S.) 8° [F.]
Erlangen, Jur. Diss. v. 20. Juni 1903

Compter, Rudolf [prakt. Arzt in Bühl (Baden)]: Ueber permanente Wundirrigation .... München, k. Hof- u. Univ.-Buchdr. Dr. C. Wolf & Sohn, 1886; 35 S. 8°.
München, Med. Fak., Inaug.-Diss. v. 1886.

Compter, Rudolf, über permanente Wundirrigation. Diss. München 1886, A. Buchholz. 8°. 35 S.

Compte rendu de l'académie impériale des sciences de St. Pétersbourg. Année 1856. Par A. de Middendorf. Lex.-8. (161 S. mit 1 Stahlst.) St. Petersburg 856. Leipzig 858, Voss. **

—— dass. — Année 1857. Par C. Vessélovsky. Lex.-8. (160 S.) Ebendas. 858. **
Année 1855, vgl.: Middendorff, A. de.
Année 1858—60 sind dem „Bulletin de l'académie impériale des sciences de St. Pétersbourg" angehängt und apart nicht verkäuflich.

Fribourg. *Compte-Rendu* de l'administration du canton de Fribourg. Année 1877. In-8°, 344 p. avec tableaux. Fribourg, Impr. Fragnière.

Compte-Rendu de l'Administration du Conseil d'Etat du Canton de Fribourg. Année 1878. In-8°, 354 p. Fribourg, Impr. L. Fragnière.

Compte-rendu de l'administration du Conseil d'Etat du canton de Fribourg. Année 1879. In-8°, XXIV et 388 p. avec 39 tableaux statistiques. Fribourg, Imprimerie L. Fragnière.

Compte rendu de l'administration du conseil d'Etat du canton de Fribourg. Année 1880. In-8°, 390 p. avec tables. Fribourg, imprimerie L. Fragnière.

Compte-rendu de l'administration du conseil d'état du canton de Fribourg. Année 1881. In-8°, XXX et 349 p. 1882. Fribourg, imprimerie catholique suisse.

Compte-rendu de l'administration du conseil d'état du canton de Fribourg. Année 1882. In-8°, 383 p. Fribourg, impr. catholique suisse, 1883.

Fribourg. Compte-rendu de l'administration du Conseil d'Etat du canton de Fribourg. Année 1883. In-8°, 448 p.

Compte-rendu de l'administration du conseil d'Etat du cant. de Fribourg. Année 1884. In-8°, 370 p. Fribourg.

Fribourg. Compte-rendu de l'administration du Conseil d'état du canton de Fribourg. Année 1885. In-8°, XXXIV et 429 p., av. 29 tableaux. Fribourg, imprimerie catholique suisse,

Fribourg. Compte-rendu de l'administration du Conseil d'état du canton de Fribourg. Année 1886. In-8°, 430 p. et 31 tableaux. Fribourg, imprimerie catholique suisse.

Compte-rendu de l'administration du conseil d'état du canton de Fribourg. Année 1888. Avec 36 tableaux. In-8°. 514 p. Fribourg, Impr. cath. suisse, 1889.

Canton de Fribourg. Compte rendu de l'administration du Conseil d'État. Année 1900. (IV + *ens.* 655 p.) 8. Fribourg, Impr. catholique suisse, 1901.

. **Asile des Billodes, (au) Locle, canton de Neuchâtel ⟨Suisse⟩. Compte-rendu de l'année 1900. 3 p. 4. [1901.]**

Asile des Billodes, (au) Locle, canton de Neuchâtel ⟨Suisse⟩. Compte-rendu de l'année 1901. [4 p.] 4. (1902.)

Asile des Billodes, Le Locle ⟨Neuchâtel, Suisse⟩. Compte-rendu de l'année 1902. [3 p.] 4. (1903.)

Asile de (**69/70* des:) Jeunes Filles à Nyon. 8.
69e & 70e comptes-rendus pour les Années 1899 & 1900. 16 p. (1901.)
71e compte-rendu pour l'Année 1901. 12 p. (Nyon, Schenk & Chorix, 1902.)
72e compte-rendu pour l'Année 1902. [Couverture illustrée.] 15 p. Nyon, Schenk & Cherix, 1903.

Chambre de Commerce française de Genève. Compte rendu de l'Assemblée générale annuelle du 20 Mai 1902 ([et] des opérations Pendant l'année 1901). 40 p. 8. Genève, Wyss & Duchêne, 1902.

Chambre de Commerce française de Genève. Compte rendu de l'Assemblée générale annuelle du 12 Juin 1903 ([et] des opérations Pendant l'année 1902). 67 p. 8. Genève, Wyss & Duchêne, 1903.

Compte-rendu de la 2e Assemblée générale du Comité de l'Association internationale pour la protection légale des travailleurs tenue à Cologne, les 26 et 27 septembre 1902, suivi de Rapports annuels de l'Association internationale et de l'Office international du travail, publié par le Bureau de l'Association.... 82 p. 8. Berne, A. Francke; Paris, H. Le Soudier; Jéna, Gustave Fischer, 1903. [M. 1.50]
Publications de l'Association internationale pour la protection légale des travailleurs. No. 2.

Association

— — Lyonnaise des amis des sciences naturelles. Compte rendu de l'année 1874. gr. 8. Basel, Georg. 1876 2. 50

Association lyonnaise des amis des sciences naturelles. Compte rendu de l'année 1886 (Séance générale du 12 mai 1887). In-8°, 24 p. Lyon (Bâle, Genève) H. Georg. 1888

Banque Populaire de la Broye. Compte rendu de 1872, 8me exercise. 17 pp. in-8. et 1 tabl. Payerne, impr. Ch. Caille.

Bibliothèque publique [de la] Ville de Genève. Compte rendu pour l'année 1902. (Extrait du Compte rendu de l'Administration municipale de la Ville de Genève.) 14 p. gr.-8. Genève, W. Kündig & fils, 1903.

Compte-rendu de la Chapelle mixte des Bains de Schinznach. Fondation, construction, administration et usage. In-8°, 28 p. Brugg, Fisch Wild & Co. 1887.

Compte rendu de la commission impériale archéologique pour les années 1859—1864. Avec un atlas. Imp.-4. 1859. (XX und 152 S. mit 5 Kpfrt. und 1 Chromolithogr. in Imp.-Fol.) 1860. (XX und 112 S. mit 5 Kpfrt. und 1 Chromolithogr. in Imp.-Fol.) 1861. (XII und 184 S. mit 6 Stnt. in Imp.-Fol.) 1862. (XXVII und 176 S. mit 6 Kpfrt. in Imp.-Fol.) 1863. (XVIII und 286 S. mit eingedr. Holzschn., 2 Stn.- und 4 Kpfrt. in Imp.-Fol.) 1864. (XXIV und 254 S. mit eingedr. Holzschn. und 6 Kpfrt. in Imp.-Fol.) St. Pétersbourg 861—65. (Leipzig, Voss.) à Jahrg. **

Compte-rendu de la commission impériale archéologique pour l'année 1865. (Avec un atlas (6 Kpfrt., wovon 2 color., in Imp.-Fol.). Imp.-4. (XXIV, 231 S. mit eingedr. Holzschn.) St.-Pétersbourg 866. (Leipzig, Voss.) **

—— dass. — Pour l'année 1866. Avec un atlas (6 Kpfrt. in Imp.-Fol.). Imp.-4. (XXVI, 188 S. mit eingedr. Holzschn.) Ebendas. 867. **

—— dass. — Pour l'année 1867. Avec un atlas (6 Kpfrt. in Imp.-Fol.). Imp.-4. (XXXVI, 222 S. mit eingedr. Holzschn.) Ebendas. 868. **

—— dass. — Pour l'année 1868. Avec un atlas (6 Kpfrt., wovon 2 color., in Imp.-Fol.). Imp.-4. (XXII, 177 S. mit eingedr. Holzschn.) Ebendas. 869. **

Compte-rendu de la commission impériale archéologique pour l'année 1869—1873. Avec un Atlas. (6 lith. u. chromolith. Taf. in Imp.-Fol.) Imp.-4. (à ca. XXII, 250 S.) St. Petersburg 872—76. (Leipzig, Voss.) à Jahrg. n. 15. —

— dasselbe, pour l'année 1874. Avec un atlas (7 lith. u. chromolith. Taf. in gr. Fol.). Imp.-4. (XXIV, 234 S.) Ebend. 877. n. 15. —

— dasselbe, pour l'année 1875. Avec un atlas (5 lith. u. 2 phototyp. Taf. in gr. Fol.). Imp.-4. (XXXVI, 221 S. m. eingedr. Holzschn.) St.-Pétersbourg 1878. Leipzig, Voss' Sort. n. 15. —

Compte-rendu de la commission impériale archéologique pour l'année 1876. Avec un atlas (6 Steintaf. in gr. Fol.). Imp.-4. (XL, 236 S. mit eingedr. Holzschn. u. 1 Lichtdr.-Taf.) St.-Pétersbourg 1879. Leipzig, Voss' Sort. n. 30. —

— dasselbe, pour l'année 1877. Avec un atlas (6 Steintafeln in gr. Fol.). Imp.-4. (XXVII, 296 S. m. eingedr. Holzschn.) Ebend. 879. n. 30. —

— dasselbe, pour les années 1878 et 1879. Avec un atlas (7 Chromolith. in gr. Fol.). Imp.-4. (LXVIII, 182 S. mit eingedr. Holzschn. u. 1 Steintaf.) Ebend. 881. n. 30. —

— dasselbe, pour l'année 1880. Avec un atlas (4 Lichtdr.-u. 2 lith. Taf. in gr. Fol.). Imp.-4. (XXVI, 142 S. mit eingedr. Holzschn. u. 1 Chromolith.) Ebend. 882. n. 30. —

Compte-rendu de la commission impériale archéologique pour l'année 1881. Avec un atlas (3 lith., 1 chromolith. u. 2 Lichtdr.-Taf. in gr. Fol.). Imp.-4. (XXI, 148 S.) St.-Pétersbourg 883. (Leipzig, Voss' Sort.) n. 30. —

Compte-rendu de la commission impériale archéologique pour les années 1882—1888. Avec un atlas (6 photolith. u. 2 farb. Taf. in Imp.-Fol.). Imp.-4. (IV, CCCXXXV, 97 S. m. Abbildgn. u. 2 (1 farb.) Taf.) St.-Pétersbourg 893. (Leipzig, Voss' Sort.) n. 16. —

Compte-rendu de la commission internationale d'analyses, s.: Bericht der internationalen Analysen-Kommissionen an den VI. internationalen Kongress f. angewandte Chemie usw.

Église évangélique libre du canton de Vaud. Synode de 1901 à Lausanne. Compte rendu de la Commission synodale aux Eglises. 61e session. (Circulaire No 351. Juillet 1901.) 64 p. 8.

Etablissement d'assurance immobilière du Canton de Berne (à Berne). 18e *et* 19e *et* 20e Compte rendu et Compte de l'exercice de l'année 1900 *et* 1901 *et* 1902. II + 68 *et* II + 63 *et* II + 63 p. 4. Berne, Büchler & Co., 1901 *et* 1902 *et* 1903.

Compte rendu de la . . . conférence [de l']Union interparlementaire pour l'arbitrage international.
[Fortges. u. d. Tit.:]
Interparlamentarische Union. Bericht über die 15. Conferenz in Berlin. 17. bis 19. Sept. 1908. Berlin, Leipzig o. J. 4°.

Union interparlementaire. Compte rendu de la XVIe conférence tenue à Bruxelles du 30 août au 1er septembre 1910. Bruxelles, Leipzig: Misch & Thron 1910. XXX, 245 S. 8° [11. 5583

– du VIII. congrès ... tenu à Berne, du 26 au 30 oct. 1876. 8°. Berne 1876.

Association catholique internationale des œuvres de protection de la jeune fille. Internat. Verband der kath. Mädchenschutzvereine. Compte rendu du ... congrès international. 1 ff. — Fribourg ⟨Suisse⟩: Secrétariat internat. 1897 ff. 8°

Compte-rendu du 1er congrès international d'hygiène scolaire, s.: Bericht üb. den I. internationalen Kongress f. Schulhygiene.

— du congrès international de plain-chant grégorien, s.: Acta generalis cantus gregoriani studiosorum conventus.

Compte rendu du Vième congrès international des sciences géographiques tenu à Berne du 10. au 14. août 1891. 2e partie: Exposition internationale de géographie. Avec 2 tabl. Gr. in-8°. 816, XVI et 80 p. Bern, Schmid, Francke & Co. 10 —

— du Vme congrès international des sciences géographiques tenu à Berne du 10 au 14 août 1891. — Verhandlungen d. 5. internationalen Kongresses der geographischen Wissenschaften zu Bern 10. bis 14. Aug. 1891. Lex.-8. (XX, 816; XXVII, 108; XIV, 68 u. X, 66 S. m. 3 Plänen.) Bern 892. Schmid, Francke & Co. n. 9. —

Compte rendu du Congrès des mathématiciens tenu à Stockholm 22.–25. septembre 1909. Publié par G[oesta] Mittag-Leffler, Ivar Fredholm. Leipzig & Berlin: Teubner 1910. 136 S. 8°
[Umschlagt.:] Congrès des mathématiques à Stockholm. 1909. A 11. 1089

Compte-rendu du congrès ouvrier de l'Association internationale des travailleurs tenu à Genève du 3 au 8 sept. 1866. 8° Genève, impr. J. C. Ducommun et Co., 1866.

Compte-rendu, du 4e Congrès scientifique international des catholiques, tenu à Fribourg, Août 1897. 11 parties. In-8°. 3600 p. Fribourg, Universitätsbuchhandlung (B. Veith). 20 —

La Crèche de Vevey. 4. (Vevey, Klausfelder Frères.)
25e compte-rendu 1900. 8 p. (1901.)
26e compte-rendu 1901. 7 p. (1902.)

Ecole secondaire des Jeunes Filles de la ville de Fribourg. Compte rendu pour l'année scolaire 1900-1901 ... [et] Programme général pour l'année scolaire 1901-1902.... IV + 40 p. 8. Fribourg, Delaspre & Fils, 1901.

Ecole secondaire des jeunes filles de la ville de Fribourg. Compte rendu pour l'année scolaire 1901-1902 ... [et] Programme général pour l'année scolaire 1902-1903.... IV + 44 p. 8. Fribourg, Fragnière Frères, 1902.

Ecole secondaire des jeunes filles de la ville de Fribourg. Compte rendu pour l'année scolaire 1902-1903 ... [et] Programme général pour l'année scolaire 1903-1904.... IV + 45 p. 8. Fribourg, Impr. Delaspre & Fils, 1903.

École secondaire professionnelle de la Ville de Fribourg. Compte rendu. 8.
16e année 1900-1901. II + 14 p. Fribourg, Delaspre & Fils, 1901.
17e année 1901-1902. II + 12 p. Fribourg, Fragnière Frères, 1902.
18e année 1902-1903. II + 14 p. Fribourg, Delaspre & Fils, 1903.

Compte-rendu de la fête de l'inauguration du monument polonais a Rapperswyl en Suisse. Avec 1 gravure (Kpfrst.). Zürich 868. Schulthess. 8. (IX, 86 S.) n. 16 ngr.

52me Fête fédérale de Gymnastique à La Chaux-de-Fonds, les 4, 5, 6, et 7 Août 1900. Compte-rendu financier. [4 p.] 4. La Chaux-de-Fonds, Impr. du National Suisse, 1901.

Le Foyer de Vevey. 2e compte-rendu du 1er novembre 1900 au 1er novembre 1901. [4 p.] 4. (Vevey, Klausfelder frères, 1901.)

Internationaler Statistischer Kongress, Compte-rendu général des travaux du Congrès international de statistique dans ses séances tenues à Bruxelles 1853, Paris 1855, Vienne 1857, et Londres 1860. Publié par les ordres de S. E. M. le comte d'Eulenburg, ministre de l'intérieur sous la direction de M. le Dr. Engel, directeur du Bureau royal de Statistique à Berlin. Berlin 1863.

Canton du Valais. Compte-rendu de la gestion financière pour l'exercice de 1900. 143 p. 4. Sion, Kleindienst & Schmid, 1901.

Canton du Valais. Compte-rendu de la gestion financière pour l'exercice de 1901. 144 p. 4. Sion, Kleindienst & Schmid, 1902.

Canton du Valais. Compte-rendu de la gestion financière pour l'exercice de 1902. 136 p. 4. Sion, Kleindienst & Schmid, 1903.

La Neuchâteloise. Société suisse d'assurance des risques de transport à Neuchâtel. 1. compte rendu, exercise 1870–71. 14 pp. in-8. Neuchâtel, impr. Attinger.

La Neuchâteloise, Société suisse d'assurance des risques de transport à Neuchâtel. 30e et 31e et 32e Compte-rendu pour l'année 1900 et 1901 et 1902. 13 et 11 et 11 p. 4. (1901 et 1902 et 1903.)

La Bâloise, Compagnie d'assurances sur la vie (à Bâle). 36e et 37e et 38e compte-rendu des opérations. Année 1900 et Exercice 1901 et Exercice 1902. à 19 p. 4. Bâle, Schweizer. Verlags-Druckerei, 1901 et 1902 et 1903.

Compagnie Suisse de Réassurances à Zurich. 38e et 39e Compte-rendu des Opérations 1901 et 1902. [à 4 p.] 4. (1902) et Zürich, Art. Institut Orell Füssli, (1903).

Société suisse d'Assurances générales sur la vie humaine (à Zurich). 43e et 44e et 45e compte rendu des opérations. Exercice de 1900 et de 1901 et de 1902. 43 et 43 et 51 p. 4. Zurich, Zürcher & Furrer, 1901 et 1902 et 1903.

Compte rendu de l'œuvre d'assistance des prêtres polonais, exilés en Sibérie ⓢ 1885 ⓑ Zurich ⓩ Zieliński: Bibljografja.

Pensionnat de Sainte-Ursule, Fribourg (Suisse). Compte rendu — Catalogue des élèves et des prix Pour l'année scolaire.... 8. Fribourg, Impr. Saint-Paul.

Catalogue ... 1900-1901 — Programme des Etudes pour l'année 1901-1902. [Couverture illustrée.] 44 p. 1901.
Catalogue ... 1901-1902 — Programme ... 1902-1903. 40 p. 1902.
Catalogue ... 1902-1903 — Programme ... 1903-1904. 46 p. 1903.

Congrès périodique international d'otologie. Compte-rendu comprenant les procès-verbaux des séances, les mémoires lus ou déposés etc., rédigés, traduits et mis en ordre par E. Morpurgo [de Trieste], sécrétaire, avec la collaboration de G. Longhi, C. Delslanche et A. Hartmann. 2e session, Milan 1880. gr. 8. (218 S. mit 1 Portr. und 1 Taf.) Triest 882, (Schimpff.) **

Compte-Rendu des principales publications scientifiques à l'étranger; sous la direction de E. Dandiran. II et 715 pp. in-8. Genève et Bâle, H. Georg. 1871. 12. —

Compte rendu au roy par monsieur Neker, directeur général des finances, au mois de janvier 1781. Imprimé par ordre de Sa Majesté. 4. Vienne.

Compte-rendu des séances du 6e Congrès international de Zoologie, tenu à Berne du 14 au 19 août 1904. Publié par M[aurice] Bedot, Secrétaire général du Congrès. Avec 33 planches [accompagnées d'explications, 1 tableau graphique] et 51 figures. XII + 733 p. 8. Genève, W. Kündig & fils [Comm. Georg & Cie., Genève et Bâle]. 1905. [en libr. relié fr. 40. —]

Compte-rendu des séances du Grand Conseil du Canton de Berne v. Feuille officielle du Jura.

Congrès scolaire (le) de Fribourg. Compte-rendu de la sixième session de l'assemblée générale des instituteurs de la Suisse romande réunis les 18 et 19 Septembre 1877. Publié par décision de l'assemblée. In-8°, 77 p. Fribourg 1878, Impr. Ed. Bielmann. 1 50

— de la IX. session du congrès géologique international, Vienne 1903. 2 vols. (VIII, 928 S. m. Abbildgn., 29 z. Tl. farb. Taf., 4 farb. Karten u. 11 Bl. Erklärgn.) Lex.-8. Wien 904. (F. Deuticke.) n.n. 25. —

Compte-rendu de la 8. session du congrès international d'anthropologie et d'archéologie préhistoriques à Budapest 1876. 1. vol. gr. 8. (XL, 706 S. mit eingedr. Holzschn. u. Steintaf.) Budapest 877. (Leipzig, Haessel.) n.n. 20. —

Compte-rendu de la 8. session du congrès international d'anthropologie et d'archéologie préhistoriques à Budapest 1876. Vol. II. 2 parties. gr. 8. (187 u. XVI, 108 S. m. 119 eingedr. Fig., 129 Taf. u. 1 Karte, nebst 119 S. Erklärgn.) Budapest 878 et 886. (Leipzig, Haessel.) n.n. 20. — (Vol. I. II.: n.n. 40. —)

Congrés international de Géologie
——— Compte rendu de la 3me session, Berlin 1885. Berlin 1888. 8.

—— de la société impériale géographique de Russie, pour l'année 1863. Rédigé par M. V. Bésobrasoff. (Traduit du russe.) Lex.-8. (VI und 178 S.) St. Pétersbourg 864. Leipzig, Voss.) **

—— dass. — Pour l'année 1864. Rédigé par M. V. Bésobrasoff. (Traduit du russe.) Lex.-8. (VI und 80 S.) Ebendas. 865. **

Compte rendu des travaux de la conférence internationale tenue à Berlin du 22 au 27 avril 1869 par les délégués des gouvernements signataires de la convention de Genève et des sociétés et associations de secours aux militaires blessés et malades. gr. 8. Berlin 1869.

—— des travaux de la conférence internationale tenue à Berlin 22 au 27 avril 1869 par les délégués des gouvernements signataires de la convention de Genève et des sociétés et associations de secours aux militaires blessés et malades. hoch 4. (XXIV, 488 S.) Berlin 870, Th. C. F. Enslin. *

Compte-rendu des travaux du 4me congrès international de laiterie, Budapest du 6.–11. VI. 1909, organisé par le comité national hongrois de la fédération internationale de laiterie sous le haut patronage de S. A. I. et R. l'Archiduc Joseph. Publié par la fédération internationale de laiterie, sécretariat géneral: 23, rue David Desvachez, Bruxelles. (321 S.) gr. 8. Budapest 909. „Pátria". 8. —

Compte rendu des travaux présentés à la – session de la Société Helvétique des Sciences Naturelles réunie à – du – au –. Session 64. Aarau 1881–82. Thusis 1900. [Aux lieux des sessions] 1881 ff. 8°.

Banque populaire de la Glâne (à Romont). Comptes pour 1900 et pour 1901 et pour 1902. [à 4 p.] 4. Romont, Vve F. (*1900: F.) Ayer-Demierre, 1901 et 1902 et 1903.

Commune de Bulle. Comptes de la Commune, du Fonds des pauvres et du Fonds d'école au 31 décembre 1900 et pour l'année 1901 et pour l'année 1902. à 11 p. 8. [1901 et 1902 et 1903.]

Fédération valaisanne de Secours mutuels. Comptes de l'exercice 1900. (1901 Avril 15.) [4 p.] 4-obl./8. Sion, F. Aymon, 1900.
Formulaire imprimé, texte autographié.

Fédération valaisanne de Secours mutuels. Comptes de l'exercice 1901. (1902 Mars 31.) [4 p.] 4-obl./8. Sion, F. Aymon, 1900.
Formulaire imprimé, texte autographié.

Fédération valaisanne de Secours mutuels. Comptes de l'exercice 1902. (1903 Mars 31.) [4 p.] 4-obl./8. Sion, F. Aymon, 1900.
Formulaire imprimé, texte autographié.

Funiculaire Neuveville-St-Pierre, Fribourg. Comptes de l'année 1900. [4 p.] 4. (1901.)

Comptes-Généraux de l'administration des finances pour l'exercice 1878 du Canton de Fribourg. 39 p. Fribourg, Impr. catholique suisse.

Comptes généraux de l'administration des finances du canton de Fribourg pour l'exercice 1879. In-folio, 39 p. Fribourg, Imprimerie Catholique suisse.

Comptes généraux de l'Administration des Finances du Canton de Fribourg pour l'exercice 1880. In-fol., 39 p. Fribourg, Impr. catholique suisse.

Comptes généraux de l'administration des finances pour l'exercice 1881. Canton de Fribourg. Gr.-in-fol., 39 p. Fribourg, imprimerie catholique suisse.

Comptes généraux de l'administration des finances pour l'exercice 1882. Canton de Fribourg. In-fol., 39 p. Fribourg, impr. cathol. suisse, 1883.

Fribourg. Canton de Fribourg. Comptes généraux de l'administration des finances pour l'exercice de 1887. In-fol., 37 p. Fribourg, imprimerie catholique suisse.

Comptes généraux de l'administration des finances du Canton de Fribourg pour l'exercice de 1888. Gr. in-fol, 37 S. Fribourg, Impr. Catholique suisse.

Comptes-rendus. . . Asile des Jeunes Filles à Nyon, s. Compte-rendu.

Comptes rendus de la 1. conférence internationale agrogéologique. Avec 2 cartes et plusieurs illustrationes dans le texte. Publié par l'institut géologique du royaume de Hongrie. Placé sous le ministère royal hongrois de l'agriculture. (333 S.) gr. 8. Budapest 909. (F. Kilián's Nachf.) nn 6. —

— du Ve congrès scientifique international des catholiques, s.: Akten des 5. internationalen Kongresses katholischer Gelehrten.

Comptes rendus officiels de la délégation d'Alsace-Lorraine. 2me session, du 17 mai au 17 juin 1876. 2 tomes. 4. Strassburg 876, Schneider. à Bd. ** M 5. **
Inhalt:
Tom. 1. Propositions et annexes. (220 S. mit 13 Anlagen.)
» 2. Comptes rendus officiels. (211 S.)
Fortsetzung s. Imprimé de délégation d'Alsace-Lorraine.

Elsaß-Lothringen. Landesausschuß. Comptes rendus officiels. 1–9.–Juni 1875–82.

— des séances de l'association géodésique internationale réunie, s.: Verhandlungen der allgemeinen Conferenz der internationalen Erdmessung.

Comptes-rendus des séances de la commission permanente de l'association géodésique internationale, s.: Verhandlungen d. Conferenz d. permanenten Commission d. internat. Erdmessg.

— des séances de la conférence générale de l'association géodésique internationale, s.: Verhandlungen der 14. allgemeinen Conferenz der internationalen Erdmessung.

— des séances de la 1ière conférence sismologique internationale, s.: Verhandlungen der 1. internationalen seismologischen Konferenz.

— des séances de la 2ième conférence sismologique internationale, s.: Verhandlungen der 2. internationalen seismologischen Konferenz.

Comptes-rendus des séances du 2e Congrès international d'Électrologie et de Radiologie médicales ⟨Berne: 1er au 6 septembre 1902⟩. Publiés par les soins de M. le Dr L[ouis] Schnyder, Secrétaire du Congrès. [Avec des figures.] IV + 791 p. 8. Berne, Office Polytechnique d'Édition S. A., 1903. [fr. 20.—]

Comptoir s.a. Kontor.

Comptoir, Allgemeines, für Deutschlands Gelehrte und Künstler. 1784. H: *Opitz* (*Opiz*), *Joh. Ferd.* (KY 4/272) (GGr VI/717, Nr. 2/27) (Ernst Kraus: Joh. Ferd. Opitz. Prag 1909. S. 83) (BiblPort)

Comptoirblatt, d., s.a. Schedel.

Comtoirblatt, Das, oder die kaufmännisch-politische Zeitung. Hamburg 1781. 8.

„Hamburgische Comptoirblätter", redigiert von H. Soltau, Nr. 1—26 (Hamburg) 1840. — Vorh.: Com. Bibl. Hamburg.

Comptoir-Block-Kalender 1885. Wien, Edmund Schmid. 50 kr.

Comptoir-Block-Kalender pro 1887. Graz, „Leykam".

Comptoir-Block-Kalender pro 1888. VII. Jahrg. Wien, Perles.

Comptoir-Block-Kalender pro 1891. X. Jahrgang. Elegant ausgestattet —.50
Wien: Perles

Comptoir-Block-Kalender pro 1892. XI. Jahrg. Feinste Ausstattung Ebd. —.50

Comptoir-Block-Kalender pro 1893. XII. Jahrg. Feinste Ausstattung Ebd. —.50

Comptoir-Block-Kalender pro 1894. XIII. Jahrg. Mit Chromo-Unterlage Ebd. —.50

Comptoir-Block-Kalender pro 1895. Jahrgang XIV. Mit Chromo-Unterlage Ebd. —.50

Comptoir-Block-Kalender pro 1896. Fünfzehnter Jahrgang Ebd. —.50

Comptoir-Block-Kalender pro 1897, XVI. Jahrgang Ebd. —.50

Comptoir-Block-Kalender für das Jahr 1898 XVII. Jahrgang Ebd. —.50

Comptoir-Block-Kalender 1899. XVIII. Jahrgang. Mit Chromo-Unterlage Ebd. —.50

Comtoirbüchlein, vollständ., nach jetzigem kaufmänn. Styl abgetheilt, 1) in Interessen, 2) Agio, 3) nach den Veränderr. des französ. Cours rc. Mit 29 Tabellen. 8. Manh., Löffler. 12 gr

Comptoir-Eisenbahn-Karte von Deutschland. fol Wesel 1871

Comptoire-Kalender, s. Comptoir-Kalender.

Comtoir-Handbuch, Allgemeines, s.a. Contorist.

Comtoir-Handbuch, allgemeines. 1r Thl., Fr. Günther, kaufmänn. Rechnenbuch. gr. 8. 818. 1 rß 16 gr 2r Thl., J. E. Liebhold, allgem. u. besonders Frankf. Handlungsbriefsteller. 2e Aufl. gr. 8. 820. 1 rß 8 gr 3r Thl., G. Th. Flügel, erklärter Courszettel, bearb, v. J. E. Liebhold. 809. 5e Aufl. 821. 6e A. 832. 1 rß 12 gr 4r Thl., I. F. Günther, einfache Buchführung. 818. 18 gr 4r Thl., II. J. E. Liebhold, d. doppelte Buchhaltung. 2e Aufl. 14 gr 5r Thl., I. G. K. Chelius, Interessenberechnungstabellen. 819, 20 gr 5r Thl., II. Dessen, Arbitrage-Tabellen. 819. 1 rß 8 gr Dessen logarithm. Arbitrage-Tafeln. 820. 8 gr Dessen wahre köln. Mark. 820. 10 gr 6r Thl., Aphorismen aus dem Fache d. Münzgesetzgebung. 817. 1 rß 16 gr Gedanken über d. Typus z. Wechselungsweise zwischen zweien Handlungsplätzen. 5 gr Einige Worte über von Spauns Schrift: über Wechsel u. Wechselrecht von Liebhold. 820. 6 gr 7r Thl., C. E. Döring, d. Kaufmann auf Reisen.
F 822. 1 rß 12 rß 8r Thl., J. Fr. Hauschild, theoret.-prakt. Anweis. z. Wechselkunde. 2e umgearb. u. verm. Aufl. 828. 1 rß 9r Thl. A. u. d. T.: K. G. Chelius, Maß- u. Gewichtsbuch. 3e umgearb. u. verm. Aufl. Nach d. Verf. Tode herausg. u. mit Nachtrr. begl. v. J. Fr. Hauschild. Mit Vorr. v. H. C. Schumacher. 830. 2 rß 8 gr gr. 8. Frkf. 818—32. Jäger. 15 rß 17 gr

Comptoir-Handbuch, allgem., 3. Thl. — A. u. d. T.: Georg Thomas Flügel's Cours-Zettel, od. Erklärungen d. Wechsel- u. Staatspapier-Course, nebst d. Münz-, Maß- u. Gewichtskunde d. europ. u. außereurop. Länder u. bedeutend. Orte f. Banquiers, Kauf- u. a. Geschäftsleute. Neu hrsg., u. mit geograph.-mercantil. Notizen u. wechselgesetzl. Bestimmungen vers., v. Joh. Ernst Liebhold. 6., verb. Aufl. (29 B. u. 3 Tab. in qu. Fol.) 832., 7., gänzlich umgearb. u. durchaus vermehrte A. v. Theod. Friedleben. (21 B.) gr. 8. Frankfurt a. M. 834, Jäger. à

Comptoir-Handbuch, allgem., 3. Thl. — A. u. d. T.: Geo. Thomas Flügel's Cours-Zettel, od. Erklär. d. Wechsel-, Staatspapier- u. Aktien-Course, nebst d. Münz-, Maß- u. Gewichtskunde d. europ. u. außereurop. Länder u. bedeutendsten Orte f. Banquiers, Kauf- u. a. Geschäftsleute. Neu hrsg. v. Joh. Ernst Liebhold. 8., gänzl. umgearb. u. verm. Aufl. v. Theod. Friedleben. gr. 8. (21¼ B.) Frankfurt a. M. 839, Jäger'sche Buchh. Thlr.

—— dass. 8. Thl. — A. u. d. T.: J. Fr. Hauschild, theoret.-prakt. Anleit. zur Wechselkunde. 2., umgearb. u. verm. Aufl. gr. 8. (13¼ B. u. 1¼ B. Tab.) Frankfurt a. M. 823, Jäger. - Thlr.

Comptoir-Handbuch, allgem., 9. Thl. — A. u. d. T.: Maß- u. Gewichtsbuch. Von Geo. Kasp. Chelius. 3., von d. Verf. selbst ganz umgearb. u. sehr verm. Aufl. Nach dess. Tode hrsg. u. mit Nachträgen begl. v. J. Fr. Hauschild. Mit Vorr. v. H. C. Schumacher. gr. 8. (26 B.) Ebds. 830.
1. u. 2. 4—7. Thl. Ebendas. 1818—22. 9 Thlr. 16 Gr.

„Allgemeines Comtoir-Handbuch", 7 Teile, Frankfurt a. M. 1820 bis 1822 (Jäger). Inhalt: 1. Teil: F. Günther, „Kaufmännisches Rechenbuch"; 2. Teil: J. E. Liebhold, „Allgemeiner, besonders Frankfurter Handlungsbriefsteller, mit einer französischen und englischen Phraseologie", oder: „Anleitung zum kaufmännischen Briefwechsel"; 3. Teil: „Erklärung der Wechsel-, Cours-, Münz-, Maass- und Gewichtskunde für Banquiers und Kaufleute, oder Flügel's erklärter Courszettel und Angabe des Gewichts- und Ellenmaasses der vorzüglichsten Handelsplätze in Europa"; 4. Teil: 1. Abteilung F. Günther, „Einfache Buchführung", 2. Abteilung J. E. Liebhold, „Doppelte Buchführung" und Hecht, „Darstellung der Gründe, worauf die doppelte Buchführung beruht", 5. Teil: 1. Abteilung G. K. Chelius, „Tabellen zu grosser Erleichterung und Abkürzung der Interessenberechnung", 2. Abteilung derselbe, „Anleitung zur Verfertigung zwei neuer Arbitragetabellen". ferner dessen „Anleitung zur Verfertigung logarithmischer Arbitragetafeln" und „Wahre kölnische Mark"; 6. Teil: „Aphorismen aus dem Fache der Münzgesetzgebung", „Gedanken über den Typus zur Wechslungsweise zwischen zwei Handelsplätzen" und „Einige Worte über die Schrift vom Wechsel- und Wechselrecht des Herrn v. Spaun"; 7. Teil: C. E. Döring, „Der Kaufmann auf Reisen". (Der letzte Teil auch einzeln: Döring, Christian Eberhard: „Der Kaufmann auf Reisen; ein auf praktische Erfahrung gegründeter Unterricht zur Betreibung der Handels-Angelegenheiten auf der Reise, besonders für den reisenden Handlungsgehülfen", Frankfurt a. M. 1822). — Vorh.: Industrie- und Handelskammer Leipzig.

Comptoir-Handbuch, geograph. f. Kaufleute rc., s. Buse, d. Ganze d. Handlg. 7r Theil.

Comptoir-Handbuch u. Geschäfts-Kalender, s.a. Waldheim.

Comptoir-Handbuch und Geschäfts-Kalender für das Jahr 1867. Fol. (152 S.) Wien, Waldheim. geb.

Comptoir-Handbuch und Geschäfts-Kalender für die J. 1869—1875. 3.—9. Jahrg. Schmal Fol. (166 S.) Wien, v. Waldheim. geb. à Jahrg.

Comptoir-Handbuch und Geschäfts-Kalender für die J. 1876—1880. 10.—14. Jahrg. schmal-Fol. (168; 170; 170; 170 S. mit 1 lithogr. Eisenbahnkarte; 170 S. mit 1 lithogr. Eisenbahnkarte.) Wien, v. Waldheim. cart. à Jahrg. *

Comptoir-Handbuch und Geschäfts-Kalender für die J. 1881—1885. 15.—19. Jahrg. schmal Fol. (IV, 190; IV, 195; 194; VI, 195; VI, 196 S. mit 1 lithogr. Eisenbahnkarte.) Wien, v. Waldheim. cart. à Jahrg. *

Comptoir-Handbuch und Geschäfts-Kalender für die J. 1886—1889. 20.—23. Jahrg. schmal Fol. (IV, 200; 204; 216 S. mit Karte.) Wien, v. Waldheim. cart. à Jahrg. *

Comptoir-Handbuch u. Geschäfts-Kalender für d. Jahre 1890—93. 24.—27. Jahrg. schmal Fol. (à Jahrg. ca. 225 S.) Wien, v. Waldheim. cart. à Jahrg. * 2 —

Waldheim's Comptoir-Handbuch und Geschäfts-Kalender für das Jahr 1894. 28. Jahrgg. Schmal-Folio. (233 S.) Geb. Ebd. 1.

Waldheim's Comptoir-Handbuch und Geschäfts-Kalender für das Jahr 1899. 31. Jahrgang. Schmal-Folio. (239 S.) Geb. Ebd. 1.—

Waldheim's Comptoir-Handbuch und Geschäfts-Kalender für das Jahr 1903. 37. Jahrg. Schmal-Fol. (247 S.) K 2.— Ebd.

Waldheims Comptoirhandbuch und Geschäftskalender für das Schaltjahr 1904. (38. Jahrg.) Schmal-Fol. (246 S.) K 2.— Ebd.

Comptoirhandbuch

— neuestes u. vollständiges, s. Mac-Culloch, Universal-Lexicon.

Comtoir-Handbuch, praktisches, für Nürnberg und alle Handelsplätze, welche nach dem gegenwärtig eingeführten fl. 24½ Fuße rechnen. (Vom Sensal Meißner.) gr. 8. Nürnberg 843, Korn. 1⅙ ß

„Theoretisch-praktisches Comptoir-Handbuch nach Mac-Culloch und den neuesten zuverlässigsten Quellen", in alphabetischer Ordnung, von L. R. Schmidt. Mit den Plänen von Constantinopel, Gilbraltar, Helsingör, Neu-York, Petersburg und Rio-Janeiro und einer Weltkarte nach Mercators Projektion, Stuttgart und Tübingen 1837. — Bücherei der Industrie- und Handelskammer Leipzig.

Comptoirist, der. Wochenschrift für Verbreitung kaufmänn. Kenntnisse besonders unter Handlungsgehülfen und jungen Kaufleuten. Redig. von Jul. Schadeberg. Jahrg. 1862. Oktbr. bis Dezbr. 13 Nrn. (Bog.) hoch 4. Halle, Schwetschke'scher Verlag. * –

— — Jahrg. 1863 u. 64. à 52 Nrn. (à 1 Bgn.) Ebend. 4. Jeder Jahrg. n. 3 ℛ

Comptoirist, der. Wochenschrift für Verbreitung kaufmänn. Kenntnisse besonders unter Handlungsgehilfen u. jungen Kaufleuten. Redig. von Jul. Schadeberg. Jahrg. 1865 —1867. à 52 Nrn. (à 1 Bgn.) Halle, Schwetschke. 4. Jeder Jahrg. n. 3 ℛ

Comptoirist, allgem. Hamburger, s. Contorist.

Comptoirist, der, und der Kaufmann. Vereinigte Wochenschrift für Verbreitung kaufmänn. Kenntnisse, besonders unter Handelsgehilfen und jungen Kaufleuten. Redact.: Jul. Schadeberg. Jahrg. 1868 und 1869. à Jahrg. 52 Nrn. (Bog.) gr. 4. Halle, Schwetschke'scher Verlag. à Jahrg. *

—— dass. — Jahrg. 1870. Jan.—Septbr. 39 Nrn. (Bog.) gr. 4. Ebendas. *

Comptoir-Kalender

Comtoir-Kalender, s. a. Schreib- und Comtoir-Kalender.

—— für 1861. Wien, F. Klemm. 14 kr.

—— für das Jahr 1862. quer Folio. Wien, F. Klemm. 14 kr.

—— für das Schalt-Jahr 1864. quer Fol. Wien, F. Klemm. 14 kr.

— — für das Jahr 1865. Fol. Wien, Ferd. Klemm. 14 kr.

— — für das Jahr 1866. Fol. Wien, Ferd. Klemm's Sep.-Conto. 14 kr.

Comptoir-Kalender für 1861 in Placat-Format. Wien, typ. lit. artist. Anstalt. 44 kr.

Comptoir-Kalender für das Jahr 1862. Imp.-Fol. Wien, Typ. lit. art. Anstalt. 44 kr.

Comptoir-Kalender für das Jahr 1863. Imp. Fol. Wien, typ.-lit.-art. Anstalt.

Comptoir-Kalender für das Jahr 1864. Imp. Fol. Wien, typ. lit. art. Anstalt.

Comptoir-Kalender für das Jahr 1865. Imp. Fol. Wien, typ.-lit.-art. Anstalt.

– für das Jahr 1869. 1 Blatt grösstes Format. Wien, liter.-art. Anstalt von C. Dittmarsch.

—— auf das Jahr 1862. 4. Salzburg, Mayrische Buchh. Auf 2 Seiten aufgezogen. 20 kr.

– für 1865. Mit Randverzierungen. 1 Blatt kl. qu. Fol. Prag, Haase Söhne.

– für 1866. 4. Prag, Haase Söhne.

– für 1865. 1 Blatt qu. Fol. Wien, Lienhart.

—— für 1866. 1 Bl. qu. Folio. Wien, Lienhart. 20 kr.

– für 1867. 1 Bl. qu. Fol. Wien, Lienhart.

– für 1868. 1 Bl. quer Fol. Wien, Lienhart.

– für 1869. 1 Blatt Quer-Fol. Wien, Lienhart.

– 1870. 1 Bl. quer . Fol. Wien, Lienhart.

Comptoir-Kalender für 1871. 1 Bl. qu. Fol. Wien, Lienhart.

Comptoir-Kalender f. 1882. Quer-Folio. 20 kr., aufgesp. 32 kr. Ebd.

Comptoirkalender 1883. 20 kr. Ebd.

— pro 1884. Wien, Ig. Linhart. 20 kr.

Comptoir-Kalender pro 1886. Wien, Ign. Lienhart. Einseitig 20 kr. aufgespannt 32 kr.

Comptoir-Kalender pro 1887, einseitig. Wien, Lienhart.

– pro 1888 einseitig. Wien, Lienhart.

Comptoir-Kalender pro 1890, einseitig —.20
— — aufgespannt Ebd. —.32

Comptoir-Kalender pro 1891. Einseitig. —.20
aufgespannt Ebd. —.32

Comptoir-Kalender pro 1892. Einseitig —.20
— — aufgespannt Ebd. —.32

Comptoir-Kalender pro 1893. Einseitig —.20
— — aufgespannt Ebd. —.32

Comptoir-Kalender pro 1895. Einseitig —.20
— — aufgespannt Ebd. —.32

Comptoir-Kalender pro 1896. Einseitig
— — aufgespannt Ebd.

Comptoir-Kalender pro 1897. Einseitig —.20
— — aufgespannt Ebd. —.32

Comptoir-Kalender für 1898. Einseitig —.20
aufgespannt Ebd. —.32

Comptoir-Kalender für 1899. Einseitig —.20
Ebd.

– für 1867. 1 Bl. Imp. Form. Wien, Leykum's Wwe.

Comptoir-Kalender pro 1894. Einseitig —.20
aufgespannt Wien: Leykam 1893. —.32

—— auf die J. 1869 und 1870. 16. (à Jahrg. 4 S.) Berlin, Burmester und Stempell. à Jahrg.

– 1870. 1 Blatt. Imp. Teschen, Prochaska.

– für 1871. Placat-Format. Teschen, Prochaska.

Comptoir-Kalender für das Jahr 1882. Placatformat. 40 kr. Ebd.

Comptoir-Kalender pro 1884. Teschen, Karl Prochaska's Hof-Buchhandlung. Unaufgezogen 40 kr.

Comptoir-Kalender pro 1885. Placatformat. Teschen, Karl Prochaska. Unaufgezogen 40 kr.

Comptoir-Kalender. [Mit Eisenbahnkarte von Mittel-Europa und Notizen über Post- und Telegraphenwesen.] 1886—1889. gr. Fol. Teschen, Prochaska. à Jahrg. *

Comptoir-Kalender für das Jahr 1875. 8. Jahrg. Hrsg. von H. Reinecke. gr. 16. (179 S.) Harburg, Elkan. geb. geb. und durchschossen

Comptoir-Kalender für das J. 1876. 9. Jahrg. Hrsg. von H. Reinecke. gr. 16. (148 S.) Harburg, Elkan. geb. ℳ 1,20.; durchschossen
Nicht weiter erschienen.

Comptoir-Kalender pro 1884. Form. 63–95 Cm. Teschen, Ed. Feitzinger. Unaufgezogen.

Comptoire-Kalender für 1890. Placat Format. Unaufgezogen Ebd. —.40

Comptoir-Kalender pro 1894. 63 × 96 cm, unaufgezogen Ebd. —.40

Comptoir-Kalender pro 1896. 63 × 96 cm, unaufgezogen Ebd. —.40

Comptoir-Kalender pro 1897. 63 × 95 cm. In Schwarz- und Rothdruck. Unaufgezogen —.40
Ebd.

Comptoir-Kalender für 1898. Format 63×96 cm. Unaufgezogen, gefalzt Ebd. —.40

Comptoirkalender 1905. 87 × 64 cm Ebd. K —.80

Comptoirkalender für das Jahr 1906. 88 × 64 cm K —.80
Ebd.

Comptoirkalender 1908 Ebd. K —.80

— pro 1886. XII. Jahrg. Placatformat. Wien, Moritz Perles. 40 kr.

Comtoir-Calender, z. Erleichterung d. Discontos und Zinsberechnung. Bremen, Müller. 8. 1. Rthlr.

Comptoir-Kalender, Fromme's

Comptoir-Kalender 1869. 1 Blatt Imp. 4°. Wien: Fromme.

– 1870. Placat-Form. Wien, Fromme.

– 1871. 1 Bl. Imp. Wien: Fromme

Comptoir-Kalender, Fromme's für 1882. Placat-Format. 14. Jahrgang. 30 kr. Ebd.

Comptoir-Kalender, Fromme's, XV. Jahrgang. 1883. Format 49—62 cm. unaufgezogen 30 kr. Ebd.

— Fromme's, pro 1886. 18. Jahrg. Format 50—70 Cm. Wien, Carl Fromme. 30 kr.

– Fromme's, für das Jahr 1887. XIX. Jahrgang. Format 50 bis 70 Centimeter. Wien: Fromme.

– Fromme's für das Jahr 1888. XX. Jahrg. Format 50-70. Centimeter. Wien, Fromme.

Comptoir-Kalender, Fromme's, für 1890. Zweiundzwanzigster Jahrgang. Format 50 × 70 cm, unaufgezogen Ebd. —.30

Comptoir-Kalender. 23. Jahrg. 1891. Format 50×70 *cm* Ebd. —.30

Comptoir-Kalender, Fromme's, pro 1892. 24. Jahrgang. Format 50×70 *cm* Ebd. —.30

Comptoir-Kalender, Fromme's, für das Jahr 1893. 25. Jahrg. Format 50×70 *cm* —.30 Ebd.

Comptoir-Kalender, Fromme's, 1894. 26. Jahrgang. Format: 50×70 *cm* Ebd.. —.30

Comptoir-Kalender für 1895. 27. Jahrgang. Format 50×70 *cm* Ebd. —.30

Comptoir-Kalender, Fromme's, pro 1896. 28. Jahrgang. Format: 50×70 *cm* Ebd. —.30

Comptoir-Kalender, Fromme's, pro 1897. 29. Jahrgang. Format 50×70 *cm* Ebd. —.30

Comptoir-Kalender, Fromme's, pro 1898. 30. Jahrg. Format 50×70 *cm* Ebd. —.30

Comptoir-Kalender, Fromme's. Für Katholiken und Protestanten. 31. Jahrgang. 1899. Format 50×70 *cm* Ebd. —.30

Comptoir- und Geschäftskalender a. d. J. 1872. 21. Jahrg. schmal-fol. Bern, M. Fiala. 1. 50

Comptoir- und Geschäfts-Vormerk-Kalender für das J. 1888. Hrsg. von Alex. Nagel. schmal Fol. (255 S.) Wien 887. (Sallmayer und Comp.) cart. *

Comptoir-Kalender

—— großer, f. 1861. Prag, Bellmann. aufgez. 80 kr.

—— großer, für das Jahr 1866. 1 Bl. in Imp. Fol. Teschen, Prochaska. 40 kr.

– grosser, für 1869. 1 Blatt Imp.-Fol. Teschen: Prochaska.

Comptoir-Kalender, großer, für das Jahr 1866. Imp. Fol. Wien. lit.-art. Anstalt. 44 kr.

Comptoir-Kalender, grosser, für das Jahr 1867. Imp. Form. Wien. liter.-artist. Anstalt v. C. Dittmarsch. 40 kr.

Comptoir-Kalender, grosser, für das Jahr 1868. 1 Bl. Imp. Form. Wien. Dittmarsch. Sep.-Conto. 40 kr.

Comptoir-Kalender, grosser, für das Jahr 1870. Placat-Format. Wien: Lit.-art. Anstalt. C. Dittmarsch.

– grosser, für das Jahr 1871. 1 Blatt Placat-Format. Wien, lit.-art. Anstalt. (C. Dittmarsch.)

Comptoir-Kalender, Großer, für das Jahr 1890. Placat-Format. Unaufgezogen Ebd. —.40

Comptoir-Kalender, Großer, pro 1892. Unaufgezogen Ebd. —.40

Comptoir-Kalender für 1882, grosser, Placatformat 40 kr. Teschen: Feitzinger 1881.

— Grosser, pro 1886, Form. 63×95. cart. Teschen, Ed. Feitzinger. 40 kr.

Comptoir-Kalender, Grosser, für das Jahr 1882. VIII. Jahrg. 40 kr. Wien: Perles 1881.

Comptoir-Kalender, großer, für das Jahr 1883. IX. Jahrg. 40 kr. (aufgespannt um 40 kr. netto höher.) Ebd.

– grosser, pro 1884. X. Jahrg. Plakatform. Wien: Moritz Perles.

– — grosser, pro 1885. XI. Jahrg. Plcaatformat. Wien, Moritz Perles. 40 kr.

– grosser, pro 1887. XII. Jahrgang. Placatformat. Wien: Perles.

– grosser, pro 1888. XIII. Jahrgang. Placatformat. Wien: Perles.

Comptoir-Kalender, Großer, pro 1890. XV. Jahrgang. Großes starkes Papier, Landkartenformat mit deutlichem großen Druck (schwarz und roth) und vielen praktischen Notizen Ebd. —.40

Comptoir-Kalender, Grosser, pro 1891. Sechzehnter Jahrgang. Grosser deutlicher Druck. Landkartenformat. Ebd. —.40

Comptoir-Kalender, Grosser, für das Jahr 1892. XVII. Jahrg. Grosser deutlicher Druck. Landkartenformat Ebd. -.40

Comptoir-Kalender, Großer, für das Jahr 1893. XVIII. Jahrg. Großer deutlicher Druck. Landkartenformat Ebd. – 40

Comptoir-Kalender, Großer, für das Jahr 1894. XIX. Jahrg Großer deutlicher Druck. Landkartenformat Ebd. –.40

Comptoir-Kalender, Grosser, pro 1896. Einundzwanzigster Jahrg. Unaufgespannt —.40
Derselbe. Aufgespannt Ebd. –.80

Comptoir-Kalender, Grosser, pro 1897. Zweiundzwanzigster Jahrg. Unaufgespannt —.40
Derselbe. Aufgespannt Ebd. —.80

Comptoir-Kalender, Grosser, 1899. XXIV. Jahrgang. Grosses, starkes Papier. Landkarten-Format, mit deutlichem, grossem Druck (schwarz und roth) und vielen praktischen Notizen Ebd. —.40

Comptoir- und Cabinets-Kalender für Geschäftsleute aller Klassen auf die J. 1875—1880. 24.—29. Jahrg. Nebst einem Anhang. schmal-Fol. (à Jahrg. ca. 136—140 S.) Bern, Fiala's Buchh. Jahrg. 1875 und 1876 à ** Jahrg. 1877—1879 à ** Jahrg. 1880

Comptoir- u. Cabinets-Kalender f. Geschäftsleute aller Klassen auf d. J. 1877. 26. Jahrg. Nebst e. Anh., enth.: Tarif f. Posttaxen, Telegraphen-Tarif, Droschken- u. Dienstmänner-Tarif, Reduktions-Tabelle f. das Metermaß 2c. Schmal-Fol. (136 S.) Bern, Fiala. n.n. 1. 30 (Otto Kaeser)

Comptoir- und Cabinets-Kalender für Geschäftsleute aller Klassen auf die J. 1881—1885. 30.—34. Jahrg. à Jahrg. mit einem Anhang. schmal. Fol. (141; 142; 142; 142; 134 S.) Bern, Fiala's Buchh. cart. à Jahrg. *

Comptoir- u. Cabinets-Kalender für Geschäftsleute aller Klassen auf das Jahr 1882. 31. Jahrg. Nebst einem Anhang, enthaltend: Tarif für Posttaxen, Telegraphentarif, Reduktionstabellen für das Metermass und -Gewicht, Tabelle über die Goldverhältnisse aller Länder etc., Reduktionstabelle der Franken u. Centimes in deutsche Mark und umgekehrt, Zinstabellen. Schmal in-Fol., 142 S. Bern, Max Fiala.
Cart. mit Leinwandrücken 1 50
Durchschossen 3 —

Comptoir- und Cabinets-Kalender für Geschäftsleute aller Klassen auf die J. 1886—1889. 35.—38. Jahrg. schmal Fol. (à Jahrg. 144 S.) Bern, Kaeser und Comp. cart. à Jahrg. *

Comptoir- und Cabinets-Kalender für Geschäftsleute aller Kla:sen auf das Jahr 1890. 39. Jahrg. Schmal in-fol. Bern, Kaeser & Cie. Cart. 1 50

Comptoir- u. Cabinets-Kalender für Geschäftsleute aller Klassen auf die Jahre 1890—1893. 39.—42. Jahrg. schmal Fol. (à Jahrg. ca. 145 S.) Bern, Semminger. cart. à Jahrg. 1 20

Comptoir- u. Cabinets-Kalender f. Geschäftsleute aller Klassen auf d. J. 1894. 43. Jahrg. schmal Fol. (143 S.) Bern, F. Semminger. Kart. n. 1.20; m. Schreibpap. durchsch. n. 2.20

Comptoir- u. Cabinetskalender für 1898. 47. Jahrg. Bern, Fr. Semminger. 1 50

Comptoir- u. Cabinets-Kalender f. Geschäftsleute aller Klassen a. d. J. 1899. 48. Jahrg. Nebst e. Anhang, enth.: Tarif f. Posttaxen, Telegraphen-Tarif, Reduktionstabelle f. d. Metermaß u. Gewicht, Tabelle üb. d. Geldverhältnisse aller Länder rc., Reduktions-Tabelle d. Franken u. Cts. in deutsche Mark u. umgekehrt. Vergleichende Münztabelle aller Länder. Zinstabellen. schmal Fol. (141 S.) Bern, F. Semminger. Kart. n. 1.20

Comptoir- und Cabinets-Kalender für Geschäftsleute aller Klassen auf d. Jahr 1901. 50. Jahrg. Schmal Fol. 141 S. Bern, Fr. Semminger. cart. 1 50 durchsch. 3 .

Comptoirkalender. Comptoir- und Cabinets-Kalender für Geschäftsleute aller Klassen auf das Jahr 1902. Jahrg. 51. Nebst einem Anhange enthaltend: Tarif für Posttaxen, ... Zinstabellen. [141 S.] hoch-4. Bern, Fr. Semminger. [fr. 1.50, durchschossen fr. 3. —]

Comptoir- u. Cabinets-Kalender f. Geschäftsleute aller Klassen auf d. J. 1903. 52. Jahrg. Nebst e. Anh., enth.: Tarif f. Posttaxen, Telegraphen-Tarif, Reduktions-Tab. f. das Metermaß u. Gewicht, Tabelle üb. die Geldverhältnisse aller Länder rc., Reduktions-Tabelle d. Franken u. Cts. in deutsche Mark u. umgekehrt. Vergleich. Münztabelle aller Länder. Zinstabellen. schmal Fol. (125 S.) Bern, F. Semminger. Kart. n. 1.20; durchsch. n. 2.40

Comptoirkalender. Comptoir- und Cabinets-Kalender für Geschäftsleute aller Klassen auf das Jahr 1904. Jahrg. 53. Nebst einem Anhange enthaltend: Gesandtschaften und Konsulate ...; Post- und Telegraphen-Tarif, ... Zinstabelle. [127 S.] hoch-4. Bern, Fr. Semminger. [fr. 1.50, durchschossen fr. 3.—]

Comptoirkalender. Comptoir- und Cabinets-Kalender für Geschäftsleute aller Klassen auf das Jahr 1905. Jahrg. 54. Nebst einem Anhange enthaltend: Reduktions-Tabelle der Franken ... in deutsche Mark ...; Gesandtschaften und Konsulate ...; Post- und Telegraphen-Tarif ...; Zinstabelle. V S. + 54 Bl. [+ 15 S.]. hoch-4. Bern, Fr. Semminger. [fr. 1.50, durchschossen 3.—]

Comptoir- u. Cabinets-Kalender f. Geschäftsleute aller Klassen auf d. J. 1906. 55. Jahrg. Nebst e. Anh., enth.: Reduktions-Tabelle der Franken u. Cts. in deutsche Mark u. umgekehrt; Gesandtschaften u. Konsulate der Schweiz u. des Auslandes; Post- u. Telegraphen-Tarif; Münz-Reduktions-Tabelle; Wechselstempel-Tarif; Zinstabelle. (120 S.) schmal Fol. Bern, F. Semminger. Kart. 1.20; durchsch. 2.40

Comptoirkalender. Comptoir- und Cabinets-K' für Geschäftsleute aller Klassen auf das Jahr 1907. Jahrg. 56. Nebst einem Anhange enthaltend: Reduktions-Tabelle.... V S. + 54 Bl. [+ 15 S.]. hoch-4. Bern, Fr. Semminger. [geb. fr. 1.50, durchschossen 3.—]

Comptoirkalender. Comptoir- und Cabinets-Kalender für Geschäftsleute aller Klassen auf das Jahr 1908. Jahrg. 57. Nebst einem Anhange enthaltend: Reduktions-Tabelle.... V S. + 54 Bl. [+ 15 S.]. hoch-4. Bern, Fr. Semminger. [geb. fr. 1.50, durchschossen 3.

Comptoirkalender. Comptoir- und Cabinets-Kalender für Geschäftsleute aller Klassen auf das Jahr 1909. Jahrg. 58. Nebst einem Anhange enthaltend: Reduktions-Tabelle.... V S. + 54 Bl. [+ 15 S.] hoch-4. Bern, Fr. Semminger. [geb. fr. 1.50, durchschossen 3.—]

Comptoir-Kalender, Kleiner 2seitig 1882, 28 kr. Prag: Fuchs 1881.

Comptoir-Kalender, Kleiner, pro 1883. 2seitig. 28 kr. — Derselbe auch böhmisch 28 kr. Ebd.

— — kleiner. Zweiseitig. Prag, Ign. Fuchs. 24 kr. 1884.

— — kleiner, f. 1885. Ebds. Einseitig unaufgez. 20 kr.

— Kleiner. für 1886. Ebds. 20 kr.

— kleiner, für 1888. Einseitig aufgezogen Ebd.

Comptoir-Kalender, kleiner, für 1882. 20 kr. Wien: Perles 1881.

Comptoir-Kalender, Kleiner für das Jahr 1883. X. Jahrg. 20 kr. Derselbe aufgespannt 10 kr. netto höher. Ebd.

– kleiner , für 1887. Einseitig unaufgezogen. Wien: Perles.

Comptoir-Kalender, Kleiner, für 1890. XVII. Jahrgang. Plakatformat. Unaufgezogen —.20, aufgespannt Ebd. —.30

Comptoir-Kalender, Kleiner, f. das Jahr 1891. XVIII. Jahrgang —.20
Derselbe aufgespannt Ebd. —.30

Comptoir-Kalender, Kleiner, für das Jahr 1893. XIX. Jahrgang. Einseitig, unaufgezogen —.20 Ebd.

Comptoir-Kalender, Kleiner pro 1896. XXII. Jahrgang. Plakat-Format. Unaufgezogen —.20, aufgespannt Ebd. —.35

Comptoir-Kalender, Kleiner, für das Jahr 1897. XXIII. Jahrg. Placat-Form. Unaufgezogen —.20 Aufgespannt Ebd. —.35

Comptoir-Kalender, Kleiner, für das Jahr 1898. XXIV. Jahrg. Placat-Form. Unaufgezogen —.20 Aufgespannt Ebd. —.35

Comptoir-Kalender, Kleiner, für das Jahr 1899. XXV. Jahrg. Placat-Form. Unaufgezogen —.20 Aufgespannt Ebd. —.35

Comptoir- und Laden-Kalender. Tagebuch für Geschäftsleute auf das Jahr 1854. Schaffhausen, Schalch. Fol. (53 Bl. Notizkalender u. 11 Bl. Zolltarif, Wechselrecht rc. für die Eidgenossenschaft.) n. 12 ngl.

Düms' **Comptoir- u. Reisekarte** von Mittel-Europa mit e. alphab. Ortschafts-Verz., welches f. sämtl. Orte d. Beförderungsgelegenheit nachweist u. genau d. Quadrate angiebt, um alle Orte aufzufinden. (Nach amtl. Quellen bearb. von Alb. Schaacke, Postsekr. Neu rev. von Oskar Grune, Kgl. Eisenb.-Betr.-Sekr.) Ausgabe 1900. (19. Aufl.) (Massst. 1 : 2,160,000.) *Wesel: W. Düms (1900).* (1 Kartenbl. 54 × 66 cm., 32 S.) 8° [Umschlagt.] [... 9837

(W.) Düms' **Comptoir- und Reisekarte** von Mittel-Europa. Nach amtl. Quellen bearb. 19. Aufl. (Mit e. alphabet. Ortschafts-Verzeichnis von Alb. Schaacke u. Oskar Grune.) Massstab. 1 : 2,160,000. *Wesel: W. Düms (1901).* (32 S., 1 Kartenbl. 52 × 66 cm.) 8° [... 7808

Düms' **Comptoir- u. Reisekarte** von Mittel-Europa (mit e. alphab. Ortschafts-Verzeichnis ... nach amtl. Quellen bearb. von Alb. Schaacke, Postsekr., vollst. neu bearb. von Oscar Grune, Kgl. Eisenb.-Betr.-Sekr. 19. Aufl.). Nach amtl. Quellen bearb. 20. Aufl. Massst. 1 : 2,160,000. *Wesel: W. Düms (1902).* (1 Kartenbl. 66 × 52 cm, 32 S.) 8° [Kol.; [... 8970

(W.) Düms' Comptoir- und Reisekarte von Mittel-Europa (mit e. alphab. Ortschafts-Verzeichnis ...). Nach amtl. Quellen bearb. 20. (21.) Aufl. (Ausg. 1902.) Maßst. 1:2,160,000. *Wesel: W. Düms (1902).* (1 Kartenbl. 66×52 cm, 32 S.) 8° [kol.] [04. 10470

(W.) Düms' Comptoir- und Reisekarte von Mittel-Europa (mit e. alphab. Ortschafts-Verzeichnis ...). Nach amtl. Quellen bearb. 22. Aufl. (Ausg. 1903.) Maßst. 1:2,160,000. *Wesel: W. Düms (1903).* (1 Kartenbl. 66×52 cm, 32 S.) 8° [kol.] [04. 10479

(W.) Düms' Comptoir- und Reisekarte von Mittel-Europa. Nach amtl. Quellen bearb. [Nebst] Alphab. Ortschafts-Verzeichnis ... von Alb. Schaacke, Postsekr. 23. Aufl. Maßst. 1:2,160,000. (Wesel: W. Düms [1905].) (1 Kartenbl. 66×52 cm, 32 S.) 8° [lith.] [kol.] [06. 8354

Comptoir-Katalog. Verzeichnis prakt. Bücher u. Landkarten f. Comptoir u. Reise. 12. (55 S.) Frankfurt a/M. (899). Leipzig, Jaeger's Verl. n. — 20; Ausg. f. Buchh. n.n.n. — 60

Comptoir-Lexikon. – Geographisch-statistisches Comptoir- und Zeitungs-Lexikon ..., s. Ritter, Benjamin

Comtoir-Notiz-Kalender, täglicher, für Kauf- und Geschäftsleute, sowie für jedes Büreau auf die J. 1876—1880. schmal-Fol. (à Jahrg. 216 S.) Berlin, Trowitzsch und Sohn. à Jahrg. *

Comptoir-Tabelle. Berechnung der Brode Zucker nach den vorkömmlichsten Preisen und Gewichten. Von H. E..... gr. 4. Quedlinburg 869, Franke. *

Comptoir-Tabelle zu Berechnung der Zinsen von 1 Gr. bis incl. 1 Million Thlr. à 3, 3½, 4, 4½, 5, 5½, 6 pr.Ct. pro Jahr, Monat u. Tag, nebst e. Reductions-Tabelle der gGr. u. Thlr. nach dem 24 fl.-Fuße. 1 lithogr. Blatt in gr. Fol. Wolfenbüttel 841. Holle. ¼ ℛ

Comtoir-Tafel, z. Verwandl. d. Preussisch. u. Sächsischen Geldes u. s. w. Halle, Schimmelpfennig.

Comptoir–Wandkalender

–(Wand-) für 1868. 1 Bl. Wien: Ferd. Klemm's Sep.-Conto. Imp. 4°

–Wand-Kalender für 1871. 1 Blatt. Wien: Ferd. Klemm's Sep.-Conto. 4°

Comptoir-Wandkalender pro 1888. Grösse 69x95 cm, einseitig, unaufgezogen. Teschen: Eduard Feitzinger.

Comptoir-Wandkalender pro 1893. Grösse: 63×95 *cm.* Unaufgezogen —.40
Teschen: Feitzinger 1892.

Comptoir-Wand-Kalender pro 1896. 63×96 *cm.* Placat-Format. Unaufgezogen —.40
Teschen: Feitzinger

Comptoir-Wand-Kalender, Grosser, pro 1895. XX. Jahrg. Grosses, starkes Papier, Landkarten-Format, mit vielen praktisch. Notizen
Wien: Perles 1894. —.40

Comptoir-Wand-Kalender, Grosser, pro 1898. XXIII. Jahrg. Grosses, starkes Papier, Landkarten-Format, mit vielen prakt. Notizen —.40
Wien: Perles 1897.

Comptoir-Wandkalender, Kleiner, pro 1894. XX. Jahrg. Wien: Perles —.20

Comtoir-Zins-Tabelle zur Berechnung der Zinsen für jeden Tag im Jahre, das Jahr zu 360 Tagen, den Monat zu 30 Tagen berechnet, unter Anwendung der am häufigsten vorkommenden Procentsätze zu 3%, 3½%, 4%, 4½%, 5% und 6% pro 100 Reichsmark. gr. Fol. Erfurt 878, Körner'sche Buchh. *

Compton, E. Harrison, Salzburg-Berchtesgadener-Land. Nach Originalen v. C. (8 Bl. m. 10 [6 farb.] Bildern.) 40×29,5 cm. Freilassing (908). E. Richter. In Umschlag 5. —

Compton, E. T., s.: Tatra, die hohe.

Computationes. Computationum chronologicarum ad historiam Abassidarum spectantium specimen 2. Marb. [1835]. V: *Rehm, Friedrich.* (schles)

Comstock, Daniel Frost, S. B., of Boston [U. S. A.]: Experimental Investigation of the Effect of Permanent Magnetism in Iron on the Permeability for very small forces. Cambridge 1906. VIII + 43 S. 8°. [11. VII. 06.]
Basel, Phil. Diss. 1906/1907.

Comte, A., als Pädagog, s. Sterzel, G. F.

Comte, Aug.

—— Sein Leben, s. Gruber, Herm.

Comte, ..., kleines Handbuch der Taschenspielerkunst; oder die Geheimnisse der natürl. Magie, faßl. u. anschaulich dargestellt. Für Dilettanten dieser Kunst, so wie zur Belustigung von Gesellschaftskreisen. Nach d. Franz. bearb., 2e verb. Aufl. Mit 3 Taf. Abbildd. 8. Quedlinburg 834. Basse. 1½ ℛ — 3e Aufl. unt. d. T.: Bosko's u. Döbler's Zauberkünste. Oder: natürl. Magie u. Taschenspielerk. für Dilettanten u. zur angenehmen Unterhaltung ec. Mit 3 Taf. Abbildd. 8. Ebd. 839. ⅚ ℛ

Comte, Mme. Achille, sagesse et bon coeur ou science du bien. Nouvelles morales. Ouvrage auquel l'Acad. Franç. a decerné le prix Monthyon. 4 parties. 8. (382 S.) Leipzig 848, Brockhaus. à 12 ngr — Cplt. in 1 Bd.: 1½ ℛ geb. 2 ℛ

Comte's Aug., Einleitung in die positive Philosophie. Deutsch von G. H. Schneider. gr. 8. (VI, 80 S.) Leipzig 880. Fues. n. 1. 60

Comte, Aug., Katechismus der positiven Religion. Nach der 2. Ausg. d. Originals übersetzt v. E. Roschlau. 8. (VI, 405 S.) Leipzig 891. O. Wigand. n. 4. —

Comte, Auguste, die positive Philosophie, im Auszuge v. Jules Rig. Uebers. v. J. H. v. Kirchmann. 2 Bde. gr. 8. (XXXI, 472 u. XII, 524 S.) Heidelberg 883. Weiss' Verl. n. 17. —

— der Positivismus in seinem Wesen u. seiner Bedeutung. Übers. v. E. Roschlau. gr. 8. (XV, 384 S.) Leipzig 894. O. R. Reisland. n. 8. —

— Sociologie. Aus dem französischen Originale in Deutsche übertragen von Valentine Dorn u. eingel. von Prof. H. Waentig. Bd. 1. Der dogmatische Teil der Socialphilosophie. Bd. 2. Historischer Teil der Socialphilosophie. Theologische u. metaphysische Periode. 2 Bde. 8°. Jena, G. Fischer, 1907. (Sammlung socialwiss. Meister, Bd. 8 u. 9.)

Comte, Aug., Soziologie, s. a. Sammlung sozialwissenschaftlicher Meister. 8. u. 9. Bd.

Soziologie [Cours de Philosophie Positive, Ausz.] von Auguste **Comte.** Aus d. franz. Orig. ins Deutsche übertr. von Valentine Dorn u. eingeleitet von Prof. Dr. Heinrich Waentig. Bd 1. Jena: G. Fischer 1907. 8°
— **Sammlung** sozialwissenschaftl. Meister. Bd 8. [07. 9433 9

Comte, J. Achille, das Pflanzenreich, nach Ant. Laur. de Jussieu in methodische Uebersicht geordnet. Ein v. Th. Schmidt lithogr. Blatt mit vielen aus Mirbels Elimens de Physiologie végétale et de Botanique copirten Abbildd. Imp.-Fol. Weimar 834. Landes-Industrie-Compt. ½ ℛ

— Physiologie für Schulen u. gebildete Stände, erläutert durch eilf anatom. Abbildd. Aus d. Franz. v. F. Reichmeister. gr. 4. Leipzig 837. Hochhausen u. Fournes. 3 ₰

Comte, J. Achille, Physiologie f. Schulen u. gebild. Stände, erläut. durch 11 anatom. Abbildn. A. d. Franz. v. F. Reichmeister. gr. 4. (6¼ B.) Leipzig 837, (Melzer.)

— Tafelübersicht, synoptische. ||

Comte J. A.: Synoptische Uebersicht d. Thierreichs. Nach Cuvier. [Weimar 1833]. 1 Tvl. paa Pap. M. st. Fol.

Comte, Jean [aus Magdeburg]: Der Erwerb des Eigenthums an Geldstücken durch Vermengung. Nach gemeinem bürgerlichen Recht .... Berlin, Buchdr. v. Gustav Schade (Otto Francke) (1887); 33 + 1 S. + 1 Bl. 8°.
Berlin, Jur. Fak., Inaug.-Diss. v. 11. Jul. 1887.

Comte, Jean, der Erwerb des Eigenthums an Geldstücken durch Vermengung. Nach gemeinem bürgerlichen Recht Diss. Berlin 1887, Mayer & Müller. 8°. 33 S.

Comte, M., de l'impossibilité d'établir un gouvernement constitutionel sous un Chef militair et particulièrement sous Napoleon. Troisième édit. Paris. (Berlin, Haude et Sp.) 815.

Comte, ..., über d. Unmöglichkeit e. constitutionellen Regierung unter einem militair. Oberhaupte, besond. unt. Napoleon, nach d. Französ. v. Th. v. Haupt. 8. Köln 815. Bachem. 6 gr.

— üb. die Unmöglichkeit einer constitutionellen Regierung unt. einem militär. Oberhaupte, besond. unt. Napoleon, nach dem Franz. von Th. v. Haupt. 8. Cöln. (Dumont, Bachmann.) 815.

Comtesse, La, Suédoise, ou Mémoires de Madame de G*. Berlin 1754. V: *Gellert, Christian Fürchtegott.* Ü: *Formey, Johann Heinrich Samuel.*** (BrMm)

– dass. Berl.: Lange 1766. 8°

COMTESSE, Die verliebte. [Innentitel: Comteſſe Edeltrud oder der Reitknecht und die Schnabelfutt.] (Um 1900.) 8°.
Verb. d. Ldg. Leipzig 2 A. 86/07.

Comtesse, l'alcoolisme en Suisse, s.: Roulot.

Comtesse, Alfred, aus La Sagne, Cernier und Neuenburg: Synthese des 1-Methyl-3-Oxyflavons. Bern 1908. 52 S. 8°. [16. V. 08.]
Bern. Phil. Diss. 1907/08.

Comtesse, Alfred. Synthese des 1-Methyl-3-Oxyflavons. Diss. Phil. Bern. 52 S. 8. Bern, W. Wälchli, 1908.

Comtessen, die beiden. Ein Roman aus den Papieren eines russischen Officiers. Herausg. von Const. v. Giltersberg. 2 Bde. Leipzig 856. Graefe. 8. (3 Bl., 243; 1 Bl., 240 S.) 2 ₰

Comtessinen, Die zwey. Eine comisch musikalische Handlung. Dresden im Jahr 1788. V: *Petrosellini, Giuseppe.* (O. G. Th. Sonneck, Catalogue of Opera Librettos. Washington 1914. Bd. I, S. 415.) (BiblPort)

Comtoir..., s. Comptoir...

Comunal-Kalender, Wiener, und städtisches Jahrbuch 1894. XXXII. Jahrgang. Gr.-8. (488 S.) Geb. Wien: Perles 1.60

COMUS, ein Taschenbuch für 1801.
Critik der Titel. Halle 1804. S. 38.

Coen, E., zur normalen und pathologischen Anatomie der Milchdrüsen,
—— die Heilung von Stichwunden des Gehirns,
—— über die pathologisch-anatomischen Veränderungen der Haut nach der Einwirkung von Jodtinctur,
} s. Beiträge zur pathologischen Anatomie und Physiologie.

Coena Domini a Friderico Guilelmo III. Bor. R. festo saeculari sacrae rei per Lutherum emendari coeptae tertio celebrata. 4. Cizae 818. Webel. 2 gr.

Coena magna. Argumentum V meditationum . . . Oenip. 1778. V: *Aigner, Phil.* (Jes)

Conadam, A., s.: Bilder aus dem modernen Leben.

Conamen, Circuli facilius rectificandi. Coburgi 1786. V: *Bartenstein, Lorenz Adam.* (MGT) (ML)

Conanchet, der Häuptling der Narraganfets, s.: Volks- u. Jugend-Erzählungen.

Conant, Carlos Everett, F and V in Philippine languages. (11 S.) gr. 8. Leipzig (908). (B. Liebisch.) 1.—

Conard, Julius

Conard, Jul., der stumme Bettler von Pesth oder das geraubte Kind. Eine histor. Erzählung. 20 Hfte. gr. 8. (960 S.) Berlin 879. Abbach). à — 20
Auch in halben Hftn. à — 10 zu beziehen.

Conard, Jul., die Braut des Verbannten oder: das Strafgericht eines Volkes. Historischer Roman. 1. und 2. Heft. gr. 8. (S. 1—96.) Berlin 871, Meyer. à Heft 30 Pf.

—— die Dame im Schleier oder der Bildersaal in der Stadtvogtei in Berlin. Romantische Criminal-Erzählung. 3 Bde. in 20 Heften. gr. 8. (à Bd. 320 S.) Berlin 870, Moeser. à Heft 30 Pf.

Conard, Jul., das Evangelium der That. Eine Festgabe in Sonetten. Berlin 860. Lassar. 16. (92 S.) n. 15 ngr.

— der Fluch d. Geblendeten od. die Braut am schwarzen See. Historische Erzählung. 47 Hfte. gr. 8. (1128 S.) Ebend. 879. à — 10

Conard, Jul., der siebentägige Krieg oder: die Todsünden des Feindes. Historischer Roman aus dem preuß. Feldzuge gegen Oesterreich im J. 1866. 3 Bde. gr. 8. (1052 S.) Berlin 867, Seehagen.

—— verlorne Kronen oder: das Ende des deutschen Bundestages. Historisch-romantische Erzählung des Feldzugs der preuß. Mainarmee gegen Hannover und die Bundestruppen im Sommer 1866. 3 Bde. gr. 8. (960 S.) Berlin 867, Seehagen.

—— Lorbeer und Cypresse zur Erinnerung an den glorreichen deutschen Krieg von 1870—1871. 16. (VIII, 112 S.) Berlin 871, Wohlgemuth's Verlag.

Conard, Julius

Das Opfer von Amalfi oder: Die Todesgesellschaft in Neapel. Historisch-romantische Erzählung. Bd. 1 - 3.
Berlin: Seehagen [um 1865]. 8°

— das Schloß am Vesuv od. der Brautraub v. Neapel. Historisch-romant. Roman. (In ca. 28 Hftn.) 1. Hft. gr. 8. (48 S.) Schwerin i M. 876. Meyer's Söhne. — 50

Conard, Jul., aus dem Schooße der Zeit. Dichtung in Bildern. Mit dem Bildniß d. Verf. 8. (VII, 160 S.) Berlin 892. Struppe & Winckler. n. 4.—; geb. in Leinw. m. Goldschn. n. 5.—

— die Schreckenstage zu Sevilla oder die letzten Stunden des Tyrannen. Historischer Roman. 3 Bde. Berlin 860. van Severen. gr. 8. (768 S.) 1 ₰ 18 ngr.

—— die Schreckenstage zu Sevilla oder die letzten Stunden des Tyrannen. Historische Erzählung. 15 Lfgn. gr. 8. (959 S.) Berlin 862, Nelte, Böltje und Comp. à Lfg. 4 Ngr.

—— von Rom nach Berlin. Criminal-Novelle. 8. (198 S.) Berlin 864, Nelte, Böltje und Comp.

—— das Weib aus der Wüste-Gasse. Criminal-Novelle. 8. (190 S.) Berlin 864, Nelte, Böltje und Comp.

Conatus chronologicus ad Catal. Episcop. Archiepiscop. Cancellar. Archicancellar etc. s.a. Mörkens.

Conatus chronologicus ad catalog. episcoporum, archi-episcoporum, cancellariorum, archi-cancellariorum et electorum Coloniae. Coloniae 1745. V: *Mörckens, Mich.* (Mitth. Grolig.)

Conatus, Vani Senatus Romani, sub Imperatoribus restituendi libertatem reipublicae. Gottingae 1792. V: *Heyne, Christian Gottlob.* (MGT)

Concept

— üb. das der Kammergerichts-Ordnung, auf Befehl d. jüngsten Visitation entworfen, herausgegeben von J. H. C. v. Selchow. 3 Thle. gr. 8. Göttingen, Vandenhok und R. 782.

Concept der neuen Kayserlichen und Reichs-Cammer-Gerichts-Ordnung, welchem bey dieser Edition . . . die Cammer-Gerichts-Cantzley-Ordnungen, statt eines Anhangs beygelegt: welches demnach zusammen füglich als ein Corpus Juris Cameralis kan gebraucht werden. [Nebst] Anh. Wetzlar 1717. 16.fol. [Sondertit.:]
(1.) Visitations-Abschiede . . . 1714.
(2.) Des Kayserl. Cammer-Gerichts Gemeine Bescheide u. andere Raths-Schlüsse von 1497 biß 1711.
(3.) . . . Cantzley-Ordnungen de an. 1656. 1662 u. 1673. 2. Dr.

Concept, Neuestes, der Kammergerichts Ordnung, auf Befehl der jüngsten Visitation entworfen. Wezlar 1769. V (1): *Loskant, Joh. & Johann Heinrich Freih. von Harpprecht.* (2): *Albini, Casp. Ant. Freih. von & Joh. Ulrich Freih. von Cramer.* (3): *Ortmann, von & Carl Gg Freih. Riedesel zu Eisenach.* (Fahnenberg, Litt. d. K. Reichskammergerichts. Wezlar 1792. S. 167.)

Concept der neuen kayserlichen und Reichs-Gerichts-Ordnung . . . Wetzlar 1717. H: *Ludolff, Johann Wilhelm.* (Myl) »1716« (G)

Concept, der neuen Kaiserl. Reichskammergerichts-Ordnung, mit beygefügt. Dubiis cameralib., Kammergerichtl. gemein. Bescheid. 2c. Fol. Wetzlar. 717.

Concepte d. Kammergerichts-Ordnung, auf Befehl d. jüngsten Visitation entworfen; herausg. v. J. H. C. v. Selchow. 3 Thle. gr. 8. Götting. 782. Vandenhöck u. R. 5 ₰

— d. kaiserl. u. Reichskammergerichts-Ordnung, herausg. von Zwierlein. 4. Frankf. 783. Brönner. 1 ₰ 8 Kr

Conceptio, Immaculata Deiparae, oppugnata illustrior. Tyrnaviae 1731. V: *Keri, Franz Borgia.* (Jes)

Conceptio, Immaculata, Magnae Dei Matris Virginis semper Fidelis Mariae . . . Pragae 1717. V: *Hayko, Math.* (Jes)

Concert s.a. Konzert.

Samstag d. 13. Mai 1882 Concert in Kil's Colosseum zu Gunsten der Errichtung eines Landes-Denkmals bei Wörth-Fröschweiler für die im J. 1870 gefallenen Bayern . . . . Direktion: Vereins-Chormeister Herr *Otto Hieber*, kgl. Musikdirektor. 4°. Cart.
Titel, 1 Bl. Progr., 2 Bll. Text der Gesänge.

Lustiges Concert à la mode auf der Krügerischen und Schwartzkopfischen Hochzeit zu Cottbus 1737. (Gedicht.) Berlin. (Bibl. d. Vereins f. d. Geschichte Berlins.) Sehr rar!

Concurrhaus. (Sammel-Mappe hervorragender Concurrenz-Entwürfe. Heft 1.) Berlin, E. Wasmuth, 1880. Imp.-Fol. Eleg. grün. Hfrzb.
3 Bll. Text u. 25 Taf., dabei die 5 preisgekr. Entwürfe von Gropius & Schmieden in Berlin, Hubert Stier in Hannover etc.

Concertina- u. Bandonion-Zeitung, allgem. Organ f. Zungen- u. Handzug-Instrumente sowie aller Spieler der chromat. Harmonika, Bünde, Vereine etc. d. In- u. Auslandes. Red.: W. Böttger. V. Jahrg. Septbr. 1899—Aug. 1900. 12 Nrn. hoch 4. (à ca. 10 S.) Leipzig-Eutritzsch (Wittenbergerstr. 54), A. Bauerfeld. n.n. 2. —

Concert-Maler, der. Große Kunst-Production m. verbind. Gesängen. Auftreten d. Schnell- u. Concert-Malers Sgr. Carlo u. seines Anstreichers Fränzel. 12. (8 S.) Berlin (896). M. Böhm. 1. 50

Concerts Spirituels. [Breslau 1787—88.] V: *Hiller, Johann Ad.* (Kat. d. Druckschr. üb. Bresl. Bresl. 1903. S. 366.)

Concert-Schuster, Der. Original-Solo-Vortrag. Wien [1885]. V: *Bartl, Hans.* (EB)

Concertverein zu Zittau. Die ersten fünfzig Concerte. Zittau, 30. März 1881.

Concessions-Urkunden und Statuten der k. k. priv. lombardisch-venezianischen und centralitalienischen Eisenbahn-Gesellschaf. Wien, gedruckt bei L. C. Zamarski. 1857. (74 S. 8.

(Commission du Chemin de fer régional du Val-de-Ruz.) Concession d'un chemin de fer électrique sur route des Hauts-Geneveys à Villiers. 8. [Berne, C.-J. Wyss,] 1901.
Message du Conseil fédéral. ⟨Du 6 juin 1901.⟩ 9 p.
Arrêté fédéral. ⟨Du 22 juin 1901.⟩ 7 p.

Chemin de fer électrique sur route de Neuhausen par Schleitheim à (*Arr.:* à Schleitheim-)Oberwiesen. Concession. 8. [Berne, C.-J. Wyss,] 1902.
Message du Conseil fédéral. ⟨Du 16 juin 1902.⟩ 13 p.
Arrêté fédéral. ⟨Du 28 juin 1902.⟩ 7 p.

Chemin de fer électrique sur route ⟨en partie à crémaillère⟩ de St-Beatenberg à Interlaken. Concession. 8. [Berne, C.-J. Wyss,] 1901.
Message du Conseil fédéral. ⟨Du 10 juin 1901.⟩ 17 p.
Arrêté fédéral. ⟨Du 28 juin 1901.⟩ 8 p.

Chemin de fer électrique à voie étroite de Martigny au Châtelard ⟨frontière⟩ . . . Concession. 8. [Berne, C.-J. Wyss,] 1901.

Message du Conseil fédéral..., par la Forclaz. ⟨Du 16 avril 1901.⟩ 19 p.
Arrêté fédéral..., par Salvan. ⟨Du 20 décembre 1901.⟩ 9 p.

Chemin de fer funiculaire de St-Moritz-les-bains au Hahnensee. Concession. 8. [Berne, C.-J. Wyss.]
Message du Conseil fédéral. ⟨Du 15 décembre 1902.⟩ 10 p. 1902.
Arrêté fédéral. ⟨Du 20 décembre 1902.⟩ 7 p. 1902.

Chemin de fer de Glovelier à Undervelier. Concession. 8. [Berne, C.-J. Wyss,] 1902.
Message du Conseil fédéral. ⟨Du 12 avril 1902.⟩ 11 p.
Arrêté fédéral. ⟨Du 25 juin 1902.⟩ 8 p.

Chemin de fer de Meiringen à Innertkirchen. Concession. 8. [Berne, C.-J. Wyss.]
Message du Conseil fédéral. ⟨Du 4 février 1902.⟩ 12 p. 1901.
Arrêté fédéral. ⟨Du 24 avril 1902.⟩ 8 p. 1902.

Chemin de fer (*Mess.:* régional à voie normale) de Nyon (*Mess.:* ⟨gare⟩) à Crassier ⟨frontière⟩. Concession. 8. [Berne, C.-J. Wyss,] 1902.
Message du Conseil fédéral. ⟨Du 16 juin 1902.⟩ 13 p.
Arrêté fédéral. ⟨Du 28 juin 1902.⟩ 8 p.

Chemin de fer de Porrentruy à Damvant ⟨frontière⟩. Concession. 8. [Berne, C.-J. Wyss,] 1902.
Message du Conseil fédéral. ⟨Du 2 mai 1902.⟩ 11 p.
Arrêté fédéral. ⟨Du 28 juin 1902.⟩ 8 p.

Chemin de fer à voie étroite d'Alpnachstad à Altdorf. Concession. 8. [Berne, C.-J. Wyss,] 1902.
Message du Conseil fédéral. ⟨Du 21 janvier 1902.⟩ 15 p.
Arrêté fédéral portant concession unique. ⟨Du 24 avril 1902.⟩ 8 p.

Chemin de fer à voie étroite ⟨en partie à crémaillère⟩ de Viège à Lalden. Concession. 8. [Berne, C.-J. Wyss,] 1901.
Message du Conseil fédéral. ⟨Du 25 mars 1901.⟩ 12 p.
Arrêté fédéral. ⟨Du 11 juin 1901.⟩ 8 p.

Concession für die Firma von Erlanger und Söhne in Frankfurt a. M. zur Erwerbung und Benutzung der süd- und nordschleswigschen Eisenbahn nebst Zweigbahnen. (Berlin. 1865.) 4° [Kopft.]

Concession, Gesellschafts-Vertrag und Geschäfts-Ordnung der k. k. priv. Seiden- und Wolltrocknungs-Anstalt in Wien. 1855. Druck und Papier von Leopold Sommer. (27 S. 1 Bl. 8.)

Tramway électrique de Boujean à Nidau par Bienne. Concession. 8. [Berne, C.-J. Wyss,] 1901.
Message du Conseil fédéral. ⟨Du 24 juin 1901.⟩ 10 p.
Arrêté fédéral. ⟨Du 28 juin 1901.⟩ 6 p.

(Compagnie des Tramways de Neuchâtel.) Concession (*Arr.:* d'un réseau) de tramways électriques dans la ville de Neuchâtel et ses environs. 8. [Berne, C.-J. Wyss,] 1901.
Message du Conseil fédéral. ⟨Du 18 juin 1901.⟩ 12 p.
Arrêté fédéral. ⟨Du 28 juin 1901.⟩ 7 p.

(Chemin de fer régional Neuchâtel-Cortaillod-Boudry.) Concession unique d'un chemin de fer à voie étroite de la gare de Neuchâtel à Cortaillod et à Boudry. Message du Conseil fédéral. ⟨Du 25 mars 1901.⟩ 11 p. 8. [Berne, C.-J. Wyss,] 1901.

Réseau des Chemins de fer Rhétiens. Concession unique. 8. 1902.
Message du Conseil fédéral. ⟨Du 29 septembre 1902.⟩ (28 p.) Berne, C.-J. Wyss.
Arrêté fédéral. ⟨Du 10 octobre 1902.⟩ 10 p. [Berne. C.-J. Wyss.]

Concessionen und Statuten der k. k. priv. galizischen Carl-Ludwig-Bahn. *Wien* 1858. Typ.-lit.-art. Anst. *(L. C Zamarski, C. Dittmarsch & C.)* 55 S. 8⁰. Mit einer Eisenbahnkarte zur Uebersicht des Anschlusses der galizischen Karl-Ludwig-Bahn an das mitteleuropäische Eisenbahnnetz.
Nicht ber.

Concessionirung, die, des nordwest-böhmischen Bahnnetzes vom Standpunkte der Volkswirthschaftspflege. gr. 8⁰ (31 S.) Wien, Tendler & Comp. Verlag. (Julius Grosser.) 1868.

Concessions-Ertheilung für den Bau u. Betrieb einer Eisenbahn über den Brünig. 16 Stn. 8. Unterwalden ob dem Wald 1872.

Concessionsgebiet [Schlagwort]
Concessionsgebiet der South-West-Africa Co., s.: Afrika, Hartmann.

Concessionsgesuch,
s. Konzessionsgesuch

Concessionswesen, das, in Deutschland. Für die 3. Versammlung deutscher Forstwirthe herausg. von der ständigen Deputation des volkswirthschaftlichen Congresses. Frankfurt a. M. 860. Sauerländer's Verlag. gr. 8. (IV, 148 S.) n. 10 ngr.

Conchman, W., heirathen u. gut leben m. 1 Mark täglich. Aus dem Engl. v. Herm. Reuß. gr. 8. (32 S.) London 876. Erlecke. n. — 60

— dasselbe. 2. verm. Aufl. gr. 8. (40 S.) Ebend. 876. n. 1. 20

Conchylien, Die, im Cabinette des Hrn. Erbprinzen von Schwarzburg-Rudolstadt. Rudolstadt 1786. V: *Kämmerer, Chph Ldw.* (EBHN)

Conchylien, Die, in dem Naturalien-Cabinette ... des Hrn. Fürsten u. Bischoffs von Constanz ... Bregenz 1787. V: *Abel, J. C. A.* (EBHN)

Conci, Giuseppe, Breve Metodo pratico e progressivo per violino. Revidirte Ausgabe. Wien. K. k. Schulbücher-Verlag, 1898.

Concil. Das Basler C. 1431–1448. (Njbl.) s. [Hagenbach, Carl Rudolf].

Concil, das erste, der deutsch-kathol. Kirche gehalten zu Leipzig unter d. Mitwirkung v. Czerski u. Ronge. 2. Aufl. 12. (1⅓ B.) Leipzig 845, Berger's Buchh. *

Concil, das, u. seine Gegner, s. Concil, das ökumenische.

—— und Jesuitismus. Brennende Fragen zur Orientirung für das deutsche Volk. Von einem schwäb. Theologen. gr. 8. (XII, 164 S.) Stuttgart 870, Vogler und Beinhauer. [Moser.]

—— das, die Kirche und die Wissenschaft. Stimmen aus Oesterreich. gr. 8. (III, 71 S.) Wien 870, (Czermak.) *

Concil, das nächste allgemeine, und die wahren Bedürfnisse der Kirche. Ein Wort an alle wahren Christen geistl. und weltl. Standes von einem kathol. Geistlichen. gr. 8. (VIII, 87 S.) Wenigen-Jena 869, Hochhausen's Verlag. [Leipzig, Wartig.] *

—— das oekumenische. Stimmen aus Maria Laach. Neue Folge. Unter Benützung römischer Mittheilungen und der Arbeiten der Civiltà hrsg. von Flor. Rieß und Karl v. Weber. 12 Hefte. gr. 8. Freiburg im Br., Herder'sche Verlagsh. *

Inhalt:

Heft 1. Das Concil und seine Gegner. 1. und 2. unveränd. Aufl. (33 S.) 869. * 50 Pf.
" 2. Die Stellung des Papstes auf dem Concil. 1. und 2. unveränd. Aufl. (84 S.) 869. * 50 Pf.
" 3. Die Gewalt des allgemeinen Concils in der Kirche. (86 S.) 869. * 60 Pf.
" 4. (Doppel-Heft.) Das Concil und die Freiheit der Wissenschaft. (162 S.) 869. * M. 1.
" 5. Das Concil und der moderne Staat. (188 S.) 870. * M. 1,20.
" 6. Das Vaticanum im Lichte des katholischen Glaubens. (220 S.) 870. * M. 1,50.
" 7. Das Concil und der Neujansenismus. (186 S.) 870. * M. 1,20.
" 8. (Doppel-Heft.) Das Concil und der Neugallicanismus. (III, 264 S.) 870. * M. 1.60.
" 9. Die dogmatische Constitution vom 24. April 1870. (72 S.) 870. * 50 Pf.
" 10. Die päpstliche Unfehlbarkeit und der alte Glaube der Kirche. (111 S.) 870. * M. 1.
" 11. Die Janus-Gläubigen nach der vatican. Entscheidung vom 18. Juli 1870. (112 S.) 871. * 90 Pf.
" 12. Fortschreitende Klärung in Sachen des Concils und seiner Gegner. (102 S.) 871. * 90 Pf.

— das ökumenische, vom J. 1869. Periodische Blätter zur Mittheilung u. Besprechung der Gegenstände, welche sich auf die neueste allgemeine Kirchenversammlung beziehen. Herçg. von M. Jos. Scheeben. 1. u. 2. Bd. à 12 Hefte. (à 3 Bgn.) Regensburg 869, 70. Pustet. gr. 8. Jeder Bd. 1 ℛ: einzelne Hefte à 3 ngr

Concil, das oekumenische, v. J. 1869. Periodische Blätter zur Mittheilg. u. Besprechg. der Gegenstände, welche sich auf die neueste allgemeine Kirchenversammlung beziehen. Hrsg. v. M. Jos. Scheeben. 2. Bd. 13. u. 14. Hft. gr. 8. (IV u. S. 441—548.) Regensburg 871. Pustet. — 60 (2. Bd. cplt.: 3. 60)

— dasselbe. 3. Bd. 12 Hfte. gr. 8. (1. u. 2. Hft. 80 S.) Ebend. 871. 3. —

Concil, das, zu Trient für alle Länder und Völker, mit den betreff. Bullen und Verfügungen. Nebst einer Einleitung übers. von H. J. Berthes. Neue, mit der Verdammungsbulle der Pistoier Diözesansynode versehene 3. Aufl. 12. (XI und 505 S.) Mainz 851, Wirth, Sohn.

— das vatikanische, m. Rücksicht auf die Meringer Wirren. Von e. Priester der Augsburger Diözese. 8. (40 S.) Augsburg 871. Kranzfelder. n. — 20

— das vaticanische, und die württembergische Staatsgesetzgebung. gr. 8. (63 S.) Stuttgart 871, Kirn.

— das, und die deutsche Wissenschaft. Nach Friedrich's Tagebuch beleuchtet. gr. 8. (IV, 46 S.) Mainz 872, Kirchheim.

Concilia aevi Karolini, recensuit Alb. Werminghoff, s.a. Monumenta Germaniae historica.

Concilia aevi Karolini. Rec. Albertus Werminghoff. T. 1. Hannoverae & Lipsiae: Hahn 19(04–)06. 4°
— Monumenta Germaniae historica. Legum Sectio. 3. T. 2, P. 1.

Concilia Germaniae, quae J. F. Schannat, dein Jos. Hartzheim, Hm. Schollius et Aegid. Neissen auxerunt . . . Colon. 1759 —90. H: *Hesselmann, Amandus Ant. Jos.* (AarF)

Concilia Germaniae, quae Jo. Mauritii, archi-episcopi Pragensis sumptu Jo. Frid. Schannat coll., dein Jo. Hartzheim contin., Herm. Scholl aux. et notis ill. Coloniae Augustae Agripp. fol.
T. 1–10. 1759–75.
T. 11. Sive index quintuplex op. et stud. Am. Ant. Jos. Hesselmann. 1790.

Conciliorum Germaniae a Cl. Schannato collect. not. et digressionibus crit a J. Harzheim, H. Scholl et Aeg. Neisse illustr. XI Voll. Fol. Köln 759—90. Rommerskirchen. 34 ℛ Schrbp. 40 ℛ Postp. 60 ℛ

Concilia Pragensia, 1353—1413. Prager Synodal-Beschlüsse. Zum ersten Male zusammengestellt und mit einer Einleitung versehen von C. Höfler. 4. (LXI und 116 S.) Prag 862, Tempsky. *

Conciliar-Briefe. Eine österreich. Staats- und Streitschrift. gr. 8. (49 S.) Wien 870, Beck's Verlag.

Conciliateur, Le. Brunswick. S. l. V: *La Maisonfort, Dubois Louis Descours de.* (Schr)

Concilii

Canones Concilii Tridentini . . . *(weitere Ordnung chronologisch)*

— s. auch Canones.

— Sacrosancti oecumenici Tridentini, sub Paulo III, Iulio III, et Pio IV, P. P. M. M. celebrati Canones et Decreta. 12. Tridenti. (Gerold, Vien.)

— Tridentini sub Paulo III., Julio III. etc. celebrati canones et decreta. 8maj. Ofen 765. Univers.-B. 16 ngr

Concilii Tridentini, sacro-sancti et oecumenici, sub Paulo III., Julio III. et Pio IV. Pontif. max. celebrati canones et decreta. 12. Köln 793. J. G. Schmitz. 1 ℛ

Concilii Tridentini canones et decreta; purib. annexis ad idem concilium spectant. 12maj Paris 823. (Mainz, Müller.)

Concilii Tridentini canones et decreta sacrosancti oecumenici sub Paulo III. Julio III. et Pio IV. Pontificus maximis. Cum patrum subscriptionibus. Romae in Collegio Urbano de propaganda fide. MDXXXIV. 8. Leipzig 837. Tauchnitz jun. n. 1 ℛ

Concilii Tridentini, sacrosancti et oecumenici, canones et decreta. — Des hochheiligen, ökumenischen u. allgem. Conciliums von Trient Canones und Beschlüsse. Nebst den betreff. päpstlichen Bullen u. einem vollständigen Sachregister. Mit gegenüberstehendem latein. Texte nach der plantinianischen Ausgabe vom Jahre 1596. In treuer Verdeutschung von Wlh. Smets. 4 Liefg. fl. 8. Bielefeld 843, Velhagen u. Klasing. (à 1/3 ℛ) 1 1/3 ℛ

— Tridentini, sacrosancti oecumenici, Paulo III., Julio III., Pio IV. PP. MM. celebrati Canones et Decreta. Textum ad optimorum libror. fidem accuratissime recudi curav. A. Bisping. Editio in memoriam diei XIII. Dec. 1545. ornatissime exarata. gr. 8. (Mit 1 Stahlst.) Münster 846, Deiters. n. 2 ℛ

Concilii Tridentini, SS. oecumenici et generalis, Paulo III., Julio III. et Pio IV. pontificibus maximis celebrati canones et decreta. Editio ad fidem optimor. exemplarium, praesertim novissimi Romani de a 1815, castigate impressa, una cum interpretatione germanica. Cura Guil. Smets. Editio III. A. u. d. T.: Des hochheil., ökumen. und allgem. Concils von Trient Canones und Beschlüsse nebst den darauf bezüglichen päpstl. Bullen und Verordnungen und einem vollständ. Inhaltsverzeichnisse. Mit gegenüberstehendem latein. Texte nach den besten Ausgaben 2c. In treuer Verdeutschung nebst einem geschichtl. Abrisse des Concils von Wilh. Smets. 2. Aufl. (XXXVI und 648 S.) 847. und 3., mit Stereot. gedr. Aufl. gr. 8. (XXXVI und 335 S.) Bielefeld 851, Velhagen und Klasing. Thlr.

Concilii Tridentini, SS. et oecumenici, Paulo III., Julio III. et Pio IV. pontificibus maximis, celebrati canones et decreta. Accedit index locupletissima. 16maj. (XXXII und 516 S.) Treviris 853, libr. Lintz.

Concilii Tridentini, sacrosancti oecumenici et generalis, Paulo III., Julio III. et Pio IV. pontificibus maximis celebrati canones et decreta. Editio ad fidem optimorum exemplarium, praesertim novissimi Romani de an. 1845, castigate impressa, una cum interpretatione germanica. Cura Guil. Smets. Editio IV. A. u. d. T.: Des hochheiligen, ökumenischen und allgemeinen Concils von Trient Canones u. Beschlüsse nebst den darauf bezüglichen päpstlichen Bullen u. Verordnungen u. einem vollständigen Inhaltsverzeichnisse. Mit gegenüberstehendem latein. Texte nach den besten Ausgaben 2c. In treuer Verdeutschung nebst einem geschichtlichen Abrisse des Concils. 4. Aufl., mit Stereot. Bielefeldiae 854. Velhagen et Klasing. gr. 8. (XXXVI, 313, 335 S.) 1 ℛ 10 ngr
Vgl.: Canones.

— S. S. oecumenici et generalis, Paulo III., Julio III. et Paulo IV. Pontificibus maximis celebrati canones et decreta. Editio ad fidem optimorum exemplarium, praesertim novissimi Romani de an. 1845, castigate impressa, una cum interpretatione germanica. Cura Guil. Smets. Edit. V. Et. s. t.: Des hochheil., ökumen. und allgem. Concils von Trient Canones und Beschlüsse, nebst den darauf bezügl. päpstl. Bullen und Verordnungen und einem vollständ. Inhaltsverzeichnisse. Mit gegenüberstehendem latein. Texte nach den besten Ausgaben 2c. In treuer Verdeutschung nebst einem geschichtl. Abrisse des Concils von Wilh. Smets. 5. Aufl., mit Ster. gr. 8. (XXXVI und 647 S.) Bielefeld 859, Velhagen und Klasing. Thlr.

Concilii Tridentini, sacrosancti oecumenici, canones et decreta. Des heil. und allgem. Concils von Trient Beschlüsse und Canones nebst den bezüglichen päpstl. Bullen. Nach der Uebersetzung des Jodok Egli neu bearb. von Joh. Geo. Wesselack. Mit gegenüberstehendem latein. Texte der neuesten röm. Ausg. (1845). 3. Aufl. gr. 8. (XXVIII und 598 S.) Regensburg 860, Manz.

— Tridentini Canones et Decreta Ratisb. 1866. 8.

Concilii Tridentini doctrina, ipsis illius verbis tradita; cum animadvers. Pauli Antonii. Ed. Jh. Glo. Hofmann. 8. Leipz. 763.

Concilii, thesaurus resolutionum s. c., s. Mühlbauer, Wolfg.

v. Conciliis, D. L. M., siehe: Maria unser Leitstern.

Conciliorum, sacrorum, nova et amplissima collectio, quam post Ph. Labbeum, G. Cossartium, N. Coletium aliosque eruditissimos viros ed. Joa. Dominicus Mansi. Edit. instaurata. (In 31 voll.) Vol. I. Fol. (1. Fasc. Sp. 1—52, 669—768.) Parisiis 885. Berlin, Calvary und Comp. **
Subscr.-Pr. **
Bisher ist nur Vorstehendes als Probe-Kapitel veröffentlicht.

Conciliorum Germaniae, s. Concilia Germaniae.

Concilium, s. a. Concilii

– s. a. Concils

Concilium, Das allgemeine, und die Weltlage. Regensburg 1869. V: *Walter, Ferdinand.* (ADB)

Concilium, das allgemeine, und die Weltklage. gr. 8. (30 S.) Regensburg 869, Manz.

Concilium Basiliense. Studien u. Quellen z. Geschichte d. Concils v. Basel. Hrsg. m. Unterstützg. d. histor. u. antiquar. Gesellschaft v. Basel. (In 4 Bdn.) 1. u. 2. Bd. Hrsg. v. Johs. Haller. Lex.-8. Basel, R. Reich. n. 40. —
1. Studien u. Dokumente d. J. 1431—1437. (XI, 480 S.) 896. n. 16 —
2. Die Protokolle d. Concils 1431—1433. A. d. Manuale d. Notars Bruneti u. e. röm. Handschrift. (XXI, 645 S. m. 1 Taf.) 897. n. 24. —

Concilium Basiliense. Studien u. Quellen zur Geschichte des Concils v. Basel. Hrsg. m. Unterstützg. der histor. u. antiquar. Gesellsch. v. Basel. III. Bd.: Die Protokolle des Concils 1434 u. 1435. Aus dem Manuale des Notars Bruneti u. e. röm. Handschrift hrsg. v. Johs. Haller. Lex.-8. (IX, 702 S.) Basel 900. Helbing & Lichtenhahn. n. 25. 60
Bd. I u. II. Ebd. 896. 897. n. 40. —.

Concilium Basiliense. Studien u. Quellen zur Geschichte des Concils v. Basel. Hrsg. m. Unterstützg. der histor. u. antiquar. Gesellschaft v. Basel. IV. u. V. Bd. Lex.-8. Basel, Helbing & Lichtenhahn. n. 38. 40
IV. Die Protokolle des Concils v. 1436. Aus dem Manuale des Notars Bruneti u. e. zweiten Pariser Handschrift hrsg. v. Johs. Haller. (XII, 421 S.) 903. n. 14. 40
V. Tagebuchaufzeichnungen 1431—1435 u. 1438; Acten der Gesandtschaft nach Avignon u. Konstantinopel 1437—1438; Brief des Enea Silvio 1433; Tagebuch des Andrea Gatari 1433 - 1435. Hrsg v. Gust. Beckmann, Rud. Wackernagel, Giulio Coggiola. (LXXVI, 484 S. m. 1 Taf.) 904. n. 24. —
Bd. I—III. Ebd. 896—900. n. 65. 60.

Concilium Basiliense. Studien u. Quellen zur Geschichte des Concils v. Basel. Hrsg. m. Unterstützg. der histor. u. antiquar. Gesellschaft v. Basel. VII. Bd. Die Protokolle des Concils 1440—1443. Aus dem Manuale des Notars Jakob Hüglin hrsg. v. Herm. Herre. (LXIII, 594 S.) Lex. 8. Basel 910. Helbing & Lichtenhahn. 32. —
Bd. I—V. Ebd. 896—904. 104.—; Bd. VI ist noch nicht erschienen.

Concilium Bibliographicum, (Zürich-Neumünster). 8.
Allgemeine Uebersicht: für 1900. 7 S. (1901.); — für 1901. 8 S. [1902.]
Etat des travaux: en 1900. 8 p. [1901.]; — en 1901. 8 p. [1902.]

Concilium Constantiense 1414—1418. (Hrsg. von der kaiserl. russ. archäolog. Gesellschaft.) Fol. (XIV, 23 S. mit 72 zum Theil farb. Taf. und Farbentitel.) St. Petersburg 874. (Leipzig, Voss' Sortiment.) *

Concilium Decem - Virorum Hungariae in liberis suadae campis celebratum. Tyrnaviae 1722. V: *Kazy, Frz.* (Jes)

— v. Trient, das heilige, allgültige u. allgemeine, d. i.: dessen Beschlüsse u. heil. Canones nebst d. betreff. päpstl. Bullen; treu übersetzt u. mit e. vollständ. Sachregister versehen v. J. Egli. gr. 8. Luzern 825. (Leipz., Schmidt, auch Ebner in Ulm). 1 ₰ 8 gl

Concilium. Das heilige, allgültige und allgemeine C' von Trient, das ist: dessen Beschlüsse und heil. Canones, nebst den betreffenden päbstlichen Bullen; treu übersezt, und mit einem vollständigen Sachregister versehen von Jodoc[us] Egli. 2.. genau durchgesehene, verbesserte und vermehrte Aufl. 8. Luzern 1832.

Concilium, Optimum interpretandi, praesertim Taciti, ac nonnulli Annalium loci tum emendati, tum explanati a L. J. W. Gryphisw. 1819. V: *Wortberg, Lambert Ignatius.* (MGT)

Concilium Romanorum Lateranense. 4. Colon. Haas.

— Romanum anni 1725. München 1826. 4.

Sacrosanctum oecumenicum Concilium Tridentinum additis declarationibus cardinalium concilii interpretum, ex ultima recogn. Jo. Gallemart. Nunc demum hac postrema ed. annot. Cardinalis de Luca ill. Coloniae Agripp. 1723.

Concilium sacrosanctum Tridentinum cum declarationibus Cardinalium. 8maj. Augsb. 781. M. Rieger. 1 ₰ 8 gl

— Tridentinum cum annot. Card. de Luca. 4. Colon. Simon.

Concilium Tridentinum. ex recogn. Joannis Gallemart et divers. Köln 1738. 8.

— Tridentinum 1757. 8.

Concilium Tridentinum. Deutsch mit Nachweisungen u. kirchenrechtl. Anmerkungen v. Bruno Schilling. A. u. d. T.: Die allgemeine Kirchen-Versammlung zu Trient, nebst sämmtlichen, dahin einschlagenden päpstl. Bullen. gr. 8. (19¾ B.) Berlin 845, Hayn.

— **Tridentinum.** Diariorum, actorum, epistularum, tractatuum nova collectio. Edidit societas Goerresiana promovendis inter Germanos catholicos litterarum studiis. Tom. I. Diariorum pars I: Herculis Severoli commentarius. Angeli Massarelli diaria I—IV. Collegit, ed., illustravit Seb. Merkle. Cum tabula phototypica civitatis Tridentinae saeculo XVI. gr. 4. (CXXIX, 931 S.) Freiburg i/B. 901. Herder. n. 60. —;
geb. in Halbfrz. n. 66. 40

— Tridentinum. Diariorum, actorum epistularum, tractatuum nova collectio. Edidit societas Goerresiana promovendis inter Germanos catholicos litterarum studiis. Tom. IV. Actorum pars I: Monumenta concilium praecedentia, trium priorum sessionum acta. Collegit, ed, illustravit Steph. Ehses. (CXLI, 619 S.) 4. Freiburg i/B. 904. Herder. n. 48. —;
geb. in Halbfrz. n. 54. 40
Tom. I. Ebd. 901. n. 60. —; geb. n. 66. 40; II u. III sind noch nicht erschienen.

Concilium, Das Vaticanische. Ein Wort der Belehrung und des Friedens. Münster 1870. V: *Gronheid, Georg.* (RASS)

— das vaticanische. Ein Wort der Belehrung u. des Friedens. Von e. Priester der Diöcese Münster. Münster 870. Mitsdörffer. gr. 8. (22 S.) n. 5 ngr

— das, zu Wien im J. 1784, oder Briefe eines Exjesuiten über etwas, das geschehen soll u. nicht geschehen wird, (v. J. F. Gaum). 8. Ulm 784. Stettin. 6 K

Conciliumsbüchlein. Unterricht und Gebete für das bevorstehende Concil. Ein Jubiläums-Ablaßbüchlein. Beigefügt ist das Breve des heiligen Vaters über den aus Anlaß des Concils zu erlangenden vollkommenen Ablaß. 1. Aufl. 1869, und 2. Aufl. 8. (24 S.) Breslau 870, Goerlich und Coch. *
Erschien zu gleichem Preise auch in polnischer Sprache.

Concil-Lieder von Ign. Pfaffenlob. 8. (32 S.) Leipzig 870, Serig'sche Buchh.

Concils von Trient, des heil. ökumenischen, Canonen und Decrete in neuer deutscher Uebersetzung. Nebst den gleichfalls in's Deutsche übertragenen einschlägigen Constitutionen des älteren Rechtes und vielen Declarationen der S. Congregatio interpretum Concilii Tridentini, sammt histor. Einleitungen zu den einzelnen Sitzungen, mit gegenüberstehendem Grundterte nach der röm. Ausg. vom J. 1862 und vollständ. Inhaltsregister. Mit einem Anhang: Die dogmat. Constitution des Vatikan. Concils und die neueren päpstl. Entscheidungen. Hrsg. von Frz. Ser. Petz. gr. 8. (XXVIII, 566 S.) Passau 877, Bucher'sche Buchh.

Concils von Trient (1545–63), Des ...., Canones u. Beschlüsse, nebst den darauf bezügl. päpstl. Bullen etc. In treuer Verdeutschung (d. latein. Text gegenüber) von Dr. *Wilh. Smets.* 2. Aufl. Bielefeld, Velhagen & Klasing. 1847. Gr. 8°. Hfrzb.
XXXVI—313 S. (doppelte Columnenzählung), nebst Reg. S. 315–335. — Zuerst gedr. 1843.

Concinae, Dn., theologiae christianae dogmatico-moralis compend. III Tom. 8. Augsb. 762. Wolff. 2 fl

Concini Raffaell Cavaliere de, Compendio della storia del reggimento cacciatori Tirolesi imperatore Franzesco Giuseppe. Libro di lettura patria pei figli della provincia del Tirolo e Vorarlberg. 2. edizione riveduta et aumentata. 8. (IX, 178 S.) —.80
Innsbruck: Wagner 1889.

Concio Sacra D. Joannis Brismanni. Anno MDXXIV. In ecclesia cathedrali Regiomontana habita. Ex autographo edidit Aug. Rud. Gebser. 4maj. Regiomonti 844, Gräfe et Unzer. 1/4 fl

Concipient, der, od. neuester Geschäftsbriefsteller beim Verkehr mit Behörden u. Beamten. 14. Aufl. 8. (IV u. 152 S.) Berlin 850, C. Heymann. 12 ngr

Conclave, il, del 1774. Drama per Musica.
Berlin: Rottmann 1775.

– le même. François et italien, ibid. 8°

Conclave, Päpstliches, nach den Umständen der Zeit geändert und vermehrt, mit beygefügten Leben Papst Benedicti XIII. Nürnberg 1725. V: *Jungendres, Sebastian Jacob.* (BB) (ML) (Will)

Conclave, Das römische, oder genaue Beschreibung der Pabstwahl. Aus dem Italien. Leipzig 1823. V: *Gebhardt, Cora Natalia geb. Naumann.* (MGT)

Conclave, d. römische, oder genaue Beschreib. d. Papstwahl; aus d. Italien. gr. 8. Leipz. 824. Dyck. 8 K

— s. auch Frz. Dan. Häberlin.

Conclave, Das, von 1784. Ein Drama f. d. Musik.
Nürnberg: Felsecker 1784. 8°

Conclave, Das, von 1774. Ein Drama für die Musik, welches im Carneval des 1775sten Jahres auf dem Thater delle Dame aufgeführet werden soll. ... Ital. u. deutsch. Rom [Nürnberg] 1774. V: *Sertovi.* (BGE) Ü: *Castillon, F. A. M. von.* (Wr)

Conclave, Das, von 1774. Komisches Drama für die Musik, welches im Carneval d. 1775. Jahres aufgeführt werden sollte, franz. u. ital. Rom u. Berlin: Decker 1775. 8°

Conclusa Ehrb. Oberalten in Verfassungsangelegenheiten von 1851/52. Juni—Novbr. 1855 u. vom 8—25. Febr. 1856. Hamburg. (Nestler u. Melle.) 4. (1 Bl., 27 S.) n. 4 ngr

Conclusa, welche von einem gemeinsamen Reichsvicariats-Hofgericht zu Augsburg seit höchst desselben Eröffnung abgefasset worden. 2 Thle. 8. Augsb. Wolf. 742.

Conclusiones Historico-Chronologico-Criticae ex Historia Imperii Orientalis. Graecii 1737. V: *Andrian, Carl.* (SO)

Conclusum Trium Collegiorum. S. R. J. vom 16. Aug. 1757. Dictatum Ratisbonae die 18. Aug. 1757 per Moguntinum 4 (2 Bl.)

Conclusum trium collegiorum S. R. J. (Dat. Lunae d. 17. Jan. 1757. 4. (2 Bl.)

Conclusum corporis evangelici, De emendatione calendarii Juliani, oder Der evangel. Reichs-Ständen zu Regenspurg einmüthiger Entschluß von Verbesserung des Julianischen Calenders, samt beygefügten der schwedischen Mathematicorum Vorschlag und anderer Bedencken vom Calenderwesen. Leipzig: Lanckisch (1700?). 26 Bl. 8°.

Conclusum Corporis Evangelicorum, wegen Aufrechterhaltung des Art. XX Kayserlicher Wahl-Capitulation. Dictatum Ratisbonae in Conferentia Evangelicorum die 29. Nov. 1758 per Saxonicum. 4. (12 S.)

Concordance de L'Ere de la République française avec l'Ere vulgaire dès le 22 Septembre 1793 jusqu'au 31 Décembre 1805 inclusivement. [Avec 1 tableau.] 8. Porrentruy *s. d.* [ca. 1806].

Concordance en forme de régistre, pour trouver, facil. chaque passage du nouvem testaments. 2 Parties. gr. 8. St. Petersburg 824. (Leipz., Kummer.)

Concordance en forme de régistre, pour trouver facil. chaque passage du nouv. téstament. II Parties. gr. 8. St. Petersb. 827. (Leipz., Kummer). 2 fl

Concordantiae Bibliorum. Wien. 1714 u. Bamberg. 1731. (Köln, 1663.)

Concordantiae sacr. bibliorum juxta exemplar. vulgatae edit. recognitum. fol. ibid. 776.

Concordantiae ss. Bibliorum Vulgatae editionis Hugonis Cardinalis O. Praed. ad recognitionem iussu Sixti V. Bibliis adhibitam recensitae atque emendatae a Franc. Luca et Hub. Phalesi. (Venedig, 1733 u. 1777.) Neu herausgegeben von Franz Seraph Schmid. Wien, Schaumburg und Wallishauser. 1825. Folio. 195 Bogen. 18 Mk.

Concordantiae bibliorum sacrorum Vulgatae editionis, ad recognitionem jussu Sixti V. Pontif. Max. Bibliis adhibitam recensitae atque emendatae ac plusquam viginti quinque millibus versiculis auctae insuper et notis historicis, geograph., chron. locupletatae. Cura et studio F. P. Dutripon, Theologi et Prof. Opus dicatum D. D. De Quelen, Parisiensi Archiepiscopo. Imp.-4. Parisiis 838. (Leipzig, Michelsen 839.) n. 14 1/4 fl

— Bibliorum Sacrorum portatiles et reales. 12. Brunsw. 732.

— bibliorum sacr. scripturae utriusque Testamenti, opera et studio Patrum ord. S. Bened. Monasterii Wessofortani. II Tom. Fol. Augsb. 751. Wolff. 10 ₰

Concordantiae Bibliorum Wessofantanae seu Repertorium biblicum utriusque Testamenti iuxta exemplar Vulg. edit... nova methodo, ordine commodius, sensu plenius, usu expeditius adornatum, opera et studio religiosorum Patrum O. S. Benedicti antiqui et exempti monasterii Wessofontani. Augsburg, Veith u. Wolff, 1751, 2 Bde in Folio.

نُجُوُمُ ٱلْفُرْقَانِ فِى أَطْرَافِ ٱلْقُرْآنِ Concordantiae Corani Arabicae. Ad literarum ordinem et verborum radices diligenter disposuit Gust. Flügel. Edit. stereotypa. 4maj. Lipsiae 842, Car. Tauchnitz. n. 5 ₰

Concordantiae Corani arabicae. Ad literarum ordinem et verborum radices diligenter disposuit Gust. Flügel. Ed. ster. Caroli Tauchnitii. 4. (X, 219 S.) Leipzig 898. E. Bredt. 15. —

—— librorum veter. testam. sacror. hebraicae atque chaldaicae etc., auct. Jul. Fürstio, s. a. Librorum.

אוצר לשון הקדש Concordantiae Librorum Veteris Testamenti Sacrorum Hebraicae atque Chaldaicae secundum literarum ordinem et vocabulorum origines distincte ordinateque dispositae, lexico utriusque linguae tum rabinico tum latino, hocest, interpretatione omnium vocabulorum completa locupletatae, atque, fructibus, quos instituta et nostrâ et patrum memoriâ linguarum orientalium investigatio ac collatio praebuit, industrie comparatis et conditis, accuratissima cum diligentia absolutae, auctore Jul. Fürstio. Sectio I—XI. Editio stereotypa. Imp.-4. Lipsiae 837–40. Car. Tauchnitz. (à n. $1^1/_2$ ₰) $16^1/_2$ ₰

אוצר לשון הקדש Concordantiae Librorum Veteris Testamenti Sacrorum Hebraicae atque Chaldaicae etc., auctore Jul. Fürstio. Sectio XII. (et ult.) Imp.-4. Leipzig 840, K. Tauchnitz. n. $1^1/_2$ ₰ — compl. n. 18 ₰

—— omnium vocum novi testam. graeci, s. a. Ταμιεῖον.

Concordantiae omnium vocum Novi Testamenti Graeci, primum ab Erasmo Schmidio editae, nunc secundum critices et hermeneutices nostrae aetatis rationes emendatae, auctae melioriqne ordine dispositae cura C. H. Bruder. Edit. stereot. 4maj. Leipzig 842, K. Tauchnitz. n. 8 ₰

Concordanz, biblisch-patristische, für Prediger und Katecheten. Nach dem berühmten latein. Werke des V. Houdry bearb. von einem Priester der Diöcese Breslau. Regensburg 862. Manz. gr. 8. (680 S.) 2 ₰

Concordanz zum Kirchen-Gesangbuch für evangelisch-lutherische Gemeinden ungeänderter Augsburgischer Confession. 8. (294 S.) St. Louis, Mo. 885. (Dresden, H. J. Naumann.) geb. *

Concordanz, Kleine, oder sechsfaches Register über das neue Dresdnische Gesangbuch. Oschatz 1798. V: *Frege, Chn August.* (MGT) (NN) (winer)

Concordat, s. a. Konkordat

— sanctissimi domini nostri Pii divina providentia Papae VII. allocutio, habita in consistorio secreto die XV. Novembr. 1817. 4. Bamb. 817. Lachmüller. 6 K Velinp. 8 K Dass., ins Deutsche übers. unt. d. T.: Concordat, d. i: Anrede Sr. Heiligkeit Papst Pius VII., gehalten in d. geh. Consistor. am 15. Nov. 1817. 4. Ebd. 4 K Schrbp. 6 K Velinp. 8 K

Concordat, d. i. Anrede Sr. heil. Pabst Pius VII. gehalten in dem geh. Consistorium am 25. Novbr. 1817, ingl. die Uebereinkunft, welche zwischen Sr. Heil. u. Sr. Königl. Maj. v. Baiern abgeschlossen worden ist, wie auch die bestätigende päbstliche Bulle, der apostol. Brief und dergl. *Bamberg.* 818. 4.

Concordat, das ärztliche. Das illegitime Bündniss der Staatsgewalt mit den Dogmen der Impfärzte. Das legitime Bündniss der Wissenschaft mit der Staatsgewalt, nebst 2 (lith. u. color.) Atmosphären-Karten (in Fol.). Stuttgart 861. Schaber in Comm. gr. 8. (63 S. u. 1 lith. Taf. in 4.) n. 12 ngr

Concordat, Das k. baierische, mit d. röm. Stuhle, erläut. ... Frankfurt 1818. V: *Kopp, Gg Ludw. Carl.* (Th) (Schmal)

Concordat, d. königl. baierische, mit d. röm. Stuhle, erläutert nach den Grundsätzen des Kirchenrechts ꝛc. 8. Frkf. a. M. 818. Andreä. 8 K

Concordat entre les Banques d'Émission Suisses d'après la loi sur les billets de banque du 8 Mars 1881. Adopté par l'Assemblée générale des Banques d'Émission à Berne, le 23 Novembre 1901. 31 p. 8. Bâle, Basler Druck- und Verlags-Anstalt, 1902.

Concordat, das, und seine Gegner. 8. (112 S.) Innsbruck 862, Vereinsbuchhandlung. *
Aus: Tiroler Stimmen, besonders abgedruckt.

— entre le gouvernement français et le Pape Pie VII., avec les Bulles etc. gr. 8. Hamb. 802. (Campe). 12 K

Concordat und Constitutionseid der Katholiken in Bayern ... Augsb. 1847. V: *Höfler, Constantin Ritter von.* (HThPP)

Concordat und Constitutionseid der Katholiken in Bayern. Eine histor. Denkschrift mit Benützung bisher unbekannter Actenstücke verfaßt von dem Autor der Erläuterungen und Zusätze zu der Rede des Fürsten v. Wallerstein über Quarta und Klöster. gr. 8. (XVIII und 264 S.) Augsburg 847, Schmid'sche Buchh.

Concordat, das österreichische, nebst der Allocution Sr. Päpstl. Heiligkeit u. der kaiserl. Vollzugsverordnung. Mainz 855. Wirth u. Co. gr. 8. (1 Bl., 14 S.) n. 1 ngr

— das österreichische, und der Ritter Bunsen. Von einem Diplomaten außer Dienst. Regensburg 856. Manz. 8. (158 S.) $16^1/_2$ ngr

—— das österreichische, und die preuß. Gesetzgebung. gr. 8. (79 S.) Regensburg 861, Pustet.

Concordat für gemeinschaftliche Prüfung der Geometer und deren Freizügigkeit im Gebiete der Concordats-Kantone. 18. Nov. 1864.

Concordat für gemeinschaftl. Prüfung der Geometer und deren Freizügigkeit, nebst Prüfungs-Reglement und Vermessungs-Instruktion. Bern 1868. 4.

— zwischen d. französ. Regierung u. d. Papst Pius VII. 8. Augsb., Wolff. 8 K

— das, u. Samml. d. Bullen u. Breven Papst Pius VII., herausg. vom Cardinal Caprara, ins Deutsche übers. u. herausg. v. H. C. Leimbach, deutsch u. lateinisch. 8. Köln 802. Haas. 14 K

— u. Samml. der Bullen u. Breven v. Pabst Pius VII. üb. die jetzigen Angelegenh. der franz. Kirche ꝛc. übers. aus d. lat. Original v. H. C. Leimbach, deutsch u. Latein. 8. Cöln, Fabricius. 802.

Concordat, Vollzugsbestimmungen und Bulle sammt Plazet, die Reorganisation des Bisthums St. Gallen betreffend. 1847.

Concordat, Das würtembergische, und seine Folgen. Jena 1857. V: *Zeller, Eduard.* (Heyd) (Gd) (Kat. d. ständ. Bibl. Stuttg. 1907. S. 90.)

— das württembergische, und seine Folgen. gr. 8. (78 S.) Jena 857, Bran'sche Buchh. *
Aus: Minerva, von Bran, Jahrg. 1857. Bd. 1. Heft 2. besonders abgedruckt.

Concordata nationis Germanicae cum notis Jo. Schilteri. o.O. 1709. [1699?]

Concordata nationis Germanicae integra sive nova et accurata concordati Calixtini et precipue concordatorum principum sub Eugenio IV. nec non concordatorum Aschaffenburgensium sub Nicolao V. [Ed.: Joh. Horix.] Francofurti et Lipsiae [1763].

Concordata nationis germanicae integra; sive nova et accurata concordati Calixtini ... editio ... Francofurti 1771—73. H: *Horix, Joh.* (BrMm) (Co) (EngJ) »1763« (winer)

— nationis Germanicae integra variis additamentis illustrata. III Part. 8. Francof. Esslinger. 771—73.

— nationis germanicae integra variis additamentis illustrata. III Ptes. 8. Frankf. 771—73. Schäfer. 1 ᵤß 6 ℋ

ad *Concordata* nationis germanicae integra documentorum. IV Fasciculi, (ed. Jos. ab Ullheimer). 8. Frankf. et Leipz. 775—78. (Wesché). 2 ᵤß

Concordata, ad, nationis germanicae integra documentorum IV Fasciculi. 8. Bamberg. Göbhard. 776—77.

Concordate betreffend polizeiliche Massregeln gegen Viehseuchen und Bestimmung der Viehhauptmängel. 1853?

Concordate mit Rom, über d. neuen, s. Rom im Concordate mit d. Regierungen.

Concordaten, Kurpfalzbaierische, welche mit d. Bischof zu Regensburg im J. 1789 abgeschlossen worden; herausg. u. mit Anmerkk. begleitet v. e. Weltpriester, (J. U. Mayer). 8. Straubing. (Regensb.) 790.

— u. Recesse, welche zwischen Kurbaiern, dann den umliegenden Erz- u. Reichshochstiften Salzburg, Passau, Freysingen, Regensburg, Augsburg, Chiemsen, sowohl in ältern als neuern Zeiten, soviel das Ecclesiasticum in hiesigen Kurlanden belanget, getroffen worden. Fol. Münch. 769. Lentner. 8 ℋ

Concordaten u. Recessen, welche zwischen *Chur-Bayrn*, dann denen umliegenden *Ertz- u. resp. Hoch-Stiftern Saltzburg, Passau, Freysing, Regenspurg, Augspurg* u. *Chiemsee*, sowohl in älteren als neueren Zeiten, so vil (!) das *Ecclesiasticum* in hiesigen Chur-Landen belanget, getroffen, u. sowohl denen geistl. als weltl. Obrigkeiten, Beamten u. Unterthanen, zur Nachricht u. resp. Nachachtung, aus Churfürstlichen Befehl in öffentl. Druck gegeben worden. Neue Aufl. Gedr. bey der churfürstl. Akad. d. Wiss., 1769. Fol. 59 S. Ppb. (aus d. Bibl. des Ministers Baron v. Thon-Dittmer, dessen Autogr. auf d. Titelbl.).

Concordia, s. a. Huber, V. A.

Concordia s. a. Konkordia.

Concordia. Eine Zeitschrift, s. a. Schlegel, Fr.

Concordia

Concordia. Unterhaltungsblatt für den Familienkreis.
Red.: Otto Freitag. Nr ...
Dresden: Freitag [o.J.] 4°

Concordia seu sacrae coenae theoria sacra (a Ph. D. Krauter). 8maj. London 776. (Breitkopf u. H. in Lpz.) 10 ℋ

Concordia, ein Taschenbuch f. frohe Lebensstunden. Hg.: M. Engel. (1819). 162 S.
(Titelauflage d. 1816 erschienenen „Liederkranzes für frohe Lebensstunden".)
Leipzig. Goed. VIII, 100, 215.

Concordia. Taschenbuch ... 1820, s. Arnoldi, Ernst Wilhelm

Concordia. Zur Unterstützung d. leidenden Menschheit. 1822. Erster (einz.) Jg. 1 Bl. XVIII, 387 S.
Grimma. Goed. VIII, 105, 246.

Concordia. Ein Roman nach aufgegebenen Wörtern verfasst. Leipz. 1822. V: *Klinckowström*, *Henriette Eleonore von.* (GGr) (Ky) (MGT) (Schl)

Concordia. Ein Roman nach aufgegebenen Wörtern verfaßt. 8. Leipz. 822, Weygand.

Concordia, e. Roman auf angegebene Wörter verfaßt, (von Henr. Eleon. v. Klinckowström). 8. Leipz. 823. Weygand. 20 ℋ

— Ein Taschenbuch. 1r Jahrg. 1823. Mit Kpf. 12. Lpz., Rein. 1 ᵤß 12 ℋ

Concordia; e. Kirchenzeitung für Katholiken u. Protestanten. Herausg. v. K. Kieser u. J. J. Kromm. 1r Jahrg. 1828. 12 Hefte. gr. 4. Frankf., Jäger. 4 ᵤß

Concordia. Die symbol. Bücher d. evangel.-luther. Kirche; mit Erläuterr. herausg. v. Fr. Aug. Koethe. gr. 8. Leipz. 830. Brockhaus. 1 ᵤß 12 ℋ

—— Ein Taschenbuch mit Kpfrn. 2., verb. u. wohlf. Aufl. 8. ... Ronneburg 832, Weber.

Concordia. Christliche wiederholete einmüthige Bekenntniß nachbenannter Churfürsten ꝛc., s. Bekenntnißschriften, die, der evangel.-luther. Kirche. 1848.

Concordia. Libri symbolici ecclesiae evangelicae. Ad editionem Lipsiensem A. MDLXXXIV. Berlin 857. Schlawitz. 8. (XXXV, 888 S.) n. 25 nα

—— Beiträge zur Lösung der socialen Fragen in zwanglosen Heften von V. A. Huber. 1—8. Heft. gr. 8. Leipzig 861. [Altona, G. Mayer's Verlag.] [1. und 2. Heft. (108 S.) 1. * 8 Ngr., 2. * 6 Ngr., 3. (48 S.) * 6 Ngr., 4. (40 S.) * 5 Ngr., 5. (64 S.) * 8 Ngr., 6. (48 S.) * 6 Ngr., 7. (64 S.) * 8 Ngr., 8. (40 S.) * 5 Ngr.] *

Concordia. Kirchliches Gemeindeblatt. Hrsg. von Rud. Heman, Ghelf. Hermann, Alfr. Resch. Redact.: Ghelf. Hermann. Jahrg. 1866. 52 Nrn. (½ Bog.) Mit Beilagen. gr. 4. Altenburg, (Bonde.) *

—— dass. — Im Verein mit A. Kögel, O. Wächter, Haupt ꝛc. hrsg. von A. Resch. 2. Jahrg. 1867. 52 Nrn. (Bog.) Fol. Nürnberg, Lohe. *

Concordia: 1868? – ? Baltimore, MD

Concordia. Zeitschrift für die Arbeiterfrage. Red.: L. Nagel. 1. Jhrg. Oct.—Dec. 1871. 6 Nrn. hoch-4°. Berlin, Enslin. 2.—7. Jhrg. 1872—76. à 52 Nrn. gr.-4°. Ebd. 1877—1887 Zeitschrift des Vereins zur Förderung der Arbeiterfrage; hrsg. vom Vereinsvorstande. à 22—26 Nrn. gr.-4°. Mainz-Zabern. Jhrg. 1888—91 Zeitschrift des Vereins zur Förderung des Wohles der Arbeiter. hrsg. v. Vereinsvorstande. à 10—12 Nrn. gr.-4°. Ebd.

Concordia. Zeitschrift für die Arbeiterfrage. Redact.: L. Nagel. 1. Jahrg. October—December 1871. 6 Nrn. (à 1—1½ Bog.) hoch 4. Berlin, Th. C. F. Enslin. *
—— dass. — 2.—4. Jahrg. 1872 51 Nrn., 1873 und 1874 à 52 Nrn. (Bog.) gr. 4. Ebendas. à Jahrg. *

Concordia. Zeitschrift für die Arbeiterfrage. Redact.: L. Nagel. 5. und 6. Jahrg. 1875 und 1876, Jan.—Juni. à Jahrg. 52 Nrn. (à 1—1½ Bog.) Fol. Berlin, Enslin. à Jahrg *
Nicht weiter erschienen.

— Zeitschrift d. Vereins zur Förderung des Wohles der Arbeiter. Hrsg. vom Vereinsvorstande. Jahrg. 1879/80, 1880/81 u. 1881/82. à 22—26 Nrn. (B.) gr. 4. Mainz, v. Zabern in Comm. à Jahrg. n. 5. —

— Zeitschrift d. Vereins zur Förderung d. Wohles der Arbeiter. Hrsg. vom Vereinsvorstande. Jahrg. 1883—1886. à 22—26 Nrn. (à ½—1 B.) gr. 4. Mainz, (v. Zabern). à Jahrg. n. 5. —

—— Zeitschrift des Vereins zur Förderung des Wohles der Arbeiter. Hrsg. vom Vereinsvorstande. Jahrg. 1885 und 1886. à Jahrg. 22—26 Nrn. (à Nr. 1/2—1 Bog.) gr. 4. Mainz, (v. Zabern.) à Jahrg. *
—— dass. — Jahrg. 1887 und 1888. à Jahrg. 10—12 Nrn. (à Nr. 1/2—1 Bog.) gr. 4. (Ebendas.) à Jahrg. *

—— Zeitschrift d. Vereins zur Förderg. d. Wohles der Arbeiter. Hrsg. vom Vereinsvorstand. Redact.: W. Jutzi. 11.—14. Jahrg. 1889—1892. 11.—13. Jahrg. à Jahrg. 10—12 Nrn.; 14. Jahrg. 24 Nrn. (Bog.) gr. 4. Mainz, (V. v. Zabern). à Jahrg. * 5 —

— dasselbe. Red.: W. Jutzi. 14.—16. Jahrg. 1892 - 1894. à 24 Nrn. (à 1/2—1 Bog.) gr. 4. Ebd. à Jahrg. n. 5 --

Concordia. Zeitschr. d. Vereins z. Förderg. d. Wohles d. Arbeiter. Hrsg. v. Vereinsvorstand. Red.: W. Jutzi. 17.—20. Jahrg. 1895—1898. à 24 Nrn. (à ca. 4 S.) gr. 4. Mainz (V. v. Zabern). à Jahrg. n. 5.—

— Zeitschrift d. Vereins z. Förderg. des Wohles der Arbeiter. Hrsg. v. Vereinsvorstand. Red.: Osw. Kaiser. 21. u. 22. Jahrg. 1899 u. 1900. à 12 Nrn. gr. 4. (à ca. 4 S.) Mainz (V. v. Zabern). à Jahrg. n. 5.—

— dasselbe. 23. Jhrg. 1901. 6 Nrn. gr. 4. (à ca. 4 S.) Ebd. n. 2.50
Erscheint nicht mehr.

Concordia. Zeitschrift d. Vereins zur Förderg. d. Wohles d. Arbeiter. Hrsg. vom Vereinsvorstand. Red.: O. Kaiser. 24. Jahrg. 1902. 12 Nrn. gr. 4. Mainz, V. v. Zabern. 5. —

Concordia : 1872?—?
Music journal. Edited by Leopold Engelke. Published by Ernst Karl Schäfer & Rudolph Koradi. Philadelphia, PA

— s.a. Blätter, deutsche, f. Stenographie.

Concordia,
s. a. Bücher, Die symbolischen, der evangelisch-lutherischen Kirche.

Concordia. Die symbol. Bücher der evangelisch-lutherischen Kirche. gr. 8. (VIII, 692 S.) Hermannsburg 880. Missionshausdruckerei. n. 1. 75; in Pappbd. n. 2. 25; in Halbfrzbd. n. 2. 75

Concordia. Blätter und Blüthen für Brüder Freimaurer ... Bern 1881. V: *Leumann.* (Tt)

— Wochenschrift zur Anregg. u. Unterhaltg., insbesondere f. die gebildete erwachsene Jugend. 1. Jahrg. Novbr. 1883—Oktbr. 1884. 52 Nrn. (B.) gr. 4. Hannover, Lüdemann. n. 4. 80
Erscheint nicht mehr.

Concordia. Monatsschrift d. Gabelsberger-Stenografen-Vereins „Concordia". Red. v. F. Kankovszky. 1. Jahrg. 1886. 12 Nrn. (1/4 B.) gr. 8. Pressburg, (Steiner). n. 2. —

Concordia. Monatschrift des Gabelsberger-Stenografen-Vereins „Concordia". Redig. von F. Kankovszky. (Ungarisch und deutsch.) 2. und 3. Jahrg. 1887 und 1888. à Jahrg. 12 Nrn. (à Nr. 1/4 Bog.) gr. 8. St. Louis, Mo. (Dresden, H. J. Naumann.) à Jahrg. *

– dass. Pressburg: Steiner 1887. 1888.

– dasselbe. Red. von E. Pöhlmann. (Ungarisch u. deutsch) 4. u. 5. Jahrg. 1889. 1890. à 12 Nrn. Ebd. 8°

Concordia. Organ d. Gabelsb. Stenogr.-Vereins „Concordia" in Pressburg. (Ungarisch u. deutsch.) 4—7. Jahrg. 1889—1892. à Jahrg. 12 Nrn. (à Nr. ca. 1/2 Bog.) gr. 8. Pressburg, (Steiner). à Jahrg. ** 2 —

Concordia. Organ d. Gabelsb. Stenogr.-Vereins „Concordia". Red. v. J. Mihalovics. (Ungarisch u. deutsch.) 7. u. 8. Jahrg. 1892. 1893. à 12 Nrn. (3/8 Bog.) gr. 8. Pressburg, (S. Steiner). à Jahrg. n.n. 2.—

— dasselbe. 9. Jahrg. 1894. 6 Nrn. (1/2 Bog.) gr. 8. Ebd. n.n. 2. —

— Organ d. Gabelsb. Stenogr.-Vereines Concordia in Pressburg. Red. v. J. Mihalovics. (Ungarisch u. deutsch.) 10. u. 11. Jahrg. 1895—1896. à 6 Nrn. (1/2 Bog.) gr. 8. Pressburg (S. Steiner). à Jahrg. n.n. 2. —

— dasselbe. 12. Jahrg. 1897. 6 Nrn. (1/2 Bog.) gr. 8. Ebd. n.n. 2. 40

— dasselbe. Red. v. Theisz. Autogr. v. R. Beyer. 13. Jahrg. 1898. 6 Nrn. (1/2 Bog.) gr. 8. Ebd. n. 2. 40

Concordia. Organ des Gabelsb. Stenogr.-Vereines Concordia in Pressburg. Red. v. Theisz. Autogr. v. R. Beyer. (Ungarisch u. deutsch.) 14.—17. Jahrg. 1899—1902. à 6 Nrn. gr. 8. (à ca. 8 S.) Pressburg (S. Steiner). à Jahrg. n.n. 2. 50

Concordia. Organ des Gabelsb. Stenogr.-Vereines Concordia in Pozsony. Red. von Theisz. Autogr. v. R. Bayer. (Ungarisch u. deutsch.) 18.—21. Jahrg. 1903—1906. à 6 Nrn. (à Jhrg. IV, 40 S.) 8. Pressburg, (S. Steiner). à Jhrg. n.n. 2. 50

-- od. d. Bekenntnisschriften d. evang.-luther. Kirche. Ster.-Ausg. 11. Aufl. gr. 8. (XVI, 621 S.) Basel 898. P. Kober. n. 2. 40; geb. in Halbfrz. n. 3. 40

Die symbolischen Bücher der evangelisch-lutherischen Kirche [Concordia], deutsch und lateinisch. Neue sorgfältig durchges. Ausg., mit d. sächs. Visitations-Artikeln, e. Verzeichnis abweichender Lesarten, hist. Einl. u. Reg. Besorgt von J[ohann] T[obias] Müller, Decan zu Windsbach. 9. Aufl. *Gütersloh: C. Bertelsmann 1900.* (CXXIV, 987 S.) 8° [5] 1-2 nbg-11

— Zeitschrift der Centralstelle f. Arbeiter-Wohlfahrtseinrichtgn. Neue Folge d. Wohlfahrts-Korrespondenz. Hrsg. v. Jul. Post, Konr. Hartmann, H. Albrecht. Verantwortl.: R. v. Erdberg. 8. Jahrg. 2. Sem. Juli-Dezbr. 1901. 12 Nrn. gr. 4. (à ca. 14 S. m. Abbildgn.) Berlin, C. Heymann. n. 6. —
Anf. s. u.d.T.: Wohlfahrts-Korrespondenz d. Zentralstelle f. Arbeiter-Wohlfahrts-Einrichtungen.

— dasselbe. 9. Jahrg. 1902. 24 Nrn. gr. 4. (à ca. 14 S. m. Abbildgn.) Ebd. n. 12. —
Vergl.: Zeitschrift der Centralstelle f. Arbeiter-Wohlfahrtseinrichtungen.

— Zeitschrift der Centralstelle f. Arbeiter-Wohlfahrtseinrichtgn. Neue Folge der Wohlfahrts-Korrespondenz. Hrsg. v. Jul. Post, Konr. Hartmann, H. Albrecht, R. v. Erdberg. Verantwortlich: R. v. Erdberg. 10.—13. Jahrg. 1903—1906. à 24 Nrn. (à ca. 14 S. m. Abbildgn.) 4. Berlin, C. Heymann. à Jhrg. n. 12.—

Concordia, Zeitschr. d. Zentralstelle f. Volkswohlfahrt, hrsg. v. H. Albrecht u. and., Jg. 14—27, Berlin 1907—1920, 8° u. 4°. 14 Bde.

«Concordia»
① Semesterblatt der Studentenverbindung Concordia Bern ④ Der Concordianer ⑤ Sommer 1904—Sommer 1914 ⑥ 8° ⑦ jährlich 2× ⑧ Bern: Büchler & Co ⑩ Studentenverbindung Concordia Bern ⑪ Redaktionskommission ⑭ Be: L.

Concordia, Civium, in Academia Julia Natali Christi a. 1723. Helmestadii. V: *Hardt, Hermann von der.* (Erman & Horn, Bibliogr. d. dtsch. Universitäten. 2. Leipzig und Berlin 1904.)

Concordia et discordia Christi ac Caesaris circa processum fori. Goslar 1724. V: *Calvoer, Casp.* (Schletter, Handb. d. jurist. Litt. Grimma 1843. S. 118.)

Journalisten- und Schriftsteller-Verein '**Concordia**'. 1859–1909. Eine Festschrift. 1. Werden u. Walten d. 'Concordia' von Julius Stern. 2. Die soz. Arbeit d. 'Concordia' von Dr. Sigmund Ehrlich. Wien: 'Concordia' 1909. 262 S. 4° A 12. 952

Concordia, Naturae et Scripturae, commentatio de literis ac numeris primaevis... Lipsiae et Hafniae 1752. V: *Wachter, Johann Georg.* (BB) (BrMm) (ML)

Concordia pia sive **Confessio** fidei Electorum Principum et aliorum cum Commentar. Ph. Mülleri. 4. Ienae, 705. Rthlr.

Concordia pia et unanimi consensu repetita confessio fidei et doctrinae electorum ... Lipsiae 1710. V: *Rechemberg, Adam.* (Barbier)

Concordia **pia et unanimi consensu repetita confessio fidei et doctrinae eorum, qui August. Confessionem amplectuntur cum D. Ad. Rechenbergii appendice tripartita. 8. Leipz. 756. (Frommann in Jena). 1 ℛ 4 ℊ**

Concordia=Album 8. (20 S.) Reichenberg. Buchdruckerei von Ph. Gerzabek. 1854

Kleine Concordia-Bibliothek. Bd 1. Berlin: Concordia [1907]. 8° [F.] 07. 11894

Concordia=Kalender für das Jahr 1861. Mit Beiträgen von Ed. Breier, B. Bucher, Max Friedländer, Carl F. Häcker rc. Herausg. von dem Wiener Journalisten- und Schriftsteller-Verein Concordia. Wien, Wallishausser. gr. 8. (XVI, 144 S.) 20 ngr.

Concordia=Kalender für das J. 1868 u. 1869. Hersg. vom Journalisten- u. Schriftstellerverein „Concordia". 1. u. 2. Jahrg. Wien, Fromme. 8. (236; 243 S.) Jeder Jahrg. n. 15 ngr.

– dass. für das Jahr 1868. Wien: Tendler 1867.

— — für das J. 1870. 3. Jahrg. Wien, Lechner. 8. (XXX, 146 S.) n. 16 ngr.

Concordia=Theater, s.: Spezialitäten=Theater.

Concordienbuch, d. i. die symbolischen Bücher der evangel. luther. Kirche. Neue, nach dem Urtext vom J. 1580 revid. Ausg. Festgabe für das Jubeljahr 1880. 4. (589 S.) St. Louis, Mo. 880. (Dresden, H. J. Naumann.) *

— christliches, od. symbolische Schriften mit Pippings Einleitung, aufs neue m. nöthigen Registern u. einer Schlußrede begleitet von Chr. Weisen. 4. Leipz. Hilscher. 739.

—christl., d. i.: der evangel.-luther. Kirche symbol. Bücher. 8. Leipz. 790. Intell.-Compt. 12 ℊ

Concordien=Buch, christliches, d. i.: Symbolische Bücher der Evangelisch-Lutherischen Kirche. gr. 12. (719 S.) New-York 848. (Philadelphia, Schäfer & Koradi.) In Leder geb. n. 2 ℛ

Concordien=Buch, christliches, d. i.: Symbolische Bücher der evangelisch-luther. Kirche, nämlich: Die drei Hauptsymbola. Die ungeänderte augsburg. Confession nebst Apologie. Die schmalkald. Artikel. Dr. Luther's kleiner und großer Catechismus. Die Concordien-Formel mit den Zeugnissen der heil. Schrift und reinen Kirchen-Lehre von Christo, nebst den sächs. Visitations-Artikeln. 3. Aufl. gr. 12. (719 S.) New-York 854. (Philadelphia, Schäfer und Koradi.) *

Concordienbuch, christl., worinnen sämmtl. gewöhnl. symbol. Schriften d. evangel.-luther. Kirche deutsch u. latein. enthalten sind, herausg. v. J. G. Walch. gr. 8. Jena 750. Cröker. 1 ℛ 16 ℊ

Concordienbuch, das evangelische, enth. die symbolischen Bücher der evangel.-luther. Kirche. Mit den sächsischen Visitationsartikeln, einem Verzeichniß abweichender Lesarten, historischen Einleitungen und Registern. Besorgt von J. T. Müller. 8. (275 S.) Gütersloh 871, Bertelsmann's Verlag. *

Das Evangelische Concordienbuch [**Concordia**] enth. d. symbol. Bücher d. evang.-luther. Kirche. Mit d. sächs. Visitationsartikeln, e. Verzeichnis abweichender Lesarten, hist. Einl. u. Reg. Besorgt von J[ohann] T[obias] Müller, Dekan zu Windsbach. 2. Aufl. Gütersloh: C. Bertelsmann 1908. (XVI, 473 S.) 8° [F.] 08. 14891

Concordienbuch, evangel., od. sämmtl. in d. Concordienbuche enthalt. symbol. Glaubensschriften d. evangel.-luther. Kirche. Zur Vor- u. Nachfeier d. Jubelfestes d. vor 300 Jahren gescheh. Uebergabe d. augsb. Confession mit Erläutn. u. geschichtl. Bemerkungen aufs Neue deutsch hrsg. v. J. A. Detzer. 2 Thle. A. u. d. T.: Symbol. Glaubensschriften d. evangel.-luther. Kirche. 2 Thle. gr. 8. (80 B.) Nürnberg 830, Raw. 2 Thlr. 8 Gr., hrbgl. Pr.

Concordienbuch, evangelisches, oder sämmtliche in dem Concordienbuche enthaltene symbol. Glaubensschriften der evangel.-luther. Kirche. Mit Erläuter. u. kurzen geschichtl. Bemerk. aufs Neue deutsch herausg. von Jh. Andr. Detzer. 2. durchges. u. theilweise verb. Aufl. in 1 Bd. gr. 8. Nürnberg 843, Raw. n. 1⅓ ℛ

— evangelisches, oder sämmtl. in d. Concordienbuche enthalt. symbol. Glaubensschriften der evang.-luther. Kirche. Mit Erläuterungen rc. auf's Neue deutsch herausg. von Joh. Andr. Detzer. 3. durchges. Aufl. in 1 Bde. gr. 8. (LIV u. 764 S.) Nürnberg 847, Raw. n. 1⅓ ℛ

Concordienbuch, evangelisches, oder sämmtliche in dem Concordienbuche enthaltenen symbolischen Glaubensschriften der ev.-luther. Kirche. Mit Erläuterungen u. kurzen geschichtlichen Bemerkungen aufs Neue deutsch hersg. von Joh. Andr. Detzer. 4. wohlf. Ausg. Nürnberg 867. Raw. gr. 8. (LV, 764 S.) n. 20 ngr.

Concours sur le repos du dimanche au point de vue hygiénique. gr. 8. Basel, Georg. 1876. 1. 25

Concours et **constructions** suisses, s.: Wettbewerbe u. Neubauten, schweizer.

Concoursblatt d. k. k. Reichs-Kriegs-Ministeriums üb. erledigte, f. ausgediente Unterofficiere gesetzlich vorbehaltene Dienstposten. Jahrg. 1886. gr. 4°. (Nr. 1. ½ B.) Wien, Hof- u. Staatsdruckerei. fl. —.50.

Concretal-Status des gerichtlichen u. staatsanwaltschaftlichen Personales des Oberlandesgerichtssprengels Brünn, nebst Verzeichnissen der Advokaten, Notare, Vertheidiger in Strafsachen. Nach dem Stande vom 28. II. 1902. gr. 8. (130 S.) Brünn 902. R. M. Rohrer. n. 1.20

Concurrenz zum Empfangsgebäude für den Bahnhof zu Frankfurt a. M. 1 Mappe. Dresden (1882?) Fol.

Concurrenz, die engere, f. das naturhistorische Museum in Hamburg. Fol. (21 Lichtdr.-Taf. m. 4 S. Text.) Hamburg 885. Strumper & Co. cart. 12.—

Concurrenz, die erste, ganzer Landwirthschaftsbetriebe um Prämien in der Provinz Hannover u. zwar im Fürstenthum Hildesheim v. Frühjahr 1877 bis Frühjahr 1878. Veröffentlicht v. der Königl. Landwirthschafts-Gesellschaft zu Celle. gr. 8. (63 S.) Celle 878. Schulze'sche Buchh. n. 1. 20

Concurrenz, über d., des Kirchenguts in dem Herzogth. Würtemberg zu d. Kriegslasten, insbesond. zur Tilgung des durch den neuesten französ. Krieg entstand. Schadens. 8. Stuttg. 797. Mesler. 12 ℊ

Concurrenz-Adressen-Kalender verbunden mit einem allgemeinen Adressen- und Inseraten-Buch für das J. 1870. Hrsg. von Gust. A. Czrenner. 3. Jahrg. gr. 4. (107 S.) Prag, (Satow.) *M 1,40.; cart. *

Concurrenz-Arbeiten f. die Spitzen- u. Stickerei-Industrie. (28 Taf.) gr. 4. Plauen (905). Ch. Stoll. In Mappe n. 18.—

Concurrenzentwürfe wegen Bebauung der Museumsinsel zu Berlin. Fol. (65 Taf. in Lichtdr.) Berlin 885, Claesen und Comp. *

Concurrenz-Entwürfe v. Decken- u. Wand-Skizzen nebst Beiträgen aus dem Atelier v. Aug. Engelhardt & Kaobrich, Elberfeld. Fol. (30 Taf.) Elberfeld 902. (J. Fassbender.) In Mappe n. 24.—

Concurrenzentwürfe, preisgekrönte, d. Ausstellungspaläste d. Pariser Weltausstellung 1900 a. d. Champs-Elisées. gr. Fol. (16 Taf. in Phototyp. m. 2 Bl. Text u. 1 Plan.) Berlin 896. B. Hessling. In Mappe n. 9.—

Concurrenz-Kalender verbunden mit einem allgemeinen Adressen- und Inseraten-Buch für das Schaltjahr 1868. Eigentümer und Herausgeber: Gustav A. Czrenner. 8. (187 S.) Prag, Steinhauser. cart. 80 kr.

Concurrenz-Ordnung, die, oder Grundsätze zur Regelung des Verfahrens bei öffentl. Concurrenzen zur Erlangung von Bauentwürfen und Normen zur Berechnung des Honorars für architektonische Arbeiten. Vereinbart vom deutschen polytechn. Vereine und dem Architekten- und Ingenieur-Vereine in Böhmen. gr. 8. (9 S.) Prag 875, (Calve'sche Universitäts-Buchh.) *
Aus: Technische Blätter, besonders abgedruckt.

CONCURRENZ-ORDNUNG DES TUNNELS ÜBER DER SPREE. (Ohne. bes. Titelblatt. Berlin 1865. Gedruckt bei C. Feister.) 8°.

Concurrenz-Pläne zur Anlage e. parkähnlichen Friedhofes in Düsseldorf v. Ed. Hoppe, Gust. Böhm, Jean Glatt rc. Fol. (18 chromolith. u. 1 schwarzer Plan.) Nebst Erläutergn. gr. 8. (43 S.) Düsseldorf 883. (Leipzig, H. Voigt.) geb. n. 20.—

Concurrenz-Pläne z. Anlage eines parkartigen Friedhofes zu Düsseldorf . . . (Düsseld. 1883). 19 Tvl. (18 kol.). Fol.
— Erläuterungen . . . Sst. 1883. 43 S. P.

Concurs-Anzeiger, allgemeiner deutscher. Central-Organ für Concours-, Gant- und Falliments-Nachrichten. 1. Jahrg. 1876. 24 Nrn. (à 1—1½ Bog.) gr. 4. Berlin, Wys, Müller und Comp. **
Nicht weiter erschienen.

Concursausschreibung für die Aufnahme in a) das Erziehungsinstitut für verwaiste Officierssöhne, b) die Militär-Realschulen, c) die beiden Militär-Academien, d) das Officierstöchterinstitut in Oedenburg. 4. (8 S.) —.04
Wien: Hof- u. Staatsdruckerei 1898.

(F) Concurs-Ausschreibung für die Aufnahme in a) das Erziehungs-Institut für verwaiste Officierssöhne, b) die Militär-Realschulen, c) die beiden Militär-Akademien und d) die Officierstöchter-Erziehungs-Institute. (Zu Abth. 6, Nr. 255 vom Jahre 1901. Beiblatt Nr. 4 zu dem Normal-Verordnungsblatte für das k. u. k. Heer.) [Wien. 1901. Hof- und Staatsdruckerei.] Lex.-8°. 8 S. K —.08

Concurs-Ausschreibung für die Aufnahme in das Erziehungs-Institut für verwaiste Officierssöhne, die Militär-Realschulen etc. Lex.-8°. K —.08
Wien: Hof- u. Staatsdruckerei 1903.

Concurs-Ausschreibung für die Aufnahme in die k. u. k. Cadettenschulen. 4. (4 S.) —.02
Wien: Hof- u. Staatsdruckerei 1898.

(F) Concurs-Ausschreibung für die Aufnahme in die k. u. k. Cadettenschulen. (Zu Abth. 6, Nr. 425 vom Jahre 1901. — Beiblatt Nr. 7 zu dem Normal-Verordnungsblatte für das k. u. k. Heer.) [Wien. 1901. Hof- u. Staatsdruckerei.] Lex.-8°. 4 S. K —.04 n.

Concursblatt 1893. Nr. 1. Kl. 4. Pro compl. 1.—
Wien: Hof- u. Staatsdruckerei

(F) Concurs-Blatt des k. k. Ministeriums für Landesvertheidigung über erledigte, für ausgediente Unterofficiere in Gemässheit des Gesetzes vom 19. April 1872 vorbehaltene Dienstposten. [Wien. 1900. Hof- und Staatsdruckerei.] Gr.-8°. erscheint nach Bedarf. compl. K 2.—, mit Postzusendung K 3.—

Concurs-Blatt des k. k. Reichs-Kriegs-Ministeriums, s. Konkurs-Blatt.

(F) Concurs-Blatt des k.u.k. Reichs-Kriegsministeriums. Lex. 8° Nr. 1. Wien: Hof- und Staatsdruckerei 1903.

Concurs-Blatt d. k. u. k. Reichs-Kriegs-Ministeriums üb. erledigte, den anspruchberechtigten Unterofficieren vorbehaltene Dienstposten u. solche Beamtenstellen, rücksichtlich welcher diesen Unterofficieren der Vorzug eingeräumt ist. Jahrg. 1891—1894. gr. 4. Wien, (Hof- u. Staatsdruckerei). à Jahrg. n. 1. 35
Erscheint in zwanglosen Nrn.

Concurs-Blatt des k. u. k. Reichs-Kriegs-Ministeriums, über erledigte, den anspruchsberechtigten Unterofficieren vorbehaltene Dienstposten und solche Beamtenstellen, rücksichtlich welcher diesen Unterofficieren der Vorzug eingeräumt ist. Jahrgang 1899. Wien. 1899. Hof- und Staatsdruckerei. 4°. erscheint nach Bedarf. compl. mit Postvers. fl. 1.50

Concurs-Blatt des k. u. k. Reichs-Kriegs-Ministeriums vom 4. Jänner 1900, über erledigte, den anspruchsberechtigten Unterofficieren vorbehaltene Dienstposten und solche Beamtenstellen, rücksichtlich welcher diesen Unterofficieren der Vorzug eingeräumt ist. Jahrgang 1900. Wien. 1900. Hof- und Staatsdruckerei. 4°. erscheint nach Bedarf. compl. mit Postvers. K 3.—

Concurs-Blatt d. k. k. Reichs-Kriegs-Ministeriums üb. erledigte, f. ausgediente Unterofficiere gesetzlich vorbehaltene Dienstposten. Jahrg. 1884—1886. gr. 4. (Nr. 1. ¼ B.) Wien, Hof- u. Staatsdruckerei. à Jahrg. n. 2. 70

Concurs-Blatt d. k. k. Reichs-Kriegs-Ministeriums über erledigte, f. ausgediente Unterofficiere gesetzlich vorbehaltene Dienstposten. Jahrg. 1887. gr. 4. ca. 40 Nrn. (Nr. 1 ¼ B.) Wien, Hof- u. Staatsdruckerei. n.n. 2.—

— dasselbe. Jahrg. 1888—1890. à ca. 40 Nrn. gr. 4. (¼—¾ B.) Ebd. à Jahrg. n.n. 1. 35

Concursgesetz, Ungarisches, (XVII. Gesetz-Artikel v. J. 1881). Mit Anmerkungen, Parallelstellen u. Erläuterungen. Nach dem Ung. v. Dr. Benjamin Zsögöd. 8. 1. Heft. (48 S.) geh. p. ½ 90 kr.
Budapest: Ráth 1881.

Concursordnung, Allgemeine, für Böheim, Mähren, Schlesien, Oestreich ... Wien 1781. H: *Keess, Franz Georg Edler von.* (ML)

Allgem. Concursordnung etc. *Wien*, v. Trattner. 781. 8. — *Ebend.* k. k. Hof- u. Staatsdruck. 817. 8.

Concurs-Ordnung f. Bosnien u. d. Hercegovina. gr. 8. (61 S.) Wien 883. Hof- u. Staatsdruckerei. n. — 80

—— die, vom 25. Decbr. 1868. Mit allen nachträgl. Verordnungen bis Ende Decbr. 1870 und mit alphabet. Register. 8. (94 S.) Wien 871, Manz. *

Concursordnung, die, vom 25. Decbr. 1868. Mit allen nachträgl. Verordngn. bis Ende März 1876 u. m. alphabet. Register. gr. 16. (107 S.) Wien 876. Manz. n. — 80

Concursordnung, die, vom 25. December 1868 und das Anfechtungsgesetz vom 16. März 1884 mit allen einschlägigen Gesetzen und Verordnungen, den grundsätzlichen Entscheidungen des Obersten Gerichtshofes und alphabet. Nachschlageregister. 3. verm. Aufl. kl. 8. (VIII, 147 S.) Wien 885, Manz'sche Hof-Verlagsh. *
Auch u. d. T.: Manz'sche Gesetz-Ausg. Nr. 1.

Concursordnung, die, vom 25. Dezbr. 1868. Mit allen einschläg. Gesetzen u. Verordngn. u. den grundsätzl. Entscheidgn. des Obersten Gerichtshofes. 4., verm. Aufl. 12. (VII, 126 S.) Wien 1894. Manz.

(F) Die Concursordnung vom 25. December 1868. Mit allen einschlägigen Gesetzen und Verordnungen. 5. vermehrte Auflage. Mit einer Uebersicht über die concursrechtliche Spruchpraxis des k. k. Obersten Gerichtshofes verfasst von Dr. Josef Friedländer. [Manz'sche Gesetz-Ausgabe.] Wien. 1899. Manz. 8°. IX, 180 S. fl. —.80, geb. fl. 1.10

Concurs-Ordnung für die im Reichsrathe vertretenen Königreiche und Länder. 16. 1869. (152 S.) Wien, k.k. Hof- u. Staatsdruckerei. 1869.

—— vom 8. Mai 1855 mit den im Febr. 1869 vom Abgeordneten- und Herrenhause genehmigten Abänderungen. gr. 8. (122 S.) Elberfeld 869. Lucas. *

Concurs-Ordnung, (österreichische), s. a. Handausgabe österreich. Gesetze.

Concursordnung, österr. Wien 876.

Concurs-Ordnung für die preußischen Staaten, s. Konkurs-Ordnung.

Concursrecht, eidgenössisches, s.: Sammlung der Concursgesetze ꝛc.

Concurszeitung, s. Gerichts- und Concurszeitung.

Concurs-Zeitung, allgemeine deutsche, f. Behörden, Advokaten, Handels-, Fabrik- u. Gewerbestand. Red.: Bernh. Miller. Jahrg. 1861. April—Dezbr. 9 Nrn. (à 1½ Bgn.) Leipzig, R. Schäfer. 4. 1 ℛ 3¾ ngr

Concurtius, der kleine Accoucheur. Zierliche Reimlein zur Vorbereitg. für's Phantomexamen u. zur Unterhaltung f. die reifere medizin. Jugend. 12. (VII, 43 S.) München 894. F. Bassermann. n. 1. —

de Condado, Em. Joach., s. J. A. *Ernesti*, Metaphysica.

Condamine, de la, Relation abrégée d'un voyage fait dans l'intérieur de l'Amérique méridionale, av. fig. et chart. gr. 8. Paris et Strasb. König. 778.

Condamine, Charles Marie de la

s.: La Condamine, Charles Marie de

CONDÉ, Prince. — Prinz Condé. Ein historischer Roman. Mit (freiem) Titelkpf. [Schubert del.] u. allegor. Titelvign. Riga, im Hartknochschen Verlage, 1795. 8°.
256 S. (incl. TKpf. u. Tit.). S. 183 ff.: „Anhang einiger biogr. Notizen u. anderer interess. Urkunden."

Condé, Arth. de, le petit Français comme poète de famille et déclamateur. Nouvelle collection complète de compliments et de bouquets pour le jour de l'an et les fêtes en poésie et en prose, adressés à des pères, mères, parents etc. Scènes dramatiques. Recueil de poésies des meilleurs auteurs, suivi de discours divers pour les fêtes d'école. (2. éd.) 16. (278 S.) Budapest 879. Lampel. n. 1. 20

Condé, Arth. de, der kleine Franzose als Gratulant und Deklamator. Vollständ. Sammlung französ. Festgedichte und Briefe. Dramat. Szenen zur Aufführung in Familienkreisen, für Neujahrs-, Namens- und Geburtstage in Poesie und Prosa. An Vater, Mutter, Großeltern ꝛc. Sammlung der besten französ. Gedichte zum Deklamiren; nebst einem Anhang: Reden bei Schulfeierlichkeiten. — Le petit Français comme poète de famille et déclamateur. 16. (272 S.) Pest 860, Lampel. *

Condé, Hector de, Leo-Büchlein. Kurzer Lebensabriß Sr. Heil. des gegenwärtig regier. Papstes Leo XIII. Autorisirte Uebersetzung. 8. (48 S. m. 2 Holzschn.) Köln 879. Theissing. n. — 40

Condé, Joseph Anton

Condé, Jos. Ant., Geschichte d. Herrschaft d. Mauren in Spanien. Aus d. Span. übersetzt v. K. Rutschmann. 3 Bde, mit 6 Abbildd. gr. 8. Karlsr. 824 u. 25. Braun. 5 ℛ 16 gr

Conder, F. R., C. E., drei Ideale menschlicher Vollkommenheit nach der Mischna, den Satzungen Loyola's u. der Ethik d. Aristoteles. 8. (66 S.) Leipzig 879. O. Schulze. n. — 75

Coenders, Albert

Coenders, Alb., strafrechtliche Grundbegriffe insbesondere Täterschaft u. Teilnahme. (VIII, 311 S.) gr. 8. Düsseldorf 909. L. Schwann. 4. 8C

Coenders, Felix, prakt. Tierarzt in Rees: Vergleich zwischen Arecolin- und Physostigmin-Wirkung beim Tier. ⟨Experimental-Untersuchungen.⟩ Rees 1904: W. Ressing. (78 S.) 8°
Gießen, Verein. Med. Fak., Ref. Geppert, Diss. v. 1. Sept. 1904
[Geb. 29. Jan. 79 Warbeyen; Wohnort: Rees; Staatsangeh.: Preußen; Vorbildung: Gymn. Emmerich, Reife O. 00; Studium: Gießen 8 S.; Rig. 5. Juli 04.]

Coenders, Franz, appr. Arzt: Über die Venennaht. Bonn 1910: Eisele. 52 S. 8°
Bonn, Med. Diss. v. 23. Juli 1910, Ref. Garrè
[Geb. 7. Nov. 81 Lüdinghausen; Wohnort: Bonn; Staatsangeh.: Preußen; Vorbildung: Gymn. Emmerich Reife O. 04; Studium: München 2, Leipzig 1, Bonn 7 S.; Coll. 23. Juli 10; Approb. 11. Mai 10.] [U 10. 307

Condet, Jehan de, Gedichte, s.: Bibliothek d. litterar. Vereins in Stuttgart. 54.

Condillac, s. a. Burger, Konrad.

Condillac's Abhandlung über die Empfindungen, s. Bibliothek, philosophische.

— Abhandl. von d. Ursprunge d. menschl. Erkenntniß; aus d. Französ., mit Anmerkk. v. M. Hißmann. 8. Leipz. 780. Weygand. 18 gr

de Condillac, Abhandll. über d. Empfindungen, s. a. Samml. verschied. Abhandll. über Gegenstände ꝛc. 2r Thl.

— Abhandlungen über die Empfindungen, a. d. Franz. v. J. M. Weissegger. gr. 8. Wien, Hörling. (Camesina.) 791.

— cours d'Etude pour l'instruction du Prince de Parme. XVI Vols. 12. Bern 789. Haller. 11 ℛ 16 gr

— — le même livre, XII Tom. 12. Basle, Serini. 777–79.

— — le même liv. XII Tom. gr. 8. Salzb. Mayr.

— — le même liv. XVI Tom. av. fig. 8. Paris. (in Comm. Tourneysen in Basel.) 795.

— Kunst zu schreiben; aus d. Französ. v. Jh. Eph. Schwab. 8. Bern 777. Typogr. Soc. 1 ℛ 4 gr

— Logik, oder Kunst, Vernunftschlüsse zu machen, nebst den Gründen d. Physik. Mit Kpf. 8. Bern, Typogr. Soc. 1 ℛ

— la logique ou les premiers développemens de l'art de penser. 12. Strassb. 786. Acad. B. 8 gr le même. gr. 12. Manh., Kaufmann. 12 gr le même. 12. Bern 790. Typogr. Soc. 10 gr

— oeuvres complètes. XXXV Vols., av. fig. 18. Leipz., (W. Nauck). 15 ℛ

— — les mêmes XXXV Vol. avec fig. 18. Leipz. Sommer.

— Oeuvres complètes XXXI Vol. 12. Paris, Schäll. 803.

Condillac, Allgemeine und französische Sprachlehre. Bern 777. Theil I. 8. Ebend. 781. 8. 1 rthlr. 4 gr.

— Unterr. aller Wissenschaften, oder Unterr. in d. höhern Wissenschaften, als Physik, Logik, Geschichte, Sprachlehre rc. Mit Kpf. u. Anmerkk. d. deutschen Herausgebers. 4 Bde. 8. Bern 793. Typogr. Soc. 4 Rthlr. 16 Gr. Dass. einzeln unter folg. Titeln: allgemeine u. französ. Sprachlebre, oder Unterricht. 1r Thl. 8. Bern. (Wesché in Frankf.) 1 Rthlr. 4 Gr. Kunst zu reden oder zu schreiben, oder Unterr. 2r Thl. 8. Bern. (Wesché in Frankf.) 1 Rthlr. 4 Gr. Kunst, Vernunftschlüsse zu machen, od. Unterr. 3r Thl. Art, d. Gesch. zu studiren, od. Unterr. 4r Thl. 1 Rthlr. 4 Gr.

— Unterricht aller Wissenschaften für den Prinzen von Parma, od. Unterricht in d. höhern Wissenschaften, als Physik, Logik, Geschichte, Sprachlehre rc. m. K. u. Anmerkungen des deutschen Herausgebers. 4 Bde. 8. Bern. Typogr. Soc. 793.
(Dasselbe einzeln unt. folg. Titeln: Allgemeine und franz. Sprachlehre, od. Unterricht. 1r Th. 8. Bern (Göbhard in Bamberg.) Kunst, zu reden od. zu schreiben, od. Unterricht. 2r Th. 8. Bern. (Ebend.) Kunst, Vernunftschlüsse zu machen, od. Unterricht. 3r Th. Art, die Geschichte zu studieren, od. Unterricht. 4r Th. jeder Theil 1 Thlr. 4 gr.)

Condillac, Etienne Bonnot de Mably

CONDILLAC, Etienne Bonnot de 1715 - 1780
Des Herrn Abts von Condillac Geschichte der ältern und neuern Zeiten.
Aus dem Französischen übersetzet von Johann Christoph von Zabuesnig.
Erster [- Dreyzehnter] Band.
Augsburg: Rieger. 1778 [- 1785]. 8°.
Universitätsbibliothek Freiburg/Br.
Übers. v. Histoire des temps anciens et modernes, 1775.
Johann Christoph von Zabuesnig, 1747-1817

Condillac — Geschichte der ältern und neuern Zeiten. Aus dem Französ. (von J. C. v. Zabuesing). Augsb. 778–90. 14 Bände. 8. 7 rthl. 14 gr.

Condillac, E. B. de Mably. Versuch über den Ursprung der menschlichen Erkenntniss. Aus dem Französischen. Leipzig 1780. Ü: *Hissmann, Michael*. (SZMJ) (WBL)

Condilloc de, s. Condillac, Etienne Bonnot de Mably

Conditi Borussiarum Regni memor. annivers. 18. I. . . Acad. Albert. Königsberg (Hartung) 1815. 11 S. „observationum in Phrynichum spec. I". (1.50) 5556

Conditiones auf welche die in dem Hertzogthum Holstein belegene Adel. Güther **Schmol**, **Hohenfelde** und **Todendorff**, Den 18. Jan. 1740. zu Kiel verkauffet werden soll [!]. o. O. (1740.) Fol.

Conditiones der in churfürstl. Residenz-Stadt Düsseldorf aufgerichteten Lotterie zum Trost der Armen und gemeinen Besten mit churfürstl. Approbation eingerichtet. Ein Blatt fol. Düsseldorf 1712.

Conditiones, nach welchen das adeliche Guth **Schestedt**, am 17. September, 1787, auf dem Schlosse Gottorff verkaufet werden soll. o. O. (1787.) Fol.

Conditiones nach welchen das im Hertzogthum Hollstein und zwar in Wagrien belegene Adel. Guth **Segalendorff** den 12. Jun. 1745. zu Kiel verkaufft werden soll. o. O. (1745.) Fol.

Conditiones. Nach welchen die Hoch-Gräflich Hessensteinischen Güther, **Schmol**, **Hohenfelde** und **Todendorff**, den 11. Januar. 1765. zu Kiel verhäuret werden sollen. o. O. (1764?) Fol.

Conditiones, Nach welchen die im Herzogthum Holstein unter gemeinschafftlicher Landes-Hoheit belegene Adeliche Güther, **Siggen**, **Satjewitz** und **Rethwisch**, den 20. Octobr. a. c. zu Lübeck verkaufet werden sollen. o. O. (1769.) Fol.

Conditiones. unter welchen das . . . Adeliche Gut **Küren** etc. etc. verkaufet werden soll. o. O. (1763.) Fol.

Conditiones. unter welchen die aus den Hof-Feldern des adelichen Guths **Gerebuy** etc. abgelegten Parcelen, den 20. Aug. 1789, auf besagtem adelichen Guthe verkauft werden sollen. Schleswig. (1789.) Fol.

Conditiones. unter welchen die aus den Hof-Feldern des adelichen **St. Johannis-Closters** und aus der Kahlbuygaarder Hölzung abgelegte Parcelen den 17. Dec. und an den folgenden Tagen auf dem Closter-Amthause verkauft werden sollen. Schleswig. 1798. Fol.

Conditiones. unter welchen die aus einem Theil der Ländereyen des adelichen Guths **Roest** abgelegte Parcelen. am 26. Sept. 1798, auf besagtem adelichen Guthe. verkauft werden sollen. Schleswig. (1798.) Fol.

Conditiones Worauf das im Herzogthum Hollstein belegene Adel. Guth **Mehlbeck** den 20. Juny 1747 zu Kiel wird verkauffet werden. o. O. (1747.) Fol.

Conditiones. Worauf vorbeschriebene Güther den 8. May 1764 verkaufet werden sollen. o. O. (1764.) Fol.

Conditiones, wornach die aus den Hof-Feldern des adlichen Guths **Gerebuy** benebst dem dazu gehörigen Meyerhofe Bockholt abgelegten Parcellen den 6. Junii d. J. auf dem Guthe Gerebuy öffentlich verkauft werden sollen. Schleswig. 1787. Fol.

Conditiones, wornach die aus den Hoffeldern und Ländereyen des adel. Guths **Priesholz** in Angeln abgelegten Parcelen den 31. August d. 1795. Jahres auf dem Hofe Priesholz öffentlich verkauft werden sollen. Schleswig. (1795.) Fol.

Conditiones. wornach die 64 Demath 138¾ Ruthen im **Störtewerker-Koege**, unter der Karr-Harde. Amts Tondern. belegene Marsch-Ländereyen auf dem Schlosse Gottorff den 29. Oct. d. J. verkauft werden sollen. Schleswig. 1787. Fol.

Conditiones. wornach die zu dem im Angelschen District belegenen Gutte Lindau und Meyerhofe Nottfeldt gehörige in Parcelen getheilte Ländereyen auf öffentlicher Licitation mit dem völligen Eigenthums-Recht verkaufet werden sollen. Flensburg. 1783. Fol.

De summis vitae regularis conditionibus. Brevis disquisitio autore presbytero benedictino, monasterii Lambacensis capitulari. 8. (83 S.) Wien, Braumüller. 1860. 40 kr.

«Helvetia», Assurance mutuelle suisse contre les accidents à Zurich. Conditions générales d'Assurance collective contre les accidents ⟨Assurance collective par tête⟩. Adoptées ... 15 mars 1901. II + 11 p. 8. Zürich, Art. Institut Orell Füssli, Novembre 1901.

Conditions, les, de la paix et les droits de l'Allemagne par Historicus. gr. 8. (32 S.) Genève 871. (Basel, Georg.) *

Conditions, les, de la paix et les droits de l'Allemagne: par Historicus. 2. édit. 32 pp. in-8. Bâle et Genève, H. Georg. 1871. 1. —

Conditions-Buch, das, oder d. Handlungsdiener in allen seinen Verhältnissen. Vom Verf. d. Katechismus f. Handlungs-Lehrlinge. 8. Berlin 826, Oddicke.

Conditor

— oder Zucker-, Pasteten- u. Tortenbäcker, s. Köchin, d. Nürnberg. 2r Thl.

Conditor, d. vollkommene. Nach d. 6n Aufl. d. Werks: le Confiseur Royal par Mdme Utrecht-Friedel. Aus d. Französ. v. F. Seebach. Mit 3 Zeichn. 8. Berl. 822. Rücker. 16 Gr.

— u. Zuckerbäcker, d. vollständige, oder vollkomm. u. gründl. Anweisung, ohne Vorkenntnisse alle dahin gehörige Arbeiten zu verfertigen, als d. Zubereitung d. Conserven, Bonbons, Zuckerkuchen rc. 12. Pesth 828. Wigand in Leipz. 12 Gr.

Conditor und Zuckerbäcker, d. vollständ., od. vollkomm. u. gründl. Anweis. ohne Vorkenntnisse alle dahin gehörigen Arbeiten zu verfertigen, als: Die Zubereitung der Conserven, Bonbons, Zuckerkuchen, rc., so wie auch zum Einmachen, Candiren u. Glasiren der Früchte rc. Nebst e. Anh., in welchem d. Verfertig. mancherlei zur Haushalt. nöth. u. nützl. Gegenstände gezeigt wird. 8. Pesth 836, Heckenast.

Conditorei, die. Ein Central-Organ für alle Interessen des Conditorei-Geschäfts, Arbeiter- und Stellen-Gesuche, Waaren- und Geschäfts-Empfehlungen, Verkäufe und neue Erfindungen. Hrsg. von G. Feyerabend. Jahrg. 1859. 52 Nrn. (1/2 Bog.) 4. Ludwigsburg 859, (Riehm.) Halbjährlich *

Conditorei, die deutsche, oder prakt. Anleitung zur Verfertigung von Conditorei-Backwaaren. Bestehend in einer Sammlung von über 500 Recepten nach eigener Erfahrung und Anwendung, nebst einer Anweisung: Liquere, feine Weine und Essenzen leicht selbst zu bereiten, sowie zur Anfertigung von Gelées, Crêmes, Puddings ꝛc. Ferner vollständ. Kunst des Früchten-Einmachens. Ein Hülfsbuch für Köche, Hausfrauen ꝛc. Mit Façon-Muster von Kaffee- und Theebackwerk, Torten-Verzierungen ꝛc. 8. (XIX und 136 S. mit 7 Stnt. in Fol.) Darmstadt 852, (Küchler.) *

die Abbildungen allein

Conditorei d. Jokus, s. M. G. Saphir.

Conditorei des Jokus, od. scherzhafte Bonbons, Früchte u. Confitüren f. spaßlieb. Näscher u. lust. Leckermäuler. Eine Auswahl jokoser Aufsätze, Einfälle, Anekdoten u. Witzspiele a. d. „Berliner Courier" u. d. „Berliner Schnellpost." Hrsg. v. M. G. Saphir. gr. 12. (10 B.) Leipzig 828, Focke.

Conditor-Zeitung. Blätter für die Conditorei und Kunstbäckerei, die Chocolade-, Tragant-, Marzipan-, Lebkuchen-, Cakes-, Biskuit- und Zuckerwaaren-Fabrikation, die Herstellung von Conserven und den Handel mit Delikatessen. (Deutsch-internationales Geschäftsorgan für die Conditorei ꝛc. und den Delikatessen-Handel in Deutschland und Luxemburg, Oesterreich und der Schweiz.) [16.] Jahrg. 1888. 36 Nrn. (Bog.) Fol. Trier. (Leipzig, P. Braun's Verlag.) *

Conditor-Zeitung, allgemeine deutsche. Redact.: P. Reber. 5.—8. Jahrg. 1890—1892. à Jahrg. 24 Nrn. (à Nr. 3/4—1 Bog.) 4. Münch., Verlags-Exped. d. Conditor-Zeitg. à Jahrg. * 3 —

— allgemeine deutsche. Organ des bayer. Conditoren-Vereines ꝛc. Red.: P. Reber. 6. Jahrg. 1890. 24 Nrn. (3/4 B.) 4. München, Verlags-Exped. d. Conditor-Zeitg. n. 2. 80

Conditor-Zeitung, allgemeine deutsche. Organ des Bundes selbstständ. Conditoren u. dessen Sterbekasse, des bayer. Conditoren-Vereins ꝛc. Red.: P. Reber. 7.—10. Jahrg. 1891—1894. à 24 Nrn. (Bog.) gr. 4. München, Verlags-Exped. der Conditor-Zeitg. à Jahrg. n. 3. —

Conditor-Zeitung, allgem. deutsche. Organ d. Bundes selbstständ. Conditoren u. dessen Sterbekasse, d. bayer. Conditoren-Vereines ꝛc. Red.: P. Reber. 11.—14. Jahrg. 1895—1898. à 24 Nrn. (Bog. m. Taf.) gr. 4. München, Verlags-Exped. d. Conditor-Zeitg. à Jahrg. n. 3. —

Conditor-Zeitung, allgemeine deutsche. Organ des Bundes selbstständ. Conditoren u. dessen Sterbekasse, des bayer. Conditoren-Vereins usw. Red.: P. Reber. 15.—18. Jahrg. 1899—1902. à 52 Nrn. Fol. (à ca. 4 S.) München, Verlags-Expedition. à Jahrg. n. 4. —

Conditor-Zeitung, allgemeine deutsche. Organ des Bundes selbständ. Conditoren u. dessen Sterbekasse, des bayer. Innungs-Verbandes usw. Red.: P. Reber. 19.—22. Jahrg. 1903—1906. à 52 Nrn. (à ca. 4 S.) Fol. München, Verlags-Expedition. à Jhrg. n. 4. —

Conditor-Zeitung, deutsche. Organ selbstständiger deutscher Conditoren. Redact.: C. Hennersdorf. 1. Jahrg. 15. Juni —Decbr. 1877. 13 Nrn. (à 1—1 1/2 Bog.) Fol. Leipzig (Webel.) *

—— dass. — 2. Jahrg. 1878. 24 Nrn. (à 1—1 1/2 Bog.) Fol. Leipzig, (Theile.) *
Nicht weiter erschienen.

—— Illustrirte, u. Offerten-Blatt. Central-Organ für die gesammten Interessen der Konditorei, Feinbäckerei, Biscuit-, Chokoladen- und Zuckerwaaren-Fabrikation, sowie der verwandten Geschäfts-Zweige. Herausg. u. red. von C. Scheible. Jhg. 1—2. Red.: C. Dentel. Jhg. 3—5. 1891—95. Frankfurt a. M. gr. 4.

Conditor, Koch und Bäcker Zeitung: 1878–1880.
Bi-weekly trade journal. Dated also at New York; Boston; Baltimore; Chicago; St. Louis. Large quarto, each issue 16 pages. Edited & published by F. Lisiewski & Co.
Philadelphia, PA

Conditt, Berthold, prakt. Arzt: Aus d. Kgl. pathol. Universitäts-Institut zu Königsberg i. Pr. Über subcutane Knochenneubildungen. *Königsberg i. Pr. 1901: J. Jacoby.* (27 S.) 8°
Königsberg, Med. Diss. v. 30. Nov. 1901

[F.] Das Leben Michelangelos beschr. v. s. Schüler Ascanio Condivi. A. d. Ital. übs. u. erl. v. Hermann Pemsel. M. 9 Lichtdr. *München: C. H. Beck 1898.* (XIV S., 1 Bl., 219 S., 9 Taf.) 1 Bd 8. [98. 499]

Condivi, Ascanio: Das Leben des Michelangelo Buonarroti, s. a. Bibliothek der Gesamtliteratur.

Condivi, A., das Leben d. Michelangelo Buonarroti, s. a. Quellenschriften f. Kunstgeschichte u. Kunsttechnik d. Mittelalters u. der Renaissance.

Condivi, Ascanio. Das Leben Michelangelo Buonarotti's. Zum ersten Male in deutsche Sprache übersetzt durch Rudolph Valdek. Mit der Ergänzung von G. Ticciati und Mittheilung des Wissenswürdigsten aus B. Varchi's Leichenrede übersetzt von Alb. Ilg. Mit Noten und einer chronologischen Uebersicht herausgegeben von R. v. E. (Quellenschriften für Kunstgeschichte und Kunstechnik, herausgegeben von R. Eitelberger v. Edelberg. VI.) Wien 1874. 8°.

Condivi, Ascanio, Leben d. Michelangelo Buonarroti. Aus dem Ital. 12. (XIV, 175 S. m. Bild.) Stuttgart 889. Kohlhammer. n. 1. 50; geb. n. 2. 50

Das Leben des Michelangelo Buonarroti [Vita di Michelangelo Buonarroti] beschrieben von seinem Schüler Ascanio Condivi. Übers. von Dr. Johannes Adler. Halle a. S.: Hendel [1909]. 147 S. 8°
(Bibliothek d. Gesamtliteratur d. In- u. Auslandes. Nr 2161.) [10. 1040]

— vita di Michelangelo Buonarroti, s.: Vasari, Sammlung ausgewählter Biographien.

Condolenz Und Trost-Schreiben . . . Herborn 1701. V: *Lucae, Friedrich.* (Linde, Nassauer Drucke. Wiesbaden 1882.)

Condolenzbrief, Ein, einer Jugendfreundin Göthes; mitgetheilt von Heinrich Funck. Bremen 1897. V: *Klettenberg, Susanne Katharine von.* (Zuwachsverz. d. Bibliotheken in Zürich 1898 ff., 8.)

Condolenzbriefe, 25 kritische, an Herrn App.-Ger.-Ref. Jos. Kolfmann. Hrsg. von Hilarius Severin, kathol. Laien. 1. und 2. Aufl. 8. (194 S.) Paderborn 868, (Junfermann'sche Buchh.) *

Condolenzschreiben an die grossen Geister Teutschlands Hrn Lessing, Hrn Goethe und ihre Cameraden bey dem Tod der Emilia Galotti, der Minna von Barnhelm und des Götz von Berlichingen . . . Strassburg, Frankfurt, Mainz und Hanau [1777]. V: *Cranz, Aug. Friedr.* [?] (Arch. f. Litt. IX 190—191)

Der Condor: 1876? ?
Humorous but language too crude, hence died soon. Editor and publisher: G. H. Ahlfeld.
Buenos Aires

Condor, in the fight for South-America. English ed. (227 S.) 8. Berlin (909). H. Paetel. Kart. 4. —

Condor. Im Kampf um Südamerika. Ein Zukunftsbild. Berlin: H. Paetel (1908). 261 S. 8° [09. 18203 II]

Condor. Im Kampf um Südamerika. Ein Zukunftsbild. 2. Aufl. Berlin: H. Paetel [1908]. 261 S. 8° (09. 7023)

Condorcet, de

— Entwurf e. histor. Gemäldes d. Fortschritte d. menschl. Geistes; aus d. Französ. v. E. L. Posselt. 8. Tübing. 796. v. Cotta. 1 Rthlr.

— s. L. Euler, Briefe.

Condorcet, Marie Jean Antoine Nicolas Caritat Marquis de

— éloge historique de Buffon. 12. Zweibr. 792. 7 gr.

Condorcet, de, Equisse d'un tableau historique des progrés de l'esprit humain. Paris 794. 8. 1 rthl. Leipsic 796. 8. 1 rthl. 6 gr.

— Esquisse d'un Tableau historique des Progrès de l'Esprit humain; ouvrage posthume de Condorcet. gr. 8. Leipzig, Wolff. (Schmidt.) 796.

de Condorcet, Leben Voltaire's, mit d. autobiograph. Nachrr. Voltaire's; aus d. Französ., mit Anmerkk. (v. D. H. Stöver). 8. Berl. 791. Unger. 1 Rthlr. 12 gr.

Condorcet, [Marie-Jean-Antoine-Nicolas de Caritat, marquis de]. Lettre de M. Condorcet. à M***, Magistrat de la ville de***, en Suisse. 8. *s. l.* [1792].

de Condorcet, Lobrede auf Dan. Bernoulli; aus d. Französ., mit Anmerkk. v. Dan. Bernoulli. gr. 8. Basel 787. Schweighauser. 8 gr.

Condorcet, Mar. Jean Ant. Nic. Car. Marqu. de, notices biographiques [éloges]. Linné. Jos. de Jussieu. Haller. Erklärt von A. Dronke und F. W. Röhr. 8. (IV, 55 S.) Berlin 887, Weidmann'sche Buchh. cart. [75 Pf.]

— oeuvres complètes. XXII Vols. gr. 8. Braunschw. 802—5. Vieweg. 25 Rthlr.

— la vie de Buffon. 12. Bern, Typogr. Soc. 5 gr.

— vie de Turgot. II Vols. 8. Bern 787. Typogr. Soc. 1 Rthlr.

Condorcet, Vie de Voltaire, s. Collection des auteurs classiques.

Condrau, P., voir: *Calender.*

Condrau, Pl. Calender Romonsch per ilg on 1881, daus ora sut cooperatiun d'entgins amitgs dil piovel. Vegntgaduasavla annada. In-8°, 112 p. Disentis, Stamparia de Mustèr. 1881. **— 50**

Condren, das Priesterthum u. das Opfer Jesu Christi in ihrer Bedeutung. Eingeführt v. J. Gaume. Aus dem Franz. 8. (352 S.) Regensburg 847, Manz. 3/4 Rthlr.

Conducteur, s. a. Condukteur.

Conducteur, der. Wiener Cours-Buch. Eisenbahn-, Dampfschiffahrts-, Post-, Stellwagen- und Telegrafenverbindungen in Oesterreich. — Service des chemins de fer, des bâteaux à vapeur, des postes, diligences et du télégraphe de l'Autriche. — 1863. Nr. 1. und 2. 8. (à Nr. 82 S. mit 1 chromolithogr. Karte in Fol.) Wien 863, Beck's Sortiment. à Nr. *

Conducteur, der. Fahr-Pläne der österreichisch-ungarischen Eisenbahn-, Post- und Dampfschiff-Course mit einer Eisenbahnkarte von Oesterreich-Ungarn und Wiener Fremdenführer. 1871—1873. à 12 Hefte. 8. (à Heft XXIV, 71 S. mit 1 lithogr. Karte in qu. Fol.) Wien, v. Waldheim. à Heft *

— dasselbe 1874—1876. Jährlich 10—12 Hfte. 8. (à 176 S. m. 1 lith. Karte in qu. Fol.) Ebend. à Hft. n. 1. —

—— dass. — Officielles Coursbuch der oesterreichisch-ungar. Eisenbahnen. Fahr-Pläne der oesterreichisch-ungar. Eisenbahn-, Post- und Dampfschiff-Course nebst den wichtigsten Eisenbahnverbindungen des Auslandes mit einer Eisenbahnkarte für Oesterreich-Ungarn und Wiener Fremdenführer. 1874. 10 Hefte. 8. (à Heft 176 S. mit 1 lithogr. Karte in qu. Fol.) Ebendas. à Heft *

Conducteur, der. Officielles Coursbuch der österreichisch-ungar. Eisenbahnen. Fahr-Pläne der österreichisch-ungar. Eisenbahn-, Post- und Dampfschiff-Course nebst den wichtigsten Eisenbahnverbindungen des Auslandes mit 1 (lithogr.) Eisenbahnkarte (in qu. Fol.) für Oesterreich-Ungarn und Wiener Fremdenführer. 1875—1879. à Jahrg. 10 Hefte. 8. (XLVIII, 175; XVI, 192; XVI, 205; XX, 194 S. mit je 1 lithogr. Eisenbahnkarte in qu. Fol.) Wien, v. Waldheim. à Heft *M* 1.; à Jahrg.

Conducteur, der. Officielles Coursbuch der österreichisch-ungar. Eisenbahnen. Fahrpläne der österreich. und ungar. Eisenbahn-, Post- und Dampfschiff-Course, nebst den wichtigsten Eisenbahnverbindungen des Auslandes, mit 1 (lithogr.) Eisenbahnkarte für Mittel-Europa (in qu. gr. Fol.) und einem Führer in den Hauptstädten mit Plan von Wien, Prag und Budapest. 1880—1884. à Jahrg. 10—12 Hefte. 8. (à Heft ca. LVI, 216 S.) Wien, v. Waldheim. à Heft

„Der Conducteur". Officielles Coursbuch der österr.-ung. Eisenbahnen. Fahrpläne der österreich.-ungar. Eisenbahn-, Post- u. Dampfschiff-Course nebst d. wichtigsten Eisenbahnverbindungen des Auslandes, mit einer Eisenbahnkarte von Mittel-Europa und einem Führer in den Hauptstädten mit Plan von Wien, Prag und Budapest. 8. XI. Jahrg. 1881. Jäner-Febr. (XLVIII u. 216 S.) geh. 50 kr. Wien: v. Waldheim

„Der Conducteur". Officielles Coursbuch der österr.-ung. Eisenbahnen. Fahrpläne der österreich.-ungar. Eisenbahn-, Post- u. Dampfschiff-Course nebst d. wichtigsten Eisenbahnverbindungen des Auslandes, mit einer Eisenbahnkarte von Mittel-Europa und einem Führer in den Hauptstädten mit Plan von Wien, Prag und Budapest. 8. XI. Jahrg. 1881. März. (XLVIII u. 216 S.) geh. 50 kr.

„Der Conducteur". Officielles Coursbuch der österr.-ung. Eisenbahnen. Fahrpläne der österreich.-ungar. Eisenbahn-, Post- u. Dampfschiff-Course nebst d. wichtigsten Eisenbahnverbindungen des Auslandes, mit einer Eisenbahnkarte von Mittel-Europa und einem Führer in den Hauptstädten, mit Plan von Wien, Prag und Budapest. 8. XI. Jahrg. 1881. April bis 15. Mai. (XLVIII u. 216 S.) geh. 50 kr.

„Der Conducteur". Officielles Coursbuch der österr.-ung. Eisenbahnen. Fahrpläne der österreich.-ungar. Eisenbahn-, Post- u. Dampfschiff-Course nebst d. wichtigsten Eisenbahnverbindungen des Auslandes, mit einer Eisenbahnkarte von Mittel-Europa und einem Führer in den Hauptstädten u. an d. Eisenbahnen, mit Plan von Wien, Prag und Budapest. 8. XI. Jahrg. 1881. Mai. (XLVIII u. 270 S.) geh. 50 kr.

„Conducteur" Der. Officielles Coursbuch der österr.-ung. Eisenbahnen. Fahrpläne der österreich.-ungar. Eisenbahn-, Post- u. Dampfschiff-Course nebst d. wichtigsten Eisenbahnverbindungen des Auslandes, mit einer Eisenbahnkarte von Mittel-Europa und einem Führer in den Hauptstädten u. an d. Eisenbahnen, mit Plan von Wien, Prag und Budapest. 8. XI. Jahrg. 1881. Juni. (XLVIII u. 270 S.) geh. 50 kr.

„Conducteur" Der. Officielles Coursbuch der österr.-ung. Eisenbahnen. Fahrpläne der österreich.-ungar. Eisenbahn-, Post- u. Dampfschiff-Course nebst d. wichtigsten Eisenbahnverbindungen des Auslandes, mit einer Eisenbahnkarte von Mittel-Europa und einem Führer in den Hauptstädten u. an d. Eisenbahnen, mit Plan von Wien, Prag und Budapest. 8. XI. Jahrg. 1881. Juli. (XLVIII u. 270 S.) geh. 50 kr.

„Conducteur" Der. Officielles Coursbuch der österr.-ung. Eisenbahnen. Fahrpläne der österreich.-ungar. Eisenbahn-, Post- u. Dampfschiff-Course nebst d. wichtigsten Eisenbahnverbindungen des Auslandes, mit einer Eisenbahnkarte von Mittel-Europa und einem Führer in den Hauptstädten u. an d. Eisenbahnen, mit Plan von Wien, Prag und Budapest. 8. XI. Jahrg. 1881. August. (XLVIII u. 270 S.) geh. 50 kr.

„Conducteur“ Der. Officielles Coursbuch der österr.-ung. Eisenbahnen. Fahrpläne der österreich.-ungar. Eisenbahn-, Post- u. Dampfschiff-Course nebst d. wichtigsten Eisenbahnverbindungen des Auslandes, mit einer Eisenbahnkarte von Mittel-Europa und einem Führer in den Hauptstädten u. an d. Eisenbahnen, mit Plan v. Wien, Prag u. Budapest. 8. XI. Jahrg. 1881. September bis 15. October. (XLVIII u. 270 S.) geh. 50 kr.

„Conducteur“ Der. Officielles Coursbuch der österr.-ung. Eisenbahnen. Fahrpläne der österreich.-ungar. Eisenbahn-, Post- u. Dampfschiff-Course nebst d. wichtigsten Eisenbahnverbindungen des Auslandes, mit einer Eisenbahnkarte von Mittel-Europa und einem Führer in den Hauptstädten u. an d. Eisenbahnen, mit Plan v. Wien, Prag u. Budapest. 8. XI. Jahrg. 1881. 15. October. (XLVIII u. 270 S.) geh. 50 kr.

„Conducteur“ Der. Officielles Coursbuch der österr.-ung. Eisenbahnen. Fahrpläne der österreich.-ungar. Eisenbahn-, Post- u. Dampfschiff-Course nebst d. wichtigsten Eisenbahnverbindungen des Auslandes, mit einer Eisenbahnkarte von Mittel-Europa und einem Führer in den Hauptstädten u. an d. Eisenbahnen, mit Plan v. Wien, Prag u. Budapest. 8. XI. Jahrg. 1881. November—December. (XLVIII u. 270 S.) geh. 50 kr.

Conducteur, der. Officielles Coursbuch der österreichisch-ungar. Eisenbahnen. Fahrpläne der österreich. u. ung. Eisenbahn-, Post- u. Dampfschiff-Course, nebst den wichtigsten Eisenbahnverbindungen des Auslandes, mit einer (lith.) Eisenbahnkarte für Mittel-Europa (in qu. gr. Fol.) u. einem Führer in den Hauptstädten m. Plan v. Wien, Prag u. Budapest. 1882. 10—12 Hfte. 8. (1. Hft. XLVIII, 216 S.) Wien, v. Waldheim. à Hft. 1. —

„Conducteur“, Der, Officielles Coursbuch d. österr.-ungar. Eisenbahnen. Fahrpläne d. österreichisch-ungarischen Eisenbahn-, Post und Dampfschiff-Course nebst den wichtigsten Eisenbahnverbindungen des Auslandes, m. einer Eisenbahnkarte und einem Führer in den Hauptstädten etc, mit Plänen 8. XIII. Jahrgang. 1883 Jänner, Februar—Juni. Wien, Ritt. von Waldheim. à 50 kr.

„Conducteur“, Der, Officielles Coursbuch d. österr.-ungar. Eisenbahnen. Fahrpläne d. österr.-ungar. Eisenbahn-, Post- u. Dampfschiff-Course nebst Eisenbahn-Verbindungen des Auslandes, und Eisenbahnkarte v. Mittel-Europa u. Führer in d. Hauptstädten etc., mit Plan von Wien, Prag und Budapest. 8. XIII. Jahrg. 1883. Juli—November. (à 372 und 288 S.) Wien, R. v. Waldheim. à 50 kr.

„Conducteur“, Der. Officielles Coursbuch der österr.-ung. Eisenbahnen. Fahrpläne der österr.-ungar. Eisenbahn-, Post- und Dampfschiff-Course, nebst den wichtigsten des Auslandes, mit einer Eisenbahnkarte von Mittel-Europa und einem Führer in den Hauptstädten. 8. XIV. Jahrg. 1884. Jänner-Februar-Juni. (288 bis 344 S.) Wien, R. v. Waldheim. à 50 kr.

„Conducteur“, Der. Officielles Coursbuch d. österr.-ung. Eisenbahnen, Dampfschiff-Course etc., mit e. Eisenbahnkarte v. Mittel-Europa u. e. Führer in d. Hauptstädten u. an d. Eisenbahnen, mit Plan v. Wien, Prag u. Budapest. XIV. Jahrg. 1884. Juli bis Nov.-Dec. 8. (à 314 S.) Wien, R. v. Waldheim. à 50 kr.

Conducteur, der. Offizielles Coursbuch der österreich. und ungar. Eisenbahnen. Fahrpläne der österreich. und ungar. Eisenbahn-, Post- und Dampfschiff-Course, nebst den wichtigsten Eisenbahnverbindungen des Auslandes, mit 1 (lithogr.) Eisenbahnkarte von Mittel-Europa (in qu. gr. Fol.) und einem Führer in den Hauptstädten mit Plan von Wien, Prag und Budapest. 1885—1888. à Jahrg. 10 Hefte. 8. (à Heft ca. XC, 270 S.) Wien, v. Waldheim. à Heft

„Conducteur“, Der, Officiell. Coursbuch d. österr.-ung. Eisenbahnen, Fahr-Pläne d. österr.-ung. Eisenbahn-, Post-. u. Dampfschiff-Course u. e. Führer i. d. Hauptstädten u. an d. Eisenbahnen, mit Plan von Wien, Prag u. Budapest. XV. Jahrg. 1885. März—Juni. 8. (à 284 S.) Wien, R. v. Waldheim. à 50 kr.

„Conducteur“, Der. Officielles Coursbuch d. österr.-ungar. Eisenbahnen. Fahrpläne d. österr.-ungar. Eisenbahn-, Post- u. Dampfschiffcourse, mit ein. Eisenbahnkarte u. ein. Führer in d. Hauptstädten u. an d. Eisenbahnen, Plan v. Wien, Prag u. Budapest. XV. Jahrg. 1885. Juli-Decbr. 8. (ca. 290 S.) Wien, R. v. Waldheim. à 50 kr.

Conducteur, der. Officielles Coursbuch der österr. u. ungar. Eisenbahnen. Fahrpläne der österr. u. ungar. Eisenbahn-, Post- u. Dampfschiff-Course, nebst den wichtigsten Eisenbahnverbindungen des Auslandes, mit einer (lith.) Eisenbahnkarte von Oesterreich-Ungarn u. Mittel-Europa (in qu. gr. fol.) u. einem Führer in den Hauptstädten mit Plan von Wien, Prag u. Budapest 1886. 10—12 Hfte. 8°. Januar-Juni. Wien, v. Waldheim. Baar à Hft. fl. —.50.

Conducteur, der. Officielles Coursbuch der österr. u. ungar. Eisenbahnen. Fahrpläne der österr. u. ungar. Eisenbahn-, Post- und Dampfschiff-Course nebst den wichtigsten Eisenbahnverbindungen des Auslandes, mit einer (lith.) Eisenbahnkarte von Oesterreich-Ungarn und Mittel-Europa (in qu. gr. fol.) und einem Führer in den Hauptstädten mit Plan von Wien. Prag u. Budapest. 1886 10—12 Hefte. 8°. Juli—December. Wien, v. Waldheim. Baar à Heft fl. —.50.

Conducteur, der. Officielles Coursbuch der österreichischen und ungarischen Eisenbahnen. Fahrpläne der österreichischen und ungarischen Eisenbahn-, Post- und Dampfschiff-Course, nebst den wichtigsten Eisenbahnverbindungen des Auslandes, mit einer (lith.) Eisenbahnkarte von Oesterreich-Ungarn und Mittel-Europa (in qu. gr. Fol.) und einem Führer in den Hauptstädten mit Plan von Wien, Prag und Budapest. 1887. 10—12 Hefte. 8. (1. Hft. 292 S.) Wien, v. Waldheim. Baar à fl. —.50.

Conducteur, der. Officielles Coursbuch der österreichischen und ungarischen Eisenbahnen. Fahrpläne der österreichischen und ungarischen Eisenbahn-, Post- und Dampfschiff-Course, nebst den wichtigsten Eisenbahnverbindungen des Auslandes, mit einer (lith.) Eisenbahnkarte von Oesterreich-Ungarn u. Mittel-Europa (in qu. gr. Fol.) und einem Führer in den Hauptstadten mit Plan von Wien, Prag und Budapest. 1887. 10—12 Hefte. 8°. (Juli—December) Wien, v. Waldheim. Baar à fl. —.50.

—— dass. — Kleine Ausg. 1887 und 1888. à Jahrg. 10 Nrn. 8. (à Nr. ca. XX, 144 S. mit 1 Eisenbahnkarte von Oesterreich-Ungarn.) Ebendas. à Nr.

Conducteur, Der. Officielles Coursbuch d. österr. u. ungar. Eisenbahnen. Fahrpläne der österr. u. ungar. Eisenbahn-, Post- u. Dampfschiff-Course, nebst den wichtigsten Eisenbahnverbindgn. des Auslandes, mit einer (lith.) Eisenbahnkarte von Oesterreich-Ungarn u. Mittel-Europa (in Qu.-Gr.-Fol.) u. einem Führer in den Hauptstädten mit Plan von Wien, Prag u. Budapest. 1889. XIX. Jahrg. 10—12 Hefte. 8. (1. Hft. 243 S.) à Wien: v. Waldheim *—.50

— — **Kleine Ausg. 1889, 10—12 Hefte. 8. (1. Hft. XXII, 141 S.) Mit einer Karte. à —.30**

Conducteur, Der. Officielles Coursbuch der österr. u. ungar. Eisenbahnen. Fahrpläne der österr. u. ungar. Eisenbahn-, Post- u. Dampfschiffcourse, nebst den wichtigsten Eisenbahnverbindungen des Auslandes, mit einer (lith.) Eisenbahnkarte von Oesterreich-Ungarn u. Mitteleuropa (in Qu.-Gr.-Fol.) u. einem Führer in den Haupstädten mit Plan von Wien, Prag u. Budapest 1889. 10—12 Hfte. März. 8. (LXXXIX u. 248 S.) à Heft * —.50

-- — kleine Ausgabe 1889. März. 8. (XXV, 144 S mit 1 Eisenbahnkarte) —.30

„Conducteur“, Der. Officielles Cursbuch der österreichischen und ungarischen Eisenbahnen. Fahrpläne der österreichischen und ungarischen Eisenbahn-, Post- und Dampfschiff-Curse, nebst den wichtigsten Eisenbahnverbindungen des Auslandes, mit einer (lith.) Eisenbahnkarte von Oesterreich-Ungarn und Mittel-Europa (in Qu.-Gr.-Fol.) und einem Führer in den Hauptstädten mit Plan von Wien, Prag und Budapest. 1889. XIX. Jahrg. 8. (April-) Heft. 8. (LXXXIX, 249 und Führer an den österreichisch-ungarischen Eisenbahnen (16 S.) * —.50

— — Kleine Ausgabe, 1889, April. Mit einer Karte. 8. (142 S.) —.30

Conducteur, Der. Officielles Coursbuch der österr. und ungar. Eisenbahnen. Fahrpläne der österr. und ungar. Eisenbahn-, Post und Dampfschiff-Course, nebst den wichtigsten Eisenbahnverbindungen des Auslandes, mit 1 (lith.) Eisenbahnkarte von Mittel Europa (in Qu. Gr.-Fol.) und einem Führer in den Hauptstädten mit Plan von Wien, Prag und Budapest. 1889. 8. Mai (XCI, 249 u. 16 S.) * —.50

— — Dasselbe. Kleine Ausgabe 1889. Mai. Mit einer Karte. 8. (XXIV, 142 S.) * —.30

Conducteur, Der. Officielles Coursbuch der österr. und ungar. Eisenbahnen. Fahrpläne der österr. und ungar. Eisenbahn-, Post und Dampfschiff Course, nebst den wichtigsten Eisenbahnverbindungen des Auslandes, mit 1 (lith.) Eisenbahnkarte von Mittel Europa (in Qu. Gr Fol.) und einem Führer in den Hauptstädten mit Plan von Wien, Prag und Budapest. 1889. 8. Juni (XCII, 256 u. 80 S.) * —.50

— — Dasselbe. Kleine Ausgabe 1889. Juni. Mit einer Karte. 8. (XXIV, 150 S.) * —.30

Conducteur, Der. Officielles Coursbuch der österr. und ungar. Eisenbahnen. Fahrpläne der österr. und ungar. Eisenbahn-, Post- und Dampfschiff-Course, nebst den wichtigsten Eisenbahnverbindungen des Auslandes, mit 1 (lith.) Eisenbahnkarte von Mittel-Europa (in Qu. Gr.-Fol.) und einem Führer in den Hauptstädten mit Plan von Wien, Prag und Budapest. 1889. 8. Juli (XCII, 256 u. 80 S.) * —.50

— — Dasselbe. Kleine Ausgabe 1889. Juli. Mit einer Karte. 8. (XXIV, 151 S.) * —.30

Conducteur, Der. Fahrpläne der österr. u. ungar. Eisenbahn-, Post- und Dampfschiff-Course, nebst den wichtigsten Eisenbahnverbindungen des Auslandes, mit 1 (lith.) Eisenbahnkarte von Mittel-Europa (in Qu. Gr.-Fol.) und einem Führer in den Hauptstädten mit Plan von Wien, Prag und Budapest. 1889. 8. August. (XCII, 256 u. 80 S.) * —.50

— — Dasselbe. Kleine Ausgabe 1889. August. Mit einer Karte. 8. (XXIV, 151 S.) * —.30
Wien: v. Waldheim

Conducteur, Der. Officielles Coursbuch der österreichischen und ungarischen Eisenbahnen. Fahrpläne der österr. u. ungar. Eisenbahn-, Post und Dampfschiff-Course, nebst den wichtigsten Eisenbahnverbindungen des Auslandes, mit einer (lith.) Eisenbahnkarte von Mittel-Europa (in Qu. Gr.-Fol.) und einem Führer in den Hauptstädten mit Plan von Wien, Prag und Budapest. 1889. September. 8. (C, 256 u. 80 S.) —.50

Conducteur, Der. Officielles Coursbuch der österreichischen und ungarischen Eisenbahnen. Fahrpläne der österr. u. ungar. Eisenbahn-, Post- und Dampfschiff-Course, nebst den wichtigsten Eisenbahnverbindungen des Auslandes, mit einer (lith.) Eisenbahnkarte von Mittel-Europa (in Qu.-Gr.-Fol.) und einem Führer in den Hauptstädten mit Plan von Wien, Prag und Budapest. 1889. October. 8. (C, 266 S.) —.50

— — Dasselbe. Kleine Ausgabe 1889. October. 8. (XXIV, 144 S. mit 1 Karte) —.30

Conducteur, Der. Officielles Coursbuch der österreichischen und ungarischen Eisenbahnen. Fahrpläne der österr. u. ungar. Eisenbahn-, Post- und Dampfschiff-Course, nebst den wichtigsten Eisenbahnverbindungen des Auslandes, mit einer (lith.) Eisenbahnkarte von Mittel-Europa (in Qu.-Gr. Fol.) und einem Führer in den Hauptstädten mit Plan von Wien, Prag und Budapest. 1889. November—December. 8. (C, 245 S.) —.50

— — Dasselbe. Kleine Ausgabe 1889. November—December. 8. (XXIV, 144 S. mit 1 Karte) —.30

Conducteur, der. Officielles Coursbuch der österreich. u. ungar. Eisenbahnen. Fahrpläne der österreich. u. ungar. Eisenbahn-, Post- u. Dampfschiff-Course, nebst den wichtigsten Eisenbahnverbindgn. des Auslandes, m. e. (lith.) Eisenbahnkarte v. Mittel-Europa (in qu. gr. Fol.) u. e. Führer in den Hauptstädten m. Plan v. Wien, Prag u. Budapest. 1890. 10 Hfte. 8. (1. Hft. C, 261 S.) Wien, v. Waldheim. à Hft. n. 1.—

— dasselbe. Kleine Ausg. 1890. 10 Hfte. 8. (1. Hft. XXIV, 144 S. m. 1 Karte.) Ebd. à Hft. n. — 60

Conducteur, Der. Fahrpläne der österreichischen und ungarischen Eisenbahn-, Post- und Dampfschiff-Course, mit einer (lith.) Eisenbahnkarte von Mitteleuropa (in Qu.-Gr.-Fol.) und einem Führer in den Hauptstädten, mit Plan von Wien, Prag und Budapest. 1891. XXI. Jahrg. 8. Januar-Februar * —.50

— — Dasselbe. Kleine Ausgabe. 1891. Januar-Februar. Mit 1 Karte. 8. —.30

Conducteur, Der. Officielles Coursbuch der österreichischen und ungarischen Eisenbahnen. Fahrpläne der österr. und ungar. Eisenbahn-, Post- und Dampfschiff-Course, nebst den wichtigsten Eisenbahnverbindungen des Auslandes, mit einer (lith.) Eisenbahnkarte von Mittel-Europa (in Qu.-Gr.-Fol.) und einem Führer in den Hauptstädten mit Plan von Wien, Prag und Budapest. 1891. März. 8. —.50

— — Dasselbe. Kleine Ausgabe. 1891. März. 8. —.30

Conducteur, Der. Fahrpläne der österreichischen und ungarischen Eisenbahn-, Post- und Dampfschiff-Course, mit einer (lith.) Eisenbahnkarte von Mitteleuropa (in Qu.-Gr.-Fol.) und einem Führer in den Hauptstädten, mit Plan von Wien, Prag und Budapest. 1891. XXI. Jahrg. 8. April (XXXVI, 630 S.) * —.50

— — Dasselbe. Kleine Ausgabe. 1891. April (XXIV, 423 S.) Mit 1 Karte. 8. —.30

Conducteur, Der. Fahrpläne der österreichischen und ungarischen Eisenbahn-, Post- und Dampfschiff-Course, mit einer (lith.) Eisenbahnkarte von Mitteleuropa (in Qu.-Gr.-Fol.) und einem Führer in den Hauptstädten, mit Plan von Wien, Prag und Budapest. 1891. XXI. Jahrg. 8. Mai * —.50

— — Dasselbe. Kleine Ausgabe. 1891. Mai. Mit 1 Karte. 8. —.30

Conducteur, Der. Officielles Coursbuch der österreichischen und ungarischen Eisenbahnen. Fahrpläne der österr. und ungar. Eisenbahn-, Post- und Dampfschiff-Course, nebst den wichtigsten Eisenbahnverbindungen des Auslandes, mit einer (lith.) Eisenbahnkarte von Mittel-Europa (in Qu.-Gr.-Fol.) und einem Führer in den Hauptstädten mit Plan von Wien, Prag und Budapest. 1891. Juni. 8. * —.50

— — Dasselbe. Kleine Ausgabe 1891. Juni. Mit 1 Karte. 8. * —.30

Conducteur, Der. Officielles Coursbuch der österreichischen und ungarischen Eisenbahnen. Mit einer (lith.) Eisenbahnkarte von Mittel-Europa (in Qu.-Gr.-Fol.) und einem Führer in den Hauptstädten mit Plan von Wien, Prag und Budapest. 1891. Juli. 8. * —.50

— — Dasselbe. Kleine Ausgabe 1891. Juli. Mit 1 Karte. 8. * —.30

Conducteur, Der. Officielles Coursbuch der österreichischen und ungarischen Eisenbahnen. Mit einer (lith.) Eisenbahnkarte von Mittel-Europa (in Qu.-Gr.-Fol.) und einem Führer in den Hauptstädten mit Plan von Wien, Prag und Budapest. 1891. August. 8. * —.50

— — Dasselbe. Kleine Ausgabe 1891. August. Mit 1 Karte. 8. * —.30

Conducteur, Der, Fahrpläne der österreichischen und ungarischen Eisenbahnen-, Post- und Dampfschiff-Curse, mit einer (lith.) Eisenbahnkarte von Mitteleuropa (in Qu.-Gr.-Fol.) und einem Führer in den Hauptstädten, mit Plan von Wien, Prag und Budapest 1891. XXII. Jahrg. 8. August * —.50

— — Dasselbe. Kleine Ausgabe. 1892. August. Mit einer Karte. 8. —.30

Conducteur, Der. Officielles Coursbuch der österreichischen und ungarischen Eisenbahnen. Mit einer (lith.) Eisenbahnkarte von Mittel-Europa (in Qu.-Gr.-Fol.) und einem Führer in den Hauptstädten mit Plan von Wien, Prag und Budapest. 1891. September. 8. * —.50

— — Dasselbe. Kleine Ausgabe 1891. September. Mit 1 Karte. 8. * —.30

Conducteur, Der. Officielles Coursbuch der österreichischen und ungarischen Eisenbahnen. Mit einer (lith.) Eisenbahnkarte von Mittel-Europa (in Qu.-Gr.-Fol.) und einem Führer in den Hauptstädten mit Plan von Wien, Prag und Budapest. 1891. October. 8. * —.50

— — Dasselbe. Kleine Ausgabe 1891. October. Mit 1 Karte. 8. * —.30

Conducteur, Der, Fahrpläne der österreichischen und ungarischen Eisenbahn-, Post- und Dampfschiff-Course mit einer (lith.) Eisenbahnkarte von Mittel-Europa (in Quer-Gross-Folio) und einem Führer in den Hauptstädten, mit Plan von Wien, Prag, und Budapest. 1891. XXI. Jahrg. October (XXXVIII, 711 S.) 8. * —.50

Dasselbe. Kleine Ausgabe. 1893. October. (XXIV, 493 S.) Mit einer Karte. 8. —.30

Conducteur, Der. Officielles Coursbuch der österreichischen und ungarischen Eisenbahnen. Mit einer (lith.) Eisenbahnkarte von Mittel-Europa (in Qu.-Gr.-Fol.) und einem Führer in den Hauptstädten mit Plan von Wien, Prag und Budapest. 1891. November—December. 8. * —.50

— — Dasselbe. Kl. Ausg. 1891. November—December. Mit 1 Karte. 8. * —.30

Conducteur, der. Officielles Coursbuch der österreich. Eisenbahnen. Fahrpläne der österreich. u. ungar. Eisenbahnen, Dampfschiffe, u. Post-Course, nebst den wichtigsten Eisenbahn-Verbindgn. d. Auslandes, m. 2 Karten. 1892. 10 Hefte. 8. (à Heft ca. 400 S. m. Illustr. u. Plänen.) Wien, v. Waldheim. à Heft 1 —

—— dass. — Kleine Ausg. 1892. 10 Hefte. 8. (à Heft ca. 225 S. m. 1 Karte.) Ebd. à Heft — 60

Conducteur, Der. Officielles Coursbuch der österreichischen und ungarischen Eisenbahnen. Mit einer (lith.) Eisenbahnkarte von Mittel-Europa (in Qu.-Gr.-Fol.) und einem Führer in den Hauptstädten mit Plan von Wien, Prag und Budapest. 1892. Januar—Februar. 8. * —.50

— Dasselbe. Kl. Ausg. 1892. Januar—Februar. Mit 1 Karte. 8. * —.30

Conducteur, Der. Fahrpläne der österreichischen und ungarischen Eisenbahn-, Post- und Dampfschiff-Course, mit einer (lith.) Eisenbahnkarte von Mitteleuropa (in Qu.-Gr.-Fol.) und einem Führer in den Hauptstädten, mit Plan von Wien, Prag und Budapest. 1892. XXII. Jahrg. 8. März * —.50

— — Dasselbe. Kleine Ausgabe. 1892. März. Mit 1 Karte. 8. —.30

Conducteur, Der. Officielles Coursbuch der österreichischen und ungarischen Eisenbahnen. Mit einer (lith.) Eisenbahnkarte von Mittel-Europa (in Qu.-Gr.-Fol.) und einem Führer in den Hauptstädten mit Plan von Wien, Prag und Budapest. 1892. April. 8. * —.50

— — Dasselbe. Kl. Ausg. 1892. April. Mit 1 Karte. 8. * —.30

Conducteur, Der. Officielles Coursbuch der österreichischen und ungarischen Eisenbahnen. Mit einer (lith.) Eisenbahnkarte von Mittel-Europa (in Qu.-Gr.-Fol.) und einem Führer in den Hauptstädten mit Plan von Wien, Prag und Budapest. 1892. Mai. 8. * —.50

— — Dasselbe. Kl. Ausg. 1892. Mai. Mit 1 Karte. 8. * —.30

Conducteur, Der. Fahrpläne der österreichischen und ungarischen Eisenbahn-, Post- und Dampfschiff-Course, mit einer (lith.) Eisenbahnkarte von Mitteleuropa (in Qu.-Gr.-Fol.) und einem Führer in den Hauptstädten, mit Plan von Wien, Prag und Budapest. 1892. XXII. Jahrg. 8. Juni * —.50

— — Dasselbe. Kleine Ausgabe. 1892. Juni. Mit 1 Karte. 8. —.30

Conducteur, Der. Officielles Coursbuch der österreichischen und ungarischen Eisenbahnen. Mit einer (lith.) Eisenbahnkarte von Mittel-Europa (in Qu.-Gr.-Fol.) und einem Führer in den Hauptstädten mit Plan von Wien, Prag und Budapest. 1892. Juli. 8. * —.50

— — Dasselbe. Kl. Ausg. 1892. Juli. Mit 1 Karte. 8. * —.30

Conducteur, Der, Fahrpläne der österreichischen und ungarischen Eisenbahnen-, Post- und Dampfschiff-Curse, mit einer (lith.) Eisenbahnkarte von Mitteleuropa (in Qu.-Gr.-Fol.) und einem Führer in den Hauptstädten, mit Plan von Wien, Prag und Budapest. 1892. XXII. Jahrg. 8. September * —.50

— — Dasselbe. Kleine Ausgabe. 1892. September. Mit einer Karte. 8. —.30

Conducteur, Der, Fahrpläne der österreichischen und ungarischen Eisenbahnen-, Post- und Dampfschiff-Curse, mit einer (lith.) Eisenbahnkarte von Mitteleuropa (in Qu.-Gr.-Fol.) und einem Führer in den Hauptstädten, mit Plan von Wien, Prag und Budapest 1892. XXII. Jahrg. 8. October * — 50

— — Dasselbe. Kleine Ausgabe. 1892. October. Mit einer Karte. 8. —.30

Conducteur, Der, Fahrpläne der österreichischen und ungarischen Eisenbahnen-, Post- und Dampfschiff-Curse, mit einer (lith.) Eisenbahnkarte von Mitteleuropa (in Qu.-Gr.-Fol.) und einem Führer in den Hauptstädten, mit Plan von Wien, Prag und Budapest 1892. XXII. Jahrgang. 8. November—December * —.50

— — Dasselbe. Kleine Ausgabe. 1892. November—December. Mit einer Karte. 8. * —.30

Conducteur, Der, Fahrpläne der österreichischen und ungarischen Eisenbahnen-, Post- und Dampfschiff-Curse, mit einer (lith.) Eisenbahnkarte von Mitteleuropa (in Qu.-Gr.-Fol.) und einem Führer in den Hauptstädten, mit Plan von Wien, Prag und Budapest 1893. XXIII. Jahrgang. 8. Januar—Februar * — 50

Dasselbe. Kleine Ausgabe. 1893. Januar—Februar. Mit einer Karte. 8. * —.30

Conducteur, Der. Officielles Coursbuch der österreichischen und ungarischen Eisenbahnen. Mit einer (lith.) Eisenbahnkarte von Mittel-Europa (in Qu.-Gr.-Fol.) und einem Führer in den Hauptstädten mit Plan von Wien, Prag und Budapest. 1893. März. 8. * —.50

Dasselbe. Kl. Ausgabe. 1893. März. Mit 1 Karte. 8. * —.30

Conducteur, Der, Fahrpläne der österreichischen und ungarischen Eisenbahnen-, Post- und Dampfschiff-Curse, mit einer (lith.) Eisenbahnkarte von Mitteleuropa (in Qu.-Gr.-Fol.) und einem Führer in den Hauptstädten, mit Plan von Wien, Prag und Budapest 1893. XXIII. Jahrg. 8. (April) * — 50

Dasselbe. Kleine Ausgabe. 1893. (April.) Mit einer Karte. 8. * —.30

Conducteur, Der. Officielles Coursbuch der österreichischen und ungarischen Eisenbahnen. Mit einer (lith.) Eisenbahnkarte von Mittel-Europa (in Qu.-Gr.-Fol.) und einem Führer in den Hauptstädten mit Plan von Wien, Prag und Budapest 1893. Mai. 8. * —.50

Dasselbe. Kl. Ausgabe. 1893. Mai. Mit 1 Karte. 8. * —.30

Conducteur, Der, Fahrpläne der österreichischen und ungarischen Eisenbahn-, Post- und Dampfschiff-Course mit einem Führer in den Hauptstädten und an den Eisenbahnen, Reisekarten nach den wichtigsten Orten des In- und Auslandes, Routenkarte von Oesterreich-Ungarn und Eisenbahnkarte von Mittel-Europa (in Quer-Gross-Folio). Mit Plan von Wien, Prag, Budapest, Triest u. Graz. 1893. XXIII Jahrg. 8. (Juni) * —.50

— — Dasselbe. Kleine Ausgabe. 1893. (Juni.) Mit einer Karte. 8. * —.30

Conducteur, Der, Fahrpläne der österreichischen und ungarischen Eisenbahn-, Post- und Dampfschiff-Course mit einem Führer in den Hauptstädten und an den Eisenbahnen, Reisekarten nach den wichtigsten Orten des In- und Auslandes, Routenkarte von Oesterreich-Ungarn und Eisenbahnkarte von Mittel-Europa (in Quer-Gross-Folio). Mit Plan von Wien, Prag, Budapest, Triest u. Graz. 1893. XXIII Jahrg. 8. (Juli) * —.50

Dasselbe. Kleine Ausgabe. 1893. (Juli.) Mit einer Karte. 8. * —.30

Conducteur, Der, Fahrpläne der österreichischen und ungarischen Eisenbahn-, Post- und Dampfschiff-Course mit einem Führer in den Hauptstädten und an den Eisenbahnen, Reisekarten nach den wichtigsten Orten des In- und Auslandes, Routenkarte von Oesterreich-Ungarn und Eisenbahnkarte von Mittel-Europa (in Quer-Gross-Folio). Mit Plan von Wien, Prag, Budapest, Triest und Graz. 1893. XXIII. Jahrg. 8. (August) * —.50

Dasselbe. Kleine Ausgabe. 1893. (August.) Mit einer Karte. 8. * —.30

Conducteur, Der. Officielles Coursbuch der österreichischen und ungarischen Eisenbahnen. Mit einer (lith.) Eisenbahnkarte von Mittel-Europa (in Qu.-Gr.-Fol.) und einem Führer in den Hauptstädten mit Plan von Wien, Prag und Budapest. 1893. September. 8. * —.50

Dasselbe. Kl. Ausgabe. 1893. September. Mit 1 Karte. 8. * —.30

Conducteur, Der. Officielles Coursbuch der österreichischen und ungarischen Eisenbahnen. Mit einer (lith.) Eisenbahnkarte von Mittel-Europa (in Qu.-Gr.-Fol.) und einem Führer in den Hauptstädten mit Plan von Wien, Prag und Budapest. 1893. November-December. 8. * —.50

Dasselbe. Kl. Ausgabe. 1893. November-December. Mit 1 Karte. 8. * —.30

Conducteur, der. Officielles Coursbuch der österreich. Eisenbahnen. Fahr-Pläne der österreich. u ungar. Eisenbahnen, Dampfschiffe u. Post-Course, nebst den wichtigsten Eisenbahn-Verbindgn. des Auslandes, m. e. (lith.) Eisenbahnroutenkarte v Oesterreich-Ungarn, u. (lith.) Eisenbahnkarte v. Mittel-Europa (in qu. gr. Fol.). 1894. 10 Hfte. 8. (1. Hft. XXXVII, 414, XIV u. 16 S. m. Illustr. u. Plänen.) Wien, R. v. Waldheim. à 1. —

— dasselbe. Kleine Ausgabe 1894. 10 Hfte. 8. (1. Hft. XXIV, 234 S. m. 1 Karte.) Ebd. à — 50

Conducteur, Der, Fahrpläne der österreichischen und ungarischen Eisenbahn-, Post- und Dampfschiff-Course mit einem Führer in den Hauptstädten und an den Eisenbahnen, Reisekarten nach den wichtigsten Orten des In- und Auslandes, Routenkarte von Oesterreich-Ungarn und Eisenbahnkarte von Mittel-Europa (in Quer-Gross-Folio). Mit Plan von Wien, Prag, Budapest, Triest, und Graz. 1894 XXIV. Jahrg. 8. (Januar bis Februar) * —.50

— — Dasselbe. Kleine Ausgabe. 1894. (Januar—Februar.) Mit einer Karte. 8. —.30

Conducteur, Der, Fahrpläne der österreichischen und ungarischen Eisenbahn-, Post- und Dampfschiff-Course mit Führer in den Hauptstädten und Reise-Routen nach den wichtigsten Orten des In- und Auslandes, Routenkarte von Oesterreich-Ungarn und Eisenbahnkarte von Mittel-Europa. (In Quer-Gross-Folio.) XXIV. Jahrg. 1894. 8. (März.) * —.50

— — Dasselbe. Kleine Ausgabe. 1894. (März.) Mit einer Karte. 8. —.30

Conducteur, Der, Fahrpläne der österreichischen und ungarischen Eisenbahn-, Post- und Dampfschiff-Course mit Führer in den Hauptstädten und Reise-Routen nach den wichtigsten Orten des In- und Auslandes, Routenkarte von Oesterreich-Ungarn und Eisenbahnkarte von Mittel-Europa. (In Quer-Gross-Folio.) XXIV. Jahrg. 1894 8. [April.] (XXXVIII, 712 S.) * —.50

— — Dasselbe. Kleine Ausgabe. 1894. [April.] (XXVIII, 494 S.) Mit einer Karte. Octav —.30

Conducteur, Der, Fahrpläne der österreichischen und ungarischen Eisenbahn-, Post- und Dampfschiff-Course mit Führer in den Hauptstädten und Reise-Routen nach den wichtigsten Orten des In- und Auslandes, Routenkarte von Oesterreich-Ungarn und Eisenbahnkarte von Mittel-Europa. (In Quer-Gross-Folio.) XXIV. Jahrg. 1894 8. [Mai.] (XXXVIII, 712 S.) * —.50

— — Dasselbe. Kleine Ausgabe. 1894. [Mai.] (XXVIII, 494 S.) Mit einer Karte. Octav —.30

Conducteur, Der, Fahrpläne der österreichischen und ungarischen Eisenbahn-, Post- und Dampfschiff-Course mit Führer in den Hauptstädten und Reise-Routen nach den wichtigsten Orten des In- und Auslandes, Routenkarte von Oesterreich-Ungarn und Eisenbahnkarte von Mittel-Europa. (In Quer-Gross-Folio.) XXIV. Jahrg. 1894 8. [Juni.] (XXXVIII, 712 S.) * —.50

— — Dasselbe. Kleine Ausgabe. 1894. [Juni.] (XXVIII, 494 S.) Mit einer Karte. Octav —.30

Conducteur, Der, Fahrpläne der österreichischen und ungarischen Eisenbahn-, Post- und Dampfschiff-Course mit Führer in den Hauptstädten und Reise-Routen nach den wichtigsten Orten des In- und Auslandes, Routenkarte von Oesterreich-Ungarn und Eisenbahnkarte von Mittel-Europa (in Quer-Gross-Folio). XXIV. Jahrg. 1894. 8. [Juli.] (XXXVIII, 712 S.) * —.50

— — Dasselbe. Kleine Ausgabe. 1894. [Juli.] (XXVIII, 494 S.) Mit einer Karte. Octav —.30

Conducteur, Der, Fahrpläne der österreichischen und ungarischen Eisenbahn-, Post- und Dampfschiff-Course mit Führer in den Hauptstädten und Reise-Routen nach den wichtigsten Orten des In- und Auslandes, Routenkarte von Oesterreich-Ungarn und Eisenbahnkarte von Mittel-Europa (in Quer-Gross-Folio). XXIV. Jahrg. 1894 8. [August] * —.50

— — Dasselbe. Kleine Ausgabe. 1894. [August.] Mit einer Karte. 8. —.30

Conducteur, Der, Fahrpläne der österreichischen und ungarischen Eisenbahn-, Post- und Dampfschiff-Course mit Führer in den Hauptstädten und Reise-Routen nach den wichtigsten Orten des In- und Auslandes, Routenkarte von Oesterreich-Ungarn und Eisenbahnkarte von Mittel-Europa (in Quer-Gr.-Folio). XXIV. Jahrg. 1894 8. [September] * —.50

— — Dasselbe. Kleine Ausgabe. 1894. [September.] Mit einer Karte. 8. —.30

Conducteur, Der, Fahrpläne der österreichischen und ungarischen Eisenbahn-, Post- und Dampfschiff-Course mit Führer in den Hauptstädten und Reise-Routen nach den wichtigsten Orten des In- und Auslandes, Routenkarte von Oesterreich-Ungarn und Eisenbahnkarte von Mittel-Europa (in Quer-Gr.-Folio). XXIV. Jahrg. 1894. 8. [October] * —.50

— — Dasselbe. Kleine Ausgabe. 1894. [October.] Mit einer Karte. 8. —.30

Conducteur, Der, Fahrpläne der österreichischen und ungarischen Eisenbahn-, Post- und Dampfschiff-Course mit Führer in den Hauptstädten und Reise-Routen nach den wichtigsten Orten des In- und Auslandes, Routenkarte von Oesterreich-Ungarn und Eisenbahnkarte von Mittel-Europa (in Quer-Gr.-Folio). XXIV. Jahrg. 1894 8. [November – December] * —.50

— — Dasselbe. Kleine Ausgabe. 1894. [November — December.] Mit einer Karte. Octav —.30

Conducteur, Der, Fahrpläne der österreichischen und ungarischen Eisenbahn-, Post- und Dampfschiff-Course mit Führer in den Hauptstädten und Reise-Routen nach den wichtigsten Orten des In- und Auslandes, Routenkarte von Oesterreich-Ungarn und Eisenbahnkarte von Mittel-Europa (in Quer-Gross-Folio). XXV. Jahrgang. 1895. 8. [Januar—Februar.] * —.50

— — **Dasselbe. Kleine Ausgabe. 1895. [Januar—Februar.] Mit einer Karte. 8. —.30**

Conducteur, Der, Fahrpläne der österreichischen und ungarischen Eisenbahn-, Post- und Dampfschiff-Course mit Führer in den Hauptstädten und Reise-Routen nach den wichtigsten Orten des In- und Auslandes, Routenkarte von Oesterreich-Ungarn und Eisenbahnkarte von Mittel-Europa (in Quer-Gross-Folio). XXV. Jahrgang. 1895 8. [März.] * —.50

— — Dasselbe. Kleine Ausgabe. 1895. [März.] Mit einer Karte. 8. —.30

Conducteur, Der, Fahrpläne der österreichischen und ungarischen Eisenbahn-, Post- und Dampfschiff-Course mit Führer in den Hauptstädten und Reise-Routen nach den wichtigsten Orten des In- und Auslandes, Routenkarte von Oesterreich-Ungarn und Eisenbahnkarte von Mittel-Europa (in Quer-Gross-Folio). XXV. Jahrgang. 1895 8. [April.] * —.50

— — Dasselbe. Kleine Ausgabe. 1895. [April.] Mit einer Karte. 8. —.30

Conducteur, Der, Fahrpläne der österreichischen und ungarischen Eisenbahn-, Post- und Dampfschiff-Course mit Führer in den Hauptstädten und Reise-Routen nach den wichtigsten Orten des In- und Auslandes, Routenkarte von Oesterreich-Ungarn und Eisenbahnkarte von Mittel-Europa (in Quer-Gross-Folio). XXV. Jahrgang. 1895 8. [Mai.] * —.50

— — Dasselbe. Kleine Ausgabe. 1895. [Mai.] Mit einer Karte. 8. —.30

Conducteur, Der, Fahrpläne der österreichischen und ungarischen Eisenbahn-, Post- und Dampfschiff-Course mit Führer in den Hauptstädten und Reise-Routen nach den wichtigsten Orten des In- und Auslandes, Routenkarte von Oesterreich-Ungarn und Eisenbahnkarte von Mittel-Europa (in Quer-Gross-Folio). XXV. Jahrgang. 1895 8. [Juni.] * —.50

— — Dasselbe. Kleine Ausgabe. 1895. [Juni.] Mit einer Karte. 8. —.30

Conducteur, Der, Fahrpläne der österreichischen und ungarischen Eisenbahn-, Post- und Dampfschiff-Course mit Führer in den Hauptstädten und Reise-Routen nach den wichtigsten Orten des In- und Auslandes, Routenkarte von Oesterreich-Ungarn und Eisenbahnkarte von Mittel-Europa (in Quer-Gross-Folio). XXV. Jahrgang. 1895. 8. [August.] * —.50

— — Dasselbe. Kleine Ausgabe. 1895. [August.] Mit einer Karte. 8. —.30

Conducteur, Der, Fahrpläne der österreichischen und ungarischen Eisenbahn-, Post- und Dampfschiff-Course mit Führer in den Hauptstädten und Reise-Routen nach den wichtigsten Orten des In- und Auslandes, Routenkarte von Oesterreich-Ungarn und Eisenbahnkarte von Mittel-Europa (in Quer-Gross-Folio). XXV. Jahrgang. 1895. 8. [September] * —.50

— — Dasselbe. Kleine Ausgabe. 1895. [September.] Mit einer Karte. 8. —.30

Conducteur, Der, Fahrpläne der österreichischen und ungarischen Eisenbahn-, Post- und Dampfschiff-Course mit Führer in den Hauptstädten und Reise-Routen nach den wichtigsten Orten des In- und Auslandes, Routenkarte von Oesterreich-Ungarn und Eisenbahnkarte von Mittel-Europa (in Quer-Gross-Folio). XXV. Jahrgang. 1895. 8. [October] * —.50

— — Dasselbe. Kleine Ausgabe. 1895. [October.] Mit einer Karte. 8. —.30

Conducteur, Der, Fahrpläne der österreichischen und ungarischen Eisenbahn-, Post- und Dampfschiff-Course mit Führer in den Hauptstädten und Reise-Routen nach den wichtigsten Orten des In- und Auslandes, Routenkarte von Oesterreich-Ungarn und Eisenbahnkarte von Mittel-Europa (in Quer-Gross-Folio). XXIV. Jahrgang. 1895. 8. [November December.] (XL, 712 S.) * —.50

— — Dasselbe. Kleine Ausgabe. 1895. [November—December.] (XXX, 494 S.) Mit einer Karte. 8. * —.30

Conducteur, Der, Fahrpläne der österreichischen und ungarischen Eisenbahn-, Post- und Dampfschiff-Course mit Führer in den Hauptstädten und Reise-Routen nach den wichtigsten Orten des In- und Auslandes, Routenkarte von Oesterreich-Ungarn und Eisenbahnkarte von Mittel-Europa (in Quer-Gross-Folio). XXVI. Jahrgang. 1896. 8. [Januar—Februar.] (XL, 712 S.) * —.50

— — Dasselbe. Kleine Ausgabe. 1896. [Januar—Februar.] (XXXII, 494 S.) Mit einer Karte. 8. * —.30

Conducteur, Der, Fahrpläne der österreichischen und ungarischen Eisenbahn-, Post- und Dampfschiff-Course mit Führer in den Hauptstädten und Reise-Routen nach den wichtigsten Orten des In- und Auslandes, Routenkarte von Oesterreich-Ungarn und Eisenbahnkarte von Mittel-Europa (in Quer-Gross-Folio). XXVI. Jahrgang. 1896. 8. [März.] (XL, 712 S.) * —.50

— — Dasselbe. Kleine Ausgabe. 1896. [März.] (XXXII, 494 S.) Mit einer Karte. Octav-Format * —.30

Conducteur, Der, Fahrpläne der österreichischen und ungarischen Eisenbahn-, Post- und Dampfschiff-Course mit Führer in den Hauptstädten und Reise-Routen nach den wichtigsten Orten des In- und Auslandes, Routenkarte von Oesterreich-Ungarn und Eisenbahnkarte von Mittel-Europa (in Quer-Gross-Folio). XXVI. Jahrgang. 1896. 8. [April.] (XL, 712 S.) * —.50

— — Dasselbe. Kleine Ausgabe. 1896. [April.] (XXXII, 494 S.) Mit einer Karte. Octav-Format * —.30

Conducteur, Der, Fahrpläne der österreichischen und ungarischen Eisenbahn-, Post- und Dampfschiff-Course mit Führer in den Hauptstädten und Reise-Routen nach den wichtigsten Orten des In- und Auslandes, Routenkarte von Oesterreich-Ungarn und Eisenbahnkarte von Mittel-Europa (in Quer-Gross-Folio). XXVI. Jahrgang. 1896. 8. [Mai.] (XL, 712 S.) * —.50

— — Dasselbe. Kleine Ausgabe. 1896. [Mai.] (XXXII, 494 S.) Mit einer Karte. Octav-Format * —.30

Conducteur, Der, Fahrpläne der österreichischen und ungarischen Eisenbahn-, Post- und Dampfschiff-Course mit Führer in den Hauptstädten und Reise-Routen nach den wichtigsten Orten des In- und Auslandes, Routenkarte von Oesterreich-Ungarn und Eisenbahnkarte von Mittel-Europa (in Quer-Gross-Folio). XXVI. Jahrgang. 1896. 8. [Juni] * —.50

— — Dasselbe. Kleine Ausgabe. 1896. [Juni.] Mit einer Karte. 8. * —.30

Conducteur, Der, Fahrpläne der österreichischen und ungarischen Eisenbahn-, Post- und Dampfschiff-Course mit Führer in den Hauptstädten und Reise-Routen nach den wichtigsten Orten des In- und Auslandes, Routenkarte von Oesterreich-Ungarn und Eisenbahnkarte von Mittel-Europa (in Quer-Gross-Folio). XXVI. Jahrgang. 1896. 8. [Juli] * —.50

— — Dasselbe. Kleine Ausgabe. 1896. [Juli.] Mit einer Karte. 8. * —.30

Conducteur, Der, Fahrpläne der österreichischen und ungarischen Eisenbahn-, Post- und Dampfschiff-Course mit Führer in den Hauptstädten und Reise-Routen nach den wichtigsten Orten des In- und Auslandes, Routenkarte von Oesterreich-Ungarn und Eisenbahnkarte von Mittel-Europa (in Quer-Gross-Folio). XXVI. Jahrgang. 1896. 8. [August] * —.50

— — Dasselbe. Kleine Ausgabe. 1896. [August.] Mit einer Karte. 8. * —.30

Conducteur, Der, Fahrpläne der österreichischen und ungarischen Eisenbahn-, Post- und Dampfschiff-Course mit Führer in den Hauptstädten und Reise-Routen nach den wichtigsten Orten des In- und Auslandes, Routenkarte von Oesterreich-Ungarn und Eisenbahnkarte von Mittel-Europa (in Quer-Gross-Folio). XXVI. Jahrgang. 1896. 8. [September] * —.50

— — Dasselbe. Kleine Ausgabe. 1896. [September.] Mit einer Karte. 8. * —.30

Conducteur, Der, Fahrpläne der österreichischen und ungarischen Eisenbahn-, Post- und Dampfschiff-Course mit Führer in den Hauptstädten und Reise-Routen nach den wichtigsten Orten des In- und Auslandes, Routenkarte von Oesterreich-Ungarn und Eisenbahnkarte von Mittel-Europa (in Quer-Gross-Folio). XXVI. Jahrgang. 1896. 8. [October] * —.50

— — Dasselbe. Kleine Ausgabe. 1896. [October.] Mit einer Karte. 8. * —.30

Conducteur, Der, Fahrpläne der österreichischen und ungarischen Eisenbahn-, Post- und Dampfschiff-Course mit Führer in den Hauptstädten und Reise-Routen nach den wichtigsten Orten des In- und Auslandes, Routenkarte von Oesterreich-Ungarn und Eisenbahnkarte von Mittel-Europa (in Quer-Gross-Folio). XXVI. Jahrgang. 1896. 8. [November-December] * —.50

— — Dasselbe. Kleine Ausgabe. 1896. [November-December.] Mit einer Karte. Octav * —.30

Conducteur, Der, Fahrpläne der österreichischen und ungarischen Eisenbahn-, Post- und Dampfschiff-Course mit Führer in den Hauptstädten und Reise-Routen nach den wichtigsten Orten des In- und Auslandes, Routenkarte von Oesterreich-Ungarn und Eisenbahnkarte von Mittel-Europa (in Quer-Gross-Folio). XXVII. Jahrgang. 1897. 8. [Januar-Februar] * —.50

Dasselbe. Kleine Ausgabe. 1897. [Januar-Februar.] Mit einer Karte. 8. * —.30

Conducteur, Der, Fahrpläne der österreichischen und ungarischen Eisenbahn-, Post- und Dampfschiff-Course mit Führer in den Hauptstädten und Reise-Routen nach den wichtigsten Orten des In- und Auslandes, Routenkarte von Oesterreich-Ungarn und Eisenbahnkarte von Mittel-Europa (in Quer-Gross-Folio). XXVII. Jahrgang. 1897. 8. [März] * —.50

Dasselbe. Kleine Ausgabe. 1897. [März.] Mit einer Karte. 8. * —.30

Conducteur, Der, Fahrpläne der österreichischen und ungarischen Eisenbahn-, Post- und Dampfschiff-Course mit Führer in den Hauptstädten und Reise-Routen nach den wichtigsten Orten des In- und Auslandes, Routenkarte von Oesterreich-Ungarn und Eisenbahnkarte von Mittel-Europa (in Quer-Gross-Folio). XXVII. Jahrgang. 1897 8. [April] * —.50

Dasselbe. Kleine Ausgabe. 1897. [April.] Mit einer Karte. 8. * —.30

Conducteur, Der, Fahrpläne der österreichischen und ungarischen Eisenbahn-, Post- und Dampfschiff-Course mit Führer in den Hauptstädten und Reise-Routen nach den wichtigsten Orten des In- und Auslandes, Routenkarte von Oesterreich-Ungarn und Eisenbahnkarte von Mittel-Europa (in Quer-Gross-Folio). XXVII. Jahrgang. 1897 8. [Mai] * —.50

Dasselbe. Kleine Ausgabe. 1897. [Mai.] Mit einer Karte. 8. * —.30

Conducteur, Der, Fahrpläne der österreichischen und ungarischen Eisenbahn-, Post- und Dampfschiff-Course mit Führer in den Hauptstädten und Reise-Routen nach den wichtigsten Orten des In- und Auslandes, Routenkarte von Oesterreich-Ungarn und Eisenbahnkarte von Mittel-Europa (in Quer-Gross-Folio). XXVII. Jahrgang. 1897 8. [Juni] * —.50

Dasselbe. Kleine Ausgabe. 1897. [Juni.] Mit einer Karte. 8. * —.30

Conducteur, Der, Fahrpläne der österreichischen und ungarischen Eisenbahn-, Post- und Dampfschiff-Course mit Führer in den Hauptstädten und Reise-Routen nach den wichtigsten Orten des In- und Auslandes, Routenkarte von Oesterreich-Ungarn und Eisenbahnkarte von Mittel-Europa (in Quer-Gross-Folio). XXVII. Jahrgang. 1897 8. [Juli] * .50

Dasselbe. Kleine Ausgabe. 1897. [Juli.] Mit einer Karte. 8. * —.30

Conducteur, Der, Fahrpläne der österreichischen und ungarischen Eisenbahn-, Post- und Dampfschiff-Course mit Führer in den Hauptstädten und Reise-Routen nach den wichtigsten Orten des In- und Auslandes, Routenkarte von Oesterreich-Ungarn und Eisenbahnkarte von Mittel-Europa (in Quer-Gross-Folio). XXVII. Jahrgang. 1897 8. [August] * —.50

Dasselbe. Kleine Ausgabe. 1897. [August.] Mit einer Karte. 8. * —.30

Conducteur, Der, Fahrpläne der österreichischen und ungarischen Eisenbahn-, Post- und Dampfschiff-Course mit Führer in den Hauptstädten und Reise - Routen nach den wichtigsten Orten des In- und Auslandes, Routenkarte von Oesterreich-Ungarn und Eisenbahnkarte von Mittel-Europa (in Quer-Gross - Folio). XXVII. Jahrgang. 1897 8. [September] * —.50

Dasselbe. Kleine Ausgabe. 1897. [September.] Mit einer Karte. 8. * —.30

Conducteur, Der, Fahrpläne der österreichischen und ungarischen Eisenbahn-, Post- und Dampfschiff-Course mit Führer in den Hauptstädten und Reise - Routen nach den wichtigsten Orten des In- und Auslandes, Routenkarte von Oesterreich-Ungarn und Eisenbahnkarte von Mittel-Europa (in Quer-Gross - Folio). XXVII. Jahrgang. 1897. 8. [October] * —.50

Dasselbe. Kleine Ausgabe. 1897. [October.] 8. Mit einer Karte. * —.30

Conducteur, Der, Fahrpläne der österreichischen und ungarischen Eisenbahn-, Post- und Dampfschiff-Course mit Führer in den Hauptstädten und Reise - Routen nach den wichtigsten Orten des In- und Auslandes, Routenkarte von Oesterreich-Ungarn und Eisenbahnkarte von Mittel-Europa (in Quer-Gross - Folio). XXVII. Jahrgang. 1897. 8. [November December] * —.50

Dasselbe. Kleine Ausgabe. 1897. [November—Dec.] 8. Mit einer Karte * —.30

Conducteur, der. Offic. Coursbuch d. österr. Eisenbahnen. Fahr-Pläne d. österr. u. ungar. Eisenbahnen, Dampfschiffe u. Post-Course, nebst d. wicht. Eisenbahn-Verbindgn. d. Auslandes m. e. (lith.) Eisenbahnroutenkarte v. Oesterreich-Ungarn u. e. (lith.) Eisenbahnkarte von Mittel-Europa (in qu. gr. Fol.) 28. Jahrg. 1898. 10 Hfte. 8. (à Hft. ca. XLII, 500; XII u. 16 S. m. Ill. u. Plänen.) (Wien, R. v. Waldheim.) à 1.20

— dasselbe. Kleine Ausg. 1898. 10 Hfte. 8. (à Hft. ca. XXXVII, 282 S. m. 1 Karte.) Ebd. à —50

Conducteur, Der, Fahrpläne der österreichischen und ungarischen Eisenbahn-, Post- und Dampfschiff-Course mit Führer in den Hauptstädten und Reise - Routen nach den wichtigsten Orten des In- und Auslandes, Routenkarte von Oesterreich-Ungarn und Eisenbahnkarte von Mittel-Europa (in Quer-Gross - Folio). XXVIII. Jahrgang. 1898. 8. [Januar Februar] * —.50

— — Dasselbe. Kleine Ausgabe. 1898. [Januar—Februar.] 8. Mit einer Karte * —.30

Conducteur, Der, Fahrpläne der österreichischen und ungarischen Eisenbahn-, Post- und Dampfschiff-Course mit Führer in den Hauptstädten und Reise - Routen nach den wichtigsten Orten des In- und Auslandes, Routenkarte von Oesterreich-Ungarn und Eisenbahnkarte von Mittel-Europa (in Quer-Gross - Folio). XXVIII. Jahrgang. 1898. 8. [März] * —.60

— — Dasselbe. Kleine Ausgabe. 1898. [März.] 8. Mit einer Karte * —.30

Conducteur, Der, Fahrpläne der österreichischen und ungarischen Eisenbahn-, Post- und Dampfschiff-Course mit Führer in den Hauptstädten und Reise - Routen nach den wichtigsten Orten des In- und Auslandes, Routenkarte von Oesterreich-Ungarn und Eisenbahnkarte von Mittel-Europa (in Quer-Gross - Folio). XXVIII. Jahrgang. 1898. 8. [April] * —.60

— — Dasselbe. Kleine Ausgabe. 1898. [April.] 8. Mit einer Karte * —.30

Conducteur, Der, Fahrpläne der österreichischen und ungarischen Eisenbahn-, Post- und Dampfschiff-Course mit Führer in den Hauptstädten und Reise - Routen nach den wichtigsten Orten des In- und Auslandes, Routenkarte von Oesterreich-Ungarn und Eisenbahnkarte von Mittel-Europa (in Quer-Gross - Folio). XXVIII. Jahrgang. 1898. 8. [Mai.] * —.60

— — Dasselbe. Kleine Ausgabe. 1898. [Mai.] 8. Mit einer Karte * —.30

Conducteur, Der, Fahrpläne der österreichischen und ungarischen Eisenbahn-, Post- und Dampfschiff-Course mit Führer in den Hauptstädten und Reise - Routen nach den wichtigsten Orten des In- und Auslandes, Routenkarte von Oesterreich-Ungarn und Eisenbahnkarte von Mittel-Europa (in Quer-Gross - Folio). XXVIII. Jahrgang. 1898. 8. [Juni.] * —.60

— — Dasselbe. Kleine Ausgabe. 1898. [Juni.] 8. Mit einer Karte * —.30

Conducteur, Der, Fahrpläne der österreichischen und ungarischen Eisenbahn-, Post- und Dampfschiff-Course mit Führer in den Hauptstädten und Reise - Routen nach den wichtigsten Orten des In- und Auslandes, Routenkarte von Oesterreich-Ungarn und Eisenbahnkarte von Mittel-Europa (in Quer-Gross - Folio). XXVIII. Jahrgang. 1898. 8. [Juli.] * —.60

— — Dasselbe. Kleine Ausgabe. 1898. [Juli.] 8. Mit einer Karte * —.30

Conducteur, Der. [August 1898.] * —.60
— — Dasselbe. Kleine Ausgabe. [August 1898] * —.30

Conducteur, Der. 8. [September 1898] * —.60
— — Dasselbe. Kleine Ausgabe. 8. [September 1898] * —.30

Conducteur, Der. 8. [October 1898] * —.60
— — Dasselbe. Kleine Ausgabe. 8. [October 1898] * —.30

Conducteur, Der. [November — December 1898.] 8. * —.60
— — Dasselbe. Kleine Ausgabe. [November—December 1898.] 8. * —.30

Conducteur, der. Officielles Coursbuch d. österreich. Eisenbahnen. Fahr-Pläne der österreichisch-ungar. u. bosnisch-hercegovin. Eisenbahnen, Dampfschiffe u. Post-Course, nebst den wichtigsten Eisenbahn-Verbindgn. des Auslandes, m. e. (lith.) Eisenbahnkarte v. Oesterreich-Ungarn u. e. (lith.) Eisenbahnroutenkarte v. Mittel-Europa (in qu. gr. Fol.) 32. Jahrg. 1902. 10 Hfte. 8. (6. Hft. LXVIII, 622, VIII u. 64 S. m. Abbildgn. u. Plänen.) Wien, R. v. Waldheim. à 1.40

— dasselbe. Kleine Ausg. 1902. 10 Hfte. 8. (1. Hft. XL, 366 S. m. 1 Karte.) Ebd. à — 70

Conducteur, der. Officielles Coursbuch der österreich. Eisenbahnen. Fahr-Pläne der österreichisch-ungar. u. bosnisch-hercegovin. Eisenbahnen, Dampfschiffe u. Post-Course, nebst den wichtigsten Eisenbahn-Verbindungen des Auslandes, m. e. (lith.) Eisenbahnkarte der Hauptverkehrslinien v. Europa u. e. (lith.) Eisenbahnroutenkarte v. Mittel-Europa (in qu. gr. Fol.) 33. Jahrg. 1903. 10 Hefte. (à ca. LXVIII, 638, VIII u. 16 S. m. Abbildgn.) 8. Wien, Druckerei & Verlags-A.-G. vorm. R. v. Waldheim. à 1.40

— dasselbe. Fahr-Pläne der österreichisch-ungar. u. bosnisch-hercegovin. Eisenbahnen u. Dampfschiffe m. e. (lith.) Eisenbahnroutenkarte v. Mittel-Europa (in qu. gr. Fol.) Kleine Ausg. 1903. 10 Hefte. (à ca. XLVIII, 380 S.) 8. Wien, Druckerei & Verlags-A.-G. vorm. R. v. Waldheim. à — 70
Fortsetzung, s.: Kursbuch, österreich.

Conducteur de l'étranger à Hambourg, Altona etc., f. Führer, der, durch Hamburg.

Feller's Conducteur. Fahrpläne der wichtigsten Eisenbahnen im nordwestlichen Böhmen. Winter 1902/1903. Quer-16°.
Karlsbad: Feller

Feller's Conducteur. Fahrpläne der wichtigsten Eisenbahnen im nordwestlichen Böhmen nebst Anschlüssen. 2. Aufl. Winter 1903/04. 16°. Karlsbad: Feller K —.20

Feller's Conducteur. Fahrpläne der wichtigsten Eisenbahnen im nordwestlichen Böhmen nebst Anschlüssen. Sommer 1905. XIII. 16°. Karlsbad: Feller K —.20

Grosse's Olmützer Conducteur. Sommer 1901. Mit Fahrpreistabelle und Fiakertaxe. Olmütz. [1901] Grosse. 16°. 24 S. K —.20

Grosse's Olmützer Conducteur. Giltig vom 1. Mai 1902. 16°. (24 S.) Olmütz: Grosse K —.20

Grosse's Olmützer Conducteur. Vom 1. October 1902. 16°. (24 S.) Olmütz: Grosse K —.20

Grosse's Olmützer Conducteur. Giltig vom 1. Mai 1903. 16°. (24 S.) Olmütz: Grosse K —.20

— **Prager**, s. a. Kytka's Coursbuch.

—— **Prager.** Fahr-Pläne der Eisenbahn- und Dampfschiff-Course in Böhmen. Vom 15. Mai 1879. 16. (XII, 96 S. mit 1 lithogr. Eisenbahnkarte.) Prag 879, Kytka. *

—— **Prager.** Fahrpläne der Eisenbahn- und Dampfschiff-Course in Böhmen und den angrenzenden Linien. 1880—1884. à Jahrg. 10—12 Nrn. 16. (à Nr. ca. 100 S. mit je 1 lithogr. Eisenbahnkarte.) Prag, Kytka. à Nr. *

Prager Conducteur. Kytka's Coursbuch. Fahrpläne der Eisenbahn- u. Dampfschiff-Course in Böhmen. Mit einer Eisenbahnkarte. 8. (X u. 104 S.) geh. 30 kr. Prag: Kytka 1881.

Prager Conducteur. Kytka's Coursbuch. Fahrpläne der Eisenbahn- u. Dampfschiff-Course in Böhmen. Mit einer Eisenbahnkarte. 8. März. (X u. 104 S.) geh. 30 kr. 1881

Prager Conducteur. Kytka's Coursbuch. Fahrpläne der Eisenbahn- u. Dampfschiff-Course in Böhmen. Mit einer Eisenbahnkarte. 8. April. (X u. 104 S.) geh. 30 kr. 1881

Conducteur, Prager. Kytka's Coursbuch nach officiellen Angaben. Fahrpläne der Eisenbahn- u. Dampfschiff-Course in Böhmen. Mit einer Eisenbahnkarte. kl. 8. 15. Mai bis 15. Juni. (XX u. 114 S.) geh. 30 kr. 1881

Conducteur, Prager. Kytka's Coursbuch nach officiellen Angaben. Fahrpläne der Eisenbahn- u. Dampfschiff-Course in Böhmen. Mit einer Eisenbahnkarte. kl. 8. 15. Juni. bis 15. Juli. (XX u. 114 S.) geh. 30 kr. 1881

Conducteur, Prager. Kytka's Coursbuch nach officiellen Angaben. Fahrpläne der Eisenbahn- u. Dampfschiff-Course in Böhmen. Mit einer Eisenbahnkarte. kl. 8. Juli. (XX u. 114 S.) geh. 30 kr. 1881

Conducteur, Prager. Kytka's Coursbuch nach officiellen Angaben. Fahrpläne der Eisenbahn- u. Dampfschiff-Course in Böhmen. Mit einer Eisenbahnkarte. kl. 8. September bis 15. October. (XX u. 114 S.) geh. 30 kr. 1881

Prager Conducteur. Kytka's Coursbuch nach officiellen Angaben. Fahr-Pläne der Eisenbahn- u. Dampfschiff-Course in Böhmen. Mit einer Eisenbahnkarte. kl. 8. 15. October bis November 1881. (XX u. 114 S.) geh. 30 kr.

Prager Conducteur. Kytka's Coursbuch nach officiellen Angaben. Fahr-Pläne der Eisenbahn- u. Dampfschiff-Course in Böhmen. Mit einer Eisenbahnkarte. kl. 8. 15. November 1881. (XX u. 114 S.) geh. 30 kr.

Prager Conducteur. Kytka's Coursbuch nach officiellen Angaben. Fahr-Pläne der Eisenbahn- u. Dampfschiff-Course in Böhmen. Mit einer Eisenbahnkarte. kl. 8. December 1881 u. Januar 1882. (XX u. 114 S.) geh. 30 kr.

Conducteur, Prager. Kytka's Coursbuch nach officiellen Angaben. Fahr-Pläne der Eisenbahn- u. Dampfschiff-Course in Böhmen. Mit einer Eisenbahnkarte. kl. 8. Januar-Februar 1882. (XX u. 114 S.) geh. 30 kr.

Conducteur, Prager. Kytka's Coursbuch nach officiellen Angaben. Fahr-Pläne der Eisenbahn- u. Dampfschiff-Course in Böhmen. Mit einer Eisenbahnkarte. kl. 8. März. 1882. (XX u. 114 S.) geh. 30 kr.

Conducteur, Prager. Kytka's Coursbuch nach officiellen Angaben. Fahr-Pläne der Eisenbahn- u. Dampfschiff-Course in Böhmen. Mit einer Eisenbahnkarte. kl. 8. April bis 15. Mai. 1882. (XX u. 114 S.) geh. 30 kr.

Conducteur, Prager. Kytka's Coursbuch nach officiellen Angaben. Fahr-Pläne der Eisenbahn- u. Dampfschiff-Course in Böhmen. Mit einer Eisenbahnkarte. kl. 8. Juni 1882. (XXII u. 133 S.) geh. 30 kr.

Conducteur, Prager. Kytka's Coursbuch nach officiellen Angaben. Fahr-Pläne der Eisenbahn- u. Dampfschiff-Course in Böhmen. Mit einer Eisenbahnkarte. kl. 8. Juli 1882. (XXII u. 133 S.) geh. 30 kr.

Conducteur, Prager. Kytka's Coursbuch nach officiellen Angaben. Fahr-Pläne der Eisenbahn- u. Dampfschiff-Course in Böhmen. Mit einer Eisenbahnkarte. kl. 8. August 1882. (XXII u. 133 S.) geb. 30 kr.

Conducteur, Prager. Kytka's Coursbuch nach officiellen Angaben. Fahr-Pläne der Eisenbahn- u. Dampfschiff-Course in Böhmen. Mit einer Eisenbahnkarte. kl. 8. September bis 15. October 1882. (XXII u. 133 S.) geh. 30 kr.

Conducteur, Prager. Kytka's Coursbuch nach officiellen Angaben. Fahr-Pläne der Eisenbahn- u. Dampfschiff-Course in Böhmen. Mit einer Eisenbahnkarte. kl. 8. October 1882. (XXIII u. 126 S.) geh. 30 kr.

Conducteur, Prager Kytka's Coursbuch nach officiellen Angaben Fahr-Pläne der Eisenbahn-, Post- u. Dampfschiff-Course in Böhmen. Mit einer Eisenbahnkarte. kl. 8. November 1882. (XXIII u. 126 S.) geh. 30 kr.

Conducteur, Prager. Kytka's Coursbuch nach officiellen Angaben. Fahr-Pläne der Eisenbahn-, Post- u. Dampfschiff-Course in Böhmen. Mit einer Eisenbahnkarte. kl. 8. December 1882. (XXIII u. 126 S.) geh. 30 kr.

— Prager. Fahrpläne der Eisenbahn- u. Dampfschiff-Course in Böhmen u. den angrenz. Linien. Mit einer (lith.) Eisenbahnkarte. 1882. 10—12 Nrn. 16. (Nr. 1. XX, 108 S.) Prag, Kytka. à Nr. n. — 60

—— Prager. Fahrpläne der Eisenbahn-, Post- und Dampfschiff-Course in Böhmen und den angrenzenden Linien. Mit 1 (lithogr.) Eisenbahnkarte. 7.—10. Jahrg. 1885—1888. à Jahrg. 10—12 Nrn. 16. (à Nr. ca. XXV, 150—180 S.) Prag, Kytka. à Nr. *

— Prager. Fahrpläne der Eisenbahn-, Post- und Dampfschiff-Course in Böhmen und den angrenzenden Linien. Mit einer (lith.) Eisenbahnkarte. 11. Jahrg. 1887. 12 Nummern. 16°. (Nr. 1 XXV, 154 S.) Prag, Kytka. à Nr. n. —.30.

Conducteur, Prager. Fahrpläne der Eisenbahn-, Post- und Dampfschiff-Course in Böhmen und den angrenzenden Linien Mit einer (lith.) Eisenbahnkarte. 13. Jahrg. 1889. 12 Nrn. 16 (Januar) à Nr. Prag: Kytka 1889. —.30

Conducteur, Prager. Fahrpläne der Eisenbahn-, Post- u. Dampfschiffcourse in Böhmen u. den angrenzenden Linien. Mit einer (lith.) Eisenbahnkarte. 13. Jahrg. 1889. 12 Nrn. 16. (März) à —.35

Conducteur, Prager, Fahrpläne der Eisenbahn-, Post- und Dampfschiffcourse in Böhmen und den angrenzenden Linien. Mit einer (lith.) Eisenbahnkarte. 14. Jahrgang. 1889. April. 16. (XXIV, 190 S.) —.30

Conducteur, Prager. Fahrpläne der Eisenbahn-, Post- und Dampfschiff-Course in Böhmen u. den angrenzenden Linien. Mit einer (lith.) Eisenbahnkarte. 13. Jahrg. 1889. Mai. 16. (XXIV, 190 Seiten) —.35

Conducteur, Prager, Fahrpläne der Eisenbahn-, Post- und Dampfschiffcourse in Böhmen und den angrenzenden Linien. Mit einer (lith.) Eisenbahnkarte. 13. Jahrgang. 1889. Juni. 16. (XXVI, 202 S.) .35

Conducteur, Prager. Fahrpläne der Eisenbahn-, Post- und Dampfschiffcourse in Böhmen und den angrenzenden Linien. Mit einer (lith.) Eisenbahnkarte. 13. Jahrgang. 1889. Juli. 16. (XXVI, 202 S.) —.30

Conducteur, Prager. Fahrpläne der Eisenbahn-, Post- und Dampfschiffcourse in Böhmen und den angrenzenden Linien. Mit einer (lith.) Eisenbahnkarte. 13. Jahrg. 1889. August. 16. (XXVI, 202 S.) —.30

Conducteur, Prager. Fahrpläne der Eisenbahn-, Post- und Dampfschiffcourse in Böhmen und den angrenzenden Linien. Mit einer (lith.) Eisenbahnkarte. 13. Jahrg. 1889. September. 16. (XXVI, 202 S.) —.30

Conducteur, Prager. Fahrpläne der Eisenbahn-, Post- und Dampfschiffcourse in Böhmen und den angrenzenden Linien. Mit einer (lith.) Eisenbahnkarte. 13. Jahrg. 1889. October. 16. (XXV, 164 S.) —.35

Conducteur, Prager. Fahrpläne der Eisenbahn-, Post- und Dampfschiffcourse in Böhmen und den angrenzenden Linien. Mit einer (lith.) Eisenbahnkarte. 13. Jahrg. 1889. November-December. 16. (164 S.) —.35

Conducteur, Prager. Kytka's Coursbuch nach officiellen Angaben. Fahrpläne der Eisenbahn-, Post- und Dampfschiff-Course in Böhmen. Mit einer Eisenbahnkarte. 1889. December. 12. (XXV, 164 S.) —.35

Conducteur, Prager. Fahrpläne der Eisenbahn-, Post- und Dampfschiff-Course in Böhmen und den angrenzenden Linien. Mit einer (lithogr.) Eisenbahnkarte. 14. Jahrg. 1890. Januar und Februar. 16. (XXV, 164 S.) —.35

Conducteur, Prager. Kytka's Coursbuch nach officiellen Angaben. Fahrpläne der Eisenbahn-, Post- und Dampfschiff-Course in Böhmen. Mit einer Eisenbahn-Karte. 1890. März. 12. (XXV, 164 S.) —.35

Conducteur, Prager. Fahrpläne der Eisenbahn-, Post- und Dampfschiff-Course in Böhmen und den angrenzenden Linien. Mit einer (lithographirten) Eisenbahn-Karte. 14. Jahrgang. 1890. April. 16. (XXV, 164 S.) —.35

Conducteur, Prager. Kytka's Coursbuch nach officiellen Angaben. Fahrpläne der Eisenbahn-, Post- und Dampfschiff-Course in Böhmen. Mit einer Eisenbahn-Karte. 1890. Mai. 12. (XXV, 164 S.) —.35

Conducteur, Prager. Fahrpläne der Eisenbahn-, Post- und Dampfschiff-Course in Böhmen und den angrenzenden Linien. Mit einer (lithographirten) Eisenbahn-Karte. 14. Jahrgang. 1890. Juni. 16. (XXV, 176 S.) —.35

Conducteur, Prager. Fahrpläne der Eisenbahn-, Post- und Dampfschiff-Course in Böhmen und den angrenzenden Linien. Mit einer (lithographirten) Eisenbahn-Karte. 14. Jahrg. 1890. Juli. 16. (XXXIV, 179 S.) —.30

Conducteur, Prager. Fahrpläne der Eisenbahn-, Post- und Dampfschiff-Course in Böhmen und den angrenzenden Linien. Mit einer (lithographirten) Eisenbahn-Karte. 14. Jahrg. 1890. August. 16. (XXIV, 179 S.) —.35

Conducteur, Prager. Fahrpläne der Eisenbahn-, Post- und Dampfschiffcurse in Böhmen und den angrenzenden Linien. Mit einer (lith.) Eisenbahnkarte. 14. Jahrgang. 1890. (October.) 16. (170 S.) —.30

Conducteur, Prager. Fahrpläne der Eisenbahn-, Post- und Dampfschiffcurse in Böhmen und den angrenzenden Linien. Mit einer (lith.) Eisenbahnkarte. 14. Jahrgang. 1890. (November-December.) 16. (170 S.) —.30

— Prager. Fahrpläne der Eisenbahn-, Post- u. Dampfschiff-Course in Böhmen u. den angrenz. Linien. Mit e. (lith.) Eisenbahnkarte. 15. Jahrg. 1890. 12 Nrn. 16. (Nr. 1. XXV, 164 S.) Prag, Kytka. à n. — 70

Conducteur, Prager. Fahrpläne der Eisenbahn-, Post- und Dampfschiffcurse in Böhmen und den angrenzenden Linien. Mit einer (lith.) Eisenbahnkarte. 15. Jahrg. 1891. (Januar-Februar.) 16. (170 S.) —.30

Conducteur, Prager. Fahrpläne der Eisenbahn-, Post- und Dampfschiffcurse in Böhmen und den angrenzenden Linien. Mit einer (lith.) Eisenbahnkarte. 15. Jahrg. 1891. (März.) 16. (170 S.) —.35

Conducteur, Prager. Fahrpläne der Eisenbahn-, Post- und Dampfschiffcurse in Böhmen und den angrenzenden Linien. Mit einer (lith.) Eisenbahnkarte. 15. Jahrg. 1891. (April.) 16. (170 S.) —.30

Conducteur, Prager. Fahrpläne der Eisenbahn-, Post- und Dampfschiffcurse in Böhmen und den angrenzenden Linien. Mit einer (lith.) Eisenbahnkarte. 15. Jahrg. 1891. (Mai.) 16. (170 S.) —.30

Conducteur, Prager. Fahrpläne der Eisenbahn-, Post- und Dampfschiffcurse in Böhmen und den angrenzenden Linien. Mit einer (lith.) Eisenbahnkarte. 15. Jahrgang. 1891. (Juni.) 16. (XXV, 182 S.) —.35

Conducteur, Prager. Kytka's Coursbuch nach officiellen Angaben Fahrpläne der Eisenbahn-, Post- und Dampfschiff-Course in Böhmen. Mit einer Eisenbahn-Karte. 1891. Juli. 16. (XXV, 181 S.) —.35

Conducteur, Prager. Fahrpläne der Eisenbahn-, Post- und Dampfschiff-Course in Böhmen und den angrenzenden Linien. Mit einer Eisenbahn-Karte. 13. Jahrgang. 1891. August. 16. (XXV, 182 S.) —.35

Conducteur, Prager, Fahrpläne der Eisenbahn-, Post- und Dampfschiffcurse in Böhmen. Mit einer lith. Eisenbahnkarte. 13. Jahrg. 1891. September. 16. (XXV, 182 S.) —.35

Conducteur, Prager. Kytka's Coursbuch nach officiellen Angaben. Fahrpläne der Eisenbahn-, Post- und Dampfschiff-Course in Böhmen. Mit einer Eisenbahn-Karte. 1891. October. 16. (XXV, 168 S.) —.35

Conducteur, Prager. Kytka's Coursbuch nach officiellen Angaben. Fahrpläne der Eisenbahn-, Post- und Dampfschiff-Course in Böhmen. Mit einer Eisenbahn-Karte. 1892. Januar—Februar. 16. (XXV, 168 S.) —.35

Conducteur, Prager. Kytka's Coursbuch nach officiellen Angaben. Fahrpläne der Eisenbahn-, Post- und Dampfschiff-Course in Böhmen. Mit einer Eisenbahn-Karte. 1892. April. 16. (XXV, 168 S.) —.35

Conducteur, Prager. Kytka's Coursbuch nach officiellen Angaben. Fahrpläne der Eisenbahn-, Post- und Dampfschiff-Course in Böhmen. Mit einer Eisenbahn-Karte. 1892. Mai. 16. (XXV, 168 S.) —.35

Conducteur, Prager. Kytka's Coursbuch nach officiellen Angaben. Fahrpläne der Eisenbahn-, Post- und Dampfschiff-Course in Böhmen. Mit einer Eisenbahn-Karte. 1892. Juni. 16. (XXV, 168 S.) —.35

Conducteur, Prager. Kytka's Coursbuch nach officiellen Angaben. Fahrpläne der Eisenbahn-, Post- und Dampfschiff-Course in Böhmen. Mit einer Eisenbahn-Karte. 1892. Juli. 16. (XXV, 180 S.) —.35

Conducteur, Prager. Kytka's Coursbuch nach officiellen Angaben. Fahrpläne der Eisenbahn-, Post- und Dampfschiff-Course in Böhmen. Mit einer Eisenbahn-Karte. 1892. August. 16. (XXV, 180 S.) —.35

Conducteur, Prager. Kytka's Coursbuch nach officiellen Angaben. Fahrpläne der Eisenbahn-, Post- und Dampfschiff-Course in Böhmen. Mit einer Eisenbahn-Karte. 1892. September. 16. (XXV, 180 S.) —.35

Conducteur, Prager. Kytka's Coursbuch nach officiellen Angaben. Fahrpläne der Eisenbahn-, Post- und Dampfschiff-Course in Böhmen. Mit einer Eisenbahn-Karte. 1892. October. 16. (XXV, 168 S.) —.35

Conducteur, Prager. Kytka's Coursbuch nach officiellen Angaben. Fahrpläne der Eisenbahn-, Post- und Dampfschiff-Course in Böhmen. Mit einer Eisenbahn-Karte. 1892. November—December. 16. (XXV, 168 S.) —.35

Conducteur, Prager. Kytka's Coursbuch nach officiellen Angaben. Fahrpläne der Eisenbahn-, Post- und Dampfschiff-Course in Böhmen. Mit einer Eisenbahn-Karte. 1893. Januar—Februar. 16. (XXV, 168 S.) —.85

Conducteur, Prager. Kytka's Coursbuch nach officiellen Angaben. Fahrpläne der Eisenbahn-, Post- und Dampfschiff-Course in Böhmen. Mit einer Eisenbahn-Karte. 1893. März. 16. (XXV, 168 S.) —.35

Conducteur, Prager. Kytka's Coursbuch nach officiellen Angaben. Fahrpläne der Eisenbahn-, Post- und Dampfschiff-Course in Böhmen. Mit einer Eisenbahn-Karte. 1893. April. 16. (XXV, 168 S.) —.35

Conducteur, Prager. Kytka's Coursbuch nach officiellen Angaben. Fahrpläne der Eisenbahn-, Post- und Dampfschiff-Course in Böhmen. Mit einer Eisenbahn-Karte. 1893. Mai. 16. (XXVIII, 172 S.) —.35

Conducteur, Prager. Kytka's Coursbuch nach officillen Angaben Fahrpläne der Eisenbahn-, Post- und Dampfschiff-Course in Böhmen. Mit einer Eisenbahn-Karte. 1893. Juni. 16. (XXVIII, 181 S.) —.35

Conducteur, Prager. Kytka's Coursbuch nach officillen Angaben. Fahrpläne der Eisenbahn-, Post- und Dampfschiff-Course in Böhmen. Mit einer Eisenbahn-Karte. 1893. Juli. 16. (XXVIII, 181 S.) —.35

Conducteur, Prager. Kytka's Coursbuch nach officiellen Angaben Fahrpläne der Eisenbahn-, Post- und Dampfschiff-Course in Böhmen. Mit einer Eisenbahn-Karte. 1893. August. 16. (XXVIII. 181 S.) —.35

Conducteur, Prager. Kytka's Coursbuch nach officiellen Angaben Fahrpläne der Eisenbahn-, Post- und Dampfschiff-Course in Böhmen. Mit einer Eisenbahn-Karte. 1893. November—December. 16. (XXVIII, 70 S.)

Conducteur, Prager. Kytka's Coursbuch nach officiellen Angaben Fahrpläne der Eisenbahn-, Post- und Dampfschiff-Course in Böhmen Mit einer Eisenbahn-Karte. 1894. Januar-Februar. (XXVIII, 170 S) —.35

Conducteur, Prager. Kytka's Coursbuch nach officiellen Angaben Fahrpläne der Eisenbahn-, Post- und Dampfschiff-Course in Böhmen. Mit einer Eisenbahn-Karte. 1894. März. 16. (XXVIII, 170 S) —.35

Conducteur, Prager. Kytka's Coursbuch nach officiellen Angaben Fahrpläne der Eisenbahn-, Post- und Dampfschiff-Course in Böhmen. Mit einer Eisenbahn-Karte. 1894. April. 16. (XXVIII, 170 S) —.35

Conducteur, Prager. Kytka's Coursbuch nach officiellen Angaben Fahrpläne der Eisenbahn-, Post- und Dampfschiff-Course in Böhmen. Mit einer Eisenbahn-Karte. 1894. Mai. 16. (XXVIII, 181 S) —.35

Conducteur, Prager. Kytka's Coursbuch nach officiellen Angaben. Fahrpläne der Eisenbahn-, Post- und Dampfschiff-Course in Böhmen. Mit einer Eisenbahn-Karte. 1894. Juni. 16. (XXVIII, 181 S) —.35

Conducteur, Prager. Kytka's Coursbuch nach officiellen Angaben. Fahrpläne der Eisenbahn-, Post- und Dampfschiff-Course in Böhmen. Mit einer Eisenbahn-Karte. 1894. Juli. 16. (XXVIII, 181 S.) —.35

Conducteur, Prager. Kytka's Coursbuch nach officiellen Angaben. Fahrpläne der Eisenbahn-, Post- und Dampfschiff-Course in Böhmen. Mit einer Eisenbahn-Karte. 1894. August. 16. (XXVIII, 181 S.) —.35

Conducteur, Prager. Kytka's Coursbuch nach officiellen Angaben. Fahrpläne der Eisenbahn-, Post- und Dampfschiff-Course in Böhmen. Mit einer Eisenbahn-Karte. 1894. September. 16. (XXVIII, 181 S.) —.35

Conducteur, Prager. Kytka's Coursbuch nach officiellen Angaben. Fahrpläne der Eisenbahn-, Post- und Dampfschiff-Course in Böhmen. Mit einer Eisenbahn-Karte. 1894. October. 16. (XXVIII, 170 S.) —.35

Conducteur, Prager. Kytka's Coursbuch nach officiellen Angaben. Fahrpläne der Eisenbahn-, Post- und Dampfschiff-Course in Böhmen. Mit einer Eisenbahn-Karte. 1894. November—December. 16. (XXVIII, 170 S.) —.35

Conducteur, Prager. Kytka's Coursbuch nach officiellen Angaben. Fahrpläne der Eisenbahn-, Post- und Dampfschiff-Course in Böhmen. Mit einer Eisenbahn-Karte. 1895. Januar—Februar. 16. (XXVIII, 170 S.) —.35

Conducteur, Prager. Kytka's Coursbuch nach officiellen Angaben. Fahrpläne der Eisenbahn-, Post- und Dampfschiff-Course in Böhmen. Mit einer Eisenbahn-Karte. 1895. März. 16. (XXVIII, 170 S.) —.35

Conducteur, Prager. Kytka's Coursbuch nach officiellen Angaben. Fahrpläne der Eisenbahn-, Post- und Dampfschiff-Course in Böhmen. Mit einer Eisenbahn-Karte. 1895. April. 16. (XXVIII, 170 S.) —.35

Conducteur, Prager. Kytka's Coursbuch nach officiellen Angaben. Fahrpläne der Eisenbahn-, Post- und Dampfschiff-Course in Böhmen. Mit einer Eisenbahn-Karte. 1895. Mai. 16. (XXVIII, 180 S.) —.35

Conducteur, Prager. Kytka's Coursbuch nach officiellen Angaben. Fahrpläne der Eisenbahn-, Post- und Dampfschiff-Course in Böhmen. Mit einer Eisenbahn-Karte. 1895. Juni. 16. (XXVIII, 180 S.) —.35

Conducteur, Prager. Kytka's Coursbuch nach officiellen Angaben. Fahrpläne der Eisenbahn-, Post- und Dampfschiff-Course in Böhmen. Mit einer Eisenbahn-Karte. 1895. Juli. 16. (XXVIII, 180 S.) —.35

Conducteur, Prager. Kytka's Coursbuch nach officiellen Angaben. Fahrpläne der Eisenbahn-, Post- und Dampfschiff-Course in Böhmen. Mit einer Eisenbahn-Karte. 1895. August. 16. (XXVIII, 180 S.) —.35

Conducteur, Prager. Kytka's Coursbuch nach officiellen Angaben. Fahrpläne der Eisenbahn-, Post- und Dampfschiff-Course in Böhmen. Mit einer Eisenbahn-Karte. 1895. September. 16. (XXVIII, 180 S.) —.35

Conducteur, Prager. Kytka's Coursbuch nach officiellen Angaben. Fahrpläne der Eisenbahn-, Post- und Dampfschiff-Course in Böhmen. Mit einer Eisenbahn-Karte. 1895. October. 16. (XXVIII, 170 S.) —.35

Conducteur, Prager. Kytka's Coursbuch nach officiellen Angaben. Fahrpläne der Eisenbahn-, Post- und Dampfschiff-Course in Böhmen. Mit einer Eisenbahn-Karte. 1895. November-December. 16. (XXVIII, 170 S.)

Conducteur, Prager. Kytka's Coursbuch nach officiellen Angaben. Fahrpläne der Eisenbahn-, Post- und Dampfschiff-Course in Böhmen. Mit einer Eisenbahn-Karte. 1896. Januar-Februar. 16. (XXVIII, 170 S.) —.35

Conducteur, Prager. Kytka's Coursbuch nach officiellen Angaben. Fahrpläne der Eisenbahn-, Post- und Dampfschiff-Course in Böhmen. Mit einer Eisenbahn-Karte. 1896. März. 16. (XXVIII, 170 S.) —.35

Conducteur, Prager. Kytka's Coursbuch nach officiellen Angaben. Fahrpläne der Eisenbahn-, Post- und Dampfschiff-Course in Böhmen. Mit einer Eisenbahn-Karte. 1896. April. 16. (XXVIII, 170 S.) —.35

Conducteur, Prager. Kytka's Coursbuch nach officiellen Angaben. Fahrpläne der Eisenbahn-, Post- und Dampfschiff-Course in Böhmen. Mit einer Eisenbahn-Karte. 1896. Mai. 16. (XXVIII, 182 S.) —.35

Conducteur, Prager. Kytka's Coursbuch nach officiellen Angaben. Fahrpläne der Eisenbahn-, Post- und Dampfschiff-Course in Böhmen. Mit einer Eisenbahn-Karte. 1896. Juli. 16. (XXVIII, 182 S.) —.35

Conducteur, Prager. Kytka's Coursbuch nach officiellen Angaben. Fahrpläne der Eisenbahn-, Post- und Dampfschiff-Course in Böhmen. Mit einer Eisenbahn-Karte. 1896. August. 16. (XXVIII, 182 S.) —.35

— — Kytka's Coursbuch nach officiellen Angaben. Fahrpläne der Eisenbahn-, Post- und Dampfschiff-Course in Böhmen. Mit einer Eisenbahn-Karte. 1896. September. 16. (XXVIII, 180 S.) —.35

Conducteur, Prager. Kytka's Coursbuch nach officiellen Angaben. Fahrpläne der Eisenbahn-, Post- und Dampfschiff-Course in Böhmen. Mit einer Eisenbahn-Karte. 1896. October. 16. (XXXI, 172 S.) —.35

Conducteur, Prager. Kytka's Coursbuch nach officiellen Angaben. Fahrpläne der Eisenbahn-, Post- und Dampfschiff-Course in Böhmen. Mit einer Eisenbahn-Karte. 1896. November-December. 16. (XXXI, 172 S.) —.35

Conducteur, Prager. Kytka's Coursbuch nach officiellen Angaben. Fahrpläne der Eisenbahn-, Post- und Dampfschiff-Course in Böhmen. Mit einer Eisenbahn-Karte. 1897. Januar-Februar. 16. (XXXI, 172 S.) —.35

Conducteur, Prager. Kytka's Coursbuch nach officiellen Angaben. Fahrpläne der Eisenbahn-, Post- und Dampfschiff-Course in Böhmen. Mit einer Eisenbahn-Karte. 1897. April. 16. (XXXI, 172 S.) —.35

Conducteur, Prager. Kytka's Coursbuch nach officiellen Angaben. Fahrpläne der Eisenbahn-, Post- und Dampfschiff-Course in Böhmen. Mit einer Eisenbahn-Karte. 1897. Mai. 16. (XXXI, 181 S.) —.35

Conducteur, Prager. Kytka's Coursbuch nach officiellen Angaben. Fahrpläne der Eisenbahn-, Post- und Dampfschiff-Course in Böhmen. Mit einer Eisenbahn-Karte. 1897. Juni. 16. (XXXI, 181 S.) —.35

Conducteur, Prager. Kytka's Coursbuch nach officiellen Angaben. Fahrpläne der Eisenbahn-, Post- und Dampfschiff-Course in Böhmen. Mit einer Eisenbahn-Karte. 1897. Juli. 16. (XXXI, 181 S.) —.35

Conducteur, Prager. Kytka's Coursbuch nach officiellen Angaben. Fahrpläne der Eisenbahn-, Post- und Dampfschiff-Course in Böhmen. Mit einer Eisenbahn-Karte. 1897. August. 16. (XXXI, 181 S.) —.35

Conducteur, Prager. Kytka's Coursbuch nach officiellen Angaben. Fahrpläne der Eisenbahn-, Post- und Dampfschiff-Course in Böhmen. Mit einer Eisenbahn-Karte. 1897. September. 16. (XXXI, 181 S.) —.35

Conducteur, Prager. Kytka's Coursbuch nach officiellen Angaben. Fahrpläne der Eisenbahn-, Post- und Dampfschiff-Course in Böhmen. Mit einer Eisenbahn-Karte. 1897. October. 16. (XXXI, 144 S.) —.35

Conducteur, Prager. Kytka's Coursbuch nach officiellen Angaben. Fahrpläne der Eisenbahn-, Post- und Dampfschiff-Course in Böhmen. Mit einer Eisenbahn-Karte. 1897. November. 16. (XXXI, 144 S.) —.35

Conducteur, Prager. Kytka's Coursbuch nach officiellen Angaben. Fahrpläne der Eisenbahn-, Post- und Dampfschiff-Course in Böhmen. Mit einer Eisenbahn-Karte. 1897 December. 16. (XXXI, 144 S.) —.35

Conducteur, Prager. Kytka's Coursbuch nach officiellen Angaben. Fahrpläne der Eisenbahn-, Post- und Dampfschiff-Course in Böhmen. Mit einer Eisenbahn-Karte. 1898. Januar-Februar. 16. (XXXI, 144 S.) —.35

Conducteur, Prager. Kytka's Coursbuch nach officiellen Angaben. Fahrpläne der Eisenbahn-, Post- und Dampfschiff-Course in Böhmen. Mit einer Eisenbahn-Karte. 1898. März. 16. (XXXI, 144 S.) —.35

Conducteur, Prager. Kytka's Coursbuch nach officiellen Angaben. Fahrpläne der Eisenbahn-, Post- und Dampfschiff-Course in Böhmen. Mit einer Eisenbahn-Karte. 1898. April. 16. (XXXI, 144 S.) —.35

Conducteur, Prager. Kytka's Coursbuch nach officiellen Angaben. Fahrpläne der Eisenbahn-, Post- und Dampfschiff-Course in Böhmen. Mit einer Eisenbahn-Karte. 1898. Mai. 16. (XXXII, 143 S.) —.30

Conducteur, Prager. Kytka's Coursbuch nach officiellen Angaben. Fahrpläne der Eisenbahn-, Post- und Dampfschiff-Course in Böhmen. Mit einer Eisenbahn-Karte. 1898. Juni. 16. (XXXII, 148 S.) —.35

Conducteur, Prager. Kytka's Coursbuch nach officiellen Angaben. Fahrpläne der Eisenbahn-, Post- und Dampfschiff-Course in Böhmen. Mit einer Eisenbahn-Karte. 1898. Juli 16. (XXXII, 148 S.) —.30

Prager Conducteur, Fahrpläne etc. August 1898. Kl.-8. —.35

Conducteur, Prager. Mit einer Eisenbahn-Karte. 1898. October. 16. (XXXII, 140 S.) —.30

Conducteur, Prager. Mit einer Eisenbahn-Karte. 1898. November—December. 16. (XXXII, 140 S.) —.30

Conducteur, Schweizer. Fahrtenplan d. Eisenbahnen, Posten u. Dampfboote, Verzeichniss der Eisenbahn u. Telegraphen-Stationen in der Schweiz, nebst Ein- u. Ausgangsrouten. Mit einer Eisenbahnkarte d. Schweiz. Sommersaison 1879. In-16°. Zürich-Seefeld, J. A. Preuss. — 50

Conducteur, Schweizer. Fahrtenplan d. Eisenbahnen, Posten u. Dampfboote, Verzeichniss der Eisenbahn- u. Telegraphen-Stationen in der Schweiz, nebst Ein- u. Ausgangsrouten. Sommerfahrtenplan 1879. 2. Ausg. Mit Handbuch f. Reisende in d. Schweiz. In-16°, 332 S. mit 1 Eisenbahnkarte. Zürich-Seefeld, J. A. Preuss. Cart.-Einb. 1 50

Conducteur, Schweiz. Fahrtenplan der Eisenbahnen, Posten und Dampfboote, Verzeichniss der Eisenbahnen- u. Telegraphenstationen in der Schweiz. Winterfahrtenplan 1879—80. In-16° mit 1 Eisenbahnkarte. Seefeld-Zürich, J. A. Preuss. — 50

Conducteur, Schweizer. Fahrtenplan d. Eisenbahnen, Posten und Dampfbote in der Schweiz nebst Ein- und Ausgangsrouten. Sommersaison 1880. In-16°, 266 S. mit einer Eisenbahnkarte. Seefeld-Zürich, J. A. Preuss. — 50

— Ausgabe mit grosser Gebirgs- und Eisenbahnkarte in Farbendruck. 1 —

Conducteur, Schweizer. Winterfahrtenplan 1880/81. In-12°, 182 S., mit 1 Eisenbahnkarte. Zürich, J. A. Preuss. — 50

Conducteur, Schweizer, 1881. Sommerfahrtenplan der Eisenbahnen, Posten u. Dampfboote in der Schweiz. Nach den officiellen Bekanntmachungen. In-12°, 256 S., mit 2 Karten. Zürich, J. A. Preuss. — 50

— Schweizer. Fahrtenplan der Eisenbahnen, Posten u. Dampfboote in der Schweiz. Sommer 1882. 12. (236 S. m. 1 lith. Eisenbahnkarte.) Zürich. (Basel, Jenke.) n. — 50

Conducteur, Schweizer. Winterfahrplan 1882/83. In-16°. Basel, Jenke. — 50

Conducteur, Schweizer. Fahrtenplan der Eisenbahnen, Posten und Dampfboote in der Schweiz. 1880—1884. Sommer und Winter. 12. (à Heft ca. 236 S. mit je 1 lithogr. Eisenbahnkarte.) Zürich. (Basel, Jenke.) à Heft *

Conducteur, Schweizer. Fahrtenplan der Eisenbahnen, Posten und Dampfboote in der Schweiz. 1885—1888. Sommer und Winter; je 1 Heft. 12. (à Heft ca. 250 S.) Bern, (Jenni.) à Heft *

Conducteur, Schweizer. — Chemins de fer suisses, postes, bâteaux à vapeur, télégraphes, etc. 1887, saison d'été. — Sommer-Fahrtenplan der Eisenbahnen, Posten und Dampfboote in der Schweiz. In-12°, 310 S., mit 2 Karten. Bern, Stämpfli'sche Buchdruckerei. — 50

Conducteur, Schweizer, 1888. Sommer-Fahrtenplan der Eisenbahnen, Posten und Dampfboote in der Schweiz. Chemins de fer suisses, postes, bâteaux à vapeur, télégraphes, etc. Saison d'été. In-12°, 314 S., mit 1 Karte. Bern, Stämpfli'sche Buchdruckerei. — 50

Conducteur, Schweizer. Winter-Fahrtenplan der Eisenbahnen, Posten und Dampfboote in der Schweiz, 1889-90. Mit 1 Karte (in-fol.). In-12°. 259 S. Bern, Stämpfli'sche Buchdr. — 50

Conducteur, Schweizer. Sommer-Fahrtenplan der Eisenbahnen, Posten und Dampfboote in der Schweiz, nach den officiellen Bekanntmachungen. Sommersaison 1890. Mit 1 Karte (in-fol.). In-12°. 269 S. Bern, Stämpfli'sche Buchdr. — 50

— Schweizer. Sommer-Fahrtenplan der Eisenbahnen, Posten u. Dampfboote in der Schweiz 1890. 12. (269 S. m. 1 Karte.) Zürich, (Preuss). n.n. — 50

Conducteur, Schweizer. Fahrtenplan der Eisenbahnen, Posten und Dampfboote in der Schweiz. Nach den officiellen Bekanntmachungen. Wintersaison 1890/91. Mit 1 Karte (in-fol.). In-12°. 276 S. Bern, Stämpfli'sche Buchdr. — 50

Conducteur, Schweizer. Fahrtenplan der Eisenbahnen, Posten und Dampfboote in der Schweiz. Sommer-Saison 1891. Mit 1 Karte (in-fol.). In-12°. 342 S. Bern, Karl Stämpfli & Cie. — 50

—— Schweizer. Sommer-Fahrtenplan der Eisenbahnen, Posten u. Dampfboote in der Schweiz. 1892. 12. (294 S. m. 1 Karte.) Bern, (Goepper). * — 50

—— dass. — Winter-Fahrplan 1892,93. 12. (294 S. m. 2 Karten.) (Ebd.) * — 50

— Schweizer. Winter-Fahrtenplan der Eisenbahnen, Posten u. Dampfboote in der Schweiz, 1893/94. 12. (296 S. m. 2 Karten.) Bern, (Goepper & Lehmann). n. — 50

— Schweizer. Sommer-Fahrtenplan 1898 d. Eisenbahnen, Posten- u. Dampfboote i. d. Schweiz. 12 (320 S. m. 2 Karten.) Bern (W. Goepper's Verl.). — 60

— dasselbe. Winter-Fahrtenplan 1898/99. 12. (320 S. m. 2 Karten.) Ebd. — 60

Conducteur, Schweizer. Sommer-Fahrtenplan d. Eisenbahnen, Posten und Dampfbote in der Schweiz. Sommer-Saison 1900. 12°. 352 u. 31 S. Bern, Stämpfli & Co. — 60

Conducteur. Schweizer Conducteur. Fahrtenpläne der Eisenbahnen, Dampfboote und Posten .... Nach den offiziellen Bekanntmachungen. Beilage: Übersichtskarte und Routenkarte. Winter-Saison 1900/1901. 352 + 16 S. 8. Bern, Stämpfli & Cie. (fr. —. 60) — *Dazu:* Supplement. [Mit 1 Orientirungskarte.] II + 98 S. fr. —. 20

Conducteur. Schweizer Conducteur. Fahrtenpläne der Eisenbahnen, Dampfboote und Posten (**Umschlag:* Sommer-Fahrtenplan der — — in der Schweiz).... Nach den offiziellen Bekanntmachungen. Beilage: Übersichtskarte und Routenkarte. Sommer-Saison 1901. — (*Umschlag:* Chemins de fer suisses, postes, bateaux à vapeur, télégraphes etc. Saison d'été. 1. Juni bis 30. Sept.) — *Mit:* Supplement zum Schweizer Conducteur. Sommer-Saison 1901. 1. Juni bis 30. September. (Angaben über Sonntags- ... und kombinierbare Billette. — Dispositions concernant les billets... circulaires.) [Mit 1 Orientirungskarte.] IV + 352 + 36 S. + *Suppl.* II + 104 S. 8. Bern, Stämpfli & Cie. fr. —.60, Ausland fr. 1. — ; + *Suppl.* fr. —. 20

Conducteur. Schweizer Conducteur. Fahrtenpläne ... (**Umschlag:* Winter-Fahrtenplan ...).... Beilage: Übersichtskarte und Routenkarte. Winter-Saison 1901/1902. — (*Umschlag:* Chemins de fer suisses ... etc. Saison d'hiver. 1. Okt. bis 30. April.) — *Mit:* Supplement.... Winter-Saison 1901/02. 1. Oktober bis 30. April. [Mit 1 Orientirungskarte.] IV + 352 + 16 S. + *Suppl.* II + 104 S. 8. Bern, Stämpfli & Cie. (fr. —. 60, Ausland fr. 1. — ;) + *Suppl.* fr. —. 20

— schweizer. Fahrtenpläne der Eisenbahnen, Dampfboote u. Posten nebst Angabe der Fahrpreise u. Verzeichnis der Eisenbahn-, Post- & Telegraphen-Stationen etc. Nach den offiziellen Bekanntmachgn. Beilage: Übersichts- u. Routenkarte. Sommer-Saison 1902. 12. (360 S.) Bern, Stämpfli & Co. — 60; mit Suppl., Angaben üb. Sonntag-, Lustfahrts-, Rundreise- u. kombinierbare Billete. (114 S. m. 1 Karte) — 80; letzteres allein — 16

Conducteur. Schweizer Conducteur. Fahrtenpläne ... (**Umschlag* Sommer-Fahrtenplan...).... Beilage: Übersichtskarte und Routenkarte. Sommer-Saison 1902. — (*Umschlag:* Chemins de fer suisses ... etc. ... 1. Mai bis 30. Sept.) — *Mit:* Supplement.... Sommer-Saison 1902.... [Mit 1 Karte.] IV + 360 + 32 S. + *Suppl.* II + 114 S. 8. Bern, Stämpfli & Cie. (fr. —. 60, Ausland fr. 1. — ;) + *Suppl.* fr. —. 20

Conducteur. Schweizer Conducteur. Fahrtenpläne ... (**Umschlag:* Winter-Fahrtenplan...).... Beilage: Übersichtskarte und Routenkarte. Winter-Saison 1902/1903. — (*Umschlag:* Chemins de fer suisses ... etc. Saison d'hiver. 1. Okt. bis 30. April.) — *Mit:* Supplement.... [Mit 1 Orientirungskarte.] IV + 360 + 16 S. + *Suppl.* II + 114 S. 8. Bern, Stämpfli & Cie. (fr. —. 60, Ausland fr. 1. —) + *Suppl.* fr. —. 20

Conducteur. Schweizer Conducteur. Fahrtenpläne ... (**Umschlag:* Sommer-Fahrtenplan ...).... Beilage: Übersichtskarte und Routenkarte. Sommer-Saison 1903. — (*Umschlag:* Chemins de fer suisses ... etc. ... 1. Mai bis 30. Sept.) — *Mit:* Supplement.... Sommer-Saison 1903.... [Mit 1 Karte.] IV + 376 + 32 S. + *Suppl.* II + 110 S. 8. Bern, Stämpfli & Cie. (fr. —. 60, Ausland fr. 1. —) + *Suppl.* fr. —. 20

Conducteur. Schweizer Conducteur. Fahrtenpläne ... (**Umschlag:* Winter-Fahrtenplan ...).... Beilage: Übersichtskarte und Routenkarte. Winter-Saison 1903/1904. — (*Umschlag:* Chemins de fer suisses ... etc. ... 1. Okt. bis 30. April.) — *Mit:* Supplement.... Winter-Saison 1903/04.... [Mit 1 Karte.] IV + 376 + 16 S. + *Suppl.* II + 110 S. 8. Bern, Stämpfli & Cie. (fr. —. 60, Ausland fr. 1. —) + *Suppl.* fr. —. 20

Conducteur, schweizer. Fahrtenpläne d. Eisenbahnen, Dampfbote u. Posten, nebst Angabe der Fahrpreise u. Verzeichnis der Eisenbahn-, Post- u. Telegraphen-Stationen etc. Nach den offiziellen Bekanntmachgn. Sommer-Saison 1906. (376 S. m. 2 Karten.) kl. 8. Bern, Stämpfli & Co. 1. —; bessere Ausg. 1. 30

— dasselbe. Winter-Saison 1906/1907. (376 S. m. 2 Kart.) kl. 8. Ebd. 1. —; bessere Ausg. 1. 30

Condukteur, schweizer. Fahrtenpläne der Eisenbahnen, Dampfboote u. Posten, nebst Angabe der Fahrpreise u. Verzeichnis der Eisenbahn-, Post- & Telegraphen-Stationen etc. Nach den offiziellen Bekanntmachgn Sommer-Saison 1910. (384 S. m. 2 Karten.) kl. 8. Bern Stämpfli & Co. 1. —

— suisse. Winter-Fahrtenplan der Eisenbahnen, Posten u. Dampfboote in der Schweiz 1882/83. 12. (237 S. m. 2 lith. Karten.) Ebend. n. — 40

Conducteur suisse. Horaires des chemins de fer, bateaux à vapeur et postes avec indication des taxes et table des stations des chemins de fer, bateaux à vapeur, routes postales et des bureaux de télégraphe etc. D'après les publications officielles. Saison d'été 1899. — Sommer-Fahrtenplan der Eisenbahnen, Posten u. Dampfboote in der Schweiz. 12°. 347 S. Bern, Stämpfli & Cie. — 60

— suisse. Chemins de fer suisses, postes, bateaux à vapeur, télégraphes etc. Winter-Fahrtenplan der Eisenbahnen, Posten u. Dampfboote in der Schweiz 1910/1911. Saison d'hiver 1. X. au 30. IV. (384 S.) kl. 8. Ebd. 1. —

— der Swinemünder, in der Westentasche. Saison 1892. 16. (16 S.) Swinemünde, H. Dehne. n. — 15

Conduite

— chretienne, contenant les exercises du matin et du soir etc. 8. Braunschw. 815. Pluchart. 16 gr

Conduite, de la, de la guerre d'Orient. Expédition de Crimée. Mémoire adressé au gouvernement de S. M. l'empereur Napoléon III. par un officier général. 1—3. Edition, revue et corrigée. gr. 8. (51 S.) Berlin 855, Springer.

Conduite, de la, de la guerre d'Orient etc. 4. Edition augmentée par la réplique du gouvernement inserée au Moniteur universel. gr. 8. (64 S.) Berlin 855, Springer. Thlr. *

Conduire pour passer saintement le Carême où l'on trouve des sentences. 8. Wien, Tendler. 779.

Conduite pour passer saintement le Carême ou l'on trouve des sentences. 8. Wien 779. Trattner. 5 gr

Conduite, la, du Roi de la Grande-Bretagne comme Electeur. 8. Francf. 759.

Conduiten-Liste. Tabellar. Uebersicht üb. die wichtigsten namentl. Abstimmungen der 1. preuß. Nationalversammlg. Ein Wegweiser bei den bevorsteh. Wahlen. Nebst einem Anh., enth. d. Wahlgesetz v. 6. Decbr. qu. 4. (24 S.) Berlin 848, Hirschfeld. 1/6 ℛ

— aller Abgeordneten zu Berlin. gr. 4. (8 S.) Berlin 848, Stargardt. n. 2 ngr

Condukteur, s.a. Conducteur

Conducteur, der, auf Dampfschiffen und Eisenbahnen, s. Riedheim, Carl.

— der lustige, im Eilwagen. In 4 Stationen, in 1 Bd. (Neue Ausg. v. Bibliothek d. Frohsinns. N. F. 5. Bd. 5—8. Hft.) gr. 16. (476 S.) Stuttgart 847, Köhler. 18 ngr

Conduratu, Gregor C., aus Bucarest: Michael Beheims Gedicht über den Woiwoden Wlad II. Drakul. Mit hist. u. kritischen Erläuterungen. *Bukarest 1903: Buchdr. 'Eminescu'.* (114 S.) 8°
Leipzig, Phil. Diss. v. [15. Mai] 1903

Condy, Wilhelm (Halberstadt), De remediis purgantibus. Disp. med. Präs. Curt Sprengel. Halle (Fr. Grunert) 13. XI. 1824. 32 S. mit Biograph. (4.50) 5557

Conen, Arthur, aus Dahlhausen ⟨Wupper⟩: Das Bild französischer Zustände in Balzac's 'Comédie Humaine'. *Marburg 1903: A. Hoffmann.* (105 S.) 8°
Marburg, Phil. Diss. v. [22. Aug.] 1903

Conen, Franz [aus Papenburg]: Ueber α- und β-Trimethylphosphortolubetaine und deren Carbonsäuren ... Rostock, C. Boldt'sche Hof-Buchdr., 1895; 35 S. 8.
Rostock, Phil. Fak., Inaug.-Diss. v. [30. Mai] 1895

Cönen's Geschäfts-Adreßbuch v. Köln a/Rh. u. Vororte incl. Mülheim a/Rh. u. Kalk. 1889/90. gr. 8. (212 S.) Köln. (Leipzig, Ziegler's Sort.) geb. n. 2. —

Coenen, Hermann, Dr. med., Assistent d. chirurg. Klinik: Die praktische Bedeutung der Serumdiagnostik bei chirurgischen Erkrankungen, insbesondere bei Knochenkrankheiten. Breslau 1908: O. Gutsmann. (69 S.) 8°
Breslau, Med. Fak., Hab.-Schr. v. 7. Aug. 1908
(Nicht für den Austausch)

Coenen, Hermann [aus Tecklenburg '(Westf.)']: Über die Salze des menschlichen Blutserums ... Berlin, Buchdr. v. G. Schade, 1897; 27 S., 2 Bl. 8.
Berlin, Med. Fak., Inaug.-Diss. v. 16. März 1897

Dissertatio inauguralis diplomatica in Dagobertinum Horreense, quam ... pro consequendo juris utriusque doctoratu in aula majore antiquissimae (universitatis) Trevirensis die 27. Septembris publicae disputationi sine praeside proposuit Petrus Franciscus Coenen, Confluus. (Cum tabula lithographica.) Augustae Trevirorum. s. a.
Nur durch das Titelblatt und durch drei Dedicationsblätter verschieden von der angebundenen Dissertation desselben Inhalts v.: Fransiscus Lothar. Neumann und Georg. Henricus Aldringen. 4° k.

Coenen, W. C., Predigten. Zum Besten des Missions- u. Bibelvereins. 8. Crefeld 835. Funke'sche Buchh. 2/3 ℛ

Coner, Christ. Friedr. (Eimbek), De ignoto Atticorum deo. Präs. Jo. Lor. Mosheim. Helmstedt (Seb. Bucholtz) Juli. 1725. 11 S. (4.—) 5558

Conerding,

— Heinr. Dietr. (Wolffenbüttel), Collatio juris communis et Brunsvico-Luneburgici quam ratione juris tum in genere tum personarum patriae potestatis nuptiarum tutelae & curae rerum divisionis modorum acquirendi servitutum et denique successionum tam testamentariae quam ab intestato. Präs. Gg. Engelbrecht. Helmstedt (Gg. Wolfg. Hamm) 11. VIII. 1703. 58 Blatt, größtenteils deutsch. (8.—) 5561

Coners, Gerh. Jul.

— über d. nöthige Auswahl d. Wahrheiten, u. d. beste Art zum gemeinnütz. Unterr. in d. christl. Religion. 8. Berl. 779. Mylius. 6 gr

— Auszug aus seinen theolog. Briefen, den neuen Angriff d. Predigers Jani betreff. 8. Bremen 780. Förster. 10 gr

— das seligmachende Christenthum, angepriesen. gr. 8. Aurich 793. (Müller in Bremen). 20 gr

— Jesus Christus ist der Weg u. das Leben; eine Predigt. 8. Bremen, Förster. (Müller.) 781.

— Erläuterung seines Schreibens an seine nächsten Amtsbrüder, auf Veranlassung einer dawider gerichteten Schrift. 8. Berl. 779. Mylius. 4 gr

— s. Lehre von d. moral. Regierung Gottes.

— Proben e. umständl. paraphrast. Auslegung u. Anwendung d. Apostelgeschichte. 2e Aufl. (1e A., s. Probe.) 8. Brem. 772. Förster. 10 gr

— Proben einer umständl. paraphrastischen Auslegung und Anwendung d. Apostelgeschichte. 8. Bremen, Förster. (Müller.) 772.

— Sendschreiben an seine nächsten Amtsbrüder u. Zuhörer. 8. ... 778.

— Trauerreden. 8. Bremen 775. 2e Aufl., mit e. Aufsatze über d. menschl. Lebensziel. 8. Ebd. 788. Cramer. 8 gr

— Trauerreden, 2te Aufl. mit ein. Aufsatz. üb. das menschliche Lebensziel. 8. Bremen, Cramer. (Rabenhorst in Leipzig.) 788.

— Ueberlegungen, Gebete rc. für Gottesverehrer. gr. 8. Aurich 796. 18 gr

Coners, Gerh. Jul., († d. 21. Jan. 1797.) Versuch e. christl. Anthropologie. gr. 8. Berl. 781. Mylius. 1 ℛ

Coners, J., s. Coners, Gerh. Jul.

Coney, J., Gravures des anciennes Cathedrales, Hotels de Ville, et autres célèbres edifices en France, Hollande, Allemagne, et Italie. Avec des Descriptions illustr. p. Ch. H. Tatham. — Ansichten d. berühmtesten alten Domkirchen, Stadthäuser u. a. ausgezeichn. Gebäude, in Frankreich, Holland, Deutschland u. Italien, an Ort u. Stelle gez. u. gest. Durch architekton. u. geschichtl. Beschreibn. erläut. von etc. u. sachverständ. Gehülfen. 1—6. Lfg. (à 4 Taf. u. 4 B. Text.) Imp.-Fol. Strasburg 829, 30, Treuttel u. Würtz. à Lfg.
Die 1. Lfg. enthält Engl., Franz. u. Deutschen Text, die 2—6. nur Engl. u. Französ.

Confarreatio auspicatissima connubii ineundi apud veteres Romanos solemnitas. Norimbergae 1762. V: *Leinker, Johann Siegmund.* (will)

Confectbuch, orientalisches, 5 Thle. 8. Tübingen, Cotta. 781.

Confection, la. Fach-Journal f. die Damen- u. Mädchen-Mäntel-Branche. II.—V. Jahrg. 1889—1892. à Jahrg. 12 Lfgn. (à Lfg. 22—30 Modelle auf 2—4 Taf.) gr. Fol. Berl., Lyon. à Lfg. * 6 —; à Jahrg. * 50 —

Confection, la. Fach-Journal f. die Damen- u. Mädchen-Mäntel-Branche. Hrsg.: Gust. Lyon. 4.—7. Jahrg. 1891—1894. à 12 Nrn. (à ca. 5 Taf.) Fol. Berlin, G. Lyon. à Jahrg. n. 50. —; einzelne Nrn. à n. 6. —

Confection, la. Fach-Journal f. d. Damen- u. Mädchen-Mäntel-Branche. Hrsg.: Gust. Lyon. 8.—10. Jahrg. 1895—1897. à 12 Nrn. (à ca. 2 Taf.) Fol. Berlin, G. Lyon. à Jahrg. n. 50. —; einz. Nrn. n. 6. —

— dasselbe. 11. Jahrg. 1898. 12 Nrn. Fol. Ebd. 45. —; einz. Nrn. 6. —
Kann auch halbjährlich für 23. — u. vierteljährlich für 12.50 bezogen werden. — Jahrg. 1895, 1896 u. 1898 sind vergriffen.

Confection, la. Fach-Journal f. die Damen- u. Mädchen-Mäntel-Branche. Hrsg.: Gust. Lyon. 13. Jahrg. 1899. 12 Nrn. Fol. (à ca. 5 Taf.) Berlin, G. Lyon. 45. —; halbjährl. 23. —; vierteljährl. 12. 50; einz. Nrn. 6. —

— la, genre français et anglais. Red.: Jos. Bazzanella. Hrsg.: Arnold Bachwitz u. Gust. Fournes. 1. Jahrg. Juli 1898—Juni 1899. Edition I.: Toilettes et blouses. 12 nrs. (à ca. 8 Taf.) Fol. Wien, Administration „Wiener Modenzeichner". n. 40. —; Probeheft n. 6. —
Kann auch halbjährlich für n. 25. — bezogen werden.

— dasselbe. Edition II. Condition de filettes. Mädchen- u. Backfisch-Confection. 12 nrs. (à ca. 6 Taf.) Fol. Ebd. n. 40. —; Probeheft n. 6. —
Kann auch halbjährlich f. n. 25. — bezogen werden.

— dasselbe. Edition III. Saison-Album 1898/99. 2 Hfte. (à ca. 6 S.) Fol. Ebd. à n. 5. —

— grande. 1. u. 2. Jahrg. Septbr. 1901—Aug. 1903. à 12 Nrn. gr. Fol. (à ca. 8 Taf.) Wien, B. Finkelstein & Bruder. à Jahrg. n. 25. —; halbjährl. n. 15. —

Confection grande. Journal mensuel. 3.—6. Jahrg. Septbr. 1903—Aug. 1907 à 12 Nrn. (à ca. 8 Taf. m. 2 S. Text u. Schnittbog.) Fol. Wien, B. Finkelstein & Bruder. à Jhrg. n. 25. —; halbjährl. n. 15. —; einzelne Nrn. n. 3. —

Confection grande. Édition professionelle de modèles de confections. Journal mensuel. Septbr. 1909—Aug 1910. 12 Nrn. (Nr. 145. 12 Taf. m. 2 S. deutschem u französ. Text u. 1 Schnittbog.) 44,5×32 cm. Wien Palais de la mode „Le grand Chic". 25.— halbjährl. 15.—; vierteljährl. 8.—; einz. Nrn. 3. —

— la, parisienne. Dernières créations de costumes jaquettes, manteaux, pélerines etc. Automne-hiver 1910—1911 e Printemps-été 1911. (à 39 S. Abbildgn u. 4 S. Text in französ. u. deutscher Sprache.) 38×27 cm. Ebd. (910.) à 2. 50

O diese Confectioneusen! Mit zahlr. originellen Illustr. Berlin, o. J. (190*). 8°. (60 Pfg. H. Hugendubel, München, 1903.)

Confédération. Sur la C' suisse et les prétentions de Berne. 1814 s. [Rengger, Albrecht].

Confederau: Il Confederau Grischun (Der Bündner Eidgenosse)
(5) 11. 1. 1845—Ende Juni 1845 (6) 4° (7) Wochenblatt (8) Cuera (Chur): Stamparia dils frars Sutter (10) Gebrüder Sutter (11) Landrat Luis Vieli (12) radikal (13) BGSZ: 1009 (14) Ch: K (Nummern 2, 13, 16, 19, 24, 26, 27); Di: Kb (Nummern 1, 2, 4, 6, 7, 10, 18, 20, 21, 22).

Confédéré: Le Confédéré
(1) Organe libéral du Valais (1. 1. 1868). Organe du Parti radical-démocratique valaisan (5) 2. 1. 1861 (cont.) (6) in-4° (1861—1871), in-2° (depuis 1872, agrandissement 14. 1. 1953) (7) 2× par semaine (1861—1877, 1881—1884, 1892—1920), hebdomadaire (1877—1881, 1884—1892), 3× par semaine (depuis 1920) (8) Sion: Edouard Loederich (2. 1. 1861—3. 9. 1865), Beeger & Loederich (3. 9. 1865—20. 8. 1868), Joseph Beeger (20. 8. 1868—20. 12. 1896); Martigny: Vincent & Studer (20. 12. 1896—1. 1. 1904), Adolphe Imhoff (1. 1. 1904—1. 11. 1907), Pillet & Darbellay (1. 11. 1907—30. 12. 1919), Jules Pillet (30. 12. 1919—30. 12. 1929), A. Montfort (1. 1. 1930 cont.) (10) les différents imprimeurs, puis la société du journal (11) Dr. Grillet, Louis Ribordy, Jean Baptiste Calpini, Joseph Beeger, Roger Mério, Louis Courthion, Maurice Gabbud, Eugène Moser, André Marcel, Gérald Rudaz (12) libéral-radical (13) BGSZ: 219, 638, 1083—1085, 1087, 1089; Le Confédéré du 9. 4. 1941 (14) Si: C.

Confédéré: Le Confédéré de Fribourg
(1) Journal des Démocrates fribourgeois (1855). Organe de la démocratie radicale suisse (1867) (3) Le Narrateur fribourgeois (4) L'Indépendant (Fusion) (5) 4. 1. 1848—1907 (6) in-4°, in-2° (dès 1867) (7) 3× par semaine (8) Fribourg: L. J. Schmid (?—1849), Boniface Galley (1849—?) (10) Actionnaires, puis: C. Ayer, Bornet, Marchand (11) C. Ayer (1848), Bornet (1849) (12) libéral (13) BGSZ: 986; numéro commémoratif 102, 22. 12. 1907 (14) Fr: C (15) 24. 12. 1907 fusion avec le «Journal de Fribourg» sous le titre «L'Indépendant» (Fr).

Confeld, Fel. Paul, das alt-römische Bad und seine Bedeutung für Heilkunde und Gesundheitspflege der Gegenwart, namentlich als mächtiges Naturheilmittel bei tief eingewurzelten, langwierigen Krankheiten geschichtlich und wissenschaftlich dargestellt. Mit 1 Abbildung der menschlichen Haut in 25maliger Vergrößerung (in Holzschn.). Darmstadt 863. Jonghaus. 8. (X, 188 S.) n. 20 ngr.

Confeld, Fel. Paul, die medicinische Gymnastik, ihr Werth und ihre Erfolge mit Berücksicht. anderer physiolog. Heilmittel. gr. 8. (VIII und 87 S.) Würzburg 861. (Mainz, v. Zabern.) *

Confeld, Felix Paul Heinrich

Confeld, Fel. Paul Heinr., die Grund-Idee der Ling'schen Gymnastik. Würzburg 856. Goldstein. gr. 8. (V, 120 S.) n. 20 ngr

Confeld, Fel. Paul Heinr., vier Vorträge auf dem Gebiete der naturgemäßen Gesundheitspflege, gehalten im freien deutschen Hochstift zu Frankfurt a. M. Mainz 865. Wirth. gr. 8. (IX, 95 S.) n. 12 ngr.

— zwei Vorträge über die Pflege des Gehirns, der Werkstätte des menschlichen Geistes. Gehalten im Freien deutschen Hochstift zu Frankfurt a. M. Mainz 865. (v. Zabern.) 8. (VIII, 67 S.) n. 10 ngr.

Conférence Catholique ou Projet débattu dans le Grand Conseil du Canton de Fribourg, touchant une alliance avec les six Cantons Catholiques. 8. Fribourg en Suisse 1846.

— the first international, on Tuberculosis, s.: Tuberkulose-Konferenz, die erste internationale.

Conférence, la première, internationale antituberculeuse, s.: Tuberkulose-Konferenz, die erste internationale.

Conférence internationale de la Paix à La Haye. Conventions et déclarations. (Du 29 juillet 1899.) (Entrées en vigueur, en Suisse, le 29 décembre 1900.) II + 64 p. 8. ([Berne, C.-J. Wyss,] 1901.)

Conférence. Deuxième C' internationale de la Paix à la Haye. Conventions et traités. Conclus le 18 octobre 1907. Entrée en vigueur pour la Suisse le 11 juillet 1910. 322 p. 8. [Berne, K.-J.-Wyss,] 1910.

Conférence internationale pour la Protection ouvrière à Berne. ⟨Du 8 au 17 mai 1905.⟩ (Procès-verbal nº 1—5.) II + 128 p. 4. [Berne, C.-J. Wyss.]

Conférence internationale concernant le règlement du travail aux établissements industriels et dans les mines (Berlin 1890). Leipzig 1890.

Conférence internationale, concernant le reglement du travail aux établissements industriels et dans les mines. (Conférence internationale de Berlin 1890.) Par autorisation officielle. Lex. 8. (VI, 201 S.) Lpz. 890, Duncker u. Humblot. * 5 —

Conférence: La Conférence Interparlamentaire
⑤ 1. 7. 1893—1. 10. 1894 ⑥ in-4° ⑦ mensuel ⑧ Berne: Karl Staempfli & Cie. ⑩ Bureau international pour l'arbitrage international ⑭ Be: L.

La Conférence interparlementaire. Revue mensuelle publiée par le Bureau interparlementaire pour l'arbitrage international. 4me année. In-4°. Berne, Bureau interparlementaire. 1897.
Suisse, un an 5 —; Union postale 5 60

La deuxième Conférence de la paix: Acte final, conventions déclaration. [La Haye] 18. octobre 1907. Berne: Bureau de la ligue internat. de la paix. [1908.]

Conference, Zweener Oberländischer Pferde-Regenten Im Schertz u. Ernst über des Patrioten thörichte Allfanzereyen gehaltene. [Hamb.] 1724. V: *Edzardi, Sebastian.* (schr) (Jacoby, Die ersten moral. Wochenschriften Hamburgs, 1888 S. 44.)

Conférence préliminaire concernant la télégraphie sans fil. Berlin, 4—13 août 1903. Berlin 1903: Reichsdr. (87 S.) 4°(2°) [o7. 14987]

Conférence Que les dix Députés Suisses, nommés par les deux partis, ont eue avec le Premier Consul le 29 Janvier 1803 [à Paris], depuis une heure après midi jusqu'à huit heures du soir. 8. *s. l.* [1803].
Mutmasslicher Verfasser: Henri Monod.

Conférence. Deuxième Cᵉ pour la revision de la Convention internationale du 14 octobre 1890 sur le transport de marchandises par chemins de fer. Berne, (du 4 au 18 juillet) 1905 = Zweite Revisionskonferenz betreffend das Internationale Übereinkommen über den Eisenbahn-Frachtverkehr vom 14. Oktober 1890. Bern, (vom 4. bis 18. Juli) 1905. (Procès-verbaux.... Avec une annexe: Liste des questions à traiter [et un supplément:] Convention internationale ..., Projet du Conseil fédéral suisse = Protokolle.... Mit einer Anlage: Verzeichnis der Verhandlungsgegenstände [und einem Anhang:] Internationales Übereinkommen ..., Entwurf des Schweizerischen Bundesrates.) II p. + 181 p. doubles + *Annexe* 156 p. + *Supplément* I p. + 10 p. doubles. 4. (Berne, Haller, 1905.)

Conférence secrète tenue par le général et d'autres supérieurs de l'ordre des Jésuites dans la maison de noviciat de Chieri en Piémont, en septembre 1824. 8. Berne 1847.

Conférences, les, de Genève 1861. Rapports et discours publiés au nom du comité de l'alliance évangélique par D. Tissot. 2 Vol. (16 Livrs.) gr. 8. (Livr. 1. 80 S.) Basel 862, Georg. *

Conférences, les, du Père Hyacinthe à Strasbourg. Lettres d'une institutrice libérale (S. Sonntag). 8. (55 S.) Strassburg 877. (Treuttel & Würtz.) n.n. — 50

Conférences monétaires internationales. Brême 1874

Conférences Strassbourgeoises, trois. Guillaume le Taciturne par A. Sabatier. — Abraham Lincoln par Rod. Reuss. — Agrippa d'Aubigné par George Guibal. 8. (106 S.) Strassburg 872, Treuttel und Würtz.

Conferentz, Politische, von Friedens- und Krieges-Begebenheiten der gantzen Welt, worüber beschlossen, und worinnen verschiedener Völcker Sitten, Begebenheiten an Himmel, Menschen und Thieren, auch chymisch- und medicinalischen Praeparationen angeführt. (Monatsschrift.) O. O., Okt. 1707 bis Dez. 1708. Mit 7 (gleichen) Titelkupfern, 15 weiteren Kupfertafeln u. einigen Tabellen u. Übersichten im Text. In 2 Bdn. Schwnsldr. auf Holz m. Schl. 180.—
Von Oktober 1707 bis Juli 1708 als Monatshefte, August bis Dezember 1708 als ein Heft. Diese „illustrierte Monatsschrift" betrachtet den Weltlauf in Form von Rundgesprächen zwischen sechs Gelehrten, darunter einem Arzt, und sechs anderen Personen, dazu einem Notarius, dem fliegenden Boten, einem Diener, und endlich der Wahrheit und Gerechtigkeit. —
Viele politische Betrachtungen, auch über Vorfälle in Amerika, Rußland, Ungarn, der Türkei; über Seuchen, Naturerscheinungen; Anekdotisches (einiges in Versen), viel Medizinisches und Pharmakologisches usw. — Unter den Tafeln Ansichten von Brügge, Dünkirchen, Gent, Lille, Boulogne, Brest, Oran, Toulon u. a. Die Zeitschrift scheint hier abgeschlossen vorzuliegen, sie wird bei Salomon und Schottenloher nicht erwähnt. Gutes Exemplar.

CONFERENTZ, Politische, Zwölff unterschiedlicher Stands-Persohnen: Von allen neuen vorfallenden Friedens- und Kriegs-Begebenheiten der gantzen Welt. 3 Thle. Mit Titelkpf. u. 5 Kpfrn. O. O. 1707. 4°. Cplt. rar!
Auch mit Reimen. — Haydinger's Bibl. II. no. 202.

Conferenz, s. a. Konferenz.

Conferenz, die allgemeine lutherische, in Hannover am 1. u. 2. Juli 1868. Hannover 868. Meyer. gr. 8. (137 S.) n. 10 ngr.

— die zweite allgemeine lutherische, in Leipzig am 9. u. 10. Juni 1870. Leipzig 870. Dörffling & Franke. gr. 8. (156 S.) n. 10 ngr.

Conferenz, die allgemeine lutherische, und ihre antiprotestantischen Ziele. In Hinblick auf die Zusammenkunft der Conferenz in Hannover am 1. und 2. Juli 1868. gr. 8. (24 S.) Hannover 868, Krüger. *

— — zwischen Bathseba und Judas Ischariot. Leipzig 1723. 4°.

Conferenz, die, in Berlin. Von einem unbefangenen Laien. gr. 8. (19 S.) Würzburg 878. Stuber's Verl. n. — 80

—— die, zu Brighton vom 29. Mai bis 7. Juni. Ein Vortrag, gehalten von einem deutschen Prediger, der gesehen und gehört hat. 1. und 2. Aufl. gr. 8. (16 S.) Barmen 875, Klein. *

Conferenz der Direktoren Ost- und Westpreussens zu Elbing . . . Danzig 1901. V: *Bonstedt, Aline.* (Berl)

Conferenz zur Erörterung der Cholerafrage. [2. Jahr.] [Berliner klin. Wochenschr. 1885, Nr. 37a u. b.] gr. 4. (78 S.) Berlin 885. Hirschwald. n. 2. —

—— dass. — [2. Jahr.] Verhandelt im Kaiserlichen Gesundheitsamt zu Berlin. 4. (60 S.) Berlin 885, G. Reimer.
Aus: Deutsche medicinische Wochenschrift, besonders abgedruckt.

Conferenz, 2., der Deutschen Gemeinde-Statistiker. Dresden 1885. gr. 4.
3., München 1886. gr. 8.

Conferenz der Hausväter an Rettungsanstalten im Rauhen Hause vom 1. bis 3. Juli 1879. o. O. u. J. 8°.

Conferenz (Internationale) für Arbeiterschutz in Bern. 8°. Bern, Stämpfli u. Co., 1905.

— — zwischen dem Patriarchen Joseph und Voluptuoso. Altona 1723. 4°.

Conferenz, die Karlsburger, am 11. und 12. Febr. 1861, Protokoll und Reden. 1. u. 2. verm. Aufl. Hermannstadt 861. Steinhaußen. 8. (111 S.) 10 ngr.

— die, f. innere Mission in Gunzenhausen. gr. 8. (15 S.) Erlangen 874. Deichert. — 15

Conferenz über die Organisation des land- u. forstwirthschaftl. Versuchswesens in Oesterreich, abgehalten im k. k. Ackerbauministerium. Wien 1873.

Conferenz, die orthographische, zu Berlin vom 4. bis 15. Jan. 1876. gr. 8. (21 S.) Berlin 876, (C. Heymann's Verlag.) *
Aus: Deutscher Reichs-Anzeiger, besonders abgedruckt.

Conferenz, Die Parsdorfer, ein Collegium über Besteuerung der Geistlichkeit in Baiern. München 1811. V: *Prugger von Pruggheim*, *Carl.* (GGr) (Ky)

Conferenz, d. Parsdorfer, ein Colloquium über Besteuerung der Geistlichkeit in Baiern. 8. München 811. Lentner. 4 Ngr.

Conferenz des Hochwürdigsten Bischofs Dr. Petrus Leop. Kaiser zu Mainz mit den Abgeordneten der kathol.-christl. Gemeinde zu Offenbach. Nach den Mittheilungen der Letzteren. gr. 8. Offenbach a. M. 845, Heinemann. 1/12 Thlr.

—— die protestantische, u. die vier freien Städte. Von ein. Hanseaten. gr. 8. (1½ B.) Bremen 846, Kaiser. *

CONFERENZ, Vertraute, derer Einwohner im Reiche der Todten, über ihre im Reiche der Lebendigen gehabte Fata u. Zufälle. Zusammenkunft 1—6 (soviel ersch.?). O. O. (?) 1723. 4°.
Aeusserst selten! Das 6. Stück wurde confiscirt. —

Conferenz, die wiener, s. Depeschen, illustrirte.

Conferenz-Arbeiten d. Augsburg. Diöcesan-Geistlichkeit im Pastoralfache u. anderweit. Gebiete d. prakt. Theologie. 1r Thl., 1s, 2s u. 2r Thl. 1s Heft. gr. 8. Augsb. 829, 31. Wolff. (à 16 Ngr.) 2 Thlr.

Conferenz-Arbeiten der Augsburgischen Diöcesen-Geistlichkeit im Pastoralfache u. anderweit. Gebiete der prakt. Theologie. 2r Thl. 2s u. 3r Thl. 1s u. 2s Hft. gr. 8. Augsburg 831—34. (Kollmann.) 2 Thlr. — 1r—5r Jahrg. à 2 Hfte. (à 1 Thlr.) n. 5 Thlr.

„Conferenzen über das III. Buch, resp. die §§ 423—749 des Entwurfes eines Handelsgesetzbuches für die preussischen Staaten", Berlin, den 24. November 1856. — Vorh.: Bibl. des Reichsbank-direktoriums Berlin.

Conferenzen, Die Dresdener. Mit Urkunden. Berlin 1851. V: *Duncker*, *Max.* (Klüpfel)

Conferenzen, Die Dresdener. Mit Urkunden. Berlin 1851. V: *Samwer*, *Carl Friedrich Lucian.* (A) (Dn) (Kat. d. ständ. Bibl. Stuttg. 1907. S. 471.)

Conferenzen, geistliche, für die Töchter der christlichen Liebe, gehalten vom heiligen Vincenz von Paul, und von seinen Nachfolgern. II. und III. Band. Aus dem Französ. übersetzt. Mit Genehm. der Obern. *Graz* 1857. Druck von *J. A. Kienreich.* 551 S. 2 Bl. gr. 4°.

Conferenzen, die Londoner, zur Beilegung des deutsch-dänischen Streites. Nach authent. Quellen bearb. gr. 8. (63 S.) Leipzig 864, Teubner.
Aus: Leipziger Zeitung, besonders abgedruckt.

Conferenzen, soziale, unter dem Klerus, s. a. Tages-Fragen, soziale, 4. Hft.

Conferenzen, Sociale, unter dem Klerus. Ihre Organisation und Thätigkeit . . . 2. Aufl. M.-Gladbach 1902. V: *Pieper*, *August.* (Berl)

Conferenzprotocoll, s. a. Konferenzprotokoll.

Conferenz-Protokoll betreff. Rheinkorrektion. Bregenz 21. Dez. 1856.

Conferenz-Protokolle der ständischen Deputation über das Provinzial-Recht im Bezirke des Ober-Landesgerichts zu Hamm. Berlin 1836.

Conferenzreden über die Pflichten der Ordensleute, besonders derer, die sich zur Regel des h. Benedictus bekennen. Einsiedeln 1772—77. V: *Vincent*, *Benoît.* (CLZür Forts. III)

Allgemeine Conferenz Verhandlungen der 7ten Allgemeinen Conferenz der Mennoniten von Nord-Amerika. Gehalten vom 15ten bis 26ten Nov. 1875. *[s. l 1875.] 28 S.*

Die Conferenzverhandlungen der Allgemeinen Mennoniten Gemeinschaft in Nord-Amerika. Abgehalten in West Point, Lee County, Iowa, den 28ten und 29ten Mai, 1860. *[s. l. 1863.] 24 S.*

Conferenzvortrag, ein, in Betreff der Rosenmonate heil. Frauen von dem Verf. derselben (Wilh. Löhe). 8. (40 S.) Stuttgart 860, S. G. Liesching. *
Aus: Correspondenzblatt für innere Mission nach dem Glaube der luther. Kirche, besonders abgedruckt.

Conferenz—Vorträge

— vier, gehalten auf der General-Conferenz bergischer Lehrer in Vohwinkel am 7. Aug. 1869. Elberfeld 869. Friderichs in Comm. gr. 8. (43 S.) n. 4 Ngr.

Conferenz-Vorträge, vier, gehalten auf der General-Conferenz bergischer Lehrer in Vohwinkel am 7. Aug. 1869. gr. 8. (43 S.) Elberfeld 870, (Friderichs.) *

Conferenz-Vorträge, 4, gehalten auf der Conferenz der evangelischen Lehrer des bergischen Landes in Vohwinkel am 27. Dezbr. 1866. gr. 8. (40 S.) Elberfeld 867, (Bädeker'sche Buchh.)

Conferven Großbritanniens, n. Dillwyn v. M. H. Weber u. F. Mohr bearbeitet. 4 Hefte. gr. 8. Göttingen, Dieterich. 803—5. (1s 2s 20 gr., 3s 4s 20 gr.)

Confesseur, le. Par l'abbé *** 5 Vols. (Bibliothèque choisie. Vol. 862—866.) 16. (717 S.) Naumburg 866, Pätz.

Confessio

— Augustana. Ad fidem edit. principis in us. schol. academ. denuo typis exscrib. cur. brevique annotat. instr. Geo. Benj. Winer. 8. Erlang. 825. Heyder. 6 Ngr.

Confessio Augustana a. CIↃIↃXL a Melanchthone edita variata illa. Accurate reddita nonnullisque animadversionibus histor. exeget. dogmat. et criticis illustr. a M. Webero. 4 maj. (6½ B.) Halae 830, (Kümmel.)

— Augustana et responsio Pontificia quae vulgo Augustana etc. curat. de Webero. 8. Berlin, Kunst- u. Ind. Comt.

— Augustana et responsio Pontificia, quae vulgo Augustana etc. curat. de Webero. 8 maj. Berl., Schlesinger. 1 Thlr. 12 Ngr.

— fidei, exhibita imperatori Carolo V. in comitiis Augustae MDXXX, confutatio pontificia, apologia et repetitio confessionis, ratio fidei Huldrici Zwinglii et Tetrapolitana. Ad cod. et edit. veter. fidem recensuit, varii generis animadversionibus instruxit rerumque indice illustravit Superint. Prof. Eques Dr. Chr. W. Spieker. Pars I. 8 maj. Berl. 830. Mittler. 2 Thlr. 18 Ngr.

—— fidei, exhibita imperatori Carolo V in comitiis Augustae MDXXX, confutatio pontificia, Apologia et Repetitio Confessionis, ratio fidei Huldrici Zwinglii et Tetrapolitana. Ad cod. et edit. veter. fidem recens. varii generis animadversionibus instr. rerumque indice illustr. Chr. W. Spieker. Pars I. 8 maj. (39½ B.) Berolini 831, Mittler.

— Daff. deutsch, s. Glaubensbekenntniß, d. Augsburg.

— fidei Augustana. Ad usus disputat. academic. ex edit. Walchiana etc. curavit (Jo. Ksp. Velthusen). 8. Quedlinb. 783. Ernst. 4 gl.

Confessio fidei Augustana a. MDXXX imperatori Carolo V. exhibita, postea a. MDXL recognita et aucta, edita ab Henr. Heppe. Cassellis 855. Fischer. gr. 8. (1 Bl., 194 S.) 25 ngl.

Confessio fidei Claudii regis Aethiopiae, cum versione Latina, notis et praefatione Iobi Ludolfi ... denuo impressa, cura Io. Heinr. Michaelis. Halae Magdeburgicae 1702.

— Helvetica. Bernae 1759. 4.

— Helvetica, denuo edid. indicemque rerum adjec. J. P. Kindler, Praefatus est G. B. Winer. 8 maj. Solisbaci 825, de Seidel.

— helvetica, herausg. von Böhl. Vind. 1866. 8.

Confessio helvetica posterior. Recogn. atque c. integra lectionis varietate autograph. Turicensis, prolegomenis indicibusque ed. Otto Fridol. Fritzsche. 8maj. (8⅛ B.) Turici 839, Schulthess.

Confessio Helvetica posterior. Recognovit atque cum integra lectionis varietate authographi Turicensis, Prolegomenis indicibusque ed. O. Fridolin. Fritzsche. 8maj. Turici 840. Schulthess. ½ ℔

Confessio helvetica posterior olim ab Henrico Bullingero conscripta nunc denuo ad fidem editionis principis a. d. 1566 ubi trecenti anni sunt elapsi ad memoriam helveticae confessionis pie recolendam edidit, varias lectiones editionis a. 1568, appendicem, quae literas Hungarorum, ad Bullingerum datas, continet et praefationem adjecit Ed. Böhl. gr. 8. (XXXV und 120 S.) Wien 866, Braumüller. *

Confession s.a. Konfession.

la Confession d'Augsboug, présentée à l'empereur Charles V. par plusieurs princes, états et villes d'Allemagne, précédée d'un précis historique sur cette présentation, composé par C. de Villers. 12. Strassb. 817. Treuttel u. W. 12 gl.

—— d'Augsbourg, présentée à l'Empereur Charles-Quint, le 25. Juin 1530, par l'Électeur de Saxe, les Princes et les états protestants. In-12. (5¼ B.) Strasbourg 845, Levrault'sche Bh.

— d'Augsbourg, présentée à l'Empereur Charles-Quint, le 25 Juin 1530, par l'Electeur de Saxe, les Princes et les états protestants. 12. Strasb. 846, Vve Levrault. 8¾ ngl

Confession, Die Augsburgische, s.a. Konfession, Die Augsburgische.

— d. Augsburg., s.a. M. Cunow.

— die Augsburgische, s.a. Härter, F.

— die Augsburgische, s.a. Kirche, evang.-lutherische. — Rosenthal, D.

—— dass. — s.a. Sammlung lutherischer Schriften.

—— dies., deutsch u. lateinisch, s.a. Tittmann, J. A. H.

— Dies., unveränd. Abdruck d. Wittenberger Ausgabe 1540. Hersf., Industr.-Compt. 6 gl.

— d. Augsburg. Neuwied, Hofbuchh. 6 gl.

— d. Augsburg., mit Artikeln, Fragstücken, d. jährl. Kirchengebeten u. Gesang. 8. Nürnb., Endter. 3 gl.

— d. Augsburg., im Auszuge, nebst e. Gesch. d. Reichstages zu Augsburg. Wesel, Becker. 3 gl.

Confession, Die Augsburgische, mit Dilherrn's historischem Bericht. Wittenberg 1730. V: *Geyder, Balthasar.* (ML)

Confession, Die unveränderte Augsburgische, nebst einem catechetischen Unterricht ... Freyberg 1730. H: *Wilisch, Chn Fr.* (Myl)

— d. nach Joh. Hübners Methode abgefaßte Augsburg., mit Beweisen aus d. heil. Schrift u. Erläuterung aus d. Kirchengeschichte versehen. 8. Wittenb. 754. Zimmermann. 5 gl.

— d. Augsburg., d. drei ökumenischen Symbole u. d. repetitio confessionis Augustanae. Herausg. v. A. Twesten. gr. 8. Kiel 816. Hesse. 1 ℔

— dass. Kiel: Akadem. Buchhandl. 1816. 8°

Die Augspurgische Confession, wie sie sich in der Nürnberger Folio-Ausgabe der Bibel vom Jahre 1703 befindet. Vorangedruckt die Haupt-Symbola oder Bekenntnisse christlichen Glaubens. Hadersleben. 1819. 8°

Die ungeänderte Augsburgische Confession, so auf dem Reichstage zu Augsburg öffentlich verlesen ... Kiel. 1819. 8°

— d. ungeänd. Augsburg. 8. Kiel 819. Hesse. 4 gl.

— d. Augsburg., mit Erläuterungen aus d. Schrift u. Vernunft, auch kurzen histor. Notizen, zunächst für angeh. Theologen, von e. wahrheitslieb. Protestanten. 8. Tübing. 826. Laupp. 3 gl.

— Dass., oder d. Confession d. Protestanten, dem Kaiser Karl V. vorgetragen d. 25. Juni 1530. 8. u. gr. 8. Stuttg. 827. (Steinkopf.) 3 gl.

—— dies., mit ihren Schriftgründen. Und die drei Haupt-Symbola, od. allgem. Glaubens-Bekenntnisse d. christl. Kirche. Zur Vorbereit. auf d. Jubelfeyer d. Evangel.-Protestant. Kirche im J. 1830. 8. (8½ B.) Dinkelsbühl 828, Walthr. (Nürnberg, Raw.)

—— dies., und d. drei Hauptsymbole d. christl. Kirche, mit histor. Einleitn. u. erläut. Anmerkn. hrsg. v. Chr. H. Schott. gr. 8. (11½ B.) Leipzig 829, Fr. Fleischer.

— die Augsburg., nach e. in dem Archive d. Stadt Nördlingen befindl. vollständ. Handschrift, mit Varianten e. noch ungedruckten Handschrift aus d. Bibliothek zu Augsburg u. vier anderer gedruckter Abschriften, nebst angehängter Nachricht von e. in d. Augsburg. Bibliothek befindl. Handschrift d. Concordienformel mit Original-Unterschriften. Herausg. v. D. E. Beyschlag. Mit 1 lithogr. Abbild. gr. 8. Augsb. 830. (Leipz., Weigel). 12 gl.

Confession, Die Augsburgische, Deutsch, Lateinisch, Esthnisch und Lettisch ... Dorpat 1830. H: *Sartorius, Ernst Wilhelm Christian von.* (R-N)

— Dies., mit histor. Vorbericht. Eine Gabe am 3ten Jubelfeste ihrer öffentl. Vorlesung d. 25. Juni 1830. 3e verb. Aufl. gr. 8. Karlsr. 830. Braun. 3 gl.

Confession, Die Augsburgische, nach der Heidelberger Ausgabe von 1582, mit den Abweichungen der Ausgabe Melanchthons vom Jahr 1531. Nebst erläuternden Anmerkungen . . . und einer Zugabe, J. A. Cramers Oden: Luther und Melanchthon. Köln. 2. Aufl. 1830. H: *Bruch, Christian Gottlieb.* (Ky)

— d. Augsburg., nach d. Heidelberger Ausg. v. 1582, mit d. Abweichungen d. Ausg. Melanchthons v. J. 1531. Nebst erläut. Anmerkk. von Dr. Bruch u. e. Zugabe, J. A. Cramers Oden: Luther u. Melanchthon. gr. 8. Köln... 2e Aufl. 830. (Ritzefeld). 12 gGr (Leipz., Centr.-Compt.) 1 Thlr

—— dies., oder d. Glaubensbekenntniß, welches auf d. Reichstage zu Augsburg am 25. Juni 1530 d. Kaiser Karl V. von d. Protestanten übergeb. ward. (Abgedr. aus: Der Reichstag zu Augsburg im J. 1530. Von K. W. Schiebler.) 8. (3¼ B.) Leipzig 830, Glück.

—— dass., 2., mit d. Kgl. Verordnung verm. Aufl. 8. (4 B.) Ebds. 830.

— Dies., deutsch, nach Melanchthons Hauptausgabe v. J. 1530, mit den Varianten d. andern kirchl. Redaktionen herausg. v. J. L. Funk. 8. Lübeck 830. v. Rohden. 14 gGr

Confession, d. Augsburg., oder d. am 25sten Juni 1530 auf dem Reichstage zu Augsburg von den evangel. Fürsten u. Ständen dem Kaiser Karl V. übergeb. 21 Glaubensartikel ihrer Kirche. Aus d. latein. Urschrift neu übersetzt von Desid. Evangelicus. Ein Beitrag zur Feier d. 3ten Jubiläums dieser Uebergabe. 8. Quedlinb. 830. Becker. 2 gGr

—— dies., beleuchtet im J. 1830, od. d. evangel. Kirche im 16. u. im 19. Jahrh., gemeinfaßl. dargest., um d. gewissenhaften Christen zu beruhigen, daß d. Glaubenslehre uns. Zeit nicht e. untreue Umgestaltung, sond. e. wahrhafte Entwickelung des von d. Reformatoren wiederhergest. lebend. Christenthums sey, auf d. Grunde, der gelegt ist. (Vrgl. 1. Cor. 3.) 8. (15 B.) Stuttgart, Metzler. 1830.

—— dies., mit kurzem histor. Vorbericht u. Luthers Vorr. zum Briefe an die Römer. gr. 8. ... Stuttgart 830, Steinkopf.

— die Augsburgische, ein Abdruck zum Gebrauch für protestant. Christen insgemein, mit Vorwort, Einleitung u. geschichtliche Anmerkungen versehen vom Glieb. Friedr. Leffler. 8. Erlangen 840. Palm. 1/6 Thlr

— die Augsburgische, nach den deutschen Ausgaben von 1531 u. v. J. 1540. Herausgeg. von J. Wentzel. Lex.-8. Breslau 843, Max u. Comp. 1/8 Thlr

—— die augsburgische, vom Jahre 1530 als das Grundbekenntniß der evangel.-protestant. Kirche allen Freunden der letzteren zur Reinigung u. Kräftigung ihres evangel. Sinnes u. Strebens aufs Neue dargeboten v. Joh. Carl Lehnerdt. gr. 8. (5 B.) Königsberg 843. (Gräfe u. Unzer.) *

— die Augsburgische. Nach der 1530 von Melanchthon besorgten Ausgabe. Zum Andenken an die Confirmation. gr. 8. Leipzig 845, C. H. Reclam sen. n. 2 ngr

—— die augsburgische, aus Originalausgaben, u. ihre Widerlegung, aus dem ächten Manuscripte gezogen, in's Deutsche übers. u. mit ein. Darstell. der Hauptbegebenheiten u. Verhandlungen versehen, die sich vor u. während des Reichstages zu Augsburg 1530 ereigneten. Von Karl Kieser. gr. 8. (15½ B.) Regensburg 845, Manz.

Confession, die augsburgische, mit histor. Vorberichte. Neue zum 300jähr. Gedächtnisse von Dr. Martin Luther's Todestag, den 18. Febr. 1546 veranstaltete Ausg. gr. 8. Karlsruhe 846, Braun. 1/12 Thlr

— die Augsburgische, neu hrsg. zur Belehrg. u. Ermunterg f. Alle, welche evangel.-lutherische Christen sein u. bleiben wollen. 8. (VI u. 36 S.) Grünberg 848, Weiß. — 2. Aufl. 8. (VI u. 35 S.) Ebd. 849. n. 2 ngr

Confession, die Augsburgische. 8. (56 S.) Nürnberg 849, Raw in Comm. 1/12 Thlr — gr. 8. (64 S.) Ebd. 849, in Comm. 1/12 Thlr

— — lateinisch u. deutsch. Herausg. v. Friedr. Klemme. Cassel 853. Hotop. 16. (159 S.) 10 ngr

Confession, die Augsburg'sche. 854. — 2. Aufl. Leipzig 855. (H. Fritzsche.) 8. (61 S. u. Luthers Haustafel ꝛc. 6 S.) n. 2 ngr

— — Für den Schulgebrauch aus dem Latein. wortgetreu übers. von J. C. Kröger. Hamburg 854. Kittler. 16. (49 S.) n. 2 ngr

— die ungeänderte Augsburgische, oder Glaubens-Bekenntniß, wie solche Anno 1530 Kaiserlicher Majestät zu Augsburg übergeben worden. Nebst den drei Haupt-Symbolen des christlichen Glaubens. Breslau 857. Dülfer. 8. (32 S.) n. 1½ ngr
Vgl.: Sammlung Luther'scher Schriften.

Confession, die augsburg'sche. 3. Aufl. 8. (67 S.) Leipzig 860, (H. Fritzsche.) Thlr. **

— — mit ihren Schriftgründen und den nothwendigsten Erläuterungen. Voranstehen die vier Haupt-Symbola oder allgemeinen Bekenntnisse des Glaubens der christlichen Kirche. Allen Bekennern des dreieinigen Gottes gewidmet. Nürnberg 861. Raw. 8. (XII, 58 S.) nn. 2½ ngr

Confession, die Augsburg'sche. 4. Aufl. 8. (67 S.) Leipzig 863, (H. Fritzsche.) cart. *

— — lateinisch u. deutsch. Herausg. von Frdr. Klemme. 2. Aufl. Cassel 864. Trömmer & Dietrich. 16. (156 S.) 7½ ngr

—— die Augsburgische, „Variata" ed. 1540. Hrsg. von Friedr. Klemme. gr. 16. (74 S.) Cassel 864, Trömner und Dietrich. *

Confession, die Augsburg'sche. Hrsg. von der Lutherstiftung zu Leipzig. 5. Aufl. 16. (67 S.) Leipzig 869, H. Fritzsche's Verlag. [Keßler.] cart. *

— — oder Bekenntniß des Glaubens etlicher Fürsten u. Städte überantwortet Kais. Majestät zu Augsburg Anno 1530. — Confessio fidei exhibita Invictissimo Imp. Carolo V. Caes. Aug. in Comitiis Augusta anno MDXXX. Gütersloh 870. Bertelsmann. gr. 8. (38 S.) 5 ngr

—— die ungeänderte Augsburgische, oder Glaubens-Bekenntniß, wie solche Anno 1530 Kaiserl. Majestät zu Augsburg übergeben worden. Nebst den drei Haupt-Symbolen des christl. Glaubens. 2. Abdruck. 8. (37 S.) Breslau 870, Dülfer. *

— die Augsburgische, od. Bekenntniß d. Glaubens etlicher Fürsten u. Städte überantwortet Kais. Majestät zu Augsburg. Anno 1530. — Confessio fidei exhibita invictissimo imperatori Carolo V. Caesari Augusto in comitiis Augustae. Anno MDXXX. 2. Abdr. Lex.-8. (70 S.) Gütersloh 874. Bertelsmann. n. — 50

Confession, die augsburgsche, dem deutschen Volke im Auszuge dargeboten u. m. Bibelstellen belegt. Hrsg. vom christl. Verein im nördl. Deutschland. 8. (31 S.) Eisleben 876. christl. Verein. geb. — 30

— die Augsburgische, oder Bekenntniß des Glaubens etlicher Fürsten u. Städte überantwortet Kais. Majestät zu Augsburg. Anno 1530. Confessio fidei exhibita invictissimo imperatori Carolo V. Caesari Augusto in comitiis Augusta. Anno 1530. 3. Abdr. gr. 8. (70 Sp.) Gütersloh 878. Bertelsmann. n. — 50

—— dass. — mit einer Einleitung und erläuternden Anmerkungen von Rinn. 8. (IV, 200 S.) Ebendas. 879. *

—— die ungeänderte Augsburger, oder Glaubens-Bekenntniß, wie solche Anno 1530 kaiserl. Majestät zu Augsburg übergeben worden. Nebst den drei Haupt-Symbolen des christl. Glaubens. 3. Abdruck. 8. (37 S.) Breslau 878, Dülfer's Verlag. *

— die Augsburg'sche. Hrsg. von der Lutherstiftung zu Leipzig. 9. Aufl. gr. 16. (67 S.) Leipzig 879. A. Krüger. cart. n. — 30

— dasselbe. (Neue Aufl.) gr. 8. (40 S.) Nürnberg 879. Raw in Comm. n. — 28

— dasselbe, oder das Glaubensbekenntniß der evangelischen Kirche, vorgetragen u. übergeben auf dem Reichstag zu Augsburg, den 25. Junius 1530. 7. Aufl. 8. (54 S.) Stuttgart 881. Buchh. der Evangel. Gesellschaft. n. — 18

Confession, die Augsburgische, od. Bekenntnis d. Glaubens etlicher Fürsten u. Städte, überantwortet Kais. Majestät zu Augsburg. Anno 1530. 4. Abdr. 8. (36 S.) Gütersloh 883. Bertelsmann. n. — 10

—— die ungeänderte Augsburgische, oder Glaubens-Bekenntniß, wie solche Anno 1530 kaiserl. Majestät zu Augsburg übergeben worden. Nebst den drei Haupt-Symbolen des christl. Glaubens. 4. Abdr. 8. (36 S.) Breslau 884, Dülfer's Verlag. *

Confession, die Augsburgische. gr. 8. (40 S.) Nürnberg 885, (Raw'sche Buchh.) *

Ausg. in 8. (56 S.) *

Confession, die Augsburgische. Neuer Abdr. Hrsg. v. der allgemeinen Pfarrwittwenkasse f. die protestant. Kirche in Bayern. gr. 8. (40 S.) Nürnberg 888. (Raw.) n.n. — 21

—— od. Bekenntniß d. Glaubens etlicher Fürsten u. Städte, Sr. kaiserl. Maj. (Carl V.) zu Augsburg im J. 1530 überantwortet. Gabe d. ev. Vereins f. die Pfalz. 2. Aufl. 12. (56 S.) Speyer u. Bellheim 891. — Kaiserslautern, Evang. Verein, Schriftenniederlage. — 15

· die Augsburgische. Neudr. 1892. gr. 8. (40 S.) Nürnberg. (J. Ph. Raw). n.n. — 21

Confession, die (ungeänderte) Augsburgische, od. Glaubens-Bekenntniß, wie solche Anno 1530 Kaiserl. Majestät zu Augsburg übergeben worden. Nebst den drei Haupt-Symbolen d. christlichen Glaubens. 5. Abdr. 8. (III, 36 S.) Breslau 892. C. Dülfer. n. — 12

— dasselbe. 8. Aufl. 8. (56 S.) Stuttgart 893. Buchh. der Evang. Gesellschaft. n. — 20

— die erste unveränderte augsburgische, wie sie, v. Philipp Melanchthon verfaßt, auf dem Reichstage zu Augsburg am 25. VI. 1530 vor Kaiser Karl V. in deutscher Sprache verlesen worden ist, od. das Glaubens-Bekenntnis, wie es noch immer von allen rechten evangelisch-luther. Christen vor aller Welt bekannt wird. 4. (47 S.) Leipzig (Weststr. 56) (900). Diak. O. Pank. n. — 20

Confession, die (ungeänderte) augsburgische, od. Glaubens-Bekenntniß, wie solche Anno 1530 kaiserl. Majestät zu Augsburg übergeben worden. Nebst den drei Haupt-Symbolen des christl. Glaubens. 6. Abdr. 8. (III, 36 S.) Breslau 901. C. Dülfer. n. — 15

— du comte de Cagliostro, avec l'hist. de ses voyages etc. 8. Leipz. Sommer.

— d'un fat par M. Chevalier de B. II Tom. 8. Frankf. 750. Varrentrapp. 8 gl.

— de foi des églises de la Suisse réformée. Bern 1760. 8

— Helvetische, oder Bekenntniß d. wahren Glaubens. 8. Chur 777. Otto. 5 gl.

Confession israélite et la question des Juifs. Publié par le Bureau de la Commission centrale pour la Bibliographie suisse. Rédigé par le Bureau de la C' c'. VIII + 105 p. 8. Berne, K.-J. Wyss, 1907. [fr. 2.—]

Ausg. B mit französ. Titeln. — Bibliographie nationale suisse.... Fascicule V 10 d.

Confession, Seufzende Augspurgische. [O. O. 17??] V: *Grulich, Martin.* (Myl)

— du Chevalier de Velford. 18. Leipz., Mag. f. Ind. 8 gl.

— d. ungeänderte wahre Augsburg., mit ihren Schriftgründen. Und d. drei Haupt-Symbola d. allgem. Glaubensbekenntnisse d. evangel.-protestant. Kirche im J. 1830. 8. Dünkelsbühl 828. Walthr. (Nürnb., Raw). 6 gl.

– d. ungeänderte, wahre Augsburg, u. d. drei Hauptsymbole d. christl. Kirche, mit histor. Einleitt. u. erläut. Anmerkk. herausg. von Chr. H. Schott. Leipz. 829. Fr. Fleischer. 8°

—— die ungeänderte wahre augsburgische. Für die Genossen der evangel. Kirche mit Erläuterung und Schriftgründen versehen zum Gebrauche in Schule und Haus. gr. 12. (148 S.) Heidelberg 852, K. Winter. *

Vgl.: Sammlung Luther'scher Schriften.

— — wie sie am 25. Juni 1530 von den protestir. deutschen Fürsten u. Ständen kaiserl. Majestät zu Augsburg überantwortet ist. Berlin 868. (E. Beck.) 8. (61 S.) n. 3 ngr.

— die ungeänderte wahre Augsburgische. Für die Genossen der evangel. Kirche mit Erläuterungen u. Schriftgründen versehen zum Gebrauche in Schule u. Haus. 2. Aufl. Heidelberg 870. C. Winter. 8. (102 S.) n. 6 ngr.

— die ungeänderte wahre Augsburgische. Für die Genossen der evangel. Kirche m. Erläutergn. u. Schriftgründen versehen zum Gebrauche in Schule u. Haus. 2. Aufl. gr. 8. (101 S.) Heidelberg 874. C. Winter. n. — 60

Confessionalismus enucleatus oder Beleuchtung der Verunglimpfungen des Generalsuperintendenten der Provinz Sachsen Dr. Lehnerdt durch die evangelische Kirchenzeitung Hengstenberg's. Halle 859. Schmidt's Verlag. 8. (38 S.) n. 5 ngr.

Confessionen, d. helvetischen, deutsch, s. Samml. symbol. Bücher.

Confessions et Disquisitions testamentaires de l'Angleterre. gr. 8. Paris. (Hoffmann in Hamb.). 798.

Confessionsfrage, Die Leipziger. Worte zur Verständigung zwischen Kirche, Schule und Haus ... Leipzig 1844. V: *Sparfeld, Eduard.* (zu)

Confessionsfrage, die Leipziger. Worte zur Verständigung zwischen Kirche, Schule und Haus. Ein Beitrag zur Religionsgeschichte unserer Tage nebst den nöthigen Actenstücken. 8. Leipzig 844, Brauns. n. 1/6 ß

Confessions-Postille, Augsburgische, eines vornehmen Hällischen Theologi. Halle 1730. V: *Olearius, Johann.* (Myl)

Confessions - Verwandter, Ein rechtschaffener Augsburgi-scher, in dem gemeinen Glauben und Lehre ... O. O. 1727. V: *Schwedler, Johann Christoph.* (Myl)

Confessiun

[Einfaches und herzliches Bekenntnis vom seligen Anschaun des getöteten Lammes, rätorom.] Saimpla & cordiæla confessiun della beæda contemplaziun da l'Agne mazzo ... Trad. our del originæl tudaisch [Übers.: Joan Rosi da Porta], stampô à Berlin anno. 1758. — [Schuls] 1765: Gadina. 80 S. 8° 1: Xn 8603/20. 14. 24. 15.

Confictis, de, granatensibus monumentis anno 1754. 8. Vien. Camesina. 789.

Confidences, Les. Comédie, mêlée de chants en 2 Act. Braunschw. Pluchart.

Confidences d'une jolie femme. II Ptes. 8. Frankf. 775. (Chr. Fr. Günther in Glogau). 1 ₰ 4 gr

Confidences d'une jolie femme. IV Part. 8. Frankf. 775. Esslingen. (Schäfer). 1 ₰

Confidentia

① Schweiz. Handelsblatt. Geschäftlicher Beobachter und Ratgeber. Organ für Rechts- und Informationswesen. Später: Handelsauskunftsblatt. Allgemeines schweiz. Sammelblatt für Amtliche Bekanntmachungen. Zuletzt: Schweizer Handelsauskunftsblatt. Organ des Syndikates schweizerischer Grundbesitzer Zürich ⑤ 1878—1913 ⑥ 2° ⑦ zuerst halbmonatlich, später monatlich, 1887 wieder halbmonatlich, in der Folge Vierteljahresschrift ⑧ Biel: (1878—1885); Bern: Neukomm & Zimmermann (ab 1886) ⑩ Ad. Gugger ⑪ Ad. Gugger ⑫ amtliche und außeramtliche Bekanntmachungen ⑬ Schweizer General-Anzeiger Nr. 44, 2. 11. 1878.

Confidentia. Schweizerisches Handelsblatt. Organ des Schweizer. Creditschutzvereins und des Geschäftsreisenden-Vereins Bern. Organe de la société suisse protectrice du crédit et de la société des voyageurs de commerce de Berne. Redact.: A. Gugger. 10. Jahrg. 1888. 36 Nrn. (Bog.) gr. 4. Bern, A. Gugger. +

Confidentia. Schweizerisches Handelsblatt. Organ des Schweizerischen Kreditschutzvereins. — Organe de la Société suisse protectrice du crédit. Direktion: *A. Gugger.* XI. Jahrg. 1889. 36 Nrn. in-fol. Bern, Bureau Kramgasse 17. Jährl. 6 — Ausland 8 —

Configliachi, Pietro, e Mauro Rusconi (del Proteo Anguino di Laurenti.) Monografia con fig. miniate. Fol. Pavia. (Vienna, Volke.) 1819.

Confirmanden, 48 Denksprüche für, s. Seibel, A. H.

Confirmanden, Meinen, zu gesegneten Andenken. Magdeburg 1836. V: *Dennhardt, Gottfried Wilhelm.* (Ky)

Confirmanden-Bekenntniß. 8. Heidelb. 815. Mohr. 2 gr

Confirmandenbekleidung in der Freimaurerloge Apollo zu Leipzig am Sonntage Laetare den 14. März 1858. [Leipzig 1858: Vollrath.] 1 Bl. 8° [Kopftit.] Tt. 2413. Programm u. 3 Liedertexte.

Confirmandenbüchlein, d. i. Mart. Luther's kleiner Katechismus, erläutert durch Sprüche der heil. Schrift. 2. Aufl. 12. (48 S.) Berlin 850, Wohlgemuth's B. (W. Schultze) in Comm. 3 ngr

Confirmandenbüchlein, d. i. Dr. M. Luthers kleiner Katechismus erläutert durch Sprüche der heil. Schrift. 3. Aufl. Berlin 858. W. Schultze in Comm. 8. (48 S.) nn. $2^1/_2$ ngr

Confirmanden-Büchlein, das. Ein Wegweiser für junge Wanderer am Scheidewege. 860. $2^1/_2$ ngr. — (Neue Aufl.) Berlin 864. (Beck.) 8. (32 S.) n. 2 ngr.

Confirmanden-Büchlein, das. Ein Wegweiser für junge Wanderer am Scheidewege. 6. Aufl. 1864. und 7. Aufl. 8. (82 S.) Berlin 866, (Beck.) *

—— das. Ein Wegweiser für junge Wanderer am Scheidewege. 8. Aufl. 1868. * 20 Pf., und 9. Aufl. 8. (32 S.) Berlin 870, (Beck.) *

Confirmanden-Büchlein. Christliche Lebensregeln f. Jung u. Alt im deutsch-evangel. Christenvolke. 8. (24 S.) Magdeburg 873. Heinrichshofen. n. — 20

— evangelisches, wie solches in der evangel. Kirche Württembergs eingeführt ist. Nebst biblischen Beispielen in Bibelworten u. einer Beigabe von Liederversen zu jeder Frage. Herausg. von einem evangel. Geistlichen. Ludwigsburg 858. Riehm. gr. 8. (IV, 112 S.) n. 12 ngr

Vgl.: Konfirmandenbüchlein.

— f. die Jugend evangel. Gemeinden. s. a. Katechismus f. die Jugend evangel. Gemeinden.

Confirmandenbüchlein für die Jugend evangelischer Gemeinden. Mannheim 1829. 2. umg. Aufl. Mannheim 1834. H: *Karbach, Philipp.* (Ky) (Zu) (winer)

Confirmandenbüchlein für die Jugend evangelisch. Gemeinden (von J. Ph. Karbach.). 2e umgearb. Aufl. 8. Manheim 834. Schwan u. Götz. $^1/_6$ ₰

Confirmandenbüchlein für die Jugend evangel. Gemeinden. 5. Aufl. 8. Mannheim 843, Schwan u. Goetz. n. $^1/_6$ ₰ — 6. Aufl. 8. Ebend. 844. n. $^1/_6$ ₰

— f. d. Jugend evangel. Gemeinden. 8. Aufl. 8. (80 S.) Mannheim 848, Götz. n. $^1/_6$ ₰

Confirmandenbüchlein für d. Jugend evangel.-protestant. Gemeinden. (Von Ph. Karbach.) gr. 12. Manh. 829. Schwan u. G. 8 gr

—— zur erbaul. Vorbereitung der christl. Jugend auf die Confirmation und erste Abendmahlsfeier. 12. (VIII und 132 S. mit 1 Stahlst.) Nürnberg 847, Raw'sche Buchh.

Confirmandenbüchlein für den Vorbereitungs-Kursus. Bern 1867. V: *König, Rud.* (Cat. d. Stadtbibl. Zürich. Zürich 1864—97.)

Confirmanden - Catechismus, wie er aus einem mehrjährigen Unterricht herausgewachsen ... 2. Aufl. Kronstadt 1891. V: *Hubbes, Joh.* (Ky)

Confirmanden-Schule f. die Jugend der evangel. Kirche in Preußen. Ein Wegweiser beim Religions-Unterr. in Schule, Kirche u. Haus, wie auch zur Selbstbelehr. u. Befestigung im wahren Christenthum f. Jedermann. 2 Thle. gr. 8. ($35^3/_4$ B.) Glogau 841. (Flemming. Grünberg, Weiß.) * 1 Thlr. Schreibp.*

– Auszug hieraus. 2. Aufl. Ebend. 1843. 8°

Confirmanden-Stunden. Dictate nach Luther's kleinem Katechismus. Torgau 852. (Wienbrack.) 8. (36 S.) nn. $2^1/_2$ ngr

Confirmanden - Unterricht, Der, eine lehrreiche Schule der Menschenkenntniss für Prediger. [Halle 1804.] V: *Seltenreich, Carl Christian.* (MGT)

Confirmandin, die gottesfürchtige. 1. Aufl. Berlin 853. (Wohlgemuth.) 8. (28 S.) nn. 2½ ngr

Königliche Preußische allergnädigste Confirmation des Krug-Verlags und Brau-Reglements für die Stadt Wrietzen an der Oder. [Dat.:] Berlin, den 8. Febr. 1727. Berlin 1728.

Confirmation der Fundation einer Wilhelminen-Stiftung zur Vertheilung der Gräflich Berkentinschen Präbenden. — Itzehoe (1829): Schönfeldt. 7 S. 4°

Confirmation in der Kirche zu Kropp. Palmarum 1875. gr. 8. (24 S.) Bredstedt 875. christl. Buchh. in Comm. n. — 20

Confirmation der Prinzessinnen Louise Marie Friederike, und Friederike Caroline Juliane zu Holstein, Glücksburg, Gottorff am 11. April 1827. Revid. Abdr. Schlesw. 1827. V: *Adler, Jac. Gg Chn.* (schles)

Confirmation, eine, im Schullehrerseminar zu Küsnach. Am 27. März 1839. mit neunzehn Zöglingen gehalten von dem Religionslehrer der Anstalt. gr. 12. Zürich 839. Höhr. 1/12 ₰

Confirmations-Andenken. 6. u. 7. Aufl. 12. (78 S.) Bethel bei Bielefeld 890,92. — Kaiserol., Evang. Verein, Schriftenniederlage. — 15

Confirmations-Andenken, 50, m. Denksprüchen. qu. 4. (50 lith. Bl.) Oldenburg 873. Schulze. 1. 50

Confirmationsbriefe, ein kleines Weihgeschenk in moralisch-religiösen Sprüchen für Confirmanden, sauber gestochen u. ill. 12. Leipz. 817. Mag. f. Ind. 4 gr

Confirmations-Büchlein. Dillenburg 854. Jacobi. 16. (44 S.) n. 2 ngr

Confirmations-Denkblätter, 50, ohne Text. Nach Zeichnungen von Jul. Nisle. Lithogr. 4. Chur 864, Grubenmann's Verlag. In Couvert

Confirmationsfeier I. D. des Fürsten Georg Victor u. des Prinzen Wolrad Melander zu Waldeck u. Pyrmont in der Kirche zu Arolsen am 4. Juli 1847. 8. (50 S.) Arolsen 847, Speyer. ⅙ ₰

Confirmationsfeier, die Heilige — in den evangel. christlichen Gemeinden A. B. zu Zorndorf und Nickelsdorf. Ungarisch-Altenburg, 1857. Gedruckt bei Alex. Czéh. (7 S. 8.)

Confirmationsfeier, Meine. Ein Blatt, allen christlichen Kinder- und Jugendfreunden gewidmet. Stuttgart 1825. V: *Daun, Christian Adam.* (Ky)

Confirmations-Gedenkblätter. Gezeichnet v. Carl Gehrts. Ausg. A. 100 Blatt m. freigelassenem Raum f. handschriftl. Einzeichng. d. Bibelspruches. qu. Fol. Düsseldorf 890. Michels. n. 6. 50

Confirmations-Gedenkblätter. Gezeichnet v. Carl Gehrts. Neue Ausg. A. 100 Blatt m. freigelassenem Raum f. handschriftl. Einzeichnung d. Bibelspruches. qu. Fol. Düsseld. 891, Michels. * 8 —

— dasselbe. Neue Ausg. B. 25 Blatt m. eingedr. Bibelsprüchen. qu. Fol. Ebd. 891. n. 2. 50

Confirmations-Gedenkblätter. Nach e. Zeichng. v. Carl Gehrts. (Neue Ausg.) Ausg. A (ohne Sprüche) gr. 4. (100 Blatt.) Düsseldorf (899). H. Michels' Nachf. n. 8. —; 25 Blatt n. 2. —

— dasselbe. Ausg. B (m. Sprüchen). 4 Serien. gr. 4. (à 25 Blatt.) Ebd. (899). à n. 2. 50

Confirmations-Gedenkblätter, 50, m. Vignetten u. Denksprüchen aus der heil. Schrift. (In Farbendr.) gr. 8. Darmstadt 852, Dietzsch. n. 1 ₰ 4 ngr

—— 50, mit Vignetten und Denksprüchen aus der heil. Schrift. 2. Aufl. qu. 4. Darmstadt 852, Dietzsch'sche Vrlgsb. *

—— 100, mit Vignetten und Denksprüchen aus der heil. Schrift. Darmstadt 851, Dietzsch'sche Vrlgsb. *

—— 100, mit Vignetten und Denksprüchen aus der heil. Schrift. (In Farbendr.) gr. 8. Darmstadt 852, Dietzsch'sche Vrlgsb. *

Confirmationsgruß f. evangelische Jünglinge zur Erinnerung an den Tag der Confirmation. gr. 4. (8 S. m. Abbildn.) Berlin (901). Buchh. des ostdeutschen Jünglingsbundes. 50 Stück n. 2. 50
Sonderabdruck aus: „Bundesbote".

Confirmations - Handlung, Denkwürdige, der taubstummen Fräulein von T. mit einer Bitte an Menschenfreunde. Giessen 1777. V: *Klevesahl, Erich Chn.* (Mell)

Confirmationslieder, ein Geschenk zum Andenken an d. heil. Tag d. Confirmation. 8. Magdeb. 824. Rubach. 2 gr

Confirmations-Lieder für protestantische Kirchen in Kurhessen. Ein Anhang zu jedem evangel. Gesangbuche. gr. 8. Marburg 840, Garthe. 1/12 ₰

Confirmations-Rede mit Rücksicht auf die kirchlichen Ereignisse der Zeit, gehalten in einer Landkirche des Kantons Zürich den 24. März 1839. 8. Zürich 1839.

Confirmations-Reden, siehe: Magazin v. Confirmations-Reden.

Confirmationsschein. 1 Blatt. kl. Fol. Berl. 830. Nauck. 24 Exempl. 16 gr

Confirmations-Schein. Chromolith. qu. 4. Leipzig 871. C. H. Reclam sen. n. — 10

Confirmationsscheine

——s.a. Ahlfeld. — Burkmann, J. H.

Confirmationsscheine

— sehr geschmackvoll ausgestattet. Berl., Nauck. Das Buch 12 gr

— auf ganzen Bogen Schreibpapier gedruckt. Berl., L. Oehmigke. Das Buch 8 gr Das Ries 5 ₰

— mit passenden Verzierungen u. Emblemen. .. Grimma ... Verlags-Compt. 25 Stück ⅓ ₰

— in 4 Bogen. Hirschb., Nesener. 3 gr

Confirmationsscheine, mit passenden bibl. Denksprüchen. 60 Stück. 8. Quedlinb., Becker. 8 gr

— (25 lithogr. Blätter mit Vignette und Einfassung.) qu. 8. Magdeburg 842, Baensch. n. ⅙ ₰ — 2. verb. Aufl. qu. 8. Ebend. 844. n. ⅙ ₰ — 3. Aufl. Ebend. 845. n. ⅙ ₰

—— in 50 Blättern mit Randverzierungen, Bibelsprüchen und Liederversen. Neue Ausg. qu. gr. 4. Sondershausen 869, Eupel. In Couvert

Confirmations-Scheine mit Bibelsprüchen und Liederversen. Mit Zeichnungen von A. Müller, in Holz geschn. von A. Gaber und A. von Steindel. 2 Sammlungen. à 25 Blatt (Holzschntaf. mit Text). hoch 4. Berlin 869, E. Müller. In Couvert à Sammlung * M 1,20. *

—— dass. — 3. Aufl. 2 Sammlungen. hoch 4. Halle 874, Gesenius. à Sammlung * M 1,20. *

—— mit Randverzierungen, Bibelsprüchen und Dedication. 25 Blätter. (Stnt. mit eingedr. Texte.) qu. Fol. Thorn 875, Lambeck. *

Confirmations-Scheine mit Bibelsprüchen und Liederversen. Mit Zeichnungen von A. Müller, in Holz geschn. von A. Gaber und A. v. Steindel. 2 Sammlungen à 25 Bl. 4. verb. Aufl. qu. gr. 4. Halle 879, Gesenius' Verlag. à Sammlung * M 1,20. *

— m. Bibelsprüchen u. Liederversen. Mit Zeichngn. v. A. Müller, in Holz geschnitten v. A. Gaber u. A. v. Steindel. 2 Sammlgn. à 25 Blatt. 5. Aufl. 4. Halle 888. Gesenius. à Sammlg. n. 1. 20

— 50 Nrn. gr. 4. (Mit eingedr. Bild.) Kaiserslautern 888. Gotthold. à Nr. n.n. — 6

— dasselbe. 50 verschiedene Blatt, in dreifarbigem Druck. 2. Aufl. Fol. Ebd. 889. n. 3. —

Confirmationsscheine. Hrsg. v. evangel. Vereine d. Pfalz. 20. Aufl. 1. u. 2. Serie. Fol. (à Serie 50 Stück m. Abbildgn.) Speyer 892. — Kaiserl., Evangel. Verein, Schriftenniederlage. à Serie 3 —

— 48, mit biblischen Denksprüchen. kl. 4. Osterode 846, Sorge. 2/3 ₰

— 48, m. bibl. Denksprüchen. 4. Osterode 847, Sorge. 2/3 ₰

Confirmationsscheine, 28, mit Denksprüchen. Magdeburg 1847. V: *Uhlich, Lebrecht.* (Ky)

—— 28, mit Denksprüchen. (Von Uhlich.) qu. 4. Magdeburg 847, [Fabricius.] *.

— 28, ohne Denksprüche. qu. 4. Ebd. 847. n. 5/12 ₰

—— 80 (lithogr.), für evangelische Christen, mit bildlichen bibl. Darstellungen ꝛc. Hrsg. von mehreren evangel. Geistlichen. 4. Anclam 853, Dietze. *

— 80, für evangelische Christen. Hersg. von mehreren evangel. Geistlichen der Synode Anclam. (2. Aufl.) Ebend. 867. 4. 1 ₰

Confirmations-Scheine für evangel. Christen. (Neue Aufl.) qu. gr. 8. (32 Bl.) Breslau (831), Max u. Komp.

— 30 lithographirte, mit bibl. Denksprüchen nach den verschied. Verhältnissen d. Confirmanden, u. auch ohne Denksprüche. gr. qu. 8. Meißen, Goedsche. In Etuis 14 Gr In Golddruck auf Velinp. 20 Gr Einzeln à ½ Gr In Golddruck 1 Gr (100 Stück zu 1 ₰ 14 Gr In Golddruck 2 ₰ 4 Gr)

Confirmationsscheine, 30 lithogr., mit biblisch. Denksprüchen nach den verschied. Verhältnissen der Confirmanden, u. auch ohne Denksprüche, in schönen allegor. Einfassungen. (N. Ausg.) qu. Lex.-8. Meißen 834. Goedsche. 7/12 ₰ In Golddruck auf Velinp. 1 ₰

— 30 (lith.), mit Bibelsprüchen und Denkversen verschiedenen Inhalts. Durch Buntdruck allegorisch verziert. 3. Aufl. Breslau (862.) Trewendt. qu. 4. 12 ngr.

—— 30, mit Bibelsprüchen und Denkversen verschied. Inhalts. Durch Buntdruck allegor. verziert. 4. Aufl. qu. 4. (30 Stnt.) Breslau 870, Trewendt.

Confirmations-Scheine, drei Dutzend. 3. Aufl. qu. 4. Breslau 866, (Dülfer.) In Couvert

— 25, mit schön lithograph. Einfassungen u. Vign. Mit u. ohne Denksprüchen. qu. Lex.-8. Meißen 836. Goedsche. 5/12 ₰ — 100 St. nur 1 1/2 ₰ Mit Golddruck 2/3 ₰ — 100 St. nur 2 1/3 ₰

— 25, mit schön lithogr. Einfassungen u. Vignetten. Mit u. ohne bibl. Denksprüche. 4. Annaberg 837. Rudolph u. Dieterici. 3/8 ₰

— 25, mit schön lith. Einfassungen u. Vignetten. Mit u. ohne bibl. Denksprüche. (In Buntdruck.) qu. gr. 8. Meissen 844, Goedsche. 5/12 ₰

Confirmationsscheine, 25. qu. 4. Elberfeld 846, Schmachtenberg. n. 1/2 ₰

—— 25 (lith.), mit Randverzierungen. gr. 4. Weißenfels 849, Sueß.

Confirmationsscheine, 25 (lith.) Neueste verb. Aufl. qu. 8. Magdeburg 850, Bänsch. — 25. 2. Lfg. qu. 8. (Lith.) Ebd. 848. (à n. 1/6 ₰; in Golddruck n. 1/3 ₰) n. 2/3 ₰

— 25. qu. 8. (lith.) Nordhausen 851, Büchting. n. 1/6 ₰

— 25, mit Bibelsprüchen und Denkversen verschiedenen Inhalts. Allegorisch verziert. Breslau (853). E. Trewendt. qu. 4. n. 6 ngr; in Farbendr. n. 8 ngr

— 25, mit Denksprüchen. 1. u. 2. Sammlung. Stendal (854). Franzen u. Große. qu. 4. Jede Sammlung n. 5 ngr

—— 25, mit Denksprüchen. qu. 4. Breslau 864, Korn. In Couvert *

—— 25, mit Bibelsprüchen. 1. und 2. Abthl. qu. 4. Liegnitz 865, Reisner. In Couvert à Abthl. * 5 Ngr. *

—— 25, mit Denksprüchen. 2.—4. Aufl. gr. 4. Breslau 872—78, Korn. *
Ausg. mit allegorischer Stahlstichverzierung *

Confirmations-Scheine, 25, m. 25 verschiedenen Sprüchen, ausgewählt v. Breslauer Geistlichen u. m. symbol. Randverzierg. v. E. Nöllner. 1. u. 2. Serie. qu. gr. 4. Breslau 885. 86. Woywod. à 1. 20

Confirmations-Scheine, 25, [jeder Schein m. besonderem Bibelspruch,] unter Mitwirkg. evangel. Geistlichen hrsg. 3 Sammlgn. Fol. Breslau 890. Dülfer. à Sammlg. n. 1. —

—— 25 mit Denksprüchen [auf Druckpapier]. Neuer Abdruck. 4. Breslau 890, Korn. — 50
—— dass. — 25 [auf Kupferdruckpapier mit Stahlstichverzierg.]. Neuer Abdruck. 4. Ebd. 891. * 1 60

— 25, m. 25 verschiedenen Sprüchen u. m. symbolischer Randverzierung. Ausg. B. Für die evangelisch-luther. Kirche. I. u. II. Serie. gr. 4. Breslau 893. M. Woywood. à n. 1. 20

— 25, (jeder Schein m. besonderem Bibelspruch), unter Mitwirkg. evang. Geistlichen hrsg. IV. Sammlg. Fol. Breslau 894. C. Dülfer. n. 1. 20
(4 Sammlgn. zusammen bezogen: n. 4. —)

Confirmationsscheine, 25, für evangelische Christen. Ausg. mit Lebenssprüchen. 1. und 2. Serie. Ausgewählt von G. T. Kretschel. 4. Aufl. gr. 4. Delitzsch 881, Pabst. à Serie *

—— dass. — Ausg. ohne Lebenssprüche. 4. Aufl. gr. 4. Ebendas. 881. *

— 25 illustrirte, m. beigefügtem Denkspruch. Fol. Leipzig 873. J. Naumann. 3. —; einzelne Stück — 15

— dasselbe. Lith. hoch 4. Leipzig 873. Bauer. n. 1. 50

—— dass. — Lithogr. hoch 4. Leipzig 878, C. H. Reclam sen. *

— 25 illustr. dänische, m. Bibelsprüchen. Hrsg. v. e. nordschleswigschen Geistlichen. Fol. Breklum 893. Christl. Buchh. n. 1. 50

— 50, oder bibl. Denksprüche für evangel. Christen. (Mit Randverzierungen.) 4. Karlsruhe 834. Groos. 1/2 ℛ

— 50, nach dem Dafürhalten mehrerer Prediger entworfen. 4. Quedlinburg 834. Becker. 5/12 ℛ

— 50 lithogr., u. mit Einfassungen. qu. 4. Elbing 837. (Berlin, Nicolai.) n. 1/2 ℛ

— fünfzig, nach Maaßgabe des neuen Schulgesetzes, mit beigefügten Denksprüchen u. Denkversen für verschiedene Charaktere u. Verhältnisse der Katechumenen. qu. 4. Dresden 841, Naumann. 3/8 ℛ

— 50, ohne Text. 4. Chur 844, Grubenmann'sche Buchh. 5/12 ℛ

— 50, zum Gebrauche in evangelisch-protestant. Gemeinden. qu. kl. 4. Freiburg 845. (Emmerling.) n. 1/2 ℛ

— 50, mit 50 verschied. Sprüchen, zusammengestellt v. Fiedler. qu. 4. Haynau 847. (Leipzig, Kummer.) 1/3 ℛ

— 50, m. passenden Denksprüchen versehene, f. Protestanten. qu. 4. Glogau 851, Flemmings Verl. 6 ngr

—— 50, mit Bibelsprüchen und Denkversen verschiedenen Inhalts. Allegorisch verziert. qu. 4. Breslau 853, [Trewendt.] * in Buntdr. *

— 50 (lith.), mit Bibelsprüchen. Burg (857). Hopfer. qu. 4. 6 ngr

Confirmations-Scheine, 50 (lith.) 2. Aufl. Leipzig (857). Gebr. Baensch. (Gräbner.) qu. 4. 10 ngr; je 25 Stück à 6 ngr

— 50, mit passenden Denksprüchen versehene, für Protestanten. Neue Aufl. Glogau (858). Flemming. 4. 6 ngr

— 50 (lith.), mit Bibelsprüchen und Liederversen. Sondershausen (858). Eupel. 4. 15 ngr

—— 50, mit ausgewählten Gedenksprüchen alten und neuen Testaments. 3. Aufl. qu. 4. Elbing 867, Neumann-Hartmann'sche Verlagsh. In Couvert *

— 50. Umgeben von bildlichen Darstellungen in Holzschn. u. mit beigefügten Denksprüchen. Dresden 868. Naumann. qu. 4. n. 15 ngr

—— 50. Mit beigefügten Denksprüchen. 1.—4. Aufl. Lithogr. qu. 4. Dresden 873, Naumann. Mit und ohne Denksprüche *

—— 50. Gezeichnet von Friedr. Baumgarten. 2 Sammlungen. Holzschntaf. mit Text. 4. (à Sammlung 50 Bl.) Mannheim, Löffler. [1. Sammlung. 1. und 2. Aufl. 874,77; 2. Sammlung. 877.] à Sammlung *

—— 50. Mit beigefügten Denksprüchen. 5.—8. Aufl. nach neuester Consistorialverordnung. qu. 4. (Holzschntaf.) Leipzig 875—79, J. Naumann. Mit und ohne Denksprüche. *

— 50, m. passenden Denksprüchen versehen f. Protestanten. 2. Aufl. qu. 4. (50 Bl.) Glogau 875. Flemming. — 75

— 50, m. Bibelsprüchen. 3. veränd. Aufl. qu. gr. 4. Wien 879. Fromme. n. 4. —

—— 50, [in Holzschn.], mit 50 verschiedenen Denksprüchen versehen, hrsg. vom Verein für christl. Kunst in der evangel. Kirche Bayerns. 8. Nürnberg 886, Ballhorn. *

— 50, m. 50 verschiedenen Denksprüchen versehen, hrsg. vom Verein f. christl. Kunst in der evangel. Kirche Bayerns. 8. Nürnberg 886. v. Ebner. n. 1. 50

— dasselbe. Ausg. ohne Lebenssprüche. 4. Aufl. gr. 4. Ebend. 884. n. 1. —

—— [50 verschiedene Blatt, in 3farbigem Druck.] 2. Aufl. Fol. Kaiserslautern 889, Gotthold. * 3 —

Confirmationsscheine, 50, in Lithogr. nach Orig.-Zeichnungen v. Carl Andreä. Ausg. A. Ohne eingedr. Denksprüche. 7. Aufl. qu. Fol. Bielefeld 890. Schriften-Niederlage der Anstalt Bethel. Ermäß. Preis n. 5. —

– dasselbe. Ausg. B. Mit eingedr. Bibelsprüchen. 7. Aufl. Ebd. 1890. qu. Fol.

—— 50, für evangelische Christen. hoch 4. (50 Holzschntaf.) Eilenburg 870, Klemm. [Delitzsch, Pabst.] *

— — Ausgabe mit Lebenssprüchen, ausgewählt von G. T. Kretschel. Ebend. 870. 4. n. 15 ngr

—— 50 (neue). qu. 4. (Lith.) Annaberg 848, Rudolph und Dieterici. *

—— 50 neue. Mit Randzeichnungen, auf Holz übertr. von Jul. Steglich, in Holzschn. ausgeführt von H. Finke in Dresden. Mit Bibelsprüchen und Liederversen in rothem Druck. 1. Folge. 2. vollständ. umgearb. Aufl. und 2. Folge. Ausg. A. und B. qu. gr. 4. Wernigerode 879, Angelmann. à ℳ 3.

—— 50 neue. Mit Randzeichnungen, auf Holz übertragen von Jul. Steglich, in Holzschn. ausgeführt von H. Finke in Dresden. Mit Bibelsprüchen und Liederversen in rothem Druck. Ausg. A. Mit Abendmahlstext. 1. Folge 4. verb. Aufl.; 2. Folge 3. verb. Aufl. qu. gr. 4. Wernigerode 885, [Angerstein.] Jüttner. à Folge *

—— dass. — Ausg. B. Ohne Abendmahlstext. 1. Folge 4. verb. Aufl.; 2. Folge 3. verb. Aufl. qu. gr. 4. Ebendas. 885. à Folge *

— 50 neue. Mit Randzeichngn., auf Holz übertr. v. Jul. Steglich, in Holzschn. ausgeführt v. H. Finke in Dresden. Mit Bibelsprüchen u. Liederversen in rothem Druck. 1. u. 2. Folge. 4., verb. Aufl. (Ausg. A. m. Abendmahlstext.) qu. gr. 4. Wernigerode 889. Jüttner. à n. 3. —; Ausg. B. ohne Abendmahlstext à n. 3. —

—— 50 neue. Mit Randzeichnungen v. Jul. Steglich. 2. Folge. 4. verb. Aufl. (Ausg. A. mit, Ausg. B. ohne Abendmahlstext.) qu. gr. 4. Wernigerode 889, Jüttner. à Ausg. * 3 —

— 100, od. bibl. Denkblätter f. Confirmanden. Halle, Gebauer. 12 gr

— 100, od. Auswahl bibl. Denksprüche f. evangel. Christen, (v. L. C. Kehr). N. Testament. 4. Kreuznach 829. 2e A. 833. Kehr. 20 gr

— 100 lithogr., mit Verzierungen. qu. gr. 8. (Magdeburg 833, Nobrahn u. Comp.) 5/12 ℛ

— 100. Herausgeg. von Ldw. Chr. Kehr. Neues Testament. 4. Aufl. 4. Kreuznach 843, Kehr. 5/6 ℛ

— 100, nebst eben so vielen möglichst nach der Individualität der Confirmanden gewählten Denksprüchen und kurzen Ermahnungen, herausgeg. von J. G. Burkmann. qu. 4. Glogau 844, Flemming. 5/8 ℛ

— 100, mit Randverzier. kl. 4. Weissenfels 845, Sueß. n. 2/3 ℛ

Confirmations-Scheine, 100. Mühlhausen 862. Rode's Buchdr. qu. 4. 1 ℛ 20 ngr

—— 100, mit ausgewählten Gedenksprüchen alten und neuen Testaments. 3. Aufl. qu. 4. Elbing 867, Neumann-Hartmann'sche Verlagsh. In Couvert * -

— 100, für kathol. Christen. Mit Bischöflicher Genehmigung. qu. 8. Marienburg 846, Dormann. in Couv. n. 2/3 ℛ

— 100 (lith.), f. katholische Christen. Fol. Glogau 851, Flemming's Verl. 5/6 ß

— Ein Hundert, für den Gebrauch der evangel. Kirche. qu. 16. Ulm 835. Ebner. 1/3 ß

—— 120, mit Bibel-Sprüchen und Liederversen, enth. Vermahnungen, Verheißungen, Bekenntnisse rc. zu einem wohlthätigen Zweck hrsg. von den evangelischen Geistlichen des Brieger Kirchenkreises. qu. 4. Brieg 868, (Gebhardt.) In Couvert *

— (lithogr.) für Israeliten. 2. Aufl. Magdeburg (857). Baensch. (Leipzig, Gräbner.) qu. 4. Jedes Bl. 1 1/2 ngr; 25 Stück 1 ß

— für Katholiken. gr. qu. 8. Bresl. 823. Max u. C. 8 g

— für den Gebrauch der evangel. Kirchen. (24 Blätter.) 4. Hirschberg 835. Nesener. 1/6 ß

Confirmations-Scheine für d. Gebr. der evangel. Kirchen. qu. gr. 8. (24 Bl.) Hirschberg 845, Nesener. *

— dieselb. für d. Gebrauch der kathol. Kirchen. 4. Ebd. 835. 1/6 ß

—— polnisch, s. Bio.

— 36, für evangel. Christen, mit ausgewählten bibl. Denksprüchen. qu. gr. 8. Glogau 838. Günther'sche B. (Niegisch.) 1/3 ß

—— 36, für evangel. Christen. 2. Aufl. Mit eleg. Einfassung. qu. gr. 8. Schweidnitz 842, Heege.

— 36, für evangel. Christen, mit 36 ausgewählten bibl. Denksprüchen. qu. gr. 8. Glogau 846, Günther'sche B. 1/4 ß

— 36, f. evangel. Christen mit 36 ausgewählten bibl. Denksprüchen. qu. gr. 8. Glogau 847, Günther. 1/4 ß

Confirmations-Scheine, 36, f. d. Gebrauch d. evangel. Kirchen. qu. 8. Prenzlau 824, Ragoczy.

— 36, für d. Gebrauch d. evangel. Kirchen. 2e Aufl. qu. 8. Prenzlau 827. 3e A. 830. Ragoczy. 10 g

—— 36, für d. Gebr. d. evangel. Kirchen. 3., verb. u. verschön. Aufl. 4. Prenzlau 830, [Kalbersberg.]

— 36, für den Gebrauch der evang. Kirchen. 4e verb. u. verschön. Aufl. 4. Prenzlau 835. Kalbersberg. 5/12 ß — 5e verb. u. verschön. Aufl. 4. Ebd. 839. 5/12 ß

— 16 neue. qu. gr. 8. 846. (Helmstädt, Fleckeisen.) 1/6 ß

—— 60, od. bibl. Denkblätter f. Confirmanden. Nach allen denkbaren Verhältn. d. Confirmanden geord. (v. Thomas.) 4. Penig 829. (Leipzig, Hinrichs.)

— 60, oder bibl. Denkblätter für Confirmanden, nach allen denkbaren Verhältnissen d. Confirmanden geordnet, (v. Diakon. Thomas). 4. Penig 829. (Kollmann in Leipz.) 12 g

— 60, mit passend. bibl. Denksprüchen. (Mit Randverzierungen.) qu. gr. 8. Quedlinburg 833. Becker. 1/3 ß — 2e Aufl. Ebd. 835. 1/3 ß

—— 60, mit pass. bibl. Denksprüchen. 2. Aufl. qu. gr. 8. (60 Bl.) Ebds. (834.)

— (60 lithogr., jeder mit 1 Vign. u. 1 gedrucktes Blatt mit 2 bis 3 religiös. Versen.) kl. 4. 841. (Basel, Bahnmeier.) n. 1 ß

—— 60, mit 60 ausgewählten Gedenksprüchen alten und neuen Testaments. qu. 4. Elbing 850, Neumann-Hartmann. *

Confirmations-Scheine, 40, mit Bibelsprüchen und Liederversen. Mit bildl. Verzierungen (in Holzschn.) gez., unter Benutzung verschiedener Meister, von Otto Speckter, gr. 4. Bielefeld 859, Velhagen und Klasing. *

— 40, mit biblischen Bildern entworfen und gez. von J. Frankl, in Holz geschn. von A. Gaber. 3. Aufl. Neu Ruppin 864. Oehmigke. 4. n. 20 ngr

— 40, mit Bibelsprüchen u. Liederversen. Mit bildlichen Verzierungen (in Holzschn.) gez. unter Benutzung verschiedener Meister von Otto Speckter. 1. Reihenfolge. 5. Aufl. — 2. Reihenfolge. Bielefeld 868. Velhagen & Klasing. 4. Jede Abtbla. n. 20 ngr

—— vierzig, mit Bibelsprüchen und Liederversen. Mit bildlichen Verzierungen, gezeichnet unter Benutzung verschiedener Meister, von Otto Speckter. Erste Reihenfolge. 6. Aufl. gr. 4. (40 Bl.) Bielefeld 872, Velhagen und Klasing. In Umschlag *

—— dass. — 2. Reihenfolge. 3. Aufl. gr. 4. (40 Bl.) Ebendas. 875. In Umschlag *

— 40, für evangelische Christen, mit bildlichen biblischen (lithogr.) Darstellungen, und dazu passenden bibl. Sprüchen u. Liederversen. Herausg. von mehreren evangel. Geistlichen. Anclam (853). Dietze. 4. n. 16 ngr

—— 40, für evangelische Christen. Hrsg. von mehreren evangel. Geistlichen der Synode Anclam. (2. Aufl.) Lithogr. hoch 4. Anclam 867, Dietze. In Couvert

— 40 evangel., mit Bibelsprüchen u. Liederversen, dem Mittelpunkte der christl. Heilslehre entnommen rc., ausgew. u. geordnet von Fr. Ahlfeldt. Lithogr. u. herausg. v. Leop. Gast. 4. Halle 846. (Mühlmann.) n. 1 ß

— 32, m. Denksprüchen. 2. Aufl. gr. 4. Wiesbaden 849, Kreidel. — 32 (lith.), m. Denksprüchen. 2. Sammlung. qu. 4. Wiesbaden 852, Kreidel & Niedner. (à n. 12 ngr) 24 ngr

—— 32, mit Denksprüchen. 2. Aufl. qu. 4. Wiesbaden 862, Kreidel's Verlag. In Couvert *

— 32, für evangel. Christen. gr. qu. 8. Bresl. 823. Max u. C. 6 g N. A. Ebd. 831. 6 g

— 52, oder biblische Denkblätter für Confirmanden, nach allen denkbaren Verhältnissen der Confirmanden geordnet. 2e, nach Anordnung des hohen Ministeriums des Cultus u. des öffentl. Unterrichts veranstaltete Ausg. 4. Penig 836. (Leipz., Kollmann.) 1/2 ß

— 52, oder biblische Denkblätter für Confirmanden, nach allen denkbaren Verhältnissen der Confirmanden geordnet. 3. nach Anordnung des Ministeriums des Cultus rc. veranstaltete Ausg. 4. Penig 843. (Leipzig, Kollmann.) 5/12 ß

Confirmations-Unterricht, vollständiger evangel., auf mehrfaches Verlangen aus Chr. Ph. H. Brandt's evangel. Prediger-Magazin abgedruckt. 8. Sulzbach 834. v. Seidel. 3/8 ß

Confirmations - Unterricht für meine Zuhörer. Tübingen. O. J. V: *Baur, Sam.* (Ky)

Confirmations-Unterricht f. meine Zuhörer, (v. Decan Baur). 8. Tübing., (Osiander). 2 g

Confirmations-Zeugniß. Breslau (857). Dülfer. gr. 8. 24 Exemplare (à 2 Bl.) n. 8 ngr

Confirmations-Zeugnisse, 48, mit Denksprüchen. qu. 8. Oldenburg 848, Schulze. 1/3 ß

Confirmations-Zeugnisse, 48, mit Denksprüchen. qu. 8. Oldenburg 851, Schulze'sche Buchh.

Confirmations-Zeugnisse, 48, mit Denksprüchen. 2. Aufl. Oldenburg (858). Schulze. qu. 8. n. 10 ngr

Confirmations-Zeugnisse, 48, mit Denksprüchen. 3. Aufl. 865. — 4. Aufl. Oldenburg 866. Schulze. qu. 4. n. 10 ngr

Confirmations-Zeugnisse, achtundvierzig, mit Denksprüchen. 4. Aufl. qu. gr. 8. Oldenburg 870, Schulze'sche Buchh. *

Confirmations-Zeugnisse, 24 (à 4 S.) gr. 8. Breslau 857, Dülfer. *

Confirmo te chrysmate. Von Dolorosa. 8. (IV, 91 S.) Berlin 902. M. Lilienthal. Geb. in Leinw. n. 3.—

Confirmo te chrysmate. Von Dolorosa. 2. verm. Aufl. Einband entworfen v. E. M. Lilien. (IX, 95 S.) 8. Berlin 903. [M. Lilienthal.] Commissions- u Exportbuchh. J. Singer & Co. Geb. in Leinw. n. 3.—

— dasselbe. 3. verm. Aufl. (IX, 95 S.) 8. Berlin 903. J. Singer & Co. Geb. in Leinw. n. 4.—

Confiscation. Die C des Bündnerischen Privat-Eigenthums in Veltlin, Cläven und Worms s.a. Salis-Marschlins, Carl Ulysses von]. Zürich 1814.

Confiskation, die, des Bündnerischen Privat-Eigenthums in Veltlin, Cläven u. Worms ausführl. dargestellt, als Beantwortung zweier in Mailand erschien. Druckschriften. 8. Zürich 814. Orell. 8 gr

Conflict, s. Conflikt.

Conflictus Laupensis s. Justinger, Conrad. Die Berner-Chronik des C J. Bern 1871.

Conflikt, s. a. Konflikt.

Conflict, der. gr. 8. (III, 46 S.) Leipzig 882. Schirmer. — 75

Conflict, der, zwischen der bischöfl. Behörde zu Münster u. d. dortigen kgl. Regierung üb. d. Anstellung d. Schullehrer. gr. 8. (1½ B.) Mainz 845, Kirchheim, Schott u. Thielmann.
Aus: Mainzer kathol. Sonntagsblätter besond. abgedruckt.

Conflict, Der, der waadtländischen Geistlichkeit mit ihren Staatsbehörden ... Aarau 1846. V: *Keser, Ferdinand Adolph.* (ABJP)

— der waadtländischen Geistlichkeit mit ihren Staatsbehörden, u. ihre Verhandlungen v. 11. u. 12. Nov. 1845, welche den massenhaften Rücktritt vom Amte zur Folge hatten. 8. Aarau 846, Christen. n. 1/3 Thlr

Conflict des jetzigen Grundsteuer-Systems mit den bestehenden Stände-Verfassungen. Berlin 1870. V: *Wilmans, Carl.* (WFM) (Ky) (Lager-Kat. Joseph Baer & Co. Nr. 552, S. 155.)

Conflict des jetzigen Grundsteuer-Systems mit den bestehenden Stände-Verfassungen (von Wilmanns). gr. 8. (56 S.) Berlin 870, van Muyden. *

Conflikt, der, d. Lehrervereins Nürnberg m. dem Magistrate daselbst wegen Gehaltsregelung. Ein Stück Schul- u. Culturgeschichte der Gegenwart. Von e. ehemal. Fachmann. gr. 16. (45 S.) Nürnberg 872. Recknagel. n. — 50

Conflict, der, in Preußen. Beleuchtet von einem verfassungstreuen Preußen. Leipzig 863. Magazin für Literatur. gr. 8. (10 S.) 6 ngr.

Conflict, der, der preuß. Regierung m. den kathol. Bischöfen in Betreff des Verfassungseides. gr. 8. (23 S.) Leipzig 850, Dyk. 4 ngr.

— der, zwischen Staat und Kirche in Bayern. Eine kirchenstaatsrechtl. Studie von einem kathol. Juristen Dr. *. Mit briefl. Einführung des Pred. Adalb. Huhn. gr. 8. (IV, 156 S.) Regensburg 872, Pustet.

Conflict, der, im Allgemeinen Turnverein zu Leipzig. Ein Beitrag zur Geschichte des deutschen Turnwesens. gr. 8. (31 S.) Leipzig 867, H. Schmidt jun.

Gemälde alter und neuer Freimaurerei. Dargest. von einem Eingeweihten, Confluenz. Auf Begehren des Verf. hrsg. u. verm. von einem Profanen, Karl Wunster. Leipzig: Klein 1829. VII, 244 S. 8°

Kl. 655. Confluenz ist Pseud. 7 Aufsätze, die sich zum Teil nicht auf d. Frmrei beziehen, mrische Miszellen u. Reisenachrichten.

Conföderations-Acte, d. rhein. Bundesstaaten. 4. Straub. 806. (Schorner). 2 gr

Conföderirten in Curland, d. polnischen. Ein kleiner Beitr. zur Geschichte. Altona, Hammerich. 3 gr

Die Polnischen Conföderirten in Curland. (47.) 12. Altona 1795.

Conforte, R. David, Liber Kore-Ha-Dorot. Denuo edid., textum emend., introductionem, notas, indices adjecit Cassel. 4. (18 B.) Berolini 846, Asher et soc. *

Conforti, Cav. L., das Nationalmuseum zu Neapel. Eingehende archäolog. Beschreibg. m. 162 illustr. Taf., worunter 6 die neuesten Ausgrabgn. (Haus des Vetii) betr. Übertragung aus dem franz. Texte v. P. E. Lorenz. Fol. (50 S.) Neapel (901). (Leipzig, G. Hedeler.) Geb. in Halbfrz. n.n. 24. —

Confucius

Confucii magna doctrina. Textus sinicus autographice exscriptus ab Herm. Geiger. gr. 8. (VI, 20 S.) München 896. (A. Buchholz.) n. 1. 50.

Kungfutse [Confucius]. Gespräche ⟨Lun yü⟩. Aus d. Chines. verdeutscht u. erl. von Richard Wilhelm. Jena: Diederichs 1910. XXXII, 245 S. 8°
(Die Religion u. Philosophie Chinas. Bd 2.) [10. 97 a

Confucius chinesisches Liederbuch, s. Schi-King.

Confucius u. Mencius, s. Reich Gottes, das. 2. Bd.

Confucius, Schi-King, oder chines. Lieder, s. Reich, das himmlische, 3. Bd.

Confucii Chi-King, sive liber carminum. Ex latina P. Lacharme interpretatione ed. J. Mohl. 8maj. Stuttg. 830. v. Cotta. 1 Thlr 12 gr

Confucius. Tá-Hiō. Die erhabene Wissenschaft. Aus dem Chines. übers. und erklärt von Rhold. v. Plaenckner. gr. 8. (XX, 358 S.) Leipzig 875, Brockhaus. *

Confucius, Tchōng-Yông. Der unwandelbare Seelengrund. Aus dem Chines. übers. u. erklärt v. Reinh. v. Plaenckner. 8. (IX, 255 S.) Leipzig 878. Brockhaus. n. 6. —

(——) Werke d. chines. Weisen Khung-Fu-Dsü, s. Werke.

(——) Y-King antiquissim. Sinar. lib., s. a. Y-King.

Confuci Y-King, antiquissimus Sinarum liber, quem ex latina interpretatione P. Regis aliorumque ex Societate Iesu Patrum edid. Iul. Mohl. Vol. I. et II. cum IV tabulis. Stuttgart, v. Cotta, 1835—9. 8°, 12,50 Mk.

Confutatio, Brevis, quadraturae circuli ... [Viennae 1737.] V: *Marinoni, Giov. Giac.* (EB)

Confutatio responsi epistolaris a Gabr. Daniele soc. Jesu, ad primarii Acad. Pat. Theologi litteras dati. Coloniae 1706. V: *Serry, Jacques Hyacinthe.* (Myl) (wr)

Congdon, E. D.: Mitteilungen aus dem Institut für Radiumforschung: 6. Die Beeinflussung des Wachstums von Samen durch ß-Strahlen (mit 2 Textfiguren). S. 120. IIa. 1327. Separatabdruck.

Congeinna [Congenis], des Wilh. v., Chirurgie. Fragment eines Collegienheftes nach e. Handschrift der Erfurter Amploniana hrsg. v. Pagel. gr. 8. (86 S.) Berl. 891, G. Reimer. * 1 —

Congenis, s.: Congeinna, Wilh. v.

Congo [Sachliches OW]

Congo's Abenteuer, als er seinen Herrn suchte. Eine Erzählung, worin die wahre Geschichte eines Schiffbruchs enthalten ist. Aus d. Engl. der 4ten Aufl. von Franz Demmler. Mit 4 (ill. Kpfr. 16. Stuttgart 839. Erhard. 1/2 rf

Congo [Schlagwort]

Congo. Atlas des côtes du Congo français en 22 feuilles. Sous-Secrétariat d'état des colonies, service géographique. 1 : 80,000. à 49,5×32 cm. Lith. Paris 893. (H. Le Soudier.) n.n. 8. —; einzelne Blatt n.n. — 40

Congolius, Jo. Dan., Indicium medicum de corruptione lymphae per frumentum corruptum, oder med. Gedanken von der Kornstaupe. Lpz. 8°.

1716

Congratulatio quam trium rituum catolici Bucovinienses Summo Pontifici Leoni XIII. ani L. ab inito sacerdotio memoriam celebranti tradere statuerunt Cernovicii Kal. Januar A. D. 1888. Czernowitz: Eckhardt 1888. *(Auch in deutscher und polnischer Sprache erschienen.)*

CONGREGATIO AGONIAE Oder Versamlung unsers am Heiligen Creütz sterbenden Heylands Jesu Christi Undt seiner Schmertzhafften Mutter Mariae. Zu Erhaltung eines seeligen Sterb-Stündleins. In der Kirchen der Gesellschafft Jesu zu Pressburg bey Sanct: Salvator aufgericht Anno 1709. Gedruckt zu Türnau in der Academischen Buchdruckerey. Anno 1709. (7 f.) 66 S. (1 f.) - 8°

Congregatio sanctissimi cordis beatae virginis Mariae. Fol. (29 S.) Viennae ap. Mechit. 1852.

Congregatio Mariana academica zu Freiburg im Breisgau. 8., verb. Aufl. (56 S.) 16. Freiburg i/B. (908) Herder. Kart. — 50

Congregation, die, des Index. Eine Beleuchtung der jüngsten Angriffe Dr. J. Frohschammer's gegen dieselbe. gr. 8. (34 S.) Mainz 862, Kirchheim.
Aus: Der Katholik, besonders abgedruckt.

Congregation, Marianische — der Jungfrauen in der Serviten-Ordens-Pfarre Frohnleiten. Druck und Papier von A. Leykams Erben. (8 S. 8.) 1857.

CONGREGATION vom guten Tode zu Ehren des bitteren Leidens und Sterbens Jesu Christi und der schmerzhaften Mutter Gottes Mariä. In der St. Salvator-Kirche zu Preßburg. Praßburg (1907): Kathol. liter. Aktionsgesellschaft-Druckerei. 14 S. - 8°

Congregationen, die, der allerheiligsten Jungfrau Maria (marianische Congregationen). Aus dem Franz. v. e. Congreganisten. Mit e. Einbegleitungsschreiben v. H. Abel. 16. (38 S.) Wien 890. Verlag „Austria", Drescher & Co. n. — 50

Congregationi pastorum ecclesiae Genevensis ... et ordini theol. in academia Genevensi ... iubilaeum tertium reformationis sacrorum in ecclesia Genevensi d. XXIII Aug. 1835 ... celebrandum gratulatur ordo theologorum ev. in universitate Fridericia Wilhelmia Rhenana. Bonnae, typ. C. Georgii (1835). 6 S. 4.

Congregationsbuch, Marianisches. Regeln, Gebete und Andachten für Mitglieder der Marian. Congregationen. Mainz 863. Kirchheim. 16. (XV, 375 S.) 9 ngr.

Congregationsbuch, Marianisches. 2. Aufl. 16. (XII, 402 S.) Mainz 872, Kirchheim.

CONGREGATIONS-GEBETBUCH der Kalocsaer armen Schulschwestern von Unserer Lieben Frau. Kalocsa (Kalotscha): Anton Jurcsó. 347, 6 S. - 8°

Congrès agricole international de Budapest procès-verbal sténographique des Séances du 3°, 4°, 5°, 6°, 7° Octobre 1885. Publié par le comité exécutif. gr. 8°. (XX, 236 S.) Wien, Frick. fl 2.50. 1886.

Congrès, le, archéolique de France à Trèves 8 et 9 Juin 1846. In-8. (3 ¼ B.) Trèves 846, Lintz.

Congrès de l'Association internationale de la Presse à Berne 20-26 Juillet 1902. (Presskongress Bern.) [Programme. — Couverture illustrée.] II + 5 p. 8.

Congrès, Premier, de l'Association internationale pour la protection de la propriété industrielle. Vienne Octobre 1897

Congrès géologique internat. Compte rendu de la 2. et 3. session. Lex. 8. Berl., (Friedländer u. S.) ** 42 —
2. Bologne 1881. (XV, 663 S. m. Abbildgn.) Bologne 882. ** 30 —.
3. Berlin 1885. (XI, CXLI, 546 S. m. Abbildgn.) 888. * 12 —.
Compte rendu der 1. Session erschien Paris 1878 und ist vergriffen.

— international des accidents du travail, s. Arbeiterversicherungs-Kongress, internationaler.

Congres international des accidents du travail et des assurances sociales. Septieme Session tenue a Vienne du 17 au 23 Septembre 1905. II. Bde. Gr.-8°. K 25.—
Wien: Deuticke 1907.

Congrès international d'agriculture, tenu à Budapest du 17 au 20 IX. 1896 sous la présidence de Ministre Ignace de Darányi. Comptes-rendus, rédigés par Eug. de Rodiczky. 2 vols. (Ungarisch, deutsch, französ. u. englisch.) gr. 8. Budapest 897. (Wien, W. Frick.) à n. 4. —
1. Questions. Réponses. Mémoires. (III, 680 S.); deutsche Ausg. (III, 610 S.)
2. Actes préliminaires. Séances. Appendices. (2, 556 S.)

Congrès, Xème, international contre l'alcoolisme, tenu à Budapest du 11. au 16. IX. 1905. Rapports et compte-rendu des séances et des réunions. Publié par Philippe Stein. (VII, 504 S.) Lex.-8. Budapest (906). F. Kilián's Nachf. n. 7. —
Vergl.: Bericht über den IX. internationalen Kongress gegen den Alkoholismus.

Congrès, Xème, contre l'alcoolisme. Jetzt: Wien, Brüder Suschitzky.

Congrès international des Américanistes. Compte-rendu de la 7e session. Berlin 1888. Lex.-8. (XI, 807 S. m. Abbildgn. u. Taf.) Berl. 890. Kühl. * 24 —

Congrès international d'anthropologie et d'archéologie préhistoriques. Compte rendu de la 6e session Bruxelles 872. gr. 8. (600 S. m. 90 lith. u. z. Th. color. Steintaf. in gr. 8. u. qu. 4.) Brüssel 873. Muquardt. 30. —

Congrès international d'anthropologie et d'archéologie préhistoriques. Compte-rendu de la huitième session à Budapest 1876. II. vol. 2. partie. Josef Hampel, trouvailles de l'âge de bronze en Hongrie. (XVI, 107, CXXVII planches). Budapest, Kilian. 1887. 8°

Congrès, 2., international de l'enseignement du dessin Berne 2. au 6. VIII. 1904. Compte-rendu. (2. internationaler Kongress zur Förderg. des Zeichenunterrichts.) (In französ., deutscher u. engl. Sprache.) (XVI, 288 S. m. Abb., 6 Taf. u. LIV S. Abb.) Lex. 8. Freiburg (Schweiz) 905. (Universitäts-Buchh.) nn 6. —

Congrès international d'hygiène et de démographie. Kongr. z. Brüssel 1876. 2 Bde. (S. 317,144). — Kongr. z. Paris 1878. 2 Bde. (S. 317,153). — IV. Kongr. z. Genf 1882. 2 Bde. (franz.) — VI. Kongr. z. Wien 1887. 4 Bde. — VII. Kongr. z. London 1891. 5 Bde. (engl.) — VIII. Kongr. z. Budapest 1894. 7 Bde. (franz.) — IX. Kongr. z. Madrid 1898. 4 Bde. (spanisch). — X. Kongr. z. Brüssel 1903. 5 Bde. (franz.) 27 Bde.

Congrès, XVIe., international de médecine Budapest, Aout—Septbr. 1909. Compte-rendu. Vol. général, publié par Émil de Grósz, et 21 sections à 2 fascc., publié par Franç. de Terday. Lex. 8. Budapest 909. 10. (F. Kilián's Nachf.) 140.—; einz. Sektionen 10. —
Vol. général. (XV, 481 S.) — I. Anatomie, Embryologie. (IV, 222 u. XXII S.) — II. Physiologie. (IV, 200 u. XVI S. m. 2 Taf.) — III. Pathologie générale et expérimentale. (IV, 225 u. XXXII S.) — IV. A.) Microbiologie (Bactériologie). B.) Anatomie pathologique. (IV, 214, 57, 122 u. XLV S.) — V. Thérapeutique. (IV, 502 u. XXXII S. m. 2 farb. Taf.) — VI. Médecine interne. (VII, 767 u. CXI S.) — VII. A.) Chirurgie. B.) Orthopédie. (VII, 995, CXII u. IV, 268 u. XVIII S. m. Abb.) — VIII. Obstétritique et Gynécologie. (VI, 1053 u. CXXVII S. m. Abbildgn.) — IX. Ophthalmologie. (IV, 468 u. LXXII S. m. Abbildgn.) — X. Pédiatrie. (VI, 501 u. LXXII S.) — XI. Neuropathologie. (IV, 482 u. LVI S.) — XII. Psychiatrie. (IV, 368 u. LVI S.) — XIII. Dermatologie et maladies vénériennes. (VI, 560 u. LXXXV S. m. 1 Bildnis.) — XIV. Urologie. (IV, 484 u. XLIII S. m. Abb.) — XV. Laryngologie et Rhinologie. (VI, 691 u. LXXXVIII S. m. Abb.) — XVI. Otologie. (En même temps VIIIe congrès d'Otologie. (VIII, 625 u. LI S.) — XVII. Stomatologie. (IV, 510 u. XXXVI S. m. Abbildgn.) — XVIII. A.) Hygiène. B.) Immunité. (IV, 343, XXXI u. 111, XX S.) — XIX. Médecine légale. (III, 87 u. VIII S. m. Abbildgn.) — XX. Services sanitaires militaire et maritime. (IV, 438 u. XLI S.) — XXI. Médecine navale et maladies tropicales. (IV, 338 u. XXXIX S. m. Kurven, Abb., 1 Tab. u. 1 Taf.)
Die Verhandlungen des XI.—XV. Kongresses sind nicht im deutschen Sprachgebiet erschienen.

Congrès, IXe, international d'ophtalmologie d'Utrecht du 14 au 18 VIII. 1899. Compte-rendu publié avec le concours de F. Benoit, E. Clarke, A. Dufour etc. par M. Straub. gr. 8. (XXVIII, 621 S. m. Abbildgn. u. Taf.) Amsterdam 900. Wiesbaden, J. F. Bermann. Geb. in Leinw. n. 18. 60

— X^e international d'ophtalmologie Lucerne, 13.—17. IX. 1904. Compte rendu publié par le comité d'organisation avec le concours du J. Gonin. (LII, 242, 320 u. 204 S. m. Abbildgn., Tab. u. Taf.) gr. 8. Lausanne 905. (Wiesbaden, J. F. Bergmann.) Geb. in Leinw. n. 25. —

— troisième, international d'Otologie, Bâle, du 1 au 4 septembre 1884. Comptes-rendu et mémoires, publiés par Alb. Burckhardt-Merian. Avec le concours de MM. les secrétaires et MM. les membres du comité de rédaction. 49 figures dans le texte et 3 tableaux. gr. 8. (XVI, 343 S.) Basel 885. Schwabe. n. 10. —

Le **Congrès international** de la propriété industrielle tenu à Paris en Septembre 1878. Rapport présenté au Tit. Département fédéral de l'Intérieur par la Délégation suisse. In-8°, 87 p. Berne, Stæmpfli. 1878.

Congrès international de statistique à Berlin. Programme de la 5. session de 6 au 12 septbr. 1863. gr. 4. (XI und 107 S.) Berlin 863, v. Decker'sche geheime Ober-Hofbuchdruckerei. [Kühn's statist. Sep.-Conto * 24 Ngr.] *

— — international de statistique à Budapest. IXe session 1876. Éloge de L. A. J. Quetelet. Discours prononcé par M. E. Engel, directeur du bureau royal de statistique en Prusse, devant l'assemblée générale du congrès le 1 septembre 1876. Avec le portrait de Quetelet. 4. Berlin 1876.

Bureau international de relations maçonniques. Congrès maç. international 1904 à Bruxelles. Compte rendu des séances du congrès du samedi 27 au mardi 30 août 1904. Berne 1905: Büchler & Co. 144 S. 8°
[Umschlagtit.:] Congrès maç. international Bruxelles 1904 sous les auspices du Grand-Orient et du Suprême Conseil de Belgique. Compte rendu des séances du congrès les 27, 28, 29 et 30 août 1904. Publ. par le bureau international de relations maçonniques Neuchâtel (Suisse).

Kongress in Genf: Grande-Loge Suisse Alpina. **Congrès maç. international de 1902 à Genève.** Compte rendu des séances du congrès. Les 5, 6 et 7 sept. 1902. Berne 1902: Büchler & Co. 169 S. 8°

Kongress zu Strassburg: **Congrès maçonnique.** Maurerischer Kongress. (Strassburg 1846: Silbermann.) 4 Bl. 8°.
Programm des Kongresses 16.—18. August 1846. Französisch und deutsch.

Congrès maçonnique séant à Stuttgart. Maurerischer Congress zu Stuttgart. [1847.] 1 Bl. 8°. [Kopftit.]
Selten. Dieses Blatt behandelt die Herausgabe der Zeitschrift „Erwinia“.

Congress, s. a. Kongress.

Congress, der, bayerischer Aerzte in der ersten Octoberwoche 1848. 8. (24 S.) Freiburg im Br. 849, Wagner'sche Buchh. *
Aus: Vereinte deutsche Zeitschrift für Staatsarzneikunde. V. Bd. 1. Heft, besonders abgedruckt.

Congreß, der, in Baden-Baden und seine nächsten Folgen. Leipzig 860. O. Wigand. gr. 8. (30 S.) n. 6 ngr

Anonym: „Der Berliner Congress von 1838. Ein Fragment“, o. O. 1838. — Vorh.: Com. Bibl. Hamburg.

Congress. Der C' zwischen einem Berner, einem Argäuer und einem Waadtländer. 8. *o. O.* 1814.

Congreß, der, zu Bopfingen. 8. Manh. 795. Schwan u. G. 3 gr

Congress zu Cythera oder Landtag der Liebe. Aus dem Ital. [des Algarotti] übersetzt. Leipzig 1747. Ü: *Molter, Friedrich Valentin.* (MGT)

— zum deutschen, im Nov. 1814. gr. 8. Aarau 814. Sauerländer. 8 gr

Congreß, deutscher, für Handfertigkeit-Unterricht zu Stuttgart in der Liederhalle am 30. Septbr. 1886. 8. (81 S.) Bremen 887, (Roussell.) *

... Deutscher Congress für Erziehliche Knaben-Handarbeit. Hrgg. vom Deutschen Verein für Knaben-Handarbeit. 8°.
7. zu Magdeburg am 25. Sept. 1887. Görlitz. 1887.
8. zu München am 22. und 23. Sept. 1888. ebd. 1889.
10. zu Strassburg i. Els. am 23.–25. August 1890. ebd. 1891.
13. zu Kiel am 29., 30. und 31. Mai 1896. Leipzig. 1896.

—— VII. deutscher, für erziehliche Knaben-Handarbeit zu Magdeburg am 25. Septbr. 1887. Hrsg. vom deutschen Verein für Knaben-Handarbeit. Görlitz 887, (Bierling.) **

— VIII. deutscher, f. erziehliche Knaben-Handarbeit zu München am 22. u. 23. Septbr. 1888. Hrsg. v. Deutschen Verein f. Knaben-Handarbeit. gr. 8. (III, 190 S.) Görlitz 889. (Bierling's Verl.) n. 1. 60

Congress betreff. Einführung d. Erfindungsschutzes in d. Schwez. Sept. 1883. Zürich.

Congress, Der galante, in der Stadt Utrecht, oder einige Zeit während der letzten Friedens-Handlung daselbst vorgefallene Liebes-Begebenheiten ... Cöln 1714. V: *Freschot, Casimir.* (BGE)

Congreß, der Genfer, und seine Ergebnisse. 8. (24 S.) Darmstadt 865, Zernin. *
Aus: Allgemeine Militär-Zeitung, besonders abgedruckt.

Der internationale bimetallistische Congreß zu Köln am 11.–13. Oktober 1882. Stenogr. Bericht d. Verhandlungen. Berlin: Walther & Apolant 1882. (62 S.) 8° [F.]
— Schriften d. Deutschen Vereins f. internat. Doppelwährung. H. 8. [o4. 4933]

Congress, VIII. internationaler, gegen den Alkoholismus, Wien, 9.—14. IV. 1901. Inhalts-Angaben der angekündigten Vorträge. — Résumés des discours annoncés. gr. 8. (VII, 143 S. m. 1 farb. Plan.) Wien 901. (F. Deuticke.) n. 1. 50

VIII. internationaler Congress gegen den Alkoholismus. Wien, 9—14. April 1901. Inhalts-Angaben der angekündigten Vorträge. Wien. 1901. Verlag des Congresses. [In Comm. Deuticke.] Gr.-8°. VI, 143 S. mit 1 Karte. K 1.50

Congress, II. internationaler dermatologischer, abgeh. in Wien im J. 1892. Bericht üb. die Verhandlgn., verf. v. Gust. Riehl. gr. 8. (XXI, 813 S. m. 7 Taf. u. 1 Bl. Erklärgn.) Wien 893. W. Braumüller. Geb. in Leinw. n. 12. —

Congress, sechster, internat., für Hygiene u. Demographie zu Wien 1887. Heft 1–31. Wien 1887. Heft 24 fehlt.

—— internationaler land- u. forstwirthschaftlicher, zu Wien 1890. Referate der Section VI. Forstwirthschaft. gr. 8. (111 S.) Wien 890, (Frick). * 3 —
Aus: Centralblatt für das gesammte Forstwesen, besonders abgedruckt.

Congress, 3. internationaler, f. Psychologie i. München v. 4.—7. VIII. 1896. gr. 8. (XLIV, 490 S.) München 897. J. F. Lehmann's Verl. n. 10. —

—— **internationaler statistischer, in Berlin. Programm der 5. Sitzungsperiode 6. bis 12. Septbr. 1863. gr. 4. (XII und 244 S.) Berlin 863, v. Decker'sche geheime Ober-Hofbuchdruckerei. [Kühn's statist. Sep.-Conto * 1 Thlr. 18 Ngr.] ***

Der constitutionelle Congreß wird Sonnabend den 22. d. M. früh 10 Uhr eröffnet. — Gedruckt bei J. Sittenfeld. 1 Bl. 4.
Flugblatt. Berlin, 13. Juli 1848.

Congreß, der, der Krankenkassen Deutschlands am 25. I. 1904 in Leipzig (stenographischer Bericht) m. Commentar v. Rud. Lennhoff. Mit e. Anh. v. Curt Freudenberg. (36 u. XIX S.) 4. Berlin 904. O Coblentz. n. — 75

Der Congreß der Krankenkassen Deutschlands am 25. Jan. 1904 in Leipzig (Stenogr. Bericht) mit Commentar von Dr. Rudolf Lennhoff. Mit e. Anh. von Dr. Curt Freudenberg. Berlin: Med. Reform 1904. (30, XIX S.) 4° [F.] [o3. 3311]

Kongress zu Stuttgart: Maurerischer **Congress.** Congrès maçonnique. 1847. **[Dat.:] Stuttgart: 1847. 2 Bl. 8° [Umschlagtit.]**
in: A. 18 (1847) S. 321—333 (J. B. Krebs); Erwinia. 2 (1848) S. 1—3, 159—227; L. 11 (1848) S. 5—13 (J. B. Krebs).
Programm des Mr-Kongresses in Stuttgart; deutsch u. franz.

(Kieler Kirchentag.) Congress für innere Mission (Donnerstag und Freitag d. 5. u. 6. Sept.) unter Leitung des Central-Ausschusses für die innere Mission der deutschen evangelischen Kirche. O. O. (1867.)

An den Congreß zu Rastadt. Von e. Staatsmanne. (R.) o.O. 1797. [Nebst] Suppl., July 1798.

— an den, zu Rastadt, von e. Staatsmanne (A. Riem). 8. Leipz. 798. Gr. Fleischer. 20 gr. Supplement dazu. Ebd. 798.

Congress, Der, zu Rastadt vor dem Richterstuhle der Vernunft ... Rastadt und Grosscairo [Jena] 1799. V: *Bergk, Johann Adam.* (KY) (MGT) (WR) (NN)

— der, zu Rastadt, vor d. Richterstuhle d. Vernunft. Mit Bemerkk. (v. J. A. Bergk.) 8. Jena 799. (Leipz., Brockhaus). 12 gr

Erster Congreß der deutschen demokratischen Republikaner in Frankfurt am Main am 14.—17. Juni 1848. Nachzudrucken! Frankfurt a. M. 1848. 15 S. 8.

Congreß, der, zu Tümpelhausen; oder: was ist in musikalischer, poet., philosoph. und diplomat. Hinsicht über das berühmte Rheinlied endlich beschlossen worden? Aus den Acten buchstäblich excerpirt und mit Anmerk. versehen herausgeg. vom Congreß-Secretair Friedrich, vom Mährenschutz. Das allernothwendigste und unentbehrl. Werk für jeden deutschen Musiker rc. gr. 8. L. Meßgabe für 1842. (Leipzig, Engelmann.) 3/8 Thlr

Congress deutscher Volkswirthe. 2. Versammlung. 1859. — Vorläufiger Bericht des zur Aufstellung von Vorschlägen zu einer Reform des Zollvereinstarifs durch Beschluss der 1. Versammlung des Vereins (Congresses) deutscher Volkswirthe vom 23. September 1858 eingesetzten Ausschusses. (: JOHN PRINCE-SMITH. OTTO WOLFF. OTTO MICHAELIS.) (Ohne bes. Titelblatt. — Berlin und Stettin, 1. September 1859. Druck von Eduard Krause in Berlin.) 4°.
Dasselbe. 2. Abdruck. (ebenda. —)

4. Congress deutscher Volkswirthe in Stuttgart. 1861. — Die Entwicklung der Zuckerzoll-Frage im Zollverein. Berichterstatter Dr. WOLFF. (Ohne bes. Titelblatt. — Druck von F. Hessenland in Stettin.) 4°.

— der Wiener. Culturgeschichte d. bild. Künste u. d. Kunstgewerbe, Theater — Musik i. d. Zeit v. 1800—1825. M. Beiträgen v. Bruno Bucher, Jos. Folnesics, Eug. Guglia etc. unt. Red. v. Ed. Leisching. Imp.-4. (VII, 307 S. m. Abb. u. 46 z. Tl. farb. Taf.) Wien 898. Artaria & Co. n. 120. —; geb. in Saffian n.n. 165. —

Congress, Der Wiener, vom Jahre 1815 [?] Eine merkwürdige Parallele zu dem Jahre 1515. Wien 1816. V: *Oehler, Joseph.* (WBL)

Rastadter Congressblatt v. 1797—98. LXXX Nrn. *Rast.* **gr. 8. u. 3. Halbjahr XXIII Nrn.**

Congreß-Blatt, Rastatter und Wöchentliche Nachrichten. –
27. XI. 1797 – 28. XI. 1798.
Vorh. d. T.: Nachrichten, Rastatter Wöchentliche.
Fortges. u. d. T.: Nachrichten, Rastatter wöchentliche. –

Congress - Calender, Rastadter, 1798, mit einem Plane von der Stadt Rastadt und einer Ansicht des Schlosses. Rastadt 1798. V: *Schreiber, Alois Wilhelm.* (Kn) (MGT) (NN)

Congress-Halle: Aug. 1, 1851—?
Monthly. Octavo, each issue 64 pages. Edited by Heinrich Rödter, & published by Rödter & Vieth.
Cincinnati, OH

Congress-Katalog enth. die gesammte noch käufliche Gartenbau-Literatur Deutschlands. gr. 8. (48 S.) Erfurt 865, F. W. Otto. *

Rom: 6. Congresso internazionale di chimica applicata. 1906. (Text italienisch, französisch, deutsch und englisch.) Roma 1907

Rastadter Congress-Taschenbuch f. 1799. *Carlsruhe u. Rastadt.* 799. 4.

Rastatter Congreß Taschenbuch für 1799. Mit 17 Silhouetten ([von] K[arl] M[atthias] Ernst).
Carlsruhe, Rastatt: Macklot; Sprinzing [1798]. 308 S., 17 Kupfertaf. 12°
[Kupfert.]

Congreve. Liebe für Liebe. Lustspiel a. d. Englischen. Leipzig, Rothe, 1766. V und 232 S.

Congreve, William

Congreve, W., Abhandl. über d. allgem. Grundsätze, d. Kräfte u. d. Leichtigkeit d. Anwendung des Congrevschen Raketensystems, verglichen mit d. Artillerie; nebst e. Darstell. d. verschied. Anwendungen dieser Waffe sowohl in d. See- als Landdienste ꝛc. Erläutert durch 11 sauber lithogr. Abbildd. ihrer vorzügl. Dienstübung u. Dienstleistung. Aus d. Engl. gr. 4. Weimar 829. Industr.-Compt. 2 ℔

Coni, Emil R.: Die Provinz Buenos-Ayres. (Argentinische Republik. — Südamerika.) Inhalt: Bodenbeschreibung. — Klima. — Bevolkerung. — Landwirthschaft und Viehzucht. — Handel und Industrie. — Verkehrswege. — Lebensmittelpreise. — Arbeitslöhne etc. etc. Amtliche Ausgabe. Zürich u. Leipzig 1884. 30 S., 1 Krt. 8°.

Coni, Emil R., die Provinz Buénos-Ayres [argentinische Republik Südamerika]. gr. 8. (30 S. m. 1 Karte.) Zürich 884. Orell Füssli & Co. Verl. n. 1. —

Conjectura de columna marmorea antiqua. Clotæ Anno 1601. eruta. Tigur. 1732 *s.* [Ott, Johann Baptist].

Coniectura prognostica, physico-moralis, ascetica. August. Vind. 1767. V: *Claus, Joseph Ignaz.* (ML)

Conjectura prognostica, qua ex signat. prodromis probatur, mundum ad interitum propendere, auctore I. I. Claus. 8. Augsb. Wolf. 767.

Coniecturae de Gunthero, Ligurini scriptore supposititio. Gotting. [17??] V: *Senckenberg, Heinrich Christian von.* (ML)

Coniecturae historicae criticae Sadducaeorum inter Judaeos sectae novam lucem accendentes. Halae 1779. V: *Schulz, Benj. W. Dn.* (Winer) (BrMm) (Ky)

Conjecturae **histor. crit. Sadducaeorum inter Judaeos sectae novam lucem accendentes, (auct. Schulz Berol.) 8maj. Halle 779. Hendel. 3 ℛ**

Coniecturae de nonnullis locis Plutarchi. T. V. ed. Wittenbergae [1817]. H: *Jacobs, Chn Friedrich Wilh.* (MGT)

Coniecturae de origine, prima sede et lingua Hungarorum. Pestini 1802. V: *Thomas, Ferd.* (EB)

Conjecturen, neue, über die Schriften des alten Bundes. 1r Bd. 1s—3s Stck. 8. Hadamar, Gelehrte Bchhdl. 794—802. (à 7 gr.)

Conjecturen, neue, zu d. Schriften d. alten Bundes, (v. K. Chr. Ldw. Schmidt). 1r Bd. 1s—3s Stück. 8. Düsseld. u. Hadamar 794—802. (Lanz in Weilb.) 18 ℛ

Coniferen. Die C' und Gnetaceen Mitteleuropas in ihren gesamten Lebenserscheinungen, mit einer allgemeinen ökologischen Einführung. ⟨[Sonderausg. von] Bd. 1, Abt. 1 der Lebensgeschichte der Blütenpflanzen Mitteleuropas.⟩ Unter Mitwirkung von Dr. M[artin] Rikli. Privatdozent ... [in] Zürich, hrg. von Dr. O[scar] Kirchner ..., Dr. E[rnst] Loew ... und Dr. C[arl] Schröter, Professor ... [in Zürich]. Mit 186 Abbildungen. IV + 343 S. 8. Stuttgart, Eugen Ulmer, 1906. [M. 15.—, geb. 16.—]
vgl. Bulletin 1906, S. 66: Lebensgeschichte.... Band 1. Abteilung 1....

Conigliani, C. A.: Über das Hausiergewerbe in Italien, s. Rabbeno, Ugo

Conimor, Lieder u. Gedichte. 8. (VI, 97 S.) Wien 884. Rosner. n. 2. 40

Conimor, Lieder u. Gedichte. 2., verm. Aufl. 8. (VIII, 176 S.) Leipzig 890. Griebeu. n. 3. —; geb. n. 4. —

Conimor, (Mor. Cohn), Lust- u. Schauspiele. 1. Bd. (XXXII, 817 S. m. Bildnis.) gr. 8. Wien 905. J. Eisenstein & Co. n. 6. —

Conimor, e. Ritt durch Wien auf dramatischem Felde. Illustrirt von Laci v. F. gr. 8. (106 S. m. Holzschn.) Leipzig 876. E. J. Günther. n. 2. 50

— wie gefällt Ihnen meine Frau? Novellen u. Causerien. 2 Tausend. 8. (189 S.) Berlin 886. Eckstein Nachf. n. 1. 50

Conin, Eug., die Gesundheitspflege des jungen Mädchens. Ein Buch für Mütter heranwachsender Töchter. Aus dem Französ. des A. Coriveaud frei bearb. 8. (VIII, 199 S.) Leipzig 883, Denicke's Verlag. *ℳ 2,50.; geb. *

Conin, E., Gesundheitspflege d. jungen Mädchens. (199 S.) Ebd. 1885. Brehse.

Conin, Eug., die Gesundheitspflege des jungen Mädchens. Ein Buch für Mütter heranwachsender Töchter. Aus dem Französ. des A. Coriveaud frei bearb. 2. Aufl. 8. (VIII, 199 S.) Leipzig 885, [Denicke.] Brehse. *
geb. *

Conin, Eug. Die Gesundheitspflege d. jungen Mädchens. Ein Buch f. Mütter heranwachs. Töchter. Aus dem Französ. d. A. Coriveaud frei bearb. Neue (Titel-)Ausg. 8. (VIII, 199 S.) [Hamburg u.] Berl. 892, Brner u. Comp. * 2 50

Coninck, L. de. Beschreibung des Fahrwassers von Kullen bis Falsterboe. Kopenhagen 1830. 8°.

Coningsby (Disraeli), die gegenwärtige Krisis oder der Russisch-Türkische Krieg und seine Folgen für England und die Welt. Aus dem Engl. übersetzt. Leipzig 854. Remmelmann. (Kaiserslautern, Meuth.) gr. 8. (29 S.) 5 ℳ

v. *Coninx*, ..., (†d. 9. (28.) März 1814.), s. *Lettre* à Demoiselle....

Coninx, Max, Referendar aus Gerresheim b. Düsseldorf: Ist die rechtswidrige Zueignung fremder Elektrizität nach unseren Strafgesetzen strafbar? *Düsseldorf 1900: H. Hoch.* (46 S.) 8°
Erlangen, Jur. Diss. v. 28. Okt. 1899

Conitzer, Arth., die Heilung der Onanie mittels Konzentration. Kostenloses Heilverfahren. (62 S. m. 1 Abb.) 8. Strassburg (907). J. Singer. 1.—; erh. Pr. 1. 50

Conitzer, Hermann, s. Z e r n i k o , H. (Pseud.)

Conitzer, Lesser [aus Jezéwo, Kreis Schwetz, Westpreussen]: Über die operative Behandlung der pleuritischen Exsudate im Kindesalter mit besonderer Berücksichtigung der eitrigen . . . : Halle a. S., S. Schlesingers Buchdr., 1888; 61 S. + 1 Bl. 8°
Halle, Med. Fak., Inaug.-Diss. v. 24. März 1888

Conitzer, Lesser, über die operative Behandlung der pleuritischen Exsudate im Kindesalter mit besonderer Berücksichtigung der eitrigen. Diss. Halle 1888, Lippertsche Buchh. 8°. 61 S.

Conjugaison des verbes français, à l'usage des écoles de Mr. Hartung. 8. Berl. 805. Ed. II. 826. Dümmler. 6 gr

Conjugaison des verbes français tant réguliers qu'irréguliers, à l'usage des écoles de Mr. Hartung. 2e Aufl. 8. Berlin 826, Dümmler.

Conjugaison des verbes réguliers et irréguliers. gr. 8. (21 S.) Saint-Gall 849, Scheitlin et Zollikofer.

Conjugations-Tabelle, allgemeine u. zum Gebr. d. Schulen ganz geeignete, d. französ. Sprache. 2e v. L. Lambert verm. A. Roy. Fol. Frankf. a. M. 824. Andreä. 3 gr

הפעלים ומשקלי השמות לוח Conjugations- u. Declinations-Tabelle der hebräischen Sprache. Vollständ. bearb. u. mit Anmerk. versehen. 5601. gr. 8. Schwerin a. d. W. 839. (Leipzig, C. L. Fritzsche.) n. 1/6 ß

Conjugationstabelle

— griechische. (Von A. A. K. Cammerer.) qu. Fol. Kempt. 827. Dannheimer. 3 gr

— leichte u. faßliche, d. latein. Zeitwörter, (v. J. B. Becker). 8. Bresl. 786. W. G. Korn. 6 gr

Conjugations-Tabelle für die unregelmäßigen englischen Verba, behufs leichterer Erlernung derselben zusammengestellt, ein Anh. zu jeder Grammatik (von Büchmann). gr. 8. (2 S.) Berlin 869, Weber. *

— des regelmäßigen latein. u. deutschen Zeitworts, nach den Bildungstheilen u. Endungen seiner Verhältnißformen u. deren Ableitungen (im Lateinischen). Roy. Fol. 831. (Leipz., Barth). 6 gr

Coniunctio, Lauri et Olivae. Seu Pax ter secundis Caroli VI. ... armis Hungariae recuperata ... Tyrnaviae 1719. V: *Göttner, Franz Xaver.* (JES)

Coniunctio Memorabilis, quae Daniae Norwagiaeque regibus cum Russorum imperantibus antiquitus intercessit, amicitiae foederum, connubiorum, commerciorumque. Kiliae [1774]. V: *Christiani, Wilh. Ernst.* (Bruun, Bibl. Danica. II, 718.)

Coniunctura prognostica, physico-moralis ascetica. August. Vindel. 1767. V: *Claus, Joseph Ignaz.* (BB)

Conklin, Carrie

— der Schuld geziehen, s.: Berlepsch, Lina, Freifrau v., Romanbibliothek. 59. Bd.

Conklin, Carrie, zweier Gatten Weib, s.: Berlepsch, Lina, Freifrau v., Romanbibliothek. 43. Bd.

Conlin, Albert Joseph

[CONLIN, A. J., Pseud.:] LONCIN VON GOMIN, ALBERT JOSEPH. Der Christliche Welt=Weise Beweinent Die Thorheit Der neu=entdeckten Narrn=Welt, Welcher die in disem Buch befindliche Narrn, zimblich durch die Hächel ziecht, jedoch alles mit sittlicher Lehr u. H.Schrifft untermischet. Worin über 200. lustig und lächerliche Begebenheiten deren sich nicht allein die Herrn Pfarrer auf der Cantzel, sondern auch ein jede Privat-Persohn ... nutzlich bedienen konnen. Titel in rot u. schwarz. [Erster Theil] Augsburg, bey Joh. Stretter, 1706. Kl. 4°. *M. Frontispiz u. mit 20 Kupfern.* 3 Bl., 390 S., 5 Bl. (Register). Alte Broschur. 145.—
G. III, 240. H.-G. IV, 241. FdF. 1135.

Der Christliche Welt-Weise Beweinet Die Thorheit Der neu-entdeckten Narren-Welt, Welcher die in diesem Buch befindliche Narren zimblich durch die Hächel ziecht ... Worin über 2oo. lustig und lächerliche Begebenheiten, deren sich ... die Herrn Pfarrer auf der Cantzel ... bedienen können. Vorgestellt von Alberto Josepho Loncin von Gominn ... Augspurg, Zu finden bey Johann Stretter Buchhandler, bey U.L. Frauen ... 17o6-o9.

[Conlin, A. J., Pseud.:] Loncin von Gominn, Albert Joseph. Der Christliche Welt-Weise Beweinet Die Thorheit Der neu-entdeckten Narren-Welt, Welcher die in diesem Buch befindliche Narren zimlich durch die Hächel ziecht, jedoch alles mit sittlicher Lehr und H. Schrifft untermischet. Worinn über 200. lustig- und lächerliche Begebenheiten, deren sich die Herren Pfarrer auf der Cantzel, sondern auch eine jede Privat-Person, bey ehrlichen Gesellschafften nutzlich bedienen können. Fünffter [= letzter] Theil. Oettingen, druckts Stephan Rolck. Augsburg, Zufinden bey D. Waldern, 1709. Kl.8°. 3 Bl. 564 S. *Mit Frontispiz und 20 Kupfern nach G. Rogg von G. C. Bodenehr.* Leicht bestoß. und am Rücken beschäd. Ldbd. d. Z. mit Rv. und Rsch.
FdF. 1135. H.-G. IV, 241 und Lipperheide 3518 verzeichnen nur den 1. Teil dieses 5bändigen, von 1706—1709 erschienenen Werkes. Eine Art Narrenschiff und Nachahmung des Abraham a S. Clara, von dessen Mitarbeiter und Nachahmer C., Pfarrer zu Moning im Ries bei Nördlingen.

— Der Christliche Welt-Weise Beweinet Die Thorheit Derer in diesem Buch beschriebener 25 [,25] Närrinnen. In welchen diese nach ihren Meriten und Verdiensten durch die Hechel gezogen u. bestrafft werden; Jedoch alles m. sittl. Lehr u. H.Schrifft untermischt. Worinnen viele lustige ... Begebenheiten ... Erster [Anderer = letzter] Theil in 2 Bdn. Oettingen, Druckts Steph. Rolck. u. Augsburg, D. Walder, 1710/11. Kl. 4°. Titel, 2 Bl., 463 (teils falsch pag.) S; Titel, 2 Bl., 496 S. *M. 2 Titelkupfern u. 46 [st. 50] Kupfertafeln.* Neuere HLdbde. 350.—
Selten! H.-G. IV, 241, FdF. p. 476. Nr. 1135 u. Lipperheide 3518 (zitiert d. 1. Ausg. v. 1706). — Zweite, stark erw. Ausg. in 2 Bdn.

Conlin, Joh. Rud. Carolus VI. oder glorreiche Regierung und unvergleichliche Thaten Caroli VI, ferner die Lebensbeschreibungen Leopoldi I. und Josephi, die Heldenthaten Maximiliani von Bayern und Eugenii. 4. Augsburg 1721.

Conlin, J. R. Glorreichste Regierung und Thaten Caroli VI. von Anfang dieses Saeculi bis 1721 als der Span. Successions-Krieg, der nordische Krieg, der letztere grosse Türken-Krieg in Ungarn und Dalmatien etc. 4. Augspurg 1721.

Conlin, Joan. Rudolph. Roma sancta sive Benedicti XIII Pontificis Maximi & ... Cardinalium viva virtutum imago Æri & literis ... incisa ... Historicam Relationem adumbrante Joan. Rudolph. Conlin ... Icones cælante Joanne Cristophoro Kolb ... Augustæ Vindelicorum Anno MDCCXXVI [1726].
Titelkupfer, Tit., 3 Bl., 202 S. m. 2 Kupferst., 72 Taf. in Kupferst. 4°

Conn: Ueber Wesen u. Bedeutung d. Stenographie. 18 S. 8°–Wien OR.L., Progr. 1855

Conn, Leop., der stenographische Dienst im oesterreichischen Parlament nebst einer histor. Skizze der Entwickelung der Stenographie in Oesterreich als Erläuterung seiner Exposition auf der Wiener Weltausstellung. [Collectiv-Ausstellung des k. k. Unterrichts-Ministeriums, Gruppe 26b.] gr. 8. (21 S.) Wien 873, (Bermann und Altmann). *

Conn, Leop., Lehrbuch der Kammer-Stenographie. Zum Selbstunterricht vorzügl. geeignet. 4 Lfgn. gr. 8. (1. Lfg. 82 S.) Wien 861, (Rospini.) *

Conn, Leopold Prof., Lehrbuch der deutschen Kammer-Stenographie. Nach dem Systeme Franz X. Gabelsberger's. Vorzüglich zum Selbstuntorricht geeignet. gr. 8. (XVI. 120 S.) Wien, Rospini in Comm. 1861. 2 fl. 40 kr.

—— Lehrbuch der deutschen Kammer-Stenographie. Nach dem Systeme Frz. X. Gabelsberger's. Vorzüglich zum Selbstunterrichte geeignet. 2. vollständig umgearb. und verm. Aufl. gr. 8. (VII, 160 S.) Wien 871, Bermann und Altmann. *

Conn, Leop., Lehrbuch der deutschen Kammer-Stenografie. Nach dem Sisteme Frz. X. Gabelsberger. Vorzüglich zum Selbstunterrichte geeignet. 3. Aufl., rev. u. m. Vorwort v. Carl Faulmann, nebst einem biograf. Abriss v. A. P. Kühnolt u. dem (zinkotyp.) Portr. des Verf. gr. 8. (XVI, 160 S.) Wien 879. Bermann & Altmann. n. 4. —

Conn, Leop., Lesebuch zum Lehrbuch der Kammer-Stenographie. Nach dem Sistem Frz. X. Gabelsberger's. gr. 8. (IV und 79 S., wovon 32 lithogr.) Wien 862, (Rospini.) *

—— **die Stenographie nach dem Systeme Gabelsberger's als obligater Lehrgegenstand an den Mittelschulen. Denkschrift dem löbl. Gemeinderathe der k. k. Haupt- und Residenzstadt Wien vorgelegt. gr. 4. (13 S.) Wien 861, Rospini.**

— stenographische Vorlegeblätter nach Gabelsberger's System als Anleitung zum Gebrauch des Lehrbuchs der Kammer-Stenographie. 16 Taff. stenograph. Typendruck. Wien 866. (Ebend.) 8. n. 12 *ngr.*

—— **stenographische Vorlegeblätter nach Gabelsberger's System als Anleitung zum Gebrauch des Lesebuchs der Kammer-Stenographie. 16 Taf. stenogr. Typendruck. gr. 8. Wien 866, (Rospini.)** *

Connaissance(s), s. Connoissance(s)

Connan, Franz. II. Zu § 11 des deutschen Strafgesetzbuchs. Eine Festgabe zum 24. Dez. 1877, dem 80. Jahrestage der Geburt des ersten deutschen Rechtskenners. [Halle a. S. 1877.] V: *Wunderlich, Agathon.* (Stadtbibl. Frankf. a. M. Kat. der Neueren Bestände.)

Connecticut, entworfen von Dr. Sotzmann. Hamburg bey Carl Ernst Bohn. 1796. 1 : 380,000. 1 Bl.

Connecticut Anzeiger : 1891? - 1918?

Independent weekly. Circulation: 1900, 1300; 1910, 1000; 1918, 900. Edited & published by H. Russman, 1891-1918.

New Haven, CT

Connecticut-Beobachter : 1869 - 1872?

Democratic semi-weekly. Dated also at Hartford, 1872. Circulation: 1870, 800 (est.); 1872, 1400. Edited & published by Miller & Gebhard, 1869; edited by Gustav Miller, 1870; by Herman Siegel, 1871; by Eduard von Wettberg, 1872; published by Rosenberg & Rosenbluth, 1870 -71; by German Newspaper Association of Connecticut, 1872.

New Haven, CT

Connecticut Botschafter : 1876? - 1888?

Independent weekly. Continued as CONNECTICUT FREIE PRESSE. Circulation: 1880, 500; 1888, 1000. Edited by Frederick W. Stilke, & published by H. Bussman, 1876 - 1884?; edited & published by H. Bussman, 1885 - 88.

New Haven, CT

Connecticut Demokrat : 1866? - 1872? New Haven, CT

Semi-weekly. Democratic.

Connecticut Freie Presse : 1889? - 1915?

Semi-weekly, 1889 - 92; weekly, 1893 - 1915. Independent. Continued from CONNECTICUT BOTSCHAFTER. Circulation: 1890, 1000; 1900, 1200; 1915, 900. Edited & published by H. Bussman, 1889 - 1915.

New Haven, CT

Connecticut Republikaner : 1867? - 1902.

Weekly, 1867 - 73; semi-weekly, 1874 - 79; daily, morning except Sunday, 1880 - 94; daily, evening except Sunday, 1895 - 1901; weekly, 1902. Independent-Republican. For weekly edition, see WÖCHENTLICHER CONNECTICUT REPUBLIKANER. Circulation: 1870, 2500 (est.); 1880, 500; 1895, 1200; 1902, 2000. Edited by H. Siegel & published by Weigand Schlein, 1867? - 1870; edited & published by Weigand Schlein, 1871 - 1901; by Arthur J. Schlein, 1902. Official organ of state and city, and of the Turner Bund of Connecticut.

New Haven, CT

Wöchentlicher Connecticut Republikaner : 1880? — 1901?

Weekly edition of CONNECTICUT REPUBLIKANER. Circulation: 1880, 1000; 1895, 2600; 1900, 2500.

New Haven, CT

Connecticut Staats-Zeitung : 1869? - 1872?

Weekly, 1869 - 71; daily, evening except Sunday, 1872 - ? TÄGLICHE CONNECTICUT STAATS-ZEITUNG. Democratic. Circulation: 1870, 800; 1872, 480. Edited & published by C. Sander, 1869 - 70; edited by H. Siegel, & published by John F. Auch, 1871; edited & published by Alexander & Hill, 1872.

New Haven, CT

Connecticut Staats-Zeitung : 1890? - 1899?

Independent weekly. Place of publication varies: New Britain, Conn., 1890 - 96. See also: Hartford. Circulation: 1895, 750. Edited by Ottomar V. [or, von] Schuler, 1890 - 91; by Hermann Lumpp, 1892 - 99, published by German-American Publishing Co., 1890 - 99.

Holvoke MA

Connecticut Staats-Zeitung : 1908 - June 25, 1942

Semi-weekly, 1908 - 17; weekly, 1918 - 42. Independent. Dated also at Holyoke, Mass., 1921 - 35. Circulation: 1911, 4300; 1920, 5500; 1940, 7150. Edited and published by Paul Stoeckel, 1908 - Sept. 18, 1919; edited by Jacques Wisly, Sept. 25, 1919 - Apr. 5, 1928; by Adolf J. Resler, Apr. 12, 1928 - Nov. 1929; by Dr. C. Walter Braun, Jan. - Apr. 17, 1930; by Paul Rudisch, May 1 - June 12, 1930; by Victor Wisly, June 1930 - 42; published by Paul Stoeckel, Sept. 25, 1919 - Feb. 1940, by Wisly Brooks Co., Feb. 1940 - June 1942. Announcement that paper will cease publication on June 25, 1942 [35:26].

Hartford, CT

Connecticut Volksblatt : 1885? - 1898?

Independent weekly. Continued from NEW ENGLAND ANZEIGER. Circulation: 1895, 800. Edited & published by Paul Gebhard, 1885 - 92; by Gustav Herzog, 1893 - 94; by Dr. Joseph Zeisler, 1898.

New Haven, CT

Connecticut Waisenfreund : 1897? - 1899? Bridgeport, CT

Weekly. Circulation: 1899, 1200. Edited & published by German Publishing Co.

Wie Karoline's 'Geist' zurückgerufen wurde. Eine aufklärende Geschichte über Spiritismus u. Mediumschaft von J[ames] H. Connelly. *Berlin: P. Raatz [1902].* (16 S.) 8° [Umschlagt. J.] 103. 031

Connemann, das Wesen der Grundrente. Würzburg 888.

Connemann, Gerhard, prakt. Arzt: Ueber ulcus ventriculi rotundum bei Lebercirrhose. Ein Beitrag zur Casuistik des Ulcus ventriculi rotundum. Leipzig 1905: B. Georgi. (23 S.) 8°

Leipzig, Med. Fak., Ref. Curschmann, Diss. v. 23. Dez. 1905

[Geb. 30. April 71 Gut Eschen b. Aurich; Wohnort: Leipzig; Staatsangeh.: Bayern; Vorbildung: Altes Gymn. Würzburg Reife Juli 90; Studium: Würzburg 7, Heidelberg 2, Würzburg 7 S.; Coll. 23. Dez. 05; Approb. 27. Juli 98.]

Connemann, Heiko, approb. Arzt aus Würzburg: Ueber Schenkelhalsbrüche mit besonderer Berücksichtigung der pathologisch-anatomischen Verhältnisse. (Mit 3 Abb.) *München 1902: C. Wolf & Sohn.* (24 S.) 8°

München, Med. Diss. v. 1902

Connemann, Ign., einige Bemerkungen über das Wesen der Grundrente. gr. 8. (31 S.) Würzburg 888, Stuber's Verlag. *

Connemann, Johanna Theodore (wirkl. Name), s. Nemo, J. (Pseud.)

Connemann, Jos. Ign., s. Jesus, d. Jünger.

Connemann, Jos. Ign., Jesus und der Jünger. Ein Betrachtungsbuch für Katholiken. Aus u. nach dem Lateinischen. 2e verm. Aufl. 8. Bremen 836. Geisler. 5/8 rth

Connemann, Jos. Ign., der Martertod des heiligen Laurentius. Osnabrück 854. Fredewest. (Overwetter.) 8. (16 S.) n. 1 ngr

Conner, Pat, der Meister-Detektiv. 30 Bde. (Je 32 S.) gr. 8. Berlin (908). Verlag modern. Lektüre. à Bd. —10

Connerade, Edmund, aus Mecheln (Prov. Antwerpen), Belgien: Zur Nitrierung des Anthracens. *(Berlin 1904: E. Ebering).* (77 S.) 8°

Berlin, Phil. Diss. v. 6. Aug. 1904

Connert, Daniel Die allmähliche Vervollkommnung der Wirbeltiere. 4 (S. 3—27). Ev. G. A. B. u. verb. Lehraust. *Mediasch* 1888.

Progr.

Connert, Hans: Die Rechte der Szekler vom Jahre 1562 bis 1691, mit Berücksichtigung ihrer Entwickelung in den vorangehenden Jahrhunderten. 42 S. 4. (Fortsetzung.) 53 S. 4. (Schluß.) 71 S. 4.

Ev. Gymn. A. B. u. verb. Realschule *Nagyszeben (Hermannstadt)* 1903. 1904. 1905.

Progr.

— : Die Stuhlsverfassung im Szeklerlande und auf dem Königsboden bis zum Ende des 15. Jahrhunderts. Ein Vergleich. S. 121 - 169. 8.

In: Festschrift zum 70. Geburtstag des Direktors Carl Albrich sen. Ev. Gymn. A. B. u. verb. Realschule *Nagyszeben (Hermannstadt)* 1906

Progr.

Connert, Hans, die Stuhlverfassung im Szeklerlande u. auf dem Königsboden bis zum Ende des 15. Jahrh. Ein Vergleich. (52 S.) gr. 8. Hermannstadt 906. W. Krafft. n. — 85

Sonderabdruck aus: „Festschr. f. C. Albrich".

CONNESTAGEN, Die, eine tragische Geschichte. Aus d. Französ. (von Frdr. Dominikus Ring, 1726—1809). Frankfurt u. Leipzig 1764. 8°. Rar!

Gradmann, Gelehrtes Schwaben, S. 499. — NB! La stage = die Residenz bei einigen Stiftern, Capiteln etc.

Connestagen, die, e. tragische Gesch.; aus d. Französ. v. Fr. Dom. Ring. 8. Karlsr. 764.

Connexio pandectarum Lauterbachianarum realis secundum ord. librorum et titulorum a Nomophilo. 8. Ulmae. 784.

Connidas, Wegweiser auf dem Gebiete der Pianoforte- und Gesang-Literatur neuerer Zeit für Kunstfreunde und Künstler. 10. (VI und 20 S.) Köln 853, Schloss. *

Conniventia parentum certa et ipsorum, et filiorum . . . exhibita ludis autumnalibus . . . Bambergae 1726. V: *Preiss, Johann.* (Jes)

Connoissance universelle, de Dieu, de l'homme et du monde, réduite en une table abrégée. 8. Berl. Realschulb. 766.

Connoissances générales de la nature et des arts pour former par la mémoire l'esprit et les coeurs des enfans trad. du lat. 8. Basel, Tourneysen. 796.

Connoissances que doit avoir un jeune Seigneur, ou l'Idée d'un homme d'honneur. 8. Prag 807. Walther in Dresd. 16 gl

Connor, Bern., Evangelium medici: seu medicina mystica de suspensis naturae legibus, sive de miraculis, reliquvisque ἐν τοῖς βιβλίοις memoratis, quae medicae indagini svbiici possunt. Ubi perpensis privs corporis natvra, sano et morboso corporis hvmani statv, nec non motvs legibvs rervm statvs svper naturam, praecipve qvi corpvs hvmanvm et animam spectant, ivxta medicinae principia explicantvr. Edit. III. 191 pp. Jen. 1706. 12°. IV. 193 pp. Jen. 1724. 12°.

1706

Connor, B., evangelium medici, seu medicina mystica de suspensis naturae legibus. 8. Ienae., Cröcker. 724.

Connor, James, Conversation-book in English and Italian for the use of schools and travellers. Revised by G. Cattaneo, W. B. Challenor, F. v. Warendorf. – Manuale di conversazione in inglese ed italiano ad uso delle scuole e dei viaggiatori. (Method Gaspey-Otto-Sauer.) (VIII, 218 S.) 12. Heidelberg 903. J. Groos. Geb. in Leinw. n. 3. —

Connor, James, Conversation-book in English and Italian for the use of schools and travellers. — Manuale di conversazione in inglese ed italiano. (Methode Gaspey-Otto-Sauer.) 2. ed. (VII, 218 S.) kl. 8. Heidelberg 909. J. Groos. Geb. in Leinw. 2. —

— and M. of Wyczliński, Conversation-book in English and Russian for the use of schools and travellers. (Method Gaspey-Otto-Sauer.) (VIII, 224 S.) kl. 8. Ebd. 906. Geb. in Leinw. n. 3. —

— and Francis **Langeheldt, Conversation-book** in English and Spanish for the use of schools and travellers. (Method Gaspey-Otto-Sauer.) (VIII, 220 S.) kl. 8. Ebd. 904. Geb. in Leinw. n. 2. —

Connor, James, and Edw. Thdr. Walter, Conversation-book in English and Swedish for the use of schools and travellers. — Engelsk-svensk konversationsbok. (Method Gaspey-Otto-Sauer.) (VIII, 220 S.) kl. 8. Heidelberg 907. J. Groos. Geb. in Leinw. 2. —

— u. M. Emeth, deutsch-dänisches Konversationsbuch zum Gebrauche f. Schulen u. auf Reisen. (Methode Gaspey-Otto-Sauer.) (VIII, 222 S.) kl. 8. Ebd. 908. Geb. in Leinw. 2. —

— deutsch-englisches Konversationsbuch zum Gebrauche f. Schulen u. auf Reisen. Neu bearb. v. G. Cattaneo, W. B. Challenor, F. v. Warendorf. — Conversation-book in German and English for the use of schools and travellers. (Methode Gaspey-Otto-Sauer.) (VIII, 218 S.) 12. Ebd. 903. Geb. in Leinw. n. 2. —

— Deutsch-englisches Konversationsbuch z. Gebrauche f. Schulen u. auf Reisen. (Methode Gaspey-Otto-Sauer.) 2. Aufl. (VIII, 218 S.) kl. 8. Ebd. 909. Geb. in Leinw. 2. —

— deutsch-französisches Konversationsbuch zum Gebrauche für Schulen u. auf Reisen. Neu bearb. v. G. Cattaneo, W. B. Challenor, F. v. Warendorf. — Manuel de conversation en allemand et en français à l'usage des écoles et des voyageurs. (Methode Gaspey-Otto-Sauer.) (VIII, 224 S.) 12. Ebd. 903. Geb. in Leinw. n. 2.—

— Deutsch-französisches Konversationsbuch z. Gebrauche f. Schulen u. auf Reisen. Neu bearb. v. G. Cattaneo, W. L. Challenor, F. v. Warendorf. — Manuel de conversation en allemand et en français. (Methode Gaspey-Otto-Sauer.) 2. Aufl. (VIII, 224 S.) kl. 8. Ebd. 909. Geb. in Leinw. 2. —

Connor, James, deutsch-italienisches Konversationsbuch zum Gebrauche für Schulen u. auf Reisen. Neu bearb. v. G. Cattaneo, W. B. Challenor, F. v. Warendorf. (Methode Gaspey-Otto-Sauer.) (VIII, 222 S.) 12. Heidelberg 903. J. Groos. Geb. in Leinw. n. 2. —

— u. G. Welbergen, deutsch-niederländisches Konversationsbuch zum Gebrauche f. Schulen u. auf Reisen. (Methode Gaspey-Otto-Sauer.) (VIII, 224 S.) kl. 8. Ebd. 908. Geb. in Leinw. 2. —

— u. Carolina Michaëlis de Vasconcellos, Deutsch-portugiesisches Konversationsbuch zum Gebrauche für Schulen u. auf Reisen. — Manual de conversação allemão-portuguêz. (Methode Gaspey-Otto-Sauer.) (VIII, 230 S.) kl. 8. Ebd. 906. Geb. in Leinw. n. 2. —

— u. E. Sfintescu, Deutsch-rumänisches Konversationsbuch zum Gebrauche f. Schulen u. auf Reisen. (Methode Gaspey-Otto-Sauer.) (VIII, 220 S.) kl. 8. Ebd. 905. Geb. in Leinw. n. 2. —

Connor, James u. M. of Wyczliński

— — deutsch-russisches Konversationsbuch z. Gebrauche für Schulen u. auf Reisen. (Methode Gaspey-Otto-Sauer.) (VIII, 226 S.) kl. 8. Ebd. 905. Geb. in Leinw. n. 3. —

— u. Edw. Thdr. Walter, deutsch-schwedisches Konversationsbuch zum Gebrauche für Schulen u. auf Reisen. (Methode Gaspey-Otto-Sauer.) (VIII, 224 S.) kl. 8. Ebd. 906. Geb. n. 2. —

Connor, James u. Francis Langeheldt

— — deutsch-spanisches Konversationsbuch z. Gebrauche f. Schulen u. auf Reisen. — Manuel de conversación alemán-español para uso de los viajeros y de aplicación en las escuelas. (Methode Gaspey-Otto-Sauer.) (VIII, 224 S.) 12. Ebd. 903. Geb. in Leinw. n. 2. —

— u. Frz. **Bayer,** deutsch-türkisches Konversationsbuch z. Gebrauche f. Schulen u. auf Reisen. (XI, 293 S.) kl. 8. Ebd. 907. Geb. in Leinw. 4. —

— französisch-deutsch-englisches Konversationsbuch zum Gebrauche in Schulen u. auf Reisen. (Methode Gaspey-Otto-Sauer.) 13. Aufl. (VIII, 280 S.) kl. 8. Ebd. (905). Geb. n. 2. 40

— Französisch-deutsch-englisches Konversationsbuch zum Gebrauche in Schulen u. auf Reisen. (Methode Gaspey-Otto-Sauer.) 14. Aufl. (VIII, 286 S.) kl. 8. Ebd. 910. Geb. in Leinw. 2. 40

Connor, James, französisch-deutsch-englisches Konversationsbüchlein zum Gebrauch in Schulen und auf Reisen. — Manuel de conversation en Français, en Allemand, et en Anglais, à l'usage des écoles et des voyageurs.— Conversationbook in French, German, and English for the use of schools and travellers. 2. verb. Ausg. Heidelberg 855. K. Winter. gr. 16. (VI, 332 S.) n. 28 ngr

Connor, James, französisch-deutsch-englisches Conversationsbüchlein zum Gebrauch in Schulen und auf Reisen. 3. Aufl. 1863. und 4., verb. und verm. Ausg. gr. 16. (VIII und 284 S.) Heidelberg 867, C. Winter's Universitäts-Buchh. cart. *

Connor, James, französisch-deutsch-englisches Conversationsbüchlein zum Gebrauch in Schulen u. auf Reisen. 4. verb. u. verm. Aufl. Heidelberg 868. C. Winter. 16. (VIII, 284 S.) n. 28 ngr.

Connor, James, französisch-deutsch-englisches Conversationsbüchlein zum Gebrauch in Schulen und auf Reisen. — Manuel de conversation en français, en allemand et en anglais à l'usage des écoles et des voyageurs. — Conversation-Book in French, German and English for the use of schools and travellers. 4. Aufl. 1870, und 5. verb. und verm. Aufl. 8. (VIII, 283 S.) Heidelberg 874, C. Winter's Universitäts-Buchh. *

Connor, James, französisch-deutsch-englisches Conversationsbüchlein zum Gebrauch in Schulen u. auf Reisen. — Manuel de conversation en français, en allemand et en anglais à l'usage des écoles et des voyageurs. — Conversation-book in french, german a. english for the use of schools u. travellers. 6. verb. u. verm. Aufl. 8. (VIII, 277 S.) Heidelberg 876. C. Winter. geb. n. 2. 80

Connor, James, französisch-deutsch-englisches Conversationsbüchlein zum Gebrauche in Schulen u. auf Reisen. 8. Aufl. 12. (VIII, 277 S.) Heidelberg 885. C. Winter. geb. n. 2. 80

Connor, J., französisch-deutsch-englisches Conversationsbüchlein zum Gebrauche in Schulen u. auf Reisen. 10., verb. Aufl. 12. (VIII, 277 S.) Heidelberg 890. C. Winter. geb. n. 2. 80

Connor, James, französ.-deutsch-engl. Conversationsbüchlein z. Gebrauche in Schulen u. auf Reisen. 11., verb. Aufl. 12. (VIII, 277 S.) Heidelberg 896. C. Winter. Geb. in Leinw. n. 2. 80

Connor, James, französisch-deutsch-englisches Conversationsbüchlein zum Gebrauche in Schulen u. auf Reisen. 12. Aufl. 12. (VIII, 280 S.) Heidelberg (900). J. Groos. Geb. in Leinw. n. 2. 40

— französisch-deutsch-englisch-italienisches Konversationsbüchlein zum Gebrauche in Schulen u. auf Reisen. Neu bearb. v. G. Cattaneo, W. B. Challenor, F. v. Warendorf. (XV, 460 S.) 12. Ebd. 902. Geb. in Leinw. n. 3. 60

— Französisch-deutsch-englisch-italienisches Konversationsbüchlein zum Gebrauche in Schulen u. auf Reisen. (Methode Gaspey-Otto-Sauer.) 2. Aufl. (XIII, 466 S.) kl. 8. Ebd. 910. Geb. in Leinw. 3. 60

Connor, James, Lehr- u. Lesebuch der englischen Sprache zum Gebrauch in Schulen u. beim Selbstunterrichte. 2 Thle. 8. 1. Thl. A. u. d. T.: Lehrbuch der englischen Sprache, nebst Uebungen zum Uebersetzen aus dem Deutschen in's Englische. (VI u. 106 S.) 2. Thl. A. u. d. T.: Lesebuch der englischen Sprache, od. Musterstücke zum Uebersetzen aus dem Englischen in's Deutsche mit Worterklarungen. (VIII u. 215 S.) Heidelberg 852, K. Winter. (1: n. 8 ngr 2: n. 16 ngr) n. 24 ngr

—— Lehrbuch der englischen Sprache nebst Uebungen zum Uebersetzen aus dem Deutschen in's Englische. 2. (Titel-)Ausg. 8. (IV, 106 S.) Ebendas. (852)76. *

Connor, James, Lesebuch der englischen Sprache oder Musterstücke zum Uebersetzen aus dem Englischen in's Deutsche. Mit Worterklärungen. 2. (Titel-)Ausg. 8. (VIII, 245 S.) Heidelberg (852)76, C. Winter's Universitäts-Buchh. *

Connor, James, manuel de conversation en Français, en Allemand et en Anglais à l'usage des écoles et des voyageurs. 8. (VIII und 275 S.) Heidelberg 847, K. Winter. *—

Connor, James, manuel de conversation en français, en allemand et en anglais à l'usage des écoles et des voyageurs. Französisch-deutsch-engl. Conversationsbüchlein zum Gebrauche in Schulen u. auf Reisen. 7. verb. Aufl. 12. (VIII, 277 S.) Heidelberg 881. C. Winter. geb. n. 2. 80

Connor, James, Manuel de conversation en français, en allemand et en anglais à l'usage des écoles et des voyageurs. Französisch-Deutsch-Englisches Conversationsbüchlein zum Gebrauche in Schulen und auf Reisen. Conversations-Book in french, german and english for the use of schools and travellers. 8. und 9. verb. Aufl. 12. (VIII, 277 S.) Heidelberg 885,88, C. Winter's Universitäts-Buchh. geb. *

— Manuel de conversation en français et en anglais à l'usage des écoles et des voyageurs. Revu par G. Cattaneo, W. B. Challenor, F. v. Warendorf. — Conversation-book in French and English for the use of schools and travellers. (Méthode Gaspey-Otto-Sauer.) (VIII, 220 S.) 12. Ebd. 903. Geb. in Leinw. n. 2. —

— Manuel de conversation en français et en anglais à l'usage des écoles et des voyageurs. (Méthode Gaspey-Otto-Sauer.) 2. éd. (VIII, 220 S.) kl. 8. Ebd. 909. Geb. in Leinw. 2. —

Connor, James u. Francis Langeheldt

— — Manuel de conversation en français et en espagnol à l'usage des écoles et des voyageurs. (Méthode Gaspey-Otto-Sauer.) (VIII, 224 S.) kl. 8. Ebd. 905. Geb. n. 2. —

— dasselbe, en français et en italien à l'usage des écoles et des voyageurs. Revu par G. Cattaneo, W. B. Challenor, F. v. Warendorf. — Manuale di conversazione in francese ed italiano ad uso delle scuole e dei viaggiatori. (Méthode Gaspey-Otto-Sauer.) (VIII, 222 S.) 12. Ebd. 903. Geb. in Leinw. n. 2. —

— et Carolina Michaëlis de Vasconcellos, Manuel de conversation en français et en portugais à l'usage des écoles et des voyagenrs. (Méthode Gaspey-Otto-Sauer.) (VIII, 232 S.) kl. 8. Ebd. 907. Geb. in Leinw. 2. —

Connor, James u. M. of Wyczliński

— — Manuel de conversation en Français et en Russe à l'usage des écoles et des voyageurs. (Méthode Gaspey-Otto-Sauer.) (VIII, 230 S.) kl. 8. Ebd. 906. Geb. n. 3. —

Connor, Ralph, im Lande der schwarzen Felsen. Erzählung. Autoris. Übersetzung v. F. Hoffmann. 1. u. 2. Aufl. (à VIII, 215 S.) 8. Schwerin 906. F. Bahn. n. 2. 50; geb. n. 3. —

Connor, Ralph., der Pilot. Erzählung. Berechtigte Übersetzg. v. F. Hoffmann. (V, 169 S.) 8. Schwerin 908. F. Bahn. 1.20; geb. 1. 50

Connoven, C. F., Betrachtungen über Jesu Leben. 8. Wittenberg. 717.

Connoven, Christ. Friedr., Gedancken vom ewigen Leben, und der Quaal der Verdammten. Wittenb. 702. 8.

CONNOVEN, Chr. Frdr. (Pastor zu Krahne), Himmel und Hölle, die Gedanken von den (!) ewigen Leben und von der Höllenqual der Verdamten (sol). Wittenberg 1702. 8°. 13 Bog. Sehr selten!
Ludovici (bibliop. Vitemb.) Bibl. nominalis curiosa. Vitemb. 1705.

Connubia florum latino carmine demonstrata; auctore de Lacroix. Notas et observ. adjecit R. Clayton. c. tab. aen. 8. maj. Strasb. König. 791.

Conod, Ch., Code pratique, ou Conseils aux personnes appelés à gérer leurs affaires, cont. un exposé des matières de droit civil Vaudois les plus usuelles, des formules de la plupart des contrats et des actes, tels que testaments, baux, ventes, procurations, contrats de mariages, etc. II Livrs. 8. Zuric 810, Schulthess. 1 ℔

Conolly, John, die Behandlung der Irren ohne mechanischen Zwang. Deutsch mitgetheilt von C. M. Brosius. gr. 8. (XII und 217 S.) Lahr 860, Schauenburg und Comp. *

Conon

Cononis et Ptolemaei hist. et Parthenii narrationes, graece, c. not. var. Th. Galei et aliorum emend. ed. L. H. Teucher. 8. Leipz. 792. (Centr.-Compt.) 4 gr Ed. II. 8. ibid. 802. 12 gr

Conon. Narrationes et Parthenii narrationes amatoriae. Gottingae 1798. H: *Kanne, Joh. Arn. & Chn Glob Heyne.* (Ky)

Cononis* narrationes (ab J. A. Kanne editae) et Parthenii narrationes amatoriae, (c. C. G. Heyne). 8. Götting. 798. Dieterich. 16 gr *Parthenii* Nic. narrat. c. Heyne, einzeln 6 gr vergl. *Parthenii.

— Narrationes Ptolemaei historiae ad variam eruditionem pertinentes, Parthenii narrationes amatoriae, graeco cum not. variorum et suis edid. indicem auctorum et verum addidit, deque ejusdem nominis veteribus scriptoribus praef. est L. H. Teucher. 8. Lips. Joachim.

— Narrationes Ptolemaei hist. ad var. erudit. pertinentes, c. notis etc. edidit L. H. Teucher. 8. Lips. Klaubart. 794.

— Narrationes Ptolemaei historiae ad variam eruditionem pertinentes, Parthenii narrationes amatoriae, graece cum notis variorum, et suis edidit, indicem auctorum et rerum addidit, deque ejusdem nominis veteribus Scriptoribus praefatus est L. H. Teucher. 8. Lips. (Graffé in Weissenfels.) 802.

Conover, Anna, Tierschutz, Kirche u. Christenpflicht. Eine zeitgemässe Betrachtg. (58 S.) 8. Berlin 907. Berolina-Versand-Buchh. — 60

Conquering a. to conquer, s.: **Collection** of brit. authors.

Conquest, Briefe an eine Mutter. Ein Buch für junge Frauen zur Belehrung über die wichtigsten Momente ihrer Bestimmung, sowie über die Behandlung und Pflege der Kinder von der Geburt bis zu den ersten Lebensjahren. Aus dem Engl. in's Deutsche übertr. und mit Anmerkgn. begleitet von Fr. Funck. Frankfurt a. M. 854. Jügel. 8. (XXXI, 256 S. u. 1 Stahlst.) 1 ℔ 5 ngr

Conquest, J. T., Grundriß der Geburtshülfe, zum Gebrauche für Studirende u. angehende prakt. Geburtshelfer. Deutsch bearb. u. mit literär. Hinweisungen versehen v. S. J. Otterburg. Mit 14 Abbildd. nach Darstell. v. Smellie, Hunter, Clarke, Naegele u. A. gr. 8. Heidelberg 834. Groos. 2 ℔

siegreiche Conquesten der Roem. Kayserl. Maj. wider die Türken von 1716 1717 Mit K 12 1719

Conquête des Français en Egypte, ouvrage dans lequel on a joint à la description geographique, l'histoire des revolutions etc. av. une Charte de Mentelle et Chanlaire. gr. 8. Paris. (Altenb. Schnuphase.) 799.
sans charte

Conquêtes des Français en Egypte, avec une carte. 8. Lpz. (Schmidt). 2 ℔ 12 gr

Conquêtes des Français en Egypte, av. une Carte. 8. Leipz. Wolf.

Conquêtes des Français en Égypte. (Paris an VII 1799.) Leipsic 1801. V: *Mentelle, Edm. P. S. & Chanlaire.* (Pr)

Das Ganze der Asbest-Verarbeitung. (Verf.: Conquist.) Berlin: Union 1900. 66 S. 8° [illegible]

Conquista de la nueva Castilla, poema eroico, publicado por la primera vez, por J. A. Sprecher de Bernegg. 12. (...S.) Paris und Lyon 848. (Leipzig, Brockhaus.) *

Conrad [Sachliches OW]

Conrad, ein komischer Roman ... Glücksstadt [Riga] 1797. V: *Fischer, Christian August.* (EE) (GGr) (MGT)

Conrad, kom. Roman v. Gottvertraut Schwamm. (Chr. A. Fischer.) Glückstadt, Pilz. (Hartknoch in Lpz.) 1797. 8°

Conrad u. Adelgis. Ein Mährchen. 16. (2 B.) Berlin 846. (Wohlgemuth's Verl.)

Conrad, der arme. Illustrirter Kalender f. das arbeit. Volk auf d. Schaltj. 1876. Mit 16 Illustr. (in eingedr. Holzschn. u. 2 Holzschntaf.) nach Orig.-Zeichngn. gr. 8. (XXXII, 79 S.) Leipzig 875. Exped. d. Volksstaat. n. — 40; geb. u. durchschossen n. — 60

Conrad, der arme. Illustrirter Kalender für das arbeitende Volk auf die J. 1876—1879. gr. 8. (à XXXII, 79 S. mit Illustr. in eingedr. Holzschn. und Holzschntaf.) Leipzig, Genossenschaftsbuchdruckerei. * 40 Pf.; geb. und durchschossen *
Nicht weiter erschienen.

Conrad, der arme, od. erschreckl. Folgen der Zeitungsleserei. Historia in 7 ergötzl. Bildern v. E. C. Mit zierl. Reimlein versehen v. Carli Jucundi. gr. 8. (8 S. Text.) Zürich 892. Th. Schröter. n. 1. —

Conrad, der arme, od. erschreckliche Folgen der Zeitungsleserei. Historia in 7 ergötzl. Bildern v. E. C. ... Mit zierl. Reimlein versehen vom Carli Jucundi. (Ein Photographenscherz.) gr. 8. (16 S.) Zürich (900). Th. Schröter. n. 1. —

Conrad D** an Eduard L** Etwas über Censur in Sachsen. Nachtrag zu Carls vaterl. Reisen. 8. Frankf. u. Leipz. (Heinsius in Gera.) 793.

Conrad I., Cardinal und Erzbischof von Mainz, Pfalzgraf von Scheyern-Wittelsbach. Ein Lebens- und Charakterbild. München 1860. V: *May, Jacob.* (Bücher-Samml. d. hist. Ver. v. u. f. Oberbayern. München 1867.)

Conrad I., der Cardinal und Erzbischof von Mainz, Pfalzgraf von Scheyern-Wittelsbach. Ein Lebens- und Charakterbild. gr. 8. (VI und 250 S.) München 860, Palm's Hofbuchh. *

Conrad der Ersten, Leben und Ermordung, eine Scene aus dem dreyzehnten Jahrhundert, mit 1 Kupf. 8. Frankf. 791. Pech. 23 [illegible]

Conrad Herzog von Zäringen; ein vaterländisches Schauspiel in 5 Aufzügen. Regensburg 1800. V: *Koller, Benedict Joseph.* (Adel) (MGT) V: *Rambach, Friedrich Eberhard.* (GGr)

– dass. Regensb.: Montag u. W. 1800. 8°

Conrad von Kauffungen, oder der Fürstenraub aus dem 15. Jahrh. Berlin 1794. 2. Aufl. 1799. V: *Durach, Johann Bapt.*, nicht *Cramer, Carl Gottlieb.* (Ky) (Kn) (Hr) (MGT) (GGr V, 511)

Conrad, Knapp von Hohenberg, genannt der Stählerne. Ein Schauspiel in 5 Akten ... Kassel 1798. V: *Döring, Joh. Wilh.* (Ky)

— von der Kronenburg und der blutige Helmbusch, zwey Geschichten, aus dem mittlern Zeitalter, 8. Frankfurt und Leipzig, (Wittenberg), 794. (Kühne). 20 sgl.

Conrad von Riesenburg, ein Schauspiel mit Gesang in 4 A. Wien 1806. V: *Schuster, Joseph Anton.* (GGr)

Conrad von Schwaben, Trauerspiel in 5 Aufzügen, von J. C. G. Zimmermann. 8. Erlangen, Heyder. 817.

Conrad von Seldenbüren, ein historisches Trauerspiel. Luzern 1793. V: *Villiger, Berchthold.* (AarK)

— der Weise, Herzog der Franken, oder der Sieg der Deutschen auf dem Lechfelde, ein geschichtl. Schauspiel in 5 Aufzügen von Ph. Schmid. 8. Augsburg, Jenisch Stage. 819.

Conrad der Zinngiesser, Meister. Eine lehrreiche Geschichte für Bürger und Handwerker ... Innsbruck 1837. V: *Wörndle, Joh. Caspar von.* (GGr)

Conrad [Persönl. Name]

- s. a. Conradus

Conrad von der Fulda, s. Phönir, der.

Conrad von Weinsberg, Einnahmen- u. Ausgaben-Register, s.a. Bibliothek d. litterar. Vereins in Stuttgart. 18.

Conrad von Weinsberg. Einnahmen und Ausgaben-Register von 1437 und 1438. Tübingen 1850. H: *Albrecht, Jos.* (Hauptkat. d. Univ.-Bibl. Tübingen. F. S. 264.)

Conrad von Würzburg. Engelhart und Engeltrut. [Wien] 1839. H: *Hahn, Carl August.* (BrMm)

Conrad [Familienname]

Conrad, s. Konrad.

Conrad: Entwicklung der Gerhardt'schen Theorie der chemischen Typen. 43 S. – Hermannstadt ev., Progr. 1868.

Conrad, s.: Predigten, 4, bei der 62. Hauptversammlung des ev. Vereins der Gustav Adolf-Stiftung in Stralsund geh.

Conrad, s.: Unterscheidungsmerkmale v. Rammler u. Häsin.

Conrad, A., Elternhaus u. Schule, s.: Für d. Schule aus d. Schule.

[F.] Gedichte und Gesänge f. Schul- u. Volksfeste z. hundertj. Wiederkehr d. Geburtstages Kaiser Wilhelms I. am 22. März 1897 v. A. Conrad, Pastor in Eixen. *(Stralsund: E. Berndt 1897.)* (14 S.) 1 Bd 8. [99. 1917

Klostersitten und Nonnendisziplin. Gemälde aus dem Nonnenleben. Verf. aus den Papieren der aufgehobenen bayr. Klöster. Nebst Anh. Briefwechsel zweier Nonnen. Neu hrsg. u. bearb. von Dr. Adolph Conrad. Berlin: Jacobsthal [1908]. 191 S. 8°
(Bibliothek d. Sittengemälde.) [16. 2930

Conrad, Adolph (Bearb.), s. a. Nächte, Tausendundein, im Harem.

Conrad, Adph., Tausendundein Nächte im Harem. Arabische Erzählungen. (Ausg. f. Erwachsene). Mit Illustr. v. Paul Haase. (392 S.) 8. Berlin(-Schöneberg) (906). R. Jacobsthal. n. 4. —; geb. in Leinw. n. 5. —

Tausend und ein Nächte im Harem. Arab. Erzählungen (Ausg. f. Erwachsene). Bearb. von Dr. Adolph **Conrad.** Mit Ill. von Paul Haase. Berlin: Jacobsthal [1908]. 391 S. 8°.

Conrad, Ant., dramatische Blüthen. Der katholischen Jugend gewidmet. Freiburg im Br. 861. Herder. 12. (VII, 93 S.) 7 ngr.
Musikbeilage dazu, comp. von A. Koob. 4. (25 S.) 5 ngr.

Conrad, Ant., die Donnereiche. Geistliches Schauspiel in 2 Akten. gr. 16. (XI und 43 S.) Mainz 867, Kirchheim.

Conrad, Aug., Schatten und Lichtblicke aus dem amerikanischen Leben während des Secessions-Krieges. gr. 8. (205 S.) Hannover 879, Schulze's Buchh. *

Conrad, Bruno (Triebel/N.-Laus.), Zur Casuistik der Oberschenkelluxationen. Diss. med. Halle (Lipke) 16. VII. 1870. 32 S. mit Biogr. (3.80) 5564
Oppon.: H. Kröger, H. Hohberg.

Conrad, C., die Legirungs-Rechnung in Berücksicht. des neuen Gold-, Silber- und Münz-Gewichts und der tausendtheil. Gehalts-Angabe nebst Angabe der Preisberechnung mit 2 Tabellen. gr. 8. (36 S.) Berlin 858, Decker'sche geheime Ober-Hofbuchdruckerei.

Conrad, C., Geneal. und biograph. Notizen über die ostpreussische Familie von Werner. 1. Marienwerder 1889. 8. S.-A.

Conrad, C., die französische Sprache als Unterrichtsgegenstand für Gelehrtenschulen. Progr. des Joachimsthal. Gymn. Berlin 1835, Mayer & Müller. 4°. 34 S.

Conrad, C. E. Die Bibel vor einem heidnischen Gerichtshofe. Friedenau-Berlin 1892. H: *Kausch, H.* (Berl)

Conrad, C. E., die Bibel vor e. heidnischen Gerichtshofe. 8 (26 S.) Friedenau-Berlin 892. Buchh. der Goßner'schen Mission. n. — 20

Conrad, C. E., ostindische Todesschatten. gr. 8. (17 S. m. 10 Abb.) Friedenau-Berlin 895. Buchh. d. Goßner'schen Mission. n. — 50

Conrad, Christ. Friedr., die preußische Preß- und Nachdrucks-Gesetzgebung. In systemat. Ordnung für Buchhändler, Antiquar-, Kunst-, Musikalien- und Landkarten-Händler, Buchdrucker rc. gr. 8. (VI und 177 S.) Berlin 862. (H. Müller.)

—— dass. — Supplement. gr. 8. (VI und 97 S.) Ebendas. 865.

Conrad, Chr. Frdr., die preußische Preß- u. Nachdrucks-Gesetzgebung. In systemat. Ordnung für Buchhändler, Antiquar-, Kunst-, Musikalien- u. Landkarten-Händler, Buchdrucker rc. 2. Ausg. Mit e. Supplement. Berlin 865. H. Müller. gr. 8. (VII, 280 S.) 1 ℛ 15 ngr.; das Supplement apart (VI, 97 S.) 15 ngr.

—— Uebersicht der Firma- und Verlags-Aenderungen im deutschen Buchhandel, Antiquar-, Kunst-, Musikalien- und Landkartenhandel in den J. 1850—1862. gr. 8. (III und 63 S.) Berlin 863, (H. Müller.) *

Conrad, Cph., († d. 15. Dec. 1811.), s. a. Anweis. zur christl. Religion u. setze hinzu: (bei Reimer das.)

Conrad, C. F., Anweisung zur christl. Religion. 8. Berlin, Lange. 797.

Conrad, Cph., s. G e s c h . d. Menschheit u. Religion.

Conrad, Cristoph Friedr., Predigt zum Gedächtnisse Friedrichs II. Königs v. Preussen. Berlin 1786. 8.

Conrad, C. P., still u. bewegt. Ein Liederbuch. 16. (58 S.) Straßburg i/E. 892. H. Friedemann Nachf. n. 1. —

Conrad, Else, s.a. K e s t e n - C o n r a d

Conrad, Else, das Dienstbotenproblem in den nordamerikanischen Staaten u. was es uns lehrt. (III, 43 S.) gr. 8. Jena 908. G. Fischer. 1.20

— Lebensführung v. 22 Arbeiterfamilien Münchens, s. a. E i n z e l s c h r i f t e n des statist. Amtes der Stadt München. Nr. 8.

Lebensführung von 22 Arbeiterfamilien Münchens. Im Auftr. d. Statist. Amtes d. Stadt München dargest. von Dr. Else Conrad. München: Lindauer 1909. 80 S. 8°
(Einzelschriften d. Statist. Amts d. Stadt München. H. 8.) [09. 5056]

Conrad, Else. Der Verein für Sozialpolitik und seine Wirksamkeit auf dem Gebiet der gewerblichen Arbeiterfrage. 8. (Lippert & Co.... Buchdr., Naumburg a. S.)
Ausg. A: Diss. Phil. I. Univ. Zürich. VIII + 197 S. Zürich 1906.
Ausg. B: VIII + 196 S. Jena, Gustav Fischer, 1906. [M. 4. —]

Conrad, Erich, approb. Arzt aus Danzig: Ueber den heutigen Stand der Kenntnis der Vincent'schen Angina. Mit 1 Taf. *Berlin 1903: L. Schumacher.* (16 S.) 8° ¶ Aus: Archiv f. Laryngologie, Bd 14, H. 3.
München, Med. Diss. v. 1903

Denkschrift zur 200jährigen Jubelfeier der evangelischen Kirche zu Pawellau, Kirchenkreis Trebnitz, 1909. Der Gemeinde gewidmet von Ernst Conrad, Pastor. Breslau 1909: Korn. 60 S. 8° [09. 11065]

Conrad, Ernst, freie Liebe. Singspiel in 5 Akten. (III, 80 S.) kl. 8. Hannover 905. (Manz & Lange.) n. 1. —

Conrad, Ernst: Zeichnen und Zeichenunterricht. *Schalke 1898: M. Schaff.* (21—33 S.) 4° [F.]
Schalke, RG, OP 1898 (392)

Conrad, Eugen [aus Dresden]: Bacteriologische und chemische Studien über Sauerkrautgährung ... München, Druck v. R. Oldenbourg, 1897; 45 S. 8.
Tübingen, Naturw. Fak., Inaug.-Diss. v. 1897

Conrad, F., über Alkohol- u. Chininbehandlung bei Puerperalfieber. gr. 8. Bern, Dalp'sche Buchh. (K. Schmid.) 1874. 2. —

Conrad, F., üb. Alkohol- u. Chininbehandlung bei Puerperalfieber. Nach den Erfahrgn. der Berner geburtshülfl. Klinik. Nebst e. Vorwort v. A. Breisky. Mit 29 lith. Temperaturtab. (auf 9 Steintaf. in 8. u. qu. 4.) gr. 8. (IV, 51 S.) Bern 875. Dalp. n 2. —

Conrad, F., Alkohol- und Chininbehandlung bei Puerperal-Fieber. 8. Bern, Huber & Comp. 2. 50
1875.

Augusta: [Schwesterntoast, gebracht am 24. Oktober 1897 in der Loge Augusta in Augsburg.] [Unterz.:] F. C[onrad.] 4 S. 8°.
„Es wurde mir der schöne Auftrag zu Theil ..."

— u. Rapin, Skizzen zum Einzeichnen geburtshülflicher u. gynäkologischer Befunde. gr. 8. (20 Steintaf.) Ebend. 880. n. 1. 20

— — dasselbe. 2. Aufl. gr. 8. (20 Steintaf.) Ebend. 881. In Couvert. n. — 60

Conrad, F., die Untersuchung der Frauenmilch für die Bedürfnisse der ärztlichen Praxis. 1. Aufl. 1880. * ℳ 1,20.; 2. unveränd. Aufl. gr. 8. (46 S. mit 5 eingedr. Holzschn.-Abbild. und 5 Tab.) Bern 880, [Dalp'sche Buchh.] Schmid, Francke und Comp. *

Das Geschenk Constantins d. Gr., sein Wert u. sein Verlust. Eine notwendige Betracht. im Interesse d. bedrohten Christentums von F. L. C[onrad]. *Berlin: W. Buchholz 1895.* (30 S.) 8° [Umschlagt. T.]: ...,

Conrad, F. L., Unkraut oder Weizen? Eine neue Aufklärung über die Bibel. (16 S.) 8. Berlin 903. W. Buchholz. n. — 10

Conrad, Fr., Kubik-Tabellen zur Berechnung des Inhalts runder Hölzer, von 1 bis 80 Fuss Länge und 1 bis 48 Zoll mittlerm Durchmesser. Zum bequemen Gebrauch für Forstbeamte, Holzhändler, Zimmerleute etc. Lissa 855. Günther. gr. 8. (1 Bl., 14 lith. S.) n. 5 ngr

Conrad, Franz

Conrad, Frz., die Andacht zur hl. Familie v. Nazareth, enth. die Statuten d. v. Papst Leo XIII. errichteten allgemeinen Vereins der christl. Familien, sowie e. kurze Belehrg. üb. dessen Zweck u. Bedeutg., ferner das Verzeichniß der Ablässe u. Privelegien. 16. (23 S. m. 1 Stahlst.) Würzburg 893. F. X. Bucher. n. — 10

Conrad, Frz., der liturgische Dienst e. katholischen Lehrers m. Ausnahme d. Organistendienstes. 8. (IV, 160 S.) Würzburg 886. Staudinger. n. 1. 20; geb. n.n. 1. 60

Conrad, Frz., der liturgische Dienst e. kathol. Lehrers m. Ausnahme des Organistendienstes. 2. Aufl. (VI, 287 S.) 8. Würzburg 903. [J. Staudingers Verl.] F. X. Bucher. n. 1. 60; geb. n. 2. —

— dasselbe. 8. [Titel-]Aufl. (VI, 287 S.) 8. Würzburg [903] 904. F. X. Bucher. n. 1. 60; geb. n. 2. —

— Geschichte der Wallfahrt u. des Klosters Mariabuchen. 3. Aufl. (96 S. m. Titelbild.) kl. 8. Ebd. 905. n. — 50

Conrad, Frz., der Jubiläumsablaß, verkündet v. Papst Leo XIII. für die Zeit vom 2. März bis 1. Juni 1879, nebst einer Sammlung v. Gebeten beim Empfang der heil. Sakramente, beim sechsmal. Kirchenbesuch u. bei der Jubiläumsbetstunde. 16. (VIII, 84 S.) Würzburg 879. Staudinger. n. — 20

— dasselbe für die Zeit vom 19. März bis 1. Nov. 1881, nebst einer Sammlung v. Gebeten, beim Empfang der heil. Sakramente, beim sechsmal. Kirchenbesuch u. bei der Jubiläumsbetstunde. 12. (VIII, 84 S.) Ebend. 881. n. — 20

Conrad, Frz., der Jubiläumsablaß verkündet v. Papst Pius IX. f. das Jubeljahr 1875 nebst e. Sammlg. v. Gebeten bei Empfang der heil. Sakramente, beim viermal. Kirchenbesuch u. bei der Jubiläumsbetstunde. gr. 16. (VII, 74 S.) Würzburg 875. Staudinger. — 18

— Jubiläums- u. Missions-Büchlein. 4. Aufl. (IV, 74 S.) 16. Würzburg 904. Göbel & Scherer. n. — 20

Conrad, Frz., Missions-Büchlein. Rette deine Seele! Enth. Belehrgn. üb. d. Missionswesen i. Allgem., sodann Anleitg., was man bei e. Volksmission zu beachten hat, nebst verschied. entsprech. Gebeten, e. Meßandacht etc. 2., verm. Aufl. 12. (125 S.) Würzburg 896. A. Göbel. n.n. — 25

— Missions-Büchlein. Rette deine Seele! 5. Aufl. (46 S.) 16. Ebd. (905). n. — 10

Conrad, Frz., Missions- u. Jubiläums-Büchlein. Wegweiser zur Theilnahme an e. Volks-Mission u. zur Gewinng. des Jubiläums-Ablasses. 3. Aufl. gr. 16. (64 S.) Würzburg 901. A. Göbel. — 15

[Conrad, Franz.] Die Ostalpenbahn. [Von alt-Regierungsrat F' C', Präs. des Interkant. Splügenkomitees. Sep.-Abdr. aus: Tagblatt der Stadt St. Gallen.... 13. u. 14. Januar 1906, № 11 u. 12.] 14 S. 8. [St. Gallen, Zollikofer & Cie.]

Conrad, [Franz]. Die Schweizerische Ostalpenbahn. Vortrag, gehalten am 16. März 1902 an der Ragazer Splügen-Konferenz. Hrg. vom provisorischen Splügen-Comité. II + 22 S. 8. Chur, Manatschal Ebner & Cie., [1902].

Conrad, [Franz]. Die schweizerische Ostalpenbahn. Vortrag, gehalten am 16. März 1902 an der Ragazer Splügen-Konferenz. Hrg. vom provisorischen Splügen-Comité. ([2. Ausg., vermehrt durch einen] Nachtrag [und eine] von Anton von Sprecher [bearb.] Karte.) II + 30 S. 8. Chur, Manatschal Ebner & Cie., (1903).

Conrad, [Franz]. Die schweizerische Ostalpenbahn. Vortrag, gehalten am 16. März 1902 an der Ragazer Splügenkonferenz. Hrg. vom provisorischen Splügenkomitee. [3. Ausg. Mit 1 Karte und Nachträgen.] 8.

Vortrag.... ([Mit] Nachtrag [1, sowie einer] von Anton von Sprecher [bearb.] Karte.) II + 30 S. Chur, Typ. Manatschal Ebner & Cie., (1903).
Nachtrag 2 *u.* 3 *u. d. T.:* Splügen oder Greina? [Von F' C'.] S. 31—43 *u.* 45—58. [1905.]
Nachtrag 4 *u. d. T.:* Splügen oder Greina? Vortrag von alt Regierungsrat [F'] C', gehalten ... in St. Gallen am 22. Januar 1906. S. 59—75. [1906.]

— der Todeskampf, d. i. Angriffe des bösen Feindes auf den Sterbenden. Nach dem span. Original des Maestro Alejo Venegas bearb. (Neue [Titel-]Ausg.) (VIII, 135 S.) gr. 16. Würzburg [869] 904. F. X. Bucher. n. — 75; geb. in Leinw. n. 1. —

Conrad, Frz., der Todeskampf, d. i. Angriffe des bösen Feindes auf den Sterbenden. Nach dem spanischen Original des Alejo Venegas bearb. 16. (VIII, 135 S.) Würzburg 869, Staudinger.

— Veritas. Predigten f. das kathol. Kirchenjahr. 1. Lfg. gr. 8. (64 S.) Ebend. 876. n. — 60

— Veritas. Predigten für das kathol. Kirchenjahr. 2—9. (Schluß-)Lfg. gr. 8. (S. 65—570) Ebend. 877. 78. à n. — 60

—— Veritas. Predigten für das kathol. Kirchenjahr. 2. Jahrg. 2.—10. (Schluß-)Lfg. gr. 8. (S. 65—616.) Ebendas. 880—82. 2.—9. Lfg. à * 60 Pf.; 10. Lfg. * 40 Pf.; compl. *
1. Lfg. Ebendas. 1879. * 60 Pf.

Conrad, Frz., Veritas. Predigten f. das kathol. Kirchenjahr. 1. u. 2. Jahrg. Neue [Titel-]Ausg. (570 u. 616 S.) 8. Würzburg [876—82] 910. F. X. Bucher. nn 3.50; einzelne Bde. nn 2 —

Conrad, Frdr., lasset die Kindlein zu mir kommen! Ein Leitfaden beim christl. Religionsunterrichte in Kleinkinderschulen, Elementar- u. Mittelklassen. 8. (90 S.) Oschersleben 847, Häniche. 1/4 ℳ

Conrad, Friedrich Robert [aus Freistadt i./Schlesien]: Mark Aurels Markomanenkrieg. . . . Neu-Ruppin, Dampf-Schnellpressendr. v. Gustav Kühn (1889); 21 S. 4°
Rostock, Phil. Fak., Inaug.-Diss. v. 19. März 1889

Conrad [Dr.]: Mark Aurels Markomanenkrieg. Neu-Ruppin, Dampf-Schnellpressendruck v. G. Kühn (1889); 21 S. 4°
Neu-Ruppin, Friedrich-Wilhelms-G, OP 1889 (81)

[Conrad,] P. Frowin. Predigt, geweiht dem Hochwürdigsten Prälaten Carl Motschi, gehalten am Tage seiner Weihung zum Abte des Klosters Mariastein, den 16. März 1873, von P. Frowin, O. S. B., in Engelberg. 8. Basel.

Conrad, P., Frowin, die Wahrheit u. Bedeutung d. heiligsten Altarssakraments. Predigt, geh. am Titularfeste der gleichnam. Brüderschaft den 7. Mai 1871 in der Pfarrkirche zu Alpnacht, Obwalden. gr. 8. (19 S.) Luzern 871. Räber. — 30

Conrad, G. (Pseud.), s. Georg Prinz von Preußen

Conrad, G., kurzgefaßte Geographie d. preuß. Staate. Ein Wiederholungsbüchl. f. die oberen Klassen d. Elementarschule. 8. (4 B.) Hirschberg 846, Lucas.

— das heilige Land. Kurze Darstellung des Wissenswerthesten aus der Geschichte u. Geographie von Palästina. Zum Verständniß d. heil. Schrift u. zum Gebrauche für Volksschulen. 8. Breslau 844. Freund. (Trewendt.) n. 1 ℳ

Conrad, G., das heilige Land. Kurze Darstellung des Wissenswerthesten aus der Geschichte und Geographie von Palästina. Zum Verständniß der heil. Schrift und zum Gebrauche für Volksschulen. 2. verb. Aufl. 8. (16 S.) Breslau 847, Trewendt & Granier. n. 1 ℳ

Conrad, G., das heilige Land. Kurze Darstellung des Wissenswerthesten aus der Geschichte und Geographie von Palästina. Zum Verständniß der heiligen Schrift und zum Gebrauche für Volksschulen verfaßt. 3. verb. Aufl. Breslau 857. E. Trewendt. 8. (16 S.) n. 1 ℳ

—— Leitfaden bei d. Unterrichte in der Geographie vom preuß. Staate. 8. (5 1/2 B.) Hirschberg 846, Lucas.

Conrad, G. Th., der Rechenunterricht im 1. Schuljahre. Eine method. Anweisg. f. Schule u. Haus, namentlich f. jüngere Lehrer u. Lehrerinnen, sowie f. Eltern u. Angehörige der Kleinen. gr. 8. (37 S.) Danzig 889. Kafemann. n. — 50

— dasselbe, im 2. Schuljahre. Eine methodisch-prakt. Anleitung f. das mündl. u. schriftl. Rechnen im 2. Schuljahre unter Berücksicht. der österreich. Rechenmethode. 8. (62 S.) Ebd. 890. n. — 50

— dasselbe. Facitheft zu den schriftl. Aufgaben. 12. (8 S.) Ebd. 890. n. — 20

Conrad, G. Th., der Rechenunterricht im 2. Schuljahr. Facitheft. 12. (8 S.) Danzig 891. A. W. Kafemann. n. — 20

— dasselbe im 3. Schuljahre. Eine methodisch-prakt. Anleitg. f. das mündl. u. schriftl. Rechnen im 3. Schuljahr unter Berücksicht. der österr. Rechenmethode, enth. zahlreiche Aufgaben u. erläut. Anmerkgn., zum Gebrauch in Schulen, sowie beim Vorbereitungs- u. Nachhilfeunterricht. 12 (II, 69 S.) Ebd. 891. n. — 60

Geschichte der Familie Dirksen und der Adelsfamilie v. Dirksen. Nach urkundl. Quellen bearb. von Georg Conrad, Amtsger.R. Bd 1. 2. Als Hs. gedr. Görlitz 1905: C. A. Starke. 2 Bde 4°
1. Familiengeschichte. 2. Urkundenbuch. [05. 1099]

Geschichte der Königsberger Obergerichte. Mit Benutzung amtl. Quellen von Georg **Conrad**, Amtsger.R. Mit 9 Lichtdr. Leipzig: Duncker & Humblot 1907. (XII, 521 S.) 8°
Festgabe z. Gedenkfeier der vor 250 J. erfolgten Einrichtung d. Oberappellationsgerichts zu Königsberg i. Pr. am 9. Okt. 1907 ...
— **Publikation** d. Vereins f. d. Geschichte von Ost- u. Westpreußen. [22.] [07. 13:03]

[F.] Zur Geschichte des Oberlandes. 50 lose Blätter gesammelt v. Georg **Conrad**, Amtsrichter in Mühlhausen '(Kreis Pr. Holland)'. H. 1. *Pr. Holland: H. Weberstädt 1898.* 8. [98. 4990]

Geschichte der bürgerlichen Familie Wilkins von 1620 bis 1905. Nach urkundl. Quellen bearb. von Georg **Conrad**, Amtsger.R. Als Hs. gedr. Görlitz 1905: C. A. Starke. (VII, 201 S.) 8° [F.] [05. 20378 10

Conrad, Geo., s.: Geschichtsblätter, oberländische.

[F.] Preuss. Holland einst und jetzt. Festschrift z. Feier d. sechshundertj. Besteh. d. Stadt Pr. Holland am 29. Sept. 1897 v. Georg **Conrad**, Amtsrichter in Mühlhausen '(Kreis Pr. Holland)'. M. einig. Illustr., 2 Urkunden-Anl. u. 1 Pl. d. Stadt Pr. Holland. *Pr. Holland: H. Weberstädt 1897.* (VIII, 294 S., 1 Bl., 1 Pl.) 1 Bd 8. [97. 5499 K.

Carl Ludwig Bernhard Gottlieb v. Plehwe. Zu s. Dienstjubil. 1905. Von Georg **Conrad**, Amtsger.R. in Mühlhausen Ostpr. ⟨Mit e. Bilde v. Plehwes.⟩ Königsberg i. Pr. 1905: R. Leupold. (10 S.) 8°
Aus: Altpreuß. Monatsschrift. Bd 42, H. 5. 6. 1905. [05. 13779 10

Regesten ausgewählter Urkunden des reichsburggräflich und gräflich Dohnaschen Majorats-Archivs in Schlodien Ostpr. Mit Anm. von Georg **Conrad**, Amtsrichter. Königsberg i. Pr. 1898: R. Leupold. (28 S.) 8°
Aus: Altpreuss. Monatsschrift. Bd 35, H. 3. 4. [07. 8437 10

— Das rathäusliche Reglement der Stadt Königsberg i. Pr. vom 13. VI. 1724, s. a. Mitteilungen aus der Stadtbibliothek zu Königsberg i. Pr. II.

Das rathäusliche Reglement der Stadt Königsberg i. Pr. vom 13. Juni 1724. Ein Beitrag z. Geschichte d. Rats- u. Gerichtsverwaltung von Königsberg i. Pr. Von Georg **Conrad**, Amtsger.R. Mit 1 Taf. Königsberg: Beyer in Komm. 1910. X, 231 S. 8°
(Mitteilungen aus d. Stadtbibliothek zu Königsberg i. Pr. 2.) [10. 6409]

[Kopft.:] [F.] Der Reichsburggrafen- und Grafentitel der Dohnas. M. Urkunden. Von Georg **Conrad**, Amtsrichter in Mühlhausen (Kr. Pr. Holland). *(Berlin: Gedr. bei J. Sittenfeld 1896.)* (10 S.) 1 Bd 8. [96. 3307

Seinem hochverehrten Mitgliede Herrn Pfarrer Otto Leopold Gustav Winkler in Hirschfeld ⟨Kreis Pr. Holland⟩ bringt zum fünfzigjährigen Dienstjubiläum die herzlichsten Glückwünsche dar der Oberländische Geschichtsverein durch seinen Vorsitzenden [Georg] **Conrad**, Amtsger.R. Mühlhausen im Oberlande, am 20. Mai 1905. ([Enth.:] Lebenslauf d. Jubilars.) (Mühlhausen i. Oberl. 1905.) (2 Bl.) 2° [F. u. Ant.] [05. 11087 10

Verzeichnis der bisher erschienenen Handbücher über den Königlich Preussischen Hof und Staat und Königlich Preussischen Staatskalender ⟨1794–1906⟩. Von Amtsger.R. [Georg] **Conrad** in Mühlhausen, Ostpr. (Berlin 1906: J. Sittenfeld.) (6 S.) 8° [Kopft. F.]
Aus: Der deutsche Herold. 1906, No 4. [06. 8013 6

Conrad, Gerh., Hornessers Welt- u. Lebensanschauung. I. Religion des neuen Heidentums. II. Wege des Lebens. (81 S.) 8. Dresden 908. C. L. Ungelenk. — 80

Conrad, Gotthold: De saeculo Romanorum. *Posen 1900: Merzbach.* (28 S.) 4°
Posen, k. Friedrich-Wilhelms-G, OP 1900 (173)

Conrad, Guido, die letzten Messenier. Trauerspiel in 5 Acten. Wien 855. Gerold. 8. (VIII, 164 S.) 1 ℛ︀ 6 ngr

Conrad, Gustav, aus Kristiania, Obergerichtsanwalt: **Beiträge zur Lehre von der Bodmerei nach norwegischem Recht.** *Berlin 1899: G. Ahrens.* (56 S.) 8°
Erlangen, Jur. Diss. v. 7. Dez. 1898

Conrad, *Julius* Gustav *Ferdinand Nathanael* [cand. theol. et phil. aus Brandenburg]: Die Reformationsordnung für die Gemeinden Hessens von 1526 nach Inhalt und Quellen ... (Enth. nur Th. 1 u. 2.) Halle a. S., Hofbuchdr. v. C. A. Kaemmerer & C., 1897; V, 61 S., 1 Bl. 8.
Halle, Phil. Fak., Inaug.-Diss. v. [12. Juni] 1897

Das Wichtigste aus der Heimatkunde des Kreises Rosenberg. Beilage z. Flemmingschen Schulkarte d. Kreises Rosenberg. Von G[ustav] **Conrad**, Lehrer. Glogau: C. Flemming [1905]. (11 S.) 8° [F.] [06. 6493

Conrad, H., der Birkenbauer, s.: Pilgergrüße.

Conrad, H. (Hrsg.), s. Gartenbau-Zeitung, Deutsche.

Conrad H.: Über die Natur des Voltaeffektes (mit 2 Textfiguren). S. 122 Ha. 5 . . . . — 50
Separatabdruck

Conrad, Hans

Conrad, H., s. a. **Biercomment, allgemeiner, u. studentisches Conversationslexikon,**

Conrad, Hans, Allgemeiner Biercomment und studentisches Conversationslexikon. 2. verb. Aufl. Leipzig 1884. 8. . . . . (1)

Conrad, H., allgemeiner Biercomment u. studentisches Conversationslexikon. 3., verm. Aufl. 16. (VI, 99 S.) Leipzig 888. Roßberg. cart. n. — 80

Conrad, Hans, allgem. Biercomment u. student. Conversationslexikon. 4., verb. u. verm. Aufl. gr. 16. (VI, 102 S.) Leipzig 895. Roßberg. Kart. n. 1. —

Conrad, Hans, allgemeiner Biercomment u. studentisches Conversationslexikon. 5., verb. u. verm. Aufl. gr. 16. (108 S.) Leipzig 900. Roßberg'sche Verlagsbuchh. Kart. n. 1. —

Conrad, Hans Jak., s. Gedanken üb. Ried.

Conrad, Heinr., s.: **Aretino, des göttlichen, Dichtungen u. Gespräche.**

Conrad, Heinr., das Glück v. Monaco. 2 Erzählgn. 8. (168 S.) Leipzig 902. H. Seemann Nachf. n. 2. 50

Conrad, Heinr., s.: **Kayser's, Chrn. Glob., vollständiges Bücher-Lexikon.**

Konrad, Heinr., s.: **Klassiker des Altertums.**

— s.: **Lebenskunst.**

Conrad, Heinrich (Hrsg.), s. Napoleons Leben.

— s.: **Pückler-Muskau**, Fürst Herm. v., Ironie des Lebens.

— s.: **Rara.**

Conrad, Herbert, Dr. jur., Referendar a. Halle a. S.: Beiträge zur Pfändungsstatistik. Jena 1906: [Lippert, Naumburg a. S.] (66 S.) 8° ¶ (Erscheint vollst. unter dem Titel: Die Pfändungsbeschränkungen zum Schutze des schwachen Schuldners. Jena, Fischer.)
Jena, Phil. Fak., Ref. Piersdorff, Diss. v. 18. Juni 1906
[Geb. 9. Sept. 81 Halle a. S.; Wohnort: Halle; Staatsangeh.: Preußen; Vorbildung: Stadtgymn. Halle Reife M. 99; Studium: Halle 4, Freiburg i. B. 4 S.; Rig. 4. Nov. 05.]

Conrad, Herbert, Referendar a. D.: Entstehungsgeschichte und Grundlagen der §§ 811 und 850 der Reichscivilprozeßordnung. Halle a. S. 1904: (Lippert & Co., Naumburg a. S.) (40 S.) 8° ¶ (Ersch. vollst. bei G. Fischer, Jena.)
Halle, Jur. Fak., Ref. Schwartz, Diss. v. 14. Dez. 1904
[Geb. 9. Sept. 81 Halle a. S.; Wohnort: Halle; Staatsangeh.: Preußen; Vorbildung: Gymn. Halle Reife M. 99; Studium: Halle 6, Freiburg i. B. 2 S.; Rig. 25. Nov. 04.]

Conrad, Herb., die Pfändungsbeschränkungen zum Schutze des schwachen Schuldners. Eine jurist. u. sozialpolit. Studie. (XVI, 524 S.) gr. 8. Jena 906. G. Fischer. n. 12. —

Conrad, Herm., englische Chrestomathie, s.: Gantter.

Conrad, Herm., George Eliot. Ihr Leben und Schaffen, dargestellt nach ihren Briefen und Tagebüchern. gr. 8. (XVI, 483 S.) Berlin 887, G. Reimer. *
geb. *

Conrad, Herm., England. Materials for practice in English conversation for the use of schools and private students. Materialien f. engl. Sprachübgn. zum Schul- u. Privat-Gebrauch. Beilagen: Karte v. England · Vogelschau-Ansicht v. London — Suppl.-Hft., enth. Composition Exercises u. Abbildgn. gr. 8. (XV, 210 u. 24 S.) Stuttgart 893. J. B. Metzler's Verl. Geb. n. 3

Conrad, Herm., England. Materials for practice in English conversation for the use of schools and private students. Materialien f. engl. Sprechübgn. zum Schul- u. Privatgebrauch. 2. Aufl. 5.—7. Tauf. Beilagen: Karte v. England. Vogelschau-Ansicht v. London. Suppl.-Heft: Composition exercises u. Abbildgn. (XV, 209 u. 25 S.) 8. Stuttgart 905. J. B. Metzler. Geb. n. 3. —

—— s. Gantter, Ludw. Study and recreation.

— der Herzog v. Mailand, s.: Massinger, Philip.

Conrad, Herm., Heinrich v. Kleist als Mensch u. Dichter. Vortrag, geh. im Kasino d. Haupt-Kadetten-Anstalt (Dezbr. 1895). gr. 8. (40 S.) Berlin 896. H. Walther. n. — 80

— englisches Lesebuch f. d. Secunda u. Prima höh. Lehranst., i. Auftr. d. kgl. General-Inspektion f. d. Militär-Erziehungs- u. Bildungswesen hrsg. 1. u. 2. Tl. gr. 8. Stuttgart, J. B. Metzler's Verl. n. 6. 50; geb. n.n. 7. 30

1. Geschichte. — Erzählgn. u. Novellen. Mit 2 Beilagen: Karte von England u. Süd-Schottland. — Vogelschau von London. (VII, 420 S.) 896. n. 3. 50; geb. n.n. 3. 90
2. Beschreibgn. u. Schildergn. — Briefe. — Reden. — Nützl. Kenntnisse. (Grundlage f. Sprechübgn. üb. Gebiete d. tägl. Lebens.) — Gespräche. — Gedichte. (X, 378 S.) 897. n. 3. ; geb. n.n. 3. 40

— on English life and customs, s. a. Schulbibliothek französischer u. englischer Prosaschriften aus der neueren Zeit.

On English life and customs ... Aufsätze aus verschiedenen engl. Schriften zsgest. u. erl. von Dr. Hermann Conrad, Prof. zu Gross-Lichterfelde. [Nebst] Wörterbuch. *Berlin: R. Gaertner 1895[–1902].* 2 Bde 8°
Wörterbuch bearb. von Dr. K[arl] Köhler. 1902.
— Schulbibliothek französ. u. engl. Prosaschriften aus d. neueren Zeit. Abt. 2. Bdch. 13.

Conrad, Herm., englische Realien als Gegenstand englischer Sprechübungen. gr. 8. (24 S.) Stuttgart 893. J. B. Metzler's Verl. n. — 40

— Schillers Realismus, s. a. Sammlung gemeinverständl. wissenschaftl. Vorträge.

Conrad H, Schiller's Realismus. (44 S) (Slg wiss. Vortr. NF 233) Hamburg 1895

— Schwierigkeiten der Shakspere-Übersetzung. Erläuterung zweifelhafter Stellen. (XVI, 155 S.) Lex.-8. Halle 906. M. Niemeyer. n. 4. —

— Shakespeares Selbstbekenntnisse. Hamlet u. sein Urbild. 8. (VI, 321 S.) Stuttgart 897. J. B. Metzler's Verl. 4. 50; geb. 5. 35; erm. Pr. n. 2. 20; geb. n. 3. —

Conrad, Hermann, Tierarzt in Witten: Studien und Versuche mit der Fütterung von Melasse, insbesondere der strontiumhaltigen Melasse. Witten 1909. 36 S. 8°. [1. VII. 09.]
Bern. Vet.-med. Diss. 1909/10.

Conrad, Hermann. «Studien und Versuche mit der Fütterung von Melasse, insbesondere der strontiumhaltigen Melasse.» Diss. Vet.-Med. Bern. 36 S. 8. Witten, Böduel & Comp., 1909.

— Syntax der englischen Sprache f. Schulen. (XVI, 176 S.) gr. 8. Berlin 904. E. S. Mittler & Sohn. n. 2. —; geb. n. 2. 50

Conrad, Herm., englische Texte zum englischen Übungsbuch. gr. 8. (139 S.) Stuttgart 899. J. B. Metzler's Verl. n. 3. 40
Wird nur an Lehrer abgegeben.

—— William Makepeace Thackeray. Ein Pessimist als Dichter. gr. 8. (225 S.) Ebendas. 888. *M 4.—.; geb. *

— englisches Übungsbuch m. Wörterverzeichnis. gr. 8. (XI, 139 u. 67 S. m. 1 Tab.) Ebd. 899. n. 2. 40

Conrad, Herm. Wörterbuch zu Gantters engl. Chrestomathie. 1. Kurs. gr. 8. (IV, 150 S.) Stuttg. 891, Metzler's Verlag. geb. * 1 80

Conrad, Hermann Erich [aus Wien, Assistent an der Universität Zürich]: Ueber optisch aktive Hexahydrophtalsäuren. Zürich 1898. 45 S. 8°.
Zürich. Phil. Diss. II. S. 1897/98.

Conrad, J., s. a. Conrad, F.

Conrad, J., Liebig's Ansicht von der Bodenerschöpfung und ihre geschichtl., statist. und national-ökonom. Begründung kritisch geprüft. gr. 8. (IV und 152 S.) Jena 864, Mauke's Verlag.

Conrad, J. Beitrag zur Untersuchung des Einflusses von Lebensstellung und Beruf auf die Mortalitätsverhältnisse. Jena 1877.

Conrad, J., der Brief des Apostels Paulus an die Epheser, s.: Bibelerklärung, praktische, Bd. 7 a.

Conrad: Ueber die Entwickelung des Positionsgesetzes in der römischen Poesie und die wiedergewonnene Geltung der Endconsonanten im Hochlatein. 36 S.–Coblenz, Progr. 1868

— Die Fideikommisse in den östlichen Provinzen Preussens. S.-A. aus der Festgabe für G. Hanssen zum 31. Mai 1889. gr. 8°. Tübingen 1889.

Conrad, J., s.: Gutachten, wissenschaftliche, üb. die Währungsfrage.

— die Statistik der Universität Halle während der 200 Jahre ihres Bestehens. [Aus: „Festschrift zum 200jähr. Jubiläum der Univ. Halle".] gr. 4. (78 S.) Jena 894. G. Fischer. n. 3. —

Conrad, J., Die Statistik der wirtschaftlichen Kultur. I. Hälfte: Berufsstatistik, Agrarstatistik, Forst- und Montanstatistik. Jena, 1904. 233 S.

Conrad, J., Die Statistik der landwirthschaftlichen Produktion. Kritik ihrer bisherigen Leistungen, sowie Vorschläge zu ihrer Förderung. (64 S.) Jena 68. (Dissertation.) 8°

Conrad, J., über das Steigen der Lebensansprüche, s. a. Zeit- u. Streit-Fragen, deutsche.

Conrad J, über das Steigen der Lebensansprüche. (Zt- u Str. 91) Berlin 1877

Conrad, J. (Hrsg.), s. Ströll, Mor.: Über die neueste Konversionsaera in Deutschland.

Conrad, J. G., s. Katechismus d. Augsb. Confession.

Conrad, J. G., Beiträge zum Gesangunterrichte nach Ziffern. 4. Meissen 820. Goedsche. 6 K

Conrad, J. G., kalligraph. Wandtafeln. Lithogr. Roy.-Fol. Breslau 833. Pelz. 1/2 ß

Conrad, I. L., s. Conradi, Johann Ludwig

Conrad, Jo. Fr., praes. Ph. Ad. **Boehmer,** De causis, cur malum hystericum morbum malo hypochondriaco majorem constituat? 28 pp. Hal. 4°. 1772

Conrad, Joh. Erläuterungen zur griechischen Tempus- und Moduslehre. S. 99—127. 8. Progr. G. *Coblenz* 1882.

Conrad, Joh. Georg: Casus bini partus dubii. Praes. Pet. Müller Jena (P. Ehrich) 1711. 32 S.

Conrad, Johannes

Conrad, Joannes (geb. 1832 in Koblenz): De Pherecydis Syrii aetate atque cosmologia ... Confluentibus, ex typogr. Hildenbrandtii (1856). 41 S., 1 Bl. 8.
Bonn, Phil. Fak., Diss. v. 23 Dez. 1856

Bauet Euch! Einige Winke f. gesundes Wachstum unserer Gemeinschaften von Johannes **Conrad,** (Pastor in Emden). Barmen: Th. Haarbeck jr. 1907. (47 S.) 8° [F.]

Conrad, Johs., bauet Euch! Einige Winke f. gesundes Wachstum unserer Gemeinschaften. (47 S.) 8. Barmen 907. Buchh. d. Johanneums. — 40

Grundriss zum Studium der politischen Oekonomie v. Prof. Dr. J[oh.] Conrad, Halle a. S. Tl 1 2. *Jena: G. Fischer 1896. 97.* 2 Bde 8.
1. Nationaloekonomie. 1896. (VII, 79 S.)
2. Volkswirtschaftspolitik. 1897. (VIII, 127 S.) [48. 4794 Fa

Conrad, Joh., Grundriss z. Studium d. polit. Oekonomie. 1. u. 2. Tl. gr. 8. Jena, G. Fischer. n. 4.60
1. Nationaloekonomie. 2. Aufl. (VII, 83 S.) 897. n. 1.80
2. Volkswirthschaftspolitik. 2., erweit. Aufl. (VIII, 144 S.) 898. n. 2.80

Conrad, Grundriss zum Studium der politischen Oekonomie. 4 Tle. Jena 897—900.
I. Nationalökonomie. 3. Aufl. 900.
II. Volkswirthschaftspolitik. 2. Aufl. 900.
III. Finanzwissenschaft. 3 Aufl. 900.
IV. Statistik. 1. Geschichte und Theorie d. Statistik. Bevölkerungsstatistik. 899.

Conrad, Joh., Grundriss zum Studium d. politischen Oekonomie 1.—4. Tl. gr.8. Jena, G. Fischer. n. 27. —
1. Nationalökonomie. 4. ergänzte Aufl. (XVI, 389 S.) 902. n. 8. —; geb. n. 9. —
3. Aufl. (XVIII, 396 S.) 900. n. 8. —.
2. Volkswirtschaftspolitik. 3. wesentl. erweit. Aufl. (XVI, 544 S.) 902. n. 11. —; geb. n. 12. —
2. Aufl. (VI, 144 S.) 900. n 2.80.
3. Finanzwissenschaft. 2. verm. u. verb. Aufl. (VII, 200 S.) 900. n. 4. —
1. Aufl. (VII, 176 S.) 899. n. 3.50.
4. Statistik. 1. Tl.: Die Geschichte u. Theorie der Statistik. Die Bevölkerungsstatistik. 2. ergänzte Aufl. (VIII, 182 S.) 902. n. 4. —; geb. n. 5. —
1. Aufl. (VIII, 162 S.) 900. n. 4. —.

Conrad, Joh., Grundriss zum Studium der politischen Oekonomie. I.—III. Tl. u. IV. Tl. 2. Tl. 1. Hälfte. gr. 8. Jena, G. Fischer. n. 29.50; geb. n. 34. —
I. Nationalökonomie. 5. ergänzte Aufl. (XVI, 404 S. m. 2 graph. Taf.) 905. n. 8. —; geb. n. 9. —
II. Volkswirtschaftspolitik. 4. verb. Aufl. (XVI, 573 S.) 904. n. 11. 50; geb. n. 13. —
III. Finanzwissenschaft. 4. ergänzte Aufl. (VIII, 272 S.) 906. n. 5. —; geb. n. 6. —
3. Aufl. (VIII, 252 S.) 903. n. 5. —; geb. n. 6. —.
IV. Statistik. II. Tl.: Die Statistik der wirtschaftl. Kultur. 1. Hälfte: Berufsstatistik, Agrarstatistik, Forst- u. Montanstatistik. (X, 233 S.) 904. n. 5. —; geb. n. 6. —

Conrad, Joh., Grundriss zum Studium d. politischen Oekonomie. I—III. Tl.; IV. Tl. 1 u. IV. Tl. II. 2 I. Lex. 8. Jena, G. Fischer. 41.—; geb. 46. 20
I. Nationalökonomie. 7. ergänzte Aufl. (XVI, 410 S.) 910. 9.—; geb. 10. —
6. Aufl. (XVI, 431 S. m. 2 graph. Taf.) 907.
II. Volkswirtschaftspolitik. 5. ergänzte Aufl. (XVI, 624 S.) 908. 12.—; geb. 13. 20
III. Finanzwissenschaft. 5. erweit. u. ergänzte Aufl. (VIII, 328 S.) 909. 6.—; geb. 7. —
IV. 1. Statistik. I. Tl.: Die Geschichte u. Theorie der Statistik. Die Bevölkerungsstatistik. 3. ergänzte Aufl. (VIII, 208 S.) 910. 5.—; geb. 6. —
IV. 2. Statistik. II. Tl.: Die Statistik der wirtschaftl. Kultur. II. Hälfte, 1. Bd.: Gewerbestatistik, v. A. Hesse. (X, 379 S.) 909. 9.—; geb. 10. —

— s.a. Handwörterbuch der Staatswissenschaften.

Conrad, Handwörterbuch der Staatswissenschaften. I. Bd. Jena 1890. 8°.

Conrad, Johs., himmelwärts. 12 geistliche Lieder f. Solo od. gemischten Chor, m. teilweiser Benutzg. klass. Klavierstücke. 8. (80 S.) Kassel (901). E. Röttger. n. — 30

Conrad, Johs., himmelwärts. 12 geistl. Lieder f. Solo od. gemischten Chor, m. teilweiser Benutzg. klass. Klavierstücke. 2. Taus. (30 S.) kl. 8. Kassel (905). E. Röttger. n. — 80; geb. n. 1. 20

— Himmelwärts. 12 geistl. Lieder f. Solo od. gem. Chor m. teilweiser Benutzg. klass. Klavierstücke. 3. u. 4. Taus. (30 S.) kl. 8. Kassel (908). E. Röttger. Kart. — 80

— s. Jahrbücher f. Nationalökonomie u. Statistik.

— Leitfaden zum Studium der Nationaloekonomie. 2. ergänzte Aufl. gr. 8. (VII, 91 S.) Jena 902. G. Fischer. n. 1. 80
1. Aufl. (VII. 92 S.) Ebd. 901. n. 1. 80.

— Leitfaden zum Studium der Nationalökonomie. 3. wesentlich ergänzte Aufl. (VII, 99 S.) Lex-8. Jena 905. G. Fischer. n. 2. —; geb. n. 2. 50

Conrad, J., Leitfaden zum Studium der Nationalökonomie. 4. ergänzte Aufl. (VII, 94 S.) Lex.-8. Jena, G. Fischer. 1908. 2. —

— Leitfaden zum Studium der Nationalökonomie. 5. ergänzte Aufl. (VII, 100 S.) gr. 8. Jena 910. G. Fischer. 2.—; geb. n 2. 50
4. Aufl. (VII, 94 S.) 908. 2.—; geb. 2. 50

— Leitfaden zum Studium der Volkswirtschaftspolitik. gr. 8. (VIII, 147 S.) Ebd. 901. n. 2. 80

— Leitfaden zum Studium der Volkswirtschaftspolitik. 2. ergänzte Aufl. (VIII, 136 S.) Lex.-8. Ebd. 905. n. 2. 80; geb. n. 3. 40

— Leitfaden zum Studium der Volkswirtschaftspolitik. 3. ergänzte Aufl. (VIII, 142 S.) Lex. 8. Ebd. 908. 2.80; geb. 3. 40

— 1.: Natur u. Staat.

Conrad, Johannes (Übers.):

s.: Poupart: Abhandlung von den Flechten. (Traité des dartres. Dt.) Strasburg: 1784

JB 4.610

Conrad, Johannes (Übers.):

s.: Poupart: Zusätze zu...Abhandlung von den Flechten. (Traité des dartres. Seconde édition augmentée. Auszüge. Dt.) Straßburg: 1785

— s.: Sammlung nationalökonomischer u. statistischer Abhandlungen d. staatswissenschaftlichen Seminars zu Halle a/S.

Conrad, Johannes, Referendar: Der Schutz des adligen Namens und der ordentliche Rechtsweg in Preußen. Greifswald 1908: Abel. 56 S. 8°

Greifswald, Jur. Diss. v. 2. Jan. 1909, Ref. Stoerk †
[Geb. 9. Febr. 82 Berlin; Wohnort: Binz; Staatsangeh.: Preußen; Vorbildung: Pädag. Putbus Reife O. 01; Studium: Tübingen 3, Leipzig 1, Greifswald 3 S.; Rig. 18. Dez. 05.] [U 09. 1447

Conrad, J., das Universitätsstudium in Deutschland während der letzten 50 Jahre, s.a. Sammlung nationalökonomischer u. statistischer Abhandlungen d. staatswissenschaftlichen Seminars zu Halle a. d. S.

Conrad, Johs, Das Universitätsstudium in Deutschland während der letzten 50 Jahre. Statistische Untersuchungen unter besonderer Berücksichtigung Preussens. Jena 1884. 8.
A. u. d. T.: Samml. nat.-oek. etc. Abhh. d. staatsw. Sem. zu Halle. Bd. 3. H 2. (LBK.; D.; KGA.; HC.)

Conrad, Jos., the secret agent, s.a. Collection of British authors.

The secret Agent. A simple tale. By Joseph Conrad. Copyright ed. Leipzig: Tauchnitz 1907. 312 S. 8°
(Collection of British authors. Tauchnitz Ed. Vol. 3995.) [11. 8748

Conrad, Jos., an outcast of the islands, s.a. Collection of British authors.

An Outcast of the Islands. By Joseph Conrad. Copyright ed. In 2 vol. Vol. 1. 2. Leipzig: Tauchnitz 1896. 8°.
(Collection of British authors. Tauchnitz Ed. Vol. 3158/9.) [11. 8138

— A set of six, s.a. Collection of British authors.

A Set of six. By Joseph **Conrad**. Copyright ed. Leipzig: Tauchnitz 1908. 295 S. 8°
(Collection of British authors. Tauchnitz Ed. Vol. 4064.) [11. 1800]

— Im Taifun. Amy Foster, s.: Engelhorn's allgem. Roman-Bibl.

– Tales of unrest, s.a. Collection of British authors.

Tales of unrest. By Joseph **Conrad**. Copyright ed. Leipzig: Tauchnitz 1898. 279 S. 8°
(Collection of British authors. Tauchnitz Ed. Vol. 3300.) [11. 8234]

Conrad, (Jul.,) Carmina latina. 8. Lipsiae 826, Hartmann. Rthlr.

Conrad, Jul., Carmina latina. 8. Leipz. 826. (Lehnhold). 10 gr.

Conrad, Jul., Fridericus Augustus, Carminis elegiaci libri III. Composuit et in vernaculum sermonem transtulit. A. u. d. T.: Friedrich August. Elegisches Gedicht in 3 Gesängen. Dresden 855. Burdach. gr. 8. (XII, 173 S.) n. 1 ₰

– s.a. Gradus ad Parnassum.

Conrad, Jul., Gradus ad Parnassum sive thesaurus latinae linguae prosodiacus. Editio plane altera, quam ex aureae aetatis fontibus recenti studio auxit, emendavit et omni ad versus pangendos supellectili studiosae juventuti necessaria accurate instruxit autor. Lex.-8. (X und 492 S. nebst Index substantivorum 88 S.) Leipzig 861, Arnoldische Buchh.

Conrad, Jul., Gradus ad Parnassum sive thesaurus latinae linguae prosodiacus, quem ex aureae aetatis fontibus recenti studio auxit, emendavit et omni ad versus pangendos supellectili studiosae juventuti necessaria accurate instruxit. Accedunt indices substantivorum, epithetorum et adverbiorum metrici cum indice geographico. Editio III. ster. Lex.-8. (VI und 530 S.) Leipzig 863, Arnoldische Buchh. *

Conrad, Jul., gradus ad Parnassum sive thesaurus latinae linguae prosodiacus, quem ex aureae aetatis fontibus recenti studio auxit, emendavit et omni ad versus pangendos supellectili studiosae juventuti necessaria accurate instruxit. Accedunt indices substantivorum, epithetorum et adverbiorum metrici cum indice geographico. Ed. IV. ster. gr. 8. (VI, 492 u. Indices XXXVIII S.) Leipzig 880. Arnold. n. 5. —

Conrad, Jul., Leitfaden f. den Unterricht in der Chemie. Zum Gebrauche in der Gewerbeschule unter ergänz. Verwendg. der einschläg. Objecte, Apparate u. Experimente v. Seiten d. Lehrers. 8. (81 S.) Hermannstadt 882. (Michaelis.) n. — 40

— s. Ovidii Fastorum.

Conrad, Julius Gustav Ferdinand Nathanael, s. Conrad, Gustav.

Conrad, K. L. (Hrsg.), s. Stosch, Sam. Joh. Ernst: Neueste Beiträge . . .

Conrad, Karl, Martin Butzer, e. Reformator Straßburgs, s.: Schriften d. protestantischen liberalen Vereins in Elsaß-Lothringen.

Conrad, Carl, die Organisation des Arbeitsnachweises in Deutschland. Von der Universität Strassburg preisgekrönte Arbeit. (XX, 464 S.) gr. 8. Leipzig 904. Duncker & Humblot. n. 9. —

Conrad, Karl Ed., s. Kastalia.

Conrad, Karl Ldw.

– s. Abendmahl, üb. d. heil.

– s. Abhandl. über Wahrheiten d. Homiletik.

Conrad, Karl Ldw., († d. 11. Sept. 1804.) Andachtsbuch z. tägl. Gebrauch nachdenkender u. gutgesinnter Christen bei ihren besondern Gebetsübungen. gr. 8. Züllichau 774. 2e Aufl. 785. (Frommann in Jena). 16 gr.

— Aufsätze zur Beförderung d. häusl. Andacht im Gebete. gr. 8. Berl. 782. Himburg. 4 gr.

– s. Auswahl guter Predigten.

— Bekenntniß christl. Ueberzeugung u. Entschließungen, welches I. K. H. die Prinzen Friedrich Heinrich Christian Ludwig u. Friedrich Christian Ludwig von Preußen, in Gegenwart Sr. Maj. d. Königs u. d. königl. Hauses am 10. Sept. 1788 abgelegt haben. gr. 8. Berl. 788. Rottmann. 12 gr.

Conrad, K. L., Betrachtungen über mich selbst u. mein Verbindungen in der großen Welt. 8. Berlin, Lange. 799 Rthlr.

— Betrachtt. über mich selbst u. meine Verbindungen in d. großen Welt. 8. Berl. 799. (Reimer). 12 gr.

— wahrer Charakter eines christl. Predigers, zum Gedächtniß Crügers in Crossen. 8. Frankf. a. d. O. 778.

— Erweckungen zur häusl. Frömmigkeit in einigen kurzen Betrachtungen über verschied. Stellen d. heil. Schrift. 8. Züllichau 794. Frommann in Jena. 14 gr. (Die 1e A. erschien ohne d. Verfass. Namen. Ebd. 776.)

— Gedächtnißpredigt auf d. hochselige Prinzessin Anna Amalia von Preußen, gefürstete Aebtissin zu Quedlinburg. gr. 8. Berl. 787. Rottmann. 4 gr.

– s. Gedanken eines Gottesgelehrten.

— Glaubensbekenntniß I. K. H. der Prinzessin Friederike Louise Dorothee von Preußen, nebst den dabey gehaltenen Reden und Predigten. gr. 8. Ebend. 785.

— Glaubensbekenntniß I. K. H. der Prinzessin Friederike Louise Dorothee v. Preußen, nebst den dabei gehaltenen Reden u. Predigten. gr. 8. Berl. 787. Rottmann. 12 gr.

Conrad, Carl Ludewig, Predigt zum Gedächtniss Friedrichs des Zweiten, Königs von Preussen. Vor Ihro Majestät der verwittweten Königinn am 10. September 1786 im Lustschloss Schönhausen gehalten. Berlin 1786. 8.
— Dasselbe, Auflage 2. ib. eod.

— Reden bei e. feierl. Veranlassung am 17. März u. 9. Juni 1796 im Johanniter-Ordens-Palais in Berlin gehalten. gr. 8. Berl., Franke. 3 gr.

— über d. Verachtung d. öffentl. Gottesdienstes. 8. Züllichau 773. Frommann in Jena. 2 gr.

– s. Versuch e. faßl. Religionsunterr.

Conrad, L., das Geschenk Constantins des Gr. od. Welchen Einfluß hat die Verbindg. m. dem Staate auf die christl. Religion gehabt. In wichtigster Beziehung nachgewiesen. 2. Aufl. (82 S.) Berlin 899. W. Buchholz. — 20

Conrad, L., Grüße an meine Freunde in New-York. gr. 8. (VIII, 146 S.) New-York 899. (J. W. Christern.) Geb. in Leinw. m. Goldschn. n. 4.20

Conrad, L., die Vernunft u. das Christenthum. Eine kurze Betrachtg. f. Christen aller Parteien. 12. (8 S.) Berlin 891. (Conrad.) — 15

Conrad, Leop., Geschichte Preußens m. Berücksicht. der deutschen u. brandenburgischen Geschichte. Ein Schul- u. Volksbuch. 12. Aufl. gr. 8. (207 S.) Tilsit 896. J. Reyländer & Sohn. Geb. n. — 80

Geschichte Preußens mit Berücks. d. deutschen u. brandenburg. Geschichte. Ein Schul- u. Volksbuch von Leopold **Conrad**. 13. Aufl. Neubearb. von Otto Marold, Mittelschullehrer. Mit 11 Kartenskizzen. *Tilsit: J. Reyländer & Sohn 1904.* (VIII, 216 S. 8° [F.] [04. 0303 10

Conrad, Leop., Geschichte Preußens m. Berücksicht. d. dtsch. u. brandenburg. Geschichte. Ein Schul- u. Volksbuch. Neubearb. v. Otto Marold. Mit 11 Kartensk. 14. Aufl. (VIII, 216 S.) 8. Tilsit 908. J. Reyländer & Sohn. Geb. nn 1. —

Conrad, Ludwig (Castel)
Zur Lehre über die Auscultation der Gefässe.
Giessen: Keller 1860. 48 S. + 2 Bl. Thesen.
Diss. med. 18.7.1860. vorh. 7. 11.

Conrad, Ludwig, a. Landau i. Pfalz: Über die N-Methylolverbindungen der Amide der Guajacol-, Thymol-, Eugenol- und Isoeugenolessigsäure und Beiträge zur Kenntnis des Eugenols. München 1907: V. Höfling. (51 S.) 8°
München, Phil. Fak., Ref. v. Baeyer, Diss. v. 10. Juni 1907
[Geb. 5. Juli 78 Lambrecht i. Pf.; Wohnort: Landau i. Pf.; Staatsangeh.: Bayern; Vorbildung: Gymn. Landau i. Pf. Berechtigung z. Einj.-Freiw.-Dienst Juli 94, pharmazeut. Staatsexamen Mai 02: Studium: München 13 S.; Rig. 10. Juni 07.]

Conrad, M., die Entwicklung der Häuserpreise in Freiburg i. Br. während der letzten 100 Jahre, s.a. Sammlung nationalökonomischer und statistischer Abhandlungen des staatswissenschaftlichen Seminars zu Halle a. S.

Conrad, Entwicklg. d. Häuserpreise in Freiburg i. B. Jena 881.

Conrad, M., Für und wider die Getreidezölle! gr. 8. (26 S.) Jena 879. Fischer. *

— Ueber die bäuerlichen Verhältnisse im Kreise Graudenz. (Schrift. d. Ver. f. Soz.-Pol., Bd. 23.) Leipzig 1883.

Conrad, M. G., Bergfeuer. Evangelische Erzählgn. (1. Reihe.) 8. (III, 103 S.) München 893. Dr. E. Albert & Co., Sep.-Cto. n. 2. —; geb. n. 3. —

Conrad, M. G., französische Charakterköpfe. Studien nach der Natur. 8. (II, 189 S.) Leipzig 881. Reißner. n. 1. 50; geb. n. 2. —

— dasselbe. 2. Serie. 2. Aufl. 8. (VII, 206 S.) Ebend. 881. n. 1. 50; geb. n. 2. —

— u. L. **Willfried,** die Emanzipirten. Lustspiel in 4 Akten. 8. (III, 174 S.) Ebd. 888. n. 2. —

— Erziehung des Volkes zur Freiheit. Eine Serie sozial-pädagogischer Briefe zur Aufklärung u. Mahnung für das Volk u. seine Freunde. 2. Aufl. 8. (VII, 66 S.) Leipzig 881. Findel. n. 1. 20

Conrad, M. G., Erziehung d. Volkes zur Freiheit. Eine Serie social-pädagog. Briefe zur Aufklärg. u. Mahng. f. das Volk u. seine Freunde. 3. Aufl. 8. (VIII, 66 S.) München 885. Heinrichs. n. 1. 20

Conrad, M. G., Fantasio. Geschichten u. Lebensbilder. 8. (V, 329 S.) Leipzig 889. Friedrich. n. 5. —

— u. L. Willfried. Firma Goldberg. Schauspiel in 5 Akten. 8. (III, 110 S.) Ebd. 889. * 2 —
Vgl.: Litteratur, moderne realistische.

— wirtschaftl. **Kämpfe** u. höh. **Kultur!** Zeit- u. Reichsbetrachtg. gr. 8. (31 S.) Bamberg 897. Handelsdruckerei u. Verlagsh. n. — 50

— Pariser Kirchenlichter. Dydon. Loyson. Skizzen. gr. 8. (48 S.) Zürich 880. Verlags-Magazin. n. 1. —

— s.: Krisis, die religiöse.

— gelüftete **Masken.** Allerlei Charakterköpfe. 8. (V, 312 S.) Ebd. 890. n. 5. —

— die **Moderne,** s.: **Flugschriften,** Münchener.

— die **Musik** im heutigen Italien. 8. (VII, 75 S.) Breslau 879, Schottländer. *

— **Parisiana.** Plaudereien über die neueste Literatur und Kunst der Franzosen. 1. Bd. Mit dem Portr. Emile Zola's in Radirung. gr. 8. (IX, 356 S.) Breslau 880, Schottländer. * M 4.; geb. *

— Pumpanella. Ein Buch f. geistreiche Leute, die abseits gehen. 8. (XII, 251 S.) Ebd. 889. n. 5. —

— s.: Rossini u. Wagner.

— Sachverständigen-Gutachten, s.: Panizza, Osk., meine Verteidigg. in Sachen „D. Liebeskonzil".

— die Sozialdemokratie u. die Moderne. Münchener Flugschrift. gr. 8. (37 S.) München 890. C. Mehrlich. — 40

Conrad, Dr. M. G.: Die Sozialdemokratie und die Moderne. Münchener Flugschrift. München: C. Mehrlich 1892. 8°

— Spanisches und Römisches. Kritische Plaudereien über Don Emilio Castelar, Pio Nono, den vatican. Gott, und andere curiose Zeitgenossen. gr. 8. (XV, 256 S.) Ebendas. 877. *

— Georg Stein. Roman. 2. (Titel-)Ausg. 8. (III, 303 S.) Riga (864)79, Kymmel. *

— Totentanz der Liebe. Münchener Novellen. 8. (363 S.) Ebend. 885. n. 6. —

Conrad, M. G., der **Übermensch** in der Politik. Betrachtgn. üb. d. Reichszustände a. Ausgange d. Jahrhunderts. gr. 8. (84 S.) Stuttgart 895. R. Lutz. n. 1. —

— **zur Volksbildungsfrage im deutschen Reich.** Freie pädagogisch-sociale Studien u. Reformvorschläge zur Förderg. der Erziehungswissenschaft u. Aufklärg. d. Volks. gr. 8. (48 S.) Nürnberg 871. Korn. n. — 80

— deutsche **Weckrufe.** gr. 8. (VII, 178 S.) Ebd. 890. n. 2. —

— **zur Wiedergeburt der Kulturmenschheit.** Zwei preisgekrönte Arbeiten. Eingeleitet u. hrsg. v. M. G. C. gr. 8. München 893. C. Mehrlich. — 75
Heinr. Solger: Was ist zur Verbesserung unserer Rasse zu thun? — Max Seiling: Die Regeneration des Menschengeschlechts. (VI, 44 S.)

Conrad, M. W. P. (Hrsg.), s. Gummi-, Gutta-Percha- u. Asbest-Journal.

Conrad, Mart., die Windkraftmaschinen, s.: Neumann, Frdr.

Conrad, Mrt. Gli., Gebete zum öffentl. Gebrauche, besonders für Bürger- u. Landschulen. gr. 8. Dresd. 821. Verfasser. 18 gr (Leipz., Hinrichs). Hbg. Pr. 10 gr

Conrad, (Mart. Gottl.,) Gebete z. öffentl. Gebrauche besonders f. Bürger- u. Landschulen. gr. 8. Dresden (825), Verfasser.

Conrad, Mart. Gli., vollständige Lieder-Concordanz des neuen Dresdner Gesangbuches, alle, in e. zehnfachen Verzeichnisse hieher gehörigen Gegenstände enthaltend, zum zweckdienlichen Gebrauche für die Hrn. Prediger, Schullehrer u. Candidaten. 8. Dresden (831; Grimma, Gebhardt.) n. 2/3 Thlr

Conrad, Martin Glieb., vollständ. Lieder-Concordanz d. dresdner Gesangbuchs. Zum Gebr. f. Theologen u. Lehrer. 2., verb. u. verm. Aufl. bearb. v. Jul. Conrad. 8. (15½ B.) Grimma 845, Gebhardt. *

— Poesien. 8. Dresd. 823. Verfass.

— einige Predigten u. religiöse Vorträge. 8. Dresden (821). (Leipzig, Barth)

— einige Predigten u. religiöse Vorträge. 8. Dresd. 821. Verfass. 12 gr (Leipz., Hinrichs). Hbg. Pr. 8 gr

— Rede vor d. Abendmahlsfeier ꝛc. 8. Dresd. 816.

— drei geistl. Reden. 8. Dresd. 814.

— religiöse u. sittliche Unterhalt. f. die Jugend, in Beispielen u. Gesprächen dargestellt. 8. Dresden 829; Grimma Gebhardt. 1/4 Thlr

Conrad, Matthäus, das Kind im Hause u. in der Schule Eltern u. Erziehern gewidmet. 1. u. 2. Tauf. (48 S. 8. Kitzingen 906. Aalen, A. Wirth. n. —80

— aus der Praxis des Anschauungsunterrichts. Für Schule u. Haus. (XVI, 95 S.) gr. 8. Ebd. 906. n. 2. —; geb. n. 2. 75

Conrad, Matthäus, Sinnen u. Sehnen. Schlichte Verse. (VII, 99 S. m. Bildn.) 8. Kitzingen 907. A. Wirth Nachf. 1.—; geb. in Leinw. 1. 80

Conrad, Max, Beiträge zur Geschichte des Acetessigesters. gr. 8. (33 S.) Würzburg 875, Stuber. *

Conrad, Max, Beiträge zur Geschichte d. Acetessigesters. gr. 8. (33 S.) Würzburg 876. Stuber. n. 1. 20

Conrad, Max: ⟨Aus der med. Klinik des Herrn Geheimrat Prof. Dr. Gerhardt.⟩ Ueber die Komplikation der Perityphlitis durch Pleuritis. *Berlin (1898): E. Ebering.* (28 S.) 8°
Berlin, Med. Diss. v. 1. März 1898

—— die Refraktion von 3036 Augen von Schulkindern mit Rücksicht auf den Uebergang der Hypermetropie in Myopie. Inaugural-Dissertation. gr. 8. (45 S.) Königsberg 875, (Leipzig, Kessler.) *
—— dass. — 2. Aufl. gr. 8. (47 S. mit 2 lithogr. Taf.) Leipzig 876, Kessler. *

Conrad, Michael Georg

Conrad, M. G., d. Beichte d. Narren. Roman. 2. [Titel-] Ausg. 8. (368 S.) Berlin (893) 896. H. Steinitz. n. 3.—

Die Beichte des Narren. Roman von M[ichael] G[eorg] Conrad. Leipzig: Friedrich (1894). 368 S. 8°
(Conrad: Was die Isar rauscht. 3.)

Conrad, Mich. Geo., Björnstjerne Björnson, s.: Wertung.

— Bismarck der Künstler, s. a. Wertung.

Bismarck der Künstler. Von Michael Georg Conrad. Leipzig: Eckardt [1910]. 20 S. 8° [Umschlagt.]
(Wertung. 1910, H. 1.)

— s.: Conradi, Herm., Liebes-Beichte.

— Erlösung. Drei Novellen. 8. (V, 186 S.) Leipzig 891. W. Friedrich. n. 2.—

[Ant. u. F.] M[ichael] G[eorg] Conrad. Erlösung. 2. Ausg. *Berlin: H. Steinitz [1896].* (2 Bl., 185 S.) 1 Bd 8.

— in purpurner Finsterniß. Roman-Improvisation a. d. 30. Jahrh. (Veröffentlichgn. des Vereins für freies Schriftthum, 1. Jahrg. 6. Bd.) 8. (359 S.) [Berlin 895. H. Storm.] Leipzig, C. F. Tiefenbach. n. 3. -; geb. n. 4. —

[F.] In purpurner Finsterniss. Roman-Improvisation aus d. dreissigsten Jh. v. Michael Georg Conrad. *Berlin: Ver. f. Freies Schriftthum [1895].* (359 S.) 1 Bd 8.
— [Veröffentlichungen d. Vereins f. Freies Schriftthum.] Jg. 1. Bd 6.

Conrad, Michael Georg
s. Flaischlen, Cäsar: Neuland. 1894.

Flammen! Für freie Geister. Von M[ich.] G[eorg] Conrad. Leipzig: Friedrich 1882. XX, 290 S. 8°
Recens: Bh. 25 (1882) S. 129—130 (J. G. Findel), 146—147 (J. Sittard); FZ. 37 (1883) S. 401—405 (Br. H . . . l).
cf. WvV. 1 (1882) S. 248 (E . . . a); Z. 11 (1882) S. 37—38 (K. v. Gagern).
Tt. 1495. Abhandl. teilweise schon früher in der Bauhütte als „Selbstgespräche am Werktisch" erschienen (Nr 1195).

Der Freimaurer! Neue Beiträge zur Kritik des Logenlebens, seiner Freunde und Feinde von M[ich.] G[eorg] Conrad. Mit d. Bilde u. Facs. d. Verf. Leipzig: Heinrichs 1885. 196 S. 8°
Recens: BrL. 3 (1884—1885) S. 79—80 (R. Brandt); Bh. 28 (1885) S. 53—54 (K. v. Gagern); FZ. 39 (1885) S 156—157; D. Magazin f. d. Litteratur. 107 (1885) S. 344 bis 345 (A. v. Mensi).
cf. WvV. 4 (1885) S. 134; Z. 15 (1885) S. 24 (M. Amster); BB. 33 (1889—1890) S. 66; Büchner L.: Fremdes u. Eignes. 2. Aufl. 1890 S. 295—299.
Tt. 1495 a. Abhandl. zum grössten Teil bereits in Bh. erschienen.

— Wagners Geist u. Kunst in Bayreuth. 1. u. 2. Aufl. (Je 99 S.) gr. 8. München-Schwabing 906. E. W. Bonsels & Co. n. 2.—

Conrad, Mich. Geo., s.: Gesellschaft, die.

Conrad, Mich. Geo., der Herrgott am Grenzstein. Fränkischer Dorfroman. 2 Tle in 1 Bd. (216 u. 220 S.) 8. Berlin 904. O. Janke. n. 5.—

Humanitas! Kritische Betrachtungen über Christenthum, Wunder und Kernlied von M[ich.] G[eorg] Conrad. Zürich: Verl.-Magazin 1875. IV, 128 S. 8°
cf. T. 21 (1875) S. 137—138.
Enth. im Anh. einige Paragraphen aus dem Wormser Grundgesetz der Frmrei.

— die klugen Jungfrauen. Roman in 3 Bdn. 8. (267, 277 u. 288 S.) Ebd. 889. n. 12.—

[Ant. u. F.] M[ichael] G[eorg] Conrad. Die klugen Jungfrauen. Roman in 3 Bdn. 2. Ausg. Bd I—III. *Berlin: H. Steinitz [1896].* 3 Bde 8.
I. (2 Bl., 267 S.) (II.) (277 S.) III. (1 Bl., 288 S.)

— die klugen Jungfrauen. Münchener Roman. 2. durchgeseh. Aufl. in 1 Bd. (324 S.) 8. Berlin 905. H. Steinitz n. 5.—

—— Ketzerblut. Mit dem Portr. des Verf. 8. (VIII, 273 S.) Münch. 892, Münch. Handelsdruckerei u. Verlagsanstalt M. Poeßl. * 8 —

Ketzerblut v. M[ichael] G[eorg] Conrad ... München: M. Poessl [1892]. (1 Bl., 271 S., 2 Bl.) 1 Bd 8.

— Ketzerblut. Sozialpolitische Stimmgn. u. krit. Abschlüsse. 1. u. 2., unveränd. Aufl. 8. (VIII, 273 S.) München 893. Münchner Handelsdruckerei u. Verlagsanstalt M. Poeßl. n. 3.—

Pariser Liebesgeschichten ⟨Lutetias Töchter⟩ von Michael Georg Conrad. 2., veränd. Aufl. Berlin: H. Steinitz [1905]. (190 S.) 8° [F.]

Liederheft der □ „Zu den zwei Säulen am Stein" im Or. Würzburg, für Chor gesetzt mit Harmonium Begleitung von M[ich.] G[eorg] Conrad. o. O. [ca 1882].
Ob im Druck erschienen?
[HL. 15 (1882) S. 1141.]

—— die Loge im Culturkampf. Kritische Analyse der Étude sur la Franc-Maçonnerie des Bischofs von Orleans. gr. 8. (46 S.) Ebendas. 875. *

Die Loge im Culturkampf. Krit. Analyse der Étude sur la franc-maçonnerie des Bischofs von Orleans von M[ich.] G[eorg] Conrad. Zürich: Verlags-Magazin 1876. 46 S. 8⁰
Auszug in holländ. Übers. von D. R. Wisselink in: MW. Ser. 3 Jg. 1 (1876) No 1, 2, 4, 5.
Recens: Bh. 18 (1875) S. 382; Kalender f. Frmr. 17 (1877) S. 236.
cf. Bh. 20 (1876) S. 83—85 (M. G. Conrad), 94—95 (W. Smitt); D. Bund. 1 (1878) S. 32 (Lucian).
Tt. 1493. Zurückweisung der Angriffe Dupanloups.

— Madame Lutetia! Neue Pariser Studien. 8. (IV, 465 S.) Leipzig 883. Friedrich. n. 6. —

[Ant. u. F.] M[ichael] G[eorg] Conrad. Madame Lutetia. 2. Ausg. *Berlin: H. Steinitz [1897].* (1 Bl., IV, 465 S.) 1 Bd 8. [97 5735

Majestät. Ein Königsroman von Michael Georg Conrad. 1. u. 2. Taus. Th. 1. 2 (in 1 Bde). *Berlin: O. Janke (1902).* 8° [F.] [03. 1908

— Majestät. Ein Königsroman. 3. Aufl. (5—7. Tauf.) Mit e. Bildnis König Ludwigs II. v. Bayern. (326 S.) 8. Berlin 906. O. Janke. 4. —

„Mehr Licht!" Kritische Betrachtungen über die Freimaurerei. Von M[ich.] G[eorg] Conrad. Zürich: Verlags-Magazin 1877. 32 S. 8⁰
cf. T. 23 (1877) S. 2—3; D. Bund. 1 (1878) S. 32 (Lucian).
Tt. 1494. Verf. erzählt hier auch, wie er Frmr. wurde.

—— die letzten Päpste. Ketzerbriefe aus Rom. 1. und 2. unveränd. Aufl. gr. 8. (VII, 182 S.) Ebendas. 878. *

— Raubzeug. Novellen u. Lebensbilder. 8. (IV, 228 S.) Leipzig 893. W. Friedrich. n. 3. —; geb. n.n. 4. —

[Ant. u. F.] M[ichael] G[eorg] Conrad. Raubzeug u. andere Novellen. 2. Ausg. *Berlin: H. Steinitz [1896].* (IV, 222 S., 1 Bl.) 1 Bd 8. [97. 5370

— das Recht, der Staat, die Moderne, s.: Flugschriften, Münchener.

Pestalozzi. Rede zur Einweihung der deutschen Loge „Pestalozzi" zu Neapel. Von M[ich.] G[eorg] Conrad. Leipzig: Findel 1873. 23 S. 8⁰
Abgedr. in: Bh. 16 (1873) S. 280—282, 285—288; UMS. 2 (1873) S. 218—220, 226—236; 3 (1874) S. 18—21; Conrad, M. G.: Vom Reissbrett. 1875 S. 5—20.
Üb. diejenigen Ideen Pestalozzis, die Zielpunkte frmrischen Lebens u. Strebens bleiben müssen.

Vom Reissbrett. Freimaurerische Ansprachen und Skizzen von M[ich.] G[eorg] Conrad. Zürich: Verlags-Magazin 1875. 64 S. 8⁰
cf. Z. 5 (1875) S. 112 (H. L.).
Tt. 1851. 8 Reden.

— Salve Regina. Lyrischer Cyklus. Mit Umschlag-Zeichng. v. Ed. Lammert. gr. 8. (160 S.) Berlin 899. Schuster & Loeffler. n. 2. 50; geb. 3. 50

Pius IX. Papa: **Die clericale Schilderhebung. Aus italienisch-deutsche [!] Gesichtspunkten betrachtet von M[ich.] G[eorg] Conrad. Mit einem bisher ungedr. Document des C. M. Curci. Breslau: Schottlaender 1878. 190 S. 8⁰**

— die clericale Schilderhebung. Aus italienisch-deutschen Gesichtspunkten betrachtet. Mit einem bisher ungedruckten Document des Jesuitenpaters C. M. Curci. 2. Aufl. 8. (190 S.) Breslau 878. Schottländer. n. 3. —

— Lutetias Töchter. Pariser-deutsche Liebesgeschichten. 2. [Titel-]Ausg. 8 (313 S.) Berlin (883) 896. H. Steinitz. n. 3. —

[F.] M[ichael] G[eorg] Conrad. Wahl-Fahrten. Erinnerungen aus meiner Reichstags-Kandidatenzeit. *München: E. Albert & C. [1893].* (2 Bl., 64 S., 1 Portr.) 1 Bd 8. [98. 3732

— Wahl-Fahrten. Erinnerungen aus meiner Reichstags-Kandidatenzeit. 8. (III, 64 S. m. Bildnis.) München 894. Dr. E. Albert & Co., Sep.-Cto. n. 1. —

—— Was die Isar rauscht. Münchener Roman. 2 Bde. 8. (382; 405 S.) Leipzig 888, Friedrich. *
geb. *

— was die Isar rauscht. Münchener Roman-Cyklus. III. Die Beichte des Narren. 8. (368 S.) Ebd. 893. n. 6. — (I—III.: n. 15. —; Einbde. à n.n. 1. —)

— was die Isar rauscht. Münch. Roman. 3. Aufl. 8. (400 S.) Berlin 898. H. Steinitz. n. 5. —

[F.] Was die Isar rauscht. Münchener Roman v. M[ichael] G[eorg] Conrad. 4. Aufl. *Berlin: H. Steinitz 1899.* (400 S.) 1 Bd 8. [98. 9496

Conrad, Michael Georg
Was die Isar rauscht. Münchener Roman. 5. Aufl. Berlin: Steinitz 1899. 400 S. 8°

Conrad, Michael Georg: Wetterleuchten der Reaction, s. Quidde, Ludwig

— Emile Zola. s.a. Literatur, die. 28. Bd.

Emile Zola. Von Michael Georg Conrad. Mit 7 Vollbild. u. 2 Faks. Berlin: Bard, Marquardt & Co. (1906). (100 S.) 8°
— Literatur, Die. Bd 28. [07. 2903

— von Emile Zola bis Gerhart Hauptmann. Erinnerungen zur Geschichte der Moderne. gr. 8. (154 S.) Leipzig 902. H. Seemann Nachf. n. 2. 50

Conrad, O., Kirchengeschichte z. Gebrauch an d. höh. Mädchenschule u. d. weiterführ. Anstalten. (VIII, 114 S.) 8. Leipzig 910. R. Voigtländer. Geb. 1. —

Conrad, v. O. K., s.: Litteratur, moderne realistische.

Conrad, Otto, Oberlehrer des. a. Coethen in Anhalt: Die Ethik Wilhelm Wundts in ihrem Verhältnis zum Eudämonismus. Halle a. S. 1906: C. A. Kaemmerer. (VIII, 64 S.) 8°
Halle, Phil. Fak., Ref. Vaihinger, Diss. v. 3. März 1906
[Geb. 27. Juli 80 Cöthen; Wohnort: Dessau; Staatsangeh.: Anhalt; Vorbildung: Gymn. Cöthen Reife O. 99; Studium: Theol. u. Phil. Leipzig 2, Marburg 1, Leipzig 2, Halle 4 S.; Rig. 6. Jan. 06.]

Conrad, Otto, Lohn u. Rente. (VI, 256 S.) gr. 8. Wien 909. F. Deuticke. 5. —

Conrad, Otto, die Prioritäts-Abtretung in ihrer Wirkung auf Zwischen-Hypotheken. Eine Studie über §. 30 des österreich. Grundbuchsgesetzes vom 25. Juli 1871, R. G. B. 95. gr. 8. (98 S.) Wien 881, Manz'sche Hofverlagsh. *

Conrad, P., siehe: *Lehrerzeitung* und *Zeitschrift, Pädagogische.*

Conrad, P. u. A. Teupel

— — Vorübungen z. Praxis d. Maschinenschreibens. Methodische Anleitg. u. Einführg. in d. Technik d. Maschinenschreibens f. sämtl. Schreibmaschinen-Syst. 6. Aufl. 11—12. Taus. (48 S.) gr. 8. Berlin (910). L. Oehmigke's Verl. nn — 50

Conrad, Paul, s.a. Conrad-Ramlo, Marie

Conrad, P[aul]. Über Pädagogische Abende. Öffentlicher Vortrag, gehalten im Auftrag der Gemeinnützigen Gesellschaft des Kantons Graubünden. Separatabdruck aus der «Schweiz. Pädagog. Zeitschrift», Heft 5, Jahrg. 1904. 29 S. 8. Zürich, Orell Füssli, 1904.

Conrad, P., siehe: *Blätter für erz. Unterricht.*

Conrad, Paul, zweiter Brief an die Korinther, s.: Wort, das, d. Heils.

Conrad, Paul, s.: Bußtagspredigten.

Das Königliche Domkandidatenstift 1854–1904. Festschrift z. 50jähr. Stiftsjubiläum. Erinnerungsblätter von Dr. (Paul) Conrad, Pastor zu Berlin. Mit Vorw. von Ephorus D. (Ernst) Dryander. *Berlin: M. Warneck 1904.* (78, 75 S.) 8° [F.]

— Erkenntnis d. Heils. Sonntagsbetrachtungen. (196 S.) kl. 8. Berlin (908). Schriftenvertriebsanst. — 75; geb. 1.—

Fest und treu! Wehr u. Waffe f. d. konfirmierte Jugend. Dargeboten von Dr. [Paul] Conrad, Pastor zu Berlin. 1.–20. Taus. Berlin: M. Warneck 1905. (32 S.) 8° [F.]

— 21.—28. Tauf. (32 S.) 8. Ebd. 906. n. — 10

— Fest u. treu! Wehr u. Waffe f. d. konfirmierte Jugend. 81—90. Tauf. (32 S.) 8. Berlin 910. M. Warneck. n — 10

Conrad, Paul, das Gebet des Herrn. Neun Predigten üb. das Vaterunser. 8. (VII, 79 S.) Berlin 900. M. Warneck. n. 1. 50; geb. n. 2. —

— Grund ewiger Freuden. Sonntagsbetrachtungen üb. d. altkirchl. Evangelien. (204 S.) kl. 8. Berlin (909). Schriftenvertriebsanstalt. — 75; geb. 1. —

Conrad, P[aul]. Grundzüge der Pädagogik und ihrer Hilfswissenschaften in elementarer Darstellung. Für Lehrerseminarien und zum Selbstunterricht bearbeitet. 2 Teile. 8. Davos, Hugo Richter, 1902. [*je* fr. 5. —]

Teil 1: Psychologie mit Anwendungen auf den Unterricht und die Erziehung überhaupt. II + X + 395 + VIII S.

Teil 2: Elemente der Ethik und allgemeine Pädagogik. II + IV + 103 + IV S.

Conrad, P[aul]. Grundzüge der Pädagogik und ihrer Hilfswissenschaften in elementarer Darstellung. Für Lehrerseminarien und zum Selbstunterricht bearbeitet. 2 Teile. (*je* 4 Lieferungen.) 2., verbesserte und vermehrte Aufl. Chur, F. Schuler, 1906—1908. ([pro Liefg. fr. 1. 50; jeder Teil] fr. 6. —, geb. 7. —)

Teil 1: Psychologie mit Anwendungen auf den Unterricht und die Erziehung überhaupt. II + XII + 411 + VII S. 1906. — (Liefg. 1. II + XII + 98 S.; Liefg. 2. II S. + S. 99—210; Liefg. 3 und 4 (Schluss). II S. + S. 211—411 + VII S.)

Teil 2: Elemente der Ethik und allgemeine Pädagogik. II + VI + 443 + IV S. 1908. — (Liefg. 1. II + VI + 96 S.; Liefg. 2. II S. + S. 97—208; Liefg. 3 und 4 (Schluss). II S. + S. 209—443 + IV S.)

Conrad, der Herr ist mein Hirte! s. a. Predigt-Hausschatz, evangelischer. Nr. 36.

Der Herr ist mein Hirte! Ev. Joh. 10, 23–30. Predigt geh. zu Berlin von Dr. [Paul] Conrad, Pastor. *Halle a. S.: E. Strien [1901].* (12 S.) 8° [F.]
— Predigt-Hausschatz, Evangelischer. No 36.

Conrad, P., s.: Jahresbericht des bündnerischen Lehrervereins.

— s.: Missionsfestpredigten.

Conrad, P., Präparationen f. den Physik-Unterricht in Volks- u. Mittelschulen. Mit Zugrundelegung v. Individuen. Nach Herbart'schen Grundsätzen bearb. I. Tl. Mechanik u. Akustik. gr. 8. (VIII, 173 S. m. 8 S. Fig.) Dresden 889. Bleyl & Kaemmerer. n. 3. —
s.: Conradus.

Conrad, P[aul]. Präparationen für den Physik-Unterricht in Volks- und Mittelschulen. Mit Zugrundelegung von Individuen (*Teil 2:* Nach Herbartschen Grundsätzen) bearb. von P. C', Seminardirektor in Chur. 2 Teile. 2. verbesserte Aufl. 8. Dresden, Bleyl & Kaemmerer, 1901—1905.

Teil 1: Mechanik und Akustik. (Mit 8 Figurentafeln.) VIII + 180 S. 1901. (M. 3. 60)

Teil 2: Optik, Wärme, Magnetismus und Elektrizität. Mit zahlreichen (*Umschlag:* 41) Figuren. VIII + 172 S. 1905. M. 3. 60, geb. 4. 20

Conrad, P[aul]. Präparationen für den Physik-Unterricht in Volks- und Mittelschulen. Mit Zugrundelegung von Individuen bearbeitet. Mit einem Anhang von Präparationen aus dem elementaren Chemieunterricht. 2 Teile. 3. vermehrte Aufl. 8. Dresden-Blasewitz, Bleyl & Kaemmerer, 1907—1909. *je* M. 3. 60, geb. 4. 20

Teil 1: Mechanik und Akustik. Mit 54 Figuren. VIII + 192 S. 1907.

Teil 2: Optik, Wärme, Magnetismus und Elektrizität. Mit zahlreichen (*Umschlag:* 41) Figuren. VIII + 210 S. 1909.

Die Praxis des Maschinenschreibens. Anleitung u. method. Übungsstoff z. Herstellung von Schreibmaschinenarbeiten f. Schüler d. Schreibmaschinenschulen, hrsg. v. P[aul] Conrad, Lehrer, Berlin, [&] A. Teupel, Lehrer, Hanau. Wittenberg: R. Herrosé (1906). (IV, 96 S.) 8°

Conrad, P., u. A. Teupel, die Praxis d. Maschinenschreibens. Anleitung u. method. Übungsstoff zur Herstellg. v. Schreibmaschinenarbeiten f. vorgeschr. Schüler d. Schreibmaschinenschulen. 3. Aufl. (V, 96 S.) 8. Wittenberg (909). R. Herrosé. 1. 20

— s. a. Seminar-Blätter, Bündner.

Conrad, P. Bündner Seminar-Blätter. 5. Bd. Lex.-8°. 160 S. Davos, Hugo Richter. 1899. 2 —

— die sieben Sendschreiben. Predigten üb. Kapitel 2 u. 3 der Offenbarg. Johannis, geh. in St. Jacobi zu Berlin. 8. (64 S.) Berlin (902). (G. Nauck). Geb. in Leinw. n. 1. 70

Die sieben Sendschreiben. Predigten über Kap. 2 u. 3 d. Offenbarung Johannis, geh. in St. Jacobi zu Berlin von Pastor Dr. [Paul] Conrad. Als Ms. gedr. (*Berlin: Selbstverl. [1904].*) (64 S.) 8° [F.]

— Trost u. Kraft. Tägliche Andachten. 1—10. Tauf. (IV, 398 S.) 8. Berlin 909. M. Warneck. Geb. in Leinw. 1.50; in Goldschn. 3. —

Conrad, Paul [aus Berlin]: Vigilius und Justinian im Dreikapitelstreit. Ein Beitrag zur älteren Papstgeschichte. . . . Berlin, Buchdr. v. Gustav Schade (Otto Francke) (1890); 33 + 1 S. + 1 Bl. 8°
Berlin, Phil. Fak., Inaug.-Diss. v. 5. Aug. 1890

Wandelt im Licht! Sonntagsbetrachtungen von Dr. Paul Conrad, Pastor. Berlin: Schriftenvertriebsanst. (1905). (205 S.) 8° [F.]

Worte des Lebens. Tägliche Andachten in Verbindung mit anderen hrsg. von Dr. [Paul] Conrad, Pastor zu Berlin. Mit Geleitwort von D. [Wilhelm] Faber, Gen.-Superint. von Berlin. Unter Mitw. d. Berliner Stadtausschusses f. Inn. Miss. 1.–5. Taus. *Berlin: M. Warneck 1901.* (VI, 399 S.) 8° [F.]

— dasselbe. 11.—15. Tauf. 3. durchgeseh. Ausg. gr. 8. (VI, 408 u. VI S.) Ebd. 902. Geb. in Leinw. n. 1. 50

— Worte des Lebens. Tägliche Andachten, in Verbindg. m. anderen hrsg. Mit Geleitwort v. Faber. 26.—35. Tauf. 6. verb. Ausg. (IV, VIII, 408 S.) 8. Berlin 904. M. Warneck. Geb. in Leinw. n. 1. 50

[F.] Evangelische Zeugnisse. Predigten v. Dr. Paul Conrad, geistl. Insp. d. Kgl. Domkandidatenstifts. *Berlin: M. Warneck [1897].* (2 Bl., 170 S., 1 Bl.) 1 Bd 8.

Conrad, Paul Ludwig von: Beschreibung des Ruster Weinbaues. Wien 1819.
-- [Zit. nach dem Realkatalog der DSB und nach Kayser; 1: Kriegsverlust]
Bibliotheca oeconomica: Caschau: Wigand 1819. -- Bibliotheca oenologica: Oedenburg: Wigand in Comm. 1819. [In:] Aehrenlese des Georgikons. Bd 1, H. 1. -- Dochnahl: Kaschau: Wigand 1819. -- Heinsius: Oedenburg: Wigand in Comm. 1819. -- Simon: Bibliotheca vinaria: Kaschau 1819. -- Bauer, Martha: Der Weinbau des Nordburgenlandes ... 1954: ... Aus: Ährenlese des Keszthelyer Georgicons. Kaschau 1819.

Conrad, P. L. v., Beschreib. d. Ruster Weinbaues. gr. 8. Kaschau, 1819. Wigand. 1. —

Conrad, P. L., Beschreib. d. Ruster Weinbaues. gr. 8. Wien 819. (Preßb., Wigand). 1 ℛ︀

— vergl. Konrad.

Conrad, Peter

Conrad, P.: Triersche G e s c h i c h t e bis 1804. Hadamar 1822. 8°

Conrad, Pt., († d. 17. Aug. 1816.) Triersche Geschichte bis zum J. 1784, (herausg. v. F. Chr. Hergt). gr. 8. Hadamar u. Cobl. 821. Hergt. 1 ℛ︀ 4 gl

Conrad, (P.,) Trierische Geschichte bis zum J. 1784. gr. 8. Hadamar 822. Gelehrtenbuchhdl.

— Leitfaden d. deutschen Vorlesungen über Pastoraltheologie zu Trier. 2 Thle. 8. Trier 780.

— Pet. Aug. Heinr. (Zaeckerick/Neumark), Nonnulla de febribus. Diss. med. Halle (Ploetz) 8. XII. 1846. 30 S. mit Biogr. (M.: Daue.) (4.20) 5567
Oppon.: B. Gudden, O. Naumann. — Gew.: E. d'Alton.

Conrad, Richard [Assist. d. Versuchsstat. Kleinhof-Tapiau]: ... Phtalylhydroxylamin ... Königsberg i. Pr., Hartungsche Buchdr., *1897;* 34 S., 1 Bl. 8.
Königsberg, Phil. Fak., Inaug.-Diss. v. 25. März 1897

Conrad, Rob., s.: Kalender f. Ingenieure des Maschinenbaues.

— s.: Kalender f. Maschinenbautechniker.

Conrad, T. A., nouvelles coquilles, siehe: C h e n u, J. C., bibliothèque conchyliologique. 1. série. tome III.

Conrad, T. A., Monography of the Family Unionidae, or Naiades of Lamarck (Frech Water Bivalve Shells), of North America, illustrated by Figures drawn on stone from nature. (No. 1—6.) Lex.-8. (Mit 30 ill. Taf.) Philadelphia 835, 36. (Hamburgh, Perthes, Besser et Mauke.) n. 12 ℛ︀

Conrad, Th., s.: Förster, der.

Conrad, Theodor: Definition und Forschungsgehalt der Aesthetik. Bergzabern: Schmidt 1909. 68 S. 8°
München, Phil. Diss. v. 21. Dez. 1908, Ref. Lipps
[Geb. 22. Dez. 81 Beurig; Wohnort: Bergzabern; Staatsangeh.: Preußen u. Bayern; Vorbildung: Gymn. Mannheim Reife Juli 00; Studium: München 4, Heidelberg 2, München 11 S.; Rig. 21. Dez. 08.] [U 10. 3630

C o n r [a d], Thom[as]. Beyträge zur Naturgeschichte des Bartgeyers ‹Gypaetos barbatus›. Von Hauptm. Thom. Conr. v. Baldenstein. (Denkschr. Schweiz. Ges. für Naturw. Band I. Abtheilung 1.) 4. (Zürich 1829.)

Conrad, Traugott

Conrad, Traug., Unser Heer, s.: R ö h l i n g, Carl.

— Seekadettenstreiche, s.a. E c k s t e i n's humorist. Bibliothek.

[F.] Seekadettenstreiche. Heiteres u. Ernstes aus d. Marineleben v. T r a u g o t t Conrad. *Berlin: R. Eckstein Nf. [1897].* (159 S.) 1 Bd 8.
— Bibliothek, E c k s t e i n s Humoristische. No 83. [98. 7498

Conrad, Viktor

Conrad, Vikt., über Apparate z. Registrierung v. Erdbeben, s.: V o r t r ä g e d. Vereines z. Verbreitung naturwissensch. Kenntnisse in Wien. 47. Jhrg. 16. Hft.

— [2]) Beiträge zur Kenntnis der atmosphärischen Elektrizität: 8. Über die entladende Wirkung verschiedener Elektroden (mit 3 Textfiguren). S. 111. IIa. 33 . . . . . —.30
Separatabdruck

Conrad, V., Beiträge zur Kenntnis der atmosphärischen Elektricität IX. [Aus: Sitzungsber. d. k. Akad. d. Wiss.] Gr.-8°. (4 S.) † Wien: Gerold 1902. K —.10

Conrad, V. und **Exner, F. M.,** Beiträge zur Kenntnis der atmosphärischen Elektrizität. XII. Registrierungen des luftelektr. Potentials auf dem Sonnblick. [Aus den Sitzungsber. d. kais. Akad. d. Wissensch. in Wien.] Gr.-8°. (ill. 7 S.) K —.80
Wien: Gerold 1903.

Conrad, V., Beiträge zur Kenntnis der atmosphärischen Elektrizität. XVI. Über den täglichen Gang der elektrischen Zerstreuung auf dem Sonnblick. [Aus: Sitzungsber. d. k. Akad. d. Wiss., mathem.-naturw. Klasse.] Gr.-8°. (ill. 15 S.) † K —.50
Wien: Gerold 1904.

Conrad, V., Beiträge zur Kenntnis der atmosphärischen Elektrizität. XIX. Über den Zusammenhang der luftelektrischen Zerstreuung auf dem Sonnblick mit den meteorologischen Elementen auf dem Gipfel und im Tale. [Aus: Sitzungsber. d. k. Akad. d. Wiss., mathem.-naturw. Klasse.] Gr.-8°. (ill. 19 S.) † K —.50
Wien: Gerold 1905.

Conrad, Vict., einige Bemerkungen zur Wolkenelektricität. — Über die entladende Wirkung verschiedener Elektroden, s.a. B e i t r ä g e zur Kenntnis der atmosphärischen Elektricität. VIII u. IX.

— — [2]) 9. Einige Bemerkungen zur Wolkenelektrizität. S. 111. IIa. 41 . . . . . . —.10
Separatabdruck

— Beschreibung d. seismischen Observatoriums d. k. k. Zentralanstalt f. Meteorologie u. Geodynamik in Wien, s.a. M i t t e i l u n g e n d. Erdbeben-Kommission d. kaiserl. Akademie d. Wissenschaften in Wien. XXXIII.

Beschreibung des seismischen Observatoriums der K. K. Zentralanstalt für Meteorologie u. Geodynamik in Wien von Dr. Viktor **Conrad.** Mit 4 Textfig. Wien: Hölder in Komm. 1909. 28 S. 8°
(Mitteilungen d. Erdbeben-Kommission d. Kais. Akad. d. Wissensch. in Wien N. F. Nr 33.) [09. 7944

Conrad, Vikt., über den täglichen Gang der elektrischen Zerstreuung auf dem Sonnblick, s.a. B e i t r ä g e zur Kenntnis der atmosphärischen Elektrizität. XVI.

—[3]) 16. Über den täglichen G a n g der elektrischen Zerstreuung auf dem Sonnblick (mit 4 Textfiguren). S. 113. IIa. 1143. Separatabdruck.

— Über Gewitter, s.: V o r t r ä g e d. Vereines z. Verbreitung naturwiss. Kenntnisse in Wien. 48. Jhrg. 8. Hft.

— Messungen des Ionengehaltes der Luft auf dem Säntis im Sommer 1905, s.a. B e i t r ä g e zur Kenntnis der atmosphärischen Elektrizität. XXIV.

— — [2]) 24. Messungen des Ionengehaltes der Luft auf dem Säntis im Sommer 1905 (mit 1 Textfigur). S. 115. IIa. 1055 . . . . —.80
Separatabdruck

— u. Fel. M. Exner, Registrierungen des luftelektrischen Potentials auf dem Sonnblick[1], s.: B e i t r ä g e zur Kenntnis der atmosphärischen Elektrizität. XII.

Conrad, Viktor, s.a. R e g i s t r i e r u n g e n, Seismische, in Wien . . .

— **Seismische** Registrierungen in Wien. k. k. Zentralanstalt für Meteorologie und Geodynamik, im Jahre 1909 (mit einigen Hilfstafeln zur Analyse von Bebendiagrammen). Siehe Mitteilungen der Erdbeben-Komm., neue Folge Nr. 39 . 1.30
Separatabdruck

— Untersuchung üb. d. Existenz e. 26tägigen Periode d. luftelektr. Zerstreuung, s.a. B e i t r ä g e z. Kenntnis der atmosphärischen Elektrizität. XXIX.

— — [2]) 29. Untersuchung über die Existenz einer 26tägigen Periode der luftelektrischen Zerstreuung. S. 117. IIa. 1069 . . . . —.55
Separatabdruck

— Die zeitliche Verteilung der in d. österr. Alpen- u. Karstländern gefühlten Erdbeben in den J. 1897—1907, s.a. M i t t e i l u n g e n d. Erdbeben-Kommission d. kaiserl. Akademie d. Wissenschaften in Wien. XXXVI.

Die zeitliche Verteilung der in den österreichischen Alpen- und Karstländern gefühlten Erdbeben in den Jahren 1897 bis 1907. Von Dr. Viktor **Conrad.** ‹Mitteilung 1.› Wien: Hölder in Komm. 1909. 8°
(Mitteilungen d. Erdbeben-Kommission d. Kais. Akad. d. Wiss. in Wien. N. F. Nr 36.) [11. 8980

— Die zeitliche Verteilung der in den Jahren 1897 bis 1907 in den österreichischen Alpen- und Karstländern gefühlten Erdbeben. Ein Beitrag zum Studium der sekundär auslösenden Ursachen der Erdbeben. 2. Mitteilung (mit 1 Textfigur). Siehe Mitteilungen der Erdbeben-Komm., neue Folge. Nr. 44 . . . . . —.80
Separatabdruck

CONRAD, Victor

Ueber den Wassergehalt der Wolken von Dr. Victor Conrad. Mit 5 Textfiguren. Besonders abgedruckt aus dem LXXIII. Bd. der Denkschriften der mathematisch-naturwissenschaftlichen Classe der kaiserlichen Akademie der Wissenschaften. Zum Jubiläum der k. k. Centralanstalt für Meteorologie und Erdmagnetismus in Wien. Wien. 1901. In Comm. Gerold's Sohn. 4°. 13 S. K 1.60

Conrad Viktor, Dr.: Über den Wassergehalt der Wolken (mit 5 Textfiguren). D f3. 115 . . 1.60
Separatabdruck

– Über die entladende Wirkung verschiedener Elektroden; s. Beiträge zur Kenntnis der atmosphärischen Elektricität VIII u. IX.

– über den Zusammenhang der luftelektrischen Zerstreuung auf dem Sonnblick m. den meteorologischen Elementen auf dem Gipfel u. im Tale, s.a. Beiträge zur Kenntnis der atmosphärischen Elektrizität. XIX.

— — ³) 19. Über den Zusammenhang der luftelektrischen Zerstreuung auf dem Sonnblick mit den meteorologischen Elementen auf dem Gipfel und im Tale (mit 6 Textfiguren) S 114 IIa. 85 . . . . —.50
Separatabdruck

Conrad, W. Die Organisation und die Tätigkeit der Zweiganstalten der Reichsbank. (»Zeitschrift für Handelswissenschaft und Handelspraxis«. Leipzig, April 1909.)

Conrad, W. Die Perspektiven des internationalen Giroverkehrs. (»Zeitschrift für Handelswissenschaft und Handelspraxis«, Jahrgang 1, 1908, Heft 9 und 10.)

Conrad, W. Das Problem einer internationalen Geldverfassung. (Zeitschrift für Handelswissenschaft und Handelspraxis, Dezember 1909 und Januar 1910.)

Conrad, W., drei Schulkarten vom Königr. Sachsen für den Gebrauch der Schüler beim ersten Unterrichte in der vaterländischen Geographie [Gebirgs-, Fluss- und topograph. Karte]. 1 Bl. Chromolithogr. qu. gr. Fol. Chemnitz 876, Focke. *

Conrad, Waldemar, aus Halle a. S.: **Beiträge zum elektrochemischen Verhalten des Bleis.** *Göttingen 1903: E. A. Huth.* (60 S.) 8°
Göttingen, Phil. Diss. v. [5. Okt.] 1903

Conrad, Waldem., Beiträge zum elektrochemischen Verhalten des Bleis. Diss. (60 S) gr. 8. Göttingen 903. (Vandenhoeck & Ruprecht.) n. 1.40

Conrad (Walter), Die kaufmännische Bedeutung der österreichischen Alpenwasserkräfte, ihre Rentabilität, Finanzierung und Besteuerung. Wien 1910. 56 S.
Aus: Elektrotechnik u. Maschinenbau. Jg. 1910, H. 22–25.

Conrad, Walt., die kaufmännische Bedeutung d. österr. Alpenwasserkräfte, ihre Rentabilität, Finanzierung u. Besteuerung. (56 S. m. 1 Kartensk.) gr. 8. Wien 910. Lehmann & Wentzel. 1.
Sonderabdruck aus „Elektrotechn. u. Maschinenbau".

Handbuch des deutschen Scheckrechts unter Berücksichtigung der ausländischen Gesetzgebung. Zum prakt. Gebrauch f. Juristen u. Kaufleute. Von Dr. jur. Walter **Conrad**, Bankkassier. Stuttgart: F. Enke 1908. (XVI, 340 S.) 8° [F.] [08. 1076.

– Die Herstellung v. hochprozentigem Ferrosilizium im elektr. Ofen, s.: Pick, Waldem.

Conrad (Walter), Ueber Strom- und Spannungsverhältnisse im elektrischen Ofen. 5 8.
(Internationaler Kongress Düsseldorf 1910.)

— Technik d. Bankwesens, s.a. Sammlung Göschen.

Technik des Bankwesens von Dr. Walter **Conrad**. Leipzig: Göschen 1910. 141 S. 8°
(Sammlung Göschen. 484.) A 11. 03, 11

Conrad, Walter, Dr., Kaiserlicher Bankassistent zu Flensburg: **Die Materiellen Voraussetzungen und die Form des Schecks.** Stuttgart 1905: Union. (90 S.) 8°, [F.] ¶ Aus: Zeitschrift für das gesamte Handelsrecht Bd 57.
Rostock, Jur. Fak., Ref. Lehmann, Diss. v. 5. Nov. 1905
[Geb. 17. Okt. 78 Barmen; Wohnort: Flensburg; Staatsangeh.: Preußen; Vorbildung: Gymn. Gr.-Lichterfelde Reife O. 97; Studium: Berlin 6 S.; Rig. 28. Nov. 04.]

Conrad, Wilh., Calvin, s.a. Volksabende 20. Heft.

Conrad, Wilhelm. (Johann) Calvin. Ein Volksabend. 47 S. 8. Gotha, Friedrich Emil Perthes, 1909. (M. 1. —)
[1. Aufl.] | 2. Aufl.
Volksabende. Begründet von Hermann Kaiser. Hrg. von Hermann Müller-Bohn. Heft 20....

Conrad, Wilhelm: Fünf Jahre Fürsorge-Erziehungs-Arbeit. Eine Schilderung des Lebens der Fürsorgezöglinge u. d. Schwesternschaft i. e. Anstalt, welche d. staatl. Fürsorgeerziehung in Verbindung mit e. Fabrikbetriebe durchführt. — Berlin-Zehlendorf: Ev. Diakonieverein. 1908. 63 S. 8°

Conrad, Wilh., der verlorene Himmelsschlüssel, s.a. Aufführungen f. Weihnachten u. Neujahr. Nr. 20.

Der verlorene Himmelsschlüssel. Weihnachts-Aufführung f. 8 Personen von Pastor Wilhelm **Conrad.** Mühlhausen i. Th.: G. Danner [1900]. (12 S.) 8° [F.]
— Aufführungen f. Weihnachten u. Neujahr. No 20. [07. 2 94

Conrad, Guil. (geb. Friedland in Schles. 4. 4. 1836): Novissimarum de tabe dorsali quaestionum scrutatio. Berolini (1864). (32 S.) 8°
Berlin, Med. Diss. v. 26. Febr. 1864

CONRAD, WILLIAM. Beiträge zur Kenntnis der Hippursäure und ihrer Derivate. Leipzig, 1877.

Conrad-Baldenstein, Ulysses: Die Actio Negatoria mit besonderer Berücksichtigung der Beweislast. Zürich 1907: Orell Füssli. (42 S.) 8°
Heidelberg, Jur. Fak., Ref. Bekker, Diss. v. 2. Aug. 1907
[Geb. 15. Nov. 81 Sils; Wohnort: Sils; Staatsangeh.: Schweiz; Vorbildung: Gymn. Chur Reife 01; Studium: Zürich 1, München 1, Straßburg 1, Heidelberg 5 S.; Rig. 8. Aug. 06.]

Conrad & Grübler, Spezialfabrik für Badeapparate . . .: Preislisten usw. (1910?)ff. Berlin

Conrad v. Hötzendorf, Hauptm. Frz., einiges über den süd-hercegovinischen Karst in militärischer Hinsicht. gr. 8. (46 S. mit 3 lithogr. Taf.) Wien 882, Seidel und Sohn. *
Aus: Organ der militärwissenschaftlichen Vereine, besonders abgedruckt.

(**Conrad von Hötzendorf,** Franz, k. u. k. Generalmajor.) Infanteristische Fragen und die Erscheinungen des Buerenkrieges von F. C. v. H. Mit 2 Tafeln und mehreren Figuren im Text. 8. Wien 1903.

(**Conrad von Hötzendorf,** Franz, k. u. k. Generalmajor.) Die Gefechts-Ausbildung der Infanterie von F. C. v. H. (Nicht identisch mit C. v. H.) Mit 12 Beilagen und 1 Karte. 8. Wien 1900.

— — Die Gefechts-Ausbildung der Infanterie von F. C. v. H. (Nicht identisch mit C. v. H.) Mit 16 Beilagen, darunter 1 Karte 2., unter Berücksichtigung des Entwurfes zum Exercier-Reglement von 1901 durchgesehene und ergänzte Auflage. 8. Wien 1902.

(**Conrad v. Hötzendorf,** k. und k. Oberstlieut.) 69 landschaftliche Skizzen von Theilen der Gefechtsfelder von Weissenburg, Wörth, Spichern, Vionville, Gravelotte, Plevna, G. Dubnik, Teliš, Itovča, Šipka, Slivnica. (Mit 69 Skizzen und einer Erläuterung.) qu. Fol. Wien 1891.

(**Conrad v. Hötzendorf,** Franz, k. u. k. Oberstlieut. im Generalstabs-Corps.) Zum Studium der Taktik. Von F. C. v. H. I. Th. Einleitung und Infanterie. II. Th. Artillerie. Cavallerie. Vom Gefecht. Sicherungs- und Aufklärungs-Dienst. Als Entwurf gedruckt. (Mit 22 Beilagen.) (In 1 Bd.) gr. 8. Wien 1891.
— — 2. ergänzte Aufl. (mit 32 Beilagen). (2 Thle. in 1 Bd.) 8. Wien 1894.

(**Conrad v. Hötzendorf,** F.) Taktik-Aufgaben von F. C. v. H. Aufgabe 1. I. Hft. 7 Beilagen. Aufgaben 2., 3. und 4. II. Hft. 17 Beilagen. (2 Bde.) 8. Wien 1892.

(**Conrad v. Hötzendorf,** F.) Taktik-Aufgaben von F. C. v. H. (Fortsetzung.) 3. Heft. 8. Beilagen. Aufgaben 5–40. 8. Wien 1896.
– 2. Auflage. Aufgabe 1. Heft 1. 8. Wien 1897.

C(onrad) v. H(ötzendorf), F. (Frhr v.) Vorgang beim Studium taktischer Reglements. 2. Aufl. Wien 1895. 8°. (1. Aufl. 1893.)

Conrad v. Megenberg, das Buch d. Natur. D. erste Naturgeschichte in deutscher Sprache. In neu-hochdeutscher Sprache bearb. u. m. Anmerkgn. versehen v. Hugo Schulz. gr. 8. (X, 445 S.) Greifswald 897. J. Abel. n. 9. —

Conrad-Ramlo, Marie, s.a. Conrad, Paul

Conrad-Ramlo, Marie, Feuer! Eine Klostergeschichte. 8. (98 S.) München 894. Dr. E. Albert & Co., Sep.-Cto. n. 1. —

Im Gnadenwald. Roman von Marie **Conrad-Ramlo.** Dresden & Leipzig: C. Reißner 1895. (302 S.) 8° [F.] [07. 1805

— Helldunkel. Novellen u. Skizzen. 8. (III, 168 S.) Dresden 892. E. Pierson. n. 2. —; geb. n. 3. —

(B) **Conrad-Ramlo,** Marie, Helldunkel. 892. (KBL 27.) Jetzt: Berlin, Verlag Berlin-Wien.

— s.: Jahresbericht d. Bündner. Lehrervereins.

Conrad-Ramlo, Marie, Landluft. Roman. (Neue wohlf. [Titel-]Ausg.) 8. (256 S.) Stuttgart (892) 899. Deutsche Verlags-Anstalt. n. 1. —; geb. n. 1. 25

— Passionsblumen. Novellenbuch. Mit dem Portr. der Verf. in Lichtdr. (Neue [Titel-]Ausg.) 8. (IX, 256 S.) Ebd. [891.] (901). n. 1. —; kart. n. 1. 25

— Präparationen f. d. Physik-Unterricht i. Volks- u. Mittelschulen. M. Zugrundelegg. von Individuen. N. Herbartschen Grundsätzen bearb. 2. Tl.: Optik, Wärme, Magnetismus u. Elektrizität. M. 8 Fig.-Taf. gr. 8. (V, 185 S.) Dresden 898. Bleyl & Kaemmerer. n. 4. — (1. u. 2.: n. 7. —)

— s.: Seminar-Blätter, Bündner.

Die Teufels-Sonate. Drama in 5 Akten von W. **Conrad-Ritschl.** (1. Teil d. Tragödie e. Künstler-Anarchisten.) Leipzig: R. Haupt 1908. (114 S.) 8° [08. 11699

Conradi, Bautischlerkunst, s.: Hittenkofer, M., Unterrichtswerke. Nr. 21.

Conradi und Wohmann, Tabellen zur Bestimmung des cubischen Gehaltes der Rundhölzer, s. Wohmann.

Conradi, A., Betriebslehre, s. Unterrichtsbücher, landwirtschaftliche.

Conradi, A., Betriebslehre 2., verm. Aufl. (Landwirtschaftl. Unterrichtsbücher.) 8. (VI, 82 S.) Berlin 895. P. Parey. Geb. in Leinw. n. 1. —

Betriebslehre. Von A. **Conradi,** Dir. d. landw. Lehranst. zu Hohenwestedt. 3., verm. Aufl. *Berlin: P. Parey 1900.* (VI, 82 S.) 8° [F.]
— Unterrichtsbücher, Landwirtschaftliche. [7.] [00. 11090

Betriebslehre. Von A. **Conradi,** Dir. zu Hohenwestedt. 4., verb. Aufl. Berlin: P. Parey 1907. (VI, 92 S.) 8° [F.]
— **Unterrichtsbücher,** Landwirtschaftliche. [Bd 7.] [07. 12319

[F.] Düngerlehre. Von A. **Conradi,** Dir. ... zu Hohenwestedt in Holst. *Berlin: P. Parey 1897.* (2 Bl., 47 S.) 1 Bd 8.
(Landwirtschaftliche Unterrichtsbücher. [Bd 29.]) [97. 6565

Düngerlehre. Von A. **Conradi,** Dir. zu Hohenwestedt. 2., verb. Aufl. *Berlin: P. Parey 1903.* (47 S.) 8° [F.]
— Unterrichtsbücher, Landwirtschaftliche. [29.] [04 866

Conradi, A., Fütterungslehre. Berlin 95. Parey. Geb. M. 1.—

[F.] Fütterungslehre. Von A. **Conradi,** Dir. ... zu Hohenwestedt in Holstein. 2., verm. Aufl. *Berlin: P. Parey 1897.* (IV S., 1 Bl., 110 S.) 1 Bd 8.
(Landwirtschaftliche Unterrichtsbücher. [No 17.]) [98. 3733

— s.: Taschenbuch, schleswig-holstein. landwirtschaftl.

— s.: Taschenkalender f. Schüler landwirtschaftl. Schulen.

Tierzuchtlehre. Von A. **Conradi,** Dir. d. landw. Lehranst. zu Hohenwestedt. Mit 95 Textabb. *Berlin: P. Parey 1901.* (VI, 61 S.) 8° [F.]
— Unterrichtsbücher, Landwirtschaftliche. [41.]

Tierzuchtlehre. Von A. **Conradi,** Dir. in Hohenwestedt. 2., neubearb. u. verm. Aufl. Mit 136 Textabb. Berlin: P. Parey 1906. (VIII, 111 S.) 8° [F.]
— **Unterrichtsbücher,** Landwirtschaftliche. [Bd 41.] [07. 11330

— das Wissen des prakt. Landwirts, s.: Schmitter.

Conradi, Adolph Gottlob Friedrich (Döbeln), Actuarius peccans in actu torturae. Präs. Gustav Heinrich Mylius. Lpz. (Langenheim) 3. V. 1743. 12 S. (4.—) 5568

Conradi, Albert

Die Ausbildung der Söhne unseres Bauernstandes. Referat, erstattet in der Hauptversammlung des Schleswig-Holsteinischen landwirthschaftlichen Generalvereins zu Itzehoe am 22. Juni 1887 von Albert Conradi. 2. Aufl. (Sonder-Abdruck aus dem Landwirthschaftlichen Wochenblatt für Schleswig-Holstein.) Hohenwestedt. 1887. 8°.
– 5. Aufl. ebd. 1895. 8°

Conradi A.: Die Ausbildung d. Söhne unseres Bauernstandes. Referat... 5. Aufl. Hohenwestedt 1893. 16 S. P.

Conradi, A[lbert]: Die Ausbildung der Töchter unseres Bauernstandes für den Beruf der ländlichen Hauswirthin. Referat, erst. i. d. Hauptversammł. d. Schlesw.-Holsteinischen landw. Generalvereins zu Burg a. Fehm. 1889. — Kiel: Biernatzki 1889. 16 S. 8°
Aus: Landwirtschaftl. Wochenblatt f. Schleswig-Holstein.

Conradi, A., Ausbildung der Töchter unseres Bauernstandes für d. Beruf der ländlichen Hauswirtin. (16 S.) Kiel 1889. Lipsius u. Tischer.

Conradi, Albert [Referendar]: Die Haftung des Schuldners für Gehilfen und Substituten ... Göttingen, Druck d. Univ.-Buchdr. v. W. F. Kästner, 1896; 4 Bl., 64 S. 8.
Göttingen, Jur. Fak., Inaug.-Diss. v. [4. Nov.] 1896

Conradi-Hohenwestedt A.: Kornhäuser, Warrantsystem u. die Getreide-Verkaufs-Genossenschaften zu Worm, Eppingen u. Ebern. (Kiel 1896). 27 S. P.
(Beilage z. landwirtschaftlichen Wochenblatt f. Schleswig-Holstein).

Vor Paris. Feldzugsbriefe aus d. Kriege 1870/71 von A(lbert) **Conradi.** Mit e. Lebenslauf A. Conradis hrsg. von Paul Conradi, Landwirtschaftslehrer, Hohenwestedt. Berlin: Parey 1900. 126 S. 8° [00. 14017 II

Der städtische Central-Vieh- und Schlachthof von Berlin, sein Verkehr und seine Handelsgebräuche. Von Albert Conradi. Sonder-Abdruck aus dem "Landw. Wochenblatt für Schleswig-Holstein" 1890. Nr. 15-13. (Kiel. 1890.) 4°.

Conradi, Alexander, cand. phil. aus Montabaur: Die Heimat der altsächsischen Denkmäler in den Essener Handschriften und ihre Bedeutung für die Heimatbestimmung des Heliand. *Münster i. W. [1904]: Westfäl. Vereinsdruckerei.* (39 S.) 8°
Münster, Phil. Diss. v. [26. Juli] 1904

Conradi, A[lexander]: Der jetzige Stand der Heliandforschung. Hadamar 1909: Hörter. 20 S. 8° [Umschlagt.]
Hadamar, k. G P 1909 (534) [S 09. 60

— **Anton Conrad Gustav** (Hannover), Quaestion. juris privati, an legatum, cui modus dotis constituendae adjectus, modo non impleto, corruat? Diss. jur. Präs. Ernst Christian Westphal. Halle (J. Chn. Hendel) 4. X. 1790. 40 S. (4.80) 5569
Gew.: Ludw. Friedr. Frh. v. Beulwitz. — Widm. v.: Präs., C. C. Dabelow, Carl D. Fischer (Polen), Jo. Heinr. Wilh. Lehmann (Halberstadt), Wilh. Wenzel (Halberstadt).

Conradi, Bruno

Conradi, Bruno [aus Löwenberg i. Schles.]: Darstellung der Syntax in Cynewulf's Gedicht „Juliana" .... Halle a. S., Druck v. Ehrhardt Karras, 1886; 60 + 1 S. 8°.
Leipzig, Phil. Fak., Inaug.-Diss. v. 17. Sept. 1886.

Conradi, B., Darstellung der Syntax in Cynewulf's Gedicht „Juliana". Inaug.-Diss. gr. 8. (69 S.) Halle 886. (Niemeyer.) n. 2. —

Conradi, C., Auswahl von Entwürfen ausgeführter Wohnhäuser und Villen mit Details. 6 Hefte. gr. Fol. (à Heft 6 Stnt mit 2 S. Text.) Carlsruhe 871—74, Veith. à Heft *M 4. *

Conradi, C., Auswahl v. Entwürfen ausgeführter Wohnhäuser u. Villen, Façaden, Grundrisse, Schnitte etc. m. Details, zum Theil in natürl. Grösse. 6 Lfgn. Fol. (à 6 Steintaf. m. 1 Bl. Text.) Karlsruhe 874. Veith. In Mappe. à 4. —

—— Entwürfe zu Kirchen, Schul- und Pfarrgebäuden nach den der Ausführung zu Grunde gelegten Bauzeichnungen und Abrechnungen. 2 Hefte. gr. Fol. (à Heft 6 Stnt., wovon 2 chromolithogr., und 2 S. Text.) Carlsruhe 871,73, Veith. à Heft *M 6. *

Conradi, C. W., acta Pauli Ephesina ante tumultum Demetrii. Jen. 1740. 4.

— **Christian August** (Düben), De remedio legis ult. cod. de fideicommissis in concursu creditorum. Präs. Andr. Flor. Rivinus. Wittbg. (Schlomach) Juni 1745. 24 S. (4.80) 5570
Gew.: Joh. Chph. v. Polgk (Ringenthal ..).

— **Christian Friedrich** (Grossenhain, Moritzburg), Adversaria juris judiciarii inprimis quoad concursum creditorum. Präs. Carl Gottfried von Winckler. Lpz. (Saalbach) 10. III. 1785. 44 S. (4.80) 5571

Conradi, Erich, a. Limbach i. Sachsen: Klinische Analyse und therapeutische Bemerkungen über 2500 Fälle aus der Dermatologischen Abteilung der Wiener Allgemeinen Poliklinik ⟨Gewesener Vorstand Prof. Dr. Rille⟩ beobachtet im Studienjahre 1897/1898. Leipzig 1906: B. Georgi. (122 S.) 8°
Leipzig, Med. Fak., Ref. Hoffmann, Diss. v. 26. Juli 1906
[Geb. 15. Mai 82 Limbach; Wohnort: Leipzig; Staatsangeh.: Preußen; Vorbildung: Gymn. Chemnitz Reife O. 01; Studium: Marburg 1, Leipzig 3, Freiburg i. B. 1, Leipzig 4 S.; Coll. 2. Aug. 06; Approb. Febr. 06.]

— **Ernst Friedrich** (Melapyrgico/Rudolstadt), Sectiones quasdam cadaverum pathologicas et historiam rupturae uteri et vaginae. Diss. med. Jena (Goepferdt) 3. IV. 1802. 16 S. (4.—) 5574
Gewidm.: Johann Christian Stark (Laeuthenthal), Benj. Gottl. Friedr. Conradi.

Conradi, F., s. Conradus Philosophus

Conradi, F. Stang. Die Mässigkeits-, Enthaltsamkeits- und Totalenthaltsamkeitsreform in Norwegen. Christiania 1890.

Conradi, F. W., Magisches Allerlei, s.a. Bibliothek, magische. 3.

Magisches Allerlei von F. W. **Conradi.** Berlin: Horster [1905]. (190 S.) 8° [F. u. Ant.]
— **Bibliothek,** Magische. Bd 3. [06. 6137

— **Démonstrations mystérieuses, s.a. Bibliothek, magische. 4.**

Démonstrations mystérieuses von F. W. **Conradi.** Berlin: Horster [1905]. (188 S.) 8°
— **Bibliothek,** Magische. Bd 4. [06. 6138

Conradi, F. W., der Kartenkünstler im XX. Jahrh., s.a. Bibliothek, magische. 2. Bd.

Der Kartenkünstler im XX. Jahrhundert von F. W. **Conradi.** Nürnberg: Horster [1901]. (252 S.) 8°
— **Bibliothek,** Magische. Bd 2. [06. 6136

Der moderne Kartenkünstler. Eine vollständ. Sammlung d. wirkungsvollsten Kartenkunststücke ... von F. W. **Conradi.** Ill. durch 289 Text-Abb. Dresden: Borwig & Horster [1897]. (232 S.) 8° [06. 6139

Conradi, F. W., d. moderne Kartenkünstler. Eine vollständ. Sammlg. d. wirkungsvollsten Kartenkunststücke f. Salon u. Bühne m. vielen Orig.-Pièçen d. Verf., nebst e. einführ. Kartenschule. Illustr. durch 289 Text-Abb. gr. 8. (VII, 232 S.) Dresden 897. Horster & Kluge. 6. 50; geb. 7. 50

— d. moderne Kartenkünstler. gr. 8. (VII, 232 S. m. 289 Abb.) Dresden 897. Nürnberg, Horster. 6. 50; geb. 7. 50; erm. Pr. 3. —; geb. 4. —

— **Magie fin de siècle, s.a. Bibliothek, magische. I.**

Magie 'fin de siècle' von F. W. **Conradi.** Dresden: Horster [1900]. (180 S.) 8°
— **Bibliothek,** Magische. Bd 1. [06. 6135

Conradi, F. W.: Der Vortrag des Zauberers, s. Hensel, Eduard

Conradi, Fd. C., s. Conradi, Franz Carl

Conradi, Frz. C.

— Anweisung zur Optic od. Sehkunst. mit K. 4. Coburg, 710.

Conradi, Franz Carl

— — Actorem qui fundi petitionem habet satisdare cogendum ex indole satisdationum judicialium secundum jus Romanum et Germanicum, speciatim Saxonicum. Erfurt (Grosch) 31. XII. 1725. 40 S. (5.—) 5578

Conradi, Franz Carl (Präs.), s. Bosse, Christoph Jacob: De testamento publico quod fit apud acta.

— — Curam feudi absente vasallo successoribus beneficiariis proximis. Lpz. (Schniebes) 4. X. 1726. 12 S. (3.50) 5579

— — De veris mancipi et nec mancipi rerum differentiis liber singularis. Helmstedt (Ch. Fr. Weygand) 1739. 96 S. (5.20) 5587

Conradi, Frz. C., de veris mancipi et nec mancipi rerum differentiis liber singularis. 4. Helmstedt. (Weygand in Leipzig) 739.

— — **De diis heredibus ex testamento apud Romanos.** Lpz. (Imm. Titius) 12. V. 1725. 44 Seiten. (5.—) 5577
Gew.: Bernhard v. Zech.

— — **Ad inaug. dissertationem candidati Adam Daniel Wagner** (M.: H. S. Wurzer). Helmstedt (Schnorr) 8. IV. 1737. 8 S. mit Biogr. (3.—) 5585

Conradi, Frc. C. (resp. H. Stegen): D. de Domitio Ulpiano. L. 725.

— **Franz Carl** (Reichenbach/V.), De donationibus inter conjuges Saxonicos moto concursu creditorum invalidis secundum edicti reg. de bancae ruptoribus, de d. 7. I. 1724. § 15. Diss. jur. Präs. Jo. Gottfried Bauer. Lpz. (Imm. Titius) 23. III. 1725. 30 S. (5.—) 5575
Gew.: Franz Philipp Romanus (Coschitz). — Widm. v. Präs.

— — Dasselbe. I. e. Von Ungültigkeit derer Schenckungen unter Ehe-Leuten nach entstandenen Concurs vermöge d. Kgl. Mandats wieder d. Banqueroutiers, § 15. (5.—) 5576

— de Fetialibus et jure Fetiali populi Romani. Helmst. 734. 4. 5 gr. Andere schreiben diese Diss. dem Respondenten Wagner zu.

CONRADI, Frc. C.: Historia Pandectar. authentica s. Justiniani de Pandectis epistolae III. una c. indice ICtor. Florentino. *Hal.* 730. 8.

— — Honoris in arena se honorari passos infamantis . . disput. de jure controverso. Helmstedt (P. D. Schnorr) Juli 1744. 20 S. (3.50) 5591

— — De jure quiritium a civitate Romana non diverso. Comment. acad. Helmstedt (P. D. Schnorr) 1744. 54 S. (4.80) 5590

Conradi, Franz Carl (Präs.): De Jure revendi . . ., s. Besser, Carl Christoph

— Jus provocationum ex antiquitate Romana crutum. Lips. 723. 4. (56 S.)

— — De Caji libris rerum quotidianarum qui et vocantur aureorum diss. Wittbg. (Gerdes' Wwe.) 6. VIII. 1728. 20 S. (4.—) 5583

— — Dissertatio de modo servando in legatorum piorum interpretatione. Helmstedt 1746. 65 S. sauberes Manuskript. (4.80) 5593

— — Oratio in abdicatione magistratus academici in academia Julia. Helmstedt (Schnorr) 2. I. 1741. 16 S. (3.20) 5589

— — Oratio de studiosorum in academiis dignitate. Helmstedt (Schnorr) 25. VI. 1740. 24 S. (4.—) 5588

— — Oratio de jurisprudentia regulari Romanorum et de veterum jurisconsultorum studiis circa regulas juris. Wittbg. (Gerdes' Wwe.) 5. VIII. 1728. 28 S. (4.80) 5581

— — Dasselbe. Ed. II. Lpz. (Langenheim) 1762. 23 S. (4.50) 5582

— parergorum, in quibus antiquitates et historia juris romani illustrantur, lib. IV. 8. ibid. 734—40.

— — Parerga in quibus antiquitates et historia juris illustr. varia juris civilis. Liber III. Helmstedt (Chr. Fried. Weygand) 1738. (S. 309—433.) (5.—) 5586

Conradi, F. C., Parerga, in quibus antiquitates et historia juris Romanor. illustrantur. Argent. 735. 8. Ed. auct. Helmst. 740. 8. 20 gr.

— — Julius Paulus ab injuriis criticorum vindicatus. Helmstedt (P. D. Schnorr) Febr. 1733. 28 S. (4.80) 5584

— — Prolusio de quarta falcidia legatis in dona deorum relictis deducenda. Helmstedt 1746. 11 Bl., sauberes Manuskript. (4.—) 5592

CONRADI, Frc. C. (resp. C. G. SCHULZ): D. ad J. Pauli ex lib. sing. de jure singulari reliqua. *L.* 728. 4.

Conradi, Frz. Karl, scripta minora cum praefat. et singular. commentat. epicrisi ed. ab L. Pernice. Vol. I. Cum 1 tab. lithogr. 8maj. Halle 823. Anton. 1 Thlr. 16 Gr.

— — Triga libellorum, quibus jura usucapionum et complura juris civilis veterumque auctorum loca explicantur, illustr., vindic. I. Jac. Raevardi, Tribonianus, sive de veris usucapionum differentiis adversus triboniam liber singularis. II. ejusd. ad legem scriboniam liber singularis. III. Adriani Pulvaei (Paris) ad legem atiniam, sive de rei furtivae usucapione prohibita, liber singularis. — Historiam usucapionum et longi temporis praescriptionum praemisit, annot. passim et praef. est. Lpz. (Weidmann) 1728. 3 Bl., XLII, 122 S., 7 Bl. (7.50, Einzelteile 3.50) 5580
Gew.: Jo. Chph. Zeumer (Niederauerbach).

Conradi, Frdr. Ernst

Conradi, Fr. Er., theoretisch-prakt. Handbuch der Land- u. Wasser-Baukunst für Baumeister, Zimmerer und Maurer, so wie für Bau- u. Gewerbschulen. Nach eigenen Erfahrungen und mit Benutzung der besten Werke bearbeitet. 5 Liefg. Mit 69 Tafeln. gr. 4. Chemnitz u. Schneeberg 842—44, Goedsche, Sohn. n. 13 1/3 Thlr.

Conradi, Frdr. Ernst, theoretisch-prakt. Handbuch der Land- u. Wasserbaukunst f. Baumeister, Zimmerer u. Maurer so wie für Bau- u. Gewerbschulen. Nach eigenen Erfahrgn. u. m. Benutzung der besten Werke bearb. 2. wohlf. (Titel-)Aufl. 6 Lfgn. gr. 4. (IV u. 360 S. m. 69 lith. Taf. in gr. Fol.) Schneeberg 850, Goedsche. 8 Thlr.

Conradi, F. E. Handbuch der Land- und Wasserbaukunst. Mit Atlas. Chemnitz, 1856.

— s. Nicholson's Werkzeichnungen.

—— Tafeln zur Bestimmung d. kubischen Inhalts runder u. vierkantiger Hölzer, zu Auffindung der Preise derselben, so wie zur Nachweisung der aus ein. Klotze zu schneidenden Pfosten, Breter, Latten u. Schwarten; ferner eine Inhalts- u. Werthvergleichung d. verschied. geschnitt. Hölzer gegen gewöhnl. Spündebreter, ein Schema zu einer Holzberechnung u. ein dergl. zu einem Holzbeschlagzettel, wie solches dem Holzhändler u. Baugewerken dienlich ist. 8. (10 B. u. 9 Tab. in qu. 1/2 Fol.) Chemnitz 842. [Goedsche'sche Buchh.] *

CONRADI, Friedrich Ernst: Tafeln zur Bestimmung des kubischen Inhalts runder und vierkantiger Hölzer zur Auffindung der Preise derselben... - Chemnitz, Schneeberg 1842. - 2. Aufl. Leipzig 1846. - 3. Aufl. Schneeberg 1859

— Tafeln z. Bestimmung d. kubischen Inhalts runder u. vierkantiger Hölzer, nebst Berechnung der Preise derselben rc. 2. verb. Aufl. 12. (225 S.) Leipzig 847, Hermann in Comm. 2/3 Thlr.

Conradi, Friedr. Ernst, Tafeln zur Bestimmung des kubischen Inhalts runder und vierkantiger Hölzer, nebst Berechnung der Preise derselben und einigen andern zur Holzberechnung nützl. Tabellen. 3., verb., bericht. und verm. Aufl. 8. (VIII und 220 S.) Schneeberg 859, Goedsche'sche Buchh. geb. * –

Conradi, Geo. Cph.

— Auswahl aus dem Tagebuche eines praktischen Arztes. gr. 8. Chemnitz. Hofmann. 794.

— Auswahl aus d. Tagebuche e. prakt. Arztes. gr. 8. Chemnitz 794. (Starke). 8 Gr.

— Bemerkung über einige Gegenstände der Ausziehung des grauen Staars. 8. Leipz. Baumgärtner. 795.

—Bemerkk. über einige Gegenstände b. Ausziehung des grauen Staars. 8. Leipz. 791. Baumgärtner. 4 gl.

Conradi, Georg Christoph: Handbuch der pathologischen Anatomie. 572 S., gbd.

Hannover: Helwing 1796

JB 1.136

— Georg Christoph (Hannover), De hydrope. Diss. med. Götting. (J. Ch. Dieterich) 17. IX. 1789. 33 S. (4.50) 5594
Gew.: Jo. Gg. Ant. Conradi (Vater).

—Taschenbuch für Aerzte, zur Beurtheilung b. Aechtheit, Verfälschung u. Verderbniß b. Arzneimittel. 8. Hannov. 793. Helwing. 10 gl.

Conradi, H., Anleitung zur Bestimmung d. Literinhalts der Brennerei- u. Brauerei-Geräthe durch Vermssg. derselben auf trocknem Wege nebst Tabellen zur Feststellg. d. Literinhalts cylindr. Räume von 1 bis 400 Centimeter Durchmesser u. 1 bis 200 Centimeter Höhe. Im Auftrage d. königl. preuß. Finanz-Ministeriums hrsg. Lex.-8. (200 S.) Berlin 871. Jonas. n.n. 4. 50

Conradi, H., Anleitung zur Bestimmung d. Literinhaltes der Brennerei- u. Brauereigeräthe durch Vermessung derselben auf trockenem Wege, nebst Tabellen zur Feststellg. des Literinhalts cylindrischer Räume. Im Auftrage des k. preuß. Finanz-Ministeriums hrsg. 3. (geänd.) Ausg. gr. 8. (251 S. m. Fig.) Berlin 889. (Jonas.) n.n. 4. 50

Conradi, H., über e. Kontaktepidemie v. Ruhr in der Umgegend v. Metz, s.: Festschrift zum 60. Geburtstage v. Rob. Koch.

—— Tabellen zur Bestimmung der Litermenge des Branntweins nach Gewicht. Im Auftrage des kgl. preuss. Finanz-Ministeriums hrsg. 2. Ausg. Fol. (77 S.) Berlin 874, (Jonas.) **

Conradi, H., Tabellen zur Bestimmung der Litermenge des Branntweins nach Gewicht. Im Auftrage des königl. preuss. Finanz-Ministeriums zum Zweck der Benutzung bei den steuerl. Abfertigungen des Branntweins hrsg. 5. Ausg. gr. 8. (VIII, 231 S.) Berlin 887, (Jonas' Verlagsh.) **

—— Tafeln zur Umwandelung von Quartmengen in Litermengen. gr. 4. (14 S.) Berlin 871, (Jonas.) **

Conradi, Heinrich, approb. Arzt aus Frankfurt a. M.: Zur Frage der Toxinbildung bei den Milzbrandbakterien. *Leipzig: Veit & Co. 1899.* (32 S.) 8°
Strassburg, Med. Diss. v. 1899

— Heinr. Wilh. (Reichenbach/Vogtl.), De negotiis quae a muliere sine curatore in Saxonia expediri possunt. Exercit. jur. Saxon. elect. Präs. Gebh. Chn. Bastineller. Wittenbg. (Chn. Zimmermann) Jan. 1727. 24 S., z. Tl. dtsch. (4.80) 5595

Conradi, Herm., Brutalitäten. Skizzen u. Studien. gr. 8. (88 S.) Zürich 886. Verlags-Magazin. n. 1. —

—— Faschings-Brevier, s. Bohne. Jobs.

Conradi, Herm. (Hrsg.), s. Faschings-Brevier für das Jahr 1885.

Hermann Conradi. Friedrich Hebbel in seinen Tagebüchern. Hrsg. u. eingel. von Carl Fr. Schulz-Euler. Frankfurt a. M.: C. F. Schulz 1908. (30 S.) 8° [F.] [08. 1350

— Liebes-Beichte. Zwölf Briefe u. zwei Postkarten an Margarethe Halm. Hrsg. v. Mich. Geo. Conrad. (51 S. m. 2 Bildn.) 8. Eisenach 909. H. Jacobi. 1. 20

Conradi, Herm., Lieder e. Sünders. 8. (XII, 150 S.) Leipzig 887. Friedrich. n. 2. —

— Adam Mensch. Roman. 8. (III, 463 S.) Ebd. 889. n. 5. —; geb. n. 6. —

— Phrasen. Roman. 8. (II, 378 S.) Ebd. 887. n. 5. —

— Wilhelm II. u. d. junge Generation. Eine zeitpsychologische Betrachtg. 8. (V, 82 S.) Ebd. 889. n. 1. 50

Conradi, J. F., de causis divini in Pharisaeos odii. Sorav. 1756. 4.

Conradi, J. F. W., Jugendklänge, s. Beyer, G.

—— Mecklenburgisches Schul-Choralbuch. 8. (56 S.) Schwerin 863, Hildebrand. *

Conradi, J. F. W., mecklenburgisches Schul-Choralbuch. 2. auf Grundlage d. „Melodienbuches zum mecklenburg. Kirchengesangbuch" veränd. Aufl. Ausg. A. 52 zweistimm. Choräle. Schwerin 869. Hildebrand. 8. (16 S.) n. 2 ngr.

— — Ausg. B. 52 dreistimm. Choräle. Antiphonien. Ebend. 869. 8. (32 S.) n. 3 ngr.

Conradi, J. G., die höchst nöthige Reform des Unterrichts in der lateinischen Sprache. Nürnb. 810. 8. 6 gr.

Conradi, J. L., s. Conradi, Johann Ludwig

Conradi, J. W. J., s. Conradi, Johann Wilhelm Heinrich

— Jo. Christian Friedrich (Stolpen/Misn.), Theses juris controversi. Präs. Ferdin. August Hommel. Lpz. (Langenheim) 30. I. 1760. 2 Bl. (1.80) 5596

Conradi, (Joh. Friedr.,) Kirchen-, Prediger- u. Schul-Geschichte d. Herrsch. Sorau u. Triebel rc., s. Worbs, Joh. Gottl.

Conradi, Jh. Fr., († d. 17. Nov. 1797.) Kirchen-, Prediger- u. Schulgeschichte d. Herrsch. Sorau u. Triebel rc., herausg. v. J. G. Worbs. gr. 8. Görlitz 803. Verf. 1 rthl.

— Joh. Friedr. (Osterode/Hannover), De passione iliaca. Präs. Friedr. Hoffmann. Halle (Gg. Jac. Lehmann) Juli 1716. 32 S. (5.—) 5598
Widm. v.: Gg. Fried. Meinhardt, Andr. Pet. Conradi (Vater).

— Joh. Georg, De jure repressaliarum inter principes imperii. Präs. Joh. Balth. Werner. Wittenbg. (Gerdes' Wwe.) 14. III. 1715. 43 S. (4.80) 5599

Conradi, Johann Georg Otto Friedrich

Conradi, Jh. Geo. O. Fr., Diss. inaug. med.-chirurg. de osteomalacia. 4. Götting. 796. Dieterich. 3 gl.

Conradi, Johann Ludwig

— — De cap. VIIII. tit. dig. de neg. gestis. Lpz. (Langenheim) 1757. 20 S. (3.—) 5608

— — Consensus legum super nunciatione novi operis ejusque remissione. Lpz. (Langenheim) 1756. 22 S. (4.20) 5605
Gew.: Chn. Ludw. Stieglitz. — Tit.-Vign.: Crusius sc.

Conradi, Jh. Ldw., († d. 19. Febr. 1785.) epitome digestorum Imper. Justiniani. 8. Leipz. 759. 6 gl.

— s. Aul. Gellii, Noctium.

CONRADI, JOHANN LUDWIG.
Dissertatio inauguralis chymico-medica, sistens historiam solutionis corporum particularis. Marburgi, *n. d.* [1729]. pp. 34, 4to.

— regularum juris interpretatio. 8maj. Leipz. 756. (Frkf., Hermann). 3 gl.

— regularum juris interpretatio. 8. maj. Lips. 759.

— — id. lib. 8. Frankf. Hermann. 765.

Conradi, J. L.: Jus. pop. Rom. civile, e. digestis imper. Justiniani. Lpz., Dyck. 759—60. 2 T. 8. (1 Thl. 2 Gr.)

— — u. (Respond.) Johann Friedrich Naundorf (Leipzig); Super legato partitionis. Lpz. (Langenheim) 1756. 36 S. (4.80) 5606

Conradi, J. Lud.: Observatt. jur. civ. Vol. 1. Marb., Bayerhöfer. 783. 8.

— — Omne tulit punctum Horatii poetae simul omne genus legis apud Romanos tabellariae. Lpz. (Breitkopf) 1755. 20 S. mit Tit.-Vign. (Meil f.) (4.50) 5603
Gew.: Joh. Friedr. Christ.

— opuscula e jure civili. II Tom. 8. Bremen 777 u. 78. Förster. 1 ₰ 12 gr

— — Oratio de juris et aequitatis inter se consensu. Lpz. (Buschel) o. J. 12 S. (3.80) 5601

— — De praescriptione exstinctiva cum interitu jurium per non usum haud confundenda. Diss. jur. Präs. Emil Lud. Hombergk zu Vach. Marburg (Ph. C. Müller) Mai 1750. 36 S. (5.—) 5602
Gew.: Joh. Ulrich Frh. v. Cramer.

— — Ratio enarrandae historiae juris Romani. Lpz. (Buschel) 14. VII. 1763. 14 S. (3.50) 5610

— ratio ordin. digest. Imp. Justiniani. 8. Leipz. 763. Dyck. 8 gr

Conradi, J. L.: Reprehensiones in observatt. sup. jure civ. divv. lib. sing. Lpz. 756. 8. (16 Gr.)

— reprehensorum in observat. super jure civili diversorum lib. sing. Cum XIV tabb. aen. 8. Leipz. 757. 16 gr

— — De sententia cap. VIIII. tit. dig. de neg. gestis adversus Joh. Altamiranum. Lpz. (Langenheim) 1757. 20 S. (4.50) 5609

— — Sententia Scaevolae declarata super cautione Aquillii nepotes postumos instituendi et lege Junia Vellea. Lpz. (Langenheim) 11. III. 1756. 24 S. (4.80) 5607
Gew.: Joh. Jac. Mascov.

Conradi, J. L.: Pomponius a Merillii tentat. vindic. Lp., 757. 8.

— variorum ex jure civili liber. 8. Marb. 765. (Hermann in Frankf.) 3 gr

Conradi, J. Lud.: Varior. ex jure civ. lib. Marb., Kessler. 765. 8. (3 Gr.)

— variorum ex jure civili liber. 8. Marb. Müller. 765.

Conradi, J. L.: Diss. de vita et scriptis Q. Cerv. Scaevolae. Lips. 754.

— — De vita et scriptis Q. Cervidii Scaevolae jurisconsulti liber singularis. Lpz. (Langenheim) 1755. 76 S. (5.50) 5604
Gew.: Johann Georg Estor.

Conradi, Johann Michael

Conradi J. M. der dreifach geartete Sehe-Strahl. Anweisung zur Optika oder Sehe-Kunst. (Angebunden an Kunckelii ars vitraria) 4° Koburg 1710

— Joh. Wilh. (Göttingen), De morbo maculoso haemorrhagico Werlhofii. Diss. med. Göttingen (Dieterich) 13. VIII. 1829. 38 S. (4.—) 5611
Gew.: Joh. Wilh. Heinr. Conradi (Vater).

Conradi, Johann Wilhelm Heinrich

Conradi, Jh. Wlh. Hnr., Abhandl. von d. Hämorrhoiden. gr. 8. Marb. 804. Krieger. 1 ₰

Conradi, Jh. Wlh. Hnr., Animadversiones de Asthmate praesertim spasmodico et thymico. Commentatio in consessu Societat. Reg. Scient. Gotting. d. XIV. Januar. MDCCCXXXII recitata. 4maj. Gottingae 842, Dieterich. n. 1/6 ₰

— animadversiones de febre petechiali. 4 maj. Heidelb. 819. Winter. 8 gr

Conradi, Jo. Guil. Henr., animadversiones medicinal. de febris, praesertim nervosae, ad inflammationes et ulcera intestinor. relatione. Comment. 4 maj. ... Gottingae 832, Dieterich.

—— animadvers. de plethora vera. Comment. 4 maj. (2 B.) Gottingae 833, Dieterich.

— Animadversiones de Plethora vera. Commentatio. 4 maj. Göttingen 834. Dieterich. 1/1 ₰

— s. E. G. Baldinger, Catalog. biblioth.

— Beitrag zur Erregungstheorie. 8. Marb. 801. Krieger. 10 gr

Conradi, Johann Wilhelm Heinrich: Beitrag zur Erregungstheorie. 117 S., gbd.

Marburg: Akadem. Buchhandlung 1802

JB 2.581

— Beitrag zur Geschichte der Manie ohne Delirium. gr. 8. Göttingen 835. Dieterich. 5/12 ₰

—— Bemerkungen üb. die Werlhofsche Blutfleckenkrankheit u. Willan's Purpura urticans. Vorgelesen in d. kgl. Gesellschaft d. Wissenschaften am 15. Nov. 1845. gr. 4. (3 B.) Göttingen 846, Dieterichsche Buchh.

—— Bemerkungen über die gastrischen Fieber. gr. 4. (26 S.) Göttingen 854, Dieterichsche Buchh. *
Letztere zwei Schriften wurden aus: Abhandlungen der k. Gesellschaft der Wissenschaften zu Göttingen 7. und 6. Bd., besonders abgedruckt.

— Bemerkungen über die medicinischen Grundsätze der Koischen und Knidischen Schule. (Aus den Abhdlgn. der k. Gesellsch. der W. zu Göttingen.) Ebend. 856. 4. (22 S.) 6 ngr

—— historisch-medicinische Bemerkungen üb. angebliche Varioloiden-Epidemien. Eine in der Sitzung d. kgl. Gesellschaft d. Wissenschaften am 4. Sept. 1841 vorgeles. Abhandl. gr. 4. (3 B.) Göttingen 842. Dieterichsche Buchh. *

Conradi, Joh. Wilh. Heinr., Bemerkungen über die Selbstständigkeit der Fieber. gr. 4. (34 S.) Göttingen 848, Dieterichsche Buchh. *
Aus: Abhandlungen der k. Gesellschaft der Wissenschaften zu Göttingen. 4. Bd., besonders abgedruckt.

— Bemerkungen über die Varioloiden und besonders über Schönlein's Meinung von denselben. Eine in der Sitzung der Königlichen Gesellschaft der Wissenschaften am 26. Oct. 1839 vorgelesene Abhandlung. gr. 4. Göttingen 840, Dieterich. n. 1/3 ₰

– Catalogus bibliothecae medico-physicae Ern[esti] Godofr[edi] Baldingeri. Curavit, praefatus est, notas rarioribus libris adjecit Jo[hannis] Guil[elmi] Henric[i] Conradi.
T. 1. 2. Marburgi 1805: Krieger.
T. 1: Bibliotheca medica.
T. 2: Bibliotheca physica.

— Jo. Wilh. Heinr., De cynanche thyreoidea et struma inflammatoria. Comment. med. Götting. (C. E. Rosenbusch) 1824. 16 S. (3.50) 5612

Conradi, (J. W. H.,) Comment. de cynanche thyreoidea et struma inflammat. 8maj. Goett. 824. Vandenhoek et R.

— Progr. von d. Einflusse d. Aetiologie d. Krankheiten auf d. Therapie. 8. Marb. 803.

—— Einleitung in d. Studium d. Medicin, zum Gebr. bei seinen Vorlesn. 3., durchaus umgearb. Aufl. seines Grundrisses d. medicin. Encyklopädie u. Methodologie. gr. 8. (8 B.) Marburg 828, [Cassel,] Krieger.

— Einrichtung d. medicin. Klinik im acad. Hospital zu Heidelberg, nebst e. Bemerkk. über d. darin behandelten Krankheiten. Mit 1 Kpf. 8. Heidelb. 820. Mohr. 16 gr

— über die von Hippokrates geschilderten Fieber, mit Rücksicht auf Littré's Meinung von denselben. Aus dem 2. Bde. der Abhandl. der Königl. Gesellschaft der Wissenschaften zu Göttingen. gr. 4. Ebend. 844. n. 1/3 ₰

— Grundriß d. medicin. Encyklopädie u. Methodologie. gr. 8. Cassel u. Marb. 806. 2e A. 815. Krieger. 16 gr 3e A. unt. d. T.: Einleit. in d. Studium d. Medicin, zum Gebr. bei seinen Vorlesungen. gr. 8. Marb. 828. Krieger. 16 gr

— Grundriß d. Pathologie u. Therapie zum Gebrauch bei seinen Vorlesungen entworfen. Ir u. IIr Bd. gr. 8. Ebend. 811—13.
(Ir enth. allgem. Pathologie u. Therapie 1 Rthlr. 16 gr. IIr besond. Pathologie u. Therapie 1r Bd. Fieber, Entzündungen u. Hautausschläge 3 Rthlr.)

— Grundriß d. Pathologie u. Therapie. 3 Bde. gr. 8. Marb. 811—16. (1r Bd. 2e A. 817. 2r Bd. 1r Thl. 2e A. 818.) Krieger. 10 ₰

– Grundriß d. Pathologie und Therapie. 3 Thle. N. Aufl. Marburg: Krieger 1816–20. 8° (1. Th. N. Aufl. 1819 – 2. Th. 2. Aufl. 1820. 3. Th. 1816)

Conradi, Joh(ann) Wilh(elm) Heinr(ich): Grundriß der besonderen Pathologie und Therapie, zum Gebrauche bey seinen Vorlesungen entworfen. 2...verbess.Ausg. Th.2: Besondere Pathologie und Therapie, Bd 1 - 2, gbd.

Marburg: Krieger 1819 - 1820

JB 2.399

— Diss. inaug. de haemorrhoidibus. 8. Marb. 802. Krieger. 2 gr

— Handbuch d. allgem. Pathologie. gr. 8. Marb. 811. 2e A. ... 3e A. 821. 4e A. 826. Krieger. 2 ₰

Conradi, Johann Wilhelm Heinrich: Handbuch der allgemeinen Pathologie zum Gebrauche bey seinen Vorlesungen entworfen. 3., umgearb. und verbess. Ausg. 394 S., gbd.

Marburg: Krieger 1822

JB 1.198

— Handbuch der allgem. Pathologie, z. Gebrauch bei seinen Vorlesungen. 5e verb. Ausg. gr. 8. Cassel 832. Krieger's Verlagsbuchh. 2 ₰ — 6e verb. Ausg. gr. 8. Ebd. 840. 2 ₰

— Handbuch der allgemeinen Pathologie, zum Gebrauche bei seinen Vorlesungen. 6. verb. Ausg. gr. 8. Cassel 841, Krieger's Verlagsbuchh. 2 ₰

— Handbuch d. speciellen Pathologie u. Therapie. 1r Bd. 3e Aufl. 826. 4e A. 831. 3 ₰ 2r Bd. 2e A. 822. 3e A. 828. 3 ₰ gr. 8. Marb., Krieger. 6 ₰

—— Handbuch d. speciellen Pathologie u. Therapie, zum Gebr. bei seinen Vorlesn. 2 Bde. gr. 8. Cassel, Krieger.
Bd. 1. Von d. Fiebern, Entzündungen u. Hautausschlägen. 4., verb. Ausg. (40 1/4 B.) 831. 3 Thlr.
" 2. Von d. abnormen Ausleerungen, Kachexien, Nervenkrankheiten, Seelenkrankheiten rc. 3., verb. Ausg. (39 B.) 828. 3 Thlr.

— Handbuch der speciellen Pathologie u. Therapie. 2r Bd. 4e Aufl. gr. 8. Cassel 833. Krieger's Verlagshandl. 3 ₰ — 1r Bd. auch 3 ₰

— Handbuch der allgem. Therapie, z. Gebrauche bei seinen Vorlesungen. gr. 8. Cassel 833. Krieger's Verlagsh. 5/6 ₰

— comm. de bronchitidis historia et diagnosi. 4maj. Gött ting. 832. Dieterich. 8 gr

Conradi, Johann Wilhelm Heinrich: Ueber das medicinisch-klinische Institut in dem akademischen Hospitale zu Heidelberg. Von Johann Wilhelm Heinrich Conradi. Heidelberg. Mohr & Winter 1817. 20 S. 8°.

— Kritik d. medicin. Lehre des D. Broussais. 2e verm. Ausg. gr. 8. Heidelberg 823. Oswald.

— Kritik d. Vorlesungen d. Dr. Broussais über d. gastrischen Entzündungen rc. (Aus d. Heidelberg. Jahrb. 1821 abgedr.) gr. 8. Heidelb. 821. 2e A. 823. Oßwald. 16 gr

— Pr. üb. einige Mängel d. Brownschen Therapie. 8. Marb. 805.

— commentatio de mania sive delirio. 4maj. Gölling. 827. Dieterich. 6 gr

— Pneumonie u. Pleuritis, in nosolog. u. therapeut. Hinsicht. gr. 8. Marb. 803. Krieger. 1 ₰

— — Ad panegyrin inter sollemnia saecularia acad. Georgiae Augustae. — Insunt quaedam ad historiam institutionis clinicae in Acad. Georgia Augusta pertinentia. Göttingen (Dieterich) 19. IX. 1837. 18 S. (3.20) 5614

— — Successorem in magistratu academico Amadeum Wendt. — Racemationum venusinarum fascis VII. Götting. (Dieterich) 1833. 10 Seiten. (2.20) 5613

Conradi, Jh. W. Hnr., Uebersicht der prakt. Arzneimittellehre. 8. Göttingen 834. Deuerlich. 5/8 ₰

— über Schönlein's klinische Vorträge. gr. 8. Göttingen 843, Vandenhoeck u. Ruprecht. 1/3 ₰

Conradi, Johanna, die Hauslehrerin in ihrem Berufe u. ihrer Stellung. 8. (166 S.) Mitau 875. Behre's Verl. n. 2. —

Conradi, Johanna, Lebensbilder aus der baltischen Heimath. Mitau 861. Lucas. 8. (VI, 214 S.) n. 1 ₰

Conradi, Johanna, an der Ostsee. 8. (81 S.) Mitau 888. (F. Besthorn.) n. 1. —

Conradi, Johanna, kleine Schriften für das Haus. 8. (96 S.) Mitau 862, Lucas.

—— kleine Schriften für das Haus. Neue Folge. gr. 8. (III, 82 S.) Mitau 872, Behre's Verlag. *
Aus: Riga'sche Zeitung, besonders abgedruckt.

Conradi, Johanna, Georg Stein oder Deutsche u. Letten. Eine Erzählung aus der Gegenwart Kurlands. Riga 864. Kymmel. 8. (303 S.) n. 1 ₰ 15 ngr

Conradi, Johanna, Georg Stein. Roman. 2. (Titel-)Ausg. 8. (III, 303 S.) Riga (1864) 879. Kymmel. n. 3. 60

Conradi, Johannes, c. r. m., Oberlehrer an d. Dreikönigschule zu Dresden: Schleiermachers Arbeit auf dem Gebiete der neutestamentlichen Einleitungswissenschaft. Niederlößnitz-Dresden 1907: A. Adam. (76 S.) 8°
Leipzig, Theol. Fak., Ref. Hofmann, Diss. v. 20. Juli 1907
[Geb. 13. Jan. 73 Trebsen; Wohnort: Dresden; Staatsangeh.: Sachsen; Vorbildung: Fürsten- u. Landes-Sch. Grimma Reife O. 92; Studium: Leipzig 8 S.; Rig. 22. Dez. 06.]

Conradi, Joh., Grundriß der Kirchengeschichte, s.: Wippermann, A.

Conradi, Joseph., Commentarius in Paralipomenon et reliquos libros usque ad prophetas succinctis explicationibus sensum litteralem et praecipuum mysticum indicans. Olmütz, 1758.

Conradi, Jos., Commentarius in sensum litteralem tum prophetarum Veteris Legis tum in Novum Testamentum. Olmütz, 1759, 1760, 4°.

Conradi, Isr., Cognitio sui ipsius problematico-philos.-medica. Dantisci. 8°.

1708

Conradi, J[ulius] Fr[iedrich] (Dexheim/Rheinhessen)
Ueber die Lage und Größe der Brustorgane, der Leber und Milz beim gesunden Manne und ihre Bestimmung durch die Percussion.
Giessen: (W. Keller) 1848. 58 S. u. 2 Tab.
Diss. med. 31.7.1848. vorh. 4. BR Brüssel.

Conradi, K. E. Jul., s. Samml. d. gem. Bescheide.

Conradi, K. E. Jul.: Samml. d. gem. Bescheide, Ausschreiben u. gerichtl. Verordnn. d. Königl. Grossbritt. Hannöv. Justiz-Canzley zu Zelle. *Zelle*, Schultze. 820. 4.

Conradi, Kasimir, Christus in der Gegenwart, Vergangenheit u. Zukunft. Drei Abhandlungen, als Beiträge zur richtigen Fassung des Begriffs der Persönlichkeit. gr. 8. Mainz 839. Kupferberg. 1 1/6 ß

Conradi, Kasim., evangel.-christl. Katechismus, zunächst z. Gebr. für seine Katechumenen. 2e Aufl. 8. Worms 828. Kunze. 3 Ngr.

Conradi, Kasimir, Kritik der christlichen Dogmen, nach Anleitung des apostolischen Symbolums. gr. 8. Berlin 841, Duncker u. Humblot. 2 ß

— Selbstbewußtsein u. Offenbarung, oder Entwickelung d. religiösen Bewußtseins. gr. 8. Mainz 831. Kupferberg. 1 ß 16 Ngr.

— Unsterblichkeit u. ewiges Leben. Versuch einer Entwickelung des Unsterblichkeitsbegriffs der menschl. Seele. 8. Mainz 837 Kupferberg. 2/3 ß

Conradi, L. R., siehe: *Herold.*

Conradi, L R . Die Offenbarung Jesu Christi. [Illustriert.] 2. Aufl. 552 S. 8. Hamburg-Basel-London-*etc.*-Melbourne, Internationale Traktatgesellschaft [der Adventisten], 1904. [geb. M. 5. — *u.* 6. —]

Die Weissagung Daniels oder die Weltgeschichte im Lichte der Bibel. Von L. R. Conradi. Hamburg: Internat. Traktatgesellsch. 1898. 351 S. 8°

Conradi, L R . Die Weissagung Daniels, oder die Weltgeschichte im Lichte der Bibel. [Illustriert.] 3. Aufl. 352 S. 8. Hamburg-Basel-Paris-*etc.*-Melbourne, Internationale Traktatgesellschaft [der Adventisten], 1905. [geb. M. 4. — *bis* 6. —]

Conradi, M., die übertriebene Wertschätzg. der Stenographie, ihre Verwendung in Schulen, im Heere u. bei Behörden. gr. 8. (48 S.) Berlin 901. Liebheit & Thiesen. — 75

Conradi, Matth., Dictionar (Lexicon) da tasca dilg linguaig Tudesc-Romansch et Rom.-Tudesc. Taschenwörterbuch d. deutsch-romanischen u. roman.-deutschen Sprache. 2 Thle. 12. Zürich 823 u. 28. Orell. 1 ß 16 Ngr.

— prakt. deutsch-roman. Grammatik. gr. 8. Zürich 820. Orell. 16 Ngr.

— neue, aus d. Alterthum hervorgetragene Volkslieder über d. Sklaverei u. Befreiung d. Bündtner, aus d. 14n u. 15n Jahrh. 8. St. Gallen 826. (Huber). 6 Ngr.

Conradi, Mich., († d. 12. Jan. 1801.) Lebens- u. Regierungsgeschichte Friedrich August I., oder wie ihn d. Polen nach ihren Königen lieber nannten, August II., Königs in Polen u. Kurfürsten zu Sachsen, nach Medaillen u. Münzen den Jahren nach beschrieben; als e. vollständ. Ergänz. u. Fortsetz. zu Tenzels Kursächs. Medaillen-Kabinette; nebst e. Anhang von Gedächtnißmünzen, die unter dieser Regierung sind geschlagen worden. 4. Leipz. 797. Breitkopf u. H. 12 Ngr.

Conradi, Paul (Hrsg.), s. Conradi, Albert: Vor Paris.

Conradi, Paul, Lesebuch f. d. deutsch. Unterricht. Vorstufe. Septima. (274 S.) gr. 8. Riga 910. E. Bruhns.
Geb. in Leinw. 2. 35

— **dasselbe. 1.—3. Tl. gr. 8. Ebd.** Geb. nn 8. 85
1. Sexta. (VIII, 346 S.) 909. Geb. nn 2. 75
2. Quinta. (VIII, 336 S.) 908. Geb. nn 2. 75
3. Quarta. (VIII, 432 S.) 908. Geb. 2. 85

— **dasselbe. 2. u. 3. Tl. Ausg. B. 8. Ebd.**
Geb. in Leinw. nn 5. 90
2. Quinta. (XI, 377 S.) 910. Geb. in Leinw. nn 2.90
3. Quarta. (XII, 420 S.) 910. Geb. in Leinw. 3.—

Conradi, Peter, Tierarzt: Aus d. Poliklinik f. grosse Haustiere d. Tierärztl. Hochsch. zu Berlin. Vorstand: Kärnbach. Über Neubildungen an den Bauchdecken des Pferdes. Berlin 1909: Zum Gutenberg, Magdeburg. 39 S. 8°
Gießen, Veterinär-Med. Diss. v. 22. Mai 1909, Ref. Bostroem
[Geb. 4. Jan. 85 Elbingen; Wohnort: Schotten; Staatsangeh.: Preußen; Vorbildung: Gymn. Montabaur Reife O. 04; Studium: Berlin Tierärztl. Hochsch. 7 S.; Rig. 26. Febr. 09.] [U 09. 1142

Conradi, Phil. Fr., zur 100jähr. Jubelfeier d. Georgia Augusta zu Göttingen. Ein chronolog. Verzeichniß sämmtl. Lehrer der Universität seit ihrer Stiftung im Jahre 1734. Nebst einigen Beilagen. gr. 4. Göttingen 837. (Vandenhoeck u. R.) 1/2 ß

Conradi, R., Wohnhaus in Fachwerk, s.: Unterrichtswerke (Methode Hittenkofer) Nr. 71.

Conradi, Rud. Aug. Predigt-Dispositionen über ausgewählte Texte der Sonn- u. Festtage d. Kirchenjahres. gr. 8. (XXI, 314 S.) Lpz. 890, Brockhaus. * 5 —; geb. * 6 —

— **Sigismund** (Dresden), Ueber das Koerpergewicht des Menschen und die Abnahme bei der Tuberculose. Med. Inaug.-Abh. Präs. Ernst Lebrecht Wagner. Lpz. (L. Schnauss) Juni 1863. 23 S. mit Biogr. (4.—) 5615
Oppon.: H. Schildbach, C. Marche, C. G. Lossnitzer.

[Th.] **Conradi**-[A.] Krentzlin's Examinatorium für die mittleren Justiz-Beamten in Preussen. Hülfsbuch z. Vorbereitung auf d. Examina u. f. d. Praxis im materiellen u. formellen Recht. 8. vollst. umgearb. Aufl. von J[oh.] Wollenzien. (In 10 Lfgn.) *Breslau: J. U. Kern 19(00–)01.* (XX, 1034 S.) 8° [F.] [01. 8150

Conradi-Krentzlin's Examinatorium für die Subalternbeamten der königl. preußischen Justizbehörden. 5. Ausg., neu bearb. von Th. Conradi. 2 Bde. gr. 8. Berlin 877, Puttkammer und Mühlbrecht. * ℳ 10.; geb. *
Inhalt:
Bd. 1. Hilfsbuch im materiellen und formellen Recht für das Examen als Aktuarius 1. Klasse und für die Praxis. (V, 321 S. mit 1 lithogr. Schrifthafts-Baum.) * ℳ 5,50.
2. Hilfsbuch für das Examen als Aktuarius 1. Klasse und für die Praxis im Kassen- und Rechnungswesen. (VI, 272 S.) * ℳ 4,50.

Conradi-Krentzlin's Examinatorium für die Subaltern-Beamten der Königl. Preuß. Justizbehörden. Hilfsbuch zur Vorbereitung auf die Examina und für die Praxis im materiellen und formellen Recht, mit Einschluß des Kassen- und Rechnungswesens. 6. Ausg., neu bearb. von Th. Conradi. gr. 8. (XII, 539 S.) Berlin 881, Puttkammer und Mühlbrecht.

Conradi-Krentzlin's Examinatorium f. die Subaltern-Beamten der königl. preuß. Justizbehörden. Hülfsbuch zur Vorbereitg. auf die Examina u. f. die Praxis im materiellen u. formellen Recht mit Einschluß d. Kassen- u. Rechnungswesens. 7., verm. Aufl., bearb. v. J. Wollenzien. 15 Lfgn. gr. 8. (XIX, XI, 1474 S.) Breslau 887—889. Kern's Verl. à n. 1. 50 (cplt.: n. 22. 50; geb. n.n. 25. —)

Conradi u. Krentzlin's Examinatorium f. die Subaltern-Beamten der königl. preussischen Justizbehörden. Hülfsbuch zur Vorbereitg. auf die Examina u. f. die Praxis im materiellen u. formellen Recht. 8. Aufl., bearb. v. J. Wollenzien. (In 10 Lfgn.) 1.—3. Lfg. gr. 8. (S. 1—192.) Breslau, J. U. Kern's Verl. 1900. à 1. 50.

Conradi, Th., und **A. Kreutzlin,** Examinatorium behufs Vorbereitung zum Examen als Aktuarius 1. Classe. gr. 8. 2 Thle. 852. (3 Bl., 218; 1 Bl., 168 S.) n. 1 ℛ 10 ngr. — 2. wesentlich verm. u. verb. Aufl. 2 Thle. Schönebeck 855. Berger. gr. 8. (XXIV, 277; XVII, 245 S.) 1 ℛ 15 ngr.

Conradi, Th., u. A. Kreutzlin, Examinatorium behufs Vorbereitung zum Examen als Aktuarius erster Klasse. 4. verm. u. umgearb. Ausg. v. Th. Conradi. 2 Thle. gr. 8. (IV, 272 u. IV, 194 S.) Berlin 873. Puttkammer & Mühlbrecht. n. 8. —

Conradi, W., theoretisch-practische Gesangschule f. Dilettanten, insbesondere f. Schulen, Seminarien, Volks-Gesangvereine u. Choranstalten. Lex. 8. (VI u. 67 S.) Schwerin 850. (Hildebrand.) ½ ℛ 12 Expl. n. 4 ℛ

Conradi, W., G. Beyer, und F. Werner, Jugendklänge, s. **Beyer, G.**

—— die Technik des Chorgesanges oder gründl. Anweisung, durch Treff- und Stimmbildungsübungen in kurzer Zeit ein gewandter Chorsänger zu werden. Verfaßt und für den Chorgesang sich ausbildenden Dilettanten, so wie angehenden Choranstalten und Gesangvereinen zum fleißigen Gebrauch empfohlen. 8. (35 S.) Schwerin 851, [Hildebrand.] *

Conradi, Wilh., Liebe und Vaterland. Ein Gedicht. gr. 12. (VII und 181 S.) Tübingen 851, Fues'sche Sortimentsb. Thlr. *

Conradi-Hohenwestedt, A., s. Conradi, Albert

Conradin. Trauersp. in 5 Akt. von A. Bergen. Königsberg: Unzer. 1803. 8°
– Trauersp. Göttingen: Dankwärts 1806. 8°
– Trauersp. in 5 Akt. Göttingen: Vandenhök 1806. 8°

Conradin, Trauerspiel in 5 Aufz. von A. Bergen. Neue wohlf. Ausg. 8. Königsberg, Unzer. 818.

— Trauerspiel von Fr. v. Heyden. gr. 8. Berlin, Reimer. 818.

Conradin und Inna, oder das Leben der ersten Liebe in einer Reihe gemüthlicher Erzählungen. Von C. Augusti. Gotha: Hennings 1820. 8°

Conradin von Schwaben; e. Gedicht, mit e. histor. Vorbericht. Und d. Grafen v. Gleichen; e. Gedicht, mit e. histor. Vorbericht, (v. J. J. Bodmer). 4. Karlsr. 771. Macklott. 4 gr.

Conradin von Schwaben. Ein Drama in fünf Acten. Frankf. u. Leipz. 1782. V: *Conz, Carl Philipp.* (BrMm) (Ky) (MGT)

Conradin von Schwaben oder Geschichte des unglücklichen Enkels Kaisers Friedrich des Zweyten. Leipzig 1787. V: *Naubert, Christiane Benedicte geb. Hebenstreit.* (EE) (Ky)

Conradin v. Schwaben, od. Geschichte des unglückl. Enkels Kaiser Friedrich II. (v. B. Naubert). 8. Leipz. 787. Weygand. 1 ℛ 8 gr.

Conradin von Schwaben, oder Geschichte des unglücklichen Enkels Kaiser Friedrichs des Zweyten, mit 1 Kupfer, 8. Leipzig, 788. Weygand. 1 Rthl. 10 sgl.

Conradin von Schwaben. Trauersp. von F. A. C. Werthes. Tübingen: Cotta 1800. 8°

Conradin von Schwaben. Trauerspiel in 5 A. Königsberg 1803. N. A. 1817. V: *Blech, Abraham Friedrich.* (GGr)

Conradin von Schwaben und Ida. Ein Trauerspiel. Altona. 1808.

Conradin, Biarda's Blick in d. Zukunft, s.a. Biarda.

Conradin, Biardas Blick in d. Zukunft, oder d. Kunst d. Kartenlegers d. Chiromantie u. Geomantie. 32. Gotha 827. Hennings. 4 gr.

Conradin, neueste Blumensprache. Eine Gabe d. Liebe u. Freundschaft. Nebst ein. Samml. von Stammbuchsaufsätzen. 16. (6 B.) Crefeld 843, Schüller.

JESUITEN-Zögling, Der, als Schuhflicker à la Rousseau, Seminarist, Libertiner etc. etc. Nach dem Französischen des Leaumier frei von Conradin. Nebst 1 Titelkupfer. Altenburg 1831. Seltenes Erotikon.

Conradin, Ch(ristian]). Federzeichnungen aus Graubünden. [70 Tafeln in Mappe, mit illustriertem Umschlag.] gr.-8. (Chur, Th. Utinger-Braun, [1910]) fr. 1. 20]

Conradin, C., Erinnerungen aus der alten Oelmühle. Das Leben e. schlichten Arbeitsmannes nach den Aufzeichngn. seines Tagebuchs erzählt. 12. (109 S.) Bremen 896. Verlag des Tractathauses. n. —50

Conradin, C. (C. Anner), eine Gesellschaftsreise ins hl. Land. Der lieben Jugend dargeboten. (151 S.) 8. Bremen (905). Buchh. u. Verlag des Traktathauses. n. —75; geb. n. 1.25

Conradin, Fritz, bacc. iur., a. Chur (Schweiz): Die Haftung des Erwerbers eines Handelsgeschäftes eines Einzelkaufmanns für die Geschäftsschulden des bisherigen Inhabers. Borna-Leipzig 1906: R. Noske. (VIII, 71 S.) 8°
Leipzig, Jur. Fak., Diss. v. 12. März 1906
[Geb. 12. Juli 77 Chur; Wohnort: Chur; Staatsangeh.: Schweiz; Vorbildung: Kantonssch. Chur Reife Juli 97; Studium: Zürich 2, Leipzig 5 S.; Rig. 8. März 02.]

Conradin, Paul, Bilder aus dem Tippamt, s.: Sattler's interessante Bibliothek.

— So baut man sich e. Torpedo- u. Unterseeboot (aus Zigarrenkistenholz). (63 S. m. Abbildgn. u. 1 Taf.) 8. Leipzig (908). R. Sattler. 1.—

Conradin, Th., der kleine Vagabund, s.: Bibliothek interessanter Erzählungen.

Conradinus et Fridericus. Tragoedia ... [Bamberg] 1746. V: *Pfister, Anton.* (Jes)

Conradinus, Barbarae crudelitatis victima, ducum Sueviae ultimus ... Salisb. 1706. V: *Seiz, Placidus von.* (Hr)

Conradinus, Georg, Stilvoll. Orig.-Lustspiel in 5 Aufzügen. 8. (88 S.) Hamburg 887, Grädener. *

Conrads, altdeutsches Lesebuch in neudeutschen Übersetzungen. Für die oberen Klassen höherer Schulen, sowie für den Alleingebrauch mit Anmerkungen hrsg. gr. 8. (XII, 296 S.) Leipzig 889. K. Baedeker. n. 2.40; geb. n. 3.—

Conrads, F. W., Übersicht d. Geschichte d. deutschen Litteratur, s.: Pütz, Wilh.

Conrads, *Friedrich* [Prof. Dr.]: *Festode zur Feier des 25jährigen Bestehens des Realgymnasiums in Essen am 12. Okt. 1889.* Leipzig, Druck v. Hesse & Becker, 1890; S. 50; 4°
Essen, k. G, P 1890 (434)

Conrads, Frid., Quaestiones Vergilianae. gr. 4. (28 S.) Trier 863, Lintz' Verlag. *

Conrads, Fr.: Ventorum apud Vergilium turbae. 6 S.– Essen, Progr. 1872.

Conrads, Fridericus Guilelmus ⟨geb. 1829 in Bodburg bei Köln⟩: In Anthologiae latinae librum IV exercitationes criticae et exegeticae ... Bonnae, form. C. Georgii 1853. 2 Bl., 47 S. 8.
Bonn, Phil. Fak., Diss. v. 13 Aug. 1853

Conrads, Hermann [aus Essen a. d. Ruhr]: Über Neuralgieen und ihre chirurgische Behandlung. ... Siegburg, Druck v. Wilh. Reckinger, 1889; 136 S. 8°
Bonn, Med. Fak., Inaug.-Diss. v. 20. Apr. 1889

Conrads, Matth., s. v. Kempen, vier Bücher.

Conrads, P. A. Der Gebrauch des Globus. Ein Beitrag zur Methodik des geographischen Unterrichts. 22 S. Apost. *Köln* 1885.
Progr.

Conradsohn, Rich.

Conradsohn, R.: Leibesübungen, Beitrag zur Körperpflege. 1904. Zürich, Rauscher. 8°. 27 S.

Conradsohn, Rich., Leibesübungen. Ein Beitrag zur Körperpflege. (6 S.) 16. Zürich (906). (Rascher & Co.) n. — 40

Conradt, C., Ueb. d. Anfang d. Sieben gegen Theben des A. S.-A. 1874. 10 S.

Conradt, C., Dilettantentum, Lehrerschaft u. Verwaltung in unserem höheren Schulwesen. gr. 8. (47 S.) Wiesbaden 890. Kunze's Nachf. n. — 50

Conradt, C., Dilettantentum, Lehrerschaft u. Verwaltung in unserm höheren Schulwesen. 2., mit einigen Zusätzen versch. Aufl. gr. 8. (61 S.) Wiesbaden 890. Kunze Nachf. n. — 50

Conradt, F. [Oberl. Dr.]: Stufenmässige Anordnung des trigonometrischen Lehrstoffs der Gymnasien. Leipzig, Gustav Fock, 1889; 39 S., 1 Taf. 4°
Belgard, st. G, OP 1889 (121)

— Lehrbuch der ebenen Trigonometrie in stufenmäßiger Anordnung f. den Schulgebrauch, nebst e. sich eng an dasselbe anschließ. Sammlg. v. Übungsaufgaben. gr. 8. (VIII, 176 S. m. Fig.) Leipzig 889. Teubner. n. 2. —

Conradt, Fr., genetische Entwickelung der Elemente der Arithmetik. 4. (16 S.) Belgard 873. (Colberg, Post.) n. — 50

—— ueber die Relation zwischen den Entfernungen einer beweglichen Ebene von 4 festen Punkten. „Eine analytisch-geometr. Untersuchung. 4. (10 S. mit 1 lithogr. Figurentaf.) Belgard 873. (Colberg, Post'sche Buchh.) *

Conradt, [Carl]: [Der Abschied des Oberlehrers Dr. Hermann Domke.] *Greifenberg i. P. (1898): C. Lemcke.* (10—11 S.) 4°
Greifenberg i. P., k. Friedrich-Wilhelms-G, OP 1898 (144)

Conradt, Carl, die Abtheilung lyrischer Verse im griechischen Drama und seine Gliederung nach der Verszahl. 1. Heft: Aeschylus' Prometheus und Perser. gr. 8. (IV, 157 S.) Berlin 879, Weidmann'sche Buchh. *

Conradt, Karl, Prof. Dr., Dir.: Amytis, Drama in 5 Aufz., ... [Festschrift] 2. Festspiel zur 50jähr. Jubiläumsfeier d. Kgl. Friedrich-Wilhelms-Gymn. zu Greifenberg i. P. *Greifenberg i. P. [1902]: C. Lemcke.* (72 S.) 8° [F.]
Greifenberg i. P., k. Friedrich-Wilhelms-G, OP 1903 (159)

Conradt, *Karl: Ansprache an den Oberlehrer Dr. Hermann Domke bei seinem Scheiden aus dem Amte und Erwiderung des Dr. Domke.* 4 (S. 10—11).
Progr. Kgl. Friedrich-Wilhelms-G. *Greifenberg i. Po.* 1898

— Die Erschließung Chinas, s.: Wassiljew, W. P.

Conradt, Carl, die Grundlagen der griechischen Orchestik u. Rhythmik. (Progr.) (20 S. m. Fig.) Lex. 8. Greifenberg 909. (Leipzig, Buchh. G. Fock.) 1. —

Conradt, Carl: Über die Grundlagen der griechischen Orchestik und Rhythmik. Greifenberg i. P. (1909): Lemcke. S. 3—20. 4°
Greifenberg i. P., k. Friedrich-Wilhelms-G OP 1909 (196) [S 09. 61

Conradt, Carl, zur Heimkehr d. Kaisers. D. Deutschen u. d. Orient. E. Umblick u. e. Ausblick. gr. 8. (49 S.) Berlin 898. D. Reimer. n. 1. —

Conradt, Carl, die metrische Composition der Comödien d. Terenz. gr. 8. (VI, 212 S.) Berlin 876. Weidmann. n. 5. —

Conradt, Carl: Die metrische und rhythmische Komposition der Komödien des Aristophanes. T. 1. 1. Ἀχαρνῆς.[!] 2. Ὄρνιθες. 3. Λυσιστράτη. 4. Θεσμοφοριάζουσαι. Leipzig: Fock in Komm. 1910. 58 S. 4°
Greifenberg i. P., k. Friedrich-Wilhelms-G OP 1910 (200) [S 10. 63

Conradt, Carl (Hrsg.), s. Sophokles: Tragödien.

Conradt, Car. (geb. Köslin 10. 2. 1847): De versuum Terentianorum structura. Berolini (1870). (39 S.) 8°
Berlin, Phil. Diss. v. 3. Jan. 1870

[F. u. Ant.] **Conradt**, Max [Gerichts-Ref. aus Schlawe]: Ueber die rechtliche Natur der sogenannten pacta claudicantia ... Greifswald, Druck v. J. Abel, 1897; 54 S. 8.
Greifswald, Jur. Fak., Inaug.-Diss. v. 1897

Conradt, Paul [aus Danzig]: Ueber Gesetzmässigkeiten bei Oxydationen zweier neuen Chinolinderivate ... München, H. Lüneburg, 1894; 30 S., 1 Bl. 8.
Erlangen, Phil. Fak., Inaug.-Diss. v. 1894

Conradt, Rudolf: Das iuristische Wesen der Haftpflichtversicherung. Magdeburg 1907: E. Baensch jun. (42 S.) 8°
Göttingen, Jur. Fak., Ref. Ehrenberg, Diss. v. 27. Febr. 1907
[Geb. 2. Mai 84 Frankfurt a. M.; Wohnort: Magdeburg; Staatsangeh.: Preußen; Vorbildung: Domgymn. Magdeburg Reife O. 03; Studium: Göttingen 6 S.; Rig. 20. Dez. 06.]

Kirche und Kinematograph. Eine Frage von Pastor Walther Conradt. Berlin: Walther 1910. 72 S. 8° 10. 1931

Conradty, C: Bronskol. Nürnberg 1908

Conradus de Fabaria. Conradi de F' Continuatio Casuum sancti Galli *s.* Geschichtsquellen. St. Gallische G'. (Abtheilung) 4. St. Gallen 1879.

Conradus Gemnicensis, s.: Analecta hymnica medii aevi.

Conradi Hirsaugiensis dialogus super auctores, s.: Schepss, G.

Conradus Philosophus

Conradi, F., Chronicon Schirense, saec. XIII conscriptum et Aventini annales Schirenses, ed. G. C. Joannes. Cum 3 tabulis. Aargoviae 1716. 4.

Conradus Philosophus, F., o. D. Ben. (Mönch zu Scheyern, 1206—50), *Chronicon Schirense*, sæculo XIII conscriptum, a P. F. *Stephano*, Coenobii Schirensis abbate, additionibus quibusdam, notisque auctum, & an. CIϽIϽCXXIII (1623) publicæ luci datum. *Joannis Aventini Chronicon Schirense*, noua hac editione ad præsens vsque tempus perductum. Accurante *Georgio Christiano Joannis* (sic). Argentorati, sumtu Joannis Reinoldi Dulsseckeri (m. Signet). Anno CIϽIϽCCXVI. (1716.) 4°. Hpgmtb. Die ersten 4 Bll. etw. fleckig.
12 Bll. Vorst. u. 194 S. Mit 3 gefalt., unsign. Kpfrn. (das erste Ansicht des Klosters Scheyern) u. 1 Vign. auf Bl. 3 (Wappen des letzteren). Die Zuschr. d. Herausg. Joannis an den Abt Benedictus ist dat.: Francof. ad Moenum, in nundinis auctumnalibus, an. 1715.
Die erste seltene Ausgabe der Chronik des Mönchs Conrad durch den Abt Stephanus Reitperger erschien Ingolstadij, e typis Gregorii Haenlin, 1623.

Conradus a Saxonia, Speculum beatae Mariae virginis, s.: Bibliotheca Franciscana ascetica medii aevi. II.

Conradus, Magnus. Die Wirkungsweise der Pyocyanase auf den gesunden tierischen Organismus. Diss. Vet.-Med. Bern. Mit [1 Figur und] 1 Tafel. *Kopftitel:* Aus dem medizinischen Institut der Tierärztlichen Hochschule zu Dresden. Direktor: Prof. Dr. Joh[ann] Schmidt. VI + 65 S. 8. Bern (Druck Philipp Kühner, Eisenach) 1908.

Conrady, das Kastell Alteburg bei Walldürn. (18 S. m. Abbildgn. u. 3 Taf.) 4. Heidelberg 904. O. Petters. n. 3. —

Conrady, Kastell Niedernberg. [Aus: „Der obergerm.-raet. Limes d. Roemerreiches".] gr. 4. (16 S. m. Abb. u. 2 Taf.) Heidelberg 896. O. Petters. n. 2. —

— das Kastell Obernburg. (44 S. m. Abbildgn. u. 5 Taf.) gr. 4. Ebd. 903. n. 6. 40
2 Sonderabdrucke aus: „Der obergerm.-raet. Limes des Roemerreiches".

Conrady v. (Hrsg.), s. Steinmetz, Karl Friedrich von: Schleswig 1848.

Conrady, das Kastell Trennfurt. gr. 4. (14 S. m. Abb., 1 Taf. u. 1 Karte.) Heidelberg 900. O. Petters. n. 1. 80

— das Kastell Wörth. gr. 4. (21 S. m. Abb., 2 Taf. u. 1 Karte.) Ebd. 900. n. 2. 60
2 Sonderabdrucke aus: „Der obergerm.-raet. Limes des Roemerreiches".

Conrady, A., Beiträge zur Volkskunde Süd-Schantungs, s.. Stenz, Geo. M.

— China, s.: Weltgeschichte.

Conrady, A., Chinas Kultur u. Literatur, s.: Hochschul-Vorträge f. Jedermann. 19.—22. 29. 30.

Conrady, A., s.: Kulturgeschichte d. Mittelalters.

Conrady, A., s. Wassiljew, W. P., Erschliessung Chinas.

Conrady, Alex., Geschichte d. Clanverfassg. i. d. schott. Hochlanden, s.a. Studien, Leipziger, aus d. Gebiet d. Geschichte.

Conrady, Alexander: Geschichte der Clanverfassung in den schottischen Hochlanden. *Leipzig: Duncker & Humblot 1898.* (39 S.) 8° ¶[Erschien vollständig als H. 1 des 5. Bds von: Leipziger Studien aus dem Gebiet der Geschichte.]
Leipzig, Phil. Diss. v. [23. Juni] 1898

Geschichte der Revolutionen vom niederländischen Aufstand bis zum Vorabend der französischen Revolution. Von A[lexander] **Conrady**. Mit Bild. u. Dokumenten aus d. Zeit u. je 1 farb. Beilage. Bd 1. 2. (In 50 H.) Berlin: Vorwärts 1910–11. 4° [11. 13004

Conrady, Aug., die Beziehgn. d. chines. Kultur z. abendländ., s.a. Hochschul-Vorträge f. Jedermann.

Die Beziehungen der chinesischen Kultur zur abendländischen. Vortrag geh. von Dr. August **Conrady**, Prof., Leipzig. Leipzig: Seele 1898. 17 S. 8°
(Hochschul-Vorträge f. Jedermann. H. 5.) [09. 13940

Conrady, August [aus Wiesbaden]: Fünfzehn Blätter einer nepalesischen Palmblatt-Handschrift des Nārada. Einleitung, Text, Anmerkungen. . . . Leipzig, Druck v. G. Kreysing, 1891; 26 S. 8°
Würzburg, Phil. Fak., Inaug.-Diss. v. 15. Dez. 1886

Conrady, Aug. Fünfzehn Blätter e. nepalesischen Palmblatt-Handschrift d. Nārada. Einleitung, Text, Anmerkgn. gr. 8. (26 S.) Lpz. 891, Fock. * 1 —

— das Hariçcandranṛityam. Ein altnepales. Tanzspiel. Mit e. grammat. Einleitg. hrsg. gr. 8. (45 S.) Leipzig 891. K. F. Koehler's Antiqu. n. 1. 50

— e. indochinesische Causativ-Denominativ-Bildung u. ihr Zusammenhang m. d. Tonaccenten. E. Beitrag z. vergleich. Grammatik d. indochines. Sprachen, insonderheit d. Tibetischen, Barmanischen, Siamesischen u. Chinesischen. gr. 8. (XIX, 208 S.) Leipzig 896. O. Harrassowitz. n. 11. —

— 8 Monate in Peking. s.a. Orient, der. 1. Hft.

Acht Monate in Peking. Eindrücke u. Studien aus d. Zeit nach d. chines. Wirren. Vortrag geh. 1905 in d. Münchner Orient. Gesellsch. von Dr. A[ugust] **Conrady**. Halle: Gebauer-Schwetsche 1905. (19 S.) 8°
— Orient, Der. H. 1. [06. 1997 S

Conrady, E. v., die Ausbildung der Infanterie auf dem Exerzirplatze. Eine reglementar. Studie. gr. 8. (VII, 98 S.) Berlin 886, Mittler und Sohn. *
Vgl.: Anti von Conrady.

Geschichte des Königlich Preußischen Sechsten Infanterie-Regiments (2.: Grenadier-Regiments Graf Kleist von Nollendorf (1. Westpreußischen) Nr. 6). Abschn. [1.] 2. Nach den im Geh. Staats-Archive ... enthaltenen Quellen, bearb. von E(mil) v. **Conrady**, Prem.Lt. (2: Auf Befehl d. Reg. bearb. von Conrad Hoffmann, Oberlt.) *Glogau: C. Flemming (2: Berlin: E. S. Mittler & Sohn) 1857–1903.* 2 Bde 8° [F.]
1. Von s. Stiftung im J. 1773 bis zu Ende d. J. 1856. Mit 6 Abb. 1857.
2. Vom J. 1857 bis 1903. Abgeschlossen im Juni 1903. Mit 8 Bildern, 5 Fahnentaf. u. 8 Karten. 1903. [04. 9455

Conrady, E. v., Geschichte des preuß. 6. Infanterie-Regiments, Fortsetzg., s.a. Hoffmann, Conr., Geschichte des königl. preuß. Grenadier-Regiments Graf Kleist v. Nollendorf Nr. 6.

Conrady, E. v., die Geschichte des 2. Hannoverschen Infanterie-Regiments Nr. 77. Die ersten 25 Jahre 1866 bis 1891. gr. 8. (VI, 358 S. m. 3 Kunstbeilagen u. 7 Skizzen.) Berlin 892. E. S. Mittler & Sohn. n. 7. 50; geb. in Leinw. n.n. 9. —

Conrady, E. v., das Leben des Grafen August v. Werder, königl. preuß. Generals der Infanterie. gr. 8. (VII, 320 S. m. 1 Karte.) Berlin 889. Mittler & Sohn. n. 6. —; geb. n.n. 7. 50

— Leben u. Wirken des Generals der Infanterie u. kommandirenden Generals des V. Armeekorps Carl v. Grolman, Ritter des hohen Ordens vom Schwarzen Adler in Brillanten. Gestorben am 15. Septbr. 1843. Ein Beitrag z. Zeitgeschichte d. Könige Friedrich Wilhelm III. u. Friedrich Wilhelm IV. Nach archival. u. handschriftl. Quellen verf. 1. Thl. Von 1777 bis 1813. Mit 1 Bildniß, 1 Uebersichtskarte u. 4 Skizzen. gr. 8. (VI, 297 S.) Ebd. 894. n. 6. 50; geb. in Leinw. n.n. 8. —

Conrady, E. v., Leben u. Wirken d. Generals d. Infant. u. kommandir. Generals d. V. Armeekorps Carl v. Grolman. Gestorben a. 15. Septbr. 1843. E. Beitrag z. Zeitgeschichte d. Könige Friedrich Wilhelm III. u. Friedrich Wilhelm IV. Nach archival. u. handschriftl. Quellen verf. 2. u. 3. Thl. gr. 8. Berlin, E. S. Mittler & Sohn. n. 15. —; geb. in Leinw. 18. — (Kplt.: n. 21. 50; geb. n.n. 26. —)
2. D. Befreiungskriege 1813—1815. M. 3 Übersichtskarten u. 9 Skizzen. (VI, 401 S.) 895. n. 8. 50; geb. in Leinw. n.n. 10. —
3. Von 1815—1843. M. 1 Abb. v. Grolmans Denkmal auf d. Friedhofe z. Posen. (V, 312 S.) 896. n. 6. 50; geb. in Leinw. n.n. 8. —

Conrady, F. J., s.: Eisenbahn-Frachtentarif, combinirter, für Nordwest- u. Mitteldeutschland.

Conrady, F. J., alphabetisches Stations-Verzeichniss, nebst Tarif-Tabellen f. den Eil- u. Frachtgut-Verkehr der Stadt Hannover. Eine Zusammenstellg. sämmtl. deutschen u. ausländ. Stationen, womit die hiesige Stadt im directen Güterverkehr steht, sowie Angabe der geograph. Lage u. kilometr. Entferng., welche letztere der Frachtberechng. zu Grunde gelegt wird. gr. 8. (VIII, 115 S.) Hannover 893. (Schmorl & v. Seefeld Nachf.) n. 2. —

Conrady, Ludw., Cultur und Christenthum. Ein Vortrag. 8. (IV, 84 S.) Wiesbaden 868. Riedner. *

Conrady, Ludw., vier rheinische Palaestina-Pilgerschriften des XIV., XV. u. XVI. Jahrh. Aus den Quellen mitgetheilt u. bearb. gr. 8. (X, 370 S.) Wiesbaden 882. Feller & Gecks. n. 6. —

Conrady, Ludw., die Quelle der kanonischen Kindheitsgeschichte Jesu's. Ein wissenschaftl. Versuch. gr. 8. (X, 342 S.) Göttingen 900. Vandenhoeck & Ruprecht. n. 8. —

Aus stürmischer Zeit. Ein Soldatenleben vor hundert Jahren. Nach d. Tagebüchern u. Aufzeichnungen d. weil. kurhess. Stabskapitäns im Leibdragoner-Regt L(udwig) W(ilhelm) v. **Conrady** von W[ilhelm] v. **Conrady**, Hauptm., Hannover. Mit 1 Bildn. u. 2 Karten. Berlin: C. A. Schwetschke & Sohn 1907. (IV, 423 S.) 8° [F.] [07. 13604

Conrardy, Conrad [aus Luxemburg]: De Vergilio Apollonii Rhodii imitatore. Commentatio philologa. Monasterii 1904. 59 + 1 p. 8°.
Freiburg. i. Schw. Phil. Diss. 1903/1904.

Conrardy, Conrad. De Vergilio Apollonii Rhodii imitatore. [Diss.] Phil. Friburg. Helvet. ... scripsit Conradus C' Luxemburgensis. 61 p. 8. Monasterii, Typis Westphali, 1904.

Conrart, Valentin. CONRARTS // Gründlicher Unterricht // wie ein // Geistlicher und Weltlicher // ORATOR // in der // Ausspra che und Gestibus // sich manierlich und klug auf= // zuführen hat. // Anfangs in Frantzösischer / nachmahls // in Lateinischer / jetzo aber wegen sei= //ner Vortrefflich keit in // Teutscher Sprache // geschrieben /// Und nach der neuesten Methode in // Fragen gebracht. // Nebst einem gantz neu hinzuge= //fügten Capitul // von der // MEMORIA./ Jena / bey Johann Felix Bielcken /// mit Kisuischen Schrifften. 17o9. - 12 Blatt (nicht paginiert) Titel- kupfer, Titelblatt und Vorrede des Übersetzers Rosander. - 286 S. und noch 12 Blatt (nicht paginiert) Register.

B. S. T. 12°.57.

Conrat Erica: Beiträge zur Geschichte G. R. Donners. Diss. Wien, Univ.
D: Erschien unter dem Titel „Unbekannte Werke von G. R. Donner". (Jahrbuch d. Zentralkomm. N. F. III, 1905).
1905 PN 1962 1891

Conrat, Frdr., Hermann v. Helmholtz' psycholog. Anschauungen, s. a. Abhandlungen zur Philosophie u. ihrer Gesch. 18. Hft.

Hermann v. Helmholtz' psychologische Anschauungen. Von Friedrich **Conrat**. *Halle a. S.: M. Niemeyer 1904.* (VI, 278 S.) 8°
— Abhandlungen z. Philosophie u. ihrer Geschichte. H. 18. [04. 9417] 3

Conrat, Friedrich, aus Amsterdam: Helmholtz' Verhältnis zur Psychologie. *Halle a. d. S. 1903: E. Karras.* (34 S.) 8°
¶ (Erscheint vollst. u. d. T.: Helmholtz' psychologische Anschauungen als Abhandl. zur Philos. u. ihrer Gesch., Bd 18.)
Bonn, Phil. Diss. v. 16. Dez. 1903

Arbor iuris des früheren Mittelalters mit eigenartiger Komputation. Von Prof. em. Dr. Max **Conrat** ⟨Cohn⟩ in Heidelberg. Berlin: Akad. d. Wiss. 1909. 41 S. 4°
Aus: Abhandlungen d. Kgl. Preuss. Akad. d. Wiss. v. J. 1909. Anh. [09. 15831]

Conrat (Cohn), **Max**, Arbor iuris d. früh. Mittelalters m. eigenartiger Komputation. (41 S. m. 1 Tab.) Lex. 8. Berlin 909. G. Reimer. 2. —
Sonderabdruck aus „Abh. d. kgl. preuss. Akad. d. Wiss."

Breviarium Alaricianum. Römisches Recht im Fränkischen Reich. In systemat. Darstellung von Dr. Max **Conrat** ⟨Cohn⟩, Prof., Amsterdam. *Leipzig: J. C. Hinrichs 1903.* (XIX, 813 S.) 4°(8°) [03. 13631]

Conrat (Cohn), **Max**, die Christenverfolgungen i. röm. Roiche vom Standpunkto d. Juristen. gr. 8. (2 Bl., 80 S.) Loipzig 897. J. C. Hinrichs' Verl. n. 2. —

Die Entstehung des westgothischen Gaius. Von Max **Conrat** ⟨Cohn⟩. Amsterdam: J. Müller 1905. (144 S.) 4°(8°)
— Verhandelingen d. Kkl. Akademie v. Wetenschappen te Amsterdam. Afd. Letterkunde. N. R. Deel 6, No 4. [06. 4064] 6

Conrat [Cohn], **Max**, die epitome exactis regibus. Mit Anhängen u. e. Einleitg.: Studien zur Geschichte d. röm. Rochts im Mittolalter. gr. 8. (X, CCCLIII, 4, 224 S.) Berlin 884. Weidmann. n. 14. —

Conrat [Cohn], **M.**, Goschichte der Quellen u. Literatur des römischen Rechts im früheren Mittelalter. 1. Bd. 3 Abthlgn. Lex.-8. Leipzig 889. 890. Hinrichs' Verl. n. 26. 50
1. Abth. (S. 1—106.) n. 5. 60. — 2. Abth. (S. 107—330.) n. 10. 50. — 3. Abth. (S. 331—549.) n. 10. 50.

Conrat (Cohn), **Max**, Geschichte der Quellen u. Literatur d. römischen Rechts im früheren Mittelalter. 1. Bd. 4. Abtlg. Lex.-8. (XI u. S. 547—645.) Leipzig 891. J. C. Hinrichs' Verl. n. 4. — (1. Bd. kplt.: n. 30. 60)

Die lex romana canonice compta, Römisches Recht im frühmittelalterlichen Italien, in systemat. Darstellung von Max **Conrat** ⟨Cohn⟩. Amsterdam: J. Müller 1904. (XVI, 144 S.) 4°(8°)
— Verhandelingen d. Kkl. Akademie van Wetenschappen te Amsterdam. Afd. Letterkunde. Nieuwe Reeks. D. 6, No 1. [05. 11699] 9

Conrat, **Max** [Cohn], der Pandekten- und Institutionenauszug der brittischen Dekretalensammlung, Quelle des Ivo. gr. 4. (21 S.) Berlin 887, Weidmann'sche Buchh. *

— Der westgothische Paulus. Eine rechtshistor. Untersuchg. (Verhandelingen der konink. akademie van wetenschappen te Amsterdam. Afdeeling letterkunde. Nieuwe reeks. Deel VIII. Nr. 4.) (IV, 259 S.) Lex. 8. Amsterdam 907. J. Müller. 6. —

Conrat, [Cohn], **Max**, das Florentiner Rechtsbuch, ein System römischen Privatrechts, aus der Glossatorenzeit. Aus einer Florentiner Handschrift zum ersten Mal hrsg. u. eingeleitet. 8. (LVIII, 118 S.) Berlin 882. Weidmann. n. 3. —

Conrath, Jos., S. J., s.: Sankt Ignatius-Wasser, das, e. Segensquelle.

Conrath, Julius, appr. Arzt a. Andlau i. E.: Ueber den therapeutischen Wert des Urotropins mit besonderer Berücksichtigung der Nephritis bei Scharlach und anderen Infektionskrankheiten. Straßburg i. E. 1904; C. & J. Goeller. (54 S.) 8°
Straßburg, Med. Fak., Ref. Naunyn, Diss. v. 21. Sept. 1904
[Geb. 8. Mai 76 Andlau, U.-Els.; Wohnort: Eichhofen, U.-Els.; Staatsangeh.: Elsaß-Lothringen; Vorbildung: Bischöfl. Gymn. Straßburg Reife O. 99; Studium: Freiburg i. B. 1, Straßburg 9 S.; Coll. 29. Juli 04; Approb. 4. Juni 04.]

Conrath, M. D.: Über die neuen Bade-Anstalten zu Franzensbad, und die hier erst erfundene verbesserte Methode, kohlensaure Eisenwässer auf Flaschen zu füllen und zu versenden. Von. M. D. Conrath. Prag 1830: (Schönfeld). 90 S. 8°.

Conrath, Paul: Ueber einige silurische Pelecypoden (mit 2 Taf.). S. 96. I. 40.
Separatabdruck.

Conrath, Paul, über einige silurische Pelecypoden. Lex.-8. (12 S. mit 2 Taf.) Wien 887, (Tempsky.) **
Aus: Sitzungsberichte der k. Akademie der Wissenschaften, besonders abgedruckt.

Coenraets, F., Sites hollandais. Fac-simile d'aquarelles. gr. 4. (4 farb. Blatt.) Berlin 898. W. Schultz-Engelhard. n. 4. 50

Conrau, A., deutsche Schulgeographie. Mit besond. Berücksicht. der Etymologie methodisch bearb. 2 Thle. 3. verb. Aufl. 8. Magdeburg 876, (Rathke.) Beide Theile zusammen *
Inhalt:
Thl. 1. Wörterbuch. (IV, 64 S.) * 30 Pf.
" 2. Satzbuch. (82 S.) * 30 Pf.

Conrau, A., deutsche Schulgeographie. Mit besond. Berücksicht. der Etymologie methodisch bearb. 2 Thle. 4. und 5. Aufl. 8. Magdeburg 880,83, Selbstverlag. à Thl. * 30 Pf. *.
Inhalt:
Thl. 1. Wörterbuch. (58 S.)
" 2. Satzbuch. (82 S.)

Conrau, A., deutsche Schulorthographie. Mit besond. Berücksicht. der Etymologie methodisch bearb. 1. Thl. Wörterbuch. 3. verb. Aufl. 8. (IV, 64 S.) Magdeburg 875. (Leipzig, Siegismund & Volkening.) n. — 50

Conried, Geo., die Insulaner. See-Roman. (96 S.) 8. Neuweißensee (905). E. Bartels. n. 1. —

— Frau Kapitän. See-Roman nach dem Engl. (96 S.) 8. Ebd. (905). n. 1. —

— im gelben Meere. See-Roman nach F. Gerstäcker. Frei bearb. (96 S.) 8. Ebd. (905). n. 1. —

— Schiffbrüchig. See-Roman frei nach dem Engl. (94 S.) 8. Ebd. (905). n. 1. —

— der Sklavenhändler. See-Roman, aus dem Engl. übers. u. frei bearb. (96 S.) 8. Ebd. (905). n. 1. —

Conring, Adph. v., Marroco, das Land u. die Leute. Allgemeine geographische u. ethnographische Verhältnisse. Verfassung. Städte. Land. Bewohner. Handelsbeziehungen. Produkte. Politische Verhältnisse. Europäer u. deren Vertreter. Aus neuester eigener Anschauung geschildert. Mit einer (lith.) Uebersichts-Karte u. einem (lith.) Plan der Stadt Marroco. gr. 8. (VIII, 334 S.) Berlin 880. Hempel. n. 8. —

Conring, Adph. v., Marocco, das Land u. die Leute. [Allgemeine geograph. u. ethnograph. Verhältnisse. Verfassung. Städte. Land-Bewohner. Handelsbeziehungen. Produkte. Politische Verhältnisse. Europäer u. deren Vertreter.] Aus eigner Anschaug. geschildert. Mit e. (lith.) Uebersichtskarte u. e. (chromolith.) Plan d. Stadt Marocco. Neue Ausg. gr. 8. (VIII, 334 S.) Berlin 884. Dümmler's Verl. n. 5. —

Für Feinschmecker. Sammlung auserlesener u. erprobter in- und ausländ. Rezepte hrsg. von Angela v. Conring u. Anita Elvers. Berlin: W. Süsserott [1905]. (183 S.) 8° [F.] [07. 483

Franz Conring. Das deutsche Militär in der Karikatur. Mit 480 Textill. u. 72 Beilagen nach seltenen u. amüsanten Karikaturen aller Länder u. Zeiten. 1. bis 10. Taus. Stuttgart: H. Schmidt (1907). (VIII, 470 S.) 4° [F.] [07. 1429

Conring, Frdr. Frz. v., „Es horstet auf Höwenberg". Novelle. (172 S.) gr. 8. Leipzig-Gohlis 910. B. Volger. 2. —

Conring, Hermann, de antiquitatibus academicis dissertationes septem. recognovit adjecitque bibliothecam acad. C. A. Heumannus. 4. Götting. 739.

Conring, Hermann: A s s e r t i o iuris Moguntini in coronandis regibus Romanorum. Ed. 3. 52 S. o. O. 1723.

Conring, Herm.: C a s t i g a t i o libelli cui titulus: Anticonringiana defensio juris Coloniensis in coronandis Romanorum regibus. Ed. 2. o.O. 1723.

—— De habitus corporum Germanicorum antiqui ac novi causis liber singularis. Annotationibus dilucidavit Jo. Phil. Burggravius. Francofurti a. M. 1727. 8. . (D.)

Hermanni Conringii Censura diplomatis quod Ludovico Imperatori fert acceptum coenobium Lindaviense. Qua simul res Imperii & Regni Francorum Ecclesiasticae ac Civiles, seculi cumprimis Carolovingici, illustrantur. (Praefationis in fine: Helmstadie. 1672.) s. l. Recusum 1723. 4° k.

— censura diplomatis coenobii Lindaviensis. 4. Norimb. 724.

Conringiana epistolica sive Animadversiones variae eruditionis ex H. Conringii epistolis. Guelph. 719. 8. 8 gr.

Conringius, Herman. De contributionibus. Helmstadii 1669. Conringius, Opera, 1730.

Conring, Hermann. Frantzösische Gold-Grube. 8°. Jena, Pohl, 1714.

Conringii, Herm., Introductio in universam artem medicam. Cura G. C. Schelhammeri, cum praef. F. Hoffmanni. Halae et Lips. 726. 4. 18 gr.

Conring, Herm., De varia et maxime vera jurisprudentia. Diss. epist. o. O. u. J. (S. 113—146.) (3.80) 5616
Gew.: Heinr. Langenbeck.

— — Dasselbe. — Ferner: De politica legum interpretatione excerpta ex H. Conringii dissert. ad leg. I. codicis Theodosiani de studiis liberalibus urbis Romae & Constantinopolis (S. 147—155). — Ferner: H o p p e r, Joach. (Friesland), De vera jurisprudentia libr. I u. IV. (S. 156—192). o. O. u. J. (4.80) 5617

Conring, Hermann: De praecipuis n e g o t i i s in comitiis imperii Germanici olim et hodiernum tractari solitis exercitatio. Lipsiae 1741.

Conringius, Herm.: Opera. Curante commentariisque suis haec opera passim augente et illustrante Joh. Wilh. G o e b e l i o. T. 1 6 [nebst] Repertorium. Brunsvigae 1730. 7 Bde fol.

T. 1. Varia scripta ad historiam et ius publicum imperii Germanici, inprimis eiusdem veteres modernosque fines et controversiam de iure coronandi Romanorum regem inter serenissimos electores Moguntinum et Coloniensem superiori saeculo ventilatam, iura item serenissimae domus Brunsvico-Luneburgicae, et archiepiscopatum ducis Bremensis, aliaque ad potentissimos Galliae Prussiaeque regis spectantia c. praef. et vita Conringii.
T. 2. Varia scripta ad historiam, prudentiam civilem et ius publicum imperii Romano-Germanici spectantia, inprimis commentaria in Jac. Lampadium et Nic. Macchiavellum, censuram diplomatis Lindaviensis et librum aureum de pace civili protestantibus danda.
, 3. Varia scripta politica, inprimis Claramontium de coniectandis cuiusque moribus et animi adfectibus, librum de prudentia civili et Aristotelis politica.
, 4. Varia scripta politica et historica, inprimis descriptiones potiorum totius orbis rerumpublicarum, et diss. iura maiestatica, et quae ad commercia promovenda faciunt, illustrantes.
, 5. Scripta miscellanea, inprimis commentaria in Grotium, de veritate religionis christianae, et librum Taciti de moribus Germanorum, antiquitates acad. et quae ad statum veteris Germaniae spectant.
, 6. Scripta miscellanea iuridica et historica, inprimis epistolas ad celeberrimos sui seculi in orbe erudito viros, librum de origine iuris Germanici et de statu Europae tempore conclusae et confectae pacificationis Osnabruggensis.
, 7. Repertorium Conringianum id est: index universalis.

. Conring, H.: De origine juris Germanici. (*Helmstadt.* 643.) cur. H. Jo. Conring. Ed. Vta. *ibid.* 720. fol.

— de origine juris Germanici. 4. Ienae, 720.

Conringii, H., super requisitis in quolibet studioso acad. libellus. Denuo ed. J. C. Leuschnerus. 8maj. Bresl. 762. (J. Fr. Korn). 10 gl.

Conring, Hermann. De Scriptoribus XVI. post Christum natum saeculorum commentarius ... Wratislaviae 1703. Fortsetzer: *Krantz, G.* (BrMm)

— de scriptoribus XVI seculorum a C. Kranzio usque ad finem seculi XVII continuata. 4. Bresl. Meyer. 727.

Conring, Hermann: V i c a r i a t u s imperii Palatinus defensus. 1658. Rec. o. O. 1721.

Conring, Ida v., Elisabeth v. Ellern, s.: Weber's moderne Bibliothek.

Conring, Ida v., fern v. der Heimath! Gedichte. 12. (VI, 77 S.) Norden 883. Fischer Nachf. n. 2. —; geb. n. 3. —

— seine junge Frau. Roman. 8. (84 S.) Berlin 899. Schriftenvertriebsanstalt. — 80; geb. in Leinw. 1. 20

— Frauenseelen. 2 Erzählgn. 8. (196 S.) Berlin (901). R. Taendler. n. 2. —; geb. 3. —

Conring, Ida v., von Haide und Campagna. Gedichte und Balladen. 16. (VIII, 100 S.) [Bremen 880, Kühtmann und Comp.] Norden, Fischer Nachf.
geb. mit Goldschn. *

Tage der Not. Hist. Skizze von Ida v. Conring. Hanna. Von M[ary] E[lizabeth] Braddon. In vereinf. deutscher Stenogr., System Stolze-Schrey. Berlin: F. Schulze [1902]. (24 S.) 8° [03. 6301

Conring, Ida v., Teuer erkauft, s.: Weber's moderne Bibliothek.

I[da] v. Conring. Dunkle Wege. Roman. Berlin: C. Duncker [1905]. (231 S.) 8° [F.] [06. 1747

Conring, Just., über moderne Vorstellungen der Materie und deren Einfluss auf eine wissenschaftliche Weltanschauung. Inaugural-Dissertation. 8. (53 S.) Göttingen 874, (Vandenhoeck und Ruprecht.) *

— Warner Justus (Emden), De tacita prohibitione ususfructus paterni. Dissert. jur. Präs. Jacob Friedrich Ludwig. Halle (Chn. Henckel) Mai 1716. 56 S., tlws. dtsch. (5.—) 5633
Widm. v.: Präs., Matthias v. Wicht (Friesland, dtsch.), H. S. Bachmeister (Friesland).

— — Dasselbe. Vom stillschweigenden Verboth des väterlichen Niessbrauches. Halle (Hendel) 1747. (5.—) 5634
Widm. v. Präs.

Conringiana, s. C o n r i n g, Hermann

Conroy, James Terence [aus New Brighton, Engl.]: Ueber neue aus Thujon abgeleitete Verbindungen ... Göttingen, Druck d. Univ.-Buchdr. v. E. A. Huth, 1894; 47 S. 8.
Göttingen, Phil. Fak., Inaug.-Diss. v. [7. Aug.] 1894

Conroy, James Terence, üb. neue aus Thujon abgeleitete Verbindungen. Diss. gr. 8. (45 S.) Göttingen 894. (Vandenhoeck & Ruprecht.) n. 1. 20

Briefe (Ercole) Consalvi's aus den Jahren 1795–96 und 1798. Mitgeteilt von † Paul Wittichen. *Rom: Loescher & Co. 1904.* (34 S.) 4°
Aus: Quellen u. Forsch. aus ital. Archiven u. Bibliotheken. Bd 7, H. 1. [04. 1063 7

Die Denkwürdigkeiten [Mémoires] des Kardinals **Herkules Consalvi.** Neu hrsg. von Dr. phil. Albert Steumer. *Osnabrück: B. Wehberg 1901.* (IV, 267 S.) 8° [F.] [01. 7819 7

Consalvi, Cardinal-Staatssecr. Hercules, Memoiren. gr. 8. (613 S.) Paderborn 870, Junfermann'sche Buchh. *

Consbruch, C. W.

— Daß wir ein Recht haben, an unserer evangel. Kirche festzuhalten. Eine Predigt. Auf mehrf. Wunsch in Druck gegeb. von einigen Gemeindeglied. gr. 8. Dortmund 839. Krüger. 1/8 ℛ

Consbruch, C. W., „den Geist dämpfet nicht!" Predigt am 1. Pfingsttage 1845, über 1. Thessal. 5, 19. gehalten. gr. 8. Dortmund 845, Krüger. 1/12 ℛ

— Predigt vor der Gesammt-Synode der Grafschaft Mark, zu Unne am 9. Oct. 1832 gehalten. 8. Dortmund, Krüger. 1/6 ℛ

Consbruch, C. W., Christi Warnung vor den falschen Propheten. Predigt am 24. Juni 1836 über d. Evangelium, am 8. Sonnt. nach Trinit. geh. 8. Dortmund 836. Krüger. 1/12 ℛ

Consbruch, Flor. Arn., († d. ... Dec. 1784.) poet. Erzählungen. 8. Frankf. a. M. 750.

– Erzählungen,

§ * — —, Poetische. Hoc jocosæ conveniet lyræ, HORAT. (Vf.: *Florens Arnold Consbruch*, 1729—84.) Mit 3 schönen Vignetten von J. C. G. Fritzsch. Frankfurt, J. Fr. Fleischer, 1750. Gr. 8°. (In Berlin: Yl 701, mit 3 Beibdn.; auch in München: P. o. germ. 326.) (5 Mk. Adolf Weigel, 1906; 4 Mk. Paul Graupe, Berlin, 1908.)

4 Bll. u. 80 S. Goedeke IV, S. 19, 11, 1. Freie Bearbtgn. französ. Vorbilder (La Fontaine, Du Vergier, Des Marais, Fontenelle). — Sehr selten!

v. Meusebach zu Koch's Compend. I. p. 136: Die Vorr. ist dat.: „M. am 20. Febr. 1750." Nach der Zueignung an die deutschen Gesellschaften in Göttingen u. in Jena war der Verf. deren Mitglied. Einige Stücke sind in der Jenaischen D. Gesellsch. vorgelesen worden, welcher der Verf. demnach vielleicht am nächsten wohnte (oder als Student lebte). Zur Zeit der Vorrede war er Referendar in Minden u. hieß Consbruch, dessen Vornamen nach Koch Bd. 2. S. 119 Flor. Arn. gewesen wären, während auf dem Titel seiner „Versuche in Westpfälischen Gedichten" von E. C. Frkft., 1751. 8°. ein mit E. anfangender Vorname angedeutet wird. Nach S. 49 dieser Versuche nahm er in Jena von der dasigen deutschen Gesellschaft am 19. April 1749 Abschied. — Auch noch in Meusels Lexikon verstorbner T. Schriftsteller, 2. Bd., Lpz., 1803, S. 175, wird er Florens Arnold Consbruch genannt und von ihm gesagt: „Beysitzer des Schöppenstuhls zu Minden, Richter und Gohgraf der Stadt Herford, und Landsyndikus der Grafschaft Ravensberg seit .... geb. zu Bielefeld am 8. Julius 1729, gest. am ** December 1784." — Da nach Meusel „Die Gnade", ein Gedicht aus d. Französ. des H. Racine übersetzt (Frft. a. M., 1747. 8°.) in 2. Aufl. 1752 unter s. Namen erschienen ist, so wird diese Druckschrift wohl den Vornamenszweifel entscheiden. — Consbruchs andre Gedichte sind in Koch's 2. Bde., S. 119 u. 163 angeführt.

— f. Racine, d. Gnade.

CONSBRUCH, Florens Arnold (geb. 8. Juli 1729 in Bielefeld, Justizrath das., † im Decbr. 1784). — Scherze und Lieder von *Consbruch* ..... Frankfurt und Leipzig, bey J. F. Fleischer. 1752. 8°. Selten!
W. v. Maltzahn III. p. 409. no. 435. (an no. 433—34). — Goedeke IV, 19, 11, 3.

– s. Versuche in westphäl. Gedichten.

Consbruch, Friedrich August: De Morbis genu in universum tumoribusque eo seorsum ratione pathologica. Gottingae 1818: Baier. 40 S. 8°.
Göttingen, Med. Diss. v. 1818.

Consbruch, Georg Wilhelm Christoph

– s. J. Clarke: Versuch.

– s. W. Cullen, materia medica.

Consbruch, Georg Wilh(elm): Allgemeine Enzyklopädie für practische Aerzte und Wundärzte. Bearb.u.hrsg.von G.W.Consbruch, Joh(ann) Christoph Ebermaier und Joh(ann) Friedr(ich) Niemann. Versch.Aufl. Th.1 - 4, 6 - 10, gbd.

Leipzig: Barth 1801 - 1829
Th.1: Anatomisches Taschenbuch für Aerzte und Wundärzte. 1802
Th.2: Physiologisches Taschenbuch für Aerzte und Liebhaber der Anthropologie. 1802
Th.3: Diätetisches Taschenbuch für Aerzte und Nichtärzte. 1803
Th.4/1-2: Taschenbuch für angehende practische Aerzte. 1801
Th.6: Taschenbuch der medicinisch-chirurgischen Receptirkunst. 1808
Th.7/1-2: Klinisches Taschenbuch für practische Aerzte. 1808 - 1809
Th.8/1-2: Taschenbuch der Geburtshülfe für angehende Geburtshelfer. 1815 - 1816
Th.9/1-2: Taschenbuch der Chirurgie für angehende practische Aerzte und Wundärzte. 1818 - 1819
Th.10: Taschenbuch der Militair-Medicinal-Polizei. 1829

JB 479

– dass. 7. Bd 1. 2.
Consbruch: Klinisches Taschenbuch. 4. Aufl. Bd 1. 2. 1804.

Consbruch, Geo. Wlh. Cph., u. Jh. Chr. Ebermaier, allgemeine Encyklopädie für prakt. Aerzte u. Wundärzte. I. 1r Bd. A. u. d. T.: Taschenbuch d. Anatomie etc. 8. Leipz. 802. 2e A. 806. 3e A. 820. Barth. 1 ℛ 12 ℊ I. 2r Bd. A. u. d. T.: Taschenbuch d. patholog. Anatomie. 8. Ebd. 802. 2e A... 3e A. 820. 1 ℛ 6 ℊ II. 1r Bd. A. u. d. T.: Physiologisches Taschenbuch f. Aerzte u. Liebhaber d. Anthropologie. 8. Ebd. 803. 2e A... 3e A. 817. 1 ℛ 6 ℊ II. 2r Bd. A. u. d. T.: Pathologisches Taschenbuch. 8. Ebd. 803. 2e A. 821. 1 ℛ 3 ℊ III. Thl. A. u. d. T.: Diätetisches Taschenbuch. 8. Ebd. 804. 2e A. 820. 1 ℛ 12 ℊ IV. Thl. A. u. d. T.: Taschenbuch d. Arzneimittellehre f. prakt. Aerzte u. Wundärzte. 8. Ebd. 804. 3e A. 819. 1 ℛ 3 ℊ V. 1r Bd. 819. 2e A. 822. u. 2r Bd. enthalt. Taschenbuch d. Pharmacie f. Aerzte u. Nichtärzte, von J. C. Ebermaier. 1r u. 2r Bd. 1e u. 2e Abthl. 8. 822. 6 ℛ 9 ℊ VI. Thl. A. u. d. T.: Taschenbuch d. medicin.-chirurg. Receptirkunst etc., v. J. C. Ebermaier.. 8. Ebd. 808. 2e A. 812. 3e A. 818. 4e A. v. J. F. Niemann 827. 1 ℛ VII. 1r, 2r Bd. A. u. d. T.: Consbruch, klinisches Taschenbuch f. prakt. Aerzte. 2 Thle. 8. Ebd. 802. 6e A. 816, 17. 3 ℛ 15 ℊ VIII. 1r u. 2r Bd. A. u. d. T.: Taschenbuch d. Geburtshülfe etc., v. J. C. Ebermaier. 2 Bde. 8. Ebd. 805, 7. 2e A. 815, 16. 2 ℛ 12 ℊ IX. 1r u. 2r Bd. A. u. d. T.: Taschenbuch d. Chirurgie etc., v. J. C. Ebermaier. 2 Bde. 802, 3. 2e A. 811. 3e A. 818, 19. (1r Thl. 2 ℛ 9 ℊ 2r 2 ℛ 3 ℊ) 4 ℛ 12 ℊ X. 1r Bd. A. u. d. T.: J. Fr. Niemann, Taschenbuch d. Staatsarzneiwissenschaft. Mit 2 Kpft. 8. Leipz. 827. Barth. 1 ℛ 12 ℊ 2r Bd. 1e u. 2e Abthl. A. u. d. T.: Niemann, Taschenbuch d. Staats-Arzneiwissenschaft. 2r Bd. 1e u. 2e Abthl. 1e Abthl.: Civil-Medicinal-Polizei. Mit 2 Kpft. u. Vign. 8. 828. 2 ℛ 18 ℊ 2e Abtheil. Militär-Medicinal-Polizei, mit 4 Kpft. u. 2 Vign. 8. Ebd. 829. 1 ℛ 18 ℊ XI. A. u. d. T.: J. F. Niemann, Taschenbuch d. Veterinär-Wissenschaft. Mit 4 Kpft. 830. 2 ℛ I—XI. compl. 8. Leipz., Barth. 33 ℛ 18 ℊ (Bei Abnahme d. Ganzen nur 22 ℛ 12 ℊ)

Consbruch, G. W., u. Joh. Chr. Ebermaier, allgemeine Encyclopädie für praktische Aerzte und Wundärzte. 1r Thl. (auch unt. d. Tit.: Anatomisches Taschenbuch für Aerzte u. Wundärzte.) 2te Aufl. 8. Leipz. Barth. 806. Rthlr..

— — für die Besitzer der alten Auflage: Encyclopädie 1r Thl. 2te Abtheil. od. anatomisches Taschenbuch 2r Thl. 8. Ebend. 805.

— — Encyclopädie 2r Thl. auch unt. d. Tit.: Physiologisches Taschenbuch für Aerzte u. Liebhaber der Anthropologie. 8. Ebend. 808.

— — Encyclopädie 3r Thl. auch unt. d. Tit.: Diätetisches Taschenbuch für Aerzte u. Nichtärzte. 8. Ebend. 803.

— — Encyclopädie 4r Thl. a. unter d. Tit.: Taschenbuch der Arzneimittellehre für praktische Aerzte u. Wundärzte. 8. Ebend. 810.

— — Encyclopädie 5n Thl. 1r Bd. a. unt. d. Tit.: Taschenbuch der Pharmacie von J. C. Ebermaier. 8. Ebend. 809.

— — Encyclopädie 6r Thl. a. unt. d. Tit.: Taschenbuch der medicinisch-chirurgischen Receptirkunst, oder Anleitung zum Verschreiben d. Arzneiformeln von J. C. Ebermaier. 8. Ebend. 808.

— — Encyclopädie 7n Thl. 1r Bd. a. unt. d. Tit.: Klinisches Taschenbuch für praktische Aerzte, 1r Bd. 8. Ebend. 808.

— — Encyclopädie 7n Thl. 2r Bd. a. unt. d. Tit.: Klinisches Taschenbuch für praktische Aerzte, 2r Bd. 8. Ebend. 809.

— — Encyclopädie 8n Thl. 1r 2r Bd. a. unt. dem Titel: Taschenbuch der Geburtshülfe für angehende Geburtshelfer v. J. C. Ebermaier, 1r 2r Bd. (1r 22 gr., 2r 1 Thlr. 6 gr.) 8. Ebend. 805—7.

— — Encyclopädie 9n Thl. 1r 2r Bd. a. unter d. Tit.: Taschenbuch der Chirurgie für angehende praktische Aerzte u. Wundärzte v. J. C. Ebermaier, 1r Bd. 810. 2 Thlr., 2r Bd. 803. 1 Thlr. 20 gr. 8. Ebend.
Preis aller bisher erschienenen Abtheilungen

– s. Ephemeriden, medicin.

– s. A. Harper, Ursache d. Wahnsinns.

Consbruch, Georg Wilh.: Anatomisches Taschenbuch für Ärzte und Wundärzte. 2. verm. Aufl. Leipzig 1806. XVIII. 512 S.
(Consbruch u. Ebermaier: Allgem. Encyclopädie für Ärzte. Thl. 1.)

Consbruch, Georg Wilh.: Taschenbuch der Arzneymittellehre für praktische Ärzte und Wundärzte. Leipzig 1804. VIII, 391 S.
(Consbruch u. Ebermaier: Allgem. Encyclopädie für prakt. Ärzte. Thl. 4.)

– s.a. Taschenbuch f. angeh. Aerzte.

Consbruch, Georg Wilhelm Christoph: Taschenbuch für angehende Ärzte. (Verf.: Georg Wilhelm Christoph Consbruch.) 2., durchaus verm. Aufl. Th. 1. Leipzig: Barth 1797.

[Consbruch, Georg Wilh.]: Diätetisches Taschenbuch für Ärzte und Nichtärzte. Leipzig 1803. XVI, 560 S.
(Consbruch u. Ebermaier: Allgem. Encyclopädie für prakt. Ärzte. Thl. 3.)

Consbruch, Georg Wilh.: Klinisches Taschenbuch für praktische Ärzte. 4. Aufl. Bd. 1. 2. Leipzig 1804.
(Consbruch u. Ebermaier: Allgem. Encyclopädie für prakt. Ärzte. Thl. 7.)

Consbruch, G(eorg) W(ilhelm): Klinisches Taschenbuch für praktische Ärzte. 4.verm. Aufl. Bd 1 - 2, gbd.

Grätz: 1807

JB 480

[Consbruch, Georg Wilhelm]: Physiologisches Taschenbuch für Ärzte und Liebhaber der Anthropologie. Leipzig 1802. XIV, 376 S.
(Consbruch u. Ebermaier: Allgem. Encyclopädie für prakt. Ärzte. Thl.2.)

Consbruch, Jh. Fr., († d. 10. Sept. 1810.) Diss. de febribus malignis. 4. Tüb. 759. — Theses ex historia medicinae. 4. Stuttg. 776. — D. fasciculum observationum medicarum exhibens. 4. ibid. 777. — Theses ex parte generali pathologiae, semiothicae et therapiae. ibid. 778. — Theses promiscuae ex medicina practica et forensi. 4. ibid. 779. — Rede vom Einfluß d. physikal. Erziehung auf d. Seelenkräfte. Ebd. 779. — Tentamen circa doctrinam de crisi et metastasi. 4. ibid. 779.

Consbruch, M., Ἐπαγωγή u. Theorie der Induction bei Aristoteles. S.-A. 1892. 208. 1.—

Consbruch, M., s.: Festschrift des Stadtgymnasiums zu Halle a. S. zur Begrüssung der 47. Versammlung deutscher Philologen.

— u. Klinckfieck, deutsche Lyrik des 19. Jahrh. Auswahl f. die oberen Klassen höherer Lehranstalten. (X, 810 S.) 8. Leipzig 903. C. F. Amelang. Geb. in Leinw. n. 2. —

Consbruch, M. u. Fr. Klinckfieck, deutsche Lyrik des 19. Jahrh. Auswahl f. die oberen Klassen höh. Lehranstalten. 2. Aufl. (VIII, 812 S.) 8. Leipzig 909. C. F. Amelang. Geb. 2.—; Einführg. dazu, v. M. Consbruch. (82 S.) 909. — 40.

Consbruch, Magdalena, praktische Anweisgn. f. den Handarbeitsunterricht. (23 S. m. 8 farb. Taf.) 16×23 cm. Hamburg, (13, Schlump 23), (910). A. Consbruch. 1. 50

Consbruch, Max: Antrittsrede des Direktors. Eisenach 1910: Hofbuchdr. S. 1—8. 4°
Eisenach, Karl-Friedrich-G OP 1910 (927) [S 10. 64

Consbruch, Maximilianus [Borussus occidentalis]: De Hephaestioneis qui circumferuntur περὶ ποιήματος commentariis. . . . Vratislaviae, apud Guilelmum Koebner (1889); 2 Bl. + 56 S. 8°
Breslau, Phil. Fak., Inaug.-Diss. v. 5 Dez. 1889

Consbruch, Max. De veterum περὶ ποιήματος doctrina, s. Abhandlungen, Breslauer philologische.

*Consbruch, M[ax]: Die Erkenntnis der Prinzipien (ἀρχαί) bei Aristoteles. S. 75—98. 8.
In: Festschrift zur Begrüßung der 47. Versammlung deutscher Philologen u. Schulmänner in Halle. Stadtgymn. *Halle a. S.* 1903.
Progr.

Consbruch, Maximilianus (Hrsg.), s. Hephaestionis Enchiridion cum commentariis veteribus.

—— Zu d. Traktaten περὶ κωμῳδίας, s.a. Commentationes in honorem Guilelmi Studemund.

Consbruch, M., Zu den Traktaten περὶ κωμῳδίας. S.-A. 1889. 28 S.

Consbruch, Max, Dr.: Zur Überlieferung von Hephaestions ἐγχειρίδιον περὶ μέτρων. *Halle a. S. 1901: E. Karras.* (S. 21—43.) 4°
Halle a. S., Stadt-G, OP 1901 (254)

Consbruch, W., über die Befugniß der Konkurs-Gläubiger zur Anfechtung der vor der Konkurs-Eröffnung vorgefallenen Rechtshandlungen des Gemeinschuldners. Eine vergleichende Darstellung der Bestimmungen des älteren und neueren Preuß. Rechts. Berlin 857. Decker. gr. 8. (VIII, 51 S.) 7½ ngl

Consbruch, Wilhelm Georg Christoph, s. Consbruch, Georg Wilhelm Christoph

Conscience, la, d'un enfant, ou Morale et Réligion. A l'usage des écoles élémentair. catholiques. 12. Paris et Strassbourg 834. Levrault. 1/12 ₰

Conscience, la, d'un enfant, ou morale et religion. A l'usage des écoles élémentaires catholiques. Nouv. édit. In-12. (3 B.) Strasbourg 844, Levrault'sche Buchh.

Conscience, Heinrich, s. a. Conscience, Hendrik

Conscience, Hnr.

— Annchen-Lieb. Erzählung. Deutsch v. Th. Stromer. 8. (VII, 78 S.) Berlin 875. G. H. C. Müller. n. 1. 50

Conscience, Hendrik

— Jacob v. Artevelde, s. a. Bibliothek, Niederländische, 1—6. Bd.

Conscience, Hendrik

Jakob von Artevelde. Historischer Roman. Aus d. Vläm. von O.L.B.Wolff. Bd. 1 - 3. 4 - 6.
Leipzig: Lorck 1849. 8°

(Niederländische Bibliothek. Bd. 1 - 3. 4 - 6.)

Conscience, Heinr. (Hendrik), der Bahnwächter, s. a. Volksbücherei Nr. 72.

Conscience, H. Der Bahnwächter. Eine Erzählung aus dem Volksleben. [Volksbücherei Nr. 72.] 8°. (71 S.) K —.20
Graz: Styria 1905.

– der Bahnwärter, s. a. Bibliothek, Kleine.

— der Bahnwärter, s. a. Jugendschriften, Münchener, Nr. 1.

Conscience, H., der Bahnwärter. Ein gutes Herz. Zwei Erzählgn. aus dem Vläm. v. Geo. Gärtner. Neue Ster.-Ausg. 8. (110 S. m. 1 Bild.) Reutlingen 892. Enßlin & Laiblin. Kart. — 50

Der Bahnwärter [De baanwachter]. Von Hendrik Conscience. Aus d. Niederländ. von A[nton] Steinbach. *Hamm i. W.: Breer & Thiemann 1901.* (90 S.) 8° [F.]
— Bibliothek, Kleine. No 60. (01. 2616

– Batavia, s. Ausland, Das belletristische.

Conscience, Hendrik, der Bauernkrieg. (1798.) Historisches Gemälde aus dem achtzehnten Jahrhundert. Aus dem Vlämischen übertragen von Karl Arenz. 2 Bdchn. Augsburg 853. (München, Finsterlin.) 8. (XII, 221; 196 S.) 1 ß

— dass. — Aus dem Vläm. übers. von Phil. Gigot. 2 Thle. br. 8. (304 S. mit 6 rad. Orig.-Illustr. von Ed. Dujardin.) Brüssel 853, Kießling und Comp. *
Vgl.: Ausland, das belletristische.

Conscience, Hendrik

Der Bauernkrieg. (1798). Historischer Roman. Aus d.Vläm. von Edmund Zoller.
Stuttgart: Franckh 1853. 295 S. 8°

— der Bauernkrieg (1798.) Historisches Gemälde aus dem 18. Jahrh. Aus dem Vläm. übertragen von Karl Arenz. 2 Bdchn. 2. Aufl. 8. (XII und 417 S.) Augsburg 863, Wolff'sche Buchh. *

Conscience, Heinr., der Bauernkrieg. Histor. Gemälde aus dem 18. Jahrh. (248 S. m. 6 Vollbildern.) 8. Osnabrück (908). B. Wehberg. 1. —

— Blätter aus dem Buche der Natur. Aus d. Vläm. v. Edm. Zoller. Mit 1 Titelbild (in Holzschn.) 8. (220 S.) Stuttgart 851, Ed. Hallberger. 18 ngr

— Blätter aus dem Buche der Natur. Aus dem Vlämischen von Edm. Zoller. Mit 1 Titelbild (Holzschn.). 2. unveränd. (Titel-) Aufl. Stuttgart 855. Ed. Hallberger. 8. (2 Bl., 220 S.) 18 ngr

— le bonheur d'être riche. Nouvelle flamande. Traduit du flamand. 16. (151 S.) Paris 856. (Leipzig, Gerhard.)

— die Bürger von Darlingen, s. a. Ausland, das belletristische.

Conscience, Hendrik

Die Bürger von Darlingen. Sittengemälde in zwei Zeitabschnitten. Aus d.Fläm. von C.Büchele.
Stuttgart: Franckh 1862. 333 S. 8°

— der Bürgermeister von Lüttich. Historische Erzählung. Aus dem Fläm. von C. Büchele. 2 Bde. 16. (254 S.) Stuttgart 867, Franckh'sche Verlagsbuchh.

— Chlodwig und Chlotilde. Historisches Gemälde aus dem 5. Jahrhundert. Aus dem Vläm. übers. von Aug. Scheler. Autorisirte Ausg. 3 Bde. br. 8. (547 S. mit dem Portr. des Verf. in Stahlst.) Brüssel 854. 55, A. Schnée. *

— die hölzerne Clara, s. a. Bibliothek, Niederländische, 13. Bd.

Conscience, Heinr., die hölzerne Clara, s. a. Universal-Bibliothek.

Conscience, Hendrik

Die hölzerne Clara. Aus d.Vläm. von Rudolph Müldener.
Leipzig: Lorck 1850. 121 S. 8°

(Niederländische Bibliothek. Bd.13.)

— die hölzerne Clara. Aus dem Fläm. übers. von Phil. Gigot. Mit 4 (radirten) Orig.-Illustr. von Ed. Dujardin. br. 8. (95 S.) Brüssel 851, Kießling und Comp. *

– der junge Doktor, s. a. Ausland, Das belletristische.

Conscience, Hendrik

Der junge Doktor. Eine Erzählung aus unserer Zeit. Aus d.Fläm. von C.Büchele.
Stuttgart: Franckh 1860. 320 S. 8°

Conscience, Hendrik

Die Dorf - Plage. Aus d.Fläm. von August Scheler. 4 Ill. von J.Bertou. Autoris.Ausg.
Brüssel, Leipzig: Schnee 1855. 143 S. 8°

Conscience, Hendr., d. Duell, s. a. Zehnpfennigbibliothek, Regensburger.

— das Duell. Ein Sittengemälde unserer Tage. Aus dem Vläm. übersetzt von C. Grahl. Autoris. Ausg. 8. (173 S. mit 4 Stahlst.) Regensburg 870, Manz.

– der arme Edelmann, s. a. Bibliothek, Kleine.

— der arme Edelmann, s. a. Bibliothek, Niederländische, 20. Bd. — Lesecabinet, belletristisches, 430 u. 431. Lfg.

— der arme Edelmann, s. a. Universal-Bibliothek Nr. 929.

— der arme Edelmann. Aus dem Vläm. übertr. von Carl Arenz. 8. (IV und 199 S.) Düsseldorf 851, Schulgen. * -

— dass. — Aus dem Fläm. übers. von Phil. Gigot. Mit 4 (radirten) Orig.-Illustr. von Ed. Dujardin. br. 8. (141 S.) Brüssel 851, Kießling und Comp. *

Conscience, Hendrik

Der arme Edelmann. Aus d.Vläm. von Hans Wachenhusen.
Pest, Leipzig: Hartleben 1851. 130 S. 8°

Der arme Edelmann [De arme Edelman]. Von Hendrik Conscience. Aus d. Niederländ. von A[nton] Steinbach. *Hamm i. W.: Breer & Thiemann 1900.* (162 S.) 8° [F.]
— Bibliothek, Kleine. No 58. 59. (00. 9015

— drei kleine Erzählungen. Hrsg. von Melch. v. Diepenbrock. Neue Ausg. 8. (173 S. mit vielen eingedr. Holzschn.) Regensburg 871, Pustet.

— drei kleine Erzählungen. Hrsg. v. Melchior v. Diepenbrock. Mit vielen (eingedr.) Holzschn. Neue Ausg. 8. (173 S.) Regensburg 883. Pustet. 1. 20; geb. n. 1. 60

— gesammelte Erzählungen. Aus dem Vlämischen von O. L. B. Wolff, R. Müldener u. Ed. Wegener. 2 Bde. Leipzig 853. Lorck. (Wiedemann.) 8. (141, 147, 121 S.; 176, 48, 192, 30 S.) n. 2 ₰
Inhalt: 1. Bd.: Der Rekrut. — Baas Gansendonck. — Die hölzerne Clara. — 2 Bd.: Der arme Edelmann. — Blinde Rosa. — Der Geizhals. — Was eine Mutter leiden kann.
Die bisher einzeln ausgegebenen Schriften sind hier in 2 Bde. vereinigt.

Conscience, Heinr., Familienbilder. Uebers. v. L. Mauch. 8. (7⅝ B.) Stuttgart 846, Hallberger'sche Vrlsbuchh.
Vrgl.: Aula der schönen Literatur. 32. Bdchn.

— Baas Gansendonck, s.a. Bibliothek, Niederländische, 12. Bd.

—— Baes Gansendonck. Aus dem Fläm. übers. von Phil. Gigot. Mit 4 (radirten) Orig.-Illustr. von Ed. Dujardin. br. 8. (119 S.) Brüssel 850, Kießling und Comp. *

— Baes Gansendonck u. andere Erzählungen. (Baes Gansendonck. Die Dorfplage. Eine Null zu viel.) Aus dem Vläm. (307 S. m. 8 Vollbildern.) 8. Ebd. (909.) 1. —

—— dass. — s.a. Bibliothek, niederländische, 14. Bdchn.

Conscience, Hendrik, der Geizhals, s.a. Ausland, das belletristische, 1710 u. 1711. Bdchn. — Bibliothek, Niederländische, 22. Bd. — Bibliothek ausgewählter Novellen, 2. Bdchn.

—— der Geizhals, s.a. Universal-Bibliothek Nr. 1298.

—— der Geizhals. Aus dem Vläm. übers. von Phil. Gigot. br. 8. (138 S. mit 4 rad. Orig.-Illustr. von Ed. Dujardin.) Brüssel 852, Kießling und Comp. *
Vgl.: Ausland, das belletristische. — Bibliothek, niederländische. — Bibliothek ausgewählter Novellen.

Conscience, Hendrik

Der Geizhals. Aus d.Vläm. von Edmund Zoller.
Stuttgart: Franckh 1852. 136 S. 8°

Der Geizhals [De gierigaerd]. Von Hendrik Conscience. Aus dem Niederländ. von A[nton] Steinbach. *Hamm i. W.: Breer & Thiemann [1900].* (155 S.) 8° [F.]
— Bibliothek, Kleine. No 55. 56. (ca. 1901)

— der Geldteufel. Aus dem Vlämischen von Karl Arenz. 2 Bde. Leipzig 856. Wiedemann. 8. (168; 2 Bl., 167 S.) n. 1 ₰

— — s.a. Ausland, das belletristische.

— Geschichte von Belgien, s.a. Lorck's, C. B., Hausbibliothek.

—— Geschichte von Belgien. Aus dem Flämischen von O. L. B. Wolff. 8. (X und 420 S. mit 1 Stahlst.) Leipzig 847, Lorck. *

—— Geschichte von Belgien von der ältesten bis auf die neueste Zeit. Aus dem Vläm. von O. L. B. Wolff. 3. (Titel-)Aufl. 1865. und 4. (Titel-)Aufl. gr. 8. (XII und 429 S. mit dem Portr. des Königs Leopold I. in Stahlst.) Leipzig (847)67, Senf.

— Geschichte von Belgien von der ältesten bis auf die neueste Zeit. Aus dem Vlämischen von O. L. B. Wolff. Mit dem Portr. d. Königs Leopold I. (in Stahlst.) 3. Aufl. 865. — 4. Aufl. Leipzig 867. Senf. 8. (XII, 429 S.) 1 ₰

– Gesch. des Grafen Hugo v. Craenhove, s.a. Ausland, das belletrist.

– die Geschichte d. Grafen Hugo v. Craenhove. s.a. Bibliothek, Kleine.

—— Geschichte d. Grafen Hugo v. Craenhove u. seines Freundes Abulfaragus. Histor. Gemälde aus d. 14. Jahrh. Aus d. Fläm. v. Gottfr. Overmann. gr. 8. (11 B.) Köln 846, Welter's Buchh. *

—— Geschichte des Grafen Hugo v. Craenhove u. seines Freundes Abulfaragus. Aus d. Fläm. v. O. L. B. Wolff. Illustr. v. Ed. Dujardin. 8. (13⅛ B. u. 8 Stnt.) Leipzig 846, Lorck. *

Conscience, Hendrik

Geschichte des Grafen Hugo von Craenhove und seines Freundes Abulfaragus. Aus d.Vläm. von E.Zoller
Stuttgart: Franckh 1846. 127 S. 8°

— Geschichte des Grafen Hugo v. Craenhove u. seines Freundes Abulfaragus Aus d. Fläm. v. O. L. B. Wolff. Neue (Titel-)Ausg m. 18 lith.) Illustr. v. E. Dujardin. 8. (202 S.) Meißen (846) 850, Goedsche. ⅔ ₰

— Geschichte d. Grafen Hugo v. Craenhove u. s. Freundes Abulfaragus. D. Wunderjahr. (1566.) Histor. Erzählgn. A. d. Vläm. 8. (131 u. 154 S.) Osnabrück 896. B. Wehberg. n. 1. —

Die Geschichte des Grafen Hugo von Craenhove [Geschiedenis van Graef Hugo van Craenhove ...] und seines Freundes Abulfaragus. Von Hendrik Conscience. Deutsch von A[nton] Steinbach. *Hamm i. W.: Breer & Thiemann 1900.* (153 S.) 8° [F.]
— Bibliothek, Kleine. No 53. 54. (ca. 1901)

Conscience, Hendrik, Geschiedenis van Belgie. Versierd mit 200 houtsneden. Lex. 8. (535 S. u. 34 Holzschnitttaf.) Antwerpen 845. (Cöln. Eisen.) n. 7⅙ ₰

Conscience, Hendrik

Das Glück reich zu sein. Aus d.Fläm. von August Scheler. 4 Ill. von J.Bertou. Autoris.Ausg.
Brüssel, Leipzig: Schnee 1855. 130 S. 8°

– das Goldland, s.a. Ausland, Das belletristische.

— im Goldlande, s.a. Zastrow, C.

Conscience, Hendrik

Das Goldland. Abenteuer von drei Flamändern die nach Kalifornien zogen ... Aus d.Fläm. von Büchele
Bd.1.2.
Stuttgart: Franckh 1863. 8°

– das eiserne Grab, s.a. Ausland, Das belletristische.

Conscience, Hendrik

Das eiserne Grab. Aus d.Fläm. von C.Büchele
Stuttgart: Franckh 1861. 317 S. 8°

—— Graf Hugo v. Craenhove u. sein Freund Abulfaragus. Erzählung nach d. Fläm. v. G. Wagner. 8. (10⅞ B. u. 1 Stahlst.) Augsburg 846, v. Jenisch u. Stage'sche Buchh.
Vrgl.: Dujardin, Album z. Gesch. des Grafen H.

— die Großmutter. Zwei Kindergeschichten. Aus dem Vlämischen übersetzt von Heinr. Bauer. Brüssel (853.) Kießling u. Co. (Schnée.) gr. 16. (61 S. u. 1 Lithogr.) n. 10 ngl.

—— Heide-Blumen. Aus dem Fläm. übers. von Phil. Gigot. Mit 16 Orig.-Illustr. von Ed. Dujardin. br. 8. (VIII und 317 S.) Brüssel 851, Kießling und Comp. *

—— Mutter Hiob, s.a. Bibliothek, niederländische.

— Mutter Hiob. Aus dem Vlämischen von Karl Arenz. Autorisirte Ausg. Leipzig 856. Wiedemann. 8. (2 Bl., 169 S.) 10 ngl.
(Bibliothek, Niederländische, 24. Bd.)

– der Kaufmann von Antwerpen, s.a. Ausland. Das belletristische.

– das Leid der Zeit, s.a. Ausland, Das belletristische.

Conscience, Hendrik

Das Leid der Zeit. Eine Geschichte [illegible]
Aus d.Fläm. von C.Büchele
Stuttgart: Franckh 186[illegible] [illegible] S. 8°

— der Löwe v. Flandern, s.a. Aschendorff's Prachtausgaben wertvoller Jugendschriften.

— der Löwe v. Vlaandern, s.a. Lohmeyer's, Jul., vaterländische Jugendbücherei. 4. Bd.

— dasselbe, s.a. Romane, d. besten, d. Weltliteratur.

— dasselbe, s.a. Romane, klassische, der Weltliteratur.

— dasselbe, s.a. Sammlung historischer Romane. IV.

— dasselbe, s.a. Schaffstein's Volksbücher f. die Jugend 18. Bd.

— dasselbe, s.a. Volksbücherei Nr. 50—65.

—— der Löwe von Flandern. Deutsch von Joh. Wilh. und Maria Wolf. Neue Aufl. 8. (414 S.) Bonn 878. A. Marcus.

Conscience, Hendr., der Löwe v. Flandern. Bill. Volksausg. 8. (376 S.) Osnabrück 896. B. Wehberg n. 1.—

Der Löwe von Flandern. Eine geschichtl. Erzählung aus d. 14. Jh. von **Heinrich Conscience**. Für d. deutsche Jugend bearb., sowie mit Einl. u. Erl. versehen von Dr. O. Heinrichs [d. i. Otto Hellinghaus]. Mit 7 Vollbild. 2. durchges. Aufl. *Münster i. W.: Aschendorff [1900]*. (VI, 231 S.) 8° [F.]
— **Prachtausgaben**, Aschendorff's, wertvoller Jugendschriften. 7.
[00. 1990 6

(F) **Conscience, H.,** Der Löwe von Flandern. Bd. I. [Klassische Romane der Weltliteratur. XI. Bd.] 8°. (202 S.)
Teschen: Prochaska 1902.

(F) **Conscience, H.,** Der Löwe von Flandern. Bd. 2 [Klassische Romane der Weltliteratur. 12. Bd.] 8°. (196 S.)
Teschen: Prochaska 1902.

— **der Löwe v. Flandern.** Geschichtlicher Roman. Aus dem Fläm. (VIII, 502 S. m. Titelbild.) kl. 8. Graz 905. Styria. Geb. in Leinw. n. 3.20

— **Der Löwe v. Flandern.** Historische Erzählg. Neu bearb. v. E. zur Haide. (406 S.) kl. 8. Regensburg (907). J. Habbel. 1.60; geb. in Leinw. 2.—

(F) **Conscience, H.,** Der Löwe von Flandern. Geschichtliche Erzählung. [Volksbücherei. Bd. 16.] 8°. (VIII, 502 S.) geb. K 2.—
Graz: Styria 1908.

– eine Null zu viel, s. a. Bibliothek, Kleine.

[F.] Eine Null zu viel. Von **Hendrik Conscience**. Deutsch v. A[nt.] Steinbach. *Hamm i. W.: Breer & Thiemann [1898]*. (155 S.) 1 Bd 8.
— **Bibliothek**, Kleine. No 14. 15.
[98. 8003

– die Opfer d. Revolution oder der Bauernkrieg, s. Aschendorff's Prachtausgaben wertvoller Jugendschriften.

— die Qual der Zeit, s. Unterhaltungsschriften, lehrreiche.

— **Racconti tradotti dal Nicola Negrelli.** 3 voll. Monaco 851. Franz. 32. (4 Bl., 178; 166; 2 Bl., 192 S.) Jeder Bd. n. 7 Ngr.

— der Rekrut, s.a. Ausland, das belletristische, 1371 u. 1372. Bdchn. Bibliothek, Niederländische. 7. Bd.

—— der Rekrut, s.a. Universal-Bibliothek Nr. 1208.

— der Rekrut, s.a. Verein f. Verbreitg. guter Schriften, Bern. Nr. 49.

— dasselbe, s.a. Volksbücherei Nr. 70/71.

—— der Rekrut. Aus dem Flämischen übers. von Phil. Gigot. Mit 4 (radirten) Orig.-Illustr. von Ed. Dujardin. br. 8. (VIII und 95 S.) Brüssel 850, Kießling und Comp. *

— **der Rekrut.** Aus dem Vlämischen übersetzt von Phil. Gigot. Mit 4 (lith.) Orig.-Illustr. von Ed. Dujardin. 2. Aufl. Brüssel 854. Schnée. gr. 16. (VIII, 95 S.) n. 16 Ngr.

Der Rekrut (De Loteling). Von **Hendrik Conscience**. Deutsch von Felix v. Stenglin. *Berlin: Bong & Co. [1899]*. (S. 95–196.) 8° [F.]
— **Meister-Novellen** d. XIX. Jahrh. Bd 2, (4)
(Illustr. Klassikerbibl. Beigabe zu Zur Guten Stunde.)
[00. 1840

Conscience, Hendrik. Der Rekrut. Von Hendrik Conscience. Aus dem Vlämischen von O[scar] L[udwig] B[ernhard] Wolff. 92 S. 8. Bern, Haller, (Juni) 1903. fr. —.20

Conscience, H., Der Rekrut, Erzählung aus dem flämischen Volksleben. [Volksbücherei 19.] 8°. (71 S.) geb. K 1.10
Graz: Styria 1905.

Conscience, H., Der Rekrut. Eine Erzählung aus dem Volksleben (Volksbücherei Nr. 70/71.] 8°. (76 S.) K —.40
Graz: Styria 1905.

Der **Rekrut** und andere Erzählungen von **Heinrich Conscience**. Billige Volksausg. *Osnabrück: B. Wehberg 1899*. (352 S.) 8° [F.]
[00. 7387 7

– Ricke – Ticke – Tack, s. a. Bibliothek, Kleine.

[F.] Ricke-Ticke-Tack. Von **Hendrik Conscience**. Aus d. Holländ. v. A[nton] Steinbach. *Hamm i. W.: Breer & Thiemann [1897]*. (97 S.) 1 Bd 8.
— **Bibliothek**, Kleine. No 8.
[97. 4276

— blinde Rosa, s.a. Bibliothek, Niederländische. 21. Bd.

—— die blinde Rosa. Aus dem Fläm. übers. von Phil. Gigot. Mit 4 (radirten) Orig.-Illustr. von Ed. Dujardin. br. 8. (38 S.) Brüssel 851, Kießling und Comp. *

— Sammlung ausgewählter Schriften. Aus d. Vlämischen. 1. Bdchn. A. u. d. T.: Gesch. d. Grafen Hugo v. Craenhove und seines Freundes Abulfaragus. Histor. Gemälde aus d. 14. Jahrh. gr. 12. Münster 846, Aschendorff'sche B. 1/3 Thlr.

— dass. 2. Bdchn. A. u. d. T.: Das Wunderjahr (1566.) Histor. Gemälde aus d. 16. Jahrh. gr. 12. Ebend. 846. 1/3 Thlr.

— dass. 3.—5. Bdchn. A. u. d. T.: Der Löwe v. Flandern. 1.—3. Thl. gr. 12. Ebend. 846. 3/4 Thlr.

— dass. 6. u. 7. Bdchn. A. u. d. T.: Abendstunden. 1. u. 2. Thl. gr. 12. Ebend. 846. 1/2 Thlr.

— dass. 8. Bdchn. A. u. d. T.: 3 Erzählungen. Siska v. Roosemael; wahre Geschichte einer Jungfr. d. noch lebt. Was eine Mutter leiden kann; eine wahre Geschichte Wie man Maler wird. Mit Holzschn. 12. Ebend. 846. 1/3 Thlr.

—— Sammlung ausgewählter Schriften. Aus dem Vlämischen. 9. Bdchn. A. u. d. T.: Lambert Hensmanns. gr. 12. (171 S.) Münster 847, Aschendorff'sche Buchh.

—— dass. — 10. Bdchn. A. u. d. T.: Der Rekrut. gr. 12. (115 S.) Ebds. 851.
1–8. Bdchn. Ebendas. 1846. 2 Thlr. 7½ Ngr.

— Sammlung ausgewählter Schriften. Aus dem Vläm. 1—5. Bdchn. 2. Aufl. gr. 12. 1. Geschichte des Grafen Hugo v. Craenhove u. seines Freundes Abulfaragus. Historisches Gemälde aus dem XIV. Jahrhundert. (132 S.) 2. Das Wunderjahr. [1566.] Historisches Gemälde aus dem XVI. Jahrhundert. (160 S.) 3—5. Der Löwe von Flandern. 3 Thle. (454 S.) Münster 852, Aschendorf. (à 6 Ngr) 1 Thlr — 9 u. 10. Bdchn. gr. 12. 9. Lambert Hensmanns. (171 S.) 10. Der Rekrut. (115 S.) Ebd. 847. 51. 9: 1/3 Thlr 10: 6 Ngr (1 — 10: 2 Thlr 23½ Ngr)

Conscience, Hendrik, Sammlung ausgewählter Schriften. Aus dem Vlämischen. 11—24. Bdchn. Münster 853—56. Aschendorff. 12.
11. Bdchn. Der arme Edelmann. (134 S.) 7½ Ngr
12. 13. Bdchn. Der Bauernkrieg. Historisches Gemälde aus dem 18. Jahrhundert. 2 Thle. (156; 151 S.) 15 Ngr
14. Bdchn. Der Geizhals. (144 S.) 7½ Ngr
15. Bdchn. Baas Gansendonck. (124 S.) 7½ Ngr
16—18. Bdchn. Chlodwig u. Chlothilde. Historische Erzählung aus dem 5. Jahrh. 3 Thle. (143; 176; 192 S.) 1 Thlr

19—21. Bdchn. Jacob von Artevelde. 3 Thle. (176; 168; 158 S.) 1 ß
22. Bdchn. Mutter Job. (112 S.) 6 ngr
23. 24. Bdchn. Der Geldteufel. Zeitgemälde. 2 Thle. (131; 104 S.) 15 ngr

Conscience, Heinr., Sammlung ausgewählter Schriften. Aus dem Vläm. 23—85. Bdchn. 8. Münster 857—61, Aschendorff'sche Buchh. à Bdchn. 7½ Ngr.

Inhalt:

Bdchn. 23., 24. Der Geldteufel. Zeitgemälde. 2 Thle. (238 S.)
" 25—27. Batavia. Historisches Gemälde aus dem 17. Jahrhundert. 3 Thle. (in 1 Bde.) (338 S.)
" 28—30. Simon Turchi oder die Italiener zu Antwerpen. Historisches Gemälde aus dem 16. Jahrhundert. 3 Thle. (236 S.)
" 31—33. Der junge Doctor. 3 Thle. (346 S.).
" 34., 35. Das eiserne Grab. 2 Thle. (207 S.)
1—22. Bdchn. Ebendas. 1846—56. 6 Thlr. 7 Ngr.

—— dass. — Neue Ausg. 7 Lfgn. (85 Bdchn.) 8. (4094 S.) Ebendas. 861. Subscr.-Pr.

Conscience, Heinr., Sammlung ausgewählter Schriften. Aus dem Vläm. 36.—46. Bdchn. 8. Münster, Aschendorff'sche Buchh.

Inhalt:

Bdchn. 36. 37. Bella Stock. Bilder aus dem Leben der vläm. Fischer. 2 Thle. (231 S.) 862. 15 Ngr.
" 38. 39. Die Bürger von Darlingen. Ein Sittengemälde in zwei Zeiträumen. 2 Thle. (256 S.) 862. 15 Ngr.
" 40. 41. Das Goldland. 2 Thle. (296 S.) 863. 18 Ngr.
" 42. 43. Der Bürgermeister von Lüttich. Historisches Gemälde aus dem 17. Jahrh. 2 Thle. (263 S.) 867. 15 Ngr.
" 44. 45. Valentin. Eine Geschichte aus unserer Zeit. 2 Thle. (222 S.) 867. 15 Ngr.
" 46. Die Einbildungskrankheit. Eine Geschichte unserer Tage. (138 S.) 867. 7½ Ngr.
1.—35. Bdchn. Ebendas. 1846—61. 9 Thlr. 14½ Ngr.

Conscience, Heinr., Sammlung ausgewählter Schriften. Aus dem Vlämischen. 47.—58. Bdchn. 8. Münster, Aschendorff'sche Buchh.

Inhalt:

Bdchn. 47. 48. Lebenslust. 2 Thle. (192; 168 S.) 871. ℳ 2.
" 49. 50. Die Kerle von Flandern. Ein geschichtlicher Roman aus dem 12. Jahrh. 2 Thle. (424 S.) 872. ℳ 2,60.
" 51. Eine Null zu viel. Antwerpensches Sittengemälde. (143 S.) 872. 80 Pf.
" 52. König Orland. Eine Vlämische Heldensage. (122 S.) 873. 75 Pf.
" 53. Das Glück, reich zu sein. Ein gutes Herz. (159 S.) 873. 90 Pf.
" 54. Eine Stimme aus dem Grabe. Ein Opfer der Mutterliebe. (108 S.) 873. 60 Pf.
" 55. Der Bahnwärter. (80 S.) 873. 60 Pf.
" 56. 57. Der Kaufmann von Antwerpen. 2 Thle. (156; 131 S.) 874. ℳ 1,50.
" 58. Mutterliebe. Erzählung. (328 S.) 874. ℳ 1,50.
1.—46. Bdchn. Ebendas. 1846—67. ℳ 37.

—— dass. — 1., 2., 19.—21. Bdchn. 8. Ebendas. *

Inhalt:

Bdchn. 1. Geschichte des Grafen Hugo von Craenhove und seines Freundes Abulfaragus. Historisches Gemälde aus dem XIV. Jahrh. 5. Aufl. (120 S.) 870. 60 Pf.
" 2. Das Wunderjahr [1566.] Historisches Gemälde aus dem XVI. Jahrh. 5. Aufl. (144 S.) 870. 60 Pf.
" 19.—21. Jacob von Artevelde. 3. Aufl. (167; 157; 146 S.) 873. ℳ 3.

Conscience, Heinr., Sammlung ausgewählter Schriften. Aus dem Vlämischen. 59.—65. Bdchn. Münster, Aschendorff'sche Buchh.

Inhalt:

Bdchn. 59. Die Dorfplage. (120 S.) 876. 60 Pf.
" 60. Bavo und Lieschen. (154 S.) 876. 75 Pf.
" 61. Der Minnesänger. Eine Volkssage aus dem Mittelalter. (116 S.) 879. 60 Pf.
" 62. 63. Der Onkel von Felix Rohbeck. Skizzen, dem Leben entnommen. 2 Thle. (134; 129 S.) à Thl. 75 Pf.
" 64. 65. Der Schatz von Felix Rohbeck. 2 Thle. (129; 143 S.) 879. à Thl. 75 Pf.
1.—58. Bdchn. Ebendas. 1846—74. ℳ 44,55.

Conscience, Heinr., Sammlung ausgewählter Schriften. Aus dem Vlämischen. 66.—75. Bdchn. 8. Münster, Aschendorff'sche Buchh.

Inhalt:

Bdchn. 66. Die Wahl des Herzens. Eine Erzählung. (124 S.) 880. 60 Pf.
" 67. Die Gerechtigkeit des Herzogs Karl. (146 S.) 880. 75 Pf.
" 68. Eine verworrene Geschichte. Dorfgeschichte. (121 S.) 880. 60 Pf.
" 69. 70. Die beiden Freunde. Das Uebel der Zeit. Zwei Erzählungen. (66; 198 S.) 881. ℳ 1,50.
" 71. 72. Everhard T'Serclaes. Historisches Zeitgemälde aus dem XV. Jahrh. 2 Thle. in 1 Bd. (125; 104 S.) 881. ℳ 1,50.
" 73. 74. Geld und Adel. Eine Erzählung aus unserer Zeit. 2 Thle. (122; 108 S.) 882. ℳ 1,20.
" 75. Ein Duell und seine Folgen. Die blinde Rosa. (148 S.) 884. 75 Pf.
1.—65. Bdchn. Ebendas. 1846—1879. ℳ 49,70.

Conscience, Hendrik. Ausgewählte Schriften. Chlodwig und Chlothilde; Jakob von Artevelde; Geldteufel; Mutter Job; Batavia ... Münster 1855 ff. Ü: *Giese*, *Bernhard*. (Rass)

Conscience, Hendrik, eine Seemannsfamilie. Großmütterchen, s.a. Bibliothek, kleine.

— dasselbe. s.a. Familien-Bibliothek.

— eine Seemannsfamilie. Ein gutes Herz. 2 Erzählungen. Aus dem Vlämischen übertragen von Jenny Schettler. Mit 4 Stahlst. 8. (160 S.) Regensburg 877. Manz. 1. —

Eine Seemannsfamilie [En zeemanshuisgezin]. Grossmütterchen [De Grootmoeder]. Zwei Erzählungen f. d. Jugend von Hendrik Conscience. Deutsch von A[nton] Steinbach. *Hamm i. W.: Breer & Thiemann [1900]*. (80 S.) 8° [F.]
= Bibliothek, Kleine. No 57.

— Flämisches Stillleben in drei kleinen Erzählungen. Aus d. Flämischen übers. von Melchlor Diepenbrock. Mit (eingedr.) Holzschn. gr. 8. (Mit 1 Holzschnitttaf.) Regensburg 845, Pustet. ⅔ ß — 2. Aufl. gr. 8. Ebend. 845. ⅔ ß

— Flämisches Stillleben, in drei kleinen Erzählungen. Aus d. Fläm. übers. v. Melch. Diepenbrock. Mit Holzschn. 3. Aufl. gr. 8. (223 S.) Regensburg 849, Pustet. — 4. Aufl. gr. 8. (223 S.) Ebd. 852. ⅔ ß

– Bella Stock, s.a. Ausland, Das belletristische.

Conscience, Hendrik

Bella Stock. Bilder aus dem Leben der flämischen Fischer. Aus d.Fläm. von C.Büchele.
Stuttgart: Franckh 1862. 308 S. 8°

—— Simon Turchi, s.a. Ausland, das belletristische.

Conscience, Hendrik

Simon Turchi oder Die Italiener in Antwerpen.(155 Historische Erzählung aus dem 16.Jahrhundert. Aus d.Fläm. von C.Büchele.
Stuttgart: Franckh 1860. 315 S. 8°

—— Valentin. Eine Geschichte unserer Tage. Aus dem Fläm. von Büchele. 2 Bde. gr. 16. (205 S.) Stuttgart 867, Franckh'sche Verlagsbuchh.

— Valentin. Eine Geschichte unserer Tage. Aus d. Flämischen von Büchele. 2 Bde. Stuttgart 868. Franckh. 16. (205 S.) 1 ß

— was eine Mutter leiden kann, s.: Bibliothek, Niederländische, 23. Bd.

— ausgewählte Werke, s.a. Sammlung der neuest. flämischen Romane, 6. Bdchn.

— ausgewählte Werke. Unter Mitwirkg. des Verf. deutsch v. Joh. Wilh. Wolf. 2—5. Bdchn. Neue Aufl. gr. 12. 2. Geschichte des Grafen Hugo v. Craenhove u. seines Freundes Abulfaragus. (137 S.) 3—5. Der Löwe v. Flandern. (414 S.) Bonn 852. Marcus. [illegible] 1 ß

—— ausgewählte Werke. Unter Mitwirkung des Verf. deutsch von Joh. Wilh. Wolf. 1—6. Bdchn. Neue Aufl. gr. 12. Bonn 854, Marcus.

Inhalt:

Bdchn. 1. Abendstunden. Zwölf Erzählungen. Deutsch von Joh. Wilh. und Maria Wolf. 2 Thle. (256 S.) 15 Ngr.
" 2. Geschichte des Grafen Hugo von Craenhove und seines Freundes Abulfaragus. (137 S.) 7½ Ngr.
" 3—5. Der Löwe von Flandern. (414 S.) 22½ Ngr.
" 6. Lambrecht Hensmans. Eine Erzählung. Deutsch von Joh. Wilh. und Maria Wolf. Neue Aufl. (120 S.) 7½ Ngr.

—— ausgewählte Werke. Unter Mitwirkung des Verf. deutsch von Joh. Wilh. Wolf und Maria Wolf. 3—5. Bdchn.: Der Löwe von Flandern. Neue Aufl. 12. (414 S.) Bonn 859, Marcus.

—— dass. — 7. Bdchn.: Die Qual der Zeit. Eine Geschichte unserer Tage. Deutsch von P. H. A. Thürlings. 12. (240 S.) Ebendas. 860.
1—6. Bdchn. Ebendas. 1854. 1 Thlr. 22½ Ngr.

—— ausgewählte Werke. Unter Mitwirkung des Verf. deutsch von Joh. Wilh. Wolf. 1. und 6. Bdchn. 12. Bonn 865, Marcus.
Inhalt:
Bdchn. 1. Abendstunden. 12 Erzählungen. Deutsch von Joh. Wilh. und Maria Wolf. Neue Aufl. (256 S.) 15 Ngr.
" 6. Lambrecht Hensmans. Eine Erzählung. Deutsch von Joh. Wilh. und Maria Wolf. Neue Aufl. (120 S.) 7½ Ngr.

—— ausgewählte Werke. Unter Mitwirkung des Verf. deutsch von Joh. Wilh. und Maria Wolf. 2.—5. Bdchn. Neue Aufl. 8. Bonn 873, Marcus.
Inhalt:
Bdchn. 2. Geschichte des Grafen Hugo v. Craenhove und seines Freundes Abulfaragus. (137 S.) 75 Pf.
" 3.—5. Der Löwe von Flandern. (414 S.) ℳ 2,25.
1., 6. und 7. Bdchn. Ebendas. 1860,65. ℳ 3,75.

Conscience, Heinr., ausgewählte Werke. Unter Mitwirkung des Verfassers. Deutsch von Joh. Wilh. Wolf. 3—5. Bdchn. A. u. d. T.: Der Löwe von Flandern. Deutsch von Joh. Wilh. u. Maria Wolf. Neue Aufl. 8. (414 S.) Bonn 878. A. Marcus. 2. 25

— wie man Maler wird. Deutsch v. Fr. Falk. Illustrationen v. R. Peters. 12. (100 S.) München (900). A. Schupp. Geb. i. Leinw. n. — 70; Luxusausg., brosch., 1.20

— das Wunderjahr, s. Ausland, das belletrist., v. K. Spindler, 685., 686., 687., 688. Bdchn.

—— das Wunderjahr (1566). Historische Gemälde aus d. 16. Jahrh. Aus d. Vläm. treu übers. gr. 8. (14½ B.) Regensburg 845, 46, Pustet.

Conscience, Hendrik
Das Wunderjahr 1566. Historischer Roman. Aus d. Vläm. von E. Zoller.
Stuttgart: Franckh 1846. 142 S. 8°

—— das Wunderjahr (1566). Histor. Gemälde. (2 Bdchn. in 1 Bde.) 8. (11½ B.) Stuttgart 846, Hallberger'sche Vrlsbh.
Vgl.: Aula d. schönen Literatur rc. Bdchn. 32., 64. u. 65. — Ausland, das belletristische.

Conscientia argumentum trium meditationum . . . Monachii 1773. V: *Scherer, Franz Xaver.* (so) (jes)

Conscientiosi Christiani Sendschreiben, ob er in der lutherischen Religion selig werden könne, beantwortet von Christiano Aletophilo. 12. Jena, 721.

Conscripti, Omnes, extant defuncti congesti a quodam ex parocha Graec. Graecii 1818. V: *Lueff, Jos.* (schlossar)

Conscription, die, der Zuchtstuten in Steiermark im J. 1875. Hrsg. mit besond. Unterstützung des hohen k. k. Ackerbau-Ministeriums vom Vereine zur Hebung der Pferdezucht in Steiermark. gr. 8. (IV, 183 S. mit 2 Tab. in qu. Fol. und 1 chromolithogr. hippolog. Karte in qu. Fol.) Graz 876, (Selbstverlag des Pferdezuchtvereins.)

Conscription, die, der Zuchtstuten in Steiermark im Jahre 1875. Hrsg. m. besonderer Unterstützung des hohen k. k. Ackerbau-Ministeriums vom Vereine zur Hebung der Pferdezucht in Steiermark. gr. 8. (IV, 183 S. m. 2 Tab. in qu. Fol. u. 1 chromolith. hippolog. Karte in qu. Fol.) Graz 876. (Leipzig, H. Voigt. — Wien, Frick.) n. 4. 80

Conscriptions-Gesetz

— f. d. Großh. Baden. 4. Frburg, Herder. 4 gr.

— Dass., f. d. Großh. Baden v. 14. Mai 1825; nebst e. Verzeichn. d. Krankheiten u. Gebrechen, welche d. Untauglichkeit z. Wehrstande begründen. 8. Karlsr., Braun. 6 gr.

Grossherz. Bad. Conscriptionsgesetz v. 14. Mai 1825. Nebst den dazu gehör. Instructionen. *Karlsruhe*, Müller. 826. gr. 8. (12 Gr.)

Conscriptions-Gesetz, Großhrzgl. Badisches, nach d. bisher eingetret. gesetzl. Abänderungen nebst dazu gehör. Beilage u. Instructionen. Aus offic. Quellen gezogen. 8. (6¼ B.) Karlsruhe 828, Müller.

Conscriptions-Gesetz, königl. baierisches.
4. München, 29. März 1812.

— d. französische, vom 28. Floreal d. Jahres 10, als Beilage zu d. Entwurfe e. Kriegsordnung f. d. Königr. Würtemberg. 8. Stuttg. 818. Steinkopf 2 gr.

Conscriptions-Gesetz, das, vom 14. Mai 1825 u. die dazu gehörigen Instructionen mit den nachträglich in Bezug hierauf erschien. Gesetzen und Verordnungen. gr. 8. Karlsruhe 840. Müller'sche Hofbuchh. ½ ß

Conscriptionsgesetz, das, vom 14. Mai 1825 nebst den seither erschienenen einschlägl. Gesetzen, Verordnungen und Erläuterungen und den dazu gehörigen Instructionen. (Aus den offiziellen Quellen zusammengestellt.) gr. 8. (VI und 156 S.) Karlsruhe 860, Müller'sche Hofbuchh.

Conscriptions-Gesetz, neuestes Großherzogl. Badensches, nach den bisher eingetretenen gesetzl. Abänderungen, nebst dazu gehöriger Beilage u. Instruktionen. 8. Karlsr. 828. Müller. 12 gr.

Conscriptions-Norm für sämmtliche k. k. Militär-Gränz-Provinzen. Mit 13 Formularen. (Donation Liechtenstein.)
Fol. Wien 1814.

Conscriptionsordnung, Großh. Badensche Militär-, vom 28. Juni 1812. Mit den inzwischen erfolgten Erläuterungen rc. gr. 8. Karlsr. 813. Müller. 6 gr.

Conscriptions- und Rekrutirungs-System. Fol. Wien 1804.

Conscriptions- u. Werbbezirks-Systeme für die k. k. deutschen Erbländer in Friedens- u. Kriegszeiten. Klgft., Kleinmayer, 1781. Folio. 88 S.

Conscriptionswesen, das, im Königreich Bayern nach den bestehenden Gesetzen, Vollzugs-Vorschriften und Erläuterungs-Verordnungen mit Anmerkungen, Citaten und Registern. München 857. Franz. 8. (2 Bl., XLVII, 276 S.) 20 ngr.

Chemins de fer fédéraux. Conseil d'administration et conseils d'arrondissement. [Etat nominatif.] Période administrative jusqu'à fin mars 1906. 10 p. 8. [1901.]

Conseil d'ami a Monsieur De Bartenstein. 1734. V: *Spon, Jean François de.* (Preußische Staatsschriften. Bd. 1. Berlin 1877. S. 518ff.)

Conseiller: Le Conseiller
④ Petit Journal fribourgeois ⑤ 1898 (?) ⑧ Fribourg ⑮ Connu par l'article de fond du «Petit Journal fribourgeois», qui dit: «Le Conseiller est mort, vive le petit Journal!»

Le Conseiller des ménages et petit moniteur industr. et commercial. 1e année. 52 Nos. In-fol. (No. 1. 4 p.) Fribourg, Bureau, 184 rue de la Préfecture. 1898. par an 2 —

Conseils d'un ami a un jeune homme qui entre dans la monde. 2. ed. ... Freundschaftliche Erinnerungen an einen jungen Menschen. Berlin 1760. V: *Grabienski, J.* (Milchs)

Conseils d'un Ami à un jeune homme qui entre dans le monde. gr. 8. Moscau, Metzler. 764

Conseils à une Amie, par Madame de P***. Francfort & Mayence 1750. V: *Arsant de Puisieux, Madeleine d'.* (BrMm)

Conseils de l'amitié. Francfort 1749. V: *Soubeyran de Scopon, Jean.* (Barbier)
Ü: *Eslinger, Joh. Georg.* (Cat. d. Stadtbibl. Zürich. Zürich 1864—97.) 1748. V: *Pernetti, Jacques.* (BrMm) (Barbier).

Conseils d'une dame à la fille. 8. Wien 757. Trattner. 3 ϗ

Conseils pour former une Bibliothèque peu nombreuse, mais choisie. 3e éd. ... Berl. 1755. V: *Formey, Joh. Hnr. Sam.* (AarK)

Conseils d'une ancienne institutrice aux jeunes gouvernantes françaises. (Par E. Hartmann.) 8. (54 S.) Berlin 867, Herbig. *

— les, et les maximes de Pilpay, philosophe indien, sur divers états de la vie (par Fréderic August, Prince de Braunschweig). 8. Braunschw. 792. Schulbuchhandl. 12 ϗ

— d'une mère à ses filles. 8. Leipz. 810. (W. Nauck). 2 ϗ

— d'une Mère à ses deux filles. 8. Leipz. Sommer.

Conseils d'un militaire à son fils, par le Colonel d'A**. 8. Dresd. 784. Walther. 20 ϗ

— d'un Philosophe allemand à sa fille parvenue à l'âge nubile, trad. de l'allem. par M. l'Abbé Grandmottet. 12. Braunschweig, Pluchart.

Conseils de philosophie pratique par le prince Alex. V***. gr. 8. (114 S.) Paris 847, Franck. *-

Consensio, Precum et promissionum in scriptura sacra occurrentium admirabilis ... Baruth. 1794. V: *Lang, Lorenz Joh. Jacob.* (MGT)

Consensus Con-et dissensus chymicorum de famigeratissimo rustici minoris particulari oder Ungleiche Meynungen von des kleinen Bawers Particular ... nebst noch 2 andern sehr curieusen Particularien ... zum Druck befördert ... durch Einen Freund der edlen Chymie und Metallurgie am grünen Hartze. Leipzig: Kloß 1715. 70, 76, 20 S. 8°.
[Sondert. 1:] Brevis Tractatio de antiquissimo atque certissimo illo particulari quod per exaltationem seu gradationem solis s.auri parari solet.
[Sondert. 2:] Tollius, Jacobus: manuductio ad coelum chemicum. ... Nunc vero rev.

Consensus, Orbis universi de intemerata Virginis ortu. Tyrnaviae 1730. V: *Hiesoldt, Paul.* (Jes)

Consensus, Philosophiae Wolffianae ex Graecis et Latinis auctoribus illustratae, maxime secundum animae facultatem cognoscendi, cum theologia per praecipua fidei capita auctore J. Th. C. ... Francofurti et Lipsiae 1737. V: *Canz, Israel Theophil.* (BrMm)

Consentius. Ars de barbarismis et metaplasmis ... Berol. 1817. H: *Cramer, Andreas Wilhelm.* (MGT)

Consentii, Viri Cons., Ars de Barbarismis et Metaplasmis, nunc primum e veteri Codice in lucem protracta. Smaj. Berol., Dümmler. 817. — 7

Consentius, s. Grammatici latini ex recensione Henr. Keilii. Vol. V. Fasc. 2.

Alt-Berlin. Anno 1740. Von Ernst Consentius. Mit 10 Abb. u. 1 Pl. i. u. 2. Taus. Berlin: C. A. Schwetschke & Sohn 1907. (190 S.) 8° [F.]

Consentius, Ernst, „Freygeister, Naturalisten, Atheisten —", e. Aufsatz Lessings im Wahrsager. 8. (86 S.) Leipzig 899. E. Avenarius. n. 1. 20

— Gotthold Ephraim Lessing. (Eine Biographie.) 8. (27 S.) Berlin (902). A. Weichert. 1. —
Sonderabdruck aus: Lessings Werke".

Consentius, Ernst. Lessing und die Vossische Zeitung. Diss. Phil. Bern. IV + 70 S. 8. Bern, (Lippert & Co., Naumburg a. S.,) 1901.

Lessing und die Vossische Zeitung. Von Ernst Consentius. *Leipzig: E. Avenarius 1902.* (VI, 110 S.) 8° [F.]

Der Wahrsager. Zur Charakteristik von Mylius u. Lessing von Ernst Consentius. *Leipzig: E. Avenarius 1900.* (79 S.) 8° [F.]

Consentius, Ernst, die Berliner Zeitungen bis zur Regierung Friedrichs des Großen. (VII, 127 S.) gr. 8. Berlin 904. Haude & Spener. n. 3. —

Consentius, Gust., die Dampfkraft durch die Gaskraft ersetzt oder die neu erfundene Gasmaschine, als ein wohlfeilster, einfachster und gefahrlosester 2c. Ersatz der Dampfmaschine. Nebst den genauesten Angaben über ihren Bau und ihre Anwendung für Techniker und Fabrikbesitzer jeder Art beschrieben und durch Abbildungen erläutert. Leipzig 860. E. Schäfer. 8. (16 S.) 15 ngr.

Consentius, Rud. Otto, Alboin. Ein Trauerspiel. 8. (111 u. 34 S.) Karlsruhe 881. Reuther. n. 1. 50

Consentius, Rud. Otto, Alboin. Ein Trauerspiel. 2. (Titel-) Aufl. 8. (111 S.) Leipzig (881)886, Dürselen. *
geb. *

Consentius, Rud. Otto, Attila. Ein Trauerspiel. 8. (141 S.) Karlsruhe 881. Reuther. n. 1. 50

—— Attila. Ein Trauerspiel. 2. (Titel-)Aufl. 8. (107 S.) Ebendas. (881)886. *ℳ 1.50.; geb. *

— Beiträge zur Geometrie des Dreiecks. gr. 8. (III, 34 S. m. 1 Steintaf. in 4.) Karlsruhe 877. Braun. n. 1. 20

Consentius, Rud. Otto, Königin Brunhild. Histor. Trauersp. in 5 Akten. gr. 8. (13½ B.) Karlsruhe 842, Macklot.

Dichtungen. 4 Bde. 8. (VIII, 162; 259, 198 u. 212 S.) Karlsruhe 881. Reuther. n. 9. 60

— Dichtungen. 4 Bde. 2. Aufl. 8. (VIII, 162, 259, 198 u. 178 S.) Ebend. 886. n. 9. 60; in 2 Bde. geb. n. 12. — 27*

—— Gedichte. 2. (Titel-)Aufl. 8. (IV, 162 S.) Ebendas. (881)886. *ℳ 2.40.; geb. *

Consentius, Rud. Otto, Gedichte. 2. Aufl. 8. (VII, 90 S.) Dresden 901. E. Pierson. n. 2. —; geb. n. 3. —

—— neue Gedichte, nebst einer Lebensbeschreibung des Autors. 8. (IV, 244 S.) Leipzig 884, Friedrich. *

—— Nostradamus. Ein Gedicht in 4 Büchern. 2 Thle. 8. (198; 178 und Anhang 34 S.) Karlsruhe 881, Reuther. *

— Nostradamus. Ein Gedicht in 4 Büchern. 2 Bde. 2. Aufl. 8. (à 178 S.) Leipzig 886. Dürselen. n. 4. 80; in 1 Bd. geb. n. 6. —

—— Usus est tyrannus oder die Hinfälligkeit der Beweise für die Rückläufigkeit des Raumes. gr. 8. (24 S.) Karlsruhe 885, Reiff. *

Conséquences fâcheuses de la Masturbation; ouvrage composé pour servir de supplément au Livre anglois intitulé Onania. On y a joint l'extrait de diverses lettres qui attestent l'efficacité des remèdes employés contre les maux de toute espèce causés par ce vice, ou cet abus de soi-même. 8. Leipz. Jacobäer. 792.

Consequenzen, die, der Einführung der zweijährigen Dienstzeit in der österreichisch-ungar. Armee. [Aus: „Reichswehr".] 8. (42 S.) Wien 893. Verlagsanstalt „Reichswehr". n. — 66

Consequenzen, die, der Verbesserungen des Infanterie-Gewehres. Eine tactische Studie von A. v. T. Oldenburg 858. Schulze. gr. 8. (2 Bl., 52 S.) n. 8 ngl

Conservateur, Le, ou Gazette littéraire de Berlin. Berlin 1792—93. H: *Mayet, Stephan.* (MGT)

— le Mélanges de Littérature, de Sciences et de Beaux-Arts. VI Vols. gr. 8. Amsterd. 807 u. 8. (Brockhaus in Leipz.) 12 ℛ

— le, Mélanges de Littérature, de Sciences et de Beaux-Arts VI Vol. gr. 8. Amsterd. K. et Ind. Compt. 807—8.

Conservateur, preste, de la santé, ou avis sur les dangers qu'il importe à chacun d'éviter. 12. Bern 764. Typogr. Soc. 16 gl

Conservations-Lexicon für alle Stände. Eine Encyclopädie der vorzügl. Lehren, Vorschriften u. Mittel zur Erhaltung des Lebens u. d. Gesundheit der Menschen u. der nutzbaren Thiere, sowie zur Conservirung aller für die Bedürfnisse, die Bequemlichkeit u. das Vergnügen der Menschen bestimmten Einrichtungen, Produkte u. Waaren. Von mehreren Gelehrten ausgearb. In alphab. Ordnung. 4 Lfrgg. in 1 Bde. gr. 8. Leipz. u. Stuttgart 834. Scheible's Verlags-Exped. 1 ℛ — Auch mit d. Umschl.-Tit.: Oekonom. u. populär-medicin. Universal-Rathgeber.

Conservatismus, Der, und Österreichs Zukunft. Wien 1891. V: *Weichs an der Glon, Friedrich Freih. von u. zu.* (EB)

Conservativ. gr. 8. (16 S.) Berlin 877. C. Duncker. n. — 50

Conservativen, s. a. Konservativen.

Conservativen, die, in Ungarn u. die Centralisation. Zur Beleuchtung der ungar. Zustände. Von e. Altliberalen. gr. 8. (IV u. 105 S.) Leipzig 850. Geibel. — 2. Aufl. gr. 8. Ebd. 850 ⅔ ℛ

Der Conservativismus und Oesterreichs Zukunft. Von einem Patrioten. Gr.-8. (106 S.) Wien: Fromme 1891. —.90

Conservatorium s. a. Konservatorium.

Conservatorium, das königl., der Musik zu Leipzig. 1843—1893. Lex.-8. (VII, 114 S.) Leipzig 893. (Breitkopf & Härtel.) n. 2. —

Conserven, Die, von Früchten und Pflanzenstoffen erleichtert, sparsamst und trefflichst herzustellen. Zuverlässige Anleitung in der Einmachkunst nach neuen Methoden. . . . Elberfeld 1892. V: *Szczepańska, von.* (Russell XVI, I, 3, 4715)

Conserven, die, von Früchten u. Pflanzenstoffen erleichtert, sparsamst u. trefflich darzustellen. Zuverlässige Anleitg. in der Einmachkunst nach neuen Methoden von Frau E. v. Sz(czepanska). 1.—4. Aufl. gr. 8. (118 S.) Elberfeld 893. (Baedeker.) 1. —

Conserven, die, v. Früchten u. Pflanzenstoffen erleichtert, sparsamst u. trefflich herzustellen. Zuverläss. Anleitg. i. d. Einmachekunst n. neuen Methoden v. Frau v. Sz. 5. Aufl. gr. 8. (118 S.) Elberfeld 895. (Baedeker.) 1. —

Conserviren, Das, der Früchte mit Baumer's Patentverschluß. Wien 1890

Conset's, Mth., Reise d. Schweden, s. Bibl. d. Reisebeschreibb. 15r Bd. 2e Abtheil. Nürnb.

Const, Giuseppe, Libro di Canto per le scuole popolari austriache. Wien 1896. K. k. Schulbücher-Verlag. (Min.-Erl. vom 24. März 1896, Z. 6431.) I. Theil, broschirt —.20; II. Theil, br. —.20; III. Theil, br. —.20; IV. Theil br. —.20; V. Theil, br. —.25; VI. Theil br. —.40; VII. Theil, br. —.30

Considerant, Vict., Beschreibung des Landes am obern Trinity-Fluß, s. Auswanderung nach Hoch-Texas.

-- über die Erlösung der Menschheit in ihrem wahren Sinn. (Uebers.) von Carl Scholl. Zürich 855. Kiesling. 8. (VIII, 74 S.) 12 ngl

Considerant, Viktor, die Erziehung der Kinder auf natürl. Grundlagen. Allen Müttern und Erziehern gewidmet. Deutsch von P. Str. 2., unveränd. (Titel-)Aufl. 12. (XXIV und 260 S.) Leipzig 849, Brügmann.

— die Erziehung der Kinder auf natürl. Grundlagen. Allen Müttern u. Erziehern gewidmet. Deutsch v. P. Str. 2. unveränd. (Titel-)Aufl. (des vorstehenden.) 12. (XXIV u. 260 S.) Leipzig 850, Brügmann. 3/1 ℛ

Considerant, Vikt., Fouriers System der sozialen Reform, s. a. Hauptwerke des Sozialismus u. der Sozialpolitik. 6. Hft.

Fouriers System der sozialen Reform. Von Viktor **Considérant.** Aus d. Franz. übers. von Dr. Hugo Kaatz. Mit e. einl. Abh.: Fourier u. d. Fourierismus von Georg Adler. Leipzig: C. L. Hirschfeld 1906. (108 S.) 8° [F.]
— **Hauptwerke** d. Sozialismus u. d. Sozialpolitik. H. 6. 106. 4398

– Théorie der natürlichen und anziehenden Erziehung. Den Müttern gewidmet. Deutsch von P. Str. 12°. Nordhausen, Fürst, 1847. 2. Titelaufl. u. d. T.: Die Erziehung der Kinder auf natürlichen Grundlagen. Allen Müttern und Erziehern gewidmet. Deutsch von P. Str. 12°. Leipzig, Brügmann, 1850.

Considerationes de rege Romanorum, owente valente et non absente Imperatore, eligendo. [Regensburg] 1751. V: *Rothkirch, Joh. Freiherr von.* (Kat. der ständ. Bibl. Stuttgart. 1907. S. 203.)

Considerationes religiosae et christianae etc. 2 Vol. 8, Viennae, Camesina. 772.

Considérations, Quelques, adressées par un Italien à l'Assemblée nationale de Francfort. Francf. s. l. M. 1848. V: *Matteucci, Chn.* (schles)

Considérations sur l'Affaire de Courlande. [Riga 1777.] V: *Berger, Friedrich Ludwig Edl. von.* (R-N)

Considérations sur le caractère de l'empereur Charlemagne. Francfort 1806. V: *Dalberg, Carl Theodor von.* (Pr)

Considérations sur la conduite de la republique de Pologne par rapport aux conjunctures présentes. S. l. 1757. V: *Herzberg, Ewald Friedrich Graf von.* (Ky) (Ml.)

— sur la confession et l'apostolat de St. Paul, trad. de l'Anglais par Littleton. 12. Lausanne 758. Pott. 5 ɣ

— critiques et politiques sur la Défense et sur la Tolérance des jeux de hazard relativement aux finances. 8. Cologne, Esslinger. 764. Rthlr.

— critiques et politiques sur la défense et sur la tolérance de jeux de hazard relativement aux finances. 8. Köln 764. (Schäfer in Frankf.) 9 ɣ

Considérations sur les Différens de la Grande-Bretagne et de France touchant l'Acadie. 8. Francf. 756.

Considérations sur le droit de la succession de Bavière 1778. 4. (16 S., davon die ersten 12 in französ. Spr.)

— sur les droits inhérens aux effets dits anciennes obligations de la Silésie, traduites de l'Allemand. gr. 8. Frkf. 818. Boselli. 5 ɣ

Considérations sur l'état actuel de l'instruction publique du clergé catholique en France et en Allemagne, par un ancien grand-vicaire. Zuric 1812. V: *Wessenberg, Ignaz Hnr. Carl von.* (Cl. Zür Forts. III)

— sur l'état actuel de l'instruction publique du Clergé catholique en France et en Allemagne. gr. 8. Zürich 813. Orell. 4 ɣ

Considérations sur l'état de l'église unie en Pologne à l'occasion de l'attentat du 13 mars. gr. 8. (29 S.) Leipzig 881, Gerhard. *

— sur l'etat de la peinture en Italie dans les quatre siècles, qui ont précédé celui de Raphaël. Ouvrage servant de catalogue raisonné à une collection de cent cinquante tableaux des 12e, 13e, 14e et 15e siècles. Par un membre de la société royale de Goettingue de l'academie de Cortone 18. Paris, Schoell. 811.

— sur la France. Bregenz 802. Brentano. 16 ɣ

— impartiales sur la Capitulation impériale, par L. C. D. B***. 8. Regensb. 790. Montagu. W. 5 ɣ

— sur l'Influence de génie de Vauban dans la balance des forces d'état. 8. Strasb. Académie. (König). 786.

— sur l'influence de génie de Vauban dans la balance des forces d'état. 8. Strassb. 786. Acad. B. (Leipz., Hinrichs). 8 ɣ

Considérations d'un Italien sur l'Italie ... Berl. 1796-99. V: *Denina, Carlo Giov. Maria.* (EB)

Considérations sur la nature, les conditions et les effets du principe constitutionnel. Quatre traités de Jos. Held, Rod. Gneist, Geo. Waitz, Guill. Kosegarten, publiés par le Baron Aug. de Haxthausen. Traduits de l'allemand. gr. 8 (XV und 385 S.) Leipzig 865, Brockhaus. *
Vgl. Princip, das constitutionelle.

Considérations sur l'organisation politique de l'Autriche, adressées au comte Belcredi. (16 S.) 1867. Krakau, Friedlein in Comm. 8⁰

Considérations pour les peuples de l'Etát, ou Examen des articles généraux. 1760 s. [Osterwald, Ferdinand].

Considérations sur les places fortes dans leur rapport avec la statistique. 4. Hambourg 1814.

— sur les places fortes dans leur rapport avec la statistique et la stratégie etc. 4. Hamb. 815. Vollmer. (Herold). 8 ɣ

— sur la Politique Danoise etc., s.a. A. W. Schlegel.

Considérations sur la politique du gouvernement danois. ... [Leipzig 1813.] V: *Schlegel, August Wilhelm von.* (BrVV)

Considérations politiques sur les affaires de France et d'Italie, pendant les trois premieres années du rétablissement de la maison de Bourbon sur le trône de France, ou suite de souvenirs de ma vie, depuis 1774 jusqu'en 1814. Par M. de J****. (Aachen: Meyer in Comm.) 817. 8⁰

Considérations politiques sur les affaires de France et d'Italie pendant les trois premieres années du rétablissement de la maison de Bourbon sur le trône de France ou suite de souvenirs de ma vie depuis 1794 jusqu'en 1814. Par M. de J*****. 8. (Aachen 817. Meyer). 1 ß

— sur les differens principes des beaux-arts et sur les causes, qui ont contribué à leur progrès et développement (par le Comte de Riesch). gr. 8. Dresd. 792. Walther. 5 ɣ

Considérations proposées aux évêques du concile sur la question de l'infaillibilité du pape. Octobre 1869. gr. 8. (20 S.) Ratisbonne 869. (München, Manz.) *

— sur la prospérité, la situation politique, et la constitution de la principauté du Canton de Neuchatel et Valangin. Janvier 1831. (Publ. par F. H. du Bois-Reymond.) gr. 8. Yverdon. (Berl., Duncker u. H.) 1 ß 8 ɣ

- sur les rapports entre l'église et l'état et sur la meilleure forme du Gouvernement ecclésiastique suivies d'un sermon pour l'ouverture du Synode provinc. à Berlin en 1818. (par Henry). Paris: (Berlin, Dunker et H.) 820. 8⁰

- sur les Système, adopté par la nation française et son Gouvernement, à l'égard des émigrés. Extraites d'un mémoire, addr. à l'acad. de Lyon. p. s. d'éclaircissement à cette question, proposée par elle. Düsseldorf: Schreiner en Comm. 818. 4⁰

Considérations Sur le Tableau de la Recette & de la Dépense de l'Etat de cette année 1797 s. (H[umbert], B[énédict]).

— théologico-politiques sur les Moyens de réunir les différentes Eglises Chrétiennes. gr. 8. Londres. (Jacobäer in Leips.). 798.

—— sur le Traité d'Union commerciale entre la Prusse, la Bavière, le Wurtemberg, et Hesse-Darmstadt, p. Fr. L. Lindner. gr. in-8. (1½ B.) Munic 830, (Cotta.)

Considerazioni sopra le cose della grandezza dei Romani. v. Montesquieu.

Considère, Armand, Experimental-Untersuchungen üb. die Eigenschaften der Zement-Eisen-Konstruktionen. Aus dem Französ. übers. u. m. Erlaubnis des Autors hrsg. v. Ig. M. Blodnig. gr. 8. (82 S. m. 1 Taf.) Wien 902. Lohmann & Wentzel. n. 1.60

Considère, M., die Anwendung von Eisen und Stahl bei Constructionen. Autoris. Uebersetzung aus dem Französ. von Emil Hauff. gr. 8. (IV, 304 S. mit 36 Holzschn. und 2 Taf.) Wien 888, Gerold's Sohn. *

Consigliere, il, in affari ovvero manuale di atti tra vivi contenente contratti, istanze, disdette ecc. e degli atti di ultima volontà con relative modulo compilato sulle norme di quello dell' avvocato F. M. Carcano. Aggiuntavi una introduzione sul diritto civile e con speciale riguardo al codice di commercio. Lex.-8. (376 S.) Triest 864, Coen. *

Consignation derjenigen Privat-Hengste, welchen in den im Reichsrathe vertretenen Königreichen und Ländern für die Beschäl-Periode 1892 auf Grund der Röhrungs-Bestimmungen die Licenz zur Belegung fremder Stuten ertheilt worden ist. 4. (12 S.) In Comm. Wien: Beck 1892. * —.50

Consignation derjenigen Privathengste. welchen in den im Reichsrathe vertretenen Königreichen und Ländern für die Beschäl-Periode 1893 auf Grund der Röhrungs-Bestimmungen die Licenz zur Belegung fremder Stuten ertheilt worden ist. 4. (12 S) Wien: Beck 1893. —.50

Consignation derjenigen Privathengste, welchen in den im Reichsrathe vertretenen Königreichen u. Ländern f. die Beschälperiode 1894 auf Grund der Köhrungsbestimmungen die Licenz zur Belegung fremder Stuten ertheilt worden ist. gr. 4. (II, 13 S.) Wien 894. Frdr. Beck. n. 1.—

Consignation derjenigen Privathengste, welchen in den im Reichsrathe vertretenen Königreichen und Ländern für die Beschäl-Periode 1895 auf Grund der Köhrungs-Bestimmungen die Licenz zur Belegung fremder Stuten ertheilt worden ist. 4. (16 S.) .50 Wien: Beck 1895.

Consignation der Privathengste, welche in den im Reichsrathe vertretenen Königreichen und Ländern während der Beschäl-Periode 1897 in den Beschäl-Stationen, in Privatpflege und in Miethe, in der Vollblut-Station Napagedl und in den k. k. Staatsgestüten Radautz und Piber aufgestellt sind. 4. (51 S.) Wien: Beck 1897. * .50

Consignation der Privathengste, welchen in den im Reichsrathe vertretenen Königreichen und Ländern für die Beschäl-Periode 1897 auf Grund der Röhrungs-Bestimmungen, die Licenz zur Belegung fremder Stuten ertheilt worden ist. 4. (16 S.) * —.50 Wien: Beck 1897.

Consignation derjenigen Privathengste, welchen i. d. im Reichsrathe vertret. Königreichen u. Ländern, f. d. Beschälperiode 1898, auf Grund d. Köhrungsbestimmgn., d. Licenz z. Belegg. fremder Stuten ertheilt worden ist. gr. 4. (16 S.) Wien 898. (F. Beck.) n. 1.—

Consignation derjenigen Privathengste, welchen in den im Reichsrathe vertretenen Königreichen und Ländern, für die Beschälperiode 1900, auf Grund der Köhrungsbestimmungen, die Licenz zur Belegung fremder Stuten ertheilt worden ist. Wien. 1900. Verlag des k. k. Ackerbauministeriums. In Comm. Fried. Beck. 4°. 18 S. K 1.—

Consignation derjenigen Privathengste, welchen in den im Reichsrathe vertretenen Königreichen und Ländern für die Beschälperiode 1901 auf Grund der Köhrungsbestimmungen die Licenz zur Belegung fremder Stuten ertheilt worden ist. Wien. 1901. In Comm. Fried. Beck. 4°. 19 S. K 1.—

Consignation derjenigen Privathengste, welchen in den im Reichsrathe vertretenen Königreichen u. Ländern, f. die Beschälperiode 1902, auf Grund der Köhrungsbestimmungen, die Licenz zur Belegung fremder Stuten ertheilt worden ist. gr. 4. (18 S.) Wien 902. (F. Beck.) n. 1.—

Consignation derjenigen Privathengste, welchen in den im Reichsrathe vertretenen Königreichen u. Ländern f. die Beschälperiode 1903, auf Grund der Köhrungsbestimmungen, die Licenz zur Belegung fremder Stuten ertheilt worden ist. (18 S.) gr. 4. Wien 903. (F. Beck.) n. 1.—
Fortsetzung s.: Konsignation.

Consignation der Staatshengste, welche in den im Reichsrathe vertretenen Königreichen und Ländern während der Beschälperiode 1884 in den Beschälstationen, in Privatpflege und in Miethe aufgestellt sind. gr. 4. (40 S.) Wien 884, (F. Beck.) *

Consignation der Staatshengste, welche in den im Reichsrathe vertretenen Königreichen und Ländern während der Beschälperiode 1885 in den Beschälstationen, in Privatpflege und in Miethe aufgestellt sind. gr. 4. (38 S.) Wien 885, (F. Beck.) *
—— dass. — 1886. gr. 4. (42 S.) (Ebendas.) 886. *

—— der Staatshengste, welche in den im Reichsrathe vertretenen Königreichen und Ländern während der Beschälperiode 1887 in den Beschälstationen, in Privatpflege und in Miethe, ferner in den beiden Vollblut-Stationen und im k. k. Staatsgestüte Radautz aufgestellt sind. gr. 4. (44 S.) (Ebendas.) 887. *
—— dass. — 1888. Nebst einem Verzeichnisse aller engl. Vollblut-Staatshengste und ihrer Standorte. gr. 4. (46 S.) (Ebendas.) 888. *

Consignation der Staatshengste, welche in den im Reichsrathe vertretenen Königreichen und Ländern während der Beschälperiode 1889 in den Beschälstationen, in Privatpflege und in Miethe, ferner in den beiden Vollblutstationen und in k. k. Staatsgestüte Radautz ausgestellt sind, nebst einem Verzeichnisse aller englischen Vollblutstaatshengste und ihrer Standorte. 4. (46 S.) Wien: Beck 1889. —.50

Consignation der Staatshengste, welche in den im Reichsrathe vertretenen Königreichen u. Ländern während der Beschälperiode 1890 in den Beschälstationen, in Privatpflege u. in Miethe, ferner in den beiden Vollblutstationen u. im k. k. Staatsgestüte Radautz aufgestellt sind. Nebst e. Verzeichnisse aller engl. Vollblut-Staatshengste u. ihrer Standorte. gr. 4. (46 S.) Wien 890. (F. Beck.) n. 1.—

Consignation der Staatshengste, welche in den im Reichsrathe vertretenen Königreichen und Ländern während der Beschälperiode 1891 in den Beschälstationen, in Privatpflege und in Miethe, ferner in den beiden Vollblut-Stationen und im k. k. Staatsgestüte Radautz und Piber aufgestellt sind. Nebst einem Verzeichnisse aller englischen Vollblut-Staatshengste und ihrer Standorte etc. Gr.-4. (47 S.) In Comm. Wien: Beck 1891. —.50

Consignation der Staatshengste, welche in den im Reichrathe vertretenen Königreichen und Ländern während der Beschälperiode 1892 in den Beschälstationen, in Privatpflege und in Miethe, ferner in den beiden Vollblut-Stationen und im k. k. Staatsgestüte Radautz und Piber aufgestellt sind. Gr.-4. (49 S.) * —.50 Wien: Beck 1892.

— der Staatshengste, welche in den im Reichsrathe vertretenen Königreichen u. Ländern während der Beschäl-Periode 1893 in den Beschäl-Stationen in Privatpflege und in Miethe, ferner in der Vollblut-Station und in den k. k. Staats-Gestüten Radautz und Piber aufgestellt sind. 4. (49 S.) —50 Wien: Beck 1893.

— der Staatshengste, welche in den im Reichsrathe vertretenen Königreichen u. Ländern während der Beschälperiode 1894 in den Beschälstationen, in Privatpflege u. in Miethe, u. in den k. k. Staatsgestüten Radautz u. Piber aufgestellt sind. Nebst e. Verzeichnisse aller engl. Vollblut-Staatshengste u. ihrer Standorte, e. Ausweise üb. die Zahl u. Verwendg. der während der Beschälperiode 1893 aufgestellt gewesenen Staatshengste u. lizenzirten Privathengste u. e. Ausweise üb. das Resultat der Belegg. im J. 1892. gr. 4. (II, 49 S.) Ebd. 894. n. 1.—

Consignation der Staatshengste, welche in den im Reichsrathe vertretenen Königreichen und Ländern während der Beschälperiode 1895 in den Beschälstationen in Privatpflege und in Miethe, und in den k. k. Staatsgestüten Radautz und Piber aufgestellt sind. Nebst einem Verzeichnisse aller englischer Vollblutstaatshengste und ihrer Standorte etc. 4. (48 S.) In Comm. * —.50 Wien: Beck 1895.

Consignation derjenigen Staatshengste, welchen in den im Reichsrathe vertretenen Königreichen und Ländern für die Beschälperiode 1896 auf Grund der Röhrungsbestimmungen die Licenz zur Belegung fremder Stuten ertheilt worden ist. 4. (16 S.) In Comm. * —.50 Wien: Beck 1896.

Consignation der Staatshengste, welche in den im Reichsrathe vertretenen Königreichen und Ländern während der Beschälperiode 1896 in den Beschälstationen in Privatpflege und in Miethe, in der Vollblut-Station Napagedl und in den k. k. Staatsgestüten Radautz und Piber aufgestellt sind. Nebst einem Verzeichnisse aller englischen Vollblut-Staatshengste und ihrer Standorte etc. 4. (48 S.) In Comm. Wien: Beck 1896. * —.50

— d. Staatshengste, welche i. d. im Reichsrathe vertret. Königreichen u. Ländern währ. d. Beschälperiode 1898 in d. Beschälstationen, in Privatpflege u. i. Miethe, i. d. Vollblutstation Napajedl u. Drohowyże, sow. in d. k. k. Staatsgestüten Radautz u. Piber aufgest. sind, nebst e. Verzeichnisse all engl. Vollblut-Staatshengste u. ihrer Standorte, e. Verzeichn. aller amerikan. Traberhengste u. ihrer Standorte, e. Ausweise üb. d. Zahl u. Verwendg. d. währ. d. Beschälperiode 1897 aufgestellt gewes. Staatshengste u. lizenz. Privathengste, e. Ausweise üb. d. Resultat d. Belegg. i. J. 1896 u. weiters 2 Ausweisen üb. d. Stand d. Pferdezuchtmateriales in d. beiden Staatsgestüten Radautz u. Piber u. e. Ausweise üb. d. Stand d. Hengstfohlen i. d. Staatshengstfohlenhöfen n. d. Stande a. 1. I. 1898. gr. 4. (II, 52 S.) Ebd. 898. n. 1.—

Consignation der Staatshengste, welche in den im Reichsrathe vertretenen Königreichen und Ländern während der Beschälperiode 1899 in den Beschälstationen, in Privatpflege und in Miete, in der Vollblutstation Napajedl, sowie in den k. k. Staatsgestüten Radautz und Piber aufgestellt sind nebst einem Verzeichnisse aller englischen Vollblut-Staatshengste und ihrer Standorte, einem Verzeichnisse aller amerikanischen Traberhengste und ihrer Standorte, einem Ausweise über die Zahl und Verwendung der während der Beschälperiode 1898 aufgestellt gewesenen Staatshengste und licenzierten Privathengste, einem Ausweise über das Resultat der Belegung im Jahre 1897 und weiters zwei Ausweisen über den Stand des Pferdezuchtmaterials in den beiden Staatsgestüten Radautz und Piber und einem Ausweise über den Stand der Hengstfohlen in den Staatshengstfohlenhöfen nach dem Stande am 1. Jänner 1899. Wien. 1899. Verlag des k. k. Ackerbauministeriums. In Comm. Fried. Beck. 4°. 53 S. * fl. —.50

Consignation der Staatshengste, welche in den im Reichsrathe vertretenen Königreichen und Ländern während der Beschälperiode 1900 in den Beschälstationen, in Privatpflege und in Miete, in der Vollblutstation Napajedl, sowie in den k. k. Staatsgestüten Radautz und Piber aufgestellt sind, nebst einem Verzeichnisse aller englischen Vollblut-Staatshengste und ihrer Standorte, einem Verzeichnisse aller amerikanischen Traberhengste und ihrer Standorte, einem Ausweise über die Zahl und Verwendung der während der Beschälperiode 1899 aufgestellt gewesenen Staatshengste und licenzierten Privathengste, einem Ausweise über das Resultat der Belegung im Jahre 1898 und weiters zwei Ausweisen über den Stand des Pferdezuchtmateriales in den beiden Staatsgestüten Radautz und Piber und einem Ausweise über den Stand der Hengstfohlen in den Staatshengstfohlenhöfen nach dem Stande am 1. Jänner 1900. Wien. 1900. Verlag des k. k. Ackerbauministeriums. In Comm. Fried. Beck. 4°. 53 S. * K 1.—

Consignation der Staatshengste, welche in den im Reichsrathe vertretenen Königreichen und Ländern während der Beschälperiode 1901 in den Beschälstationen, in Privatpflege und in Miete, in der Vollblutstation Napajedl, sowie in den k. k. Staatsgestüten Radautz und Piber aufgestellt sind, nebst einem Verzeichnisse aller englischen Vollblut-Staatshengste und ihrer Standorte, einem Verzeichnisse aller amerikanischen Traberhengste und ihrer Standorte, einem Ausweise über die Zahl und Verwendung der während der Beschälperiode 1900 aufgestellt gewesenen Staatshengste und licenzierten Privathengste, einem Ausweise über das Resultat der Belegung im Jahre 1899 und weiters zwei Ausweisen über den Stand des Pferdezuchtmateriales in den beiden Staatsgestüten Radautz und Piber und einem Ausweise über den Stand der Hengstfohlen in den Staatshengstfohlenhöfen nach dem Stande am 1. Jänner 1901. Wien. 1901. Verlag des k. k. Ackerbauministeriums. In Comm. Fried. Beck. 4°. 55 S. * K 1.—

— der Staatshengste, welche in den im Reichsrathe vertretenen Königreichen u. Ländern während der Beschälperiode 1902 in den Beschälstationen, in Privatpflege u. in Miethe, in der Vollblutstation Napajedl, sowie in den k. k. Staatsgestüten Radautz u. Piper aufgestellt sind; nebst e. Verzeichnisse aller engl. Vollblut-Staatshengste u. ihrer Standorte, e. Verzeichnisse aller amerikan. Traberhengste u. ihrer Standorte, e. Ausweise üb. die Zahl u. Verwendg. der während der Beschälperiode 1901 aufgestellt gewesenen Staatshengste u. licenzierten Privathengste, e. Ausweise üb. das Resultat der Belegg. im J. 1900 u. weiters 2 Ausweisen üb. den Stand des Pferdezuchtmateriales in den beiden Staatsgestüten Radautz u. Piper u. e. Ausweise üb. den Stand der Hengstfohlen in den Staatshengstfohlenhöfen nach dem Stande am 1. I. 1902. gr. 4. (II, 55 S) Ebd. 902. n. 1.—

— der Staatshengste, welche in den im Reichsrate vertretenen Königreichen u. Ländern während der Beschälperiode 1903 in den Beschälstationen, in Privatpflege u. in Miete, sowie in den k. k. Staatsgestüten Radautz u. Piber aufgestellt sind; nebst e. Verzeichnisse aller engl. Vollblut-Staatshengste u. ihrer Standorte, e. Verzeichnisse aller amerikan. Traberhengste u. ihrer Standorte, e. Ausweise üb. die Zahl u. Verwendg. der während der Beschälperiode 1902 aufgestellt gewesenen Staatshengste u. licenzierten Privathengste, e. Ausweise üb. das Resultat der Belegg. im J. 1901 u. weiters 2 Ausweisen üb. den Stand des Pferdezuchtmateriales in den beiden Staatsgestüten Radautz u. Piber u. e. Ausweise über den Stand der Hengstfohlen in den Staatshengstfohlenhöfen nach dem Stande am 1. I. 1903. (59 S.) gr. 4. Ebd. 903. n. 1.—

Fortsetzung s.: Konsignation.

Consilia, Longinquarum in barbaros expeditionum et barbarorum in Europam incursionis, nostris aetatibus pariter sublata. Gottingae 1788. V: *Heyne, Chn Glob.* (MGT)

Inclytae facultatis juridicae Tubingensis, quotquot a centum et pluribus annis huiusque conscripta colligi potuere Consilia et responsa praecipua omnia.
Vol. 1-9. Tubingae, (1–6 auch:) Francofurti e Giessae. fol.
Vol. 1. 1731.
Vol. 2–9. (u. d. Tit.:) Collectionis novae consiliorum jurid. Tubing. vol. 1731–50.

Consilia Hallensium j u r e c o n s u l t o r u m, der Verstorbenen sowohl, S. Stryken, C. Thomasii u. a. als auch des v. Ludewig. Halle im Magdeb. 2 Bde fol.
T. (1.) In vier Theilen d. Rechte bestehend. Nebst e. Vorr. v. Joh. Peter Ludewig. 1733.
T. 2. Consilia ... des Teutschen Fürsten-Rechts in dem Heil. Röm. Reich. Nebst e. Historie der Hallischen Universität 1531 biß 1692 u. 1694 von Joh. Peter v. Ludewig. 1734.

Consilia Hallensium jure consultorum Stryckii, Thomasii, von Ludewigs, Gundlings, Heineccii u. and., nebst einer Historie der Hallischen Univers. 2 Theile. Fol. Halle, Renger. 733—734.

Consilia sive responsa juris Altdorfina, in quibus juris controversi casus insignes ac difficiles deciduntur. Noribergae. fol.
Vol. (1.) Antehac a ... Conr. Rittershusio ed. Nunc rev. et consiliis ac resp. ex Andr. Dinneri mss. locupletata. Cura atque opera Chr. Leo. Leuchtii. 1702.
Vol. 2. Henr. Linckens ... consilia sive responsa, a facultate jurid. approbata. Nunc primum post obitum autoris collecta a Chr. L. Leuchtio. 1704.

Consilia und Responsa Theologica; oder Gottsgelehrte Rathschläge und Antworten, über denen wichtigsten Stücken und Zuständen eines göttlichen Wandels ... Franckfurt 1705. V: *Sprögel, Susanna.* (BrMm)

— Sapientiae, seu axiomata Salomonis. 8. Salzb. Mayr. 753.

Consiliarius, der therapeutische, in der Syphilis. Eine alphabetisch geordnete Zusammenstellung aller Heilmethoden, die bisher in dieser Krankheit angewendet wurden, und deren Erfolg. Von einem prakt. Arzte. gr. 8. (IV und 156 S.) Wien 851, Gerold, Verlag.

Consilium, De conscribendis ... commentariis. Kiliae 1768. V: *Christiani, Wilh. Ernst.* (Collin, Anonymer. Kiobenh. 1869.)

Consilium commentarios de Joach. Joh. Maderi vita de integro edendi ad Jul. Bernh. Ballenstadium transmissum a P. Helmst. (Mich. Gunth. Leuckart) 20. XII. 1780. 8 S. (2.50)

Consilium, in was vor Sachen ein freyer Reichs-Edelmann vor denjenigen Reichs-Chur-Fürsten, Prälaten und Prälatinnen, oder andern Ständen, Stifften ... oder auch Dero Römischer Kayserl. Maj. selbsten, als Lehen Herren oder Lehen-Frauen ... zu Rechte zu stehen oder Recht zu geben und zu nehmen schuldig seyn. Nürnberg 1710.

Consilium, Kurzgefasstes, Historico-iuridicum in causa Sachsen contra Schwartzburg ... O. O. 1709. V: *Mühlpforth.* (Holz)

Consilium edendorum miscellaneorum Duisburgensium eruditae pietatis sacraeque disciplinae amatoribus aperit ... D. G. Amstelodami et Duisburgi [1732]. V: *Gerdes, Daniel.* (Erman & Horn, Bibliogr. d. dtsch. Universitäten. 2. Leipz. u. Berl. 1904.)

Consilium, Optimum interpretandi, praesertim Taciti, ac nonnulli annalium loci tum emendati tum explanati a. L. J. W. Gryphisw. 1819. V: *Wortberg, Lambert Ignaz.* (Ky)

[*Kopft.*] Ordo theologorum catholicorum in universitate Fridericia Wilhelmia Rhenana studiosis S. S. theologiae S. D. (*Bl. 1 v.:* Bonnae d. III m. Iun. a. 1829. — *Bl. 2:* Ordinis theol. cath. ... ad studia disciplinarum theologicarum recte instituenda consilium.) [Bonnae, typ. C. F. Thormanni 1829.] 2 Bl. 4. ¶ Wieder abgedr. bei Koch, Preuss. Univ. II 1840 S. 203 ff.

[*Kopft.*] Ordo theologorum catholicorum in universitate Fridericia Wilhelmia Rhenana studiosis S. S. theologiae S. D. (*Bl. 1 v.:* Bonnae d. III m. Iun. a. 1829. — *Bl. 2:* Ordinis theol. cath. ... ad studia disciplinarum theol. recte instituenda consilium.) [Bonnae, typ. C. Georgii 1841.] 2 Bl. 4. ¶ Neudruck d. Ausg. v. 1829.

[*Kopft.*] Ordo theologorum catholicorum in universitate Fridericia Wilhelmia Rhenana studiosis S. S. theologiae S. D. (*Bl. 1 v.:* Bonnae d. XI m. Iul. a. 1845. *Bl. 2:* Ordinis theol. cath. ... ad studia disciplinarum theologicarum recte instituenda consilium.) [Bonnae, typ. C. Georgii 1845.] 2 Bl. 4.

[*Kopft.*] Ordo theologorum catholicorum in universitate Fridericia Wilhelmia Rhenana studiosis S. S. theologiae S. D. (*Bl. 1 v.:* Bonnae d. XI m. Iul. a. 1845. *Bl. 2:* Ordinis theol. cath. ... ad studia disciplinarum theologicarum recte instituenda **consilium.**) [Bonnae, typ. C. Georgii 1852.] 2 Bl. 4. ¶ Neudruck d. Ausg. v. 1845.

[*Kopft.*] Ordo theologorum catholicorum in universitate Fridericia Wilhelmia Rhenana studiosis S. S. theologiae S. D. (*Bl. 1 v.:* Bonnae d. XI m. Iul. a. 1845. *Bl. 2:* Ordinis theol. cath. ... ad studia disciplinarum theologicarum recte instituenda **consilium.**) (Bonnae, form. C. Georgii) [1857]. 2 Bl. 4. ¶ Neudruck d. Ausg. v. 1845.

[*Kopft.*] Ordo theologorum catholicorum in universitate Fridericia Wilhelmia Rhenana studiosis S. S. theologiae S. D. (*Bl. 1 v.:* Bonnae d. XI m. Iul. a. 1845. *Bl. 2:* Ordinis theol. cath. ... ad studia disciplinarum theologicarum recte instituenda **consilium.**) (Bonnae, form. C. Georgi) [1861]. 2 Bl. 4. ¶ Neudruck d. Ausg. v. 1845.

[*Kopft.*] Ordo theologorum catholicorum in universitate Fridericia Wilhelmia Rhenana studiosis S. S. theologiae S. D. (*Bl. 1 v.:* Bonnae d. XI m. Iul. a. 1845. *Bl. 2:* Ordinis theol. cath. ... ad studia disciplinarum theologicarum recte instituenda **consilium.**) (Bonnae, form. C. Georgi) [1866]. 2 Bl. 4. ¶ Neudruck d. Ausg. v. 1845.

[*Kopft.*] Ordo theologorum catholicorum in universitate Fridericia Wilhelmia Rhenana studiosis S. S. theologiae S. D. (*Bl. 1 v.:* Bonnae d. XI m. Iul. a. 1845. *Bl. 2:* Ordinis theol. cath. ... ad studia disciplinarum theologicarum recte instituenda **consilium.**) (Bonnae, form. C. Georgi) [1883]. 2 Bl. 4. ¶ Zeigt einige unwesentliche Änderungen gegenüber d. Ausg. v. 1845, bes. veranlasst durch d. Ges. v. 31 Mai 1882 betr. Abänderung d. Ges. v. 11 Mai 1873 über d. Ausbildung d. Geistlichen.

Consilium de recuperanda pace regni Poloniae. 4. Berol. Haude. 725.

Consistorial-Anmerkungen über d. köln. erzbischöfl. Unterricht v. 4. Hornung 1787, herausg. v. J. v. d. Alsten. 8. Düsseld. 788. Dänzer. 8 gr

Consistorial-Ausschreiben die Abänderung der öffentlichen Fürbitte für die gnädigste Landesherrschaft betreffend. Bayr. 1790. V: *Lang, Lorenz Joh. Jacob.* (Fiker)

Consistorial-Ausschreiben die Verbesserung der Liturgie betreffend. Bayr. 1790. V: *Lang, Lorenz Joh. Jacob.* (Fiker)

Consistorial-Ausschreiben die Weglassung des Exorcismus bey der Kindertaufe betreffend. Bayr. 1788. V: *Lang, Lorenz Joh. Jacob.* (Fiker)

Consistorial- u. Eheprocesse, lehrreiche, aus morgen- u. abendländ. Quellen, ältern u. neuern Zeiten genommen. 8. Leipz. 795. Weygand. 20 gr

Consistorialrath und Superintendent, Der, im alten und neuen Gewande ... Quedlinburg 1787. V: *Voss, Johann Ludwig.* (NN) (MGT)

Consistorialrath u. Superintendent, wie er ist u. sein soll. 2 Thle. gr. 8. Quedlinb. 798. Ernst. 12 gr

Consistorialreglement, Kön. Preuß. Militärisches, 4. Bresl. 748.

Consistorialverordnung wegen des von D. Gg. Fr. Seiler ... abgekürzten ... Bibelwerks. Bair. 1782. V: *Lang, Lorenz Johann Jacob.* (Fiker)

Consistorialverordnung, worinnen die Geistlichen des Burggrafthums Nürnberg oberhalb Gebürgs angewiesen werden, Circularpredigten über die augspurgische Confession zu halten ... Bair. 1780. V: *Lang, Lorenz Joh. Jac.* (Fiker)

Consistorial-Vertrag über die Lehre von der würcklichen Seeligkeit der Gläubigen allbereit allhier in der Gnaden-Zeit errichtet in dem kgl. Consistorio zu Münsterdorff dazumahl in Itzehoe am 22. April 1706. U. St. 4. P.

Consistorium, Das Magdeburger, und die Quedlinburger Kirchenältesten. Eine Skizze aus der kirchlichen Gegenwart. Leipz. 1861. V: *Zschiesche, C.* (zu)

Consistorium, das Magdeburger, und die Quedlinburger Kirchenältesten. Eine Skizze aus der kirchlichen Gegenwart. Mit 3 Beilagen. Leipzig 861. O. Wigand. gr. 8. (42 S.) 7½ ngr.

Consolatio

Consolatio ad Liviam Augustam de morte Drus. Neronis, ex recens. Burmann et Beck. 8. Lpz. 801. Joachim. 4 gr

Consolation de l'évangile ou Jesus Christ représenté parlant dans son évangile. 12. Halle 767. Waisenh.-B. 2 gr

Consolation de la Foi sur les malheurs de l'Eglise. 8. Münster. Aschendorff. 797.

Consolations et conseils de l'expérience, tires du journal d'un affligé. 2. édit., considérabl. augmentée, enrichie de passages des saintes Ecritures et de plusieurs cantiques. 12. Strasbourg 841, Vve Levrault. 1/6 ₰

Consolations, les, de la foi sur les malheurs de l'église. 8. Münster, Plavoet, (Coppenrath). 781.

— dans l'Infortune, poëme. 8. Hamb. Bohn. 758.

— dans l'infortune, poème. 8. Hamb. 758. (Campe). 6 gr

Consolations dans l'infortune, poeme en sept chants. Hamb. et Leipsic 1785. V: *Bar, George Louis de.* (Milchs)

Consolo, Fel., note al nuovo codice di commercio universale ed alla lege d'introduzione del 17. Dec. 1862. 8. (IX und 255 S.) Triest 863, Coen. *

Consolo, L., l'Italiano pratico. Ein Hilfsmittel z. Erlerng. der italien. Umgangssprache. Für höh. Lehranstalten u. zum Selbstunterricht. (VIII, 152 S.) kl. 8. Cöthen 908. O. Schulze Verl. Geb. in Leinw. 1.50

Consonanzen u. Dissonanzen. Gedichte e. ungar. Musikers. 8. (120 S. m. 1 Musikbeilage.) Leipzig 899. C. F. Tiefenbach. n. 2.50

Geographischer Conspect, der Baierisch- und Oberpfälzischen Chausséen wie sich selbe mit den angränzenden Ländern verbinden, verfasst im Jahre 1805. Adrian von Riedl. Gestochen v. G. Schleich in München. 1:810,000. 1 Bl.

Conspectus, Actenmässiger, des beym R. C. G. zu Wetzlar in prätendirten Mandatssachen Sr. Durchl. Bischoffen zu Augspurg fürwaltenden Processus . . . O. O. [1755]. V (Bog. 1–3): *Koenig von Koenigsthal, Gust. Gg.* (Bog. 4 ff.): *Lupin, Joh. Phil.* (ML) (will) »Wezlar 1760« (Holz)

Conspectus Digestorum, vide Schrader.

Conspectus digestorum in ord, redact. ad Helfeldii jurisprudentiam etc. conc. ab E. Schrader et F. Makeldey. 4. Helmst. Fleckeisen.

— brevis historiae romanor. antiquae cum chronologia et synchronismo biblico. 4. Tubing. Heerbrand. 780.

— brevis historiae romanor. antiquae cum chronologia et synchronismo biblico. 4. Tübing. 780. (Osiander). 8 ℛ

— historiae Hungariae. 8. Poson., Patzko. 8 ℛ

— Historiae Hungaricae. 8. Posoni: Patzko.

Conspectus Historiae Universitatis Viennensis . . . Viennae Austriae 1722. V: *Tillmez, Friedrich.* (Jes)

Conspectus Historiae Universitatis Viennensis . . . Viennae 1722. V: *Tilmez, Frdr.* & *Seb. Mitterdorfer.* (Mitth. Dr. A. Goldmann.)

Conspectus historiae Universitatis

Conspectus historiae Universitatis Viennensis ex actis veteribusque documentis ab anno MDLXV usque ad annum MDCCI deductae... Cum in eadem... Universitate promotore R.P. Sebastiano Mitterdorfer... philosophiae laurea insignirentur. 335 S., gbd.

Vienna: Schwendimann 1725
beigedr.: Instrumenta publica, quibus... Universitati... collegium... unitum...fuit.

Conspectus historico-genealogicus augustae domus Bavaro-Palatinae. Heidelberg 1773. V: *Mieg.* (BaBb)

Conspectus horti botanici Ducalis Jenensis secundum areolas systematice dispositas in usum botanicorum Jenensium. Jenae 1795. V: *Batsch, August Joh. Georg Carl.* (Erman & Horn, Bibliogr. d. dtsch. Universitäten. 2. Leipz. u. Berl. 1904.)

— horti botanici Jenensis. 4 maj. Jena 795. Goepfert. (Schmid). 4 ℛ

Conspectus iuris civilis communis Germanorum . . . Altd. 1760. V: *Heumann von Teutschenbrunn, Joh.* (Ml)

— juris civilis communis german. Fol. Altorf 760. Schüpfel. 16 ℛ

Conspectus juris feudalis. Lipsiae 1838. V: *Weiske, Julius.* (EngJ) (Wa)

— jurisprudentiae civilis romanae 22 tabulis repraesentatus, a I. L. Mylio. fol. Ratisb. 738.

Conspectus jurisprud. forensis, commentatus secund. ordinem pandectarum in L. libris content. Ed. Ima sumtibus auctoris. 8. Basel 822. (Schweighäuser). 1 ß 4 ℛ

— jurisprudentiae naturalis. 8 maj. Wien 777. Gerold. 3 ℛ

Conspectus methodicus et alphabeticus numerorum classificationis bibliographici. Palaeontologia, Biologia generalis, Microscopia, Zoologia, s. a. Publikationen des office international de bibliographie.

Conspectus methodicus et alphabeticus numerorum classificationis bibliographici [!] auctoritate instituti bibliographici internationalis Bruxellensis ampliatus a concilio bibliographico. Palaeontologia – Biologia generalis – Microscopia – Zoologia. 56–57 59 ⟨Deutsche Ausg.⟩ *Turici: Concilium bibliogr. 1902.* (63 S.) 8° [Umschlagt.]
= Office international de bibliographie. Publication No 58 d. [illegible]

— dasselbe numerorum „systematis decimalis" ad usum schedularii zoologici, s.: Publikationen des office international de bibliographie.

Conspectus Equestrium ordinum per Europam omnem florentium. Tyrnaviae 1742. V: *Pinter, Joseph.* (Pk) (So)

Conspectus philosophiae empiricae Lockii . . . S. Patakii 1824. V: *Nyiry, Steph.* (Pk)

Conspectus regiminis formae regnorum Angliae et Hungariae. S. l. 1790. V: *Barits, Adalb.* (Pk)

Conspectus, Schematicus, jurisprudentiae publicae Imperii Rom. Germ. Halle 1753. V: *Nettelbladt, Daniel.* (Ky)

Conspectus Scriptorum Rerum Germanicarum Qui a Beato Jo. Burck. Menckenio et Ern. Joach. de Westphalen sunt editi. Accedit Epitome Librorum VIII. Rerum Mecleburgicarum qui opera Matth. Jo. de Bechr prodierunt. Lipsiae. 1747. 8°.

Conspectus Scriptorum Rerum Svio-Gothicarum . . . S. l. 1756. V: *Nettelbladt, C. v.* (Petz)

Conspectus status ecclesiastici Dioceseos Frisigensis. Landishuti 1811. 1814. V: *Reithofer, Dionys.* (Lindner)

— status ecclesiastici Islandiae. 8. Wien 779. Hofmann. 2 ℛ

Conspectus summarissimus der Stadt Franckfurt Beschwerden gegen den Oberrheinischen Creyss [betr. d. Winterquartiere der Truppen im Kriege 1734–36]. 8. Frankfurt 1737.

Conspectus Theologiae dogmaticae et scholasticae . . . Augustae Trev. 1752. V: *Ortmann, Franz.* (Jes)

Conspectus Universitatis Viennensis, a fundationis initio 1465 ad praesens tempus. Viennae 1722—25. V: *Mitterdorffer, Sebastian.* (Barbier)

Constable, John, das Kornfeld, s.: Meisterbilder fürs deutsche Haus 74. Blatt.

Die Meisterbilder von [John] **Constable** ⟨1776–1837⟩. Eine Auswahl von 60 Reprod. nach Orig.Aufnahmen. Berlin: Weicher 1910. 65 S. 8°
(Weichers Kunstbücher. Nr 40.) [11. 7413

Die Constabler bleiben; kühl Wetter bleibt! Nu noch die Cholera, denn is de Pulle voll! Verlag von S. Löwenherz. 1 Bl. Fol.
Flugblatt. Berlin, 1848/49.

Schreckliche Constabler-Geschichten in Berlin. Druck von E. Litfaß. 1 Bl. Fol.
Flugblatt. Berlin, 7. Sept. 1848.

Constabler-Lied. (Ha! welche Lust doch.) Berlin, Druck von Trowitzsch u. Sohn. 1 Bl. 8.
Flugblatt. Berlin, 1848/49.

Constaedt, z. Silberfrage. Frankfurt 876.

Constam, E. J., und R. Rongeot, Chemische Methoden zur Beurteilung von Steinkohlenbriketts und Brikettpech. Essen-Ruhr, 1906. 12 S.

Constam, J. E., u.a.: Studien über die Entgasung der hauptsächlichsten Steinkohlentypen. 3 Teile. München, 1906–09. 98 S. mit 42 Abb.

Constam, Emil J[osef], aus New-York: Ueber die Azaurolsäuren, eine Reihe stickstoffhaltiger Fettkörper. Zür. J. Schabelitz Dr. 1882. 40 S. 8°.
Zürich. Phil. Diss. [v. 23. Juni 1882].

Constam, Herbert. Die rechtliche Stellung der Gläubiger des Versicherten im Lebensversicherungs-Vertrage zugunsten Dritter. Diss. Staatsw. Univ. Zürich. II + 68 S. 8. Zürich, Orell Füssli, 1909.

Constam, J. E., s. a. Constam, E. J.

Constance. [Illustrated Prospectus.] [12 p.] 8. (Konstanz, Lith. v. J. A. Pecht, [1902].)

Constance. (Arrêtons à C'!) [Prospectus illustré.] [12 p.,] *pliées*, 8. [Constance, Fr. Stadler, 1904.]

Constance and its environs, s. Europe, illustrated.

—— et ses environs, s, l'Europe illustrée.

Constance, Dichtungen. 16. (120 S.) Berlin 853, Dümmler's Verlag. *

Constance. Dichtungen. 2. Aufl. Breslau 856. Aland. 16. (120 S.) n. 15 ngr

—— Novellen. gr. 16. (III und 200 S.) Breslau 856, Aland. *

Constancio, Franc. Solano, novo Diccionario critico e etymologico da lingua portugueza. Precedido de huma introducção grammatical. 4maj. Paris 836. Edit. Angelo Franc. Carneiro. (Hamb., Perthes, Besser et Mauke.) n. 15 1/3 ₰

Constandinidi, Alexander [aus Manchester]: Ueber die Ausnützung des Weizenklebers im Darmkanale und über die Verwendung desselben zur Ernährung des Menschen .... München, Druck v. R. Oldenbourg, 1887; 25 S. 8°.
München, Med. Fak., Inaug.-Diss. v. 1887.

Constandinidi, Alexander, über die Ausnützung des Weizenklebers im Darmkanale und über die Verwendung desselben zur Ernährung des Menschen. Diss. München 1887, A. Buchholz. 8°. 25 S.

Constannt, (B.,) die Religion nach ihrer Quelle rc., lies: 1r u. 2r Bd. 824 u. 27.

Constans, Eremita, [Pseud.], s. a. Gaupp, Ernst Theod.

† **Constans**, Eremita, (Ernst Theod. Gaupp,) über d. Redact. d. Provinzialgesetzbücher in d. preuß. Monarchie. Ein Votum. gr. 8. (1½ B.) Leipzig 838, Barth. *

* **CONSTANS**, Eubulus (ps.). — Politische Heyraths-Gedanken eröffnet, und allen denen so noch unverheyrathet zur Cautel gleichsam in einem Nach-Spiel vorgestellet von EUBULO CONSTANTE, in diesem Jahr. (Ende 17. Jahrh. od. Anf. 18 Jh.) 12°. (In Berlin: an Yy 1841.) Sehr rar!
Satyre in 9 Cap. mit einigen Versen. 34 S. incl. Tit. und S. 3—11 „Zuschrift an die allerkeuscheste Dam in der Welt". — Zahmen Inhalts. — Fehlt in Weller's Lex. Pseud.

Constans, F. A., Weissagung des Jesaias in ihrem Zusammenhange. 4. Jena, Cuno. 762.

Constans, Germanus, s. a. Constantis, Germani

CONSTANS, Germanus (ps.). — GERMANI CONSTANTIS, Neuer Moralischer Tractat Von der Liebe gegen die Personen andern Geschlechts, Darinnen so wohl überhaupt Die Regeln der Klugheit so bey Liebes-Affairen vorzukommen pflegen, vorgestellet werden, als insonderheit die Christliche, Eheliche, Freundschaffts, Galanterie, Socialitäts, Concubinats und Huren-Liebe moralisch abgehandelt werden. Leipzig, 1717. Verlegts Johann Christian Martini, Buchhändler in der Nicolai-Straße. 8°. (In Berlin: Da 5300.) (12 Mk. L. Rosenthal, 1906.)
Titelkpf., 11 Bll. (incl. roth u. schwarz gedr. Titel), 862 S. Mit 8 merkw. allegor. Kupfern mit Sinnsprüchen. Sehr selten!

Constans, J. F., grundlicher Augsburgischer Confessions-, wie auch Reformations- u. Catechismusschatz. 4. Leipz. 750.

Constans, L., De sermone Sallustiano. 1880. 299 S.

Constant, oder: Jesuitenführung u. Schicksalslaunen. Nach engl. Familienpapieren bearb. von E. Waller. 2 Bdchn. Leipzig ... (Melzer.) 2 ₰

Constant. Ein neues einfaches Trockenverfahren (Albumin-Gallussäure). 8. (23 S.) Düsseldorf 878, (Berlin, Grieben.) *

Constant, s.a. d'Estournelles de Constant.

Constant's, ersten Kammerdieners des Kaisers Napoleon, Denkwürdigkeiten über **Napoleons** Privatleben, seine Familie und seinen Hof. Bd. 1—6. Leipzig. 1830—1831. 8°.

Constant, Napoleon I. nach den Memoiren seines Kammerdieners C. Uebertr. von Osk. Marschall v. Bieberstein. 3 Bde. (III, II, 280, 279 u. 808 S.) gr. 8. Leipzig 904. H. Schmidt & C. Günther. n. 15.—; geb. n.n. 18.—

Constant, A. de, le collodion à sec mis à la portée de tous par un procédé simple et nouveau. gr. 8. (31 S. mit eingedr. Holzschn.) Düsseldorf 873. (Berlin, Grieben.) *

Constant, l'abbé A.

— Stimmen (Neue) aus Frankreich.

— Weller, E.: Publicistische Stimmen.

Constant, B., de la force du gouvernement actuel de la France etc. 8. Strasb. Levrault.

Constant, B., Reden in der Kammer der Deputirten. Uebs. u. erläut. v. F. J. Buss. 1. (einz.) Bd. Freib. 1834. Pb. gr. 8. 1874. 2. 50

Constant, Benjamin, s. Constant de Rebecque

Constant, Charles, neuester Reise-Compass etc., s.a. Faudel's Miniatur-Reisebibliothek.

Constant, Charles, neuester Reise-Compass d. i.: der sicherste Führer und Wegweiser auf der Reise nach und in Paris, Brüssel und Strassburg, ein kurzgefasstes, unentbehrliches Handbüchlein in der Westentasche zu tragen. (A. Faudel's Miniatur-Reise-Bibliothek in der Westentasche. 1. Bdchn.) 32. (47 S. mit 1 lithogr. Plane von Paris in 4.) Berlin 855, Faudel. Thlr. *

Constant, L., Bilder u. Skizzen aus Algier, nebst Bemerkgn. üb. dessen sittlichen u. Colonisations-Zustand. Gesammelt während eines mehrjähr. Aufenthalts an d. Küste von Nord-Afrika. 12. (12⅓ B.) Berlin 844, Nicolai'sche Buchh.

Constant, L. Kaufmann in Berlin, trägt sich zum Deputirten für das deutsche Parlament an. Gedruckt bei F. Schantze. 1 Bl. Fol. Flugblatt. Berlin, 26. April 1848.

Constant, L. Texas; das Verderben dter Auswanderer in Tex unter dem Schutze des Mainzer Vereins. Berlin, 1847.

Constant, L., Texas. Das Verderben deutscher Auswanderer in Texas unter dem Schutze des mainzer Vereins. gr. 8. (32 S.) Berlin 848, (G. Reimer.) *

Constant, Pet., Diss. de decretalibus pontificum romanorum epistolis earumque auctoritate et usu per quinque I saecula recudi cur. Frz. Cramer. 4. Köln 787. Kommerskirchen. 18 gGr Schrbp. 1 ℛ

— vergl. Feri.

Constant, Mlle Rilliet de, l'oncle Tom raconté aux enfants. Orné de 8 gravures (Holzschn.). Paris 854. (Berne, Dalp.) 12. (XV, 423 S.) n. 1 ℛ 10 ngr

Die feudale Partei in Preussen vom Gesichtspunct der Interessen Preussens, Deutschlands und Europas. Drei Briefe aus Berlin von Victor Constant. (Vom Verfasser autorisierte deutsche Ausg.) Frankfurt a. M. 1866. 8°.

Constant, Vict., die feudale Partei in Preussen vom Gesichtspunkt der Interessen Preussens, Deutschlands u. Europas. Drei Briefe aus Berlin. Vom Verf. autoris. deutsche Ausg. 1—3. Aufl. Hamburg 866. Grüning. gr. 8. (41 S.) n. 10 ngr

—— Preussen. Ein Sendschreiben an den Grafen v. Bismarck. (Vom Verf. autoris., mit einigen Zusätzen verseh. deutsche Ausg.) 1.—4. Aufl. gr. 8. (69 S.) Hamburg 866, Grüning. *

— la Prusse. Lettre au Comte de Bismarck. Ebend. 866. gr. 8. (64 S.) n. 9 ngr

Constant, W., Cameen. Erzählende Dichtungen. Düsseldorf 856. Arnz u. Co. 16. (6 Bl., 138 S.) n. 1 ℛ

—— Gemmen. Erzählende Dichtungen. 16. (VIII und 109 S.) Hamburg 854(55,) Hoffmann und Campe. *

—— Von einer verschollenen Königsstadt. Ein Romanzen-Kranz. 2. Aufl. 16. (XVI und 349 S.) Hamburg 856(57,) Hoffmann und Campe. *

Constant, W., s. Kraszewski, J. J., die Dichter d. Welt.

— der Page des Kaisers. Ein Gedicht von der Treue. Düsseldorf 854. Arnz u. Co. 4. (82 S. m. 4 Lithogr. u. lith. Titel in Farbendruck.) n. 2 ℛ 15 ngr

Constant, W., aus dem Psalter eines Poeten. 8. (VII, 110 S.) Darmstadt 874. (Salzburg, Dieter.) *

Constant, W., Sammlung bewährter Hausmittel gegen 25 der häufigsten Krankheitserscheinungen d. täglichen Lebens. 2. Aufl. 12. (32 S.) Hamburg 892. (G. Fritzsche.) n. — 50

Constant, W., Sammlg. bewährter Hausmittel geg. 40 d. häufigsten Krankheitserscheingn. d. tägl. Lebens. 3., verb. u. verm. Aufl. 12. (48 S.) Barmbeck-Hamburg 896. (Hamburg, G. Fritzsche.) n. 1. —

Constant d'Hermenches, de s. Prévost-Vieusseux, et Constant d'Hermenches, de.

Constant de Rebecque, Benjamin

Constant, Benj., Adolphe, s. a. Bibliothek d. Gesammtlitteratur.

v. Constant, Benj., Adolph. Aus d. gefund. Papieren e. Unbekannten. Mit Kpf. 12. Pesth 817. Hartleben. 1 ℛ

——, Adolph. Novelle. N. d. Franz. v. Heinr. Künzel. 8. (15 B.) Frankfurt a. M. 839, Sauerländer.

[A.] Adolphe. Roman v. Benjamin Constant. Deutsch bearb. v. Josef Ettlinger. *Halle a. S.: O. Hendel (1898).* (151 S.) 1 Bd 8.
= Bibliothek d. Gesamtlitteratur d. In- u. Auslandes. No 1197—1199.

Constant [de Rebecque], Benjamin. Adolf. Aus den Papieren eines Unbekannten. Übersetzt und eingeleitet von Otto Flake. IV + 152 S. 8. München und Leipzig, Georg Müller, 1910. [geb. M. 3.—]
(Exemplar Nr. 441.)

de Constant-Rebecque, Benj., Betrachtt. über Constitutionen, über Vertheilung d. Gewalten u. d. Bürgschaft in einer constitutionellen Monarchie. Aus d. Französ. v. J. J. Stolz. gr. 8. Brem. 814. Heyse. 12 gGr

— Betrachtungen über die Verfassungen und Garantieen, herausg. am 24. Mai 1814, mit e. Entwurf einer Verfassungsurkunde. Uebersetzt von F. J. Buß. gr. 8. Freiburg 836. Fr. Wagner. 1¼ ℛ

—— Denkwürdigkeiten üb. Napoleons Privatleben, seine Familie u. seinen Hof. 6 Bde. (A. d. Franz.) 8. (77 B.) Leipzig 830, 31, Baumgärtner.

— über den Eroberungsgeist u. d. Usurpation, im Verhältniß zur europ. Bildung. Aus d. Französ. v. J. J. Stolz. gr. 8. Hann. 814. Hahn. 18 gGr

— l'Esprit de conquète et de l'usurpation, dans leurs rapports avec la civilisation Européenne. gr. 8. Hannov. 814. Hahn. 1 ℛ

— Mémoires sur la privée de Napoléon sa famille et sa cour. 6 Vol. 8. Stuttgart 830, 31. Brodhag. 4½ ℛ — dass. in 16. 18 Livrr. Ebd. 830, 31. 2¼ ℛ (Vergl. Thl. I. S. 479.)

— mémoires sur la vie privée de Napoléon, sa famille et sa Cour. IV Vols. gr. 12. Stuttg. 830. Hoffmann. 3 ℛ

Constant, Benjamin und Samuel Laing. Preußen der Beamtenstaat in seiner politischen Entwickelung und seinen sozialökonomischen Zuständen. Bearbeitet von Adolph Heller. Mannheim, Fr. Bassermann 1844. XVI 167 S. 8.

— d. Religion nach ihrer Quelle, ihren Gestalten u. ihren Entwickelungen. Mit Vorw. d. Verf., aus d. Französ. übers. u. mit Anmerkk. deutsch herausg. von Ph. A. Petri. 3 Bde. gr. 8. Berl. 824—29. Reimer. 6 ℛ

— über Verantwortlichkeit d. Minister. Aus d. Französ. übersetzt v. D. G. v. Ekendahl. gr. 8. Neustadt 831. Wagner. 6 gGr

Constant, Benj., politische Werke. Uebers. u. mit Anmerkn. begl. v. F. J. Buß. 4. B. — A. u. d. T.: Vollständ. Samml. der üb. d. repräsentat. Regierungsform u. d. gegenwärt. Constitution Frankreichs hrsg. Werke, bildend e. Art Lehrgang d. constitution. Politik. 1. Bd. 4 Hfte. gr. 8. (20 B.) Freiburg 835, Wagner'sche Buchh.
1. Bd. Ebendas. 1834. 1 Thlr. 12 Gr. — 2. u. 3. Bd. sind nicht erschienen.

Constant, Benj., sämmtl. polit. Werke. Uebersetzt u. mit Anmerkk. begleitet von F. J. Buß. 1r Bd. 1s — 6s Hft. A. u. d. T.: B. Constant's Reden in der Kammer der Deputirten. 1r Bd. 6 Hfte. gr. 8. Freiburg 834, 35. Fr. Wagner. 1½ ℛ — 4r Bd. A. u. d. T.: Vollständ. Sammlung der über die repräsentative Regierungsform u. die gegenwart. Constitution Frankreichs herausg. Werke, bildend e. Art Lehrgang der constitution. Politik. 1r Bd. 1s — 4s Hft. gr. 8 Ebd. 835. 1 ℛ

Constant de Rebecque, Henri Benjamin. Über die Ursachen und Resultate der französischen Revolution; aus dem Franz. O. O. [ca. 1800]. Ü: *Tobiesen, Ludolph Herm.* (MGT)

EHEMANN, Der empfindsame. In Briefen an einen Edelmann im Pays de Vaud. Aus d. Französ. (des *S. Constant de Rebecque* von Siegm. Wilh. Wohlbrück). Berlin u. Stralsund, 1786, bey Gottlieb Aug. Lange. 8°. 255 S.
Orig.: Le Mari Sentimental, ou le mariage comme il y en a quelques-uns. Lettres d'un Homme du pays de Vaud, écrites en 178*. S. l. (Genève) 1785. 8°. (In Warmbrunn.) (2 Mk. 40 Pfg. List & Francke. Lpz., 1908.) — Im Anon.-Lex. II. p. 5 fehlt der Name des Verfassers.

Constant-Viguier, St. Fr., Handbuch der Miniatur- und Gouache-Malerei. Verbunden mit einer Abhandl. über Sepie u. Aquarell vom Capitain F. P. Langlois de Longueville. Aus d. Französ. Mit 4 Taf. Abbild. 8. Quedlinburg 841, Basse. 2/3 ₰

Constant-Villars, B. A. v., Handb. üb. d. Vorpostendienst z. Gebr. d. Jäger-Offiziers im Felde. 8. Linz, Eurich. (Schmidt in Leipz. in Comm.)

v. Constant-Villars, Baron A., Handbuch über d. Vorpostendienst, zum Gebr. d. Jäger-Offiziers im Felde. 8. Linz 812. Acad. B. (Schmidt in Leipz.) 16 ₰

Constantia von Detmold; oder Maas für Maas. Schausp. von Brandes. Leipzig: Dyk 1790. 8°

Constantia orthodoxa ab Imperatore Constantio Chloro sapienter honorata. Tragoedia. [Augustae Vind. et Ingolst. 1760.] V: *Neumayr, Franz.* (JES)

Constantin [Sachliches OW]

Constantin der Grosse, in seiner wahren Gestalt wieder hergestellt... Berlin 1772. V: *Buchholz, Sam.* (PT) (ML)

Constantin der Große, in seiner wahren Gestalt wieder hergestellt. 8. Berl. 772. Sander. 3 ₰

Constantin, Der Grossfürst, wie er war. Fürth [Leipzig] 1832. V: *Harring, Harro.* (PT)

Constantin [Persönlicher Name]

Constantin, d. Großfürsten, Gedichte. In freier Nachbildg. v. Jul. Grosse. 8. (XIV, 176 S.) Berlin 891. G. Grote. Kart. n. 3.—; geb. n. 4.—

Constantin, d. Großfürsten, Gedichte. In freier Nachbildg. v. Jul. Grosse. [2. Tl. 1886—88.] M. d. Bildnis d. hohen Dichters. 8. (XII, 117 S.) Großenhain 895. Baumert & Ronge. n. 2.—; geb. n. 3.—; (I. u. II.: n. 5.—; geb. n. 7.—)

Constantin's Grabrede auf den Patriarchen Gregorius. Uebers. v. A. Grimm. (Neugriech. u. deutsch.) gr. 8. St. Petersb. 825. Beh. (Leipz., Knobloch). 16 ₰

Constantin [Familienname]

Constantin, (... Architect,) der neue Bauredner. Vollständ. Sammlung neuer Baureden für Zimmerleute, Maurer und Dachdecker bei Richtung neuer Gebäude aller Gattungen, bei Grundsteinlegung u. bei Aufsetzung eines Thurmknopfs. 8. Hamburg 844, Hamburg-Altonaer Buchh. 1/4 ₰

Constantin, die Hütte am Cove Creek. Roman aus dem Leben eines Verschollenen. 2 Bde. Mit 10 Abbildgn. nach Zeichngn. v. Max Henze. 8. (Dresden (902). R. H. Dietrich. n. 6.—; geb. in Leinw. n. 8.—

Constantin, keine Hühneraugen mehr! 16. (3 B.) Hamburg 844, Hamburg-Altonaer Buchh.

Constantin's, Frau, Koch- u. Haushaltungsbuch. Einzig autoris. Ausg. Nach dem Dän. bearb. v. Mathilde Mann. (XVI, 398 S.) gr. 8. Leipzig 904. Berlin, Verlag der Frauen-Rundschau. n. 8.—

de Constantin, Cheval., la Oille, Mélange et Assemblage des divers mets pour tous le goûts. 12. Dresd. 755. Walther. 12 ₰

Constantin, ..., kurze Uebersicht d. vornehmsten Weltbegebenheiten. 8. Dresd. 784. Hilscher. 6 ₰

Constantin, A., Graf Almassy, s.: Eckstein's Reisebibliothek.

Constantin, A., la statistique aux prises avec les grammairiens ou essai sur les moyens de simplifier l'étude du genre des substantifs et celle de la conjugaison. 8. (II, 272 S.) Paris 876. Vieweg. n. 4.—

Constantin, Erich, auf einsamen Wegen. Gedichte. (VII, 74 S.) 12. Dresden 903. E. Pierson. n. 1.50; geb. n. 2.50

Constantin, Ernst, im Zauberlande. Die neuesten Märchen für die liebe Jugend und ihre Freunde. 8. (285 S. mit 15 Vollbildern, 4 Textabbild., sowie 1 farb. Nordpolkarte.) Leipzig 888, Pfau. geb.

Constantin, E., im Zauberlande. Die neuesten Märchen f. die liebe Jugend u. ihre Freunde. 2. u. 3. Tausend. (Titel-Aufl.) 8. (285 S. m. 15 Vollbildern, 4 Textabbildgn. u. 1 farb. Nordpolkarte.) Leipzig 890. Bouman. geb. n. 3.—

P **Constantin**, Ernst (Ernst Constant. Schumann). Im Zauberlande. Die neuesten Märchen f. die liebe Jugend u. ihre Freunde. 2. (Titel-) Ausg. Mit 15 Vollbildern, 4 Textabbildgn., sowie 1 Nordpolkarte. 8. (285 S.) Lpz. 890, (Spamer). geb. * 2 —

— **Friedrich Heinrich** (Eilenburg), De juris civilis objectis. Disp. jur. Präs. Christian Gotthelf Hübner. Lpz. (C. Tauchnitz) 29. III. 1798. 32 Seiten. (4.80) 5636

Constantin, Carl Friedrich (Eilenburg), De encephalitide. Diss. med. Präs. Ernst Platner. Lpz. (Klaubarth) 7. II. 1800. 23 S. (4.80) 5635

Constantin, L. A., Bibliothekonomie, oder Lehre von der Anordnung, Bewahrung u. Verwaltung der Bibliotheken. Aus d. Franz. gr. 8. Leipzig 840. Weber. n. 1 1/3 ₰

Constantin, Mor., Album der Liebe und Freundschaft. Sprüche und Stammbuch-Verse, für alle Verhältnisse des Lebens gesammelt. 11. verm. und verb. Aufl. 8. (IV, 108 S.) Hamburg 881, J. F. Richter.

Constantin, Mor., s. Blumen-Spende d. Liebe u. Freundschaft.

— die Räuber, s.: Kindertheater, 2. Hft.

Constantin, ..., die Räuber, s. Räuber, die.

—— die Richtfeier. Neue Bauredеn für Zimmerleute, Maurer und Dachdecker bei Richtung neuer Gebäude aller Gattungen, bei Grundsteinlegung und bei Aufsetzung eines Thurmknopfes. 8. (III, 48 S.) Ebendas. 881.

Constantin, Mor., auserwählte Stammbuch-Verse f. alle Verhältnisse d. Lebens. Spende der Liebe u. Freundschaft. Verm. u. verb. Aufl. 16. (IV u. 90 S.) Hamburg 849, Volksbuchh. in St. Pauli. 1/8 ℛ

Constantin, Mor., auserwählte Stammbuch-Verse für alle Verhältnisse des Lebens. Spende der Liebe und Freundschaft. 10. verb. und verm. Aufl. gr. 16. (98 S.) Hamburg 874, Richter.

Constantin, Otto, Regierungsreferendar: L. 9 § 9 und l. 10 D. XII, 1 im Streite über depositum irregulare und Darlehn. Berlin 1908: H. Bahr. (X, 86 S.) 8° [J. u. Ant.]
Heidelberg, Jur. Fak., Ref. Bekker, Diss. v. 1908
[Geb. 26. Febr. 83 Berlin; Wohnort: Danzig; Staatsangeh.: Preußen; Vorbildung: Gymn. Andreanum Hildesheim Reife O. 01; Studium: Philos. Göttingen 1, Berlin 3, Jura Tübingen 4, Berlin 2 S.; Rig. 6. März 08.]

Constantin, W., Paris, s. Weber's illustr. Reisebibliothek.

Constantine od. d. glückliche Waise; eine ländl. Gesch. Berlin: Birnstiel 1775. 8°

Constantine, d. liebenswürdige Europäerin. Nürnberg 1734. 8°

Constantine, der, Geschichte, oder die glückliche Wayse, 8. Berlin, 776. 7 ggl.

Constantineanu, Joan C., a. Siminicea (Bezirk Botosani, Rumänien): Über die Entwicklungsbedingungen der Myxomyceten. Halle a. S. 1907 (A. Hopfer, Burg b. M.). (50 S.) 8°
Halle, Phil. Fak., Ref. Klebs, Diss. v. 13. März 1907
[Geb. 13. Aug. 69 Siminicea, Bez. Botosani in Rumänien; Wohnort: Halle a. S.; Staatsangeh.: Rumänien; Vorbildung: Gymn. Jassy Reife 99; Studium: Jassy 8, Halle 7 S.; Rig. 6. Nov. 06.]

Das Kassen- und Rechnungs-Wesen der deutschen Stadtgemeinden. Von Stadtkämmerer **Constantini** in Eisenach. Vom Vorst. d. Deutschen Städteausstellung 1903 in Dresden gekr. Preisschrift. *Leipzig: F. Leineweber 1903.* (XII, 268 S.) 8° [03-9383

Constantini, Fr. Gerh.

Constantini, F. Abhandlung v. Kaffeo. A. d. Franz. Hannover 1771.

Constantini, Fr. Gerh., v. d. Kaffee u. d. Cichorienwurzel. 8. Hannov. 771.

Constantinides, Geo., de infinitivi linguae graecae vulgaris forma et usu. (In griech. Sprache.) gr. 8. (85 S.) Strassburg 878, Trübner. *

Constantinides, Janko, aus Magnissa (Kl.-Asien): Klinische Beiträge zur Kenntnis der Dystrophia musculorum progressiva. *Erlangen 1902: E. Th. Jacob.* (36 S.) 8°
Erlangen, Med. Diss. v. 22. Juli 1902

Constantinopel [Sachliches OW]

Constantinopel, nach Hammer, für d. Jugend bearb., s. Fr. Heldmann, Jugendbibl.

Constantinopel, der Bosporus und die Dardanellen. Neuere Geschichte der Türkei bis auf unsere Tage. Mit Stahlst. nach Originalzeichnungen von Thom. Allom. (10 Lfgn.) br. 8. (146 S. mit 28 Stahlst. und 2 Karten.) Leipzig 853, Hartung. *

Constantinopel der Bosporus und die Dardanellen. Neuere Geschichte der Türkei bis auf unsere Tage. Mit 30 Stahlst. nach Originalzeichnungen von Th. Allom und 1 Karte. (10 Liefgn.) Leipzig 854. Hartung. gr. 8. (146 S. u. 1 lith. Karte in gr. 4.) 1 ℛ 20 ngr

Constantinopel u. Brussa im Frühjahre 1851, s. Beaulieu-Marconnay, Wilhelm Ernst Frh. von

Constantinopel u. die Dardanellen. Histor.-topogr. Beschreibung. 8. M. 2 K., 1 Krte., 4 Pl. Dessau 1808. — 2. Aufl. Leipzig 1822. 1,00.

— u. d. Dardanellen, histor.-topograph. Beschreib. Mit 2 Kpf., Karte u. Plan. gr. 8. Leipz. 808. 2e Aufl. 822. Voß. 1 ℛ 8 gr

Constantinopel u. die Dardanellen, eine historisch-statistisch-topographische Beschreibung. Mit 2 Kupfertaf. 2e Aufl. gr. 8. Leipzig 822. Voß.

Constantinopel u. d. anliegende Gebiet, neue volkswirthschaftliche Studien. her. v. Orient. Museum i. Wien. Wien 1882.

Constantinopel und die maler. Gegend der sieben Kirchen in Kleinasien. Nach der Natur gezeichnet von Thomas Allom. Nebst e. kurzen Geschichte Constantinopels u. Erklärung der Stahlstiche von Rob. Walsh. Nach d. Engl. von J. Th. Zenker. 16—17s Hft. Mit (53 engl.) Stahlstichen. Roy.-4. Braunschweig 840. Westermann. (à n. 3/4 ℛ) 12 3/4 ℛ (Vgl. Walsh, R.

Constantinopel u. die malerische Gegend der sieben Kirchen in Kleinasien. Nach der Natur gezeichnet von Thom. Allom. Nebst einer kurzen Geschichte Constantinopels u. Erklärung der Stahlst. von Rob. Walsh. Nach d. Engl. v. J. Th. Zenker. 18.—24. (letztes) Heft. Mit Stahlst. gr. 4. Braunschweig 841, Westermann. à n. 3/4 ℛ

— in den Händen des europäischen Volks; Gegenstück zu Arnds Geist u. Zeit. A. u. d. T.: Verhältnisse d. Osmanischen Reichs. 8. Gießen 807. Müller. 18 gr

Constantinopel, die grössest, mächtigst und prächtigste Residenz-Stadt des Türk. Kaysers etc. Verlegt von Mat. Seutter in Augsp. O. M. 1 Bl.

— u. St. Petersburg, s. Reimers.

— u. d. Türken. Ein topograph.-ethnograph. Gemälde. Mit e. Ansicht von Constantinopel. Wien 822. Grund. (Tendler). 12 gr

— u. seine Umgebungen, (von Karl Gf. Möller). Mit 1 Plan. 4. ... 807.

Constantinopel zur Zeit S. Süleiman des Grossen nach e. Bilde v. Melchior Lorichs, s.: Bosporus. N. F. 1.

Constantinopel [Schlagwort]

Constantinopel, s. a. Mytilini.

Constantinopel. Caedicius, ancien plan de Constantinople, imprimé entre 1566 et 1574, avec notes explicatives. gr. 8. (8 S. m. lith. Plan.) Constantinopel 890. Keil. n. 3.—

Constantinople – Carte et Plan de – et du Canal du Bosphore tracés sur les lieux par M. Merzoff Robert, revus et corrigés pour ce qui concerne l'orthographe des noms des villes et villages etc. comparés avec les meilleurs Plans et Cartes qui en ont été faits, par Constantin Sevastopulo Grec etc. Gravée par Gg. Mayr et frères Schleich. Publiée à Munich en 1829. 1 : 50,000.

Constantinopel. Goltz-Pascha, C. Frhr. v. der, Karte der Umgegend v. Constantinopel, unt. Benutzg. der ält. Aufnahmen (1888—1895) erweit., bearb. u. gezeichnet. 1 : 100,000. 49 × 52,5 cm. Photolith. u. Farbdr. Mit Text. gr. 8. (25 S. u. an der Seite.) Berlin 897. A. Schall. n. 4.—

Constantinopel — Grundriss von — mit ihrem See-Haven, Canal und angränzenden Gegenden Aug. Vind. Joh. Jac. Audelfinger ad vivum delin. Jos. Fried. Leopold fecit et excudit. 1 : 85,000. 1 Bl.

Constantinople — Plan de — du Bosphore et du Canal de la Mer Noire, dessiné d'aprés les meilleurs materiaux par F. Fried. Publié à Vienne chez Artaria et Comp. 1821. 1 : 50,000. 2 Bl.

Constantinopel — Plan von — und seinen Vorstädten diesseits und jenseits des Bosporos, geometrisch aufgenommen im Jahre 1776, berichtigt und vermehrt im J. 1786 von F. Kauffer, Ingenieur bey der franzos. Gesandtschaft des Herrn Choiseul-Goußier mit neuen Zusätzen von Barbié du Bocage. 1821. 1 : 20,000. 1 Bl. a. d. W. „Jos. v. Hammer Constantinopolis u. der Bosporos“ gehörig.

Constantinopel — Accurate Vorstellung der Orientalisch-Kayserlichen Haupt- und Residenz-Stadt — samt ihrer Gegend und zweyen berühmten Meer-Engen Bosphoro Thracio, und Hellesponto oder dem freto der Dardanellen, herausgegeben von Bapt. Homann etc. in Nürnberg. 1 : 80,000. 1 Bl.

Constantinople, s. Constantinopel.

Constantinus Africanus: De animalibus liber. Ex recensione et cum notis Johann Christian Gottlieb Ackermann. 12 S.(S.113 - 124), gbd.

Norimbergae et Altorfii: Monath 1788 (Scriptores, Parabilium medicamentorum, antiqui. Tom.2)

JB 417/2

Constantini Cephalae, Anthologia. Gr. et lat. c. comm. et notitia poetar. Anthologiae, ed. J. J. Reiske. Lips. 754. 8.

Leges Constantini [Magni imperatoris], Theodosii [II. imperatoris], Leonis [I. imperatoris]. Aus d. röm. Hs. hrsg. u. übers. von Eduard Sachau. ([Darin:] Sachindex. Von Dr. Stephan Braßloff.) Berlin: G. Reimer 1907. (XXIV, 224 S.) 4°(8°)
— Rechtsbücher, Syrische. Bd 1. [07. 4868

Constantinus Manasses, s. Scriptores, erotici, graeci.

Constantinus Porphyrogenitus

Constantini Porphyr. de Ceremoniis aulae Byzant., s. a. Corpus scriptor. hist. Byzant.

Constantini Porphyrogennetti imp. const. libri duo de ceremoniis aulae Byzantinae. fol. Lips. Gleditsch. 752. gr. Form. Schreibp.

Constantini Porphyrog. de ceremoniis aulae Byzantinae lib. II. Prod. nunc prim. gr. c. lat. interpr. et comment. cur. Jh. Hnr. Leichius et Jh. Jak. Reiskius. II Voll. Fol. Leipz. 751—54. (Brockhaus). 6 ℛ Schrbp. 10 ℛ

— id. lib., libri II, graece et latine e recens. Jh. Jak. Reiskii, cum ejusd. commentariis integris. Vol. I, II. 8maj. Bonn 829, 30. Weber. 10 ℛ (Vergl. Corpus scriptt. Byzant.)

Constantini Porphyrogeniti digesta, ed. Feder, s. Excerpta.

Constantini excerptorum de natura animalium libri II, s. a. Supplementum Aristotelicum.

Excerptorum Constantini (Porphyrogeniti) de natura animalium libri duo. Aristophanis [Byzantii] Historiae animalium epitome, subiunctis [Claudii] Aeliani, Timothei (Gazaei) aliorumque Eclogis. Consilio et auctor. Acad. litt. Regiae Boruss. ed. Spyridon P. Lambros [vielmehr: Lampros]. Berolini: G. Reimer 1885. XX, 282 S. 4°(8°)
(Supplementum Aristotelicum. Vol 1, P. 1.) [10. 11503

Constantinus Porphyrogenitus de provinciis regni Byzantini. Liber II. Europa. Acc. Appendix aliorum libellor., cum civil., tum ecclesiast., veterem geographiam cum media, imprimis Byzantina, illustrantium. Ed. T. L. F. Tafel. Pr. 1846. 55 S. 4°. 1.20

Constantinus Porphyrogenitus de provinciis regni Byzantini. Liber II.: Europa. Accedit appendix aliorum libellorum cum civilium, tum ecclesiasticorum, veterem geographiam cum media, imprimis Byzantina, illustrantium. Novis curis ed. epistolamque criticam praemisit Theophil. Luc. Frid. Tafel. 4. (XXXVI und 56 S.) Tubingae 847, libr. Laupp.

Constantinus, Porphyrogenitus, de thematibus et de administrando imperio. Accedit Hieroclis Synecdemus c. Bandurii et Wesselingii commentariis. Recogn. Imman. Bekkerus. (Vol. III.) 8maj. (37⅓ B. u. 2¼ B. Ind. zu Vol. II.) Bonnae 840, Weber. * 2⅚ Thlr., Schrbp. * 3⅔ Thlr., Vlnp. * Vol. I. II. Ebendas. 1829, 30. * 8 Thlr., Schrbp. * 10 Thlr. 12 Gr. Vlnp.. * 12 Thlr. 16 Gr..

Constantis, Germani, s. a. Contans, Germanus

Constantis, Germ., von der Liebe gegen die Personen andern Geschlechts. 8. Leipz. Gleditsch. 714.

Constantius A. S. Fortunato. Propositiones disputabiles ex logica et metaphysica quas praeside Constantio A. S. Fortunato Clericorum Regularium Pauperum Matris Dei Scholarum Piarum sacerdote et philosophiae professore ordinario publice propugnandas suscepit Ludovicus Schwallbach, Rastadiensis, philosophiae in annum primum auditor in Marchico-Baadeno-Baadensi philosophico auditorio. Rastadij die 18. Augusti horis matutinis anno 1760.
Rastadij typis Caroli Antonij Schell, Typogr. Aul. Rastatt, P 1760

Constantius, Chr., et Sincerus Janitor, Magia naturalis, in welcher der Ursprung und Principium, und daß dieselbe eine natürl., nützl. und zulässige Wissenschafft sey, bewiesen wird. Nebst einer Widerlegung aller objectionum und Scrupel durch Anführung vieler raren gewissen und natürl. Experimenten. 144 S. Straßb. 12°.
1714

Constant's Lebensgeschichte ꝛc. 3 Thle. Mit Kpf. 8. Leipz. 791—93. (W. Vogel). 1 ℛ 2 gr

Constants curiose Lebensgeschichte und sonderbare Fatalitäten, ein Buch fürs Volk, 3 Theile mit Bildern, 8. Leipz. 791-93. Crusius. 1 Rthl. 5 sgl.

Constanz [Sachliches OW]

DAS ALTE CONSTANZ, später: KONSTANZ STADT U. DIÖCESE IN SCHRIFT & STIFT DARGESTELLT. Blätter für Geschichte, Sage, Kunst & Kunsthandwerk, Naturschönheiten der Stadt & Diöcese. Organ des Münsterbau-Vereins. Redigirt von F. SCHOBER.
Jahrg. (I)—II. Heft 1-3. (1881)—1882. (Mit Tafeln. Constanz. Druck von A. Moriell. Lithographie von H. Wölfl.) Fol.

Constanz [Schlagwort]

Constanz, s.: Konstanz.

Constanz [Verfasser]

Constanz, A., vier Erzählungen eines Großvaters, s.: Volks-Bibliothek, christliche.

Constanze, eine Erzähl. v. A. Klebe. Magdeburg: Heinrichshofen 1799. 8°

Constanze. Eine Geschichte in vier Abschnitten. 8. (IV, 224 S.) Halle 868, Fricke.
Aus: Volksblatt für Stadt und Land, besonders abgedruckt.

Constanze, Herzogin v. St. Albe, od. Resignation u. Heldenmuth. 8. Dresd. 803. Arnold. 16 gr

Constanze, verw. v. Nissen, s. G. N. v. Nissen, Biographie Mozart's.

Constanze, Marie, die Heimkehr, s. Abendbibliothek für die elegante Welt 6s Bdchn.

Constein, Wilhelm [app. Arzt aus Berlin]: Die Localisation von Geschwulstmetastasen an prädisponirten Stellen des Körpers. . . . Jena, Frommannsche Buchdr., 1891; 54 S., 1 Bl. 8°
Jena, Med. Fak., Inaug.-Diss. v. [21. Apr.] 1891

Constellation, d. unglückl., od. Agnese, Gräfin v. Mannsfeld. Vom Verfass. der „Geisterseherin, Gräfin Seraphine v. Hohenacker.“ 8. Leipz., Mittler. 18 gr

Constellation, die unglückliche, oder Gräfin Agnes von Mannsfeld, eine Sage aus der zweyten Hälfte des sechzehnten Jahrhunderts vom Verf. der Gräfin und Geisterseherin Seraphine von Hohenacker, mit 1 Kupf. 8. Leipzig, 796. Supprian. 23 sgl.

Constellation, Die unglückliche, oder Gräfin Agnese von Mansfeld. Eine Sage aus der zweiten Hälfte des 16. Jahrh. . . . Leipzig 1799. V: *Scidel, Carl Aug. Gottlieb.* (StAt)

Constitucion española. Jena, Bran. 8°

O Constitucional: Jahrgang 1, no. 1, Sept. 28, 1885 - no. 28, Febr. 28, 1886. Joinville Weekly. Bi-lingual, last page in German. Printed by Typographia Boehm

Constituição da Republica dos Estados Unidos do Brazil, s. Verfassung der Republik der Vereinigten Staaten von Brasilien v. 24. Febr. 1891.

Constituierung, Die, der freien christlichen Gemeinde in Dresden. Dresden 1850. V: *Schmidt, Woldem. & Andere.* (Kat. d. stat. Bureaus. Dresden 1890.)

Constituta regia, quae regnante Josepho II. pro regno Hungariae condita sunt. II Pts. 4maj. Wien 788. Heubner. 3 ꝓ

Constitutio criminalis Carolina, s.: Gerichtsordnung, die peinliche, Kaiser Karls V.

Constitutio criminalis Theresiana

Constitutio criminalis Theresiana oder der Römisch-Kaiserl(ichen,) zu Hungarn und Böheim etc.etc.Königl(ichen) Apost(olischen) Majestät Mariä Theresiä, Erzherzogin zu Oesterreich, etc.etc. peinliche Gerichtsordnung. Th.1-2, 282 S., gbd.

Wien: typ.v.Trattnern 1769
beigedr.: Beilagen zum ersten Theil. 1769

Constitutio criminalis Theresiana, oder . . . . Mariae Theresiae . . . . *peinliche Gerichtsordnung.* Mit 30 grossen Kpfrn. (die Folterwerkzeuge u. ublichen Torturen darstellend). Wien, Trattner, 1769. Fol. Ldrb. (Auct. Graf v. Mohr. no. 1280.)

6 Bll., 282 S., LVI S. Beilagen. – S. XIII ff. d. Beilagen: „Abschilder- u. Beschreibung der Peinigungsarten, wie selbe in der k. böhm. Hauptstadt Prag u. der k. k. Residenzstadt Wienn vorgenommen zu werden pflegen."

Italien. Ausg. erschien ibid. eod. sub tit.: „Constitutio criminalis Theresiana, ovvero constituzione criminale di . . . . Maria Theresia. Vienna 1769." Fol. –

Beide Ausgg. suchte die österreich. Regierung später möglichst zu unterdrücken, daher selten!

Constitutio crim. Theresiana; od. d. Kais. M. Theresia peinl. Gerichtsordnung. *Wien,* **Trattner. 799. fol. m. Kpf. (3 Thl. 16 Gr.)**

Constitutio dogmatica de fide catholica edita in sessione tertia ss. oecumenici Concilii Vaticani. Brixen 870. Weger. 8. (19 S.) n. 2 *ngr.*

Constitutio dogmatica prima de ecclesia Christi edita in sessione quarta ss. oecumenici Concilii Vaticani. Brixen 870. Weger. 8. (13 S.) 2 *ngr.*

Constitutio dogmatica prima de Ecclesia Christi, edita in sessione quarta sacrosancti oecumenici Concilii Vaticani (die 18. Iulii 1870).

Caput I.: De apostolici primatus in beato Petro institutione. Cap. II.: De perpetuitate primatus b. Petri in Rom. Pontificibus. Cap. III.: De vi et ratione Primatus Rom. Pontificis. Cap. IV.: De Rom. Pontificis infallibili magisterio. Latein. Origineltext (Linzer) Theol.-pr. Quartelschr. 1870, S. 389–96. Scheebens Ökum. Konzil Bd. 2, S. XVII–XXIII, u (deutsche Übers.) S. 286–93. Katholik 1870, Bd. 2, S. 139–59. Eine approbierte deutsche, mit Erläuterungen versehene Übers. der „ersten dogmat Konstitution von der Kirche Christi" [Abdr. aus Scheebens Period. Blätt.]. von With. Molitor. Regensburg, Pustet, 1870, 8°, 31 S., 30 Pf. Latein Text mit nebenstehender deutscher Übers. Ökum. Konzil. Stimmen ꝛc. Heft 10, S. 2–17, u. fast sämtl. Pastoralblätt. der deutschen Diöcesen. Vgl. auch G. Schneemann, Lateinisch deutsche Handausgabe der Dekrete u. der hauptsächlichsten Akten des hochheil. ökumen. vatikan Konzils ꝛc. Freiburg, Herder 1895, 12°, VIII, 308 S., 2 Mk. [1. Aufl. u. d. T.: Die Kanones u. Beschlüsse des hochheil. ökum. vatikan. Konzils. Das. 1871, gr. 8°.]

—— sanctissimi d. n. qua censurae latae sententiae limitantur documentis omnibus munita censurisque Tridentinis aucta nonnullis illustrata, commentariis in commodum confessariorum e latinis ephemeribus quibus titulus „Acta, quae apud S. Sedem geruntur" excerpta. 8. (58 S.) Brixen 870, Weger's Buchh.

Constitutio Joachimica, d. Elemente d. Joachimischen Constitution v. 1527, hrsg. v. **Heydemann.** Berlin 841. (7. —)

— ordinis velleris aurei, c. fig. 4maj. Wien 757. Trattner. 8 ꝓ

Constitutio Papae Pii VII., qua scietas Jesu in statum pristinum in univ. orbe in catholico restit. 8. Romae. (Münst. Theissing.) 814.

—— Regensburg 870. (Pustet.) gr. 8. (31 S.) n. 6 *ngr.*

Constitutio wegen der Schuld- und Pfand-Protocollen in den Städten des Hertzogthumbs Holstein, als Glückstadt, Rendesburg, Itzehoe, Oldenschloe, Crempe, Wilster, Segeberg, Heiligenhafen und Lütkenburg. Sub dato Glückstadt, den 20. Septembris Anno 1698. Glückstadt. 1723. 4° k.

Constitutio wegen der Schuld- und Pfand protocollen in den Städten des Hertzogthumbs Schlesswig, als Flensburg und Hadersleben. Sub dato Glückstadt, den 20. Septembris Anno 1698. Glückstadt. 1723. 4° k.

Constitution, s.a. Constitutionen.

— oder Staatsverfassung von Belgien, errichtet vom National-Congreß, beschworen am 25. Febr. 1831 von dem Regenten Surlet de Chokier. 8. Brüssel 831. Librairie nationale et etrangère. 6 ꝓ

— Ene Constitution! Ene Constitution! En Königreich von 'ne Constitution! Ene Petition an die Hohe Nationalversammlung. Von Aujust Buddelmeyer, Dagesschriftsteller mit'n jroßen Bart. Druck von denselben. 1 Bl. Fol. Flugblatt. Berlin, 1848/49.

Constitution, die, u der Adel. Vom Verf. der Broschüre: „Die österreich Aristokratie." 8. (28 S.) Wien 848, (Jasper, Hugel & Manz. ¼ ꝓ

Constitution de l'an 8. in 8. Coblence, Pauli et Comp. 800.

— de l'Angleterre etc. v. de Lolme.

—— die belgische. Aus dem Franz. 1. und 2. Aufl. Ler.-8. (16 S.) Leipzig 848, Matthes.

Constitution des grossen Bundes scientifischer Freymaurer. [Dresden] 1803: [Meinhold.] 5 Bl. 4°

[Dasselbe.] Ebendas. 1805. 7 Bl. 4° [Umschlagtit.]

Kl. 2732. Der Bund, 1802 von J. A. Fessler auf Anregung J. K. A. Fischers in Freiburg gestiftet, bezweckte durch weiteres Forschen ausgewählter Mitglieder zur vollständigen Kenntnis der Gesch. u. des Wesens der Frmrei zu gelangen. Kloss gibt eine Ausg. Dresden: Meinhold 1803 von XII S. 8° an.

Deutsche Central Ackerbau- und Einwanderungs-Gesellschaft der VS. Constitution. Washington, 1867.

Dayton Bücher Untersts-Ver. Constitution . . . Dayton, 1895.

Anonym: „Deutschlands Constitution, enthaltend die beider Hauptgrundverträge des deutschen Bundes und die seit 1814 in den einzelnen Staaten eingeführten Verfassungsurkunden", Rinteln 1833. — Vorh.: Preuß. Staatsbibliothek Berlin

Constitution wegen Einrichtung der Untergerichte in der Provinz Neu-Ostpreussen. Konstytucya względem ustanowienia niższych Sadow w. Prowincyi Nowo-Wschodnich Pruß. (Dat.:) Berlin, den 21. Sept. 1797. (Deutsch u. Polnisch.) fol.

Constitution, die erste dogmatische, d. vatikanischen Concils u. die modernen Irrthümer. 8. (86 S.) Paderborn 871. Junfermann. n. — 40

— die in der 4. öffentlichen Sitzung d. vatican. Concils verkündete erste dogmatische, üb. die Kirche Christi. Uebersetzt v. Wilh. Molitor. Durch Bemerkgn. erläut. v. M. J. Scheeben. gr. 8. (34 S.) Regensburg 870. Pustet. — 30

Constitution, la, espagnole de 1812. gr. in-8. Leipzig 837. Zirges, jetzt Melzer. 1/6 ℳ

— española. 8. Jena 808. Bran. 6 ϟ

— la française corrigée selon justice, raison et sagesse; sous la direction de M. M. Delessart, Montmorin, Barnave et la Porte. Accompagnée des reflexions sur le système représentative par M. le Comte de Clermont-Tonnerre. 8. Leipz. 793. Dyck. 8 ϟ

— française, présentée au Roi par l'assemblée nationale. gr. 8. Francf. Esslinger. 791.

***Constitution* française, présentée au Roi par l'assemblée nationale. gr. 8. Frankf. 791. (Schäfer). 6 ϟ**

— d. freien Stadt Frankfurt a. M.; nebst e. Beilage. gr. 8. Frkf. 814. Eichenberg. 12 ϟ

Constitution der Republik Frankreich vom Jahre 8. (22. Frimaire = 13. Dezbr. 1799). Mit aufklärenden Noten. Basel 1800. 8°. 38 S. Beibd.

— der Franzosen. 8. Leipz. Sommer. 793.

— die Französische, 1848. gr. 8. (19 S.) Wien 819, Gerold. n. 4 ngr

— geheime, für Aebte, zur Erhaltung und Aufnahme der Klöster. 8. Wien, Hörling. 785.

— geheime, für Aebte, zur Erhaltung u. Aufnahme d. Klöster. 8. Wien 795. Hörling. 6 ϟ

Williamsburgh: **Constitution** des General Sigel-Vereins, gegründet am 4. Juni 1863. Williamsburgh 1863: Röhr. 16 S. 8°

Tt. 1229. Zu Ehren Sigels gegründeter Wohltätigkeitsverein.

Deutsche Gesell v Buff. Constitution. Buffalo, 1904.

— d. litterarischen Gesellschaft zu Jena, (v. J. G. Fichte). 8. Lpz. 795. Rein. 3 ϟ

Constitution und Gesetze der Ehrenritter und Damen, (Knights and Ladies of Honor), zur Richtschnur für die Supreme-Loge, sowie für die Gross- und Untergeordnete Loge. Wie amendirt in der neunten regelmässigen Sitzung im Monat September 1893. Albany 1894: German Publishing Co. 167 S. 8°.

Constitution der symbolischen Grossloge von Ungarn. Angenommen in der konstituirenden Generalversammlung der „Symbolischen Grossloge von Ungarn" am 21. März 1886. (Amtliche Uebers. des ungarischen Orig.) Budapest 1886. 95 S. 8°

(Neuer) IV. Theil der Constitution der symbolischen Grossloge von Ungarn. Freimaurerische Gerichtspflege. Festgestellt durch die Generalversammlung vom 24. März 1895. Budapest 1896: Márkus. 30 S. 8°.

Constitution der Grossloge von Ungarn für die drei Johannisgrade. 24. Juni 5876. Budapest [1876: Fanda & Frohna]. 51 S. 8°

Abgedr. in: Z. 6 (1876) S. 124—126, 132, 140 bis 141, 156—157 [unvollst.].

Tt. 1088.

[N. Ausg. u. d. Tit.:]

Constitution der symbolischen Grossloge von Ungarn.

Deutscher Orden der Harugari. Constit der Groß-Mannie ... Reading, 1889.

(Hedewig Sophia's Hertzogin zu Schlesswig, Holstein und Christian August's Erwehlten Bischoffs des Stiffts Lübeck für Hertzog Carl Friederich zu Schlesswig, Holstein erlassene) Hoch-Fürstliche Ober-Vormundschafftliche Constitution und Verordnung wegen behöriger Feirung des Sabbaths etc. Sub dato Gottorp den 27. Octobris 1705. Schleswig. (1705.) 4° k.

Hoch-Fürstliche Ober-Vormundschafftliche Erneuerte Constitution wegen der Bettler. Sub dato Gottorp 20. Martii 1705. (Schleswig. 1705.) 4° k.

Hoch-Fürstliche Ober-Vormundschafftliche Erneuerte Constitution wegen richtiger Ellen und Gewichte. etc. Item der gewöhnlichen Wochen- und Fisch-Märkte. Vorkäuffereyen etc. Sub dato Gottorp 24. Martii 1705. Schleswig. (1705.) 4° k.

Constitution und Kirchenordnung der vereinigten Brüder in Christo. 16. (128 S.) Dayton, Oh. 857. (Philadelphia, Schäfer und Koradi.) geb. *

Constitution [Verordnung] Sr. Heiligkeit des Papstes Leo XIII. über die Regel des weltlichen III. Ordens des heil. Franziskus. Beigabe zu P. Fulgentius Hinterlechner's seraph. Handbuche, sowie unumgänglich nothwendige Ergänzung zu allen III. Ordensbüchern. 1.—20. Tausend. 16. (30 S.) Salzburg 883, Mittermüller.

Erneuerte **Constitution** der allgemeinen altschottischen Loge des Bundes der Freimaurer der Grossen National-Mutter-Loge der preussischen Staaten, gen.: Zu den drei Weltkugeln, im Or. zu Berlin. Berlin 1834: Decker. 54 S. 4°

Constitution der g. u. v. ☐ zu den drei Pfeilen in Nürnberg. Als Ms. f. d. Mitgl. v. d. ☐. Nürnberg 1846. 50 S. 8°

Auszug in: FZ. 5 (1851) S. 380—391.

Tt. 1109.

Constitution der g. u. v. ☐ zu den drei Pfeilen in Nürnberg. Für den dritten Grad. Nürnberg 1866: Campe. V, 65 S. 8°

Tt. 1110. Moralische Pflichten. Von der Verfassung. Instruktion u. Pflichten der Beamten.

Deutscher Lit Klub v Cinci. Constitution, Mitglieder, Verzeichnis der geh Vorträge, etc. Cinci, 1881.

— der spanischen Monarchie vom Jahre 1812. Uebersetzung von H. G. Zehner. gr. 8. Würzburg 837. Etlinger. 1/4 Thlr.

—— der spanischen Monarchie v. J. 1812. Uebersetzung v. H. G. Zehner. gr. 8. (4 1/8 B.) Würzburg 837. [Nürnberg, Stein.]

Montgomery Building Co v Dayton. Constitution und Nebengesetze. Gegründet den 24. Okt 1883. Dayton, 1888.

Independent Citizens' Union of Md (Balt). Constit u Nebengesetze d Unabhängigen Bürger-Vereins v Md, gegründet 1900. Balt, 1901.

Constitution und Nebengesetze des California-Hains Nr. 1 des Ver. Alten Ordens der Druiden. Gestiftet in Placerville. El Dorado, County, Cal. am 7. Mai 1860. Williamsburgh 1860. 12. 70 S.

Constitution und Nebengesetze der Odd Fellows in Deutschland. Stuttgart 1879: Lemppnau. 72 S. 8°.

Germania Bau Verein, Dayton. Constitution u Nebengesetze. Revidiert 1900. Dayton, 1900.

Constitution und Nebengesetze der Chambersburger Deutschen Gesellschaft. Angenommen am 5ten September 1835. *Dr. J. Pulte. Chambersburg, Pa.: Victor Scriba 1835. 12 S.*

Harmonie Gesangverein, Phila. Constitution und Nebengesetze. Phila, 1897.

Lehigh Sängerbund, Allentown, Pa. Constitution und Nebengesetze. Allentown, 1905.

Männer-Verein d Dten Ev-Luth St. Johannes Gmde in Dayton, O. Constitution und Nebengesetze. Dayton, 1897.

Deutscher Orden der Harugari, Ohio. Constitution und Nebengesetze ... Cincinnati, 1869.

Philadelphia Schützen-Verein. **Constitution** und Nebengesetze ... Phila, 1901.

Knights of St John, Dayton, Commandery no. 115. Constit u Nebengesetze d Dten Römisch Kath St George Ritter Vereins v d Emmanuels Kirche in Dayton, O. Dayton, 1901.

Deutscher Orden der Harugari, Mass. Constitution und Nebengesetze der Staats-Groß-Loge von Mass. Reading, Pa, 1904.

***Valparaiso:* Constitution und Nebengesetze für die Teutonia-Loge Nr. 3. Genehmigt von der Gross-Loge von Chile. Valparaiso 1876: Germania. 35, IX S. 8°**

Orden der Hermanns-Söhne. Großloge Nebraska. **Constitution** ... Auburn, Nebr. 1904.

Constitution, neue Bernerische, wie solche 1798 von d. alten Regierung im Vorschlag war, herausg. v. K. L. Haller. 8. Bern 798. Typogr. Soc. 6 Gr.

— des Königr. Norwegen vom 17. Mai u. 4. Novbr. 1814. Aus d. Norweg. übers. u. der freien deutschen Nation gewidm. v. Metzler & Winther. 8. (23 S.) Stettin 848. (Berlin, Springer.) n. 1/6 Thlr.

Deutscher Orden der Harugari, Pa. Constitution ... 1899, 1908. Rdg. 1899, 1908.

Deutscher Orden der Harugari, Ill. Constitution. Chicago, 1901.

Deutscher Pionier Ver v Dayton. Constitution ... gegründet 2. Juli 1878. Dayton, 1891.

Deutscher Pionier Ver v Phila [founded 1880; 1895; revived 1903]. Constitution. Phila, 1882.

— die, Polens vom 3. Mai 1791. 8. (32 S.) Berlin 847, Behr. n. 1/6 Thlr.

— politique de la monarchie española, publ. a Cadix. Trad. par Vialar. 8. Braunschw. 814. Pluchart. 18 Gr.

***New-York:* Constitution des maurerischen Kranken-Vereins Pythagoras. Gestiftet am 4ten T.·. 5ten M.·. M.·. 5842 im Or.·. von New-York. New-York 1844: Deutsche Schnellpost. 27 S. 8° [Umschlagtit.]**
Auszug in: FZ. 4 (1850) S. 182—184, 188—192.

— der fränkischen Republik im 8n Jahr. 8. Strasburg, König.

— der französischen Republik vom Monat Sept. 1795, od. Grundvertrag, nach welchem das französische Volk in Zukunft sich selbst regieren will, von D. Waldmann. 8. Leipz. Baumgärtner. 795.

— — dieselbe. 8. Basel, Flick. 796.

—— de la république française, s. a. Verfassung.

— de la republique française, l'an 3me de la republique. 12. Leipz. 795. Schmidt. 5 Gr.

— Dass., deutsch von D. Waldmann. 8. Leipz. 795. Baumgärtner. 8 Gr.

— Dass., deutsch. 8. Basel 796. Neukirch. 6 Gr. Dass. 8. Leipz., (W. Rauck). 4 Gr.

— de la republique française. 8. Strassb. 800. König. 4 Gr. Dass. deutsch. Ebd. 4 Gr.

— de la république française, votée par l'assemblée nationale dans sa séance du 4. nov. 1848. — Constitution der französ. Republik, von der Nationalversammlung in ihrer Sitzung vom 4. Novbr. 1848 beschlossen. gr. 8. (31 S.) Stuttgart 848, Köhler. 6 Ngr.

— du Royaume de Westphalie. 8. Braunschw. 807. Schulbuchhandl.

Vereinigte Sänger von Brooklyn, NY. Constitution ... gegründet 11. Dez 1881. Bkln, 1897.

Vereinigte Sänger v. NY. Nordöstlicher Sängerbund. Constitution ... NY, 1890.

— die spanische, v. J. 1812. gr. 8. Leipzig 836. Volckmar. 1/6 Thlr.

Constitution, die spanische, der Cortes und die provisorische Constitution der vereinigten Provinzen von Südamerika. Aus den Urkunden übersetzt, mit histor.-statistischen Einleitungen. gr. 8. Leipzig, Brockhaus. 819. 1 12

Constitution, Die spanische, der Cortes und die provisorische Constitution der Vereinigten Provinzen von Südamerika ... Leipzig 1820. H: *Hartmann, Carl Friedrich.* (BrVV)

— d. spanische, d. Cortes, u. d. provisor. Constitution d. vereinigten Provinzen von Süd-Amerika. Aus d. Urkunden übersetzt, mit histor.-statist. Einleitungen. gr. 8. Leipz. 820. (Brockhaus). 1 Thlr. 12 Gr.

Die Constitution der Vereinigten Staaten von America, Wie solche für die Vereinigten Staaten formirt und festgesetzt worden, durch eine Convention von Deputirten der Staaten Neuhampshire ... In ihrer Sitzung vom 25. May, bis den 17. Sept. 1787. Nebst den Verbesserungen zu besagter Constitution, Wie solche von beyden Häusern des Congreßes, in ihrer Sitzung vom 4ten März, 1789, vorgeschlagen und festgesetzt worden.
[A. d. Engl.]
Hagerstown, Md.: Gruber. 1799. 22 S. 8°.
University of Pennsylvania Library Philadelphia
Übers. v. Constitution of the United States, Philadelphia 1799.
Evans 36506.

Großloge d. freien u. angenommenen Maurer des Staates NY. Constitution und Statuten. Brooklyn, 1873.

Österreich-Ungarn: Z.·. R.·. d.·. G.·. B.·. d.·. W.·. Die Constitution, Statuten und Vorschriften über das Gerichts-Verfahren der unter dem Schutze des Gross-Orientes von Ungarn stehenden Fr.·. Mr.·. Amtliche Ausg. Budapest 1875: [Wilckens]. 72 S. 8°

Steinmaurer-Verein von Dayton. Constitution ... Dayton, 1887.

Constitution des Staates Texas v. 27. Aug. 1845. 8. (2 B.) Bremen 846, [Kühtmann u. Comp.]
Vgl.: Auswanderer, der, nach Texas.

Constitution des Staates Texas v. 27. Aug. 1845. . fl. 8. Bremen 846, Schünemann's Sort.-Hdlg. 1/4 ℛ

— der Töchter d. heil. Herzens Jesu. A. d. Ital. 12. (7 1/2 B.) Wien 846, Mechitaristen-Congregat.-Buchh.

Constitution de l'Union des Loges suisses Alpina. Berne, Haller. 1879. 8. 528.

Constitution, the, of the United States of America with the latest amendments. Also the Declaration of Independence and the Articles of Confederation. gr.8. Nürnberg et New-York 835. Campe et Co. 1/2 ℛ

Constitution und allgemeine Verordnungen der Ehrw. Gr. L. f. u. a. m. des Staates New York, nebst den „Alten Pflichten" etc. [Williamsburgh 1870.]
[L. 29 (1873) S. 179.]

Großloge der freien u angenommenen Maurer des Staates NY. Constitution u allgemeine Verordnungen. Williamsburgh, L. I., 1870.

Constitutionelle, der, ein Blatt für das deutsche Volk u. zunächst für unsre Sachsen. Red.: Otto Simon. 1848. August bis Decbr 22 Nrn 4. (B.) 1849. 56 Nrn. 4. (B.) Löbau, Breyer. à Jahrg. u. 1 2/3 ℛ — Fortsetzung s.: Volksbote, Lausitzer

Constitutionelle, der, ein Blatt für das deutsche Volk und zunächst für unsre Sachsen. Redakt.: Otto Simon. 1. und 2. Jahrg. August 1848 — Juli 1849. und 2. Jahrg. 1849. à 52 Nrn. (Bog.) 4. Löbau 848, Breyer. à Jahrg. *

Constitutionelle: Der schweizerische Constitutionelle
③ Der Vaterlandsfreund (Zh) ④ Der Beobachter aus der östlichen Schweiz ⑤ 3. 1. 1834—28. 9. 1838 ⑥ 4° ⑦ wöchentlich 2× ⑧ Zürich: Friedrich Schultheß'sche Buchhandlung ⑩ der Drucker ⑪ Eduard Sulzer, Prof. Orelli und Bluntschi ⑫ fortschrittlich, später konservativ ⑭ Zh: Z.

Constitutionellen, die. (Von Constantin Franz.) 1. und 2. Aufl. 8. (87 S.) Berlin 851, Schneider und Comp. *

— die, u. die Anarchisten vor dem Richterstuhl des democrat. Princips. Von einem Farblosen. gr. 8. (39 S.) Jena 848, Schreiber. — Hochhausen in Comm. 1/6 ℛ

Constitutionen, s.a. Constitution.

— die, oder Frankreich u. England in Parallele, e. histor. Fragment, (v. Chr. A. Fischer). 8. Leipz. 782. (Wienbrack). 7 1/2

Constitutionen, Die, oder Frankreich und England; Parallele; ein historisches Fragment. Leipzig 1792. V: *Fischer, Christian August.* (Ky) (MGT)

Constitutionen, die, oder Frankreich und England in Parallele, ein histor. Fragment. 8. Leipz. Gräff. 792.

Constitutionen u. Canonen, die sogenannten apostolischen, s.: Bibliothek der Kirchenväter.

Constitutionen Deutschlands, enthalt.: die beiden Hauptgrundverträge des deutschen Bundes u. die seit dem J. 1814 in einzelnen Bundesstaaten eingeführten Verfassungsurkunden und Gesetze über landständ. Verfassung. gr. 8. Rinteln 833. Osterwald. 1 1/3 ℛ

— Frankreichs, drei, während d. Revolution, mit Anmerkk. v. J. J. F. Bartholdy. 8. Berl. 794. Maurers B. 1 ℛ

Constitutionen, die französischen, von 1791, 1814 und 1830 nebst Robespierre's Erklärung der Menschenrechte, aus dem Franz. wörtl. übers. gr. 8. (72 S.) Berlin 848, Sacco.

— über, u. Garantieen, mit besond. Beziehung auf einen großen Norddeutschen Staat. Von W. A. S. gr. 8. Berlin 834. Mittler. 2/3 ℛ

CONSTITUTIONEN, Geheime, für die Aebte, zur Erhaltung und Aufnahme der Klöster. Aus d. Latein. München (Hörling in Wien). 1786.
Weller, fing. Dr.

Constitutionen, die, des Vaticanischen Concils. In deutscher Uebersetzung von W. Molitor. Nebst erläuternden Bemerkungen. 1. 2. Heft. Regensburg 870. Pustet. gr. 8. (S. 1—63.) Jedes Heft 3 mu

Constitutionen, die modernen, Deutschlands, den geheimen wiener Conferenz-Beschlüssen gegenüber. Von einem deutschen Patrioten (Capitain Möller). 8. (18 1/4 B.) Mühlhausen 844. [Straßburg, Schmidt u. Grucker.] Thlr.

Constitutionen, die modernen, Deutschlands, den geheimen Wiener Confererenz-Beschlüssen gegenüber, v. einem deutschen Patrioten. gr. 8. (295 S.) Mülhausen 844. (Zofingen, Steinegger.) 2/3 ℛ

Constitutionen, Die, der europäischen Staaten seit den letzten 25 Jahren. Leipzig und Altenburg 1817—25. V: *Pölitz, Carl Heinrich Ludwig.* (BrVV) (Wa)

— die, d. europ. Staaten seit den letzten 25 Jahren. 4 Thle. gr. 8. Leipz. 817—25. Brockhaus. 11 ℛ

Constitutionen der Töchter des heil. Herzens Jesu. Aus d. Italien. 12. Wien 846, Mechitaristen-Congreg.-B. 8 3/4 ngl

— der Töchter des heil. Herzens Jesu. Aus dem Italienischen. 12. (VI und 170 S.) Wien 847, (Mechitaristen-Congregations-Buchh.)

Anhang zum Constitutionen-Buch der Frey-Maurer, worin eine Sammlung verschiedener zum Vortheil dieser Ehrwürdigen Gesellschaft ans Licht gekommenen merkwürdigen Schutz-Schriften, Reden und anderer Vertheidigungen, enthalten. Frankfurt a/M.: Andreä 1762. Tit. 188 S. 8°

Constitutionen-Buch, neues, der Alten Ehrwürdigen Bruderschaft der Frey-Maurer, worin die Geschichte, Pflichten, Reguln etc. derselben auf Befehl der Grossen Loge aus ihren alten Urkunden, glaubwürdigen Traditionen und Loge-Büchern, zum Gebrauch der Logen verfasset worden, von Jakob Anderson, D. D. Aus dem Engl. übersetzt. 3. verm. (mit der 2. Aufl. von 1743 übereinstimmende) Auflage. Frankfurt a M., Andreä. 1762. 8. 22. 448 S. 2 Kpfr. 5 Tabellen und ein Anhang mit Titel u. 188 S.
Kloss 139. – Uebersetzung der 2., 1738 erschienenen Originalausgabe des zuerst 1723 herausgegebenen Anderson'schen Constitutionsbuchs.

Constitutionenbuch, das, v. 1723, s.: Neuausgaben u. Uebersetzungen älterer freimaurer. Werke. I.

Constitutiones et acta publica imperatorum et regum, ed. Ludw. Weiland, s.: Monumenta Germaniae historica.

Constitutiones apostolicae, s.a. Didaskalia, Die syrische. – Konstitutionen, Apostolische.

Constitutiones apostolicæ edid. G. Weltzen. Suerini et Rostockii 1853. 8.

Constitutiones apostolicae. Textum graecum recognovit, praefatus est, annotationes criticas et indices subjecit Guil. Ultzen. 8maj. (XXVIII und 284 S.) Suerini 853, libr. aul. Stiller. *

Constitutionum apostolicarum de generali beneficiorum reservatione ab a. 1265 usque ad a 1378 emissarum, tam intra quem extra corpus iuris extantium, collectio et interpretatio. Una cum documentis ex tabulariis Vaticanis et Bibliotheca Barberiniana desumptis. Ed. Carol. Lux. (109 S.) Lex.-8. Breslau 904. Müller & Seiffert. n. 5. —

Approbatae constitutiones. Compilatae constitutiones et articuli novellares cum articulis provisionalibus 1540–1848. Verba latina codicum superiorum atque articulos novellares in ling. hungar. transtulerunt et ann. instruxerunt Alexander Kolosvári et Clemens Óvári, explicavit significationibusque ill. Desiderius Márkus. *Lipsiae: Duncker & Humblot 1902.* (XLV, 678 S.) 8°
= Corpus juris Hungarici. Ed. millennaria. Vol. 7. (03. 7617) 9

Constitutiones comitiorum pacificationis extraordinariorum Varsaviae habitorum. fol. Dresd. 736.

— — ebendass. deutsch. Fol. Ebend. 736.

Constitutiones dogmaticae sacrosancti oecumenici concilii Vaticani. I. Constitutio de fide catholica. Edita in sessione III. — II. Constitutio prima de ecclesia Christi. Edita in sessione IV. gr. 8. (19 S.) Brixen 890, Buchh. d. kathol.-polit. Pressvereins. * -- 48

Constitutiones dogmaticae sacrosancti oecumenici Concilii Vaticani ex ipsis eius actis explicatae atque illustratae a Theodoro Granderath, Soc. Iesu presbytero. Freiburg, Herder, 1892, 8°, VIII, 243 S., 2,80 Mk.

Recens. Stimmen a. M.-Laach Bd. 45, S. 194—7 (M. Ammans). Litt. Handw. 1892, S. 587—90 (Bellesheim). Innsbr. Ztschr. f. k. Theol. 1893, S. 635—40 (Hurter).

Constitutiones dogmaticae sacrosancti oecumenici concilii vaticani necnon propositiones notatae in syllabo. gr. 8. (III, 37 S.) Trier 901. Paulinus-Druckerei. n. — 40

Constitutiones dogmaticae, s. concilii Vaticani. S. d. n. Pii IX. encyclica: Quanta cura, cum syllabo. Constitutio: Apostolicae sedis, qua censurae latae sententiae limitantur, cui accedunt antiqua documenta et recentiora decreta. gr. 8. (58 S.) Emmerich 875. Romen. n. 1. —

Constitutiones IX., Imperatorum Graeco-Romanorum. Ex codd. Laurentianis, Vaticanis, Parisiensibus, Bieneriania ed. versione lat. prolegomenis et notis instrux. Car. Witte. 4 maj. Leipzig 840. Barth. 1/2 ₰ (Aus „Anecdota" Tom. II. abgedr.)

Constitutiones juris ecclesiast. univ., ad stat. Germaniae cathol. accomm. V. Part. *Norimbergae,* Stahel. 774. 4. (5 Thl.)

Constitutiones Mecklenburgicae od. Abdruck d. Mecklenb. Landesgesetze u. s. w. Coll. I. *Frankf.* 748. 8.

Constitutiones, novae, audientiae contradictarum in curia romana promulgatae a. D. 1375. Nunc primum ed. J. Förstemann. gr. 8. (56 S.) Leipzig 897. Voit & Co. n. 1. 50

Constitutiones, novo, domini Alberti d. i. der Landfriede vom J. 1235. Mit der Glosse des Nicol. Wurm. Hrsg. von Hugo Boehlau. In Beilage VI: Ueber die Entwicklung der Strafrechtsidee bis zum Landfrieden vom J. 1235. hoch 4. (XLIV und 90 S. mit 1 Holzschnt.) Weimar 858, Böhlau. *

Constitutiones, novellae, imperatorum Theodosii II., Valentiniani III., Maximi etc., s. Codices. — Corpus Juris.

Constitutiones insignis ordinis equitum S. Stephani regis apostolici. Viennæ, typis Josephi Kurzböck ... MDCCLXIV [1764].
33 S. ; 3 Taf. in Kupferst. von J. Mansfeld. 8°

— u. Decisiones, Königl. Pohln. und Churf. Sächs. von D. Bräuning. 4. Leipz. 746.

***Constitutiones** pontificae. Clagenfurti. 1768. Quart.

Constitutiones des Reichstags, welcher in Warschau den 6.8.1766 geschah. [Deutsch u. polnisch, in Abschr.] fol.

Constitutiones synodales almae ecclesiae Strigoniensis a d. 1450 quas cum inaugurarentur aedes antiquissimi seminarii S. Stephani cum Mauriano conjuncti ad fidem vetusti libri biblioth. caes. Vindob. edidit procemio instruxit notisque illustravit Jos. Dankó. Fol. (XX und 35 S. mit chromolithogr. Titel.) Strigonii 865. (Wien, Braumüller.) *

Constitutiones synodi comitatus Glacensis in causis religionibus 1559, s. Geschichtsquellen der Grafschaft Glatz.

Constitutions de l'armée française, cont. la Charte constitutionelle, les Lois, Ordonances et Instructions sur le recrutement, l'avancement, la Légion d'honneur, les cérémonies publiques, les honneurs et préséances, les pensions etc. 32. Paris et Strassb. 832. Levrault. 2/3 ₰ — Tome II. Aussi s. le titre: Ordonnance du Roi portant Règlement sur la progression de l'avancement et la nomination aux emplois dans l'armées; précédé des lois sur l'avancement et sur l'état des officiers. 32. Ebd. 838. 5/12 ₰

The Constitutions of the free-masons. Containing the history, charges, regulations, &c of that most ancient and right worshipful fraternity. [Zsgest. von James Anderson.] For the use of the lodges. London printed by W. Hunter, for J. Senex and J. Hooke 1723. 91 S. 1 Kpfr. 4°
Kl. 126. Äusserst selten. Das Kpfr stellt die Überreichung des Buches dar.

[Dasselbe.] [Facs.-Neudr.] [Wiesbaden: Ritter 1900.] 91 S. 1 Kpfr. 4° (Neuausgaben u. Uebers. aelterer frmrischer Werke. Wiesbaden. 1.)
Beschreibung dieses Neudr. nebst Überblick üb. die Vorgesch. des Frmrbundes von K. Wiebe in: HL. 33 (1900) S. 2929—2934.

Constitutions, nouvelles, militaires avec une tactique adaptée à leurs principes et démontrée en XX planches. II Part. 4. Francf. Eslinger. 760.

Constitutions, nouvelles, militaires avec une tactique adaptée à leurs principes et démontrée en 20 planches. II Ptes. 4. Frankf. 760. (Schäffer). 3 ₰ 8 gr

Constitutions-Almanach für Baiern auf d. J. 1820—21. Augsburg [1820—21]. V: *Wirth, Joh. Chn.* (Ky)

Constitutions-Almanach f. Baiern auf d. J. 1820—21. Mit Kpf. 8. Augsb. (Leipz., Rein). 2 ₰ 8 gr

Constitutions-Bericht, Helvetischer, der Minorität. Bern 1800. V: *Crauer, Heinrich & Matth. Kubli.* (MGT)

Constitutionsbuch der Freymaurer. s. Anderson.

Constitutions- und Gesetzbuch der Loge Balduin zur Linde in Leipzig. [Mit Vorw. von Wilh. Friedr. Götz.] Ms. f. Brr. [Leipzig] 1833: Melzer. XV, 71 S. 8°

Kl. 192, Tt. 1108. Dieses Gesetzbuch trat an Stelle des Constitutions-Gesetzbuch vom 20. Sept. 5809.

[N. Bearb. u. d. Tit.:]

Grundgesetz der Loge Balduin zur Linde in Leipzig. Beschlossen am 1. März 1854. Leipzig 1854: Andrä. 30 S. 8° [Umschlagtit.]

[N. Ausg. u. d. Tit.:]

Grundgesetz der Freimaurer-Loge Balduin zur Linde in Leipzig. Beschlossen am 14. [!] März 1854. (Eigenthum der Loge.) Leipzig 1856: Andrä. XVI, 67 S. 8°

[Dasselbe.] Revision vom 27. Jan. 1874. Leipzig 1874: Naumann. XIV, 50 S. 8°

[Dasselbe.] [2. Aenderung am 27. Mai 1902. Mit geschichtl. Vorw. von Reinhold Nitzsche.] Leipzig 1903: Zechel. XII, 76 S. 8°

Tt. 1125. Die Revision weicht nur in wenigen Punkten von der Ausg. von 1854 ab. Nebst Abriss der Logengesch. von W. F. Götz, fortgef. von O. Marbach.

Constitutions-Buch der Grossloge des Königreichs Hannover und der unter ihrer Direction arbeitenden St. Johannislogen. Hannover 1831: Kius. 84 S. 8°

Görlitz: **Constitutions-Buch** der ger. und vollk. deutschen Loge freier und angenommener Maurer, zur gekrönten Schlange in Görlitz. Sanctionirt den 24. Junius im Jahre des Lichts 5808 gedr. als Hs. f. Brr. [Görlitz 1808]: Heinze. 115 S. 8°

Kl. 191.

Constitutions-Buch der Grossen Loge zu Hamburg und der unter ihrer Constitution arbeitenden Tochter Logen. Nach gesetzlicher Genehmigung eingeführt Johannis 1845. Als Ms. f. Brr. [Hamburg 1845]: Nestler & Melle. VIII, 156 S. 8°

[Dasselbe.] Nach gesetzlicher Genehmigung eingeführt Johannis 1878. [Nebst] Aenderungen im Constitutionsbuche von 1878 in Folge Beschlusses der Grossen Loge vom 3. Mai 1884. Ebendas. [1878 bis 1884]. 8°

Constitut.-Buch. VIII, 90 S. [1878.]
Aenderungen. S. 43—54. [1884.]

cf. L. 2 (1879) S. 46—47 (H. v. Uslar).

Tt. 1037—1038, 1040. In den Anlagen: Vorläufige Mitteilungen an Suchende, Übers. der alten Pflichten 1723 u. in den Ausg. 1878 das Statut des deutschen Grlogen-Bundes 1872.

[Dasselbe.] Neue Aufl. [Hamburg] 1862: Nobiling. XI, 160 S. 8°

Constitutions-Buch der Grossen Loge von Hamburg und der unter ihrer Constitution arbeitenden Tochter-Logen. [Hamburg 1877]: Nobiling. 85 S. 8°

Tt. 1039. Entwurf.

Constitutions-Buch der rechtmässigen und zweckförmigen auch ger. und vollk. Loge freier und angenommener Maurer Archimedes zu den drei Reissbretern in Altenburg. [Bearb. von Joh. Aug. Schneider.] Sanctionirt den 24sten des 6ten Monats im Jahre des Lichts 5803 und des wahren Ursprungs der Freimaurerei 877. Gedr. als Ms. f. Brr. [Altenburg 1803.] 243 S. 2°

Recens: AJ. 1 (1804) S. 141—156.

cf. Übersicht d. L. Archimedes, Altenburg. 1802—1803 S. 1—16 der 2. Pag.; 1803—1804 S. 39—47; Kaiserlich u. kurpfalzbair. priv. Allgem. Ztg. 1804 Nr 356; Königl. Dän. Allgem. Niedersächs. Anzeiger. 1805 No 24; T. 18 (1872) S. 118; Dietrich, E. G.: Deutsch. Logenleben. 1890 S. 55—117.

Kl. 187, Tt. 1107. Selten. Im Anh. Studien von J. A. Schneider üb. Gesch. der Frmrei u. der Loge Archimedes, üb. mrische Rechtsverhältnisse u. andere verwandte Gegenstände u. Fragen.

Constitutions-Buch der Grossen Provinzial-Loge von Hamburg und Niedersachsen und derer unter ihrer Constitution arbeitenden Logen. Rev. u. sanctionirt in der allgemeinen Meister-Versammlung. Hamburg, den 29sten April, 1801. Als Ms. f. Logen-Beamte. [Hamburg 1801.] 197 S. 8°

Kl. 186, Tt. 1036.

Hildburghausen: **Constitutionsbuch** der ger. und vollk. St. Johannis-Loge Karl zum Rautenkranz im Or. v. Hildburghausen. Hildburghausen 1884: Gadow & S. 45 S. 8°

Constitutions-Edict, 16—76. 8. Carlsruhe. Macklot.

Constitutions-Edicte. 16—76 Heft. 8. Karlsr. 807. Macklott. (Braun). 1 ₰ 4 ℊℊ

Constitutions-Eid, der, in Baiern. gr. 8. Münch. 819. Lentner. 5 ℊℊ

Constitutions-Entwurf, der erste österreichische. Beleuchtet durch den Verf. der unveräußerl. Menschenrechte u. des wahren Preßgesetzes (Jos. Edl. v. Schmidbauer.) 8. (12 S.) Wien 848, Gerold. 3 ngr

Constitutionsfrage, die, Denkschrift für die Zeitgenossen. 8. Zwickau 832. Gebr. Schumann. 1/6 ₰

Constitutions- & Local-Gesetzbuch der Loge Balduin zur Linde Leipzig... Leipzig 1833. H: *Göz, Wilh.* (Kl)

Constitutions- und Local-Gesetzbuch der ger. und vollk. Freymaurerloge Balduin zur Linde in Leipzig. Sanctionirt in der allgemeinen Conferenzloge, den 20. Sept. 5809. Als Ms. f. Brr. [Leipzig 1809.] 156 S. 8°
Kl. 102.

Rostock: **Constitutions-** und Local-Gesetzbuch der ger. und vollk. Freimaurer-Loge zu den drey Sternen in Rostock. Sanctionirt von dem Durchlauchtigsten Herzog Carl von Mecklenburg-Strelitz, den 4ten May 1815. Als Ms. f. Brr. Rostock 1815: Adler. VI, 136 S. 8°
Kl. 107.

Constitutions-Patent, ertheilt von der Grossloge in London d. d. 7. Januar 1765, wodurch Johann Georg Heinrich Graf von Werthern, Obersthofmeister des Herzogs von Sachsen-Gotha zum Provinzialgrossmeister für Obersachsen ernannt und zur Errichtung von Logen bevollmächtigt wird. Unterzeichnet im Namen des Grossmeisters Lord Cadwallador Blayney, vom deput. Grossmstr. Oberst John Salter u. vom Grosssecretär Samuel Spencer.

Constitutionsplan, Neuer, für die Heilkunde in Frankreich ... Prag und Leipzig 1791. Ü: *Mederer von Wuthwehr, Matthias.* (Call)

Constitutionsplan, neuer, für d. Heilkunde in Frankreich. 8. Prag 791. Widtmann. 14 ℊℊ

Constitutions-Urkunde

— d. Academie d. bildenden Künste. 4. Ebd. 9 ℊℊ

Constitutions-Urkunde d. Academie d. Wissenschaften. 4. Münch., Giel. 9 ℊℊ

Constitutions-Urkunde der Franzosen, s. Charte const. des français etc.

Constitutions-Urkunde, die, wie sie der österr. constituirende Reichstag im J. 1848/49 für die deutsch-slavischen Kronländer entworfen hat. gr. 8. (40 S.) Wien 861, Sallmayer und Comp. *

Constitutiv-Urkunden betreffend die Oesterreichisch-ungarische Bank. Wien 1900. — 1911.

Conström, Paul, Nautische Antwort-Tafel I u. II. Ausg. Mai 1906. à 46,5×53,5 cm. Farbdr. Hamburg, P. Conström. Auf Karton à n. 1. 60
I. Graphische Darstellung der Seestrassen-Ordnung vom 5. II. 1906. Lichterführung u. Nacht-Signale.
II. Tages-, Schall-, Sturm-, Not-, Lotsen-Signale. Graphische Darstellung der Seestrassenordnung vom 5. II. 1906, der hamburg. Verordngn. u. des Zoll-Regulativs f. die Unterelbe, sowie wicht. international. Fern- u. Fischer-Signale.

Construction, über die, d. Brücke, welche Julius Cäsar über den Rhein schlug. Programm. (Von F. S. Feldbausch.) Mit 1 Abbild. 4. Rastadt 830. (Heidelb., Winter). 5 ℊℊ

Construction du chemin de fer du Ricken et acquisition du chemin de fer du Toggenbourg par la Confédération. 8. [Berne, C.-J. Wyss,] 1901.

Construction der Depressions-Laffete für die eiserne 7pfündige kurze Batterie-Haubitze. (7 lithogr. Taf.) Fol. Wien 1861.

Construction, die, des beweglichsten Fuhrwerks nach neuen Ansichten, für Artilleristen, Wagen-Fabrikanten und andere Techniker. Berlin. 1842. 8.

Construction u. Kritik der Hegel'schen Logik. Von L***. gr. 8. Siegen 844, Friedrichs Buchh. 1/2 ₰

Construction, Lineare, einer Fläche zweiten Grades aus neun gegebenen Punkten. [Dresden 1884.] V: *Beyel, Chn.* (Cat. d. Stadtbibl. Zürich. Zürich 1864—97.)

— von Oefen, nach den Grundsätzen d. Arithmetik etc., s. 1) F. W. Merker. 2) A. U. Schwartze, prakt. Anleit.

Constructionen, s.a. Construktionen.

Constructionen und Entwürfe aus dem Gebiete des Maschinenbaues. 42 lithogr. Taf. Unter der Leitung von J. Hart entworfen und ges. im 2. Cursus der Maschinenbauschule in Carlsruhe Jahrg. 1859—60. Imp.-Fol. (2 S. Text mit lithogr. Titel.) Mannheim 861, Bassermann'sche Verlagsh. *

Constructionen aus dem Maschinenbau, s.a. Jahrbuch des polytechn. Vereins in Carlsruhe.

Constructionen aus dem Maschinenbau entworfen unter Leitg. d Prof. J. Hart v. den Studirenden d. 2. Maschinenbaucursus am grossherzogl. Polytechnicum zu Carlsruhe als Jahrbuch d. polytechn. Vereins. 1—5. Thl. qu. Fol. Karlsruhe. Veith. 44. —
1. Hebemaschinen. Pumpwerke. Pressen. (22 Steintaf. m. Text u. Berechngn. gr. 8. VIII, 112 S.) 14. —
2. Wasserräder, Turbinen, Tangentialräder. (12 Steintaf. m. Text u. Berechngn. gr. 8. S. 113—167.) 7. —
3. Dampfkessel. Dampfmaschinen. (21 Steintaf. m. Text u. Berechngn. gr. 8. S. 168—249.) 14. —
4. Werkzeugmaschinen. (8 Steintaf. m. Text u. Berechngn. gr. 8. S. 250—278.) 4. 50
5. Brückenbau. 3 theoret. Abhandlgn. v. Fr. Engesser. Unter Leitg. v. Sternberg. (4 Steintaf. m. Text u. Berechngn. gr. 8. S. 279—343 m. eingedr. Holzschn.) 4. 50

Constructionen aus dem Maschinenbau, entworfen unter Leitung des Hrn. Prof. Hart von den Studirenden des zweiten Maschinenbau-Curses am grossherzogl. Polytechnikum zu Carlsruhe. Hebemaschinen. [2. Jahrbuch des Polytechnischen Vereins zu Carlsruhe.] Imp.-Fol. (20 Stnt.) Nebst Berechnungen. gr. 8. (20 S.) Carlsruhe 876, Veith.

—— dass. — Wasserräder und Turbinen. [3. Jahrbuch des Polytechnischen Vereins zu Carlsruhe.] Imp.-Fol. (20 Stnt.) Nebst Berechnungen. gr. 8. (V, 63 S.) Carlsruhe 877. (Heidelberg, Bassermann'sche Verlagsh.)

—— dass. — Pressen. Spindel- und Kniehebel-Pressen. Hydraulische Pressen. — Presspumpen. [4. Jahrbuch des Polytechnischen Vereins zu Carlsruhe.] Imp.-Fol. (20 Stnt.) Nebst Berechnungen. gr. 8. (68 S. mit 3 Stnt.) (Ebendas.) 878. *
Vgl. Jahrbuch des Polytechnischen Vereins zu Carlsruhe.

Constructionen aus dem Maschinen- und Brückenbau entworfen unter Leitung des Prof. J. Hart und Baurath Sternberg von den Studirenden des zweiten Maschinenbaucursus am grossherzogl. Polytechnicum zu Carlsruhe als Jahrbuch des polytechn. Vereins. 1.—5. Thl. qu. Fol. Carlsruhe, Veith.

Inhalt:
Thl. 1. Hebemaschinen. Pumpwerke. Pressen. (Bl. 1—22, Stnt., mit Text und Berechnungen. gr. 8. VIII, S. 1—112.) 870. ℳ 14.
» 2. Wasserräder, Turbinen, Tangentialräder. (Bl. 23—34, Stnt., mit Text und Berechnungen. gr. 8. S. 113—167.) 870. ℳ 7.
» 3. Dampfkessel, Dampfmaschinen. (Bl. 35—55, Stnt., mit Text und Berechnungen. gr. 8. S. 168—249.) 871. ℳ 14.
» 4. Werkzeugmaschinen. (Bl. 56—63, Stnt., mit Text und Berechnungen. gr. 8. S. 250—278.) 871. ℳ 4,50.
» 5. Brückenbau. Drei theoret. Abhandlungen von Fr. Engesser. Unter Leitung des Bau-R. Sternberg. (Bl. 64—67, Stnt., mit Text und Berechnungen. gr. 8. S. 279—343 mit eingedr. Holzschn.) 871. ℳ 4,50.

—— dass. — s.a. **Jahrbuch des polytechnischen Vereins in Carlsruhe.**

— einfacher Maschinentheile, entworfen von Studirenden der Maschinenbauschule am grossherzoglichen Polytechnikum zu Carlsruhe. (18 Blatt in 3 Hftn. nebst den dazu gehörigen Berechnungen.) 1—3. Hft. gr. Fol. (à 6 Steintaf.) Nebst Text. gr. 8. (S. 1—25.) Carlsruhe 878. 79. Veith. à 3.—

Constructions-Details der Kriegs-Baukunst. (Als Manuscript verfasst und herausgegeben vom k. k. technischen und administrativen Militär-Comité.) I. Bd. (Mit 83 Taf.) II. Bd. (Mit 99 Taf.) Fol. Wien 1878—1880.

St., R. Geometrische Constructionslehre. Neisse, 1833.

Constructionspläne (E—29.) für den Erzeugungsdienst beim k. und k. Pionnier-Regimente. (Zu Abth. 5, Nr. 2750 vom Jahre 1892. — N. V. Bl. f. d. k. u. k. Heer, 32. Stück.) (46 Tafeln in 1 Mappe.) Mit 1. Nachtrag (1900) zu den Constructions-Plänen für den Erzeugungsdienst in der k. und k. Pionnier-Truppe. (Hiezu 5 Figuren Coupons.) (Lithographiert.) Fol. Wien 1892—1900

Constructions Tafeln (C—18.) der Feldpost-Fuhrwerke. M. 87. (Zu Abth. 3. Nr. 3598 vom Jahre 1897 — N. V. Bl. für das k. u. k. Heer, 43. Stück.) — (15 Tafeln für den Feldpost-Manipulations-Wagen, 12 Tafeln für den Feldpost-Carriol-Wagen und 19 Tafeln für den Feld-Post-Fourgon in einer Mappe.) Fol. Wien 1897.

— — (C—17 a.) für den vierspännigen Feld-Telegraphen-Material-Wagen M. 1877. (Mit 16 Tafeln.) Fol. Wien 1897.

Constructions-Tafeln (C—17 a.) für den Feldtelegraphen-Stations-Wagen M. 1877. (Mit 21 Tafeln.) Fol. Wien 1897.

Constructions-Tafeln (G—51.) für das k. u. k. Festungs-Geschütz-Materiale. (1860—1890.) — (Ergänzung.) 5. Th. Beigeb.: Nachtrag 2 (zu Abth. 7, Nr. 6654 — N. V. Bl. für das k. u. k. Heer 3. Stück vom Jahre 1897) zu den Constructionstafeln des k. u. k. Artillerie-Materials. (Hiezu 63 Tafeln.) (Lithographiert.) Fol. Wien 1896.

Constructions-Tafeln (G—82) des Compagnie-Munitions-Wagens M. 1886. Lithogr. im k. k. techn. und admin. Militär-Comité. (17 Taf. in 1 Bde.) Beigeb.: 1. Nachtrag 1889. (1 Taf.) Fol. Wien 1887—1889.

Constructions-Tafeln (L.—3 a.) zu den Normen für die Verpflegs-Feldausrüstung. 38 Tafeln. gr. Fol. (Wien 1895.)

Constructions-Tafeln (L—3 a.) zu den Normen für die Verpflegs-Feldausrüstung. — (Ergänzung.) Beigeb.: Tafel I—XVIII „Fahrbarer Feldbackofen System Manfred Weiss M 1901." (Beiblatt z. V. Bl. f. d. k. u. k. Heer Nr. 22 v. 19. Mai 1904.) gr. Fol. (Wien 1904.)

Constructions-Tafeln des k. u. k. Pionnier-Materials. (46 Taf.) Fol. Wien 1891.

Constructions-Tafeln (C—16 b.) des Rüst- und Deckelwagens M. 88. 1888. — (Ergänzung.) Beigeb.: Nachtrag 1. 1898. gr. Fol. Wien 1898.

— — (C—16, b) Rüst- (Proviant-) und Deckel-Wagen M. 1888. (15 Taf. in 1 Bd.) gr. Fol. Wien 1888.

Constructions-Tafeln (C—15 b.) für den zweispännigen Sanitäts-Fourgon. (Mit 20 Tafeln.) Fol. Wien 1896.

Constructionszeichnungen des k. k. oesterreichischen 6 pf. gezogenen Feldkanonen-Rohres, und von dessen Aufsatz und Projectil. Herausgegeben vom k. k. Artillerie-Comité. (3 Tafeln.) (Lithographiert.) (Donation Liechtenstein.) Fol. (Wien 1860.)

(Constructionszeichnungen von Geschützen verschiedener Staaten.) (Herausgegeben von Friedrich Krupp in Essen.) (4 Tafeln.) (Donation Liechtenstein.) qu. Fol. (Essen zirka 1859.)

Construktionen, s.a. Constructionen.

Construktionen aus dem Gebiete des Eisenbahn-Baues. Zusammengestellt und gez. von den Eleven des 3. Cursus der Grossherzogl. Bad. Ingenieurschule in Carlsruhe 1862/63. 1.—5. Heft. qu. Imp.-Fol. (60 Stnt.) Carlsruhe 863, Veith. à Heft * 1 Thlr. 6 Ngr. *

Construktionen und Entwürfe aus dem Gebiete des Maschinenbaues. (Maschinenbau-Schule in Karlsruhe Jahrgang 1859-60.) (42 T) fol Mannheim 1861

Consuetudines monasticae. Vol. I. Consuetudines Farfenses, ex archetypo vaticano nunc primum recensuit Bruno Albers, O. S. B. gr. 8. (LXXI, 206 S.) Stuttgart 900. München, J. Roth. n. 6. 20

Consuetudines monasticae. Vol. II. Consuetudines Cluniacenses antiquiores (B. B¹. C. EC.) necnon consuetudines Sublacenses et sacri specus nunc primum ex variis apographis inter se collatas ed. Bruno Albers, O. S. B. (XV, 240 S.) Lex.-8. Monte Casino 905. (Leipzig, O. Harrassowitz.) n.n 10.—
Vol. I. (München, J. Roth.) 900. n. 6. 20.

Consuetudines monasticae. Vol. III. Antiquiora monumenta maxime consuetudines Casinenses inde ab anno 716—817 illustrantia continens. Ed. Bruno Albers. O. S. B. (XXIV, 243 S. m. 3 farb. Taf.) Lex. 8. Monte Casino 907. (Leipz., O. Harrassowitz.) nn 12. 60
Vol. I u. II. 900. 908. 16. 20

Consulartarif, neuer russischer, Allerhöchst bestätigt am 8./20. Juni 1893 u. in Kraft tretend am 1./13. Jan. 1894. Übers. v. Paul Minkovitch. gr. 8. (7 S.) Hamburg 894. (J. Kriebel.) n. 1.—

Consularverträge, deutsche. Hrsg. v. Auswärt. Amt. Berlin 878.

Die diplomatische und die Consular-Vertretung des Deutschen Reiches. ([S.-A.] Preussische Jahrbücher. Bd. 47. S. 380—395; 625—641.) Berlin 1881. 62 S. 8°.

Consularwesen, das, in seinen Beziehungen zu den Regierungen, zum Handel und zur Industrie. Von einem Consularbeamten. Wien 862. (Gerold.) gr. 8. (16 S.) n. 4 ngr.

Consulate [Sachliches OW]

Consulate, die, des norddeutschen Bundes. Geographisch geordnetes Verzeichniss der Generalconsuln und Consuln des norddeutschen Bundes nebst Orts-Register. 8. (27 S.) Stettin 869, v. der Nahmer. *

Consulate [Schlagwort]

Consulate. Übersicht, kartographische, der kaiserl. deutschen diplomatischen u. konsularischen Vertretungen, sowie der kaiserl. Behörden in den deutschen Schutzgebieten. Aufgestellt im auswärt. Amte des Deutschen Reiches. April 1890. Zeichnung red. v. R. Kiepert. Farbendr. qu. gr. Fol. Berlin 890. D. Reimer. n. 4.—

Consulats-Zeitung, deutsche, s. a. Industrie, die.

DEUTSCHE CONSULATS-ZEITUNG. Handelspolitische Wochenschrift für Deutsche im Auslande; Organ für die Interessen des deutschen Ausfuhrhandels.
Jahrg. I—II. 1882—1883. Berlin 1882—1883. Redaction und Verlag von Richard Jacob. 4°.

DEUTSCHE CONSULATS-ZEITUNG. Handelspolitische Wochenschrift für Deutsche im Ausland. Zeitschrift für Handels- und Colonialpolitik. Organ für die Interessen des deutschen Ausfuhrhandels.
Jahrg. III—IV. 1883—1884. ib. 1883—1884. —

DEUTSCHE CONSULATS-ZEITUNG. Zeitschrift für Handels- und Colonial-Politik. Organ für die Interessen des Deutschen Ausfuhrhandels.
Jahrg. (V.) 1886. ib. 1886. Redaction und Verlag von M. Ph. Auer

Consulats-Zeitung, deutsche Zeitschrift für Handels- und Colonial-Politik. Organ für die Interessen des deutschen Ausfuhrhandels. Redact.: M. Ph. Auer. 5. und 6. Jahrg. 1886 und 1887. à Jahrg. 26 Nrn. (à Nr. 2½ Bog.) gr. 4. Berlin, (Kühl.) à Jahrg. *
Fortsetzung, s. Industrie, die.
Zugl. Deutsche Konsulats-Ztg.

Consulent, Der, für Würtembergische Kaufleute, Banquiers ... Tübingen 1830. V: *Richter, C. H.* (CLZür S. 622)

. Der Consulent f. Würtemberg. Kaufleute, Banquiers, Wechsler, Fabricanten, Manufacturisten u. sonst. m. d. Handel u. d. Handelsstande beschäft. Personen, sowie f. alle Ausländer, welche m. d. Bewohnern d. K. Würtemberg in Handelsverbindd. stehen; entworfen nach d. üb. d. gesammt. Handels-Geschäfte u. Verhältnisse erschien. Kgl. Würtemb. Gesetzen u. Verträgen mit and. Staaten. Nebst e. Sach-Register. *Tübingen*, Fues. 830. gr. 8. (2 Thl.)

Consulent, der in Rechten u. allen Gerichtshändeln, nebst e. dreifachen Anhange. 8. Leipz. 753. Schuster. 6 gr

Consultation de la Faculté de droit en l'université electorale palatine de Heidelberg ... Heidelberg 1791. V: *Zentner, Georg Friedrich.* (MGT)

Consultation de l'oracle, par les puissances de la terre pour savoir si le Pretendent est supposé ou légitime, 8. Cologne, Wiedehal. (Orell, Zürich). 746.

Consultationes medicae ... Gotting. 1744. H: *Haller, Albr. von.* (ML)

— medicae, s. sylloge epistolarum cum responsis H. Boerhave, adcesserunt ejusdem de calculo libellus et introductio ad praxin clinicam. 8. Gött. 744.

Consultationes selectiores collegii Ictorum academiae Gryphiswaldensis, cura et praefatione H. H. Engelbrecht fol. Strals. et Gryphisw. 741. Möhle.

Consumtions-Steuer (Die) im Königreich Westphalen. gr. 8°. Hildesheim, Gerstenberg, 1809.

Consumverein, der. Organ des Verbandes deutscher Consumvereine. Hrsg. für den Vorort Stuttgart von Ed. Pfeiffer. 1.—4. Jahrg. 1868—1871. à Jahrg. 24 Nrn. (Bog.) gr. 8. Stuttgart, Kröner. à Jahrg.

Consumverein. Der Allgemeine C' in Basel. (1865—1907.) Ein Führer durch seine Geschichte und seine Betriebe. Hrg. [von seiner Verwaltung] bei Anlass der 18. Delegiertenversammlung des Verbands Schweiz. Konsumvereine, 22. und 23. Juni 1907 in Basel. [Mit Illustrationen und 1 graphischen Tafel.] IV + 116 S. 8. Basel, Verlag des Allgemeinen Consumvereins (Schweiz. Verlags-Druckerei G. Böhm), 1907.

Consumverein München, der, [eingetragene Genossenschaft] in seiner wirthschaftlichen, rechtlichen u. socialen Stellung. Ansprache d. Vorsitzenden d. Aufsichtsrathes an die Generalversammlung vom 3. Jan. 1878. gr. 8. (26 S.) München 878. (Ad. Ackermann.) — 30

de Conta, Alfr. (Car.) (geb. Weimar 27. 4. 1828): De variis genu contracturas et ancyloses curandi methodis. Berolini (1852). (31 S.) 8°
Berlin, Med. Diss. v. 5. Aug. 1852

v. Conta, Karl Fr. Ant., Grundlinien d. bürgerl. Baukunst. Mit 4 Kpft. gr. 8. Halle u. Rudolst. 806. Hofbuchh. 21 gr

Die Ausweisung aus dem Deutschen Reich und aus dem Staat u. der Gemeinde in Preußen. Eine system. Darstellung f. d. Gebr. d. Behörden u. Privaten bearb. von Dr. jur. [Walter] v. Conta, Reg.Ass. *Berlin: F. Vahlen 1904.* (X, 203 S.) 8° [F.] [04. 45,8

von Conta, Walther [Gerichtsref.]: Die Verpflichtungsfähigkeit Minderjähriger gegenüber Schuldverträgen ... Göttingen, Druck d. Univ.-Buchdr. v. W. F. Kästner, 1891; VI S., 1 Bl., 33 S. 8.
Göttingen, Jur. Fak., Inaug.-Diss. v. [28. Nov.] 1891

Conta, Walth. v., die Verpflichtungsfähigkeit Minderjähriger gegenüber Schuldverträgen. Diss. gr. 8 (VII, 33 S.) Göttingen 891. (Vandenhoeck & Ruprecht.) n. 1. —

Contag, die Leipziger Canal-Frage, s.: Havestadt.

Contag, Großschiffahrtskanal, Riesa-Leipzig.
— Schiffbarmachung der Luppe. } s.: Havestadt.

Contag, Hellmut, Reg.-Baumeister, Minden i. W.: Über die Bodengewinnung bei größeren Erdarbeiten insbesondere Kanalbauten, und über die Wirtschaftlichkeit des Handbetriebs und des maschinellen Betriebs bei diesen Arbeiten. 1909. 82 S., 4 Taf. 8°
¶ Ausz. in: Zeitschrift d. Vereines deutscher Ingenieure. Bd 54. 1910, Halbj. 2.
Hannover, Dr.-Ing.-Diss. v. 28. 6. 1909

Contag, Hellmut: Über die Bodengewinnung bei größeren Erdarbeiten insbesondere Kanalbauten, und über die Wirtschaftlichkeit des Handbetriebs und des maschinellen Betriebs bei diesen Arbeiten. Diss. Hannover. Berlin 1909

Contag, M. (Hrsg.), s. Mitteilung der Teltowkanal-Bauverwaltung über den elektrischen Schiffszug ...

Contag, M., Project einer neuen Oder-Weichsel-Verbindung mittelst eines Oder-Warthe-Netze-Canals,
—— Süd-West-Kanal Berlin-Wannsee, } s. Havestadt, Chr.

Contag, Max

Contag, M., neuere Eisenconstructionen d. Hochbaus in Belgien u. Frankreich. Mit 21 Holzschn. im Text u. 12 Doppeltaf. in Steindr. [Berichte der auf Grund der Louis Boissonnet-Stiftg. ausgeführten Studienreisen, VII.] Imp.-4. (32 S.) Berlin 889. Bohne. n. 13. —; cart. n. 13. 50

Contag, Max, d. Verbesserg. d. Wasserverbindgn. Berlins m. d. Meere. E. zeitgem. Studie. Lex.-8. (88 S. m. 1 Tafel.) Berlin 895. W. Ernst & Sohn. n. 3. —

Contant, J., Erneuerungen des Geistes. 8. Augsb, Wolf, 734

CONTANT D'ORVILLE, André Guillaume 1730? - 1800?
Geschichte der verschiedenen Völcker des Erdbodens, deren gottesdienstliche und bürgerliche Gebräuche, Ursprung der Religionen, Secten, Aberglauben, Sitten und Gewohnheiten enthaltend, nebst einer genauen geographischen Beschreibung der Kaiserthümer, Königreiche und freyen Staaten in allen vier Theilen der Welt,
aus dem französischen des Herrn C. Dorville.
Erster [- Sechster] Band.
Hof-Leipzig: Vierling. 1773 [- 1778]. 8°.
Bayerische Staatsbibliothek München
Übers. v. Histoire des différens peuples du monde, Paris 1770-1771.
Sabin 57731. Palmer: mit Endjahr 1777.
Franz. Ausg. 3 Bde., Paris-Dresden 1772 od. 1773 [Frankfurt-Leipziger Meßkatalog, Michaelismesse 1772, S. 465] konnte nicht gefunden werden.

Contarini, Banco, der Räuberhauptmann, s. Ritter- und Räubergeschichten.

Contarini, Gaspero, Regesten und Briefe, s. Dittrich, Fr.

Conte de tonneau, par Swift. III Vol. Lausanne et Génève 1742. 8°

Conte, Achille, la vendange, suivie de Fleurette, s. Bibliothèque petite française.

Contée, F. B., Schatten d. Vorzeit, oder Memorabilien abenteuerlicher Begebenheiten, Sitten, Gebräuche u. a. Seltsamkeiten unserer Vorältern, besonders des Mittelalters u. Ritterthums, d. Turniere u. Minne, d. Kunst u. Dichtung rc. gr. 12. Wien 832. Tendler. 20 gr

Contée, F. H. (Pseud.), s. a. Gräffer, Franz

— s. Bouquet d'amour.

Contée, F. H., Dictionnaire nouveau, manuel français-allemand. Neues vollständ. deutsch-französ. Handwörterbuch. N. Ausg. (Ausz. aus Schwan.) 8. Grätz 817. Ferstl. 1 ₰

— recueil d'anecdotes, d'histoires et des contes diverses. Zur Selbstübung im Lesen u. Uebersetzen d. Französ. ins Deutsche rc. Mit Wort- u. Phrasenerklärung. gr. 8. Grätz 813.

Contegno del Gendarme in casi di renitenza in generale e norma per l'uso delle armi in tali circostanze. Innsbruck, 1856, Stamperia di Wagner. (14 S. 8.)

Contejean, Charles s. Bouteiller, Fr , et Contejean, Charles.

Contelle, s. Comenius orbis sens. picti.

la Contemporaine en Egypte. Pour faire suite souvenirs d'une femme, sur le principaux personnages de la republique, du Consulat, de l'Empire et de la Restauration. IV Vols. gr. 12. Stuttg. 831. Brodhag. 3 ₰ 18 gr

Contemporaines, Les, ou, Avantures des plus jolies femmes de l'âge présent . . . Seconde édition. Leips. 1781. V: *Restif de la Bretonne, Nic. Edme.* (BrMm)

Contenson, V., theologia mentis et cordis. II Tom. fol. Colon. 724.

Content-Duits, Ch., s.: Reform-Moden-Album.

Conterfet-Kupferstich derjenigen regierenden grossen Herrn [bzw.] Ministren und Officiern . . . 2. Aufl., s. Khevenhiller, Fz. Chf. v.: Annales Ferdinandei.

Contes

— choisis d'auteurs modernes, avec notes biographiques par O. Glöde, s.: Collection des auteurs célèbres. VII.

Contes d'auteurs modernes, m. Anmerkgn. v. A. Mühlan, s.: Schülerbibliothek, französische. 1. 7.

Contes choisis d'auteurs suisses, hrsg. v. K. Sachs, s.: Textausgaben französ. u. engl. Schriftsteller f. d. Schulgebrauch.

Contes. Dresde 1803. V: *Ligne, Carl Joh. Fürst von.* (Ky)

Contes. (Par les Princes de Ligne, ou Mélanges T. 23.) 8. Dresd. 803. Walther. 20 gr

Contes choisis traduits de l'Allemand par St. Leportier. 1. Serie. 6 vols. Leipzig 870. E. J. Günther. 8. Jeder Bd. mit 1 Lithogr. n. 15 ngr

1. Mücke, C., voyage dans le Hartz ou les vues de Dieu sont impénétrables. (144 S.)
2. Müller, Wilh., le fils du vieil invalide ou l'amour filial recompensé. (132 S.)
3. Frédéric et Oscar Dornbusch ou aimez votre prochain comme vous-même, par un ami de la jeunesse. (122 S.)
4. Nieritz, G., Jonas et le prince enlevé ou à chacun selon ses oeuvres. (167 S.)
5. — le petit berger et son chien ou pardonnez et il vous sera pardonné. 2. édit. (166 S.)
6. — Gottlieb le petit mineur ou qui bien fera bien trouvera. (158 S.)

Contes choisis traduits de l'allemand par St. Leportier. 1re Série. 6 vol. 8. Leipzig 871, E. J. Günther. geb. à Bd. *

Inhalt:

Vol. 1. Mücke, C., Voyage dans le Hartz ou les vues de Dieu sont impénétrables. (144 S. mit 1 color. Stnt.)
» 2. Müller, Wilh., Le fils du vieil invalide ou l'amour filial recompensé. (132 S. mit 1 color. Stnt.)
» 3. Frédéric et Oscar Dornbusch ou aimez votre prochain comme vous-même, par un ami de la jeunesse. (122 S. mit 1 color. Stnt.)
» 4. Nieritz, Gust., Jonas et le prince enlevé ou à chacun selon ses œuvres. (167 S. mit 1 Stnt.)
» 5. —— Le petit berger et son chien ou pardonnez et il vous sera pardonné. 2e édit. (166 S. mit 1 color. Stnt.)
» 6. —— Gottlieb le petit mineur ou qui bien fera bien trouvera. (158 S. mit 1 color. Stnt.)

— et Anecdotes, par Sophie de S**. II Vol. av. fig. 18. Brunsv. Pluchart, 814.

— et anecdotes, à l'usage de la jeunesse, par Sophie de S**. II Vols., av. fig. 18. Braunschw. 813. Pluchart. 1 ₰ 4 gr

Contes choisies, tirés des oeuvres de Bouilly et de Mme. Cottin, à l'usage de jeunes Demoiselles, pour leur rendre l'étude de la langue française facile et agréable. Mit grammat. Erläutern. u. e. Wortregister zum Behuf d. Unterr. (v. C. Werner, geb. Brecht.) gr. 8. (14¾ B.) Breslau 833, J. F. Korn.

— dédiés à l'adolescence; par l'auteur des Oeufs de pâques (Christophe Schmid). Trad. par l'Abbé Macker. Tome I. et II. 12. (Mit Schmid's Bildn. u. 4 Abbildd.) Paris et Strassb. 836 et 39. Levrault. à ⅓ ₰, color. à 5/12 ₰

— des fées. 18. Leips. Ind. Comt.

(F) Contes de fées par Lapointe, Laboulaye etc. Für den Schulgebrauch herausgegeben von Dr. A. Mühlan. I. Theil: Einleitung und Text. II. Theil: Anmerkungen und Wörterverzeichnis. (Freytags Sammlung französischer und englischer Schriftsteller.) Wien und Prag. 1899. Tempsky. 8°. X, 161 S. fl. Geb. —.70

— des fées destinées à servir d'amusement et d'instruction aux enfans et aux jeunes gens. Ornées des 3 fig. 8. Lpz. 790. Köhler. 1 ₰

— de France, annoté par A. et Ch. Robert-Dumas, s.: Diesterweg's neusprachliche Reformausgaben 5.

— de ma tante Gertrude, s.: Bibliothèque, petite, Française, vol. 16.

Contes gothiques . . . Vienne 1818. V: *Perin von Gradenstein, Josephine geb. von Vogelsang.* (Schl)

Contes, les, du vieux Japon. 1.—4. livr. 8. (Mit eingedr. farb. Illustr.) Tōkyō 888. (Leipzig, Baldamus.) à livr. *

Inhalt:

Livr. 1. Momotarô ou le premier né de la Pêche. (22 S.)
» 2. Le moineau, qui a la langue coupée. (20 S.)
» 3. La bataille du singe et du crabe. (16 S.)
» 4. Le veillard, qui fait fleurir les arbres morts. (16 S.)

— jaunes, les, oder das Buch der Kindheit, nach Freville, franz. u. deutsch. m. illum. K. 8. Berl. Dehmigke d. jüng. 804.

Contes imités de Musaeus et d'autres auteurs allemands. Gotha 1810-11. H: *Wiesenhütten, Friederike Henriette Freiin von geb. von Forstner.* (schl)

—imités de Musaeus et d'autres auteurs allemands, par Madame la Baronne de Wiesenhütten. III Vols. 8. Gotha 811. Perthes. 2 ₰ 6 ℛ

— immoraux. 8. Dresd. 801. Walther. 20 ℛ

— les, de la bonne maman, s.: Bibliothèque, petite, Française, vol. 5.

— d'une bonne maman à ses petites filles dans l'adolescense. 16. Wien 830. Schrämbl. 12 ℛ

— merveilleux, choisis des ouvrages de Mme d'Aulnoy et Mlle de la Force, avec fig. 17 feuilles. 8. Pesth, Hartleben. 16 ℛ Hbg. Pr. 9 ℛ

Contes Modernes. Für den Schulgebrauch herausgegeben von Prof. Dr. Hermann Krollick. I. Bd. I. Theil: Einleitung und Text. II. Theil: Anmerkungen und Wörterverzeichnis. (Freytags Sammlung französischer und englischer Schriftsteller.) Wien und Prag. 1900. Tempsky. 8°. 13, X, 204 S. Geb. K 2.—

Contes modernes. 1. Bd. Zehn Erzählungen von d'Hérisson, Maupassant, Mouton, Rod, Sardou, Theuriet und Zola. Hrsg. von H. Krollick. [Freytags Sammlung französischer und englischer Schriftsteller.] 8°. (X, 125 S.) geb. K 1.70. hierzu ein Wörterbuch K —.85
Wien: Tempsky 1906.

Contes moraux, par Marmontel. IV Tom. Nürnberg: Schneider 1789. 8°
– les mêmes. IV Tom. Cob.: Sinner 1798. 8°
– les mêmes. IV Vol. Paris (Kupferberg a Mayence) 1781. 12°
– les mêmes. III Vol. Amsterd. (Sommer à Lpz.) 12°
– les mêmes nouv. édit. VI Vol. av. fig. Londres (ibid.) 1793.
– les mêmes. II Tom. Hamb.: Fauche 1794. 12°

Contes moraux p. Lafontaine, trad. de l'allemand. III Vol. Hamb.: Fauche 1797. 8°

Contes moraux et Belisaire par Marmontel. T. I – IV. av. fig. Lpz.: Crusius (W. Vogel.) 1803. 8°
– et Pièces choisies, on Nouveaux Contes moraux par Marmontel. T. VI–VIII. ibid. 1805.

Contes moraux sans Belisaire et fig. 3 Tom. ibid. 1803. 8°

— moraux pour former le coeur et l'esprit de la jeunesse, à l'usage des enfans, avec notes par S. Ponge. II Vols. (Vol. I. Ed. II.) 8. Berl. 802—6. Maurers B. 16 ℛ

— moraux pour former le coeur et l'esprit de la jeunesse à l'usage des enfans. avec notes p. Ponge. II Tom. 8. Berlin, Maurer. 814.

— moraux dans le goût de ceux de Marmontel. IV Vol. gr. 12. Francf. Esslinger. 763.

— moraux dans le goût de ceux de Marmontel. IV Vols. gr. 12. Frankf. 763. (Schäfer). 3 ₰

— moraux et nouv. Idylles de D... et Sal. Gesner. 12. Strassb. 773. König. 8 ℛ le même. 8. Zürich 773. Orell. 14 ℛ

— moreaux à l'usage des enfans, trad. de l'Anglais. 1799. II Vols. 12. Berl. 799. Vieweg in Braunschw.

Contes nouv., moraux par Marmontel. II Tom. de Meynier. Cobg.: Sinner 1800–10. 8°

— nouveaux petits, pour les enfants. Par l'auteur des oeufs de pâques. 7. éd. 12. (IV, 140 S.) Ebd. 891. Kart. n. — 50

— nouveaux, à Rire avec figures et avantures plaisantes. II Tom. 8. Cologne. 722.

— d'un père à ses enfants, s.: Bibliothèque, petite, Française, vol. 17.

— petits, p. l. enfans, (p. Chr. Schmid). Trad. de l'Allem. (Mit 2 Steindr. u. 1 Vign.) 12. Paris et Strassb. 829. Levrault. 5 ℛ

Contes, petits, pour les enfans. Par l'auteur des Oeufs de Pâques (Chr. Schmidt). Mit Sprechübungen u. Wortregister versehen v. F. W. Steup. 8. (184 S.) Wesel 848, Klönne. 12 ngr

— petits, pour les enfants par l'auteur des oeufs de pâques (Chrph. v. Schmid.) Mit Sprechübungen und Wortregister versehen von Fr. W. Steup. 4. Aufl. 8. (IV und 189 S.) Bochum 860, (Hülsemann.) *

Contes, petits, pour les enfants par l'auteur des oeufs de pâques (Chr. de Schmid). Mit Sprechübungen und Wortregister versehen von Fr. W. Steup. 4. Aufl. 860. 5. Aufl. Soest 863. Schulbuchhdlg. 8. (IV, 126 S.) n. 10 ngr

Contes, petits, pour les enfants par l'auteur des Oeufs de Pâques. (Ch. de Schmid.) Mit Sprechübungen und Wortregister versehen von Fr. W. Steup. 7.—9. Aufl. 8. (IV, 127 S.) Liegnitz 868,70,72, Krumbhaar.

Contes, petits, pour les enfants par l'auteur des oeufs de Pâques. Mit Sprechübungen u. Wortregister versehen v. Fr. W. Steup. 11. unveränd. Aufl. 8. (IV, 135 S.) Liegnitz 876. Krumbhaar. n. 1. —

Contes, petits, pour les enfants. Par l'auteur des oeufs de pâques. 8e édit. gr. 16. (142 S.) Strassb. i. E. 892, Strassb. Druckerei u. Verlagsanstalt. cart. — 50

— les petits, de l'oncle Robert, s.: Bibliothèque, petite, Française, vol. 9.

Contes populaires des anciens Bretons, précédés d'un Essais sur l'origine des épopées chevaleresques de la Table-Ronde, par Th. de la Villemarqué. II. Tomes. gr. in-8. (43 B.) Paris 842. (Leipzig, Brockhaus et Avenarius.) *

Contes populaires russes. Nouv. éd. In-12, 232 p. Bâle, Genève, Lyon, H. Georg. 1882. 5 —

— romantiques, hrsg. v. E. Dannheisser, s.: Klassiker-Bibliothek, französische u. englische. Nr. 47.

— Sages et fous, par Mad. *** II Vol. 12. Strasb. Acad. (König) 787.

Contes à Sentimens, ou Recueil des pièces les plus recentes. Nuremb. 1781. V: *Frowerk, Johann Ludwig.* (Ky) (ML)

— à sentimens, ou recueil de jolies pièces les plus récentes. 8. Nürnb. 781. (Eichhorn). 6 ℛ

— à Sentimens, ou recueil des jolies pièces les plus récentes, 8. Nürnb. Grattenauer. 781.

— sept nouveaux, par l'auteur des Oeufs de Pâques. Mit 7 Steindrr. 12. Paris et Strassb. 833. Levrault. 5 ℛ, ill. 1/2 ₰

Contes, trois, pour les petites filles, hrsg. v. F. Lotsch, s.: Schulbibliothek, französische u. englische, C. 40.

— trois nouveaux, dédies à l'enfance; par l'auteur des Oeufs de pâques. Trad. par l'Abbé Macker. 12. (Mit 4 Bildern.) le même 839. Levrault. In verz. farb. Umschlag 5 ℛ, color. 5/12 ₰

Contes de Guillaume Vadé, par Voltaire. Berl.: Nicolai 1765. 8°

Contessa, La, di G. Swedese. Braunschweig [17??] V: *Gellert, Christian Fürchtegott.* Ü: *Romani, Clemens.* (ML)

Contessa, C. W., das Räthsel, s.: Universal-Bibliothek.

Contessa, Chr. J.S., s. Almanzor

Contessa, Chr. Jak. Salice, (†d. 11. Sept. 1825.) des Dichters Ahnungen u. die Leipziger Völkerschlacht, zwei Gedichte. gr. 8. Hirschb. 816. Resener. 4 Gr.

Contessa, Christ. J. Salice, Dichter-Ahnungen, und die Leipziger Völkerschlacht, zwei Gedichte. gr. 8. Hirschberg, Thomas. 815.

Contessa, Chr. Jak. Salice, d. Aelt., drei Erzähll.: Der Lustgarten im Riesengebirge; Jugendliebe; Andronicus Comnenus. 8. Frankf. 823. Brönner. 16 Gr.

— der Freiherr u. sein Neffe. 8. Bresl. 824. Max u. C. 1 Thlr. 4 Gr.

— Gedichte. Nach seinem Tode herausg. v. W. L. Schmidt. Mit 1 Vign. 8. Hirschb. 826. Krahn. 1 Thlr.

– s. Herrm. Hartenstein.

– s. Scenen, Dramatische.

— Schriften. Herausgeg. von Ew. Houwald. 9 Bde. Mit d. Verf. Bildn. 8. Leipzig 826, G. J. Göschen.

— dieselben auf Druckpapier in 16. Ebd.

— u. C. W. Salice dram. Spiele u. Erzählungen. 1r u. 2r Bd. 8. Ebend. 811 u. 15.

Contessa, C. W., s. a. Kindermärchen.

Contessa, C. W., Fr. Baron de la Motte Fouqué u. E. T. A. Hoffmann, Kinder-Mährchen. N. Aufl. Mit 6 ill. u. 6 schwarz. Vignetten nach Zeichnn. von E. T. A. Hoffmann. 16. Berlin 839. Reimer. n. 1 1/3 Thlr.

Contessa, K. W. S.

— Kindermährchen, s. Kindermährchen.

Contessa, K. W. S., († d. 2. Juni 1825.) sämmtl. Schriften. Herausg. v. C. v. Houwald. 9 Bde. Mit d. Verf. Bildn. 8. Leipz. 826. Göschen. 9 Thlr. 9 Gr. Druckp. in 16. Ebd. 4 Thlr. 18 Gr.

Contessa, K.W. Salice

— u. Chr. J., das Bild d. Mutter u. d. blonde Kind. 8. Berl. 818. Reimer. 1 Thlr. 8 Gr.

Contessa, K. W. Salice, Erzählungen. 2 Thle. 8. Dresd. 819. Arnold. 2 Thlr.

— zwei Erzählungen. 8. Berl. 815. Dümmler. 1 Thlr.

— der Findling u. d. Talisman. 2 Erzähll. 8. Berl. 809. Reimer. 12 Gr.

le Conteur. N. 1—6. 8. Dessau 785. Gelehrten B. 1 Thlr. 12 Gr.

Conteur, le, No. 1—6. 8. Dessau. Librairie des Savans. 785.

Conteur, le, Livre élémentaire à l'usage des enfans, redigé d'après les contes de Bouilly, par L. Sternold. 12. Pirna, Friese. 811.

— — le même franz. u. deutsch. 12. Ebend. 811.

Conteur: Le Conteur

① Lectures de dimanche dédiées aux Suissesses. La mère permettra la lecture à sa fille - Religion - Littérature - Poésie - Politique - Economie domestique - Modes - Beaux Arts - Mélanges ⑤ 2. 5. 1847—10. 10. 1847, 2. 1. 1848 ⑥ in-8° ⑦ hebdomadaire ⑧ Bienne: Imprimerie de la Gazette du Jura (= Jura-Zeitung) 2. 5. 1847—10. 10. 1847), Frères Bens (2. 1. 1848) ⑫ contient une revue politique de la semaine d'une neutralité rigoureuse ⑭ Be: L.

Conteur, le, du foyer. I et II. 8. Hannover 866, Rümpler. h *

Inhalt:

I. Lectures choisies pour dames et demoiselles. (263 S.)
II. Récits et scènes de guerre, de mer, de chasse etc. (207 S.)

Conteur, le nouveau Almanach pour l'année 1891. 4. (85 S. m. Abbildgn.) Metz 891. (Deutsche Buchhandlg.) n. — 40

— ouvrage élémentaire, à l'usage de la jeunesse d'après les contes de Bouilly p. Ed. Sternold. Mit 6 Kpf. Ed. II. 12. Pirna 817. Friese. 14 Gr.

— Dass., deutsch u. französ. unt. d. T.: d. Erzähler; e. Lesebuch f. Kinder etc. 2e Aufl., mit 6 Kpf. 12. Ebd. 817. 1 Thlr.

— de société, ou les trésors de la mémoire; choix d'anecdotes nouvelles, peu ou point connues, les plus propres à entrer dans la conversation. Le texte polonais en regard. II Vols. 8. Bresl. 809. W. G. Korn. 2 Thlr. 8 Gr.

Conteurs contemporains, hrsg. v. J. Hengesbach, s.: Schulbibliothek französ. u. englisch. Prosaschriften. 40. Bdchn.

Conteurs de nos jours, hrsg. v. A. Mühlan, s.: Schriftsteller englische u. französische, der neueren Zeit. 30. Bdchn.

Conteurs modernes. Ausgewählte Erzählgn. v. Jules Simon, André Theuriet, E. Moret, T. Révillon, E. Richebourg, s.: Schulbibliothek, französische u. englische. A. 69. Bd.

Angelo Conti. Katalog der Königlichen Galerien zu Venedig. *Venedig 1899: F. Visentini.* (213 S.) 8° [99. 11726

Conti, Pascal, les espèces du genre Matthiola, s.: Mémoires de l'herbier Boissier. Nr. 18.

Conti, Steph. Louise Bourbon, der, Denkwürdigkeiten ihres Lebens, a. d. Franz. 2 Bdchn. 8. Lübeck, Niemann u. Comp. 809. (1r 1 Thlr. 16 gr. 2r 2 Thlr.).

Conti, Steph. Louise Bourbon, der, Denkwürdigkeiten ihres Lebens; aus d. Französ. 2 Bdchen. 8. Lübeck 809. (Schnuphase in Altenb.) 3 Thlr. 16 Gr.

Contin, Jules, Études sur le chemin de fer Nord-Est-Suisse, s. Zeitfragen, schweizerische.

Continent, der. Deutsch-französ. Monatsschrift. Hrsg.: Hans Richter f. Deutschland. Comte A. de Pouvourville f. Frankreich. 1. Jahrg. Oktbr. 1906—Septbr. 1907. 12 Hfte. (à ca. 100 S.) gr. 8. Berlin, W. Süsserott. n. 12. —; einzelne Hefte 1.25

Continent. – Broschürenfolge "Continent", s.a. Broschürenfolge "Continent".

[Broschüren-Folge 'Continent'. No 1.] *Berlin-Charlottenburg: Continent 1904.* 8° [04. 14119

1 Mark-Bibliothek 'Continent'. No 1. Berlin: Continent [1905]. 8° [F.] [05. 11430

Kriminal-Romane 'Continent'. 1. *Berlin-Charlottenburg: Verl. Continent [1903].* 8° [F.] [04. 3310

Continental: Le Continental

① industrie, commerce, beaux-arts, littérature ... ⑤ 17. 11. 1883—15. 12. 1883 (2 numéros) ⑧ Genève ⑩ E. Labarthe ⑭ Ge: P.

Continental-Actien-Gesellschaft für Wasser- und Gas-Anlagen: Katalog. Berlin (1891?)

Continental-Compass. Jahrbuch f. Finanz-, Versicherungs- u. Verkehrswesen, Handel u. Industrie, gegründet v. C. J. Wischniowsky, hrsg. v. der Red. d. „Finanziellen u. Assecuranz-Revue". 2. Jahrg. 1899. gr. 8. (XXXIX, 1210 S.) Wien (C. Konegen). Geb. in Leinw. n. 16. —

Continental-Compass. II. Thl., s.: **Jahrbuch, finanziellos,** f. Oesterr.-Ungarn.

Deutsche Continental-Gas-Gesellschaft 1855—1905. Die fünfzigjährige Entwicklung der Gesellschaft. Dessau.

Continental-System

— üb. das, s.a. A. W. Schlegel.

— über das, u. d. Einfluß desselben auf Schweden, (v. A. W. v. Schlegel). Aus d. Franzöſ. 8. Wien 813. Schaumburg u. C. 16 ✗

Continental-System, Das, und dessen Einfluss auf Schweden. Stralsund 1814. V: *Schlegel, Aug. Wilh.* (Wa)

Continental-System, das, Völker-Seerecht; Neutralität zur See; Blokade zur See; Contrebande; England u. der Continent; Colonien u. Colonial-System; (v. Ldw. Lüders). 8. Leipz. 812. Brockhaus. 16 ✗

Continental-System, das, Völker-Seerecht; Neutralität zur See; Blokade zur See; Contrebande; England u. den Continent; Colonien u. Colonial-System; Amerik. Streitigkeiten mit England u. Frankreich; Nonintercourse-Acte; die franz. Decrete von Berlin u. Mailand; die englischen Cabinets-Befehle; Decrete u. Tarif von Trianon u. Fontainebleau; Bassano-Marets Bericht an Napoleon; dem Utrechter Frieden; engl. Declaration vom 8. April 1812; den Moniteur; Geist d. Continental-Systems. 8. Leipz. Brockhaus. 812.

Contingent zur Gesch. d. Tempelherrn u. d. Aufhebung ihres Ordens. 8. Leipz. 783. Hertel. 20 ✗

Contingent zur Geschichte der Templer und der Aufhebung ihres Ordens. Leipzig 1783. V: *Stemler, Wilhelm Christian.* (BrMm)

MEIN Contingent zur Bestreitung des Aberglaubens. Philadelphia (Giessen, Krieger) 1789.
Weller, fing. Druckorte. — Selten!

Contingent, mein, zur Bestreitung des Aberglaubens. 8. Philadelphia. (Krieger in Marburg). 789.

— vergl. auch Mein Contingent.

Contingent, Mein, zur Geschichte der Gedächtnissübungen in den ersten Jahren des XVI. Saeculums. Nürnberg [1804]. V: *Waldau, Georg Ernst.* (will)

— mein, zur Modelektüre, eine Wochenschrift. 18 Quart. 8. Altona, Hellmann, 784.

Contingent, Mein, zur Modelektüre, aus der Dorfschule eines Humoristen. Frankfurt u. Leipzig 1775. V: *Sintenis, Christian Friedrich.* (Ky) (MGT)

— mein, zur Modelektüre aus einer Dorfstube. 8. Frankf. u. Leipz. (Zimmermann in Wittenberg). 783.

Continuatio Casuum sancti Galli s. Geschichtsquellen. St. Gallische G'. (Abtheilung) 4. St. Gallen 1879.

Continuatio controversiae de mechanismo respirationis Hambergeriano... Goettingae 1749. V: *Trendelenburg, Carl Ludwig Friedrich.* (ML)

Continuatio Diarii aus dem Kays. Feld-Lager vor Belgrad vom 6. biß 8. Aug. 1717. (Breslau 1717.) 8°.

Continuatio Diarii, samt einer General-Tabella, was bey der den 16. Aug. 1717 bey Belgrad vorgegangenen Battaille an Officiren und Gemeinen todt und bleßiret. o. O. u. J. 8°.

Continuatio Diarii von der in Hungarn befindl. Haupt-Armee. 4. Regenspurg s. a. (1717).

Continuatio Diarii von Röm. Kays. Maj. unter Eugen Frantz Printzen v. Savoyen in Ungarn befindl. Hauptarmee, auss d. Lager vor Temeswar, v. 6.—12. Oct. 1716. 4. Regenspurg.

Continuatio Diarii von Passarowitz in Serbien v. 18.–24. Julii 1718. 4. Regenspurg 1718.

Continuatio Diarii nebst einer Relation von der den 16. Aug. 1717 geschehenen Niederlage der Türck. Armee, und darauf erfolgten Übergabe der Vestung Belgrad. Stargardt o. J. 8°.

Continuatio Diarii nebst e. Schreiben vom 30. Sept. 1716 aus Siebenbürgen. 4. Regenspurg.

Continuatio Diarii nebst Verzeichnuss was bey Aufhebung der Belagerung Corfu in dem türk. Lager d. 22. Aug. 1716 erbeutet worden. 4. Regenspurg 1716.

Continuatio oder Fortsetzung einiger merckwürdigerer Wunder, Gnaden u. Guttbaten, welche auf Anruffung der in der *Churfurstl. St. Elisabeth Spitall-Kirchen auf dem Creutz* allhier in München, unter dem Creutz schmertzhafft stehend, u. *in Wendung der Augen wunderbahrlichen Mutter GOttes-Bildnuss* sich begeben von Anno 1696. bis zu End des .... 1729sten Jahrs. Nebst angehengter Authentica Ordinarii, krafft welcher das *schmertzhaffte Gnaden-Bild* für Miraculos declariret worden: und in sich haltet die gantze *Begebenheit der Wunder-vollen Augenwendung.* Zum Beschluss folget das *Stabat Mater dolorosa.* München, gedr. u. zu haben bey Joh. Jac. Vötter, Churfl. Buchdrucker. 1750. 12°. Gleichzeit. Ppb. m. neuem Ldrrück.
TKpf., 348 S., 2 Bll. (Stabat Mater, deutsch, 10 sechszeil. Str.). — Selten!

Continuatio, Introductionis facilis in doctrinam de Motu. Viennae 1746. V: *Keri, Valentin.* (so)

Continuatio, Notitiae librorum manuscriptorum Silesiacam spectantium, quos servat bibliotheca academica. Vratislaviae [1822]. V: *Stenzel, Gust. Adolph Harald.* (Nent)

Continuatio, Wunder dreyes, welches sind fernere Experimenta so in Elaboratione dieser drey Processen observirt, in anno 1684 herausgegebenen Wunder drey ... 1686. Cassel 1737. V: *Ohrschall, Johann Christian.* (stri)

Continuation der Berechnung, was für Auslagen, statt des gesammt heil. Reichs, d. Fränkische Crais bey der in der Vestung Philippsburg haltenden Guarnison gethan 1725–34 bis nach geendigter Belagerung. Fol.

Continuation des Berichts der Königlichen Dänischen Missionarien in Ost-Indien. [19.-107. Continuation.] [Halle 17??] H: *Francke, Gotthilf August.* (Myl)

Ephemeriden, Continuation der Chur-Bayerischen —, oder Tags-Registers, in welchem verschidene (!) Begebenheiten durch benannte Landen, aus Bayrisch- u. andern Scribenten gezogen, und in behörige Tag eingetheilet seynd. Anno Domini M.D.CCXLII. (1742.) O. O. 12°. Cart.

Continuation der unpartheyischen Gedancken über den fortges. Wort-Streit Hr. Weickmanns u. Hr. Willenberg in der Materie von der Polygamie. Entworffen von J. A. E. Francfurt 1717.

Continuation, J. A. E., der unpartheyischen Gedancken von der Vielweiberey. Franckfurt 1717. V: *Willenberg, Samuel Friedrich.* (Myl)

Continuation des Journals aus dem Lager vor Stralsund. 4. 1715.

MISCH-MASCHES, Des Angenehmen, Artiger, lustiger Und Sinnreicher Historien, Erste, Zweyte Continuation. Mit TKpfrn. Gedruckt, im Jahr 1728, 29. 8°.
Sehr selten! — W. v. Maltzahn p. 518 no. 2044.

Continuation, des Operations de l'Armée du Roi, en Boheme. Du 25. de Juillet, 1745.

Zweyte Continuation der Relation aus dem Moscowit. Feldlager bey Pultowa d. 13. Juli 1709. 4.

Dritte Continuation der Relation aus dem Moscowit. Feldlager bey Pultowa d. 18. Juli 1709. 4.

Continuation de la Relation, des Operations de l'Armée du Roi, en Boheme. Ce 17me de Juillet, 1745. Du Camp de Rusee.

Continuation de la Relation, des Operations de l'Armée du Roi, en Boheme, et en Silesie. Ce 14me de Juillet, 1745.

Continuation des Relations de l'Armée Prussienne. Du Camp de Chlum, le 20 d'Août, 1745.

Continuation des Relations de l'Armée du Roi en Boheme. Du Camp de Chlum, ce 14 d'Aoust, 1745

Continuations des Operations de l'Armée du Roi en Boheme. Du 27. de Juillet, 1745 du Camp de Chlom.

Contius, Chr. Gtthold

– s.a. Beitrr. z. deutschen Literatur.

Contius, C. G., monatliche Beyträge zur deutschen Litteratur. 2 Bdchn. 8. Budissin, Deinzer. 775.

– s. Beitrr. zu Schmids Parterr.

Contius, Chr. Gtthld., s. Blendheim, des jungen, Klagen.

– s. Briefwechsel Dodsleysch.

— Denkmal auf den Hrn. v. Belom. gr. 8. Dresd. Gerlach. 787.

– s. Ehre d. deutschen Lektüre.

Contius, Chr. Gttholb., († d. 8. Nov. 1816.) Gedichte: mit Kpf. 8. Dresd. 782. Gerlach. 4 gr. Dies., mit 5 Kpf. 8. Leipz., (W. Nauck). 1 ß

— — dieselben. m. K. 8. Leipz. Sommer.

CONTIUS, Chrn.. Gotthold (1750—1816), Lyrische Gedichte und Erzählungen. Breslau, W. G. Korn, 1773. 8°. (In Warmbrunn.)
Vgl. Almanach d. dtsch. Musen 1774. S. 74.

— — Klagen des jungen Blendheim im Schattenreiche. Ein Roman. Dresden 1780. 8°.
Goedeke IV, 108, 5, 13.

– s. Lieder z. Feldzuge.

– s. Mädchen, das.

– s.a. Medor und Angelika.

MEDOR und Angelika, eine Geschichte aus der neuern Zeit (von *Chrn. Gotthold Contius*). Dresden, Gerlach, 1782. 8°. Zahm.
Geschichts- u. Romanen-Litt. (Cat.) Breslau 1798.

Contius, Christian Gotthold, Ode bey dem funzigjährigen Amts-Jubilão des Herrn Oberhofprediger D. Herrmanns hochwürd. Magnificenz. Dresden 1781. 4 Bl. mit Tit.-Bild. (5.—) 5637

— Ode auf Herrmanns Jubiläum. gr. 4. Dresd. 782. Gerlach. 2 gr.

– s.a. Samml. v. Gedichten aus Uz.

SAMMLUNG von Gedichten aus *Uz* und anderen (hrsg. von Christian Gotthold Contius). Leipzig 1771.
Anon.-Lex. IV. p. 17 (nach Kayser, Meusel, Otto).

Contius, Constantin Selma, s. Contius, Konstanze Selma

Contius, Er. Sam., († d. 16. Juni 1799.) Auszüge aus d. christl. Religionsunterr. der Hoyerswerd. Jugend. 8. Bautzen 799.

Contius, Gust. Rob. (geb. Leipzig 2. 7. 1820): De coremorphosi seu pupillae artificialis formatione. Berolini (1844). (29 S.) 8°
Berlin, Med. Diss. v. 6. Apr. 1844

Contius, Joh. Gtthld.

— s. Auferstehungsfreuden.

Contius, Jh. Gtthld., († d. 3. Juni 1797.) kurze Auszüge aus Erbauungsreden über d. Haushaltung Gottes im alten Bunde. 1r Thl. 8. Köthen 786. Glandenberg.

Contius, Konrad, gründl. Anleitung zur Bereitung des Pariser Buchbinder-Lacks, wonach sich jeder Buchbinder, Papparbeiter u. Lederlackirer den bis jetzt als den anerkannten besten Pariser Lack selbst erzeugen kann. Ein versiegeltes Couvert. Bautzen 839. Reichel. n. 1/3 ß

Contius, Konst. Selma, († d. 23. Juni 1817.) patriot. Aufruf zur stärkern Betriebsamkeit d. Torfwesens. gr. 8. Leipz. 806. (Barth). 4 gr.

— Beitrag zur Geschichte d. Kiefernraupe, nach angestellten Bemerkk. erfahr. Forstmänner. Mit ill. Kpf. gr. 8. Dresd. 800.

CONTIUS, Constance Selma: Einige Bemerkungen über die mehrere Abnahme der deutschen Forsten und deren pflegliche Unterhaltung. - Freiberg 1805. 71 S.

— Bemerkk. über d. Abnahme d. deutschen Forsten u. deren pfleglichen Unterhaltung. gr. 8. Frberg 806. Craz u. G. 6 gr.

— s. Beschreib. sämmtl. Kunstwörter.

CONTIUS, Constance Selma: Kurzgefasste Erklärung sämmtlicher Kunstwörter des Forst- und Jagdwesens. Nebst einem Beitrag über die bekanntesten wilden Baumgattungen. - Leipzig 1818. 140 S.

— d. lichtvolle Pfad des Gerechten in d. Person des Gegenhändlers d. Hrn. v. Below. gr. 8. Dresd. 787. Gerlach. 4 gr.

Contius, C. S., Bemerkungen über die Abnahme der deutschen Forsten u. deren pflegliche Unterhaltung. gr. 8. Freyberg, Craz u. G. 806.

Contogeorgis, Georg. D. (geb. 26. 10. 1837): De infantulorum nutritione, munditie, vestitu. Berolini (1865). (36 S.) 8°
Berlin, Med. Diss. v. 11. Mai 1865

Contoirblatt, das, oder die kaufmännisch-politische Zeitung. Eine Fortsetzung der Fragmente aus dem Gebiete des Handels von JOH. CHR. SINAPIUS. 1—4. Quartal. Hamburg. 1781—82. (Fra 2. Quartal har Numrene Titlen: Kgl. privil. Wandsbecker kaufmännisch-politische Zeitung).

Contorist, d. allgem. kleine, oder tabellar. Verzeichniß u. Vergleichung aller Maaße u. Gewichte, nebst Anzeige des Werths aller Münzen ꝛc. (v. K. C. A. Neuenhahn d. Jüng.) gr. 8. Erfurt 791. Keyser. 1 Rthlr 8 gr Die Münztabelle apart, s. Verzeichniß d. gold. ꝛc. Münzen.

— d. neue Hamburger, od. Darstell. d. Handelsgewerbe des Hamb. Platzes in Bezug auf ganz Europa. 3 Bde. Neue Aufl. (Ist d. gewerbfleiß. Deutschland ꝛc. 7r, 8r u. 9r Bd.) 8. Zwickau 812. Schumann. 5 Rthlr

Contor- und Bureau-Karte, Große, des Deutschen Reiches. Hrsg. von A. Henze. Neustadt-Leipzig. (Um 1690?) Fol.

la Contorni delle Pitture antiche d'Ercolano con spigazione incise dietro l'originali da G. C. Kiliano etc. VIII Tom., mit 736 Kpf. Fol. Augsb. 738—81. Bürglen. (Brockhaus in Lpz.) 37 Rthlr Dass., VI Tom., mit 430 Kpf. Fol. Lausanne 777—81. Pott. 37 Rthlr

Li contorni delle pitture antiche d'Ercolano con le spiegazioni incise d'apresso l'originale da Baltassare Frederico Leitzelt [Balthasar Friedrich Leizelt]. T. 8,1.2. — In Augusta: Bürglen 1802. 4° 5.
5.3074

Contorta-Zone, Die, aus der Urschweiz und Terebratula diphya von der Axenstrasse. O. O. 1879. V: *Stutz, Ulrich.* (Cat. d. Stadtbibl. Zürich. Zürich 1864—97.)

Contostaulos, Alexander A.: De jure civitatis expellendi peregrinos. Berolini (1849). (64 S.) 8°
Berlin, Jur. Diss. v. 8. Dez. 1849

Contostaulos, Pantaleon: De legitima portione viduae inopis. Berolini (1849). (41 S.) 8°
Berlin, Jur. Diss. v. 8. Dez. 1849

Contouren, politische, aus dem Jahr 1853 vom Standpunkt des westlichen Deutschland. Frankfurt a. M. 854. Brönner. gr. 8. (IV, 92 S.) n. 15 ngr

Contouren für junge Zeichner. 1s Heft. Qu. Fol. Dresden, Hilscher. 809.

Contourentafel des menschlichen Körpers. Zum Gebrauch für Anatomen. Würzburg 1874. V: *Emminghaus, H.* (Russell XI, 726)

Contra Caligula. Eine Studie über deutschen Volkswahnsinn v. H. H. Quidam. 8. (17 S.) Leipzig 894. (E. Rust.) — 30

Contra Richter und Genossen. Einige Bemerkungen über die gegen die Armee gerichteten parlamentarischen Angriffe. 1.—5. Aufl. gr. 8. (31 S.) Potsdam 883, Döring. *

Contracte in Seenoth. Bergung oder Nothhülfe? Rechtsfall vom Reichs-Oberhandelsgericht durch Erkenntniß vom 23. Febr. 1872 entschieden. gr. 8. (25 S.) Erlangen [Stuttgart] 872, Enke. (* 50 Pf.) *
Aus: Entscheidungen des Reichs-Oberhandelsgerichts, besonders abgedruckt.

Contradictions; ou ce qui peut en arriver etc. av. fig. 8. Paris (Sommer, Leips.) 799.

— A Novel. II Vol. Leips. Sommer. 799.

Contrafactur der Stadt **Breslau 1567.** Nach dem im Rathsarchiv der Stadt Breslau befindlichen Originale in der Steindruckerei von C. G. Förster unter Leitung des Dr. Paritius gefertigt 1826. 16 Bl. L.

Contrafeth, Eydgenossisches, Auff und Abnemmender Jungfrawen Helvetiae . . . durch offentliche Exhibition den 14. u. 15. Sept. a. 1672 vorgestellt. Zug 1673. 1701. V: *Weissenbach, Johann Caspar.* (GGr)

Contrasignatur

— s.a. Signatura temporis.

Contrasignatur, die, der Proklamation vom 18. März 1848. Berichtigende Anmerkung zur Signatura temporis. gr. 8. (26 S.) Berlin 849, G. Reimer. 3 ngr

Contrasignatur (Die) der Proklamation vom 18. März 1849. 8°. Berlin 1849.

Contrast, Der, oder der Geheimnissvolle. Ein Original-Lustspiel in Prosa von fünf Aufzügen. Wien 1773. V: *Weidmann, Paul.* (BrMm) (GGr)

Contrast zwischen den Grundsätzen des Prälatenstandes in Böhmen ꝛc. 8. Frankf. Widtmann. 791.

Contrast zwischen den Grundsätzen des Prälatenstandes in Böhmen. Prag 791. Widtmann. 6 gr

— vieler heutigen Kirchenreformen, mit d. Schrift u. d. Alterthume; aus d. Italien. 8. Augsb. 790. Veith. 9 gr

Contrast, Der, zwischen Prediger und Schauspieler. Eine Gegenskizze . . . Riga 1792. V: *Sonntag, Carl Glob.* (R-N)

— der, zwischen Prediger u. Schauspieler. 8. Riga 792. Müller. 4 gr

Contraste, Teutschlands gelehrte. St. 1. Kopenhagen 1771. V: *Schütze, Gottfried.* (Ky) (ML)

Contrat conjugal, ou loix du mariage, de la réputation et du divorce, av. une dissertat. sur l'origine et le droit des dispenses. 8. Zürich 784. Orell. 12 gr

Contrat conclu le 2 décembre 1901 entre le comité de direction du (*Mess.*: chemin de fer) Central suisse et la direction générale des chemins de fer de l'Empire en Alsace-Lorraine au sujet de la remise à bail du nouveau tronçon de St.-Jean à la gare principale de Bâle, ainsi que de l'usage commun de cette gare et de celle aux marchandises de St.-Jean. 8. [Berne, C.-J. Wyss,] 1902.
Message du Conseil fédéral concernant l'approbation. (Du 7 avril 1902.) 8 p.
Arrêté fédéral approuvant le contrat.... (Du 25 juin 1902.) 3 p.

Contre, Quadrille à la cour. Mit einigen Anstandsregeln. (35 S.) 16. Leipzig (908). G. Schnurpfeil. — 40

(Neuensteiner) **Contre-Avis** au lecteur (gegen den Waldenburger Avis au lecteur ad causam Hohenlohe ca. Hohenlohe). o. O. [Mai 1750 — 10 in III.]

Contrebande, s.: Familienfreund.

Contrebande, die, auf dem Felde der periodischen Presse, oder Colporteurwesen u. Unwesen. Eine Zuschrift an d. deutsche u. insbesondere an das schles. Volk; Extrabeilage zum Breslauer Volksspiegel. Breslau 846. (Trewendt.) n. 1/12 Rthlr

Contre-Danse (Française). 16. (4 S.) Erfurt 895. F. Bartholomäus. — 15

Contre-Danse u. Quadrille à la cour. Zum Ausrufen eingerichtet. 16. (8 S.) Beuthen O/S. 880. Freund. n. — 10

Contrée: La Contrée
① Journal du district de Sierre ④ Courrier de Sierre ⑥ in-2° ⑦ 2× par semaine ⑧ Sierre: Imprimerie de Sierre Charles Lam ⑩ Charles Lam ⑪ J. Lacombaz ⑫ neutre ⑭ Si: C.

le Contre-espion, **ou les clefs de toutes les correspondances secrètes. 8. Jena 794. Gabler. (Cnobloch in Lpz.) 9 ℊ**

Contre-Mémoire des contribuables Fribourgeois, en réponse au Mémoire adressé par le Gouvernement de Fribourg à la Haute Assemblée Fédérale. (Fribourg, le 15 avril 1850.) 8. Berne 1850.

Contre-remarques **appuyées sur les loix fondamentales de l'Empire. gr. 4. Wien 759. Trattner. 16 ℊ**

Contre-Revolution, die, in Berlin oder: Bürger und Arbeiter. Vom Verf. der Flugschrift: „Der Prinz von Preußen und die berliner Revolution." gr. 8. (8 S.) Berlin 848, L. Schlesinger.

Contr'espion, Le, s. Contre-espion, Le.

Contre-Tanz, der, und die Quadrille à la cour. 2. Aufl. 64. (15 S.) Alsleben 874, Schlegel.

Contre-Tanz, der, und die Quadrille à la cour. 3. Aufl. 32. (15 S.) Alsleben. Aschersleben 879, Schlegel. *

Contre-Tanz, der, u. die Quadrille à la cour. 4. Aufl. 32. (15 S.) Alsleben. Aschersleben 881. Schlegel. n. — 20

Contre-Tanz, der, und die Quadrille à la cour. 4. Aufl. 32. (15 S.) [Braunschweig 881.] Minden i. W., Schlegel's Verlag. *
—— dass. — Zum Ausrufen eingerichtet. (8 S.) Beuthen i. O/S. 880, Freund. *

Contre-Tanz u. Quadrille à la cour. (Umschlag: Tanz-Kommandos.) 5,7×3,8 cm. Breslau (909). V. Zimmer. — 20

Contre-Tänze, drei, zum Commando für Ball-Dirigenten u. zum Selbstunterricht. Hamm 865. Wickenkamp in Comm. (Scipio.) 32. (16 S.) 2½ ngr

Contri, Cosimo Giorgieri-, s. Giorgieri-Contri

Contribution à la Faune malacologique française. XII. Gr. in-8⁰, 66 p. Bâle, Genève, Lyon, H. Georg. 1888. 4 —

Contributions à la Faune malacologique française. X. Gr. in-8⁰, 115 p., av. 1 planche. Bâle, Genève, Lyon, H. Georg. 1887. 5 —
*** Sommaire: Monographie des espèces de la famille des Buccinidae, par *Arnould Locard*.

Contributions à la faune malacologique française. XI. Gr. in-8⁰, 159 p. Lyon, Genève, Bâle, H. Georg. 1888. 4 —
Contenu: Monographie des espèces appartenant au genre Pecten, par *Arnould Locard*.

[F.] Das **Contributions-Edict** v. 11. Mai 1897. Nach offic. Quellen erl. unt. bes. Berücks. der im neuen Edict enthalt. Abändergn u. Zusätze. *Rostock: W. Werther 1897.* (2 Bl., 95 S., 4 Tab.) 1 Bd 8. (97. 3064

Contributions-Edict, das, vom 11. V. 1897. Nach offic. Quellen erläut. gr. 8. (III, 95 S.) Rostock 897. [W. Werther.] G. Koch. n. 1. 80

Contrition **et resignation des amis de Buonaparte. 8. Braunschw. 814. Pluchart. 3 ℊ**

Contrition et Resignation des Amis de Buonaparte. 8. Brunsv. Pluchart. 815. Bibltr.

Hoch-Adeliches Controlée des vollkommenen Adel des uralten Hauses von Bamberg. Mit Sinnbild u. Wappen. Wien 1707. fol.

Control-Buch über ausgegebene Herren-Wäsche. 8. (32 S.) St. Gallen 883, Maeder.

Controle, s. a. Controlle.

Controle. Internationales Organ für Versicherungs-, Transport-, Finanz- und Bankwesen, mit der Beilage: Die Mathematik im Dienste der Nationalökonomie. Hrsgbr.: Ludw. Grossmann. 1.—4. Jahrg. 1885—1888. à Jahrg. 12 Nrn. (à Nr. ½ Bog. mit Beilage ½ Bog. in gr. 8.) Fol. Wien, Administration, III. Sofienbrückengasse 5. à Jahrg. *

Controle. Internationales Organ für Versicherungs-, Transport-, Finanz- u. Bankwesen mit der Beilage: Die Mathematik im Dienste der Nationalökonomie. Herausg. Dr. Ludw. Großmann. V. Jahrg. 1889. 12 Nrn. Gr.-4. 12.—, ohne Beilage Wien: Administration 3.—

Controll-Buch f. Alters- u. Invaliditäts-Versicherung. Fol. (48 Doppelseiten.) Berlin 894. M. Zuelzer & Co. Geb. n.n. 2. 25

Controlle, s. a. Controle.

Controlle, die, politisch-belletristische Wochenschrift für Ernst u. Scherz. Red.: Wollheim. 1. Jahrg. 1858. 52 Nrn. (à 1 Bgn.) Hamburg, Expedition. gr. 4. n. 3 ℛ

Controlle. Internationales Organ für Versicherungs-, Transport-, Finanz- und Bankwesen mit der Beilage: Compendium der praktischen Volkswirthschaft und ihrer mathematischen Disciplinen. Herausgeber: Dr. Ludwig Grossmann. XI. Jahrg. 1895. 4. Pro compl. 12.—
Wien: Grossmann's Selbstverl. 1895.

Controverse d'un évêque. Lettre adressée à un de ses collègues vers l'an 514. Texte arabe publié ... par Léon Schlosberg. Vienne 1880.

Controverse über die Frage: Was ist Mineral-Species? ... Hamb. 1846. V: *Ulex, G. L. & andere.* (BrMm)

Controverse üb. die Frage: Was ist Mineral-Species? veranlaßt durch die im Herbste 1845 beim Grundbaue der St. Nicolaikirche in Hamburg entdeckten Cristalle, nebst e. Charakteristik d. Stravits 2c. gr. 4. (Mit 1 lith. Taf.) Hamburg 846, Nestler u. Melle. n. ½ ℛ

Controverse über die Impffrage. Herausg. vom Vorstand des Schweizer. Central-Vereins für Naturheilkunde. Zürich 870. Orell, Fueßli & Co. 8. (72 S.) n. 10 ngr

Controverse, Die, des Pietismus und der spekulativen Theologie in Würtemberg. Stuttg. 1840. V: *Schwab, Gustav Benj.* (Tübz 18, 57)

Controversen, socialist., s. Bernstein, Zur Theorie.

Controversen, die, des französ. Civilrechts, s. a. Thilo, W.

Controversen, die, des französ. Civilrechts. Nach d. Commentaire sur le Code civil par J. M. Boileux, revu par M. F. F. Poncelet, bearb. v. W. Thilo. Zum Gebr. f. Studirende u. angeh. Praktiker. Mit e. einleit. Vorwort v. Zoepfl. gr. 8. Stuttgart 841, Krabbe. n. 3⅓ ℛ

Controversenlexicon d. röm. Civilrechts, bearb. v. **Matthiae**. 3 Thle. Leipzig 856—63. (61. —)

Controversiae ecclesiae orientalis et occidentalis de Primatu et Additione ad Symbolum, dialogo graecumet Latinum propositae. Graecii 1752. V: *Pejačević, Franjo Ksaver Baron.* (EB)

Controversiae circa jura divortiorum editis opusculis agitatae, collectae atque conjunctim editae. *Hal.* 722. 4. — 729. — Ed. III. 737. 4.

Controversiae circa j u r a divortiorum editis opusculis agitatae et boni publici causa collectae atque coniunctim ed. Ed. 3. Halae Magdeb. 1737.

(1.) Boehmer, Just. Henn.: Diss. inaug. jur. de iure principis evangelici circa divortia. (Resp.:) Joh. Frd. Kayser, Rec. 1737.
(2.) Lange, J. M.: Gründlicher Beweiß, daß die divortia, oder Ehescheidungen, jure naturae verbothen seyn. o. J.
(3.) Kayser, Joh. Friedr.: Abgenöthigter Gegen-Beweiß, daß die Ehescheidungen in dem natürl. u. geoffenbarten göttl. Recht nicht gäntzl. verboten . . . seyn wider J. M. Langen sog. Gründl. Beweiß. o. J.
(4.) Lange, Joh. Mich.: Göttl.-triumphirende Wahrheit seines gründl. Beweises, daß die divortia oder Ehescheidungen jure naturae verboten seyn. Wider J. F. Kaysers so gen. abgenöthigten Gegen-Beweiß. 3. Aufl. 1737.
(5.) Menckenius, Godofr. Lud.: Sana de jure principis evangelici circa divortia doctrina. (Resp.:) Car. Frd. Michaelis. Anno 1719. Rec. 1730.
(6.) Kayser, Jo. Frid.: Fundamenta doctrinae de divortiis,opposita diss. Wittenbergensi sub tit. Sana de jure principis evangelici . . . vulgatae. Ed. 3. 1737.

Controversiae de Jure superioritatis, et successione Oldenburgica . . . S. l. et a. V: *Cramer, Andreas.* (D)

Controverspredigt eines Laien über die Frage: Warum sind die Mönche theils verachtet, theils verhaßt? Gehalten vor einer Versammlung von Ordensgeistlichen. Wien 1782. V: *Ratschky, Jos. Frz. von.* (GGr)

Conturens.a.Contouren.

Conturen aus S c h w a b e n. – s.a. B u o h l e r , Johann Baptist.

Conturen aus Schwaben. Schaffhausen 1861. V: *Buohler, Joh. Baptist.* (KD)

Conturen aus Schwaben. 1861. 8. (86 S.) Schaffhausen 861, Hurter'sche Buchh. *

Conturen für junge Zeichner. 1s Heft. qu. Fol. Dresd. 809. Hilscher. 16 gr

Conty, A., Gusti od. ein anständiges Heim. Schauspiel in 2 Akten. (III, 76 S.) 8. Dresden 904. E. Pierson. n. 1. 50

Contze, *Wilhelm* Adolf [aus Werdohl]: Aus d. chirurg. Univ.-Klinik zu Bonn. Polydactylie . . . Bonn, Druck v. E. Heydorn, *1893;* 29 S. 8.
Bonn, Med. Fak., Inaug.-Diss. v. [15. März] 1893

Contze, Heinr.: Über den Gebrauch des Pronomens „derselbe" mit besonderer Rücksicht auf die von Wustmann „Allerhand Sprachdummheiten" erhobenen Bedenken. *Herford (1898): H. Titgemeyer.* (20 S.) 4° [F.]
Herford, Landwirtschafts- u. Real-S verbunden m. Ackerbau-S, OP 1898 (300)

Contze, Joan. (geb. Plettenberg 23. 12. 1825): De morborum natura. Berolini (1854). (30 S.) 8°
Berlin, Med. Diss. v. 13. Okt. 1854

Contze, Wilhelm Adolf, s. C o n t z e , Adolf

Contzen, Adam, ein Ireniker u. National-Oekonom des 17. Jahrh., s.: B r i s c h a r , K.

Contzen: Haiti u. s. Racenkämpfe. Cöln. 1863.
Schul-/univ.-Schrift

Contzen (Hrsg.), s. Die S a m m l u n g e n des Historischen Vereins für Unterfranken und Aschaffenburg zu Würzburg.

Contzen, A., Commentarius in IV sancta Jesu Christi evangelia. Köln, 1707, Fol., 9 Mk.

***Contzen,* Adm.,** praelectiones logicae et metaphysicae. III Tom. Editio nova. 12maj. Mechl. 822. (Mainz, Müller). 2 fl 6 gr

Die Regel des heiligen Antonius. Eine Studie. — Von P. Benedikt Contzen, O. S. B. — 1896, Landshut, Jos. Thomann. — P. 3 – 66.
Progr. Metten, Benediktiner-Gymn.

Contzen, Frz., die Anatomie einiger Gramineenwurzeln des Würzburger Wellenkalks, s.a. A u s der Pflanzenwelt Unterfrankens.

Contzen, Franz, a. Dinslaken: Die Anatomie einiger Gramineenwurzeln des Würzburger Wellenkalks. Würzburg: A. Stuber 1906. (329 S.) 8°
Würzburg, Phil. Fak., Ref. Kraus, Diss. v. 17. Aug. 1906
[Geb. 15. Okt. 74 Dinslaken; Wohnort: Würzburg; Staatsangeh.: Preußen; Vorbildung: Friedrich-Wilhelms-Gymn. Cöln Reife M. 96; Studium: Berlin 4, Tübingen 2, Würzburg 3 S.; Rig. 1. März 06.]

Contzen, H.: Der W a l d im Haushalt der Natur u. Volkswirthschaft. Leipz. 28 p. 1867.
Schul-/Univ.-Schrift

Contzen, H. C. W., s. C o n t z e n , Heinrich

Contzen, Hans, Redakteur: Die lippische Landkasse. Ein Beitr. z. Finanzgeschichte Lippes. Münster i. W. 1910: Westfäl. Vereinsdr. VIII, 45 S. 8°
Münster, Rechts- u. staatsw. Diss. v. 4. Juni 1910, Ref. v. Heckel, Schmöle
[Geb. 17. Sept. 74 Detmold; Wohnort: Münster i. W.; Staatsangeh.: Lippe-Detmold; Vorbildung: Gymn. Paderborn Reife O. 93; Studium: Phil. Paderborn Bischöfl. Lehranst. 2, Jura Münster 7 S.; Rig. 28. Febr. 10.] [U 10. 3738

Contzen, Heinrich

Contzen, Heinr., Agricultur u. Socialismus. Ein Beitrag zur Lösg. der socialen Frage. Nebst e. Anh. gr. 8. (IV, 48 S.) Berlin 871. Luckhardt. n. 1. —

Contzen, Heinr. (C. W.), Agricultur und Socialismus. Ein Beitrag zur Lösung der socialen Frage. Nebst einem Anh. gr. 8. (IV, 48 S.) Cassel und Leipzig 871, Luckhardt'sche Verlagsh. *

— die Aufgabe der Volkswirthschaftslehre gegenüber der socialen Frage. gr. 8. (40 S.) Zürich 875. Schulthess. n. 1. 20

Contzen, H., die Aufgaben der Volkswirthschaftslehre gegenüber der sozialen Frage. 8. Zürich, Fr. Schulthess. 1. 40

Contzen, Heinr., Bausteine zur volkswirthschaftlichen Literaturgeschichte. 1. Heft.: Franciscus Patricius in der volkswirthschaftlichen Literatur, mit Beziehung auf sein Verhältniß zu W. Roscher. gr. 8. (28 S.) Berlin 864, Springer's Verlag. *

— über die sociale Bewegung der Gegenwart. gr. 8. (V, 133 S.) Zürich 876. Schmidt. n. 2. 80

Contzen, Heinr., kritisch-historische Darstellung der Methode und Begründung der Volkswirthschaftslehre. Als Einleitung für das volks- und staatswirthschaftl. Studium. gr. 8. (45 S.) Basel 861(62), Georg's Verlagsbuchh. *

—— der Einfluß des Waldes. Vortrag, gehalten in der Leipziger polytechn. Gesellschaft. gr. 8. (26 S.) Leipzig 868, Wilfferodt.

—— Einleitung in das staats- und volkswirthschaftliche Studium. Ein Beitrag zur Theorie und Geschichte der Nationalökonomie. 8. (XV, 220 S.) Leipzig 870, Wilfferodt. *

— über die geschichtliche Entwickelung des nationalökonomischen Begriffes Wucher und die Aufhebung der Zinsbeschränkungen in der Neuzeit. gr. 8. (23 S.) Leipzig 868, Priber. *

— die soziale Frage, ihre Geschichte u. ihre Bedeutung in der Gegenwart. Eine volkswirthschaftl. Skizze. gr. 8. (75 S.) Berlin 871. Luckhardt. n. 1. 50

— dasselbe. 2. verm. u. verb. Aufl. gr. 8. (191 S.) Ebend. 872. 2. 50

— die sociale Frage, ihre Geschichte und ihre Bedeutung in der Gegenwart. Eine volkswirthschaftl. Skizze. 1. Aufl. (75 S.) 1871. *M 1,50., und 2. verm. und verb. Aufl. gr. 8. (191 S.) Cassel und Leipzig 872, Luckhardt'sche Verlagsb. *

— Geschichte der socialen Frage von den ältesten Zeiten bis zur Gegenwart, s. a. Bibliothek für Wissenschaft und Literatur.

Contzen, Heinr., Geschichte der socialen Frage von den ältesten Zeiten bis zur Gegenwart. 2. (Titel-)Ausg. gr. 8. (VIII, 404 S.) Berlin 879. Th. Hofmann. n. 7. 50

— dasselbe. s. a. Bibliothek f. Wissenschaft u. Literatur.

— über die Geschichte des Geldes und über Goldwährung. Vortrag, gehalten in der Leipziger polytechn. Gesellschaft. gr. 8. (36 S.) Leipzig 868, Priber. *

Contzen, H., Geschichte, Litteratur u. Bedeutung der Nationalökonomie oder Volkswirthschaftslehre. (208 S.) Berlin 1876. A. Lehmann.

— Geschichte, Literatur u. Bedeutung der Nationalökonomie od. Volkwirthschaftslehre. gr. 8. (XIV, 208 S.) Kassel 876. Maurer. n. 4. —

— Geschichte, Literatur u. Bedeutung der Nationalökonomie od. Volkswirthschaftslehre. 2., bis auf die Jetztzeit verb. Aufl. gr. 8. (XIV, 208 S.) Berlin 881. F. & P. Lehmann. n. 3. —

— Geschichte der volkswirthschaftlichen Literatur im Mittelalter. gr. 8. (XVII, 160 S.) Leipzig 869, Priber. *

Contzen, H., Geschichte d. volkswirthsch. Literatur im Mittelalter mit Berücksichtig. d. mittelalt. Staatslehre. 2. A. Berlin 1872. 8°.

— nationalökonomische Grundanschauungen. gr. 8. (29 S.) Leipzig 868, Priber. *
Vorstehende zwei Schriften sind aus: Die Nationalökonomie ein polit. Bedürfniß unserer Zeit, besonders abgedruckt.

— Grundbau der Nationalökonomie. gr. 8. (VIII und 97 S.) Leipzig 866, Brandstetter.

— National-Oekonomie. Ein Hand- und Lehrbuch für alle Stände. 30 Lfgn. gr. 8. (VIII, 960 S.) Leipzig 878, [Hildebrandt und Comp.] Verlag des Hausfreundes. à Lfg. * 50 Pf. *

— National-Oekonomie. Ein Hand- u. Lehrbuch f. alle Stände. gr. 8. (VIII, 960 S.) Leipzig 878. E. Leuckart. n. 10. —; geb. n. 12. —

— National-Oekonomie. Ein Hand- und Lehrbuch für alle Stände. 2. unveränd. (Titel-)Aufl. gr. 8. (VIII, 960 S.) Leipzig 881, Leuckart.

— dass. — 2. theilweis verb. Aufl. 31 Lfgn. gr. 8. geb. (XVI, 960 S.) Ebendas. 883. à Lfg. 30 Pf. geb.

— die Nationalökonomie ein politisches Bedürfniß unserer Zeit. Vorträge u. gesammelte Abhandlungen aus dem Gebiete der Volkswirthschaft. Leipzig 868. Priber. gr. 8. (VII, 192 S.) n. 27 ngr.
Hieraus einzeln:
Ueber die geschichtliche Entwickelung des nationalökonom. Begriffes Wucher u. die Aufhebung der Zinsbeschränkungen in der Neuzeit. (23 S.) 5 ngr.
Nationalökonomische Grundanschauungen. (29 S.) n. 5 ngr.
Die socialistischen Systeme u. die Arbeiterfrage. (17 S.) n. 4 ngr.
Die drei volkswirthschaftlichen Systeme. Das Merkantilsystem, der Physiokratismus u. das Industriesystem. (39 S.) n. 6 ngr.
Der Wald im Haushalt der Natur u. Volkswirthschaft. (23 S.) n. 5 ngr.
Die Wichtigkeit der Nationalökonomie oder Volkswirthschaftslehre. 2. Aufl. (54 S.) n. 8 ngr.

— die Nationalökonomie ein politisches Bedürfniß unserer Zeit. Vorträge und gesammelte Abhandlungen aus dem Gebiete der Volkswirthschaft. 2. Aufl. 2 Bde. gr. 8. Berlin, Heimann's Verlag. [1. Bd. (VIII, 233 S.) 872. *M 4.; 2. Bd. (IV, 318 S.) 873. *M 5.] *

— d. Nationalökonomie, ein polit. Bedürfn. uns. Zeit. 2. Aufl. 2 Bde. Berl. 874.

— de Thomae Aquinatis sententiis ad oeconomiam politicam pertinentibus. gr. 8. (22 S.) Basel 861(62), Georg's Verlagsbuchh. *

— neue Studien über Kultur, Volkswirthschaft und Politik im Mittelalter. 1. Thl.: Geschichte der volkswirthschaftl. Literatur im Mittelalter unter Berücksicht. der mittelalterl. Staatslehre. 2. verm. Aufl. gr. 8. (VII, 246 S.) Berlin 872, Heimann's Verlag.

Contzen, Heinr. C. W., das Studium der Nationalökonomie, insbesondere über die Nothwendigkeit nationalökonom. Bildung für den Forstmann in der Gegenwart. Leipzig 869. Wissierodt. gr. 8. (32 S.) 9 ngr.

— die 3 volkswirthschaftlichen Systeme. Das Merkantilsystem, der Physiokratismus und das Industriesystem. gr. 8. (39 S.) Leipzig 868, Priber. *
Vorstehende zwei Schriften sind aus: Die Nationalökonomie ein polit. Bedürfniß unserer Zeit, besonders abgedruckt.

— die socialistischen Systeme und die Arbeiterfrage. gr. 8. (17 S.) Leipzig 868, Priber. *

— Tausch und Kauf nach Entdeckung des maßgebenden Zahlmittels, s. Tausch und Kauf.

— Thomas v. Aquino als volkswirthschaftlicher Schriftsteller. Ein Beitrag zur nationalökonom. Dogmengeschichte des Mittelalters. gr. 8. (16 S.) Leipzig 861, [Hennings'sche Buchh.] *

— Thomas von Aquino als volkswirthschaftlicher Schriftsteller. Ein Beitrag zur nationalökonomischen Dogmengeschichte des Mittelalters. Leipzig 861. Lehmann. (Wolf.) gr. 8. (16 S.) n. 5 ngr.

— die Volkswirthschaftslehre als Unterrichtsgegenstand, s. Vorträge u. Abhandlungen, pädagogische.

— der Wald im Haushalt der Natur und Volkswirthschaft. gr. 8. (23 S.) Leipzig 868, Priber. *

— die Wichtigkeit der National-Oekonomie für Landwirthe, Forstmänner und Kaufleute sowie für Theologen, Juristen und Mediciner mit besond. Beziehung auf Fr. G. Schulze's Nationalökonomie. Nebst einem Vorwort von Vict. Jacobi. gr. 8. (99 S.) Leipzig 859, [Hennings'sche Buchh.]

— die Wichtigkeit der Nationalökonomie oder Volkswirthschaftslehre. 2. Aufl. gr. 8. (54 S.) Leipzig 868, Priber. *
Vorstehende zwei Schriften sind aus: Die Nationalökonomie ein polit. Bedürfniß unserer Zeit, besonders abgedruckt.

— und H. Schramm, allgemeine Wirthschaftslehre. gr. 8. Leipzig 872, Gloeckner. *M 4,50.; geb. *

— u. Hugo Schramm, allgemeine Wirthschaftslehre od. Nationalökonomie f. den Kaufmann, f. Techniker, Land- u. Forstwirthe, sowie f. Gebildete aller Stände. gr. 8. (XII, 340 S.) Leipzig 872. Spamer. n. 4. —; geb. n. 5.—

—— zur Würdigung des Mittelalters mit besonderer Beziehung auf die Staatslehre des heiligen Thomas von Aquino. gr. 8. (29 S.) Cassel und Leipzig 870, Luckhardt'sche Verlagsh. *

—— forstliche Zeitfragen. gr. 8. (VII, 90 S.) Leipzig 870, Prider.

—— dass. — Vier zeitgemäße Aufsätze für Gebildete aller Stände. 2. verm. Aufl. gr. 8. (VII, 120 S.) Berlin 872, Heimann's Verlag. *

Contzen, Jos[eph]. Beiträge zur Kenntnis der Natriumphosphorvanadinmolybdate. Diss. Phil. Bern. 46 S. 8. Bern, W. Wälchli, 1906.

Contzen, Leopold *Antrittsrede.* 4 (S. 43—49).
Progr. Kgl. G. *Bonn* 1895 (437).

Contzen, Leopold, aus Offenbach a. M., Referendar bei d. kgl. Staatsanwaltschaft zu Hildesheim. Die strafrechtliche Behandlung des blinden Passagiers. *Hildesheim 1899: A. Lax.* (38 S.) 8°
Erlangen, Jur. Diss. v. 27. Okt. 1899

Contzen, Leopold [Dir. Dr.]: *Bericht über seine Einführung als Direktor der Anstalt.* Bonn, Univ.-Buchdr. v. C. Georgi, 1895; 37—49 S. 4.
Bonn, k. G, P 1895 (437)

Contzen, Leop., französische Geschichte bis zur Revolutionszeit. Ein Hülfsbuch für den geschichtl. Unterricht in den oberen Classen höherer Lehranstalten. gr. 8. (VII, 230 S. mit 1 Karte in Stahlst. in qu. 4.) Köln 870, DuMont-Schauberg'sche Buchh. *

Goa im Wandel der Jahrhunderte. Beiträge z. portugies. Kolonialgesch. von Dr. Leopold Contzen, Gymn.Dir. *Berlin: C. A. Schwetschke & Sohn 1902.* (89 S.) 8° [illegible]

Contzen, Leop., das Königreich Griechenland. Eine historisch-politische Rückschau. gr. 8. (36 S.) Köln 869, Rommerskirchen. *

Contzen, Leopold [Dir. Dr.]: Die Historiographie der Conquista, vornehmlich im 16. und 17. Jahrhundert. 1. Cieza de Leon u. Garcilaso de la Vega. Leipzig, Druck v. Hesse & Becker, 1891; S. 1—46; 4°
Essen, k. G, P 1891 (487)

Contzen, Leopold, Direktor Dr.: Die Portugiesen auf Målaka. Beiträge zur portugiesischen Kolonialgeschichte in Ostindien. Bonn 1906: C. Georgi. (36 S.) 4°
Bonn, k. G P 1906 (532)

Contzen, Leop., Potosi, Bilder u. Geschichten aus der Vergangenheit e. südamerikan. Minenstadt, s. a. Sammlung gemeinverständlicher wissenschaftlicher Vorträge.

Contzen, Leopold: Potosi. Bilder und Geschichten aus der Vergangenheit einer südamerikanischen Minenstadt. (Sammlung gemeinverständlicher wissenschaftlicher Vorträge. N. F. Ser. 8. Heft 180/181.) Hamburg 1893. 71 S. 8°.

Contzen, Leopold [Dir. Dr.]: *Die Stiftungen des Königlichen Gymnasiums zu Essen.* Leipzig, Druck v. Hesse & Becker, 1894; 31—34 S. 4.
Essen, k. G. P 1894 (442)

Contzen, Leopold Stiftungen und Unterstützungen von Schülern *am Königlichen Gymnasium zu Essen.* 4 (S. 31—34).
Progr. Kgl. G. *Essen* 1894 (442).

Contzen, Leopold: Die letzten Tage von Ormuz, mit Ausblicken auf die gegenwärtigen Verhältnisse am Persischen Golf. Beiträge zur portugiesischen Kolonialgeschichte, pragmatisch dargestellt. 35 S. 4. **Progr.** Kgl. Gymn. *Bonn* 1903 (492).
Teil I bildet: Goa im Wandel der Jahrhunderte. Beiträge zur portugiesischen Kolonialgeschichte. *Berlin: C. A. Schwetschke u. Sohn* 1902. 89 S. 8. M. 3.—.

Contzen, Leopold, Dir. Dr.: Die letzten Tage von Ormuz, mit Ausblicken auf die gegenwärtigen Verhältnisse am Persischen Golf. Beiträge z. portugiesischen Kolonialgeschichte, pragmatisch dargest. *Bonn 1903: C. Georgi.* (S. 1—35.) 4°
Bonn, k. G, P 1903 (492)

Contzen, Leopold: Der Titicaca und seine Erinnerungen. (Programm.) [Köln 1882.] 20 S., 1 Krt. 8°.

Contzen, Leop., die Wanderungen der Kelten. Histor.-krit. dargelegt. Gekrönte Preisschrift. Lex.-8. (X und 269 S.) Leipzig 861, Engelmann.

Contzen, M. Th., Geschichte Bayerns. Zum Gebrauche bei akadem. Vorlesungen und zum Selbststudium. (In 3 Abthlgn.) 1. Abthl. gr. 8. (XI und 308 S.) Münster 853, Coppenrath'sche Buchh.

Contzen, M. Th., die Geschichtsschreiber der Sächs. Kaiserzeit nach ihrem Leben u. ihren Schriften. gr. 8. Regensburg 837. Pustet, jetzt Kollmann in Augsburg. 3/4 ß

Contzen, Martin Bemerkungen zur Überbürdungsfrage aus der Schulpraxis, mit Bezugnahme auf einige von der zweiten rheinischen Direktorenversammlung angenommene Thesen. 4 (S. 3—15).
Progr. Rprg. *Viersen* 1887 (465).

Conubium, Legatum tabularum Zschornianum Litterarum artiumque, in Academiis. Philostrati imaginum illustratio. Gottingae 1796. V: *Heyne, Christian Gottlob.* (MGT)

Conus, G., Aufgabenbuch der Instrumentationslehre. I—III. Thl. Ins Deutsche übers. v. Osc. v. Riesemann. gr. 8. Moskau (910). P. Jurgenson. 8. 80
I. (61 S.) 2.20. — II. (VII, 179 S.) 3.30. — III. (V, 123 S.) 3.30.

— Sammlung von Aufgaben, Übungen u. Fragen (1001) zur prakt. Erlernung der Elementar-Musiklehre. Aus dem Russ. übers. v. Th. Bubeck. (IV u. S. 9—95.) gr. 8. Ebd. 907. 3. 30

Convalina, Jh. Fr., kaufmänn. Calculator, nach alphabet. Ordnung. 8. Prag 181.. 2e Aufl. 4. Ebd. 817.

Convenienz und Liebe. Lustsp. m. 1 K. Osnabrück, Blothe. (a. Linke in Leipzig.)

Der KATHOLISCHE Convent und die katholische Schule in Oedenburg 1876. Oedenburg 1876: Romwalter. 15 S. - 210 mm

Conventikel, über die, welche im Canton Waadt errichtet worden. Eine Uebersetzung der Schrift des C. A. Curtat, im Auszuge. 8. Bern 822, Jenni. Rthlr.

—inter sanctiss. Dominum, summum Pontificem et Maximilianum Josephum, Bavariae regem. Anno 1817. Ed. alt., accurat. et augmenta. Fol. Münch. 818. Lentner. 5 ℛ

Conventio inter sanctiss. Dominum, summum pontificem Pium VII. et Maxim. Josephum, Bavariae regem. Ed. alt., accurat. et augmentata. *Monachii*, **Lentner. (817.) 819. Fol. (6 Gr.)**

Conventio **inter Pium VII. summum pontif. et majestatem suam Maximilianum Josephum, Bavariae regem, nec non Bullae Pii VII. ac Leonis P. P. de constituenda re sacra in terris Boruss. Hannoveranisque. (Appendix ad G. Wiese, jus eccles.) 8. Götting. 826. Dieterich. 4 ℛ**

Erste anisch-dte Convention, gehalten zu Pittsburgh, vom 18. bis 26. Okt 1887. Protokoll. NY, 1888.

Dritte Anische-Deutsche Convention, 1839. Pittsburgh, 1839.

Convention d'armistice entre le Roi de Prusse, en son nom, ainsi qu'au nom et de la part de la confédération germanique, et le Roi de Danemark conclue à Malmö le 26 aout 1848. Waffenstillstands-Convention zwischen dem König von Preussen etc. Vaabenstilstands-Convention mellem Kongen af Preussen etc. Schleswig. (1848.) (Französisch, Deutsch und Dänisch.) 4°.

Convention de Berne revisée pour la protection des œuvres littéraires et artistiques, s. Übereinkunft, Die Berner, über internationales Urheberrecht.

Chemins de fer Jura-Simplon et Montreux-Montbovon. Convention du 22 mars/31 mai 1901 pour la... gare de Montreux... 5 p. 4.

Convention de commerce entre la Suisse et la France. [Extrait de la Feuille fédérale....] 8. [Berne, C.-J. Wyss.]
Ed. A: ⟨Conclue le 20 octobre 1906.⟩ — *In:* Message du Conseil fédéral à l'Assemblée fédérale concernant la conv'.... ⟨Du 5 novembre 1906.⟩ [Berne ...] 1906. p. 60—116.
Ed. B, sép. (20 octobre 1906.) 57 p. [Berne ...] 1906.

Convention de commerce entre la Suisse et la France. Conclue le 20 octobre 1906. Entrée en vigueur à partir du 23 novembre 1906. ([Avec les] ratifications, 19/21 Novembre 1906.) [Extrait du Recueil officiel des lois....] 60 p. 8. [Berne, C.-J. Wyss,] 1906.

Convention concernant la création d'une union internationale pour la protection des œuvres littéraires et artistiques, du 9 septembre 1886. In-8°, 49 p. Berne, librairie Rud. Jenni. 1 —

Convention touchant certaines dispositions moins rigoureuses relatives au trafic réciproque entre les chemins de fer de la Suisse et ceux de l'Allemagne, en ce qui concerne les objets qui, aux termes de la convention internationale sur le transport de marchandises par chemins de fer, du 14 octobre 1890, sont exclus du transport ou n'y sont admis que conditionnellement. Conclue le 12 décembre 1901. En vigueur à partir du 1er février 1902. 34 p. 8. [Berne, C.-J. Wyss.]

Dritte Conv. Die, d dten Burger d VS zu Phillipsburg, in Bibergau, Pa. vom 1. bis 3. Aug 1839. Phila, 1839.

Convention, die Genfer, im Kriege von 1870—1871. Beitrag zur Beurtheilung derselben in der prakt. Durchführung von Dr. v. C. gr. 8. (25 S.) Karlsruhe 871, Braun'sche Hofbuchh.

Convention international relative à la circulation des automobiles, s.: Verordnung üb. den internat. Verkehr m. Kraftfahrzeugen.

Convention internationale sur le transport de marchandises par chemins de fer, s.: Übereinkommen, internationales, üb. den Eisenbahn-Frachtverkehr.

Chemins de fer Jura-Simplon et Berne-Neuchâtel. Convention pour la jonction en gare de Neuchâtel de la ligne directe Berne-Neuchâtel avec la ligne Lausanne-Bienne... du 20 juin 1901. 4 p. 4.

Convention am Krönungstage Alexanders. An alle deutsche Männer und Frauen. o. O. Den 24ten März 1813. 8°

Convention der verbündeten Mächte mit Frankreich vom 20. Nov. 1815 betr. die Privatforderungen an Frankreich. Bremen [1816]. V: *Gildemeister, J. C. F.* (Kat. d. Bibl. d. dtsch. Reichstages. Berlin 1882.)

Convention entre sa Maj. l'Empereur, Roi de Hongrie et de Bohême, et la republique française, suivie de l'Acte d'Accession de sa Maj. l'Empereur de toutes les Russies et de l'Acceptation de la dite Accession. 4. Wien 803. Degen. 4 *fl.*

Convention, die Mainz-Darmstädter, und die Großherzogl. Hessische Verfassung. Eine Prüfung der Frage: ob die Convention der Großherzogl. Hessischen Regierung mit dem Bischof von Mainz vom 28. August 1854 ohne Mitwirkung der Stände des Großherzogthums mit Rechtsgültigkeit abgeschlossen werden konnte? vom rechtlichen Standpunkt aus. Frankfurt a. M. 861. Auffarth in Comm. gr. 8. (46 S.) n. 8 *ngr.*

Convention, abgeschlossen zwischen Oesterreich und Russland in Betreff der Donau-Schiffahrt, wovon die Ratifications-Urkunden am $\frac{22}{10}$ September 1840 zu St. Petersburg ausgewechselt wurden. 4. Wien 1840.

— postale universelle, s.: Weltpostvertrag.

Convention principale du St-Gothard entre l'Allemagne, l'Italie et la Suisse et accord italo-suisse. Projets du 20 avril 1909. 19 p. 4. [Berne, Stæmpfli & Cie.]

Convention und Reglement, verfasset, beschlossen . . . in der . . . Salpeter-Siederey Nordenfelß . . . Copenh. [1756]. V: *Erichsen, Joh. Gfr.* (Bruun, Bibl. Danica. III, 897.)

Convention, Die, vom 15. September und die Encyclika vom 8. December . . . Übersetzt von . . . H. Brieden. Mit den bezüglichen Aktenstücken. Arnsberg 1865. V: *Dupanloup, Fel.* (Russell I, 115)

Convention, die, vom 15. Septbr. und die Encyclica vom 8. Decbr. 1864, von dem Bischofe von Orleans (Fel. Dupanloup). Aus dem Französ. Vom Verf. autoris. Uebersetzung. 2. Aufl. gr. 8. (72 S.) Münster 865, Aschendorff'sche Buchh. *

—— dass. — Uebers. von H. Brieden. 8. (160 S.) Arnsberg 865, v. Schilgen.

Convention entre la Suisse et l'Autriche, touchant l'affaire du Tessin. Conclue le 18 Mars 1855. Ratifiée par la Suisse le 26 Mars 1855. Ratifiée par l'Autriche le 7 Avril 1855. 8. *s. l.*

Convention entre la Suisse et la France relative à la délimitation de la frontière entre le mont Dolent et le lac Léman. Conclue ... le 10 juin 1891. Ratifiée par la Suisse le 1er juillet 1891.... Entrée en vigueur le 20 juin 1900/22 novembre 1902. 45 p. 8. [Berne, C.-J. Wyss,] 1903.
p. 6—45, Annexe: Description de la frontière....

Convention entre la Suisse et la France concernant la police de la navigation sur le lac Léman. Conclue le 10 septembre 1902. Ratifiée par la Suisse le 24 septembre 1902.... En vigueur à partir du 1er novembre 1902. (30 p.) 8. [Berne, C.-J. Wyss, 1902.]

Convention entre la Suisse et la France concernant la police de la navigation sur le lac Léman. Conclue le 10 septembre 1902. Ratifiée... le 24 septembre... [et] le 3 octobre 1902. En vigueur à partir du 1er novembre 1902. 20 p. 8. [Berne, C.-J. Wyss,] 1902.

— télégraphique internationale. — Internationaler Telegraphen-Vertrag, abgeschlossen zu St. Petersburg am 10/22. Juli 1875. gr. 4. (139 S.) Berlin 876. v. Decker. n. 1. 60

Convention télégraphique internationale et Règlement et tarifs y annexés. Revision de Londres ⟨1903⟩. 87 p. 4. Berne, Rösch & Schatzmann, 1903.

Convention télégraphique internationale et Règlement et tarifs y annexés. Revision de Lisbonne. 95 p. 4. Berne, Bureau international de l'Union télégraphique, 1908.

Société anonyme des Usines de Georges Fischer à Schaffhouse. Convention concernant la vente des raccords. Suisse occidentale. 15 Mars 1901. II + 16 p. 8. Schaffhouse, H. Meier & Cie.

Conventiones de rebus ecclesiasticis inter s. sedem et civilem potestatem variis formis initae. Ex collectione romana a Vicent. Nussi excerptae. gr. 8. (X, 442 S.) Mainz 870, Kirchheim. *

Conventions internationales relatives au mariage, au divorce et à la tutelle. Conclues à la Haye le 12 juin 1902. En vigueur le 15 septembre 1905. (Arrêté fédéral approuvant les conv' int' .... Du 16 juin 1905; [Texte original des] trois conv' int'; Procès-verbal de dépôt [du] 17 juillet 1905. 31 p. 8. [Berne, C.-J. Wyss,] 1905.

Conventions. Nouvelles C' Internationales du St-Gothard. Du 13 octobre 1909. Texte original français avec traductions allemande et italienne en regard. Ed. officielle du Département fédéral des chemins de fer à Berne, du 1er XI 1909. [Avec 1 croquis.] II + 16 p. 4-obl. [Berne, Stæmpfli & Cie.]

Conventions techniques relatives à la construction et l'exploitation des chemins de fer de premier ordre. Redigées par la commission technique de l'union des chemins de fer allemands d'après les décisions de l'assemblée des ingénieurs de l'union tenue à Constance les 19 et 20 Juin 1888. Avec 17 planches. Le texte original allemand a été publié par les soins de la direction gérante de l'union des chemins de fer allemands. Berlin, le 1 Janvier 1889. Traduction textuelle autorisée. gr. 8. (VII, 67 S.) Wiesbaden 890. Kreidel. n. 4. 50

Conventions techniques de l'union des administrations des chemins de fer allemands, relatives à la construction et l'exploitation des chemins de fer. Rédigées par la commission technique de l'union d'après les résolutions prises dans l'assemblée des ingénieurs de l'union, tenue à Constance du 26 au 28 Juin 1876. Publié par la direction qui préside aux affaires de l'union des chemins de fer allemands. Traduit de l'allemand par Ed. Zollikofer. Avec 3 planches (lithogr.). gr. 8. (52 S.) Wiesbaden 877, Kreidel's Verlag. *

Conventions techniques de l'union des chemins de fer allemands relatives à la construction et l'exploitation des chemins de fer de premier ordre. Redigées par la commission technique de l'union d'après les décisions de l'assemblée des ingénieurs de l'union tenue à Gratz les 19 et 20 Mai 1882. Publié par la direction gérante de l'union des chemins de fer allemands. Traduction autorisée. gr. 8. (48 S. avec 6 planches [lithogr.]). Wiesbaden 883, Kreidel's Verlag. *

Conventiune intre Santi 'a sa Papa Piu IX. si Majestatea sa Cesarea-Regia Apostolica Franciscu Josefu I. Imperatulu Austriae. *Blasiu* 1856. Cu *tipariulu Seminariului.* 22 S. 4°. 10 kr.
(Concordat zwischen Sr. Heiligkeit dem Papste Pius IX. und Sr. k. k. ap. Majestät Franz Joseph Kaiser von Oesterreich. *Blasendorf* 1856. *Seminar-Druckerei.*) — (Roman.)

„Convents-Deputations-Gutachten, Des Hoch-Löbl. Ober-Rheinischen Crayses, Das Müntz-Wesen betreffend, de dato Franckfurth den 19. Febr. 1752. Mit Beylagen sub. Lit. A usque G incl. [o. O.] 1752". — Vorh.: StB Nürnberg, Bibl. des Kammergerichts Berlin — Jf. 82.

Conventsfähigkeit, Die, der Bremischen Vorstädte. Eine Supplik an den hohen Senat. Bremen 1843. V: *Donandt, Ferd.* (Kat. d. Bibl. d. dtsch. Reichstages. Berlin 1882.)

CONVERS, Franz Alexander (Vevey): Sur l'ophthalmie.- Landshut: Hagen 1812. 20 S.
12.12.1812 - Pe 526: P 57
Diss. Ingolst.-Landsh.-Mchn.

Conversation du Roi de Prusse, dans une course faite en 1779, pour visiter un district de ses Etats. 1784. 8.

Conversation du Roi de Prusse dans une course faite en 1779 pour visiter un district de ses états. 8. Dessau, ches les Savans. 785.

Conversation zw. e. Stotternden, e. Schwerhörigen u. e. Schnufelnden üb. d. deutsche u. italien. Oper, s.: Theater, neues Wiener.

Conversationen im Vorhofe des Tempels d. Wahrheit. gr. 8. Zürich 790. Ziegler. 1 ꝑ

Conversationi instruttivi, v. Schanl, O.

Conversations, Les, d'Émilie. Leipzig 1773. V: *La Live d'Épinay, Louise Flor. Pétronille de.* (BrMm) »1774« (Milchs)

Conversations, les, d'Emile. 8. Leips. Crusius. (Vogel). 774.

— d'Emilie, ou Entretiens instructifs et amusans d'une mère avec sa fille. II Tom. 12. Basle, Serini. 784.

— les, d'Emilie. 2 ptiea. gr. 12. Hamb. Fauche. 796.

Conversations françaises sur le tableaux et Ed. Hölzel par Lucien Génin et Josef Schamanek. I. Le printemps. Avec une chromolithographie. Deuxième édition. Gr.-8. (12 S.) Wien: Hölzel 1897. —.30

— et historiettes à l'usage des enfans, qui commencent a lire, par Mad. de V**. II Vols. 24. Braunschw. 814. Pluchart. 12 ⱪ

Conversations, original, in English and German for the use of both nations. — Englisch-deutsche Original-Gespräche zum Gebrauch für beide Nationen. 8. (VII und 135 S.) Aachen 848. [Leipzig,] Wengler. Thlr.

Conversations-Abende im Salon d. Gräfin v. S***., s.a. Herlossohn, C.

Conversations-Abende im Salon der Gräfin von S***. Herausgeg. von C. Herloßsohn. 2 Thle. gr. 12. Leipzig 811, Fest'sche Verlagsbuchh. 2½ ꝑ

Conversations-Bibliothek, od. Darstellung d. Wissenswürd. u. Nützlichsten zum gesell. Leben. I. u. II. — A. u. d. T.: Der Weltmann, od. d. Kunst, sich anständig u. fein in Gesellschaften zu betragen. — Das allerneueste u. vorzügl. Anstands- u. Complimentirbuch. 2 Bdchn. 16. (19 B. u. 1 Stndr.) Lissa 830, E. Günter. à

—— dies. III. u. IV. — A. u. d. T.: Der Erzähler, e. Samml. kl. unterhalt. Erzähln. u. interess. Anekdoten, gesammelt u. mit d. nöth. Erläutern. hrsg. v. E. W. Frohreich. 2 Bdchn. 16. (15⅓ B.) Ebds. 830. à

—— dies. V. u. VI. — A. u. d. T.: Der Familien- u. Gelegenheits-Dichter. Eine Auswahl d. vorzügl. Gedichte zu allen Familienfesten u. feierl. Gelegenheiten. Eigenes u. Gesammeltes hrsg. v. C. H. 1. u. 2. Bdchn. 16. (9 u. 6¼ B.) Ebds. 830. à
Vgl. No. IX. X.

—— dies. VII. — A. u. d. T.: Blumen d. Liebe u. Freundschaft. Deutschlands edlen Jungfrauen u. Jünglingen gewid. 1. Bdchn. Enth.: Die Blumensprache ꝛc. 3., umgearb. u. verm. Ausg. 16. (6 B.) Ebds. 831.

—— dies. VIII. — A. u. d. T.: Blumen d. Liebe ꝛc. 2. Bdchn. Enthalt: Eine Samml. vorzügl. Aufsätze in Stammbüchern. 3., umgearb. u. verm. Ausg. 16. (7 B.) Ebds. 832.
vgl. Blumen d. Liebe u. Freundschaft.

—— dies. IX. u. X. — A. u. d. T.: Der Familien- u. Gelegenheitsdichter. Eine Auswahl d. vorzügl. Gedichte zu allen Familienfesten u. feierl. Gelegenheiten. Eignes u. Gesammeltes v. C. H. 3. u. 4. Bdchn. 16. (7½ u. 6¼ B.) Ebds. 832, 33. à Vgl. No. V. VI.

—— dies. XI. u. XII. — A. u. d. T.: Der Sänger. Eine Auswahl d. besten deutschen Lieder z. Erweckung d. Frohsinns in gesell. Kreisen, bei häusl. Festen u. in d. freien Natur. 1. u. 2. Bdchn. 16. (7 u. 9 B.) Ebds. 833, 34. à

Conversations- u. Gesellschafts-Bibliothek. Eine vollständ. Encyclopädie sämmtl. f. das Gesellschaftsleben unentbehrl. Kenntnisse. A. u. d. T.: Das witzige Handbüchlein z. heitern Unterhalt. einer Gesellschaft. Gesammelt v. Carl Ritter. 16. (4 B.) Leipzig 843, Schmalz.
Vgl. Tischreden u. Trinksprüche.

Conversations- und Reisebibliothek. 1—27. (Bd.) Leipzig 855—57. Lorck. 8. Jeder Bd. n. 10 ngr
1. Bd. Aus der Russischen Gefangenschaft. Von Alfr. Royer, erstem Lieutenant des englischen Kriegsdampfers „Tiger". Aus dem Engl. von E. A. Kretzschmar. (2 Bl., 152 S.)
2. Bd. Ein Besuch im Türkischen Lager. Von Hans Wachenhusen. (2 Bl., 211 S.)
3. Bd. Katin Stewart. Eine einfache Geschichte. Aus dem Engl. von Jul. Seybt. (2 Bl., 215 S.)
4. Bd. Von Widdin nach Stambul. Streifzüge durch Bulgarien und Rumelien. Von H. Wachenhusen. (2 Bl., 192 S.)
5. Bd. Ein Sommer in Schleswig. Skizzen und Bilder von Dr. H. Aus dem Dän. von H. Helms. (3 Bl., 113 S.)
6. Bd. Eine Nordfahrt. Streifzüge in Island von Pliny Miles. Aus dem Engl. von W. E. Drugulin. (2 Bl., 152 S.)
7. Bd. Benjamin Franklin. Eine Biographie von F. A. Mignet. Aus dem Französ. von Ed. Burckhardt. (2 Bl., 143 S.)
8. Bd. Die Mormonen. Ihr Prophet, ihr Staat und ihr Glaube. Von Mor. Busch. (2 Bl., 158 S.)
9. Bd. Geschichte des Kaisers Nikolaus I. Nach dem Französ. des Grafen de Beaumont-Vassy. Fortges. bis zum Tode des Kaisers. (2 Bl., 191 S.)
10. Das Neue Paris. Von H. Wachenhusen. (VIII, 167 S.)
11. Bd. Wolfert's Rust. Transatlantische Skizzen von Washington Irving. Aus dem Engl. von W. E. Drugulin. (VII, 130 S.)
12. Bd. Skizzen und Bilder aus der Krim. Von S. Steinhard. (VII, 148 S.)
13. Bd. Tolla Feraldi. Von Edm. About. Nach dem Französ. von A. Diezmann. (VI, 131 S.)
14. Bd. Aus dem Seeleben. Von Basil Hall. Aus dem Engl. von W. E. Drugulin. (VIII, 152 S.)
15. Bd. Finnland und seine Bewohner. Eine histor.-geogr. Skizze von Mor. v. Lindemann. Mit einem Vorwort von Karl Andree. (IX, 143 S.)
16. Bd. Jules Gerard, der Löwenjäger. Nach dem Französ. von A. Diezmann. (XI, 139 S.)
17. Bd. Sicilianische Novellen und Skizzen. Von H. P. Holst. Deutsch von Henrick Helms. (3 Bl., 161 S.)
18. Bd. Das Fräulein von Malepeire. Von Charles Reybaud. Aus dem Französ. von E. W. Bleich. (2 Bl., 127 S.)
19. Bd. Eine Novelle aus Lappland. Von G. H. Mellin. Aus dem Schwed. von Henrick Helms. (2 Bl., 139 S.)
20. Bd. Leipzig. Skizzen aus der Vergangenheit und Gegenwart. Von Aug. Diezmann. (VII, 143 S.)
21. Bd. Ein Indischer Königshof. Von einem Mitgliede des Hofstaates zu Audh. (W. Knighton.) Nach dem Engl. von L. Thiele. (VII, 158 S.)
22. Bd. Von Cöln bis Worms u. Speyer. Rheinische Städte und Landschaften. Von F. Gust. Kühne. (VIII, 143 S.)
23. Bd. Das Klosterleben Karls V. von William H. Prescott. Aus dem Engl. von Jul. Seybt. (VIII, 135 S.)
24. Bd. Aus den Annalen der englischen Aristokratie nach J. B. Burke. Deutsch bearb. von Jul. Seybt. (VII, 121 S.)
25. Bd. Bilder aus den Alpen. Erinnerungen eines Malers. Von L. Thiele. (VII, 139 S.)
26. Bd. Die Entdeckungsreisen in Nord- und Mittel-Afrika von Richardson, Overweg, Barth und Vogel. Herausg. von Karl Arenz. Mit 1 (lith.) Uebersichtskarte. (VII, 168 S.)
27. Bd. Im Elbthale von Meißen bis Leitmeritz. Von L. Thiele. (VII, 119 S.)

Conversations- und Reisebibliothek 23—27. Thl. führen so wie die frühern Bände 1—22, jetzt den Titel: Bergson's Eisenbahnbücher, vgl. diese.

Conversationsblatt
S.a. Monats-Chronik von Winterthur.

Conversationsblatt, Zeitschrift für wissenschaftliche Unterhaltung. Wien 1819. 1821. V: *Gräffer, Franz.* (MGT) II (Jahrg. 2. 3, 1820—21): »*Castelli, Ign. Franz.*« (Ky)

— Zeitschrift f. wissenschaftl. Unterhaltung. 1r Jahrg. 1819. 12 Hefte. gr. 8. Wien, Wallishauser. 10 ℛ︁ß Hbg. Pr. 2 ℛ︁ß

— Dessen 2r u. 3r Jahrg., (herausg. v. J. F. Castelli) 1820 u. 21. gr. 8. Wien, Gerold. (à J. 9 ℛ︁ß) 18 ℛ︁ß

Conversations-Blatt, Berliner, für Poesie, Literatur u. Kritik. Redigirt von Fr. Förster u. W. Häring. 1r—3r Jahrg. 1827—29. gr. 4. Berl., Schlesinger. à Jahrg. 9 ℛ︁ß (vergl. d. Freimüthige.)

Conversations-Blatt, berliner, f. Poesie, Literatur u. Kritik. 10—12. Jahrg. 1836—38. Redig. v. Herm. Marggraff. à 150 Nrn. (Bog.) Nebst literar.-artist.-musikal. Anzeiger, öfters mit e. artist. od. musikal. Beil. gr. 4. Berlin, Schlesinger'sche Buchh. [836, 37. à * 5 Thlr., 38. * 4 Thlr.] Thlr. *
1—9. Jahrg. war mit dem Freimüthigen, hrsg. v. Kuhn u. Häring, vereinigt. Das literarische Blatt einzeln * 2 Thlr.

Conversations-Blatt, literarisches, für d. Jahr 1821—25, u. J. 1826. Jan.—Juni. 4. Leipz., (Fortsetz. v. A. v. Kotzebue, literar. Wochenblatt. Redig. v. F. A. Brockhaus.) gr. 4. Leipz., Brockhaus. à Jahrg. 10 ℛ︁ß 55 ℛ︁ß Hbg. Pr. 25 ℛ︁ß Fortsetz. f. 1826, Juli—Dec. u. folg. Jahrgg., s. Blätter f. literar. Unterhaltung.

— medicin., herausg. von Karl Hohnbaum u. Dr. Jahn. 1r—3r Jahrg. 1830, 31, 32. gr. 4. Hildburgh., Kesselring. (à J. 3 ℛ︁ß) 9 ℛ︁ß

— medizinisches. Eine Zeitschrift für den nichtärztlichen Stand. Herausgeg. von F. S. Wolffsheim und F. J. E. Helmbrecht. (1. Jahrg.) 1844. 52 Numm. (Bog.) Mit Holzschn. und Lithogr. 4. Braunschweig, Otto. (Leipzig, Thomas.) n. 3 ℛ︁ß

Conversations- und Correspondenzblatt, medicinisches, für die Aerzte im Königr. Hannover. Hrsg.: Schneemann. 1—3. Jahrg. April 1850—März 1853. 24. Nrn. (Bog.) gr. 4. Hannover 851, Helwingsche Hofbuchh. à Jahrg. *

Conversations- und Correspondenzblatt, medicinisches, für die Aerzte im Königreich Hannover. Herausgbr.: Schneemann. 4. u. 5. Jahrg. (April 1853—März 1855.) à 24 Nrn. (à 1 Bgn.) Hannover, Helwing. gr. 4. Jeder Jahrg. n. 2 ℛ︁ß 10 ngr

Conversationsblatt, Medizinisches, des wissenschaftlichen Vereins für Ärzte und Apotheker Mecklenburgs. Schwerin 1840—43. Red: *Bartsch*, *Flemming* & *Sachse*, dann *Flemming* (allein). (Bachmann, Mecklenburg. Güstrow 1889. S. 231.)
[1734]. V: *Surland, Julius*. (Bruun, Bibl. Danica. III, 351.) (Collin, Anonymer. Kiobenh. 1869.)

MEDIZINISCHES CONVERSATIONS-BLATT DES WISSENSCHAFTLICHEN VEREINS FÜR AERZTE UND APOTHEKER MEKLENBURGS. (Redacteur: FLEMMING.)
Bändchen 1. Jahrg. 1840. (No. 1—12.) Schwerin. (Druck von A. W. Sandmeyer.) 8°.
Bändchen 2. Jahrg. 1841. (No. 1—12.) ib. (—)
Bändchen 3. Jahrg. 1842. (No. 1—11.) ib. (—)
Bändchen 4. Jahrg. 1843. (No. 1—9.) ib. —

—**musikalisches**, Musikfreunden u. Künstlern geweiht. 1r Jahrg. 1835. 52 Numm. kl. 4. Hamb. 835. Niemeyer. $1\frac{1}{3}$ ℛ

Conversations-Blatt, musikalisches, Musikfreunden u. Künstlern geweiht. 1. Jahrg. 1835. 52 Nrn. (¼ Bog.) kl. 4. Hamburg, [Schuberth u. Comp.] *

—**musikalisches**, Encyklopädie der gesammten Musik-Wissenschaft für Künstler, Kunstfreunde u. Gebildete, unter Mitwirkung von J. Schmitt, Meyer, Zöllner u. m. A. redig. von A. Gathy. Ausg. in Einem Bde. 2e stark verm. u. verb. Aufl. Mit 8 Stahlstst. u. Notenbeilagen. 1e—8e Lfrg, mit Stahlstst. (Portraits.) gr. 8. Leipzig, Hamburg u. Itzehoe 836—40. (à n. ⅓ ℛ) complet u. cart. n. $2\frac{2}{3}$ ℛ

Conversationsblatt, nürnberger. Redakt.: Geo. Winter. Jahrg. 1848. 156 Nrn. (½ Bog.) gr. 4. Nürnberg 848, Winter. *

—zur **Unterhaltung** und Belehrung für alle Stände. 1r—4r Jahrg. (1r—4r Bd.) 1835—40. Mit Abbildd. u. Beilagen. 4 Bde. gr. 4. Burg 835—40. Otto. (à J. 2 ℛ) 8 ℛ
—1r Jahrg. 1835 u. 36. Nr. 1.—52. N. Ausg. 838. n. 2 ℛ

Conversations-Blatt, das, zur Unterhaltung u. Belehrung für alle Stände. 4. Jahrg. 1841. 52 Bog. mit 200 bis 300 in den Text eingedr. Abbild. u. 12 Kunstbeilagen zu Zimmerverzierungen, Umschlag, Titel u. Inhaltsverzeichn. Schmal gr. 4. Burg, Otto'sche Buch- u. Kunsth. n. 2 ℛ – 5. Jahrg. (1844?) Ebend. 2 ℛ

—zur gemeinnützig-belehr. **Unterhaltung** auf dem Gebiete d. Geschichte, Natur- u. Landeskunde, Literatur, Kunst, Landwirthschaft, Handlung u. Gewerbe rc. Jahrg. 1834—35. 8. Münster, (Wundermann). à n. 2 ℛ

Conversationsblätter, Norddeutsche, eine Wochenschrift für Kunst, Literatur u. gesellschaftliche Interessen. Redigirt von Hnr. Ludolphi. 1. Jahrg. 1811. 52 Numm. (Bog.) gr. 4. Hamburg. (Berendsohn.) n. 3 ℛ

Conversationsbuch, s. Dorfbote, der.

Conversations- u. Complimentirbuch für die gebildeten Stände. 1. u. 2. Liefg. Neueste Aufl. 16. Leipzig 842. (Quedlinburg, Schmaltz.) à n. $6\frac{1}{4}$ ngl

Conversationsbuch f. Reisende in 4 Sprachen, deutsch, französ., engl., italien. Nebst e. Wortverzeichniss, kurzen Fragen etc. Stereotyp-Auflage. Leipzig, K. Baedeker, o. J. (c. 182*). Kl. 8°. Roth. Orig.-Lwdb.
IX—331 S.

Conversationsbuch für Reisende in vier Sprachen, deutsch, französisch, englisch, italienisch. Nebst einem Wortverzeichniss, kurzen Fragen etc. 17. Aufl. 8. (IX und 331 S.) Coblenz 864, Baedeker. geb. *

Conversationsbuch für Reisende, deutsch, franz., engl., ital. 18. A. Coblenz 1866.

Conversationsbuch für Reisende in vier Sprachen, deutsch, französisch, englisch, italienisch nebst einem Wortverzeichniss, kurzen Fragen etc. 20. Aufl. 1870, und 21. Aufl. 8. (IX, 331 S.) Coblenz 873, Baedeker. geb. *

Conversationsfreund, der, Modezeitung u. Unterhaltungsblatt für gebildete Stände. Redig. von J. H. Fiedler. Jahrg. 1832—34, à 52 Numm. u. 52 Kpfr. gr. 4. Hanau, Edler. à Jahrg. $3\frac{1}{3}$ ℛ

Conversations-Halle. Deutsch. English. Français. Zur Unterhaltung und Fortbildung. Unter Mitwirkung bewährter Autoritäten red. von J. Fried. 1. Jahrg. Octbr.—Dezbr. 1859. 6 Nrn. (à 1 Bgn.) Berlin, Abelsdorff. gr. 4. n. 15 ngr.

—— dass. — Zeitschrift zur Unterhaltung und Fortbildung, unter Leitung bewährter Autoritäten. 2. und 3. Jahrg. 1860 und 1861. à Jahrg. 24 Nrn. (Bog.) Imp.-4. Ebendas. à Jahrg. *

Conversations-Halle. Zur Belehrung über Literatur, Künste und Wissenschaften. (In deutscher, engl. und französ. Sprache.) Redact.: C. F. Trachsel. 4. Jahrg. 1862. 24 Nrn. (Bog.) Imp.-4. Berlin, J. Abelsdorff. *

Conversations-Hand-Lexicon, musikalisches, s. G. Schilling.

Conversations-Hefte, illustrirte. Nr. 1—12. Leipzig 854, 55. Lorck. Lex.-8. Jede Nr. 5 ngr
1. Der Sund und die Belt. [illegible] Illustr. (Holzschn. im Text) u. (1 lith.) Karte vom Ka[illegible]. (16 S.)
2. Die Schwedische Ostsee. Mit Illustr. (Holzschn. im Text) u. (1 lith.) Karte (von Gottland). (16 S.)
3. Der Finnische Meerbusen. Mit Illustr. (Holzschn. im Text) und (1 lith.) Karte vom Finnischen Meerbusen von Kronstadt nach St. Petersburg. (16 S.)
4. Das Schwarze Meer. Mit Illustr. u. Karten (Holzschn. im Text). (20 S.)
5. Die türkische Donau und der Balkan. Mit Illustrationen (Holzschn. im Text) u. (1 lith.) Karte. (18 S.)
6. Kaukasische Länder. Mit Illustr. (Holzschn. im Text) und (1 lith.) Karte. (16 S.)
7—10. Der Russisch-Türkische Krieg (1853—1855). I. Die Orientalische Frage. — II. Die Russen in den Donaufürstenthümern. — III. Der Winterfeldzug an der Donau. — IV. Die Alliirten und Rußland. (20; 16; 16; 16 S. m. Holzschn. im Text.)
11. Die Pontus-Expedition. (20 S. m. Holzschn. im Text.)
12. Die Belagerung Sebastopols. (18 S. mit Holzschn. im Text.)

Nr. 7—12. a. u. d. T.: Der Russisch-Türkische Krieg bis Ende 1854. Mit 30 Illustr. u. 7 Karten u. Plänen.
H. 1 – 6 auch unter d. T.: Der Kriegsschauplatz im Norden u. Süden.

Conversations-Lexikon, s. a. Brockhaus.

— s. a. Konversations-Lexikon.

– s. a. Meyer. – Pierer. – Realencyklopädie, allgemeine.

Conversations-Lexikon, oder Handwörterbuch f. d. gebildeten Stände (begründet von R. G. Löbel u. fortges. v. W. Franke). 1r—6r Bd., mit 2 Nachträgen. 8. Leipz. 796—811. 2e Aufl. 7 Bde. 8. Leipz. u. Altenb.... 3e Aufl. 10 Thle. 8. Ebd. 814—18. 4e Aufl. (A. u. d. T.: Real-Encyklopädie.) 10 Bde. 818, 19. 5e Aufl. 820, 21. 6e Aufl. 823, 24. 11r u. 12r oder Neue Folge, in 4 Abtheill. 8. Ebd. 823—26. 4 ℛ 16 ℊ Schrbp. 6 ℛ 8 ℊ gr. 8. 7 ℛ 12 ℊ Engl. P. 9 ℛ Velinp. 12 ℛ 7e Aufl. 12 Bde. gr. 8. Ebd. 820. Brockhaus. 15 ℛ Schrbp. 20 ℛ Velinp. 36 ℛ

—Suppl. f. d. Besitzer d. 1sten, 2ten u. 3ten Aufl. 8. Ebd. 818. 2 ℛ Schrbp. 2 ℛ 16 ℊ Dies., f. d. Besitzer d. 1sten, 2ten, 3ten u. 4ten Aufl. 4 Abtheill. 8. Ebd. 819, 20. 2 ℛ 16 ℊ Schrbp. 3 ℛ 8 ℊ Dies., f. d. Besitzer d. 5ten u. frühern Aufl. 8. Ebd. 2 ℛ Schrbp. 3 ℛ gr. 8. 4 ℛ Engl. P. 4 ℛ 16 ℊ Velinp. 6 ℛ

— 12 Titelkupfer dazu. gr. 8. Leipz. 820. Fr. Fleischer. 1 ℛ 4 𝒢

— Suppl. f. d. Besitzer d. 6ten u. frühern Aufl. u. d. neuen Folge. Enth. d. neuen u. umgearb. Artikel u. d. Zusätze d. 7ten Aufl. 8. Ebd. 830. 2 ℛ 12 𝒢 Schrbp. 3 ℛ 18 𝒢 in gr. 8. 4 ℛ 12 𝒢

Conversations-Lexikon, oder kurzgefaßtes Handwörterbuch für die in der gesellschaftlichen Unterhaltung aus den Wissenschaften und Künsten vorkommenden Gegenstände, mit beständiger Rücksicht auf die Ereignisse der ältern und neuern Zeit. 6 Bde. 8. Leipz. (Kunst- u. Ind. Compt. in Amsterdam). 809.

— — Supplemente hierzu. 2 Bde. 8. Ebend. 810—811.

Conversations-Lexikon, od. encyclopädisches Handwörterbuch f. gebildete Stände. 10 Bde. complett. 8. Altenb. Brockhaus. 814—16.
Schreibp.

Conversations-Lexikon. 10 Bde. 6e Aufl. 8. Leipz. 824. Brockhaus. 12 Rthlr. 12 gr. Schreibpap. 18 Rthlr. 18 gr. gr. 8. 22 Rthlr. Engl. Pap. 28 Rthlr. Velinpap.

— dess. 11r u. 12r Bd., oder Neue Folge. 4 Abtheill. 8. Ebd. 823—826. 4 Rthlr. 16 gr. Schreibpap. 6 Rthlr. 8 gr. gr. 8. 7 Rthlr. 12 gr. Engl. Pap. 9 Rthlr. Velinpap.

— dass. 7e Aufl. 12 Bde. gr. 4. Leipzig 827. Brockhaus.

Conversations-Lexicon, oder allgem. deutsche Real-Encyklopädie für die gebild. Stände. In 12 Bdn. 8e Orig.-Aufl. u. Universalregister. gr. 8. Leipzig 833—39. Brockhaus. Pränumer.-Preis 12 ℛ, Schrbp. 18 ℛ, Velinp. 27 ℛ — complet $16^2/_3$ ℛ, Schrbp. 25 ℛ, Velinp. $37^1/_2$ ℛ — Universalregister zur 8. Aufl. gr. 8. Ebd. 838. $^2/_3$ ℛ, Schrbp. 1 ℛ, Velinp. $1^1/_2$ ℛ

Conversations-Lexikon. Allgemeine deutsche Real-Encyclopädie für gebildete Stände. 11. Auflage. 15 Bände (Brockhaus). Leipzig 1864—68. 8.

— — Supplement zur 11. Auflage. 2 Bände (Brockhaus). Leipzig 1872. 8.

Conversations-Lexikon. Allgemeine deutsche Real-Encyklopädie. 12. umgearb., verb. u. verm. Aufl. 1—64. Hft. Lex.-8. (1—4. Bd. à 1020 S. 5. Bd. 1026 S. u. 6. Bd. S. 1—336.) Leipzig 875—76. Brockhaus. à — 50
Vgl. Bilder-Atlas.

Conversations-Lexikon. Allgemeine deutsche Real-Encyklopädie. 12., umgearb., verb. u. verm. Aufl. 65—180. (Schluß-)Hft. Lex.-8. (6. Bd. S. 337—1020, 7—15. Bd. à ca. 1020 u. Universalregister 156 S.) Leipzig 877—79. Brockhaus. à — 50

Conversations-Lexikon. Allgemeine deutsche Real-Encyklopädie. 13. vollständig umgearb. Aufl. Mit Abbild. und Karten auf 400 Taf. und im Texte. (In 16 Bdn. oder 240 Heften.) 1.—135. Heft oder 1.—9. Bd. Lex.-8. (954; 953; 954; 956; 946; 954; 956; 954; 954 S.) Leipzig 882—84, Brockhaus. à Heft 50 Pf.; à Bd. geb. in Leinw. à Bd. ℳ 9.; in Halbfrz.

Conversations-Lexikon. Allgemeine deutsche Real-Encyklopädie. 13. vollständig umgearb. Aufl. Mit eingedr. Holzschn., chromolithogr. und Holzschn.-Abbild. und chromolithogr. Karten auf 411 Taf. 136.—240. Heft oder 10.—16. Bd. Lex.-8. (10.—15. Bd. à 956 S.; 16. Bd. VIII, 984 S.) Leipzig 885—87, Brockhaus. à Heft 50 Pf.; à Bd. geb. in Leinw. à Bd. ℳ 9.—.; in Halbfrz. Ausg. auf Velinpap. in Halblederbd. à *
1.—9. Bd. Ebendas. 1882—84. Compl. 16 Bde. in 240 Heften ℳ 120.—.; geb. in Leinw. ℳ 144.—.; geb. in Halbfrz. ℳ 152.—.; Ausg. auf Velinpap. geb. in Halblederbd. *ℳ 240.—.

—— dass. — Suppl.-Bd.: A—Z. Register. (15 Hefte.) Mit eingedr. Holzschn. und 23 zum Theil chromolithogr. Taf. und Karten. gr. 8. (947 S.) Ebendas. 887. à Heft 50 Pf. geb. in Leinw. ℳ 9.—.; in Halbfrz. Ausg. auf Velinpap. geb. in Halbleder

Conversations-lexikon von Brockhaus. 14. A. Leipzig 1892—95. 17 Bde.

—— allgemeines (Berlin, Lewent), s. Erinnerungsblätter.

Conversations-Lexikon, allgemeines (Leipzig, Brockhaus.), s. Real-Encyklopädie.

— allgem. deutsches, für die Gebildeten eines jeden Standes, mit den gleichbedeut. Benennungen der Artikel in der latein., franz., engl. u. italien. Sprache, nebst d. deutschen Aussprache der Fremdwörter. In 10 Bdn. Herausg. von einem Vereine Gelehrter. gr. 8. Leipzig 833—37. Gebr. Reichenbach. 15 ℛ, f. Patentp. $16^2/_3$ ℛ, f. Postschrbp. 20 ℛ, f. Velinp. $33^1/_3$ ℛ — 2r Abdruck der 1. Orig.-Aufl. 10 Bde. in 40 Lfrgn. gr. 8. Ebd. 839, 40. 10 ℛ, Patentp. (à 7 𝒢) $11^2/_3$ ℛ, Postschrbp. (à $^1/_3$ ℛ) $13^1/_3$ ℛ, Velinp. (à 9 𝒢) 15 ℛ

Conversations-Lexicon, allgemeines deutsches, für die Gebildeten eines jeden Standes, mit den gleichbedeutenden Benennungen der Artikel in der latein., französ., engl. u. italien. Sprache, nebst der deutschen Aussprache der Fremdwörter. 11. oder Supplement-Band. Als allseitige u. übersichtliche Darstellung des letzten Jahrzehnts ein in sich abgeschlossenes u. selbstständiges Werk, so wie eine Ergänzung zu jedem frühern u. gleichzeitigen Conversations-Lexicon. 16 Liefg. (1. Abthl.) 7 Liefg. (2. Abthl.) 9 Liefg. gr. 8. Leipzig 841—44, Gebr. Reichenbach. à Liefg. $^1/_4$ ℛ Velinpap. $^5/_{12}$ ℛ

Conversations-Lexikon, Deutsch-amerikanisches. Mit specieller Rücksicht auf das Bedürfniss der in Amerika lebenden Deutschen, mit Benutzung aller deutschen, amerikanischen, englischen und französischen Quellen und unter Mitwirkung vieler hervorragender deutscher Schriftsteller Amerika's, bearbeitet von Prof. Alexander J. Schem. (11 Bde.) gr. 8. New-York 1869—1874.

Conversations-Lexikon, deutsch-amerikanisches. Mit specieller Rücksicht auf alle amerikanischen Verhältnisse u. auf das Leben der Deutschen in allen Welttheilen, mit Benutzung aller deutschen, amerikan., engl. u. französ. Quellen u. unter Mitwirkung der hervorragendsten deutschen Schriftsteller u. Fachmänner Amerika's hrsg. von Alex. J. Schem. (In 8 Bdn. à 10 Liefgn.) 1—7. Liefg. New-York 870. (Steiger.) Lex.-8. (1. Bd.: S. 1—480.) Jede Liefg. $7^1/_2$ ngr

— deutsch-amerikanisches. Mit specieller Rücksicht auf alle amerikan. Verhältnisse u. auf das Leben der Deutschen in allen Welttheilen, m. Benutzg. aller deutschen, amerikan., engl. u. französ. Quellen u. unter Mitwirkg. der hervorragendsten deutschen Schriftsteller u. Fachmänner Amerikas hrsg. v. Alex. J. Schem. 8—110. (Schluß-)Lfg. Lex. 8. (1. Bd. S. 561—797, 2—10. Bd., à 800, u. 11. Bd. 806 S.) New-York 871—74. Steiger. à — 75

— für das kathol. Deutschland, s.: Real-Encyklopädie.

Conversations-Lexicon der Gegenwart. Leipzig 1838—41. V: *Espe, Carl Aug.* (BrMm)

—— der Gegenwart. Ein für sich bestehendes u. in sich abgeschloss. Werk, zugleich e. Supplem. z. 8. Aufl. d. Conversations-Lexikons, sowie zu jeder frühern, zu allen Nachdrucken u. Nachbildungen dess. 4 Bde. in 5 Abthl. (od. 36 Hfte.) gr. 8. (304 B.) Leipzig 838—41, Brockhaus. [1—35. Hft. à $^1/_3$ Thlr., Schrbp. $^1/_2$ Thlr., Vlnp. $^2/_3$ Thlr.; 36. $^1/_2$ Thlr., Schrbp. $^3/_4$ Thlr., Vlnp. $1^1/_8$ Thlr.] 12 Thlr., Schrbp. 18 Thlr., Vlnp.
Atlas, erläuternder, zum Conversat.-Lexikon d. Gegenwart. In 100 Blättern. Lex.-8. ($^1/_4$ B. Text.) Stuttgart (839—) 842, Scheible, Rieger u. Sattler. *5 Thlr.

— der Gegenwart, Supplement, s.: Gegenwart.

Conversations-Lexikon der jüngsten Gegenwart und der Zukunft. Charlottenburg 1846. 71 S. 12.

— der jüngsten Gegenwart u. der Zukunft. kl. 8. (71 S.) Charlottenburg 847, Bauer. 9 ngr

— für Geist, Witz und Humor, hrsg. von M. G. Saphir. 1—10. Lfg. gr. 8. (VIII und S. 1—752.) Dresden 851 —52, Schäfer. à Lfg. * 8 Ngr. *

— für Geist, Witz und Humor. Hrsg. von M. G. Saphir. 11—26. (letzte) Lfg. gr. 8. (S. 753—1874 und poetischer Anhang von Castelli 15 S.) Dresden 852, Schäfer's Verlag. à Lfg. * 8 Ngr. *
1—10. Lfg. Ebendas. 1851—52. * 2 Thlr. 20 Ngr.

Conversations-Lexikon für Geist, Witz und Humor herausg. von M. G. Saphir und Adf. Glaßbrenner. 2. veränd. u. reich verm. Aufl. 5 Bde. (30 Liefgn.) Dresden 859, 60. R. Schäfer. (Wien, Markgraf & Co.) 16. (à 576 S.) Jede Liefg. n. 8 Ngr

— dass. — Supplementband. 6 Lfgn. gr. 16. (576 S.) Ebendas. 861. à Lfg. * 8 Ngr. *

— — Supplement-Band. (In 6 Liefgn.) Wien 862. Markgraf & Co. 16. (576 S.) Jede Liefg. n. 8 Ngr

Conversations - Lexicon, Hammelburger.

Ankündigung und erstes Probeheft. Hammelb. [Leipzig] 1819. V: *Lang, Carl Heinrich Ritter von.* (Wr) (EE) (GGr)

Conversations-Lexicon, Hammelburger. Ankündigung u. erstes Probeheft. 2. Aufl. (Monath und K., auch Barth in Leipzig.) 1819. 8°

— Hammelburger, Ankündigung u. erstes Probeheft. 2e Aufl. 8. Nürnb. 819. Riegel u. W. (Barth in Lpz.) 6 Gr

— für d. Handgebrauch, od. Hülfswörterbuch f. diejenigen, welche üb. d. beim Lesen sowohl, als in mündl. Unterhaltungen vorkomm. mannichfachen Gegenstände näher unterrichtet sein wollen. 2., verm. u. verb. Ausg. In Einem Bde. (5 Lfgn.) (123 B.) 829, 30. 4 Thlr. 12 Gr., 3. Ausg. (124 B.) schmal gr. 4. Leipzig 834, G. Fleischer. (Frohberger.)

— zum Handgebrauch oder encyklopädisches Realwörterbuch aller Wissenschaften, Künste u. Gewerbe. 4. gänzl. umgearb. Aufl. (In 30 Liefg.) 1.—30. Liefg. hoch 4. Leipzig 844 —46, Weichardt. à 1/6 ℛ

Conversationslexikon der Haus- und Landwirthschaft, herausg. von F. Kirchhoff. Glogau 1838—42. 9 Bde.

— aller in der apostolisch-kathol. Kirche verehrten Heiligen. 1r Bd. 12 Lfrgg. u. 2r Bd. 1e—4e Lfrg. (A.—Joannes.) gr. 8. (Mit 17 Kpfrn.) Wien 840. (Leipzig, Kummer.) à Lfrg. 7 Gr

— aller in der apostolisch-katholischen Kirche verehrten Heiligen. 2. Bd. 5.—8. Liefg. (Joannes—Ladislaus.) gr. 8. (Mit 4 Bildnissen.) Wien 840, 41. (Leipzig, Kummer.) à Liefg. 8¾ Ngr

— für Jäger u. Jagdfreunde. Hrsg. v. C. L. Hellrung. 1—3. Lfg. (A—Ente.) Jedes m. 2 Portr. gr. 8. (18½ B.) Leipzig 839—41, Melzer. à * ⅓ Thlr. *

— für Jäger u. Jagdfreunde. Herausg. von C. L. Hellrung. 1e—3e Lfrg. Mit 2 Portraits. gr. 8. Leipzig 839, 40. Wuttig. (à n. ⅓ ℛ) n. 1 ℛ (Das Ganze erscheint in 10 Lfrgg.)

Conversations-Lexikon, jüdisches, Rud. Giehrl.

— für die Jugend, von einem Vereine von Gelehrten herausg. 1e—14e Lfrg. 8. Meißen 840. Goedsche. (à ⅛ ℛ) 1¾ ℛ

— für die Jugend. 13.—30. Liefg. (Schluß.) 8. Meißen 841—44, Goedsche. à ⅛ ℛ

— juristisches, s. Hülfsbuch für alle Rechtsverhältnisse des bürgerl. Lebens.

Conversations - Lexicon, Kleineres,

oder Hülfswörterbuch . . . Th. 1—4. [Leipzig] 1813—15. H: *Franke, Chn W.* (MGT)

— kleineres, oder Hülfsbuch f. Diejenigen, welche über die beim Lesen sowohl, als in mündl. Unterhaltungen vorkommenden, mannichfachen Gegenstände näher unterrichtet sein wollen. 4 Bde. gr. 8. Leipz. 813—15. G. Fleischer. 4 ℛ 2e Aufl. unt. d. T.: Conversations-Lexikon für den Handgebrauch, oder Hülfswörterbuch für Diejenigen ꝛc. gr. 4. Ebd. 829 u. 30. (Frohberger). 4 ℛ 12 Gr

Conversations-Lexikon, kleineres Brockhaus'sches, für den Handgebrauch. (Red.: W. Cramer.) 4 Bde. Leipzig 853 —56. Lex.-8. (2 Bl., 796; 796; 796; VII, 812 S.) 6 ℛ 20 Ngr

Conversations-Lexikon, kleineres Brockhaus'sches, für den Handgebrauch. 2. völlig umgearb. Aufl. 4 Bde. (à 10 Hefte.) Leipzig 861—64. Brockhaus. Lex.-8. (806; 800; 800; VII, 922 S.) 6 ℛ 20 Ngr

— kleines, s. Herder's Conversations-Lexikon.

— kleines. Encyklopädisches Handwörterbuch. 3. vollständig umgearb. Aufl. Mit zahlreichen (chromolith.) Karten u. Abbildgn. (Holzschntaf.). 40 Hfte. od. 2 Bde. gr. 8. (975 u. V, 1021 S.) Ebend. 878—80. à Hft. — 30; cplt. geb. in Lwd. 15. —; in Hfz. 17. —

— kleines. Encyklopädisches Handwörterbuch. 4. vollständig umgearb. Aufl. Mit zahlreichen Karten und Abbild. 2 Bde. in 60 Heften. gr. 8. (IV, 958 S. mit 14 lithogr. Karten und 34 Taf. in Holzschn. und Chromolithogr.; IV, 968 S. mit 10 lithogr. Karten und 32 Taf. in Holzschn. und Chromolithogr.) Ebendas. 886. à Heft 25 Pf.
geb. in 2 Halbfrzbde.
Ausg. auf Velinpap. in 2 Halbfrzbdn.

— dass. — 4. vollständig umgearb. Aufl. Neue durchges. Ausg. Mit 98 Bildertaf. in Holzschn., Chromobildern und lithogr. Karten. 2 Bde. gr. 8. (IV, 960 S. mit 16 lithogr. Karten und 37 Taf. in Holzschn. und Chromolithogr.; IV, 972 S. mit 10 Karten und 35 Taf. in Holzschn. und Chromolithogr.) Ebendas. 888. geb. in 2 Halbfrzbdn.

— kleines lateinisches, s. Philippi.

Conversations- u. Universal-Haus-Lexicon, compendiöses u. wohlfeiles, für den Bürger u. Landmann u. für alle Nichtgelehrte, welche nach Belehrung u. Bildung streben. Im Vereine mit mehreren Gelehrten herausgeg. von Fd. Frhrn. v. Biedenfeld. 4 Liefg. Lex.-8. Weimar 843, 45, 46, Voigt. (à n. ¾ ℛ) n. 3 ℛ

Conversations-Lexikon für bildende Kunst. Begründet von J. A. Romberg, fortgeführt von Friedr. Faber, nach dessen Tode von Lorenz Clasen. Liefrg. 1-52. (A-Heiligthumsbücher.) Leipzig 1843-57. 8. Bd. 1-6 u. 7. Liefrg. 1-4. (Unvollendet.)

— für bildende Kunst. Illustrirt mit über 3000 Holzschn. (In 10 Bdn. oder 80 Liefg.) 1.—17. Liefg. od. 1.—3. Bd. gr. 8. Leipzig 843—46, Renger'sche Buchh. à Liefg. n. ⅓ ℛ Pracht-Ausg. à n. ½ ℛ

— für bildende Kunst. Hrsg. v. Frdr. Faber. Illustrirt mit vielen Holzschn. 18—39. Lfg. gr. 8. od. III. Bd. 2—8. Lfg. (S. 81—641.) IV. Bd. 1—8. Lfg. (640 S.) V. Bd. 1—7. Lfg. (S. 1—560.) Leipzig 847—52, Renger. à Lfg. n. ⅓ ℛ Prachtausg. in Lex. 8. n. ½ ℛ

— für bildende Kunst. Herausg. von Friedr. Faber. Nach dessen Tode fortgeführt unter Mitwirkung mehrerer Kunstgelehrten u. Fachmänner von Lor. Clasen. 40—52. Liefg. Leipzig 853—57. Renger. — Graul. (Fries.) Lex.-8. (5. Bd.: S. 561—688; 6. Bd.: 592 S.; 7. Bd.: S. 1—256 mit Holzschn. im Text.)
Jede Liefg. n. 10 Ngr; Prachtausg. n. 15 Ngr
Jeder Bd. n. 2 ℛ 20 Ngr; Prachtausg. n. 4 ℛ

—— für bildende Kunst. Hrsg. von Friedr. Faber. Nach dessen Tode fortgeführt unter Mitwirkung mehrerer Kunstgelehrten und Fachmänner von Lorenz Clasen. 49—52. Lfg. (VII. Bd. 1—4. Lfg.) gr. 8. (S. 1—256 mit eingedr. Holzschn.) Leipzig 857. 58, [Fries.] à Lfg. * 10 Ngr. *
Prachtausg. in Lex.-8. à Lfg. * 15 Ngr. *
1—48. Heft. Ebendas. 1843—55. * 16 Thlr. Prachtausg. * 24 Thlr.
Das Werk ist nicht weiter fortgesetzt worden.

— für Künstler u. Handwerker, Fabrikanten u. Maschinisten. Herausg. von e. engern Ausschuß der Mitarbeiter am Schauplatze der Künste u. Handwerke (bis jetzt in 106 Bdn.). 16—46 Hft. Mit 41 Taf. gr. 8. Weimar 840. Voigt. à $^2/_3$ ℛ

— für Künstler u. Handwerker, Fabrikanten u. Maschinisten. Herausgeg. von einem engern Ausschuß der Mitarbeiter am Schauplatze der Künste u. Handwerke (bis jetzt in 108 Bden.) 1. Bd. 5. u. 6. u. 2. Bd. 1.—7. Heft. Mit 80 Taf. gr. 8. Weimar 841, 42, Voigt. 6 ℛ — compl. in 2 Bden. 8$^2/_3$ ℛ

—— der gesammt. Land- u. Hauswirthschaft nebst d. mit beiden in Verbind. stehend. Gewerben u. Hülfswissenschaften. Bearb. v. ein. Verein. v. Landwirthen u. Gelehrten, hrsg. v. F. Kirchhof. 9 Bde. (od. 56 Hfte.) (A—Zygänen.) gr. 8. (445$^5/_8$ B.) Glogau 837—42, Flemming. à H. $^1/_3$ Thlr.

— der gesammten Land- u. Hauswirthschaft, nebst den mit beiden in Verbindung stehenden Gewerben u. Hülfswissenschaften. Bearbeitet von einem Vereine von Landwirthen u. Gelehrten, herausgeg. von F. Kirchhof. 39.—56. Heft. gr. 8. Glogau 841—43, Flemming. à $^1/_3$ ℛ

„Landwirthschaftliches Conversationslexicon für Praktiker und Laien", 6 Bände, Prag 1837 (Calve). Ergänzungsband ebenda 1840.

— landwirthschaftliches, für Praktiker u. Laien. Herausg. von Alex. von Lengerke. 24 Hfte. oder 4 Bde. gr. 8. Prag 837 u. 38. Calve'sche Buchh. n. 16 ℛ — Supplementband, s. Kreyssig, W. A., die Hindernisse u. Schädlichkeiten im Betriebe der Landwirthschaft.

— landwirthschaftliches, für Praktiker u. Laien. Herausgeg. von Alex. v. Lengerke. Supplement. 1. Bd. 1.—8. (Schluß-) Liefg. oder 2. Bd. H—Z. (und Nachtrag.) — A. u. d. T.: Encyclopädie der Landwirthschaft auf ihrem gegenwärtigen Standpunkte. Herausgeg. von Alex. v. Lengerke. 2 Bde. Lex.-8. Braunschweig 841, 42, Westermann. n. 5 ℛ (Das Werk selbst 4 Bde. Prag, Calve. n. 16 ℛ)

— des geistlichen Lebens, s. Silbert, J. P.

— der neuesten Literatur-, Völker- u. Staatengeschichte. Ein umfassendes Gemälde der Jahre 1830—1838. Ein unentbehrl. Supplementband zu jedem Conversat.-Lexic. Bearb. von einer Gesellschaft deutscher Gelehrten. 16—136 Hft. schmal gr. 4. Leipzig 838—40. Otto Wigand. à $^1/_4$ ℛ, Velinp. à $^3/_8$ ℛ

— der neuesten Litteratur-, Völker- u. Staatengeschichte. Ein umfassendes Gemälde der Jahre 1830—1840. Ein unentbehrl. Supplementband zu jedem Conversationslexikon. Bearb. von einer Gesellschaft deutscher Gelehrten. 14.—24. Hft. schmal gr. 4. Leipzig 840—45, O. Wigand. à $^1/_4$ ℛ — Velinpap. à $^3/_8$ ℛ

—— d. neuesten Literatur- Völker- u. Staatengeschichte. Ein umfassendes Gemälde d. J. 1830—1842. Ein unentbehrl. Supplementband zu jedem Conversationslexikon. Bearb. v. ein. Gesellschaft deutscher Gelehrten. 17—24. Hft. (Jacobi—Z.) Schmal gr. 4. (59 B.) Leipzig, Otto Wigand. à 7½ Ngr. — Velinp. à -
Hft. 1—16. Ebendas. 1838—42. à Hft. 7½ Ngr., Velinp. à 11¼ Ngr.

Conversations-Lexicon der neuesten Litteratur-, Völker- und Staaten-Geschichte. Leipzig 1841—45. H: *Schadeberg, Jul.* (BrMm)

Conversationslexikon von Meyer. Hildburghausen 1857—60. 15 Bde. nebst Register.

Meyer's Conversations-Lexikon. 4. Auflage. Mit zahlreichen Karten und Illustrationen. XVIII. Band. 5. Heft. Gr.-8. (XVIII. Band. S. 257—320) Wien: Meyer 1891. —.30

Meyer's Conversations-Lexikon. 4. Auflage. Mit zahlreichen Karten und Illustrationen. XVIII. Band. 6. Heft. Gr.-8. (XVIII. Band. S. 321—384) Ebd. —.30

Meyer's Conversations-Lexikon. Mit zahlreichen Illustrationen. 4. Auflage. Gr.-8. (XVIII. Band. Lieferung 7. (S. 385—448) Ebd. à —.30

Meyer's Conversations-Lexikon. 4. Auflage. Mit zahlreichen Karten und Illustrationen. (XVIII. Band. 9. Heft. Gr.-8. (S. 513—576) Ebd. —.30

Meyer's Conversations-Lexikon. 4. Auflage. Mit zahlreichen Karten und Illustrationen. XVIII. Bd. 10.—11. Heft. Gr.-8. (S. 577—704) Ebd. à —.30

Meyer's Conversations-Lexikon. 4. Auflage. Mit zahlreichen Karten und Illustrationen. XVIII. Bd. 14. Heft. Gr.-8. (S. 833—896) —.30 Ebd.

Meyer's Conversations-Lexikon. 4. Auflage. Mit zahlreichen Karten und Illustrationen. XVIII. Bd. 15. Heft. Gr.-8. (S. 897—960) —.30 Ebd.

Conversations-Lexikon, musikalisches, Encyclopädie d. gesammt. Musik-Wissenschaft f. Künstler, Kunstfreunde u. Gebildete unt. Mitwirk. v. J. Schmitt, Meyer, Zöller u. m. A., redig. v. A. Gathy. Ausg. in 1 Bde. (8 Lfgn.) 2., verm. u. verb. Aufl. gr. 8. (34$^3/_8$ B., 12 Musikbeil. u. 8 Bildn., Stahlst.) Hamburg 840, Niemeyer. *

— musikalisches. Eine Encyclopädie der gesammten musikal. Wissenschaften. Für Gebildete aller Stände unter Mitwirkung d. literar. Commision d. Berliner Tonkünstlervereins etc. bearb. u. hersg. von Herm. Mendel. (In ca. 60 Liefgn.) 1—11. Liefg. Berlin 869, 70. Heimann. Lex.-8. (1. Bd.: IV, 636 S.; 2. Bd.: S. 1—64.) Jede Liefg. n. 5 ngr.

—— musikalisches. Eine Encyclopädie der gesammten musikal. Wissenschaften. Für Gebildete aller Stände, unter Mitwirkung der literar. Commission des Berliner-Tonkünstler-Vereins, sowie von C. Billert, F. David, A. Dörffel etc. bearb. und hrsg. von Herm. Mendel. (In ca. 60 Lfgn.) 1.—48. Lfg. gr. 8. (1. Bd. 636 S.; 2. Bd. 638 S.; 3. Bd. 624 S.; 4. Bd. 557 S.; 5. Bd. S. 1—448.) Berlin 869—75, Oppenheim. à Lfg. * 50 Pf. *

—— musikalisches. Eine Encyclopädie der gesammten musikal. Wissenschaften. Für Gebildete aller Stände, unter Mitwirkung der literar. Commission des Berliner Tonkünstlervereins, sowie von C. Billert, A. Dörffel, Dorn, bearb. und hrsg. von Herm. Mendel. 49.—60. Lfg. gr. 8. (5. Bd. S. 449—558; 6. Bd. 486 S.) Berlin 876, Oppenheim. à Heft * 50 Pf. *

— musikalisches. Eine Encyclopädie der gesammten musikal. Wissenschaften. Für Gebildete aller Stände, unter Mitwirkg. der literar. Commission d. Berliner Tonkünstlervereins, sowie v. A. Dörffel, H. Dorn, G. Engel etc. bearb. u. hrsg. v. Herm. Mendel. 61—111. (Schluss-)Lfg. Lex.-8. (7. Bd. 478, 8. Bd. 503, 9. Bd. 478, 10. Bd. 478 S. u. 11. Bd. 526 S.) Berlin 877—79. Oppenheim. à n. — 50

—— musikalisches. Eine Encyclopädie der gesammten musikal. Wissenschaften für Gebildete aller Stände. Unter Mitwirkung von C. Billert, Frz. M. Böhme, A. Dörffel etc. gegründet von Herm. Mendel. Vollendet von Aug. Reissmann. Ergänzungsbd. 18 Hefte. gr. 8. (IV, 587 S.) Berlin 881,82, Oppenheim. à Heft * 50 Pf. *

Conversations-Lexicon, musikalisches. Eine Encyklopädie der gesammten musikal. Wissenschaften f. Gebildete aller Stände. Begründet v. Herm. Mendel. Vollendet v. Aug. Reissmann. Neue Ster.-Ausg. (In 24 Halbbdn. od. 142 Lfgn.) 1. Halbbd. gr. 8. (1. Bd. S. 1—320.) Berlin 886. Oppenheim. n. 2. 50

Conversations-Lexikon, musikalisches. Eine Encyklopädie der gesammten musikal. Wissenschaften f. Gebildete aller Stände. Unter Mitwirkg. v. C. Billert, Frz. M. Böhme, A. Dörffel u. s. w. Begründet v. H. Mendel. Vollendet v. A. Reissmann. Neue wohlf. Ster.-(Titel-)Ausg. (In 20 Abteilgn.) 1. u. 2. Abtlg. Lex.-8. (1. Bd. IV, 636 S.) Leipzig 890. List & Francke. à n. 2. —

Conversations-Lexikon, musikalisches. Eine Encyklopädie der gesammten musikal. Wissenschaften f. Gebildete aller Stände. Unter Mitwirkg. v. C. Billert, Frz. M. Böhme, A. Dörffel u. s. w. Begründet v. Herm. Mendel. Vollendet v. Aug. Reissmann. Neue wohlf. Ster.-(Titel-)Ausg. 11 Bde. u. 1 Ergänzungsbd. Lex.-8. (636, 638, 624, 568, 558, 486, 478, 503, 478, 478, 526, 580 S.) Leipzig 890. 891. List & Francke. n. 40. —; geb. n. 55. —

—— —— s. Gathy, A

— neues, oder encyclopädisches Handwörterbuch für gebildete Stände. Herausgeg. von e. Gesellschaft rheinländ. Gelehrten. 1r—7r Bd. gr. 8. Cöln 825—27, Compt. f. Kunst. (Leipz., Central-Comptoir.) Pränum.-Pr. à Bd.

— neues eleganteстes, für Gebildete aus allen Ständen, s. a. Pfennig-Encyklopädie.

Conversations-Lexicon, neues elegantestes, f. Gebildete aus allen Standen. Hrsg. von Dr. *O. L. B. Wolff*, Prof. zu Jena. 4 Bde. Mit zus. 80 Stahlst. (Porträts, Landschafts- u. Städte-Bilder). Leipzig, Kollmann, 1834—37. Fol. Hfrzbde., gebraucht.

I: 1 Bl., 409 S., 23 S. Reg. II: 1 Bl., 416 S., 20 S. Reg. III: 1 Bl., 344 S., 23 S. Reg. IV: 1 Bl., 332 S., 24 S. Reg.

— neues elegantestes, für Gebildete aus allen Ständen. Herausgeg. von O. L. B. Wolff. 5. (oder Suppl.-) Band. Enth. das Neueste aus den J. 1833—1841 u. Ergänzungen. (Mit 8 Stahlst.) gr. 4. Leipzig 842, Kollmann. 2 Thlr.

— dass. 5 Bde. 2. wohlf. Ausg. mit 88 Stahlst. gr. 4. Ebend. 843. 8 Thlr. — Ausg. ohne Stahlst. mit 5 Portr. 5 Bde. $4\frac{1}{2}$ Thlr.

— neues, zur Kenntniß d. berücht. jüdischen Gauner u. Spitzbuben neuerer Zeit in Deutschland. 8. Marb. 825. Krieger. 1 Thlr. 16 Gr.

— neues Rheinisches, oder encyclopäd. Handwörterbuch für gebildete Stände. Herausg. von einer Gesellschaft rheinländ. Gelehrten. 1r—12r Bd. 3e Origin.-Aufl. gr. 8. Köln 832—36. Bruère. (Leipzig, Central-Compt.) 24 Thlr. — Supplementband. Ebd. 837. 2 Thlr. — 4e Origin.-Aufl. 1e—18e Lfrg. oder 1r—5r Bd. 1e—3e Abthl. u. 6r Bd. 1e—3e Abthlg. gr. 8. Ebd. 837—40. 1.—18.: 12 Thlr.

—— neues, für alle Stände. In Verbindung mit Staatsmännern, Gelehrten, Künstlern und Technikern und unter der Redakt. von L. Köhler und Krause hrsg. von H. J. Meyer. Diesem Wörterbuch ꝛc. sind beigegeben: 120 Bildnisse der bedeutendsten Menschen aller Zeiten, 60 Ansichten der merkwürdigsten Orte ꝛc., 123 Karten ꝛc. 15 Bde. oder 300 Hefte. Lex.-8. Mit Stahlst. und in Stahl gest. und theils ill. Karten in qu. gr. 4. und qu. gr. Fol.) (à Heft 4—5 Bog.) Hildburghausen 857—60, Bibliographisches Institut. à Heft * 3 Ngr. *

—— neues, für das Volk, ein unentbehrl. Nachschlagebuch für Jedermann über sämmtl. Zweige des menschl. Wissens. Hrsg. von Otto Henne-Am Rhyn. (In 20 Lfgn.) 2. Aufl. 1. und 2. Lfg. Lex.-8. (S. 1—96.) St. Gallen 874, Altwegg-Weber. à Lfg. 35 Pf.

Conversations-Lexicon, Neuestes, oder allgemeine deutsche Real-Encyklopädie für gebildete Stände . . . Wien 1825-35. H: *Sartori, Franze u. A.* (ErschDL)

— neuestes, oder allgem. deutsche Real-Encyklopädie für gebild. Stände, von e. Gesellschaft Gelehrten ganz neu bearb. 1r—7r Bd. gr. 8. Wien 825—27. Ludwig. Pränum.-Pr. à Bd. 1 Thlr. 16 Gr.

—— neuestes, od. allgem. deutsche Real-Encyclopädie f. gebild. Stände. Von e. Gesellsch. v. Gelehrten ganz neu bearb. 8—18. Bd. Groß-Magendorf — Z. gr. 8. (410 B.) Wien 828—35, Ludwig. à

1—7. Bd. Ebendas. 1825—27. à 1 Thlr. 16 Gr.

— neuestes, oder allgemeine deutsche Real-Encyklopädie für gebildete Stände. Von einer Gesellschaft von Gelehrten ganz neu bearb. 19 Bde. A.—Z. gr. 8. Wien 835, 36. Mayer u. Comp. ... — Supplementband (oder des ganzen Werkes 19r Bd.). gr. 8. Ebd. 836. $1\frac{1}{3}$ Thlr.

— neuestes, für alle Stände. Von e. Gesellschaft deutscher Gelehrten bearbeitet. 1r Bd. in 3 Liefer. A bis Byzanz. schmal gr. 4. Leipz., Brüggemann. 2e Aufl. 1e—8e Lief. 833. à Liefer. 10 Gr. Velinp. 14 Gr.

— neuestes, für alle Stände. Von einer Gesellschaft deutscher Gelehrten bearb. 4e—29e Lfrg. oder 2r—8r Bd. schm. gr. 4. Leipzig 833—36. O. Wigand. à Lfrg. $\frac{5}{12}$ Thlr., Velp. à $\frac{7}{12}$ Thlr.

—— neuestes, f. alle Stände. Von ein. Gesellschaft deutscher Gelehrten. 8 Bde. (od. 29 Lfgn.) gr. 4. Leipzig 833—38. (Melzer.) *

Im 8. Bde. ist dieser Titel zu streichen.

— neuestes u. wohlfeilstes, oder Universal-Handbuch für jeden Stand u. jedes Alter. 21 Lfrgg. in 3 Bdn. gr. 8. Leipzig 835—37. Meser'sche Verlags-Expedition. 4 Thlr.

—— neuestes u. wohlfeilstes vollständiges, od. Universal-Handbuch f. jed. Stand u. jed. Alter. 3 Bde. od. 21 Lfgn. gr. 8. ($121\frac{1}{2}$ B.) Leipzig 834—37, [Fritzsche.] 4 Thlr., hrbgs. Pr.

Dieser Titel ist im 8. Bde. zu streichen.

—— philosophisch-humoristisch-satyr., f. alle Stände. 8. ($7\frac{5}{8}$ B.) Creutzburg 846, Fischer.

Vgl. Ergänzungs-Conversations-Lexikon. — Ergänzungsblätter. — Gallerie. — Meyer, (J.). — Realencyclopädie f. d. kathol. Deutschland. — Volks-Conversations-Lexikon. — Wigand.

CONVERSATIONSLEXICON, Philosophisch-humoristisch-satyrisches, für alle Stände. Naumburg 1846. 8°. (2 Mk. P. Neubner, 1892.)

Conversationslexikon von Pierer. 6. A. Leipzig 1875—79. 18 Bde.

— Rheinisches, oder encyklopäd. Handwörterbuch für gebildete Stände. 1r—9r Bd. gr. 8. Köln 825—28. Compt. f. Kunst. Pr.-Pr. à Bd. 1 Thlr. 6 Gr. Neues Rheinisches. 3e Aufl. 1r—3r Bd. à 14 Hefte u. 4r Bd. 1s—10s Heft. gr. 8. Köln 829—32. (Düsseld., Stahl. Leipz., Centr.-Compt.) à Heft 4 Gr.

—— Rheinisches, od. encyclopäd. Handwörterbuch f. gebild. Stände. Hrsg. v. e. Gesellsch. rheinländ. Gelehrten. 8—12. Bd. R—Z. gr. 8. ($228\frac{1}{2}$ B.) Köln 826—30, Bergen. (Leipzig, Central-Compt.) à Bd.

1—7. Bd. Ebendas. 1825—27. à 1 Thlr. 6 Gr.

—— dass. 3. Aufl. (2. ?) 1—4. Bd. à 14 Hfte. u. 5. Bd. 1—9. Hft. A—Ge. gr. 8. (322 B.) Ebdas. 829—33. à Hft.

—— rheinisches, od. encyclopäd. Handwörterbuch f. gebild. Stände. Hrsg. v. ein. Gesellschaft rheinländ. Gelehrten. 1—8. Bd. (od. 1—24. Lfg.) u. 9. Bd. 1. Abthl. (od. 25. Lfg. enth. Schluß d. 8. Bds. u. 9. Bd. B. 1—20.) (A—Odeon.) 4. Orig.-Aufl. gr. 8. (563½ B.) Köln 837—42, Bruère. (Leipzig, Polet.) à L. ⅔ Thlr.
Das Ganze wird aus 12 Bdn. à 3 Abthl. (Lfgn.) bestehen.

—— für alle Stände (Hamburg, bibliograph. Institut), s.a. Universal-Bibliothek rc.

— für alle Stände. Von einer Gesellschaft deutscher Gelehrten bearb. 1.—14. Heft. gr. 8. Leipzig 845—47, O. Wigand. à 2½ Ngr

— studentikoses, oder Leben, Sitten, Einrichtungen, Verhältnisse u. Redensarten d. Studenten, beschrieben, erklärt u. alphabet. geordnet. 12. Leipz. 825. (Serig). 9 gGr

— studentikoses, oder Leben, Sitten, Einrichtungen, Verhältnisse u. Redensarten der Studenten, beschrieben, erklärt u. alphabetisch geordnet. (12.) Leipzig 825, Paul Vogel.

— vergl. auch Erinnerungsblätter.

—— der Tonkunst, s. Musiol, Rob.

—— für Weintrinker u. Weinhändler, s.a. Hellrung, K. L.

—— für Weintrinker und Weinhändler. Bearb. von Oenologen des In- und Auslandes, redig. von Boisvin. 2 Bde. gr. 12. (1. Bd. VI und 434 S. und 2. Bd. 199 S.) Magdeburg 850, Baensch.

— der Weltlitteratur. 1.—10. Lfg. 8. Berlin 893. Wiener. à n — 40
1. Bd. Die Theaterstücke der Weltlitteratur, ihrem Inhalte nach wiedergegeben. 2., völlig neu bearb., durchwegs verb. Aufl. Mit e. Einleitg. zur Geschichte der dramat. Litteratur. Hrsg. v. Leo Melitz. (10 Lfgn.) (LVIII, 643 S. (kplt. geb.. n. 5.—) Die 1. Aufl. erschien u. d. T. Mann, der gebildete.

„Conversations-Lexikon der kaufmännischen Wissenschaften. Eine vollständige Handlungs-Encyclopädie für Banquiers, Kaufleute, Fabrikanten, Droguisten, Sensale und Geschäftsleute jeder Art", 2. Auflage, 5 Bände, Grimma (1846—1848). — Vorh.: Com. Bibl. Hamburg.

—- der kaufmännischen Wissenschaften. Eine vollständ. Handlungs-Encyclopädie. 3 Bde. 2. Aufl. (Mit neuem Titel.) gr. 8. (120¼ B.) Grimma 846, Verl.-Compt. à Bd. 24 Ngr.

CONVERSATIONSLEXIKON des Witzes, Humors u. der Satyre. Hrsg. von einer Gesellschaft Humoristen. 6 Bde. Altona, o. J. (c. 1867). Gr. 8°. (Ldpr. à Bd. 1 Rthl.)
I: 497 SS., II: 480 SS., III: 480 SS., IV: 480 SS., V: 480 SS., VI: 464 SS. Zahm. Fehlt im Handel. (10 Mk. Kühl.)

—— des Witzes, Humors und der Satyre. Hrsg. von einer Gesellschaft Humoristen. 6 Bde. in 36 Heften. 8. (1. Bd. 478 S.; 2.—5. Bd. à 480 S.; 6. Bd. 464 S.) Altona 869—71, Verlags-Bureau. à Heft * 50 Pf. * geb. *

—— dass. — 1. und 2. Heft. 2. Aufl. gr. 8. (S. 1—192.) Ebendas. 872. à Heft * 50 Pf. *
Vgl.: Konversations-Lexikon. — Real-Encyklopädie.

— des Witzes, Humors u. der Satyre. Hrsg. v. e. Gesellschaft Humoristen. 21—36. Hft. gr. 8. (4. Bd. S. 161—480., 5. Bd. 480 u. 6. Bd. 464 S.) Altona 874. Verlags-Bureau. à n. — 50

—— der neuesten Zeit u. Literatur. Ein Supplementband zu allen frühern Aufl. d. Conversat.-Lexikons, sowol in d. leipz. Originalausgn. als d. verschied. Nachdrücken, aber auch e. für sich besteh. u. in sich abgeschloss. Werk. 4 Bde. (od. 32 Hfte.) gr. 8. (55, 62, 56 u. 80¼ B.) Leipzig 832—34, Brockhaus. à Hft. 6 Gr., Schrbp. 8 Gr., Vlnp.
Vgl. Bilder-Conversat.-Lex.; Conservations-Lex.; Conversat.-Taschenlex.; Damen-Convers.-Lex.; Encyklopädie; Hauslex.; Pfennig-Encyklopädie; Wörterbuch, encyklop. rc.

Conversations- Reisebibliothek
s. Gérard, J.: Der Löwenjäger. 1855.

Conversations- Reisebibliothek
s. Hall, B.: Aus dem Seelenleben. 1855.

Conversations-Saal rc., s.a.† Veritas.

Conversations-Saal und Geister-Revue. Ein Panorama interessant. Personen, Gedanken u. Zeitmaterien, für Menschenkenntniß u. Wissenschaft. Gedacht u. gesammelt von Magis Amica Veritas (H. E. G. Paulus). 11 Lfrgg. A.—Z. Lex.-8. Stuttgart 836, 37. Schweizerbart's Verlagsh. complet in 1 Bde. 3½ Rthlr

Conversations-Taschenbuch, s.a. Konversazions-Taschenbuch.

Conversations-Taschenbuch, oder Anleit., sich in den nöthigsten Ausdrücken auf Reisen u. bei den mannichfaltigen Vorfällen des menschl. Lebens bekannt zu machen. Nach Frau von Genlis u. Andern. In 6 Sprachen, englisch, deutsch, französisch, italienisch, spanisch u. russisch. 5e Aufl. gr. 16. Leipz. 825. Hinrichs. 1 Rthlr 12 gGr Dass. Buch in 3 Sprachen, englisch, deutsch, französisch. Ebd. 21 gGr Dasselbe italienisch, deutsch u. französisch. Ebd. 21 gGr

Conversations-Taschenbuch, oder Anleitung, sich mit den nöthigsten Ausdrücken im Leben und besonders auf Reisen bekannt zu machen. Nach Frau v. Genlis u. A. In 6 Sprachen: Engl., Deutsch, Französisch, Italienisch, Neu-Griechisch u. Russisch. 6e verm. Aufl. 16. Leipzig 833. Hinrichs. 1½ Rthlr — dass. in 6 Sprachen, mit Spanisch (statt Neu-Griech.). 6e Aufl. 16. Ebd. 833; 7e Aufl. 840. 1½ Rthlr — dass. in 3 Sprachen: Engl., Deutsch u. Franz. 6e Aufl. 16. Ebd. 833. ⅞ Rthlr; 7e Aufl. 16. Ebd. 839. 11/12 Rthlr — dass. in 3 Sprachen: Italienisch, Deutsch u. Franz. 6e Aufl. 16. Ebd. 833. ⅞ Rthlr; 7e Aufl. 16. Ebd. 839. 11/12 Rthlr

Conversations-Taschenbuch der deutschen, franz., engl., und italien. Sprache. Zum Gebrauche fürs gesellschaftl. Leben und zum Selbstunterricht. Nach Perrin, Lloyd, Zotti, Gerlis und Beauval bearb. Nebst einer Sammlung besond. Redensarten, Briefen und kl. schriftl. Aufsätzen. 2 Thle. 5., verb. Aufl. 12. Wien 848, Lechner's Universitäts-Buchh. [1. (361 S. und 1 Tab. in 4.) 2. (331 S.) à 16 Ngr.]

—— in 6 Sprachen: Englisch — Deutsch — Französisch — Italienisch — Neugriechisch — Russisch. Neue wohlfeile Ausg. der 7. umgearb. Aufl. A. u. d. Titeln: A manual of conversation. — Manuel pour la conversation. — Manuale per la conversazione. — Ἐγχειρίδιον τῆς συναναστροφῆς. — Ручная книга для путешествующихъ. — 16. (XXII u. 409 S.) Leipzig 848, Hinrichs. 24 Ngr — Neue wohlfeile Ausgabe der 7. umgearb. Aufl. A. u. d. T.: Manual para la conversacion etc. 16. (XXII u. 409 S.) Ebd. 848. 24 Ngr

—— in drei Sprachen: Englisch — Deutsch — Französisch. Neue wohlf. Ausg. der 7., umgearb. Aufl. 16. (XII und 204 S.) Leipzig 848, Hinrichssche Buchh.

—— in drei Sprachen: Italienisch — Deutsch — Französisch. 16. (XII und 204 S.) Leipzig 848, Hinrichssche Buchh.

Conversations-Taschenbuch in 3 Sprachen: Italienisch — Deutsch — Französ. 16. (XII u. 204 S.) Wien 848, Lechner. ½ Rthlr

Conversations-Taschenbuch f. Reisende u. Andere, um sich mit den auf Reisen, im Verkehr u. im gesell. Umgange gebräuchl. Ausdrücken bekannt zu machen. In 3 Sprachen: Englisch, Deutsch u. Französ. 7., umgearb. u. verm. Aufl. 16. (13¾ B.) Leipzig 839, Hinrichssche Buchh.

—— dass. — In 3 Sprachen: Italien., Deutsch u. Französ. 7., umgearb. u. verm. Aufl. 16. (13¾ B.) Leipzig 839, Hinrichssche Buchh.

—— dass. — In 6 Sprachen: Englisch, Deutsch, Französ., Italien., Neugriech. u. Russisch. 7., umgearb. u. verm. Aufl. 16. (27 B.) Leipzig 840, Hinrichssche Buchh.

—— dass. — In 6 Sprachen: Englisch, Deutsch, Französ., Italien., Spanisch u. Russisch. 16. (27 B.) Leipzig 840, Hinrichssche Buchh.

—— in 6 Sprachen: Englisch — Deutsch — Französisch — Italienisch — Spanisch — Russisch. Neue wohlf. Ausg. der 7., umgearb. Aufl. A. u. d. T.: Manual para la conversacion etc. 16. (XXII und 409 S.) Leipzig 848, Hinrichssche Buchh.

Conversations-Taschen-Lexikon, allgemeines, oder Realencyklopädie der für d. gebild. Stände nothwend. Kenntnisse u. Wissenschaften. In alphabet. Ordnung. 1s—62s Bdchen. 16. Quedlinb. 828—32. Basse. (1s B. 9 gGr 2s—62s B. à 6 gGr) 15 Thlr 12 gGr

Conversations-Taschenlexicon, allgem., oder Real-Encyklopädie der für die gebild. Stände nothwendigen Kenntnisse u. Wissenschaften. 63s—65s (u. letztes) Bdchn. 16. Quedlinb. 833. (25s — 27s Bdchn. 2e Aufl. 836.) Basse. (à 1/4 Thlr) 3/4 Thlr (Alle 65 Bdchn. 16 3/8 Thlr, herabgesetzter Preis 4 5/6 Thlr) (Vergl. Thl. I. S. 482.)

Conversations-Theil zur Machat'schen Sprachlehre. [Anhang.] Deutsch-französische und französisch-deutsche Uebersetzungs-Aufgaben in der neuesten Zeit so beliebten Dialogform, über jene Lehr-Paragraphe, welche in den bisherigen 28 Ausgaben dieser Grammatik 1c. ohne Uebungs-Aufgaben geblieben sind. Von dem Verf. der Geheimnisse der französ. Causerie. (J. Grüner.) gr. 8. (VIII und 56 S.) Wien 856, Lechner's Universitäts-Buchh. *

Conversio S. Augustini argumentum quinque meditationum . . . Monachii [1739]. V: *Neumayr, Franz.* (so) (Jes)

Conversion secrète et Testament olographe de Mr. de Voltaire, avec son Portr. 4. Augsb. 775. v. Jenisch u. St. 3 gGr

Conversione, La, di Santo Agostino, Oratorio da cantarsi nella regia elettorale Cappella il Sabbato Santo. S. l. [Dresden]] 1756. V: *Maria Antonia, Kurfürstin zu Sachsen.* (ML)

Der Conversions-Schwindel. Separatabdruck aus dem »Börsen-Wochen-Blatt«. Zweite Auflage der fünf Conversions-Briefe an Herrn v. Hansemann. Berlin 1885.

Convert, A., de l'hémoglobine et de ses rapports quantitatifs dans divers maladies. 36 pp. in-8. Berne, Huber & Co. 1873. 1. 20

Convertiten und ihre Gegner . . . Paderb. 1847. V: *Blackert, J. Gg.* (zu

Convertiten und ihre Gegner. Briefe u. Bekenntnisse über protest., kathol. u. deutsch-kathol. Zustände. Herausgeg. v. einem Protestanten. gr. 8. Paderborn 847 (846), Junfermann. 1 1/2 Thlr

Convertiten u. ihre Gegner. Briefe u. Bekenntnisse über protestantische, kathol. u. deutsch-kathol. Zustände. Hrsg. v. einem Protestanten. gr. 8. (IV u. 464 S.) Paderborn 847, Junfermann. 1 1/2 Thlr — 2. (Titel-)Ausg. gr. 8. Ebd. 850. 21 Ngr

Convertiten, des, Glaube, Hoffnung u. Liebe. Rede. gr. 8. Wien 831. Mechitaristen-Congreg.-Buchh. 2 gGr

Convertiten, Die, seit der Reformation. Freib. 1866. V: *Raess, Anton.* (Forsch. z. d. Gesch. XI, 405.)

Conviator viatori fidelis sive preces et exercitia in usum et commoditatem sacerdotum tum saecularium tum religiosorum selectae. 64. (XIV und 456 S.) Oeniponte 849, (libr. Wagner.) *

Vom Convict und (von) den Stipendien. Siehe in: Chronik der Universität zu Kiel.
1854. Kiel. 1855.
1855 – 1881/82 in: Schriften der Univ. zu Kiel. Bd. 2 – 28. Kiel. 1856 – 82. 4°.
1882/83 – 1885/86. Kiel. 1883 – 86. 8°.

Convicte, die katholischen, in Württemberg. Zugleich ein Beitrag zur Frage des Priestermangels. Mit besond. Hinblick auf die Angriffe der Haller „grünen Hefte" von einem unparteiischen Beobachter. gr. 8. (V, 42 S.) Stuttgart 888, Süddeutsche Verlagsbuchhandlung. *
Vgl.: Mittheilungen über die konfessionellen Verhältnisse in Württemberg.

Convictorium, das, u. d. Stipendien d. Universität Leipzig. Ein Wort d. Beruhigung u. d. Rathes f. sämmtl. unbemittelte Eltern, welche ihre Söhne auf d. Leipz. Hochschule zu bringen wünschen. (Besond. Abdr. a. d. „Vaterlandsfreunde.") 8. (8 1/4 B.) Leipzig 831, Literar. Museum. Thlr.

Convikte, Die klerikalen, und der Staatsdienst. Halle a. S. 1886. V: *Koestlin, Friedrich.* (Kat. d. ständ. Bibl. Stuttg. 1907. S. 91.)

Convolut von Briefen u. a. Schriftstücken (z. Th. autographirt u. gedruckt), betreffend *deutsche Geflügelzuchter-Vereine*, besonders aber den *Münchener Geflügelzucht-Verein* (dessen Ehren-Präsidium der Besitzer der Bibliothek vom 27. Jan. 1876 — 4. Novbr. 1880 inne hatte). In verschied. Format. Vereinigt in 1 Folio-Hsrsb.
Mit eingeheftet sind die Statuten des Fischerei- u. Kreisbienenzüchter-Vereins für Schwaben u. Neuburg. — Interess. Collection!

Conway, H.

— Julian Loraine's Testament. Roman. Aus dem Engl. v. F. Siemers v. Ostermann. Einzig autoris. Uebersetzg. 8. (220 S.) Dresden 886. Pierson. n. 3. —

Conway, Hugh

— aus Nacht zum Licht, s.: Engelhorn's allgemeine Romanbibliothek.

†Conway, H. [F. J. Fargus], Bound together, — Called back, } s. Collection of British Authors.

†Conway, H. [Fargus, E. J.], dark days, s. Collection of British Authors.

Conway, Hugh, Erinnern (Called Back), s.: Universal-Bibliothek.

—— eine Familiengeschichte, s.a. Engelhorn's allgemeine Roman-Bibliothek.

Conway, Hugh. Eine Familiengeschichte. Roman. Autoris. Uebersetzg. aus dem Engl. v. Natalie Rümelin. 2 Bde. [Engelhorn's allgemeine Romanbibliothek, Salon-Ausg.] 8. (à Bd. 160 S.) Stuttg. 889, Engelhorn. geb. in 1 Bd. * 3 —

— a family affair, s.: Collection of British authors.

—— Wunderbare Gaben u. andere Geschichten, s. Engelhorn's allgem. Romanbibliothek.

— mein erster Klient u. andere Geschichten, s.: Engelhorn's Romanbibliothek.

— lebend od. tot, s.: Engelhorn's allgemeine Roman-Bibliothek.

– living or dead, s. Collection of British authors.

– dunkle Tage, s. Engelhorn's allgemeine Romanbibliothek.

Conway, W. M., die penninischen Alpen. Ein Führer f. Bergsteiger durch das Gebiet der pennin. Alpen zwischen Simplon u. grossen St. Bernhard, bearb. u. hrsg. v. Aug. Lorria. 12. (VII, 264 S.) Zürich 891. Art. Institut Orell Füssli Verl. Geb. in Leinw. n. 10. —

Conwentz, Anna, Aufzeichnungen e. Klosterbruders. kl. 4. (122 S.) Weimar 891. Jüngst & Co. geb. n. 3. –

— s.: Für Geist u. Herz.

Conwentz, H., Bericht über die Durchforschung der Provinz Westpreussen, s. Schriften der naturforschendeu Gesellschaft in Danzig.

——— Die Bernsteinfichte. Vorläufige Mittheilung. (Sonder-Abdruck a. d. Ber. d. D. Bot. Ges. Berlin 1886.) 8.

Conwentz (H.), Betula nana, lebend in Westpreussen. (Abdr. a. d. Naturwiss. Wochenschr. N. F. Band 1.) 8.

— Bilder aus der Pflanzenwelt des Kreises Putzig. Vortrag. (Schriften der Naturf. Gesellsch. in Danzig. N. F. Band 10. 1901.) 8.

—— über ein in Markasit verwandeltes Braunkohlenholz, s. Abhandlungen der naturforschenden Gesellschaft zu Görlitz.

Die Fichte im norddeutschen Flachland v. H. Conwentz. Mit 3 Textfig. Sonderabdruck aus den Berichten der Deutschen Botanischen Gesellschaft Jg. 1905, Bd. 23, H. 5. Berlin. 1905. 8°

Bemerkenswerte Fichtenbestände, vornehmlich im nordwestlichen Deutschland v. H. Conwentz. ⟨Mit 14 Abb.⟩ Sonderabdruck aus: Aus der Natur Jg. 1, 1905, H. 17/18. Stuttgart. 1905. 8°

—— Heinrich Robert Goeppert. Gedächtnissrede, s. Schriften der naturforschenden Gesellschaft in Danzig.

Conwentz (H.), Ueber ein miocänes Nadelholz aus den Schwefelgruben von Comitini bei Girgenti. (Sep.-Abdr. aus: Flora 1879.) 8.

Conwentz: Das Weichsel-Nogat-Delta, s. Lissauer, A.

—— und Lissauer, das Weichsel-Nogat-Delta, s. Schriften der naturforschenden Gesellschaft in Danzig.

Trapa natans L. foss. (Vorläufige Mittheilung) v. H. Conwentz. Separat-Abdruck aus: Naturw. Wochschrift, red. v. H. Potonié, Bd. 7, Nr. 38. Berlin. 1892. 4°

Conwentz, Hugo

(Conwentz, H.): Neue Beobachtungen über die Eibe, besonders in der deutschen Volkskunde. Nach einem Vortrage des Herrn Prof. Dr. Conwentz in der anthropologischen Section der Naturforschenden Gesellschaft in Danzig, am 22. Februar 1899. ([S.-A.] „Danziger Zeitung". No 23706.) Danzig 1899. 8 S. 8°.

Conwentz, Hugo: Beobachtungen üb. selt. Waldbäume in Westpreussen, s.a. Abhandlungen z. Landeskunde d. Prov. Westpreussen.

CONWENTZ, Hugo: Beobachtungen über seltene Waldbäume in Westpreussen mit Berücksichtigung ihres Vorkommens im allgemeinen. - Danzig 1895. X, 163 S., 17 Fig., 3 Taf., 3 Bl. Erkl. - (Abh. Landeskde. Prov. Westpreussen H. 9)

Conwentz, H., Bericht üb. die staatliche Naturdenkmalpflege in Preussen in den J. 1906 u. 1907. s.: Beiträge zur Naturdenkmalpflege. 1. u. 2. Heft.

Conwentz, H., die Eibe in Westpreussen, e. aussterbender Waldbaum, s.a. Abhandlungen zur Landeskunde der Provinz Westpreussen.

Conwentz, H.: Die Eibe in Westpreussen, ein aussterbender Waldbaum. (Abhandlungen zur Landeskunde der Provinz Westpreussen. Herausgegeben von der Provinzial-Kommission zur Verwaltung der Westpreussischen Provinzial-Museen. Heft 3.) Danzig 1892. VIII, 72 S., 2 Tf. 4°.

Conwentz, Hugo, Oelhafens Elenchus plantarum circa Dantiscum nascentium. Ein Beitrag zur Geschichte der Danziger Flora. Lex.-8. (33 S.) Danzig 878, Anhuth. *

Conwentz, H., die Flora d. Bernsteins, s.: Goeppert, H. R., u. A. Menge.

Conwentz, H.: Die Gefährdung der Flora der Moore. ([S.-A.] Prometheus. Jahrg. 13. 1901/1902. Nr. 635.) Berlin 1901. 9 S. 8°.

Conwentz, H., die Gefährdung der Naturdenkmäler u. Vorschläge zu ihrer Erhaltung. Denkschrift, dem Hrn. Minister der geistl., Unterrichts- u. Medizinal-Angelegenheiten überreicht. (XII, 207 S.) 8. Berlin 904. Gebr. Borntraeger. Geb. in Leinw. n. 2. —

Die Gefährdung der Naturdenkmäler und Vorschläge zu ihrer Erhaltung. Denkschrift, dem Herrn Minister d. geistl.... Angelegenheiten überreicht von H[ugo] Conwentz. 2. unveränd. Aufl. Berlin: Gebr. Borntraeger 1904. (XII, 207 S.) 8° (07. 13407 9

Die Gefährdung der Naturdenkmäler und Vorschläge zu ihrer Erhaltung. Denkschrift, dem Herrn Minister d. geistl.... Angelegenheiten überreicht von H[ugo] Conwentz. 3. unveränd. Aufl. Berlin: Gebr. Borntraeger 1905. (XIV, 207 S.) 8° (06. 1748 11

Die Heimatkunde in der Schule. Grundlagen u. Vorschläge z. Förderung d. naturgeschichtl. u. geogr. Heimatkunde in d. Schule von Prof. Dr. [Hugo] Conwentz. *Berlin: Gebr. Borntraeger 1904.* (X, 139 S.) 8° (04. 8316

Die Heimatkunde in der Schule. Grundlagen u. Vorschläge z. Förderung d. naturgeschichtl. u. geogr. Heimatkunde in d. Schule von Prof. Dr. [Hugo] Conwentz. 2. verm. Aufl. Berlin: Gebr. Borntraeger 1906. (XV, 192 S.) 8° (07. 2096

Conwentz, Hugo, üb. aufgelöste u. durchwachsene Himbeerblüthen. [Aus: „Nova acta d. ksl. Leop. Carol. Deutschen Akad. d. Naturforscher".] Mit 3 lith. Taf. gr. 4. (24 S.) Dresden 878. Leipzig, Engelmann in Comm. n. 2. 40

—— die fossilen Hölzer von Karlsdorf am Zobten. Ein Beitrag zur Kenntniss der im norddeutschen Diluvium vorkommenden Geschiebehölzer. gr. 8. (48 S. mit 8 Bl. Taf.-Erklärungen und 8 zum Theil color. Taf. in Lithogr. und Lichtdr.) Breslau 880. (Danzig, Saunier's Buchh.) *

Conwentz, Hugo *(geb. St. Albrecht bei Danzig 20. 1. 1855)*:
Ueber die versteinten Hölzer aus dem norddeutschen Diluvium.
Breslau 1876. (33 S.) 8°

Breslau, Phil. Diss. v. 5. Aug. 1876

Conwentz, Hugo (Hrsg.), s. Merkbuch, Forstbotanisches.

(Conwentz, H.): Forstbotanische Merkbücher. Vortrag des Herrn Prof. Dr. Conwentz in der Sitzung der Naturforschenden Gesellschaft in Danzig, am 5. Dezember 1900. ([S.-A.] „Danziger Zeitung". 1900.) Danzig 1900. 8 S. 8°.

Conwentz, H., Monographie der baltischen Bernsteinbäume. Vergleichende Untersuchgn. über die Vegetationsorgane u. Blüten, sowie üb. das Harz und die Krankheiten der balt. Bernsteinbäume. Mit 18 lith. Taf. in Farbendr. Mit Unterstützung des westpreuss. Provinzial-Landtages hrsg. v. der naturforsch. Gesellschaft zu Danzig. gr. 4. (VIII, 151 S. u. 18 Bl. Tafel-Erklärgn.) Danzig 890. (Leipzig, Engelmann.) n. 50. —

– d. Moorbrücken im Thal d. Sorge auf d. Grenze zw. Westpreussen u. Ostpreussen, s.a. Abhandlungen z. Landeskunde d. Prov. Westpreussen.

Die Moorbrücken im Thal der Sorge auf der Grenze zwischen Westpreussen und Ostpreussen. E. Beitr. z. Kenntniss d. Naturgesch. u. Vorgesch. d. Landes v. H[ugo] Conwentz. M. 10 Taf. u. 26 Textfig. *Danzig: Komm.-V. v. Th. Bertling 1897.* (XV, 142 S., 1 Bl., 10 Taf.) 1 Bd 4.
= Abhandlungen z. Landeskunde d. Prov. Westpreussen. H. X.
(97. 7147

Conwentz, H.: Botanische Museen. Die phytopaläontologische Abteilung des Naturhistorischen Reichsmuseums in Stockholm. ([S.-A.] Botanische Jahrbücher. Bd. 11. Heft 4.) (Leipzig 1889.) 7 S. 8°.

Nachweis der hauptsächlichsten Veröffentlichungen aus der Erdkunde, Bodenkunde, Pflanzenkunde, Tierkunde, Vorgeschichte und Volkskunde der Provinz Westpreußen (v. H. Conwentz). Entworfen u. hrgg. vom Westpreußischen Provinzial-Museum. Danzig. 1906. 8°

(Conwentz, H.): Aus Schwedens Natur und Wissenschaft. Nach einem Vortrage des Herrn Prof. Dr. Conwentz, in der Sitzung der Naturforschenden Gesellschaft in Danzig, am 16. März 1898. ([S.-A.] Danziger Zeitung. 1898.) Danzig 1898. 16 S. 8°.

Das Westpreußische Provinzial-Museum 1880–1905. Nebst bildl. Darstellungen aus Westpreußens Natur u. vorgeschichtl. Kunst von H[ugo] Conwentz. Mit 80 Taf. Danzig 1905: A. W. Kafemann. (IV, 54 S.) 4° 05. 3601

Schutz der natürlichen Landschaft, vornehmlich in Bayern. Nach e. Vortrag in der zu München 1906 abgeh. Jahresversammlung d. Bundes Heimatschutz von H[ugo] Conwentz. Berlin: Gebr. Borntraeger 1907. (IX, 47 S.) 8° 08. 13320

Untersuchungen über fossile Hölzer Schwedens von H[ugo] Conwentz. Mit 11 Taf. Stockholm 1892: P. A. Norstedt & söner. (99 S.) 4°
— Handlingar, K. Svenska Vetenskaps-Akademiens. Bd 24, No 13. 08. 9858

Conwentz, H.: Ueber die Verbreitung des Succinits, besonders in Schweden und Dänemark. ([S.-A.] Schriften der Naturforschenden Gesellschaft zu Danzig. N.F. Bd. 7. Heft 3. 1890.) Danzig 1890. 12 S., 1 Krt. 8°.

Conybeare, John

Conybeare, J., Vertheidigung d. geoffenbarten Religion gegen das Buch: das Christenthum so alt als d. Welt, betitelt; aus d. Engl. (v. F. G. Resewitz). 8. Berl. 759. Nicolai. 14 gl

Conybeare, John. Vertheidigung der geoffenbahrten Religion gegen die Einwendungen eines Schriftstellers in seinem Buch: Das Christenthum so alt, als die Welt; aus dem Englischen. Berlin 1760. U: *Resewitz, Friedrich Gabriel.* (Ky) (MGT)

Conz, E., württembergische Gedenkblätter aus der Franzosenzeit. 8. (68 S.) Cannstatt 885. Bosheuyer. n. — 80

Conz, E., Gudrun. Ein Spiel. (48 S.) 8. Stuttgart 904. J. F. Steinkopf. n. — 60

Conz, E., die Weisen aus dem Morgenland in Berlin. Ein Weihnachtsspiel. (32 S.) kl. 8. Stuttgart (907). Holland & Josenhans. p — 40

Conz, G., die wichtigsten Gesetze d. Perspektive in ihrer Anwendg. auf d. Zeichnen n. d. Natur. gr. 8. (VII, 87 S. m. 66 Ill.) Stuttgart 895. K. Wittwer. n. 2. 50

Conz, G., die wichtigsten Gesetze der Perspektive in ihrer Anwendung auf das Zeichnen nach d. Natur. 2. Aufl. (VII, 82 S. m. 66 Abbildgn.) 8. Stuttgart 909. K. Wittwer. 2. 50

Conz, G., Lehrbuch der Perspective. Mit 118 in den Text gedr. Zeichngn. gr. 8. (VIII, 144 S.) Stuttgart 888. Wittwer. cart. n. 5. —

Conz G, Lehrbuch der Perspektive. 2. Auflage. (152 S) Stuttgart 1902

Conz, G., Zeichenschule. Anleitung zum Selbstunterricht, m. e. Sammlg. v. Vorlagen f. Anfänger u. 80 Illustr. gr. 8. (VIII, 129 S.) Ravensburg (899). O. Maier. n. 7.—; in 2 Bde. kart. n. 8.—; auch in 7 Lfgn. à n. 1.—

Conz, G., Zeichenschule. Anleitung zum Selbstunterricht, m. e. Sammlg. v. Vorlagen f. Anfänger (48 Taf.) u. 80 Illustr. 2. Aufl. (VIII, 129 S.) Lex.-8. Ravensburg (904). O. Maier. Geb., Taf. in Mappe n. 8.—

Conz, G., der Zeichenunterricht an den höheren Mädchenschulen. gr. 8. (27 S.) Stuttgart 877. Wittwer. n. — 60

Conz, Julie, u. Julie Neunhöffer, wer kommt? Ein Buch f. Kinder von 3—7 Jahren m. (farb.) Bildern v. C. und Reimen v. N. (33 S.) 31,5×26 cm. Straubing (910). C. Attenkofer's Verl. Geb. in Halbleinw. 3. 50

Conz, Karl Philipp

Conz, Karl Ph., († d. 20. Juni 1827.) Abhandll. für d. Geschichte u. d. Eigenthümliche d. spätern Stoischen Philosophie, nebst e. Versuche über d. christl. Kantische u. Stoische Moral. 8. Tüb. 792. (Osiander). 9 gl

K. Ph. Conz: Abhandll. für d. Gesch. u. d. Eigenthümliche d. spätern stoisch. Philos.; nebst e. Vers. üb. christl., Kant. u. stoische Moral. *Tüb.*, Heerbrandt. 794. 8° 9 gl

— Analekten oder Blumen, Phantasien u. Gemälde aus Griechenland. 8. Leipz. 793. Kummer. 14 gl

— s. Andenken Ploucquets

— morgenländische Apologen, oder die Lehrweisheit Jesus in Parabeln u. Sentenzen, mit einer Abhandlung über die Parabeln. Angehängt sind Beyträge zu einer morgenländischen Anthologie. 8. Heilbronn, Weisert. (Rausche). 803.

— morgenländ. Apologen, oder d. Lehrweisheit Jesus in Parabeln u. Sentenzen, mit e. Abhandl. über d. Parabeln. Angehängt sind: Beitrr. zu e. morgenländ. Anthologie. 8. Heilbr. 803. Mit n. Titel. Leipz. 809. (W. Nauck). 1 Rthl 8 gl

— — dieselben. 8. Leipz. Sommer, 809.

Conz, Karl Philipp (Bearb.), s. Aristophanes: Die Frösche.

Conz, Carl Philipp (Bearb.), s. Aristophanes: Plutos.

– s. Aristophanes: Vespae

Conz, C.P. (Bearb.), s. Aeschylus: Coëphoren.

– s. Aeschylus: Eumeniden

– s. Aeschylus: Perseus

– s. Aeschylus: Prometheus

– s. Aeschylus: Die Schutzflehenden

— Beitrr. für Philosophie, Geschmack u. Literatur, s.a. Beiträge.

— Beyträge f. Philosophie, Geschmack u. Litteratur. 1s St. 8. Reutlingen. (Montag, Regensburg). 785.

— de Charactere poëtico Joëlis cum animadvers. philolog.-critica. 4. Tübing. 783.

– s. F. F. Drück, kleine Schriften.

Conz, [Karl Phil.]: Nicodem. Frischlin, der unglukliche wirtembergische Gelehrte und Dichter. (Aus Hausleutners Schwäb. Archiv.) Frankf. u. Leipzig 1791.

— Nicodem. Frischlin, d. unglückl. würtemberg. Gelehrte u. Dichter. gr. 8. Frkf. u. Leipz. 792. (Nicolovius in Königsb.) 5 gl

— Gedächtnißrede auf den Tod d. Königin Katharina v. Würtemberg. gr. 8. Tübing. 819. Laupp. 4 gl

— Gedichte. 1e Samml. 8. Tüb. 792. (Osiander). 18 gl N. A. gr. 8. Zürich 806. Orell. 1 Rthl 12 gl Velinp. 2 Rthl Neuere Ausg. in 2 Thlen. gr. 8. Tübing. 818 u. 19. Laupp. 3 Rthl 4 gl Neueste Samml. (Ausg.) 8. Ulm 824. Stettin. 1 Rthl 16 gl

– s.a. Geist u. Gesch. d. Ritterwesens.

(Conz, K. Ph.,) Über den Geist und die Geschichte des Ritterwesens älterer Zeit, vorzüglich in Rücksicht auf Deutschland. Gotha 1786. 8.

— bibl. Gemälde u. Gedichte. Mit Kpf. 8. Frankf. a. M. 818. Hermann. 1 Rthl 12 gl Hbg. Pr. 18 gl

— Laudatio Wielandii. Acc. sermo de Niceta et Cinnamo Byzantinis historicis. Tubing. 818. 8. 8 gr.

Conz, C. P., Laudatio Wielandii. Acc. sermo de Nicota et Cinnamo, Byzantinis historicis. Tubing. 819. 8. 8 gr.

— laudatio Wielandii, oratio. 8. Tübing. 820. Laupp. 8 gr.

— Moses Mendelssohn, d. Weise u. Mensch, e. lyr. didakt. Gedicht. gr. 8. Stuttg. 787. Metzler. 10 gr.

— Museum für d. griech. u. röm. Literatur. 1s—3s Stück. gr. 8. Zürich 794 u. 95. (1s, 2s Stück à 16 gr. 3s Stück 9 gr.) 1 Thlr. 17 gr.

— Nachrr. von den Leben u. Schriften Rudolph Weckherlins. Ein Beitr. zur Literaturgeschichte d. 17n Jahrh. 8. Ludwigsb. 803.

Conz, C. P., Observationes ad Sophoclis aliqua loca, praesertim ex Aiace. Tubing. 814. 4. (56 S.)

— Diss. observat. philolog. ad Sophoclis aliqua loca, praesertim ex Aicae illius Lorario. 4. Tübing. 815.

— Plutos, eine Komödie d. Aristophanes. s. Aristophanes

Conz, K. Ph., s. Richter, Jean Paul Fr., das Schönste u. Gediegenste rc.

— Timoleons Rückkehr nach Korinth. 8. Stuttg. 801.

– s.a. Schicksale d. Seelenwanderungs-Hypothese.

(K. Ph. Conz): Schicksale d. Seelenwanderungs-Hypothese. *Königsb.*, Nicolovius. 791. 8° 12 gr.

– s. Schilderungen d. Griechen.

Conz, K. P., Schilderungen aus Griechenland. Reutl. 785. 8.

— kleinere prosaische Schriften, vermischten Inhalts. 2 Bdchen. gr. 8. Tübing. 821 u. 22. Laupp. 2 Thlr. 12 gr.

— Dies., neue Samml. 8. Ulm 825. Stettin. 1 Thlr. 20 gr.

Conz, Karl Ph., kleinere Schriften. N. Samml. 8. Ulm 825. Stettin. 1⅚ Thlr. jetzt nur ⅚ Thlr.

— die Stufen d. Menschen. Ein Gemälde aus d. Lucrez V. B. v. 923—1456. 8. Stuttg. 805.

– s. Tyrtäus.

— Worte d. Weihe, ein Gedicht, gesprochen am dritten Jubelfeste d. Reformation. gr. 8. Tübing. 817. Osiander. 5 gr.

Conz, Pfarrer M., Meine Irrgänge und Mißgriffe in dem Weg und Werk des Herrn. Ein Bekenntniß, in dem Zirkel einiger Herzensfreunde abgelegt u. von denselben herausg. 8. Stuttgart 834. Belser. 1/12 Thlr.

Conz, R. H. G., Gedichte. Cöln 866. J. G. Schmitz'sche Buchhdlg. 12. (138 S.) n. 12 ngr.

Conze, Alexander

Conze, A., die Athenastatue des Phidias im Parthenon u. die neuesten auf sie bezüglichen Entdeckungen. Berlin [illegible] S. u. [illegible] Ch[illegible]
Hab.-/Univ.-Schrift 1815

Conze, A., die Athenastatue des Phidias im Parthenon u. die neuesten auf sie bezüglichen Entdeckungen. Berlin 865. G. Reimer. gr. 4. (13 S. u. 1 lith. Taf. in Fol.) n. 20 ngr.

– Ueber eine Athenastatue aus Pergamon. Ak. 1893. 12 S.

— über die Bedeutung der classischen Archäologie. Eine Antrittsvorlesung gehalten an der Universität zu Wien am 15. April 1869. Wien 869. Gerold's Sohn. gr. 8. (18 S.) 6 ngr.

—— Beiträge zur Geschichte der griechischen Plastik. Mit 11 (lithogr.) Taf., meistens nach Abgüssen des archaeolog. Museums der königl. Universität Halle-Wittenberg gez. und lithogr. von Herm. Schenck. 1. und 2. Aufl. 4. (VI, 34 S.) Halle 869, Buchh. des Waisenhauses.

— Beiträge zur Geschichte der griechischen Plastik. Mit 11 (lith.) Taff., meistens nach Abgüssen des archäolog. Museums der k. Universität Halle-Wittenberg gez. von Herm. Schenck. 1. u. 2. Aufl. Halle 870. Buchhdlg. d. Waisenhauses. gr. 4. (VI. 34 S.) n. 3 Thlr.

Conze, Alex., erster Bericht üb. die vorbereitenden Schritte zur Gesammt-Ausgabe der griechischen Grabreliefs. [Aus: „Sitzungsber. d. k. Akad. d. Wiss"] Lex.-8. (24 S.) Wien 874. (Gerold's Sohn.) n. — 40

— Zweiter Bericht üb. die Vorarbeiten zur Herausgabe der griechischen Grabreliefs. [Aus: „Sitzungsber. d. k. Akad. d. Wiss."] Lex.-8. (14 S.) Ebend. 875. n.n. — 30

Conze, Alex., 3. Bericht üb. die Vorarbeiten zur Herausgabe d. griech. Grabreliefs attischen Ursprungs. [Aus: „Sitzungsber. d. k. Akad. d. Wiss."] Lex.-8. (8 S.) Wien 881. Gerold's Sohn in Comm. n.n. — 30 (1—3.: n.n. 1. —)

— u. Carl Schuchhardt, vorläufiger Bericht üb. die Arbeiten zu Pergamon 1886—1898. gr. 8. (S. 97–240 m. Abbildgn. u. 1 Taf.) Athen 899. Beck & Barth. n.n. 3. —
Sonderabdruck aus: „Mitth. d. k. deutschen archäol. Instit."

— römische Bildwerke einheimischen Fundorts in Oesterreich. [Aus: Denkschriften d. k. Akad. d. Wiss."] 2 Hfte. Imp.-4. Ebend. 872. 75. n. 9. —
1. Drei Sarkophage aus Salona. Mit Taf. I—IV. (in Steindr.) (20 S.) n. 4. —
2. Sculpturen in Pettau u. St. Martin am Pacher. Mit Taf. V—X. (in Kpfrst.) (14 S.) n. 5. —

— römische Bildwerke einheimischen Fundorts in Oesterreich. III. Hft. Sculpturen in Cilli, Pettau u. Seckau. Mit (Kpfr.-)Taf. XI—XVII. [Aus: „Denkschr. d. k. Akad. d. Wiss."] Imp.-4. (15 S.) Ebend. 877. n. 6. — (1—3.: n. 15. —)

— s. a. Ergebnisse, die, der Ausgrabungen zu Pergamon.

Conze, Humann, Bohn, Stiller u. A., Die Ergebnisse der Ausgrabungen zu Pergamon. Vorläufiger Bericht. Mit 7 Tfln. Berlin 1880. Fol.

— C. Humann, R. Bohn, die Ergebnisse der Ausgrabungen zu Pergamon 1880—1881. Vorläufiger Bericht. Mit 4 Taf. (in Chromolith., Stahlst. u. Lichtdr.). Fol. (55 S.) Berlin 882. Weidmann. n. 8. —

—— die Familie des Augustus, ein Relief in S. Vitale zu Ravenna. 4. (16 S. mit 2 Photogr.) Halle 867, Buchh. des Waisenhauses.

— die Familie des Augustus, ein Relief in S. Vitale zu Ravenna. Mit 2 Photogr. Ebend. 868. 4. (16 S.) n. 25 ngr.

Conze, A., zur Geschichte der Anfänge griechischer Kunst. Mit 11 (lith.) Taff., wovon 1 in Buntdr. [Aus den Sitzungsber. d. k. Akad. d. Wiss.] Wien 870. Gerold's Sohn in Comm. gr. 8. (30 S.) n. 1 Thlr. 6 ngr.

— zur Geschichte der Anfänge griechischer Kunst. [Aus: „Sitzungsber. d. k. Akad. Wiss."] Lex.-8. (32 S.) Ebend. 873. n. — 50

Conze, Alexander. Die antike Gewandung. Wien. R. v. Waldheim 1875.
14 S. m. 37 Abb. 4°.
Aus: Blätter für Kunstgewerbe. Hrsg. von Valentin Teirich. Bd. 4. H. 8 u. 9

Conze, Alex., s.: Grabreliefs, die attischen.

— über griechische Grabreliefs. Mit 2. (lith.) Taf. [Aus „Sitzungsber. d. k. Akad. d. Wiss."] Lex.-8. (18 S.) Ebend. 872. n. — 80

— Heroen- u. Götter-Gestalten der griechischen Kunst. In 2 Abthlgn. Enth. 14 Bog. Text u. 156 Taf. autographirt v. Jos. Schönbrunner. Fol. Wien 874. v. Waldheim. n. 27. —

Conze, Alexander. Heroen- und Götter-Gestalten der griechischen Kunst erläutert von Alexander Conze ... Wien, R. v. Waldheim 1875.
Tit., 3 Bl., 49 S.; 106 Taf. 2°.

— Hypnos der Schlafgott. — Trunkener Dionysos. — Eros u. Psyche an Tischfüssen zu Berlin u. Bologna. S.-A. 1862. 8 S. u. 8 Taf. 4°. 1.20

— s.: Jahrbuch des kaiserl. deutschen archäolog. Instituts.

Die Kleinfunde aus Pergamon. Von Alexander Conze. Mit 5 Taf. *Berlin: Kgl. Akad. d. Wiss. 1903.* (28 S.) 4°
Aus: Abhandlungen d. kgl. preuß. Akad. d. Wiss. v. J. 1902. [04. 1403

— die Kleinfunde aus Pergamon. (28 S. m. 5 [4 farb.] Taf. gr. 4. Berlin 903. (G. Reimer.) Kart. n. 8. 50
Sonderabdruck aus: „Abhdlgn. d. preuss. Akad. d. Wiss."

— Pergamon. Vortrag, geh. in der öffentl. Sitzg. d. k. Akademie der Wissenschaften zur Feier d. Jahrestages Friedrich II. am 29. Jan. 1880. [Aus: „Monatsber. d. k. Akad. d. Wiss. zu Berlin".] gr. 8. (14 S.) Berlin 880. Dümmler's Verl. in Comm. — 25

— Pro Pergamo. Vortrag, geh. i. d. Berliner archäolog. Gesellschaft am 9. XII. 1897. 8. (32 S.) Berlin 898. G. Reimer. n. — 60

Pro Pergamo. Vortrag geh. in der Berliner archäolog. Ges. am 9. Dec. 1897 v. Alexander Conze. *Berlin: G. Reimer 1898.* (32 S.) 1 Bd 18. [98. 400]

Conze, A., Philoktet in Troja. Ueber das Gemälde einer griechischen Vase der Sammlung Jatta in Ruvo. Göttingen 856. Vandenhoeck u. Ruprecht in Comm. gr. 8. (19 S. u. 1 Kupfertaf. in 4.) n. 7½ ngl

Conze, Alex., Reise auf den Inseln des Thrakischen Meeres. Mit 21 lith. Taf. Hannover 860. C. Rümpler. gr. 4. (VIII, 124 S.) n. 3 ₰ 10 ngr.

— Reise auf der Insel Lesbos. Mit e. Anh. u. 22 lith. Taff. (in 4. u. Fol.) Hannover 865. C. Rümpler. gr. 4. (VIII, 64 S.) n. 3 ₰ 10 ngr.

Conze, A., Antike Satyrdarstellungen u. ihre Gegenbilder in der modernen Kunst. S.-A. 10 S. m. Abbildg. 4°.

Conze: Stadt und Landschaft, s. Altertümer von Pergamon

— Theseus u. Minotauros. 38. Programm zum Winckelmannsfeste der Archaeolog. Gesellschaft zu Berlin. Mit einer Radirung v. Ernst Forberg. gr. 4. (11 S.) Berlin 1878. G. Reimer. n. 1. —

— „Todtenmahl", Relief im Cabinet des médailles zu Paris. [Mit 1 (lith.) Taf.] [Aus: „Sitzungsber. d. k. Akad. d. Wiss."] Lex.-8. (68.) Wien 881. Gerold's Sohn. n. — 40

melische Thongefässe. Leipzig 862. Breitkopf & Härtel. qu. Fol. (8 S. u. 5 lith. Taf.) n. 5 ₰

— Zur Topographie von Pergamon. Ak. 1884. 9 S.

— Alois Hauser, George Niemann, archaeologische Untersuchungen auf Samothrake, ausgeführt im Auftr. d. k. k. Ministeriums f. Kultus u. Unterricht m. Unterstützg. S. Maj. Corvette „Zrinyi," Commandant Lang. Fol. (92 S. m. 96 eingedr. Holzschn. u. 72 chromolith., phototyp. u. Kpfr.-Taf.) Wien 875. Gerold's Sohn. geb. n. 100. —

— Alois Hauser, Otto Benndorf, neue archaeologische Untersuchungen auf Samothrake. Ausgeführt im Auftrage d. k. k. Ministeriums f. Kultus u. Unterricht m. Unterstützung Sr. Maj. Corvette „Frundsberg" Commandant Kropp. Mit 76 (photolith.) Taf. u. 43 (Holzschn.-)Illustr. im Texte. gr. Fol. (124 S.) Ebend. 880. n. 130. — (1. u. 2.: n. 230. —)

— Üb. d. Ursprung d. bildenden Kunst. [Aus: „Sitzungsber. d. Akad. d. Wiss. zu Berlin".] gr. 8. (12 S.) Ebd. 897. n. — 50

— Ueber die Zeit der Erbauung des grossen Altars zu Pergamon. S.-A. 1871. 8 S. m. 4 Taf.

Conze, Alexander (Chr. Leop.) (geb. Hannover 10. 12. 1831): De Psyches imaginibus quibusdam. Berolini (1855). (31 S.) 8°
Berlin, Phil. Diss. v. 11. Aug. 1855

Conze, Elsbeth, Krukenberg-, s. Krukenberg-Conze, Elsbeth

Conze, Ernst [Referendar aus Langenberg]: **Bedarf es zum Erwerb des Vermächtnisses der Annahme? ... Bonn, Buchdr. J. Bach Wwe, 1895; 55 S., 1 Bl. 8.**
Erlangen, Jur. Fak., Inaug.-Diss. v. 1895

Conze, Friedrich [Kammergerichts-Ref. in Charlottenburg]: Kauf nach hanseatischen Quellen. ... Bonn, Univ.-Buchdr. v. Carl Georgi, 1889; 117 + 1 S. 8°
Bonn. Jur. Fak., Inaug.-Diss. v. 31. Jul. 1889

Conze, F., Kauf nach hanseatischen Quellen. Inaug.-Diss. gr. 8. (115 S.) Bonn 889. (Berlin, W. Weber. n. 2. —

Conze, Hans, Kammergerichtsref.: Der Einfluß einer Verfügung des Käufers über die Kaufsache auf die ädilicischen Rechtsmittel. Nach gemeinem Recht u. Bürgerl. Gesetzbuch. *Berlin (1903): G. Reimer.* (VII, 93 S.) 8° [J.]
Berlin, Jur. Diss. v. 10. Aug. 1903

Conze, Johs., „Karnevals-Liebe" od. „Die Macht der Mimik" od. „So geht's, wenn man kurzsichtig ist". Schwank in 1 Aufzug. (24 S.) kl. 8. Flöha (906). A. Peitz & Sohn. n. 1. —

... Missa solemnis super 'Sol fa mi re ut' quam in honorem St. Nicolai ad IV voces viriles composuit Joannes Conze. Op. VI. .. Part. [u.] Stimmen ... *Paderborn: Junfermann [1899].* (27, 10, 10, 10, 9 S.) 1 Bd 4. (8.) [99. 1667

Conzelmann, J. (Hrsg.), s. Hausfreund, Der Homoeopathische, für die Vereinigten Staaten.

Conzen, Franz, aus Cöln, Arzt an d. med. Universitätspoliklinik zu Leipzig: Ueber die periphere **Sympathicusaffektion insbesondere ihre Aetiologie und Symptomatologie.** *Leipzig 1904: B. Georgi.* (46 S.) 8°
Leipzig, Med. Diss. v. (21. März) 1903

Conzen, Fritz, Medicinalprakt.: Ueber die Beziehungen zwischen Epityphlitis und Trauma. Bonn 1908: Hassemer. 39 S. 8°
Bonn, Med. Diss. v. 10. Febr. 1909, Ref. Garrè
[Geb. 9. Juni 83 Aachen; Wohnort: Cöln; Staatsangeh.: Preußen; Vorbildung: Kaiser-Wilhelm-Gymn. Aachen Reife O. 01; Studium: Freiburg i. B. 2, Bonn 4, Freiburg i. B. 2, Heidelberg 1, Bonn 2 S.; Coll. 25. Sept. 08; Approb. 9. Jan. 09.] [U 09. 330

Conzen, Heinrich, a. Rondorf: Ein Beitrag zu der Gesetzesbestimmung, daß die kraft Gesetzes übergegangene Forderung nicht zum Nachteil des Gläubigers geltend gemacht werden kann. Köln 1906: J. P. Bachem. (48 S.) 8°
Heidelberg, Jur. Fak., Ref. Bekker, Diss. v. 2. Jan. 1906
[Geb. 3. April 80 Rondorf; Wohnort: Münstereifel; Staatsangeh.: Preußen; Vorbildung: Gymn. Münstereifel Reife O. 00; Studium: München 2, Bonn 4 S.; Rig. 17. Juni 04.]

Conzen, Heinrich, die unbeschämte Wahrheit, das ist Sonn- und Feyertagspredigten. à Thle. 4. Augsb. M. Rieger. 708. Rthlr.

Conzen, L. Beiträge zur Erklärung des Sallust. 20 S. Progr. G. *Darmstadt* 1876.

Conzen, Otto (geb. am 11 Sept. 1845 in Lindlar Rgbz. Köln): Experimentelle Untersuchungen über einige Ersatzmittel des Chinin [!] ... Bonn, Druck v. C. Georgi 1868. 30 S., 1 Bl. 8.
Bonn, Med. Fak., Diss. v. 31 Juli 1868

Conzen, R. P. A, S. I. commentar, in 4 sancta Iesu Christi Evangelia. fol. Colon. 707.

(Conzen, Th.), Resultate aus den im Jahre 1852 und 1853 zu Giessen angestellten meteorologischen Beobachtungen. Giessen,

Conzen, Wilhelm, Gerichtsassessor: Abweichungen der Rechtsprechung von den allgemeinen Vorschriften des Obligationenrechts. Darmstadt 1909: Otto. 66 S. 8°
Gießen, Jur. Diss. v. 16. April 1909, Ref. Leist
[Geb. 13. Apr. 83 Waldhof b. Mannheim; Wohnort: Darmstadt; Staatsangeh.: Hessen; Vorbildung: Ludwig-Georgs-Gymn. Darmstadt Reife O. 01; Studium: Heidelberg 2, München 1, Gießen 4 S.; Rig. 15. Febr. 09.] [U 09. 1090

Conzessionsakt des Standes Luzern über den Bau einer Eisenbahn Luzern-Zürich. 1857.

Conzessionsakt des Standes Zug für eine Eisenbahn Sihlbrücke-Baar-Zug-St. Adrian und Zug-Cham-Honau. 1856. Auch franz.

Conzett, C., 1. Nationale und internationale Arbeits- oder Fabriksgesetzgebung oder wie kommt die bessere Zeit? 8°. Hottingen-Zürich, Aktionskomitee d. schweiz. Arbeitertages,

Conzett, C., 2. Rettung oder Ruin! oder Ursache und Beseitigung der sogen. schlechten Zeit. 8°. Hottingen-Zürich, Volksbuchhdlg.,

3. Wie soll's noch enden? oder was wollen die Socialdemokraten? 8°. Zürich-Hottingen, Schweiz. Volksbuchhdlg.,

Conzett, Jacob und **Launitz, Johann:** Rundschau auf dem Gebiete der deutschen Evangelischen Kirche in Nord-Amerika ..., *Herausgegeben von Jakob Conzett und Johann Launitz. unter Mitwirkung mehrerer angesehener Prediger der verschiedenen ev. Benennungen dieses Landes. Pittsburgh, Pa. Verlag von Ernst Luft, No. 135. Smithfield Straße. [1877] 270 S.*

Conzett, Konrad

Conzett, Conr., nach Amerika! Handbuch f. Auswanderer nach eigenen Erfahrgn. nebst e. Anleitg. zur schnellen Erlerng. der engl. Sprache. 8. (320 S.) Chur 871. (Leipzig, Giegler.) 1. 50

Conzett, Conr., Nach Amerika! Handbuch für Auswanderer nach eigenen Erfahrungen nebst einer Anleitung zur schnellen Erlernung der engl. Sprache. 8. (320 S.) Chur 871. (Leipzig, Giegler.) [Bern, Heuberger's Verlag.]

Conzetti, Alfr. [von Poschiavo-Chur (Schweiz)]: Beiträge zur Kenntnis der Beziehungen zwischen Fluorescenz und chemischer Konstitution. Zürich 1898. 60 S. 8°.
Zürich. Phil. Diss. II. S. 1898/99.

Cook, Alb. S., a glossary of the old Northumbrian gospels (Lindisfarne gospels or Durham book). gr. 8. (VII, 263 S.) Halle 894. M. Niemeyer. n. 10. —

Cook, Alfred [aus Plano, Illinois U. S. A.]: Ueber die Berkeleysche Philosophie .... Halle a. S., Hof-Buchdr. v. C. A. Kaemmerer & Co., 1880; 47 + 1 S. 8°.
Halle, Phil. Fak., Inaug. Diss. v. [16. Okt.] 1880.

Cook, C., Transformations and migrations of certain statues in the Cesnola Collection. Gel. O. J. 88 S. m. 1 Taf. 1.50

Cook, E. A., über Amido- u. Isoamidophenylsäure. Marburg. 20 S.
Schul-/Univ.-Schrift 1865

Cook, E(zra) Albert, aus Wheaton (Illinois): Hume's Theorie über die Realität der Außenwelt. *Halle a. S. 1904: C. A. Kaemmerer & Co.* (40 S.) 8°
Halle, Phil. Diss. v. 1904

Cook, Frances E., History of England, hrsg. v. Elisab. Taubenspeck, s.: Library, English. 36. Bd.

Cook, Frederick Albert

Cook, Freder. A., die erste Südpolarnacht 1898—1899. Bericht üb. die Entdeckungsreise der „Belgica" in der Südpolarregion. Mit e. Anh.: Überblick üb. die wissenschaftl. Ergebnisse. Deutsch v. Ant. Weber. (XXIV, 416 S. m. Abbildgn., Taf., 1 Farbdr. u. 1 farb. Karte.) gr. 8. Kempten 903. J. Kösel. n. 10. —; geb. in Leinw. n. 11. 50

Cook, Frederick A., die erste Südpolarnacht 1898—1899. Bericht üb. d. Entdeckungsreise d. „Belgica" in der Südpolarregion. Mit e. Anh.: Überblick üb. d. wissenschaftl. Ergebnisse. Deutsch v. Ant. Weber. 3. Aufl. (XXIV, 419 S. m. z. Tl. farb. Taf. u. 1 farb. Krt.) gr. 8. Kempten 909. J. Kösel. 8.—; geb. 10. —

Cook, Mrs. H. N., biblische Naturgeschichte f. Kinder. Alphabetisch geordnet. Aus d. Engl. übers. u. mit einigen Zusätzen vermehrt. 16. (108 S. m. 16 Holzschntaf.) New-York 851. (Philadelphia, Schäfer & Koradi.) In Engl. Einb. n. 12 ngf

Cook, Helen Dodd: Die taktile Schätzung von ausgefüllten und leeren Strecken. Mit 2 Fig. u. 17 Kurven im Text. Leipzig: W. Engelmann 1910. 130 S. 8° ¶ (Aus: Archiv f. d. ges. Psychol. Bd 16, H. 3/4.)
Würzburg, Phil. Diss. v. 8. Febr. 1910, Ref. Külpe
[Geb. 15. Aug. 83 Montclair, N.-J.; Wohnort: New Jersey; Staatsangeh.: Vereinigte Staaten; Vorbildung: Wellesley Coll. B. A. Juni 05; Studium: Wellesley Coll. 4, Würzburg 5 S.; Rig. 24. Juli 09.] [U 10. 4381

Cook, J. H. Bishop Lowth. His life and writings. Diss. Leipzig 1879. 62 S.

Cook, James

— und Clerke, zur Beantwortung der Frage: welches sind die Mittel, rohe u. ungesittete Völker vernünftig zu machen? 7 Thle. 8. Berl. Hesse. (Müller). 787—90.

— u. Clerke, zur Beantwortung d. Frage: welches sind d. Mittel, rohe u. ungesittete Völker vernünftig zu machen, u. sie von ihren Irrthümern zu befreien. 7 Thle. 8. Berl. 787—90. (Stuhr; auch Petsch). 2 ℛ 18 ℊ

COOK, JAMES, Beschreibung seiner Reise um die Welt. (1. Bändchen). Altona. 1802.

— Beschreib. seiner Reise um d. Welt, ein nützl. Lesebuch f. d. Jugend, nach Campe's Lehrart bearbeitet. 3 Thle, mit Kpf. 8. Altona 804—7. Bechtold. 1 ℛ 12 ℊ ill. 2 ℛ

— Beschreib. seiner zweiten Reise um d. Welt. A. u. d. T.: Joh. Reinh. Forsters Reise um d. Welt in dem auf Entdeck. ausgeschickten u. von Cook geführten Schiffe the Resolution, herausg. v. Georg Forster, ein nützl. Lesebuch f. d. Jugend, nach Campe's Lehrart bearbeitet, mit Kpf. 8. Altona 804. Bechtold. 16 gl ill. 20 gl

— Beschreibung seiner zw. Reise um die Welt. hat a. d. Tit.: Joh. Reinh. Forsters Reise um die Welt in dem auf Entdeckungen ausgeschickten u. durch Cook geführten Schiffe the Resolution, herausgeg. von seinem Sohn und Reisegefährten Georg Forster, ein nützliches Lesebuch für die Jugend nach Campe's Lehrart bearbeitet. m. K. 8. Ebend. 805. m. ill. K.

— dritte u. letzte Entdeckungsreise. Aus d. Engl. 2 Bde, mit Kpf. gr. 8. Berl. 788. Mylius. 3 ß (s. auch Reisebeschreibb. u. Entdeck. d. 5ten Welttheils III. 2.)

— dritte Entdeckungsreise in d. Südsee u. gegen den Nordpol. Aus d. Engl. v. J. R. Forster, mit Kpf. gr. 4. Berl. 788. Haude u. Sp. 15 ß Dass., 4 Bde, mit Kpf. gr. 8. Ebd. 789. 7 ß 12 gl

— Leben, s. a. Biographien für die Jugend 2c. 8. Tübingen, Cotta.

Cook's, Jak., Leben, aus richtigen Quellen. M. Cook's Bildniß. 8. Frankf. a. d. O. 781. Acad. B. 4 gl (vergl. auch Biographie f. d. Jugend. 26 Bdchen.)

— and Clerke, an authentic narrative of a Voyage during the Years 1776—80. with a Map. 2 Vol. gr. 8. Jena, Acad. Buchh.

— and Clerke, an authentic narrative of a Voyage during the Years 1776—80, with a Map. II Vols. gr. 8. Jena. (Hennings in Neisse). 1 ß 12 gl

Neueste Reisebeschreibungen, oder Jakob Cook's dritte und letzte Reise, welche . . . nach den Südinseln des stillen Meeres und dann weiter nach den nordamerikanischen und asiatischen Küsten, um die Möglichkeit einer nördlichen Durchfahrt nach Europa zu entscheiden, in den Jahren 1776 bis 1780 unternommen worden. Mit Kupfern. Bd. 1 u. 2. = Bibliothek der neuesten Reisebeschreibungen. Bd. 8 u. 9. Nürnberg und Leipzig. 1786. 8°.

— dritte u. letzte Reise, oder Geschichte einer Entdeckungsreise nach dem stillen Ocean, übersetzt von J. B. Wetzel. 5 Thle, mit Kpf. u. Karten. 8. Ansb. 787—812. (Gassert). (à Thl. 2 ß) 10 ß ohne Kpf. u. Kart. (à Thl. 1 ß) 5 ß

— dritte u. letzte Reise, worin sein Tod mit beschrieben wird; aus d. Engl., mit Kpf. u. Prospekten. 2 Thle. gr. 8. Nürnb. 790. Schneider u. W. 3 ß 12 gl (vergl. Bibliothek d. Reisebeschreibb. 8r u. 9r Bd.)

— erste, zweite u. dritte Reise um d. Welt. In 3 Bden, mit Kpf. u. 1 Karte. gr. 8. Wien 803. Camesina. 4 ß 16 gl

— u. King, Reise in d. J. 1776—80, nebst e. Verzeichnisse d. Breiten u. Längen 2c. im Auszuge von R. A. J. Kirchhof. 8. Berl. 794. Nicolai. 4 gl

— Reise um den stillen Ocean 1780—82, im Auszuge, mit Kpf. u. Kart. gr. 8. Frankf. a. d. O. 785. Acad. B. (Sander). 14 gl

Cooks Reise nach dem stillen Oceane 1780—82. Im Auszuge. Mit Kupfern. gr. 8. Hat jetzt Flittner in Berlin.

[Cook, James, Joseph Banks und John Hawkesworth]: Des Lieutenant Cook's Reise um die Welt, in den Jahren 1768, 1769, 1770 und 1771 (auf Sr. Majestät Schiff Endeavour). Berlin 1774. 2 Bde. 408; 413 S.
— Hawkesworth: Geschichte der See-Reisen. Bd. 2. 3. 4°.

— Reise um die Welt, ein Kinderspiel. m. K. Berl. Pauli. 810.

Cook, Reise um die Welt, ein belehrendes Spiel f. Kinder, m. 37 K. Berl. Fr. Pauli. 815.

Cook, Jak., Reise um d. Welt, f. d. Jugend bearbeitet. 3 Bdchen. N. A. 8. Magdeb. 818. v. Schütz. (Lauffer in Leipz.) 1 ß 12 gl ill. 2 ß

Cook, J., drei Reisen um die Welt, s. a. Lorck's, C. B., Hausbibliothek.

Cook, James, drei Reisen um die Welt. Neu herausg. von Friedr. Steger. (2 Thle.) Leipzig 858. Lorck. 8. (XXV, 284; 292 S.) n. 1 ß 10 ngl

Cook, James, drei Reisen um die Welt. Neu hersg. von Frdr. Steger. Neue Ausg. Leipzig 865. Senf. 8. (XXIV, 576 S.) 1 ß

Cook, James, drei Reisen um die Welt. Neu hrsg. v. Frdr. Steger. 3. Ausg. 2 Bde. 8. (292 u. XXIV. 284 S.) Leipzig 874. G. Senf. 3.

— u. Fourneaux gethane neueste Reisen um die Welt in den Jahren 1772—75. a. d. Engl. m. K. gr. 8. Leipz. Weygand. 776.

— sämmtl. Reisen um d. Welt, in d. J. 1768—1780. 3 Thle. 8. Wien 803. Bauer u. D. 10 ß 16 gl

— — Reisen um die Welt, für die Jugend bearbeitet. 3 Bdchn. N. A. 8. Magdeburg, v. Schütz. 818. illum. 2 —

— Tagebuch seiner neuesten Reise um d. Welt u. in d. südl. Hemisphäre in d. J. 1772—75, nebst Fourneaux's Reise um d. Welt in d. J. 1772—75. 2c. 1r Thl. Aus d. Engl. (v. J. A. Engelbrecht). Mit Kpf. gr. 8. Leipz. 776. Weygand. 1 ß

— first Voyage round the world. With an account of his life previous that period by A. Kippis. — A. u. d. T.: Engl. Lesebuch. Cooks erste Reise um d. Welt. Mit engl.-deutscher Phraseologie von C. Lüdger. gr. 16. Leipz. 825. Er. Fleischer. 12 gl

Cook, James, Weltumsegelungsfarten, bearb. von Edwin Hennig, s. a. Bibliothek denkwürdiger Reisen. I.

Cook, James, Die Weltumsegelungsfahrten des Kapitäns James Cook. E. Auszug a. s. Tagebüchern. Bearb. u. übers. von Edwin Hennig. Hamburg 1908. 8°.
(Bibliothek denkwürdiger Reisen, hrsg. von Ernst Schultze. Bd. 1.)

Cook's, Capitän S. E., Skizzen aus Spanien während der Jahre 1829—1832. Aus dem Englischen übersetzt von Dr. P. Frisch. 8. Stuttgart und Tübingen 1834.

Cook, S. E., Skizzen aus Spanien während d. Jahre 1829 bis 1832. Aus d. Engl. übers. von P. Frisch. gr. 8. Stuttgart 834. v. Cotta. 2 ß

Cook, Stanley A., Nestoriana, s.: Loofs, Frdr.

Cook, Wm. Wallace, Montana, s.: Engelhorn's allgem. Roman-Bibliothek.

Cook County Herald: 1872–1919.
Weekly. Published in English and German. Independent Republican, 1911–19. Title varies: Du Page County Register, 1872–1902 (Bensenville, Ill.). Place of publication varies: Bensenville, Ill., 1902–06. Printed an edition for Bensenville, Itasca & Roselle. Circulation: 1903, 150; 1910, 2000; 1915, 1800. Edited & published by H. C. Paddock & Sons, 1902–1919.
Arlington Heights, IL

Cooke, Jay & Co., die nördlichste Pacific-Eisenbahn; ihre Route, Hülfsquellen, Fortschritte u. Geschäfte. Der neue Nord-Westen u. seine große Verkehrsstraße. gr. 8. (47 S.) (Philadelphia 871. Schäfer & Koradi.) — 60

Cooke, A. C., eine englische Kritik über den Krieg in Böhmen. Skizze des Feldzuges in Oesterreich im J. 1866. Uebers. von e. preuß. Offizier. Berlin 867. Bath. gr. 8. (64 S.) n. 12 ngl

Cooke, Charles Turner, s.: Senfkorn, das gelbe.

Cooke, J. P., die Chemie der Gegenwart, s.a. Bibliothek, internationale wissenschaftliche.

Cooke JP, die Chemie der Gegenwart. (Bibl. Internat. wiss. 16) Leipzig 1875

Cooke, Johann: Der Kinder-Arzt, oder Anweisung zur Kenntniß und Cur der Kinder-Krankheiten. Yverdon 1776. 80 S. 8°.

Cooke, John Esten

Cooke, J. E., Ellie, s. Bibliothek, amerikanische.

Cooke, John Esten. Stonewall Jackson. Ein militärisches Lebensbild. 8. Berlin 1868. 0,60.

Cooke, John Estan, the last of the foresters, s. Dürr's Collection of standard american authors.

– leather stocking and silk, s. Dürr's Collection of standard American authors.

– Lederstrumpf und Seide, s. Bibliothek, amerikanische.

– Rothbäcken, s. Bibliothek, amerikanische.

– die Schauspieler, s. Bibliothek, amerikanische.

Cooke, John Thomas, English Literature: or, Lessons in prose and poetry, selected from the best authors. Designed to facilitate the acquisition of the English Language; to disseminate the Beauties of its Literature; and to inculcate the leading principles of Piety and Virtue. gr. 8. London 837, 38. (Solothurn, Walser) n. 1 1/3 ℳ

Cooke, M. C., et L. Quelet, clavis synoptica Hymenomycetum europaeorum. 8. (240 S.) London 878. (Berlin, Friedländer & Sohn.) geb. n.n. 7. 80

Cooke, Montagu, tabellar. Uebersicht der grammat. Regeln der engl. Sprache. 1. Abthlg. Formenlehre, mit einem vollständ. Verzeichniß der unregelmäßigen Zeitwörter. 2 Tab. (in Fol.) an Lw. S. Cannstatt 817, Ottweiler. n. 1/3 ℳ

Cooke, P., geordnete Liebesthätigkeit, ein Gebot des Herrn. Eine gekrönte Preisschrift. gr. 16. (144 S.) New-York 854. (Philadelphia, Schäfer und Koradi.) "

Cooke, Rose Terry, e. Laien-Prediger. Nach dem engl. „A lay preacher". 8. (24 S.) Berlin 886. Deutsche Evangel. Buch- u. Tractat-Gesellschaft. n. – 20

Cooke, T., & Sons, die Justirung u. Prüfung von Fernrohrobjektiven. Uebers. v. R. Straubel. [Aus: „Zeitschr. f. Instrumentenkde."] Lex.-8. (IV, 35 S. m. 29 Abbildgn.) Berlin 894. J. Springer. n. 2. –

Cooke, W. J., der Rhein und die Rheinlande, s. Rhein, der.

Cooke, William. Die vereinigte Fürbitte d. Sohnes, d. hl. Geistes u. der Gemeinde Christi. Frei nach dem Engl. v. J. Sch. 8. (96 S.) Stuttg. 889, Verlag d. Ev. Gemeinschaft. — 60; geb. 1 20

Cooke, W., Grundsätze d. dramatischen Critik. Nebst einem Abriß von der Erziehung der griechischen u. römischen Schauspieler, und einem allgemeinen Unterrichte, ein guter Schauspieler zu werden. a. d. Engl. mit Anmerkungen. 8. Lübeck, Donatius. (Niemann). 777.

— Untersuchung d. Religion u. Tempel d. Patriarchen u. Druiden; aus d. Engl. v. J. Ph. Cassel. Mit Kpf. 8. Brem. 756. Rump. 4 gl.

Cooker, B. M., die hübsche Miß Neville. Aus dem Engl von E. Becher. 2 Bde. 8. (144; 160 S.) Stuttgart 888 Engelhorn. geb. in 1 Bd. n. 3. –

Cook's Reisehandbuch üb. Norwegen, Schweden u. Dänemark. M. Karten, Stadtplänen u. deutsch-norweg. Wörter-Verzeichn. 1. deutsche Ausg. Hrsg.: Cook's Welt-Reisebureau London, Köln a. Rhein, Wien etc. etc. 12. (VIII, 239 S.) Leipzig 898. London, Cook & Sons. Geb. in Leinw. n. 2. —

Cook's Reisehandbuch üb. Norwegen, Schweden u. Dänemark. M. Karten, Stadtplänen u. deutsch-norweg. Wörter-Verzeichn. 1. deutsche Ausg. Hrsg.: Cook's Welt-Reisebureau London, Köln a. Rhein, Wien etc. etc. 12. (VIII, 239 S.) Leipzig 898. (G. Fock Verl.) Geb. in Leinw. n. 2. —

Cooksey, Thomas [aus London]: Ueber Tetrachlor-α-diketohydronaphtalin und dessen Umwandlungsprodukte..., Marburg, Buchdr. Fr. Sömmering, 1889; 48 S. + 1 Bl. 8°
Marburg. Phil. Fak., Inaug.-Diss. v. 21. Aug. 1889

Cooley, Grace E., aus Boston: On the reserve cellulose of the seeds of Liliaceae and of some related orders. (Memoirs of the Boston Society of Natural History. Vol. 5. N. 1.) Boston S. of N. H. 1895. 1 Bl., 29 S., 6 Taf. 4°.
Zürich, Phil. Diss. [v. 19. Aug. 1895].

Coolidge, *Archibald Cary* [aus Boston]: Theoretical and foreign elements in the formation of the American Constitution ... Freiburg i. B., Univ.-Buchdr. v. Ch. Lehmann, 1892; 65 S. 8.
Freiburg i. B., Phil. Fak., Inaug.-Diss. v. 1892

Coolidge, Archib. Cary, die Vereinigten Staaten als Weltmacht. Eine Betrachtg. üb. internation. Politik. Autoris. Übersetzg. v. Walt. Lichtenstein. (VII, 367 S.) gr. 8. Berl. 908. E. S. Mittler & Sohn. 6.—; geb. 8. —

Coolidge, Julian: Die dual-projektive Geometrie im elliptischen und sphärischen Raume. Greifswald 1904: J. Abel. (54 S.) 8° [Vgl. 1903/1904 Bonn No 85.]
Bonn, Phil. Fak., Ref. Study, Diss. v. 30. Juli 1904
[Geb. 28. Sept. 73 Brookline, Mass.; Wohnort: Brookline; Staatsangeh.: Vereinigte Staaten; Vorbildung: Academy of Exeter, Neu Hampshire U. S. A.; Harward University Mass. B. A.; Studium: Oxford 4, Paris 1, Greifswald 1, Turin 1, Bonn 1 S.; Rig. 27. Juli 04.]

Coolidge, Susan, what Katy did at school, hrsg. v. A. Seedorf, s.: Schulbibliothek, französische u. engl., C 11. Bd.

Coolidge, Susan, What Katy did, hrsg. v. E. Merhaut, s.: Schulbibliothek, französische u. englische, C. 38.

Coolidge, William August Brevoort

Coolidge, W. A. B., les grandes Alpes, s.: Lorria, Aug.

Coolidge, W. A. B., Illustriert. Führer v. Grindelwald. M. d. Generalstabskarte u. mehreren Illustr. 8. (68 S.) Grindelwald 900. J. H. Luf. n. 1. 60

Coolidge, W[illiam] A[ugustus] B[revoort]. Illustrierter Führer von Grindelwald. Mit der Generalstabskarte und mehreren Illustrationen. Revidierte Ausgabe. 69 + 6 S. 8. Grindelwald, J. H. Luf, Komm. Peter Bernet, Bazar, 1906. (fr. 2. —)

Coolidge, W[illiam] A[ugustus] B[revoort]. Guide de Grindelwald. Avec la carte de l'état major et plusieurs illustrations. 8. Grindelwald 1900.

Coolidge, W[illiam] A[ugustus] B[revoort]. Hochgebirgsführer durch die Berner Alpen. Band 3 ⟨Vom Mönchsjoch bis zur Grimsel⟩. Verfasst von W. A. B. C'. Uebersetzt und im Auftrag der Sektion Bern S. A. C. hrg. von Dr. H(einrich) Dübi. 200 S. 8. Bern, A. Francke, 1909. [geb. fr. 4. —]
Autorisierte Uebersetzung aus der Climbers' Guides Series.

Coolidge, W. A. B., vom Mönchsjoch bis zur Grimsel, s.: Hochgebirgsführer durch die Berner Alpen.

Coolidge, W[illiam] A[ugustus] B[revoort]. Walks and Excursions in the Valley of Grindelwald. Described by W. A. B. Coolidge. With the Government map and several Illustrations. 8. Grindelwald 1900.

Coolidge, William David, S. B. aus Boston, Mass., U. S. A.: Dielektrische Untersuchungen vermittelst elektrischer Drahtwellen. *Leipzig: J. A. Barth 1899.* (44 S.) 8° ¶[Aus: Annalen d. Physik u. Chemie, N. F. Bd 69.]
Leipzig, Phil. Diss. v. [18. Aug.] 1899

Coombs, J. Wilson. St Beatenberg and its vicinity. 8. (VII, 85 S. m. Illustr. u. 1 Karte.) Bern 890, Nydegger u. Baumgart. * 1 —

Conz, meine Irrgänge u. Mißgriffe in dem Weg u. Werk d. Herrn. Ein Bekenntniß, in d. Zirkel einiger Herzensfreunde abgel., u. v. dens. hrsg. 8. (3⅛ B.) Stuttgart 834, Belser.

CO-OP Beilage
v. Genossenschaftliches Volksblatt (I).

Cooper, ..., Briefe über d. neuesten Zustand v. Irrland, nebst e. apologet. Schilderung d. Katholicismus in England, zur Beurtheil. d. nothwend. Emancipation dieser gedrückten Religionsparthei in dem uniirten Königreiche; aus d. Engl., herausg. v. H. E. G. Paulus. gr. 8. Jena 801. (Hennings in Neisse). 1 ß 8 gr

— Geschichte Englands von d. frühesten Zeit bis zum Jahre 1835. Nach der 22n Londoner Origin.-Ausg. übersetzt v. F. A. Rüder. 16. Zerbst 836. Kummer. 5/6 ß — 2e Aufl. 16. Ebd. 839. 1/3 ß

—— Geschichte Englands von d. frühesten Zeit bis z. J. 1835. N. d. 22. londoner Orig.-Ausg. übers. v. F. A. Rüder. 1. Aufl. 836. ⅚ Thlr., 2. Aufl. 16. (à 19½ B.) Zerbst 839. [Berlin, Trautwein u. Comp.]

Cooper, History of England, from the earliest period to the present time on a plan recommended by the Earl of Chesterfield. ⅓ gr. 12. (5⅔ B.) Nurnberg 836, Campe'sche Buchh.

Cooper. – Coopers International Journal, s. Journal, Coopers International.

Cooper, Mrs., Katharina u. ich —, s.: Sonnenstrahlen u. Regentropfen f. die Jugend. 6. Bd.

Cooper, ..., Schloß Rackreut; aus d. Engl. 8. Erf. 802. Kayser. 16 gr

Cooper, Astley, Abhandl. üb. Curationen u. Frakturen, s. Handbibliothek, chirurg. 6r Bd. 1e Abthl.

— chirurg. Abhandlungen, s. Handbibl., chirurg. 1. 2.

Cooper, Astley [Paston]: Die Anatomie und chirurgische Behandlung der Leisten-Brüche und der angeborenen Brüche. Aus d. Engl. mit erl. Kupfern hrsg. von J. F. M. Kruttge. Breslau 1809. 48 S., 11 Taf. 2°

— Bemerkk. über Frakturen d. Schenkelbeinhalses &c., s. chirurg. Handbibl. 7r Bd. 1e Abtheil.

— anatom. Beschreib. u. chirurg. Behandl. d. Unterleibsbrüche. Nach d. zweiten von C. Aston Key besorgten Ausg., aus d. Engl. übersetzt. Mit 26 Taf. Abbildd. gr. 4. Weimar 833. Industr.-Compt. 7 ß Dass. f. d. Besitzer d. chirurg. Kupfertafeln, ohne die in dems. befindl. 11 Tafeln. 6 ß

Cooper, Astley, anatom. Beschreibung u. chirurg. Behandlung der Unterleibsbrüche. Nach der 2n von C. Astoe Key besorgten Ausg. Aus d. Engl. Mit 26 Kpfrtaf. gr. 4. Weimar 833. Landes-Industrie-Compt. 7 ß

—— die Bildung und Krankheiten d. Hodens. Beobachtungen. (1. u. 2. Abthl.) M. 24 ill. Kpfrt. gr. 4. (18½ B. Erklär. a. d. Engl.) Weimar 832, 33, Landes-Ind.-Compt. à 5 Thlr.

— Darstellungen der Krankheiten der Brust. In 2 Theilen. — 1r Thl. Aus d. Engl. Mit 8 ill. Kpfrtaf. gr. 4. Weimar 836. Landes-Industrie-Compt. 3 ß

— Denkschrift üb. d. Unterbindung d. Aorta abdominalis. Nach der, mit Anmerkk. u. Zusätzen verseh. Ausg. des D. Bibault de Villiers, mitgetheilt von C. A. Carus. gr. 8. Leipz. 824. Kummer. 9 gr

— engl. Destillirkunst, oder prakt. Anweis., alle einfachen Wasser u. zusammengesetzte Liqueure zu bereiten; aus d. Engl. Mit 1 Kpft. 8. Leipz. 806. (Schönian in Elberf.) 20 gr

Cooper, A.: Englische Destillirkunst, oder praktische Anweis. alle einfache Wasser u. zusammengesetzte Liqueure zu bereiten. Leipzig: Schödel (Bruder u. Hoffmann). 1806. 8°

Cooper's, A., engl. Distillirkunst &c. 2te Aufl. 8. Ist Verlag von Büschler in Elberfeld.

— der Schlagfluß u. die Lähmung u. ihre Verhütung selbst bei vorherrschender Anlage. ... Wien 843, Haas'sche Buchh. ⅓ ß

— u. Travers chirurg. Versuche u. Abhandll. &c., s. Handbibl., chirurg. 1r Bd.

— Vorlesungen über d. Grundsätze u. Ausübung d. Chirurgie. Mit Bemerkk. u. Krankheitsfällen begleitet von Fr. Tyrrel. Aus d. Engl. 3 Bde. Mit 2 Kpf. gr. 8. Weim. 825—28. Ind.-Compt. 5 ß 12 gr

— theoret.-prakt. Vorlesungen über Chirurgie, oder Ergebnisse einer 50jähr. Erfahrung am Krankenbette. Herausg. v. Alex. Lee. Aus d. Engl. übersetzt v. J. Schütte. 1e—4e Lfrg. Mit 18 ill. Abbildd. gr. 8. Leipzig 836, 37. Fischer. (à ⅞ ß) 3½ ß — 2r Bd. 4 Lfrgg. Mit erläut. ill. Abbildd. gr. 8. Ebd. 837, 38. Ebd.; Cassel, Kriegersche Buchh. 3 ß

— theoretisch-pract. Vorlesungen über Chirurgie, oder Ergebnisse einer 50jähr. Erfahrung am Krankenbette. Herausgeg. von Alex. Lee. Aus d. Engl. von Dr. Burchard. (In 4 Heften.) Lex.-8. Erlangen 844, 45, Enke. n. 3¼ ß

Cooper's, Astley, theoretisch-pract. Vorlesungen über Chirurgie, Ergebnisse einer 50jähr. Erfahrung am Krankenbette. Herausgeg. v. Alex. Lee. Aus d. Engl. v. J. Schütte. 3. Bd. (In 6 Liefg.) gr. 8. Cassel 845, Fischer. à ⅔ ß (I—III.) 2: 7⅝ ß

Cooper's, Sir Astley, theoretisch-practische Vorlesungen über Chirurgie, oder Ergebnisse einer 50jähr. Erfahrung am Krankenbette. Hrsg. v. Alex. Lee. Aus dem Engl. übers. v. J. Schütte. 2. Aufl. 1. Bd. 2 Lfgn. u. 2. Bd. 2 Lfgn. gr. 8. (1: VIII u. 156 S. 2: VIII u. 440 S.) Cassel 851. 52, Fischer. (à Lfg. ¾ ß) 3 ß

— Atlas hierzu. 1. Bd. 2. Aufl. Enthaltend 18 (lith.) Taf. Abbildungen. gr. 8. Ebd. 851. ½ ß; color. n. 24 ngr

Cooper's, Astley, theoretisch-practische Vorlesungen über Chirurgie, oder Ergebnisse einer 50jährigen Erfahrung am Krankenbette. Herausg. von Alex. Lee. Aus dem Engl. übers. von J. Schütte. 3. u. 4. (Titel-) Aufl. 3 Bde. Cassel 855, 56. Fischer. gr. 8. (VII, 456; IX, 450; XI, 824 S.) 4 ß

— — Atlas hierzu. 3. u. 4. Aufl. Ebend. gr. 8. (32 lith. Taf.) n. 1 ß; color. n. 1 ß 10 ngr

— die Zergliederung d. chirurg. Behandl. d. Leistenbrüche u. d. angebornen Brüche; aus d. Engl. v. J. F. M. Kruttge. Mit 12 Kpft. Roy. Fol. Bresl. 809. J. Fr. Korn. 10 ß

Cooper, B. Bransby, chirurg. Versuche über Knochenbrüche, Gelenkkrankheiten, Verrenkungen u. Bauchwunden, s. Handbibliothek. chirurg. 16r Bd.

Cooper, C. F., Beleuchtung der Gebetserhörung „Sonne, stehe still zu Gibeon! u. Mond, im Thale Ajalon!" Josua 10, v. 12. gr. 8. (9 S.) Stade 882. Schaumburg. — 30

Cooper, C. F., Ehe u. Nichtehen. Eine Beleuchtg. der „Beleuchtg. der Pastoral-Conferenz-Beschlüsse zu Hannover vom 3. Juni 1874." gr. 8. (20 S.) Stade 874. Schaumburg. n. — 50

— das tausendjährige Reich [Offenb. St. Johannis 20], einfältig ausgelegt. gr. 8. (14 S.) Ebend. 881. — 30

Cooper. Ch. F., on the genius and ideas of Plato. Gott. 25 S.
Schul-/Univ.-Schrift 1864

Cooper, C., die Abenteuer des Cortes u. des Pizarro, — Columbus. } s.: Schüler-Bibliothek, englische.

Cooper, H[erman] C[harles], aus Glen Ellyn (Amerika): I. Versuche über die Löslichkeit der Carvoxime. II. Zur Kenntnis der Benzhydrylamine. *Heidelberg 1899: J. Hörning.* (32 S.) 8°
Heidelberg, Naturw.-math. Diss. v. 1899

Cooper, James Fenimore

— Miles Wallingford's Abenteuer, s. Bibliothek, europäische.

— Miles Wallingfords Abentheuer, s. Echo der neuesten engl. Tagespresse.

— the two Admirals. A Tale of the sea, s. Collection of brit. authors.

Cooper, James Fenimore, die Ansiedler an den Quellen d. Susquehannah, s. a. Aschendorff's Prachtausgaben wertvoller Jugendschriften.

— dasselbe, s. a. Bibliothek interessanter Erzählungen.

Cooper, James Fenimore
Die Ansiedler. [Bearbeitung].
s. a. Körber, P.: Die Ansiedler. 1847.

— dasselbe, s. a. Volks- u. Jugendschriften, ausgewählte.

– Der Ansiedler.

— Dass. übers. v. L. Hermann. 3 Bde. 8. Leipz. 824. Klein. 3 ₰ 18 gr

— der Ansiedler rc.; aus d. Engl. v. *r. 3 Thle. 8. Leipz. 824. Wienbrack. 3 ₰

Cooper. James Fenimore. Aufenthalt in Frankreich. Ausflug an den Rhein und zweiter Besuch in der Schweiz. Von J' F' Cooper. Aus dem Englischen übersetzt von Dr. C F Nietsch. 2 Theile. 8. Frankfurt am Main 1837.

Cooper, James Fenimore. Ausflüge in die Schweiz. Von J' F' Cooper. Aus dem Englischen übersetzt von Dr. C F Nietsch. 2 Theile. 8. Frankfurt am Main 1836.
Cooper's sammtliche Werke. Bandchen 88–93.

Cooper, J. Fenimore, d. Bienenjäger, s.: Ferschke, Herm.

Cooper, James Fenimore, d. Bienenjäger, s.: Höcker, Gust.

Cooper, James Fenimore, der Bienenjäger, s.: Mensch, G.

Cooper, J. F., der Bravo, s. a. Collection Spemann.

— der Bravo. Eine venetian. Geschichte. A. d. Engl. v. Gtfr. Friedenberg. 3 Bde. 8. (45 B.) Berlin 832, Duncker u. Humblot. 3 Thlr. 8 Gr., Vlnp.

— der Bravo. Eine Erzählung. Aus dem Engl. übers. 2 Thle. (Der sämmtl. Werke 64—69. Bdchn.) 3. Aufl. 16. (592 S.) Frankfurt a. M. 851, Sauerländer's Verlag.

Cooper, James Fenimore.
Briefe über den neuesten Zustand von Irland . . . Aus dem Englischen. Hrsg. von H. E. G. Paulus. Jena 1801. V: *Wessenberg, Jgnaz Heinrich Carl Freih. von.* (MGT)

— Conanchet oder die Ansiedler in Connecticut, s.: Braun, Ferd.

— Conanchet, d. Indianerhäuptling, s.: Hoffmann, Frz.

— dasselbe, s.: Zastrow, Carl.

— Conanchet u. d. Puritaner in Connecticut. A. d. Engl. v. Gtfr. Friedenberg. 3 Bde. 8. (48½ B.) Berlin 829, Duncker u. Humblot.

Cooper, J. F., Deerslayer; or, the first warpath. A tale. 8. (402 S.) Leipzig 889. Gressner & Schramm n. 2. —

— England. Mit Skizzen aus den Gesellschaften der Residenz. Aus d. Engl. von A. v. Treskow. 2 Bde. 8. Quedlinb. 837. Basse. 2⅓ ₰

— Erinnerungen aus Europa. Nach d. Engl. v. F. Steger. 2 Thle. gr. 12. Braunschw. 837. G. C. E. Meyer sen. 2 ₰

— dass. Aus d. Engl. von A. v. Treskow. 2 Thle. 8. Quedlinb. 837. Basse. 2⅓ ₰

COOPER. *Lederstrumpf's Erzählungen.* Für die Jugend bearbeitet von FRANZ HOFFMANN. Mit sechzehn Stahlstichen. 8. Aufl. Stuttgart, Schmidt & Spring. [c. 1870]. Gr.-8°. Läd. roter Or.-Leinenbd. — Mit guten Illustrationen. 14.—

— die französische Erzieherin od. das gestickte Taschentuch. Aus d. Engl. v. Ed. Mauch. gr. 16. (12½ B.) Stuttgart 845, J. G. Liesching's Verl.-Buchh.

— die französ. Erzieherin oder das gestickte Taschentuch. Aus dem Engl. von Ed. Mauch. gr. 16. (188 S. mit 1 Stahlst.) Stuttgart 849, Liesching's Vrlgsb.

— Falkenauge, s. a. Molli, C.

— Falkenauge. Für die Jugend bearb. u. m. Berücksicht. der neuen Rechtschreibg. hrsg. v. Geo. Reichard. Mit 3 schwarzen Textbildern v. E. Hanetzog, sowie 8 farb. Bildern v. Ernst Zimmer. (128 S.) 8. Berlin (904). Verlag Jugendhort. Geb. in Halbleinw. 1. 40

Ⓢ — Falkenauge. 904. (ABB 33.) Erh. Br. 2. —

Der rote Freibeuter, s. a. Bibliothek der Gesamtliteratur.

— d. rote Freibeuter, s. a. Höcker, Paul Osk.

— Der rote Freibeuter, s. a. Hoffmann, Otto.

— dasselbe, bearb. v. Wilh. Spohr, s. a. Schaffstein's Volksbücher f. die Jugend.

— dasselbe. s. a. Universal-Bibliothek für die Jugend.

— dasselbe, s. a. Von Buch zu Buch.

— der rote Freibeuter. Für die reifere Jugend bearb. von Fr. Hoffmann. Mit Farbendr.-Bildern nach Aquarellen von W. Schäfer. gr. 8. (211 S.) Leipzig 881. Bergmann. geb. 4. 50

— der rote Freibeuter. Für die reifere Jugend neu bearb. v. J. Stier. Mit 7 Farbendr.-Bildern v. Walt. Zweigle. 8. (278 S.) Leipzig (899). O. Spamer. Geb. n. 2. —

— dasselbe. 2. [Titel-]Aufl. 8. (278 S.) Ebd. [899.] (902). Geb. n. 2. —

Der rote Freibeuter [The red rover]. Eine Erzählung von James Fenimore **Cooper**. Aus d. Engl. Mit e. Vorbemerkuug u. d. Bilde d. Verf. Halle a. S.: O. Hendel [1907]. (VI, 426 S.) 8° [F.]
(Bibliothek d. Gesamtliteratur d. In- u. Auslandes. No 2050–55.) 108. 3387

Cooper, J. Fen. Geschichte der nordamerikanischen Seemacht und ihrer Kriegsthaten. A. d. Engl. von Dr. H. Künzel. 4 Th. 16. Frankfurt a. M. 1839–40.

Cooper, J. F. Mosely Hall, oder die Wahl des Gatten ... Leipzig 1825. Ü: *Gersdorf, Charlotte Eleonore Wilhelmine von, geb. v. Gersdorf* [?]. (MGT)

— Lucy Hardinge, s.: **Bibliothek**, Europäische, 120–122. Bd.

— dasselbe, s.: **Hoffmann**, Otto.

— **die Heidenmauer, oder die Benediktiner; aus d. Engl. v. Jh. Sporschil. 3 Thle. 8. Braunschw. 832. Vieweg. 3 ß**

— **die Heimkehr oder die Jagd. Seeroman. Aus d. Engl. übersetzt v. Joh. Sporschil. In 3 Bden. 8. Leipz. 838. Tauchnitz jun. 3 1/3 ß**

— der **Henker**, od. d. Winzerfest. Roman. A. d. Engl. v. Joh. Sporschil. 3 Thle. gr. 16. (44¼ B.) Braunschweig 833, [Vieweg.]

— **der Henker, oder das Winzerfest. Roman. Aus d. Engl. v. Jh. Sporschil. 3 Thle. gr. 16. Braunschweig 834. Vieweg u. Sohn. 3 1/2 ß**

— Lederstrumpfs Indianer-Geschichten, s.: Fricke, W.

— Indianer- u. See-Geschichten, s.: Fricke, W.

— im Kampfe m. Indianern, s.: Molli, C.

— Kupfersammlung z. s. Werken, s. Kupfersammlung.

Im **Lande** der Rothäute. Der Letzte der Mohikaner von J[ames] F[enimore] Cooper. Der Waldläufer von Gabriel Ferry. Mit 6 Bildern. *Mülheim a. d. Ruhr: J. Bagel [1897].* (207 S.) 8° [F.] [illegible]

— the **Jack O'Lantern**, s. Collection of british authors. Vol. 31.

— **the last of the Mohicans, hrsg. v. K. Bandow, s. a. Authors, English, 36. Lfg.**

— the last of the Mohicans, s. a. **Dürr's** Collection of standard American authors.

— the last of the **Mohicans**. 8. (382 S.) Leipzig 887. Gressner & Schramm. geb. n. 3.—

— **Lebensbilder aus Frankreich, den Rheinländern und der Schweiz. Frei nach d. Engl. von F. Steger. 3 Thle. gr. 12. Braunschw. 837. G. C. E. Meyer sen. 3 ß**

— Lederstrumpf, s. a. Campe, J. H., Robinson.

— Lederstrumpf, s. a. Höcker, Osk.

— Lederstrumpf, s. a. Hummel, A.

— dasselbe, s. a. Meister, Frdr.

— dasselbe, s. a. Moritz, Paul,

— **Lederstrumpf** od. d. Ansiedler a. Otsego-See. N. d. engl. Original f. d. deutsche Jugend bearb. v. Frdr. **Meister**. M. 4 Buntbild. u. 12 Text-Jll. v. E. Klingebeil. gr. 8. (149 S.) Leipzig 867. Abel & Müller. Geb. in Leinw. n. 2.

Cooper, James Fenimore, Lederstrumpf. Bilder und Scenen aus dem fernen Westen. Der Jugend erzählt von A. Hummel. gr. 8. (810 S. mit 10 Bildern in Farbendr., gezeichnet und lithogr. von Heinr. Leutemann.) Leipzig 870, Gebhardt's Verlag. geb.

COOPER, *Lederstrumpf*. Dieselbe Hoffmannsche Ausg. mit den gleichen Illustr. 12. Aufl. [1875]. 605 S. Gr.-8°. Illustr. Or.-Leinenband. 12.—
Gute Ausgabe, die Stahlstiche englischer Herkunft. Einband etwas bestoßen, Rücken etw. lädiert u. repariert, einige Stockfleckchen.

COOPER, *Lederstrumpf* ... frei bearb. [u. stark gekürzt] v. OSKAR HÖCKER. 2. Aufl. Stuttg. & Lpz. Effenberger [c. 1880]. M. 7 farb. Taf. nach C. OFFTERDINGER. 4°. Orlwd. m. farb. Deckelbild. 8.—

— **Lederstrumpf. Drei Erzählgn. a. d. Indianerleben, f. d. Jug. neu bearb. v. Ernst Treuberg. 8. (80 S. m. 4 Farbdr.) Fürth 898. G. Löwensohn. Geb. 1.—**

— **Lederstrumpf** od.: Die Ansiedler. Erzählung. Für die reifere Jugend neu bearb. von A. Stier. Mit 8 Farbendr.-Bildern v. W. Zweigle. 8. (277 S.) Leipzig (902). O. Spamer. Geb. in Leinw. n. 2.—

— **Lederstrumpf.** Für die Jugend bearb. u. m. Berücksicht. d. neuen Rechtschreibg. hrsg. v. Geo. Reichard. Mit 6 schwarzen Textbildern v. E. Hanetzog, sowie 6 farb. Bildern v. Ernst Zimmer. (128 u. 158 S.) gr. 8. Berlin (904). Verlag Jugendhort. Geb. in Leinw. 4. 50

— **dasselbe od. die Ansiedler am Otsego-See. Nach dem engl. Original f. die deutsche Jugend bearb. v. Frdr. Meister. Mit 4 Buntbildern u. 12 Text-Illustr. v. E. Klingebeil. 4. Aufl. (149 S.) 8. Leipzig (904). Abel & Müller. Geb. in Leinw. 2.—**

— **dasselbe od.: Die Ansiedler. Erzählung. Für die reifere Jugend neu bearb. v. A. Stier. Mit 8 Farbendr.-Bildern v. W. Zweigle. 2. [Titel-]Aufl. (277 S.) 8. Leipzig [902] (905). O. Spamer. Geb. in Leinw. 2.—**

— **dasselbe od. Die Ansiedler am Otsego-See. Nach dem engl. Orig. f. die deutsche Jugend bearb. v. Frdr. Meister. Mit 4 Buntbildern u. 12 Text-Illustr. v. E. Klingebeil. 5. Aufl. (149 S.) 8. Leipzig (907). Abel & Müller. Geb. in Leinw. 2.—**

Cooper, James Fenimore: Lederstrumpf-Erzählungen

— dass. — s. a. **Bibliothek** interessanter Erzählungen.

— **dasselbe**, s. a. Schaffstein's Volksbücher f. die Jugend.

Cooper's Lederstrumpf-Erzählungen, s. a. Stein, Ad.

— **Lederstrumpf-Erzählungen.** Für die Jugend bearb. von Frz. Hoffmann. 2 Bde. Mit 20 Stahlst. 8. Stuttgart 845, Schmidt u. Spring. 2 3/4 ß

— dass. — für die Jugend bearb. von Ad. Stein. 4.—6. Aufl. br. 8. (381 S. mit 6 Bildern in Buntdr. von W. Schäfer.) Neu-Ruppin [Leipzig] 868–70, Oehmigke's Verlag. geb.

— **Lederstrumpf-Erzählungen.** Für die Jugend bearb. von Frz. Hoffmann. 7. und 8. unveränd. Aufl. gr. 8. (656 S. mit 16 Stahlst.) Stuttgart 870,73, Schmidt und Spring. geb.

— dass. — 7. und 8. Aufl. br. 8. (380 S. mit 6 Bildern in Buntdr. nach Originalen von G. Bartsch.) Ebendas. 870,73. geb.

Inhalt:
Der Wildtödter auf dem Kriegspfade. — Der Kundschafter am Binnensee. — Der Letzte der Mohikaner. — Die Ansiedler von New-York. — Die Steppe.

— dasselbe. Für die Jugend bearb. v. Adam **Stein.** Mit 6 Bildern in Farbendr. v. W. Schäfer. 9. Aufl. gr. 8. (380 S.) Leipzig 875. Oehmigke. geb. n. 3.—

— Lederstrumpf-Erzählungen. Für die Jugend bearb. v. Frz. Hoffmann. Mit 16 Stahlst. 9. unveränd. Aufl. gr. 8. (607 S.) Stuttgart 876. Schmidt & Spring. geb. 8. 25

— dasselbe. Für die Jugend bearb. von Fr. C. v. Wickede. Mit 7 Bildern in Farbendr. 8. (600 S.) Nürnberg 877. Neugebauer. cart. 4. —

—— dass. — Für die Jugend bearb. von Adam Stein. Mit 6 Bildern in Farbendr. von W. Schäfer. 9. und 10. Aufl. (380 S.) 1875,77; 11.—13. Aufl. 8. (381 S.) Leipzig 877—79, Oehmigke's Verlag. geb. *

—— dass. — Für die Jugend bearb. von Fr. C. v. Wickede. Mit 7 Bildern in Farbendr. 8. (600 S.) Stuttgart 877, Neugebauer. cart.

—— dass. — s.a. Hummel, A.

Cooper, James Fenimore, Lederstrumpf-Erzählungen. Für die Jugend bearb. von Frz. Hoffmann. 10. Aufl. gr. 8. (607 S. mit 16 Stahlst.) Stuttgart 878, Schmidt und Spring. geb.

—— dass. — Für die Jugend bearb. von Adam Stein. 14.—16. Aufl. 8. (381 S. mit 6 Chromolithogr.) Leipzig 880—82, Oehmigke's Verlag. geb. *

—— Lederstrumpf-Erzählungen. Für die Jugend bearb. Mit (5) Bildern in prachtvollem Farbendr. nach Orig.-Aquarellen. 17. und 18. Aufl. gr. 8. (352 S.) Leipzig 881,84, Oehmigke's Verlag. geb. *

— dasselbe. Für die Jugend bearb. v. Frz. Hoffmann. Mit 16 Stahlst. 11. Aufl. gr. 8. (607 S.) Stuttgart 883. Schmidt & Spring. geb. 8. 25

— dasselbe. Für die Jugend bearb. von Fr. C. v. Wickede. Mit 8 Bildern in Farbendr. 2. Aufl. Neue Ausg. 8. (576 S.) Nürnberg 884. Neugebauer. geb. 4. —

Cooper's Lederstrumpf-Erzählungen. Für die Jugend bearb. v. Fr. Hoffmann. Mit (5) farb. Illustr. nach Orig.-Zeichngn. v. C. Koch. 8. (III, 219 S.) Berlin 885. Drewitz. geb. n. 2. —

Cooper's Lederstrumpf-Erzählungen. Für die Jugend bearb. v. Adam Stein. Mit Bildern in prachtvollem Farbendr. u. Holzschn. nach Orig.-Zeichngn. 20. Aufl. 8. (342 S.) Leipzig 886. Oehmigke. geb. n. 3. —

— dasselbe. Für die Jugend bearb. v. Fr. Hoffmann. Mit 5 farb. Illustr. nach Orig.-Zeichngn. von Karl Koch. 10. Aufl. 8. (219 S.) Berlin 887. Drewitz Nachf. cart. n. 2. —; große Ausg., u. d. T. „Lederstrumpf-Geschichten". 4. Aufl. gr. 8. geb. 6. —

— dasselbe. Nach J. F. C. der reiferen Jugend erzählt v. A. Hummel. Mit 5 Vollbildern u. 51 Text-Illustr. in Holzschn. nach Originalen v. Fritz Bergen. 4. Aufl. gr. 8. (810 S.) Leipzig 887. Gebhardt. geb. 9. —

Cooper's, James Fenimore, Lederstrumpf-Erzählungen. Für die Jugend bearb. 20. Aufl. 8. (342 S. mit 5 Bildern in prachtvollem Farbendr. und Holzschn. nach Orig.-Zeichnungen.) Leipzig 887, Oehmigke. geb. *

— Lederstrumpf-Erzählungen. Aus dem Engl. v. C. Kolb, G. Friedenberg, L. Tafel. Neue durchgeseh. Ausg. in 5 Bdn. 12. (VIII, 707; VIII, 616; VII, 505; 540 u. 465 S. m. 1 Stahlst.) Berlin 888. C. Zieger Nachf. 11. 25; geb. 15. —

— dasselbe. Für die Jugend bearb. v. F. Hoffmann. Mit farb. Illustr. nach Original-Zeichngn. v. C. Koch. 8. (219 S.) Ebd. 888. cart. 3. —

— dasselbe. Der letzte Mohikan, s.a. Schaffstein's Volksbücher f. die Jugend. 14. Bd.

— dasselbe. Der letzte Mohikaner. Eine Erzählung aus dem J. 1757. 12. (VII, 505 S.) Berlin 888. C. Zieger Nachf. 2. 25; geb. 3. —

— dasselbe. Nach C. f. die deutsche Jugend bearb. v. O. Berger. Der Wildtöter. — Der letzte Mohikaner. Mit Farbdr.-Bildern. 8. (172 S.) Reutlingen 888. Enßlin & Laiblin. 2. —

— dasselbe, der Pfadfinder, s.a. Schaffstein's Volksbücher f. die Jugend. 15. Bd.

— dasselbe. II. Der Pfadfinder. Lederstrumpf u. die Ansiedler am Susquehanna. Der Wildsteller u. d. Prairie. 8. (189 S. m. 4 Farbendr.) Ebd. 889. geb. 2. —

— dasselbe. Für die Jugend bearb. v. E. Schmidt. 8. (94 S. m. 6 Farbendr. v. W. Schäfer.) Berlin 889. Norddeutsches Verlags-Institut, J. Jolowicz. geb. 3. —

Cooper, J. F., Lederstrumpf-Erzählungen. Für die Jugend bearb. v. Frz. Hoffmann. 12. Aufl. 1. Lfg. gr. 8. (64 S. m. 3 Stahlst.) Stuttgart 889. Schmidt & Spring. — 75

— dasselbe. Für die Jugend bearb. v. Frz. Hoffmann. 12. Aufl. 2.—11. (Schluß-)Lfg. gr. 8. (S. 65—605 m. 13 Stahlst.) Stuttgart 889. 890. Schmidt & Spring. à — 75

— dasselbe. Für die Jugend bearb. v. Adam Stein. Mit Bildern in prachtvollem Farbendr. und Holzschn. nach Orig.-Zeichngn. 22. Aufl. gr. 8. (342 S.) Leipzig 890. Oehmigke's Verl. cart. n. 3. —

— dasselbe. Für die Jugend bearb. v. Paul Moritz. Mit 20 Farbendr.-Bildern nach Aquarellen v. G. Franz. Gesamt-Ausg. gr. 8. (655 S.) Stuttgart 891. K. Thienemann. Geb. in Leinw. n. 7. 50

— Lederstrumpf-Erzählungen. Für die Jugend neu bearb. v. G. Grillenberger. gr. 8. (196 S. m. 3 farb. Bildern.) Fürth 893. G. Löwensohn. Kart. 2. —

— dasselbe. Für die Jugend bearb. v. Adam Stein. 23. Aufl. gr. 8. (342 S. m. Holzschn. u. 6 farb. Bildern.) Leipzig 893. A. Oehmigke. Geb. 3. —

— Lederstrumpf-Erzählungen. F. d. Jug. frei bearb. v. Benno Seemann. 8. (128 S. m. 4 farb. Bild.) Dresden 896. M. Fischer. Geb. n. 2. —

— dasselbe. gr. 8. (189 S. m. 4 farb. Bild.) Ebd. 896. Geb. n. 3. —

— dasselbe. F. d. Jugend bearb v. Paul Moritz. Mit 20 Farbendr.-Bild. nach Aquarellen v. W. Hoffmann. Ges.-Ausg. 2. Aufl. gr. 8. (655 S.) Stuttgart 896. K. Thienemann. Geb. in Leinw. n. 7. 50

— dasselbe. Für d. Jugend bearb. v. F. Hofmann. Illustr. v. F. Schneider. gr. 8. (95 S. m. 3 Farbdr.) Berlin (899). A. Gahl. Geb. — 75; erh. Pr. 2. 25

— dasselbe. Für die Jugend neu bearb. v. Klaus Bernhard. 4 Bde. gr. 8. Stuttgart (899). G. Weise. Geb. à 1. 50; in 1 Leinw.-Bd. m. 24 schwarz. Bild. (479 S.) 3. 75; m. 24 Farbdr.-Bildern 6. —

1. Der Wildtöter. (120 S. m. 5 Farbdr.)
2. Der letzte Mohikaner. (119 S. m. 5 Farbdr.)
3. Der Pfadfinder. (119 S. m. 5 Farbdr.)
4. Lederstrumpf. Die Prairie. (119 S. m. 5 Farbdr.)

— Lederstrumpf-Erzählungen. Stuttgarter Orig.-Ausg. Aus dem Engl. v. L. Tafel, neu durchgesehen v. K. Walther. 1.—26. Hft. gr. 8. Stuttgart (900). Franckh. à n. — 20
Der Wildtöter. Neu durchgesehen v. K. Walther. Mit zahlr. Illustr. v. W. Planck. (476 S.) — Der letzte Mohikaner. Stuttgarter Orig.-Ausg. in unverkürzter Übersetzg. M. zahlr. Illustr. v. Andriolli. (S. 1—480.)

— dasselbe, f. die Jugend bearb. von Paul Moritz. Mit 20 Farbendr.-Bildern nach Aquarellen v. W. Hoffmann. Gesamt-Ausg. 3. Aufl. gr. 8. (655 S.) Stuttgart (900). K. Thienemann. Geb. in Leinw. n. 7. 50

— dasselbe. Für die Jugend bearb. v. F. Hoffmann. gr. 8. (III, 94 S. m. 3 Farbdr.) Berlin (902). Globus-Verlag. Geb. — 60

— dasselbe. Für die Jugend neu bearb. v. Wilh. v. Beck. gr. 8. (161 S. m. 4 Farbdr.) Berlin (902). A. Weichert. Geb. 5. —

— dasselbe. gr. 8. (252 S. m. 5 Farbdr.) Ebd. (902). Geb. in Leinw. 6. —

— dasselbe. Mit 15 farb. u. 105 schwarzen Vollbildern nach Federzeichngn. v. H. M. Brock. 5 Bde gr. 8. Nürnberg (903). Th. Stroefer. Geb. in Leinw. à 2. 50; in 1 Leinw.-Bd. 7. 50; Wildtöter u. Mohikaner od. Pfadfinder u. Lederstrumpf in 1 Leinw.-Bd. à 4. 50
1. Der Wildtöter. Für die reifere Jugend bearb. v. M. Walsleben. (196 S. m. 4 farb. u. 21 schwarzen Vollbildern.)
2. Der Letzte der Mohikaner. Für die reifere Jugend bearb. v. M. Beck. (192 S. m. 4 farb. u. 21 schwarzen Vollbildern.)
3. Der Pfadfinder am Binnensee. Für die reifere Jugend bearb. v. E. Reichenbach. (192 S. m. 4 farb. u. 21 schwarzen Vollbildern.)
4. Lederstrumpf od. die Ansiedler an den Quellen des Susquehannah. Für die reifere Jugend bearb. v. M. Walsleben. (192 S. m. 4 farb. u. 21 schwarzen Vollbildern.)
5. Die Prärie. Für die reifere Jugend bearb. v. H. Krüger. (192 S. m. 4 farb. u. 21 schwarzen Vollbildern.)

— Lederstrumpf-Erzählungen. Für die Jugend bearb. (240 S. m. 5 Farbdr.) gr. 8. Berlin (906). Globus Verlag. Geb. in Leinw. n.n.n. 1. 10

Cooper, James Fenimore, Lederstrumpf-Erzählungen. Für die Jugend bearb. Mit 15 Illustr. in Farbendr. nach Originalen v. Max Wulff. (III, 128, 128, 128, 128 u. 128 S.) gr. 8. Berlin (906). Globus Verlag. Geb. in Leinw. n. 3. —

— dasselbe. Für die Jugend bearb. v. Paul Moritz. Mit 10 Farbendr.-Bildern nach Aquarellen v. W. Hoffmann. 5. Aufl. (655 S.) 8. Stuttgart (907). K. Thienemann. Geb. in Leinw. 4. —; Prachtausg., m. 20 Farbendr.-Bildern, 4. Aufl. 6. —

— Lederstrumpf-Erzählungen. Für die Jugend neu bearb. v. Klaus Bernhard. 4. Aufl. 4 Tle. in 1 Bde. (184, 127, 127 u. 130 S. m. 24 Vollbildern.) 8. Stuttg. (907). G. Weise. Geb. in Leinw. 3. 75

— dasselbe in der ursprünglichen Form. Übers. u. bearb. v. K. Federn. 5 Bde. (Die Initialen wurden nach Steinzeichngn. v. Max Slevogt hergestellt.) Lex. 8. Berlin, P. Cassirer. Geb. in Halbleinw. à 3. 80
1. Der Wildtöter. (218 S.) 909. — 2. Der letzte Mohikaner. Eine Erzählg. aus dem J. 1757. (230 S.) 909. — 3. Der Pfadfinder. (238 S.) 909. — 4. Der Ansiedler oder Die Quellen des Susquehanna. (235 S.) 910. — 5. Die Prärie. (215 S.) 910.

— dasselbe. Übers. u. bearb. v. K. Federn. Mit Orig.-Lithogr. v. Max Slevogt. (Luxus-Ausg.) 12 Lfgn. (IV, 474 u. 2 S. m. Abbildgn.) 48×37 cm. Ebd. (909. 10). In Umschlag à 15. —; Ausg. m. Taf. in Passepartout (52,5 ×39 cm.) à Lfg. nn 50. — (vollständig erh. Pr. 250. —; bezw. nn 800. —)

Cooper, James Fenim., 5 Lederstrumpf-Erzählungen, s.: Höcker, Osk.

— Lederstrumpf-Geschichten

— dasselbe. s. a. Universal-Bibliothek für die Jugend.

—— Lederstrumpf-Geschichten. Für die Jugend bearb. von Br. Hoffmann. Mit (5) farb. Illustr. nach Orig.-Zeichnungen von C. Koch. 1.—4. Aufl. gr. 8. (219 S.) Berlin 882,83. Drewitz. geb.

—— dass. — Für die Jugend bearb. von Fr. C. v. Wickede. Mit 8 Bildern in Farbendr. 2. Aufl. Neue Ausg. 8. (576 S.) Nürnberg 884, Neugebauer's Verlagsh. geb.

— Lederstrumpf-Geschichten. Für die Jugend bearb. v. Br. Hoffmann. Mit farb. Illustr. nach Orig.-Zeichngn. v. C. Koch. 8. Aufl. gr. 8. (III, 219 S.) Leipzig 893. O. Drewitz Nachf. Kart. 4. 50

— Lederstrumpf-Geschichten. N. d. engl. Original f. d. deutsche Jug. bearb. v. Frdr. Meister. M. 20 Buntbild. u. 60 Text-Ill. von E. Klingebeil. Pracht-Ausg. gr. 8. (564 S.) Leipzig 897. Abel & Müller. Geb. in Leinw. n. 7. —

— dasselbe. Mit 5 Buntbild. u. 60 Text-Ill. v. E. Klingebeil. Volks-Ausg. gr. 8. (564 S.) Ebd. 897. Geb. in Leinw. n. 5. —

Cooper, J. Fenimore, Lederstrumpf-Geschichten. Nach dem engl. Original f. die deutsche Jugend bearb. von Frdr. Meister. Mit 20 Buntbildern u. 60 Text-Illustr. v. E. Klingebeil. Pracht-Ausg. 2. u. 3. Aufl. gr. 8. (à 564 S.) Leipzig (899. 901.) Abel & Müller. Geb. in Leinw. n. 7. —

— dasselbe. Mit 5 Buntbildern u. 60 Text-Illustr. v. E. Klingebeil. Volks-Ausg. 2. u. 3. Aufl. gr. 8. (à 564 S.) Ebd. (899. 901). Geb. in Leinw. n. 5. —

— Lederstrumpf-Geschichten. Nach dem engl. Original f. die deutsche Jugend bearb. v. Frdr. Meister. Mit 5 Buntbildern u. 60 Text-Illustr. v. E. Klingebeil. Volks-Ausg. 4. Aufl. (564 S.) gr. 8. Leipzig (903). Abel & Müller. Geb. in Leinw. n. 5. —

— dasselbe in 5 Bdn. Unter Mitwirkg. v. Münchgesang f. die Jugend neu bearb. v. Osk. Hoffmann. Mit Farbdr.- u. Textbildern. 8. Stuttgart (903). W. Nitzschke. Geb. in Leinw. à 2. —; in 1 Leinw.-Bd. 7. 50
1. Der Wildtöter. (III, 101 S.) — 2. Der letzte Mohikaner. (III, 119 S.) — 3. Der Pfadfinder. (III, 103 S.) — 4. Lederstrumpf od. die Ansiedler am Susquehannahfluß. (III, 139 S.) — 5. Der Wildsteller od. die Prairie. (III, 135 S.)

— Der Letzte der Mohikaner

— dasselbe, s. a. Aschendorff's Prachtausgaben.

— dasselbe, s. a. Hausbibliothek, kleine, f. die Jugend.

— dasselbe, s. a. Im Lande d. Rothäute

— dasselbe, s. a. Köhler's illustrierte Jugendbibliothek.

— dasselbe, s. a. Meister, Frdr.

— der Letzte der Mohikaner. Frei f. die deutsche Jugend bearb. v. A. Helms. Mit 12 Tonbildern u. 126 Abbildgn. im Text. gr. 8. (342 S.) Leipzig 888. Hirt & Sohn. 6. —; geb. 7. 50

— der Letzte der Mohikaner. Eine Indianer-Geschichte. 8. (92 S.) Leipzig 893. Greßner & Schramm. Kart. n. — 75

— der Letzte d. Mohikaner. Nach d. engl. Original f. d. deutsche Jug. bearb. Mit 4 Buntbild. u. 12 Textill. v. E. Klingebeil. gr. 8. (136 S.) Leipzig 896. Abel & Müller. Geb. in Leinw. n. 2. —

— der Letzte der Mohikaner. Nach dem engl. Original f. die deutsche Jugend bearb. v. Frdr. Meister. Mit 4 Buntbildern u. 12 Text-Illustr. v. E. Klingebeil. 3. Aufl. gr. 8. (136 S.) Ebd. (902). Geb. in Leinw. n. 2. —

— der Letzte der Mohikaner. Nach dem engl. Original f. die deutsche Jugend bearb. v. Frdr. Meister. Mit 4 Buntbildern u. 12 Text-Illustr. v. E. Klingebeil. 4. Aufl. (136 S.) 8. Leipzig, (905). Abel & Müller. Geb. in Leinw. n. 2. —

— der Letzte der Mohicans. Eine Erzählung aus d. Jahre 757. In 3 Theilen. 8. Braunschw. 826, Vieweg.

— der Letzte der Mohicans. Eine Erzählung aus d. J. 1757. 3 Thle. 8. Braunschw. 826. Vieweg. 3 ₰

— der Letzte der Mohicans; aus dem Engl. 4 Thle. gr. 12. Stuttg. 826. (Brodhag). 4 ₰

— d. Letzte d. Mohicans. Aus d. Engl. 4 Thle. gr. 12. Stuttg. 826, Frankh.

—— Lionel Lincoln, od. d. Belagerung v. Boston. A. d. Engl. von *r. 3 Thle. Neue Ausg. 8. (45 B.) Leipzig 828, Wienbrack.

— Dass. übers. von Chr. Fr. Michaelis. 3 Bde. 8. Leipz. 825. Herbig. 3 ₰

Cooper, J. F. Lionel Lincoln oder die Belagerung von Boston; aus dem Englischen ... Neue Aufl. Leipzig 1832. Ü: *Becker, Gtfr. Wilh.* (Ky)

Cooper, James Fenimore
Der Lootse oder Abenteuer an Englands Küste. Seegemälde aus dem Engl. Th. 1-3.
Leipzig: Wienbrack 1824. 8°

— der Lootse. Ein Seegemälde. Für die reifere Jugend bearb. von Otto Hoffmann. Mit 6 Farbendr.-Bildern nach Aquarellen von G. Bartsch. gr. 8. (190 S.) Stuttgart 879. Thienemann. geb. n. 4. 50

— das Marcus-Riff, s.: Ausland, das belletristische, 1135 — 1143. Bdchn.

— die Meerkatzen. Aus d. Engl. 3 Thle. gr. 16. Braunschw. 835. Vieweg u. Sohn. 3½ ₰

Cooper, James Fenimore, der letzte Mohikan, s.a. Universal-Bibliothek Nr. 875—877;

Der letzte Mohikan [The Last of Mohicans] von James Fenimore Cooper. Für d. reifere Jugend bearb. von Wilh. Spohr. Köln a. Rh.: H. & F. Schaffstein [1905]. (265 S.) 8° [J.]
— Lederstrumpferzählungen. T. 2.
— Volksbücher, Schaffsteins, f. d. Jugend. Bd 14.

— Der letzte Mohikaner, s.a. Aschendorff's Prachtausgaben wertvoller Jugendschriften. II.

— dasselbe, s.a. Bibliothek interessanter Erzählungen.

— dasselbe, s.a. Meyer's Volksbücher.

— dasselbe, s.a. Moritz, Paul.

— der letzte Mohikan, s.a. Universal-Bibliothek.

— dasselbe, s.a. Volks- u. Jugendschriften, ausgewählte.

— der letzte Mohikaner. Aus den Lederstrumpf-Erzählgn. Für die Jugend bearb. von Fr. C. v. Wickede. 8. (116 S. m. 4 Farbendr.) Stuttgart 892. R. Bardtenschlager. Geb. 1. 50

— der letzte Mohikaner. Erzählung. Für die Jugend neu bearb. v. Pet. Schlicht. Mit 7 Farbendr.-Bildern v. H. F. Hartmann. 8. (292 S.) Leipzig (890). O. Spamer. Geb. n. 2. —

— dasselbe. Für d. deutsche Jugend bearb., sowie m. Einleitg. u. Erläutergn. versehen v. O. Heinrichs. M. farb. Titelbild, 8 Tonbildern u. 23 Bildern im Texte. 2. durchgeseh. Aufl. gr. 8. (VIII, 247 S.) Münster 899. Aschendorff. Geb. in Leinw. 3. 75

— dasselbe. 2. [Titel-]Aufl. 8. (292 S.) Ebd. [899.] (901). Geb. n. 2. —

— dasselbe. Aus den Lederstrumpf-Erzählgn. Für die Jugend bearb. von Fr. C. v. Wickede. 2. Aufl. 8. (116 S. m. 4 Farbdr.) Reutlingen (901). R. Bardtenschlager. Geb. 2. 50

— die Monikins. Eine wunderbare Geschichte. Aus d. Engl. v. Geo. Nic. Bärmann. 2 Thle. breit 8. Zwickau 836. Gebr. Schumann. 2½ ₰

— Mosely-Hall, od. die Wahl des Gatten. Uebersetzt v. J. P. C. Richter: (W. v. Gersdorf). 3 Thle. 8. Leipz. 825. Lauffer. 2 ₰ 21 ₰

— Edward Myers etc., s.a. Ausland, das belletrist., von K. Spindler, 84.—87. Bdchn.

Cooper, James Fenimor
Edward Myers, oder Erinnerungen aus dem Leben eines Seemannes. Deutsch bearb. von Erwin von Moosthal. Th. 4.
Stuttgart: Franckh 1844. 368 S. 8°

— Ned Myers. Aus dem Leben eines Vorkastellmatrosen. Aus dem Engl. von Ed. Mauch. gr. 16. Stuttgart 845, Liesching. 1/12 ₰

—— Narramatta u. Conanchet, s.a. Hoffmann, Franz.

Cooper, James Fenimore
Narramatta und Conanchet. Eine Erzählung für die reifere Jugend. Nach d. Engl. von Franz Hoffmannu
Stuttgart: Stoppani 1845. [ca. 200 S]. 8°

Cooper, Jak. Fen., d. Nordamerikaner, geschildert von e. reisenden Junggesellen. Aus d. Engl. 4 Thle. gr. 8. Stuttg. 828. Frankh. Brodhag. 3 ₰ 12 ₰

— Dass., übers. v. Ungewitter, s. Cooper's Werke

— the pathfinder, hrsg. v. Saure, s.a. Authors, modern English.

— the pathfinder or the island sea, hrsg. v. A. Stange, s.a. Authors, English.

— Pathfinder, s.a. Bibliothek der neuesten ausländ. Classiker. IV.

— the pathfinder, s.a. Dürr's Collection of standard American authors

— the pathfinder; or, the inland sea. 8. (320 S.) Leipzig 882. Gressner & Schramm. n. 2. —

— der Pfadfinder, s.a. Bibliothek interessanter Erzählungen.

— der Pfadfinder, s.a. Moritz, Paul.

— D. Pfadfinder od. d. Binnenmeer. N. d. engl. Orig. f. die deutsche Jugend bearb. v. Frdr. Meister. M. 4 Buntbild. u. 12 Text-Ill. v. E. Klingebeil. gr. 8. (132 S.) Leipzig 897. Abel & Müller. Geb. in Leinw. n. 2. —

— dasselbe. Erzählung. Für d. reifere Jugend neu bearb. v. A. Stier. Mit 7 Farbendr.-Bildern v. W. Zweigle. 8 (278 S.) Leipzig (900). O. Spamer. Geb. n. 2. —

— der Pfadfinder od. das Binnenmeer. Nach d. engl. Original f. die deutsche Jugend bearb. v. Frdr. Meister. Mit 4 Buntbildern u. 12 Text-Illustr. v. E. Klingebeil. 2. Aufl. gr. 8. (132 S.) Leipzig (901). Abel & Müller. Geb. in Leinw. n. 2. —

— dasselbe od. Das Binnenmeer. Nach dem engl. Original f. die deutsche Jugend bearb. v. Frdr. Meister. Mit 4 Buntbildern u. 12 Text-Illustr. v. E. Klingebeil. 3. Aufl. (132 S.) gr. 8. Leipzig (903). Abel & Müller. Geb. in Leinw. n. 2. —

— der Pfadfinder. Erzählung. Für die reifere Jugend neu bearb. v. A. Stier. Mit 7 Farbendr.-Bildern v. W. Zweigle. 2. Aufl. (278 S.) 8. Leipzig (903). O. Spamer. Geb. n. 2. —

Der Pfadfinder [The pathfinder or the Inland Sea] von James Fenimore Cooper. Für d. reifere Jugend bearb. von Wilh. Spohr. Köln a. R.: H. & F. Schaffstein [1906]. (315 S.) 8° [F.]
— Lederstrumpferzählungen. T. 3.
— Volksbücher, Schaffsteins, f. d. Jugend. Bd 15.

— Der Pfadfinder od. Das Binnenmeer. Nach d. engl. Original f. die deutsche Jugend bearb. v. Frdr. Meister. Mit 4 Buntbildern u. 12 Text-Illustr. v. E. Klingebeil. 4. Aufl. (132 S.) gr. 8. Leipzig (907). Abel & Müller. Geb. in Leinw. 2. —

— the Pilot; a Tale of the sea. III Voll. gr. 12. Götting. 826. Rosenbusch. (Lauffer in Leipz.) 2 ₰

— die Prairie, ſ.a. Aschendorff's Prachtausgaben wertvoller Jugendschriften.

— die Prairie. Ein Roman; aus d. Engl. übers. 3 Bde. 8. Berl. 827. Duncker u. H. 3 ₰ 6 gr. Fein Pap. 3 ₰ 12 gr.

— Redwood. 4 Thle, f. W. v. Gersdorf's Erzählungen. 12r—15r Bd.

— Marks Riff, ſ.a. Universal-Bibliothek f. die Jugend.

— Mark's Riff od. der Krater. Eine Erzählg. aus dem Stillen Weltmeere. Aus dem Engl. f. die reifere Jugend bearb. v. Carl Wirth. Mit 6 Bildern in Farbendr. nach Aquarellen v. H. Leutemann. gr. 8. (245 S.) Leipzig 875. Gebhardt's Verl. 6. —

COOPER. *Mark's Riff* ... f. d. reifere Jugend bearb. von FRANZ HOFFMANN. Mit 8 colorierten Bildern. 2. Aufl. Stuttgart, Schmidt & Spring [c. 1855]. Kl.-8°. Benutzter einfacher Hlwd. d. Z. 9.—

COOPER, J. F. *Mark's Riff* oder der amerikanische Robinson . . . wiedererzählt von OTTO BERGER. Reutlingen, Enßlin u. Laiblin [ca. 1895]. 111 SS. und 3 farb. Tafeln. Kl.-8°. Farbig illustr. Or.-Halbleinen. 9.—

—— amerikanische Romane, neu a. d. Engl. übertr. 12 Bde. (od. 25 Lfgn.) 16. Stuttgart 840—42, S. G. Liesching. à Lfg. ⅓ Thlr.

Bd. 1. (Lfg. 1., 2.) Der letzte Mohikan. Uebers. v. Leond. Tafel. (31¼ B.)
" 2. (" 3., 4.) Der Pfadfinder, od. das Binnenmeer. A. d. Engl. v. C. Kolb. (39 B.)
" 3. (" 22., 23.) Die Ansiedler an d. Quellen d. Susquehanna. Ein Zeitgemälde. Nach der von d. Verf. durchgeseh., verb., mit ein. neuen Vorw. u. mit Noten begleit. Ausg. übertr. v. C. Kolb. (37 B.)
" 4. (" 20., 21.) Die Prairie. (Steppe.) Eine Erzähl. A. d. Engl. v. Gtfr. Friedenberg. (32½ B.)
" 5. (" 24., 25.) Der Lootse. Ein Seegemälde. A. d. Engl. v. Ed. Mauch. (36½ B.)
" 6. (" 7., 8.) Der Spion. Eine amerikan. Geschichte a. d. J. 1780. Nach der von d. Verf. durchgeseh., verb., mit ein. neuen Vorw. u. mit Noten begleit. Ausg. übertragen v. C. Kolb. (17 B.)
" 7. (" 15., 16.) Lionel Lincoln, od. d. Belagerung v. Boston. Nach d. letzten, vom Verf. durchgeseh., verb. u. mit Anmerkn. verseh. Ausg. übertr. v. Ed. Mauch. (33½ B.)
" 8. (" 11., 12.) Der rothe Freibeuter. Ein Seegemälde. A. d. Engl. v. Gtfr. Friedenberg. (37 B.)
" 9. (" 13., 14.) Die Beweinte von Wish-Ton-Wish, od. d. Puritaner in Connecticut. A. d. Engl. v. Gtfr. Friedenberg. (32½ B.)

Cooper, James Fenim., amerikanische Romane. ꝛc.

Bd. 10. (Lfg. 5., 6.) Die Wasser-Nixe. (35¼ B.)
" 11. (" 9., 10.) Donna Mercedes v. Castilien, od. d. Entdeckung v. Amerika. A. d. Engl. v. C. Kolb. (39¼ B.)
" 12. (" 17—19.) Der Wildtödter. Eine Erzähl. (A. d. Engl. v. Gust. Pfizer.) (42½ B.)

Diese Samml. erschien in Lieferungen, der bessern Uebersicht wegen wurde jedoch die Angabe nach Bänden, mit Beifügung der Lieff. aus denen jene gebildet wurden, gemacht.

Titelbilder zu J. F. Cooper's amerikan. Romanen. In Stahl gest. 1. u. 2. Lfg. gr. 12. (à 3 Bl.) Stuttgart (843), S. G. Liesching. à 6 Gr.

—— amerikanische Romane, neu a. d. Engl. übertr. Bd. 13—26. (od. 33 Lfgn.) 16. Stuttgart, S. G. Liesching's Verl.-Buchh. à Lfg. 10 Ngr.

Bd. 13. (Lfg. 26—28.) Die beiden Admirale. Ein Seeroman. Aus d. Engl. v. Edu. Mauch. 3 Thle. (22 B.) 843. 1 Thlr.
" 14. (" 29., 30.) Der Irrwisch, od. der Kaper. Ein Seeroman. Aus d. Engl. v. Edu. Mauch. (39 B.) 843. Einzeln 25 Ngr.
" 15. (" 31., 32.) Der Brave. Eine venetianische Geschichte. Aus d. Engl. v. G. Friedenberg. (30 B.) 843. Einz. 25 Ngr.
" 16. (" 33., 34.) Wyandotte, od. das Blockhaus. Eine Erzähl. Aus d. Engl. v. Edu. Mauch. (37 B.) 843. Einzeln 25 Ngr.
" 17. (" 35., 36.) Ned Myers. Aus d. Leben eines Vorkastellmatrosen. — Die französische Erzieherin, od. das gestickte Taschentuch. Aus d. Engl. v. Edu. Mauch. (35 B.) 845.
Einzeln:
Ned Myers. (23 B.) 17½ Ngr.
Die französ. Erzieherin. (12 B.) 10 Ngr.
" 18. (" 37—39.) Miles Wallingfords Abenteuer zu Land u. zur See. Aus d. Engl. v. Edu. Mauch. 1. Thl. (44 B.) 845. Einzeln 1 Thlr.
" 19. (" 40., 41.) Lucy Hardinge, od. Miles Wallingfords Abenteuer zu Land und zur See. Aus d. Engl. v. Carl Kolb. 2. Thl. (36 B.) 845. Einzeln 25 Ngr.

Cooper, Jam. Fenim., amerikanische Romane, neu aus d. Engl. übertr. Bd. 13—26. (od. 33 Lfgn.)

Bd. 20. (Lfg. 42., 43.) Die Heidenmauer. Eine Rheinsage. Aus d. Engl. v. Carl Kolb. (33 B.) 845. Einzeln 22½ Ngr.
" 21. (" 47—49.) Die Heimkehr, od. die Verfolgung. Ein Seeroman. Aus d. Engl. v. Carl Kolb. (40½ B.) 845. 1 Thlr.
" 22. (" 52., 53.) Eva Effingham od. die Heimat. Eine Fortsetz. der „Heimkehr". Aus d. Engl. v. Carl Kolb. (35½ B.) 845. Einzeln 22½ Ngr.
" 23. (" 50., 51.) Der Scharfrichter od. die Winzerabtei. Eine Erzähl. Aus d. Engl. v. Edu. Mauch. (34½ B.) 845. Einzeln 22½ Ngr.
" 24. (" 44—46.) Satanstoe, od. die Familie Littlepage. Eine Erzähl. aus d. Colonie. Aus d. Engl. (40 B.) 846. 1 Thlr.
" 25. (" 54., 55.) Der Kettenträger od. d. Handschriften der Familie Littlepage. Aus d. Engl. (38 B.) 846. Einz. 27 Ngr.
" 26. (" 56—58.) Ravensnest, od. die Rothhäute. Eine Erzähl. Aus d. Engl. v. Carl Kolb. (44 B.) 847. 1 Thlr.

Bd. 1—12. (od. 25 Lfgn.) Ebendas. 1840—42. à Lfg. 10 Ngr., 8 Thlr. 10 Ngr.
Titelbilder zu J. F. Cooper's amerikan. Romanen. Bd. 1—21. In Stahl gest. 1—7. Lfg. (à 3 Bl.) Ebendas. à L. 7½ Ngr.

—— amerikanische Romane, in sorgfält. Uebertragungen. 27. Bd. oder 59—61. Lfg. Mark's Riff oder der Krater. Aus dem Engl. von C. Kolb. 3 Thle. gr. 16. (588 S.) Stuttgart 848, Liesching's Vrlgsb.

Vgl. 10. Bd. 1. Abthl. S. 168.
Titelbilder zu J. F. Cooper's amerikan. Romanen 27. Bd. (3 Stahlst.) 8. Lfg. Ebds. 848. 7½ Ngr.
1—7. Lfg. Ebendas. 1 Thlr. 22½ Ngr.

Cooper, Jak. Fen., amerik. Romane, neu aus d. Engl. übertr. In 10 bis 12 Bden. 1r Bd. Der letzte Mohikan. Uebers. v. L. Tafel. 1e u. 2e Hälfte. gr. 12. Stuttgart 840. Liesching. Subscript.-Pr. n. ⅔ ₰ — 2r Bd. Der Pfadfinder oder das Binnenmeer. Uebersetzt von G. Kolb. 1e u. 2e Hälfte. gr. 12. Ebd. 841. Subscr.-Pr. n. ⅔ ₰ (Einzeln kostet der letztgenannte Roman ⅚ ₰)

— Amerikanische Romane, neu aus dem Engl. übertragen von C. Kolb. 5.—7. Liefg. Die Wasser-Nixe. 2 Hfte. Der Spion. 1. Hft. 16. Stuttgart 841, Liesching's Verlags-Buchh. à ⅓ ₰ — Einzeln à 5/12 ₰

— dies. 8. Liefg. — A. u. d. T.: Der Spion. Eine Amerikan. Geschichte aus dem Jahre 1780. Nach der von dem Verf. durchgeseh., verb., mit einem neuen Vorwort u. mit Noten begleit. Ausg. übertragen von C. Kolb. 2. Hälfte. 16. Ebend. 841. (à) ⅓ ₰ — Einzeln (à) n. 5/12 ₰

— dies. 9. u. 10. Liefg. Donna Mercedes von Castilien, oder die Entdeckung von Amerika. Aus d. Engl. von C. Kolb. 1. u. 2. Hälfte. 16. Ebend. 841. (à) 1/3 Thlr. — Einzeln (à) n. 5/12 Thlr.

— dies. 11. Liefg. Der rothe Seeräuber. 1. Hälfte. 16. Ebd. 841. 1/3 Thlr. — Einzeln n. 5/12 Thlr.

— dies. 12. Liefg. — A. u. d. T.: Der rothe Freibeuter. Ein Seegemälde. Aus d. Engl. v. Gottfr. Friedenberg. 2. Hälfte. 16. Ebend. 841. à 1/3 Thlr. (1. 2. einzeln 3/4 Thlr.)

— dies. 13. u. 14. Liefg. Die Beweinte von Wish-Ton-Wish, oder die Puritaner in Connecticut. Aus d. Engl. v. Gottfr. Friedenberg. 1. u. 2. Hälfte. 16. Ebend. 841. 2/3 Thlr. — Einzeln 3/4 Thlr.

— dies. 15. u. 16. Liefg. Lionel Lincoln, oder die Belagerung von Boston. Nach der letzten vom Verf. durchgeseh., verb. u. mit Anmerk. verseh. Ausg. übertr. von Ed. Mauch. 1. u. 2. Hälfte. Ebend. 842. 2/3 Thlr. — Einzeln 3/4 Thlr.

— dies. 17.—19. Liefg. Der Wildtödter. Eine Erzählung. (Aus d. Engl. von Gust. Pfizer.) 3 Thle. 16. Ebend. 842. (auch einzeln:) 1 Thlr.

— dies. 20. u. 21. Liefg. Die Prairie. (Steppe.) Eine Erzählung. Aus d. Engl. v. Gottfr. Friedenberg. 1. u. 2. Hälfte. 16. Ebend. 842. 2/3 Thlr. — Einzeln 3/4 Thlr.

— dies. 22. u. 23. Liefg. Die Ansiedler an den Quellen des Susquehannah. 1. u. 2. Hälfte. 16. Ebend. 842. à 1/3 Thlr.

— dies. 24. u. 25. Liefg. — A. u. d. T.: Der Lootse. Ein Seegemälde. Aus d. Engl. von Ed. Mauch. 1. u. 2. Hälfte. 16. Ebend. 842. 2/3 Thlr.

— dies. 26.—28. Liefg. Die beiden Admirale. Ein Seeroman. Aus d. Engl. von Ed. Mauch. In 3 Theilen. 16. Ebend. 843. 1 Thlr.

— dies. 29.—32. Liefg. Der Irrwisch oder das Kaperschiff. — Der Bravo. gr. 16. Ebend. 843. (à 1/3 Thlr.) 1 1/3 Thlr.

Cooper, Jak. Fen., Amerikanische **Romane**, neu aus dem Engl. übertr. von C. Kolb. 33. u. 34. Liefg. (oder 16 Bd.) Wyandotté oder das Blockhaus. Aus d. Engl. v. Ed. Mauch. gr. 16. Stuttgart 844, Liesching's Verl.-B. à Liefg. 1/3 Thlr. (einzeln à Liefg. 5/12 Thlr.)

— dies. 35.—39. Liefg. (oder 17. u. 18. Bd.) 35. u. 36. Ned Myers. Aus dem Leben eines Vorkastellmatrosen. Aus d. Engl. von Ed. Mauch. Die französische Erzieherin, oder das gestickte Taschentuch. Aus d. Engl. von Ed. Mauch. 37.—39. Miles Wallingfords Abenteuer zu Land u. zur See. Aus d. Engl. von Ed. Mauch. gr. 16. Ebend. 845. à Liefg. 1/3 Thlr. (einzeln à Liefg. 5/12 Thlr.)

— dies. 40.—42. Liefg. (oder 19. u. 20. Bd. 1. Abtheil.) 40. u. 41. Lucy Hardinge, oder Miles Wallingfords Abenteuer zu Land u. zur See. 2. Thl. Aus d. Engl. von Carl Kolb. — 42. Die Heidenmauer. 1. Hälfte. gr. 16. Ebend. 845. 1/3 Thlr. (einzeln à Liefg. 5/12 Thlr.)

— dies. 43.—55. Liefg. (oder 20. Bd. 2. Abthl., 21. Bd. 1.—3. Abthl., 22. Bd. 1. u. 2. Abthl., 23. Bd. 1. u. 2. Abthl., 24. Bd. 1.—3. Abthl. u. 25. Bd. 1. u. 2. Abthl.) 43. Die Heidenmauer. 2. Hlfte. 44.—46. Satanstoe oder die Familie Littlepage. 1.—3. — 47.—49. Die Heimkehr oder die Verfolgung. Ein Seeroman. 1.—3. — 50.—51. Der Scharfrichter. 1. u. 2. — 52. u. 53. Eva Effingham. 1. u. 2. Hlfte. — 54. u. 55. Der Kettenträger. 1. u. 2. Hlfte. gr. 16. Ebend. 846. à Lief. 1/3 Thlr. (einzelne Liefg. à 5/12 Thlr. Vorweise à 2/3 Thlr.)

— Amerikanische Romane, in sorgfält. Uebertragungen. 56—58. Lfg. Ravensnest. 3 Thle. 16. (675 S.) Ebd. 847. (à 1/3 Thlr. Einzelne Lfgn. à 5/12 Thlr.) 1 Thlr.

— 59—61. Lfg. [27. Bd.] Mark's Riff oder der Krater. Aus d. Engl. v. C. Kolb. 3 Thle. gr. 16. (588 S.) Ebd. 848. (à 1/3 Thlr.) 1 Thlr.

Cooper's, James Fenimore, Amerikanische Romane, neu aus d. Engl. übertr. [Mit dem Umschlagstitel: Gesammelte Romane.] Ausg. m. Titelbildern in Stahlst. 86—89. Hft. od. 27. Bd. Mark's Riff od. der Krater. Eine Erzählung aus dem stillen Weltmeere. Aus d. Engl. von C. Kolb. gr. 16. (XII u. 588 S. m. 1 Stahlst.) Stuttgart 848, S. G. Liesching. (à 1/4 Thlr.) 1 Thlr.

— Amerikanische Romane, neu aus d. Engl. übertragen. 5. Bd. 2. Aufl. Der Lootse. Ein Seegemälde. Aus d. Engl. v. Ed. Mauch. 2. Aufl. gr. 16. (VIII u. 572 S.) Stuttgart 851, S. G. Liesching. 2/3 Thlr.

— dies. 12. Bd. 3. Aufl. Der Wildtödter. Eine Erzählung. Aus d. Engl. 3. Aufl. gr. 16. (X u. 707 S.) Ebd. 851. 1 Thlr.

— dies. 13. Bd. 2. Aufl. Die beiden Admirale. Ein See-Roman. Aus d. d. Engl. v. Ed. Mauch. 2. Aufl. 16. (XVI u. 688 S.) Ebd. 851. 1 Thlr.

Cooper, James Fenimore

Amerikanische Romane, neu aus dem Engl. (von C. Kolb, E. Mauch, G. Friedenberg). Versch. Aufl. . Bd.chen 2.3.6.7.9. 11-13. 15.18.21.24.
Stuttgart: Liesching 1843 - 1851. 8°

2. Der Pfadfinder. (Kolb). 3.Aufl. 1846.
3. Die Ansiedler. Zeitgemälde. (Kolb). 3.Aufl. 1848.
6. Der Spion. (Kolb). 3.Aufl. 1852.
7. Lionel Lincoln. (Mauch). 2.Aufl. 1851.
9. Die Beweinte von Wish-Ton-Wish. (Friedenberg). 2.Aufl. 1851.
11. Donna Mercedes von Castilien. (Kolb). 2.Aufl. 1846.
12. Der Wildtöter. 3.Aufl. 1851.
13. Die beiden Admirale. (Mauch). 2.Aufl. 1851.
15. Der Bravo. (Friedenberg). 1843.
18. Miles Wallingfords Abenteuer. (Mauch). 1845.
21. Die Heimkehr. (Kolb). 1845.
24. Satanstoe, oder die Familie Littlepage. 1846.

Cooper, James Fenimore

J.F. Cooper's Amerikanische Romane. Neu aus dem Engl. übertr. Bd 15.
Leipzig: Zieger (um 1850). 8°

15. Der Bravo. Venetianische Geschichte. Aus dem Engl. von G. Friedenberg. 468 S.

Cooper's, James Fennimore, amerikanische Romane, neu aus dem Engl. übertragen. (Neue Aufl.) 30 Bde. Stuttgart 853, 54. Hoffmann. gr. 16. Jeder Bd. 15 Ngr.

1. Bd. Der letzte Mohikan. Eine Erzählung aus dem Jahre 1757. Aus dem Engl. von Leonh. Tafel. 2. Aufl. Durchges., verb., mit Anmerkungen und einer Einleitung vom Verf. (XII, 484 S. u. 1 Stahlst.)
2. Bd. Der Pfadfinder oder das Binnenmeer. Aus d. Engl. von C. Kolb. 4. Aufl. (VIII, 616 S. u. 1 Stahlst.)
3. Bd. Die Ansiedler an den Quellen des Susquehannah. Ein Zeitgemälde. Nach der vom Verf. durchges., verb., mit e. neuen Vorwort u. mit Noten begleiteten Ausg. übertr. von C. Kolb. 4. Aufl. (X, 578 S. u. 1. Stahlst.)
4. Bd. Die Prairie. Eine Erzählung. Aus dem Engl. von G. Friedenberg. 4. Aufl. (VIII, 556 S. u. 1 Stahlst.)
5 Bd. Der Lootse. Ein Seegemälde. Aus dem Engl. von Ed. Mauch. 3. Aufl. (VIII, 572 S. u. 1 Stahlst.)
6. Bd. Der Spion. Eine amerikanische Erzählung aus dem J. 1780. Nach der von dem Verf. durchges., verb., mit e. neuen Vorworte und mit Noten begleiteten Ausg. übertr. von C. Kolb. 4. Aufl. (XII, 528 S. u. 1 Stahlst.)
7. Bd. Lionel Lincoln oder die Belagerung von Boston rc. übertr. von Ed. Mauch. 3. Aufl. (VIII, 528 S. u. 1 Stahlst.)
8. Bd. Der rothe Freibeuter. Ein Seegemälde. Aus d. Engl. von G. Friedenberg. 3. Aufl. (VI, 582 S. u. 1 Stahlst.)

9. Bd. Die Beweinte von Wish-Ton-Wish oder die Puritaner in Connecticut. Aus dem Engl. von G. Friedenberg. 3. Aufl. (XII, 503 S. u. 1 Stahlst.)
10. Bd. Die Wassernixe oder der Streicher durch die Meere. Aus dem Engl. von G. Friedenberg. 3. Aufl. (VIII, 560 S. u. 1 Stahlst.)
11. Bd. Donna Mercedes von Castilien, oder die Entdeckung von Amerika. Aus dem Engl. von C. Kolb. 3. Aufl. (VIII, 620 S. u. 1 Stahlst.)
12. Bd. Der Wildtödter. Eine Erzählung. Aus dem Engl. 4. Aufl. (VIII, 708 S. u. 1 Stahlst.)
13. Bd. Die beiden Admirale. Ein See-Roman. Aus dem Engl. von Ed. Mauch. 3. Aufl. (VIII, 688 S. u. 1 Stahlst.)
14. Bd. Der Irrwisch oder der Kaper. Ein See-Roman. Aus dem Engl. von Ed. Mauch. 3. Aufl. (VIII, 612 S. u. 1 Stahlst.)
15. Bd. Der Bravo. Eine venetianische Geschichte. Aus dem Engl. von G. Friedenberg. 3. Aufl. (VIII, 468 S. u. 1 Stahlst.)
16. Bd. Wyandotté oder das Blockhaus. Eine Erzählung. Aus dem Engl. von Ed. Mauch. 2. Aufl. (VI, 578 S. u. 1 Stahlst.)
17. Bd. Ned Myers. Aus dem Leben eines Vorkastellmatrosen. 2. Aufl. — Die französische Erzieherin oder das gestickte Taschentuch. Eine Erzählung. 2. Aufl. Aus dem Engl. von Ed. Mauch. (VIII, 544 S. u. 1 Stahlst.)
18. Bd. Miles Wallingfords Abenteuer zu Land u. zur See. Aus dem Engl. von Ed. Mauch. 2. Aufl. (XII, 699 S. u. 1 Stahlst.)
19. Bd. Lucy Hardinge, oder Miles Wallingfords Abenteuer zu Land und zur See. 2. Thl. Aus dem Engl. von Carl Kolb. 2. Aufl. (VIII, 564 S.)
20. Bd. Die Heidenmauer. Eine Rheinsage. Aus dem Engl. von Carl Kolb. (XXXII, 492 S.)
21. Bd. Die Heimkehr, oder die Verfolgung. Ein See-Roman. Aus dem Engl. von Carl Kolb. 2. Aufl. (VIII, 638 S.)
22. Bd. Eva Effingham, oder die Heimath. Eine Fortsetzung der „Heimkehr". Aus d. Engl. von Carl Kolb. 2. Aufl. (563 S.)
23. Bd. Der Scharfrichter, oder die Winzerabtei. Eine Erzählung. Aus dem Engl. von Ed. Mauch. 2. Aufl. (X, 538 S.)
24. Bd. Satanstoe, oder die Familie Littlepage. Eine Erzählung aus der Colonie. Aus dem Engl. 2. Aufl. (VIII, 611 S.)
25. Bd. Der Kettenträger, oder die Handschriften der Familie Littlepage. 2. Aufl. (VIII, 596 S.)
26. Bd. Ravensneſt, oder die Rothhäute. Eine Erzählung. Aus dem Engl. von Carl Kolb. 2. Aufl. (XVI, 675 S.)
27. Bd. Mark's Riff oder der Krater. Eine Erzählung aus dem stillen Weltmeere. Aus dem Engl. von Carl Kolb. 2. Aufl. (X, 588 S.)
28. Bd. Kapitän Spike, oder die Golf-Inseln. Roman. (606 S.)
29. Bd. Die Seelöwen, oder die verlorenen Robbenjäger. Roman. (546 S.)
30. Bd. Der Bienenjäger, oder die Eichen-Lichtungen. Roman. (VIII, 584 S.)

— amerikanische Romane. I. Lederstrumpfgeschichten. Stuttgarter Orig.-Ausg. gr. 8. Stuttgart, Franckh. à n. 2.—; geb. n. 3.—
1. Der letzte Mohikaner. In unverkürzter Übersetzg. aus dem Engl. v. L. Tafel. M. zahlr. Illustr. v. Andriolli. (480 S.) 899.
2. Der Wildtöter. Aus dem Engl. v. L. Tafel, neu durchgeseh. v. K. Walther. Mit zahlr. Illustr. v. W. Planck. (476 S.) 899.

—— ausgewählte Romane. A. d. Engl. Neue Ausg. 10 Bde. gr. 8. (278¼ B. u. C's. Bildn.) Frankfurt a. M. 839, Sauerländer. Thlr.

A. u. d. Ttln.:

Bd. 1. Der Spion. Eine Erzähl. a. d. amerikan. Kriege.
» 2. Der letzte d. Mohikaner. Eine Erzähl. a. d. J. 1757.
» 3. Die Ansiedler, od. d. Quellen d. Susquehannah.
» 4. Der Lootse. Ein Seegemälde.
» 5. Lionel Lincoln, od. d. Belagerung v. Boston.
» 6. Die Steppe. Eine Erzählung.
» 7. Der rothe Freibeuter. Eine Erzählung.
» 8. Die Grenzwohner, od. d. Beweinte v. Wish-Ton-Wish.
» 9. Die Wassernixe, od. d. Tummler d. Meere. Eine Erzählung.
» 10. Der Bravo. Eine venetian. Begebenheit.

Jeder Roman einzeln 16 Gr.

— Ausgewählte Romane. Übers. u. hrsg. v. Rich. Zoozmann. Mit e. Biographie u. e. Bildnisse des Dichters. 1—5. Bd. kl. 8. Leipzig, Hesse & Becker Verl. à 1.50; geb. in Leinw. à 2.—
1. Lederstrumpf-Erzählungen I: Der Wildtöter. Eine Erzählg. (578 S. m. Bildnis.) (910).
2. Dasselbe II: Der letzte der Mohikaner. Eine Erzählg. aus dem J. 1757. (464 S.) (910).
3. Der Pfadfinder oder das Binnenmeer. Eine Erzählg. (607 S.) (910).
4. Die Ansiedler an den Quellen des Susquehannah. Ein Zeitgemälde. (592 S.) (910).
5. Die Prärie. Eine Erzählg. (548 S.) (910).

—— gesammelte Romane. Ausgabe mit Titelbildern in Stahlst. (Umschlagttl.) 1—68. Hft. (775 B. u. 21 Stahlst.) 16. Stuttgart 844—47. S. G. Liesching's Verl.-Bh. à Hft. 7½ Ngr. Thlr.

Inhalt:

Heft 1—3. Der letzte Mohikan.
» 4—6. Der Pfadfinder od. das Binnenmeer.
» 7—9. Die Ansiedler an den Quellen des Susquehanna.
» 10—12. Die Prairie (Steppe).
» 13—15. Der Lootse.
» 16—18. Der Spion.
» 19—21. Lionel Lincoln od. die Belagerung von Boston.
» 22—24. Der rothe Freibeuter.
» 25—27. Die Beweinte v. Wish-Ton-Wish od. d. Puritaner in Connecticut.
» 28—30. Die Wassernixe od. der Streicher durch die Meere.
» 31—34. Donna Mercedes von Castilien od. die Entdeckung von Amerika.
» 35—38. Der Wildtödter.
» 39—42. Die beiden Admirale.
» 43—45. Der Irrwisch od. der Kaper.
» 46—48. Der Bravo.
» 49—51. Wyandotté od. das Blockhaus.
» 52—54. Ned Myers. — Die französische Erzieherin.
» 55—58. Miles Wallingfords Abenteuer zu Land und zur See.
» 59—61. Lucy Hardinge, od. Miles Wallingford zweiter Theil.
» 62—64. Die Heidenmauer.
» 65—68. Die Heimkehr od. die Verfolgung.

—— gesammelte Romane. Ausg. mit Titelbildern in Stahlst. 69—89. Heft. gr. 16. Stuttgart 848, Liesching's Vrlgsh. à Heft 7½ Ngr.

Heft 69—71. Eva Effingham oder die Heimath. Eine Fortsetzung der „Heimkehr." (563 S. mit 1 Stahlst.)
» 72—74. Der Scharfrichter oder die Winzerabtei. (XII und 538 S. mit 1 Stahlst.)
» 75—78. Satanstoe, oder die Familie Littlepage. (X und 611 S. mit 1 Stahlst.)
» 79—81. Der Kettenträger oder die Handschriften der Familie Littlepage. (VIII und 595 S. mit 1 Stahlst.)
» 82—85. Ravensneſt oder die Rothhäute. (XII und 675 S. mit 1 Stahlst.)
» 86—89. Mark's Riff oder der Krater. Eine Erzählung aus dem stillen Weltmeere. Aus dem Engl. von C. Kolb. (XI und 588 S. mit 1 Stahlst.)

1—68. Heft. Ebendaſ. 1844—47. 17 Thlr.

—— dass. — 5. Bd. 2. Aufl. A. u. d. T.: Der Lootse. Ein Seegemälde. Aus dem Engl. von Ed. Mauch. 2. Aufl. gr. 16. (VIII und 572 S.) Stuttgart 851, Liesching's Vrlgsh.

—— dass. — 12. Bd. 3. Aufl. A. u. d. T.: Der Wildtödter. Eine Erzählung. Aus dem Engl. 3. Aufl. gr. 16. (IX und 707 S.) Ebds. 851.

—— dass. — 13. Bd. 2. Aufl. A. u. d. T.: Die beiden Admirale. Ein See-Roman. Aus dem Engl. von Ed. Mauch. 2. Aufl. gr. 16. (XV und 688 S.) Ebds. 851.

Cooper, Jam. Fenimore, Red Rover. A. d. Engl. v. Gtfr. Friedenberg. 3 Bde. 8. (55 B. u. 1 Musikbeil.) Berlin 828, Duncker u. Humblot. Thlr.

— Seegemälde. Für die Jugend bearb. v. Adam Stein. Mit 6 Bildern in Farbendr. nach Zeichngn. v. G. Bartsch. 2. Aufl. 8. (352 S.) Leipzig 874. Oehmigke. geb. 3. 75

— die Seelöwen, s. a. Bibliothek, Europäische, 249. 259. u. 260. Bd.

— die beiden Seelöwen, s. a. Schaffstein's Volksbücher f. die Jugend. 29. Bd.

Die beiden Seelöwen [The sea lions] von James Fenimore Cooper. Für Knaben u. Mädchen v. 13. Jahre an bearb. von Wilhelm Spohr. Köln a. Rh.: H. & F. Schaffstein [1906]. (283 S.) 8° [F.]
— Volksbücher, Schaffsteins, f. d. Jugend. Bd 29. [+6. 10366]

— d. rote Seeräuber, s. a. Hoffmann, Frz.

Cooper, James Fenimore

Der rothe Seeräuber. Eine Erzählung. Für die reifere Jugend frei bearb. von Franz Hoffmann. 8 kolorierte Bilder.
Stuttgart: Schmidt & Spring 1861. [ca. 225 S.]. 8°

— Kapitän Spike od. die Golfinseln, bearb. v. Max Barack, s.a. Universal-Bibliothek f. die Jugend.

— Capitän Spike oder die Golf-Inseln. Für die reifere Jugend bearb. von Frz. Hoffmann. Mit 8 Bildern in Farbendr. 2. Aufl. gr. 8. (260 S.) Stuttgart 880. Schmidt & Spring. cart. 4. 50

— der Spion, s.a. Benseler, G.

—— dass. — s.a. Hoffmann, Fr.

— der Spion, s.a. Universal-Bibliothek.

— dasselbe, s.a. Weltbücherei, moderne.

— der Spion, od. das neutrale Land. Ein Gemälde nordamerikan. Sitte u. Natur zur Zeit des Freiheitskampfes; aus d. Engl. v. *r. 3 Thle. 8. Leipz. 824. Focke. 3 ℛ

— der Spion. Roman aus d. nordamerikan. Revolutionskriege; übersetzt von L. Herrmann. 2 Bde. 8. Leipz. 824. C. Klein. 3 ℛ 18 gr

— Dass. deutsch hrsgg. v. Ph. Aug. Petri. 3 Bde. 8. Leipz. 826. Lauffer. 1 ℛ 12 gr

Der Spion [the Spy]. Roman von [James Fenimore] Cooper. Magdeburg: Magdeb. Verl.-Anst. [1908]. 351 S. 8°
(Moderne Weltbücherei. [9.]) 09. 1379 3

Cooper, James Fenimore, the Spy; a Tale of the neutral Ground; referring to Some particular occurences during the american War: also pourtraying american scenery and manners. III Voll. 12. Leipz. 825. Focke. 3 ℛ 12 gr

— Streifereien durch die Schweiz. Nach d. Engl. v. G. N. Bärmann. In 2 Theilen. gr. 12. Berlin 836. Alex. Duncker. 3 ℛ

— d. alte Trapper. N. d. engl. Original f. d. deutsche Jugend bearb. v. Frdr. Meister. Mit 4 Buntbild. u. 12 Text-Ill. v. E. Klingebeil. gr. 8. (159 S.) Leipzig 897. Abel & Müller. Geb. in Leinw. n. 2. —

— der alte Trapper. Nach dem engl. Original f. die deutsche Jugend bearb. v. Frdr. Meister. Mit 4 Buntbildern u. 12 Text-Illustr. von E. Klingebeil. 2. Aufl. gr. 8. (159 S.) Leipzig (901). Abel & Müller. Geb. in Leinw. n. 2. —

— der alte Trapper. Nach dem engl. Original f. die deutsche Jugend bearb. v. Frdr. Meister. Mit 4 Buntbildern u. 12 Text-Illustr. v. E. Klingebeil. 3. Aufl. (159 S.) gr. 8. Leipzig (903). Abel & Müller. Geb. in Leinw. n. 2. —

— Der alte Trapper. Nach dem engl. Original f. die deutsche Jugend bearb. v. Frdr. Meister. Mit 4 Buntbildern u. 12 Text-Illustr. v. E. Klingebeil. 4. Aufl. (159 S.) 8. Leipzig (907). Abel & Müller. Geb. in Leinw. 2. —

— Unkas, der letzte Häuptling der Mohikaner, s.: Molli, C.

— a toutes voiles, s.: Bibliothèque de voyages.

— Wanderungen in Italien. Nach d. Engl. von F. Steger. 2 Thle. gr. 12. Braunschw. 838. Vieweg. 3 ℛ

— Die Wassernixe, s.a. Erzählungen, 1001, f. Jung u. Alt.

— die Wassernixe od. das Schmugglerschiff, s.a. Hoffmann, O.

— die Wassernixe, od. der Streicher durch die Meere; aus d. Engl. v. Gf. Friedenberg. 3 Bde. 8. Berl. 830. Duncker u. H. 3 ℛ 8 gr Fein P. 3 ℛ 12 gr

COOPER. *Die Wassernixe* oder: Das Schmugglerschiff ... Für die reifere Jugend ... bearb. v. OTTO HOFFMANN. Stuttgart, Jul. Hoffmann, c. 1865. M. 4 chromolith. Taf. 8°. HLwd. 8.—

—— the Water-Witch, or the Skimmer of the seas. A Tale. III Vol. 8. (48¾ B.) Dresden 830, Walther.

— the Water Witch or the Skimmer of the Seas etc. 3 Vols. (Leipzig, Einhorn.) ist der Pr. 1½ ℛ

— Werke; aus d. Engl. v. *r. 1r—12r Bd. 8. Leipz. 824, 25, Wienbrack. 12 ℛ (1r—3r Bd. A. u. d. T.: die Ansiedler, od. die Quellen des Susquehannah. 3 Thle. 3 ℛ — 4r—6r Bd. A. u. d. T.: der Lootse, od. Abentheuer an Englands Küste, 3 Thle. 3 ℛ — 7r—9r Bd. A. u. d. T.: der Spion, od. das neutrale Land. Ein Gemälde nordamerikan. Sitte u. Natur zur Zeit des Freiheitskampfs. 3 Thle. 2r Aufl. 826. 3 ℛ — 10r — 12r Bd. A. u. d. T.: Lionel Lincoln, oder die Belagerung von Boston. 3 Thle. 825. 3 ℛ)

— sämmtl. Werke. Deutsch, herausgg. v. Ph. A. Petri. 1r—3r Bd. A. u. d. T.: der Spion, od. das neutrale Land. Ein Gemälde nordamerikan. Sitte u. Natur zur Zeit des Freiheitskampfs. 3 Bde. gr. 16. Götting. 826. (Lauffer in Leipz.) 1 ℛ 12 gr

Cooper, James Fenimore, sämmtl. Werke. Uebersetzt von Mehreren u. herausgg. v. Chr. A. Fischer. 75 Bdchen. 12. Frankf. a. M. 826—833. Sauerländer. 9 ℛ 2 gr Druckvelinp. 13 ℛ 16 gr (1s—6s Bdchen. A. u. d. T.: der Spion. Eine Erzähl. aus d. amerikan. Kriege. 6 Bdchn. 826. 18 gr Drckvelinp. 1 ℛ 12 gr — 7s—12s Bdchen. A. u. d. T.: der Letzte der Mohikaner. Eine Erzähl. aus d. J. 1757; aus d. Engl. von H. Döring. 6 Bdchn. 826. 18 gr Drckvelinp. 1 ℛ 12 gr — 13s—18s Bdchen. A. u. d. T.: die Ansiedler, oder die Quellen des Susquehannah; aus d. Engl. von Juditta. 6 Bdchn. 826. 18 gr Drckvelinp. 1 ℛ 12 gr — 19s—24s Bdchen. A. u. d. T.: der Lootse. Ein Seegemälde; aus d. Engl. v. M. Treu. 6 Bdchen. 827, 28. 18 gr Drckvelinp. 1 ℛ 12 gr — 25s—30s Bdchen. A. u. d. T.: Lionel Lincoln; übers. v. K. Meurer 6 Bdchn. 828. 18 gr Drckvelinp. 1 ℛ 4 gr — 31s—36s Bdchen. A. u. d. T.: die Steppe; übers. v. K. Meurer. 6 Bdchen. 828. 18 gr Drckvelinp. 1 ℛ 4 gr — 37s—42s Bdchen. A. u. d. T.: der rothe Freibeuter. Eine Erzähl. aus d. Engl. v. K. Meurer. 6 Bdchen. 828. 18 gr Drckvelinp. 1 ℛ 4 gr — 43s—51s Bdchen. A. u. d. T.: der Nordamerikaner. 9 Bdchen. 829. 20 gr Velinp. 1 ℛ 4 gr — 52s—57s Bdchen. Auch unt. d. Tit.: die Gränzbewohner (Puritaner), oder die Beweinte von Wisch-Ton-Wisch; aus dem Engl. von K. Meurer. 6 Bdchen. 829. 18 gr Velinp. 1 ℛ 4 gr — 58s—63s Bdchen. A. u. d. T.: die Wassernixe, od. die Tummler der Meere. Eine Erzählung; aus d. Engl. vom Bearbeiter der humorist. Geschichte New-Yorks, v. W. Irwing. 6 Bdchen. 831. 18 gr Velinp. 1 ℛ 4 gr — 64s—69s Bdchen. A. u. d. T.: der Bravo; aus d. Engl. übers. 6 Bdchen. 832. 18 gr Velinp. 1 ℛ 4 gr — 70s—75s Bdchen. A. u. d. T.: die Heidenmauer. 6 Bdchn. 833. 18 gr Velinp. 1 ℛ 4 gr (Einzelne Romane vom 1n—36n Bdchen kosten 1 ℛ Velinp. 1 ℛ 8 gr)

Cooper, Jak. Fen., sämmtl. Werke. 76s—81s Bdchn. A. u. d. T.: Der Scharfrichter von Bern, oder das Winzerfest. Aus d. Engl. 6 Bdchn. 16. Frankf. 833. Sauerländer. 3/4 ß Velinp. 1 1/6 ß — 82s—87s Bdchn. A. u. d. T.: Die Monikins. Uebers. v. Karl Fr. Meurer. 2 Thle. 835. 3/4 ß Velinp. 1 1/6 ß (Vgl. Thl. VI. Romane. S. 28) — 88s—93s Bdchn. A. u. d. T.: Ausflüge in die Schweiz. Aus d. Engl. übers. von C. F. Nietsch. 2 Thle. 836. 3/4 ß Velinp. 1 1/6 ß — 94s—99s Bdchn. A. u. d. T.: Aufenthalt in Frankreich, Ausflug an den Rhein und zweiter Besuch in der Schweiz. Aus d. Engl. übers. v. Dems. 2 Thle. 837. n. 3/4 ß — 100s—111s Bdchn. A. u. den T.: England u. das sociale Leben d. Hauptstadt. Aus d. Engl. v. Dems. 2 Thle. Mit dem Bildn. d. Verf. — Erinnerungen an Europa. Aus d. Engl. übers. v. Dems. 2 Thle. 837. n. 1 1/2 ß Velinp. n. 2 1/3 ß — 112s—117s Bdchn. A. u. d. T.: Italien. Aus d. Engl. übers. v. Dems. 2 Thle. 838. n. 3/4 ß Velinp. n. 1 1/6 ß — 118s—126s Bdchn. A. u. d. T.: Die Heimfahrt oder die Jagd. Seeroman. Aus d. Engl. übers. v. Dems. 3 Thle. 838. n. 1 ß Velinp. 1 2/3 ß — 127s—135s Bdchn. A. u. d. T.: Evchen Effingham oder die Heimath. Eine Fortsetzung „der Heimfahrt." Aus d. Engl. übers. v. Dems. 839. n. 1 ß Velinp. n. 1 2/3 ß — 136s—147s Bdchn. A. u. d. T.: Geschichte der Nordamerikan. Seemacht und ihrer Kriegsthaten. Aus d. Engl. übers. v. H. Künzel. 4 Thle. 840. n. 1 1/3 ß Velinp. n. 2 ß — 148s—156s Bdchn. A. u. d. T.: Der Pfadfinder oder der Binnen-See. Aus d. Engl. übers. 3 Thle. 840. n. 1 ß (1—156. n. 18 2/3 ß) Velinp. n. 1 1/2 ß (1—156. n. 28 2/3 ß)

Cooper, Jak. Fen., sämmtliche Werke. 157.—165. Bdchen. — A. u. d. T.: Mercedes von Castilien. Ein Roman aus den Tagen des Columbus. Aus dem Engl. übers. 3 Thle. 16. Frankfurt a/M. 841. Sauerländer. n. 1 ß

— dies. 166.—168. Bdchen. — A. u. d. T.: Der Hirschtödter. Ein Roman. Aus d. Engl. übersetzt von O. v. Czarnowski. 3 Thle. 16. Ebend. 841, 42. 1 ß Velinp. n. 1 1/2 ß

— dies. 169.—174. Bdchen. — A. u. d. T.: Der Hirschtödter. Ein Roman. Aus d. Engl. übersetzt von O. v. Czarnowski. 2. u. 3. Thl. 16. Ebend. 841. n. 2/3 ß — Velinp. n. 1 ß

— dies. 175.—183. Bdchen. — A. u. d. T.: Die zwei Admirale. Ein Seeroman. Aus d. Engl. übersetzt. 3 Thle. 16. Ebend. 842. n. 1 ß — Velinp. n. 1 1/2 ß

— dies. 184.—189. Bdchen. Das Irrlicht oder der Kaper. 1. u. 2. Thl. 16. Ebend. 843. n. 5/6 ß — Velinp. n. 1 1/3 ß

— dies. 190.—195. Bdchen. Wyandotté oder der Hütten-Hügel. Roman. 2 Thle. 16. Ebend. 844. n. 5/6 ß — Velinp. n. 1 1/3 ß

— dies. 196.—201. Bdchen. Ned Myers oder ein Vormast-Leben. 2 Bde. gr. 16. Ebend. 844. n. 3/4 ß — Velinp. n. 1 1/6 ß

— dies. 202.—210. Bdchen. Zu See u. zu Land, oder Abentheuer des Miles Wallingford. Roman. Aus d. Engl. 3 Bde. 16. Ebend. 844. n. 1 ß — Velinp. n. 1 1/2 ß

— dies. 211.—216. Bdchen. Lucy Hardinge. Fortsetzung des Romans: Zu See u. zu Land. Aus d. Engl. 2 Bde. 16. Ebend. 845. n. 5/6 ß — Velinp. n. 1 1/3 ß

— dies. 217.—222. Bdchen. Satanszehe oder die Familie von Littlepage. Aus d. Engl. 2 Bde. 16. Ebend. 846. n. 5/6 ß

— dies. 223.—228. Bdchen. Der Kettenträger od. die Familie v. Littlepage. Eine Erzählung aus der Colonie. 2 Bde. 16. Ebend. 846. n. 5/6 ß — Velinp. n. 1 1/3 ß

— dies. 229.—234. Bdchen. Ravensnest oder die Rothhäute. Erzählung aus der Colonie. 2 Thle. 16. Ebend. 846. n. 5/6 ß — Velinp. n. 1 1/3 ß (1.—234. Bdchn. n. 28 5/12 ß Velinp. 44 1/6 ß)

— dies. 235—240. Bdchn.: Mark's Riff oder der Krater. Erzählung aus dem stillen Meere. 2 Thle. 16. (673 S.) Ebd. 848. 5/6 ß Velinp. 1 1/3 ß

— dies. 241—246. Bdchn.: Capitän Spike oder die Golf-Inseln. 2 Thle. 16. (736 S.) Ebd. 849. 5/6 ß Velinp. 1 1/3 ß

— dies. 247—252. Bdchn.: Die Seelöwen oder die verlorenen Robbenjäger. 2 Thle. 16. (631 S.) Ebd. 849. 5/6 ß Velinp. 1 1/3 ß

— dies. 253—258. Bdchn.: Der Bienenjäger oder die Eichen-Lichtungen. Roman. 2 Thle. 16. (670 S.) Ebd. 850. 5/6 ß Velinp 1 1/3 ß (1—258: n 31 3/4 ß Velinp. 49 1/2 ß)

Cooper's, James Fenimore, sämmtliche Werke. 61—69. Bdchn. A. u. d. T.: Der Bravo. Eine Erzählung. Aus d. Engl. übers. 2 Thle. 3. Aufl. 16. (592 S.) Frankfurt a. M. 851, Sauerländer. 3/4 ß

— der Wildsteller, s. a. Bibliothek interessanter Erzählungen.

— d. Wildsteller, s. a. Moritz, Paul.

— der Wildsteller. Für die Jugend bearb. u. m. Berücksicht. der neuen Rechtschreibg. hrsg. v. Geo. Reichard. Mit 3 schwarzen Textbildern v. E. Hanetzog, sowie 3 farb. Bildern v. Ernst Zimmer. (III, 168 S.) 8. Berlin (904). Verlag Jugendhort. Geb. in Halbleinw. 1. 40

(B) — Der Wildsteller. 904. (ZBL 33.) Erh. Pr. 2. —

— Der Wildtöter

— dasselbe, s. a. Bibliothek interessanter Erzählungen.

— Wildtöter, s. a. Bücher, bunte.

— dasselbe, s. a. Meister, Frdr.

— dasselbe. s. a. Moritz, Paul.

— dasselbe, s. a. Schaffstein's Volksbücher f. die Jugend. 13. Bd.

Cooper, J. F. Der Wildtödter. Eine Erzählung. Frankf. a. M. 1842. Ü: *Pfizer, Gustav.* (Ky)

— der Wildtöter. Für die Jugend bearb. v. P. Moritz. 8. (160 S. mit 4 Farbendr.-Bildern nach Aquarellen v. G. Franz) Stuttgart 888. Thienemann. cart. n. 2. —

— der Wildtöter. Aus den Lederstrumpf-Erzählgn. Für die Jugend bearb. von Fr. C. v. Wickede. 8. (120 S. m. 4 Farbendr.) Stuttgart 892. R. Bardtenschlager. Geb. 1. 50

— d. Wildtöter od. d. erste Kriegspfad. Nach d. engl. Original f. d. deutsche Jug. bearb. M. 4 Buntbild. u. 12 Text-Ill. v. E. Klingebeil. gr. 8. (128 S.) Leipzig 896. Abel & Müller. Geb. in Leinw. n. 2. —

— dasselbe. Erzählg. Für d. Jugend neu bearb. v. Pet. Schlicht. Mit 6 Farbenbild. von H. F. Hartmann. 8. (364 S.) Leipzig 898. O. Spamer. Geb. n. 2. —

— der Wildtöter. Erzählung. Für die Jugend neu bearb. v. Pet. Schlicht. Mit 6 Farbenbildern v. H. F. Hartmann. 2. [Titel-]Aufl. 8. (364 S.) Leipzig [898.] (899). O. Spamer. Geb. n. 2. —

— dasselbe. Aus den Lederstrumpf-Erzählgn. Für die Jugend bearb. von Fr. C. v. Wickede. 8. (120 S. m. 4 Farbdr.) Reutlingen (901). R. Bardtenschlager. Geb. 2. 50

Der Wildtöter [The deer-slayer] von James Fenimore Cooper. Für d. reifere Jugend bearb. von Wilh. Spohr. Köln a. Rh.: H. & F. Schaffstein [1905]. (375 S.) 8° [F.]
— Lederstrumpferzählungen. T. 1.
— Volksbücher, Schaffsteins, f. d. Jugend. Bd 13.

— der Wildtöter od. der erste Kriegspfad. Nach dem engl. Original f. die deutsche Jugend bearb. v. Frdr. Meister. Mit 4 Buntbildern u. 12 Text-Illustr. v. E. Klingebeil. 4. Aufl. (128 S.) 8. Leipzig (905). Abel & Müller. Geb. in Leinw. n. 2.—

Cooper, Jak. Fen., Works. Vol. 1.: The Spy. A tale. With Portr. — Vol. 2.: The two Admirals. A tale of the Sea. Vol. 3.: The Jack O'Lantern. — s. Collection of british Authors.

Cooper, Jam. Fenimore, Works, Vol. 8—33, s. Pocket-Edition etc.

dasselbe, s. a. Bibliothek interessanter Erzählungen.

— Wyandotté, s. a. Höcker, Gust., d. Blockhaus.

Cooper's, John, Fahrt. Nach dem Engl. v. Justus Aufschneider m. Illustr. v. G. Moore. gr. 8. (33 S.) Berlin 890. Dannstrey. (Leipzig, Rob. Hoffmann.) n. 1.—

Cooper, Jos., der verlorene Welttheil oder die Sklaverei u. der Menschenhandel in der Gegenwart. Mit Autoris. d. Verf. aus dem Engl. übers. u. erweitert von Herm. Soyaux. Mit e. (lith.) Karte (in Fol.). gr. 8. (X, 71 S.) Berlin 877. Bohne. n. 2.—

Cooper, Jos. T., der Orden der Odd-Fellows oder sonderbaren Brüder untersucht im Lichte der heil. Schrift und der Vernunft. Hrsg. von A. Schlitt. Aus dem Engl. übers. von J. A. Darmstätter. gr. 16. (VII und 319 S.) Baltimore 862. (Philadelphia, Schäfer und Koradi.) geb. *

Cooper, Carl Ferd., Abendmahlsbüchlein zum Licht und Trost für heilsbegierige Seelen. Verden 860. (Stade, Schaumburg.) 12. (2 Bl., 62 S.) nn. 5 ngr.

Cooper, Carl Ferd., Aus was für Macht thust du das? Ein Beitrag zur Frage über das evangelische Predigtamt. Verden 851. Tressan. gr. 8. (16 S.) n. 3 ngr.

— die Lehrfreiheit einer theologischen Facultät der evangel.-luther. Kirche, veranlaßt durch die göttinger Denkschrift und ihre Vertheidiger. gr. 8. (39 S.) Verden 855, Tressan. *

Cooper, Carl Ferd., Licht u. Trost am Grabe. gr. 8. (IV u. 43 S.) Verden 850, Tressan. n. ⅙ rℓ

Cooper, Carl Ferd., vom Herzen z. Herzen. Bilder aus Natur u. Schrift. (Gedichte.) 8. (1¾ B.) Hamburg 843, Nemnich.

— ein Wort über die Schulfrage vor Gott u. allem Volk an Minister u. Stände. gr. 8. (15 S.) Stade 850. (Schaumburg.) n. n. 1/24 rℓ

Cooper, Lane, of New Brunswick, N. J., U. S. A.: The prose poetry of Thomas de Quincey. *Leipzig: Seele & Co. 1902.* (85 S.) 8°
Leipzig, Phil. Diss. v. [17. Febr.] 1902

Cooper, Lane, the prose poetry of Thomas de Quincey. Diss. gr. 8. (85 S.) Leipzig 902. Dr. Seele & Co. n. 1.50

[illegible], aus der deutschen Mission unter dem weiblichen Geschlechte in China. gr. 8. (152 S.) Hannover [illegible] n. n. 1.—

Cooper, Luise, aus d. deutschen Mission unter d. weibl. Geschlechte i. China. 3., durchges. u. erweit. Aufl. gr. 8. (IV, 164 S.) Darmstadt 897. (C. F. Winter'sche Buchdr.)

[F.] Aus der Deutschen Mission unter dem weiblichen Geschlechte in China. Von Luise Cooper ... 3. durchges. u. erweit. Aufl. ... *Darmstadt: C. F. Winter'sche Buchdr. 1898.* (IV, 164 S.) 1 Bd 8. [98. 10646 Ki

Cooper, Sam.

— chirurg. Abhandlungen, s. Hand-Bibliothek, chirurg., I. 2

— Abhandl. über Luxationen u. Frakturen, s. Hand-Bibliothek, chirurgische. VI. 1.

Cooper, Sam., neuestes Handbuch d. Chirurgie, in alphab. Ordnung. Aus d. Engl. übers. v. L. F. v. Froriep. 10 Lieferr. oder 4 Bde. Lex.-8. Weim. 819—24. Land.-Ind.-Compt. 13 rℓ 18 gℓ 2e A. 831. 12 rℓ

Cooper, T. T., Reise zur Auffindung eines Ueberlandweges von China nach Indien. Autoris. Ausg. f. Deutschland. Aus dem Engl. Mit e. Anh., die beiden engl. Expeditionen v. 1868 u. 1875 unter Sladen u. Browne, u. Margary's Reise betr., von H. L. v. Klenze. Mit e. (lith.) Karte (in qu. Fol.) u. 13 (eingedr. Holzschn.-) Illustr. gr. 8. (XIII, 507 S.) Jena 877. Costenoble. n. 12.—

— dasselbe. s. a. Bibliothek geographischer Reisen u. Entdeckungen älterer u. neuerer Zeit.

COOPER, Thomas 1759 - 1840
Renseignemens sur l'Amérique. Rassemblés par Thomas Cooper ...
Traduits de l'Anglois.
Avec une carte.
Hamburg: Fauche. 1795. XX, 218 S, 74 S. 8°.
Universitätsbibliothek Leipzig
Übers. v. Some information respecting America, London 1794.
Sabin 16616.
Darin enthalten:
Constitution des Etats-Unis [1787, einschl. 12 v. Kongreß vorgeschlagener Zusatzartikel v. 1789] [als Anhang, S. 1-34];
Tench COXE, Extrait d'un ouvrage non encore publié, compilé et écrit à Philadelphie, dans l'automne de 1793, intitulé: Vue des Etats-Unis de l'Amérique, par Tench Coxe [als Anhang, S. 35-57]; Teilübers. v. A View of the United States of America, 1794.
Benjamin FRANKLIN, Instruction pour ceux qui auroient envie de passer en Amérique [als Anhang, S. 58-74]; Übers. v. Remarks for the information of those who wish to become settlers.
Weitere dt. Teilausg. v. Coxe, 1796, s. Nr. 712.
Dt. Ausg. v. Franklin, 1786 u. 1791 [gekürzt], s. Nr. 405, 539.
Tench Coxe, 1755-1824
Benjamin Franklin, 1706-1790

Cooper, Tom, die Perle der Cheasapeaks, s.: Unterhaltungsbücher.

Cooper, W., der verheißene Saame, e. Predigt, gehalten an d. Juden in London. 8. 797. (Leipz., Kummer). 3 gℓ

Cooper, W., der verheissene Saame, eine Predigt, gehalten an die Juden in London. 8. Leipz. Kummer. 799. Rthlr.

Cooper, Wm. M., der Flagellantismus u. d. Flagellanten. E. Geschichte d. Rute in allen Ländern. In d. Deutsche übertr. v. Hans Dohrn. (In 5 Lfgn.) 1. u. 2. Lfg. gr. 8. (VIII u. S. 1—70.) Dresden 899. H. R. Dohrn. à n. 1.—

Cooper, Wm. M., der Flagellantismus u. d. Flagellanten. Eine Geschichte der Rute in allen Ländern. In das Deutsche übertr. von Hans Dohrn. 3.—5. Lfg. gr. 8. (S. 71—182.) Dresden 899. H. R. Dohrn. à n. 1.—; (kplt. n. 6.—; geb. n. 7.—)

Cooper, Wm. M., der Flagellantismus u. die Flagellanten. Die Geschichte der Rute in allen Ländern. In das Deutsche übertr. v. H. Dohrn. 2. Aufl. (277 S. m. Abbildgn.) gr. 8. Dresden 903. Leipzig, H. R. Dohrn. n. 5.—

Coopération: La Coopération

① Journal populaire suisse. Organ officiel de l'Union des coopératives de la Suisse romande (9. 1. 1904—27. 6. 1919). Journal populaire suisse (11. 7. 1919—18. 6. 1949). Hebdomadaire (25. 6. 1949 cont.) ② Coopération (25. 6. 1949 cont.) ⑤ 9. 1. 1904 (cont.) ⑥ in-2° ⑦ tous les 15 jours (9. 1. 1904—24. 12. 1920). hebdomadaire (7. 1. 1921 cont.) ⑧ Bâle: A. Hagmann (9. 1. 1904—21. 10. 1905), H. Muller (9. 9. 1905—21. 10. 1905), Rod. Akermann (4. 11. 1905—3. 7. 1909). Imprimerie de la Fédération suisse des Typographes (17. 7. 1909—28. 12. 1917). Imprimerie Coopérative (11. 1. 1918—27. 6. 1919); Imprimerie de l'Union suisse des sociétés de consommation (U.S.C.) (11. 7. 1919 cont.) ⑨ Patrons de «La Mode Nationale» (supplément mensuel. 1909); Beilage CO-OP - La Coopération - La Cooperazione (15. 1. 1930—28. 12. 1932, in4°, tous les 15 jours. supplément illustré en 3 langues); CO-OP - La Coopération - La Cooperazione. Supplément, Supplemento (11. 1. 1933—22. 12. 1938, in-4°, tous les 15 jours, supplément illustré en 2 langues); Pages Lausannoises, (in-2°, hebdomadaire. seulement pour l'édition de Lausanne); Le monde en images (25. 6. 1949 cont., in-2°, hebdomadaire. page illustrée) ⑩ Union suisse des coopératives de consommation (U.S.C.) ⑪ William Damiéville (9. 1. 1904—19. 5. 1906), Ulrich Meyer (2. 6. 1906—9. 3. 1907). M. Fallet (23. 3. 1907—26. 3. 1910), O. Schär (9. 4. 1910—21. 4. 1910). H. Pronier (4. 6. 1910—5. 10. 1922), Henri Faucherre (12. 10. 1922—22. 12. 1932), Ch.-H. Barbier (3. 1. 1933—28. 12. 1946), Eric Descoedres (4. 1. 1947 à ce jour); collaborateurs (dans les années après 1945): François Bondi, Aldo Dami, Pius Girard, René Gouzy, Louis Gilloux, Charly Guyot, Jeanne Hersch, Henri L. Miéville, Eric de Montmollin, Fernand-Lucien Muller, Edmond Privat, Paul Senn, Max Weber, Maurice Zermatten. Dessins humoristiques de René Merminod ⑫ mouvement coopératif ⑬ BGSZ: 60, p. 9—10; Coopération 1949, no. 26 ⑭ Bs: WA (l'année 1904 manque) ⑮ Gratuit pour les coopérateurs. Des articles sur des sujets politiques, littéraires et artistiques, surtout à partir de 1945. Depuis le 25. 6. 1949 richement illustré, contentant des reproductions exécutées en imprimerie de quatre couleurs. Avec des pages spéciales pour des diverses succursales: en 1950 25 éditions différentes régionales. Hebdomadaire le plus répandu de la Suisse romande (118 000 exemplaires).

Cooperazione: La Cooperazione

① Giornale popolare svizzero. Organe officiale di Consumo e delle Cooperative della Svizzera Italiana (1906—1912). Giornale popolare svizzero (1914—1943. 1945—18. 6. 1949). Giornale popolare svizzero. Un secolo di lavoro per un avvenire migliore (1944). Settimanale (25. 6. 1949—31. 12. 1949). Settimanale della Svizzera Italiana (1951 cont.) ⑤ gennaio 1906 (cont.) ⑥ in-4° 1906—1912), in-2° (1913 cont.) ⑦ mensile (1906—giugno 1908), quindicinale (11. 7. 1908—1927). ebdomadario (1928 cont.) ⑧ Basilea: Rod. Akermann (1906—20. 8. 1910), L'Unione Svizzera delle Società di consumo (U.S.C.) (3. 9. 1910—1919), Tipografia dell'U.S.C. (1920 cont.) ⑨ Beilage CO-OP - La Coopération - La Cooperazione (15. 1. 1930—28. 12. 1932, in-4°, quindicinale, supplemento illustrato in 3 lingue); CO-OP - La Coopération - La Cooperazione, Supplément - Supplemento (11. 1. 1933—22. 12. 1938, in-4°, quindicinale, supplemento illustrato in 2 lingue): Attraverso il mondo (1951 cont., in-2°. irregolarmente, pagina illustrata) ⑩ Unione svizzera di consumo (U.S.C.), Gerente responsabile Dr. O. Schär (1912—16. 8. 1934) ⑪ Ulrico Meyer (1906—marzo 1907). Mario Fallet (aprile 1907—2. 4. 1910). H. Pronier (11. 6. 1910—23. 12. 1911). Dr. O. Schär (1912—16. 8. 1934). Dr. H. Faucherre (23. 8. 1934—28. 3. 1946). Ch.-H. Barbier (4. 4. 1946 cont.) ⑫ movimento cooperativo ⑬ BGSZ: 60, p. 10; La Cooperazione 1949, no. 26 ⑭ Bs: WA ⑮ Nel 1950 5 diverse edizioni, 18 000 copie. Stampa a 4 colori dal 28. 6. 1949.

CO-OP Familie: Die CO-OP Familie
v. Genossenschaftliches Volksblatt (I).

Coopman, **Gadso, Nevrologia et observatt. de calculo ex urethra excreto, tab. illustr. 8maj. Lingen 795. Jülicher. 2 ₰ 6 ℊ**

— opuscula phys.-med. Vol. I. 8maj. Kopenh. 793. (Hammerich in Alt.; u. Wienbrack in Leipz.) 1 ₰

— — dasselbe. Leipz. Gräff. (Hammer in Altona).

— Varis, oder d. Blatternimpfung. Aus d. Latein. von G. S. Franke. 8. Altona 801.

Coops, G. H., übersichtliche Darstellung des 2. Hauptsatzes der Thermodynamik u. der daraus herzuleitenden Folgen. Mit e. empfehl. Worte v. Wilh. Ostwald. (30 S.) Lex. 8. Groningen 909. P. Noordhoff. nn — 75

Coordes, C., die klimatologische Karte v. Europa. Auch als Erläuterg. zu der betreff. Coordes-Bamberg'schen Schulwandkarte. gr. 8. (32 S.) Berlin 888. Chun. — 75

[**Coordes**, Gerhard]: Die Anforderungen der Schule an Landkarten. Herausgegeben vom Verein für Erdkunde in Cassel. Zweite Auflage der pädagogisch-geographischen Vorarbeit: Welche Grundsätze sollen bei Herstellung von Schul-Landkarten massgebend sein. [Vf. G. Coordes.] Braunschweig 1885. 40 S. 8°.

Coordes, G., pädagogische Blüten. Allgemeine Erziehungslehre in Aussprüchen bedeut. Pädagogen aller Zeiten u. Völker. 16. (VIII, 112 S.) Frankfurt a/M. 882. Grobel. n. 1. 20

Coordes, G., pädagogische Blüten. Allgemeine Erziehungslehre in Aussprüchen bedeutender Pädagogen aller Zeiten und Völker. 2. Aufl. gr. 16. (VI, 112 S.) [Frankfurt a. M. 885, Grobel.] Plauen, Neupert.

Coordes. Gerhard: Der Gebrauch der Karte im erdkundlichen Unterricht. [A. d. 6. Jahresbericht des Vereins für Erdkunde in Cassel.] [Cassel 1888.] 24 S. 8°.

Coordes, G., Gedanken über den geographischen Unterricht. 3., erweit. Ausg. gr. 8. (108 S.) Metz 888. Leipzig, Lang. n. 2. —

Coordes, G., Gedanken üb. den geographischen Unterricht. 3., erweit. Aufl. 2. (Titel-)Ausg. gr. 8. (108 S.) Leipzig 893. G. Lang. n. 1. —

Gedenktage der Naturforscher. Zusammengestellt von G. COORDES. Herausgegeben zum 10. Stiftungstag des Vereins für naturw. Unterhaltung zu Cassel. 1880. Eisenach, Hofbuchdruckerei. 8°.*)

Coordes Gerhard: Gedenktage der Naturforscher. Eisenach (1885). 14 S. 8°.

Coordes, G., Gehölzbuch. Tabellen zum Bestimmen der in Deutschland einheim. u. angepflanzten ausländ. Bäume u. Sträucher nach dem Laube. 16. (IV, 143 S.) Frankfurt a M. 1882. Grobel. n. 1. 50.

— geographische Grössenbilder. Graphisch-statist. Beitrag zur Methode d. geogr. Unterrichts. 1. [zwangloses] Hft. 4. (47 lith. S.) Kassel 881. Kleimenhagen. n. 1. 25

—— beschreibender Katalog über das Gesamtgebiet der geographischen Anschauungsmittel in deutschsprachigen Schulen [des Reichs, Oesterreichs und der Schweiz]. 2. unveränd. Aufl. des „Unkritischen Leitfadens". 8. (VIII, 383 Bl.) Kassel 888, Keßler.

Coordes, G.: Geographische Länderwappen und Briefmarken. (Auch ein Beitrag zur gelegentlichen Belebung des geographischen Unterrichts.) Cassel, Druck v. H. Stöhr, 1890; S. 3—16; 4°
Cassel, st. HM, OP 1890 ••

— kleines Lehrbuch der Landkarten-Projektion. Gemeinverständliche Darstellung der Kartenentwürfe, für Alle die ihren „Atlas" wollen verstehen lernen, insbesondere für angehende Lehrer der Geographie. Mit 60 (eingedr.) Holzschn. gr. 8. (V, 61 S.) Kassel 882. Keßler. n. 1. 50

— kleines Lehrbuch der Landkarten-Projektion. Gemeinverständliche Darstellg. der Kartenentwürfe, f. Alle, die ihren „Atlas" wollen verstehen lernen, insbesondere f. angeh. Lehrer der Geographie. Mit 60 Holzschn. 2. Tausend. gr. 8. (V, 61 S.) Ebd. 888. n. 1. 20

— kleines Lehrbuch der Landkarten-Projektion. Gemeinverständliche Darstellg. der Kartenentwürfe, f. Alle, die ihren „Atlas" wollen verstehen lernen, insbesondere f. angeh. Lehrer der Geographie. 2., verb. u. verm. Aufl. v. S. Koch. gr. 8. (VII, 86 S. m. 70 Holzschn.) Kassel 891. F. Keßler. n. 1, 50; geb. n. 2. —

Coordes, G., kleines Lehrbuch der Landkarten-Projektion. Gemeinverständl. Darstellg. d. Kartenentwürfe, f. Alle, d. ihren „Atlas" wollen verstehen lernen, insbes. f. angeh. Lehrer d. Geographie. 2., verb. u. verm. Aufl. v. S. Koch. 2. (Titel-)Ausg. gr. 8. (VII, 86 S.) Leipzig (891) 896. G. Lang. n. 1. 50; geb. n. 2. —

— unkritischer Leitfaden durch das Gesamtgebiet der geograph. Anschauungsmittel in deutschsprachigen Schulen [d. Reichs, Oesterreichs u. der Schweiz]. 8. (VIII, 383 Bl.) Kassel 886. Keßler. n. 4. 50

Coordes, Gerhard: Die Namen im geographischen Unterricht. Cassel 1886. 16 S. 8°.

— schulgeographisches Namenbuch. Übersetzung u. Begründg. der wichtigsten geograph. Namen u. Bezeichngn. Als Anh.: Namen der vorzüglichsten Sterne u. Sternbilder u. vollständ. biblisch-geograph. Namenbuch. gr. 8. (VI, 144 S.) Metz 888. Leipzig, Lang. n. 4. —

— schulgeographisches Namenbuch. Übersetzung u. Begründg. der wichtigsten geograph. Namen u. Bezeichngn. Als Anh.: Namen der vorzüglichsten Sterne u. Sternbilder u. vollständ. biblisch-geograph. Namenbuch. Billige Schul-(Titel-)Ausg. gr. 8. (VI, 144 S.) Leipzig 891. G. Lang. n. 2. —

— dasselbe. 2., vollständig umgearb. Aufl., bearb. v. P. Weigeldt. gr. 8. (III, 93 S.) Ebd. 894. n. 1. 50; geb. n. 2. 25

— Walküre-Dornröschen Germania. Festrede, am 22. März 1881 geh. in der höheren Töchterschule zu Cassel. 8. (15 S.) Cassel 881. (Grobel.) n. — 25

Coordes, G.: Das Wappen der Stadt Cassel. Cassel, Druck v. H. Stöhr, 1890; S. 2; 4°
Cassel, st. HM, OP 1890 ••

[Coordes, Gerhard]: Welche Grundsätze sollen bei Herstellung von Schul-Landkarten massgebend sein? Diesbezügliche pädagogisch-geographische Vorarbeit, ausgegeben vom Verein für Erdkunde in Cassel. [Vf. G. Coordes.] Cassel 1883. 45 S. 8°.

Coordes, Gerhard: Die Zahlen im geographischen Unterricht. Cassel 1885. 11 S. 8°.

Coordinaten u. Höhen, geographische, sämmtlicher v. der trigonometrischen Abtheilung der Landesaufnahme bestimmten Punkte im Reg.-Bez. Bromberg u. in dem südlich vom 53. Breitengrad gelegenen Theil d. Reg.-Bez. Marienwerder. [Aus: „Die k. preuss. Landes-Triangulation, 11. Thl."] Hrsg. v. der trigonometr. Abtheilung der Landesaufnahme. gr. 8. (IV, 52 S.) Berlin 887. (Mittler & Sohn.) cart. n.n. 2. —

Coordinaten, Rechtwinklige, der Dreieckspunkte im oberschlesischen Industriebezirk. Breslau 1885. 8.

Coordinaten- und Höhen-Register nebst Versicherungsprotokoll. Triangulation über den Kanton Zürich. Zürich 1895. Aut.

Coordinaten-Verzeichniss, allgemeines, der Hannoverschen Landesvermessung 1821—44. Hannover 1868.

Coornaert, Concordantiae librorum Veteris et Novi Testamenti Domini nostri Jesu Christi juxta vulgatam editionem, jussu Sixti V, pontificis max., recognitam ad usum praedicatorum. (Ed. II.) gr. 8. (628 S.) Regensburg 897. F. v. Stokar. n. 6. —

Coornaert, V., Concordantiae librorum Veteris et Novi Testamenti domini nostri Jesu Christi juxta vulgatam editionem, jussu Sixti V, pontificis max., recognitam ad usum praedicatorum accurante C. (Ed. III.) (628 S.) Lex.-8. Amsterdam 909. C. L. van Langenhuysen. 6.50; geb. in Halbfrz. 8.50

COOTE, Miß Belinda (ps.), Die Klosterschule. Jugenderlebnisse eines Flagellanten. (Für August 1909 angekündigt.) — Br. ca. Mk. 10— (Kr. 12—); gebd. ca. Mk. 13— (Kr. 15—).

Coote, Karl, Geschichte von England von den frühesten Zeiten bis auf den Frieden v. 1783. Aus d. Engl. v. G. Chr. Reich. 2 Bde. gr. 8. Leipz. 793, 94. (W. Vogel). 4 ℔

COOTE, Rosa B. (ps.), Die Klosterschule. Jugenderlebnisse einer Flagellantin. Aus d. Englischen übersetzt von Fritz Mautner (ps.). London 1909. Privatdruck. 8°. Lat. Lett.
107 S. (incl. Vor- u. Haupttit.); S. 108—11 Verz. neuer Erotica.

Cop, A., Lonjsko-polje: e. kritische Entgegnung auf jenes Promemoria, welches f. die Trockenlegg. d. Lonjskopolje konzessionirte Konsortium an den Landtag der Königr. Croatien, Slavonien u. Dalmatien gerichtet hat. gr. 8. (31 S.) Militär-Sissek 871. (Agram, Suppan.) n. — 80

Cop Marlet, Mara (Marie Edle v. Berks), vom Pariser Macadam. Novellen u. Skizzen 8. (VII, 191 S.) Dresden 897. E. Pierson. 2.50

Copalle, Sigifredus: De servorum Graecorum nominibus capita duo. Marpurgi 1908: Koch. 67 S. 8°
Marburg, Phil. Diss. v. 3. Nov. 1908, Ref. Maaß
[Geb. 2. April 82 Elberfeld; Wohnort: Steglitz; Staatsangeh.: Preußen; Vorbildung: Gymn. Steglitz Reife O. 01; Studium: Marburg 1, Berlin 7, Marburg 5 S.; Rig. 1. Juli 08.] [U 09. 3169

[illegible] Wien, Gerold & Comp. 1868 10 kr.

***Cope,* Henr.,** demonstratio medico-practica prognosticorum Hippocratis ea conferendo cum aegrotorum historiis in libro primo et tertio epidemiorum descriptis. Denuo edid. Ern. Godofr. Baldinger. 8maj. Jena 772. (Dieterich in Gölting.) 1 ℔ id. lib. 8 maj. Amsterd. 786. Giestre. 20 ℊ

Schlagende Wetter. Erzählung von Jos. **Copecken.** (Berlin: F. Schulze [1907].) (16 S.) 8° [Umschlagt. J. u. Ant. Text stenogr.]
-- **Zehnpfennigbücher,** Schulzes. No 55. [07. 9718

Copeland, Edwin Bingham [aus Monroe, Wisc., Ver. Staaten, Amerika]: Über den Einfluss von Licht und Temperatur auf den Turgor ... Halle a. S., Druck v. Wischan & Wettengel, 1896; 1 Bl., 59 S., 1 Bl. 8.
Halle, Phil. Fak., Inaug.-Diss. v. [? Aug.] 1896

Copeland, Ralph

Copeland R. Ueber die Bahnbewegung von α Centauri. 1869. 8
Diss. Göttingen

Copeland, Ralph, Ein Besuch auf der Insel Trinidad im südatlantischen Ocean [Bremen.]

Copeland, R., mittlere Oerter der in den Zonen — 0° u. — 1° der Bonner Durchmusterung enth. Sterne, s.a. Mittheilungen, astronomische.

Copeland, Ralph, und **Börgen,** Carl, Mittlere Oerter der in den Zonen —0° und —1° der Bonner Durchmusterung enthaltenen Sterne bis zu 9m0 Grösse beobachtet und auf 1875.0 reducirt. Göttingen 1869.

Copeland, Thom., Bemerkk. über d. vorzügl. Krankheiten des Mastdarms u. des Afters ꝛc. Aus d. Engl. v. J. W. Friedreich. 8. Halle 819. Schimmelpfennig. 16 ℊ

— Bemerkk. über d. Zufälle u. d. Behandlung d. Krankheiten des Rückgrathes. Aus d. Engl. übers. (v. E. Hesse). gr. 8. Leipz. 819. Cnobloch. 12 ℊ

— Dass. Aus d. Engl. v. Fr. Kilian. Mit 3 Kpf. 4. Pesth 819. Hartleben. 1 ℔ 12 ℊ Hbg. Pr. 15 ℊ

Copeland, Thomas: Beobachtungen über die Symptome und die Behandlung des krankhaften Rückgrates. Mit vorzüglicher Rücksicht auf dessen erste Stadien nebst einigen Bemerkungen über die darauffolgende Lähmung. (Observations on the symptoms and treatment of the diseased spine, more particularly relating to the incipient stages... Dt.) Übers.und mit einem Anhange vermehrt von Hermann Fr(iedrich) Kilian. 70 S., gbd., 3 Taf.

Leipzig: Hartleben 1819

Copello, N. J. B. K. v. d., Observationes in Xenophontis dialogum Hieronem. Diss. 1841. 50 S.

Copenhagen [Schlagwort]

Copenhagen, s. a. Kopenhagen.

Copenhagen — Accurate Vorstellung der berühmten Meerenge zwischen der Nord- und Ost-See, der Sund genannt, mit der herumliegenden Gegend von Seeland und Schonen, nebst der königl. Dänischen Haupt- und Residenz-Stadt — sowohl im Grund als Prospect zu sehen. Edirt von Joh. Bapt. Homann in Nürnberg. 1:120.000. 1 Bl.

Cöpenick [Schlagwort]

Coepenick, s. a. Koepenick.

Cöpenick, s.: Berlin. Karte.

Cöpenick, s.: Mark.

— s. Preußen. Meßtischblätter.

— s. Wanderkarten.

Coepenick, s.: Woerl's Reisehandbücher.

Coper, F. K., die Türken im Kampfe mit d. christl. Europa, in histor. Gemälden vorgestellt. 2 Bdchen. 8. Meißen 828. Goedsche. 1 ßß 12 ɣl

Coper, F. K., die Türken im Kampfe mit d. christl. Europa, in histor. Gemälden vorgest. 2 Bdchn. 8. (24¼ B. u. 2 Vign.) Meißen 829. [Leipzig, Vetter u. Rostosky.]

Cöper

— **Simon Heinrich** (Detmold), De poenis innocentum. Disp. jur. Präs. Heinr. Bodin. Halle (Chn. Henckel) Mai 1702. 48 S. (5.—) 5494
Gew.: Friedr. Adolf Graf v. Lippe. — Widm. v. Q. H. Pfeill, E. E. Clausing (Detmold), Jo. Heinr. Schemol (Salzuffeln), Joh. Chph. Vultpius (Schwarzburg), Heinr. Chph. Wesselmann (Brockhagen-Ravensburg).

— — **Dasselbe.** Ed. nova cui access. diatr. de non remittenda poena capitali homicidii. 52 S. o. Widm. (4.80) 5495

Copernicanus, B., die Entstehung des Christenthums, s. Entstehung, die.

Copernicus, Nikolaus

Coppernicus', N., Biographie, s.: Prowe, L.

Copernicus, Nicolaus, 2c., s. Fortschritte, die, der Naturwissenschaft.

Coppernicus, Nic., [aus Thorn,] über die Kreisbewegungen der Weltkörper. Uebers. u. mit Anmerkgn. v. C. L. Menzzer. Durchgesehen u. mit einem Vorwort v. Mor. Cantor. Hrsg. v. dem Coppernicus-Verein für Wissenschaft u. Kunst zu Thorn. Lex.-8. (XXII, 363 u. Anmerkgn. 66 S. mit eingedr. Holzschn.) Thorn 879. E. Lambeck. n. 12. —

—— de revolutionibus orbium coelestium libri sex. Accedit G. Joachimi Rhetici narratio prima, cum Copernici nonnullis scriptis minoribus nunc primum collectis, ejusque vita. — O obrotach ciał niebieskich ksiąg sześć. Fol. (LXXVII und 612 S. mit eingedr. Holzschn., lithogr. Portr., 2 Stahlst., 1 Chromolithogr. und 4 Facs.) Warschau 854(59). (Leipzig, Gerhard.) Thlr. *

Copernici, Nicol., de revolutionibus orbium caelestium libri VI. Ex autoris autographo recudi curavit Societas Copernicana Thorunensis. Accedit Georgii Joach. Rhetici de libris revolutionum narratio prima. Fol. (XXX, 494 S.) Berlin 873. (Weidmann.) n.n. 30. —

Copernicus, Nicolaus. Skizze seines Lebens u. Wirkens, sowie Nachrichten üb. die Erinnerungszeichen an ihn. 8. (62 S. m. Abbildgn. u. Bildnis.) Thorn 873. E. Lambeck. Hrbg. Pr. — 30

Copernicus. N. Trigonometrie. Uebers. von Menzzer. Halberstadt 1857. 4.

Copernus, W., Lernbuch für die Hand der Kinder in Volksschulen. 8. (48 S.) Langensalza 878. Schulbuchh. — 35

— dasselbe. 3. Aufl. 8. (48 S.) Ebend. 879. n. — 40

Copernus, W., Lernbuch für die Hand der Kinder in Volksschulen. 4. Aufl. (48 S.) 1881; 5. verm. Aufl. 8. (56 S.) Langensalza 883, Schulbuchh. von Greßler. cart.

Copernus, W., Lernbuch f. die Hand der Kinder in Volksschulen. 6. Aufl. 8. (56 S.) Langensalza 886. Schulbuchh. cart. — 30

Copernus, W., Lernbuch f. die Hand der Kinder in Volksschulen. 7., verm. Aufl. 8. (II, 56 S.) Langensalza 891. Schulbuchh. — 30

Lernbuch für die Hand der Kinder in Volksschulen. Bearb. von W. **Copernus**, Lehrer. 8., neu bearb. Aufl. Langensalza: F. G. L. Greßler 1904. (54 S.) 8° [F.] (05. 1967 3

Copernus, W., Lernbuch f. die Hand der Kinder in Volksschulen. 8., neu bearb. Aufl. (II, 54 S. m. Fig.) kl. 8. Langensalza 904. Schulbuchh. n. — 30

Copey Schreibens so der junge Printz Sapicha an sein. Vater d. 1. May 1703 aus Pultusk geschrieben. (½ B.) 4.

Copey-Buch der gemainen Stat Wienn, s. Fontes rerum Austriacarum.

Copeyen und Extracten Verschiedener, in einer durch Sturm und Ungewitter vor einiger Zeit nach Norwegen geschlagenen Galliothe Gefundenen, Schwedischen Briefe. Davon die Originalia allhier Verhanden. Auff Allergnädigsten Befehl. Copenhagen. 1717. 4° k.

zwei Copeyen, die Anrede des Königs von Preussen an seine Armée vor der Schlacht bey Cotzemitz (18. Juni 1757) u. die Nachricht des Printzen Ferdinands an seine Schwester wegen Aufhebung der Prager Belagerung enth. (4 Bl.) 4. Prag.

Copia Antwortschreibens vom Administrator (Christian August) von Hollstein-Gottortt. An den Grafen Stenbock. Sub dato Hamburg 28. Januarii 1713. o. O. u. J. 4° k.

Copia Königl. Dennemarckischen Antwort-Schreibens An das Directorium des Nieder-Sächsischen Kreyses. Auff das Wegen der in der Stadt Hamburg entstandenen Troublen etc. abgelassene Notifications-Schreiben. de dato Copenhagen den 5. Maji. 1708. 4° k.

Copia Beschwerungs-Schreibens des Kön. Preuss. Gen. Lieut. von Schmettau an den Printzen von Zweibrücken wegen nicht gehaltener Dresdener Capitulation, nebst Antwort-Schreiben des Hertz. von Pfalz-Zweybrücken. 4. 1759.

Copia e. Briefes Sr. Maj. d. König von Preussen an Marq. d'Argens nach dem Treffen mit Feldm. Laudon, aus d. Quartier zu Härmsdorf bey Breslau 27. August 1760. 4. (1760.)

Copia Der Briefe, Geschrieben von dem Hrn. Grafen von Flemming und von Scholten, wie auch Denen Hn. Grafen von Stenbock und von Welling, über die Verbrennung von Altona. Aus dem Frantzösischen ins Teutsche übersetzet. o. O. u. J. 4° k.

Copia Derer Briefe, Welche zwischen dem Grafen von Gyllenburg, denen Barons Görtz, Sparr, und andern, wegen einer In den Gross-Brittanis. Reichen, Vermittelst einer Schwedischen Macht anzustifftenden Rebellion, gewechselt worden. Aus dem zu London gedruckten Englischen und Frantzösischen Original ins Teutsche übersetzt. o. O. Im Jahr 1717. 4° k.

Copia citationis Das ist: Abschrifft der Forderung Deß Gerichts Gemeiner Drey Pündten: Samt Dem Ausspruch deß End-Urtheils / Wider Thomas Maßner Speditor und Burger zu Chur. [Mit Porträt.] Getruckt nach dem Original. 4. *o.O.* 1711.

Copia des am 26. Maji 1719 zu Regenspurg per Moguntinum dictirten Kayserl. allergnädigsten Commissions-Decreti, sambt Inhalts vermeldter Relation der Kayserl. Commission u. des Heil. Reichs Extraordinari-Visitations-Deputation d. d. 18. Dec. 1713, das Cammer-Gericht zu Wetzlar betr. Wetzlar 1719. fol.

Copia Röm. Kayserl. Maj. allergnädigsten Edicts die rebellischen Bauern u. deren Rädelsführer betreffend. (d. d. München, 19. Decemb. 1705). (8.) 4. s. l. & a.

Copia Der Erbeinigung entzwischen den höchstloblichen Ertzhaus von Oesterreich etc. Vnd Lobl. Gemeinen dreyen Pündten erneüeret Ano 1642. in Veldkirch. 4. Banadutz 1703.

„Copia allerunterthänigster Intercessionalien an Ihro römisch-kaiserl. Majest. von dem reichsstädtischen Collegio zu Regenspurg, d. d. 8. Julii 1734, die Beibehaltung des Innoxii liberi commercii betreffend", 1734. — Vorh.: Com. Bibl. Hamburg.

Copiae Ihro Käyserl. Majest. (Karl VI.) An die Ausschreibende Fürsten des Nieder- und Ober-Sächsischen, auch Westphälischen Crayses. Dann An Ihro Königl. Majest. (Friedrich IV.) zu Dennemarck, als Hertzogen zu Hollstein, ergangener Excitatoriorum et Auxiliatoriorum, betreffend Die schleunige Evacuation Des Hertzogthums Holstein. de dato Wien d. 9 Augusti 1720. o. O. Gedruckt im Jahre 1720. 4° k.

Copia Memorialis des Königl. Preussischen Comitial-Gesandten, welches dem Reichs-Convent zu Regensburg im Dec. 1756 übergeben ist. Das Reichs-Constitutions-widrige Betragen des Kayserl. Reichs-Hofraths gegen Se. Königl. Majestät von Preussen, die Allerhöchst Denenselben abgedrungene Maassregeln in Ansehung des Wiener und Dresdener Hofes betreffend. 4. (44 S.)
— Dasselbe (anderer Druck, Berlin. 4. (83 S.)
— Dasselbe (anderer Druck. 48 S.) Regensburg den (?) Dec. 1756. 4.

Copia der von Ihro Königl. Majestät (Friedrich IV.) zu Dannemarck, Norwegen etc. an des Geheimten Rahts Wiben Excellence den 29. October 1708 wegen des Bredtstetter Vor-Landes verliehenen Octroy. o. O. (1728.) 8°

Copia Particular-Schreibens von dem herrl. Sieg, auch gefolgten Uebergab der Haupt-Vestung Belgrad. 4. München 1717.

Copia Zweyer Patenten Die, von Königlich-Dähnischer Seiten in denen Hertzogthümern Schlesswig-Holstein und incorporirten Landen einseitig Ausgeschriebene Contributiones betreffend. o. O. u. J. (1713.) 4°k.

Copia protocolli et actorum in Sachen Frantz von Som, Implorant et Diffamat . . . Hamburg 1710. H: *Overbeck, Jost von.* (schr)

Copia Rescripts des Königl. Preussischen Comitial-Gesandten, Freyherrn von Plotho, an E. allgemeine Reichs-Versammlung (datirt Regensb. 18 Dec. 1756). 4. (2 Bl.)

Copia Königl. Preuss. Rescripts, wegen glücklich erfochtener Victorie bey Loboschütz, an dero auswärtige und Regensburger Comitial-Gesandschafften d. d. Berlin d. 5. Octob. 1756. 4.

Copia Kaiserl. Rescripti an den Magistrat zu Nürnberg, d. d. 25 Jun. 1757. Die Unterhandlung wegen der Neutralität mit dem Königl. Preuss. Hrn. Obrist von Mayer, u. Anbietung einer Summe von 80 000 Gulden betr. Wien d. 25 Jun. 1757. 4

Copia Königl. allergnädigsten Rescripti d. d Berlin d. 20. Jan. 1741 an die Chur-Brandenburgische Gesandschaft zu Regenspurg die Schlesischen Differenzien mit dem Ertz-Hause Oesterreich betreffend. Gedruckt im Febr. 1741. kl. 4. (4 Blätter.)

Copia, Königlich-Preussischen Rescripti, an Dero Comitial-Gesandten in Regensburg d. d. Berlin den 4ten Decembr. 1756. (Unterz. Podewils-Finckenstein.) 4. (2 Bl.)

Copia Königl. Preuss. Rescripts an den Magistrat der Reichs-Stadt Nürnberg d. d. Berlin d. 12. Juli 1757. Die dem Völker-Recht entgegen laufende Ausschaffung des Königl. Preuss. u. Churf. Brandenb. accreditirten Ministre, Hrn. Buirette von Oehlefeld, aus dasiger Stadt u. dagegen verlangende Satisfaction betr. 4.

Copia des von Corfitz Graff von Uhlfeldt und Eleonora Christina An Ihre Königl. Mayst. (Friedrich III.) zu Dennemarck etc. ausgegebenen Eydlichen Revers, aus Dänischer Sprach ins Teutsche übersetzet. o. O. u. J. 2 Bl. 4°k.

Copia e. Schreibens enth. gründl. Bericht von der Action, d. 4 Oct. 1710 zw. der Dän. u. Schwed. Flotte ohnweit Kiöger Bucht. 4. Altona 1710.

Copia Schreibens Von dem Königl. Preussischen . . General-Lieutenant von Driessen An den . . Fränckischen Creyss, — wie auch An den Magistrat der . . Reichs-Stadt Nürnberg d. d. Bayreuth d. 29. May 1758. — Die Einrückung . . . in gedachten Creyss. betreffend. 4. (2 Bl.)

Copia Schreibens des Schwed. Ober-Auditeurs v. Eccard an den Dän. General-Auditeur Bornemann. (Stralsund) 1714. 8°.

Copia Schreibens An Die Herren Haüpter und Räthe der Löbl. Grau Pündtnerischen Republic... de dato Chur den 26. Februarij 1725 s. (Greuth. Aegidius von).

Copia Schreibens aus Cronstadt, d. 24. Febr 1713 den guten Zustand J. K. M. zu Schweden u. dero Trouppen betreffend. 4.

Copia Schreibens der schottischen Loge Joseph zu den 3 Helmen an Ihro des Herrn Herzogen Ferdinand zu Braunschweig und Lüneburg Hochfürstliche Durchl. [Dat.:] Wetzlar den 1. Merz 1783. 2 Bl. 2° [Kopftit.] Betr. den Abtritt der Loge vom System der Str. Obs. 462.

Copia des an Ihro Kgl. Maj. z. Dännemarck, Norwegen von E. E. Rath der Stadt Hamburg am 6. Juli 1734 abgelassenen Schreibens, den auf dem Hamburger Berge am 16. Jun. d. J. entstandenen Tumult betreffend. Samt Facto u. Beyl. 1—10. — Hamburg (1734): C. König. 64 S. 8° (4°)

Copia Schreibens an Ihro Röm. kaiserl. Majestät von Sr. Hochfürstl. Durchlaucht zu Löwenstein-Wertheim . . . O. O. 1744. V: *Frühauf, Joh. Friedr. von.* (Holz)

Copia S. Czar. Maj. Schreiben an Feld-M.-Lt. Goltzen, d. 7. Juli 1709 samt Relation, was nach d. 27. Juni ohnweit Pultowa vorgefallen. 4.

Copia Schreibens, so an Ihro Magnificentz Herrn Dr. Johann Friedrich Meyern im Namen der Gemeine zu St. Jacobi durch die Deputirte derselben wegen ihres wieder zurückgesandten Renovationis notification Briefes abgegangen. O. O. 1704. V: *Thode, Carsten.* (schr)

Copia eines unbedachtsamen Schreibens uber die heutige Fontangen-Tracht und Entbloßung des Halses / An der Petri Pauli Meß eingeloffen / Sambt darauff erfolgten Antwort. o. O im Jahr 1704.
Tit., 7 Bl. 8.

Copia zweyer Schreiben aus Gross Pohlen betr. die scharfe Action zw. d. Schweden u. Sachsen d. 7. Nov. 1704. 4.

Copia Zweyer An Se. Königl. Majestät in Preussen von dem Magistrat Der Freyen Reichs-Stadt Nürnberg erlassener Schreiben Vom 31. May und den 1. Junii 1757. Samt der von . . Seiner Königlichen Majestät an den Magistrat abgegebenen Antwort vom 5. Junii 1757. — Die Unterhandlung einer exacten Neutralität bey jetzigen Krieg betreffend. — 1758. 4. (4 Bl.)

Copia Der jenigen Schrifften welche von dem Kays. Abgesandten Freyherren (Egidius) von Greúth dem Löbl. Pündtnerischen Congrefs übergeben worden. (Copeyliche Antworthen. Welche von dem Löbl. Congrefs dem Kays. Gesandten Freyherrn von Greúth seynd übergeben worden. 1725.) 4. o. O.

Copia eines Send-Briefes an S. K. Maj. von Preussen betreffend der Juden und Christen Bekehrung. O. O. 1704. V: *Paulli, Holger.* (Bruun, Bibl. Danica. I, 247.) (Collin, Anonymer. Kiobenh. 1869.)

Copia ein. Sendschreibens an *Joh. Fr. Mager* v. Bündniss mit d. Türken. 711. 4.

Copia [illegible]

Copialbuch, Das Lütisburger, in Stuttgart . . . St. Gallen 1894. H: *Wartmann, Herm.* (EB)

Copiar, das stader, s. Geschichtsquellen, bremer, hrsg. von Wilh. v. Hodenberg.

Copia-Schreiben von Brixen in Tyrol, worin Bericht der Action der Kayserlich. Soldaten und Tyrolerischen Bauern, in Wieder-Recuperirung deren Päß Luttasch und Scharnitz, wie auch Retirirung des Churfürsten in Bayern auß Tyrol. Wienn, zufinden im rothen Ygel. o. J. (1703). 4 Bl. 4°. Kart. 18.—

Datiert Brixen, 27. Juli 1703. Rückzugskämpfe des Kurfürsten Maximilian Emanuel in Tirol im Juli 1703. Ein auf dem Titel genanntes Porträt des Bauernführers Crischtel Troyling ist bei diesem Exemplar nicht vorhanden.

Copia-Schreiben des H. G.-Lieut. v. Rantzau v 25. Septemb. 1709 (Betr. Zurückweisung des Vorwurfs, dass die Braunschweig-Lüneburg. Truppen die grossen Verluste der Holländ. bei Malplaquet verschuldet haben sollen). (8) 4. s. l. 1709.

Copie **d'une lettre de S.A.R. le Prince Royal de Suede à l'Empereur des Français. gr. 8. Hannov. 814. Hahn. 2 gGr**

Copie Schreibens des Grafen von Flemming an d. Königl. Pohlnischen . . . Comitial-Gesandten zu Regensburg . . . von Ponickau d. d. Wien den (?) Merz 1757. Wien 1757. 4.

Copie d. Stenogramme v. Wottschreiben zw. J. F. Dahms aus Zeitz (Stenotachygr.) u. G. Hirte aus Berlin (Stolze) am 25. IX. 1887 in Schweidnitz. (3. Aufl.) Fol. (4 S.) Eisleben (breiter Weg 79) 897. Verlag d. allgem. deutschen Stenotachygraphen-Verbandes, Geschäftsstelle: L. Rennert. —15

Copien, s. a. Kopien

Copien für meine Freunde. Altenburg 1770. V: *Bertuch, Friedrich Justin & andere.* (Ky) (MGT)

Copien für meine Freunde, (zum Theil von Fr. Justin Bertuch). 8. Altenb. 770. (Hennings in Neisse). 8 gGr

Copien für meine Freunde. 8. Altenburg, Richter. (Acad. Buchh. in Jena). 770.

Copien für meine Freunde, so gut als Manuscript. Hamb. 1785. V: *Schultze, Johann Dominicus.* (ML)

— für meine Freunde, so gut als Manuscript. 8. Hamb. 785. Matthießen. 12 gGr

Copien über die Lagerung der Steinkohlenflötze des Inde- und Worm-Reviers bei Aachen. 3 Blätter.

Copien, lithographirte, von Original-Handzeichnungen berühmter Meister der Flamänder Schule. Aus der Samml. Sr. Kaiserl. Hoheit des Durchlaucht. Erzherzogs Carl v. Oesterreich. Herausg. v. Edw. Förster. Lfrg. I. gr. Imp.-Fol. Wien 834. Mansfeld u. Comp. (Leipz., Rud. Weigel.) Subscr.-Pr. 3 Rthlr

— dass. I. u. II. Lfrg. (7 Blätt.) gr. Imp.-Fol. Wien 840. Förster. 6 Rthlr

— dies. der deutschen Schule. Lfrg. I—XVI. Imp.-Fol. Ebd. —833. (Ebd.) à 3 Rthlr

— dies. der italien. Schule. Lfrg. I—XVIII. Imp.-Fol. Wien —833. Mansfeld u. Comp. (Leipzig, Rud. Weigel.) Subscr.-Pr. à 3 Rthlr

Copien aus der Menschengallerie unserer Tage. Leipzig. O. J. V: *Joachim, Gtfr. Andr.* (Ky)

Copien nach der Natur. Köthen 1796. V: *Kerndörffer, Hnr. Aug.* (GGr) (MGT)

Copien nach der Natur, Spiegel für Jünglinge und Mädchen, vom Verf. des Sebaldus Göz. 8. Köthen, 796. Aue. 23 ggl.

Copien der Originalforstvermessungskarten, betreffend die Gegenden Buntenbock, Lerbach etc. Clausthal. 1850.

Copien von der Schiefertafel des heiligen Dyonisius . . . Hamburg 1800. V: *Schrader, Carl Heinrich von.* (BGE)

Copiermaschine

Copirmaschine, neu erfundene, für Geometer, Mahler u. Zeichner. Mit deren Abbild. 8. Nürnb. 804. Monath u. K. 4 gGr

Copier-Methode, neueste, ganz einfache. Oder Anweisung, Briefe, Facturen, Rechnungen u. überhaupt alles geschriebene ohne Maschine u. Kosten in einigen Minuten zu copiren. 8. Quedlinb. 837. Basse. 1/3 Rthlr

Copier-Methoden, die einfachsten u. brauchbarsten. (Nebst 1 Abbild.) 8. Leipzig 842, Jackowitz. 1/4 Rthlr

Copierschule, Die. Gschnasbildersaal für nachahmende Kunst und nachempfindende Literatur. Wien 1890. V: *Fuchs, Isidor.* (EB)

Copies **authentiques des pièces relatives aux negociations de paix entre la France et l'Angleterre. 8. Leipz., (Schmidt). 12 gGr**

Copies authentiques des pièces relatives aux Négociations de Paix entre la France et l'Angleterre. 8. Leips. Wolf.

— of english calligraphy for young men who will apply to Trade. qu. Fol. Leipz. 817. Barth. 1 Rthlr 8 gGr

— faites d'après les estampes très-rares de différens maîtres, décrites dans les premiers cinq Volumes du peintre graveur par A. Bartsch. 16 feuilles. gr. 4. Leipz., Barth. 3 Rthlr 6 gGr

Copirmaschine, s. Copiermaschine

Copland, James, encyclopäd. Wörterbuch d. pract. Medicin, mit Inbegriff d. allgem. Pathologie, Therapie u. patholog. Anatomie, so wie d. durch Clima, Geschlecht u. Lebensalter bedingten Affectionen, nebst e., nach patholog. Grundsätzen gebild., Krankheitseintheil. mit e. grossen Menge eingeflocht., wie auch in alphabet. Reihe angehängter, bewährter Recepte, e. vollständ. Literatur u. genauen Citaten. A. d. Engl. übertr. u. mit Zusätzen vers. v. M. Kalisch. 1. u. 2. Bd. à 4 Hfte. gr. 8. (80 B.) Berlin 834, Mittler. à Hft. 16 Gr.

Copland, James, encyclopädisches Wörterbuch d. pract. Medicin, mit Inbegriff d. allgem. Pathologie, Therapie u. patholog. Anatomie, etc. A. d. Engl. übertr. u. mit Zusätzen vers. v. M. Kalisch. 3—6. Bd. à 4 Hfte. gr. 8. (158¾ B.) Berlin, Posen u. Bromberg 835—42, Mittler. à 2/3 Thlr.

1. u. 2. Bd. Ebendas. 1834, 35. 5 Thlr. 8 Gr.

Copland, James, encyclopäd. Wörterbuch d. pract. Medicin mit Inbegriff d. allgem. Pathologie, Therapie u. pathol. Anatomie etc. Aus d. Engl. v. M. Kalisch. 7. Bd. 4 Hfte. u. 8. Bd. 1. Hft. (Lactation—Pestkrankheiten.) gr. 8. (à Hft. 10 B.) Berlin 843—46, Mittler, Verl. à Hft. 20 Ngr.

1—6. Bd. Ebendas. 1834—42. 16 Thlr.

Copland, James, encyclopädisches Wörterbuch der practischen Medicin mit Inbegriff der allgem. Pathologie, Therapie und patholog. Anatomie. Aus dem Engl. von M. Kalisch. 8. Bd. 2—4. Heft und 9. Bd. 1. und 2. Heft. (Pestkrankheiten — Schwangerschaft.) gr. 8. Berlin 847—52, Mittler und Sohn. (3. Bd. V und S. 161—634., 4. Bd. S. 1—304.) à Heft 20 Ngr. Thlr.

1—7. Bd. und 8. Bd. 1. Heft. Ebendas. 1834—46. 19 Thlr. 10 Ngr.

Copland, James, encyclopädisches Wörterbuch der pract. Medicin mit Inbegriff der allgemeinen Pathologie, Therapie und patholog. Anatomie. Aus dem Engl. übertr. und mit Zusätzen versehen von M. Kalisch. 9. Bd. 3. und 4. Heft. (Scirrhöse und andere Geschwülste — Stomacace.) gr. 8. (S. 305—603.) Berlin 852—53, Mittler und Sohn. à Heft 20 Ngr. Thlr.

1—8. Bd. und 9. Bd. 1. und 2. Heft. Ebendas. 1834—52. 23 Thlr. 20 Ngr.

Copland, James, encyclopädisches Wörterbuch der practischen Medicin mit Inbegriff der allgem. Pathologie, Therapie und patholog. Anatomie etc. Aus dem Engl. übertragen und mit Zusätzen versehen von M. Kalisch. X. Bd. 4 Hefte und XI. Bd. 1. Heft. gr. 8. (10. Bd. XVI und 510 S. und 11. Bd. S. 1—96.) Berlin 858. 59, Mittler und Sohn. à Heft 20 Ngr.

1—9. Bd. Ebendas. 1834—53. 25 Thlr.
Ist nicht weiter erschienen.

Coqlez, W., Fabrikation des Jamaika-Rum. Aus d. Engl. gr. 8. Leipzig 839. Fr. Fleischer. Versiegelt n. 1 ₰

v. Copons, Marquis, Jos., kurze Anleit. zur nützl. Bienenzucht, in einem Auszuge von Jh. Riem. 8. Dresd. 800. Walther. 8 gr.

Lieder für Brr Freymaurer. Zum Gebrauch der ger. u. vollk.·. ☐ z[um] still[en] Temp[el] i. O. v. H[ildesheim]. [Hrsg. von Aug. Wilh. Heinr. Coppe.] Im Jahre des Lichts 5800. [Hildesheim: 1800.] 35 S. 8⁰
Kl. 1620. 19 Lieder ohne Noten. 193.

Coppée, François, Angélique, s.: Leber, Frdr.

Coppée, François, Auswahl. Für den Schulgebrauch hrsg. v. Gerh. Franz. I. Tl.: Einleitung u. Text. II. Tl.: Anmerkungen. 8. (X, 145 S.) Leipzig 901. G. Freytag. Geb. u. geh. n. 1. 50; Wörterbuch (62 S.) n. — 60

Coppée, François, Auswahl. Für d. Schulgebrauch hrsg. v. Gerh. Franz. 1. Aufl. (2. Abd.) (IX, 143 S.) 8. Leipz. 907. G. Freytag. — Wien, F. Tempsky. Geb. 1. 50; Wörterbuch (62 S.) 908. Kart. — 60

Coppée, F., Auswahl v. 40 Gedichten, s.: Poètes français.

Coppée, François. Das Stück Brot s. Albert, M. Im Lazarett....
Verein für Verbreitung guter Schriften. Basel, Nr. 89.

— das Stück Brot u. andere Geschichten, s.: Engelhorn's allgemeine Romanbibliothek.

— Contes, hrsg. v. P. Becker, s.: Bibliothèque française 84.

Coppée, Franç., zwei dramatische Dichtungen übersetzt v. Wolf Grafen Baudissin. 8. (IV, 72 S.) Leipzig 874. Hirzel. 1. 50

(F) Coppée, F., Die wahrhaft reich sind. Novellen. [Volksbücherei. Nr. 255/256. Bd. 74.] 8⁰. (133 S.) K —.40, geb. K —.90
Graz: Styria 1910

— Ausgew. Erzählungen, hrsg. v. A. Rohr, s.: Porthos' Schulausgaben engl. u. französ. Schriftsteller.

— dasselbe, erkl. v. A. Gundlach, s.: Schulbibliothek, französische u. englische A 67. Bd.

— flüchtige Erzählungen. Berechtigte Übersetzg. v. Emil Burger. 8. (XXIV, 214 S.) Dresden 892. E. Pierson. n. 3. —

(B) — Flüchtige Erzählungen. 892. (KBL 27.) Jetzt: Berlin, Verlag Berlin Wien.

Coppée, François, der Geigenmacher v. Cremona. Lustspiel in 1 Akt. Übers. v. H. Bretschneider. (36 S.) kl. 8. Papiermühle (905). (Gebr. Vogt.) n. — 50

— Einfache Geschichten, s. a. Reclam's Novellen-Bibliothek.

Einfache Geschichten [Contes tout simples] von François **Coppée**. Autor. Übers. aus d. Franz. von C. Roll. Mit e. Einl. u. d. Bilde d. Dichters. Leipzig: Reclam [1908]. 91 S. 8⁰
(Universal-Bibliothek. 5011.) 109. 5437

Coppée, François, kleine Geschichten aus Frankreich. Nach Dichtungen ins Deutsche übertr. v. Rob. Waldmüller [Ed. Duboc]. 16. (VII, 103 S.) Stuttgart 881. Levy & Müller. geb. m. Goldschn. n. 2. 50

—— Geschichten in Prosa. Deutsch v. Emil Burger u. Ernst Nather. 8. (287 S.) Bresl. 890, Schles. Buchdruckerei. * 4 50; geb. * 5 50

— Henriette. Pariser Roman. Einzige autoris. Uebersetzg. v. R. Pen. 8. (163 S.) Dresden 890. Pierson. n. 1. 50

(B) — Henriette. 890. (KBL 25.) Jetzt: Berlin, Verlag Berlin-Wien.

— rettendes Leiden. (La bonne souffrance.) Autoris. Uebersetzg. aus dem Franz. v. Bernh. Meyer. 8. (XX, 248 S. m. Bildnis.) Mainz 899. F. Kirchheim. n. 3. —; geb. in Leinw. n. 4. —

— lettre d'un mobile Breton et Une rencontre, hrsg. v. Heinr. Saure, s.: Autours français mod. IV.

— Le luthier de Crémone. Le trésor. s.: Théâtre moderne.

— s.: Maîtres conteurs.

Coppée, François, Nona, s. a. Schulze's Zehnpfennigbücher.

Nona. Von François Coppée. In vereinfachter deutscher Stenographie System Stolze-Schrey. *Berlin: F. Schulze [1899].* (16 S.) 8⁰ [Text lith.]
Zehnpfennigbücher, Schulzes. No 1. 99. 8091

—— Novellen, s. Meyer's Volksbücher Nr. 912 u. 913.

— Ausgewählte Novellen, hrsg. v. G. Franz, s.: Hartmann's, K. A. Mart., Schulausgaben.

— drei Novellen, s.: Büchersammlung f. Gabelsberger'sche Stenographen.

— 5 Novellen, s.: Sammlung Franck.

— Novellen, Wörterbuch, s.: Hartmann's, K. A. Mart., Schulausgaben (französischer Schriftsteller). 17.

— Olivier, Novelle in Versen. Im Versmaße d. Orig. übers. v. Wolf Grafen Baudissin. Mit Vorwort v. Paul Lindau. 12. (119 S.) Breslau 880. Schottländer. n. 2. —; geb. n. 3. —

dasselbe. In freier Uebertragung v. Gisbert Frhr. Vincke. [Autorisirt.] 8. (VIII, 73 S.) Stuttgart 882. Spemann. n. 3. —; geb. n. 5. —

Coppée, François, Oeuvres, hrsg. v. Karl Sachs, s. a. Schulbibliothek französischer u. englischer Prosaschriften. 20.

Oeuvres de François Coppée. '(Prosa- u. poet. Erzählgn, sowie Dramatisches.)' Ausgew., m. Biographie, Anm. u. Wörterbuch z. Schulgebr. hrsg. v. Prof. Dr. Karl Sachs. M. d. Bilde v. F. Coppée ... [Nebst] Wörterbuch. *Berlin: R. Gaertner 1895. 96.* 2 Bde 8.
[Text] 1896. (XVI, 119 S., 1 Portr.) Wörterbuch. 1895. (18 S.)
— Schulbibliothek französ. u. engl. Prosaschriften aus d. neueren Zeit. Abt. 1. Bdch. 20. 96. 2616

Œuvres de François Coppée. ⟨Prosa u. poet. Erzählungen, sowie Dramatisches.⟩ Ausgewählt, mit Biogr., Anm. u. Wörterbuch z. Schulgebr. hrsg. von Prof. Dr. Karl Sachs. (Text & Anm.) Mit d. Bilde von F. Coppée. 3. durchges. Aufl. *Berlin: Weidmann 1904.* 8⁰
— Schulbibliothek franz. u. engl. Prosaschriften aus d. neueren Zeit. Abt. 1, Bdch. 1. 04. 16633

Œuvres de François Coppée. ⟨Prosa u. poet. Erzählungen, sowie Dramatisches.⟩ Ausgewählt, mit Biogr., Anm. u. Wörterbuch z. Schulgebr. hrsg. von Prof. Dr. Karl Sachs. (Text & Anm.) Mit d. Bilde von F. Coppée. 3. durchges. Aufl. Berlin: Weidmann 1904. 8⁰
— Schulbibliothek franz. u. engl. Prosaschriften aus d. neueren Zeit. Abt. 1, Bdch. 20.

— le passant, s. Schulbibliothek französ. u. engl. Prosaschriften a. d. neueren Zeit.

— die wahren Reichen, s.: Engelhorn's Roman-bibliothek

— die Rivalinnen, s.: Meyer's Volksbücher.

—— Schatz, s. Universal-Bibliothek Nr. 1456.

— **Pariser Skizzen u. Erzählungen aus Les vrais riches, Contes tout simples, Contes en prose u. Vingt contes nouveaux, hrsg. v. Arnold Krause, s.: Prosateurs français 99. Lfg.**

— Strandgut, } s.: Theater-Repertoir, Wiener.

— der Strike der Schmiede, s.: Theater, neues Wiener.

— der Waffenrock u. and. Novellen, s.: Sammlung Franckh.

— Die wahrhaft reich sind, s.: Volksbücherei.

— d. Wanderer (Zanetto), s.: Universal-Bibliothek.

– Die Zeitungsverkäuferin, s. Theater-Repertoir, Wiener.

Coppel, Alexander [Gerichts-Ref. aus Solingen]: **Das Pfandrecht und Retentionsrecht des Frachtführers ... Würzburg, Druck d. k. Universitätsdr. v. H. Stürtz, 1896; 74 S. 8.**
Erlangen, Jur. Fak., Inaug.-Diss. v. 1896

Coppel, Julius, appr. Tierarzt: Ueber das Vorkommen von chronischen Herzklappenveränderungen und ihre Beziehung zur Arbeitsleistung bei Gebrauchshunden. Moers: Brökelschen, Kramer & Co. 1909. 68 S. 8°
Leipzig, Phil. Diss. v. 2. Juli 1909, Ref. Eber, Kirchner
[Geb. 9. Jan. 80 Homberg a. Rh.; Wohnort: Homberg; Staatsangeh.: Preußen; Vorbildung: Realgymn. Ruhrort Reife O. 98; Studium: Tierarzneik. Gießen 3, Berlin Tierärztl. Hochsch. 3, München Tierärztl. Hochsch. 1, Gießen 4, Naturwiss. Leipzig 5 S.; Rig. 14. Mai 09.] [U 09. 2936

Coppel J.: Ueber das Vorkommen v. chronischen Herzklappenveränderungen u. ihre Beziehung z. Arbeitsleistung bei Gebrauchshunden. Diss. (Leipzig). Moers a. Rh. 1909. 68 S. P.

[J.] **Coppel,** Carl: Korrespektives Testament und Erbvertrag ... *Hirschberg i. Schl., Buchdr. General-Anz., 1896;* 1 Bl., V, 66 S. 8.
Erlangen, Jur. Fak., Inaug.-Diss. v. 1896

Coppelia oder das Mädchen mit den Glasaugen. Ballet in 2 Abthlgn. von Ch. Nuitter und A. Saint-Léon. Musik von Leo Delibes. Für die k. k. Hofoper eingerichtet. (Erklär. Text.) 8. (10 S.) Wien 884, Künast. **

Coppen, B., über d. Verkalchung des Bleies u. d. Verfahren, dieselbe Arbeit in Bleiweißfabriken im Großen zu veranstalten. Mit 1 großen Kpft.; aus d. Französ. v. Ph. Loos. gr. 8. Erfurt 797. (Otto). 8 gr.

Coppenhagen, K. J., s. Oppositionsblatt, allgem.

Coppenrath, Ernst, a. Lübbecke i. W.: Beziehungen zwischen den Eigenschaften des Bodens und der Nährstoffaufnahme durch die Pflanzen. Merseburg 1907: F. Stollberg. (62 S.) 8°
Münster, Phil. Fak., Ref. König, Diss. v. 29. Mai 1907
[Geb. 22. Juli 80 Lübbecke i. W.; Wohnort: Münster; Staatsangeh.: Preußen; Vorbildung: Realgymn. Münster Reife O. 02; Studium: Münster 2, München 1, Münster 6 S.; Rig. 1. März 07.]

Coppens, Charles, S. J., ärztliche Moral. Autoris. Uebersetzg. v. B. Niederberger. Mit e. Vorrede u. ergänz. Anmerkgn. v. L. Kannamüller. (326 S.) gr. 8. Einsiedeln 903. Verlagsanstalt Benziger & Co. n. 3. 20; geb. in Leinw. n. 4. —

Coppenstein, I. A., Nucleus aureus conceptionum praedicab. ex Bessaco. 4. Colon. 711.

Coppenstein, N., de ortu et progressu rosarii. (s. l. et a.) 4.

Copper, A(drianus) C(ornelis). Beiträge zur Entwicklungsgeschichte der Samen und Früchte offizineller Pflanzen. ⟨Cubeba officinalis Miq. — Piper nigrum L. — Hydrastis canadensis L. — Aconitum napellus L. — Salvia officinalis L. — Prunus cerasifera Ehrh. — Ribes rubrum L. — Cola acuminata R. Brown.⟩ Diss. Phil. Bern. [Mit Figuren und 1 Porträt-Tafel.] VIII + 131 S. 8. Utrecht. P. Den Boer, 1909.

Copper, D[irk] J[ohann]. Der Übergang bestimmter Stoffe von der Mutter in das Fruchtwasser und in den Fötus. Experimenteller Beitrag zur Lehre des Stoffaustausches zwischen Mutter und Frucht. Diss. Vet.-Med. Bern ... von D. J. C. D. Jzn. ... . [Mit 2 graphischen Tabellen.] VIII + 86 S. 8. Utrecht, P. den Boer, 1905.

Coppernicus, Nikolaus, s. Copernicus, Nikolaus

Copppieters, G., e. lustig Todtentänzlein in 5 Bildern (in Photogr.). Dichtung v. Rich. Schmidt-Cabanis. gr. 4. (5 Bl. Text.) Leipzig 879. Titze. In Mappe. n. 6. —

Coppin, O., die hl. Kommunion od. Das tägl. Brot. Autoris. Uebersetzg. (30 S.) 16. München 904. J. Pfeiffer. n. — 20

Copping, Edw., Pariser Bilder. Aus dem Engl. Vom Verf. autoris. Uebersetzung. Berlin 859. J. Springer. 8. (VII, 171 S.) 24 ngr.

Copplus, A., s. Archiv f. Volkswohlfahrt.

Copplus, Adolf, a. Stralsund: Hamburgs Bedeutung auf dem Gebiete der deutschen Kolonialpolitik. Berlin: C. Heymann 1905. (78 S.) 8° [J.]
Leipzig, Phil. Fak., Ref. Stieda u. Friedrich, Diss. v. 16. Juni 1905
[Geb. 6. Juli 79 Grimmen, Pommern; Wohnort: Greifswald; Staatsangeh.: Preußen; Vorbildung: Realgymn. Stralsund Reife O. 99; Studium: Jena 1, Leipzig 10 S.; Rig. 20. Dez. 04.]

Copplus, Adf., Hamburgs Bedeutung auf dem Gebiete der deutschen Kolonialpolitik. (XV, 176 S.) gr. 8. Berlin 905. C. Heymann. n. 4. —

Coprian, H., s.: Bibliothek, stenographische, der Unterhaltung u. der Bildung nach Stolze-Schrey.

Copulationen u. Hochzeitmahlen, vornehmlich nach den Rechten d. Reichsstädte Nürnberg rc. (v. Cph. Dn. Mayer). 8. Frankf. u. Leipz., (Nürnb.) 783.

Coq d'Or, Le. Fragment Historique ... Traduit de l'Allemand. S. l. 1799. V: *Klinger, Friedr. Maximil. von.* (MN)

Fahrend Volk [Troupe Jolicoeur]. Oper in 3 Akten u. 1 Prolog nach e. Erzählung von Henri Cain. Text u. Musik von Arthur **Coquard**. Ins Deutsche übertr. von Henriette Marion. Berlin, Cöln, Leipzig: Ahn [1906]. 54 S. 8°
(Ahns Operntext-Bibliothek. Nr 119.) [09. 9149

***Coquebert,* illustratio iconographiae insectorum, quae in museis Parisinis observat. ed. ab J. C. Fabricio. T. I. c. tabb. aeneis. 4maj. Paris u. Strassb. 806. (Treuttel u. W.) 31 ℛ 12 gr (Barth in Leipz.) 34 ℛ**

Coquebert, A. J., illustratio iconographica insectorum quae in museis Parisinis observavit J. C. Fabricius. Tom. I. cum tab. 4maj. Paris. (Lips. Barth in C.) 820. 34 —

Coquelin, C., die Kunst u. der Schauspieler. Uebers. u. eingeleitet v. Ferd. Groß. Mit Coquelins (Holzschn.-) Portr. 8. (XVI, 48 S.) Wien 883. Hartleben. 1. 50; geb. 2. 50

Coquerel d. J., A., und E. Scherer, zwei französ. Stimmen über Renan's Leben Jesu, s. Scherer, E.

Coquerel, Athanase, Christologie oder Versuch über die Person und das Werk Jesu Christi zum Zweck der Aussöhnung der christlichen Kirchen. Für gebildete Christen aller Stände. Ins Deutsche übers. von Herm. Althaus. 2 Bde. Hannover 859, 60. C. Rümpler. 8. (VIII, 299; VIII, 363 S.) Jeder Bd. n. 1 ℛ 6 ngr.
Inhalt: 1. Bd.: Exegetische oder Christologie d. heil. Schrift.
2. Philosophische und moralische Christologie.

Coquerel der Sohn, Athan., ausgewählte Predigten. Mit dessen Zustimmung aus dem Französ. übers. Leipzig 866. Breitkopf & Härtel. 8. (2 Bll., 206 S.) 1 ℛ

— das protestantische und katholische Symbolwesen. Predigt, gehalten am 29. August 1858. Uebers. von C. van Dalen. Erfurt 859. Villaret. gr. 8. (22 S.) n. 4 ngr.

— die ersten historischen Umgestaltungen des Christenthums. Deutsche vom Verf. autoris. Ausg. Berlin 870. Berggold. gr. 8. (VIII, 187 S.) n. 1 ₰

Coquerel, Chr.

— über den Protestantismus in Frankreich, s. Guizot.

Coquerel, Chr., die Verfolgungen der protestant. Kirche in Frankreich seit dem Ende der Regierung Ludwig XIV. bis auf die neuere Zeit. Nach d. Histoire des églises du désert für das deutsche Volk bearb. v. G. Schilling. gr. 8. Stuttgart 846, Verlags-Bureau. 1¾ ₰

Coquette, la, et la fausse prude. Comédie par Mr. Baron. 8. Augsburg 1755.

– la, fixée. Com. en 3 Actes p. Voisenon. 8. Dresden: Walther 1765.

– die gebesserte. Lustsp. a. d. Franz. 8. Hamburg: Buchenröder 1774.

Coqui, Fr. Hnr., s. Ansichten über d. Schädtlerschen Vorschlag.

Coquille, D., Apfelsinen, s.: Theater-Repertoir, Wiener.

Coquille, François, die Obsthändlerin, s. Franzosen, die, der neuesten Zeit.

Cor, Amabilissimum, Jesu Dei-Hominis ad amandum ... Monachii 1756. V: *Schauenburg, Franz.* (JCS)

Cor Deo devotum, Jesu pacifici Salomonis thronus regius ... Moguntiae 1715. V: *Musart, Charles.* (JES)

Cor, s.: Freidenkerbund, deutscher.

— s.: In memoriam Saladin.

Cora, ein Drama mit Gesang. Mannheim 1780. V: *Dalberg, Wolfgang Heribert Reichsfreih. von.* (HS) (Ky) (MGT)

Cora. Singsp. in 3 Akten. gr. 8. Leipzig: Dyk. 1781.

– Drama. gr. 8. Mannheim: Schwan 1782.

– Singsp. 8. Berlin: Schöne 1795.

Cora. Kleine Gemälde von Apel, Claudius, Falck, Fülleborn, Forster ... Leipzig 1827. H: *Jördens, Gust.* (Ky)

Cora und Alonzo. Drama nach Marmontel. Mannheim 1761. V: *Babo, Joseph Marius.* (Ky) (GGr)

– und Alonzo. Drama nach Marmontel. gr. 8. Mannheim: Schwan 1761.

Cora und Amphion; eine Oper von Naumann komponirt. V: *Neumann, Leopold.* (MGT)

Cora, die Königin der Gauklertruppe. Vom Verf. von „Die Amilanerin", „Das vergiftete Halsband". Nach dem Engl. 2 Bde. Leipzig 869. Kollmann. 8. (191; 200 S.) n. 1 ₰ 20 ngr.

Cora, Guido: Die Zigeuner. (Wieder gedruckt vom „Ausland". 1890.) Turin (1895). 101 S. 8°.

Cora, Pearl, Memoiren. 8°. (106 S.) Budapest, Grimm. fl. 1.– 1886.

Coradi, A. Der Knabenarbeitsunterricht. Vortrag gehalten in der aargauischen Kantonalkonferenz den 15. Sept. 1887 in Lenzburg. In-8°, 16 S. Aarau, H. R. Sauerländer. — 50
1887

Coradi, A., Der Vitalsinn und seine Bedeutung bei der Erziehung. Aarau, städtische Schulen 1884. Progr.

Coradi, C., s. Coradi, G.

Coradi, G., Zürich, Praktische Anleitung zum Gebrauch und zur gründlichen Prüfung des einfachen Polar-Planimeters. Zürich 1891.

Coradi, G: Praktische Anleitung zum Gebrauch und zur gründlichen Prüfung des einfachen Polar-Planimeters. 2. Aufl. Zürich 1891 .

Coradi G.: Die Planimeter Coradi ... Beschreibung u. Anleitung z. Gebrauch u. z. Prüfung derselben ... Zürich 1895. 39 S. Fig. P.

Die Planimeter Coradi. Beschreibung u. Anleitung z. Gebr. u. z. Prüfung derselben mit e. elementaren, allgem. Erklärung ihrer Wirkungsweise. Von C. **Coradi**, Zürich. 3. Aufl. Zürich: Aschmann & Scheller 1905. (30 S.) 8° [07. 659 7

Coradi, G: Die Kugelplanimeter. Zürich 1888

Coradi, G: Special-Katalog über freischwebende Präzisions-Pantographen usw. Zürich 1891

Coradi-Stahl, Emma. Ueber berufliche und hauswirtschaftliche Ausbildung der weiblichen Jugend in verschiedenen Ländern. Nach einer Berichterstattung an das Schweiz. Industriedepartement bei Anlass der Weltausstellung in Paris 1900 bearb. für das «Schweizer Frauenheim». Separatabdruck [aus Jahrg. 7, 1900, № 46—52, Nov. 17 — Dez. 29]. 34 S. 8. Zürich III, Druck von W. Coradi-Maag, Verlag des Schweizer Frauenheim, [1901].

Coradi-Stahl, Emma. Zur Dienstbotenfrage. Vortrag gehalten in der öffentlichen Versammlung des Bundes Schweizer. Frauenvereine in Chur, am 8. Oktober 1910. 16 S. 8. Zürich, W. Coradi-Maag, 1910. [fr. —. 50]

Coradi-Stahl, E[mma]. Die Einführung von Haushaltungsschulen und Kochkursen. Vortrag gehalten im Auftrage der Gemeinnützigen Gesellschaft Schaffhausen Mittwoch den 14. Mai 1902. Separatabdruck aus dem «Hauswirtschaftlichen Ratgeber» [Jahrg. 9, 1902], Gratisbeilage zum Schweizer Frauenheim. 38 S. 8. [Zürich, W. Coradi-Maag.]

Coradi-Stahl, Emma. Gritli in der Küche. Teil 2 von Wie Gritli haushalten lernt. (*Umschlag:* 2. [Titel-]Aufl.) [Mit Figuren.] XXXII + 415 S. 8. Zürich, Verlag des «Schweizer Frauenheim» (Komm. Ed. Rascher's Erben), 1904. [cart. fr. 2. 80, geb. 3. 80] —
1. Aufl. s. Bulletin 1904, S. 17: N 2481

Coradi-Stahl, Emma. Die Haushaltungskunde in der Mädchenfortbildungsschule. Vortrag, gehalten in der Sektion Zürich des Schweiz. Lehrerinnenvereins am 5. Oktober 1901. 16 S. 8. Zürich, W. Coradi-Maag, 1901.

Coradi-Stahl, Emma. Wie Gritli haushalten lernt. Anleitung zur Führung eines bürgerlichen Haushaltes in zehn Kapiteln. 128 S. 8. Zürich, Verlag des «Schweizer-Frauenheim», 1902. [geb. fr. 2. —]

Coradi-Stahl, Emma, wie Gritli haushalten lernt. Anleitung zur Führg. e. bürgerl. Haushaltes in 10 Kapiteln. 1. u. 2. Aufl. (à 128 S.) 11. 8. Zürich 902. 904. (Rascher & Co.) n.n. 1. 30; geb. in Leinw. 1. 80

Coradi-Stahl, Emma, wie Gritli haushalten lernt. II. Tl. Gritli in der Küche. 2. Aufl. (XXXI, 423 S.) 11. 8. Zürich (905). (Rascher & Co.) 2.40; geb. in Leinw. 3. 20

Coraggioni, Leodegar, Münzgeschichte d. Schweiz. gr. 4. (XI, 184 S. m. 60 Lichtdr.-Taf.) Genf 896. (Basel, A. Geering.) Geb in Leinw. n. 30.—

Münzgeschichte der Schweiz v. Leodegar Coraggioni, Bankpräs. in Luzern ... M. 50 Lichtdrucktaf. v. Brunner & Hauser in Zürich. *Genève* (a. d. Deckel: *Luzern): P. Stroehlin & C. 1896.* (XI, 184 S., 1 Bl., 50 Taf.) 1 Bd 4. [96. 1:9]

Coralli, A., Freundes-Treue. Histor.-romant. Erzählung. 8. Leipz. 831. Kollmann. Schrbp. 1 ₰

Corallo Cartini. : oder: Die schrecklichen Geheimnisse im Molser Thale. (Furchtbare Thaten einer 300 Mann starken Räuberbande) in Italien. Verlag und Eigenthum von Louis Henneberg in Salzhemmendorf. (Text).
Kol.: Druck von Gebr. Gerstenberg in Hildesheim
4 Bl. n. n., 189 - 112.
LBO Bänkelsängerlit. II, 10.

Corallo oder die schrecklichen Geheimnisse im Mollser Thale. Eine fürchterliche Räuber-Geschichte. Seitenstück zum Rinaldo Rinaldini. 2. Aufl. 8. Leipzig 845. (Schreck.) 1 ₰

Coraly et Zamore, s.a. Romans.

Coraly et Zamore, ou les illustres Américains. II Vol. pet. 12. Manoa. (Kupferberg à Mayence.) 1789.

— le même I. II Vol. 8. Paris. (Sommer à Lpz.)

CORAM, der schwache Prinz. Eine Legende aus den Zeiten der blühenden Phantasien. (Nach d. Französ.) Berlin, bei E. Quien. 1801. 8°. Tit. gestoch. u. 228 SS.

* Coram, der schwache Prinz, ist jetzt Verlag von Franz in Leipz.

Coranda, G.

Dohna, Stanislaus Graf zu: Johannis-Loge Zum Totenkopf und Phönix. [Lied] Beim Brudermahl zu Ehren des Brs. Grafen [Stanislaus] zu Dohna. Sonntag den 29. November 1908. [Unterz.:] G. **Coranda**. Königsberg [1908]: Rautenberg. 2 Bl. 8°. [Umschlagtit.]
Ohne Noten: „Wir sind eine reisige Ritterschar" ... 21.

Coranda, Gust., über die Ammoniak-Ausscheidung im Urine des gesunden Menschen. Inaugural-Dissertation. gr. 8. (20 S.) Königsberg 879. (Beyer.) n. 1. —

Corane, der schwache Prinz, e. Legende. 8. Berl. 801. (Krappe in Leipz.) 18 gr

Coranus, arabice. Sect. I. cap. 1—6. Fol. (14 lithogr. Bl.) Leodii, Sartorius-Delaveux. Anno fugae MCCXLV. 12 gr (Wird weiter keine Fortsetz. erscheinen.)

Corani Cap. I et II. versus priores arabice et latine, auxit J. F. Froriep. 8. Leipz. 768. Compt. f. Litt. 8 gr

القرآن وهو الهدى والفرقان —

Corani textus arabicus ad fidem librorum mss. et ad praecipuorum interptt. lectt. et auctoritatem recens., indicesque triginta sectionum et suratarum addidit Gust. Fluegel. 4maj. Leipzig 834. Tauchnitz. $6^2/_3$ ₰

Das ganze Werk ist stereotypirt. Der erste Abdruck hat einen verzierten vierfarbigen Titel und keine Linien um den Text, der zweite (1835) hat einen schwarzen Titel und rothe Linien umgeben die Columnen. Die erste Sure u. der Anfang der zweiten sind von grössern, die Ueberschriften der andern von kleinern Verzierungen eingeschlossen. Sämmtliche Typen wurden in der Officin des Verlegers, unter des Herausgebers und Jos. v. Hammer's Mitwirkung, nach den besten Handschriften neu geschnitten. Obiger arab. Titel ist mit Originaltypen gedruckt.

— arabice. Recensionis Flügelianae text. recognit. iterum exprimi cur. Gust. Maurit. Redslob. Edit. stereot. 8maj. (31 B. m. rother Einfass.) Lipsiae, C. Tauchnitz. *

— ead. Recensionis Fluegelianae textum recognitum iterum exprimi curavit Gust. Maurit Redslob. Editio stereotypa. 8maj. Lipsiae 837. Car. Tauchnitz. n. 5 ₰

Corani textus arabicus ad fidem librorum manu scriptorum et impressorum et ad praecipuorum interpretum lectiones et auctoritatem; recensuit indicesque triginta sectionum et suratarum addidit Gust. Fluegel. Edit. stereotypa secundis curis emendata. 4maj. (Mit rother Einfassung.) Lipsiae 841, Car. Tauchnitz. n. $6^2/_3$ ₰

Coranus arabice. Recensionis Flügelianae textum recognitum iterum exprimi curavit Gust. Mor. Redslob. Editio stereot., novis chartis impressa. Lipsiae 855. K. Tauchnitz. gr. 8. (VIII, 534 S.) n. 5 ₰

Corani textus arabicus ad fidem librorum manu scriptorum et impressorum et ad praecipuorum interpretum lectiones et auctoritatem recensuit indicesque triginta sectionum et suratarum addidit Gust. Fluegel. Editio ster. tertium emendata. 4. (X und 345 S.) Leipzig 858, C. Tauchnitz. *

Coranus arabice. Recensionis Flügelianae textum recognitum iterum exprimi curavit Gust. Maur. Redslob. Editio ster. C. Tauchnitii, novis chartis impressa. gr. 8. (VIII und 535 S.) Leipzig 867, Bredt. cart. *

Coranus arabice. Recensionis Flügelianae textum recognitum iterum exprimi cur. Gust. Maur. Redslob. Editio stereot. C. Tauchnitii, novis chartis impressa. Leipzig 868. Bredt. gr. 8. (VIII, 535 S.) n. 5 ₰

Corani textus arabicus ad fidem librorum manu scriptorum et impressorum et ad praecipuorum interpretum lectiones et auctoritatem recensuit indicesque triginta sectionum et suratarum add. Gust. Fluegel. Editio ster. C. Tauchnitii tertium emendata. Nova impressio. 4. (X, 344 S.) Leipzig 870, Bredt. cart. *

Corani textus arabicus, ad fidem librorum manu scriptorum et impressorum et ad praecipuorum interpretum lectiones et auctoritatem rec. indicesque triginta sectionum et suratarum addidit Gust. Fluegel. Ed. ster. Tauchnitzii tertium emendata. Nova impressio. 4. (X, 341 S.) Leipzig 881. Bredt. cart. n. 20. —

Coranus arabice. Recensionis Flügelianae textum recognitum iterum exprimi curavit Gust. Mor. Redslob. Ed. ster. C. Tauchnitii, novis chartis impressa. gr. 8. (VIII, 535 S.) Leipzig 881. E. Bredt. Kart. n. 15. —

Corani textus arabicus, ad fidem librorum manu scriptorum et impressorum et ad praecipuorum interpretum lectiones et auctoritatem rec. indicesque triginta sectionum et suratarum addidit Gust. Fluegel. Ed. ster. C. Tauchnitzii tertium emendata. Nova impressio. 4. (X, 341 S.) Leipzig 893. E. Bredt. Kart. n. 20. —

Corani textus arabicus, ad fidem librorum manu scriptorum et impressorum et ad praecipuorum interpretum lectiones et auctoritatem recensuit indicesque triginta sectionum et suratarum addidit Gust. Fluegel. Ed. ster. C. Tauchnitzii tertium emendata. Nova impressio. (X, 344 S.) Lex.-8. Leipzig (906). E. Bredt. Kart. n. 20. —

Coraeus, Jacob Wilhelm (Renda/Hessen), De rebus principibus S. R. I. regentibus ad imperium dignitatem et personam publicam. Disp. jur. Präs. Johann Andreas Hofmann. Marburg (Müller) 12. XI. 1774. 62 S. (5.—) 5639

Coray, de, lettres inédites à Chardon de la Rochette [1790—1796]. Suivies d'un recueil de ses lettres françaises à divers savants, de sa dissertation sur le testament secret des Athéniens, du mémoire sur l'état de la civilisation dans la Grèce en 1803 et de ses thèses latines de médecine. gr. 8. (XXXIX, 591 S. m. Portr.) Paris 877. Didot & Co. n. 4. 80

Coray, Balthasar, von Fettan, Canton Graubünden: Ueber die quantitativen Verhältnisse der Verhinderung der Fällung des Kupferoxydes durch Gegenwart einiger organischer Säuren. Zür. Zürcher u. Furrer Dr. 1868. 23 S. 8°.
Zürich, Phil. Diss. v. 21. März 1868.

Corazza, Osc., Geschichte der artesischen Brunnen. Ein Versuch, die Geschichte dieser Brunnen von den ältesten Zeiten bis zur Gegenwart darzustellen. gr. 8. (IV. 119 S.) Wien 902. F. Deuticke. n. 4. —

Corazza, Osk., Prinzipien d. hygienisch-techn. Ausgestaltg. v. Wasserversorgungsanlagen. [Aus: „Ztschr. f. Heizungs- etc. Technik".] Fol. (25 S. m. Fig.) Halle 898. C. Marhold. n. 1. 20

Corbach [Schlagwort]

Corbach, s.a. Preussen. Messtischblätter.

Combat de Corbach donné le 10. Juillet entre quelques Brigades de l'Armée Françoise, commandée par le Maréchal Duc de Broglie et l'Avantgarde de l'Armée des Alliës Commandée par le Prince Ferdinand de Brunswick en personne. 1 : 22,400. 1 Bl.

Corbeaus d'Elie. [Helmstedt 1707.] V: *Hardt, Herm. von der.* (BrMm)

Corbeaux, les sept. (12 S. m. 6 Farbdr.) 16. Stuttgart (903). G. Weise. — 10

v. Corbelli, Gr., Ehrendenkmal d. verstorb. Euseb. Amort. gr. 4. Münch. 777. (G. Franz). 6 gr

— über den Einfluß d. Typographie auf d. Wissenschaften. gr. 4. Münch. 779. (G. Franz). 6 gr

v. Corbelli, Gr. Barioli, von dem Einfluß des Feldbaues auf den Wohlstand d. Völker. gr. 4. Münch. 776. (G. Franz). 6 gr

Corber, Georg Julius (Helmstedt), De liberis et servis. Meditat. ad pandectas spec. 16. Präs. Aug. Leyser. Helmstedt (G. W. Hamm) 2. XII. 1713. 4 Bl., tlws. dtsch. (4.—) 5409

de Corberon, le Comte, contes populaires de l'Allemagne. Tome I. gr. in-8. Paris et Leipzig 844, Brockhaus et Avenarius. n. 2 ß — Velinpap. n. $2\frac{1}{2}$ ß

— Fragments d'un Voyage en Grèce et en Turquie. 2. édit. gr. in-12. Nordhausen 841, Schmidt. $\frac{1}{2}$ ß

—— **Lettres à l'opposition en Hanovre. 1. lettre. Sur l'adresse de la deuxième chambre a S. M. le Roi Ernest-Auguste. gr. in-8. (4 B.) Nordhausen 841, Schmidt.**

— Powiesci bajeczne szlazka. Przełozone z jezyka francuskiego na polski przez Franc. Zagórowskiego. Tom. I. Zeszyt 1. 8. Brodnica 845. (Thorn, Lambeck.) $\frac{1}{4}$ ß

— de la réaction gouvernementale en Hanovre. Aux partisans de l'ordre public et du bonheur général! Aux gardes avancées des vrais intérêts nationaux de l'Allemagne! gr. in-8. Stolberg 841 (Nordhausen), Schmidt. $1\frac{1}{2}$ ß — 2. édit. revue et corr. par l'auteur. gr. in-8. Hanovre 842, Hahn. 1 ß

— Souvenirs du Levant. 8. Le même. 841. $\frac{1}{2}$ ß

Corbet-Seymour, M., Only a shilling, bearb. v. Clem. Klöpper, s.: Schulbibliothek, französische u. englische, C. 20.

— romantic tales of olden times, hrsg. v. Clem. Klöpper, s.: Schulbibliothek französ. u. engl. Prosaschriften a. d. neueren Zeit.

Corbett, Emma, oder das Elend des bürgerlichen Krieges nach Veranlassung einiger neuern Auftritte in America von E. Melmoth, aus dem Engl. 8. Leipzig, 781. Schwickert. 1 Rthl.

Der Stern von Yukon. Eine Erzählung aus d. Kanadischen Goldfeldern von George **Corbett**. Deutsch von Helene Hardt. Erfurt: F. Bartholomäus [1905]. (128 S.) 8° [F.]
(Collection Fahrten u. Abenteuer. Bd 33.) [illegible] 3

Corbière, die Volkswirthschaftslehre vom Standpunkte des Christenthums. Aus dem Französ. von Adph. Plitke. Autoris. Uebersetzung. 2 Bde. Regensburg 867. Manz. gr. 8. (XXIV, 814 S.) 3 ß

Corbière, Ed., der Banian. Seeroman. Aus dem Französ. 2 Bde. 8. Quedlinburg 841, Basse. 2 ß

Corbière, die Martin-Baz-Inseln. Ein Seeroman. A. d. Franz. frei übers. v. Ferd. Heine. 2 Bde. 8. ($44\frac{3}{4}$ B.) Leipzig 842, Kollmann.

— die Martin-Baz-Inseln. Ein Seeroman. Aus dem Französ. frei übersetzt von Fd. Heine. 2 Bde. kl. 8. Leipzig 843, Kollmann. 3 ß

— die Seecadetten. Roman. Aus d. Franz. von F. Steger. 2 Thle. 8. Braunschw. 838. G. C. E. Meyer sen. 2 ß

—— das Seeleben. Malerische Schilderungen. Deutsch v. L. v. Alvensleben. 8. (14 B.) Leipzig 836, [Hunger.]

Corbière, Ed., d. Seeleben. Malerische Schilderungen. Deutsch v. L. v. Alvensleben. 8. Leipzig 836. Magazin f. Ind. $1\frac{1}{3}$ ß

— die drei Seeräuber. Roman. Nach d. Franz. von F. Steger. 2 Bde. Mit Titelvign. gr. 12. Braunschw. 838. G. C. E. Meyer sen. 2 ß

— die Zöglinge der Marine. Deutsch von E. J. B. Elbthal. 2 Thle. 8. Hamburg 838. Hoffmann u. Campe. 2 ß

Corbinière, Clementine de la, Leben u. Briefe v. Irma le Fer de la Motte, im Ordensstande Schwester François Xavier, gestorben zu Sainte-Marie-des-Bois in Indiana. Nach der 2. Aufl. übers. v. Bonif. Müller. 2 Thle. in 1 Bde. 8. (176 u. VI, 253 S.) Wien 884. (Kirsch.) n. 2. —

Corbond, Th[éodore]. Rapport historique et statistique sur les prisons et pénitenciers de Fribourg, présenté... [à l']Assemblée annuelle des statisticiens officiels et de la Société suisse de statistique, tenue à Fribourg en 1901. — Historischer und statistischer Bericht über die Gefängnisse und Strafanstalten Freiburgs, erstattet von Th. Corbond,... Freiburg [an die] Jahresversammlung des Verbandes schweiz. amtl. Statistiker und der schweiz. statist. Gesellschaft, abgehalten in Freiburg 1901. II + 30 p. 4. Berne, Stæmpfli & Cie, 1901.

Neue Theorie über die Bildung der Sternsysteme und den Bau des Universums (Nouă teorie cosmogonică, Ausz.). J. **Corbu**. Bistritz 1904: G. Mattheiu. (40 S.) 8° [illegible]

Corcelius, Ioannes (geb. am 5 Febr. 1837 in Wormersdorf Kr. Rheinbach): De abortu arte procurando ... Bonnae, typ. C. Georgi (1864). 2 Bl., 42 S., 1 Bl. 8.
Bonn, Med. Fak., Diss. v. 18 Aug. 1864

Cord, W., mathematisches Kunstwerkerlein, in Algebrai-Geometri- und Astronomischen Kunstquästionen. 8. Speyer. 735.

Corda, A. J. (C.), s. Corda, August Karl Joseph

Corda, August Karl Joseph

Corda, A. C. J., Deutschlands Algen, s. Jac. Sturm, Deutschlands Flora. 30s u. 31s Hft.

Corda, Aug. Jos., Anatome Hydrae fuscae, s. Acta nova phys.-med. Acad. Caes. Leopold. Carol. XVIII.

Corda, Aug. C. Jos., Anleitung zum Studium d. Mycologie, nebst krit. Beschreibung aller bekannten Gattungen, u. ein. kurzen Gesch. d. Systematik. gr. 8. (22 B. u. 8 Taf. Abbild.) Prag 842, Ehrlich. *

CORDA (A. J. C.). Ueber den Bau des Pflanzenstammes. Prag, 1836. 8°.

—— Beiträge zur Flora d. Vorwelt. Imp.-4. (17 B. u. 60 Taf. Abbild.) Prag 845, Calve'sche Buchh. *

Corda A. C. J.: Die web- u. filzbaren Fasern organischen Ursprungs. II-III (1 Vol.). [183*?]. [Særtr.]. 4°.
(II. Die Wolle. 19 S. 4 Tvl. — III. Die Haare. 14 S. 6 Tvl.).

Corda, A. C. J: Die webbaren Fasern organischen Ursprungs. (o. O. Um 1880)

Corda, Aug. Jos., Flora protogaea. Beiträge zur Flora der Vorwelt. Mit 60 Taf. Abbild. Neue (Titel-)Ausg. 8 Lfgn. Imp.-4. (VIII und 128 S. mit 60 Stnt.) Berlin (845)67, Calvary und Comp. à Lfg. * 1 Thlr. *

Corda, Aug. Jos., flora protogaea. Beiträge zur Flora der Vorwelt. Mit 60 Taff. Abbildgn. Neue Ausg. Berlin 868. Calvary & Co. gr. 4. (VIII, 128 S.) n. 8 ₰

— Flore illustrée de Mucédinées d'Europe. Avec 25 planches color. gr. in Fol. Leipzig 840. Gérard Fleischer. 15 ₰

Corda, A. C. J., Icones fungor. hucusque cognitor. Tom. I—IV. — Abbildungen d. Pilze u. Schwaemme. 1—4 Bd. Roy.-Fol. Pragae, libr. Calve. [I. (10 B. u. 7 Taf.) 837. * 4⅓ Thlr., II. (13 B. u. 8 Taf.) 838. * 5⅓ Thlr., III. (15½ B. u. 9 Taf.) 839. * 6⅔ Thlr., IV. (15 B. u. 10 Taf.) 840. * 6⅔ Thlr.] Thlr. *

—— Id. — Tom. V. — Abbildungen d. Pilze u. Schwaemme. V. Bd. gr. Fol. (25 B. u. 10 Taf.) Pragae 842, Ehrlich. *

Corda, Aug. Car. Jos., iconum fungorum hucusque cognitorum tom. VI. (ultimus), quem auctore ipso ex itinere Texano per mare Mexicanum reduce, infelici sorte abrepto, consultatis literariis ejusdem reliquiis edid. Joann. Bapt. Zobel. — Abbildungen von Pilzen u. Schwämmen. 6. u. letzter Bd., mit 20 lith. Taf.; herausg. mit Benützg. d. literär. Nachlasses des Verf. etc. Prag 854. Ehrlich. gr. Fol. (XIX, 91 S.) n. 15 ₰
1—5. Bd. Ebend. 1837—42. n. 32 ₰ 7 ngr

Corda, Aug. C. Jsf, Deutschlands Jungermannien. II. 1—6. Nüruberg ... sieh: Jakob Sturm, Deutschlands Flora. Abth. 2. H. 19. 20. 22. 23. 26. 27.

Corda, Aug. J. C., Monographia Rhizospermarum et Hepaticorum. — Die Wurzelfarren u. Lebermoose nach ihren Gattungen u. Arten, organographisch-phytotomisch bearb. I. Hft. 4. (2 B. u. 6. Stnt.) Prag 830, (Kronberger u. Weber.)

—— die Pilze Deutschlands, s. Sturm, J., Deutschlands Flora, III. Abthl.

— Pracht-Flora europäischer Schimmelbildungen. Mit XXV color. Taf. Roy.-Fol. Leipz. u. Dresd. 839. G. Fleischer. 15 ₰

—— Pracht-Flora europaeischer Schimmelbildungen. M. 25 col. Taf. Roy.-Fol. (8 B.) Leipzig 839, [Weichardt.]

Corda, A. C. J., Pracht-Flora europäischer Schimmelbildungen. Mit 25 color. Taf. Fol. 839. Jetzt Brockhaus in Leipzig. 15 ₰

—— (dass. franz. u. d. T.:) Flore illustrée de Mucédinées d'Europe. Avec 25 plchs. col. gr. in-Fol. (16 B.) Leipzig 840, [Weichardt.]

– Prodrom einer Monographie der böhmischen Trilobiten, s. Hawle, J.

— über Spiralfaserzellen in dem Haargeflechte der Trichien. Ein Sendschreiben an Frhrn. Alexander v. Humboldt. Mit 1 Steintaf. gr. 4. Prag 837. Calve; jetzt Ehrlich. 7 gl

Cordara, J., kurze Beschreib. d. Lebens, d. Tugenden u. Wunderwerke des sel. Simon de Roxas, aus dem Orden d. heil. Dreifaltigkeit. 8. Wien 767. Gerold. 8 K

Cordatus, Nationalis, (psdn.), s. In unsern Tagen noch Pietisten?

Cordatus, Conr., Tagebuch über Dr. Martin Luther, geführt 1537. Zum ersten Male hrsg. von H. Wrampelmeyer. 1.—4. Heft. gr. 8. (S. 1—304.) Halle 883,84, Niemeyer. à Heft * ℳ 1,60.

Cordatus, Conr., Tagebuch über Dr. Martin Luther, geführt 1537. Zum ersten Male hrsg. von H. Wrampelmeyer. gr. 8. (521 S.) Halle 885, Niemeyer.

Corday, Charlotte; e. Versuch. 8. Altona 794. Hammerich. 14 K

Corday, Charlotte, oder die Rebellion in Calvados. Trauerspiel. Stettin 1794. V: *Christel, Franz.* (GGr)

Corday, Charlotte, oder die Rebellion von Calvados; ein Trauerspiel ... Stettin 1794. V: *Zschokke, Joh. Heinr.* (Ky)

—— oder die Rebellion von Calvados. Trauersp. 8. St. Kafke 1794.

Corday, Charlotte, Tragéd. en 3 Act. et en vers. 8. Lausanne: Pott 1795.

Corday, Charlotte, oder die Ermordung Marats dramatisirt. Frankf. a. M. 1796. V: *Senckenberg, Renatus Leopold Christian Carl Freih. von.* (Ky) (MGT) (ML)

—— od. Marat's Ermordung, dramat. 8. Frankfurt: Macklot. (Gebhardt, Frankf.) 1797.

Corday, Charlotte. Tragödie in 5 Akten mit Chören. Hamburg 1804. V: *Westphalen, Engel. Christ. geb. von Axen.* (BrMm) (EE) (GGr) (Ky) (Schl)

—— Tragödie in 5 Akt. m. Chören. gr. 8. Hamburg: Hoffmann 1804.

Corday, Michel, das Gedächtnis des Herzens. Roman. Autoris. Übersetzg. v. H. Michalski. (211 S.) 8. Berlin (908). Concordia. 2.50; geb. 3.50

Cordeiro, C. Xavier, die Festigkeit gebogener Stäbe. (Deutsch u. französisch.) (4 S.) 31,5×23,5 cm. Stuttgart 905. (Freiburg i/B., J. Bielefeld.) —75
Sonderabdruck aus „Baumaterialienkde."

Cordel: Caractère de Télémaque d'après Fénelon. – Progr. Prüm 1857.

Cordel, Osk. (Hrsg.), s. Frauen-Ehre

Cordel, Osk., Führer durch die Schachtheorie. Ausführliche Tabelle der Spiel-Eröffngn. auf Grundlage neuester Forschung. 8. (VIII, 339 S.) Berlin 888. Springer. n. 9. —

Cordel, Osk., die Staßfurter Kalisalze in der Landwirthschaft. Eine Besprechung der von Staßfurt in den Handel kommenden Kalidünger nach ihrer Zusammensetzung u. Wirkung, nebst Mittheilung e. Reihe prakt. Düngversuche. Aschersleben 868. Schnock in Comm. gr. 8. (44 S.) n. 5 ngr

— die Staßfurter Kalisalze in der Landwirthschaft u. Rübenrübencultur. Eine Besprechung der von Staßfurt in den Handel kommenden Kalidünger nach ihrer Zusammensetzung u. Wirkung, nebst Mittheilung e. Reihe prakt. Düngversuche. Ebend. 868. gr. 8. (63 S.) n. 7½ ngr

Cordel, Osk., neuester Leitfaden d. Schachspiels, s.: Zuckertort, J. H.

Cordel, Osk., Macht u. Recht in der Polenfrage. Betrachtungen. (31 S.) 8. Charlottenburg 907. Steglitz, Verlag Das deutsche Landhaus. — 50

— Das Schachspiel, an mehr als 100 Musterpartien berühmter Meister erläutert. Mit zahlreichen Stellungsbildern. (VIII, 252 S.) 8. Potsdam (907). A. Stein. 1.75; geb. in Leinw. 2. —

Cordelia ... Leipzig 1840. V: *Wolzogen, Caroline von.*

Cordelia. Von der Verfasserin der Agnes von Lilien. 2 Thle. 8. Leipzig 840. Brockhaus. $3^1/_3$ ℛ

Cordelia, (Verfasserin der Emilie oder die getrennte Ehe) Alwina, od. die Proselytin. 8. Münst. 840. Theissing. $^1/_2$ ℛ

Cordelia, der Berg der Wunder u. andere Märchen. Aus dem Ital. übers. v. G. Schürmann. (94 S.) 8. Leipzig 905. Dürr'sche Buchh. n. 1. —

Cordelia, e. Dorfschule. Erzählung. 8. (96 S.) Paderborn 870. Junfermann. — 75

Cordelia, Ethnea oder die Sclaven der Engländer. Münster 856. Theissing. 8. (264 S.) 20 ngr

Cordelia, kleine Helden. Ein Buch f. die Jugend. Deutsch v. G. Zelter. Illustr. v. A. Ferraguti. gr. 8. (III, 235 S.) Leipzig (900). Schmidt & Spring. Geb. in Leinw. 4. —

Cordelia, Verfasserin der Emilie u. Alwina, Julie u. Marie. Briefe über den katholischen Cultus. 12. Köln 846, Bachem. n. $^2/_3$ ℛ

Cordelia, Julie u. Marie. Briefe über den kathol. Kultus. 2. Aufl. gr. 12. (IV u. 276 S.) Köln 851. Bachem. n. $^2/_3$ ℛ

Cordelia, erste Kämpfe; Mutter und Sohn; Villa Eugenia, s. Universal-Bibliothek Nr. 2464 und 2465.

Cordelia, Paris und Rom, s. Paris und Rom.

— Racconti e bozzetti, s.: Sammlung mod. italien. Autoren. 9.

— Heraldos Söhne. Eine romant. Erzählg. f. die Jugend. Aus dem Ital. übers. v. G. Schürmann. (68 S.) 8. Ebd. 905. n. — 80

Cordelia, der Testeid, s. Testeid, der.

Cordelier, le vieux, par Camille de Moul., v. de Moulins.

Cordemann, die hannoversche Armee u. ihre Schicksale in u. nach der Katastrophe v. 1866, hrsg. v. G. Wolfram, s.a. Quellen u. Darstellungen zur Geschichte Niedersachsens. 15. Bd.

Die Hannoversche Armee und ihre Schicksale in und nach der Katastrophe von 1866. Aufzeichnungen u. Akten d. Hannov. Generalstabschefs Oberst [Friedrich] Cordemann. Hrsg. von Dr. G[eorg] Wolfram. *Hannover & Leipzig: Hahn 1904.* (XIV, 99 S.) 8° [F.]
= Quellen u. Darstellungen z. Geschichte Niedersachsens. Bd 15.

Cordenons, Paskal, das Problem der Luftschifffahrt gelöst. Mit 1 (lith.) Figurentafel (in 4.). Verona 868. Münster. 8. (20 S.) n. $7^1/_2$ ngr

Corderius, Balthasar, s. Fabeln, moral., des heil. Cyrill.

Corderius, Martin

Corderii, Matur., Colloquia scholastica. Montisb. 621. 8. oft hernach. Francof. 704. 8. Lips. 745. 8. Ib. 761. 8. 3 gr.

Corderius, Martin, colloquia scholastica. 8. Frft. Brönner. 755.

— colloquia scholast. 8. 733. Leipz. 761. (Gleditsch). 3 gr

Corderii, Mart., colloquia scholast. cum interpretatione germanica, constructione syntactica, vocabulorum explicatione et phrasium enucleatione, opera Frid. Rombergii et praefat. J. C. Malschii. Edit. IIIa. 8. Frankf. 754. Brönner. 16 gr

— colloquia scholast. 8. Lips. Heinsius. 761.

— et Ludov., Vivis, colloquia scholast., usui publico accommodata a J. B. Basedovio. 8. Leipz. 781. (W. Vogel). 10 gr

Corderii, Mart., et J. Lud. Vivis Colloquia scholastica. Usui publico accommodavit J. B. Basedow. Lips. 789. 8. 10 gr.

Cordes (Hrsg.), s. Anzeiger, Kirchlicher, und Sonntagsgruß f.d. evang.-luth. Gemeinde von Frankfurt.

Cordes, die Hauptsitze der evangelisch-lutherischen Mission in Leipzig. Leipzig 858. (Dörffling u. Franke.) gr. 8. (8 S. u. 1 Stahlst. in qu. Fol.) n. 6 ngr

Cordes, Prof., neueste Zeichen-Schule zum Gebrauch für Stadt- u. Land-Schulen, wie auch zum Selbstunterricht anwendbar. 2 Hefte, enthalt. 24 Blätter Blumen-Zeichnungen. qu. 4. Berlin 840. Winckelmann u. Söhne. à $^1/_4$ ℛ

Cordes' Universitäts-Kalender f. Kiel. Sommer-Sem. 1901. Mit dem Bilde des Rektors u. 12 Ansichten aus „Alt-Kiel in Wort u. Bild" v. H. Eckardt. gr. 16. (IV, 119 S.) Kiel, R. Cordes. Geb. n. 1 40

Cordes' Universitäts-Kalender f. Kiel. Winter-Sem. 1906/07. (IV, 134 S. m. 1 Abbildg.) 16. Kiel, R. Cordes. Geb. n. 1. —

Cordes' Universitäts-Kalender f. Kiel. Winter-Sem. 1910/11. (IV, 165 S. m. 1 Bildn.) kl. 8. Kiel, R. Cordes. Geb. 1. —

Cordes, A., s.a. Cordes, Karl August Seth

Cordes, A., vom hl. Abendmahl, s.: Bausteine zum Ausbau des evangelischen Gemeindelebens 10. Heft.

— Auf zur Rettungsarbeit an den Gefallenen! Vortrag in der Gen.-Versammlg. des mecklenburg. Frauen-Hilfsvereins z. Rettg. gefallener Mädchen. (10 S.) kl. 8. Berlin (909). Leipzig, H. G. Wallmann. nn — 10

Cordes, A., Botschafterdienst unter der Kanzel. 1.—3. 8. Hamburg, Agentur des Rauhen Hauses. à Nr. n. — 20
1. Welthandel wider Weltmission — warum? (Ein Wort zur Verständigg. (19 S.) 906.
2. Neues Vertrauen zur alten Bibel! Ein Wegweiser aus der gegenwärt. Bibelnot. (24 S.) 906.
3. Leichenbestattung u. Kirche. (24 S.) 906.

— Botschafterdienst unter der Kanzel. 4. Welterlösg. (32 S.) 8. Hamburg 907. Agentur des Rauhen Hauses. — 20

— Die Briefe an die Philipper u. Kolosser, s.: Wort, das, d. Heils.

— das Buch der Bücher, s. Lehr u. Wehr für's deutsche Volk. 21. Hft.

— es werde gedacht aller Welt Ende. Predigt z. Missionsfest in Greiz a. 18. Septbr. 1895. gr. 8. (8 S.) Greiz (895). (Leipzig, F. A. Wilhelm.) — 06

Cordes, A., Ewigkeit, in die Zeit leuchte hell herein! E. Zeugniß v. armen Mann u. reichen Lazarus. Festpredigt üb. Lucas 16, 19—31, geh. b. 33. Jahresfest d. südwestdeutschen Konferenz f. inn. Mission in Pforzheim am 23. VI. 1897. gr. 8. (8 S.) Karlsruhe 897 Evang. Schriftenverein. — 15

— Frömmigkeit u. Kirchenbesuch, s.: Bausteine des evangelischen Gemeindelebens. I, 6.

— unsere Gemeinschaft am Evangelium. Predigtgrüße. (69 S.) kl. 8. Hamburg 904. Agentur des Rauhen Hauses. Geb. n. 1. —

Cordes, A.* Leichenbestattung und Kirche. Botschaft unter der Kanzel 3. Hamburg. Agentur des Rauhen Hauses. 1906.

Cordes, A., Predigt, geh. auf dem 30. Kongreß f. Innere Mission, s.: Reichard, Max.

Cordes, A., die Reform der Schwurgerichte, e. brenn. Frage uns. gegenwärt. Gesetzgebg. 2., veränd. Aufl. d. Schrift: Schwurgericht od. Schöffengericht? gr. 8. (III, 39 S.) Bremen 896. Leipzig, M. Heinsius Nachf. n. 1. —

Schwurgericht oder Schöffengericht? Ein Beitrag z. Reform unserer Strafgerichte u. Schwurgerichte. Vortrag, geh. von Richter (A.) Cordes in Bremen. *Bremen: M. Heinsius Nachf. 1895.* (32 S.) 8° [F.] [06. 10200

Cordes, A. W., das Chorgestühl der Kirche San Severino in Neapel, s.: Renaissance, italienische.

Cordes, Anton (Hamburg), Tempora legalia ex statutis Hamburgens. praecipua ac singularia. Altdorf (M. D. Meyer) 31. V. 1726. 51 S. (4.50) 5644
Widm. v.: Gg. Fried. Deinlin.

Cordes, C., 180 Monogramme in d. verschiedensten Ausführungen. qu. gr. 8. (12 Bl.) Wesel 889. Düms. — 30

— Musterblätter der gebräuchlichsten Schriftarten u. Zierschriften, m. e. reichhalt. Sammlg. Monogramme in den verschiedenartigsten Ausführungen. qu. gr. 8. (24 Steintaf.) Ebd. 887. geb. — 60

Cordes, C., Musterblätter der gebräuchlichsten Schriftarten und Zierschriften, mit einer reichhalt. Sammlung Monogramme in den verschiedenartigsten Ausführungen. 1. Aufl. (24 Stnt.) 1887; 2. Aufl. qu. gr. 8. (22 Stnt.) Wesel 888, Düms. geb.

— Sammlung d. wichtigsten Schreib- u. Zierschriften f. Schüler, Künstler u. Kunsthandwerker. qu. gr. 8. (18 Bl.) Ebd. 889. n. — 40

Cordes, E., die Cholera in Lübeck. Einige Worte an den Patriotismus und die Behörden. Nebst 1 (lith.) Plane der Stadt (in Fol.), enth. die Todesfälle in den einzelnen Straßen. Lübeck 861. Aschenfeldt. gr. 8. (66 S.) n. 12 ngr.

Cordes, E., die Cholera in Lübeck. Mit 1 (lith.) Karte von Lübeck u. 1 (lith.) Bodenprofil (in 4.). [Aus der Zeitschrift für Biologie.] München 868. Oldenbourg. Lex.-8. (61 S. u. 1 Tab. in Fol.) n. 1 ℛ 6 ngr.

— Vergangenheit u. Zukunft der Cholera in Lübeck. Lübeck 866. Grautoff. gr. 8. (82 S.) n. 12 ngr.

Cordes, Ernst August Hermann, s. Cordes, Hermann

***Cordes*, Fr., Disputatio de oraculo Dodonaeo. gr. 8. Gröning. 826. v. Boekeren. (Weigel in Leipz.) 1 ℛ (bei Barth). 12 gr.**

Cordes, Franziska: Ueber primäre Typhlitis. Tübingen 1909: Laupp. 20 S. 8° ¶(Aus: Beiträge z. klin. Chirurgie. Bd 63, H. 3.)
Würzburg, Med. Diss. v. 10. Aug. 1909, Ref. Enderlen
[Geb. 6. April 79 Germersheim; Wohnort: Eglfing; Staatsangeh.: Bayern; Vorbildung: Mädchen-Gymn. Karlsruhe Reife Juli 03; Studium: Heidelberg 1, Würzburg 2, Marburg 4, München 3 S.; Coll. 12. Mai 09; Approb. 2. Dez. 08.] [U 09. 4103

Cordes, Gottlieb: Psychologische Analyse der Thatsache der Selbsterziehung. *Berlin: Reuther & Reichard 1898.* (53 S.) 8°
Würzburg, Phil. Diss. v. 1898

Psychologische Analyse der Thatsache der Selbsterziehung v. Dr. phil. G. Cordes. *Berlin: Reuther & Reichard 1898.* (54 S.) 8.
= Sammlung v. Abhandlungen a. d. Gebiete d. paedagog. Psychologie u. Physiologie. Bd II. H. 2. [98. 8540

Cordes, H., Handelsstraßen u. Wasserverbindungen von Hankau nach dem Innern v. China. Mit e. Karte v. China in Steindr. gr. 4. (21 S.) Berlin 899. E. S. Mittler & Sohn. n. 1. 60

Cordes, H., Sauerland, du Träumer! (115 S.) kl. 8. Paderborn 906. Bonifacius-Druckerei. n. 1. —

Cordes, H. G., deutsches Seerettungswesen u. seine Mittel, m. besond. Berücksicht. der Wurfgeschütze, Gewehre u. Geschosse. gr. 8. (30 S. m. Abbildgn. u. 1 Taf.) Bremerhaven 900. (v. Vangerow'sche Buchh.) 1. 50

Cordes, Heinrich: Aus d. Psychiatr. u. Nerven-Klinik zu Kiel. Zur Differentialdiagnose der progressiven Paralyse: Meningitis tuberculosa und Paralysis progressiva. Kiel 1908: Fiencke. 23 S. 8°
Kiel, Med. Diss. v. 26. Okt. 1909, Ref. Siemerling
[Geb. 27. Nov. 83 Langförden; Wohnort: Langförden; Staatsangeh.: Oldenburg; Vorbildung: Gymn. Vechta Reife O. 03; Studium: Freiburg i. B. 1, Berlin 1, Kiel 6, Leipzig 1, München 1 S.; Coll. 31. Juli 08; Approb. 1. Okt. 09.] [U 10. 2431

Heinr. Cordes Algebraische Nebenstunden in hundert historischen Begebenheiten. Lübeck. 8. (7 gr.) 1707.

Cordes, Heinrich: Historisch-algebraische Neben-Stunden, bestehend in 100. sehr raren und seltsamen historischen Begebenheiten, welche mit grossem Fleiß aus eben so vielen Büchern glaubwürdiger Geschicht-Schreiber ausgezogen, in die edle Algebram verfasset, und zwar solchergestalt, daß eintzig und allein von Arithmet. Geometr. und harmonischen Progressionibus gehandelt wird. Auffs deutlichste resolviret . . . von Heinr(ich) Cordes. Wißmar & Leipzig: Joh. Chr. Schmidt 1707. 448 S. 8°

Cordes, Heinrich Fr.

Cordes, H. F.: „Vermischte Schriften über die Fortifikation", Gera 1800 (Heinsius).

Cordes, Hnr. Fr., vermischte Schriften über d. Fortifikation u. Verschanzungskunst. 16 Stück. Mit 4 Kpf. 8. Zütphen 801. Thieme. 18 gr.

Cordes, Hermann

Cordes, *Ernst August* Hermann [app. Arzt]: Über die Komplikation von Schwangerschaft mit Fibromyomen des Uterus und deren Behandlung ... Leipzig, Buchdr. R. Hahn, 1894; 42 S., 1 Bl. 8.
Leipzig, Med. Fak., Inaug.-Diss. v. 9. Juni 1894

Cordes, J. G., zum Kampf um die Weltanschauung. Vorträge, geh. an Arbeiter-Diskussionsabenden. (116 S.) kl. 8. München 907. C. H. Beck. Kart. n. 1. —

Cordes, J. G., zum Kampf um die Weltanschauung. Vorträge, geh. an Arbeiter-Diskussionsabenden. 2. Aufl. 4.—6. Taus. (116 S.) kl. 8. München 911. C. H. Beck. In Pappbd. 1. 20

Cordes, J. G., kurzer tabellarischer Leitfaden für den Unterricht einer deutschen, evangel. Jugend in der Weltgeschichte. Ler. 8. Lüneburg 813, Herold u. Wahlstab. 1/4 ℛ

Cordes, J. G. De suspectis mathematum speciatim astronomiae originibus disputatio secunda. Wittebergae 1727. 4.

Cordes, Ign. (Johannes Joseph) (geb. Loningen in Oldenburg 31. 7. 1857): Ueber den Bau des Uterusmyomes, das Verhalten des Mutterbodens und die Entstehung und Entwicklung des Neoplasma. Berlin (1880). (32 S.) 8°
Berlin, Med. Diss. v. 30. Sept. 1880

Cordes, (Joach.) Aemil. (geb. Lübeck 20. 8. 1829): De acuto et chronico articulorum rheumatismo. Berolini (1853). (36 S.) 8°
Berlin, Med. Diss. v. 21. März 1853

— **Johann Ernst** (Lüneburg/Hannover), De epilepsia. Diss. med.-pract. Götting. (J. C. Baier) 5. II. 1817. 14 S. (4.80) 5646

— **Johann Friedrich** (Oldenburg), De modo, conventionibus adjecto ejusque effectu juridico. Göttingen (Barmeier) 21. IX. 1782. 38 S. (5.—) 5647

Orgelbuch zum Katholischen Gesangbuch 'Sursum corda'. Im Anschluß an d. Bearbeitung von W. Schrage neu hrsg. von Johannes **Cordes**, Domvikar. [Nebst] Anhang. Paderborn: Junfermann 1904. 2 Bde quer-8°
Neue Aufl. von: Wilh. Schrage: Choralbuch zu d. kath. Gesang- u. Gebetbuch Sursum corda. 1877. [05. 7106

Cordes, Joseph: Begriff und Arten der Werthpapiere mit besonderer Berücksichtigung des Bürgerlichen Gesetzbuches. *Kiel 1898: P. Peters.* (148 S.) 8°
Kiel, Jur. Diss. v. [18. Apr.] 1898

Cordes, Karl August Seth, s.a. Cordes, A.

Cordes, [Karl August Seth]: Auf zur Rettungsarbeit an den Gefallenen! Vortrag in d. Generalversammlung d. mecklenburg. Frauen-Hilfsvereins z. Rettung gefallener Mädchen. — Berlin: Geschäftsstelle d. deutschen Sittlichkeitsvereine [1908]. 10 S. 8°

Cordes, Max: Aus d. Prosektur d. städt. Krankenh. r. d. Isar. ⟨Prosektor: Oberndorfer.⟩ Beitrag zur Kasuistik der Melanosarkome. München 1908: Wolf. 29 S. 8°
München, Med. Diss. v. 7. Juni 1909, Ref. v. Bollinger
[Geb. 16. Jan. 82 Übigau; Wohnort: Übigau; Staatsangeh.: Preußen; Vorbildung: Gymn. Brilon Reife O. 03; Studium: Freiburg i. B. 1, Kiel 4, Berlin 2, München 3 S.; Coll. 7. Juni 09; Approb. 16. Mai 09.] [U 09. 3297

Cordes, Olga, Hilde u. andere Novellen, s. a. Bibliothek der Gesamtlitteratur.

Hilde und andere Novellen von Olga **Cordes**. Mit d. Bilde d. Verf. u. e. Vorbemerkung. Halle a. S.: Hendel (1900). IV, 103 S. 8°
(Bibliothek d. Gesamtliteratur d. In- u. Auslandes. Nr 2142. 2143.) [00. 1032

Cordes, Olga, hinauf — hinab. Ein Künstlerroman. gr. 8. (253 S.) Dresden 901. C. Reißner. n. 3. —; geb. n. 4. —

— **Künstler-Novellen.** 8. (VII, 144 S.) Dresden 900. E. Pierson's Verl. n. 2. —; geb. n. 3. —

Cordes, W., Beitrag z. Verhalten d. Coniferen gegen Witterungseinflüsse m. 4 Tab. üb. tägl. Beobachtgn. d. Temperaturdifferenzen u. Niederschläge, 2 Bl. Darstellgn. v. Grundwasser-Schwankgn., 1 Bl. Situationsplan u. Skizzen. 2. Aufl. 8. (8 S.) Hamburg 897. C. Boysen. n. 1. —

Cordes, Walter, approb. Arzt aus Bremen: Zur Lehre vom Aderlaß und der Kochsalzinfusion. *Heidelberg: Heidelb. Verlagsanst. u. Druckerei 1902.* (37 S.) 8°
Göttingen, Med. Diss. v. [15. Sept.] 1902

Cordes, Walt., zur Lehre v. Aderlass u. der Kochsalzinfusion. Diss. (37 S.) gr. 8. Göttingen 902. (Vandenhoeck & Ruprecht.) n. — 80

Cordes, Werner [aus Hamburg]: Der zusammengesetzte Satz bei Nicolaus von Basel, I. Teil .... Hamburg, Druck v. Ferdinand Schlotke, 1888; 2 Bl. + IV + 43 S. + 1 Bl. 8°
Bonn, Phil. Fak., Inaug. Diss. v. 16. Jun. 1888

Cordes, Werner, der zusammengesetzte Satz bei Nicolaus von Basel. I. Teil. Diss. Bonn 1888, Emil Strauss. 8°. IV, 43 S.

Cordes, W., der zusammengesetzte Satz bei Nicolaus v. Basel. 8. (XI, 236 S.) Leipzig 888, Fock. *

Cordes, W., der zusammengesetzte Satz boi Nicolaus von Basel. gr. 8. (XI, 236 S.) Leipzig 889. Fock. n. 5. —

Friedhof zu Ohlsdorf. Generalplan. Ohlsdorf, Juli 1907. W[ilhelm] **Cordes**. (1:4000.) [Nebst Text: Größere Grabanlagen ... (Hamburg: C. Boysen 1907; Geogr. Lith. Anst. J. Köhler.) (1 Kartenbl. Blattgröße 51×48 cm.) 8° [kol.]
[Umschlagt.:] General-Plan v. Friedhof zu Ohlsdorf. Neueste Aufnahme mit Einzeichnung e. Rundganges ... [07. 13910

Cordey, Eugène. Dans quelle mesure est-il désirable et possible d'établir des notions concordantes dans le droit civil et le droit pénal? Co-Rapport. II p. + p. 183—196. 8. Basel, Helbing & Lichtenhahn, 1903.
Verhandlungen des Schweizerischen Juristenvereins 1903. Heft 3.

Cordey, Heinrich Daniel (Ebrodunensis), Systhematis physici disp. vigesima quarta: de thermometris. Präs. J. P. v. Crosa. Lausanne, 1715. Bern (off. typ. ill. reip.) 19 S. (5.—) 5648
Gew.: Joh. Carl Steiguer, Heinr. Joh. Ludw., Dav. Eman. u. Pet. Frz. Cordey.

Cordey, Henri Dan., Yverdon. Specimen medicum de alimentorum in chylum conversione. 1384
Basel; med. Diss. 1721

Cordier's Kinder-Bibliothek. Ernst u. Scherz fürs Kinderherz. 1. Reihe. Nr. 1 u. 2. 12. Heiligenstadt, F. W. Cordier. à — 25
1. Der Alte v. Müssenberge od. e. westfäl. Rübezahl. Von A. Steinbach. 1. Tl. (64 S. m. Abb.) 896.
2. Dasselbe 2. Tl. (64 S. m. Abb.) 897.

[CORDIER, A.]

Christliche | Seelenhilfe | für die Kranken, und | Sterbenden. | Bestehend | in Ermahnungen, Tröstun-|gen, Tugendübungen, Ge-|betern, und Litaneyen. | Zusammengetragen | aus den bewährtesten geistlichen | Büchern. | Zum Gebrauche | nicht allein der Kranken, und Ster-|benden, sondern auch der Priester, | und Seelsorger. | Lützemburg, | Bey der Wittib J. B. Kleber 1776. |
156 gez., 4 ungez. S., kl-8° (135 × 80 mm).

Cordier, F. S., Beschreibung und Abbildung der eßbaren und giftigen Schwämme, welche in Deutschland u. Frankreich wachsen. Nach d. Franz. mit besond. Hinsicht auf Deutschland bearb. Mit 11 Taf. ill. Abbildd. 8. Quedlinb. 838. Basse. 2/3 ℛ︀

Cordier, Henri: Ferdinand Denis. 1798—1890. [o. O. u. J.] [c. 1893.] 20 S. 8°.

Cordier, Henri, s.: T'oung pao.

Cordier, Joseph, a. Saargemünd ⟨Lothr.⟩: Über eine Gruppe von 96 Collineationen und Correlationen. Straßburg 1905: Straßburger Druckerei u. Verlagsanstalt. (39 S.) 8°
Straßburg, Math.-naturwiss. Fak., Ref. Reye, Diss. v. 1905
[Geb. 23. Apr. 80 Wiesweiler, Kr. Saargemünd, Lothr.; Wohnort: Saargemünd; Staatsangeh.: Elsaß-Lothringen; Vorbildung: Oberrealschule Metz Reife M. 01; Studium: Straßburg 7 S.: Rig. 26. Juni 05.]

Cordier, Jules, Clémentine, Comédie-Vaudeville, s. Répertoire du Theatre français. No. 192.

— — et A. **de Beauplan**, les grenouilles qui demandent un roi, s.: Répertoire du théâtre Français à Berlin, Nr. 354. — Théâtre Français par Schütz. X. série. Livr. 12.

Cordier, Jul., la Polka en province, s. Répertoire.

— la propriété c'est le vol, s. Répertoire du théâtre franç. — Théâtre franç. par Schütz.

Die religionsphilosophischen Hauptprobleme bei Heinrich Pestalozzi. Von Dr. Leopold **Cordier**. Langensalza: Beyer 1910. VI, 82 S. 8°
(Pädagogisches Magazin. H. 426.) [11. 9361

Cordier, Leop., unser Kindergottesdienst. Gedenkblätter aus d. Arbeit d. Kindergottesdienstes v. St. Ulrich z. Halle a/S. Ein Festgruß des Helferkreises an seinen Leiter. (VIII, 140 S. m. Abb.) 8. Berlin (910). Deutsche Sonntagsschul-Buchh. 1.50

Récentes découvertes de mss. médicaux sanscrits dans l'Inde (1898–1902). Mémoire présenté au Congrès des Orientalistes de Hanoï (1902) par P. **Cordier**. London: Luzac; Leipzig: Harrassowitz 1903. 32 S. 8° [Umschlagt.]
Aus: Le Muséon [09. 17419 5

Cordier, Philipp., Dissertatio scripturistica de induratione voluntatis humanae. [Rom. 9, 18.] Trier, 1771, 4°, 22 S. (mit Disputiersätzen).

Cordier von Löwenhaupt, Viktor

— Über die Einwirkung von Brom auf metallisches Silber im Licht und im Dunkeln (mit 3 Textfiguren). S. 110. Hb. 621 . . . . vgr.
Separatabdruck

— Über die Einwirkung von Bromlauge auf Harnstoff- und Guanidinderivate. 1. Mitteilung. S. 121. Hb. 411 . . . . vgr.
— — 2. Mitteilung (mit 2 Textfiguren). S. 122. Hb. 1267 . . . . vgr.
Separatabdruck

— Über die Einwirkung von Chlor auf metallisches Silber im Licht und im Dunkeln. 1. Mitteilung (mit 2 Textfiguren). S. 109. Hb. 52 . . . . vgr.
Separatabdruck

— 2. Mitteilung. S. 109. Hb. 59 . . . . vgr.
Separatabdruck

Cordier Viktor von Löwenhaupt, Dr.: Über einen Fall von wahrscheinlicher Stereoisomerie beim Guanidin (mit 2 Textfiguren). S. 115. Hb. 497 . . . . vgr.
Separatabdruck

Cordier Viktor von Löwenhaupt, Dr.: Zur Kenntnis der dem Cinchonin isomeren Basen. S. 107. Hb. 50 . . . . vgr.
Separatabdruck

— Über eine eigentümliche Reaktion bei Eisen und Stahl. S. 111. Hb. 8 . . . . . vgr.
Separatabdruck

Cordilleren [Schlagwort]

— s. a. **Geognostische Karten.**

Cordilleren. Sievers, W., Original-Routenkarte der Venezolanischen Cordillere, bearb. u. gezeichnet v. L. Friederichsen. 1:1,000,000. Nebst 2 Nebenkarten. 1:400,000. Chromolith. gr. Fol. Nebst Text. gr. 8. (8 S.) Hamburg 888. Friederichsen & Co. n. 4. —

Cordiner, Karl, Alterthümer und malerische Beschreibung von Nordschottland. Aus dem Englischen. Hamburg 1783. [— NSR. Theil 5.]

Cordoba [Schlagwort]

Cordoba. Greiner, Ulr., Mapa de la provincia de Cordoba. 1:750,000. 109×65 cm. Farbdr. Buenos-Aires 905. G. van Woerden & Co. n. 30. —; auf Leinw. in Mappe od. m. Stäben n. 40. —

Cordon de Seda, Gott, Natur u. Menschenherz. Gedichte. gr. 16. (VII, 139 S.) München 892. J. Seyberth. n. 1. 50; geb. in Leinw. m. Goldschn. n. 2. 50

Cordonnier, Anatole, Abhandlung üb. das grossblumige Chrysanthemum. (87 S. m. Abbildgn. u. 2 Taf.) gr. 8. Bailleul (Nord) (906). (Leipzig, R. C. Schmidt & Co.) n.n. 1. 25

Cordonnier, Hyacinte, s. Saint-Hyacinthe, Thémiseul de

[Cordonslinie in der Bukowina für den Pestfall.] (1:144.000.) [o.O., ca. 1797/98]. (Handzeichnung).

de Cordova, A., Reise nach der Megallansstraße, s. n. Bibl. d. Reisebeschreibb. 23r Bd.

Cords, Elisabeth, aus Olscewice: Aus d. vergleichend-anat. Institut zu Freiburg i. Br. Beiträge zur Lehre vom Kopfnervensystem der Vögel. Mit 14 Fig. auf 2 Taf. *Wiesbaden: J. F. Bergmann 1904.* (52 S.) 8°
Freiburg i. B., Med. Diss. v. 1904

Cords, Elise, Sträusse und Kränze, s. Gindroz, Pauline.

Cords, Martin Heinrich (Hamburg), Commentatio de alimentorum transactionibus. Diss. jur. Gött. (H. C. Seemann) 1838. 61 S. (4.80) 5649
Gew.: Nicol. Binder.

Cords, Richard, Medizinalprakt. a. Köln: Ein Fall von postdiphtherischer Gehirnerkrankung mit besonderer Berücksichtigung unserer heutigen Kenntnisse vom Zwangslachen. Leipzig 1906: B. Georgi. (61 S.) 8°
Leipzig, Med. Fak., Ref. Flechsig, Diss. v. 16. Juli 1906
[Geb. 7. Aug. 81 Cöln; Wohnort: Cöln-Bayental; Staatsangeh.: Preußen; Vorbildung: Realgymn. Cöln Reife O. 01; Studium: Bonn 1, Leipzig 2, Freiburg i. B. 2, Straßburg 1, Wien 1, Berlin 1, Leipzig 3 S.; Coll. 26. Juli 06; Approb. Juni 06.]

Cords, Theodor Marius

Cords, Th. M., die Bedeutung der Binnenschiffahrt f. die deutsche Seeschiffahrt, s. a. Studien, Münchener volkswirtsch. 81.

Cords, Th[eodor] M[arius]: Die Bedeutung der Binnenschiffahrt für die deutsche Seeschiffahrt. (I. Teil und II. Teil, 1. Abschnitt.) Stuttgart 1906: Union. (VI, 253 S.) 8°
¶ (Erschien vollst. als: Münchener volkswirtsch. Studien St. 81. 1906.)
München, Staatswirtsch. Fak., Ref. Lotz, Diss. v. 17. Juli 1906
[Geb. 12. Jan. 84 Lübeck; Wohnort: Lübeck; Staatsangeh.: Lübeck; Vorbildung: Katharineum (Realgymn.) Lübeck Reife M. 02; Studium: Phil. Leipzig 2, Berlin 2, Staatsw. München 4 S.; Rig. 17. Juli 06.]

Die Bedeutung der Binnenschiffahrt für die deutsche Seeschiffahrt. Eine Studie über Deutschlands Seeverkehr in s. Abhängigkeit von d. Binnenschiffahrt im Zeitraum 1890–1903 von Th. M. **Cords**, Dr. d. Staatsw. Stuttgart & Berlin: J. G. Cotta Nachf. 1906. (VIII, 429 S.) 8°
= **Studien**, Münchener Volkswirtschaftliche. Stück 81. [06. 14807 3

Wilhelm Cords mathematisches Kunstweckerlein in Algeorai- Geometri- und Astronomischen Kunstquästionen. Soest. 9 Bog. 8. (3 gr.) 1735.

Cordsen, H., s. Zeitschrift f. Jugendwohlfahrt.

Cordsen, Hans, s.: Aufgaben u. Ziele d. Bundes f. Schulreform.

Cordsen, Hans Chr(istian), a. Goldelund: Beiträge zur Geschichte der Vitalienbrüder. Halle 1907: Bärensprung, Schwerin i. M. (42 S.) 8° [J.]
Halle, Phil. Fak., Ref. Lindner, Diss. v. 16. Dez. 1907
[Geb. 28. Dez. 75 Goldelund (Schlesw.-Holstein); Wohnort: Hamburg; Staatsangeh.: Preußen; Vorbildung: Gymn. Meldorf (Holstein) Reife M. 02; Studium: Kiel 1, Halle 5 S.; Rig. 10. Dez. 06.]

Cordt, B., Philipp Crusius von Krusenstiern. Ein rehabilitirter baltischer Dichter. [Aus: „Sitzungsber. d. gelehrten estn. Gesellsch."] 8. (20 S.) Mitau 887. E. Behre's Verl. n. — 75

Cordt, Benj., Johannes v. Müller's Briefe an Karl Morgenstern. [Aus: „Altpreuss. Monatsschrift".] gr. 8. (35 S.) Königsberg i/Pr. 891. F. Beyer. n. — 80

— die Verhandlungen des Waffenstillstandes v. Tousina, 1593, s.: Verhandlungen der gelehrten estnischen Gesellschaft.

Cordua, zur konservativen Behandlg. d. tuberkulös-eitrigen Lymphdrüsenentzündg., s.: Jahrbücher d. hamburg. Staatskrankenanstalten.

Cordua, Erich, Referendar in Neustrelitz: Der Vermächtniserwerb nach gemeinem Recht und bürgerlichem Gesetzbuch. *Rostock 1903: H. Winterberg.* (106 S.) 8°
Rostock, Jur. Diss. v. [20. März] 1903

Cordua, Ernst [app. Arzt, aus Sülze i. M.-Schw.]: Ein Fall von einem monströsen Blindsack [!] des Dickdarms ... Göttingen, Druck d. Dieterichschen Univ.-Buchdr., 1892; 30 S. 8.
Göttingen, Med. Fak., Inaug.-Diss. v. [17. Nov.] 1891

Cordua, Ernst, e. Fall v. e. monströsen Blindsack d. Dickdarms. Diss. gr. 8. (30 S.) Göttingen 892. (Vandenhoeck & Ruprecht.) n. — 80

de **Cordua, Fr.**, Vom Schatzgraben und Beschwörung der Geister. Hamb. 8°.
1716

Cordua, Franc. de, Schrift- und vernunftmäßige Gedanken von Schatzgraben und Beschwörung der Geister. Aus d. Lat. Hamb. 719. 8.

Cordua, Herm., über den Resorptions-Mechanismus von Blut-Ergüssen. Eine von der medicin. Facultät der Universität Rostock gekrönte Preisschrift. gr. 8. (62 S. mit 2 lithogr. Curventaf. in qu. gr. 4.) gr. 8. Berlin 877, Hirschwald. *

Cordula, Prinzessin (neues Märchenbuch), s.: Kinder-Bibliothek, kolor.

Cordus, Euricius, epigrammata, s.: Litteraturdenkmäler, lateinische.

Coro, W., Briefe üb. d. nat., bürg. u. pol. Zustände der Schweiz. Zürich. 8°.

1781

Corea, s.a. Korea

Corea ... [1:1,230,000.] [Mit 6 Nebenkarten.] (Shanghai Sept. 1894.) (*[Shanghai: R. A. de Villard] 1894.*) (1 Kartenbl. 60×88 cm.) [lith.] [kol.]

Katalog der Bibliothek der Loge „Zur Hoffnung" in Bern. Von Adolf Corecco. Juli 1905. Bern 1905: Haller. VIII, 122 S. 8°
Vorgedr. ist d. Büchereiordnung. 460.

Corelia, od. d. Geheimnisse d. Grabes, nach dem Engl. frey bearb. v. Verf. d. Alme etc. 2 Thle. 8. Leipzig: Beygang 1802.

Corelia oder die Geheimnisse des Grabes; nach dem Englischen . . . Leipzig 1803. V: *Naubert, Christiane Benedicte geb. Hebenstreit.* (EE) (Ky) (MGT)

Corelia, oder die Geheimnisse des Grabes. 2 Thle. 8. Leipzig: Beygang 1803. (Weygand.)

Corelia, od. die Geheimnisse des Grabes, (von B. Naubert). 2 Thle. 8. Leipz. 803. (Krappe). 3 ₰ 16 ℊ

***Corella*, J., praxis confessionalis et explicatio propositionum damnatorum. II Ptes. 4. Augsb. 757. Wolff. 1 ₰ 12 ℊ**

Quatre Danses Anciennes pour Violoncelle par A[rcangelo] Corelli (1653–1713) avec accompagnement de Piano d'après d'une [!] basse chiffrée par Jacques van Lier, Prof. à Berlin. *Breslau: J. Hainauer [1902].* (5, 2 S.) 4°

Sonate (E moll) von Arcangelo Corelli (1653–1713). Bearb. von A(lfr.) Moffat. (*Berlin: N. Simrock 1899.*) (7 S.) 4° [Kopft.]
Meisterschule d. alten Zeit No 13.

[Ant. u. F.] Drei Sonaten aus Op. 5 v. Arcangelo Corelli. '(Orig. f. Solo-Violine m. beziffertem Bass)'. F. Violine m. Harmonium oder m. Orgel oder Klavier eingerichtet v. Georg Hoffmann. No 1—3 ... *Berlin: C. Simon 1898.* 3 Bde 4.
1. D dur. (15, 7 S.) 2. B dur. (11, 6 S.) 3. C dur. (11, 6 S.)

A[rcangelo] Corelli. Suite pour Violoncelle. Rev., doigtée et éd. avec accompagnement de Piano pour l'usage des Concerts par Jacques van Lier, Prof. *Leipzig: Steingräber [1901].* (6, 3 S.) 4°
(Edition Steingräber No 1173.)

Corelli, Marie

Corelli, M., Absinth. Roman. A. d. Engl. v. Adele Berger. Autor. Übersetzg. 8. (248 S.) Berlin 895. O. Janke. 1. 50

Corelli, Marie: Ardath. The story of a dead self. s. Collection of British authors.

The mighty Atom. By Marie **Corelli**. Copyright ed. Leipzig: Tauchnitz 1896. 279 S. 8°
(Collection of British authors. Tauchnitz Ed. Vol. 3145.)

Corelli, Marie: The hired Baby, s. Collection of British authors.

Barabbas. A dream of the world's tragedy. By Marie **Corelli**. Copyright ed. In 2 vol. Vol. 1. 2. Leipzig: Tauchnitz 1893. 8°
(Collection of British authors. Tauchnitz Ed. Vol. 2950/51.)

Corelli, Marie, Barabbas. Ein Traum der Welttragödie. Erzählung aus der Zeit Christi. Autoris. Uebersetzg. v. Mathilde Beck. 2 Bde. 8. (280 u. 286 S.) Höchst 899. [W. Graf.] Stuttgart, K. Daser. n. 6. —; in 1 Leinw.-Bd. n. 7. 50

Corelli, Marie, Barabbas. Ein Traum der Welttragödie. Erzählg. aus der Zeit Christi. Autoris. Übersetzg. v. Mathilde Beck. 2 Bde. (Neue [Titel-]Ausg.) (VI, 280 u. 286 S.) 8. Stuttgart [899] (906). K. Daser. In 1 Leinw.-Bd. n. 5. —

Boy. A sketch. By Marie **Corelli**. Copyright ed. In 2 vol. Vol. 1. 2. Leipzig: Tauchnitz 1900. 8°
(Collection of British authors. Tauchnitz Ed. Vol. 3441/2.)

Corelli, Marie, God's good man, s.a. Collection of British authors.

God's Good Man. A simple love story. By Marie **Corelli**. Copyright ed. In 2 vol. Vol. 1. 2. Leipzig: Tauchnitz 1904. 8°
(Collection of British authors. Tauchnitz Ed. Vol. 3760/1.)

The Master-Christian. By Marie **Corelli**. Copyright ed. In 2 vol. Vol. 1. 2. Leipzig: Tauchnitz 1900. 8°
(Collection of British authors. Tauchnitz Ed. Vol. 3430/1.)

The Murder of Delicia. By Marie **Corelli**. Copyright ed. Leipzig: Tauchnitz 1896. 272 S. 8°
(Collection of British authors. Tauchnitz Ed. Vol. 3178.)

— Free opinions, s.a. Collection of British authors.

Free Opinions freely expressed on certain phases of modern social life and conduct. By Marie **Corelli**. Copyright ed. Leipzig: Tauchnitz 1905. 334 S. 8°
(Collection of British authors. Tauchnitz Ed. Vol. 3814.)

Corelli, Marie, holy orders, s.a. Collection of British authors.

Holy Orders. The tragedy of a quiet life. By Marie **Corelli**. Copyright ed. In 2 vol. Vol. 1. 2. Leipzig: Tauchnitz 1908. 8°
(Collection of British authors. Tauchnitz Ed. Vol. 4067/8.)

'Temporal Power'. A study in supremacy. By Marie **Corelli**. Copyright ed. In 2 vol. Vol. 1. 2. Leipzig: Tauchnitz 1902. 8°
(Collection of British authors. Tauchnitz Ed. Vol. 3601/2.)

— e. Roman aus zwei Welten, s.a. Lutz's romantische Bibliothek.

— ein Roman aus zwei Welten. Autoris. Uebersetzg. aus dem Engl. v. Isabella Hummel. 2 Tle. in 1 Bde. 2. Aufl. (XXXI, 232 u. 252 S.) 8. Stuttgart 904. R. Lutz. n. 3. 20; geb. in Leinw. n. 4. 50

Corelli, Marie: A romance of two worlds. s. Collection of British authors.

— Lilith's Seele. Autoris. Uebersetzg. v. A. Vollert. (463 S.) 8. Groß-Lichterfelde (905). P. Zillmann. n. 3. —; geb. n. 3. 50

The sorrows of Satan or the strange experience of one Geoffrey Tempest, millionaire. A romance by Marie **Corelli**. In 2 vols. Vol. 1. 2. Leipzig: B. Tauchnitz 1896. 2 Bde 8°
(Collection of Brit. Authors. Tauchnitz Ed. Vol. 3111. 3112.)

— the soul of Lilith, s.: Library, the English.

— u. a., Stimmungsbilder aus West u. Ost, s.a. Bibliothek der Gesamtlitteratur.

Stimmungsbilder aus West und Ost. Roman. Erzählungen von Marie Corelli u. A. Aus d. Engl. übers. von Marie Schultz. *Halle a. d. S.: O. Hendel [1899].* (147 S.) 8° [R.]
= Bibliothek d. Gesamtlitteratur d. In- u. Auslandes. No 1322, 24.

— Thelma. E. norweg. Fürstin. Roman. Autoris. Uebersetzg. a. d. Engl. v. Math. Beck. 2 Bde. 8. (421 u. 505 S.) Höchst 898. Stuttgart, K. Daser. n. 8.—; geb. n. 10.—

— Thelma. E. norweg. Fürstin. Roman. Autor. Übers. a. d. Engl. v. Mathilde Beck. 2 Bde. 8. (421 u. 505 S.) Höchst 898. W. Graf. n. 8.—; geb. n. 10.—

Thelma, eine norwegische Fürstin [Thelma, a Norwegian Princess]. Roman von Marie Corelli. Autor. Übers. aus d. Engl. von Mathilde Beck. In vereinfachte deutsche Stenogr. (E.-S. Stolze-Schrey) übertr. (Buch 1. 2.) Berlin: Schrey 1904–05. 8°
(Stenographische Roman-Bibliothek. Jg. 2. 3.) [11. 14427

— Thelma. Eine norweg. Fürstin. Roman. Autoris. Uebersetzg. aus dem Engl. v. Mathilde Beck. 2 Bde. (Neue [Titel-]Ausg.) (421 u. 505 S.) 8. Stuttgart [898] 906. K. Daser. Geb. in Leinw. n. 7.50

— The treasure of heaven, s. Collection of British authors.

The Treasure of heaven. A romance of riches. By Marie Corelli. Copyright ed. In 2 vol. Vol. 1. 2. With the portr. of the author. Leipzig: Tauchnitz 1906. 8°
(Collection of British authors. Tauchnitz Ed. Vol. 3905/6.) [11. 8677

— Vendetta! od.: Die Geschichte eines Vergessenen. Roman in 2 Bdn. (in 1 Bde.) Aus dem Engl. übers. v. Helene Mordaunt. 8. (290 S.) Berlin (901). H. Steinitz. n. 2.—

— Wormwood, s.: Collection of British authors.

— Ziska, s. Collection of British authors.

Ziska. The problem of a wicked soul. By Marie Corelli. Copyright ed. Leipzig: Tauchnitz 1897. 280 S. 8°
(Collection of British authors. Tauchnitz Ed. Vol. 3230.) [11. 8184

— Prinzessin Ziska. Das Problem e. verirrten Seele. Autoris. Uebersetzg. v. Helene Zillmann. (203 S.) 8. Groß-Lichterfelde 904. P. Zillmann. n. 2.—; geb. n. 2.50

Corelli, Octavian, aus Worcester Park, England: Untersuchungen über die Spaltung von Fetten. Zürich 1909. 65 S. 8°. [S. 1. 10.]
Zürich. Univ. Phil. Diss. 11. 8. 1909 10.

Corelli, Octavian. Untersuchungen über die Spaltung von Fetten. Diss. Phil. [II.] Univ. Zürich. 63 S. 8. Zurich, Aktien-Buchdr., 1909.

Corellini, Luigi, Fruchtstücke. 4 (farb.) Studien. Fol. Teplitz 892. Willner & Pick. n. 3.50; einzelne Blätter 1.20

Coremanns, B. A., der Mensch u. d. Leute; e. satyr. Fragment aus dessen seltsamem Skizzenbüchlein. 8. Nürnb. 824. v. Ebner. 4 gr

Coremans, (Docteur,) dix-huitième siècle. Notice sur les Éphémérides de Jean Kempis, dernier Secrétaire, d'état de l'Allemagne et du Nord, ainsi que sur la Continuation de ces Éphémérides. gr. in-8. Bruxelles 844. (Bonn, Marcus.) n. 7/12 ℳ

Corremans, Victor Amad.

Coremans, V. A., Epheu-Kränzchen. Ein Taschenbuch f. edle Gemüther. 16. (7 B.) Gmünd 835, [Keller. ?]

Coremans, Victor Amad., Epheu-Kränzchen. Ein Taschenbuch für edle Gemüther. 16. Gmünd 835. Gebr. Rauch. (Leipzig, Franke.) 3/4 ℳ

— Freiheitsblitze. Taschenbuch für gesetzliebende Freisinnige. Mit d. Bildn. d. Verfass. 16. Nürnb. 832. Winter. 1/2 ℳ

— s. V. Hugo, Lambert Gallois.

— Kerkerblumen. gr 8. Zürich 834. Geßner. 1 1/6 ℳ

—— Kerkerblumen. gr. 8. (15 B.) Zürich 834, [Siegfried.]

—— die Niederländer auf Sumatra, u. and. Erzählungen. 8. (12 B.) Nürnberg 830, Zeh.

— Stimme aus dem Kerker an den König Ludwig v. Baiern. Eine aus d. Gefängnisse an diesen Fürsten gerichtete Zuschrift, nebst Vorwort, Anmerk. rc. gr. 8 Zürich 834. Geßner. 1/6 ℳ

—— Stimme aus d. Kerker an d. König Ludwig v. Baiern. Eine a. d. Gefängnisse an diesen Fürsten gericht. Zuschr., nebst Vorwort, Anmerkn. rc. gr. 8. (1 1/4 B.) Zürich 834, [Siegfried.]

— der Verbannte aus dem Königslande. Eine Darstellung der Verfolgungen, die derselbe in der letzten Zeit in Bayern erlitt. Aktenmäßig, einfach, treu u. wahr von ihm selbst verfaßt. 8. Glarus 835. (Leipzig, Krappe.) 3/8 ℳ

Corens, Matthias

Gedenkblatt an die letzte, am Mittwoch, den 30. April 1890, von der Loge „Zur Bruderkette" im alten Maurertempel an der Drehbahn gehaltene Logenarbeit. Entworfen von Matth[ias] Corens. Hamburg [1890]: Conrad. 8 S. 8° [Umschlagtit.]
Gelegenheitsworte. 137.

Corens, Matth., ausgewählte Gedichte zur Benutzung beim Geschichtsunterricht. Hamburg 868. Grüning. 8. (144 S.) n. 10 ngr

Corens, Matth., ausgewählte Gedichte zur Benutzung beim Geschichtsunterricht. 2. verm. Aufl. 8. (V, 160 S.) Hamburg 871. Grüning. geb. n. 1.—

— das Weihnachtsfest u. die Kinderwelt. Vortrag, gehalten am 11. Decbr. 1867 im schulwissenschaftlichen Bildungsverein in Hamburg. Ebend. 868. 8. (14 S.) n. 3 ngr

Coret, Jac., Christus, der zweite Adam, das Sühnopfer für den Ungehorsam des ersten Adam u. für die Sünden seiner Nachkommen. Zwanzig Conferenzen. Nach dem französ. Orig. frei bearb. von H. Scheid. Regensburg 870. Manz. gr. 8. (XII, 443 S.) 1 ℳ 21 ngr

Coret, Jak., Fastenpredigten über das bittere Leiden und Sterben Jesu Christi. Aus dem französ. Original „Christus der zweite Adam" übers. durch H. Scheid. Neue Ausg. gr. 8. (XVI, 443 S.) Regensburg 887, Verlags-Anstalt.

—— der Schutzengel. Der treue Beschützer der Menschen, namentlich im Tode. Aus dem Französ. übers. von einem Seelsorgspriester. 8. (239 S. mit 1 Titelbild.) Steyl 885, Missionsdruckerei. *ℳ 1.—.; geb. **

Coret, J. B., der führende Engel in der christl. Andacht. Katholisches Gebetbuch für alle Stände. Aus d. Franz. übers. v. Jos. Lutz. Mit 1 Stahlst. 16. (414 S.) Wiesensteig 850, Schmid. 1/4 ℳ; geb. m. Goldschn. 12 ngr

Coret, der führende Engel in der christlichen Andacht. Katholisches Gebetbuch für alle Stände. Aus dem Französ. übers. von Jos. Lutz. Mit 1 Stahlst. 2. verb. Aufl. Wiesensteig 858. Schmid. 16. (416 S.) 9 ngr

Corevon, Pet. Franz (Ebrodunensis/Schweiz), De lege falcidia, in militari testamento, et ex prohibitione, cessante. Diss. jur. Präs. Sixtus Jacob Kapff. Tübing. (Schramm) Sept. 1787. 23 S. (5.—) 5650
Gew.: Carl v. Loys v. Cheseaux. — Widm. v. Präs.

Corey, Arthurus Deloraine [Massachusettensis]: Desmazonum [sic!] antiquissimis figuris. . . . Berolini, Heinrich & Kemke, 1891; 2 Bl., 103 S., 1 Bl. 8°
Berlin, Phil. Fak., Inaug.-Diss. v. 14 März 1891

Corey, Arth. Doloraine, de amazonum antiquissimis figuris. Diss. gr. 8. (103 S.) Berlin 891. R. Heinrich. n. 2. -

Corfey's selbständige Chronik, s. Geschichtsquellen, die, des Bisthums Münster.

Corfu [Schlagwort]

Corfu, s. a. Nord-Corfu.

Corfu mit der Belagerung u. der Flotte.
Corfu mit der Belagerung und dem Porträt des Grafen Schulenburg.

Corfu — Plan de — Renvoy pour les Nouvelles Fortifications Projetées et executées par S. E. Mr. le Felt-Marechal Cte. de Schulemburg. Gravé par les Heritiers d. feu le Dr. Homann; Géographe á Nüremberg Ao. 1735. 1 : 5,800. 1 Bl.

Cori, Johann Nepomuk

Cori, Konst. R. Joh. Nep., Bau u. Einrichtung der deutschen Burgen im Mittelalter. Mit Beziehg. auf Oberösterreich. Mit 104 Abbildgn. (Holzschn.) im Texte. gr. 8. (IV, 184 S.) Linz 874. Haslinger. n. 6. --

Bau und Einrichtung der Deutschen Burgen im Mittelalter. Von Johann Nepomuk **Cori**, weil. k. k. Militär-Bezirkspfarrer f. Oberösterreich ... 2. Aufl. Auf Veranl. d. Verwaltgsrathes d. Museum Francisco-Carolinum in Linz durchgesehen u. m. e. Anh. aus Cori's Nachlass verm. v. Albin Czerny. M. 89 Abb. *Linz a/Donau: E. Mareis 1895.* (VIII S., 1 Bl., 242 S.) 1 Bd 8. (97. 773)

Cori, Joh. Nepomuk: Bau u. Einrichtg. d. deutschen Burgen i. Mittelalter. 2. Aufl. Auf Veranlassg. des Verwaltungsrathes d. Museum Francisco-Carolinum in Linz durchges. u. m. e. Anh. aus Cori's Nachlass verm. v. Albin Czerny. gr. 8. (VIII, 242 S. m. 89 Abb.) Linz 895. Städtebilder-Verlag.

Cori, Joh. Nep., Bau u. Einrichtung der deutschen Burgen im Mittelalter. 2. Aufl. Auf Veranlassg. des Verwaltungsrathes des Museum Francisco-Carolinum in Linz durchgesehen u. m. e. Anh. aus Cori's Nachlass verm. v. Albin Czerny. Neue bill. [Titel-]Ausg. gr. 8. (VIII, 242 S. m. 97 Abbildgn.) Darmstadt [895]. 899. Städtebilder-Verlag K. P. Geutner. n. 3. --; geb. n. 4. —

Cori, Isidor [Assist. am Zool. Inst. d. deutsch. Univ. zu Prag, aus Brüx in Böhmen]: Beitrag zur Anatomie der Phoronis. . . . Prag, Druck v. Heinr. Mercy. Im Selbstverl., 1889; 48 S. Leipzig, Phil. Fak., Inaug.-Diss. v. 7. Jul. 1889

Cori, Carl J., Elementarcurs d. Zootomie, s.: Hatschek, B.

Cori, Carl J., ein österreich. Forschungsschiff, s. a. Jahresbericht des Vereines zur Förderg. der naturwissenschaftl. Erforschung der Adria.

Cori, Carl J., ein österreichisches Forschungsschiff. Projekt e. solchen f. die Zwecke der ozeanograph. u. biolog. Erforschg. der Adria. (26 S. m. 8 Abbildgn. u. 1 Karte.) Lex.-8. Wien 906. W. Braumüller. n. – 70

— Der Naturfreund am Strande der Adria u. des Mittelmeergebietes. 1 farb., 21 Taf. in Schwarzdr. m. 191 Fig. (VIII, 148 S. m. 22 Bl. Erklärgn.) 8. Leipzig 910. Dr. W. Klinkhardt. Geb. in Leinw. 3. 50

Tiefseeforschung, s.: Sammlung gemeinnütz. Vorträge.

Cori, Konst. R. Joh. Nep., s. Cori, Johann Nepomuk

Coriarius, Johann Heinrich

Coriarius, J. H., das Seltene dieses Jahrhunderts, oder die Quadratur des Zirkels. 4. Hamb. Hertel. 766.

Coriarius, Jh. Hnr., († d. 16. Dec. 1794.) das Seltsame dieses Jahrhunderts, oder d. Pseudo-Quadratur des Cirkels rc., nach ihrer wahren Gestalt geschildert. Mit 1 Kpft. 4. Eutin 766. Hertel. 5 gr

Coriat, Jun. Empfindsame Reise . . . Schwerin 1774—75. V: *Paterson, Samuel.* (GGr)

Coriat, Jun., empfindsame Reise durch d. Niederlande; aus d. Engl. (v. J. G. Müchler). 3 Thle. 8. Schwerin 774—75. Bödner. 22 gr

Coriat, Thom., Crudităten, oder Beschreibung seiner Reise durch Frankreich, Italien, die Schweiz, Deutschland u. d. Niederlande. Nebst Nachrr. v. seinem Aufenthalte in Ostindien. Aus d. Engl. (v. Sprengel). 1r Bd. 8. Berl. 798. W. Oehmigke. 1 rß 4 gr (Sander). 1 rß

Coriat, Thom., Cruditäten, od. Beschreibung seiner Reise durch Frankreich, Italien, die Schweitz, Deutschland u. die Niederlande. Nebst Nachrichten von seinem Aufenthalte in Ostindien. Aus d. Engl. 1r Bd. 8. Berl. Neue Societätsbuchh. 798.

Coring u. Wegener, Fibel. Lehr- u. Lesebuch f. die Unterstufe. 8. (108 S., wovon 56 lith.) Oldenburg 876. Bültmann & Gerriets. geb. n.n. -- 60

Corinne ou l'Italie, s. a. Staël-Holstein, Mde. de.

– oder Italien, von d. Frau v. Stael-Holstein, frey nach dem Franz. bearb. v. Müller. 3 Bde. 8. Hamburg: Vollmer.

Corinne, ou l'Italie de Mad. Staël-Holstein. II Vol. 8. Leipzig: Gerh. Fleischer 1807.

Corinth u. die Secten. Aus dem Engl. 8. (22 S.) Schaffhausen 878. (Elberfeld, Langewiesche.) n. - 40

Corinth, Lovis

— **Das Erlernen der Malerei. Ein Handbuch. 2., durchgeseh. u. verm. Aufl.** (204 S. m. 44 Abbildgn.) gr. 8. Ebd. (909). 7.50; geb. 10. —
1. Aufl. (172 S. m. Abb. u. 1 Taf.) 908.

Das Buch Judith. Mit Orig.-Lithogr. von Lovis **Corinth**. Berlin: P. Cassirer 1910. 32 Bl. 2°
(Corinth: Bücher d. Bibel in der Übersetzung von Martin Luther. Mit Originallithographien.)
(Ausgaben d. Pan-Presse.) (11. 7026)

— **Das Leben** Walter Leistikows. Ein Stück Berliner Kulturgeschichte. Mit 2 Orig.-Radiergn. u. zahlreichen (z. Tl. farb.) Abb. im Text. (129 S. m. 1 Fksm.) gr. 8. Berlin 910. B. Cassirer. Geb. 12. —

Corinth, Lovis, Legenden a. d. Künstlerleben. (Vignetten u. Initialen v. Lovis Corinth.) (III, 138 S.) 8. Berlin 909. B. Cassirer. 4.--; geb. 5. --

– Orig. Lithographien zum Buche Judith, s.: Bücher der Bibel in d. Übersetzung v. Mart. Luther.

Corinther-Brief

Corinth. I. XV, 2. Τίνι λόγῳ εὐαγγελισάμην ὑμῖν εἰ κατέχετε; Merkwürdige Empfehlung des Wohlbehaltens der fast überflüssig erklärten Worte der heil. Schrift ... O. O. 1796. V: *Kosegarten, Bernhard Christian.* (MGT)

Corio, **Gorini, l'antropologie, ou traité métaphysique de l'homme. 4. Lausanne 761. Pott. 2 rß 8 gr**

Coriolan. Nach Shakespeare, v. J. Falk, s. Theater, römisches, der Engländer u. Franzosen. Bd. 1.

– Trauersp. v. Dyk. 8. Leipzig 1785.

– Trauersp. in 3 Akt. von Schink. 8. Leipzig: Reinike 1790.

Coriolan. Trauersp. in 5 Akt. von J. v. Collin. 8. Berlin: Unger 1804.

Coriolan, C. Marcus, oder die kindliche Ehrerbietung; ein hebräisches Schauspiel in 2 Aufzügen. München 1777. V: *Gerhartinger, Matth.* (Ky)

Coriolanus. Oper. 8. 1749.

Coriolanus. Ein dramatischer Schwank. Wien 1849. V: *Trnka, Wenzel Joseph* [?]. (Ky)

– u. Julius Cäsar von Shakespeare. 8. Mannheim: Schwan.

Coriolanus. Ein dramat. Schwank v. W. J. T. S. (23 S.) Wien 849, Zeitel in Comm. n. 16 ngr

Coriolis, G., Lehrbuch der Mechanik der festen Körper u. der Berechnung des Effects der Maschinen. Deutsch herausgeg. von C. H. Schnuse. Mit 1 Figurentaf. gr. 8. (Mit 1 Taf. Abbild.) Braunschweig 846, Meyer sen. 1 1/6 ℛ

Corippus, Flavius Cresconius

Corippi, africani grammatici, libri qui supersunt, s. a. Monumenta Germaniae historica.

Flavii Cresconii **Corippi** Africani grammatici quae supersunt. Rec. Michael Petschenig. Berolini: S. Calvary & soc. 1886. (XII, 260 S.) 8° — **Studien,** Berliner, f. classische Philologie u. Archaeologie. Bd 4, H. 2.

Corippus, F. C., de laudibus Iustini Aug. minoris libri 4. recensuit I. C. Goetzius. 8. Altorf, Schüpfel. 743.

Corisande von Meaulon oder Bearn im XV. Jahrh. Aus d. Franz. übers. von F. Riedel. Potsdam 1836. V: *Salvandy, N. A. de.* (Berliner Conv.-Bl. 1836. Nr. 134. S. 538 f.) (Mitth. A. Rosenbaum.)

Corisande von Mauleon, od. Bearn im 15. Jahrh. A. d. Franz. übers. v. F. Riedel. 2 Thle. 8. (29 1/2 B.) Potsdam 836, [Gsellius'sche Buchh.]

Corisande von Mauleon, oder Bearn im 15. Jahrh. Aus dem Franz. übers. v. F. Riedel. 2 Thle. 8. Potsd. 836. Riegel. 2 ℛ

Corisandens Geschichte, s. Geschichte.

Corisondens Geschichte, s. Papiere eines einsamen Wanderers. Thl. 2.

Corisandras Gesch. s. Geschichte.

Coriveaud, A. Gesundheitspflege d. jungen Mädchens, s. Conin, Eug.

Corke, Graf von, oder die künstliche Verführung. Mainz 1805. V: *Genlis, Stéphanie Felicité Ducrest de Sainte-Aubin Comtesse de.* (BGE)

Corke, der Graf, mit dem Beinamen der Große. 8. Hamb. 805. (Herold jun.) 18 gr

Corke, d. Graf, mit dem Beynamen der Grosse. 8. Hamburg: Vollmer 1805.

Corke, des Grafen von, und Drery Briefe aus Italien mit Noten von Duncombe, a. d. Engl. 8. Leipz. Böhme. 775.

v. Cork, Graf, u. Drery, Briefe aus Italien, mit Noten von Jh. Duncombe; aus d. Engl. 8. Leipz. 775. (Knobloch). 10 gr

Korkran, Alice, das Dorfgenie u. andere Novellen, s.: Roman- u. Novellen-Schatz. II. 4.

Corkran, Sutton F. Conversations anglaises. Nouveau guide méthodique pour apprendre à parler anglais. gr. 8. (VIII, 170 S.) Heildelb. 891, J. Groos. geb. in Leinw. * 1 80

Corkran, Sutton F., conversations anglaises. Nouveau guide méthodique pour apprendre à parler anglais. (Méthode Gaspey-Otto-Sauer.) 2. éd. Entièrement refondue par F. L. Bénassy. (VII, 201 S.) 8. Heidelberg 908. J. Groos. Geb. in Leinw. 1. 80

Corkran, S. F., French dialogues, s.: Otto, Emil.

— Spanish dialogues, s.: Sauer, C. M.

Corleis, Ehrenfried. Ueber die Schwefelverbindungen des Wolframs. (Erlangen) München, 1885.

Corleis, Friedrich

Corleis, Frdr., Gustav Adolf. Ein kirchl. Festspiel. 8. (78 S.) Altona 894. Schlüter, Verl. n. 1. 20

— dasselbe. (2. Aufl.) gr. 8. (88 S.) Ebd. 895. n. 1. 20

Corleis, F., Frithjof. Ein Schauspiel in 5 Aufzügen. 8. (87 S.) Altona 884. Uflacker. n. 1. 20

— doppelter Kampf. Ein Schauspiel in 4 Aufzügen. 8. (108 S.) Ebend. 884. n. 1. 50

— Kinder der Muße. 8. (VII, 111 S.) Altona 894. F. L. Mattig. n. 1. 50

Meckelnborgsche Revolutschon. Schauspiel in 4 Aufz. Unter Benutzung Reuterscher Motive von F[riedrich] **Corleis.** Altona: Mattig [1894]. (125 S.) 8° [F.]

Corleis, Frdr., die Tragödie d. Idee. Mod. Drama in 5 Aufzügen. gr. 8. (93 S.) Hamburg 895. Verlags-anstalt u. Druckerei. n. 2. –

Corlin, Alexand. Ferd. Frid. Theod. ... De vermibus intestinalibus et de remediis contra taeniam adhibendis. Berolini (1830). (30 S.) 8°

Berlin, Med. Diss. v. 25. Febr. 1830

Cormac, W. Notizen u. Erinnergn eines Ambulanz-Chirurgen. A. d. Engl. v. L. Stromeyer. M. 7 Heliotyp. u. 10 Holzschn. Hannover 1871.

Cormann, Paul, Bilder a. d. Geschichte Saarbrückens u. d. Saargaues. Festdichtg. z. Einweihg. des städt. Saalbaues z. Saarbrücken am 20. XI. 1897. 12. (38 S.) Saarbrücken 897. H. Hecker. n. — 50

Cormann, Paul, Bilder aus der Geschichte Saarbrückens. qu. gr. 4. (7 Lichtdr.-Taf. m. je 2 Bl. Text.) Saarbrücken 899. H. Hecker. In Mappe n. 12. —

Coermann, Wilhelm

Koermann, Wilh., Bürgerkunde f. Elsaß-Lothringen, s.: Glock, A.

Coermann, W., die deutsche u. internationale Frachtgesetzgebung. Ein Handkommentar f. den Juristenstand u. die Handels- u. Verkehrswelt. 8. (VI, 228 S.) Berlin 901. O. Häring. Kart. n. 3. —

[illegible]mann, W., die Gewerbe-Gesetzgebung in Elsaß-Lothringen. Eine Zusammenstellg. aller im Reichslande [illegible] gewerberechtl. Bestimmungn. einschließlich der Ausführungs- u. Vollzugsvorschriften. (X, 291 S.) 8. Metz 905. [illegible] Geb. n. 4. 50

Coermann, s. Glock, A., Bürgerkunde. Für Baden.

— s. Glock, Bürgerkunde. Für Hessen.

— W., s. Glock, A., u. A. Korn, Bürgerkunde. Für Preussen.

Coermann, W., s. Glock u. Coermann, Reichsrecht.

Coermann, W., s. Handelsgesetze des Erdballs.

Das Handelsrecht usw. Belgiens, s.: Hennebicq, Léon.

— Das Handelsrecht usw. Frankreichs, s.: Horn, G.

Coermann, W., Das Handelsrecht, Wechselrecht, Konkursrecht u. Seerecht Belgiens u. des Kongostaates s. Handelsgesetze, die, des Erdballs.

Coermann, Wilhelm (Bearb.), s. Hennebicq, Léon: Le droit commercial . . .

— **der Landwirt u. sein Recht in Elsaß-Lothringen. Ein Leitfaden f. Landwirte u. andere Interessenten. (80 S.) kl. 8. Ebd. 904. n. 1. —**

Cörmann, W., das Nachbarrecht an Eisenbahnen nach französischem Rechte. Unter Benutzg. der neuesten Rechtsprechg. f. die Praxis bearb. [Aus: „Zeitschr. f. französ. Civilrecht".] gr. 8. (51 S.) Mannheim 894. J. Bensheimer's Verl. n. 1. —

Coermann, W., die Reichs-Eisenbahngesetzgebg., s. a. Guttentag's Sammlg. deutscher Reichsgesetze.

Coermann, d. deut. Reichs-Eisenbahngesetzgbg. Text m. Anmerkgn. Berlin, Guttentag.

— das Reichshaftpflichtgesetz, s.a. Gesetzsammlung.

Coermann, Reichshaftpflichtgesetz. Text m. Anmkgn. Berlin 898.

Coermann, W., Reichsrecht, s. Glock u. C.

— **das in Elsaß-Lothringen geltende Reichs- u. Landesrecht, s.: Glock, A.**

— **Die Reichsverfassung u. Reichsverwaltung, s. a. Sammlung Kösel.**

Coermann, W., Die Reichsverfassung und Reichsverwaltung. E. Führer durch d. Einrichtungen d. Deutschen Reiches u. s. Gesetzgebung. Kempten u. München 1908. 8°.
(Sammlung Kösel 25.)

— die Strafgesetze Elsaß-Lothringens, s. a. Kommentare z. d. strafrechtl. Nebengesetzen. III.

Coermann, Strafgesetze Elsass-Lothringens. Berlin 897.

— Strafgesetzgebung, s.: Handausgabe deutscher Reichsgesetze. 5. Bd.

— **die deutsche Transportgesetzgebung, s.: Handausgabe deutscher Reichsgesetze. 61. Bd.**

— **reichsrechtliche Verjährungstafel, 2. Aufl., s. a. Körner, H.**

— reichsrechtliche Verjährungstafel. 12. (35 S.) Hannover 901. Helwing. n. — 60

Weinbau u. Weinhandel. Das neue Weingesetz vom 24. V. 1901 m. den Ausführungsbestimmgn. vom 2. VII. 1901, gemeinverst. erläutert. 8. (83 S.) Düsseldorf 901. L. Schwann. n. 1. —; kart. n. 1. 20

Weingesetz vom 7. IV. 1909 (RGBl. S. 393) nebst den Ergänzungsgesetzen u. Ausführungsbestimmungen des Reichs gemeinverständl. erläutert. (V, 196 S.) 8. Düsseldorf 909. L. Schwann. Geb. in Leinw. 3.

Cormenin, L. M. de la Haye, (Timon) das Buch der Redner. Mit dem Portrait A. de Lamartine's (in Stahlst.) Nach der 11. Originalausg. gr. 8. (VIII und 538 S.) Leipzig 848, [Brockhaus.] *

Cormenin, Pierre Antoine, die Hämorrhoiden. Das wahre Wesen derselben und deren Heilung. Ergebniß einer vieljähr. Praxis, veröffentlicht von ꝛc. Aus d. Französ. übers. Altona 854. Hamburg, Berendsohn in Comm. 16. (95 S.) 6 ngr

Cormenin, W. A., (Timon.) das Buch der Redner. Nach der 11. Originalausg. gr. 8. (34⅞ B.) Leipzig 843. [Lorck.] *

Cormenin, W. A., (Timon.) Das Buch der Redner. Nach der 11. Orig.-Ausg. gr. 8. Leipzig 843, Weber. n. 2⅔ ₰

Cormenin, W. A., [Timon,] das Buch der Redner. Mit dem Portrait A. de Lamartine's (in Stahlst.) Nach der 11. Originalausg. gr. 8. (VIII u. 538 S.) Leipzig 848, Lorck. n. 2 ₰

Cormick, Robert Mac. (America St. Crucensis), De regione inguinali et crurali. Dissert. med.-anat. Bln. (Brüschck) 19. VIII. 1831. 32 S. mit Biogr. (M.: A. Smith.) (4.50) 5658
Oppon.: Rosenkranz, N. Lippmann, M. J. Klentze. — Gew.: J. Horkel.

Cormier, Hyacinth Maria, die selige Diana v. Andaló u. die seligen Cäcilia u. Amata, Stifterinnen d. Klosters zur hl. Agnes, vom Orden d. hl. Dominicus in Bologna. Nach dem Franz. 12. (VIII, 119 S. m. 1 Titelbild.) Graz 893. U. Moser. n. — 80

Cormon u. Grangé, English spoken here, s.: Bloch's, E., Theater-Correspondenz.

Cormon et E. **Grangé**, un mari qui se dérange, siehe: Répertoire du théâtre Français à Berlin. Nr. 336. — Théâtre Français publié par Schütz. VIII. série. 3. livr.

Cormon, die beiden Waisen, s.: Dennery.

Cormon, E., le convenienze di messer Poulet Tentennone, s. Emporeo drammatico.

Cormon, Eug., und Mich. **Carré**, Lara. Oper in 3 Akten. Deutsch von Ernst Pasque. Musik von Aimé Maillart. [Als Mscr. gedr.] Mainz 864. Schott's Söhne. n. 7½ ngr.

Cormon, G. L. B., Dictionnaire portatif et de prononciation espagnol-français et français espagnol à l'usage de deux nations. 2 Vol. gr. 8. Lyon. (Benj. Fleischer in Lpz.) 800. Rthlr.

— le même. II Vol. gr. 8. Lyon. (Walther in Dresd.) 800.

— le même. II Vol. gr. 8. Paris et Strasb. König. 804.

— Dizionario portatile e di pronunzia francese-italiano ed italiano-francese, composto sul Vocabolario degli Academici della Crusca etc. II Vol. gr. 8. ibid. 802.

— — idem. II Vol. gr. 8. Lyon, (Walther in Dresd.) 807.

Cormon, G. L. B., e Vinc. Manni, Dizionario da tasca Italiano — Spagnuolo e Spagnuolo — Italiano. Composto sul dizionario dell' Academia Spagnuola ultima edizione (1805) e sul Vocabulario degli Accademici della Crusca. 2 Tomi. 12. Lione Cormon e Blanc (Hamburgo, Herold.) 2 16

— le Maitre d'Espagnol ou Elemens de la langue espagnole à l'usage des François, rédigés d'après la Grammaire et le Traité d'orthograph. de l'Acad. royale Espagnole; gr. 8. Strasb. König. a. Treuttel. 804.

Cormontaigne. Mémorial pour l'attaque des places ou recueil fait par ce célèbre ingénieur des méthodes qu'il, suivoit dans la conduite des sièges utile à tout militaire employé à l'attaque d'un place. Ouvrage posthume, publié avec de notes par M. Bousmard, major au corps des ingénieurs de S. M. le roi de Prusse. (Mit 17 Taf.) 8. Berlin 1803.

***Cormontaigne*, Mémorial etc., s. v. *Bousmard*, u. setze hinzu: (Leipz., Fr. Fleischer.)**

Cornand [illegible]

***Cornand*, Fd. Henri, nouvelles lectures françaises, ob. Auswahl von Lesestücken aus d. neuern französ. Classikern, nebst Vocabulaire u. kurzer Lebensbeschreib. d. Verfasser. 8. Berl. 832. Cosmar u. Kr. 12 gl**

Cornand, F. H., nouvelles Lectures franç., od. Auswahl v. Lesestücken a. d. neu. franz. Klassikern, nebst Vocabulaire u. kurzer Lebensbeschreib. d. Verfr.; f. Gymnas. u. höh. Bürgerschulen. 8. (14½ B.) Berlin 832, [Zesch.]

Cornarii, Jan., Coniecturae et emendationes Galenicae. Ed. Gruner. Lips. et Jen. 789. 8. 4 gr.

— conjecturae et emendationes Galenicae, nunc primum edidit Chr. Gfr. Gruner. 8maj. Jena 790. 4 gl

Cornarii, Jani, eclogae in Dialogos Platonis omnes nunc primum editae cura Jh. Fr. Fischeri. Access. praefat. Aldi Manutii, Sim. Grynaei Marcique Hopperi editioni Dialogorum Platonis Venetae et Basileensi utrique praemissae. 8maj. Leipz. 771. Schwickert. 10 gl

CORNARO, Eugen. Die Kunst, das Weib zu genießen. Dresden, Moderner Buchverlag (um 1910). 8°. 64 S.
Verb. d. Ldg. Dresden 5 A. 154/11.

Cornaro, Friedrich v. Berichte des venetianischen Gesandten ..... über die Belagerung und Rückeroberung Ofens im Jahre 1686. Mit deutscher Uebersetzung der Berichte und mit einer aus dem Ungarischen übersetzten historischen Einleitung des Siegmund v. Bubics, Bischofs von Kaschau. Als Manuscript gedruckt. Mit vielen Portraits, Abbild. und Plänen. 4. Budapest 1891.

Cornaro, Ludwig

v. **Cornaro, L.** Strateg. Betrachtungen über den Feldzug 1866 in Italien. 8. Wien 1871.

Cornaro, Ludwig v., k. k. Oberst, Generalstabs-Officier. Strategische Betrachtungen über den Feldzug in Deutschland 1796. Nach Vorträgen, gehalten an der k. k. Kriegsschule. (Separat-Ausgabe aus dem VIII. Band des „Organ des Wiener militärwissenschaftlichen Vereines", Jahrgang 1874.) 8. Wien 1874.

Conaro, Ludw. v., strategische Betrachtungen üb. den Feldzug in Deutschland 1796. Nach Vorträgen, geh. an der k. k. Kriegsschule. gr. 8. (72 S.) Wien 874. Seidel & Sohn in Comm. n. 2. 40

Cornaro, L. v., strategische Betrachtungen über den Feldzug in Italien 1796—97. Wien 1871. 8.

—— strategische Betrachtungen über den Feldzug in Italien 1796—1797. Nach Vorträgen, gehalten an der k. k. Kriegsschule. gr. 8. (96 S.) Wien 873, (Seidel und Sohn.)

— strategische Betrachtungen üb. den Krieg i. J. 1812. gr. 8. (IV, 98 S.) Ebend. 870. n. 2. 40

Cornaro, Luigi

Cornaro, Ludw. v., sonniges Alter od. vier Abhandlgn. e. Hundertjährigen üb. die Kunst mäßig zu leben. Uebers. u. m. e. Vor- u. Nachwort nebst ergänz. Bemerkgn. versehen v. J. Steinberg. Rev. v. Th. Hahn. 2. Aufl. 12. (XIV, 99 S.) Leipzig 891. H. Hartung & Sohn. n. 1. —

Cornaro, Ludw. v., sonniges Alter od. vier Abhandlgn. e. Hundertjähr. üb. die Kunst mäßig zu leben. Übers. u. m. e. Vor- u. Nachwort nebst ergänz. Bemerkgn. vers. v. J. Steinberg. Rev. v. Th. Hahn. 3. Aufl. 12. (VIII, 118 S.) Leipzig 897. H. Hartung & Sohn. n. 1. —; geb. n. 1. 50

Cornaro, Ludw. v., sonniges Alter od. vier Abhandlgn. eines Hundertjährigen üb. die Kunst mäßig zu leben. Uebers. u. m. e. Vor- u. Nachwort nebst ergänz. Bemerkgn. versehen v. J. Steinberg. Rev. v. Th. Hahn. 4. Aufl. (VIII, 108 S.) kl. 8. Leipzig (904). H. Hartung & Sohn. n. 1. —; geb. n. 1. 50

Cornaro, Ludw. v., sonniges Alter od. Vier Abhandlgn. eines Hundertjährigen üb. die Kunst, durch Mäßigkeit e. hohes Alter zu erreichen. Übers. u. m. e. Vor- u. Nachwort nebst ergänz. Bemerkgn. versehen v. J. Steinberg. Rev. v. Th. Hahn. 5. Aufl. (112 S.) kl. 8. Leipzig (908). H. Hartung & Sohn. 1.—; geb. n 1. 50

Cornaro, Luigi: Consilia und Mittel, über hundert Jahr in vollkommner Gesundheit zu leben. (Trattato della vita sobria. Dt.) 120 S., gbd.

Leipzig: Gleditsch & Weidmann 1717
(Englisches Artzney-Büchlein... Übers.von C(hristian) Ludovici. 6.Ed. Th.2/1)

JB 1.334/2,1

Cornaro, Ludw., die Kunst, ein hohes u. gesundes Alter zu erreichen. Neu hrsg. v. Paul Sembach. 16. (102 S.) Berlin 881. Mode's Verl. n. 1. —

Cornaro, Luigi: Erprobte Mittel gesund und lange zu leben. Aufs neue hrsg. u. mit Anm. vers. von Friedrich Schlüter . . . Braunschweig: Schulbuchh. 1796. VIII, 208 S. 8°.

Cornaro, Luigi: Erprobte Mittel, gesund und lange zu leben. (Trattato della vita sobria. Dt.) Neu herausgegeben und mit Anmerkungen versehen von Friedrich Schlüter. 215 S., gbd.

Grätz: 1798

Cornaro, Luigi: Erprobte Mittel gesund und lange zu leben. Ein heilsames Hausbuch für alle Menschen. (Trattato della vita sobria. Dt.) Aufs neue herausgegeben von Friedrich Schlüter. 86 S., gbd.

Wien: Hummel 1799

— erprobte Mittel, gesund u. lange zu leben. Aufs Neue herausg. u. mit Anmerkk. versehen v. Fr. Schlüter. 8. Braunschw. 797. 2e A. 799. Schulbuchh. 12 gl

— Mittel, gesund u. lange zu leben. gr. 12. Wien 827. Ludwig. 8 gl

v. Cornaro, Ldw., Mittel und Rathschläge hundert Jahr alt zu werden. Vier Abhandl., geschrieben im 86., 88., 90. u. 95. Lebensjahre für diejenigen, welche ihr Leben zu verlängern wünschen. Nach der 5. Originalausg. aus d. Italien. in das Deutsche übertragen von Dr. Hörnig. 8. Augsburg 842, Matth. Rieger'sche Buchh. ⅓ rf

Cornaro, L.: Von dem Nutzen eines mäsigen Lebens. 8°. Dresden, 1755.

Cornaro, L., Vorstellung v. d. Nutzen e. nüchternen Lebens; ins Deutsche übers. von Dr. Schwenke. 8. Frankf. u. Leipz. . . . N. A. 766. (Walther in Dresd.) 4 gl Dass., e. andere Uebersetzung. 8. Halle 770. Schwetschke u. S. 3 gl

—— üb. die Vortheile eines mäßigen Lebens, s. Mittel.

Cornaro, J. L., wahrhafter Bericht und Relation, wie und was gestalten Anna Elisabetha Ulrichin — von dem bösen Feind, Cleff genannt — besessen und liberiret werden. Mainz 720. 4. und in J. Aesopus Esulans s. Discursus mensales inter contrarres Petrinos curatos. Fref. et Lips. [Vindob.] 773. p. 301 sq.

Cornaz, Ch. Aug. Ed., des abnormités congéniales des yeux et de leurs annexes. gr. 8. (VIII u. 172 S.) Lausanne 848. (Berne, Huber & Co.) n. 28 ngl

Cornaz, Ed., de l'albinisme. Monographie. Extrait des Annales de la Société de médecine de Gand. Gand 856. (Berne, Huber et Co.) gr. 8. (132 S.) n. 1 rf

— des anomalies congénitales de la coloration du voile irien. Bruges 853. (Berne 854. Huber et Co.) gr. 8. (28 S.) n. 8 ngl

— **énumération** des lichens jurassiques et plus spécialement de ceux du canton de Neuchatel. (Aus Bd. II. d. Bulletins de la Soc. des sciences naturelles de Neuchâtel.) Neuchatel 852. (Berne 854. Huber et Co.) 8. (28 S.) n. 8 ngl

— **études** statistiques sur la fièvre typhoide. (Extrait des Annales de la Société de médecine d'Anvers.) Anvers 854. (Berne, Huber et Co.) 8. (87 S.) n. 20 ngl

— la **fièvre typhoide** à l'hôpital Pourtalès pendant l'année 1853; notice statistique. Bruxelles 855. (Berne, Huber et Co.) Lex.-8. (22 S.) n. 10 ngl

— de l'**hyperchromatopsie.** Bruxelles 851. (Ebend.) gr. 8. (11 S.) n. 4 ngl

— **matériaux** pour servir à l'histoire des abnormités congéniales des yeux et de leurs annexes. 1. fasc. (Extr. des Annales d'Oculistique.) Bruxelles 852. (Ebend. 856.) gr. 12. (2 Bl., 55 S.) n. 10 ngl

— **notice** sur les établissements consacrés au traitement des maladies des yeux. Bruxelles 852. (Ebend. 856.) 8. (1 Bl., 67 S.) n. 16 ngl

— **recherches** statistiques sur la fréquence comparative des couleurs de l'iris. (Ebend. 856.) gr. 8. (30 S.) n. 10 ngl

Cornaz, Louise = Autier, Joseph [Autorname].

Cornaz, Richard: De l'emploi du voltmètre en électrodiagnostic. Bordeaux 1898. 23 S. 8°.
Bern. Med. Diss. 1898,99.

Cornaz, S., la petite cerise. — Les deux moineaux, hrsg. v. M. Mühry, s.: Schulbibliothek, französ. u. engl.

Cornaz-Vuillet, C. En pays fribourgeois. Manuel du voyageur. Avec illustr., plan et carte. In-8°. 352 p. Fribourg, Libr. de l'Université (P. Friesenbahn). Geb. 3 —
1892

Cornaz-Vulliet, C., anciens tirs des Suisses et tactique militaire de nos ancêtres. Quelques pages d'histoire nationale. Rapide aperçu sur les tirs fédéraux depuis leur institution en 1824 jusqu'à nos jours, avec notice sur l'enthousiasme de la Suisse pour la cause de Neuchâtel en 1856, les tirs fédéraux de Berne en 1830 et 1857, les tirs de Brême en 1860 et 1865, le tir de Frankfort s. M., en 1862 et celui de Macon en 1871. Documents recueillis et que termine une conclusion patriotique. 8. (72 S.) Bern 885. Genf, Georg's Universitäts-Buchh.

Cornaz-Vuillet, C., anciens tirs des Suisses et tactique militaire de nos ancêtres. Quelques pages d'histoire nationale. Rapide aperçu sur les tirs fédéraux depuis leur institution en 1824 jusqu' à nos jours, avec notice sur l'enthousiasme de la Suisse pour la cause de Neuchatel en 1856, les tirs fédéraux de Berne en 1830 et 1857, les tirs de Brême en 1860 et 1865, le tir de Frankfort s/M, en 1862 et celui de Macon en 1871. Documents recueillis et que termine une conclusion patriotique. 8. (72 S.) Bern 885. (Nydegger & Baumgart.) n. 1. —

Cornazano, des Placentiners Antonio, Sprichwort-Novellen, s.a. Perlen älterer romanischer Prosa.

CORNAZANO, Ant. († 1500). — Die Sprichwort-Novellen des Placentiners *Antonio Cornazano.* Zum ersten Male verdeutscht von Albert Wesselski. München, Georg Müller's Verlag, 1906. (Auch tit.: Perlen älterer romanischer Prosa. Bd. IV.) 8°. (Halbprgt. Mk. 8—.) (12 Mk., Hprgt., Dieterich, Göttingen; 8 Mk. E. Frensdorff; 20 Mk.. Luxusausgabe auf van Geldern in Ganzprgt., Derselbe.)

Cornberg, Horst v., Beiträge vornehmlich zum Privatrecht der Stadt Göttingen am Ausgange des Mittelalters, s.a. Beiträge, deutsch-rechtliche. IV, 4.

Cornberg, Horst von, Referendar: Beiträge vornehmlich zum Privatrecht der Stadt Göttingen am Ausgange des Mittelalters. Heidelberg: Winter 1909. 44 S. 8° ¶ (Ersch. vollst. als: Deutschrechtl. Beiträge. Bd 4, H. 4.)
Göttingen, Jur. Diss. v. 24. Dez. 1909, Ref. Beyerle
[Geb. 13. Dez. 86 Greiz; Wohnort: Berlin; Staatsangeh.: Reuß j. L.; Vorbildung: Gymn. Wernigerode Reife O. 06; Studium: München 2, Göttingen 4 S.; Rig. 5. Aug. 09.] [U 10. 1331

Beiträge vornehmlich zum Privatrecht der Stadt Göttingen am Ausgange des Mittelalters. Von Dr. jur. Horst v. **Cornberg.** Heidelberg: Winter 1910. 80 S. 8°
(Deutschrechtliche Beiträge. Bd 4, H. 4.) [10. 5195

— Joh. Georg von (Hessen), De feudis transmissione faemininis. Exercit. acad. Präs. Caspar Achatius Beck. Jena (Fickelscherr) Mai 1720. 56 S. (5.—) 5662
Widm. v.: Präs., Johann Friedrich Kromeyer (dtsch.), R. H. v. Hundelshausen.

— — Dasselbe. Von denen mancherley Arten der Reichs- und Adelichen Lehn-Rechte; besonders aber wie weibliche Herrschafften an männliche Persohnen gelangen können. Jena (Heller) 1754. 68 S. (5.—) 5663

v. Cornberg, O. Frhr., allerhand seltsame Gedichte. gr. 8. Hannover 844, Schlüter. (Leipzig, Kollmann.) 1⅓ ℛ

Cornberg, Otto von

Einweihung des Logen-Gebäudes der ger. und vollk. St. Johannis-Loge Leopold zur Treue im Or. Karlsruhe am 6. Sept. 1868. [Bericht, hrsg. von Otto Frh. v. **Cornberg.**] Karlsruhe 1869: Macklot. 40 S. 8° [Umschlagtit.]
Tt. 492. Protokoll. 23.

Grloge zur Sonne im Or.·. von Bayreuth gewidmet von O[tto] Frh. v. **Cornberg.** Carlsruhe 1869: Macklot. 8 S. 8° [Umschlagtit.]
Abgedr. in: T. 16 (1870) S. 107—108.
Tt. 1309. 23. 25.

Cornberg, Frhr. O. von, Ritual für eine Schwesternarbeit entworfen und der Bundes- und Grossloge zur Sonne in Bayreuth gewidmet. Carlsruhe. Druck von Macklot. 1869. S. 8 S.
Auszugsweise mitgetheilt: Triangel 1870. S. 107.

v. Cornburg, s. Corner.

Corne, H., Bürgersinn, Bürgertugend und von den Mitteln, den Bürgersinn zu beleben. Eine gekrönte Preisschrift. Aus dem Französ. übersetzt von Alex. Aug. Mützell. gr. 8. Potsdam 830; Halle, Colditz'sche Buchh. ½ ℛ

Corne, H., Bürgersinn, Bürgertugend, u. von den Mitteln, den Bürgersinn zu beleben. Eine gekr. Preisschr. Aus d. Französ. übers. v. Al. A. Mützell. gr. 8. Potsd. 830. (Horvath). 1 ℛ

Coerne, Louis Adolphe, Zenobia, s.a. **Textbibliothek** zum Musik- u. Opernführer. 50–53.

Zenobia. Oper in 3 Akten. Dichtung von Oskar Stein. Musik von Louis Adolphe **Coerne.** Op. 66. Vollst. Klav.Ausz. mit Text. *Leipzig: H Seemann Nachf. 1903.* (147 S.) 4°

Corneillan, Cte de

Catalogue raisonné d'une très précieuse Collection d'Estampes gravées au burin, à l'eau forte etc. du cabinet du Comte de Corneillan. 2 Bde. Berlin 1821. 8°.

Corneille, Pierre

Corneille, P. Auswahl dramatischer Dichtungen in deutscher Uebersetzung. (Ausgabe der Universal-Bibliothek.) Leipzig. 8°.

— Chef d'oeuvre, s.a. France, la, classique.

Corneille, P., Chefs d'Oeuvre. 6 Tom. voyes Collect. d'Auteurs classiques françois. Vol. XI—XIII.

— — et Th. de, Chefs-d'oeuvre. 4 Vol. in-18. (Didot). Leips., Barth. (papier ord. brochés, Rthlr. 1 12 Gr. pap. fin, Rthlr. 2. papier vélin, Rthlr. 4. format in-12, pap. vél. Rthlr. 5 8 Gr.)

— les mêmes, avec les commentaires de Voltaire, 8 Vol. in-18. (Didot) Leips., Barth. (papier ord. brochés, Rthlr. 5. papier fin. Rthlr. 4. papier vélin, Rthlr. 8. format in-12, pap. vél., Rthlr. 10 16 Gr.)

Chefs d'Oeuvre dramat. de P. Corneille, J. Racine et Voltaire mis en prose. A. u. d. T.: Sechs Tragödien von Corneille, Racine et Voltaire, für höh. Classen d. Gymnasien bearb. v. C. H. Hänle. 8. Gießen 827, Heyer.

Corneille, P., le chemin du salut, ou dévotions d'une ame sincère et pénitente. 12. Bern 801. Typogr. Soc. 16 ℊℊ

Corneille, P., le Cid, s.a. Auteurs français.

— dasselbe, s.a. Bibliotheca romanica. 8. Hft.

Corneille, Cid, s.a. Bibliothek französ. Werke.

Corneille, le Cid, s.a. Bibliothek gediegener und interessanter französischer Werke.

Corneille, Pierre, der Cid, s.a. Bücherei, allgem. Nr. 20.

— le Cid., s.a. Choix du Théatre Français. Vol. II.

— dasselbe, publ. par Fr. Lotsch, s.a. Collection des auteurs célèbres.

Corneille, P., le Cid, s.a. Collection d'auteurs français.

—— le même. s.a. Elite des classiques français.

— dasselbe, hrsg. v. Ernst Dannheisser, s.a. Klassiker-Bibliothek, französisch-englische. 30.

—— le Cid, Tragédie. Bearb. v. Kißling s.a. Melpomene.

— dasselbe, bearb. v. Heinr. Drees, s.a. Perthes' Schulausgaben engl. u. französ. Schriftsteller.

— dasselbe, hrsg. v. Ernst Kurtz, s.a. Prosateurs français.

— s. auch Répertoire du Théâtre franç. No. 128.

— dasselbe, hrsg. v. Wilh. Mangold, s.a. Schulbibliothek, französische u. englische. B. 2.

— s.a. Théâtre Français. Nr. 59. — Théâtre Français par Schütz, X. série. 2. livr.

— dasselbe, hrsg. v. Alb. Benecke u. G. Carel, s.a. Théâtre français. 27. Lfg.

— dasselbe, hrsg. v. A. Benecke, } s.a. Théâtre français.
— dasselbe, hrsg. v. Ernst Kurtz, }

— Der Cid, s.a. Universal-Bibliothek.

Corneille, Pierre, le Cid, Tragédie en 5 actes. 1636. gr. in-8. (4 B.) Berlin 834, Schlesinger.

— dass. mit e. Wörterbuche zum Schulgebrauch. Ebd. 836. 1/3 ₰

Corneille, P., le Cid, Tragédie en cinq actes. (Nouv. édit.) gr. in-8. Berlin 841, Schlesinger. n. 1/4 ₰

— le Cid. Tragédie en cinq actes. 2. édit. 8. Leipzig 846, H. Fritzsche. 1/4 ₰

Corneille, Pierre, le Cid. Tragédie en 5 actes. 3. édit. 8. (78 S.) Leipzig 847, H. Fritzsche. 1/4 ₰

Uebersetzung des „Cid" v. Corneille (Act. 1—3). mit einem Nachwort v. Otto Kallsen. Meldorf. 1856. 4°. Gymn.-Progr.

Corneille, Pierre, le Cid. Tragédie accompagnée de notes critiques et litéraires par G. H. E. de Castres. Leipzig 857. Wengler. gr. 16. (159 S.) 12 ℊℊ

– der Cid. Trauerspiel in 5 Aufzügen. Wortgetreu in deutsche Prosa übers. nach H. R. Mecklenburg's Grundsätzen von R. L. 1. u. 2. Hft. 32. (126 S.) Berlin 878. H. R. Mecklenburg. à n. — 25

Le Cid von P(ierre) Corneille. Hrsg. u. erkl. von F[riedrich] Strehlke. 2., völlig umgearb. Aufl. von Dr. Franz Meder, Oberl. zu Greifswald. [Nebst] Anmerkungen. Berlin: Weidmann 1905. 2 Bde 8°
(Weidmannsche Sammlung franz. u. engl. Schriftsteller.) [05. 8000

Le Cid, tragédie en 5 actes et en vers. Par P(ierre) Corneille. Mit Anm. z. Schulgebr. neu hrsg. von R[udolf] Müller, Prof. in Stuttgart. Einl. von René Riegel. [Nebst] Anh. Bielefeld & Leipzig: Velhagen & Klasing 1906. 2 Bde 8°
= Sammlung, Velhagen & Klasings, französ. u. engl. Schulausgaben. Théâtre franç. Ausg. B. Lfg 27. ⟨Doppelausg.⟩ [06. 12333 6

— Le Cid. Tragédie. Publiée conformément au texte de l'édition des grands écrivains de la France et annotée par E. Montaubric. (141 S.) 8. Leipzig 908. G. Freytag. — Wien, F. Tempsky. Geb. 1. 20

— Cinna, s.a. Anthologie de littérature française.

— — s.a. Chefs-d'oeuvre des Classiques français.

— Cinna, s.a. Meyer's Volksbücher.

– Cinna, s.a. Répertoire du théâtre franç. à Berlin.

Cinna, s.a. Schulbibliothek, franz. u. engl.

— Cinna ou la clémence d'Auguste, hrsg. v. Geo. Stern, s.a. Théâtre français. 50. Lfg.

— Cinna ou la clémence d'Auguste, } s.: Théâtre fran-
hrsg. v. G. van Muyden, } çais. Collection
} Friedberg & Mode.

– Cinna, s.a. Théâtre français, par Schütz.

Corneille's, P., Cinna, s.a. Universal-Bibliothek.

—— Cinna, Tragédie en 5 act. gr. in-8. (3 1/4 B.) Berlin 837, Schlesinger.

Cinna oder die Milde des Augustus. [Cinna ou la clémence d'Auguste.] Trauerspiel in 5 Aufzügen. Wortgetreu aus dem Franz. in deutsche Prosa übers. nach H. R. Mecklenburg's Grundsätzen v. R. L. 1. u. 2. Hft. 32. (130 S.) Berlin 878. 79. H. R. Mecklenburg. à n. — 25

– Cinna ou la clémence d'Auguste. Tragédie. Mit Einleitg. u. Anmerkgn. hrsg. v. Wilh. Herding. 8. (XII, 78 S.) Erlangen 880. Deichert. cart. n. — 60

Cinna ou la clémence d'Auguste. Tragédie en 5 actes. Par (Pierre) Corneille. Mit Anm. z. Schulgebr. hrsg. von Dr. Georg Stern. [Nebst] Anh. Bielefeld & Leipzig: Velhagen & Klasing 1905. 2 Bde 8°
— Sammlung, Velhagen & Klasings, französ. u. engl. Schulausgaben. Théâtre franç. Ausg. B. Lfg 50. ⟨Doppelausg.⟩ [06. 10995 6

— s. Collect. d'Auteurs classiques Vol. 11—13.

Corneille's, P., ausgewählte Dramen. Hrsg. von K. Brunnemann. 1. u. 2. Bd. gr. 8. Leipzig 877 Teubner. n. 1. 90
1. Le Cid. (VI, 88 S.) n. 1. —. 2. Horace. (XV, 75 S.) 90

dasselbe. Hrsg. u. erläutert von Fr. Strehlke. 1—4. Bd. gr. 8. Berlin 877. Weidmann. 4. 50
1. Le Cid. (XLI, 111 S.) 1. 50. — 2. Horace. (XVI, 91 S.) 90. 3. Cinna. (XVI, 87 S.) 90. 4. Polyeucte, martyr, tragédie chrétienne. (XV, 96 S.) 1. 20

— dasselbe. 1. u. 2. Bd. Hrsg. von Em. Richter. gr. 8. Wien 880. 81. Klinkhardt. à n. 1. —
1. Le Cid. Tragédie. (VIII, 80 S.) — 2. Horace. Tragédie en 5 Actes. (80 S.)

— ausgewählte Dramen. Hrsg. v. K. Brunnemann. 3. Bd. Cinna ou la clémence d'Auguste. Für die oberen Klassen höherer Lehranstalten hrsg. gr. 8. (V, 78 S.) Wolfenbüttel 883. Zwissler. n. — 90; geb. n. 1. — (1—3: n. 2. 80)

Corneille, P. Die Folge oder der andere Theil des Lügners; ein Lustspiel in 5 Handlungen; aus dem Franz. Eisleben 1762. Ü: *Tiessen, Johann Alexander.* (MGT)

Corneille, Pierre. Gedanken von den Schauspielen, übersetzt. Hamburg 17??. Ü: *Behrmann, Georg.* (Schr)

— Horace, s.a. Bibliotheca romanica. 29.

— — s.a. Chefs d'oeuvre class. français.

– Horace, s.a. Elite des classiques Français. Série I. Tome 6.

– Horace, s.a. Répertoire du Théâtre franç. 2. Série. No. . 15 A.

— Horace, s.a. Schulbibliothek, französische u. englische.

– Horace, s.a. Théâtre Français. Nr. 59.

— dasselbe. hrsg. v. Geo. Stern, s.a. Théâtre français. 86. Lfg.

– Horace, s.a. Théâtre Français par Schütz. XIII. série. 2. livr.

—— dass. — } s. Universal-Bibliothek Nr. 705;

— Horace. Tragédie en cinq actes et en vers. gr. in-8. Berlin 842, Schlesinger. ¼ ℛ

— Horace. Tragédie en 5 actes. Edit. revue à l'usage des écoles. Avec l'extrait de Tite-Live. Leipzic 855. H. Fritzsche. 8. (2 Bl., 76 S.) n. 5 ngr
Aus „Choix du théâtre français à l'usage des écoles."

— Horace. Eine Tragödie. Herausg. von Herm. Doergens. Köln 861. Schwann. gr. 8. (XXVIII, 64 S.) 10 ngr

– Horace. Tragédie. Mit Einleitg. u. Anmerkgn. hrsg. v. Wilh. Herding. 8. (XII, 76 S.) Erlangen 881. Deichert. cart. n. — 65

Horace, tragédie en 5 actes. Par P(ierre) Corneille. Mit Anm. z. Schulgebr. hrsg. von Dr. Georg Stern, Studienrat. [Nebst] Anh. Bielefeld & Leipzig: Velhagen & Klasing 1904. 2 Bde 8°
= Sammlung, Velhagen u. Klasings, franz. u. engl. Schulausgaben. Théâtre franç. Lfg 36. (Doppelausg.) [4. 10473 6

— Horatius, s.a. Bibliothek der Gesamtlitteratur.

– Horatius, s.a. Universal-Bibliothek

— Horatius. Trauerspiel in 5 Aufzügen. Wortgetreu aus dem Franz. in deutsche Prosa übers. nach H. R. Mecklenburg's Grundsätzen von R. L. 2 Hefte. 32. (143 S.) Berlin 878. H. R. Mecklenburg. à n. — 25

Horatius [Horace]. Trauerspiel in 4 Akten von P(ierre) Corneille. Aus d. Franz. in deutsche Reime übertr. von Rudolph Wilke. Mit d. Bilde d. Dichters u. e. Vorbemerkung. (Hrsg.: Dr. Arthur Ploch.) Halle a. S.: O. Hendel (1905). (47 S.) 8° [F.]
(Bibliothek d. Gesamtlitteratur d. In- u. Auslandes. No 1879.) [05. 10:78

— Imitation de Jesus Christ, en vers. 12. Bern. Typ.

— der Lügner, s.a. Universal-Bibliothek.

Corneille, Pierre. Der Lügner. ... Übersetzt ... Eisleben und Leipzig 1762. Ü: *Tiessen, Johann Alexander.* (BrMm) (MGT) »Quedlinburg« (Ky)

Corneille, P., Meisterwerke, metrisch übers. v. Carl Hänlein. 1r Bd. der Cid, Cinna. 8. Berlin, Ferd. Dümmler.

— dasselbe. 2r Bd. 8. Ebend.

Corneille, P. Meisterwerke. Metrisch übersetzt. Berlin 1811—17. Ü: *Hänlein, Carl von.* (GGr) (Ky)

— Le menteur, s.: Bibliotheca romanica Nr. 92.

– le menteur, s. Chefs d'œuvre class. franç.,

– le menteur, s. Répertoire du théâtre franç. à Berlin.

— le menteur, s.: Théâtre français.

– le menteur, s. Théâtre franç., par Schütz.

-- Nicomède. Mit litterarhistor. Einleitg. u. Commentar f. den Schulgebrauch hrsg. v. Th. Weischer. 8. (XIV, 104 S.) Leipzig 885. A. Neumann's Verl. n. 1. 20

Corneille, Pierre, oeuvres. Cinna, s.: Bibliotheca romanica.

Corneille, P., Oeuvres complètes, et Chefs d'oeuvre de Th. Corneille, avec les commentaires de Voltaire et 26 gravures d'après Moreau. 12 Vol. in 8. Paris. 817. Leipz., Weigel en Comm.) 43 —

— Oeuvres Théâtral, avec les Notes de Voltaire. 8 Vol. av. 35 planch. 4. Bern. Société Typogr. 774.

— Polyeucte, s.a. Bibliotheca romanica. Nr. 80.

— Polyeucte, s.a. Théâtre français.

— Polyeucte, hrsg. v. Wilh. Mangold, s.a. Théâtre français. 58. Lfg.

– Polyeuct, der Martyrer, s.a. Universal-Bibliothek.

Corneille, P. Polyeuct der Märtyrer. Deutsch von A. Benda. Leipzig. (Reclam.)

Corneille, Pierre, Polyeucte, verdeutscht durch C. S. Linckin, Straßburg (1727)
siehe Catharina Salome Linckin.

Corneille, P., Polyeucte, Martyr, für die oberen Klassen höherer Lehranstalten hrsg. v. K. Brunnemann. gr. 8. (V, 76 S.) Wolfenbüttel 884. Zwissler. n.n. — 90

Polyeucte, tragédie en 5 actes. Par P(ierre) Corneille. Hrsg. von Dr. Wilhelm Mangold, Prof. [Nebst] Anh. Bielefeld & Leipzig: Velhagen & Klasing 1903. 2 Bde 8°
= Sammlung, Velhagen & Klasings, französ. u. engl. Schulausgaben. Théâtre franç. Ausg. B. Lfg 53. (Doppelausg.) [4. 13338 6

– Polyeucte, s.a. Répertoire du Théâtre franç. 2. Série. No. 40.

— Polyeukt, der Blutzeuge. Trauerspiel in 5 Aufzügen. Wortgetreu aus dem Franz. in deutsche Prosa übers. nach H. R. Mecklenburg's Grundsätzen v. Herm. Dill. 3 Hefte. 32. (164 S.) Berlin 879—81. H. R. Mecklenburg. à n. — 25

– Rodogune, s.a. Répertoire du Théâtre franç. 2. Série. No. 5.

— Rodogune, s.a. Théâtre français.

– Rodogune, s.a. Universal-Bibliothek.

Corneille, P. Rodogune. Deutsch von H. Heller. Leipzig (Reclam.)

Corneille, P. Rodogüne, Prinzessin der Parther. Ein Trauerspiel in 5 Acten. Hamb. u. Bremen 1769. Ü: *Behrmann, Georg.* (MD)

— Rodogune, tragédie en V actes. gr. in-8. Berl. 841. Schlesinger. 1/4 ℛ

Corneille, (P.,) sämmtl. Schauspiele, s. Theater d. Auslandes.

— sämmtl. Schauspiele, s. class. Theater.

– et Th., théâtre, s.a. Bibliothèque des Classiques français.

— et Thomas Corneille, Théâtre. XI Vol. 12. Leipc. 764.

— Théâtre, avec des commentaires et autres morceaux intéressans, av. fig 8 Vol. gr. 8. Genève (Rottm. in Berl.) 774.

— Théâtre av. les commentaires de Voltaire av. grav. XII Vol. gr. 8. Paris. (Sommer in Leipz.) 790.

Corneille, Thomas. Der Graf von Essex. Trauerspiel a. d. Franz. Hamb. 1747. Wien 1748. Ü: *Stüven, Peter v.* (Waniek, Gottsched. Leipz. 1897 S. 204)

Cornejo, Jesús, C. SS. R., el convite eucaristico. Manual para la comunión frecuente, entresacado de los principales autores que han escrito sobre esta materia. (XI, 379 S. m. 1 Stahlst.) kl. 8. Friburgo de Brisgovia (910). Freiburg i/B., Herder. 2.—; geb. in Kunstldr. 2.60; in Bockldr. m. Goldschn. 3.80

Cornél, A., s. Kákay.

Cornel, C., zur Reform des § 175 St.G.B. Eine kriminalpsycholog. Skizze zur Lösg. des homosexuellen Problems. (35 S.) 8. Leipzig 909. M. Spohr. —80

Cornel P, Hohentwiel. 1 Blatt Lichtdruck. fol Stuttgart 1894

Cornel, Paul, Rosen u. Dornen. Gedichte. 2. [Titel-]Aufl. (XV, 246 S. m. Bildnis.) 8. Tuttlingen [1899] (903). F. Braun. Geb. in Leinw. n. 2.—

Cornel, Paul, Rosen u. Dornen. Gedichte. 8. (XV, 246 S. m. Bildn.) Tuttlingen 899. (C. L. Kling.) Geb. in Leinw n. 3.—

Corneli (Kornelyi), Io., Oliva verae pacis seu theologia catholica indifferentem et alium quemvis errantem ad unam fidem salvificam et veram cum Romana Christi Ecclesia pacem deducens. 2 Teile. Klausenburg 1732. 8°.

Bei Wurzbach, Biograph. Lexikon. Teil 21, S. 346, wird diese Schrift dem Jesuiten Andreas Patai zugeschrieben.

Corneli, R., der Dachshund, seine Geschichte, Zucht, Abrichtung u. Verwendung, nebst e. Abhandlg. üb. Kunstbaue. Mit in den Text gedr. Holzschn. gr. 8. (VII, 102 S.) Berlin 885. Parey. geb. n. 3.—

— der Fischotter, dessen Naturgeschichte, Jagd u. Fang, nebst e. Abhandlg. üb. den Otterhund u. dessen Gebrauch. Mit 30 Holzschn. gr. 8. (VI, 148 S.) Berlin 884. W. Baensch. n. 3.—

CORNELI, R.: Der Fischotter, dessen Naturgeschichte, Jagd und Fang nebst einer Abhandlung über den Otterhund und dessen Gebrauch. - Berlin 1885. 148 S.

— – die Jagd und ihre Wandlungen in Wort und Bild. 24 Lign. Fol. (384 S. mit eingedr. Holzschn.) Amsterdam 884, Ellerman, Harms und Comp. à Heft * M 2. * geb. *

— die deutschen Vorstehhunde, ihre Zucht, Abrichtung u. Verwendung als Gebrauchshunde. Mit 12 in den Text gedr. Rassebildern. 8. (VIII, 192 S.) Berlin 884. Parey. geb. n. 5.—

Corneli, René, Antwerpen u. die Weltausstellung 1885. Deutsche Ausg. v. Adf. Liederwald u. Conr. Gramms. (In ca. 20 Lfgn.) 1—14. Lfg. Fol. (S. 1—228 m. eingedr. Holzschn. u. Autotypien.) Leipzig 885. 86. Pfau. à n. 2.—

Corneli, René. Antwerpen und die Weltausstellung 1885. Deutsche Ausg. v. Adf. Liederwald u. Karl Fr. Pfau. 15.—20. (Schluss-)Lfg. Fol. (VIII und S. 229—322 mit eingedr. Holzschn. u. Autotypien.) [Leipzig 887. K. F. Pfau.] à n. 2.— (cplt.: n. 40.—; 887. geb. n. 50.—)
Rest übernahm Griesbach's Verlag in Gera.

— Deutschland auf d. Antwerpener Weltausstellung im J. 1885. Unter Mitwirkg. von Adf. Liederwald u. Karl Fr. Pfau. [Aus: „Antwerpen u. die Weltausstellung im J. 1885“.] Fol. (52 S. m. Illustr.) Ebd. 887. n. 10.—

— illustrierter Führer durch die Weltausstellung zu Antwerpen 1885. Antwerpen 1885

Cornelia, Episode aus der venetian. Geschichte, s. Novellen-Sammlung.

Cornelia, Taschenbuch für deutsche Frauen auf d. J. 1816—23. Herausg. v. Al. Schreiber. 1r—8r Jahrg. Mit Kpf. 16. Heidelb., Engelmann. à 1 ℛ 12 gr 12 ℛ 9r—18r Jahrg. 1824—33., oder Neue Folge 1r—10r Jahrg. 16. Ebd. à J. 2 ℛ 8 gr Jahrg. 1816—19. Frankf., Hermannsche B. Hbg. Pr. 1 ℛ 8 gr

Cornelia. Taschenbuch für deutsche Frauen auf die Jahre 1834—1841. 19r—26r Jahrg. oder Neue Folge 11r—18r Jahrg. Herausg. v. Al. Schreiber. Mit Kpfr. 16. 11r—17r J. Heidelb. 833—39. Engelmann. 18r J 1841. Darmstadt, Lange. (à n. 2 1/3 ℛ) 18 2/3 ℛ Pracht-Ausg. (à n. 3 1/3 ℛ) 26 2/3 ℛ

— Taschenbuch für deutsche Frauen auf das Jahr 1842–1844. Herausgeg. von Aloys Schreiber. 27.—29. (oder 2. Folge 1.—3. Jahrg. (Mit à 8 Kpfrn.) 16. Heidelberg 841—43, Engelmann. (Leipzig, Barth.) geb. à n. 2 1/3 ℛ

— dies. 30. 31. Jahrg. auf d. J. 1845, 1846. Fortgesetzt von Walter Tesche. Mit à 7 Stahlst. gr. 16. Darmstadt, Lange. à n. 2 ℛ — geb. à n. 2 1/3 ℛ

Cornelia, Taschenbuch für deutsche Frauen auf das J. 1847 u. 1848. Begründet von Aloys Schreiber u. fortges. von Walter Tesche. 32. u. 33. Jahrg. gr. 16. (32: 320 S., 6 Stahlst. u. gest. Titel. 33: 374 S., 6 Stahlst. u. gest. Titel.) Darmstadt, Lange à n. 2 ℛ geb. m. Goldschn. à n. 2 1/3 ℛ

Cornelia. Taschenbuch für deutsche Frauen auf die J. 1848—52. Begründet von Aloys Schreiber und fortgesetzt von Walter Tesche. 33—37. Jahrg. gr. 16. Darmstadt 848, Lange. [J. 33. (374 S. und 6 Stahlst.) 34. (VI und 332 S. mit 8 Stahlst.) 35. (X und 323 S. mit 9 Stahlst.) 36. (XI und 332 S. mit 8 Stahlst.) 37. (X und 350 S. mit 8 Stahlst.) à J. mit gest. Titel. * 2 Thlr.]

— Taschenbuch für deutsche Frauen auf das Jahr 1853—1856 (begründet von Aloys Schreiber und fortgesetzt) von J. W. Appell. 38—41. Jahrg. Darmstadt, Lange. 16. (38.: 6 Bl., 318 S., 8 Stahlst. u. lith. Titel; 39.: 6 Bl., 368 S., 8 Stahlst. u. Titel in Stahlst.; 40.: 3 Bl., 367 S., 8 Stahlst. u. Titel in Stahlst.; 41.: 15, 312 S., 9 Stahlst. u. Titel in Stahlst.) Jeder Jahrg. 2 ℛ; cart. mit Goldschn. n. 2 ℛ 10 ngr

— — auf d. J. 1857 u. 1858. Herausg. von **Aloys Henninger**. 42 u. 43. Jahrg. Ebend. 16. (42.: XIII, 370 S., 9 Stahlst. u. Titel in Stahlst.; 43.: XV, 367 S., 9 Stahlst. u. Titel in Stahlst.) Jeder Jahrg. 2 Thlr.; cart. mit Goldschn. n. 2 Thlr. 10 ngr.

— — auf d. Jahr 1859. Herausg. von **Aloys Henninger**. 44. Jahrg. Ebend. 16. (7 Bl., 346 S., 8 Stahlst. u. Titel in Stahlst.) n. 1 Thlr. 20 ngr.; cart. m. Goldschn. n. 2 Thlr.

Cornelia. Taschenbuch für deutsche Frauen auf das Jahr 1860—62. Herausg. von **Aloys Henninger**. 45—47. Jahrg. Darmstadt, Lange. 16. (45.: XVI, 362 S., 8 Stahlst. u. Titel in Stahlst.; 46.: XXIV, 360 S., 8 Stahlst. u. Titel in Stahlst.; 47.: XVI, 320 S., 7 Stahlst. u. Titel in Stahlst.) Jeder Jahrg. n. 1 Thlr. 20 ngr.; cart. m. Goldschn. n. 2 Thlr.

— auf das Jahr 1863 u. 64. Herausg. von **Frater Hilarius**. 48. u. 49. Jahrg. Ebend. 16. (VIII, 328 S., 7 Stahlst. u. Titel in Stahlst.; XVI, 328 S., 7 Stahlst. u. Titel in Stahlst.) Jeder Jahrg. n. 1 Thlr. 20 ngr.; cart. m. Goldschn. n. 2 Thlr.

Cornelia. Taschenbuch für deutsche Frauen auf d. J. 1865—1870. Begründet von Aloys Schreiber u. fortgesetzt von **Frater Hilarius**. 50—55. Jahrg. Darmstadt, Lange. 16. (XLIV, 360 S.; XVI, 303 S.; XVI, 331 S.; XVI, 307 S.; XVI, 359 S.; XVI, 341 S.) Jeder Jahrg. mit 7 Stahlst. n. 1 Thlr. 20 ngr.; cart. m. G. n. 2 Thlr.

Cornelia. Taschenbuch f. deutsche Frauen auf d. J. 1871—1873. Hrsg. v. Frater **Hilarius**. [**E. Fentsch**.] 56—58. Jahrg. gr. 16. (à ca. XVI, 303 S. m. Stahlst. u. in Stahlst. gest. Titel.) Darmstadt. Frankfurt a/M., Schwelm. à n. 5. —; cart. m. Goldschn. à n. 6. —

Cornelia. Taschenbuch für deutsche Frauen auf die J. 1869—1874. Begründet von Aloys Schreiber und fortgesetzt von Frater Hilarius [E. Fentsch]. 54.—58. Jahrg. gr. 16. (XVI, 359; XVI, 311; XVI, 303; XVI, 288; XVI, 303 S. mit je 6 Stahlst. und in Stahl gest. Titel.) Darmstadt, G. G. Lange. [Frankfurt, Erras.] à Jahrg. (*ℳ 5.; cart. mit Goldschn. *ℳ 6.)

Cornelia, ein Bad-Geschenk. Ausgewählte Sammlung schöner Novellen und Gedichte. (Cornelia. 26. Jahrg.) Mit 18 Stahlst. 16. Darmstadt u. Wiesbaden 842, Lange. n. 2/3 Thlr.

— Monatshefte für Töchter gebildeter Familien von 12—16 Jahren. Beiträge zur Unterhaltung, Belehrung und Beschäftigung. Mit (lith. u. color.) Mustern zu leichtern weiblichen Handarbeiten aller Art. 1. Jahrg. 1855. Octbr. — Decbr. 3 Hefte. (à 4 Bgn.) Weimar, Jansen u. Co. gr. 16. n. 18 ngr.

Cornelia. Monatshefte für Töchter gebildeter Familien von 12—16 Jahren 2c. 2c. Red.: **Ferd. Jansen**. 2. u. 3. Jahrg. 1856 u. 1857. à 12 Hefte (à 4 Bgn.). Weimar, Jansen u. Co. gr. 16. Jeder Jahrg. 3 Thlr.

Cornelia. Monatshefte für Töchter gebildeter Familien. Beiträge zur Unterhaltung, Belehrung und Beschäftigung. Mit Mustern zu leichteren weibl. Handarbeiten aller Art. Redig. von Ferd. Jansen. 8. Jahrg. 1857. 12 Hefte. (à 4 Bog. mit 2 lithogr. und lithochrom. Taf. in 8. und Fol.) br. 8. Weimar 857. [Leipzig, Deckmann.] *

1. Jahrg. Ebendas. October—December 1855, * 18 Ngr., 2. 1856. * 3 Thlr. 18 Ngr.

— Zeitschrift für häusliche Erziehung. Unter Mitwirkung der Herren Lauckhard, Eckstein, Masius 2c. herausg. von **Carl Pilz**. 1. u. 2. Bd. à 5 Hefte (à 2½ Bgn.). Leipzig 861. C. F. Winter. gr. 8. Jeder Bd. 22½ ngr.

— Zeitschrift für häusliche Erziehung. Unter Mitwirkung

bewährter u. erfahrener Pädagogen u. Aerzte herausg. von **Carl Pilz**. 3—14. Bd. à 5 Hefte (à 2½ Bgn.). Leipzig 865—70. C. F. Winter. gr. 8. Jeder Bd. 22½ ngr.

— Zeitschrift f. häusl. Erziehg. Unter Mitwirkg. bewährter u. erfahrener Pädagogen u. Aerzte, hrsg. v. **Carl Pilz**. 15—26. Bd. à 5 Hfte. gr. 8. (à Hft. 40 S.) Leipzig 871—76. C. F. Winter. à Bd. 2. 25

Cornelia. Zeitschrift f. häusl. Erziehung. Unter Mitwirkung bewährter u. erfahrener Pädagogen u. Aerzte hrsg. von **Carl Pilz**. 27—38. Bd. à 5 Hefte. (2½ B.) gr. 8. Leipzig 877—82. Kempe. à Bd. 2. 25

Cornelia. Zeitschrift f. häusl. Erziehg. Unter Mitwirkg. bewährter u. erfahrener Pädagogen u. Aerzte hrsg. v. **Carl Pilz**. 39—46. Bd. à 5 Hfte. (à 2—2½ B.) gr. 8. Leipzig 883—86. Kempe. à Bd. 2. 25

Cornelia. Zeitschrift für häusliche Erziehung. Organ der Schrebervereine Leipzigs u. Umgegend. Unter Mitwirkg. bewährter u. erfahrener Pädagogen u. Aerzte hrsg. von **C. Pilz**. 47. u. 48. Bd. à 5 Hfte. (à 2—2½ B.) gr. 8. Leipzig 887. Kempe. à Bd. 2. 25

CORNELIA . . . . (187*.) 12°. Zahm. (¼ Rthl. Fischhaber u. A.)

Cornelia. Heilige Schatzkammer christl. Familien. Illustr. Legendenblatt. Red.: **Andr. Leuse**. 1. Jahrgang. 1879. 52 Nrn. (½ B.) gr. 8. Augsburg, Schmid's Verl. n. 2. —

Cornelia: 1879–1907.

Semi-monthly. Sub-title: Zeitschrift für häusliche Erziehung. Published at Allegheny, Pa., 1879–95. Place of publication varies: Columbus, Ohio, 1906—07. Large quarto, each issue 16 pages. Subscription held by Harmony Society. Circulation: 1885, 15,500; 1900, 15,000; 1905, 15,000. Edited & published by J. L. Harr.
Pittsburgh, PA

— Deutsche Elternzeitung. Unter Mitwirkg. bewährter u. erfahrener Pädagogen u. Aerzte. Hrsg. von **C. Pilz**. 49.—54. Bd. à 5 Hfte. (2 B.) gr. 8. Leipzig 888—890. Spamer. à Bd. 2. 25

Cornelia. Deutsche Elternzeitung. Unter Mitwirkg. bewährter u. erfahrener Pädagogen u. Aerzte. Hrsg. v. **Carl Pilz**. 55. u. 56. Bd. à 5 Hfte. (à ca. 2 Bog.) gr. 8. Leipzig 891. Spamer. à Bd. 2. 25

— dasselbe. 57.—59. Bd. à 5 Hfte. (à ca. 2 Bog.) gr. 8. Leipzig 892. 893. R. Richter. à Bd. 2. 25

— dasselbe. Hrsg. v. **Karl Pilz** u. **Gust. Siegert**. 60. u. 61. Bd. à 6 Hfte. (à ca. 2 Bog.) 4. Leipzig 893. 894. Grübel & Sommerlatte. à Bd. 2. 25

Cornelia. Deutsche Elternzeitg. Begründet v. **Carl Pilz** Unt. Mitwirkg. bewährter u. erfahr. Schulmänner u. Ärzte hrsg. v. **Gust. Siegert**. 62. Bd. 6 Hfte. (à ca. 20 S.) 4. Leipzig 894. Grübel & Sommerlatte. 2. 25

— dasselbe. Monatsschrift f. d. deutsche Elternhaus. 32.—34. Jahrg. 1895—1897. à 12 Nrn. (à ca. 20 S.) 4. Leipzig, Amthor. à Jahrg. 5. —; einz. Nrn. — 50

— dasselbe. Schriftleiter: **Karl Forschner**. 34. Jahrg. 5. Quartal. Jan. b. März 1898. 3 Nrn. (à ca. 10 S.) 4. Ebd. 1. 25; einz. Nrn. — 50

— dasselbe. 35. Jahrg. April 1898 b. März 1899. 12 Nrn. (à ca. 20 S.) 4. Ebd. n. 5. —; einz. Nrn. — 50

Cornelia. Illustrierte Monatschrift f. das deutsche Elternhaus. Begründet v. Karl Pilz. Hrsg. unter Mitwirkg. erfahrener Schulmänner, Erzieher u. Aerzte. Organ des Vereins zum Schutz der Kinder vor Ausnutzg. u. Mißhandlg. Schriftleitung: Karl Forschner. 36. Jahrg. April 1899—März 1900. 12 Hfte. 4. (IV, 288 S.) Leipzig, Amthor. n. 5. —

— dasselbe, vereinigt m. „Die deutsche Volksschule". Illustrierte Monatschrift f. Erziehg. u. Unterricht in Schule u. Haus. Begründet v. Carl Pilz. Hrsg. unter Mitwirkg. bewährter Schulmänner, Erzieher u. Aerzte. Organ des Vereins zum Schutz der Kinder vor Ausnutzg. u. Mißhandlg. Schriftleitung: Karl Forschner. 37.—39. Jahrg. April 1900—März 1903. à 12 Hfte. 4. (à Jahrg. IV, 284 S.) Ebd. à Jahrg. n. 4. —

Cornelia vereinigt m. „Die deutsche Volksschule". Monatsschrift f. Erziehg. u. Unterricht in Schule u. Haus. Begründet v. Carl Pilz. Hrsg. unter Mitwirkg. bewährter Schulmänner, Erzieher u. Aerzte. Organ der Vereine: Leipziger Verein der Kinderfreunde (Kinderschutz) in Leipzig, Allgemeiner Erziehungsverein in Dresden, Verein Knabenhort (K.-B.) in München. Schriftleitung: M. Schubert. 40. u. 41. Jahrg. April 1903—März 1905. à 12 Hefte. (à ca. 24 S.) 4. Leipzig, Anthor. à Jhrg. n. 4. —

— dasselbe. 42. Jahrg. April—Septbr. 1905. 6 Hefte. (à ca. 24 S.) Lex.-8. Ebd. n. 2. —

— dasselbe. 42. Jahrg. 2. Halbj. Oktbr. 1905—März 1906. 6 Hefte. (à ca. 24 S.) Lex.-8. Osterwieck. [B. Michael.] Weimar, Straubing & Müller. n. 2. —

— dasselbe. 43. Jahrg. April 1906—März 1907. 12 Hefte. (288 S.) Lex.-8. Ebd. n. 4. —
Erscheint vom 44. Jahrg. ab im Teutonia-Verlag, Leipzig.

— vereinigt m. „Die deutsche Volksschule". Monatsschrift f. Erziehg. u. Unterricht in Schule u. Haus. Begründ. v. K. Pilz. Hrsg. unter Mitwirkg. bewährter Schulmänner, Erzieher u. Aerzte. Organ der Vereine: Leipziger Verein der Kinderfreunde (Kinderschutz) in Leipzig, Allgem. Erziehungsverein in Dresden, Verein Knabenhort (K.-B.) in München. 44. Jahrg. April—Dezbr. 1907. 9 Hefte. (à ca. 24 S.) Lex. 8. Leipzig, Teutonia-Verlag. 3. —
Erscheint nicht mehr.

Cornelia. Töchter-Pensionats-Problem. Hrsg. v. Frau M. Fischer. 1. u. 2. Bd. 8. Oldenburg [G. Stalling's Verl.] München, G. W. Dietrich. Geb. in Leinw. à 3. —
May, Ellen, was sie erreichte. (254 S.) (908.) (Bd. 2.)
Schmidt, Alba v., Prinzeß Puppe. (244 S.) (908.) (Bd. 1.)

Cornelia Bororquia, od. d. Inquisition, s. Zimmermann, Wilh.

Cornelia, d., Liebesgesch. aus d. Engl. 8. Altona: Iversen. 1762.

Cornelia, Die Mutter der Grachen. Trauersp. 8. Wien: Kraus 1750.

Corneliana clavis, od. lateinisch-deutsche Phrases über den Cornel. 8. Nürnb. 725.

Cornelii Nepotis vitae, s.: Cornelius Nepos.

Cornelins, C. A.: Die niederländischen Wiedertäufer während der Belagerung von Münster 1534 – 1535. Münster 1869. 63 S. 4°

Cornelissen, J. F., Ad scr. hist. Aug. Gel. 1888. 14 S. —.80

Cornelissen, J. F., Ad Statii Silvas. Gel. 1877. 18 S.

Cornelissen, J. J., Kritische aanteekeningen op V. P. S.-A. 1887. 48 S.

Cornelissen, J. J., Bydrage tot de tekstkritiek van Apul. Metamorphosen. S.-A. 1888. 85 S. 1.20

Cornelissen, J. J., codicis Daventriensis vetustissimi. Servii commentarios continens brevis descriptio; accedunt: ad Ciceronem, Apulejum, Minutium annotatiunculae criticae. gr. 4. (32 S.) (Berlin 871. Calvary & Co.) n. 1. 20

— conjectanea latina. gr. 8. (XVI, 84 S.) Daventriae 870. Ebend. n. 2. —

Cornelissen, J. J., Frontoniana. S.-A. 1878. 6 S.

Cornelissen, J. J., De Amphictyonum concilii ratione et historia. II. S.-A. s. a. S. 1.20

Cornelius a genis aridis, oder Unterhaltungen für die empfindsame Welt. München 1790. V: *Beck, Carl Theod.* (KY) (MGT)

Cornelii a genis aridis. Unterhaltung für empfindsame Herzen, (v. K. Th. Beck). 8. Münch. 790. (Fleischmann). 6 gr

Cornelius, der heilige, Papst u. Märtyrer, Schutzpatron der Pfarrgemeinde Corneliminster. gr. 16. (15 S.) Aachen 878. Schweitzer. n. — 15

Cornelius a genis aridis (Pseud.), s. Beck, Karl Theodor

Cornelius a Lapide. s. C Lapide.

Cornelius a Lapide, Commentarii in evangelia in duo volumina divisi. Augsburg, 1735, 2 Bde.
1. Aufl. Paris, 1639.

Cornelii a Lapide commentarii in scripturam sacram. X tomi. Editio recens, a quamplurimis mendis, quibus caeterae scatebant, diligentissime expurgata et castigata. Lugduni 854. (Leipzig, Gerhard.) 4. (2 Bl., 1147; 2 Bl., 1164; 2 Bl., 1050; 2 Bl., 1148; 2 Bl., 1187; VIII, 1620; XVI, 939, VIII, 604, 2 Bl., 32; 2 Bl., 1268; 2 Bl., 1103; 2 Bl., 1406 S.) n. 53 ß 10 ngr

Cornelii a Lapide, commentarii in sacram scripturam. (In 16 Bdn.) Tom. I. Complectens commentaria in pentateuchum indicibus necessariis illustrata. Fasc. 1. Editio recens a quamplurimis mendis, quibus caeterae scatebant, diligentissime expurgata et castigata. hoch 4. (VII und 40 S. mit 2 Stahlst.) Mailand 857. (München, Franz.) **

Cornelius a Lapide, Commentarius in Acta Apostolorum. Augsburg, 1747, 2 Bde.
1. Aufl. Lyon, 1627.

Cornelii a Lapide, commentatt. in univers. S script. Vet. et N Test. XI Tom. Fol. 761. (Eggenberger in Pesth). 40 ß 16 gr

— — idem liber. X Tom. fol. Antwerp. Wolf in Augsb. 714—34.

Des Meisters Bild, gedichtet und vorgetragen von Cornelius am 19. Juli 1835. [Mainz 1835: Wirth.] 2 Bl. 8° [Kopftit.]
„In Mainz, vereinte Freunde hatten . . ."
140. 143.

Cornelius, d. Entwerfen u. d. Bau v. Lokomotivschuppen. (75 S. m. 30 Abbild. u. 3 Taf.) Lex. 8. Berlin 909. W. Ernst & Sohn. 3. —
Sonderabdr. a. „Ztschr. f. Bauwesen".

Cornelius. Mittheilungen über ein ungedrucktes Fragment des Antoine Froment zur Genfer Geschichte.
. Sitzungsberichte der k. Akademie von München. 1887. II.

Cornelius, Tabelle z. Berechn. d. n. d. Invaliditäts- u. Alters-Versicherungs-Gesetze z. verwend. Beitrags-Marken. Für d. J. 1897. qu. Fol. (1 S.) Leipzig 896. W. Diebener. — 25

Cornelius, A., zur therapeutischen Anwendg. d. Mineralstoffe, s.: Brasch.

Cornelius, A. [aus Burtscheid bei Aachen]: Beiträge zur Casuistik der multiplen Neuritis . . . . Berlin, gedr. bei L. Schumacher, 1888 51 + 1 S. + 1 Bl. 8°
Berlin, Med. Fak., Inaug.-Diss. v. 8. März 1888

Cornelius, Alfons

Cornelius, Druckpunkte, ihre Entstehung, Bedeutung bei Neuralgien, Nervosität, Neurasthenie, Hysterie, Epilepsie u. Geisteskrankheiten, sowie ihre Behandlg. durch Nervenmassage. gr. 8. (31 S. m. 3 lith. Taf.) Berlin 902. O. Enslin. n. 2. —

Cornelius, Alfons: Druckpunkte, ihre Entstehung ... 2. Aufl. 1909
s. Cornelius: Nervenpunkte, ihre Entstehung ... 1909. 1126

Cornelius, die Druck- od. Schmerzpunkte als Entstehungsursache der sogenannten funktionellen Nervenerkrankungen, ihre Entstehg. u. Behandlg. Vortrag, geh. auf der 75. Versammlg. deutscher Naturforscher u. Aerzte in Cassel. (40 S.) gr. 8. Wien 904. M. Perles. n. 1. —

— Die Nervenmassage, allgemeinverständl. dargestellt. Zugleich e. Ratgeber f. Patienten, die sich nervöser Beschwerden wegen e. Nervenmassagekur unterziehen. [Aus: „Die Nervenpunktlehre".] (28 S.) gr. 8. Leipzig 909. G. Thieme. p — 80

— Nervenpunkte, ihre Entstehg., Bedeutg. u. Behandlg. mittels Nervenmassage. II., durch e. Technik der Nervenmassage erweit. Aufl. der „Druckpunkte". (63 S. m. 6 Abb.) gr. 8. Ebd. 909. 2. —

— Die Nervenpunktlehre. Eine neue Erklärg. d. nervösen Leiden u. e. Mittel, ihnen erfolgreich entgegenzutreten. I. (selbständ.) Bd. Mit e. Anh.: „Die Nervenmassage". (Ratgeber f. Patienten, die sich nervöser Leiden wegen e. Nervenmassagekur unterziehen.) (VII, 112 u. 28 S.) gr. 8. Ebd. 909. 3. 60

— Schemata des menschlichen Körpers zum Einzeichnen der Druckpunkte. qu. gr. 4. (40 Bl.) Ebd. 902. In Umschlag n.n. 2. 50

Cornelius, Arth., lose Blätter. Gedichte. 16. (104 S.) Jena 884, Mauke's Verlag. *
geb. *

Cornelius, August [aus Infeld in Oldenburg]: Zur Behandlung der acuten virulenten Bubonen. Strassburg, Universitäts-Buchdruckerei von Johann Heinrich Eduard Heitz, 1883. 8. 64 S.

Cornelius, Auguste

Cornelius, A., kleine Erzählungen f. Knaben u. Mädchen. Mit 8 Farbendr.-Bildern nach Aquarellen von J. B. Schmelzer. gr. 4. (16 S.) Wesel 888. Düms cart. 1. —

Cornelius, A., lustige Geschichten f. Kinder. hoch 4. (8 S. m. farb. Abb. auf Pappe.) Wesel (902). W. Düms. Geb. 1.—

Cornelius, A., lustige Geschichten f. Kinder. (8 Bl. m. farb. Abbildgn.) gr. 4. Wesel (903). W. Düms. — 50; (9 S. m. farb. Abbildgn. auf Pappe.) Geb. — 80; (11 S. m. farb. Abbildgn. auf Pappe.) Geb. 1. —

— Goldmäuschen. Märchen. 8. (6 Chromolith. m. eingedr. Text.) Ebd. 887. — 10

Cornelius, A., nur ein Held, s.: Theater-Repertoir, Wiener.

Cornelius, A., das Kind, wie es weint u. lacht. Illustriert v. R. Tönsmann. hoch 4. (8 Chromolith. m. Text.) Wesel 885. Düms. cart. n. — 50

— glückliche Kinderzeit. Illustriert v. R. Tönsmann. hoch 4. (32 S. m. eingedr. Chromolith.) Ebend. 886. geb. 1. 50

— der Kobold. Märchen. 8. (6 Chromolith. m. eingedr. Text.) Ebd. 887. — 10

Cornelius, A., König u. Dichter, s. Universal-Bibliothek.

Cornelius, A.: Die verhängnisvolle Perrücke, s. Universal-Bibliothek.

— der kleine Peter u. anderes. Mit (farb.) Bildern v. Wilh. Schäfer. 2 Sorten. gr. 4. (à 12 Bl.) Ebd. 889. cart. à 1. —

Cornelius, A.: Platen in Venedig, s. Universal-Bibliothek.

— das Riesenkind. Märchen. 8. (6 Chromolith. m. eingedr. Text.) Ebd. 887. — 10

— Sonnenschein u. Regen. Illustriert v. R. Tönsmann. hoch 4. (8 Chromolith. m. eingedr. Text.) Ebend. 886. cart. — 50

— Peter Stehauf u. andere lustige Geschichten f. Kinder von 3—6 Jahren. Mit 25 Farbendr.-Bildern v. Wilh. Schäfer. 1.—20. Tausend. gr. 4. Ebd. 889. 890. cart. 1. 80; auf Leinw. 3. —

Cornelius, A., Peter Stehauf u. andere lustige Geschichten f. Kinder von 3—6 Jahren. Mit 25 Farbendr.-Bildern v. Wilh. Schäfer. 21.—30. Tausend. 4. (Mit eingedr. Text.) Wesel 891—893. W. Düms. Kart. 1. 80

— Peter Stehauf u. and. lustige Geschichten f. Kinder v. 5—6 Jahren. M. 25 Farbendr.-Bild. v. Wilh. Schäfer. 26.—30. Tauf. gr. 4. (M. eingedr. Text.) Ebd. 896. Auf Pappe, geb. 3. —

— Peter Stehauf u. andere lustige Geschichten f. Kinder von 3—6 Jahren. Mit 25 Farbendr.-Bildern v. Wilh. Schäfer. Jubiläums-Ausg.: 47—50. Tauf. (25 Bl.) gr. 4. Ebd. (903). Geb. 1. 80; auf Leinw. od. auf Pappe 3. —

Cornelius, A., Peter Stehauf u. andere lustige Geschichten f. Kinder v. 3—6 Jahren. Mit 21 Farbendr.-Bildern v. Wilh. Schäfer. Jubiläums-Ausg.: 51—53. Tauf. (22 Bl.) Lex. 8. Wesel (910). W. Düms. Geb. 1. 80; auf Pappe (23 S.) 3. —

— der Struwwelpeter od. lust. Geschichten f. Kinder von 3—6 Jahren. Mit 25 Farbendr.-Bildern nach Aquarellen v. R. Tönsmann. 4. (Mit eingedr. Text.) Ebd. 887. geb. 1. 80; als Leinwand-Bilderbuch 3. —

— der neue Struwwelpeter. Mit 10 Farbendr.-Bildern v. R. Tönsmann. 2 Sorten. 4. (Mit eingedr. Text.) Ebd. 887. cart. à 1. —

— wo ist der Kuchen? u. andere drollige Geschichten für Kinder von 3—6 Jahren. Mit 16 Farbendr.-Bildern nach Aquarellen v. F. Lipps. gr. 4. Ebd. 890. cart. 1. 50; auf Leinw. n. 2. —

Cornelius, A., wo ist der Kuchen? u. and. droll. Geschichten f. Kinder. M. Farbendr.-Bild. n. Aquarellen v. F. Lipps. 2 Sorten. gr. 4. (à 8 Bl.) Wesel 895. W. Düms. Kart. à — 60

Cornelius, Bodo, s. a.: Teschner, Karl.

— Schafft bessere Generationen! Ein Beitrag z. Lösg. d. socialen Frage. Allen ehrbaren Männern u. Frauen gewidmet. gr. 8. (40 S.) Leipzig 898. A. Strauch. n. 1. —

Cornelius, C., Beiträge zur nähern Kenntniß der Palingenia longicauda Olivier. gr. 8. (38 S. m. 4 lith. Taf.) Elberfeld 848, Büschler. 1/2 ℳ

Cornelius, C., Beiträge zur nähern Kenntniß der Palingenia longicauda Olivier. gr. 8. (38 S. mit 4 Stnt.) Elberfeld 848. [Leipzig, Fr. Fleischer.]

Cornelius: Beiträge zur nähern Kenntnis von Periplaneta. (Blatta) orientalis Linné. (Morgenländische Küchenschabe, auch Schwabe genannt.) 24 S. 1 Fgt. – Elberfeld R., Progr. 1853.

Cornelius, C., Beiträge zur nähern Kenntniß von Periplaneta (Blatta) orientalis Linné. (Morgenländische Küchenschabe, auch Schwabe genannt.) Mit 2 Steindrucktaf. Elberfeld 853. Friderichs. gr. 8. (40 S.) 6 ngl.

Cornelius, C., Erklärung der wichtigsten Erscheinungen der Elektricität unt. Voraussetzung eines elektrischen Fluidums. gr. 8. Gießen 846, Ferber. n. 1/2 ℛℬ

Cornelius, C. Zur Erläuterung der Politik der Churfürsten Moritz von Sachsen. 8. München 1866.

Cornelius, C., s.: **Klussmann, Nelly.**

Cornelius, C., Kopfrechen-Aufgaben in natur- u. zweckgemäßer Stufenfolge. Zum Gebrauche f. Lehrer an Elementarschulen. 8. Dortmund 831. Krüger. 5/12 ℛℬ

Cornelius, C., die Universitäten der Vereinigten Staaten v. Nordamerika. s. a. **Magazin**, pädagogisches. 252. Heft.

Die Universitäten der Vereinigten Staaten von Nordamerika. Von C. **Cornelius** in Lössen-Merseburg. Langensalza: H. Beyer & Söhne 1905. (40 S.) 8°
— **Magazin**, Pädagogisches. H. 252.

Cornelius, C., wie die Leuchtkäfer ihr Lichtlein erhielten. Ein Thüringerwald-Märchen. Mit 10 Federzeichng. v. der Verf. 12. (39 S.) Osnabrück 902. B. Wehberg. n. 1. —

Cornelius, Emmrich

[F.] Erzählungen aus dem Leben Kaiser Wilhelms I. Dargest. f. d. Jugend v. Dr. E[mmrich] **Cornelius**, Oberl. am Kgl. Gymn. zu Saarbrücken. *Saarbrücken: C. Schmidtke 1896.* (VIII, 54 S.) 1 Bd 8.

Cornelius, E., quomodo Tacitus, historiarum scriptor, in hominum memoria versatus sit usque ad renascentes literas saeculis XIV. et XV. Diss. Marburg 1888, N. G. Elwert'sche Univ.-Buchh. 4°. 43 S.

Cornelius, Emmerich Quomodo Tacitus, historiarum scriptor, in hominum memoria versatus sit usque ad renascentes literas saeculis XIV. et XV. 4 (43 S.). Progr. G. Wetzlar 1888 (435).

Cornelius, Emmerich, das Zeitalter Wilhelms I. in seiner Bedeutung f. die Jugend. (46 S.) 8. Saarbrücken 903. H. Hecker. n. — 60

Cornelius, F., Hinkel, Gockel u. Gackelein, s.: **Brentano, C.**

Cornelius, F. Hinkel, Gockel u. Gackeleia, nach Clemens Brentano, } s. **Theater** für die katholische weibliche Jugend.

Cornelius, F., ein Maskenscherz, s.: **Cavallo, Joh. N.**

Cornelius, F., der Ritter m. der verrosteten Hand, s.: **Theater** f. die katholische weibliche Jugend.

Cornelius, F., die vielgeplagte Wirtin, s. a. **Dilettanten-Theater.**

Die vielgeplagte Wirtin. Schwank in 2 Aufz. von F. Cornelius. Paderborn: F. Schöningh [1905]. (12 S.) 8° [F.]
— **Dilettanten-Theater.** N. F. 11.

Cornelius, **Fr.**, Diss. inaug. de membranae tympani usu. Mit 2 Kpft. 8. Dorpat 825.

Cornelius, Franz

Cornelius, F., des Frhrn. v. Münchhausen Abenteuer, s. a. **Münchhausen.**

Cornelius, Frz., des Freiherrn von Münchhausen höchst wunderbare Abenteuer u. Erlebnisse auf seinen Reisen zu Wasser u. zu Lande. Zur Ergötzung für Jung u. Alt auf's Neue herag. 4. Aufl. Berlin 865. Neymann. (Mülheim, v. Kamp.) 16. (106 S.) 7½ ngr.

Cornelius, G., Der Baustellen-Wucher und der Ruin der ehrlich arbeitenden Bauhandwerker. Berlin 1876. 8°.

Cornelius, Hans

— Ernst **Reisinger**, Geo. **Kerschensteiner**, Aufgabe u. Gestaltg. d. höh. Schulen. 3 Vorträge. (65 S.) 8. München 910. Süddeutsche Monatshefte. 1. —

Cornelius, Hans, Einleitung in die Philosophie. gr. 8. (XIV, 357 S.) Leipzig 903. B. G. Teubner. n. 4. 80; geb. in Leinw. n. 5. 60

Cornelius, Hans, Elementargesetze der bildend. Kunst. Grundlag. e. prakt. Ästhetik. (VIII, 197 S. m. 240 Abb. u. 13 Taf.) Lex. 8. Leipzig 908. B. G. Teubner. 7. —; geb. in Leinw. 8. —

— **Grundsätze** u. Lehraufgaben f. den elementaren Zeichenunterricht. gr. 8. (VI, 40 S.) Ebd. 901. n. — 80

Cornelius, Hans, Psychologie als Erfahrungswissenschaft. gr. 8. (XV, 445 S.) Leipzig 897. B. G. Teubner. n. 10. —

[F.] James Stuart, Graf v. Murray. Geschichtl. Drama in 5 Aufz. v. H. Cornelius ... *Paderborn: F. Schöningh 1897.* (124 S.) 1 Bd 8.
— **Cornelius, H.**: Maria Stuart. Trilogie. Tl 2.

Cornelius, H., **Maria Stuart.** Trilogie. 3 Tle. 12. Paderborn, F. Schöningh. n. 5. 20
1. Maria Stuart, Königin v. Schottland. Geschichtl. Drama in 3 Aufzgn. (161 S.) 896. n. 2. —
2. James Stuart, Graf v. Murray. Geschichtl. Drama in 5 Aufzgn. (124 S.) 897. n. 1. 60
3. Elisabeth, Königin v. England. Geschichtl. Drama in 5 Aufzgn. (118 S.) 898. n. 1. 60

Maria Stuart. Trilogie von H[ans] **Cornelius**. 2. Aufl. Bonn: P. Hanstein in Komm. 1903. (369 S.) 8° [F.]

Cornelius, Hans: Ueber die Synthese der Dioxyphenylessigsäure und des Orcins .... München, Akad. Buchdr. v. F. Straub, 1886; 24 S. 8°.
München, Phil. Fak., Inaug.-Diss. v. 1886.

Cornelius, Hans, über die Synthese der Dioxyphenylessigsäure und des Orcins. Diss. München 1886, A. Buchholz. 8°. 24 S.

Cornelius, Hans: Versuch einer Theorie der Existentialurteile ... München, M. Rieger'sche Univ.-Buchh., 1894; 104 S. 8.
München, Phil. Fak., Hab.-Schr. v. 1894
(Nicht für den Austausch)

Cornelius, Hans, Versuch e. Theorie der Existentialurteile. gr. 8. (104 S.) München 894. M. Rieger. n. 2. 40

Cornelius, Heinr., die altengl. Diphtongierung durch Palatale im Spiegel d. mittelengl. Dialekte, s. a. **Studien** zur engl. Philologie. 30. Heft.

Cornelius, Heinrich, a. Bremen: Die altenglische Diphthongierung durch Palatale im Spiegel der mittelenglischen **Dialekte.** Halle a. S. 1907: E. Karras. (63 S.) 8° ¶ (Erscheint vollst. als: Studien z. engl. Philologie H. 30. 1907.)
Göttingen, Phil. Fak., Ref. Morsbach, Diss. v. 25. März 1907
[Geb. 26. Sept. 83 Bremen; Wohnort: Bremen; Staatsangeh.: Bremen; Vorbildung: Handelssch. (Realgymn.) Bremen Reife M. 01; Studium: Göttingen 3, Berlin 2, Göttingen 6 S.; Rig. 22. Nov. 06.]

Die altenglische Diphthongierung durch Palatale im Spiegel der mittelenglischen Dialekte von Heinrich **Cornelius**. Halle: M. Niemeyer 1907. (X, 202 S.) 8°
[Ein T. erschien als Inaug.-Diss. Göttingen 1907.]
— **Studien** z. englischen Philologie. H. 30.

Cornelivs, Henricvs (geb. am 13 Sept. 1841 in Elberfeld): De ophthalmia sympathica ... Bonnae, typ. F. Krvegeri (1865). 2 Bl., 26 S., 1 Bl. 8.
Bonn, Med. Fak., Diss. v. 29 [nach d. Akten v. 28] Juli 1865

Cornelius, Hermann

Sängerreise der Berliner Liedertafel nach Italien 1.–12. April 1899. Im Auftr. d. Vorstandes d. Berl. Liedertafel bearb. von Hermann Cornelius. Berlin: Selbstverl. d. Vereins 1899. 179 S. 8° (10. 9160

Cornelius, Hermann. Untersuchungen über die therapeutischen und toxicologischen Wirkungen des Septoforma. Diss. Vet.-Med. Bern. *Kopftitel:* Aus der Grossherzogl. Sächs. Veterinärklinik der Universität Jena. Leiter: Medizinalassessor Dr. (Robert) Klee. 51 S. 8. München, Franz Stein, 1903.

Cornelius, J., Reise-Erinnerungen e. Ruhelosen. Skizzen aus Afrika u. Amerika. 8. (IV, 136 S.) Wien 872. Gerold's Sohn. n. 2. —

Cornelius, J. B., ein Winter-Aufenthalt in Pau, als Heilmittel für Alle, welche an Krankheiten der Hals- und Brustorgane leiden oder sonst von schwacher Gesundheit sind. Nebst einigen Notizen über die wichtigsten Mineralquellen der Pyrenäen. Für Aerzte u. Kranke herausg. Hamburg 864. Kittler. 8. (54 S.) 12 ngr.

Cornelius, Johannes: Ein Beitrag zur Kenntnis der Ovarialgravidität. Würzburg 1909: Scheiner. 32 S. 8°
Würzburg, Med. Diss. v. 15. Nov. 1909, Ref. Hofmeier
[Geb. 22. Juni 85 Tann, Rhön; Wohnort: Mülheim a. R.; Staatsangeh.: Preußen; Vorbildung: Gymn. Hanau Reife O. 04; Studium: Würzburg 10 S.; Coll. 27. Okt. 09; Approb. 19. Mai 09.] [U 10. 4342

Cornelius, Carl, Dr. phil.: Bildniskunst. T. 2. Das Mittelalter. *Freiburg i. B. 1901: Ch. Lehmann's Nachf.* (130 S.) 8°
¶ (Erscheint vollst. in Buchform.)
Freiburg i. B., Phil. Hab.-Schr. v. 1901

Cornelius, Carolus: De Horatii satirarum libri primi satira decima commentariolum. Accedunt aliquot odae germanice versae. Dillenburg, Druck d. E. Weidenbach'schen Buchdr., 1896; 1 Bl., xxxII S. 4.
Dillenburg, k. G. P 1896 (393)

Cornelius, Carl, vaterländische Ehrentage. Patriotische Gedichte f. Schulen u. Vereine, gesammelt u. nach Stufen geordnet. (113 S.) gr. 8. Dillenburg 904. Gebr. Richter. n. 1. —

Cornelius, C. Jacopo della Quercia. Mit 16 Abbild. In-8°. 118 S. Basel. These.
*** Erschien vor kurzem erweitert (XII, 194 S. mit 38 Abb.) in Buchform bei W. Knapp in Halle zum Preise von Mk. 8. —.
1896

Cornelius, Carl, Jacopo della Quercia. E. kunsthistor. Studie. gr. 8. (XII, 194 S. m. 38 Abb.) Halle 896. W. Knapp. n. 8. —

Cornelius, Karl, Leitfaden d. deutschen Literaturgeschichte, in Fragen u. Antworten m. Angabe des Inhalts u. des Grundgedankens d. Dichtungen zusammengestellt. (X, 230 S.) 8. Paderborn 907. F. Schöningh. 2. 40

Cornelius, Carl, die Zug- und Wander-Thiere aller Thierklassen. In populär-wissenschaftlichen Darstellungen und Schilderungen. Berlin 865. J. Springer. gr. 8. (VIII, 341 S.) 1 ₰ 7½ ngr.

Cornelius, C[arl] A[dolf]: Der Antheil Ostfrieslands an der Reformation bis zum Jahre 1535. (Aachen) [1852] (66 S.) 8°
[Buchausg. 1852 in Komm. bei Cazin in Münster in Westf.]
Breslau, Phil. Fak., Hab.-Schr. v. 17. Jan. [1852]

Cornelius, C. A., der Antheil Ostfrieslands an der Reformation bis zum Jahre 1535. Mit 2 Beilagen. gr. 8. (66 S.) Münster 852, Cazin.

Cornelius, C. A., historische Arbeiten, vornehmlich zur Reformationszeit. gr. 8. (IX, 628 S.) Leipzig 899. Duncker & Humblot. n. 13. —

Cornelius, (C. A.), über die deutschen Einheitsbestrebungen im 16. Jahrhundert. Rede gehalten am 28. Novbr. 1862. München 862. (Franz.) 4. (13 S.) n. 5¼ ngr.

Cornelius, Carl Adolf (Rheinland), De fontibus quibus in historia seditionis Monasteriensis anabaptisticae narranda viri docti huc usque usi sunt. Dissert. historica et critica. Münster (Theissing) 1850. 51 S. (4.80) 5664
Biographien v.: Heinr. Dorpius, Herm. v. Kerssenbroick.

Cornelius, C. A., Gedächtnisrede auf I. v. Döllinger, geh. in der öffentl. Sitzung der k. b. Akademie der Wissenschaften zu München am 28. März 1890. gr. 4. (17 S.) München 890. (Franz' Verl.) n.n. — 50

Cornelius, C. A., Geschichte des Münsterischen Aufruhrs in 3 Büchern. 1. Buch. Die Reformation. Leipzig 855. T. O. Weigel. gr. 8. (VIII, 1 Bl., 297 S.) n. 2 ₰

— Geschichte des Münsterischen Aufruhrs in 3 Büchern. 2. Buch: Die Wiedertaufe. Leipzig 860. T. O. Weigel. gr. 8. (VII, 413 S.) n. 2 ₰

Cornelius, C. A., die Gründung d. Calvinischen Kirchenverfassung in Genf 1541. [Aus: „Abhandlgn. d. k. bayer. Akad. d. Wiss."] gr. 4. (39 S.) München 892. (G. Franz' Verl.) n.n. 1. 20

— die Münsterischen Humanisten u. ihr Verhältniß zur Reformation. Ein histor. Versuch. gr. 8. (85 S.) Münster 851, Theissing. n. ⅓ ₰

Cornelius, C. A., d. ersten Jahre d. Kirche Calvins. 1541—1546. [Aus: „Abhandlgn. d. k. bayer. Akad. d. Wiss."] gr. 4. (88 S.) München 896. (G. Franz' Verl.) n.n. 2. 60

Cornelius, C. A., Churfürst Moritz gegenüber der Fürstenverschwörung in d. J. 1550—51. [Aus den Abhdlgn. d. k. bayer. Akad. d. Wiss.] München 867. Franz in Comm. 4. (63 S.) n. 28 ngr.

— die Rückkehr Calvin's nach Genf. I. Die Guillermins. [Aus: „Abhandlgn. d. k. b. Akad. d. Wiss."] gr. 4. (62 S.) Ebd. 888. n. 1. 80

— dasselbe. II. Die Artichauds. III. Die Berufung. gr. 4. (102 S.) Ebd. 889. n.n. 3. —

—— Studien zur Geschichte des Bauernkriegs. gr. 4. (62 S.) München 861(62). (Franz.)
Aus: Abhandlungen der k. bayerischen Akademie der Wissenschaften, besonders abgedruckt.

Cornelius, C. A., die Verbannung Calvins aus Genf im J. 1539. [Aus: „Abhandlgn. d. k. b. Akad. d. Wiss."] gr. 4. (74 S.) München 886. Franz' Verl n.n. 2. 20

— die niederländischen Wiedertäufer während der Belagerung Münsters 1534 bis 1535. [Aus den Abhdlgn. der k. bayer. Akad. d. Wiss.] Ebend. 869. 8. (63 S.) n. 22½ ngr.

Cornelius, Carl Maria. Peter Cornelius. Ausgewählte Briefe nebst Tagebuchblättern und Gelegenheitsgedichten. (Peter Cornelius. Literarische Werke. Erste Gesamtausgabe. Band 1. 2.) Leipzig 1904. 1905.

Cornelius, Carl Maria. Die Werke meines Vaters (Peter Cornelius † 1874. [Von] C' M' Corn', Basel). 8.
In: Süddeutsche Monatshefte ... hrg. von P(aul) N(ikolaus) Cossmann. Jahrg. 3, Heft 1. Januar 1906. Stuttgart, Adolf Bonz & Comp. (M. 1. 50.) S. 104—109.

Cornelius, Karl Sebastian

Cornelius, C. S., Abhandlungen zur Naturwissenschaft und Psychologie. [Bereicherter Sep.-Abdr. aus: „Zeitschrift für exakte Philosophie."] gr. 8. (V, 153 S.) Langensalza 887, Beyer und Söhne.

Cornelius, C. J., über die Bedeutung des Causalprincips in der Naturwissenschaft. Halle. *IV und 42 p.*
Schul-/Univ.-Schrift

Cornelius, C. S., über die Bedeutung des Causalprincips in der Naturwissenschaft. Halle 867. Schmidt. gr. 8. (VI, 42 S.) n. 10 ngr

Cornelius, Carl Sebast., über die Bildung der Materie aus ihren einfachen Elementen. Oder: das Problem der Materie nach ihren chem. u. physikal. Beziehungen mit Rücksicht auf die sogenannten Imponderabilien. Leipzig 856. O. Wigand. gr. 8. (XIV, 64 S. mit Holzschn. im Text.) n. 10 ngr

Cornelius, C. S., über die Entstehung der Welt mit besonderer Rücksicht auf die Frage: ob unserm Sonnensystem, namentlich der Erde und ihren Bewohnern, ein zeitlicher Anfang zugeschrieben werden muss. Gekrönte Preisschrift. gr. 8. (XIV, 210 S.) Halle 870, Schmidt's Verlag. *

Cornelius, Carol[us] Seb[astianus]: De fluido electrico in rerum natur. statuendo. Halis (1850): Ploetz. 15 S. 8°
Halle-Wittenberg. Phil. Hab.-Schr. v. 20. Juli 1850

Cornelius, C. S., mathematische u. physikalische Geographie nebst Chronologie, s.: Wiegand, A.

— Grundriss der physikalischen Geographie, s. a. Wiegand, Aug., u. Cornelius.

Cornelius, C. S.: Grundriss der physikalischen Geographie. Halle. 1851. 8.

— Grundriss der physikalischen Geographie. Für höhere Unterrichtsanstalten bearb. 3. verb. Aufl. Mit eingedr. Holzschn. Ebend. 868. gr. 8. (VIII, 208 S.) n. 20 ngr

— Grundriss der physikalischen Geographie. Für höhere Unterrichts-Anstalten bearb. 4. verb. Aufl. Mit eingedr. Holzschn. gr. 8. (VIII, 206 S.) Halle 873. Schmidt. n. 2. —

Cornelius, C. S., Grundriss der physikalischen Geographie. Für höhere Unterrichtsanstalten bearbeitet. 5. verb. Aufl. Mit eingedr. Holzschn. gr. 8. (VIII, 218 S.) Halle 877. Schmidt. n. 2. —

Cornelius, C. S., Grundriss der physikalischen Geographie. Für höhere Unterrichtsanstalten bearb. 6. verb. Aufl. Mit eingedr. Holzschn. gr. 8. (VIII, 257 S.) Halle 886. Schmidt. n. 2. 40

— Grundzüge einer Molecularphysik. Mit 10 Holzschn. (im Text.) Halle 866. Schmidt. gr. 8. (XII, 114 S.) n. 1 ℛ

— die Lehre von der Elektricität und dem Magnetismus. Versuch einer theoret. Ableitung der gesammten magnet. und elektr. Erscheinungen. gr. 8. (VIII und 208 S. mit eingedr. Holzschn.) Leipzig 853, O. Wigand. *

— die Lehre von der Elektricität und dem Magnetismus. Versuch einer theoretischen Ableitung der gesammten magnet. u. elektr. Erscheinungen. Leipzig 855. O. Wigand. gr. 8. (VIII, 208 S. m. Holzschn. im Text.) n. 1 ℛ 10 ngr

— physikalisches Lexikon, s. Lexikon.

Cornelius, Karl Sebastian (Mitverf.): Physikalisches Lexikon, s. Marbach, O.

Cornelius, Carl Sebast., Meteorologie. Mit 35 Holzschn. (im Text) u. 5 (lith.) Karten. Halle 863. Schmidt's Verlag. gr. 8. (X, 614 S.) n. 2 ℛ 20 ngr

Cornelius, C. S., zur Molecularphysik. gr. 8. (VI, 79 S.) Ebend. 875. n. 2. —

Cornelius, Carl Sebast., die Naturlehre nach ihrem jetzigen Standpunkte m. Rücksicht auf den inneren Zusammenhang der Erscheinungen. Mit 417 eingedr. Holzschn. gr. 8. (X u. 698 S.) Leipzig 849, Fr. Fleischer. 3 ℛ 12 ngr

Cornelius, C. S., das Problem d. Materie, s.: Schilling, G.

— die Theorie des Sehens und räumlichen Vorstellens. Vom physikalischen, physiologischen und psychologischen Standpunkte aus betrachtet. Mit 191 Holzschn. (im Text.) Ebend. 861. gr. 8. (VI, 652 S.) n. 4 ℛ

— zur Theorie des Sehens mit Rücksicht auf die neuesten Arbeiten in diesem Gebiete. Mit 7 Fig. (Holzschn. im Text.) Ebend. 863. gr. 8. (III, 58 S.) n. 12 ngr

Cornelius, C. S., zur Theorie d. Sehens m. Rücksicht auf d. neuest. Arbeit. in diesem Gebiete. Halle. *III u. 58 p. m. 7 Abb.*
Schul-/Univ.-Schrift 1864

— zur Theorie der Wechselwirkung zwischen Leib u. Seele. gr. 8. (V, 90 S.) Halle 880. Nebert. n. 2. —

— über die Wechselwirkung zwischen Leib u. Seele. 2. unveränd. Aufl. gr. 8. (VIII, 124 S.) Halle 875. Nebert. n. 2. 25

— s. Wiegand und v. Schmöger, mathematisch-physikalische Geographie.

Cornelius, Liete

— Magen- u. Darmstörungen, Stuhlverstopfung etc., s. a. Möller's, Wilh., Bibliothek f. Gesundheitspflege usw. 49. Hft.

Magen- und Darmstörungen, Stuhlverstopfung etc. Deren Ursachen u. naturgemäße Hebung. Von Liete **Cornelius**. Oranienburg b. Berlin: W. Möller [1906]. (39 S.) 8° [F.]
— **Bibliothek**, Möller's, f. Gesundheitspflege, Erziehung u. Volksaufklärung. H. 49. 07. 4417

Cornelius, Liete, die Schönheit der Frauen u. Jungfrauen, s. a. Bibliothek f. Exterikultur. 1. Heft.

Die Schönheit der Frauen und Jungfrauen von Liete **Cornelius**. Oranienburg: Orania [1905]. (40 S.) 8°
— **Bibliothek** d. Exterikultur. H. No 1. 06. 2051

Cornelius, Liete, so bleibt ihr gesund von der Wiege bis zum Grabe (Lebenslauf des Weibes), s. a. Hausbücher f. Gesundheitspflege.

So bleibt ihr gesund von der Wiege bis zum Grabe! Winke u. Ratschläge f. d. ganzen Lebenslauf d. Weibes unter bes. Berücks. d. Pubertäts- u. Wechsel-Jahre. Von Liete Cornelius. 2. unveränd. Aufl. *Berlin: W. Möller [1902].* (49 S.) 8° [F.]
= Hausbücher f. Gesundheitspflege. Bd 47. 02. 11073

Cornelius, Liete, was müssen junge Frauen üb. den Verlauf v. Schwangerschaft, Geburt u. Wochenbett wissen?, s. a. Hausbücher f. Gesundheitspflege. 51. Bd.

Was müssen junge Frauen über den Verlauf von Schwangerschaft, Geburt und Wochenbett, wissen? Beantwortet von Liete Cornelius. *Berlin: W. Möller [1904].* (78 S.) 8° [F.]
— **Hausbücher** f. Gesundheitspflege. Bd 51. 04. 8387

Cornelius, Ludw., Post-, Telegraphen- u. Eisenbahn-Handbuch. Ein unentbehrliches Nachschlagebuch f. Kaufleute, Gewerbetreibende, Behörden etc. [Gültig im ganzen deutschen Reichspostgebiet.] 6., vermehrte u. verb. Aufl. gr. 8. (IV, 143 S.) Aachen 881. (M. Jacobi.) n. 1. 20

Cornelius, Ludw., Post- u. Telegraphen-Handbuch. E. unentbehrl. Nachschlagebuch f. Kaufleute, Gewerbetreibende, Behörden, Beamte u. s. w. (Gült. i. ganzen deutschen Reichspostgebiet.) M. e. Beilage: „Zonen-Verzeichniß". 11., umgearb. u. verb. Aufl. gr. 8. (100 u. 24 S.) Aachen 897. (A. Creutzer.) n. 1. 20

[F.] Post- und Telegraphen-Handbuch. E. unentbehrl. Nachschlagebuch f. Kaufleute ... '(Gültig im ganzen Deutschen Reichspostgebiet.)' Hrsg. v. Ludwig Cornelius, Postsecr., Aachen. 11. umgearb. u. verb. Aufl. ... [Nebst] Zonen-Verzeichniss. *Aachen: Dr. v. J. Stercken 1897.* 2 Bde 8.
Handbuch. (112 S.) Zonen-Verz. (24 S.) 97. 4631

Cornelius, M., Hänschens Skifahrt, s.: Beskow, Elsa.

Cornelius, P., das Oldenburger Wesermarschrind, s. a. Monographien landwirtschaftl. Nutztiere. 6. Bd.

Das Oldenburger Wesermarschrind von P. **Cornelius**. Hrsg. vom Oldenburger Wesermarsch-Herdbuchverein Mit 2 Kt., 1 farb. u. 6 schwarzen Taf. u. 68 Abb. Hannover: Schaper 1908. 140 S. 4°(8°)
(Monographien landwirtschaftl. Nutztiere. Bd 6.) 09. 11467 7

Cornelius, Paul, neuester Original=Briefsteller od. Musterbuch zur Abfassung aller im gewöhnlichen Leben vorkommenden Aufsätze u. Correspondenzen &c. Sämmtlich dem prakt. Verkehre entnommen u. nebst den neuesten Postvorschriften f. den allgemeinen Gebrauch bearb. 8. (162 S.) Wien 882. Winkler. 1. —; geb. 1. 30

Cornelius, Paul, neuester Original-Briefsteller, d. i. leichtfaßl. Anleitg. zur Selbstverfassg. aller im Leben vorkomm. Briefe, dann verschiedener Urkunden, als: Erklärungen; Testamente, Codicille u. Verträge; endlich der in Gewerbe-, Steuer- u. Rechtsangelegenheiten vorkomm. Eingaben, Gesuche u. Klagen. Nebst e. Mustersammlg. v. Titulaturen u. Anreden. 2., umgearb. u. verm. Aufl. 8. (316 S.) Wien 891. C. Daberkow. n. 1. 70; kart. n. 2. 20

Cornelius, Peter

—— **der Schöpfer des Barbier v. Bagdad, s. Lesimple, Aug.**

Cornelius', Peter, des Dichtermusikers, Leben und Werke, s. Sandberger, A.

Cornelius, Pet., der Barbier v. Bagdad. Komische Oper in 2 Aufzügen. Den Bühnen gegenüber als Manuscript gedr. (Textbuch.) 8. (40 S.) Leipzig 877. Kahnt. n. — 40

Der Barbier von Bagdad. Komische Oper in 2 Aufz. Von Peter **Cornelius** [Textbuch] Leipzig: Breitkopf & Härtel [1905]. 40 S. 8°
(Breitkopf & Härtels Musikbücher. Abt. 1. Nr 370.) 09. 8615

Der Barbier von Bagdad. Kom. Oper in 2 Aufz., Text u. Musik von Peter **Cornelius**. Vollst. Buch. Hrsg u. eingeleitet von Georg Richard Kruse. Leipzig: Reclam jun. [1905]. 104 S. 8°
(Opernbücher Bd 57.)
(Universal-Bibliothek 4256.) 09. 8403

XII Bilder zu Goethe's Faust. Gezeichnet von Peter v. Cornelius, gestochen von F. Ruscheweyh. Frankfurt a. M. 1816. Fol.

Cornelius', Peter, Biographie, s.: Riegel, H. — Valentin, S.

Briefe in Poesie und Prosa von Peter Cornelius an Feodor u. Rosa v. Milde hrsg. u. eingel. von Natalie v. Milde. Mit 4 Bildn. *Weimar: H. Böhlaus Nachf. 1900.* (126 S.) 8° [F.] 00. 13167

Cornelius, Pet., Briefe in Poesie u. Prosa an Feodor u. Rosa v. Milde, hrsg. u. eingeleitet v. Natalie v. Milde. 4. (126 S. m. 4 Bildnissen.) Weimar 901. H. Böhlau's Nachf. n. 8. —; geb. n.n. 4. 50

Der Cid. Lyr. Drama in 3 Aufz. Dichtung u. Musik von Peter **Cornelius**. [Textbuch.] München: Aibl 1890. 38 S. 8° 10. 6374

Der Cid. Lyrisches Drama in 3 Aufz von Peter **Cornelius**. [Textbuch.] Leipzig: Breitkopf & Härtel [1905]. 32 S. 8°
(Breitkopf & Härtels Musikbücher Abt. 1. Nr 378.) 09. 8621

Gesammt-Partiturausgabe der Chöre ohne Begleitung von **Peter Cornelius**. a. b. *Leipzig: E. W. Fritzsch 1902.* 2 Bde 4°
a. Männerchöre. b. Gemischte Chöre. 03. 2930

Cornelius, P., Darstell. aus d. Lied. d. Niebelungen. 2 Lieferr., mit Titelblatt. Imp.-Fol. Berl. 822. Reimer. 34 ℛ

v. Cornelius, Peter, Entwurfe zu den Bildern, einzelnen Figuren u. Arabesken, welche auf dem von Sr. Maj. dem Könige Friedrich Wilhelm IV. dem Prinzen von Wales als Pathengeschenk übersandten Schilde dargestellt sind. Imp. Fol. (6 Kpfrtaf. u. 3 Bl. Text.) Berlin 847, D. Reimer. n. 9⅓ ℛ

— Entwürfe zu den Fresken der Friedhofshalle zu Berlin. qu. Imp. Fol. (11 Bl. in Kpfrst.) Leipzig 848, G. Wigand. n. 24 ℛ
Chin. Pap. n. 36 ℛ

Cornelius, Peter v., Entwürfe zu den kunstgeschichtlichen Fresken in den Loggien der königl. Pinakothek zu München. Gestochen v. H. Merz. Mit erklär. Text v. Ernst Förster. Qu. Fol. (54 S. m. 47 Stahlst. Leipzig 874. A. Dürr. geb. n. 30. —

Cornelius, P., sechs Entwürfe zu Darstellungen aus Tasso's befreitem Jerusalem. Mit 6 Kpfrt. Imp.-Fol. Berlin 843 Reimer. n. 3 ℛ

— s. Erklärung der Freskogemälde am Museum.

v. Cornelius, Peter, Goethe's Faust nach Orig.-Zeichnungen. Photographirt von C. Abel. Frankfurt a. M. 868. Keller. Fol. (12 Bll.) n. 9 ℛ

Peter Cornelius. Festschrift zu des grossen Kunstlers hundertstem Geburtstage. 23 September 1883. Berlin 1883. 8.

— **Gedichte, s. a. Universal-Bibliothek.**

Cornelius, Peter, Gedichte. Eingeleitet v. A. Stern. Mit e. Bilde d. Dichters nach e. Zeichnung v. Frdr. Preller dem Aelteren. gr. 8. (L, 283 S.) Leipzig 890. Kahnt Nachf. n. 3. —

Gunlöd. Oper in 3 Aufz. v. Peter Cornelius. Nach den Originalmss. d. Dichtercomp. hrsg. v. Max Hasse. *Leipzig: Breitkopf & Härtel [1891].* (39 S.) 8° [F.]
— Textbibliothek, Breitkopf & Härtel's. No 335.

Cornelius, Pet., Lieder. Pest 861. Heckenast. 16. (2 Bl., 111 S.) 15 ngr.

Cornelius, Peter s. Liszt.

— Ein Maler v. Gottes Gnaden. 8. (68 S.) Hamburg 884. Agentur d. Rauhen Hauses. n. — 60

Die Nibelungen von Peter Cornelius gezeichnet und von Lips, Amsler, Barth gestochen. 6 Blatt Kupferstiche. Berlin. Fol.

— **die apokalyptischen Reiter, s.: Meisterbilder fürs deutsche Haus.**

— **ein Sonettenkranz für Frau Rosa v. Milde.** Weimar 859. Kühn. gr. 8. (14 S.) n. 3 ngr; Velinp. n. 5 ngr.

— Umriß zu Dante's Paradies; mit erklärendem Texte v. J. Döllinger. qu. 4. Leipz. 830. (Barth). 1 ℛ 20 gr

— Umrisse nach Zeichnungen zu Göthes Faust. qu. ½gr. Fol. (12 lithogr. Blätter.) München 841, May u. Widmayer. n. 3½ ℛ

Cornelius, Pet., eine Weihnachtsfeier. Weihnachtslieder. Für 3 stimm. Kinder- od. Frauenchor m. Klavierbegleitg. bearb. v. C. Kühnhold m. verbind. Dichtg. v. H. Drees. Textbuch. (Buchschmuck v. Chr. Ferd. Morawe.) (14 S.) 8. Berlin-Gr.-Lichterfelde (910). Ch. F. Vieweg. — 50

Cornelius, Pet., literarische Werke. 1. Gesamtausg., im Auftrage seiner Familie hrsg. I—IV. Bd. 8. Leipzig, Breitkopf & Härtel. n. 25. —; geb. in Leinw. n. 29. —
I. Ausgewählte Briefe nebst Tagebuchblättern u. Gelegenheitsgedichten, hrsg. v. seinem Sohne Carl Maria Cornelius. 1. Bd. Mit e. Bildnis u. dem Fksm. e. Briefes. (XXIII, 799 S.) 904. n. 8. —; geb. n. 9. —
II. Dasselbe. 2. Bd. Mit e. Bildnis. (XV, 823 S.) 905. n. 8. —; geb. n. 9. —
III. Aufsätze üb. Musik u. Kunst, zum erstenmal gesammelt u. hrsg. v. Edg. Istel. (XVI, 251 S.) 904. n. 4. —; geb. n. 5. —
IV. Gedichte, gesammelt u. hrsg. v. Adf. Stern. Mit 1 Bildnis. (LI, 422 S.) 905. n. 5. —; geb. n. 6. —

Cornelius, Phpp. Aug., Aphorismen zu einigen Streit- und Zeitfragen. gr. 8. (IV, 57 S.) Berlin 887, v. Decker's Verlag.

Cornelius, S. C., Lehrbuch d. Psychologie, s.: Volkmann Ritter v. Volkmar, Wilh.

Cornelius, Titus, Nachrichten aus d. Jenseits u. deren natürl. Erklärung. (63 S.) gr. 8. Memmingen (910). J. Feiner & Co. 1. —

Cornelius, Willibald

Cornelius, Willib., das Bild v. d. Flasche, s. Schrödter.

—— Brittenlieder, s. Brittenlieder.

—— Lieblingsbücher: Eulenspiegel, s. Lieblingsbücher.

– s. Liederbuch, allgem. deutsches.

– s. Moore's, Thom., Irische Gesänge.

Cornelius, Willib., die Ost- und Nordsee, s. Deutschland, das malerische.

Cornelius, Willib., Schill u. seine Schaar. Ein Büchlein, aus d. Volk u. f. das Volk geschrieben. 16. (11½ B. u. 1 Stahlst.) Berlin 842. [Danz.] *

– s. Schrödter's, Bild von der Flasche.

Cornelius, Willibald (Mitverf.): Wanderungen an der Nord- und Ostsee, s. Kobbe, Theodor von

Cornelius Flaminius, ecclesia veneta antiquis monumentis nunc etiam primum edit. illustrata ac in decades distincta. XI Part. fol. Venet. 748—52.

Cornelius Nepos. –

Cornelius Nepos, d. französ., oder Leben d. vorzügl. Helden, die sich während d. Revolution ausgezeichnet haben. Muster zur Nachahmung f. d. reifere Jugend, u. als Lehrbuch d. Schulen brauchbar; aus d. Französ. v. K. L. M. Müller. 8. Hamb., (Herold jun.) 12 gr.

— franz., od. Leben der vorzügl. Helden, die sich während der Revolution ausgezeichnet haben, Muster zur Nachahmung f. die reifende Jugend u. als Lehrbuch in Schulen brauchbar, a. d. Franz. v. K. L. M. Müller. 8. Hamburg, Vollmer

— österr., oder Leben, Thaten u. Charakterzüge österr. Feldherren. 8. Wien 814. v. Mösle. 18 gr.

Cornelius, Nepos, s. Haehnel, Georg.

Cornelius Nepos

— siehe a. Kornelia Nepota.

– s. a. Kornelius

Cornelius Nepos, s. a. Nepos.

— Auswahl aus den Lebensbeschreibungen. Zum Gebrauch f. die Schüler bearb. u. erläutert v. P. Doetsch. Text u. Kommentar. 8. Bielefeld 894. Velhagen & Klasing. Geb. à — 90

Text. (X, 21 S. m. 2 Karten.) — Kommentar. (116 S.)

Cornelius Nepos. Auswahl aus den Lebensbeschreibgn. Zum Gebrauch f. die Schüler bearb. u. erläutert v. P. Doetsch. Kommentar. (Neudr.) (116 S.) 8. Bielefeld 905. Velhagen & Klasing. Geb. n. 1. 10

— Auswahl a. d. Lebensbeschreibgn. Zum Gebrauch f. die Schüler bearb. u. erläutert v. P. Doetsch. Text. Mit 2 Karten. (Neudr.) (X, 91 S.) 8. Bielefeld 906. Velhagen & Klasing. Geb. 1. —

— Auswahl d. wicht. Lebensbeschreibgn. F. d. Schulgebrauch hrsg. v. Karl Hoeber. I. Text. 8. (VII, 84 S.) Münster 896. Aschendorff. Geb. in Leinw. n. — 75

— Auswahl der wichtigsten Lebensbeschreibgn. Für den Schulgebrauch hrsg. v. Karl Hoeber. 2 Tle. 8. Münster, Aschendorff. 1. 25

I. Text. 2. Aufl. (V, 84 S.) 906. Geb. — 75

II. Kommentar. (48 S.) 897. — 50

Cornelius Nepos, Biographien, übersetzt v. Bergsträßer, s. Sammlung d. neuesten deutschen Uebersetzungen d. röm. Prosaiker 3te Abthl.

— Biographieen ausgezeichneter Feldherren, s.: Universal-Bibliothek.

— Biographien berühmter Feldherren, übers. v. J. Mich. Feder. gr. 8. Nürnb. 800. Stein. 18 gr.

Cornelius Nepos. Biographien berühmter Feldherren. Uebersetzt von Dr. Michael Feder. (Mit 1 Titelbild.) 8. Wien 1801.

Cornelius Nepos. Biographien berühmter Feldherren; neu übersetzt. Hamburg 1813. Ü: *Prätzel, Carl Gottlieb.* (Ky)

—— liber de excellentibus ducibus exterarum gentium cum vitis Catonis et Attici ex libro de historicis latinis et aliis excerptis. Recognovit Rud. Dietsch. 8. (IV und 106 S.) Lipsiae 850, Teubner. *

— liber de excellentibus ducibus exterarum gentium. Accedit ex libro de latinis historicis vita T. Pomponii Attici M. Porcii Catonis. Erklärt von C. W. Nauck. Königsberg i. d. N. 856. Striese. gr. 8. (VIII, 203 S.) 15 ngr.

– liber de excellentibus ducibus exterarum gentium cum vitis Catonis et Attici ex libro de historicis latinis et aliis excerptis. Iterum recognovit Rud. Dietsch. Leipzig 863. Teubner. 8. (XXX, 114 S.) n. 2½ ngr.

Cornelius Nepos, liber de excellentibus ducibus exterarum gentium. Accedit ex libro de latinis historicis vita Catonis et Attici. Für den Schulgebrauch hersg. von Ludw. Breitenbach. 2., verkürzte u. vielfach berichtigte Aufl. Halle 866. Buchh. d. Waisenhauses. gr. 8. (VIII, 117 S.) n. 10 ngr.

—— liber de excellentibus ducibus exterarum gentium cum vitis Catonis et Attici ex libro de historicis latinis. Lexicon latino-hungaricum addidit Josephus Vass. Editio III. castigata. 8. (XIV und 374 S.) Pest 866, Lampel. *

— idem liber ad historiae fidem recognitus, emendatus, adauctus. Scholarum in usum ed. Carol. Christ. Conr. Völker. 8. (IV, 144 S.) Leipzig 872. Rossberg. — 75

— dasselbe. Ausg. m. Vorrede f. Lehrer. (XX, 141 S.) Ebend. 872. — 75

—— qui exstat liber de excellentibus ducibus exterarum gentium. Accedit ejusdem vita Attici. Ad historiae fidem recognovit et usui scholarum accomodavit Ed. Ortmann. gr. 8. (VI, 96 S.) Leipzig 874, Teubner. *

— liber de excellentibus ducibus exterarum gentium in usum scholarum dispositus et emendatus ex Justino, Cicerone, Frontino aliisque scriptoribus romanis suppletus et Curti Rufi historiae Alexandri Magni in breviorem narrationem coactae. Ed. J. Lattmann. [Abdr. aus Lattmanns lateinischem Lesebuche 5. verb. Aufl.] gr. 8. (VIII, 284 S.) Göttingen 876. Vandenhoeck & Ruprecht's Verl. n. 2. —

qui exstat liber de excellentibus ducibus exterarum gentium. Accedit eiusdem vita Attici. Ad historiae fidem recognovit et usui scholarum accommodavit Ed. Ortmann. Ed. II. emendatior. gr. 8. (VII, 96 S.) Ebend. 878. n. 1. —

— liber de excellentibus ducibus exterarum gentium. Usui scholarum accommodavit Franc. Patočka. Ed. II. 8. (III, 80 S.) Prag 880. Kober. n. — 75

— liber de excellentibus ducibus exterarum gentium in usum scholarum dispositus et emendatus, ex Justino, Cicerone, Frontino aliisque scriptoribus romanis suppletus et Curtii Rufi historiae Alexandri Magni in breviorem narrationem coactae. Ed. J. Lattmann. 7. verb. Aufl. Mit 3 (chromolith.) Karten. [Des latein. Lesebuchs v. Lattmann 2. Tl.] gr. 8. (VIII, 224 S.) Göttingen 883. Vandenhoeck & Ruprecht's Verl. n. 2. —; Anmerkgn. f. d. Präparation u. f. den Unterricht zu Obigem. (29 S.) n. — 40

— de excellentibus ducibus exterarum gentium liber. Zum Schulgebrauch aus Herodot, Thucydides, Plutarch u. a. Schriftstellern berichtigt u. ergänzt v. Karl Christ. Konr. Völker. 3. Aufl. besorgt v. W. Crecelius. gr. 8. (120 S.) Elberfeld 886. Fassbender. n. 1. —

— qui exstat liber de excellentibus ducibus exterarum gentium. Accedit eiusdem vita Attici. Ad historiae fidem recognovit et usui scholarum accommodavit Ed. Ortmann. Ed. IV. gr. 8. (VII, 96 S.) Leipzig 886. Teubner. n. 1. —

— liber de excellentibus ducibus exterarum gentium, in usum scholarum dispositus et emendatus ex Justino, Cicerone, Frontino aliisque scriptoribus romanis suppletus et Curtii Rufi historiae Alexandri Magni in breviorem narrationem coactae. Ed. J. Lattmann. 8, verb. Aufl. [Des latein. Lesebuchs 2. Tl.] gr. 8. (IV, 220 S. m. 3 Karten.) Göttingen 889. Vandenhoeck & Ruprecht's Verl. n. 2. —; geb. n.n. 2. 30

— dasselbe. Anmerkungen dazu. 2., gänzlich umgearb. Aufl. gr. 8. (67 S.) Ebd. 889. n. — 60

dasselbe. Zum Schulgebrauch aus Herodot, Thucydides, Plutarch u. a. Schriftstellern berichtigt u. ergänzt v. Karl Völker u. W. Crecelius. 4., verb. Aufl., besorgt v. W. Heraeus. gr. 8. (IV, 116 S.) Leipzig 892. R. Voigtländer. Geb. n. 1. 30

qui exstat liber de excellentibus ducibus exterarum gentium. Accedit eiusdem vita Attici. In historiae fidem recognovit et usui scholarum accommodavit Ed. Ortmann. Ed. V. gr. 8. (VII, 96 S.) Ebd. 892. n. 1

— berühmte Feldherren auswärt. Völkerschaften, s.: Bibliothek griech. u. röm. Klassiker in wortgetreuen deutschen Uebersetzgn.

berühmte Feldherren auswärtiger Völkerschaften, s.: Bibliothek, kleine.

— das Buch von den ausgezeichneten Heerführern fremder Nationen. Wortgetreu übersetzt von Alb. Gran. 16. (215 S.) Aschersleben 872, Schnock's Buchh.

— Leben ausgezeichneter Feldherren, s. a. Classiker des Alterthums.

Leben ausgezeichneter Feldherren, s. a. Classiker des Auslandes.

— Leben ausgezeichneter Feldherrn, s. a. Prosaiker, römische.

— Leben ausgezeichneter Feldherrn, übersetzt von J. Oehlinger. Vollständ. in 2 Bdchen. 16. Stuttgart ..., Metzler. Subscr.-Pr. à 1/6 ℛ

— Leben ausgezeichneter Feldherren; übers. von J. Oehlinger. 2 Bdchen. 16. Stuttg. 828. Metzler. 8 gr

Cornelius Nepos: Leben berühmter Feldherren.

— — dasselbe mit deutschen Phrasen v. Malschen. 8. Frankf.

Corn. Nep., Leben berühmt. Feldh. m. J. G. Kriegels deutsch. Anm. 12. Lpz. 728. Rtblr.

— Leben berühmter Feldherren, deutsch mit lateinischen Noten. 12. Halle, Renger. 754.

— Leben berühmter Feldherren, mit deutschen Noten v. Casp. Gottschling. 8. Brandenb. Halle. 761.

— Leben berühmter Feldherren, mit deutschen Noten v. Csp. Gottschling. 12. Nürnb. 761. 6 gr

— Dass. deutsch, (v. Fräulein ... v. Erath). 8. Frankf. 766. Kochendörfer. 8 gr

— Dass., aus d. Latein. übersetzt, mit Anmerkk. v. J. A. Otto. 8. Magdeb. 776. 2e A. 782. Creutz. 10 gr

— Dass., übersetzt v. Bergstrasser. 8. Frankf. 782. 2e A. v. D. L. Seybold. 3e A. umgearb. von N. G. Eichhoff. 8. Frankf. 815. Hermann. 1 ℛ 8 gr Hbg. Pr. 1 ℛ (vergl. Samml. d. Uebersetz. d. röm. Prosaiker.)

— — dasselbe, a. d. Latein. übers. v. J. A. Otto. 8. Magdeburg, Creutz. 782.

— — dasselbe zum Gebrauch der ersten Anfänger, mit kurzen grammat. Anmerk. u. einem Wörterbuche v. A. C. Meinecke. 8. Lemgo. Meyer. 792.

— Dass. deutsch, mit e. Abhandl. über seine Person, Sprache, Moral etc., vorzügl. d. Art, ihn mit dem Jünglinge zu lesen, v. A. X. Weinzierl. Mit 10 Kpft. 8. Münch. 792. Lentner. 16 gr

— — — das Wörterbuch hierzu apart.

— Dass., neu übersetzt u. mit Anmerkk. erläutert v. J. D. Büchling. 8. Leipz. 796. Schwickert. 16 gr

— Dass., neu übersetzt für Lehrer. 8. Stuttg. 799. Steinkopf. 12 gr

— — dasselbe, übers. v. Fr. Fröhlich. gr. 8. Wien, Anton Doll, (a. Liebeskind in Lpz.) 804. Schreibp.

— Leben berühmter Feldherren. Wien 806., s. Bibl. d. röm. Historiker.

— Dass., neu übersetzt (v. K. Prätzel). 12. Hamb. 813. Nestler u. Melle. 12 gr

— Leben berühmter Feldherren, neu übers. 12. Hamburg, Nestler. (Perthes in Comm.) 813.

— Leben großer Helden. A. d. Latein. 8. Hamb. Gebhard. 793.

— Dass., Leben großer Helden. Aus d. Latein. 8. Bamb. 798. Wesché in Frankf. 8. (Nachdruck d. Ausg. v. Otto.)

— Lebensbeschreibungen, s.: Collection Spemann. — Gemß. G.

— Lebensbeschreibungen, s.: Haacke, H.

— dasselbe. Vokabular dazu, s.: Martens, W.

Cornelius Nepos, Lebensbeschreibungen, Wörterbuch dazu, s.: Haacke, H.

— dasselbe. Wörterbuch dazu, s.: Koch, G. A.

— Lebensbeschreibungen in Auswahl, bearb. u. verm. durch e. Vita Alexandri Magni v. Frz. Fügner. Text. gr. 8. (104 S. m. 3 farb. Karten.) Leipzig 893. B. G. Teubner. n. 1. —; kart. n. 1. 20; Erklärungen (184 S. m. Abbildgn.) n. 1. 20; kart. n. 1. 40

— dasselbe. Hilfsheft. gr. 8. (IV, 88 S. m. Abbildgn.) Ebd. 894. Kart. n. 1. —

— dasselbe. Kommentar. 3. Aufl. gr. 8. (III, 92 S.) Ebd. 900. Geb. n. — 90

— Lebensbeschreibungen in Auswahl. Bearb. u. verm. durch e. Vita Alexandri Magni v. Frz. Fügner. Text. 4. Aufl. gr. 8. (III, 104 S. m. 3 farb. Karten.) Leipzig 901. B. G. Teubner. Geb. n. 1. —

— Lebensbeschreibungen in Auswahl. Bearb. u. verm. durch e. Vita Alexandri Magni v. Frz. Fügner. Text. 5. Aufl. (IV, 108 S. m. 3 farb. Karten.) 8. Leipzig 905. B. G. Teubner. Geb. n. 1. —; Kommentar. 4. Aufl. (III, 91 S.) Geb. n. — 90; Hilfsheft. 5. Aufl. (IV, 96 S. m. Abbildgn. u. 1 Taf.) 8. Geb. n. 1. —; m. d. Kommentar in 1 Bd. geb. n. 1. 40

— des, Lebensbeschreibungen in Auswahl. Bearbeitet u. vermehrt durch e. Vita Alexandri Magni v. Frz. Fügner. Text. 6. Aufl. (IV, 108 S. m. 3 farb. Kart.) 8. Leipzig 909. B. G. Teubner. Geb. 1. —

— dasselbe. Hilfsheft. 6. Aufl., besorgt v. W. Haynel. (VI, 97 S. m. Abb. u. 1 Taf.) 8. Ebd. 910. Geb. 1. —

— Lebensbeschreib. ausgezeichn. Feldherren, verdeutscht u. erläutert v. K. Roth. 8. Kempten 830. Kösel. 8 gr.

—— des, Lebensläufe hervorragender Feldherren. Wortgetreu aus dem Lateinischen übersetzt von H. R. Mecklenburg. 6 Hefte. 32. (306 S.) Berlin 873, H. R. Mecklenburg. à Heft * 25 Pf. *

— Lebensläufe hervorragender Feldherren. Wortgetreu aus dem Lat. übers. v. H. R. Mecklenburg. 6 Hefte. 32. (306 S.) Berlin 877. H. R. Mecklenburg. à n. — 25

— Latein. Lesebuch f. Quarta. Bearb. v. Ernst Haupt. 2 Tle. 8. Leipzig 896. O. R. Reisland. Kart. u. geh. n. 1. 15
1. Text. M. e. Karte v. Griechenland 2c. (IV, 66 S.) Kart. n. — 80
2. Kommentar. (23 S.) n. — 35

— Lateinisches Lesebuch f. Quarta. Bearb. v. Ernst Haupt. 2 Tle. 2., verb. u. verm. Aufl. 8. Leipzig 903. O. R. Reisland. Kart. n. 1. 30
1. Text. (IV, 51 S.) n. — 60
2. Kommentar. Mit e. Karte v. Griechenland, Kleinasien u. Athen. (58 S.) n. — 70

— e. Q. Curzio Rufo, letture latine di G. Schmidt. Ed. italiana fatta sulla 4a ed. tedesca da G. Vettach. (76 S. m. 2 Kart.) 8. Wien 907. F. Tempsky. Geb. 1. 50
Fraseologia dazu s.: Schmidt, G., e. G. Vettach.

— libor. Für den Schulgebrauch m. sachl. Anmerkgn., e. Sachregister u. e. Wörterbuch hrsg. v. Karl Erbe. Mit 152 Illustr. in Farbendr., 1 Karte der Mittelmeerländer, mehreren Nebenkarten, Schlacht- u. Städte-Plänen. gr. 8. (VIII, 208 S.) Stuttgart 887. Neff. n. 2. 70; geb. n.n. 3. 10

— Miltiades. Versio graeca facta ab Henr. Mosner. (Bayreuth 857. Giessel.) 8. (8 S.) n. 4 ngr

Cornelius Nepos: Cornelius Nepos.

— Uebers. v. Siebelis, s.: Bibliothek, Langenscheidt'sche.

Cornelius Nepos s. Bibliothek d. Übersetzungen

—— übersetzt von Hampel, s. Classiker, griechische und römische.

— id. lib., übers. v. J. Deblinger, s. Prosaiker, röm.

— s.: Schüler-Kommentare zu griech. u. lat. Klassikern.

— dasselbe, s.: Théâtre français.

— hrsg. v. G. Andresen, Schulwörterbuch dazu, s.: Jahr, K.

— Schulwörterbuch dazu, s.: Weidner, A.

Cornelius Nepos, français, p. Châteauneuf. I et II Vol. in 12. Paris et Cassel, Tourneysen Sohn. (à 14 gr.)

— Wien. Doll.

Cornelius Nepos, Boecklerii. 12. Coburg, Ahl. 711.

— in rein deutsch m. lat. Noten. 8. Halle. Renger. 720.

— neu übers. u. m. Anmerk. erläut. v. J. D. Büchling. 8. Leipz. Schwickert. 796.

— neu übers. f. Lehrer. 8. Stuttg. Steinkopf. 799.

Cornelius Nepos. Ed. nova. 8. Marb., Krieger. 819. Rthl. — 6

— — eine für Schulen bestimmte durchaus correcte und mit der Chronologie versehene Ausgabe. 8. Tilsit, Glöckner. 820. — 4

— Nach der Methode des Sincerus aufs neue bearbeitet mit 4 Landch. Wien 820. 8. 1 rthlr. 8 gr.

Cornelius Nepos. Ad optim. libr. fidem. Lips. 821. 12. 4 gr.

Cornelius Nepos. Ad optim. libr. fidem. Tub. 822. 8.

Cornelius Nepos. Erklärt v. Karl Nipperdey. (Sammlung Griechischer u. Latein. Schriftsteller m. Deutschen Anmerkgn.) gr. 8. (XXXVIII u. 198 S.) Leipzig 849, Weidmann. 1/2 Thlr

— Erklärt v. Karl Nipperdey. Kleinere Ausg. gr. 8. (VI u. 158 S.) Ebd. 851. n. 1/3 Thlr

— dasselbe v. Johs. Siebelis, s. a. Mentor-Bibliothek.

— Für Schüler m. erläuternden u. eine richtige Uebersetzung fördernden Anmerkungen versehen v. Johs. Siebelis. gr. 8. (XX u. 180 S.) Leipzig 851, Teubner. 5/12 Thlr

— — Für Schüler mit erläuternden und eine richtige Uebersetzung fördernden Anmerkungen versehen von Johs. Siebelis. 2., mehrfach verb. Aufl. Leipzig 855. Teubner. 8. (XVI, 200 S.) 12 ngr

Cornelius Nepos. Erklaert von Karl Nipperdey. Kleinere Ausg. 2., verb. Aufl. Berlin 856. Weidmann. 8. (164 S.) 10 ngl

— Uebersetzt von Karl Türck. Bonn 859. Habicht in Comm. 8. (118 S.) n. 1 ngl

— Für Schüler mit erläuternden und eine richtige Uebersetzung fördernden Anmerkungen versehen von Johs. Siebelis. 3., vielfach verb. Aufl. gr. 8. (XIII und 197 S.) Leipzig 859, Teubner.

— With notes, historical and explanatory. By Charles Anthon. gr. 12. (XI und 396 S.) New York 859. (Philadelphia, Schäfer und Koradi.) geb. *

Cornelius Nepos. Mit Anmerkungen und einem vollständ. Wörterbuche von F. W. Hinzpeter. gr. 8. (V und 226 S.) Bielefeld 860, Velhagen und Klasing. —

— Erklärt von Carl Nipperdey. Kleinere Ausg. 3. Aufl. gr. 8. (164 S.) Berlin 861, Weidmann'sche Buchh. *

— Zum Uebersetzen aus dem Lateinischen ins Griechische für obere Gymnasial-Klassen bearb. von Rich. Volkmann. gr. 8. (X und 126 S.) Leipzig 862, Teubner.

— Für Schüler mit erläut. und eine richt. Uebersetzung förd. Anmerkungen versehen von Johs. Siebelis. 4.—6. Aufl. gr. 8. (XII und 196 S.) Leipzig 862—67, Teubner.

— Erklärt von Karl Nipperdey. Kleinere Ausg. 4., verb. Aufl. gr. 8. (177 S.) Berlin 864, Weidmann'sche Buchh. *

— Mit Anmerkungen und einem vollständ. Wörterbuche von F. W. Hinzpeter. 2. Aufl. 1864. und 3., verb. Aufl. gr. 8. (IV und 227 S.) Bielefeld 866, Velhagen und Klasing. -

Cornelius Nepos a Carolo Nipperdeio recognitus. gr. 8. (108 S.) Berlin 867, Weidmann'sche Buchh. *

Cornelius Nepos erklärt von Karl Nipperdey. Kleinere Ausg. 5. verb. Aufl. (178 S.) 1868, und 6. verb. Aufl. gr. 8. (183 S.) Berlin 873, Weidmann'sche Buchh.

— ex recogn. Rud. Dietsch. Mit e. Wörterbuch für den Schulgebrauch herdg. von H. Haacke. Leipzig 868. Teubner. 8. (VI, 321 S.) 12 ngr

— Mit Anmerkungen und einem vollständ. Wörterbuche von F. W. Hinzpeter. 4. Aufl. 1870, und 5. verb. Aufl. 8. (IV, 228 S.) Bielefeld 875, Velhagen und Klasing. *

— erklärt von Heinr. Ebeling. [Zweite Bearbeitung der Ausg. von J. Chr. Daehne, Helmstedt 1830.] Mit Schulwörterbuch zu den Lebensbeschreibungen des Cornelius Nepos. Mit besond. Berücksicht. der Phraseologie von Heinr. Ebeling. gr. 8. (128; 72 S.) Berlin 871, Ebeling und Plahn. [Leipzig, Teubner.] (ℳ 1,80.) Ohne Schulwörterbuch

— quae supersunt. Apparatu critico adjecto ed. Carol. Halm. gr. 8. (III, 136 S.) Leipzig 871, Teubner. *

— Für Schüler mit erläut. und eine richt. Uebersetzung förd. Anmerkungen versehen von Johs. Siebelis. 7. und 8. Aufl. besorgt von Max Jancovius. gr. 8. (XVI, 206 S.) Leipzig 871,74, Teubner.

— erklärt v. Karl Nipperdey. Kleinere Ausg. 6. verb. Aufl. gr. 8. (183 S.) Berlin 874. Weidmann. 1. 20

— Zum Uebersetzen aus dem Lateinischen ins Griechische f. obere Gymnasial-Klassen bearb. v. Rich. Volkmann. 2. Aufl. gr. 8. (VI, 138 S.) Ebend. 874. 1. 50

— Mit Anmerkgn. u. e. vollständ. Wörterbuche v. F. W. Hinzpeter, 5. verb. Aufl. gr. 8. (IV, 228 S.) Bielefeld 875. Velhagen & Klasing. 1. 25

— gruppirt nach den Casusregeln der Grammatik v. Ellendt-Seyffert v. Herm. Kloppe. 8. (VIII, 127 S.) Leipzig 876. Siegismund & Volkening in Comm. n. — 75

— dasselbe. Der grösseren Ausg. 2. Aufl., besorgt von Bernh. Lupus. gr. 8. (XLII, 262 S.) Ebend. 879. n. 2. 40

— Mit Anmerkungen u. einem vollständ. Wörterbuche von F. W. Hinzpeter. 6. Aufl. gr. 8. (IV, 228 S.) Bielefeld 880. Velhagen & Klasing. 1. 25

— ex recensione Caroli Halmii. Mit einem Wörterbuch f. den Schulgebrauch hrsg. von H. Haacke. 6. verb. Aufl. 8. (118 u. Wörterbuch VIII, 197 S.) Leipzig 880. Teubner. 1. 20: Wörterbuch ab. n. 1. —

— Erklärt von Karl Nipperdey. 8. Aufl. von Bernh. Lupus. gr. 8. (190 S.) Berlin 881. Weidmann. 1. 20

— Für Schüler mit erläut. u. eine richt. Uebersetzung fördernden Anmerkungen versehen, v. Johs. Siebelis. 10. Aufl., besorgt v. Max Jancovius. gr. 8. (XV, 196 S.) Leipzig 881. Teubner. 1. 20

Cornelius Nepos. Mit Anmerkungen f. Schüler von L. Englmann. gr. 8. (108 S.) München 881. Englmann. n. 1. —; geb. n. 1. 20

— dasselbe. In usum scholarum rec. et verborum indicem (cum translatione anglica) addidit Mich. Gitlbauer. 8. (192 S.) Ebend. 884. n. 1. —

Cornelius Nepos. Für den Schulgebrauch m. erklär. Anmerkgn. hrsg. v. Gust. Gemss. gr. 8. (XII, 197 S.) Paderborn 884. F. Schöningh. n. 1. 20

— erklärt v. Karl Nipperdey. 9. Aufl. v. Bernh. Lupus. gr. 8. (190 S.) Berlin 885. Weidmann. 1. 20

— Mit Anmerkgn. u. e. vollständ. Wörterbuche v. F. W. Hinzpeter. 7. Aufl. gr. 8. (IV, 228 S.) Bielefeld 885. Velhagen & Klasing. 1. 25

— dasselbe. In usum scholarum rec. et verborum indicem addidit Mich. Gitlbauer. Ed. II. 8. (VII, 189 S.) Freiburg i/Br. 885. Herder. n. 1. —

Cornelius Nepos, vitae. Ed. Gust. Gemss. 8. (111 S.) Paderborn 885. F. Schöningh. — 40; Einbd. n.n. — 25

— dasselbe. Für den Schulgebrauch erklärt v. W. Martens. Ausg. A. Kommentar unterm Text. gr. 8. (IV, 188 S.) Gotha 886. F. A. Perthes. 1. 80; Ausg. B. Text u. Kommentar getrennt in 2 Hftn. (IV, 94 u. 94 S.) 1. 80

— Für Schüler m. Erläutergn. u. e. richt. Übersetzg. fördernden Anmerkgn. versehen v. Johs. Siebelis. 11. Aufl., besorgt v. Max Jancovius. gr. 8. (VIII, 196 S.) Leipzig 886. Teubner. 1. 20

— post Carolum Halmium recognovit A. Fleckeisen. Mit e. Wörterbuch für den Schulgebrauch hrsg. von H. Haacke. 10., verb. Aufl. 8. (VII, 118 u. VIII, 201 S.) Leipzig 889. Teubner. 1. 20

— Verdeutscht v. Johs. Siebelis. 1.—3. Lfg. 6. Aufl. 8. (162 S.) Berlin 890—893. Langenscheidt. à n. — 35

Cornelius Nepos post Carolum Halmium recognovit Alfr. Fleckeisen. Mit e. Wörterbuch f. den Schulgebrauch hrsg. v. H. Haacke. 11., verb. Aufl. 8. (VII, 118 u. Wörterbuch X, 200 S.) Leipzig 891. B. G. Teubner. 1. 20; Wörterbuch allein n. 1. —

— Wortgetreue Uebersetzg. v. C. G. Rosso. 1. u. 2. Hft. 16. (64 S.) Minden i/W. 892. W. Köhler. à n. — 20

Cornelius Nepos. Auf Grundlage d. Engelmann'schen Schulausg. umgearb. u. m. e. Wörterbuche vers. v. Jos. Wismeyer. M. Abb. antiker Bildn. gr. 8. (IV, 176 S.) Bamberg 895. C. C. Buchner Verl. Kart. n. 1. 80

— Erklärt v. Karl Nipperdey. Kleinere Ausg. 10. Aufl., besorgt v. Bernh. Lupus. gr. 8. (195 S.) Berlin 895. Weidmann. 1. 50

— Gesamtausg. Zum Gebr. f. d. Schüler bearb. v. P. Deetsch. Text. 8. (VIII, 110 S. m. 2 Karten.) Bielefeld 896. Velhagen & Klasing. Geb. n. 1. —

— Für Schüler m. erläut. u. e. richt. Uebersetzg. förd. Anmerkgn. vers. v. Johs. Siebelis. In 7.—11. Aufl. besorgt v. Max Jancovius. 12. Aufl. v. Otto Stange. gr. 8. (X, 166 S. m. 3 farb. Karten.) Leipzig 897. B. G. Teubner. 1. 20

[P.] Cornelius Nepos. Auswahl für den Schulgebrauch hrsg. u. ergänzt durch eine Vita Alexandri Magni von Hermann Knauth. Mit 1 Karte. *Halle a. S.: Waisenhaus 1900.* (VI, 100 S.) 8° [illegible] 3

Cornelius Nepos. Auf Grund der Englmann'schen Schulausg. umgearb. u. m. e. Wörterbuche verseh. v. Jos. Wismeyer. Mit Abb. antiker Bildnisse. 2. Aufl. (VII, 185 S.) 8. Bamberg 903. C. C. Buchner's Verl. Kart. 1. 80

— Verdeutscht v. Johs. Siebelis. 2. Lfg. 7. Aufl. (S. 49—96.) kl. 8. Berlin-Schöneberg (908). Langenscheidt's Verl. — 35

Cornelius Nepos im Auszuge. Für untere Klassen d. Gymnasien u. sogenannte Trivialschulen bearb. v. C. H. Hänle. gr. 8. Frkf. a. M. 803. Andreä. 12 Kr

— opera, cum commentario ed. Jh. Traner. Acced. chronologia et index. 8. Upsal 817. Zeipel u. Palmbl. 2 ℛ 8 Kr

— Opera, cum lectiss. varior. notis, quibus suas adj. El. Johanneau et J. Mangeart. Lex.-8. Leipz. 837. Barth. 1 1/6 ℛ (Vgl. Bibliotheca nova Script. latin. Vol. VIII.)

— les Vies de grands Capitaines, par le Gras et Gottschling augmentées par Choffin. 8. Brandenb. 772.

— — les mêmes, par Kritzinger. 8. Leipz. Heinsius. 780.

— les Vies de grands Capitaines grecs et romains, nouv. Edition revue et corrigée par D. E. Choffin. 12. Halle, Waisenh. Buchhandl. 767.

— — le même en Italien. 12. ibid.

Cornelius Nepos: De vita excellentium imperatorum.

— — ad opt. edit. fidem constit. et lect. varietatem adjecit B. Thaulacius. 8maj. Hafniae, Bonnier. 811.

— — idem liber. Mit Anmerk. von Joh. Heinr. Bremi. 2te verm. Aufl. gr. 8. Zürich, Ziegler u. Söhne. 812.

— de vita excellentium imperatorum, mit Einleitungen u. deutsch. Anmerkungen v. W. F. Schmieder. 2te verb. u. verm. Aufl. m. 1 Charte. 8. Berlin, Academ. Buchhandl. 815.

— — de vita excellentium imperatorum, illustr. G. F. C. Günther. 8. Halis, Hemmerde. 820.

— — de vita excellentium imperatorum. Mit Anmerk. von J. H. Bremi. 3te Aufl. gr. 8. Zürch, Ziegler und S. 820.

Cornelius Nepos de vita excellentium imperatorum, mit Anmerkk. v. J. H. Bremi. 4e Ausg. f. Schulen. 8. Zürich 827, Ziegler u. S.

— de vita excell. imperat. Studio et cura Jul. Billerbeckii. Accedunt Lexicon. Edit. III. 8maj. Hannov. 836. Hahn. 1/8 ℛ — dass. Wörterbuch dazu. gr. 8. Ebd. 837. 1/4 ℛ

Cornelii, de vita excell. imperat. etc. Cum notis et scholiis in usum studiosae juventutis denuo editae ab Em. Th. Hohler. Edit. auct. et emend. 8. Viennae 837. Bauer et Dirnböck. 1 ℛ

— liber de vita excell. imperat. 8maj. Monachii 839. libr. scholarum Regiae. (Ratisbonae, Manz.) n. 1/6 ℛ

Cornelius Nepos, de vita excellentium Imperatorum et Phaedri fabulae selectae. Mit Anmerkungen. Zum Gebrauche für Gymnasien. Von J. R. Köne. gr. 8. Münster 841, Hast u. Riese. 1/3 ℛ

— de vita excellentium Imperatorum. Studio et cura Jul. Billerbeckii. Edit. IV. 8 maj. (5 3/4 B.) Hannover 842, Hahn'sche Hofbuchh.

— de vita excellentium Imperatorum. Studio et cura Jul. Billerbeckii. Edit. IV. 8maj. ibid. 842. 1/3 ℛ — Edit. V. 8maj. ibid. 846. 5/12 ℛ

— de vita excellentium Imperatorum et Phaedri Fabulae selectae. Mit sprachl. Anmerk. Nebst e. Zeitrechnung d. merkwürdigsten Begebenheiten im Nepos. Zum Gebr. f. Gymnasien v. J. R. Köne. 2., verb. u. verm. Ausg. gr. 8. (14 B.) Münster 846, Theissing'sche Buchh. —

— — et virorum illustrium operibus quae supersunt; mit deutsch. Anmerkungen] von F. Sinceruß, aufs neue bearb. v. A. Brand. 8. Frankf. Andreä. 812.

— — de vita excellent. Imperatorum et virorum illustr. opera quae supersunt, mit Anmerkungen von J. Brand. 4te Aufl. 8. Frankfurt a. M., Andreäische Buchh. 820.

Cornelius Nepos: Vitae.

— dasselbe, s.: Koch, G. A.

— dasselbe, s.: Sammlung v. Lehrmitteln f. höh. Unterrichtsanst.

— Wörterbuch dazu, Cornelius Nepos, s.: Eichert, O.

Cornelius Nepos. Vitae, e recensione ... J. A. Bosii ... Lipsiae 1806. H: *Harles, Gottlieb Chph.* (Ky)

Cornelius Nepos. Vitae, usui scholarum adcommodatae. Darmstadii 1812. H: *Storck, Johann Justus.* (Ky)

Cornelius Nepos. Vitae, in usum scholarum. Tilsit 1820. H: *Glöckner, J. D. W.* (Ky)

Cornelius Nepos. Vitae. Brunsvigae 1822. H: *Hartwig.* (Ky)

Cornelius Nepos. Vitae. Ad optimam et noviss. editionem. Tubingae 1822. H: *Bardili, Christian Wilhelm Heinrich.* (Ky)

—— vitae. Edidit Geo. Aenoth. Koch. Editio stereot. 16. (XVI und 152 S.) Lipsiae 855, B. Tauchnitz.

—— eaed. — Editio stereot. 8. (XVI und 120 S.) Ibid. 855. Vlnp. 8mal.

—— dass. — Für Schüler mit erläuternden und eine richtige Uebersetzung fördernden Anmerkungen versehen von Johs. Siebelis. 2., mehrfach verb. Aufl. gr. 8. (XVI und 200 S.) Leipzig 855, Teubner.

— vitae ex recensione Caroli Halmii. 8. (118 S.) Leipzig 871. Teubner. n. — 25

— dasselbe. Mit e. Wörterbuch f. den Schulgebrauch hrsg. v. H. Haacke. 3. verb. Aufl. 8. (118 u. VIII, 197 S.) Ebend. 874. 1. 20

— dasselbe. Post Carolum Halmium recognovit Alfr. Fleckeisen. 8. (VII, 118 S.) Leipzig 884. Teubner. — 30

— vitae, ed. Geo. Andresen. 8. (XIII, 95 S.) Prag 884. Tempsky. — Leipzig, Freytag. n. — 60

— dasselbe. Scholarum in usum recensuit et emendavit A. Weidner. Ed. II. correctior. 8. (IV, 90 S.) Leipzig 887. Freytag. n. — 60; geb. n. — 80

— dasselbe. Praemissae sunt breviores narrationes. Scholarum in usum ed. A. Meingast. 8. (47 S.) Wien 887. Manz. n. — 60

— dasselbe. Mit e. Wörterbuche zum Schulgebrauch v. ... Horstig. 4., verb. Aufl. Hrsg. v. F. A. Eckstein. (V, 10? u. Wörterbuch 156 S.) Leipzig 888. Reichenbach. 1. 50; Text ap. n. — 50; Wörterbuch ap. n. 1. 50

Cornelii Nepotis vitae. In usum scholarum rec. et verborum indicem addidit M. Gitlbauer. Ed. III. denuo recognita. 8. (VIII, 189 S.) Freiburg i/Br. 889. Herder. n. 1. —; geb. n.n. 1. 30

— dasselbe. Für den Schulgebrauch bearb. v. A. Weidner. 3. Aufl. Mit Einleitg., Namensverzeichnis u. Anh. versehen v. Joh. Schmidt. Mit 21 Abbildgn. u. 3 Karten. 8. (XIX, 157 S.) Prag 890. Tempsky. — Leipzig, Freytag. n. 1. —; geb. n. 1. 25

— dasselbe. Für den Schulgebrauch m. sachl. Anmerkgn., vielen Abbildgn. in Farbendr., 1 Karte der Mittelmeerländer, mehreren Nebenkarten, Schlachten- u. Städte-Plänen, e. Wörterbuche u. e. Sachverzeichnisse hrsg. v. Karl Erbe. 2., verm. Aufl. gr. 8. (XVI, 207 S.) Stuttgart 892. P. Neff. n. 2. 70; geb. n.n. 3. 10

— dasselbe. Für d. Schulgebrauch m. sachl. Anmerkgn., vielen Abb., 1 Karte, mehr. Nebenkarten, Schlachten- u. Städteplänen, e. Wörterbuche u. e. Sachverzeichnisse hrsg. v. K. Erbe. 2. Aufl. gr. 8. (XVI, 207 S.) Stuttgart 892. [P. Neff.] A. Bonz & Co. n. 2. 70; geb. n. 3. 20

— vitae. In usum scholarum recensuit et verborum indicem addidit Mich. Gitlbauer. Ed. IV. denuo recognita. 12. (X, 189 S.) Freiburg i/B. 893. Herder. n. 1. —; geb. in Leinw. n.n. 1. 30

— Vitae. F. d. Schulgebr. bearb. v. Andr. Weidner. M. Einleitg., Namenverzeichnis u. Anh. vers. v. Joh. Schmidt. 4., verb. Aufl. 8. (XX, 173 S. m. 24 Abb. u. 6 Karten.) Leipzig 895. G. Freytag. n. 1. —; geb. n. 1. 30

— Vitae. Für d. Schulgebrauch erklärt v. W. Martens. 8. Aufl., m. den Verbessergn. der 4. im Nachtrag. Ausg. A: Kommentar unterm Text. gr. 8. (IX, 182 S.) Gotha 899. F. A. Perthes. 1. 20; Ausg. B: Text u. Kommentar getrennt in 2 Hftn. 4. verb. Aufl. (VII, 80 u. IV, 96 S.) 1. 20

Cornelius Nepos. Vitae. Für den Schulgebrauch bearb. v. Andr. Weidner. Mit Einleitg., Namenverzeichnis u. Anh. versehen v. Joh. Schmidt. Mit 28 Textabbildgn. u. 3 Karten in Farbendr. 5. Aufl. 8. (XX, 171 S.) Leipzig 902. G. Freytag. Geb. n. 1. 50

— Vitae, recognovit brevique adnotatione critica instruxit E. O. Winstedt. (VIII, 133 S.) 8. Oxford (904). Clarendon Press. n.n. 1. 50

— dasselbe. Für den Schulgebrauch eingerichtet v. Mich. Gitlbauer. Mit e. Wörterverzeichnis, wesentlich erweitert v. Kuno Fecht. 5. Aufl. (XIV, 244 S.) kl. 8. Freiburg i/B. 907. Herder. 1.25; geb. 1. 60

— dasselbe. Nach Text u. Kommentar getrennte Ausg. (B) f. d. Schulgebrauch v. W. Martens. 5. Aufl. 2 Hefte. (IV, 92 u. VII, 94 S.) 8. Gotha 907. F. A. Perthes. 1.20; Einbd. — 30

— Vitae. Ed. Georg. Andresen. 2. Aufl. Für den Schulgebrauch bearb. v. Rud. Franz. (XVIII, 138 S. m. 25 Abb. u. 6 Karten.) 8. Leipzig 908. G. Freytag. — Wien, F. Tempsky. Geb. 1. 20

— — vitae imperatorum, 1 Vol. in-18. (Leips., Barth). pap. ord. broché, 8 Gr. papier fin, 11 Gr. papier velin, 22 Gr. format in-12, pap. vel. Rthlr. 1 6 Gr.)

Cornelius Nepos quae vulgo feruntur vitae excellentium imperatorum

—— id. — quae exstant. Edid. F. S. Feldbausch, s. Auctores class. Vol. VIII.

— idem liber ex recens. A. van Staveren a C. H. Tzschucke vide Auctores latinii minores, c. not. var. ed. Tzschucke, T. II.

— übersetzt von A. Hampel, s. Classiker, griechische u. römische.

—— dass. übers. v. J. Oehlinger, s. Prosaiker, röm.

— verdeutscht von Siebelis, s. Sammlung, neueste, ausgewählter griech. u. röm. Classiker.
Wörterbuch dazu. s. Billerbeck. — Gichert.

—— id. — Edit. Bruxellis, s. Scriptorum Latinor.

— — recensuit additionibus et var. lect. curavit I. S. Ith c. 4. fig. etiam sub Tit. (nov. Collectio Classicorum. T. I.)

— vitae excellentium imperatorum. 18. Lips. Ind. Comt.

— — idem liber, edit. Bosii. 18. Basel. Tourneysen. 704.

— — idem liber cum notis I. H. Ernesti. 8. Lips. 707

Cornelii Nepotis vitae excellent. imperat. quae extant, in us. locupletissimum notis perpetuis ad modum Joan. Minelli illustr. a M. And. Stübelio. 12. Leipz. 708. Ed. n. 733. u. 766. Weidmann. 6 g?.

— — cum commentario Aug. Buchneri, cura Stübelii. 8. Dresd. 721.

— — idem liber cum subjectis Styli Corneliani, a G. Wegnero. 8. Lambae. 731.

— id. lib., cum notis Cph. Cellarii. 12. Leipz. 737. N. A. 750. 6 ℊℊ (Joachim). 10 ℊℊ

— — ad optimas edit. recensitae. gr. 8. Zürich. Orell. 742.

Corn. Nep., Vitae excell. Imp. c. notis et phras: accomm. F. Muzelio. 12. Berol. 744. Rtlr.

— id. lib., gallice et latine. Cur. J. P. Milleri I. 8. Berl. 745. Ed. II. 756. Haude u. Sp. 18 ℊℊ

— — idem liber, cum notis familiaribus, medii a singularibus latino-germanicis N. Ungnad. 8. Breslau, Meyer. 748.

— id. lib., opera et studio Karl Cph. Eberhardi. 8. Sorau 751. Hebold.

— id. lib. emendatus ab J. M. Heusingero. 8 Eisenach 755 et 56. (Bäreke). 14 ℊℊ

— — idem liber cura Heusingeri. 8. Isenaci, Wittekind 755.

— id. lib. quorundam iconibus ornatae et nonnullis animadvers. partim crit. partim historicis illustratae ab Aug. van Staveren. 12. Leyd. 755. Luchtmanns. 1 ℛ 6 ℊℊ

— — idem liber gallice et latine de Mr. le Gras, et P. Millero. 8. Berol. Haude. 756.

— id. lib., mit Jh. Dav. Engelschmids Noten. 8. Königsb. 756. Zeisen. 8 ℊℊ

— — idem liber a I. F. Fischero 8. Lips. Weidmann. 759.

— id. lib., mit philol., moral. u. histor. Anmerkk. v. Ksp. Gottschling. 8. Brandenb. 761. 2e A. (Leipz., Centr.-Compt.) 12 ℊℊ

— id. lib., mit d. deutschen Erklärung v. Em. Sinceri, (v. Ef. Schneider). Mit Landkart. 8. Frankf. 762. N. A. 768 u. 804. Brönner. 14 ℊℊ

— — ad Exemplum optimarum editionum expressae notisque maxime geographicis et historicis illustratae a L. C. Mensching. 8. Lemgo, Meyer. 764.

— id., notis illustr. ab Herm. Essenio. Acced. index Boecleri. Auct. et emend. ed. curavit Arn. Hnr. Westerhovius. 8. Utrecht... Ed. VI. 765.

— id. lib., c. notis Cph. Cellarii. 12. Königsb. 766. (Unzer). 6 ℊℊ

— — idem liber cum notis ad modum Mincllii. 12. Lipsiae, Weidmann. 766.

— id. lib. Editio nova emendat. 24. Antwerp. 767.

— id. lib., cum not. et obss. Cellarii et notis novulis Stübelii. 12. Königsb. 772. Hartung. 7 ℊℊ

— id. lib., cum notis selectis varior. nec non excerptis P. Danielis. Suas notas addidit A v. Staveren, (post mortem Stav. ed C. A. Wetstein). Acced. locupl. vocab. index stud. J. A. Bosii. Ed. altera. 8maj. Leyd. 773. Luchtmans. (Leipz., Weigel). 5 ℛ

— id. lib., c. animadvers. partim criticis, partim historicis A. v. Staveren, suisque et J. Kappii notis, curav. G. C. Harles. 8. Erlang. 774. 16 ℊℊ Ed. IIda. 800. Edit. altera auct et correct. 8. ibid. 820. Heyder. 1 ℛ 8 ℊℊ

— — mit deutschen Noten d. E. Sincerus. 8. Frankf. Andreä. 774.

— id. lib., una cum fragmentis, e recensione J. A. Bosii, cum animadvers. integris Cph. Cellarii, indicibus histor. ac latinitatis Chr. Aug. Kriegel. 8. Leipz. 774. Schwickert. 10 ℊℊ

— id. lib. 12. Halle 775. Ed. n. 831. Waisenh.-B. 2 ℊℊ

— id. lib. Ad exemplar Keuchenianum, in us. scholar. Daniae et Norvegiae. (Curante Barth. Chr. Sandvig.) 8. Kopenh. 776.

— id. lib. 12. Nürnb. 776.

— id. lib. 8. Manh. 777. N. A. 808 u. 824. Löffler. 6 ℊℊ

— id. lib., notis et loc. parallel. illustr. studio Dav. Hoogstratani. Cum ind. 8. Utrecht 777.

— id. lib. Textui ad opt. editt. fidem recensito accesserunt illustratt. breviss. vel ex aliis selectae vel recens. additae. Cur. J. S. Ith. 8. Bern et Laus. 779. Typogr. Soc. 20 ℊℊ id. lib. in 12. ibid. 779. 6 ℊℊ

— — idem liber. 18. ibidem.

— id. lib., cum notis variorum. 8maj. Kopenh. 782. Pelt. 1 ℛ 4 ℊℊ

— id. lib., ad opt. editiones collat. 8maj. Bip. 782. 12 ℊℊ

— id. lib., mit deutschen Noten v. Em. Sincerus. 8. Ingolst. 784.

— id. lib., captui discipulorum accommodatus, oder deutl. Erklärung des Corn. Nepos, nach den Anmerkk. des E. Sincerus, (v. Ef. Schneider). 8. Würzb. 784. Stahel. 10 ℊℊ

— — idem liber edid. Hauss. 8. Francof. Esslinger. 785.

— id. lib., in usum scholar. edid. ac curavit P. L. Hauss. 8. Mainz 785. (Frankf., Schäfer). 12 ℊℊ

— vitae exc. impp. 8. Köln 787.

— id. lib., e recens. atque cum animadv. Jh. Andr. Bosii. Libellum varr. lectt. et praefat. addidit Jh. F. Fischer. 8. Leipz. 759 et 788. Weidmann. 14 ℊℊ Edito nova multo auctior et emendatior. (Cur. Gli. Cph. Harles.) 8maj. ibid. 806. Weidmann. 2 ℛ Schrbp. 2 ℛ 18 ℊℊ Holl. Pap. 5 ℛ

Cornelii Nepotis vitae etc. Ad opt. editt. coll. Praemittitur vita a G. L. Vossio scripta et notitia literaria. Accedunt indices studiis societ. Bipontinae. 8maj. Biponti 788 et 815. (Treuttel u. W. in Strassb.) 12 ℊℊ Schrbp. 14 ℊℊ

— id. lib., in us. scholar. additis notis (crit. et histor.) ex recens. A. van Staveren, ed. K. H. Tzschukke. 12. Meiss. (Leipz.) 791. (W. Vogel). 16 ℊℊ

— id. lib., cum annott. grammaticis, in us. juvent. ed. S. F. Wurster. 8. Ulm 791. Ed. n. 817. Stettin. 20 ℊℊ

— — idem liber (sine notis). 8. Würzburg, Stahel. 791.

— id. lib. 8. Würzb. 791. Ed. n. 815. 821. Stahel. 4 ℊℊ

— id. lib., zum Gebr. für Anfänger, mit kurzen grammat. u. histor. Anmerkk. u. Wörterbuch v. A. Chr. Meineke. 8. Lemgo 792. 2e A. 821. 3e A. 823. 4e A. 825. Meyer. 16 ℊℊ Das Wörterbuch apart 8 ℊℊ

— id. lib., für Schulen bearbeitet u. mit e. für dieselben brauchbaren Wörterverzeichniß versehen. 8. Köthen 796. 2e Aufl. 808. Aue. 12 ℊℊ

— id. lib., mit Anmerkk. v. J. H. Bremi. 8. Zürich 796. 2e Aufl. 812. 3e A. 820. 4e A. 827. Ziegler. 1 ℛ

— id. lib., cura J. G. Hutten. 8maj. Tübing. 798. v. Cotta. 4 ℊℊ

— id. lib., editio accurata ad opt. libror. fid. editus. 8. Marb. 799. 810. 818. Krieger. 8 ℊ

— — idem liber, cum animadversionibus partim criticis, partim historicis Aug. van Staveren cura Th. Chr. Harles qui et suas et Ioh. Kappii v. c. notas adjecit. 8. Erlang. Schubart, (Breuning.) 800.
Schreibp.

— id. lib., mit Einleit. u. deutschen Anmerkk. v. B. F. Schmieder. 8. Berl. 801. 16 ℊ 2e Aufl., mit 1 Karte. 8. Ebd. 815. Nauck. 12 ℊ

— id. lib., scholar. usui accommodata, c. brevi adnotatione, curav. Karl Fr. Heinrich. 8maj. Bresl. 801. (Gosohorsky). 16 ℊ

— — scholarum usu accommodatae c. brevi adnotatione, cura C. F. Heinrich. gr. 8. Breslau, Meyer. 801.

— id. lib., ad optimas editiones collat., una cum vita a G. J. Voss scripta. 8. Frankf. Ed. accurata 801. Eichenberg. 6 ℊ

— — idem liber, ed. H. G. L. Wolf. 8. Frcf. (Benj. Fleischer in Lpz.) 801.

— id. lib., cur., argumentis, notis criticis, indicib. et rerum et verbor. J. C. F. Wetzel. II Voll. 8. Liegn. 801. Siegert. 1 ℛ 4 ℊ Leipz. (mit n. Titel) 822. Weigel. 1 ℛ 6 ℊ Hbg. Pr. 9 ℊ

— id. lib., ad opt. edit. collat.; studio et cura J. J. Bellermann. 8. Erf. 802. Ed. II. 820. Keyser. 4 ℊ

— id. lib., zum Gebr. in Schulen, mit d. nöthigsten Anmerkk. u. zweifachem Wortregister, v. J. R. Ricklefs. 8. Hannov. 802. Helwing. 16 ℊ 825. Hbg. Pr. 12 ℊ

— id. lib., optimis editt. collatis ed. M. Rathge. 12. Kopenh. 802. Arnzen. (Barth in Leipz.) 9 ℊ

— — dasselbe im Auszuge für untere Klassen u. Trivialschulen bearbeitet v. E. H. Hänle. 8. Frankf. Andreä. 803.

— — mit der deutschen Erklärung Sincerі, mit Landcharten, neue Aufl. 8. Frankf. Brönner. 804.

— id. lib., ed. G. H. Tzschukke. 8maj. Götting. 804. Dieterich. 12 ℊ Schrbp. 18 ℊ Velinp. 1 ℛ 4 ℊ Hbg. Pr. 8 ℊ Schrbp. 12 ℊ Velinp. 19 ℊ id. lib., c. comment. 1 ℛ 4 ℊ Schrbp. 1 ℛ 16 ℊ Velinp. 2 ℛ 12 ℊ Hbg. Pr. 18 ℊ Schrbp. 1 ℛ 3 ℊ Velinp. 1 ℛ 16 ℊ Der Commentar besonders 16 ℊ Schrbp. 22 ℊ Velinp. 1 ℛ 8 ℊ Hbg. Pr. 10 ℊ Schrbp. 15 ℊ Velinp. 21 ℊ (A. u. d. T.: Scriptor. class. rom. T. IV.)

— id. lib., mit Anmerkk. v. Chr. Hnr. Paufler. gr. 8. Leipz. 804. 2 ℛ 2e A. 817. Rein. 2 ℛ 12 ℊ Hbg. Pr. 1 ℛ 12 ℊ

— Vitae excellentium Imperatorum ad optimas Editiones collectae, studio et cura I. I. Bellermann. 8. Erfurt, Keyser. 805.

— id. lib. 8. Wien 805. Pichler. 12 ℊ Schrbp. 20 ℊ Velinp. 1 ℛ 8 ℊ id. lib. 8. Wien 805. Al. Doll. 12 ℊ

— id. lib., mit deutscher Uebersetzung v. Jh. Mch. Feder. 2 Bde. 8. Wien 805. Pichler. 1 ℛ Schrbp. 1 ℛ 8 ℊ Velinp. 2 ℛ

— — idem liber, (sine notis.) 8. ibid. 805.

— Vitae excellentium Imperatorum. Cum animadversionibus I. A. Bosii, varias lectiones, notas et praefationem addidit Io. Fried. Fischerus. Editio nova multo auctior et emendatior. (cur. T. C. Harles.) gr. 8. Leipz. Weidmann. 806.
Schreibp.
Holländ. Pap.

— — idem liber, (sine notis) 8. Hal. Waisenh. Buchh. 807

— Vitae excellent. imper. a Fr. N. Titze. 8. Linz, Academ. Buchhandl. 807.

— — dasselbe, für Schulen bearbeitet u. mit einem für dieselben brauchbaren Wörterverz. vers. 8. Cöthen, Aue. 808.

— — nach Phillipps u. Heusinger. 8. Mannh. Löffler. 808.

— id. lib., zum Gebr. in Schulen, v. J. Sincerus, aufs Neue bearbeitet. mit Anmerkk. v. J. Brand. 8. Frankf. 809. 2e A. 816. 3e A. 819. 4e A. 822. 5e A. 829. Andreä. 12 ℊ

— excellentium Imperatorum vitae, 12. Hannover. Hahn. 809.

— — idem liber (sine notis) ex recensione Aug. van Staveren et Th. Chr. Harles. 12. Nrnbrg. Riegel et W. 809.

Cornelii Nep., Vitae excell. imper. ad usum scholarum. 8. Copenh. Schubothe. 810. Rthlr.

— — ad optimas edit. recensitae. 8. Marburg, Krieger. 810.

— Vitae excellentium Imperatorum (sine notis.) 8. Halae, Waisenhausbuchh. 811.

— id. lib., text. ad opt. edit. fidem constit. et lectionum maxime memorabil. var. adj. B. Thorlacius. 8. Kopenh. 811. Bonnier. 16 ℊ

— — idem liber, mit erklärenden Anmerk. f. die Jugend, v. J. C. Friedrich. 8. Bresl. Kaiser. 812.

— id. lib., usui scholar. adcommod. (ab J. J. Storck). 8. Darmst. 812. Heyer. 8 ℊ

Cornelii Nepotis vitae etc., mit deutschen Anmerkk. f. d. Schuljugend, von J. C. Friedrich. 8. Bresl. 813. Kayser. 1 ℛ Mit neuem Titel 817. Bresl., (Gosohorsky). 12 ℊ

— id. lib., cum libro singulari de vita T. Pomponii Attici. In commodum studiosae juvent. recogn., vitarum ordinem verum reducere instituit, introduct. de auctoris vita, scriptis et usu agentem praemisit, not. crit. ad calcem adj. F. N. Titze. 8. Prag 813. Widtmann. 1 ℛ 8 ℊ

— id. lib., ad optimas edit. collat. Cur. F. X. Schönberger. 8maj. Wien 815. Ed. n. 820. Geistinger, (Gerold). 14 ℊ Hbg. Pr. 8 ℊ Schrbp. 10 ℊ Velinp. 12 ℊ

— id. lib., ad optimas edit. collat.; mit gegenüberstehender deutscher Uebersetzung. gr. 8. Wien 815. Geistinger. 1 ℛ

— — idem liber. 8. Würzb. Stahel. 815.

— id. lib. 8. Köln 816. J. G. Schmitz. 4 ℊ

— id. lib., mit Wörterbuch v. Chr. Fr. Lüttmann. gr. 8. Leipz. 816. Andrä. 20 ℊ

— id. lib. 8. Trier 816. Lintz. 6 ℊ

— — vitae excellent. imperatorum. Mit erläuternden Anmerkungen für die Schuljugend von J. C. Friedrich. 8. Breslau, Meyer. 817.

— — vitae excellentium Imperatorum, cum annotationibus grammaticis, edidit in usum juventutis praesertim scholasticae. M. S. F. Wurster, editio aucta et emendata. 8. Ulm, Stettin. 817. Rthlr.

— — vitae excellentium imperatorum. Ed. nova. 8. Halle, Waisenh. 818.

— — vitae excellentium imperatorum, nebst einem Wörterbuche, bearbeitet für Schulen von M. F. L. Lüttmann. gr. 8. Leipzig, Andrä. 818.
Das Wörterbuch apart. Ebend.

— vitae excell. impp. 12. Nürnb. 818, 21, 27. Riegel u. W. 4 gr

— id. lib., cum not. sel. Bosii, Lambini, v. Staveren, Cellarii, Fischeri aliorumque, quibus suas add. C. H. Haenle. 8maj. Hadamar 819. (Lanz in Weilb.) 15 gr

— — Vitae excellentium Imperatorum cum notis selectis Bosii, Lambini, van Staveren, Cellarii, Fischeri aliorumque, quibus suas addidit C. H. Haenel. 8maj. Hadamariae, nova Libraria. 819.

— id. lib. 8. Kempt. 819. Kösel. 5 gr

— id. lib. 8. Campid. (Landsh. 819, Krüll.)

— — vitae excell. imperatorum ad opt. editiones collatae cura J. J. Bellermann. Edit. IIda. 8. Erfordiae, Keyser, 820.

— — Vitae excellentium Imperatorum cum animadv. partim criticis partim historicis Augustini van Staveren, cura T. Harless, qui et suas et J. Kappii V. C. notas adiecit. Editio IIIa 8maj. Erlangae, Heyder. 820.

— id. lib., textu recogn. selectis alior. suisque not. max. part. grammat. illustr. Ch. Fr. C. Günther. 8. Halle 820. Schwetschke u. S. 1 Thlr

— id. lib., curavit C. H. Weise. 12. Ed. stereotypa. Leipz. 820, 825 et 829. Tauchnitz. 4 gr Hbg. Pr. 2 gr Fein P. 5 gr

— — zum Gebrauch der ersten Anfänger, mit kurzen grammatischen und historischen Anmerkungen, wie auch mit einem Wörterbuche versehen von A. C. Meineke, 2te Aufl. 8. Lemgo. Meyer. 820.
Das Wörterbuch besonders.

— — quae extant cum selectis superiorum interpretum suisque animadversionibus edidit Augustinus van Staveren. Editio nova auctior curante Guilielmo Henrico Bardili. 2 Tom. 8maj. Stuttgardiae (Leipzig, Hartmann). 820. charta magna.

— quae ext., cum select. suisque animadvers. ed. A. v. Staveren. Ed. nova auctior. c. Ch. W. H. Bardili. II Tom. 8maj. Stuttg. 820. (Löflund). (Lehnhold in Leipz.) 4 Thlr 12 gr Schrbp. 6 Thlr 20 gr

— id. lib., in us. scholarum (ed. J. D. W. Glöckner). 8. Tilsit 820. Ed. n. 828. Glöckner. (Berl., Voss). 4 gr

— id. lib., c. not. et schol. in us. stud. juvent. editus ab E. Th. Hohler. 8maj. Wien 820. Bauer u. Dirnböck. 1 Thlr 6 gr

— id. lib.; mit grammat., geograph. u. histor. Anmerkk. erläutert u. nach d. beliebten Methode d. E. Sincerus aufs Neue bearbeitet. Mit 4 Kart. gr. 8. Wien 820. Geistinger. (Gerold). 1 Thlr Hbg. Pr. 16 gr

— — vitae excell. imperat. ad optimas edit. collatae, Cur. F. X. Schönberger. 8maj. Viudob., Geistinger. (Lips. W. Vogel). 820.

— — vitae excellentium Imperatorum ad optimas editiones collatae, cum notis germanicis, adnexaque germanico-latina phraseologia ex hoc auctore collecta in usum studiosae juventutis cura J. Seibt. 8maj. Pragae. (Buchler). 821.

— id. lib., ad opt. editt. coll. cum not. german., adnexaque german. latina phraseologia ex hoc auctore collata, in us. stud. juvent. cura Ign. Seibt. 8maj. Prag 821. (Enders). 1 Thlr (Wien, Volke). 18 gr

— — Mit Anmerkungen und nach der Methode d. Sincerus bearbeitet. Mit 4 Karte, gr. 8. Viennae, Geistinger. (Lips., W. Vogel). 821. 1 8

— id. lib. Editio altera. 8. Würzb. 821, Stahel.

— id. lib., (curante Hartwig). 8. Brauschw. Ed. stereotypa. 822. Reichard. (Busse). 2½ gr Schrbp. 4 gr

— id. lib. illustr. opera quae supersunt. Mit Anmerkungen von J. Brand. 4e Aufl. gr. 8. Frankf. 822, Andreä.

— id. lib. Edit. stereot. ad. opt. edit. recogn. 8. Brunsvigae. (Leipz. 822, Fr. Fleischer.)

— id. lib. Ad exemplar Bosii recudend. cur., notis, indicibus, vita auctoris, tab. chronolog. et histor. illustr. J. C. F. Wetzel. II Tomi. 8. Lips. 822, Weigel.

— id. lib. Ad opt. et noviss. ed. (Ch. W. H. Bardili). 8. Tüb. 822. Osiander. 8 gr

— id. lib., in usum scholarum. 8. Stuttg. 823. Metzler. 4 gr

— id. lib., scholar. in usum ed. H. C. J. Billerbeck. 8. Hannov. 824. Ed. n. 829. Hahn. 3 gr Das Wörterbuch dazu. 829. 6 gr

— Wörterbuch dazu, s. Billerbeck.

— id. lib. Ad opt. libr. fidem accurate edit. 8. Heilbr. 824. Class.

— id. lib. Ad opt. noviss. edit. Edit. II. emend. 8. Mannhemii 824. Löffler.

— id. lib. In usum scholar. 8. Monasterii 824, Coppenrath. 4 gr. Schreibpap.

— id. lib. Mit Einleitt u. deutsch. Anmerkk. von B. F. Schmieder. 2te Ausg. mit 1 Charte. 8. Berlin 825, Nauck.

— vitae excellentium imperatorum, ad opt. edit. coll. Edit. XVII. 8. Halle 825, Waisenhausbuchhandl.

— id. lib. cum fragmentis. Ad opt. libr. fidem cur. C. H. Weise. Editio stereotypa. 16. Lips. 825, Tauchnitz.

— id. lib. Zum Gebrauch d. ersten Anfänger, mit kurz. grammat. u. histor. Anmerkk. wie auch mit e. Wörterbuche versehen von A. Chr. Meineke. 4e Aufl. 8. Lemgo 825, Meyer.
Das Wörterbuch auch apart zu

— id. lib. In us. scholar. 8. Stuttg. 825, Metzler.

— id. lib. Ad opt. libror. fidem accurate edid. annotat. criticis atque exegeticis adjecit J. C. Daehne. 12maj. Lips. 826, Teubner. 10 gr. Engl. Pap.

— quae extant. Ad opt. libror. fid. accur. edidit, annotat. crit. atque exegetic. adj. J. C. Daehne. Leipz. 827. Teubner. 10 gr Engl. P. 16 gr

— id. lib. Ex recens. Staverii, Bremii aliorumque. 12. Nürnb. 827, Riegel u. W.

—— id. — Mit Anmerkn. v. J. H. Breml. 4., bericht. Ausg. f. Schulen. gr. 8. (29 B.) Zürich 827, Ziegler u. Söhne.

— id. lib., mit erklär. Anmerkk., u. mit geschichtl. Einleitt., welche auch zum Uebersetzen aus d. Deutschen ins Latein. benutzt werden können. Herausg. v. F. S. Feldbausch. 2 Bdchen. gr. 8. Heidelb. 828. Winter. 1 Thlr 3 gr

Cornelii Nepotis excellent. imperat. vitae, ad opt. lect. collatae; praemitt. notitia de vita et scriptis Corn. Nep. et not. litt.; acced. indices histor. et grammat. Ed. post Bipont. II., accurate revisa, brevibusque adnotat. aucta. 8 maj. (21¼ B.) Argentorati 828, Treuttel et Würtz.

—— id. — In us. scholar. ed. J. D. W. Gloeckner. 8. (6¼ B.) Tilsae 828. (Berolini, Voss.)

— id. lib., ad opt. edit. coll. not. brevior. illustr. L. Tence. 8. Brüssel 829. (Leipz., Barth). 1 ꝑ

—— id. — Mit Anmerkn. zur Berichtigung u. Erläut. dieses Schriftstellers f. Schulen, v. J. Brand. 5., verb. Aufl. 8. (21 B.) Frankfurt a. M. 829, Andreä.

—— id. — ed. L. J. Billerbeck. 8 maj. (5¼ B.) Hannoverae 829, Hahn.
Wörterbuch dazu 6 Gr.

—— id. — Grammat. u. histor. erklaert v. A. Jaumann. gr. 8. (20½ B.) München 829, Weber.

— id. lib., ad opt. libr. fidem c. var. lect. delectu. Ed. Fel. Seb. Feldbausch. 8. Stuttg. 829. Hoffmann. 9 gr (A. u. d. T.: Auctor. classici latini.)

—— id. — Zum Gebr. f. Schulen mit d. nöth. Anmerkn. vers. v. L. J. Billerbeck. gr. 8. (16 B.) Hannover 830, Hahn.
Mit vollst. Wörterbuche 16 Gr.

—— id. — Grammatisch u. sprachlich erklaert v. J. Chr. Daehne. gr. 8. (27½ B.) Helmstedt 830, Fleckeisen.

—— dass. verteutscht u. erläutert v. K. Roth. 8. ... Kempten 830, Kösel.
Vgl. Kornelius.

—— id. — Edit. nova ad exempl. Bardilianum expressa. Praemissa est brevis de Cornelii Nepotis vita et scriptis comment. 8. (7 B.) Halae 831, lib. Orphanotrophei.

—— Vitae excellentium Imperator. Ad optimor. libror. fid. in us. scholar. 16. (6½ B.) Stuttgardiae 835, Erhard.

—— id. — Stud. et cura Jul. Billerbeckii. Acced. Lexicon. Edit. III. et IV. 8maj. (à 5¾ B.) Hannoverae 836, 42, Hahn. à
Wörterbuch hierzu, s. Billerbeck, J.

Cornelius Nepos, Vitae excellentium Imperator. Cum notis et scholiis in us. studiosae juventutis denuo editae ab Em. Th. Hohler. Edit. auct. et emend. 8. (21 B.) Viennae 837, Bauer et Dirnböck. Thlr.

—— id. — 8maj. (9¾ B.) Monachii 839, libr. scholarum Regiae. (Ratisbonae, Manz.) *

— — Ad fidem mscr. et ed. vett. recens. varietate lectionis instr. Car. Guernh. Reinhold. 2. u. 3. (Titel-) Aufl. Pasewalk (840.) 854. 58. Braune. 16. (1 Bl., 138 S.) n. 2½ ngr

—— id. — Ad. fid. Mscptr. et ed. vett. rec., varietate lectionis instr. Lexicon adj. Car. Guernherus Reinhold. 8. (9 B.) Pasewalciae 840, Freyberg.

—— id. — Ad optimas editiones collatae. Mit Inhaltsanzeigen, histor., geograph. Anmerkn. u. besond. grammat. Regeln, nebst e. deutsch-latein. Phraseologie, z. Gebr. d. studir. Jugend v. Ign. Seibt. 2., durchaus umgearb. Aufl. 8. (20½ B.) Prag 840, (Calve'sche Buchh.) *

—— id. — et Phaedri fabulae selectae. Mit Anmerkn. Zum Gebr. f. Gymnasien. Von J. R. Köne. gr. 8. (8½ B.) Münster 841, Hast u. Riese.

— quae vulgo feruntur vitae excellentium Imperatorum, ad optim. codicum fidem emendavit, atque integram lectionum varietatem adjecit C. Benecke. 8maj. Berolini, Posnaniae et Bydgostiae 843, Mittler. 1¼ ꝑ

Cornelii Nepotis vitae excellentium imperatorum quoad extant, cum vita Catonis et Attici et fragmentis. Ad praestant. libror. lect. accurate recens. C. H. Weise. Nova edit. stereot. 16. Leipzig 843, K. Tauchnitz. $^{1}/_{12}$ ꝑ fein P. $^{3}/_{8}$ ꝑ

—- vitae excellentium Imperatorum. Cum notis et scholiis in usum studios. juventutis denuo edit. ab Em. Th. Hohler. Edit. IV. 8maj. (21 B.) Viennae 844, Dirnböck.

—— vitae excellentium Imperatorum. Mit andeutenden u. erklär. Anmerkungen f. d. Schulgebr. hrsg. v. Ludw. Breitenbach. gr. 8. (13 B.) Halle 846, Buchh. d. Waisenhauses.

—— vitae excellentium Imperatorum. Recognovit Reinh. Klotz. Edit. Billerbeckiana. V. 8maj. (8¾ B.) Hannover 846, Hahn'sche Hofbuchh. —

—— vitae excellentium Imperatorum. Cum praefat. Reinholdi Klotz. 8maj. (6 B.) Hannover 846, Hahn'sche Hofbuchh.

—— vitae excellentium imperatorum. In usum scholar. ed. O. Eichert. Acced. lexicon separat. venale. gr. 16. (109 und 491 S.) Vratislaviae 847, Kern.
Ohne Wörterbuch
Das Wörterbuch apart

Cornelius Nepos, vitae excellentium imperatorum. Mit Anmerkungen für den Schulgebrauch hrsg. von Ludw. Breitenbach. gr. 8. (XI und 198 S.) Halle 847, Buchhandlung des Waisenhauses.

— Vitae excellentium imperatorum ad opt. exemplaria recogn. et in usum scholar. ed. Geo. Aenoth. Koch. Accedunt fragmenta, index hominum et locorum memorabilium atque tabula chronologica. Edit. stereot. (Bibliotheca classica Latina. I.) Lipsiae 848, Ph. Reclam jun. n. $^{1}/_{12}$ ꝑ

— Vitae excellentium imperatorum ad optima exemplaria. 8. (102 S.) [Bibliotheca classica Latina I.] Brunae 849, Winiker. $^{1}/_{12}$ ꝑ

Cornelius Nepos, vitae excellentium imperatorum. Cum notis et scholiis in usum studiosae juventutis denuo editae ab Em. Th. Hohler. Editio V. 8. (XLII und 291 S.) Vindobonae 850, Dirnböck. Thlr.

—— für Schüler mit erläuternden und eine richtige Uebersetzung fördernden Anmerkungen versehen von Joh. Siebelis. gr. 8. (XX und 180 S.) Leipzig 851, Teubner.
Vgl.: Bibliotheca classica latina.

—— erklärt von Carl Nipperdey. Kleinere Ausg. gr. 8. (VI und 158 S.) Leipzig 851, Weidmann'sche Buchh. *
Vgl.: Sammlung griech. und latein. Schriftsteller.

—— vitae excellentium imperatorum ad optimas editiones collatae. Mit Inhaltsanzeigen, histor., geograph. Anmerkungen und besondern grammat. Regeln, nebst einer deutsch-latein. Phraseologie zum Gebrauche der studir. Jugend von Ign. Seibt. 3., verb. Aufl. 8. (327 S.) Prag 851, Calve'sche Brlgsh.

Cornelii Nepotis vitae excellentium imperatorum. In usum scholarum ed. Otto Eichert. Accedit lexicon separatim venale. Editio II. emendatior. gr. 16. (103 und 217 S.) Vratislaviae 852, Kern.
ohne Wörterbuch

—— vitae excellentium imperatorum quoad extant, cum vita Catonis et Attici et fragmentis. Ad praestantium librorum lectiones accurate recensuit C. H. Weise. Nova editio stereot. 16. (VI und 144 S.) Lipsiae 853, C. Tauchnitz.

—— id. — Mit einem Wörterbuche zum Schulgebrauch hrsg. von R. M. Horstig. 8. (IV, 114 und Wörterbuch III und 141 S.) Stolp 853, Fritsch. *
Das Wörterbuch apart *

— id. — Ad fidem mscr. et ed. vett. recensuit varietate lectionis instruxit Car. Guernher. Reinhold. 2. (Titel-)Aufl. 8. (138 S.) Pasewalk 854, Braune. *

—— id. — Erklärt von Carl Nipperdey. Kleinere Ausg. 2., verb. Aufl. gr. 8. (164 S.) Berlin 856, Weidmann-sche Buchh. *

— vitae excellentium imperatorum. In usum scholarum ed. O. Eichert. Accedit lexicon separatim venale. Editio III. castigata. Vratislaviae 856. Kern. 16. (103 S.) 4 ngr; mit Wörterbuch (447 S.) 12 ngr; das Wörterbuch apart 8 ngr

—— id. — (Accedit lexicon separatim venale.) Editio III. castigata. gr. 16. (103 S.) Ibid. 856.
Vgl.: Eichert, O., Wörterbuch dazu.

—— vitae excellentium imperatorum. Ad fidem mscr. et ed. vett. recens. varietate lectionis instruxit Carol. Guernh. Reinhold. 8. (Titel-)Aufl. 8. (138 S.) Pasewalk (854)58, Braune. *

—— Ueberſetzt von Carl Lärck. br. 8. (118 S.) Bonn 859, (Habicht.) *

— vitae excellentium imperatorum. In usum scholarum edid. O. Eichert. Editio IV. castigata. Breslau 860. Kern. 16. (103 S.) 4 ngr.

—— vitae excellentium imperatorum. (Lexicon latino-hungaricum.) Addidit Josephus Vass. 8. (140 S.) Pest 860, Lampel. —

—— vitae excellentium imperatorum. Mit einem Wörterbuche zum Schulgebrauch hrsg. von R. M. Horstig. 2., verb. Aufl. gr. 8. (IV und 103 S. und Wörterbuch VII und 141 S.) Wittenberg 862. [Leipzig, Reichenbach'sche Buchh.] — der Text apart * 4 Ngr.; das Wörterbuch apart *

—— vitae excellentium imperatorum. In usum scholarum ed. O. Eichert. Editio V. castigata. gr. 16. (103 S.) Breslau 865, Kern.

— Mit Anmerkungen u. e. vollständ. Wörterbuche von F. W. Hinzpeter. 3. Aufl. 866. — 4. verb. Aufl. Bielefeld 870. Velhagen & Klasing. 8. (IV, 224 S.) n. 12½ ngr.

Cornelii Nepotis vitae excellentium imperatorum quoad extant, cum vita Catonis et Attici et fragmentis. Ad praestantium librorum lectiones accurate recensuit C. H. Weise. Nova edit. ster. C. Tauchnitiana. Nova impressio. 16. (VI und 144 S.) Leipzig 866, Holtze. *

— a C. Nipperdeio recognitus. Berlin 867. Weidmann. 8. (108 S.) n. 5 ngr.

— vitae excellentium imperatorum. 3. verb. Aufl. hersg. von Fr. Aug. Eckstein. Leipzig 867. Reichenbach. gr. 8. (IV, 104 S.) n. 5 ngr.;
mit Wörterbuch von R. M. Horstig. (IV, 254 S.) n. 15 ngr.;
das Wörterbuch apart n. 10 ngr.

erklärt von K. Nipperdey. Kleinere Ausg. 5. verb. Aufl. Ebend. 868. 8. (178 S.) 12 ngr.

— vitae excellentium imperatorum. Mit e. Wörterbuche zum Schulgebrauch v. R. M. Horstig. 4. verb. Aufl. hrsg. v. Fr. Aug. Eckstein. gr. 8. (IV, 260 S.) Leipzig 871. Reichenbach. 1. 50; Wörterbuch apart (156 S.) n. — 50

— idem liber. In usum scholarum ed. O. Eichert. Accedit lexicon. Ed. 6. castigata. gr. 16. (103 S. u. 406 Sp.) Breslau 872. Kern's Verl. 1. 20; ohne Lexicon — 40

—— dass. — quoad exstant, cum vita Catonis et Attici et fragmentis. Ad praestantium librorum lectiones accurate recensuit C. H. Weise. Nova editio stereot. C. Tauchnitiana. Nova impressio. 16. (VI, 144 S.) Leipzig 873, Holtze.

—— Zum Uebersetzen aus dem Lateinischen ins Griechische für obere Gymnasial-Klassen bearb. von Rich. Volkmann. 2. Aufl. gr. 8. (VI, 138 S.) Leipzig 874, Teubner.

—— Wörterbuch dazu, ſ. Haacke, H. — Koch, G. A.

— Wortgetreue Uebersetzung v. C. G. Rose. 1—7. Hft. 16. (233 S.) Aschersleben 880. Schlegel. à n. — 20

— dasselbe. Ad optimarum editionum fidem in usum scholarum ed. O. Eichert. Ed. VII. Accedit lexicon. Ed. X. gr. 8. (80 S. u. Wörterbuch 278 Sp.) Breslau 880. Kern's Verlag. 1. 20; ohne Wörterbuch — 40; Wörterbuch ap. — 80

— vitae excellentium imperatorum. In usum scholarum textum constituit C. G. Cobet. 8. (XII, 141 S.) Leiden 881. Brill. n.n. 1. —

— verdeutſcht v. Joh. Siebelis. 5. mehrfach verbeſſerte Aufl. 8. (162 S.) Stuttgart 882. Werther. 1. 5

— Vitae excellentium imperatorum. F. d. Schüler d. Quarta bearb. von Fr. Holzweißig. gr. 8. (VIII, 124 S.) Hannover 897. Norddeutſche Verlagsanſtalt O. Goedel. Geb. in Leinw. n. 1. 60

— Vita excellentium imperatorum. Lateiniſches Leſebuch, f. die Schüler der Quarta bearb. v. Fr. Holzweißig. 2. durchgeſeh. Aufl. gr. 8. (VIII, 126 S.) Hannover 900. Norddeutſche Verlagsanſt. O. Goedel. Geb. in Leinw. n. 1.60

— Vitae excellentium imperatorum. Lateiniſches Leſebuch, f. die Schüler der Quarta bearb. v. Fr. Holzweißig. 3. Aufl. (VIII, 126 S.) 8. Hannover 904. Norddeutſche Verlagsanſtalt O. Goedel. Geb. in Leinw. n. 1. 60

Cornelii Nepotis selectae vitae exc. impp. subjectis interpretum animadv. suasque ad us. schol. adj. Hnr. Braun. 8. 780.

— vitae selectae. In usum scholarum ed. Bitschofsky. 12. (VIII, 106 S. m. 1 Karte.) Wien 889. Gerold's Sohn. cart. n. — 80

— — vite etc. herausgegeben v. C. H. Pauſler. 2te Aufl. gr. 8. Leipzig, Mein. 817.

— Vito. Pubblicate per le scuole da A. Weidner, e ridotte ad uso dei ginnasî italiani da A. Zernitz. Secondo la terza ed. tedesca. 8. (XVIII, 156 S. m. 21 Holzschn. u. 1 Karte.) Ebd. 890. n. 1. —

Cornelio Nep. vite delli grandi Capitani da Clem. Romano. 12. Halle, Waisenh. Buchhandl. 754.

Cornelio Nep., vite delli grandi Capitani da Clem. Romano. 12. Halle 767. Waisenh.-B. 3 gl

— Wörterbuch. Bearb. v. Karl Völker u. W. Creelius. 8., verb. Aufl., beſorgt v. W. Heraeus. gr. 8. (80 S.) Leipzig 891. R. Voigtländer. Geb. in Leinw. n. 1. —; m. dem Text in 1 Bde. geb. n. 2. —

Cornelius Tacitus, P., s. Tacitus

Cornelius-Feuerung, Aktiengesellschaft: Rauchfreie Verfeuerung minderwerthiger Brennmaterialien. Berlin (1900)

Cornelli, R., s. Corneli, R.

Corneloup, vom Katholizismus zum Evangelismus. Bekehrung e. kathol. Prieſters zum Evangelium. Autoriſ. Überſetzg. v. M. Thelemann. (58 S.) 8. Berlin (905). [P. Pittius.] Emil Richter. n. — 60

Corneloup, Jean-Bapt., mein Übertritt, ſ.: Hefte zum Alten Glauben. 4.

Cornelsen, R., Moderne amerikan. Sitzmoebel. Sitzmoebel aller Art m. sichtbaren Holztheilen, wie solche i. d. Vereinigten Staaten in d. Neuzeit ausgef. werden. 45 Taf. gr. 4. Berlin 897. B. Hessling. In Mappe n. 20. —

⑧ Cornelsen, R., mod. amerikan. Sitzmöbel. 897. (KBL 29.) Erm. Pr. 6. —

CORNELSON, ARNOLD. Phenylcumaronketon. Einige Kondensationsprodukte zwischen Oxy-Benzaldehyden und Acetophenon. Bern, 1895.

Cornely, Anton [Rektor d. K. Realschule in Ludwigshafen a/Rh.]: Untersuchungen über Involutorische Gleichungensysteme ... Göttingen, Druck d. Dieterich'schen Univ.-Buchdr., 1892; 28 S., 1 Bl. 4.
Würzburg, Phil. Fak., Inaug.-Diss. v. 1892

Cornely, C., der niederrheinische Obstgarten, oder Beschreibung und Klassification von mehr als 300 verschiedenen Sorten Aepfel, Birnen, Kirschen, Pflaumen, Aprikosen, Pfirsiche oder Weintrauben ꝛc. 1. Thl. 8. Aachen 844. (Mayer.) n. 3/4 ℛ

Cornely, C., der niederrhein. Obstgarten, od. Beschreibung u. Klassifikation sämmtl. Obstarten, u. ihrer vorzüglichsten Sorten, deren Erziehung, Behandlung ꝛc., nebst einer Anleitung z. Beschneiden der Bäume. Aus langjähr. Erfahrung zusammengetragen. 2. Thl. 8. (196 S.) Aachen 847, Hensen & Co. 1/2 ℛ — 2 Thle. 2. (Titel-)Ausg. 8. (VI. 272 u. 196 S.) Ebd. (841. 47) 852. 1 ℛ

—— der niederrheinische Obstgarten, oder Beschreibung und Klassifikation sämmtl. Obstarten ꝛc., deren Erziehung, Behandlung ꝛc., nebst einer Anleitung zum Beschneiden der Bäume. Aus langjähr. Erfahrung zusammengetragen und hrsg. 2 Thle. 2. (Titel-) Ausg. 8. (V und 472 S.) Aachen 851(52,) Hensen u. Comp.

Cornely, Eug., von deutschen Häfen nach New-York u. Chicago zur Welt-Ausstellung 1893, s.a. Grieben's Reisebücher.

Cornely E, v. dtsch. Häfen nach New-York u Chicago z. Weltausstellg 1893. Berlin 1893

Cornely, Jacob [aus Aachen]: Aus d. med. Klinik d. Univ. Bonn. Ueber Sprachstörungen im Anschluss an Typhus abdominalis. . . . Bonn, Buchdr. J. Bach Wwe., 1891; 44 S. 8°
Bonn, Med. Fak., Inaug.-Diss. v. 8. März 1891

Cornely, M., kurze Lebensbeschreibung der Heiligen d. Kirche mit Gebeten und Betrachtungen für alle Tage des Jahres. Nach d. Französ. 2 Bde. gr. 8. (Mit 2 Stahlst.) Coblenz 844, 45, Hölscher. (à 5/6 ℛ) 1 2/3 ℛ

Cornely, M., kurze Lebensbeschreibung der Heiligen der Kirche mit Gebeten und Betrachtungen für alle Tage des Jahres. Nach dem Französ. Nebst einer Zugabe von Morgen- ꝛc. Gebeten. 2 Bde. (Neue Titel-Ausg.) Coblenz (845) 853. Hölscher. gr. 8. (XVI, 384 S. u. 1 Stahlst.; VIII, 427 S. u. 1 Stahlst.) 1 ℛ 15 ngr

Cornely, Rud., S. J., Commentarius in S. Pauli apostoli epistolas. Epistola ad Romanos, s.: Cursus scripturae sacrae.

Cornely, Rud., S.J., commentarius in librum sapientiae, ed. Francisc. Zorell. S.J., s.: Cursus scripturae sacrae.

Cornely, Rud., S. J., s.: Cursus scripturae sacrae.

Cornely, Rud.: Historica et critica introductio in V. T. libros sacros, s.a. Cursus scripturae sacrae.

Cornely, R., historicae et criticae introductionis in u. t. libros sacros compendium s. theologiae auditoribus accommodatum. gr. 8. (VII, 646 S.) Paris 889. Lethielleux. — Regensburg, Pustet. n. 7. 20

Cornely, Rud., Leben d. seligen Petrus Faber, ersten Priesters der Gesellschaft Jesu. 8. (200 S.) Freiburg i. B. 873. Herder. n. 1. 20

— Leben des sel. Petrus Faber, ersten Priesters der Gesellschaft Jesu. 2. Aufl., verb. u. verm. v. H. Scheid, S. J. (Sammlung histor. Bildnisse.) 8. (XII, 196 S.) Freiburg i/B. 900. Herder. n. 1. 60; geb. n. 2. —

—— Leben des seligen Märtyrers Karl Spinola aus der Gesellschaft Jesu. Nebst kurzen Nachrichten über das Leben und den glorreichen Tod der übrigen am 7. Juli 1867 seliggesprochenen Märtyrer von Japan. 16. (VIII, 240 S.) Mainz 868, Kirchheim.

— Synopses omnium librorum sacrorum utriusque testamenti, quas ex sua „Introductione spec. in vet. et nov. testamentum" excerpsit, retractavit, complevit C. gr. 8. (VIII, 463 S.) Ebd. 899. n. 4. 80

— Psalmorum synopses. Separatim descriptae ex auctoris opere: Omnium librorum sacr. utriusque test. synopses. 12. (96 S.) Paris 899. P. Lethielleux. n. — 64

Cornemicus, Archierus (ps.). — Der Gute Mann, oder Der wohlbegabte Hörner-Träger, Lebendig In allerhand dergleichen Fällen anmuthigen Begebenheiten dem neubegierigen Leser zum Nutzen und Ergetzen vorgestellet; Und dann allen gedultigen Zunfft und Mit-Brüdern theils zu kluger Auffsicht, theils zum Trost abgebildet von ARCHIERO CORNEMICO. Leipzig, In Verlegung johann Fritschen. Im Jahr 1680. (Nebst sehr curiosem Kupfertitel, unsign.) 12°. (In Dresden: Lit. Germ. rec. C. 184.) (6 Mk. L. Rosenthal, 1906.)

17 Bll. Vorst. u. 277 S. Viele Gedichte. Die Vorr. an den „Geneigten Leser" ist dat.: Gegeben zu Corneville den 26. Hornung 1680. als der gehörnte Mond in das erste Viertel trat." Der Kupfertitel ist auf Rücks. des Drucktitels durch 15 Verszeilen erklärt:
Seht wie die Hanen-Ritter streiten,
Ein jeder will kein Hörner-Träger seyn, etc.

— — Dasselbe. Harburg 1713. 12°.

Corner, Cinderella; Mother Goose, s.: Sammlung v. Festspielen z. Schüleraufführgn.

Corner, Harry, Kurt Jensens Abenteuer in allen 5 Welttheilen. 8. (124 S.) Dresden 895. M. Fischer. — 50; kart. — 60; m. 4 farb Bild. a. bess., breiterem Pap., geb. 1. 50; gr. 8. (205 S. m. 4 farb. Bild.) Geb. 2. 50

Corner, Harry, Kurt Jenssens Abenteuer in allen fünf Welttheilen. Nacherzählt. 8. (124 S. m. 4 Farbdr.) Dresden (899). M. Fischer. Geb. 4. —

— dasselbe. gr. 8. (205 S. m. 4 Farbdr.) Ebd. (899). Geb. 6. —

Corner, Harry, s. Volksbibliothek, deutsche.

Corner, J. G., geograph.-statist.-polit.-militär. Erinnerungsbüchlein, welches d. Kunst enthält, leicht u. in einem Tage d. Geographie zu lernen. Deutsch u. französ., mit 3 in Miniatur gemalten Landkärtchen. gr. qu. 8. Kaschau 822. Wigand. 8 gr

Corner, J. G., geograph.-statistisch-politisch-militär. Erinnerungsbüchlein ꝛc. 8. Kaschau 823. (Pesth, Heckenast.) 1/3 ℛ

Corner, Julie, die Brüder Basset, s. Roman- und Novellen-Zeitung.

Corner v. Cornburg, Anleit. zur deutschen Rechtschreibung, besonders d. Fehler des mich u. mir, sie u. ihnen, vor u. für u. mehrere dergl. in kurzer Zeit vermeiden zu lernen. Nebst 2 Verzeichnn. zum Nachschlagen in zweifelhaften Fällen u. e. Anweis. zu Titulaturen. 8. Halle 818. Hendel. 8 gr

Cörner, C. J.

Prolog gesprochen bei Eröffnung eines Concerts zum Besten Schleswig-Holsteins zu Meldorf, den 24. April 1864. [Verf.: (C. J. Cörner).] o. O. (1864.) 8° [Kopft.]

CORNET, Dominik (München): Ueber Oberkieferresection mit temporärer Tracheotomie.- München: Weiss 1872. 11 S.
25.7.1870 - Urk (Titel: De resectione maxillae superioris cum tracheotomia.); F 72; Chr 1870/71,14
Diss. Ingolst.-Landsh.-Mchn.

Cornet, Enrico

Cornet, E., le guerre dei Veneti nell' Asia 1470—1474, s.a. Guerre, le.

Cornet, Enrico, le guerre dei Veneti nell' Asia 1470—1474. Documenti cavati dall' archivio ai Frari in Venezia e pubblicati per etc. Vienna 856. Tendler e Co. gr. 8. (X, 133 S.) n. 20 ngr

Cornet, Enrico, Paolo V. e la republica Veneta. Giornale dal 22. Ottobre 1605 — 9. Giugno 1607. Corredato di note e documenti tratti dall' i. r. Biblioteca in Vienna, dalla Marciana, dal Museo Correr, e dall' Archivio ai Frari in Venezia. Wien 859. Tendler & Co. gr. 8. (XVI, 339 S.) n. 2 ℛ

CORNET, Georg (Eichstätt): Einige spirometrische Beobachtungen nebst einem Rückblick auf die bis jetzt aufgestellten Methoden zur Bestimmung der physikalischen Vitalcapacität.- München: Wolf 1884. 62 S.
19.11.1884 - Urk (Titel: De compluribus tentaminibus spirometro factis.); Chr 1884/85,20
Diss. Ingolst.-Landsh.-Mchn.

Cornet, G., die acute allgemeine Miliartuberculose, s.a. Pathologie u. Therapie, specielle, IV. 2. II.

Die acute allgemeine Miliartuberculose. Von Prof. Dr. G[eorg] Cornet in Berlin. *Wien: A. Hölder 1900.* (61 S.) 4°(8°)
= Pathologie, Specielle, u. Therapie. Bd 14. Th. 2, Abth. 2.

— die Scrophulose, s.a. Pathologie u. Therapie, specielle, XIV. Bd. 4. Thl.

Die Scrophulose. Von Prof. Dr. G[eorg] Cornet in Berlin. *Wien: A. Hölder 1900.* (VII, 232 S.) 4°(8°)
= Pathologie, Specielle, u. Therapie. Bd 14. Th. 4.

— die Tuberculose, s.a. Pathologie u. Therapie, specielle, XIV. Bd. 3. Thl.

— üb. Tuberculose. Die Verbreitg. d. Tuberkelbacillen ausserhalb d. Körpers. Die Sterblichkeitsverhältnisse in den Krankenpflegeorden. Mit e. Anh.: Die von Behörden, Kurorten u. s. w. in letzter Zeit erlassenen Verordngn. in Bezug auf die Prophylaxis der Schwindsucht. gr. 8. (IV, 206 S. m. 4 Fig.) Leipzig 890. Veit & Co. n. 4. —

Die Tuberculose. Von Prof. Dr. G[eorg] Cornet in Berlin. *Wien: A. Hölder 1899.* (XII, 674 S.) 1 Bd 4.(8.)
= Pathologie, Specielle, u. Therapie. Bd 14. Th. III.

Cornet, G., die Tuberkulose. 2., vollständig umgearb. u. im Umfang verdoppelte Aufl. Mit 15 Illustr., 1 Karte u. 5 Taf. in Farbendr. 2 Hälften. (XVI, 1442 S.) Lex.-8. Wien 907. A. Hölder. n. 32. —; in 2 Halbfrz.-Bdn. n. 37. —

Cornet, G., wie schützt man sich gegen die Schwindsucht, s.a. Sammlung gemeinverständl. wissensch. Vorträge.

Cornet G, wie schützt man sich gegen die Schwindsucht? (Sammlung gemeinverständlicher wissenschaftlicher Vorträge NF 77) Hamburg 1889

CORNET, Hans (Heldburg): Ueber die operative Behandlung von profusen Magenblutungen bei Ulcus ventriculi.- München: Kastner & Callwey 1905. 32 S.
10.3.1905 - Chr 1904/05,15; Jv 1905/06,461
Diss. Ingolst.-Landsh.-Mchn.

Cornet, Henri

Cornet, H., Siége de Prague [1742], s.a. Siége.

Cornet, Henri. Siége de Prague. (1742) Journal critique d'un lieutenant-ingenieur dans l'armée autrichienne devant Prague, publié d'après un manuscrit de la collection Foscarini à la bibliothèque impériale de Vienne. Avec notes et une carte. gr. 8. (XXIII und 68 S.) Wien, Tendler & Comp. 1 fl. 50 kr.

1867

Cornet, J., die Oper in Deutschland u. das Theater der Neuzeit. Aus dem Standpuncte pract. Erfahrung. gr. 8. (160 S.) Hamburg 849, Meissner & Schirges. 24 ngr

Cornet, Jul., Handbuch der Russischen und Deutschen Umgangssprache. Leipzig 857. Holtze. 8. (XIII, 425 S.) 22 1/2 ngr

Cornet, Jul., Handbuch der russischen und deutschen Umgangssprache. 2. verb. Aufl. Leipzig 861. Holtze. 8. (IX, 425 S.) 22 1/2 ngr; geb. 1 rthl

— Handbuch der russischen u. deutschen Umgangssprache. 3. Aufl. 865. — 4. verb. Aufl. Ebend. 869. 16. (XI, 425 S.) 22 1/2 ngr

Cornet, Jul., Handbuch der russischen und deutschen Umgangssprache. 4. Aufl. 1869. M 2,25., und 5. Aufl. gr. 16. (XI, 425 S.) Leipzig 873, Holtze.
geb.

— Handbuch der russischen und deutschen Umgangssprache. 5. Aufl. gr. 16. (IX, 425 S.) Ebend. 874. n. 2. 40

Cornet, Julius, Handbuch der russischen und deutschen Umgangssprache. 6. Aufl. 8. (X, 425 S.) Leipzig 877, Holtze. brosch. M 2,40.; geb. in Calico

Cornet, Jul., Handbuch der russischen u. deutschen Umgangssprache. 8. Aufl. (VIII, 425 S.) 12. Leipzig 903. O. Holtze's Nachf. 2. 40; geb. in Leinw. n. 3. —

Cornet, J., nytt Ryskt och Svenskt Handlexikon. Stereot. Upplaga. 16. (828 S.) Leipzig 855, C. Tauchnitz.

— Nytt Ryskt och Svenskt Handlexikon. Stereot. Upplaga. — Новый карманный русско-шведскій и шведско-русскій Словарь. Leipzig 857. K. Tauchnitz. 16. (2 Bl., 828 S.) 1 rthl 10 ngr

Cornet, J., nytt ryskt och swenskt Handlexikon. Ster.-Uppl. Nytt Aftr. 16. (828 S.) Leipzig 871. Holtze. 4.

— dasselbe. Nytt Aftryck. 16. (827 S.) Ebend. 874. 4. 50

—— Nytt ryskt och svenskt Handlexicon. Stereotyperad Upplaga. — Новый карманный русско-шведскій и шведско-русскій Словарь. 16. (IV, 828 S.) Ebendas. 881.

Cornet, Jul., nytt Ryskt och Svenskt Handlexikon. Ster.-Upplaga. Nytt Aftryck. 16. (828 S.) Leipzig 893. O. Holtze's Nachf. 4. 50; geb. 5. 25

— Nytt ryskt och svenskt Handlexikon. Ster.-Uppl. Nytt Aftryck. 12. (IV, 828 S.) Leipzig 898. O. Holtze's Nachf. 4. 50; geb. in Halbfrz. n. 5. 25

Cornet, Jul., Hülfsbuch zur Erlernung der russ. Sprache, s.: Schmidt, A. A. E.

Cornet, J., A manual of Polish and English conversation, s.: Kasprowicz, E.

— a manual of Russian and English conversation. Leipzig 857. Holtze. 8. (XIII, 425 S.) 22 1/2 ngr

Cornet, Jul., a manual of Russian and English conversation. 2. edit. improved. Leipzig 867. Holtze. 16. (IX, 425 S.) 22 1/2 ngr

— a manual of russian u. english conversation. 3. ed. improved. 8. (VIII, 425 S.) Ebend. 875. 2. 40

Cornet, J., a manual of Russian and English conversation. 4. ed. improved. 8. (IX, 425 S.) Leipzig 887. Holtze. 2. 40; geb. 3. 30

— A manual of Russian and English conversation. 5. ed. revised and enlarged. 12. (VIII, 425 S.) Leipzig 897. O. Holtze's Nachf. 2. 40; geb. in Leinw. n. 3. —

Cornet, I., Manuale della conversazione italiana e russa, s.: Biraghi. A.

— manuel de la conversation polonaise et française, s.: Kasprowicz, E.

— manuel de la conversation russe et française. Ebend. 857. 8. (XIII, 425 S.) 22 1/2 ngr

— manuel de la conversation russe et française. 2. édit. corrigée. Ebend. 861. 8. (IX, 425 S.) 22 1/2 ngr; geb. 1 rthl

— manuel de la conversation russe et française. 3. édit. corrigée. Ebend. 865. 8. (XI, 425 S.) 22 1/2 ngr

— manuel de la conversation Russe et Française. 4. Ed. gr. 16. (IX, 425 S.) Leipzig 871. Holtze. 2. 25

— le même. 5. éd. (VIII, 425 S.) Ebend. 875. 2. 40

Cornet, Jules, manuel de la conversation russe et française. 6. éd. 8. (VIII, 425 S.) Leipzig 880. Holtze. 2. 40; geb. 3. 30

— manuel de la conversation russe et française. 7. éd. revue, corrigée et augmentée. 12. (VIII, 425 S.) Ebd. 896. 2. 40; geb. in Leinw. n. 3. –

— manuel de la conversation en russe, français et allemand. Ebend. 870. gr. 16. (IX, 425 S.) 1 ₰ 6 ngr

—— Manuel de la conversation en russse, français et allemand. kl. 4. (IX, 425 S.) Leipzig 874, Holtze. geb.

— manuel de la conversation en russe, français, anglais et allemand. Ebend. 861. 8. (XXI, 850 S.) 1 ₰ 15 ngr; geb. 1 ₰ 25 ngr

— manuel de la conversation en russe, français, anglais et allemand. 2. édit. corrigée. Ebend. 869. 16. (XIX, 851 S.) 1 ₰ 15 ngr

— s.: Michaelis, H., a new dictionary of the Portuguese and English languages.

Cornet, Jul., and E. Kasprowicz: Rozmowy w rossyjskim i polskim języku, s. Kasprowicz, E.

Cornette, ..., franzöſ. Inſtruktion zum beſſern Betrieb des Salpeterweſens, ſ.a J. C. Simon, Kunſt, Salpeter.

Cornette. Vgl. franzöſ. Inſtruktion zu beſſerem Betrieb des Salpeterweſens nebſt einer Abhandl. über das Salpetererzeugen. Mit Kpf. Dresden 1781. 208 S.

Cornette, B., Poſaunenſchule. 1e Abthl. Enthaltend: Die Anfangsgründe dieſes Inſtruments, Tonleitern u. Uebungen. — Méthode de Trombone. 1re Partie, cont. les Principes de cet Instrument, des Gammes et des Exercices. Fol. Mainz 834. Schott fils. 1/3 ₰

Corniani-Ouvaroff, Gräfin Marie, große u. kleine Kinder. Erzählung f. die Jugend. Freie Bearbeitg. von Gräfin Erika Maria v. Pfeil. Mit 17 Bild. v. H. K. Günther. (V, 247 S.) 8. Freiburg i/B. (909). Herder. 2.—; geb. in Leinw. 2. 80

Cornicelius, Max. Romanische Einflüsse in Gottfried Kellers Dichtung. (Sonderabdruck [aus:] Festschrift, Adolf Tobler zum siebzigsten Geburtstage dargebracht ...) II S. + S. 117—136. 8. (Braunschweig, George Westermann, 1905.)

(Cornicelius, Max.) Die Enkel Winkelrieds (von Salomon Tobler). 8. —
In: Archiv für das Studium der neueren Sprachen und Literaturen.... Jahrg. 62. Band 120..., Heft 1 u. 2. Braunschweig, George Westermann, 1908. (pro Band M. 8.—) S. 35–42.

Cornicelius, M., so fo e·l temps c'om era iays. Novelle v. R. Vidal, nach den vier bisher gefundenen Handschriften zum ersten Mal hrsg. Inaug.-Diss. gr. 8. (100 S.) Berlin 888. (Leipzig, Fock.) n. 2. —

Cornicelius, Max, Claude Tillier. (VIII, 517 S.) gr. 8. Halle 910. M. Niemeyer. 10. —

Cornicelius, Max (Hrsg.), s. Treitschke, Heinrich v.: Politik.

Cornides, Daniel

Cornides, Dan., bibliotheca Hungarica. 8. Pesth 792. (Eggenberger). 10 ℊ

Cornides, Daniel (Kremnitz/Ungarn), Humio atque Bolingbrokio deistarum recentissimorum coryphaeis oppositae. Thes. philos. Präs. Christian Ernst v. Windheim. Erlangen (Tetzschner) 24. V. 1758. 16 S. (5.—) 5666

— commentatio de religione veterum Hungarorum. Edid. suamque de Origine Hungar. eorumque gestis dissertat. adjecit C. Engel. 8. Vien. Stahel. (Schaumburg.) 791.

— vindiciae anonymi Belae regis notarii editae, ac auctae a J. C. Engel, c. tab. geogr. Hungar. veteris. 4maj. Ofen 802. Univ.-B. 2 ₰ 12 ℊ

Cornielſen, Hans Marr, topograph. Nachrr. vom Amte Gottorff. 1r Verſuch. 8. Schleßw. 792.

Cornifici rhetoricorum ad C. Herennium libri IIII. Recens. et interpretatus est C. L. Kayser. Lipsiae 854. Teubner. gr. 8. (XXX, 328 S.) n. 2 ₰ 20 ngr

Cornill, Adph., Ludwig Feuerbach u. ſeine Stellung zur Religion u. Philoſophie der Gegenwart. Eine Habilitations-Diſſertation. 1. Abth. 1. Thl.: Darſtellung u. Kritik v. Feuerbach's theolog. Denkweiſe. 8. (VIII u. 304 S.) Frankfurt a. M. 851, Sauerländer. n. 1 ₰

— Kritik des Abſoluten u. der ſpekulativen Denkweiſe. gr. 8. (140 S.) Leipzig 848, O. Wigand. 1 ₰

Cornill, Adph., Materialismus und Idealismus in ihren gegenwärtigen Entwickelungskreiſen beleuchtet. Heidelberg 858, Mohr. gr. 8. (420 S.) n. 2 ₰

Cornill, Adph., Johann David Passavant. Ein Lebensbild. (2 Abthlgn.) Nebst Passavant's Mittheilungen über seine Familie. Mit dem (lith.) Portr. Passavants u. 1 (lith.) Abbildung der Burg Passavant. Frankfurt a. M. 861, 69. (Alt.) gr. 4. (78; 112 S.) n. 2 ₰ 1 ngr

— Arthur Schopenhauer, als Uebergangsformation von einer idealiſtiſchen in eine realiſtiſche Weltanſchauung dargeſtellt. Ebend. 856. gr. 8. (XVI, 151 S.) n. 20 ngr

Cornill, Karl Heinrich

Cornill, C. H., Ein elohistischer Bericht über die Entstehung des israelitischen Königthums in I. Samuelis 1—15 aufgezeigt. [SA. aus der „Zeitschr. f. kirchl. Wissenschaft u. kirchl. Leben". Jahrg. 1885, Heft 3.] [Leipzig 1885.]

Cornill, Carl Heinr., the book of the Prophet Jeremiah, s.: Books, the sacred, of the Old Testament.

Cornill, C. H., Zum dritten mal der Brandopferaltar Ezechiel's. [A. aus der „Zeitschr. f. kirchl. Wissenschaft u. kirchl. Leben. Jahrg. 1883. Heft 10.] Leipzig 1883.

Cornill, Carl Heinr., das Buch d. Propheten Ezechiel, hrsg. v. C. H. C. gr. 8. (XII, 515 S.) Leipzig 886. Hinrichs' Verl. n. 15. —

Kornill, Carl Heinr., ſ.: Christentum, das.

— Einleitg. in die kanonischen Bücher des Alten Testaments, s.a Grundriss der theolog. Wissenschaften. I.

Cornill, Carl Heinr., Einleitung in die kanonischen Bücher des Alten Testaments, s.a Grundriss d. theologisch. Wissenschaften. II. 1.

Einleitung in die kanonischen Bücher des Alten Testaments von Carl Heinrich Cornill, Prof. 5., völlig neu gearb. Aufl. d. 'Einleitung in d. Alte Testament'. Tübingen: J. C. B. Mohr 1905. (XVI, 350 S.) 8°
— Grundriß d. Theolog. Wissenschaften. T. 2, Bd 1. 05. 361. 9

Einleitung in die kanonischen Bücher des Alten Testaments von Carl Heinrich Cornill, Prof. 6. neubearb. Aufl. der 'Einleitung in d. Alte Testament'. Tübingen: J. C. B. Mohr 1908. (XVI, 352 S.) 8°
— Grundriss d. Theolog. Wissenschaften. T. 2, Bd 1. 08. 1337. 2

Einleitung i. d. Alte Testament m. Einschluss d. Apokryphen u. Pseudepigraphen, s.a Grundriss d. theolog. Wissenschaften.

Einleitung in das Alte Testament m. Einschl. d. Apokryphen u. Pseudepigraphen v. Carl Heinrich Cornill, ... Prof. ... an d. Univ. Königsberg. 3. u. 4. völlig neu gearb. Aufl. *Freiburg i. B. & Leipzig: J. C. B. Mohr 1896.* (XVI, 359 S., 1 kl. Bl.) 1 Bd 8.
— Grundriss d. Theol. Wissenschaften. Th. 2. Bd 1. [97. 6840

Cornill, Carl Heinrich. Zweite Einleitung in das Alte Testament. Zweite neu bearbeitete Auflage. [= Grundriss der Theologischen Wissenschaften ... 2. Theil 1. Band. Freiburg i. B. 1892.

Cornill, C. H., Entstehung d. Volkes Israel u. seiner nationalen Organisation, s.a. Sammlung gemeinverständl. wissenschaftl. Vorträge.

Cornill CH, Entstehung des Volkes Israel und seiner nationalen Organisation. (Sammlung gemeinverständl. wissenschaftl. Vorträge N F 60) Hamburg 1888

Cornill, C. H., der Prophet Ezechiel, geschildert, } s.: Sammlung v. Vorträgen.

— Zu Johannes Calvins Gedächtnis, s.a. Flugschriften des Evangelischen Bundes.

Zu Johannes Calvins Gedächtnis, 10. Juli 1909. Rede von D. Dr. Karl Heinrich Cornill, Prof. Halle (Saale): Evang. Bund 1909. 20 S. 8° [Umschlagt.]
(Flugschriften d. Evang. Bundes 273.) [09. 10366

Cornill, Carl Heinr., Geschichte des Volkes Israel von den ältesten Zeiten bis zur Zerstörung Jerusalems durch die Römer. 8. (IV, 326 S.) Chicago 898. Leipzig, O. Harassowitz. Geb. in Leinw. n.n. 8. —

— die siebzig Jahrwochen Daniel's, s.: Studien u. Skizzen, theolog., aus Ostpreussen.

— das Buch Jeremia erklärt. (LII, 536 S.) gr. 8. Leipzig 905. Ch. H. Tauchnitz. n. 10. —; geb. n. 11. 20

Cornill, Carl Heinr.: Jeremia und seine Zeit, s. Sammlung von Vorträgen.

Cornill, Carolus Henricus, De Psalmi sexagesimi octavi indole atque origine. [Diss] Marburgi Chattorum 1878.

Cornill, Carl Heinr., Mashafa Falâsfâ Tabîbân. Nach dem Aethiop. untersucht. gr. 8. (58 S.) Leipzig 875. Brockhaus' Sort. n. 2. 50

Zu der am 16. Febr. 1897 ... stattfindenden vierten Säcularfeier des Geburtstages von Philipp Melanchthon laden hierdurch ein Rector und Senat der Albertus-Universität. ([Enth.:] Carl Heinrich Cornill. Melanchthon als Psalmenerklärer.) Königsberg i. Pr., Hartungsche Buchdr., 1897; 2 Bl., 18 S. 4.

— nicht „rhythmisch!" Antwort auf die hymnolog. Streitschrift Ph. Wulfrum's in Heidelberg. gr. 8. (29 S.) Leipzig 895. Breitkopf & Härtel. n. — 75

— der israelitische Prophetismus. In 5 Vorträgen f. gebildete Laien geschildert. 8. (V, 184 S.) Straßburg 894. K. J. Trübner Verl. n. 1. —; geb. n. 2. —

— d. israelit. Prophetismus. In 5 Vorträgen f. gebild. Laien geschildert. 2., verb Aufl. (3. u. 4. Tauf.) 8. (VII, 184 S.) Straßburg 896. K. J. Trübner, Verl. n. 1. —; geb. in Leinw. n. 2. —

— der israelitische Prophetismus. In 5 Vorträgen f. gebildete Laien geschildert. 3. verb. Aufl. (5. u. 6. Tauf.) 8. (VII, 184 S.) Straßburg 900. K. J. Trübner. n. 1. 50; geb. in Leinw. n. 2. —

Der israelitische Prophetismus. In 5 Vorträgen f. gebildete Laien geschildert von Carl Heinrich Cornill, Prof., Breslau. 4. verb. Aufl. *Straßburg: K. J. Trübner 1903.* (184 S.) 8° [F.] [03. 9133

— der israelitische Prophetismus. In 5 Vorträgen f. gebildete Laien geschildert. 6. verb. Aufl. (10—12. Tauf.) (VII, 185 S.) 8. Straßburg 906. K. J. Trübner. n. 1. 50; geb. in Leinw. n. 2. —
4. u. 5. Aufl. (à VII, 184 S.) 903. 905. 1. 50; geb. 2. —.

— Der israelitische Prophetismus. In 5 Vorträgen f. gebildete Laien geschildert. 7. verb. Aufl. (13—15. Tauf.) Mit 4 Taf. v. Frdr. Preuß. (VIII, 183 S.) 8. Straßburg 909. K. J. Trübner. 1.80; geb. in Leinw. 2. 50

— die Psalmen i. d. Weltliteratur. Vortrag. [Aus: „Jahrb. f. jüd. Gesch. u. Lit."] gr. 8. (20 S.) Berlin 898. A. Katz. — 40

— zur Quellenkritik der Bücher Samuelis. [Aus: Königsberger Studien.] 8. (36 S.) Königsberg 887. Hübner & Matz. n. 1. 20

— die metrischen Stücke des Buches Jeremia reconstruiert. gr. 8. (XIV, 40 S.) Leipzig 901. J. C. Hinrichs' Verl. n. 1. 50

— d. Alte Testament u. d. Humanität. Vortrag. gr. 8. (24 S.) Leipzig 895. J. C. Hinrichs' Verl. n. — 50

Cornill, O., Goethe's Hermann u. Dorothea, s. Goethe.

Cornill, O., Jacob Heller u. Albrecht Dürer, s.: Neujahrsblatt d. Vereins der Geschichte u. Alterthumskunde zu Frankfurt a. M.

Cornill, Otto, Referendar: Das Bewußtsein der Rechtswidrigkeit in der Dolus-Auffassung des Reichsstrafgesetzbuchs. Borna-Leipzig 1907: R. Noske. (64 S.) 8° [F.]
Breslau, Jur. Fak., Ref. Gretener-Fischer, Diss. v. 6. Juli 1907
[Geb. 23. Juni 81 Marburg in Hessen; Wohnort: Breslau; Staatsangeh.: Preußen; Vorbildung: Wilhelms-Gymn. Königsberg i. Pr. Reife O. 99; Studium: Breslau 1 S. evangel. Theol., Jura Breslau 1, Tübingen 1, Leipzig 1, Breslau 3 S.; Rig. 23. Juni 03.]

Cornils, C. P., s.a. Cornils, Martin

Sind die sittlichen Forderungen Jesu für uns verbindlich? Vortrag geh. in Kiel 1908 von Pastor [C. P.] Cornils-Hemme. Kiel: Cordes 1909. 20 S. 8° [Umschlagt.] [09. 19[illegible]

Cornils, Herm., Gedanken üb. Friedhofskunst. (45 S. m. 6 Abb.) Lex.-8. Stuttgart 906. J. F. Steinkopf. n. 1. —
Sonderabdruck aus: „Christl. Kunstblatt".

Cornils, Martin, s.a. Cornils, C. P.

— Hat Jesus gelebt? s.: Jansen, Johs.

Cornils (Mart.), sind die sittlichen Forderungen Jesu f. uns verbindlich? Vortrag, geh. in Kiel am 4. XI. 1908 in d. Reihe d. religionswissenschaftl. Vorträge. (20 S.) 8. Kiel 909. R. Cordes. — 30

Cornils, Peter [aus Tating]: Ueber Gelenkresectionen bei Arthritis deformans und hallux valgus. ... Jena, Druck v. G. Neuenhahn, 1890; 43 + 1 S. 8°
Jena, Med. Fak., Inaug.-Diss. v. [30. Jan.] 1890

Cornils, P., üb. Gelenkresectionen bei arthritis deformans u. hallux valgus. Inaug.-Diss. gr. 8. (43 S.) Jena 890. (Neuenhahn.) n. 1. —

Cornils, Peter Wilhelm

Cornils, P. W., die Communal-Verfassung in der Landschaft Eiderstedt. gr. 8. Heide 841. (Dithmarscher Buchh. von Pauly.) n. 2 ℳ

Cornils, Pietro

Cornils, P., Lugano. Eine topographisch-klimatolog. u. geschichtl. Skizze. Mit einem Beitrag v. Biraghi über die geol. Formationen d. Sottoceneri. 8. (VII, 128 S.) Basel 882. Schwabe. n. 2. —

Cornils, P., Lugano u. seine Umgebung. Mit 1 (farb.) Übersichtskarte der Umgegend Luganos. 1. u. 2. unveränd. Aufl. 8. (IV, 36 S. u. 2 S. in gr. 8.) Basel 894. B. Schwabe. n. — 80

Cornils, P., Lugano u. seine Umgebg. M. e. Uebersichtskarte d. Umgeg. Luganos. 2., verm. u. verb. Aufl. d. seit 1893 vergriff. grossen Ausg. dieses Buches. 8. (VII, 133 S.) Lugano 898. A. Arnold. n. 1. 20

Cornils, P., Lugano u. seine Umgebung. Mit 1 Übersichtskarte der Umgegend Luganos u. 15 Illustr. 5. verm. u. verb. Aufl. (VIII, 104 S.) 8. Basel 906. B. Schwabe. n. 1. 60

Corning, H[anson] K[elly]. Lehrbuch der topographischen Anatomie für Studierende und Ärzte. gr.-8. Wiesbaden, J. F. Bergmann.

[1. Aufl.] Mit 604 Abbildungen, davon 895 in Farben. XVI + 718 S. 1907. [geb. M. 16. —]

2., vollständig umgearbeitete Aufl. Mit 658 Abb', davon 424 in F'. XVI + 772 S. 1909. [geb. M. 16. 60]

Corning, H. K., Merocyten u. Umwachsungsrand b. Teleostiern, s.: Festschrift z. 70. Geburtstage v. Carl Gegenbaur.

Corning jr., J. Léonard, zwei Arbeiten aus dem pathologisch-anatomischen Institut zu Würzburg. Inaugural-Dissertation. Mit 2 lith. Tafeln. gr. 8. (15 S.) Wiesbaden 878. (Bergmann.) n. 1. 20

Corning, L., s. Classics, the, of Painting.

Cornish, F. W., M. A., Life of Oliver Cromwell, hrsg. v. Deutschbein, s.: Schulbibliothek, französ. u. engl.

v. Cornitz, L., Schloß Ehrenstein u. seine Bewohner. Eine Erzählung aus unserer Zeit. Berlin 866. Mennmann. 8. (307 S.) 22½ ngr.

Cornoldi, Joh. Maria, die antikatholische Philosophie u. die gegenwärtigen Uebel der Gesellschaft. Aus dem Italien. frei übers. gr. 8. (31 S.) Brixen 871. Weger. n. — 50

Cornova, Ignaz

An Böhmens junge Bürger. Ein Gedicht in vier Gesängen von Ignatz Cornova. Prag u. Wien: v. Schönfeld 1783. 103 S. 8°. [Titelkupfer.]
Sehr selten.
Weist auch auf freim. Wohltätigkeit, ganz besonders auf das Waisenhaus zu Prag hin. 20.

— d. große Böhme Bohuslaw von Lobkowitz u. zu Hassenstein, nach seinen eigenen Schriften geschildert. gr. 8. Prag 808. Calve. 1 ₰ 16 ℊ. Hbg. Pr. 1 ₰

Cornova, Ign., Briefe an e. kleinen Liebhaber d. vaterländ. Geschichte Böhmens. 3 Bde, u. Fortsetz. u. d. T.: Unterhaltungen mit jungen Freunden d. Vaterlandsgesch. Böhmens. 4 Bde, vollständig in 7 Bden. 8. Prag 796—803. Calve. 5 ₰ 6 ℊ. Hbg. Pr. 3 ₰ 8 ℊ.

— de rebus Sueco Pragam obsedente gestis commentariolus. Prag 801.

— d. Erbverbrüderung d. Häuser Böhmisch-Lützelburg u. Oesterreichisch-Habsburg. Ein Denkmal d. Völker beglückenden Weisheit Karls IV. gr. 8. Prag 805. (Calve). 4 ℊ

— Gedichte. 8. Prag 776. Gerle. 7 ℊ

Geschichte des [mrischen] Waiseninstituts zum h. Johann dem Täufer in Prag. [Von Ignaz Cornova.] Prag 1785.
Handbuch der Frmrei 3. Aufl. 1 (1900) S. 162 gibt 1775 an.
[Abafi, L.: Geschichte d. Frmrei in Oesterreich-Ungarn. 5 (1899) S. 111.]

— Helden Oesterreichs, in Kriegsliedern besungen. 8. Prag 777. Mangold. 14 ℊ

— Helden Oesterreichs in Kriegsliedern. 8. Prag, Mangold. 778.

— d. Jesuiten als Gymnasiallehrer, in Briefen an d. Grafen von Lazansky. 8. Prag 804. Calve. 18 ℊ

— d. zweite Punische Krieg, nach Livius. 8. Prag 798. Calve. 1 ₰ 12 ℊ. Hbg. Pr. 1 ₰

— Leben Joseph II., röm. Kaisers. 8. Prag 802. Calve. 1 ₰ 8 ℊ

Kolowrat-Krakowsky. — Cornova, Ignaz. Lebensgeschichte Johann Carls Grafen v. . . . . . Freiherrn v. Ugezd, k. k. General-Feldzeugmeister, geb. 1748, gest. 1816. 8. Prag 1818.

— d. Nöthigste aus d. alten Geschichte f. junge Leser. 8 Bde. (1e Abtheil.: Geschichte d. Juden, mit Nachrichten über Egypten, Assyrien, Lydien, Babylon u. Medopersien. 2e u. 3e Abtheil.: Gesch. d. Griechen, mit Nachrr. über Phrygien, Persien, Egypten u. Karthago. 4e—8e Abtheil.: Gesch. d. Römer, mit Nachrichten über Karthago, Sicilien u. Macedonien.) 8. Prag 814 u. 15. (Calve). 6 ₰ Hbg. Pr. 4 ₰

Ueber die Pflicht für die hinterlassenen Kinder der Brüder zu sorgen, und über die Art und Mittel dieser Pflicht nachzukommen. Zum Gebrauch der ger. und vollk. Loge Wahrheit und Einigkeit zu drei gekrönten Säulen im Or. von Prag. Ein Vorschlag des Br zweyten Aufsehers der Loge [d. i. Ignaz Cornova]. Als Ms. f. Brr u. Schwestern. [Prag 1791.] 83 S. 8°
Abgedr. in: System d. Frmr-Loge Wahrheit u. Einigkeit, Prag. 1794 S. 359—434.

7. Rede bey der Einweihungsfeyer des von unserer verklärten Landesmutter [Maria Theresia] dem Waiseninstitute zum heil. Johann dem Täufer geschenkten Hauses. In der neustädter Hauptkirche zum H. Heinrich am 8. Heumonats [Juli 1781] vorgetragen von Ignaz Cornova. Prag 1781: Edler v. Schönfeld. 27 S. 8° ML. Brünn.

Z. *Wahrheit und Einigkeit:* Rede bey der Josephsfeyer gehalten in der Loge zur Wahrheit und Einigkeit. Im Or. von P[rag. Von Ignaz Cornova]. Prag 1784: Schönfeld. 16 S. 8⁰
Recens: WJ. 1, 4 (1784) S. 230.
Kl. 1056 u. Abafi, L.: Gesch. 5 (1899) S. 110: „Jahresfeier." Das Ziel der Frmr: Aufklärung u. Unterstützung der Mitmenschen, auch das Bestreben Josephs II. MLB. Brünn.

. *Plenciz:* Rede, als die □ z[ur] W[ahrheit] u. E[inigkeit] das Andenken ihres verklärten Br. P[lenči]z d[eputierten] P[rovinzial-] G[ross-] M[eisters] v[on] Böhmen begieng. [Von Ignaz Cornova.] P[rag]: S[chönfeld] 1785. 12 S. 8⁰
MLB. Brünn.

— Jaroslav v. Sternberg, d. Sieger d. Tartaren. 8. Prag 813. Calve. 12 gr. Schrbp. 16 gr.

— s. 1) P. Stransky, Staat.

— kurze Uebersicht d. merkwürdigsten Empörungen in Böhmen u. ihren Folgen. 8. Prag 793. Calve. 4 gr.

— Unterhaltungen mit jungen Freunden d. vaterländ. Geschichte, s. oben Briefe.

Cornu, Abundantissimum, copiae linguae latinae et germanicae selectum. Norimbergae 1714. V: *Kirsch, Adam Friedrich.* (will)

Cornu copiae linguae graecae et latinae selectum. 8. Norimb. 740.

Cornu, F., u. A. Himmelbauer, Untersuchgn. am Apophyllit u. den Mineralen der Glimmerzeolithgruppe. (29 S. m. 2 Fig.) gr. 8. Wien 907. (A. Hölder.) — 95
Sonderabdr. a. „Sitzungsber. d. k. Akad. d. Wiss."

Cornu, Hortense. An die aufgelöste Preussische National-Versammlung. Stimmen aus Paris [von] (St.) *Albin* [d. i. Hortense Cornu.] Berlin 1818. 8⁰.

Cornu, Julius

Cornu, Jul., Beiträge zur latein. Metrik, s. a. Sitzungsberichte d. kais. Akad. d. Wiss. in Wien. Philol.-histor. Klasse. 159. III.

Beiträge zur lateinischen Metrik. Von Julius **Cornu**. 1. Accentus anima versus. 2. Armáque u. ármentáque im Hexameter. 3. Zu d. vierzehnsilb. Hexameter d. sechszeiligen Rätsel. Wien: A. Hölder in Komm. 1908. (81 S.) 8⁰
— **Sitzungsberichte** d. Kais. Akad. d. Wiss. in Wien. Philos.-hist. Klasse. Bd 159, Abh. 3. [J. 11947

Cornu, J., Grammatik d. portugiesischen Sprache. 2. verb. u. verm. Aufl. (III u. S. 916—1037.) Lex.-8. Strassburg 906. K. J. Trübner. n. 3. —; geb. in Leinw. n. 4. —
Sonderabdruck aus: „Gröber's Grundr. d. roman. Philolog."

Cornu, Jul., das Hohelied in castillanischer Sprache des 13. Jahrh. nach der Handschrift des Escorial I. I, 6. gr. 8. (8 S.) Halle 902. M. Niemeyer. n.n. — 60
Sonderabdruck aus: „Beitr. z. roman. u. engl. Philologie. Festschrift f. W. Foerster".

Cornucopiae linguae graec. et latin. selectum. Norib. 740. 8. 8 gr.

Cornut, S., see: *Europe, illustrated.*

— voir: *L'Europe illustrée.*

Cornut, S., siehe: *Wanderbilder.*

Cornut, Sam., d. Kurort Box, s.: Tissot, Vict.

Der Deutsche **Cornutus** T. 1. Berlin: Mayer & Muller 1908. 8⁰ [09.26989

Cornuti theologiae graecae compendium. Rec. et emendabat Carol. Lang. 8. (XX, 125 S.) Leipzig 881. Teubner. 1.50

Cornuti artis rhetoricae epitome ed. et commentatus est Ioannes Graeven. gr. 8. (VI, LXXII, 55 S.) Berlin 891. Weidmann. n. 4. —

Cornutus, L. Annaeus, de natura Deorum ex schedis Joh. Bapt. Casp. d'Ansse de Villoison recens. commentariisque instr. Frid. Osannus. Adjecta est Joh. de Villoison de theologia physica Stoicorum commentatio. 8maj. Gottingae 844, Dieterich. n. 3 Rthlr.

Cornwells, W., Hausarzt, oder Beschreib. d. Zufälle e. jeden dem menschl. Geschlechte zustoßenden Krankheit; aus d. Engl. 8. Erfurt 788. Keyser. 1 Rthlr. 8 gr.

Corodi, Hnr., († d. 14. Sept. 1793.)

— s. 1) Aufsätze u. Gespräche. 2) Beitrr. z. vernünft. Denken. 3) Geschichte d. Chiliasmus. 4) Versuch e. Beleuchtung d. Bibelkanons. 5) Versuch über Gott. 6) Vertheidigung d. Steinbart. Glückseligkeit.

Corollaire à la Duplication de l'Hexaedre donné à Dux en Bohéme. Dresde 1790. V: *Casanova de Seingalt, Gian. Giac. Geron.* (MGT) »de la Duplication« (Ottmann, Casanova. Stuttg. 1900 S. 126.)

Corollarium disputationis de bibliothecis Alexandrinis deque Pisistrati curis Homericis. Bonnae 1840. H: *Ritschl, Frdr.* (ABJP)

Corona, ein Rittergedicht, s. im Alphabet Fouqué.

Corona, Ducum et regum Boemiae, collectis ex eorum vita floribus contexta ... Norimbergi 1717. V: *Freschot, Augustin.* (EB)

CORONA, der Geisterbeherrscher, oder die Ruinen von Sagunt. Prag, o. J. 8⁰.
In München, Gmähle's Leihbibl., No. 8703.

CORONA, die Geisterbeherrscherin. Leipzig, Joachim, 1805. 8⁰. (18 gr.) Selten!
Kayser, Rom.-Verz.

Corona, dni nostri Jesu Christi seu rosarii Salvatoriani ... Viennae 1732. V: *Radossány, Ladisl.* (Pk)

Corona Joannaea, seu de septem Nostris Claudiopoli degentibus, quibus nomen Joannes, Carmen elegiacum. Claudiopoli 1715. V: *Gyalogi, Johann.* (Jcs)

Corona mundi. Internat. ill. Familienzeitschrift. Chefred.: O. F. Damm. April—Dezbr. 1909. 39 Nrn. (Nr. 1. 24 u. 2 S. m. 2 farb. Taf.) 41 × 29,5 cm. Leipzig, Verlagsgesellschaft Pontow & Co. à Nr. — 45
Erscheint nicht mehr.

Corona Regni Ungariae ... Imperatori ... Carolo VI. Cum eadem Corona Ungarica ... inauguraretur ... Tyrnaviae 1732. V: *Palkovits, Emerich.* (SO) »1712. V: *Fitter, Adam*« (Jes)

Corona, Niko, auf der Brautschau, s.a. Geschichten, intime.

Auf der Brautschau. Eine indiskrete Geschichte von Niko **Corona**. Berlin: Berliner Roman-Verl. [1904]. (48 S.) 8° [F.]
= **Geschichten,** Intime. 30. [05. 7490

— Prinzessin Unbedacht, s.a. Geschichten, intime.

Prinzessin Unbedacht. Eine Kleinstadtgeschichte von Nico **Corona**. Berlin: Berliner Roman-Verl. [1904]. (48 S.) 8° [F.]
— **Geschichten,** Intime. 51. [05. 7513

Coronata oder der Seeräuberkönig, ein Holzschnitt No. 1. (von H. Zschokke), 8. Bayreuth, 796. Lübecks. 1 Rthl. 10 sgl.

Coronata, od. d. Seeräuberkönig, von d. Verf. d. Abällino. (Hch. Zschokke.) No. 1. u.2. 8. Bayreuth, Lübeck 1796-1803.

Coronata, oder der Seeräuberkönig; ein Holzschnitt ... Bayreuth 1797. V: *Zschokke, Joh. Heinrich.* (Ky) (MGT)

Coronata, od. die Seeräuberkönigin, (v. H. Zschokke). No. 1 u. 2. 8. Bayr. 797. Grau in Hof. 2 ℛ 12 ℊ

Coronati, Wix., der Tausendkünstler. Eine reichhaltige Sammlung von leicht ausführbaren, höchst interessanten u. überraschenden Taschenspieler- u. Karten Kunststücken, Belustigungen aus der Chemie u. Arithmetik, Scherzen u. Räthseln zur heitern Unterhaltung im gemüthlichen Kreise. 859. (XVI, 112 S.) — (Neue Ausg.) Mülheim a. d. R. 864. Bagel in Comm. 8. (XVI, 120 S.) 10 ngr.

Der Tausendkünstler. Eine reichhaltige Sammlung von leicht ausführbaren ... Taschenspieler- u. Karten-Kunststücken, Belustigungen aus d. Chemie u. Arithmetik u. Scherzen ... (Hrsg. von Wix **Coronati**.) Mülheim a. d. Ruhr: J. Bagel [1898]. (142 S.) 8° [F.] [04. 1188

Coronatio So. Sä. Virginis. (Die Krönung der heil. Jungfrau. Nach d. Gemälde von Raphael im Vatican, gezeichnet u. gestochen, in Rom u. Dresden, von Gh. C. Stölzel. 25 1/2 Zoll hoch u. 17 Zoll breit.) Gedruckt von Hulgsch. Dresd. u. Leipz. 832. Arnold sche Buchh. Vor der Schrift 30 ℛ auf chines. Pap. 36 ℛ Mit d. Schrift 15 ℛ chines. Pap. 18 ℛ

Coronato, der Schreckliche, Oberhaupt der Bravos in Venedig. Eisenberg 1801. V: *Bornschein, Joh. Ernst Daniel.* (GGr) (MGT) (NN) »Koronato« (Ky)

Corone, die kleine, zu Ehren des kostbaren Blutes unseres Heilandes. 8. (32 S.) Wien, Mayer & Comp. 10 kr.
1860

Coronel, Nathan —. Beth Nathan sive lectiones varias tractatus Berachoth ex unico et antiquissimo in Aegyptiaca terra reperto codice depromtas et decisiones Jesaiae di Trani in hanc priorem Talm. Babl. partem ad libri MS. in biblioth. Caes. Vindob. exstantis fidem edidit et apparatu critico instruxit — —. 4. (62 Blätt.) Vindobonae. Ex offic. Adalbert della Torre. 1854.

Coronel, Rudolph Joseph [Militair-Arzt aus S'Gravenhage]: Ueber die frühere und gegenwärtige Behandlung des Pes varus. . . . Freiburg i. Baden, Univ.-Buchdr. v. H. M. Poppen & Sohn, 1889; 29 S. + 1 Bl. 8°
Freiburg i. B., Med. Fak., Inaug.-Diss. v. 1889

Coronel, S. Pr., Baruch Spinoza im Rahmen seiner Zeit. 71 Stn. 8. Basel, H. Richter. 1.80
1873

Coronini à Cronsberg. Bellum Petrinianum, i. e. bellum quod ad Petriniam in Croatia ab ao. 1592 ad ann. 1594 gestum fuit. Goretii 1596. — 4. ib. 1776.

Coronini-Cronberg, Carl Graf, Alceo u. Angiolina. Sizilianische Novelle. 16. (123 S.) Leipzig 883. Friedrich. n. 2. —; geb. n. 3. —

Coronini, Carl Graf, zwei epische Gedichte. 12. (134 S.) Görz 889. Wokulat. n. 1. 60

Coronini-Cronberg, Carl Graf, schau um dich her! Gedichte. 12. (VI, 346 S.) Leipzig 881. O. Wigand. n. 4. —; geb. n. 5. 50

Coronini von Quischa, Freiherr von Cronberg, Graf Rudolph

— comitatus Goritiae et Gradiscae, cum limitibus Venetis et vicinia, ex dimensionibus exhibit. etc. 8. Wien 760.

Coronini von Quischa, Freiherr von Cronberg, Graf Rudolph, s. F a s t i . – Fastorum Goritiensium liber I.

— specimen genealogico-chronologicum ad illustr. August. Habsburgo-Lotharingicam Prosapiam. Venet. 770. Ed. II. locupl. et ad nostram aetatem coll. a Frz. C. Palma. 4maj. Wien 774. Trattner. 2 ℛ

Coronini, Graf v. Cronberg, Rud., († d. 4. Mai 1791.) tentamen genealogico-chronologicum, promovendae seriei comitum et rerum Goritiae conscripta. Fol. Wien 752. Ed. II. 759. Gerold. 1 ℛ 16 ℊ

Coronini von Quischa, Freiherr von Cronberg, Graf Rudolph, Tentamen genealogico-chronologicum ... Viennae Austriae 1753. V: *Frölich, Erasmus.* (SO)

Coronna, Jean, Ikarus. Phantastika. 12. (65 S.) Berlin 897. K. Siegismund. n. 1. 50

Corony, Blanca

Corony, B., die Einsiedlerin v. Helmsbruck, s.a. Vobach's illustrierte Roman-Bibliothek. V, 8.

Die Einsiedlerin von Helmsbruck. Kriminalroman von B[lanca] **Corony**. Mit Ill. von O. Meyer-Wegner. Berlin, Leipzig, Wien: Vobach (1909). 178 S. 8°
(Vobachs Illustrierte Roman-Bibliothek. Ser. 5, Bd 8.) [10. 13559

Corony, B[landa] s. Familienbibliothek, Schweizer. Nr. 111.

Corony, B., Frauen-Rache. Roman in 3 Bdn. 8. (259, 268 u. 268 S.) Leipzig 892. A. H. Payne. 6. —

— Prinzessin Ilse, s.: Enßlin's Roman- u. Novellenschatz.

Corony, B., das stille Kind, s.: Daheim. Stenograph.-Bibliothek 6. u. 7. Bd.

— ein Sangesfest, s.a. Zehnpfennigbücher, stenotachygr. Nr. 3.

Ein Sangesfest. Humoreske von B[landa] **Corony**. *Eisleben: Stenotachygraphen-Verein [1899].* (16 S.) 8°
— **Zehnpfennigbücher,** Stenotachygraphische. No 3. [w. 9797 3

Corony, B., Treue, s.: Vobach's illustrierte Roman-Bibliothek. I. 8.

— Wen trifft die Schuld?, s.: Auswahl v. Werken zeitgenöss. Schriftsteller. 5. Bd.

Corony, Blanda, s. Corony, Blanca

Corony, E., Satan Gold, s.: Fischer's Roman-Bibliothek. 8. u. 9. Bd.

Corot, Camille, Castel Gondolfo, s.: Meisterbilder Bl. 126.

Ćorović Vladimir: Lukijan Mušicki. Eine Studie aus der serbischen Literaturgeschichte.
II. 1908 PN 2439 Diss. Wien, Univ. 2730

FSC
www.fsc.org
MIX
Papier | Fördert gute Waldnutzung
FSC® C083411

Kolibri 360 GmbH
Ferdinand-Jühlke-Straße 7
99095 Erfurt, Deutschland
produktsicherheit@kolibri360.de